El camino a la realidad

ROGER PENROSE (Essex, Reino Unido, 1931) es físico y matemático de reputación mundial. Formado en la Universidad de Londres y después en la de Cambridge, ha sido investigador y profesor invitado en numerosas instituciones de Estados Unidos, entre las que destacan las universidades de Princeton, Syracuse y Austin. En la actualidad es profesor emérito de matemáticas en la Universidad de Oxford. Autor de numerosos libros y miles de artículos científicos, entre sus obras figuran *La nueva mente del emperador* (Mondadori, 1991), *Las sombras de la mente* (1996), *Cuestiones cuánticas y cosmológicas* (1995) y *La naturaleza del espacio y el tiempo* (Debate, 1996), estas dos últimas con Stephen Hawking.

El camino a la realidad

Una guía completa de las leyes del universo

ROGER PENROSE

Traducción de
Javier García Sanz

DEBATE

Título original: *The Road to Reality*
Publicado originariamente por Jonathan Cape, Londres, 2004

Primera edición en España, 2006
Primera edición en México, 2007

D. R. 2007, Random House Mondadori, S. A. de C. V.
Av. Homero No. 544, Col. Chapultepec Morales,
Del. Miguel Hidalgo, C. P. 11570, México, D. F.

www.randomhousemondadori.com.mx

Comentarios sobre la edición y contenido de este libro a:
literaria@randomhousemondadori.com.mx

ISBN: 978-970-780-262-9

Compuesto en Fotocomposición 2000, S. A.

Impreso en México / *Printed in Mexico*

Dedico este libro a la memoria de
DENNIS SCIAMA,
que me mostró la emoción de la física

Índice

Prefacio

Este libro tiene como objetivo transmitir al lector una idea de lo que es ciertamente uno de los viajes de descubrimiento más importantes y apasionantes en los que se ha embarcado la humanidad. Se trata de la búsqueda de los principios subyacentes que rigen el comportamiento de nuestro universo. Es un viaje que ha durado más de dos mil quinientos años, de modo que no debería sorprendernos que al final se hayan hecho progresos sustanciales. Pero este viaje se ha mostrado muy difícil, y en la mayoría de los casos, el conocimiento real ha llegado lentamente. Esta dificultad intrínseca nos ha llevado en muchas direcciones falsas, y de ello deberíamos aprender a ser cautos. Pero el siglo XX nos ha revelado nuevas y extraordinarias ideas, algunas tan impresionantes que muchos científicos actuales han expresado la opinión de que podríamos estar cerca de una comprensión básica de *todos* los principios subyacentes en la física. En mis descripciones de las teorías fundamentales vigentes cuando escribo esto, recién concluido el siglo XX, trataré de adoptar un punto de vista más modesto. Quizá no todas mis opiniones sean bien recibidas por los «optimistas», pero espero cambios futuros de dirección aún mayores que los que se han dado en el último siglo.

El lector encontrará que en este libro no he rehuido presentar fórmulas matemáticas, pese a las reiteradas advertencias acerca de la drástica reducción de lectores que esto implicaría. He pensado seriamente sobre esto y he llegado a la conclusión de que lo que tengo que decir no puede transmitirse razonablemente sin cierta cantidad de notación matemática y la exploración de genuinos conceptos matemáticos. El conocimiento que tenemos de los principios que realmente subyacen en el comportamiento de nuestro mundo físico depende, de hecho, de una apreciación de sus matemáticas. Quizá para algunas personas esto pueda ser un motivo de desesperación, pues se habrán formado la idea de que no tienen ninguna capacidad para las matemáticas, por muy elementales que sean. Sin duda se preguntarán cómo van a poder comprender la investigación que se está haciendo en la misma frontera de la teoría física si ni siquiera dominan la forma de tratar las *fracciones*. Veo la dificultad, por supuesto.

Pese a todo, soy optimista en cuestiones de transmisión del conocimiento. Tal vez sea un optimista incurable. Me pregunto si esos lectores potenciales que no pueden manipular fracciones —o que dicen que no pueden manipular fracciones— no se están engañando a sí mismos, al menos un poco, y una buena proporción de ellos tienen realmente una capacidad en esta dirección de la que no son conscientes. Sin duda hay algunos que, cuando se enfrentan a una línea de símbolos matemáticos, independientemente de la sencillez con que estén presentados, solo pueden ver el rostro severo de un padre o un profesor que trataba de inculcarles a la fuerza una aparente competencia sin contenido y similar a la de un papagayo —una obligación, y solo una obligación— sin que pudiera traslucir ningún indicio de la magia o belleza del tema. Tal vez para algunos sea demasiado tarde; pero, como digo, soy un optimista, y creo que todavía quedan muchos, incluso entre aquellos que nunca pudieron dominar la manipulación de fracciones, que tienen la capacidad de vislumbrar algo de un mundo maravilloso que pienso que debe ser, en un grado significativo, genuinamente accesible para ellos.

Una de las mejores amigas de juventud de mi madre era una de esas personas que no podían comprender las fracciones. Ella misma me lo contó en cierta ocasión, una vez que se había retirado de una carrera exitosa como bailarina. Yo aún era joven, y todavía no me había lanzado plenamente a mi actividad como matemático, pero se me reconocía como alguien que disfrutaba trabajando en este tema. «Es todo eso de la simplificación —me decía—, nunca le cogí el tranquillo a la simplificación.» Era una mujer elegante y muy inteligente, y en mi opinión no hay ninguna duda de que las cualidades mentales que se necesitan para comprender la sofisticada coreografía que es fundamental para el ballet no son en modo alguno inferiores a las que deben ejercitarse con un problema matemático. Así, sobrestimando ampliamente mi capacidad expositiva, intenté, como otros lo habían hecho antes, explicarle la simplicidad y la naturaleza lógica del procedimiento de «simplificación».

Creo que mis esfuerzos fueron tan infructuosos como lo habían sido los de los otros que lo habían intentado. (Dicho sea de paso, su padre había sido un eminente geólogo y miembro de la Royal Society, de modo que ella debía de haber tenido una formación adecuada para la comprensión de cuestiones científicas. Quizá aquí podría haber intervenido un factor del tipo «rostro severo». No lo sé.) Pero reflexionando sobre ello, me pregunto ahora si ella, y muchas personas como ella, no tenían un complejo inhibidor más racional, uno que yo ni siquiera había advertido con toda mi verborrea matemática. Hay, en realidad, una cuestión profunda con la que uno tropieza una y otra vez en matemáticas y en física matemática, y que encuentra por primera vez en la noción aparentemente inocente de cancelación de un factor común en el numerador y el denominador de una fracción numérica ordinaria.

Aquellos para los que la acción de simplificar se ha convertido en algo automático, debido a la familiaridad repetida con tales operaciones, pueden ser insensibles a una dificultad que en realidad acecha tras este procedimiento aparentemente sencillo. Quizá muchos de los que encuentran misteriosa la simplificación están viendo cierto punto con más profundidad que aquellos de nosotros que pasamos de largo de forma displicente, pareciendo ignorarlo. ¿De qué punto se trata? Concierne a la forma misma en que los matemáticos pueden ofrecer una existencia a sus entidades matemáticas y a cómo pueden relacionarse tales entidades con la realidad física.

Recuerdo que cuando estaba en la escuela, más o menos a los once años, me quedé muy sorprendido cuando el maestro preguntó a la clase qué es realmente una fracción (tal como 3/8, pongamos por caso). Hubo varias sugerencias, como dividir un pastel en porciones y cosas así, pero fueron rechazadas por el profesor sobre la base (válida) de que estas se referían simplemente a situaciones físicas imprecisas a las que tenía que *aplicarse* la noción matemática precisa de una fracción; pero no nos decían cuál *es* dicha noción matemática precisa. Siguieron otras sugerencias, tales como 3/8 es «algo con un 3 arriba y un 8 abajo y con una línea horizontal en medio», ¡y me quedé sorprendido al descubrir que el profesor parecía tomar estas sugerencias en serio! No recuerdo muy bien cómo se resolvió finalmente la cuestión, pero con la intuición adquirida de muchas experiencias posteriores como estudiante de licenciatura en matemáticas, podría conjeturar que mi maestro de escuela estaba haciendo un valiente intento por decirnos la definición de una fracción en términos de la ubicua noción matemática de *clase de equivalencia*.

¿Cuál es esta noción? ¿Cómo puede aplicarse en el caso de una fracción, y decirnos qué es realmente una fracción? Empecemos con el «algo con un 3 arriba y un 8 abajo» de mi compañero de clase. Básicamente, esto nos sugiere que una fracción está especificada por un par ordenado de números enteros, en este caso los números 3 y 8. Pero es evidente que no podemos considerar que la fracción *es* dicho par ordenado porque, por ejemplo, la fracción 6/16 es el mismo número que la fracción 3/8, mientras que el par (6,16) no es ciertamente el mismo que el par (3, 8). Esta es precisamente una cuestión de simplificación; en efecto, podemos escribir 6/16 como $\frac{3 \times 2}{8 \times 2}$ y luego cancelar el 2 de arriba con el 2 de abajo, para obtener 3/8. ¿Por qué se nos permite hacer esto y con ello «igualar», en cierto sentido, el par (6, 16) con el par (3, 8)? La respuesta matemática —que muy bien puede sonar como un «escaqueo»— tiene la regla de simplificación incorporada en la definición de una fracción: se considera que un par de números enteros $(a \times n, b \times n)$ representa la misma fracción que el par (a, b) siempre que n sea un número entero distinto de cero (y donde tampoco admitimos que b sea cero).

Pero esto tampoco nos dice qué es una fracción; simplemente nos dice algo sobre la forma en que representamos las fracciones. ¿Qué *es*, entonces, una fracción? Según la noción de «clase de equivalencia» de los matemáticos, la fracción 3/8, por ejemplo, es simplemente la colección infinita de todos los pares

$$(3, 8), (-3, -8), (6, 16), (-6, -16), (9, 24), (-9, -24), (12, 32), \ldots,$$

donde cada par puede obtenerse de cada uno de los otros pares de la lista por aplicación repetida de la regla de simplificación anterior.* También necesitamos definiciones que nos digan cómo sumar, restar y multiplicar estas colecciones infinitas de pares de números enteros, donde son válidas las reglas normales del álgebra, y cómo identificar los propios números enteros como tipos particulares de fracción.

Esta definición cubre todo lo que necesitamos matemáticamente de las fracciones (tal como que 1/2 es un número que sumado a sí mismo da el número 1, etc.), y la operación de simplificación está, como hemos visto, incorporada en la definición. Pero todo parece muy formal y podemos preguntarnos si realmente recoge la noción intuitiva de lo que es una fracción. Aunque este ubicuo procedimiento de las clases de equivalencia, de la que el ejemplo anterior es un caso particular, es muy potente como pura herramienta matemática para establecer la consistencia y la existencia matemática, puede proporcionarnos entidades con una apariencia demasiado pesada. ¡Difícilmente nos transmite la noción intuitiva de lo que es 3/8, por ejemplo! No es extraño que la amiga de mi madre estuviera confundida.

En mis descripciones de nociones matemáticas trataré de evitar, hasta donde pueda, el tipo de pedantería matemática que nos lleva a definir una fracción en términos de una «clase infinita de pares», incluso si, por supuesto, tiene su valor en rigor y precisión matemáticos. En mis descripciones me interesaré más en transmitir la idea —y la belleza y la magia— inherente a muchas nociones matemáticas importantes. La idea de una fracción tal como 3/8 consiste simplemente en que es cierto tipo de entidad que tiene la propiedad de que cuando se suma a sí misma 8 veces da 3. La magia está en que la idea de una fracción funciona pese al hecho de que en el mundo físico no experimentamos directamente cosas que estén cuantificadas exactamente por fracciones: las porciones de pastel solo conducen a aproximaciones. (Esto es muy diferente del caso de los números naturales, tales como 1, 2, 3, que cuantifican de forma precisa muchas entidades de nuestra experiencia

* Esto se denomina una «clase de equivalencia» porque realmente es una clase de entidades (que, en este caso concreto, son pares de números enteros), cada uno de cuyos miembros se considera equivalente, en un sentido específico, a cada uno de los demás miembros.

directa.) Una forma de ver que las fracciones tienen un sentido consistente es utilizar la «definición» en términos de colecciones infinitas de pares de enteros, como se ha indicado antes. Pero esto no significa que 3/8 sea realmente una colección semejante. Es mejor pensar en 3/8 como una entidad con un tipo de existencia (platónica) propia, y que la colección infinita de pares es simplemente una forma de llegar a entender la consistencia de este tipo de entidad. A medida que nos familiarizamos, empezamos a creer que podemos captar con facilidad una noción tal como 3/8 como algo que tiene su propio tipo de existencia, y la idea de una «colección infinita de pares» es simplemente un artificio pedante, un artificio que enseguida se retira de nuestra imaginación una vez que lo hemos captado. Buena parte de las matemáticas es así.

Para los matemáticos (al menos para la mayoría de ellos, por lo que puedo entender), las matemáticas no son solo una actividad cultural que hemos creado nosotros mismos, sino que tienen vida propia, y buena parte de ellas está en sorprendente armonía con el universo físico. No podemos tener una comprensión profunda de las leyes que rigen el mundo físico sin entrar en el mundo de las matemáticas. En particular, la noción anterior de una clase de equivalencia es relevante no solo para una gran cantidad de matemáticas importantes (aunque confusas), sino también para una gran cantidad de física importante (y confusa), tal como la teoría de la relatividad general de Einstein y los principios de las «teorías gauge» que describen las fuerzas de la naturaleza según la moderna física de partículas. En la física moderna, uno no puede evitar el enfrentarse a las sutilezas de muchas matemáticas sofisticadas. Por esta razón, he dedicado los dieciséis primeros capítulos de esta exposición a la descripción de ideas matemáticas.

¿Qué consejo puedo dar al lector para hacer frente a esto? Este libro tiene cuatro niveles diferentes de lectura. Quizá sea usted un lector, en un extremo de la escala, que sencillamente se da la vuelta cuando se le presenta una fórmula matemática (y algunos de estos lectores pueden muy bien tener dificultades en entender las fracciones). Si es así, creo que todavía puede usted aprender mucho de este libro saltándose simplemente todas las fórmulas y leyendo solo las palabras. Supongo que esto será muy parecido a la forma en que yo solía hojear las revistas de ajedrez que estaban desperdigadas por mi casa cuando era niño. El ajedrez constituía buena parte de las vidas de mis padres y hermanos, pero yo me interesé muy poco por él, excepto en que disfrutaba leyendo las hazañas de aquellos excepcionales, y con frecuencia extraños, personajes que se dedicaban a ese juego. De esa lectura, me hacía una idea de la brillantez de las jugadas que solían hacer, incluso si no las comprendía ni hacía ningún intento por seguir las diferentes posiciones a través de las notaciones. Pese a todo, descubrí que era una actividad agradable e ilustrativa que podía mantener mi atención. Del mismo modo, espero que las exposiciones matemáticas que ofrezco aquí puedan transmitir algo de su interés incluso a algunos lectores poco interesados en las matemáticas que, por valentía o curiosidad, deciden acompañarme en mi viaje de exploración de las ideas matemáticas y físicas que parecen subyacer en el universo físico. No tenga miedo en saltarse ecuaciones (yo mismo lo hago con frecuencia) y, si lo desea, saltarse capítulos enteros o partes de capítulos cuando empiecen a hacerse demasiado rimbombantes. Hay mucha variedad en las dificultades y tecnicismos del material, y quizá haya algo más de su gusto en otro lugar. Puede decidir simplemente introducirse y mirar. Mi esperanza es que las extensas referencias cruzadas puedan ilustrar bien nociones poco familiares, de modo que debería ser posible localizar los conceptos y la notación necesarios regresando a secciones anteriores no leídas en busca de aclaración.

En un segundo nivel, quizá sea usted un lector que está dispuesto a echar una ojeada a las fórmulas matemáticas, cuando quiera que se le presenten, pero no siente la inclinación (ni quizá tiene tiempo) de verificar por usted mismo las afirmaciones que hago. Las confirmaciones de muchas de estas afirmaciones constituyen las soluciones a los ejercicios que he desperdigado por las partes matemáticas de este libro. He señalado tres niveles de dificultad mediante los iconos

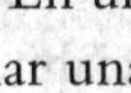 quad muy sencillo

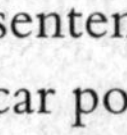 quad necesita un poco de reflexión

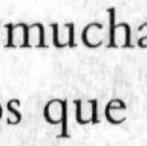 quad no debe abordarse con ligereza

Es perfectamente razonable fiarse de estas, si lo desea, y no hay pérdida de continuidad si decide adoptar esta postura.

Si, por el contrario, usted es un lector que quiere ejercitarse con estas diversas (e importantes) nociones matemáticas, pero para quien las ideas que describo no son familiares, espero que el trabajo con estos ejercicios le ofrecerá una ayuda importante para reforzar tales habilidades. Con las matemáticas, siempre sucede que una pequeña experiencia directa de reflexión propia sobre las cosas puede proporcionar una comprensión mucho más profunda que la mera lectura sobre ellas. (Si necesita las soluciones, consulte la página web www.roadsolutions.ox.ac.uk.)

Por último, quizá usted sea ya un experto, en cuyo caso no debería tener dificultades con las matemáticas (la mayoría de las cuales le serán muy familiares) y tal vez no quiera perder el tiempo con los ejercicios. Pero aún puede descubrir que hay algo que extraer de mis propios enfoques sobre diversos temas, que es probable que sean algo diferentes (a veces muy diferentes) de los habituales. Quizá usted tenga cierta curiosidad por mis opiniones concernientes a varias teorías modernas (por ejemplo, supersimetría, cosmología inflacionaria, la naturaleza del big bang, agujeros negros, teoría de cuerdas o teoría M, variables de lazo en gravedad cuántica, teoría de twistores, incluso los propios fundamentos de la teoría cuántica). Sin duda encontrará mucho en lo que discrepar conmigo en bastantes de estos temas. Pero la controversia es una parte importante del desarrollo de la ciencia, y por eso no tengo reparos en presentar opiniones que puedan considerarse parcialmente reñidas con algunas de las actividades de la corriente principal de la física teórica moderna.

Puede decirse que este libro trata realmente de la relación entre las matemáticas y la física, y de cómo el diálogo entre ambas influye poderosamente en los impulsos que subyacen en nuestra búsqueda de una mejor teoría del universo. Un ingrediente esencial de estos impulsos en muchos desarrollos modernos procede de juicios sobre la belleza, profundidad y sofisticación matemáticas. Es evidente que tales influencias matemáticas pueden ser de importancia vital, como sucede con algunos de los éxitos más impresionantes de la física del siglo XX: la ecuación de Dirac para el electrón, el armazón general de la mecánica cuántica y la relatividad general de Einstein. Pero en todos estos casos, las consideraciones físicas —en última instancia las observacionales— han proporcionado el criterio primordial de aceptación. En muchas de las ideas modernas para avanzar de manera fundamental en nuestra comprensión de las leyes del universo, no se dispone de criterios físicos adecuados —i.e., datos experimentales, o siquiera la posibilidad de investigación experimental—. Por ello, podemos cuestionarnos si los desiderata matemáticos accesibles son suficientes para permitirnos estimar las probabilidades de éxito de estas ideas. El tema es delicado, y trataré de plantear cuestiones que, en mi opinión, no han sido suficientemente discutidas en otros lugares.

Aunque en algunos pasajes presentaré opiniones que pueden considerarse controvertidas, me he preocupado por aclarar al lector cuándo me estoy tomando realmente tales libertades. En consecuencia, este libro puede utilizarse como una guía genuina para las ideas (y las preguntas) fundamentales de la física moderna. Puede utilizarse en las aulas como una honesta introducción a la física moderna, tal como se entiende ahora, cuando nos movemos en los primeros años del tercer milenio.

Agradecimientos

Al tratarse de un libro de esta magnitud, cuya redacción me ha llevado aproximadamente ocho años, es inevitable que haya muchas personas a quienes debo dar las gracias. Resulta casi igual de inevitable que, entre ellas, haya algunas cuya valiosa contribución no quede reconocida debido a mi desorganización y despiste congénitos. Permítanme, en primer lugar, expresar mi especial agradecimiento, y también mis disculpas, a esas personas que me han dado su generosa ayuda pero cuyos nombres no me vienen a la memoria. Pasando a las diversas informaciones y ayudas concretas que puedo recordar con más claridad, doy las gracias a Michael Atiyah, John Baez, Michael Berry, Dorje Brody, Robert Bryant, Hong-Mo Chan, Joy Christian, Andrew Duggins, Maciej Dunajski, Freeman Dyson, Arthur Ekert, David Fowler, Margaret Gleason, Jeremy Gray, Stuart Hameroff, Keith Hannabuss, Lucien Hardy, Jim Hartle, Tom Hawkins, Nigel Hitchin, Andrew Hodges, Dipankar Home, Jim Howie, Chris Isham, Ted Jacobson, Bernard Kay, William Marshall, Lionel Mason, Charles Misner, Tristan Needham, Stelios Negrepontis, Sarah Jones Nelson, Ezra (Ted) Newman, Charles Oakley, Daniel Oi, Robert Osserman, Don Page, Oliver Penrose, Alan Rendall, Wolfgang Rindler, Engelbert Schücking, Bernard Schutz, Joseph Silk, Christoph Simon, George Sparling, John Stachel, Henry Stapp, Richard Thomas, Gerard 't Hooft, Paul Tod, James Vickers, Robert Wald, Rainer Weiss, Ronny Wells, Gerald Westheimer, John Wheeler, Nick Woodhouse y Anton Zeilinger. Agradecimientos particulares merecen Lee Smolin, Kelly Stelle y Lane Hughston por su ayuda en numerosos y variados puntos. Estoy en deuda especial con Florence Tsou (Sheung Tsun), por su inmensa ayuda en temas de física de partículas; con Fay Dowker, por su ayuda y evaluación sobre varios temas, muy especialmente la presentación de ciertas cuestiones mecanocuánticas; con Subir Sarkar, por la valiosa información concerniente a datos cosmológicos y su interpretación; con Vahe Gurzadyan, por lo mismo y por alguna información anticipada de sus hallazgos cosmológicos concernientes a la geometría global del universo, y particularmente con Abhay Ashtekar, por su completa información sobre la teoría de variables de lazo y también sobre varios puntos detallados concernientes a la teoría de cuerdas.

Agradezco a la National Science Foundation su apoyo mediante las becas PHY 93-96246 y 00-90091, y a la Leverhulme Foundation por una beca de dos años Leverhulme Emeritus Fellowship, durante 2000-2002. Los nombramientos a tiempo parcial en el Gresham College, Londres (1998-2001), y el Center for Gravitational Physics and Geometry en la Universidad del Estado de Pennsylvania, Estados Unidos, me han sido muy valiosos para escribir este libro, como lo ha sido la ayuda administrativa (muy especialmente, la de Ruth Preston) y de espacio en el Mathematical Institute de la Universidad de Oxford. También ha sido incalculable el especial apoyo por la parte editorial, compaginando duras restricciones de horario con un autor de hábitos de trabajo erráticos. La primera ayuda editorial de Eddie Mizzi fue vital para iniciar el proceso de convertir mis caóticos escritos en un libro real, y Richard Lawrence, con su experiencia y su paciente y sensible persistencia, ha sido un factor crucial para llevar a término este proyecto. Teniendo que trabajar con esta complicada reescritura, John Holmes ha hecho un trabajo excelente al proporcionar un índice. Asimismo, estoy especialmente agradecido a William Shaw, por acudir en nuestra ayuda en el tramo final para generar excelentes gráficas por ordenador (Figs. 1.2 y 2.19, y por la implementación de la transformación incluida en las Figs. 2.16 y 2.19), utilizadas aquí para el conjunto de Mandelbrot y el plano hiperbólico. En cuanto a Jacob Foster, todas las gracias que pueda expresarle por su trabajo hercúleo en la búsqueda y obtención de referencias y por revisar el manuscrito completo en un tiempo extraordinariamente breve y rellenar innumerables lagunas, no podrán hacer justicia de ninguna manera a la magnitud de su ayuda. Su impronta personal en un enorme número de notas finales les da una calidad especial. Por supuesto, ninguna de las personas a las que doy las gracias son culpables de los errores y omisiones que pueda haber, cuya única responsabilidad recae sobre mí.

Debo expresar una gratitud especial a la M.C. Escher Company, en Holanda, por el permiso para reproducir obras de Escher en las Figs. 2.11, 2.12, 2.16 y 2.22, y en particular por permitir las modificaciones de la Fig. 2.11 que se han utilizado en las Figs. 2.12 y 2.16, la última de las cuales es una transformación matemática explícita. Todas las obras de Escher utilizadas en este libro tienen *copyright* (2004) The M.C. Escher Company. Gracias también al Institute of Theoretical Physics, la Universidad de Heidelberg y a Charles H. Lineweaver, por su permiso para reproducir las gráficas respectivas en las Figs. 27.19 y 28.19.

Por último, mi gratitud ilimitada se dirige a mi querida esposa Vanessa, no solo por suministrarme gráficas de ordenador al instante (Figs. 4.1, 4.2, 5.7, 6.2-6.8, 8.15, 9.1, 9.2, 9.8, 9.12, 21.3b, 21.10, 27.5, 27.14, 27.15, y los poliedros en la Fig. 1.1), sino por su continuado amor y cariño, y su profunda comprensión y sensibilidad, pese a los en apariencia interminables años en que su marido solo estaba presente mentalmente en parte. Y también Max, que durante toda su vida solo ha tenido la oportunidad de conocerme en ese estado distraído, merece mi más calurosa gratitud, no solo por retrasar la redacción de este libro (que hizo posible alargarse e incluir dos elementos de información importantes que, de otra forma, no habría tenido), sino por la continua alegría y el optimismo que transmite y que me ha ayudado a mantenerme en buena forma. Después de todo, es mediante la renovación de la vida, tal como él mismo representa, como vendrán las nuevas fuentes de ideas e intuiciones necesarias para un genuino progreso futuro a la búsqueda de esas leyes más profundas que realmente gobiernan el universo en que vivimos.

[illegible] son culpables de los errores u omisiones que pueda haber, cuya única responsabilidad recae sobre mí.

Debo expresar una gratitud especial a la M. C. Escher Company en Holanda por el permiso para reproducir obras de Escher en las Figs. 2.11, 2.12, 2.16 y 2.22, y en particular por permitir las modificaciones de la Fig. 2.11 que se han utilizado en las Figs. 2.12, 2.16 y 2.22, una de las cuales es una transformación matemática explícita. Todas las obras de Escher utilizadas en este libro tienen copyright (2004) The M. C. Escher Company. Gracias también al Institute of Theoretical Physics de la Universidad de Heidelberg y a Charles H. Lineweaver por su permiso para reproducir las gráficas respectivas en las Figs. 27.19 y 28.19.

Por último, mi gratitud ilimitada se dirige a mi querida esposa Vanessa, no sólo por suministrarme gráficas de ordenador al instante (Figs. 4.1, 4.2b, 6.2, 6.8, 8.15, 9.1, 9.2, 9.8, 9.12, 21.3b, 21.10, 27.5, 27.14, 27.15 y los poliedros en la Fig. 1.1), sino por su continuado amor y cariño, y su profunda comprensión y sensibilidad, pese a los en apariencia interminables años en que su marido sólo estaba presente mentalmente en parte. Y también Max, que durante toda su vida sólo ha tenido la oportunidad de conocerme en este estado distraído, merece mi más calurosa gratitud, no sólo por tolerar el retraso de este libro que hizo posible alargarse e incluir dos elementos de información importantes que de otra forma no habría tenido, sino por la constante alegría y el optimismo que transmite y que me ha ayudado a mantenerme en buena forma. Después de todo, es mediante la renovación de la vida, tal como él me representa, como pueden surgir las nuevas generaciones de ideas e intelecciones necesarias para un genuino progreso futuro en la búsqueda de esas leyes más profundas que realmente gobiernan el universo en que vivimos.

Notación

(No lo lea antes de que se haya familiarizado con los conceptos, ¡aunque quizá encuentre los tipos de letra confusos!)

He tratado de ser razonablemente coherente en el uso de tipos de letra especiales a lo largo de todo el libro. Pero puesto que no todo esto es estándar, puede resultar útil para el lector que haga explícitos los usos que he adoptado.

Las letras itálicas (griegas o latinas), tales como en w^2, p^n, log z, cos θ, $\mathrm{e}^{i\theta}$, o e^x se utilizan de la manera convencional para variables matemáticas que son cantidades numéricas o escalares; pero las constantes numéricas establecidas, tales como e, i, o π o las funciones establecidas tales como sen, cos o log se denotan mediante redondas. Sin embargo, las constantes físicas estándar tales como c, G, h, $\hbar$, g o k son itálicas.

Una cantidad vectorial o tensorial, cuando se considera en su totalidad (abstracta), se denota por una letra itálica negrilla, tal como $\boldsymbol{R}$ para el tensor de curvatura de Riemann, mientras que su conjunto de componentes podría escribirse con itálicas (tanto para el núcleo como para sus índices), como R_{abcd}. De acuerdo con la notación de índices abstractos, introducida aquí en §12.8, la cantidad R_{abcd} puede representar alternativamente el tensor entero $\boldsymbol{R}$, si esta interpretación es apropiada, y esto debería hacerse claro en el texto. Las transformaciones lineales abstractas son tipos de tensores, y letras itálicas negrillas tales como $\boldsymbol{T}$ se utilizan también para tales entidades. También se utiliza aquí, cuando es apropiado, la forma de índices abstractos $T^a{}_b$ para una transformación lineal abstracta, donde el escalonamiento de índices hace clara la conexión precisa con el ordenamiento de la multiplicación de matrices. Así, la expresión de índices abstractos $S^a{}_b T^b{}_c$ representa el producto $\boldsymbol{ST}$ de transformaciones lineales. Como sucede con los tensores generales, los símbolos $S^a{}_b$ y $T^b{}_c$ pueden representar alternativamente (según el contexto o la especificación explícita en el texto) los correspondientes conjuntos de componentes —que son *matrices*— para los que también pueden utilizarse letras redondas negrillas **S** y **T**. En ese caso, **ST** denota el correspondiente producto matricial. Esta interpretación «ambivalente» de símbolos tales como R_{abcd} o $S^a{}_b$ (ya representen el conjunto de componentes o el propio tensor abstracto) no debería causar confusión, pues las relaciones algebraicas (o diferenciales) a las que están sujetos estos símbolos son idénticas para ambas interpretaciones. A veces se utiliza también aquí una tercera notación para dichas cantidades —la *notación diagramática*— que se describe en las Figs. 12.17, 12.18, 14,6, 14.7, 14.21, 19.1 y otros lugares en el libro.

Hay lugares en este libro donde necesito distinguir las entidades espaciotemporales 4-dimensionales de la teoría de la relatividad de las correspondientes entidades espaciales ordinarias puramente 3-dimensionales. Así, aunque podría utilizarse una notación itálica negrilla, como antes, tal como $\boldsymbol{p}$ o $\boldsymbol{x}$, para el 4-momento o la 4-posición, respectivamente, las correspondientes entidades puramente espaciales 3-dimensionales se denotarán por las correspondientes letras negrillas **p** o **x**. Por analogía con la notación **T** para una matriz, en oposición a $\boldsymbol{T}$ para una transformación lineal abstracta, se considera que las cantidades **p** y **x** «representan» las tres componentes espaciales, en cada caso, mientras que $\boldsymbol{p}$ y $\boldsymbol{x}$ podrían verse como una interpretación más abstracta libre de componentes (aunque yo no seré especialmente estricto en esto). La «longitud» euclídea de una cantidad 3-vectorial $\mathbf{a} = (a_1, a_2, a_3)$ puede escribirse a, donde $a^2 = a_1^2 + a_2^2 + a_3^2$, y el producto escalar de **a** por $\mathbf{b} = (b_1, b_2, b_3)$, se escribe $\mathbf{a} \bullet \mathbf{b} = a_1b_1 + a_2b_2 + a_3b_3$. Esta notación «punto» para productos escalares se aplica también, en el contexto n-dimensional general, para el producto escalar (o interno) $\boldsymbol{\alpha} \bullet \boldsymbol{\xi}$ de un covector abstracto $\boldsymbol{\alpha}$ por un vector $\boldsymbol{\xi}$.

Sin embargo, surge una complicación notacional con la mecánica cuántica, puesto que las magnitudes físicas, en esta disciplina, suelen representarse como operadores lineales. No adopto el procedimiento totalmente estándar en este contexto de colocar «sombreros» (circunflejos) sobre las letras que representan las versiones como operadores cuánticos de las familiares magnitudes clásicas, pues creo que esto conduce a una innecesaria acumulación de signos. (En su lugar, tenderé a adoptar un punto de vista filosófico según el cual las magnitudes clásicas y cuánticas son realmente las «mismas» —y por ello es justo utilizar los mismos símbolos para ambas—, excepto que en el caso clásico uno está justificado al ignorar cantidades del orden de $\hbar$, de modo que las propiedades de conmutación clásica $ab = ba$ pueden ser válidas, mientras que en mecánica cuántica ab podría diferir de ba en algo del orden de $\hbar$.) Por consistencia con lo anterior, parecería que tales operadores lineales tienen que ser denotados por letras itálicas negrillas (como $\boldsymbol{T}$), pero eso anularía la filosofía y las distinciones invocadas en el párrafo anterior. Por consiguiente, con respecto a magnitudes específicas, tal como el momento $\mathbf{p}$ o $\boldsymbol{p}$, o la posición $\mathbf{x}$ o $\boldsymbol{x}$, tenderé a utilizar la misma notación que en el caso clásico, en la misma línea con lo que se ha dicho antes en este párrafo. Pero para operadores cuánticos menos específicos se utilizarán letras itálicas negrillas tales como $\boldsymbol{Q}$.

Las letras $\mathbb{N}$, $\mathbb{Z}$, $\mathbb{R}$, $\mathbb{C}$ y $\mathbb{F}_q$, respectivamente, para el sistema de los números naturales (i.e., enteros no negativos), los enteros, los números reales, los números complejos y el campo finito con q elementos (siendo q una potencia de un número primo, véase §16.1), son ahora estándares en matemáticas, como lo son los correspondientes $\mathbb{N}^n$, $\mathbb{Z}^n$, $\mathbb{R}^n$, $\mathbb{C}^n$ y $\mathbb{F}_q^n$, para los sistemas de n-tuplas ordenadas de tales números. Estas son entidades matemáticas canónicas de uso estándar. En este libro, esta notación se extiende a otras estructuras matemáticas estándar tales como un 3-espacio euclídeo $\mathbb{E}^3$ o, con más generalidad, un n-espacio euclídeo $\mathbb{E}^n$. En este libro aparece con frecuencia el espaciotiempo de Minkowski plano 4-dimensional estándar, que es en sí mismo un tipo de espacio «pseudo»-euclídeo, de modo que utilizo la letra $\mathbb{M}$ para este espacio (con $\mathbb{M}^n$ para denotar la versión n-dimensional, un espaciotiempo «lorentziano» con 1 tiempo y $(n-1)$ dimensiones espaciales). A veces utilizo $\mathbb{C}$ como un adjetivo, para denotar «complexificado», de modo que podríamos considerar el 4-espacio euclídeo complejo, por ejemplo, denotado por $\mathbb{CE}^n$. La letra $\mathbb{P}$ puede utilizarse también como un adjetivo, para denotar «proyectivo» (véase §15.6), o como un sustantivo, cuando $\mathbb{P}^n$ denota el n-espacio proyectivo (utilizo $\mathbb{RP}^n$ o $\mathbb{CP}^n$ si hay que dejar claro que estamos interesados en un n-espacio proyectivo real o complejo, respectivamente). En teoría de twistores (capítulo 33), existe el 4-espacio complejo $\mathbb{T}$, que está relacionado con $\mathbb{M}$ (o su complexificación $\mathbb{CM}$) de una manera canónica, y existe también la versión proyectiva $\mathbb{PT}$. En esta teoría existe también un espacio $\mathbb{N}$ de twistores nulos (el doble papel que tiene esta letra no causa aquí conflicto), y su versión proyectiva $\mathbb{PN}$.

El papel adjetivo de la letra $\mathbb{C}$ no debería confundirse con el del tipo C, que aquí representa «conjugado complejo de» (como se utiliza en §§13.1,2). Esto es básicamente similar a otro uso de C en física de partículas, a saber la *conjugación de carga*, que es la operación que intercambia cada partícula con su antipartícula (véanse los capítulos 24 y 25). Esta operación se considera habitualmente junto con otras dos operaciones básicas en física de partículas, a saber, P para *paridad*, que se refiere a la operación de reflexión en un espejo, y T, que se refiere a la *inversión temporal*. Las letras sans serif que son negrillas sirven aquí para un objetivo diferente, el de etiquetar *espacios vectoriales*, siendo las letras $\mathbf{V}$, $\mathbf{W}$ y $\mathbf{H}$ las utilizadas con más frecuencia con este objetivo. El uso de $\mathbf{H}$ es específico para los espacios de Hilbert de la mecánica cuántica, y $\mathbf{H}^n$ representaría un espacio de Hilbert de *n* dimensiones complejas. Los espacios vectoriales son, en un sentido claro, planos. Los espacios que son (o podrían ser) *curvos* se denotan por letras script, tales como $\mathcal{M}$, $\mathcal{S}$ o $\mathcal{T}$, donde hay un uso especial para el tipo concreto $\mathscr{I}$ que denota el *infinito nulo*. Además, sigo el convenio común que utiliza letras script para lagrangianos ($\mathcal{L}$) y hamiltonianos ($\mathcal{H}$), en vista de su estatus muy especial en la teoría física.

Prólogo

Am-tep, un artista de habilidades consumadas, era el maestro artesano del rey. Esa noche estaba durmiendo en el sofá de su taller, cansado después de una tarde de trabajo generosamente productivo, pero no podía conciliar el sueño, quizá por una tensión intangible que se respiraba en el aire. En realidad, ni siquiera estaba seguro de estar dormido cuando sucedió. De repente, había amanecido, aunque él tenía la sensación de que todavía debía ser de noche.

Se levantó con brusquedad. Algo muy extraño estaba sucediendo. La luz del alba no podía venir del norte; y, sin embargo, una luz roja resplandecía alarmantemente en su amplia ventana que daba al norte sobre el mar. Se acercó a la ventana y miró al exterior con estupor e incredulidad. ¡Nunca antes había salido el Sol por el norte! Aturdido como estaba, necesitó algún tiempo para darse cuenta de que eso no podía ser el Sol. Era un rayo de luz distante, de un intenso rojo vivo, proyectado verticalmente desde las aguas hacia el cielo.

Mientras permanecía allí, sobre el haz apareció una nube más oscura que daba al conjunto la apariencia de una sombrilla gigantesca y lejana, de un brillo maligno, con un bastón llameante y lleno de humo. La capucha de la sombrilla empezó a ensancharse y oscurecerse: parecía un demonio del mundo subterráneo. La noche se había aclarado, pero ahora las estrellas desaparecían una tras otra engullidas por el avance de esa monstruosa criatura del infierno.

Aunque su reacción natural debería haber sido de terror, él permaneció inmóvil, paralizado durante varios minutos ante la perfecta simetría y la impresionante belleza de la escena. Pero entonces la terrible nube empezó a desviarse ligeramente hacia el este, empujada por el viento. Quizá eso le alivió algo y el hechizo se rompió momentáneamente. Pero de inmediato volvió a sentir aprensión cuando le pareció experimentar una extraña alteración en el suelo, acompañada de un ruido sordo, inquietante, de una naturaleza completamente desconocida para él. Empezó a preguntarse qué podía haber provocado tanta furia. Nunca antes había sido testigo de la ira divina de una magnitud semejante.

Su primera reacción fue culparse a sí mismo por el diseño de la copa sacrificial que acababa de terminar: eso le había tenido preocupado. ¿Quizá su representación del dios-toro no había sido suficientemente terrorífica? ¿Se había ofendido el dios? Pero pronto comprendió lo absurdo de su idea. La furia de la que había sido testigo no podía ser el resultado de una acción tan trivial como la suya, y seguramente no iba dirigida contra él en particular. Pero sabía que habría problemas en el Gran Palacio. El rey sacerdote se apresuraría a tratar de apaciguar a ese dios demonio. Habría sacrificios. Las tradicionales ofrendas de frutos o incluso animales no serían suficientes para aplacar una ira de esa magnitud. Los sacrificios serían humanos.

De repente, y para su sorpresa, se vio lanzado hacia el fondo de la habitación por un golpe de aire seguido de un viento violento. El ruido era tan atronador que por un momento le dejó sordo. Muchos de sus vasos de arcilla bellamente ornamentados fueron barridos de las estanterías y se hicieron añicos contra la pared trasera. Tendido en el suelo en el apartado rincón al que había sido lanzado por el golpe de aire, empezó a recobrar el sentido y vio que la habitación estaba en completo desorden. Quedó horrorizado al ver que una de sus grandes urnas favoritas estaba destrozada y ya no existían los preciosos diseños que tan primorosamente había trabajado.

Am-tep se levantó tambaleándose y al cabo de un rato se acercó de nuevo a la ventana, esta vez con gran agitación, para contemplar de nuevo aquella lejana y terrible escena en medio del mar. Entonces creyó ver una perturbación que se dirigía hacia él, iluminada por ese horno lejano. Parecía una enorme depresión que se movía con rapidez hacia la costa, seguida por un muro de agua que semejaba un acantilado. De nuevo quedó paralizado, observando cómo la ola que se aproximaba alcanzaba proporciones gigantescas. Finalmente, la perturbación llegó a la costa y la parte del mar que había inmediatamente ante él se vació, dejando numerosos barcos encallados en la playa recién formada. Luego la ola acantilado entró en la zona vaciada y la golpeó con terrible violencia. Todos los barcos quedaron hechos pedazos, y muchas casas próximas fueron destruidas en un instante. Aunque el agua alcanzó una gran altura en el espacio que había delante de él, su propia casa se salvó de la destrucción gracias a que estaba situada en un terreno elevado y a gran distancia del mar.

El Gran Palacio también se salvó. Pero Am-tep temía que lo peor estaba por llegar, y tenía razón —aunque no podía imaginar hasta qué punto—. Sabía, no obstante, que ahora no bastaría con ningún sacrificio humano ordinario de un esclavo. Sería necesario algo más para aplacar la ira tempestuosa de ese dios terriblemente enfurecido. Pensó en sus hijos e hijas, y en su nieto recién nacido. Ni siquiera ellos estarían a salvo.

Am-tep estaba en lo cierto al temer nuevos sacrificios humanos. Pronto fueron apresados una joven y un joven de buena cuna, y llevados a un templo cercano, a gran altura en la falda de una montaña. Se estaba procediendo al correspondiente ritual cuando sobrevino otra catástrofe. El suelo tembló con una violencia devastadora, y el techo del templo se vino abajo, matando al instante a todos los sacerdotes y a sus presuntas víctimas sacrificiales. Allí, atrapados en mitad del ritual, ¡yacerían enterrados durante tres mil quinientos años!

La devastación fue espantosa, pero no absoluta. Muchas de las islas donde vivían Am-tep y su pueblo sobrevivieron al terrible terremoto, aunque el Gran Palacio quedó destruido casi por completo. Se reconstruyeron muchas cosas en el curso de los años. Incluso el palacio, construido sobre las ruinas del antiguo, iba a recuperar mucho de su esplendor original. Pese a todo, Am-tep se había jurado abandonar la isla. Su mundo había cambiado irremisiblemente.

En el mundo que él conoció se habían dado mil años de paz, prosperidad y cultura, durante los cuales había reinado la diosa tierra. Había florecido un arte maravilloso. Existía un gran comercio con las islas vecinas. El magnífico Gran Palacio era un enorme y lujoso laberinto, prácticamente una ciudad en sí mismo, adornado con soberbios frescos de animales y plantas. Había agua corriente, un excelente sistema de alcantarillado y cisternas. La guerra era casi desconocida y las defensas innecesarias. Pero ahora Am-tep tenía la sensación de que la diosa tierra había sido derrocada por un ser con valores completamente diferentes.

Pasaron algunos años antes de que Am-tep, acompañado de su familia superviviente, abandonase definitivamente la isla en un barco reconstruido por su hijo más joven, que era un hábil carpintero y marino. El nieto de Am-tep había crecido y se había convertido en un muchacho despierto, interesado en todo lo que le rodeaba. El viaje duró varios días, pero el tiempo era sumamente apacible. Una noche clara, Am-tep estaba explicando a su nieto las figuras que formaban las estrellas cuando le asaltó una extraña idea: *Las figuras que formaban las estrellas no habían sufrido la más mínima alteración con respecto a las que eran antes de la catástrofe de la emergencia del terrible demonio.*

Am-tep conocía muy bien esas figuras, pues tenía la visión profunda de un artista. Si sus vasijas habían quedado destrozadas y su gran urna se había hecho añicos, pensaba él, ¿no deberían aquellas minúsculas candelas en el cielo haber sido apartadas, aunque fuera ligeramente, de sus posiciones por la violencia de aquella noche? La Luna también había mantenido su cara, igual que antes, y su ruta a través del cielo lleno de estrellas no había cambiado un ápice, hasta donde Am-tep podía afirmar. Durante muchas lunas posteriores a la catástrofe, los cielos habían parecido en efecto diferentes. Hubo oscuridad y nubes extrañas, y la Luna y el Sol habían mostrado a veces colores inusuales. Pero ahora que eso había pasado, sus movimientos parecían ser exactamente los mismos que habían sido antes. Y, de igual forma, las minúsculas estrellas no se habían movido en absoluto.

Si los cielos, que tienen una estatura mucho mayor que la de ese terrible demonio, habían mostrado tan poco interés por la catástrofe, pensó Am-tep, ¿por qué las fuerzas que controlaban al propio demonio habían de mostrar interés por lo que estaba haciendo el pequeño pueblo de la isla, con sus ridículos rituales y sacrificios humanos? Se sintió avergonzado por las absurdas ideas que había tenido entonces, cuando pensó que el demonio podría estar interesado en las sencillas figuras de sus vasijas.

Pero Am-tep seguía preocupado por la pregunta: ¿por qué? ¿Qué profundas fuerzas controlan el comportamiento del mundo, y por qué a veces estallan de formas violentas y aparentemente incomprensibles? Compartía estas preguntas con su nieto, pero no había respuestas.

Pasó un siglo, y luego un milenio, y aún no había respuestas.

Amphos el artesano había vivido toda su vida en el mismo pueblo que su padre, y que el padre de su padre antes de este, y el padre del padre de su padre aun antes de eso. Se ganaba la vida haciendo brazaletes de oro bellamente decorados, pendientes, copas ceremoniales y otros finos productos fruto de sus habilidades artísticas. Ese trabajo había sido la ocupación de la familia durante cuarenta generaciones: una línea ininterrumpida desde que Am-tep se hubiera establecido allí mil cien años antes.

Pero no eran solo las habilidades artísticas las que se habían transmitido de una generación a otra. Las preguntas de Am-tep preocupaban a Amphos como habían preocupado al propio Am-tep en una época anterior. La gran historia de la catástrofe que destruyó a una antigua y pacífica civilización se había transmitido de padres a hijos. La percepción que tuvo Am-tep de la catástrofe también había sobrevivido con sus descendientes. Amphos, asimismo, comprendía que los cielos tenían una magnitud y estatura tan enormes que estarían completamente desinteresados por aquel terrible suceso. En cualquier caso, el suceso había tenido un efecto catastrófico sobre la pequeña población con sus ciudades y sus sacrificios humanos y sus insignificantes rituales religiosos. Por comparación, el propio suceso debía haber sido el resultado de fuerzas enormes completamente indiferentes a tales acciones triviales de los seres humanos. Pero la naturaleza de dichas fuerzas era tan desconocida en la época de Amphos como lo era para Am-tep.

Amphos había estudiado la estructura de las plantas, los insectos y otros pequeños animales, así como de las rocas cristalinas. Su habilidad para la observación también le había sido útil para sus dibujos decorativos. Se interesó por la agricultura y quedó fascinado por el crecimiento del trigo y otras plantas a partir del grano. Pero nada de esto le decía «¿por qué?», y se sentía insatisfecho. Creía que había una razón subyacente en las pautas de la naturaleza, pero no estaba preparado para descubrir dichas razones.

Una noche clara, Amphos levantó la vista al cielo y, a partir de las pautas de las estrellas, trató de construir las figuras de aquellos héroes y heroínas que formaban las constelaciones en el cielo. Para su humilde ojo de artista, los parecidos de aquellas formas eran muy pobres. Él mismo podría haber dispuesto las estrellas de forma mucho más convincente. ¿Por qué los dioses no han dispuesto las estrellas de una forma más adecuada?, se preguntaba. Tal como estaban, las disposiciones se parecían más a granos diseminados, sembrados al azar por un granjero, que a un diseño deliberado de un dios. Entonces le asaltó una extraña idea: *No busques razones en las pautas concretas de las estrellas, o en otras disposiciones desordenadas de objetos; busca en su lugar un orden universal más profundo en el comportamiento de los objetos.*

Amphos razonaba que, después de todo, no encontramos orden en las figuras que forman las semillas dispersas cuando caen al suelo, sino en la forma milagrosa en que cada una de ellas puede desarrollarse hasta formar una planta viva, con una soberbia estructura, y cada una de ellas similar en los detalles a las demás. Nosotros no trataríamos de buscar significado en las disposiciones de las semillas dispersas en el suelo; pese a todo, debe de haber un significado en el misterio oculto de las fuerzas internas que controlan el crecimiento de cada semilla individual, de tal modo que cada una sigue esencialmente el mismo curso maravilloso. En realidad, las leyes de la naturaleza deben de tener una soberbia precisión para que esto sea posible.

Amphos se convenció de que sin precisión en las leyes subyacentes no podría haber orden en el mundo, mientras que se percibe mucho orden en el comportamiento de las cosas. Más aún, debe haber precisión en nuestros modos de pensar acerca de estas cuestiones si no queremos extraviarnos sin remedio.

Sucedió que Amphos tuvo noticias de un sabio que vivía en otro lugar de la tierra, y cuyas creencias parecían estar en armonía con las suyas. Según este sabio, uno no podía basarse en las enseñanzas y tradiciones del pasado. Para estar seguro de las propias creencias, era necesario llegar a conclusiones precisas mediante el uso de una razón indiscutible. Esta precisión tenía que ser de naturaleza matemática, dependiente en definitiva de la noción de *número* y su aplicación a las formas geométricas. En consecuencia, debían ser número y geometría, y no mito y superstición, los que gobernaran el comportamiento del mundo.

Igual que había hecho Am-tep once siglos antes, Amphos se hizo a la mar. Encontró su camino a la ciudad de Crotona, donde el sabio y su fraternidad de 571 hombres sabios y 28 mujeres sabias estudiaban en busca de la verdad. Al cabo de un tiempo, Amphos fue aceptado en la fraternidad. El nombre del sabio era Pitágoras.

aria, y no mitos y superstición, los que gobernaran el comportamiento del mundo.

Igual que había hecho Am-tep once siglos antes, Amphos se hizo a la mar. Encontró su camino a la ciudad de Crotona, donde el sabio y su fraternidad de 571 hombres sabios y 28 mujeres sabias estudiaban en busca de la verdad. Al cabo de un tiempo, Amphos fue aceptado en la fraternidad. El nombre del sabio era Pitágoras.

1

Las raíces de la ciencia

1.1. La búsqueda de las fuerzas que configuran el mundo

¿Qué leyes rigen nuestro universo? ¿Cómo las conoceremos? ¿Cómo puede servirnos este conocimiento para comprender el mundo y con ello orientar sus acciones en nuestro provecho?

Desde los albores de la humanidad, los hombres se han sentido profundamente intrigados por preguntas como estas. Al principio trataron de dar sentido a las fuerzas que controlan el mundo aferrándose al tipo de conocimiento que les era accesible a partir de sus propias vidas. Imaginaban que cualquier cosa o quienquiera que fuera lo que controlaba su entorno lo haría de la misma forma en que ellos se esforzaban para controlar las cosas: originalmente habían creído que su destino estaba bajo la influencia de seres que actuaban de acuerdo con sus propios y variados impulsos humanos. Tales fuerzas impulsoras podían ser el orgullo, el amor, la ambición, la rabia, el miedo, la venganza, la pasión, el castigo, la lealtad o el arte. Por consiguiente, el curso de los fenómenos naturales —como el Sol, la lluvia, las tormentas, el hambre, la enfermedad o la pestilencia— se entendía como el capricho de dioses o diosas motivados por tales impulsos humanos. Y lo único que se podía hacer para influir en estos acontecimientos era apaciguar a las figuras divinas.

Pero poco a poco se empezó a establecer la fiabilidad de otro tipo de pautas. La precisión del movimiento del Sol en el cielo y su evidente relación con la alternancia del día y la noche ofrecía el ejemplo más obvio; pero también la posición del Sol respecto a las estrellas del orbe celeste aparecía estrechamente asociada al cambio y a la implacable regularidad de las estaciones, y a la clara influencia en el clima que la acompañaba y, en consecuencia, en la vegetación y el comportamiento animal. También el movimiento de la Luna parecía firmemente regulado, y sus fases determinadas por su relación geométrica con el Sol. Se advirtió que en aquellos lugares de la Tierra en los que los océanos abiertos se encuentran con la tierra, las mareas tenían una regularidad rígidamente gobernada por la posición (y la fase) de la Luna. Por último, incluso los mucho más complicados movimientos aparentes de los planetas empezaron a ceder sus secretos, revelando una regularidad y una inmensa precisión subyacente. Si los cielos estaban realmente controlados por los caprichos de los dioses, entonces estos mismos dioses parecían estar bajo el hechizo de leyes matemáticas exactas.

Del mismo modo, las leyes que controlaban algunos fenómenos terrestres —tales como los cambios diarios y anuales de temperatura, el flujo y reflujo de los océanos, y el crecimiento de las plantas— que, al menos en ese aspecto, se veían influidos por los cielos, compartían esa misma regularidad matemática que parecía guiar a los dioses. Pero este tipo de relación entre el comportamiento de los cuerpos celestes y los terrestres iba a ser a veces exagerado o mal entendido, e iba a cobrar una importancia desmesurada, que llevaría a las connotaciones ocultas y místicas de la astrología. Pasaron muchos siglos antes de que el rigor del conocimiento científico hiciera posible desenredar las verdaderas influencias de los cielos de las puramente hipotéticas y místicas. Pese a todo, desde los tiempos más remotos había estado claro que aquellas influencias existían realmente y que, en consecuencia, las leyes matemáticas de los cielos debían tener relevancia también aquí en la Tierra.

De forma en apariencia independiente se percibieron otras regularidades en el comportamiento de los objetos terrestres. Una de ellas era la tendencia de todas las cosas en una vecindad a moverse en la misma dirección hacia abajo, bajo la influencia de lo que ahora llamamos *gravedad*. Se observó que a veces la materia se transformaba de una forma en otra, tal como ocurría en la fusión del hielo o la disolución de la sal, aunque la cantidad total de materia nunca parecía cambiar, lo que refleja la ley que ahora conocemos como *conservación de la masa*. Además, se advirtió que hay muchos cuerpos materiales con la importante propiedad de que conservan su forma, de donde surgió el concepto de

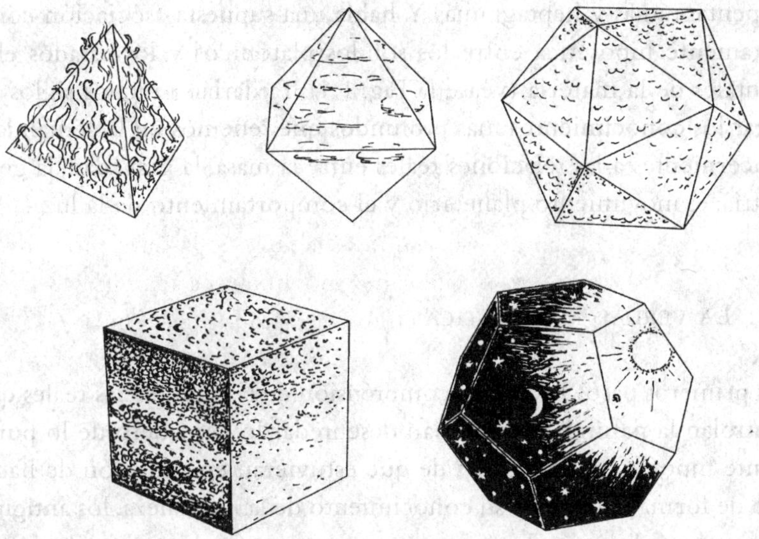

Fig. 1.1. Una asociación fantástica, hecha por los antiguos griegos, entre los cinco sólidos platónicos y los cuatro «elementos» (fuego, aire, agua y tierra), junto con el firmamento celeste representado por el dodecaedro.

movimiento espacial rígido; y se hizo posible comprender las relaciones espaciales en términos de una geometría precisa y bien definida: la geometría tridimensional que ahora denominamos *euclídea*. Más aún, la noción de «línea recta» en esta geometría resultó ser la misma que la que proporcionaban los rayos luminosos (o las líneas visuales). Sin duda, había una extraordinaria precisión y belleza en estas ideas, que despertaban una gran fascinación en los antiguos, igual que la despiertan hoy en nosotros.

Sin embargo, y en relación con nuestras vidas cotidianas, las implicaciones de esta precisión matemática para las acciones del mundo parecían con frecuencia poco excitantes y limitadas, pese al hecho de que las propias matemáticas parecían representar una verdad profunda. En consecuencia, en tiempos antiguos muchas personas iban a permitir que su imaginación se dejara llevar por su fascinación por el tema y les condujese mucho más allá de lo que era adecuado. En astrología, por ejemplo, las figuras geométricas también solían generar connotaciones místicas y ocultas, como era el caso de las supuestas potencias mágicas de pentagramas y heptagramas. Y había una supuesta asociación completamente hipotética entre los sólidos platónicos y los estados elementales de la materia (véase la Fig. 1.1). Tardarían muchos siglos en llegar los conocimientos más profundos que tenemos en la actualidad, concernientes a las relaciones reales entre la masa, la gravedad, la geometría, el movimiento planetario y el comportamiento de la luz.

1.2. La verdad matemática

Los primeros pasos hacia una comprensión de las influencias reales que controlan la naturaleza requerían desenredar lo verdadero de lo puramente hipotético. Pero antes de que estuvieran en situación de hacer esto de forma fiable para su conocimiento de la naturaleza, los antiguos necesitaban algo más. Lo primero que tenían que hacer era descubrir la forma de desenredar lo verdadero de lo hipotético en *matemáticas*. Se necesitaba un procedimiento para decir si se puede confiar o no en la verdad de una afirmación matemática dada. Hasta que no quedara establecida de forma razonable esta cuestión preliminar, habría pocas esperanzas de abordar con seriedad aquellos problemas más difíciles concernientes a las fuerzas que controlan el comportamiento del mundo y cualesquiera que pudieran ser sus relaciones con la verdad matemática. Esta comprensión de que la clave para entender la naturaleza reside en unas matemáticas incuestionables fue quizá el primer avance trascendental en la ciencia.

Aunque ya desde los tiempos antiguos de Egipto y Babilonia se habían supuesto todo tipo de verdades matemáticas, solo cuando los filósofos griegos Tales (*c.* 625-547 a.C.) y Pitágoras[1]* de Samos (*c.* 572-497 a.C.) empezaron a introducir la idea de *demostración matemática* se colocó la primera piedra fundacional firme del conocimiento matemático —y, por consiguiente, de la propia ciencia—. Quizá fuera Tales el primero en introducir esta idea de demostración, pero parece que fueron los pitagóricos quienes hicieron por primera vez un uso impor-

* Las notas, indicadas en el texto mediante superíndices, se recogen al final de cada capítulo.

tante de la misma para establecer cosas que, de otro modo, no eran obvias. Parece que Pitágoras también tuvo una fuerte intuición de la importancia del *número*, y de los conceptos aritméticos, en el gobierno de las acciones del mundo físico. Se dice que un factor importante en esta comprensión fue el darse cuenta de que las armonías más bellas producidas por liras o flautas correspondían a las razones más simples entre las longitudes de las cuerdas vibrantes o los tubos. También se dice que él introdujo la «escala pitagórica», cuyas razones numéricas sabemos ahora que son las frecuencias que determinan los intervalos principales en los que se basa esencialmente la música occidental.[2] El famoso *teorema de Pitágoras*, que afirma que el cuadrado de la hipotenusa de un triángulo rectángulo es igual a la suma de los cuadrados de los otros dos lados, mostró, quizá más que cualquier otra cosa, que existe una relación precisa entre la aritmética de los números y la geometría del espacio físico (véase el capítulo 2).

Pitágoras tuvo un número considerable de seguidores —los *pitagóricos*— establecidos en la ciudad de Crotona, en lo que hoy es el sur de Italia, pero su influencia en el mundo exterior se vio dificultada por el hecho de que todos los miembros de la fraternidad pitagórica hacían un juramento de secreto. Por ello, casi todas sus conclusiones detalladas se han perdido. De todas formas, algunas de estas conclusiones se filtraron, con consecuencias desafortunadas para los «topos», que, al menos en una ocasión, ¡sufrieron el castigo de morir ahogados!

A la larga, la influencia de los pitagóricos sobre el progreso del pensamiento humano ha sido enorme. Por primera vez, con demostración matemática, era posible hacer afirmaciones significativas de un carácter incuestionable, de modo que seguirían siendo tan verdaderas hoy como en la época en que se hicieron, con independencia de cuánto haya progresado nuestro conocimiento del mundo desde entonces. Empezaba a revelarse la naturaleza verdaderamente intemporal de las matemáticas.

Pero ¿qué es una demostración matemática? En matemáticas, una demostración es un argumento impecable, basado solo en los métodos del razonamiento puramente lógico, que permite inferir la validez de una afirmación matemática dada a partir de la validez preestablecida de otras afirmaciones matemáticas, o de ciertas afirmaciones concretas primitivas —los *axiomas*— cuya validez se considera evidente. Una vez que tal afirmación matemática ha quedado establecida de esta forma, se conoce como un *teorema*.

Muchos de los teoremas que interesaban a los pitagóricos eran de naturaleza geométrica; otros eran solo afirmaciones sobre números. Aquellos que concernían puramente a los números tienen hoy una validez inequívoca, igual que la tenían en los tiempos de Pitágoras. ¿Qué ocurre con los teoremas *geométricos* que los pitagóricos habían obtenido utilizando sus procedimientos de demostración matemática? También estos tienen hoy una clara validez, pero ahora surge una cuestión que complica las cosas. Se trata de una cuestión cuya naturaleza es más obvia para nosotros desde nuestro punto de vista moderno que lo era en el tiempo de Pitágoras. Los antiguos solo conocían un tipo de geometría, a saber, la que ahora llamamos *geometría euclídea*, pero ahora conocemos otros muchos tipos. Así pues, al considerar los teoremas geométricos de la época griega antigua es importante especificar que la noción de geometría a la que nos referimos es en realidad la geometría de Euclides. (Seré más explícito sobre estas cuestiones en §2.4, donde se dará un ejemplo importante de geometría no euclídea.)

La geometría euclídea es una estructura matemática específica, con sus propios axiomas específicos (incluidas algunas afirmaciones menos seguras conocidas como postulados), que proporciona una excelente aproximación a un aspecto concreto del mundo físico. Este era el aspecto de realidad, muy familiar para los antiguos griegos, que remitía a las leyes que gobiernan la geometría de los objetos rígidos y sus relaciones con otros objetos rígidos cuando se movían en el espacio tridimensional. Algunas de estas propiedades eran tan familiares y autoconsistentes que tendían a ser consideradas como verdades matemáticas «evidentes» y se tomaban como axiomas (o postulados). Como veremos en los capítulos 17-19 y en §§27.8,11, la relatividad general de Einstein —e incluso el espaciotiempo minkowskiano de la relatividad especial— proporciona geometrías para el universo físico que son diferentes de, e incluso más precisas que, la geometría de Euclides, pese al hecho de que la geometría euclídea de los antiguos era ya extraordinariamente precisa. Así pues, a la hora de considerar afirmaciones geométricas debemos tener cuidado si confiamos en los «axiomas» como si fueran, en cualquier sentido, realmente *verdaderos*.

Pero ¿qué significa «verdadero» en este contexto? La dificultad fue apreciada por el gran filósofo griego Platón, que vivió en Atenas desde *c.* 429 hasta 347 a.C., aproximadamente un siglo y medio después de Pitágoras. Platón dejó claro que las proposiciones matemáticas —las cosas que podían considerarse como incuestionablemente verdaderas— no se refieren a objetos físicos reales (como los cuadrados, triángulos, círculos, esferas y cubos aproximados que podrían construirse con marcas en la arena, o con piedra o madera), sino a ciertas entidades idealizadas. Él imaginaba que esas entidades ideales habitaban en un mundo diferente, distinto del mundo físico. Hoy día podríamos llamar a este mundo el *mundo platónico de las formas matemáticas*. Las estructuras físicas, tales como los cuadrados, los círculos o los triángulos recortados en papiro, o marcados en una superficie plana, o quizá los cubos, los tetraedros o las esferas esculpidas en mármol, podrían ajustarse estrechamente a estos ideales, pero solo de forma aproximada. Los cuadrados, cubos, círculos, esferas, triángulos, etc., *matemáticos* reales no serían parte del mundo físico, sino que serían habitantes del mundo platónico de las formas matemáticas idealizadas.

1.3. ¿Es «real» el mundo matemático de Platón?

Esta era una idea extraordinaria para su época, y ha resultado ser una idea muy fecunda. Pero ¿existe realmente el mundo matemático platónico, en cualquier sentido significativo? Muchas personas, incluidos los filósofos, podrían considerar que un «mundo» semejante es una completa ficción, un mero producto de nuestra imaginación desbordante. Pese a todo, el punto de vista platónico es inmensamente valioso. Nos dice que debemos ser cuidadosos en distinguir las entidades matemáticas precisas de las aproximaciones que vemos a nuestro alrededor en el mundo de los objetos físicos. Más aún, nos proporciona el esquema con el que ha procedido la ciencia desde entonces. Los científicos propondrán modelos del mundo —o, mejor, de ciertos aspectos del mundo— y estos modelos pueden ser puestos a prueba frente a observaciones previas y frente a los resultados de experimentos cuidadosamente diseñados. Los modelos se juzgan apropiados si sobreviven a este examen riguroso y si, además, son estructuras con consistencia interna. Para nuestra discusión actual, el punto importante en estos modelos es que son básicamente modelos *matemáticos* puramente abstractos. En particular, la cuestión misma de la consistencia interna de un modelo científico requiere que el modelo esté especificado de forma precisa. La precisión requerida exige que el modelo sea matemático, pues de lo contrario no se puede estar seguro de que estas preguntas tengan respuestas bien definidas.

Si hay que atribuir algún tipo de «existencia» al propio modelo, entonces dicha existencia está localizada dentro del mundo platónico de las formas matemáticas. Por supuesto, se podría adoptar un punto de vista opuesto: que el modelo va a tener existencia solo dentro de nuestras diversas *mentes*, antes que aceptar que el mundo de Platón sea en algún sentido absoluto y «real». Pese a todo, se gana algo importante al considerar que las estructuras matemáticas poseen una realidad por sí mismas. En efecto, nuestras mentes individuales son notoriamente imprecisas, poco fiables e inconsistentes en sus juicios. La precisión, fiabilidad y consistencia que requieren nuestras teorías científicas exige algo más allá de cualquiera de nuestras mentes individuales (poco dignas de confianza). En las matemáticas encontramos una solidez mucho mayor que la que puede localizarse en cualquier mente concreta. ¿No apunta esto a algo exterior a nosotros mismos, con una realidad que está más allá de lo que cada individuo puede alcanzar?

De todas formas, aún se podría adoptar el punto de vista alternativo según el cual el mundo matemático no tiene existencia independiente y consiste meramente en algunas ideas que han sido destiladas de nuestras diversas mentes, que se han mostrado totalmente dignas de confianza y en las que todos coinciden. Pero incluso este punto de vista parece dejarnos muy lejos de lo que se necesita. ¿Queremos decir «en las que todos coinciden», por ejemplo, o «en las que coinciden quienes están en su sano juicio», o «en las que coinciden todos aquellos que tienen un doctorado en matemáticas (poco frecuente en la época de Platón) y que tienen derecho a aventurar una opinión autorizada»? Parece que aquí hay un peligro de circularidad; pues juzgar si alguien está o no «en su sano juicio» requiere algún patrón externo. Lo mismo sucede con el significado de «autorizada», a menos que se adoptara algún canon de naturaleza acientífica tal como la «opinión de la mayoría» (y debería quedar claro que la opinión de la mayoría, por importante que pueda ser para un gobierno democrático, no debería ser utilizada en modo alguno como criterio de aceptabilidad científica). Las propias matemáticas parecen tener realmente una solidez que va mucho más allá de lo que cualquier matemático individual es capaz de percibir. Aquellos que trabajan en esta disciplina, ya estén implicados activamente en la investigación matemática o bien utilicen resultados que han sido obtenidos por otros, sienten normalmente que son meros exploradores de un mundo que está mucho más allá de ellos mismos, un mundo que posee una objetividad que trasciende la mera opinión, ya sea dicha opinión la suya propia o la propuesta de otros, con independencia de cuán expertos pudieran ser esos otros.

Quizá pueda ayudar el que yo plantee de una forma diferente el caso de la existencia real del mundo platónico. Lo que entiendo por esta «existencia» es tan solo la objetividad de la verdad matemática. La existencia platónica, tal como yo la veo, se refiere a la existencia de un canon externo objetivo que no depende de nuestras opiniones individuales ni de nuestra cultura concreta. Tal «existencia» podría también referirse a objetos distintos de las matemáticas, tales como la moralidad o la estética (cf. §1.5), pero aquí estoy interesado solo en la objetividad matemática, que parece ser una cuestión mucho más clara.

Permítaseme ilustrar este punto considerando un ejemplo famoso de verdad matemática, y relacionarlo con la cuestión de la «objetividad». En 1637, Pierre de Fermat hizo su famosa afirmación conocida hoy día como el «último teorema de Fermat» (que ninguna potencia *n*-ésima[3] positiva de un número entero puede ser la suma de otras dos potencias *n*-ésimas positivas si *n* es un número entero mayor que 2), que él escribió en un margen de su copia de la *Arithmetica*, libro escrito en el siglo III por el matemático griego Diofanto. En este margen, Fermat anotó también: «He encontrado una demostración de esto verdaderamente maravillosa, que no cabe en este estrecho margen». La afirmación matemática de Fermat quedó sin confirmar durante más de trescientos cincuenta años, pese a que aunó los esfuerzos de muchos matemáticos destacados. Finalmente, Andrew Wiles publicó una demostración en 1995 (que se basaba en el trabajo previo de otros matemáticos), y esta demostración ha sido ahora aceptada como un argumento válido por la comunidad matemática.

Ahora bien, ¿aceptamos el punto de vista de que la afirmación de Fermat fue siempre verdadera, mucho antes de que este la hiciera en realidad, o es su validez una cuestión puramente cultural, dependiente de cuáles pudieran ser los cánones subjetivos de la comunidad de matemáticos humanos? Supongamos que la validez de la afirmación de Fermat es, de hecho, una cuestión subjetiva. Entonces no sería un absurdo que un matemático X hubiera dado con un contraejemplo real y concreto de la afirmación de Fermat, siempre que X lo hubiera hecho antes de 1995.[4] En tal caso, la comunidad matemática tendría que aceptar la corrección del contraejemplo de X. A partir de entonces, cualquier esfuerzo por parte de Wiles de demostrar la afirmación de Fermat tendría que ser infructuoso, por la sencilla razón de que X había obtenido su argumento primero y, en vista de ello, ¡la afirmación de Fermat sería ahora falsa! Más aún, podríamos plantear la pregunta adicional acerca de si, de acuerdo con la corrección del contraejemplo que iba a dar X, el propio Fermat habría estado necesariamente equivocado al creer en la validez de su «demostración verdaderamente maravillosa», en el instante en que escribió su nota en el margen. En el punto de vista subjetivo de la verdad matemática hubiera podido darse el caso de que Fermat tuviera una demostración válida (que habría sido aceptada como tal por sus pares en la época, si él la hubiera revelado), ¡y que fue el secretismo de Fermat el que permitió la posibilidad de que X obtuviese más tarde un contraejemplo! Creo que prácticamente todos los matemáticos, con independencia de las actitudes que profesen hacia el «platonismo», considerarán que tales posibilidades son manifiestamente absurdas.

Por supuesto, aún podría darse el caso de que el argumento de Wiles contenga un error y que la afirmación de Fermat fuera en realidad falsa. O que pudiera haber un error fundamental en el argumento de Wiles, pero que la afirmación de Fermat sea en cualquier caso verdadera. O podría ser que el argumento de Wiles sea correcto en sus líneas esenciales aunque contenga «pasos no rigurosos» que no superarían el canon de algunas reglas futuras de aceptabilidad matemática. Pero estas cuestiones no abordan el punto que estoy señalando aquí. La cuestión es la objetividad de la propia afirmación de Fermat, y no si la demostración (o la negación) particular de la misma que hiciera alguien podría resultar convincente para la comunidad matemática de cualquier época concreta.

Quizá habría que mencionar que, desde el punto de vista de la lógica matemática, la afirmación de Fermat es en realidad un enunciado matemático de un tipo particularmente simple,[5] cuya objetividad es especialmente evidente. Solo una pequeñísima minoría de matemáticos[6] consideraría que la verdad de tales afirmaciones es de algún modo «subjetiva» —aunque podría haber cierta subjetividad acerca de los tipos de argumentos que se considerarían convincentes—. Sin embargo, hay otros tipos de afirmaciones matemáticas cuya verdad podría considerarse plausiblemente como una «cuestión de opinión». Tal vez la más conocida de dichas afirmaciones sea el *axioma de elección*. No es importante, por el momento, que sepamos qué es el axioma de elección. (Lo describiré en §16.3.) Aquí se cita solo como ejemplo. Probablemente la mayoría de los matemáticos considerarán que el axioma de elección es «obviamente verdadero», mientras que otros pueden considerarlo una afirmación algo cuestionable que incluso podría ser falsa (y yo mismo me inclino, en cierta medida, hacia este segundo punto de vista). Otros aún podrían tomarlo como una afirmación cuya «verdad» es una mera cuestión de opinión o, más bien, como algo que puede tomarse de un modo o de otro, dependiendo de a qué sistemas de axiomas y reglas de inferencia (un «sistema formal»; véase §16.6) decida uno adherirse. Los matemáticos que defienden este último punto de vista (pero aceptan la objetividad de la verdad de enunciados matemáticos particularmente nítidos, como la afirmación de Fermat que he mencionado antes) serían platonistas relativamente débiles. Aquellos que se adhieren a la objetividad con respecto a la verdad del axioma de elección serían platonistas más fuertes.

Volveré al axioma de elección en §16.3, pues tiene cierta relevancia para las matemáticas subyacentes en el comportamiento del mundo físico, pese al hecho de que no se aborda mucho en la teoría física. Por el momento será mejor que no nos preocupemos demasiado por esta cuestión. Si el axioma de elección puede ser dilucidado en un sentido u otro mediante alguna forma apropiada de razonamiento matemático incuestionable,[7] entonces su verdad es en realidad una cuestión totalmente objetiva, y o bien el axioma pertenece al mundo platónico o bien lo hace su negación, en el sentido en que estoy interpretando este «mundo platónico». Si, por el contrario, el axioma de elección es una simple cuestión de opinión o de decisión arbitraria, entonces el mundo platónico de las formas matemáticas absolutas no contiene axioma de elección ni su negación (aunque podría contener afirmaciones de la forma «tal y cual se sigue del axioma de elección», o «el axioma de elección es un teorema de acuerdo con las reglas de tal y cual sistema matemático»).

Los enunciados matemáticos que pueden pertenecer al mundo de Platón son precisamente aquellos que son objetivamente verdaderos. De hecho, yo consideraría que la objetividad matemática es realmente el objeto del platonismo matemático. Decir que una afirmación matemática tiene una existencia platónica es sencillamente decir que es verdadera en un sentido objetivo. Un comentario similar es aplicable a las *nociones* matemáticas —tales como el concepto del número 7, por ejemplo, o la regla para la multiplicación de números enteros, o la idea de que cierto conjunto contiene infinitos elementos—, todas las cuales tienen una existencia platónica porque son nociones objetivas. En mi opinión, la existencia platónica es simplemente una cuestión de objetividad y, en consecuencia, no debería verse como algo «místico» o «acientífico», pese a que así la consideran algunos.

No obstante, como sucede con el axioma de elección, las preguntas acerca de si debe considerarse o no que cierta propuesta concreta de una entidad matemática tiene una existencia objetiva pueden ser delicadas y a veces muy técnicas. Pese a ello, ciertamente no necesitamos ser matemáticos para apreciar la solidez general de muchos conceptos matemáticos. En la Fig. 1.2 he representado varias porciones pequeñas de esa famosa entidad matemática conocida como el *conjunto de Mandelbrot.* El conjunto tiene una estructura extraordinariamente complicada, pero no se debe a ningún diseño humano. Lo realmente notable es que esta estructura está definida por una regla matemática particularmente simple. Llegaremos a ella explícitamente en §4.5, pues

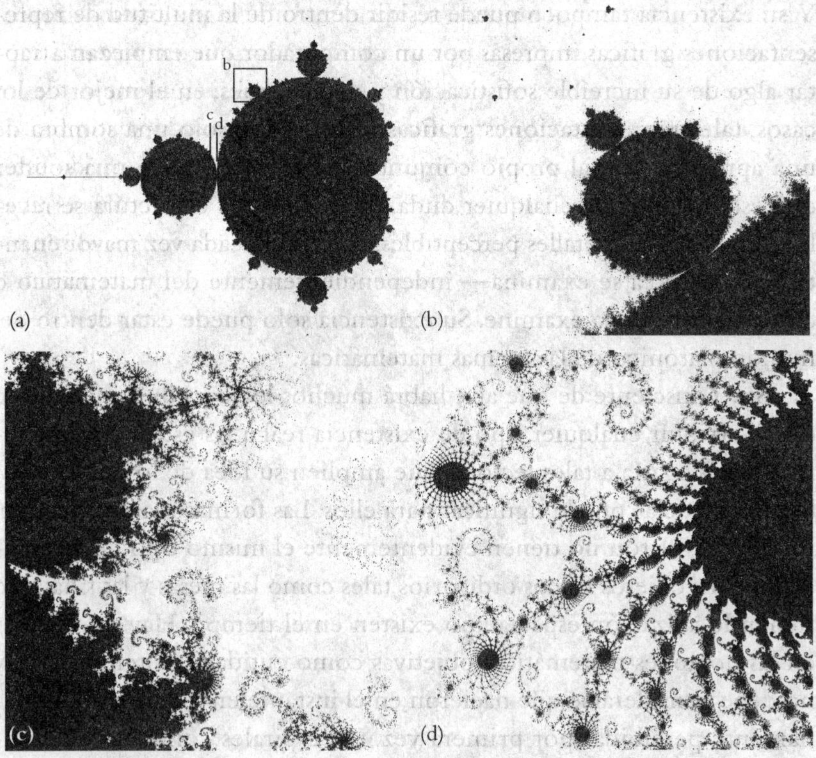

Fig. 1.2. (a) El conjunto de Mandelbrot. (b), (c) y (d) Algunos detalles que ilustran ampliaciones de las regiones correspondientemente marcadas en la Fig. 1.2a, aumentadas por factores lineales respectivos 11,6, 168,9 y 1.042.

nos distraeríamos de nuestros propósitos actuales si tratase ahora de ofrecer esta regla en detalle.

El punto que deseo señalar es que nadie, ni siquiera el propio Mandelbrot cuando vio por primera vez las increíbles complicaciones en los detalles finos del conjunto, tuvo ninguna preconcepción real de la extraordinaria riqueza del conjunto. El conjunto de Mandelbrot no fue invención de ninguna mente humana: sencillamente, está ahí de manera objetiva, en las propias matemáticas. Si tiene significado atribuir una existencia real al conjunto de Mandelbrot, entonces dicha existencia no está dentro de nuestras mentes, pues nadie puede abarcar por completo la inacabable variedad y la ilimitada complejidad del conjunto.

Y su existencia tampoco puede residir dentro de la multitud de representaciones gráficas impresas por un computador que empiezan a captar algo de su increíble sofisticación y detalle, pues, en el mejor de los casos, tales representaciones gráficas recogen tan solo una sombra de una aproximación al propio conjunto. Pese a todo, tiene una solidez que está más allá de cualquier duda, pues la misma estructura se revela —en todos sus detalles perceptibles, con finura cada vez mayor cuanto más de cerca se examina— independientemente del matemático o computador que la examine. Su existencia solo puede estar dentro del mundo platónico de las formas matemáticas.

Soy consciente de que aún habrá muchos lectores que encuentren difícil atribuir cualquier tipo de existencia real a las estructuras matemáticas. Rogaría a tales lectores que amplíen su idea de lo que la palabra «existencia» puede significar para ellos. Las formas matemáticas del mundo de Platón no tienen evidentemente el mismo tipo de existencia que los objetos físicos ordinarios tales como las mesas y las sillas. No tienen localización espacial; no existen en el tiempo. Hay que pensar en las nociones matemáticas objetivas como entidades intemporales, y no debe considerarse que nacieron en el instante en que fueron humanamente percibidas por primera vez. Las espirales concretas del conjunto de Mandelbrot que se muestran en las Figs. 1.2c o 1.2d no alcanzaron su existencia en el instante en que se vieron por primera vez en la pantalla o la impresora de un computador. Ni surgieron cuando la idea general que hay tras el conjunto de Mandelbrot fue propuesta por primera vez por un ser humano —no por Mandelbrot, tal como sucedió, sino por R. Brooks y J. P. Matelski, en 1981, o quizá antes—. Pues ciertamente ni Brooks ni Matelski, ni siquiera al principio el propio Mandelbrot, tenían ninguna concepción real de los diseños detallados y complicados que vemos en las Figs. 1.2c y 1.2d. Dichos diseños ya «existían» desde el principio de los tiempos, en el sentido potencial e intemporal con que necesariamente se iban a revelar en la forma exacta en que hoy los percibimos, con independencia de qué momento o qué lugar eligiera cualquier ser perceptivo para examinarlos.

1.4. Tres mundos y tres profundos misterios

Así pues, la existencia matemática es diferente no solo de la existencia física, sino también de una existencia que es atribuida por nuestras percepciones mentales. Pese a todo, hay una conexión misteriosa y profunda con cada una de esas otras dos formas de existencia: la física y la mental. En la Fig. 1.3 he mostrado de manera esquemática estas tres formas de existencia —la física, la mental y la matemático-platónica— como entidades que pertenecen a tres «mundos» separados, representados esquemáticamente como esferas. También están indicadas las misteriosas conexiones entre los mundos, y al dibujar el diagrama he impuesto al lector algunas de mis creencias, o prejuicios, acerca de tales misterios.

Con respecto al *primero* de esos misterios —que relaciona el mundo matemático-platónico con el mundo físico—, puede advertirse que estoy admitiendo que solo una pequeña parte del conjunto de las matemáticas tiene que tener relevancia para el funcionamiento del mundo físico. Sucede ciertamente que la gran mayoría de las actividades actuales de los matemáticos puros no tienen una conexión obvia con la física, ni con ninguna otra ciencia (cf. §34.9), aunque con frecuencia nos veamos sorprendidos por aplicaciones importantes e inesperadas. Análogamente, en relación con el *segundo* misterio, por el que la men-

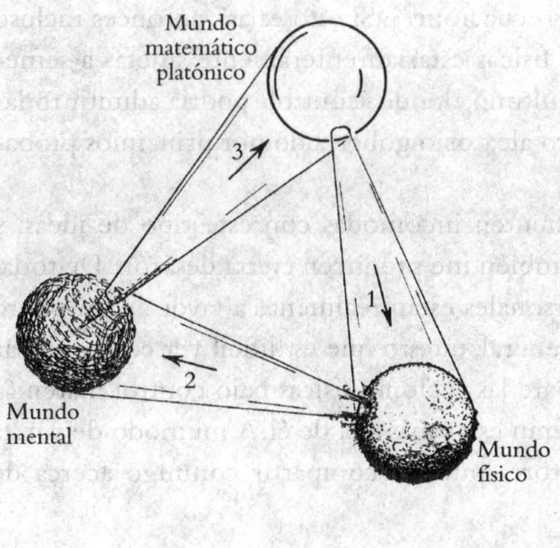

Fig. 1.3. Tres «mundos» —el matemático-platónico, el físico y el mental— y los tres profundos misterios en las conexiones entre ellos.

talidad entra en asociación con ciertas estructuras físicas (más concretamente, los cerebros humanos vivos, sanos y despiertos), no estoy insistiendo en que la mayoría de las estructuras físicas tengan que inducir mentalidad. Aunque el cerebro de un gato puede evocar realmente cualidades mentales, no estoy exigiendo lo mismo de una piedra. Por último, respecto al *tercer* misterio, ¡considero evidente que solo una pequeña fracción de nuestra actividad mental tiene que estar interesada en la verdad matemática absoluta! (Es más probable que estemos interesados en las múltiples irritaciones, placeres, preocupaciones, emociones y sensaciones por el estilo que llenan nuestras vidas cotidianas.) Estos tres hechos están representados en el pequeño tamaño de la base de la conexión de cada mundo con el siguiente, tomando los mundos del diagrama en el sentido de las agujas del reloj. Sin embargo, es en el hecho de englobar cada mundo entero dentro del ámbito de su conexión con el mundo que le precede donde estoy mostrando mis propios prejuicios.

Así pues, según la Fig. 1.3, todo el mundo físico se representa gobernado de acuerdo con leyes matemáticas. En capítulos posteriores veremos que hay una evidencia muy fuerte (aunque incompleta) que apoya esta opinión. Desde este punto de vista, todo lo que hay en el universo físico está realmente gobernado en todos sus detalles por principios matemáticos, quizá por ecuaciones, tales como las que trataremos en los capítulos que siguen, o quizá por algunas nociones matemáticas futuras fundamentalmente diferentes de aquellas que hoy etiquetamos con el término «ecuaciones». Si esto es así, entonces incluso nuestras propias acciones físicas estarían enteramente sujetas a semejante control matemático último, donde «control» podría admitir todavía cierto comportamiento aleatorio gobernado por principios probabilistas estrictos.

Muchas personas se sienten incómodas con este tipo de ideas, y debo confesar que a mí también me producen cierta desazón. De todas formas, mis prejuicios personales están realmente a favor de un punto de vista de este carácter general, puesto que es difícil ver cómo podría trazarse una línea que separe las acciones físicas bajo control matemático de aquellas que pudieran estar más allá de él. A mi modo de ver, la desazón que muchos lectores puedan compartir conmigo acerca de esta cuestión surge en parte de una noción muy limitada de lo que pudiera entrañar el «control matemático». Parte del objetivo de este libro es señalar, y revelar al lector, algo de la extraordinaria riqueza, poder y belleza que pueden brotar una vez que se ha dado con las nociones matemáticas correctas.

Ya en el conjunto de Mandelbrot, tal como se ilustra en la Fig. 1.2, podemos empezar a vislumbrar el alcance y la belleza inherentes en tales objetos. Pero incluso estas estructuras habitan en un rincón muy limitado del conjunto de las matemáticas, donde el comportamiento está gobernado por un control computacional estricto. Más allá de este rincón, hay una increíble riqueza potencial. ¿Cómo me siento realmente al considerar la posibilidad de que todas mis acciones, y las de mis amigos, estén gobernadas, en última instancia, por principios matemáticos de este tipo? Puedo aceptarlo. De hecho, preferiría que estas acciones estuviesen controladas por algo que residiera en algún aspecto semejante del fabuloso mundo matemático de Platón a que estuvieran sujetas al tipo de motivos primarios simples, tales como la búsqueda del placer, la codicia personal o la violencia agresiva, que muchos argumentarán que son las consecuencias de una posición estrictamente científica.

Pese a todo, imagino que muchos lectores seguirán teniendo dificultades para aceptar que tales acciones en el universo puedan estar enteramente sujetas a leyes matemáticas. Análogamente, muchos podrán poner objeciones a otros dos de mis prejuicios que están implícitos en la Fig. 1.3. Podrían pensar, por ejemplo, que estoy adoptando una actitud científica demasiado fría al dibujar mi diagrama de una forma que implica que toda mentalidad tiene sus raíces en la fisicidad. Esto es en realidad un prejuicio, pues aunque es cierto que no tenemos evidencia científica razonable de la existencia de «mentes» que no tengan una base física, no podemos estar completamente seguros de ello. Más aún, muchas personas con convicciones religiosas defenderán con vehemencia la posibilidad de mentes independientes de lo físico, y podrían apelar a lo que ellos consideran evidencia poderosa de un tipo diferente de la que se revela por la ciencia ordinaria.

Otro de mis prejuicios se refleja en el hecho de que en la Fig. 1.3 he representado todo el mundo platónico dentro del ámbito de la mentalidad. Con esto pretendo indicar que, al menos en principio, no hay verdades matemáticas que estén más allá del alcance de la razón. Por supuesto, hay enunciados matemáticos (incluso simples sumas aritméticas) que son tan enormemente complicados que nadie podría tener la fortaleza mental para llevar a cabo el razonamiento necesario. Sin embargo, tales objetos estarían *potencialmente* dentro del alcance de la mentalidad (humana), y serían compatibles con el significado de la Fig. 1.3, tal y como he pretendido representar. En cualquier caso, uno debe considerar que podría haber otros enunciados matemáticos que están incluso fuera del alcance potencial de la razón, y estos violarían la pretensión que hay tras la Fig. 1.3. (Esta cuestión será considerada más extensamente en §16.6, donde se examinará su relación con el famoso teorema de la incompletitud de Gödel.)[8]

En la Fig. 1.4, y como concesión a aquellos que no comparten todos mis prejuicios personales sobre estas cuestiones, he vuelto a dibujar las conexiones entre los tres mundos para admitir las tres posibles violaciones de mis prejuicios. En consecuencia, ahora se tiene en cuenta la posibilidad de acción física más allá del alcance del control matemático. El diagrama admite también la creencia de que pudiera haber mentalidad que no estuviera enraizada en estructuras físicas. Finalmente, permite la existencia de enunciados matemáticos verdaderos cuya verdad es en principio inaccesible mediante la razón y la intuición.

Esta imagen ampliada presenta otros misterios potenciales que van incluso más allá de aquellos que he admitido en mi imagen favorita del mundo, como se representa en la Fig. 1.3. En mi opinión, el punto de vista científico más firmemente organizado de la Fig. 1.3 tiene suficientes misterios. Estos misterios no desaparecen al pasar al esquema más relajado de la Fig. 1.4, pues sigue siendo un profundo enigma por qué tendrían que aplicarse las leyes matemáticas al mundo físico con tan extraordinaria precisión. (Vislumbraremos algo de la extraordinaria exactitud de las teorías físicas básicas en §19.8, §26.7 y §27.13.) Además, no es solo la precisión, sino también la sofisticación sutil y la belleza matemática de estas acertadas teorías lo que es profundamente misterioso. Hay asimismo un profundo e indudable misterio en cómo puede llegar a suceder que la materia física adecuadamente organizada —y aquí me refiero en concreto a cerebros humanos (o animales)

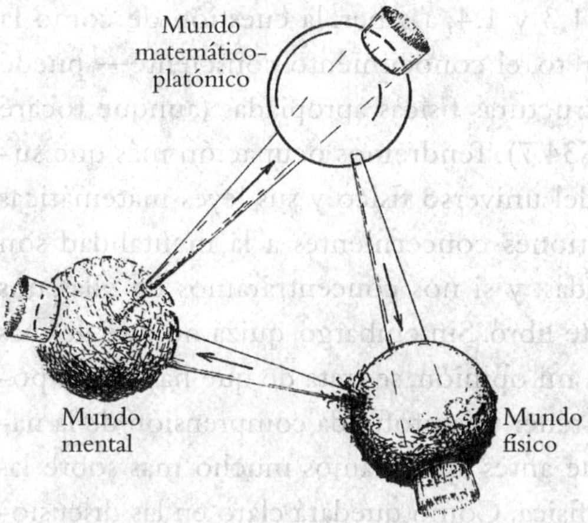

Fig. 1.4. Un nuevo dibujo de la Fig. 1.3 en el que se admiten violaciones de tres de los prejuicios del autor.

vivos— pueda evocar de algún modo la cualidad mental del conocimiento consciente. Por último, hay también un misterio en cómo percibimos la verdad matemática. No se trata solamente de que nuestros cerebros estén programados para «calcular» de manera fiable. Hay algo mucho más profundo que eso en las intuiciones que incluso los más humildes de entre nosotros tenemos cuando apreciamos, por ejemplo, los significados reales de los términos «cero», «uno», «dos», «tres», «cuatro», etc.[9]

Algunas de las cuestiones que surgen en conexión con este tercer misterio serán objeto de nuestro interés en el capítulo siguiente (y más explícitamente en §§16.5,6) en relación con la noción de *demostración matemática*. Pero el impulso principal de este libro tiene que ver con el primero de estos misterios: la notable relación entre las matemáticas y el comportamiento real del mundo físico. No se puede alcanzar una apreciación adecuada del extraordinario poder de la ciencia moderna sin al menos cierta familiaridad con estas ideas matemáticas. Sin duda, muchos lectores pueden asustarse ante la perspectiva de tener que entender semejantes matemáticas para llegar a esta apreciación. Pese a todo, soy optimista, y creo que quizá se darán cuenta de que estas cosas no son tan terribles como ellos temen. Más aún, espero poder persuadir a muchos lectores de que, pese a lo que hayan podido creer previamente, ¡las matemáticas pueden ser divertidas!

Aquí no me interesaré especialmente por el segundo de los misterios mostrados en las Figs. 1.3 y 1.4, a saber, la cuestión de cómo la mentalidad —más en concreto, el conocimiento consciente— puede darse en asociación con estructuras físicas apropiadas (aunque tocaré esta profunda cuestión en §34.7). Tendremos ocupación más que suficiente en la exploración del universo físico y sus leyes matemáticas asociadas. Además, las cuestiones concernientes a la mentalidad son profundamente controvertidas, y si nos concentráramos en ellas nos distraería del objetivo de este libro. Sin embargo, quizá no esté de más hacer algún comentario. En mi opinión, se trata de que hay pocas posibilidades de que podamos tener una profunda comprensión de la naturaleza de la mente sin que antes aprendamos mucho más sobre las bases mismas de la realidad física. Como quedará claro en las discusiones que presentaré en capítulos posteriores, creo que se requieren revoluciones importantes en nuestra comprensión física. Hasta que no se hayan producido tales revoluciones, es muy optimista esperar que puedan hacerse demasiados progresos reales en la comprensión de la naturaleza real de los procesos mentales.[10]

1.5. Lo bueno, lo verdadero y lo bello

En relación con esto, hay otra serie de cuestiones planteadas por las Figs. 1.3 y 1.4. He tomado la noción de Platón de un «mundo de formas ideales» solo en el sentido limitado de formas matemáticas. Las matemáticas se interesan crucialmente en el ideal concreto de *verdad*. El propio Platón habría insistido en que hay otros dos ideales fundamentales y absolutos, a saber, los de lo *bello* y lo *bueno*. No me niego ni mucho menos a admitir la existencia de tales ideales y a permitir que se amplíe el mundo platónico para contener absolutos de esta naturaleza.

De hecho, más adelante encontraremos algunas notables interrelaciones entre verdad y belleza que iluminan y confunden a la vez las cuestiones del descubrimiento y la aceptación de las teorías físicas (véase §§34.2, 3,9 en particular; véase también la Fig. 34.1). Más aún, aparte del indudable (aunque a menudo ambiguo) papel de la belleza en las matemáticas subyacentes en las acciones del mundo físico, los criterios estéticos son fundamentales para el desarrollo de ideas matemáticas por sí mismas, al aportar tanto el impulso hacia el descubrimiento como una poderosa guía a la verdad. Incluso conjeturaría que un elemento importante en la convicción común que tienen los matemáticos en que un mundo platónico externo tiene una existencia independiente de nosotros mismos procede de la extraordinaria e inesperada belleza oculta que tan a menudo revelan las ideas mismas.

De relevancia menos obvia aquí —pero de evidente importancia en un contexto más amplio— es la cuestión de un ideal absoluto de moralidad: ¿qué es bueno y qué es malo, y cómo perciben nuestras mentes dichos valores? La moralidad tiene una profunda conexión con el mundo mental, puesto que está íntimamente relacionada con los valores asignados por seres conscientes y, lo que es más importante, con la presencia misma de la propia consciencia. Es difícil ver qué podría significar la moralidad en ausencia de seres conscientes. A medida que progresan la ciencia y la tecnología, se hace cada vez más relevante una comprensión de las circunstancias físicas bajo las que se manifiesta la mentalidad. Creo que, en la cultura tecnológica de hoy día, es más importante que nunca que las cuestiones científicas no se separen de sus implicaciones morales. Pero estas cuestiones nos alejarían demasiado del alcance inmediato de este libro. Necesitamos abordar la cuestión de separar lo verdadero de lo falso antes de que podamos intentar de forma adecuada una aplicación de tal comprensión a separar el bien del mal.

Por último, hay otro misterio concerniente a la Fig. 1.3 que he dejado para el final. He dibujado deliberadamente la figura para ilustrar una paradoja. ¿Cómo es posible que, de acuerdo con mis prejuicios, cada mundo parezca englobar al siguiente en su totalidad? No creo que esto sea una razón para abandonar mis prejuicios, sino meramente para demostrar la presencia de un misterio aún más profundo que trasciende a aquellos que he señalado antes. Quizá haya un sentido en el que los tres mundos no sean en absoluto independientes, sino que meramente reflejen, individualmente, aspectos de una verdad más profunda sobre el mundo como un todo de la que tenemos muy poca idea en el momento presente. Tenemos un largo camino que recorrer antes de que tales cuestiones puedan ser iluminadas adecuadamente.

Me he permitido alejarme demasiado de las cuestiones centrales que nos interesarán en este libro. El objetivo principal de esta sección ha sido el de acentuar la importancia capital que tienen las matemáticas en la ciencia, tanto antigua como moderna. Echemos ahora una ojeada al mundo de Platón, al menos a una parte relativamente pequeña pero importante de dicho mundo, de especial relevancia para la naturaleza de la realidad física.

Notas

Sección 1.2

1.1. Por desgracia, no se conoce casi nada fiable sobre Pitágoras, su vida, sus seguidores o su trabajo, aparte de su existencia misma y el reconocimiento por parte de Pitágoras del papel de las razones simples en la armonía musical. Véase Burkert (1972). Pese a todo, muchas cosas de gran importancia se atribuyen habitualmente a los pitagóricos. En consecuencia, utilizaré el término «pitagórico» solo como una etiqueta, sin ninguna pretensión de exactitud histórica.

1.2. Esta es la «escala diatónica» pura en la que las frecuencias (inversamente proporcionales a las longitudes de los elementos vibrantes) están en las razones 24 : 27 : 30 : 32 : 36 : 40 : 45 : 48, que presentan muchos casos de razones simples, que subyacen a las armonías que resultan agradables al oído. Las «teclas blancas» de un piano moderno están afinadas (siguiendo un compromiso entre la pureza pitagórica de la armonía y la facilidad de los cambios de clave) como aproximaciones a estas razones pitagóricas, según la escala *uniformemente temperada*, con frecuencias relativas $1 : \alpha^2 : \alpha^4 : \alpha^5 : \alpha^7 : \alpha^9 : \alpha^{11} : \alpha^{12}$, donde $\alpha = \sqrt[12]{2} = 1{,}05946\ldots$ (Nota: α^5 significa la quinta potencia de α, i. e. $\alpha \times \alpha \times \alpha \times \alpha \times \alpha$. La cantidad $\sqrt[12]{2}$ es la raíz duodécima de 2, que es el número cuya duodécima potencia es 2, i. e. $2^{1/12}$, de modo que $\alpha^{12} = 2$. Véanse la nota 1.3 y §5.2.)

Sección 1.3

1.3. Recuérdese de la nota 1.2 que la potencia *n*-ésima de un número es dicho número multiplicado por sí mismo *n* veces. Así, la tercera potencia de 5 es 125, y se escribe $5^3 = 125$; la cuarta potencia de 3 es 81, escrito $3^4 = 81$; etc.

1.4. De hecho, mientras Wiles estaba tratando de corregir una «laguna» en su demostración del último teorema de Fermat que se había hecho evidente tras su presentación inicial en Cambridge en junio de 1993, se extendió por la comunidad matemática el rumor de que el matemático Noam Elkies había encontrado un contraejemplo de la afirmación de Fermat. Previamente, en 1988, Elkies había hallado un contraejemplo de la conjetura de Euler —que no hay soluciones enteras de la ecuación $x^4 + y^4 + z^4 = w^4$—, demostrando con ello que era falsa. No era inverosímil, por consiguiente, que él hubiera demostrado que la afirmación también fuera falsa. Sin embargo, el correo electrónico que inició el rumor tenía fecha de 1 de abril y se descubrió que era una broma de Henri Darmon; véase Singh (1997), p. 293.*

1.5. Técnicamente es una Π_1-sentencia; véase §16.6.

1.6. Me doy cuenta de que, en cierto sentido, estoy cayendo en mi propia trampa al hacer una afirmación semejante. No se trata en realidad de si los matemáticos que adoptan un punto de vista tan extremadamente subjetivo constituyen una pequeñísima minoría o no (y la verdad es que no he realizado una encuesta fiable entre los matemáticos sobre este punto); de lo que se trata es de si una posición tan extrema debe tomarse realmente en serio. Dejo esto a juicio del lector.

1.7. Quizá algunos lectores conozcan los resultados de Gödel y Cohen, según los cuales el axioma de elección es independiente de los axiomas más básicos de la teoría de conjuntos estándar (el sistema axiomático de Zermelo-Frankel). Debería quedar claro que el argumento de Gödel-Cohen no establece por sí mismo que el axioma de elección nunca será dilucidado en un sentido o en otro. Este punto es resaltado, por ejemplo, en la sección final del libro de Paul Cohen (Cohen, 1966, cap. 14, §13), salvo que Cohen está más interesado de forma explícita en la *hipótesis del continuo* que en el axioma de elección; véase §16.5.

Sección 1.4

1.8. Quizá se da aquí la ironía de que un antiplatónico hecho y derecho, que crea que las matemáticas están «todas en la mente», también debe creer —así parece— que no hay enunciados matemáticos verdaderos que estén en principio más allá de la razón. Por ejemplo, si el último teorema de Fermat hubiera sido inaccesible (en principio) a la razón, entonces

* El día 1 de abril es en el mundo anglosajón el equivalente al Día de los Inocentes. *(N. del T.)*

esta visión antiplatónica no admitiría la validez de su verdad ni de su falsedad, ya que tal validez solamente viene del acto mental de percibir una demostración o una refutación.

1.9. Véase, por ejemplo, Penrose (1997b).

1.10. Mis propias ideas sobre el tipo de cambio que será necesario en nuestra visión del mundo física para que pueda acomodarse la mentalidad consciente se exponen en Penrose (1989, 1994, 1997a, 1997b).

2

Un teorema antiguo y una pregunta moderna

2.1. El teorema de Pitágoras

Consideremos la cuestión de la geometría. ¿Cuáles son, realmente, los diferentes «tipos de geometría» a los que he aludido en el capítulo anterior? Para abordar esta cuestión, volveremos a nuestro encuentro con Pitágoras y consideraremos el famoso teorema que lleva su nombre:[1] para cualquier triángulo rectángulo, el cuadrado de la longitud de la hipotenusa (el lado opuesto al ángulo recto) es igual a la suma de los cuadrados de las longitudes de los otros dos lados (Fig. 2.1). ¿Qué razones tenemos para creer que esta afirmación es cierta? ¿Cómo podemos «demostrar» realmente el teorema de Pitágoras? Se conocen muchos argumentos. Quiero considerar dos de ellos, elegidos por su especial transparencia, que ponen el acento en puntos diferentes.

En cuanto al primero, consideremos la estructura que se ilustra en la Fig. 2.2. Está compuesta enteramente por cuadrados de dos tamaños diferentes. Puede considerarse «obvio» que esta estructura puede prolongarse indefinidamente y que el plano entero queda así recubierto de forma regular y repetitiva, sin huecos ni solapamientos, por cuadrados

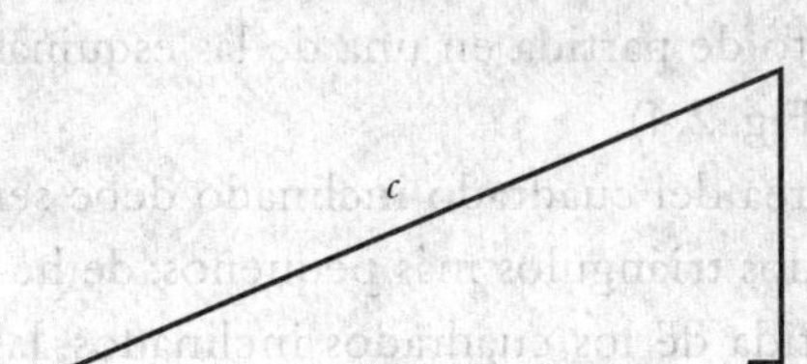

$$a^2 + b^2 = c^2$$

Fig. 2.1. El teorema de Pitágoras: para cualquier triángulo rectángulo, el cuadrado de la hipotenusa *c* es la suma de los cuadrados de los otros dos lados *a* y *b*.

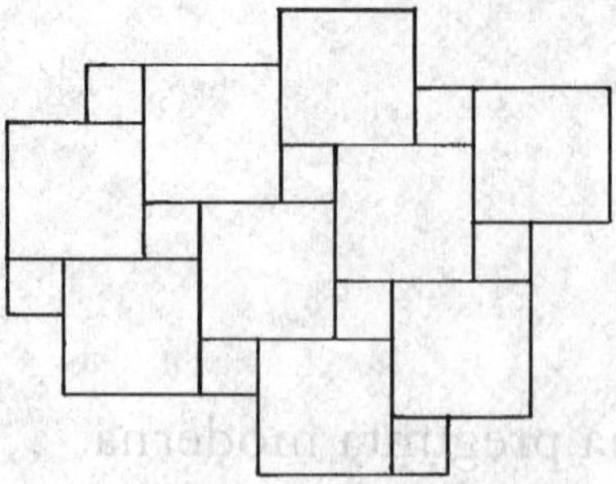

Fig. 2.2. Una teselación del plano por cuadrados de dos tamaños diferentes.

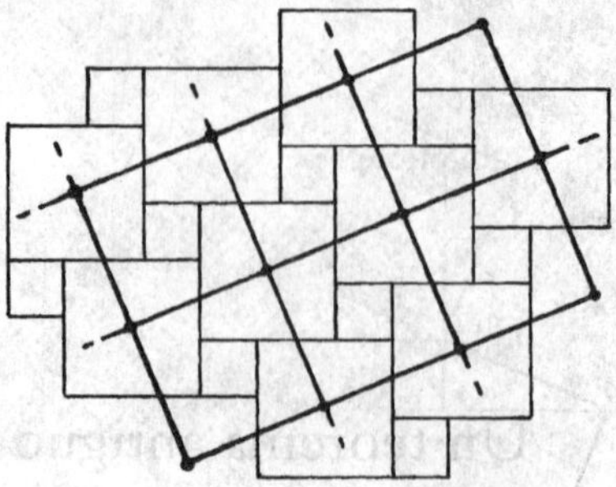

Fig. 2.3. Los centros de los (por ejemplo) cuadrados mayores forman los vértices de un retículo de cuadrados aún mayores, inclinados en un determinado ángulo.

de estos dos tamaños. La naturaleza repetitiva de esta estructura se hace manifiesta por el hecho de que si marcamos los centros de los cuadrados más grandes, dichos centros constituyen los vértices de otro sistema de cuadrados, de un tamaño algo mayor que cualquiera de los otros, pero inclinados en un cierto ángulo respecto a los originales (Fig. 2.3) y que por sí solos recubrirán el plano entero. Cada uno de estos cuadrados inclinados tiene exactamente las mismas marcas, de modo que las líneas interiores de estos cuadrados encajan para formar la estructura de dos cuadrados original. Lo mismo se aplicaría si, en lugar de tomar los centros de los cuadrados más grandes de entre los dos tipos de cuadrados de la estructura original, elegimos cualquier otro punto, junto con su conjunto de puntos correspondientes a lo largo de toda la estructura. La nueva estructura de cuadrados inclinados es exactamente la misma que antes pero desplazada sin rotación —i.e., mediante un movimiento que se conoce como una *traslación*—. Por simplicidad, podemos escoger ahora nuestro punto de partida en una de las esquinas de la estructura original (véase la Fig. 2.4).

Debería quedar claro que el área del cuadrado inclinado debe ser igual a la suma de las áreas de los dos triángulos más pequeños: de hecho, para cualquier punto de partida de los cuadrados inclinados, las piezas en que el cuadrado mayor queda subdividido por las líneas interiores pueden ser desplazadas sin rotación hasta que encajen para for-

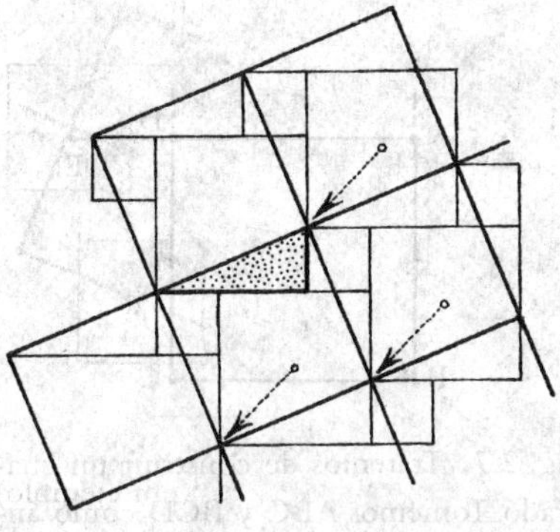

Fig. 2.4. El retículo de cuadrados inclinados puede desplazarse por una traslación, de modo que los vértices del retículo inclinado están sobre los vértices del retículo de dos cuadrados original, lo que muestra que el lado de un cuadrado inclinado es la hipotenusa de un triángulo rectángulo (sombreado) cuyos otros dos lados son los de los dos cuadrados originales.

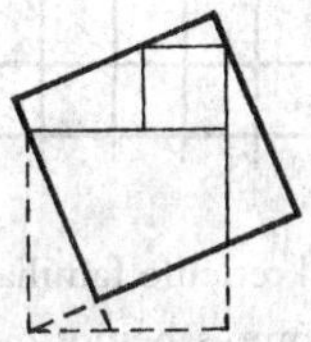

Fig. 2.5. Para cualquier punto de partida particular en el cuadrado inclinado, como el que se muestra, el cuadrado inclinado queda dividido en piezas que encajan para formar los dos cuadrados más pequeños.

mar los dos cuadrados más pequeños (por ejemplo, la Fig. 2.5). Además, resulta evidente de la Fig. 2.4 que la longitud del lado del cuadrado inclinado grande es la hipotenusa de un triángulo rectángulo cuyos otros dos lados tienen longitudes iguales a los lados de los dos cuadrados más pequeños. Hemos establecido así el teorema de Pitágoras: el cuadrado de la hipotenusa es igual a la suma de los cuadrados de los otros dos lados.

El argumento anterior proporciona los elementos esenciales de una demostración sencilla de este teorema y, además, nos ofrece una «razón» para creer que el teorema tiene que ser verdadero, lo que quizá no fuera tan obvio en el caso de un argumento más formal construido mediante una sucesión de pasos lógicos sin un motivo claro. Sin embargo, habría que señalar que en este argumento han intervenido varias hipótesis implícitas. Una de ellas, y no la menos importante, es la hipótesis de que la estructura en apariencia obvia de cuadrados repetidos que se muestra en la Fig. 2.2 o incluso en la Fig. 2.6 es geométricamente posible —o incluso, y más críticamente, ¡que un *cuadrado* es algo geométricamente posible!—. Después de todo, ¿qué entendemos por

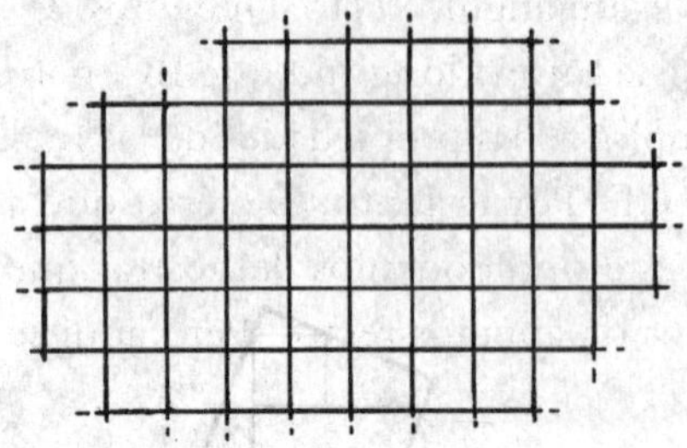

Fig. 2.6. El retículo familiar de cuadrados iguales. ¿Cómo sabemos que existe?

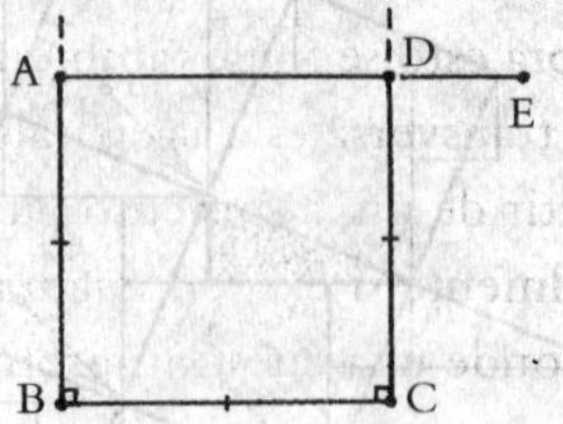

Fig. 2.7. Tratemos de construir un cuadrado. Tomemos ABC y BCD como ángulos rectos, con AB = BC = CD. ¿Se sigue de esto que DA es también igual a estas longitudes y que DAB y CDA son también ángulos rectos?

un «cuadrado»? Normalmente pensamos en un cuadrado como una figura plana cuyos lados son todos iguales y cuyos ángulos son todos rectos. ¿Qué es un ángulo recto? Bien, podemos imaginar dos líneas rectas que se cortan en un punto formando cuatro ángulos que son todos iguales. Cada uno de estos ángulos iguales es entonces un ángulo recto.

Tratemos ahora de construir un cuadrado. Tomemos tres segmentos de recta iguales AB, BC y CD, donde ABC y BCD son ángulos rectos, y D y A están en el mismo lado de la línea BC, como en la Fig. 2.7. Surge la pregunta: ¿tiene AD la misma longitud que los otros tres segmentos? Más aún: ¿son los ángulos DAB y CDA también ángulos rectos? Estos ángulos deberían ser iguales entre sí por la simetría izquierda-derecha de la figura, pero ¿son realmente ángulos rectos? El hecho de que lo sean solo parece obvio a causa de nuestra familiaridad con los cuadrados, o quizá porque podemos recordar de nuestros días escolares alguna proposición de Euclides que puede ser utilizada para deducir que los lados BA y CD tendrían que ser «paralelos» entre sí, y alguna proposición acerca de que cualquier recta «transversal» a un par de paralelas tiene que formar ángulos correspondientes iguales allí donde corta a las dos paralelas. De esto se sigue que el ángulo DAB tendría que ser igual al ángulo complementario de ADC (i.e., al ángulo EDC, en la Fig. 2.7, siendo ADE una recta) además de ser, como se ha señalado antes, igual al ángulo ADC. Un ángulo (ADC) solo puede ser igual a su complementario (EDC) si es un ángulo recto. Debemos demostrar también que el lado AD tiene la misma longitud que BC, pero ahora esto se sigue también, por ejemplo, de las propiedades de las rectas transversales a las paralelas BA y CD. Por lo tanto, es cierto que a partir de un argumento euclídeo de este tipo podemos demostrar que realmente sí existen cuadrados hechos de ángulos rectos. Pero aquí se esconde una cuestión profunda.

2.2. Los postulados de Euclides

Al construir su noción de geometría, Euclides puso mucho cuidado en ver de qué hipótesis dependía su demostración.[2] En particular, tuvo cuidado en hacer una distinción entre ciertas afirmaciones llamadas *axiomas* —que se tomaban como verdades autoevidentes, y que básicamente eran definiciones de lo que él entendía por puntos, líneas, etc.— y los cinco *postulados*, que eran hipótesis cuya validez parecía menos segura, pero que parecían ser ciertas para la geometría de nuestro mundo. La última de estas hipótesis, conocida como el quinto postulado de Euclides, se consideraba menos obvia que las otras, y durante varios siglos se tuvo la sensación de que debería ser posible encontrar una forma de demostrarla a partir de los otros postulados más evidentes. El quinto postulado de Euclides se conoce habitualmente como *el postulado de las paralelas*, y yo seguiré esta práctica aquí.

Antes de discutir el postulado de las paralelas, vale la pena señalar la naturaleza de los otros cuatro postulados de Euclides. Los postulados conciernen a la geometría del plano (euclídeo), aunque Euclides también consideró el espacio tridimensional en sus obras posteriores. Los elementos básicos de su geometría plana son puntos, líneas rectas y círculos. Aquí consideraré que una «línea recta» (o simplemente una «recta») se extiende indefinida en ambas direcciones; si no es así, me referiré a un «segmento de recta». El *primer* postulado de Euclides afirma, en efecto, que existe un (único) segmento de recta que conecta dos puntos cualesquiera. Su *segundo* postulado afirma la prolongabilidad ilimitada de cualquier segmento de recta. Su *tercer* postulado afirma la existencia de un círculo con un centro cualquiera y con cualquier valor para su radio. Finalmente, su *cuarto* postulado afirma la igualdad de todos los ángulos rectos.[3]

Desde una perspectiva moderna, algunos de estos postulados parecen un poco extraños, en particular el cuarto, pero debemos tener en cuenta el origen de las ideas que subyacen en la geometría de Euclides. Él estaba interesado básicamente en el movimiento de cuerpos rígidos idealizados y la noción de *congruencia* que se manifestaba cuando uno de tales cuerpos rígidos idealizados se movía hasta coincidir con otro. La igualdad entre un ángulo recto en un cuerpo y un ángulo en otro cuerpo tenía que ver con la posibilidad de mover un cuerpo de modo que las líneas que formaban su ángulo recto coincidieran con las líneas que formaban el ángulo recto en el otro. De hecho, el cuarto postulado está afirmando la isotropía y la homogeneidad del espacio, de modo que una figura en un lugar podría tener la «misma» (i.e., congruente) forma geométrica que una figura en otro lugar. Los postulados segundo y tercero expresan la idea de que el espacio es indefinidamente prolongable y sin «huecos» en su interior, mientras que el primero expresa la naturaleza básica de un segmento de línea recta. Aunque Euclides consideraba la geometría de un modo bastante diferente de como la consideramos hoy, sus cuatro primeros postulados recogen básicamente nuestra noción actual de un espacio métrico (bidimensional) con completa homogeneidad e isotropía, e infinito en extensión. De hecho, semejante imagen parece estar en estrecho acuerdo con la naturaleza espacial a muy gran escala del universo real, de acuerdo con la cosmología moderna, como veremos en §27.11 y §28.10.

¿Cuál es, entonces, la naturaleza del quinto postulado de Euclides, el postulado de las paralelas? Tal como Euclides formulaba esencialmente dicho postulado, este afirma que si dos segmentos de recta *a* y *b* en un plano cortan a otra línea recta *c* (de modo que *c* es lo que se denomina *transversal* a *a* y *b*) de tal forma que la suma de los ángulos interiores en el mismo lado de *c* es menor que dos ángulos rectos, entonces *a* y *b*, cuando se prolongan a suficiente distancia en ese lado de *c*, se cortarán en alguna parte (véase la Fig. 2.8a). Una forma equivalente de este postulado (a veces conocida como *axioma de Playfair*) afirma que, para cualquier línea recta y para cualquier punto que no esté en dicha línea, existe una única línea recta que pasa por dicho punto y

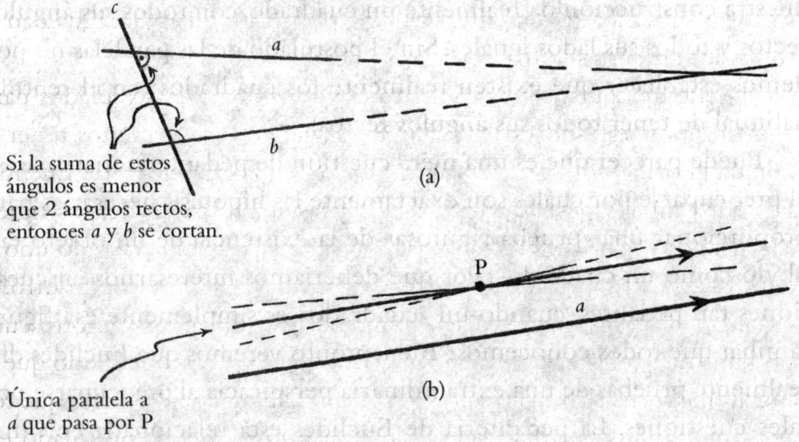

Fig. 2.8. (a) Postulado de las paralelas de Euclides. Las líneas *a* y *b* son trasversales a una tercera línea *c*, tal que los ángulos interiores donde *a* y *b* cortan a *c* suman menos que dos ángulos rectos. Entonces *a* y *b* (suponiendo que se prolongan lo suficiente) se cortarán en última instancia. (b) Axioma (equivalente) de Playfair: si *a* es una línea en un plano y P un punto del plano que no está en *a*, entonces hay solo una línea paralela a *a* que pasa por P en el plano.

es paralela a la primera recta (véase la Fig. 2.8b). Aquí, rectas «paralelas» serían dos líneas rectas coplanares que no se cortan (y recordemos que *mis* «rectas» son entidades completamente prolongadas, y no los «segmentos de línea recta» de Euclides.[2.1]

Una vez que tenemos el postulado de las paralelas, podemos proceder a establecer la propiedad necesaria para la existencia de un cuadrado. Si una recta transversal a un par de líneas rectas corta a estas de modo que los ángulos internos a un lado de la transversal suman dos ángulos rectos, entonces se puede demostrar que las líneas que forman el par son realmente paralelas. Además, se sigue inmediatamente que cualquier otra transversal al par tiene exactamente la misma propiedad angular. Esto es lo que necesitábamos para el argumento dado antes para la construcción de nuestro cuadrado. Vemos que es precisamente el postulado de las paralelas el que debemos utilizar para demostrar que

[2.1] Demuestre que si es válida la forma de Euclides del postulado de las paralelas, entonces debe seguirse la conclusión de Playfair de la unicidad de las paralelas.

nuestra construcción da realmente un cuadrado, con todos sus ángulos rectos y todos sus lados iguales. Sin el postulado de las paralelas no podemos establecer que existen realmente los cuadrados (en el sentido habitual de tener todos sus ángulos rectos).

Puede parecer que es una mera cuestión de pedantería matemática el preocuparse por cuáles son exactamente las hipótesis necesarias para proporcionar una «prueba rigurosa» de la existencia de un objeto tan obvio como un cuadrado. ¿Por qué deberíamos interesarnos en cuestiones tan pedantes, cuando un «cuadrado» es simplemente esa figura familiar que todos conocemos? Bien, pronto veremos que Euclides dio realmente pruebas de una extraordinaria perspicacia al preocuparse por tales cuestiones. La pedantería de Euclides está relacionada con una cuestión profunda que tiene mucho que decir sobre la geometría real del universo, y en más de una forma. En particular, no es en absoluto obvio que existan «cuadrados» físicos a una escala cosmológica en el universo real. Esta es una cuestión que se tiene que resolver mediante la observación, y por el momento la evidencia parece contradictoria (véanse §2.7 y §28.10).

2.3. La demostración del teorema de Pitágoras por áreas semejantes

En la próxima sección volveré a la trascendencia matemática que tiene el *no* dar por supuesto el postulado de las paralelas. Las cuestiones físicas relevantes serán examinadas en §18.4, §27.11, §28.10 y §34.4. Pero antes de discutir tales cuestiones, será instructivo dirigir nuestra atención a la otra demostración del teorema de Pitágoras que ya había prometido con anterioridad.

Una de las formas más sencillas de ver que la afirmación de Pitágoras es cierta en la geometría euclídea es considerar la configuración consistente en el triángulo rectángulo dado subdividido en dos triángulos más pequeños por una recta perpendicular a la hipotenusa trazada desde el ángulo recto (Fig. 2.9). Ahora tenemos tres triángulos: el original y los dos en que este ha sido subdividido. Evidentemente, el área del triángulo original es la suma de las áreas de los dos más pequeños.

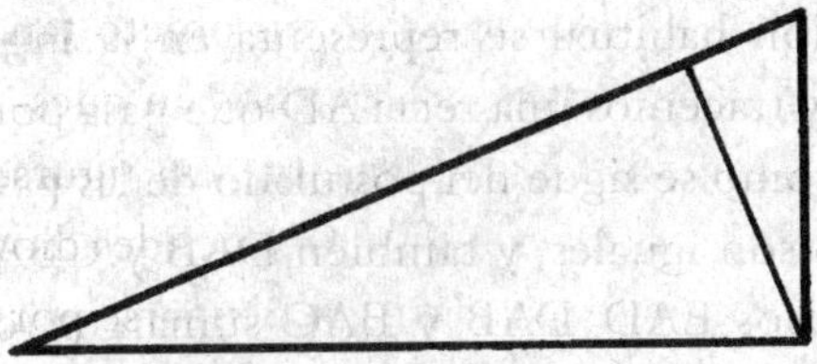

Fig. 2.9. Demostración del teorema de Pitágoras utilizando triángulos semejantes. Tómese un triángulo rectángulo y trácese una perpendicular desde su ángulo recto a su hipotenusa. Los dos triángulos en el que ahora está dividido el triángulo original tienen áreas cuya suma es la del triángulo original. Los tres triángulos son semejantes, de modo que sus áreas son proporcionales a los cuadrados de sus hipotenusas respectivas. De ello se sigue el teorema de Pitágoras.

Ahora es sencillo ver que estos tres triángulos son *semejantes* entre sí. Esto significa que todos ellos tienen la misma *forma* (aunque diferentes tamaños), i.e., se obtienen unos a partir de otros mediante una dilatación o contracción uniforme, junto con un movimiento rígido. Esto se sigue porque cada uno de los tres triángulos posee exactamente los mismos ángulos, en cierto orden. Cada uno de los dos triángulos más pequeños tiene un ángulo en común con el más grande, y uno de los ángulos de cada triángulo es un ángulo recto. El tercer ángulo también debe coincidir porque la suma de los ángulos de cualquier triángulo es siempre la misma. Ahora bien, una propiedad general de las figuras planas semejantes es que sus áreas son proporcionales a los cuadrados de sus correspondientes dimensiones lineales. Para cada triángulo, podemos considerar que esta dimensión lineal es el lado más largo, i.e., su hipotenusa. Notemos que la hipotenusa de cada uno de los triángulos más pequeños coincide con uno de los lados (no hipotenusa) del triángulo original. Así pues, se sigue al mismo tiempo (del hecho de que el área del triángulo original es la suma de las áreas de los otros dos) que el cuadrado de la hipotenusa del triángulo original es realmente la suma de los cuadrados de los otros dos lados: *¡el teorema de Pitágoras!*

Una vez más, tendremos que examinar algunas hipótesis concretas que intervienen en este argumento. Un ingrediente importante del argumento es el hecho de que la suma de los ángulos de un triángulo tiene siempre el mismo valor. (Este valor de la suma es, por supuesto, 180°, pero Euclides hubiera dicho «dos ángulos rectos». La descripción matemática «natural» y más moderna consiste en decir que los ángulos de un rectángulo, en la geometría de Euclides, suman π. Esto supone utilizar radianes para la medida absoluta de un ángulo, donde el símbolo para el grado «°» cuenta como $\pi/180$, de modo que podemos escribir $180° = \pi$.) La demostración habitual se representa en la Fig. 2.10. Prolonguemos CA hasta E y tracemos una recta AD que pasa por A y es paralela a CB. Entonces (como se sigue del postulado de las paralelas), los ángulos EAD y ACB son iguales, y también DAB y CBA son iguales. Puesto que los ángulos EAD, DAB y BAC suman π (o 180°, o dos ángulos rectos), así deben hacerlo también los tres ángulos ACB, CBA y BAC del triángulo, tal como queríamos demostrar. Pero nótese que aquí se ha utilizado el postulado de las paralelas.

Esta demostración del teorema de Pitágoras también hace uso del hecho de que las áreas de figuras semejantes son proporcionales a los cuadrados de cualquier medida lineal de sus tamaños. (Aquí escogemos la hipotenusa de cada triángulo como representación de su medida lineal.) Este hecho no solo depende de la existencia misma de figuras semejantes de diferentes tamaños —que en el caso de los triángulos de la Fig. 2.9 se han establecido utilizando el postulado de las paralelas—, sino también de algunas cuestiones más sofisticadas que se relacionan con el modo en que definimos realmente el «área» para formas no rec-

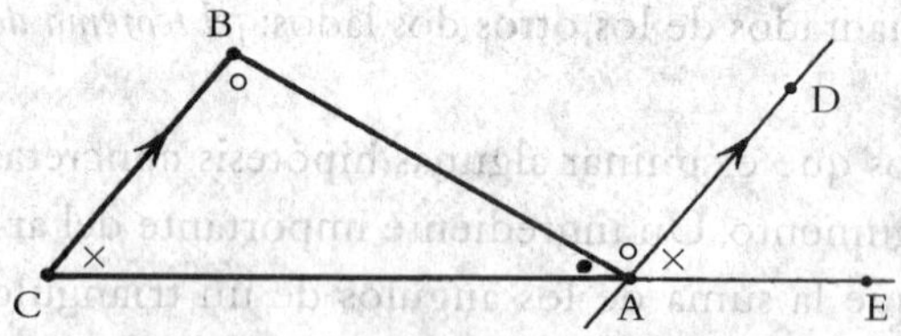

Fig. 2.10. Demostración de que la suma de los ángulos de un triángulo ABC es π (= = 180° = dos ángulos rectos). Prolónguese CA hasta E; dibújese AD paralela a CB. Se sigue del postulado de las paralelas que los ángulos EAD y ACB son iguales y que los ángulos DAB y CBA son iguales. Puesto que los ángulos EAD, DAB y BAC suman π, también lo hacen los ángulos ACB, CBA y BAC.

tangulares. Estas cuestiones generales se abordan en términos de procedimientos de paso al límite y no quiero entrar por el momento en esta clase de discusión. Nos llevará a cuestiones más profundas relacionadas con el tipo de números que se utilizan en geometría. Volveremos a la cuestión en §§3.1-3.

Un mensaje importante de la discusión de las secciones precedentes es que el teorema de Pitágoras parece depender del postulado de las paralelas. ¿Es así realmente? Supongamos que el postulado de las paralelas fuera falso. ¿Significa eso que el propio teorema de Pitágoras podría ser falso? ¿Tiene sentido semejante posibilidad? Tratemos de abordar la cuestión de lo que sucedería si se admite que el postulado de las paralelas sea considerado falso. Parecerá que estemos entrando en un mundo de fantasía, en el que la geometría que aprendimos en la escuela se pone patas arriba. Así es, pero también encontraremos que aquí hay un objetivo más profundo.

2.4. Geometría hiperbólica: imagen conforme

Echemos una ojeada a la imagen de la Fig. 2.11. Es una reproducción de uno de los grabados en madera de M. C. Escher, llamado *Límite circular I.* En realidad, nos proporciona una representación muy aproximada de un tipo de geometría —llamada geometría *hiperbólica* (o a veces *lobachevskiana*)— en la que el postulado de las paralelas es falso, el teorema de Pitágoras deja de ser válido y los ángulos de un triángulo no suman π. Además, para una figura de un tamaño dado no existe, en general, una figura semejante de tamaño mayor.

En la Fig. 2.11, Escher ha utilizado una representación concreta de la geometría hiperbólica en la que el «universo» entero del plano hiperbólico está «comprimido» en el interior de un círculo en un plano euclídeo ordinario. La circunferencia que limita al círculo representa el «infinito» para este universo hiperbólico. Podemos ver que, en la imagen de Escher, los peces parecen apretarse mucho a medida que se acercan a dicha frontera. Pero debemos considerar esto como una ilusión. Imagínese que usted es uno de los peces. Entonces, ya esté situado próximo al borde de la imagen de Escher o próximo a su centro, el

Fig. 2.11. *Límite circular I*, grabado en madera de M.C. Escher, que ilustra la representación conforme del plano hiperbólico.

universo (hiperbólico) entero tendrá la misma apariencia para usted. La noción de «distancia» en esta geometría no coincide con la del plano euclídeo en cuyos términos ha sido representada. Cuando miramos la imagen de Escher desde nuestra perspectiva euclídea, los peces próximos a la frontera parecen hacérsenos minúsculos. Pero desde su propia perspectiva «hiperbólica», los peces blancos o negros piensan que tienen exactamente la misma forma y tamaño que los que están próximos al centro. Más aún, aunque desde nuestra perspectiva euclídea exterior ellos parecen acercarse cada vez más a la propia frontera, desde su propia perspectiva hiperbólica dicha frontera siempre queda infinitamente lejos. Ni el círculo frontera ni nada del espacio «euclídeo» exterior tiene existencia para ellos. Su universo entero consiste en lo que para nosotros parece estar estrictamente dentro del círculo.

En términos más matemáticos, ¿cómo está construida esta imagen de la geometría hiperbólica? Consideremos un círculo cualquiera en el plano euclídeo. El conjunto de puntos interiores a este círculo va a re-

Fig. 2.12. La misma imagen de Escher que en la Fig. 2.11, pero con líneas rectas hiperbólicas (círculos euclídeos o líneas que cortan ortogonalmente al círculo frontera) y un triángulo hiperbólico. Los ángulos hiperbólicos coinciden con los euclídeos. Evidentemente se viola el postulado de las paralelas y los ángulos de un triángulo suman menos que π.

presentar el conjunto de puntos en el plano hiperbólico entero. Las líneas rectas se representan, de acuerdo con la geometría hiperbólica, como círculos euclídeos que cortan *ortogonalmente* —lo que significa a ángulos rectos— al círculo frontera. Ahora resulta que la noción hiperbólica de *ángulo* entre dos curvas cualesquiera, en su punto de intersección, es exactamente la misma que la medida euclídea del ángulo entre las dos curvas en el punto de intersección. Una representación de esta naturaleza se denomina representación *conforme*. Por esta razón, a la representación concreta de la geometría hiperbólica que utilizó Escher se le llama a veces el modelo *conforme* del plano hiperbólico. (También suele llamársele *disco de Poincaré*. La dudosa justificación histórica de esta terminología será examinada en §2.6.)

Estamos ahora en situación de ver si los ángulos de un triángulo, en la geometría hiperbólica, suman o no π. Una rápida ojeada a la Fig. 2.12 nos lleva a creer que no lo hacen y que suman algo menos. De hecho, la suma de los ángulos de un triángulo en la geometría hiperbólica es siempre menor que π. Podríamos considerar esto como una característica desagradable de la geometría hiperbólica, ya que parece que no tenemos una respuesta «clara» para la suma de los ángulos de un triángulo. Sin embargo, cuando sumamos los ángulos de un triángulo hiperbólico sucede algo extraordinario y particularmente elegante: el déficit es siempre proporcional al área del triángulo. De forma más explícita, si los tres ángulos del triángulo son α, β y γ, entonces tenemos la fórmula (descubierta por Johann Heinrich Lambert, 1728-1777)

$$\pi - (\alpha + \beta + \gamma) = C\Delta,$$

donde Δ es el área del triángulo y C es una constante. Esta constante depende de las «unidades» que se escojan para medir longitudes y áreas. Siempre podemos fijar la escala de modo que $C = 1$. Es un hecho realmente notable que el área de un triángulo pueda expresarse de una forma tan simple en la geometría hiperbólica. En la geometría euclídea no hay modo de expresar el área de un triángulo simplemente en función de sus ángulos, y la expresión para el área de un triángulo en función de las longitudes de sus lados es bastante más complicada.

De hecho, aún no he acabado mi descripción de la geometría hiperbólica en términos de esta representación conforme, puesto que todavía no he descrito cómo va a definirse la *distancia* hiperbólica entre dos puntos (y convendría saber qué es «distancia» antes de que podamos hablar realmente de áreas). Permítaseme dar una expresión para la distancia hiperbólica entre dos puntos A y B interiores al círculo. Esta expresión es

$$\log \frac{QA \cdot PB}{QB \cdot PA},$$

donde P y Q son los puntos donde el círculo euclídeo (i.e., la línea recta hiperbólica) que pasa por A y B y es ortogonal al círculo frontera *corta* a dicho círculo frontera, y donde «QA», etc., se refieren a distancias euclídeas (véase la Fig. 2.13). Si se quiere incluir la «C» de la fórmula del área de Lambert (con $C \neq 1$), solo hay que multiplicar la expresión anterior para la distancia por $C^{-1/2}$ (el recíproco de la raíz cuadrada de C).[4][2.2] Por razones que espero que se aclaren más adelante, me referiré a la cantidad $C^{-1/2}$ como el *pseudorradio* de la geometría.

Si expresiones matemáticas como la fórmula «log» anterior le parecen disuasorias, por favor, no se preocupe. Solo la doy para aquellos a quienes les gusta ver las cosas explícitamente. En cualquier caso, no voy a explicar por qué funciona la expresión (por ejemplo, por qué la distancia hiperbólica más corta entre dos puntos, así definida, se mide realmente a lo largo de una línea recta hiperbólica, o por qué las distancias a lo largo de una línea recta hiperbólica «se suman» de la forma adecuada).[2.3] También pido disculpas por el «log» (logaritmo), pero así son las cosas. De hecho, este es un *logaritmo natural* («log en base e») y tendré mucho que decir sobre ello en §§5.2,3. Veremos que los logaritmos son entidades realmente muy bellas y misteriosas, además de ser importantes en muchos contextos diferentes.

La geometría hiperbólica, con esta definición de distancia, resulta tener todas las propiedades de la geometría euclídea salvo aquellas que necesitan el postulado de las paralelas. Podemos construir triángulos, y otras figuras planas, de diferentes formas y tamaños, y podemos despla-

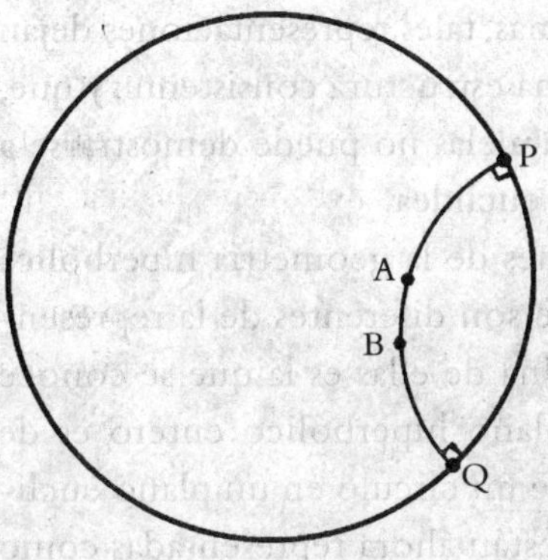

Fig. 2.13. En la representación conforme, la distancia hiperbólica entre A y B es log {QA.PB/QB.PA}, donde QA, etc., son distancias euclídeas, y P y Q son los puntos donde el círculo euclídeo que pasa por A y B y es ortogonal al círculo frontera (línea hiperbólica) corta a este círculo.

[2.2] ¿Puede ver una razón sencilla para ello?

[2.3] Trate de demostrar que, según esta fórmula, si A, B y C son tres puntos sucesivos en una línea recta hiperbólica, entonces las distancias hiperbólicas «AB», etc., satisfacen «AB» + «BC» = «AC». Puede suponer la propiedad general de los logaritmos, log (ab) = log a + log b, como se describe en §§5.2,3.

zarlos «rígidamente» (manteniendo invariables sus formas y tamaños hiperbólicos) con la misma libertad con que podemos hacerlo en la geometría euclídea, de modo que, igual que en la geometría euclídea, surge una noción natural de cuándo son «congruentes» dos figuras (donde «congruente» significa «que pueden desplazarse rígidamente hasta que llegan a coincidir»). De hecho, todos los peces blancos del grabado de Escher son mutuamente congruentes, según esta geometría hiperbólica, y también lo son todos los peces negros.

2.5. Otras representaciones de la geometría hiperbólica

Por supuesto, no todos los peces blancos parecen de la misma forma y tamaño, pero ello se debe a que los estamos viendo desde una perspectiva euclídea en lugar de una hiperbólica. La imagen de Escher hace uso simplemente de una *representación* euclídea concreta de la geometría hiperbólica. La propia geometría hiperbólica es algo más abstracto que no depende de ninguna representación euclídea en particular. Sin embargo, tales representaciones son muy útiles para nosotros, pues proporcionan un modo de visualizar la geometría hiperbólica refiriéndola a algo que es más familiar y en apariencia más «concreto» para nosotros, a saber, la geometría euclídea. Además, tales representaciones dejan claro que la geometría hiperbólica es una estructura consistente, y que, en consecuencia, el postulado de las paralelas no puede demostrarse a partir de las otras leyes de la geometría euclídea.

Hay, de hecho, otras representaciones de la geometría hiperbólica en términos de geometría euclídea que son diferentes de la representación conforme que utilizó Escher. Una de ellas es la que se conoce como el modelo *proyectivo*. Aquí, el plano hiperbólico entero es de nuevo representado como el interior de un círculo en un plano euclídeo, pero las líneas rectas hiperbólicas están ahora representadas como líneas *rectas* euclídeas (y no como arcos de círculo). Hay, sin embargo, un precio a pagar por esta aparente simplificación, puesto que los ángulos hiperbólicos no son ahora iguales a los ángulos euclídeos, y muchos considerarían que este es un precio demasiado alto. Para aquellos lectores que estén interesados, la distancia hiperbólica entre dos pun-

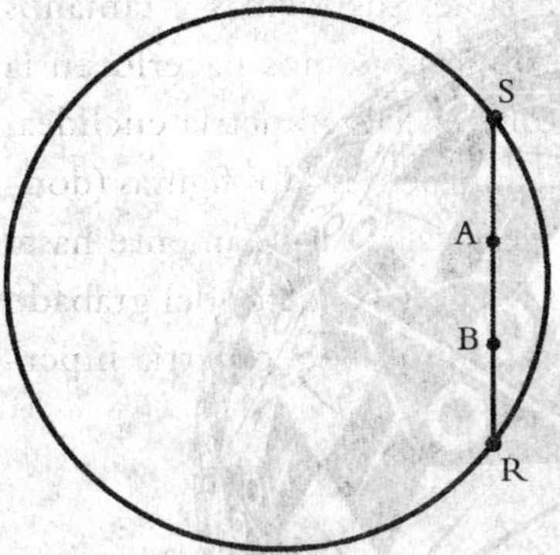

Fig. 2.14. En la representación proyectiva, la fórmula para la distancia hiperbólica es ahora 1/2 log {RA.SB/RB.SA}, donde R y S son las intersecciones de la línea recta euclídea (i.e., hiperbólica) AB con el círculo frontera.

tos A y B en esta representación está dada por la fórmula (véase la Fig. 2.14).

$$\frac{1}{2}\log\frac{\mathrm{RA}\cdot\mathrm{SB}}{\mathrm{RB}\cdot\mathrm{SA}}$$

(tomando $C = 1$, que es casi igual que la expresión que teníamos antes para la representación conforme), donde R y S son las intersecciones de la línea recta prolongada AB con el círculo frontera. Esta representación de la geometría hiperbólica puede obtenerse a partir de la conforme por medio de una dilatación radial a partir del centro en una cantidad dada por

$$\frac{2R^2}{R^2 + r_c^2},$$

donde R es el radio del círculo frontera y r_c es la distancia euclídea de un punto al centro (euclídeo) del círculo frontera en la representación

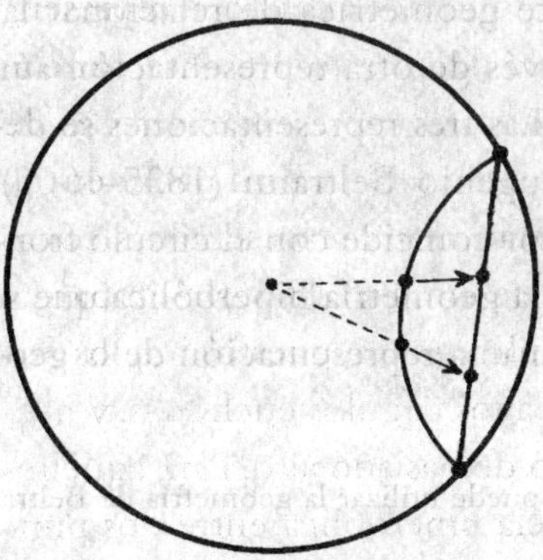

Fig. 2.15. Para pasar de la representación conforme a la proyectiva, se expande a partir del centro en un factor $2R^2/(R^2 + r_c^2)$, donde R es el radio del círculo frontera y r_c es la distancia euclídea al punto en la representación conforme.

Fig. 2.16. La imagen de Escher de la Fig. 2.11 transformada desde la representación conforme a la proyectiva.

conforme (véase la Fig. 2.15).[2.4] En la Fig. 2.16 la imagen de Escher de la Fig. 2.11 ha sido transformada del modelo conforme al modelo proyectivo utilizando esta fórmula. (Pese a la pérdida de detalle, el arte preciso de Escher sigue siendo evidente.) Aunque resulta menos atractiva de esta manera, ¡presenta un nuevo punto de vista!

Existe una forma más directamente geométrica de relacionar las imágenes conforme y proyectiva, a través de otra representación aún más ingeniosa de la misma geometría. Las tres representaciones se deben al ingenioso geómetra italiano Eugenio Beltrami (1835-1900). Consideremos una esfera *S*, cuyo ecuador coincide con el círculo frontera de la representación proyectiva de la geometría hiperbólica que se ha dado antes. Ahora vamos a encontrar una representación de la geo-

[2.4] Demuéstrelo. (*Sugerencia*: Si lo desea, puede utilizar la geometría de Beltrami, tal como se ilustra en la Fig. 2.17.)

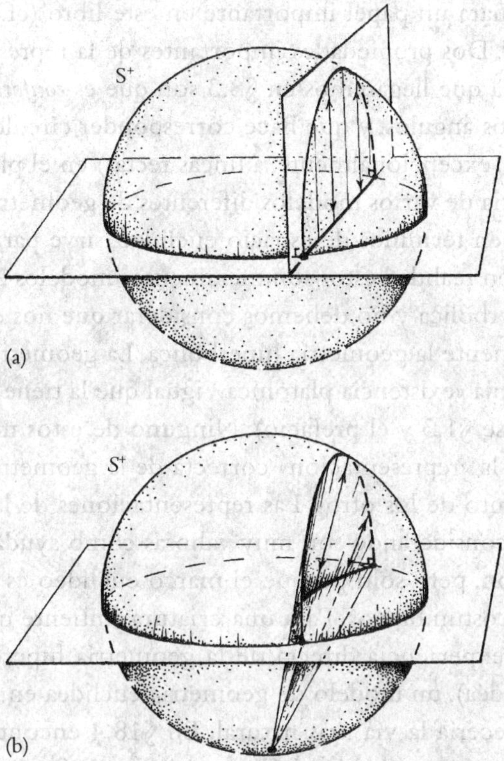

Fig. 2.17. Geometría de Beltrami, que relaciona tres de sus representaciones de la geometría hiperbólica. (a) La representación hemisférica (conforme en el *hemisferio norte* S^+) se proyecta verticalmente en la representación proyectiva sobre el disco ecuatorial. (b) La representación hemisférica proyecta estereográficamente desde el *polo sur* a la representación conforme sobre el disco ecuatorial.

metría hiperbólica en el *hemisferio norte* S^+ de S, que llamaré representación *hemisférica.* Véase la Fig. 2.17. Para pasar de la representación proyectiva en el plano (considerado horizontal) a la nueva representación en la esfera, simplemente proyectamos verticalmente hacia arriba (Fig. 2.17a). Las líneas rectas en el plano, que representan líneas rectas hiperbólicas, se representan en S^+ por semicírculos que cortan ortogonalmente al ecuador. Ahora, para ir de la representación en S^+ a la representación conforme en el plano proyectamos desde el *polo sur* (Fig. 2.17b). Esta es la que se denomina *proyección estereográfica*, y más adelante desempeñará un papel importante en este libro (cf. §8.3, §18.4, §22.9 y §33.6). Dos propiedades importantes de la representación estereográfica a la que llegaremos en §8.3 son que es *conforme*, de modo que conserva los ángulos, y que hace corresponder círculos en la esfera a círculos (o, excepcionalmente, a líneas rectas) en el plano.[2.5],[2.6]

La existencia de varios modelos diferentes de geometría hiperbólica, expresados en términos de espacio euclídeo, sirve para acentuar el hecho de que en realidad estos son meramente «modelos euclídeos» de geometría hiperbólica y no debemos considerar que nos estén diciendo qué *es* realmente la geometría hiperbólica. La geometría hiperbólica tiene su propia «existencia platónica», igual que la tiene la geometría euclídea (véanse §1.3 y el prefacio). Ninguno de estos modelos debe tomarse como la «representación» correcta de la geometría hiperbólica, en detrimento de los otros. Las representaciones de la misma que hemos estado considerando son muy valiosas como ayudas para nuestra comprensión, pero solo porque el marco euclídeo es aquel al que estamos más acostumbrados. Para una criatura sintiente que haya crecido con una experiencia directa de la geometría hiperbólica (antes que de la euclídea), un modelo de geometría euclídea en términos hiperbólicos parecería la vía más natural. En §18.4 encontraremos aún otro modelo de geometría hiperbólica, esta vez en términos de la geometría minkowskiana de la relatividad especial.

Para terminar esta sección, volvamos a la cuestión de la existencia de cuadrados en la geometría hiperbólica. Aunque en la geometría hiperbólica no existen cuadrados cuyos ángulos sean ángulos rectos, sí existen «cuadrados» de un tipo más general cuyos ángulos son menores que los ángulos rectos. La forma más fácil de construir un cuadrado de este tipo es trazar dos líneas rectas que se cortan a ángulos rectos en un punto O. Nuestro «cuadrado» es ahora el cuadrilátero cuyos cuatro

[2.5] Suponiendo estas dos propiedades enunciadas de la proyección estereográfica, y siendo la representación conforme de la geometría hiperbólica la que se ha establecido en §2.4, demuestre que la representación hemisférica de Beltrami es conforme, con «líneas rectas» hiperbólicas como semicírculos verticales.

[2.6] ¿Puede ver cómo es posible demostrar estas dos propiedades? (*Sugerencia*: Demuestre, en el caso de círculos, que el cono de proyección es intersectado por dos planos de inclinación exactamente opuesta.)

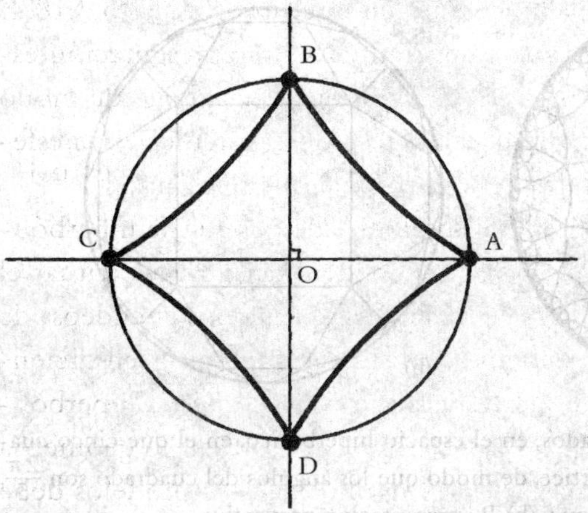

Fig. 2.18. Un «cuadrado» hiperbólico es un cuadrilátero hiperbólico, cuyos vértices son las intersecciones A, B, C, D (tomadas cíclicamente) de dos rectas hiperbólicas perpendiculares que pasan por un punto O con un círculo centrado en O. Debido a la simetría, los cuatro lados de ABCD, así como los cuatro ángulos son iguales. Estos ángulos, no son rectos, pero pueden ser iguales a cualquier ángulo positivo dado menor que $\frac{1}{2}\pi$.

vértices son las intersecciones A, B, C, D (tomadas cíclicamente) de estas dos líneas con un círculo con centro O. Véase la Fig. 2.18. Debido a la simetría de la figura, los cuatro lados del cuadrilátero resultante ABCD son iguales y los cuatro ángulos también deben ser iguales. Pero ¿son rectos estos ángulos? No en la geometría hiperbólica. De hecho, pueden ser cualquier ángulo (positivo) que queramos que sea menor que un ángulo recto, pero no igual a un ángulo recto. Cuanto más grande es el cuadrado (hiperbólico), es decir, cuanto mayor es el círculo en la construcción anterior, menores serán sus ángulos. En la Fig. 2.19a he representado un retículo de cuadrados hiperbólicos, utilizando el modelo conforme, donde hay cinco cuadrados en cada vértice (en lugar de los cuatro euclídeos), de modo que el ángulo es $\frac{2}{5}\pi$, o 72°. En la Fig. 2.19b he dibujado el mismo retículo utilizando el modelo proyectivo. Se verá que este no permite las modificaciones que serían necesarias para el retículo de dos cuadrados de la Fig. 2.2.[2.7]

[2.7] Vea si puede hacer algo similar, pero con pentágonos y cuadrados regulares hiperbólicos.

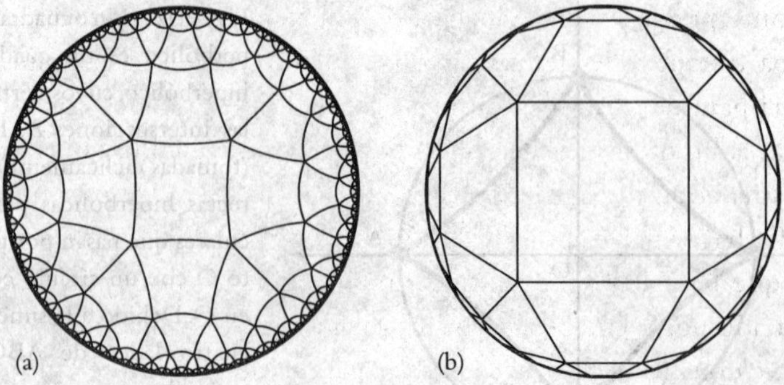

Fig. 2.19. Un retículo de cuadrados, en el espacio hiperbólico, en el que cinco cuadrados se encuentran en cada vértice, de modo que los ángulos del cuadrado son $\frac{2\pi}{5}$, o 72°. (a) Representación conforme. (b) Representación proyectiva.

2.6. Aspectos históricos de la geometría hiperbólica

Aquí es oportuno hacer algunos comentarios históricos concernientes al descubrimiento de la geometría hiperbólica. Durante los siglos siguientes a la publicación de los elementos de Euclides, aproximadamente en el año 300 a.C., varios matemáticos intentaron demostrar el quinto postulado a partir de los otros axiomas y postulados. Estos esfuerzos alcanzaron su culminación con el heroico trabajo del jesuita Girolamo Saccheri, en 1773. Podría parecer que el propio Saccheri debió de pensar que la obra de su vida era, en definitiva, un fracaso, pues se reducía a un intento insatisfactorio de *demostrar* el postulado de las paralelas mostrando que la hipótesis de que la suma de los ángulos de todo triángulo es menor que dos ángulos rectos lleva a una contradicción. Incapaz de hacer esto de forma lógica tras tremendos esfuerzos, concluyó, más bien débilmente:

> La hipótesis del ángulo agudo es absolutamente falsa, porque repugna a la naturaleza de la línea recta.[5]

La hipótesis del «ángulo agudo» afirma que las líneas *a* y *b* de la Fig. 2.8 a veces no se cortan. Es realmente viable, ¡y, de hecho, da la geometría hiperbólica!

¿Cómo puede ser que Saccheri descubriera efectivamente algo que él estaba tratando de demostrar que era imposible? La propuesta de Saccheri para demostrar el quinto postulado de Euclides consistía en formular la hipótesis de que el quinto postulado era falso y obtener entonces una contradicción a partir de dicha hipótesis. De este modo, él proponía hacer uso de uno de los principios más tradicionales y fructíferos que han sido propuestos en matemáticas —muy posiblemente introducido por primera vez por los pitagóricos— llamado *demostración por contradicción* (o *reductio ad absurdum*, para darle su nombre latino). Según este procedimiento, para probar que una afirmación es cierta se formula primero la hipótesis de que la afirmación en cuestión es *falsa*, y luego se argumenta que de ello se sigue una contradicción. Si se llega a encontrar tal contradicción, se deduce que la afirmación debe ser, después de todo, verdadera.[6] La demostración por contradicción proporciona un método muy potente de razonamiento en matemáticas, hoy aplicado con frecuencia. Aquí es apropiada una cita del distinguido matemático G. H. Hardy:

> La *reductio ad absurdum*, que tanto amaba Euclides, es una de las armas matemáticas más valiosas. Es un gambito mucho más fino que cualquier gambito de ajedrez: un jugador de ajedrez puede ofrecer el sacrificio de un peón o incluso una pieza, pero un matemático ofrece *el juego*.[7]

Veremos otros usos de este importante principio más adelante (véanse §3.1 y §§16.4,6).

Sin embargo, Saccheri fracasó en su intento de encontrar una contradicción. Por consiguiente, no pudo obtener una demostración del quinto postulado. Pero al esforzarse en ello, descubrió algo mucho más grande: una nueva geometría, diferente de la de Euclides —la geometría discutida en §§2.4,5 que ahora llamamos *geometría hiperbólica*—. A partir de la hipótesis de que el quinto postulado de Euclides era falso, obtuvo, en lugar de una contradicción real, un montón de teoremas de apariencia extraña y apenas creíble, pero muy interesantes. No obstante, por extraños que parecieran tales resultados, ninguno de ellos era realmente una contradicción. Como sabemos ahora, no había ninguna posibilidad de que Saccheri encontrara de esta manera una contradicción genuina, por la sencilla razón de que la geometría hiperbólica *existe* realmente, en el sentido matemático de que existe una estructura semejante consistente. En la terminología de §1.3 la geometría hiperbólica habita en el mundo platónico de las formas matemáticas. (La cuestión de la realidad física de la geometría hiperbólica se tocará en §2.7 y §28.10.)

Poco tiempo después de Saccheri, el muy perspicaz matemático Johann Heinrich Lambert (1728-1777) obtuvo también numerosos y fascinantes resultados geométricos a partir de la hipótesis de que el quinto postulado de Euclides es falso, incluyendo el bello resultado mencionado en §2.4 que da el área de un triángulo hiperbólico en función de la suma de sus ángulos. Parece que Lambert pudo haberse formado la opinión, al menos en alguna etapa de su vida, de que realmente podía obtenerse una geometría consistente a partir de la negación del quinto postulado de Euclides. Al parecer, la razón tentativa de Lambert era que podía contemplar la posibilidad teórica de la geometría en una «esfera de radio imaginario», i.e., en una esfera cuyo «radio al cuadrado» es negativo. La fórmula de Lambert $\pi - (\alpha + \beta + \gamma) = C\Delta$ da el área, Δ, de un triángulo hiperbólico, donde α, β, γ son los ángulos del triángulo y C es una constante (siendo $-C$ lo que ahora llamaríamos la «curvatura gaussiana» del plano hiperbólico). Esta fórmula tiene básicamente la misma apariencia que una previamente conocida debida a Thomas Hariot (1560-1621), $\Delta = R^2(\alpha + \beta + \gamma - \pi)$, para el área Δ de un *triángulo esférico*, dibujado con arcos de círculo máximo[8] en una esfera de radio R (véase la Fig. 2.20).[2.8] Para recuperar la fórmula de Lambert, tenemos que poner

$$C = -\frac{1}{R^2}.$$

Pero, para dar el valor *positivo* de C, como sería necesario en la geometría hiperbólica, necesitamos que el radio de la esfera sea «imagina-

[2.8] Trate de demostrar esta fórmula del triángulo esférico, utilizando básicamente solo argumentos de simetría y el hecho de que el área total de la esfera es $4\pi R^2$. *Sugerencia*: Empiece encontrando el área de un segmento de una esfera acotado por dos arcos de círculo máximo que conectan un par de puntos antípodas de la esfera; luego corte y pegue y utilice argumentos de simetría. Tenga en cuenta la Fig. 2.20.

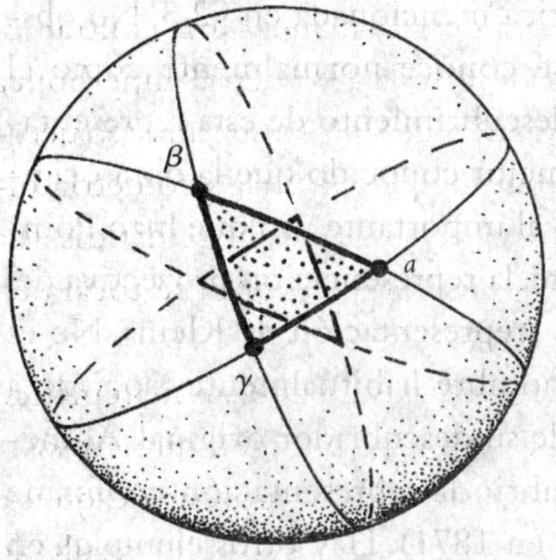

Fig. 2.20. La fórmula de Hariot para el área de un *triángulo esférico*, con ángulos α, β, γ es $\Delta = R^2(\alpha + \beta + \gamma - \pi)$. La fórmula de Lambert, para un triángulo hiperbólico, tiene $C = -1/R^2$.

rio» (i.e., que sea la raíz cuadrada de un número negativo). Nótese que el radio R está dado por la cantidad imaginaria $(-C)^{-1/2}$. Esto explica el término «pseudorradio», introducido en §2.4, para la cantidad real $C^{-1/2}$. De hecho, el procedimiento de Lambert está perfectamente justificado desde nuestra perspectiva más moderna (véanse el capítulo 4 y §18.4), y el hecho de haberlo previsto revela una gran intuición por su parte.

Sin embargo, el punto de vista convencional (algo injusto, en mi opinión) niega a Lambert el honor de haber construido por primera vez una geometría no euclídea, y considera que (aproximadamente medio siglo más tarde) la primera persona que llegó a una aceptación clara de una geometría completamente consistente, distinta de la de Euclides, en la que el postulado de las paralelas es falso, fue el gran matemático Carl Friedrich Gauss. Al ser un hombre muy cauteloso, y temiendo la controversia que semejante revelación pudiera causar, Gauss no publicó sus hallazgos y se los reservó para sí.[9] Unos treinta años después de que Gauss hubiera empezado a trabajar en ello, la geometría hiperbólica fue redescubierta de forma independiente por otros, entre ellos el húngaro János Bolyai (en 1829) y, muy en especial, el geómetra ruso Nicolái Ivánovich Lobachevski hacia 1826 (de ahí que la geometría hiperbólica sea denominada con frecuencia geometría *lobachevskiana*).

Las realizaciones concretas proyectiva y conforme de la geometría hiperbólica que he descrito antes fueron encontradas por Eugenio Beltrami, y publicadas en 1868, junto con algunas otras elegantes representaciones que incluyen la hemisférica mencionada en §2.5. No obstante, la representación conforme se conoce normalmente como el «modelo de Poincaré», porque el redescubrimiento de esta representación que hizo Poincaré en 1882 es mejor conocido que la obra original de Beltrami (básicamente debido al importante uso que hizo Poincaré de este modelo).[10] Análogamente, la representación proyectiva del pobre Beltrami se denomina a veces «representación de Klein». No es infrecuente en matemáticas que el nombre habitualmente asociado a un concepto matemático no sea el de su descubridor original. Al menos, en este caso, Poincaré sí *re*descubrió la representación conforme (como hizo Klein con la proyectiva en 1871). Hay otros ejemplos en matemáticas en los que el (los) matemático(s) cuyo nombre (o nombres) está asociado a un resultado ¡ni siquiera conocía el resultado en cuestión![11]

La representación de la geometría hiperbólica por la que Beltrami es más conocido es otra que él también encontró en 1868. Esta representa la geometría sobre cierta superficie conocida como una *pseudoesfera* (véase la Fig. 2.21). Dicha superficie se obtiene rotando una *tractriz*, una curva investigada por primera vez por Isaac Newton en 1676, alrededor de su «asíntota». La asíntota es una línea recta a la que se aproxima la curva, haciéndose asintóticamente tangente a ella cuando la curva se extiende al infinito. Aquí vamos a imaginar la asíntota dibujada en un plano horizontal de textura rugosa. Imaginemos ahora una varilla ligera, recta y rígida, uno de cuyos extremos, P, lleva unida

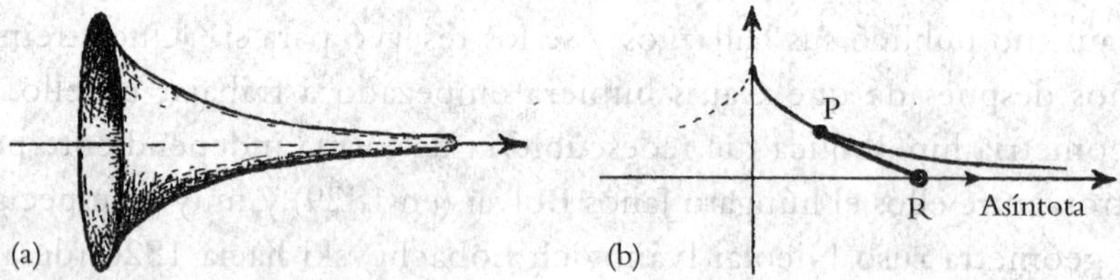

Fig. 2.21. (a) Una *pseudoesfera*. Esta se obtiene rotando una *tractriz* (b) alrededor de su asíntota. Para construir una tractriz, imaginemos que su plano es horizontal, sobre el que se arrastra una varilla ligera, rígida y sin fricción. Un extremo de la varilla es un peso puntual P con fricción, y el otro extremo R se mueve a lo largo de la asíntota (recta).

una masa puntual pesada, y el otro extremo R se mueve a lo largo de la asíntota. El punto P describe entonces una tractriz. Ferdinand Minding descubrió, en 1839, que la pseudoesfera tiene una geometría intrínseca negativa constante, y Beltrami utilizó esto para construir el primer modelo de geometría hiperbólica. Parece que el modelo de la pseudoesfera de Beltrami fue el que convenció a los matemáticos de la consistencia de la geometría hiperbólica plana, puesto que la medida de la distancia hiperbólica coincide con la distancia euclídea a lo largo de la superficie. Sin embargo, es un modelo algo complicado porque representa a la geometría hiperbólica solo localmente, en lugar de presentar toda la geometría de una vez, como hacen los otros modelos de Beltrami.

2.7. ¿Relación con el espacio físico?

La geometría hiperbólica también funciona perfectamente en dimensiones más altas. Más aún, existen versiones de dimensión superior de los modelos conforme y proyectivo. En el caso de la geometría hiperbólica tridimensional, tenemos una esfera frontera en lugar de un círculo frontera. Toda la geometría hiperbólica tridimensional infinita está representada por el interior de esta esfera euclídea finita. El resto es básicamente igual que lo que teníamos antes. En el modelo conforme, las líneas rectas en esta geometría hiperbólica tridimensional se representan como círculos euclídeos que cortan ortogonalmente a la esfera frontera; los ángulos vienen dados por las medidas euclídeas, y las distancias vienen dadas por la misma fórmula que en el caso bidimensional. En el modelo proyectivo, las líneas rectas hiperbólicas son líneas rectas euclídeas, y las distancias vienen dadas de nuevo por la misma fórmula que en el caso bidimensional.

¿Qué pasa con nuestro universo real a escalas cosmológicas? ¿Esperamos que su geometría espacial sea euclídea, o podría estar en mejor acuerdo con alguna otra geometría, tal como la extraordinaria geometría hiperbólica (aunque en tres dimensiones) que hemos estado examinando en §§2.4-6? Esta es una cuestión realmente importante. Sabemos por la relatividad general de Einstein (a la que llegaremos en

§17.9 y §19.6) que la geometría euclídea es solo una aproximación (extraordinariamente precisa) a la geometría real del espacio físico. Dicha geometría no es ni siquiera exactamente uniforme, al tener pequeños rizos de irregularidad debidos a la presencia de densidad de materia. Pese a todo, y de forma notable, de acuerdo con la mejor evidencia observacional de que hoy disponen los cosmólogos, estos rizos parecen promediarse, en escalas cosmológicas, hasta un grado extraordinariamente preciso (véanse §27.13 y §§28.4-10), y la geometría espacial de nuestro universo real parece concordar extraordinariamente bien con una geometría uniforme (homogénea e isótropa; véase §27.11). Parece que al menos los cuatro primeros postulados de Euclides han superado de forma impresionante la prueba del tiempo.

Aquí es necesario hacer un comentario aclaratorio. Básicamente existen tres tipos de geometría que satisfarían las condiciones de homogeneidad (todos los puntos son iguales) e isotropía (todas las direcciones son iguales), que se conocen como euclídea, hiperbólica y elíptica. La geometría euclídea nos es familiar (y lo ha sido durante unos veintitrés siglos). La geometría hiperbólica ha constituido nuestro interés principal en este capítulo. Pero ¿cuál es la geometría elíptica? Esencialmente, la geometría elíptica plana es la satisfecha por figuras dibujadas en la superficie de una esfera. Apareció en la discusión de la aproximación de Lambert a la geometría hiperbólica, en §2.6. Véanse las Figs. 2.22a,b,c, para la interpretación de Escher de los casos elíptico, euclídeo e hiperbólico, respectivamente, utilizando en los tres casos una teselación similar de ángeles y demonios, la tercera de las cuales ofrece una alternativa interesante a la Fig. 2.11. (Existe también una versión tridimensional de la geometría elíptica, y hay versiones en las que se considera que puntos diametralmente opuestos de la esfera representan el mismo punto. Estas cuestiones se examinarán con algo más de detalle en §27.11.) Sin embargo, podría decirse que el caso elíptico viola los postulados segundo y tercero de Euclides (además del primero). En efecto, se trata de una geometría que es finita en extensión (y en la que más de un segmento de línea une un par de puntos).

¿Cuál es, entonces, el estatus observacional de la geometría espacial a gran escala del universo? Solo se puede decir que todavía no lo sabemos, aunque recientemente se ha dado gran publicidad a afirmaciones

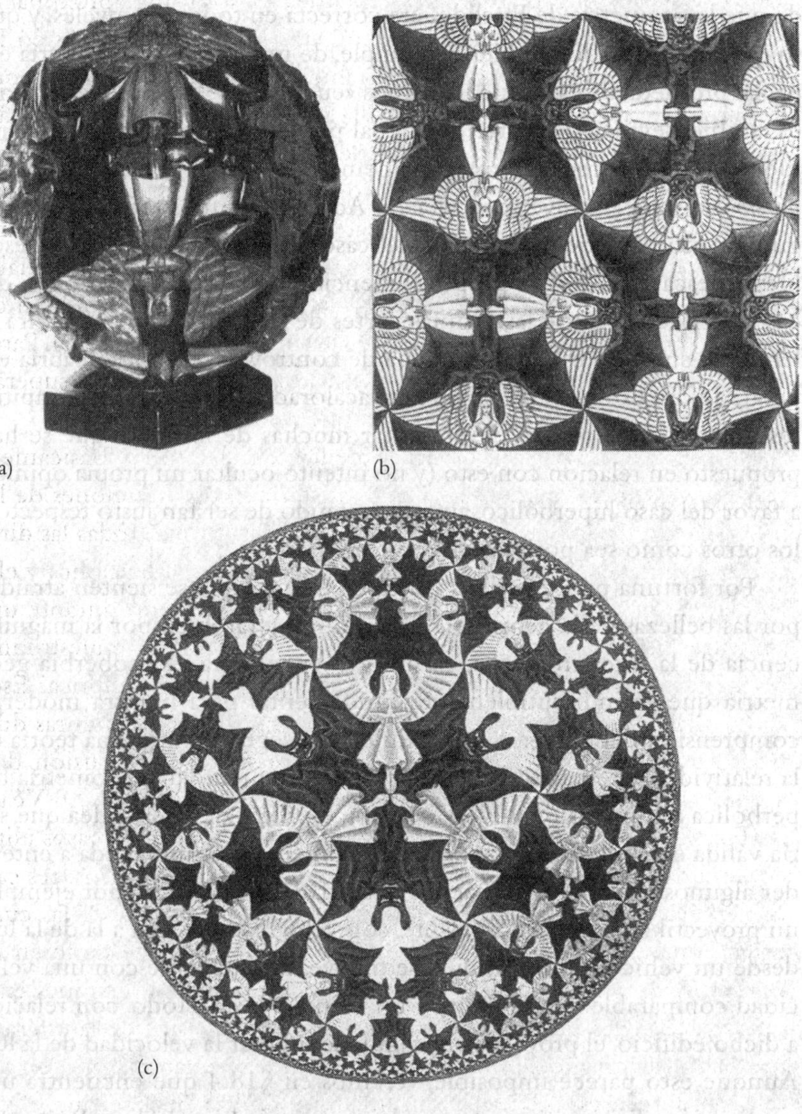

Fig. 2.22. Los tres tipos básicos de geometría plana uniforme, tal como son ilustrados por Escher utilizando teselaciones de ángeles y demonios. (a) Caso elíptico (curvatura positiva); (b) Caso euclídeo (curvatura cero), y (c) Caso hiperbólico (curvatura negativa), en la representación conforme (*Límite circular IV* de Escher, que debe compararse con la Fig. 2.17).

de que la geometría de Euclides era correcta en todos los niveles, y que su quinto postulado también se cumple, de modo que la geometría espacial promediada es lo que llamamos «euclídea».[12] Por otra parte, existe también evidencia (parte de la cual procede de los mismos experimentos) que parece apuntar firmemente a una geometría global *hiperbólica* para el universo espacial.[13] Además, algunos teóricos han argumentado hace tiempo a favor del caso elíptico, y este no está desde luego descartado por la propia evidencia que se aporta en apoyo del caso euclídeo (véanse las últimas partes de §34.4). Como percibirá el lector, la cuestión está todavía llena de controversia y, como cabría esperar, de discusiones con frecuencia acaloradas. En posteriores capítulos de este libro, trataré de presentar muchas de las ideas que se han propuesto en relación con esto (y no intento ocultar mi propia opinión a favor del caso hiperbólico, aunque tratando de ser tan justo respecto a los otros como sea posible).

Por fortuna para aquellos, como yo mismo, que se sienten atraídos por las bellezas de la geometría hiperbólica, y también por la magnificencia de la física moderna, existe otro papel para esta soberbia geometría que es indiscutiblemente fundamental para nuestra moderna comprensión del universo físico. En efecto, según la moderna teoría de la relatividad, el espacio de *velocidades* es ciertamente una geometría hiperbólica tridimensional (véase §18.4), en lugar de la euclídea que sería válida en la más antigua teoría newtoniana. Esto nos ayuda a entender algunos de los enigmas de la relatividad. Imaginemos, por ejemplo, un proyectil lanzado hacia delante, con velocidad cercana a la de la luz, desde un vehículo que también se mueve hacia delante con una velocidad comparable y pasa frente a un edificio. Pese a todo, con relación a dicho edificio, el proyectil nunca puede superar la velocidad de la luz. Aunque esto parece imposible, veremos en §18.4 que encuentra una explicación directa en términos de geometría hiperbólica. Pero estas materias fascinantes deben esperar hasta capítulos posteriores.

¿Qué pasa con el teorema de Pitágoras, cuyo fallo hemos visto en la geometría hiperbólica? ¿Debemos abandonar el mayor de los regalos concretos que hicieron los pitagóricos a la posteridad? En absoluto, pues la geometría hiperbólica —y, de hecho, todas las geometrías «riemannianas» que generalizan la geometría hiperbólica de una manera irregularmente curvada (que forma el marco esencial de la teoría de la relatividad general de Einstein; véanse §13.8, §14.7, §18.1 y §19.6)—depende vitalmente de la validez del teorema de Pitágoras en el límite de pequeñas distancias. Además, su enorme influencia impregna otras vastas áreas de las matemáticas y la física (por ejemplo, la estructura métrica «unitaria» de la mecánica cuántica; véase §22.3). A pesar de que este teorema es, en cierto sentido, reemplazado para «grandes» distancias, sigue siendo central para la estructura a pequeña escala de la geometría, encontrando un rango de aplicación que supera muchísimo a aquel para el que fue propuesto originalmente.

Notas

Sección 2.1

2.1. No está muy claro históricamente quién demostró realmente por primera vez lo que ahora conocemos como «teorema de Pitágoras»; véase la nota 1.1. Parece que los antiguos egipcios y babilonios conocían al menos muchos ejemplos de este teorema. El verdadero papel desempeñado por Pitágoras o sus seguidores es básicamente supuesto.

Sección 2.2

2.2. No obstante, incluso con todo este cuidado en la obra de Euclides quedaron varias hipótesis ocultas, que tienen que ver básicamente con lo que ahora llamaríamos cuestiones «topológicas» que habrían parecido «intuitivamente obvias» para Euclides y sus contemporáneos. Estas hipótesis no mencionadas solo fueron advertidas siglos después, en particular por Hilbert a finales del siglo XIX. Las ignoraré en lo que sigue.

2.3. Véase, por ejemplo, Thomas (1939). Compárese también con Schulz (1997), que da una bella exposición axiomática de la geometría espaciotemporal 4-dimensional de Minkowski (§17.8, §18.1).

Sección 2.4

2.4. La notación «exponencial» tal como $C^{-1/2}$ se utiliza con frecuencia en este libro. Como ya se ha dicho en la nota 1.1, a^5 significa $a \times a \times a \times a \times a$; por consiguiente, para un entero positivo n, el producto de a consigo mismo un total de n veces se escribe a^n. Esta notación se extiende a exponentes negativos, de modo que a^{-1} es el recíproco $1/a$ de a, y a^{-n} es el recíproco $1/a^n$ de a^n, o de forma equivalente $(a^{-1})^n$. De acuerdo con la discusión más general de §5.2, $a^{1/n}$, para un número positivo a, es la «raíz n-ésima de a», que es el número (positivo) que satisface $(a^{1/n})^n = a$ (véase la nota 1.1). Además, $a^{m/n}$ es la potencia m-ésima de $a^{1/n}$.

Sección 2.6

2.5. Saccheri (1733), Prop. XXXIII.

2.6. Existe un punto de vista conocido como *intuicionismo*, mantenido por una minoría (bastante pequeña) de matemáticos, en el que no se acepta el pricipio de «demostración por contradicción». La objeción consiste en que este principio puede ser *no constructivo* en cuanto que a veces lleva a una afirmación de la existencia de cierta entidad matemática, sin que se ofrezca ninguna construcción real de la misma. Esto tiene cierta relevancia para las cuestiones discutidas en §16.6. Véase Heyting (1956).

2.7. Hardy (1940), p. 34.

2.8. Los arcos de círculo máximo son las curvas «más cortas» (geodésicas) sobre la superficie de una esfera; yacen en planos que pasan por el centro de la esfera.

2.9. Es un tema de discusión si Gauss, que estaba profesionalmente interesado en asuntos de geodesia, podría haber tratado de averiguar realmente si hay desviaciones medibles de la geometría euclídea en el espacio físico. Debido a su bien conocida reticencia en cuestiones de geometría no euclídea, es poco probable que lo diera a conocer si en efecto estuviera tratando de hacerlo, especialmente porque (como ahora sabemos) estaba abocado al fracaso, debido a la pequeñez del efecto, según la teoría moderna. Parece que hoy día hay consenso en que él «solo estaba haciendo geodesia», al estar interesado en la curvatura de la Tierra, y no del espacio. Pero encuentro algo difícil creer que él no anduviera también buscando cualquier discrepancia importante con la geometría euclídea; véanse Fauvel y Gray (1987) y Gray (1979).

2.10. La representación denominada «semiplano de Poincaré» (con forma métrica $(dx^2 + dy^2)/y^2$; véase §14.7) se debe también a Beltrami (1868). La curvatura negativa constante de la «métrica de Poincaré» $4(dx^2 + dy^2)/(1 - x^2 - y^2)^2$ de las Figs. 2.11-13 fue advertida realmente por Riemann.

2.11. Esto parece aplicarse incluso al propio Gauss (que, por otra parte, había anticipado con mucha frecuencia el trabajo de otros matemáticos). Existe un importante teorema matemático topológico conocido como «teorema de Gauss-Bonnet», que puede demostrarse elegantemente mediante el uso de la denominada «aplicación de Gauss», pero el propio teorema parece deberse en realidad a Blaschke y el elegante método de demostración citado fue encontrado por Olinde Rodrigues. Parece que Gauss y Bonnet no conocieron jamás ni el resultado ni el método de demostración. Existe un teorema de «Gauss-Bonnet» más elemental, correctamente citado en varios textos; véanse Willmore (1959) y Rindler (2001).

Sección 2.7

2.12. La evidencia principal respecto a la estructura global del universo como un todo procede de un análisis detallado de la *radiación cósmica de fondo de microondas* (CMB) que se discutirá en §§27.7,10,11,13, §§28.5,10 y §30.14. Una referencia básica es de Bernardis *et al.* (2000); para datos más recientes y más precisos, véase Netterfield *et al.* (2001) (concernientes a BOOMERanG). Véanse también Hanany *et al.* (2000) (concernientes a MAXIMA), Halverson *et al.* (2001) (concernientes a DASI), y Bennet *et al.* (2003).

2.13. Véanse Gurzadyan y Torres (1997) y Gurzadyan y Kocharyan (1994) para los soportes teóricos, y Gurzadyan y Kocharyan (1992) (para los datos de COBE) y Gurzadyan *et al.* (2002, 2003) (para los datos de BOOMERanG y (2004) para los datos de WMAP) para los correspondientes análisis de los datos CMB reales.

anticipado con mucha frecuencia el trabajo de otros matemáticos. Existe un importante teorema matemático-topológico conocido como «teorema de Gauss-Bonnet», que puede demostrarse elegantemente mediante el uso de la denominada «aplicación de Gauss»; pero el propio teorema parece deberse en realidad a Blaschke y el elegante método de demostración citado fue encontrado por Olinde Rodrigues. Parece que Gauss y Bonnet no conocieron jamás ni el resultado ni el método de demostración. Existe un teorema de Gauss-Bonnet más elemental, frecuentemente citado en varios textos; véanse Willmore (1959) y Kühnel (2001).

2.12. La evidencia principal respecto a la estructura global del universo como un todo procede de un análisis detallado de la *radiación cósmica de fondo de microondas* (CMB), que se discute en §§27.7, 10 y 13, §28.5, 10 y §30.14. Una referencia básica es de Bernardis *et al.* (2000); para datos más recientes y más precisos, véase Netterfield *et al.* (2003) (concernientes a BOOMERanG). Véanse también Hanany *et al.* (2000) (concernientes a MAXIMA), Halverson *et al.* (2001) (concernientes a DASI), y Bennett *et al.* (2003).

2.13. Véanse Gurzadyan y Torres (1997) y Gurzadyan y Kocharyan (1994) para los soportes teóricos; Gurzadyan y Kocharyan (1992) (para los datos de COBE) y Gurzadyan *et al.* (2002, 2003) (para los datos de BOOMERanG y (2004) para los datos de WMAP) para los correspondientes análisis de los datos CMB reales.

3

Tipos de números en el mundo físico

3.1. ¿Una catástrofe pitagórica?

Volvamos ahora a la cuestión de la demostración por contradicción, el principio que Saccheri trató inútilmente de utilizar en su intento de demostración del quinto postulado de Euclides. Hay muchos casos en las matemáticas clásicas en los que el principio *ha sido* aplicado con éxito. Uno de los más famosos se remonta a los pitagóricos, y zanjó una cuestión matemática en un sentido que les iba a causar grandes problemas. La cuestión era la siguiente: ¿es posible encontrar un número racional (i.e., una fracción) cuyo cuadrado sea exactamente el número 2? Resulta que la respuesta es no, y la afirmación matemática que voy a demostrar dentro de poco es, en efecto, que no existe tal número racional.

¿Por qué estaban los pitagóricos tan molestos por este descubrimiento? Recordemos que una fracción —es decir, un número racional— es algo que puede expresarse como la razón a/b de dos enteros a y b, siendo b distinto de cero. (Véase el prefacio para una discusión de la definición de una fracción.) Los pitagóricos tenían al principio la esperanza de que toda su geometría podría expresarse en términos de longitudes que podrían medirse en términos de números racionales. Los números racionales son cantidades bastante simples, pues son descriptibles y comprensibles en términos finitos simples; pese a todo, pueden utilizarse para especificar distancias tan pequeñas o tan grandes como queramos. Si pudiera hacerse toda la geometría con los racionales, esto haría las cosas relativamente sencillas y fácilmente comprensibles. La noción de un número «irracional», por el contrario, requiere

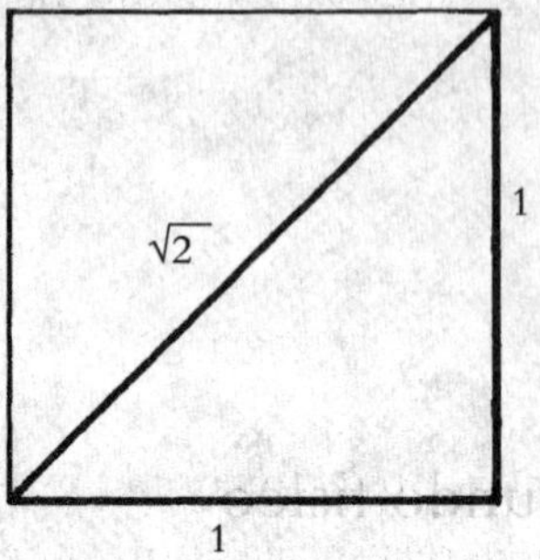

Fig. 3.1. Un cuadrado de lado longtiud unidad tiene diagonal $\sqrt{2}$, por el teorema de Pitágoras.

procesos infinitos, y esto hubiera planteado dificultades considerables a los antiguos (y con toda la razón). ¿Qué dificultad plantea el hecho de que no exista un número racional cuyo cuadrado sea 2? Esta procede del propio teorema de Pitágoras. Si en la geometría euclídea tenemos un cuadrado con lados de longitud unidad, entonces la longitud de su diagonal es un número cuyo cuadrado es $1^2 + 1^2 = 2$ (véase la Fig. 3.1). Sería realmente catastrófico para la geometría que no hubiera ningún número que pudiera describir la longitud de la diagonal de un cuadrado. Al principio, los pitagóricos trataron de arreglárselas con una noción de «número en acto» que pudiera describirse simplemente en términos de razones de números enteros. Veamos por qué esto no puede funcionar.

La cuestión consiste en ver por qué la ecuación

$$\left(\frac{a}{b}\right)^2 = 2$$

no tiene solución para enteros a y b, donde estos enteros se consideran positivos. Utilizaremos las demostración por contradicción para demostrar que no pueden existir tales a y b. Supongamos, por lo tanto, que *sí* existen tales a y b. Multiplicando ambos miembros de la ecuación anterior por b^2, encontramos que se convierte en

$$a^2 = 2b^2$$

y concluimos[1] claramente que $a^2 > b^2 > 0$. Ahora, el segundo miembro, $2b^2$, de la ecuación anterior es par, de donde se sigue que a debe ser par (y no impar, puesto que el cuadrado de cualquier número impar es impar). Así pues, existe un entero positivo c tal que $a = 2c$. Sustituyendo a por $2c$ en la ecuación anterior, y elevando al cuadrado, obtenemos

$$4c^2 = 2b^2,$$

es decir, dividiendo ambos miembros por 2,

$$b^2 = 2c^2,$$

y concluimos que $b^2 > c^2 > 0$. Ahora bien, esta es precisamente la misma ecuación que teníamos antes, excepto que b reemplaza ahora a a y c reemplaza a b. Nótese que los enteros correspondientes son ahora más pequeños que antes. Podemos repetir el argumento una y otra vez, obteniendo una secuencia interminable de ecuaciones

$$a^2 = 2b^2, b^2 = 2c^2, c^2 = 2d^2, d^2 = 2e^2 \ldots,$$

donde

$$a^2 > b^2 > c^2 > d^2 > e^2 > \ldots,$$

siendo todos estos enteros positivos. Pero cualquier secuencia decreciente de enteros positivos debe llegar a un final, lo que contradice el hecho de que esta secuencia es interminable. Esto nos da una contradicción con lo que se había supuesto, a saber, que existe un número racional cuyo cuadrado es 2. De ello se sigue que no existe tal número racional, como queríamos demostrar.[2]

Algunos puntos del argumento anterior merecen un comentario. En primer lugar, de acuerdo con los procedimientos normales de la demostración matemática, en el argumento se ha apelado a ciertas propiedades de los números que se tomaban como «obvias» o como previamente establecidas. Por ejemplo, hemos utilizado el hecho de que el cuadrado de un número impar es siempre impar y, además, que si un entero no es impar, entonces es par. También utilizamos el hecho fundamental de que cada secuencia estrictamente decreciente de números enteros positivos debe llegar a un final.

Una razón por la que puede ser importante identificar las hipótesis precisas que entran en una demostración —incluso si algunas de estas hipótesis pudieran ser cosas perfectamente «obvias»— es que los matemáticos están a menudo interesados en otros tipos de entidades distintas de aquellas a las que originalmente concernía la demostración. Si estas otras entidades satisfacen las mismas hipótesis, entonces la demostración será extrapolable y se verá que la afirmación que ha sido demostrada tiene una generalidad mayor que la originalmente percibida, puesto que se aplicará también a estas otras entidades. Por el contrario, si alguna de las hipótesis necesarias deja de ser válida para estas entidades alternativas, entonces la afirmación en cuestión puede resultar falsa para dichas entidades. (Por ejemplo, es importante darse cuenta de que en las demostraciones del teorema de Pitágoras dadas en §2.2 se utilizaba el postulado de las paralelas, por lo que el teorema es realmente falso en la geometría hiperbólica.)

En el argumento anterior, las entidades originales son números enteros y estamos interesados en aquellos números —los números racionales— que se construyen como cocientes de enteros. Con tales números se da realmente el caso de que ninguno de ellos tiene 2 como cuadrado. Pero hay otros tipos de números además de los simples enteros y racionales. En realidad, la necesidad para una raíz cuadrada de 2 obligó a los antiguos griegos, muy en contra de su voluntad en aquel tiempo, a salir de los confines de los números enteros y los racionales, los únicos tipos de números que previamente habían estado dispuestos a aceptar. El tipo de número al que se vieron llevados fue el que hoy día llamamos un «número real»: un número que ahora expresamos mediante un desarrollo decimal interminable (aunque una representación semejante no estaba disponible para los antiguos griegos). De hecho, 2 tiene una raíz cuadrada dentro de los números reales, a saber (como ahora la escribiríamos):

$$\sqrt{2} = 1{,}414\ 213\ 562\ 373\ 095\ 048\ 801\ 688\ 72\ \ldots$$

En la próxima sección consideraremos con más detalle el estatus *físico* de tales números «reales».

Como curiosidad, podemos preguntar por qué la demostración anterior de la no existencia de una raíz cuadrada de 2 falla para números reales (o para razones de números reales, lo que es equivalente). ¿Qué sucede si reemplazamos «entero» por «número real» en todo el argumento? La diferencia básica es que no es cierto que cualquier sucesión estrictamente decreciente de reales positivos (o incluso de fracciones) debe llegar a un final, y el argumento se viene abajo en ese punto.[3] (Consideremos, por ejemplo, la secuencia interminable 1, 1/2, 1/4, 1/8, 1/16, 1/32, ..., .) A uno podría preocuparle qué sería un número real «impar» y «par» en este contexto. De hecho, el argumento no encuentra ninguna dificultad en este punto porque *todos* los números reales tendrían que contar como «pares», puesto que para cualquier real a hay siempre un real c tal que $a = 2c$, al ser siempre posible la división por 2 para los reales.

3.2. El sistema de los números reales

Así fue como los griegos se vieron obligados a admitir que los números racionales no son suficientes para desarrollar adecuadamente las ideas de la geometría (de Euclides). Hoy día no nos preocupa excesivamente que cierta cantidad geométrica no pueda ser medida en términos de números racionales simplemente. Esto se debe a que la noción de un «número real» resulta muy familiar para nosotros. Aunque nuestras calculadoras de bolsillo expresan los números mediante un número finito de dígitos, aceptamos que esta es una aproximación a la que nos obliga el hecho de que la calculadora es un objeto finito. Estamos dispuestos a admitir que el número matemático ideal (platónico) podría requerir que el desarrollo decimal se prolongue indefinidamente. Esto se aplica, por supuesto, incluso a la representación decimal de la mayoría de las fracciones, tales como

$$\frac{1}{3} = 0{,}333\ 333\ 333\ \ldots,$$

$$\frac{29}{12} = 2{,}416\ 666\ 666\ \ldots,$$

$$\frac{9}{7} = 1{,}285\ 714\ 285\ 714\ 285\ \ldots,$$

$$\frac{237}{148} = 1{,}601\ 351\ 351\ 35\ \ldots\ .$$

En el caso de una fracción, el desarrollo decimal siempre *acaba siendo periódico*, lo que quiere decir que llega un momento en que la secuencia infinita de dígitos consiste en una secuencia finita que se repite indefinidamente. En los ejemplos anteriores, las secuencias repetidas son 3, 6, 285714 y 135, respectivamente.

Los desarrollos decimales no estaban disponibles para los antiguos griegos, pero ellos tenían sus propios modos de entender los números irracionales. En efecto, lo que adoptaron era un sistema de representación de números en términos de lo que ahora llamamos *fracciones continuas*. No hay necesidad de entrar aquí en detalles, pero es apropiado hacer algunos breves comentarios. Una fracción continua[4] es una expresión finita o infinita $a + (b + (c + (d + \ldots)^{-1})^{-1})^{-1}$, donde $a, b, c, d, \ldots$ son enteros positivos:

$$a + \cfrac{1}{b + \cfrac{1}{c + \cfrac{1}{d + \ldots}}}$$

Cualquier número racional mayor que 1 puede escribirse como una de estas expresiones *terminada* (donde, para evitar ambigüedades, exigimos normalmente que el último entero sea mayor que 1), por ejemplo, $52/9 = 5 + (1 + (3 + (2)^{-1})^{-1})^{-1}$:

$$\frac{52}{9} = 5 + \cfrac{1}{1 + \cfrac{1}{3 + \cfrac{1}{2}}}$$

y, para representar un racional positivo menor que 1, simplemente admitimos que el primer entero en la expresión sea cero. Para expresar un número real, que no es racional, simplemente[3.1] permitimos que la expresión de la fracción continua siga de manera indefinida, siendo algunos ejemplos[5]

[3.1] Experimente con su calculadora de bolsillo (suponiendo que usted tenga teclas «$\sqrt{}$» y «x^{-1}») para obtener estas expresiones con la precisión disponible. Tome $\pi = 3{,}141\,592\,653\,589\,793\ldots$ (*Sugerencia*: Apunte la parte entera de cada número, réstela de dicho número y forme luego el recíproco del resto. Repita la operación con el número así obtenido.)

$$\sqrt{2} = 1 + (2 + (2 + (2 + (2 + \ldots)^{-1})^{-1})^{-1})^{-1},$$
$$7 - \sqrt{3} = 5 + (3 + (1 + (2 + (1 + (2 + (1 + (2 + \ldots)^{-1})^{-1})^{-1})^{-1})^{-1})^{-1})^{-1},$$
$$\pi = 3 + (7 + (15 + (1 + (292 + (1 + (1 + (1 + (2 + \ldots)^{-1})^{-1})^{-1})^{-1})^{-1})^{-1})^{-1})^{-1}.$$

En los dos primeros de estos ejemplos infinitos, las secuencias de números naturales que aparecen —a saber, 1, 2, 2, 2, 2, ... en el primer caso y 5, 3, 1, 2, 1, 2, 1, 2, ... en el segundo— tienen la propiedad de que son finalmente periódicas (repitiéndose indefinidamente el 2 en el primer caso y repitiéndose indefinidamente la secuencia 1, 2 en el segundo).[3.2] Recordemos que, como ya se ha advertido antes, en la notación decimal familiar, son los números *racionales* los que tienen expresiones (finitas o) finalmente periódicas. Por otra parte, podemos considerar que una virtud de la representación de «fracción continua» griega es que los números racionales tienen ahora siempre una descripción finita. Una pregunta natural que se puede plantear en este contexto es: ¿qué números tienen una representación en forma de fracción continua *finalmente periódica*? Un teorema notable, demostrado por primera vez que sepamos por el gran matemático del siglo XVIII Joseph L. Lagrange (cuyas otras ideas más importantes encontraremos más adelante, en particular en el capítulo 20), dice que los números cuyas representaciones en términos de fracciones continuas son finalmente periódicas son los denominados *irracionales cuadráticos*.[6]

¿Qué es un irracional cuadrático y qué importancia tiene para la geometría griega? Es un número que puede escribirse en la forma

$$a + \sqrt{b},$$

donde a y b son fracciones, y donde b no es un cuadrado perfecto. Estos números son importantes en geometría euclídea porque son los números irracionales más inmediatos que se encuentran en las construcciones con regla y compás. (Recordemos el teorema de Pitágoras, que en §3.1 nos ha llevado por primera vez a considerar el problema de $\sqrt{2}$,

[3.2] Suponiendo esta periodicidad final de estas dos expresiones de fracciones continuas, demuestre que los números que representan deben ser las cantidades del miembro izquierdo. (*Sugerencia*: Encuentre una ecuación cuadrática que sea satisfecha por esta cantidad, y remítase a la nota 3.6.)

y otras construcciones sencillas de longitudes euclídeas nos llevaron directamente a otros números de la forma anterior.)

Ejemplos concretos de irracionales cuadráticos son aquellos casos donde $a = 0$ y b es un número natural (no cuadrado) o racional mayor que 1, por ejemplo:

$$\sqrt{2}, \sqrt{3}, \sqrt{5}, \sqrt{6}, \sqrt{7}, \sqrt{8}, \sqrt{10}, \sqrt{11}, \ldots$$

La representación de fracción continua de un número semejante es especialmente sorprendente. La secuencia de números naturales que la define como una fracción continua tiene una curiosa propiedad característica. Empieza con cierto número A, que luego es seguido inmediatamente por una secuencia «palindrómica» (i.e., una que se lee igual hacia atrás), $B, C, D, \ldots, D, C, B$, seguida por $2A$, tras el cual la propia secuencia $B, C, D, \ldots, D, C, B, 2A$ se repite indefinidamente. El número $\sqrt{14}$ es un buen ejemplo, para el que la secuencia es

$$3, 1, 2, 1, 6, 1, 2, 1, 6, 1, 2, 1, 6, 1, 2, 1, 6, \ldots$$

Aquí $A = 3$ y la secuencia palindrómica $B, C, D, \ldots, D, C, B$ es simplemente la secuencia de tres términos 1, 2, 1.

¿Cuánto de esto era conocido por los antiguos griegos? Parece probable que conocían mucho —muy posiblemente *todas* las cosas que he descrito antes (incluido el teorema de Lagrange)—, aunque quizá carecieran de demostraciones rigurosas para todo. Al parecer, gran parte de esto fue establecido por Teeteto, contemporáneo de Platón. Parece incluso que hay alguna evidencia de este conocimiento (incluidas las secuencias palindrómicas repetidas antes mencionadas) manifiesta en la dialéctica de Platón.[7]

Aunque la incorporación de los irracionales cuadráticos nos acerca algo hacia los números adecuados para la geometría euclídea, no hace todo lo que se necesita. En el décimo (y más difícil) libro de Euclides se consideran números como $\sqrt{a + \sqrt{b}}$ (con a y b racionales positivos). Estos *no* son generalmente irracionales cuadráticos, pero se dan, de todas formas, en construcciones de regla y compás. Números suficientes para tales construcciones geométricas serían aquellos que pueden formarse a partir de números naturales por uso repetido de las operaciones de adición, sustracción, multiplicación, división, y toma de la raíz cuadrada. Pero operar exclusivamente con tales números se hace muy complicado, y estos números son todavía demasiado limitados para consideraciones de geometría euclídea que van más allá de las construcciones de regla y compás. Es mucho más satisfactorio dar el paso capital —y hasta qué punto es capital se indicará en §§16.3-5— de permitir expresiones de fracciones continuas infinitas que son completamente generales. Esto proporcionó a los griegos una forma de describir números que resulta adecuada para la geometría euclídea.

Estos números son en realidad, en terminología moderna, los denominados «números reales». Aunque se considera que una definición completamente satisfactoria de tales números no fue encontrada hasta el siglo XIX (con el trabajo de Dedekind, Cantor y otros), el gran matemático y astrónomo griego Eudoxo, que había sido uno de los discípulos de Platón, había obtenido las ideas esenciales ya en el siglo IV a.C. Aquí resulta apropiado comentar las ideas de Eudoxo.

En primer lugar, notemos que los números en geometría euclídea pueden expresarse en términos de *razones* de longitudes, más que directamente en términos de longitudes. De esta forma, no se necesitaba ninguna unidad específica de longitud (tal como la «pulgada» o el «dactylos» griego). Además, con razones de longitudes no habría restricciones en cuanto al número de tales razones que podían multiplicarse (obviando la aparente necesidad de «hipervolúmenes» en dimensiones más altas cuando se multiplican más de tres longitudes). El primer paso en la teoría de Eudoxo consistía en proporcionar un criterio acerca de cuándo una razón de longitudes $a : b$ sería mayor que otra razón semejante $c : d$. Este criterio es que existen ciertos enteros positivos M y N tales que la longitud a sumada a sí misma M veces supera a b sumada a sí misma N veces, mientras que también d sumada a sí misma N veces supera a c sumada a sí misma M veces.[3.3] Un criterio correspondiente es válido para expresar la condición de que la razón $a : b$ es *menor* que la razón $c : d$. La condición para la igualdad de ambas razones sería que no se cumpla ninguno de estos criterios. Con esta ingeniosa noción de «igualdad» de tales razones, Eudoxo tenía, en efecto, un concepto abstracto de «número real» en términos de razones de

[3.3] ¿Puede ver por qué funciona esto?

longitudes. Él también proporcionó reglas para la suma y el producto de tales números reales.[3.4]

Sin embargo, había una diferencia básica en el punto de vista entre la noción griega de número real y la moderna, porque los griegos creían que el sistema de números nos estaba básicamente «dado» en términos de la noción de *distancia* en el espacio físico, de modo que el problema consistía en tratar de establecer cómo se comportaban realmente estos números «distancia»; pues el propio «espacio» podría haber parecido un absoluto platónico incluso si los objetos físicos reales existentes en dicho espacio estuvieran inevitablemente muy lejos del ideal platónico.[8] (Sin embargo, en §17.9 y §§19.6,8 veremos que la teoría de la relatividad general de Einstein ha cambiado ahora esta perspectiva del espacio y la materia de un modo fundamental.)

Un objeto físico tal como un cuadrado dibujado en la arena o un cubo esculpido en mármol podría haber sido considerado por los antiguos griegos como una razonable o a veces una excelente aproximación al ideal geométrico platónico. Pese a todo, cualquier objeto semejante proporcionaría en cualquier caso una mera aproximación. Detrás de tales aproximaciones a las formas platónicas —así hubiera parecido— estaría el propio espacio: una entidad de existencia tan abstracta o conceptual que muy bien podría haber sido considerada como una realización directa de una realidad platónica. La medida de distancia en esta geometría ideal sería algo a *determinar*; en consecuencia, sería apropiado tratar de extraer esta noción ideal de número real de una geometría del espacio que se suponía *dada*. De hecho, esto es lo que Eudoxo consiguió hacer.

No obstante, en los siglos XIX y XX había surgido la idea de que la noción matemática de número debería presentarse con independencia de la naturaleza del espacio físico. Puesto que se había demostrado que existían geometrías matemáticamente consistentes diferentes de la de Euclides, resultaba inoportuno insistir en que la noción matemática de «geometría» debería ser extraída necesariamente de la naturaleza supuesta del espacio físico «real». Además, podría ser muy difícil, si no imposible, establecer la naturaleza detallada de esta supuesta «geo-

[3.4] ¿Puede ver cómo formularlas?

metría física platónica» subyacente en términos del comportamiento de objetos físicos imperfectos. Para conocer la naturaleza de los números de acuerdo con los cuales debe definirse la «distancia geométrica», por ejemplo, sería necesario saber qué sucede tanto a distancias infinitamente minúsculas como infinitamente grandes. Incluso hoy, estas cuestiones no tienen una clara respuesta (y las abordaré de nuevo en capítulos posteriores). Así pues, era mucho más oportuno establecer la naturaleza del número de un modo que no remitiera directamente a medidas físicas. En consecuencia, Richard Dedekind y Georg Cantor elaboraron sus ideas de lo que «son» los números reales mediante el uso de nociones que no se refieren directamente a la geometría.

Dedekind define un número real a partir de conjuntos infinitos de números racionales. Lo que se hace, básicamente, es considerar que los números racionales, tanto positivos como negativos (y el cero), están dispuestos en orden de tamaño. Podemos imaginar que este ordenamiento tiene lugar de izquierda a derecha, considerando que los racionales negativos se extienden indefinidamente hacia la izquierda, y los racionales positivos se extienden indefinidamente hacia la derecha, estando 0 en el centro. (Esto es solo para propósitos de visualización; de hecho, el procedimiento de Dedekind es completamente abstracto.) Dedekind imagina un «corte» que divide esta disposición claramente en dos, de modo que aquellos números que están a la izquierda del corte son más pequeños que los que están a la derecha. Cuando el «filo del cuchillo» que hace el corte no «incide» sobre un número racional sino que cae entre ellos, entonces decimos que define un número real *irracional*. Dicho de forma más correcta, esto ocurre cuando los que están a la izquierda no tienen un miembro máximo, y los que están a la derecha no tienen un miembro mínimo. Cuando se añade el sistema de los «irracionales», definidos en términos de tales «cortes», al sistema de los números racionales que ya teníamos, se obtiene la familia completa de los *números reales*.

El procedimiento de Dedekind conduce directamente, por medio de simples definiciones, a las leyes de adición, sustracción, multiplicación y división de números reales. Además, permite ir más allá y definir *límites*, mediante los cuales pueden asignarse significados en números reales a cosas tales como la fracción continua infinita que hemos visto antes

$$1 + (2 + (2 + (2 + (2 + \ldots)^{-1})^{-1})^{-1})^{-1}$$

o la suma infinita

$$1 - \frac{1}{3} + \frac{1}{5} - \frac{1}{7} + \frac{1}{9} - \ldots$$

De hecho, la primera nos da el número irracional $\sqrt{2}$ y la segunda, $\frac{1}{4}\pi$. La capacidad de tomar límites es fundamental para muchas nociones matemáticas, y es esto lo que da a los números reales su fuerza especial.[9] (Quizá el lector recuerde que la necesidad de «procedimientos de paso al límite» era un requisito para la definición general de áreas, como se ha indicado en §2.3).

3.3. Los números reales en el mundo físico

Aquí estamos tocando una cuestión profunda. Una fuerza impulsora inicial en el desarrollo de las ideas matemáticas ha sido siempre el intento de encontrar estructuras matemáticas que reflejen de forma precisa el comportamiento del mundo físico. Pero normalmente no es posible examinar el propio mundo físico con un detalle tan preciso que de él puedan extraerse directamente nociones matemáticas de la claridad adecuada. El progreso se produce más bien debido a que las nociones matemáticas tienden a tener un «impulso» propio que parece brotar casi por entero del interior de la propia disciplina. Las ideas matemáticas evolucionan, y varios tipos de problemas parecen surgir de forma natural. Algunos de estos (como sucedió con el problema de encontrar la longitud de la diagonal de un cuadrado) pueden llevar a una ampliación esencial de los propios conceptos matemáticos en cuyos términos se había formulado originalmente el problema. Puede parecer que tales ampliaciones nos vienen obligadas, o también pueden surgir de maneras que parecen ser cuestiones de conveniencia, consistencia o elegancia matemática. En consecuencia, podría parecer que el desarrollo de las matemáticas se aleja de lo que se habían propuesto conseguir, a saber: reflejar el comportamiento físico. Pero, en muchos casos, este mismo impulso hacia la consistencia y elegancia matemáticas nos lleva a estructuras y conceptos matemáticos que resultan reflejar el mundo físico de una forma mucho más profunda y de mayor alcance que aquellas de las que partimos. Es como si la propia naturaleza se guiara por el mismo tipo de criterios de consistencia y elegancia que guían al pensamiento matemático humano.

Un ejemplo de esto es el propio sistema de los números reales. No tenemos ninguna evidencia directa en la naturaleza de que haya una noción física de «distancia» que se extienda hasta escalas arbitrariamente grandes; menos evidencia hay aún de que semejante noción sea aplicable en el nivel infinitamente minúsculo. En realidad, no hay evidencia de que existan «puntos en el espacio» de acuerdo con una geometría que haga uso precisamente de distancias en números reales. En la época de Euclides había escasa evidencia para apoyar siquiera la pretensión de que tales «distancias» euclídeas se extendían hacia fuera hasta más allá de, digamos, unos 10^{12} metros,[10] o hacia dentro, hasta algo tan pequeño como 10^{-5} metros. Pero, al haber sido impulsadas matemáticamente por la consistencia y elegancia del sistema de los números reales, todas nuestras teorías físicas satisfactorias y de más amplio alcance hasta la fecha han seguido ateniéndose, sin excepción, a esta antigua noción de «número real». Aunque podría parecer que ha habido muy poca justificación para hacer esto a partir de la evidencia de que se disponía en la época de Euclides, nuestra fe en el sistema de los números reales parece haberse visto recompensada. En efecto, nuestras modernas y satisfactorias teorías cosmológicas nos permiten ahora ampliar el rango de nuestras distancias en números reales hasta aproximadamente 10^{26} metros o más, mientras que la precisión de nuestras teorías de la física de partículas extiende este rango hacia dentro, hasta 10^{-17} metros o menos. (La única escala para la que se ha propuesto con seriedad que podría llegar un cambio es de unos dieciocho órdenes de magnitud inferior a esta, a saber 10^{-35} metros, que es la «escala de Planck» de la gravitación cuántica que cobrará una importancia especial en nuestras discusiones posteriores; por ejemplo, §§31.1,6-12,14 y §32.7.) Puede considerarse una notable justificación de nuestro uso de idealizaciones matemáticas el hecho de que el rango de validez del sistema de los números reales se ha ampliado desde un total de aproximadamente 10^{17}, desde lo más pequeño a lo más grande, que parecía adecuado en la época de Euclides, hasta al menos los 10^{43} que nuestras teorías actuales utilizan directamente, lo que supone un extraordinario incremento en un factor de 10^{26}.

Hay mucho más a favor de la validez física del sistema de los números reales. En primer lugar, debemos considerar que también las áreas y los volúmenes son magnitudes para las que convienen medidas muy precisas en números reales. Una medida de volumen es el cubo de una medida de distancia (y un área es el cuadrado de una distancia). En consecuencia, en el caso de los volúmenes podemos considerar que el intervalo relevante es el cubo del anterior. Así, para la época de Euclides esto nos daría un rango de aproximadamente $(10^{17})^3 = 10^{51}$; para las teorías actuales, el intervalo es al menos $(10^{43})^3 = 10^{129}$. Además, existen otras medidas físicas que requieren descripciones en números reales, según las teorías que hoy día resultan satisfactorias. La más digna de mención de estas es el tiempo. Según la teoría de la relatividad, este tiene que añadirse al espacio para que nos proporcione el *espaciotiempo* (que será objeto de nuestro estudio en el capítulo 17). Los volúmenes espaciotemporales son tetradimensionales, y muy bien podría considerarse que el rango temporal (de nuevo de aproximadamente 10^{43} o más en rango total, en nuestras teorías mejor comprobadas) debería ser incorporado también en nuestras consideraciones, dando así un total del orden de 10^{172}. Veremos algunos números reales todavía mucho mayores que este cuando lleguemos a nuestras consideraciones posteriores (véanse §27.13 y §28.7), aunque en algunos casos no esté realmente claro que sea esencial el uso de números reales (antes que, por ejemplo, enteros).

Más importante para la teoría física es el hecho de que, desde Arquímedes hasta Maxwell, Einstein, Schrödinger, Dirac y otros, pasando por Galileo y Newton, un papel crucial del sistema de los números reales ha consistido en proporcionar un marco necesario para la formulación estándar del *cálculo infinitesimal* (véase el capítulo 6). Todas las teorías dinámicas satisfactorias han requerido para su formulación las nociones del cálculo. Ahora bien, el enfoque convencional del cálculo requiere que la naturaleza *infinitesimal* de los reales sea la que es. Es decir, en el extremo inferior de la escala es el rango entero de los números reales el que está siendo utilizado. Las ideas del cálculo infinitesimal subyacen en otras nociones físicas, tales como velocidad, momento o energía. En consecuencia, el sistema de los números reales entra en nuestras teorías físicas satisfactorias de una manera fundamental para nuestra descripción de todas aquellas magnitudes. Aquí, como se ha mencionado antes en relación con las áreas, en §2.3 y §3.2, se está invocando el límite infinitesimal de la estructura a pequeña escala del sistema de los números reales.

Pese a todo, podemos seguir preguntándonos si el sistema de los números reales es realmente «correcto» para la descripción de la realidad física en sus niveles más profundos. Cuando empezaron a introducirse las ideas mecanocuánticas a comienzos del siglo XX, existía la sensación de que quizá entonces empezábamos a ser testigos de una naturaleza discreta o granular del mundo físico en sus escalas más pequeñas.[11] Aparentemente, la energía solo podía existir en paquetes discretos —o «cuantos»— y las magnitudes físicas de «acción» y «espín» parecen darse solo en múltiplos discretos de una unidad fundamental (véanse §§20.1,5 para el concepto clásico de *acción* y §26.6 para su contrapartida cuántica; véanse §§22.8-12 para el *espín*). Por ello, varios físicos intentaron construir una imagen alternativa del mundo en la que procesos discretos gobernaban todas las acciones en los niveles más ínfimos.

Sin embargo, y tal como ahora entendemos la mecánica cuántica, esta teoría no nos obliga (ni siquiera nos lleva) a la idea de que hay una naturaleza discreta o granular para el espacio, el tiempo o la energía en sus niveles más ínfimos (véanse los capítulos 21 y 22, en particular la última frase de §22.13). En cualquier caso, nos ha quedado la idea de que quizá haya realmente una discretización tal en la naturaleza, pese al hecho de que la mecánica cuántica, en su formulación estándar, no implica esto ni mucho menos. Por ejemplo, el gran físico cuántico Erwin Schrödinger fue uno de los primeros en sugerir que podría ser necesario un cambio hacia alguna forma de discretización espacial fundamental:[12]

> La idea de un *rango continuo*, tan familiar para los matemáticos de nuestros días, es algo bastante exorbitante, una enorme extrapolación de lo que es accesible para nosotros.

Relacionó dichas propuestas con algunas ideas griegas antiguas relativas a la discretización de la naturaleza. También Einstein sugirió, en sus últimas palabras publicadas, que una teoría («algebraica») basada en la discretización podría ser el camino hacia la física futura:[13]

> Se pueden dar buenas razones por las que la realidad no puede representarse como un campo continuo ... Los fenómenos cuánticos ... deben llevar a un intento de encontrar una teoría puramente algebraica para la descripción de la realidad. Pero nadie sabe cómo obtener la base de una teoría semejante.[14]

Otros[15] también han perseguido ideas de este tipo (véase §33.1). A finales de la década de 1950, yo mismo ensayé algo parecido, llegando a un esquema al que denominé teoría de «redes de espín», en la que la naturaleza discreta del *espín* mecanocuántico se toma como el bloque constituyente fundamental para un enfoque *combinatorio* (i.e., discreto en lugar de basado en números reales) de la física (este esquema se describirá brevemente en §32.6). Aunque mis propias ideas en esta dirección no se desarrollaron hasta convertirse en una teoría global (si bien en cierto sentido se metamorfosearon más tarde en la «teoría de twistores»; véase §33.2), la teoría de redes de espín ha sido ahora importada, por otros, en uno de los programas principales para atacar el problema fundamental de la *gravitación cuántica*.[16] Daré breves descripciones de estas ideas en el capítulo 32. En cualquier caso, tal como hoy se ensaya y pone a prueba la teoría física —y como lo ha sido durante los veinticuatro siglos pasados—, los *números reales* siguen constituyendo un ingrediente esencial en nuestra comprensión del mundo físico.

3.4. ¿Necesitan los números naturales al mundo físico?

En la descripción anterior, en §3.2, de la aproximación de Dedekind al sistema de los números reales, he supuesto que los *números racionales* se daban por «entendidos». De hecho, no es difícil pasar de los enteros a los racionales. Los racionales son simplemente razones de enteros (véase el prefacio). ¿Qué pasa entonces con los enteros propiamente dichos?

¿Están enraizados en ideas físicas? Incluso los enfoques discretos de la física, que se mencionaron en los dos párrafos anteriores, dependen de nuestra noción de *número natural* (i.e., «número para recuento») y su extensión, mediante la inclusión de los números negativos, a los *enteros*. Los griegos no consideraban los números negativos como «números» en acto, así que continuemos nuestras consideraciones preguntando primero por el estatus físico de los propios números naturales.

Los *números naturales* son las cantidades que ahora denotamos por 0, 1, 2, 3, 4, etc., i.e., son los números enteros no negativos. (Hoy se incluye al 0 en esta lista, lo que es apropiado desde el punto de vista matemático, aunque parece que los antiguos griegos no reconocieron el «cero» como un número en acto. Esto tuvo que esperar hasta los matemáticos hindúes de la India, empezando con Brahmagupta en el siglo VII y seguido de Mahavira y Bhaskara en los siglos IX y XII, respectivamente.) El papel de los números naturales es claro e inequívoco. Son los «números para recuento» más elementales, y tienen un papel básico, cualesquiera que puedan ser las leyes de la geometría o de la física. Los números naturales están sujetos a ciertas operaciones familiares, muy en especial las operaciones de *adición* (tal como $37 + 79 = 116$) y *multiplicación* (por ejemplo, $37 \times 79 = 2.923$), que permiten combinar pares de números naturales para producir nuevos números naturales. Estas operaciones son independientes de la geometría del mundo.

No obstante, podemos plantear la cuestión de si los propios números naturales tienen un significado o existencia con independencia de la naturaleza real del mundo físico. Quizá nuestra noción de los números naturales depende de que en nuestro universo haya objetos discretos razonablemente bien definidos y que persisten en el tiempo. Después de todo, los números naturales aparecen inicialmente cuando queremos contar cosas. Pero esto parece depender de que existan realmente «cosas» persistentes y distinguibles en el universo que estén disponibles para ser «contadas». Supongamos, por el contrario, que nuestro universo fuera tal que el número de los objetos tuviese tendencia a variar. ¿Realmente serían los números naturales conceptos «naturales» en un universo semejante? Más aún, quizá el universo contenga solo un número finito de «objetos», en cuyo caso ¡los propios números «naturales» podrían terminar en algún punto! Podemos concebir incluso un universo que consista solo en una sustancia amorfa e indiferenciada, para la cual la noción misma de cuantificación numérica podría parecer intrínsecamente inadecuada. ¿Tendría la noción de «número natural» la más mínima relevancia para la descripción de universos de este tipo?

Aunque muy bien pudiera darse el caso de que los habitantes de un universo semejante encontraran difícil de captar nuestro concepto matemático presente de «número natural», es difícil imaginar que no siguiera habiendo un papel importante para entidades tan fundamentales. Hay varias formas de introducir los números naturales en las matemáticas puras, y estas no parecen depender en absoluto de la naturaleza real del mundo físico. Básicamente, es la noción de un «conjunto» la que necesita ser invocada, siendo esta una noción abstracta que no parece estar relacionada de ninguna manera esencial con la estructura específica del universo físico. De hecho, existen ciertas sutilezas, concernientes a esta cuestión, y volveré a ello más adelante (en §16.5). Por el momento, será conveniente ignorar tales sutilezas.

Consideremos un modo (anticipado por Cantor y defendido por el destacado matemático John von Neumann) de introducir los números naturales utilizando simplemente la noción abstracta de conjunto. Este procedimiento permite definir lo que se denominan «números ordinales». Al conjunto más simple de todos se le llama «conjunto nulo» o «conjunto vacío», y está caracterizado por el hecho de que ¡no contiene ningún miembro! El conjunto vacío se suele denotar por el símbolo $\varnothing$, y podemos escribir esta definición

$$\varnothing = \{\ \},$$

donde los corchetes delimitan un conjunto, el conjunto específico bajo consideración, que tiene como miembros las cantidades indicadas dentro de los corchetes. En este caso, no hay nada dentro de los corchetes, de modo que el conjunto descrito es realmente el conjunto vacío. Asociemos $\varnothing$ con el número natural 0. Ahora podemos continuar y definir el conjunto cuyo único miembro es $\varnothing$; i.e., el conjunto $\{\varnothing\}$. Es importante darse cuenta de que $\{\varnothing\}$ no es el mismo conjunto que el conjunto vacío $\varnothing$. El conjunto $\{\varnothing\}$ tiene *un* miembro (a saber, $\varnothing$), mientras que el propio $\varnothing$ no tiene ninguno. Asociemos $\{\varnothing\}$ con el número natural 1. A continuación definimos el conjunto cuyos dos miembros son los dos conjuntos que ya hemos encontrado, a saber $\varnothing$ y $\{\varnothing\}$, de modo que este nuevo conjunto es $\{\varnothing, \{\varnothing\}\}$, que será asociado con el número natural 2. Luego asociamos con 3 la colección de las tres entidades que hemos encontrado hasta ahora, a saber, el conjunto $\{\varnothing, \{\varnothing\}, \{\varnothing, \{\varnothing\}\}\}$, y con 4 el conjunto $\{\varnothing, \{\varnothing\}, \{\varnothing, \{\varnothing\}\}, \{\varnothing, \{\varnothing\}, \{\varnothing, \{\varnothing\}\}\}\}$, cuyos miembros son de nuevo los conjuntos que hemos encontrado previamente, y así sucesivamente. Quizá no sea así como se consideran normalmente los números naturales, en cuanto a su definición, pero es una de las formas en que los matemáticos pueden llegar al concepto. (Compárese esto con la exposición del prefacio.) Más aún, nos muestra, al menos, que cosas como los números naturales[17] pueden ser extraídas literalmente de la nada, empleando solo la noción abstracta de «conjunto». Obtenemos una secuencia infinita de entidades matemáticas abstractas («platónicas»): conjuntos que contienen, respectivamente, cero, uno, dos, tres, etc., elementos, un conjunto por cada uno de los números naturales, de forma completamente independiente de la naturaleza física real del universo. En la Fig. 1.3 imaginábamos un tipo de «existencia» independiente para las nociones matemáticas platónicas —en este caso, los propios números naturales—, pero esta «existencia» puede ser extraída en apariencia, y ciertamente puede accederse a ella, por el mero ejercicio de nuestra imaginación, sin ninguna referencia a los detalles de la naturaleza del universo físico. Además, la construcción de Dedekind muestra cómo puede llevarse más lejos este tipo de procedimiento «puramente mental», lo que nos permite «construir» el sistema entero de los números reales,[18] sin ninguna referencia tampoco a la naturaleza física real del mundo. Pese a todo, y como se ha señalado antes, los «números reales» parecen tener realmente una relevancia directa para la estructura real del mundo, lo que ilustra la muy misteriosa naturaleza del «primer misterio» representado en la Fig. 1.3.

3.5. Números discretos en el mundo físico

Pero me estoy adelantando un poco a mis propósitos. Podemos recordar que la construcción de Dedekind utilizaba realmente conjuntos de números *racionales*, y no directamente de números naturales. Como se ha mencionado antes, no es difícil «definir» lo que entendemos por número racional una vez que tenemos la noción de número natural. Pero, como paso intermedio, es oportuno definir la noción de *entero*, que es un número natural o el *negativo* de un número natural (siendo el número cero su propio negativo). En un sentido formal, no hay ninguna dificultad para dar una definición matemática de «negativo»: dicho de forma muy tosca, simplemente añadimos un «signo», escrito como «–», a cada número natural (excepto el 0) y definimos consistentemente todas las reglas aritméticas de adición, sustracción, multiplicación y división (excepto por cero). Sin embargo, esto no aborda la cuestión del «significado físico» de un número negativo. ¿Qué podría significar, por ejemplo, decir que hay menos tres vacas en un campo?

Creo que está claro que, a diferencia de los propios números naturales, no hay contenido físico evidente para la noción de un número negativo de objetos físicos. Ciertamente, los enteros negativos tienen un papel organizador extraordinariamente valioso, como se ve en los balances bancarios y otras transacciones financieras. Pero ¿tienen relevancia directa para el mundo *físico*? Cuando digo «relevancia directa», no me estoy refiriendo a circunstancias donde podría parecer que son los números reales negativos los que constituyen las medidas relevantes, como sucede cuando una distancia medida en una dirección cuenta como positiva mientras que medida en dirección contraria contaría como negativa (o lo mismo con respecto al tiempo, en cuyo caso el tiempo que se extiende hacia el pasado cuenta como negativo). Me estoy refiriendo más bien a números que son cantidades *escalares*, en el sentido de que no hay un aspecto direccional (o temporal) en la magnitud en cuestión. En estas circunstancias, parece ser que es el sistema de los enteros, tanto positivos como negativos, el que tiene relevancia física directa.

Resulta notable que solo en los últimos cien años aproximadamente se ha hecho manifiesto que el sistema de los enteros parece tener realmente una relevancia física directa. El primer ejemplo de una magnitud física que parece estar cuantificada apropiadamente por enteros es la *carga eléctrica*.[19] Hasta donde sabemos (aunque todavía no hay una completa justificación teórica para ello), la carga eléctrica de cualquier cuerpo discreto aislado está realmente cuantificada en términos de múltiplos enteros, positivos, negativos o nulos, de un valor concreto, a saber, la carga del protón (o del electrón, que es la negativa de la del protón).[20] Ahora pensamos que los protones son objetos compuestos construidos a partir de entidades más pequeñas conocidas como «quarks» (y otras entidades sin carga denominadas «gluones»). Hay tres quarks en cada protón, que tienen cargas eléctricas con valores respectivos de 2/3, 2/3, −1/3. La suma de estas cargas constituyentes da un valor total de 1 para el protón. Si los quarks son entidades fundamentales, entonces la unidad básica de carga es un tercio de la que parecíamos tener antes. En cualquier caso, sigue siendo cierto que la carga eléctrica se mide en términos de enteros, aunque ahora son múltiplos enteros de un tercio de la carga del protón. (El papel de los quarks y los gluones en la moderna física de partículas se discutirá en §§25.3-7.)

La carga eléctrica es solo un ejemplo de lo que se denomina un *número cuántico aditivo*. Los números cuánticos son cantidades que sirven para caracterizar a las partículas de la naturaleza. Un número cuántico semejante, que consideraré aquí que es un número real de algún tipo, es «aditivo» si para obtener su valor para una entidad compuesta sumamos simplemente los valores individuales de las partículas constituyentes —teniendo en cuenta debidamente, por supuesto, los signos, como en el caso del protón y sus quarks constituyentes que se ha señalado antes—. Es un hecho muy sorprendente, de acuerdo con el estado actual de nuestro conocimiento físico, que todos los números cuánticos aditivos conocidos[21] estén cuantificados realmente en términos del sistema de los enteros, no en términos de números reales en general, ni tampoco de simples números naturales, de modo que realmente se dan los valores negativos.

De hecho, según la física del siglo XX, ahora hay un sentido en el que *tiene* significado referirse a un número negativo de entidades físicas. El gran físico Paul Dirac propuso, en 1929-1931, su teoría de las antipartículas, según la cual (tal como se entendió posteriormente) por cada tipo de partícula existe también su correspondiente *antipartícula* para la que cada número cuántico aditivo tiene exactamente el negativo del valor que tiene para la partícula original (véanse §§24.2,8). Así pues, el sistema de los enteros (incluidos los negativos) parece tener realmente una clara relevancia para el universo físico, una relevancia física que se ha hecho manifiesta solo en el siglo XX, a pesar de los muchos siglos durante los cuales los enteros han encontrado gran valor en las matemáticas, el comercio y muchas otras actividades humanas.

Llegados a este punto, habría que hacer una matización importante. Aunque es verdad que, en cierto sentido, un antiprotón es un protón negativo, no es realmente «menos un protón». La razón está en que la inversión de signo se refiere solo a los números cuánticos *aditivos*, mientras que la noción de *masa* no es aditiva en la teoría física moderna. Esta cuestión será explicada de manera más detallada en §18.7. «Menos un protón» tendría que ser un antiprotón cuya masa fuera el negativo del valor de la masa de un protón ordinario. Pero la masa de una partícula física real no puede ser negativa. Un antiprotón tiene la misma masa que un protón ordinario, que es una masa positiva. Veremos más adelante que, según las ideas de la teoría cuántica de campos, existen objetos denominados partículas «virtuales» para los que la masa (o, más correctamente, la energía) puede ser negativa. «Menos un protón» sería realmente un antiprotón virtual. Pero una partícula virtual no tiene una existencia independiente como la de una «partícula real».

Ahora nos haremos la correspondiente pregunta acerca de los números racionales. ¿Ha encontrado este sistema de números cualquier relevancia directa para el universo físico? Hasta donde sabemos, no parece que sea así, al menos en lo que respecta a la teoría convencional. Existen algunas curiosidades físicas[22] en las que la familia de los números racionales desempeña su papel, pero sería difícil sostener que esto revela algún papel físico fundamental para los números racionales. Por otra parte, pudiera ser que hubiera un papel especial para los racionales en las probabilidades mecanocuánticas fundamentales (donde una probabilidad racional representa una elección entre alternativas, cada una de las cuales implica solo un número finito de posibilidades). Este tipo de cosas desempeña un papel en la teoría de las redes de espín, como se describirá brevemente en §32.6. De momento, el estatus adecuado de estas ideas no está claro.

Pese a todo, existen otros tipos de números que, según la teoría aceptada, sí parecen desempeñar un papel fundamental en la marcha del universo. Los más importantes y sorprendentes de estos son los *nú-*

meros complejos, en los que se introduce la cantidad aparentemente mística $\sqrt{-1}$, normalmente denotada por «i», y se añade al sistema de los números reales. Encontrados por primera vez en el siglo XVI, pero tratados con desconfianza durante cientos de años, la utilidad matemática de los números complejos impresionó poco a poco a la comunidad matemática en un grado cada vez mayor, hasta que los números complejos se convirtieron en un ingrediente indispensable y casi mágico de nuestro pensamiento matemático. Y ahora encontramos que no solo son fundamentales para las matemáticas: estos extraños números desempeñan también un papel extraordinario y muy básico en el funcionamiento del universo físico en sus escalas más ínfimas. Esto produce asombro, y como ejemplo de la convergencia entre ideas matemáticas y los mecanismos más profundos del universo físico es más sorprendente incluso que el sistema de números reales que hemos estado considerando en esta sección. Vayamos ahora a estos números notables.

Notas

Sección 3.1

3.1. Las notaciones $>$, $<$, $\geq$, $\leq$, frecuentemente utilizadas en este libro, representan, respectivamente, «es mayor que», «es menor que», «es mayor o igual que» y «es menor o igual que».

3.2. Algunos lectores quizá conozcan un argumento aparentemente más corto que empieza exigiendo que a/b esté «en sus menores términos» (i.e., que a y b no tengan factores comunes). Sin embargo, esto supone que esta expresión en términos menores existe siempre, lo que, aunque sea completamente cierto, necesita ser demostrado. Encontrar una expresión en términos menores para una fracción dada A/B (implícita o explícitamente, utilizando el algoritmo de Euclides, pongamos por caso; véanse, por ejemplo, Hardy y Wright, 1945, p. 134; Davenport, 1952, p. 26; Littlewood, 1949, cap. 4, y Penrose, 1989, cap. 2) implica un razonamiento similar al dado en el texto, aunque más complicado.

3.3. Podría objetarse que resulta algo curioso utilizar números reales en la demostración anterior, puesto que los «racionales reales» (i.e., cocientes de reales) serían de nuevo números reales simplemente. Esto no invalida, sin embargo, lo que se acaba de decir. Puede señalarse que, en el argumento original, *a* y *b* se tomaban además enteros, y no racionales en sí mismos. En efecto, si *a* y *b* fueran meramente racionales, el argumento fallaría en la parte de la «secuencia decreciente», incluso si el propio resultado siguiera siendo cierto.

Sección 3.2

3.4. En una ojeada informal, expresiones como $a + (b + (c + (d + \ldots)^{-1})^{-1})^{-1}$ pueden parecer bastante extrañas. Sin embargo, son muy naturales en el contexto del pensamiento griego antiguo (aunque los griegos no utilizaban esta notación concreta). El *algoritmo de Euclides* se ha mencionado en la nota 3.2 en el contexto de encontrar la forma en términos más sencillos de una fracción. El algoritmo de Euclides (cuando se desenmaraña) lleva precisamente a dicha expresión como fracción continua. Los griegos aplicarían este mismo procedimiento a la razón de dos longitudes geométricas. En el caso más general, el resultado sería una fracción continua *infinita*, del tipo considerado aquí.

3.5. Para más información (con demostraciones) sobre fracciones continuas, véase la elegante exposición dada en el capítulo 4 de Davenport (1952). Puede señalarse que en ciertos aspectos la representación como fracciones continuas de los números reales es más profunda e interesante que la normal en términos de desarrollos decimales, y encuentra aplicaciones en muchas áreas diferentes de las matemáticas modernas, incluida la geometría hiperbólica examinada en §§2.4,5. Por otra parte, las fracciones continuas no son en absoluto apropiadas para (la mayor parte de) los cálculos prácticos, pues la representación decimal convencional es mucho más fácil de utilizar.

3.6. Los irracionales cuadráticos se denominan así porque aparecen en la solución de una ecuación cuadrática general

$$Ax^2 + Bx + C = 0,$$

con A distinto de cero, cuya solución es

$$-\frac{B}{2A} + \sqrt{\left(\frac{B}{2A}\right)^2 - \frac{C}{A}} \text{ y } -\frac{B}{2A} - \sqrt{\left(\frac{B}{2A}\right)^2 - \frac{C}{A}},$$

donde, para permanecer dentro del dominio de los números reales, debemos tener B^2 mayor que $4AC$. Cuando A, B y C son números enteros o racionales, y no hay solución racional para la ecuación, las soluciones son irracionales cuadráticos.

3.7. El profesor Stelios Negrepontis me informa de que esta evidencia se encuentra en el diálogo platónico *El político*, el tercero en la «trilogía» *Teeteto-El sofista-El político*. Véase Negrepontis (2000).

3.8. Para una exposición del pensamiento griego antiguo sobre la naturaleza del espacio, véase Sorabji (1983, 1988).

3.9. Véanse Hardy (1914), Conway (1976) y Burkill (1962).

Sección 3.3

3.10. La notación científica «10^{12}» para «un millón de millones» hace uso de exponentes, como se describe en las notas 1.2 y 2.4. En este libro tenderé a evitar términos verbales tales como «millón», y en especial «billón», dando preferencia a esta notación científica mucho más clara. La palabra «billón» es particularmente confusa, pues en su uso estadounidense —ahora comúnmente adoptado también en el Reino Unido— «billón» se refiere a 10^9, mientras que en el uso más antiguo (y más lógico) en el Reino Unido, de acuerdo con la mayoría de las restantes lenguas europeas, se refiere a 10^{12}. Los exponentes negativos, tales como en 10^{-6} (que se refiere a una «millonésima»), se utilizan también aquí de acuerdo con la notación científica normal.

La distancia 10^{12} metros es aproximadamente 7 veces la separación entre la Tierra y el Sol. Esta es aproximadamente la distancia al planeta Júpiter, aunque no era conocida en tiempos de Euclides y se hubiera conjeturado mucho menor.

3.11. Véase, por ejemplo, Russell (1903), cap. 4.

3.12. Schrödinger (1952), pp. 30-31.

3.13. Véase Stachel (1995).

3.14. Einstein (1955), p. 166.

3.15. Véanse, por ejemplo, Snyder (1947), Schild (1949) y Ahmavaara (1965).

3.16. Véanse Ashtekar (1986), Ashtekar y Lewandowski (2004), Smolin (1998, 2001) y Rovelli (1998, 2003).

Sección 3.4

3.17. La noción de «número ordinal», proporcionada aquí en el caso finito, se extiende también a números ordinales *infinitos*, de los que el menor es el «ω» de Cantor, que es la colección ordenada de todos los ordinales finitos.

3.18. No obstante, esta noción de «constructo» no debería tomarse en un sentido demasiado fuerte. En §16.6 encontraremos que hay ciertos números reales (de hecho, la mayoría de ellos) que son inaccesibles mediante cualquier procedimiento computacional.

Sección 3.5

3.19. El físico irlandés George Johnstone Stoney fue el primero, en 1874, en dar una (cruda) estimación de la carga eléctrica básica y, en 1891, acuñó el término «electrón» para esta unidad fundamental. En 1909, el físico estadounidense Robert Andrews Millikan diseñó su famoso experimento de la «gota de aceite», que demostró de forma precisa que la carga en cuerpos eléctricamente cargados (las gotas de aceite en su experimento) se da en múltiplos enteros de un valor bien definido: la carga del electrón.

3.20. En 1959, R. A. Lyttleton y H. Bondi propusieron que una ligerísima diferencia entre la carga del protón y (menos) la del electrón, del orden de una parte en 10^{18}, podría explicar la expansión del universo (para la cual, véanse §§27.11,13, y el capítulo 28). Véase Lyttleton y Bondi (1959). Por desgracia para esta teoría, semejante discrepancia fue pronto refutada en varios experimentos. De todas formas, esta idea proporcionó un excelente ejemplo de pensamiento creativo.

3.21. Aquí estoy distinguiendo los números cuánticos «aditivos» de los números que los físicos llaman «multiplicativos», a los que llegaremos en §5.5.

3.22. Por ejemplo, en el «efecto Hall cuántico fraccionario» se observa que los números fraccionarios desempeñan un papel clave; véase, por ejemplo, Fröhlich y Pedrini (2000).

4

Los mágicos números complejos

4.1. El mágico número «i»

¿Cómo es posible que −1 tenga una raíz cuadrada? El cuadrado de un número positivo es siempre positivo, y el cuadrado de un número negativo es también positivo (y el cuadrado de 0 es simplemente 0, de modo que de poco nos sirve aquí). Parece imposible que podamos encontrar un número cuyo cuadrado sea realmente negativo. Sin embargo, esta es una situación similar a la que hemos visto antes, cuando hemos establecido que 2 no tiene una raíz cuadrada dentro del sistema de los números racionales. En ese caso hemos resuelto la situación ampliando nuestro sistema de números desde los racionales a un sistema mayor, y hemos establecido el sistema de los reales. Tal vez el mismo truco funcione de nuevo.

Realmente lo hace. De hecho, lo que tenemos que hacer es algo mucho más fácil y menos drástico que el paso de los racionales a los reales. (Raphael Bombelli introdujo el procedimiento en 1572 en su obra *L'Algebra*, siguiendo los encuentros originales de Girolamo Cardano con los números complejos en su *Ars magna* de 1545.) Todo lo que tenemos que hacer es introducir una simple cantidad, llamada «i» cuyo cuadrado sea −1, y añadirla al sistema de los reales, permitiendo combinaciones de i con números reales para formar expresiones de la forma

$$a + ib,$$

donde a y b son números reales arbitrarios. Cualquiera de estas combinaciones se denomina un *número complejo*. Es fácil ver cómo se suman los números complejos:

$$(a + \mathrm{i}b) + (c + \mathrm{i}d) = (a + c) + \mathrm{i}(b + d),$$

que es de la misma forma que antes (pero ahora los números reales $a + c$ y $b + d$ toman el lugar de los «a» y «b» que teníamos en nuestra expresión original). ¿Qué pasa con la multiplicación? Es casi igual de fácil. Vamos a encontrar el producto de $a + \mathrm{i}b$ por $c + \mathrm{i}d$. En primer lugar, multiplicamos simplemente estos factores, desarrollando la expresión mediante el uso de las reglas ordinarias del álgebra:[1]

$$\begin{aligned}(a + \mathrm{i}b)(c + \mathrm{i}d) &= ac + \mathrm{i}bc + a\mathrm{i}d + \mathrm{i}b\mathrm{i}d \\ &= ac + \mathrm{i}(bc + ad) + \mathrm{i}^2 bd.\end{aligned}$$

Pero $\mathrm{i}^2 = -1$, de modo que podemos reescribir esto como

$$(a + \mathrm{i}b)(c + \mathrm{i}d) = (ac - bd) + \mathrm{i}(bc + ad),$$

que de nuevo tiene la misma forma que nuestro $a + \mathrm{i}b$ original, pero donde $ac - bd$ toma el lugar de a y $bc + ad$ toma el lugar de b.

Es bastante fácil restar dos números complejos, pero ¿qué pasa con la división? Recordemos que en la aritmética ordinaria nos está permitido dividir por cualquier número real distinto de cero. Tratemos ahora de dividir el número complejo $a + \mathrm{i}b$ por el número complejo $c + \mathrm{i}d$. Debemos tomar este último distinto de cero, lo que significa que los números reales c y d no pueden ambos ser cero. Entonces, $c^2 + d^2 > 0$, y por consiguiente $c^2 + d^2 \neq 0$, de modo que podemos dividir por $c^2 + d^2$. Es un ejercicio directo[4.1] comprobar (multiplicando ambos miembros de la expresión por $c + \mathrm{i}d$) que

$$\frac{(a + \mathrm{i}b)}{(c + \mathrm{i}d)} = \frac{ac + bd}{c^2 + d^2} + \mathrm{i}\frac{bc - ad}{c^2 + d^2}.$$

Esta expresión es de la misma forma que antes, de modo que es de nuevo un número complejo.

Cuando nos acostumbramos a jugar con estos números complejos, dejamos de pensar en $a + \mathrm{i}b$ como un «par» de objetos, a saber, los dos números reales a y b; ahora pensamos en $a + \mathrm{i}b$ como un «objeto» completo autónomo, de modo que podríamos utilizar una sola letra, diga-

[4.1] Hágalo. Alternativamente, ¿puede comprobarlo multiplicando ambos miembros por $(c - \mathrm{i}d)$?

mos z, para denotar el número complejo global $z = a + ib$. Puede comprobarse que todas las reglas usuales del álgebra son satisfechas por los números complejos.[4.2] De hecho, todo esto es mucho más sencillo que comprobar cada una de estas cosas para los números reales. (Para esa comprobación, suponemos que ya estábamos convencidos de que las reglas del álgebra son satisfechas por las fracciones, y luego tenemos que utilizar «cortaduras» de Dedekind para demostrar que las reglas siguen funcionando para los números reales.) Desde este punto de vista, resulta bastante extraño que los números complejos se vieran con recelo durante mucho tiempo, mientras que la mucho más complicada ampliación de las racionales a los reales había sido aceptada sin problemas después de la época de la Grecia antigua.

Presumiblemente, el motivo de este recelo era que la gente no podía «ver» que los números complejos se les presentasen de un modo obvio en el mundo físico. En el caso de los números reales existía la sensación de que las distancias, los tiempos y otras magnitudes físicas proporcionaban la realidad que tales números requerían; pero los números complejos parecían ser entidades meramente «inventadas», sacadas de la imaginación de los matemáticos que deseaban números con un alcance mayor que los que ya conocían. Pero habría que recordar de §3.3 que la conexión que tienen los números reales matemáticos con aquellos conceptos físicos de longitud o tiempo no es tan clara como habíamos imaginado. No podemos ver directamente los mínimos detalles de una cortadura de Dedekind, ni está claro que realmente existan en la naturaleza longitudes o tiempos arbitrariamente grandes o arbitrariamente pequeños. Se podría decir que los denominados «números reales» son tan producto de la imaginación de los matemáticos como lo son los números complejos. Pese a todo, encontraremos que los números complejos, tanto como los reales, y quizá más incluso, componen una notable unidad con la naturaleza. Es como si la propia naturaleza estuviera tan impresionada por el alcance y consistencia del sistema de los números complejos como lo estamos nosotros, y hubiera confiado a estos números las operaciones detalladas de su mundo en

[4.2] Compruébelo, siendo las reglas relevantes $w + z = z + w$, $w + (u + z) = (w + u) + z$, $wz = zw$, $w(uz) = (wu)z$, $w(u + z) = wu + wz$, $w + 0 = w$, $w1 = w$.

sus escalas más minúsculas. En los capítulos 21-23 veremos en detalle cómo funciona esto.

Además, mencionar solo el alcance y la consistencia de los números complejos no hace justicia a este sistema. Hay algo más que, en mi opinión, solo puede ser calificado de «mágico». En lo que queda de este capítulo y en el siguiente, me propongo transmitir al lector algo del sabor de esta magia. Más adelante, en los capítulos 7-9, seremos testigos de nuevo de esta magia de los números complejos en algunas de sus más sorprendentes e inesperadas manifestaciones.

Durante los cuatro siglos que hace que se conoce el sistema de los números complejos, muchas cualidades mágicas se han ido revelando poco a poco. Pero esta es una magia que se percibía dentro de las matemáticas, y ofrecía realmente una utilidad y una profundidad de intuición matemática que no podía conseguirse solo con el uso de los reales. No había ninguna razón para esperar que el mundo físico estuviera interesado en ello. Y durante los aproximadamente trescientos cincuenta años transcurridos desde la época en que dichos números fueron introducidos en las obras de Cardano y Bombelli, la magia del sistema de los números complejos solo fue percibida a través de su papel matemático. Para todos aquellos que se habían mostrado recelosos de los números complejos habría sido sin duda una sorpresa encontrar que, según la física de los últimos tres cuartos del siglo XX, las leyes que gobiernan el comportamiento del mundo en sus escalas más minúsculas dependen fundamentalmente del sistema de los números complejos.

Estos temas serán capitales para algunas de las secciones posteriores de este libro (especialmente en los capítulos 21-23, 26 y 31-33). Por el momento nos concentraremos en una parte de la magia matemática de los números complejos y dejaremos su magia física para más adelante. Recordemos que todo lo que hemos hecho es exigir que −1 tenga una raíz cuadrada, además de exigir que se mantengan las leyes usuales de la aritmética, y hemos descubierto que dichas exigencias pueden satisfacerse de forma consistente. Esto parece algo bastante simple de hacer. ¡Pero pasemos a la magia!

4.2. Resolviendo ecuaciones con números complejos

En lo que sigue, será necesario introducir una notación algo más matemática que la utilizada hasta ahora. Pido disculpas por ello. Sin embargo, difícilmente pueden transmitirse ideas matemáticas serias sin cierta cantidad de notación. Soy consciente de que habrá muchos lectores que se sientan incómodos con ello. Mi consejo para tales lectores es que tan solo lean el texto y no se preocupen demasiado por tratar de entender las ecuaciones. Cuando menos, lean por encima las diversas fórmulas y sigan adelante. De hecho, habrá numerosas expresiones matemáticas serias desperdigadas a lo largo de este libro, especialmente en algunos de los últimos capítulos. Creo que, con el tiempo, empezarán a calar ciertas dosis de conocimiento si se hace un pequeño intento por entender lo que todas las expresiones significan realmente. Así lo espero, porque la magia de los números complejos es un milagro que vale la pena apreciar. Si usted puede entender la notación matemática, entonces mucho mejor.

Antes de nada, podemos preguntarnos si otros números tienen raíces cuadradas. ¿Qué pasa, por ejemplo, con −2? Esto es fácil. El número complejo $\mathrm{i}\sqrt{2}$ ciertamente tiene −2 como cuadrado, y también lo tiene $-\mathrm{i}\sqrt{2}$. Más aún, para cualquier número real positivo a, el número complejo $\mathrm{i}\sqrt{a}$ tiene como cuadrado $-a$, y lo mismo sucede con $-\mathrm{i}\sqrt{a}$. No hay aquí ninguna magia. Pero ¿qué pasa con el número complejo más general $a + \mathrm{i}b$ (donde a y b son reales)? Encontramos que el número complejo

$$\sqrt{\frac{1}{2}\left(a+\sqrt{a^2+b^2}\right)}+\mathrm{i}\sqrt{\frac{1}{2}\left(-a+\sqrt{a^2+b^2}\right)}$$

tiene como cuadrado $a + \mathrm{i}b$ (y lo mismo sucede con su negativo).[4.3] Así pues, vemos que incluso si solo añadimos una raíz cuadrada para una cantidad (a saber −1), ¡encontramos que todos los números del sistema resultante tienen ahora automáticamente una raíz cuadrada! Esto es muy diferente de lo que sucedía al pasar de los racionales a los reales. En este caso, la mera introducción de la cantidad $\sqrt{2}$ en el sistema de los racionales no nos hubiera llevado casi a ninguna parte.

[4.3] Compruébelo.

Pero esto es solo el principio. Podemos preguntarnos sobre raíces cúbicas, raíces quintas, raíces 999-ésimas, raíces π-ésimas —e incluso raíces i-ésimas—. Milagrosamente, encontramos que para cualquier raíz compleja que escojamos y cualquier número complejo al que la apliquemos (excluyendo el 0), hay siempre una solución compleja a este problema. (De hecho, normalmente habrá varias soluciones diferentes al problema, como veremos dentro de poco. Antes he señalado que para raíces cuadradas teníamos dos soluciones, pues el negativo de la raíz cuadrada de un número complejo z es también una raíz cuadrada de z. Para raíces más altas hay más soluciones; véase §5.4.)

Apenas estamos arañando todavía en la superficie de la magia de los números complejos. Lo que acabo de afirmar es realmente muy fácil de establecer (una vez que tengamos la noción del *logaritmo* de un número complejo, como veremos en el capítulo 5). Algo más notable es el denominado «teorema fundamental del álgebra», que afirma que cualquier ecuación polinómica, tal como

$$1 - z + z^4 = 0$$

o

$$\pi + iz - \sqrt{417}z^3 + z^{999} = 0,$$

debe tener soluciones con números complejos. Dicho de forma más explícita, siempre habrá una solución (y normalmente varias diferentes) para cualquier ecuación de la forma

$$a_0 + a_1 z + a_2 z^2 + a_3 z^3 + \ldots + a_n z^n = 0,$$

donde $a_0, a_1, a_2, a_3, \ldots, a_n$ son números complejos dados, con el a_n tomado no nulo.[2] (Aquí n puede ser cualquier entero positivo que escojamos, tan grande como queramos.) Deberíamos recordar, por comparación, que «i» fue introducida simplemente para proporcionar una solución a la ecuación particular

$$1 + z^2 = 0.$$

¡Todo lo demás lo obtenemos *gratis*!

Antes de seguir adelante vale la pena mencionar el problema que interesaba a Cardano, aproximadamente en 1539, cuando encontró por primera vez los números complejos y captó un indicio de otro aspecto de sus propiedades mágicas inherentes. Dicho problema era, en efecto, encontrar una expresión para la solución general de una ecuación (real) *cúbica* (i.e., $n = 3$, en el caso anterior). Cardano encontró que la cúbica general podía reducirse mediante una sencilla transformación a la forma

$$x^3 = 3px + 2q$$

Aquí p y q son números reales (y he vuelto a utilizar x en la ecuación, en lugar de z, para indicar que ahora estamos interesados en soluciones reales en lugar de complejas). La solución completa de Cardano (tal como la publicó en 1545 en su libro *Ars magna*) parece haber sido desarrollada a partir de una solución parcial anterior que había aprendido en 1539 de Niccolò Fontana («Tartaglia»), aunque esta solución parcial (y quizá incluso la solución completa) había sido encontrada previamente (antes de 1526) por Scipione del Ferro.[3] La solución de (Del Ferro-)Cardano era en esencia la siguiente (escrita en notación moderna):

$$x = (q + w)^{\frac{1}{3}} + (q - w)^{\frac{1}{3}},$$

donde

$$\mathrm{w} = (q^2 - p^3)^{\frac{1}{2}}.$$

Esta ecuación no plantea ningún problema fundamental dentro del sistema de los números reales si

$$q^2 \geq p^3.$$

En este caso solo hay una solución real x a la ecuación, y viene dada correctamente por la fórmula de (Del Ferro-)Cardano expuesta antes. Pero si

$$q^2 < p^3,$$

el denominado *caso irreducible*, entonces, aunque ahora hay *tres* soluciones reales, la fórmula incluye la raíz cuadrada del número *negativo* $q^2 - p^3$ y por ello no puede ser utilizada sin introducir los números complejos. De hecho, como Bombelli demostró más tarde (en el capítulo 2 de *L'Algebra* de 1572), si admitimos los números complejos, entonces las tres soluciones reales están correctamente expresadas por la fórmula.[4] (Esto tiene sentido porque la expresión nos proporciona dos números complejos sumados, y las partes que contienen «i» se cancelan en la suma para dar una respuesta real.)[5] Lo que hay de misterioso en esto es que, aunque pudiera parecer que el problema no tiene nada que ver con los números complejos —pues la ecuación tiene coeficientes reales y todas sus soluciones son reales (en este caso, «irreducible»)—, tenemos que viajar por este territorio en apariencia ajeno del mundo de los números complejos para que la fórmula nos permita regresar con nuestras soluciones puramente reales. Si nos hubiéramos restringido al recto y estrecho camino «real», habríamos vuelto con las manos vacías. (Resulta irónico que solo puede haber soluciones *complejas* a la ecuación original en aquellos casos en que la fórmula *no* implica necesariamente este viaje por los complejos.)

4.3. Convergencia de series de potencias

A pesar de estos hechos notables, aún no hemos ido muy lejos en la magia de los números complejos. ¡Queda mucho más por venir! Por ejemplo, algo en que los números complejos resultan verdaderamente inestimables es en ofrecer una comprensión del comportamiento de lo que se denominan *series de potencias*. Una serie de potencias es una suma *infinita* de la forma

$$a_0 + a_1x + a_2x^2 + a_3x^3 + \dots$$

Puesto que esta suma implica un número infinito de términos, puede darse el caso de que la serie *diverja*, lo que significa que no se asienta en un valor particular finito a medida que se suman más términos. Por ejemplo, consideremos la serie

$$1 + x^2 + x^4 + x^6 + x^8 + \dots$$

(donde he tomado $a_0 = 1$, $a_1 = 0$, $a_2 = 1$, $a_3 = 0$, $a_4 = 1$, $a_5 = 0$, $a_6 = 1, \dots$). Si hacemos $x = 1$, entonces, sumando los términos sucesivamente, obtenemos

$$1, \quad 1+1=2, \quad 1+1+1=3,$$
$$1+1+1+1=4, \quad 1+1+1+1+1=5, \text{etc.},$$

y vemos que la serie no tiene posibilidad de asentarse en un valor particular finito, es decir, es *divergente*. Las cosas son aún peores si probamos con $x = 2$, por ejemplo, puesto que ahora los términos individuales son más grandes, y sumando términos sucesivamente obtenemos

$$1, \quad 1+4=5, \quad 1+4+16=21, \quad 1+4+16+64=85, \text{etc.},$$

que claramente diverge. Por el contrario, si hacemos $x = 1/2$, obtenemos

$$1, \quad 1+\frac{1}{4}=\frac{5}{4}, \quad 1+\frac{1}{4}+\frac{1}{16}=\frac{21}{16}, \quad 1+\frac{1}{4}+\frac{1}{16}+\frac{1}{64}=\frac{85}{64}, \text{etc.},$$

y resulta que estos números se acercan cada vez más al valor límite 4/3, de modo que la serie es ahora *convergente*.

Con esta serie no es difícil darse cuenta de que, en cierto sentido, hay una razón subyacente por la que la serie no puede sino divergir para $x = 1$ y $x = 2$, mientras que converge para $x = 1/2$ para dar la respuesta 4/3. En efecto, podemos escribir explícitamente la «respuesta» a la suma de toda la serie, encontrando[4.4]

$$1 + x^2 + x^4 + x^6 + x^8 + \ldots = (1 - x^2)^{-1}.$$

Cuando sustituimos $x = 1$, encontramos que esta respuesta es $(1 - 1^2)^{-1} = 0^{-1}$, que es «infinito»,[6] y esto nos permite entender por qué la serie tiene que divergir para ese valor de x. Cuando sustituimos $x = 1/2$, la respuesta es $(1 - 1/4)^{-1} = 4/3$, y la serie converge realmente a este valor concreto, tal como se ha establecido antes.

Todo esto parece muy razonable. Pero ¿qué pasa con $x = 2$? Ahora hay una «respuesta» dada por la fórmula explícita, a saber, $(1 - 4)^{-1} = -1/3$, aunque no parece que obtengamos dicho valor sumando simplemente los términos de la serie. Difícilmente podríamos obtener esta respuesta porque estamos sumando cantidades positivas, mientras que $-1/3$ es negativo. La razón de que la serie diverja es que, cuando $x = 2$, cada término es mayor que el término correspondiente para $x = 1$, de

[4.4] ¿Puede ver la manera de comprobar esta expresión, de un modo algebraico formal?

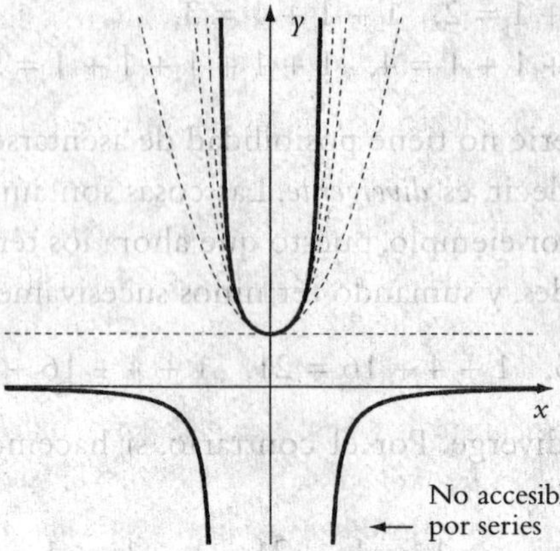

Fig. 4.1. Se representan las respectivas sumas parciales 1, $1 + x^2$, $1 + x^2 + x^4$, $1 + x^2 + x^4 + x^6$ (líneas de trazos) de la serie para $(1 - x^2)^{-1}$, que ilustran la convergencia de la serie para $(1 - x^2)^{-1}$ para $|x| < 1$ y la divergencia para $|x| > 1$.

modo que la divergencia para $x = 2$ se sigue lógicamente de la divergencia para $x = 1$. En el caso $x = 2$ no se trata de que la «respuesta» sea realmente infinita, sino de que no podemos llegar a esta respuesta intentando sumar la serie directamente. En la Fig. 4.1 he representado las sumas parciales de la serie (i.e., las sumas hasta cierto número finito de términos), sucesivamente hasta cuatro términos, al lado de la «respuesta» $(1 - x^2)^{-1}$ y podemos ver que, con tal de que x esté comprendida estrictamente[7] entre los valores -1 y $+1$, las curvas que muestran estas sumas parciales convergen realmente a esta respuesta, a saber $(1 - x^2)^{-1}$, como cabía esperar. Pero fuera de este intervalo, la serie simplemente diverge y no llega realmente a ningún valor finito.

A modo de pequeña digresión, será útil abordar aquí una cuestión que tendrá importancia para nosotros más adelante. Planteemos la siguiente pregunta: la ecuación que obtenemos haciendo $x = 2$ en la expresión anterior, es decir,

$$1 + 2^2 + 2^4 + 2^6 + 2^8 + \ldots = (1 - 2^2)^{-1} = -\frac{1}{3},$$

¿tiene sentido realmente? El gran matemático del siglo XVIII Leonhard Euler solía escribir ecuaciones como esta, y llegó a ser una moda hacer bromas a su costa por sostener tales absurdos, aunque se le podrían perdonar sobre la base de que en aquellos primeros días no se entendía adecuadamente nada relativo a la «convergencia» de series y cosas similares. De hecho, lo cierto es que el tratamiento matemático riguroso de las series no llegó hasta finales del siglo XVIII y principios del XIX, con la obra de Augustin Cauchy y otros. Además, según este tratamiento riguroso, la ecuación anterior sería clasificada oficialmente como «sin sentido». Pese a todo, creo que es importante darse cuenta de que, en el sentido adecuado, Euler sabía bien lo que estaba haciendo cuando escribía absurdos aparentes de esta naturaleza, y que hay sentidos en los que la ecuación anterior debe considerarse «correcta».

En matemáticas es realmente imperativo dejar absolutamente claro que las ecuaciones que se obtienen tienen un sentido estricto y preciso. Sin embargo, es asimismo importante no ser insensible a «lo que sucede fuera de escena», que puede, en última instancia, llevar a intuiciones más profundas. Es fácil perder de vista tales cosas si nos atenemos de forma demasiado rígida a lo que parece ser estrictamente lógico, como es el hecho de que la suma de los términos positivos $1 + 4 + 16 + 64 + 256 + \ldots$ no puede ser $-1/3$ de ningún modo. Como ejemplo pertinente, recordemos el absurdo lógico de encontrar una solución real a la ecuación $x^2 + 1 = 0$. No hay solución; pero si nos quedamos en esto, perderemos todas las intuiciones profundas que proporciona la introducción de los números complejos. Un comentario similar es aplicable a lo absurdo de una solución racional a $x^2 = 2$. De hecho, es perfectamente posible dar un sentido matemático a la respuesta «$-1/3$» a la serie infinita anterior, pero hay que tener cuidado con las reglas que nos dicen lo que está permitido y lo que no está permitido. No es mi intención discutir aquí estas cuestiones en detalle,[8] pero habría que señalar que en la física moderna, especialmente en el área de la teoría cuántica de campos, es frecuente encontrar series divergentes de este tipo (véanse especialmente §§26.7,9 y §§31.2,13). Es una cuestión muy delicada la de decidir si las «respuestas» que se obtienen de este modo son realmente significativas y, además, realmente correctas. A veces se obtienen respuestas muy precisas manipulando tales expresiones divergentes, y en ocasiones son sorprendentemente confirmadas al compararlas con experimentos físicos reales. Otras veces, por el contrario, no se tiene tanta suerte. Estas delicadas cuestiones desempeñan papeles importantes en las teorías físicas actuales y son muy relevantes en nuestros intentos de evaluarlas. El punto de relevancia inmediata para nosotros aquí es que el «sentido» que podemos ser capaces de atribuir a semejantes expresiones aparentemente sin significado depende con frecuencia, y de un modo esencial, de las propiedades de los números complejos.

Volvamos ahora a la cuestión de la convergencia de series, y tratemos de ver cómo encajan los números complejos en la imagen. Para ello, consideremos una función tan solo ligeramente diferente de $(1 - x^2)^{-1}$, a saber $(1 + x^2)^{-1}$, y tratemos de ver si tiene un desarrollo en serie de potencias razonable. Ahora parece haber una mejor oportunidad de convergencia completa, puesto que $(1 + x^2)^{-1}$ se mantiene suave y finita sobre todo el intervalo de los números reales. Existe, de hecho, una serie de potencias de apariencia sencilla para $(1 + x^2)^{-1}$, tan solo ligeramente diferente de la que teníamos antes, a saber

$$1 - x^2 + x^4 - x^6 + x^8 - \ldots = (1 + x^2)^{-1},$$

donde la diferencia es meramente un cambio de signo en términos alternos.[4.5] En la Fig. 4.2 he representado las sumas parciales de la serie, sucesivamente hasta cinco términos, de modo similar a lo que hemos hecho antes, junto con esta respuesta $(1 + x^2)^{-1}$. Lo que parece sorprendente es que las sumas parciales siguen convergiendo a la respuesta solo en el intervalo estricto entre los valores -1 y $+1$. Parece que vamos a obtener una divergencia fuera de este intervalo, incluso si la respuesta no tiende ni mucho menos a infinito, a diferencia de nuestro caso anterior. Podemos comprobar esto de forma explícita utilizando los mismos tres valores $x = 1$, $x = 2$, $x = 1/2$ que hemos utilizado antes, encontrando que, como antes, la convergencia ocurre solo en el caso $x = 1/2$, para el que la respuesta da correctamente el valor límite $4/5$ para la suma de la serie entera:

$$x = 1\colon\ 1, 0, 1, 0, 1, 0, 1, \text{etc.},$$
$$x = 2\colon\ 1, -3, 13, -51, 205, -819, \text{etc.},$$
$$x = \frac{1}{2}\colon\ 1, \frac{3}{4}, \frac{13}{16}, \frac{51}{64}, \frac{205}{256}, \frac{819}{1.024}, \text{etc.}$$

[4.5] ¿Puede ver una razón elemental para esta relación simple entre las dos series?

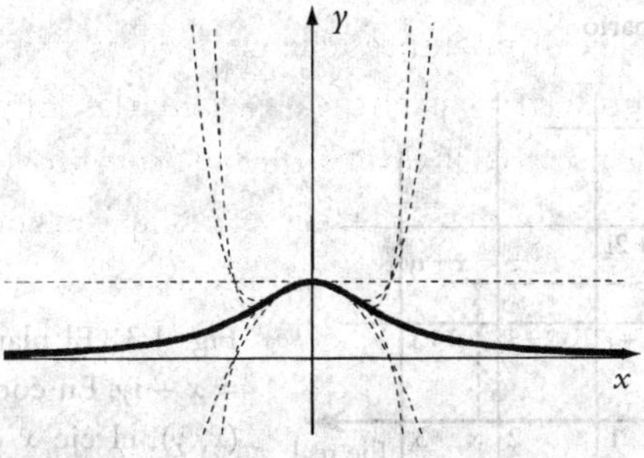

Fig. 4.2. Del mismo modo se representan las sumas parciales 1, $1 - x^2$, $1 - x^2 + x^4$, $1 - x^2 + x^4 - x^6$, $1 - x^2 + x^4 - x^6 + x^8$, de la serie para $(1 + x^2)^{-1}$, y de nuevo hay convergencia para $|x| < 1$ y divergencia para $|x| > 1$, pese al hecho de que la función tiene un comportamiento perfectamente bueno en $x = \pm 1$.

Advertimos que la «divergencia» en el primer caso consiste simplemente en que las sumas parciales de la serie no llegan nunca a asentarse, aunque no divergen realmente a infinito.

Así pues, si solo se consideran números reales, hay una discrepancia enigmática entre sumar realmente la serie y pasar directamente a la «respuesta» que se supone que representa la suma infinita de la serie. Las sumas parciales simplemente «despegan» (o más bien oscilan incontroladamente arriba y abajo) precisamente en los mismos lugares (a saber, $x = \pm 1$) donde surgían problemas en el caso anterior, aunque ahora la supuesta respuesta a la suma infinita, a saber $(1 + x^2)^{-1}$, no muestra ninguna característica notable en dichos lugares. Encontraremos la solución a este misterio si examinamos valores *complejos* de esta función en lugar de restringir nuestra atención a los reales.

4.4. El plano complejo de Caspar Wessel

Para ver lo que está pasando aquí, será importante utilizar la ahora estándar representación *geométrica* de los números complejos en el plano euclídeo. Caspar Wessel en 1797, Jean Robert Argand en 1806, John Warren en 1828 y Carl Friedrich Gauss mucho antes de 1831 dieron todos ellos, de forma independiente, con la idea del *plano complejo* (véa-

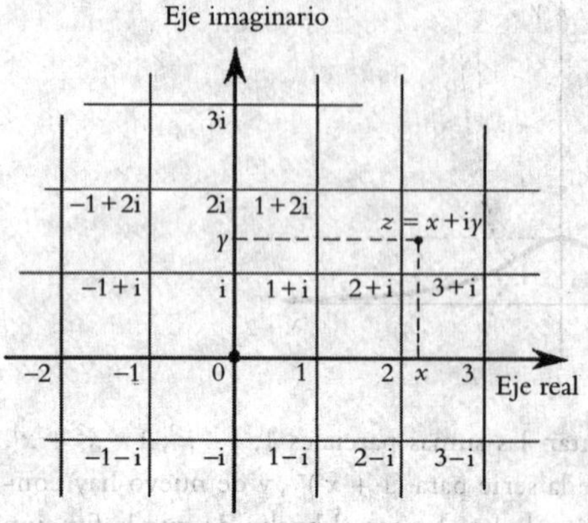

Fig. 4.3. El plano complejo de $z = x + \mathrm{i}y$. En coordenadas cartesianas (x, y), el eje x dirigido horizontalmente hacia la derecha es el eje *real*; el eje y dirigido verticalmente hacia arriba es el eje *imaginario*.

se la Fig. 4.3), en el que ofrecieron interpretaciones geométricas claras de las operaciones de adición y multiplicación de números complejos. En la Fig. 4.3 he utilizado ejes cartesianos estándar, con el eje x apuntando horizontalmente hacia la derecha y el eje y apuntando verticalmente hacia arriba. El número complejo

$$z = x + \mathrm{i}y$$

viene representado como el punto del plano con coordenadas cartesianas (x, y).

Ahora tenemos que considerar un número real x como un caso particular del número complejo $z = x + \mathrm{i}y$ en el que $y = 0$. Así pues, tenemos que considerar que el eje x de nuestro diagrama representa la *recta real* (i.e., la totalidad de los números reales, ordenados linealmente a lo largo de una recta). El plano complejo nos da así una representación gráfica directa de cómo se amplía el sistema de los números reales para convertirse en el sistema completo de los números complejos. Esta recta real se suele conocer como el «eje real» en el plano complejo. En correspondencia, el eje y se conoce como el «eje imaginario». Consiste en todos los múltiplos de i por un número real.

Volvamos ahora a nuestras dos funciones que hemos estado tratando de representar en términos de series de potencias. Tomábamos estas como funciones de la variable real x, a saber $(1 - x^2)^{-1}$ y $(1 + x^2)^{-1}$, pero ahora vamos a extender dichas funciones de modo que se aplican a una variable compleja z. No hay ningún problema en hacer esto:

simplemente escribimos estas funciones ampliadas como $(1 - z^2)^{-1}$ y $(1 + z^2)^{-1}$, respectivamente. En el caso de la primera función real $(1 - x^2)^{-1}$ éramos capaces de reconocer dónde empezaban los problemas de «divergencia», puesto que la función es *singular* (en el sentido de que se hace infinita) en los dos lugares $x = -1$ y $x = +1$; pero con $(1 + x^2)^{-1}$ no veíamos ninguna singularidad en estos lugares y, de hecho, ninguna singularidad real en absoluto. Sin embargo, en términos de la variable compleja z, vemos que estas dos funciones son mucho más parecidas. Hemos advertido las singularidades de $(1 - z^2)^{-1}$ en dos puntos $z = \pm 1$ a distancia unidad del origen a lo largo del eje real; pero ahora vemos que $(1 + z^2)^{-1}$ tiene también singularidades, a saber, en los dos lugares $z = \pm\text{i}$ (puesto que entonces $1 + z^2 = 0$), siendo estos los dos puntos situados a distancia unidad del origen en el eje imaginario.

Pero ¿qué tienen que ver estas singularidades complejas con la cuestión de la convergencia o divergencia de la serie de potencias correspondiente? Hay una respuesta sorprendente a esta pregunta. Ahora debemos considerar nuestras series de potencias como funciones de la variable compleja z, en lugar de la variable real x, y podemos preguntar por aquellas localizaciones de z en el plano complejo para las que la serie converge y aquellas para las que diverge. La notable respuesta general[9] para cualquier serie de potencias

$$a_0 + a_1 z + a_2 z^2 + a_3 z^3 + \ldots,$$

es que existe un círculo en el plano complejo, centrado en 0, llamado *círculo de convergencia*, con la propiedad de que si el número complejo z está estrictamente dentro del círculo, entonces la serie converge para dicho valor de z, mientras que si z está estrictamente fuera del círculo, entonces la serie diverge para dicho valor de z. (Si la serie converge o no cuando z está exactamente sobre el círculo es realmente una cuestión algo delicada en la que no entraremos aquí, aunque tiene cierta relevancia para las cuestiones a las que llegaremos en §§9.6,7.) En este enunciado estoy incluyendo las dos situaciones límite: aquella para la que la serie diverge para todos los valores no nulos de z, cuando el círculo de convergencia se ha contraído hasta un radio cero, y aquella en que converge para todo z, en cuyo caso el círculo se ha dilatado hasta un radio infinito. Para encontrar dónde está realmente el círculo

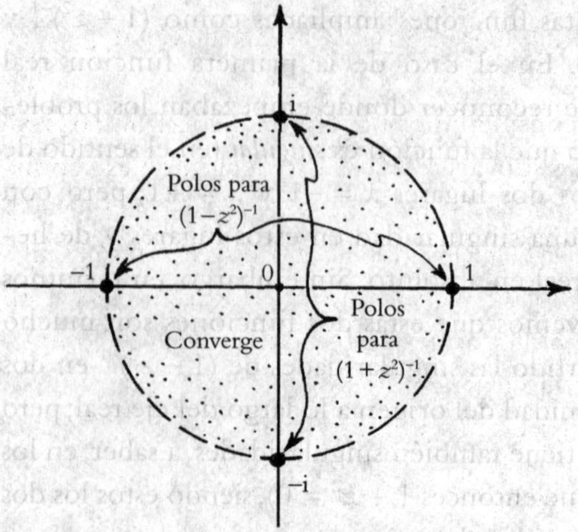

Fig. 4.4. En el plano complejo, las funciones $(1 - z^2)^{-1}$ y $(1 + z^2)^{-1}$ tienen el mismo círculo de convergencia, habiendo polos para la primera en $z = \pm 1$ y polos para la segunda en $z = \pm \mathrm{i}$, todos ellos a la misma distancia (unidad) del origen.

de convergencia para una función dada, miramos en qué parte del plano complejo están localizadas las singularidades, y dibujamos el círculo más grande con centro en el origen $z = 0$ y que no contenga ninguna singularidad en su interior (i.e., lo dibujamos de forma que pase por la singularidad más próxima al origen).

En los casos particulares $(1 - z^2)^{-1}$ y $(1 + z^2)^{-1}$ que hemos estado considerando, las singularidades son de un tipo simple denominado *polos* (que surgen donde se anula un polinomio que aparece como divisor en una expresión). Aquí todos estos polos están a distancia unidad del origen, y vemos que el círculo de convergencia es, en ambos casos, el círculo unidad alrededor del origen. Los lugares donde dicho círculo corta al eje real son los mismos en ambos casos, a saber, los dos puntos $z = \pm 1$ (véase la Fig. 4.4). Esto explica por qué las dos funciones convergen y divergen en las mismas regiones, un hecho que no era manifiesto simplemente a partir de sus propiedades como funciones de variables reales. Así pues, los números complejos nos ofrecen ideas profundas sobre el comportamiento de series de potencias, ideas que sencillamente no están disponibles a partir de la consideración de su estructura en variable real.

4.5. Cómo se construye el conjunto de Mandelbrot

Para terminar este capítulo, consideremos otro tipo de cuestión convergencia/divergencia. Es la que subyace en la construcción de esa configuración extraordinaria, mencionada en §1.3 y mostrada en la Fig. 1.2, conocida como *el conjunto de Mandelbrot*. De hecho, este es solo un subconjunto del plano complejo de Wessel que puede definirse de un modo notablemente simple, si lo comparamos con la extrema complicación de dicho conjunto. Todo lo que tenemos que hacer es examinar las aplicaciones repetidas del reemplazamiento

$$z \mapsto z^2 + c,$$

donde c es un número complejo escogido. Consideremos c como un punto en el plano complejo y empecemos con $z = 0$. Entonces *iteramos* esta transformación (i.e., la aplicamos repetidamente una y otra vez) y vemos cómo se comporta el punto z en el plano complejo. Si escapa al infinito, entonces el punto c se marca en color blanco. Si z se mueve por cierta región restringida sin llegar nunca al infinito, entonces c se marca en color negro. ¡La región negra nos da el *conjunto de Mandelbrot*!

Describamos este procedimiento con un poco más de detalle. ¿Cómo procede la iteración? En primer lugar, fijamos c. Luego tomamos algún punto z y aplicamos la transformación, de modo que z se convierte en $z^2 + c$. Después la aplicamos otra vez, de modo que ahora reemplazamos la «z» en $z^2 + c$ por $z^2 + c$ y obtenemos $(z^2 + c)^2 + c$. A continuación reemplazamos la «z» en $z^2 + c$ por $(z^2 + c)^2 + c$, de modo que nuestra expresión se convierte en $((z^2 + c)^2 + c)^2 + c$. Luego continuamos reemplazando la «z» en $z^2 + c$ por $((z^2 + c)^2 + c)^2 + c$, y obtenemos $(((z^2 + c)^2 + c)^2 + c)^2 + c$, y así sucesivamente.

Veamos ahora qué sucede si empezamos en $z = 0$ e iteramos de esta manera. (Simplemente ponemos $z = 0$ en las expresiones anteriores.) Obtenemos la secuencia

$$0, c, c^2 + c, (c^2 + c)^2 + c, ((c^2 + c)^2 + c)^2 + c, \ldots$$

Esto nos da una sucesión de puntos en el plano complejo. (Si trabajáramos con un computador, no utilizaríamos las expresiones algebraicas anteriores, sino que procederíamos de forma puramente numérica para cada elección individual del número complejo *c*. Resulta mucho más «barato» computacionalmente hacer la aritmética desde el principio cada vez.) Ahora, para cualquier valor dado de *c*, puede suceder una de dos cosas: (i) los puntos de la secuencia se alejan a distancias cada vez mayores, i.e., la secuencia *no está acotada*, o (ii) cada uno de los puntos yace a una distancia del origen menor que cierto valor dado (es decir, dentro de cierto círculo alrededor del origen) en el plano complejo, i.e., la secuencia está *acotada*. Las regiones blancas de la Fig. 1.2 son las localizaciones de *c* que dan una secuencia no acotada (i), mientras que las regiones negras son las localizaciones de *c* para las que se da el caso (ii); el conjunto de Mandelbrot propiamente dicho es la totalidad de la región negra.[10]

La complejidad del conjunto de Mandelbrot surge del hecho de que la secuencia iterada puede permanecer acotada de muchas maneras diferentes, y a veces muy complicadas. Puede haber combinaciones de ciclos y «casi» ciclos de varios tipos, que puntean el plano de diversas formas complicadas, pero nos llevaría demasiado lejos tratar de entender en detalle cómo surge la extraordinaria complejidad de este conjunto, donde están implicadas cuestiones sutiles de análisis complejo y teoría de números. El lector interesado puede consultar Peitgen y Reichter (1986) y Peitgen y Saupe (1988) para más información e imágenes (véase también Douady y Hubbard, 1985).

Notas

Sección 4.1

4.1. Véase el ejercicio [4.2] para estas reglas.

Sección 4.2

4.2. Una consecuencia directa[4.6] es que cualquier polinomio complejo de la sola variable z factoriza en factores lineales,

$$a_0 + a_1 z + a_2 z^2 + \ldots + a_n z^n = a_n(z - b_1)(z - b_2)\ldots(z - b_n)$$

[4.6] Demuéstrelo. (*Sugerencia*: Demuestre que no queda ningún resto si este polinomio se «divide» por $z - b$ cuando $z = b$ resuelve la ecuación dada.)

y es a *este* enunciado al que normalmente se llama «el teorema fundamental del álgebra».

4.3. La historia es que Tartaglia había revelado su solución parcial a Cardano solo después de que este hubiera jurado guardar el secreto. Por lo tanto, Cardano no podía publicar su solución más general sin romper su juramento. Sin embargo, en un viaje posterior a Bolonia, en 1543, Cardano examinó los papeles póstumos de Del Ferro y se convenció de la prioridad real de Del Ferro. Consideró que esto le dejaba libre para publicar todos estos resultados (con los debidos reconocimientos a Tartaglia y Del Ferro) en *Ars magna* en 1545. Tartaglia discrepó, y la disputa tuvo consecuencias muy amargas (véase Wykes, 1969).

4.4. Para más información, véase Van der Waerden (1985).

4.5. La razón para esto es que estamos sumando dos números que son mutuamente *complejos conjugados* (véase §10.1), y una suma semejante es siempre un número real.

Sección 4.3

4.6. Recordemos de la nota 2.4 que 0^{-1} debería significar 1/0, i.e., «uno dividido por cero». Una abreviatura conveniente para expresar el «resultado» de esta operación ilegal es «$0^{-1} = \infty$».

4.7. «Estrictamente»: significa que los valores extremos no están incluidos en el intervalo.

4.8. Para más información, véase, por ejemplo, Hardy (1949).

Sección 4.4

4.9. Véanse, por ejemplo, Priestley (2003), p. 71, en lo referente a «radio de convergencia», y Needham (1967), pp. 67 y 264.

Sección 4.5

4.10. En las imágenes del conjunto de Mandelbrot generadas por ordenador (tales como la Fig. 1.2), uno no puede, por supuesto, computar indefinidamente para asegurar que una secuencia en apariencia acotada está *realmente* acotada. Es habitual «cortar» la iteración al cabo de un número apropiado de pasos. Sin embargo, retrasar simplemente el corte no mejora necesariamente la apariencia exacta de una imagen, porque los filamentos tienden a desaparecer.

5

Geometría de logaritmos, potencias y raíces

5.1. La geometría del álgebra compleja

Los aspectos de la magia de los números complejos discutidos al final del capítulo anterior implican muchas sutilezas, de modo que retrocedamos un poco y consideremos algunos otros fragmentos de magia más elementales aunque igualmente enigmáticos e importantes. En primer lugar, veamos cómo se representan geométricamente en el plano complejo las reglas para la suma y la multiplicación que encontramos en §4.1. Podemos presentarlas como la ley del *paralelogramo* y la ley del *triángulo semejante*, respectivamente, que se muestran en la Fig. 5.1a,b. En concreto, para dos números complejos generales w y z, los puntos que representan $w + z$ y wz vienen determinados por las afirmaciones respectivas:

los puntos $0, w, w + z, z$ *son los vértices de un paralelogramo*

y

los triángulos con vértices $0, 1, w$ y $0\ z, wz$ *son semejantes.*

(Aquí se han adoptado los convenios usuales sobre ordenamientos y orientaciones. Por eso, entiendo que recorremos el paralelogramo cíclicamente, de modo que el segmento de recta que va de w a $w + z$ es paralelo al que va de 0 a z, etc.; más aún, la relación de semejanza entre los dos triángulos no incluye «reflexión». Además, hay casos especiales en que los triángulos y el paralelogramo degeneran de varias maneras.)[5.1] El lector interesado puede comprobar estas reglas por tri-

[5.1] Examine las diversas posibilidades.

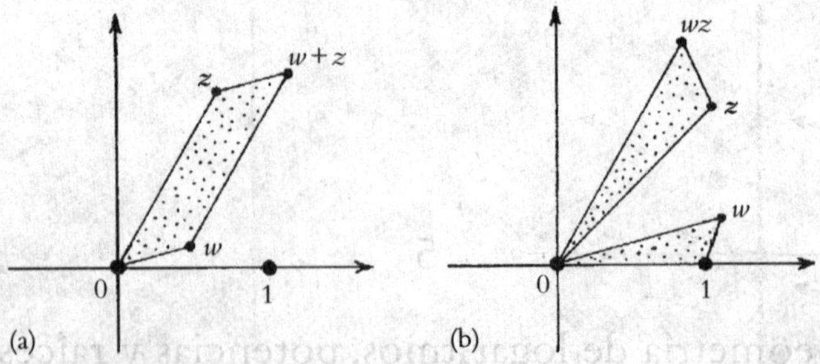

Fig. 5.1. Descripción geométrica de las leyes básicas del álgebra de los números complejos. (a) Ley del paralelogramo de la adición: 0, w, $w + z$, z dan los vértices de un paralelogramo. (b) Ley del triángulo semejante de la multiplicación: los triángulos con vértices 0, 1, w y 0, z, wz son semejantes.

gonometría y cálculo directo.[5.2] Sin embargo, hay otra manera de considerar estas cosas que evita el cálculo detallado y proporciona intuiciones mayores.

Consideremos la suma y la multiplicación en términos de diferentes *aplicaciones* (o «transformaciones») que aplican el plano complejo entero en sí mismo. Cualquier número complejo w dado define una «aplicación suma» y una «aplicación multiplicación», que son las operaciones que, cuando se aplican a un número complejo arbitrario z, sumarán w a z y harán el producto de w por z, respectivamente, i.e.,

$$z \mapsto w + z \text{ y } z \mapsto wz.$$

Es fácil ver que la aplicación suma desliza simplemente el plano complejo sin rotación ni cambio de tamaño o forma —un ejemplo de una *traslación* (véase §2.1)— desplazando el origen 0 al punto w; véase la Fig. 5.2a. La ley del paralelogramo es básicamente una reformulación de esto. Pero ¿qué pasa con la aplicación multiplicación? Esta proporciona una transformación que deja el origen fijo y conserva las formas —y que envía 1 al punto w—. En el caso general combina una rotación con una dilatación (o contracción) uniforme; véase la Fig. 5.2b.[5.3]

[5.2] Hágalo.

[5.3] Trate de demostrar esto sin cálculo detallado, y sin trigonometría. (*Sugerencia*: Esto es una consecuencia de la «ley distributiva» $w(z_1 + z_2) = wz_1 + wz_2$, que muestra que se conserva la estructura «lineal» del plano complejo, y $w(iz) = i(wz)$, que

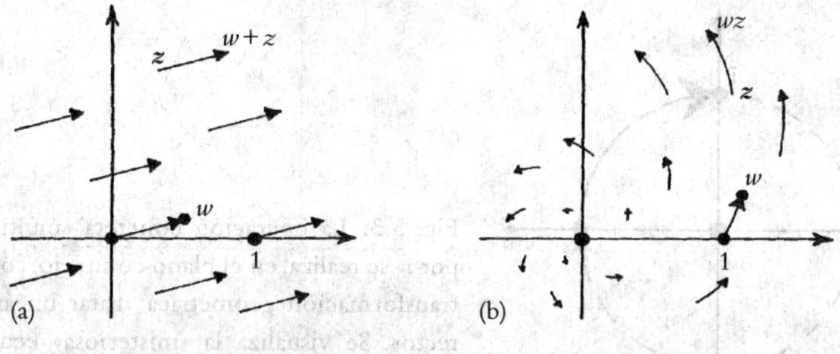

Fig. 5.2. (a) La aplicación suma «$+w$» proporciona una traslación del plano complejo, que envía 0 a w. (b) La aplicación multiplicación «$\times w$» proporciona una rotación y dilatación (o contracción) del plano complejo en torno a 0, que envía 1 a w.

La ley del triángulo semejante muestra esto de modo efectivo. Esta aplicación tendrá una especial importancia para nosotros en §8.2.

En el caso particular $w = \mathrm{i}$, la aplicación multiplicación es simplemente una rotación a izquierdas (i.e., en sentido contrario a las agujas del reloj) de un ángulo recto $\left(\frac{1}{2}\pi\right)$. Si aplicamos esta operación dos veces, obtenemos una rotación de π, que es simplemente una reflexión respecto al origen; en otras palabras, es la aplicación multiplicación que hace corresponder a cada número complejo z su negativo. Esto nos proporciona una realización gráfica de la «misteriosa» ecuación $\mathrm{i}^2 = -1$ (Fig. 5.3). La operación «multiplicar por i» queda realizada como la transformación geométrica «rotar un ángulo recto». Visto de este modo, no parece tan misterioso que el «cuadrado» de esta operación (i.e., hacerla dos veces) produzca el mismo efecto que la operación de «tomar el negativo». Por supuesto, esto no elimina la magia y el misterio de por qué el álgebra compleja funciona tan bien, ni nos habla de un papel físico claro para estos números. Podríamos preguntarnos, por ejemplo: ¿por qué rotar solo en un plano? ¿Qué pasa en tres dimensiones? Más adelante abordaré diferentes aspectos de esta cuestión, especialmente en §§11.2,3, §18.5, §§21.6,9, §§22.2,3,8-10, §33.2 y §34.8.

En nuestra descripción de un número complejo en el plano utili-

---

muestra que se conserva la rotación de un ángulo recto: i.e., se conservan los ángulos rectos.)

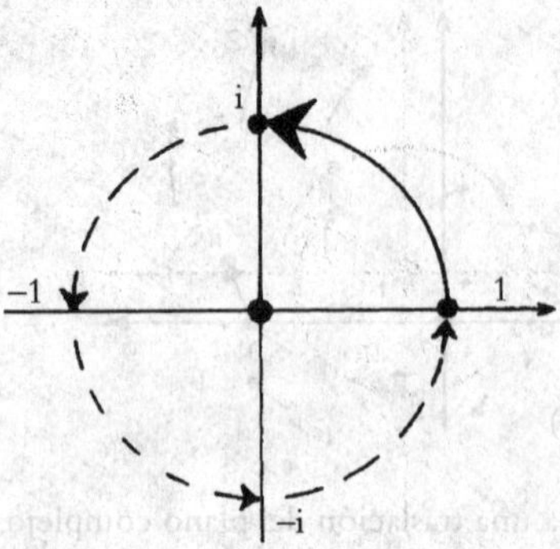

Fig. 5.3. La operación concreta «multiplicar por i» se realiza, en el plano complejo, como la transformación geométrica «rotar un ángulo recto». Se visualiza la «misteriosa» ecuación $i^2 = -1$.

zábamos las coordenadas cartesianas estándar (x, y) para un punto en el plano, pero alternativamente podríamos utilizar las coordenadas *polares* $[r, \theta]$. Aquí, el número real positivo r mide la distancia al origen y θ mide el *ángulo* que forma la recta que une el origen y el punto z con el eje real, medido dicho ángulo en sentido contrario a las agujas del reloj; véase la Fig. 5.4a. La cantidad r se conoce como el *módulo* del número complejo z, que solemos escribir como

$$r = |z|,$$

y θ como su *argumento* (o, en teoría cuántica, se conoce a veces como su *fase*). En el caso $z = 0$, no tenemos que preocuparnos por θ, pero podemos seguir definiendo r como la distancia al origen, que en este caso da simplemente $r = 0$.

Para ser más precisos, podríamos insistir en que θ esté comprendido en un intervalo concreto, tal como $-\pi < \theta \leq \pi$ (que es el convenio estándar). Alternativamente, podemos considerar simplemente el argumento como algo con la ambigüedad de que está permitido añadirle múltiplos enteros de 2π sin que nada se vea afectado. Se trata solo de que, cuando medimos el ángulo, podemos dar tantas vueltas alrededor del origen como queramos y en cualquier sentido (véase la Fig. 5.4b). (Este segundo punto de vista es en realidad el más profundo, y enseguida tendrá algunas implicaciones para nosotros.) A partir de la Fig. 5.5 y la trigonometría elemental, vemos que

$$x = r\cos\theta \text{ e } y = r\,\text{sen}\,\theta,$$

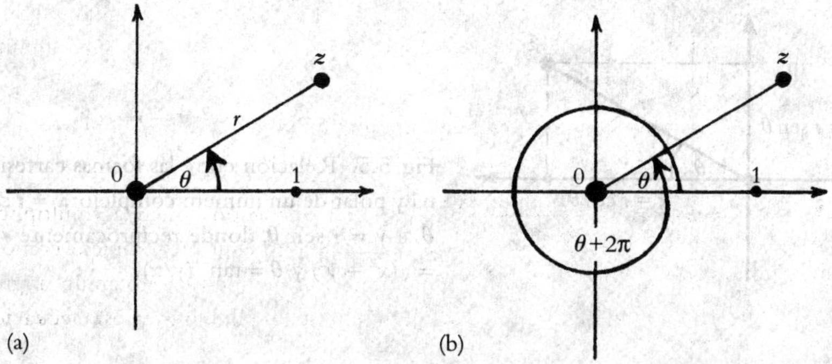

Fig. 5.4. (a) Al pasar de cartesianas (x, y) a polares $[r, \theta]$, tenemos $z = x + \mathrm{i}y = re^{\mathrm{i}\theta}$, el *módulo* $r = |z|$ es la *distancia* al origen y el *argumento* θ es el ángulo que forma la recta que va del origen a z con el eje real, medido en sentido contrario a las agujas del reloj. (b) Si no insistimos en $-\pi > \theta \leq \pi$, podemos permitir que z dé muchas vueltas alrededor del origen, sumando cualquier múltiplo entero de 2π a θ.

y recíprocamente que

$$r = \sqrt{x^2 + y^2} \text{ y } \theta = \tan^{-1}\frac{y}{x},$$

donde $\theta = \tan^{-1}(y/x)$ significa un valor concreto de la función multivaluada $\tan^{-1}$. (Para aquellos lectores que han olvidado la trigonometría, las dos primeras fórmulas simplemente reexpresan las definiciones del seno y el coseno de un ángulo en términos de un triángulo rectángulo: «el coseno de un ángulo es igual al lado adyacente dividido por la hipotenusa» y «el seno de un ángulo es igual al lado opuesto dividido por la hipotenusa», siendo r la hipotenusa; las dos siguientes expresan el teorema de Pitágoras y, en forma inversa, «la tangente de un ángulo es igual al lado opuesto dividido por el lado adyacente». Asimismo, habría que advertir que «$\tan^{-1}$» es la *función inversa* de «tan», y no el recíproco, de modo que la ecuación anterior $\theta = \tan^{-1}(y/x)$ representa $\tan\theta = y/x$. Finalmente, existe una ambigüedad en $\tan^{-1}$, pues puede añadirse a θ cualquier múltiplo entero de 2π y la relación seguirá siendo válida.)[1]

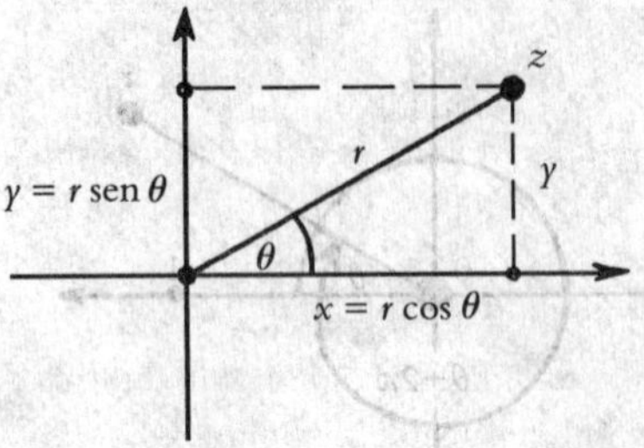

Fig. 5.5. Relación entre las formas cartesiana y polar de un número complejo: $x = r\cos\theta$, e $y = r$ sen θ, donde recíprocamente $r = \sqrt{(x^2 + y^2)}$ y $\theta = \tan^{-1}(y/x)$.

5.2. La idea del logaritmo complejo

Ahora, la «ley del triángulo semejante» de la multiplicación de dos números complejos, que se ilustra en la Fig. 5.1b, puede reexpresarse en términos del hecho de que cuando multiplicamos dos números complejos sumamos sus argumentos y multiplicamos sus módulos.[5.4] Adviértase aquí el hecho notable de que, por lo que respecta a la regla para los argumentos, hemos *convertido la multiplicación en suma*. En esto se basa el uso de los *logaritmos* (el logaritmo del producto de dos números es igual a la suma de sus logaritmos: log ab = log a + log b), como se manifiesta en la regla de cálculo (Fig. 5.6), y esta propiedad fue de fundamental importancia para la práctica del cálculo en épocas anteriores.[2] Ahora utilizamos calculadoras electrónicas que hacen las multiplicaciones por nosotros. Aunque esto es mucho más rápido y más exacto que el uso de una regla de cálculo o de unas tablas de logaritmos, perdemos algo muy importante para nuestra comprensión si no extraemos ninguna experiencia directa de la bella y muy importante operación logarítmica. Veremos que los logaritmos desempeñan un papel profundo en relación con los números complejos. De hecho, el argumento de un número complejo *es* realmente un logaritmo, en un sentido muy claro. Trataremos de entender cómo se produce esto.

Recordemos también que en §4.2 he afirmado que tomar raíces de números complejos es básicamente una cuestión de comprender los logaritmos complejos. Encontraremos que existen algunas relaciones

[5.4] Explique esto en detalle.

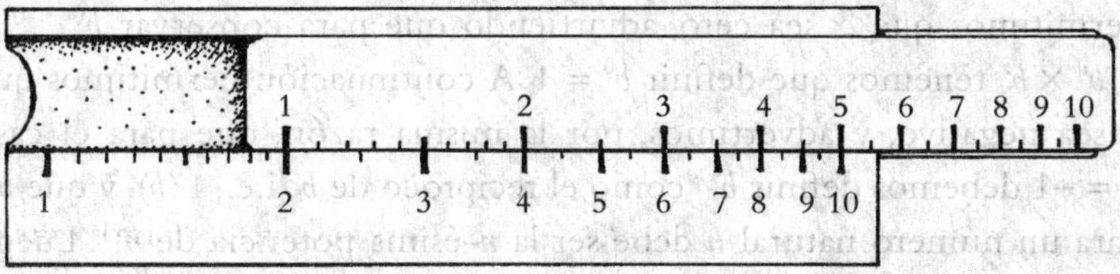

Fig. 5.6. Las reglas de cálculo muestran números en una escala logarítmica, posibilitando con ello que la multiplicación se exprese por la suma de distancias, de acuerdo con la fórmula $\log_b(p \times q) = \log_b p + \log_b q$. (Se ilustra la multiplicación por 2.)

sorprendentes entre logaritmos complejos y trigonometría. Tratemos de ver cómo se combinan todas estas cosas.

En primer lugar, recordemos algo sobre los logaritmos ordinarios. Tomar un logaritmo es la operación inversa de «elevar un número a una potencia», o de la *exponenciación*. «Elevar a una potencia» *es* una operación que convierte suma en multiplicación. ¿Por qué es esto? Tomemos cualquier número b. Notemos entonces la fórmula (que convierte suma en multiplicación)

$$b^{m+n} = b^m \times b^n,$$

que es obvia si m y n son enteros positivos, porque cada miembro representa simplemente $m + n$ copias del número b, todas ellas multiplicadas. Lo que tenemos que hacer es encontrar una manera de generalizar esto de modo que m y n no tengan que ser enteros positivos, sino que puedan ser números complejos cualesquiera. Para ello necesitamos encontrar la definición correcta de «b elevado a la potencia z», para z complejo, y queremos que la misma fórmula anterior, a saber $b^{(w+z)} = b^w \times b^z$, sea válida cuando los exponentes w y z son complejos.

De hecho, el procedimiento para hacer esto refleja, en cierta medida, la historia misma de generalizar, paso a paso, desde los enteros positivos a los números complejos, como se hizo, partiendo de Pitágoras, por la obra de Eudoxo, pasando por Brahmagupta, hasta llegar a la época de Cardano y Bombelli (y más tarde), tal como se ha indicado en §3.4 y §4.1. Primero, la noción de «b^z» es inicialmente entendida cuando z es un número positivo, simplemente como $b \times b \times b \times \ldots \times b$, con z b's multiplicadas; en particular, $b^1 = b$. Luego (siguiendo a Brahmagupta, permitimos que z sea cero, advirtiendo que para conservar $b^{(w+z)} = b^w \times b^z$ tenemos que definir $b^0 = 1$. A continuación permitimos que z sea negativo, y advertimos, por la misma razón, que para el caso $z = -1$ debemos definir b^{-1} como el recíproco de b (i.e., $1/b$), y que b^{-n} para un número natural n debe ser la n-ésima potencia de b^{-1}. Luego tratamos de generalizar a situaciones en que z es una fracción, empezando con el caso $z = 1/n$, donde z es un entero positivo. La aplicación repetida de $b^w \times b^z = b^{(w+z)}$ nos lleva a concluir que $(b^z)^n = b^{zn}$; así pues, haciendo $z = 1/n$, llegamos a que $b^{1/n}$ es una raíz n-ésima de b.

Podemos hacer esto dentro del dominio de los números reales, con tal de que el número b se haya tomado positivo. Entonces podemos tomar $b^{1/n}$ como la única raíz n-ésima positiva de b (cuando n es un entero positivo) y podemos continuar definiendo unívocamente b^z para cualquier número racional $z = m/n$ como la m-ésima potencia de la raíz n-ésima de b y de aquí pasar (utilizando un proceso de paso al límite) a cualquier número real z. Pero si se permite que b sea negativo, entonces tropezamos con una pega en $z = 1/2$, puesto que $\sqrt{b}$ requiere entonces la introducción de i y caemos en la pendiente resbaladiza hacia los números complejos. En el fondo de dicha pendiente encontramos nuestro mágico mundo complejo, de modo que agarrémonos y sigamos hasta abajo.

Necesitamos una definición de b^p tal que para todos los números complejos p, q y b (con $b \neq 0$), tengamos:

$$b^{p+q} = b^p \times b^q.$$

Podríamos confiar entonces en definir el *logaritmo en base b* (la operación denotada por «$\log_b$») como la inversa de la función definida por $f(z) = b^z$, es decir,

$$z = \log_b w \quad \text{si} \quad w = b^z.$$

Entonces esperaríamos

$$\log_b(p \times q) = \log_b p + \log_b q,$$

de modo que esta noción de logaritmo convertiría realmente la multiplicación en suma.

5.3. Multivaluación, logaritmos naturales

Aunque esto es básicamente correcto, hay ciertas dificultades técnicas en hacerlo (y dentro de poco veremos cómo tratarlas). En primer lugar, b^z es «multivaluada». Es decir, existen, en general, muchas respuestas diferentes para el significado de «b^z». Hay también una multivaluación adicional para $\log_b w$. Hemos visto ya la multivaluación de b^z con valores fraccionarios de z. Por ejemplo, si $z = 1/2$, entonces «b^z» debería significar «cierta cantidad t cuyo cuadrado es b», puesto que exigimos que $t^2 = t \times t = b^{\frac{1}{2}} \times b^{\frac{1}{2}} = b^{\frac{1}{2}+\frac{1}{2}} = b^1 = b$. Si un número t satisface esta propiedad, entonces $-t$ también lo hará (puesto que $(-t) \times (-t) = t^2 = b$). Suponiendo que $b \neq 0$, tenemos dos respuestas distintas para $b^{1/2}$ (normalmente escritas $\pm\sqrt{b}$). Con más generalidad, tenemos n respuestas complejas distintas para $b^{1/n}$, cuando n es un entero positivo: 1, 2, 3, 4, 5,… De hecho, tenemos un número finito de respuestas cuando quiera que n sea un número racional (no nulo). Si n es irracional, entonces tenemos un número infinito de respuestas, como veremos enseguida.

Tratemos de ver cómo podemos hacer frente a estas ambigüedades. Empezaremos haciendo una elección concreta de b, a saber, el número fundamental «e», conocido como la *base de los logaritmos naturales*. Esto reducirá nuestro problema de ambigüedad. Tenemos, como definición de e:

$$e = 1 + \frac{1}{1!} + \frac{1}{2!} + \frac{1}{3!} + \frac{1}{4!} + \ldots = 2{,}718\,281\,828\,5\ldots,$$

donde los signos de admiración denotan *factoriales*, i.e.,

$$n! = 1 \times 2 \times 3 \times 4 \times \ldots \times n,$$

de modo que $1! = 1$, $2! = 2$, $3! = 6$, etc. La función definida por $f(z) = e^z$ se conoce como función *exponencial*, y a veces se escribe «exp»; puede considerarse como «e elevado a la potencia z» y esta potencia se define mediante la siguiente modificación sencilla de la serie anterior para e:

$$e^z = 1 + \frac{z}{1!} + \frac{z^2}{2!} + \frac{z^3}{3!} + \frac{z^4}{4!} + \ldots$$

Esta importante serie de potencias converge realmente para todos los valores de z (de modo que tiene un círculo de convergencia infinito; véase §4.4). La suma infinita hace una elección particular para la ambigüedad en «b^z» cuando $b = \mathrm{e}$. Por ejemplo, si $z = 1/2$, entonces la serie nos da la cantidad concreta positiva $+\sqrt{\mathrm{e}}$ y no $-\sqrt{\mathrm{e}}$. El hecho de que $z = 1/2$ dé realmente una cantidad $\mathrm{e}^{1/2}$ cuyo cuadrado es e se sigue del hecho de que e^z, definida por esta serie,[5.5] siempre tiene la propiedad requerida «de suma a multiplicación»

$$\mathrm{e}^{a+b} = \mathrm{e}^a\mathrm{e}^b,$$

de modo que $(\mathrm{e}^{\frac{1}{2}})^2 = \mathrm{e}^{\frac{1}{2}}\,\mathrm{e}^{\frac{1}{2}} = \mathrm{e}^{\frac{1}{2}+\frac{1}{2}} = \mathrm{e}^1 = \mathrm{e}$.

Tratemos de utilizar esta definición de e^z para darnos un logaritmo inambiguo, definido como la *inversa* de la función exponencial:

$$z = \log w \quad \text{si} \quad w = \mathrm{e}^z.$$

Esto se conoce como el logaritmo *natural* (y escribiré la función simplemente como «log», sin un símbolo para la base).[3] De la anterior propiedad «de suma a multiplicación», esperamos una regla «de multiplicación a suma»:

$$\log ab = \log a + \log b.$$

No es inmediatamente obvio que tal inverso de e^z exista necesariamente. Sin embargo, resulta en efecto que para cualquier número complejo w, distinto de 0, siempre existe z tal que $w = \mathrm{e}^z$, de modo que podemos definir $\log w = z$. Pero aquí hay una trampa: hay más de una respuesta.

¿Cómo expresamos estas respuestas? Si $[r, \theta]$ es la representación polar de w, entonces podemos escribir su logaritmo z en la forma cartesiana habitual ($z = x + \mathrm{i}y$) como

$$z = \log r + \mathrm{i}\theta,$$

donde $\log r$ es el logaritmo natural ordinario de un número real positivo —la inversa de la exponencial real—. Resulta intuitivamente claro de la Fig. 5.7 que semejante función logarítmica real existe. En la Fig. 5.7a tenemos la gráfica de $r = \mathrm{e}^x$. Simplemente intercambiamos los

[5.5] Compruébelo directamente a partir de la serie. (*Sugerencia*: El «teorema del binomio» para exponentes enteros afirma que el coeficiente de $a^p b^q$ en $(a + b)^n$ es $n!/p!q!$)

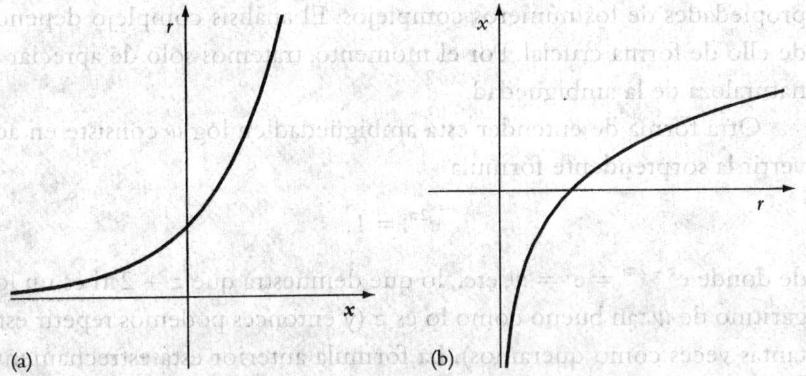

Fig. 5.7. Para obtener el logaritmo de un número real positivo *r*, consideremos la gráfica (a) de $r = e^x$. Se alcanzan todos los valores positivos de *r*, de modo que invirtiendo la figura, obtenemos la gráfica (b) de la función inversa $x = \log r$ para *r* positivo.

ejes para obtener la gráfica de la función inversa $x = \log r$, como en la Fig. 5.7b. No es tan sorprendente que la parte real de $z = \log w$ sea simplemente un logaritmo real ordinario. Lo que es algo más notable[4] es que la parte imaginaria de *z* es simplemente el ángulo θ, que es el argumento del número complejo *w*. Este hecho hace explícito mi anterior comentario acerca de que el argumento de un número complejo es realmente una forma de logaritmo.

Recordemos que existe una ambigüedad en la definición del argumento de un número complejo. Podemos añadir a θ cualquier múltiplo entero de 2π, y esto también servirá (recordemos la Fig. 5.4b). En consecuencia, hay muchas soluciones *z* diferentes para una elección dada de *w* en la relación $w = e^z$. Si tomamos uno de estos *z*, entonces $z + 2\pi i n$ es otra posible solución, donde *n* es cualquier entero que queramos escoger. Así pues, el logaritmo de *w* es ambiguo en cuanto que está definido salvo la suma de cualquier múltiplo entero de $2\pi i$. Debemos tener esto en cuenta con expresiones tales como $\log ab = \log a + \log b$, asegurándonos de que se hacen las correspondientes y adecuadas elecciones de logaritmo.

En esta etapa, esta característica de los logaritmos complejos parece ser solo una incomodidad. Sin embargo, veremos en §7.2 que es absolutamente capital para algunas de las más poderosas, útiles y mágicas propiedades de los números complejos. El análisis complejo depende de ello de forma crucial. Por el momento, tratemos solo de apreciar la naturaleza de la ambigüedad.

Otra forma de entender esta ambigüedad en log w consiste en advertir la sorprendente fórmula

$$e^{2\pi i} = 1,$$

de donde $e^{z+2\pi i} = e^z = w$, etc., lo que demuestra que $z + 2\pi i$ es un logaritmo de w tan bueno como lo es z (y entonces podemos repetir esto tantas veces como queramos). La fórmula anterior está estrechamente relacionada con la famosa *fórmula de Euler*

$$e^{\pi i} + 1 = 0$$

(que relaciona los cinco números fundamentales 0, 1, i, π y e en una expresión casi mística).[5.6]

Podemos entender mejor estas propiedades si tomamos la exponencial de la expresión $z = \log r + i\theta$ para obtener

$$w = e^z = e^{\log r + i\theta} = e^{\log r}e^{i\theta} = re^{i\theta}.$$

Esto demuestra que la forma polar de cualquier número complejo w, que yo había estado denotando hasta ahora por $[r, \theta]$, puede escribirse de forma más reveladora como

$$w = re^{i\theta}.$$

De esta forma, es evidente que si multiplicamos dos números complejos, tomamos el producto de sus módulos y la suma de sus argumentos ($re^{i\theta}se^{i\phi} = rse^{i(\theta+\phi)}$, de modo que r y s se multiplican, mientras que θ y ϕ se suman, teniendo en cuenta que restar $2\pi i$ de $\theta + \phi$ no supone ninguna diferencia), como está implícito en la «ley del triángulo semejante» de la Fig. 5.1b. En lo sucesivo abandonaré la notación $[r, \theta]$ y utilizaré en su lugar la expresión mostrada más arriba. Nótese que si $r = 1$ y $\theta = \pi$, obtenemos -1 y recuperamos la famosa fórmula de Euler anterior $e^{\pi i} + 1 = 0$, utilizando la geometría de la Fig. 5.4a; si $r = 1$ y $\theta = 2\pi$, obtenemos $+1$ y recuperamos $e^{2\pi i} = 1$.

[5.6] Demuestre a partir de esto que $z + \pi i$ es un logaritmo de $-w$.

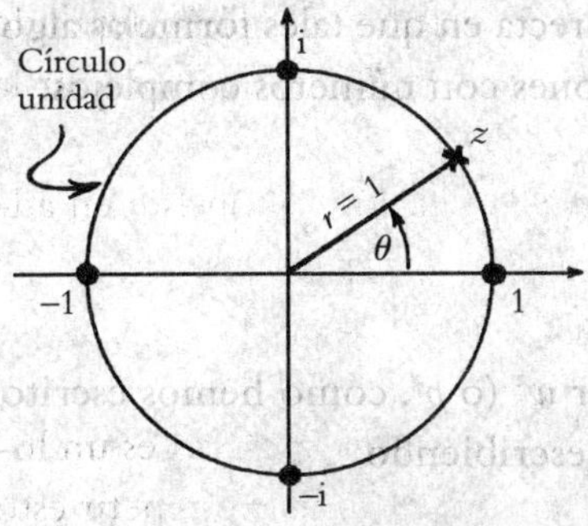

Fig. 5.8. El círculo unidad, que consiste en números complejos de módulo unidad. La fórmula de Cotes-Euler los da como $e^{i\theta} = \cos\theta + i\,\text{sen}\,\theta$ para θ real.

El círculo con $r = 1$ se denomina el *círculo unidad* en el plano complejo (véase la Fig. 5.8). Este está dado por $w = e^{i\theta}$ para θ real, según la expresión de arriba. Comparando esta expresión con las anteriores $x = r\cos\theta$ e $y = r\,\text{sen}\,\theta$ dadas arriba para las partes real e imaginaria de lo que ahora es la cantidad $w = x + iy$, obtenemos la prolífica «fórmula de (Cotes-)Euler»[5]

$$e^{i\theta} = \cos\theta + i\,\text{sen}\,\theta,$$

que básicamente engloba los elementos esenciales de la trigonometría en las propiedades mucho más simples de las funciones exponenciales complejas.

Veamos ahora cómo funciona esto en casos elementales. En particular, la relación básica $e^{a+b} = e^a e^b$, cuando se desarrolla en términos de partes real e imaginaria, da inmediatamente[5.7] las expresiones de apariencia mucho más complicada (sin duda tristemente familiares para algunos lectores):

$$\cos(a + b) = \cos a \cos b - \text{sen}\,a\,\text{sen}\,b,$$
$$\text{sen}(a + b) = \text{sen}\,a \cos b + \cos a\,\text{sen}\,b.$$

Análogamente, el desarrollo de $e^{3i\theta} = (e^{i\theta})^3$, por ejemplo, da rápidamente[6,[5.8]]

$$\cos 3\theta = \cos^3\theta - 3\cos\theta\,\text{sen}^2\theta,$$
$$\text{sen}\,3\theta = 3\,\text{sen}\,\theta\cos^2\theta - \text{sen}^3\theta.$$

[5.7] Compruébelo.
[5.8] Hágalo.

Hay realmente magia en la forma directa en que tales fórmulas algo complicadas surgen de sencillas expresiones con números complejos.

5.4. Potencias complejas

Volvamos ahora a la cuestión de definir w^z (o b^z, como hemos escrito previamente). Podemos conseguir esto escribiendo

$$w^z = e^{z \log w}$$

(puesto que esperamos que $e^{z \log w} = (e^{\log w})^z$ y $e^{\log w} = w$). Pero notemos que, debido a la ambigüedad en log w, podemos añadir a log z cualquier múltiplo entero de $2\pi i$ para obtener otra respuesta admisible. Esto significa que podemos multiplicar o dividir cualquier elección particular de w^z por $e^{z \cdot 2\pi i}$ cualquier número de veces y seguimos teniendo un «w^z» admisible. Resulta divertido ver la configuración de puntos en el plano complejo que da esto en el caso general. Esto se ilustra en la Fig. 5.9. Los puntos están en las intersecciones de dos espirales equiangulares. (Una espiral equiangular —o *logarítmica*— es una curva en el plano que forma un ángulo constante con las líneas rectas que irradian de un punto en el plano.)[5.9]

Esta ambigüedad nos lleva a todo tipo de problemas si no tenemos cuidado.[5.10] La mejor forma de evitar tales problemas parece consistir en adoptar la regla de que la notación w^z se utilice solo cuando se ha especificado una *elección particular* de log w. (En el caso especial de e^z, el convenio tácito es hacer siempre la elección particular log e = 1. Entonces, la notación estándar e^z es consistente con nuestra más general w^z.) Una vez que se ha hecho esta elección de log w, entonces w^z está definida inequívocamente para todos los valores de z.

Puede comentarse en este punto que también necesitamos una especificación de log b si queremos definir el «logaritmo en base b» mencionado antes en esta sección (la función denotada por «$\log_b$»), porque necesitamos un $w = b^z$ inequívoco para definir $z = \log_b w$. Aun así,

[5.9] Demuéstrelo. ¿Cuántas maneras? Encuentre también todos los casos especiales.
[5.10] Resuelva esta «paradoja»: $e = e^{1+2\pi i}$, de modo que $e = (e^{1+2\pi i})^{1+2\pi i} = e^{1+4\pi i-4\pi^2} = e^{1-4\pi^2}$.

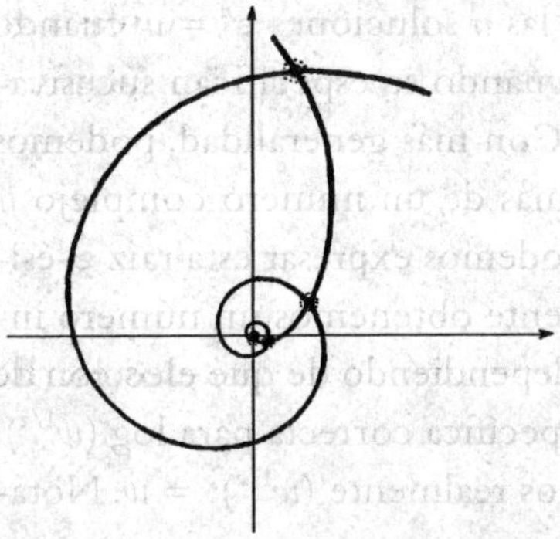

Fig. 5.9. Los diferentes valores de $w^z (= e^{z \log w})$. Puede sumarse cualquier múltiplo entero de $2\pi i$ a log 2, que multiplica o divide w^z por $e^{z2\pi i}$ un número entero de veces. En el caso general, se representan en el plano complejo como las intersecciones de dos espirales equiangulares (cada una de las cuales forma un ángulo constante con líneas rectas que pasan por el origen).

$\log_b w$ será por supuesto multivaluada (como lo era log *w*), donde podemos sumar a $\log_b w$ cualquier múltiplo entero de $2\pi i/\log b$.[5.11]

Una curiosidad que ha intrigado enormemente a algunos matemáticos en el pasado es la cantidad i^i. Podría parecer que «no puede haber nada más imaginario que esto». Sin embargo, encontramos la respuesta *real*

$$i^i = e^{i \log i} = e^{i \cdot \frac{1}{2}\pi i} = e^{-\pi/2} = 0{,}207\ 879\ 576\ldots,$$

especificando $\log i = \frac{1}{2}\pi i$.[5.12] Hay también muchas otras respuestas, dadas por las otras especificaciones de log i. Estas se obtienen multiplicando la cantidad anterior por $e^{2\pi n}$, donde *n* es un entero (o, de forma equivalente, elevando la cantidad anterior a cualquier potencia de la forma $4n + 1$, donde *n* es un entero positivo o negativo).[5.13] Es sorprendente que *todos* los valores de i^i son, de hecho, números reales.

Veamos cómo funciona la notación w^z para $z = 1/2$. Esperamos ser capaces de representar las dos cantidades $\pm\sqrt{w}$ como «$w^{1/2}$» en algún sentido. De hecho, para obtener estas dos cantidades basta con especificar primero un valor para log *w* y especificar luego otro, donde sumamos $2\pi i$ al primero para obtener el segundo. Esto da lugar a un cambio de signo en $w^{1/2}$ (debido a la fórmula de Euler $e^{\pi i} = -1$). De

[5.11] Demuéstrelo.
[5.12] ¿Por qué es esta una especificación admisible?
[5.13] Demuestre por qué funciona esto.

modo análogo, podemos generar todas las n soluciones $z^n = w$ cuando n es 3, 4, 5, … como la cantidad $w^{1/n}$, cuando se especifican sucesivamente diferentes valores de log w.[5.14] Con más generalidad, podemos volver a la cuestión de las raíces z-ésimas de un número complejo w no nulo que he mencionado en §4.2. Podemos expresar esta raíz z-ésima como la expresión $w^{1/z}$, y generalmente obtenemos un número infinito de valores alternativos para esto, dependiendo de qué elección de log w se especifique. Con la elección específica correcta para log $(w^{1/z})$, a saber, la dada por (log $w)/z$, obtenemos realmente $(w^{1/z})^z = w$. Notamos, con más generalidad, que

$$(w^a)^b = w^{ab},$$

donde una vez que hemos hecho una especificación de log w (para el segundo miembro), debemos especificar (para el primer miembro) que log (w^a) sea a log w.[5.15]

Cuando $z = n$ es un entero positivo, entonces las cosas son mucho más simples, y obtenemos precisamente n raíces. En este caso se da una situación de interés particular cuando $w = 1$. Entonces, especificando sucesivamente posibles valores de log 1, a saber, 0, $2\pi i$, $4\pi i$, $6\pi i$, … obtenemos $1 = e^0$, $e^{2\pi i/n}$, $e^{4\pi i/n}$, $e^{6\pi i/n}$, … para los posibles valores de $1^{1/n}$. Podemos escribirlos como 1, ϵ, ϵ^2, ϵ^3, … donde $\epsilon = e^{2\pi i/n}$. En términos del plano complejo, obtenemos n puntos igualmente espaciados alrededor del círculo unidad, llamados *raíces n-ésimas* de la unidad. Estos puntos constituyen los vértices de un n-ágono regular (véase la Fig. 5.10). (Nótese que las elecciones $-2\pi i$, $-4\pi i$, $-6\pi i$, etc., para log 1 darían meramente las mismas raíces n-ésimas, en orden inverso.)

Resulta interesante observar que, para un n dado, las raíces n-ésimas de la unidad constituyen lo que se denomina un *grupo multiplicativo finito*, más concretamente, *el grupo cíclico* $\mathbb{Z}_n$ (véase §13.1). Tenemos n cantidades con la propiedad de que podemos multiplicar dos cualesquiera de ellas y obtener otra. También podemos dividir una por otra para obtener una tercera. Como ejemplo, consideremos el caso $n = 3$. Ahora obtenemos tres elementos 1, ω y ω^2, donde $\omega = e^{2\pi i/3}$ (de modo que

[5.14] Explique esto en detalle.
[5.15] Demuéstrelo.

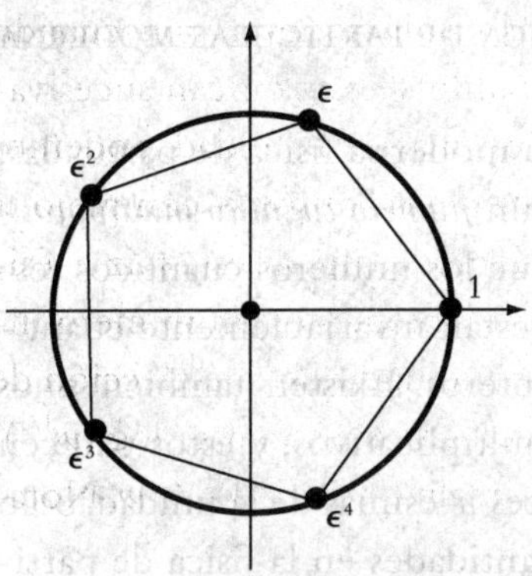

Fig. 5.10. Las raíces *n*-ésimas de la unidad $e^{2\pi ri/n}(r = 1, 2, \ldots, n)$, igualmente espaciadas alrededor del círculo unidad, proporcionan los vértices de un *n*-ágono regular. Aquí $n = 5$.

$\omega^3 = 1$ y $\omega^{-1} = \omega^2$). Tenemos las siguientes tablas simples de multiplicación y división para estos números:

$\times$	1	ω	ω^2
1	1	ω	ω^2
ω	ω	ω^2	1
ω^2	ω^2	1	ω

$\div$	1	ω	ω^2
1	1	ω^2	ω
ω	ω	1	ω^2
ω^2	ω^2	ω	1

En el plano complejo, estos números concretos están representados como los vértices de un triángulo equilátero. La multiplicación por ω rota el triángulo $\frac{2}{3}\pi$ (i.e., 120°) en sentido contrario a las agujas del reloj, y la multiplicación por ω^2 lo rota $\frac{2}{3}\pi$ en el sentido de las agujas; para la división, la rotación es en sentido opuesto (véase la Fig. 5.11).

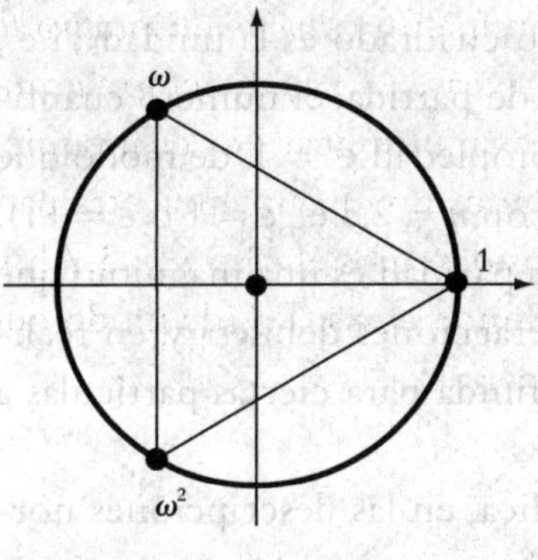

Fig. 5.11. Triángulo equilátero de raíces cúbicas 1, ω y ω^2 de la unidad. La multiplicación por ω rota 120° en sentido contrario a las agujas del reloj, y la multiplicación por ω^2, en el sentido de las agujas del reloj.

5.5. Algunas relaciones con la física de partículas moderna

Números como estos tienen interés en la moderna física de partículas, pues proporcionan los casos posibles de un *número cuántico multiplicativo*. En §3.5 he comentado el hecho de que los números cuánticos (escalares) aditivos de la física de partículas están invariablemente cuantificados, hasta donde conocemos, por enteros. Existen también unos pocos ejemplos de números cuánticos multiplicativos, y estos parecen estar cuantificados en términos de las raíces *n*-ésimas de la unidad. Solo conozco unos pocos ejemplos de tales cantidades en la física de partículas convencional, y en la mayoría de estos la situación es el caso relativamente sin interés $n = 2$. Hay un caso claro en que $n = 3$ y posiblemente un caso para el que $n = 4$. Por desgracia, en la mayoría de los casos el número cuántico no es universal, i.e., no puede aplicarse de forma consistente a todas las partículas. En tales situaciones, me referiré al número cuántico como solo *aproximado*.

La magnitud física denominada *paridad* es un número cuántico multiplicativo (aproximado) con $n = 2$. (Hay también otras magnitudes aproximadas $n = 2$, similares en muchos aspectos a la paridad, tal como la *g-paridad*. No las discutiré aquí.) La noción de paridad para un sistema compuesto se construye (multiplicativamente) a partir de las paridades de sus partículas constituyentes básicas. Para una de tales partículas constituyentes, su paridad puede ser par, en cuyo caso la reflexión especular de la partícula es igual que la propia partícula (en un sentido apropiado); alternativamente, su paridad puede ser impar, en cuyo caso su reflexión especular es lo que se denomina su antipartícula (véanse §3.5, §§24.1-3,8 y §26.4). Puesto que la noción de reflexión especular, o de tomar la antipartícula, es algo «cuyo cuadrado es la unidad», i.e., hacerla dos veces nos devuelve al punto de partida, el número cuántico —llamémoslo ϵ— tiene que tener la propiedad $\epsilon^2 = 1$, de modo que debe ser una «raíz *n*-ésima de la unidad» con $n = 2$, i.e., $\epsilon = 1$ o $\epsilon = -1$). Esta noción es solo aproximada porque la paridad es una magnitud que no se conserva en las denominadas «interacciones débiles» y, en realidad, quizá no haya una paridad bien definida para ciertas partículas a causa de ello (véanse §§25.3,4).

Además, la noción de paridad se aplica, en las descripciones normales, solo a la familia de partículas conocidas como *bosones*. Las demás partículas pertenecen a otra familia y se conocen como *fermiones*. La distinción entre bosones y fermiones es muy importante aunque algo sofisticada, y llegaremos a ella más adelante, en §§23.7,8. (En una de sus manifestaciones, tiene que ver con lo que sucede cuando rotamos de forma continua el estado de la partícula hasta completar un giro de 2π (i.e., 360°). Solo los bosones quedan completamente restaurados en sus estados originales tras una rotación semejante. En el caso de los fermiones habría que hacer dos veces esta rotación. (Véanse §11.3 y §22.8.) Hay un sentido en el que «dos fermiones hacen un bosón», mientras que «dos bosones hacen también un bosón» y «un bosón y un fermión hacen un fermión». Así pues, podemos asignar el número cuántico multiplicativo -1 a un fermión y $+1$ a un bosón para describir su naturaleza fermión/bosón, y tenemos otro número cuántico multiplicativo con $n = 2$. Hasta donde se sabe, esta magnitud es un número cuántico multiplicativo *exacto*.

En mi opinión, hay también una noción de paridad que puede aplicarse a fermiones, aunque no parece que esta sea una terminología convencional. Esta debe combinarse con el número cuántico fermión/bosón para dar un número cuántico combinado multiplicativo con $n = 4$. Para un fermión, el valor de la paridad tendría que ser $+i$ o $-i$, y su doble reflexión especular tendría el efecto de una rotación de 2π. Para un bosón, el valor de la paridad sería ± 1, como antes.

El número cuántico multiplicativo con $n = 3$ que he mencionado es a lo que me referiré como *quarkedad*. (Esta no es una terminología estándar, ni es habitual referirse a este concepto como número cuántico, pero recoge un aspecto importante de nuestro conocimiento actual de la física de partículas.) En §3.5 he mencionado el moderno punto de vista según el cual se supone que las partículas que «interaccionan fuertemente» conocidas como *hadrones* (protones, neutrones, mesones-π, etc.) están compuestas de *quarks* (véase §25.6). Estos quarks tienen valores para su carga eléctrica que no son múltiplos enteros de la carga del electrón, sino múltiplos enteros de un tercio de dicha carga. Sin embargo, los quarks no pueden existir como partículas individuales independientes, y sus compuestos solo pueden existir como individuos independientes si la suma de sus cargas es un número entero, en unidades de la carga del electrón. Sea q el valor de la carga eléctrica medida en unidades negativas de la carga del electrón (de modo que para el propio electrón tenemos $q = -1$, ya que la carga del electrón se cuenta como negativa según el convenio usual). Para los quarks, tenemos $q = 2/3$ o $-1/3$; para los antiquarks, $q = 1/3$ o $-2/3$. Así pues, si tomamos para la quarkedad el número cuántico multiplicativo $e^{-2q\pi i}$, encontramos que toma valores 1, ω y ω^2. Para un quark, la quarkedad es ω, y para un antiquark es ω^2. Una partícula puede existir independientemente solo si su quarkedad es 1. De acuerdo con §5.4, los grados de quarkedad constituyen el grupo cíclico $\mathbb{Z}_3$. (En §16.1 veremos cómo, con un elemento «0» adicional y una noción de suma, este grupo puede extenderse al *campo finito* $\mathbb{F}_4$.)

Tanto en esta sección como en la anterior, he presentado algunos de los aspectos de la magia de los números complejos y he sugerido tan solo algunas de sus aplicaciones. Pero no he mencionado todavía aquellos aspectos de los números complejos (que se verán en el capítulo 7) que a mí personalmente me parecieron los más mágicos de todos cuando los aprendí siendo estudiante de licenciatura en matemáticas. En años posteriores he encontrado aspectos aún más sorprendentes de dicha magia, y uno de estos (descrito al final del capítulo 9) es extrañamente complementario del que más me impresionó siendo estudiante. Estas cosas, sin embargo, dependen de las nociones básicas del *cálculo infinitesimal*, de modo que para transmitir algo de esto al lector será necesario decir algo sobre ciertas nociones básicas del cálculo. Hay, por supuesto, una razón adicional para hacerlo. ¡El cálculo infinitesimal es esencial para un conocimiento adecuado de la física!

Notas

Sección 5.1

5.1. También deberían señalarse las funciones trigonométricas $\cot\theta = \cos\theta/\text{sen}\,\theta = (\tan\theta)^{-1}$, $\sec\theta = (\cos\theta)^{-1}$ y $\text{cosec}\,\theta = (\text{sen}\,\theta)^{-1}$, así como las versiones «hiperbólicas» de las funciones trigonométricas, $\text{senh}\,t = \frac{1}{2}(e^t + e^{-t})$, $\cosh t = \frac{1}{2}(e^t - e^{-t})$, $\tanh t = \text{senh}\,t/\cosh t$, etc. Nótese también que las inversas de estas operaciones se denotan por $\cot^{-1}$, senh^{-1}, etc., como sucede con la «$\tan^{-1}(y/x)$» de §5.1.

Sección 5.2

5.2. Los logaritmos fueron introducidos en 1614 por John Neper (Napier) y utilizados con fines prácticos por Henri Briggs en 1624.

Sección 5.3

5.3. Los logaritmos naturales también se escriben habitualmente como «ln».

5.4. De lo que hemos establecido hasta aquí, no podemos inferir que «$\mathrm{i}\theta$» en la fórmula $z = \log r + \mathrm{i}\theta$ no debería ser un múltiplo real de $\mathrm{i}\theta$. Esto requiere cálculo infinitesimal.

5.5. Roger Cotes (1714) tenía la fórmula equivalente $\log(\cos\theta + \mathrm{i}\,\text{sen}\,\theta) = \mathrm{i}\theta$. La $e^{\mathrm{i}\theta} = \cos\theta + \mathrm{i}\,\text{sen}\,\theta$ de Euler parece haber aparecido por primera vez treinta años más tarde (véase Euler, 1748).

5.6. Aquí estoy utilizando la notación conveniente (aunque no muy lógica) $\cos^3\theta$ para $(\cos\theta)^3$, etc. Debería advertirse la inconsistencia notacional con la (más lógica) $\cos^{-1}\theta$, que también se denota habitualmente como $\text{arc}\cos\theta$. La fórmula $\text{sen}\,n\theta + \mathrm{i}\cos n\theta = (\text{sen}\,\theta + \mathrm{i}\cos\theta)^n$ se suele conocer como «teorema de De Moivre». Parece que también Abraham de Moivre, un contemporáneo de Roger Cotes (véase la nota anterior), ha sido codescubridor de $e^{\mathrm{i}\theta} = \cos\theta + \mathrm{i}\,\text{sen}\,\theta$.

6

Cálculo infinitesimal con números reales

6.1. ¿Qué hace respetable a una función?

El cálculo infinitesimal —o, según su nombre más sofisticado, *análisis matemático*— está construido a partir de dos ingredientes básicos: *diferenciación* e *integración*. La diferenciación está relacionada con velocidades y aceleraciones, con pendientes y curvaturas de curvas y superficies, y cosas similares. Estas son tasas de cambio de las cosas, y son cantidades definidas *localmente*, en términos de estructura o comportamiento en los entornos más minúsculos de puntos simples. La integración, por el contrario, está relacionada con áreas y volúmenes, con centros de gravedad y con muchas otras cosas de esa misma naturaleza general. Estas son cosas que implican de una u otra forma medidas de *totalidad*, y no están definidas meramente por lo que pasa en los entornos locales o infinitesimales de puntos individuales. El hecho notable, conocido como *teorema fundamental del cálculo infinitesimal*, es que cada uno de estos ingredientes es, en esencia, justo el *inverso* del otro. Básicamente es esto lo que posibilita que estos dos importantes dominios de estudio matemático se combinen y proporcionen un poderoso cuerpo de conocimiento y de técnica de cálculo.

Esta disciplina del análisis matemático, tal como se originó en el siglo XVII en la obra de Fermat, Newton y Leibniz, con ideas que se remontan hasta Arquímedes en el siglo III a.C., se denomina «cálculo infinitesimal» porque proporciona un cuerpo de técnica de cálculo mediante el que algunos problemas que, de otro modo, serían conceptualmente difíciles de manejar, pueden ser resueltos con frecuencia «de forma automática», siguiendo unas pocas reglas relativamente sencillas que a menudo pueden aplicarse sin necesidad de hacer un gran esfuerzo mental. Pese a todo, en este cálculo hay un contraste sorprendente entre las operaciones de diferenciación e integración atendiendo a lo que es lo «fácil» y lo que es lo «difícil». Cuando se trata de aplicar las operaciones a fórmulas explícitas que implican funciones conocidas, la diferenciación es la «fácil» y la integración la «difícil», y en muchos casos la última puede ser imposible de llevar a cabo de una manera explícita. Por el contrario, cuando las funciones no están dadas en términos de fórmulas, sino que vienen dadas en forma de listas tabuladas de datos numéricos, entonces la integración es la «fácil» y la diferenciación la «difícil» y la que, estrictamente hablando, quizá no sea posible en la forma usual. Las técnicas numéricas están relacionadas generalmente con aproximaciones, pero también en la teoría exacta hay una analogía muy estrecha con este aspecto de las cosas, y de nuevo es la integración la que puede realizarse en circunstancias en las que la diferenciación no puede hacerse. Tratemos de entender algo de esto. Estas cuestiones tienen que ver, de hecho, con lo que realmente se entiende por una «función».

Para Euler y los demás matemáticos de los siglos XVII y XVIII, una «función» significaría algo que se podría escribir explícitamente, como x^2 o sen x o $\log(3 - x + e^x)$, o quizá algo definido por cierta fórmula que incluye una integración o tal vez por una serie de potencias dada explícitamente. En la actualidad, se prefiere pensar en términos de «aplicaciones», mediante las que cierta colección A de números (o entes más generales) llamada *dominio* de la función se «aplica» en cierta colección B, llamada *imagen* de la función (véase la Fig. 6.1). El punto esencial de esto es que la función asignará un miembro de la imagen B

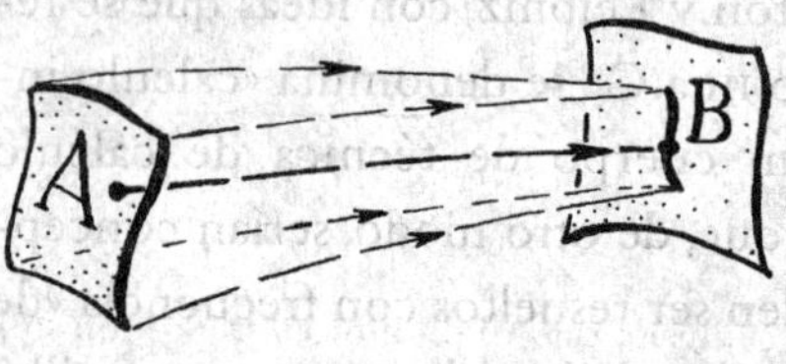

Fig. 6.1. Una *función* como «aplicación», en donde su dominio (una colección A de números o de otras entidades) se «aplica» en su *imagen* (otra colección B). A cada elemento de A se le asigna un valor particular en B, aunque diferentes elementos de A pueden alcanzar el mismo valor y algunos valores de B pueden no ser alcanzados.

a cada miembro del dominio A. (Podemos pensar que la función «examina» un número que pertenece a A y, entonces, dependiendo solo de qué número encuentre, produce un número definido perteneciente a B.) Una función de este tipo puede ser simplemente una «tabla de búsqueda». No es necesario que haya una «fórmula» de apariencia razonable que exprese la acción de la función de una manera manifiestamente explícita.

Consideremos algunos ejemplos. En la Fig. 6.2 he dibujado las gráficas de tres funciones[1] sencillas, a saber, las dadas por x^2, $|x|$ y $\theta(x)$. En cada caso, los espacios dominio e imagen son ambos la totalidad de los *números reales*, que suelen representarse mediante el símbolo $\mathbb{R}$. La función que estoy denotando por «x^2» da simplemente el cuadrado del número real que está examinando. La función denotada por «$|x|$» (llamada *valor absoluto*) da simplemente x si x es no negativo, pero da $-x$ si x es negativo; así pues, el propio valor $|x|$ no es nunca negativo. La función $\theta(x)$ es 0 si x es negativo y 1 si x es positivo; también es habitual definir $\theta(0) = 1/2$. (Esta función se denomina *función escalón* de Heaviside; véase §21.1 para otra importante influencia matemática de Oliver Heaviside, quizá más conocido por haber postulado por primera vez la «capa de Heaviside» en la atmósfera terrestre, tan importante para las transmisiones por radio.) Cada una de estas es una función perfectamente buena en el sentido moderno del término, pero Euler[2] habría tenido dificultad en aceptar que $|x|$ o $\theta(x)$ fueran realmente una «función» en *su* sentido del término.

¿Por qué podría ser así? Una posibilidad es pensar que la dificultad

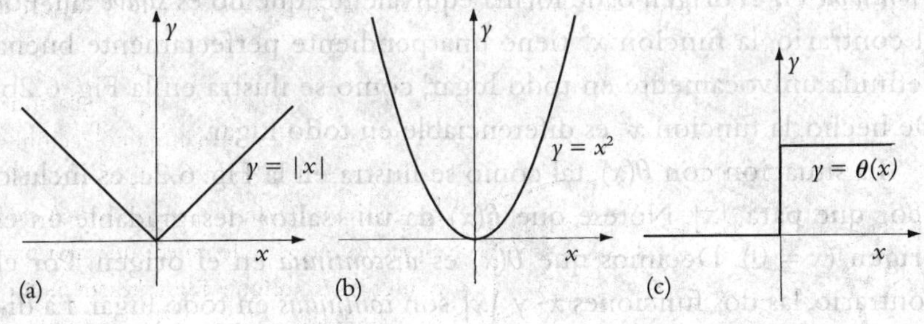

Fig. 6.2. Gráficas de (a) $|x|$, (b) x^2, y (c) $\theta(x)$; en cada caso el dominio y la imagen son el sistema de los números reales.

con $|x|$ y $\theta(x)$ es que hay demasiadas cosas del tipo: «si x es tal y cual, entonces tomemos esto y aquello, mientras que si x es ...», y no hay una «fórmula bonita» para la función. Sin embargo, esto es un poco vago, y en cualquier caso podríamos preguntarnos qué hay realmente erróneo en que $|x|$ cuente como una «fórmula». Además, una vez que hemos aceptado $|x|$, podríamos escribir[6.1] una *fórmula* para $\theta(x)$

$$\theta(x) = \frac{|x| + x}{2x}$$

(aunque podríamos preguntarnos si hay un sentido aceptable en el que esto da el valor correcto para $\theta(0)$, puesto que la fórmula da simplemente $0/0$). Una objeción más pertinente es decir que la dificultad con $|x|$ consiste en que no es «suave», y no en que su expresión explícita no sea «bonita». Vemos esto en el «ángulo» en el centro de la Fig. 6.2a. La presencia de este ángulo es lo que impide que $|x|$ tenga una *pendiente* bien definida en $x = 0$. Tratemos ahora de entender esta idea.

6.2. Pendientes de funciones

Como se ha comentado antes, una de las cosas con las que tiene que ver el cálculo diferencial es con hallar «pendientes». Vemos claramente en la gráfica de $|x|$, tal como se muestra en la Fig. 6.2a, que no tiene una pendiente única en el origen, donde está nuestro molesto ángulo. En cualquier otro lugar, la pendiente está bien definida, pero no en el origen. Debido a esta dificultad en el origen, decimos que $|x|$ *no es diferenciable* en el origen o, de forma equivalente, que no es *suave* allí. Por el contrario, la función x^2 tiene una pendiente perfectamente buena definida unívocamente en todo lugar, como se ilustra en la Fig. 6.2b. De hecho, la función x^2 es diferenciable en todo lugar.

La situación con $\theta(x)$, tal como se ilustra en la Fig. 6.2c, es incluso peor que para $|x|$. Nótese que $\theta(x)$ da un «salto» desagradable en el origen ($x = 0$). Decimos que $\theta(x)$ es *discontinua* en el origen. Por el contrario, las dos funciones x^2 y $|x|$ son *continuas* en todo lugar. La di-

[6.1] Demuéstrelo (ignorando $x = 0$).

ficultad de $|x|$ en el origen no es una solución de continuidad, sino de diferenciabilidad. (Aunque la solución de continuidad y de suavidad son cosas diferentes, son realmente conceptos interrelacionados, como veremos en breve.)

Ninguno de estos fallos hubiera agradado, presumiblemente, a Euler, y parecen proporcionar razones por las que $|x|$ y $\theta(x)$ podrían no ser consideradas como funciones «propiamente dichas». Pero consideremos ahora las dos funciones ilustradas en la Fig. 6.3. La primera, x^3, sería aceptable para el criterio de cualquiera; pero ¿qué pasa con la segunda, que puede definirse mediante la expresión $x|x|$, y que ilustra la función que es x^2 cuando x es no negativo y $-x^2$ cuando x es negativo? A simple vista, las dos gráficas parecen muy similares y ciertamente «suaves». De hecho, ambas tienen un valor perfectamente bueno para la «pendiente» en el origen, a saber, «cero» (lo que significa que las curvas tienen allí una pendiente horizontal) y son en realidad «diferenciables» en todo lugar, en el sentido más directo de dicha palabra. Pese a todo, $x|x|$ no parece ser ciertamente el tipo «bonito» de función que hubiera satisfecho a Euler.

Lo que «falla» con $x|x|$ es que no tiene una *curvatura* bien definida en el origen, y la noción de curvatura es ciertamente algo que concierne al cálculo diferencial. De hecho, la «curvatura» es algo que incluye lo que se denominan «derivadas segundas», que significa hacer la «diferenciación» dos veces. En efecto, decimos que la función $x|x|$ *no es dos veces diferenciable* en el origen. Llegaremos a las derivadas segundas y superiores en §6.3.

Para empezar a entender todo esto, necesitaremos ver qué es lo que

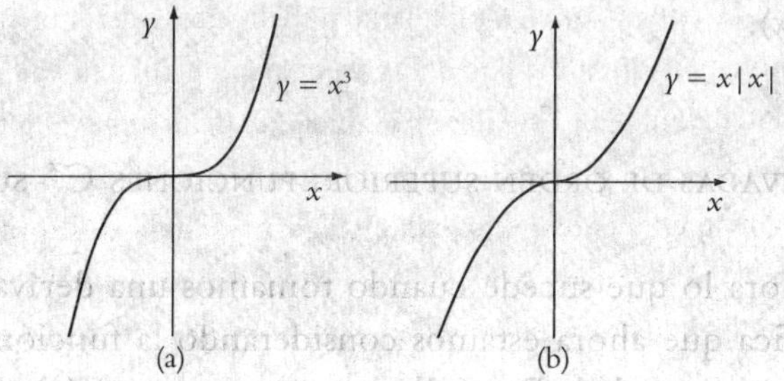

Fig. 6.3. Gráficas de (a) x^3 y (b) $x|x|$ (i.e., x^2 si $x \geq 0$ y $-x^2$ si $x < 0$).

hace realmente la operación de diferenciación. Para ello tenemos que saber cómo se mide una *pendiente*. Esto se ilustra en la Fig. 6.4. He mostrado una función de apariencia bastante representativa que llamaré $f(x)$. La curva de la Fig. 6.4a muestra la relación $y = f(x)$, donde el valor de la coordenada y mide la altura, mientras que x mide el desplazamiento horizontal, como es habitual en una descripción cartesiana. He indicado la pendiente de la curva en un punto particular p, como el incremento en la coordenada y dividido por el incremento en la coordenada x, cuando procedemos a lo largo de la *línea tangente* a la curva en el punto p. (La definición técnica de «línea tangente» depende de los procedimientos adecuados de paso al límite, pero no es mi propósito ahora el discutir estos tecnicismos. Espero que el lector encontrará mis descripciones intuitivas adecuadas para nuestros propósitos inmediatos.)[3] La notación estándar para el valor de dicha pendiente es $\mathrm{d}y/\mathrm{d}x$. Podemos considerar «dy» como un incremento muy pequeño en el valor de y a lo largo de la curva y dx como el correspondiente incremento minúsculo en el valor de x. (Aquí, la corrección técnica nos exigiría un paso al «límite», a medida que cada uno de estos minúsculos incrementos se reducen a cero.)

Ahora podemos considerar otra curva, que representa (frente a x) dicha pendiente en cada punto p, para las diversas elecciones posibles de la coordenada x; véase la Fig. 6.4b. De nuevo, estoy utilizando una descripción cartesiana, pero ahora es $\mathrm{d}y/\mathrm{d}x$, en lugar de y, lo que se representa en vertical. El desplazamiento horizontal sigue estando medido por x. La función que se está representando aquí se denomina normalmente $f'(x)$, y podemos escribir $\mathrm{d}y/\mathrm{d}x = f'(x)$. Llamamos a $\mathrm{d}y/\mathrm{d}x$ la *derivada de y con respecto a x*, y decimos que la función $f'(x)$ es la *derivada*[4] de $f(x)$.

6.3. Derivadas de orden superior; funciones C^∞-suaves

Veamos ahora lo que sucede cuando tomamos una derivada *segunda*. Esto significa que ahora estamos considerando la función-pendiente para la nueva curva de la Fig. 6.4b, que muestra $u = f'(x)$, donde ahora u representa a $\mathrm{d}y/\mathrm{d}x$. En la Fig. 6.4c he mostrado esta función-pen-

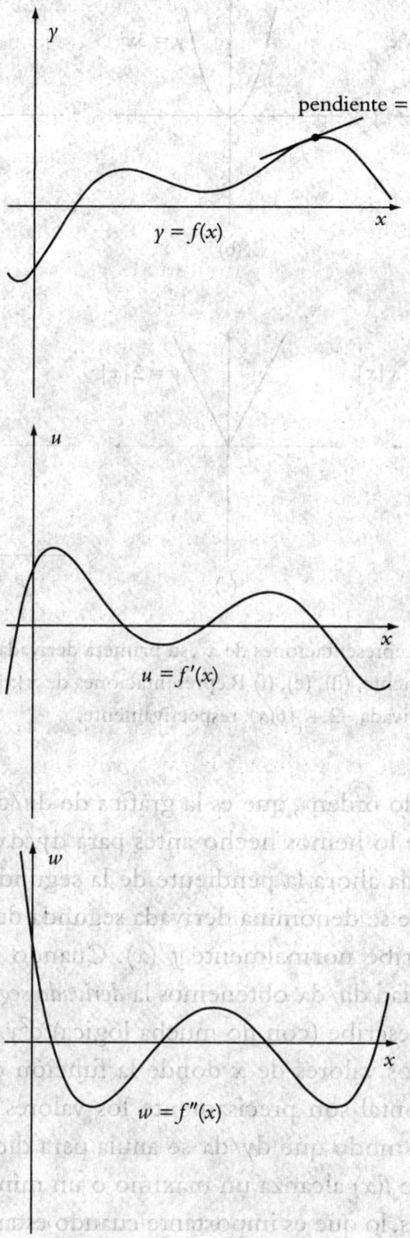

Fig. 6.4. Representación cartesiana de (a) $y = f(x)$; (b) la derivada $u = f'(x)$ ($= dy/dx$), y (c) la segunda derivada $f''(x) = d^2y/dx^2$. (Nótese que $f(x)$ tiene pendiente horizontal solamente donde $f'(x)$ corta al eje x, y tiene un punto de inflexión donde $f''(x)$ corta al eje x.)

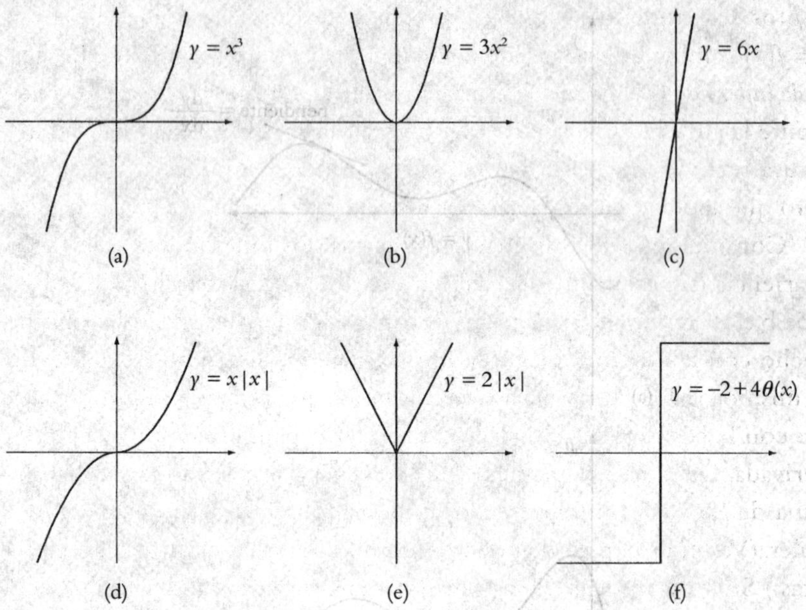

Fig. 6.5. (a) (b), (c) Representaciones de x^3, su primera derivada $3x^2$ y su segunda derivada $6x$, respectivamente. (d), (e), (f) Representaciones de $x|x|$, su primera derivada $2|x|$ y la segunda derivada $-2 + 4\theta(x)$, respectivamente.

diente de «segundo orden», que es la gráfica de $\mathrm{d}u/\mathrm{d}x$ frente a x, de la misma forma que lo hemos hecho antes para $\mathrm{d}y/\mathrm{d}x$, de modo que el valor $\mathrm{d}u/\mathrm{d}x$ nos da ahora la pendiente de la segunda curva $u = f'(x)$. Esto nos da lo que se denomina derivada segunda de la función original $f(x)$, y se escribe normalmente $f''(x)$. Cuando sustituimos u por $\mathrm{d}y/\mathrm{d}x$ en la cantidad $\mathrm{d}u/\mathrm{d}x$ obtenemos la *derivada segunda* de y con respecto a x, que se escribe (con no mucha lógica) $\mathrm{d}^2y/\mathrm{d}x^2$.

Nótese que los valores de x donde la función original $f(x)$ tiene pendiente horizontal son precisamente los valores de x donde $f'(x)$ corta al eje x (de modo que $\mathrm{d}y/\mathrm{d}x$ se anula para dichos valores de x). Los lugares donde $f(x)$ alcanza un máximo o un mínimo (local) se dan en tales posiciones, lo que es importante cuando estamos interesados en encontrar los valores máximos y mínimos (localmente) de una función. ¿Qué pasa con los lugares donde la derivada segunda $f''(x)$ corta al eje x? Estos se dan donde la *curvatura* de $f(x)$ se anula. En general, estos puntos son aquellos donde la dirección en que se «dobla» la curva $y = f(x)$ cambia de un lado de la curva a otro, en un lugar llamado *punto de inflexión*. (De hecho, no sería correcto decir que $f''(x)$ «mide» realmente la curvatura de la curva definida por $y = f(x)$, en general; la curvatura real viene dada por una expresión más complicada[5] que $f''(x)$, pero que incluye a $f''(x)$, y la curvatura se anula cuando $f''(x)$ se anula.

Consideremos a continuación nuestras dos funciones x^3 y $|x|x$ de apariencia (superficialmente) similar consideradas más arriba. En la Fig. 6.5a,b,c, he representado x^3 y sus derivadas primera y segunda, como he hecho con la función $f(x)$ en la Fig. 6.4, y en la Fig. 6.5d,e,f he hecho lo mismo con $|x|x$. En el caso de x^3 vemos que no hay ningún problema con la continuidad o la suavidad ni en la primera ni en la segunda derivada. De hecho, la primera derivada es $3x^2$ y la segunda es $6x$, ninguna de las cuales hubiese dado ningún momento de preocupación a Euler. (Veremos dentro de poco cómo obtener estas expresiones explícitas.) Sin embargo, en el caso de $|x|x$ encontramos algo muy parecido al «ángulo» de la Fig. 6.2a para la derivada primera, y un comportamiento de «función-escalón» para la derivada segunda, muy similar a la Fig. 6.2c. Tenemos una solución de suavidad para la derivada primera y una solución de continuidad para la segunda. A Euler no le hubiera gustado nada. La derivada primera es realmente $2|x|$ y la derivada segunda es $-2 + 4\theta|x|$. (Mis lectores más escrupulosos podrían quejarse y aducir que yo no debería escribir tan alegremente una «derivada» para $2|x|$, que no es realmente diferenciable en el origen. Cierto, pero no vamos a discutir por eso: puede conseguirse una justificación completa para esto utilizando las nociones que se introducirán al final del capítulo 9.)

Es fácil imaginar que se pueden construir funciones para las que tales soluciones de suavidad o de continuidad no se manifiestan hasta que no se han llevado a cabo un gran número de derivadas. Lo cierto es que bastará con funciones de la forma $x^n|x|$, donde podemos tomar n como un número entero positivo tan grande como queramos. La terminología matemática para este tipo de cosas es decir que la función $f(x)$ es C^n-*suave* si puede ser diferenciada n veces (en cada punto de su dominio) y la n-ésima derivada es continua.[6] La función $x^n|x|$ es, de hecho, C^n-suave pero no es C^{n+1}-suave en el origen.

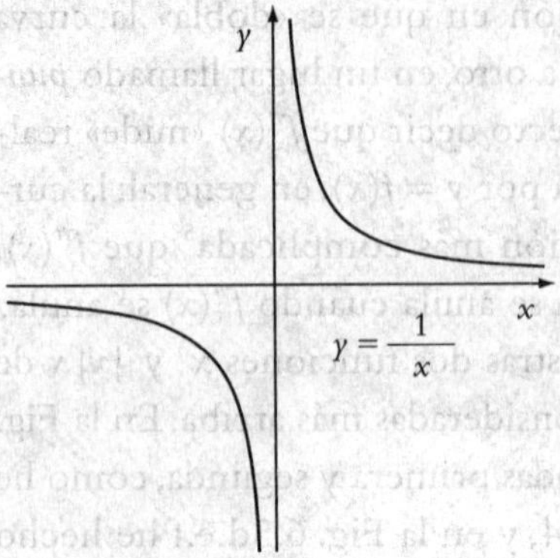

Fig. 6.6. Representación de $1/x$.

¿Qué valor de n satisfaría a Euler? Parece claro que él no se hubiera contentado con detenerse en *cualquier* valor particular de n. Con seguridad, el tipo de función autorrespetable que Euler hubiera aprobado sería una que se pudiera diferenciar *tantas veces como queramos*. Para cubrir esta situación, los matemáticos denominan a una función C^∞-suave si es C^n-suave para *todo* entero positivo n. Para decirlo de otra forma, una función C^∞-suave debe ser diferenciable tantas veces como queramos.

Podemos presumir que la idea de Euler de una función hubiera exigido algo parecido a la C^∞-suavidad. Al menos podríamos imaginar que él hubiera esperado que su función fuera C^∞-suave en la mayoría de los lugares de su dominio. Pero ¿qué pasa con la función $1/x$? (véase la Fig. 6.6.) Ciertamente, esta no es C^∞-suave en el origen. Ni siquiera está *definida* en el origen en el sentido moderno de una función. A pesar de este problema, nuestro Euler hubiera aceptado ciertamente $1/x$ como una «función» decente. Después de todo, existe para ella una sencilla fórmula de apariencia natural. Cabe imaginar que Euler no se hubiera interesado tanto en que sus funciones fueran C^∞-suaves en *todos* los puntos de su dominio (suponiendo que él se hubiera preocupado siquiera de «dominios».) Quizá el que las cosas no funcionasen en el punto singular no importaría. Pero $|x|$ y $\theta(x)$ solo fallaban en el mismo «punto singular» en que lo hacía $1/x$. Parece que, a pesar de nuestros esfuerzos, aún no hemos captado la noción «euleriana» de función por la que nos estamos esforzando.

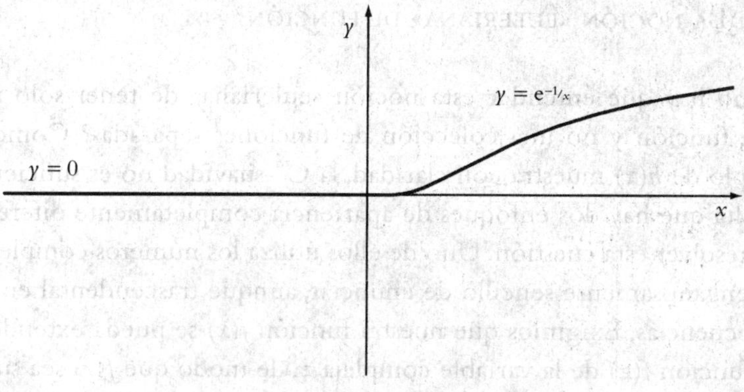

Fig. 6.7. Representación de $y = h(x)$ (= 0 si $x \leq 0$ y = $e^{-1/x}$ si $x > 0$), que es C^∞-suave.

Tomemos otro ejemplo. Consideremos la función $h(x)$ definida por las reglas

$$h(x) = \begin{cases} 0 & \text{si } x \leq 0, \\ e^{-1/x} & \text{si } x > 0. \end{cases}$$

La gráfica de esta función se muestra en la Fig. 6.7. Ciertamente, tiene el aspecto de una función suave. De hecho, es *muy* suave. Es C^∞-suave sobre todo el dominio de los números reales. (Probar esto es el tipo de cosas que uno hace en un curso de la licenciatura en matemáticas. Recuerdo cómo tuve que enfrentarme personalmente a ello cuando era estudiante.)[6.2] A pesar de su absoluta suavidad, uno puede imaginar a Euler mirando por encima del hombro a una función definida de esta manera. Claramente no es «una sola función» en el sentido de Euler. Son «dos funciones pegadas», con independencia de lo suave que sea el trabajo de pegado hecho para empalmar la «falla» en el origen. En contraste, para Euler $1/x$ *es* una sola función, pese al hecho de que está separada en dos piezas por una «punta» muy desagradable en el origen, donde no es ni siquiera continua, y mucho menos suave (Fig. 6.6). Para nuestro Euler, la función $h(x)$ no es realmente mejor que $|x|$ o $\theta(x)$. En estos casos teníamos claramente «dos funciones pegadas», aunque con trabajos de pegado mucho más chapuceros (y con $\theta(x)$, el pegado parece haberse separado por completo).

[6.2] Intente demostrar esto si tiene la formación necesaria.

6.4. ¿La noción «euleriana» de función?

¿Cómo hay que entender esta noción «euleriana» de tener solo una única función y no una colección de funciones separadas? Como el ejemplo de $h(x)$ muestra con claridad, la C^∞-suavidad no es suficiente. Resulta que hay dos enfoques de apariencia completamente diferente para resolver esta cuestión. Uno de ellos utiliza los números complejos, y es engañosamente sencillo de enunciar, aunque trascendental en sus consecuencias. Exigimos que nuestra función $f(x)$ se pueda extender a una función $f(z)$ de la variable compleja z, de modo que $f(z)$ sea suave en el sentido de que meramente se requiere que sea *una vez* diferenciable con respecto a la variable compleja z. (Así pues, $f(z)$ es, en el sentido complejo, un tipo de C^1-función.) El hecho de que sea esto todo lo que necesitamos es una muestra extraordinaria de auténtica magia. Si $f(z)$ puede ser diferenciada una vez con respecto a la variable compleja z, ¡entonces puede ser diferenciada tantas veces como queramos!

Volveré al tema del cálculo infinitesimal complejo en la próxima sección. Pero hay otro enfoque para la solución de este problema de la «noción euleriana de función» que utiliza solo números reales, y este enfoque implica el concepto de serie de potencias que encontramos en §2.5. (Una de las cosas en las que Euler era un auténtico maestro en manipular series de potencias.) Será útil considerar la cuestión de las series de potencias, en esta sección, antes de volver al tema de la diferenciabilidad compleja. El hecho de que, localmente, la diferenciabilidad compleja resulta ser equivalente a la validez del desarrollo en serie de potencias es una de las piezas verdaderamente grandes de la magia de los números complejos.

Llegaré a todo esto a su debido tiempo, pero por el momento quedémonos en las funciones reales. Supongamos que cierta función $f(x)$ tiene realmente una representación en serie de potencias:

$$f(x) = a_0 + a_1x + a_2x^2 + a_3x^3 + a_4x^4 + \dots$$

Ahora bien, existen métodos para encontrar, a partir de $f(x)$, cuáles deben ser los coeficientes $a_0, a_1, a_2, a_3, a_4, \dots$ Para que exista tal desarrollo, es necesario (aunque no suficiente, como veremos de inmediato) que $f(x)$ sea C^∞-suave, de modo que tendremos nuevas funciones $f'(x)$,

$f''(x), f'''(x), f''''(x), \ldots$, etc., que son las derivadas primera, segunda, tercera, cuarta, etc., de $f(x)$, respectivamente. De hecho, nos interesaremos en los valores de dichas funciones solo en el origen ($x = 0$), y solo allí necesitamos la C^∞-suavidad de $f(x)$. El resultado (a veces denominado *serie de Maclaurin*)[7] es que si $f(x)$ tiene un desarrollo tal en serie de potencias, entonces[6.3]

$$a_0 = f(0),\ a_1 = \frac{f'(0)}{1!},\ a_2 = \frac{f''(0)}{2!},\ a_3 = \frac{f'''(0)}{3!},\ a_4 = \frac{f''''(0)}{4!},\ \ldots$$

(Recordemos, de §5.3, que $n! = 1 \times 2 \times \ldots \times n$.) Pero ¿qué pasa a la inversa? Si se dan las a^n de este modo, ¿se sigue de ello que la suma realmente nos da $f(x)$ (en un intervalo que incluye al origen)?

Volvamos a nuestra $h(x)$ aparentemente sin fisuras. Quizá podamos detectar un fallo en el punto de unión ($x = 0$) utilizando esta idea. Tratemos de ver si $h(x)$ tiene realmente un desarrollo en serie de potencias. Haciendo $f(x) = h(x)$ en lo que precede, consideremos los diferentes coeficientes $a_0, a_1, a_2, a_3, a_4, \ldots$ notando que todos ellos tienen que anularse siempre que x esté a la izquierda del origen, puesto que la serie tiene que coincidir con el valor $h(x) = 0$. De hecho, encontramos que todos ellos se anulan también para $e^{-1/x}$, que es básicamente la razón por la que $h(x)$ es C^∞-suave en el origen, pues empalman todas las derivadas que vienen de los dos lados. Pero esto nos dice también que no hay forma de que la serie de potencias pueda funcionar, puesto que todos los términos son cero (véase el ejercicio [6.1]) y por consiguiente no pueden sumar $e^{-1/x}$. Así pues, *hay* un fallo en la unión en $x = 0$; la función $h(x)$ no puede expresarse como una serie de potencias. Decimos que $h(x)$ no es *analítica* en $x = 0$.

En la exposición anterior me he estado refiriendo realmente a lo que se denominaría un desarrollo en serie de potencias *en torno al origen*. Un análisis similar se aplicaría a cualquier otro punto del dominio real de la función. La diferencia está entonces en que tenemos que «desplazar el origen» a algún otro punto particular, definido por el número real p en el dominio, lo que significa reemplazar x por $x - p$ en el anterior desarrollo en serie de potencias, para obtener:

[6.3] Demuéstrelo utilizando las reglas dadas al final de §6.5.

$$f(x) = a_0 + a_1(x-p) + a_2(x-p)^2 + a_3(x-p)^3 + \ldots,$$

donde ahora

$$a_0 = f(p),\ a_1 = \frac{f'(p)}{1!},\ a_2 = \frac{f''(p)}{2!},\ a_3 = \frac{f'''(p)}{3!} \ldots,$$

Esto se denomina un desarrollo en serie de potencias *en torno a p*. La función $f(x)$ se llama *analítica en p* si puede expresarse como un desarrollo semejante en serie de potencias en algún intervalo que englobe a $x = p$. Si $f(x)$ es analítica en *todos* los puntos de su dominio, la llamamos simplemente *función analítica* o, lo que es equivalente, una función C^ω-suave. Las funciones analíticas son, en un sentido claro, incluso «más suaves» que las funciones C^∞-suaves. Además, tienen la propiedad de que no es posible salir del paso pegando dos funciones analíticas «diferentes», a la manera de los ejemplos $\theta(x)$, $|x|$, $x|x|$, $x^n|x|$, o $h(x)$, que se han dado antes. Euler se habría mostrado feliz con las funciones analíticas. ¡Son funciones realmente «respetables»!

Sin embargo, resulta complicado seguir estas series de potencias, aunque solo sea en la imaginación. La forma «compleja» de considerarlas es más económica, e incluso nos ofrece una comprensión más profunda. Por ejemplo, la función $1/x$ no es analítica en $x = 0$, pero sigue siendo «una función».[6.4] La «filosofía de la serie de potencias» no nos dice esto directamente. Pero desde el punto de vista de los números complejos, $1/x$ es claramente una sola función, como veremos.

6.5. Las reglas de diferenciación

Antes de examinar estas materias será útil decir algo acerca de las maravillosas reglas que nos proporciona el cálculo diferencial; reglas que nos permiten diferenciar funciones casi sin pensar, ¡aunque, por supuesto, solo tras meses de práctica! Estas reglas nos permiten ver la forma de escribir directamente la derivada de muchas funciones, en especial cuando se representan como series de potencias.

[6.4] Consideremos la «función única» e^{-1/x^2}. Demuestre que es C^∞, pero no analítica en el origen.

Recordemos, de paso, que antes he comentado que la derivada de x^3 es $3x^2$. Este es un caso particular de una fórmula sencilla pero importante: la derivada de x^n es nx^{n-1}, que podemos escribir

$$\frac{d(x^n)}{dx} = nx^{n-1}.$$

(Nos distraeríamos demasiado si intentara explicar por qué es válida esta fórmula. No es realmente difícil demostrarlo, y el lector interesado puede encontrar todo lo que se necesita en cualquier libro de texto elemental sobre cálculo infinitesimal.[8] Dicho sea de paso, n no tiene por qué ser entero.) También podemos expresar[9] esta ecuación («multiplicando por dx») mediante la fórmula conveniente

$$d(x^n) = nx^{n-1}dx.$$

No necesitamos saber mucho más por lo que respecta a la diferenciación de series de potencias. Hay básicamente otras dos cosas. En primer lugar, la derivada de una suma de funciones es la suma de las derivadas de las funciones:

$$d[f(x) + g(x)] = df(x) + dg(x).$$

Esto se extiende a una suma de cualquier número finito de funciones.[10] En segundo lugar, la derivada del producto de una función por una constante es el producto de la constante por la derivada de la función:

$$d\{a\,f(x)\} = a\,df(x).$$

Por una «constante» entiendo un número que no varía con x. Los *coeficientes* $a_0, a_1, a_2, a_3, \ldots$ en la serie de potencias son constantes. Con estas reglas podemos diferenciar directamente *cualquier* serie de potencias.[6.5]

Otra manera de expresar la constancia de a es

$$da = 0.$$

[6.5] Utilizando la serie de potencias para e^x dada en §5.3, demuestre que $de^x = e^x dx$.

Teniendo esto en cuenta, encontramos que la regla inmediatamente anterior a esta es realmente un caso especial (con $g(x) = a$) de la «ley de Leibniz»:

$$\mathrm{d}\{f(x)\, g(x)\} = f(x)\, \mathrm{d}g(x) + g(x)\, \mathrm{d}f(x)$$

(y $\mathrm{d}(x^n)/\mathrm{d}x = nx^{n-1}$, para cualquier número natural n, también puede obtenerse de la ley de Leibniz).[6.6] Otra ley útil es

$$\mathrm{d}\{f(g(x))\} = f'(g(x))g'(x)\mathrm{d}x.$$

A partir de las dos últimas y de la primera, poniendo $f(x)[g(x)]^{-1}$ en la ley de Leibniz, podemos deducir[6.7]

$$\mathrm{d}\left(\frac{f(x)}{g(x)}\right) = \frac{g(x)\ \mathrm{d}f(x) - f(x)\ \mathrm{d}g(x)}{g(x)^2}.$$

Provisto de estas pocas reglas (y muchísima práctica), uno puede convertirse en un «experto en diferenciación» sin necesidad de tener mucho *conocimiento* real de por qué funcionan las reglas. Esta es la potencia que tiene un buen cálculo.[6.8] Además, con el conocimiento de las derivadas de tan solo algunas funciones especiales,[6.9] uno puede convertirse en un experto aún *mayor*. Solo para que el lector no iniciado pueda convertirse en un «miembro al instante» del club de diferenciadores expertos, permítanme dar los ejemplos principales:[11,][6.10]

$$\mathrm{d}(\mathrm{e}^x) = \mathrm{e}^x\, \mathrm{d}x,$$

$$\mathrm{d}(\log x) = \frac{\mathrm{d}x}{x},$$

$$\mathrm{d}(\mathrm{sen}\, x) = \cos x\, \mathrm{d}x,$$

$$\mathrm{d}(\cos x) = -\mathrm{sen}\, x\, \mathrm{d}x,$$

$$\mathrm{d}(\tan x) = \frac{\mathrm{d}x}{\cos^2 x},$$

[6.6] Establezca esto.
[6.7] Dedúzcalo.
[6.8] Calcule $\mathrm{d}y/\mathrm{d}x$ para $y = (1 - x^2)^4$, $y = (1 + x)/(1 - x)$.
[6.9] Con a constante, calcule $\mathrm{d}(\log_a x)$, $\mathrm{d}(\log_x a)$, $\mathrm{d}(x^x)$.
[6.10] Para el primero, véase el ejercicio [6.5]; deducir el segundo a partir de $\mathrm{d}(\mathrm{e}^{\log x})$; el tercero y el cuarto a partir de $\mathrm{de}^{\mathrm{i}x}$, suponiendo que las cantidades complejas funcionan como las reales; y el resto de las anteriores, utilizando $\mathrm{d}(\mathrm{sen}\ (\mathrm{sen}^{-1}\, x))$, etc., y notando que $\cos^2 x + \mathrm{sen}^2 x = 1$.

$$d(\sin^{-1}x) = \frac{dx}{\sqrt{1-x^2}},$$

$$d(\cos^{-1}x) = \frac{-dx}{\sqrt{1-x^2}},$$

$$d(\tan^{-1}x) = \frac{dx}{1+x^2}.$$

Esto ilustra el punto mencionado al principio de esta sección según el cual, cuando se nos dan fórmulas explícitas, la operación de diferenciación es «fácil». Por supuesto, con ello no quiero decir que sea algo que uno pueda hacer mientras duerme. De hecho, en ejemplos concretos, puede darse el caso de que se obtengan expresiones realmente muy complicadas. Cuando digo «fácil», quiero decir que hay un procedimiento computacional explícito para llevar a cabo la diferenciación. Si sabemos cómo diferenciar cada uno de los ingredientes de una expresión, entonces los procedimientos del cálculo, como los dados antes, nos dicen cómo llegar a diferenciar la expresión completa. «Fácil», aquí significa en realidad algo que podría ser programado directamente en un computador. Pero las cosas son muy diferentes si tratamos de ir en dirección inversa.

6.6. Integración

Como se ha afirmado al principio de esta sección, la *integración* es la operación inversa de la diferenciación. Esto equivale a tratar de encontrar una función $g(x)$ para la que $g'(x) = f(x)$, i.e., encontrar una solución $y = g(x)$ a la ecuación $dy/dx = f(x)$. Otra forma de decirlo es que en lugar de bajar de una imagen a otra en la Fig. 6.4 (o 6.5), tratamos de hacer nuestro camino hacia arriba. La belleza del «teorema fundamental del cálculo infinitesimal» reside en que este procedimiento nos está diciendo cómo calcular las áreas bajo cada curva sucesiva. Echemos una ojeada a la Fig. 6.8. Recordemos que la curva inferior $u = f(x)$ puede obtenerse a partir de la curva superior $y = g(x)$ porque representa las pendientes de esta curva, al ser $f(x)$ la derivada de $g(x)$. Esto es precisamente lo que teníamos antes. Pero empecemos ahora con la curva in-

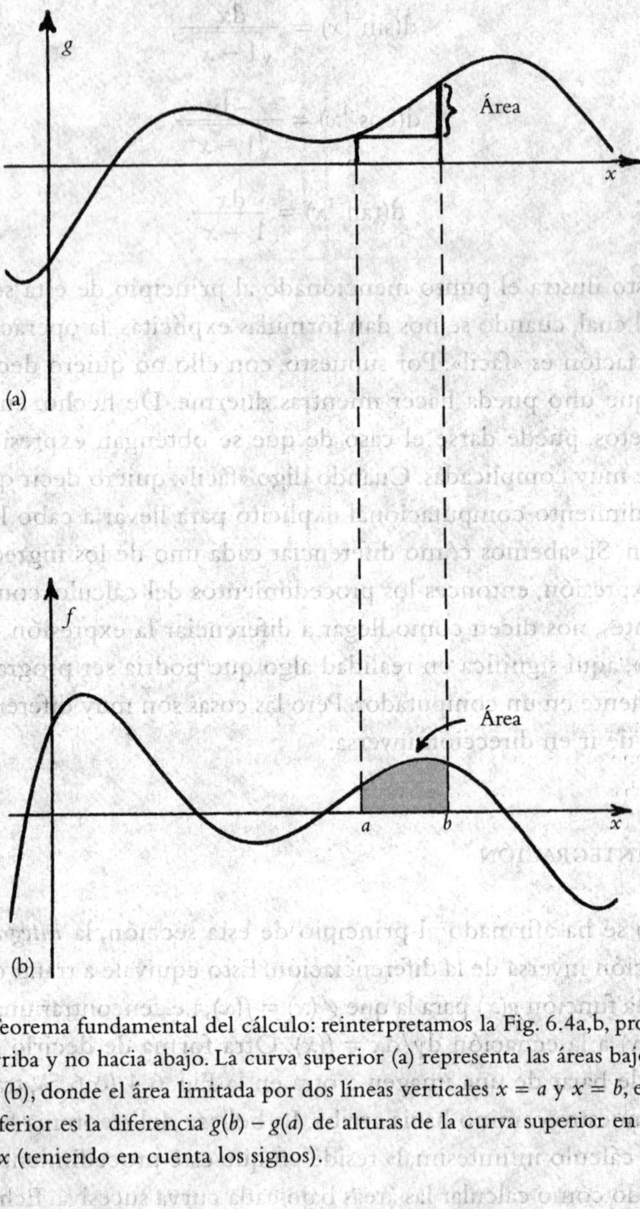

Fig. 6.8. Teorema fundamental del cálculo: reinterpretamos la Fig. 6.4a,b, procediendo hacia arriba y no hacia abajo. La curva superior (a) representa las áreas bajo la curva inferior (b), donde el área limitada por dos líneas verticales $x = a$ y $x = b$, el eje x y la curva inferior es la diferencia $g(b) - g(a)$ de alturas de la curva superior en esos dos valores de x (teniendo en cuenta los signos).

ferior. Encontramos que la curva superior simplemente expresa las áreas que hay bajo la curva inferior. De forma un poco más explícita: si en la imagen inferior tomamos dos rectas verticales dadas por $x = a$ y $x = b$, respectivamente, entonces el área limitada por estas dos rectas,

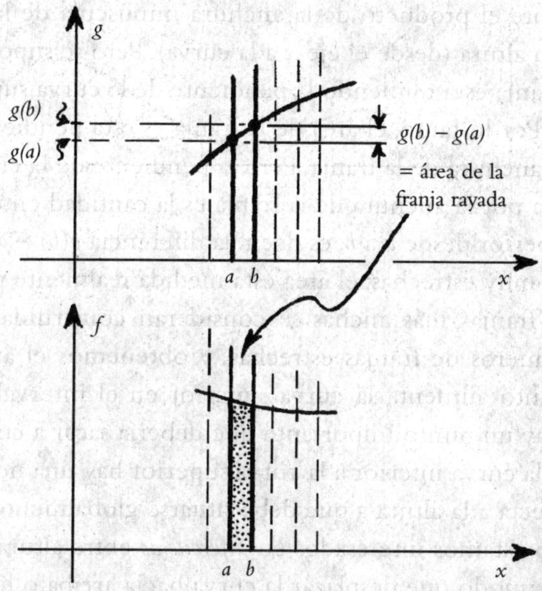

Fig. 6.9. Tómese $b > a$ en una cantidad minúscula. En la imagen inferior, el área de una franja muy estrecha entre líneas vecinas $x = a$, $x = b$ es esencialmente el producto de la anchura de la franja $b - a$ por su altura (del eje x a la curva). Esta altura es la pendiente de la curva superior, de donde el área de la franja es esta pendiente × la anchura de la franja, que es la cantidad en que crece la curva superior de a a b, i.e., $g(b) - g(a)$. Sumando muchas franjas estrechas, encontramos que el área de una franja ancha bajo la curva inferior es la cantidad correspondiente en que aumenta la curva superior.

el eje x y la propia curva, será la diferencia entre las alturas de la curva superior en esos dos valores de x. Por supuesto, en cuestiones como estas debemos tener cuidado con los «signos». En las regiones donde la curva inferior está por debajo del eje x, las áreas cuentan negativamente. Además, en la imagen he tomado $a < b$ y la «diferencia entre las alturas» de la curva superior en la forma $g(b) - g(a)$. Los signos se invertirían si $a > b$.

En la Fig. 6.9 he tratado de hacer intuitivamente creíble por qué existe esta relación inversa entre pendientes y áreas. Imaginemos que b sea mayor que a tan solo en una minúscula cantidad. Entonces, el área a considerar, en la imagen inferior, es el área de la franja muy estrecha limitada por las rectas vecinas $x = a$ y $x = b$. La medida de esta área es esencialmente el producto de la anchura minúscula de la franja (i.e., $b - a$) por su altura (desde el eje x a la curva). Pero se supone que la altura de la franja está midiendo la pendiente de la curva superior en dicho punto. Por lo tanto, el área de la franja es esta pendiente multiplicada por la anchura de la franja. Pero la pendiente de la curva superior multiplicada por la anchura de la franja es la cantidad en que aumenta la curva superior desde a a b, es decir, la diferencia $g(b) - g(a)$. Así pues, para franjas muy estrechas, el área está medida realmente por esta diferencia. Las franjas más anchas se consideran construidas a partir de grandes números de franjas estrechas, y obtenemos el área total midiendo cuánto aumenta la curva superior en el intervalo completo.

Aquí hay un punto importante que debería sacar a colación. En el paso desde la curva inferior a la curva superior hay una no unicidad en lo que respecta a la altura a que debe situarse globalmente la curva superior. Solo estamos interesados en *diferencias* entre alturas en la curva superior, de modo que desplazar la curva hacia arriba o hacia abajo en una cantidad constante no supone ninguna diferencia. Esto también queda claro por la interpretación de la «pendiente», puesto que la pendiente en puntos diferentes de la curva superior será exactamente la misma si la desplazamos hacia arriba o hacia abajo. Esto equivale, en nuestro cálculo, a que si sumamos una constante C a $g(x)$, entonces la diferenciación de la función resultante sigue dando $f(x)$:

$$\mathrm{d}(g(x) + C) = \mathrm{d}g(x) + \mathrm{d}C = f(x)\,\mathrm{d}x + 0 = f(x)\,\mathrm{d}x.$$

Una función semejante $g(x)$, o equivalentemente $g(x) + C$ para una constante arbitraria C, se denomina *integral indefinida* de $f(x)$, y escribimos

$$\int f(x)\,\mathrm{d}x = g(x) + \text{const.}$$

Esta es solo otra forma de expresar la relación $\mathrm{d}[g(x) + \text{const.}] = f(x)\,\mathrm{d}x$, de modo que simplemente consideramos el signo «$\int$» como el inverso del símbolo «d». Si queremos especificar el área entre $x = a$ y $x = b$, entonces queremos lo que se denomina la *integral definida*, y escribimos

$$\int_a^b f(x)\,\mathrm{d}x = g(b) - g(a).$$

Si conocemos la función $f(x)$ y queremos obtener su integral $g(x)$, apenas tenemos reglas tan directas para obtenerla como las teníamos para la diferenciación. Se conocen muchos trucos, varios de los cuales pueden hallarse en los libros de texto estándar y en los paquetes informáticos, pero no bastan para tratar todos los casos. De hecho, con frecuencia encontramos que hay que ampliar la familia de funciones estándar explícitas que habíamos estado utilizando previamente, e «inventar» nuevas funciones para expresar los resultados de la integración. En efecto, ya hemos visto esto en los ejemplos especiales que se han dado antes. Supongamos que estuviéramos familiarizados solo con funciones construidas a partir de combinaciones de potencias de x. En el caso de una potencia general x^n, podemos integrarla para obtener $x^{n+1}/(n+1)$. (Esto es simplemente utilizar nuestra fórmula anterior, en §6.5, con $n+1$ en lugar de n: $\mathrm{d}(x^{n+1})/\mathrm{d}x = (n+1)x^n$.) Todo va bien hasta que nos preocupamos por lo que hay que hacer en el caso $n = -1$. Entonces, la supuesta respuesta $x^{n+1}/(n+1)$ tiene un cero en el denominador, de modo que esto no funciona. ¿Cómo integramos entonces x^{-1}? Bien, notemos que, por la mayor de las fortunas, en nuestra lista existe la fórmula $\mathrm{d}(\log x) = x^{-1}\,\mathrm{d}x$. De modo que la respuesta es $\log x + \text{const.}$

¡Esta vez hemos tenido suerte! Sencillamente, ya habíamos estudiado antes la función logaritmo por una razón diferente, y conocíamos algunas de sus propiedades. Pero en otras ocasiones bien podríamos encontrarnos con que no hay ninguna función previamente conocida y en cuyos términos pudiéramos expresar nuestra respuesta. En realidad, a menudo las integrales proporcionan los medios adecuados por los que se definen nuevas funciones. En este sentido, dicha integración explícita es «difícil».

Por el contrario, si no estamos tan interesados en expresiones explícitas sino más bien en cuestiones de *existencia* de funciones que son las derivadas o integrales de funciones dadas, entonces las cosas cambian. La integración es ahora la operación que funciona suavemente y la diferenciación la que causa problemas. Lo mismo es válido cuando se realizan estas operaciones con datos numéricos. Básicamente, el problema con la diferenciación reside en que depende de forma muy crítica de los detalles finos de la función que va a ser diferenciada. Esto puede presentar un problema si no tenemos una expresión explícita para la función que tiene que ser diferenciada. La integración, por el contrario, es relativamente insensible a tales cuestiones, al estar interesada en la naturaleza global de la función que va a integrar. De hecho, cualquier función continua (una C^0-función) cuyo dominio es un intervalo «cerrado» $a \leq x \leq b$ puede ser integrada,[12] y el resultado es una función C^1 (i.e., C^1-suave). Esta puede ser integrada de nuevo, siendo el resultado C^2, y luego una vez más, dando una función C^3-suave, y así sucesivamente. La integración hace las funciones cada vez más suaves, y podemos continuar así indefinidamente. La diferenciación, por el contrario, solo empeora las cosas, y puede llegar a un final en cierto punto, donde la función se hace «no diferenciable».

Pese a todo, existen enfoques de estas cuestiones que hacen posible que el proceso de diferenciación se continúe también indefinidamente. Ya he insinuado esto cuando me he permitido diferenciar la función $|x|$ para obtener $\theta(x)$, incluso si $|x|$ es «no diferenciable». Podríamos intentar ir más lejos y diferenciar también $\theta(x)$, pese al hecho de que tiene una pendiente infinita en el origen. La «respuesta» es lo que se denomina una *función delta* de Dirac:[13] una entidad de enorme importancia en las matemáticas de la mecánica cuántica. En realidad, la función delta no es una función en absoluto, en el sentido ordinario (moderno) de «función» que aplica espacios dominio en espacios imagen. No hay ningún «valor» para la función delta en el origen (donde solo podría haber sido *infinita*) y es cero en los demás lugares. Pese a todo, la función delta encuentra una definición matemática clara dentro de varias clases más amplias de entidades matemáticas, de las que las *distribuciones* son las mejor conocidas.

Para esto tenemos que extender nuestra noción de C^n-funciones a casos en los que n puede ser un entero negativo. La función $\theta(x)$ es entonces una C^{-1}-función y la función delta es C^{-2}. Cada vez que diferenciamos, debemos disminuir en una unidad la clase de diferenciabilidad (i.e., la clase se hace más negativa en una unidad). Parecería que con todo esto nos estamos alejando cada vez más de la noción de Euler de una «función decente», y que él se negaría a tener ningún trato con cosas semejantes si no fuera por el hecho de que parecen ser útiles. Pese a todo, encontraremos, a su debido tiempo, que es aquí donde los números complejos nos sorprenden con una ironía, ¡una ironía que se expresa en una de sus mayores hazañas mágicas! Tendremos que esperar hasta el final del capítulo 9 para ser testigos de esta hazaña, pues no es algo que pueda describirse ahora adecuadamente. El lector debe seguir conmigo durante un rato, pues primero hay que preparar el terreno, pavimentado con otros ingredientes de soberbia magia.

Notas

Sección 6.1

6.1. Aquí estoy cometiendo un pequeño «abuso de notación», pues técnicamente x^2, por ejemplo, denota el *valor* de la función más que la función. La propia función aplica x en x^2 y podría denotarse por $x \mapsto x^2$, o por $\lambda x[x^2]$, según el *cálculo lambda* de Alonzo Church (1941); véase el capítulo 2 de Penrose (1989).

6.2. En esta sección me referiré a menudo a las opiniones que Euler podría haber tenido con respecto a la idea de función. Sin embargo, debería dejar claro que el «Euler» al que me estoy refiriendo es en realidad un individuo hipotético o idealizado. No tengo ninguna información directa acerca de cuáles podrían haber sido los puntos de vista del Leonhard Euler real en cualquier caso concreto. Pero las opiniones que estoy atribuyendo a mi «Euler» no parecen estar muy alejadas del tipo de opiniones que el Euler real podría haber expresado. Para más información sobre Euler, véanse Boyer (1968), Thiele (1982) y Dunham (1999).

Sección 6.2

6.3. Para más detalles, véase Burkill (1962).

6.4. Estrictamente hablando, es la función f' la que es la derivada de la función f; no podemos obtener el valor de f' en x simplemente a partir del valor de f en x. Véase la nota 6.1.

Sección 6.3

6.5. Viz., $f''(x)/[1 + f'(x)^2]^{3/2}$.

6.6. De hecho, esto implica que todas las derivadas hasta la n-ésima, esta incluida, deben ser continuas, porque la definición técnica de diferenciabilidad requiere continuidad.

Sección 6.4

6.7. Tradicionalmente, este desarrollo en serie de potencias en torno al origen se conoce (con poca justificación histórica) como serie de Maclaurin; el resultado más general en torno al punto p (véase más adelante en la sección) se atribuye a Brook Taylor (1685-1731).

Sección 6.5

6.8. Véase Edwards y Penney (2002).

6.9. Por el momento, trate solo formalmente las siguientes expresiones, o si no «divida por dx» mentalmente si eso le hace más feliz. La notación que estoy utilizando aquí es compatible con la de las formas diferenciales, que se discutirán en §§12.3-6.

6.10. Sin embargo, hay una sutileza técnica en la aplicación de esta ley a la suma del número infinito de términos que necesitamos para una serie de potencias. Esta sutileza puede ignorarse para valores de x estrictamente dentro del círculo de convergencia; véase §4.4. Véase también Priestley (2003).

6.11. Recordemos de §5.1 que sen^{-1}, $\cos^{-1}$ y $\tan^{-1}$ son las funciones inversas de sen, cos y tan, respectivamente. Así, sen ($\text{sen}^{-1}\, x$) = x, etc. No obstante, debemos tener en cuenta que estas funciones inversas son «funciones multivaluadas», y es habitual seleccionar los valores para los cuales

$$-\frac{\pi}{2} \leq \text{sen}^{-1}\, x \leq \frac{\pi}{2},\ \ 0 \leq \cos^{-1} x \leq \pi,\ \text{ y }\ -\frac{\pi}{2} < \tan^{-1} x < \frac{\pi}{2}.$$

Sección 6.6

6.12. El requisito importante sobre el dominio es que sea lo que se denomina *compacto*; véase §12.6. Los intervalos finitos de la recta real que incluyen sus puntos extremos son, de hecho, compactos.

6.13. Al parecer, Oliver Heaviside también había concebido la «función delta» muchos años antes que Dirac.

7

Cálculo infinitesimal con números complejos

7.1. Suavidad compleja; funciones holomorfas

¿Cómo debemos entender la noción de diferenciación cuando se aplica a una función *compleja* $f(z)$? Ciertamente, no sería oportuno que intentara abordar tal cuestión con todo detalle en este libro.[1] Ni siquiera he abordado de manera adecuada en §6.2 todos estos detalles para una función real. Pero al menos puedo intentar transmitir las ideas básicas. Lo que sigue es un rápido esbozo del argumento esencial para mostrar qué es lo que consigue la diferenciabilidad compleja. Después de esto, seré un poco más explícito acerca de alguno de sus sorprendentes ingredientes.

Básicamente, para la diferenciación compleja exigimos que exista una noción de «pendiente» de la curva compleja $w = f(z)$ en cualquier punto z en el dominio de la función. (Ahora se permite que tanto la función $f(z)$ como la variable z tomen valores complejos.) Para que esta noción de «pendiente» tenga un sentido consistente, cuando movemos ligeramente la variable z en diferentes direcciones en el plano complejo de la z, es necesario que $f(z)$ satisfaga un par de ecuaciones llamadas ecuaciones de *Cauchy-Riemann*[2] (que incluyen las derivadas de las partes real e imaginaria de $f(z)$, tomadas con respecto a las partes real e imaginaria de z; véase §10.5). Estas ecuaciones nos dicen algo bastante notable acerca de la integración compleja —algo que hace posible definir una nueva noción de integración, llamada *integración de contorno*—. Entonces puede darse una bonita fórmula para la n-ésima derivada de $f(z)$ en términos de dicha integración de contorno. Así pues, una vez que tenemos la derivada primera, obtenemos *gratis* todas las derivadas superiores.

A continuación utilizamos esta fórmula para que nos dé los coeficientes de una serie de Taylor que se propone para $f(z)$, y que tenemos que demostrar que converge realmente a $f(z)$. Al haber conseguido esto, tenemos una expresión en serie de Taylor para $f(z)$ que funciona dentro de cualquier círculo en el z-plano complejo en el que $f(z)$ está definida y es diferenciable. Se da así el hecho mágico de que cualquier función compleja que sea suave-compleja ¡es necesariamente analítica!

En consecuencia, en el análisis complejo no hay ningún problema en reconocer las limitaciones de los «trabajos de pegado» en ciertas C^∞-funciones tales como la «$h(x)$» definida en el capítulo anterior. Con seguridad, a Euler le hubiera encantado la potencia de la suavidad compleja. (Por desgracia para el Leonhard Euler real, la sorprendente potencia de esta «suavidad compleja» fue apreciada demasiado tarde para él, ya que fue descubierta por primera vez por Augustin Cauchy en 1821, unos treinta y ocho años después de la muerte de Euler.) Vemos así que la suavidad compleja proporciona una vía para expresar lo que se necesita para nuestra noción «euleriana» de función de una forma mucho más económica que la que ofrece la existencia de un desarrollo en serie de potencias. Pero hay también otra ventaja en considerar tales funciones desde el punto de vista complejo. Recordemos nuestra incómoda «$1/x$» que parecía ser «una sola función», pese al hecho de que la curva real $y = 1/x$ consta de dos fragmentos separados que no están empalmados «analíticamente» a través de valores reales de x. Desde la perspectiva compleja, vemos con claridad que $1/z$ es realmente una sola función. El único lugar donde la función «no funciona» en el plano complejo es el origen $z = 0$. Si eliminamos este punto del plano complejo, seguimos teniendo una región conexa. La parte de la recta real para la que $x < 0$ está conectada a la parte para la que $x > 0$ a través del plano complejo. Así pues, $1/z$ es realmente una función compleja conexa, siendo esto completamente diferente de la situación que teníamos con números reales.

Las funciones que son suave-complejas (analítico-complejas) en este sentido se denominan *holomorfas*. Las funciones holomorfas desempeñarán un papel importante en muchas de nuestras discusiones posteriores. Veremos su importancia en relación con las aplicaciones conformes y las superficies de Riemann en el capítulo 8, y con las series de Fourier (fundamentales para la teoría de vibraciones) en el capítulo 9. Tienen papeles importantes que desempeñar en la teoría cuántica y en la teoría cuántica de campos (como veremos en §24.3 y §26.3). Son asimismo fundamentales en diversos enfoques para el desarrollo de nuevas teorías físicas (en particular, la teoría de twistores —véase el capítulo 33—, y también desempeñan un papel importante en la teoría de cuerdas; véanse §§31.5,13,14).

7.2. Integración de contorno

Aunque no es este el lugar para desgranar los detalles de los argumentos matemáticos indicados en §7.1, en cualquier caso será ilustrativo desarrollar el esbozo anterior. En particular, será conveniente dar aquí una explicación de la integración de contorno que proporcione al lector una idea de cómo puede utilizarse la integración de contorno para establecer lo que se necesita para los requisitos de §7.1. Recordemos, en primer lugar, la notación que se ha introducido en el capítulo anterior para una integral definida con una variable real x, y consideremos ahora que se aplica a una variable compleja z:

$$\int_a^b f(z)\,\mathrm{d}z = g(b) - g(a),$$

donde $g'(z) = f(z)$. En el caso real, la integral se toma entre un punto a de la recta real y otro punto b en dicha recta. Hay solo un camino para ir de a a b a lo largo de la recta real. Ahora la consideraremos como una fórmula compleja. Aquí tenemos a y b como dos puntos en el plano complejo. Ahora ya no solo tenemos un camino para ir de a a b, sino que podemos dibujar montones de caminos diferentes que conectan a y b. Lo que nos dicen las ecuaciones de Cauchy-Riemann es que si hacemos nuestra integración a lo largo de uno de estos caminos,[3] obtenemos la misma respuesta que si la hacemos a lo largo de cualquier otro camino que pueda obtenerse a partir del primero por una deformación continua dentro del dominio de la función. (Véase la Fig. 7.1.) Esta propiedad es una consecuencia de un simple caso del «teorema fundamental del cálculo exterior», descrito en §12.6. Para algunas funciones, entre las que se cuenta $1/z$, el dominio tiene un «agujero» (en

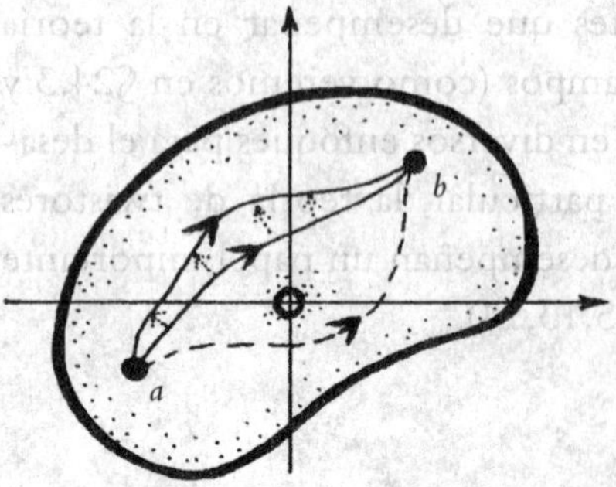

Fig. 7.1. Diferentes caminos de *a* a *b*. Integrando una función holomorfa *f* a lo largo de un camino se obtiene la misma respuesta que a lo largo de cualquier otro camino que pueda obtenerse a partir del primero por una deformación continua dentro del dominio de la *f*. Para algunas funciones, el dominio tiene un «agujero» dentro (por ejemplo, $z = 0$, para $1/z$) que impide ciertas deformaciones, de modo que pueden obtenerse respuestas diferentes.

el caso $1/z$, el agujero está en $z = 0$), de modo que puede haber varias formas esencialmente diferentes para ir de *a* a *b*. Aquí, «esencialmente diferente» se refiere al hecho de que un camino no puede ser deformado de forma continua hasta el otro sin dejar de permanecer en el dominio de la función. En tales casos, el valor de la integral entre *a* y *b* puede dar una respuesta diferente para los dos caminos.

En este punto habría que introducir una nota de aclaración (o más bien de corrección). Cuando hablo de un camino que es deformado de forma continua hasta otro, me refiero a lo que los matemáticos llaman deformaciones *homólogas*, y no a las *homotópicas*. En el caso de una deformación homóloga, es legítimo que partes de los caminos se cancelen mutuamente, con tal de que dichas porciones se recorran en sentidos opuestos. Véase la Fig. 7.2 para un ejemplo de este tipo de deformaciones permitido. De dos caminos que son deformables uno hasta otro en este sentido se dice que *pertenecen a la misma clase de homología*. Por el contrario, las deformaciones homotópicas no permiten este tipo de cancelación. Caminos deformables hasta coincidir uno con otro donde no está permitida tal cancelación, pertenecen a la misma *clase de homotopía*. Las curvas homotópicas son siempre homólogas, pero la inversa no es necesariamente cierta. Tanto la homotopía como la homología tienen que ver con la equivalencia bajo movimientos continuos. Así pues, forman parte de la disciplina de la *topología*. Más tarde veremos diferentes aspectos de la topología que desempeñan papeles importantes en otras áreas.

La función $f(z) = 1/z$ es, de hecho, una función para la que se *ob-*

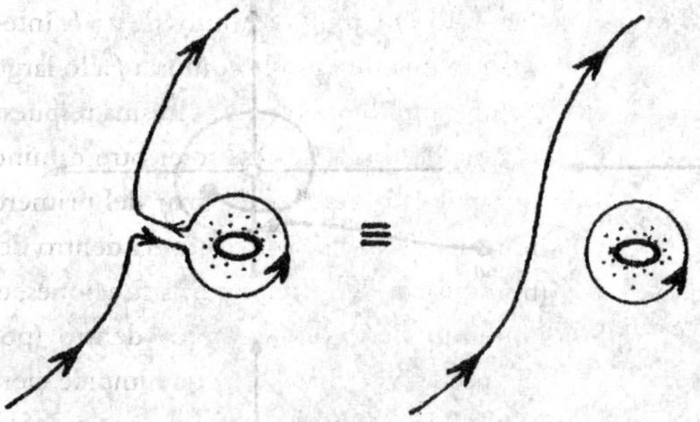

Fig. 7.2. Con una deformación homóloga, partes de los caminos se cancelan mutuamente, si se recorren en sentidos opuestos. A veces esto da lugar a lazos separados.

tienen diferentes respuestas cuando los caminos no son homólogos. Podemos ver por qué debe ser así a partir de lo que ya sabemos sobre los logaritmos. Hacia el final de la sección anterior se advirtió que $\log z$ es una integral indefinida de $1/z$. (De hecho, esto solo se estableció para una variable real x, pero el mismo razonamiento por el que se llega a la respuesta real sirve, asimismo, para llegar a la correspondiente respuesta compleja. Este es básicamente un principio general que se aplica también a cualesquiera otras fórmulas explícitas.) Tenemos así

$$\int_a^b \frac{\mathrm{d}z}{z} = \log b - \log a.$$

Pero recordemos de §5.3 que existen diferentes «respuestas» alternativas a un logaritmo complejo. Más pertinente es que podemos pasar de forma continua de una respuesta a otra. Para ilustrarlo, mantengamos a fijo y dejemos que b varíe. De hecho, vamos a permitir que b describa de forma continua un círculo alrededor del origen en sentido positivo (i.e., contrario a las agujas del reloj), que lo lleva de nuevo a su posición original (véase la Fig. 7.3a). Recordemos de §5.3 que la parte imaginaria de $\log b$ es simplemente su *argumento* (i.e., el ángulo que forma b con el eje real positivo, medido en el sentido positivo; véase la Fig. 5.4b). Este argumento se incrementa precisamente en 2π en el curso de este movimiento, de modo que encontramos que $\log b$ ha aumentado en $2\pi i$ (véase la Fig. 7.3b). Así pues, el valor de nuestra integral aumenta en $2\pi i$ por cada nueva vuelta alrededor del origen (en sentido positivo) que da el camino a lo largo del cual se realiza la integral.

Podemos reexpresar este resultado en términos de *contornos cerrados*,

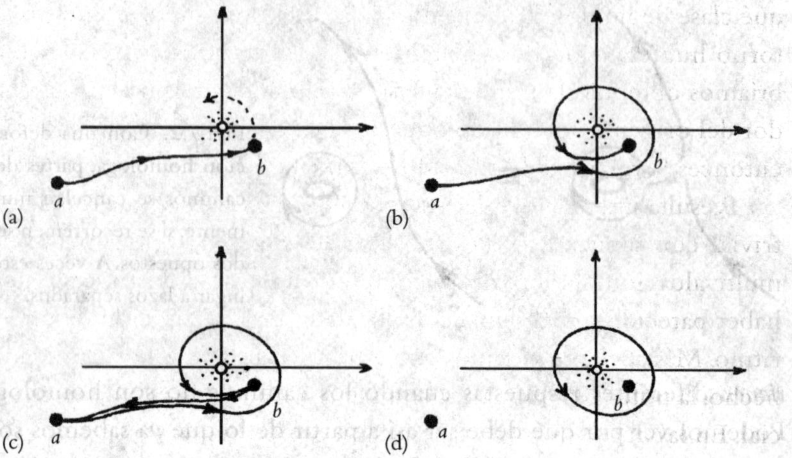

Fig. 7.3. (a) La integración de z^{-1} dz de a a b da log b – log a. (b) Mantener a fijo, y permitir que b dé una vuelta en el sentido contrario a las agujas del reloj alrededor del origen, incrementa log b en la respuesta en 2πi. (c) Luego volvemos a a hacia atrás a lo largo de la ruta original. (d) Cuando la parte del camino se cancela desde a, nos quedamos con una integral de contorno cerrada en sentido contrario a las agujas del reloj $\oint z^{-1}\,\mathrm{d}z = 2\pi\mathrm{i}$.

cuya existencia es un rasgo característico y poderoso del análisis complejo. Consideremos la diferencia entre el segundo y el primero de nuestros dos caminos, es decir, recorramos primero el segundo camino y luego recorramos el primero en sentido contrario (Fig. 7.3c). Consideramos esta diferencia en el sentido homólogo, de modo que podemos cancelar porciones que «vuelven sobre sus pasos» y resolver las demás de una forma continua. El resultado es un camino —o *contorno*— cerrado que forma un solo lazo alrededor del origen (véase la Fig. 7.3d), y no se interesa por la elección de a ni de b. Esto proporciona un ejemplo de una integral de contorno (cerrado), que normalmente se escribe con el símbolo «$\oint$», y encontramos, en este ejemplo,[7.1]

$$\oint \frac{\mathrm{d}z}{z} = 2\pi\mathrm{i}.$$

Por supuesto, cuando utilizamos este símbolo debemos tener cuidado en dejar claro qué contorno real se está utilizando, o más bien

[7.1] Explique por qué $\oint z^n\,\mathrm{d}z = 0$ cuando n es un entero distinto de -1.

qué clase de homología de contorno se está utilizando. Si nuestro contorno hubiera dado dos vueltas (en el sentido positivo), entonces habríamos obtenido la respuesta $4\pi i$. Si hubiera dado una vuelta alrededor del origen en el sentido opuesto (i.e., en el de las agujas del reloj), entonces la respuesta habría sido $-2\pi i$.

Resulta interesante que esta propiedad de obtener una respuesta no trivial con semejante contorno cerrado dependa críticamente de la multivaluación del logaritmo complejo, una característica que podría haber parecido ser solo una complicación en la definición de un logaritmo. Más adelante veremos que esto no es una simple curiosidad. De hecho, la potencia del análisis complejo depende de ello de forma crucial. En las dos secciones siguientes esbozaré algunas de las consecuencias de este tipo de cosas. Espero que los lectores no matemáticos puedan sacar algún provecho de la exposición. Creo que transmite algo a la vez genuino y sorprendente en la naturaleza del razonamiento matemático.

7.3. Series de potencias a partir de la suavidad compleja

La expresión mostrada antes es un caso particular (para la función constante $f(z) = 2\pi i$) de la famosa *fórmula de Cauchy* que expresa el valor de una función holomorfa en el origen en términos de una integral de contorno alrededor del origen:[4]

$$\frac{1}{2\pi i}\oint \frac{f(z)}{z}\,dz = f(0).$$

Aquí $f(z)$ es holomorfa en el origen (i.e., suave-compleja en una región que contiene el origen), y el contorno es cierto lazo que precisamente rodea el origen, o podría ser cualquier lazo homólogo a aquel, en el dominio de la función del que se ha eliminado el origen. Así pues, tenemos el hecho notable de que lo que la función está haciendo *en* el origen está completamente determinado por lo que está haciendo en un conjunto de puntos *alrededor* del origen. (La fórmula de Cauchy es básicamente una consecuencia de las ecuaciones de Cauchy-Riemann, junto con la expresión anterior $\oint z^{-1}\,dz = 2\pi i$, tomada en el límite de lazos pequeños; pero no sería oportuno que entrara aquí en estos detalles.)

Si en lugar de utilizar $1/z$ en la fórmula de Cauchy utilizamos $1/z^{n+1}$, donde n es algún entero positivo, obtenemos una versión de «orden superior» de la fórmula de Cauchy que da lo que resulta ser la n-ésima derivada $f^{(n)}(z)$ de $f(z)$ en el origen:

$$\frac{n!}{2\pi i}\oint \frac{f(z)}{z^{n+1}}\,dz = f^{(n)}(0).$$

(Recordemos $n!$ de §5.3.) Podemos ver que esta fórmula «tiene que ser la respuesta correcta» examinando la serie de potencias para $f(z)$,[7.2] pero *utilizar* este hecho sería una petición de principio, puesto que aún no sabemos si existe el desarrollo en serie de potencias, y ni siquiera si existe la n-ésima derivada de f. Todo lo que sabemos por ahora es que $f(z)$ es suave-compleja, sin saber si puede diferenciarse más de una vez. Sin embargo, utilizamos simplemente esta fórmula como algo que nos proporciona la *definición* de la derivada n-ésima en el origen. Podemos entonces incorporar esta «definición» en la fórmula de Taylor $a_n = f^{(n)}(0)/n!$ para los coeficientes en la serie de potencias (véase §6.4)

$$a_0 + a_1z + a_2z^2 + a_3z^3 + a_4z^4 + \ldots,$$

y con un poco de trabajo podemos demostrar que la suma de esta serie es realmente $f(z)$ en cierta región que comprende el origen. En consecuencia, la función tiene una derivada n-ésima en el origen dada por la fórmula.[7.3] Esto contiene la esencia del argumento que demuestra que la suavidad compleja en una región que rodea el origen implica, de hecho, que la función es realmente *analítica* (-compleja) en el origen (i.e., holomorfa).

Por supuesto, en todo esto no hay nada de especial en el origen. Igualmente podemos hablar de series de potencias en torno a cualquier

[7.2] Demuéstrelo simplemente sustituyendo en la integral la serie de Maclaurin para $f(z)$.

[7.3] Demuestre todo esto al menos en el nivel de las expresiones formales; no se preocupe por una justificación rigurosa. *Sugerencia*: Examine la fórmula de Cauchy con el origen desplazado.

otro punto p en el plano complejo y utilizar la serie de Taylor, como hemos hecho en §6.4. Para esto, simplemente desplazamos el origen al punto p para obtener la fórmula de Cauchy en la forma con «origen desplazado»

$$\frac{1}{2\pi i}\oint \frac{f(z)}{(z-p)}\,dz = f(p),$$

y también la expresión para la derivada n-ésima

$$\frac{n!}{2\pi i}\oint \frac{f(z)}{(z-p)^{n+1}}\,dz = f^{(n)}(p),$$

donde ahora el contorno rodea al punto p en el plano complejo. Así pues, la suavidad compleja implica la analiticidad (holomorficidad) en *todo* punto del dominio.

He preferido mostrar la esencia del argumento por el que, localmente, la suavidad compleja implica analiticidad, en lugar de exigir que el lector acepte el resultado como cierto, porque es un ejemplo maravilloso del modo en que los matemáticos pueden obtener a veces sus resultados. Ni la premisa ($f(z)$ es suave-compleja) ni la conclusión ($f(z)$ es analítica) contienen ningún indicio de la noción de integración de contorno o de la multivaluación de un logaritmo complejo. Pese a todo, estos ingredientes proporcionan las claves esenciales hacia la verdadera ruta para encontrar la respuesta. Es difícil ver cómo podría haberlo logrado un argumento «directo» (cualquiera que pudiera ser). La clave es el juego matemático. La naturaleza tentadora del propio logaritmo complejo es lo que nos seduce para estudiar sus propiedades. Este atractivo intrínseco es en apariencia independiente de cualquier aplicación que pudiera tener el logaritmo en otras áreas. Lo mismo se puede decir, incluso en mayor medida, de la integración de contorno. Hay una extraordinaria elegancia en la idea base, donde la libertad topológica se combina con las expresiones explícitas con exquisita precisión.[7.4] Pero no se trata meramente de elegancia; la integración de

[7.4] La función $f(z)$ es holomorfa en cualquier punto de un contorno cerrado Γ, y también dentro de Γ, excepto en un conjunto finito de puntos donde f tiene polos. Recordemos de §4.4 que $f(z)$ tiene un *polo* de orden n en $z = \alpha$ si $f(z)$ es de la forma $h(z)/(z-\alpha)^n$, donde $h(z)$ es regular en α. Demuestre que $\oint_\Gamma f(z)dz = 2\pi i \times$ {suma de los residuos en dichos polos}, donde el residuo en el polo α es $h^{(n-1)}(\alpha)/(n-1)!$

contorno proporciona también una técnica matemática muy poderosa y útil en muchas áreas diferentes, que contiene bastante de la magia de los números complejos. En particular, conduce a formas sorprendentes de evaluar integrales definidas y sumar explícitamente diversas series infinitas.[7.5],[7.6] Asimismo, encuentra muchas otras aplicaciones en física e ingeniería, así como en otras áreas de las matemáticas. ¡Euler hubiera disfrutado con todo esto!

7.4. Prolongación analítica

Tenemos ahora el extraordinario resultado de que la suavidad-compleja en cierta región es equivalente a la existencia de un desarrollo en serie de potencias en torno a cualquier punto en dicha región. Sin embargo, debería aclarar un poco más lo que significa «región» en este contexto. En términos técnicos, entiendo por ello lo que los matemáticos llaman una región *abierta*. Podemos expresarlo diciendo que si un punto *a* está en la región, entonces hay un círculo centrado en *a* cuyo interior está también contenido en la región. Quizá esto no sea muy intuitivo, así que permítanme poner algunos ejemplos. Un único punto no es una región abierta, ni lo es una curva ordinaria. Pero el *interior* del círculo unidad en el plano complejo, es decir, el conjunto de puntos cuya distancia al origen es estrictamente menor que la unidad, es una región abierta. Esto se debe a que cualquier punto que esté estrictamente en el interior del círculo, por muy próximo que se halle a la circunferencia que lo limita, está rodeado por un círculo mucho más

[7.5] Demuestre que $\int_0^\infty x^{-1} \operatorname{sen} x \, dx = \pi/2$ integrando ze^{iz} alrededor de un contorno cerrado Γ que consiste en dos porciones del eje real, desde $-R$ a $-\epsilon$ y de ϵ a R (con $R > \epsilon > 0$) conectadas por dos arcos semicirculares en el semiplano superior, de radios respectivos ϵ y R. Tomar entonces $\epsilon \to 0$ y $R \to \infty$.

[7.6] Demuestre que $1 + \frac{1}{2^2} + \frac{1}{3^2} + \frac{1}{4^2} + \ldots = \frac{\pi}{6}$, integrando $f(z) = z^{-2} \cot \pi z$ (véase la nota 5.1) alrededor de un contorno grande, por ejemplo un cuadrado de lado $2N + 1$ centrado en el origen (siendo N un entero grande) y hacer luego $N \to \infty$. (*Sugerencia*: Utilice el ejercicio [7.4], encontrando los polos de $f(z)$ y sus residuos. Trate de demostrar por qué la integral de $f(z)$ alrededor de Γ tiende al valor límite 0 cuando $N \to \infty$.)

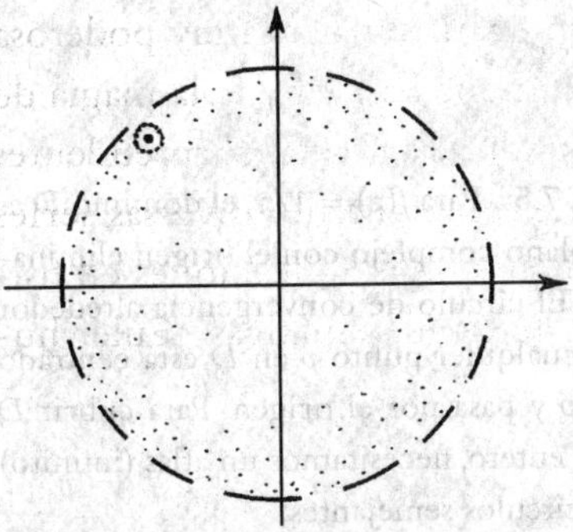

Fig. 7.4. El disco unidad abierto $|x| < 1$. Cualquier punto estrictamente interior, por muy próximo que esté a la circunferencia, está rodeado por muchos círculos más pequeños cuyo interior sigue yaciendo estrictamente dentro del círculo cerrado $|x| \leq 1$, lo que no ocurre para puntos en la frontera.

pequeño que aún yace estrictamente dentro del círculo unidad (véase la Fig. 7.4). Por el contrario, el *disco cerrado*, que consiste en los puntos cuya distancia al origen es menor o *igual* que la unidad, *no* es una región abierta porque ahora está incluida la circunferencia, y un punto de la circunferencia no tiene la propiedad de que existe un círculo centrado en dicho punto que esté contenido dentro de la región.

Consideremos ahora el *dominio*[5] D de cierta función holomorfa $f(z)$, donde tomamos D como una región abierta. En todo punto de D la función $f(z)$ será suave-compleja. Así pues, de acuerdo con lo anterior, si seleccionamos un punto cualquiera p en D, tenemos una serie de potencias convergente en torno a p que representa a $f(z)$ en una región apropiada que contiene a p. ¿Qué tamaño tiene esta «región apropiada»? Tenderá a darse el caso de que para un p concreto, la serie de potencias no funcionará para la totalidad de D. Recordemos el *círculo de convergencia* descrito en §4.4. Este sería algún círculo centrado en p (se admite un radio infinito) tal que para puntos estrictamente dentro de ese círculo la serie de potencias convergerá, pero no lo hará para puntos z estrictamente fuera del círculo. Supongamos que $f(z)$ tiene una *singularidad* en algún punto q, a saber, un punto en el que la función $f(z)$ no puede extenderse y seguir siendo suave-compleja. (Por ejemplo, el origen $q = 0$ es una singularidad de la función $f(z) = 1/z$; véase §7.1. Una singularidad se conoce a veces como un «punto singular» de la función. Un punto *regular* es simplemente un lugar donde la función es no singular, y con ello holomorfa.) Entonces, el círculo de convergencia no puede ser tan grande que contenga a q en su interior.

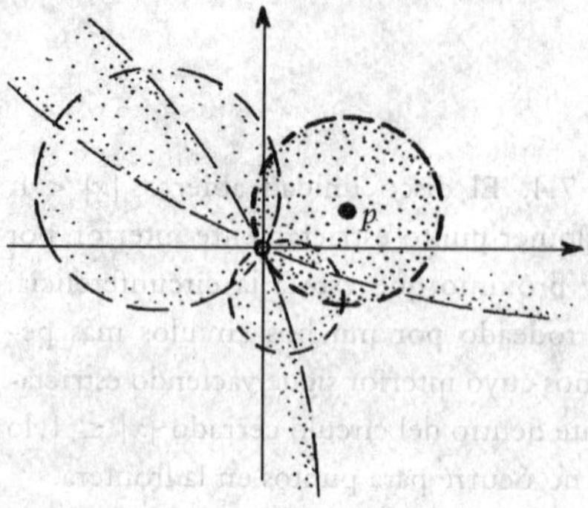

Fig. 7.5. Para $f(z) = 1/z$, el dominio D es el plano complejo con el origen eliminado. El círculo de convergencia alrededor de cualquier punto p en D está centrado en p y pasa por el origen. Para cubrir D por entero, necesitamos un atlas (infinito) de círculos semejantes.

Tenemos así un mosaico de círculos de convergencia (normalmente en número infinito) que, en conjunto, recubren la totalidad de D, aunque en general uno solo de dichos círculos no lo hará. El caso $f(z) = 1/z$ ilustra este punto (véase la Fig. 7.5). Aquí, el dominio D es el plano complejo del que se ha eliminado el origen. Si seleccionamos un punto p en D, encontramos que el círculo de convergencia es el círculo centrado en p y que pasa por el origen.[7.7] Necesitamos un número infinito de tales círculos para recubrir la región entera D.

Esto nos lleva a la importante cuestión de la *prolongación analítica*. Supongamos que se nos da cierta función $f(z)$, holomorfa en cierto dominio D, y consideremos la pregunta: «¿Podemos extender D a una región mayor D', de modo que $f(z)$ también se extienda de forma holomorfa a D'?». Por ejemplo, se nos podría haber dado $f(z)$ en forma de una serie de potencias, convergente dentro de su círculo de convergencia específico, y podríamos desear extender $f(z)$ fuera de este círculo. Con frecuencia esto es posible. En §4.4 hemos considerado la serie $1 - z^2 + z^4 - z^6 + \dots$, que tiene al círculo unidad como círculo de convergencia; pese a todo, tiene la extensión natural a la función $(1 + z^2)^{-1}$, que es holomorfa en todo el plano complejo del que solo se han eliminado los dos puntos $+i$ y $-i$. Así pues, en este caso la función puede ser extendida analíticamente mucho más allá del dominio sobre el que estaba dada inicialmente.

Aquí hemos sido capaces de escribir una fórmula explícita para la función, pero en otros casos puede no ser tan fácil. De todas formas,

[7.7] ¿Cuál es la serie de potencias, tomada en torno al punto p, para $f(z) = 1/z$?

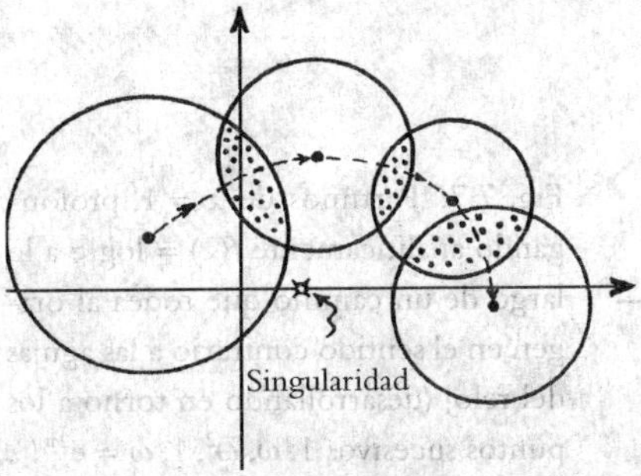

Fig. 7.6. Una función holomorfa puede ser prolongada analíticamente, utilizando una sucesión de expresiones en serie de potencias en torno a una secuencia de puntos. Esto procede unívocamente a lo largo del camino que los conecta, suponiendo que se solapan los sucesivos círculos de convergencia.

existe un procedimiento general según el cual puede llevarse a cabo frecuentemente la prolongación analítica. Podemos imaginar que partimos de alguna pequeña región en la que se conoce una expresión en serie de potencias válida localmente para la función $f(z)$. Entonces podemos movernos a lo largo de cierto camino, prolongando la función mediante el uso repetido de series de potencias basadas en puntos diferentes. Para esto utilizaríamos una secuencia de puntos a lo largo del camino y tomaríamos una sucesión de desarrollos en serie de potencias en torno a cada uno de estos puntos. Esto determinará la prolongación con tal de que puedan solaparse los interiores de los sucesivos círculos de convergencia (véase la Fig. 7.6). Cuando puede llevarse a cabo este procedimiento de forma consistente, la función resultante está unívocamente determinada por el valor de la función en la región inicial y en el camino a lo largo del cual esta siendo prolongada.

Existe así una notable «rigidez» en las funciones holomorfas, como se manifiesta en este proceso de prolongación analítica. En el caso de C^∞-funciones reales, por el contrario, era posible «ir cambiando de idea» acerca de lo que tenía que hacer la función (como con la $h(x)$ suavemente parcheada de §6.3, Fig. 6.7, que repentinamente «despega» después de haber sido nula para todos los valores negativos de x). Esto no puede suceder con las funciones holomorfas. Una vez que la función está determinada en su región original y se fija el camino, no hay elección sobre la forma de extender la función. De hecho, lo mismo es cierto para funciones analítico-reales de una variable real. También estas tienen una «rigidez» similar, pero ahora tampoco hay mucha elección sobre el camino. Solo puede ser en un sentido o en el otro a lo

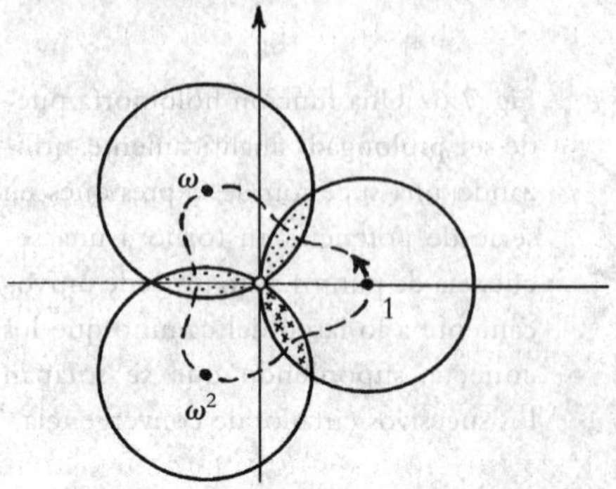

Fig. 7.7. Partimos de $z = 1$, prolongando analíticamente $f(z) = \log z$ a lo largo de un camino que rodea al origen en el sentido contrario a las agujas del reloj (desarrollando en torno a los puntos sucesivos $1, \omega, \omega^2, 1$; $\omega = e^{2\pi i/3}$. Encontramos que $2\pi i$ se suma a f.

largo de la recta real. Con las funciones complejas, la prolongación analítica puede ser más interesante debido a esta libertad del camino dentro de un plano bidimensional.

Para ilustrarlo, consideremos a nuestra vieja amiga $\log z$. Ciertamente, no tiene un desarrollo en serie de potencias en torno al origen, puesto que tiene una singularidad allí. Pero, si queremos, podemos desarrollarla en torno al punto $p = 1$, por ejemplo, para obtener la serie[7.8]

$$\log z = (z-1) - \frac{1}{2}(z-1)^2 + \frac{1}{3}(z-1)^3 - \frac{1}{4}(z-1)^4 + \ldots$$

El círculo de convergencia es el círculo de radio unidad centrado en $z = 1$. Imaginemos que se realiza una prolongación analítica a lo largo de un camino que describe un círculo alrededor del origen en el sentido contrario a las agujas del reloj. Si quisiéramos, podríamos utilizar, series de potencias tomadas en torno a los puntos sucesivos 1, ω, ω^2, y vuelta a 1, regresando así a nuestro punto de partida después de haber dado una vuelta alrededor del origen (Fig. 7.7). Aquí he utilizado las tres raíces cúbicas de la unidad, situadas regularmente a lo largo del círculo unidad, a saber, 1, $\omega = e^{2\pi i/3}$ y $\omega^2 = e^{4\pi i/3}$, como se ha expuesto al final de la sección §5.4, y la ruta alrededor del origen es un triángulo equilátero. Alternativamente, podría haber utilizado $1, i, -1, -i, 1$, que es ligeramente menos económico. En cualquier caso, no hay necesidad de calcular la serie de potencias, puesto que ya conocemos la respuesta explícita para la propia función, a saber, $\log z$. El problema, por su-

[7.8] Deduzca esta serie.

puesto, es que cuando hemos dado una vuelta alrededor del origen, siguiendo unívocamente la función, encontramos que la hemos extendido unívocamente a un valor diferente de aquel del que hemos partido. De algún modo, se ha sumado $2\pi i$ a la función cuando giramos una vuelta. Si hubiésemos decidido proceder alrededor del origen en sentido contrario, entonces habríamos encontrado que se había restado $2\pi i$ de la función de la que hemos partido. Así pues, la unicidad de la prolongación analítica puede ser algo muy sutil, y puede depender decididamente del camino tomado. Para funciones «multivaluadas» más complicadas que $\log z$, podemos obtener algo mucho más elaborado que el mero añadido de una constante (como $2\pi i$) a la función.

Como un aparte, vale la pena señalar que la noción de prolongación analítica no necesita referirse concretamente a series de potencias, pese al hecho de que he encontrado útil emplearlas en algunas de mis descripciones. Por ejemplo, hay otra clase de series que tienen gran importancia en la teoría de números, a saber, las denominadas *series de Dirichlet*. La más importante de estas es la *función zeta de (Euler-)Riemann*,[6] definida por la suma infinita[7]

$$\zeta(z) = 1^{-z} + 2^{-z} + 3^{-z} + 4^{-z} + 5^{-z} + \ldots,$$

que converge con la función holomorfa denotada por $\zeta(z)$ cuando la parte real de z es mayor que 1. La prolongación analítica de esta función la define unívocamente (y «univaluadamente») en la totalidad del plano complejo, pero del que se ha eliminado el punto $z = 1$. Quizá el más importante de los problemas matemáticos no resueltos hoy es la *hipótesis de Riemann*, que concierne a los ceros de dicha función zeta extendida analíticamente, es decir, las soluciones de $\zeta(z) = 0$. Es relativamente fácil demostrar que $\zeta(z)$ se anula para $z = -2, -4, -6, \ldots$ La hipótesis de Riemann afirma que todos los ceros restantes yacen en la recta $\text{Re}(z) = 1/2$, es decir, $\zeta(z)$ se anula (a menos que z sea un número entero par) solo cuando la parte real de z es igual a $1/2$. Toda la evidencia numérica hasta la fecha apoya esta hipótesis, pero su verdad real es una incógnita. Tiene implicaciones fundamentales para la teoría de los números primos.[8]

Notas

Sección 7.1

7.1. A aquellos lectores que quieran explorar estas fascinantes cuestiones con un mayor detalle geométrico, les recomiendo Needham (1997).

7.2. Las daré en §10.5, cuando se haya introducido la idea de *derivada parcial.*

Sección 7.2

7.3. De forma más explícita, la integración de f «a lo largo» de un camino dado por $z = p(t)$ (donde p es una función suave de valor complejo de un parámetro real t) puede expresarse como la integral definida $\int_u^v f(p(t))p'(t)\,\mathrm{d}t = \int_a^b f(z)\mathrm{d}z$, donde $p(u)$ es el punto inicial a del camino y $p(v)$ es el punto final b.

Sección 7.3

7.4. Una «razón» por la que la fórmula de Cauchy debe ser verdadera es que para un lazo pequeño alrededor del origen, $f(z)$ debe ser tratada realmente como el *valor constante* $f(0)$, y entonces la situación se reduce a la estudiada en §7.2.

Sección 7.4

7.5. Una de las cosas irritantes de la terminología de este tema es que el término «dominio» tiene dos significados distintos. Uno, que *no* es el que se pretende aquí, es simplemente cualquier «región abierta conexa en el plano complejo». Aquí, como antes (véase §6.1), entiendo por región la que se da en el plano complejo en la que está definida la función f, que en general no tiene por qué ser necesariamente abierta no conexa (aunque aquí se toma abierta).

7.6. La función zeta fue considerada por primera vez por Euler, pero normalmente se le da el nombre de Riemann, en vista de su fundamental trabajo, que incluye la extensión de esta función al plano complejo.

7.7. Nótese la curiosa relación «al revés» entre esta serie y una serie de potencias ordinaria, a saber, $(-z) + (-z)^2 + (-z)^3 + \ldots = -z(1+z)^{-1}$.

7.8. Para más información sobre la función ζ y la hipótesis de Riemann, véanse Apostol (1976) y Priestley (2003). Para exposiciones de divulgación, véanse Derbyshire (2003), Du Sautoy (2003), Sabbagh (2002) y Devlin (1988, 2002).

8

Superficies de Riemann y aplicaciones complejas

8.1. La idea de una superficie de Riemann

Hay un modo de entender qué está pasando con esta prolongación analítica de la función logaritmo —o de cualquier otra «función multivaluada»— en términos de lo que se denominan *superficies de Riemann.* La idea de Riemann consistía en considerar que tales funciones están definidas en un dominio que no es simplemente un subconjunto del plano complejo, sino que es una región con muchas hojas. En el caso de log z podemos representarla como una especie de rampa espiral aplastada verticalmente sobre el plano complejo. He tratado de mostrarlo en la Fig. 8.1. La función logaritmo es univaluada en esta versión de muchas hojas enrolladas del plano complejo, porque cada vez que damos una vuelta alrededor del origen, y tenemos que sumar $2\pi i$ al logaritmo, nos encontramos en otra hoja del dominio. Ahora no hay conflicto entre los diferentes valores del logaritmo, puesto que su

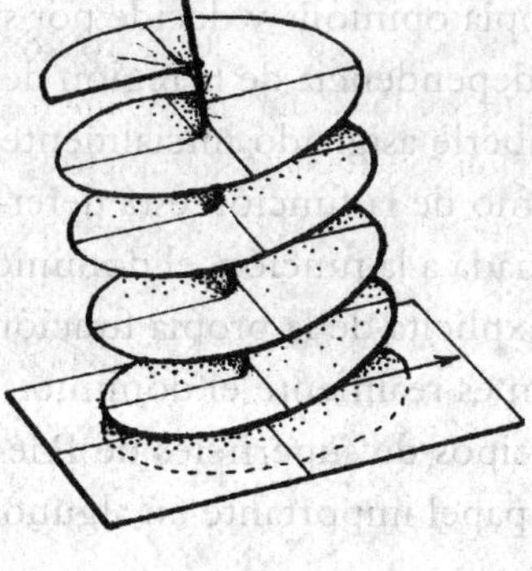

Fig. 8.1. La superficie de Riemann para log z, representada como una rampa espiral aplastada en dirección vertical.

dominio es este espacio enrollado más amplio —un ejemplo de superficie de Riemann—, un espacio sutilmente diferente del propio plano complejo.

Bernhard Riemann, que introdujo esta idea, fue uno de los más grandes matemáticos, y en su corta vida (1826-1866) propuso muchísimas ideas matemáticas que cambiaron profundamente el curso del pensamiento matemático en este planeta. Más adelante encontraremos algunas contribuciones más de él, tal como la que subyace en la teoría de la relatividad general de Einstein (y una contribución muy importante de Riemann, de un tipo muy diferente, se ha mencionado al final del capítulo 7). Antes de que Riemann introdujera la idea de lo que ahora se denomina una «superficie de Riemann», los matemáticos estaban divididos acerca de la forma de tratar las denominadas «funciones multivaluadas», de las que el logaritmo es uno de los ejemplos más sencillos. Para ser rigurosos, muchos habían sentido la necesidad de considerar estas funciones de una forma que personalmente me resultaría bastante desagradable. (Dicho sea de paso, así es como me enseñaron a considerarlas cuando estaba en la universidad, pese a que ya habían transcurrido casi cien años desde la publicación del histórico artículo de Riemman sobre el tema). En particular, el dominio de la función logaritmo estaría «cortado» de una forma arbitraria por una recta que iría desde el origen al infinito. Según mi opinión, esto era una mutilación brutal de una estructura matemática sublime. Riemann nos enseñó que debemos considerar las cosas de un modo diferente. Las funciones holomorfas no encajan fácilmente en la ahora habitual noción de una «función» que aplica un dominio determinado en un espacio imagen definido. Como hemos visto con la prolongación analítica, una función holomorfa «tiene su propia opinión» y decide por sí misma cuál debería ser su dominio, con independencia de la región del plano complejo que nosotros podamos haberle asignado inicialmente. Aunque podamos considerar que el dominio de la función está determinado por la superficie de Riemann asociada a la función, el dominio no está dado por adelantado; es la forma explícita de la propia función la que nos dice qué superficie de Riemann es realmente el dominio.

Pronto encontraremos otros muchos tipos de superficies de Riemann. Este bello concepto desempeña un papel importante en algunos de los intentos modernos de encontrar una nueva base para la física matemática —muy especialmente en la teoría de cuerdas (§§31.5,13), pero también en la teoría de twistores (§§33.2,10). De hecho, la superficie de Riemann para log z es una de las más simples de dichas superficies. Nos da simplemente un indicio de lo que nos aguarda. La función z^a es quizá ligeramente más interesante que log z con respecto a su superficie de Riemann, pero solo cuando el número complejo a es un número racional. Cuando a es irracional, la superficie de Riemann para z^a tiene precisamente la misma estructura que para log z, pero para un a racional, cuya expresión en términos más simples es $a = m/n$, las hojas en espiral vuelven a empalmarse al cabo de n vueltas.[8.1] En todos estos ejemplos, el origen $z = 0$ se denomina un *punto rama*. Si se vuelven a empalmar las hojas al cabo de un número finito n de vueltas (como en el caso $z^{m/n}$, cuando m y n no tienen ningún factor común), diremos que el punto rama tiene *orden finito*, o que es *de orden n*. Cuando no se empalman al cabo de ningún número finito de vueltas (como en el caso log z), decimos que el punto rama tiene *orden infinito*.

Expresiones como $(1 - z^3)^{1/2}$ nos ofrecen más materia de reflexión. Aquí la función tiene tres puntos rama en $z = 1$, $z = \omega$ y $z = \omega^2$ (donde $\omega = e^{2\pi i/3}$; véanse §5.4 y §7.4), de modo que $1 - z^3 = 0$, y hay otro «punto rama en el infinito». Cuando damos una vuelta completa alrededor de cada punto rama individual, permaneciendo en su inmediata vecindad (y en el caso del «infinito» esto significa simplemente describir un círculo muy grande), encontramos que la función cambia de signo, y al dar una vuelta más, la función vuelve a su valor original. Vemos así que todos los puntos rama tienen orden 2. Tenemos dos hojas para la superficie de Riemann, cosidas de la forma que he tratado de mostrar en la Fig. 8.2a. En la Fig. 8.2b he intentado mostrar, utilizando algunas contorsiones topológicas, que la superficie de Riemann tiene en realidad la topología de un *toro*, que topológicamente es la superficie de una rosquilla (o de un donut), pero con cuatro agujeros minúsculos en ella que corresponden a los puntos rama. De hecho, los agujeros pueden ser rellenados sin ambigüedad (con cuatro simples

[8.1] Explique por qué.

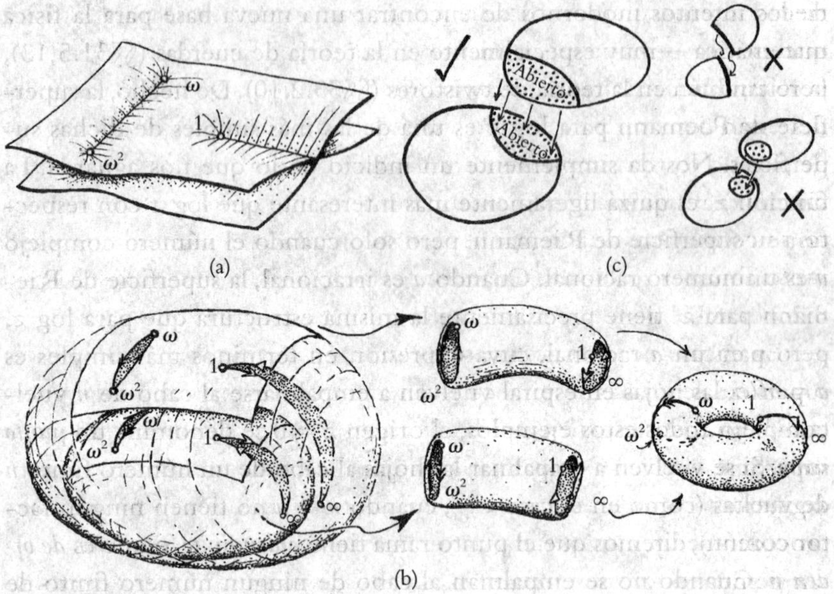

Fig. 8.2. (a) Construcción de la superficie de Riemann para $(1 - z^3)^{1/2}$ a partir de dos hojas, con puntos rama de orden dos en 1, ω, ω^2 (y también ∞). (b) Para ver que la superficie de Riemann para $(1 - z^3)^{1/2}$ es topológicamente un toro, imaginemos los planos de (a) como dos esferas de Riemann con ranuras cortadas desde ω a ω^2 y desde 1 a ∞, identificadas a lo largo de las flechas de empalme. Hay cilindros topológicos pegados en correspondencia, que dan un toro. (c) Para construir una superficie de Riemann (o una variedad en general), podemos empalmar cartas del espacio de coordenadas —aquí porciones abiertas del plano complejo—. Debe haber solapamientos (conjuntos abiertos) entre cartas (y cuando se unen, no debe haber «ramificación no Hausdorff», como en el último caso de arriba; véanse la Fig. 12.5b y §12.2).

puntos), y la superficie de Riemann tiene entonces exactamente la topología de un toro.[8.2]

Las superficies de Riemann proporcionaron los primeros ejemplos de la noción general de *variedad*, que es un espacio que puede pensarse «curvado» de diversas maneras, pero que, *localmente* (i.e., en un entorno suficientemente pequeño de cualquiera de sus puntos), parece un fragmento de espacio euclídeo ordinario. Encontraremos variedades de una forma más seria en los capítulos 10 y 12. La noción de va-

[8.2] Intente ahora $(1 - z^4)^{1/2}$.

riedad es crucial en muchas áreas diferentes de la física moderna. Y lo que es más sorprendente, constituye una parte esencial de la teoría de la relatividad general de Einstein. Puede considerarse que las variedades están construidas pegando varias cartas diferentes, con un trabajo de pegado realmente sin fisuras, a diferencia de la situación con la función $h(x)$ al final de §6.3. La naturaleza sin fisuras del mosaico de cartas se consigue asegurando que siempre existe un solapamiento (conjunto abierto) apropiado entre una carta y la siguiente (véanse la Fig. 8.2c y también §12.2 y la Fig. 12.5).

En el caso de las superficies de Riemann, la variedad (i.e., la propia superficie de Riemann) está construida pegando varias cartas del plano complejo correspondientes a las diferentes «hojas» que van a formar la superficie entera. Como antes, podemos terminar con unos pocos «agujeros» en forma de algunos puntos individuales que faltan, que proceden de los puntos rama de orden finito, pero estos puntos que faltan siempre pueden ser reemplazados sin ambigüedad, como antes. Por el contrario, para puntos rama de orden infinito, las cosas pueden ser más complicadas, y no puede hacerse ningún enunciado general de este tipo.

A modo de ejemplo, consideremos la superficie de Riemann «rampa espiral» de la función logaritmo. Una forma de construirla, en un modelo de papel, sería tomar, sucesivamente, cartas alternadas que son copias de (a) el plano complejo del que se han eliminado los números reales no negativos, y (b) el plano complejo del que se han eliminado los números reales no positivos. La mitad superior de cada carta-(a) estaría pegada a la mitad superior de la carta-(b) siguiente, y la mitad inferior de cada carta-(b) estaría pegada a la mitad inferior de la carta-(a) siguiente (a); véase la Fig. 8.3. Existe un punto rama de orden infinito en el origen y también en el infinito, pero, curiosamente, encontramos que la rampa espiral entera es equivalente a una esfera en la que falta un único punto, y este punto puede ser reemplazado sin ambigüedad de modo que se tiene simplemente una esfera.[8.3]

[8.3] ¿Puede ver cómo se obtiene esto? (*Sugerencia*: Piense en la esfera de Riemann de la variable $w(= \log z)$; véase §8.3.)

8.2. Aplicaciones conformes

Cuando construimos una variedad, tenemos que considerar qué estructura local debe conservarse de una carta a la siguiente. Normalmente, uno trata con variedades reales, y las diferentes cartas son fragmentos de espacio euclídeo (de una dimensión determinada) que están pegadas a lo largo de varias regiones (abiertas) que se solapan. La estructura local que hay que empalmar de una carta a la siguiente se reduce normalmente a conservar la continuidad o la suavidad. Esta cuestión se discutirá en §10.2. Sin embargo, en el caso de superficies de Riemann, estamos interesados en la suavidad *compleja*, y recordamos, de §7.1, que esta es una cuestión más sofisticada, que implica lo que se denominan *ecuaciones de Cauchy-Riemann.* Aunque todavía no las hemos visto explícitamente (llegaremos a ellas en §10.5), ahora será oportuno entender el significado geométrico de la estructura que está codificado en dichas ecuaciones. Es una estructura de elegancia, flexibilidad y potencia notables, que conduce a conceptos matemáticos con un gran ámbito de aplicación.

La noción es la de *geometría conforme*. Hablando en términos generales, en la geometría conforme estamos interesados en la forma pero no en el tamaño, entendiendo forma en la escala infinitesimal. En una aplicación conforme de una región (abierta) del plano en otra, las formas de tamaño finito quedan en general distorsionadas, pero las formas *infinitesimales* se conservan. Podemos considerar que esto se aplica a

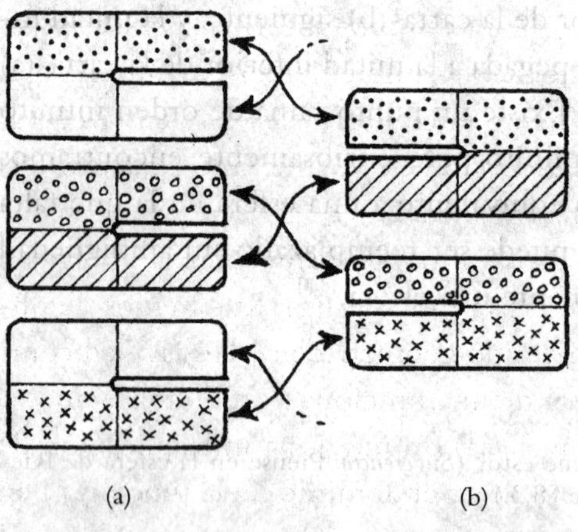

Fig. 8.3. Podemos construir la superficie de Riemann para log z tomando cartas alternas de (a) el plano complejo del que se ha eliminado el eje real no negativo y (b) el plano complejo del que se ha eliminado el eje real no positivo. La mitad superior de cada (a)-carta se pega a la mitad superior de la siguiente (b)-carta, y la mitad inferior de cada (b)-carta se pega a la mitad inferior de la siguiente (a)-carta.

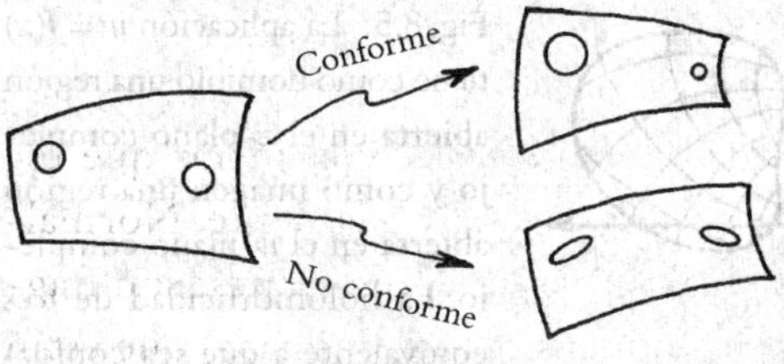

Fig. 8.4. En el caso de un mapa conforme, los círculos pequeños (infinitesimales) pueden ampliarse o contraerse, pero no distorsionarse en pequeñas elipses.

círculos pequeños (infinitesimales) dibujados en el plano. En una aplicación conforme, estos pequeños círculos pueden dilatarse o contraerse, pero no se distorsionan dando pequeñas elipses.Véase la Fig 8.4.

Para hacernos una idea de a qué puede parecerse una transformación conforme, consideremos el grabado de M.C. Escher, dado en la Fig. 2.11, que proporciona una representación conforme del plano hiperbólico en el plano euclídeo, como se ha descrito en §2.4 («disco de Poincaré» de Beltrami). El plano hiperbólico es muy simétrico. En particular, existen transformaciones que llevan las figuras de la región central del grabado de Escher a las correspondientes figuras minúsculas que yacen en el interior inmediato al círculo frontera. Podemos representar una transformación semejante como un movimiento conforme del plano euclídeo que aplica el interior del círculo frontera sobre sí mismo. Evidentemente una transformación semejante no conservaría en general los tamaños de las figuras individuales (puesto que las que están en el centro son mucho más grandes que las que están cerca del borde), pero las formas se conservan aproximadamente. Esta conservación de la forma se hace más precisa cuanto menor es el detalle de cada figura que se está examinando, de modo que las formas *infinitesimales* quedarían completamente inalteradas. Quizá el lector encontraría más útil una caracterización ligeramente diferente: los *ángulos* entre curvas no son alterados por una transformación conforme. Esto caracteriza la naturaleza conforme de una transformación.

¿Qué tiene que ver esta propiedad conforme con la «suavidad compleja» (holomorficidad) de cierta función $f(z)$? Trataremos de obtener una idea intuitiva del contenido geométrico de la suavidad compleja.Volvamos al punto de vista de una función f como «aplicación» y consideremos que la relación $w = f(z)$ proporciona una aplicación de cierta región del plano complejo de z (el dominio de la función f) en

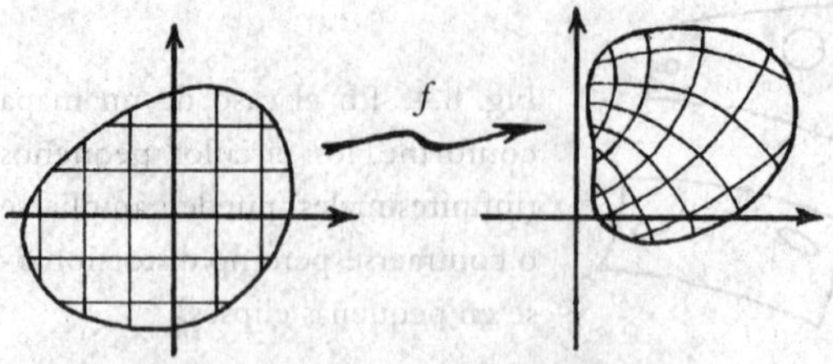

Fig. 8.5. La aplicación $w = f(z)$ tiene como dominio una región abierta en el z-plano complejo y como imagen una región abierta en el w-plano complejo. La holomorficidad de f es equivalente a que sea conforme y no reflexiva.

el plano complejo de w (la imagen); véase la Fig. 8.5. Preguntemos: ¿qué propiedad geométrica local caracteriza esta aplicación como holomorfa? Hay una respuesta sorprendente. La holomorficidad de f es equivalente a que la aplicación sea *conforme* y *no reflexiva* (donde no reflexiva —o que *conserva la orientación*— significa que las formas pequeñas conservadas en la transformación no están reflejadas, i.e., «no están invertidas»; véase la parte final de §12.6).

La noción de «suavidad» en nuestra transformación $w = f(z)$ se refiere a cómo actúa la transformación en el límite infinitesimal. Consideremos primero el caso real, y reexaminemos nuestra función real $f(x)$ de §6.2, donde la gráfica de $y = f(x)$ se ilustra en la Fig. 6.4. La función f es *suave* en un punto si la gráfica tiene una tangente bien definida en dicho punto. Podemos representar la tangente imaginando que se hace una ampliación cada vez mayor de la curva en dicho punto; si la función es suave, a medida que la ampliación aumenta la curva se parece cada vez más a una recta que pasa por dicho punto, confundiéndose con la tangente en el límite de ampliación infinita. La situación con la suavidad compleja es similar, pero ahora aplicamos la idea a la aplicación del z-plano en el w-plano. Para examinar la naturaleza infinitesimal de esta aplicación, tratemos de representar el entorno inmediato de un punto z, en un plano, aplicándolo en el entorno inmediato de w en el otro plano. Para examinar el entorno inmediato del punto, imaginemos que ampliamos el entorno de z en un factor enorme y el correspondiente entorno de w en el mismo factor enorme. En el límite, la aplicación del entorno ampliado de z en el entorno ampliado de w será simplemente una transformación lineal del plano, pero si va a ser holomorfa, debe ser básicamente una de las transformaciones estudiadas en §5.1. De esto se sigue que, en el caso general, la transformación del entorno de z en el entorno de w combina simplemente una rotación con una dilatación (o contracción) uniforme; véase la Fig. 5.2b. Es decir, formas (o ángulos) pequeñas se conservan, sin reflexión, lo que demuestra que la aplicación es realmente conforme y no reflexiva.

Veamos algunos ejemplos sencillos. Las circunstancias muy concretas de las aplicaciones dadas por la suma de una constante b a z o la multiplicación de z por una constante a, que se han considerado ya en §5.1 (véase la Fig. 5.2), son obviamente holomorfas (al ser $a + b$ y az claramente diferenciables) y son también obviamente conformes. Estos son casos particulares de la transformación general combinada (lineal inhomogénea)

$$w = az + b.$$

Tales transformaciones proporcionan los movimientos euclídeos del plano (sin reflexión), combinados con dilataciones (o contracciones) uniformes. De hecho, son las únicas aplicaciones conformes (no reflexivas) del z-plano complejo entero en el w-plano complejo entero. Además, tienen la propiedad muy especial de que los círculos reales —no solo los círculos infinitesimales— se aplican en círculos reales, y también las líneas rectas se aplican en líneas rectas.

Otra función holomorfa sencilla es la función *recíproca*

$$w = z^{-1},$$

que aplica el plano complejo, con el origen eliminado, en el plano complejo, con el origen eliminado. Sorprendentemente, esta transformación también aplica círculos reales en círculos reales[8.4] (donde consideramos las líneas rectas como casos particulares de círculos —de radio infinito). Esta transformación, junto con una reflexión en el eje real, es lo que se denomina una *inversión*. Combinándola con las aplicaciones lineales inhomogéneas que acabamos de considerar, obtenemos la transformación más general[8.5]

$$w = \frac{az + b}{cz + d},$$

[8.4] Demuéstrelo.

[8.5] Verifique que la secuencia de transformaciones $z \mapsto Az + B$, $z \mapsto z^{-1}$, $z \mapsto Cz + D$ conduce realmente a una aplicación bilineal.

llamada transformación *bilineal* o de *Moebius*. Por lo que se ha dicho antes, estas transformaciones también deben aplicar círculos en círculos (considerando de nuevo las líneas rectas como círculos especiales). La transformación de Moebius aplica en realidad el plano complejo entero, con el punto $-d/c$ eliminado, en el plano complejo entero, con el punto a/c eliminado, donde, para que la transformación proporcione una aplicación no trivial, debemos tener $ad \neq bc$ (de modo que el numerador no sea un múltiplo determinado del denominador).

Nótese que el punto eliminado del z-plano es el valor ($z = -d/c$) que daría «$w = \infty$»; en correspondencia, el «punto eliminado» del w-plano es el valor ($w = a/c$) que se alcanzaría en «$z = \infty$». De hecho, la transformación completa tendría más sentido global si incorporáramos una cantidad «∞» tanto en el dominio como en la imagen. Esta es una forma de considerar la superficie de Riemann (cerrada) más simple de todas: la *esfera de Riemann*, a la que llegamos ahora.

8.3. La esfera de Riemann

Añadir simplemente un punto extra llamado «∞» al plano completo no deja del todo claro que la estructura sin fisuras requerida se mantenga en el entorno de ∞, igual que en cualquier otro lugar. La forma de abordar esta cuestión es considerar que la esfera está construida a partir de dos «cartas de coordenadas», una de las cuales es el z-plano y la otra el w-plano. A todos los puntos de la esfera, salvo a dos, se les asigna una z-coordenada y una w-coordenada (relacionadas por la transformación de Moebius anterior). Pero un punto tiene solo una z-coordenada (donde w sería «infinito») y otro tiene solo una w-coordenada (donde z sería «infinito»). Utilizamos o bien z o bien w para definir la estructura conforme necesaria y, allí donde utilizamos las dos, obtenemos la misma estructura conforme utilizando una u otra, puesto que la relación entre ambas coordenadas es holomorfa.

De hecho, para esto no necesitamos una transformación tan complicada entre z y w como la transformación general de Moebius. Basta con considerar la transformación de Moebius, particularmente simple, dada por

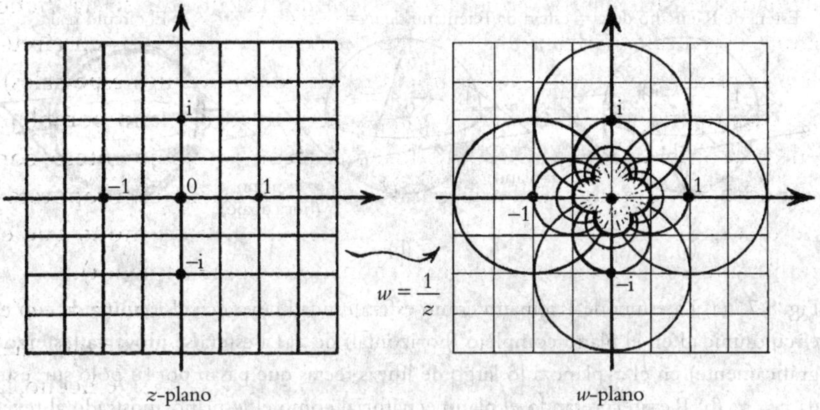

Fig. 8.6. Haciendo cartas de la esfera de Riemann a partir de los z- y w-planos complejos, vía $w = 1/z$, $z = 1/w$. (Aquí las líneas de mallado z se muestran también en el w-plano). Las regiones que se solapan excluyen solo los orígenes, $z = 0$ y $w = 0$, cada una de las cuales da «∞» en la carta opuesta.

$$w = \frac{1}{z}, \quad z = \frac{1}{w},$$

en la que los dos valores $z = 0$ y $w = 0$ darían «∞» en la carta opuesta. En la Fig. 8.6 he indicado cómo aplica esta transformación las rectas coordenadas real e imaginaria de z.

Todo esto define la esfera de Riemann de una forma más bien abstracta. Podemos ver más claramente la razón de que la esfera de Riemann sea llamada una «esfera» utilizando la geometría ilustrada en la Fig. 8.7a. El plano z representa aquí el *plano ecuatorial* de esta esfera geométrica. Los puntos de la esfera se aplican en puntos del plano mediante lo que se denomina *proyección estereográfica* desde el polo sur. Esto solo significa que trazo una línea recta en el 3-espacio euclídeo (en el que suponemos que todo tiene lugar) que sale del polo sur y pasa por el punto z del plano. El punto donde la recta corta de nuevo a la esfera es el punto de la esfera que representa el número complejo z. Hay un punto adicional en la esfera, a saber, el propio polo sur, y este representa a $z = \infty$. Para ver cómo encaja w en esta imagen, imaginemos que su plano complejo se inserta *boca abajo* (con $w = 1, \mathrm{i}, -1$ y $-\mathrm{i}$ empalmando con $z = 1, -\mathrm{i}, -1, \mathrm{i}$, respectivamente), y ahora proyectemos

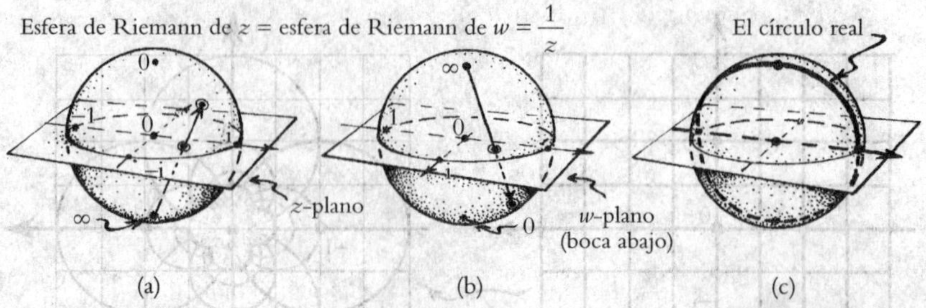

Fig. 8.7. (a) La esfera de Riemann como esfera unidad cuyo ecuador coincide con el círculo unidad en el plano complejo (horizontal) de z. La esfera se proyecta (estereográficamente) en el z-plano a lo largo de líneas rectas que pasan por su polo sur; este da $z = \infty$. (b) Reinterpretando el plano ecuatorial como el w-plano, mostrado al revés pero con el mismo eje real, la proyección estereográfica se hace ahora desde el polo norte ($w = \infty$), donde $w = 1/z$. (c) El eje real es un círculo máximo en esta esfera de Riemann, como el círculo unidad pero dibujado verticalmente en lugar de horizontalmente.

estereográficamente desde el *polo norte* (Fig. 8.7b).[8.6] Una importante y bella propiedad de la proyección estereográfica es que aplica círculos en la esfera en círculos (o líneas rectas) en el plano.[1] De ahí que las transformaciones (de Moebius) bilineales envíen círculos a círculos en la esfera de Riemann. Este hecho notable tiene importancia para la teoría de la relatividad a la que llegaremos en §18.5 (y tiene profunda relevancia para la teoría de espinores y la de twistores; véanse §22.8, §24.7 y §§33.2,4).

Advertimos que, desde el punto de vista de la esfera de Riemann, el eje real es «solo otro círculo», no esencialmente diferente del círculo unidad, aunque dibujado vertical en lugar de horizontalmente (Fig. 8.7c). Uno se obtiene a partir del otro por rotación. Una rotación es ciertamente conforme, de modo que está dada por una aplicación holomorfa de la esfera sobre sí misma. De hecho, toda aplicación conforme (no reflexiva) que aplica la esfera de Riemann entera sobre sí misma se consigue mediante una transformación bilineal (i.e., de Moebius). La rotación particular en la que estamos interesados puede mostrarse ex-

[8.6] Compruebe que estas dos proyecciones estereográficas están relacionadas por $w = z^{-1}$.

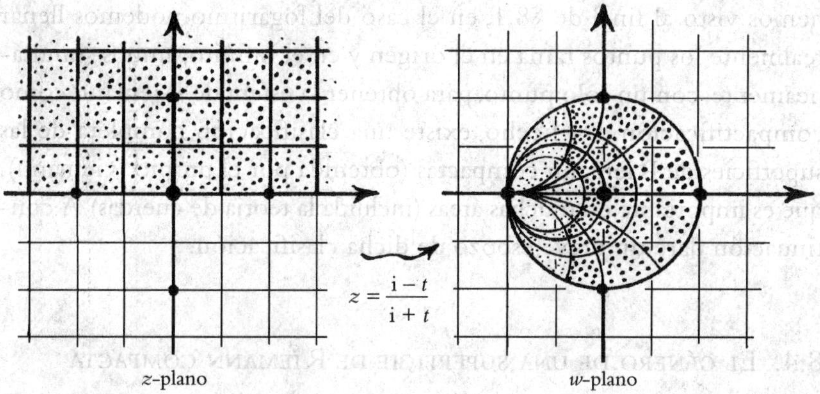

Fig. 8.8. La correspondencia $t = (z - 1)/(\mathrm{i}z + \mathrm{i})$, $z = (-t + \mathrm{i})/(t + \mathrm{i})$ en términos de los planos complejos de t y z. El semiplano superior de t, limitado por su eje real, se aplica en el disco unidad de z, limitado por su círculo unidad.

plícitamente como una relación entre las esferas de Riemann de los parámetros complejos z y t dada por la correspondencia bilineal[8.7]

$$t = \frac{z - 1}{\mathrm{i}z + \mathrm{i}}, \quad z = \frac{-t + \mathrm{i}}{t + \mathrm{i}}.$$

En la Fig. 8.8 he representado esta correspondencia en términos de los planos complejos de t y z, donde he marcado específicamente cómo el semiplano superior de t, limitado por su eje real, se aplica en el disco unidad de z, limitado por su círculo unidad. Esta transformación particular tendrá importancia para nosotros en el capítulo siguiente.

La esfera de Riemann es la más simple de las superficies de Riemann *compactas*, o «*cerradas*».[2] Véase §12.6 para la noción de «compacto». Por el contrario, la superficie de Riemann «rampa espiral» de la función logaritmo, tal como la he descrito, es *no compacta*. En el caso de la superficie de Riemann de $(1 - z^3)^{1/2}$, necesitamos rellenar los cuatro agujeros que aparecen en los puntos rama para hacerla compacta (y es no compacta si no lo hacemos), pero esta «compactificación» es la que se hace normalmente. Como se ha comentado antes, este «rellenado de agujeros» es siempre posible con un punto rama de orden finito. Como

[8.7] Demuéstrelo.

hemos visto al final de §8.1, en el caso del logaritmo podemos llenar realmente los puntos rama en el origen y en el infinito, ambos simultáneamente, con un solo punto, para obtener la esfera de Riemann como compactificación. De hecho, existe una clasificación completa de las superficies de Riemann compactas (obtenida por el propio Riemann), que es importante en muchas áreas (incluida la teoría de cuerdas). A continuación daré un breve esbozo de dicha clasificación.

8.4. El género de una superficie de Riemann compacta

La primera etapa consiste en clasificar las superficies de acuerdo con su *topología*, es decir, de acuerdo con ese aspecto de las cosas que se conserva en las transformaciones continuas. La clasificación topológica de superficies orientables 2-dimensionales compactas (véase el final de §12.6) es realmente muy sencilla. Viene dada por un simple número natural denominado el *género* de la superficie. Hablando en general, todo lo que tenemos que hacer es contar el número de «asas» que tiene la superficie. En el caso de la esfera, el género es 0, mientras que para el toro es 1. La superficie de una taza de té ordinaria también tiene género 1 (¡un asa!), de modo que es topológicamente igual a un toro. La superficie de un pretzel normal tiene género 3. Véase la Fig. 8.9 para varios ejemplos.

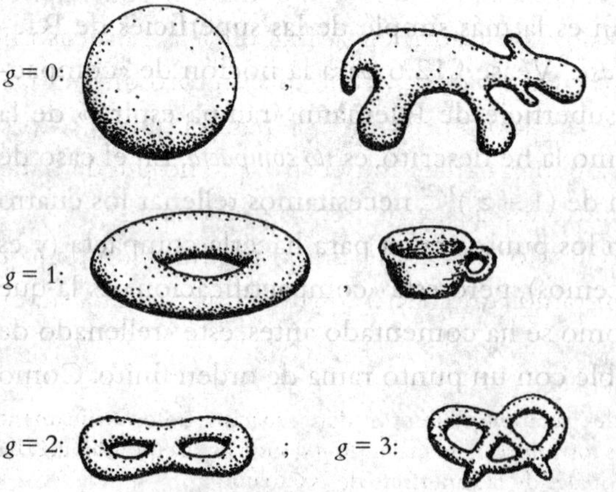

Fig. 8.9. El género de una superficie de Riemann es su número de «asas». El género de la esfera es 0, el del toro, o superficie de la taza de té, es 1. La superficie de un pretzel tiene género 3.

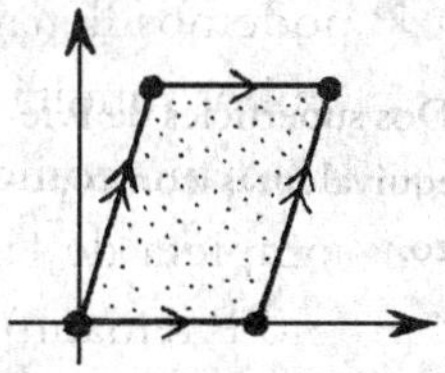

Fig. 8.10. Para construir una superficie de Riemann de género 1, se toma una región del plano complejo limitada por un paralelogramo de vértices 0, 1, 1 + p, p (cíclicamente), con los bordes opuestos identificados. La cantidad p proporciona un módulo para la superficie de Riemann.

Sin embargo, el género no determina por sí solo la superficie de Riemann (excepto para el caso de género 0). También necesitamos conocer ciertos parámetros complejos conocidos como *módulos*. A continuación ilustraré este punto en el caso del toro (género 1). Una manera fácil de construir una esfera de Riemann de género 1 es tomar una región del plano complejo limitada por un paralelogramo con vértices, pongamos por caso, 0, 1, 1 + p, p (descritos cíclicamente). Véase la Fig. 8.10. Ahora debemos imaginar que los lados opuestos del paralelogramo se empalman, es decir, el lado que va de 0 a 1 p se empalma con el que va de p a 1 + p, y el lado que va de 0 a p se empalma con el que va de 1 a p + 1. (Si quisiéramos, siempre podríamos encontrar otras cartas para cubrir las costuras.) La superficie de Riemann resultante es topológicamente un toro. Ahora bien, resulta que, para diferentes valores de p, las superficies resultantes son generalmente *no equivalentes* entre sí; es decir, no es posible transformar una en otra por medio de una aplicación holomorfa. (Sin embargo, existen ciertas equivalencias discretas, tales como la que se obtiene reemplazando p por 1 + p, por $-p$ o por $1/p$.)[8.8] Puede hacerse intuitivamente plausible que no todas las superficies de Riemann con la misma topología pueden ser equivalentes si consideramos los dos casos ilustrados en la Fig. 8.11. En un caso he escogido un valor muy pequeño para p, y tenemos un toro muy delgado, y en el otro caso he escogido p próximo a i, para el que el toro es bonito y grueso. Intuitivamente, parece muy claro que no puede haber equivalencia conforme entre los dos, y de hecho no la hay.

En el caso de género 1 solo existe este único módulo complejo p, pero para género 2 encontramos que hay tres. Para construir una super-

[8.8] Demuestre que tales reemplazamientos dan espacios holomórficamente equivalentes. Encuentre todos los valores especiales de p donde estas equivalencias llevan a simetrías discretas adicionales de la superficie de Riemann.

Fig. 8.11. Dos superficies de Riemann no equivalentes con topología de toro.

ficie de Riemann de género 2 pegando una forma, a la manera del paralelogramo que hemos utilizado para género 1, podríamos construir dicha forma a partir de un fragmento del plano hiperbólico; véase la Fig. 8.12. Lo mismo sería válido para cualquier género más alto. El número m de módulos complejos para un género g, cuando $g \geq 2$, es $m = 3g - 3$.

Podría considerarse un poco extraño que la fórmula $3g - 3$ para el número de módulos funcione para todos los valores del género $g = 2$, 3, 4, 5, ... pero falle para $g = 0$ o 1. En realidad, hay una «razón» para ello, que tiene que ver con el número s de parámetros complejos que son necesarios para especificar las diferentes *autotransformaciones* continuas (holomorfas) de la superficie de Riemann. Para $g \geq 2$ no existen tales autotransformaciones continuas (aunque puede haberlas discretas), de modo que $s = 0$. Sin embargo, para $g = 1$, el plano complejo del paralelogramo de la Fig. 8.10 puede ser desplazado (movido rígidamente sin rotación) en cualquier dirección del plano. La magnitud (y dirección) de este desplazamiento puede especificarse por un solo parámetro complejo a, al estar la traslación definida por $z \mapsto z + a$, de modo que $s = 1$ cuando $g = 1$. En el caso de la esfera (género 0), las autotransformaciones se obtienen mediante las transformaciones bilineales descritas antes, a saber, $z \mapsto (az + b)/(cz + d)$. Aquí la libertad

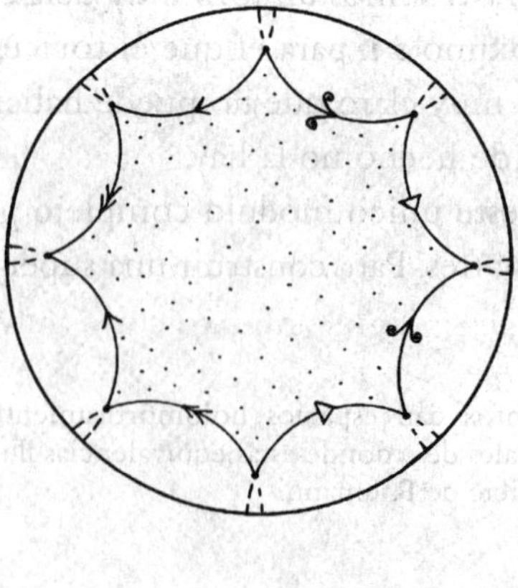

Fig. 8.12. Una región octogonal del plano hiperbólico, en la representación conforme de la Fig. 2.12, con identificaciones para dar una superficie de Riemann de género 2.

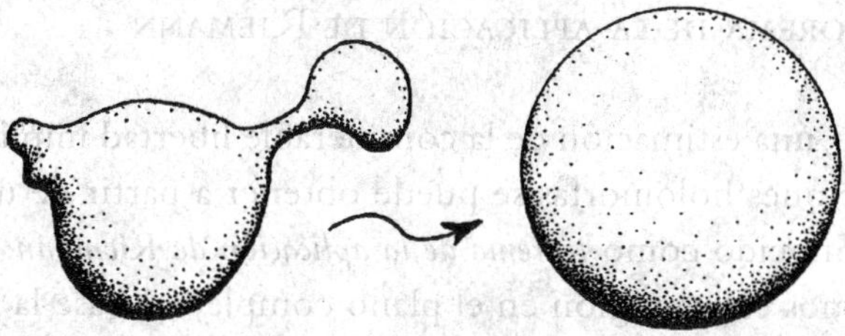

Fig. 8.13. Toda métrica $g = 0$ es conformemente idéntica a la de la esfera unidad estándar («redonda»).

está dada por las tres[3] razones independientes $a : b : c : d$. Así pues, en el caso $g = 0$ tenemos $s = 3$. De ahí que, en todos los casos, la diferencia $m - s$ entre el número de módulos complejos y el número de parámetros complejos requeridos para especificar una autotransformación satisface

$$m - s = 3g - 3.$$

(Esta fórmula está relacionada con algunas cuestiones más profundas que van más allá del alcance de este libro.)[4]

Es evidente que, dentro de la familia de las transformaciones conformes (holomorfas), hay una libertad considerable para alterar la «forma» aparente de una superficie de Riemann manteniendo inalterada su estructura como superficie de Riemann. En el caso de una topología esférica, por ejemplo, son posibles muchas métricas diferentes (como se ilustra en la Fig. 8.13); no obstante, todas ellas son conformemente idénticas a la esfera unidad estándar («redonda»). (Seré más explícito acerca de la noción de «métrica» en §14.7.) Más aún, para géneros más altos, la en apariencia gran cantidad de libertad en la «forma» de la superficie puede reducirse al número finito de módulos complejos dados por las fórmulas anteriores. Pero sigue habiendo una información global en la forma de la superficie que no puede eliminarse mediante el uso de esta libertad conforme, a saber, la que está definida por los propios módulos. Cuánto se puede conseguir con exactitud globalmente con el uso de tal libertad, es una cuestión muy sutil.

8.5. El teorema de la aplicación de Riemann

No obstante, una estimación de la considerable libertad implícita en las transformaciones holomorfas se puede obtener a partir de un famoso resultado conocido como *teorema de la aplicación de Riemann*. Se afirma que si tenemos cierta región en el plano complejo (véase la nota 8.2), acotada por un lazo cerrado no autointersecante, entonces existe una aplicación holomorfa que aplica esta región en el disco unidad cerrado (véase la Fig. 8.14). (Existen ligeras restricciones sobre la «docilidad» del lazo, pero estas no excluyen que el lazo tenga esquinas o lugares aún peores donde el lazo pueda no ser diferenciable, como se ilustra en el ejemplo particular de la Fig. 8.14.) Podemos ir más allá de esto y seleccionar, de una manera completamente arbitraria, tres puntos distintos a, b, c en el lazo e insistir en que sean llevados por la aplicación a tres puntos especificados a', b', c' en el círculo unidad (digamos $a' = 1$, $b' = \omega$, $c' = \omega^2$), con la única restricción de que el orden cíclico de los puntos a, b, c, alrededor del lazo coincida con el de a', b', c' alrededor del círculo unidad. Además, la aplicación queda entonces determinada unívocamente. Otra manera de especificar unívocamente la aplicación sería escoger solo un punto a en el lazo y un punto adicional j en su interior, e insistir entonces en que a se aplique en un punto específico a' en el círculo unidad (digamos $a' = 1$) y j se aplique en un punto específico j' en el interior del círculo unidad (digamos $j' = 0$).

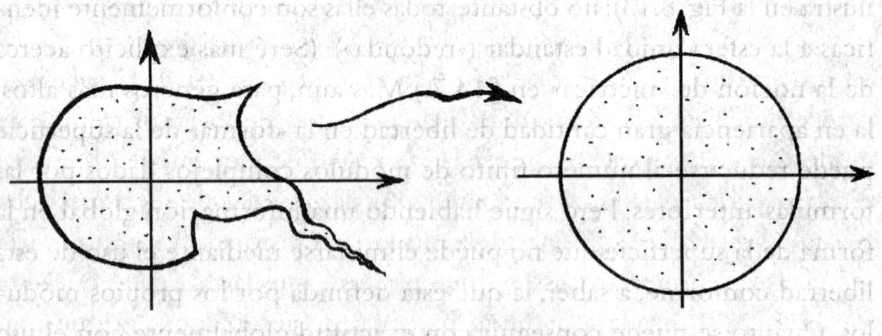

Fig. 8.14. El teorema de la aplicación de Riemann afirma que cualquier región abierta en el plano complejo, limitada por un lazo cerrado simple (no necesariamente suave), puede aplicarse de forma holomorfa en el interior del círculo unidad, siendo también aplicada en consecuencia la frontera.

Ahora imaginemos que estamos aplicando el teorema de la aplicación de Riemann en la *esfera de Riemann*, en lugar de en el plano complejo. Desde el punto de vista de la esfera de Riemann, el «interior» de un lazo cerrado está en pie de igualdad con el «exterior» del lazo (basta con mirar la esfera desde el otro lado), de modo que el teorema puede aplicarse igual al exterior que al interior del lazo. Así pues, existe una forma «invertida» del teorema de la aplicación de Riemann que afirma que el exterior de un lazo en el plano complejo puede ser aplicado en el exterior del círculo unidad y la unicidad está ahora asegurada por el simple requisito de que un punto especificado a en el lazo se aplica en un punto especificado a' en el círculo unidad (digamos $a' = 1$), donde ahora ∞ toma el papel de j y j' en la descripción ofrecida al final del párrafo anterior.[5]

Con frecuencia tales aplicaciones deseadas se pueden conseguir explícitamente, y una de las razones de que tales aplicaciones pudieran «desearse» realmente es que pueden proporcionar soluciones a problemas físicos de interés, por ejemplo, al flujo de aire que pasa junto a una forma de ala (en la situación ideal en la que el fluido es lo que se denomina «no viscoso», «incompresible» e «irrotacional»). Recuerdo cómo me sorprendieron estos aspectos cuando era un estudiante de licenciatura en matemáticas, muy especialmente la que se conoce como la transformación del alerón de Zhoukowski (o Joukowski), ilustrada en la Fig. 8.15, que puede darse explícitamente por el efecto de la transformación

$$w = \frac{1}{2}\left(z + \frac{1}{z}\right),$$

en un círculo adecuado que pasa por el punto $z = -1$. Esta forma se parece mucho a la sección del ala de un avión de los años treinta, de modo que el flujo de aire (idealizado) a su alrededor puede obtenerse directamente a partir del flujo alrededor de un «ala» de sección circular, que, a su vez, se obtiene mediante otra transformación holomorfa semejante. (En cierta ocasión, me contaron que la razón de que esta forma fuera utilizada a menudo para alas de aeroplanos era que uno podía estudiarla matemáticamente con solo emplear la transformación de Zhoukowski. ¡Espero que esto no sea verdad!)

Por supuesto, hay hipótesis específicas y simplificaciones implícitas

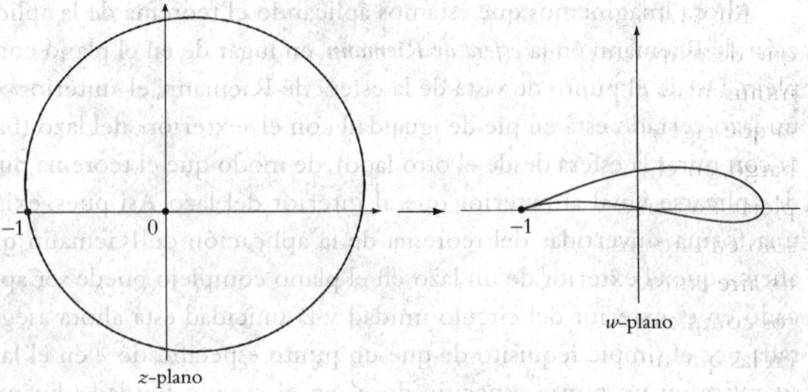

Fig. 8.15. La transformación de Zhoukowski $w = 1/2(z + 1/z)$ lleva el exterior de un círculo que pasa por $z = -1$ a la sección transversal de un ala, haciendo posible el cálculo del flujo de aire alrededor de esta.

en aplicaciones como estas. No solo las hipótesis de viscosidad nula y de flujo incompresible e irrotacional son meras simplificaciones convenientes, sino que existe también una simplificación muy drástica en que el flujo pueda considerarse igual a lo largo del ala, de modo que un problema esencialmente tridimensional puede reducirse a un problema en solo dos dimensiones. Está claro que, para un cálculo realista del flujo alrededor de un ala de aeroplano, sería necesario un tratamiento matemático mucho más complejo. No hay ninguna razón para esperar que en un tratamiento más realista pudiéramos salir con algo que se acerque a un uso tan directo y elegante de las funciones holomorfas como el que tenemos con la transformación de Zhoukowski. Podría argumentarse que hay una buena dosis de buena suerte en el hallazgo de una aplicación tan atractiva de los números complejos a un problema que tenía una importancia patente en el mundo real. El aire consiste, por supuesto, en un enorme número de partículas fundamentales individuales (de hecho, del orden de 10^{20} de ellas por centímetro cúbico), de modo que el flujo de aire es algo cuya descripción macroscópica implica muchos promedios y aproximaciones. No hay razón para esperar que las ecuaciones matemáticas de la aerodinámica reflejen mucho de las matemáticas que están profundamente implicadas en las leyes físicas por las que se rigen dichas partículas individuales.

En §4.1 he mencionado el «papel extraordinario y muy básico» que desempeñan realmente los números complejos en las «escalas más minúsculas» de la acción física, y de hecho hay una ecuación holomorfa que rige el comportamiento de las partículas (véase §21.2). Sin embargo, en el caso de los sistemas macroscópicos esta «estructura compleja» está en general completamente enterrada, y podría parecer que solo en circunstancias excepcionales (tales como el problema del flujo de aire considerado antes) encontrarían una utilidad natural los números complejos y la geometría holomorfa. Pese a todo, hay circunstancias en las que una estructura compleja subyacente se manifiesta incluso en el nivel macroscópico. Esto puede verse a veces en la teoría electromagnética de Maxwell y otros fenómenos ondulatorios. Hay también un ejemplo particularmente llamativo en la teoría de la relatividad (véase §18.5). En el capítulo siguiente veremos algo acerca de la forma notable en que los números complejos y las funciones holomorfas ejercen su magia entre bastidores.

Notas

Sección 8.3

8.1. Véase el ejercicio [2.5].

8.2. Hay lugar para la confusión terminológica en el uso de la palabra «cerrado» en el contexto de superficies, o de las variedades (n-superficies) más generales que se considerarán en el capítulo 12. En el caso de una variedad semejante, «cerrado» significa «compacto sin frontera», antes que meramente «cerrado» en el sentido topológico, que es la noción complementaria de «abierto», tal como se ha expuesto en §7.4. (Topológicamente, un conjunto *cerrado* es uno que contiene todos sus puntos límite. El *complemento* de un conjunto cerrado es uno abierto, y viceversa, donde el «complemento» de un conjunto $\mathcal{S}$ dentro de un espacio topológico ambiente $\mathcal{V}$ es el conjunto de miembros de $\mathcal{V}$ que no están en $\mathcal{S}$.) Hay confusión adicional en que el término «frontera», que aparece más arriba, se refiere a una noción de «variedad con frontera», que no discuto en este libro. En el caso de las variedades ordinarias mencionadas en el capítulo 12 (i.e., «variedades sin frontera»), la noción de «cerrado» (en oposición al sentido topológico) es equivalente a «compacto». Para evitar confusiones, normalmente utilizaré solo el término «compacto» en este libro, antes que «cerrado». Excepciones son el uso de «curva cerrada» para una 1-variedad real que es topológicamente un círculo S^1 y «universo cerrado» para un modelo de universo que es *espacialmente* compacto, esto es, que contiene una hipersuperficie de tipo espacio compacta; véase la nota 27.36.

Sección 8.4

8.3. La transformación no se ve afectada si multiplicamos (reescalamos) cada uno de los a, b, c, d por el mismo número complejo no nulo, pero cambia si alteramos cada uno de ellos por separado. Esta libertad de reescalamiento global reduce en uno el número de parámetros independientes implicados en la transformación, de cuatro a tres.

8.4. Esto puede considerarse el principio de una larga historia cuyo clímax es el muy general y potente teorema de Atiyah-Singer (1963).

Sección 8.5

8.5. Habría que señalar que, solo en el caso de un lazo que sea un círculo exacto, la combinación de ambas versiones del teorema de la aplicación de Riemann nos dará una esfera de Riemann completa y suave.

9

Descomposición de Fourier e hiperfunciones

9.1. Series de Fourier

Volvamos a la cuestión, planteada en §6.1, acerca de lo que Euler y sus contemporáneos podrían haber considerado una idea aceptable de «función decente». En §7.1 nos hemos decidido por las funciones holomorfas (analítico-complejas) como las que mejor se ajustan a lo que Euler podría haber tenido en mente. Pese a todo, la mayoría de los matemáticos actuales considerarían que semejante idea de «función» es muy irrazonablemente restrictiva. ¿Quién tiene razón? Llegaremos a una respuesta muy notable a esta pregunta al final de este capítulo. Pero antes tratemos de entender cuáles son las cuestiones.

En la aplicación de las matemáticas a problemas del mundo físico, a menudo se requiere una flexibilidad que ni las funciones holomorfas ni sus contrapartidas en el campo real, las funciones analíticas (i.e., las C^{ω}-funciones), parecen poseer. Debido a la unicidad de la prolongación analítica, tal como se ha descrito en §7.4, el comportamiento global de una función holomorfa definida en una región abierta y conexa $\mathcal{D}$ del plano complejo está completamente determinado una vez que se conoce en una pequeña subregión abierta de $\mathcal{D}$. Análogamente, una función analítica de una variable real, definida en cierto segmento conexo $\mathcal{R}$ de la recta real $\mathbb{R}$, está también completamente determinada una vez que se conoce la función en una pequeña subregión abierta de $\mathcal{R}$. Esta rigidez parece poco razonable para la modelización de sistemas físicos realistas.

Sería particularmente incómoda cuando se considera la propagación de *ondas*. Esta propagación, que incluye el envío de señales mediante las vibraciones electromagnéticas de ondas de radio o luz, es de gran utilidad por el hecho de que puede transmitirse información por este medio. Después de todo, el punto crucial de la señalización consiste en que debe existir la capacidad para enviar un mensaje que pueda resultar inesperado para el receptor. Si la forma de la señal tiene que estar dada por una función analítica, entonces no existe la posibilidad de «cambiar de idea» a mitad de mensaje. Cualquier pequeña parte de la señal determinaría la señal en su totalidad para cualquier instante. De hecho, una forma habitual de estudiar la propagación consiste en ver cómo se propagarán realmente las discontinuidades u otras desviaciones de la analiticidad.

Consideremos ondas y preguntemos cómo se describen matemáticamente estos objetos. Una de las formas más efectivas de estudiar formas de onda es mediante el procedimiento conocido como *análisis de Fourier.* Joseph Fourier fue un matemático francés que vivió entre 1768 y 1830. Estaba interesado en la descomposición de vibraciones periódicas en componentes sinusoidales. En el caso de la música, esto es básicamente lo que está implícito en la representación de cierto sonido musical en términos de sus «tonos puros» constituyentes. El término «periódico» significa que la pauta (digamos de los desplazamientos físicos del objeto que está vibrando) se repite con exactitud al cabo de cierto período de tiempo, o podría referirse a periodicidad en el espacio, como las pautas repetitivas en un cristal o en un papel pintado o en las olas del mar abierto. En términos matemáticos decimos que una función f (de una variable real χ, por ejemplo[1]) es *periódica*, para todo χ, si satisface

$$f(\chi + l) = f(\chi),$$

donde l es algún número fijo que se conoce como *período.* Así, si «deslizamos» la gráfica de $y = f(\chi)$ a lo largo del eje χ en una cantidad l, sigue teniendo el mismo aspecto que tenía antes. (Fig. 9.1a). (La forma en que Fourier manejaba funciones que *no* eran necesariamente periódicas —mediante el uso de la *transformada* de Fourier— se describirá en §9.4.)

Los «tonos puros» son cosas como sen χ o cos χ (Fig 9.1b). Estos tienen período 2π, puesto que

$$\operatorname{sen}(\chi + 2\pi) = \operatorname{sen}\chi, \quad \cos(\chi + 2\pi) = \cos\chi,$$

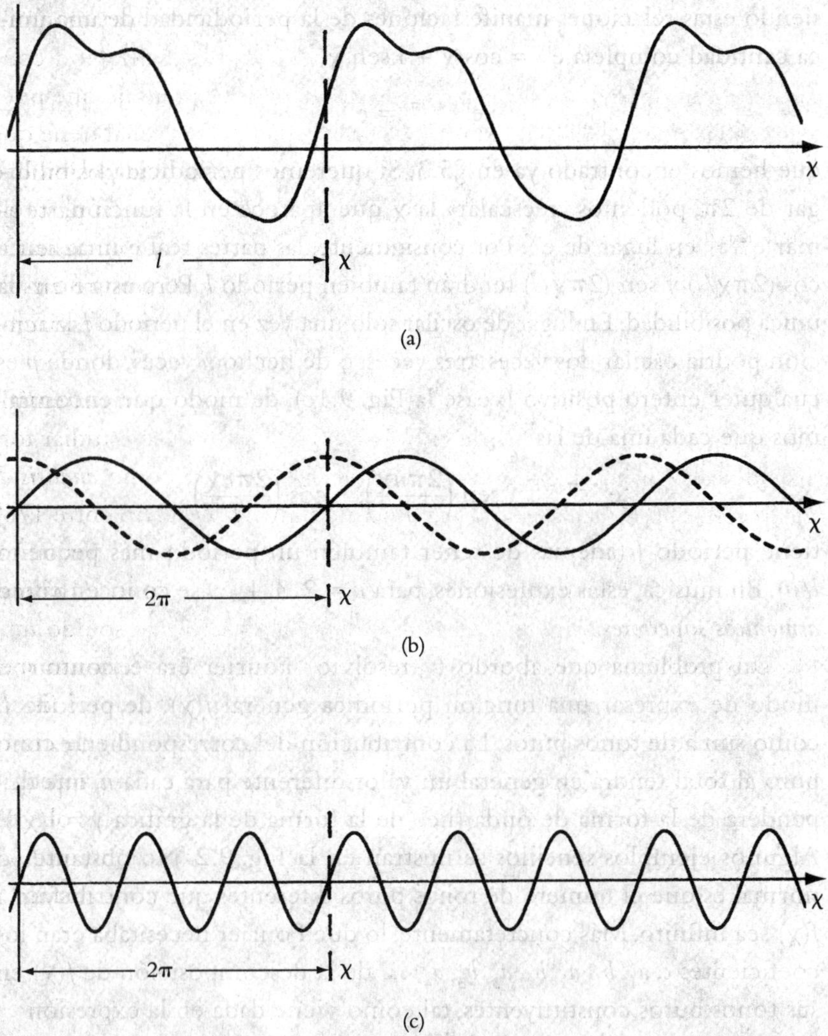

Fig. 9.1. Funciones periódicas. (a) $f(\chi)$ tiene período l si $f(\chi) = f(\chi + l)$, lo que significa que si deslizamos la gráfica $y = f(\chi)$ a lo largo del eje-χ en l, sigue pareciendo la misma que antes. (b) Los «tonos puros» básicos sen χ o cos χ (mostrados en trazos) tienen período $l = 2\pi$. (c) Los tonos puros «armónicos superiores» oscilan varias veces en el período l; siguen teniendo período l, aunque también tienen un período más corto (se ilustra sen 3χ, que tiene período $l = 2\pi$ y también el período más corto $2\pi/3$).

siendo estas relaciones manifestaciones de la periodicidad de una única cantidad compleja $e^{i\chi} = \cos \chi + i \operatorname{sen} \chi$,

$$e^{i(\chi + 2\pi)} = e^{i\chi},$$

que hemos encontrado ya en §5.3. Si queremos periodicidad l, en lugar de 2π, podemos «reescalar» la χ que aparece en la función, y tomar $e^{i2\pi\chi/l}$ en lugar de $e^{i\chi}$. Por consiguiente, las partes real e imaginaria $\cos (2\pi\chi/l)$ y $\operatorname{sen} (2\pi\chi/l)$ tendrán también período l. Pero esta no es la única posibilidad. En lugar de oscilar solo una vez en el período l, la función podría oscilar dos veces, tres veces, o de hecho n veces, donde n es cualquier entero positivo (véase la Fig. 9.1c), de modo que encontramos que cada una de las

$$e^{i \cdot 2\pi n\chi/l}, \quad \operatorname{sen}\left(\frac{2\pi n\chi}{l}\right), \quad \cos\left(\frac{2\pi n\chi}{l}\right)$$

tiene período l (además de tener también un período más pequeño l/n). En música, estas expresiones, para $n = 2, 3, 4, \ldots$ se conocen como *armónicos superiores*.

Un problema que abordó (y resolvió) Fourier era encontrar el modo de expresar una función periódica general $f(\chi)$, de período l, como suma de tonos puros. La contribución del correspondiente tono puro al total tendrá en general un valor diferente para cada n, que dependerá de la forma de onda (i.e., de la forma de la gráfica $y = f(\chi)$). Algunos ejemplos sencillos se ilustran en la Fig. 9.2. No obstante, lo normal es que el número de tonos puros diferentes que contribuyen a $f(\chi)$ sea infinito. Más concretamente, lo que Fourier necesitaba eran los coeficientes c, a_1, b_1, a_2, b_2, a_3, b_3, a_4, ... de la descomposición de $f(\chi)$ en sus tonos puros constituyentes, tal como viene dada en la expresión

$$f(\chi) = c + a_1 \cos \omega\chi + b_1 \operatorname{sen} \omega\chi + a_2 \cos 2\omega\chi + b_2 \operatorname{sen} 2\omega\chi + \\ + a_3 \cos 3\omega\chi + b_3 \operatorname{sen} 3\omega\chi + \ldots,$$

donde, para hacer las expresiones más simples, las he escrito en términos de la *frecuencia angular* ω (nada que ver con la «ω» de §§5.4,5 y §8.1) dada por $\omega = 2\pi/l$.

Quizá para algunos lectores esta expresión sigue pareciendo excesivamente complicada —¡y esos lectores están realmente en lo cierto!—. La fórmula tiene una apariencia mucho más ordenada si agrupamos

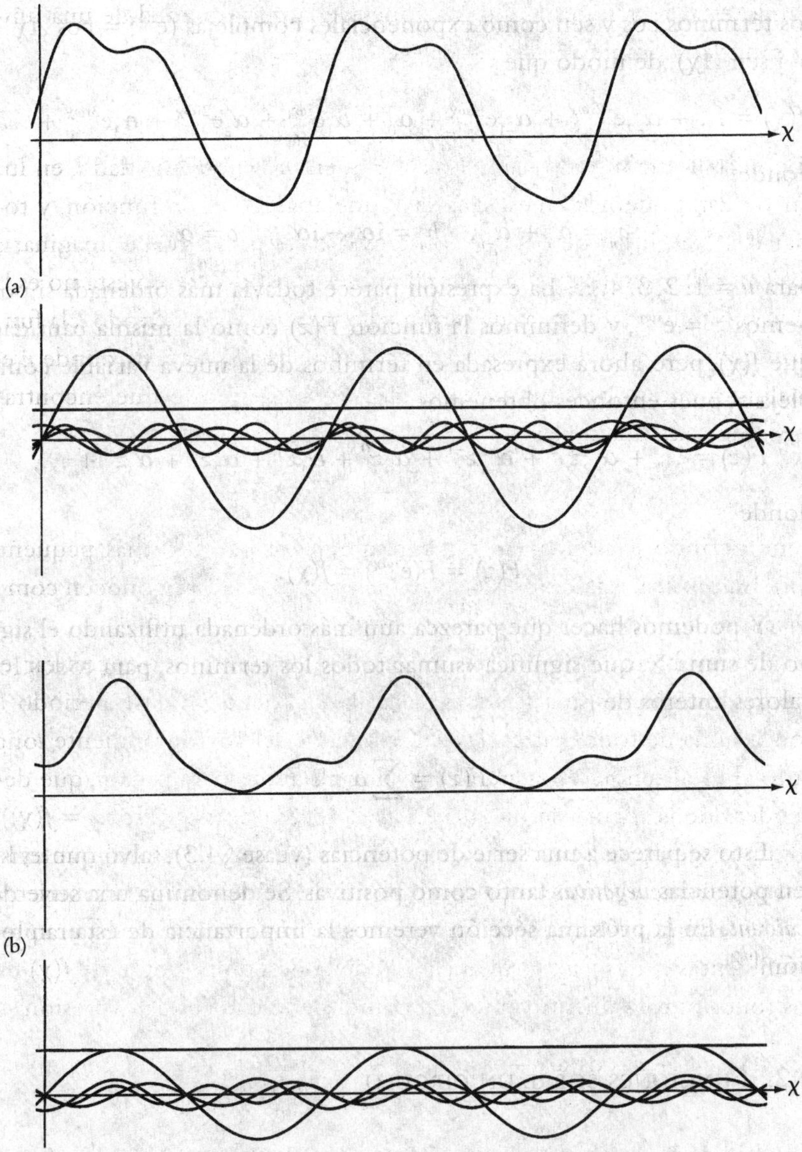

Fig. 9.2. Ejemplos de descomposición de Fourier de funciones periódicas. La forma de onda (forma de la gráfica) está determinada por los coeficientes de Fourier. Las funciones y bajo ellas sus componentes individuales de Fourier. (a) $f(\chi) = \frac{2}{3} + 2 \text{ sen } \chi + \frac{1}{3} \cos 2\chi + \frac{1}{4} \text{ sen } 2\chi + \frac{1}{3} \text{ sen } 3\chi$. (b) $f(\chi) = \frac{1}{2} + \text{sen } \chi - \frac{1}{3} \cos 2\chi - \frac{1}{4} \text{ sen } 2\chi - \frac{1}{5} \text{ sen } 3\chi$.

los términos cos y sen como exponenciales complejas ($e^{iA\chi} = \cos A\chi +$ $+ \, i \operatorname{sen} A\chi$), de modo que

$$f(\chi) = \ldots + \alpha_{-2}e^{-2i\omega\chi} + \alpha_{-1}e^{-i\omega\chi} + \alpha_0 + \alpha_1 e^{i\omega\chi} + \alpha_2 e^{2i\omega\chi} + \alpha_3 e^{3i\omega\chi} + \ldots,$$

donde[2,[9.1]]

$$a_n = \alpha_n + \alpha_{-n}, \quad b_n = i\alpha_n - i\alpha_{-n}, \quad c = \alpha_0$$

para $n = 1, 2, 3, 4, \ldots$ La expresión parece todavía más ordenada si ponemos $z = e^{i\omega\chi}$, y definimos la función $F(z)$ como la misma cantidad que $f(\chi)$, pero ahora expresada en términos de la nueva variable compleja z; pues entonces obtenemos

$$F(z) = \ldots + \alpha_{-2}z^{-2} + \alpha_{-1}z^{-1} + \alpha_0 z^0 + \alpha_1 z^1 + \alpha_2 z^2 + \alpha_3 z^3 + \ldots,$$

donde

$$F(z) = F(e^{i\omega\chi}) = f(\chi).$$

Y podemos hacer que parezca aún más ordenada utilizando el signo de suma Σ, que significa «sumar todos los términos, para todos los valores enteros de r»:

$$F(z) = \sum \alpha_r z^r.$$

Esto se parece a una serie de potencias (véase §4.3), salvo que existen potencias *negativas* tanto como positivas. Se denomina una serie de *Laurent*. En la próxima sección veremos la importancia de esta expresión.[9.2]

9.2. Funciones sobre un círculo

La serie de Laurent nos proporciona un modo muy económico de representar las series de Fourier. Pero esta expresión también sugiere una

[9.1] Demuéstrelo.

[9.2] Demuestre que cuando F es analítica en el círculo unidad los coeficientes α_n, y con ello los a_n, b_n y c, pueden obtenerse mediante el uso de la fórmula $\alpha_n = (2\pi i)^{-1} \oint z^{-n-1} F(z)dz$.

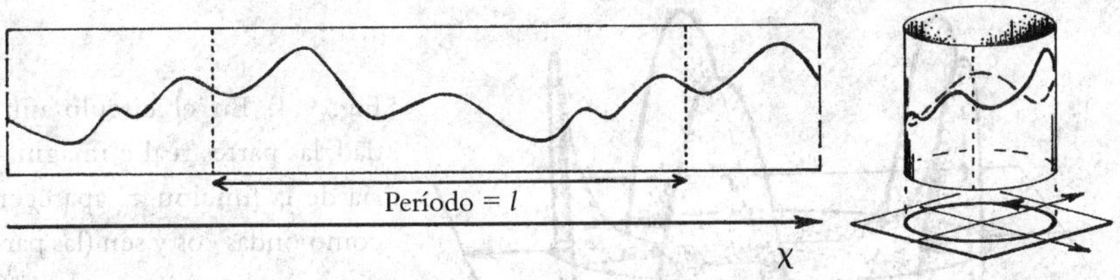

Fig. 9.3. Una función periódica de una variable real χ puede considerarse definida en un círculo de circunferencia l donde «enrollamos» el eje real de χ en el círculo. Con $l = 2\pi$, podemos tomar este círculo como el círculo unidad en el plano complejo.

interesante forma alternativa de considerar nuestra descomposición de Fourier. Puesto que una función periódica se repite a sí misma indefinidamente, podemos considerar que semejante función (de una variable real χ) está definida en un *círculo* (Fig. 9.3), donde el período l de la función es la longitud de la circunferencia del círculo y χ mide la distancia a lo largo de esta. Más que ir simplemente en línea recta, estas distancias dan vueltas ahora alrededor del círculo, de modo que la periodicidad es tenida en cuenta automáticamente.

Por conveniencia (al menos por ahora), tomo este círculo como el círculo unidad en el plano complejo, cuya circunferencia es 2π, y tomo el período l como 2π. Por consiguiente,

$$\omega = 1, \text{ de modo que } z = e^{i\chi}.$$

(Para cualquier otro valor del período, todo lo que tenemos que hacer es readmitir ω reescalando convenientemente la variable χ.) Los diferentes términos cos y sen que representan los diversos «tonos puros» de la descomposición de Fourier están ahora representados simplemente como potencias positivas o negativas de z, a saber, $z^{\pm n}$ para los n-ésimos armónicos. En el círculo unidad, estas potencias nos dan precisamente los términos cos y sen oscilatorios que necesitamos; véase la Fig. 9.4.

Ahora tenemos esta forma muy ordenada de representar la descomposición de Fourier de cierta función periódica $f(\chi)$. Consideramos que $f(\chi) = F(z)$ está definida en el círculo unidad en el z-plano, con $z = e^{i\chi}$, y entonces la descomposición de Fourier es simplemente

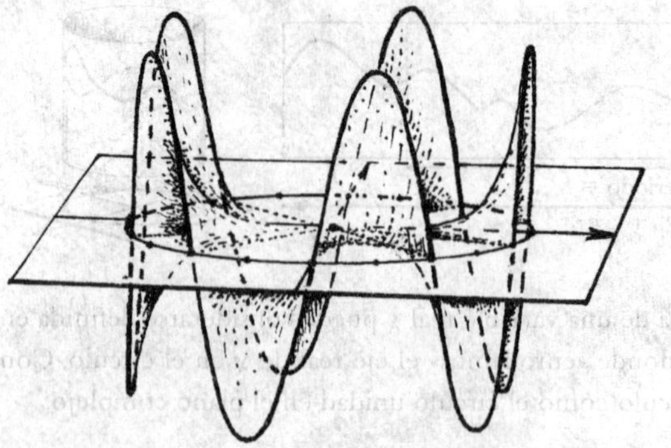

Fig. 9.4. En el círculo unidad, las partes real e imaginaria de la función z^n aparecen como ondas cos y sen (las partes real e imaginaria de e^{inx}, respectivamente, donde $z = e^{ix}$), que son n-ésimos armónicos. Aquí, para $n = 5$, se representa la parte real de z^5.

la descripción de dicha función como serie de Laurent, en términos de una variable compleja z. Pero la ventaja no está solo en una cuestión de pulcritud. Esta representación también nos proporciona ideas más profundas acerca de la naturaleza de las series de Fourier y del tipo de funciones que pueden representar. Más importante para el objetivo final de este libro es que tiene fuertes conexiones con la mecánica cuántica y, por consiguiente, es importante para nuestra comprensión profunda de la naturaleza. Esto es resultado de la magia de los números complejos, pues también podemos utilizar nuestra expresión en serie de Laurent cuando z yace lejos del círculo unidad. Resulta que esta serie nos dice algo importante sobre $F(z)$ cuando z está *sobre* el círculo unidad, en términos de lo que hace la serie cuando z está *fuera* del círculo unidad.

Recordemos ahora (de §4.4) la noción de círculo de convergencia, dentro del cual converge una serie de potencias y fuera del cual diverge. Hay un análogo de esto para una serie de Laurent: el *anillo de convergencia*. Este es la región comprendida estrictamente entre dos círculos en el plano complejo, ambos centrados en el origen (véase la Fig. 9.5a). Resulta sencillo de comprender una vez que tenemos la noción de círculo de convergencia para una serie de potencias ordinaria. La parte de la serie con potencias positivas,[3]

$$F^{-} = \alpha_1 z^1 + \alpha_2 z^2 + \alpha_3 z^3 + \ldots,$$

tendrá un círculo de convergencia ordinario, de radio A, pongamos por caso, y dicha parte de la serie converge para todos los valores de z

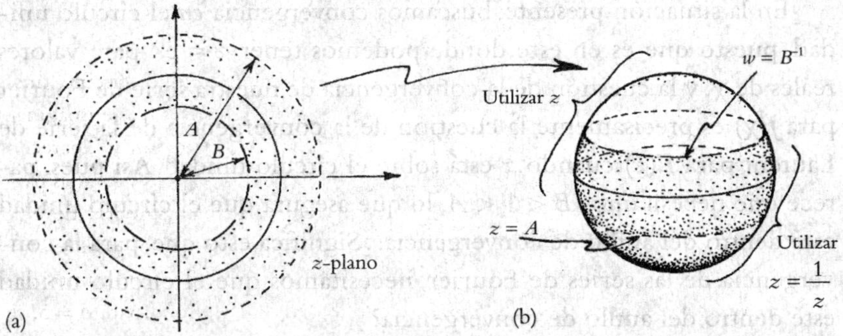

Fig 9.5. (a) El anillo de convergencia para una serie de Laurent $F(z) = F^+ + \alpha_0 + F^-$, donde $F^+ = \ldots + \alpha_{-2}z^{-2} + \alpha_{-1}z^{-1}$, $F^- = \alpha_1 z^1 + \alpha_2 z^2 + \ldots$ El radio de convergencia para F^+ es A y, en términos de $w = z^{-1}$, para F^- es B^{-1}. (b) Lo mismo, en la esfera de Riemann (véase la Fig. 8.7, donde z se refiere al hemisferio norte ampliado y w ($= z^{-1}$) al hemisferio sur ampliado.

cuyos módulos sean menores que A. Con respecto a la parte de la serie con potencias negativas, esto es,

$$F^+ = \ldots + \alpha_{-3}z^{-3} + \alpha_{-2}z^{-2} + \alpha_{-1}z^{-1},$$

podemos entenderla como una serie de potencias ordinaria en la variable recíproca $w = 1/z$. Habrá un círculo de convergencia en el w-plano, de radio $1/B$, pongamos por caso, y esa parte de la serie convergerá para valores de w cuyo módulo sea menor que $1/B$. (Aquí estamos hablando realmente de la esfera de Riemann, tal como se ha descrito en el capítulo 8; véase la Fig. 8.7, con la z-coordenada referida a un hemisferio y la w-coordenada referida al otro. Véase la Fig. 9.5b. Exploraremos el aspecto de esfera de Riemann de esto en la próxima sección.) Por consiguiente, para valores de z cuyos módulos sean mayores que B, la parte de la serie con potencias negativas convergerá. Con tal de que $B < A$, estas dos regiones de convergencia se solaparán, y obtendremos el anillo de convergencia para la serie de Laurent completa. Nótese que la serie entera de Laurent o de Fourier para la función $f(\chi) = F(e^{i\chi}) = F(z)$ viene dada por

$$F(z) = F^+ + \alpha_0 + F^-,$$

donde debe incluirse el término constante adicional α_0.

En la situación presente, buscamos convergencia *en* el círculo unidad, puesto que es en este donde podemos tener $z = e^{i\chi}$ para valores reales de χ, y la cuestión de la convergencia de nuestra serie de Fourier para $f(\chi)$ es precisamente la cuestión de la convergencia de la serie de Laurent para $F(z)$ cuando z está sobre el círculo unidad. Así pues, parece que necesitamos $B < 1 < A$, lo que asegura que el círculo unidad esté dentro del anillo de convergencia. ¿Significa esto que, para la convergencia de las series de Fourier, necesitamos que el círculo unidad esté dentro del anillo de convergencia?

Este sería el caso realmente si $f(\chi)$ fuera *analítica* (i.e., C^{ω}); pues entonces la función $f(\chi)$ puede ampliarse a una función $F(z)$ que es holomorfa en alguna región abierta que incluye al círculo unidad.[4] Pero si $f(\chi)$ no es analítica, surge una pregunta interesante. En este caso, o bien el anillo de convergencia se contrae hasta convertirse en el propio círculo unidad —lo que, estrictamente hablando, no está permitido para un anillo de convergencia genuino, puesto que el anillo de convergencia debería ser una región abierta, algo que el círculo unidad no es—, o, de lo contrario, el círculo unidad se convierte en la frontera exterior o interior del anillo de convergencia. Estas cuestiones tendrán importancia para nosotros en §§9.6,7.

Por el momento, no nos preocupemos por lo que sucede cuando $f(\chi)$ no es analítica y consideremos la situación más simple que aparece cuando $f(\chi)$ sí es analítica. Entonces tenemos el círculo unidad en el z-plano estrictamente contenido dentro de un anillo de convergencia genuino para $F(z)$, que está acotado por círculos (centrados en el origen) de radios A y B, con $B < 1 < A$. La parte de la serie de Laurent con potencias positivas, F^-, converge para puntos en el z-plano cuyos módulos son menores que A, y la parte con potencias negativas, F^+, lo hace para puntos en el z-plano cuyos módulos son mayores que B, de modo que ambas convergen dentro del propio anillo (y, en un sentido muy trivial, el término constante α_0 «converge» obviamente para todo z). Esto nos proporciona una «separación» de la función $F(z)$ en dos partes, una holomorfa dentro del círculo exterior y la otra holomorfa fuera del círculo interior, que están definidos, respectivamente, por las expresiones de las series para F^- y F^+.

Hay una (ligera) ambigüedad acerca de si el término constante α_0

debe ser incluido en F^- o en F^+ en esta separación. De hecho, es mejor vivir con esta ambigüedad. Existe una simetría entre F^- y F^+ que se hace más clara si adoptamos la imagen de la esfera de Riemann a la que nos hemos referido antes (véase la Fig. 9.5b). Esto nos da una imagen más completa de la situación, de modo que vamos a explorarla a continuación.

9.3. Separación de frecuencias sobre la esfera de Riemann

Las coordenadas z y w $(= 1/z)$ nos dan dos cartas que recubren la esfera de Riemann. El círculo unidad se convierte en el ecuador de la esfera y el anillo es ahora simplemente un «collar» del ecuador. Consideramos que nuestra separación de $F(z)$ la expresa como suma de dos partes: una de ellas —llamada la parte de *frecuencia positiva* de $F(z)$— se extiende de forma holomorfa al hemisferio sur y está definida por $F^+(z)$, junto con cualquier porción del término constante que queramos incluir; y la otra —llamada parte de *frecuencia negativa* de $F(z)$— se extiende de forma holomorfa al hemisferio norte y está definida por $F^-(z)$ y la porción restante del término constante. Si ignoramos el término constante, esta separación está unívocamente determinada por este requisito de holomorficidad para la extensión a uno u otro de los dos hemisferios.[9.3]

En ocasiones, será práctico referirse al «interior» y al «exterior» de un círculo (u otro lazo cerrado) trazado sobre la esfera de Riemann apelando a una *orientación* que debe asignarse al círculo. La orientación estándar del círculo unidad en el z-plano está dada por la dirección en que aumenta la coordenada θ estándar, i.e., contraria a las agujas del reloj. Si invertimos esta orientación (por ejemplo, reemplazando θ por $-\theta$), entonces intercambiamos frecuencias positivas y negativas. Nuestra convención para un lazo cerrado general debe ser consistente con esto. La orientación es contraria a las agujas del reloj si la «esfera del reloj» está en el interior del lazo, por así decirlo, mientras que sería en el sentido de las agujas si hubiera que colocar la «esfera del reloj» en el ex-

[9.3] ¿Puede ver por qué?

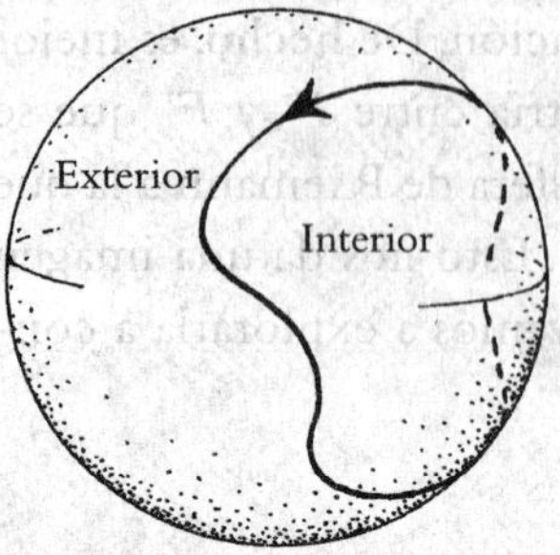

Fig. 9.6. Una orientación asignada a un lazo cerrado en la esfera de Riemann define su «interior» y su «exterior» como se indica: esta orientación es en sentido contrario a las agujas del reloj para una «esfera de reloj» dentro del lazo (y en el sentido de las agujas si está fuera).

terior del lazo. Esto sirve para definir el «interior» y el «exterior» de un lazo cerrado orientado. La Fig. 9.6 debería dejar clara esta cuestión.

Esta separación de una función en sus partes de frecuencia positiva y negativa es un ingrediente crucial de la teoría cuántica, y muy especialmente de la teoría cuántica de campos, como veremos en §24.3 y §§26.2-4. La formulación concreta que he dado aquí no es ni mucho menos la forma más habitual en que se expresa esta separación, pero tiene algunas ventajas considerables en varios contextos diferentes (especialmente en la teoría de twistores, por ejemplo; véase §33.10). La formulación habitual no se interesa tanto por las extensiones holomorfas como por el desarrollo de Fourier directamente. Las componentes de frecuencia positiva son aquellas dadas por múltiplos de $e^{-in\chi}$, donde n es positiva, en oposición a aquellas dadas por múltiplos de $e^{in\chi}$, que son componentes de frecuencia negativa. Una función de frecuencia positiva es aquella que está compuesta enteramente de componentes de frecuencia positiva.

Sin embargo, esta descripción no revela la completa generalidad de lo que está implícito en esta separación. Existen muchas aplicaciones holomorfas de la esfera de Riemann en sí misma que envían cada hemisferio sobre sí mismo, pero que no conservan los polos norte o sur (i.e., los puntos $z = 0$ o $z = \infty$).[9.4] Estas conservan la separación de frecuencias positivas/negativas, pero no conservan las componentes de Fourier individuales $e^{-in\chi}$ o $e^{in\chi}$. Así, la cuestión de la separación en frecuencias positivas y negativas (que resulta crucial en teoría cuántica) es una noción más general que la selección de las componentes de Fourier individuales.

[9.4] ¿Cuáles son, explícitamente, estas aplicaciones?

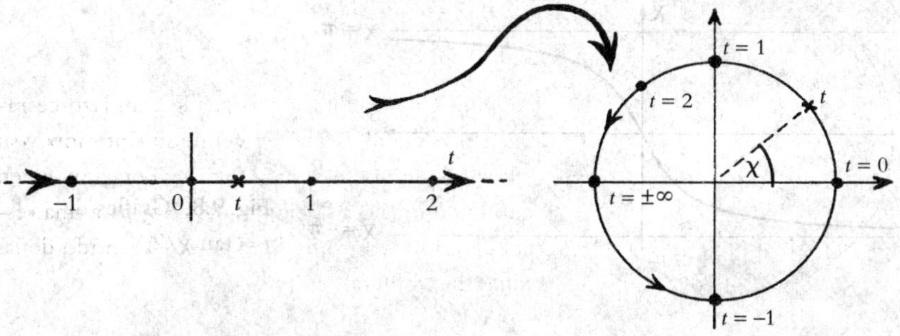

Fig. 9.7. En mecánica cuántica, la separación en frecuencias positiva/negativa se refiere a funciones del tiempo t, que no se suponen periódicas. La separación de la Fig. 9.5 aún puede aplicarse, para el intervalo completo de t (desde $-\infty$ a $+\infty$), si utilizamos la transformación que relaciona t con $z(= e^{i\chi})$, donde rodeamos el círculo unidad en sentido contrario a las agujas del reloj, desde $z = -1$ y vuelta a $z = -1$, de modo que χ va de $-\pi$ a π.

En las discusiones habituales de la mecánica cuántica, la separación en frecuencias positivas/negativas se refiere a funciones del *tiempo* t, y normalmente no consideramos que el tiempo esté dando vueltas en un círculo. Pero podemos utilizar una transformación sencilla para obtener el intervalo completo de t, desde el «límite pasado» $t = -\infty$ al «límite futuro» $t = \infty$, a partir de una χ que recorre una vez el círculo; aquí considero que χ corre entre los límites $\chi = -\pi$ y $\chi = \pi$ (de modo que $z = e^{i\chi}$ recorre el círculo unidad en el plano complejo en sentido contrario a las agujas del reloj, partiendo del punto $z = -1$ y volviendo de nuevo a $z = -1$; véase la Fig. 9.7). Esta transformación viene dada por

$$t = \tan \frac{1}{2}\chi.$$

La gráfica de esta relación se da en la Fig. 9.8 y una descripción geométrica simple se ofrece en la Fig. 9.9.

Una ventaja de esta transformación particular es que se extiende de manera holomorfa a toda la esfera de Riemann; es una transformación que ya consideramos en §8.3, que lleva el círculo unidad (z-plano) a la recta real (t-plano):[9.5]

[9.5] Demuestre que esto da la misma t que antes.

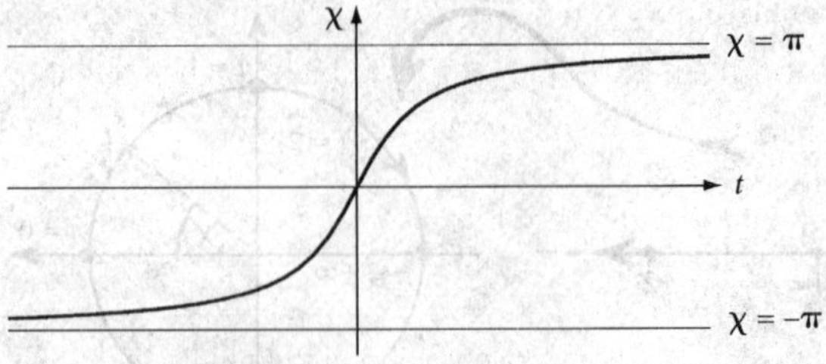

Fig. 9.8. Gráfica de $t = \tan \chi/2$.

$$t = \frac{z - 1}{iz + i}, \quad z = \frac{-t + i}{t + i}.$$

El interior del círculo unidad en el z-plano corresponde al semi-t-plano superior y el exterior del círculo unidad corresponde al semi-t-plano inferior. Así, las funciones de t de frecuencia positiva son aquellas que se extienden de forma holomorfa al semiplano inferior de t. (Hay, sin embargo, un tecnicismo adicional con el que debemos tener cuidado cuando trabajamos con el punto «∞» del t-plano; pero este se maneja adecuadamente si pensamos siempre en términos de la esfera de Riemann, en lugar de simplemente el t-plano complejo.)

Sin embargo, en las presentaciones estándar, la noción de «frecuencia positiva» en términos de una coordenada temporal t no se enuncia normalmente de la forma concreta que yo acabo de hacer, sino más bien en términos de lo que se denomina *transformada de Fourier* de $f(\chi)$. La respuesta es en realidad la misma[5] que la que he dado, pero puesto

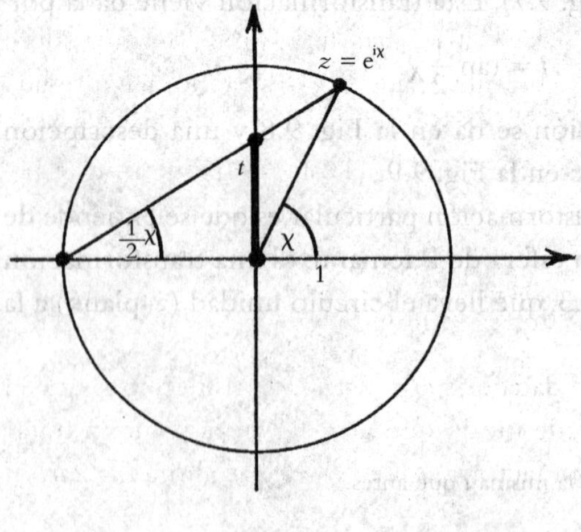

Fig. 9.9. Geometría de $t = \tan \dfrac{\chi}{2}$.

que las transformadas de Fourier son de importancia crucial para la mecánica cuántica (y también en muchas otras áreas), será importante explicar aquí qué es realmente esta transformada.

9.4. La transformada de Fourier

Básicamente, una transformada de Fourier es el límite de una serie de Fourier cuando el período l de nuestra función periódica $f(\chi)$ se hace cada vez mayor hasta que se hace infinito. En este límite infinito no hay ninguna restricción de periodicidad sobre $f(\chi)$; es solo una función ordinaria.[6] Esto tiene ventajas considerables cuando estamos estudiando la propagación de ondas y la capacidad de enviar señales «inesperadas», pues entonces no queremos insistir en que la forma de la señal sea periódica. La transformada de Fourier nos permite considerar tales señales «excepcionales» mientras seguimos analizándolas en términos de «tonos puros» periódicos. De hecho, lo consigue considerando que nuestra función $f(\chi)$ tiene período $l \to \infty$. A medida que el período l se hace mayor, los tonos puros armónicos, que tienen períodos l/n para algún entero positivo n, se harán cada vez más próximos a cualquier número real positivo que escojamos. (Recordemos que cualquier número real puede aproximarse por racionales con la precisión que queramos.) Lo que esto nos dice es que cualquier tono puro de cualquier frecuencia está ahora permitido como componente de Fourier. En lugar de tener $f(\chi)$ expresada como suma discreta de componentes de Fourier, ahora tenemos $f(\chi)$ expresada como una suma continua sobre todas las frecuencias, lo que significa que $f(\chi)$ está ahora expresada como una *integral* (véase §6.6) sobre la frecuencia.

Veamos, a grandes rasgos, cómo funciona esto. En primer lugar, recordemos nuestra expresión «más ordenada» para la descomposición de Fourier de una función periódica $f(\chi)$, de período l, dada más arriba:

$$F(z) = \sum \alpha_r z^r, \quad \text{donde } z = e^{i\omega\chi}$$

(la frecuencia angular ω está dada por $\omega = 2\pi/l$). Consideremos que el período es inicialmente 2π, de modo que $\omega = 1$. Ahora vamos a tratar de aumentar el período en un factor grande N (así que ahora $l = 2\pi N$), de modo que la frecuencia se reduce en el mismo factor (i.e., $\omega = N^{-1}$). La onda oscilatoria que acostumbraba a ser el tono puro fundamental se convierte ahora en el N-ésimo armónico con respecto a esta nueva frecuencia más baja. Un tono puro que antes era un n-ésimo armónico será ahora un (nN)-ésimo armónico. Cuando tomamos el límite de N tendiendo a infinito, no es conveniente identificar una componente oscilatoria particular etiquetándola por su «número armónico» (i.e., por el número n), puesto que este número sigue cambiando. Es decir, no es conveniente etiquetar esta componente oscilatoria por el entero r, en la suma anterior, puesto que un valor fijo de r etiqueta un armónico particular ($r = \pm n$, para el n-ésimo armónico), en lugar de identificar un tono de frecuencia particular. En su lugar, es r/N el que identifica esta frecuencia, y necesitamos una nueva variable para etiquetarlo. Teniendo en cuenta el uso importante que haremos de la transformada de Fourier en capítulos posteriores (véase especialmente §21.11), llamaré a esta variable «p», que, en el límite cuando N tiende a infinito, representa el *momento*[7] de una partícula mecanocuántica cuya posición viene medida por χ.

Para N finito, escribo

$$p = \frac{r}{N}.$$

En el límite $N \to \infty$, el parámetro p se convierte en una variable continua y, puesto que los «coeficientes α_r» en nuestra suma dependerán entonces del parámetro continuo con valores reales p en lugar del parámetro discreto con valores enteros r, es mejor escribir la dependencia de los coeficientes α_r de r utilizando el tipo estándar de notación funcional, digamos $g(p)$, en lugar de utilizar solo un sufijo (por ejemplo, «g_p»), como en α_r. En efecto, haremos el reemplazamiento

$$\alpha_r \mapsto g(p)$$

en nuestra suma $\sum \alpha_r z^r$, pero debemos tener en cuenta que a medida que N crece, el número de términos que yacen dentro de cierto intervalo pequeño de valores de p se hace mayor (básicamente, en proporción a N, puesto que estamos considerando fracciones n/N que yacen en dicho rango). En consecuencia, la cantidad $g(p)$ es realmente una medida de densidad, y debe ir acompañada por la cantidad diferencial dp en el límite, cuando la suma $\sum$ se convierte en una integral $\int$. Finalmente, consideremos el término z^r en nuestra suma $\sum\alpha_r z^r$. Tenemos $z = e^{i\omega\chi}$, con $\omega = N^{-1}$, de modo que $z = e^{i\chi/N}$. Así pues, $z^r = e^{i\chi r/N} = e^{i\chi p}$, de modo que, juntando todo esto, obtenemos en el límite $N \to \infty$ la expresión

$$\sum \alpha_r z^r \to \int_{-\infty}^{\infty} g(p)e^{i\chi p}dp,$$

que representa nuestra función $f(\chi)$. De hecho, es habitual incluir un factor de escala de $(2\pi)^{-1/2}$ con la integral, pues con ello se da una notable simetría que consiste en que la relación *inversa*, que expresa $g(p)$ en términos de $f(\chi)$, tiene exactamente la misma forma (aparte de un signo menos) que la que expresa $f(\chi)$ en términos de $g(p)$:

$$f(\chi) = (2\pi)^{-1/2}\int_{-\infty}^{\infty} g(p)e^{i\chi p}dp, \quad g(p) = (2\pi)^{-1/2}\int_{-\infty}^{\infty} f(\chi)e^{-i\chi p}d\chi.$$

Las funciones $f(\chi)$ y $g(p)$ se denominan *transformadas de Fourier* una de otra.[9.6]

9.5. Separación de frecuencias a partir de la transformada de Fourier

Una función (compleja) $f(\chi)$, definida en toda la recta real, se dice de *frecuencia positiva* si su transformada de Fourier $g(p)$ es *cero* para todo $p \geq 0$. Así pues, $f(\chi)$ está compuesta solo de componentes de la forma $e^{i\chi p}$ con $p < 0$. (Euler podría muy bien haberse preocupado —véase §6.1— con una $g(p)$ semejante, que parece ser un descarado «trabajo de pegado» entre una función no nula para $p < 0$ y simplemente cero para $p > 0$. Pese a todo, esto parece estar representando una propiedad «holomorfa» perfectamente respetable de $f(\chi)$.) Otra forma de expresar esta condición de «frecuencia positiva» es mediante la extensibilidad holomorfa de $f(\chi)$, como se ha hecho antes para la serie de Fourier. Ahora consideramos que la variable χ etiqueta los puntos del eje real

[9.6] Demuestre (a grandes rasgos) cómo obtener la expresión para $g(p)$ en términos de $f(\chi)$ utilizando una forma límite de la expresión para la integral de contorno $\alpha_n = (2\pi i)^{-1}\oint z^{-n-1}F(z)dz$ del ejercicio [9.2].

(de modo que podemos tomar $\chi = x$ sobre este eje), donde en la esfera de Riemann este «eje real» (incluyendo el punto «$\chi = \infty$») es ahora el *círculo real* (véase la Fig. 8.7c). Este círculo divide la esfera en dos hemisferios, de los que el «exterior» corresponde al semiplano inferior en la imagen estándar del plano complejo. La condición de que $f(\chi)$ sea de frecuencia positiva equivale ahora a que se extienda de manera holomorfa a este hemisferio exterior.

No obstante, hay una cuestión que requiere cierto cuidado cuando comparamos estas dos definiciones de «frecuencia positiva». Está relacionada con la cuestión de cómo tratamos el punto $z = \infty$, puesto que la función $f(\chi)$ tendrá, en general, algún tipo de singularidad allí. De hecho, con tal de que adoptemos el punto de vista «hiperfuncional» que describiré en breve (en §9.7), esta singularidad en $z = \infty$ no nos presenta ninguna dificultad esencial. Con el punto de vista adecuado

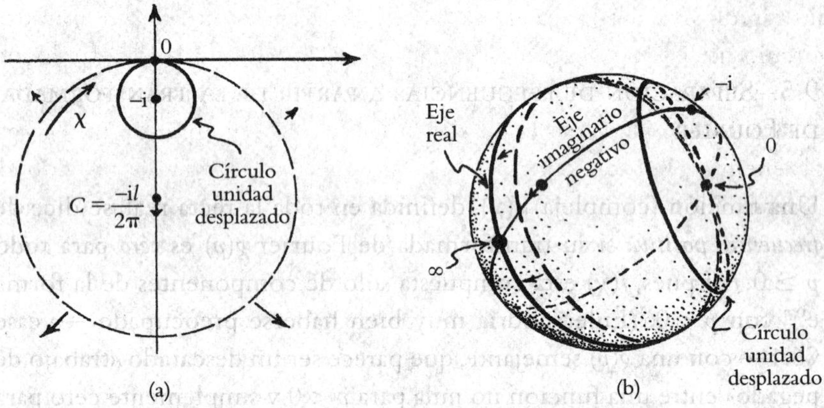

Fig. 9.10. Condición de frecuencia positiva, cuando $l \rightarrow \infty$, donde l es el período de $f(\chi)$. (a) Empezamos con $l = 2\pi$, con f definida en el círculo unidad desplazado para que su centro esté en $z = -\mathrm{i}$. Para l creciente, el círculo tiene radio l y centro en $C = -\mathrm{i}l/2\pi$. En cada caso χ mide la longitud de arco *en el sentido de las agujas del reloj*. La frecuencia positiva se expresa en que f se extiende de forma holomorfa al interior del círculo, y en el límite $l = \infty$, al semiplano inferior. (b) Lo mismo, en la esfera de Riemann. Para l finito, la serie de Fourier se obtiene a partir de una serie de Laurent en torno a $z = -\mathrm{i}l/2\pi$, pero en la esfera este punto no es el centro del círculo, convirtiéndose en el punto ∞ (que yace en él) en el límite $l = \infty$, donde la serie de Fourier se convierte en la transformada de Fourier.

con respecto a «$f(\infty)$», resulta que las dos definiciones de frecuencia positiva que he dado en el párrafo anterior están en mutuo acuerdo.[8]

Para el lector interesado, puede ser útil examinar, en términos de la esfera de Riemann, algo de la geometría que está implícita en nuestro límite de §9.4, que nos lleva de la serie de Fourier a la transformada de Fourier. Volvamos a la descripción en el z-plano que hemos estado considerando anteriormente para una función $f(\chi)$ de período 2π, donde χ mide la longitud del arco a lo largo de un círculo de radio unidad. Supongamos que queremos cambiar el período a valores mayores que 2π, en pasos sucesivamente crecientes, aunque manteniendo la interpretación de χ como una distancia a lo largo de un círculo. Podemos hacerlo considerando una secuencia de círculos cada vez mayores, pero para que el procedimiento de paso al límite tenga sentido geométrico supondremos que todos los círculos se tocan en el punto de partida $\chi = 0$ (véase la Fig. 9.10a). Por simplicidad en lo que sigue, escojamos este punto en el origen $z = 0$ (en lugar de $z = 1$), con todos los círculos yaciendo en el semiplano inferior. Esto hace que nuestro círculo inicial, para período $l = 2\pi$, sea el círculo unidad centrado en $z = -\mathrm{i}$ en lugar de estar centrado en el origen. Para un período $l > 2\pi$, el círculo está centrado en el punto $C = -\mathrm{i}l/2\pi$, y en el límite $l \to \infty$ obtenemos el propio eje real (de modo que $\chi = x$), al haber movido el «centro» hasta el infinito a lo largo del eje imaginario negativo. En cada caso, tomamos χ como una medida de la longitud de arco *en el sentido de las agujas del reloj* alrededor del círculo (o, en el caso límite, la distancia positiva a lo largo del eje real), con $\chi = 0$ en el origen. Puesto que nuestros círculos tienen ahora una orientación no estándar (i.e., en el sentido de las agujas del reloj), sus «exteriores» son sus *interiores* (véanse §9.3 y la Fig. 9.6), de modo que nuestra condición de frecuencia positiva se refiere a su interior. Tenemos ahora la relación entre χ y z expresada en la forma[9.7]

$$z = \frac{\mathrm{i}l}{2\pi}(\mathrm{e}^{-\mathrm{i}\chi} - 1).$$

Para l finito, podemos expresar $f(\chi)$ como una serie de Fourier remitiendo a una serie de Laurent en torno al punto $C = -\mathrm{i}l/2\pi$. Obte-

[9.7] Deduzca esta expresión.

nemos la transformada de Fourier tomando el límite $l \to \infty$. Para l finito, obtenemos la condición de frecuencia positiva como la extensibilidad holomorfa de $f(\chi)$ al *interior* del círculo relevante; en el límite $l \to \infty$, esto se convierte en la extensibilidad holomorfa al semiplano inferior, de acuerdo con lo que se ha afirmado antes.

¿Qué sucede con la serie de Laurent en el límite $l \to \infty$? Tendremos que considerar la esfera de Riemann para entender lo que sucede en este límite. Para cada valor finito de l, el punto $C(= \mathrm{i}l/2\pi)$ es el centro del χ-círculo, pero, en la esfera de Riemann, el punto C no tiene por qué ser nada como el centro del círculo. Cuando l aumenta, C se desplaza a lo largo del círculo en la esfera de Riemann que representa al eje imaginario (véase la Fig. 9.10b), y el punto $C(= \mathrm{i}l/2\pi)$ se parece cada vez menos al centro del círculo. Finalmente, cuando se alcanza el límite $l \to \infty$, C se convierte en el punto $z = \infty$ en la esfera de Riemann. Pero cuando $C = \infty$, ¡encontramos que en realidad *yace sobre* el círculo del que se supone que es el centro! (Este círculo es ahora, por supuesto, el eje real.) Así pues, hay algo peculiar (o «singular») en el hecho de tomar una serie de potencias en torno a dicho punto, lo que es de esperar, por supuesto, porque ya no tenemos una suma de términos individuales sino una integral continua.

9.6. ¿Qué tipo de función es apropiada?

Volvamos a la pregunta planteada al comienzo de este capítulo, concerniente al tipo de «función» que es apropiado utilizar. Plantearemos la siguiente pregunta: ¿qué tipo de funciones podemos representar como transformadas de Fourier? Parecería inadecuado restringir la atención únicamente a las funciones analíticas (i.e., a las C^{ω}-funciones) porque, como hemos visto antes, la transformada de Fourier $g(p)$ de una función $f(\chi)$ de frecuencia positiva —que ciertamente puede ser analítica— es un «trabajo de pegado» característicamente no analítico de una función no nula con la función cero. La relación entre una función y su transformada de Fourier es simétrica, de modo que no parece razonable adoptar criterios diferentes para cada una de ellas. Como cuestión adicional, se advirtió antes que el comportamiento de $f(\chi)$ en el punto $\chi = \infty$ es relevante para la cuestión de su separación en frecuencias positivas/negativas, pero solo en circunstancias muy especiales sería $f(\chi)$ realmente analítica (C^{ω}) en ∞ (puesto que esto requeriría un empalme preciso entre el comportamiento de $f(\chi)$ cuando $\chi \to +\infty$ y cuando $\chi \to -\infty$). Además de todo esto, está nuestra motivación *física* inicial, mencionada antes, para estudiar las transformadas de Fourier, a saber: que nos permiten tratar señales que pueden transmitir mensajes «inesperados» (no analíticos). Así pues, debemos volver a la pregunta a la que nos enfrentábamos al comienzo de esta sección: ¿qué tipo de objeto deberíamos aceptar como función «respetable»?

Recordemos que, por una parte, Euler y sus contemporáneos hubieran admitido probablemente que una función holomorfa (o analítica) era el tipo de objeto que tenían en mente como una «función» respetable; pero, por otra parte, tales funciones parecen innecesariamente restrictivas para muchos tipos de problemas matemáticos y físicos, incluyendo aquellos relativos a la propagación de ondas, de modo que se necesita una noción más general. ¿Es uno de estos puntos de vista más «correcto» que el otro? Hay tal vez una opinión dominante que afirma que los defensores del primer punto de vista están «pasados de moda», y que los conceptos modernos se inclinan bastante hacia el segundo, siendo las funciones holomorfas o analíticas tan solo casos muy especiales de la noción general de una «función». Pero ¿es esta necesariamente la actitud correcta que se debe tomar? Tratemos de ponernos en el marco mental del siglo XVIII.

Entra Joseph Fourier a comienzos del siglo XIX. Aquellos que pertenecían a la escuela «analítica» («euleriana») de pensamiento habrían recibido un golpe bajo cuando Fourier demostró que ciertas «funciones» periódicas, tales como la onda cuadrada o el diente de sierra mostradas en la Fig. 9.11, ¡tienen representaciones de Fourier de apariencia perfectamente razonable! Fourier encontró mucha oposición por parte de la comunidad matemática de su época. Muchos se mostraron reacios a creer sus conclusiones. ¿Cómo podría haber una «fórmula» para la función onda-cuadrada, por ejemplo? Pese a todo, como Fourier demostró, la suma de la serie

$$s(\chi) = \operatorname{sen} \chi + \frac{1}{3} \operatorname{sen} 3\chi + \frac{1}{5} \operatorname{sen} 5\chi + \frac{1}{7} \operatorname{sen} 7\chi + \dots$$

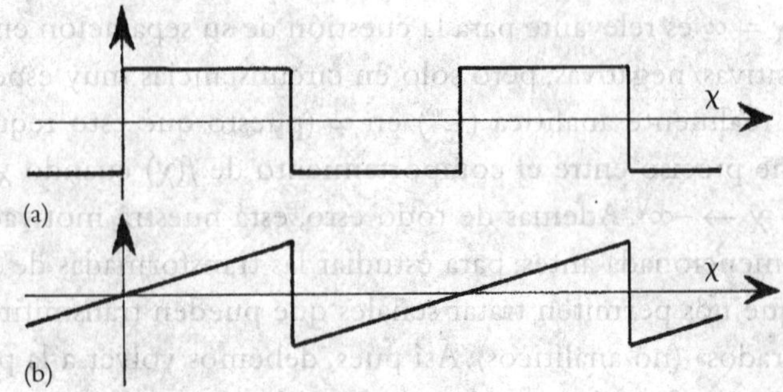

Fig. 9.11. Funciones periódicas discontinuas (con representaciones de Fourier de apariencia perfectamente razonable): (a) Onda cuadrada, (b) Diente de sierra.

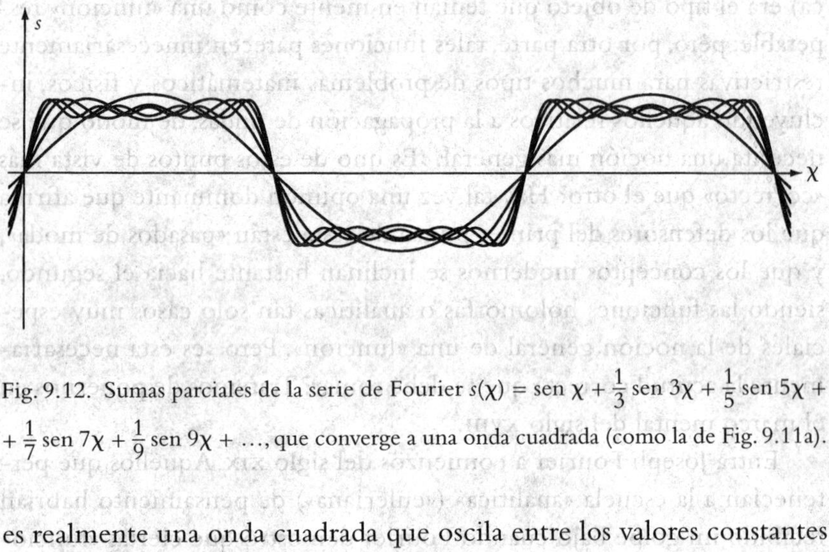

Fig. 9.12. Sumas parciales de la serie de Fourier $s(\chi) = \operatorname{sen}\chi + \frac{1}{3}\operatorname{sen}3\chi + \frac{1}{5}\operatorname{sen}5\chi + \frac{1}{7}\operatorname{sen}7\chi + \frac{1}{9}\operatorname{sen}9\chi + \ldots$, que converge a una onda cuadrada (como la de Fig. 9.11a).

es realmente una onda cuadrada que oscila entre los valores constantes $\frac{1}{4}\pi$ y $-\frac{1}{4}\pi$ en el semiperíodo π (véase la Fig. 9.12).

Consideremos la descripción en serie de Laurent para esto, tal como se ha dado antes. Tenemos la expresión de apariencia bastante elegante[9.8]

$$2is(\chi) = \ldots -\frac{1}{5}z^{-5} - \frac{1}{3}z^{-3} - z^{-1} + z + \frac{1}{3}z^{3} + \frac{1}{5}z^{5} + \ldots,$$

[9.8] Demuéstrelo.

donde $z = e^{i\chi}$. De hecho, este es un ejemplo donde el anillo de convergencia se contrae hasta el círculo unidad, sin que quede ninguna región abierta. Sin embargo, aún podemos dar sentido a las cosas en términos de funciones holomorfas si separamos la serie de Laurent en dos mitades, una con las potencias positivas, que da una serie de potencias ordinaria en z, y otra con potencias negativas, que da una serie de potencias en z^{-1}. En efecto, estas son series bien conocidas, y pueden ser sumadas explícitamente:[9.9]

$$S^- = z + \frac{1}{3}z^3 + \frac{1}{5}z^5 + \ldots = \frac{1}{2}\log\left(\frac{1+z}{1-z}\right)$$

y

$$S^+ = \ldots - \frac{1}{5}z^{-5} - \frac{1}{3}z^{-3} - z^{-1} = -\frac{1}{2}\log\left(\frac{1+z^{-1}}{1-z^{-1}}\right),$$

lo que da $2is(\chi) = S^- + S^+$. Un pequeño reordenamiento de estas expresiones lleva a la conclusión de que S^- y $-S^+$ difieren solo en $\pm\frac{1}{2}i\pi$, lo que nos dice que $s(\chi) = \pm\frac{1}{4}\pi$.[9.10] Pero necesitamos mirar un poco más de cerca para ver por qué obtenemos realmente una onda cuadrada que oscila entre estos valores alternos.

Es un poco más facil apreciar lo que está pasando si aplicamos la transformación $t = (z-1)/(iz+i)$, dada en §8.3, que lleva el interior del círculo unidad en el z-plano al semi-t-plano superior (como se ilustra en la Fig. 8.8). En términos de t, la cantidad S^- se refiere ahora a este semiplano superior y S^+ al semiplano inferior, y encontramos (con posibles ambigüedades $2\pi i$ en los logaritmos)

$$S^- = -\frac{1}{2}\log t + \frac{1}{2}\log i, \quad S^+ = \frac{1}{2}\log t + \frac{1}{2}\log i.$$

Siguiendo los logaritmos de forma continua desde los respectivos puntos de partida $t = i$ (donde $S^- = 0$) y $t = -i$ (donde $S^+ = 0$), encontramos que a lo largo del eje t real positivo $S^- + S^+ = +\frac{1}{2}i\pi$, mientras

[9.9] Hágalo, aprovechando un desarrollo en serie de potencias para $\log z$ en torno a $z = 1$, dado al final de §7.4.

[9.10] Demuéstrelo (suponiendo que $|s(\chi)| < 3\pi/2$).

que a lo largo del eje t real negativo tenemos $S^- + S^+ = -\frac{1}{2}i\pi$.[9.11] De ello deducimos que a lo largo de la mitad superior del círculo unidad en el z-plano tenemos $s(\chi) = +\frac{1}{4}\pi$, mientras que a lo largo de la mitad inferior tenemos $s(\chi) = -\frac{1}{4}\pi$. Esto demuestra que la suma de la serie de Fourier da realmente la onda cuadrada, precisamente lo que Fourier había afirmado.

¿Cuál es la moraleja de este ejemplo? Hemos visto que una función (periódica) particular que ni siquiera es continua, y mucho menos diferenciable (siendo en este caso una C^{-1}-función), puede representarse por una serie de Fourier de apariencia perfectamente razonable. De forma equivalente, cuando consideramos la función definida en el círculo unidad, esta puede representarse por una serie de Laurent de apariencia razonable, aunque una para la que el anillo de convergencia se ha contraído hasta el propio círculo unidad. La suma de cada una de las mitades positiva y negativa de esta serie de Laurent da sendas funciones holomorfas perfectamente buenas en la esfera de Riemann. Una está definida en un lado del círculo unidad y la otra está definida en el otro lado. Podemos considerar que la «suma» de estas dos funciones da la onda cuadrada requerida en el propio círculo unidad. La existencia de singularidades rama en los dos puntos $z = \pm 1$ en el círculo unidad es lo que hace que la suma pueda «saltar» de un lado a otro, dando la onda cuadrada que aparece en la suma. Estas singularidades rama impiden también que las series de potencias en los dos lados converjan más allá del círculo unidad.

9.7. Hiperfunciones

Este ejemplo es tan solo un caso muy especial, pero ilustra lo que debemos hacer en general. Preguntemos cuál es el tipo más general de función que puede ser definida en el círculo unidad (en la esfera de Riemann) y representada como una «suma» de una función holomorfa F^+

[9.11] Demuéstrelo.

en la región abierta que yace a un lado del círculo y de otra función F^- en la región abierta que yace al otro lado, igual que en el ejemplo que hemos estado considerando. Encontraremos que la respuesta a esta pregunta nos lleva directamente a una idea exótica pero importante conocida como una «hiperfunción».

De hecho, resulta más ilustrativo considerar f como la «diferencia» entre F^- y $-F^+$. Una razón para ello es que, en los casos más generales, puede no haber extensión analítica de F^- o de F^+ al círculo unidad, de modo que no está claro lo que una «suma» semejante podría significar sobre el propio círculo. Sin embargo, podemos considerar que la *diferencia* entre F^- y $-F^+$ representa el «salto» entre estas dos funciones cuando sus regiones de definición se juntan en el círculo unidad.

Esta idea de un «salto» entre una función holomorfa en un lado de una curva en el plano complejo y otra función holomorfa en el otro lado —donde ninguna de las dos funciones holomorfas necesita extenderse de forma holomorfa sobre la propia curva— nos proporciona realmente un nuevo concepto de una «función» definida sobre la curva. Esta es, en efecto, la definición de una *hiperfunción* sobre una curva (analítica). Es una noción maravillosa propuesta por el matemático japonés Mikio Sato en 1958,[9] aunque, como veremos enseguida, la definición real de Sato es considerablemente más elegante.[10]

No necesitamos considerar una curva cerrada, como el círculo unidad entero, para la definición de una hiperfunción, pero podemos considerar una parte de la curva. En realidad, es más habitual considerar hiperfunciones definidas en algún segmento γ de la recta real. Tomaremos γ como el segmento de la recta real entre a y b, donde a y b son números reales con $a < b$. Una hiperfunción definida en γ es entonces el *salto* a través de γ, partiendo de una función holomorfa f en un conjunto abierto $\mathcal{R}^-$ (que tiene γ como frontera superior) hasta una función holomorfa g en un conjunto abierto $\mathcal{R}^+$ (que tiene γ como su frontera inferior); véase la Fig. 9.13.

Hablar de un «salto» de esta forma no nos da mucha idea sobre qué hacer con tal objeto (y tampoco es muy preciso en matemáticas). La elegante resolución de Sato para estas cuestiones consiste en proceder de una manera más bien formalmente algebraica, que en realidad es bastante sencilla. Simplemente representamos este salto como el *par* (f,

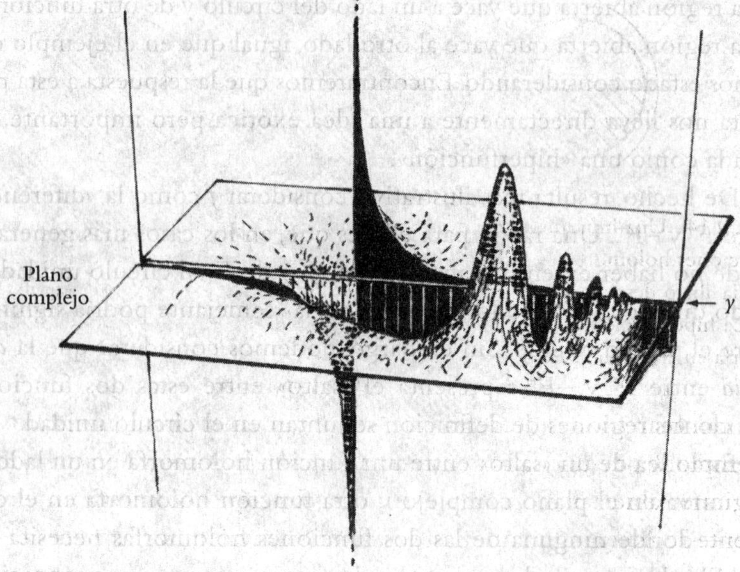

Fig. 9.13. Una hiperfunción en un segmento γ del eje real expresa el «salto» desde una función holomorfa en un lado de γ a una en el otro lado.

g) de estas funciones holomorfas, pero donde decimos que un par (f, g) es *equivalente* a otro par (f_0, g_0) si el segundo se obtiene del primero añadiendo a ambas f y g la misma función holomorfa h, donde h está definida en la región (abierta) combinada $\mathcal{R}$, que consiste en $\mathcal{R}^-$ y $\mathcal{R}^+$ unidas a lo largo del segmento γ; véase la Fig. 9.14. Podemos decir

$$(f, g) \quad \text{es equivalente a} \quad (f + h, g + h),$$

donde las funciones holomorfas f y g están definidas en $\mathcal{R}^-$ y $\mathcal{R}^+$, respectivamente, y donde h es una función holomorfa arbitraria en la región combinada $\mathcal{R}$. Cualquiera de las expresiones mostradas antes puede ser utilizada para representar la misma hiperfunción. La propia hiperfunción se conocería matemáticamente como la *clase de equivalencia* de tales pares, «reducidos módulo»[11] las funciones holomorfas h definidas en $\mathcal{R}$. El lector puede recordar la noción de clase de equivalencia mencionada en el prefacio, en relación con la definición de una fracción. Esta es la misma idea general, y no menos confusa. El punto esencial aquí es que sumar h no afecta al «salto» entre f y g, pero h pue-

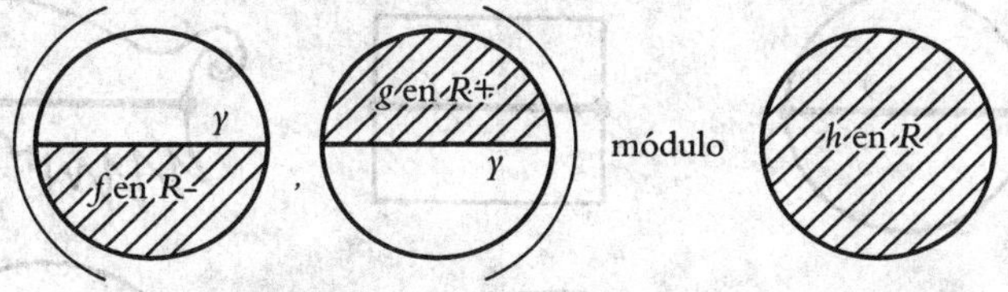

Fig. 9.14. Una hiperfunción, en un segmento γ del eje real, está dada por un par de funciones holomorfas (f, g), con f definida en una región abierta $\mathcal{R}^-$, que se extiende hacia abajo desde γ y g en una región abierta $\mathcal{R}^+$, que se extiende hacia arriba desde γ. La hiperfunción h, en γ, es (f, g) *módulo* cantidades $(f + h, g + h)$, donde h es holomorfa en la unión $\mathcal{R}$ de $\mathcal{R}^-$, γ y $\mathcal{R}^+$.

de cambiar f y g de formas que son irrelevantes para este salto. (Por ejemplo, h puede cambiar la forma de estas funciones lejos de γ en las regiones abiertas $\mathcal{R}^-$ y $\mathcal{R}^+$.) Así pues, el propio salto está impecablemente representado como esta clase de equivalencia.

El lector puede sentirse genuinamente contrariado porque esta pulcra definición parece depender crucialmente de nuestras elecciones arbitrarias de las regiones $\mathcal{R}^-$ y $\mathcal{R}^+$, solo restringidas por el hecho de estar unidas a lo largo de su frontera común γ. Lo extraordinario, sin embargo, es que la definición de hiperfunción *no* depende de esta elección. Según un sorprendente teorema, conocido como *teorema de extirpación*, esta noción de hiperfunción es en realidad completamente independiente de las elecciones particulares de $\mathcal{R}^-$ y $\mathcal{R}^+$; véanse los tres ejemplos superiores de la Fig. 9.15.

De hecho, el teorema de extirpación nos da más que esto. No exigimos que nuestra región abierta $\mathcal{R}$ quede dividida en dos (a saber, en $\mathcal{R}^-$ y $\mathcal{R}^+$) cuando eliminamos γ. Todo lo que necesitamos es que la región abierta $\mathcal{R}$, en el plano complejo, debe contener al segmento abierto[12] γ. Puede ser que $\mathcal{R} - \gamma$ (i.e., lo que queda de $\mathcal{R}$ cuando se elimina γ de ella[13]) consista en dos piezas separadas, igual que habíamos considerado hasta ahora, pero lo más general es que la eliminación de γ de $\mathcal{R}$ nos deje con una única región conexa, como se ilustra en los tres ejemplos inferiores de la Fig. 9.15. En estos casos, también debemos eliminar cualquier punto extremo interno a o b de γ, de modo que nos quedamos con un conjunto abierto, que llamaré $\mathcal{R} - \bar{\gamma}'$. En este caso más general, nuestras hiperfunciones se definen como funciones holo-

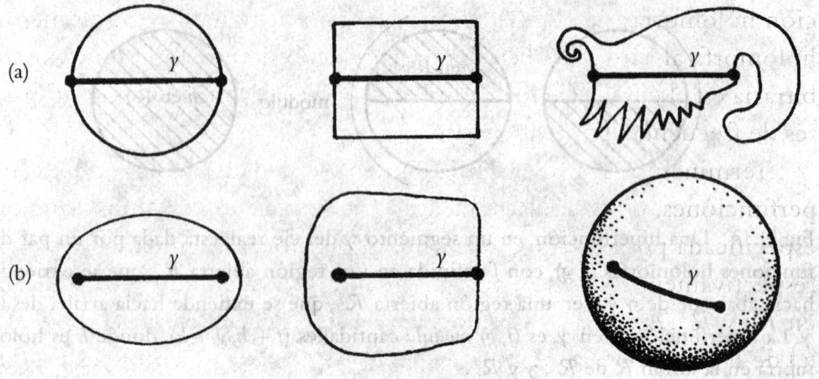

Fig. 9.15. Según el teorema de extirpación, la noción de una hiperfunción es independiente de la elección de región abierta $\mathcal{R}$, con tal de que $\mathcal{R}$ contenga a la curva dada γ. (a) La región $\mathcal{R} - \bar{\gamma}$ puede consistir en dos piezas separadas (de modo que obtenemos dos funciones holomorfas distintas f y g, como en la Fig. 9.14) o (b) la región $\mathcal{R} - \bar{\gamma}$ puede ser una pieza simplemente conexa, en cuyo caso f y g son simplemente dos partes de la misma función holomorfa.

morfas en $\mathcal{R}$, reducidas módulo funciones holomorfas en $\mathcal{R} - \bar{\gamma}'$. Es bastante notable que esta elección muy libérrima de $\mathcal{R}$ no suponga diferencia para la clase de «hiperfunciones» que se define con ello.[9.12] El caso en que tanto a como b yacen dentro de $\mathcal{R}$ es útil para integrales de hiperfunciones, puesto que entonces puede utilizarse un contorno cerrado en $\mathcal{R} - \bar{\gamma}$.

Todo esto se aplica también a nuestro caso anterior de un círculo en la esfera de Riemann. Aquí hay cierta ventaja en tomar $\mathcal{R}$ como la esfera de Riemann entera, porque entonces las funciones que tenemos que tomar «módulo por» son las funciones holomorfas que son globales en la esfera de Riemann entera, y hay un teorema según el cual dichas funciones son precisamente constantes. (Estas son realmente las «constantes» α_0 de las que hemos decidido no preocuparnos en §9.2.) Así pues, módulo constantes, una hiperfunción definida en un círculo en la esfera de Riemann está especificada simplemente por una fun-

[9.12] ¿Por qué las «funciones holomorfas en $\mathcal{R}$, reducidas módulo funciones holomorfas en $\mathcal{R} - \bar{\gamma}'$ se convierten en la definición de una hiperfunción que teníamos previamente, cuando $\mathcal{R} - \bar{\gamma}$ se separa en $\mathcal{R}^-$ y $\mathcal{R}^+$?

ción holomorfa en toda la región a un lado del círculo y otra función holomorfa al otro lado. Esto da la separación de una hiperfunción arbitraria en el círculo de forma unívoca (módulo constantes) en sus partes de frecuencia positiva/negativa.

Terminemos considerando algunas propiedades básicas de las hiperfunciones. Utilizaré la notación $\llparenthesis f, g \rrparenthesis$ para denotar la hiperfunción especificada por el par f y g definidas holomórficamente en $\mathcal{R}^-$ y $\mathcal{R}^+$, respectivamente (donde estoy volviendo al caso en que γ divide a $\mathcal{R}$ en $\mathcal{R}^-$ y $\mathcal{R}^+$. Así, si tenemos dos representaciones diferentes $\llparenthesis f, g \rrparenthesis$ y $\llparenthesis f_0, g_0 \rrparenthesis$ de la misma hiperfunción, es decir, $\llparenthesis f, g \rrparenthesis = \llparenthesis f_0, g_0 \rrparenthesis$, entonces $f - f_0$ y $g - g_0$ son ambas la *misma* función holomorfa h definida en $\mathcal{R}$, pero restringida a $\mathcal{R}^-$ y $\mathcal{R}^+$, respectivamente. Es sencillo, pues, expresar la *suma* de dos hiperfunciones, la *derivada* de una hiperfunción, y el *producto* de una hiperfunción por una función analítica q definida en γ:

$$\llparenthesis f, g \rrparenthesis + \llparenthesis f_1, g_1 \rrparenthesis = \llparenthesis f + f_1, g + g_1 \rrparenthesis,$$

$$\frac{\mathrm{d}\llparenthesis f, g \rrparenthesis}{\mathrm{d}z} = \left\llparenthesis \frac{\mathrm{d}f}{\mathrm{d}z}, \frac{\mathrm{d}g}{\mathrm{d}z} \right\rrparenthesis,$$

$$q\llparenthesis f, g \rrparenthesis = \llparenthesis qf, qg \rrparenthesis,$$

donde en la última expresión, la función analítica q está extendida de manera holomorfa en un entorno de[14] γ.[9.13] Podemos representar la propia q como una hiperfunción por $q = \llparenthesis q, 0 \rrparenthesis = \llparenthesis 0, -q \rrparenthesis$, pero no hay un producto general definido entre dos hiperfunciones. La carencia de un producto no es culpa de la aproximación de hiperfunción a las funciones generalizadas. Sucede con todas las aproximaciones.[15] El hecho de que la función delta de Dirac (mencionada en §6.6; véase también *infra*) no pueda ser elevada al cuadrado, por ejemplo, causa un sinfín de dificultades a muchos teóricos de los campos cuánticos.

Algunos ejemplos sencillos de representaciones hiperfuncionales, en el caso en que $\gamma = \mathbb{R}$, y $\mathcal{R}^-$ y $\mathcal{R}^+$ son los semiplanos complejos abiertos superior e inferior, la función escalón de Heaviside $\theta(x)$ y la función delta de Dirac(-Heaviside) $\delta(x)(= \mathrm{d}\theta(x)/\mathrm{d}x)$; (véanse §§6.1,6):

[9.13] Hay aquí una pequeña sutileza. Resuélvala. (*Sugerencia*: Piense cuidadosamente en los dominios de definición.)

$$\theta(x) = \left(\!\left|\frac{1}{2\pi i}\log z, \frac{1}{2\pi i}\log z - 1\right|\!\right),$$

$$\delta(x) = \left(\!\left|\frac{1}{2\pi i}, \frac{1}{2\pi i}\right|\!\right),$$

donde tomamos la rama de los logaritmos para la que log 1 = 0. La integral de la hiperfunción $(\!|f, g|\!)$ sobre toda la recta real puede expresarse como la integral de f a lo largo de un contorno inmediatamente por debajo de la recta real menos la integral de g a lo largo de un contorno inmediatamente por encima de la recta real (suponiendo que estas convergen), ambas de izquierda a derecha.[9.14] Nótese que la hiperfunción puede ser no trivial incluso cuando f y g son prolongaciones analíticas de la misma función.

¿Hasta qué punto son generales las hiperfunciones? Ciertamente, incluyen a todas las funciones analíticas. Incluyen también funciones discontinuas como $\theta(x)$ y la onda cuadrada (como muestran nuestras discusiones anteriores), u otras C^{-1}-funciones obtenidas sumando estos objetos. De hecho, todas las C^{-1}-funciones son ejemplos de hiperfunciones. Además, puesto que podemos diferenciar una hiperfunción para obtener otra hiperfunción, y cualquier C^{-2}-función puede obtenerse como la derivada de alguna C^{-1}-función, se sigue que todas las C^{-2}-funciones son también hiperfunciones. Hemos visto que esto incluye a la función delta de Dirac. Podemos derivar otra vez, y luego otra vez más. En realidad, cualquier C^{-n}-función es una hiperfunción, para cualquier n entero. ¿Qué pasa con las $C^{-\infty}$-funciones, conocidas como *distribuciones*? (Véase §6.6). Sí, también todas estas son hiperfunciones.

Normalmente se define una distribución como un elemento de lo que se denomina el espacio *dual* de las funciones C^{∞}-suaves. La noción de un «espacio dual» será discutida en §12.3 (y §13.6). De hecho, el dual (en un sentido apropiado) del espacio de las C^{n}-funciones es el espacio de las C^{-2-n}-funciones para cualquier entero n, y esto se aplica también a $n = \infty$ si escribimos $-2 - \infty = -\infty$ y $-2 + \infty = \infty$. Por consiguiente, las $C^{-\infty}$-funciones son duales de las C^{∞}-funciones. ¿Qué sucede con el dual ($C^{-\omega}$) de las C^{ω}-funciones? En realidad, con la definición

[9.14] Compruebe la propiedad estándar de la función delta por la que $\int q(x)\delta(x)dx = q(0)$, en el caso en que $q(x)$ es analítica.

adecuada de «dual», ¡estas $C^{-\omega}$-funciones son precisamente las hiperfunciones!

Hemos cerrado el círculo. Al tratar de generalizar la noción de «función», alejándonos todo lo posible de la noción aparentemente muy restrictiva de función «analítica» u «holomorfa» —el tipo de función que hubiera hecho feliz a Euler—, hemos llegado a la noción extraordinariamente general y flexible de una *hiperfunción*. Pero las propias hiperfunciones están definidas, de una forma básicamente muy simple, en términos de estas mismas funciones holomorfas «eulerianas» que pensábamos que habíamos abandonado con reticencia. En mi opinión, este es uno de los logros mágicos supremos de los números complejos.[16] ¡Ojalá Euler hubiera vivido para apreciar este hecho maravilloso!

Notas

Sección 9.1

9.1. Aquí utilizo la letra griega χ («chi»), en lugar de una x ordinaria, que podría parecer más natural, solo porque necesitamos distinguir esta variable de la parte real x del número complejo z, que desempeñará un papel importante en lo que sigue.

9.2. No se requiere que $f(\chi)$ sea real para valores reales de χ, esto es, que a_n, b_n y c sean números reales. Es perfectamente legítimo tener funciones complejas de variables reales. La condición para que $f(\chi)$ sea real es que α_{-n} sea el complejo conjugado de α_n. Los complejos conjugados se examinarán en §10.1.

Sección 9.2

9.3. La anomalía notacional de apariencia extraña que supone el utilizar «F^-» para la parte de la serie con potencias positivas y «F^+» para la parte con potencias negativas, surge en definitiva de un convenio de signos desafortunado que ha llegado a hacerse casi universal en la literatura mecanocuántica (véanse §§21.2,3 y §24.3). Pido disculpas por esto, ¡pero no hay nada que pueda hacer de forma razonable!

9.4. Es un principio general que para cualquier C^ω-función f, definida en un dominio real $\mathcal{R}$, es posible «complejificar» $\mathcal{R}$ hasta un dominio complejo $\mathbb{C}\mathcal{R}$ ligeramente ampliado, llamado un «engrosamiento complejo» de $\mathcal{R}$, que contiene a $\mathcal{R}$ en su interior, tal que f se extiende unívocamente a una función holomorfa definida en $\mathbb{C}\mathcal{R}$.

Sección 9.3

9.5. Véase, por ejemplo, Bailey *et al.* (1982).

Sección 9.4

9.6. Por otra parte, es habitual imponer algún requisito de que $f(\chi)$ se comporte «razonablemente» cuando χ tiende a infinito positivo o negativo. Esto no tendrá un interés especial para nosotros aquí y, en cualquier caso, con el enfoque que estoy adoptando, los requisitos habituales serían innecesariamente restrictivos.

9.7. En mecánica cuántica hay también una cantidad constante $\hbar$ introducida para fijar adecuadamente el escalamiento de p con respecto a x (véanse §§21.2,11), pero por el momento estoy simplificando las cosas tomando $\hbar = 1$. De hecho, $\hbar$ es la forma de Dirac de la constante de Planck (i.e., $h/2\pi$, donde h es el «cuanto de acción» original de Planck). La elección $\hbar = 1$ puede hacerse siempre definiendo nuestras unidades básicas de la forma apropiada. Véase §27.10.

Sección 9.5

9.8. Véase Bailey *et al.* (1982).

Sección 9.7

9.9. Véase Sato (1958, 1959, 1960).

9.10. Véase también Bremermann (1965), aunque el término «hiperfunción» no se utiliza explícitamente en esta obra.

9.11. Este aspecto de la noción «módulo» será examinado en §16.1 (y se puede comparar con la nota 3.17).

9.12. Aquí «segmento abierto» se refiere simplemente al hecho de que los verdaderos puntos extremos a y b no están incluidos en γ, de modo que «que contiene» a γ no implica que a y b estén contenidos dentro de $\mathcal{R}$.

9.13. Esta «diferencia» entre conjuntos $\mathcal{R}, \gamma$ también se escribe habitualmente $\mathcal{R}\gamma$.

9.14. La definición técnica de «entorno de» es «que contiene un conjunto abierto».

9.15. Para la aproximación más estándar («distribución») a la idea de «función generalizada», véanse Schwartz (1966), Friedlander (1982), Gel'fand y

Shilov (1964), y Trèves (1967); para una propuesta alternativa, útil en contextos «no lineales», y que traslada el «problema de la no existencia del producto» a un problema de no unicidad, véanse Colombeau (1983, 1985) y Grosser *et al.* (2001).

9.16. Hay también interconexiones importantes entre hiperfunciones y la cohomología de haces holomorfa, que se discutirá en §33.9. Tales ideas desempeñan papeles importantes en la teoría de hiperfunciones en superficies de dimensiones más altas; véanse Sato (1959, 1960) y Harvey (1966).

10

Superficies

10.1. Dimensiones complejas y dimensiones reales

Uno de los logros más impresionantes de las matemáticas en los dos últimos siglos es el desarrollo de varias técnicas notables que pueden tratar con espacios no planos de varias dimensiones. Será importante para nuestros objetivos que transmita al lector algo de estas ideas, pues la física moderna depende de ellas de forma vital.

Hasta ahora hemos considerado espacios de una sola dimensión. El lector podría sentirse intrigado por este comentario, ya que el plano complejo, la esfera de Riemann y otras superficies de Riemann han sido protagonistas en varios de los capítulos anteriores. Sin embargo, en el contexto de las funciones holomorfas hay que pensar que estas superficies son, en esencia, de una sola dimensión, siendo esta una dimensión *compleja*, como se ha comentado en §8.2. Los puntos de un espacio semejante se distinguen (localmente) unos de otros por un único parámetro, aunque este parámetro resulta ser un número complejo. Así pues, hay que considerar estas «superficies» realmente como *curvas*, a saber, curvas *complejas*. Por supuesto, podríamos separar un número complejo z en sus partes real e imaginaria (x, y), donde $z = x + iy$, y considerar x e y como dos parámetros reales independientes. Pero el proceso de separar de este modo un número complejo no es algo que pertenezca al ámbito de las operaciones holomorfas. Mientras estemos interesados solo en estructuras holomorfas, como lo hemos estado hasta ahora cuando considerábamos nuestros espacios complejos, debemos considerar que un único parámetro complejo proporciona una única dimensión. Esta, al menos, es la actitud mental que yo recomendaría adoptar.

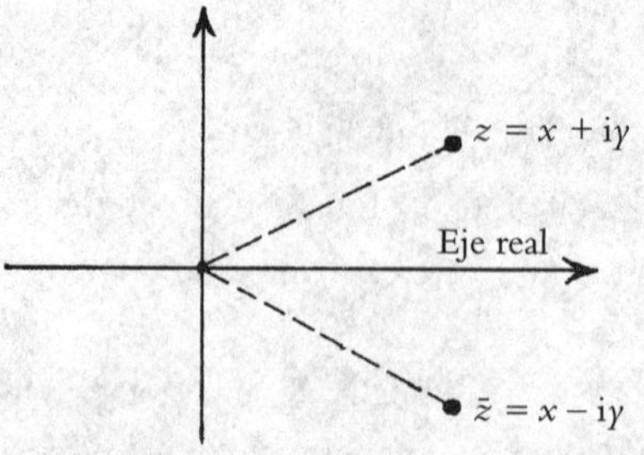

Fig. 10.1. El complejo conjugado de $z = x + iy$ (x, y reales) es $\bar{z} = x - iy$, obtenido como reflexión del z-plano en el eje real.

Por el contrario, se puede adoptar una posición opuesta, a saber, que las operaciones holomorfas constituyen meramente ejemplos particulares de operaciones más generales mediante las que x e y pueden separarse, si así lo deseamos, para ser consideradas como parámetros independientes. La forma adecuada de lograrlo es mediante la noción de *conjugación compleja*, que es una operación *no* holomorfa. El conjugado complejo del número $z = x + iy$, donde x e y son números reales, es el número complejo $\bar{z}$ dado por

$$\bar{z} = x - iy.$$

En el z-plano complejo, la operación de formar el conjugado complejo de un número complejo corresponde a una *reflexión* del plano respecto a la recta real (véase la Fig. 10.1). Recordemos de la exposición de §8.2 que las operaciones holomorfas conservan siempre la orientación del plano complejo. Si queremos considerar una aplicación conforme de (una parte del) plano complejo que invierte la orientación (tal como poner del revés el propio plano complejo), entonces necesitamos incluir la operación de conjugación compleja. Pero cuando se incluye junto a las otras operaciones estándar (sumar, multiplicar, tomar un límite), la conjugación compleja nos permite también generalizar nuestras aplicaciones, de modo que ya no necesitan ser conformes en absoluto. De hecho, cualquier aplicación de una porción del plano complejo en otra porción del plano complejo (mediante una transformación continua, pongamos por caso) puede lograrse añadiendo la operación de conjugación compleja a las otras operaciones.

Permítanme desarrollar este comentario. Podemos considerar que las funciones holomorfas son aquellas construidas a partir de las operaciones de suma y multiplicación, tal como se aplican a los números complejos, junto con el procedimiento de tomar un límite (puesto que estas operaciones bastan para construir series de potencias, ya que una suma infinita es un límite de sumas parciales sucesivas).[10.1] Si incorporamos también la operación de conjugación compleja, entonces podemos generar funciones generales (digamos continuas) de x e y, ya que podemos expresar x e y individualmente por

$$x = \frac{z + \bar{z}}{2}, \quad y = \frac{z + \bar{z}}{2\mathrm{i}}.$$

(Cualquier función continua de x e y puede construirse a partir de números reales mediante sumas, productos y límites.) Utilizaré la notación $F(z, \bar{z})$, con $\bar{z}$ explícitamente mencionado, cuando se esté considerando una función no holomorfa de z. Esto sirve para destacar el hecho de que en cuanto salimos del ámbito holomorfo, debemos considerar que nuestras funciones están definidas en un espacio 2-real-dimensional, en lugar de un espacio de una sola dimensión compleja. Podemos considerar nuestra función $F(z, \bar{z})$ expresada tambien en términos de las partes imaginarias x e y de z, y escribir esta función como $f(x, y)$. Entonces tenemos $f(x, y) = F(z, \bar{z})$, aunque, por supuesto, la forma funcional de f será en general completamente diferente de la de F. Por ejemplo, si $F(z, \bar{z}) = z^2 + \bar{z}^2$, entonces $f(x, y) = 2x^2 - 2y^2$. Como ejemplo adicional, podríamos considerar $F(z, \bar{z}) = z\bar{z}$; entonces $f(x, y) = x^2 + y^2$, que es el cuadrado del *módulo* $|z|$ de z, esto es,[10.2]

$$z\bar{z} = |z|^2$$

10.2. Suavidad, derivadas parciales

Puesto que al considerar funciones de más de una variable empezamos a aventurarnos en espacios de dimensiones más altas, aquí es necesario hacer algunos comentarios concernientes al «cálculo infinitesimal» en tales espacios. Como veremos explícitamente dentro de dos capítulos, los espacios —conocidos como *variedades*— pueden ser de cualquier dimensión n, donde n es un entero positivo. (Una variedad n-dimen-

[10.1] Explique por qué la resta y la división pueden construirse a partir de estas.
[10.2] Deduzca ambos resultados.

sional se suele conocer simplemente como una n-variedad.) La teoría de la relatividad general de Einstein utiliza una 4-variedad para describir el espaciotiempo, y muchas teorías modernas utilizan variedades de dimensiones aún más altas. Exploraremos las n-variedades generales en el capítulo 12, pero, por simplicidad, en este capítulo consideraremos solo la situación de una 2-variedad (o superficie) real $\mathcal{S}$. Entonces podemos utilizar las coordenadas locales x e y (reales) para etiquetar los diferentes puntos de $\mathcal{S}$ (en una región local de $\mathcal{S}$). De hecho, la discusión es muy representativa del caso general n-dimensional.

Una superficie 2-dimensional podría ser, por ejemplo, un plano ordinario o una esfera ordinaria. Pero la superficie no debe ser considerada como un «plano complejo» o una «esfera de Riemann» porque no estamos interesados en asignarle una estructura como espacio complejo (i.e., con la noción acompañante de «función holomorfa» definida en la superficie). Su estructura solo tiene que ser la de una *variedad suave*. Geométricamente, esto significa que no necesitamos seguir la pista de nada parecido a una estructura local conforme, como hacíamos con nuestras superficies de Riemann en §8.2, sino que necesitamos poder decir cuándo una función definida en el espacio (i.e., una función cuyo dominio es el espacio) debe considerarse «suave».

Para hacernos una idea intuitiva de lo que es una variedad «suave», pensemos en una esfera en contraposición a un cubo (donde, por supuesto, en cada caso me estoy refiriendo a la superficie y no al interior). Como ejemplo de una función suave sobre la esfera podríamos considerar una «función altura», por ejemplo la distancia por encima del plano ecuatorial (estando la esfera representada en un 3-espacio euclídeo ordinario en la forma normal, y contando negativamente las distancias por debajo del plano).Véase la Fig. 10.2a. Por el contrario, si nuestra función es el *módulo* de esta función altura (véanse §6.1 y la Fig 10.2b), de modo que las distancias por debajo del ecuador también cuentan positivamente, entonces esta función no es suave a lo largo del ecuador. Pero si consideramos el *cuadrado* de la función altura, entonces esta función *es* suave sobre la esfera (Fig. 10.2c). Es instructivo notar que en todos estos casos la función es suave en los polos norte y sur, pese a la apariencia «singular» que tienen en los polos las líneas de nivel de altura constante. El único caso de no suavidad ocurre en nuestro segundo ejemplo, en el ecuador.

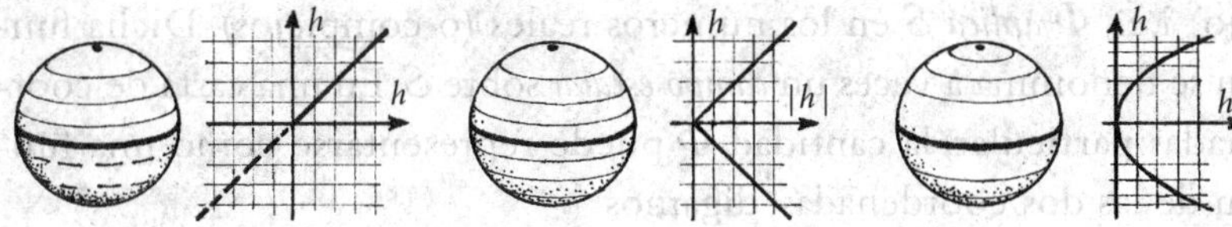

Fig. 10.2. Funciones en una esfera $\mathcal{S}$, representadas como si estuvieran en un 3-espacio euclídeo, donde h mide la distancia por encima del plano ecuatorial. (a) La propia función h es suave en $\mathcal{S}$ (valores negativos indicados por líneas discontinuas). (b) El módulo $|h|$ (véase la Fig. 6.2b) no es suave a lo largo del ecuador. (c) El cuadrado h^2 es suave sobre toda la $\mathcal{S}$.

Para entender lo que esto significa de manera un poco más precisa, introduzcamos un sistema de *coordenadas* en nuestra superficie $\mathcal{S}$. Estas coordenadas solo tienen que aplicarse localmente, y podemos imaginar $\mathcal{S}$ construida a partir de fragmentos locales —*cartas de coordenadas*— «pegados», de forma análoga a nuestro procedimiento para las esferas de Riemann en §8.1. (En el caso de la esfera, por ejemplo, necesitamos más de una carta.) Dentro de una carta, los diferentes puntos están etiquetados por coordenadas suaves; véase la Fig. 10.3. Nuestras coordenadas deben tomar valores reales, y las llamaremos x e y (sin que esto pretenda sugerir que deberían combinarse en forma de un número complejo). Supongamos ahora que tenemos una función suave Φ definida en $\mathcal{S}$. En terminología matemática moderna, Φ es una *aplicación* suave de $\mathcal{S}$ en el espacio de los números reales $\mathbb{R}$ (o de los números complejos $\mathbb{C}$, en el caso de que Φ sea una función de valor complejo sobre $\mathcal{S}$) porque Φ asigna a cada punto de $\mathcal{S}$ un número real (o com-

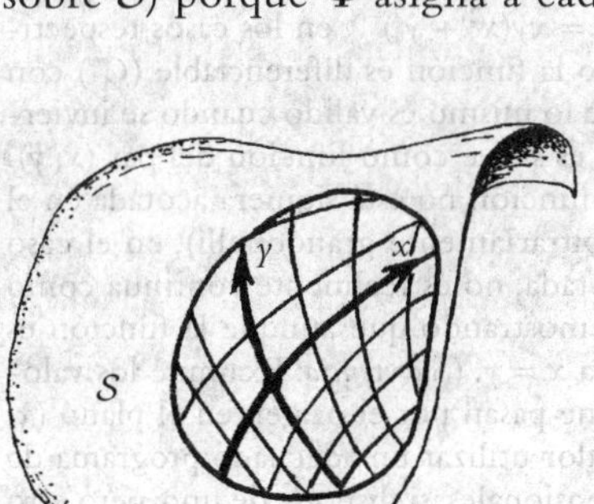

Fig. 10.3. Dentro de una carta local, coordenadas suaves (x, y) (con números reales) etiquetan los puntos.

plejo) i.e., Φ *aplica* $\mathcal{S}$ en los números reales (o complejos). Dicha función se denomina a veces un *campo escalar* sobre $\mathcal{S}$. En una carta de coordenadas particular, la cantidad Φ puede representarse como una función de las dos coordenadas, digamos

$$\Phi = f(x, y),$$

donde la *suavidad* de la cantidad Φ se expresa como la *diferenciabilidad* de la función $f(x, y)$.

No he explicado todavía lo que va a entenderse por «diferenciabilidad» para una función de más de una variable. Aunque intuitivamente clara, la definición precisa es un poco técnica para que entre aquí en ella con todo detalle.[1] En cualquier caso, haré algunos comentarios clarificadores.

En primer lugar, para que f sea diferenciable, como una función del par de variables (x, y), es necesario que si consideramos $f(x, y)$ en su calidad como función de la variable x, mientras y se mantiene en un valor constante, entonces esta función debe ser suave (al menos C^1) como función de x, en el sentido de las funciones de una *única* variable (véase §6.3); además, si consideramos $f(x, y)$ como una función de la variable y solamente, mientras que ahora es x la que se mantiene constante, entonces debe ser suave (C^1) como función de y. Sin embargo, esto no es en absoluto suficiente. Existen muchas funciones $f(x, y)$ que son suaves en x e y por separado, pero para las que sería irrazonable llamarlas suaves en el *par* (x, y).[10.3] Un requisito adicional suficiente para la suavidad es que cada una de las derivadas con respecto a x e y por separa-

[10.3] Consideremos la función real $f(x, y) = xy(x^2 + y^2)^{-N}$, en los casos respectivos $N = 2$, 1 y $1/2$. Demuestre que en cada caso la función es diferenciable (C^ω) con respecto a x, para cualquier valor fijo de y (y que lo mismo es válido cuando se invierten los papeles de x e y). De todas formas, f no es suave como función del par (x, y). Demuéstrelo en el caso $N = 2$ probando que la función no está siquiera acotada en el entorno del origen (0,0) (i.e., toma valores arbitrariamente grandes allí), en el caso $N = 1$ demostrando que la función aunque acotada, no es realmente continua como una función de (x, y), y en el caso $N = 1/2$ demostrando que aunque la función es ahora continua, no es suave a lo largo de la recta $x = y$. (*Sugerencia*: Examine los valores de cada función a lo largo de líneas rectas que pasan por el origen en el plano (x, y).) Algunos lectores pueden encontrar iluminador utilizar un adecuado programa de ordenador para representaciones gráficas 3-dimensionales, si dispone de uno, pero esto no es en absoluto necesario.

do sean funciones *continuas* del par (x, y). Enunciados similares (de particular relevancia para §4.3) serían válidos si consideramos funciones de más de dos variables. Utilizamos el símbolo ∂ de «derivada parcial» para denotar la diferenciación con respecto a una variable, manteniendo la otra (u otras) fija. Las derivadas parciales de $f(x, y)$ con respecto a x y con respecto a y, respectivamente, se escriben

$$\frac{\partial f}{\partial x} \text{ y } \frac{\partial f}{\partial y}.$$

(A modo de ejemplo, advertimos que si $f(x, y) = x^2 + xy^2 + y^3$, entonces $\partial f/\partial x = 2x + y^2$, $\partial f/\partial y = 2xy + 3y^2$.) Si estas cantidades existen y son continuas, entonces decimos que Φ es una función (C^1-)suave en la superficie.

También podemos considerar derivadas de órdenes superiores, denotando la derivada parcial *segunda* de f con respecto a x e y, respectivamente, por

$$\frac{\partial^2 f}{\partial x^2} \text{ y } \frac{\partial^2 f}{\partial y^2}.$$

(Ahora necesitamos C^2-suavidad, por supuesto.) Hay también una derivada segunda «cruzada» $\partial^2 f/\partial x \partial y$, que significa $\partial(\partial f/\partial x)/\partial y$, es decir, la derivada parcial con respecto a y de la derivada parcial de f con respecto a x. Podemos tomar esta derivada cruzada en el orden inverso para obtener la derivada $\partial^2 f/\partial y \partial x$. De hecho, una consecuencia de la diferenciabilidad (segunda) de f es que estas dos cantidades son iguales:[10.4]

$$\frac{\partial^2 f}{\partial x \partial y} = \frac{\partial^2 f}{\partial y \partial x}.$$

(La definición completa de C^2-suavidad, para una función de dos variables, requiere esto.)[10.5] Para derivadas más altas (y suavidades más altas), tenemos las correspondientes cantidades

$$\frac{\partial^3 f}{\partial x^3}, \frac{\partial^3 f}{\partial x^2 \partial y} = \frac{\partial^3 f}{\partial x \partial y \partial x} = \frac{\partial^3 f}{\partial y \partial x^2}, \text{ etc.}$$

[10.4] Demuestre que las segundas derivadas cruzadas $\partial^2 f/\partial x \partial y$ y $\partial^2 f/\partial y \partial x$ son siempre iguales si $f(x, y)$ es un polinomio. (Un *polinomio* en x e y es una expresión formada a partir de x, y y constantes utilizando solamente la adición y la multiplicación.)

[10.5] Demuestre que las segundas derivadas cruzadas de la función $f = xy(x^2 - y^2)/ /(x^2 + y^2)$ son desiguales en el origen. Establezca directamente la falta de continuidad en sus segundas derivadas parciales en el origen.

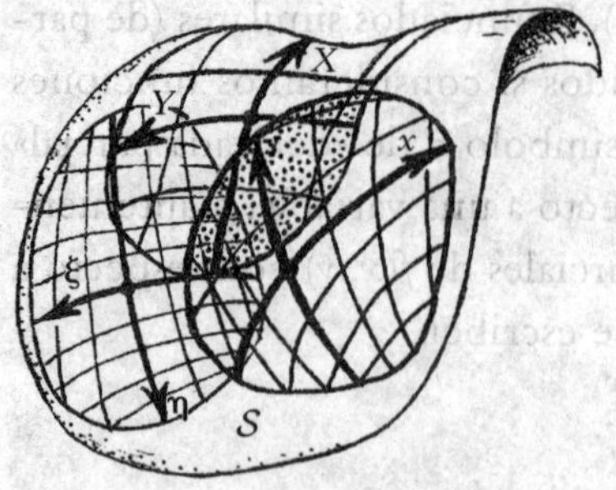

Fig. 10.4. Para cubrir la totalidad de $\mathcal{S}$, quizá tenemos que «pegar» varias cartas de coordenadas. Una función suave Φ en $\mathcal{S}$ tendría una expresión en coordenadas $\Phi = f(x, y)$ en una carta y $\Phi = F(X, Y)$ en otra (con coordenadas locales respectivas (x, y), (X, Y). En una región de solapamiento $f(x, y) = F(X, Y)$, donde X e Y son funciones suaves de x e y.

Una razón importante por la que aquí he tenido cuidado en distinguir f de Φ, utilizando letras diferentes (y quizá sea mucho menos «cuidadoso» sobre este aspecto más adelante) es que quizá queramos considerar una cantidad Φ, definida en la superficie, pero expresada con respecto a varios sistemas de coordenadas diferentes. La expresión matemática para la función $f(x, y)$ puede muy bien cambiar de una carta a otra, incluso si el valor de la cantidad Φ en cualquier punto concreto de la superficie «recubierta» por dichas cartas no cambia. Más concretamente, esto puede ocurrir cuando consideremos una región de solapamiento entre las diferentes cartas de coordenadas (véase la Fig. 10.4). Si un segundo conjunto de coordenadas se denota por (X, Y), entonces tenemos una nueva expresión

$$\Phi = F(X, Y),$$

para los valores de Φ en la nueva carta de coordenadas. En una región de solapamiento entre dos cartas, tendremos así

$$F(X, Y) = f(x, y).$$

Pero, como se ha indicado antes, la expresión particular que representa «F», en términos de cantidades X e Y, será en general muy diferente de la expresión que representa f en términos de x e y. En realidad, X podría ser una función complicada de x e y en la región de solapamiento, como también podría serlo Y, y estas funciones tendrían que ser incorporadas en el paso de f a F.[10.6] Tales funciones, que re-

[10.6] Encuentre explícitamente la forma de $F(X, Y)$ cuando $f(x, y) = x^3 - y^3$, donde $X = x - y$, $Y = xy$. *Sugerencia*: ¿Qué es $x^2 + xy + y^2$ en términos de X e Y?, ¿qué tiene que ver con f?

presentan las coordenadas de un sistema en términos de las coordenadas del otro,

$$X = X(x, y) \quad \text{e} \quad Y = Y(x, y)$$

y sus inversas

$$x = x(X, Y) \quad \text{e} \quad y = y(X, Y)$$

son las denominadas *funciones de transición*, que expresan el cambio de coordenadas de una carta a la otra. Estas funciones de transición deben ser suaves —digamos, por simplicidad, C^{∞}-suaves— y esto tiene como consecuencia que la noción de «suavidad» para la cantidad Φ es independiente de la elección de coordenadas que se utilicen en un solapamiento de cartas.

10.3. Campos vectoriales y 1-formas

Existe una noción de «derivada» de una función que es independiente de la elección de coordenadas. Una notación estándar para esto, tal como se aplica a la función Φ definida en $\mathcal{S}$, es $\mathrm{d}\Phi$, donde

$$\mathrm{d}\Phi = \frac{\partial f}{\partial x}\mathrm{d}x + \frac{\partial f}{\partial y}\mathrm{d}y.$$

Aquí empezamos a tropezar con algunas de las confusiones que hay en el tema, y necesitamos algún tiempo para acostumbrarnos. En primer lugar, una cantidad tal como «$\mathrm{d}\Phi$» o «$\mathrm{d}x$» tiende a ser considerada inicialmente como una cantidad «infinitesimalmente pequeña», que aparece al aplicar el procedimiento de paso al límite implícito en el cálculo cuando se formula la derivada «$\mathrm{d}y/\mathrm{d}x$» (véase §6.2). En algunas de las expresiones en §6.5 consideré también cosas como $\mathrm{d}(\log x) = \mathrm{d}x/x$. En esta etapa, estas expresiones se consideraban meramente formales,[2] tomando esta última expresión como una forma conveniente («multiplicar por $\mathrm{d}x$») de representar la expresión «más correcta» $\mathrm{d}(\log x)/\mathrm{d}x = 1/x$. Por el contrario, cuando escribo «$\mathrm{d}\Phi$» en la fórmula mostrada más arriba entiendo por ello cierto tipo de entidad geométrica que se denomina una *1-forma* (aunque este no es el tipo más general de 1-forma; véanse §10.4 y §12.6), y esto funciona también para $\mathrm{d}(\log x) =$

= dx/x). Una 1-forma no es un «infinitesimal»; tiene un tipo de interpretación algo diferente, un tipo de interpretación cuya importancia ha aumentado con los años, y a la que llegaré en un momento. Sin embargo, hay que destacar que, pese a este significativo cambio de interpretación de «d», las expresiones matemáticas formales (tales como las de §6.5) —siempre que no tratemos de dividir por cosas como dx— no son alteradas en absoluto.

Hay también otra potencial fuente de confusión en la fórmula mostrada antes, que surge del hecho de que he utilizado «Φ» en el miembro izquierdo y «f» en el derecho. He hecho esto sobre todo a causa de las advertencias sobre la distinción entre «Φ» y «f» que he planteado antes. La cantidad Φ es una función cuyo dominio es la variedad $\mathcal{S}$, mientras que el dominio de f es una región (abierta) en el plano (x, y) que remite a una carta de coordenadas particular. Si voy a aplicar la noción de «derivada parcial de f con respecto a x», entonces tengo que saber lo que significa «mantener constante la variable y restante». Por esta razón se utiliza f a la derecha, y no Φ, porque f «sabe» cuáles son las coordenadas x e y, mientras que Φ no lo sabe. Incluso así, hay una confusión en la fórmula que se ha mostrado, puesto que no se mencionan los argumentos de las funciones. La Φ de la izquierda se aplica a un punto particular p de la 2-variedad $\mathcal{S}$, mientras que f se aplica a los valores particulares (x, y) que el sistema de coordenadas asigna al punto p. Estrictamente hablando, esto tendría que hacerse explícito para que la expresión tuviera sentido. Sin embargo, es un fastidio tener que seguir diciendo este tipo de cosas, y sería mucho más conveniente poder escribir esta fórmula como

$$\mathrm{d}\Phi = \frac{\partial \Phi}{\partial x}\mathrm{d}x + \frac{\partial \Phi}{\partial y}\mathrm{d}y,$$

o, en forma de operador «abstracto»

$$\mathrm{d} = \mathrm{d}x\,\frac{\partial}{\partial x} + \mathrm{d}y\,\frac{\partial}{\partial y}.$$

En realidad, estoy tratando de dar sentido a estas cosas. Estas fórmulas son casos de algo que se conoce como la *regla de la cadena*. Tal como se establece, requiere que se asignen significados a cosas como «$\partial\Phi/\mathrm{d}x$'», cuando Φ es una función definida en $\mathcal{S}$.

¿Cómo hay que considerar un operador, tal como $\partial/\partial x$, de modo que pueda aplicarse a una función, tal como Φ, definida en la variedad $\mathcal{S}$, en lugar de aplicarse solo a una función de las variables x e y? Tratemos primero de ver qué significa $\partial/\partial x$ cuando referimos las cosas a algún otro sistema de coordenadas (X, Y). La «regla de la cadena» apropiada resulta ser ahora

$$\frac{\partial}{\partial x} = \frac{\partial X}{\partial x}\frac{\partial}{\partial X} + \frac{\partial Y}{\partial x}\frac{\partial}{\partial Y}.$$

Así pues, en términos del sistema (X, Y), tenemos ahora la expresión de apariencia más complicada $(\partial X/\partial x)\partial/\partial X + (\partial Y/\partial x)\partial/\partial Y$ para representar con exactitud la misma operación que en apariencia $\partial/\partial x$ representa en el sistema (x, y). Esta expresión más complicada es una cantidad ξ de la forma

$$\xi = A\frac{\partial}{\partial X} + B\frac{\partial}{\partial Y},$$

donde A y B son funciones (C^∞-)suaves de X e Y. En el caso particular que acabamos de ver, donde ξ representa $\partial/\partial x$ en el sistema (x, y), tenemos $A = \partial X/\partial x$ y $B = \partial Y/\partial x$. Pero podemos considerar cantidades ξ más generales para las que A y B no tienen estas formas particulares. Una cantidad semejante ξ se denomina un *campo vectorial* en $\mathcal{S}$ (en la (X, Y)-carta de coordenadas). Podemos reescribir ξ en el sistema (x, y) original, y encontramos que ξ tiene precisamente la misma forma general que en el sistema (X, Y):

$$\xi = a\frac{\partial}{\partial x} + b\frac{\partial}{\partial y}$$

(aunque las funciones a y b son en general completamente diferentes de A y B).[10.7] Esto nos permite extender el campo vectorial desde la (X, Y)-carta a una (x, y)-carta que se solapa con ella. De esta manera, podemos imaginar que el campo vectorial ξ se extiende a la totalidad de $\mathcal{S}$.

¡Es probable que todo esto haya causado gran confusión en el lector! Sin embargo, mi propósito no es confundir sino encontrar la forma analítica correcta de una noción geométrica muy básica. El operador diferencial ξ, que he denominado un «campo vectorial», con su

[10.7] Encuentre A y B en términos de a y b; por analogía, escriba a y b en términos de A y B.

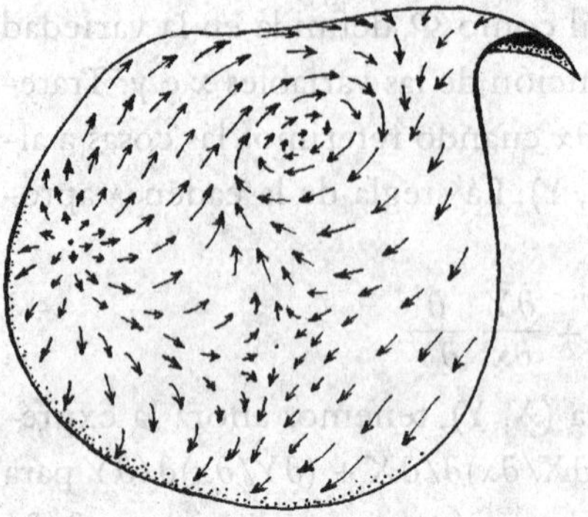

Fig. 10.5. La interpretación geométrica de un campo vectorial ξ como un «campo de flechas» dibujado en $\mathcal{S}$.

(consiguiente) forma muy específica de transformar, cuando pasamos de una carta a otra, tiene una clara interpretación geométrica, como se ilustra en la Fig. 10.5. Tenemos que visualizar ξ como un «campo de pequeñas flechas» dibujado en $\mathcal{S}$ (aunque en algunos lugares de $\mathcal{S}$, una flecha puede reducirse a un punto, siendo estos los lugares donde ξ toma el valor cero). (Para tener una buena imagen de un campo vectorial, pensemos en los mapas de vientos que se muestran en los programas de información meteorológica en la televisión.) Las flechas representan las direcciones en las que debe ser diferenciada la cantidad sobre la que ξ actúa. Considerando que esta cantidad es Φ, la acción de ξ sobre Φ, a saber $\xi(\Phi) = a\,\partial\Phi/\partial x + b\partial\Phi/\partial y$, mide la tasa de incremento de Φ en la dirección de las flechas; véase la Fig. 10.6. Además, la magnitud («longitud») de la flecha tiene importancia para determinar la «escala» en cuyos términos debe medirse este incremento. Una flecha más larga da una medida correspondientemente mayor de la tasa de incremento. Sería más apropiado pensar en todas las flechas como si fueran infinitesimales, conectando cada una de ellas un punto p de $\mathcal{S}$ (la «cola» de la flecha) con un punto «vecino» p' de $\mathcal{S}$ (la «cabeza» de la flecha). Para hacer esto un poco más explícito, escojamos un pequeño número positivo ϵ como una medida de la separación. Entonces la diferencia $\Phi(p') - \Phi(p)$, dividida por ϵ, nos da una aproximación a la magnitud $\xi(\Phi)$. Finalmente, en el límite en que p' se aproxima a p (de modo que $\epsilon \to 0$), obtenemos realmente $\xi(\Phi)$, que se suele denominar *gradiente* (o pendiente) de Φ en la dirección de ξ.

En el caso particular del campo vectorial $\partial/\partial x$, todas las flechas

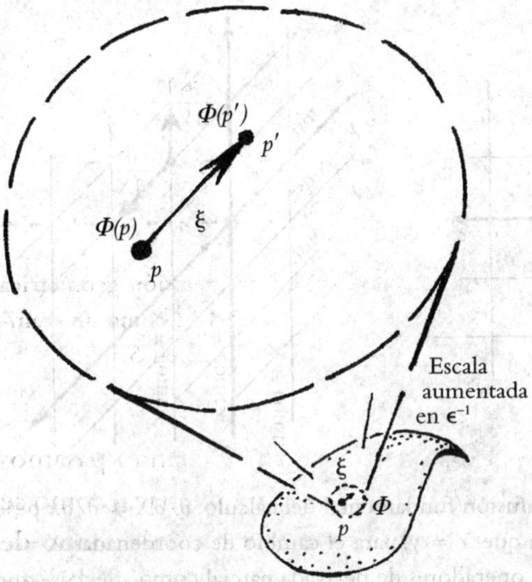

Fig. 10.6. La acción de ξ sobre un campo escalar Φ da su tasa de incremento a lo largo de las ξ-flechas. Considérense las flechas *infinitesimales*, cada una de ellas conectando un punto p de $\mathcal{S}$ («cola» de la flecha) con un punto «vecino» p' de $\mathcal{S}$ («cabeza» de la flecha), representada aplicando un gran aumento (por un factor ϵ^{-1}, donde ϵ es pequeño) al entorno de p. La diferencia $\Phi(p') - \Phi(p)$, dividida por ϵ, es (en el límite $\epsilon \to 0$) el gradiente $\xi(\Phi)$ de Φ a lo largo de ξ.

apuntan a lo largo de las líneas coordenadas de y constante. Esto ilustra un punto que frecuentemente lleva a confusión con la notación matemática estándar «$\partial/\partial x$» para la derivada parcial. Podríamos haber pensado que la expresión «$\partial/\partial x$» se refería más específicamente a la cantidad x. Sin embargo, en un sentido claro, tiene más que ver con la(s) variable(s) que no se menciona(n) explícitamente, aquí la variable y, que con x. La notación es particularmente traicionera cuando se considera un cambio de variables coordenadas, digamos de (x, y) a (X, Y), en el que una de las coordenadas sigue siendo la misma. Consideremos, por ejemplo, el cambio de coordenadas muy simple

$$X = x, \quad Y = y + x.$$

Entonces encontramos[10.8]

$$\frac{\partial}{\partial X} = \frac{\partial}{\partial x} - \frac{\partial}{\partial y}, \quad \frac{\partial}{\partial Y} = \frac{\partial}{\partial y}.$$

Así pues, vemos que $\partial/\partial X$ es diferente de $\partial/\partial x$, pese al hecho de que X es la misma que x —mientras que, en este caso, $\partial/\partial Y$ es la mis-

[10.8] Deduzca esto explícitamente. *Sugerencia*: Puede utilizar expresiones de «regla de la cadena» para $\partial/\partial X$ y $\partial/\partial Y$ que son las analogías exactas de la expresión para $\partial/\partial x$ que se ha mostrado antes.

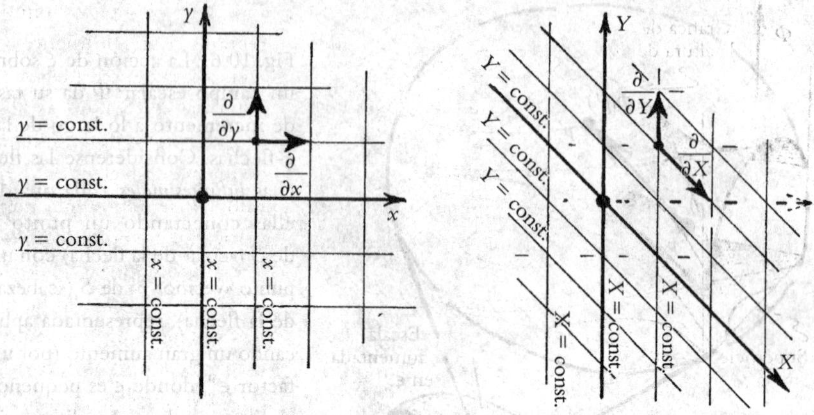

Fig. 10.7. Se ilustra la segunda confusión fundamental del cálculo: $\partial/\partial X \neq \partial/\partial x$ pese a que $X = x$, y $\partial/\partial Y = \partial/\partial y$ pese a que $Y \neq y$, para el cambio de coordenadas $X = x$, $Y = y + x$. La interpretación de los operadores de derivada parcial como «flechas» que apuntan a lo largo de líneas coordenadas clarifica la geometría (x = constante está de acuerdo con X = constante, pero y = constante está en desacuerdo con Y = constante).

ma que $\partial/\partial y$ incluso si Y difiere de y—. Este es un ejemplo de lo que mi colega Nick Woodhouse llama ¡«la segunda confusión fundamental del cálculo infinitesimal»![3] Por otra parte, *geométricamente* está claro por qué $\partial/\partial X \neq \partial/\partial x$, puesto que las «flechas» correspondientes apuntan a lo largo de líneas coordenadas diferentes (Fig. 10.7).

Ahora estamos en situación de interpretar la cantidad $d\Phi$. Se denomina *gradiente* (o derivada exterior) de Φ, y lleva la información de cómo varía Φ en todas las direcciones posibles en $\mathcal{S}$. Una buena forma geométrica de considerar $d\Phi$ es hacerlo en términos de un sistema de *curvas de nivel* en $\mathcal{S}$.Véase la Fig. 10.8a. Podemos considerar que $\mathcal{S}$ es similar a un mapa ordinario (donde por «mapa» entiendo esa cosa hecha de papel rígido que lleva usted cuando va de excursión, no la noción matemática de «mapa» o aplicación), que podría ser un globo terrestre si queremos tener en cuenta que $\mathcal{S}$ podría ser una variedad curva. La función Φ podría representar la altura del terreno sobre el nivel del mar. Entonces $d\Phi$ representa la pendiente del terreno con relación a la horizontal. Las curvas de nivel recorren los puntos de la misma altura.

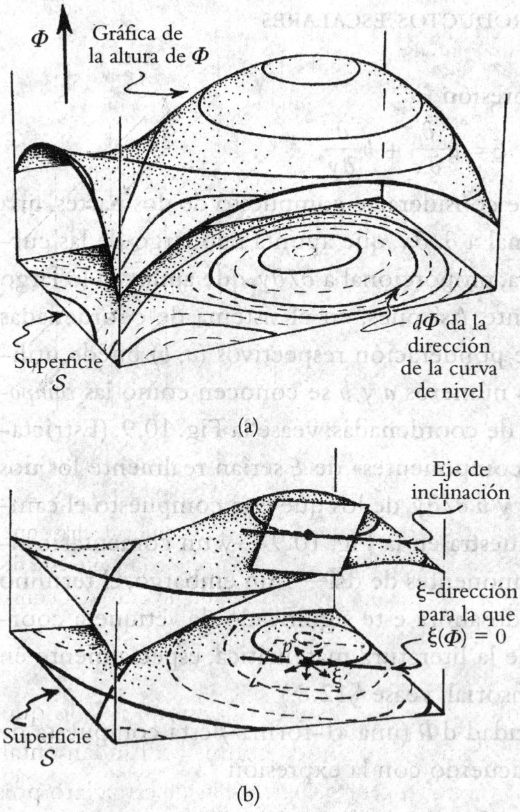

Fig. 10.8. Podemos representar geométricamente el pleno gradiente (derivada exterior) dΦ de un escalar Φ en términos de un sistema de líneas de nivel en $\mathcal{S}$. (a) El valor Φ se representa aquí verticalmente por encima de $\mathcal{S}$, de modo que las líneas de nivel en $\mathcal{S}$ (Φ constante) describen altura constante. (b) En cualquier punto p de $\mathcal{S}$, la dirección de la línea de nivel nos da la dirección a lo largo de la cual se anula el gradiente (el «eje de inclinación» de la pendiente de la colina), i.e., la dirección de las flechas ξ en p para la que $\xi(\Phi) = 0$. El corte a lo largo de líneas de nivel da un aumento o disminución en Φ, que mide el apiñamiento de las líneas en la dirección de ξ.

En cualquier punto p de $\mathcal{S}$, la dirección de la curva de nivel nos da la dirección a lo largo de la cual se anula el gradiente (el «eje de inclinación» de la pendiente del terreno), de modo que es la dirección de las flechas ξ en p para las que $\xi(\Phi) = 0$. Cuando seguimos una curva de nivel no ascendemos ni descendemos. Pero si cruzamos curvas de nivel, entonces habrá un aumento o disminución en Φ, y la tasa a la que esto ocurre, a saber $\xi(\Phi)$, vendrá medida por el apiñamiento de las líneas en la dirección en que las cruzamos. Véase la Fig. 10.8b.

10.4. Componentes, productos escalares

De acuerdo con la expresión

$$\xi = a\frac{\partial}{\partial x} + b\frac{\partial}{\partial y},$$

el campo vectorial ξ puede considerarse compuesto de dos partes, una de las cuales es proporcional a $\partial/\partial x$, que apunta a lo largo de las curvas de y constante, y la otra, proporcional a $\partial/\partial y$, que apunta a lo largo de las curvas de x constante. Así pues, en el sistema de coordenadas (x,y), el par de factores de ponderación respectivos (a, b) puede utilizarse para etiquetar ξ. Los números a y b se conocen como las *componentes* de ξ en este sistema de coordenadas; véase la Fig. 10.9. (Estrictamente hablando, las dos «componentes» de ξ serían realmente los dos campos vectoriales $a\, \partial/\partial x$ y $b\, \partial/\partial y$, de los que está compuesto el campo vectorial ξ, como se muestra en la Fig. 10.9 —y un comentario similar se aplicaría a las componentes de $\mathrm{d}\Phi$—. Sin embargo, el término «componente» ha adquirido ahora este significado de «etiqueta coordenada» en buena parte de la literatura matemática, especialmente en relación con el cálculo tensorial; véase §12.8.)

Análogamente, la cantidad $\mathrm{d}\Phi$ (una «1-forma») está compuesta de las dos partes $\mathrm{d}x$ y $\mathrm{d}y$, de acuerdo con la expresión

$$\mathrm{d}\Phi = u\, \mathrm{d}x + v\, \mathrm{d}y$$

y así puede utilizarse (u, v) para etiquetar $\mathrm{d}\Phi$, y los números u y v son las *componentes* de $\mathrm{d}\Phi$ en este mismo sistema de coordenadas. (De hecho, aquí tenemos $u = \partial\Phi/\partial x$ y $v = \partial\Phi/\partial y$.) La relación entre las componentes (u, v) de la 1-forma $\mathrm{d}\Phi$ y las componentes (a, b) del campo vectorial ξ se obtiene a través de la cantidad $\xi(\Phi)$, que, como hemos visto antes, mide la tasa de incremento de Φ en la dirección de ξ. Encontramos[10.9] que el valor de $\xi(\Phi)$ viene dado por

$$\xi(\Phi) = au + bv.$$

Llamamos a $au + bv$ *producto escalar* (o producto *interno*) entre ξ, representado por (a, b), y $\mathrm{d}\Phi$, representado por (u, v). Este producto esca-

[10.9] Demuéstrelo explícitamente, utilizando expresiones de «regla de la cadena» que hemos visto antes.

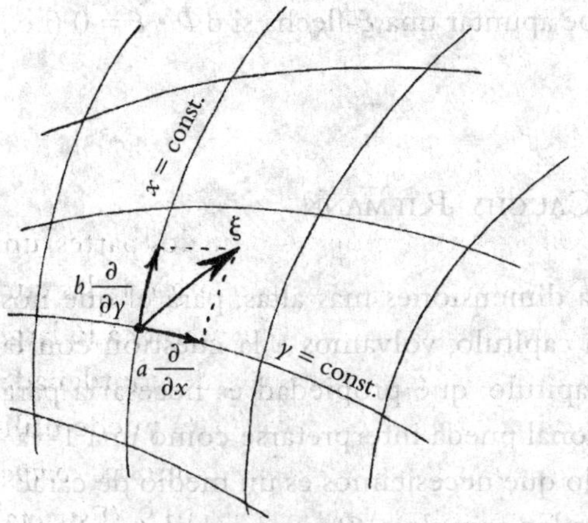

Fig. 10.9. Observamos que el vector $\xi = a\partial/\partial x + b\partial/\partial y$ puede considerarse compuesto de dos partes, una proporcional a $\partial/\partial x$, que apunta a lo largo de y = constante, y la otra, proporcional a $\partial/\partial y$, que apunta a lo largo de x = constante. El par de factores de peso respectivos (a, b) se denominan *componentes* de ξ en el sistema de coordenadas (x, y).

lar se escribirá a veces $\mathrm{d}\Phi \bullet \xi$, si queremos expresarlo en abstracto sin referencia a ningún sistema de coordenadas concreto, y tenemos

$$\mathrm{d}\Phi \bullet \xi = \xi(\Phi).$$

La razón de tener dos notaciones diferentes para la misma cosa es que la operación expresada en «$\mathrm{d}\Phi \bullet \xi$» se aplica también a tipos de 1-formas más generales que aquellos que pueden expresarse como «$\mathrm{d}\Phi$». Si $\boldsymbol{\eta}$ es una 1-forma semejante, entonces tiene un producto escalar con cualquier campo vectorial $\boldsymbol{\xi}$, que se escribe como «$\boldsymbol{\eta} \bullet \boldsymbol{\xi}$».

De hecho, la definición de una 1-forma consiste, en esencia, en que es una cantidad que puede combinarse con un campo vectorial para formar de esta manera un «producto escalar». Así pues, el hecho de que la cantidad $\mathrm{d}\Phi$ forme de manera natural un producto escalar con un campo vectorial es realmente lo que la caracteriza como una «1-forma». (A veces a las 1-formas se las denomina *covectores*, dependiendo del contexto.) Técnicamente, las 1-formas (covectores) son objetos *duales* de los campos vectoriales en este sentido. Esta noción de un objeto «dual» será explorada con más detalle en §12.3, donde veremos que estas ideas se aplican también con toda generalidad a una «superficie» de dimensión más alta (i.e., a una n-variedad). El significado geométrico de una 1-forma se clarificará también en §12.3-5, en el contexto de dimensiones más altas. Por el momento, la propia familia de curvas de nivel servirá, pues dichas curvas representan las direcciones a lo largo de las cuales debe apuntar una ξ-flecha si $\mathrm{d}\Phi \bullet \xi = 0$ (i.e., si $\xi(\Phi) = 0$).

10.5. Las ecuaciones de Cauchy-Riemann

Pero antes de dar este salto a dimensiones más altas, para el que nos prepararemos en el próximo capítulo, volvamos a la cuestión con la que hemos empezado este capítulo: qué propiedad es necesaria para que una superficie 2-dimensional pueda interpretarse como una 1-variedad compleja. En esencia, lo que necesitamos es un medio de caracterizar aquellas funciones de valor complejo Φ que son holomorfas. La condición de holomorficidad es local, de modo que podemos reconocerla como algo válido en cada carta, y compatible en los solapamientos entre cartas. En la (x, y)-carta exigimos que Φ sea holomorfa en el número complejo $z = x + \mathrm{i}y$; en una (X, Y)-carta que se solapa, exigimos que sea holomorfa en $Z = X + \mathrm{i}Y$. La compatibilidad entre las dos está asegurada por el requisito de que Z sea una función holomorfa de z en el solapamiento, y viceversa. (Si Φ es holomorfa en z, y z es holomorfa en Z, entonces Φ debe ser holomorfa en Z, puesto que una función holomorfa de una función holomorfa es, asimismo, una función holomorfa.)[10.10]

Ahora bien, ¿cómo expresamos la condición de que Φ es holomorfa en z, en términos de las partes reales e imaginarias de Φ y z? Estas son las famosas ecuaciones de *Cauchy-Riemann* mencionadas en §7.1. Pero ¿cuáles son explícitamente estas ecuaciones? Podemos imaginar que Φ se expresa como una función de z y $\bar{z}$ (puesto que, como hemos visto al principio de este capítulo, las partes real e imaginaria de z, a saber, x e y, pueden reexpresarse en términos de z y $\bar{z}$ utilizando las expresiones $x = (z + \bar{z})/2$ e $y = (z - \bar{z})/2\mathrm{i}$). Estamos obligados a expresar la condición de que, en efecto, Φ «depende solo de z» (i.e., que es «independiente de $\bar{z}$»).

[10.10] Explíquelo desde tres puntos de vista diferentes: (a) intuitivamente, a partir de principios generales (¿cómo podía aparecer $\bar{z}$?); (b) utilizando la geometría de las aplicaciones holomorfas descrita en §8.2, y (c) explícitamente, utilizando la regla de la cadena y las ecuaciones de Cauchy-Riemann a las que llegamos ahora.

¿Qué significa esto? Imaginemos que, en lugar del par de variables complejas conjugadas z y $\bar{z}$, tuviéramos un par de variables reales independientes u y v, pongamos por caso, y quisiéramos expresar el hecho de que cierta cantidad Ψ, que es una función de u y v, es de hecho independiente de v. Esta independencia puede establecerse en la forma

$$\frac{\partial \Psi}{\partial v} = 0$$

(porque esta ecuación nos dice que, para cada valor de u, la cantidad Ψ es constante en v; de modo que Ψ depende solo de u).[4] En consecuencia, el que Φ sea «independiente de $\bar{z}$» debería expresarse como

$$\frac{\partial \Phi}{\partial \bar{z}} = 0,$$

y esto expresa en realidad la holomorficidad de Φ (aunque el «argumento por analogía» que acabo de dar no debería tomarse como una demostración de este hecho).[5] Utilizando la regla de la cadena, podemos reexpresar esta ecuación[10.11] en términos de derivadas parciales en el sistema (x, y):

$$\frac{\partial \Phi}{\partial x} + \mathrm{i}\frac{\partial \Phi}{\partial y} = 0.$$

Escribiendo Φ en términos de sus partes real e imaginaria

$$\Phi = \alpha + \mathrm{i}\beta$$

(siendo α y β reales), obtenemos las *ecuaciones de Cauchy-Riemann*[6,][10.12]

$$\frac{\partial \alpha}{\partial x} = \frac{\partial \beta}{\partial y}, \quad \frac{\partial \alpha}{\partial y} = \frac{\partial \beta}{\partial x}.$$

Puesto que, como se ha señalado antes, en un solapamiento entre una (x, y)-carta y una (X, Y)-carta exigimos que $Z = X + \mathrm{i}Y$ sea holomorfa en $z = x + \mathrm{i}y$, tenemos también las ecuaciones de Cauchy-Riemann válidas entre (x, y) y (X, Y):

$$\frac{\partial X}{\partial x} = \frac{\partial Y}{\partial y}, \quad \frac{\partial X}{\partial y} = -\frac{\partial Y}{\partial x}.$$

Si esta condición se satisface entre cualquier par de cartas, entonces hemos ensamblado una superficie de Riemann $\mathcal{S}$. (Estas son las

[10.11] Hágalo.
[10.12] Dé una deducción más directa de las ecuaciones de Cauchy-Riemann, a partir de la definición de derivada.

condiciones analíticas exigidas sobre las que he pasado por encima en §7.1.) Recordemos que una superficie semejante puede considerase también como una 1-variedad compleja. Pero, de acuerdo con la presente forma «Cauchy-Riemann» de considerar las cosas, pensamos en $\mathcal{S}$ como una 2-variedad real con un tipo concreto de estructura (a saber, la determinada por las ecuaciones de Cauchy-Riemann).

Mientras que hay cierta «pureza» en tratar de atenerse por completo a operaciones holomorfas (una perspectiva filosófica que tendrá importancia para nosotros más adelante, en el capítulo 33 y en §34.8) y en considerar $\mathcal{S}$ como una «curva», este punto de vista «Cauchy-Riemann» alternativo es potente en otros contextos. Por ejemplo, nos permite demostrar resultados apelando a muchas técnicas útiles en la *teoría de existencia* de ecuaciones en derivadas parciales. A continuación daré una idea de esto apelando a un (importante) ejemplo.

Si se satisfacen las ecuaciones de Cauchy-Riemann $\partial\alpha/\partial x = \partial\beta/\partial y$ y $\partial\alpha/\partial y = -\partial\beta/\partial x$, entonces cada una de las cantidades α y β por separado resulta satisfacer una ecuación particular (la ecuación de Laplace). En efecto, tenemos[10.13]

$$\nabla^2\alpha = 0, \quad \nabla^2\beta = 0,$$

donde el operador diferencial de segundo orden ∇^2, llamado el *laplaciano* (2-dimensional), está definido por

$$\nabla^2 = \frac{\partial^2}{\partial x^2} + \frac{\partial^2}{\partial y^2}.$$

El laplaciano es importante en muchas situaciones físicas (véanse §21.2, §22.11, §24.3-6). Por ejemplo, si tenemos una película de jabón que llena un lazo de alambre y la película oscila ligeramente a uno y otro lado de un plano horizontal, entonces la altura de la película sobre la horizontal será una solución de la ecuación de Laplace (con una buena aproximación que se hace cada vez mejor cuanto más pequeña es la desviación vertical).[7] Véase la Fig.10.10. La ecuación de Laplace (en tres dimensiones) desempeña también un papel fundamental en la teoría newtoniana de la gravitación (y en electrostática; véanse los capítulos 17 y 19), puesto que es la ecuación que satisface una función

[10.13] Demuéstrelo.

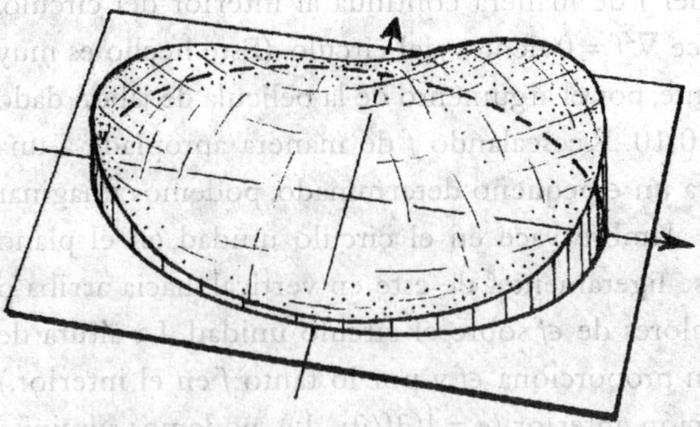

Fig. 10.10. Una película de jabón que llena un lazo de alambre que se desvía muy ligeramente hacia arriba y hacia abajo respecto a un plano horizontal. La altura de la película sobre la horizontal da una solución de la ecuación de Laplace (con una aproximación que se hace mejor cuanto menor es la desviación vertical).

potencial que determina el campo gravitatorio (o eléctrico) en el espacio libre.

Las soluciones de las ecuaciones de Cauchy-Riemann pueden obtenerse a partir de las soluciones de la ecuación de Laplace 2-dimensional de una forma bastante directa. Si tenemos una α que satisface $\nabla^2\alpha = 0$, podemos construir β mediante $\beta = \int(\partial\alpha/\partial x)\mathrm{d}y$; encontramos entonces que ambas ecuaciones de Cauchy-Riemann son satisfechas en consecuencia.[10.14] Este hecho puede utilizarse para demostrar e ilustrar algunas de las afirmaciones que se han hecho al final del capítulo precedente.

Consideremos, en particular, el hecho notable, enunciado al final de §9.7, de que cualquier función continua *f*, definida en el círculo unidad en el plano complejo, puede representarse como una hiperfunción. Esta afirmación establece efectivamente que cualquier *f* continua es la suma de dos partes, una de las cuales se extiende de manera holomorfa al interior del círculo unidad y la otra se extiende de manera holomorfa al exterior, donde ahora consideramos el plano complejo completado a la esfera de Riemann. Esta afirmación es equivalente, en efecto (según la discusión del §9.2), a la existencia de una representación de *f* como serie de Fourier, donde se considera que *f* es una fun-

[10.14] Demuéstrelo.

ción periódica de una variable real. Supongamos, por simplicidad, que f toma valores reales. (El caso complejo se sigue de este separando f en partes real e imaginaria.) Ahora bien, existen teoremas que nos dicen que podemos extender f de manera continua al interior del círculo, mientras que f satisface $\nabla^2 f = 0$ dentro del círculo. (Este hecho es muy plausible intuitivamente, por el argumento de la película de jabón dado antes; véase la Fig. 10.10. Reescalando f de manera apropiada a una nueva función ϵf, para un ϵ pequeño determinado, podemos imaginar que nuestro lazo de alambre yace en el círculo unidad en el plano complejo, desviándose ligeramente[8] de este en vertical, hacia arriba o hacia abajo, en los valores de ϵf sobre el círculo unidad. La altura de una película de jabón proporciona ϵf y por lo tanto f en el interior.) Mediante la prescripción anterior ($g = \int(\partial f/\partial x)\mathrm{d}y$), podemos suministrar a f una parte imaginaria g, de modo que $f + ig$ es holomorfa en todo el interior del círculo unidad. Este procedimiento también proporciona a f una parte imaginaria g *sobre* el círculo unidad, de modo que $f + ig$ es de frecuencia negativa. Ahora repetimos el procedimiento, aplicándolo al exterior del círculo unidad (que consideramos yace en la esfera de Riemann), y encontramos que $f - ig$ se extiende allí y es de frecuencia positiva. La separación $f = 1/2((f + ig) + 1/2(f - ig))$ consigue lo que se requiere.

Notas

Sección 10.2

10.1. Para una discusión detallada de la diferenciabilidad, en el caso de funciones de varias variables, véase Marsden y Tromba (1996).

Sección 10.3

10.2. Aunque la notación «dx» que introdujo originalmente Leibniz (a finales del siglo XVII) muestra gran potencia y flexibilidad, como se ilustra por el hecho de que cantidades como dx pueden ser tratadas como entidades algebraicas por sí mismas, esto no se extiende a su notación «d^2x» para las derivadas segundas. Si hubiera utilizado una modificación de esta notación en la que la segunda derivada de y con respecto a x se escribiera $(d^2y - d^2x\, dy/dx)/dx^2$, entonces la cantidad «$d^2x$» se comportaría de una manera algebraicamente consistente (donde «dx^2» denota $dxdx$, etc.). Sin embargo, no está claro que esto hubiera sido muy práctico, debido a la complicación de esta expresión.

10.3. La «primera confusión fundamental» tiene que ver con la confusión entre el uso de f y de Φ que encontramos en §10.2, particularmente en relación con la toma de derivadas parciales. Véase Woodhouse (1991).

Sección 10.5

10.4. Debemos tomar esta condición solamente en un sentido local. Por ejemplo, podemos tener una función suave $\Phi(u, v)$ definida en una región con forma de riñón en el (u, v)-plano, dentro de la cual $\partial\Phi/\partial v = 0$, pero para la que Φ no sea completamente consistente como función de u.[10.15]

10.5. Aunque no es la ruta más rigurosa a las ecuaciones de Cauchy-Riemann, este argumento proporciona la *razón* subyacente para su forma.

10.6. De hecho, Jean LeRond D'Alembert encontró estas ecuaciones en 1752, mucho antes que Cauchy o Riemann (véase Struik, 1954, p. 219).

10.7. Resulta que la ecuación de la película de jabón real (a la que la ecuación de Laplace es una aproximación) tiene una notable solución general, encontrada por Weierstrass (1866), en términos de funciones holomorfas libres.

10.8. Puesto que f es continua en el círculo, debe ser acotada (i.e., sus valores están comprendidos entre un valor inferior determinado y un valor superior determinado). Esto se sigue de teoremas estándar, al ser el círculo un espacio compacto. (Véanse §21.6 para la noción de compacto, y Kahn, 1995, y Frankel, 2001.) Podemos entonces reescalar f (multiplicándola por una pequeña constante ϵ), de modo que las cotas superior e inferior sean ambas minúsculas. La analogía con la película de jabón proporciona entonces un argumento de plausibilidad razonable a favor de la existencia de ϵf extendida al interior del círculo, que satisface la ecuación de Laplace. Por supuesto, no es una demostración; véase Strauss (1992) o Brown y Churchill (2004) para una solución más rigurosa a este denominado «problema de Dirichlet para un disco».

[10.15] Explicar esto en el caso $\Phi(u, v) = \theta(u)h(v)$, donde las funciones θ y h están definidas como en §§6.1,3. La región en forma de riñón debe evitar el eje u no negativo.

11

Números hipercomplejos

11.1. El álgebra de los cuaterniones

¿Cómo se generaliza todo esto a dimensiones más altas? En el próximo capítulo describiré el procedimiento estándar (moderno) para estudiar *n*-variedades, pero, por diversas razones, será ilustrativo que antes familiarice al lector con algunas ideas más antiguas orientadas al estudio de dimensiones más altas. Estas ideas más antiguas han adquirido una relevancia directa para algunas actividades actuales en la física teórica.

La belleza y potencia del análisis complejo, tal como se muestra en la propiedad antes mencionada por la que las soluciones de la ecuación de Laplace 2-dimensional —una ecuación de importancia física considerable— pueden representarse de forma muy simple en términos de funciones holomorfas, condujo a los matemáticos del siglo XIX a buscar «números complejos generalizados» que pudieran aplicarse de un modo natural a un espacio 3-dimensional. Uno de los que reflexionó largo y tendido sobre este tema fue el reputado matemático irlandés William Rowan Hamilton (1805-1865). Finalmente, la respuesta le vino el 16 de octubre de 1843, mientras paseaba con su esposa por el Canal Real en Dublín, y quedó tan excitado por su descubrimiento que inmediatamente grabó sus ecuaciones fundamentales

$$\mathbf{i}^2 = \mathbf{j}^2 = \mathbf{k}^2 = \mathbf{ijk} = -1$$

en una piedra del Puente Brougham de Dublín.

Cada una de las tres cantidades $\mathbf{i}$, $\mathbf{j}$ y $\mathbf{k}$ es una «raíz cuadrada de −1» independiente (como la «i» única de los números complejos) y la combinación general

$$q = t + u\mathbf{i} + v\mathbf{j} + w\mathbf{k},$$

donde t, u, v y w son números reales, define el *cuaternión* general. Estas cantidades satisfacen todas las reglas usuales del álgebra salvo una. La excepción —y esta era la auténtica novedad[1] de las entidades de Hamilton— era la violación de la ley *conmutativa* de la multiplicación. En efecto, Hamilton encontró que[11.1]

$$\mathbf{ij} = -\mathbf{ji}, \quad \mathbf{jk} = -\mathbf{kj}, \quad \mathbf{ki} = -\mathbf{ik},$$

lo que constituye una flagrante violación de la ley conmutativa estándar $\boldsymbol{ab} = \boldsymbol{ba}$.

Los cuaterniones siguen satisfaciendo las leyes conmutativa y asociativa de la suma, la ley asociativa de la multiplicación, y las leyes distributivas de la multiplicación respecto a la suma,[11.2] a saber,

$$\boldsymbol{a} + \boldsymbol{b} = \boldsymbol{b} + \boldsymbol{a},$$
$$\boldsymbol{a} + (\boldsymbol{b} + \boldsymbol{c}) = (\boldsymbol{a} + \boldsymbol{b}) + \boldsymbol{c},$$
$$\boldsymbol{a}(\boldsymbol{bc}) = (\boldsymbol{ab})\boldsymbol{c},$$
$$\boldsymbol{a}(\boldsymbol{b} + \boldsymbol{c}) = \boldsymbol{ab} + \boldsymbol{ac},$$
$$(\boldsymbol{a} + \boldsymbol{b})\boldsymbol{c} = \boldsymbol{ab} + \boldsymbol{ac},$$

junto con la existencia de «elementos identidad» 0 y 1 para la suma y la multiplicación, tales que

$$\boldsymbol{a} + 0 = \boldsymbol{a}, \quad 1\boldsymbol{a} = \boldsymbol{a}1 = \boldsymbol{a}.$$

Estas relaciones, si excluimos la última, definen lo que los algebristas llaman un *anillo*. (En mi opinión, el término «anillo» es totalmente contraintuitivo —como lo son muchos términos en la disciplina del álgebra— y no tengo idea alguna de sus orígenes.) Si incluimos la última relación, obtenemos lo que se denomina un *anillo con identidad*.

Los cuaterniones proporcionan también un ejemplo de lo que se denomina un *espacio vectorial* sobre los números reales. En un espacio

[11.1] Demuéstrelas directamente a partir de las «ecuaciones del Puente Brougham» de Hamilton, suponiendo solo la ley asociativa $a(bc) = (ab)c$.

[11.2] Exprese la suma y el producto de dos cuaterniones generales de modo que se cumplan todas estas.

vectorial podemos sumar dos elementos (vectores),[2] $\boldsymbol{\xi}$ y $\boldsymbol{\eta}$, para formar su suma $\boldsymbol{\xi} + \boldsymbol{\eta}$, que está sujeta a conmutatividad y asociatividad

$$\boldsymbol{\xi} + \boldsymbol{\eta} = \boldsymbol{\eta} + \boldsymbol{\xi},$$
$$(\boldsymbol{\xi} + \boldsymbol{\eta}) + \boldsymbol{\zeta} = \boldsymbol{\xi} + (\boldsymbol{\eta} + \boldsymbol{\zeta}),$$

y podemos multiplicar vectores por «escalares» (en este caso, simplemente los números reales f, g), siendo válidas las siguientes propiedades asociativa, distributiva, etc.:

$$(f + g)\boldsymbol{\xi} = f\boldsymbol{\xi} + g\boldsymbol{\xi},$$
$$f(\boldsymbol{\xi} + \boldsymbol{\eta}) = f\boldsymbol{\xi} + f\boldsymbol{\eta},$$
$$f(g\boldsymbol{\xi}) = (fg)\boldsymbol{\xi},$$
$$1\boldsymbol{\xi} = \boldsymbol{\xi}.$$

Los cuaterniones forman un espacio vectorial *4-dimensional* sobre los reales, porque hay precisamente cuatro cantidades «base» independientes 1, **i**, **j**, **k**, que generan el espacio entero de los cuaterniones. Más adelante veremos otros muchos ejemplos de espacios vectoriales.

Los cuaterniones nos proporcionan también un ejemplo de lo que se denomina un *álgebra* sobre los números reales, debido a la existencia de una ley de multiplicación, tal como se ha descrito antes. Pero lo que es notable en los cuaterniones de Hamilton es que, además, tenemos una operación de *división* o, lo que es lo mismo, un *inverso* (multiplicativo) $\boldsymbol{q}^{-1}$ para cada cuaternión $\boldsymbol{q}$ distinto de cero. Este inverso satisface

$$\boldsymbol{q}^{-1}\boldsymbol{q} = \boldsymbol{q}\boldsymbol{q}^{-1} = 1,$$

lo que da a los cuaterniones la estructura de lo que se denomina un *anillo de división*, y se escribe explícitamente

$$\boldsymbol{q}^{-1} = \bar{\boldsymbol{q}}(\boldsymbol{q}\bar{\boldsymbol{q}})^{-1}$$

donde el *conjugado* (cuaterniónico) $\bar{\boldsymbol{q}}$ de $\boldsymbol{q}$ se define como

$$\bar{\boldsymbol{q}} = t - u\mathbf{i} - v\mathbf{j} - w\mathbf{k},$$

con $\boldsymbol{q} = t + u\mathbf{i} + v\mathbf{j} + w\mathbf{k}$, como antes. Encontramos que

$$\boldsymbol{q}\bar{\boldsymbol{q}} = t^2 + u^2 + v^2 + w^2,$$

de modo que el *número real* $q\bar{q}$ no puede anularse, a menos que $q = 0$ (i.e., $t = u = v = w = 0$), de modo que $(q\bar{q})^{-1}$ existe, de donde se sigue que q^{-1} está bien definido siempre que $q \neq 0$.[11.3]

11.2. ¿Hay un papel físico para los cuaterniones?

Esto nos da una estructura algebraica muy bella y, aparentemente, nos abre un cálculo maravilloso ajustado a la perfección al tratamiento de la física y la geometría de nuestro espacio físico 3-dimensional. De hecho, el propio Hamilton dedicó los veintidós años restantes de su vida a desarrollar dicho cálculo. Sin embargo, cuando miramos retrospectivamente a los siglos XIX y XX desde nuestra perspectiva actual, debemos tener en cuenta que esos esfuerzos heroicos terminaron en un fracaso relativo. Esto no quiere decir que los cuaterniones no sean matemáticamente (o incluso físicamente) importantes. Lo cierto es que desempeñan un papel importante y en un sentido ligeramente indirecto su influencia ha sido enorme, a través de varias generalizaciones. Pero los «cuaterniones puros» originales no han llegado a hacer realidad lo que en un principio parecía ser una extraordinaria promesa.

¿Por qué no lo han hecho? ¿Se puede extraer alguna lección para los intentos modernos de encontrar las matemáticas «correctas» para el mundo físico? En primer lugar, hay un punto obvio. Si vamos a considerar los cuaterniones como algo análogo en dimensiones más altas a los números complejos, la analogía no se basa en que la dimensión ha subido de 2 a 3 dimensiones, sino en que ha pasado de 2 a 4; pues en cada caso una de las dimensiones es el «eje real», que aquí corresponde a la componente t en la representación anterior de q en términos de **i**, **j**, **k**. Hay una fuerte tentación a considerar que esta t representa el *tiempo*,[3] de modo que nuestros cuaterniones describirían un *espaciotiempo* tetradimensional, en lugar de un solo espacio. Desde nuestra perspectiva del siglo XX, podríamos pensar que esto sería muy apropiado, puesto que un espaciotiempo tetradimensional es fundamental en la moderna teoría de la relatividad, como veremos en el capítulo 17. Pero

[11.3] Compruebe que esta definición de q^{-1} funciona realmente.

sucede que los cuaterniones no son apropiados para la descripción del espaciotiempo, básicamente por la razón de que la *forma cuadrática* «cuaterniónicamente natural» $q\bar{q} = t^2 + u^2 + v^2 + w^2$ tiene la «signatura incorrecta» para la teoría de la relatividad (una cuestión a la que llegaremos más adelante; véanse §13.8 y §18.1). Por supuesto, Hamilton no conocía la relatividad, puesto que vivió en el siglo equivocado para ello. En cualquier caso, aquí hay un cajón de problemas en los que no deseo involucrarme por el momento. ¡Lo abriré lentamente más tarde! (véanse §§13.8, §18.1-4, final de §22.11, §28.9, §31.13, §32.2).

Hay otra razón, quizá más fundamental, para que los cuaterniones no sean tan matemáticamente «bonitos» como parecen a primera vista. Son «magos» relativamente pobres; no soportan ninguna comparación con los números complejos a este respecto. La razón es que, al parecer, no hay ningún análogo cuaterniónico satisfactorio[4] de la noción de una función holomorfa. La razón básica para esto es sencilla. En el capítulo anterior hemos visto que una función holomorfa de una variable compleja z se caracteriza por ser holomórficamente «independiente» del conjugado complejo $\bar{z}$. Pero con los cuaterniones encontramos que es posible expresar *algebraicamente* el conjugado cuaterniónico $\bar{q}$ de q en términos de q y las cantidades constantes $\mathbf{i}$, $\mathbf{j}$ y $\mathbf{k}$ mediante el uso de la expresión[11.4]

$$\bar{q} = -\frac{1}{2}(q + \mathbf{i}q\mathbf{i} + \mathbf{j}q\mathbf{j} + \mathbf{k}q\mathbf{k}).$$

Si «cuaterniónica-holomorfa» tuviera que significar «construida a partir de cuaterniones por medio de suma, multiplicación y toma de límites», entonces $\bar{q}$ tendría que contar como una función cuaterniónica-holomorfa de q, lo que echa a perder la idea general.

¿Es posible encontrar modificaciones de los cuaterniones que pudieran tener más relevancia directa para el mundo físico? Encontraremos que sí lo es, pero todas ellas sacrifican la propiedad clave de los cuaterniones, antes mostrada, de que siempre se puede dividir por ellos (si son no nulos). ¿Qué pasa con las generalizaciones a dimensiones más altas? Enseguida veremos cómo lo consiguió Clifford, y qué importancia tiene para la física este tipo de generalización. Pero todos

[11.4] Compruébelo.

estos cambios llevan al abandono de la propiedad de álgebra de división.

¿Existen generalizaciones de los cuaterniones que conserven la propiedad de división? De hecho, sí existen; pero lo primero que hay que señalar es que existen teoremas que nos dicen que eso no es posible a menos que relajemos las reglas del álgebra incluso más allá de nuestro abandono de la ley conmutativa de la multiplicación. Aproximadamente dos meses después de recibir una carta de Hamilton anunciando el descubrimiento de los cuaterniones, en 1843, John Graves descubrió que existe un tipo de cuaternión «doble», entidades ahora conocidas como *octoniones*. Estos fueron redescubiertos por Arthur Cayley en 1845. En el caso de los octoniones, se abandona la ley asociativa $a(bc) = (ab)c$ —aunque se mantiene un vestigio de dicha ley en la forma $a(ab) = a^2b$ y $(ab)b = ab^2$—. La belleza de esta estructura reside en que sigue siendo un álgebra de división, aunque no asociativa. (Para cada a distinto de cero, existe un a^{-1} tal que $a^{-1}(ab) = b = (ba)a^{-1}$.) Los octoniones forman un álgebra de división no asociativa octodimensional. Existen siete análogos de los **i**, **j** y **k**, del álgebra de cuaterniones que, junto con 1, llenan las ocho dimensiones del álgebra de octoniones. Las leyes de multiplicación individual para estos elementos (análogas a $\mathbf{ij} = \mathbf{k} = -\mathbf{ji}$, etc.) son un poco complicadas y es mejor que las posponga hasta §16.2, donde se dará una elegante descripción, ilustrada en la Fig. 16.3. Por desgracia, no hay una generalización plenamente satisfactoria de los octoniones a dimensiones aún más altas si debe conservarse la propiedad de álgebra de división, como se sigue de un resultado algebraico de Hurwitz (1898) que demostraba que la identidad cuaterniónica (y octoniónica) «$\boldsymbol{q}\bar{\boldsymbol{q}}$ = suma de cuadrados» no funciona para dimensiones distintas de 1, 2, 4, 8. De hecho, aparte de estas dimensiones concretas, no puede haber *ningún* álgebra en la que la división (salvo por cero) sea siempre posible. Esto se sigue de un notable teorema topológico[5] que encontraremos en §15.4. Las únicas álgebras de división son, de hecho, los números reales, los números complejos, los cuaterniones y los octoniones.

Si estamos dispuestos a abandonar la propiedad de división, entonces *existe* una generalización importante de la noción de cuaterniones a dimensiones más altas, y es una generalización que tiene poderosas implicaciones en la física moderna. Esta es la noción de *álgebra de Clifford* que fue introducida[6] en 1878 por el brillante (pese a su prematura muerte) matemático inglés William Kingdon Clifford (1845-1879). Se puede considerar que el álgebra de Clifford ha brotado de dos fuentes, cada una de las cuales estaba orientada a la comprensión de espacios de dimensiones mayores que las dos que están descritas directamente por los números complejos. Una de estas fuentes era el álgebra de cuaterniones de Hamilton en la que nos hemos interesado; la otra era un importante desarrollo anterior, propuesto originalmente[7] en 1844 y 1852 por un maestro de escuela alemán poco reconocido, Hermann Grassmann (1809-1877). Las álgebras de Grassmann también desempeñan un papel directo en la física teórica moderna. (En particular, la noción moderna de *supersimetría* —véase §31.3— depende crucialmente de ellas, al ser la supersimetría casi ubicua en los intentos modernos de desarrollar los fundamentos de la física más allá del marco de su modelo estándar.) Será importante que aquí nos familiaricemos con las álgebras de Grassmann y las de Clifford, y lo haremos en §11.6 y §11.5, respectivamente.

Las álgebras de Clifford (y Grassmann) incluyen un nuevo ingrediente que resulta de la dimensionalidad más alta del espacio en consideración. Antes de que podamos apreciar adecuadamente este punto, es mejor que consideremos de nuevo los cuaterniones, aunque desde una perspectiva algo diferente —una perspectiva geométrica—. Esto nos llevará también a algunas otras consideraciones que tienen una importancia fundamental en la física moderna.

11.3. Geometría de cuaterniones

Consideremos que las cantidades cuaterniónicas básicas **i**, **j**, **k** se refieren a tres ejes (dextrógiros) mutuamente perpendiculares en el 3-espacio euclídeo ordinario (véase la Fig. 11.1). Ahora recordemos de §5.1 que la cantidad i en la teoría de los números complejos ordinarios puede interpretarse en términos de la operación «multiplicar por i», que en su acción sobre el plano complejo significa «rotar un ángulo recto alrededor del origen en sentido positivo». Podríamos imaginar que es

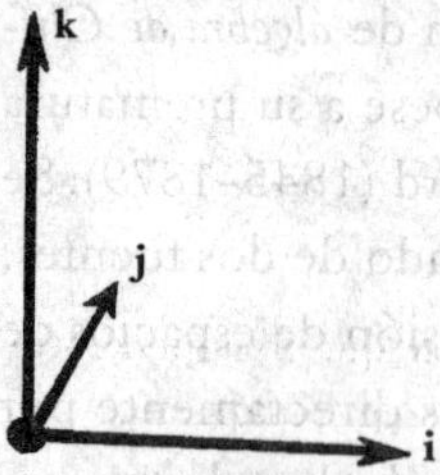

Fig. 11.1. Los cuaterniones básicos **i**, **j**, **k** remiten a tres ejes mutuamente perpendiculares (y dextrógiros) en el 3-espacio euclídeo ordinario.

posible interpretar el cuaternión **i** de un modo similar, aunque ahora como una rotación en 3 dimensiones, en sentido positivo (i.e., dextrógiro) alrededor del eje-**i** (de modo que el plano-**jk** desempeña el papel de plano complejo); en correspondencia, consideraríamos que **j** representa una rotación (en sentido positivo) alrededor del eje-**j** y **k** representa una rotación alrededor del eje-**k**. Sin embargo, si estas rotaciones son realmente rotaciones de un ángulo recto, como sucedía en el caso de los números complejos, entonces las relaciones producto no funcionarán, porque si hacemos la **i**-rotación seguida de la **j**-rotación, no obtenemos (ni siquiera un múltiplo de) la **k**-rotación.

Es muy fácil ver esto explícitamente tomando algún objeto ordinario y rotándolo físicamente. Sugiero hacerlo con un libro. Deje el libro apoyado sobre una mesa horizontal delante de usted de la forma normal, con el libro cerrado, como si estuviera a punto de abrirlo para leer. Imagine que el eje-**k** es vertical y pasa por el centro del libro, de modo que el eje-**i** sale hacia la derecha y el eje-**j** se aleja directamente de usted, pasando ambos también por el centro. Si rotamos el libro un ángulo recto (en sentido dextrógiro) alrededor de **i** y luego lo rotamos (en sentido dextrógiro) alrededor de **j**, encontramos que termina en una configuración (con su lomo hacia arriba) que no puede restituirse a su estado original mediante ninguna rotación simple alrededor de **k** (véase la Fig. 11.2).

Lo que tenemos que hacer para que las cosas funcionen es rotar *dos* ángulos rectos (i.e., 180° o π). Esto parece algo extraño, pues no hay una analogía directa con la forma en que hasta ahora entendíamos la acción del número complejo i. Parece que la dificultad principal reside en que, si aplicamos esta operación dos veces alrededor del mismo eje, obtenemos una rotación de 360° (o 2π), que simplemente devuel-

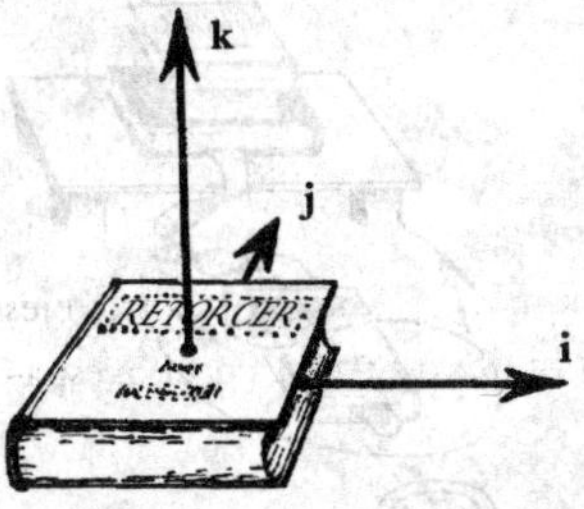

Fig. 11.2. Podemos considerar que los operadores cuaterniónicos **i**, **j**, **k** se refieren a rotaciones (de 180°, i.e., π) de un objeto, que aquí es un libro.

ve el objeto (en este caso nuestro libro) a su estado original, lo que aparentemente representa $\mathbf{i}^2 = 1$, en lugar de $\mathbf{i}^2 = -1$. Pero aquí interviene una nueva y maravillosa idea. Es una idea de una sutileza e importancia considerables, una importancia matemática que es fundamental en la física cuántica de las partículas elementales tales como electrones, protones y neutrones. Como veremos en §23.7, la materia sólida ordinaria no podría existir sin sus consecuencias. La noción matemática esencial es la de *espinor*.[8]

¿Qué es un espinor? En esencia, es un objeto que se transforma en su negativo cuando sufre una rotación completa de 2π. Esto puede parecer un absurdo, puesto que cualquier objeto clásico de la experiencia ordinaria vuelve siempre a su estado original tras una rotación semejante, y no a otra cosa. Para entender esta curiosa propiedad de los espinores —o de lo que llamaré *objetos espinoriales*—, volvamos a nuestro libro que reposa sobre la mesa ante nosotros. Necesitaremos algún medio para seguir la pista de cómo ha sido rotado. Podemos hacerlo colocando un extremo de un cinturón largo sujetado entre las páginas del libro y atando la hebilla rígidamente a alguna estructura fija (una pila de otros libros, por ejemplo; véase la Fig. 11.3a). Una rotación del libro en un ángulo de 2π retuerce el cinturón de una forma que no puede deshacerse sin una rotación posterior del libro (Fig. 11.3b). Pero si rotamos el libro un ángulo adicional de 2π, lo que da una rotación total de 4π, entonces encontramos, de forma bastante sorprendente, que la torsión del cinturón puede ser eliminada por completo haciéndolo pasar por encima del libro mientras este se mantiene en la misma posición durante la maniobra (Fig. 11.3c). Así pues, más que registrar el número total de rotaciones 2π que sufre el libro, lo que hace el cinturón es conservar la huella de la *paridad* de dicho número. Es decir, si rota-

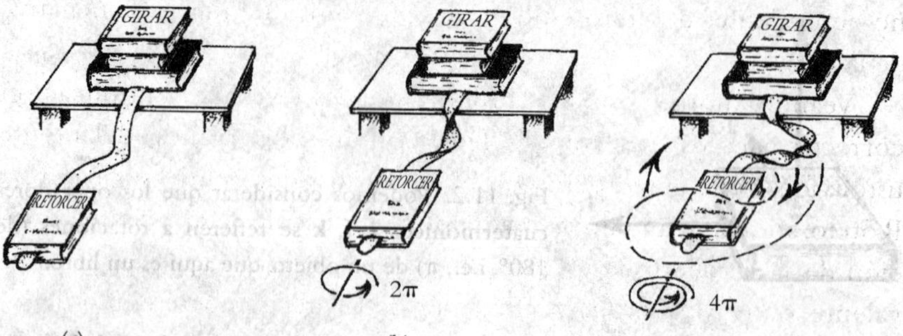

Fig. 11.3. Un objeto espinorial, representado por el libro de la Fig. 11.2. Un número par de rotaciones 2π es equivalente a ausencia de rotación, mientras que un número impar de rotaciones 2π no lo es. (a) Seguimos la pista de la paridad del número de rotaciones 2π del libro uniéndolo, mediante un cinturón largo, a un objeto fijo (aquí, a una pila de libros). (b) Una rotación de nuestro libro en 2π retuerce el cinturón de modo que no puede deshacerse sin una rotación adicional. (c) Una rotación del libro de 4π da una torsión que puede eliminarse por completo pasando el cinturón por encima del libro.

mos el libro en un número par de rotaciones 2π, entonces podemos hacer que la torsión del cinturón desaparezca por completo, mientras que si rotamos el libro un número impar de rotaciones 2π, el cinturón queda inevitablemente retorcido. Esto se aplica cualquiera que sea el eje de rotación, o una sucesión de ejes de rotación diferentes, que decidamos utilizar.

Así pues, para representar un objeto espinorial podemos pensar en un objeto ordinario en el espacio, pero en el que hay una imaginaria atadura flexible a cierta estructura externa, atadura que está representada por el cinturón que acabamos de considerar. La atadura puede moverse de una forma continua, pero sus extremos deben permanecer fijos, uno en el propio objeto y el otro en la estructura externa fija. Hay que pensar que la configuración de nuestro «libro espinorial», así imaginado, tiene una atadura imaginaria de este tipo a cierta estructura externa fija, y se estima que dos configuraciones son equivalentes solo si la atadura imaginaria de una puede deformarse de forma continua hasta coincidir con la atadura imaginaria de la otra. Para cada configuración ordinaria del libro habrá exactamente dos configuraciones no equivalentes del libro espinorial, y decimos que una es la negativa de la otra.

Veamos ahora si esto nos proporciona las leyes de multiplicación correctas para los cuaterniones. Deje el libro sobre la mesa delante de usted, igual que antes, pero con el cinturón sujeto entre sus páginas. Rótelo, ahora, un ángulo π alrededor de **i** y hágalo seguir de una rotación de π alrededor de **j**. Obtenemos una configuración que es equivalente a una rotación de π alrededor de **k**, precisamente como debería ser de acuerdo con la $\mathbf{ij} = \mathbf{k}$ de Hamilton.

¿O no es así? Hay solo un pequeño motivo de irritación. Si insistimos cuidadosamente en que todas estas rotaciones sean en el sentido dextrógiro, siguiendo entonces apropiadamente la pista de las torsiones del cinturón, parece que lo que obtenemos en su lugar es $\mathbf{ij} = -\mathbf{k}$. Sin embargo, este no es un punto importante y hay diferentes maneras de corregirlo. Podemos o bien representar nuestros cuaterniones por rotaciones levógiras de 2π en lugar de dextrógiras (en cuyo caso recuperamos $\mathbf{ij} = \mathbf{k}$), o bien tomar nuestros ejes **i**, **j**, **k** con una orientación levógira en lugar de dextrógira. O, mejor, podemos adoptar un convenio sobre el orden de multiplicación de los operadores que es bastante habitual en matemáticas, a saber, que el «producto $\boldsymbol{pq}$» representa $\boldsymbol{q}$ seguido de $\boldsymbol{p}$, en lugar de $\boldsymbol{p}$ seguido de $\boldsymbol{q}$.

De hecho, existe una buena razón para este convenio aparentemente extraño. Esta tiene que ver con el hecho de que en general se entiende que los operadores —objetos tales como $\partial/\partial x$— actúan sobre los objetos que están escritos a su derecha. Así, el operador $\boldsymbol{P}$ actuando sobre $\boldsymbol{\Phi}$ se escribirá $\boldsymbol{P}(\boldsymbol{\Phi})$, o simplemente $\boldsymbol{P\Phi}$. En consecuencia, si aplicamos primero $\boldsymbol{P}$ y luego $\mathbf{Q}$ a $\boldsymbol{\Phi}$, obtenemos $\mathbf{Q}(\boldsymbol{P}(\boldsymbol{\Phi}))$ o simplemente $\boldsymbol{QP\Phi}$, que es $\boldsymbol{QP}$ actuando sobre $\boldsymbol{\Phi}$.

Mi forma de resolver esta complicada cuestión de signos con los cuaterniones consistirá en tomar todo en el sentido dextrógiro estándar y adoptar este convenio matemático «habitual» de orden-inverso para la ordenación de los operadores. Ahora al lector le resultará fácil confirmar que todas las «ecuaciones del Puente Brougham» de Hamilton $\mathbf{i}^2 = \mathbf{j}^2 = \mathbf{k}^2 = \mathbf{ijk} = -1$ son satisfechas por nuestro «libro espinorial». Por supuesto, tenemos en cuenta que **ijk** representa ahora a «**k** seguido de **j** seguido de **i**».[9]

11.4. ¿Cómo componer rotaciones?

Esta curiosa propiedad de que los ángulos de rotación tengan que ser el doble de lo que hubiera parecido geométricamente apropiado, puede demostrarse de otra manera. Una característica especial de las rotaciones (propias, i.e., no reflexivas) en tres dimensiones es que si combinamos cualquier número de ellas, entonces obtenemos siempre una rotación alrededor de *algún* eje. ¿Cómo podemos encontrar dicho eje de una manera geométrica sencilla, así como el valor de dicha rotación? Hamilton encontró una respuesta elegante.[10] Veamos cómo funciona. Mi presentación será un poco diferente de la ofrecida inicialmente por Hamilton.

Recordemos que cuando componemos dos desplazamientos diferentes que son simples *traslaciones*, podemos utilizar la ley del triángulo estándar (equivalente a la ley del paralelogramo ilustrada en la Fig. 5.1a) para obtener la respuesta. Así pues, podemos representar la primera traslación por un *vector* (por lo que entiendo aquí un segmento de recta orientado, cuya orientación está indicada por una punta de flecha en un extremo del segmento) y la segunda traslación por otro vector semejante, cuya cola coincide con la punta del primero. El vector que va desde la cola del primer vector hasta la punta del segundo representa la composición de los dos movimientos traslacionales (véase la Fig 11.4a).

¿Podemos hacer algo similar para las rotaciones? Resulta, notablemente, que sí podemos. Pensemos ahora en los «vectores» como si fueran arcos orientados de círculos máximos dibujados en una esfera —dibujados una vez más con una punta de flecha en un extremo para representar la orientación—. (Un círculo máximo en una esfera es la intersección de la esfera con un plano que pasa por su centro.) Podemos imaginar que puede utilizarse un «arco vector» semejante para representar una rotación en la dirección de la flecha. Esta rotación va a ser alrededor de un eje que pasa por el centro de la esfera y es perpendicular al plano del círculo máximo en el que reside la flecha.

¿Podemos considerar que la composición de dos rotaciones representadas de este modo está dada por una «ley del triángulo» similar a la situación que teníamos para las traslaciones ordinarias? En efecto, podemos hacerlo, pero hay una trampa. La rotación que va a representarse por

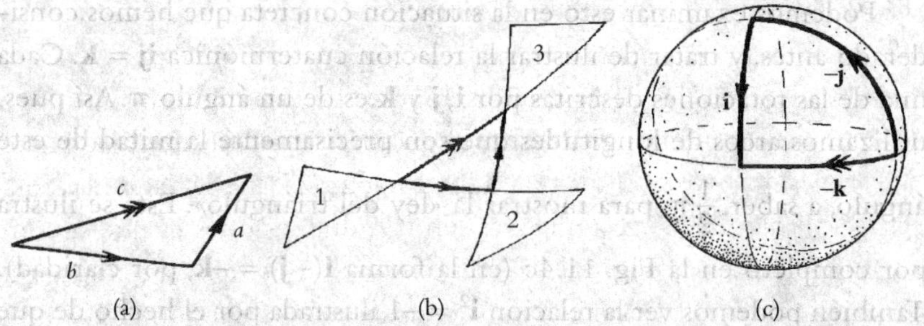

Fig. 11.4. (a) Traslaciones en el plano euclídeo representadas por segmentos de línea orientados. El segmento con flecha doble representa la composición de los otros dos, por la ley del triángulo. (b) Para rotaciones en el 3-espacio euclídeo, los segmentos son ahora arcos de círculo máximo trazados sobre la esfera unidad, cada uno de los cuales presenta una rotación del doble del ángulo medido por el arco (alrededor de un eje perpendicular a su plano). Para ver por qué funciona esto, reflejemos en cada vértice, por turno, el triángulo formado por los arcos. La primera rotación lleva el triángulo 1 al triángulo 2, la segunda lleva el triángulo 2 al triángulo 3, y la composición lleva el triángulo 1 al triángulo 3. (c) La relación cuaterniónica $\mathbf{ij} = \mathbf{k}$ (en la forma $\mathbf{i}(-\mathbf{j}) = -\mathbf{k}$), como caso especial. Cada rotación es de π, pero se representa por el semiángulo $\pi/2$.

nuestro «arco vector» debe ser de un ángulo que es exactamente el *doble* del ángulo representado por la longitud del arco. (Por conveniencia, podemos considerar que la esfera es de radio unidad. Entonces el ángulo representado por el arco es simplemente la distancia medida a lo largo del arco. Para que sea válida la «ley del triángulo», el ángulo de la rotación debe ser el doble que esta longitud de arco.) La razón de que esto funcione se ilustra en la Fig. 11.4b. El triángulo curvilíneo (esférico) en el centro ilustra la «ley del triángulo» y los tres triángulos externos son las respectivas reflexiones en sus tres vértices. Las dos rotaciones iniciales llevan uno de estos triángulos externos a un segundo triángulo y luego el segundo a un tercero; la rotación que es la composición de los dos lleva el primer triángulo al tercero. Notamos que cada una de estas rotaciones es de un ángulo que es precisamente el doble de la longitud del arco correspondiente en el triángulo curvilíneo original.[11.5] Veremos una variante de esta construcción en la física relativista, en §18.4 (Fig. 18.13).

[11.5] En la versión original de esta construcción, debida a Hamilton, se utiliza el triángulo esférico «dual» de este, cuyos vértices están en los puntos de corte de la esfe-

Podemos examinar esto en la situación concreta que hemos considerado antes, y tratar de ilustrar la relación cuaterniónica **ij** = **k**. Cada una de las rotaciones descritas por **i**, **j** y **k** es de un ángulo π. Así pues, utilizamos arcos de longitudes que son precisamente la mitad de este ángulo, a saber, $\frac{1}{2}\pi$, para mostrar la «ley del triángulo». Esta se ilustra por completo en la Fig. 11.4c (en la forma $\mathbf{i}(-\mathbf{j}) = -\mathbf{k}$, por claridad). También podemos ver la relación $\mathbf{i}^2 = -1$ ilustrada por el hecho de que un arco de círculo máximo, de longitud π, que se extiende desde un punto π de la esfera hasta su punto *antipodal* (que representa «–1»), es esencialmente diferente de un arco de longitud cero o de longitud 2π, pese al hecho de que cada uno de ellos representa una rotación de la esfera que la devuelve a su posición original. La descripción de «arco vector» representa correctamente las rotaciones de un «objeto espinorial».

11.5. Álgebras de Clifford

Para pasar a dimensiones más altas y a la idea de un álgebra de Clifford, debemos considerar cuál debe ser el análogo de una «rotación alrededor de un eje». En n dimensiones, tal rotación básica tiene un «eje» que es un espacio $(n-2)$-dimensional, en lugar del simple eje 1-dimensional que tenemos para las rotaciones 3-dimensionales ordinarias. Pero aparte de esto, una rotación alrededor de un eje $(n-2)$-dimensional se parece al caso familiar de una rotación 3-dimensional ordinaria alrededor de un eje 1-dimensional en el hecho de que la rotación está completamente determinada por la dirección del eje y por el valor del ángulo de rotación. Una vez más, tenemos objetos espinoriales con la propiedad de que, si un objeto semejante se rota de forma continua en un ángulo 2π, entonces no es devuelto a su estado original sino a lo que consideramos el «negativo» de dicho estado. Una rotación de 4π siempre devuelve al objeto a su estado original.

---

ra con los tres ejes de rotación involucrados en el problema. Dé una demostración directa de cómo funciona esto (quizá «dualizando» el argumento dado en el texto), representando las cantidades de las rotaciones como el *doble* de los ángulos de este triángulo dual.

No obstante, hay un «nuevo ingrediente clave», que se ha mencionado antes, y es que en dimensiones mayores que 3 no es cierto que la composición de rotaciones básicas alrededor de ejes $(n-2)$-dimensionales será siempre otra rotación alrededor de un eje $(n-2)$-dimensional. En dimensiones más altas, las (composiciones de) rotaciones generales no pueden describirse de forma tan simple. Semejante rotación (generalizada) puede tener un «eje» (i.e., un espacio que queda invariante por el movimiento rotacional) cuya dimensión puede tomar varios valores diferentes. Así pues, para un álgebra de Clifford en n dimensiones, necesitamos una jerarquía de diferentes tipos de entidades que representen dichos tipos diferentes de rotaciones. De hecho, resulta que es mejor empezar con algo que es incluso más elemental que una rotación de π, a saber, una *reflexión* en un (hiper-)plano $(n-1)$-dimensional. Una composición de dos reflexiones semejantes (con respecto a dos de estos planos que son perpendiculares) proporciona una rotación de π, lo que da como entidades «secundarias» estas π-rotaciones antes básicas, mientras que ahora son las reflexiones las entidades primarias.[11.6]

Etiquetamos estas reflexiones básicas como $\boldsymbol{\gamma}_1, \boldsymbol{\gamma}_2, \boldsymbol{\gamma}_3, \ldots, \boldsymbol{\gamma}_n$, donde $\boldsymbol{\gamma}_r$ invierte el r-ésimo eje de coordenadas mientras conserva todos los demás. Para el tipo apropiado de «objeto espinorial», reflejarlo dos veces en la misma dirección da el negativo del objeto, de modo que tenemos n relaciones de tipo cuaternión

$$\boldsymbol{\gamma}_1^2 = -1, \quad \boldsymbol{\gamma}_2^2 = -1, \quad \boldsymbol{\gamma}_3^2 = -1, \quad \ldots, \boldsymbol{\gamma}_n^2 = -1,$$

satisfechas por estas reflexiones primarias. Las entidades secundarias, que representan nuestras π-rotaciones originales, son productos de pares de γ's distintas, y estos productos tienen propiedades de anticonmutación (de modo parecido a los cuaterniones)

$$\boldsymbol{\gamma}_p\boldsymbol{\gamma}_q = -\boldsymbol{\gamma}_q\boldsymbol{\gamma}_p \quad (p \neq q).$$

En el caso particular de tres dimensiones $(n = 3)$, podemos definir las tres diferentes cantidades de «segundo orden»

$$\mathbf{i} = \boldsymbol{\gamma}_2\boldsymbol{\gamma}_3, \quad \mathbf{j} = \boldsymbol{\gamma}_3\boldsymbol{\gamma}_1, \quad \mathbf{k} = \boldsymbol{\gamma}_1\boldsymbol{\gamma}_2,$$

[11.6] Encuentre la naturaleza geométrica de la transformación, en el 3-espacio euclídeo, que es la composición de dos reflexiones en planos que no son perpendiculares.

y se comprueba fácilmente que estas tres cantidades **i**, **j** y **k** satisfacen las leyes del álgebra cuaterniónica (las «ecuaciones del Puente Brougham» de Hamilton).[11.7]

El elemento general del álgebra de Clifford para un espacio n-dimensional es una suma de múltiplos reales (i.e., una combinación lineal) de productos de conjuntos de $\boldsymbol{\gamma}$'s distintas. Las entidades de primer orden («primarias») son las n diferentes cantidades individuales $\boldsymbol{\gamma}_p$. Las entidades de segundo orden («secundarias») son los $\frac{1}{2}n(n-1)$ productos independientes $\boldsymbol{\gamma}_p\boldsymbol{\gamma}_q$ (con $p < q$); hay $\frac{1}{6}n(n-1)(n-2)$ entidades independientes de tercer orden $\boldsymbol{\gamma}_p\boldsymbol{\gamma}_q\boldsymbol{\gamma}_r$ (con $p < q < r$), $\frac{1}{24}n(n-1)(n-2)(n-3)$ entidades independientes de cuarto orden, etc., y finalmente la única entidad de n-ésimo orden $\boldsymbol{\gamma}_1\boldsymbol{\gamma}_2\boldsymbol{\gamma}_3 \ldots \boldsymbol{\gamma}_n$. Tomando todas estas junto con la única entidad de orden cero 1, obtenemos

$$1 + n + \frac{1}{2}n(n-1) + \frac{1}{6}n(n-1)(n-2) + \ldots + 1 = 2^n$$

entidades en total,[11.8] y el elemento general del álgebra de Clifford es una combinación lineal de estas. Así pues, los elementos de un álgebra de Clifford constituyen un álgebra 2^n-dimensional sobre los reales, en el sentido descrito en §11.1. Forman un anillo con identidad, pero, a diferencia de los cuaterniones, no forman un anillo de división.

Una razón por la que las álgebras de Clifford son importantes es el papel que desempeñan en la definición de espinores. En física, los espinores hicieron su aparición en la famosa ecuación de Dirac para el electrón (Dirac 1928), pues el estado del electrón es una cantidad espinorial (véase el capítulo 24). Un espinor puede considerarse como un objeto sobre el que actúan como operadores los elementos del álgebra de Clifford, tal como sucede con las reflexiones o las rotaciones básicas del «objeto espinorial» que acabamos de considerar. La propia noción de un «objeto espinorial» es algo confusa y poco intuitiva, y algunos prefieren recurrir a una aproximación puramente (Clifford-)alge-

[11.7] Demuéstrelo.
[11.8] Explique este recuento. *Sugerencia*: Considere $(1 + 1)^n$.

braica[11] para su estudio. Esto tiene ciertamente sus ventajas, especialmente para una discusión general y rigurosa; pero tengo la sensación de que también es importante no perder de vista la geometría, y aquí he intentado resaltar este aspecto de las cosas.

En n dimensiones,[12] el espacio completo de espinores (a veces llamado *espacio de espín*) es $2^{n/2}$-dimensional, si n es par, y $2^{(n-1)/2}$-dimensional, si n es impar. Cuando n es par, el espacio de espinores se separa en dos espacios independientes (a veces llamados espacios de «espinores reducidos» o «semiespinores»), cada uno de los cuales es $2^{(n-1)/2}$-dimensional; esto es, cada elemento del espacio completo es la suma de dos elementos, uno de cada uno de los dos espacios reducidos. Una reflexión en el espacio n-dimensional (par) convierte a uno de estos espacios de espín reducidos en el otro. Los elementos de un espacio de espín reducido tienen cierta «quiralidad» o «mano»; los del otro espacio tienen la quiralidad opuesta. Esto parece tener una profunda importancia en física, donde aquí me refiero a los espinores para el espacio-tiempo 4-dimensional ordinario. Cada uno de los dos espacios de espín reducidos es 2-dimensional: uno de ellos se refiere a entidades de mano derecha, y el otro a las de mano izquierda. Parece que la naturaleza asigna un papel diferente a cada uno de estos dos espacios de espín reducidos, y por medio de esto pueden emerger procesos físicos que no son invariantes por reflexión. De hecho, uno de los descubrimientos más sorprendentes (y algunos dirán «escandalosos») de la física del siglo XX (predicho teóricamente por Chen Ning Yang y Tsung Dao Lee y confirmado experimentalmente por Chien-Shiung Wu y su grupo, en 1957) fue el hecho de que existen realmente procesos fundamentales en la naturaleza que no ocurren en su forma especular. Volveré más adelante a estas cuestiones de fundamentos (§§25.3,4, §32.2, §§33.4,7,11,14).

Los espinores también tienen un valor matemático importante en varios contextos diferentes[13] (véanse §§22.8-11, §§23.3,4,5, §§24.6,7, §§32.3,4 y §§33.4,6,8,11), y pueden tener un uso práctico en ciertos tipos de computación. Debido a la relación «exponencial» entre la dimensión del espacio de espín ($2^{n/2}$, etc.) y la dimensión n del espacio original, no es sorprendente que los espinores sean mejores herramientas prácticas cuando n es razonablemente pequeño. En el caso del espaciotiempo 4-dimensional ordinario, por ejemplo, cada uno de los espacios de espín reducidos tiene solamente dimensión 2, mientras que en la moderna «teoría-M» 11-dimensional (véase §31.14) el espacio de espín tiene 32 dimensiones.

11.6. Álgebras de Grassmann

Finalmente, permítanme volver al álgebra de Grassmann. Desde el punto de vista de la discusión anterior, podemos considerar el álgebra de Grassmann como una especie de caso degenerado de álgebra de Clifford, en el que tenemos elementos generadores básicos anticonmutativos $\boldsymbol{\eta}_1, \boldsymbol{\eta}_2, \boldsymbol{\eta}_3, \ldots, \boldsymbol{\eta}_n$, similares a los $\boldsymbol{\gamma}_1, \boldsymbol{\gamma}_2, \boldsymbol{\gamma}_3, \ldots, \boldsymbol{\gamma}_n$ del álgebra de Clifford, pero donde el cuadrado de cada η es *cero*, en lugar de ser el -1 que tenemos en el caso de Clifford:

$$\boldsymbol{\eta}_1^2 = 0, \quad \boldsymbol{\eta}_2^2 = 0, \quad \ldots, \quad \boldsymbol{\eta}_n^2 = 0.$$

La ley anticonmutativa

$$\boldsymbol{\eta}_p\boldsymbol{\eta}_q = -\boldsymbol{\eta}_q\boldsymbol{\eta}_p$$

es válida como antes, excepto que el álgebra de Grassmann es ahora más «sistemática» que el álgebra de Clifford, porque no tenemos que especificar «$p \neq q$» en esta ecuación. El caso $\boldsymbol{\eta}_p\boldsymbol{\eta}_p = -\boldsymbol{\eta}_p\boldsymbol{\eta}_p$ simplemente reexpresa $\boldsymbol{\eta}_p^2 = 0$.

En realidad, las álgebras de Grassmann son más primitivas y universales que las álgebras de Clifford, en cuanto que dependen solo de una cantidad mínima de estructura local. Básicamente, la clave consiste en que el álgebra de Clifford necesita «saber» qué significa «perpendicular», de modo que puedan construirse rotaciones ordinarias a partir de reflexiones, mientras que la noción de «rotación» no es parte de lo que se describe según las álgebras de Grassmann. Para decirlo de otro modo, las nociones ordinarias de «álgebra de Clifford» y «espinor» requieren que haya una *métrica* en el espacio, mientras que esto no es necesario para el álgebra de Grassmann. (Las métricas se discutirán en §13.8 y §14.7.)

El álgebra de Grassmann está relacionada con la idea básica de un «elemento plano» para números diferentes de dimensiones. Consideremos que cada una de las cantidades básicas $\boldsymbol{\eta}_1, \boldsymbol{\eta}_2, \boldsymbol{\eta}_3, \ldots, \boldsymbol{\eta}_n$, define un *elemento de línea* o «vector» (más que un hiperplano de reflexión) en el origen de coordenadas en cierto espacio n-dimensional, estando cada η asociada a uno de los n diferentes ejes de coordenadas. (Estos pueden ser ejes «oblicuos», puesto que el álgebra de Grassmann no está interesada en la ortogonalidad; véase la Fig. 11.5.) El vector general en el origen será cierta combinación

$$\boldsymbol{a} = a_1\boldsymbol{\eta}_1 + a_2\boldsymbol{\eta}_2 + \ldots + a_n\boldsymbol{\eta}_n,$$

donde $a_1, a_2, \ldots, a_n$ son números reales. (Alternativamente, los a_i podrían ser números complejos, en el caso de un espacio complejo; pero los casos real e imaginario tienen un tratamiento algebraico similar.) Para describir el elemento plano 2-dimensional generado por dos de estos vectores $\boldsymbol{a}$ y $\boldsymbol{b}$, donde

$$\boldsymbol{b} = b_1\boldsymbol{\eta}_1 + b_2\boldsymbol{\eta}_2 + \ldots + b_n\boldsymbol{\eta}_n,$$

formamos el *producto de Grassmann* de $\boldsymbol{a}$ por $\boldsymbol{b}$. Para evitar confusiones con otras formas de producto, a partir de ahora adoptaré la notación (estándar) $\boldsymbol{a} \wedge \boldsymbol{b}$ para este producto (llamado «producto cuña») en lugar de utilizar la simple yuxtaposición de símbolos. En consecuencia, lo que he escrito previamente como $\boldsymbol{\eta}_p\boldsymbol{\eta}_q$, lo denotaré ahora por $\boldsymbol{\eta}_p \wedge \boldsymbol{\eta}_q$. La ley de anticonmutación de estas $\boldsymbol{\eta}$'s se escribe ahora

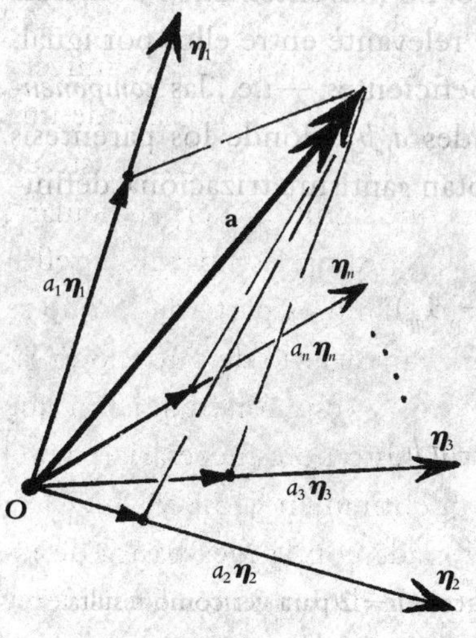

Fig. 11.5. Cada elemento básico $\boldsymbol{\eta}_1, \boldsymbol{\eta}_2, \boldsymbol{\eta}_3, \ldots, \boldsymbol{\eta}_n$, de un álgebra de Grassmann define un vector en un espacio n-dimensional, en un punto-origen **O**. Estos vectores pueden estar a lo largo de los diferentes ejes de coordenadas (que pueden ser «ejes» oblicuos; el álgebra de Grassmann no se interesa en la ortogonalidad). Un vector general en **O** es una combinación lineal $\mathbf{a} = a_1\boldsymbol{\eta}_1 + a_2\boldsymbol{\eta}_2 + \ldots + a_n\boldsymbol{\eta}_n$.

$$\boldsymbol{\eta}_p \wedge \boldsymbol{\eta}_q = -\boldsymbol{\eta}_q \wedge \boldsymbol{\eta}_p.$$

Adoptando la ley distributiva (véase §11.1) en la definición del producto $\boldsymbol{a} \wedge \boldsymbol{b}$, obtenemos consiguientemente la propiedad de anticonmutación más general[11.9]

$$\boldsymbol{a} \wedge \boldsymbol{b} = -\boldsymbol{b} \wedge \boldsymbol{a},$$

para vectores arbitrarios $\boldsymbol{a}$, $\boldsymbol{b}$. La cantidad $\boldsymbol{a} \wedge \boldsymbol{b}$ proporciona una representación algebraica del elemento plano generado por los vectores $\boldsymbol{a}$ y $\boldsymbol{b}$ (Fig. 11.6a). Nótese que esto contiene la información no solo de una orientación para el elemento plano (puesto que el signo de $\boldsymbol{a} \wedge \boldsymbol{b}$ tiene que ver con cuál de $\boldsymbol{a}$ o $\boldsymbol{b}$ viene antes), sino también de una «magnitud» asignada al elemento plano.

Podemos preguntarnos cómo va a representarse una cantidad tal como $\boldsymbol{a} \wedge \boldsymbol{b}$ como un conjunto de *componentes*, en correspondencia con el modo en que $\boldsymbol{a}$ puede representarse como $(a_1, a_2, a_3, \ldots, a_n)$ y $\boldsymbol{b}$ como $(b_1, b_2, b_3, \ldots, b_n)$, siendo estos los coeficientes que aparecen cuando $\boldsymbol{a}$ y $\boldsymbol{b}$ se presentan respectivamente como combinaciones lineales de $\boldsymbol{\eta}_1$, $\boldsymbol{\eta}_2$, $\boldsymbol{\eta}_3, \ldots, \boldsymbol{\eta}_n$. En correspondencia, la cantidad $\boldsymbol{a} \wedge \boldsymbol{b}$ puede presentarse como una combinación lineal de $\boldsymbol{\eta}_1 \wedge \boldsymbol{\eta}_2$, $\boldsymbol{\eta}_1 \wedge \boldsymbol{\eta}_3$, etc., y necesitamos saber la forma de los coeficientes que aparecen. Aquí hay implícita cierta elección de convenio porque, por ejemplo, $\boldsymbol{\eta}_1 \wedge \boldsymbol{\eta}_2$ y $\boldsymbol{\eta}_2 \wedge \boldsymbol{\eta}_1$ no son independientes (pues uno es el negativo del otro), de modo que podríamos querer distinguir uno de otro. Lo más sistemático es incluir ambos términos y dividir el coeficiente relevante entre ellos por igual. Entonces encontramos[11.10] que los coeficientes —i.e., las *componentes*— de $\boldsymbol{a} \wedge \boldsymbol{b}$ son las diversas cantidades $a_{[p}b_{q]}$, donde los paréntesis cuadrados alrededor de los índices denotan «antisimetrización», definida por

$$A_{[pq]} = \frac{1}{2}(A_{pq} - A_{qp}),$$

de donde

$$a_{[p}b_{q]} = \frac{1}{2}(a_p b_q - a_q b_p).$$

[11.9] Demuéstrelo.

[11.10] Escriba $\boldsymbol{a} \wedge \boldsymbol{b}$ completamente en el caso $n = 2$ para ver cómo resulta.

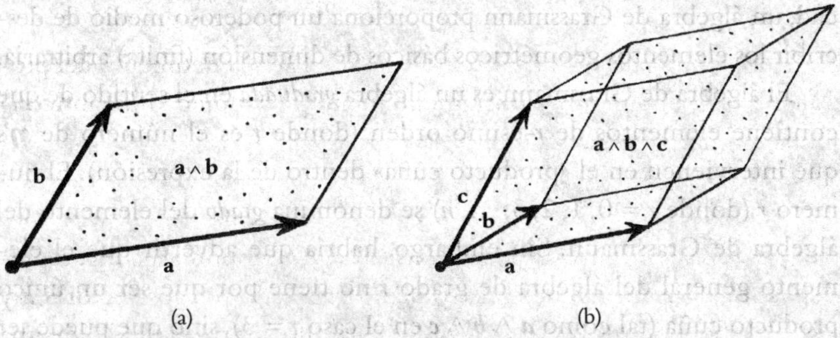

Fig. 11.6. (a) La cantidad **a** ∧ **b** representa el elemento plano (orientado y escalado) generado por vectores independientes **a** y **b**. (b) El triple producto de Grassmann **a** ∧ **b** ∧ **c** representa el 3-elemento generado por vectores independientes **a**, **b** y **c**.

¿Qué pasa con un «elemento plano» 3-dimensional? Tomando tres vectores independientes $\boldsymbol{a}$, $\boldsymbol{b}$ y $\boldsymbol{c}$ que generan este 3-elemento, podemos formar el *triple* producto de Grassmann $\boldsymbol{a} \wedge \boldsymbol{b} \wedge \boldsymbol{c}$ como su representación (de nuevo con orientación y magnitud), y encontramos las propiedades de anticonmutación

$$\boldsymbol{a} \wedge \boldsymbol{b} \wedge \boldsymbol{c} = \boldsymbol{b} \wedge \boldsymbol{c} \wedge \boldsymbol{a} = \boldsymbol{c} \wedge \boldsymbol{a} \wedge \boldsymbol{b} = -\boldsymbol{b} \wedge \boldsymbol{a} \wedge \boldsymbol{c} = -\boldsymbol{a} \wedge \boldsymbol{c} \wedge \boldsymbol{b} = -\boldsymbol{c} \wedge \boldsymbol{b} \wedge \boldsymbol{a}$$

(véase la Fig. 11.6b). Las *componentes* de $\boldsymbol{a} \wedge \boldsymbol{b} \wedge \boldsymbol{c}$ se toman, de acuerdo con lo anterior,

$$a_{[p}b_q c_{r]} = \frac{1}{6}\,(a_p b_q c_r + a_q b_r c_p + a_r b_p c_q - a_q b_p c_r - a_p b_r c_q - a_r b_q c_p),$$

donde los paréntesis cuadrados denotan de nuevo antisimetrización, como ilustra la expresión del miembro derecho.

Expresiones similares definen r-elementos generales, donde r llega hasta la dimensión n del espacio entero. Las componentes del producto cuña de r-ésimo orden se obtienen tomando el producto antisimetrizado de las componentes de los vectores individuales.[11.11], [11.12] En reali-

[11.11] Escriba esta expresión explícitamente en el caso de un producto cuña de cuatro vectores.

[11.12] Demuestre que el producto cuña queda inalterado si $\boldsymbol{a}$ se reemplaza por $\boldsymbol{a}$ sumado a cualquier múltiplo de cualquiera de los otros vectores implicados en el producto cuña.

dad, un álgebra de Grassmann proporciona un poderoso medio de describir los elementos geométricos básicos de dimensión (finita) arbitraria.

El álgebra de Grassmann es un álgebra *graduada* en el sentido de que contiene elementos de r-ésimo orden (donde r es el número de $\boldsymbol{\eta}$'s que intervienen en el «producto cuña» dentro de la expresión). El número r (donde $r = 0, 1, 2, 3, \ldots, n$) se denomina *grado* del elemento del álgebra de Grassmann. Sin embargo, habría que advertir que el elemento general del álgebra de grado r no tiene por qué ser un único producto cuña (tal como $\boldsymbol{a} \wedge \boldsymbol{b} \wedge \boldsymbol{c}$ en el caso $r = 3$), sino que puede ser una suma de tales expresiones. En consecuencia, hay muchos elementos del álgebra de Grassmann que no describen directamente r-elementos geométricos. La importancia de tales elementos de Grassmann «no geométricos» aparecerá más adelante (§12.7).

En general, si $\boldsymbol{P}$ es un elemento de grado p y $\mathbf{Q}$ es un elemento de grado q, definimos su producto cuña $\boldsymbol{P} \wedge \mathbf{Q}$ de grado $p + q$ con componentes $P_{[a\ldots c}Q_{d\ldots f]}$, donde $P_{a\ldots c}$ y $Q_{d\ldots f}$ son las componentes de $\boldsymbol{P}$ y $\mathbf{Q}$ respectivamente. Entonces encontramos[11.13], [11.14]

$$\boldsymbol{P} \wedge \mathbf{Q} = \begin{cases} +\mathbf{Q} \wedge \boldsymbol{P} & \text{si } p \text{ o } q\text{, o ambos, son pares,} \\ -\mathbf{Q} \wedge \boldsymbol{P} & \text{si } p \text{ y } q \text{ son ambos impares.} \end{cases}$$

La suma de elementos de un grado fijo r es una vez más un elemento de grado r; también podemos sumar elementos de grados diferentes para obtener una cantidad «mixta» que no tiene un grado concreto. Tales elementos del álgebra de Grassmann no tienen, sin embargo, estas interpretaciones directas.

Notas

Sección 11.1

11.1. Según Eduard y Klein (1954), parece que ya Carl Friedrich Gauss había señalado la ley de multiplicación para cuaterniones alrededor de

[11.13] Demuéstrelo.
[11.14] Deduzca que $\boldsymbol{P} \wedge \boldsymbol{P} = 0$, si p es impar.

1820, pero no lo había publicado (Gauss, 1900). No obstante, esto es discutido por Tait (1900) y Knott (1900). Para más información, véase Crowe (1967).

11.2. El término «vector» tiene un amplio espectro de significados. Aquí no exigimos ninguna asociación con la noción de *diferenciación* de un «campo vectorial», descrita en §10.3.

Sección 11.2

11.3. No tengo claro hasta qué punto el propio Hamilton pudo ceder seriamente a esta tentación. Antes de su descubrimiento de los cuaterniones, se había interesado en el tratamiento algebraico del «paso del tiempo», y esto pudo tener alguna influencia sobre su predisposición a aceptar una cuarta dimensión en el álgebra cuaterniónica. Véase Crowe (1967), pp. 23-27.

11.4. De todas formas, se ha dedicado una buena cantidad de trabajo a la cuestión de los análogos cuaterniónicos de las nociones holomorfas y su valor en la teoría física. Véanse Gürsey (1983) y Adler (1995). Se podrían considerar las expresiones twistoriales (§§33.8,9) para resolver las ecuaciones de campos libres sin masa como un análogo 4-dimensional apropiado del método de solución mediante funciones holomorfas de la ecuación de Laplace. Sin embargo, este utiliza un análisis complejo, no cuaterniónico. Para una referencia general sobre cuaterniones y octoniones, véase Conway y Smith (2003).

11.5. Véase Adams y Atiyah (1966).

11.6. Véase Clifford (1878). Para referencias modernas, véanse Hestenes y Sobczyk (2001) y Lounesto (1999).

11.7. Véanse Grassmann (1844, 1862); Van der Waerden (1985), pp. 191-192, y Crowe (1967), cap. 1.

Sección 11.3

11.8. Lo pronunciamos como «espinor». Véase la nota 24.12.

11.9. Aunque no sé quién sugirió por primera vez esta forma de demostrar la multiplicación cuaterniónica, J. H. Conway la utilizó en demostraciones privadas en el Congreso Internacional de Matemáticos en Helsinki en 1978; véanse también Newman (1942), y Penrose y Rindler (1984), pp. 41-46.

Sección 11.4

11.10. Véase Pars (1968).

Sección 11.5

11.11. Para una aproximación a muchos problemas físicos a través del álgebra de Clifford, véase Lasenby *et al.* (2000), y las referencias allí contenidas.

11.12. Véanse Cartan (1966), Brauer y Weyl (1935), Penrose y Rindler (1986), apéndice, Harvey (1990), Budinich y Trautman (1988).

11.13. Véanse Lounesto (1999), Cartan (1966), Crumeyrolle (1990), Chevalley (1954) y Kamberov (2002), para algunos ejemplos.

12

Variedades de *n* dimensiones

12.1. ¿Por qué estudiar variedades de dimensiones más altas?

Vayamos ahora al procedimiento general para construir variedades de dimensiones más altas, donde la dimensión *n* puede ser cualquier entero positivo (o incluso cero, si nos permitimos considerar que un punto constituye una 0-variedad). Esta es una noción esencial para prácticamente todas las teorías modernas de la física fundamental. El lector podría preguntarse qué interés físico puede tener considerar *n*-variedades para las que *n* es mayor que 4, puesto que el espaciotiempo ordinario solo tiene cuatro dimensiones. De hecho, muchas teorías modernas, tales como la teoría de cuerdas, operan dentro de un «espaciotiempo» cuya dimensión es mucho mayor que 4. Más adelante (§15.1, §§31.4,10-12, 14-17) llegaremos a cuestiones de este tipo, en las que examinaremos la plausibilidad física de esta idea general. Pero con total independencia de la cuestión de si el «espaciotiempo» real podría ser descrito adecuadamente como una *n*-variedad, existen otras razones poderosas y muy diferentes para considerar *n*-variedades generales en física.

Por ejemplo, el *espacio de configuración* de un cuerpo rígido ordinario en el 3-espacio euclídeo —por el que entiendo un espacio $\mathcal{C}$ cuyos diferentes puntos representan las diferentes localizaciones físicas del cuerpo— es una 6-variedad no euclídea (véase la Fig. 12.1). ¿Por qué de seis dimensiones? Hay tres dimensiones (grados de libertad) en la posición del centro de gravedad y tres más en la orientación rotacional del cuerpo.[12.1] ¿Por qué no euclídea? Hay muchas razones, pero una

[12.1] Explique más explícitamente esta cuenta de dimensiones.

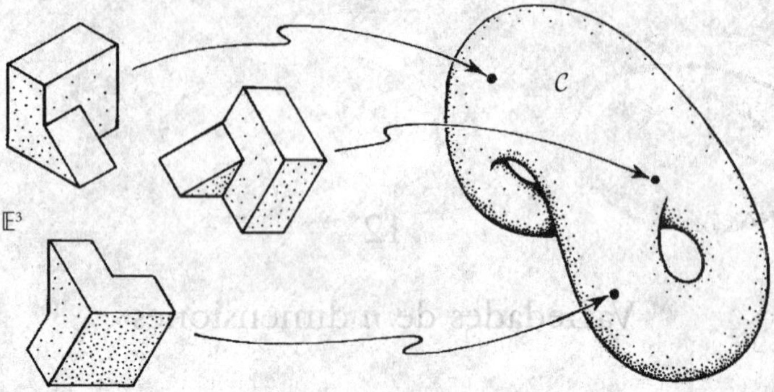

Fig. 12.1. Espacio de configuración $\mathcal{C}$, cada uno de cuyos puntos representa una localización posible de un cuerpo rígido dado en el 3-espacio euclídeo $\mathbb{E}^3$: $\mathcal{C}$ es una 6-variedad no euclídea.

particularmente llamativa es que incluso su *topología* es diferente de la del 6-espacio euclídeo. Esta «no trivialidad topológica» de $\mathcal{C}$ se manifiesta simplemente en el aspecto 3-dimensional del espacio que se refiere a la orientación *rotacional* del cuerpo. Llamemos $\mathcal{R}$ a este 3-espacio, de modo que cada punto de $\mathcal{R}$ representa una orientación rotacional particular del cuerpo. Recordemos nuestra exposición de las rotaciones de un libro en el capítulo anterior. Tomaremos este libro como nuestro «objeto» (que, por supuesto, debe permanecer cerrado, pues, de otra forma, el espacio de configuración tendría muchas más dimensiones correspondientes al movimiento de las páginas).

¿Cómo vamos a reconocer la «no trivialidad topológica»? Podemos suponer que esta no es una cuestión fácil para una variedad tridimensional. Sin embargo, hay varios procedimientos matemáticos para establecerlo. Recordemos que en nuestro examen de las superficies de Riemann, dado en §8.4 (véase la Fig. 8.9), hemos considerado varios tipos de 2-superficies topológicamente no triviales. Aparte de la esfera (de Riemann), la más simple de tales superficies es el toro (superficie de género 1). ¿Cómo podemos distinguir el toro de la esfera? Una forma de hacerlo es considerar lazos cerrados en la superficie. Es intuitivamente obvio que en el toro hay lazos que no pueden ser deformados de forma continua hasta que se contraigan (y reduzcan a un simple punto), mientras que en la esfera todo lazo cerrado puede contraerse de esta manera (véase la Fig. 12.2). También podrían contraerse lazos

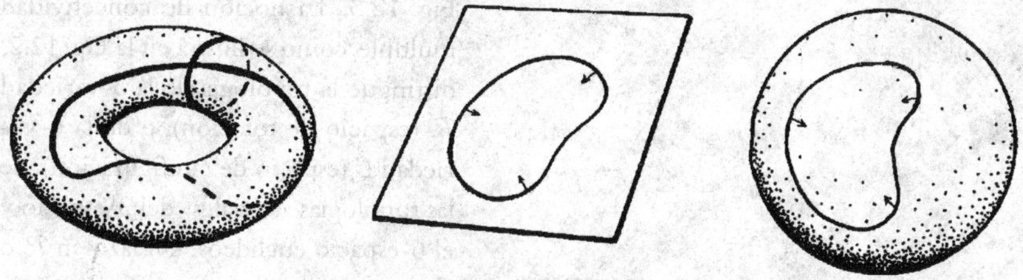

Fig. 12.2. Algunos lazos en el toro no pueden contraerse de forma continua (hasta reducirse a un único punto) mientras permanecen en la superficie; sin embargo, en el plano o la esfera cualquier lazo cerrado puede hacerlo. Por consiguiente, el plano y la esfera son simplemente conexos, pero el toro (y superficies de género más alto) son múltiplemente conexos.

en el plano euclídeo. Decimos que la esfera y el plano son *simplemente conexos* en virtud de esta propiedad de «contractibilidad». El toro, y las superficies de géneros más altos, son, por el contrario, *múltiplemente conexos* debido a la existencia de lazos no contraíbles[1] Esto nos proporciona una manera clara de distinguir, desde dentro de la propia superficie, el toro (y superficies de géneros más altos) de la esfera y del plano.

Podemos aplicar la misma idea para distinguir la topología de la 3-variedad $\mathcal{R}$ de la topología «trivial» del 3-espacio euclídeo, o la topología de la 6-variedad $\mathcal{C}$ de la del 6-espacio euclídeo «trivial». Volvamos a nuestro «libro» que, como en §11.3, imaginamos unido a una estructura fija mediante un cinturón imaginario. Cada orientación rotacional individual del libro se representará por un correspondiente punto en $\mathcal{R}$. Si rotamos el libro un ángulo 2π de forma continua, de modo que vuelva a su orientación original, encontramos que este movimiento está representado, en $\mathcal{R}$, por cierto lazo cerrado (véase la Fig. 12.3). ¿Podemos deformar este lazo cerrado de una manera continua hasta que se contraiga (y reduzca a un simple punto)? Semejante deformación del lazo correspondería a un cambio gradual de la orientación de nuestro libro hasta que no haya movimiento en absoluto. Pero recordemos nuestra atadura mediante el cinturón imaginario (que podemos implementar con un cinturón real). Nuestra 2π-rotación deja el cinturón retorcido; pero esto no puede deshacerse mediante un movimiento continuo del cinturón que deje el libro en reposo. Ahora esta 2π-torsión debe permanecer (o transformarse en un múltiplo impar

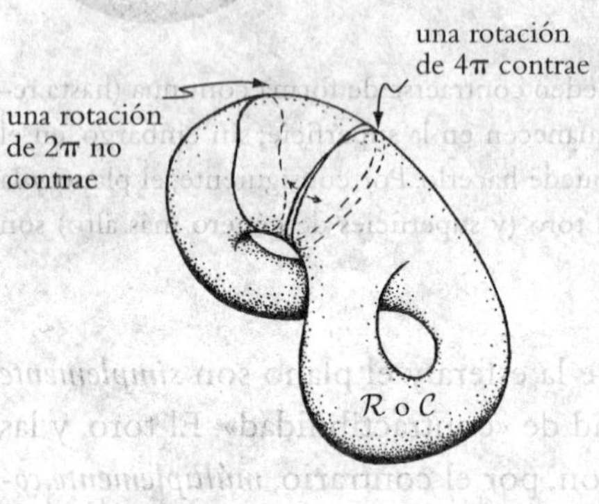

Fig. 12.3. La noción de conectividad múltiple, como se ilustra en la Fig. 12.2, distingue la topología de la 3-variedad $\mathcal{R}$ (espacio de rotación), o de la 6-variedad $\mathcal{C}$ (espacio de configuración), de las topologías «triviales» del 3-espacio y el 6-espacio euclídeos. Un lazo en $\mathcal{R}$ o $\mathcal{C}$ que representa una rotación continua de 2π no puede contraerse hasta un punto, de modo que $\mathcal{R}$ y $\mathcal{C}$ son múltiplemente conexos. Pese a todo, cuando se recorre dos veces (lo que representa una 4π-rotación) el lazo se contrae hasta un punto (torsión topológica). Véase la Fig. 11.3. (N.B. La 2-variedad mostrada, al ser solo esquemática, no tiene realmente esta última propiedad.)

de una 2π-torsión) durante toda la deformación gradual de la rotación del libro, así que concluimos que es imposible que una 2π-rotación pueda transformarse realmente de modo continuo hasta coincidir con una total ausencia de rotación. En correspondencia, no hay manera de que nuestro lazo cerrado escogido en $\mathcal{R}$ pueda ser deformado de forma continua hasta que se contraiga. En consecuencia, la 3-variedad $\mathcal{R}$ (y análogamente la 6-variedad $\mathcal{C}$) debe ser múltiplemente conexa y, por consiguiente, topológicamente diferente del 3-espacio (o el 6-espacio) euclídeo simplemente conexo.[2]

Puede advertirse que la múltiple conectividad de los espacios $\mathcal{R}$ y $\mathcal{C}$ es de una naturaleza más interesante que lo que ocurre en el caso del toro. En efecto, nuestro lazo que representa una 2π-rotación tiene la curiosa propiedad de que, si lo recorremos dos veces (una 4π-rotación), entonces obtenemos un lazo que ahora sí *puede* ser deformado continuamente hasta un punto.[12.2] (Esto no sucede, por supuesto, para el toro.) Esta curiosa característica de los lazos en $\mathcal{R}$ y $\mathcal{C}$ es un ejemplo de lo que se conoce como *torsión topológica*.

[12.2] Muestre cómo hacer esto, por ejemplo, apelando a la representación de $\mathcal{R}$ que se da en el ejercicio [12.8].

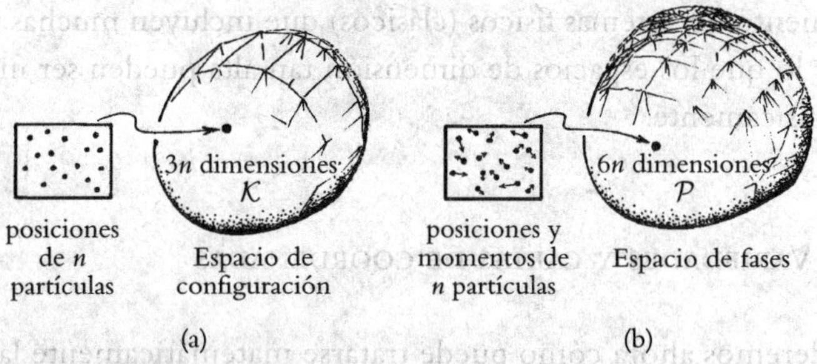

Fig. 12.4. (a) El espacio de configuración $\mathcal{K}$ para un sistema de n partículas puntuales en una región del 3-espacio tiene $3n$ dimensiones, y cada punto de $\mathcal{K}$ representa las posiciones de las n partículas. (b) El espacio de fases $\mathcal{P}$ tiene $6n$ dimensiones, y cada punto de $\mathcal{P}$ representa las posiciones y los momentos de las n partículas. (N.B. Momento = masa × velocidad.)

A partir de todo esto, vemos que sí tiene un interés físico estudiar los espacios, tales como la 6-variedad $\mathcal{C}$, que no solo son de dimensión mayor que la del espaciotiempo ordinario, sino que también pueden tener una topología no trivial. Además, tales espacios físicamente relevantes pueden tener una dimensión enormemente mayor que 6. Espacios de dimensiones muy grandes pueden aparecer como espacios de configuración, y también como lo que se denominan *espacios de fases*, para sistemas que incluyen grandes números de partículas individuales. El espacio de configuración $\mathcal{K}$ de un gas, cuyas partículas se describen como puntos individuales en el espacio 3-dimensional, tiene dimensión $3N$, donde N es el número de partículas en el gas. Cada punto de $\mathcal{K}$ representa una configuración del gas en la que está determinada la posición de cada partícula por separado (Fig. 12.4a). En el caso del espacio de fases $\mathcal{P}$ del gas, debemos identificar también el *momento* de cada partícula (que es la velocidad de la partícula multiplicada por su masa), que es una magnitud vectorial (3 componentes para cada partícula), de modo que el número total de dimensiones es $6N$. Así pues, cada punto en $\mathcal{P}$ representa no solo la posición de todas las partículas en el gas sino también el movimiento de cada partícula individual (Fig. 12.4b). En un dedal lleno de aire ordinario podría haber unas 10^{19} moléculas,[3] de modo que $\mathcal{P}$ tiene algo parecido a ¡60.000.000.000.000.000.000 dimensiones! Los espacios de fases son particularmente útiles en el estudio del comportamiento de sistemas físicos (clásicos) que incluyen muchas partículas, por lo que los espacios de dimensión tan alta pueden ser muy relevantes físicamente.

12.2. Variedades y cartas de coordenadas

Consideremos ahora cómo puede tratarse matemáticamente la estructura de una n-variedad. Una n-variedad $\mathcal{M}$ puede construirse de una forma completamente análoga a aquella que hemos utilizado en los capítulos 8 y 10 (véase §10.2) para construir la superficie $\mathcal{S}$ a partir de varias cartas de coordenadas. Sin embargo, ahora necesitamos en cada carta más coordenadas que solo un par de números (x, y) o (X, Y). De hecho, necesitamos n coordenadas por carta, donde n es un número fijo —la *dimensión* de $\mathcal{M}$— que puede ser cualquier entero positivo. Por esta razón, es conveniente no utilizar una letra independiente para cada coordenada, sino distinguir nuestras diferentes coordenadas

$$x^1,\ x^2,\ x^3, \ldots,\ x^n$$

mediante la utilización de un (super) índice numérico. Esto no debe llamar a error. No hay que interpretar que son diferentes potencias de una única cantidad x, sino números reales independientes. El lector podría encontrar extraño que haya buscado la complicación, de forma deliberada, utilizando un superíndice en lugar de un subíndice (por ejemplo, $x_1, x_2, x_3, \ldots, x_n$), lo que conduce a la inevitable confusión entre, por ejemplo, la coordenada x^3 y el cubo de cierta cantidad x. La confusión del lector está justificada. Yo mismo no solo lo encuentro confuso, sino también, en ocasiones, bastante irritante. Por alguna razón histórica, los convenios estándar para el *análisis tensorial* clásico (al que llegaremos de una forma más seria más adelante en este capítulo) han dado este resultado. Tales convenios incluyen reglas firmemente trenzadas que gobiernan la colocación arriba/abajo de los índices, y la colocación consistente de los índices en las propias coordenadas ha resultado ser en la posición superior. (Estas reglas funcionan bien en la práctica, pero es una pena que los convenios no se escogieran a la inversa. Me temo que esto es algo con lo que tenemos que vivir.)

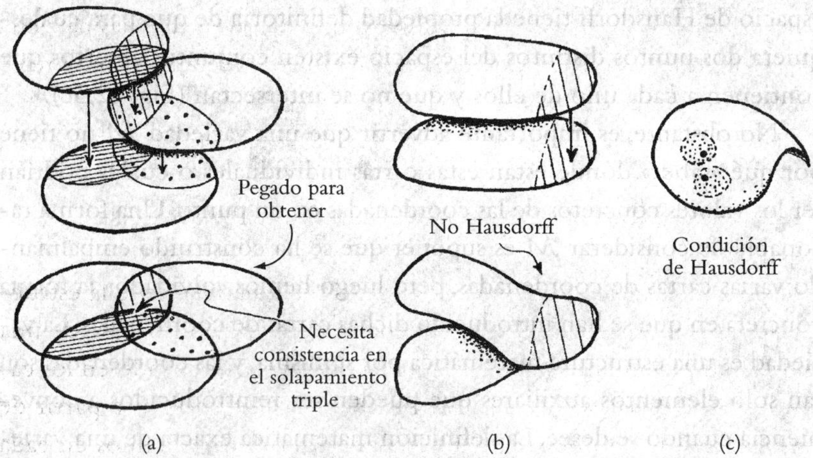

Fig. 12.5. (a) Las funciones de transición que traducen entre coordenadas en cartas que se solapan deben satisfacer una relación de consistencia en cada solapamiento triple. (b) Las regiones de solapamiento (conjunto abierto) entre pares de cartas deben ser adecuadas; de lo contrario, puede darse la «ramificación» que caracteriza a un espacio no Hausdorff. (c) Un espacio de Hausdorff es un espacio con la propiedad de que dos puntos distintos cualesquiera poseen entornos que no se solapan. (En (b), para que la parte «pegada» sea un conjunto abierto, su «borde», donde ocurre la ramificación, debe quedar separado, y es a lo largo de este donde falla la condición de Hausdorff.)

¿Cómo tenemos que imaginarnos nuestra variedad $\mathcal{M}$? La consideramos formada por varias cartas de coordenadas «pegadas», siendo cada carta una región abierta de $\mathbb{R}^n$. Aquí $\mathbb{R}^n$ representa el «espacio de coordenadas» cuyos puntos son simplemente las n-tuplas de números reales $(x^1, x^2, \ldots, x^n)$, donde podemos recordar de §6.1 que $\mathbb{R}$ representa el sistema de los números reales. En nuestro procedimiento de pegado habrá *funciones de transición* que expresan las coordenadas en una carta en términos de las coordenadas en otra, dondequiera que, en la variedad $\mathcal{M}$, encontremos una carta de coordenadas que se solapa con otra. Estas funciones de transición deben satisfacer ciertas condiciones mutuas para asegurar la consistencia del procedimiento global. El procedimiento se ilustra en la Fig. 12.5a. Pero debemos tener cuidado en que, para producir el tipo estándar de variedad,[4] sea un *espacio de Hausdorff*. (Las variedades no Hausdorff pueden «ramificarse» en formas tales como las indicadas en la Fig. 12.5b; véase también la Fig. 8.2c.) Un espacio de Hausdorff tiene la propiedad definitoria de que para cualesquiera dos puntos distintos del espacio existen conjuntos abiertos que contienen a cada uno de ellos y que no se intersectan (Fig. 12.5c).

No obstante, es importante advertir que una variedad $\mathcal{M}$ no tiene por qué «saber» dónde están estas cartas individuales o cuáles podrían ser los valores concretos de las coordenadas en un punto. Una forma razonable de considerar $\mathcal{M}$ es suponer que se ha construido empalmando varias cartas de coordenadas, pero luego hemos «olvidado» la forma concreta en que se han introducido dichas cartas de coordenadas. La variedad es una estructura matemática por sí misma, y las coordenadas son tan solo elementos auxiliares que pueden ser reintroducidos a conveniencia cuando se desee. La definición matemática exacta de una variedad (de la que existen varias alternativas) nos distraería aquí.[5]

12.3. Escalares, vectores y covectores

Como en §10.2, tenemos la noción de una *función uniforme* Φ, definida en $\mathcal{M}$ (a veces llamada un *campo escalar* en $\mathcal{M}$) donde Φ está definida, en cualquier carta de coordenadas local, como una función suave de las n coordenadas en dicha carta. Aquí «suave» se tomará siempre en el sentido «C^∞-suave» (véase §6.3). En cada solapamiento entre dos cartas, las coordenadas en cada carta son funciones suaves de las coordenadas en la otra, de modo que la suavidad de Φ en términos de un conjunto de coordenadas en el solapamiento implica su suavidad en términos del otro. De esta manera, la definición («basada en cartas») local de suavidad de una función escalar Φ se extiende a la totalidad de $\mathcal{M}$, y podemos hablar simplemente de la *suavidad* de Φ en $\mathcal{M}$.

A continuación podemos definir la noción de un *campo vectorial* ξ en $\mathcal{M}$, que debería ser algo interpretable geométricamente como una familia de «flechas» en $\mathcal{M}$ (Fig. 10.5), donde ξ es algo que actúa sobre un campo escalar (suave) Φ para producir otro campo escalar $\xi(\Phi)$ a la manera de un operador de diferenciación. La interpretación de $\xi(\Phi)$ va a ser la «tasa de incremento» de Φ en la dirección indicada por las flechas que representan a ξ, igual que para las 2-superficies de §10.3. Al ser un «operador de diferenciación», ξ satisface ciertas relaciones algebraicas características (básicamente objetos que hemos visto en §6.5, es decir, $\mathrm{d}(f+g) = \mathrm{d}f + \mathrm{d}g$, $\mathrm{d}(fg) = f\mathrm{d}g + g\mathrm{d}f$, $\mathrm{d}a = 0$ si a es constante):

$$\boldsymbol{\xi}(\Phi + \Psi) = \boldsymbol{\xi}(\Phi) + \boldsymbol{\xi}(\Psi),$$
$$\boldsymbol{\xi}(\Phi\Psi) = \Phi\boldsymbol{\xi}(\Psi) + \Psi\boldsymbol{\xi}(\Phi),$$
$$\boldsymbol{\xi}(k) = 0 \text{ si } k \text{ es una constante.}$$

De hecho, hay un teorema que nos dice que estas propiedades algebraicas son *suficientes* para caracterizar a $\boldsymbol{\xi}$ como un campo vectorial.[6]

También podemos utilizar tales medios puramente algebraicos para definir una *1-forma*, o, dicho de otra forma, un *campo de covectores*. (Pronto llegaremos al significado geométrico de un covector.) Un campo de covectores $\boldsymbol{\alpha}$ puede considerarse como una aplicación de campos vectoriales en campos escalares, y la acción de $\boldsymbol{\alpha}$ sobre $\boldsymbol{\xi}$ se escribe en la forma $\boldsymbol{\alpha} \bullet \boldsymbol{\xi}$ (el *producto escalar* de $\boldsymbol{\alpha}$ por $\boldsymbol{\xi}$; véase §10.4), donde para cualesquiera campos vectoriales $\boldsymbol{\xi}$ y $\boldsymbol{\eta}$, y el campo escalar Φ, tenemos *linealidad*

$$\boldsymbol{\alpha} \bullet (\boldsymbol{\xi} + \boldsymbol{\eta}) = \boldsymbol{\alpha} \bullet \boldsymbol{\xi} + \boldsymbol{\alpha} \bullet \boldsymbol{\eta},$$
$$\boldsymbol{\alpha} \bullet (\Phi\boldsymbol{\xi}) = \Phi(\boldsymbol{\alpha} \bullet \boldsymbol{\xi}).$$

Estas relaciones definen a los covectores como objetos *duales* de los vectores (y a esto se refiere el prefijo «co»). La relación entre vectores y covectores es simétrica, de modo que tenemos las correspondientes expresiones

$$(\boldsymbol{\alpha} + \boldsymbol{\beta}) \bullet \boldsymbol{\xi} = \boldsymbol{\alpha} \bullet \boldsymbol{\xi} + \boldsymbol{\beta} \bullet \boldsymbol{\xi},$$
$$(\Phi\boldsymbol{\alpha}) \bullet \boldsymbol{\xi} = \Phi(\boldsymbol{\alpha} \bullet \boldsymbol{\xi}),$$

que llevan a la definición de la suma de dos covectores y el producto de un covector por un escalar. Cuando tomamos el dual del espacio de covectores, obtenemos de nuevo el espacio de vectores original. (En otras palabras, un «*co*-covector» sería un vector.)

Podemos tomar estas relaciones referidas a campos enteros o meramente a entidades definidas en un único punto de $\mathcal{M}$. Los vectores tomados en un punto fijo *o* concreto constituyen un *espacio vectorial*. (Tal como se ha descrito en §11.1, en un espacio vectorial podemos sumar elementos $\boldsymbol{\xi}$ y $\boldsymbol{\eta}$ para formar su suma $\boldsymbol{\xi} + \boldsymbol{\eta}$, con $\boldsymbol{\xi} + \boldsymbol{\eta} = \boldsymbol{\eta} + \boldsymbol{\xi}$ y $(\boldsymbol{\xi} + \boldsymbol{\eta}) + \boldsymbol{\zeta} = \boldsymbol{\xi} + (\boldsymbol{\eta} + \boldsymbol{\zeta})$, y podemos multiplicarlos por escalares

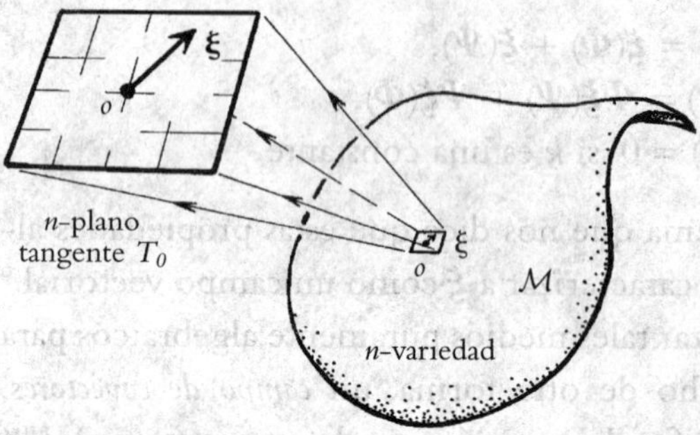

Fig. 12.6. El espacio tangente T_o a una n-variedad $\mathcal{M}$ en un punto o puede entenderse de manera intuitiva como el espacio limitante, cuando se examinan entornos de o en $\mathcal{M}$ cada vez más pequeños con aumentos correspondientemente cada vez mayores. (Compárese con la Fig. 10.6.) El T_o resultante es plano: un espacio vectorial n-dimensional.

—aquí, números reales f, g— donde $(f+g)\boldsymbol{\xi} = f\boldsymbol{\xi} + g\boldsymbol{\xi}, f(\boldsymbol{\xi}+\boldsymbol{\eta}) = f\boldsymbol{\xi} + f\boldsymbol{\eta}, f(g\boldsymbol{\xi}) = fg(\boldsymbol{\xi}), 1\boldsymbol{\xi} = \boldsymbol{\xi}$.) Podemos considerar que este espacio vectorial (plano) proporciona la estructura de la variedad en la inmediata vecindad de o (véase la Fig. 12.6). Llamamos a este espacio vectorial el *espacio tangente* T_o a $\mathcal{M}$ en o. T_o puede entenderse intuitivamente como el espacio límite al que se llega cuando se examinan entornos cada vez más pequeños de o en $\mathcal{M}$ con una amplificación, en correspondencia, cada vez mayor. La inmediata vecindad de o, en $\mathcal{M}$, parece estar así infinitamente «dilatada» bajo este examen. En el límite, cualquier «curvatura» de $\mathcal{M}$ quedaría «alisada» para dar la estructura plana de T_o. El espacio vectorial T_o tiene la dimensión (finita) n, porque podemos encontrar un conjunto de *n elementos de base*, a saber, las cantidades $\partial/\partial x^1, \ldots, \partial/\partial x^n$, en el punto o, que apuntan a lo largo de los ejes de coordenadas, en cuyos términos puede expresarse linealmente cualquier elemento de T_o de forma unívoca (véase también §13.5).

Podemos formar el espacio vectorial *dual* de T_o (el espacio de covectores en o) de la forma antes descrita, y este se denomina el *espacio cotangente* T_o^* a $\mathcal{M}$ en o. Un caso particular de un *campo* covectorial es el *gradiente* (o derivada exterior) $\mathrm{d}\Phi$ de un campo escalar Φ. (Ya hemos encontrado esta notación en el caso 2-dimensional; véase §10.3.) El covector $\mathrm{d}\Phi$ (con componentes $\partial\Phi/\partial x^1, \ldots, \partial\Phi/\partial x^n$) tiene la propiedad definitoria

$$\mathrm{d}\Phi \bullet \boldsymbol{\xi} = \boldsymbol{\xi}(\Phi).$$

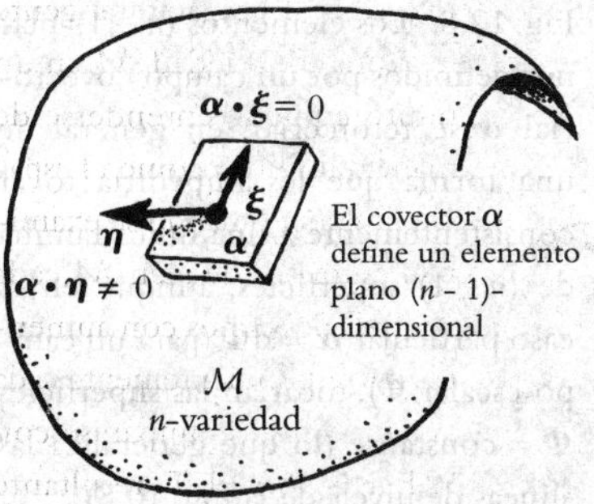

Fig. 12.7. Un covector $\boldsymbol{\alpha}$ (no nulo) en un punto de $\mathcal{M}$ determina un elemento plano $(n-1)$-dimensional. Los vectores $\boldsymbol{\xi}$ que satisfacen $\boldsymbol{\alpha} \bullet \boldsymbol{\xi} = 0$ definen las direcciones dentro del mismo.

(Véase también §10.4.)[12.3] Aunque no todos los covectores tienen la forma dΦ para cierto Φ, todos pueden expresarse de tal manera en cualquier punto.Veremos a continuación por qué esto no se extiende a *campos* covectoriales.

¿Cuál es la diferencia geométrica entre un covector y un vector? En cada punto de $\mathcal{M}$, un covector (no nulo) determina un *elemento plano* $(n-1)$*-dimensional*. Las direcciones que yacen dentro de este elemento $(n-1)$-plano son las determinadas por vectores $\boldsymbol{\xi}$ para los que $\boldsymbol{\alpha} \bullet \boldsymbol{\xi} = 0$; véase la Fig. 12.7. En el caso particular en que $\boldsymbol{\alpha} = \mathrm{d}\Phi$, estos elementos $(n-1)$-planos son tangentes a la familia de superficies $(n-1)$-dimensionales[12.4] de Φ constante (lo que generaliza la noción de «curvas de nivel», tal como se ha ilustrado en la Fig. 10-8a). No obstante, en general los elementos $(n-1)$-planos definidos por un covector $\boldsymbol{\alpha}$ se retorcerán de un modo que les impedirá tocar consistentemente a cualquier familia semejante de $(n-1)$-superficies (Fig. 12.8).[7]

En cualquier carta de coordenadas concreta, con coordenadas $x^1, \ldots, x^n$, podemos representar el vector (del campo) $\boldsymbol{\xi}$ por su conjunto de *componentes* $(\zeta^1, \zeta^2, \ldots, \zeta^n)$, siendo este el conjunto de coeficientes en la representación explícita de $\boldsymbol{\xi}$ en términos de operadores de diferenciación parcial

$$\boldsymbol{\xi} = \zeta^1 \frac{\partial}{\partial x^1} + \zeta^2 \frac{\partial}{\partial x^2} + \ldots + \zeta^n \frac{\partial}{\partial x^n},$$

[12.3] Demuestre que «dΦ», definido de esta forma, satisface los requisitos de «linealidad» de un covector, como se ha especificado antes.
[12.4] ¿Por qué?

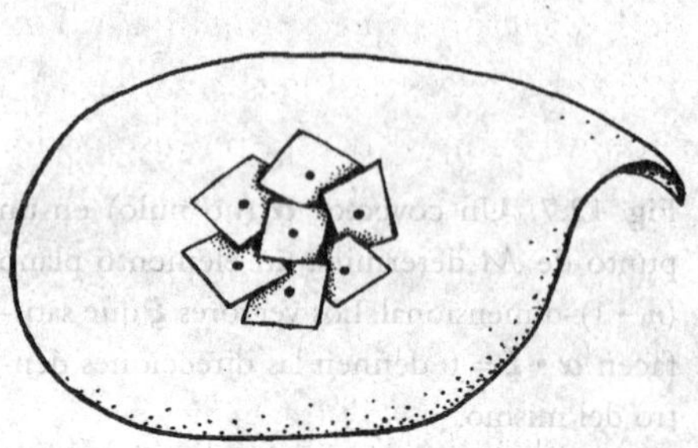

Fig. 12.8. Los elementos $(n-1)$-planos definidos por un campo covectorial $\boldsymbol{\alpha}$ se retorcerían en general de una forma que les impediría tocar consistentemente a una única familia de $(n-1)$-superficies, aunque en el caso particular $\boldsymbol{\alpha} = \mathrm{d}\Phi$ (para un campo escalar Φ), tocarían las superficies Φ = constante (lo que generaliza las «líneas de nivel» de la Fig. 10.8).

en la carta (véase §10.4). En el caso de un vector en un punto concreto, $\zeta^1, \ldots, \zeta^n$, serán simplemente n números reales; en el caso de un campo vectorial dentro de cierta carta de coordenadas, serán n funciones (suaves) de las coordenadas $x^1, \ldots, x^n$ (y se recuerda al lector que «ζ^n» *no* representa ahora «la n-ésima potencia de ξ», etc.). Recordemos que cada uno de los operadores «$\partial/\partial x$» representa «tomar la tasa de cambio en la dirección del r-ésimo eje de coordenadas (local)». La expresión anterior para $\boldsymbol{\xi}$ expresa simplemente dicho vector (que, como opera-

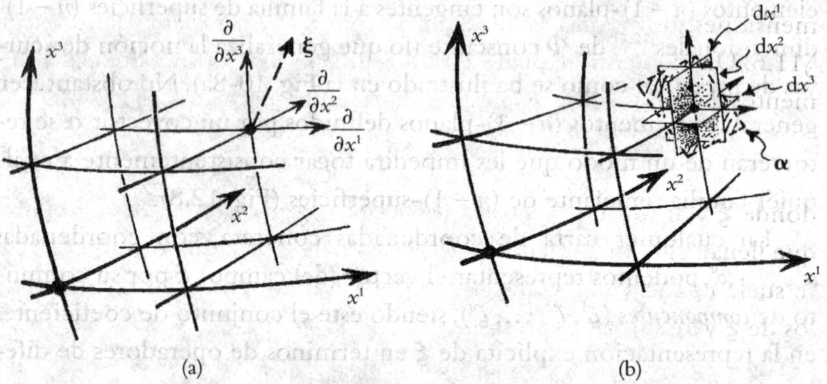

Fig. 12.9. Componentes en una carta de coordenadas $(x^1, \ldots, x^n)$ (con $n = 3$ aquí). (a) Para un (campo) vector $\boldsymbol{\xi}$, estos son los coeficientes $(\xi^1, \xi^2, \ldots, \xi^n)$ en $\boldsymbol{\xi} = \xi^1\partial/\partial x^1 + \xi^2\partial/\partial x^2 + \ldots + \xi^n\partial/\partial x^n$, donde «$\partial/\partial x$» representa la «tasa de cambio a lo largo del r-ésimo eje de coordenadas» (véase también la Fig. 10.9). (b) Para un (campo) covector $\boldsymbol{\alpha}$, estos son los coeficientes $(\alpha_1, \alpha_2, \ldots, \alpha_n)$ en $\boldsymbol{\alpha} = \alpha_1\mathrm{d}x^1 + \ldots + \alpha_n\mathrm{d}x^n$, donde $\mathrm{d}x^r$ representa «el gradiente de x^r», y se refiere al elemento $(n-1)$-plano generado por los ejes de coordenadas (locales) excepto el eje x^r (local).

dor, recordemos que afirma «tomar la tasa de cambio en la $\boldsymbol{\xi}$-dirección») como combinación lineal de los vectores que apuntan a lo largo de cada uno de los ejes de coordenadas (véase la Fig. 12.9a).

De modo similar, un covector (de un campo) $\boldsymbol{\alpha}$ está representado, en la carta de coordenadas, por un conjunto de componentes (α^1, α^2, ..., α^n), donde ahora escribimos

$$\boldsymbol{\alpha} = \alpha_1 \mathrm{d}x^1 + \alpha_2 \mathrm{d}x^2 + \ldots + \alpha_n \mathrm{d}x^n,$$

que expresa $\boldsymbol{\alpha}$ como una combinación lineal de las 1-formas (covectores)[8] básicas $\mathrm{d}x^1$, $\mathrm{d}x^2$, ..., $\mathrm{d}x^n$. Desde un punto de vista geométrico, cada uno de los $\mathrm{d}x^r$ se refiere al elemento $(n-1)$-plano que abarca todos los ejes de coordenadas con excepción del eje x^r (véase la Fig. 12.9b)[12.5]. El producto escalar $\boldsymbol{\alpha} \bullet \boldsymbol{\xi}$ viene dado por la expresión[12.6]

$$\boldsymbol{\alpha} \bullet \boldsymbol{\xi} = \alpha_1 \xi^1 + \alpha_2 \xi^2 + \ldots + \alpha_n \xi^n.$$

12.4. Productos de Grassmann

Consideremos ahora la representación de elementos planos de otras dimensiones, utilizando la idea del *producto de Grassmann* definida en §11.6. Un elemento 2-plano en un punto de $\mathcal{M}$ (o un campo de elementos 2-planos sobre $\mathcal{M}$) estará representado por una cantidad

$$\boldsymbol{\xi} \wedge \boldsymbol{\eta},$$

donde $\boldsymbol{\xi}$ y $\boldsymbol{\eta}$ son dos vectores (o campos vectoriales) independientes que llenan el o los 2-planos (Figs. 11.6a o 12.10a). Una cantidad $\boldsymbol{\xi} \wedge \boldsymbol{\eta}$ se suele conocer como un *bivector*. Sus componentes, en términos de los de $\boldsymbol{\xi}$ y $\boldsymbol{\eta}$, son las expresiones

$$\xi^{[r}\eta^{s]} = \frac{1}{2}(\xi^r\eta^s - \xi^s\eta^r),$$

[12.5] Por ejemplo, demuestre que $\mathrm{d}x^2$ tiene componentes (0, 1, 0, ..., 0) y representa los elementos hiperplano tangentes a x^2 = constante.

[12.6] Demuestre, mediante el uso de la regla de la cadena (véase §10.3), que esta expresión para $\boldsymbol{\alpha} \bullet \boldsymbol{\xi}$ es consistente con $\mathrm{d}\Phi \bullet \boldsymbol{\xi} = \boldsymbol{\xi}(\Phi)$, en el caso particular $\boldsymbol{\alpha} = \mathrm{d}\Phi$.

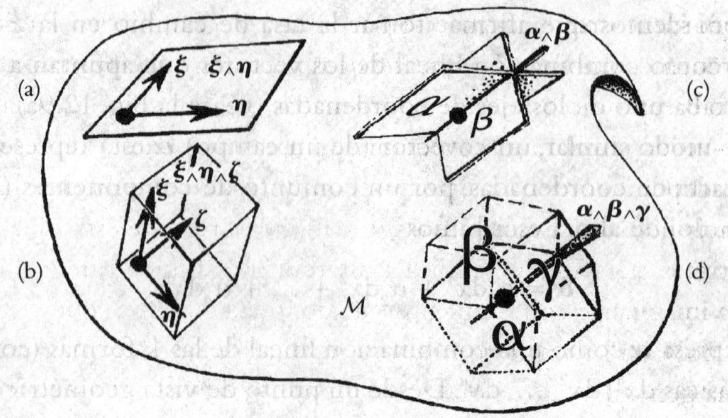

Fig. 12.10. (a) Un elemento 2-plano en un punto de $\mathcal{M}$, que está generado por vectores independientes $\boldsymbol{\xi}$, $\boldsymbol{\eta}$, se describe por el bivector $\boldsymbol{\xi} \wedge \boldsymbol{\eta}$. (b) Análogamente, un elemento 3-plano generado por $\boldsymbol{\xi}$, $\boldsymbol{\eta}$, $\boldsymbol{\zeta}$ se describe por $\boldsymbol{\xi} \wedge \boldsymbol{\eta} \wedge \boldsymbol{\zeta}$. (c) Dualmente, un elemento $(n-2)$-plano, la intersección de dos elementos $(n-1)$-planos especificados por 1-formas $\boldsymbol{\alpha}$, $\boldsymbol{\beta}$, se describe por $\boldsymbol{\alpha} \wedge \boldsymbol{\beta}$. (d) El elemento $(n-3)$-plano de intersección de los tres elementos $(n-1)$-planos especificados por $\boldsymbol{\alpha}$, $\boldsymbol{\beta}$, $\boldsymbol{\gamma}$ se describe por $\boldsymbol{\alpha} \wedge \boldsymbol{\beta} \wedge \boldsymbol{\gamma}$.

descritas hacia el final del capítulo anterior. Una *suma* $\boldsymbol{\psi}$ de bivectores simples de la forma $\boldsymbol{\xi} \wedge \boldsymbol{\eta}$ se denomina también un *bivector*; sus componentes ψ^{rs} tienen la propiedad característica de que son *antisimétricas* en r y s, i.e., $\psi^{rs} = -\psi^{sr}$.

Análogamente, un elemento 3-plano (o un campo de ellos) estaría representado por un *trivector*

$$\boldsymbol{\xi} \wedge \boldsymbol{\eta} \wedge \boldsymbol{\zeta},$$

donde los vectores $\boldsymbol{\xi}$, $\boldsymbol{\eta}$, $\boldsymbol{\zeta}$ llenan el 3-plano (Fig. 12.10b), siendo sus componentes

$$\xi^{[r}\eta^{s}\zeta^{t]} = \frac{1}{6}(\xi^r\eta^s\zeta^t + \xi^s\eta^t\zeta^r + \xi^t\eta^r\zeta^s - \xi^r\eta^t\zeta^s - \xi^t\eta^s\zeta^r - \xi^s\eta^r\zeta^t).$$

El trivector general $\boldsymbol{\tau}$ tiene componentes totalmente antisimétricas τ^{rst}, y siempre sería una suma de tales trivectores simples. Podemos continuar de manera similar para definir elementos 4-planos, representados por simples 4-vectores, y así sucesivamente. El n-vector *general* tiene conjuntos de componentes que son completamente antisimétricas. Siempre serían expresables como una *suma* de simples n-vectores.

Aquí surge una cuestión que puede parecer enigmática. Parece que ahora tenemos dos formas *diferentes* de representar un elemento $(n-1)$-plano: o bien como una 1-forma (covector), o bien como una cantidad $(n-1)$-vectorial, obtenida mediante un «producto cuña» de $n-1$ vectores independientes que abarcan el $(n-1)$-plano. De hecho, hay una diferencia geométrica entre las cantidades descritas de estas dos maneras distintas, pero es algo sutil. La diferencia reside en que la 1-forma debería imaginarse como un «tipo» de densidad, mientras que el $(n-1)$-vector no. Para aclarar esto, será útil introducir antes la noción de una p-forma general.

En esencia, procederemos igual que para los multivectores anteriores, pero empezando con 1-formas en lugar de con vectores. Dado un número p de 1-formas (independientes) $\boldsymbol{\alpha}$, $\boldsymbol{\beta}$, …, $\boldsymbol{\delta}$, podemos formar su producto cuña

$$\boldsymbol{\alpha} \wedge \boldsymbol{\beta} \wedge \ldots \wedge \boldsymbol{\delta},$$

cuyas componentes están dadas por

$$\alpha_{[r}\beta_{s} \ldots \delta_{u]}$$

en una carta de coordenadas (utilizando la notación general de paréntesis cuadrados que rodean índices de §11.6). Una cantidad semejante determina un elemento $(n-p)$-plano (o un campo de ellos), que es la *intersección* de los diversos elementos $(n-1)$-planos determinados por $\boldsymbol{\alpha}$, $\boldsymbol{\beta}$, …, $\boldsymbol{\delta}$ individualmente (Fig. 12.10c,d). Esta cantidad se denomina una *p-forma simple*. Como sucedía con los p-vectores, la p-forma más general no es expresable como un producto cuña directo de covectores (excepto en los casos particulares $p = 0, 1, n-1, n$), sino que es una suma de términos que sí son expresables de ese modo. En términos de componentes, una p-forma general $\boldsymbol{\varphi}$ está representada (en cualquier carta de coordenadas) por un conjunto de cantidades

$$\varphi_{rs\ldots u}$$

(donde cada una de las $r, s, \ldots, u$ recorre los valores $1, \ldots, n$) que es *antisimétrico* en sus índices $r, s, \ldots, u$, cuyo número es p. Como antes, la antisimetría significa que si intercambiamos cualquier par de índices, obtenemos una cantidad que es exactamente la negativa de la que teníamos antes. Con nuestra notación de corchetes (§11.6), podemos expresar esta propiedad de antisimetría en la ecuación[12.7]

$$\varphi_{[rs\ldots u]} = \varphi_{rs\ldots u}.$$

Aquí también podría comentarse que la $(p+q)$-forma $\boldsymbol{\varphi} \wedge \boldsymbol{\chi}$, que es el producto cuña de la p-forma $\boldsymbol{\varphi}$ por una q-forma $\boldsymbol{\chi}$, tiene componentes

$$\varphi_{[rs\ldots u}\chi_{jk\ldots m]},$$

donde la antisimetrización se toma sobre todos los índices (y donde $\chi_{jk\ldots m}$ son las componentes de $\boldsymbol{\chi}$).[12.8] Una notación similar se aplica al producto cuña de un p-vector por un q-vector.

12.5. Integrales de formas

Volvamos ahora al aspecto «densidad» de una p-forma. Recordemos que en la física ordinaria la *densidad* de un objeto es su masa por la unidad de volumen. Dicha densidad es una propiedad del material del que está compuesto el objeto. Utilizamos esta noción de «densidad» cuando queremos calcular la masa total del objeto si conocemos su volumen total y la naturaleza de su material. Matemáticamente hablando, lo que haríamos sería integrar su densidad sobre el volumen que ocupa. Básicamente, lo importante de la densidad es que es el tipo de magnitud adecuado que podemos integrar sobre una región; es el tipo de magnitud que colocamos a continuación de un símbolo de integral. Sin embargo, aquí deberíamos tener cuidado en distinguir integrales sobre espacios de diferente dimensión. («Masa por unidad de área» es un tipo de magnitud diferente de «masa por unidad de volumen», por ejemplo.) Encontraremos que una p-forma es la magnitud apropiada para integrar sobre un espacio p-dimensional.

Empecemos con una 1-forma. Este es el caso más sencillo. Estamos

[12.7] Explique por qué funciona esto.

[12.8] Justifique el hecho de que $\varphi_\wedge\chi = \alpha_\wedge \ldots {}_\wedge\gamma_\wedge\lambda_\wedge \ldots \nu$ donde $\varphi = \alpha_\wedge \ldots {}_\wedge\gamma$, $\chi = \lambda_\wedge \ldots \nu$.

interesados en la integral de una magnitud sobre una variedad 1-dimensional, es decir, a lo largo de cierta curva γ. Recordemos de §6.6 que las integrales ordinarias (1-dimensionales) son cosas que se escriben

$$\int f(x)\,\mathrm{d}x,$$

donde x es una magnitud con valores reales que podemos tomar como un parámetro a lo largo de la curva γ. Debemos pensar que la cantidad «$f(x)\mathrm{d}x$» denota una 1-forma. La notación para las 1-formas se ha hecho a la medida con mucho cuidado para que sea consistente con la notación para las integrales ordinarias. Esta es una característica del cálculo infinitesimal del siglo XX conocida como *cálculo exterior*, introducida por el destacado matemático francés Élie Cartan (1869-1951), a quien volveremos a encontrarnos en los capítulos 13, 14 y 17, que encaja de forma muy bella con la notación introducida en el siglo XVII por Gottfried Wilhelm Leibniz (1646-1716). Sin embargo, en el esquema de Cartan no consideramos que «$\mathrm{d}x$» denote una «cantidad infinitesimal», sino que nos proporciona el tipo apropiado de densidad (1-forma) que se puede integrar sobre una curva.

Una de las bellezas de esta notación es que trata automáticamente cualquier cambio de variable que decidamos invocar. Si cambiamos el parámetro x por otro X, por ejemplo, se considera que la 1-forma $\boldsymbol{\alpha} = f(x)\mathrm{d}x$ sigue siendo la misma —en el sentido de que $\int \boldsymbol{\alpha}$ sigue siendo la misma—, incluso si cambia su expresión funcional explícita en términos de la variable dada (x o X).[12.9] También podemos considerar que la 1-forma $\boldsymbol{\alpha}$ está definida en cierto espacio ambiente de dimensión mayor dentro del cual está nuestra curva. El parámetro x o el X podría tomarse como una de las coordenadas en una carta de coordenadas en este espacio ambiente, donde cambiamos sin problemas a una coordenada diferente cuando pasamos a otra carta de coordenadas. No hay que preocuparse de nada. Simplemente escribimos esta integral como

$$\int \boldsymbol{\alpha} \quad \text{o} \quad \int_{\mathcal{R}} \boldsymbol{\alpha},$$

[12.9] Demuéstrelo explícitamente explicando cómo tratar los límites para una integral definida $\int_a^b \boldsymbol{\alpha}$.

donde $\mathcal{R}$ representa cierta porción de la curva γ sobre la que va a tomarse la integral.

¿Qué sucede con integrales sobre regiones de dimensión más alta? Para una región 2-dimensional, necesitamos una 2-forma después del símbolo integral.[9] Esta podría ser alguna magnitud $f(x, y)\mathrm{d}x \wedge \mathrm{d}y$ (o una suma de objetos como este) y podemos escribir

$$\int_{\mathcal{R}} f(x, y)\, \mathrm{d}x \wedge \mathrm{d}y = \int_{\mathcal{R}} \boldsymbol{\alpha}$$

(o una suma de tales cantidades) donde $\mathcal{R}$ es ahora una región 2-dimensional sobre la que va a realizarse la integral, que yace dentro de una 2-superficie dada. Una vez más, los parámetros x e y, que localmente sirven de coordenadas para la superficie, pueden ser reemplazados por cualquier otro par semejante, y la notación hace todo lo demás. Esto se aplica perfectamente si la 2-forma habita en cierto espacio ambiente de dimensión más alta dentro del que se encuentra la 2-región $\mathcal{R}$. Todo esto funciona también para 3-formas integradas sobre regiones 3-dimensionales o 4-formas integradas sobre regiones 4-dimensionales, etc. El producto cuña en la notación de forma diferencial de Cartan (junto con la derivada exterior de §12.6) se ocupa de todo si decidimos cambiar nuestras coordenadas. (Esto elimina la mención explícita de cantidades complicadas conocidas como «jacobianos», que, de lo contrario, tendrían que ser incorporadas.)[12.10]

Recordemos, de §6.6, el *teorema fundamental del cálculo infinitesimal* que afirma, para integrales 1-dimensionales, que la integración es la inversa de la diferenciación, o, dicho de otra forma, que

$$\int_a^b \frac{\mathrm{d}f(x)}{\mathrm{d}x}\mathrm{d}x = f(b) - f(a).$$

¿Hay algún teorema análogo a este en dimensión más alta? En realidad, hay teoremas análogos para dimensiones diferentes que llevan nombres diversos (Ostrogradski, Gauss, Green, Kelvin, Stokes, etc.), pero el resultado general, que es parte del cálculo exterior de formas diferenciales de Cartan, será denominado aquí «el teorema fundamental del

[12.10] Sea $G = \int_{-\infty}^{\infty} e^{-x^2}\,\mathrm{d}x$. Explique por qué $G^2 = \int_{\mathbb{R}^2} e^{-(x^2+y^2)}\mathrm{d}x \wedge \mathrm{d}y$ y calcúlelo pasando a coordenadas polares (r, θ). (Véase §5.1.) De ahí, demuestre $G = \sqrt{\pi}$.

cálculo exterior».[10] Este depende de la noción general de *derivada exterior* que se debe a Cartan, que explicaremos a continuación.

12.6. Derivada exterior

Una ruta «libre de coordenadas» para definir esta importante noción consiste en construir la derivada exterior axiomáticamente como el operador único «d», que convierte p-formas en $(p + 1)$-formas, para cada $p = 0, 1, \ldots, n - 1$, que tiene las propiedades siguientes

$$\mathrm{d}(\boldsymbol{\alpha} + \boldsymbol{\beta}) = \mathrm{d}\boldsymbol{\alpha} + \mathrm{d}\boldsymbol{\beta},$$
$$\mathrm{d}(\boldsymbol{\alpha} \wedge \boldsymbol{\gamma}) = \mathrm{d}\boldsymbol{\alpha} \wedge \boldsymbol{\gamma} + (-1)^p \boldsymbol{\alpha} \wedge \mathrm{d}\boldsymbol{\gamma},$$
$$\mathrm{d}(\mathrm{d}\boldsymbol{\alpha}) = 0,$$

siendo $\boldsymbol{\alpha}$ una p-forma, y donde $\mathrm{d}\boldsymbol{\Phi}$ tiene el mismo significado («gradiente de $\boldsymbol{\Phi}$») para una 0-forma (i.e., para un escalar) que el que tenía en nuestra discusión anterior (definido a partir de $\mathrm{d}\boldsymbol{\Phi} \bullet \boldsymbol{\xi} = \boldsymbol{\xi}(\boldsymbol{\Phi})$; también la «d» en d$x$ es esta misma operación). La última ecuación en la lista anterior se suele expresar simplemente como

$$\mathrm{d}^2 = 0,$$

que es una propiedad clave del operador derivada exterior d. (Podemos advertir que la «razón» para el término de apariencia complicada $(-1)^p$ en la segunda ecuación mostrada es que la «d» siguiente está realmente «situada en el lugar equivocado», al tener que «acompañar» a $\boldsymbol{\alpha}$, con sus p índices antisimétricos. Esto queda más manifiesto en las expresiones con índices que se dan más abajo.[12.11]

Una 1-forma $\boldsymbol{\alpha}$ que es un *gradiente* $\boldsymbol{\alpha} = \mathrm{d}\boldsymbol{\Phi}$ debe satisfacer $\mathrm{d}\boldsymbol{\alpha} = 0$, por lo que ya se ha dicho.[12.12] Pero no todas las 1-formas satisfacen esta relación. De hecho, si una 1-forma $\boldsymbol{\alpha}$ satisface $\mathrm{d}\boldsymbol{\alpha} = 0$, entonces se sigue que *localmente* (i.e., en un conjunto abierto suficientemente pequeño que contiene a cualquier punto dado) tiene la forma $\boldsymbol{\alpha} = \mathrm{d}\boldsymbol{\Phi}$

[12.11] Demuestre, utilizando las relaciones anteriores, que $\mathrm{d}(A\mathrm{d}x + B\mathrm{d}y) = (\partial B/\partial x - \partial A/\partial y)\mathrm{d}x \wedge \mathrm{d}y$.

[12.12] ¿Por qué?

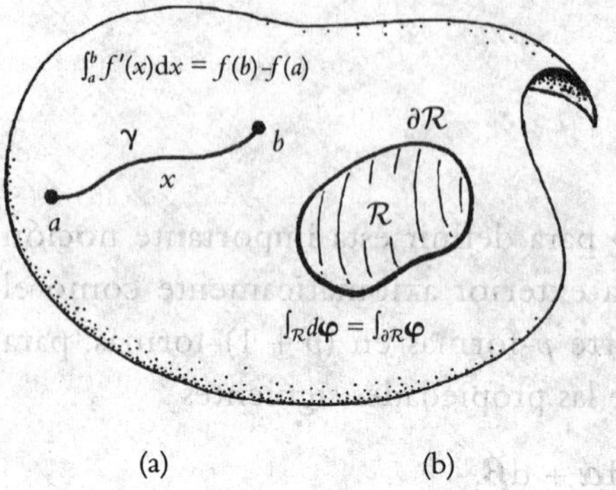

Fig. 12.11. El teorema fundamental del cálculo exterior $\int_{\mathcal{R}} \mathrm{d}\boldsymbol{\varphi} = \int_{\partial\mathcal{R}} \boldsymbol{\varphi}$. (a) El caso clásico (siglo XVII) $\int_a^b f'(x)\mathrm{d}x = f(b) - f(a)$, donde $\boldsymbol{\varphi} = f(x)$ y $\mathcal{R}$ es el segmento de una curva γ de a a b, parametrizada por x, de modo que $\partial\gamma$ consiste en los puntos extremos de γ, $x = a$ (que cuenta negativamente) y $x = b$ (positivamente). (b) El caso general, para una p-forma $\boldsymbol{\varphi}$, donde $\mathcal{R}$ es una región $(p + 1)$-dimensional compacta y orientada con frontera p-dimensional $\partial\mathcal{R}$.

para algún Φ. Este es un caso del importante *lema de Poincaré*,[11, [12.13]] que afirma que si una p-forma $\boldsymbol{\beta}$ satisface $\mathrm{d}\boldsymbol{\beta} = 0$, entonces *localmente* $\boldsymbol{\beta}$ tiene la forma $\boldsymbol{\beta} = \mathrm{d}\boldsymbol{\gamma}$, para alguna $(p - 1)$-forma $\boldsymbol{\gamma}$.

La derivada exterior se clarifica, y se hace explícita, mediante el uso de componentes. Consideremos una p-forma $\boldsymbol{\alpha}$. En una carta de coordenadas, con coordenadas $x^1, \ldots, x^n$, tenemos un conjunto antisimétrico de componentes $\alpha_{r\ldots t}$ ($= \alpha_{[r\ldots t]}$, donde $r, \ldots, t$ son p en número; véase §11.6) para representar $\boldsymbol{\alpha}$. Podemos escribir dicha representación

$$\boldsymbol{\alpha} = \sum \alpha_{r\ldots t}\, \mathrm{d}x^r \wedge \ldots \wedge \mathrm{d}x^t,$$

donde la suma (indicada por el símbolo Σ) se toma sobre todos los conjuntos de p números $r, \ldots, t$, cada uno de los cuales recorre el intervalo de valores $1, \ldots, n$. (Algunos prefieren evitar la redundancia en esta expresión que surge debido a que la antisimetría del producto cuña hace que cada término distinto de cero se repita $p!$ veces. Sin embargo, la notación funciona mucho mejor si vivimos sencillamente con esta redundancia, que es mi elección preferida.) La *derivada exterior* de la p-forma $\boldsymbol{\alpha}$ es una $(p + 1)$-forma que se escribe $\mathrm{d}\boldsymbol{\alpha}$, y que tiene componentes

[12.13] Suponiendo el resultado del ejercicio [12.11], demuestre el lema de Poincaré para $p = 1$.

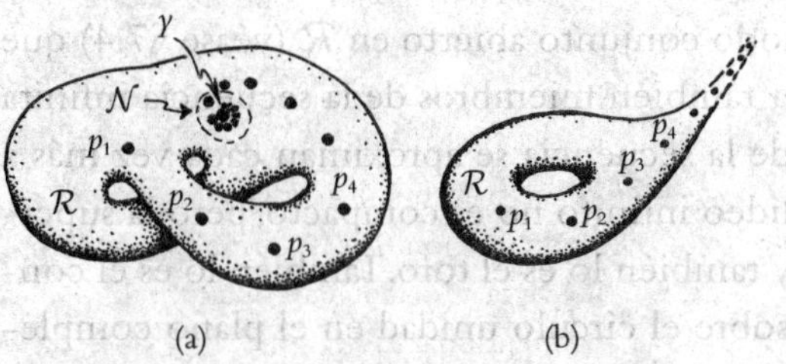

Fig 12.12. Compacticidad. (a) Un espacio compacto $\mathcal{R}$ tiene la propiedad de que cualquier secuencia infinita de puntos $p_1, p_2, p_3, \ldots$ en $\mathcal{R}$ debe acumularse finalmente en un punto y en $\mathcal{R}$, de modo que todo conjunto abierto $\mathcal{N}$ en $\mathcal{R}$ que contiene a y debe contener también (infinitos) miembros de la secuencia. (b) En un espacio no compacto esta propiedad falla.

$$(\mathrm{d}\boldsymbol{\alpha})_{qr\ldots t} = \frac{\partial}{\partial x^{[q}} \alpha_{r\ldots t]},$$

(La notación parece aquí algo complicada. La antisimetrización —que es la característica clave de la expresión— se extiende a todos los $p + 1$ índices, incluyendo el que aparece en el símbolo de derivada.)[12.14],[12.15]

Ahora estamos en condiciones de escribir el *teorema fundamental del cálculo exterior*. Este se expresa en la muy elegante (y potente) fórmula siguiente para una p-forma $\boldsymbol{\varphi}$ (véase la Fig. 12.11):

$$\int_{\mathcal{R}} \mathrm{d}\boldsymbol{\varphi} = \int_{\partial\mathcal{R}} \boldsymbol{\varphi},$$

donde $\mathcal{R}$ es una región (orientada) compacta $(p + 1)$-dimensional cuya frontera p-dimensional (en consecuencia, también compacta) está denotada por $\partial\mathcal{R}$.

Aquí he utilizado varios términos que todavía no he explicado. Para nuestros propósitos, «compacto» significa intuitivamente que la re-

[12.14] Demuestre directamente que todos los «axiomas» para la derivada exterior son satisfechos por esta definición.

[12.15] Demuestre que esta definición de coordenadas da la misma cantidad d$\boldsymbol{\alpha}$, cualquiera que sea la elección de coordenadas que se haya hecho, donde la transformación de las componentes $\alpha_{r\ldots t}$ de una forma está definida por el requisito de que la propia forma $\boldsymbol{\alpha}$ sea inalterada por el cambio de coordenadas. *Sugerencia*: Demuestre que esta transformación es idéntica a la transformación pasiva de componentes tensoriales $[{}^0_p]$-valentes, como las que se dan en §13.8.

gión $\mathcal{R}$ no «llega al infinito» y no tiene «agujeros recortados en ella» ni «trozos de su frontera eliminados». Con más precisión, una región *compacta* $\mathcal{R}$ es, para nuestros fines actuales,[12] una región con la propiedad de que cualquier secuencia infinita de puntos en $\mathcal{R}$ debe *acumularse* en algún punto dentro de $\mathcal{R}$ (Fig. 12.12a). Aquí, un *punto de acumulación* y tiene la propiedad de que todo conjunto abierto en $\mathcal{R}$ (véase §7.4) que contiene a y debe contener también miembros de la secuencia infinita (de modo que los puntos de la secuencia se aproximan cada vez más a y, sin límite). El plano euclídeo infinito no es compacto, pero la superficie de una esfera sí lo es, y también lo es el toro. También lo es el conjunto de puntos dentro o sobre el círculo unidad en el plano complejo (disco unidad cerrado); pero si eliminamos el propio círculo del conjunto, o incluso solo el centro del círculo, entonces el conjunto resultante no es compacto. Véase la Fig. 12.13.

El término «orientado» se refiere a la asignación de una «mano» consistente a cada punto de $\mathcal{R}$ (Fig. 12.14). En el caso de una 0-variedad, o conjunto de puntos *discretos*, la orientación asigna simplemente un «valor positivo» (+) o «negativo» (−) a cualquier punto (Fig. 12.14a). En el caso de una 1-variedad, o *curva*, esta orientación proporciona una «dirección» a lo largo de la curva. Esta puede representarse en un diagrama mediante la colocación de una «flecha» sobre la curva para indicar esta dirección (Fig. 12.14b). En el caso de una 2-variedad, la orientación puede representarse diagramáticamente por un minúsculo círculo o arco de círculo con una flecha (Fig. 12.14c); esta indica qué rotación de un vector tangente en un punto de la superficie se considera en la dirección positiva. En el caso de una 3-variedad, la orientación especifica qué tríada de vectores independientes en un punto va a considerarse «dextrógira» y cuál «levógira» (recuérdense §11.3 y la Fig. 11.1). Véase la Fig. 12.14d. Solo para espacios bastante inusuales no es posible asignar una orientación de forma consistente. Un ejemplo («no orientable») donde no puede hacerse es la *cinta de Moebius*, que se ilustra en la Fig. 12.15.

La *frontera* $\partial\mathcal{R}$ de una región $(p + 1)$-dimensional $\mathcal{R}$ (compacta y orientada) consiste en aquellos puntos de $\mathcal{R}$ que no están en su interior. Si $\mathcal{R}$ es apropiadamente no patológica, entonces ∂R es una región p-dimensional (compacta y orientada), aunque posiblemente vacía. *Su*

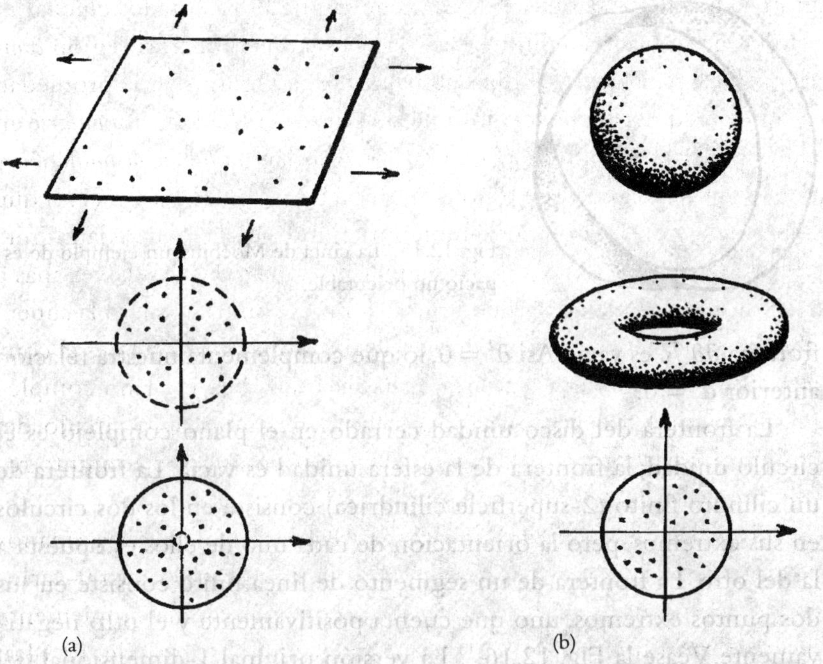

Fig. 12.13. (a) Algunos espacios no compactos: el plano euclídeo infinito, el disco unidad abierto y el disco unidad cerrado del que se ha eliminado el centro. (b) Algunos espacios compactos: la esfera, el toro y el disco unidad cerrado. (Las líneas frontera sólidas son parte del conjunto; las líneas frontera de trazos no lo son.)

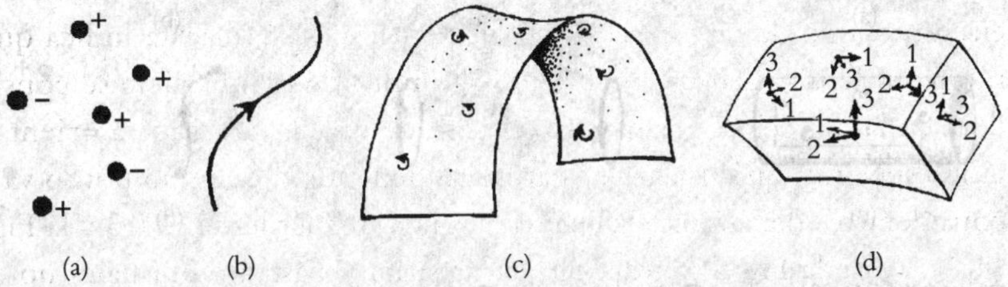

Fig. 12.14. Orientación. (a) Una 0-variedad (multicomponente) es un conjunto de puntos discretos; la orientación asigna simplemente un valor «positivo» (+) o «negativo» (–) a cada uno. (b) Para una 1-variedad, o curva, la orientación proporciona una «dirección» a lo largo de la curva, representada en un diagrama por la colocación de una flecha sobre ella. (c) Para una 2-variedad, la orientación puede indicarse por un minúsculo arco circular con una flecha, que indica la dirección de rotación «positiva» de un vector tangente. (d) Para una 3-variedad, la orientación especifica qué tríadas de vectores independientes en un punto deben considerarse «dextrógiras» (cf. Fig. 11.1).

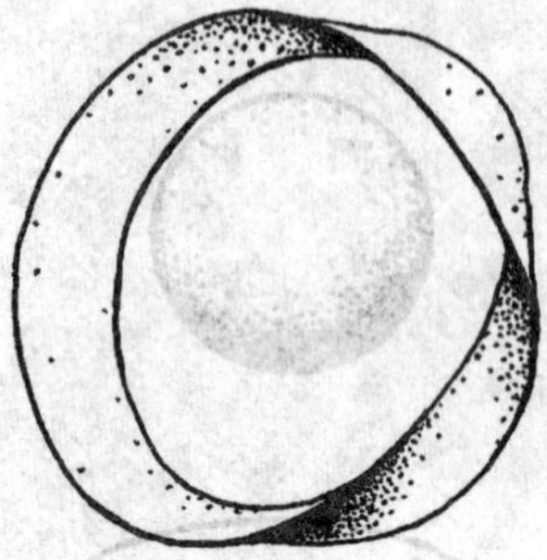

Fig. 12.15. La cinta de Moebius: un ejemplo de espacio no orientable.

frontera $\partial\partial\mathcal{R}$ es vacía. Así $\partial^2 = 0$, lo que complementa nuestra relación anterior $d^2 = 0$.

La frontera del disco unidad cerrado en el plano complejo es el círculo unidad; la frontera de la esfera unidad es vacía. La frontera de un cilindro finito (2-superficie cilíndrica) consiste en los dos círculos en sus extremos, pero la orientación de cada uno de ellos es opuesta a la del otro. La frontera de un segmento de línea finito consiste en sus dos puntos extremos, uno que cuenta positivamente y el otro negativamente. Véase la Fig. 12.16.[13] La versión original 1-dimensional del

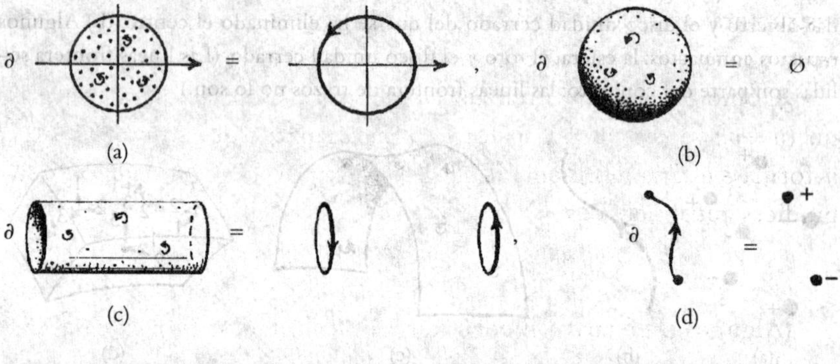

Fig. 12.16. La frontera $\partial\mathcal{R}$ de una región $\mathcal{R}$ $(p+1)$-dimensional orientada, compacta, y de buen comportamiento es una región p-dimensional (orientada y compacta, y posiblemente vacía), que consta de aquellos puntos de $\mathcal{R}$ que no yacen en el interior $(p+1)$-dimensional. (a) La frontera del disco unidad cerrado (dado por $|z| \leq 1$ en el plano complejo $\mathbb{C}$) es el círculo unidad. (b) La frontera de la esfera unidad es vacía ($\varnothing$ denota el conjunto vacío; véase §3.4). (c) La frontera de una longitud finita de superficie cilíndrica consiste en los dos círculos en ambos extremos, cuyas orientaciones son opuestas. (d) La frontera de un segmento de curva finito consiste en los dos puntos extremos, uno positivo y el otro negativo.

teorema fundamental del cálculo mostrada antes resulta un caso especial del teorema fundamental del cálculo exterior, cuando se toma como $\mathcal{R}$ tal segmento de línea.

12.7. El elemento de volumen; convenio de suma

Volvamos ahora a la distinción —y la relación— entre una p-forma y un $(n-p)$-vector, en una n-variedad $\mathcal{M}$. Para entender esta relación, es mejor ir primero al caso extremo en que $p = n$, de modo que estamos examinando la relación entre una n-forma y un campo escalar en $\mathcal{M}$. En el caso de una n-forma ε, el elemento de n-superficie asociado en un punto o de $\mathcal{M}$ es precisamente el n-plano tangente entero en o. La *medida* que ε proporciona es simplemente una n-densidad, sin ninguna propiedad direccional. Una n-densidad semejante (que se supone que no es nula en ninguna parte) se conoce a veces como un *elemento de volumen* para la n-variedad $\mathcal{M}$. Un elemento de volumen puede utilizarse para convertir $(n-p)$-vectores en p-formas, y viceversa. (A veces hay un elemento de volumen asignado a una variedad, como parte de su «estructura» asignada; en tal caso, la distinción esencial entre una p-forma y una $(n-p)$-forma desaparece.)

¿Cómo podemos utilizar un elemento de volumen para convertir un $(n-p)$-vector en una p-forma? En términos de componentes, la n-forma ε estaría representada en cada carta por una cantidad con n subíndices antisimétricos:

$$\varepsilon_{r\ldots w}.$$

(Algunos preferirían incorporar a esto un factor $(n!)^{-1}$; véase §5.3 para la notación «$n!$». Sin embargo, no me voy a ocupar en los diversos factoriales complicados que aparecen aquí, pues nos distraerían de las ideas principales.) Podemos utilizar la cantidad $\varepsilon_{r\ldots w}$ para transformar la familia de componentes $\psi^{u\ldots w}$ de un $(n-p)$-vector $\boldsymbol{\psi}$ en la familia de componentes $\alpha_{r\ldots t}$ de una p-forma $\boldsymbol{\alpha}$. Lo hacemos aprovechando las operaciones del *álgebra tensorial*, a la que llegaremos con más detalle en la próxima sección. Esta álgebra nos permite «empalmar» los $n-p$ superíndices de $\psi^{u\ldots w}$ a $n-p$ de los n subíndices de $\varepsilon_{r\ldots w}$, lo que nos deja con los p subíndices no ligados que necesitamos para $\alpha_{r\dots t}$. La operación de «empalme» que interviene aquí es lo que se conoce como una «contracción» tensorial (o «transvección»), y permite emparejar un superíndice con un subíndice y «sumar» sobre los dos, de modo que desaparecen ambos índices de la expresión final.

El ejemplo arquetípico de esto es el *producto escalar* (§12.3), que combina las componentes β_r de un covector $\boldsymbol{\beta}$ con las componentes ξ^r de un vector $\boldsymbol{\xi}$, multiplicando los dos conjuntos de componentes y «sumando sobre» índices repetidos para obtener:

$$\boldsymbol{\beta} \cdot \boldsymbol{\xi} = \sum \beta_r \xi^r,$$

donde la suma se refiere al índice repetido r (uno arriba y otro abajo). Este procedimiento de suma se aplica también a cantidades pluriindexadas, y los físicos encuentran muy conveniente adoptar un convenio introducido por Einstein, conocido como *convenio de suma*. Este convenio consiste en omitir los símbolos de suma, dando por supuesto que se está haciendo una suma sobre un subíndice y un superíndice cuando quiera que la misma letra índice aparece en ambas posiciones en un término, haciendo que la suma recorra siempre los valores 1, …, n del índice. En consecuencia, el producto escalar se escribirá ahora simplemente como:

$$\boldsymbol{\beta} \cdot \boldsymbol{\xi} = \beta_r \xi^r.$$

Utilizando este convenio, podemos escribir el procedimiento esbozado antes para expresar una p-forma en términos de un correspondiente $(n - p)$-vector y una forma volumen como

$$\alpha_{r\dots t} \propto \varepsilon_{r\dots tu\dots w} \psi^{u\dots w}$$

con contracción sobre los $n - p$ índices u, …, w. Aquí estoy introduciendo el símbolo «$\propto$», que quiere decir «es proporcional a», lo que significa que cada lado es un múltiplo no nulo del otro. Esto se hace para que nuestras expresiones no se llenen confusamente con factoriales de apariencia complicada. Decimos a veces que el $(n - p)$-vector $\boldsymbol{\psi}$ y la p-forma $\boldsymbol{\alpha}$ son *duales*[14] uno de otro si se cumple esta relación (salvo un factor de proporcionalidad), en cuyo caso habrá también una correspondiente fórmula inversa

$$\psi^{u\ldots w} \propto \alpha_{r\ldots t} \in^{r\ldots tu\ldots w}$$

para alguna apropiada forma de volumen (n-vector) $\boldsymbol{\epsilon}$ recíproca, a menudo «normalizada» frente a $\boldsymbol{\varepsilon}$ de acuerdo con

$$\boldsymbol{\varepsilon} \bullet \boldsymbol{\epsilon} = \varepsilon_{r\ldots w} \in^{r\ldots w} = n!$$

(aunque aquí no estamos interesados en las cuestiones de normalización).

Estas fórmulas son parte del álgebra tensorial clásica (véase §12.8). Esta proporciona un potente procedimiento de manipulación (también extendido al cálculo tensorial, del que veremos más en el capítulo 14), que gana mucho del uso de una notación de índices combinada con el convenio de suma de Einstein. La notación de paréntesis cuadrados para la antisimetrización (véase §11.6) también desempeña un valioso papel en esta álgebra, como lo hace una notación adicional de paréntesis curvos para la *simetrización*

$$\psi^{(ab)} = \frac{1}{2}(\psi^{ab} + \psi^{ba}),$$

$$\psi^{(abc)} = \frac{1}{6}(\psi^{abc} + \psi^{acb} + \psi^{bca} + \psi^{bac} + \psi^{cab} + \psi^{cba})$$

etc.,

donde todos los signos menos que definen el paréntesis cuadrado están reemplazados por signos más.

Como un ejemplo más del valor de la notación de paréntesis, veamos cómo se escribe la condición de que una p-forma $\boldsymbol{\alpha}$ o un q-vector $\boldsymbol{\psi}$ sean *simples*, lo que significa que son el producto cuña de p 1-formas o de q vectores ordinarios individuales. En términos de componentes, esta condición resulta ser

$$\alpha_{[r\ldots t}\alpha_{u]v\ldots w} = 0 \quad \text{o} \quad \psi^{[r\ldots t}\psi^{u]v\ldots w} = 0,$$

donde todos los índices del primer factor están «recogidos» con solo un índice del segundo.[15] Si $\boldsymbol{\alpha}$ y $\boldsymbol{\psi}$ resultan ser duales uno del otro, entonces podríamos escribir una u otra condición alternativamente como

$$\psi^{r\ldots tu}\alpha_{uv\ldots w} = 0,$$

donde un único índice de $\boldsymbol{\psi}$ se contrae con un único índice de $\boldsymbol{\alpha}$. La simetría de esta expresión muestra que el dual de una p-forma simple es un $(n - p)$-vector simple, y recíprocamente.[12.16]

12.8. Tensores; notación de índices abstractos y notación diagramática

Aquí surge algo que a veces se ve como un conflicto entre «la notación del matemático» y «la notación del físico». Las dos notaciones están ejemplificadas por los dos miembros de la ecuación anterior $\boldsymbol{\beta} \bullet \boldsymbol{\xi} = \beta_r \xi^r$. La notación del matemático es manifiestamente independiente de las coordenadas, y vemos que la expresión $\boldsymbol{\beta} \bullet \boldsymbol{\xi}$ (para la que una notación tal como $(\boldsymbol{\beta}, \boldsymbol{\xi})$ o $\langle \boldsymbol{\beta}, \boldsymbol{\xi} \rangle$ podría ser más habitual en la literatura matemática) no hace referencia a ningún sistema de coordenadas, pues el producto escalar está definido en términos del todo geométrico-algebraicos. Por el contrario, la expresión $\beta_r \xi^r$ del físico hace referencia explícitamente a componentes en algún sistema de coordenadas. Estas componentes cambiarán cuando pasemos de una carta de coordenadas a otra; además, la notación depende del convenio de suma «cuestionable» (que está en conflicto con gran parte de la notación matemática estándar). Pese a todo, hay una gran flexibilidad en la notación del físico, en especial en la facilidad con que puede utilizarse para construir nuevas operaciones que no entran fácilmente dentro del alcance de las operaciones especificadas del matemático. Cálculos algo complicados (tales como el último par de fórmulas mostradas más arriba) son con frecuencia casi intratables si uno insiste en atenerse a expresiones libres de índices. Con frecuencia —cuando se necesita algún ingrediente esencial de cálculo en un argumento— los matemáticos puros se encuentran recurriendo (con cierto embarazo) a cálculos en «cartas de coordenadas», y en raras ocasiones utilizan el convenio de suma.

En mi opinión, este conflicto es básicamente artificial, y puede evi-

[12.16] Confirme la equivalencia de todas estas condiciones para la simplicidad; demuestre la suficiencia de $\alpha_{[rs}\alpha_{u]\nu} = 0$ en el caso $p = 2$. (*Sugerencia*: Contraiga esta expresión con dos vectores.)

tarse efectivamente con un cambio de actitud. Cuando un físico utiliza una cantidad «ξ^a», normalmente tiene en mente la magnitud vectorial que he estado denotando por ξ, antes que su conjunto de componentes en algún sistema de coordenadas elegido arbitrariamente. Lo mismo se aplica a la magnitud «α_a», que se consideraría una 1-forma. De hecho, esta noción puede hacerse completamente rigurosa dentro del marco de lo que se ha dado en llamar la *notación de índices abstractos*.[16] En este esquema, los índices *no* representan uno de los 1, 2, ..., n referidos a algún sistema de coordenadas; en su lugar, son simplemente *marcadores abstractos* en cuyos términos se formula el álgebra. Esto nos permite retener las ventajas prácticas de la notación de índices sin la desventaja conceptual de tener que hacer referencia, de manera explícita o no, a un sistema de coordenadas. Además, la notación de índices abstractos resulta tener numerosas ventajas prácticas adicionales, particularmente en relación con los formalismos basados en espinores.[17]

Pese a todo, la notación de índices abstractos sigue adoleciendo del problema de que puede ser difícil distinguir detalles de suma importancia en una fórmula porque los índices tienden a ser pequeños y sus configuraciones precisas muy difíciles de discernir. Estas dificultades se reducen con la introducción de otra notación más para el álgebra tensorial que describiré brevemente a continuación. Se trata de la notación *diagramática*.

En primer lugar, deberíamos saber qué es realmente un *tensor*. En la notación de índices, un tensor se denota mediante una cantidad tal como

$$Q_{a\ldots c}^{f\ldots h},$$

que puede tener q subíndices y p superíndices, para cualesquiera p, $q \geq 0$, y no tiene por qué tener simetrías especiales. Llamamos a esto un tensor de *valencia*[18] $[{}^p_q]$ (o un tensor $[{}^p_q]$-valente o simplemente un $[{}^p_q]$-tensor). Algebraicamente, esto representaría una cantidad $\boldsymbol{Q}$ que puede considerarse como una función (de un tipo particular conocido como *multilineal*)[19] de q vectores $\boldsymbol{A}, \ldots, \boldsymbol{C}$ y p covectores $\boldsymbol{F}, \ldots, \boldsymbol{H}$, donde

$$\boldsymbol{Q}(\boldsymbol{A}, \ldots, \boldsymbol{C}; \boldsymbol{F}, \ldots, \boldsymbol{H}) = A^a \ldots C^c Q_{a\ldots c}^{f\ldots h} F_f \ldots H_h.$$

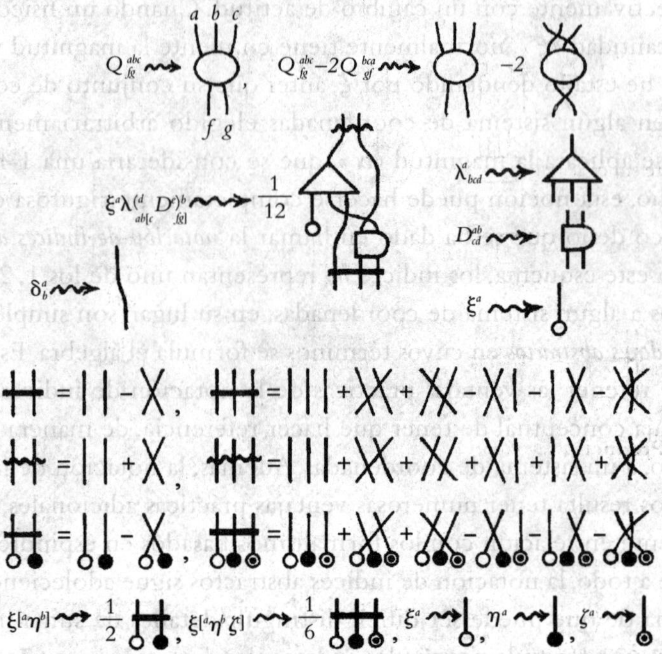

Fig. 12.17. Notación tensorial diagramática. El tensor $[^3_2]$-valente se representa por un óvalo con tres brazos y dos piernas, donde la imagen tensorial general $[^p_q]$-valente tendría p brazos y q piernas. En una expresión tal como $Q^{abc}_{fg}-2Q^{bca}_{gf}$, la notación diagramática utiliza la posición en la página de los extremos de los brazos y piernas para seguir la pista de cuál es cada índice, en lugar de utilizar letras índice individuales. Las contracciones de índices tensoriales se representan por la unión de un brazo y una pierna, como se ilustra en el diagrama para $\xi^a\lambda^{(d}_{ab[c}D^{e)b}_{fg]}$. Este diagrama ilustra también el uso de una barra gruesa que cruza líneas de índices para denotar antisimetrización y una barra ondulada para representar simitrización. El factor $\frac{1}{12}$ en el diagrama resulta del hecho de que (para facilitar los cálculos) el denominador factorial normal para simetrizadores y antisimetrizadores está omitido en la notación diagramática (de modo que aquí necesitamos $\frac{1}{2!}\times\frac{1}{3!}=\frac{1}{12}$). En la mitad inferior del diagrama, antisimetrizadores y simetrizadores se escriben como expresiones «incorpóreas» (mediante el uso de la representación diagramática de la delta de Kronecker δ^a_b que se introducirá en §13.3 y la Fig. 13.6c). Esta se utiliza entonces para expresar productos cuña (multivectoriales) $\boldsymbol{\xi}\wedge\boldsymbol{\eta}$ y $\boldsymbol{\xi}\wedge\boldsymbol{\eta}\wedge\boldsymbol{\zeta}$.

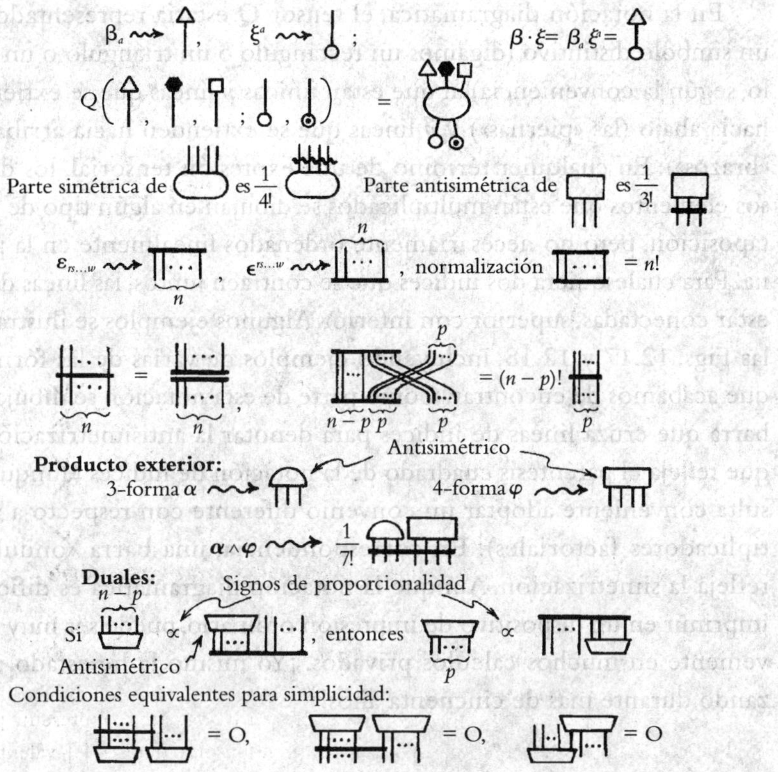

Fig. 12.18. Más notación tensorial diagramática. El diagrama para un covector $\boldsymbol{\beta}$ (1-forma) tiene una única pierna que cuando se une al único brazo de un vector $\boldsymbol{\xi}$ da su producto escalar. Con más generalidad, la forma multilineal definida por un tensor Q $[^p_q]$-valente se representa uniendo los p brazos a las piernas de p covectores variables y las q piernas a los brazos de q vectores variables (aquí $p = 3$ y $q = 2$). Las partes simétrica y antisimétrica de tensores generales pueden expresarse utilizando las líneas onduladas y barras gruesas de las operaciones de la Fig. 12.17. Además, la notación de barras se combina con una notación diagramática relacionada para la n-forma volumen $\varepsilon_{rs\ldots w}$ (para un espacio n-dimensional) y su n-vector dual $\epsilon^{rs\ldots w}$, normalizado de acuerdo con $\varepsilon_{rs\ldots w}\epsilon^{rs\ldots w} = n!$ También se expresan relaciones equivalentes a $n!\delta^a_{[r}\delta^b_s \ldots \delta^f_{w]} = \epsilon^{ab\ldots f}\,\varepsilon_{rs\ldots w}$ (n índices antisimetrizados) y $\varepsilon_{a\ldots cu\ldots w}\epsilon^{a\ldots ce\ldots f} = p!(n-p)!\delta^e_{[u}\ldots\delta^f_{w]}$ (véanse §13.3 y la Fig. 13.6c). Los productos exteriores de formas, la «dualidad» entre p-formas y $(n-p)$-vectores, y las condiciones para «simplicidad» se representan diagramáticamente de forma sucinta. (Para diagramas de derivadas exteriores, véase la Fig. 14.18.)

En la notación diagramática, el tensor **Q** estaría representado por un símbolo distintivo (digamos un rectángulo o un triángulo o un óvalo, según la conveniencia) al que están unidas *p* líneas que se extienden hacia abajo (las «piernas») y *q* líneas que se extienden hacia arriba (los «brazos»). En cualquier término de una expresión tensorial, los diversos elementos que están multiplicados se dibujan en algún tipo de yuxtaposición, pero no necesariamente ordenados linealmente en la página. Para cualesquiera dos índices que se contraen juntos, las líneas deben estar conectadas, superior con inferior. Algunos ejemplos se ilustran en las Figs. 12.17 y 12.18, incluyendo ejemplos de varias de las fórmulas que acabamos de encontrar. Como parte de esta notación se dibuja una barra que cruza líneas de índices para denotar la antisimetrización, lo que refleja el paréntesis cuadrado de la notación de índices (aunque resulta conveniente adoptar un convenio diferente con respecto a multiplicadores factoriales). En correspondencia, una barra «ondulada» refleja la simetrización. Aunque la notación diagramática es difícil de imprimir en un dispositivo de impresión ordinario, puede ser muy conveniente en muchos cálculos privados. ¡Yo mismo la he estado utilizando durante más de cincuenta años![20]

12.9. Variedades complejas

Finalmente, volvamos a la cuestión de las variedades complejas que hemos abordado en el capítulo 10. Cuando consideramos que una superficie de Riemann es 1-dimensional, estamos pensando solo en términos de operaciones holomorfas que se realizan sobre números complejos. Podemos adoptar exactamente la misma postura con variedades de dimensiones más altas, considerando ahora que nuestras coordenadas $x^1, \ldots, x^n$ son números complejos $z^1, \ldots, z^n$ y nuestras funciones de las mismas son funciones holomorfas. Consideramos de nuevo que nuestra variedad consiste en varias cartas de coordenadas «pegadas», y cada carta es ahora una región abierta del espacio de coordenadas $\mathbb{C}^n$, el espacio cuyos puntos son las *n*-tuplas $(z^1, z^2, \ldots, z^n)$ de números complejos (y recordemos de §10.2 que «$\mathbb{C}$» por sí mismo representa al sistema de los números complejos). Las *funciones de transición*, que expresan las transformaciones de coordenadas cuando pasamos de una carta de coordenadas a otra, tienen que estar dadas ahora enteramente por *funciones holomorfas*. Podemos definir campos vectoriales holomorfos, covectores holomorfos, p-formas holomorfas, tensores holomorfos, etc., exactamente de la misma forma que hemos hecho antes en el caso de una n-variedad real.

Pero está también el punto de vista filosófico alternativo según el cual podríamos expresar todas nuestras coordenadas complejas en términos de sus partes real e imaginaria $z^j = x^j + \mathrm{i}y^j$ (o, equivalentemente, incluir la noción de conjugación compleja en nuestra categoría de función aceptable, de modo que las operaciones ya no tengan que ser exclusivamente holomorfas; véase §10.1). Entonces, nuestra «n-variedad compleja» ya no debe verse como un espacio n-dimensional, sino que debe verse, en su lugar, como una $2n$-variedad *real*. Por supuesto, es una $2n$-variedad con un tipo muy particular de estructura local, conocido como una *estructura compleja*.

Hay varias maneras de formular esta idea. En esencia, lo que se necesita es una versión en dimensión más alta de las ecuaciones de Cauchy-Riemann (§10.5), pero las cosas se expresan normalmente de una forma algo diferente. Consideremos la relación entre campos vectoriales complejos y campos vectoriales reales en la variedad. Podemos considerar que un campo vectorial complejo ζ está representado de la forma

$$\boldsymbol{\zeta} = \boldsymbol{\xi} + \mathrm{i}\boldsymbol{\eta},$$

donde $\boldsymbol{\xi}$ y $\boldsymbol{\eta}$ son campos vectoriales reales ordinarios en la $2n$-variedad. Lo que la «estructura compleja» hace por nosotros es decirnos cómo tienen que estar relacionados entre sí estos campos vectoriales reales y qué ecuaciones diferenciales deben satisfacer para que $\boldsymbol{\zeta}$ pueda calificarse de «holomorfa». Consideremos ahora el nuevo campo vectorial complejo que aparece cuando el campo complejo $\boldsymbol{\zeta}$ se multiplica por i. Vemos que, por consistencia, debemos tener $\mathrm{i}\boldsymbol{\zeta} = -\boldsymbol{\eta} + \mathrm{i}\boldsymbol{\xi}$, de modo que el campo vectorial real $\boldsymbol{\xi}$ queda ahora reemplazado por $-\boldsymbol{\eta}$ y análogamente $\boldsymbol{\eta}$ debe ser reemplazado por $\boldsymbol{\xi}$. La operación $\boldsymbol{J}$ que efectúa estos reemplazamientos (i.e., $\boldsymbol{J}(\boldsymbol{\xi}) = -\boldsymbol{\eta}$ y $\boldsymbol{J}(\boldsymbol{\eta}) = \boldsymbol{\xi}$) es la que normalmente se conoce como la «estructura compleja».

Advertimos que si J se aplica dos veces, simplemente invierte el signo de aquello sobre lo que actúa (puesto que $i^2 = -1$), de modo que podemos escribir:

$$J^2 = -1.$$

Esta sola condición define lo que se conoce como una *estructura cuasicompleja*. Para particularizar esto a una estructura compleja real, de modo que pueda aparecer una noción consistente de «holomorfa» para la variedad, debe satisfacerse cierta ecuación diferencial[21] en la cantidad J. Existe un teorema llamado de Newlander-Nirenberg[22] que nos dice que esto es *suficiente* (además de necesario) para que una variedad real $2n$-dimensional con esta J-estructura pueda reinterpretarse como una n-variedad compleja. Este teorema nos permite movernos libremente entre los dos puntos de vista con respecto a las variedades complejas.

Notas

Sección 12.1

12.1. Esta «contractibilidad» se toma en el sentido de *homotopía* (véanse §7.2 y la Fig. 7.2), de modo que no se permite la «cancelación» de segmentos del lazo con orientación opuesta; esta múltiple conectividad es parte de la teoría de homotopía. Véanse Huggett y Jordan (2001) y Sutherland (1975).

12.2. Estrictamente hablando, este argumento es incompleto, puesto que no he presentado ninguna razón convincente por la que la 2π-torsión del cinturón no puede deshacerse de forma continua si los extremos se mantienen fijos.[12.17] Véase Penrose y Rindler (1984), pp. 41-44.

[12.17] Representando una rotación en el 3-espacio euclídeo ordinario como un vector que apunta a lo largo del eje de rotación y de longitud igual al ángulo de rotación, demuestre que la topología de $\mathcal{R}$ puede describirse como una bola maciza (de radio π) acotada por una esfera ordinaria, donde cada punto de la esfera se identifica con su punto antipodal. Dé un argumento directo para demostrar por qué un lazo cerrado que representa una 2π-rotación no puede ser deformado de forma continua hasta un punto.

12.3. Aquí tratamos las moléculas como partículas puntuales. La dimensión de $\mathcal{P}$ sería considerablemente mayor para moléculas con grados de libertad internos o rotacionales.

Sección 12.2

12.4. La noción usual de «variedad» presupone que nuestro espacio $\mathcal{M}$ es, en primera instancia, un *espacio topológico*. Asignar una *topología* a un espacio $\mathcal{M}$ es especificar exactamente cuáles de sus conjuntos de puntos van a llamarse «abiertos» (cf. §7.4). Los conjuntos abiertos deben tener la propiedad de que la intersección de dos cualesquiera de ellos es un conjunto abierto y la unión de cualquier número de ellos (finito o infinito) es de nuevo un conjunto abierto. Además de la condición de Hausdorff mencionada en el texto, es habitual exigir que la topología de $\mathcal{M}$ tenga algunas otras restricciones, y muy particularmente que satisfaga un requisito denominado «paracompacticidad». Para el significado de este y otros términos relacionados, el lector interesado puede consultar Kelley (1965), Engelking (1968) y cualquier otro texto estándar sobre topología general. Para nuestros fines actuales, basta con suponer que $\mathcal{M}$ está construida a partir de un atlas localmente finito de regiones abiertas de $\mathbb{R}^n$, donde «localmente finito» significa que cada carta es intersectada por solo un número finito de otras cartas.

Un requisito final que se introduce a veces en la definición de una variedad es que sea *conexa*, lo que significa que consta solo de «una pieza» (que aquí puede tomarse con el significado de que no es una unión disjunta de dos conjuntos abiertos no vacíos). No insistiré aquí en esto; si se requiere conectividad, entonces será establecido explícitamente (pero en cualquier caso la desconectividad solo se admitirá para un número finito de partes separadas).

12.5. Véanse, por ejemplo, Kobayashi y Nomizu (1963), Hicks (1965), Lang (1972) y Hawking y Ellis (1973). Un procedimiento interesante para definir una variedad $\mathcal{M}$ es reconstruir la propia $\mathcal{M}$ simplemente a partir del álgebra conmutativa de campos escalares definidos sobre $\mathcal{M}$; véanse Chevalley (1946), Nomizu (1956) y Penrose y Rindler (1984). Este tipo de idea generaliza las álgebras no conmutativas y conduce a la noción de «geometría no conmutativa» de Alain Connes (1994), que proporciona una de las aproximaciones modernas a la «geometría espaciotemporal cuántica» (véase §33.1).

Sección 12.3

12.6. Véanse Helgason (2001) y Frankel (2001).

12.7. La condición general para que la familia de elementos ($n-1$)-planos definidos por una 1-forma $\boldsymbol{\alpha}$ toque a una familia 1-paramétrica de ($n-1$)-superficies (de modo que $\boldsymbol{\alpha} = \lambda \mathrm{d}\Phi$ para ciertos campos escalares λ, Φ) es la *condición de Frobenius* $\boldsymbol{\alpha} \wedge \mathrm{d}\boldsymbol{\alpha} = 0$; véase Flanders (1963).

12.8. Fácilmente surge la confusión entre la idea «clásica» de que un objeto como «dx» debería representar un desplazamiento infinitesimal (vector), mientras que aquí parece que estamos viéndolo como un covector. De hecho, la notación es consistente, ¡pero hace falta tener la cabeza clara para verlo! La cantidad $\mathrm{d}x^r$ parece tener un carácter vectorial debido a su superíndice r, y este sería realmente el caso si se trata a r como un índice abstracto, de acuerdo con §12.8. Por el contrario, si se toma r como un índice numérico, digamos $r = 2$, entonces obtenemos un covector, a saber $\mathrm{d}x^2$, el gradiente de la cantidad escalar $y = x^2$ («x dos», y no «x al cuadrado»). Pero esto depende de interpretar «d» como representación del gradiente en lugar de denotar un infinitesimal, como se hubiera hecho en la tradición clásica. De hecho, si tratamos *a la vez* la r como abstracta y la d como gradiente, ¡entonces «$\mathrm{d}x^r$» representa simplemente la delta de Kronecker (abstracta)!

Sección 12.5

12.9. Esto representa un cambio de actitud con respecto al punto de vista «infinitesimal» acerca de las cantidades como «dx». Aquí las propiedades de anticonmutación de «$\mathrm{d}x_\wedge \mathrm{d}y$» nos dicen que estamos operando con densidades con respecto a medidas de área orientadas.

12.10. Un nombre que me sugirió N.M.J. Woodhouse. A veces este teorema se denomina simplemente *teorema de Stokes*. Sin embargo, ello parece particularmente inapropiado, puesto que la única contribución de Stokes fue ponerlo como una pregunta de examen (en Cambridge) que aparentemente obtuvo de William Thompson (lord Kelvin).

Sección 12.6

12.11. Véase Flanders (1963). (En dicho libro, lo que yo he llamado «lema de Poincaré» es mencionado como el *inverso*.)

12.12. Existe una definición más general de compacidad de un espacio topológico, que, sin embargo, no es tan intuitiva como la que se da en el texto. Un espacio $\mathcal{R}$ es compacto si para cada manera en que puede expresarse como una unión de conjuntos abiertos, existe una colección finita de dichos conjuntos cuya unión sigue siendo $\mathcal{R}$.

12.13. Para más información sobre estas cuestiones, véase Willmore (1959).

Sección 12.7

12.14. Esta noción de «dual» es bastante diferente de la que hace que un covector sea «dual» de un vector, como se ha descrito en §12.3. Sin embargo, está estrechamente relacionada con otro concepto de «dualidad»: el *dual de Hodge*. Este desempeña un papel en electromagnetismo (véase §19.2), y versiones del mismo tienen importancia en varias aproximaciones a la gravedad cuántica (véanse §§31.5,14, §32.2, §§33.11,12) y física de partículas (véase §25.8). Por desgracia, este es solo un lugar entre muchos, donde las limitaciones de la terminología matemática pueden crear confusión.

12.15. Véase Penrose y Rindler (1984), pp. 165 y 166.

Sección 12.8

12.16. Véanse Penrose (1968a), pp. 135-141; Penrose y Rindler (1984), pp. 68-103, y Penrose (1971).

12.17. Véanse Penrose (1968a), Penrose y Rindler (1984, 1986), Penrose (1971) y O'Donnell (2003).

12.18. A veces se utiliza el término *rango* para el valor de $p + q$, pero esto es confuso debido a que «rango» tiene otro significado independiente en conexión con las matrices; véanse la nota 13.10 y §13.8.

12.19. Esto significa lineal en cada uno de los $\boldsymbol{A}, \ldots, \boldsymbol{C}; \boldsymbol{F}, \ldots, \boldsymbol{H}$ por separado; véanse también §§13.7-10.

12.20. Véanse Penrose y Rindler (1984), apéndice, Penrose (1971b) y Cvitanovič y Kennedy (1982).

Sección 12.9

12.21. Esto es la anulación de una expresión llamada «el tensor de Nijenhuis construido a partir de $\boldsymbol{J}$», que podemos expresar como $J^d_{[a}\partial J^c_{b]}/\partial x^d + J^c_d\partial J^d_{[a}/\partial x^{b]} = 0$.

12.22. Newlander y Nirenberg (1957).

13
Grupos de simetría

13.1. Grupos de transformaciones

Los espacios que son simétricos tienen una importancia fundamental en la física moderna. ¿Por qué razón? Cabría pensar que la simetría completamente exacta es algo que solo aparecería de forma excepcional, o quizá tan solo como una aproximación conveniente. Aunque un objeto simétrico, tal como un cuadrado o una esfera, tiene una existencia precisa como una estructura matemática idealizada («platónica»; véase §1.3), cualquier realización *física* de un objeto semejante sería considerada únicamente como un tipo de representación aproximada de este ideal platónico, que, por consiguiente, no posee ninguna simetría real que pueda considerarse exacta. Pese a todo, y curiosamente, según las teorías físicas de gran éxito del siglo XX, todas las interacciones físicas, incluida la gravedad, actúan de acuerdo con una idea que, estrictamente hablando, depende de forma crucial de ciertas estructuras físicas que poseen una simetría que, en un nivel de descripción fundamental, ¡es necesariamente exacta!

¿Cuál es esta idea? Es un concepto que ha llegado a conocerse como una «conexión gauge». Dicho nombre dice muy poco, pero la idea es importante, y nos permite encontrar una noción sutil («retorcida») de diferenciación que se aplica a entidades generales en una variedad (entidades que son en realidad más generales que aquellas —las p-formas— que están sujetas a una diferenciación exterior, como se ha descrito en el capítulo 12). Estas cuestiones constituirán el tema de nuestros dos próximos capítulos; pero como prerrequisito debemos explorar antes la noción básica de un *grupo de simetría*. Esta noción también tiene muchas otras áreas de aplicación importantes en física, química y cristalografía, y asimismo dentro de muchas áreas diferentes de las propias matemáticas.

Tomemos un ejemplo sencillo. ¿Cuáles son las simetrías de un *cuadrado*? La pregunta tiene dos respuestas diferentes dependiendo de si admitimos o no simetrías que invierten la orientación del cuadrado (i.e., para las que el cuadrado se vuelve del revés). Consideremos primero el caso en el que no se permiten estas simetrías que invierten la orientación. Entonces, las simetrías del cuadrado se generan a partir de una simple rotación de un ángulo recto en el plano del cuadrado, repetida varias veces. Por conveniencia, podemos representar estos movimientos en términos de números complejos, como hemos hecho en el capítulo 5. Si queremos, podemos considerar que los vértices del cuadrado ocupan los puntos 1, i, –1, –i en el plano complejo (Fig. 13.1a), y nuestra notación básica está representada por la multiplicación por i (i.e., por «i×»). Las diversas *potencias* de i representan todas nuestras rotaciones, de las que hay cuatro diferentes en total:

$$\mathrm{i}^0 = 1, \quad \mathrm{i}^1 = \mathrm{i}, \quad \mathrm{i}^2 = -1, \quad \mathrm{i}^3 = -\mathrm{i}$$

(Fig. 13.1b). La cuarta potencia $\mathrm{i}^4 = 1$ nos lleva de nuevo al punto de partida, de modo que ya no tenemos más elementos. El producto de dos cualesquiera de estos cuatro elementos es de nuevo uno de ellos.

Estos cuatro elementos nos proporcionan un ejemplo sencillo de un *grupo*. Este consiste en un conjunto de elementos y una «ley de multiplicación» definida entre los pares de ellos (denotada por la yuxtaposición de símbolos) para la que se cumple la ley *asociativa* de la multiplicación

$$a(bc) = (ab)c,$$

donde hay un elemento *identidad*, 1, que satisface

$$1a = a1 = a,$$

y donde cada elemento a tiene un *inverso* a^{-1}, tal que[13.1]

[13.1] Demuestre que si suponemos simplemente que $1a = a$ y $a^{-1}a = 1$ para todo a, junto con asociatividad $a(bc) = (ab)c$, entonces puede *deducirse* $a1 = a$ y $aa^{-1} = 1$. (*Sugerencia*: Por supuesto, a no es el único elemento del que se afirma que tiene un inverso.) Demuestre por qué, por el contrario, $a1 = a$, $a^{-1}a = 1$, y $a(bc) = (ab)c$ son insuficientes.

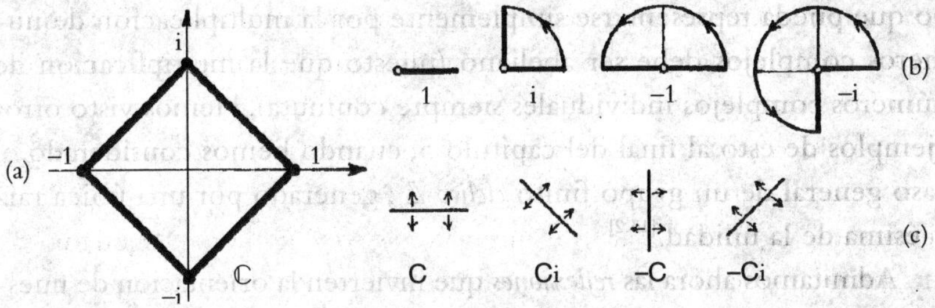

Fig. 13.1. Simetría de un cuadrado. (a) Podemos representar los vértices de un cuadrado por los puntos 1, i, −1, −i en el plano complejo ℂ. (b) El grupo de simetrías no reflexivas se representa, en ℂ, como multiplicación por $1 = i^0, i = i^1, -1 = i^2, -i = i^3$, respectivamente. (c) Las simetrías reflexivas están dadas, en ℂ, por C (conjugación compleja), Ci, −C y −Ci.

$$a^{-1}a = aa^{-1} = 1.$$

Las operaciones de simetría que transforman un objeto en sí mismo satisfacen siempre dichas leyes, llamadas *axiomas del grupo*.

Recordemos los convenios recomendados en el capítulo 11, donde considerábamos que, en el producto *ab*, *b* actúa primero y *a* después. Podemos considerarlas como operaciones que se realizan sobre cierto objeto que aparece a su derecha. Así pues, podríamos considerar el movimiento, *b*, que expresa una simetría de un objeto Φ, como $\Phi \mapsto b(\Phi)$, que iría seguido por otro movimiento semejante *a*, dando $b(\Phi) \mapsto a(b(\Phi))$. Esto da como resultado la acción combinada $\Phi \mapsto ab(\Phi)$, que podemos escribir simplemente $\Phi \mapsto ab(\Phi)$, correspondiente al movimiento *ab*. La operación identidad simplemente deja el objeto inalterado (lo que, evidentemente, es siempre una simetría) y el inverso es sencillamente la operación inversa de una simetría dada, que devuelve el objeto a su posición de partida.

En nuestro ejemplo particular de las rotaciones no reflexivas del cuadrado, tenemos la propiedad *conmutativa* adicional

$$ab = ba.$$

Los grupos que son conmutativos en este sentido se denominan *abelianos*, por el matemático noruego Niels Henrik Abel, que murió muy joven en trágicas circunstancias.[1] Evidentemente, cualquier grupo que pueda representarse simplemente por la multiplicación de números complejos debe ser abeliano (puesto que la multiplicación de números complejos individuales siempre conmuta). Hemos visto otros ejemplos de esto al final del capítulo 5, cuando hemos considerado el caso general de un grupo finito *cíclico* $\mathbb{Z}_n$, generado por una única raíz *n*-ésima de la unidad.[13.2]

Admitamos ahora las *reflexiones* que invierten la orientación de nuestro cuadrado. Podemos seguir usando la representación anterior del cuadrado en términos de números complejos, pero necesitaremos una nueva operación, que denoto por C, a saber, la *conjugación compleja*. (Esta hace que el cuadrado dé la vuelta sobre una línea horizontal; véanse §10.1 y la Fig. 10.1.) Ahora encontramos (véase la Fig. 13.1c) las leyes de «multiplicación»[13.3]

$$\mathrm{Ci} = (-\mathrm{i})\mathrm{C}, \quad \mathrm{C}(-1) = (-1)\mathrm{C}, \quad \mathrm{C}(-\mathrm{i}) = \mathrm{iC}, \quad \mathrm{CC} = 1$$

(donde[2] en lo sucesivo escribiré $(-\mathrm{i})\mathrm{C}$ como $-\mathrm{iC}$, etc.). De hecho, podemos obtener las leyes de multiplicación para todo el grupo simplemente a partir de las relaciones básicas[13.4]

$$\mathrm{i}^4 = 1, \quad \mathrm{C}^2 = 1, \quad \mathrm{Ci} = \mathrm{i}^3\mathrm{C},$$

y ahora el grupo no es abeliano, como queda de manifiesto en la última ecuación. El número total de elementos diferentes en un grupo se denomina *orden* del grupo. El orden de este grupo concreto es 8.

Consideremos ahora otro ejemplo sencillo, a saber, el grupo de las simetrías rotacionales de una esfera ordinaria. Como antes, podemos considerar primero el caso en el que están excluidas las reflexiones. Esta vez, nuestro grupo de simetría tendrá un número infinito de elementos, porque podemos rotar alrededor de cualquier eje en el 3-espacio. El grupo de simetría constituye en realidad un espacio 3-dimensional, a saber, la 3-variedad denotada por $\mathcal{R}$ en el capítulo 12.

[13.2] Explique por qué cualquier espacio vectorial es un grupo abeliano —llamado un grupo abeliano *aditivo*—, donde la operación de «multiplicación» en el grupo es la operación «suma» en el espacio vectorial.

[13.3] Verifique estas relaciones teniendo en cuenta que Ci representa «la operación i×, seguida de la operación C, etc. (*Sugerencia*: Puede comprobar las relaciones confirmando simplemente sus efectos sobre 1 e i. ¿Por qué?)

[13.4] Demuéstrelo.

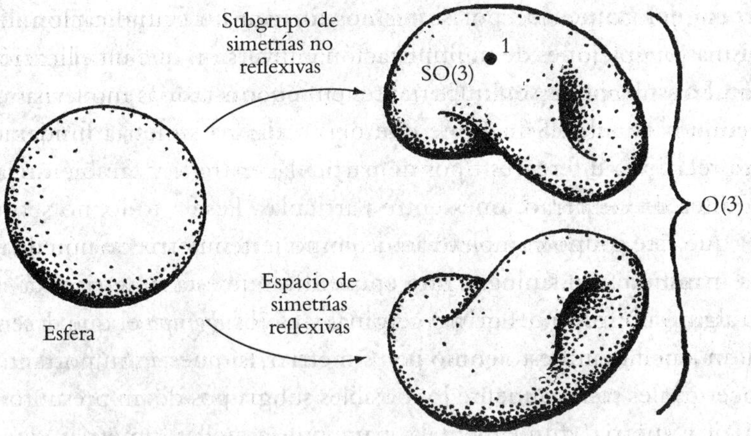

Fig. 13.2. Simetría rotacional de una esfera. El grupo de simetría entero, O(3), es una 3-variedad inconexa, que consiste en dos piezas. La componente que contiene el elemento identidad 1 es el subgrupo (normal) SO(3) de simetrías no reflexivas de la esfera. La componente restante es la 3-variedad de simetrías reflexivas.

Permítanme dar ahora a este grupo (3-variedad) su nombre oficial. Se denomina SO(3),[3] el grupo ortogonal no reflexivo en 3 dimensiones. Si ahora incluimos las reflexiones, entonces obtenemos todo un nuevo conjunto de simetrías —que vale por otra 3-variedad— que están desconectadas de las del primer grupo, a saber, aquellas que implican una inversión de la orientación de la esfera. La familia entera de los elementos del grupo constituye de nuevo una 3-variedad, pero ahora es una 3-variedad no conexa, consistente en dos piezas conexas separadas (véase la Fig. 13.2). Este grupo espacial entero se denomina O(3).

Estos dos ejemplos ilustran dos de las categorías más importantes de grupos: los grupos finitos y los grupos continuos (o grupos de *Lie*; véase §13.6).[4] Aunque existe una gran diferencia entre estos dos tipos de grupos, hay muchas propiedades importantes que son comunes a ambos.

13.2. Subgrupos y grupos simples

De particular importancia es la noción de *subgrupo* de un grupo. Para mostrar un subgrupo, seleccionamos alguna colección de elementos dentro del grupo que por sí mismos forman un grupo, utilizando las mismas operaciones de multiplicación e inversión que en el grupo entero. Los subgrupos son importantes en muchas teorías modernas de física de partículas. Se supone que existe alguna simetría fundamental que relaciona diferentes tipos de partículas entre sí y también relaciona diferentes interacciones entre partículas. Pese a todo, no se puede ver que este grupo completo actúe como una simetría de ninguna forma manifiesta; en su lugar, uno encuentra que esta simetría está «rota» en algún subgrupo del grupo original y es el *subgrupo* el que desempeña un papel manifiesto como una simetría. Así pues, es importante conocer cuáles son realmente los posibles subgrupos de un presunto grupo de simetría «fundamental», para que aquellas simetrías que son manifiestas en la naturaleza puedan considerarse como subgrupos de este presunto grupo. Abordaré cuestiones de este tipo en §§25.5-8, §26.11 y §28.1.

Examinemos algunos casos particulares de subgrupos, para los ejemplos que hemos estado considerando. Las simetrías *no reflexivas* del cuadrado constituyen un subgrupo de 4 elementos $\{1, \mathrm{i}, -1, -\mathrm{i}\}$ del grupo completo de simetrías del cuadrado que tiene 8 elementos. Análogamente, el grupo de rotaciones no reflexivas SO(3) constituye un subgrupo del grupo completo O(3). Otro subgrupo de las simetrías del cuadrado consta de los 4 elementos $\{1, -1, \mathsf{C}, -\mathsf{C}\}$; pero otro tiene solo los 2 elementos $\{1, -1\}$.[13.5] Además, está siempre el subgrupo «trivial», que consiste solo en la identidad $\{1\}$ (y el propio grupo completo es, de forma igualmente trivial, siempre un subgrupo).

Todos los diferentes subgrupos que acabo de describir tienen una propiedad especial de particular importancia. Son ejemplos de lo que se denominan subgrupos *normales*. La importancia de un subgrupo normal reside en que, en un sentido apropiado, la acción de cualquier elemento del grupo completo conserva cualquier subgrupo normal, o, dicho de forma más técnica, cada elemento del grupo completo *conmuta* con el subgrupo normal. Voy a ser más explícito. Llamaremos $\mathcal{G}$ al grupo completo y $\mathcal{S}$ al subgrupo. Si selecciono cualquier elemento

[13.5] Verifique que todos los que aparecen en este párrafo son subgrupos (y tenga en cuenta la nota 13.4).

particular g del grupo $\mathcal{G}$, entonces puedo denotar por $\mathcal{S}g$ el conjunto consistente en todos los elementos de $\mathcal{S}$ multiplicados cada uno de ellos individualmente por g a la derecha (lo que se denomina *posmultiplicado* por g). Así pues, en el caso del subgrupo particular $\mathcal{S} = \{1, -1, \mathsf{C}, -\mathsf{C}\}$, del grupo de simetrías del cuadrado, si escogemos $g = \mathrm{i}$, obtenemos $\mathcal{S}\mathrm{i} = \{\mathrm{i}, -\mathrm{i}, \mathsf{C}\mathrm{i}, -\mathsf{C}\mathrm{i}\}$. Análogamente, la notación $g\mathcal{S}$ denotará el conjunto consistente en todos los elementos de $\mathcal{S}$ multiplicados cada uno de ellos individualmente por g por la izquierda (*premultiplicados* por g). Así pues, en nuestro ejemplo, tenemos ahora $\mathrm{i}\mathcal{S} = \{\mathrm{i}, -\mathrm{i}, \mathrm{i}\mathsf{C}, -\mathrm{i}\mathsf{C}\}$. La condición para que $\mathcal{S}$ sea un subgrupo normal de $\mathcal{G}$ es que estos dos conjuntos sean iguales, i.e.,

$$\mathcal{S}g = g\mathcal{S}, \quad \text{para todo } g \text{ perteneciente a } \mathcal{S}.$$

En nuestro ejemplo particular, vemos que este es realmente el caso (puesto que $\mathsf{C}\mathrm{i} = -\mathrm{i}\mathsf{C}$ y $-\mathsf{C}\mathrm{i} = \mathrm{i}\mathsf{C}$), donde debemos tener en cuenta que la colección de objetos dentro de los corchetes debe tomarse como un conjunto *no ordenado* (de modo que no importa que cuando se escriben $\mathcal{S}\mathrm{i}$ e $\mathrm{i}\mathcal{S}$ explícitamente los elementos $-\mathrm{i}\mathsf{C}$ e $\mathrm{i}\mathsf{C}$ aparezcan en orden inverso en la colección de elementos).

Podemos mostrar un subgrupo *no* normal del grupo de simetrías del cuadrado, que es el subgrupo de dos elementos $\{1, \mathsf{C}\}$. Es no normal porque $\{1, \mathsf{C}\}\mathrm{i} = \{\mathrm{i}, \mathsf{C}\mathrm{i}\}$, mientras que $\mathrm{i}\{1, \mathsf{C}\} = \{\mathrm{i}, -\mathsf{C}\mathrm{i}\}$. Nótese que este subgrupo aparece como el nuevo grupo de simetría (reducido) si marcamos nuestro cuadrado con una flecha horizontal que apunte hacia la derecha (véase la Fig. 13.3a). Podemos obtener otro subgrupo no normal, a saber, $\{1, \mathsf{C}\mathrm{i}\}$, si en su lugar marcamos el cuadrado con una flecha que apunte en diagonal hacia abajo y a la derecha (Fig. 13.3b).[13.6] En el caso de O(3), resulta que solamente hay un grupo normal no trivial, a saber, el SO(3),[13.7] pero hay muchos subgrupos no normales. Ejemplos no normales se obtienen si seleccionamos algún conjunto finito de puntos apropiado en la esfera, y buscamos las simetrías de la esfera con estos puntos marcados. Si marcamos

[13.6] Compruebe estas afirmaciones, y encuentre otros dos grupos no normales, demostrando que no hay ninguno más.

[13.7] Demuéstrelo. (*Sugerencia*: ¿Qué *conjuntos* de rotaciones pueden ser invariantes por rotación?)

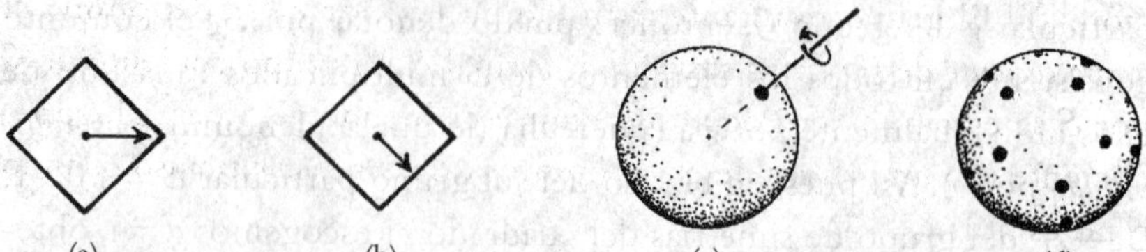

Fig. 13.3. (a) Marcar el cuadrado de la Fig. 13.1 con una flecha que apunta a la derecha reduce su grupo de simetría a un subgrupo no normal $\{1, \mathbf{C}\}$. (b) Marcarlo con una flecha que apunta en diagonal hacia abajo y la derecha da un subrupo no normal diferente $\{1, \mathbf{C}i\}$. (c) Marcar la esfera de la Fig. 13.2 con un único punto reduce su simetría a un subgrupo (no normal) O(2) de O(3): rotaciones en torno al eje que une el origen a dicho punto. (d) Si la esfera se marca con los vértices de un poliedro regular (aquí un dodecaedro), su grupo de simetrías es un subgrupo (no normal) de O(3).

solo un punto, entonces el subgrupo consiste en las rotaciones de la esfera alrededor del eje que une dicho punto con el origen (Fig. 13.3c). Alternativamente podríamos marcar, por ejemplo, puntos que sean los vértices de un poliedro regular. Entonces, el subgrupo es finito, y consiste en el grupo de simetría de ese poliedro particular (Fig. 13.3d).

Una razón por la que los subgrupos normales son importantes es que si un grupo $\mathcal{G}$ posee un subgrupo normal no trivial, entonces podemos descomponer $\mathcal{G}$ en cierto sentido en grupos más pequeños. Supongamos que $\mathcal{S}$ es un subgrupo normal de $\mathcal{G}$. Entonces, los diferentes conjuntos $\mathcal{S}g$, donde g recorre todos los elementos de $\mathcal{G}$, formarán por sí mismos un grupo. Nótese que para un conjunto dado $\mathcal{S}g$ la elección de g no es en general única; podemos tener $\mathcal{S}g_1 = \mathcal{S}g_2$, para diferentes elementos g_1, g_2 de $\mathcal{G}$. Los conjuntos de la forma $\mathcal{S}g$, para *cualquier* subgrupo $\mathcal{S}$, se denominan *co-conjuntos* de $\mathcal{G}$; pero cuando $\mathcal{G}$ es normal, los co-conjuntos forman un grupo. La razón para esto es que, si tenemos dos de tales co-conjuntos $\mathcal{S}g$ y $\mathcal{S}h$ (siendo g y h elementos de $\mathcal{G}$), entonces podemos definir el «producto» de $\mathcal{S}g$ por $\mathcal{S}h$ como

$$(\mathcal{S}g)(\mathcal{S}h) = \mathcal{S}(gh),$$

y encontramos que todos los axiomas de grupo se satisfacen con tal de que $\mathcal{S}$ sea normal, esencialmente porque el segundo miembro está bien definido, con independencia de qué g y h se escojan en la representación de los co-conjuntos en el primer miembro de esta ecuación.[13.8] El grupo resultante definido de esta forma se denomina el *grupo cociente* de $\mathcal{G}$ por su subgrupo normal $\mathcal{S}$. El grupo cociente de $\mathcal{G}$ por $\mathcal{S}$ se escribe $\mathcal{G}/\mathcal{S}$. Podemos seguir escribiendo $\mathcal{G}/\mathcal{S}$ para el *espacio* cociente (no un grupo) de co-conjuntos diferentes $\mathcal{S}g$ incluso cuando S no es normal.[13.9]

Los grupos que no poseen ningún subgrupo normal no trivial se denominan *grupos simples*. El grupo SO(3) es un ejemplo de grupo simple. Los grupos simples son, en un sentido evidente, los bloques constituyentes básicos de la teoría de grupos. Por ello es un logro importante de las matemáticas de los siglos XIX y XX el que se conozcan ahora todos los grupos simples finitos y todos los grupos simples continuos. En el caso de los continuos (es decir, los grupos de Lie), esta fue una soberbia hazaña iniciada por el influyente matemático alemán Wilhelm Killing (1847-1923), cuyos artículos básicos aparecieron en 1888-1890, y que fue esencialmente completada, en 1894, en uno de los más importantes artículos matemáticos jamás escritos,[5] por el soberbio geómetra y algebrista Élie Cartan (de quien ya he hablado en el capítulo 12, y volveremos a hacerlo en el capítulo 17). Esta clasificación sigue desempeñando hoy día un papel fundamental en muchas áreas de las matemáticas y la física. Resulta que existen cuatro familias, conocidas como A_m, B_m, C_m, D_m (para $m = 1, 2, 3, \ldots$), de dimensiones respectivas $m(m + 2)$, $m(2m + 1)$, $m(2m + 1)$, $m(2m - 1)$, llamados *grupos clásicos* (véase el final de §13.10) y cinco *grupos excepcionales* conocidos como E_6, E_7, E_8, F_4, G_2, de dimensiones respectivas 78, 133, 248, 52, 14.

La clasificación de los grupos simples finitos es una hazaña más reciente (y aún más difícil), llevada a cabo durante muchos años del siglo XX por un número considerable de matemáticos (con ayuda de computadores en los casos más recientes), que no fue completada hasta 1982.[6] De nuevo hay algunas familias sistemáticas y una colección finita de grupos simples finitos *excepcionales*. El mayor de estos grupos excepcionales se conoce como el *monstruo*, cuyo orden es

[13.8] Verifique esto y demuestre que los axiomas fallan si $\mathcal{S}$ no es normal.

[13.9] Explique por qué el número de elementos en $\mathcal{G}/\mathcal{S}$, para cualquier subgrupo finito $\mathcal{S}$ de un grupo finito $\mathcal{G}$, es el orden de $\mathcal{G}$ dividido por el orden de $\mathcal{S}$.

$= 808017424794512875886459904961710757005754368000000000.$
$= 2^{46} \times 3^{20} \times 5^9 \times 7^6 \times 11^2 \times 13^3 \times 17 \times 19 \times 23 \times 29 \times 31 \times 41 \times 47 \times$
$\times 59 \times 71.$

Los grupos excepcionales parecen tener un particular atractivo para muchos físicos teóricos modernos. El grupo E_8 desempeña un papel importante en la teoría de cuerdas (§31.14), mientras que varias personas han expresado su confianza en que el enorme pero finito monstruo pueda tener un papel en alguna teoría futura.[7]

La clasificación de los grupos simples puede considerarse un paso fundamental hacia la clasificación de los grupos en general, puesto que, como se ha indicado antes, los grupos generales pueden considerarse construidos a partir de grupos simples (junto con los abelianos). De hecho, esta no es realmente toda la historia porque hay información adicional de cómo se construye un grupo simple a partir de otro. No pretendo entrar aquí en detalles sobre esta cuestión, pero vale la pena mencionar la forma más sencilla en que esto puede suceder. Si $\mathcal{G}$ y $\mathcal{H}$ son dos grupos cualesquiera, entonces pueden combinarse para formar lo que se denomina el *grupo producto* $\mathcal{G} \times \mathcal{H}$, cuyos elementos son simplemente *pares* (g, h), donde g pertenece a $\mathcal{G}$ y h pertenece a $\mathcal{H}$, estando definida la regla de multiplicación del grupo entre elementos (g_1, h_1) y (g_2, h_2) de $\mathcal{G} \times \mathcal{H}$ como

$$(g_1, h_1)(g_2, h_2) = (g_1 g_2, h_1 h_2),$$

y es muy fácil verificar que se satisfacen los axiomas de grupo. Muchos de los grupos que intervienen en la física de partículas son, de hecho, grupos producto de grupos simples (o modificaciones elementales de los mismos).[13.10]

13.3. Transformaciones lineales y matrices

Dentro del estudio general de los grupos se ha encontrado que existe una clase especial de grupos de simetría que desempeñan un papel cen-

[13.10] Verifique que, para dos grupos $\mathcal{G}$ y $\mathcal{H}$ cualesquiera, $\mathcal{G} \times \mathcal{H}$ es un grupo, y que podemos identificar el grupo cociente $(\mathcal{G} \times \mathcal{H})/\mathcal{G}$ con $\mathcal{H}$.

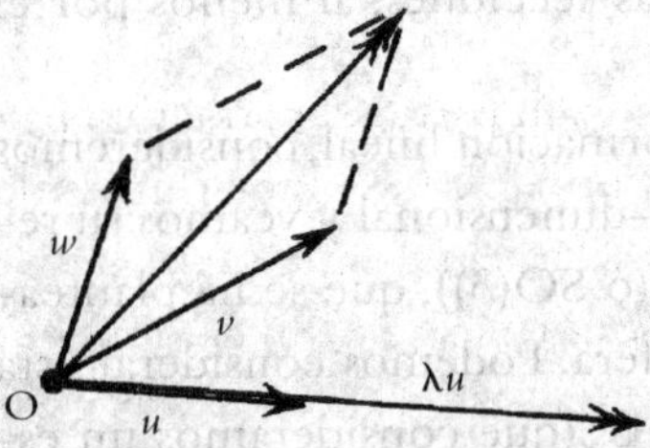

Fig. 13.4. Una transformación lineal conserva la estructura de espacio vectorial del espacio sobre el que actúa. Dicha estructura está definida por las operaciones de suma (ilustrada por la ley del paralelogramo) y multiplicación por un escalar λ (que podría ser un número real o, en el caso de un espacio vectorial complejo, un número complejo). Una transformación semejante conserva la «rectitud» de las líneas y la noción de «paralela», manteniendo el origen O fijo.

tral. Son los grupos de simetrías de espacios vectoriales. Las simetrías de un espacio vectorial se expresan mediante las *transformaciones lineales* que conservan la estructura del espacio de fases.

Recordemos de §11.1 y §12.3 que en un espacio vectorial V tenemos, definiendo su estructura, una noción de suma de vectores y de multiplicación de vectores por números. Podemos tomar nota del hecho de que la imagen geométrica de la suma se obtiene mediante el uso de la ley del paralelogramo, mientras que la multiplicación por un número se visualiza como un cambio en la escala del vector, ampliándolo (o reduciéndolo) en un factor dado por dicho número (Fig. 13.4). Aquí estamos representándolo como un número real, pero también se admiten los espacios vectoriales complejos (¡y son particularmente importantes en muchos contextos, a causa de la magia compleja!), aunque difíciles de mostrar en un diagrama. Una transformación lineal de V es una transformación que lleva V sobre sí mismo, conservando su estructura, tal como está definida por estas nociones básicas de espacio vectorial. Con más generalidad, podemos considerar también transformaciones lineales que llevan un espacio vectorial a otro.

Una transformación lineal puede describirse de forma explícita utilizando un conjunto de números llamado *matriz*. Las matrices son importantes en muchos contextos matemáticos. Examinaremos estas entidades extraordinariamente útiles con sus elegantes reglas algebraicas en esta sección (y en §§13.4,5). De hecho, §§13.3-7 pueden considerarse una sucinta introducción a la teoría de matrices y su aplicación a la teoría de los grupos continuos. Las nociones descritas aquí son vitales para una comprensión adecuada de la teoría cuántica, pero los lectores que ya estén familiarizados con tales temas —o quienes prefieran un conocimiento menos detallado de la teoría cuántica cuando lleguemos a ella— quizá prefieran saltarse estas secciones, al menos por el momento.

Para ver qué aspecto tiene una transformación lineal, consideremos primero el caso de un espacio vectorial 3-dimensional y veamos su relevancia para el grupo de rotación O(3) (o SO(3)), que se ha planteado en §13.1, que da las simetrías de la esfera. Podemos considerar esta esfera inmersa en un 3-espacio euclídeo $\mathbb{E}^3$ (que consideramos un espacio vectorial con respecto al origen O en el centro de la esfera)[8] como el lugar geométrico

$$x^2 + y^2 + z^2 = 1$$

en términos de coordenadas cartesianas ordinarias (x, y, z).[13.11] Las rotaciones de la esfera se expresan ahora en términos de transformaciones lineales de $\mathbb{E}^3$, pero de un tipo muy especial conocido como *ortogonales* a las que llegaremos en §13.8 (véase también §13.1).

Sin embargo, las transformaciones lineales *generales* aplastarían o estirarían la esfera convirtiéndola en un *elipsoide*, como se ilustra en la Fig. 13.5. En términos geométricos, una transformación lineal es una transformación que conserva la «rectitud» de las líneas y la noción de líneas «paralelas», manteniendo fijo el origen O. Pero no tiene por qué conservar los ángulos rectos u otros ángulos, de modo que las formas pueden resultar aplastadas o estiradas de una forma uniforme pero anisótropa.

¿Cómo expresar las transformaciones lineales en términos de las coordenadas x, y, z? La respuesta es que cada nueva coordenada se expresa como una combinación lineal (homogénea) de las originales, i.e., por una expresión independiente como $\alpha x + \beta y + \gamma z$, donde α, β y γ son números constantes.[13.12] Tenemos 3 de tales expresiones, una para cada una de las nuevas coordenadas. Para escribir todo esto de forma compacta, será útil tomar contacto con la *notación de índices* del

[13.11] Demuestre cómo esta ecuación, que da los puntos a distancia unidad de O, se sigue del teorema de Pitágoras de §2.1.

[13.12] ¿Puede explicar por qué? Por simplicidad, hágalo solo en el caso 2-dimensional.

capítulo 12. Para esto, reetiquetamos las coordenadas como (x^1, x^2, x^3), donde

$$x^1 = x, \quad x^2 = y, \quad x^3 = z$$

(teniendo en mente, una vez más, que estos superíndices *no* denotan potencias; véase §12.2). Un punto general en nuestro 3-espacio euclídeo tiene coordenadas x^a, donde $a = 1, 2, 3$. Una ventaja de utilizar la notación de índices es que la discusión se aplicará también en cualquier otro número de dimensiones, de modo que podemos considerar que a (y todas nuestras otras letras índices) recorre los valores $1, 2, \ldots, n$, donde n es cierto entero positivo fijo. En el caso recién considerado, $n = 3$.

En la notación de índices, con el convenio de suma de Einstein (§12.7), la transformación lineal general toma ahora la forma[9,[13.13]]

$$x^a \mapsto T^a{}_b\, x^b.$$

Llamando a esta transformación lineal $\boldsymbol{T}$, vemos que $\boldsymbol{T}$ está determinada por este conjunto de *componentes* $T^a{}_b$. Dicho conjunto se conoce como una *matriz* $n \times n$, normalmente dispuestos como una formación cuadrada —o, en otros contextos (véase *infra*) $m \times n$-rectangular— de números. La ecuación que se ha mostrado antes se escribe entonces, en el caso 3-dimensional,

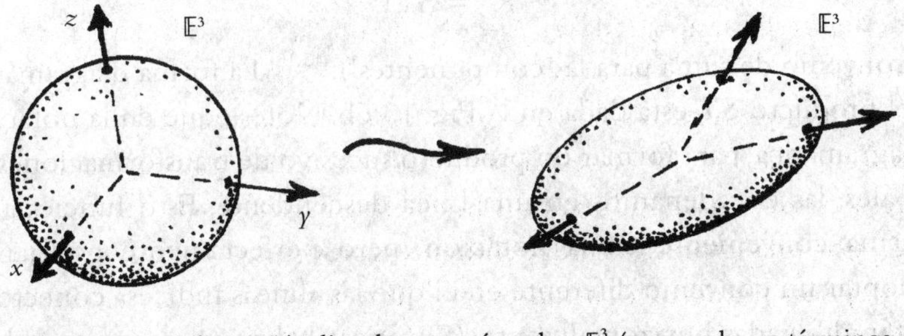

Fig. 13.5. Una transformación lineal que actúa sobre $\mathbb{E}^3$ (expresado en términos de coordenadas cartesians x, y, z) en general comprimiría o estiraría la esfera unidad $x^2 + y^2 + z^2 = 1$ para dar un elipsoide. El grupo ortogonal O(3) consiste en las transformaciones lineales de $\mathbb{E}^3$ que conservan la esfera unidad.

[13.13] Demuéstrelo explícitamente en el caso 3-dimensional.

$$\begin{pmatrix} x^1 \\ x^2 \\ x^3 \end{pmatrix} \mapsto \begin{pmatrix} T^1{}_1 & T^1{}_2 & T^1{}_3 \\ T^2{}_1 & T^2{}_2 & T^2{}_3 \\ T^3{}_1 & T^3{}_2 & T^3{}_3 \end{pmatrix} \begin{pmatrix} x^1 \\ x^2 \\ x^3 \end{pmatrix},$$

que representa tres ecuaciones independientes, empezando por $x^1 \mapsto$ $\mapsto T^1{}_1 x^1 + T^1{}_2 x^2 + T^1{}_3 x^3$.[13.14]

También es posible escribir esto sin índices ni coordenadas explícitas, como $\boldsymbol{x} \mapsto \boldsymbol{Tx}$. Si lo preferimos, podemos adoptar la notación de *índices abstractos* (§12.8) en la que «$x^a \mapsto T^a{}_b x^b$» no es una expresión en componentes, sino que en realidad representa esta transformación abstracta $\boldsymbol{x} \mapsto \boldsymbol{Tx}$. (Cuando sea importante que una expresión indexada se lea de forma abstracta o como componentes, esto se aclarará por el enunciado.) Alternativamente, podemos utilizar la notación *diagramática*, como se muestra en la Fig. 13.6a. En mis descripciones, la matriz de números $(T^a{}_b)$ o la transformación lineal abstracta $\boldsymbol{T}$ serán utilizadas de forma intercambiable cuando no esté interesado en las distinciones técnicas entre estos dos conceptos (el primero dependiente de una descripción en coordenadas específicas de nuestro espacio vectorial V, y el segundo no).

Consideremos una segunda transformación lineal $\boldsymbol{S}$, aplicada a continuación de la aplicación de $\boldsymbol{T}$. El producto $\boldsymbol{R}$ de las dos, escrito $\boldsymbol{R} = \boldsymbol{ST}$, tendrá una descripción en componentes

$$R^a{}_c = S^a{}_b T^b{}_c$$

(¡convenio de suma para las componentes!).[13.15] La forma diagramática del producto $\boldsymbol{ST}$ está dada en la Fig. 13.6b. Nótese que en la notación diagramática, para formar un producto sucesivo de transformaciones lineales, las encadenamos en una línea descendente. Esto funciona de forma conveniente en la notación, pero perfectamente podríamos adoptar un convenio diferente en el que las «líneas índices» conectoras están dibujadas horizontalmente. (Entonces habría una correspondencia más estrecha entre la notación algebraica y la diagramática.)

[13.14] Escriba todo esto en detalle, explicando cómo se expresa $x^a \mapsto T^a{}_b x^b$.

[13.15] ¿Cuál es esta operación entre $\boldsymbol{R}$, $\boldsymbol{S}$ y $\boldsymbol{T}$, escrita explícitamente en términos de los elementos 3×3 de las matrices cuadradas de componentes? Puede reconocer aquí la ley normal para la «multiplicación de matrices», si esta le es familiar.

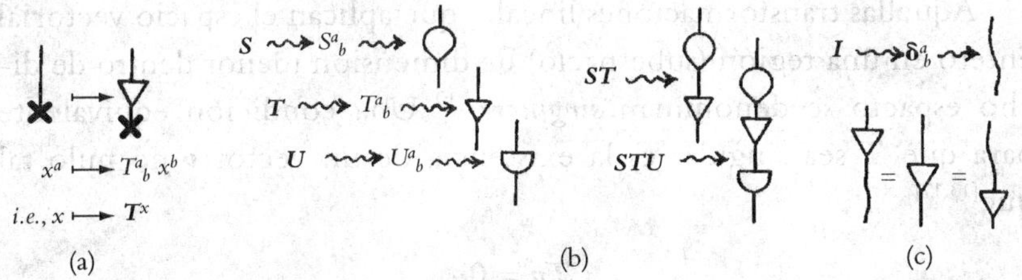

Fig. 13.6. (a) La transformación lineal $x^a \mapsto T^a{}_b x^b$, o escrita sin índices como $\boldsymbol{x} \mapsto \boldsymbol{Tx}$ (o leída con los índices abstractos, como en §12.8), de forma diagramática. (b) Diagramas para transformaciones lineales $\boldsymbol{S}$, $\boldsymbol{T}$, $\boldsymbol{U}$, y sus productos $\boldsymbol{ST}$ y $\boldsymbol{STU}$. En un producto sucesivo, los encadenamos en una línea hacia abajo. (c) La delta de Kronecker δ^a_b, o transformación identidad $\boldsymbol{I}$, se representa como una línea «incorpórea», de modo que las relaciones $T^a{}_b\delta^b_c = T^a{}_c = \delta^a_b T^b{}_c$ se hacen automáticas en la notación (véase también la Fig. 12.17).

La transformación lineal *identidad* $\boldsymbol{I}$ tiene componentes que normalmente se escriben δ^a_b (la *delta de Kronecker*; ahora el convenio estándar es que estos índices no estén escalonados), para la que

$$\delta^a_b = \begin{cases} 1 & \text{si } a = b, \\ 0 & \text{si } a \neq b, \end{cases}$$

y tenemos[13.16]

$$T^a{}_b\delta^b_c = T^a{}_c = \delta^a_b T^b{}_c$$

para dar las relaciones algebraicas $\boldsymbol{TI} = \boldsymbol{T} = \boldsymbol{IT}$. La matriz cuadrada de componentes δ^a_b tiene 1s en la que se denomina la *diagonal principal*, que se extiende desde la esquina superior izquierda a la inferior derecha. En el caso $n = 3$, esta es

$$\begin{pmatrix} 1 & 0 & 0 \\ 0 & 1 & 0 \\ 0 & 0 & 1 \end{pmatrix}.$$

En la notación diagramática, representamos simplemente la delta de Kronecker mediante una línea «incorpórea», y las relaciones algebraicas anteriores se hacen automáticas en la notación; véase la Fig. 13.6c.

[13.16] Verifíquelo.

Aquellas transformaciones lineales que aplican el espacio vectorial entero en una región (subespacio) de dimensión menor dentro de dicho espacio se denominan *singulares*.[10] Una condición equivalente para que $\boldsymbol{T}$ sea singular es la existencia de un vector $\boldsymbol{v}$ no nulo tal que[13.17]

$$\boldsymbol{T}\boldsymbol{v} = 0.$$

Con tal de que la transformación sea no singular, tendrá una inversa,[13.18] donde la inversa de $\boldsymbol{T}$ se escribe $\boldsymbol{T}^{-1}$, de modo que

$$\boldsymbol{T}\boldsymbol{T}^{-1} = \boldsymbol{I} = \boldsymbol{T}^{-1}\,\boldsymbol{T},$$

como se exige de una inversa. Es posible dar la expresión explícita para esta inversa de forma conveniente en la notación diagramática; véase la Fig. 13.7, en la que he introducido una notación útil para los símbolos antisimétricos (de *Levi-Civita*) $\varepsilon_{a\ldots c}$ y $\epsilon^{a\ldots c}$ (con normalización $\varepsilon_{a\ldots c}\ \epsilon^{a\ldots c} = n!$) que han sido abordados en §12.7 y la Fig. 12.18.[13.19]

El álgebra de matrices (iniciada por el prolífico matemático y abogado inglés Arthur Cayley en 1858)[11] encuentra un amplio abanico de aplicaciones (por ejemplo, estadística, ingeniería, cristalografía, psicología, computación, por no mencionar la mecánica cuántica). Esto generaliza el álgebra de cuaterniones y las álgebras de Clifford y Grassmann §§11.3,5,6. Utilizo letras negritas *verticales* (**A**, **B**, **C**, ...) para los conjuntos de componentes que constituyen matrices reales (en lugar de transformaciones lineales abstractas, para las que estoy utilizando letras negritas *itálicas*).

Restringiendo la atención a matrices $n \times n$ para n fijo, tenemos un sistema en el que están definidas las nociones de suma y multiplicación, donde son válidas las leyes matemáticas estándar

[13.17] ¿Por qué? Demuestre que esto sucedería en particular si el conjunto de componentes tiene toda una columna de 0s o dos columnas idénticas. ¿Por qué sucede también esto si hay dos filas idénticas? *Sugerencia*: Para la última parte, considere la condición del determinante que se da más abajo.

[13.18] Demuestre por qué, sin utilizar expresiones explícitas.

[13.19] Demuestre directamente, utilizando las relaciones diagramáticas que se dan en la Fig. 12.18, que esta definición da $\boldsymbol{T}\boldsymbol{T}^{-1} = \boldsymbol{I} = \boldsymbol{T}^{-1}\,\boldsymbol{T}$. *Sugerencia:*Véase la Fig. 13.8.

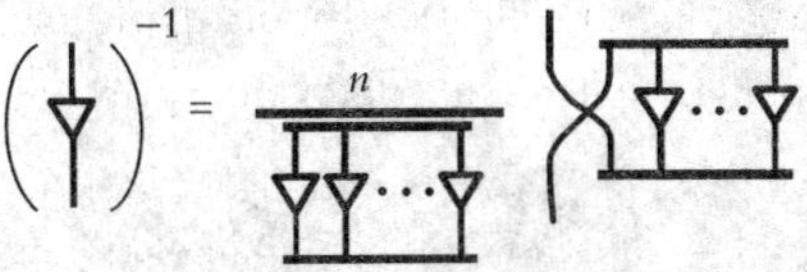

Fig. 13.7. La inversa T^{-1} de una matriz $(n \times n)$ no singular T que se da aquí explícitamente de forma diagramática, utilizando la forma diagramática de las cantidades antisimétricas $\varepsilon_{a...c}$ y $\in^{a...c}$ (normalizadas por $\varepsilon_{a...c} \in^{a...c} = n!$), que se han introducido en §12.7 y mostrado en la Fig. 12.18.

$$\mathbf{A} + \mathbf{B} = \mathbf{B} + \mathbf{A}, \quad \mathbf{A} + (\mathbf{B} + \mathbf{C}) = (\mathbf{A} + \mathbf{B}) + \mathbf{C}, \quad \mathbf{A}(\mathbf{BC}) = (\mathbf{AB})\mathbf{C},$$
$$\mathbf{A}(\mathbf{B} + \mathbf{C}) = \mathbf{AB} + \mathbf{AC}, \quad (\mathbf{A} + \mathbf{B})\mathbf{C} = \mathbf{AC} + \mathbf{BC}$$

(Cada elemento de $\mathbf{A} + \mathbf{B}$ es simplemente la suma de los correspondientes elementos de **A** y **B**.) Sin embargo, normalmente no tenemos la ley conmutativa de la multiplicación, de modo que en general $\mathbf{AB} \neq \mathbf{BA}$. Además, como hemos visto antes, las matrices $n \times n$ no nulas no siempre tienen inversas.

Habría que señalar que el álgebra también se extiende a los casos rectangulares de matrices $m \times n$, donde m no tiene por qué ser igual a n. Sin embargo, la suma está definida entre una matriz $m \times n$ y una matriz $p \times q$ solo si $m = p$ y $n = q$; la multiplicación está definida solo cuando $n = p$, y el resultado es una matriz $m \times q$. Esta álgebra ampliada engloba productos como el **Tx** que se ha visto antes, donde el «vector columna» **x** se considera como una matriz $n \times 1$.[13.20]

El *grupo lineal general* GL(n) es el grupo de simetrías de un espacio vectorial n-dimensional, y es realizado explícitamente como el grupo multiplicativo de matrices $n \times n$ no singulares. Si queremos resaltar que nuestro espacio vectorial es *real*, y que los números que aparecen en nuestras matrices son en correspondencia números reales, entonces llamamos a estre grupo lineal completo GL(n, $\mathbb{R}$). También podemos considerar el caso complejo, y obtener el grupo lineal completo *complejo* GL(n, $\mathbb{C}$). Cada uno de estos grupos tiene un subgrupo normal, escrito respectivamente SL(n, $\mathbb{R}$) y SL(n, $\mathbb{C}$) —o más brevemente, cuando el campo subyacente (véase §16.1) $\mathbb{R}$ o $\mathbb{C}$ está sobrentendido, SL(n)—, llamado grupo lineal *especial*. Estos se obtienen restringiéndonos a las

[13.20] Explique esto y dé las reglas algebraicas completas para matrices rectangulares.

matrices que tengan sus *determinantes* iguales a 1. La noción de determinante se expone a continuación.

13.4. Determinantes y trazas

¿Qué es el determinante de una matriz $n \times n$? Es un *simple número* calculado a partir de los elementos de la matriz, que se anula si y solo si la matriz es singular. La notación diagramática describe convenientemente el determinante de forma explícita; véase la Fig. 13.8a. La forma para esto en notación de índices es

$$\frac{1}{n!}\epsilon^{ab\ldots d}\, T^{e}{}_{a} T^{f}{}_{b} \ldots T^{h}{}_{d}\varepsilon_{ef\ldots h}$$

donde las cantidades $\epsilon^{ab\ldots d}$ y $\varepsilon_{ef\ldots h}$ son tensores antisimétricos (de Levi-Civita) normalizados de acuerdo con

$$\epsilon^{ab\ldots d}\varepsilon_{ef\ldots h} = n!$$

para un espacio n-dimensional (y recordemos que $n! = 1 \times 2 \times 3 \times \times \ldots \times n$), donde cada uno de los conjuntos $a, \ldots, d$ y $e, \ldots, h$ contiene n índices.

Podemos denotar a este determinante como det $(T^{a}{}_{b})$ o det $\boldsymbol{T}$ (o a veces $|\boldsymbol{T}|$) o como el conjunto de elementos que constituyen la ma-

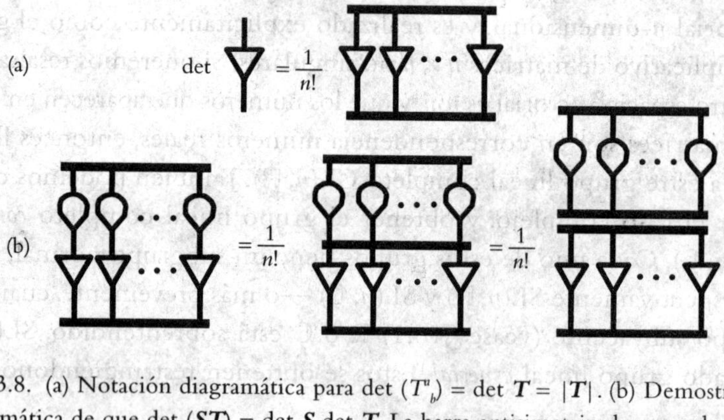

Fig. 13.8. (a) Notación diagramática para det $(T^{a}{}_{b})$ = det $\boldsymbol{T} = |\boldsymbol{T}|$. (b) Demostración diagramática de que det $(\boldsymbol{ST})$ = det $\boldsymbol{S}$ det $\boldsymbol{T}$. La barra antisimetrizadora puede insertarse en el término medio porque ya hay antisimetría en las líneas de índices que cruza.Véanse las Figs. 12.17 y 12.18.

triz, pero con barras verticales reemplazando a los paréntesis). En los casos particulares de una matriz 2 × 2 y una matriz 3 × 3, el determinante está dado por[13.21]

$$\det\begin{pmatrix} a & b \\ c & d \end{pmatrix} = ad - bc,$$

$$\det\begin{pmatrix} a & b & c \\ d & e & f \\ g & h & j \end{pmatrix} = aej - afh + bfg - bdj + cdh - ceg.$$

El determinante satisface la importante y muy notable relación

$$\det \mathbf{AB} = \det \mathbf{A} \det \mathbf{B},$$

cuya validez puede verse de forma muy clara en la notación diagramática (Fig. 13.8b). Los ingredientes clave son las fórmulas ilustradas en la Fig. 12.18,[13.22] que cuando se escriben en la notación de índices toman la forma

$$\epsilon^{a\ldots c}\varepsilon_{f\ldots h} = n!\,\delta^{[a}_{f}\ldots\delta^{c]}_{h}$$

(véase §11.6 para la notación paréntesis/índice) y

$$\epsilon^{ab\ldots c}\varepsilon_{fb\ldots c} = (n-1)!\,\delta^{a}_{f}.$$

Tenemos también la noción de la *traza* de una matriz (o de una transformación lineal)

$$\text{traza}\ \mathbf{T} = T^{a}{}_{a} = T^{1}{}_{1} + T^{2}{}_{2} + \ldots + T^{n}{}_{n}$$

(i.e., la suma de los elementos de la diagonal principal; véase §13.3), lo que se ilustra diagramáticamente en la Fig. 13.9. A diferencia de lo que sucede con un determinante, no hay una relación especial entre la traza del producto **AB** de las dos matrices y las trazas de **A** y **B** por separado. En su lugar, tenemos la relación[13.23]

$$\text{traza}\,(\mathbf{A} + \mathbf{B}) = \text{traza}\ \mathbf{A} + \text{traza}\ \mathbf{B}.$$

Hay una conexión importante entre el determinante y la traza que tiene que ver con el determinante de una transformación lineal «infi-

[13.21] Obténgalos a partir de la expresión de la Fig. 13.8a.
[13.22] Demuestre por qué se cumplen.
[13.23] Demuéstrelo.

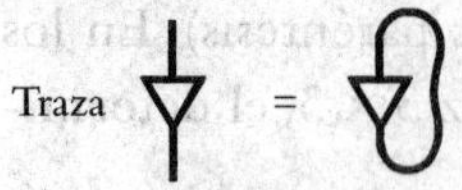

Fig. 13.9. Notación diagramática para traza $\mathbf{T}(= T^a{}_a)$.

nitesimal», dada por una matriz $n \times n$ de la forma $\mathbf{I} + \varepsilon\mathbf{A}$, donde el número ε se considera «infinitesimalmente pequeño», de modo que podemos ignorar su cuadrado ε^2 (y también las potencias superiores ε^3, ε^4, etc.). Entonces encontramos[13.24]

$$\det(\mathbf{I} + \varepsilon\mathbf{A}) = 1 + \varepsilon \text{ traza } \mathbf{A}$$

(ignorando ε^2, etc.). En particular, los elementos infinitesimales de SL(n), i.e., elementos de SL(n) que representan rotaciones infinitesimales, y son de determinante *unidad* (contrariamente a los de GL(n)), están caracterizados porque la $\mathbf{A}$ en $\mathbf{I} + \varepsilon\mathbf{A}$ tiene traza nula. Veremos la importancia de esto en §13.10. De hecho, la fórmula anterior puede extenderse a transformaciones lineales *finitas* (esto es, no infinitesimales) a través de la expresión[13.25]

$$\det e^{\mathbf{A}} = e^{\text{traza } \mathbf{A}},$$

donde «$e^{\mathbf{A}}$» para matrices tiene exactamente la misma definición que para números ordinarios (véase §5.3), i.e.,

$$e^{\mathbf{A}} = \mathbf{I} + \mathbf{A} + 1/2\mathbf{A}^2 + 1/6\mathbf{A}^3 + 1/24\mathbf{A}^4 + \ldots$$

Volveremos a estas cuestiones en §13.6 y §14.6.

13.5. Autovalores y autovectores

Entre las nociones más importantes asociadas a las transformaciones lineales están las que se denominan «autovalores» y «autovectores» (o también «valores propios» y «vectores propios»). Estos son vitales para

[13.24] Demuéstrelo.
[13.25] Establezca esta expresión. *Sugerencia*: Utilice la «forma canónica» para una matriz en términos de sus autovalores —descritos en §13.5— suponiendo primero que estos autovalores no son iguales (y véase el ejercicio [13.27]). Utilice luego un argumento general para demostrar que la igualdad de algunos autovalores no puede invalidar identidades de este tipo.

la mecánica cuántica, como veremos en §21.5 y §§22.1,5, y para muchas otras áreas de las matemáticas y sus aplicaciones. Un *autovector* de una transformación lineal $\boldsymbol{T}$ es un vector complejo no nulo $\boldsymbol{v}$ que $\boldsymbol{T}$ transforma en un múltiplo de sí mismo. Es decir, existe un número complejo λ, el correspondiente *autovector*, para el que

$$\boldsymbol{T}\boldsymbol{v} = \lambda \boldsymbol{v}, \text{ i.e., } T^a{}_b v^b = \lambda v^a.$$

También podemos escribir esta ecuación como $(\boldsymbol{T}\text{-}\lambda\boldsymbol{I})\boldsymbol{v} = 0$, de modo que, si λ va a ser un autovalor de $\boldsymbol{T}$, la cantidad $\boldsymbol{T}\text{-}\lambda\boldsymbol{I}$ debe ser *singular*. Recíprocamente, si $\boldsymbol{T}\text{-}\lambda\boldsymbol{I}$ es singular, entonces λ es un autovalor de $\boldsymbol{T}$. Nótese que si $\boldsymbol{v}$ es un autovector, entonces también lo es cualquier múltiplo no nulo de $\boldsymbol{v}$. El espacio 1-dimensional complejo de estos múltiplos es invariable por la transformación $\boldsymbol{T}$, una propiedad que caracteriza a $\boldsymbol{v}$ como autovector (Fig. 13.10).

A partir de lo anterior, vemos que esta condición para que λ sea un autovalor de $\boldsymbol{T}$ es

$$\det(\boldsymbol{T}\text{-}\lambda\boldsymbol{I}) = 0.$$

Al calcular este determinante, obtenemos una ecuación polinómica[13.26] de grado n en λ. Por el «teorema fundamental del álgebra», §4.2, podemos factorizar el polinomio en λ $\det(\boldsymbol{T}\text{-}\lambda\boldsymbol{I})$ en factores lineales. Esto reduce la ecuación anterior a

$$(\lambda_1 - \lambda)(\lambda_2 - \lambda)(\lambda_3 - \lambda)\ldots(\lambda_n - \lambda) = 0,$$

donde los números complejos $\lambda_1, \lambda_2, \lambda_3, \ldots, \lambda_n$ son los diversos autovalores de $\boldsymbol{T}$. En casos particulares, algunos de estos factores pueden coincidir, en cuyo caso tenemos un autovalor *múltiple*. La multiplicidad m de un autovalor λ_r es el número de veces que aparece el factor $(\lambda_r - \lambda)$ en el producto anterior. El número total de autovalores de $\boldsymbol{T}$, contado adecuadamente con multiplicidades, es siempre igual a n, para una matriz $n \times n$.[13.27]

Para un autovalor particular λ de multiplicidad r, el espacio de autovectores correspondientes constituye un espacio lineal, de dimensionali-

[13.26] Trate de expresar los coeficientes de este polinomio de forma diagramática. Calcúlelos para $n = 2$ y $n = 3$.

[13.27] Demuestre que $\det \boldsymbol{T} = \lambda_1\lambda_2\ldots\lambda_n$ y traza $\boldsymbol{T} = \lambda_1 + \lambda_2 + \ldots + \lambda_n$.

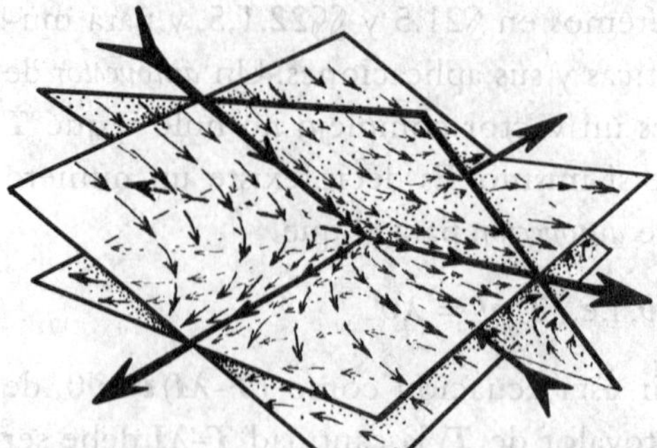

Fig. 13.10. La acción de una transformación T. Sus autovectores constituyen siempre espacios lineales que pasan por el origen (aquí tres líneas). Estos espacios son invariables por T. (En este ejemplo, hay dos autovalores (desiguales) positivos —flechas que apuntan hacia fuera— y uno negativo —flechas hacia dentro.

dad d, donde $1 \leq d \leq r$. Para ciertos tipos de matrices, incluyendo matrices unitarias, hermíticas y normales de gran interés en mecánica cuántica (véanse §13.9 y §§22.4,6), tenemos siempre la máxima dimensionalidad $d = r$ (pese al hecho de que $d = 1$ es el caso más «general», para r dado). Esto es una suerte, porque los casos (más generales) para los que $d < r$ son más difíciles de tratar. En mecánica cuántica, las multiplicidades en los autovalores se conocen como *degeneraciones* (cf. §§22.6,7).

Una *base* de un espacio vectorial n-dimensional $\mathbf{V}$ es un conjunto ordenado $\boldsymbol{e} = (e_1, \ldots, e_n)$ de n vectores $\boldsymbol{e}_1, \ldots, \boldsymbol{e}_n$ que son linealmente independientes, lo que significa que no existe una relación de la forma $\alpha_1\boldsymbol{e}_1 + \ldots + \alpha_n\boldsymbol{e}_n = 0$ en la que al menos uno de los $\alpha_1, \ldots, \alpha_n$ es diferente de cero. Cada elemento de $\mathbf{V}$ es entonces unívocamente una combinación lineal de estos elementos de la base.[13.28] De hecho, esta propiedad es la que caracteriza a una base en el caso más general en que $\mathbf{V}$ puede ser de dimensión infinita, cuando la independencia lineal por sí sola no es suficiente.

Así pues, dada una base $\boldsymbol{e} = (\boldsymbol{e}_1, \ldots, \boldsymbol{e}_n)$, cualquier elemento $\boldsymbol{x}$ de $\mathbf{V}$ puede escribirse de forma unívoca

$$\begin{aligned}\boldsymbol{x} &= x^1\boldsymbol{e}_1 + x^2\boldsymbol{e}_2 + \ldots + x^n\boldsymbol{e}_n \\ &= x^j\boldsymbol{e}_j,\end{aligned}$$

(los índices j *no* son abstractos aquí), donde $(x^1, x^2, \ldots, x^n)$ es el conjunto ordenado de *componentes* de $\boldsymbol{x}$ con respecto a $\boldsymbol{e}$ (compárelo con

[13.28] Demuéstrelo.

§12.3). Una transformación lineal no singular $\boldsymbol{T}$ siempre transforma una base en otra base; además, si $\boldsymbol{e}$ y $\boldsymbol{f}$ son dos bases dadas cualesquiera, entonces existe una única $\boldsymbol{T}$ que transforma cada $\boldsymbol{e}_j$ en su correspondiente $\boldsymbol{f}_j$:

$$\boldsymbol{T}\boldsymbol{e}_j = \boldsymbol{f}_j.$$

En términos de componentes tomadas con respecto a $\boldsymbol{e}$, las componentes de los propios elementos de la base $\boldsymbol{e}_1, \boldsymbol{e}_2, \ldots, \boldsymbol{e}_n$ son, respectivamente, $(1, 0, 0, \ldots, 0), (0, 1, 0, \ldots, 0), \ldots, (0, 0, \ldots, 0, 1)$. En otras palabras, las componentes de $\boldsymbol{e}_j$ son $(\delta_j^1, \delta_j^2, \delta_j^3, \ldots, \delta_j^n)$.[13.29] Cuando todas las componentes se toman con respecto a la base $\boldsymbol{e}$, encontramos que $\boldsymbol{T}$ está representada como la matriz $(T^i{}_j)$, donde las componentes de $\boldsymbol{f}_j$ en la base $\boldsymbol{e}$ serían[13.30]

$$(T^1{}_j, T^2{}_j, T^3{}_j, \ldots, T^n{}_j).$$

Habría que recordar que la diferencia conceptual entre una transformación lineal y una matriz es que la última se refiere a una representación dependiente de una base, mientras que la primera es abstracta, sin dependencia de una base.

Ahora, con tal de que cada autovalor múltiple de $\boldsymbol{T}$ (si los hay) satisfaga $d = r$, i.e., la dimensionalidad de su autoespacio iguala a su multiplicidad, es posible encontrar una base $(\mathbf{e}_1, \mathbf{e}_2, \ldots, \mathbf{e}_n)$ para $\mathbf{V}$, cada uno de cuyos vectores es un autovector de $\boldsymbol{T}$.[13.31] Sean $\lambda_1, \lambda_2, \ldots, \lambda_n$ los correspondientes autovalores:

$$\boldsymbol{T}\boldsymbol{e}_1 = \lambda_1\boldsymbol{e}_1, \quad \boldsymbol{T}\boldsymbol{e}_2 = \lambda_2\boldsymbol{e}_2, \ldots, \boldsymbol{T}\boldsymbol{e}_n = \lambda_n\boldsymbol{e}_n.$$

Si, como antes, $\boldsymbol{T}$ transforma la base $\boldsymbol{e}$ en la base $\boldsymbol{f}$, entonces los elementos de la base $\boldsymbol{f}$ son como antes, de modo que tenemos $\boldsymbol{f}_1 = \lambda_1\boldsymbol{e}_1, \boldsymbol{f}_2 = \lambda_2\boldsymbol{e}_2, \ldots, \boldsymbol{f}_n = \lambda_n\boldsymbol{e}_n$. Se sigue que $\boldsymbol{T}$, referida a la base $\boldsymbol{e}$, toma la forma de matriz *diagonal*

[13.29] Explique esta notación.

[13.30] ¿Por qué? ¿Cuáles son las componentes de $\boldsymbol{e}_j$ en la base $\boldsymbol{f}$?

[13.31] Trate de demostrarlo. *Sugerencia*: Para cada autovalor de multiplicidad r, escoja r autovectores linealmente independientes. Demuestre que una relación lineal entre vectores de toda esta colección conduce a una contradicción cuando esta relación es multiplicada por $\boldsymbol{T}$ sucesivamente.

$$\begin{pmatrix} \lambda_1 & 0 & \dots & 0 \\ 0 & \lambda_2 & \dots & 0 \\ \vdots & \vdots & \ddots & \vdots \\ 0 & 0 & \dots & \lambda_n \end{pmatrix},$$

esto es, $T^1_1 = \lambda_1, T^2_2 = \lambda_2, \ldots, T^n_n = \lambda_n$, y las demás componentes son nulas. Esta *forma canónica* para una transformación lineal es muy útil tanto desde el punto de vista conceptual como de cálculo.[12]

13.6. Teoría de la representación y álgebras de Lie

Hay un cuerpo importante de ideas (particularmente importante para la teoría cuántica) conocido como la *teoría de representación* de grupos. Hemos visto un ejemplo muy sencillo de una representación de un grupo en §13.1, cuando hemos observado que las simetrías no reflexivas de un cuadrado pueden representarse por números complejos, y el grupo de multiplicación es representado fielmente como una multiplicación real de los números complejos. Pero, nada tan sencillo es aplicable a los grupos no abelianos, puesto que la multiplicación de números complejos es conmutativa. Por el contrario, las transformaciones lineales (o matrices) no conmutan normalmente, de modo que podemos considerar una perspectiva razonable representar grupos no abelianos en sus términos. En realidad, ya hemos encontrado algo de este tipo al comienzo de §13.1, donde representábamos el grupo de rotación O(3) en términos de transformaciones lineales en tres dimensiones.

Como veremos en el capítulo 22, la mecánica cuántica tiene mucho que ver con las transformaciones lineales. Además, varios grupos de simetría tienen importancia crucial en la física de partículas moderna, tal como el grupo de rotación O(3), los grupos de simetría de la teoría de la relatividad (capítulo 18) y las simetrías subyacentes a las interacciones entre partículas (capítulo 25). Por consiguiente, no es sorprendente que representaciones de estos grupos en particular, en términos de transformaciones lineales, desempeñen papeles fundamentales en teoría cuántica.

Sucede que la teoría cuántica (resulta especial la teoría cuántica de campos del capítulo 26) se interesa con frecuencia en transformaciones lineales de espacios de dimensión *infinita*. Sin embargo, por simplicidad aquí formularé las cosas solo para representaciones mediante transformaciones lineales en el caso de dimensión finita. La mayor parte de las ideas que encontraremos se aplican también en el caso de representaciones en dimensión infinita, aunque hay diferencias que pueden ser importantes en ciertas circunstancias.

¿Qué es una representación de un grupo? Consideremos un grupo $\mathcal{G}$. La teoría de la representación se interesa en encontrar un subgrupo de GL(n) (i.e., un grupo multiplicativo de matrices $n \times n$) con la propiedad de que, para cualquier elemento g en $\mathcal{G}$, existe una correspondiente transformación lineal $\boldsymbol{T}(g)$ (perteneciente a GL(n)) tal que la ley de multiplicación en $\mathcal{G}$ es conservada por las operaciones de GL(n), i.e., para cualesquiera dos elementos g, h de $\mathcal{G}$, tenemos

$$\boldsymbol{T}(g)\boldsymbol{T}(h) = \boldsymbol{T}(gh).$$

La representación se denomina *fiel* si $\boldsymbol{T}(g)$ es diferente de $\boldsymbol{T}(h)$ cuando quiera que g sea diferente de h. En este caso tenemos una *copia idéntica* del grupo $\mathcal{G}$, como un *subgrupo* de GL(n).

De hecho, todo grupo *finito* tiene una representación fiel en GL(n, $\mathbb{R}$), donde n es el orden de $\mathcal{G}$,[13.32] y existen con frecuencia muchas representaciones no fieles. Por el contrario, no es totalmente cierto que todo grupo continuo (de dimensión finita) tenga una representación fiel en algún GL(n). Sin embargo, si no nos preocupamos por los aspectos globales del grupo, entonces una representación *es* siempre posible (localmente).[13]

Existe una bella teoría, debida al profundamente original matemático noruego Sophus Lie (1842-1899), que conduce a un tratamiento completo de la teoría local de los grupos continuos. (De hecho, a los grupos continuos se les llama normalmente «grupos de Lie»; véase §13.1.) Esta teoría depende de un estudio de elementos de grupo *infinitesimales*.[14] Estos elementos infinitesimales definen un tipo de álge-

[13.32] Demuéstrelo. *Sugerencia*: Etiquete cada columna de la matriz de representación por un elemento independiente del grupo finito $\mathcal{G}$, y etiquete también cada fila por el elemento del grupo correspondiente. Coloque un 1 en cualquier posición en la matriz para la que se cumple cierta relación (¡encuéntrela!) entre el elemento de $\mathcal{G}$ que etiqueta la fila, el que etiqueta la columna y el elemento de $\mathcal{G}$ que está representando esta matriz concreta. Coloque un 0 cuando no se cumple dicha relación.

bra —que se conoce como *álgebra de Lie*— que nos proporciona información completa de la estructura local del grupo. Aunque el álgebra de Lie quizá no nos proporcione toda la estructura *global* del grupo, esto se considera normalmente una cuestión de menor importancia.

¿Qué es el álgebra de Lie? Supongamos que tenemos una matriz (o transformación lineal) $\boldsymbol{I} + \varepsilon\boldsymbol{A}$ que representa un elemento «infinitesimal» *a* de un grupo continuo $\mathcal{G}$, donde ε se toma «pequeño» (compárese con la parte final de §13.4). Cuando formamos la matriz producto de $\boldsymbol{I} + \varepsilon\boldsymbol{A}$ e $\boldsymbol{I} + \varepsilon\boldsymbol{B}$ para representar el producto *ab* de estos dos elementos *a* y *b*, obtenemos

$$\begin{aligned}(\boldsymbol{I} + \varepsilon\boldsymbol{A})\,(\boldsymbol{I} + \varepsilon\boldsymbol{B}) &= \boldsymbol{I} + \varepsilon(\boldsymbol{A} + \boldsymbol{B}) + \varepsilon^2\,\boldsymbol{AB} = \\ &= \boldsymbol{I} + \varepsilon(\boldsymbol{A} + \boldsymbol{B})\end{aligned}$$

si se nos permite ignorar la cantidad ε^2, que es «demasiado pequeña para contar». De acuerdo con esto, la matriz *suma* $\boldsymbol{A} + \boldsymbol{B}$ representa el *producto de grupo ab* de dos elementos infinitesimales *a* y *b*.

En realidad, la operación suma es parte del álgebra de Lie de las cantidades $\boldsymbol{A}, \boldsymbol{B}, \ldots$ Pero la suma es conmutativa, mientras que el grupo $\mathcal{G}$ muy bien podría ser no abeliano, de modo que no captamos mucho de la estructura del grupo si consideramos solo sumas (de hecho, solo la dimensión de $\mathcal{G}$). La naturaleza no abeliana de $\mathcal{G}$ se expresa en los *conmutadores del grupo* que son las expresiones[13.33]

$$a\,b\,a^{-1}\,b^{-1}.$$

Escribamos esto en términos $\boldsymbol{I} + \varepsilon\boldsymbol{A}$, etc., tomando nota de la expresión en serie de potencias $(\boldsymbol{I} + \varepsilon\boldsymbol{A})^{-1} = \boldsymbol{I} - \varepsilon\boldsymbol{A} + \varepsilon^2\boldsymbol{A}^2 - \varepsilon^3\boldsymbol{A}^3 + \ldots$ (se puede comprobar fácilmente esta serie multiplicando ambos miembros por $\boldsymbol{I} + \varepsilon\boldsymbol{A}$). Ahora es ε^3 lo que ignoramos por ser «demasiado pequeño para contar», pero conservamos ε^2, de donde[13.34]

$$\begin{aligned}&(\boldsymbol{I} + \varepsilon\boldsymbol{A})\,(\boldsymbol{I} + \varepsilon\boldsymbol{B})\,(\boldsymbol{I} + \varepsilon\boldsymbol{A})^{-1}\,(\boldsymbol{I} + \varepsilon\boldsymbol{B})^{-1} = \\ &= (\boldsymbol{I} + \varepsilon\boldsymbol{A})\,(\boldsymbol{I} + \varepsilon\boldsymbol{B})\,(\boldsymbol{I} - \varepsilon\boldsymbol{A} + \varepsilon^2\boldsymbol{A}^2)\,(\boldsymbol{I} - \varepsilon\boldsymbol{B} + \varepsilon^2\boldsymbol{B}^2) = \\ &= \boldsymbol{I} + \varepsilon^2(\boldsymbol{AB} - \boldsymbol{BA}).\end{aligned}$$

[13.33] ¿Por qué esta expresión es precisamente el elemento identidad del grupo cuando *a* y *b* conmutan?

[13.34] Explique en detalle este cálculo a «orden ε^2».

Esto nos dice que si queremos seguir la pista de la forma exacta en que el grupo $\mathcal{G}$ es no abeliano, debemos tomar nota de los conmutadores, o *paréntesis de Lie*

$$[\boldsymbol{A}, \boldsymbol{B}] = \boldsymbol{AB} - \boldsymbol{BA}.$$

El álgebra de Lie se construye ahora por medio de la aplicación repetida de las operaciones +, su inversa – y la operación paréntesis [,], donde también es costumbre permitir la multiplicación por números ordinarios (que podrían ser reales o complejos). El aspecto «aditivo» del álgebra tiene la estructura usual de espacio vectorial (como sucede con los cuaterniones, en §11.1). Además, el paréntesis de Lie satisface la distributividad, etc., a saber

$$[\boldsymbol{A} + \boldsymbol{B}, \boldsymbol{C}] = [\boldsymbol{A}, \boldsymbol{C}] + [\boldsymbol{B}, \boldsymbol{C}], [\lambda\boldsymbol{A}, \boldsymbol{B}] = \lambda[\boldsymbol{A}, \boldsymbol{B}],$$

la propiedad de antisimetría

$$[\boldsymbol{A}, \boldsymbol{B}] = -[\boldsymbol{B}, \boldsymbol{A}],$$

(de donde también $[\boldsymbol{A}, \boldsymbol{C} + \boldsymbol{D}] = [\boldsymbol{A}, \boldsymbol{C}] + [\boldsymbol{A}, \boldsymbol{D}]$, $[\boldsymbol{A}, \lambda\boldsymbol{B}] = \lambda[\boldsymbol{A}, \boldsymbol{B}]$), y una elegante relación conocida como la *identidad de Jacobi*[13.35]

$$[\boldsymbol{A}, [\boldsymbol{B}, \boldsymbol{C}]] + [\boldsymbol{B}, [\boldsymbol{C}, \boldsymbol{A}]] + [\boldsymbol{C}, [\boldsymbol{A}, \boldsymbol{B}]] = 0$$

(una forma más general de la cual se encontrará en §14.6).

Podemos escoger una base $(\boldsymbol{E}_1, \boldsymbol{E}_2, \ldots, \boldsymbol{E}_N)$ para el espacio vectorial de nuestras matrices $\boldsymbol{A}, \boldsymbol{B}, \boldsymbol{C}, \ldots$ (donde N es la dimensión del grupo $\mathcal{G}$, si la representación es fiel). Formando sus diversos conmutadores $[\boldsymbol{E}_\alpha, \boldsymbol{E}_\beta]$, expresamos estos en términos de los elementos de la base, para obtener relaciones (utilizando el convenio de suma)

$$[\boldsymbol{E}_\alpha, \boldsymbol{E}_\beta] = \gamma_{\alpha\beta}{}^{\chi}\, \boldsymbol{E}_\chi.$$

Las N^3 cantidades componentes $\gamma_{\alpha\beta}{}^{\chi}$ se denominan *constantes de estructura* para $\mathcal{G}$. No todas son independientes, pues satisfacen (véase §11.6 para la notación de paréntesis)

$$\gamma_{\alpha\beta}{}^{\chi} = -\gamma_{\beta\alpha}{}^{\chi}, \quad \gamma_{[\alpha\beta}{}^{\xi}\gamma_{\chi]\xi}{}^{\zeta} = 0,$$

[13.35] Demuestre todo esto.

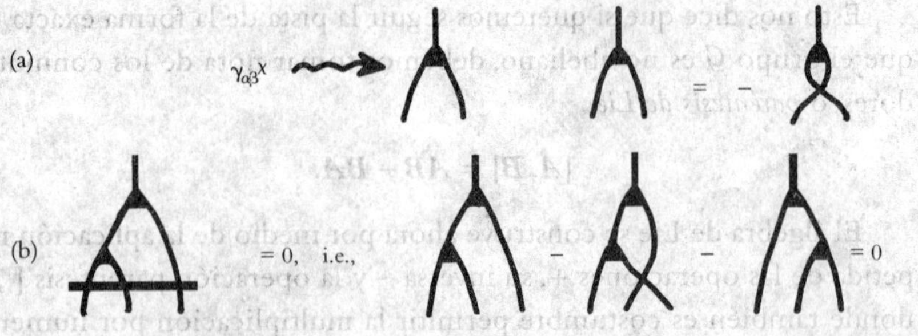

Fig. 13.11. (a) Constantes de estructura $\gamma_{\alpha\beta}{}^{\chi}$ de forma diagramática, que muestran antisimetría en α, β, y (b) la identidad de Jacobi.

en virtud de la antisimetría anterior y la identidad de Jacobi.[13.36] Estas relaciones están dadas de forma diagramática en la Fig. 13.11.

Es un hecho notable que la estructura del álgebra de Lie para una representación fiel (básicamente, el conocimiento de las constantes de estructura $\gamma_{\alpha\beta}{}^{\chi}$) es suficiente para determinar la naturaleza local precisa del grupo $\mathcal{G}$. Aquí «local» significa en una región $\mathcal{N}$ abierta N-dimesional (suficientemente pequeña) que rodea al elemento identidad $\boldsymbol{I}$ en la «variedad del grupo» $\widetilde{\mathcal{G}}$ cuyos puntos representan los diferentes elementos de $\mathcal{G}$ (véase la Fig. 13.12). De hecho, partiendo de un elemento $\boldsymbol{A}$ del grupo de Lie podemos construir un correspondiente grupo *finito* (i.e., no infinitesimal) por medio de la operación de exponenciación e^{A} definida al final de §13.4. (Esto será considerado con más detalle en §14.6.) Así pues, la teoría de representaciones de grupos continuos mediante transformaciones lineales (o mediante matrices) puede ser transferida en general al estudio de representaciones de álgebras de Lie mediante tales transformaciones, que, de hecho, es la práctica habitual en física.

Esto es particularmente importante en mecánica cuántica, en la que los propios elementos del álgebra de Lie tienen con frecuencia, y de una manera notable, interpretaciones directas como magnitudes físicas (tales como el momento angular, cuando el grupo $\mathcal{G}$ es el grupo de rotaciones, como veremos más adelante en §22.8).

Las matrices del álgebra de Lie tienden a tener una estructura con-

[13.36] Demuéstrelo.

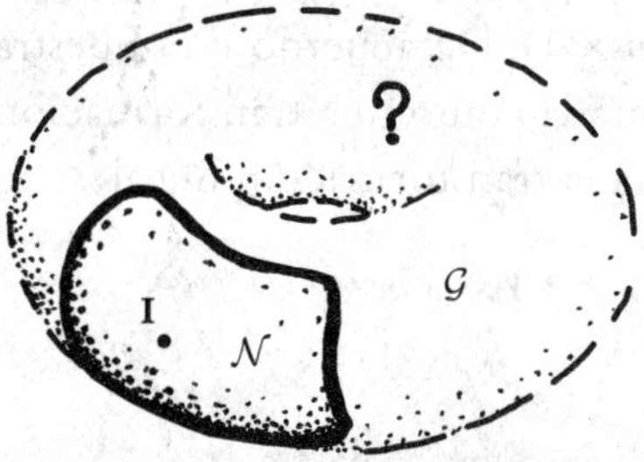

Fig. 13.12. El álgebra de Lie para una representación (fiel) de un grupo de Lie $\mathcal{G}$ (básicamente, conocimiento de las constantes de estructura $\gamma_{\alpha\beta}{}^{\chi}$) determina la estructura local de $\mathcal{G}$, es decir, fija la estructura de $\mathcal{G}$ dentro de una región abierta $\mathcal{N}$ (suficientemente pequeña) que rodea al elemento identidad **I**, pero no nos dice nada de la naturaleza global de $\mathcal{G}$.

siderablemente más simple que las correspondientes matrices del grupo de Lie, al estar sujetas a restricciones lineales en lugar de restricciones no lineales (véase §13.10 para el caso de los grupos clásicos). ¡Este procedimiento es muy apreciado por los físicos cuánticos!

13.7. Espacios de representación tensoriales; reducibilidad

Existen formas de construir representaciones más elaboradas de un grupo $\mathcal{G}$, partiendo de una concreta. ¿Cómo lo hacemos? Supongamos que $\mathcal{G}$ está representado por alguna familia $\mathcal{T}$ de transformaciones lineales que actúan sobre un espacio vectorial n-dimensional **V**. Este **V** se denomina *espacio de representación* para $\mathcal{G}$. Cualquier elemento t de $\mathcal{G}$ está ahora representado por una correspondiente transformación lineal $\boldsymbol{T}$ en $\mathcal{T}$, donde $\boldsymbol{T}$ efectúa $\boldsymbol{x} \mapsto \boldsymbol{Tx}$ para cada $\boldsymbol{x}$ perteneciente a **V**. En la notación de índices (abstractos) (§12.7) escribimos esto $x^a \mapsto T^a{}_b x^b$, como en §13.3, o de forma diagramática, como en la Fig. 13.6a. Veamos cómo podemos encontrar otros espacios de representación para $\mathcal{G}$, partiendo del V dado.

Como primer ejemplo, recordemos de §12.3 la definición del *espacio dual* **V*** de **V**. Los elementos de **V*** están definidos como aplicaciones lineales de **V** sobre los escalares. Podemos escribir la acción de $\boldsymbol{y}$ (en **V***) sobre un elemento x de **V** como $y_a x^a$, en la notación de índices (§12.7). La notación $\boldsymbol{y} \bullet \boldsymbol{x}$ hubiera sido utilizada antes (§12.3) para esto ($\boldsymbol{y} \bullet \boldsymbol{x} = y_a x^a$), pero ahora también podemos utilizar la notación matricial

$$\mathbf{yx} = y_a x^a,$$

donde tomamos **y** como un vector *fila* (i.e., una matriz $1 \times n$) y **x** como un vector *columna* (una matriz $n \times 1$). De acuerdo con nuestra transformación $\mathbf{x} \mapsto \boldsymbol{T}\mathbf{x}$, ahora considerada como una transformación *matricial*, el espacio dual $\mathbf{V}^*$ experimenta la transformación lineal

$$\mathbf{y} \mapsto \mathbf{yS}, \quad \text{i.e.,} \quad y_a \mapsto y_b S^b{}_a,$$

donde **S** es la *inversa* de **T**:

$$\boldsymbol{S} = \boldsymbol{T}^{-1}, \quad \text{de modo que} \quad S^a{}_b T^b{}_c = \delta^a_c,$$

puesto que, si $\mathbf{x} \mapsto \mathbf{Tx}$, necesitamos $\mathbf{y} \mapsto \mathbf{yT}^{-1}$ para asegurar que **yx** es conservado por $\mapsto$.

El uso de un vector fila, en lo que precede, nos da un orden de multiplicación no estándar. Es más habitual escribir las cosas a la inversa, empleando la notación de la *traspuesta* $\mathbf{A}^{\mathrm{T}}$ de una matriz **A**. Los elementos de la matriz $\mathbf{A}^{\mathrm{T}}$ son los mismos que los de **A**, pero con las filas y las columnas intercambiadas. Si **A** es cuadrada ($n \times n$), entonces también lo es $\mathbf{A}^{\mathrm{T}}$, y sus elementos son los de **A** reflejados en su diagonal principal (véase §13.3). Si **A** es rectangular ($m \times n$), entonces $\mathbf{A}^{\mathrm{T}}$ es $n \times m$, correspondientemente reflejada. Así pues $\mathbf{y}^{\mathrm{T}}$ es un vector columna estándar, y podemos escribir el anterior $\mathbf{y} \mapsto \mathbf{yS}$ como

$$\mathbf{y}^{\mathrm{T}} \mapsto \mathbf{S}^{\mathrm{T}}\mathbf{y}^{\mathrm{T}},$$

puesto que la operación traspuesta ^{T} invierte el orden de multiplicación: $(\mathbf{AB})^{\mathrm{T}} = \mathbf{B}^{\mathrm{T}}\mathbf{A}^{\mathrm{T}}$. Vemos entonces que el espacio dual $\mathbf{V}^*$ de cualquier espacio de representación V es en sí mismo un espacio de representación de $\mathcal{G}$. Nótese que la operación inversa $^{-1}$ también invierte el orden de multiplicación, $(\mathbf{AB})^{-1} = \mathbf{B}^{-1}\mathbf{A}^{-1}$,[13.37] de modo que se recupera el orden de multiplicación necesario para una representación.

Consideraciones del mismo tipo son también válidas para los diversos espacios vectoriales de tensores construidos a partir de **V**; véase §12.8. Recordemos que un tensor **Q** de valencia $[{}^p_q]$ (sobre el espacio vectorial **V**) tiene una descripción de índices como una cantidad

$$Q^{f\ldots h}_{a\ldots c},$$

[13.37] ¿Por qué?

con q subíndices y p superíndices. Podemos sumar tensores a otros tensores de la misma valencia y podemos multiplicar tensores por escalares; los tensores de valencia $[{p \atop q}]$ dada forman un espacio vectorial de dimensión n^{p+q} (el número total de componentes).[13.38] En abstracto, consideramos que **Q** pertenece a un espacio vectorial al que llamamos *producto tensorial*

$$\mathbf{V}^* \otimes \mathbf{V}^* \otimes \ldots \otimes \mathbf{V}^* \otimes \mathbf{V} \otimes \mathbf{V} \otimes \ldots \otimes \mathbf{V}$$

de q copias del espacio dual $\mathbf{V}^*$ y p copias de $\mathbf{V}$ ($p, q \geq 0$). (Llegaremos a esta noción de «producto tensorial» con un poco más de detalle en §23.3.) Recordemos la definición abstracta de un tensor, dada en §12.8, como una función multilineal. Esto bastará para nuestro propósito (aunque hay algunas sutilezas en el caso de un $\mathbf{V}$ de dimensión infinita, relevantes para las aplicaciones a estados cuánticos de muchas-partículas, que se necesitan en §23.8).[15]

Cuando quiera que se aplica una transformación lineal $x^a \mapsto T^a{}_b x^b$ a $\mathbf{V}$, esto induce una correspondiente transformación lineal en el anterior espacio producto tensorial, dada explícitamente por[13.39]

$$Q^{f\ldots h}_{a\ldots c} \mapsto S^{a'}{}_a \ldots S^{c'}{}_c T^f{}_{f'} \ldots T^h{}_{h'} Q^{f'\ldots h'}_{a'\ldots c'}.$$

Todos estos índices requieren buena vista y un examen cuidadoso, para asegurarse de qué se suma con qué; así que yo recomiendo la notación diagramática, que es más clara, como se ilustra en la Fig. 13.13. Vemos que cada subíndice de $Q^{\cdots}_{\cdots}$ se transforma por la matriz inversa $\mathbf{S} = \mathbf{T}^{-1}$ (o, mejor, por $\mathbf{S}^{\mathrm{T}}$), como sucede con y_a y cada superíndice por $\mathbf{T}$, como sucede con x^a. En consecuencia, el espacio de tensores $[{p \atop q}]$-valentes sobre V es también un espacio de representación para $\mathcal{G}$, de dimensión n^{p+q}.

No obstante, es probable que estos espacios de representación sean lo que se denomina *reducibles*. Para ilustrar esta situación, consideremos el caso de un tensor $[{2 \atop 0}]$-valente Q^{ab}. Cualquier tensor semejante puede dividirse en su parte *simétrica* $Q^{(ab)}$ y su parte *antisimétrica* $Q^{[ab]}$ (§11.6 y §12.7):

$$Q^{ab} = Q^{(ab)} + Q^{[ab]},$$

[13.38] ¿Por qué este número?
[13.39] Demuéstrelo.

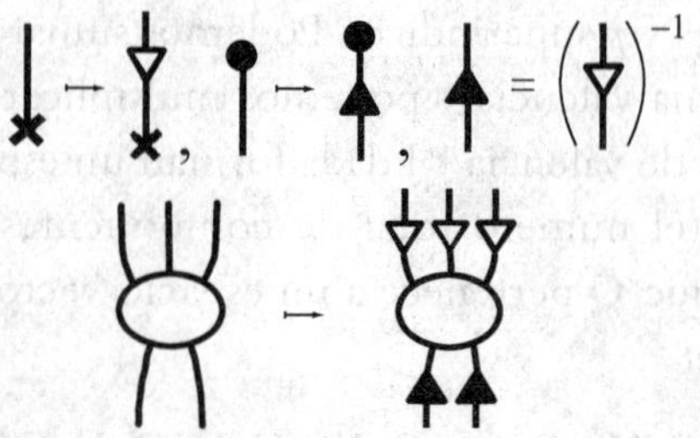

Fig. 13.13. La transformación lineal $x^a \mapsto T^a{}_b x^b$, aplicada a $\mathbf{x}$ en el espacio vectorial $\mathbf{V}$ (con T representada como un triángulo blanco), se extiende al espacio dual $\mathbf{V}^*$ por el uso de la inversa $S = T^{-1}$ (mostrada como un triángulo negro) y de ahí a los espacios $\mathbf{V}^* \otimes \ldots \otimes \mathbf{V}^* \otimes \mathbf{V} \otimes \ldots \otimes \mathbf{V}$ de tensores $Q[^p_q]$-valentes. Se ilustra el caso $p = 3$, $q = 2$ con Q representado como un óvalo con tres brazos y dos piernas $Q_{ab}{}^{cde} \propto S^{a'}{}_a S^{b'}{}_b T^c{}_{c'} T^d{}_{d'} T^e{}_{e'} Q_{a'b'}{}^{c'd'e'}$.

donde

$$Q^{(ab)} = \frac{1}{2}(Q^{ab} + Q^{ba}), \qquad Q^{[ab]} = \frac{1}{2}(Q^{ab} - Q^{ba}).$$

La dimensión del espacio *simétrico* $\mathbf{V}_+$ es $\frac{1}{2}n(n+1)$, y la del espacio *antisimétrico* $\mathbf{V}_-$ es $\frac{1}{2}n(n-1)$.[13.40] No es difícil ver que, bajo la transformación $x^a \mapsto T^a{}_b x^b$, de modo que $Q^{ab} \mapsto T^a{}_c T^b{}_d Q^{cd}$, las partes simétrica y antisimétrica se transforman en tensores que son de nuevo, respectivamente, simétrico y antisimétrico.[13.41] En consecuencia, los espacios $\mathbf{V}_+$ y $\mathbf{V}_-$ son, independientemente, espacios de representación para $\mathcal{G}$. Escogiendo una base para $\mathbf{V}$ donde los $\frac{1}{2}n(n+1)$ primeros elementos de la base están en $\mathbf{V}_+$ y los $\frac{1}{2}n(n-1)$ elementos restantes están en $\mathbf{V}_-$, obtenemos nuestra representación en la que todas las matrices son de la forma «diagonal por bloques» $n^2 \times n^2$

$$\begin{pmatrix} \mathbf{A} & \mathbf{O} \\ \mathbf{O} & \mathbf{B} \end{pmatrix},$$

[13.40] Demuéstrelo.
[13.41] Explíquelo.

donde **A** representa una matriz $\frac{1}{2}n(n+1) \times \frac{1}{2}n(n+1)$, **B** representa una matriz $\frac{1}{2}n(n-1) \times \frac{1}{2}n(n-1)$, y los dos **O** representan los apropiados bloques rectangulares de ceros.

Una representación de esta forma se conoce como la *suma directa* de la representación dada por las matrices **A** y la dada por las matrices **B**. La representación en términos de tensores $\left[{}^{2}_{0}\right]$-valentes es por lo tanto *reducible* en este sentido.[13.42] La noción de «suma directa» se extiende también a cualquier número (tal vez infinito) de representaciones más pequeñas.

De hecho, hay un significado más general para el término «representación reducible», a saber, uno para el que hay una elección de base para la que todas las matrices de la representación pueden escribirse de la forma algo más complicada

$$\begin{pmatrix} \mathbf{A} & \mathbf{C} \\ \mathbf{O} & \mathbf{B} \end{pmatrix},$$

donde **A** es $p \times p$, **B** es $q \times q$, y **C** es $p \times q$, con $p, q \geq 1$ (para p y q dados). Nótese que si todas las matrices tienen esta forma, entonces las matrices **A** y las matrices **B**, cada una por separado, constituyen una representación (más pequeña) de $\mathcal{G}$.[13.43] Si todas las matrices **C** son cero, tenemos el caso anterior en el que la representación es la suma directa de estas dos representaciones más pequeñas. Una representación se llama *irreducible* si no es reducible (esté o no **C** presente). Una representación se llama *completamente reducible* si nunca se da la situación anterior (con **C** no nula), de modo que es una suma directa de representaciones irreducibles.

Hay una clase importante de grupos continuos conocidos como grupos *semisimples*. Esta clase estudiada en extenso incluye los grupos simples mencionados en §13.2. Los grupos semisimples compactos tienen la propiedad de que todas sus representaciones son completamente reducibles. (Véanse §12.6 y la Fig. 12.12 para la definición de «com-

[13.42] Demuestre que el espacio de representación de los tensores $\left[{}^{1}_{1}\right]$-valentes es también reducible. *Sugerencia*: Descomponga un tensor semejante en una parte «libre de traza» y una parte «traza».

[13.43] Confírmelo.

pacto».) Es suficiente estudiar las representaciones irreducibles de un grupo semejante, pues cada representación es simplemente una suma directa de representaciones irreducibles. De hecho, toda representación irreducible de un grupo semejante es de dimensión finita (lo que no ocurre si permitimos que un grupo semisimple sea no compacto, caso en que también pueden darse representaciones que no son completamente reducibles).

¿Qué es un grupo semisimple? Recordemos las «constantes de estructura» $\gamma_{\alpha\beta}^{\chi}$ de §13.6, que especifican los paréntesis de Lie y definen la estructura local del grupo $\mathcal{G}$. Hay una cantidad de gran importancia conocida[16] como la «forma de Killing» κ que puede construirse a partir de las $\gamma_{\alpha\beta}{}^{\chi}$:[13.44]

$$\kappa_{\alpha\beta} = \gamma_{\alpha\zeta}{}^{\xi}\, \gamma_{\beta\xi}{}^{\zeta} = \kappa_{\beta\alpha}.$$

La forma diagramática de esta expresión se da en la Fig. 13.14. La condición para que $\mathcal{G}$ sea semisimple es que la matriz $\kappa_{\alpha\beta}$ sea no singular.

Aquí es necesario hacer algunos comentarios concernientes a la condición de compacticidad de un grupo semisimple. Para un conjunto dado de constantes de estructura $\gamma_{\alpha\beta}{}^{\chi}$, suponiendo que podemos tomarlas como números reales, podríamos considerar el álgebra de Lie real o el álgebra compleja obtenida a partir de ellas. En el caso complejo, no obtenemos un grupo compacto $\mathcal{G}$, pero sí podríamos hacerlo en el caso real. De hecho, la compacticidad ocurre en el caso real cuando $-\kappa_{\alpha\beta}$ es lo que se denomina *definido positivo* (el significado de este término se dará en §13.8). Para $\gamma_{\alpha\beta}{}^{\chi}$ dadas, en el caso de un grupo real $\mathcal{G}$, siempre podemos construir la *complexificación* $\mathbb{C}\mathcal{G}$ (al menos localmente) de $\mathcal{G}$ que resulta simplemente de utilizar las mismas $\gamma_{\alpha\beta}{}^{\chi}$, pero con coeficientes complejos en el álgebra de Lie. Sin embargo, diferentes grupos reales $\mathcal{G}$ a veces pueden dar lugar al mismo[17] $\mathbb{C}\mathcal{G}$. Estos distintos grupos reales se denominan diferentes *formas reales* del grupo complejo. Veremos ejemplos importantes de ello más adelante en §18.2, donde se comparan los movimientos euclídeos en 4 dimensiones y las simetrías Lorentz/Poincaré de la relatividad especial. Una pro-

[13.44] ¿Por qué hace $\kappa_{\alpha\beta} = \kappa_{\beta\alpha}$?

«Forma de Killing»
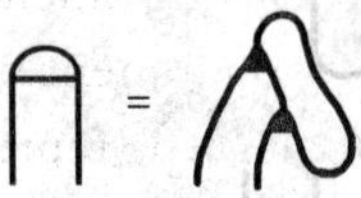

Fig. 13.14. La «forma de Killing» $\kappa_{\alpha\beta}$ definida a partir de las constantes de estructura $\gamma_{\alpha\zeta}{}^{\xi}$ por $\kappa_{\alpha\beta} = \gamma_{\alpha\zeta}{}^{\xi}\,\gamma_{\beta\xi}{}^{\zeta}$.

piedad notable de cualquier grupo de Lie semisimple complejo es que tiene exactamente una forma real $\mathcal{G}$ que es compacta.

13.8. Grupos ortogonales

Volvamos ahora al grupo ortogonal. Ya hemos visto al principio de §13.3 cómo representar O(3) o SO(3) fielmente como transformaciones lineales de un espacio vectorial real 3-dimensional, con coordenadas cartesianas ordinarias (x, y, z), en las que la esfera

$$x^2 + y^2 + z^2 = 1$$

queda invariante (aquí el superíndice 2 significa el «cuadrado» normal). Escribamos esta ecuación en la notación de índices (§12.7), de modo que podamos generalizar a n dimensiones. La ecuación de nuestra esfera puede escribirse ahora

$$g_{ab}x^a x^b = 1,$$

que representa $(x^1)^2 + (x^2)^2 + \ldots + (x^n)^2 = 1$, estando dadas las componentes g_{ab} por

$$g_{ab} = \begin{cases} 1 & \text{si } a = b, \\ 0 & \text{si } a \neq b. \end{cases}$$

En la notación diagramática, yo recomendaba utilizar simplemente un «arco» para g_{ab}, como se indica en la Fig. 13.15a. También utilizaré la notación g_{ab} (con las *mismas* componentes explícitas que g_{ab}) para la cantidad *inversa* («arco invertido» en la Fig. 13.15a):

$$g_{ab}\,g^{bc} = \delta_a^c = g^{cb}\,g_{ba}.$$

El lector intrigado podría preguntarse muy razonablemente por qué he introducido dos notaciones nuevas, a saber, g_{ab} y g^{ab} para, exactamente, las mismas componentes matriciales que he denotado mediante δ_b^a en §13.3. La razón tiene que ver con la consistencia de la no-

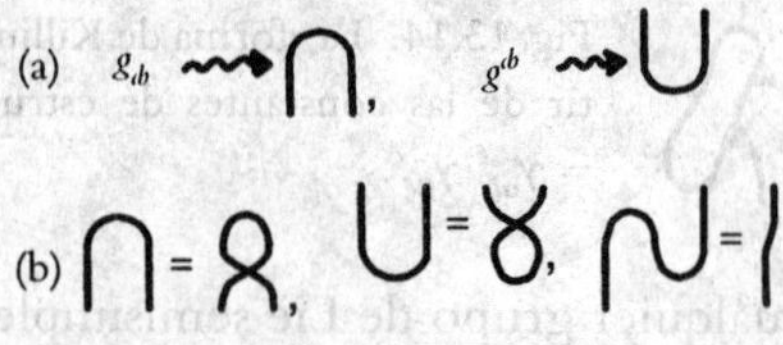

Fig. 13.15. (a) La métrica g_{ab} y su inversa g^{ab} en la notación diagramática de «arco». (b) Las relaciones $g_{ab} = g_{ba}$ (i.e., $\boldsymbol{g}^{\mathrm{T}} = \boldsymbol{g}$), $g_{ab} = g^{ba}$ y $g_{ab}g^{bc} = \delta_a^c$ en notación diagramática.

tación y con lo que sucede cuando se aplica una *transformación lineal* a las coordenadas, de acuerdo con cierto reemplazamiento

$$x^a \mapsto t^a{}_b x^b,$$

siendo $t^a{}_b$ no singular, de modo que tiene una inversa $s^a{}_b$:

$$t^a{}_b s^b{}_c = \delta^a_c = s^a{}_b t^b{}_c.$$

Este es formalmente el mismo tipo de transformación lineal que se ha considerado en §§13.3,7, pero ahora lo estamos haciendo de una forma muy diferente. En esas secciones nuestra transformación lineal se consideraba *activa*, de modo que el espacio vectorial **V** era realmente *movido* (sobre sí mismo). Aquí estamos considerando la transformación como *pasiva* en el sentido de que los objetos en consideración —y, de hecho, el propio espacio **V**— permanecen fijos, pero cambian las representaciones en términos de coordenadas. Otra manera de decirlo es que la base ($\boldsymbol{e}_1$, ..., $\boldsymbol{e}_n$) que habíamos estado utilizando previamente (para la representación de magnitudes vectoriales/tensoriales en términos de componentes)[18] debe reemplazarse por alguna otra base. Véase la Fig. 13.16.

En correspondencia directa con lo que hemos visto en §13.7 para la transformación activa de un tensor, encontramos que el correspondiente cambio pasivo en las componentes $Q^{a\ldots c}_{p\ldots r}$ de un tensor **Q** está dado por[13.45]

$$Q^{a\ldots c}_{p\ldots r} \mapsto t^a{}_d \ldots t^c{}_f \, Q^{d\ldots f}_{j\ldots l} \, s^j{}_p \ldots s^l{}_r.$$

[13.45] Utilice la nota 13.18 para establecer esto.

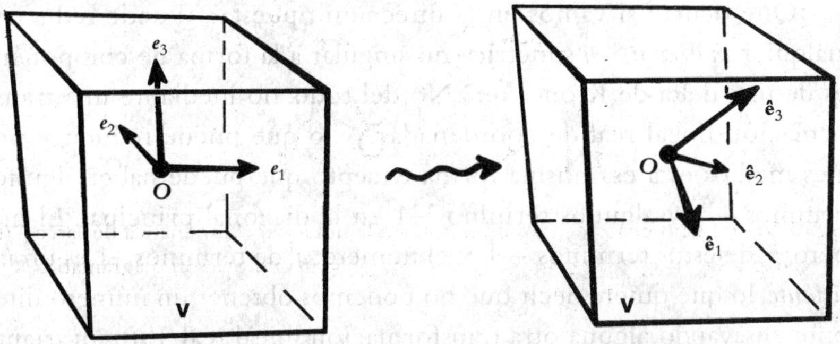

Fig. 13.16. Una transformación pasiva en un espacio vectorial **V** deja **V** fijo, pero cambia su descripción en coordenadas, i.e., la base $\boldsymbol{e}_1, \boldsymbol{e}_2, \ldots, \boldsymbol{e}_n$ es reemplazada por otra base (caso $n = 3$ ilustrado).

Cuando aplicamos esto a δ_a^b encontramos que sus componentes quedan completamente inalteradas,[13.46] mientras que *no* sucede así con g_{ab} Además, tras un cambio de coordenadas general, las componentes g^{ab} serán por completo diferentes de g_{ab} (son matrices inversas). Así pues, la razón para los símbolos adicionales g^{ab} y g_{ab} es simplemente que estos solo pueden representar la misma matriz de coeficientes que δ_a^b en tipos especiales de sistemas de coordenadas (los «cartesianos») y que, en general, las componentes son *diferentes*. Ello es de particular importancia para la relatividad general, en la que el sistema de coordenadas no puede disponerse en general de modo que tenga esta forma (cartesiana) especial.

Un cambio de coordenadas general puede hacer que la matriz de componentes g_{ab} sea una matriz más complicada aunque no completamente general. Retiene la propiedad de simetría entre a y b dando una matriz *simétrica*. El término simétrica nos dice que la disposición cuadrada de componentes es simétrica respecto a su diagonal principal, i.e., $\mathbf{g}^{\mathrm{T}} = \mathbf{g}$ (utilizando la notación «traspuesta» de §13.7). En términos de notación de índices, esta simetría se expresa como una u otra de las dos formas equivalentes[13.47]

$$g_{ab} = g_{ba}, \quad g^{ab} = g^{ba},$$

y véase la Fig. 13.15b para la forma diagramática de estas relaciones.

[13.46] ¿Por qué?
[13.47] ¿Por qué equivalentes?

¿Qué ocurre si vamos en la dirección opuesta? ¿Puede reducirse cualquier *matriz* $n \times n$ simétrica no singular a la forma de componentes de una delta de Kronecker? No del todo, no mediante una transformación lineal real de coordenadas. A lo que puede reducirse por tales medios es a esa misma forma excepto que puede haber algunos términos $+1$ y algunos términos -1 en la diagonal principal. El número, p, de estos términos $+1$, y el número, q, de términos -1 es un *invariante*, lo que quiere decir que no podemos obtener un número diferente ensayando alguna otra transformación lineal real. Este invariante (p, q) se denomina *signatura* de **g**. (A veces es la diferencia $p - q$ la que se denomina signatura; a veces simplemente se escribe $+ \ldots + - \ldots -$ el número apropiado de veces para cada uno.) De hecho, esto funciona también para una **g** *singular*, pero entonces necesitamos algunos 0s en la diagonal principal y el número de 0s se convierte en parte de la signatura tanto como el número de $+1$s y el número de -1s. Si solo tenemos $+1$s, de modo que **g** es no singular y $q = 0$, decimos que **g** es *definida positiva*. Una **g** no singular para la que $p = 1$ y $q \neq 0$ (o $q = 1$ y $p \neq 0$) se denomina *lorentziana*, en honor del físico holándes H.A. Lorentz (1853-1928), cuya importante obra en relación con esto proporcionó una de las piedras fundacionales de la teoría de la relatividad; véanse §§17.6-9 y §§18.1-3.

Una caracterización alternativa de una matriz definida positiva **A**, de considerable importancia en algunos otros contextos (véanse §20.3, §24.3 y §29.3), es que la matriz simétrica real **A** satisface

$$\mathbf{x}^{\mathrm{T}}\mathbf{A}\mathbf{x} > 0$$

para todo x $\neq 0$. En notación de índices, esto es: «$A_{ab}x^a x^b > 0$, a menos que el vector x^a se anule».[13.48] Decimos que **A** es *definida no negativa* (o *semidefinida positiva*) si se da esto pero con $\geq$ en lugar de $>$ (de modo que ahora admitimos $\mathbf{x}^{\mathrm{T}}\mathbf{A}\mathbf{x} = 0$ para algún **x** no nulo).

En circunstancias adecuadas, un $\left[\begin{smallmatrix}0\\2\end{smallmatrix}\right]$-tensor no singular simétrico g_{ab}, se denomina una *métrica* —o a veces una *pseudométrica* cuando g no es definida positiva. Esta terminología se aplica si vamos a utilizar la cantidad ds, definida por su cuadrado $\mathrm{d}s^2 = g_{ab}\mathrm{d}x^a\mathrm{d}x^b$, que nos proporciona

[13.48] ¿Puede confirmar esta caracterización?

Fig. 13.17. $\boldsymbol{T}$ es una transformación ortogonal si $g_{ab}T^a{}_cT^b{}_d = g_{cd}$.

una noción de «distancia» a lo largo de curvas. En §14.7 veremos cómo se aplica esta noción a variedades curvas (véanse §10.2 y §§12.1,2), y en §17.8 cómo, en el caso lorentziano, nos proporciona una medida de «distancia» que es en realidad el *tiempo* de la teoría de la relatividad. A veces nos referimos a la cantidad

$$|\boldsymbol{v}| = (g_{ab}v^a v^b)^{1/2}$$

como la longitud del vector $\boldsymbol{v}$, con la forma de índices v^a.

Volvamos a la definición del grupo ortogonal $O(n)$. Este es simplemente el grupo de transformaciones lineales en n dimensiones —llamadas transformaciones *ortogonales*— que conservan una métrica dada $\boldsymbol{g}$ definida positiva. «Conservar» $\boldsymbol{g}$ significa que una transformación ortogonal $\boldsymbol{T}$ tiene que satisfacer

$$g_{ab}T^a{}_cT^b{}_d = g_{cd}.$$

Este es un ejemplo de la regla de «cambio de coordenadas» para un tensor descrita en §13.7, tal como se aplica a g_{ab} (y véase la Fig. 13.17 para la forma diagramática de esta ecuación). Otra forma de decirlo es que la forma métrica ds^2 del párrafo anterior no cambia bajo transformaciones ortogonales. Si queremos, podemos insistir en que el sistema de componentes g_{ab} sea en realidad el mismo que la delta de Kronecker —que, en efecto, proporciona la definición de O(3) que se da en §§13.1,3—, pero el grupo que se obtiene es el mismo[19] cualquiera que sea la g_{ab} ($n \times n$) definida positiva que escojamos.[13.49]

Con la realización en componentes concreta de g_{ab} como la delta de Kronecker, las matrices que describen nuestras transformaciones ortogonales son las que satisfacen[13.50]

$$\boldsymbol{T}^{-1} = \boldsymbol{T}^{\mathrm{T}},$$

[13.49] Explique por qué.
[13.50] Explique esto. ¿Qué es $\boldsymbol{T}^{-1}$ en los casos pseudoortogonales (definidos en el siguiente párrafo)?

llamadas *matrices ortogonales*. Las matrices $n \times n$ ortogonales reales proporcionan una realización concreta para el grupo O(n). Para particularizar al grupo no reflexivo SO(n), exigimos que el determinante sea igual a la unidad:[13.51]

$$\det \boldsymbol{T} = 1.$$

También podemos considerar los correspondientes grupos *pseudo-ortogonales* O(p, q) y SO(p, q) que se obtienen cuando $\boldsymbol{g}$, aunque no singular, no es necesariamente definida positiva y tiene una signatura (p, q) más general. El caso $p = 1$, $q = 3$ (o, de manera equivalente, $p = 3$, $q = 1$), llamado el grupo de *Lorentz*, desempeña un papel fundamental en la teoría de la relatividad, como se ha indicado antes. Asimismo, veremos (si ignoramos las reflexiones) que el grupo de Lorentz es el mismo que el grupo de simetrías del 3-espacio hiperbólico que se ha descrito en §2.7, y también (si ignoramos las reflexiones espaciales) el mismo que el grupo de simetrías de la esfera de Riemann, conseguido mediante las transformaciones bilineales (de Moebius) estudiadas en §8.2. Será mejor dejar para más adelante las explicaciones de estos hechos notables hasta que investiguemos la geometría espaciotemporal de Minkowski de la teoría de la relatividad especial (§§18.4,5). En §33.2 también veremos que estos hechos tienen una importancia seminal para la teoría de twistores.

¿Hasta qué punto son «diferentes» los diversos grupos O(p, q), para $p + q = n$, con n fijo? (Los casos definido positivo y lorentziano se contrastan, para $n = 2$ y $n = 3$, en la Fig. 13.18.) Todos están íntimamente relacionados, pues todos tienen la misma dimensión, $\frac{1}{2}n(n-1)$; son lo que se denominan *formas reales* de un mismo grupo complejo O(n, $\mathbb{C}$), la *complexificación* de O(n). Este grupo complejo se define del mismo modo que O(n) (= O(n, $\mathbb{R}$)), pero ahora se permite que las transformaciones lineales sean *complejas*. En realidad, aunque he expresado mis consideraciones anteriores en términos de transformaciones lineales reales, existe una discusión paralela donde «complejo» reemplaza a «real» en

[13.51] Explique por qué esto es equivalente a conservar la forma de volumen $\varepsilon_{a\ldots c}$, i.e., $\varepsilon_{a\ldots c}T^{a}_{p}\ldots T^{c}_{r} = \varepsilon_{p\ldots r}$. Además, ¿por qué basta con la conservación del signo?

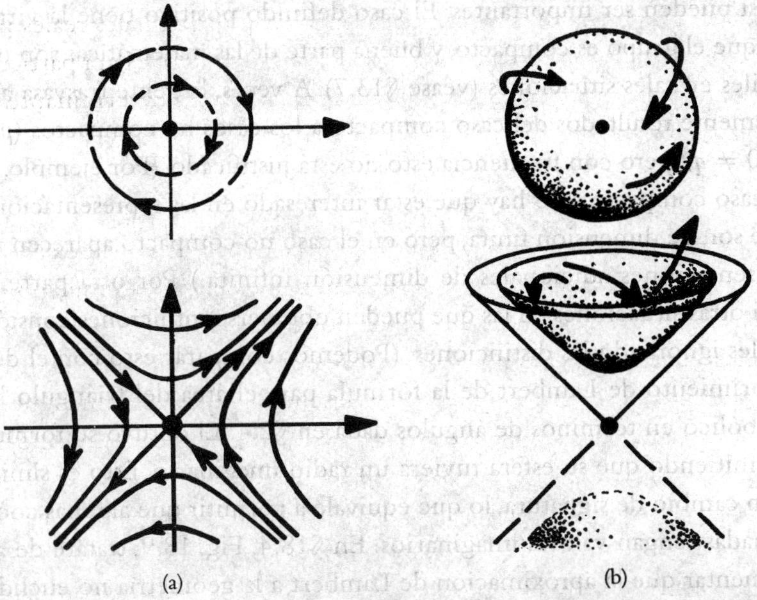

Fig. 13.18. (a) Se contrastan O(2,0) y O(1,1). (b) Análogamente, se contrastan O(3,0) y O(1,2), ilustrándose la «esfera unidad» en cada caso. Para O(1,2) esta «esfera» es un plano hiperbólico (o dos copias de tal plano) (véanse §§2.4,5 y §18.4).

todas partes. (Por ejemplo, las coordenadas x^a se vuelven complejas y así lo hacen también las componentes de nuestras matrices.) La única diferencia esencial con lo que se ha dicho antes reside con el concepto de *signatura*. Existen transformaciones de coordenadas lineales complejas que pueden convertir un −1 de una realización diagonal de g_{ab} en un +1 y *viceversa*,[13.52] de modo que ahora no tenemos una noción significativa de signatura. El único invariante[20] de $\boldsymbol{g}$, en el caso complejo, es lo que se denomina su *rango*, que es el número de términos no nulos en su realización diagonal. Para una $\boldsymbol{g}$ no singular, el rango tiene que ser máximo, i.e., n.

¿Cuándo es importante la diferencia entre estas diversas formas reales y cuándo no lo es? Esta puede ser una cuestión delicada, pero los físicos suelen ser bastante displicentes acerca de las distinciones, inclu-

[13.52] ¿Por qué?

so si pueden ser importantes. El caso definido positivo tiene la virtud de que el grupo es compacto, y buena parte de las matemáticas son más fáciles en tales situaciones (véase §13.7). A veces, la gente trasvasa alegremente resultados del caso compacto a los casos no compactos ($p \neq \neq 0 \neq q$), pero con frecuencia esto no está justificado. (Por ejemplo, en el caso compacto solo hay que estar interesado en las representaciones que son de dimensión finita, pero en el caso no compacto aparecen representaciones adicionales de dimensión infinita.) Por otra parte, se dan otras situaciones en las que pueden obtenerse intuiciones considerables ignorando las distinciones. (Podemos comparar esto con el descubrimiento de Lambert de la fórmula para el área del triángulo hiperbólico en términos de ángulos dada en §2.4. Él obtuvo su fórmula permitiendo que su esfera tuviera un radio imaginario. Esto es similar a un cambio de signatura, lo que equivale a permitir que algunas coordenadas tengan valores imaginarios. En §18.4, Fig. 18.9, trataré de argumentar que la aproximación de Lambert a la geometría no euclídea es perfectamente justificable.)

Las diferentes formas reales posibles de $O(n, \mathbb{C})$ se distinguen por cierto conjunto de *desigualdades* sobre los elementos de matriz (tales como det $\boldsymbol{T} > 0$). Una de las características de la *teoría cuántica* es que tales desigualdades son a menudo *violadas* en procesos físicos. Por ejemplo, las magnitudes *imaginarias* pueden, en cierto sentido, tener una importancia físicamente *real* en mecánica cuántica, de modo que la distinción entre signaturas diferentes puede quedar difuminada. Por otra parte, tengo la impresión de que los físicos suelen ser algo menos cuidadosos sobre estas cuestiones de lo que, en mi opinión, deberían ser. En realidad, esta cuestión tendrá una considerable relevancia para nosotros cuando analicemos varias teorías modernas (§28.9, §31.13 y §32.3). Pero lo veremos con detalle más adelante. ¡Este es el «cajón de problemas» que he insinuado en §11.2!

13.9. Grupos unitarios

El grupo $O(n, \mathbb{C})$ nos proporciona *una* manera de generalizar la noción de un «grupo de rotación» desde los números reales a los complejos.

Pero hay otra manera que, en ciertos contextos, tiene una importancia aún mayor. Esta es la noción de un grupo *unitario*.

¿Qué significa «unitario»? El grupo ortogonal concierne a la conservación de una *forma cuadrática*, que podemos escribir de forma equivalente como $g_{ab}x^a x^b$ o $\mathbf{x}^T\mathbf{g}\mathbf{x}$. En el caso de un grupo unitario, utilizamos transformaciones lineales *complejas* que, en su lugar, conservan lo que se denomina una forma *hermítica* (llamada así por el importante matemático francés del siglo XIX Charles Hermite 1822-1901).

¿Qué es una forma hermítica? Volvamos primero al caso ortogonal. En lugar de una forma cuadrática (en $\boldsymbol{x}$), igualmente podríamos haber utilizado la forma bilineal simétrica (en $\boldsymbol{x}$ e $\boldsymbol{y}$)

$$\boldsymbol{g}(\boldsymbol{x}, \boldsymbol{y}) = g_{ab}x^a y^b = \mathbf{x}^T\mathbf{g}\mathbf{y}.$$

Esto aparece como un ejemplo concreto de la definición de un tensor como «forma multilineal» dada en §12.8, aplicada al $[{}^0_2]$-tensor $\boldsymbol{g}$ (y poniendo $\boldsymbol{y} = \boldsymbol{x}$, recuperamos la forma cuadrática anterior). La simetría de $\boldsymbol{g}$ se expresaría entonces como

$$\boldsymbol{g}(\boldsymbol{x}, \boldsymbol{y}) = \boldsymbol{g}(\boldsymbol{y}, \boldsymbol{x}),$$

y la linealidad en la segunda variable $\boldsymbol{y}$ como

$$\boldsymbol{g}(\boldsymbol{x}, \boldsymbol{y} + \boldsymbol{w}) = \boldsymbol{g}(\boldsymbol{x}, \boldsymbol{y}) + \boldsymbol{g}(\boldsymbol{x}, \boldsymbol{w}), \quad \boldsymbol{g}(\boldsymbol{x}, \lambda\boldsymbol{y}) = \lambda\boldsymbol{g}(\boldsymbol{x}, \boldsymbol{y}).$$

Para la *bilinealidad* exigimos también linealidad en la *primera* variable $\boldsymbol{x}$, pero esto se sigue ahora de la simetría.

Una *forma hermítica* $\boldsymbol{h}(\boldsymbol{x}, \boldsymbol{y})$ satisface en su lugar la simetría hermítica

$$\boldsymbol{h}(\boldsymbol{x}, \boldsymbol{y}) = \overline{\boldsymbol{h}(\boldsymbol{y}, \boldsymbol{x})},$$

junto con linealidad en la segunda variable $\boldsymbol{y}$:

$$\boldsymbol{h}(\boldsymbol{x}, \boldsymbol{y} + \boldsymbol{w}) = \boldsymbol{h}(\boldsymbol{x}, \boldsymbol{y}) + \boldsymbol{h}(\boldsymbol{x}, \boldsymbol{w}), \quad \boldsymbol{h}(\boldsymbol{x}, \lambda\boldsymbol{y}) = \lambda\boldsymbol{h}(\boldsymbol{x}, \boldsymbol{y}).$$

La simetría hermítica implica ahora lo que se denomina *antilinealidad* en la primera variable:

$$\boldsymbol{h}(\boldsymbol{x} + \boldsymbol{w}, \boldsymbol{y}) = \boldsymbol{h}(\boldsymbol{x}, \boldsymbol{y}) + \boldsymbol{h}(\boldsymbol{w}, \boldsymbol{y}), \quad \boldsymbol{h}(\lambda\boldsymbol{x}, \boldsymbol{y}) = \bar{\lambda}\boldsymbol{h}(\boldsymbol{x}, \boldsymbol{y}).$$

Mientras que un grupo ortogonal conserva una forma bilineal simétrica (no singular), las transformaciones lineales complejas que conservan una forma hermítica no singular nos dan un grupo unitario.

¿Para qué nos sirven tales formas? Una forma bilineal no singular (no necesariamente hermítica) $\boldsymbol{g}$ nos proporciona un medio de identificar el espacio vectorial $\mathbf{V}$, al que pertenecen $\boldsymbol{x}$ e $\boldsymbol{y}$, con el espacio dual $\mathbf{V}^*$. Así, si $\boldsymbol{v}$ pertenece a $\mathbf{V}$, entonces $\boldsymbol{g}(\boldsymbol{v},\ )$ nos proporciona una aplicación lineal en $\mathbf{V}$, que aplica el elemento $\boldsymbol{x}$ de $\mathbf{V}$ en el número $\boldsymbol{g}(\boldsymbol{v},\boldsymbol{x})$. En otras palabras, $\boldsymbol{g}(\boldsymbol{v},\ )$ es un elemento de $\mathbf{V}^*$ (véase §12.3). De forma indexada, este elemento de $\mathbf{V}^*$ es el covector $v^a g_{ab}$, que es costumbre escribir con la misma letra v, pero con el índice descendido (véase también §14.7) mediante g_{ab}, de acuerdo con

$$v_b = v^a g_{ab}.$$

La inversa de esta operación se consigue elevando el índice de v_a mediante el uso del $[^2_0]$-tensor métrico inverso g^{ab}:

$$v^a = g^{ab} v_b.$$

Necesitaremos el análogo de esto en el caso hermítico. Como antes, cada elección de elemento $\boldsymbol{v}$ del espacio vectorial $\mathbf{V}$ nos proporciona un elemento $\boldsymbol{h}(\boldsymbol{v},\ )$ del espacio dual $\mathbf{V}^*$. Sin embargo, la diferencia reside en que ahora $\boldsymbol{h}(\boldsymbol{v},\ )$ depende antilinealmente de $\boldsymbol{v}$ y no linealmente: así $\boldsymbol{h}(\lambda\boldsymbol{v},\ ) = \bar{\lambda}\boldsymbol{h}(\boldsymbol{v},\ )$.

Una forma equivalente de decirlo es que $\boldsymbol{h}(\boldsymbol{v},\ )$ es *lineal* en $\bar{\boldsymbol{v}}$, siendo esta cantidad vectorial $\bar{\boldsymbol{v}}$ el complejo conjugado de $\boldsymbol{v}$. Consideramos que estos vectores complejo conjugados constituyen un espacio vectorial $\bar{\boldsymbol{v}}$ independiente. Este punto de vista es particularmente útil para la notación de índices (abstractos), donde se utiliza un «alfabeto» de índices independiente, digamos a', b', c', ..., para estos elementos complejo conjugados, donde no se permiten sumas (contracciones) entre índices primados y no primados. La operación de conjugación compleja intercambia los índices primados con los no primados. En la notación de índices, nuestra forma hermítica se representa por una matriz de cantidades $h_{a'b}$ con un subíndice primado de cada tipo, de modo que

$$\boldsymbol{h}(\boldsymbol{x},\boldsymbol{y}) = h_{a'b}\,\bar{x}^{a'}\,y^b$$

(siendo $\bar{x}^{a'}$ el complejo conjugado del elemento x^a), donde la hermiticidad se expresa por

$$h_{a'b} = \overline{h_{b'a}}.$$

La colección de cantidades $h_{a'b}$ nos permite bajar o subir un índice, pero no cambia índices primados por no primados, y viceversa, de modo que nos remite al espacio dual del espacio complejo conjugado:

$$\bar{v}_a = \bar{v}^{a'} h_{a'b}, \quad v_{a'} = h_{a'b} v^b.$$

Para las inversas de estas operaciones —donde se supone que la forma hermítica es no singular (i.e., la matriz de componentes $h^{ab'}$ es no singular)—, necesitamos la inversa $h^{ab'}$ de $h_{a'b}$

$$h^{ab'} h_{b'c} = \delta^a_c, \quad h_{a'b} h^{bc'} = \delta^{c'}_{a'},$$

de donde[13.53]

$$\bar{v}^{a'} = \bar{v}_b h^{ba'}, \quad v^a = h^{ab'} v_{b'}.$$

Nótese que todos los índices primados pueden eliminarse utilizando $h_{a'b}$ (y la inversa correspondiente $h^{ab'}$) en virtud de las relaciones anteriores, que puede aplicarse índice a índice a cualquier cantidad tensorial. El espacio complejo conjugado es por ello «identificado» con el espacio dual, en lugar de tener que ser un espacio totalmente separado.

La operación de «conjugación compleja» —normalmente llamada *conjugación hermítica*— que incorpora esta identificación con el dual dentro de la noción de conjugación compleja (aunque no escrita habitualmente en la notación de índices) tiene una importancia fundamental en la mecánica cuántica, así como en muchas otras áreas de las matemáticas y de la física (tales como la teoría de twistores; véase §33.5). En la literatura mecanocuántica, esta se denota a menudo con una *daga* «†», pero a veces mediante un *asterisco* «*****».

Yo prefiero el asterisco, que es más habitual en la literatura matemática, de modo que aquí lo utilizaré —en negrita—. El asterisco es apropiado porque intercambia los papeles del espacio vectorial **V** y su dual **V***. Un tensor complejo de valencia $\left[\begin{smallmatrix} p \\ q \end{smallmatrix}\right]$ (del que se han eliminado

[13.53] Verifique estas relaciones explicando la consistencia notacional de $h^{ab'}$.

todos los índices primados, como antes) se aplica mediante $*$ en un tensor de valencia $[^q_p]$. Así pues, los superíndices se convierten en subíndices y los subíndices en superíndices bajo la acción de $*$. Cuando se aplica a escalares, $*$ es simplemente la operación ordinaria de conjugación compleja. La operación $*$ es una noción equivalente para la propia forma hermítica $\boldsymbol{h}$.

La operación de conjugación hermítica más familiar (que ocurre cuando se toma la delta de Kronecker como componentes $h_{a'b}$) toma simplemente el complejo conjugado de cada componente, reorganizando las componentes de modo que se lean superíndices como subíndices y subíndices como superíndices. En consecuencia, la matriz de componentes de una transformación lineal se toma como la traspuesta de su conjugada compleja (a veces llamada la *traspuesta conjugada* de la matriz), de modo que en el caso 2×2 tenemos

$$\begin{pmatrix} a & b \\ c & d \end{pmatrix}^* = \begin{pmatrix} \bar{a} & \bar{c} \\ \bar{b} & \bar{d} \end{pmatrix}.$$

Una *matriz hermítica* es una matriz que es igual a su conjugada hermítica en este sentido. Este concepto, y el más general y abstracto de *operador hermítico*, son de gran importancia en teoría cuántica.

Notemos que $*$ es *antilineal* en el sentido

$$(\boldsymbol{T} + \boldsymbol{U})^* = \boldsymbol{T}^* + \boldsymbol{U}^*,$$
$$(z\boldsymbol{T})^* = \bar{z}\boldsymbol{T}^*,$$

aplicada a tensores $\boldsymbol{T}$ y $\boldsymbol{U}$, ambos de la misma valencia, y para cualquier número complejo z. La acción de $*$ debe conservar también los productos de tensores, pero debido a la inversión de la posición de los índices, invierte el orden de las contracciones; en particular, cuando se aplica $*$ a transformaciones lineales (consideradas como tensores con un subíndice y un superíndice), el orden de multiplicación se invierte:

$$(\boldsymbol{LM})^* = \boldsymbol{M}^* \boldsymbol{L}^*.$$

En la notación diagramática es muy cómodo representar esta operación de conjugación como una reflexión en un plano horizontal. Esto intercambia subíndices y superíndices, como se requiere; véase la Fig. 13.19.

La operación $*$ nos permite definir un *producto escalar hermítico* en-

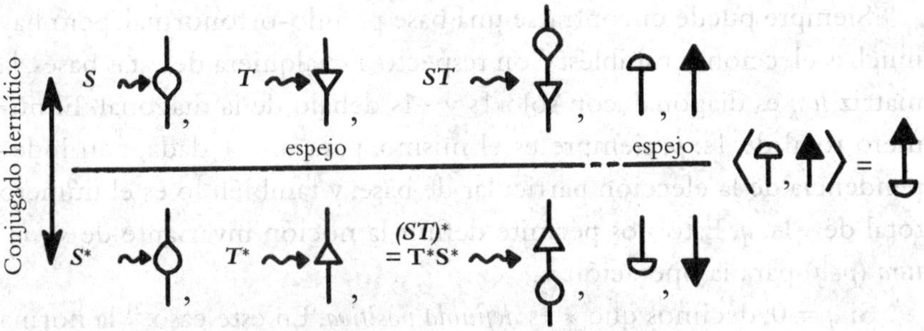

Fig. 13.19. Operación de conjugación hermítica (∗) convenientemente representada como reflexión en un plano horizontal. Esta intercambia «brazos» y «piernas» e invierte el orden de multiplicación: $(ST)^* = T^*S^*$. Se da la expresión diagramática para el producto escalar hermítico $\langle v|w\rangle = v^*w$ (de modo que tomar su conjugado complejo reflejaría el diagrama en el extremo derecho al revés).

tre dos elementos v y w, de **V**, a saber, el producto escalar del covector v^* con el vector w (las diferentes notaciones son útiles en contextos diferentes):

$$\langle v \mid w\rangle = v^* \cdot w = h(v, w)$$

(y véase la Fig. 13.19), y tenemos

$$\langle v \mid w\rangle = \overline{\langle w \mid v\rangle}.$$

En el caso particular $w = v$, obtenemos la *norma* de v con respecto a ∗:

$$\|v\| = \langle v \mid v\rangle.$$

Podemos escoger una base $(e_1, e_2, \ldots, e_n)$ para **V**, y entonces las componentes $h_{a'b}$ en esta base son simplemente los n^2 números complejos

$$h_{a'b} = h(e_a, e_b) = \langle e_a \mid e_b\rangle,$$

que constituyen los elementos de una matriz hermítica. La base $(e_1, e_2, \ldots, e_n)$ se denomina *pseudo-ortonormal* con respecto a ∗, si

$$\langle e_i \mid e_j\rangle = \begin{cases} \pm 1 & \text{si } i = j \\ 0 & \text{si } i \neq j \end{cases};$$

en el caso en que todos los signos ± son +, i.e., cuando cada ± 1 es exactamente 1, la base es *ortonormal*.

Siempre puede encontrarse una base pseudo-ortonormal, pero hay muchas elecciones posibles. Con respecto a cualquiera de estas bases, la matriz $h_{a'b}$ es diagonal, con solo 1s y −1s debajo de la diagonal. El número total de 1s, p, siempre es el mismo, para una $*$ dada, con independencia de la elección particular de base, y también lo es el número total de −1s, q. Esto nos permite definir la noción invariante de *signatura* (p, q) para la operación $*$.

Si $q = 0$, decimos que $*$ es *definida positiva*. En este caso,[21] la norma de cualquier vector no nulo es siempre positiva:[13.54]

$$\boldsymbol{v} \neq 0 \quad \textit{implica} \quad \|\boldsymbol{v}\| > 0.$$

Nótese que esta noción de «definida positiva» generaliza la de §13.8 al caso complejo.

Una transformación lineal $\boldsymbol{T}$ cuya inversa es $\boldsymbol{T}^*$, de modo que

$$\boldsymbol{T}^{-1} = \boldsymbol{T}^*, \text{i.e.,} \quad \boldsymbol{T}\,\boldsymbol{T}^* = \boldsymbol{I} = \boldsymbol{T}^*\,\boldsymbol{T},$$

se llama *unitaria* en el caso definido positivo y *pseudounitaria* en caso contrario.[13.55] El término «matriz unitaria» se refiere a una matriz $\boldsymbol{T}$ que satisface la relación anterior cuando $*$ representa la operación traspuesta conjugada habitual, de modo que $\boldsymbol{T}^{-1} = \bar{\boldsymbol{T}}$.

El grupo de transformaciones unitarias en n dimensiones, o de matrices unitarias $(n \times n)$, se denomina *grupo unitario* $\mathrm{U}(n)$. De forma más general, obtenemos el grupo pseudounitario $\mathrm{U}(p, q)$ cuando $*$ tiene signatura (p, q).[22] Si las transformaciones tienen determinante unidad, entonces obtenemos correspondientemente $\mathrm{SU}(p)$ y $\mathrm{SU}(p, q)$. Las transformaciones unitarias desempeñan un papel esencial en mecánica cuántica (y también tienen gran valor en diversos contextos puramente matemáticos).

13.10. Grupos simplécticos

En las dos secciones precedentes hemos encontrado los grupos ortogonales y unitarios. Estos son ejemplos de los denominados *grupos clásicos*,

[13.54] Demuéstrelo.
[13.55] Demuestre que estas transformaciones son precisamente las que conservan la correspondencia entre vectores $\boldsymbol{v}$ y covectores $\boldsymbol{v}^*$, y que son las que conservan h_{ab}.

a saber, los grupos simples de Lie distintos de los excepcionales; véase §13.2. La lista de grupos clásicos se completa con la familia de los grupos *simplécticos*. Estos tienen gran importancia en la física *clásica*, como veremos sobre todo en §20.4, y también en física cuántica, especialmente en el caso de la dimensión infinita (§26.3).

¿Qué es un grupo simpléctico? Volvamos de nuevo a la noción de una forma bilineal, pero donde en lugar de la simetría ($\boldsymbol{g}(\boldsymbol{x}, \boldsymbol{y}) = \boldsymbol{g}(\boldsymbol{y}, \boldsymbol{x})$) requerida para definir el grupo ortogonal, imponemos *antisimetría*

$$\boldsymbol{s}(\boldsymbol{x}, \boldsymbol{y}) = -\boldsymbol{s}(\boldsymbol{y}, \boldsymbol{x}),$$

junto con linealidad

$$\boldsymbol{s}(\boldsymbol{x}, \boldsymbol{y} + \boldsymbol{w}) = \boldsymbol{s}(\boldsymbol{x}, \boldsymbol{y}) + \boldsymbol{s}(\boldsymbol{x}, \boldsymbol{w}), \quad \boldsymbol{s}(\boldsymbol{x}, \lambda\boldsymbol{y}) = \lambda\boldsymbol{s}(\boldsymbol{x}, \boldsymbol{y}),$$

donde la linealidad en la primera variable $\boldsymbol{x}$ se sigue ahora de la *anti*simetría. Podemos escribir nuestra forma antisimétrica de diversas maneras como

$$\boldsymbol{s}(\boldsymbol{x}, \boldsymbol{y}) = x^a s_{ab} y^b = \mathbf{x}^{\mathsf{T}}\mathbf{S}\mathbf{y},$$

igual que en el caso simétrico, pero donde s_{ab} es *antisimétrica*:

$$s_{ba} = -s_{ab} \quad \text{i.e.,} \quad \mathbf{S}^{\mathsf{T}} = -\mathbf{S},$$

siendo $\mathbf{S}$ la matriz de componentes de s_{ab}. Exigimos que $\mathbf{S}$ sea no singular. Entonces s_{ab} tiene una inversa s^{ab}, que satisface[23]

$$s_{ab}s^{bc} = \delta_a^c = s^{cb}s_{ba},$$

donde $s^{ab} = -s^{ba}$.

Notemos que, por analogía con una matriz simétrica, una matriz antisimétrica $\mathbf{S}$ es igual a *menos* su traspuesta. Es importante observar que una matriz $n \times n$ antisimétrica $\mathbf{S}$ puede ser no singular solo si n es par.[13.56] Aquí n es la dimensión del espacio $\mathbf{V}$ al que pertenecen $\mathbf{x}$ e $\mathbf{y}$, y, de hecho, tomamos n par.

Los elementos $\mathbf{T}$ de GL(n) que conservan una s_{ab} antisimétrica no singular (o, lo que es equivalente, la forma bilineal $\mathbf{s}$), en el sentido

$$s_{ab}T^a{}_c\, T^b{}_d = s_{cd}, \quad \text{i.e.,} \quad \mathbf{T}^{\mathsf{T}}\mathbf{S}\,\mathbf{T} = \mathbf{S},$$

[13.56] Demuéstrelo.

se denominan *simplécticos*, y el grupo de dichos elementos se denomina *grupo simpléctico* (un grupo de importancia muy considerable en mecánica clásica, como veremos en §20.4). Sin embargo, existe alguna confusión en la literatura con respecto a esta terminología. Es más preciso desde el punto de vista matemático definir un grupo simpléctico (real) como una forma real del grupo simpléctico *complejo* $\mathrm{Sp}(\frac{1}{2}n, \mathbb{C})$, definido como el grupo de las $T^a{}_b$ *complejas* (o **T**) que satisfacen la relación anterior. La forma real que se acaba de definir es no compacta; pero, de acuerdo con los comentarios que se han hecho al final de §13.7 —y siendo $\mathrm{Sp}(\frac{1}{2}n, \mathbb{C})$ semisimple—, existe otra forma real de este grupo complejo que *es* compacta, y es *esta* la que normalmente se conoce como el grupo simpléctico (real) $\mathrm{Sp}(\frac{1}{2}n)$.

¿Cómo encontramos estas diferentes formas reales? De hecho, como sucede en el caso de los grupos ortogonales, existe una noción de *signatura* que no es tan conocida como en los casos de los grupos ortogonales y los unitarios. El grupo simpléctico de transformaciones reales que conservan s_{ab} sería el caso de «signatura dividida» de signatura $(\frac{1}{2}n, \frac{1}{2}n)$. En el caso compacto, el grupo simpléctico tiene signatura $(n, 0)$ o $(0, n)$.

¿Cómo se define esta signatura? Para cada par de números naturales p y q tales que $p + q = n$, podemos definir una correspondiente «forma real» del grupo complejo $\mathrm{Sp}(\frac{1}{2}n, \mathbb{C})$ tomando solo aquellos elementos que son también pseudounitarios para la signatura (p, q), i.e., que pertenecen a $\mathrm{U}(p, q)$ (véase §13.9). Esto nos da[24] el grupo pseudosimpléctico $\mathrm{Sp}(p, q)$. (Otra manera de decirlo es decir que $\mathrm{Sp}(p, q)$ es la intersección de $\mathrm{Sp}(\frac{1}{2}n, \mathbb{C})$ con $\mathrm{U}(p, q)$.) En notación de índices, podemos definir $\mathrm{Sp}(p, q)$ como el grupo de transformaciones lineales complejas $T^a{}_b$ que conservan la s_{ab} antisimétrica, como antes, y también una matriz hermítica **H** de componentes $h_{a'b}$, en el sentido de que

$$\bar{T}^{a'}{}_{b'}\, T^{a}{}_{b}\, h_{a'a} = h_{b'b},$$

donde **H** tiene signatura (p, q) (de modo que podemos encontrar una base pseudo-ortonormal para la que **H** es diagonal con p entradas 1 y q entradas -1; véase §13.9).[25] El grupo simpléctico *clásico* compacto $\mathrm{Sp}(\frac{1}{2}n)$ es mi $\mathrm{Sp}(n, 0)$ (o $\mathrm{Sp}(0, n)$), pero la forma de mayor importancia en física clásica es $\mathrm{Sp}(\frac{1}{2}n, \frac{1}{2}n)$.[13.57]

Igual que con los grupos ortogonales y unitarios, podemos encontrar elecciones de base para las que las componentes s_{ab} tienen una forma particularmente simple. Sin embargo, ahora no podemos tomar una forma diagonal ¡porque la única matriz diagonal antisimétrica es nula! En su lugar, podemos tomar la matriz s_{ab} consistente en bloques 2×2 bajo la diagonal principal, de la forma

$$\begin{pmatrix} 0 & 1 \\ -1 & 0 \end{pmatrix}.$$

En el caso familiar con signatura dividida $\mathrm{Sp}(\frac{1}{2}n, \frac{1}{2}n)$, podemos tomar las transformaciones lineales *reales* que conservan dicha forma. El caso general $\mathrm{Sp}(p, q)$ se muestra tomando, en lugar de transformaciones reales, transformaciones pseudounitarias de signatura (p, q).[13.58]

Para varios valores (pequeños) de p y q, algunos de los grupos ortogonales, unitarios y simplécticos son iguales («isomorfos»), o al menos localmente iguales («localmente isomorfos»), en el sentido de tener las mismas álgebras de Lie (cf. §13.6).[26] El ejemplo más elemental es el grupo SO(2), que describe el grupo de simetrías no reflexivas de un círculo, que es el mismo que el grupo unitario U(1), el grupo multiplicativo de números complejos $e^{i\theta}$ (θ real) de módulo unidad.[13.59] De particular importancia para la física es el hecho de que SU(2) y Sp(1) son iguales, y son localmente iguales a SO(3) (pues son el recubrimien-

[13.57] Encuentre descripciones explícitas de Sp(1) y Sp(1,1) utilizando esta fórmula. ¿Puede ver por qué los grupos $\mathrm{Sp}(0, n)$ son compactos?

[13.58] Muestre por qué estas dos descripciones diferentes para el caso $p = q = \frac{1}{2}$ son equivalentes.

[13.59] ¿Por qué son iguales?

to doble de este último grupo, de acuerdo con la naturaleza doble de la representación cuaterniónica de las rotaciones en el 3-espacio, como se ha descrito en §11.3). Esto tiene gran importancia para la física cuántica del *espín* (§22.8). De importancia en la teoría de la relatividad es el hecho de que SL(2, ℂ), siendo el mismo que Sp(1, ℂ), es localmente igual a la parte no reflexiva del grupo de Lorentz O(1, 3) (de nuevo un recubrimiento doble del mismo). También encontramos que SU(1, 1), Sp(1, 1) y SO(2, 1) son iguales, y hay varios ejemplos más. Especialmente valiosa para la teoría de twistores es la identidad local entre SU(2, 2) y la parte no reflexiva del grupo O(2, 4) (véase §33.3).

El álgebra de Lie de un grupo simpléctico se obtiene buscando soluciones **X** de la ecuación matricial

$$\mathbf{X}^{\mathrm{T}}\mathbf{S} + \mathbf{S}\,\mathbf{X} = 0, \quad \text{i.e.,} \quad \mathbf{S}\,\mathbf{X} = (\mathbf{S}\,\mathbf{X})^{\mathrm{T}},$$

de modo que la transformación infinitesimal (elemento del álgebra de Lie) **X** es simplemente $\mathbf{S}^{-1}$ multiplicado por una matriz $n \times n$ simétrica. Esto permite ver directamente la dimensionalidad $\frac{1}{2}n(n+1)$ del grupo simpléctico. Nótese que **X** tiene que ser libre de traza (i.e., traza $\mathbf{X} = 0$; véase §13.4).[13.60] Las álgebras de Lie para grupos ortogonales y unitarios se obtienen también fácilmente, en términos, respectivamente, de matrices antisimétricas y múltiplos imaginarios puros de matrices hermíticas, cuyas dimensiones respectivas son $n(n-1)/2$ y n^2.[13.61]

Notemos de §13.4 que, para que las transformaciones tengan determinante unidad, la traza del elemento infinitesimal $\boldsymbol{X}$ debe anularse. Esto es automático en el caso simpléctico (señalado antes), y en el caso ortogonal todos los elementos infinitesimales tienen determinante unidad.[13.62] En el caso unitario, la restricción a SU(n) es una condición adicional (traza $\boldsymbol{X} = 0$), de modo que la dimensión del grupo se reduce a $n^2 - 1$.

[13.60] Explique de dónde procede la ecuación $\boldsymbol{X}^{\mathrm{T}}\boldsymbol{S} + \boldsymbol{S}\boldsymbol{X} = 0$ y por qué $\boldsymbol{S}\boldsymbol{X} = (\boldsymbol{S}\boldsymbol{X})^{\mathrm{T}}$. ¿Por qué se anula la traza $\boldsymbol{X}$? Dé el álgebra de Lie explícitamente. ¿Por qué es de esta dimensión?

[13.61] Describa dichas álgebras de Lie y obtenga dichas dimensiones.

[13.62] ¿Por qué, y qué significa esto geométricamente?

Los *grupos clásicos* mencionados en §13.2, a veces etiquetados A_m, B_m, C_m, D_m (para $m = 1, 2, 3, \ldots$), son simplemente los grupos respectivos $SU(m + 1)$, $SO(2m + 1)$, $Sp(m)$ y $SO(2m)$ que hemos examinado en §§13.8-10, y vemos de lo anterior que tienen dimensiones respectivas $m(m + 2)$, $m(2m + 1)$, $m(2m + 1)$, y $m(2m - 1)$, como se ha afirmado en §13.2. Así, el lector ha tenido la oportunidad de hacerse una idea de todos los grupos simples clásicos. Como hemos visto, tales grupos, y algunas de las otras «formas reales» (o sus complexificaciones), desempeñan un papel importante en física. Nos familiarizaremos un poco más con todo esto en el próximo capítulo. Como se ha mencionado al principio de este capítulo, según la física moderna, todas las interacciones están gobernadas por «conexiones gauge» que, técnicamente, dependen crucialmente de espacios que tienen simetrías exactas. Sin embargo, aún tenemos que saber qué es realmente una «teoría gauge». Esto se abordará en el capítulo 15.

Notas

Sección 13.1

13.1. Abel nació en 1802 y murió de tuberculosis en 1829, a los veintiséis años. La teoría de grupos no abelianos ($ab \neq ba$) más general fue introducida por el matemático francés Évariste Galois (1811-1832), que murió de manera aún más trágica en un duelo antes de cumplir los veintiún años, tras haber pasado la noche anterior a su muerte desarrollando febrilmente sus revolucionarias ideas sobre el uso de grupos para investigar la solubilidad de las ecuaciones algebraicas, hoy día denominada *teoría de Galois*.

13.2. Deberíamos también tomar nota de que «$-\mathbf{C}$» significa «tomar el complejo conjugado, y multiplicarlo por -1», i.e., $-\mathbf{C} = (-1)\mathbf{C}$.

13.3. La S viene de «especial» (que significa «de determinante unidad»), lo que, en el contexto presente, nos dice simplemente que están excluidos los movimientos que invierten la orientación. La O viene de «ortogonal», lo que tiene que ver con el hecho de que los movimientos que representa conservan la «ortogonalidad» (es decir, la naturaleza de ángulo recto) de los ejes de coordenadas. El 3 se refiere a que estamos considerando rotaciones en tres dimensiones.

13.4. Existe un notable teorema que nos dice que no solo todo grupo continuo es también *suave* (i.e., C^0 implica C^1, en la notación de §§6.3,6, e incluso C^0 implica C^∞), sino que es también *analítico* (i.e., C^0 implica C^ω). Este famoso resultado, que representó la solución de lo que se llegó a conocer como «el quinto problema de Hilbert», fue obtenido por Andrew Mattei Gleason, Deane Montgomery, Leo Zippin y Hidehiko Yamabe en 1953; véase Montgomery y Zippin (1955). Esto justifica el uso de series de potencias en §13.6.

Sección 13.2

13.5. Véase Van der Waerden (1985), pp. 166-174.

13.6. Véase Devlin (1988).

13.7. Véanse Conway y Norton (1972) y Dolan (1996).

Sección 13.3

13.8. Veremos en §14.1. que un espacio euclídeo es un ejemplo de espacio *afín*. Si seleccionamos un punto concreto (origen) O, se convierte en un espacio vectorial.

13.9. En muchos lugares de este libro será conveniente —y a veces esencial— escalonar los índices en un símbolo de tipo tensorial. En el caso de una transformación lineal, necesitamos hacerlo para expresar el orden de la multiplicación de matrices.

13.10. Esta región es un espacio vectorial de dimensión r (donde $r < n$). Llamamos a r el *rango* de la matriz o de la transformación lineal $\boldsymbol{T}$. Una matriz $n \times n$ no singular tiene rango n. (El concepto de «rango» se aplica también a matrices rectangulares.) Compárese con la nota 12.18.

13.11. Para una historia de la teoría de matrices, véase MacDuffe (1933).

Sección 13.5

13.12. En aquellas situaciones degeneradas en las que los autovectores no llenan todo el espacio (es decir, algún d es menor que el correspondiente r), aún podemos encontrar una forma canónica, pero ahora permitimos que aparezcan 1s inmediatamente por encima de la diagonal principal, que residen dentro de bloques cuadrados cuyos términos diagonales son autovalores *iguales* (*forma normal de Jordan*); véase Anton y Busby (2003). Al parecer, Weierstrauss había encontrado, efectivamente, esta forma normal en 1868, dos años antes de Jordan; véase también Hawkins (1977).

Sección 13.6

13.13. Para ilustrar este punto, consideremos SL(n, $\mathbb{R}$) (i.e., los elementos de determinante unidad del propio GL(n, $\mathbb{R}$)). Este grupo tiene un «recubrimiento doble» $\widetilde{\mathrm{SL}}$(n, $\mathbb{R}$) (siempre que $n \geq 3$), que se obtiene a partir de SL(n, $\mathbb{R}$) básicamente de la misma forma con que, en efecto, encontramos el recubrimiento doble $\widetilde{\mathrm{SO}}$(3) de SO(3) cuando considerábamos las rotaciones de un libro, con el cinturón unido, en §11.3. Así, $\widetilde{\mathrm{SO}}$(3) es el grupo de rotaciones (no reflexivas) de un *objeto espinorial* en un 3-espacio ordinario. De la misma manera, podemos considerar «objetos espinoriales» que están sujetos a las transformaciones lineales más generales que permiten «comprimir» o «estirar», como se ha discutido en §13.3. De esta manera, llegamos al grupo $\widetilde{\mathrm{SL}}$(n, $\mathbb{R}$), que es *localmente* igual que SL(n, $\mathbb{R}$), pero que, de hecho, no puede ser representado con fidelidad en ningún GL(m).Véase la nota 15.9.

13.14. Esta noción está bien definida; cf. nota 13.4.

Sección 13.7

13.15. Véase Thirring (1983).

13.16. Aquí, de nuevo, tenemos un ejemplo de la manera caprichosa de dar nombre a los conceptos matemáticos. Mientras que muchas nociones de gran importancia en esta materia, a las que se une convencionalmente el nombre de Cartan (por ejemplo, «subálgebra de Cartan, entero de Cartan»), se debían originalmente a Killing (véase §13.2), lo que conocemos como «forma de Killing» se debe realmente a Cartan (y Hermann Weyl); véase Hawkins (2000), sección 6.2. Sin embargo, el «vector de Killing» que encontraremos en §30.6 se debe en realidad a Killing (Hawkins, 2000, nota 20, p. 128).

13.17. Estoy siendo (deliberadamente) un poco resbaladizo desde el punto de vista matemático en mi uso de la expresión «igual» en este tipo de contexto. El término matemático estricto es «isomorfo».

Sección 13.8

13.18. No he sido muy explícito sobre este procedimiento hasta este momento. Una base $\boldsymbol{e} = (\boldsymbol{e}_1, \ldots, \boldsymbol{e}_n)$ para $\mathbf{V}$ está asociada con una base dual —que es una base $\boldsymbol{e}^* = (\boldsymbol{e}^1, \ldots, \boldsymbol{e}^n)$ para $\mathbf{V}^*$— con la propiedad de que $e^i \cdot e^j = \delta^i_j$. Las componentes de un tensor $\mathbf{Q}[^p_q]$-valentes se obtienen aplicando la función multilineal de §12.8 a los diversos conjuntos de p elementos de la base dual y q elementos de la base: $\mathbf{Q}^{f\ldots h}_{a\ldots c} = \mathbf{Q}(\boldsymbol{e}^f, \ldots, \boldsymbol{e}^h; \boldsymbol{e}_a, \ldots, \boldsymbol{e}_c)$.

13.19. Véase la nota 13.3.

13.20. Véase la nota 13.10. El lector puede preguntarse por qué los $T^a{}_b$ de §13.5 pueden tener muchas invariantes, a saber, todos sus *autovalores* λ_1, $\lambda_2, \lambda_3, \ldots \lambda_n$, mientras que g_{ab} no los tiene. La respuesta reside simplemente en la diferencia en el comportamiento de la transformación implícito en la diferente posición de los índices.

Sección 13.9

13.21. Nótese que, en el caso definido positivo, $(\boldsymbol{e}^*_1, \boldsymbol{e}^*_2, \ldots, \boldsymbol{e}^*_n)$ es una *base dual* de $(\boldsymbol{e}_1, \boldsymbol{e}_2, \ldots \boldsymbol{e}_n)$, en el sentido de la nota 13.18.

13.22. Los grupos U(p, q), para $p + q = n$ fijo, así como GL$(n, \mathbb{R})$, tienen todos la misma complexificación, a saber, GL$(n, \mathbb{C})$, y todos pueden ser considerados como diferentes formas reales de este grupo complejo.

Sección 13.10

13.23. Podemos entonces utilizar s_{ab} y s^{ab} para subir y bajar índices de tensores, igual que con g_{ab} y g^{ab}, de modo que $\boldsymbol{v}_a = s_{ab}\boldsymbol{v}^b$, $\boldsymbol{v}^a = s^{ab}\boldsymbol{v}_b$ (véase §13.8); pero, debido a la antisimetría, debemos tener mucho cuidado de hacer consistente el orden de los índices. Los lectores que estén familiarizados con el cálculo 2-espinorial (véase Penrose y Rindler, 1984, vol. 1) notarán una ligera discrepancia notacional entre nuestro s_{ab} y el ε_{AB} de dicho cálculo.

13.24. No conozco ninguna terminología o notación estándar para estas diversas formas reales, de modo que la notación Sp(p, q) se ha inventado para los fines presentes.

13.25. De hecho, todo elemento de Sp$(\frac{1}{2}n, \mathbb{C})$ tiene determinante unidad, de modo que no necesitamos un «SSp$(\frac{1}{2}n)$» por analogía con SO(n) y SU(n). La razón es que hay una expresión (el «pfaffiano») para el $\varepsilon\ldots$ de Levi-Civita en términos de los s_{ab}, que debe conservarse cualesquiera que sean los s_{ab}.

13.26. Véase la nota 13.17.

14

Cálculo infinitesimal en variedades

14.1. ¿Diferenciación en una variedad?

En el capítulo anterior (en §§13.3,6-10) hemos visto cómo pueden actuar los grupos de simetría sobre espacios vectoriales, representados por transformaciones lineales de dichos espacios. Para un grupo específico podemos considerar que el espacio vectorial posee cierta *estructura* concreta que es conservada por las transformaciones. Esta noción de estructura es importante. Por ejemplo, podría ser una estructura métrica, en el caso del grupo ortogonal (§13.8), o una estructura hermítica, que es conservada por un grupo unitario (§13.9). Como se ha señalado antes, la teoría de representación de grupos como acciones sobre espacios vectoriales tiene de un modo general gran importancia en muchas áreas de las matemáticas y la física, especialmente en teoría cuántica, donde, como veremos más adelante (especialmente, en §22.3), los espacios vectoriales con una estructura (producto escalar) hermítica forman la base esencial de dicha teoría.

Sin embargo, un espacio vectorial es en sí mismo un tipo muy especial de espacio, y se necesita algo mucho más general para las matemáticas de gran parte de la física moderna. Ni siquiera la antigua geometría de Euclides es un espacio vectorial, porque un espacio vectorial tiene que tener un punto privilegiado particular, a saber, el *origen* (dado por el vector cero), mientras que en la geometría euclídea todos los puntos están en pie de igualdad. De hecho, el espacio euclídeo es un ejemplo de lo que se denomina un espacio *afín*. Un espacio afín es similar a un espacio vectorial, salvo que «olvidamos» el origen; en efecto, es un espacio en el que existe una noción consistente de paralelogramo.[14.1],[14.2] En cuanto especificamos un punto particular como origen, esto nos permite definir la suma de vectores mediante la «ley del paralelogramo» (véanse §13.3 y la Fig. 13.4).

El espaciotiempo curvo de la extraordinaria teoría de la relatividad general de Einstein es por supuesto más general que un espacio vectorial; es una 4-variedad. Pero su noción de geometría espaciotemporal requiere cierta estructura (local), y no tan solo la de una variedad suave (como se ha estudiado en el capítulo 12). Análogamente, los espacios de configuración o los espacios de fases de los sistemas físicos (brevemente considerados en §12.1) también poseen estructuras locales. ¿Cómo asignamos esta estructura necesaria? Una estructura local semejante podría proporcionar una medida de «distancia» entre puntos (en el caso de una estructura métrica), o de «área de una superficie» (como se especifica en el caso de una estructura simpléctica; cf. §13.10), o de «ángulo» entre curvas (como sucede con la estructura conforme de una superficie de Riemann; cf. §8.2), etc. En todos estos ejemplos, las nociones de espacio vectorial son las que se necesitan para decirnos cuál es esta geometría local, siendo el espacio vectorial en cuestión el *espacio tangente n-dimensional* $\mathcal{T}_p$ de un punto típico p de la variedad $\mathcal{M}$ (donde podemos considerar $\mathcal{T}_p$ como la vecindad inmediata de p en $\mathcal{M}$ «infinitamente estirada»; véase la Fig. 12.6).

En consecuencia, las diversas estructuras de grupo y entidades tensoriales que hemos encontrado en el capítulo 13 pueden tener una relevancia local en los puntos individuales de una variedad. Veremos que el espaciotiempo curvo de Einstein tiene una estructura local que está dada por una (pseudo)métrica lorentziana (§13.8) en cada espacio tangente, mientras que los espacios de fases (cf. §12.1) de la mecánica clásica tienen estructuras simplécticas locales (§13.10). Estos dos ejemplos

[14.1] Representemos por $[a, b; c, d]$ el enunciado «*abcd* forma un paralelogramo» (donde *abcd* se toman cíclicamente, como en §5.1). Tomemos como axiomas (i) para cualesquiera a, b y c, existe d tal que $[a, b; c, d]$; (ii) si $[a, b; c, d]$, entonces $[b, a; d, c]$ y $[a, c; b, d]$; (iii) si $[a, b; c, d]$ y $[a, b; e, f]$, entonces $[c, d; e, f]$. Demuestre que cuando se singulariza cualquier punto escogido y se etiqueta como el origen esta estructura algebraica se reduce a la de un «espacio vectorial», aunque sin la operación de «multiplicación por un escalar», dada en §11.1, es decir, obtenemos las reglas de un grupo abeliano aditivo; véase el ejercicio [13.2].

[14.2] ¿Puede ver cómo generalizar esto al caso no abeliano?

de variedades con estructura desempeñan papeles clave en la teoría física moderna. Pero ¿qué forma de cálculo infinitesimal puede aplicarse dentro de tales espacios?

Como se acaba de comentar, las variedades n-dimensionales que hemos estudiado en el capítulo 12 solo necesitaban ser suaves, sin ninguna otra estructura local especificada. En semejante variedad suave y sin estructura $\mathcal{M}$ hay relativamente pocas operaciones significativas basadas en el cálculo. Y, lo que es más importante, ni siquiera tenemos una noción general de diferenciación que pueda aplicarse en general dentro de $\mathcal{M}$.

Debería aclarar este punto. En cualquier carta de coordenadas particular podríamos, por supuesto, diferenciar simplemente las diversas cantidades de interés con respecto a cada una de las coordenadas $x^1, x^2, \ldots, x^n$ en dicha carta, mediante el uso de operadores de derivación (parcial) $\partial/\partial x^1, \partial/\partial x^2, \ldots, \partial/\partial x^n$. (véase §10.2). Pero en la mayoría de los casos las respuestas no tendrían significado geométrico porque dependen de la elección concreta (arbitraria) de coordenadas que se ha hecho, y las respuestas no empalmarían en general cuando pasamos de una carta a otra (cf. Fig. 10.7).

Sin embargo, en §12.6 hemos tomado nota de una importante noción de diferenciación que realmente sí se aplica en una n-variedad (sin estructura) suave general —que coincide de una carta a la siguiente—, a saber, la *derivada exterior* de una forma diferencial. Pero esta operación tiene un alcance algo limitado, en la medida en que se aplica solo a p-formas y, además, no da mucha información acerca de cómo varía una p-forma. ¿Podemos dar una noción más completa de «derivada» de una cantidad en una variedad suave general, por ejemplo, de un campo vectorial o tensorial? Una noción semejante tendría que estar definida independientemente de cualesquiera coordenadas particulares que pudieran haberse escogido para etiquetar puntos en una carta. De hecho, sería bueno tener algún tipo de cálculo infinitesimal independiente de las coordenadas que pueda aplicarse a estructuras en variedades, y que nos permita expresar cómo varía un campo vectorial o tensorial cuando nos movemos de un lugar a otro. Pero ¿cómo puede lograrse esto?

14.2. Transporte paralelo

Recordemos de §10.3 y §12.3 que en el caso de un campo *escalar* Φ en una n-variedad suave general $\mathcal{M}$, hemos sido capaces de proporcionar una medida apropiada de su «tasa de cambio», a saber, la 1-forma $\mathrm{d}\Phi$, donde $\mathrm{d}\Phi = 0$ es la condición de que Φ sea constante (a lo largo de regiones conexas de $\mathcal{M}$). Sin embargo, esta idea no funcionará para una cantidad tensorial general. Ni siquiera funcionará para un campo vectorial ξ. ¿Por qué es así? Una dificultad está en que en una variedad general no tenemos una noción apropiada de la constancia de ξ (como veremos enseguida), mientras que cualquier operación de diferenciación («gradiente») digna que se aplica a ξ debería tener la propiedad de que su anulación señala la constancia de ξ (como, de hecho, $\mathrm{d}\Phi = 0$ señala la constancia de un campo escalar Φ). Con más generalidad, esperaríamos que para un ξ «no constante», dicha operación de derivación debería estar midiendo la *desviación* de ξ respecto de la constancia.

¿Por qué hay un problema con esta noción de «constancia» vectorial, en una n-variedad general $\mathcal{M}$? Un campo vectorial constante ξ, en un espacio euclídeo ordinario, debería tener la propiedad de que todas las «flechas» de su descripción geométrica son paralelas entre sí. Así pues, alguna noción de «paralelismo» tendría que formar parte de la estructura de $\mathcal{M}$. Uno podría estar preocupado por esto, teniendo en cuenta la cuestión del quinto postulado de Euclides —el postulado de las paralelas—, capital en la discusión del capítulo 2. La geometría hiperbólica, por ejemplo, no admite campos vectoriales que puedan considerarse inequívocamente «paralelos» en todas partes. En cualquier caso, una noción de «paralelismo» no es algo que $\mathcal{M}$ posea meramente en virtud de ser una variedad suave. En la Fig. 14.1 se ilustra esta di-

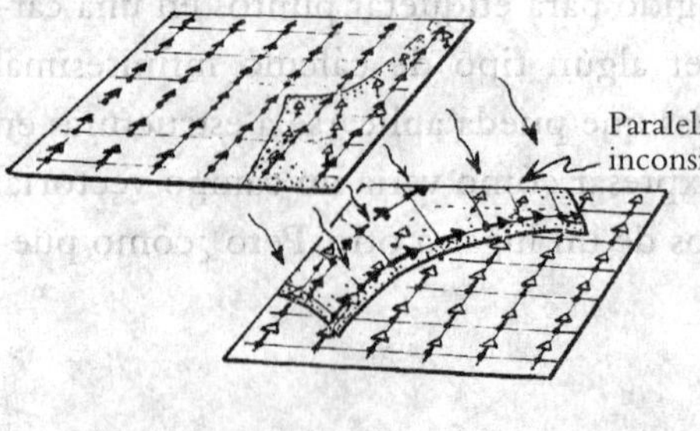

Fig. 14.1. Es probable que la noción euclídea de «paralela» sea inconsistente en el solapamiento entre cartas de coordenadas.

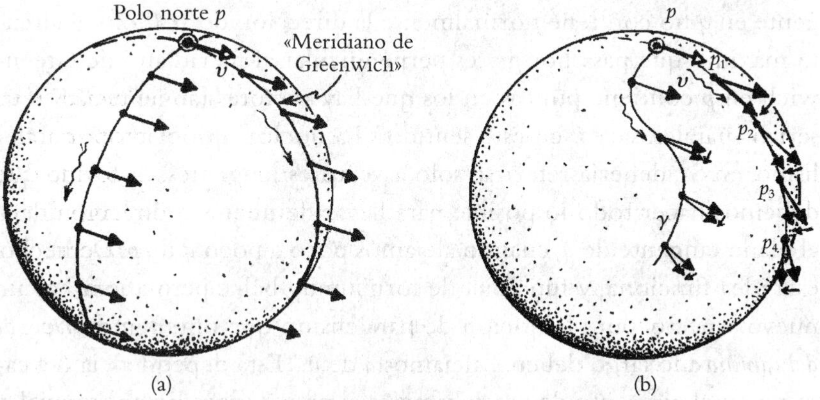

Fig. 14.2. Paralelismo sobre la esfera S^2. Escojamos p en el polo norte, con vector tangente $\boldsymbol{v}$ que apunta a lo largo del meridiano de Greenwich. ¿Qué vectores tangentes, en otros puntos de S^2, van a ser considerados «paralelos» a $\boldsymbol{v}$? (a) La noción euclídea directa de «paralela», a partir de la inmersión de S^2 en $\mathbb{E}^3$, no funciona porque (excepto a lo largo del meridiano perpendicular al meridiano de Greenwich) las paralelas $\boldsymbol{v}$ no permanecen tangentes a S^2. (b) Esto se remedia moviendo $\boldsymbol{v}$ paralelo a lo largo de una curva dada γ, proyectando continuamente a la tangencia con la esfera. (Considérese γ formado por un gran número de minúsculos segmentos $p_0p_1, p_1p_2, p_2p_3, \ldots$, que se proyectan en cada etapa. Luego tómese el límite a medida que los segmentos se hacen cada vez más pequeños.) Esta noción de *transporte paralelo* se indica para el meridiano de Greenwich, pero también para una curva general γ.

ficultad en el caso de una 2-variedad compuesta a partir de dos cartas empalmadas del espacio euclídeo. La noción euclídea normal de «paralela» no es compatible entre una carta y la siguiente.

Para hacernos una idea de qué tipo de noción de «paralelismo» es adecuada, sería muy útil examinar primero la geometría intrínseca de una esfera 2-dimensional ordinaria S^2. Escojamos un punto particular p en S^2 (por ejemplo, el polo norte, por claridad) y un vector tangente concreto $\boldsymbol{v}$ en p (por ejemplo, apuntando en la dirección del meridiano de Greenwich; véase la Fig. 14.2a). ¿Qué otros vectores tangentes, en otros puntos de S^2, van a considerarse «paralelos» a $\boldsymbol{v}$? Si utilizamos simplemente la noción euclídea de «paralela» que se hereda de la inmersión estándar de S^2 en el 3-espacio euclídeo, entonces encontramos que en la mayoría de los puntos q de S^2 no hay ningún vector tangente a S^2 que sea «paralelo» a $\boldsymbol{v}$ en este sentido, puesto que el plano tangente en q no contiene normalmente la dirección de $\boldsymbol{v}$. (Solo el círculo máximo que pasa por p y es perpendicular al meridiano de Greenwich en p contiene puntos en los que hay vectores tangentes a S^2 que serían «paralelos» a $\boldsymbol{v}$ en este sentido.) La noción apropiada de paralelismo, en S^2, debería referirse solo a vectores tangentes, de modo que debemos hacer todo lo posible para llevar de nuevo la dirección de $\boldsymbol{v}$ al plano tangente de q, cuando alejamos poco a poco q de p. De hecho, esta idea funciona, y funciona de forma muy bella, pero ahora hay un nuevo aspecto, pues la noción de paralelismo que obtenemos *depende del camino* a lo largo del cual alejamos q de p.[1] Esta dependencia del camino en el concepto de paralelismo es el nuevo ingrediente esencial, y versiones de la misma subyacen en todas las modernas teorías satisfactorias de las interacciones entre partículas, además de la relatividad general de Einstein.

Intentemos comprender esto un poco mejor. Consideremos un camino γ en S^2, que parte del punto p y termina en algún otro punto q en S^2. Supondremos que γ está formado por un gran número, N, de minúsculos segmentos $p_0p_1, p_1p_2, p_2p_3, \ldots, p_{N-1}p_N$, donde el punto de partida es $p_0 = p$ y el segmento final termina en $p_N = q$. Imaginemos que movemos $\boldsymbol{v}$ a lo largo de γ, y que a lo largo de cada uno de estos segmentos $p_{r-1}p_r$ movemos $\boldsymbol{v}$ paralelo a sí mismo —en nuestro sentido anterior de utilizar el 3-espacio euclídeo ambiente— y entonces proyectamos $\boldsymbol{v}$ sobre el espacio tangente en p_r. Véase la Fig. 14.2b. Por este procedimiento terminamos con un vector tangente en q que, de forma aproximada, podemos considerar que ha sido deslizado paralelo a sí mismo a lo largo de γ desde p a q, lo más próximo que sea posible a hacerlo totalmente dentro de la superficie. De hecho, este procedimiento dependerá un poco de cómo se aproxima γ por la sucesión de segmentos, pero puede demostrarse que en el límite, a medida que los segmentos se hacen cada vez más pequeños, obtenemos una respuesta bien definida que no depende de la forma detallada precisa en que dividimos γ en segmentos. Este procedimiento se conoce como *transporte paralelo* de $\boldsymbol{v}$ a lo largo de γ. En la Fig. 14.3 se indica qué aspecto tendría este transporte paralelo a lo largo de cinco caminos diferentes (todos ellos círculos máximos) que parten de p.

¿Cuál es entonces esta dependencia del camino antes mencionada?

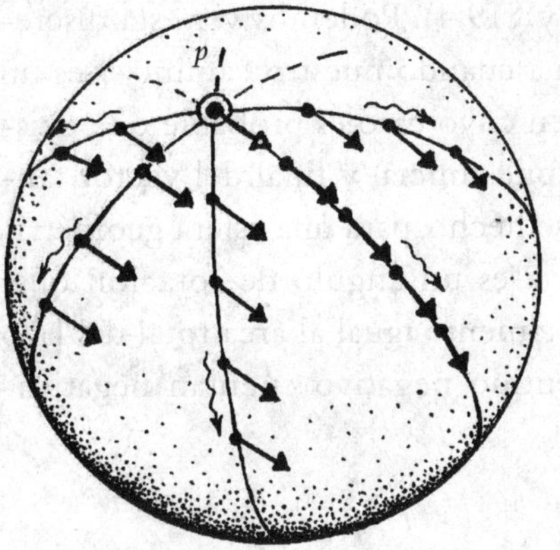

Fig. 14.3. Transporte paralelo de $\boldsymbol{v}$ a lo largo de cinco caminos diferentes (todos ellos círculos máximos).

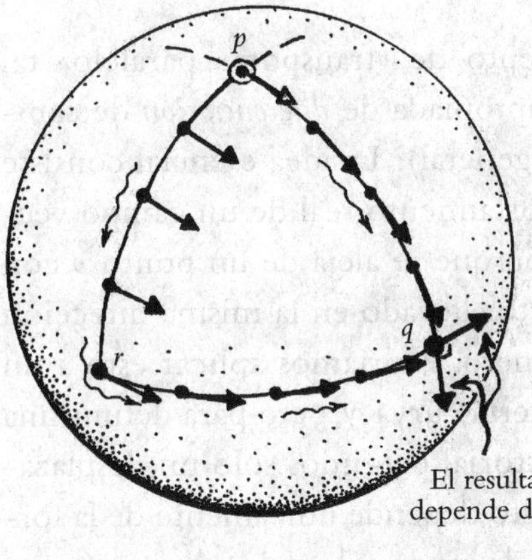

Fig. 14.4. Dependencia del camino del transporte paralelo. Esta se ilustra utilizando dos caminos distintos de p a q, uno de los cuales es una ruta directa de círculo máximo y el otro consiste en un par de arcos de círculo máximo unidos en el punto intermedio r. El transporte paralelo a lo largo de estos dos caminos da resultados en q que difieren en una rotación de un ángulo recto.

En la Fig. 14.4 he marcado puntos p, q en S^2 y dos caminos de p a q, uno de los cuales es la ruta directa por el círculo máximo y otro que consiste en un par de arcos de círculo máximo unidos en el punto intermedio r. De la geometría de la Fig. 14.3 vemos que el transporte paralelo a lo largo de estos dos caminos (uno de ellos con una esquina, pero eso no es importante) da dos resultados finales completamente diferentes que, en este caso, difieren en una rotación de un ángulo recto. Nótese que la discrepancia es solo una rotación de la dirección del vector. Existen razones generales por las que una noción de transporte paralelo definida de esta forma concreta conservará siempre la longitud del vector. (Sin embargo, existen otros tipos de «transporte paralelo» para los que no se da esto. Estas cuestiones serán importantes en secciones posteriores (§14.7, §§15.7,8 y §19.4). Podemos ver esta discrepancia angular en una forma extrema cuando nuestro camino γ es un lazo cerrado (de modo que $p = q$), en cuyo caso es probable que exista una discrepancia entre las direcciones inicial y final del vector tangente transportado paralelamente. De hecho, para una esfera geométrica de radio unidad, esta discrepancia es un ángulo de rotación que, cuando se mide en radianes, es exactamente igual al área total del lazo (donde las regiones rodeadas en sentido negativo cuentan negativamente).[14.3]

14.3. Derivada covariante

¿Cómo podemos utilizar un concepto de «transporte paralelo» tal como este para definir una noción apropiada de *diferenciación* de campos vectoriales (y así de tensores en general)? La idea esencial consiste en que podemos comparar el comportamiento real de un campo vectorial (o tensorial) en cierta dirección que se aleja de un punto p con el transporte paralelo del mismo vector llevado en la misma dirección desde p, y restar el segundo del primero. Podríamos aplicar esto a un desplazamiento finito a lo largo de cierta curva γ, pero para definir una derivada (primera) de un campo vectorial exigimos solo un desplazamiento infinitesimal a partir de p, y esto depende únicamente de la forma en que la curva «parte de» p, i.e., depende solo del vector tangente $\boldsymbol{w}$ de γ en p (Fig. 14.5). Para denotar la noción de diferenciación que surge de este modo, es habitual utilizar un símbolo ∇ conocido como *operador de derivada covariante* o simplemente una *conexión*.

Un requisito fundamental de un operador semejante (y que resulta ser cierto para la noción antes esbozada para S^2) es que dependa *linealmente* del vector $\boldsymbol{w}$. Así pues, escribiendo $\nabla_{\boldsymbol{w}}$ para la derivada covariante definida por (la dirección de) el desplazamiento de $\boldsymbol{w}$, para dos de tales vectores desplazamiento $\boldsymbol{w}$ y $\boldsymbol{u}$, debe satisfacer

[14.3] Vea si puede confirmar esta afirmación en el caso de un triángulo esférico (un triángulo en S^2 formado por arcos de círculo máximo), donde puede suponer la fórmula de Hariot de 1603 para el área de un triángulo esférico dada en 2.6.

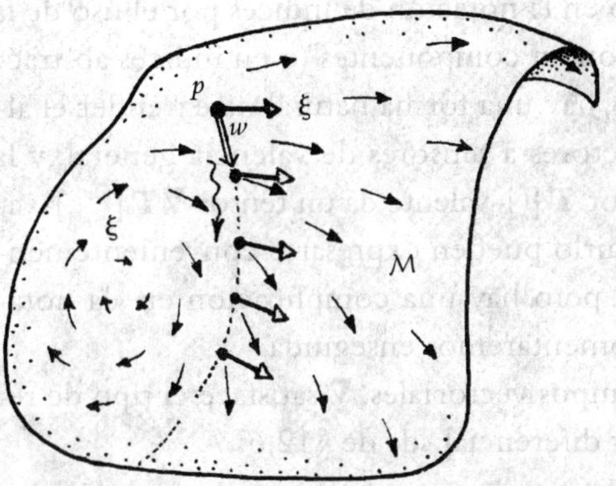

Fig. 14.5. La noción de derivada covariante puede entenderse en relación con el transporte paralelo. La forma en que un campo vectorial ξ en $\mathcal{M}$ varía de un punto a otro (flechas con punta negra) se mide por su diferencia respecto al patrón que proporciona el transporte paralelo (flechas con punta blanca). Esta comparación puede hacerse a lo largo de una curva γ (que parte de p), pero para la derivada primera covariante $\underset{w}{\nabla}$ en p solo necesitamos conocer el vector tangente $\boldsymbol{w}$ a γ en p, que determina la derivada covariante $\underset{w}{\nabla}\xi$ de ξ en p en la dirección $\boldsymbol{w}$.

$$\underset{w+u}{\nabla} = \underset{w}{\nabla} + \underset{u}{\nabla},$$

y para un multiplicador escalar λ

$$\underset{\lambda w}{\nabla} = \lambda \underset{w}{\nabla}.$$

Puede parecer que colocar el símbolo del vector por *debajo* de la ∇ parece una notación complicada —¡y, de hecho, lo es!—. Sin embargo, existe una genuina confusión entre la «notación del matemático» y la «notación del físico» en el uso de una expresión como «∇_w». Para nuestro «matemático», esto denotaría probablemente la operación que estoy utilizando aquí «$\underset{w}{\nabla}$», mientras que nuestro «físico» interpretaría probablemente la «$\boldsymbol{w}$» como un *índice* y no como un campo vectorial. En la notación del físico expresaríamos el operador $\underset{w}{\nabla}$ como

$$\underset{w}{\nabla} = w^a \nabla_a,$$

y la linealidad anterior simplemente refleja una consistencia en la notación

$$(w^a + u^a)\nabla_a = w^a\nabla_a + u^a\nabla_a \text{ y } (\lambda w^a)\nabla_a = \lambda(w^a\nabla_a).$$

La colocación de un subíndice en ∇ es consistente con que sea una entidad dual de un campo vectorial (como se refleja en la linealidad anterior; véase §12.3), i.e., ∇ es un operador *covectorial* (lo que significa un operador de valencia $[{}^0_1]$). Así, cuando ∇ actúa sobre un campo vectorial $\boldsymbol{\xi}$ (valencia $[{}^1_0]$), la cantidad resultante $\nabla\boldsymbol{\xi}$ es un tensor $[{}^1_1]$-valente. Esto se hace manifiesto en la notación de índices por el uso de la notación $\nabla_a\xi^b$ para la expresión en componentes (o en índices abstractos) del tensor $\nabla\boldsymbol{\xi}$. De hecho, hay una forma natural de extender el alcance del operador ∇ de vectores a tensores de valencia general, y la actuación de ∇ sobre un tensor $\boldsymbol{T}$ $[{}^p_q]$-valente da un tensor $\nabla\boldsymbol{T}$ $[{}^{\;p}_{q+1}]$-valente. Las reglas para conseguirlo pueden expresarse convenientemente en la notación de índices, pero hay una complicación en «la notación del matemático» que comentaremos enseguida.

En su actuación sobre campos vectoriales, ∇ satisface el tipo de reglas que satisface el operador diferencial «d» de §12.6:

$$\nabla(\boldsymbol{\xi}+\boldsymbol{\eta}) = \nabla\boldsymbol{\xi} + \nabla\boldsymbol{\eta}$$

y la «ley de Leibniz»

$$\nabla(\lambda\boldsymbol{\xi}) = \lambda\nabla\boldsymbol{\xi} + \boldsymbol{\xi}\nabla\lambda,$$

donde $\boldsymbol{\xi}$ y $\boldsymbol{\eta}$ son campos vectoriales y λ es un campo escalar. Como parte de los requisitos normales de una conexión, la actuación de ∇ sobre un escalar tiene que ser idéntica a la actuación del gradiente (derivada exterior) d sobre dicho escalar:

$$\nabla\Phi = \mathrm{d}\Phi.$$

La extensión de ∇ a un campo tensorial general está unívocamente determinada[14.4] por los dos requisitos naturales siguientes. El primero es la *aditividad* (para tensores $\boldsymbol{T}$, $\boldsymbol{U}$ de la misma valencia)

$$\nabla(\boldsymbol{T}+\boldsymbol{U}) = \nabla\boldsymbol{T} + \nabla\boldsymbol{U},$$

y el segundo es que sea válida la forma apropiada de la «ley de Leibniz». Esta ley es un poco difícil de enunciar, especialmente en «la nota-

[14.4] Explique por qué es única. *Sugerencia*: Considere la acción de ∇ sobre $\boldsymbol{\alpha}\cdot\boldsymbol{\xi}$, etc.

$12\nabla_a\{\xi^b\lambda^{(e}_{bc[d}D^{f)c}_{gh]}\} \rightsquigarrow$

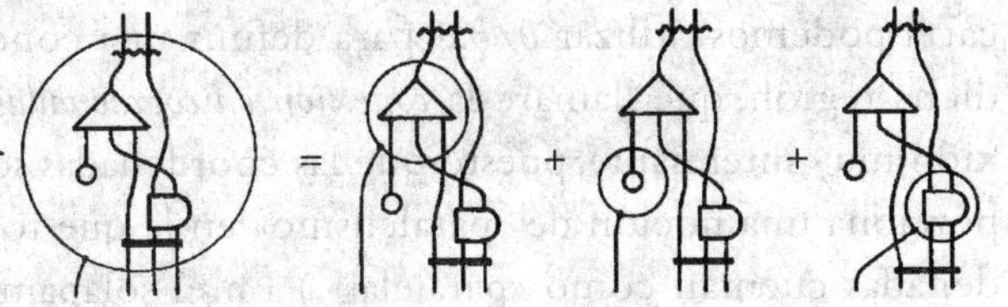

Fig. 14.6. En la notación diagramática, la derivada covariante se denota de forma conveniente dibujando un anillo alrededor de la cantidad a derivar. Esto se ilustra aquí con el ejemplo de la ley de Leibniz tensorial aplicada a $\nabla_a\{\xi^b\lambda^{(e}_{bc[d}D^{f)c}_{gh]}\}$ (véase la Fig. 12.17). (Los factores de antisimetría dan el «12».)

ción del matemático», que evita los índices. La forma aproximada de esta ley (para tensores $\boldsymbol{T}$, $\boldsymbol{U}$ de valencia arbitraria) es

$$\boldsymbol{\nabla}(\boldsymbol{T}\bullet\boldsymbol{U}) = (\boldsymbol{\nabla}\boldsymbol{T})\bullet\boldsymbol{U} + \boldsymbol{T}\bullet\boldsymbol{\nabla}\boldsymbol{U},$$

pero esto necesita alguna explicación. El punto «•» es para indicar alguna forma de producto contraído, en el que un conjunto de subíndices y superíndices de $\boldsymbol{T}$ se contrae con un conjunto de subíndices y superíndices de $\boldsymbol{U}$ (permitiendo que el conjunto pueda ser vacío, de modo que el producto se convierte en un producto *exterior*, sin ninguna contracción). En la fórmula anterior, la contracción en ambos términos del segundo miembro debe ser un reflejo exacto de los del primer miembro, y la letra índice en la $\boldsymbol{\nabla}$ debe ser la misma en toda la expresión.

Hay una dificultad especial con «la notación del matemático» —donde no se hace referencia a los «índices»— al escribir la fórmula que expresa precisamente lo que entendemos por la ley de Leibniz tensorial. Esta se mitiga ligeramente si utilizamos «$\underset{\boldsymbol{w}}{\boldsymbol{\nabla}}$» en lugar de «$\boldsymbol{\nabla}$», puesto que la «$\boldsymbol{w}$» sigue la pista del índice en la $\boldsymbol{\nabla}$, y podemos hacer algo similar con los otros índices si lo queremos, contrayendo cada uno de ellos con un campo de vectores o covectores (sobre el que no actúa $\boldsymbol{\nabla}$). En mi opinión, las cosas son más claras con índices, pero lo son mucho más en la notación diagramática en la que la diferenciación se denota dibujando un anillo alrededor de la cantidad que está siendo diferenciada. En la Fig. 14.6 se ilustra esto con un ejemplo representativo de la ley de Leibniz tensorial.

Todas estas propiedades también serían ciertas del operador «derivada en coordenadas» $\partial/\partial x^a$ en lugar de ∇_a. De hecho, en cualquier carta podemos utilizar $\partial/\partial x^a$ para definir una conexión particular en dicha región, que llamaré la *conexión en coordenadas*. No es una conexión muy interesante, puesto que las coordenadas son arbitrarias. (Proporciona una noción de «paralelismo» en la que todas las líneas coordenadas cuentan como «paralelas».) En el solapamiento entre las dos cartas, la conexión definida por las coordenadas en una carta no suele coincidir con la definida en la otra (véase la Fig. 14.1). Aunque la conexión en coordenadas no sea «interesante» (desde luego, no es físicamente interesante), suele ser bastante útil en expresiones explícitas. La razón tiene que ver con el hecho de que si tomamos la diferencia entre dos conexiones, la actuación de dicha diferencia sobre alguna cantidad tensorial $\boldsymbol{T}$ puede expresarse siempre de forma completamente algebraica (i.e., sin ninguna diferenciación) en términos de $\boldsymbol{T}$ y cierta cantidad Γ de valencia $\left[{1 \atop 2}\right]$.[14.5] Esto nos permite expresar la actuación de $\boldsymbol{\nabla}$ sobre cualquier tensor $\boldsymbol{T}$ explícitamente en términos de las derivadas en coordenadas[2] de las componentes $T^{a\dots c}_{d\dots f}$ junto con algunos términos adicionales que incluyen las componentes Γ^a_{bc}.[14.6]

14.4. Curvatura y torsión

Una conexión en coordenadas es un tipo bastante especial de conexión en la medida que, a diferencia del caso general, define un paralelismo que es independiente del camino. Esto tiene que ver con el he-

[14.5] Intente demostrarlo encontrando la expresión explícitamente. *Sugerencia*: Considere, en primer lugar, la actuación de la diferencia entre dos conexiones sobre un campo vectorial $\boldsymbol{\xi}$, dando la respuesta en la forma de índices $\xi^c\Gamma^a_{bc}$; en segundo lugar, demuestre que esta diferencia de conexiones actuando sobre un covector α tiene la forma de índices $-\alpha_c\Gamma^c_{ba}$; tercero, utilizando la definición de un tensor $\left[{p \atop q}\right]$-valente $\boldsymbol{T}$ como una función multilineal de q vectores en p covectores (cf. §12.8), encuentre la expresión de índices general para la diferencia entre las conexiones que actúan sobre $\boldsymbol{T}$.

[14.6] Como aplicación de esto, considere que las dos conexiones son $\boldsymbol{\nabla}$ y la conexión coordenada. Encuentre una expresión explícita para la actuación de $\boldsymbol{\nabla}$ sobre cualquier tensor, demostrando cómo obtener las componentes Γ^a_{bc} explícitamente a partir de $\Gamma^a_{b1} = \nabla_b\delta^a_1, \dots, \Gamma^a_{bn} = \nabla_b\delta^a_n$, i.e., en términos de la acción de ∇ sobre cada uno de los vectores coordenados $\delta^a_1, \dots, \delta^a_n$. (Aquí a es un índice vectorial, que puede considerarse como un «índice abstracto» de acuerdo con §12.8, de modo que «δ^a_1», etc., denota en realidad vectores y no simplemente conjuntos de componentes, pero n denota solamente la dimensión del espacio. Nótese que la conexión coordenada aniquila cada uno de estos vectores coordenados.)

cho (ya apuntado §10.2, en la forma $\partial^2 f/\partial x\partial y = \partial^2 f/\partial y\partial x$) de que los operadores de derivadas en coordenadas conmutan:

$$\frac{\partial^2}{\partial x^a \partial x^b} = \frac{\partial^2}{\partial x^b \partial x^a}.$$

Otra forma de decirlo es que la cantidad $\partial^2/\partial x^a\partial x^b$ es simétrica (en sus índices *ab*). Enseguida veremos que esto tiene que ver con la independencia de camino del paralelismo. Para una conexión general $\boldsymbol{\nabla}$, esta propiedad de simetría no se satisface para $\nabla_a\nabla_b$, y su parte antisimétrica $\nabla_{[a}\nabla_{b]}$ da lugar a dos tensores especiales, uno de valencia $\left[{1 \atop 2}\right]$ llamado tensor de *torsión* $\boldsymbol{\tau}$ y otro de valencia $\left[{1 \atop 3}\right]$ llamado tensor de *curvatura* $\boldsymbol{R}$. La torsión está presente cuando la acción de $\nabla_{[a}\nabla_{b]}$ sobre una cantidad escalar no se anula. En la mayoría de las teorías físicas, $\boldsymbol{\nabla}$ se toma *libre de torsión*, i.e., $\boldsymbol{\tau} = 0$, y esto ciertamente facilita las cosas. Pero existen algunas teorías, tales como la supergravedad y las teorías de espín/torsión de Einstein-Cartan-Sciama-Kibble que emplean una torsión no nula que desempeña un papel físico importante; véanse la nota 19.10 y §31.3. Cuando la torsión *está* presente, su expresión con índices $\tau_{ab}{}^c$, antisimétrica en *ab*, está definida por[14.7]

$$(\nabla_a\nabla_b - \nabla_b\nabla_a)\Phi = \tau_{ab}{}^c\nabla_c\Phi.$$

El tensor de *curvatura* $\boldsymbol{R}$, en el caso libre de torsión,[14.8] puede definirse[3] por[14.9]

$$(\nabla_a\nabla_b - \nabla_b\nabla_a)\xi^d = R_{abc}{}^d\,\xi^c.$$

Como suele suceder en este tema, tropezamos con expresiones amedrentadoras con muchos índices pequeños, de modo que recomiendo la versión diagramática de estas expresiones clave, por ejemplo, la Fig. 14.7a,b. En cualquier caso, también recomiendo que se lean las cantidades con índices, donde sea conveniente, como tensores con índices abstractos, como en §12.8 (Existen numerosos convenios dife-

[14.7] Explique por qué el segundo miembro debe tener esta forma general; encuentre las componentes τ^a_{bc} en términos de Γ^a_{bc}. Véase el ejercicio [14.6].

[14.8] Muestre qué término extra es necesario para hacer consistente esta expresión, en presencia de torsión.

[14.9] ¿Cuál es la expresión correspondiente para $\nabla_a\nabla_b - \nabla_b\nabla_a$ actuando sobre un covector? Obtenga la expresión para un tensor general de valencia $\left[{p \atop q}\right]$.

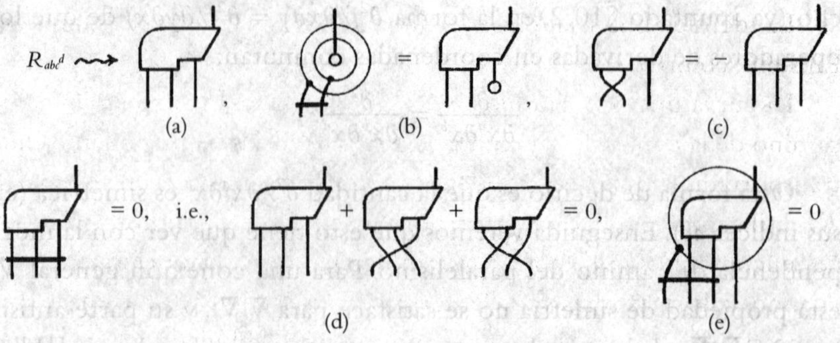

Fig. 14.7. (a) Una notación diagramática conveniente para el tensor de curvatura $R_{abc}{}^{d}$. (b) La identidad de Ricci $(\nabla_a\nabla_b - \nabla_b\nabla_a)\xi^d = R_{abc}{}^{d}\xi^c$. (c) La antisimetría $R_{bac}{}^{d} = -R_{abc}{}^{d}$. (d) La simetría de Bianchi $R_{[abc]}{}^{d} = 0$, que se reduce a $R_{abc}{}^{d} + R_{bca}{}^{d} + R_{cab}{}^{d} = 0$. (e) La identidad de Bianchi $\nabla_{[a}R_{bc]d}{}^{e} = 0$.

rentes en la literatura acerca de signos, ordenamiento de índices, etc. Estoy imponiendo al lector los que yo mismo tiendo a utilizar —¡al menos en artículos de los que soy el único autor!) El hecho de que $R_{abc}{}^{d}$ sea antisimétrico en su primer par de índices *ab*, a saber

$$R_{bac}{}^{d} = -R_{abc}{}^{d},$$

(véase la Fig. 14.7c) es evidente a partir de la correspondiente antisimetría de $(\nabla_a\nabla_b - \nabla_b\nabla_a) = 2\nabla_{[a}\nabla_{b]}$. Enseguida veremos el significado de esta antisimetría. En el caso libre de torsión tenemos una relación de simetría adicional.[14.10]

$$R_{[abc]}{}^{d} = 0, \quad \text{i.e.,}\ R_{abc}{}^{d} + R_{bca}{}^{d} + R_{cab}{}^{d} = 0.$$

Esta relación se denomina a veces «primera identidad de Bianchi». Yo la llamaré la *simetría de Bianchi*. El término *identidad de Bianchi* (Fig. 14.7e) se reserva normalmente para la «segunda» de tales identidades que, en ausencia de torsión, es[14.11]

$$\nabla_{[a}R_{bc]d}{}^{e} = 0, \quad \text{i.e.,}\ \nabla_a R_{bcd}{}^{e} + \nabla_b R_{cad}{}^{e} + \nabla_c R_{abd}{}^{e} = 0.$$

[14.10] En primer lugar, explique el «i.e.»; obtenga luego esto a partir de la ecuación que define el $R_{abc}{}^{d}$ anterior desarrollando $\nabla_{[a}\nabla_{b}(\xi^d\nabla_{d]}\Phi)$. (Los diagramas pueden ayudar.)

[14.11] Obtenga esto a partir de la ecuación que define la $R_{abc}{}^{d}$ anterior desarrollando $\nabla_{[a}\nabla_{b}\nabla_{d]}\xi^e$ de dos formas. (Los diagramas pueden ayudar una vez más.)

La identidad de Bianchi es el alma de las ecuaciones de campo de Einstein, como veremos en §19.6.

La curvatura es la cantidad esencial que expresa la dependencia de camino de la conexión (al menos en la escala local). Si imaginamos que transportamos un vector alrededor de un pequeño lazo en el espacio $\mathcal{M}$, utilizando la noción de transporte paralelo definido por $\boldsymbol{\nabla}$, entonces encontramos que es $\boldsymbol{R}$ lo que mide cuánto ha cambiado el vector cuando volvemos al punto de partida. Es más fácil pensar en el lazo como si fuera un «paralelogramo infinitesimal» dibujado en el espacio $\mathcal{M}$. (Como veremos, tales paralelogramos «existen» apropiadamente cuando $\boldsymbol{\nabla}$ es libre de torsión.) Sin embargo, aquí hay varias nociones que necesitan una clarificación.

14.5. Geodésicas, paralelogramos y curvatura

En primer lugar, para construir un paralelogramo consideremos el concepto de una *geodésica*, definida por la conexión $\boldsymbol{\nabla}$. Las geodésicas son importantes para nosotros por otras razones. Son las análogas a las líneas rectas de la geometría euclídea. En nuestro ejemplo de la esfera S^2 considerado antes (Figs. 14.2-14.4), las geodésicas son los círculos máximos en la esfera. Con más generalidad, para una superficie curva en el espacio euclídeo, las curvas de longitud mínima (como se obtendrían extendiendo una cuerda tirante a lo largo de la superficie) son geodésicas. Más adelante (§17.9) veremos que las geodésicas tienen una importancia fundamental para la relatividad general de Einstein, pues representan las trayectorias que describen en el espaciotiempo los cuerpos en caída libre. ¿Cómo nos proporciona nuestra conexión $\boldsymbol{\nabla}$ una noción de geodésica? Básicamente, una geodésica es una curva γ que continúa «paralela a sí misma», según el paralelismo definido por $\boldsymbol{\nabla}$. ¿Cómo vamos a expresar este requisito de forma precisa? Supongamos que el vector $\boldsymbol{t}$ (i.e., t^a) es tangente a γ, a lo largo de toda la γ. Podemos expresar el requisito de que su dirección permanece paralela a sí mismo a lo largo de γ como[4]

$$\underset{t}{\boldsymbol{\nabla}}\boldsymbol{t} \propto \boldsymbol{t}, \quad \text{i.e.,}\ t^a\boldsymbol{\nabla}_a t^b \propto t^b$$

(donde el símbolo «∝» significa «proporcional a»; véase §12.7). Cuando se satisface esta condición, $\boldsymbol{t}$ puede estirarse o contraerse a medida que lo seguimos a lo largo de γ, pero «sigue apuntando la misma dirección», de acuerdo con la noción de paralelismo definida por $\boldsymbol{\nabla}$. Si queremos afirmar que este «estiramiento o contracción» no tiene lugar, de modo que el propio vector t permanece constante a lo largo de γ, entonces exigimos la condición más fuerte de que el vector tangente $\boldsymbol{t}$ sea *transportado paralelamente* a lo largo de γ, i.e.,

$$\underset{t}{\boldsymbol{\nabla}}\boldsymbol{t} = 0, \quad \text{i.e.,} \quad t^a\nabla_a t^b = 0,$$

sea válido a lo largo de toda la γ, donde el vector $\boldsymbol{t}$ (con forma de índices t^a) es *tangente* a γ a lo largo de γ.

De acuerdo con esta ecuación más fuerte, no solo la dirección de $\boldsymbol{t}$, sino también la «escala» de $\boldsymbol{t}$ se mantiene constante a lo largo de γ. ¿Qué significa esto? Lo primero que hay que señalar es que cualquier curva (no necesariamente una geodésica), parametrizada por una coordenada u (adecuadamente suave), está asociada con una elección concreta de escalamiento para sus vectores tangentes t a lo largo de la curva. Esta es tal que t representa diferenciación (d/du) con respecto a u a lo largo de la curva. Podemos escribir esta condición de forma alternativa como

$$\boldsymbol{t}(u) = 1$$

o como

$$\underset{t}{\boldsymbol{\nabla}}u = 1, \quad \text{i.e.,} \quad t^a\boldsymbol{\nabla}_a u = 1,$$

a lo largo de la curva.[14.12]

En el caso de una geodésica γ, la condición más fuerte de $\boldsymbol{t}$-escalamiento para $\underset{t}{\boldsymbol{\nabla}}\boldsymbol{t}$ está asociada con un tipo concreto de parámetro u, conocido como un parámetro *afín*[14.13] a lo largo de γ. Véase la Fig. 14.8. Cuando tenemos una noción apropiada de «distancia» a lo largo de curvas, podemos escoger normalmente nuestro parámetro afín para que

[14.12] Demuestre la equivalencia de todas estas condiciones.
[14.13] Demuestre que si u y v son dos parámetros afines sobre γ, con respecto a dos elecciones diferentes de $\boldsymbol{t}$, entonces $v = Au + B$, donde A y B son constantes a lo largo de γ.

sea esta medida de distancia. Pero los parámetros afines son más generales. Por ejemplo, en la teoría de la relatividad resulta que necesitamos tales parámetros para *rayos de luz*, siendo inútil aquí la «medida de distancia» apropiada, ¡porque es *cero*! (Véanse §17.8 y §18.1.)

Ahora tratemos de construir un paralelogramo a partir de geodésicas. Empecemos en algún punto p en $\mathcal{M}$, y tracemos dos geodésicas λ, μ, en $\mathcal{M}$ a partir de p, con vectores tangentes respectivos $\boldsymbol{L}$ y $\boldsymbol{M}$ en p, y parámetros afines respectivos ℓ y m. Escojamos un número positivo ε y midamos una distancia afín $\ell = \varepsilon$ a lo largo de λ desde p hasta llegar al punto q y también una distancia afín $m = \varepsilon$ a lo largo de μ desde p hasta llegar a r; véase la Fig. 14.9a. (Intuitivamente, podemos pensar que los segmentos de geodésica pq y pr tienen las «longitudes de las flechas» de $\varepsilon\boldsymbol{L}$ y $\varepsilon\boldsymbol{M}$, respectivamente, para un ε pequeño.) Para completar el paralelogramo, necesitamos movernos desde q a lo largo de una nueva geodésica μ' en una dirección que sea «paralela» a $\boldsymbol{M}$. Para conseguir esta condición «paralela», desplazamos $\boldsymbol{M}$ desde p a q a lo largo de λ por transporte paralelo (lo que significa que exigimos que $\boldsymbol{M}$ satisfaga ${}_{L}\nabla\boldsymbol{M} = 0$ a lo largo de λ). Ahora tratemos de localizar el vértice final del paralelogramo en el punto s que es medido a partir de q por una distancia afín $m = \varepsilon$ a lo largo de μ'. No obstante, podríamos tratar alternativamente de situar este vértice final procediendo en sentido contrario: moviéndonos desde r una distancia afín $\ell = \varepsilon$ a lo largo de λ'

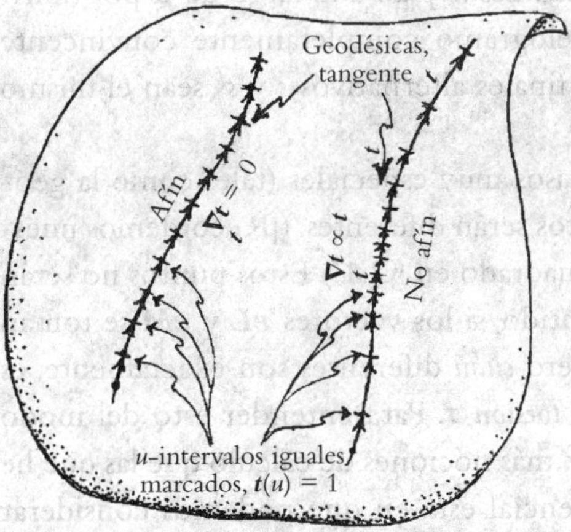

Fig. 14.8. Para cualquier parámetro u (adecuadamente suave) definido a lo largo de una curva γ, un campo de vectores tangentes $\boldsymbol{t}$ a γ está asociado naturalmente a u, de modo que, a lo largo de γ, $\boldsymbol{t}$ representa $\mathrm{d}/\mathrm{d}u$ (equivalentemente $t(u) = 1$ o $t^a\nabla_a u = 1$). Si γ es una geodésica, u se denomina un parámetro afín si $\boldsymbol{t}$ es transportado paralelamente a lo largo de γ, de modo que $\underset{t}{\nabla}\boldsymbol{t} = 0$ en lugar de simplemente $\underset{t}{\nabla}\boldsymbol{t} \propto \boldsymbol{t}$. Un parámetro afín está «uniformemente espaciado» a lo largo de γ, según ∇.

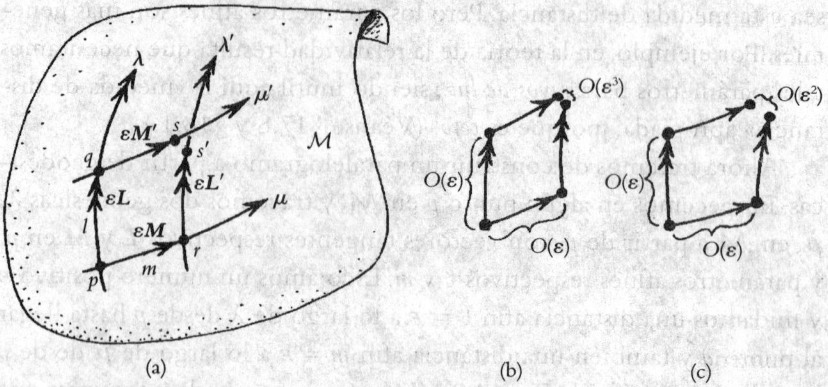

Fig. 14.9. (a) Tratemos de formar un paralelogramo a partir de geodésicas. Tómense dos geodésicas λ, μ, que pasan por p, en $\mathcal{M}$, con vectores tangentes respectivos $\boldsymbol{L}$, $\boldsymbol{M}$ en p y correspondientes parámetros afines l, m. Tómese q una distancia afín $l = \varepsilon$ a lo largo de λ a partir de p, y r una distancia afín $m = \varepsilon$ a lo largo de μ a partir de p (con $\varepsilon > 0$ un número pequeño dado). Los segmentos geodésicos pq y pr tienen «longitudes de flecha» respectivas $\varepsilon\boldsymbol{L}$, $\varepsilon\boldsymbol{M}$. Para formar el paralelogramo, movemos $\boldsymbol{M}$ de p a q a lo largo de λ por transporte paralelo ($\underset{L}{\nabla}\boldsymbol{M} = 0$ a lo largo de λ), lo que nos da una geodésica μ' vecina a μ, que se extiende de q a s a lo largo de μ' por una distancia afín ε a lo largo de la nueva flecha «paralela» $\varepsilon\boldsymbol{M}'$. Del mismo modo, movemos $\boldsymbol{L}$ de p a r por transporte paralelo a lo largo de μ, y lo extendemos de r a s' por una flecha paralela $\varepsilon\,\boldsymbol{L}'$ medida a partir de q una distancia afín $m = \varepsilon$ a lo largo de λ'. (b) En general $s \neq s'$ y el paralelogramo no se cierran exactamente, pero su hueco es solo $O(\varepsilon^3)$ si la torsión $\boldsymbol{\tau}$ se anula. (c) Si hay una torsión $\boldsymbol{\tau}$ no nula, esto se manifestará como un término $O(\varepsilon^2)$.

hasta un punto final s', siendo λ' una geodésica que parte de r en la dirección de $\boldsymbol{M}$ que ha sido llevada desde p a r a lo largo de μ por transporte paralelo. ¡Para un paralelogramo completamente convincente exigiríamos que estos vértices finales alternativos s y s' sean el mismo punto ($s = s'$)!

Sin embargo, excepto en casos muy especiales (tales como la geometría euclídea), estos dos puntos serán diferentes. (¡Recordemos nuestros intentos de construir un cuadrado en §2.1!) Estos puntos no serán «muy» diferentes, en cierto sentido, si los vectores $\varepsilon\boldsymbol{L}$ y $\varepsilon\boldsymbol{M}$ se toman apropiadamente «pequeños». Pero *cuán* diferentes son exactamente, es algo que tiene que ver con la *torsión* $\boldsymbol{\tau}$. Para entender esto del modo adecuado necesitamos bastantes más nociones de cálculo que las que he dado hasta ahora. El punto esencial está en que podemos considerar que las desviaciones relevantes respecto de la geometría euclídea se manifiestan en una escala que depende de la elección de nuestra pequeña cantidad ε. No estamos interesados en el tamaño real de estas medidas de desviaciones de la planitud, sino en el ritmo al que tienden a cero a medida que ε se hace cada vez más pequeño. Así, no estamos especialmente interesados en los valores precisos de estas cantidades, sino que queremos saber si una cantidad semejante **Q** se aproxima quizá a cero *tan rápidamente* como ε, o ε^2, o ε^3, o quizá alguna otra función concreta de ε. (Ya hemos visto algo parecido en §13.6.) Aquí «tan rápidamente como» significa que cuando se expresan en cierto sistema de coordenadas los valores absolutos de las componentes de **Q** son menores que una constante positiva multiplicada por ε, o por ε^2, o por ε^3, o por alguna otra función concreta de ε, según sea el caso. (Por lo tanto, «tan rápidamente como» ¡incluye «más rápidamente que»!). En estos casos, diremos, respectivamente, que **Q** es *del orden de* ε, o ε^2, o ε^3, etc., y lo escribiremos como $O(\varepsilon)$, u $O(\varepsilon^2)$, u $O(\varepsilon^3)$, etc. Esto es independiente de la elección de coordenadas concreta, razón por la que esta noción de «orden de pequeñez» es una noción práctica y potente. Mis descripciones han sido muy breves, y remito al lector interesado y no iniciado a la literatura relativa a este tema notable y ubicuo.[5] Intuitivamente, solo necesitamos tener en cuenta que «$O(\varepsilon^3)$» significa mucho más pequeño que «$O(\varepsilon^2)$», que a su vez es mucho más pequeño que «$O(\varepsilon)$», etc.

Volvamos a nuestro intento de paralelogramo. Supongamos que los vectores originales $\varepsilon\boldsymbol{L}$ y $\varepsilon\boldsymbol{M}$, en p, son ambos $O(\varepsilon)$, de modo que los lados pq y pr son ambos $O(\varepsilon)$, y también lo serán qs y rs'. ¿Qué tamaño esperamos que tenga el «hueco» ss'? La respuesta es que si la conexión está *libre de torsión*, entonces ss' es siempre $O(\varepsilon^3)$. Véase la Fig. 14.9b. De hecho, esta propiedad caracteriza por completo la condición libre de torsión. Si está presente una torsión τ no nula, entonces esto se manifestará en (algunos) paralelogramos, como un término $O(\varepsilon^2)$. Véase la Fig. 14.9c.[14.14] A veces decimos (de forma bastante vaga) que la anulación de la torsión es la condición de que los paralelogramos se cierren (por lo que entendemos «se cierran hasta orden ε^2»).

[14.14] Encuentre este término.

Supongamos ahora que la torsión se anula. ¿Podemos utilizar nuestro paralelogramo para interpretar la curvatura? De hecho, sí podemos. Supongamos que tenemos un tercer vector **N** en p, y lo llevamos mediante transporte paralelo alrededor de nuestro paralelogramo desde p a s, vía q, y lo comparamos con su transporte desde p a s', vía r. (Esta comparación tiene sentido a orden ε^2, cuando la torsión se anula, porque entonces el hueco entre s y s' es $O(\varepsilon^3)$ y puede ser ignorado. Cuando la torsión no se anula, tenemos que preocuparnos por el término de torsión adicional; véase el ejercicio [14.7].) Encontramos que la respuesta para la diferencia entre el resultado del transporte pqs y el transporte prs' es

$$\varepsilon^2 L^a M^b N^c R_{abc}{}^d.$$

Esto nos proporciona una interpretación geométrica muy directa del tensor de curvatura $\boldsymbol{R}$; véase la Fig. 14.10. (Se obtiene una versión equivalente de esta interpretación si pensamos en transportar N por todo el camino alrededor del paralelogramo, empezando y terminando en el mismo punto p, donde ignoramos discrepancias $O(\varepsilon^3)$ en los vértices del paralelogramo. La diferencia entre los valores de partida y de llegada de $\boldsymbol{N}$ es una vez más la cantidad anterior $\varepsilon^2 L^a M^b N^c R_{abc}{}^d$.)

Recordemos la antisimetría de $R_{abc}{}^d$ en ab. Esto significa que la expresión anterior es sensible solo a la parte antisimétrica, $L^{[a}M^{b]}$, de L^aM^b, i.e., del producto cuña $\boldsymbol{L} \wedge \boldsymbol{M}$; véase §11.6. Así pues, es el elemento 2-plano generado por $\boldsymbol{L}$ y $\boldsymbol{M}$ en p el que tiene relevancia. En el

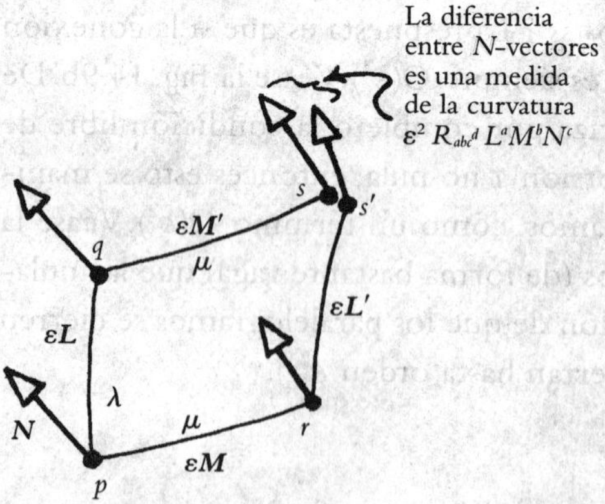

Fig. 14.10. Utilizamos el paralelogramo para interpretar la curvatura cuando $\tau = 0$. Llevamos un tercer vector $\boldsymbol{N}$, por transporte paralelo de p a s vía q, comparando esto con transportarlo de p a s' vía r. El término $O(\varepsilon^2)$ que mide la diferencia es $\varepsilon^2 L^a M^b N^c R_{abc}{}^d$, i.e., ε^2 $\boldsymbol{R}(\boldsymbol{L}, \boldsymbol{M}, \boldsymbol{N})$, que proporciona una interpretación geométrica directa del tensor de curvatura $\boldsymbol{R}$.

caso en que el propio $\mathcal{M}$ es una 2-superficie, hay solo una componente de la curvatura independiente (puesto que el elemento 2-plano tiene que ser tangente a $\mathcal{M}$ en p). Esta componente nos proporciona la *curvatura gaussiana* de una 2-superficie a la que he aludido en §2.6, y que sirve para distinguir las geometrías locales de la esfera, el plano euclídeo y el espacio hiperbólico. En dimensiones más altas, el asunto se complica, y hay más componentes de la curvatura que surgen de las diferentes elecciones posibles del elemento 2-plano $\boldsymbol{L} \wedge \boldsymbol{M}$.

Existe una versión particular de esta interpretación geométrica de la curvatura que tiene un significado especial. Esto ocurre si se escoge que el vector $\boldsymbol{N}$ sea el mismo que el $\boldsymbol{L}$. Entonces podemos considerar que los lados pq y rs' de nuestro paralelogramo son segmentos de dos geodésicas próximas γ y γ', respectivamente, y el vector $\boldsymbol{L}$ es tangente a dichas geodésicas. El vector $\varepsilon\boldsymbol{M}$ en p mide el desplazamiento de γ respecto a γ' en el punto p. A veces se llama a $\boldsymbol{M}$ un *vector conectante*. Las geodésicas γ y γ' parten paralelas una a otra (si se comparan en los dos «extremos» de este vector conectante, i.e., a lo largo de pr). Llevar el vector $\boldsymbol{L}$ (= $\boldsymbol{N}$) a s' por transporte paralelo a lo largo de la segunda ruta prs' lo deja tangente a la geodésica γ' en el punto s'. Pero si llevamos $\boldsymbol{L}$ a s por transporte paralelo a lo largo de la primera ruta pqs, entonces llegamos al vector de partida para otra geodésica γ'' próxima a γ, donde γ'' empieza paralela a γ en el punto q ligeramente «posterior». La diferencia $O(\varepsilon^2)$ entre estas dos versiones de $\boldsymbol{L}$ (una en s' y la

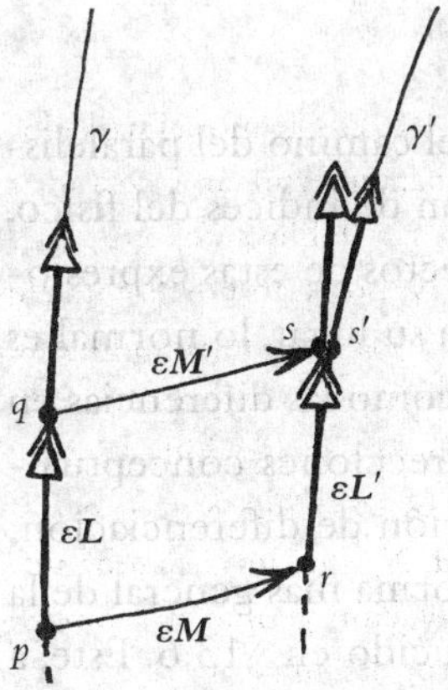

Fig. 14.11. Desviación geodésica: escojamos $\boldsymbol{N} = \boldsymbol{L}$ en el paralelogramo de la Fig. 14.10 Los lados pq y rs' son segmentos de dos geodésicas vecinas γ y γ' (γ siendo λ y g' siendo λ') que parten de p y r, respectivamente, con vectores tangentes $\boldsymbol{L}$ y $\boldsymbol{L}'$ propagados paralelamente, siendo $\boldsymbol{M}$ el vector que conecta en p. La desviación geodésica entre γ y γ' se mide por la diferencia entre los resultados del desplazamiento paralelo de $\boldsymbol{L}$ a lo largo de las rutas prs' y pqs, que es básicamente $\varepsilon^2 L^a M^b L^c R_{abc}{}^d$.

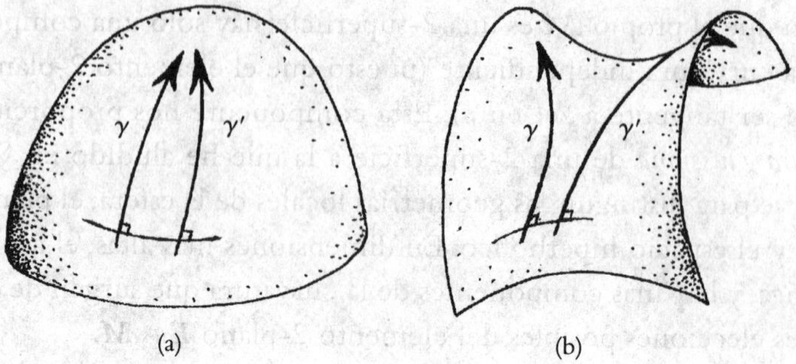

Fig. 14.12. Desviación geodésica cuando $\mathcal{M}$ es una 2-superficie (a) de curvatura (gaussiana) positiva, cuando las geodésicas γ, γ' se juntan, y (b) de curvatura negativa, cuando se separan.

otra en *s*), a saber $\varepsilon^2 L^a M^b L^c R_{abc}{}^d$, mide la «aceleración relativa» o «desviación geodésica» de γ' respecto de γ. Véase la Fig. 14.11. (Esta desviación geodésica viene descrita matemáticamente por lo que se conoce como *ecuación de Jacobi.*) En la Fig. 14.12 he ilustrado esta desviación geodésica cuando $\mathcal{M}$ es una 2-superficie de curvatura (gaussiana) positiva y negativa, respectivamente. Cuando la curvatura es positiva, las geodésicas vecinas, que empiezan paralelas, se curvan unas hacia las otras; cuando es negativa, se separan. Veremos la gran importancia que tiene esto para la relatividad general de Einstein en §17.5 y §19.6.

14.6. Derivada de Lie

En la discusión anterior sobre la dependencia del camino del paralelismo para una conexión ∇ he utilizado la notación de índices del físico. En la notación del matemático, los análogos directos de estas expresiones particulares no son tan fáciles de escribir. En su lugar, lo normal es seguir una ruta algo diferente. (Resulta curioso cómo las diferencias en notación pueden dirigir a veces un tema en direcciones conceptualmente diferentes.) Esta ruta implica otra operación de diferenciación, conocida como un *paréntesis de Lie*, que es una forma más general de la operación del mismo nombre que se ha introducido en §13.6. Este, a

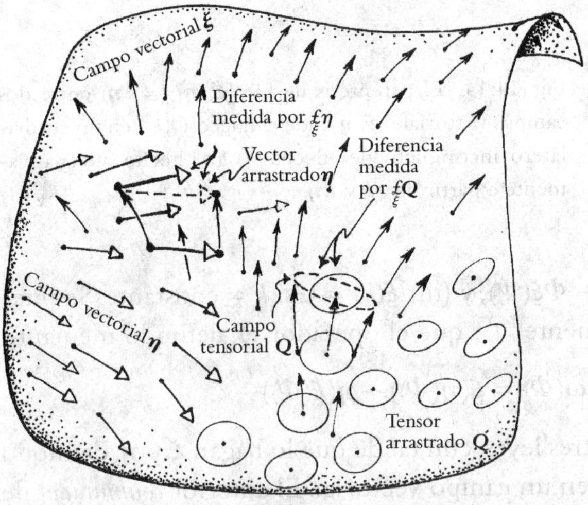

Fig. 14.13. Derivada de Lie definida en una variedad general $\mathcal{M}$ tomada con respecto a un campo vectorial suave $\boldsymbol{\xi}$ en $\mathcal{M}$ dado. Entonces, $\pounds_{\xi}\mathbf{Q}$ mide cómo una cantidad $\mathbf{Q}$ (por ejemplo, un campo vectorial $\boldsymbol{\eta}$ o un campo tensorial $\mathbf{Q}$) cambia realmente, comparado con la cantidad «arrastrada» por $\boldsymbol{\xi}$.

su vez, es un caso particular de un concepto importante conocido como *derivada de Lie*. Estas nociones son realmente independientes de cualquier elección particular de conexión (y por lo tanto se aplican en una variedad general, suave y sin estructura), y será pertinente discutir dichas operaciones en general antes de volver a su relevancia para la curvatura y la torsión al final de esta sección.

No obstante, para que una derivada de Lie esté definida en una variedad $\mathcal{M}$, exigimos que sea preasignado un campo vectorial $\boldsymbol{\xi}$ sobre $\mathcal{M}$. La derivada de Lie, escrita $\pounds_{\xi}$, es entonces una operación que se toma con respecto al campo vectorial ξ. La derivada $\pounds_{\xi}\mathbf{Q}$ mide cómo cambia cierta cantidad $\mathbf{Q}$ comparado con lo que sucedería si fuera simplemente «arrastrada» por el campo vectorial ξ. Véase la Fig. 14.13. Se aplica a tensores en general (e incluso a algunas entidades diferentes de los tensores, como las conexiones). Para empezar, consideremos simplemente la derivada de Lie de un campo *vectorial* $\boldsymbol{\eta}$ (= $\mathbf{Q}$) con respecto a otro campo vectorial ξ. Nos damos cuenta de que esta es la misma operación que la que he llamado «paréntesis de Lie» en §13.6, pero en un contexto más general. Veremos cómo generalizar esto a un campo tensorial $\mathbf{Q}$.

Recordemos de §12.3 que un campo vectorial puede interpretarse como un operador diferencial que actuando sobre campos *escalares* Φ, Ψ,... satisface las tres leyes (i) $\xi(\Phi + \Psi) = \xi(\Phi) + \xi(\Psi)$,

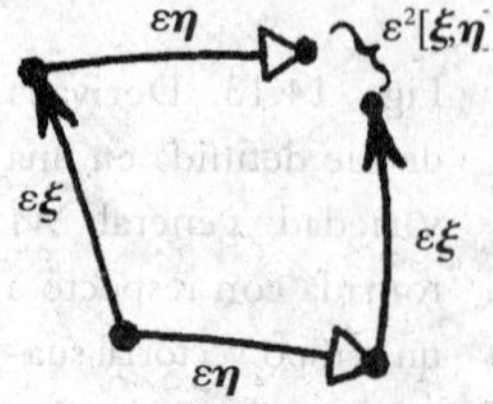

Fig. 14.14. El paréntesis de Lie $[\boldsymbol{\xi}, \boldsymbol{\eta}]$ ($= \underset{\xi}{£}\boldsymbol{\eta}$) entre dos campos vectoriales $\boldsymbol{\xi}$, $\boldsymbol{\eta}$ mide el hueco $O(\varepsilon^2)$ en un cuadrilátero incompleto de «flechas» $O(\varepsilon)$ hecho alternativamente a partir de $\varepsilon\boldsymbol{\xi}$ y $\varepsilon\boldsymbol{\eta}$.

(ii) $\xi(\Phi\Psi) = \Psi\xi(\Phi) + \Phi\xi(\Psi)$, y (iii) $\boldsymbol{\xi}(k) = 0$ si $k =$ constante. Se puede demostrar directamente[14.15] que el operador $\boldsymbol{\omega}$, definido mediante

$$\boldsymbol{\omega}(\Phi) = \boldsymbol{\xi}(\boldsymbol{\eta}(\Phi)) - \boldsymbol{\eta}(\boldsymbol{\xi}(\Phi))$$

satisface estas mismas tres leyes, con tal de que lo hagan $\boldsymbol{\xi}$ y $\boldsymbol{\eta}$, de modo que $\boldsymbol{\omega}$ debe ser también un campo vectorial. El anterior *conmutador* de las dos operaciones $\boldsymbol{\xi}$ y $\boldsymbol{\eta}$ suele escribirse (como en §13.6) en la notación de *paréntesis de Lie*

$$\boldsymbol{\omega} = \boldsymbol{\xi}\boldsymbol{\eta} - \boldsymbol{\eta}\boldsymbol{\zeta} = [\boldsymbol{\xi}, \boldsymbol{\eta}].$$

El significado geométrico del conmutador entre dos campos vectoriales $\boldsymbol{\xi}$ y $\boldsymbol{\eta}$ se ilustra en la Fig. 14.14. Tratemos de formar un cuadrilátero de «flechas» hecho alternadamente de $\boldsymbol{\xi}$ y $\boldsymbol{\eta}$ (tomado cada uno $O(\varepsilon)$) y encontraremos que $\boldsymbol{\omega}$ mide el «hueco» (a orden $O(\varepsilon^2)$). Podemos verificar[14.16] que la conmutación satisface las relaciones siguientes

$$[\boldsymbol{\xi}, \boldsymbol{\eta}] = -[\boldsymbol{\eta}, \boldsymbol{\xi}], \quad [\boldsymbol{\xi} + \boldsymbol{\eta}, \boldsymbol{\zeta}] = [\boldsymbol{\xi}, \boldsymbol{\zeta}] + [\boldsymbol{\eta}, \boldsymbol{\zeta}],$$
$$[\boldsymbol{\xi}, [\boldsymbol{\eta}, \boldsymbol{\zeta}]] + [\boldsymbol{\eta}, [\boldsymbol{\zeta}, \boldsymbol{\xi}]] + [\boldsymbol{\zeta}, [\boldsymbol{\xi}, \boldsymbol{\eta}]] = 0,$$

como lo hacía el conmutador de dos elementos infinitesimales de un grupo de Lie, como hemos visto en §13.6.

¿Cómo se relaciona la operación de conmutación que acabo de definir con el álgebra (§13.6) de elementos infinitesimales de un grupo de Lie? Permítaseme una breve digresión para explicarlo. Consideremos el grupo como una variedad $\mathcal{G}$ (llamada una variedad de *grupo*), cuyos puntos son los elementos de nuestro grupo de Lie. Con más generalidad podemos considerar cualquier variedad $\mathcal{H}$ sobre la que ac-

[14.15] Demuéstrelo.
[14.16] Hágalo.

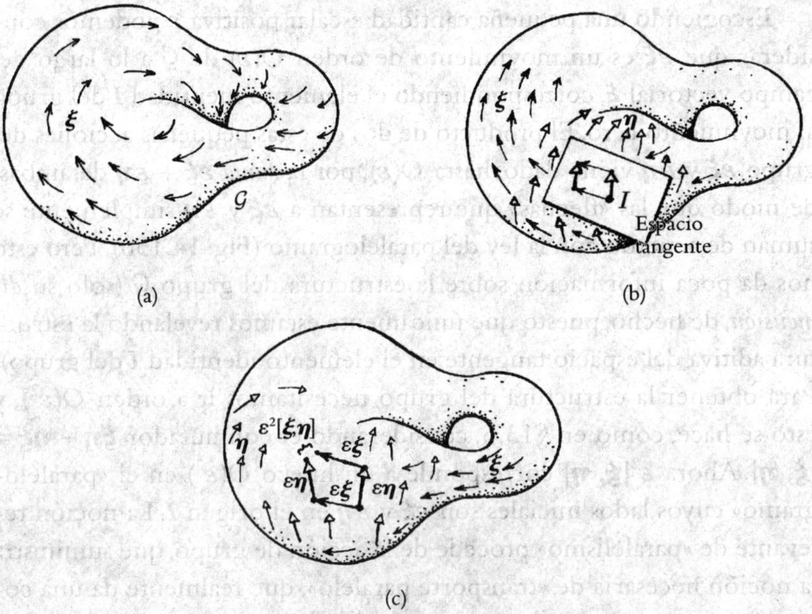

Fig. 14.15. Operaciones del álgebra de Lie, interpretadas geométricamente en la variedad del grupo continuo $\mathcal{G}$. (a) La premultiplicación de cada elemento de $\mathcal{G}$ por un elemento de grupo infinitesimal $\boldsymbol{\xi}$ (elemento del álgebra de Lie) da una desplazamiento infinitesimal de $\mathcal{G}$, i.e., un campo vectorial $\boldsymbol{\xi}$ en $\mathcal{G}$. (b) A primer orden, el producto de dos movimientos infinitesimales semejantes $\boldsymbol{\xi}$ y $\boldsymbol{\eta}$ da solo $\boldsymbol{\xi} + \boldsymbol{\eta}$, lo que refleja meramente la estructura del espacio tangente (en $\boldsymbol{I}$). (c) La estructura de grupo local aparece a segundo orden, $\varepsilon^2[\boldsymbol{\xi}, \boldsymbol{\eta}]$, lo que proporciona el hueco $O(\varepsilon^2)$ en el «paralelogramo» con lados alternos $\varepsilon\boldsymbol{\xi}$ y $\varepsilon\boldsymbol{\eta}$ en $\boldsymbol{I}$.

túan los elementos como transformaciones suaves (tales como la esfera S^2. En el caso del grupo de rotaciones $\mathcal{G} = SO(3)$, véase la Fig. 13.2). Pero de momento estamos interesados fundamentalmente en la variedad de grupo $\mathcal{G}$, antes que en la situación más general de $\mathcal{H}$, puesto que nos interesa cómo se relaciona el grupo entero $\mathcal{G}$ con la estructura de su álgebra de Lie. Los elementos de grupo infinitesimales deben imaginarse como campos vectoriales particulares en $\mathcal{G}$ (o, en realidad, $\mathcal{H}$). Es decir, consideremos «mover $\mathcal{G}$» infinitesimalmente a lo largo del campo vectorial relevante $\boldsymbol{\xi}$ en $\mathcal{G}$, para expresar la transformación que corresponde a premultiplicar cada elemento del grupo por el elemento infinitesimal representado por $\boldsymbol{\xi}$. Véase la Fig. 14.15a.

Escogiendo una pequeña cantidad escalar positiva ε podemos considerar que $\varepsilon\boldsymbol{\xi}$ es un movimiento de orden $O(\varepsilon)$ de $\mathcal{G}$ a lo largo del campo vectorial $\boldsymbol{\xi}$, correspondiendo el elemento identidad $\boldsymbol{I}$ del grupo al movimiento cero. El producto de dos de estas pequeñas acciones del grupo $\varepsilon\boldsymbol{\xi}$ y $\varepsilon\boldsymbol{\eta}$ viene dado, hasta $O(\varepsilon)$, por la *suma* $\varepsilon\boldsymbol{\xi} + \varepsilon\boldsymbol{\eta}$ de ambas, de modo que las «flechas» que representan a $\varepsilon\boldsymbol{\xi}$ y $\varepsilon\boldsymbol{\eta}$ simplemente se suman de acuerdo con la ley del paralelogramo (Fig. 14.15b). Pero esto nos da poca información sobre la estructura del grupo $\mathcal{G}$ (solo su *dimensión*, de hecho, puesto que únicamente estamos revelando la estructura aditiva del espacio tangente en el elemento identidad $\boldsymbol{I}$ del grupo). Para obtener la estructura del grupo necesitamos ir a orden $O(\varepsilon^2)$, y esto se hace, como en §13.6, considerando el conmutador $\boldsymbol{\xi\eta} - \boldsymbol{\eta\xi} = [\boldsymbol{\xi}, \boldsymbol{\eta}]$. Ahora $\varepsilon^2[\boldsymbol{\xi}, \boldsymbol{\eta}]$ corresponde a un hueco $O(\varepsilon^2)$ en el «paralelogramo» cuyos lados iniciales son $\varepsilon\boldsymbol{\xi}$ y $\varepsilon\boldsymbol{\eta}$ en el origen $\boldsymbol{I}$. La noción relevante de «paralelismo» procede de la acción de grupo, que suministra la noción necesaria de «transporte paralelo», que realmente da una conexión con torsión pero sin curvatura.[14.17] Véase la Fig. 14.15c.

Como se ha señalado en §13.6, el álgebra de Lie de estos campos vectoriales proporciona la estructura (local) entera del grupo. Aquí puede señalarse el procedimiento mediante el que uno obtiene un elemento de grupo finito (i.e., no infinitesimal) ordinario x a partir de un elemento $\boldsymbol{\xi}$ del álgebra de Lie. Se denomina exponenciación (cf. §5.3 y §13.4):

$$x = e^{\boldsymbol{\xi}} = \boldsymbol{I} + \boldsymbol{\xi} + \frac{1}{2}\boldsymbol{\xi}^2 + \frac{1}{6}\boldsymbol{\xi}^3 + \ldots$$

Aquí $\boldsymbol{\xi}^2$ significa «el operador derivada segunda que consiste en aplicar $\boldsymbol{\xi}$ dos veces», etc. (e $\boldsymbol{I}$ es el operador identidad). Esta es básicamente una forma del teorema de Taylor, como se ha descrito en §6.4.[14.18] El producto de dos elementos de grupo finitos x e y se obtiene entonces de la expresión $e^{\boldsymbol{\xi}}e^{\boldsymbol{\eta}}$. Esta difiere de $e^{\boldsymbol{\xi}+\boldsymbol{\eta}}$ (compárese con §5.3) en una expresión que está construida enteramente a partir de la expresión del álgebra de Lie[6] en $\boldsymbol{\xi}$ y $\boldsymbol{\eta}$.

[14.17] Trate de explicar por qué hay torsión pero no curvatura.
[14.18] Explique (a un nivel formal) por qué $e^{a\,d/dy}f(y) = f(y+a)$ cuando a es una constante.

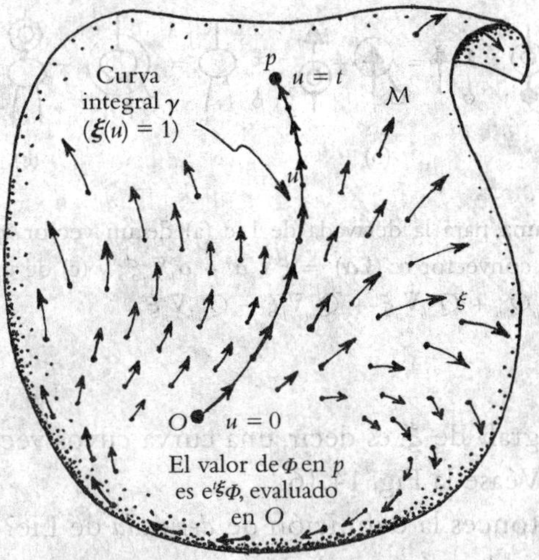

Fig. 14.16. Una curva integral de un campo vectorial ξ en $\mathcal{M}$ es una curva γ que «sigue las ξ-flechas»; i.e., cuyos vectores tangentes son ξ-vectores, con parámetro asociado u, en el sentido ξ(u) = 1 (cf. §14.5 y la Fig. 14.8). Supongamos que $\mathcal{M}$ y ξ son analíticos (i.e., C^{ω}), como lo es el campo escalar Φ, y que γ se estira desde un punto base $O(u = 0)$ a otro punto $p(u = t)$. Entonces (suponiendo convergencia), el valor de Φ en p está dado por la cantidad $e^{t\xi}(\Phi)$ evaluada en O, donde $e^{t\xi} = 1 + t\xi + \frac{1}{2}t^2\xi^2 + \frac{1}{6}t^3\xi^3 + \dots$ y donde ξ^r representa la derivada r-ésima d^r/du^r en O a lo largo de γ.

Puede señalarse que una versión de esta operación de exponenciación e^{ξ} se aplica también a un campo vectorial ξ en una variedad general $\mathcal{M}$ (donde $\mathcal{M}$ y ξ se suponen analíticas, i.e., C^{ω}-suaves; véase §6.4). Recordemos de §12.3 (y la Fig. 10.6) que, con ε escogida pequeña, $\varepsilon\xi(\Phi)$ mide el incremento $O(\varepsilon)$ de una función escalar Φ desde la cola a la punta de la «flecha» que representa $\varepsilon\xi$. Más exactamente, la cantidad $e^{t\xi}(\Phi)$ mide el valor *total* Φ que se alcanza cuando seguimos las «ξ-flechas» desde un punto de partida O a un punto final dado por el valor del parámetro $u = t$, donde el parámetro u está escalado de modo que $\xi(u) = 1$ (cf. §14.5 y Fig. 14.8). Todas las derivadas (es decir, la r-ésima derivada, en el caso de $\xi^r(\Phi)$) en el desarrollo en serie de potencias para $e^{t\xi}(\Phi)$ tienen que ser evaluadas en O (supuesta la convergencia). «Seguir las flechas» significaría seguir lo que se llama

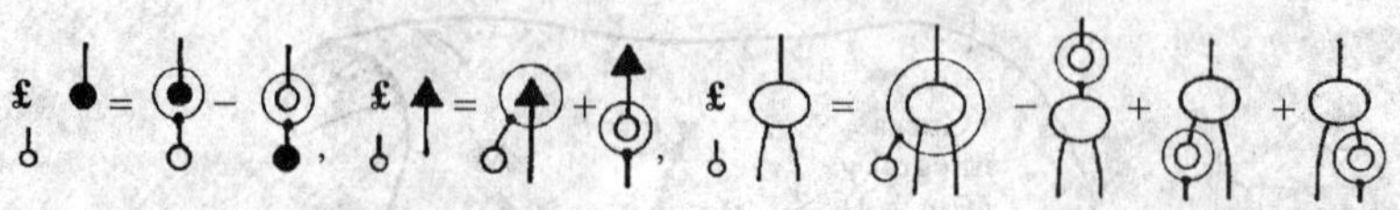

Fig. 14.17. Diagrama para la derivada de Lie (a) de un vector $\boldsymbol{\eta}$: $(\underset{\xi}{\pounds}\boldsymbol{\eta})^a = \xi^a\nabla_a\eta^b - \eta^a\nabla_a\xi^b$; (b) de un convector α: $(\underset{\xi}{\pounds}\boldsymbol{\alpha})_a = \xi^b\nabla_b\alpha^a + \alpha_b\nabla_a\xi^b$; y (c) de un tensor $\mathbf{Q}$($[{}^2_1]$-valente): $\underset{\xi}{\pounds}Q^c_{ab} = \xi^u\nabla_u Q^c_{ab} + Q^c_{ub}\nabla_a\xi^u + Q^c_{au}\nabla_b\xi^u - Q^u_{ab}\nabla_u\xi^c$.

una «curva integral» de $\boldsymbol{\xi}$, es decir, una curva cuyos vectores tangentes son $\boldsymbol{\xi}$-vectores. Véase la Fig. 14.16.[7]

¿Cuál es entonces la definición de *derivada* de Lie? En primer lugar, reescribimos el paréntesis de Lie como una operación $\underset{\xi}{\pounds}$ (que depende de $\boldsymbol{\xi}$) que actúa sobre el campo vectorial $\boldsymbol{\eta}$:

$$\underset{\xi}{\pounds}\boldsymbol{\eta} = [\boldsymbol{\xi}, \boldsymbol{\eta}].$$

Esta va a ser la definición de la derivada de Lie $\underset{\xi}{\pounds}$ (con respecto a $\boldsymbol{\xi}$) de un $[{}^1_0]$-tensor $\boldsymbol{\eta}$ (i.e., un vector). Queremos escribir esto en términos de una conexión ∇ dada libre de torsión. La expresión requerida (véase la Fig. 14.17a, para la forma diagramática)

$$\underset{\xi}{\pounds}\boldsymbol{\eta} = \underset{\xi}{\nabla}\boldsymbol{\eta} - \underset{\eta}{\nabla}\boldsymbol{\xi} \quad \text{i.e., } (\underset{\xi}{\pounds}\boldsymbol{\eta})^a = \xi^a\nabla_a\eta^b - \eta^a\nabla_a\xi^b,$$

puede obtenerse directamente utilizando $\xi(\Phi) = \xi^a\nabla_a\Phi$, etc.[14.19],[14.20] Para obtener la derivada de Lie de un tensor general, empleamos la regla de que (excepto en ausencia de linealidad en ξ) $\underset{\xi}{\pounds}$ satisface reglas similares a las de una conexión ∇. Estas son: $\underset{\xi}{\pounds}\Phi = \underset{\xi}{\xi}(\Phi)$ para un escalar Φ; $\underset{\xi}{\pounds}(\boldsymbol{T} + \boldsymbol{U}) = \underset{\xi}{\pounds}\boldsymbol{T} + \underset{\xi}{\pounds}\boldsymbol{U}$ para tensores $\boldsymbol{T}$ y $\boldsymbol{U}$ de la misma valencia; $\underset{\xi}{\pounds}(\boldsymbol{T}\bullet\boldsymbol{U}) = (\underset{\xi}{\pounds}\boldsymbol{T})\bullet\boldsymbol{U} + \boldsymbol{T}\bullet\underset{\xi}{\pounds}\boldsymbol{U}$ siendo la disposición de las contracciones la misma en cada término. A partir de estas, y $\underset{\xi}{\pounds}\eta = [\boldsymbol{\xi}, \boldsymbol{\eta}]$, se sigue unívocamente la acción de $\underset{\xi}{\pounds}$ sobre cualquier tensor.[8] En particular, para un covector α (valencia $[{}^0_1]$),

$$\underset{\xi}{\pounds}\boldsymbol{\alpha} = \underset{\xi}{\nabla}\boldsymbol{\alpha} + \boldsymbol{\alpha}\bullet(\nabla\boldsymbol{\xi}), \quad \text{i.e., } (\underset{\xi}{\pounds}\alpha)_a = \xi^b\nabla_b\alpha_a + \alpha_b\nabla_a\xi^b$$

[14.19] Deduzca esta fórmula para $\underset{\xi}{\pounds}\boldsymbol{\eta}$.
[14.20] ¿Cómo modifica la torsión la fórmula del ejercicio [14.9]?

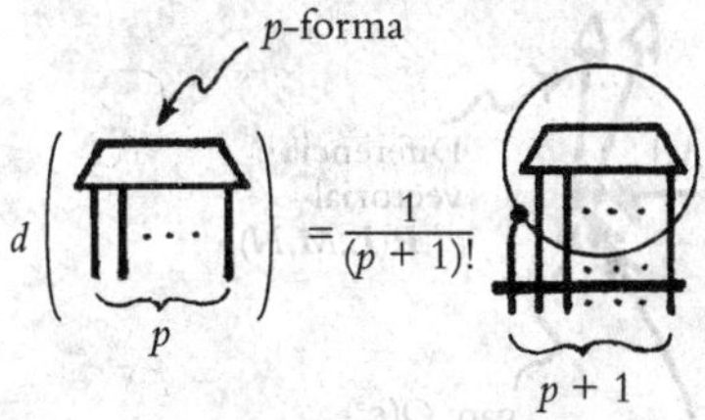

Fig. 14.18. Diagrama para la derivada exterior de una p-forma: $(\mathrm{d}\boldsymbol{\alpha})_{ab\ldots d} = \nabla_{[a}\alpha_{b\ldots d]}$.

(siendo ∇ libre de torsión); véase la Fig. 14.17b. Para un tensor $\mathbf{Q}$ de valencia $\left[{}^{1}_{2}\right]$, por ejemplo, tenemos entonces (Fig. 14.17c)[14.21]

$$\underset{\xi}{\pounds}\mathbf{Q}^{c}_{ab} = \xi^{u}\mathbf{Q}^{c}_{ab} + \mathbf{Q}^{c}_{ub}\nabla_{a}\xi^{u} + \mathbf{Q}^{c}_{au}\nabla_{b}\xi^{u} - \mathbf{Q}^{u}_{ab}\nabla_{u}\xi^{c}.$$

Notamos que la derivada de Lie, considerada como una función tanto de ξ como de la cantidad $\mathbf{Q}$ (campo tensorial) sobre la que actúa, es *independiente* de la conexión, i.e., es la misma cualquiera que sea el operador ∇_a libre de torsión que escojamos. (Esto se sigue de que $\underset{\xi}{\pounds}$ está unívocamente definida a partir del operador gradiente «d».) En particular, podríamos utilizar el operador de derivada en coordenadas $\partial/\partial x^a$ (en cualquier sistema de coordenadas que escojamos) en lugar de ∇_a, y la respuesta sería la misma. Incluso si tenemos una conexión con torsión, aún podríamos utilizarla, expresándola en términos de una segunda conexión, unívocamente definida por la dada y que es libre de torsión, obtenida «restando» la torsión de la conexión dada.[14.22]

La derivada de Lie comparte con la derivada exterior (véase §12.6) esta propiedad de independencia de la conexión, por la que para cualquier p-forma α, con expresión de índices $\alpha_{b\ldots d}$,

$$(\mathrm{d}\boldsymbol{\alpha})_{ab\ldots d} = \nabla_{[a}\alpha_{b\ldots d]},$$

donde ∇ es cualquier conexión libre de torsión; véase la Fig. 14.18. Esta es la misma que la expresión dada en §12.6, excepto que allí se utilizaba explícitamente la *conexión en coordenadas* $\partial/\partial x^a$. Se ve inme-

[14.21] Establezca la unicidad, verificando la fórmula covectorial anterior, y dé explícitamente la derivada de Lie de un tensor general.
[14.22] Muestre cómo encontrar esta segunda conexión, tomando la «Γ» para que la diferencia entre las dos conexiones sea antisimétrica en sus dos subíndices. (Véase el ejercicio [14.5].)

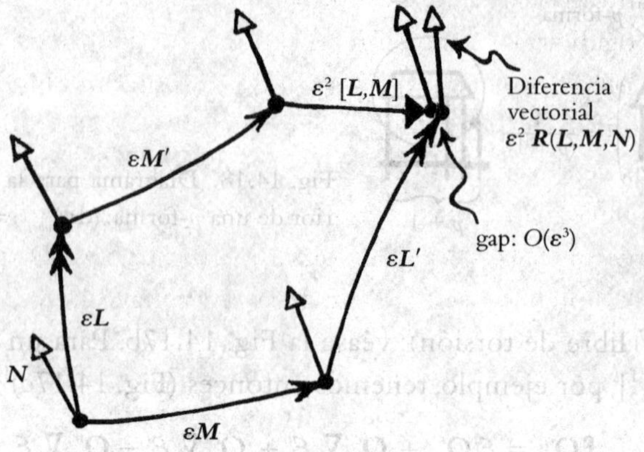

Fig. 14.19. Curvatura en la «notación del matemático» $(\nabla_L M - \nabla_M L - \nabla_{[M,L]})N = \boldsymbol{R}(\boldsymbol{L}, \boldsymbol{M}, \boldsymbol{N})$, a partir de la discrepancia $O(\varepsilon^2)$ en el transporte paralelo de un vector $\boldsymbol{N}$ alrededor del «cuadrilátero» (incompleto) con lados $\varepsilon\boldsymbol{L}$, $\varepsilon\boldsymbol{M}$, $\varepsilon\boldsymbol{L}'$, $\varepsilon\boldsymbol{M}'$. La contribución del paréntesis de Lie $\varepsilon^2[\boldsymbol{L}, \boldsymbol{M}]$ llena un hueco $O(\varepsilon^2)$. (La forma con índices del vector $\boldsymbol{R}(\boldsymbol{L}, \boldsymbol{M}, \boldsymbol{N})$ es $L^a M^b N^c R_{abc}{}^d$.)

diatamente que la expresión anterior es realmente independiente de la elección de conexión libre de torsión.[14.23] Además, la propiedad clave $d^2\alpha = 0$ se sigue inmediatamente de esta expresión.[14.24] Hay también algunas otras expresiones que son independientes de la conexión en este sentido.[9]

Por último, volviendo a la cuestión de la curvatura, en nuestra variedad $\mathcal{M}$, con conexión ∇, vemos que necesitamos el paréntesis de Lie para la definición del tensor de curvatura en la notación del matemático:

$$(\nabla_{\boldsymbol{L}} \nabla_{\boldsymbol{M}} - \nabla_{\boldsymbol{M}} \nabla_{\boldsymbol{L}} - \nabla_{[\boldsymbol{L},\boldsymbol{M}]}) \, \boldsymbol{N} = \boldsymbol{R}(\boldsymbol{L}, \boldsymbol{M}, \boldsymbol{N})$$

(donde $\boldsymbol{R}(\boldsymbol{L}, \boldsymbol{M}, \boldsymbol{N})$ significa el vector $L^a M^b N^c R_{abc}{}^d$).[14.25] Aunque la inclusión de un término conmutador extra puede considerarse una desventaja de esta notación, tiene la ventaja compensatoria de que la tor-

[14.23] Establezca esto y muestre cómo modifica la expresión la presencia de un tensor de torsión τ.
[14.24] Demuéstrelo.
[14.25] Demuestre la equivalencia (si se anula la torsión) con la expresión del físico anterior.

sión está automáticamente permitida (en contraste con la necesidad de un término adicional de torsión en la notación del físico). Recordemos el significado geométrico del término conmutador (Fig. 14.14). Permite un «hueco» $O(\varepsilon^2)$ en el cuadrilátero $O(\varepsilon)$ construido a partir de los campos vectoriales $\boldsymbol{L}$ y $\boldsymbol{M}$. De hecho, tiene la ventaja adicional de que no es necesario considerar que el lazo alrededor del cual llevamos muestro vector $\boldsymbol{N}$ es un «paralelogramo» (hasta el orden previamente requerido), sino tan solo un cuadrilátero (curvilíneo). Véase la Fig. 14.19. Si $[\boldsymbol{L}, \boldsymbol{M}] = 0$, entonces este cuadrilátero se cierra (hasta orden $O(\varepsilon^2)$).

14.7. Lo que una métrica puede hacer por usted

Hasta ahora hemos considerado que la conexión ∇ ha sido sencillamente *asignada* a nuestra variedad $\mathcal{M}$. Esto proporciona a $\mathcal{M}$ cierto tipo de estructura. Sin embargo, es bastante habitual considerar una conexión más como una estructura secundaria que surge de una *métrica* definida en $\mathcal{M}$. Recordemos de §13.8 que una métrica (o pseudométrica) es un tensor $\boldsymbol{g}$ simétrico, no singular, $[^0_2]$-valente. Exigimos que $\boldsymbol{g}$ sea un *campo* tensorial suave, de modo que $\boldsymbol{g}$ se aplica a los espacios tangentes en los diversos puntos de $\mathcal{M}$. Una variedad con una métrica asignada de este modo se denomina *riemanniana*, o quizá *pseudorriemanniana*.[10] (Ya he hablado del gran matemático Bernhard Riemann en los capítulos 7 y 8. Él dio origen a este concepto de una variedad n-dimensional con una métrica, siguiendo el estudio anterior de Gauss de 2-variedades «riemannianas».) Normalmente, el término «riemanniana» se reserva para el caso en que $\boldsymbol{g}$ es definida positiva (véase §13.8). En este caso hay una medida (positiva) de *distancia* a lo largo de cualquier curva suave, definida por la integral de ds a lo largo de la misma, (Fig. 14.20) donde

$$\mathrm{d}s^2 = g_{ab}\, \mathrm{d}x^a\, \mathrm{d}x^b.$$

Esto es un objeto adecuado para integrar a lo largo de una curva y definir así una *longitud* para dicha curva, que es una «longitud» en el sentido familiar de la palabra cuando $\boldsymbol{g}$ es definida positiva. Aunque ds

no es una 1-forma, comparte bastantes propiedades de una 1-forma para que sea una cantidad legítima para integrar a lo largo de una curva. La longitud ℓ de una curva que conecta un punto A y un punto B se expresa entonces como[11]

$$\ell = \int_A^B \mathrm{d}s, \quad \text{donde } \mathrm{d}s = (g_{ab}\mathrm{d}x^a\mathrm{d}x^b)^{\frac{1}{2}}.$$

Puede advertirse que en el caso del espacio euclídeo, esta es precisamente la definición ordinaria de longitud de una curva, vista más fácilmente en el sistema de coordenadas cartesianas, donde las componentes g_{ab} toman la forma estándar de «delta de Kronecker» de §13.3 (i.e., 1 si $a = b$, y 0 si $a \neq b$). La expresión para ds es básicamente un reflejo del teorema de Pitágoras (§2.1), como se ha señalado en §13.3 (véase el ejercicio [13.11]), pero operando en el nivel infinitesimal. Sin embargo, en una variedad riemanniana general la medida de longitud de una curva, de acuerdo con la fórmula anterior, nos proporciona una geometría que difiere de la de Euclides. Esto refleja el fallo del teorema de Pitágoras para intervalos finitos (en oposición a infinitesimales). De todas formas, llama la atención que este antiguo teorema siga desempeñando un papel fundamental, ahora en el nivel infinitesimal. (Recordemos el párrafo final de §2.7.)

En §17.7 veremos que el caso de signatura $+---$ tiene particular importancia en la relatividad, donde la (pseudo)métrica mide ahora directamente el tiempo que registraría un reloj ideal. Además, cualquier vector $\boldsymbol{v}$ tiene una *longitud* $|\boldsymbol{v}|$ definida por

$$|\boldsymbol{v}|^2 = g_{ab}v^a v^b,$$

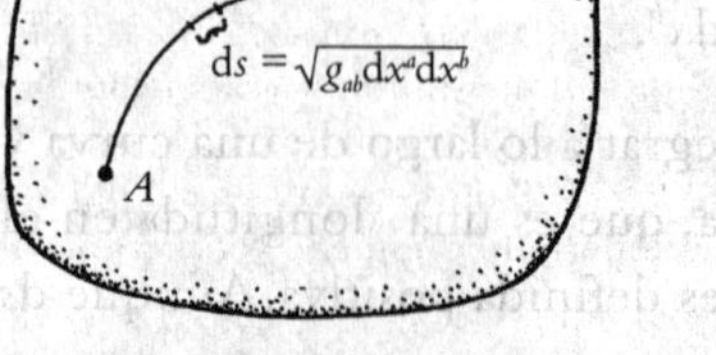

Fig. 14.20. La longitud de una curva suave es $\int \mathrm{d}s$, donde $\mathrm{d}s^2 = g_{ab}\mathrm{d}x^a\mathrm{d}x^b$.

que, para una $\boldsymbol{g}$ definida positiva, es positiva siempre que $\boldsymbol{v}$ no se anule. Sin embargo, en la teoría de la relatividad necesitamos en su lugar una métrica *lorentziana* (véase §13.8), y $|\boldsymbol{v}|^2$ puede ser de uno u otro signo. Veremos la importancia de esto más adelante (§17.9, §18.3).

¿Cómo una (pseudo)métrica $\boldsymbol{g}$ no singular determina unívocamente una conexión ∇ libre de torsión? Una manera de expresar el requisito sobre ∇ consiste en decir que el transporte paralelo de un vector debe conservar siempre su longitud (una propiedad que he establecido en §14.2 para el transporte paralelo en la esfera S^2). De modo equivalente, podemos expresar este requisito como

$$\nabla \boldsymbol{g} = 0.$$

Esta condición (junto con la anulación de la torsión) basta para fijar ∇ por completo.[14.26] La conexión ∇ recibe indistintamente los nombres de conexión *riemanniana*, de *Christoffel* o de *Levi-Civita* (por Bernhard Riemann, 1826-1866; Elwin Christoffel, 1829-1900, y Tulio Levi-Civita, 1873-1941, que aportaron ideas importantes en relación con esta noción).[14.27]

Hay otra forma de entender el hecho de que una métrica $\boldsymbol{g}$ (digamos definida positiva) determine una conexión. La noción de una *geodésica* puede obtenerse directamente a partir de la métrica. Una curva en $\mathcal{M}$ que *minimiza* su longitud $\int ds$ (la cantidad que se ilustra en la Fig. 14.20) entre dos puntos fijos es en realidad una geodésica para la métrica $\boldsymbol{g}$. Conocer el lugar geométrico de las geodésicas es más de lo que se necesita para conocer la conexión ∇. El resto de la información necesaria para fijar ∇ por completo es un conocimiento de los *parámetros afines* a lo largo de las geodésicas. Estos son los parámetros que miden la longitud de arco a lo largo de las curvas, y los múltiplos constantes

[14.26] Obtenga explícitamente la expresión en componentes $\Gamma^a_{bc} = \frac{1}{2}g^{ad}(\partial g_{bd}/\partial x^c + \partial g_{cd}/\partial x^b - \partial g_{cb}/\partial x^d)$ para las cantidades Γ^a_{bc} de la conexión (símbolos de Christoffel). (Véase el ejercicio [14.6].)

[14.27] Obtenga la expresión clásica $R_{abc}{}^{d} = \partial \Gamma^d_{cb}/\partial x^a - \partial \Gamma^d_{ca}\partial x^b + \Gamma^u_{cb}\Gamma^d_{ua} - \Gamma^u_{ca}\Gamma^d_{ub}$ para el tensor de curvatura en términos de símbolos de Christoffel. *Sugerencia*: Utilice la definición de §14.4 del tensor de curvatura, donde ξ^d es cada uno de los vectores de coordenadas $\delta^a_1,\ldots,\delta^a_n$. (Como en el ejercicio [14.6], las cantidades δ^a_1, δ^a_2, etc., deben considerarse como vectores individuales, donde el superíndice *a* puede verse como un índice abstracto, de acuerdo con §12.8.)

de tales parámetros, y esto queda de nuevo fijado por $\boldsymbol{g}$.[14.28] Cuando $\boldsymbol{g}$ no es definida positiva, el argumento es básicamente el mismo, pero ahora las geodésicas no minimizan $\int ds$, y la integral es lo que se denomina «estacionaria» para una geodésica. (Esta cuestión será abordada de nuevo más adelante; véanse §17.9 y §20.1.)

En geometría (pseudo)riemanniana, la métrica g_{ab}, y su inversa g^{ab} (definida por $g^{ab}g_{bc} = \delta^a_c$) pueden utilizarse para subir o bajar los índices de un tensor. En particular, los vectores pueden convertirse en covectores y los covectores en vectores, como en §13.9:

$$v_a = g_{ab}v^b \quad \text{y} \quad \alpha^a = g^{ab}\alpha_b.$$

Es normal atenerse al mismo símbolo para el núcleo (aquí v y α) y utilizar la posición de los índices para distinguir el carácter geométrico de la cantidad. Aplicando este procedimiento para bajar el superíndice del tensor de curvatura, definimos el tensor de *Riemann* o de *Riemann-Christoffel*

$$R_{abcd} = R_{abc}{}^{e}\, g_{ed},$$

que tiene valencia $\left[{0 \atop 4}\right]$. Posee algunas notables simetrías, además de las dos relaciones (antisimetría en *ab* y simetría de Bianchi, es decir, anulación de la parte antisimétrica en *abc*) que teníamos antes. También tenemos[14.29] antisimetría en *cd* y simetría bajo intercambio de *ab* por *cd*:

$$R_{abcd} = -R_{abdc} = R_{cdab}.$$

Véase la Fig. 14.21 para la representación diagramática de estos objetos. Un tensor $\left[{0 \atop 4}\right]$-valente general en una n-variedad tiene n^4 componentes, pero en el caso de un tensor de Riemann, debido a estas simetrías, solo $\frac{1}{12}n^2(n^2-1)$ de estas componentes son independientes.[14.30]

Llegados a este punto, es oportuno llamar la atención del lector so-

[14.28] Dé detalles para este argumento.

[14.29] Establezca estas relaciones, obteniendo primero la antisimetría en *cd* a partir de $\nabla_{[a}\nabla_{b]}g_{cd} = 0$ y utilice luego las dos antisimetrías y la simetría de Bianchi para obtener la simetría de intercambio.

[14.30] Verifique que las simetrías permiten solo 20 componentes independientes cuando $n = 4$.

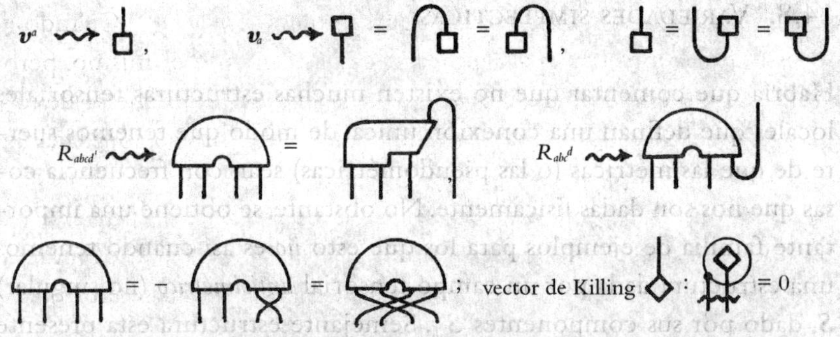

Fig. 14.21. Elevando y bajando índices en la notación de «aro»: $v_a = g_{ab}v^b = v^b g_{ba}$, $v^a = g^{ab}v_b = v_b g^{ba}$, $R_{abcd} = R_{abc}{}^e g_{ed}$, $R_{abc}{}^d = R_{abce}g^{ed}$, $R_{abcd} = -R_{abdc} = R_{cdab}$; $\boldsymbol{\kappa}^a$ es un vector de Killing si $\nabla_{(a}\kappa_{b)} = 0$.

bre la noción de un *vector de Killing* sobre una variedad (pseudo)riemanniana $\mathcal{M}$. Este es un campo vectorial $\boldsymbol{\kappa}$ que tiene la propiedad de que la derivada de Lie con respecto al mismo aniquila la métrica:

$$\underset{\boldsymbol{\kappa}}{\pounds} g = 0.$$

Esta ecuación puede reescribirse en la notación de índices (con paréntesis redondos que denotan simetrización, como en §12.7; véase también la Fig. 14.21) como

$$\nabla_a \kappa_b + \nabla_b \kappa_a = 0 \quad \text{i.e.,} \quad \nabla_{(a}\kappa_{b)} = 0,$$

donde $\boldsymbol{\nabla}$ es la conexión de Levi-Civita estándar.[14.31] Un vector de Killing sobre una variedad (pseudo)riemanniana $\mathcal{M}$ es el generador de una *simetría* continua de $\mathcal{M}$ (que solo puede ser una simetría local[12] si $\mathcal{M}$ es no compacta). Si $\mathcal{M}$ contiene más de un vector de Killing independiente, entonces el conmutador de los dos es otro vector de Killing.[14.32] Los vectores de Killing tienen particular importancia en la teoría de la relatividad, como veremos en §19.5 y §§30.4,6,7.

[14.31] Obtenga esta ecuación.
[14.32] Verifique este hecho «geométricamente obvio» por cálculo directo. (¿Y por qué es obvio?)

14.8. Variedades simplécticas

Habría que comentar que no existen muchas estructuras tensoriales locales que definan una conexión única, de modo que tenemos suerte de que las métricas (o las pseudométricas) sean con frecuencia cosas que nos son dadas físicamente. No obstante, se obtiene una importante familia de ejemplos para los que esto *no* es así cuando tenemos una estructura dada por un campo tensorial *antisimétrico* (no singular) $\boldsymbol{S}$, dado por sus componentes S_{ab}. Semejante estructura está presente en los *espacios de fases* de la mecánica clásica (§20.1). Más adelante, en §§20.2,4 y §27.3, haré más comentarios sobre estos notables espacios. Son ejemplos de lo que se conocen como *variedades simplécticas*. Además de ser antisimétrica y no singular, la *estructura simpléctica* $\boldsymbol{S}$ debe satisfacer[14.33]

$$\mathrm{d}\boldsymbol{S} = 0.$$

(Este sería el caso estándar de una forma simpléctica *real* en una variedad real $2m$-dimensional, donde la simetría local estaría dada por el habitual grupo simpléctico con «signatura dividida» $\mathrm{Sp}(m, m)$; véase §13.10. No me consta que se hayan estudiado extensamente «variedades simplécticas de otras signaturas.)

La inversa S^{ab}, de S_{ab} (definida por $S^{ab}S_{bc} = \delta^a_c$), define lo que se conoce como el «*paréntesis de Poisson*» (que debe su nombre al distinguido matemático francés Siméon Denis Poisson, que vivió de 1781 a 1840). Este combina dos campos escalares Φ, Ψ en un espacio de fases para dar un tercero:

$$\{\Phi, \Psi\} = -\frac{1}{2} S^{ab}\nabla_a \Phi \nabla_b \Psi$$

(donde el factor $-1/2$ se ha insertado simplemente por consistencia con las convencionales expresiones en coordenadas). Esta es una cantidad importante en mecánica clásica. Más adelante veremos (en §20.4) cómo codifica las *ecuaciones de Hamilton*, que ofrecen un método general fundamental que engloba las ecuaciones de la mecánica clásica y

[14.33] Explique por qué esto puede escribirse $\nabla_a S_{bc} + \nabla_b S_{ca} + \nabla_c S_{ab} = 0$, utilizando cualquier conexión ∇ libre de torsión.

proporciona el enlace con la mecánica cuántica. La antisimetría de $\boldsymbol{S}$ y la condición d$\boldsymbol{S} = 0$ nos proporcionan las elegantes relaciones[14.34]

$$\{\Phi, \Psi\} = -\{\Psi, \Phi\}, \quad \{\Theta, \{\Phi, \Psi\}\} + \{\Phi, \{\Psi, \Theta\}\} + \{\Psi, \{\Theta, \Phi\}\} = 0,$$

que pueden compararse con las correspondientes identidades con conmutadores (paréntesis de Lie) de §14.6. (Recordemos la identidad de Jacobi.) Volveremos a la extraordinariamente rica geometría de las variedades simplécticas cuando consideremos la descripción geométrica de la mecánica clásica en §20.4.

La estructura local de una variedad simpléctica es un ejemplo de lo que podría llamarse una estructura «blanda». No hay, por ejemplo, ninguna noción de curvatura para una variedad simpléctica que pudiera servir para distinguir localmente una variedad simpléctica de otra. Si tenemos dos variedades simplécticas reales de la misma dimensión (y la misma «signatura»; cf. §13.10), entonces son completamente idénticas localmente (en el sentido de que para cualquier punto p en una variedad y cualquier punto q en la otra existen conjuntos abiertos de p y q que son idénticos.[13] Esto está en abierto contraste con el caso de variedades (pseudo)riemannianas, o variedades en las que meramente se especifica una conexión. En tales casos, el tensor de curvatura (y, por ejemplo, sus diversas derivadas covariantes) define una estructura característicamente local que quizá es diferente para diferentes variedades.

Existen otros ejemplos de tales estructuras «blandas», entre los que se encuentra la estructura compleja definida en §12.9 que hace posible que una variedad real $2m$-dimensional sea reinterpretada como una variedad compleja m-dimensional. En este caso, la blandura es evidente, porque no hay ningún rasgo claro, aparte de la dimensión compleja m, que distinga localmente una variedad compleja de otra (o de $\mathbb{C}^m$). Seguiría siendo blanda si se le asignara una estructura simpléctica compleja (holomorfa)[14.35] (y ahora ni siquiera tenemos que preocuparnos de una noción de «signatura» para la S_{ab} compleja; véase §13.10).

Pueden especificarse muchos otros ejemplos de estructuras blan-

[14.34] Demuestre estas relaciones, estableciendo primero que $S^{a[b}\nabla_a S^{cd]} = 0$.
[14.35] Explique por qué.

das. Una de estas sería una variedad real con un campo vectorial en ella que no se anula en ninguna parte. Por el contrario, una variedad real con *dos* campos vectoriales generales no sería blanda.[14.36] La cuestión de la blandura tiene cierta importancia para la *teoría de twistores*, como veremos en §33.11.

Notas

Sección 14.2

14.1. De hecho, existe una razón topológica por la que no hay forma de asignar una «paralela» a $\boldsymbol{v}$ en todos los puntos de S^2 de una forma continua (¡es el problema de peinar el pelo de un perro esférico!). Sin embargo, el enunciado análogo para S^3 no es cierto, como muestra la construcción de paralelas de Clifford (dada en §15.4).

Sección 14.3

14.2. En buena parte de la literatura física y la más antigua literatura matemática, la derivada en coordenada $\partial/\partial x^a$ se indica añadiendo un subíndice *a*, precedido por una coma, al extremo derecho de la lista de índices unida a la cantidad que se está derivando. En el caso de ∇_a, se suele utilizar un punto y coma en lugar de la coma.

La notación «∇_a» funciona con la notación de índices abstractos (§12.8) y las ecuaciones siguientes en el texto principal de este libro pueden (y deberían) leerse de esta manera. Las expresiones en coordenadas también pueden tratarse en esta notación, pero se necesitan dos tipos de índices distinguibles, componente y abstracto (véanse Penrose, 1968a y Penrose y Rindler, 1984).

Sección 14.4

14.3 El escalonamiento de índices es necesario cuando se introduce una métrica (§14.7), puesto que se necesitan espacios para subir y bajar índices.

[14.36] Explique por qué en cada caso. *Sugerencia*: Construya un sistema de coordenadas con $\boldsymbol{\xi} = \partial/\partial x^1$; luego tome derivadas de Lie repetidamente para construir un sistema, etc.

Sección 14.5

14.4. Estrictamente, $\boldsymbol{\nabla}$ actúa sobre campos definidos en $\mathcal{M}$, y no solo a lo largo de curvas que yacen dentro de $\mathcal{M}$. Pero esta ecuación cobra sentido porque el operador deriva solo en la dirección a lo largo de la curva. Si queremos, podemos considerar que la región de definición de $\boldsymbol{t}$ se extiende suavemente fuera de γ en $\mathcal{M}$ de alguna forma arbitraria. La forma precisa en que se haga esto es irrelevante, puesto que solo estamos pidiendo que la ecuación para $\boldsymbol{t}$ sea válida a lo largo de γ.

14.5. Véanse, por ejemplo, Nayfeh (1993) y Simmonds y Mann (1998).

Sección 14.6

14.6. Vemos el papel explícito del álgebra de Lie de los conmutadores en la fórmula de *Baker-Campbell-Hausdorff*, cuyos primeros términos están dados explícitamente en $e^{\boldsymbol{\xi}}e^{\boldsymbol{\eta}} = e^{\boldsymbol{\xi} + \boldsymbol{\eta} + \frac{1}{2}[\boldsymbol{\xi}, \boldsymbol{\eta}] + \frac{1}{12}([\boldsymbol{\xi}, [\boldsymbol{\xi}, \boldsymbol{\eta}]] + [[\boldsymbol{\xi}, \boldsymbol{\eta}], \boldsymbol{\eta}]) + \cdots}$, donde los puntos que siguen representan una expresión adicional en conmutadores múltiples de $\boldsymbol{\xi}$ y $\boldsymbol{\eta}$, i.e., un elemento del álgebra de Lie generada por $\boldsymbol{\xi}$ y $\boldsymbol{\eta}$.

14.7. De forma algo más precisa, podemos escoger coordenadas $x^2, x^3, \ldots, x^n$ constantes a lo largo de la curva, con $x^1 = t$; entonces $\boldsymbol{\xi} = \partial/\partial t$, a lo largo de la curva. Es simplemente el teorema de Taylor (§6.4) que nos dice que la receta anterior da $e^{t\xi}(\Phi)$.

14.8. Análoga a la exponenciación $e^{t\xi}$ de $\boldsymbol{\xi}$ que da el valor de una cantidad escalar Φ a distancia finita, existe una expresión correspondiente con $\pounds_{\xi}$ en lugar de $\boldsymbol{\xi}$ para obtener un tensor $\boldsymbol{Q}$ a distancia finita, medida frente a un sistema de referencia «arrastrado».

14.9. Véanse Schouten (1954) y Penrose y Rindler (1984), p. 202.

Sección 14.7

14.10. En algunos libros de matemáticas se ha utilizado el término «semirriemanniana» para el caso indefinido (véase O'Neill, 1983), pero creo que «pseudorriemanniana» es una terminología más adecuada.

14.11. Una forma habitual de dar significado a esta expresión es introducir un parámetro, digamos u, a lo largo de la curva y escribir $ds = (ds/du)du$. La cantidad ds/du es una función ordinaria de u, expresada en términos de dx^a/du.

14.12. Esta «localidad» puede entenderse en el sentido siguiente. Para cada punto p de $\mathcal{M}$ existe una exponenciación (§14.6) de una pequeña constante no nula múltiplo de $\boldsymbol{\kappa}$ que lleva algún conjunto abierto que contiene a p a algún otro conjunto abierto en $\mathcal{M}$ con una estructura métrica idéntica.

Sección 14.8

14.13. Aquí, «idénticos» se refiere al hecho de que cada uno de ellos puede aplicarse en el otro de forma tal que las estructuras simplécticas se corresponden.

15

Fibrados y conexiones gauge

15.1. Algunas motivaciones físicas para los fibrados

Las herramientas introducidas en los capítulos 14 y 15 son suficientes para el tratamiento de la relatividad general de Einstein y para los espacios de fases de la mecánica clásica. Sin embargo, una buena parte de la moderna teoría de interacciones entre partículas depende de una generalización de la noción concreta de «conexión» (o derivada covariante) que se ha introducido en §14.3, generalización que se conoce como *conexión gauge*. Básicamente, nuestra noción original de derivada covariante se basaba en lo que entendemos por transporte paralelo de un vector a lo largo de una curva en nuestra variedad $\mathcal{M}$ (§14.2). Conociendo el transporte paralelo para vectores, podemos extenderlo unívocamente al transporte de cualquier cantidad tensorial (§14.3). Ahora bien, vectores y tensores son cantidades que se refieren a los espacios tangentes en puntos de $\mathcal{M}$ (véanse §12.3, §14.1 y la Fig. 12.6). Pero una conexión gauge se refiere al «transporte paralelo» de ciertas cantidades de particular interés físico que es mejor considerar referidas a cierto tipo de «espacio» distinto del espacio tangente en un punto *p* de $\mathcal{M}$, aunque en cierto sentido debe seguir considerándose «localizado en el punto *p*».

Para aclarar un poco lo que se necesita aquí, recordemos de §§12.3,8 que una vez que tenemos un espacio vectorial —aquí, el espacio de vectores tangentes en un punto— podemos construir su (espacio de covectores) dual y todos los diversos espacios de vectores $[^p_q]$-valentes. Así, en un sentido claro, los espacios de $[^p_q]$-tensores (incluyendo los espacios cotangentes, pues los covectores son $[^0_1]$-tensores) «no son nada nuevo», una vez que tenemos los espacios tangentes T_p en puntos p. (Un comentario similar sería aplicable —al menos según mi modo de ver las cosas— a los espacios de *espinores* en p; véase §11.3. Otros podrían adoptar una actitud diferente respecto a los espinores; pero estas perspectivas alternativas no nos interesan aquí.) Los espacios que necesitamos para las teorías gauge de interacciones entre partículas (distintas de la gravedad) son diferentes de estos (y por ello *son* algo nuevo), y es mejor considerar que se refieren a un tipo de dimensión «espacial» que se añade a las del espacio y tiempo ordinarios. Estas dimensiones «espaciales» extras suelen conocerse como dimensiones *internas*, de modo que el movimiento a lo largo de una de estas «direcciones internas» no nos aleja del punto espaciotemporal en el que estamos situados.

Para dar un sentido geométrico a esa idea necesitamos la noción de un *fibrado*. Esta es una noción matemática muy precisa, y llegaremos a ella en §15.2. Se ha encontrado útil en matemáticas puras[1] mucho antes de que los físicos se dieran cuenta de que algunas de las nociones importantes que habían estado utilizando anteriormente tenían que ser entendidas realmente en términos de fibrados. En años posteriores, los físicos teóricos se han familiarizado con los conceptos matemáticos requeridos y los han incorporado en sus teorías. Sin embargo, en algunas teorías modernas estas nociones están presentadas de una forma modificada, según la cual se considera que el propio espaciotiempo adquiere dimensiones extras.

En realidad, en muchos (¿o en casi todos?) de los intentos actuales de encontrar un marco más profundo para la física fundamental (por ejemplo, supergravedad o teoría de cuerdas), la propia noción de espaciotiempo se extiende a una dimensionalidad más alta. Las «dimensiones internas» son entonces resultado de la presencia de dichas dimensiones espaciales extras, que se colocan esencialmente en pie de igualdad con las del espacio y tiempo ordinarios. El «espaciotiempo» resultante adquiere así más dimensiones que las cuatro estándar. Estas ideas se remontan aproximadamente a 1919, cuando Theodor Kaluza y Oskar Klein propusieron una ampliación de la relatividad general de Einstein en la que el número de dimensiones espaciotemporales se incrementa de 4 a 5. La dimensión extra hace posible que la maravillosa teoría del

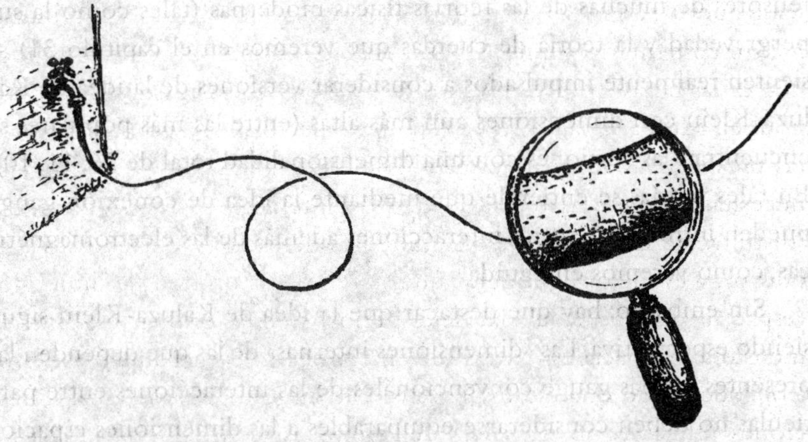

Fig. 15.1. La analogía de una manguera. Vista a gran escala, parece 1-dimensional, pero cuando se examina más minuciosamente se ve que es una superficie 2-dimensional. Análogamente, según la idea de Kaluza-Klein, podría haber «pequeñas» dimensiones espaciales extra inobservadas en una escala ordinaria.

electromagnetismo de Maxwell (véanse §§19.2,4) sea incorporada en cierto sentido dentro de una «descripción geométrica espaciotemporal». No obstante, esta «quinta dimensión» tiene que considerarse «enrollada en un bucle minúsculo», de modo que no somos directamente conscientes de ella como dimensión espacial ordinaria.

Es habitual hacer la analogía con una manguera (véase la Fig. 15.1), con la que se representa una modificación tipo Kaluza-Klein de un universo 1-dimensional. Cuando miramos en una escala grande, la manguera parece 1-dimensional: la dimensión de su longitud. Pero cuando se examina más de cerca, nos damos cuenta de que la superficie de la manguera es realmente 2-dimensional, con la dimensión extra apretadamente enrollada en una escala mucho más pequeña que la longitud de la manguera. Esto debe tomarse como una analogía directa de nuestra percepción de un espaciotiempo *físico* 4-dimensional dentro de un «espaciotiempo» *total* de Kaluza-Klein 5-dimensional. El 5-espacio de Kaluza-Klein va a ser el análogo directo de la 2-superficie de la manguera, y el espaciotiempo que percibimos es el análogo directo de la apariencia 1-dimensional de la manguera.

En muchos aspectos, esta es una idea atractiva e ingeniosa. Los defensores de muchas de las teorías físicas modernas (tales como la supergravedad y la teoría de cuerdas que veremos en el capítulo 31) se sienten realmente impulsados a considerar versiones de la idea de Kaluza-Klein con dimensiones aún más altas (entre las más populares se encuentran las versiones con una dimensionalidad total de 26, 11, 10). En tales teorías se entiende que mediante la idea de conexión gauge pueden introducirse otras interacciones además de las electromagnéticas, como veremos enseguida.

Sin embargo, hay que destacar que la idea de Kaluza-Klein sigue siendo especulativa. Las «dimensiones internas» de las que dependen las presentes teorías gauge convencionales de las interacciones entre partículas no deben considerarse equiparables a las dimensiones espaciotemporales ordinarias, y por ello no surgen de un esquema de tipo Kaluza-Klein. Un tema de especulación interesante es el de si es razonable considerar que las dimensiones internas de las teorías gauge actuales surgen en definitiva de este tipo de «espaciotiempo extendido» (tipo Kaluza-Klein) en algún sentido significativo.[2] Más adelante volveré a plantear esta cuestión (§31.4).

En lugar de considerar estas dimensiones internas como parte de un espaciotiempo de dimensiones más altas, será más conveniente pensar que nos proporcionan lo que se denomina un *haz de fibras* (o simplemente un *fibrado*) sobre el espaciotiempo. Esta es una noción importante que resulta fundamental para las modernas teorías gauge de las interacciones entre partículas. Imaginemos que «sobre» cada punto del espaciotiempo hay otro espacio, denominado una *fibra*. La fibra consiste en todas las dimensiones internas, de acuerdo con la imagen física mencionada antes. Pero el concepto de fibrado tiene aplicaciones mucho más generales que esto, de modo que será mejor que no nos atemos necesariamente a este tipo de interpretación física, al menos por el momento.

15.2. La idea matemática de un fibrado

Un *fibrado* $\mathcal{B}$ es una variedad con cierta estructura, que está definida en términos de otras dos variedades $\mathcal{M}$ y $\mathcal{V}$, de las que $\mathcal{M}$ se denomi-

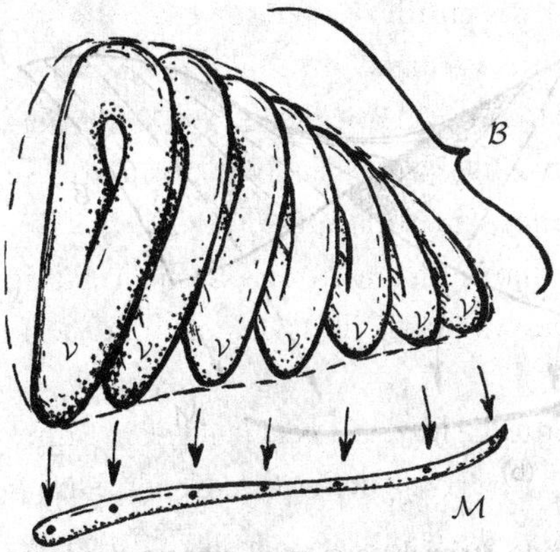

Fig. 15.2. Un fibrado $\mathcal{B}$ con espacio base $\mathcal{M}$ y fibra $\mathcal{V}$ puede considerarse constituido como un «valor de $\mathcal{M}$ en $\mathcal{V}$s». La proyección canónica de $\mathcal{B}$ en $\mathcal{M}$ puede verse como el colapso de cada fibra $\mathcal{V}$ en un solo punto.

na *espacio base* (que, en la mayoría de las aplicaciones físicas, es el propio espaciotiempo), y $\mathcal{V}$ se denomina *fibra* (el espacio interno en la mayoría de las aplicaciones físicas). El propio fibrado $\mathcal{B}$ puede considerarse compuesto de una familia completa de fibras $\mathcal{V}$; de hecho, está constituido como un «valor de $\mathcal{M}$ en $\mathcal{V}$s» (véase la Fig. 15.2). El tipo más simple de fibrado es lo que se denomina un *espacio producto*. Este sería un fibrado *trivial* o «no retorcido», pero son más interesantes los fibrados *retorcidos*. Enseguida daré algunos ejemplos de ambos. Es importante que el espacio $\mathcal{V}$ tenga también ciertas *simetrías*, pues es la presencia de estas simetrías la que da libertad para el *retorcimiento* que hace interesante el concepto de fibrado. El grupo $\mathcal{G}$ de simetrías de $\mathcal{V}$ en el que estamos interesados se denomina el *grupo* del fibrado $\mathcal{B}$. A menudo decimos que $\mathcal{B}$ es un *$\mathcal{G}$-fibrado* sobre $\mathcal{M}$. En muchas situaciones se toma como $\mathcal{V}$ un espacio vectorial, en cuyo caso diremos que el fibrado es un *fibrado vectorial*. Entonces, el grupo $\mathcal{G}$ es el grupo lineal general de la dimensión relevante, o un subgrupo del mismo (véanse §§13.3,6-10).

No tenemos que pensar en $\mathcal{M}$ como una *parte* de $\mathcal{B}$ (i.e., $\mathcal{M}$ no está dentro de $\mathcal{B}$); en su lugar, $\mathcal{B}$ debe verse como un espacio independiente de $\mathcal{M}$, que tendemos a considerar como si en cierto sentido estuviera *por encima* del espacio base $\mathcal{M}$. Existen muchas copias de la fibra $\mathcal{V}$ en el fibrado $\mathcal{B}$, pues hay una copia entera de $\mathcal{V}$ por encima de cada punto de $\mathcal{M}$. Todas las copias de las fibras son disjuntas (i.e., no hay dos que se intersecten), y en conjunto forman el fi-

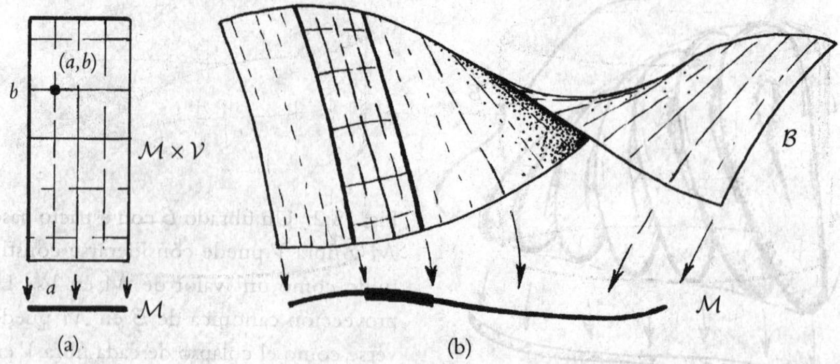

Fig. 15.3. (a) El caso particular de un fibrado «trivial», que es el espacio producto $\mathcal{M}\times\mathcal{V}$ de $\mathcal{M}$ por $\mathcal{V}$. Los puntos de $\mathcal{M}\times\mathcal{V}$ pueden interpretarse como pares de elementos (a, b), con a en $\mathcal{M}$ y b en $\mathcal{V}$. (b) El fibrado «retorcido» general $\mathcal{B}$, sobre $\mathcal{M}$, con fibra $\mathcal{V}$, se parece a $\mathcal{M}\times\mathcal{V}$ localmente, i.e., la parte de $\mathcal{B}$ sobre cualquier región abierta suficientemente pequeña de $\mathcal{M}$ es idéntica a la parte de $\mathcal{M}\times\mathcal{V}$ sobre la misma región de $\mathcal{M}$. Pero las fibras se retuercen, de modo que $\mathcal{B}$ no es globalmente el mismo que $\mathcal{M}\times\mathcal{V}$.

brado $\mathcal{B}$. La forma de considerar $\mathcal{M}$ en relación con $\mathcal{B}$ es como un *espacio cociente* del fibrado $\mathcal{B}$ por la familia de fibras $\mathcal{V}$. Es decir, cada punto de $\mathcal{M}$ corresponde exactamente a una copia de $\mathcal{V}$ individual e independiente. Existe una aplicación continua de $\mathcal{B}$ en $\mathcal{M}$, denominada la *proyección canónica* de $\mathcal{B}$ en $\mathcal{M}$, que colapsa cada fibra entera $\mathcal{V}$ en el punto concreto de $\mathcal{M}$ por encima del cual está (véase la Fig. 15.2).

El *espacio producto* de $\mathcal{M}$ por $\mathcal{V}$ (el fibrado trivial de $\mathcal{V}$ sobre $\mathcal{M}$) se escribe $\mathcal{M}\times\mathcal{V}$. Los puntos de $\mathcal{M}\times\mathcal{V}$ son los *pares* de elementos (a, b), donde a pertenece a $\mathcal{M}$ y b pertenece a $\mathcal{V}$; véase la Fig. 15.3a. (Ya hemos visto la misma idea aplicada a grupos en §13.2.).[3] Una fibra «retorcida» $\mathcal{B}$ más general sobre $\mathcal{M}$ se parece a $\mathcal{M}\times\mathcal{V}$ *localmente*, en el sentido de que la parte de $\mathcal{B}$ que reside sobre cualquier región abierta y suficientemente pequeña de $\mathcal{M}$ tiene una estructura idéntica a la de la parte de $\mathcal{M}\times\mathcal{V}$ que reside sobre la misma región abierta de $\mathcal{M}$.Véase la Fig. 15.3b. Pero a medida que nos movemos a lo largo de $\mathcal{M}$, las fibras superiores pueden retorcerse, de modo que, en conjunto, $\mathcal{B}$ es *diferente* (a menudo topológicamente diferente) de $\mathcal{M}\times\mathcal{V}$. La dimensión

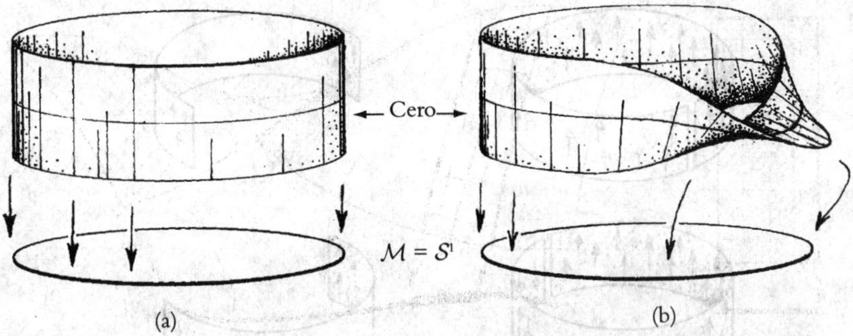

Fig. 15.4. Para entender cómo puede darse este giro, consideremos el caso en que $\mathcal{M}$ es un círculo S^1 y la fibra $\mathcal{V}$ es un espacio vectorial 1-dimensional (i.e., un espacio modelado sobre $\mathbb{R}$, pero donde solo está marcado el origen 0, y ningún otro valor (tal como el elemento identidad 1). (a) El caso trivial $\mathcal{M} \times \mathcal{V}$, que es aquí un cilindro ordinario 2-dimensional. (b) En el caso retorcido, obtenemos una cinta de Moebius (como en la Fig. 12.15).

de $\mathcal{B}$ es siempre la suma de las dimensiones de $\mathcal{M}$ y de $\mathcal{V}$ con independencia del retorcimiento.[15.1]

Todo esto puede ser confuso, de modo que para hacernos una idea de a qué se parece un fibrado pondré un ejemplo. En primer lugar, consideremos que nuestro espacio $\mathcal{M}$ es un círculo S^1, y la fibra $\mathcal{V}$ es un espacio vectorial 1-dimensional (que podemos representar como una copia de la recta real $\mathbb{R}$, con el origen 0 marcado). Dicho fibrado se denomina un *fibrado línea* (real) sobre S^1. Ahora $\mathcal{M} \times \mathcal{V}$ es un cilindro 2-dimensional; véase la Fig. 15.4a. ¿Cómo podemos construir un fibrado *retorcido* $\mathcal{B}$ sobre $\mathcal{M}$ con fibra $\mathcal{V}$? Podemos tomar una *cinta de Moebius* (véase la Fig. 15.4b). Veamos por qué esto es un fibrado, «localmente» igual al cilindro. Podemos obtener una región adecuadamente «local» del espacio base S^1 eliminando un punto p de S^1. Esto rompe el círculo base para dar un segmento[4] simplemente conexo[5] $S^1 - p$, y la parte de $\mathcal{B}$ que está por encima de dicho segmento es precisamente la misma que la parte del *cilindro* que está por encima de $S^1 - p$. La distinción entre el fibrado de Moebius $\mathcal{B}$ y el cilindro aparece solo

[15.1] Explique por qué la dimensión de $\mathcal{M} \times \mathcal{V}$ es la suma de las dimensiones de $\mathcal{M}$ y $\mathcal{V}$.

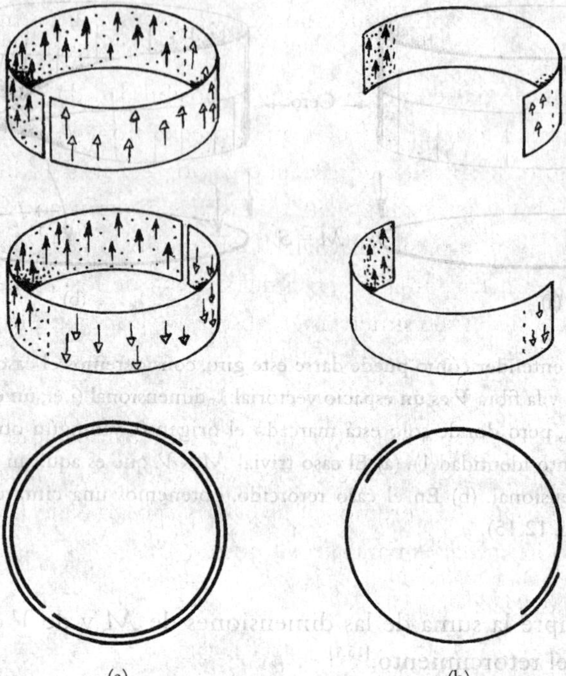

Fig. 15.5. (a) Podemos crear una región adecuadamente «local» (simplemente conexa) de la base S^1 eliminando un punto p de ella, siendo solo un producto la parte de la fibra sobre $S^1 - p$. Lo mismo se aplica a la parte de $\mathcal{B}$ sobre $S^1 - q$, donde q es un punto diferente de S^1. Obtenemos un cilindro si podemos empalmar las dos partes de $\mathcal{B}$ directamente, pero obtenemos el fibrado de Moebius, como se ha ilustrado antes, si aplicamos una reflexión arriba/abajo (una simetría de $\mathcal{V}$) a una de las dos porciones empalmadas. (b) La cinta de Moebius resultante es un poco más obvia si reducimos el tamaño de las dos partes de S^1, de modo que solo haya pequeñas regiones de solapamiento.

cuando miramos lo que hay por encima del S^1 *entero*. Podemos imaginar que S^1 está compuesto de dos de tales regiones, a saber, $S^1 - p$ y $S^1 - q$, donde p y q son dos puntos distintos de S^1; entonces podemos componer la totalidad de $\mathcal{B}$ a partir de dos regiones correspondientes, cada una de las cuales es un fibrado trivial sobre una de las regiones individuales de S^1. Es al «pegar» estas dos regiones de fibrados triviales cuando aparece el «giro» en el fibrado de Moebius (Fig. 15.5). De hecho, se ve claramente que lo que aparece con tan solo un giro es una cinta de Moebius, si reducimos el tamaño de nuestras cartas en S^1, como se indica en la Fig. 15.5b, reducción que no supone diferencia para la estructura de $\mathcal{B}$.

Es importante darse cuenta de que la posibilidad de este giro es el resultado de una *simetría* particular que posee la fibra $\mathcal{V}$, a saber, la que invierte el signo de los elementos del espacio vectorial 1-dimensional $\mathcal{V}$. (Esto es $v \mapsto -v$, para cada v en $\mathcal{V}$.) Esta operación conserva la estructura de $\mathcal{V}$ como espacio vectorial. Deberíamos notar que esta operación no es realmente una simetría del sistema de los números reales $\mathbb{R}$. De hecho, $\mathbb{R}$ no posee simetrías en absoluto. (Por ejemplo, el número 1 es ciertamente diferente de -1, y $x \mapsto -x$ *no* es una simetría de $\mathbb{R}$, puesto que no conserva la estructura multiplicativa de $\mathbb{R}$.)[15.2] Por eso se toma $\mathcal{V}$ como un espacio vectorial real 1-dimensional antes que solo *como* la propia recta real $\mathbb{R}$. A veces decimos que $\mathcal{V}$ está *modelado* sobre la recta real. Enseguida veremos cómo otras simetrías de la fibra proporcionan oportunidades para otros tipos de giro.

15.3. Secciones transversales de fibrados

Una forma de caracterizar la diferencia entre el cilindro y el fibrado de Moebius es en términos de lo que se denominan *secciones transversales* (o simplemente *secciones*) de un fibrado. Desde un punto de vista geométrico, consideramos una sección transversal de un fibrado $\mathcal{B}$ sobre $\mathcal{M}$ como una imagen continua de $\mathcal{M}$ en $\mathcal{B}$ que corta a cada fibra individual en un único punto (véase la Fig. 15.6a). Llamamos a esto un «elevador» del espacio base $\mathcal{M}$ dentro del fibrado. Nótese que, si ejecutamos la aplicación que eleva $\mathcal{M}$ a una sección transversal de $\mathcal{B}$ y lo hacemos seguir de la proyección canónica, obtenemos la aplicación identidad de $\mathcal{M}$ en sí mismo (es decir, cada punto de $\mathcal{M}$ se aplica de nuevo en sí mismo).

En el caso de un fibrado trivial $\mathcal{M} \times \mathcal{V}$, las secciones transversales pueden interpretarse simplemente como las funciones continuas sobre el espacio base $\mathcal{M}$ que toman valores en el espacio $\mathcal{V}$ (i.e., son aplicaciones continuas de $\mathcal{M}$ en $\mathcal{V}$). Así, una sección transversal de $\mathcal{M} \times \mathcal{V}$

[15.2] Explique esto.

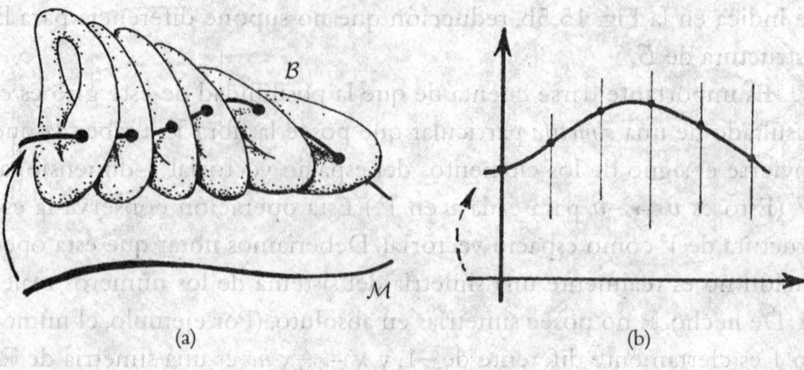

Fig. 15.6. (a) Una sección transversal (o sección) de un fibrado $\mathcal{B}$ es una imagen continua de $\mathcal{M}$ en $\mathcal{B}$ que corta cada fibra individual en un solo punto. (b) Esto generaliza la idea ordinaria de la gráfica de una función.

asigna[6] de una forma continua un punto de $\mathcal{V}$ a cada punto de $\mathcal{M}$. Esto es similar a la idea ordinaria de la *gráfica* de una función que se ilustra en la Fig. 15.6b. Con más generalidad, en el caso de un fibrado retorcido $\mathcal{B}$, cualquier sección transversal de $\mathcal{B}$ define una noción de «función retorcida» que es más general que la idea ordinaria de una función.

Volvamos a nuestro ejemplo particular de §15.2. En el caso del cilindro (fibrado producto $\mathcal{M} \times \mathcal{V}$), nuestras secciones transversales pueden representarse simplemente como curvas que se enrollan una vez alrededor del cilindro, cortando cada fibra solo una vez (Fig. 15.7a). Puesto que el fibrado es precisamente un espacio producto, podemos pensar en cada fibra como si fuera solo una copia de la recta real, y así es posible asignar de manera consistente coordenadas con valores reales a las fibras. La coordenada de valor 0 en cada fibra señala la *sección cero* de «puntos marcados» que representan los ceros de los espacios vectoriales $\mathcal{V}$. Una sección transversal general proporciona una función continua con valores reales en el círculo (siendo la «altura» sobre la sección cero el valor de la función en cada punto del círculo). Evidentemente hay muchas secciones transversales que no cortan la sección cero (las funciones que no se anulan en S^1). Por ejemplo, podemos escoger una sección del cilindro que es paralela a la sección cero aunque no coincidente con ella. Esto representa una función *constante* no nula en el círculo.

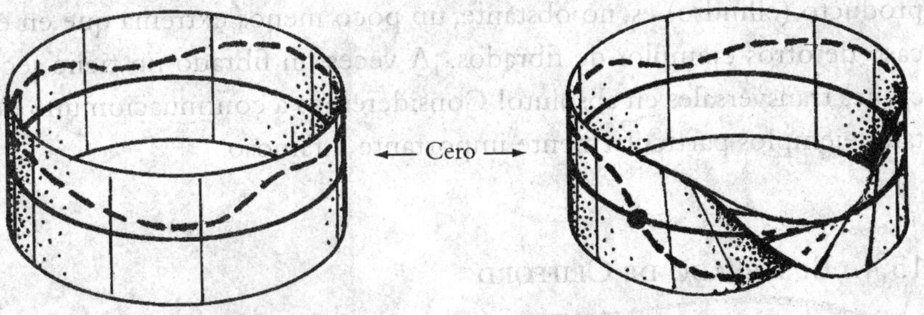

Fig. 15.7. Una sección transversal de un fibrado línea sobre S^1 es un lazo que da una vuelta, cortando cada fibra solo una vez. (a) Cilindro: hay secciones que no cortan en ninguna parte la sección 0. (b) Fibrado de Moebius: toda sección corta la sección 0.

Sin embargo, cuando consideramos el fibrado de Moebius $\mathcal{B}$, nos damos cuenta de que las cosas son muy diferentes. Para el lector no debería ser difícil aceptar que ahora cada sección transversal de $\mathcal{B}$ debe cortar la sección cero (Fig. 15.7b). (La noción de sección cero aún se aplica, puesto que $\mathcal{V}$ es un espacio vectorial, con su cero «marcado».) Esta diferencia cualitativa respecto al caso anterior deja claro que $\mathcal{B}$ debe ser topológicamente distinto de $\mathcal{M} \times \mathcal{V}$. Para ser un poco más concretos, podemos empezar a asignar coordenadas reales a las diversas fibras $\mathcal{V}$, igual que antes, pero tenemos que adoptar un convenio según el cual en cierto punto del círculo debe haber un «salto» de signo ($x \mapsto -x$), de modo que una sección transversal de $\mathcal{B}$ corresponde a una función con valor real en el círculo que sería continua excepto que cambia de signo cuando se recorre el círculo por completo. Cualquier sección transversal semejante debe tomar el valor cero en alguna parte.[15.3]

En este ejemplo, la naturaleza de la familia de secciones transversales es suficiente para distinguir el fibrado de Moebius del cilindro. Un examen de la familia de secciones transversales conduce a menudo a una forma útil de distinguir varios fibrados diferentes sobre el mismo espacio base $\mathcal{M}$. La distinción entre el fibrado de Moebius y el espacio

[15.3] Explique en detalle este argumento, utilizando la construcción de **B** a partir de dos cartas, tal como se ha indicado antes.

producto (cilindro) es, no obstante, un poco menos extrema que en el caso de otros ejemplos de fibrados. ¡A veces un fibrado no tiene secciones transversales en absoluto! Consideremos a continuación uno de tales ejemplos particularmente importante y famoso.

15.4. El fibrado de Clifford

¡En este ejemplo, nos vamos a poner serios! El espacio base $\mathcal{M}$ va a ser una esfera 2-dimensional S^2 y la variedad fibrada $\mathcal{B}$ resulta ser una 3-esfera S^3. Las fibras $\mathcal{V}$ son círculos S^1 («1-esferas»). Esto se conoce habitualmente como la *fibración de Hopf* de S^3, una construcción topológica apuntada por Heinz Hopf (1931). Pero el procedimiento de Hopf se basaba de manera explícita (con la referencia debida) en una construcción geométrica anterior de «paralelos de Clifford», que se debe a William Clifford (1873). Llamaré *fibrado de Clifford* a la S^3 fibrada geométricamente de este modo.

La forma más reveladora de obtener el fibrado de Clifford es considerar primero el espacio $\mathbb{C}^2$ de pares de números complejos (w, z). (Aquí, lo relevante de la estructura de $\mathbb{C}^2$ es que se trata simplemente de un espacio vectorial complejo 2-dimensional; véase §12.9.) Nuestro espacio fibrado $B(= S^3)$ debe considerarse como la 3-esfera unidad S^3 en $\mathbb{C}^2$, definida por la ecuación (véase la parte final de §10.1)

$$|w|^2 + |z|^2 = 1.$$

Esto representa la ecuación real $u^2 + v^2 + x^2 + y^2 = 1$, la ecuación de una 3-esfera, donde $w = u + \mathrm{i}v$ y $z = x + \mathrm{i}y$ son las expresiones respectivas de w y z en términos de sus partes real e imaginaria. (Ello está en analogía directa con la ecuación de una 2-esfera ordinaria $x^2 + y^2 + z^2 = 1$ en el 3-espacio euclídeo con coordenadas cartesianas reales x, y, z.)

Para obtener la fibración vamos a considerar la familia de *líneas rectas complejas* que pasan por el origen (i.e., los subespacios vectoriales complejos 1-dimensionales de $\mathbb{C}^2$). Cada una de estas rectas viene dada por una ecuación de la forma

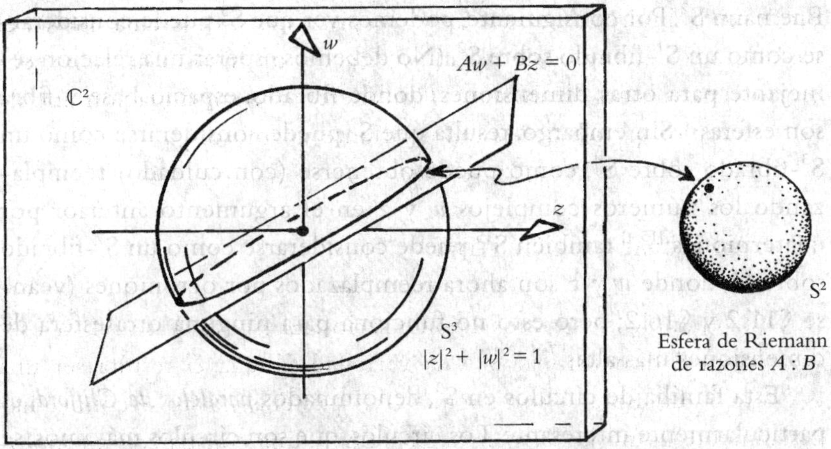

Fig. 15.8. El fibrado de Clifford. Tómese $\mathbb{C}^2$ con coordenadas (w, z), que contiene la 3-esfera $\mathcal{B} = S^3$ dada por $|w|^2 + |z|^2 = 1$. Cada fibra $\mathcal{V} = S^1$ es el círculo unidad en una línea recta compleja que pasa por el origen $Aw + Bz$ (subespacio vectorial 1-dimensional complejo de $\mathbb{C}^2$), y está determinada por la razón $A : B$. La esfera de Riemann S^2 de tales razones es el espacio base $\mathcal{B}$.

$$Aw + Bz = 0,$$

donde A y B son números complejos (al menos uno de los cuales es distinto de cero). Al ser un espacio vectorial 1-dimensional complejo, esta línea es una copia del plano complejo, y corta a S^3 en un círculo S^1, que podemos considerar como el círculo unidad en dicho plano (Fig. 15.8). Estos círculos van a ser nuestras fibras $\mathcal{V} = S^1$. Las líneas diferentes solo pueden cortarse en el origen, de modo que dos S^1 distintas no pueden tener un punto en común. Así pues, esta familia de círculos S^1 constituyen realmente fibras que dan a S^3 una estructura de fibrado.

¿Cuál es el espacio base $\mathcal{M}$? Evidentemente, obtenemos la misma recta $Aw + Bz = 0$ si multiplicamos A y B por el mismo número complejo distinto de cero, de modo que es realmente la razón $A : B$ la que distingue unas rectas de otras. Uno u otro de los números A, B puede ser cero, pero no ambos a la vez. El espacio de tales razones es la *esfera de Riemann* descrita con detalle en §8.3. Tenemos que identificar así el espacio base $\mathcal{M}$ de nuestro fibrado como esta esfera de

Riemann S^2. Por consiguiente, podemos ver que S^3 puede considerarse como un S^1-fibrado sobre S^2. (No debemos esperar una relación semejante para otras dimensiones, donde fibrado, espacio base y fibra son esferas.) Sin embargo, resulta que S^7 puede considerarse como un S^3-fibrado sobre S^4, como puede obtenerse (con cuidado) reemplazando los números complejos w y z en el argumento anterior por cuaterniones;[15.4] también S^{15} puede considerarse como un S^7-fibrado sobre S^8, donde w y z son ahora reemplazados por octoniones (véanse §11.2 y §16.2; pero esto no funciona para ninguna otra esfera de dimensiones más altas.[7]

Esta familia de círculos en S^3, denominados *paralelos de Clifford*, es particularmente interesante. Los círculos, que son círculos máximos, se retuercen uno alrededor del otro, permaneciendo siempre a la misma distancia (por ello se conocen como «paralelos»). Dos cualesquiera de los círculos están enlazados, de modo que son *oblicuos* (no coesféricos). En el 3-espacio euclídeo, las líneas rectas que son oblicuas (no coplanares) tienen la propiedad de que se alejan unas de otras a medida que se prolongan hacia el infinito. Sin embargo, la 3-esfera tiene curvatura positiva, de modo que los círculos de Clifford, que son geodésicas en S^3, tienen una tendencia compensadora a curvarse unos hacia otros de acuerdo con el efecto de desviación geodésica considerado en §14.5 (véase la Fig. 14.12). Estos dos efectos se cancelan exactamente en el caso de los paralelos de Clifford; véase la Fig. 15.9. Para obtener una imagen de la familia de paralelos de Clifford podemos proyectar S^3 estereográficamente desde su «polo sur» en un 3-espacio euclídeo ecuatorial, en exacta analogía con la correspondiente proyección estereográfica de S^2 sobre el espacio euclídeo que adoptamos en nuestro estudio de la esfera de Riemann en §8.3 (véase la Fig. 8.7). Como sucede con la proyección estereográfica de S^2, los círculos en S^3 se aplican en círculos en el 3-espacio euclídeo bajo esta proyección. Véase la Fig. 33.15 para una imagen de la familia de círculos de Clifford proyectados. Esta configuración tuvo una importancia seminal para la teoría de twistores,[8] y la geometría relevante se describirá en §33.6.

Antes he afirmado que este fibrado particular de Clifford no po-

[15.4] Desarrolle este argumento. ¿Puede ver como tratar el caso S^{15}?

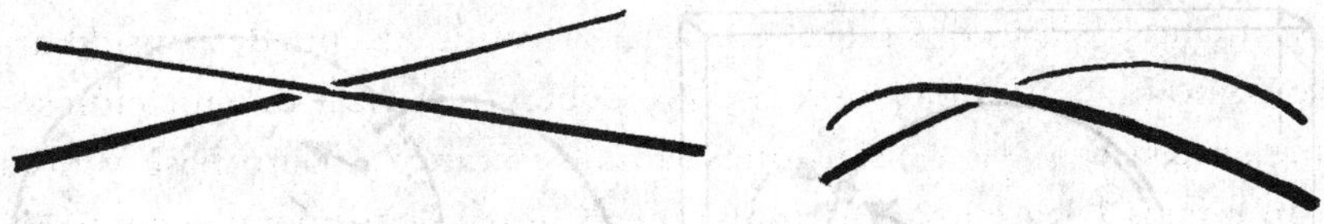

(a) (b)

Fig. 15.9. (a) En un 3-espacio euclídeo las líneas rectas oblicuas se alejan cada vez más una de otra. (b) En S^3 la curvatura positiva proporciona una tendencia compensatoria a curvar las geodésicas (círculos máximos) unas hacia otras (por desviación geodésica; véase la Fig. 14.12). En el caso de los paralelos de Clifford, la compensación es exacta.

seería ninguna sección transversal. ¿Cómo debemos entender esto? En primer lugar habría que señalar que el «giro» en el fibrado de Clifford debe su existencia al hecho de que las fibras-círculo poseen una simetría exacta dada por las rotaciones del círculo (el grupo O(2) o, de forma equivalente, U(1); véase el ejercicio [13.59]). No podemos identificar cada una de estas fibras con un círculo dado específicamente, tal como el círculo unidad en el plano complejo $\mathbb{C}$. Si pudiéramos hacerlo, entonces podríamos escoger de manera consistente algún punto específico en el círculo (por ejemplo, el punto «1» en el círculo unidad en $\mathbb{C}$) y con ello obtener una sección transversal del fibrado de Clifford. La no existencia de secciones transversales es posible porque los círculos de Clifford solo están modelados sobre el círculo unidad en $\mathbb{C}$, y no identificados con él.

Por supuesto, esto por sí mismo no nos dice por qué el fibrado de Clifford no tiene secciones transversales continuas. Para entender esto, será útil mirar el fibrado de Clifford de otra manera. De hecho, resulta que cada punto de nuestra esfera S^3 puede interpretarse como un vector «espinorial» de longitud unidad tangente a S^2 en uno de sus puntos.[15.5] Recordemos de §11.3 que un objeto espinorial es una cantidad que cuando experimenta una rotación completa de 2π se convierte en el negativo de lo que era originalmente. De acuerdo con el enunciado anterior, una sección transversal de nuestro fibrado $\mathcal{B}(= S^3)$

[15.5] Demuéstrelo. *Sugerencia*: Tome como vector tangente $u\partial/\partial v - v\partial/\partial u + x\partial/\partial y - y\partial/\partial x$.

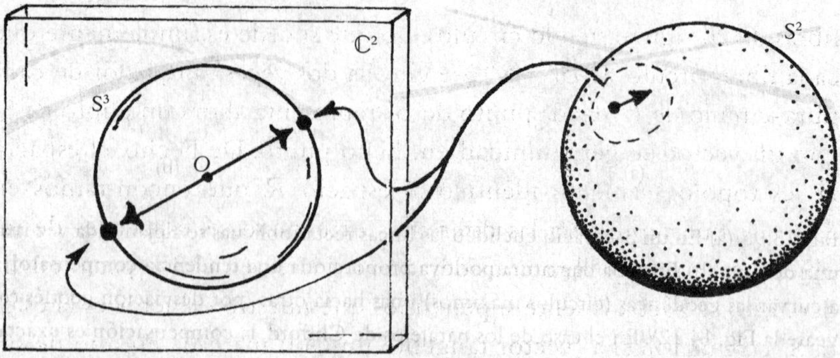

Fig. 15.10. El fibrado $\mathcal{B}'$ de vectores unidad tangentes a S^2 es una ligera modificación del fibrado de Clifford, en el que se identifican los puntos antipodales de S^3. Sin esta identificación, obtenemos S^3 como el fibrado (de Clifford) $\mathcal{B}$ de vectores *espinoriales* tangentes a S^2. Las fibras de $\mathcal{B}'$ siguen siendo círculos, pero cada fibra-círculo de $\mathcal{B}$ se enrolla dos veces alrededor de cada fibra-círculo de $\mathcal{B}'$.

representaría un campo continuo de tales vectores unidad espinoriales en $\mathcal{M}(= S^2)$. Ahora bien, es un hecho topológico bien conocido que no hay ningún campo continuo de vectores tangentes unidad ordinarios en S^2. (¡Ese es el problema de peinar el pelo de un «perro esférico»! Es imposible que los pelos queden lisos de una forma continua en toda la esfera.) Hacer «espinoriales» estas direcciones no ayuda, de modo que tampoco puede existir un campo continuo de vectores tangentes espinoriales. De ahí que nuestro fibrado $\mathcal{B}(= S^3$ no tenga secciones transversales.

Esto merece alguna discusión adicional, pues hay mucho más que aprender de este ejemplo. En primer lugar, podemos obtener el fibrado real $\mathcal{B}'$ de vectores unidad tangentes a S^2 modificando ligeramente el fibrado de Clifford antes descrito. Puesto que cualquier vector tangente unidad tiene solo dos manifestaciones como un objeto espinorial (siendo una la «negativa» de la otra), debemos identificarlas si queremos pasar del vector espinorial al vector ordinario. Lo que esto significa, en términos del fibrado de Clifford $\mathcal{B}(= S^3)$, es que dos puntos de S^3 deben ser identificados para dar un único punto[9] del haz $\mathcal{B}'$ de vectores unitarios en S^3. Los pares de puntos de S^3 que deben identificarse son los *puntos antipodales* en la 3-esfera. Véase la Fig. 15.10. Las fibras de $\mathcal{B}'$ siguen siendo círculos. Lo que sucede es simplemente que cada fibra-círculo de $\mathcal{B}(=S^3)$ «se enrolla dos veces» alrededor de cada fibra-círculo de $\mathcal{B}'$. Cada punto de $\mathcal{B}'$ representa ahora un punto de S^2 con un vector tangente unidad en dicho punto. De hecho, el espacio $\mathcal{B}'$ es topológicamente idéntico al espacio $\mathcal{R}$ que encontramos en §12.1, y que representa las diferentes orientaciones espaciales de un objeto (tal como el libro considerado en §11.3) en el 3-espacio euclídeo. Esto se hace evidente si pensamos que nuestro «objeto» es la esfera S^2 con una flecha (vector tangente unidad) marcada en uno de sus puntos. Esta flecha marcada fijará por completo la orientación espacial de la esfera.

15.5. Fibrados vectoriales complejos, fibrados (co)tangentes

Una ligera ampliación de la idea que hay tras el fibrado de Clifford (y también de $\mathcal{B}'$) nos ofrece un buen ejemplo de un *fibrado vectorial complejo*, en este caso un fibrado al que llamaré $\mathcal{B}^{\mathbb{C}}$ (o correspondientemente $\mathcal{B}'^{\mathbb{C}}$). Cada una de las rectas $Aw + Bz = 0$ es en sí misma un espacio vectorial complejo 1-dimensional. (La recta entera consiste en la familia de múltiplos de un único vector (w, z) por números complejos λ, de modo que (w, z) se multiplica para dar $(\lambda w, \lambda z)$.) Consideremos ahora este 1-espacio vectorial complejo como nuestra fibra $\mathcal{V}$. La esfera de Riemann S^2 es nuestro espacio base $\mathcal{M}$, igual que antes.

No obstante, debemos hacer algo más para obtener el fibrado vectorial complejo correcto $\mathcal{B}^{\mathbb{C}}$. En $\mathbb{C}^2$ las diferentes fibras no son disjuntas, pues todas ellas tienen en común el origen $(0, 0)$. Así pues, para obtener $\mathcal{B}^{\mathbb{C}}$ debemos modificar $\mathbb{C}^2$ reemplazando el origen por una copia de la esfera de Riemann entera ($\mathbb{CP}^1$; véase §15.6), de modo que en lugar de tener solo un cero, tenemos todo un equivalente de ceros por la esfera de Riemann, uno por cada fibra, lo que da lugar a la *sección cero* del fibrado (véase la Fig. 15.11). Este procedimiento se conoce como *ampliar* el origen de $\mathbb{C}^2$ (una idea importante para la geometría algebraica, la teoría de variedades complejas, la teoría de cuerdas, la teoría de twistores y muchas otras áreas). Puesto que ahora admitimos el cero en las fibras, existen secciones transversales continuas de $\mathcal{B}$. Resulta que

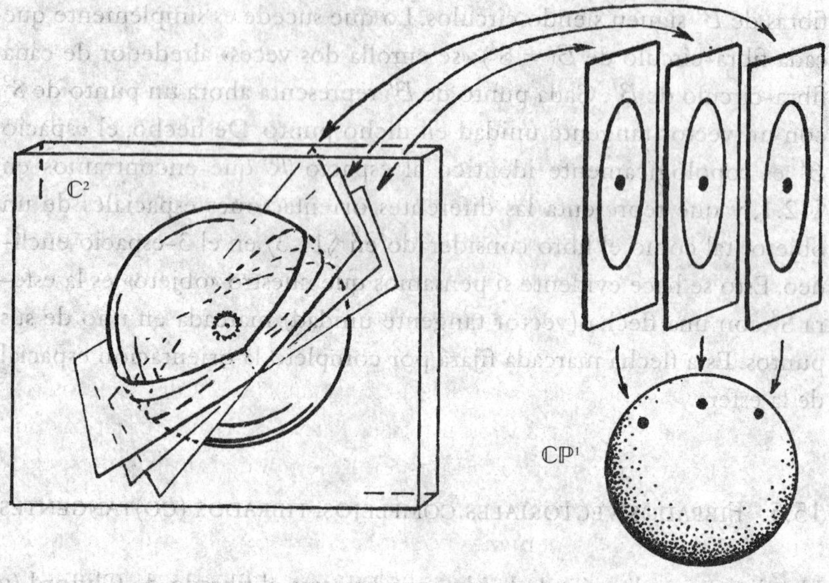

Fig. 15.11. Tomando la línea entera $Aw + Bz = 0$ (un plano complejo), en lugar de solo su círculo unidad, obtenemos un ejemplo de un fibrado lineal complejo $\mathcal{B}^{\mathbb{C}}$, siendo ahora la fibra $\mathcal{V}$ un espacio vectorial 1-dimensional complejo. La esfera de Riemann $S^2 = \mathbb{CP}^1$ (también una variedad compleja; véanse §8.3 y §15.6) sigue siendo el espacio base $\mathcal{M}$. Pero para hacer disjuntas las diferentes fibras, debemos «ampliar» el origen (0, 0) reemplazándolo por una esfera de Riemann entera, lo que nos da el valor en 0s de una esfera de Riemann.

estas secciones transversales representan los *campos de espinores* en S^2. Un «espinor» en un punto de S^2 va a representarse no solo como un «vector tangente unidad espinorial» en un punto de S^2, sino que ahora el vector puede ser «ampliado o reducido de escala» por un número real positivo, o puede admitirse que se haga cero. Puede demostrarse que tales «espinores» posibles en un punto de S^2 nos ofrecen un espacio vectorial 2-complejo dimensional.[10,[15.6]]

El fibrado entero $\mathcal{B}^{\mathbb{C}}$ es una estructura compleja (i.e., holomorfa) —de hecho, se denomina un fibrado *línea* complejo, porque las fibras son líneas 1-complejo dimensionales. Es un objeto holomorfo por-

[15.6] ¿Por qué cada uno de tales campos espinoriales toma el valor cero al menos en un punto de S^2?

que su construcción viene dada enteramente en términos de nociones holomorfas.[15.7] En particular, el espacio base es una curva compleja —la esfera de Riemann (véase §8.3)— y las fibras son espacios vectoriales complejos 1-dimensionales. Por consiguiente, existe también otra noción de sección transversal que tiene relevancia aquí, a saber, la de una sección transversal *holomorfa*. Una sección transversal holomorfa es una sección transversal de un fibrado complejo que es ella misma una subvariedad compleja del fibrado (lo que significa que está dada localmente por ecuaciones holomorfas). A veces, en el caso de un fibrado línea complejo, una sección transversal semejante se conoce como función holomorfa *retorcida* en el espacio base. Tales objetos tienen considerable importancia en muchas áreas de las matemáticas puras y de la física matemática.[11] También desempeñan un papel especial en la teoría de twistores (véase §33.8). Las secciones holomorfas constituyen una familia firmemente controlada pero importante. En el caso de $\mathcal{B}^{\mathbb{C}}$, resulta que *no* hay secciones holomorfas (globales) distintas de la sección *cero* (i.e., cero en todas partes).

Con una modificación menor de esta construcción (correspondiente al paso de $\mathcal{B}$ a $\mathcal{B}'$), obtenemos campos vectoriales, en lugar de campos espinoriales, en S^2. El fibrado apropiado $\mathcal{B}'^{\mathbb{C}}$ puede interpretarse de nuevo como un fibrado vectorial complejo; de hecho, es lo que se denomina el *cuadrado* del fibrado vectorial $\mathcal{B}^{\mathbb{C}}$. Está construido exactamente de la misma forma que $\mathcal{B}'^{\mathbb{C}}$, excepto que ahora *identificamos* cada punto (w, z) con su punto «antipodal» $(-w, -z)$, estando ahora dada la multiplicación de (w, z) por el número complejo λ por $(\lambda^{1/2}w, \lambda^{1/2}z)$ (en lugar de $(\lambda w, \lambda z)$).

Para terminar esta sección, debería señalar que el fibrado $\mathcal{B}'^{\mathbb{C}}$ puede reinterpretarse vagamente en términos reales como lo que se denomina el *fibrado tangente* $T(S^2)$ de S^2. El fibrado tangente $T(\mathcal{M})$ de una variedad general $\mathcal{M}$ es el espacio cada uno de cuyos puntos representa un punto de $\mathcal{M}$ junto con un vector tangente a $\mathcal{M}$ en dicho punto. Véase la Fig. 15.12a.[15.8] Una sección transversal de $T(\mathcal{M})$ representa

[15.7] Explique esto en detalle.

[15.8] Demuestre que $\mathcal{B}'^{\mathbb{C}}$, interpretado como un fibrado real sobre S^2, es en realidad el mismo que $T(S^2)$. *Sugerencia*: Reexamine el ejercicio [15.5].

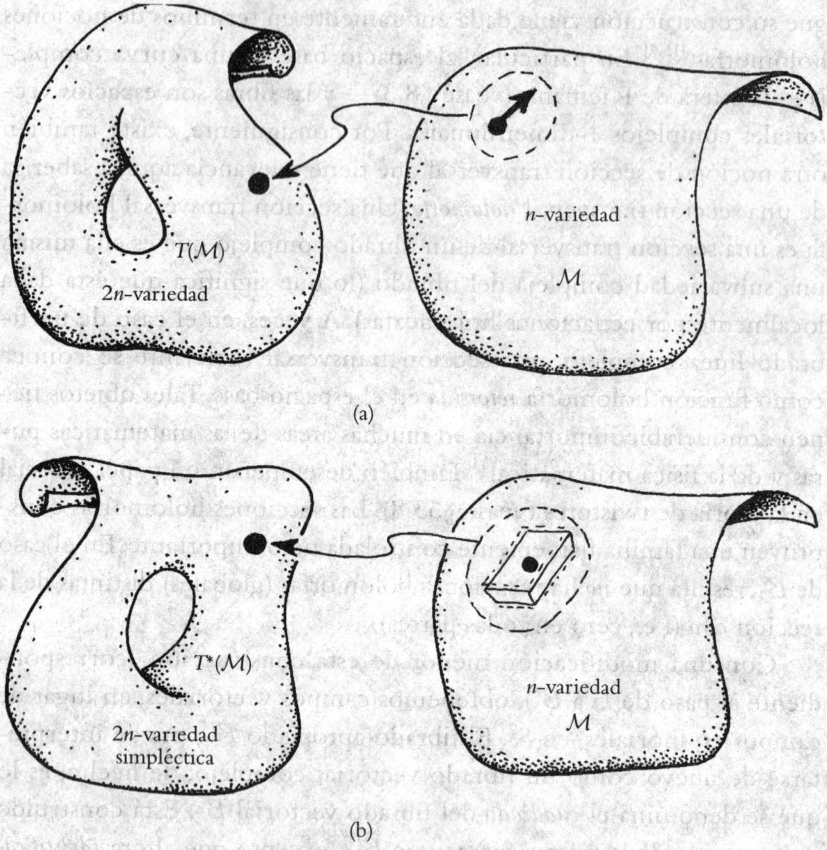

Fig. 15.12. (a) Para una variedad general $\mathcal{M}$, cada punto de su fibrado tangente $T(\mathcal{M})$ representa un punto de $\mathcal{M}$ junto con un vector tangente a $\mathcal{M}$ allí. Una sección transversal de $T(\mathcal{M})$ representa un campo vectorial en $\mathcal{M}$. (b) El fibrado cotangente $T^*(\mathcal{M})$ es similar, pero con covectores en lugar de vectores. Los fibrados cotangentes son siempre variedades simplécticas.

un campo vectorial en $\mathcal{M}$. Una noción quizá de importancia física aún mayor es la de *fibrado cotangente* $T^*(\mathcal{M})$ de una variedad $\mathcal{M}$, cada uno de cuyos puntos representa un punto $\mathcal{M}$, junto con un covector en dicho punto (Fig. 15.12b). En el capítulo 20 vislumbraremos algo de la importancia de estas ideas. Las secciones transversales de $T^*(\mathcal{M})$ representan campos de covectores en $\mathcal{M}$. Resulta que los fibrados cotangentes son siempre variedades simplécticas (véanse §14.8 y §§20.2,4), un hecho de considerable importancia para la mecánica clásica. También podemos definir correspondientemente varios tipos de fibrados tensoriales. Un campo tensorial puede interpretarse como una sección transversal de uno de estos fibrados.

15.6. Espacios proyectivos

Otra noción importante relacionada con un espacio vectorial general es la de un *espacio proyectivo*. El propio espacio vectorial es «casi» un fibrado sobre el espacio proyectivo. Si eliminamos el origen del espacio vectorial, entonces obtenemos un fibrado sobre el espacio proyectivo, siendo la fibra una recta de la que se ha eliminado el origen; alternativamente, como sucede con el ejemplo particular de $\mathcal{B}^{\mathbb{C}}$ que se ha dado en §15.5, podemos «ampliar» el origen del espacio vectorial. (Volveré sobre este tema más adelante.) Los espacios proyectivos tienen una considerable importancia en matemáticas y desempeñan un papel importante en la geometría de la mecánica cuántica (véanse §21.9 y §22.9), así como en la teoría de twistores (§33.5). Por lo tanto, es conveniente que haga un breve comentario sobre dichos espacios.

La idea de un espacio proyectivo parece tener su origen en el estudio de la perspectiva en el dibujo y la pintura, dentro del contexto de la geometría euclídea. Recordemos que en el plano euclídeo dos rectas distintas se cortan siempre, a menos que sean paralelas. Sin embargo, si en una hoja de papel vertical dibujamos una imagen de un par de rectas paralelas que se alejan en la distancia en un plano horizontal (por ejemplo, los bordes de una carretera recta), observamos que en el dibujo los bordes parecen cortarse en un «punto de fuga» en el horizonte (véase la Fig. 15.13). La geometría proyectiva toma en serio estos puntos de fuga, añadiendo al plano euclídeo «puntos en el infinito» que hacen posible que las rectas paralelas se corten en tales puntos adicionales.

Existen muchos teoremas sobre rectas en el 3-espacio euclídeo ordinario que son difíciles de enunciar debido a que tienen que hacerse excepciones para rectas paralelas. En la Fig. 15.14 muestro dos ejemplos notables, a saber, los teoremas de Pappos[12] (descubierto a finales del siglo III a.C.) y de Desargues (hallado en 1636). En cada caso, el

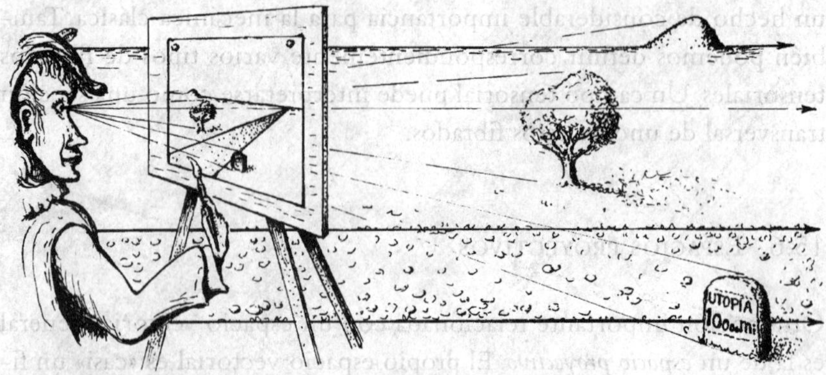

Fig. 15.13. La geometría proyectiva añade «puntos en el infinito» al plano euclídeo permitiendo que en ellos se corten las líneas paralelas. En la imagen del artista, pintada sobre un lienzo vertical, un par de líneas paralelas horizontales que se alejan en la distancia —los bordes de una carretera horizontal recta— parecen cortarse en un «punto de fuga» en el horizonte.

teorema (que estoy enunciando de forma «inversa») afirma que si todas las líneas rectas mostradas en el diagrama (9 líneas en el caso de Pappos y 10 en el de Desargues) se cruzan de tres en tres en todos salvo uno de los puntos marcados con círculos negros (9 círculos negros en total en el caso de Pappos y 10 en total en el caso de Desargues), entonces el trío de rectas que se muestran cortándose en el círculo negro restante tienen, en efecto, un punto en común. Sin embargo, enunciados de este modo, estos teoremas son ciertos solo si consideramos que un triplete de líneas mutuamente *paralelas* cuenta como si tuviera un punto en común, a saber, un «punto en el infinito». Con esta interpretación, los teoremas continúan siendo ciertos cuando las rectas son paralelas. También siguen siendo ciertos incluso si una de las rectas yace por ejemplo en el infinito. Así pues, los teoremas de Pappos y Desargues son más propiamente teoremas en geometría proyectiva que en geometría euclídea.

¿Cómo construimos un espacio proyectivo n-dimensional $\mathbb{P}^n$? La forma más inmediata consiste en tomar un espacio vectorial $(n + 1)$-dimensional $\mathbf{V}^{n+1}$, y considerar nuestro espacio $\mathbb{P}^n$ como el espacio de subespacios vectoriales 1-dimensionales de $\mathbf{V}^{n+1}$. (Estos subespacios vectoriales 1-dimensionales son las rectas que pasan por el origen de $\mathbf{V}^{n+1}$.)

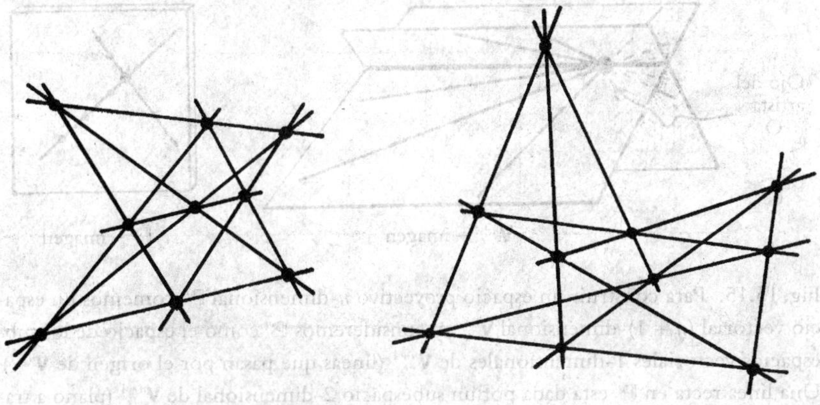

Fig. 15. 14. Configuraciones de dos famosos teoremas de la geometría proyectiva plana: (a) el de Pappos, con nueve líneas y nueve puntos marcados, y (b) el de Desargues, con diez líneas y diez puntos marcados. En ambos casos, la afirmación es que si todos salvo uno de los puntos marcados es la intersección de un trío de líneas, entonces el restante punto marcado también lo es.

Una línea recta en $\mathbb{P}^n$ (que es en sí misma un ejemplo de un $\mathbb{P}^1$) está dada por un subespacio 2-dimensional de $\mathbf{V}^{n+1}$ (un plano que pasa por el origen), y los puntos colineales de $\mathbb{P}^n$ aparecen como líneas que yacen en dicho plano (Fig. 15.15). Existen también subespacios planos de $\mathbb{P}^n$ de dimensiones más altas, y los espacios proyectivos $\mathbb{P}^r$ están contenidos en $\mathbb{P}^n$ ($r < n$). Cada $\mathbb{P}^r$ corresponde a un subespacio vectorial ($r + 1$)-dimensional de $\mathbf{V}^{n+1}$.

Esta construcción (en el caso $n = 2$) formaliza los procedimientos de la perspectiva en la representación pictórica; en efecto, podemos considerar que el ojo del artista está situado en el origen O del espacio vectorial $\mathbf{V}^3$, que representa al espacio 3-euclídeo que rodea al artista. Un rayo de luz que pasa por O (el ojo del artista) es visto por el artista como un único punto. Así, el «campo de visión» del artista, tomado como la totalidad de tales rayos de luz, puede considerarse como un plano proyectivo $\mathbb{P}^2$ (véase de nuevo la Fig. 15.15). Cualquier línea recta (que no pase por O) en el espacio que percibe el artista corresponde al plano que une dicha línea con O, de acuerdo con la definición de una «línea recta» en $\mathbb{P}^2$ que se ha dado antes.

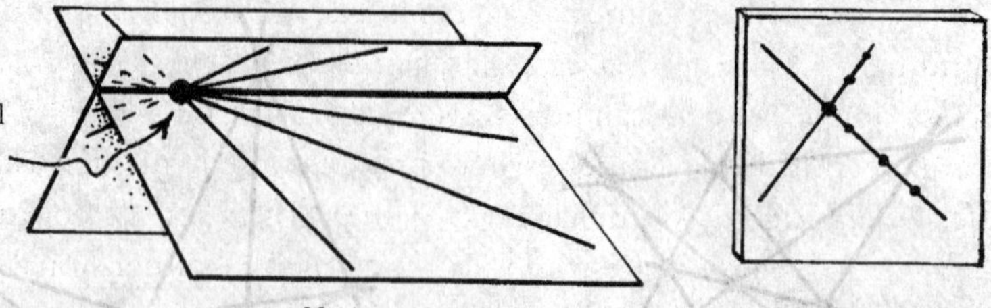

Fig. 15.15. Para construir un espacio proyectivo n-dimensional $\mathbb{P}^n$, tomemos un espacio vectorial $(n+1)$-dimensional $\mathbf{V}^{n+1}$, y consideremos $\mathbb{P}^n$ como el espacio de los subespacios vectoriales 1-dimensionales de $\mathbf{V}^{n+1}$ (líneas que pasan por el origen de $\mathbf{V}^{n+1}$). Una línea recta en $\mathbb{P}^n$ está dada por un subespacio 2-dimensional de $\mathbf{V}^{n+1}$ (plano a través del origen), y los puntos colineales de $\mathbb{P}^n$ surgen como líneas que pasan por O en un plano semejante. Esto se aplica tanto al caso real ($\mathbb{RP}^n$) como al caso complejo ($\mathbb{CP}^n$). La geometría de $\mathbb{RP}^2$ formaliza los procedimientos de perspectiva en representación pictórica: consideremos que el ojo del artista está en el origen O de $\mathbf{V}^3$, tomando $\mathbf{V}^3$ como el 3-espacio euclídeo ambiente del artista. Un rayo de luz a través de O es visto por el artista como un solo punto. Lo que el artista representa como una «línea recta» ($\mathbb{RP}^1$ en $\mathbb{RP}^2$) (en cualquier elección particular del lienzo del artista) corresponde en realidad al plano ($\mathbf{V}^2$)que une dicha línea con O. Los pares de planos que pasan por O se cortan siempre, incluso cuando unen líneas paralelas en $\mathbf{V}^3$ a O. (Por ejemplo, las dos líneas frontera inferiores en la imagen de la izquierda representan el papel de los bordes de la carretera de la Fig. 15.13).

Imaginemos que el artista pinta una imagen aproximada de la escena que percibe en un lienzo que coincide con un plano concreto (que no pasa por O). Cualquier plano semejante recogerá solo una parte del $\mathbb{P}^2$ entero. Ciertamente no cortará aquellos rayos de luz que sean paralelos al mismo. Pero varios de estos planos proporcionarán un «mosaico» adecuado que cubre la totalidad de $\mathbb{P}^2$ (tres planos bastarán).[13,[15.9]] Líneas paralelas en dicho plano se representarán en otro plano como líneas con un *punto de fuga* común.

Podemos considerar o bien espacios proyectivos reales, $\mathbb{RP}^n$, o bien complejos, $\mathbb{CP}^n$. Ya hemos considerado un ejemplo de un espacio proyectivo complejo, a saber, la *esfera de Riemann*, que es $\mathbb{CP}^1$. Recordemos

[15.9] Explique cómo hacerlo. *Sugerencia*: Piense en coordenadas cartesianas (x, y, z). Tome dos en un instante, con el lienzo dado por la tercera establecida a la unidad.

que la esfera de Riemann aparece como el espacio de razones de pares de números complejos (w, z), no ambos nulos, que es el espacio de las rectas complejas que pasan por el origen en $\mathbb{C}^2$ (véase la Fig. 15.8). Con más generalidad, a cualquier espacio proyectivo se le pueden asignar lo que se denominan coordenadas *homogéneas*. Estas son las coordenadas $z^0, z^1, z^2, \ldots, z^n$ para el espacio vectorial $(n + 1)$-dimensional $\mathbf{V}^{n+1}$, a partir del cual surge $\mathbb{P}^n$, pero las «coordenadas homogéneas» para $\mathbb{P}^n$ son las *n razones* independientes

$$z^0 : z^1 : z^2 : \ldots : z^n$$

(donde al menos una de las zs es distinta de cero), en lugar de los valores individuales de las propias zs.[15.10] Si todas las z^r son reales, entonces estas coordenadas describen $\mathbb{RP}^n$, y el espacio $\mathbf{V}^{n+1}$ puede identificarse con $\mathbb{R}^{n+1}$ (espacio de $n + 1$ números reales; véase §12.2). Si todas son complejas, entonces describen $\mathbb{CP}^n$, y el espacio $\mathbf{V}^{n+1}$ puede identificarse con $\mathbb{C}^{n+1}$ (espacio de $n + 1$ números complejos; véase §12.9).

Puesto que excluimos el punto $O = (0, 0, \ldots, 0)$ de las coordenadas homogéneas admisibles, el origen de $\mathbb{R}^{n+1}$ o $\mathbb{C}^{n+1}$ se omite[14] (para dar $\mathbb{R}^{n+1} - O$ o $\mathbb{C}^{n+1} - O$) cuando lo consideramos como un fibrado sobre $\mathbb{RP}^n$ o sobre $\mathbb{CP}^n$, respectivamente. Por consiguiente, también debe eliminarse el origen de la fibra. En el caso real, esto divide la fibra en dos piezas (pero eso no significa que el fibrado se divida en dos piezas; de hecho, $\mathbb{R}^{n+1} - O$ es conexo, cuando $n > 0$).[15.11] En el caso complejo, la fibra es $\mathbb{C} - O$ (a menudo escrita $\mathbb{C}^*$), que es conexa. En cualquiera de los casos, podemos preferir reinstaurar el origen en la fibra, de modo que obtenemos un fibrado vectorial. Pero si lo hacemos, esto equivale a algo más que colocar de nuevo el origen en $\mathbb{R}^{n+1}$ o $\mathbb{C}^{n+1}$. Como sucede con el caso particular de $\mathbb{C}^2$, que se ha comentado antes, debemos volver a colocar el origen en cada fibra por separado, de modo que el origen es «ampliado». El espacio fibrado se convierte en $\mathbb{R}^{n+1}$ con un $\mathbb{RP}^n$ insertado en lugar de O, o $\mathbb{C}^{n+1}$ con un $\mathbb{CP}^n$ en lugar de O.

[15.10] Explique por qué hay n razones independientes. Encuentre $n + 1$ conjuntos de n coordenadas ordinarias (construidas a partir de las zs) para $n + 1$ cartas coordenadas que, juntas, cubran $\mathbb{P}^n$.

[15.11] Explique esta geometría demostrando que el fibrado $\mathbb{R}^{n+1} - O$ sobre $\mathbb{RP}^n$ puede entenderse como la composición del fibrado $\mathbb{R}^{n+1} - O$ sobre S^n (siendo la fibra, $\mathbb{R}^+$, los reales positivos) y de S^2 como una cubierta doble de $\mathbb{RP}^n$.

En el caso complejo, también podemos considerar la $(2n+1)$-esfera unidad S^{2n+1} en $\mathbb{C}^{n+1}$, exactamente igual que se ha hecho en el caso particular $n = 1$ al construir el fibrado de Clifford. Cada fibra corta S^{2n+1} en un círculo S^1, de modo que ahora obtenemos S^{2n+1} como un S^1-fibrado sobre $\mathbb{CP}^n$. Esta estructura subyace en la geometría de la mecánica cuántica —aunque no es muy frecuente que este bello hecho geométrico repercuta en el pensamiento de los físicos cuánticos—, donde veremos que el espacio de los estados cuánticos físicamente distintos, para un sistema de $(n+1)$-estados, es un $\mathbb{CP}^n$. Además, existe una cantidad conocida como *fase*, que normalmente se considera que es un número complejo de módulo unidad ($e^{i\theta}$, con θ real; véase §5.3), aunque en realidad es un número complejo *retorcido* de módulo unidad.[15] Volveremos a estas cuestiones al final de este capítulo, y cuando profundicemos en serio en la mecánica cuántica en los capítulos 21 y 22 (véanse §21.9 y §22.9).

15.7. No trivialidad en una conexión fibrada

¡Tan solo he llevado al lector en un viaje relámpago por algunos conceptos importantes acerca de fibrados o relacionados con ellos! Parte de la geometría y la topología implicadas es bastante intrincada, de modo que el lector no debería asustarse si todo esto parece un poco desconcertante. Volvamos ahora a algo mucho más sencillo, en el sentido de que no necesitamos muchas dimensiones (¡al menos al principio!) para explorar la idea. Aunque mi siguiente ejemplo de un fibrado es realmente muy simple, expresa una sutileza importante implícita en la noción de fibrado que no hemos visto antes. En todos los fibrados que se han considerado hasta ahora, la no trivialidad del fibrado se revelaba en un aspecto topológico de la geometría, al tener el «giro» un carácter topológico. Sin embargo, es perfectamente posible que un fibrado sea no trivial en un sentido importante, a pesar de ser topológicamente trivial.

Volvamos a nuestro ejemplo original, donde el espacio base $\mathcal{M}$ es un círculo ordinario S^1 y la fibra $\mathcal{V}$ es un espacio vectorial real 1-dimensional. Construiremos ahora nuestro fibrado $\mathcal{B}$ de una forma algo

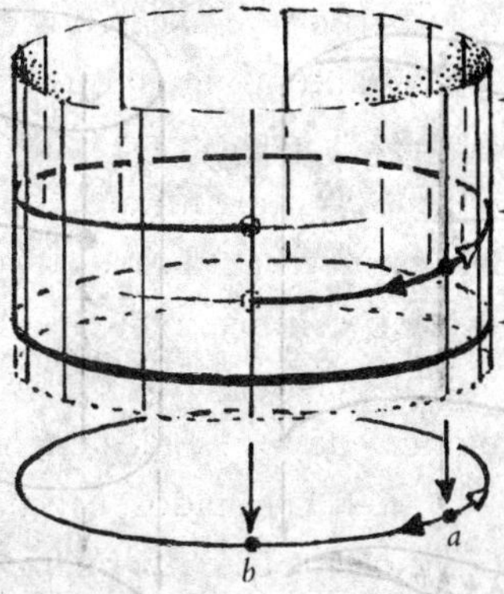

Fig. 15.16. Un fibrado de línea $\mathcal{B}$ «tensado» sobre $\mathcal{M}$, utilizando una simetría diferente de la fibra $\mathcal{V}$ de la de las Figs. 15.4, 15.5 y 15.7 (donde $\mathcal{V}$ sigue siendo un espacio real 1-dimensional $\mathbf{V}^1$), a saber, una dilatación en un factor positivo (aquí 2). La topología es precisamente la del cilindro $S^1 \times \mathcal{R}$, pero hay una «tensión» que puede reconocerse en términos de una *conexión* en $\mathcal{B}$. Esta conexión define una noción local de «horizontal», para curvas en $\mathcal{B}$. Pero consideremos dos caminos de *a* a *b* en la base, el camino directo (flecha negra) y el indirecto (flecha blanca). Cuando llegamos a *b* encontramos una discrepancia (en un factor de 2), que indica que la noción de «horizontal» aquí es dependiente del camino.

diferente al simple «darle la vuelta» a la fibra $\mathcal{V}$, cuando circunnavegamos $\mathcal{M}$, que nos ha dado el fibrado de Moebius. En lugar de ello, *estirémoslo* en un factor 2. Esto se muestra en la Fig. 15.16. Esto explota una simetría de un espacio vectorial real 1-dimensional diferente de la simetría «salto» $\boldsymbol{v} \mapsto -\boldsymbol{v}$ utilizada en el fibrado de Moebius. La transformación «estiramiento» $\boldsymbol{v} \mapsto 2\boldsymbol{v}$ conserva también la estructura de espacio vectorial de $\mathcal{V}$. Ahora la topología del fibrado no es la cuestión. Topológicamente, tenemos solo un cilindro $S^1 \times \mathbb{R}$, igual que en nuestro primer ejemplo de la Fig. 15.4a, pero ahora hay un tipo diferente de «tensión» en el fibrado, que podemos reconocer en términos de un tipo apropiado de *conexión* en el mismo.

Nuestro tipo previo de conexión, expuesto en el capítulo 14, estaba relacionado con una noción de «paralelismo» para vectores tangentes transportados a lo largo de curvas en la variedad $\mathcal{M}$. La forma de ver esto en el presente contexto es pensar en términos del fibrado tangente $T(\mathcal{M})$ de $\mathcal{M}$. Puesto que un punto de $T(\mathcal{M})$ representa un vector $\boldsymbol{v}$

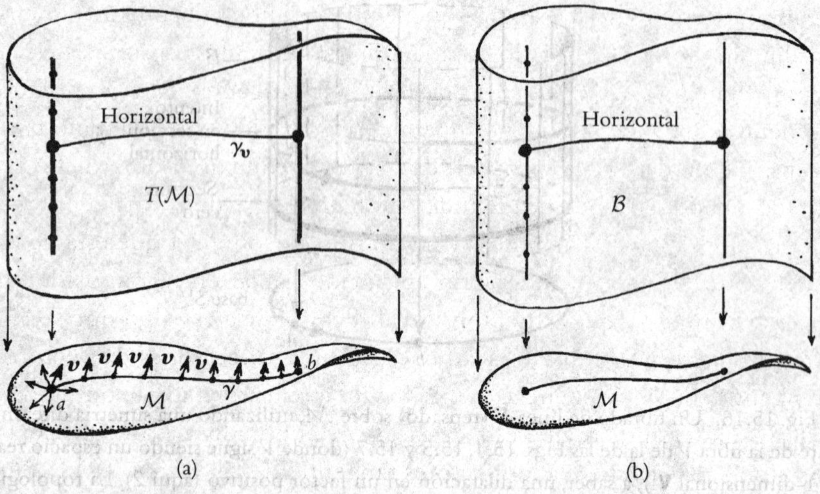

Fig. 15.17. Tipos de conexión en una variedad general $\mathcal{M}$ comparados. (a) La noción original (§14.3), que define una noción de «paralelo» para vectores tangentes transportados a lo largo de curvas en $\mathcal{M}$, se describe en términos del fibrado tangente $T(\mathcal{M})$ de $\mathcal{M}$ (Fig. 15.12a). Un vector tangente particular $\boldsymbol{v}$ en un punto a de $\mathcal{M}$ se representa en $T(\mathcal{M})$ por un punto particular de la fibra sobre a. Una curva «horizontal» γ_v en $T(\mathcal{M})$ desde este punto representa el transporte paralelo de $\boldsymbol{v}$ a lo largo de una curva γ en $\mathcal{M}$. (b) La misma idea se aplica a un fibrado $\mathcal{B}$ sobre $\mathcal{M}$, distinto de $T(\mathcal{M})$, donde el «transporte constante» en $\mathcal{M}$ se define a partir de una noción de «horizontal» en $\mathcal{B}$.

tangente a $\mathcal{M}$ en un punto a de $\mathcal{M}$, el transporte de $\boldsymbol{v}$ a lo largo de una curva γ en $\mathcal{M}$ estará representado por una curva γ_v en $T(\mathcal{M})$. Véase la Fig. 15.17a. Tener una idea de lo que significa «paralelo» para el transporte de $\boldsymbol{v}$ es equivalente a tener una noción de «horizontal» para la curva γ_v en el fibrado (puesto que mantener γ_v «horizontal» en el fibrado equivale a mantener $\boldsymbol{v}$ «constante» a lo largo de γ en la base). Véase la Fig. 15.19b. Aquí la idea consiste en generalizar esta noción de modo que se aplique a otros fibrados que no sean el fibrado tangente; véase la Fig. 15.17b. Ya hemos visto en el capítulo 14 los inicios de dicha generalización, puesto que hemos ampliado la noción de conexión, de modo que se aplica a entidades distintas de vectores tangentes, a saber, a covectores y a $[^p_q]$-tensores en general. Sin embargo, como se ha señalado en §15.1, este es un tipo muy limitado de generalización, porque la extensión de la conexión desde vectores a estas entidades de otro tipo está unívocamente prescrita, sin que quede ninguna libertad adicional (esencialmente porque el fibrado cotangente y los fibrados tensoriales están completamente determinados por el fibrado tangente). Para un fibrado general sobre $\mathcal{M}$, no tiene por qué haber asociación con el fibrado tangente, de modo que la forma en que actúa la conexión sobre dicho fibrado puede ser especificada independientemente de la forma en que actúa sobre vectores tangentes. Para un fibrado sobre $\mathcal{M}$ que está desasociado de $T(\mathcal{M})$, no resulta tan apropiado hablar en términos de un «paralelismo», porque la noción (local) de «paralela» es algo que se refiere a *direcciones*, lo que básicamente significa direcciones de vectores tangentes. En consecuencia, es más habitual referirse a una «constancia» local para la cantidad que está descrita por el fibrado más que al «paralelismo» que se refiere a los vectores tangentes descritos por $T(\mathcal{M})$. Semejante noción local de «constancia» —i.e., de «horizontalidad» en el fibrado— proporciona la estructura conocida como una *conexión fibrada.*

Volvamos ahora a nuestro fibrado «tensado» $\mathcal{B}$, sobre el círculo S^1, tal como se representa en la Fig. 15.16. Consideremos una parte de $\mathcal{B}$ que es «trivial» en el sentido de que está situada por encima de cierta región «topológicamente trivial» de S^1; supongamos que es la parte $\mathcal{B}_p$, que está sobre el segmento conexo $S^1 - p$ (como en la Fig. 15.5), donde p es un punto de S^1. Consideraremos $\mathcal{B}_p$ como el espacio *producto* $(S^1 - p) \times \mathbb{R}$, y nuestra conexión fibrada tiene que proporcionar la noción de *constancia* de una sección transversal que pueda tomarse como constancia en el sentido ordinario de una función con valores reales en $S^1 - p$. Así, en la Fig. 15.18 encontramos las secciones constantes representadas como líneas horizontales reales en $\mathcal{B}_p$. Lo mismo se aplica a una segunda región $\mathcal{B}_q$, con $q \neq p$, donde el fibrado entero está compuesto pegando estas dos cartas. Sin embargo, en el pegado hay un estiramiento relativo en un factor 2 entre la región derecha del pegado y la región izquierda (donde la región derecha se muestra incluyendo un estiramiento en un factor 2). Así pues, una sección (no nula) que permanece localmente horizontal diferirá en un factor 2 cuando se recorra por completo el espacio S^1 (véase la Fig. 15.16). En consecuencia, el fibrado $\mathcal{B}$ no tiene secciones transversales (aparte de la sección cero) que sean localmente horizontales según nuestra conexión fibrada específica.

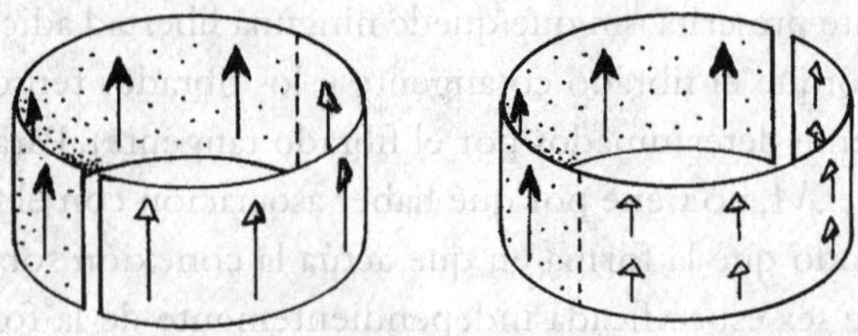

Fig. 15.18. Consideremos una parte $\mathcal{B}_p$ de $\mathcal{B}$ (de la Fig. 15.16) que permanece sobre una región «trivial» $S^1 - p$ de S^1, y análogamente para $\mathcal{B}_{p'}$, igual que en la Fig. 15.5a. Tengamos en cuenta que «horizontal» en cada camino significa horizontal en el sentido ordinario. Sin embargo, al pegar hay una dilatación relativa en un factor 2 entre una región de pegado y la otra (ilustrada a la derecha). Esto proporciona la conexión que se ilustra en la Fig. 15.16.

Podemos considerar esta situación de un modo ligeramente diferente. Imaginemos una curva γ en el espacio base S^1 que empieza en un punto *a* y termina en *b*, e imaginemos el «transporte constante», de una función fibrovaluada en S^1, desde *a* a *b*. Es decir, buscamos una curva en $\mathcal{B}$ que es localmente una sección transversal horizontal por encima de esta curva. Véase la Fig. 15.16. Ahora bien, hay más de una curva de *a* a *b* en el espacio base; si seguimos una, obtenemos una respuesta para el valor final en *b* diferente de la respuesta que obtenemos cuando seguimos otra. La noción de transporte constante que hemos definido es *dependiente del camino*.

Esto no es exactamente lo mismo que la dependencia del camino que encontramos para nuestra conexión en la fibra tangente ∇ que hemos visto en el capítulo 13. En efecto, en ese caso había una dependencia del camino local que se daba incluso para lazos infinitesimales, y se manifestaba en la curvatura de la conexión. En el caso de nuestro fibrado «tensado» $\mathcal{B}$, la dependencia de camino es de un carácter global. Por supuesto, no hay posibilidad de una dependencia de camino *local* en este ejemplo, ya que el espacio base es 1-dimensional. Pero este ejemplo muestra de paso que es posible tener dependencia de camino globalmente incluso cuando no hay ninguna presente localmente.

15.8. Curvatura fibrada

Sin embargo, podemos modificar nuestro ejemplo para obtener un fibrado sobre un espacio *2-dimensional*, dentro del cual escogemos un círculo concreto que representa a nuestro S^1 original. Consideremos, por conveniencia, que nuestro S^1 es el círculo unidad en el plano complejo, de modo que supondremos que el espacio base $\mathcal{M}^{\mathbb{C}}$, de nuestro nuevo fibrado $\mathcal{B}^{\mathbb{C}}$, está dado por $\mathcal{M}^{\mathbb{C}} = \mathbb{C}$. Véase la Fig. 15.19. Las fibras van a seguir siendo copias de la recta real $\mathbb{R}$. Veamos cómo podemos extender nuestra conexión fibrada a este espacio.

Si no tuviera que haber «tensión» en nuestro nuevo fibrado $\mathcal{B}^{\mathbb{C}}$, entonces podríamos considerar que esta conexión está dada por diferenciación directa con respecto a las coordenadas estándar $(z, \bar{z})$ para el plano complejo $\mathcal{M}^{\mathbb{C}}$. Entonces, la «constancia» de una sección transversal Φ (una función de valor real de z y $\bar{z}$) podría considerarse simplemente como constancia en el sentido ordinario, a saber, $\partial\Phi/\partial z = 0$ (de donde también $\partial\Phi/\partial\bar{z} = 0$, puesto que Φ es real). Cuando introducimos «tensión» en la conexión fibrada, podemos hacerlo modificando el operador $\partial/\partial z$ para convertirlo en un nuevo operador ∇ donde

$$\nabla = \frac{\partial f}{\partial x} - A,$$

siendo la cantidad A una función suave compleja (no necesariamente holomorfa) de z que «opera» por multiplicación (escalar). El operador ∇ actúa sobre cantidades como Φ. Topológicamente, nuestro fibrado $\mathcal{B}^{\mathbb{C}}$ va a ser simplemente el fibrado trivial $\mathbb{C} \times \mathbb{R}$, de modo que podemos utilizar coordenadas globales (z, Φ) para $\mathcal{B}^{\mathbb{C}}$, con z complejo y Φ real.

Una sección transversal de $\mathcal{B}^{\mathbb{C}}$ está determinada por Φ dada como función de z:

$$\Phi = \Phi(z, \bar{z})$$

(la aparición de $\bar{z}$ indica la falta de holomorficidad; véase §10.5). Para que la sección transversal sea *constante* (i.e., horizontal), exigimos $\nabla\Phi = 0$ (de donde $\bar{\nabla}\Phi = 0$ también, puesto que Φ es real), i.e.,

$$\frac{\partial\Phi}{\partial z} = A\Phi.$$

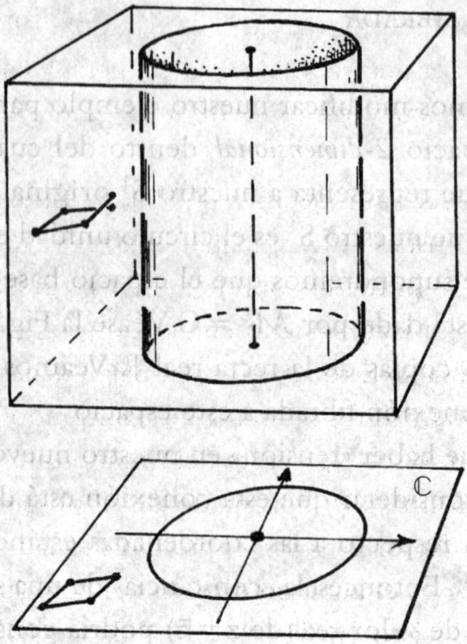

Fig. 15.19. Para obtener una dependencia de camino local (con curvatura) en nuestro fibrado (ahora $\mathcal{B}^{\mathbb{C}}$), necesitamos al menos dos dimensiones en la base $\mathcal{M}^{\mathbb{C}}$, ahora tomada como plano complejo $\mathbb{C}$, donde el S^1 de la Fig. 15.16 es su círculo unidad. Las fibras van a seguir siendo V^1 (i.e., modeladas sobre la recta real $\mathbb{R}$). Utilizando z como una coordenada compleja para $\mathbb{C} = \mathcal{M}^{\mathbb{C}}$, utilizamos la conexión explícita $\nabla = \partial/\partial z - A$, donde A es una función suave compleja de z. Cuando A es holomorfa, la curvatura del fibrado se anula, pero si $A = ikz$ (con k adecuada), obtenemos el fibrado tensado de la Fig. 15.16 para la parte por encima del círculo unidad. La curvatura del fibrado se manifiesta en la falta de cierre de un polígono horizontal sobre un pequeño paralelogramo en $\mathcal{M}^{\mathbb{C}}$.

Si A es holomorfa, entonces no hay ningún problema para resolver esta ecuación, puesto que una expresión de la forma $\Phi = \mathrm{e}^{(B+\bar{B})}$ servirá perfectamente, donde $B = \int A\,\mathrm{d}z$.[15.12] Sin embargo, en el caso general, con una A no holomorfa, no tendemos a obtener soluciones no nulas, debido a la relación del conmutador

$$\nabla\bar{\nabla} - \bar{\nabla}\nabla = \frac{\partial A}{\partial \bar{z}} - \frac{\partial \bar{A}}{\partial z}$$

que actúa sobre Φ.[15.13] (El segundo miembro da un número que multiplica a Φ y que no se anula en general, aunque el primer miembro

[15.12] Compruébelo.
[15.13] Verifique esta fórmula.

aniquila cualquier solución real de la ecuación $\partial\Phi/\partial z = A\Phi$.) Este conmutador sirve para definir una *curvatura* para $\boldsymbol{\nabla}$, dada por la parte imaginaria de $\partial A/\partial\bar{z}$, curvatura que mide el grado local de «tensión» en el fibrado.

Haciendo una elección específica de A, para la cual este conmutador toma un valor constante no nulo, tal como $A = \mathrm{i}k\bar{z}$ para una constante real adecuada k, podemos obtener un «factor de estiramiento», cuando recorremos un lazo cerrado en $\mathcal{M}^{\mathbb{C}}$, que es simplemente proporcional al área del lazo. Esto se aplica en particular al círculo unidad S^1, de modo que podemos reproducir nuestro fibrado «tensado» original $\mathcal{B}$ sobre S^1 tomando solo esa parte del fibrado que yace por encima de este S^1. Tomando un valor apropiado de k, obtenemos el exigido «estiramiento en un factor 2» sobre el círculo unidad.[15.14]

Este conmutador es el análogo directo del conmutador de operadores ∇_a que hemos visto en §14.4, y que da lugar a la torsión y la curvatura. También podemos suponer que la torsión es nula. (La torsión tiene que ver con la actuación de la conexión sobre vectores tangentes, y no tiene interés para nosotros en relación con aquellos fibrados, como el aquí considerado, que no están asociados con el fibrado tangente.) Para un espacio base n-dimensional $\mathcal{M}$, tenemos cantidades exactamente como las ∇_a y $\underset{X}{\boldsymbol{\nabla}}$ del capítulo 14, salvo que ahora actúan sobre cantidades del fibrado.[16] Cuando formamos sus conmutadores de forma apropiada, extraemos la curvatura de la conexión fibrada. Cuando esta curvatura se anula, entonces tenemos muchas secciones localmente constantes del fibrado; en caso contrario, tropezamos con obstáculos para encontrar tales secciones, i.e., encontramos una dependencia de camino local de la conexión. La curvatura describe esta dependencia de camino en el nivel infinitesimal. Esto se ilustra en la Fig. 15.19.

En términos de índices, la conexión se suele expresar en un sistema de coordenadas como un operador de la forma

$$\nabla_a = \frac{\partial}{\partial x^a} - A_a,$$

[15.14] Confirme las afirmaciones de este párrafo, encontrando el valor explícito de k que da este factor 2 requerido.

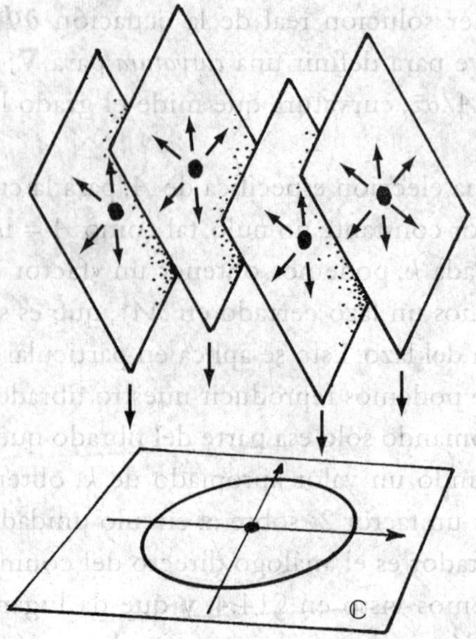

Fig. 15.20. Podemos hacer también la fibra en un espacio vectorial 1-dimensional complejo, correspondiendo la «dilatación» a la multiplicación por un número real.

donde puede considerarse que la cantidad A_a tiene algunos «índices del fibrado» suprimidos. Podemos utilizar letras griegas para estos[17] (suponiendo que estemos interesados en un fibrado vectorial, se aplicarán ideas tensoriales), y entonces la cantidad A_a aparece como $A_a{}^{\mu}{}_{\lambda}$. (Para la expresión con todos los índices habría una «δ^{μ}_{λ}» multiplicando los otros dos términos.) La *curvatura* del fibrado sería una cantidad

$$F_{ab}{}^{\mu}{}_{\lambda},$$

donde el par antisimétrico de índices *ab* se refiere a las direcciones 2-plano tangentes en $\mathcal{M}$, exactamente de la misma forma que en el caso del tensor de curvatura que teníamos antes, pero ahora los índices λ y μ se refieren a las direcciones en la fibra (y normalmente se suprimen en la mayoría de los tratamientos). Hay también un análogo directo de la (segunda) identidad de Bianchi (véase §14.4). (El uso de coordenadas complejas en el ejemplo específico de $\mathcal{B}^{\mathbb{C}}$ era solo una conveniencia, y podía haberse utilizado una notación de índices, igual que en el caso *n*-dimensional.)

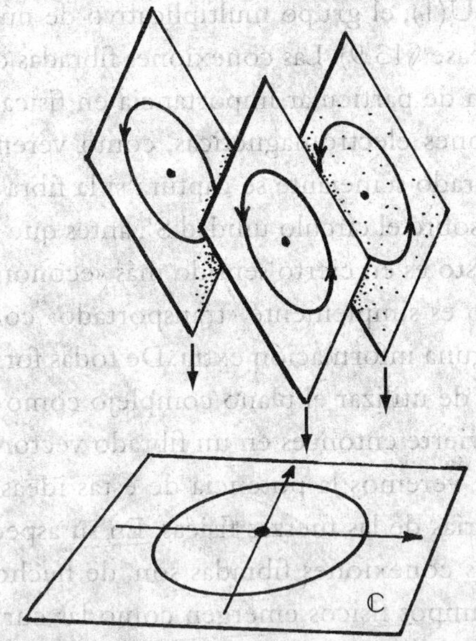

Fig. 15.21. Alternativamente, podemos imponer una «dilatación compleja» en su lugar, tal como la multiplicación por una fase compleja ($e^{i\theta}$, con θ real), de modo que el grupo del fibrado sea ahora U(1), el grupo multiplicativo de dichos números complejos.

Debería señalarse que en muchos casos de fibrados la simetría relevante implicada en la construcción del fibrado no tiene por qué coincidir por completo con la simetría de la fibra. Por ejemplo, en el ejemplo del haz «tensado» $\mathcal{B}$ sobre S^1, o $\mathcal{B}^{\mathbb{C}}$ sobre $\mathbb{C}$, podríamos considerar que la fibra 1-dimensional se ensancha en un espacio vectorial real 2-dimensional, donde el «estiramiento» de la fibra se representa como una expansión uniforme del 2-espacio vectorial. También podríamos dotar a este 2-espacio vectorial real con la estructura adicional que haga de él un espacio vectorial *complejo* 1-dimensional, correspondiendo el «estiramiento» a una multiplicación por un número real (Fig. 15.20). Esto nos lleva a considerar lo que sucede cuando, en su lugar, imponemos un «estiramiento complejo». Un caso particular de este sería una multiplicación por un número complejo de módulo unidad ($\times\, e^{i\theta}$, con θ real), que proporcionaría una rotación antes que un estiramiento real (Fig. 15.21) (que es el tipo de objeto que está implicado en el fibrado de Clifford del que se ha hablado antes). En este caso, el grupo implicado es U(1), el grupo multiplicativo de números complejos unimodulares (véase §13.9). Las conexiones fibradas con este grupo de simetría U(1) son de particular importancia en física, puesto que describen interacciones electromagnéticas, como veremos en §19.4. La esencia de un fibrado semejante se captura si la fibra se toma modelada precisamente sobre el círculo unidad S^1, antes que en el plano complejo entero $\mathbb{C}$. Esto es en cierto sentido más «económico», puesto que el resto del plano es simplemente «transportado» con el círculo y no proporciona ninguna información extra. De todas formas podría sacarse alguna ventaja de utilizar el plano complejo como fibra, puesto que el fibrado se convierte entonces en un fibrado vectorial (complejo).[18]

Más adelante veremos la potencia de estas ideas en relación con las modernas teorías de las fuerzas físicas. En su aspecto como «conexiones gauge», las conexiones fibradas son, de hecho, un ingrediente clave, y ciertos campos físicos emergen como las curvaturas de dichas conexiones (siendo el electromagnetismo de Maxwell el ejemplo arquetípico). Hemos visto cuán esencial es para esta idea que tengamos fibras que posean una *simetría exacta*. Esto plantea cuestiones fundamentales acerca del origen de tales simetrías, y cuáles son realmente. Más adelante volveré a esta importante cuestión, muy especialmente en los capítulos 28, 31 y 34.

Notas

Sección 15.1

15.1. Véase, por ejemplo, Steenrod (1951). Parece que uno de los primeros físicos en darse cuenta, alrededor de 1967, de que la noción del físico de una «teoría gauge» está realmente relacionada con una conexión en un fibrado fue Andrzej Trautman; véase Trautman (1970) (también Penrose *et al.*, 1997, p. A4).

15.2. De hecho, las dimensiones espaciotemporales extras (espacios de Calabi-Yau; véase §31.14) de la teoría de cuerdas no deben considerarse directamente como las «fibras» de un fibrado. Dichas fibras serían espacios de ciertos campos espinoriales en los espacios de Calabi-Yau.

Sección 15.2

15.3. Se requiere más información para una definición completa de espacio producto, de modo que las nociones de topología y suavidad estén correctamente definidas para $\mathcal{M} \times \mathcal{V}$. Cuando puede asignarse una medida de volumen a cada $\mathcal{M}$ y $\mathcal{V}$, entonces el volumen de $\mathcal{M} \times \mathcal{V}$ es el producto de los volúmenes de $\mathcal{M}$ y $\mathcal{V}$. Me distraería si ahora entrara en los detalles de estas materias, aun si, técnicamente hablando, fueran necesarios. Para una referencia adecuada, véanse Kelley (1965), Lefshetz (1949) o Munkres (1954).

15.4. Por simplicidad notacional, estoy adoptando un (moderado) abuso de notación al escribir «$S^1 - p$» para el espacio que consiste en S^1 pero con el punto p eliminado. Los puristas escribirían «$S^1 - \{p\}$», o más probablemente «$S^1\{p\}$» (véase la nota 9.13). La «diferencia» expresada en estas notaciones es entre dos *conjuntos*, y $\{p\}$ denota el conjunto cuyo único elemento es el punto p.

15.5. Véase §12.1 para el significado general de «simplemente conexo».

Sección 15.3

15.6. Normalmente los matemáticos puros suelen ser respetuosos con la gramática, pero muchos de ellos han adoptado la costumbre de utilizar la expresión «asociado a» cuando parecen tener la sensación que «asociado con» no tiene un significado lo bastante específico. No entiendo por qué no utilizan en su lugar la expresión perfectamente gramatical «asignado a». En mi opinión, «asociado a» es bastante peor que otro abuso del lenguaje común por parte de los matemáticos, a saber, «de acuerdo con» (que confieso haber utilizado yo mismo en ocasiones), puesto que la expresión «de acuerdo con si o no», que es lo que representa, es un poco larga.

Sección 15.4

15.7. Véase Adams y Atiyah (1966).

15.8. Véanse Penrose (1987a) y Penrose y Rindler (1986).

15.9. Decimos que $\mathcal{B}$ es un *espacio recubrimiento* de $\mathcal{B}'$. De hecho, $\mathcal{B}$ es lo que se denomina el espacio de recubrimiento *universal* de $\mathcal{B}'$. Al ser simplemente conexo, no puede recubrirse más.

Sección 15.5

15.10. Esta descripción geométrica de los 2-espinores se discute con cierto detalle en Penrose y Rindler (1984), capítulo 1.

15.11. Por ejemplo, en §9.5 la separación de funciones (de una variable real) en partes de frecuencia positiva y negativa (crucial para la teoría cuántica de campos) se analizaba en términos de extensiones a funciones holomorfas; pero el lector puede recordar cierta dificultad en relación con las funciones constantes. Tal cuestión se aclara mucho cuando permitimos que estas sean funciones holomorfas retorcidas y tiene relevancia para la teoría de twistores en §§33.8,10.

Sección 15.6

15.12. Utilizo aquí el nombre griego, aunque es algo más habitual la versión latina Pappus.

15.13. No sería irrazonable adoptar la postura de que el campo de visión del artista sea considerado con más propiedad como una *esfera* S^2, en lugar de $\mathbb{P}^2$, donde tomamos los rayos de luz dirigidos que pasan por O como el campo de visión del artista, en lugar de los no dirigidos que he venido utilizando (implícitamente) en el texto. La esfera es precisamente una cubierta doble del plano proyectivo y el único problema con ella, como algo que proporciona una «geometría», en este contexto, es que pares de «líneas» (a saber, círculos máximos) se intersectan en pares de puntos y no en puntos simples. El artista necesitaría cuatro lienzos en lugar de tres para cubrir la esfera S^2.

15.14. Véase la nota 15.5.

15.15. Este hecho tiene relevancia para una importante e intrigante cuestión mecanocuántica conocida como «fase de Berry» (véanse Berry, 1984, 1985; Simon, 1983; Aharonov y Anandan, 1987; Shankar, 1994, y Woodhouse, 1991, pp. 225-249), que tiene en cuenta el hecho de que no sabemos si «1» está en el círculo unidad, i.e., si dicho «número» es un elemento de una S^1-fibra, en este caso S^{2n+1} sobre $\mathbb{CP}^n$.

Sección 15.8

15.16. En el caso de ∇_a, también necesitamos que actúe sobre vectores (co)tangentes, de modo que $\boldsymbol{\nabla}_a$ pueda operar sobre cantidades con índices espaciotemporales, para poder dar significado al conmutador $\nabla_{[a}\nabla_{b]}$. En el caso de $\underset{x}{\boldsymbol{\nabla}}$, podemos utilizar la expresión de conmutadores $\underset{L}{\boldsymbol{\nabla}}\underset{M}{\boldsymbol{\nabla}} - \underset{M}{\boldsymbol{\nabla}}\underset{L}{\boldsymbol{\nabla}} - \underset{[L,M]}{\boldsymbol{\nabla}}$, que no requiere esto.

15.17. Este tipo de notación de índices para índices del fibrado está desarrollada explícitamente en Penrose y Rindler (1984), capítulo 5.

15.18. Por otro lado, cuando la fibra es el círculo unidad, el fibrado se convierte en un ejemplo de un *fibrado principal* que tiene ventajas en otros contextos. Un fibrado principal es uno en el que la fibra $\mathcal{V}$ está realmente modelada sobre el grupo $\mathcal{G}$ de sus propias simetrías. En términos generales, $\mathcal{G}$ y $\mathcal{V}$ son lo «mismo» para un fibrado principal, pero donde más correctamente $\mathcal{V}$ es $\mathcal{G}$, pero donde uno «olvida» cuál es el elemento identidad de $\mathcal{G}$; por consiguiente, $\mathcal{V}$ es un espacio *afín* (no necesariamente abeliano), de acuerdo con §14.1 y los ejercicios [14.1] y [14.2].

16

La escalera del infinito

16.1. Campos finitos

Parece que una característica universal de las matemáticas que normalmente se consideran subyacentes en el funcionamiento de nuestro universo físico es su dependencia fundamental del *infinito*. Ya los antiguos griegos, antes incluso de haberse visto obligados a hacer consideraciones sobre el sistema de los números reales, habían llegado a habituarse al uso de los números racionales (véase §3.1). El sistema de los racionales no solo es infinito en cuanto que tiene la capacidad de permitir cantidades infinitamente grandes (una propiedad compartida con los propios números naturales), sino que también permite un inagotable grado de refinamiento en una escala infinitamente pequeña. Hay quienes se sienten molestos con estos dos aspectos del infinito. Preferirían un universo que fuera, por una parte, finito en extensión y, por otra, solo finitamente divisible, de modo que una discretización fundamental podría empezar a emerger en los niveles más minúsculos.

Aunque una postura semejante debe considerarse poco convencional, no es intrínsecamente inconsistente. De hecho, ha existido una escuela de pensamiento para la cual el papel en apariencia básico del sistema de números reales $\mathbb{R}$ es tan solo un tipo de aproximación a un «verdadero» sistema de números físicos que solo tiene un número finito de elementos. (Un enfoque de este tipo es el que ha seguido en particular Y. Ahmavaara [1965] y algunos colaboradores; véase §33.1.) ¿Cómo podemos dar sentido a semejante sistema de números finito? Los ejemplos más simples son aquellos construidos a partir de los enteros, «reduciéndolos a *módulo p*», donde *p* es cualquier número primo.

(Recordemos que los números primos son los números naturales 2, 3, 5, 7, 11, 13, 17, ... que no tienen más divisores que ellos mismos y la unidad, y donde el propio 1 no se considera como primo.) Para reducir los enteros módulo p consideramos que dos enteros son *equivalentes* si su diferencia es un múltiplo de p, es decir,

$$a \equiv b \pmod{p}$$

si y solo si

$$a - b = kp \quad \text{(para algún entero } k\text{)}.$$

De acuerdo con esta receta, los enteros caen exactamente en p «clases de equivalencia» (para la noción de clase de equivalencia, véase el prefacio), de modo que a y b pertenecen a la misma clase siempre que $a \equiv b$. Estas clases se consideran los elementos del *campo finito* $\mathbb{F}_p$, y hay exactamente p de tales elementos. (Estoy utilizando el término «campo» con el sentido que le dan los algebristas. Este no debería confundirse con los «campos» en una variedad, tales como los campos vectoriales o tensoriales, ni con un campo físico tal como el electromagnético. El campo de un algebrista es un *anillo de división conmutativo*; véase §11.1.) Las reglas ordinarias de adición, sustracción, multiplicación (conmutativa) y división son válidas para los elementos de $\mathbb{F}_p$.[16.1] Sin embargo, tenemos la curiosa propiedad adicional de que si sumamos p elementos idénticos, obtenemos siempre *cero* (y, por supuesto, el propio número p tiene que contar como «cero»).

Nótese que, tal como se acaba de describir $\mathbb{F}_p$, sus propios elementos están definidos como «conjuntos infinitos de enteros», puesto que las propias «clases de equivalencia» son conjuntos infinitos, tales como la clase de equivalencia particular $\{\ldots, -7, -2, 3, 8, 13, \ldots\}$ que define el elemento de $\mathbb{F}_5$ ($p = 5$) que denotaríamos por «3». Así pues, ¡hemos apelado al *infinito* para definir las cantidades mismas que constituyen nuestro sistema de números finito! Este es un ejemplo de la forma en que los matemáticos suelen ofrecer una receta rigurosa para una entidad definiéndola en términos de conjuntos infinitos. Es el mismo pro-

[16.1] Demuestre cómo funcionan estas reglas, explicando por qué p tiene que ser primo.

cedimiento mediante «clases de equivalencia» que está implicado en la definición de fracciones, como he mencionado en el prefacio a propósito de la «simplificación» que la amiga de mi madre encontraba tan confusa. Imagino que para alguien convencido de que el sistema de números $\mathbb{F}_p$ (para un p apropiado) está «realmente» enraizado en la naturaleza, el procedimiento de «clases de equivalencia» sería solo una «conveniencia» del matemático, dirigida a proporcionar algún tipo de receta rigurosa en términos de los procedimientos infinitos más familiares (históricamente). De hecho, no necesitamos apelar a conjuntos infinitos de enteros; lo que sucede es que este es el procedimiento más sistemático. En cualquiera de los casos podríamos alternativamente hacer un listado de todas las operaciones, puesto que estas son finitas en número.

Consideremos más detalladamente el caso $p = 5$ a modo de ejemplo. Podemos etiquetar los elementos de $\mathbb{F}_5$ mediante los símbolos estándar 0, 1, 2, 3, 4, y tenemos las tablas de suma y multiplicación

+	0	1	2	3	4
0	0	1	2	3	4
1	1	2	3	4	0
2	2	3	4	0	1
3	3	4	0	1	2
4	4	0	1	2	3

×	0	1	2	3	4
0	0	0	0	0	0
1	0	1	2	3	4
2	0	2	4	1	3
3	0	3	1	4	2
4	0	4	3	2	1

y notamos que cada elemento no nulo tiene un inverso multiplicativo:

$$1^{-1} = 1, \quad 2^{-1} = 3, \quad 3^{-1} = 2, \quad 4^{-1} = 4,$$

en el sentido de que $2 \times 3 \equiv 1 \pmod 5$, etc. (a partir de ahora, utilizaré «=» en lugar de «≡», cuando trabaje dentro de un sistema de números finito concreto).

Existen también otros campos finitos $\mathbb{F}_q$, construidos de una forma algo más elaborada, en los que el número total de elementos es una *potencia* de un primo: $q = p^n$. Permítanme dar el ejemplo más sencillo, a saber, el caso $q = 4 = 2^2$. Aquí podemos etiquetar los diferentes elementos como 0, 1, ω, ω^2, donde $\omega^3 = 1$ y cada elemento x está sujeto a $x + x = 0$. Esto amplía ligeramente el grupo multiplicativo de números complejos 1, ω, ω^2 que son raíces cúbicas de la unidad (descritas en §5.4 y mencionadas en §5.5 como descripción de la «quarkedad» de las partículas que interaccionan fuertemente). Para ampliar este grupo multiplicativo a $\mathbb{F}_4$, añadimos un cero «0» y proporcionamos una operación «suma» para la que $x + x = 0$.[16.2] En el caso general $\mathbb{F}_{p^n}$, tendríamos $x + x + \ldots + x = 0$, donde el número de xs en la suma es p.

16.2. ¿Una geometría finita o una geometría infinita para la física?

No está claro si tales objetos tienen realmente un papel significativo en física, aunque la idea ha sido reavivada de vez en cuando. Si $\mathbb{F}_q$ tuviera que tomar el lugar del sistema de números reales en cualquier sentido significativo, entonces p tendría que ser realmente muy grande (de modo que los «$x + x + \ldots + x = 0$» no se manifestarían como una seria discrepancia en el comportamiento observado). En mi opinión, una teoría física que dependa de un modo fundamental de cierto número primo absurdamente enorme sería una teoría mucho más complicada (e improbable) que una que pueda depender de una simple noción de infinito. De todas formas, tiene algún interés seguir trabajando en estos temas. De hecho, gran parte de la geometría sobrevive cuando las coordenadas se dan como elementos de un $\mathbb{F}_q$. Más cuidados necesitan las ideas del cálculo infinitesimal; de todas formas, muchas de ellas también sobreviven.

Resulta instructivo (y divertido) ver cómo funciona la *geometría proyectiva* con un número total finito de puntos y en consecuencia, podemos explorar los n-espacios proyectivos $\mathbb{P}^n(\mathbb{F}_q)$ sobre el campo $\mathbb{F}_q$. Encontramos que $\mathbb{P}^n(\mathbb{F}_q)$ tiene exactamente $1 + q + q^2 + \ldots + q^n = (q^{n+1} - 1)/(q - 1)$ puntos diferentes.[16.3] Los *planos* proyectivos $\mathbb{P}^2(\mathbb{F}_q)$ son particularmente fascinantes porque puede darse una construcción muy elegante para ellos. Esta puede describirse de la siguiente forma.

[16.2] Haga tablas completas de suma y multiplicación para $\mathbb{F}_4$ y compruebe que las leyes del álgebra funcionan (donde suponemos que $1 + \omega + \omega^2 = 0$).

[16.3] Demuéstrelo.

Tomemos un círculo hecho de algún material apropiado tal como cartulina y pinchémoslo en su centro con un alfiler que lo una a otro trozo fijo de cartulina de base, de modo que pueda rotar libremente. Marquemos $1 + q + q^2$ puntos igualmente espaciados alrededor de la circunferencia en la cartulina de base, etiquetándolos, en sentido contrario a las agujas del reloj, mediante los números $0, 1, 2, \ldots, q(1 + q)$. En el disco rotatorio, marquemos $1 + q$ puntos especiales en ciertas posiciones cuidadosamente escogidas. Estas posiciones serán tales que, para cualquier selección de dos de los puntos marcados en la base, hay exactamente una posición del disco para la que los dos puntos seleccionados coinciden con dos de estos puntos especiales en el disco. Otra forma de decirlo es la siguiente: si $a_0, a_1, \ldots, a_q$ son las distancias sucesivas a lo largo de la circunferencia entre estos puntos especiales, tomados cíclicamente (donde la distancia a lo largo de la circunferencia entre puntos marcados sucesivos en el círculo de base se toma como distancia *unidad*), entonces cada distancia $1, 2, 3, \ldots, q + 1$ puede representarse unívocamente como una suma de una colección de *a*s cíclicamente sucesivos. En la Fig. 16.1 he representado los discos para $q = 2, 3, 4$ y 5, para los que $a_0, \ldots, a_q$ pueden tomarse como 1, 2, 4; 1, 2, 6, 4; 1, 3, 10, 2, 5; 1, 2, 7, 4, 12, 5, respectivamente.[16.4] En los casos $q = 7, 8, 9, 11, 13$ y 16 podemos hacer discos mágicos definidos por 1, 2, 10, 19, 4, 7, 9, 5; 1, 2, 4, 8, 16, 5, 18, 9, 10; 1, 2, 6, 18, 22, 7, 5, 16, 4, 10; 1, 2, 13, 7, 5, 14, 34, 6, 4, 33, 18, 17, 21, 8; 1, 2, 4, 8, 16, 32, 27, 26, 11, 9, 45, 13, 10, 29, 5, 17, 18, respectivamente. Un teorema matemático dice que existen discos mágicos para todo $\mathbb{P}^2(\mathbb{F}_q)$ (con q una potencia de un número primo).[1] El lector quizá encuentre divertido comprobar varios casos de los teoremas de Pappos y Desargues (véanse §15.6 y la Fig. 15.14).[2] (¡Tome $q > 2$, para tener puntos suficientes para una configuración no degenerada!) En la Fig. 16.2 se ilustran dos ejemplos (Desargues, para $q = 3$ y Pappos, para $q = 5$).

El caso más simple $q = 2$ tiene un interés particular que procede de

[16.4] Muestre cómo construir nuevos discos en los casos $q = 3,5$, empezando en un punto concreto marcado en uno de los discos que he dado y multiplicando luego cada una de las distancias angulares a los otros puntos marcados por algún entero fijo. ¿Por qué funciona esto?

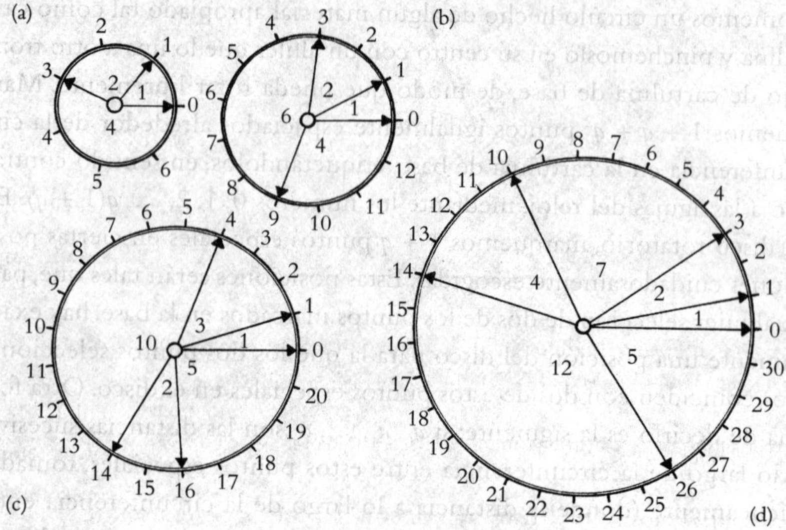

Fig. 16.1. «Discos mágicos» para planos proyectivos finitos $\mathbb{P}^2(\mathbb{F}_q)$ (siendo q una potencia de un número primo). Los $1 + q + q^2$ puntos se representan como numerales sucesivos 0, 1, 2 …, $q(1 + q)$ colocados equidistantemente alrededor de un círculo de fondo. Se une un disco circular que rota libremente, con flechas que etiquetan $1 + q$ lugares particulares: los puntos de una línea en $\mathbb{P}^2(\mathbb{F}_q)$. Estos son tales que para cada par de numerales distintos hay exactamente una posición del disco en la que las flechas apuntan a ellos. Se muestran discos mágicos para (a) $q = 2$; (b) $q = 3$; (c) $q = 4 = 2^2$, y (d) $q = 5$.

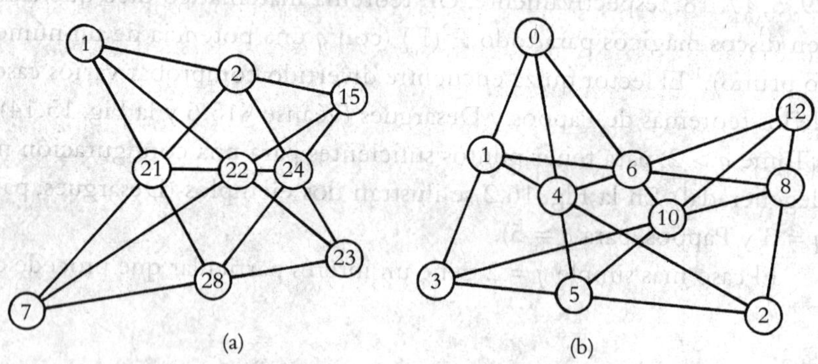

Fig. 16.2. Versiones en geometría finita de los teoremas de la Fig. 5.14. (a) Pappos (con $q = 5$) y (b) Desargues (con $q = 3$), ilustrados por el uso respectivo de los discos mostrados en las Figs. 16.1d y 16.1b.

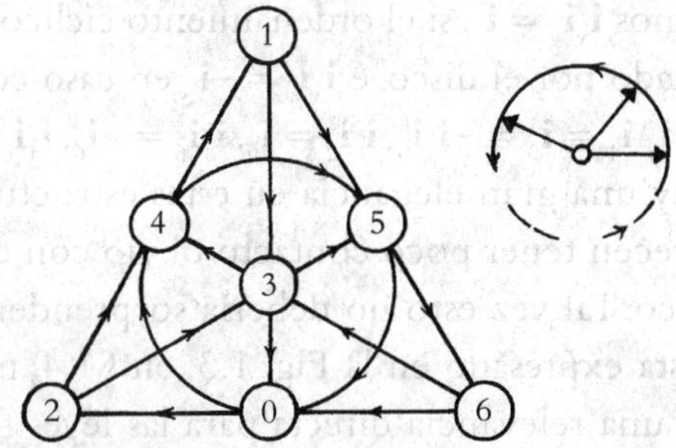

Fig. 16.3. El plano de Fano $\mathbb{P}^2(\mathbb{F}_2)$, con 7 puntos y 7 líneas (contando el círculo como una «línea recta») numeradas según la Fig. 16.1a. Esto da la tabla de multiplicación para los elementos base $\mathbf{i}_0, \mathbf{i}_1, \mathbf{i}_2, \ldots, \mathbf{i}_6$ del álgebra de división de octoniones, donde las flechas proporcionan el ordenamiento cíclico que da un signo «+».

otras direcciones.[16.5] Este plano, con 7 puntos, se denomina *plano de Fano*, y se muestra en la Fig. 16.3, donde el círculo central cuenta como una «línea recta». Aunque su alcance como geometría es bastante limitado, desempeña un papel importante de un tipo diferente al proporcionar la ley de multiplicación para *octoniones* (véanse §11.2 y §15.4). El plano de Fano tiene 7 puntos en él y cada punto debe ser asociado con uno de los elementos generadores $\mathbf{i}_0, \mathbf{i}_1, \mathbf{i}_2, \ldots, \mathbf{i}_6$ del álgebra de octoniones. Cada uno de estos debe satisfacer $\mathbf{i}_r^2 = -1$. Para encontrar el producto de dos elementos generadores *distintos*, simplemente encontramos la recta en el plano de Fano que une los puntos que los representan, y entonces el punto restante en la recta es el punto que representa al producto (salvo un signo) de los otros dos. Para esto, la imagen del plano de Fano no es suficiente, puesto que también hay que determinar el signo del producto. Podemos encontrar este signo si volvemos a la descripción dada por el disco, que se muestra en la Fig. 16.1a, o utilizando las (equivalentes) configuraciones de flechas (interpretadas cíclicamente) de la Fig. 16.3. Asignemos un ordenamiento cíclico a los puntos marcados en el disco, por ejemplo, en sentido contrario a las agujas del reloj.

[16.5] El campo finito $\mathbb{F}_8$ tiene elementos $0, 1, \varepsilon, \varepsilon^2, \varepsilon^3, \varepsilon^4, \varepsilon^5, \varepsilon^6$, donde $\varepsilon^7 = 1$ y $1 + 1 = 0$. Demuestre que o bien (1) hay una identidad de la forma $\varepsilon^a + \varepsilon^b + \varepsilon^c = 0$ siempre que a, b y c sean números en el círculo de fondo de la Fig. 16.1a que puede alinearse con los tres puntos del disco, o de lo contrario (2) es válido lo mismo, pero con ε^3 en lugar de ε (i.e., $\varepsilon^{3a} + \varepsilon^{3b} + \varepsilon^{3c} = 0$).

Entonces tenemos $\mathbf{i}_x\mathbf{i}_y = \mathbf{i}_z$, si el ordenamiento cíclico de $\mathbf{i}_x, \mathbf{i}_y, \mathbf{i}_z$ coincide con el asignado por el disco, e $\mathbf{i}_x\mathbf{i}_y = -\mathbf{i}_z$ en caso contrario. En particular, tenemos $\mathbf{i}_0\,\mathbf{i}_1 = \mathbf{i}_3 = -\mathbf{i}_1\mathbf{i}_0$, $\mathbf{i}_0\mathbf{i}_2 = \mathbf{i}_6$, $\mathbf{i}_1\mathbf{i}_6 = -\mathbf{i}_6$, $\mathbf{i}_1\mathbf{i}_6 = -\mathbf{i}_1$, etc.[16.6]

Aunque hay una gran elegancia en estas estructuras geométricas y algebraicas, parecen tener poco contacto obvio con el funcionamiento del mundo físico. Tal vez esto no debería sorprendernos si adoptamos el punto de vista expresado en la Fig. 1.3, en §1.4; pues las matemáticas que tienen una relevancia directa para las leyes físicas que gobiernan nuestro universo no son sino una minúscula parte del mundo platónico en su conjunto, o así podría parecerlo, hasta donde nuestro conocimiento actual nos ha llevado. Es posible que, a medida que nuestro conocimiento se haga más profundo en el futuro, se encuentren papeles importantes para estructuras tan elegantes como las geometrías finitas o para el álgebra de octoniones. Pero tal como están las cosas, todavía no se ha presentado un argumento convincente.[3] Parece que la sola elegancia matemática está lejos de ser suficiente (véase también §34.9). Esto debería enseñarnos a ser cautos en nuestra búsqueda de los principios subyacentes en las leyes del universo.

Abstengámonos de tales flirteos con estas atractivas estructuras finitas y volvamos a la impresionante riqueza matemática que es inherente al infinito. Como preliminar, habría que señalar que estructuras infinitas (tales como la totalidad de los números naturales $\mathbb{N}$) podrían formar parte de algún formalismo matemático dirigido a una descripción de la realidad, mientras no se pretenda que tales estructuras infinitas tengan una interpretación física directa como entidades físicas infinitas (o infinitesimales). Por ejemplo, se han hecho intentos por desarrollar un esquema en el que la discretización (y, de hecho, la finitud) aparece en el nivel más pequeño, mientras que sigue existiendo la capacidad para describir estructuras indefinidamente (e incluso infinitamente) grandes. Esto se aplica en particular a ciertas viejas ideas mías para construir el espacio de una forma finita, utilizando la teoría de redes de espín que describiré brevemente en §32.6, y que depende del

[16.6] Demuestre que el «asociado» $a(bc) - (ab)c$ es antisimétrico en a, b, c cuando son elementos generadores, y deduzca que esto (y por ello también $a(ab) = a^2b$) es válido para *todos* los elementos. *Sugerencia*: Utilice la Fig. 16.3 y la simetría completa del plano de Fano.

hecho de que, según la mecánica cuántica estándar, la medida del espín de un objeto viene dada por un múltiplo número natural de cierta cantidad fija ($\frac{1}{2}\hbar$). En realidad, como he mencionado en §3.3, en los primeros días de la mecánica cuántica hubo grandes esperanzas, no satisfechas por los desarrollos futuros, de que la teoría cuántica llevara a la física a una imagen del mundo en la que realmente hubiera discretización en los niveles más minúsculos. Tal como resultaron las cosas, en las teorías exitosas de nuestros días consideramos el espaciotiempo continuo incluso cuando están involucrados conceptos cuánticos, y las ideas que implican discretización a pequeña escala deben considerarse «poco convencionales» (§33.1). El continuo sigue siendo un protagonista esencial incluso en aquellas teorías que intentan aplicar las ideas de la mecánica cuántica a la propia estructura del espacio y el tiempo. Esto se aplica, en particular, a la teoría de variables de lazo de Ashtekar-Rovelli-Smolin-Jacobson, en la que ideas discretas (combinatorias) tales como las de la teoría de nudos y enlaces desempeñan realmente papeles clave, y en las que las redes de espín entran también en la estructura básica. (Veremos algo de este notable esquema en el capítulo 32, y en §33.1 encontraremos brevemente otras ideas relativas a un «espaciotiempo discreto».)

Así pues, parece, al menos por el momento, que tenemos que tomar en serio el uso del infinito, especialmente en su papel en la descripción matemática del continuo físico. Pero ¿qué tipo de infinito necesitamos aquí? En §3.2 he descrito brevemente el método de las «cortaduras de Dedekind» para construir el sistema de los números reales en términos de conjuntos infinitos de números racionales. De hecho, este es un gran paso, que implica una noción de infinito que supera en mucho a la que está implicada en los propios números racionales. Será importante para nosotros que abordemos aquí esta cuestión. De hecho, como demostró en 1874 el gran matemático danés-ruso-alemán Georg Cantor, ¡existen *diferentes tamaños* de infinitos! La infinitud de los números naturales es en realidad el menor de estos tamaños, y diferentes infinitos se suceden sin cesar en escalas cada vez mayores. Tratemos de captar una idea de las originales y fundamentales ideas de Cantor.

16.3. Diferentes tamaños de infinito

El primer ingrediente clave de la revolución de Cantor es la idea de una correspondencia 1–1 (i.e., uno a uno).[4] Decimos que dos conjuntos tienen la misma *cardinalidad* (lo que en lenguaje ordinario significa que tienen «el mismo número de elementos») si es posible establecer una correspondencia entre los elementos de un conjunto y los elementos del otro conjunto, uno a uno, de modo que no haya ningún elemento de ninguno de los conjuntos que no tome parte en la correspondencia. Es evidente que este procedimiento da la respuesta correcta («mismo número de elementos») para conjuntos finitos (i.e., conjuntos con un número finito 1, 2, 3, 4, ... de miembros, o incluso 0 elementos, en cuyo caso exigimos que la correspondencia sea vacía). Pero en el caso de conjuntos infinitos hay una característica nueva (ya advertida en 1638 por el gran físico y astrónomo Galileo Galilei)[5] y es que un conjunto infinito tiene la misma cardinalidad que uno de sus subconjuntos propios (donde «propio» significa distinto del conjunto entero).

Veamos esto en el caso del conjunto $\mathbb{N}$ de los números naturales

$$\mathbb{N} = \{0, 1, 2, 3, 4, 5, \ldots\}.$$

Ahora, si eliminamos el 0 de este conjunto,[6] encontramos un nuevo conjunto $\mathbb{N} - 0$ que tiene claramente la misma cardinalidad que $\mathbb{N}$, porque podemos establecer la correspondencia 1–1, en la que al elemento r de $\mathbb{N}$ se le hace corresponder el elemento $r + 1$ en $\mathbb{N} - 0$. Alternativamente, podemos tomar el ejemplo de Galileo y ver que el conjunto de *cuadrados* $\{0, 1, 4, 9, 16, 25, \ldots\}$ también debe tener la misma cardinalidad que $\mathbb{N}$, pese al hecho de que, en un sentido bien definido, los cuadrados constituyen una proporción cada vez más pequeña de los números naturales en conjunto. Asimismo, podemos ver que el conjunto $\mathbb{Z}$ de todos los enteros es de nuevo de esta misma cardinalidad. Puede verse esto si consideramos el ordenamiento de $\mathbb{Z}$ dado por

$$\{0, 1, -1, 2, -2, 3, -3, 4, -4, \ldots\},$$

que podemos emparejar simplemente con los elementos $\{0, 1, 2, 3, 4, 5, 6, 7, 8, \ldots\}$ del conjunto $\mathbb{N}$. Más sorprendente es el hecho de que la cardinalidad de los números *racionales* sea también la misma que la cardinalidad de $\mathbb{N}$. Hay muchas maneras de verlo directamente,[16.7],[16.8] pero antes de demostrar esto en detalle veamos cómo este ejemplo concreto cae en el marco general de la maravillosa teoría de Cantor de los números cardinales infinitos.

En primer lugar, ¿qué es un *número cardinal*? Básicamente, es el «número» de elementos en cierto conjunto, y consideramos que dos conjuntos tienen el «mismo número de elementos» si y solo si pueden ponerse en correspondencia 1–1 entre sí. Podríamos tratar de ser más precisos utilizando la idea de «clases de equivalencia» (empleada antes para definir $\mathbb{F}_p$ para un número primo p; véase también el prefacio) y decir que el número cardinal α de cierto conjunto A *es* la clase de equivalencia de todos los conjuntos con la misma cardinalidad de A. De hecho, el lógico Gottlob Frege trató de hacer precisamente esto en 1884, pero resulta que hay dificultades fundamentales con conceptos abiertos tales como «todos los conjuntos», puesto que con ellos pueden surgir graves contradicciones (como veremos en §16.5). Para evitar tales contradicciones, parece necesario poner algunas limitaciones al tamaño del «universo de conjuntos posibles». Pronto tendré que hacer algunos comentarios sobre esta preocupante cuestión. Por el momento, la evitaremos refugiándonos en una postura que he adoptado antes (como se ha mencionado en el prefacio en relación con la definición por «clases de equivalencia» de los números racionales). Consideraremos que los cardinales son simples entidades matemáticas (¡habitantes del mundo de Platón!) que pueden ser abstraídas de la noción de equivalencia 1–1 entre conjuntos. Nos permitimos decir que el conjunto A «tiene cardinalidad α», o que «tiene α elementos», siempre que seamos consistentes y digamos que el conjunto B también «tiene cardinalidad α», o que «tiene α elementos», si y solo si A y B pueden ponerse en correspondencia 1–1. Nótese que todos los números naturales pueden

[16.7] Vea si puede proporcionar un procedimiento explícito semejante, encontrando una manera sistemática de ordenar todas las fracciones. Puede encontrar útil el resultado del ejercicio [16.8].

[16.8] Demuestre que la función $1/2((a + b)^2 + 3a + b)$ proporciona explícitamente una correspondencia 1–1 entre los números naturales y los pares (a, b) de números naturales.

considerarse como números cardinales en este sentido, y esto está mucho más cerca de la noción intuitiva de lo que «es» un número natural que la definición de «ordinal» ($0 = \{\}, 1 = \{0\}, 2 = \{0, \{0\}\}, 3 = \{0, \{0\}, \{0, \{0\}\}\}, \ldots$) dada en §3.4. Los números naturales son, de hecho, los cardinales *finitos* (en el sentido en que los cardinales *infinitos* son las cardinalidades de aquellos conjuntos, como el $\mathbb{N}$ anterior, que contienen subconjuntos propios de la misma cardinalidad que sí mismos).

A continuación, podemos establecer relaciones entre números cardinales. Decimos que el cardinal α es *menor o igual que* el cardinal β, y escribimos

$$\alpha \leq \beta$$

(o equivalentemente $\beta \geq \alpha$) si los elementos de un conjunto A con cardinalidad α pueden ponerse en correspondencia 1–1 con los elementos de algún subconjunto (no necesariamente un subconjunto propio) de elementos de un conjunto B, con cardinalidad β. Debería ser evidente que si $\alpha \leq \beta$ y $\beta \leq \gamma$, entonces $\alpha \leq \gamma$.[16.9] Uno de los bellos resultados de la teoría de los números cardinales es que si

$$\alpha \leq \beta \text{ y } \beta \leq \alpha,$$

entonces,

$$\alpha = \beta,$$

lo que significa que existe una correspondencia 1–1 entre A y B.[16.10] Podemos preguntar si existen pares de cardinales α y β para los que no se satisface ninguna de las relaciones $\alpha \leq \beta, \beta \leq \alpha$. Tales cardinales serían *no comparables*. De hecho, se sigue de la hipótesis conocida como *axioma de elección* (mencionada brevemente en §1.3), según la cual no existen cardinales no comparables.

El axioma de elección afirma que si tenemos un conjunto A, cuyos miembros son todos conjuntos no vacíos, entonces existe un conjunto

[16.9] Demuéstrelo en detalle.

[16.10] Pruébelo. Esbozo: existe una aplicación 1–1 b que lleva A a cierto subconjunto $bA(= b(A))$ de B, y una aplicación 1–1 a que lleva B a cierto subconjunto aB de A; considere la aplicación de A en B que utiliza b para aplicar $A–aB$ en $bA–baB$ y $abA–abaB$ en $babA–babaB$, etc., y que utiliza a^{-1} para aplicar $aB–abA$ en $B–bA$ y $abaB–ababA$ en $baB–babA$, etc. y resuelva qué hacer con el resto de A y B.

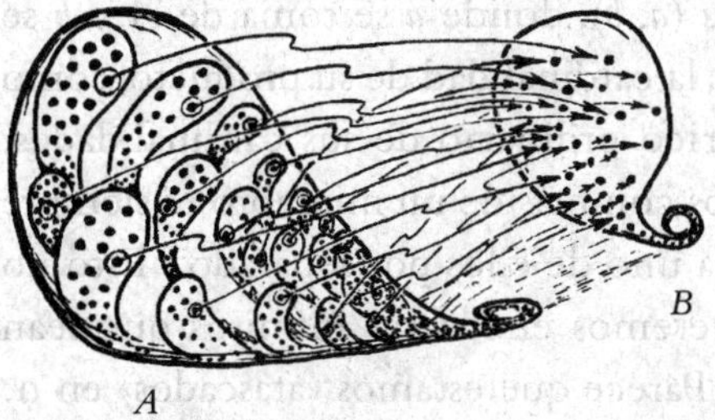

Fig. 16.4. El axioma de elección afirma que, para cualquier conjunto A, cuyos miembros todos son conjuntos no vacíos, existe un conjunto B que contiene exactamente un elemento de cada uno de los conjuntos pertenecientes a A.

B que contiene exactamente un elemento de cada uno de los conjuntos que pertenecen a A. A primera vista, podría parecer que el axioma de elección está afirmando algo obvio (véase la Fig. 16.4). Sin embargo, no está del todo libre de controversia el que el axioma de elección *debiera* ser aceptado como algo de validez universal. Mi posición sobre ello es de cautela. El problema con este axioma es que se trata de una pura afirmación de «existencia», sin ningún indicio de una regla mediante la cual pudiera especificarse el conjunto B. De hecho, tiene varias consecuencias alarmantes. Una de ellas es el teorema de Banach-Tarski,[7] una de cuyas versiones dice que la esfera unidad ordinaria en el 3-espacio euclídeo puede dividirse en cinco piezas con la propiedad de que, mediante movimientos euclídeos simplemente (i.e., traslaciones y rotaciones), estas piezas pueden recomponerse ¡para formar *dos* esferas unidad completas! Las «piezas», por supuesto, no son cuerpos sólidos, sino colecciones intrincadas de puntos, y están definidas de una forma muy no constructiva, pues su «existencia» solo se afirma mediante el uso del axioma de elección.

Déjenme hacer una lista, sin demostración, de algunas propiedades muy básicas de los números cardinales. En primer lugar, el símbolo «$\leq$» da el significado normal (véase la nota 3.1) cuando se aplica a los números naturales (los cardinales *finitos*). Además, cualquier número natural es menor o igual ($\leq$) que cualquier número cardinal infinito, y por supuesto es *estrictamente* menor, i.e., menor que ($<$) y no igual a este. Supongamos ahora que $\beta \leq \alpha$, con α infinito; entonces (en claro contraste con lo que nos es familiar para los números finitos), la cardinalidad de la *unión* $A \cup B$ es simplemente la mayor de las dos, a saber α, y la cardinalidad del *producto* $A \times B$ es también α. (Hemos visto ejemplos del producto antes, por ejemplo, §13.2 y §15.2. El conjunto

$A \times B$ consiste en todos los *pares* (a, b), donde a se toma de A y b se toma de B. Para conjuntos finitos, la cardinalidad de su producto, como conjuntos, es el producto numérico ordinario de sus cardinalidades, que en el caso de conjuntos finitos con más de un miembro es siempre mayor que la cardinalidad de cada uno de ellos por separado.) Esto no parece llevarnos muy lejos si queremos encontrar infinitos que sean mayores que los que ya tenemos. Parece que estamos «atascados» en α.

Veremos cómo «desatascarnos» en la próxima sección. Por el momento, sin embargo, podemos ver que lo que hemos hecho antes es al menos suficiente para demostrarnos que el número de números racionales es el mismo que el número de números naturales. Siguiendo a Cantor, utilicemos el símbolo $\aleph_0$ («aleph cero») para la cardinalidad de los números naturales $\mathbb{N}$, que, como hemos visto antes, es la misma que la cardinalidad de los enteros $\mathbb{Z}$. De hecho, el número infinito $\aleph_0$ es el menor de los cardinales infinitos. Ahora bien, ¿cuál es la cardinalidad ρ de los racionales? Cualquier número racional puede escribirse (de muchas maneras) de la forma a/b, donde a y b son enteros. Escogiendo una de estas maneras (por ejemplo, con «términos mínimos») para cada racional, hemos encontrado una correspondencia 1–1 entre el conjunto de racionales y un *subconjunto* del conjunto $\mathbb{N} \times \mathbb{N}$. Por consiguiente, ρ es menor o igual que la cardinalidad de $\mathbb{N} \times \mathbb{N}$. Pero por lo anterior (o por aplicación directa del ejercicio [16.8]), la cardinalidad de $\mathbb{N} \times \mathbb{N}$ es la misma que la cardinalidad de $\mathbb{N}$, a saber, $\aleph_0$. Así pues, $\rho \leq \aleph_0$. Pero los enteros están contenidos en los racionales, de modo que $\aleph_0 \leq \rho$. De ahí que $\rho = \aleph_0$.

16.4. El corte diagonal de Cantor

Llegamos ahora al primer logro sorprendente de Cantor, a saber, su demostración de que realmente existen infinitos estrictamente mayores que $\aleph_0$, y que la cardinalidad del conjunto $\mathbb{R}$ de los números reales es uno de estos infinitos. Daré este resultado como un caso particular del resultado más general de Cantor

$$\alpha < 2^{\alpha},$$

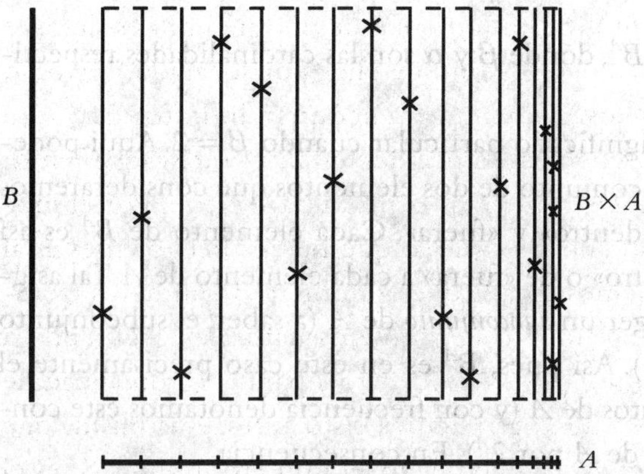

Fig. 16.5. Para conjuntos generales A, B, el conjunto de todas las aplicaciones de A en B se denota por B^A (véase también la Fig. 6.1). A cada elemento de A se le asigna un elemento particular de B. Esto proporciona una sección transversal de $B \times A$, considerada como un fibrado sobre A (como en la Fig. 15.6a), excepto que no hay ninguna noción de continuidad implicada.

donde $\alpha < \beta$ significa $\alpha \leq \beta$ y $\alpha \neq \beta$ (y, por supuesto, también podemos escribir $\alpha < \beta$ como $\beta > \alpha$). La notable demostración de Cantor de este resultado (y el resultado mismo) constituye una de las hazañas más originales e influyentes en el conjunto de las matemáticas. Pese a todo, es lo suficientemente simple como para que pueda darla aquí en su totalidad.

Antes de nada, debería explicar la notación. Si tenemos dos conjuntos A y B, entonces el conjunto B^A es el *conjunto de todas las aplicaciones de* A en B. ¿Cuál es la lógica para este uso de la notación? Consideremos el conjunto A extendido ante nosotros, estando cada elemento de A representado por un «punto». Entonces, para representar un elemento de B^A, colocamos un elemento de B en cada uno de estos puntos. Esto es una aplicación de A en B porque proporciona una asignación de un elemento de B a cada elemento de A (véase la Fig. 16.5). La razón para la «notación exponencial» B^A es que cuando aplicamos este procedimiento a conjuntos finitos, digamos a un conjunto A, con a elementos, y un conjunto B, con b elementos, entonces el número total de modos de asignar un elemento de B a cada elemento de A es realmente b^a. (Existen b modos para el primer miembro de A; existen b modos para el segundo; existen b modos para el tercero, y así sucesivamente para cada uno de los a miembros de A. El número total es, por lo tanto, $b \times b \times b \times \ldots \times b$, siendo a el número de bs en el producto, de modo que es exactamente b^a.) La notación de Cantor es

$$\beta^\alpha$$

para la cardinalidad de B^A, donde β y α son las cardinalidades respectivas de B y A.

Esto adquiere un significado particular cuando $\beta = 2$. Aquí podemos tomar B como un conjunto de dos elementos que consideraremos que son las etiquetas «dentro» y «fuera». Cada elemento de B^A es así una asignación de «dentro» o de «fuera» a cada elemento de A. Tal asignación equivale a escoger un *subconjunto* de A (a saber, el subconjunto de elementos «dentro»). Así pues, B^A es en este caso precisamente el conjunto de subconjuntos de A (y con frecuencia denotamos este conjunto de subconjuntos de A por 2^A). En consecuencia,

2^α es el número total de subconjuntos de cualquier conjunto con α elementos.

Ahora viene la sorprendente demostración de Cantor. Esta procede de acuerdo con la tradición clásica de la antigua Grecia de «demostración por contradicción» (§2.6 y §3.1). En primer lugar, tratemos de suponer que $\alpha = 2^\alpha$, de modo que hay una correspondencia 1–1 entre cierto conjunto A y su conjunto de subconjuntos 2^A. Entonces, cada elemento a de A estará asociado con un subconjunto concreto $S(a)$ de A, bajo esta correspondencia. Podemos esperar que a veces el conjunto $S(a)$ contenga el propio a como un miembro y otras veces no lo haga. Consideremos la colección de todos los elementos a para los que $S(a)$ no contiene a. Esta colección será un particular subconjunto Q de A (que admitimos que pueda ser el conjunto vacío o la totalidad de A si es necesario). Bajo la supuesta correspondencia 1–1, debemos tener $Q = S(q)$, para algún q en S. Ahora planteamos la pregunta: ¿está q en Q o no lo está? Supongamos primero que no lo está. Entonces, q debe pertenecer a la colección de elementos de A que acabamos de señalar como el subconjunto Q, de modo que q debe pertenecer a Q después de todo: una contradicción. Esto nos deja con la hipótesis alternativa, a saber, que q está en Q. Pero, entonces, q no puede pertenecer a la colección que hemos denominado Q, de modo que no pertenece a Q después de todo: de nuevo una contradicción. Por lo tanto, concluimos que nuestra supuesta correspondencia 1–1 entre A y 2^A no puede existir.

Por último, necesitamos demostrar que $\alpha \leq 2^\alpha$, i.e., que existe una correspondencia 1–1 entre A y algún subconjunto de 2^A. Esto se consigue utilizando simplemente la correspondencia 1–1 que asigna cada elemento a de A al subconjunto particular de A que contiene precisamente el elemento a y ninguno más. Así pues, hemos establecido $\alpha < 2^\alpha$, como se exigía, al haber demostrado $\alpha \leq 2^\alpha$ pero $\alpha \neq 2^\alpha$.

Aunque este argumento puede ser algo confuso (y cualquier lector confundido se preocupará de estudiarlo de nuevo), es extraordinariamente «elemental» en el sentido de que no apela a ideas matemáticas que exijan un conocimiento propio de expertos. A la vista de ello, es muy notable que sus implicaciones tienen un extraordinario alcance. No solo nos permite ver que existen esencialmente más números reales que números naturales, sino que también demuestra que no existe límite a la enormidad de los números infinitos posibles. Además, en una forma ligeramente modificada, el argumento demuestra que no hay un modo computacional de decidir si una computación general llegará a término (Turing), y una consecuencia relacionada es el famoso *teorema de la incompletitud* de Gödel que demuestra que ningún conjunto de reglas matemáticas fiables preasignadas puede englobar todos los procedimientos mediante los cuales se establecen las verdades matemáticas. En la próxima sección trataré de dar una idea de cómo se obtienen estos resultados.

Para concluir esta sección, veamos por qué el resultado anterior establece realmente el primer y extraordinario gran paso de Cantor concerniente al infinito, a saber, que existen realmente muchos más números reales que números naturales, pese al hecho de que hay exactamente tantas fracciones como números naturales. (¡Este gran paso estableció que hay realmente una teoría no trivial del infinito!) Esto se seguirá si podemos ver que la cardinalidad de los reales, normalmente denotada por C, es realmente igual a $2^{\aleph_0}$:

$$\mathsf{C} = 2^{\aleph_0}.$$

Entonces, por el argumento anterior, $\mathsf{C} > \aleph_0$, como se requería.

Existen muchas formas de ver que $\mathsf{C} = 2^{\aleph_0}$. Para demostrar que $2^{\aleph_0} \leq \mathsf{C}$ (que es realmente todo lo que ahora necesitamos para $\mathsf{C} > \aleph_0$), es suficiente con establecer que existe una correspondencia 1–1 entre $2^{\mathbb{N}}$ y algún *subconjunto* de $\mathbb{R}$. Podemos pensar que cada elemento de $2^{\mathbb{N}}$ es una asignación de 0 o de 1 («fuera» o «dentro») a cada número natural, i.e., uno de tales elementos puede considerarse como una secuencia infinita, tal como

$$100110001011101\ldots$$

(Este elemento particular de $2^{\mathbb{N}}$ asigna 1 al número natural 0, asigna 0 al número natural 1, asigna 0 al número natural 2, asigna 1 al número natural 3, etc.) Ahora podríamos tratar de leer esta secuencia completa de dígitos como el desarrollo binario de cierto número real, donde consideramos que hay una coma decimal situada en el extremo izquierdo. Por desgracia, esto no funciona del todo, debido al irritante hecho de que existe una ambigüedad en algunas de tales representaciones, a saber, aquellas que acaban con una secuencia infinita que consta enteramente de 0s o enteramente de 1s.[16.11] Podemos sortear esta dificultad mediante varios artificios burdos. Uno de estos consistiría en intercalar entre los dígitos binarios otro dígito, por ejemplo el 3, para obtener

$$.313030313130303031303131313031\ldots,$$

y leer entonces este número como la expresión decimal ordinaria de cierto número real. En consecuencia, hemos establecido realmente una correspondencia 1–1 entre $2^{\mathbb{N}}$ y cierto subconjunto de $\mathbb{R}$ (a saber, el subconjunto cuyos desarrollos decimales tienen esta singular forma intercalada). De ahí que $2^{\aleph_0} \leq \mathsf{C}$ (y ahora obtenemos $\mathsf{C} > \aleph_0$), como se requería.

Para deducir que $\mathsf{C} = 2^{\aleph_0}$, tenemos que ser capaces de demostrar que $\mathsf{C} \leq 2^{\aleph_0}$. Ahora todo número real estrictamente entre 0 y 1 tiene un desarrollo binario (como se ha considerado antes), aunque a veces de forma redundante; así pues, dicho conjunto concreto de reales tiene cardinalidad $\leq 2^{\aleph_0}$. Existen muchas funciones simples que llevan este

[16.11] Explíquelo.

intervalo a la totalidad de $\mathbb{R}$,[16.12] lo que establece que $\mathsf{C} \leq 2^{\aleph_0}$, y de ahí $\mathsf{C} = 2^{\aleph_0}$, como se requería.

La versión original que dio Cantor del argumento era algo diferente de la que se ha presentado aquí, aunque las ideas esenciales eran las mismas. Su versión original era también una demostración por contradicción, aunque más directa. Se imaginaba una hipotética correspondencia 1–1 entre $\mathbb{N}$ y los números reales comprendidos estrictamente entre 0 y 1, y se presentaba como un listado vertical de todos los números reales, cada uno de ellos escrito en desarrollo decimal. Se obtenía una contradicción con la hipótesis de que la lista es completa por un «argumento diagonal» mediante el cual se construye un nuevo número real que no está en la lista: para ello se desciende por la diagonal principal de la matriz, partiendo de la esquina superior izquierda, y se escribe un dígito que difiera del n-ésimo dígito del n-ésimo número real de la lista. (Hay muchas exposiciones divulgativas de esto; véase, por ejemplo, la versión que se da en el capítulo 3 de mi libro *La nueva mente del emperador*).[16.13] Este tipo general de argumento (incluido el que he utilizado al principio de esta sección para demostrar $\alpha < 2^\alpha$) se suele conocer como el «corte diagonal» de Cantor.

16.5. Enigmas en los fundamentos de las matemáticas

Como se ha comentado antes, la cardinalidad, $2^{\aleph_0}$, del continuo (i.e., de $\mathbb{R}$) se suele denotar por la letra C. A Cantor le hubiera gustado poder etiquetarla «$\aleph_1$», por lo que él entendía el «siguiente cardinal más pequeño» después de $\aleph_0$. Intentó demostrar, aunque fracasó, que $2^{\aleph_0} = \aleph_1$; de hecho, la afirmación «$2^{\aleph_0} = \aleph_1$», conocida como la *hipótesis del continuo*, se convirtió en una famosa cuestión no resuelta durante muchos años después de que Cantor la propusiera. Aún sigue sin estar resuelta, en un sentido «absoluto». Kurt Gödel y Paul Cohen demostraron que la hipótesis del continuo (y también el axioma de elección) no es de-

[16.12] Muestre una. *Sugerencia*: Considere la Fig. 9.8, por ejemplo.

[16.13] Explique por qué este es esencialmente el mismo argumento que el que he dado aquí, en el caso $\alpha = \aleph_0$ para demostrar $\alpha < 2^\alpha$.

cidible por medio de la teoría de conjuntos estándar. Sin embargo, debido al teorema de la incompletitud de Gödel, que comentaré enseguida, y varias cuestiones relacionadas, esto no resuelve propiamente la cuestión de la *verdad* de la hipótesis del continuo. Sigue siendo posible que métodos de demostración más poderosos que los de la teoría de conjuntos estándar puedan ser capaces de decidir la verdad o falsedad de la hipótesis del continuo; por otra parte, podría darse el caso de que su verdad o falsedad fuera una cuestión subjetiva dependiente del punto de vista que se adopte.[8] Esta cuestión ha sido mencionada en §1.3, pero en relación con el axioma de elección, y no con la hipótesis del continuo.

Vemos que la relación $\alpha < 2^\alpha$ nos dice que no puede haber ningún infinito máximo; pues si se propusiera que algún número cardinal Ω fuera el máximo, entonces el número cardinal 2^Ω resultaría aún mayor. Este hecho (y el argumento de Cantor que lo establece) ha tenido consecuencias trascendentales para los fundamentos de las matemáticas. En particular, el filósofo Bertrand Russell, que previamente era de la opinión de que debía haber un número cardinal máximo (a saber, el de la clase de todas las clases), había desconfiado de la conclusión de Cantor; pero cambió de opinión alrededor de 1903, tras estudiarla en detalle. En efecto, aplicó el argumento de Cantor al «conjunto de todos los conjuntos», ¡lo que le llevó inmediatamente a la ahora famosa «paradoja de Russell»!

Esta paradoja procede del siguiente modo. Consideremos el conjunto $\mathcal{R}$ que consiste en «todos los conjuntos que no son miembros de sí mismos». (Por el momento, no importa si uno está dispuesto a creer que un conjunto pueda ser miembro de sí mismo. Si ningún conjunto pertenece a sí mismo, entonces $\mathcal{R}$ es el conjunto de *todos* los conjuntos.) Planteemos la pregunta: ¿qué pasa con el propio $\mathcal{R}$? ¿Es $\mathcal{R}$ un miembro de sí mismo? Supongamos que lo es. Entonces, puesto que pertenece al conjunto $\mathcal{R}$ de conjuntos que *no* son miembros de sí mismos, no pertenece a sí mismo después de todo: ¡una contradicción! La hipótesis alternativa es que no pertenece a sí mismo. Pero, entonces, debe ser un miembro de la familia de los conjuntos que no son miembros de sí mismos, a saber, el conjunto $\mathcal{R}$. Así pues, $\mathcal{R}$ pertenece a $\mathcal{R}$, lo que contradice la hipótesis de que no pertenece a sí mismo. ¡Lo cual es una clara contradicción!

Puede advertirse que esto es simplemente lo que sucede con la demostración de Cantor $\alpha < 2^\alpha$, si se aplica al caso en que se toma α como el «conjunto de todos los conjuntos».[16.14] De hecho, así es como Russell llegó a su paradoja.[9] Lo que el argumento está demostrando realmente es que no hay nada semejante al «conjunto de todos los conjuntos». (De hecho, Cantor ya era consciente de esto, y conocía la «paradoja de Russell unos años antes que el propio Russell.)[10] Puede parecer extraño que algo tan sencillo como el «conjunto de todos los conjuntos» sea un concepto prohibido. Se podría imaginar que cualquier propuesta para un conjunto debería ser perfectamente aceptable si existe una regla bien definida que nos diga cuándo algo pertenece a aquel y cuándo no. Aquí parece que ciertamente existe tal regla, a saber, ¡que *todo* conjunto está en él! La trampa parece residir en que estamos admitiendo el mismo estatus para esta magnífica colección que el que damos a cada uno de sus miembros, a saber, llamar simplemente «conjunto» a ambos tipos de colecciones. El argumento general depende de que tengamos una idea clara de qué es realmente un conjunto. Y una vez que tengamos tal idea, surge la pregunta: ¿debe realmente contarse como un conjunto la propia colección de todos estos objetos? Lo que Cantor y Russell nos han dicho es que ¡la respuesta a esta pregunta debe ser no!

De hecho, la forma en que los matemáticos han llegado a entender esta situación aparentemente paradójica consiste en imaginar que se ha hecho algún tipo de distinción entre «conjuntos» y «clases». (Pensemos en las clases como grandes objetos rebeldes de los que no se supone que se afilian a clubes, mientras que los conjuntos se consideran siempre suficientemente respetables para que sí lo hagan.) Hablando con crudeza, a una colección de conjuntos cualesquiera se le podría considerar como una totalidad, y a semejante colección se la denominaría una *clase*. Algunas clases son lo bastante respetables para que a ellas mismas se las considere como conjuntos, pero otras clases se consideran «demasiado grandes» o «demasiado revueltas» para que cuenten como conjuntos. Por otra parte, no estamos autorizados necesariamente para reunir *clases* para formar entidades mayores. Así pues, el «conjunto de

[16.14] Demuestre que es esto lo que sucede.

todos los conjuntos» no está permitido (ni está permitida la «clase de todas las clases»), pero la «clase de todos los conjuntos» sí se considera legítima. Cantor denotó a esta clase suprema por Ω, y le atribuyó un significado casi deístico. No se nos permite formar clases más grandes que Ω. El problema con «2^{Ω}» residiría en que implica «reunir» todas las diferentes «subclases» de Ω, muchas de las cuales no son propiamente conjuntos, de modo que esto no está permitido.

En todo ello hay algo que parece bastante insatisfactorio. Tengo que confesar que yo mismo me siento insatisfecho. Este procedimiento podría ser razonable si hubiera un criterio claro y tajante que nos dijera cuándo una clase está realmente cualificada para ser un conjunto. Sin embargo, la «distinción» parece estar hecha a menudo de un modo muy circular. Se estima que una clase es un conjunto si y solo si puede ser ella misma un miembro de alguna otra clase, lo que ¡me parece una petición de principio! El problema está en que no hay ningún lugar obvio en donde trazar la línea divisoria. Una vez que se ha trazado una línea, no pasa mucho tiempo sin que parezca que la línea se ha trazado de una forma muy restringida. No parece que haya ninguna razón para no incluir algunas clases mayores (o más rebeldes) en nuestro club de conjuntos. Por supuesto, se tiene que evitar una contradicción flagrante; pero resulta que cuanto más liberales son las reglas de admisión al club de conjuntos, más potentes son los métodos de demostración matemática que proporciona el concepto de conjunto. ¡Pero si abrimos una rendija suficientemente ancha en la puerta de este club, se producirá el desastre —¡CONTRADICCIÓN!—, ¡y el edificio entero se vendrá abajo! El trazado de la línea es uno de los procedimientos más difíciles y delicados de las matemáticas.[11]

Muchos matemáticos preferirían retroceder ante un liberalismo tan extremo, adoptando incluso un enfoque «constructivista» rígidamente conservador, según el cual solo se admite un conjunto si existe una construcción directa que nos permita decir cuándo un elemento pertenece al conjunto y cuándo no. ¡Ciertamente, el axioma de elección sería un criterio inadmisible bajo reglas tan estrictas! Pero el caso es que estos conservadores extremos no son más inmunes al corte diagonal de Cantor que los liberales extremos. Tratemos de ver dónde está la dificultad.

16.6. Las máquinas de Turing y el teorema de Gödel

En primer lugar, necesitamos una noción de lo que significa «construir» algo en matemáticas. Es mejor que restrinjamos la atención a subconjuntos del conjunto $\mathbb{N}$ de los números naturales, al menos para nuestras consideraciones presentes. ¿Podemos pedir que tales subconjuntos estén definidos «constructivamente»? Por fortuna, tenemos a nuestra disposición una noción maravillosa introducida por varios lógicos[12] del primer tercio del siglo XX y establecida sobre una base clara por Alan Turing en 1936. Se trata de la noción de *computabilidad*; y puesto que los computadores electrónicos se han hecho ahora tan familiares para nosotros, bastará probablemente con que me refiera a las acciones de estos dispositivos físicos en lugar de presentar las ideas relevantes en términos de alguna formulación matemática precisa. En términos aproximados, una *computación* (o *algoritmo*) es lo que realizaría un computador idealizado, donde «idealizado» significa que puede seguir funcionando sin «gastarse» durante un período de tiempo indefinido, que nunca comete errores, y que tiene un espacio de almacenamiento ilimitado. Matemáticamente, una entidad semejante es lo que, en efecto, se denomina una *máquina de Turing*.[13]

Cualquier máquina de Turing particular $\boldsymbol{T}$ corresponde a una computación específica que puede llevarse a cabo sobre los números naturales. La acción de $\boldsymbol{T}$ sobre el número natural concreto n se escribe $\boldsymbol{T}(n)$, y normalmente realizamos esta acción para dar algún (otro) número natural m:

$$\boldsymbol{T}(n) = m.$$

Ahora una máquina de Turing podría tener la propiedad de que se queda «bloqueada» (o «entra en un bucle») porque la computación que está ejecutando no termina nunca. Diré que una máquina de Turing es *defectuosa* si no termina su ejecución cuando se aplica a algún número natural n. La llamaré *efectiva* si, por el contrario, siempre termina, cualquiera que sea el número que se le presenta.

Un ejemplo de una máquina de Turing $\boldsymbol{T}$ que nunca termina (defectuosa) sería la que, cuando se le presenta n, trata de encontrar el número natural más pequeño que no es la suma de n cuadrados ($0^2 = 0$

incluido). Encontramos $\boldsymbol{T}(0) = 1$, $\boldsymbol{T}(1) = 2$, $\boldsymbol{T}(2) = 3$, $\boldsymbol{T}(3) = 7$ (que significa, por ejemplo, en el caso de la última ecuación: «7 es el número más pequeño que no es la suma de 3 cuadrados»),[16.15] pero cuando $\boldsymbol{T}$ se aplica a 4, sigue computando para siempre, tratando de encontrar un número que no sea la suma de cuatro cuadrados. La causa de que nuestra máquina se cuelgue es un famoso teorema que se debe al gran matemático franco-italiano del siglo XVIII Joseph L. Lagrange, que fue capaz de demostrar que todo número natural es la suma de cuatro cuadrados. (Más adelante, Lagrange tendrá una gran importancia para nosotros en un contexto diferente, ¡muy especialmente en los capítulos 20 y 26!)

Cada máquina de Turing individual (ya sea defectuosa o efectiva) tiene cierta «tabla de instrucciones» que caracteriza el algoritmo concreto que ejecuta esta máquina de Turing concreta. Dicha tabla de instrucciones puede especificarse completamente mediante un «código», que podemos escribir como una secuencia de dígitos. Podemos reinterpretar esta secuencia como un número natural *t*; así pues, *t* codifica el «programa» que permite que la máquina lleve a cabo su algoritmo concreto. La máquina de Turing que está codificada por el número natural *t* será denotada por $\boldsymbol{T}_t$. Quizá la codificación no funcione para todos los números naturales *t*; si no lo hace por alguna razón, entonces podemos referirnos a $\boldsymbol{T}_t$ como «defectuosa», además de aquellos casos recién considerados en los que la máquina no se detiene cuando se aplica a algún *n*. Las únicas máquinas de Turing efectivas $\boldsymbol{T}_t$ son aquellas que dan una respuesta al cabo de un tiempo finito, cuando se aplican a cualquier *n* individual.

Una de las hazañas fundamentales de Turing consistió en darse cuenta de que es posible especificar una única máquina de Turing, llamada una máquina de Turing *universal* $\boldsymbol{U}$, que puede imitar la acción de cualquier máquina de Turing. Todo lo que se necesita es que $\boldsymbol{U}$ actúe primero sobre el número natural *t*, que especifica la máquina de Turing concreta $\boldsymbol{T}_t$ que tiene que ser imitada, después de lo cual $\boldsymbol{U}$ actúa sobre el número *n*, de modo que puede proceder a evaluar $\boldsymbol{T}_t(n)$. (Los mo-

[16.15] Dé una descripción aproximada de cómo podría realizarse nuestro algoritmo y explique estos valores concretos.

dernos computadores de propósito general son, en esencia, tan solo máquinas de Turing universales.) Escribiré esta acción combinada en la forma $\boldsymbol{U}(t, n)$, de modo que

$$\boldsymbol{U}(t, n) = \boldsymbol{T}_t(n).$$

Sin embargo, deberíamos tener en cuenta que se supone que las máquinas de Turing definidas aquí actúan solo sobre un único número natural, y no sobre un par tal como (t, n). Pero no es difícil codificar un par de números naturales como un único número natural, como hemos visto antes (por ejemplo, en el ejercicio [16.8]). La propia máquina $\boldsymbol{U}$ estará definida por algún número natural, digamos u, de modo que tenemos

$$\boldsymbol{U} = \boldsymbol{T}_u.$$

¿Cómo podemos decir si una máquina de Turing es efectiva o defectuosa? ¿Podemos encontrar algún algoritmo para tomar esta decisión? Uno de los logros importantes de Turing consistió en demostrar que ¡la respuesta a esta pregunta es «no»! La demostración es una aplicación del corte diagonal de Cantor. Consideraremos el conjunto $\mathbb{N}$, como antes, pero ahora en lugar de considerar *todos* los subconjuntos de $\mathbb{N}$, consideramos solo aquellos subconjuntos para los cuales es una cuestión *computacional* el decidir si un elemento está o no en el conjunto. (Estos no pueden ser todos los subconjuntos de $\mathbb{N}$, puesto que el número de computaciones diferentes es solo $\aleph_0$, mientras que el número de todos los subconjuntos de $\mathbb{N}$ es C.) Tales conjuntos definidos computacionalmente se denominan *recursivos*. De hecho, cualquier subconjunto recursivo de $\mathbb{N}$ está definido por la salida de una máquina de Turing efectiva $\boldsymbol{T}$, del tipo particular que solo da 0 o 1. Si $\boldsymbol{T}(n) = 1$, entonces n es un miembro del conjunto recursivo definido por $\boldsymbol{T}$ («dentro»), mientras que si $\boldsymbol{T}(n) = 0$, entonces n no es un miembro («fuera»). Ahora aplicamos el argumento de Cantor igual que antes, pero solo a los subconjuntos *recursivos* de $\mathbb{N}$. El argumento nos dice enseguida que el conjunto de los números naturales t para los que $\boldsymbol{T}_t$ es efectiva no puede ser recursivo. ¡No hay algoritmo, aplicable a todas las máquinas de Turing $\boldsymbol{T}$, que nos diga si $\boldsymbol{T}$ es o no defectuosa!

Vale la pena detenerse en este razonamiento un poco más detalladamente. Lo que el argumento de Turing/Cantor demuestra en realidad es que el conjunto de los t para los que $\boldsymbol{T}_t$ es efectiva no es siquiera *recursivamente numerable*. ¿Qué es un subconjunto de $\mathbb{N}$ recursivamente numerable? Es un conjunto de números naturales para los que existe una máquina de Turing efectiva $\boldsymbol{T}$ que, con el tiempo, genera cada miembro (posiblemente más de una vez) de dicho conjunto cuando se aplica a 0, 1, 2, 3, 4, ... sucesivamente. (Es decir, m es un miembro del conjunto si y solo si $m = \boldsymbol{T}(n)$ para algún número natural n.) Un subconjunto S de $\mathbb{N}$ es recursivo si y solo si es recursivamente numerable *y* su *complemento* $\mathbb{N} - S$ es también recursivamente numerable.[16.16] La supuesta correspondencia 1–1 con la que el argumento de Turing/Cantor obtiene una contradicción es una numeración recursiva de las máquinas de Turing efectivas. Una pequeña reflexión nos dice que lo que hemos aprendido es que no existe ningún algoritmo general que nos diga cuándo la acción de una máquina de Turing $\boldsymbol{T}_t(n)$ *no llegará* a detenerse.

Lo que esto nos dice en definitiva es que a pesar de las esperanzas que se pudieran haber tenido en una postura de «conservadurismo extremo», en la que los únicos conjuntos aceptables serían aquellos —los conjuntos recursivos— cuya admisión está determinada por reglas computacionales tajantes, este punto de vista nos conduce inmediatamente a tener que considerar conjuntos que son no recursivos. Este punto de vista tropieza incluso con la dificultad fundamental de que no existe ningún modo computacional de decidir *en general* si dos conjuntos recursivos son el mismo o son conjuntos diferentes, si están definidos por dos máquinas de Turing efectivas diferentes $\boldsymbol{T}_t$ y $\boldsymbol{T}_s$.[16.17] Además, este tipo de problema reaparece una y otra vez en diferentes niveles, cuando tratamos de restringir nuestra noción de «conjunto» con un punto de vista demasiado conservador. Siempre nos vemos llevados a considerar clases que no pertenecen a nuestra familia de conjuntos previamente admitidos.

Estas cuestiones están estrechamente relacionadas con el famoso teo-

[16.16] Demuéstrelo.

[16.17] ¿Puede ver por qué es así? *Sugerencia*: En el caso de la acción de una máquina de Turing arbitraria $\boldsymbol{T}$ aplicada a n, podemos considerar una máquina de Turing efectiva $\boldsymbol{Q}$ que tiene la propiedad de que $\boldsymbol{Q}(r) = 0$ si $\boldsymbol{T}$ aplicada a n no se ha detenido al cabo de r pasos computacionales y $\boldsymbol{Q}(r) = 1$ si lo ha hecho. Tome la suma mod 2 de $\boldsymbol{Q}(n)$ y $\boldsymbol{T}_t(n)$ para obtener $\boldsymbol{T}_s(n)$.

rema de Kurt Gödel. Este estaba interesado en la cuestión de los métodos de demostración que están disponibles para los matemáticos. Desde comienzos del siglo XX, y durante muchos años después, los matemáticos habían intentado evitar las paradojas (tales como la paradoja de Russell) que surgían cuando se hacía un uso excesivamente liberal de la teoría de conjuntos, para lo que introdujeron la idea de un *sistema matemático formal*, de acuerdo con el cual había que establecer una serie de reglas absolutamente precisas acerca de qué líneas de razonamiento iban a contar como demostración matemática. Lo que Gödel demostró es que este programa no funcionaría. Demostró, en efecto, que si estamos dispuestos a aceptar que las reglas de un sistema formal semejante ***F*** deben ser fiables y darnos solo conclusiones matemáticamente correctas, entonces también debemos aceptar como correcto cierto enunciado matemático preciso G(***F***), aunque concluyendo que G(***F***) no es demostrable por los métodos de ***F*** solamente. Así, Gödel nos demuestra cómo trascender cualquier ***F*** en el que estamos dispuestos a confiar.

Existe la idea equivocada de que el teorema de Gödel nos dice que existen «proposiciones matemáticas indemostrables», y que esto implica que existen regiones del «mundo platónico» de verdades matemáticas (véase §1.4) que, en principio, nos son inaccesibles. Esto está muy lejos de la conclusión que deberíamos sacar del teorema de Gödel. Lo que Gödel realmente nos dice es que cualesquiera que sean las reglas de demostración que hayamos establecido por adelantado, si ya aceptamos que dichas reglas son dignas de confianza (i.e., que no nos permiten deducir falsedades) y no son demasiado limitadas, entonces disponemos de un nuevo medio de acceso a ciertas verdades matemáticas para cuya deducción aquellas reglas particulares no son lo bastante potentes.

El resultado de Gödel se sigue del de Turing (aunque históricamente las cosas sucedieron al revés). ¿Cómo funciona esto? El punto importante acerca de un sistema formal es que no se necesita ningún juicio matemático adicional para comprobar si se han aplicado correctamente las reglas de ***F***. Decidir la corrección de una demostración matemática de acuerdo con ***F*** tiene que ser una cuestión completamente computacional. Observamos que, para cualquier ***F***, el conjunto de teoremas matemáticos que pueden ser demostrados utilizando sus reglas es necesaria y recursivamente numerable.

Ahora algunos enunciados matemáticos bien conocidos pueden expresarse de la forma «la acción de tal y cual máquina de Turing no termina». Ya hemos visto un ejemplo, a saber, el teorema de Lagrange según el cual todo número natural es la suma de cuatro cuadrados. Otro ejemplo aún más famoso es el «último teorema de Fermat», demostrado a finales del siglo XX por Andrew Wiles (§1.3).[14] Otro ejemplo (aunque no resuelto) es la bien conocida «conjetura de Goldbach», según la cual todo número par mayor que dos es la suma de dos números primos. Los enunciados de esta naturaleza son conocidos por los lógicos matemáticos como Π_1-*sentencias*. Se sigue ahora inmediatamente del anterior argumento de Turing que la familia de Π_1-sentencias verdaderas constituye un conjunto no recursivamente numerable. Así pues, existen Π_1-sentencias verdaderas que no pueden obtenerse a partir de las reglas de $\boldsymbol{F}$ (donde suponemos que $\boldsymbol{F}$ es fiable). Esta es la forma básica del teorema de Gödel. De hecho, examinando los detalles de este con más atención, podemos afinar el argumento de modo que obtenemos la versión del mismo que hemos establecido antes, y obtener una Π_1-sentencia específica $G(\boldsymbol{F})$, que, si creemos que $\boldsymbol{F}$ proporciona solo Π_1-sentencias verdaderas, debe escapar de la red arrojada por $\boldsymbol{F}$ a pesar del hecho notable de que debemos concluir que $G(\boldsymbol{F})$ es también una Π_1-sentencia verdadera.[16.18]

16.7. Tamaños de infinitos en física

Por último, veamos qué relación guardan estas cuestiones del infinito y la constructibilidad con las matemáticas de nuestros capítulos anteriores y con nuestra comprensión actual de la física. A la vista de la estrecha relación entre matemáticas y física, es quizá notable que cuestiones de una importancia tan básica en matemáticas como la teoría de conjuntos transfinitos y de la computabilidad solo hayan tenido por el momento un impacto limitado sobre nuestra descripción del mundo físi-

[16.18] Vea si puede establecerlo.

co. Mi opinión personal es que con el tiempo descubriremos que las cuestiones de computabilidad tienen una profunda relevancia para la teoría física futura,[15] aunque por el momento estas ideas se hayan utilizado muy poco en física matemática.[16]

Con respecto al *tamaño* de los infinitos que han encontrado valor, resulta bastante sorprendente que solo una pequeña parte de la teoría física parezca necesitar ir más allá de $\mathsf{C}(= 2^{\aleph_0})$, la cardinalidad del sistema de los números reales $\mathbb{R}$. La cardinalidad del campo complejo $\mathbb{C}$ es la misma que la de $\mathbb{R}$ (a saber, C), puesto que $\mathbb{C}$ es simplemente $\mathbb{R} \times \mathbb{R}$ (pares de números reales) con ciertas leyes de suma y multiplicación definidas en él. Análogamente, los espacios vectoriales y las variedades que hemos considerado están construidos a partir de familias de puntos a los que se les pueden asignar coordenadas a partir de un $\mathbb{R} \times \mathbb{R} \times \ldots \times \mathbb{R}$ (o $\mathbb{C} \times \mathbb{C} \times \ldots \times \mathbb{C}$) o a partir de cartas coordenada finitas (o infinitas numerables, i.e., en número $\aleph_0$), y una vez más la cardinalidad es C.

¿Qué sucede con las familias de funciones en tales espacios? Si consideramos, pongamos por caso, la familia de todas las funciones con valores reales en cierto espacio con C puntos, entonces encontramos, a partir de las consideraciones anteriores, que la familia tiene C^{C} miembros (al ser aplicaciones de un espacio de C elementos en un espacio de C elementos). Esto es ciertamente mayor que C. De hecho, $\mathsf{C}^{\mathsf{C}} = 2^{\mathsf{C}}$. (Esto se sigue de que cada elemento de $\mathbb{R}^{\mathbb{R}}$ puede ser reinterpretado como un elemento particular de $2^{\mathbb{R} \times \mathbb{R}}$, a saber, como una sección transversal (normalmente lejos de ser continua) del fibrado $\mathbb{R} \times \mathbb{R}$, y la cardinalidad de $\mathbb{R} \times \mathbb{R}$ es C.) Sin embargo, las funciones (o los campos tensoriales, o las conexiones) reales (o complejas) *continuas* en una variedad son solo C en número, porque una función continua está determinada una vez que se conocen sus valores en el conjunto de puntos con coordenadas racionales. El número de estos es precisamente $\mathsf{C}^{\aleph_0}$, puesto que el número de puntos con coordenadas racionales es precisamente $\aleph_0$. Pero $\mathsf{C}^{\aleph_0} = (2^{\aleph_0})^{\aleph_0} = 2^{\aleph_0 \times \aleph_0} = 2^{\aleph_0} = \mathsf{C}$.[16.19] En §§6.4,6 hemos considerado ciertas generalizaciones de las funciones continuas, que lle-

[16.19] Explique por qué $(A^B)^C$ puede identificarse con $A^{B \times C}$, para conjuntos A, B, C.

van a la gran generalización conocida como *hiperfunciones* (§9.7). Sin embargo, una vez más el número de estas no es mayor que C, puesto que están definidas por pares de funciones holomorfas (cada una de ellas en número C).

En §22.3 veremos que la teoría cuántica requiere el uso de ciertos espacios, conocidos como *espacios de Hilbert*, que pueden tener infinitas dimensiones. Sin embargo, aunque estos espacios concretos de dimensión infinita difieren de manera significativa de los espacios de dimensión finita, no hay en ellos más funciones continuas que en el caso de dimensión finita, y de nuevo tenemos que el número total es C. La mejor apuesta para llegar más alto que esto está relacionada con la formulación de integrales de camino de la teoría cuántica de campos (como se expondrá en §26.6), cuando se considera un espacio de curvas de apariencia incontrolada (o de configuraciones de campos físicos de apariencia incontrolada) en el espaciotiempo. Sin embargo, parece que seguimos obteniendo C para el número total, puesto que, a pesar de su incontrolabilidad, hay un resto suficiente de continuidad en estas estructuras.

La noción de cardinalidad no parece suficientemente refinada para recoger el concepto apropiado de *tamaño* para los espacios que encontramos en física. Casi todos los espacios de importancia tienen simplemente C puntos en ellos. Sin embargo, existe una gran diferencia entre los «tamaños» de dichos espacios, que en primera instancia consideramos simplemente como la dimensión del espacio vectorial o variedad $\mathcal{M}$ en consideración. Esta dimensión de $\mathcal{M}$ puede ser un número natural (por ejemplo, 4, en el caso del espaciotiempo ordinario, o 6×10^{19}, en el caso del espacio de fases considerado en §12.1), o podría ser infinito, tal como sucede con (la mayoría de) los espacios de estados de Hilbert que aparecen en mecánica cuántica. Desde el punto de vista matemático, el espacio de Hilbert más simple de dimensión infinita es el espacio de sucesiones $(z_1, z_2, z_3, \ldots)$ de números complejos para las cuales la suma infinita $|z_1|^2 + |z_2|^2 + |z_3|^2 + \ldots$ converge. En el caso de un espacio de Hilbert de dimensión infinita, es más apropiado pensar que esta dimensionalidad es $\aleph_0$. (Existen varios puntos sutiles acerca de esto, pero es mejor que no entremos en ello ahora.) Para un espacio *n*-real dimensional, diré que tiene «∞^n» puntos (lo que expresa que este continuo de puntos está organizado en una disposición n-dimensional). En el caso de dimensión infinita, me referiré a esto como «∞^{∞}» puntos.

También estamos interesados en los espacios de varios tipos de campos definidos en $\mathcal{M}$. Normalmente estos se toman suaves, aunque a veces son más generales (por ejemplo, distribuciones) y entran dentro del ámbito de la teoría de hiperfunciones (véase §9.7). Pueden estar sujetos a ecuaciones diferenciales (en derivadas parciales) que restringen su libertad. Si no están restringidos de este modo, entonces cuentan como «funciones de n variables», para una $\mathcal{M}$ n-dimensional (donde $n = 4$ para el espaciotiempo estándar). En cada punto el campo puede tener k componentes independientes. Entonces diré que la libertad en el campo es $\infty^{k\infty^n}$. La explicación para esta notación[17] está en que los campos pueden considerarse (cruda y localmente) como aplicaciones de un espacio con ∞^n puntos en un espacio con ∞^k puntos, y nos aprovecharemos de la relación notacional (formal)

$$(\infty^k)^{\infty^n} = \infty^{k\infty^n}.$$

Cuando los campos están restringidos por ecuaciones en derivadas parciales apropiadas, entonces puede darse el caso de que estén completamente determinados por las *condiciones iniciales* de los campos (véase §27.1 en particular), es decir, por algunos datos subsidiarios del campo especificados en cierto espacio $\mathcal{S}$ de menor dimensión, por ejemplo, de q dimensiones. Si los datos pueden expresarse *libremente* en $\mathcal{S}$ (lo que significa, básicamente, que no están sujetos a *ligaduras*, que son ecuaciones diferenciales o algebraicas que los datos tendrían que satisfacer en $\mathcal{S}$), y si estos datos constan de r-componentes independientes en cada punto de $\mathcal{S}$, entonces diré que la libertad en el campo es $\infty^{r\infty^q}$. En muchos casos, no es nada fácil encontrar r y q, pero lo importante es que parecen ser cantidades *invariantes*, independientes de cómo puedan reexpresarse los campos en términos de otras cantidades equivalentes.[18] Estas cuestiones cobrarán gran importancia más adelante (cf. §23.2 y §§31.10-12, 15-17).

Notas

Sección 16.2

16.1. Véanse Stephenson (1972), §7; Howie (1989), pp. 269-271, y Hirschfeld (1998); los discos mágicos son equivalentes a lo que se denominan *conjuntos con diferencia perfecta.*

16.2. Al parecer se desconoce si existen discos mágicos (que no surgen necesariamente de un $\mathbb{P}^3(\mathbb{F}_q)$) para los que el teorema de Desargues (o, de manera equivalente, el de Pappos) siempre falla —o, en realidad, si existen planos proyectivos finitos no desarguianos (equivalentemente, no pappianos).

16.3. De todas formas, a veces se ha sugerido un papel físico para los octoniones (véanse, por ejemplo, Gürsey y Tze, 1996; Dixon, 1994; Manogue y Dray, 1999, y Dray y Manogue, 1999); pero hay dificultades fundamentales para la construcción de una «mecánica cuántica octoniónica» general (Adler, 1995), y la situación con respecto a una «mecánica cuántica cuaterniónica» es solo un poco más positiva. Otro sistema de números, sugerido en una ocasión como candidato para un papel físico importante, es el de los «números p-ádicos». Estos constituyen sistemas de números a los que se aplican las reglas del cálculo infinitesimal, y pueden expresarse como números reales ordinarios desarrollados de forma decimal, salvo que los dígitos representan 0, 1, 2, 3, ..., $p-1$ (donde p se escoge primo) y se permite que sean infinitos *en el sentido contrario* de lo que sucede en el caso de los decimales ordinarios (y no necesitamos signo menos). Por ejemplo,

$$\ldots\ldots 24033200411{,}3104$$

representa un número 5-ádico concreto. Las reglas para sumar y multiplicar son las mismas que para la aritmética p-aria «ordinaria» (en la que el símbolo «10» representa el primo p, etc.). Véanse Mahler (1981), Gouvea (1993), Brekke y Frend (1993), Vladimirov y Volovich (1989) y Pitkäenen (1995).

Sección 16.3

16.4. La terminología matemática moderna llama a esto un isomorfismo. Hay otras palabras tales como «endomorfismo», «epimorfismo» y «monomorfismo» (o, simplemente, «morfismo») que los matemáticos tienden a utilizar en un contexto general para caracterizar aplicaciones entre un conjunto o estructura y otro. Prefiero evitar este tipo de terminología en este libro, pues creo que para acostumbrarse a esto se necesita un esfuerzo excesivo.

16.5. Para algunas elucubraciones aun anteriores de esta naturaleza, véase Moore (1990), capítulo 3.

16.6. Recordemos de la nota 15.5 que he estado dispuesto a adoptar un abuso de notación donde $\mathbb{N} - 0$ representa el conjunto de números naturales distintos de cero. Aquí se da la ironía de que si se adoptara el aparentemente «más correcto» $\mathbb{N} - \{0\}$, aunque adoptando también los procedimientos de §3.4, donde $0 = 1$, ¡deberíamos acabar en el incluso más confuso «$\mathbb{N} - 1$» para el conjunto bajo consideración!

16.7. Véanse Wagon (1985) y para una exposición divulgativa, Runde (2002).

Sección 16.5

16.8. Comentarios similares se aplican a la *hipótesis del continuo generalizada* de Cantor: $2^{\aleph_\alpha} = \aleph_{\alpha+1}$ (donde α es ahora un «número ordinal», cuya definición no he discutido aquí), y estos comentarios se aplican también al axioma de elección.

16.9. Véase Russell (1903), p. 362, segunda nota final [en la edición de 1937].

16.10. Véase Van Heijenoort (1967), p. 114.

16.11. Véase Woodin (2001) para un nuevo enfoque de estas materias. Para referencias generales sobre los fundamentos de las matemáticas, véanse Abian (1965) y Wilder (1965).

Sección 16.6

16.12. Los precursores de Turing fueron, en general, Alonzo Church, Haskell B. Curry, Stephen Kleene, Kurt Gödel y Emil Post; véase Gandy (1988).

16.13. Para una descripción detallada de una máquina de Turing, véanse Penrose (1989), capítulo 2; por ejemplo, Davis (1978), o la referencia original, Turing (1937).

16.14. Véanse Singh (1997) y Wiles (1995).

Sección 16.7

16.15. Véase Penrose (1989, 1994, 1997a).

16.16. Véanse Komar (1964) y Geroch y Hartle (1986), §34.7.

16.17. Debo esta útil notación a John A. Wheeler; véase Wheeler (1960), p. 67.

16.18. Véase Cartan (1945), especialmente §§68,69, pp. 75 y 76 (edición original). Hay que tener cuidado en garantizar que la cantidad *r* en $\infty^{r\infty^q}$ se cuenta correctamente. Dos sistemas pueden ser equivalentes, pero tener valores *r* que parecen diferir a primera vista. Sin embargo, no puede haber ambigüedad en la determinación del valor de *q*. El tratamiento moderno riguroso de estas cuestiones hace las cosas más claras; viene dado en términos de la teoría de *fibrados en chorro* (véase Bryant *et al.*, 1991). Puede mencionarse que existe un refinamiento de la notación de Wheeler (véase Penrose, 2003), donde, por ejemplo, $\infty^{2\infty^2} + 3^{\infty^1} + 5$ significa «los campos dependen de 2 funciones de 2 variables, 3 funciones de una variable, y 5 constantes». Nos vemos así llevados a considerar expresiones como $\infty^{p^{(\infty)}}$, donde *p* denota un polinomio con coeficientes enteros no negativos.

17

Espaciotiempo

17.1. El espaciotiempo de la física aristotélica

De ahora en adelante nuestra atención se volverá desde las consideraciones básicamente matemáticas que nos han ocupado en los capítulos anteriores a las imágenes reales del mundo físico a las que nos han llevado la teoría y la observación. Empecemos tratando de entender ese escenario en el que parecen tener lugar todos los fenómenos del universo físico: el *espaciotiempo*. ¡Encontraremos que esta noción desempeña un papel vital en casi todo lo que sigue en este libro!

Antes de nada, debemos preguntarnos: ¿por qué «espaciotiempo»?[1] ¿Qué hay de erróneo en considerar espacio y tiempo por separado, en lugar de intentar unificar estas dos nociones aparentemente muy diferentes? Pese a lo que parece ser una percepción común sobre esta cuestión, y pese al soberbio uso que hizo Einstein de esta idea en su formulación de la teoría de la relatividad general, el espaciotiempo no fue una idea original de Einstein ni, según parece, él se mostró muy entusiasmado cuando oyó hablar de ella por primera vez. Además, si echamos una ojeada retrospectivamente a las magníficas intuiciones «relativistas» más antiguas de Galileo y Newton, observamos que también ellos pudieron, en principio, haber sacado grandes ventajas de la perspectiva espaciotemporal.

Para entender esto, retrocedamos mucho más en la historia y tratemos de ver qué tipo de estructura espaciotemporal hubiera sido adecuada para el armazón dinámico de Aristóteles y sus contemporáneos. En la física aristotélica existe una noción de 3-espacio euclídeo $\mathbb{E}^3$ para representar el espacio físico, y los puntos de este espacio mantienen su

Fig. 17.1. ¿Es el movimiento físico similar al que se percibe en una pantalla de cine? Un punto concreto de la pantalla (aquí marcado «×») retiene su identidad independientemente de qué movimiento se proyecte sobre él.

identidad de un instante al siguiente. Esto se debe a que, en el esquema aristotélico, el estado de reposo es dinámicamente preferido a todos los demás estados de movimiento. Adoptamos la postura de que un punto espacial concreto, en un instante de tiempo, es el *mismo* punto espacial, en un instante de tiempo posterior, si una partícula situada en dicho punto se mantiene en reposo al pasar de un instante al siguiente. Nuestra imagen de la realidad es como la pantalla de una sala de cine, donde un punto concreto de la pantalla retiene su identidad independientemente de qué tipo de movimientos vigorosos pudieran proyectarse en ella. Véase la Fig. 17.1.

También el tiempo se representa como un espacio euclídeo, aunque uno bastante trivial, a saber, el espacio 1-dimensional $\mathbb{E}^1$. Así pues, consideramos el tiempo, tanto como el espacio físico, como una «geometría euclídea», en lugar de ser solo una copia de la recta real $\mathbb{R}$. Esto se debe a que $\mathbb{R}$ tiene un elemento privilegiado 0 que representaría el «cero» de tiempos, mientras que en nuestra visión dinámica «aristotélica» no tiene que haber ningún origen privilegiado. (En esto estoy adoptando una visión idealizada de lo que pudiera llamarse «dinámica aristotélica», o «física aristotélica», ¡y no adopto ningún punto de vista respecto a lo que el Aristóteles *real* pudiera haber pensado!)[2] Si existiera un «origen de tiempos» privilegiado, podría concebirse que las leyes dinámicas cambian a medida que transcurre el tiempo a partir de dicho origen privilegiado. Sin un origen privilegiado, las leyes deben seguir siendo las mismas todo el tiempo, porque no hay ningún *parámetro temporal* privilegiado del que dichas leyes puedan depender.

De modo análogo, estoy adoptando el punto de vista de que no existe ningún origen espacial privilegiado, y que el espacio se prolonga indefinidamente en todas direcciones, con completa uniformidad en las leyes dinámicas (una vez más, ¡con independencia de lo que pudiera haber creído el Aristóteles real!). En la geometría euclídea, ya sea 1-dimensional o 3-dimensional, existe una noción de *distancia*. En el caso espacial 3-dimensional, esta va a ser la distancia euclídea ordinaria (medida en metros, o en pies, pongamos por caso); en el caso 1-dimensional, esta distancia es el intervalo de tiempo ordinario (medido, digamos, en segundos).

En la física aristotélica —y en los esquemas dinámicos posteriores de Galileo y Newton— existe una noción absoluta de *simultaneidad* temporal. Así, de acuerdo con estos esquemas dinámicos, tiene un significado absoluto decir que el tiempo aquí, *en este preciso instante*, mientras escribo esto sentado en el despacho de mi casa en Oxford, es «el mismo tiempo» en el que tiene lugar cierto suceso en la galaxia Andrómeda (por ejemplo, la explosión de una supernova). Para volver a nuestra analogía con la pantalla de un cine, podemos preguntar si dos imágenes proyectadas que ocurren en dos lugares muy separados de la pantalla están teniendo lugar simultáneamente o no. La respuesta en este caso es evidente. Los sucesos deben considerarse simultáneos si y solo si ocurren en el mismo fotograma proyectado. Así pues, no solo tenemos una noción clara de si dos sucesos (temporalmente separados) ocurren o no en la misma localización espacial de la pantalla, sino que también tenemos una noción clara de si dos sucesos (espacialmente separados) ocurren o no al mismo tiempo. Además, si las localizaciones espaciales de los dos sucesos son diferentes, tenemos una noción clara de la *distancia* entre ellos, ya ocurran o no al mismo tiempo (i.e., la distancia medida a lo largo de la pantalla); asimismo, si los tiempos de los dos sucesos son diferentes, tenemos una clara noción del *intervalo temporal* entre ellos, ocurran o no en el mismo lugar.

Lo que esto nos dice es que en nuestro esquema aristotélico es apropiado considerar el *espaciotiempo* como el simple producto

$$\mathcal{A} = \mathbb{E}^1 \times \mathbb{E}^3,$$

que llamaré *espaciotiempo aristotélico*. Este es simplemente el espacio de pares $(t, \mathbf{x})$, donde t es un elemento de $\mathbb{E}^1$, un «instante de tiempo», y $\mathbf{x}$ es un elemento de $\mathbb{E}^3$, un «punto en el espacio». (Véase la Fig. 17.2.) Para dos puntos diferentes de $\mathbb{E}^1 \times \mathbb{E}^3$, digamos $(t, \mathbf{x})$ y $(t', \mathbf{x}')$ —i.e., dos *sucesos* diferentes—, tenemos una noción bien definida de su separación espacial, a saber, la distancia entre los puntos $\mathbf{x}$ y $\mathbf{x}'$ de $\mathbb{E}^3$, y tenemos también una noción bien definida de su diferencia temporal, a saber, la separación entre t y t' medida en $\mathbb{E}^1$. En particular, sabemos si dos sucesos ocurren o no en el mismo lugar (anulación del desplazamiento espacial) y si tienen lugar o no al mismo tiempo (anulación de la diferencia temporal).

17.2. El espaciotiempo para la relatividad galileana

Veamos ahora qué noción de espaciotiempo es apropiada para el esquema dinámico introducido por Galileo en 1638. Queremos incorporar el *principio de relatividad galileana* en nuestra imagen espaciotemporal. Tratemos de recordar lo que afirma este principio. No hay mejor manera de hacerlo que citar al propio Galileo (según una traducción de Stillman Drake[3] que doy aquí solo de forma abreviada; y recomiendo encarecidamente un análisis de la cita entera para quienes tengan acceso a ella):

> Encerraos con un amigo en la cabina principal bajo la cubierta de un barco grande, y llevad con vosotros moscas, mariposas, y otros pequeños animales voladores... colgad una botella que se vacíe gota a gota en un

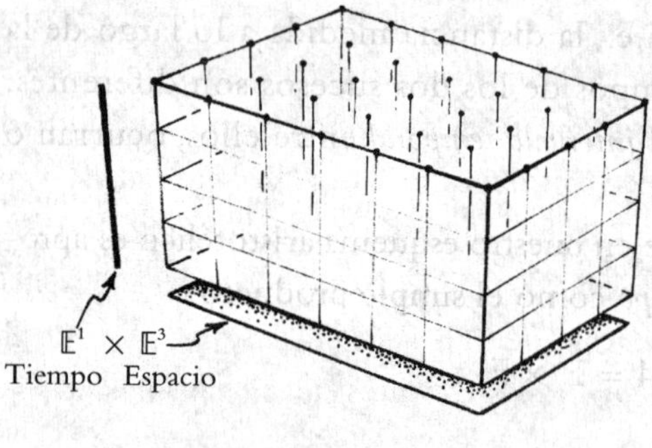

Fig. 17.2. El espaciotiempo aristotélico $\mathcal{A} = \mathbb{E}^1 \times \mathbb{E}^3$ es el espacio de pares $(t, \mathbf{x})$, donde t («tiempo») recorre un 1-espacio euclídeo $\mathbb{E}^1$, y $\mathbf{x}$ («punto en el espacio») recorre un 3-espacio euclídeo $\mathbb{E}^3$.

> amplio recipiente colocado por debajo de la misma… haced que el barco vaya con la velocidad que queráis, siempre que el movimiento sea uniforme y no haya fluctuaciones en un sentido u otro. …Las gotas caerán… en el recipiente inferior sin desviarse hacia la popa, aunque el barco haya avanzado mientras las gotas están en el aire… las mariposas y las moscas seguirán su vuelo por igual hacia cada lado, y no sucederá que se concentren en la popa, como si se cansaran de seguir el curso del barco…

Lo que Galileo nos enseña es que las leyes dinámicas son exactamente las mismas cuando se refieren a cualquier sistema de referencia en movimiento uniforme. (Este era un ingrediente esencial de su entusiasta aceptación del esquema copernicano, en el que se permite que la Tierra esté en movimiento sin que advirtamos directamente dicho movimiento, en contraposición a su estatus necesariamente estacionario que tenía en el marco aristotélico anterior.) No hay nada que distinga la física del estado de reposo de la del movimiento uniforme. Teniendo en cuenta lo que se ha señalado antes, lo que esto nos dice es que no tiene significado dinámico decir que un punto particular en el espacio es, o no es, el mismo punto que un punto escogido en el espacio en un instante posterior. En otras palabras, ¡nuestra analogía con la pantalla del cine es inadecuada! No hay un espacio de fondo —una «pantalla»— que permanece fijo mientras el tiempo pasa. No podemos decir significativamente que un punto particular p en el espacio (por ejemplo, el punto de la señal de admiración en el teclado de mi ordenador portátil) es, o no es, el *mismo* punto del espacio que era hace un minuto. Para abordar esta cuestión con más fuerza, consideremos la rotación de la Tierra. Según este movimiento, un punto fijo en la superficie de la Tierra (pongamos por caso en la latitud de Oxford) se habrá movido unos dieciséis kilómetros durante el minuto en cuestión. En consecuencia, el punto p que yo acababa de seleccionar estará situado ahora en algún lugar en las proximidades de la vecina ciudad de Witney, o más allá. ¡Pero esperen! No he tomado en consideración el movimiento de la Tierra alrededor del Sol. Si lo hago, entonces encuentro que p estará ahora aproximadamente cien veces más lejos, pero en dirección contraria (porque es un poco después del mediodía, y la superficie de la Tierra, aquí, se mueve ahora en dirección contraria a su movimiento alrededor del Sol), y la Tierra se habrá alejado de p a tal extremo que p está ahora ¡más allá del límite de la atmósfera terrestre! Pero ¿no debería haber tenido en cuenta el movimiento del Sol alrededor del centro de nuestra Vía Láctea? ¿Y qué pasa con el «movimiento propio» de la galaxia misma dentro del grupo local? ¿O con el movimiento del grupo local respecto al centro del cúmulo Virgo, o del cúmulo Virgo respecto al cúmulo Coma, o del cúmulo Coma respecto al «Gran Atractor»? (§27.11.)

Evidentemente deberíamos tomar en serio a Galileo. No se puede atribuir ningún significado a la idea de que un punto concreto del espacio dentro de un minuto debe considerarse el *mismo* punto del espacio que el que yo he escogido. En la dinámica galileana no tenemos solamente un 3-espacio euclídeo $\mathbb{E}^3$ como escenario para las acciones del mundo físico que evoluciona con el tiempo, sino que tenemos un $\mathbb{E}^3$ *diferente* para cada instante de tiempo, sin ninguna identificación natural entre estos diversos $\mathbb{E}^3$.

Puede resultar alarmante que nuestra misma noción de espacio físico parezca ser algo que se evapora por completo a cada instante que pasa y reaparece como un espacio completamente diferente cuando

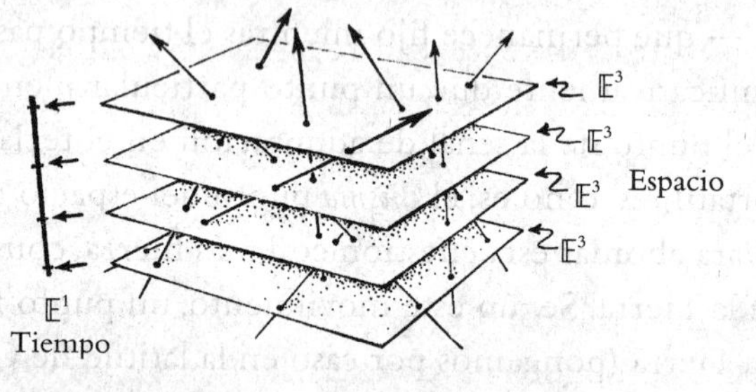

Fig. 17.3. El espaciotiempo galileano $\mathcal{G}$ es un fibrado con espacio base $\mathbb{E}^1$ y fibra $\mathbb{E}^3$, de modo que no se da identificación punto a punto entre diferentes fibras $\mathbb{E}^3$ (no hay espacio absoluto), mientras que a cada suceso espaciotemporal se le asigna un tiempo vía la proyección canónica (tiempo absoluto). (Compárese con la Fig. 15.2, pero la proyección canónica a la base se muestra aquí en horizontal.) Las historias de partículas (líneas de universo) son secciones transversales del fibrado (compárese con la Fig. 15.6a), estando mostrados aquí los movimientos inerciales de partículas como lo que especifica la estructura de $\mathcal{G}$, esto es, líneas de universo «rectas».

llega el instante siguiente. Pero las matemáticas del capítulo 15 vienen ahora en nuestra ayuda, pues esta situación es precisamente lo que hemos estudiado allí. El *espaciotiempo galileano* $\mathcal{G}$ no es un espacio producto $\mathbb{E}^1 \times \mathbb{E}^3$; ¡es un *espacio fibrado*[4] con espacio base $\mathbb{E}^1$ y fibra $\mathbb{E}^3$! En un fibrado no hay identificación puntual entre una fibra y la siguiente; de todas formas, las fibras encajan para formar una totalidad conexa. A cada suceso espaciotemporal se le asigna de forma natural un *tiempo*, como un elemento particular de un «espacio-reloj» específico $\mathbb{E}^1$, pero no hay ninguna asignación natural de una localización espacial en un «espacio de localización» específico $\mathbb{E}^3$. En el lenguaje de fibrados de §15.2, esta asignación natural de un tiempo se consigue mediante la *proyección canónica* de $\mathcal{G}$ en $\mathbb{E}^1$. (Véase la Fig. 17.3; compárese también con la Fig. 15.2.)

17.3. La dinámica newtoniana en términos del espaciotiempo

Toda esta imagen «fibrada» del espaciotiempo está muy bien, pero ¿cómo vamos a expresar la dinámica de Galileo-Newton en términos de la misma? No es sorprendente que cuando Newton llegó a formular sus leyes de la dinámica se viera llevado a una descripción en la que parecía favorecer una noción de «espacio absoluto». De hecho, Newton era, al menos inicialmente, tan relativista galileano como el propio Galileo. Esto queda claro por el hecho de que en su formulación original de las leyes del movimiento establecía explícitamente como ley fundamental el principio de relatividad de Galileo (según el cual las leyes de la física deberían ser ciegas ante un cambio de un sistema de referencia en movimiento uniforme a otro, al ser absoluta la noción de *tiempo* como se manifiesta en la imagen anterior del espaciotiempo galileano $\mathcal{G}$).

Originalmente, Newton había propuesto cinco (o seis) leyes, de las que la ley 4 era el principio galileano,[5] pero más tarde las simplificó, en sus *Principia*, hasta quedarse en las tres «leyes de Newton» que ahora nos son familiares. En efecto, se había dado cuenta de que estas eran suficientes para derivar todas las demás. Para hacer preciso el marco conceptual para sus leyes, necesitaba adoptar un «espacio absoluto» con respecto al cual se describirían sus movimientos. Si la noción de «espacio fibrado» hubiera existido en aquella época (lo que desde luego es una posibilidad inverosímil), entonces habría sido concebible que Newton formulara sus leyes de un modo que es completamente «invariante galileano». Pero sin dicha noción es difícil ver cómo podría haber procedido Newton sin introducir algún concepto de «espacio absoluto», que es lo que hizo en realidad.

¿Qué tipo de estructura debemos asignar a nuestro «espaciotiempo galileano» $\mathcal{G}$? Sería, por supuesto, demasiado fuerte dotar a nuestro espacio fibrado $\mathcal{G}$ de una conexión fibrada (§15.7).[17.1] Lo que debemos hacer en su lugar es dotarle de algo que esté de acuerdo con la *primera ley de Newton*. Esta ley afirma que el movimiento de una partícula sobre la que no actúa ninguna fuerza debe ser uniforme y en línea recta. Esto se denomina *movimiento inercial*. En términos espaciotemporales, el movimiento (i.e., «historia») de cualquier partícula, ya sea movimiento inercial o no, está representado por una curva, denominada *línea de universo* de la partícula. De hecho, en nuestro espaciotiempo galileano, las líneas de universo deben ser siempre *secciones transversales* del fibrado galileano; véanse §15.3[17.2] y la Fig. 17.3. La noción de «uniforme y en línea recta», en términos espaciales ordinarios (un movimiento inercial), se interpreta simplemente como «recto», en términos espaciotemporales. Así pues, el fibrado galileano $\mathcal{G}$ debe tener una estructura que codifica la noción de «rectitud» de líneas de universo. Una manera de decirlo es establecer que $\mathcal{G}$ es un espacio *afín* (§14.1) en el que la estructura afín, cuando se restringe a fibras individuales $\mathbb{E}^3$, coincide con la estructura afín euclídea de cada $\mathbb{E}^3$. Otra forma es especificar simplemente la ∞^6 familia de líneas rectas que reside de forma natural en $\mathbb{E}^1 \times \mathbb{E}^3$ (los movimientos uniformes «aristotélicos») y considerar que estas proporcionan la estructura de «línea recta» del fibrado galileano, aunque «olvidando» la estructura producto real del espaciotiempo aristotélico $\mathcal{A}$. (Recordemos que ∞^6 significa una familia 6-dimensional; véase §16.7.) Pero otra manera consiste en afirmar que el espaciotiempo galileano, considerado como

[17.1] ¿Por qué?
[17.2] Explique la razón para esto.

una variedad, posee una conexión que tiene curvatura y torsión nulas (que es muy diferente de poseer una conexión fibrada, cuando se considera como un fibrado sobre $\mathbb{E}^1$).[17.3]

De hecho, este tercer punto de vista es el más satisfactorio, pues permite la generalización que necesitaremos en §§17.5,9 para describir la gravitación de acuerdo con las ideas de Einstein. Teniendo una conexión definida en $\mathcal{G}$, disponemos de una noción de *geodésica* (§14.5), y estas geodésicas (aparte de las que son simplemente líneas rectas en los $\mathbb{E}^3$s individuales) definen los *movimientos inerciales* de Newton. También podemos considerar líneas de universo que no sean geodésicas. En términos espaciales ordinarios, estas representan movimientos de partículas que se aceleran. La magnitud real de dicha aceleración viene medida, en términos espaciotemporales, como una curvatura de la línea de universo.[17.4] Según la *segunda ley de Newton*, esta aceleración es igual a la fuerza total que actúa sobre la partícula dividida por la masa de esta. (Esta es la «$f = ma$» de Newton en la forma $a = f \div m$, siendo a la aceleración de la partícula, m su masa y f la fuerza total que actúa sobre ella.) Así pues, la curvatura de una línea de universo, para una partícula de masa dada, da una medida directa de la fuerza total que actúa sobre la partícula.

En mecánica newtoniana estándar, la fuerza total sobre una partícula es la *suma* (vectorial) de las contribuciones de todas las demás partículas (Fig. 17.4a). En cualquier $\mathbb{E}^3$ particular (es decir, en cualquier instante), la contribución a la fuerza sobre una partícula actúa a lo largo de la recta que une las dos que yacen en ese $\mathbb{E}^3$ particular. Es decir, actúa *simultáneamente* entre las dos partículas. (Véase la Fig. 17.4b.) *La tercera ley de Newton* afirma que la fuerza ejercida por una de estas partículas sobre la otra es siempre de la misma magnitud y de sentido opuesto a la fuerza que esta última ejerce sobre la primera. Además, para cada tipo de fuerza diferente existe una *ley de fuerzas* que nos dice cuál debe ser la magnitud de la fuerza en función de la distancia espa-

[17.3] Explique estas tres formas con más detalle, demostrando por qué todas dan la misma estructura.

[17.4] Trate de escribir una expresión para dicha curvatura en términos de la conexión ∇. ¿Qué condición de normalización se necesita (si se necesita alguna) para los vectores tangentes?

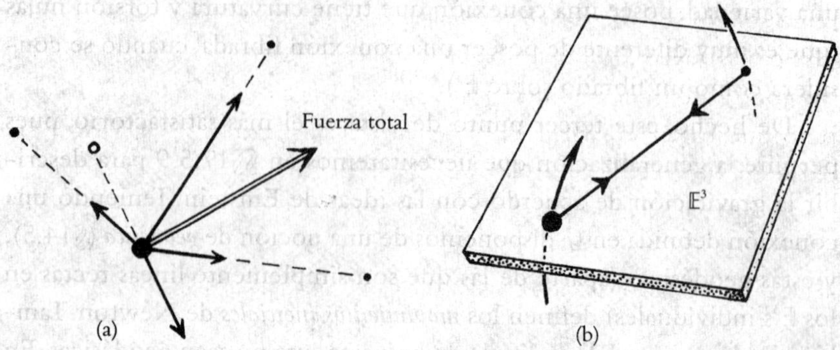

Fig. 17.4. (a) Fuerza newtoniana: en cualquier instante la fuerza total sobre una partícula (flecha doble) es la suma vectorial de las contribuciones (atractivas o repulsivas) de todas las demás partículas. (b) Dos líneas de universo de dos partículas y la fuerza entre ellas actuando «instantáneamente» en una línea que une las dos partículas en cualquier instante dentro del $\mathbb{E}^1$ particular definido por el instante. La tercera ley de Newton afirma que la fuerza que una ejerce sobre la otra es igual en magnitud y de sentido contrario a la fuerza que la segunda ejerce sobre la primera.

cial entre las partículas, y qué parámetros deben utilizarse para cada tipo de partícula, lo que describe la escala global de dicha fuerza. En el caso particular de la gravedad, esta función es la inversa del cuadrado de la distancia, y la escala global viene dada por cierta constante G, llamada constante gravitatoria de Newton, multiplicada por el producto de las dos masas implicadas. En términos de símbolos, obtenemos la bien conocida fórmula de Newton según la cual la fuerza de atracción que sobre una partícula de masa m ejerce otra partícula de masa M situada a una distancia r de ella es

$$\frac{GmM}{r^2}.$$

Es notable cómo a partir de estos simples ingredientes surge una teoría de extraordinaria potencia y versatilidad, que puede utilizarse con gran precisión para describir el comportamiento de cuerpos macroscópicos (y, para muchas consideraciones básicas, también cuerpos microscópicos), siempre que sus velocidades sean significativamente menores que la de la luz. En el caso de la gravedad, el acuerdo entre la teoría y las observaciones es especialmente evidente, debido a las muy detalladas observaciones de los movimientos planetarios en nuestro sistema solar. Hoy día se sabe que la teoría de Newton es exacta hasta una parte en 10^7, lo que es una hazaña realmente impresionante, sobre todo si se tiene en cuenta que la exactitud de los datos de los que tuvo que partir Newton era solo de una diezmilésima de esto (una parte en 10^3).

17.4. El principio de equivalencia

Pese a esta extraordinaria precisión, y al hecho de que la gran teoría de Newton no tuvo prácticamente rival durante casi doscientos cincuenta años, en la actualidad sabemos que esta teoría no es exacta; además, para mejorar el esquema de Newton se necesitó la perspectiva mucho más profunda y revolucionaria de Einstein con respecto a la naturaleza de la gravitación. No obstante, esta perspectiva por sí misma no altera en absoluto la teoría de Newton en lo que respecta a cualquier consecuencia observacional. Los cambios se dan solo cuando se combina la perspectiva de Einstein con otras consideraciones relacionadas con la finitud de la velocidad de la luz y las ideas de la relatividad especial, que se describirán en §§17.6-8. La combinación completa, que da lugar a la relatividad *general* de Einstein, se verá en términos cualitativos en §17.9 y con todo detalle en §§19.6-8.

¿Cuál es entonces la perspectiva más profunda de Einstein? Es la comprensión de la importancia fundamental del *principio de equivalencia*. ¿Qué es el principio de equivalencia? La idea esencial se remonta (¡una vez más!) al gran Galileo (a finales del siglo XVI, aunque tuvo precursores, a saber, Simon Stevin en 1586, e incluso otros anteriores, tales como Ioannes Philiponos, en el siglo V o VI). Recordemos el (supuesto) experimento de Galileo, que consistió en dejar caer dos piedras, una grande y otra pequeña, desde lo alto de la torre inclinada de Pisa (Fig. 17.5a). La gran intuición de Galileo era que las dos caerían a la vez, suponiendo que pudieran despreciarse los efectos de la resistencia del aire. Dejara o no caer realmente las piedras desde la torre inclinada, realizó otros experimentos que le convencieron de esta conclusión.

El primer punto que se debe señalar aquí es que esta es una pro-

Fig. 17.5. (a) Experimento (supuesto) de Galileo. Se dejan caer dos piedras, una grande y otra pequeña, desde lo alto de la torre inclinada de Pisa. La idea de Galileo era que si pueden ignorarse los efectos de la resistencia del aire, las dos caerían al mismo tiempo. (b) Bolas de médula (de la misma masa pequeña) con cargas de signo opuesto en un campo eléctrico dirigidas hacia el suelo. Una carga «caería» hacia abajo, pero la otra subiría.

piedad particular del campo *gravitatorio*, y no se espera de ninguna otra fuerza que actúe sobre cuerpos. La propiedad de la gravedad de la que depende la intuición de Galileo es el hecho de que la intensidad de la fuerza gravitatoria ejercida por un campo gravitatorio sobre un cuerpo es proporcional a la *masa* de dicho cuerpo, mientras que la resistencia al movimiento (la cantidad m que aparece en la segunda ley de Newton) es también la masa. Es útil distinguir estas dos nociones de masa y llamar *masa gravitatoria* a la primera y *masa inercial* a la segunda. (También podríamos distinguir la masa gravitatoria *pasiva* de la *activa*. La masa pasiva es la contribución m en la fórmula de Newton de la inversa del cuadrado de la distancia GmM/r^2, cuando consideramos la fuerza gravitatoria sobre la partícula m debida a la partícula M. Cuando consideramos la fuerza sobre la partícula M debida a la partícula m, entonces la masa m aparece en su papel *activo*. Pero la tercera ley de Newton decreta que las masas activa y pasiva son iguales, de modo que no voy a distinguirlas aquí.)[6] Así pues, la intuición de Galileo depende de la igualdad (o, más correctamente, la proporcionalidad) de las masas gravitatoria e inerte.

Desde la perspectiva del esquema dinámico global de Newton, podría parecer que el hecho de que las masas inercial y gravitatoria sean iguales es un golpe de suerte de la naturaleza. Si el campo no fuera gravitatorio, sino, pongamos por caso, un campo eléctrico, entonces el resultado sería completamente diferente. El análogo eléctrico a la masa gravitatoria pasiva es la *carga eléctrica*, mientras que la masa inercial (i.e., la resistencia a la aceleración) es exactamente la misma que en el caso gravitatorio (i.e., sigue siendo la m de la segunda ley de Newton $f = ma$). La diferencia es obvia si en lugar del par de piedras de Galileo se toma un par de bolas de médula de la misma masa pequeña pero con cargas opuestas. En un campo eléctrico dirigido hacia el suelo, una carga «caerá» hacia abajo, pero la otra subirá hacia arriba: ¡una aceleración en la dirección exactamente opuesta! (véase la Fig. 17.5b). Esto puede ocurrir porque la carga eléctrica de un cuerpo no guarda relación con su masa inercial, incluso hasta el punto de que su signo puede ser diferente. La idea de Galileo no se aplica a las fuerzas eléctricas; es una característica especial de la gravedad.

¿Por qué a esta característica de la gravedad se le llama «el principio de equivalencia»? La «equivalencia» se refiere al hecho de que un campo gravitatorio uniforme es equivalente a una aceleración. El efecto resulta muy familiar en un vuelo aéreo, donde podemos hacernos una idea completamente equivocada de dónde está «abajo» cuando nos encontramos en el interior de un avión que está realizando un movimiento acelerado (que podría ser simplemente un cambio de dirección). Los efectos de la aceleración y del campo gravitatorio de la Tierra no pueden distinguirse de forma sencilla por lo que «sentimos» dentro del avión, y los dos efectos en dos direcciones diferentes pueden sumarse para dar una sensación de dónde «debería estar» abajo, que (quizá para nuestra sorpresa cuando miremos por la ventanilla) puede ser muy diferente de la dirección hacia abajo real.

Para ver por qué esta equivalencia entre aceleración y los efectos de la gravedad es precisamente la idea de Galileo que se ha descrito antes, consideremos de nuevo sus piedras en caída mientras descienden desde lo alto de la torre inclinada. Imaginemos un insecto situado en una de las piedras y que mira a la otra. Para el insecto, parece que la otra piedra se cierne inmóvil, como si no hubiera ningún campo gravitatorio en absoluto. (véase la Fig. 17.6a.) La aceleración que el insecto comparte mientras cae con las piedras cancela el campo gravitatorio, y es como si la gravedad estuviera totalmente ausente, hasta que las piedras y el insecto chocan contra el suelo y la experiencia «ingrávida»[7] termina abruptamente.

Estamos familiarizados con las imágenes de astronautas que tienen también experiencias «ingrávidas», aunque evitan el difícil y abrupto final de nuestro insecto al estar en órbita alrededor de la Tierra (Fig. 17.6b) (¡o en un avión que sale de su picado en el momento oportuno!). Una vez más, ellos están simplemente en caída libre, como el insecto, pero en una trayectoria escogida de forma más sensata. El hecho de que la gravedad pueda ser neutralizada de este modo por la aceleración (mediante el uso del principio de equivalencia) es una consecuencia directa del hecho de que la masa gravitatoria (pasiva) es la misma que (o proporcional a) la masa inercial, el hecho mismo que subyace en la gran intuición de Galileo.

Si vamos a tomar en serio el principio de equivalencia, entonces debemos adoptar una postura diferente de la que hemos adoptado en §17.3 con respecto a lo que debería contar como un «movimiento inercial». Previamente, un movimiento inercial se distinguía como el

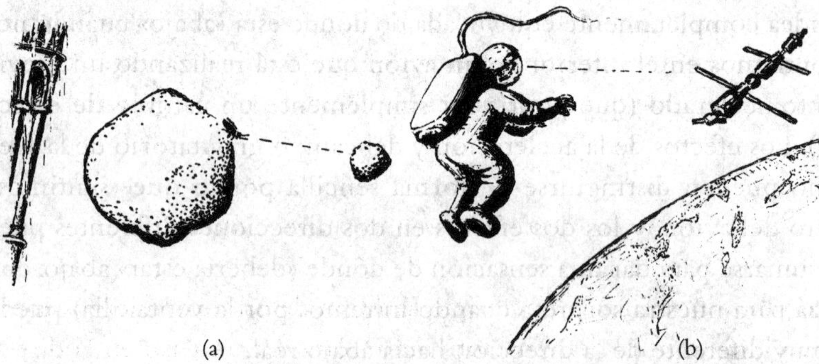

Fig. 17.6. (a) Para un insecto que repta en una piedra de la Fig. 17.5a, la otra piedra parece cernirse sin movimiento, como si el campo gravitatorio estuviese ausente. (b) Análogamente, un astronauta que orbita libremente se siente libre de gravedad, y la estación espacial parece cernirse sin movimiento, pese a la obvia presencia de la Tierra.

tipo de movimiento que se da cuando una partícula está sometida a una fuerza externa total nula. Pero con la gravedad tenemos una dificultad. Debido al principio de equivalencia no hay un modo local de decir si una fuerza gravitatoria está actuando o si lo que se «siente» como una fuerza gravitatoria puede ser solo el efecto de una aceleración. Además, como sucede con nuestro insecto en la piedra o nuestro astronauta en órbita, la fuerza gravitatoria puede ser eliminada simplemente cayendo en caída libre. Y puesto que podemos eliminar de esta forma la fuerza gravitatoria, debemos adoptar una actitud diferente hacia ella. Esta fue la visión profundamente nueva de Einstein: considerar que los *movimientos inerciales* son los movimientos que siguen las partículas cuando las fuerzas totales de origen *no* gravitatorio que actúan sobre ellas son nulas, de modo que las partículas deben estar en caída libre en el campo gravitatorio (y así la fuerza gravitatoria *efectiva* se reduce también a cero). Así pues, la trayectoria de caída de nuestro insecto y el movimiento orbital de nuestro astronauta alrededor de la Tierra deben contar como movimientos inerciales. Por el contrario, alguien que solo esté de pie en el suelo no está realizando ningún movimiento inercial, en el esquema einsteniano, porque permanecer quieto en un campo gravitatorio no es un movimiento de caída libre. Para Newton, eso hubiera contado como inercial, porque el «estado de reposo» debe contar siempre como «inercial» en el esquema newtoniano. La fuerza gravitatoria que actúa sobre la persona está compensada por la fuerza hacia arriba ejercida por el suelo, pero no son cero por separado como requiere Einstein. Por otra parte, los movimientos del insecto o del astronauta no son inerciales de acuerdo con Newton.

17.5. El «espaciotiempo newtoniano» de Cartan

¿Cómo incorporamos la noción de Einstein de un movimiento «inercial» en la estructura del espaciotiempo? Para dar un paso en la dirección de la teoría de Einstein completa, será útil proceder primero a cierta reformulación de la teoría gravitatoria de Newton de acuerdo con la perspectiva de Einstein. Como se ha mencionado al principio de §17.4, esto no representa realmente un cambio en la teoría de Newton, sino que proporciona meramente una descripción diferente de la misma. Al hacer esto me estoy tomando otra libertad con la historia, ya que tal reformulación fue propuesta por el destacado geómetra y algebrista Élie Cartan —cuya importante influencia sobre la teoría de los grupos continuos se ha señalado en el capítulo 13 (y recordemos también §12.5)— unos seis años después de que Einstein hubiera establecido su revolucionario punto de vista.

En términos generales, en el esquema de Cartan son los movimientos inerciales en este sentido einsteniano, antes que en el sentido newtoniano, los que proporcionan las líneas de universo «rectas» del espaciotiempo. En caso contrario, la geometría es similar a la galileana de §17.2. Voy a llamarlo el espaciotiempo *newtoniano* $\mathcal{N}$, puesto que el campo gravitatorio newtoniano va a estar completamente codificado en su estructura. (Quizá debería haberlo llamado «cartaniano», pero esta es una palabra horrible. En cualquier caso, Aristóteles no conocía los espacios producto, ¡ni Galileo conocía los espacios fibrados!)

El espaciotiempo $\mathcal{N}$ va a ser un fibrado con espacio base $\mathbb{E}^1$ y fibra $\mathbb{E}^3$, igual que en el caso de nuestro anterior espaciotiempo galileano $\mathcal{G}$. Pero ahora va a haber algún tipo de estructura en $\mathcal{N}$ diferente de la de $\mathcal{G}$, porque la familia de líneas de universo «rectas» que representan movimientos inerciales son diferentes; véase la Fig. 17.7a. Al menos son esencialmente diferentes en todos los casos excepto en aquellos en los que el campo gravitatorio puede ser eliminado por completo mediante una elección del sistema de referencia global en caída libre. Tal excepción sería un campo gravitatorio newtoniano que es absolutamente constante (tanto en magnitud como en dirección) en todo el espacio, aunque puede variar en el tiempo. A un observador en caída libre en dicho campo no le parecería que hay campo en absoluto.[17.5] En tal caso, la estructura de $\mathcal{N}$ sería la misma que la de $\mathcal{G}$ (Fig. 17.7b,c). Pero la mayoría de los campos gravitatorios cuentan como «esencialmente diferentes» de la ausencia de un campo gravitatorio. ¿Podemos ver por qué? ¿Podemos reconocer cuándo es la estructura de $\mathcal{N}$ diferente de la de $\mathcal{G}$? Llegaremos a esto enseguida.

[17.5] Encuentre una transformación explícita de $\mathbf{x}$ como función de t que hace esto para un campo gravitatorio newtoniano $\mathbf{F}(t)$ que es constante en el espacio en cualquier instante, pero variable en el tiempo tanto en intensidad como en dirección.

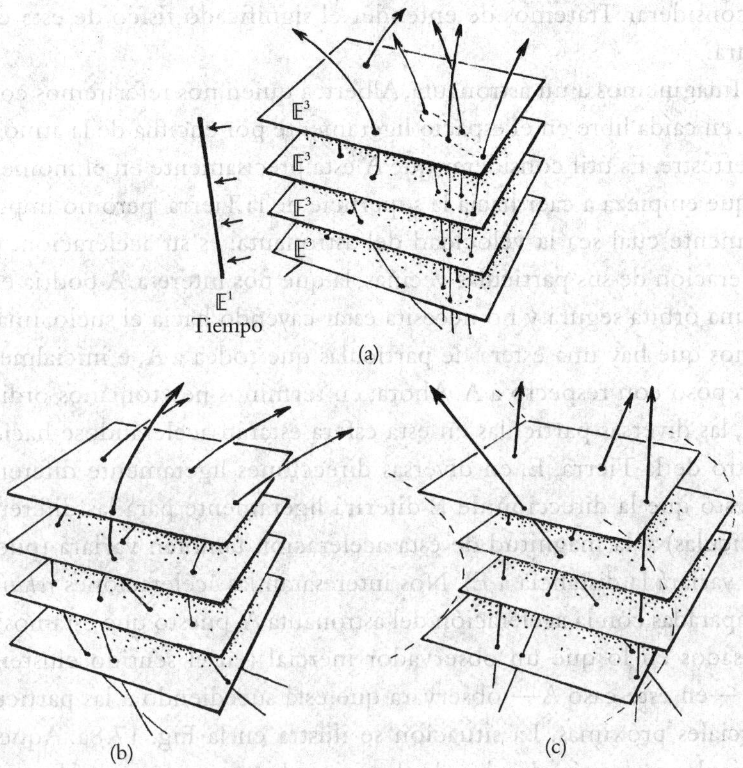

Fig. 17.7. (a) El espaciotiempo de Newton-Cartan $\mathcal{N}$, como el caso galileano particular $\mathcal{G}$, es un fibrado con espacio base $\mathbb{E}^1$ y fibra $\mathbb{E}^3$. Su estructura la proporciona la familia de movimientos «inerciales», en el sentido de Einstein de caída libre bajo gravedad. (b) El caso especial de un campo gravitatorio newtoniano constante en todo el espacio. (c) Su estructura es completamente equivalente a la de $\mathcal{G}$, como puede verse «deslizando» horizontalmente las fibras $\mathbb{E}^3$ hasta que todas las líneas de universo de caída libre son rectas.

La idea consiste en que la variedad $\mathcal{N}$ va a poseer una conexión, como sucedía en el caso particular $\mathcal{G}$. Las geodésicas de esta conexión, ∇ (véase §14.5), van a ser las líneas de universo «rectas» que representan movimientos inerciales en el sentido einsteniano. Esta conexión será libre de torsión (§14.4), pero en general tendrá curvatura (§14.4). Es la presencia de esta curvatura la que hace a algunos campos gravitatorios «esencialmente diferentes» de la ausencia de campo gravitatorio, en contraste con el campo espacialmente constante que se acaba de considerar. Tratemos de entender el significado físico de esta curvatura.

Imaginemos a un astronauta, Albert, a quien nos referiremos como «A», en caída libre en el espacio ligeramente por encima de la atmósfera terrestre. Es útil considerar que A está precisamente en el momento en que empieza a caer hacia la superficie de la Tierra, pero no importa realmente cuál sea la velocidad del astronauta; es su aceleración, y la aceleración de sus partículas vecinas, la que nos interesa. A podría estar en una órbita segura y no necesita estar cayendo hacia el suelo. Imaginemos que hay una esfera de partículas que rodea a A, e inicialmente en reposo con respecto a A. Ahora, en términos newtonianos ordinarios, las diversas partículas en esta esfera estarán acelerándose hacia el centro de la Tierra, E, en diversas direcciones ligeramente diferentes (puesto que la dirección de E diferirá ligeramente para las diferentes partículas) y la magnitud de esta aceleración también variará (puesto que variará la distancia a E). Nos interesarán las aceleraciones *relativas*, comparadas con la aceleración del astronauta A, puesto que estamos interesados en lo que un observador inercial (en el sentido einsteniano) —en este caso A— observará que está sucediendo a las partículas inerciales próximas. La situación se ilustra en la Fig. 17.8a. Aquellas partículas que están desplazadas horizontalmente respecto a A se acelerarán hacia E en direcciones que apuntan ligeramente hacia dentro con relación a la aceleración de A, debido a la distancia finita al centro de la Tierra, mientras que aquellas partículas que están desplazadas verticalmente respecto a A se acelerarán ligeramente hacia fuera con relación a A porque el campo gravitatorio decrece con la distancia a E. En consecuencia, la esfera de partículas se distorsionará. De hecho, esta distorsión, para partículas próximas, transformará la esfera en un elipsoide de revolución, un elipsoide (prolato) que tiene su eje mayor (el eje de simetría) a lo largo de la recta AE. Además, la distorsión inicial de la esfera será un elipsoide cuyo volumen es igual al de la esfera.[17.6] Esta última propiedad es característica de la ley de la inversa del cuadrado de la gravedad newtoniana, un hecho notable que tendrá im-

[17.6] Deduzca estas diversas propiedades, dejando claro mediante el uso de la notación $O(\ldots)$ a qué orden se pretende que sean válidas estas afirmaciones.

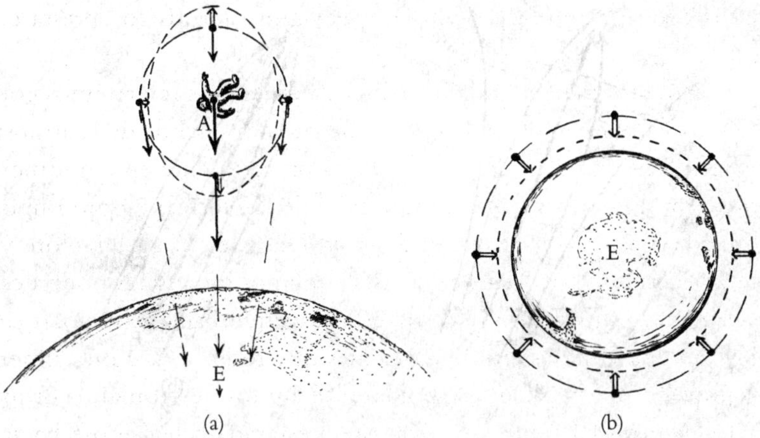

Fig. 17.8. (a) Efecto de marea. El astronauta A (Albert) rodeado por una esfera de partículas vecinas inicialmente en reposo con respecto a A. En términos newtonianos, estas tienen una aceleración hacia el centro de la Tierra E, que varía ligeramente en dirección y magnitud (flechas simples). Restando la aceleración de A de cada una de ellas obtenemos las aceleraciones relativas a A (flechas dobles); esta aceleración relativa está dirigida ligeramente hacia dentro para aquellas partículas desplazadas horizontalmente de A, pero ligeramente hacia fuera para las desplazadas verticalmente de A. En consecuencia, la esfera se distorsiona para dar un elipsoide (prolato) de revolución, con eje de simetría en la dirección AE. La distorsión inicial conserva el volumen. (b) Movamos ahora A al centro de la Tierra E y movamos la esfera de partículas hasta que rodee a E justo sobre la atmósfera. La aceleración (relativa a A = E) es hacia dentro en toda la esfera, con una aceleración de reducción de volumen inicial $4\pi GM$, donde M es la masa total rodeada.

portancia para nosotros cuando lleguemos a la relatividad general de Einstein propiamente dicha. Debería advertirse que este efecto de conservación de volumen solo tiene validez inicialmente, cuando las partículas parten del reposo respecto a A; de todas formas, con esta salvedad, es una característica general de los campos gravitatorios newtonianos, cuando A está en una región vacía. (Por el contrario, la simetría rotacional del elipsoide es un accidente de la simetría de la geometría concreta considerada aquí.)

Ahora bien, ¿cómo tenemos que considerar todo esto en términos de nuestra imagen espaciotemporal $\mathcal{N}$? En la Fig. 17.9a he tratado de indicar qué aspecto tendría esta situación para las líneas de universo

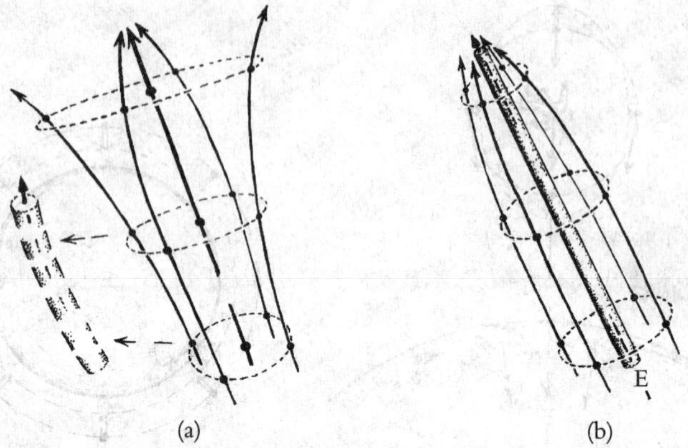

Fig. 17.9. Versiones espaciotemporales de la Fig. 17.8 (en la imagen $\mathcal{N}$ de Newton-Cartan de la Fig. 17.7), en términos de la distorsión relativa de geodésicas vecinas. (a) Desviación geodésica en espacio vacío (básicamente, la curvatura de Weyl de §19.7) vista en las líneas de universo de A y las partículas que la rodean (se ha suprimido una dirección espacial), tal como podría inducirse a partir del campo gravitatorio de un cuerpo próximo E. (b) La correspondiente aceleración hacia dentro (básicamente, la curvatura de Ricci) debida a la densidad de masa dentro del haz de geodésicas.

de A y las partículas que le rodean. (Por supuesto, he tenido que prescindir de una dimensión espacial porque ¡es difícil representar una geometría genuinamente 4-dimensional! Afortunadamente, dos dimensiones espaciales son suficientes aquí para transmitir la idea esencial.) Nótese que la distorsión de la esfera de partículas (representada como un círculo de partículas) aparece a causa de la desviación geodésica de las geodésicas que están en la vecindad de la línea de universo geodésica de A. En §14.5 he indicado por qué esta desviación geodésica es, de hecho, una medida de la *curvatura* $\boldsymbol{R}$ de la conexión $\boldsymbol{\nabla}$.

En términos físicos newtonianos, el efecto de distorsión que acabo de describir es lo que se denomina el efecto *de marea* de la gravedad. La razón de esta terminología se hace evidente si dejamos que E y A intercambien sus papeles, de modo que ahora consideramos que A está en el centro de la Tierra pero con la Luna (o quizá el Sol) localizada en E. Consideremos que la esfera de partículas es la superficie de los océanos de la Tierra, de modo que vemos que hay un efecto de distorsión debido al campo gravitatorio no uniforme de la Luna (o del

Sol).[17.7] Esta distorsión es realmente la causa de las mareas oceánicas, de modo que la terminología «efecto de marea» para esta manifestación física directa de la curvatura espaciotemporal es realmente apropiada.

De hecho, en la situación que se acaba de considerar el efecto de la Luna (o del Sol) sobre las aceleraciones relativas de las partículas en la superficie de la Tierra es solo una pequeña corrección al efecto gravitatorio principal sobre dichas partículas, a saber, la atracción gravitatoria de la propia Tierra. Por supuesto, esta es hacia dentro, a saber, en la dirección del centro de la Tierra (ahora el punto A en nuestra descripción espacial; véase la Fig. 17.8b), medido desde la localización individual de cada partícula. Si ahora se toma la esfera de partículas alrededor de la Tierra, inmediatamente por encima de la atmósfera terrestre (de modo que podemos ignorar la presión del aire), entonces las partículas estarán en caída libre (movimiento inercial einsteniano) hacia dentro en toda la esfera. En lugar de una distorsión de la forma esférica para dar un elipsoide inicialmente del mismo volumen, ahora tenemos una *reducción de volumen* más que una distorsión. En el caso general, ambos efectos podrían estar presentes. En el espacio vacío hay solo distorsión y no reducción de volumen inicial; cuando la esfera rodea la materia, existe una reducción de volumen inicial que es proporcional a la masa total rodeada. Si esta masa es M, entonces la «tasa» inicial de reducción de volumen (como medida de la aceleración hacia dentro) es, de hecho,

$$4\pi GM,$$

donde G es la constante gravitatoria de Newton.[17.8],[17.9]

De hecho, como demostró Cartan, es posible reformular por completo la teoría gravitatoria de Newton en términos de condiciones ma-

[17.7] Demuestre que esta distorsión de marea es proporcional de mr^{-3}, donde m es la masa del cuerpo gravitante (considerado puntual) y r es su distancia. El Sol y la Luna muestran discos en la Tierra de un tamaño angular aproximadamente igual, pero la distorsión de marea de la Luna sobre los océanos de la Tierra es aproximadamente cinco veces la debida al Sol. ¿Qué nos dice esto sobre sus densidades relativas?

[17.8] Establezca este resultado, suponiendo que toda la masa está concentrada en el centro de la esfera.

[17.9] Demuestre que este resultado sigue siendo cierto con toda generalidad, independientemente de cuán grande sea o qué forma tenga la corteza circundante de partículas estacionarias, y de cuál sea la distribución de masa.

temáticas sobre la conexión ∇, que básicamente son ecuaciones sobre la curvatura $\boldsymbol{R}$ que proporcionan una expresión matemática precisa de los requisitos antes esbozados, y que relacionan la densidad de materia ρ (masa por unidad de volumen espacial) con la parte «reductora de volumen» de $\boldsymbol{R}$. No daré en detalle la descripción de Cartan para esto porque no es necesaria para nuestras consideraciones posteriores, pues la teoría completa de Einstein es, en cierto sentido, más simple. Sin embargo, la idea misma es importante para nosotros, no solo porque nos lleva suavemente a la teoría de Einstein, sino también porque nos ayudará en nuestras consideraciones posteriores en el capítulo 30 (§30.11), concernientes a los profundos enigmas que nos presenta la teoría cuántica y a su posible solución.

17.6. La velocidad finita y fija de la luz

En nuestra exposición anterior hemos considerado dos aspectos fundamentales de la relatividad general de Einstein, a saber, el principio de *relatividad*, que nos dice que las leyes de la física son ciegas a la distinción entre reposo y movimiento uniforme, y el principio de *equivalencia*, que nos dice de qué forma sutil deben modificarse estas ideas para englobar el campo gravitatorio. Ahora debemos dirigirnos al tercer ingrediente fundamental de la teoría de Einstein, que tiene que ver con la finitud de la velocidad de la luz. Es un hecho notable que estos tres ingredientes básicos puedan remontarse a Galileo; en efecto, parece que fue también Galileo el primero que tuvo una expectativa clara de que la luz debería viajar con velocidad finita, hasta el punto de que intentó medir dicha velocidad. El método que propuso (en 1638), que implica la sincronización de destellos de linternas entre colinas distantes, era, como sabemos hoy día, demasiado tosco. Pero él no tenía forma alguna de anticipar la extraordinaria rapidez a la que realmente viaja la luz.

Parece que tanto Galileo como Newton[8] tenían poderosas sospechas respecto a un profundo papel que conecta la naturaleza de la luz con las fuerzas que mantienen la materia unida. Pero la comprensión adecuada de estas ideas tuvo que esperar hasta el siglo XX, cuando se reveló la verdadera naturaleza de las fuerzas químicas y de las fuerzas que mantienen unidos a los átomos individuales. Ahora sabemos que tales fuerzas tienen un origen fundamentalmente *electromagnético* (que concierne a la implicación del campo electromagnético con partículas cargadas) y que la teoría del electromagnetismo es también la teoría de la luz. Para entender los átomos y la química se necesitan otros ingredientes procedentes de la teoría cuántica, pero las ecuaciones básicas que describen el electromagnetismo y la luz fueron propuestas en 1865 por el gran físico escocés James Clerk Maxwell, que había sido inspirado por los magníficos descubrimientos experimentales de Michael Faraday, unos treinta años antes. Más adelante volveremos a la teoría de Maxwell (§19.2), pero su importancia inmediata para lo que ahora nos ocupa es que requiere que la velocidad de la luz tenga un valor fijo y definido, que normalmente se conoce como «*c*», y que en unidades ordinarias es de aproximadamente 3×10^8 metros por segundo.

Sin embargo, esto nos presenta un enigma, si queremos conservar el principio de relatividad. El sentido común nos diría que si se mide que la velocidad de la luz toma el valor concreto c en el sistema de reposo de un observador, entonces un segundo observador que se mueva a una velocidad muy alta con respecto al primero medirá que la luz viaja a una velocidad diferente, aumentada o disminuida, según sea el movimiento del segundo observador. Pero el principio de relatividad exigiría que las leyes físicas del segundo observador —que definen en particular la velocidad de la luz que percibe el segundo observador— deberían ser idénticas a las del primer observador. Esta aparente contradicción entre la constancia de la velocidad de la luz y el principio de relatividad condujo a Einstein —como, de hecho, había llevado previamente al físico holandés Hendrick Antoon Lorentz y muy en especial al matemático francés Henri Poincaré— a un punto de vista notable por el que el principio de relatividad del movimiento puede hacerse compatible con la constancia de una velocidad finita de la luz.

¿Cómo funciona esto? Sería natural que creyéramos que existe un conflicto irresoluble entre los requisitos de (a) una teoría, tal como la de Maxwell, en la que existe una velocidad absoluta para la luz, y (b) un principio de relatividad, según el cual las leyes físicas parecen las mismas con independencia de la velocidad del sistema de referencia utilizado para su descripción. Pues ¿no podría hacerse que el sistema de referencia se moviera con una velocidad que se acercara o incluso superara a la de la luz? Y según este sistema, ¿no es cierto que la velocidad aparente de la luz no podría seguir siendo la misma que era antes? Esta indudable paradoja no aparece en una teoría, tal como la originalmente preferida por Newton (y yo diría que también por Galileo), en la que la luz se comporta como *partículas* cuya velocidad depende de la velocidad de la fuente. En consecuencia, Galileo y Newton podían seguir viviendo cómodamente con un principio de relatividad. Pero semejante imagen de la naturaleza de la luz había entrado en conflicto con la observación a lo largo de los años, como era el caso de las observaciones de estrellas dobles lejanas que mostraban que la velocidad de la luz era *independiente* de la de su fuente.[9] Por el contrario, la teoría de Maxwell había ganado fuerza, no solo por el poderoso apoyo que obtuvo de la observación (muy especialmente en los experimentos de Heinrich Hertz en 1888), sino también por la naturaleza convincente y unificadora de la propia teoría, por la que las leyes que gobiernan los campos eléctricos, los campos magnéticos y la luz están todas subsumidas en un esquema matemático de notable elegancia y simplicidad. En la teoría de Maxwell, la luz toma la forma de ondas, no de partículas; y debemos enfrentarnos al hecho de que, en esta teoría, hay realmente una velocidad fija a la que deben viajar las ondas luminosas.

17.7. Conos de luz

El punto de vista geométrico-espaciotemporal nos proporciona una ruta particularmente clara hacia la solución de la paradoja que presenta el conflicto entre la teoría de Maxwell y el principio de relatividad. Como he comentado antes, este punto de vista espaciotemporal no fue el que Einstein adoptó originalmente (ni fue el punto de vista de Lorentz, ni siquiera, al parecer, el de Poincaré). Pero, mirando en retrospectiva, podemos ver la potencia de este enfoque. Por el momento, ignoremos la gravedad y las sutilezas y complicaciones asociadas que proporciona el principio de equivalencia. Empezaremos con una

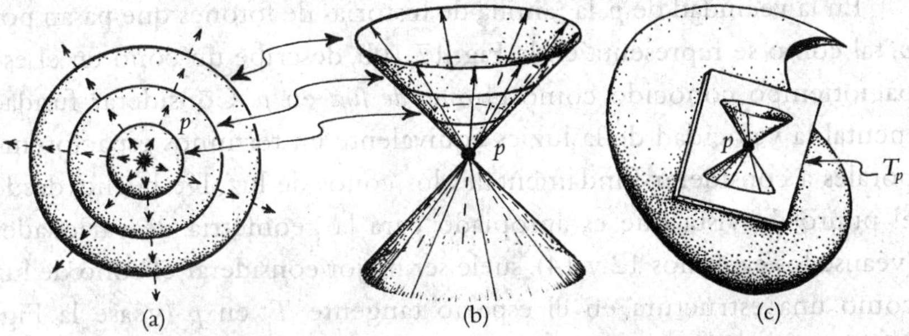

Fig. 17.10. El cono de luz especifica la velocidad fundamental de la luz. Historias de fotones que pasan por un punto espaciotemporal (suceso) p. (a) En términos puramente espaciales, el cono de luz (futuro) es una esfera que se expande hacia fuera desde p (frentes de onda). (b) En el espaciotiempo, las historias de fotones que pasan por p barren el cono de luz en p. (c) Puesto que más tarde consideraremos espaciotiempos curvos, es mejor pensar en el cono —frecuentemente denominado el cono nulo en p— como una estructura local en el espaciotiempo, i.e., en el espacio tangente T_p en p.

pizarra en blanco o más bien con una 4-variedad real sin características distintivas. Queremos ver qué podría significar el decir que existe una velocidad fundamental, que va a ser la velocidad de la luz. En cualquier punto (i.e., «suceso») p en el espaciotiempo podemos concebir la familia de todos los diferentes rayos de luz que pasan por p, en todas las diferentes direcciones espaciales. La descripción espaciotemporal es una familia de líneas de universo que pasan por p. Véase la Fig. 17.10a,b.

Será conveniente referirse a dichas líneas de universo como «historias de fotones» que pasan por p, aunque la teoría de Maxwell considera la luz como un efecto ondulatorio. Este no es realmente un conflicto importante, por diversas razones. En la teoría de Maxwell uno puede considerar un «fotón» como un paquete minúsculo de perturbación electromagnética de muy alta frecuencia, y este se comportará, adecuadamente para nuestros propósitos, como una pequeña partícula que viaja a la velocidad de la luz. (Alternativamente, podríamos pensar en términos de «frentes de onda» o de lo que los matemáticos llaman «bicaracterísticas», o quizá prefiramos apelar a la teoría cuántica, según la cual también puede considerarse que la luz consiste en «partículas» que en realidad se conocen como «fotones».)

En la vecindad de p, la familia de historias de fotones que pasan por p, tal como se representa en la Fig. 17.10b, describe un cono en el espaciotiempo conocido como el *cono de luz* en p. Considerar fundamental la velocidad de la luz es equivalente en términos espaciotemporales a considerar fundamentales los conos de luz. De hecho, desde el punto de vista que es apropiado para la geometría de variedades (véanse los capítulos 12 y 14), suele ser mejor considerar el cono de luz como una estructura en el espacio tangente T_p en p (véase la Fig. 17.10c). (Después de todo, estamos interesados en velocidades en p, y una velocidad es algo que está definido en el espacio tangente.) Con frecuencia se utiliza el término *cono nulo* para esta estructura del *espacio tangente* —y esta es mi preferencia personal—, reservando el término «cono de luz» para el lugar geométrico real en el espaciotiempo que es barrido por los rayos de luz que pasan por un punto p. Nótese que el cono de luz (o el cono nulo) tiene dos partes: el cono *pasado* y el cono *futuro*. Podemos considerar que el cono pasado representa la historia de un destello luminoso que está implosionando hacia p, de modo que toda la luz converge simultáneamente en el suceso p; en correspondencia, el cono futuro representa la historia del destello luminoso de una explosión que tiene lugar en el suceso p. Véase la Fig. 17.11.

¿Cómo vamos a dar una descripción matemática del cono nulo en

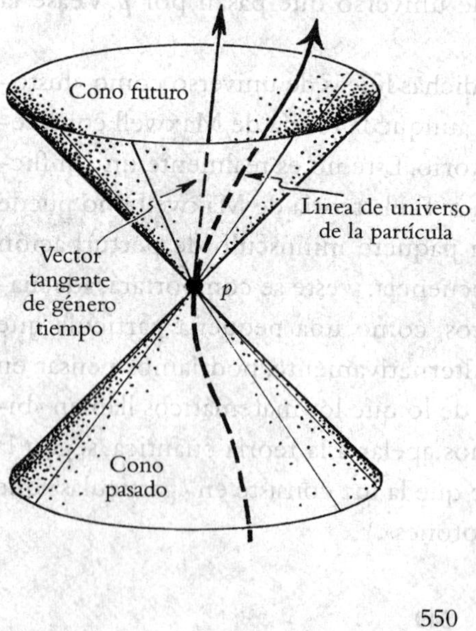

Fig. 17.11. El cono pasado y el cono futuro. El cono nulo pasado (de vectores nulos pasados) se refiere a la luz que implosiona en p de la misma manera que el cono futuro (de vectores nulos futuros) se refiere a la luz que se origina en p. La línea de universo de cualquier partícula masiva en p tiene un vector tangente que es de género tiempo (futuro), y por lo tanto yace dentro del cono nulo (futuro) en p.

p? Los capítulos 13 y 14 nos han proporcionado la base. Exigimos que la velocidad de la luz sea la misma en todas las direcciones en *p*, de modo que un instante después de un destello de luz la configuración espacial que rodea al punto aparece como una esfera antes que como alguna otra forma ovoide.[10] Al referirme a «un instante», quiero decir realmente que estas consideraciones se aplican a la vecindad infinitesimal temporal (tanto como espacial) de *p*, de modo que es legítimo considerar que esto se está refiriendo realmente a estructuras en el espacio tangente en *p*. Decir que el cono nulo parece «esférico» es decir simplemente que el cono está dado por una ecuación en el espacio tangente que es *cuadrática*. Esto significa que esta ecuación toma la forma

$$g_{ab}v^a v^b = 0,$$

donde g_{ab} es la forma de índices de cierto $[^0_2]$-tensor $\boldsymbol{g}$ simétrico y no singular, de signatura lorentziana (§13.8).[17.10] El término «nulo» en «cono nulo» se refiere al hecho de que el vector $\boldsymbol{v}$ tiene *longitud cero* ($|\boldsymbol{v}|^2 = 0$) con respecto a la (pseudo)métrica $\boldsymbol{g}$.

En esta etapa lo que nos interesa de $\boldsymbol{g}$ es solo su papel para definir los conos nulos, de acuerdo con la ecuación anterior. Si multiplicamos $\boldsymbol{g}$ por un número real diferente de cero, obtenemos exactamente el mismo cono nulo que antes (véanse también §27.12 y §33.3). Dentro de poco exigiremos que $\boldsymbol{g}$ desempeñe el papel físico adicional de proporcionar la métrica espaciotemporal, y para esto exigiremos el factor de escala apropiado; pero, por el momento, lo que nos interesa es solo la familia de conos nulos, uno en cada punto espaciotemporal. Para poder asegurar que la velocidad de la luz es constante, adoptamos la postura de que tiene sentido considerar que los conos nulos en sucesos diferentes son *paralelos* entre sí, puesto que «velocidad» en términos espaciales se refiere a la «pendiente» en términos espaciotemporales. Esto nos lleva a la imagen del espaciotiempo representada en la Fig. 17.12.

[17.10] Explique por qué.

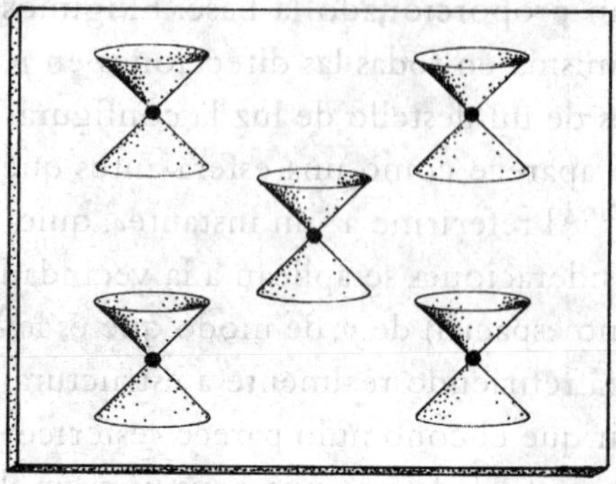

Fig. 17.12. El espacio $\mathbb{M}$ de Minkowski es plano y sus conos nulos están dispuestos uniformemente; aquí se muestran todos paralelos.

17.8. El abandono del tiempo absoluto

Podemos preguntar ahora si sería apropiado imponer, además, la estructura fibrada del espaciotiempo galileano $\mathcal{G}$. En otras palabras, ¿podemos incluir una noción de *tiempo absoluto* en nuestra imagen? Esto nos llevaría a una imagen como la de la Fig. 17.13. Las secciones $\mathbb{E}^3$ en el espaciotiempo nos darán un *elemento 3-plano* en cada espacio tangente T_p, además del cono nulo, como se muestra en la Fig. 17.13. Pero, como explicaré con más detalle en el próximo capítulo, $\boldsymbol{g}$ determina una noción de *ortogonalidad* que significa que ahora hay una dirección temporal privilegiada en cada suceso p (el complemento ortogonal con respecto a $\boldsymbol{g}$ de dicho 3-elemento plano), y esta dirección temporal privilegiada nos da un *estado de reposo* privilegiado en cada suceso. ¡Hemos perdido el principio de relatividad!

En términos más prosaicos, este argumento está expresando simplemente la noción de «sentido común» de que si existe una velocidad de la luz absoluta, entonces existe un «estado de reposo» privilegiado con respecto al cual la velocidad parece ser la misma en todas las direcciones. Lo que es menos obvio es que este conflicto surge *solamente* si tratamos de mantener la noción de un tiempo absoluto (o, al menos, un 3-espacio privilegiado en cada T_p). Debería quedar claro cómo debemos proceder. La noción de un tiempo absoluto (y, por consiguiente, de la estructura fibrada de $\mathcal{G}$ y $\mathcal{N}$) debe ser abandonada. En el estadio de sofisticación al que hemos llegado, esto no debería sorprendernos especialmente. Ya hemos visto que el espacio absoluto debe ser aban-

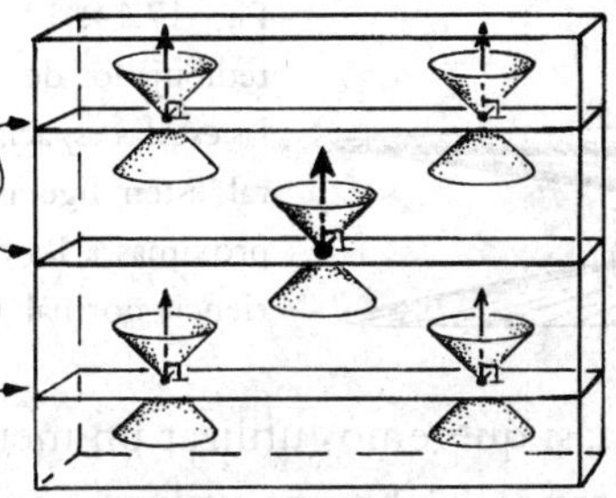

Fig. 17.13. Una noción de tiempo absoluto introducida en $\mathbb{M}$ especificaría una familia de secciones $\mathbb{E}^3$ que cortan a $\mathbb{M}$ y con ello un elemento plano local en cada suceso. Pero cada cono nulo define una (pseudo)métrica g, salvo la proporcionalidad, cuya noción de ortogonalidad determina un estado de reposo.

donado tan pronto como se adopta seriamente un principio de relatividad siquiera galileano (aunque esta percepción no suele tener un reconocimiento tan amplio como debería). De modo que, por ahora, la aceptación del hecho de que el tiempo no es un concepto absoluto, igual que el espacio no es un concepto absoluto, no debería parecer tan revolucionaria como podríamos haber pensado.

Así pues, debemos despedirnos de las secciones $\mathbb{E}^3$ en el espaciotiempo, y aceptar que la única razón de que tengamos un tiempo absoluto tan firmemente incrustado en nuestro pensamiento es que la velocidad de la luz es extraordinariamente grande comparada con las velocidades que nos son familiares. En la Fig. 17.14 he vuelto a dibujar parte de la Fig. 17.13, con una razón de escala horizontal/vertical que es un poco más próxima a la que sería adecuada para las unidades normales que solemos utilizar en la vida cotidiana. Pero solo está un poco más próxima, puesto que debemos tener en cuenta que en unidades ordinarias, segundos para el tiempo y metros para la distancia, pongamos por caso, encontramos que la velocidad de la luz está dada por

$$c = 299\,792\,458 \text{ metros/segundo},$$

¡que es realmente un valor exacto![11] Puesto que nuestros diagramas (y nuestras fórmulas) espaciotemporales parecen tan complicados en unidades convencionales, una práctica común al trabajar en la teoría de la relatividad es la de utilizar unidades para las que $c = 1$. Esto significa que si escogemos un *segundo* como nuestra unidad de tiempo, entonces debemos utilizar un *segundo luz* (i.e., 299792458 metros) para nuestra unidad de distancia; si utilizamos el *año* como nuestra unidad de tiempo, entonces utilizamos el *año luz* (aproximadamente $9{,}45 \times 10^{15}$ me-

Fig. 17.14. El cono nulo redibujado, de modo que las escalas espacial y temporal estén ligeramente más próximas a las de la experiencia normal.

tros) como la unidad de distancia; si queremos utilizar un metro como nuestra medida de distancia, entonces debemos utilizar para nuestra medida de tiempo algo como 3 1/3 nanosegundos, etc.

La imagen espaciotemporal de la Fig. 17.12 fue introducida por primera vez por Hermann Minkowski (1864-1909), que era un matemático extraordinariamente bueno y original. Casualmente, él fue también uno de los profesores de Einstein en el ETH, el Instituto Federal de Tecnología de Zurich, a finales de la última década del siglo XIX. De hecho, la idea misma del espaciotiempo es de Minkowski,[12] que ya en 1908 escribía: «En lo sucesivo el espacio por sí solo, y el tiempo por sí solo están condenados a desvanecerse en meras sombras, y solo un tipo de unión entre ambos conservará una realidad independiente». En mi opinión, la teoría de la relatividad especial no estaba aún completa, pese a las maravillosas intuiciones físicas de Einstein y las excelentes contribuciones de Lorentz y Poincaré, hasta que Minkowski aportó su punto de vista fundamental y revolucionario: el *espaciotiempo*.

Para completar el punto de vista de Minkowski con relación a la geometría subyacente en la relatividad especial, y definir con ello el *espaciotiempo minkowskiano* $\mathbb{M}$, debemos fijar el *escalamiento* de $\boldsymbol{g}$, de modo que proporcione una medida de «longitud» a lo largo de las líneas de universo. Esto se aplica a curvas en $\mathbb{M}$ a las que llamamos *de género tiempo*, lo que significa que sus tangentes yacen siempre dentro de los conos nulos (véanse las Figs. 17.11 y 17.15a) y, de acuerdo con la teoría, son líneas de universo posibles para partículas masivas ordinarias. Esta «longitud» es realmente un *tiempo* y mide el tiempo real τ que registraría un reloj (ideal), entre dos puntos A y B en la curva, de acuerdo con la fórmula (véanse §13.8 y §14.7)

$$\tau = \int_A^B \mathrm{d}s, \quad \text{donde } \mathrm{d}s = (g_{ab}\mathrm{d}x^a\mathrm{d}x^b)^{\frac{1}{2}}.$$

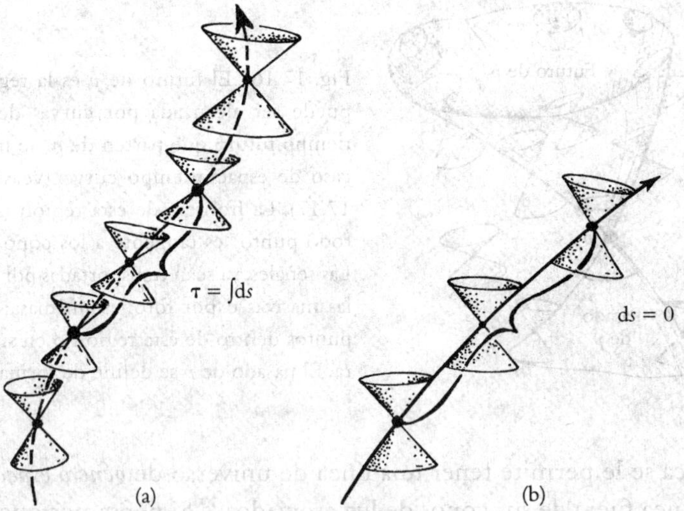

Fig. 17.15. (a) La línea de universo de una partícula masiva es una curva de género tiempo, de modo que sus tangentes están siempre dentro de los conos nulos locales, lo que da $ds^2 = g_{ab}dx^a dx^b$ positiva. La cantidad $ds = (g_{ab}dx^a dx^b)^{1/2}$ mide el intervalo de tiempo infinitesimal a lo largo de la curva, de modo que la «longitud», $\tau = \int ds$, es el tiempo medido por un reloj ideal transportado por la partícula entre dos sucesos de la curva. (b) En el caso de una partícula sin masa (por ejemplo, un fotón), las líneas de universo tienen tangentes en los conos nulos (línea de universo nula), de modo que el intervalo de tiempo $\tau = \int ds$ se anula siempre.

Para esto exigimos que la elección de la métrica espaciotemporal $\boldsymbol{g}$ tenga signatura $+ - - -$ (que es mi elección preferida, antes que $+ + + -$, que prefieren otras personas por diferentes razones). Los fotones tienen líneas de universo que se denominan *nulas* (o *de género luz*), pues tienen tangentes que están *sobre* los conos nulos (Fig. 17.15b). En consecuencia, el «tiempo» que experimenta un fotón (si realmente un fotón pudiera tener experiencias), ¡tiene que ser cero!

En mi exposición anterior he preferido resaltar la estructura de conos nulos del espaciotiempo, más incluso que su métrica. En ciertos aspectos, los conos nulos son realmente más fundamentales que la métrica. En particular, determinan las propiedades de causalidad del espaciotiempo. Como acabamos de ver, las líneas de universo de las partículas materiales están obligadas a yacer dentro de los conos, y los rayos de luz tienen líneas de universo a lo largo de estos. A ninguna partícu-

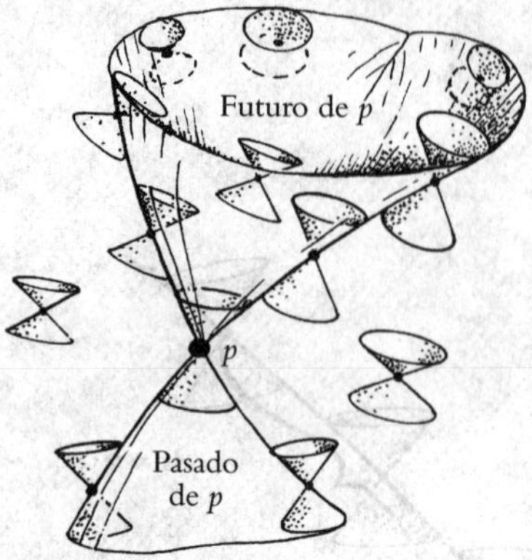

Fig. 17.16. El futuro de p es la región que puede ser alcanzada por curvas de género tiempo futuro que parten de p. Se indica un caso de espaciotiempo curvo (véase la Fig. 17.17). La frontera de esta región (suave en todo punto) es tangente a los conos de luz. Las señales, ya sean transportadas por partículas masivas o por fotones sin masa, llegan a puntos dentro de esta región o en su frontera. El pasado de p se define de forma similar.

la física se le permite tener una línea de universo de *género espacio*, i.e., una línea fuera de sus conos de luz asociados.[13] Si pensamos que las señales reales son transmitidas por partículas materiales o fotones, entonces observamos que ninguna señal semejante puede superar las restricciones impuestas por los conos nulos. Si consideramos un punto p en $\mathbb{M}$, entonces observamos que la región que yace sobre o dentro de su cono de luz futuro consiste en todos los sucesos que, en principio, pueden recibir una señal desde p. Análogamente, los puntos de $\mathbb{M}$ que yacen sobre o dentro del cono de luz pasado de p son precisamente aquellos sucesos que, en principio, pueden enviar una señal al punto p; véase la Fig. 17.16. La situación es similar cuando consideramos campos que se propagan e incluso efectos mecanocuánticos (aunque pueden surgir algunas situaciones extrañamente enigmáticas con lo que se denomina *entrelazamiento cuántico* —o «*cuanlazamiento*»—, como veremos en §23.10). Los conos nulos definen, de hecho, la estructura de *causalidad* de $\mathbb{M}$: ningún cuerpo material o señal puede viajar más rápido que la luz; está necesariamente obligado a estar dentro de (o sobre) los conos de luz.

¿Qué pasa con el principio de relatividad? En §18.2 veremos que la notable geometría de Minkowski tiene precisamente un grupo de simetría tan grande como el que tiene el espaciotiempo $\mathcal{G}$ de la física galileana. No solo están todos los puntos de $\mathbb{M}$ en pie de igualdad sino que todas las velocidades posibles (direcciones de género tiempo que apuntan al futuro) están también en pie de igualdad entre sí. Todo esto se explicará más extensamente en §18.2. ¡El principio de relatividad sigue siendo tan válido para 𝕄 como para 𝒢!

17.9. El espaciotiempo de la relatividad general de Einstein

Finalmente, llegamos al espaciotiempo *einsteniano* ℰ de la relatividad general. Básicamente aplicamos la misma generalización al 𝕄 de Minkowski que hemos aplicado previamente al 𝒢 de Galileo, cuando hemos obtenido el espaciotiempo 𝒩 de Newton(-Cartan). En lugar de tener la disposición uniforme de conos nulos que se muestra en la Fig. 17.12, ahora tenemos la disposición de aspecto más irregular de la Fig. 17.17. Una vez más, tenemos una métrica ***g*** lorentziana (+ − − −) cuya interpretación física es definir el tiempo medido por un reloj ideal, de acuerdo precisamente con la misma fórmula que para 𝕄, aunque ahora ***g*** es una métrica más general sin la uniformidad que es la característica de la métrica de 𝕄.

La estructura de conos nulos definida por esta ***g*** especifica la estructura de causalidad de los ℰs, como sucedía con el espacio de Minkowski 𝕄. Localmente, las diferencias son pequeñas, pero las cosas pueden ser más elaboradas cuando examinamos la estructura de causalidad global de un complicado espaciotiempo einsteniano ℰ. Surge una situación extrema cuando tenemos lo que se conoce como *violación de causalidad*, en la que pueden darse «curvas cerradas de género tiempo» y se hace posible enviar una señal desde algún suceso ¡al pasado de ese

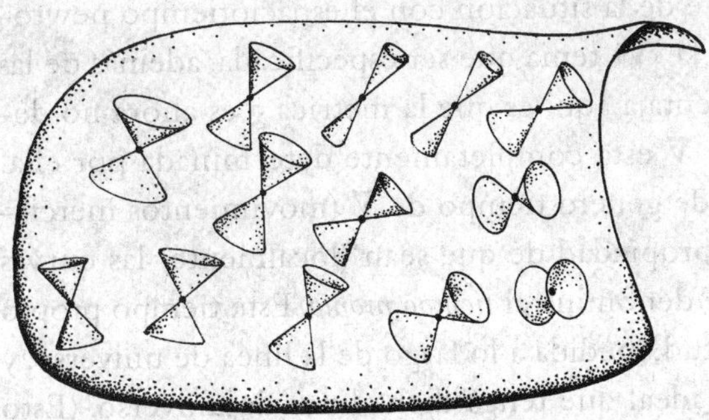

Fig. 17.17. El espaciotiempo einsteniano ℰ de la relatividad general. Esta generalización del 𝕄 de Minkowski es similar al paso de 𝒢 a 𝒩 (Figs. 17.12, 17.3 y 17.7a, respectivamente). Como sucede con 𝕄, la pseudométrica lorentziana ***g*** (+ − − −) define la medida física del tiempo.

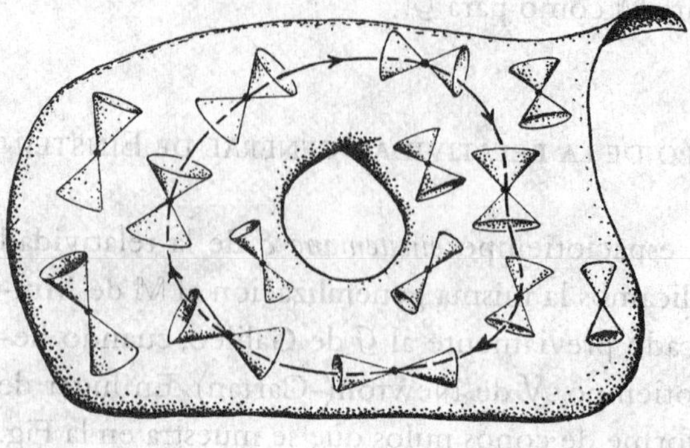

Fig. 17.18. La estructura de causalidad de $\mathcal{E}$ está determinada por $\boldsymbol{g}$ (como sucede con $\mathbb{M}$; véase la Fig. 17.16), de modo que hipotéticamente podrían darse situaciones no físicas extremas con «curvas cerradas de género tiempo», lo que permitiría que regresasen desde el pasado señales dirigidas al futuro.

mismo suceso! Véase la Fig. 17.18. Tales situaciones suelen descartarse como «no físicas», y descartarlas sería mi propia posición para un espaciotiempo clásicamente aceptable. Pese a todo, algunos físicos adoptan un punto de vista mucho más relajado sobre la cuestión[14] y están dispuestos a admitir la posibilidad del *viaje en el tiempo* que tales curvas cerradas de género tiempo permitirían. (Véase §30.6 para una exposición de estas cuestiones.) Por otra parte, pueden aparecer estructuras de causalidad menos extremas —aunque ciertamente algo exóticas— en algunos espaciotiempos interesantes de gran relevancia para la astrofísica moderna, a saber, las que representan agujeros negros. Estos serán considerados en §27.8.

En §14.7 encontrábamos el hecho de que una (pseudo)métrica $\boldsymbol{g}$ determina una única conexión ∇ libre de torsión para la que $\nabla \boldsymbol{g} = 0$, de modo que esto también se aplicará aquí. Este es un hecho notable. Nos dice que el concepto de Einstein de movimiento inercial está completamente determinado por la métrica espaciotemporal. Esto es completamente diferente de la situación con el espaciotiempo newtoniano de Cartan, donde la «∇» tenía que ser especificada, además de las nociones métricas. La ventaja aquí es que la métrica $\boldsymbol{g}$ es ahora no degenerada, de modo que ∇ está completamente determinada por ella. De hecho, las *geodésicas* de género tiempo de ∇ (movimientos inerciales) están fijadas por la propiedad de que sean (localmente) las curvas que *maximizan* lo que se denomina el *tiempo propio*. Este tiempo propio es simplemente la longitud, medida a lo largo de la línea de universo, y es lo que mide un reloj ideal que tenga dicha línea de universo. (Esto es curiosamente «opuesto» a la noción de geodésica como «cuerda estirada» en una superficie riemanniana ordinaria con una métrica definida positiva; véase §14.7. En §18.3 veremos que esta maximización del tiempo propio para la línea de universo no acelerada es básicamente una expresión de la «paradoja del reloj» de la teoría de la relatividad.)

La conexión ∇ tiene un tensor de curvatura $\boldsymbol{R}$, cuya interpretación física es básicamente la misma que la que se ha dado antes en el caso de $\mathcal{N}$. Lo que distingue localmente al $\mathbb{M}$ de Minkowski de la relatividad *especial*, del $\mathcal{E}$ de Einstein, de la relatividad general, es que $\boldsymbol{R} = 0$ para $\mathbb{M}$. En el próximo capítulo exploraremos con más detalle la geometría *lorentziana*, y en el siguiente veremos que las ecuaciones de campo de Einstein son la codificación natural, dentro de la estructura de las $\mathcal{E}$s, de la «tasa de reducción de volumen» $4\pi GM$ mencionada hacia el final de §17.5. También empezaremos a ser testigos de la extraordinaria potencia, belleza y precisión de la revolucionaria teoría de Einstein.

Notas

Sección 17.1

17.1. Aunque en el pasado he sido partidario de escribir «espacio-tiempo», con guión intercalado, creo que hay pasajes en este libro donde causaría confusiones en la terminología. En consecuencia, aquí adopto «espaciotiempo» de forma consistente.

17.2. Parece que Aristóteles pudo muy bien haber tenido dificultades con la noción de un espacio físico infinito, como se requiere, si la geometría euclídea $\mathbb{E}^3$ tiene que ofrecer una descripción aproximada de la geometría espacial, pero sus ideas con respecto al tiempo pueden haber sido más acordes con el $\mathbb{E}^1$ de la imagen $\mathbb{E}^1 \times \mathbb{E}^3$. Véase Moore (1990), capítulo 2.

Sección 17.2

17.3. Véase Drake (1953), pp. 186-187.

17.4. Véanse Trautman (1965), Arnol'd (1978) y Penrose (1968).

Sección 17.3

17.5. Esto era en su fragmento manuscrito *De motu corporum in mediis regulariter cedentibus*, un precursor de los *Principia*, escrito en 1684. Véase también Penrose (1987c), p. 49.

Sección 17.4

17.6. Pero véase Bondi (1957).

17.7. ¡Ahora en Rusia hay «oportunidades turísticas» de experiencias de este tipo para seres humanos, en aviones y en vuelos parabólicos!

Sección 17.6

17.8. Véase Drake (1957), p. 278, concerniente a un comentario de Galileo en *El ensayador*; véanse también Newton (1730), Query 30, y Penrose (1987c), p.23.

17.9. Véase De Sitter (1913).

Sección 17.7

17.10. Existe la peliaguda cuestión de cómo se distingue una «esfera» de un «elipsoide», puesto que las distancias pueden recalibrarse en direcciones diferentes, de modo que cualquier «elipsoide» parezca esférico. La cuestión no es aquí realmente importante. Sin embargo, lo que las recalibraciones no pueden hacer es que un ovoide no elipsoidal parezca esférico, al menos con recalibraciones «suaves». Tales ovoides darían lugar a un *espacio de Finsler*, que no tiene la agradable simetría local de las estructuras (pseudo)riemannianas de la teoría de la relatividad.

Sección 17.8

17.11. El lector podría muy bien sentirse intrigado por el hecho de que la velocidad de la luz sea un número entero exacto cuando se mide en metros por segundo. Esto no es una casualidad, sino un mero reflejo del hecho de que las medidas muy precisas de distancias son ahora mucho más difíciles de establecer que las medidas precisas de tiempo. En consecuencia, el patrón más exacto para el metro se *define* convenientemente de modo que haya 299792458 de ellos para la distancia recorrida por la luz en un segundo patrón, lo que da un valor para el metro que encaja de forma muy aproximada con el ahora insuficientemente preciso metro patrón de París.

17.12. Véase Minkowski (1952). Esta es una traducción de la conferencia que pronunció Minkowski en la L Asamblea de Científicos Naturales y Médicos Alemanes, en Colonia, el 21 de septiembre de 1908.

17.13. Algunos físicos han jugado con la idea de «partículas» hipotéticas conocidas como *taquiones* que tendrían líneas de universo de género espacio (de modo que viajan más rápidas que la luz). Véase Bilaniuk y Sudarshan (1969); para una referencia más técnica, véase Sudarshan y Dhar (1968). Es difícil desarrollar algo parecido a una teoría consistente en la que estén presentes los taquiones, y normalmente se cree que tales entidades no existen.

Sección 17.9

17.14. Véanse, por ejemplo, Novikov (2001) y Davies (2003).

18

Geometría minkowskiana

18.1. Los 4-espacios euclídeo y minkowskiano

Las geometrías de los 2-espacios y 3-espacios euclídeos nos son muy familiares. Además, la generalización a una geometría euclídea 4-dimensional $\mathbb{E}^4$ no es difícil de hacer en principio, aunque para ello no se pueda apelar directamente a la «intuición visual». Sin embargo, es evidente que existen muchas configuraciones 4-dimensionales muy bellas, ¡o que seguramente serían muy bellas si pudiéramos verlas realmente! Una de las más sencillas (!) de estas configuraciones es la estructura de paralelos de Clifford en la 3-esfera, cuando consideramos que esta esfera está situada en $\mathbb{E}^4$. (Por supuesto, aquí sí podemos valernos un poco de la visualización porque S^3 es solamente 3-dimensional, y su proyección estereográfica, tal como se presenta en la Fig. 33.15, nos da alguna idea de la configuración de Clifford real. Si fuéramos capaces de «ver» realmente dicha configuración como parte de $\mathbb{E}^4$, podríamos hacernos una idea del aspecto que realmente tiene la estructura de 2-espacio vectorial complejo de $\mathbb{C}^2$;[1] véanse §15.4 y la Fig. 15.8.) El espacio de Minkowski $\mathbb{M}$ es en muchos aspectos muy similar a $\mathbb{E}^4$, pero existen algunas diferencias importantes en las que vamos a entrar.

Desde el punto de vista algebraico el tratamiento de $\mathbb{E}^4$ es muy similar al tratamiento en coordenadas del 3-espacio «ordinario» $\mathbb{E}^3$. Todo lo que se necesita es una coordenada cartesiana más, w, además de las coordenadas estándar x, y y z. La distancia s en $\mathbb{E}^4$ entre los puntos (w, x, y, z) y (w', x', y', z') viene dada por la relación pitagórica

$$s^2 = (w - w')^2 + (x - x')^2 + (y - y')^2 + (z - z')^2.$$

Si consideramos que (w, x, y, z) y (w', x', y', z') están solo «infinitesimalmente» desplazados uno respecto de otro, y escribimos formalmente $(\mathrm{d}w, \mathrm{d}x, \mathrm{d}y, \mathrm{d}z)$ para la diferencia $(w', x', y', z') - (w, x, y, z)$, i.e.,[2]

$$w' = w + \mathrm{d}w,\ x' = x + \mathrm{d}x,\ y' = y + \mathrm{d}y,\ z' = z + \mathrm{d}z,$$

entonces, encontramos

$$\mathrm{d}s^2 = \mathrm{d}w^2 + \mathrm{d}x^2 + \mathrm{d}y^2 + \mathrm{d}z^2.$$

La longitud de una curva en $\mathbb{E}^4$ viene dada por la misma fórmula que en $\mathbb{E}^3$, a saber $\int \mathrm{d}s$ (tomando el signo positivo para $\mathrm{d}s$).

Ahora la geometría del espaciotiempo de Minkowski $\mathbb{M}$ está muy próxima a esta, siendo los signos la única diferencia. Muchos de los que trabajan en este campo prefieren concentrarse en la pseudométrica con signatura $(+ + + -)$

$$\mathrm{d}\ell^2 = -\mathrm{d}t^2 + \mathrm{d}x^2 + \mathrm{d}y^2 + \mathrm{d}z^2,$$

porque resulta conveniente cuando se considera geometría espacial, ya que la cantidad representada arriba por «$\mathrm{d}\ell^2$» es positiva para desplazamientos *de género espacio* (i.e., desplazamientos que no están ni dentro ni sobre los conos de luz nulos futuros o pasados; véase la Fig. 18.1). Pero la cantidad «$\mathrm{d}s^2$» definida por la signatura $(+ - - -)$

$$\mathrm{d}s^2 = \mathrm{d}t^2 - \mathrm{d}x^2 - \mathrm{d}y^2 - \mathrm{d}z^2$$

tiene un significado físico más directo, ya que es positiva a lo largo de curvas *de género tiempo* que son las líneas de universo admisibles para partículas masivas, y la integral $\int \mathrm{d}s$ (con $\mathrm{d}s > 0$) es directamente interpretable como el *tiempo físico* real medido por un reloj ideal que tiene a dicha curva como línea de universo. Utilizaré *esta* signatura $(+ - - -)$ para mi elección del tensor (pseudo)métrico $\boldsymbol{g}$, con forma de índices g_{ab}, de modo que la expresión puede escribirse en forma de índices (véase §13.8)

$$\mathrm{d}s^2 = g_{ab}\mathrm{d}x^a\,\mathrm{d}x^b.$$

No obstante, deberíamos recordar de §17.8 que, a diferencia del caso de una partícula masiva, $\int \mathrm{d}s$ es cero para una línea de universo de un fotón (de modo que puntos no coincidentes en la línea de univer-

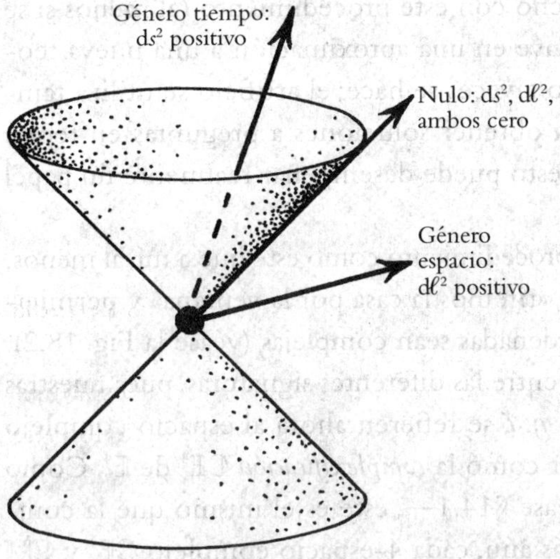

Fig. 18.1. En el espacio de Minkowski $\mathbb{M}$, la métrica $d\ell^2$ proporciona una medida de (distancia)^2 espacial para desplazamientos de género espacio (ni sobre ni dentro de conos nulos futuros o pasados). Para desplazamientos de género tiempo (dentro del cono nulo), ds^2 proporciona una medida del (intervalo)^2 temporal, donde $\int ds$ es un tiempo físico tal como lo mide un reloj ideal. Para un desplazamiento nulo (a lo largo del cono nulo), ambos $d\ell^2$ y ds^2 dan cero.

so pueden estar a «distancia cero»). Esto también sería cierto para cualquier otra partícula que viaje a la velocidad de la luz. El tiempo «experimentado» por dicha partícula sería siempre cero, ¡no importa cuán lejos viaje! Esto está permitido debido a la naturaleza no definida positiva (lorentziana) de g_{ab}.

En los primeros días de la teoría de la relatividad había una tendencia a resaltar la proximidad de la geometría de $\mathbb{M}$ a la de $\mathbb{E}^4$ considerando la coordenada temporal t como puramente imaginaria:

$$t = \mathrm{i}w,$$

lo que hace que la forma «$d\ell^2$» de la métrica de Minkowski parezca exactamente la misma que la ds^2 de $\mathbb{E}^4$. Por supuesto, las apariencias son algo ilusorias debido a que por la condición de «realidad» el tiempo se mide en unidades puramente imaginarias mientras que las coordenadas espaciales utilizan unidades reales normales. Además, en un sistema de referencia en movimiento las condiciones de realidad se complican porque las coordenadas reales e imaginarias se mezclan. De hecho, hay una tendencia moderna a hacer algo muy similar a esto, con varios disfraces diferentes en nombre de lo que se denomina «teoría cuántica de campos euclídea». Más adelante, en §28.9, expondré mis razones para sentirme menos que satisfecho con este procedimiento (al menos si se considera un ingrediente clave en una aproximación a una nueva teoría física fundamental, como a veces se hace; el artificio se utiliza también como un «truco» para obtener soluciones a preguntas en teoría cuántica de campos, y para esto puede desempeñar realmente un papel honesto y valioso).

En lugar de adoptar un procedimiento como este que a mí, al menos, me parece tan poco natural, «tiremos la casa por la ventana» y permitamos que *todas* nuestras coordenadas sean complejas (véase la Fig. 18.2). Entonces no hay diferencia entre las diferentes signaturas, pues nuestras coordenadas *complejas* ω, ξ, η, ζ se refieren ahora al espacio complejo $\mathbb{C}^4$, que podemos considerar como la *complexificación* $\mathbb{CE}^4$ de $\mathbb{E}^4$. Como espacio afín complejo —véase §14.1—, este es el mismo que la complexificación $\mathbb{CM}$ de $\mathbb{M}$. Más aún, cada 4-espacio complejo $\mathbb{CE}^4$ y $\mathbb{CM}$ tiene una métrica compleja $\mathbb{C}g$ *plana* (curvatura nula) completamente equivalente. Dicha métrica puede tomarse como $ds^2 = d\omega^2 + d\xi^2 + d\eta^2 + d\zeta^2$, donde $\mathbb{E}^4$ es el subespacio real de $\mathbb{CM}$ para el que todos los ω, ξ, η, ζ son reales y $\mathbb{M}$ es el subespacio para el que ω es real pero ξ, η, ζ son imaginarios puros. El subespacio real minkowskiano alternativo $\tilde{\mathbb{M}}$, dado cuando ω es imaginario puro pero ξ, η, ζ son reales, tiene su «ds^2» que da la anterior versión «$d\ell^2$» de la métrica de Minkowski. Los tres subespacios $\mathbb{E}^4$, $\mathbb{M}$ y $\tilde{\mathbb{M}}$ se denominan *secciones reales* (alternativas) de $\mathbb{CE}^4$. Podemos distinguir una cualquiera de estas si dotamos a $\mathbb{CE}^4$ de una operación de *conjugación compleja* C que es involutiva (i.e., $C^2 = 1$) y que deja solo la sección real escogida invariante punto a punto.[18.1]

[18.1] Encuentre **C** explícitamente para cada uno de los tres casos $\mathbb{E}^4$, $\mathbb{M}$ y $\tilde{\mathbb{M}}$. *Sugerencia*: Considere cómo va a actuar **C** sobre ω, ξ, η y ζ. Modifique la conjugación compleja estándar con signos en los casos $\mathbb{M}$ y $\tilde{\mathbb{M}}$.

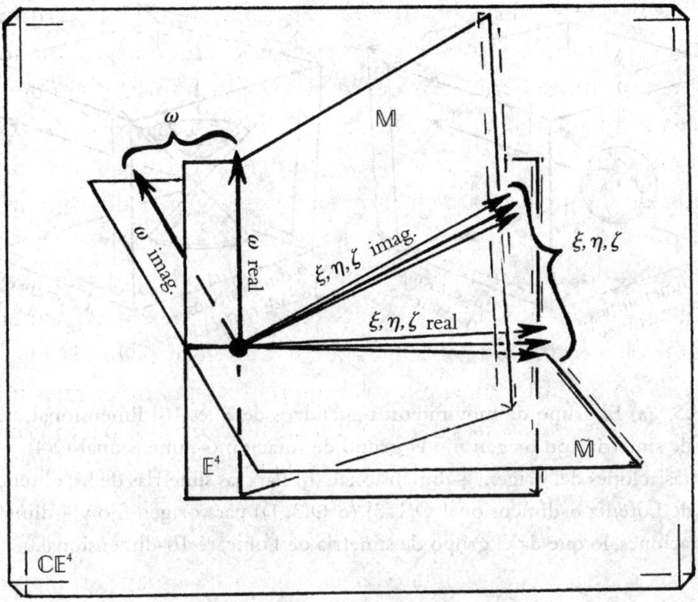

Fig. 18.2. El espacio euclídeo complejo $\mathbb{CE}^4$ tiene una métrica (holomorfa) compleja $ds^2 = d\omega^2 + d\xi^2 + d\eta^2 + d\zeta^2$ en coordenadas cartesianas complejas $(\omega, \xi, \eta, \zeta)$. El 4-espacio euclídeo $\mathbb{E}^4$ es la «sección real» para la que ω, ξ, η, ζ son todas reales. El espacio-tiempo de Minkowski $\mathbb{M}$, con la métrica ds^2 $+---$, es una sección real diferente, siendo ω real y ξ, η, ζ imaginarios puros. Obtenemos otra sección real lorentziana $\tilde{\mathbb{M}}$ tomando ω imaginario puro y ξ, η, ζ reales, donde la ds^2 inducida da ahora la versión «$d\ell^2$» $+++-$ de la métrica de Minkowski.

18.2. Los grupos de simetría del espacio de Minkowski

El grupo de simetrías de $\mathbb{E}^4$ (i.e., su grupo de movimientos euclídeos) es 10-dimensional, puesto que (i) el grupo de simetría para el que el origen está fijo es el grupo 6-dimensional O(4) (puesto que $n(n-1)/2 = 6$, cuando $n = 4$; véase §13.8), y (ii) existe un grupo de simetría 4-dimensional de traslaciones del origen (véase la Fig. 18.3a). Cuando complejificamos $\mathbb{E}^4$ a $\mathbb{CE}^4$, obtenemos un grupo 10-*complejo* dimensional evidentemente, puesto que si escribimos cualquiera de los movimientos euclídeos reales de $\mathbb{E}^4$ como una fórmula algebraica en términos de las coordenadas, todo lo que tenemos que hacer es permitir que

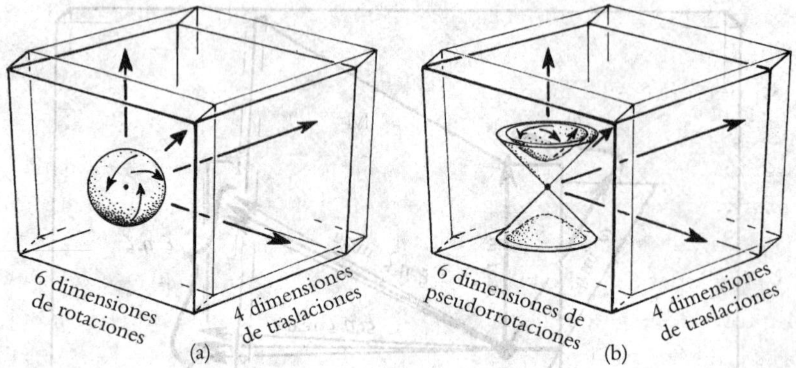

Fig. 18.3. (a) El grupo de movimientos euclídeos de $\mathbb{E}^4$ es 10-dimensional, siendo el grupo de simetría con origen fijo el grupo de rotación 6-dimensional $O(4)$ y el grupo de traslaciones del origen, 4-dimensional. (b) Para las simetrías de $\mathbb{M}$, obtenemos el grupo de Lorentz 6-dimensional $O(1, 3)$ (o $O(3, 1)$) para origen fijo y 4 dimensiones de traslaciones, lo que da el grupo de simetría de Poincaré 10-dimensional.

todas las cantidades que aparecen en la fórmula (coordenadas y coeficientes) sean complejas en lugar de reales, y obtenemos un movimiento complejo correspondiente de $\mathbb{CE}^4$. Puesto que el primero conserva la métrica, también lo hará el segundo. Además, todos los movimientos continuos de $\mathbb{CE}^4$ en sí mismo que conservan la métrica complejificada $\mathbb{C}\boldsymbol{g}$ son de esta naturaleza.[18.2]

Resulta ahora muy plausible, aunque no del todo obvio en esta fase, que el grupo tendría la misma dimensión, a saber 10 (pero ahora dimensiones *reales*), si particularizamos a una diferente «sección real» de $\mathbb{C}^4$, tal como aquella para la que las coordenadas $(\omega, \xi, \eta, \zeta)$ tienen la condición de realidad de que ω es imaginario puro y ξ, η, ζ son reales (signatura $+ + + -$) o para las que ω es real y ξ, η, ζ son imaginarios puros (signatura $(+ - - -)$; véase la Fig. 18.2. La parte traslacional sigue siendo obviamente 4-dimensional. De hecho, esta parte nos dice que el grupo es *transitivo* en $\mathbb{M}$, lo que significa que cualquier punto dado de $\mathbb{M}$ puede ser enviado a cualquier otro punto dado de $\mathbb{M}$ por algún elemento del grupo, como era el caso para $\mathbb{E}^4$. Pero ¿qué pasa con el grupo de Lorentz (O(3, 1) u O(1, 3))? ¿Cómo podemos ver que este es

[18.2] ¿Puede ver por qué?

«exactamente tan 6-dimensional» como lo es O(4)? De hecho, el grupo de Lorentz *es* 6-dimensional (véase la Fig. 18.3b.) La forma más general de verlo es examinar el álgebra de Lie —véase §13.6— y comprobar que sigue funcionando con los cambios de signo menores exigidos.[18.3] Más adelante (§18.5) veremos una muy notable forma alternativa de considerar O(1, 3), relacionándola con el grupo de simetría de la esfera de Riemann.

El grupo de simetría completo 10-dimensional del espacio de Minkowski $\mathbb{M}$ se denomina *grupo de Poincaré*, en reconocimiento de los logros del destacado matemático francés Henri Poincaré (1854-1912) al desarrollar la estructura matemática esencial de la relatividad especial en los años comprendidos entre 1898 y 1905, independientemente de la aportación fundamental de Einstein en 1905.[3] El grupo de Poincaré es importante en física relativista, especialmente en física de partículas y en teoría cuántica de campos (capítulos 25 y 26). Resulta que, según las reglas de la mecánica cuántica, las partículas individuales corresponden a *representaciones* (§§13.6,7) del grupo de Poincaré, donde los valores de su masa y espín determinan las representaciones concretas (§22.12).

Es, en esencia, la exhaustividad de este grupo lo que nos permite afirmar que el principio de relatividad sigue siendo válido para $\mathbb{M}$, incluso si tenemos una velocidad de la luz fija (§§17.6,8). En primer lugar, vemos que todos los puntos del espaciotiempo $\mathbb{M}$ están en pie de igualdad debido a la naturaleza transitiva del subgrupo de traslaciones. Además, tenemos una completa simetría de rotación espacial (3 dimensiones). Esto nos deja 3 dimensiones más para expresar el hecho de que hay una completa libertad para pasar de una velocidad ($< c$) a cualquier otra, y la estructura global sigue siendo la misma —¡lo que básicamente es el principio de relatividad de $\mathbb{M}$!—. De manera algo más formal, lo que el principio de relatividad afirma es que el grupo de Poincaré actúa transitivamente sobre el *fibrado de direcciones futuras de género tiempo* en $\mathbb{M}$.[4] Estas son las direcciones que apuntan hacia los interiores de los conos nulos futuros, que son las posibles direcciones tan-

[18.3] Confírmelo en este caso examinando explícitamente las matrices 4×4 del álgebra de Lie.

gentes a las líneas de universo de observadores.[18.4] No obstante, hay que señalar que esto solo funciona debido a que hemos abandonado la familia de «secciones simultáneas» en el espaciotiempo galileano o newtoniano. Conservarlas hubiera reducido la simetría respecto a un punto espaciotemporal a la del O(3) 3-dimensional, sin dejar ninguna libertad para pasar de una velocidad a otra.

18.3. Ortogonalidad lorentziana; la «paradoja del reloj»

Este punto de vista considera a $\mathbb{M}$ como tan solo una «sección real» del espacio complejo $\mathbb{CE}^4$ (o $\mathbb{C}^4$), aunque una sección con un carácter diferente del propio $\mathbb{E}^4$. Se trata de un punto de vista muy conveniente, siempre que podamos adoptar la actitud mental correcta. Por ejemplo, en el $\mathbb{E}^4$ euclídeo tenemos una noción de «ortogonal» (que significa «a ángulos rectos»). Esto se traslada directamente a $\mathbb{CE}^4$ por el proceso de «complexificación».[5] Sin embargo, hay ciertos tipos de propiedades de las que cabe esperar que serán un poco diferentes después de aplicar este procedimiento. Por ejemplo, encontramos que en $\mathbb{CE}^4$ una dirección puede ahora ser ortogonal a sí misma, que es algo que ciertamente no puede suceder en $\mathbb{E}^4$. Sin embargo, esta característica persiste cuando regresamos a nuestra nueva sección real, el $\mathbb{M}$ lorentziano. Así pues, retenemos una noción de ortogonalidad en $\mathbb{M}$, pero vemos que existen direcciones reales que son ortogonales a sí mismas, siendo estas las direcciones *nulas* que apuntan a lo largo de las líneas de universo de los fotones (véase *infra*).

Podemos llevar más lejos esta noción de ortogonalidad y considerar el *complemento ortogonal* $\boldsymbol{\eta}^{\perp}$ de un elemento *r*-plano $\boldsymbol{\eta}$ en un punto *p*. Este es el elemento $(4 - r)$-plano $\boldsymbol{\eta}^{\perp}$ de todas las direcciones en *p* que son ortogonales a todas las direcciones dentro de $\boldsymbol{\eta}$ en *p*. Así, el complemento ortogonal de un elemento de línea es un elemento 3-plano, el complemento ortogonal de un elemento 2-plano es otro elemento 2-plano, y el complemento ortogonal de un elemento 3-plano es un elemento de línea. En cada caso, tomar de nuevo el complemento or-

[18.4] Explique más detalladamente esta acción del grupo de Poincaré.

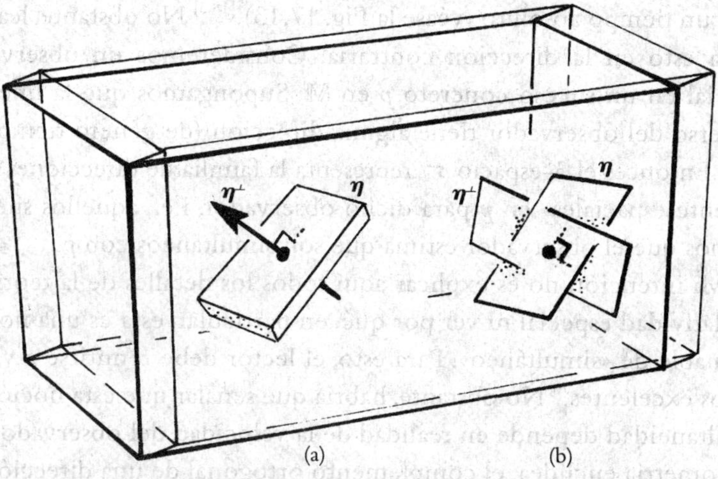

Fig. 18.4. En $\mathbb{E}^4$, un elemento r-plano $\boldsymbol{\eta}$ en un punto p tiene un complemento ortogonal $\boldsymbol{\eta}^{\perp}$ que es un elemento $(4-r)$-plano, donde $\boldsymbol{\eta}$ y $\boldsymbol{\eta}^{\perp}$ nunca tienen una dirección en común. (a) En particular, si η es un elemento 3-plano, entonces $\boldsymbol{\eta}^{\perp}$ es la dirección normal al mismo. (b) Si $\boldsymbol{\eta}$ es un elemento 2-plano, entonces $\boldsymbol{\eta}^{\perp}$ es otro elemento plano.

togonal nos devolvería al elemento del que hemos partido; en otras palabras $(\boldsymbol{\eta}^{\perp})^{\perp} = \boldsymbol{\eta}$. Recordemos que en §13.9 y §14.7 hemos considerado las operaciones de bajar y subir índices, en una magnitud vectorial o tensorial, con g_{ab} o g^{ab}. Cuando se aplica al simple r-vector o una simple $(4-r)$-forma que representa un elemento 3-superficial, de acuerdo con §§12.4,7 (por ejemplo, $\boldsymbol{\eta}_{ab} \mapsto \boldsymbol{\eta}^{ab} = \boldsymbol{\eta}_{cd} g^{ac} g^{bd}$; $\boldsymbol{\eta}^{ab} \mapsto \boldsymbol{\eta}_{ab} = \boldsymbol{\eta}^{cd} g_{ac} g_{bd}$), esta operación de subir y bajar índices corresponde a pasar al complemento ortogonal; véase también §19.2.

En $\mathbb{E}^4$, el complemento ortogonal de un elemento 3-plano $\boldsymbol{\eta}$, por ejemplo, es un elemento de línea $\boldsymbol{\eta}^{\perp}$ (normal a $\boldsymbol{\eta}$) que nunca está contenido en $\boldsymbol{\eta}$; véase la Fig. 18.4. Pero como en la Fig. 18.2 podemos pasar a la complexificación $\mathbb{CE}^4$ y de ahí a la diferente sección real $\mathbb{M}$. Este es precisamente el procedimiento al que apelábamos, en efecto, en el capítulo anterior (§17.8), cuando buscábamos el complemento ortogonal de una sección temporal (elemento 3-plano de género espacio) en un punto p para encontrar una dirección de género tiempo («estado de reposo») que nos mostraba que no puede mantenerse un principio de relatividad si queremos tener a la vez una velocidad finita de la luz y un tiempo absoluto (véase la Fig. 17.13).[18.5] No obstante, leamos ahora esto en la dirección contraria. Consideremos un observador inercial en un suceso concreto p en $\mathbb{M}$. Supongamos que la línea de universo del observador tiene alguna dirección (de género tiempo) $\boldsymbol{\tau}$ en p. Entonces el 3-espacio $\boldsymbol{\tau}^{\perp}$ representa la familia de direcciones «puramente espaciales» en p para dicho observador, i.e., aquellos sucesos vecinos que el observador estima que son simultáneos con p.

Mi intención no es explicar aquí todos los detalles de la teoría de la relatividad especial ni ver por qué, en particular, esta es una noción razonable de «simultáneo». Para esto, el lector debe remitirse a varios textos excelentes.[6] No obstante, habría que señalar que esta noción de simultaneidad depende en realidad de la velocidad del observador. En la geometría euclídea, el complemento ortogonal de una dirección en el espacio cambiará cuando cambia dicha dirección (Fig. 18.5a). En correspondencia, en geometría lorentziana el complemento ortogonal también cambiará cuando cambie la dirección (i.e., la velocidad del observador). La única diferencia está en que el cambio inclina al complemento ortogonal en sentido contrario a lo que sucede en el caso euclídeo (véase la Fig. 18.5b) y, por consiguiente, es posible que el complemento ortogonal de una dirección *contenga* a dicha dirección (véase la Fig. 18.5c), como se ha comentado antes, siendo esto lo que sucede para una dirección *nula* (i.e., a lo largo del cono de luz).

Al pasar de $\mathbb{E}^4$ a $\mathbb{M}$ hay también cambios relacionados con las desigualdades. El más espectacular de estos contiene la esencia de la denominada «paradoja del reloj» (o «paradoja de los gemelos») de la relatividad especial. A algunos lectores quizá les resultará familiar esta «paradoja»: se refiere a un viajero espacial que toma un cohete que se dirige a un planeta lejano a una velocidad próxima a la de la luz, y luego regresa para descubrir que en la Tierra han transcurrido muchos siglos, mientras que el viajero solo ha envejecido algunos años. Como ha resaltado Bondi (1964, 1967), si aceptamos que el paso del tiempo, re-

[18.5] (i) ¿En qué circunstancias es posible que un elemento 3-plano $\boldsymbol{\eta}$ contenga a su normal $\boldsymbol{\eta}^{\perp}$, en $\mathbb{M}$? (ii) Demuestre que existen dos familias distintas de 2-planos que son los complementos ortogonales de sí mismos en $\mathbb{CE}^4$, pero ninguna de estas familias sobrevive en $\mathbb{M}$. (Estos 2-planos complejos denominados «autodual» y «antiautodual» tendrán considerable importancia más adelante; véanse §32.2 y §33.11).

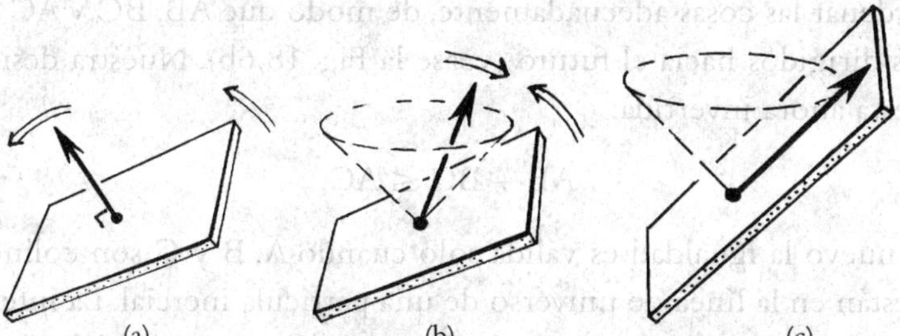

Fig. 18.5. (a) En la 4-geometría euclídea, si una dirección rota también lo hace su complemento ortogonal 3-plano. (b) Esto es cierto también en la 4-geometría lorentziana, pero en el caso de una dirección de género tiempo la pendiente del complemento ortogonal 3-plano (direcciones espaciales de «simultaneidad») se mueve en sentido inverso; (c) en consecuencia, si la dirección se hace nula, el complemento ortogonal contiene realmente dicha dirección.

gistrado por un reloj en movimiento, es realmente una especie de «longitud de arco» medida a lo largo de una línea de universo, entonces el fenómeno no es más enigmático que el hecho de que la distancia entre dos puntos en el espacio euclídeo depende del camino a lo largo del cual se mide dicha distancia. Ambos se miden por la misma fórmula, a saber $\int ds$, pero en el caso euclídeo el camino recto representa la minimización de la distancia medida entre dos puntos extremos fijos, mientras que en el caso minkowskiano resulta que el camino recto, i.e., *inercial*, representa la *maximización* del tiempo medido entre dos sucesos extremos fijos (véase también §17.9).

La desigualdad básica, de la que dimana todo esto, es la que se denomina *desigualdad triangular* de la geometría euclídea ordinaria. Si ABC es un triángulo euclídeo cualquiera, entonces las longitudes de sus lados satisfacen

$$AB + BC \geq AC,$$

y la igualdad solo es válida en el caso degenerado en que A, B y C son colineales (véase la Fig. 18.6a). Por supuesto, las cosas son simétricas, y no importa qué lado escojamos como lado AC. En la geometría lorentziana solo obtenemos una desigualdad triangular consistente cuando todos los lados son de género tiempo, y ahora debemos tener cuidado en ordenar las cosas adecuadamente, de modo que AB, BC y AC están todos dirigidos hacia el futuro (véase la Fig. 18.6b). Nuestra desigualdad está ahora invertida:

$$AB + BC \leq AC,$$

y de nuevo la igualdad es válida solo cuando A, B y C son colineales, i.e., están en la línea de universo de una partícula inercial. La interpretación de esto es precisamente la denominada «paradoja del reloj». La línea de universo del viajero espacial es la trayectoria quebrada ABC, mientras que los habitantes de la Tierra tienen AC como línea de universo. Vemos que, según la desigualdad, el reloj del viajero espacial registra realmente un tiempo total transcurrido más corto que el que registran los relojes en la Tierra.

A algunas personas les preocupa que en esta descripción no se tome en cuenta adecuadamente la aceleración del cohete, y de hecho he idealizado las cosas de modo que parece que el astronauta está sometido a una aceleración impulsiva (i.e., infinita) en el suceso B (¡lo que resultaría fatal!). Sin embargo, esta cuestión es fácilmente tratable solo suavizando las esquinas del triángulo, como se indica en la Fig. 18.6d. La diferencia de tiempo no se ve muy afectada, como es obvio en la situación correspondiente para el triángulo euclídeo «suavizado» que se muestra en la Fig. 18.6c. Se suele argumentar que sería necesario pasar a la *relatividad general* de Einstein para tratar la aceleración, pero esto es erróneo. La respuesta para los tiempos del reloj se obtiene utilizando la fórmula $\int ds$ (con $ds > 0$) en ambas teorías. Al astronauta se le permite acelerar en la relatividad especial, igual que en la relatividad general. La diferencia reside tan solo en la métrica que realmente se está utilizando para evaluar la cantidad ds; i.e., depende del g_{ij} real. Estaremos trabajando en relatividad especial siempre que esta métrica sea la métrica plana de la geometría de Minkowski $\mathbb{M}$. Desde el punto de vista físico, esto significa que pueden despreciarse los campos gravitatorios. Cuando necesitemos tener en cuenta el campo gravitatorio, deberemos introducir la métrica curva de la relatividad general de Einstein. Esto se examinará con más detalle en el próximo capítulo.

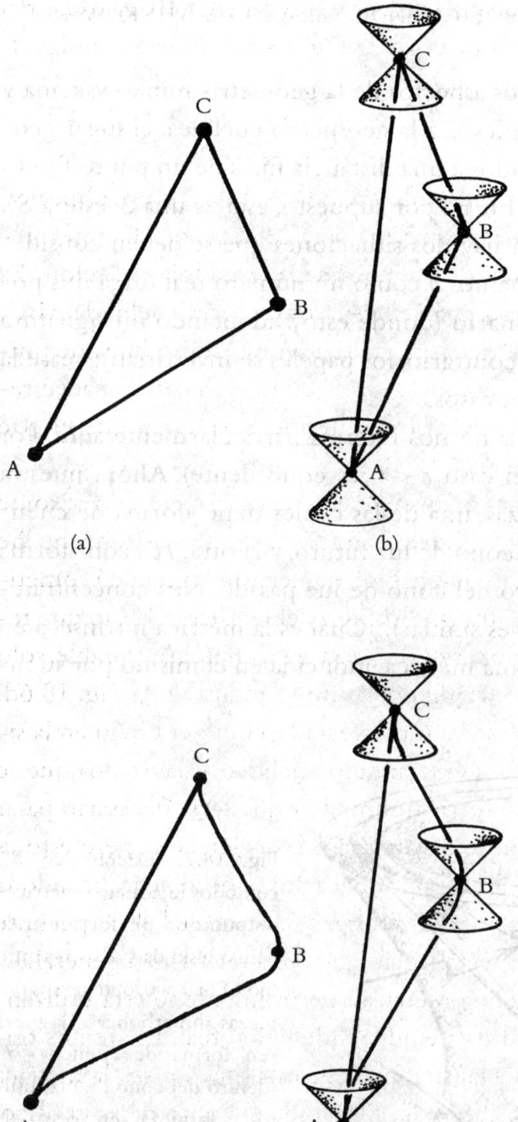

Fig. 18.6. (a) La desigualdad del triángulo euclídeo AB + + BC ≥ AC, donde la igualdad solo es válida en el caso degenerado en que A, B, C son colineales. (b) En geometría lorentziana, con AB, BC, AC de género tiempo futuro, la desigualdad se invierte: AB + + BC ≤ AC, con la igualdad válida solo cuando A, B, C están en la línea de universo de una partícula inercial. Esto ilustra la «paradoja del reloj» de la relatividad especial, donde un viajero espacial con línea de universo ABC experimenta un intervalo de tiempo más corto que el de los habitantes de la Tierra AC. (c) «Suavizar» las esquinas de un triángulo euclídeo supone poca diferencia para las longitudes de los lados, y el camino recto sigue siendo el más corto. (d) Análogamente, hacer las aceleraciones finitas («suavizando» las esquinas) supone poca diferencia para los tiempos, y el camino (inercial) recto sigue siendo el más largo.

18.4. Geometría hiperbólica en el espacio de Minkowski

Consideremos algunos otros aspectos de la geometría minkowskiana y su relación con la de Euclides. En la geometría euclídea, el lugar geométrico de los puntos situados a una distancia fija a de un punto fijo O es una superficie esférica. En $\mathbb{E}^4$, por supuesto, esta es una 3-esfera S^3. ¿Qué sucede en $\mathbb{M}$? Ahora hay dos situaciones que se deben considerar, dependiendo de si tomamos a como un número real (digamos positivo) o puramente imaginario (donde estoy adoptando mi signatura preferida $+---$; en caso contrario, los papeles se invertirían); véase la Fig. 18.7, que ilustra ambos casos.

El caso de a imaginario no nos interesa particularmente aquí. Por ello, supongamos $a > 0$ (el caso $a < 0$ es equivalente). Ahora nuestra «esfera» consta de dos piezas, una de las cuales tiene «forma de cuenco», $\mathcal{H}^+$, y yace dentro del cono de luz futuro, y la otra, $\mathcal{H}^-$, con «forma de colina», que yace dentro del cono de luz pasado. Nos concentraremos en $\mathcal{H}^+$ (el espacio $\mathcal{H}^-$ es similar). ¿Cuál es la métrica intrínseca en $\mathcal{H}^+$? Ciertamente hereda una métrica, inducida en el mismo por su in-

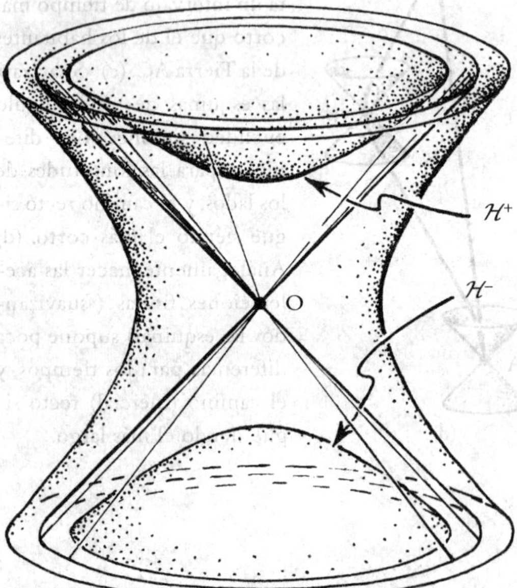

Fig. 18.7. «Esferas» en $\mathbb{M}$, como los lugares geométricos de puntos a una distancia de Minkowski dada a a un punto fijo O. Si $a > 0$, obtenemos dos piezas «hiperbólicas», la pieza «en forma de cuenco» $\mathcal{H}^+$ (dentro del cono de luz futuro) y la pieza «en forma de colina» $\mathcal{H}^-$ (dentro del cono de luz pasado). Para a imaginaria (o con a real y la signatura $+++-$ para $d\ell^2$), obtenemos un hiperboloide de una hoja, con separación de género espacio de O.

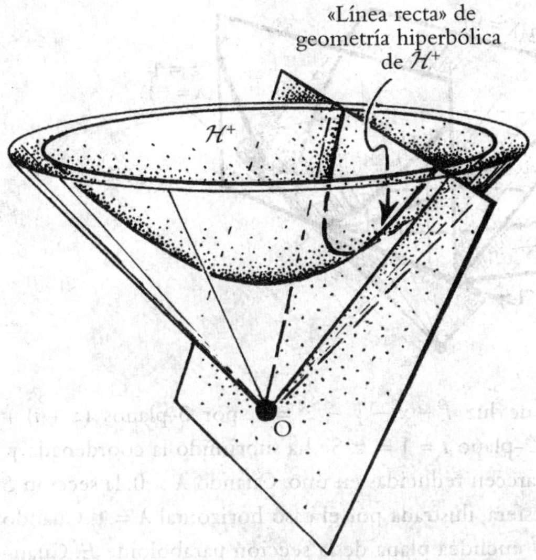

Fig. 18.8. Una «línea recta hiperbólica» (geodésica) en $\mathcal{H}^+$ es la intersección con $\mathcal{H}^+$ de un 2-plano que pasa por O. (Se ilustra el caso 2-dimensional, pero es análogo para un $\mathcal{H}^+$ 3-dimensional.)

mersión en $\mathbb{M}$. (La longitud de una curva en $\mathcal{H}^+$, por ejemplo, se define simplemente considerándola como una curva en $\mathbb{M}$.) De hecho, para este caso, la $d\ell^2$ (con signatura $+ + + -$) es la mejor medida, puesto que las direcciones a lo largo de $\mathcal{H}^+$ son de género espacio. Podemos hacer una buena conjetura respecto a la métrica de $\mathcal{H}^+$ porque es esencialmente una «esfera» de algún tipo, pero con un «signo cambiado». ¿Cuál puede ser? Recordemos las elucubraciones de Johann Lambert, en 1786, sobre la posibilidad de construir una geometría en la que se violara el quinto postulado de Euclides. Él consideraba que una esfera de radio imaginario proporcionaría una geometría tal, siempre que algo semejante tuviera realmente un sentido consistente. De hecho, la construcción de $\mathcal{H}^+$ que acabamos de dar proporciona precisamente un espacio semejante —un modelo de geometría hiperbólica— pero ahora es 3-dimensional. Para obtener el plano no euclídeo de Lambert (el plano hiperbólico), todo lo que tenemos que hacer es prescindir de una de las dimensiones espaciales en lo que se ha descrito más arriba. En cada caso las «líneas rectas hiperbólicas» (geodésicas) son simplemente intersecciones de $\mathcal{H}^+$ con 2-planos que pasan por O (Fig. 18.8).

Por supuesto, resulta extravagante imaginar que Lambert pudiera

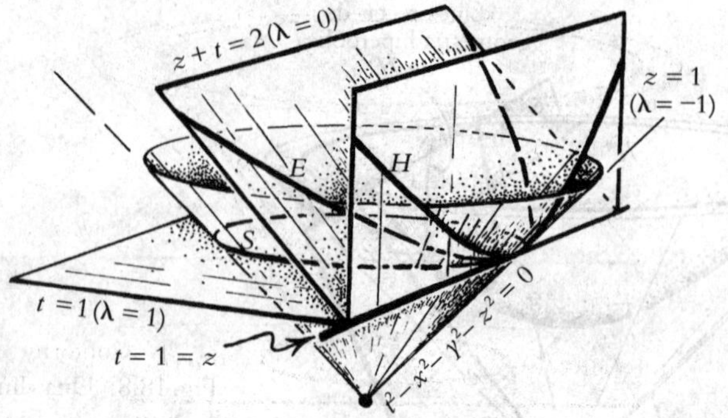

Fig. 18.9. Secciones del cono de luz $t^2 - x^2 - y^2 - z^2 = 0$, por 3-planos $(z + t) + \lambda(t - z) = 2$, que pasan por el 2-plano $t = 1 = z$. Se ha suprimido la coordenada y, de modo que las dimensiones aparecen reducidas en uno. Cuando $\lambda > 0$, la sección S tiene una métrica $d\ell^2$ que es 2-esfera, ilustrada por el caso horizontal $\lambda = 1$. Cuando $\lambda = 0$, obtenemos la métrica $d\ell^2$ euclídea plana de la sección paraboloide E. Cuando $\lambda < 0$, obtenemos una métrica $d\ell^2$ hiperbólica, ilustrada por la sección hiperbólica vertical H, en el caso $\lambda = -1$.

haber guardado en el fondo de su mente algo parecido a esta construcción. De todas formas, ilustra en cierto modo la consistencia interna de las ideas de este tipo, en las que las signaturas pueden ser «conmutadas» y las cantidades reales hechas imaginarias y las imaginarias hechas reales. Esto es algo acerca de lo que Lambert podría haber tenido intuiciones muy encomiables. Quizá sea instructivo examinar la Fig. 18.9. En ella he dibujado un cono de luz $t^2 - x^2 - y^2 - z^2 = 0$ (con y suprimida), para el 4-espacio de Minkowski $\mathbb{M}$, con coordenadas (t, x, y, z), y he tomado una familia de secciones del cono por los planos

$$z + t + \lambda(t - z) = 2,$$

para varios valores de λ, todos ellos tomados a través de un plano concreto $t = 1 = z$. Esta intersección es 2-dimensional (al ser el propio cono 3-dimensional), y resulta que para cada valor positivo de λ, la métrica de esta 2-superficie es exactamente la de una esfera de radio $\lambda^{-1/2} = 1/\sqrt{\lambda}$ (con respecto a la métrica $d\ell^2$). Cuando $\lambda = 0$, obtenemos la métrica de un plano euclídeo ordinario. (Esta intersección no se ve «plana», sino que en su lugar parece «paraboloide»; de todas formas, su

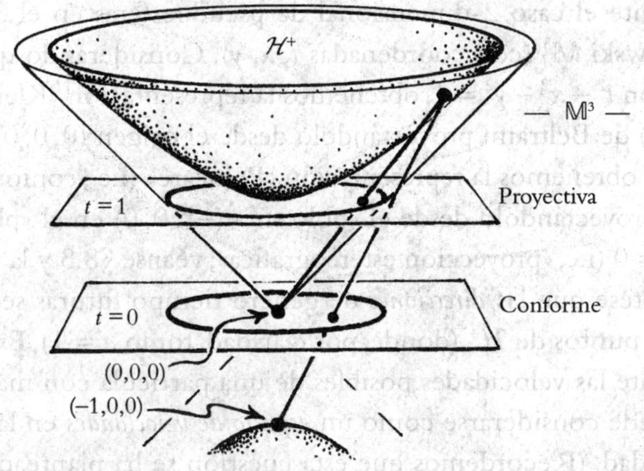

Fig. 18.10. En el 3-espacio de Minkowski $\mathbb{M}^3$, la 2-geometría hiperbólica de $\mathcal{H}^+$ (dada por $t^2 - x^2 - y^2 = 1$) se relaciona directamente con las representaciones conforme y proyectiva de Beltrami (ilustradas en las Figs. 2.11 y 2.16 respectivamente —grabado de M. C. Escher y su versión distorsionada—. El modelo proyectivo de Beltrami («Klein») se obtiene proyectando $\mathcal{H}^+$ desde el origen (0,0,0) al interior del círculo unidad en el plano $t = 1$. El modelo conforme de Beltrami («Poincaré») se obtiene proyectando $\mathcal{H}^+$ desde (–1, 0, 0) en el interior del círculo unidad en $t = 0$. (Véase también la geometría de Beltrami de la Fig. 2.17.) La construcción análoga funciona asimismo para la 3-geometría hiperbólica en $\mathbb{M}$.

métrica intrínseca es realmente plana.)[18.6] Cuando λ se hace negativo, la intersección es la esfera de Lambert de radio imaginario ($= 1/\sqrt{\lambda}$). Realmente tiene una métrica intrínseca (a partir de $d\ell^2$) de geometría hiperbólica. De este modo, vemos que la intuición tentativa de Lambert, según la cual podrían tener sentido esferas de radio imaginario, estaba perfectamente justificada aunque siglos por delante de su tiempo.

La construcción para la geometría hiperbólica como la «pseudoesfera» $\mathcal{H}^+$ puede relacionarse directamente con las representaciones conforme y proyectiva de Beltrami que se han descrito (en el caso 2-dimensional) en §§2.4,5. En la Fig. 18.10 he ilustrado la forma en que ambas pueden obtenerse directamente a partir de $\mathcal{H}^+$, mostrando explí-

[18.6] Demuestre todo esto. *Sugerencia*: Resulta útil utilizar coordenadas x, y y w, donde $w = (t - z - 1/\lambda)\sqrt{\lambda} = (1 - t - z)/\sqrt{\lambda}$.

citamente el caso 2-dimensional de pseudoesferas en el 3-espacio de Minkowski $\mathbb{M}^3$ (con coordenadas t, x, y). Considerando que $\mathcal{H}^+$ tiene ecuación $t^2 - x^2 - y^2 = 1$, obtenemos la representación «Klein» (i.e., proyectiva) de Beltrami proyectándolo desde el origen $(0, 0, 0)$ en el plano $t = 1$, y obtenemos la representación «Poincaré» (i.e., conforme) de Beltrami proyectándolo desde el «polo sur» $(-1, 0, 0)$ en el «plano ecuatorial» $t = 0$ (i.e, «proyección estereográfica»; véanse §8.3 y la Fig. 8.7).[18.7]

Nótese que las *direcciones* de género tiempo futuras se representan por los puntos de $\mathcal{H}^+$ (donde, por claridad, tomo $a = 1$). Estos son simplemente las velocidades posibles de una partícula con masa. Así pues, $\mathcal{H}^+$ puede considerarse como un *espacio de velocidades* en la teoría de la relatividad. (Recordemos que esta cuestión se ha planteado al final de §2.7.) Uno de los aspectos de la relatividad que la gente suele encontrar más perturbador es que no se pueden sumar velocidades al modo usual. Así, en particular, si una nave espacial viajara en una dirección a velocidad $\frac{3}{4}c$, con respecto a la Tierra, y lanzara un misil en la misma dirección espacial a una velocidad $\frac{3}{4}c$, con respecto a la nave, entonces el misil viajaría solo a $\frac{24}{25}c$, con respecto a la Tierra, y no a la velocidad superlumínica $\left(\frac{3}{4} + \frac{3}{4}\right)c = \frac{3}{2}c$. (Aquí c es la velocidad de la luz, reintroducida solo por claridad; las unidades se escogen de modo que $c = 1$.) Esto se comprende ahora como un efecto de sumar *longitudes* en la geometría hiperbólica (véase la Fig. 18.11).[18.8]

Para apreciarlo, tenemos que entender la interpretación física de esta «longitud» hiperbólica. De hecho, es una magnitud, conocida

[18.7] Demuestre por qué las líneas rectas hiperbólicas se representan por rectas en el caso «Klein» y por círculos que cortan la frontera ortogonalmente en el caso «Poincaré», indicando mediante el uso de un «salto de signatura» por qué este segundo caso es, de hecho, conforme.

[18.8] Utilice un argumento de «salto de signatura» para ver por qué sumar longitudes en geometría hiperbólica debería dar lugar a la fórmula de adición que se está utilizando aquí, a saber $(u + v)c/(1 + uv)$, para «sumar» velocidades uc, vc en la misma dirección espacial. Considere la suma de longitudes de arco alrededor de un círculo o una esfera, siendo la «velocidad» correspondiente a cada longitud de arco la tangente del ángulo que subtiende en el centro.

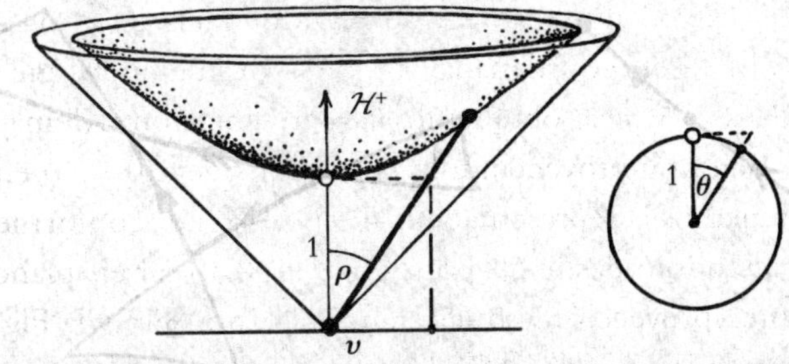

Fig. 18.11. El espacio de velocidades en la teoría de la relatividad es el espacio hiperbólico (unidad) $\mathcal{H}^+$, donde la rapidez ρ (= $\tanh^{-1}v$) mide la distancia hiperbólica a lo largo de $\mathcal{H}^+$ (la velocidad de la luz $c = 1$ corresponde a ρ infinita). Esto es equivalente (por «salto de signatura») a que la distancia a lo largo del círculo unidad sea el ángulo θ subtendido en su centro.

como la *rapidez*, para la que utilizaré la letra griega ρ, definida en términos de la velocidad v por las fórmulas (representadas gráficamente en la Fig. 18.12)

$$\rho = \frac{1}{2}\log\frac{1+v}{1-v}, \quad \text{i.e.,} \quad v = \frac{e^{\rho}-e^{-\rho}}{e^{\rho}+e^{-\rho}}$$

(la expresión derecha es lo que se denomina la «tangente hiperbólica» de ρ, escrita «tanhρ»). La rapidez es simplemente la medida de «distancia» en el espacio hiperbólico $\mathcal{H}^+$ (escogida para tener pseudorradio unidad —véanse §§2.4,6— puesto que $a = 1$). Para velocidades v pequeñas comparadas con la de la luz, la rapidez es lo mismo que v.[18.9] Nótese que la frontera, en el grabado de Escher mostrado en la Fig.

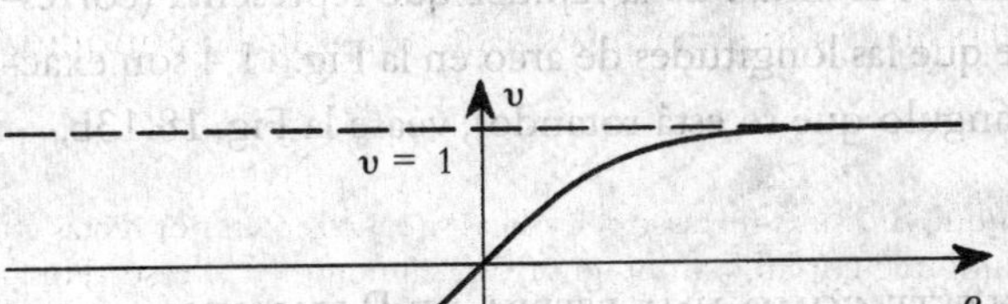

Fig. 18.12. La gráfica de la velocidad v (con $c = 1$) en términos de la rapidez ρ definida por $\rho = \frac{1}{2}\log\{(1+v)/(1-v)\}$, i.e., $v = (e^{\rho}-e^{-\rho})/(e^{\rho}+e^{-\rho}) = \tanh\rho$.

[18.9] Justifique esta afirmación; demuestre la equivalencia de las dos fórmulas mostradas antes.

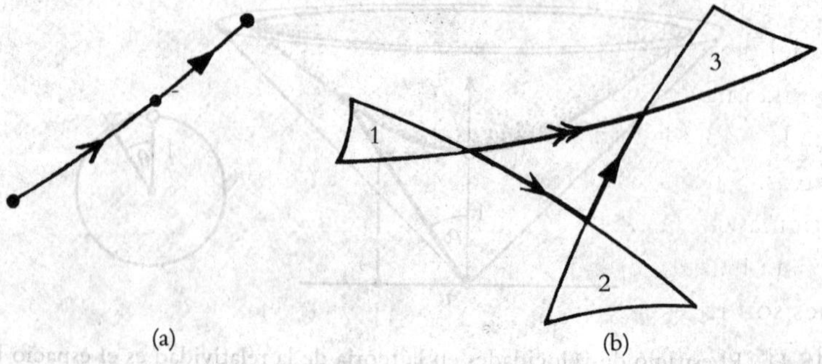

Fig. 18.13. Composición de velocidades relativistas en el espacio de velocidad hiperbólico $\mathcal{H}^+$. (a) Para velocidades en la misma dirección, simplemente sumamos las rapideces. (b) Para velocidades en direcciones diferentes, utilizamos una ley del triángulo para componerlas, donde las longitudes hiperbólicas de los lados son la mitad de sus rapideces respectivas. (Compárese con la Fig. 11.4b, que describe la composición de rotaciones ordinarias en el 3-espacio, cuya demostración es la misma.)

2.11 y que describe el infinito para la geometría hiperbólica ($\rho = \infty$), representa la velocidad límite inalcanzable c ($= 1$).

La composición de velocidades en la misma dirección se describe simplemente sumando sus rapideces (i.e., sumando longitudes hiperbólicas); véase la Fig. 18.13a. Podemos componer velocidades en direcciones diferentes simplemente utilizando el procedimiento dado para rotaciones ordinarias en §11.4, como se ilustra en la Fig. 11.4 (con «signatura conmutada» de manera adecuada). Aquí utilizamos una *ley triangular* hiperbólica, aplicada a las dos velocidades que se tienen que componer, donde cada una está representada por un segmento hiperbólico cuya longitud hiperbólica es exactamente la mitad de la rapidez que representa (correspondiente al hecho de que las longitudes de arco en la Fig. 11.4 son exactamente la mitad del ángulo que se está rotando); véase la Fig. 18.13b.

18.5. La esfera celeste como una esfera de Riemann

A continuación echemos una ojeada a la geometría interna de la «frontera en el infinito» para la geometría hiperbólica $\mathcal{H}^+$, donde debemos dejar claro que estamos interesados en el espaciotiempo de Minkowski 4-dimensional completo, de modo que esta frontera es ahora una esfera S^2 en lugar de un círculo (S^1) que hemos encontrado como frontera del grabado de Escher de la Fig. 2.11. Cada punto de esta esfera representa una dirección a lo largo del propio cono de luz nulo, que representa la velocidad de la luz límite que es inalcanzable para las partículas masivas. Sin embargo, estas velocidades límite son alcanzables para las partículas *sin masa*; de hecho, estas son las únicas velocidades permitidas para las partículas sin masa en vuelo libre. Afortunadamente, los fotones son partículas sin masa, y podemos *ver* los fotones. Si miramos al cielo en una noche despejada veremos lo que parece una cúpula hemisférica por encima de nosotros, salpicada de miríadas de estrellas. De hecho, nos estamos representando de forma realista la familia de los rayos de luz que constituyen el cono de luz centrado en el suceso O que está ocupado por nuestro ojo en el momento en que percibimos el escenario celeste. En realidad, estamos percibiendo solo la mitad de los rayos del cono de luz, pero si imaginamos que nos encontramos en el espacio exterior, con una completa visión de la esfera celeste que nos rodea, entonces tendremos una imagen mejor de la esfera de rayos que constituyen el cono de luz entero de O. Quizá resulta más fácil imaginar que esta esfera representa el cono *pasado* de O, puesto que nos interesamos en la luz que entra en el ojo y no en la que sale de él. Pero los rayos luminosos, en el sentido de líneas rectas nulas, se extienden en ambas direcciones, desde el pasado al futuro, de modo que podría considerarse que la esfera celeste representa solo esta familia S de rayos luminosos *completos* que pasan por O. (Véase también §33.2.)

Por supuesto, el espacio $\mathcal{S}$ es topológicamente una 2-esfera, pero ¿tiene alguna estructura particular digna de mención? Podríamos imaginarlo dotado de una métrica y considerarlo como un espacio riemanniano 2-dimensional. La forma más obvia sería tomar una sección del cono de luz, por ejemplo un corte por el 3-plano espacial $t = -1$, para obtener (a partir de la ecuación del cono $t^2 - x^2 - y^2 - z^2 = 0$) la esfera métrica de radio unidad $x^2 + y^2 + z^2 = 1$ como representación de $\mathcal{S}$. Alternativamente, podríamos seccionar el cono por $t = 1$, y de nuevo obtenemos una esfera de radio unidad, estando ambas relacionadas por la aplicación antipodal (que conserva esta métrica). Pero no hay nada especial en estas formas particulares de seccionar el cono, a menos que discriminemos la línea de universo de algún observador particular que pasa por O y utilicemos la coordenada t de dicho observador. Si otro observador, que podría estar viajando a una velocidad alta con respecto al primero, se encuentra con el mismo suceso O, puede haber cierta distorsión entre el mapa del cielo celeste que hace un observador y el mapa que hace el otro.

En realidad, *existe* un tipo de distorsión que se debe al efecto conocido como *aberración estelar*, que fue observada por James Bradley en 1725. Según este efecto, la posición aparente de una estrella en la esfera celeste se desplaza ligeramente con las estaciones, debido al hecho de que la velocidad de la Tierra es diferente cuando está en diferentes lugares en su órbita alrededor del Sol. Este efecto es similar al que suelen observar los automovilistas cuando viajan a gran velocidad bajo la lluvia. Para quienes están dentro del automóvil parece que la lluvia viene directamente de frente, mientras que desde la perspectiva de un observador en reposo en el suelo la lluvia cae en dirección vertical. Este efecto se debe al hecho de que la velocidad finita de la lluvia debe componerse de la forma adecuada con la velocidad del automóvil para que pueda discernirse el efecto relativo observado. De hecho, en esta situación estamos considerando que la velocidad del automóvil es mucho mayor que la de la lluvia, de modo que el efecto aparente principal procede del movimiento del automóvil. En el caso de la estrella, por el contrario, la variación en la velocidad orbital de la Tierra es mucho menor que la velocidad de la luz de la estrella cuando viaja hacia nosotros. En consecuencia, la variación estacional en la posición aparente de la estrella es muy pequeña (aproximadamente 20 segundos de arco). En cualquier caso, el efecto está presente y representa una distorsión de la esfera celeste dependiente de la velocidad, lo que nos dice que no podemos considerar que esta esfera tenga una estructura métrica natural, independiente de la velocidad del observador.

La cuestión que estoy planteando aquí es si hay alguna bonita estructura matemática en $\mathcal{S}$, más débil que una estructura métrica, que se conserva al pasar del mapa celeste que hace un observador al mapa que hace otro, cuando ambos coinciden en el suceso O cruzándose a gran velocidad relativa. De hecho, *sí* existe tal estructura, y curiosamente es precisamente la estructura que hemos estudiado antes en §§8.2,3, cuando hemos considerado la esfera de Riemann. Recordemos que la esfe-

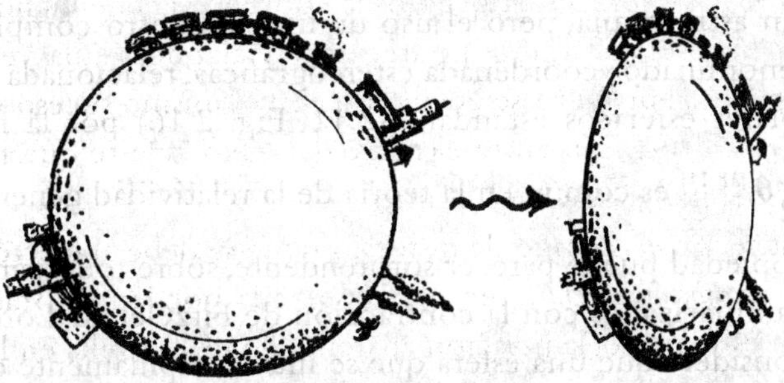

Fig. 18.14. «Efecto de achatamiento» de FitzGerald-Lorentz. Un planeta esférico se mueve hacia la derecha a velocidad v (próxima a la de la luz) con respecto a un sistema de referencia fijo. En ese sistema se describiría como si estuviera achatada en un factor $(1 - v^2/c^2)^{1/2}$ en su dirección de movimiento.

ra de Riemann posee una estructura conforme, de modo que aunque no tenga asignada ninguna métrica particular y no hay definida una noción de distancia entre puntos o de longitudes asignadas a curvas, existe una noción absoluta de *ángulo* definido entre curvas en la esfera. Cualquier transformación admisible de la esfera de Riemann en sí misma debe conservar esta noción de ángulo. En consecuencia, las formas pequeñas (infinitesimales) se conservan en estas transformaciones, aunque sus tamaños pueden cambiar. Además, círculos de cualquier tamaño en la esfera se transforman de nuevo en círculos. Esta es, de hecho, la estructura propia de la esfera celeste $\mathcal{S}$. Por consiguiente, cualquier figura circular de estrellas, tal como la percibe un observador, debe ser también percibida como circular por cualquier otro.[18.10] Esto sugiere que un etiquetado conveniente de las estrellas del cielo podría consistir en ¡asignar un número complejo a cada una de ellas (admitiendo también ∞)! No tengo noticia de que dicha propuesta haya sido

[18.10] Trate de reconstruir en detalle un argumento ingenioso para esto, que se debe al muy original e influyente teórico relativista irlandés John L. Synge y que ¡no requiere cálculos! El argumento procede aproximadamente como sigue. Considere la configuración geométrica consistente en el cono de luz pasado $\mathcal{C}$ de un suceso O y un 3-plano P (de género tiempo) que pasa por O. Sea Σ la intersección de $\mathcal{C}$ y P. Describa la «historia», a medida que avanza el tiempo, de las descripciones espaciales respectivas de $\mathcal{C}$, P y Σ, de acuerdo con algún sistema de referencia minkowskiano concreto. Explique por qué cualquier observador en O ve Σ como un círculo y, además, que esta construcción geométrica caracteriza, de una forma independiente del sistema, a aquellos haces de rayos que se le aparecen a un observador como un círculo.

adoptada en astronomía, pero el uso de un parámetro complejo semejante, denominado «coordenada estereográfica», relacionada con los ángulos polares esféricos estándar (§2.11, Fig. 2.16) por la fórmula $\zeta = e^{i\varphi}\cot\frac{1}{2}\theta$,[18.11] es común en la teoría de la relatividad general.[7]

Esta propiedad puede parecer sorprendente, sobre todo para quienes estén familiarizados con la contracción de FitzGerald-Lorentz en la que se considera que una esfera que se mueve rápidamente con velocidad $\boldsymbol{v}$ sufre un achatamiento en la dirección de su movimiento en un factor $\gamma = \sqrt{(1 - (v^2/c^2))}$; véase la Fig. 18.14. (No he discutido explícitamente este efecto de achatamiento. Aparece cuando consideramos la descripción espacial de un objeto en movimiento, y puede encontrarse en la mayoría de las exposiciones estándar de la teoría de la relatividad).[8,[18.12]] Imaginemos que la esfera pasa en dirección horizontal a una velocidad próxima a la de la luz. Es fácil imaginar que este achatamiento debería ser perceptible para un observador que esté en reposo en el suelo. Por el principio de relatividad, el efecto debería ser idéntico al que percibiría un observador que se moviera a velocidad $\boldsymbol{v}$ en dirección opuesta mientras la esfera permanece en reposo. Pero para un observador en reposo que ve una esfera en reposo, la esfera es percibida ciertamente como un objeto con perfil circular. ¡Esto parecería contradecir la afirmación hecha en el párrafo anterior según la cual «lo que se percibe como un círculo va a algo que se percibe como un círculo»! De hecho, no hay contradicción, porque este «efecto de achatamiento» de FitzGerald-Lorentz no es directamente observable. Esto se sigue de una consideración detallada de las longitudes de camino de la luz que llega a un observador con respecto al cual la esfera está en movimiento. Véase la Fig. 18.15. La luz que procede de la parte trasera de la esfera llega al observador desde un punto más lejano que la que procede de la parte frontal de la esfera.[9,[18.13]]

[18.11] Deduzca esta fórmula.
[18.12] Trate de obtener esta fórmula utilizando las ideas anteriores de la geometría espaciotemporal.
[18.13] Desarrolle este argumento en detalle para demostrar por qué el achatamiento de FitzGerald-Lorentz compensa exactamente el efecto que aparece de la diferencia de la longitud del camino. Demuestre que para un diámetro angular pequeño el efecto aparente es una rotación de la esfera, y no un achatamiento.

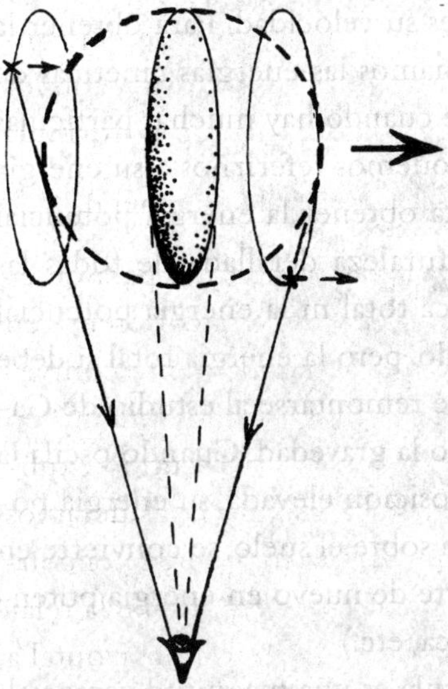

Fig. 18.15. El achatamiento de FitzGerald-Lorentz no es directamente visible porque lo que para un observador parece ser la parte trasera de la esfera implica una longitud de camino mayor que lo que parece ser la parte frontal de la esfera (pues la parte trasera se aleja del camino de la luz y la parte frontal se mueve hacia él). Por consiguiente, el borde trasero aparente se refiere a una posición de la esfera anterior a la que se refiere el borde frontal, por lo que la imagen sugiere un estiramiento compensatorio en la dirección del movimiento.

18.6. Energía y momento (angular) newtonianos

Hay un último aspecto de la geometría minkowskiana que quiero examinar en este capítulo. Concierne a las importantes cuestiones de la *energía*, el *momento* y el *momento angular* en la teoría de la relatividad. Llegaremos a ello enseguida, en §18.7, pero antes debería hacer algunos comentarios sobre estos conceptos esenciales en la teoría newtoniana, pues no los he introducido antes en este libro. La importancia vital de estas magnitudes se debe a que son cosas con un significado bien definido en la teoría newtoniana, y que se *conservan* —para un sistema sobre el que no actúan fuerzas externas— en el sentido de que la energía, el momento y el momento angular total son constantes en el tiempo.

La energía de un sistema puede considerarse compuesta de dos partes, a saber, la energía *cinética* (i.e., energía de movimiento) y la energía *potencial* (la energía almacenada en las fuerzas entre partículas). La energía cinética de una partícula (sin estructura), en la teoría newtoniana, viene dada por la expresión

$$\frac{1}{2}mv^2,$$

donde m es la masa de la partícula y v es su velocidad. Para obtener la energía cinética total, simplemente sumamos las energías cinéticas de todas las partículas individuales (aunque cuando hay muchas partículas constituyentes que se mueven al azar, podemos referirnos a su energía como energía *térmica*; véase §27.3). Para obtener la energía potencial total tenemos que saber algo de la naturaleza detallada de todas las fuerzas implicadas. Ni la energía cinética total ni la energía potencial total tienen que conservarse por separado, pero la energía total sí debe hacerlo. (El primer indicio de ello puede remontarse al estudio de Galileo del movimiento de los cuerpos bajo la gravedad. Cuando oscila la lenteja del péndulo, partiendo de una posición elevada, su energía potencial gravitatoria, medida por su altura sobre el suelo, se convierte en energía cinética, que después se convierte de nuevo en energía potencial, y luego de nuevo en energía cinética, etc.)

El *momento lineal* $\mathbf{p}$ de nuestra partícula es una magnitud vectorial, dada por la expresión

$$\mathbf{p} = m\mathbf{v},$$

donde $\mathbf{v}$ es el vector que describe su velocidad. Para obtener el momento lineal total tomamos la suma vectorial de todos los momentos individuales. Esta cantidad total también se conserva en el tiempo.[18.14]

Recordemos de §§17.2,3 que hay un principio de relatividad válido para la teoría newtoniana (relatividad de Galileo). ¿Cómo se las arreglan nuestras leyes de conservación para sobrevivir cuando ni la energía ni el momento lineal quedan invariables al pasar de un sistema inercial a otro? Si el segundo sistema se mueve uniformemente con respecto al primero, con una velocidad dada por el vector $\mathbf{u}$, entonces una partícula cuya velocidad es $\mathbf{v}$, en el primer sistema, tiene una velocidad descrita por $\mathbf{v} - \mathbf{u}$ en el segundo. Resulta que la conservación de la energía y el momento lineal en el primer sistema se corresponde con la conservación de la energía y el momento lineal en el segundo sistema, siempre que tengamos en cuenta que la masa también se con-

[18.14] Utilice la conservación de la energía y del momento para demostrar que si una bola de billar en reposo es golpeada por otra de la misma masa, entonces salen a ángulos rectos (suponiendo una colisión elástica, de modo que no hay conversión de energía cinética en calor).

serva (y asimismo debemos utilizar la tercera ley de Newton; véanse la Fig. 17.4b y §17.3).[18.15]

Habría que mencionar que en la mecánica newtoniana hay también otras magnitudes conservadas, la más importante de las cuales es el *momento angular* (o *momento* del momento lineal), tomado respecto a un punto origen *O*. Supongamos que el *vector de posición* de una partícula con respecto a *O* es

$$\mathbf{x} = (x^1, x^2, x^3),$$

siendo x^1, x^2, x^3 sus coordenadas cartesianas y $\mathbf{p}$ su momento lineal; entonces, el momento angular viene dado por

$$\mathbf{M} = 2\mathbf{x} \wedge \mathbf{p}$$

(véase §11.6 para el significado de $\wedge$).[10] Para obtener el momento angular total del sistema, simplemente sumamos las cantidades $\mathbf{M}$ para todas las partículas individuales.[18.16]

En la teoría newtoniana hay también otra magnitud que se conserva en el tiempo en ausencia de fuerzas externas que se suele discutir menos que el momento angular. Para una sola partícula, esta es

$$\mathbf{N} = t\mathbf{p} - m\mathbf{x},$$

donde t es el tiempo, y obtenemos el valor total de $\mathbf{N}$ sumando los valores individuales para cada partícula. Este total tiene la misma forma que el $\mathbf{N}$ dado antes, pero ahora $\mathbf{x}$ es el vector de posición del centro de masas y $\mathbf{p}$ el momento lineal total. La constancia de esta $\mathbf{N}$ total expresa el hecho de que el centro de masas se mueve uniformemente en línea recta; véase la Fig. 18.16.[18.17]

Tendremos que plantearnos la siguiente pregunta: ¿cómo queda afectado todo esto por las convulsiones de la relatividad especial? ¿Seguimos teniendo los conceptos de energía, momento, momento angular y movimiento del centro de masas conservados? ¿Qué hay de la

[18.15] Demuestre todo esto.

[18.16] ¿Por qué los patinadores que giran recogen sus brazos para incrementar su velocidad de rotación?

[18.17] Demuéstrelo. (N.B. El vector de posición del centro de masas es la suma de las cantidades $m\mathbf{x}$ dividida por la suma de las masas m.)

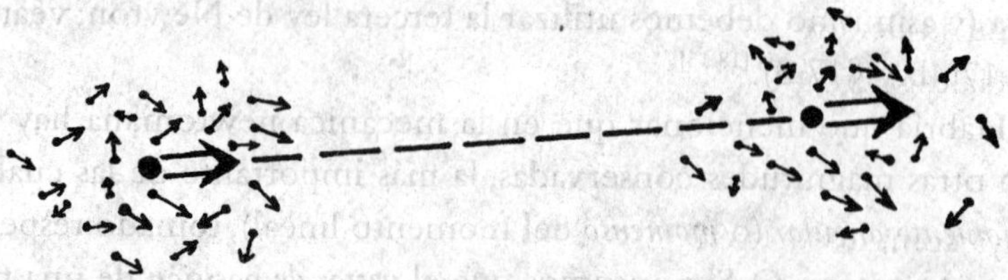

Fig. 18.16. Movimiento uniforme del centro de masas. La cantidad $\mathbf{N} = t\mathbf{p} - m\mathbf{x}$, donde t es el tiempo y $\mathbf{x}$ es el vector de posición del centro de masas, se conserva. Esto expresa el hecho de que el centro de masas se mueve uniformemente en línea recta, con velocidad $\mathbf{p}/m$.

conservación de la masa? La respuesta a las cuatro primeras preguntas es «sí», aunque tenemos que tener cuidado en definir estas magnitudes correctamente. Con respecto a la conservación de la *masa*, sucede algo muy curioso. Las dos leyes de conservación newtonianas independientes para energía y momento se subsumen en una. En un sentido claro, masa y energía se hacen completamente equivalentes entre sí, de acuerdo con la ecuación más famosa de Einstein

$$E = mc^2,$$

donde E es la energía total del sistema y m su masa total, siendo c la velocidad de la luz, como antes. En la última sección de este capítulo veremos cómo funciona todo esto.

18.7. Energía y momento (angular) relativistas

Recordemos de qué forma el espacio y el tiempo llegan a unirse en la teoría de la relatividad para convertirse en la entidad única «espacio-tiempo», de modo que la coordenada temporal t se añade al vector de posición en el 3-espacio $\mathbf{x} = (x^1, x^2, x^3)$ para dar el 4-vector x^a

$$(x^0, x^1, x^2, x^4) = (t, \mathbf{x}).$$

Encontraremos que el momento y la energía llegan a unirse de modo similar. Cualquier sistema finito en relatividad especial tendrá una energía total E y un 3-vector momento total $\mathbf{p}$. Estos se unen en lo que se denomina el 4-vector *energía-momento*, cuyas componentes espaciales son

$$(p^1, p^2, p^3) = c^2\mathbf{p},$$

y cuya componente temporal p^0 mide no solo la energía total, sino también de forma equivalente la *masa* total m del sistema de acuerdo con

$$p^0 = E = mc^2,$$

que incorpora la famosa relación masa/energía de Einstein.

Con unidades más naturales con $c = 1$, energía y masa son simplemente iguales. Sin embargo, he escrito explícitamente la velocidad de la luz c (i.e., sin escoger unidades espacio/tiempo tales que $c = 1$) para facilitar la traducción a descripciones no relativistas. Los convenios que estoy utilizando consisten en tomar las componentes métricas g_{ab} como la matriz cuyas componentes no nulas son $(1, -c^{-2}, -c^{-2}, -c^{-2})$ por debajo de la diagonal principal, y cuya inversa g^{ab} tiene $(1, -c^{-2}, -c^{-2}, -c^{-2})$ por debajo de la diagonal principal.

Aunque inicialmente se puede considerar la energía-momento como un *vector* espaciotemporal en este sentido, resulta más conveniente (véanse §20.2 y §21.2) considerarlo como un *covector*, descrito por cantidad con subíndice p_a con componentes

$$(p_0, p_1, p_2, p_3) = (E, -\mathbf{p}).$$

Esto tiene un irritante signo menos (aunque la c ha desaparecido). Cualquiera que sea la versión utilizada (p_a o p^a), el 4-momento satisface una *ley de conservación*. Así pues, en una colisión entre dos o más partículas (o sistemas), o en la desintegración de una única partícula (o sistema) en dos o más, la suma de todos los 4-momentos antes de la colisión es igual a la suma de todos los 4-momentos después de la misma. Así pues, la ley de conservación de la energía, la de conservación del momento, y también la de conservación de la masa, están todas subsumidas en esta única ley. La razón para reunirlas de esta forma está en que, en un cambio de sistema de referencia, dichas cantidades se transforman entre sí de la forma correcta para la teoría de la relatividad, como requiere la notación de índices (véase §12.8).

Notamos que la masa total de un sistema no es una magnitud escalar en la teoría de la relatividad, de modo que su valor depende del sistema de referencia con respecto al cual es medida. Por ejemplo, una partícula cuya masa es m, medida en su propio sistema de referencia, parece tener una masa mayor medida en un segundo sistema con respecto al cual se está moviendo. No obstante, para que el efecto sea significativo, la velocidad relativa entre los dos sistemas tendría que ser comparable a la velocidad de la luz.[18.18]

Sin embargo, estos comentarios se aplican solo al tipo de masa que se conserva en el sentido aditivo recién descrito (para un sistema sobre el que no actúan fuerzas externas). Existe otro concepto de masa en relatividad, a saber, la *masa en reposo* μ (≥ 0), que no depende del sistema de referencia. Esta es igual a la masa medida en el sistema de reposo, i.e., en el sistema para el que el momento es cero. La masa en reposo μ es c^{-2} multiplicado por la *energía en reposo* $(p_a p^a)^{1/2}$, de modo que

$$(c^2\mu)^2 = p_a p^a = E^2 - c^2\mathbf{p}^2;$$

y tenemos $\mu = c^{-2}(E^2 - c^2\mathbf{p}^2)^{1/2}$. Aquí estoy adoptando la notación vectorial 3-espacial en la que, para un 3-vector $\mathbf{a}$ arbitrario, definimos $\mathbf{a}^2 = \mathbf{a} \bullet \mathbf{a} = a_1^2 + a_2^2 + a_3^2$. El «punto» denota «producto escalar» (de modo análogo a la notación de §12.3):

$$\mathbf{a} \bullet \mathbf{b} = a_1 b_1 + a_2 b_2 + a_3 b_3,$$

con $\mathbf{a} = (a_1, a_2, a_3)$ y $\mathbf{b} = (b_1, b_2, b_3)$. (Esta notación nos será de utilidad más adelante.)

Para una única partícula que es *masiva* en el sentido de que $\mu > 0$, podemos tomar el 4-momento como la *4-velocidad* con una escala dada por la masa en reposo μ. La 4-velocidad v^a es un vector de género tiempo(-futuro) tangente a la línea de universo de la partícula, y cuya longitud (minkowskiana) es c (i.e., un vector *unidad* si $c = 1$):

$$p^a = \mu v^a, \quad \text{donde} \quad v_a v^a = c^2;$$

véase la Fig. 18.17. Como se ha señalado antes, la masa en reposo de una partícula masiva es la masa (masa-energía) de dicha partícula me-

[18.18] Demuestre que la fórmula para la masa aumentada es $m(1 - v^2/c^2)^{-1/2}$, donde v es la velocidad de la partícula en el segundo sistema; véase *infra*.

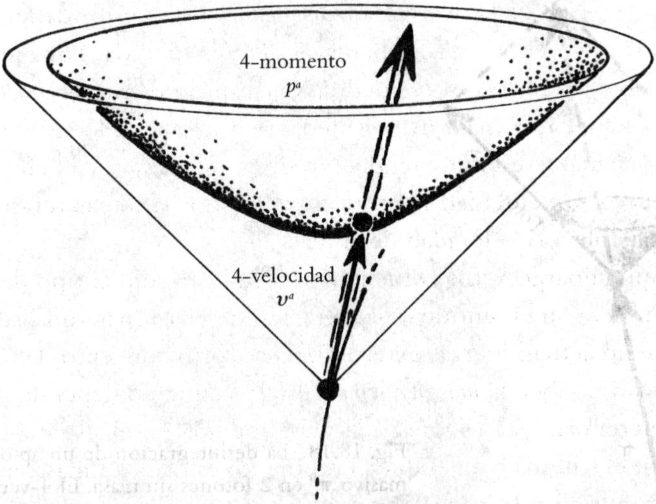

Fig. 18.17. Para una partícula con masa, el 4-momento p^a es la 4-velocidad v^a escalada por la masa en reposo μ (> 0), donde v^a es un 4-vector unidad (de género tiempo futuro) tangente a la línea de universo de la partícula (tomando $c = 1$).

dida en su propio sistema de reposo. Considerando que la 3-velocidad ordinaria de la partícula es $\mathbf{v}$, de modo que $\mathbf{v} = (\mathrm{d}x^1/\mathrm{d}t, \mathrm{d}x^2/\mathrm{d}t, \mathrm{d}x^3/\mathrm{d}t)$, donde $t = x^0$, obtenemos[18.19],[18.20]

$$\mathbf{p} = m\mathbf{v}, \quad m = \gamma\mu, \quad v^a = \gamma(c^2, \mathbf{v}),$$

donde

$$\gamma = (1 - \mathbf{v}^2/c^2)^{-1/2}.$$

Las partículas también pueden ser *sin masa* (i.e., con *masa en reposo nula*, $\mu = 0$), siendo el fotón el ejemplo primordial. Entonces el 4-mo-

[18.19] ¿Por qué?

[18.20] Utilice la serie de Taylor de §6.4 para obtener $(1 + x)^{1/2} = 1 + \frac{1}{2}x - \frac{1}{8}x^2 + \frac{1}{16}x^3 - \ldots$ A partir de aquí, obtenga un desarrollo en serie de potencias para la energía $E = [(c^2\mu)^2 + c^2\mathbf{p}^2]^{1/2}$ de una partícula de masa en reposo μ y 3-momento $\mathbf{p}$. Demuestre que el término dominante es precisamente el $E = mc^2$ de Einstein aplicado a la energía en reposo μ y que el término siguiente es la expresión newtoniana para la energía cinética. Escriba los dos términos siguientes para dar aproximaciones mejores a la energía relativista completa.

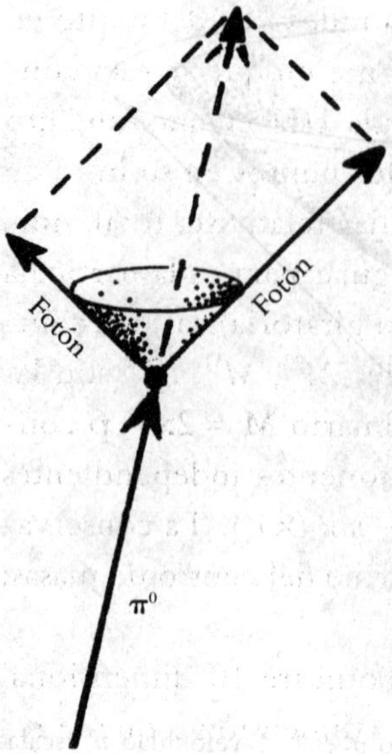

Fig. 18.18. La desintegración de un «pión neutro» masivo π^0 en 2 fotones sin masa. El 4-vector masa-energía se conserva aditivamente (aunque la masa en reposo no lo hace).

mento es un *vector nulo*. Puesto que la masa en reposo no se conserva, no hay nada que impida que una partícula masiva se desintegre en partículas sin masa, o que partículas sin masa se unan para producir partículas masivas. De hecho, una partícula conocida como «pión neutro» (denotado por π^0) se desintegrará normalmente en dos fotones en aproximadamente 10^{-16} segundos.

No obstante, en cualquier sistema de referencia particular la masa-energía total (*no* la masa en reposo) se conserva aditivamente, siendo no nula la masa-energía de cada fotón por separado. La forma en que se suman los 4-momentos se ilustra en la Fig. 18.18.

Veamos, finalmente, cómo hay que tratar el momento angular en relatividad especial. Se describe mediante una cantidad tensorial M^{ab}, antisimétrica en sus dos índices:

$$M^{ab} = -M^{ba}.$$

(Véase §22.12 para la relevancia de M^{ab} para la mecánica cuántica.) Para una simple partícula puntual sin estructura, tenemos[11]

$$M^{ab} = x^a p^b - x^b p^a,$$

donde x^a es el 4-vector de posición (de forma indexada) del punto en la línea de universo de la partícula en el instante en que se está considerando su momento angular. Si la partícula está en movimiento inercial, entonces M^{ab} es el mismo para *todos* los puntos en su línea de universo.[18.21] Para obtener el momento angular relativista total, simplemente sumamos los tensores momento angular para cada partícula por separado. Para una partícula individual (no giratoria), las tres componentes independientes puramente espaciales M^{23}, M^{31}, M^{12} son las componentes ($\times\, c^2$) del momento angular ordinario $\mathbf{M} = 2\mathbf{x} \wedge \mathbf{p}$ considerado antes en §18.6, y las restantes componentes independientes M^{01}, M^{02}, M^{03} constituyen la cantidad $\mathbf{N} = t\mathbf{p} - m\mathbf{x}$ ($\times\, c^2$). (La conservación del $\mathbf{N}$ total expresa el movimiento uniforme del centro de masas; véase la Fig. 18.16.)[18.22]

Recordemos de §18.2 que el grupo de Poincaré 10-dimensional de simetrías del espacio de Minkowski tiene 4 dimensiones que se refieren a las traslaciones espaciotemporales y las 6 restantes a rotaciones (Lorentz). Veremos en §20.6 que un principio importante de la mecánica clásica conocido como *teorema de Nöther* relaciona simetrías con leyes de conservación, y en §§21.1-5 y §22.8 que algo similar ocurre en la teoría cuántica. Esto proporciona una razón profunda para las leyes de conservación para el 4-momento p^a y el 6-momento angular M^{ab}, puesto que estas aparecen, respectivamente, a partir de las 4 simetrías traslacionales y las 6 simetrías rotacionales (Lorentz) del espacio de Minkowski. La conservación de p^a y M^{ab} tiene mucha importancia para el capítulo 21 y §§22.8,12,13.

Notas

Sección 18.1

18.1. Tom Banchoff, de la Brown University, lleva muchos años desarrollando sistemas interactivos de computación con el fin de desarrollar la intuición 4-dimensional, y en particular la visualización de funciones

[18.21] ¿Por qué?
[18.22] Explíquelo, en detalle, en el caso relativista.

complejas en términos de superficies de Riemann en $\mathbb{C}^2$. Véase Banchoff (1990, 1996).

18.2. Las cantidades «*ds*» en esta expresión deberían leerse simplemente como «cantidades infinitesimales» (como las ε de §13.6). Compárese con la nota 12.8.

Sección 18.2

18.3. Para una discusión particularmente detallada de los papeles de Lorentz, Poincaré y Einstein en el desarrollo de la relatividad especial, véase Stachel (1995), pp. 249-356. En mi opinión, ni siquiera Einstein tenía completa la relatividad especial en 1905, y se necesitó la perspectiva 4-dimensional de Minkowski de 1908 para completar la imagen; véase §17.8.

18.4. Existen también elementos *inversores del tiempo* en el grupo de Poincaré, que envían direcciones de género tiempo futuras a direcciones de género tiempo pasadas.

Sección 18.3

18.5. Debería resaltar, sobre todo para aquellos lectores ya familiarizados con la mecánica cuántica, que la noción compleja de «ortogonalidad» que estoy utilizando aquí es necesariamente la holomorfa (puesto que en esto consiste la «complexificación»), y no la noción hermítica de §13.9 que entra en la conjugación compleja, y que se utiliza en muchas otras áreas de la matemática y la física.

18.6. Véanse, por ejemplo, Rindler (1982, 2001), Synge (1956), Taylor y Wheeler (1963) y Hartle (2002). Para una aproximación geométrica axiomática, véase Schutz (1997).

Sección 18.5

18.7. Véanse, en particular, Newman y Penrose (1966) y Penrose y Rindler (1984, §§1.2-4, §4.15; 1986, §9.8).

18.8. Véase, por ejemplo, Rindler (1982, 2001).

18.9. Véanse, por ejemplo, Terrell (1959) y Penrose (1959).

Sección 18.6

18.10. Algunos lectores pueden estar confundidos por la presencia de un «2» en esta expresión, pero deberían reexaminar la definición de «$\wedge$» que he dado en §11.6. Las componentes de $\mathbf{x} \wedge \mathbf{p}$ son $x^{[i}p^{j]} = \frac{1}{2}(x^ip^j - x^jp^i)$. Por lo tanto, las componentes de **M** son $x^ip^j - x^jp^i$.

Sección 18.7

18.11. Veremos en §22.8 que la mayoría de las partículas (cuánticas) también poseen un *espín intrínseco* que proporciona una contribución de «espín» constante a M^{ab} (véase §22.12) sumada al «M^{ab} orbital» que se da aquí.

19

Los campos clásicos de Maxwell y Einstein

19.1. Evolución fuera de la dinámica newtoniana

En el período comprendido entre la introducción del soberbio esquema dinámico de Newton, que podemos datar en la publicación de sus *Principia* en 1687, y la aparición de la teoría de la relatividad especial, que podría fecharse razonablemente en la primera publicación de Einstein sobre el tema (1905), se produjeron muchos desarrollos importantes para nuestras imágenes de la física fundamental. El mayor cambio ocurrido en ese período fue la comprensión, básicamente mediante los trabajos de Faraday y Maxwell en el siglo XIX, de que cierta noción de *campo físico*, que permea el espacio, debe coexistir con la previamente aceptada «realidad newtoniana» de las partículas individuales que interaccionan por medio de fuerzas instantáneas.[1] Más tarde, esta noción de «campo» se convirtió también en un ingrediente crucial de la teoría de la gravedad en un espaciotiempo curvo a la que llegó Einstein en 1915. Lo que ahora denominamos campos *clásicos* son el campo electromagnético de Maxwell y el campo gravitatorio de Einstein.

Pero hoy día sabemos que hay mucho más en la naturaleza del mundo físico que la sola física clásica. Ya en 1900, Max Planck había revelado los primeros indicios de la necesidad de una «teoría cuántica», aunque se necesitó un cuarto de siglo más antes de que pudiera ofrecerse una teoría bien formulada y global. También debería quedar claro que, además de todos estos profundos cambios que se han producido en los fundamentos «newtonianos» de la física, ha habido otros desarrollos importantes, tanto previos a dichos cambios como coexistentes con algunos de ellos en forma de poderosos avances matemáticos, dentro de la propia teoría newtoniana. Estos avances matemáticos serán el tema del capítulo 20. Tienen interrelaciones importantes con la teoría de los campos clásicos y, lo que es incluso más significativo, constituyen un importante prerrequisito para la comprensión adecuada de la mecánica cuántica que se describirá en capítulos posteriores. Otra área importante de avance sobre la que habría que llamar la atención es la *termodinámica* (y su refinamiento conocido como *mecánica estadística*). Esta estudia el comportamiento de sistemas de un gran número de cuerpos, donde los detalles de los movimientos no se consideran importantes y el comportamiento del sistema se describe en términos de promedios de las magnitudes adecuadas. Esta fue una empresa iniciada entre mediados del siglo XIX y principios del XX, y los nombres de Carnot, Clausius, Maxwell, Boltzmann, Gibbs y Einstein son los protagonistas. Más adelante, en el capítulo 27, abordaré algunas de las cuestiones más fundamentales e intrigantes planteadas por la termodinámica.

En este capítulo describiré las teorías físicas de *campos* de Maxwell y Einstein: la «física clásica» del electromagnetismo y la gravitación. La teoría del electromagnetismo desempeña también un papel importante en la teoría cuántica, pues proporciona el «campo» arquetípico para el desarrollo posterior de la *teoría cuántica de campos* que veremos en el capítulo 26. Por el contrario, el enfoque cuántico apropiado del campo gravitatorio sigue siendo enigmático y controvertido. Abordar estas cuestiones constituirá una parte importante de los últimos capítulos de este libro (a partir del capítulo 28). No obstante, por lo que se refiere a la física que examinaremos inmediatamente, limitaremos nuestra comprensión a los campos físicos en su aspecto *clásico*.

Al inicio de este capítulo me he referido al hecho de que ya en el siglo XIX se había iniciado un cambio profundo en los fundamentos newtonianos, antes de las revoluciones de la relatividad y la teoría cuántica en el siglo XX. El primer indicio de que sería necesario un cambio semejante se produjo con los maravillosos descubrimientos experimentales de Michael Faraday hacia 1833, y de las representaciones de la realidad que encontró necesarias para acomodar dichos descubrimientos. Básicamente, el cambio fundamental consistió en considerar que las «partículas newtonianas» y las «fuerzas» que actúan entre ellas no son los únicos habitantes de nuestro universo. A partir de ahí había que tomar en serio la idea de un «campo» con una existencia propia incorpórea. Fue el gran físico escocés James Clerk Maxwell quien en 1864 formuló las ecuaciones que debe satisfacer este «campo incorpóreo», y quien demostró que estos campos pueden transportar energía de un lugar a otro. Estas ecuaciones unificaban el comportamiento de los campos eléctricos, los campos magnéticos e incluso la luz, y hoy día son conocidas como las *ecuaciones de Maxwell*, las primeras entre las ecuaciones de campo relativistas.

Desde la perspectiva del siglo XX, cuando se han hecho profundos avances en las técnicas matemáticas (y aquí me refiero en particular al cálculo en variedades que hemos visto en los capítulos 12-15), las ecuaciones de Maxwell parecen tener una naturalidad y simplicidad convincentes que nos hacen preguntarnos cómo pudo considerarse alguna vez que el campo electromagnético pudiera obedecer a otras leyes. Pero semejante perspectiva ignora el hecho de que fueron las propias ecuaciones de Maxwell las que llevaron a muchos de estos mismos desarrollos matemáticos. Fue la forma de estas ecuaciones la que condujo a Lorentz, Poincaré y Einstein a las transformaciones espaciotemporales de la relatividad especial, que, a su vez, condujeron a la concepción de Minkowski del *espaciotiempo*. En el marco del espaciotiempo estas ecuaciones encontraron una forma que se desarrolló de manera natural en la teoría de Cartan de las formas diferenciales (§12.6); y las leyes de conservación de la teoría de Maxwell llevaron en definitiva al cuerpo de expresiones integrales que ahora se resumen de forma tan bella por esa maravillosa fórmula que se ha mencionado en §§12.5,6 como el *teorema fundamental del cálculo exterior*.

Quizá, pareciendo atribuir todos estos avances a la influencia de las ecuaciones de Maxwell, he adoptado una posición demasiado extrema en estos comentarios. En realidad, aunque no hay duda de que la influencia de las ecuaciones de Maxwell ha sido muy importante a este respecto, muchas precursoras de estas ecuaciones, tales como las ecuaciones de Laplace, D'Alembert, Gauss, Green, Ostrogradski, Coulomb, Ampère y otras, han tenido también influencias importantes. Pese a todo, seguía siendo la necesidad de entender los campos eléctrico y magnético la que básicamente proporcionó la fuerza impulsora que había tras estos desarrollos —estos y también el campo gravitatorio—. El resto de este capítulo está dedicado a la comprensión de los campos electromagnético y gravitatorio y de cómo encajan en el marco matemático moderno.

19.2. La teoría electromagnética de Maxwell

¿Cuáles son, entonces, las ecuaciones de Maxwell? Son ecuaciones en derivadas parciales (véase §10.2) que describen la evolución temporal de las tres componentes E_1, E_2, E_3 del campo eléctrico y las tres componentes B_1, B_2, B_3 del campo magnético, donde la densidad de carga eléctrica ρ y las tres componentes de la densidad de corriente eléctrica j_1, j_2, j_3 se consideran dadas. También pueden incluirse algunas otras cantidades que tienen que ver con el medio material dentro del que se considera que se propagan los campos. En las discusiones de la física *fundamental* es normal despreciar aquellos aspectos de las ecuaciones que se relacionan con dicho medio material, puesto que el propio medio consistiría, en realidad, en muchos constituyentes minúsculos, cada uno de los cuales podría tratarse en principio en el nivel más fundamental. También será conveniente escoger las que se denominan unidades «gaussianas», y utilizar *coordenadas de Minkowski estándar* (§18.1), a saber $x^0 = t, x^1 = x, x^2 = y, x^3 = z$ (signatura $+---$) con unidades espaciotemporales tales que la velocidad de la luz c se toma como unidad ($c = 1$).

El campo electromagnético y la densidad de corriente de carga se resumen, respectivamente (de acuerdo con una receta debida originalmente a Minkowski), en una 2-forma espaciotemporal $\boldsymbol{F}$, denominada *tensor de campo de Maxwell*, y un vector espaciotemporal $\boldsymbol{J}$, denominado *vector de carga-corriente*, con sus componentes mostradas en forma matricial como:

$$\begin{pmatrix} F_{00} & F_{01} & F_{02} & F_{03} \\ F_{10} & F_{11} & F_{12} & F_{13} \\ F_{20} & F_{21} & F_{22} & F_{23} \\ F_{30} & F_{31} & F_{32} & F_{33} \end{pmatrix} = \begin{pmatrix} 0 & E_1 & E_2 & E_3 \\ -E_1 & 0 & -B_3 & B_2 \\ -E_2 & B_3 & 0 & -B_1 \\ -E_3 & -B_2 & B_1 & 0 \end{pmatrix}$$

$$\begin{pmatrix} J^0 \\ J^1 \\ J^2 \\ J^3 \end{pmatrix} = \begin{pmatrix} \rho \\ j_1 \\ j_2 \\ j_3 \end{pmatrix}$$

Nótese que se satisface la antisimetría $F_{ba} = -F_{ab}$, como se exige para una 2-forma. También haré uso de lo que se conocen como los *duales de Hodge* de $\boldsymbol{F}$ y $\boldsymbol{J}$, que son, respectivamente, la 2-forma ${}^*\boldsymbol{F}$ y la 3-forma ${}^*\boldsymbol{J}$, definidas por

$$\begin{pmatrix} {}^*F_{00} & {}^*F_{01} & {}^*F_{02} & {}^*F_{03} \\ {}^*F_{10} & {}^*F_{11} & {}^*F_{12} & {}^*F_{13} \\ {}^*F_{20} & {}^*F_{21} & {}^*F_{22} & {}^*F_{23} \\ {}^*F_{30} & {}^*F_{31} & {}^*F_{32} & {}^*F_{33} \end{pmatrix} = \begin{pmatrix} 0 & -B_1 & -B_2 & -B_3 \\ B_1 & 0 & -E_3 & E_2 \\ B_2 & E_3 & 0 & -E_1 \\ B_3 & -E_2 & E_1 & 0 \end{pmatrix}$$

$$\begin{pmatrix} {}^*J_{123} \\ {}^*J_{023} \\ {}^*J_{013} \\ {}^*J_{012} \end{pmatrix} = \begin{pmatrix} -\rho \\ j_1 \\ -j_2 \\ j_3 \end{pmatrix}$$

donde se satisfacen las propiedades de antisimetría requeridas ${}^*F_{ab} = {}^*F_{[ab]}$, ${}^*J_{abc} = {}^*J_{[abc]}$. En términos del *tensor de Levi-Civita* $\boldsymbol{\varepsilon}$ (§12.7), con componentes totalmente antisimétricas $\varepsilon_{abcd} (= \varepsilon_{[abcd]})$ y normalizadas de modo que $\varepsilon_{0123} = 1$, los duales pueden escribirse como

$${}^*F_{ab} = \frac{1}{2}\varepsilon_{abcd}F^{cd} \text{ y } {}^*J_{abc} = \varepsilon_{abcd}J^d,$$

donde la versión ascendida F^{ab} de F_{ab} es simplemente $g^{ac}g^{bd}F_{cd}$, de acuerdo con §14.8. Nótese que la versión «ascendida» $\varepsilon^{abcd} = g^{ap}g^{bq}g^{cr}g^{ds}\varepsilon_{pqrs}$ satisface $\varepsilon^{0123} = -1$, de donde la ϵ de §12.7 viene dada por[19.1] $\epsilon^{abcd} = -\varepsilon^{abcd}$. Véase la Fig. 19.1 para la forma diagramática de estas operaciones «dualizadoras» (y también de las propias ecuaciones de Maxwell). Veremos que la noción de un «dual» en este sentido (y otros relacionados) tendrá importancia más adelante, en varios contextos diferentes.

Habría que comentar algo sobre el significado geométrico del dual de Hodge. Recordemos de §12.7 que la operación de pasar de un *bivector* $\boldsymbol{H}$, como el descrito por la cantidad antisimétrica H^{ab}, a su 2-forma «dual» $\boldsymbol{H}^{\#}$, dada por $\frac{1}{2}\varepsilon_{abcd}H^{cd}$, no supone mucha diferencia para su interpretación geométrica. Si $\boldsymbol{H}$ fuera un bivector *simple*, por ejem-

[19.1] Compruebe ambas afirmaciones.

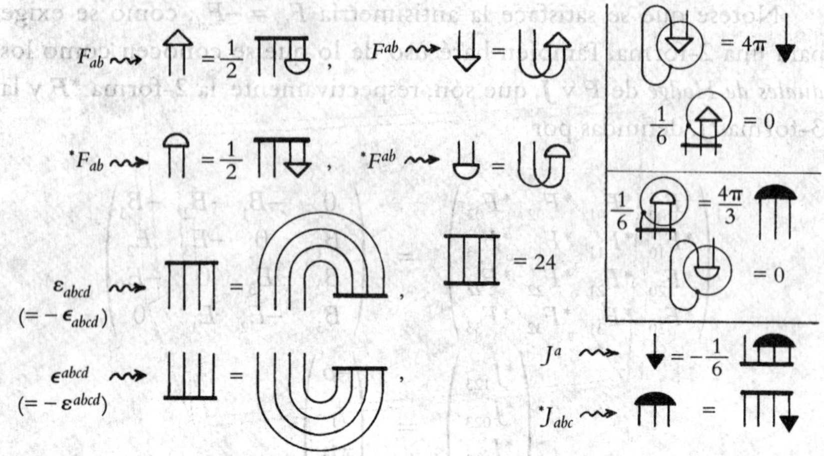

Fig. 19.1. Diagrama para los duales de Hodge y las ecuaciones de Maxwell. Las cantidades $\varepsilon_{abcd} = (\varepsilon_{[abcd]})$ y $\epsilon^{abcd} = (\epsilon^{[abcd]})$, normalizadas de modo que $\epsilon_{0123} = \epsilon^{0123} = 1$ en un marco de Minkowski estándar, están relacionadas con sus versiones de índices subidos/bajados (por g^{ab} y g_{ab}) por $\varepsilon_{abcd} = -\epsilon_{abcd}$ y $\epsilon^{abcd} = -\varepsilon^{abcd}$. En el diagrama (centro izquierda, dos líneas inferiores) este cambio de signo de absorbe por una inversión efectiva de índices. En la caja superior derecha están las ecuaciones de Maxwell, primero utilizando el tensor de campo $\boldsymbol{F}$ (con su forma elevada $F^{ab} = g^{ac}g^{bd}F_{cd}$; cf. Fig. 14.21), de modo que las ecuaciones son $\nabla_a F^{ab} = 4\pi J^b$, $\nabla_{[a}F_{bc]} = 0$, y por debajo de ello, utilizando correspondientemente el dual $^*\boldsymbol{F}$ (donde $^*F_{ab} = \frac{1}{2}\varepsilon_{abcd}F^{cd}$, $^*J_{abc} = \varepsilon_{abcd}J^d$), de modo que las ecuaciones son $\nabla^*_{[a}F_{bc]} = \frac{4\pi}{3}\,{}^*J_{abc}$, $\nabla^*_a F^{ab} = 0$.

plo, de modo que la 2-forma $\boldsymbol{H}^\#$ sería también simple (véase el final de §12.7), entonces el elemento 2-plano determinado por $\boldsymbol{H}^\#$ sería precisamente el mismo que el elemento 2-plano determinado por $\boldsymbol{H}$ (con la única diferencia de que, estrictamente, $\boldsymbol{H}^\#$ tiene el carácter de una densidad, como se ha indicado en §12.7). Por el contrario, la subida de índices que nos lleva de una 2-forma H_{ab} a un bivector H^{ab} $(= H_{cd}g^{ca}g^{db})$, tiene un efecto geométrico más significativo. En el caso de un bivector simple, el elemento 2-plano determinado por H_{ab} es el complemento ortogonal del elemento 2-plano determinado por H^{ab} (véase §18.3). El dual de Hodge, tal como se aplica a la 2-forma H_{ab}, que nos lleva a $\frac{1}{2}\varepsilon_{abcd}H^{cd}$ (i.e., a $\boldsymbol{H}^\#$), emplea la subida de índices $H_{ab} \mapsto H^{ab}$, y por con-

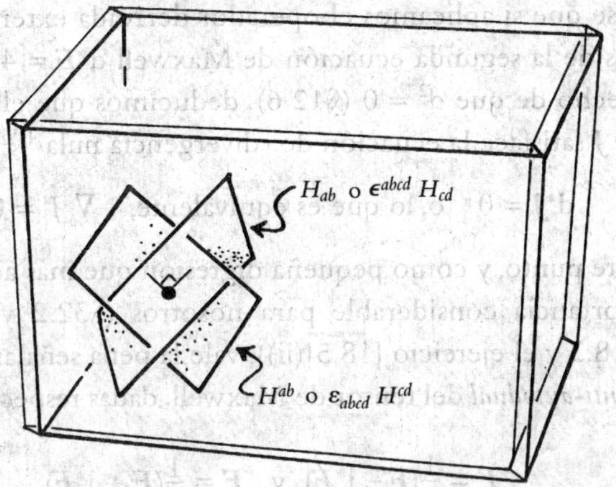

Fig. 19.2. En el 4-espacio un simple bivector $\boldsymbol{H}$ (H^{ab}) representa el mismo elemento 2-plano que su forma «dual» $H^{\#}$ ($\frac{1}{2}\varepsilon_{abcd}H^{cd}$). Pero la versión de $\boldsymbol{H}$ de índice bajado, simple 2-forma H_{ab}, que es equivalente a su bivector «dual» $\frac{1}{2}\epsilon_{abcd}H^{cd}$, representa el elemento 2-plano complemento ortogonal (véase la Fig. 18.4). De aquí que sea la subida/bajada de índices en el dual de Hodge la que lleva al paso al complemento ortogonal.

siguiente, implica pasar al complemento ortogonal. Véase la Fig. 19.2. En consecuencia, el dual de Hodge que nos lleva de $\boldsymbol{F}$ a $^*\boldsymbol{F}$ también implica un complemento ortogonal.

Una vez establecida esta notación, las *ecuaciones de Maxwell* pueden escribirse ahora de forma muy simple como[19.2]

$$\mathrm{d}\boldsymbol{F} = 0, \quad \mathrm{d}^*\boldsymbol{F} = 4\pi^*\boldsymbol{J}.$$

También podemos escribir las ecuaciones de Maxwell totalmente de forma indexada como[19.3]

$$\nabla_{[a}F_{bc]} = 0, \quad \nabla_a F^{ab} = 4\pi J^b.$$

[19.2] Escríbalas en detalle, en términos de las componentes de los campos eléctrico y magnético, mostrando que estas ecuaciones proporcionan una evolución temporal de los campos eléctrico y magnético, en términos del operador $\partial/\partial t$.

[19.3] Demuestre la equivalencia con el par de ecuaciones anterior.

Nótese que si aplicamos el operador derivada exterior d a ambos miembros de la segunda ecuación de Maxwell $d{*}\boldsymbol{F} = 4\pi{*}\boldsymbol{J}$, y utilizamos el hecho de que $d^2 = 0$ (§12.6), deducimos que el vector carga-corriente $\boldsymbol{J}$ satisface la ecuación de «divergencia nula»[19.4]

$$d{*}\boldsymbol{J} = 0 \quad \text{o, lo que es equivalente,} \quad \nabla_a J^a = 0,$$

En este punto, y como pequeña digresión que más adelante tendrá una importancia considerable para nosotros (§32.2 y §§33.6,8,11; véanse §18.3 y el ejercicio [18.5](ii)), vale la pena señalar las partes *autodual* y *anti-autodual* del tensor de Maxwell, dadas respectivamente por

$${}^{+}\boldsymbol{F} = \frac{1}{2}(\boldsymbol{F} - \mathrm{i}{*}\boldsymbol{F}) \quad \text{y} \quad {}^{-}\boldsymbol{F} = \frac{1}{2}(\boldsymbol{F} + \mathrm{i}{*}\boldsymbol{F})$$

(que son complejas conjugadas una de otra). Resulta que en la teoría cuántica estas cantidades complejas describen, respectivamente, los fotones (cuantos del campo electromagnético) con espín *a derechas* o *a izquierdas*; véanse §§22.7,12 y la Fig. 22.7. Las propiedades autodual/anti-autodual se expresan en[19.5]

$${*}({}^{\pm}\boldsymbol{F}) = \pm\, \mathrm{i}\,{}^{\pm}\boldsymbol{F}.$$

Teniendo en cuenta que ${*}\boldsymbol{J}$ es real, podemos combinar las dos ecuaciones de Maxwell (como partes imaginaria y real respectivamente) en la forma

$$d\,{}^{+}\boldsymbol{F} = -2\pi\mathrm{i}\,{*}\boldsymbol{J}.$$

Los fotones proporcionan la descripción corpuscular de la *luz*, y en el capítulo 21 veremos que la teoría cuántica permite que coexistan una descripción corpuscular y una descripción ondulatoria para la luz. Una de las grandes hazañas de Maxwell fue demostrar mediante sus ecuaciones que existen ondas electromagnéticas que viajan con la velocidad de la luz y tienen todas las propiedades de polariza-

[19.4] Demuestre que las dos versiones de esta divergencia nula son equivalentes.
[19.5] Demuéstrelo probando, primero, que dualizar dos veces produce *menos* la cantidad original. ¿Tiene relación este signo con la signatura lorentziana del espacio-tiempo? Explíquelo.

ción conocidas para la luz (y que examinaremos en §22.7). De acuerdo con estos hechos notables, Maxwell propuso que la luz es en realidad un fenómeno electromagnético. En 1888, casi un cuarto de siglo después de que Maxwell publicara sus ecuaciones, Heinrich Hertz confirmó experimentalmente la maravillosa predicción teórica de Maxwell.

En la descripción explícita anterior he supuesto que el espaciotiempo de fondo es el espacio de Minkowski plano $\mathbb{M}$, y las discusiones que siguen, en §§19.3,4, y en la primera parte de §19.5, también pueden considerarse sobre esta base. Sin embargo, esto no es realmente necesario, y todas las conclusiones se siguen aplicando en presencia de curvatura espaciotemporal. Para ello, las componentes dadas antes deben considerarse tomadas con respecto a cierto sistema de Minkowski local, y la notación de índices se ocupará del resto.[19.6]

19.3. Leyes de conservación y de flujo en la teoría de Maxwell

La divergencia nula del vector de carga-corriente nos proporciona la ecuación de *conservación de la carga eléctrica*. La razón de que se conozca como una «ecuación de conservación» se debe al hecho de que, por el teorema fundamental del cálculo exterior (véase §12.6), tenemos $\int_{\mathcal{R}} \mathrm{d}\, {}^*\boldsymbol{J} = \int_{\partial\mathcal{R}} {}^*\boldsymbol{J}$, de modo que

$$\int_{\mathcal{Q}} {}^*\boldsymbol{J} = 0,$$

integrado sobre cualquier 3-superficie cerrada $\mathcal{Q}$ en el espacio de Minkowski $\mathbb{M}$. (Cualquier 3-superficie cerrada en $\mathbb{M}$ es la frontera $\partial\mathcal{R}$ de cierta región 4-dimensional compacta $\mathcal{R}$ en $\mathbb{M}$.) Véase la Fig. 19.3. La magnitud ${}^*\boldsymbol{J}$ puede interpretarse como el «flujo de carga» a través de $\mathcal{Q} = \partial\mathcal{R}$. Así pues, lo que la ecuación anterior nos dice es que el flujo neto de carga eléctrica a través de esta frontera tiene que ser cero, i.e.,

[19.6] ¿Puede desarrollar esto? ¿Qué le sucede a las componentes de $\boldsymbol{F}$ y ${}^*\boldsymbol{F}$ en un sistema general de coordenadas curvilíneas? ¿Por qué no quedan afectadas las ecuaciones de Maxwell si se expresan correctamente?

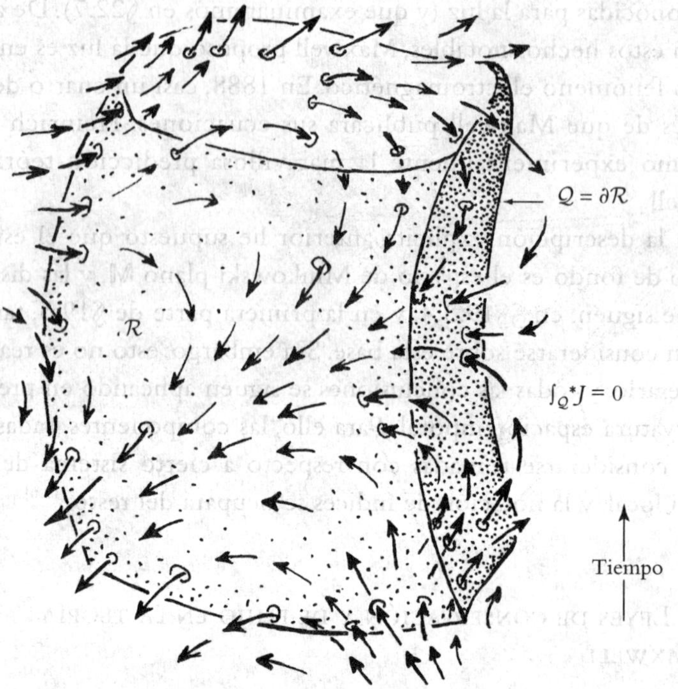

Fig. 19.3. Conservación de la carga eléctrica en el espaciotiempo. La 3-superficie cerrada $\mathcal{Q}$ es la frontera $\mathcal{Q} = \partial\mathcal{R}$ de un 4-volumen compacto $\mathcal{R}$, en el espaciotiempo de Minkowski $\mathbb{M}$, de modo que el teorema fundamental del cálculo exterior nos dice $\int_{\mathcal{Q}} {}^*\boldsymbol{J} = \int_{\mathcal{R}} \mathrm{d}{}^*\boldsymbol{J} = 0$, puesto que $\mathrm{d}{}^*\boldsymbol{J} = 0$. La cantidad ${}^*\boldsymbol{J}$ describe el «flujo» de carga a través de $\mathcal{Q}$, de modo que la carga total que atraviesa $\mathcal{Q}$ hacia dentro es igual a la que lo atraviesa hacia fuera, lo que expresa la conservación de carga.

la cantidad total que entra en $\mathcal{R}$ tiene que ser exactamente igual a la cantidad total que sale de $\mathcal{R}$: *la carga eléctrica se conserva.*[19.7]

También podemos utilizar la segunda ecuación de Maxwell $\mathrm{d}\,{}^*\boldsymbol{F} = 4\pi\,{}^*\boldsymbol{J}$ para obtener lo que se denomina una «ley de Gauss». Esta ley concreta se aplica en un instante dado $t = t_0$, de modo que ahora esta-

[19.7] Aunque correcto, este argumento ha sido dado de forma algo retórica. Desarrolle los detalles completamente, en el caso en que $\mathcal{R}$ es un «cilindro» espaciotemporal que consiste en una región espacial agotada que es constante en el tiempo, para un intervalo finito dado de la coordenada temporal t. Explique las diferentes nociones de «flujo de carga» implicadas, contrastando el flujo en la «base» y el «techo» de género espacio del cilindro con el flujo en los «lados» de género tiempo.

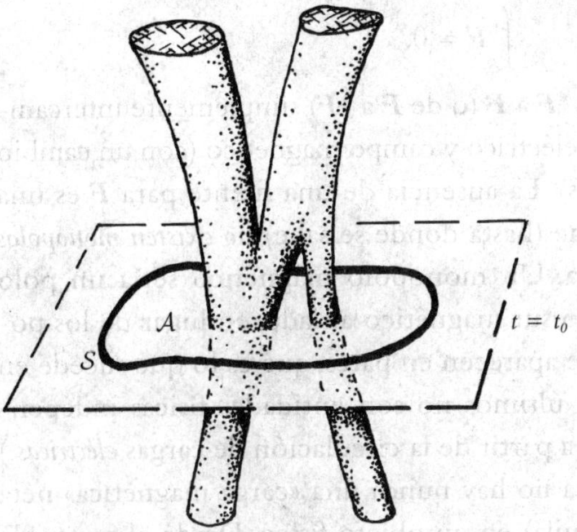

Fig. 19.4. Dentro de la 3-superficie de tiempo constante $t = t_0$, la $\mathrm{d}{*\boldsymbol{F}} = 4\pi{*\boldsymbol{J}}$ de Maxwell nos da la ley de Gauss, por la que la integral del flujo eléctrico (integral de $*\boldsymbol{F}$) sobre una 2-superficie espacial cerrada mide la carga total rodeada (por el teorema fundamental del cálculo exterior). De hecho, esto no está restringido a 2-superficies a tiempo constante, y la ley de Gauss se generaliza por ello.

mos utilizando la versión tridimensional del teorema fundamental del cálculo exterior. La ley nos dice cuál es el valor de la carga eléctrica total que hay dentro de una 2-superficie cerrada $\mathcal{S}$ en el instante t_0 (véase la Fig. 19.4), expresando esta carga como una integral sobre $\mathcal{S}$ del dual del tensor de Maxwell $*\boldsymbol{F}$, lo que equivale a decir que podemos obtener la carga total encerrada por $\mathcal{S}$ si integramos el flujo total del campo eléctrico $\boldsymbol{E}$ a través de $\mathcal{S}$.[19.8]

De manera más general, esto se aplica incluso si $\mathcal{S}$ no se encuentra en un instante determinado $t = t_0$. Supongamos que $\mathcal{S}$ es la 2-frontera de género espacio de cierta región espacial compacta $\mathcal{A}$. Entonces, la carga total χ en la región $\mathcal{A}$, rodeada por $\mathcal{S}$ (o, en términos espaciotemporales, «ensartada en» $\mathcal{S}$; véase la Fig. 19.4), está dada por

$$\int_{\mathcal{S}} *\boldsymbol{F} = 4\pi\chi, \quad \text{donde } \chi = \int_{\mathcal{A}} *\boldsymbol{J}.$$

También podemos obtener un tipo relacionado de ley de conservación a partir de la primera ecuación de Maxwell $\mathrm{d}\boldsymbol{F} = 0$. Esta tiene precisamente la misma forma que la segunda ecuación de Maxwell, excepto que $\boldsymbol{F}$ reemplaza a $*\boldsymbol{F}$ y la «fuente» correspondiente a $*\boldsymbol{J}$ es ahora cero. Por lo tanto, para cualquier 2-superficie cerrada en el espacio de Minkowski,[2] siempre tenemos la ley de flujo

[19.8] Explique en detalle por qué esto es precisamente el flujo eléctrico.

$$\int_S \boldsymbol{F} = 0.$$

Nótese que al pasar de $^*\boldsymbol{F}$ a $\boldsymbol{F}$ (o de $\boldsymbol{F}$ a $^*\boldsymbol{F}$) simplemente intercambiamos los vectores campo eléctrico y campo magnético (con un cambio de signo para uno de ellos). La ausencia de una fuente para $\boldsymbol{F}$ es una expresión del hecho de que (hasta donde se sabe) *no existen monopolos magnéticos* en la naturaleza. Un monopolo magnético sería un polo norte magnético o un polo sur magnético aislado, en lugar de los polos norte y sur que siempre aparecen en pares, que es lo que sucede en un imán ordinario. (Estos últimos no son entidades físicas independientes, sino que aparecen a partir de la circulación de cargas *eléctricas*.) Parece que en la naturaleza no hay nunca una «carga magnética» neta («intensidad de polo» no nula) en un objeto físico. Desde el punto de vista de las ecuaciones de Maxwell únicamente, no parece haber ninguna buena razón para la ausencia de monopolos magnéticos, puesto que podríamos añadir un segundo miembro a la primera ecuación de Maxwell $\mathrm{d}\boldsymbol{F} = 0$ sin ninguna pérdida de consistencia. De hecho, en ocasiones los físicos han contemplado la posibilidad de que realmente pudieran existir monopolos magnéticos y han intentado buscarlos. Su existencia tendría importantes implicaciones para la física de partículas (véase §28.2), pero de momento no hay ningún indicio de que existan tales monopolos en el universo real.

19.4. El campo de Maxwell como curvatura gauge

La *primera* ecuación de Maxwell $\mathrm{d}\boldsymbol{F} = 0$ tiene también como consecuencia que

$$\boldsymbol{F} = 2\mathrm{d}\boldsymbol{A},$$

para cierta 1-forma $\boldsymbol{A}$. (Esto se sigue del «lema de Poincaré», que establece que si la r-forma $\boldsymbol{\alpha}$ satisface $\mathrm{d}\boldsymbol{\alpha} = 0$, entonces *localmente* existe siempre una $(r-1)$-forma $\boldsymbol{\beta}$ para la que $\boldsymbol{\alpha} = \mathrm{d}\boldsymbol{\beta}$; véase §12.6.) Además, en una región con topología euclídea, este resultado local se amplía a uno global.[3] La magnitud $\boldsymbol{A}$ se denomina *potencial electromagnético*. No está unívocamente determinada por el campo $\boldsymbol{F}$, pero está fijada salvo la adición de una cantidad $\mathrm{d}\Theta$,[19.9] donde Θ es un campo escalar real

$$\boldsymbol{A} \mapsto \boldsymbol{A} + \mathrm{d}\Theta.$$

En forma de índices, estas relaciones son

$$F_{ab} = \nabla_a A_b - \nabla_b A_a$$

con libertad

$$A_a \mapsto A_a + \nabla_a \Theta.$$

Esta «libertad gauge» en el potencial electromagnético nos dice que $\boldsymbol{A}$ no es una magnitud localmente medible. No puede haber ningún experimento para medir «el valor de $\boldsymbol{A}$» en un punto porque $\boldsymbol{A} + \mathrm{d}\Theta$ sirve exactamente para el mismo propósito físico que $\boldsymbol{A}$. Sin embargo, el potencial proporciona la clave matemática para la forma en que el campo de Maxwell interacciona con alguna otra entidad física Ψ. ¿Cómo funciona esto? El papel específico de A_a consiste en que nos proporciona una *conexión gauge* (o conexión fibrada; véase §15.8)

$$\nabla_a = \partial/\partial x^a - \mathrm{i}eA_a,$$

donde e es un número real concreto que cuantifica la *carga eléctrica* de la entidad descrita por Ψ. De hecho, esta «entidad» será en general una partícula cuántica cargada, tal como un electrón o un protón, y Ψ sería entonces su función de onda mecanocuántica. El significado completo de estos términos tendrá que esperar a la exposición del capítulo 21, cuando se explique la noción de una función de onda. Todo lo que necesitamos saber sobre ello ahora es que Ψ va a considerarse como una sección transversal de un fibrado (§15.3) que describe campos cargados, y es sobre este fibrado sobre el que actúa $\boldsymbol{\nabla}$ como una conexión.

Las magnitudes del campo electromagnético $\boldsymbol{F}$ y $\boldsymbol{A}$ no tienen carga ($e = 0$), de modo que ninguna de nuestras ecuaciones de Maxwell, etc., queda alterada por tener esta nueva definición para ∇_a; i.e., aún tenemos $\nabla_a = \partial/\partial x^a$ en dichas ecuaciones, en coordenadas de Minkows-

[19.9] ¿Por qué se puede sumar una cantidad semejante?

ki planas, o la generalización adecuada (véase §14.3) si estamos considerando un espaciotiempo curvo. ¿Cuál es la naturaleza geométrica del fibrado sobre el que actúa esta conexión? Un punto de vista posible consiste en considerar que este fibrado tiene fibras que son círculos (S^1s), sobre el espaciotiempo $\mathbb{M}$, que describen una fase multiplicativa $e^{i\theta}$ para Ψ. (Este es el tipo de cosas que suceden en la imagen «Kaluza-Klein» mencionada en §15.1 pero en ese caso el fibrado entero se considera «espaciotiempo».) Más adecuado es considerar el fibrado como el fibrado vectorial de los valores posibles de Ψ en cada punto, donde la libertad de multiplicación por una fase hace del fibrado un U(1)-fibrado sobre el espaciotiempo $\mathbb{M}$. (Una cuestión de este tipo ha sido considerada al final de §15.8.) Para que esto tenga sentido, Ψ debe ser un campo complejo cuya interpretación física es, en un sentido apropiado, insensible al reemplazamiento $\Psi \mapsto e^{i\theta}\,\Psi$ (donde θ es algún campo con valores reales en la variedad $\mathcal{M}$). Este reemplazamiento se conoce como una *transformación gauge* electromagnética, y el hecho de que la interpretación física sea insensible a este reemplazamiento se denomina *invariancia gauge*. La *curvatura* de nuestra conexión fibrada resulta ser entonces el tensor de campo de Maxwell F_{ab}.[19.10]

Antes de seguir con estas ideas es oportuno hacer unos breves comentarios históricos. Poco después de que Einstein introdujera su teoría de la relatividad general en 1915, Weyl sugirió en 1918 una generalización en la que la propia noción de *longitud* se hace dependiente del camino. (Hermann Weyl, 1885-1955, fue una importante figura matemática del siglo XX. En realidad, de entre todos los matemáticos cuya obra se realizó por completo en el siglo XX, él fue, en mi opinión, el más influyente, y destacó no solo como matemático puro, sino también como físico.) En la teoría de Weyl, los conos nulos retienen el papel fundamental que tienen en la teoría de Einstein (por ejemplo, definir las velocidades límite para partículas masivas y proporcionarnos el «grupo de Lorentz» local que va a actuar en la vecindad de cada punto), de modo que localmente se sigue requiriendo una métrica $\boldsymbol{g}$ lorentziana (digamos $+ - - -$) con el objetivo de definir dichos conos. Sin embargo, en el esquema de Weyl no hay escala absoluta para medi-

[19.10] Demuéstrelo. *Sugerencia*: Eche una ojeada a §15.8.

das de tiempo o espacio, de modo que la métrica viene dada *salvo proporcionalidad*. Así pues, se permiten transformaciones de la forma

$$\boldsymbol{g} \mapsto \lambda \boldsymbol{g},$$

para una función escalar λ (digamos positiva) en el espaciotiempo $\mathcal{M}$, que no afectan a los conos nulos de $\mathcal{M}$. (Tales transformaciones se conocen como *reescalamientos conformes* de la métrica $\boldsymbol{g}$; en la teoría de Weyl, cada elección de $\boldsymbol{g}$ nos proporciona un *gauge* posible en términos del cual pueden medirse distancias y tiempos.) Aunque quizá Weyl estuviera pensando más en las separaciones espaciales, será oportuno que las consideremos en términos de medidas temporales (de acuerdo con el punto de vista del capítulo 17.) Así pues, en la geometría de Weyl no existen «relojes ideales» absolutos. El ritmo al que cualquier reloj mide el tiempo dependerá de su historia.

La situación es «peor» que la que se da en la «paradoja del reloj» estándar que he descrito en §18.3 (Fig. 18.6d). En la geometría de Weyl podemos imaginar a un viajero espacial que viaja a una estrella lejana y luego vuelve a la Tierra para encontrar no solo que los que están en la Tierra han envejecido mucho más, sino también que ¡los relojes de la Tierra corren ahora a un *ritmo* diferente del de los relojes del cohete! Véase la Fig. 19.5a. Utilizando esta sorprendente idea, Weyl fue capaz de incorporar las ecuaciones de la teoría electromagnética de Maxwell en la geometría espaciotemporal.

La forma en que lo hizo consistió esencialmente en codificar el potencial electromagnético en una conexión fibrada, igual que he hecho más arriba, pero sin la unidad imaginaria «i» en la expresión para ∇_a. Podemos considerar que el fibrado relevante sobre $\mathcal{M}$ está dado por las métricas lorentzianas $\boldsymbol{g}$ que comparten los mismos conos nulos. Así pues, la fibra sobre cierto punto x en $\mathcal{M}$ consiste en una familia de métricas *proporcionales* (en las que, si así lo deseamos, podemos escoger que los factores de proporcionalidad sean positivos). Estos factores son las posibles «λs» en la $\boldsymbol{g} \mapsto \lambda \boldsymbol{g}$ anterior. Para cualquier elección particular de métrica, tenemos un *gauge* por el que se definen distancias o tiempos a lo largo de curvas. Pero no hay ninguna elección absoluta de gauge, y por lo tanto ninguna elección preferida de métrica $\boldsymbol{g}$ de entre la clase de equivalencia de las métricas proporcionales. No obstante,

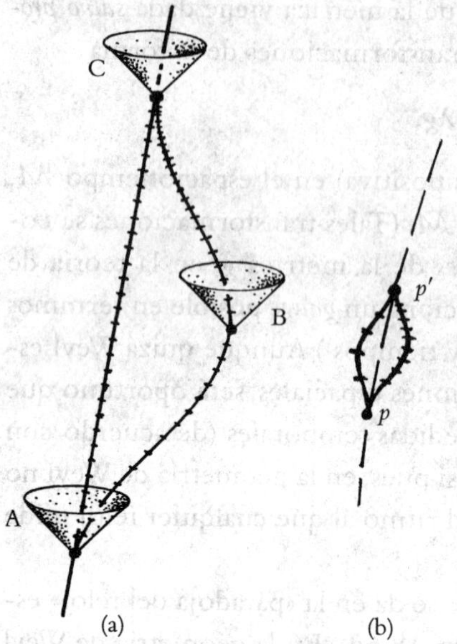

Fig. 19.5. En la teoría gauge del electromagnetismo original de Weyl, la noción de intervalo temporal (o de intervalo espacial) no es absoluta sino que depende del camino tomado. (a) Una comparación con la «paradoja del reloj» ilustrada en la Fig. 18.6; en la teoría de Weyl encontramos que el viajero espacial llega a casa (línea de universo ABC) para encontrar no solo lecturas de reloj diferentes entre las de la Tierra (ruta directa AB) y las de la nave espacial, ¡sino también diferentes *ritmos* de reloj! (b) La curvatura gauge de Weyl (que da el campo de Maxwell ***F***) resulta de este cambio de escala temporal (conforme) cuando rodeamos un lazo infinitesimal (diferencia entre dos rutas desde p a un punto vecino p').

existe cierta estructura adicional a esta estructura de conos nulos (i.e., a la estructura *conforme*), a saber, una conexión fibrada —o *conexión gauge*— que introdujo Weyl para obtener la ***F*** de Maxwell (i.e., F_{ab}) como su *curvatura*. Esta curvatura mide la discrepancia en los ritmos de los relojes como se ilustra en la Fig. 19.5a cuando las líneas de universo difieren solo en una parte infinitesimal; véase la Fig. 19.5b. (Esto puede compararse con el «fibrado tenso» $\mathcal{B}^{\mathbb{C}}$, sobre $\mathbb{C}$, considerado en §15.8, Figs. 15.16 y 15.19; el concepto fibrado básico es muy similar.)

Cuando Einstein supo de esta teoría, le dijo a Weyl que tenía una objeción fundamental que hacer desde el punto de vista *físico*, a pesar de la elegancia matemática de las ideas de este. Las frecuencias espectrales, por ejemplo, no parecen estar en absoluto afectadas por la historia de un átomo, mientras que la teoría de Weyl predecía lo contrario. Y lo que es más fundamental, aunque no todas las reglas mecanocuánticas relevantes habían sido completamente formuladas en esa época (y llegaremos a estas más adelante, en §21.4 y §§23.7,8), la teoría de Weyl está en conflicto con la identidad necesariamente exacta entre diferentes partículas del mismo tipo (véase §23.7). En particular, existe una relación directa entre ritmos de relojes y masas de partículas. Como veremos más adelante, una partícula de masa en reposo m tiene una frecuencia natural mc^2h^{-1}, donde h es la constante de Planck y c la velocidad de la luz. Así pues, en la geometría de Weyl, no solo los ritmos de los relojes, sino también la *masa* de una partícula dependerán de su historia. En consecuencia, según la teoría de Weyl, dos protones que hubieran tenido historias diferentes tendrían casi con certeza masas diferentes, con lo que se viola el principio mecanocuántico de que las partículas del mismo tipo tienen que ser *exactamente* idénticas (véanse §§23.7,8).

Aunque esta observación suponía una condena para la versión original de la teoría de Weyl, más tarde se comprendió[4] que la misma idea funcionaría si el «gauge» de Weyl se refiriese no al escalamiento *real* (por λ), sino a un escalamiento por un *número complejo de módulo unidad* ($e^{i\theta}$). Esta puede parecer una idea extraña, pero como veremos en el capítulo 21 y siguientes (véanse muy en especial §§21.6,9), las reglas de la mecánica cuántica nos obligan al uso de números complejos en la descripción del estado de un sistema. Existe en particular un número complejo $e^{i\theta}$ de módulo unidad por el que puede multiplicarse este «estado cuántico» —el estado que se suele conocer como Ψ— sin consecuencias observables localmente. Este reemplazamiento «no observable» $\Psi \mapsto e^{i\theta}\Psi$ se conoce todavía hoy día como una «transformación gauge», incluso si ahora no hay implicado ningún cambio en la escala de longitud, pues el cambio es una rotación en el plano complejo (un plano complejo sin conexión directa con dimensiones espaciales ni temporales). De esta forma extrañamente retorcida, la idea de Weyl proporcionaba el escenario físico adecuado para una $U(1)$-conexión del tipo que he ilustrado al final del capítulo 15, y que ahora constituye la base de la imagen moderna de la forma de interacción real del campo electromagnético. El operador ∇ que se ha definido antes a partir del potencial electromagnético (i.e., $\nabla_a = \partial/\partial x^a - ieA_a$) proporciona una conexión $U(1)$-fibrada en el fibrado de funciones de ondas cuánticas cargadas ψ (véase §21.9).

Es interesante que la dependencia de camino de la conexión (que podemos comparar con la dependencia de camino ilustrada en la Fig. 19.5) se manifiesta de una forma sorprendente en ciertos tipos de situaciones experimentales, que ilustran lo que se conoce como el *efecto*

Aharonov-Bohm.[5] Puesto que nuestra conexión ∇ opera solamente en el nivel de los fenómenos cuánticos, no vemos esta dependencia del camino en los experimentos clásicos; en su lugar, el efecto Aharonov-Bohm depende de la *interferencia cuántica* (véanse §21.4 y la Fig. 21.4). En la versión más conocida se lanzan electrones desde una fuente para que atraviesen dos regiones que están libres de campo electromagnético ($\boldsymbol{F} = 0$), pero separadas una de otra por un largo solenoide cilíndrico (que contiene líneas de fuerza magnéticas), hasta llegar a una pantalla detectora que hay detrás (véase la Fig. 19.6a). En ningún momento encuentran los electrones un campo $\boldsymbol{F}$ no nulo. Sin embargo, la región relevante $\mathcal{R}$ libre de campo (que empieza en la fuente, se bifurca de modo que pasa a uno u otro lado del solenoide, y se vuelve a unir en la pantalla) no es simplemente conexa, y el campo $\boldsymbol{F}$ fuera de $\mathcal{R}$ es tal que no hay elección gauge para la que el potencial $\boldsymbol{A}$ desaparece en todos los lugares dentro de $\mathcal{R}$. La presencia de este potencial no nulo en la región no simplemente conexa $\mathcal{R}$ —o, más correctamente, la dependencia de camino de ∇ en $\mathcal{R}$— conduce a un desplazamiento en las franjas de interferencia en la pantalla.

De hecho, el efecto de desplazamiento de franjas no depende de ningún valor local especial que pudiera tomar $\boldsymbol{A}$ (lo que no puede hacer, porque $\boldsymbol{A}$ no es localmente observable, como se ha mencionado antes), sino de cierta integral no local de $\boldsymbol{A}$. Esta es la cantidad $\oint\boldsymbol{A}$, tomada a lo largo de un lazo topológicamente no trivial dentro de $\mathcal{R}$. Véase la Fig. 19.6b. Puesto que $\mathrm{d}\boldsymbol{A}$ se anula dentro de $\mathcal{R}$ (porque $\boldsymbol{F} = 0$ en $\mathcal{R}$), la integral $\oint\boldsymbol{A}$ no se ve afectada si movemos de forma continua nuestro lazo cerrado dentro de $\mathcal{R}$.[19.11] De esto resulta evidente que la no anulación de $\oint\boldsymbol{A}$, dentro de una región libre de campo, y por lo tanto el propio efecto Aharonov-Bohm, depende de que esta región libre de campo sea topológicamente no trivial.

Debido a sus orígenes históricos en la notable idea de Weyl (donde originalmente sí desempeñó un papel como una «calibración» dependiente del camino), llamamos a esta conexión electromagnética ∇ una conexión *gauge*; este nombre se adopta también para las generalizaciones del electromagnetismo, conocidas como teorías de «Yang-

[19.11] Explíquelo.

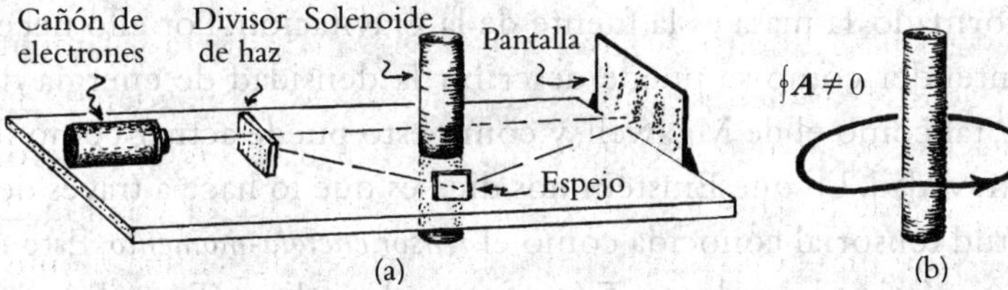

Fig. 19.6. Efecto Aharonov-Bohm. (a) Un haz de electrones se divide en dos caminos que pasan por uno u otro lado de una serie de líneas de flujo magnético (que se consiguen por medio de un largo solenoide). Los haces se reúnen en una pantalla, y la figura de interferencia cuántica resultante (compárese con la Fig. 21.4) depende de la intensidad de flujo magnético, pese al hecho de que los electrones solo encuentran una intensidad de campo nula ($\boldsymbol{F} = 0$). (b) El efecto depende del valor de $\oint \boldsymbol{A}$, que puede ser no nulo sobre el camino cerrado relevante topológicamente no trivial, pese a que $\boldsymbol{F}$ se anula sobre este camino. La cantidad $\oint \boldsymbol{A}$ queda inalterada por deformaciones continuas del camino dentro de la región libre de campo.

Mills», que se utilizan en la descripción de las interacciones débil y fuerte en la moderna física de partículas. Notemos que la idea de «conexión gauge» sí depende, estrictamente hablando, de la existencia de una simetría (que en el caso del electromagnetismo es la simetría $\Psi \mapsto e^{i\theta}\Psi$) que se supone exacta y no directamente observable. Recordemos que la objeción de Einstein a la idea gauge original de Weyl era, de hecho, que la masa de una partícula, y por consiguiente su frecuencia natural, es directamente medible, y por ello no puede utilizarse como un «campo gauge» en el sentido requerido. Más adelante veremos que esta cuestión resulta muy confusa en algunos usos modernos de la idea «gauge».

19.5. El tensor energía-momento

Como prerrequisito para dirigir nuestra atención a ese otro campo clásico fundamental con sus aspectos de «teoría gauge», a saber, el campo gravitatorio, será importante considerar primero la cuestión de la *densidad de energía* de un campo, pues esta densidad es la fuente de la gravedad. En efecto, la famosa ecuación de Einstein $E = mc^2$ nos dice que masa y energía son lo mismo (véase §18.6) y, como Newton ya nos había informado, la masa es la fuente de la gravitación. Por ello necesitamos entender cómo se puede describir la densidad de energía de un campo, tal como el de Maxwell, y cómo esto puede actuar como fuente de gravedad. Lo que Einstein nos dice es que lo hace a través de una magnitud tensorial conocida como el *tensor energía-momento*. Este es un tensor simétrico $\left[{}^{0}_{2}\right]$-valente $\boldsymbol{T}$ (en forma de índices $T_{ab} = T_{ba}$) que satisface una «ecuación de conservación»

$$\nabla^a T_{ab} = 0.$$

(Para el resto del capítulo utilizamos el operador derivada covariante espaciotemporal ∇_a en lugar de $\partial/\partial x^a$. Puesto que todos nuestros campos carecen de carga, nuestras expresiones anteriores no se verán afectadas; véanse también el párrafo final de §18.2, la nota 19.2 y el ejercicio [19.6].) Podemos comparar esta expresión con la ecuación de conservación $\nabla^a J_a = 0$ para la carga eléctrica. La razón para el índice extra en T_{ab} es que lo que se conserva, a saber, la energía-momento, es una magnitud 4-(co)vectorial (el 4-(co)vector p_a energía-momento, considerado en §18.7) más que la carga eléctrica *escalar*. Para describir el contenido físico de T_{ab} con más detalle, es conveniente pasar a la magnitud equivalente $T^a{}_b = g^{ac}T_{cb}$, en la que se ha subido un índice mediante el uso del tensor métrico g^{ab}.[19.12] La cantidad $T^a{}_b$ reúne todas las diferentes densidades y flujos de energía y momento en los campos y partículas. Más concretamente, en un sistema de coordenadas de Minkowski estándar, el covector $T^0{}_b$ es la densidad de 4-momento y las tres cantidades $T^1{}_b$, $T^2{}_b$, $T^3{}_b$, proporcionan el flujo de 4-momento en las tres direcciones espaciales independientes. Esto es directamente análogo al caso de J^a, puesto que J^0 es la densidad de carga y las tres cantidades J^1, J^2, J^3 proporcionan el flujo de carga (i.e., la corriente) en las tres direcciones espaciales independientes. Es el índice extra b el que nos dice que nuestra ley de conservación se refiere ahora a una magnitud (co)vectorial. Resulta que la cantidad T_{00} mide la densidad de energía, y T_{11}, T_{22}, T_{33} miden la *presión* en la tres direcciones de los ejes de coordenadas espaciales.

[19.12] ¿Cómo se relacionan las componentes individuales $T^a{}_b$ con T_{ab}, en un sistema de Minkowski local, en el que las componentes g_{ab} tienen la forma diagonal $(1, -1, -1, -1)$?

Recordemos que, como Maxwell nos enseñó, los propios campos electromagnéticos transportan energía. En la notación de índices, el tensor energía-momento del campo electromagnético resulta ser[19.13]

$$\frac{1}{8\pi}(F_{ac}F^{c}{}_{b} + {}^{*}F_{ac}{}^{*}F^{c}{}_{b}).$$

Otros campos físicos tienen también sus tensores energía-momento, y varias de estas contribuciones diferentes tendrían que sumarse para dar el tensor energía-momento T completo, que satisface la ecuación de conservación $\nabla^{a}T_{ab} = 0$.

Sin embargo, algo muy diferente sucede con la energía-momento de la propia gravedad, como veremos enseguida. En ausencia de gravedad, el espaciotiempo es plano (i.e., espacio de Minkowski), y podemos utilizar coordenadas (minkowskianas) planas. Entonces cada uno de los cuatro vectores $T^{a}{}_{0}$, $T^{a}{}_{1}$, $T^{a}{}_{2}$ y $T^{a}{}_{3}$ satisface por separado exactamente la misma ecuación de conservación que J^{a} (a saber, $\nabla^{a}T^{a}{}_{0} = 0$, etc., análoga a $\nabla_{a}J^{a} = 0$), lo que tiene como consecuencia que existe una ley *integral* de conservación exactamente análoga a la de carga (i.e., análoga a $\int_{\mathcal{Q}} {}^{*}\boldsymbol{J} = 0$), para cada una de las 4 componentes de la energía-momento por separado. Así pues, la masa total se conserva, y también lo hacen las tres componentes del momento total. Pero recordemos la discusión dada en el capítulo 17 sobre el principio de equivalencia de Einstein, y de por qué esto nos lleva a un espaciotiempo curvo. Así pues, en presencia de gravedad debemos tener en cuenta el hecho de que «∇_{a}» ya no es simplemente «$\partial/\partial x^{a}$», sino que (de acuerdo con §14.3) existen términos extra $\Gamma^{b}{}_{ac}$ que confunden el propio significado de «$\nabla_{a}T^{a}{}_{0}$» y que ciertamente nos impiden obtener una ley integral de conservación para la energía y el momento a partir de nuestra «ecuación de conservación» $\nabla^{a}T_{ab} = 0$. El problema puede parafrasearse como el hecho de que el índice extra b en T_{ab} le impide ser el dual de una 3-forma, y no podemos escribir una formulación independiente de las coordenadas de una «ecuación de conservación» (como anulación de la derivada exterior de la 3-forma ${}^{*}\boldsymbol{J}$ en «d ${}^{*}\boldsymbol{J} = 0$»). ¡Parece que hemos perdido las leyes de con-

[19.13] Demuestre que esto satisface la ecuación de conservación $\nabla^{a}T_{ab} = 0$ si $\boldsymbol{J} = 0$. Obtenga la 00-componente de este tensor, y recupere la expresión original de Maxwell $(E^{2} + B^{2})/8\pi$ para la energía de un campo electromagnético en términos de (E_{1}, E_{2}, E_{3}) y (B_{1}, B_{2}, B_{3}).

servación más fundamentales de la física, las leyes de conservación de la energía y el momento!

De hecho, hay una perspectiva más satisfactoria sobre la conservación de energía-momento, que se refiere tanto a ciertos espaciotiempos curvos $\mathcal{M}$ como al espacio de Minkowski, y se aplica asimismo a la conservación del momento angular (véanse §18.5 y §§22.8,11). En esta perspectiva suponemos que tenemos un *vector de Killing* $\boldsymbol{\kappa}$ para $\mathcal{M}$ (que satisface $\nabla_{(a}\kappa_{b)} = 0$; véase §14.8), que describe una simetría continua de $\mathcal{M}$. En el espacio de Minkowski existen 10 de tales simetrías independientes, que se refieren a las 4 simetrías de *traslación* independientes (3 espaciales y 1 temporal) y 6 *rotaciones* espaciotemporales independientes (la parte no reflexiva del grupo de Lorentz $O(1, 3)$). Véase la Fig. 18.3b. Así pues, el espacio de Minkowski tiene 10 vectores de Killing independientes. Como veremos en el capítulo siguiente, el formalismo lagrangiano (teorema de Nöther) nos permite obtener una ley de conservación a partir de cada simetría continua que posean las leyes del sistema. La simetría de traslación temporal proporciona la conservación de la energía, mientras que la simetría de traslación espacial proporciona la conservación del 3-momento. La simetría rotacional da la conservación del momento angular. (Las rotaciones espaciales ordinarias nos dan las 3 componentes del momento angular ordinario, pero existen también 3 componentes que proceden de los «impulsos» lorentzianos, que nos llevan de una velocidad a otra. Estas nos dan la conservación del movimiento del centro de masas; véanse §§18.6,7 y la Fig. 18.16.) Para obtener la ley de conservación adecuada a partir de cualquier vector de Killing $\boldsymbol{\kappa}$, construimos la magnitud *flujo*

$$L_a = T_{ab}\kappa^b,$$

que satisface la ley de conservación $\nabla_a L^a = 0$, siempre que el T_{ab} simétrico satisfaga $\nabla^a T_{ab} = 0$.[19.14] Por lo tanto, como en §19.3, hay una ley de conservación *integral* $\int_{\mathcal{Q}} {}^*\boldsymbol{L} = 0$.

[19.14] ¿Por qué? ¿Por qué este procedimiento se particulariza en la anterior $\nabla_a T^a{}_0 = 0$, etc.? ¿Puede encontrar un análogo de la ley de conservación en campos continuos $\nabla^a(T_{ab}\kappa^b) = 0$, para un sistema discreto de partículas donde el 4-momento se conserva en las colisiones? *Sugerencia*: Encuentre una cantidad, dado el vector de Killing κ^a, que sea constante para cada partícula entre colisiones.

Estas leyes de conservación son válidas solamente en un espaciotiempo para el que existe la simetría adecuada, dada por el vector de Killing κ. Físicamente, la razón para ello es que los grados de libertad en la geometría espaciotemporal —i.e., la gravedad— están desacoplados de los campos. La geometría espaciotemporal sirve únicamente como fondo, de modo que no es perturbada por los campos que hay en su interior; además, los campos son incapaces de tomar la cantidad en cuestión del fondo (o perderla en el fondo) debido a la simetría. Estas consideraciones tendrán importancia más adelante, en especial en el capítulo 30 (§§30.6,7). De todas formas, no nos ayudan realmente a entender cuál será el destino de las leyes de conservación cuando la propia gravedad se convierta en un jugador activo. Todavía no hemos recuperado las leyes de conservación que nos faltan para la energía y el momento, cuando la gravedad entra en la imagen.

Desde los primeros días de la relatividad general, este hecho aparentemente complicado ha supuesto una de las objeciones más fuertes a dicha teoría, y ha dado razones para sentirse incómodos con ella, como han expresado numerosos físicos durante años.[6] Veremos más adelante, en §19.8, que la teoría de Einstein tiene en cuenta la conservación de la energía-momento de una forma muy sofisticada, al menos en aquellas circunstancias en las que más necesaria es una ley de conservación semejante. Por el momento, tomamos nota del hecho de que, en la teoría de Einstein, el tensor simétrico $\left[{0 \atop 2}\right]$-valente $\boldsymbol{T}$ que aparece en su ecuación de campo tiene que incluir la energía-momento de todos los campos (y partículas) *no* gravitatorios. Cualquier energía que haya en el propio campo gravitatorio debe ser excluida de tener una representación dentro de $\boldsymbol{T}$.

Este punto de vista se hace algo plausible si pensamos de nuevo en el principio de equivalencia. Imaginemos un observador en órbita libre, por ejemplo dentro de alguna nave espacial sin ventanas, de modo que parece, al menos en la primera aproximación, que no hay campo gravitatorio. El observador esperaría que la energía se conservara dentro de la nave espacial, y por consiguiente esperaría que la ecuación $\nabla^a T_{ab} = 0$ se mantuviera válida sin que haya ninguna contribución del campo gravitatorio. Sin embargo, esta «conservación» es solo una aproximación, y se espera que necesite corrección en cuanto empiecen a desempeñar un papel los efectos (de marea) de la aceleración relativa debidos a la no uniformidad del campo gravitatorio (como se ha estudiado en §17.5; véanse las Figs. 17.8a, 17.8b y 17.9). Esta es una cuestión algo delicada, y resulta necesario examinar los «órdenes» en los que diferentes tipos de efectos empiezan a desempeñar un papel. El resultado final de todo esto es que la cantidad $\boldsymbol{T}$ y su ecuación $\nabla^a T_{ab} = 0$ deberían mantenerse inalteradas por la no uniformidad del campo gravitatorio —i.e., no ser afectadas por la curvatura $\boldsymbol{R}$ de la conexión espaciotemporal $\boldsymbol{\nabla}$— y que, de algún modo, las contribuciones de la gravedad a la conservación de la energía-momento deberían entrar *no localmente* como correcciones en el cálculo de la energía-momento total. (La única excepción real a este comentario podría ocurrir si hubiera que contemplar correcciones de la curvatura espaciotemporal para aquellas expresiones matemáticas que nos dicen cómo contribuyen los campos físicos a $\boldsymbol{T}$. Normalmente no hay tales correcciones, y no es una cuestión importante para nuestras consideraciones actuales.) Desde esta perspectiva, las contribuciones gravitatorias a la energía-momento «se filtran por las grietas» que separan la ecuación *local* $\nabla^a T_{ab} = 0$ de una ley de conservación integral para la energía-momento *total*.

19.6. La ecuación de campo de Einstein

Volveré a esta cuestión en §19.8, pero de momento necesitamos saber la forma real de la ecuación de campo de Einstein. Esta ecuación se expresa en términos del formalismo *tensorial* con el que ahora (¡así lo espero!) el lector no se sentirá demasiado incómodo. Parte de la razón de que se necesiten los tensores es que la curvatura espaciotemporal, en 4 dimensiones, es un asunto complicado. Recordemos a Albert, nuestro astronauta A de §17.5, orbitando libremente en el campo gravitatorio de la Tierra. En algunas direcciones que parten de A existen aceleraciones hacia dentro y en otras direcciones existen aceleraciones hacia fuera. Estas representan las fuerzas *de marea* experimentadas por A. Las fuerzas de marea son manifestaciones de la curvatura espaciotemporal. Para reunir estos efectos complicados, se utiliza una magnitud tensorial R_{abcd}, que tiene 10 componentes independientes en el espacio vacío, y un total de 20 cuando hay también densidad de materia. De hecho, R_{abcd} es simplemente la forma indexada del tensor de Riemann-(Christoffel) $\boldsymbol{R}$ que ya hemos visto anteriormente en §14.7.

Pero existe otra razón, aparte de la de poner orden en la complicación, para que el tensor de Ricci desempeñe un papel fundamental en la teoría de Einstein. Esta se remonta al *principio de equivalencia* fundacional que puso en marcha toda la línea de pensamiento de Einstein. La gravitación no debe considerarse como una fuerza; para un observador que esté en caída libre (como nuestro astronauta A), no hay ninguna fuerza gravitatoria directa que sentir. En su lugar, la gravitación se manifiesta en forma de curvatura espaciotemporal. Ahora bien, para que funcione esta idea es importante que no haya «coordenadas privilegiadas» en la teoría.[7] En efecto, si cierta clase limitada de sistemas de coordenadas se considerasen elecciones privilegiadas de la naturaleza, entonces estas definirían «sistemas observadores naturales» con respecto a los cuales podría reintroducirse la noción de «fuerza gravitatoria», y se perdería el papel central del principio de equivalencia. El punto es bastante delicado, y ocasionalmente muchos físicos se han apartado de él. A mi modo de ver, es esencial para el espíritu de la teoría de Einstein que se mantenga esta noción de independencia de coordenadas. Esto es lo que se conoce como *principio de covariancia general.* Nos dice que no solo no debe haber coordenadas privilegiadas, sino que si tenemos dos espaciotiempos diferentes que representan dos campos gravitatorios físicamente distintos, entonces no tiene que haber una identificación punto a punto preferida entre ambos, de modo que no podemos decir qué punto espaciotemporal concreto de uno debe considerarse el *mismo* punto que cierto punto espaciotemporal del otro. Esta cuestión filosófica nos interesará más adelante (§30.11), en relación con la cuestión de cómo se relaciona la teoría de Einstein con los principios de la mecánica cuántica. Por el momento, la importancia del principio de covariancia general para nosotros es que nos obliga a una descripción libre de coordenadas de la física gravitatoria. Por esta razón en particular, el formalismo tensorial tiene una importancia tan capital en la teoría de Einstein.

Veamos ahora cuál es realmente la ecuación de Einstein. La forma de dicha ecuación está impulsada básicamente por los dos requisitos (i) que la fuente (local) de la gravedad debería ser, en efecto, el tensor energía-momento $\boldsymbol{T}$, sujeto a $\nabla^a T_{ab} = 0$, y (ii) que, en el límite newtoniano adecuado (pequeñas velocidades, comparadas con la de la luz, y pequeños campos gravitatorios), debería recuperarse la teoría gravitatoria de Newton estándar. Debemos volver a la exposición de §17.5, en la que hemos visto que en la teoría newtoniana hay un efecto de reducción de volumen para geodésicas que están próximas, y son inicialmente paralelas, a una línea de universo geodésica γ de un observador. Estas geodésicas vecinas se aceleran con relación a γ de tal forma que el *3-volumen* (infinitesimal) δV de género espacio que encierran tiene una aceleración global que es igual a $-4\pi G\, \delta M$, donde δM es la masa gravitatoria activa del volumen (infinitesimal) encerrado por las geodésicas. El signo menos procede del hecho de que es una *reducción* de volumen lo que está implicado; véase la Fig. 17.8b. Esta es una expresión plena de la teoría de Newton, con respecto al efecto gravitatorio activo de una distribución de masa.

¿Cómo debemos traducir esto en una ecuación que relaciona la curvatura espaciotemporal $\boldsymbol{R}$ con el tensor energía-momento $\boldsymbol{T}$? El hecho geométrico clave es que la aceleración hacia dentro de volumen que se da en esta situación viene medida por un tensor simétrico $[{}^0_2]$-valente, denominado el *tensor de Ricci*, definido por

$$R_{ab} = R_{acb}{}^{c},$$

donde R_{abcd} es la forma de índices del tensor de Riemann.[19.15] (Véase la Fig. 19.7 para la notación diagramática de esto.) Una vez más, existen innumerables convenios diferentes con respecto a signos, ordenación de índices, signaturas, etc., y, como antes, estoy imponiendo al lector mis propias preferencias; véase §14.4. Más concretamente, la aceleración de volumen (partiendo del reposo) viene dada por[19.16]

$$\mathbf{D}^2(\delta V) = R_{ab}t^a t^b \delta V.$$

[19.15] ¿Por qué es R_{ab} simétrico?
[19.16] Vea si puede demostrarlo utilizando la identidad de Ricci y las propiedades de la derivada de Lie.

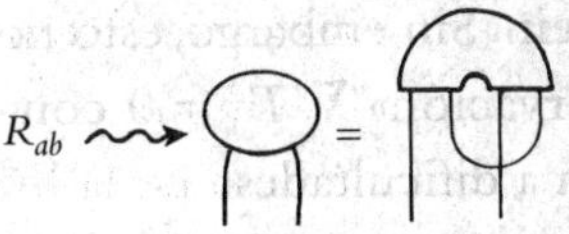

Fig. 19.7. Notación diagramática para la definición del tensor de Ricci $R_{ab} = R_{acb}{}^{c}$ (véase la Fig. 14.21).

Aquí, **D** representa el ritmo de cambio con respecto al *tiempo propio* del observador (véase §17.9), a lo largo de la línea de universo γ del observador, de modo que $\mathbf{D}^2$ denota en realidad la aceleración. Tenemos

$$\mathbf{D} = t^a \nabla_a = \nabla_t,$$

donde t^a es el vector unidad de género tiempo futuro tangente a γ (de modo que $t^a t_a = 1$).

La *densidad de masa* (que es la misma que la densidad de *energía*, pues «$E = mc^2$» con $c = 1$; véase §18.6), medida por el observador, es la «00-componente» de T_{ab} en el sistema local del observador. Esta es simplemente la cantidad $T_{ab}t^a t^b$, de modo que la masa δM dentro del volumen δV encerrado por las geodésicas vecinas es

$$\delta M = T_{ab}t^a t^b \delta V.$$

Así pues, la «expectativa newtoniana» $-4\pi G\, \delta M$ (§17.5) para la aceleración de volumen debida a la densidad de materia es

$$-4\pi G T_{ab} t^a t^b \delta V.$$

Pero acabamos de ver que el efecto de aceleración de volumen debido a la curvatura espaciotemporal es $R_{ab}t^a t^b \delta V$, de modo que llegamos a la expectativa

$$R_{ab}t^a t^b \delta V = -4\pi G T_{ab} t^a t^b \delta V.$$

Dividiendo por δV y advirtiendo que esto se aplica a *todos* los observadores que pasan por el mismo suceso, de modo que podemos eliminar $t^a t^b$,[19.17] llegamos a la sugerida ecuación de campo

$$R_{ab} = -4\pi G T_{ab},$$

[19.17] Demuestre por completo por qué podemos «podar» todas las t, explicando el papel de la simetría de los tensores.

que, de hecho, era la propuesta inicial de Einstein. Sin embargo, esto no es satisfactorio porque la «ecuación de conservación» $\nabla^a T_{ab} = 0$ conduce entonces a $\nabla^a R_{ab} = 0$, ¡que, a su vez, lleva a dificultades!

¿Cuáles son estas dificultades? Recordemos, de §14.4, la ecuación *identidad de Bianchi* $\nabla_{[a} R_{bc]d}{}^e = 0$. Tomando una contracción de esta ecuación, obtenemos[19.18]

$$\nabla^a (R_{ab} - \frac{1}{2} R\, g_{ab}) = 0,$$

donde el *escalar de Ricci* (o *curvatura escalar*, aunque «$-R$» podría encajar mejor con la mayoría de los convenios matemáticos para el caso definido positivo) se define por

$$R = R_a{}^a$$

(donde «R» no debe confundirse con la «$\boldsymbol{R}$» que representa el tensor de curvatura *completo*). La «dificultad» con la ecuación propuesta más arriba, $R_{ab} = -4\pi G T_{ab}$, es que, cuando se combina con la identidad de Bianchi contraída, lleva a la conclusión de que la *traza* T del tensor energía-momento, definida por

$$T = T_a^a,$$

tiene que ser *constante* en todo el espaciotiempo.[19.19] Esto es absolutamente incompatible con la física (no gravitatoria) ordinaria. En consecuencia, Einstein concluyó finalmente, en 1915, que para que hubiera compatibilidad deberían *igualarse* (salvo un factor constante) los dos tensores que satisfacen la «ecuación de conservación» $\nabla^a(\ldots) = 0$, y llegó a lo que ahora se conoce como *ecuación de campo de Einstein*:[8,][19.20]

$$R_{ab} - \frac{1}{2} R g_{ab} = -8\pi\, G T_{ab}.$$

En la situación concreta en que no hay materia presente (incluido el campo electromagnético), tenemos $T_{ab} = 0$. Esto se conoce como *vacío*. La ecuación de Einstein —la *ecuación de vacío*— se convierte en $R_{ab} - \frac{1}{2} R g_{ab} = 0$, que puede reescribirse como[19.21]

[19.18] Demuéstrelo utilizando la notación diagramática, si lo desea.
[19.19] ¿Por qué?
[19.20] Explique el coeficiente $-8\pi G$, comparado con $-4\pi G$.
[19.21] ¿Por qué?

$$R_{ab} = 0.$$

Un espacio con tensor de Ricci nulo se conoce a veces como *Ricci-plano*.

19.7. Cuestiones adicionales: la constante cosmológica, el tensor de Weyl

En este punto deberíamos considerar el término adicional que sugirió Einstein en 1917, denominado *constante cosmológica*. Esta es una cantidad constante extraordinariamente minúscula Λ, cuya presencia real está sugerida por modernas observaciones cosmológicas, pero que no puede diferir de cero en más de la muy minúscula cantidad de aproximadamente 10^{-55} cm^{-2}. No tiene relevancia observacional directa hasta que se alcanzan escalas cosmológicas. La cantidad $R_{ab} - \frac{1}{2}Rg_{ab}$, en la expresión anterior, se reemplaza en consecuencia por $R_{ab} - \frac{1}{2}Rg_{ab} + \Lambda g_{ab}$. Esta sigue satisfaciendo la «ecuación de conservación», puesto que Λ es constante (y $\nabla\mathbf{g} = 0$). La ecuación de Einstein se lee ahora

$$R_{ab} - \frac{1}{2}Rg_{ab} - \Lambda g_{ab} = -8\pi G\, T_{ab}.$$

En un principio, Einstein introdujo este término extra para tener la posibilidad de un universo cerrado espacialmente y *estático* a escala cosmológica.[9] Pero cuando a partir de las observaciones de Edwin Hubble, en 1929, se supo que el universo se está expandiendo, y por consiguiente *no es* estático, Einstein retiró su apoyo a la constante cosmológica, asegurando que había sido «su mayor error» (¡quizá porque de no haberla introducido podría haber predicho la expansión del universo!). De todas formas, una vez propuestas las ideas, estas no desaparecen de manera tan sencilla. La constante cosmológica ha quedado latente en el fondo de la teoría cosmológica desde que Einstein la propuso por primera vez, causando preocupación a algunos y solaz a otros. Muy recientemente, observaciones de supernovas lejanas han llevado a algunos teóricos a reintroducir Λ, o algo similar conocido como «energía oscura», como una forma de hacer que estas observaciones sean compatibles con otros requisitos percibidos.[10] Volveré más adelante a la cuestión de la constante cosmológica (véase en especial §28.10). Por mi parte, en común con la mayoría de los teóricos de la relatividad, aun admitiendo la posibilidad de una Λ no nula en las ecuaciones, yo mismo hubiera sido bastante reacio a aceptar que la naturaleza hubiese utilizado este término. Sin embargo, como veremos en §28.10, evidencias cosmológicas muy recientes parecen apuntar en esta dirección.

También podemos escribir la ecuación de campo de Einstein (incluyendo la constante cosmológica) en sentido inverso:[19.22] $R_{ab} = -8\pi G(T_{ab} - \frac{1}{2}Tg_{ab}) + \Lambda g_{ab}$. Utilizando un sistema de coordenadas local con el eje temporal dado por t^a, de modo que al contraerlo con $t^a t^b$ da la 00-componente, observamos que la aceleración hacia dentro del volumen está dada por $8\pi\, G(T_{00} - \frac{1}{2}Tg_{00}) - \Lambda$, que es $4\pi G(\rho + P_1 + P_2 + P_3) - \Lambda$, donde P_1, P_2 y P_3 son los valores de la *presión* de la materia a lo largo de tres ejes espaciales (ortogonales). Por comparación con la «$4\pi G\, \delta M$» que da la teoría de Newton, encontramos que la densidad ρ_G de *masa gravitatoria activa*, en la relatividad general de Einstein es

$$\rho_G = \rho + P_1 + P_2 + P_3 - \frac{\Lambda}{4\pi G},$$

antes que $\rho_G = \rho$, siendo esto último lo que podríamos haber esperado simplemente a partir de «$E = mc^2$». (Se han elegido unidades de modo que $c = 1$.) La contribución de Λ es extraordinariamente minúscula y, de hecho, los términos de presión extra son también normalmente muy pequeños en comparación con la energía, porque, en términos generales, las pequeñas partículas que constituyen el material en cuestión se están moviendo con relativa lentitud comparadas con la velocidad de la luz. Sin embargo, las contribuciones de la presión a la masa gravitatoria activa desempeñan papeles importantes en ciertas condiciones extremas. Cuando una estrella muy masiva se acerca a una situación en la que está en peligro de colapsar bajo su propio tirón gravitacional hacia dentro, encontramos que una presión aumentada en la estrella, que

[19.22] ¿Por qué?

cabría esperar que ayudase a mantener la estrella, ¡*incrementa* en realidad la tendencia a colapsar debido a la masa gravitatoria activa extra que produce!

Tal como se ha señalado antes (§19.5), el tensor energía-momento T_{ab} es análogo, en la teoría de Einstein, al vector carga-corriente $\boldsymbol{J}_a$ de la teoría de Maxwell. Puede considerarse que la magnitud T_{ab} describe la *fuente* de la gravitación, de la misma forma que $\boldsymbol{J}_a$ es la fuente del electromagnetismo. ¿Podemos preguntar cuál sería el análogo aproximado del tensor de campo de Maxwell F_{ab} que describe los *grados de libertad gravitatorios*? La respuesta *no* es el tensor métrico **g**, que es más parecido al potencial electromagnético **A**. Algunos podrían considerar que el tensor de curvatura de Riemann completo R_{abcd} es el análogo de $\boldsymbol{F}$, pero resulta más adecuado escoger lo que se denomina el *tensor de Weyl* (o *tensor conforme*) C_{abcd}, que es parecido al tensor de Riemann completo pero del que se ha «eliminado» la parte del tensor de Ricci. Esto es razonable, porque el tensor de Ricci puede identificarse estrechamente con la fuente T_{ab}, de modo que tenemos que eliminar estos «grados de libertad fuente» si queremos identificar aquellos grados de libertad que describen directamente el campo gravitatorio. En el espacio libre, donde no hay materia (y donde tomamos nula la constante gravitatoria Λ), el tensor de Weyl es *igual* al tensor de curvatura de Riemann, si bien en general el tensor de Weyl se define por una fórmula de apariencia complicada que elimina la parte del tensor de Ricci de la curvatura total (donde he subido dos índices para hacer un uso completo de la notación de paréntesis cuadrados de §11.6):[19.23]

$$C_{ab}{}^{cd} = R_{ab}{}^{cd} - 2R_{[a}{}^{[c}g_{b]}{}^{d]} + \frac{1}{3} R g_{[a}{}^{c} g_{b]}{}^{d}.$$

19.8. La energía del campo gravitatorio

Volvamos a la cuestión de la masa/energía en el propio campo gravitatorio. Aunque no hay lugar para algo semejante en el tensor energía-momento $\boldsymbol{T}$, es evidente que hay situaciones en que una energía

[19.23] Demuestre que todas las «trazas» de $\boldsymbol{C}$ se anulan (por ejemplo, $C_{abc}{}^{a} = 0$, etc.). Haga este cálculo de forma diagramática, si lo desea.

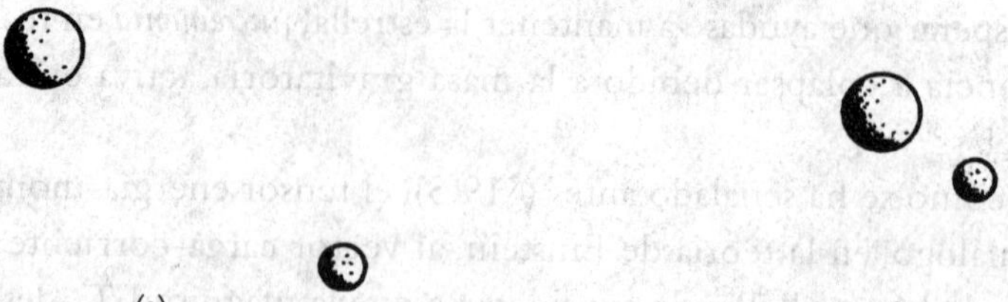

(a) (b)

Fig. 19.8. No localidad de la energía potencial gravitatoria. Imaginemos dos planetas (que, por simplicidad, podemos suponer que están instantáneamente en reposo relativo). Si (a) están muy alejados, entonces la contribución negativa de la energía potencial (newtoniana) no es tan grande como (b) cuando están juntos. Así, la energía total (y por ello la masa total del sistema entero) es mayor en el caso (a) que en el caso (b), pese a que las densidades totales de energía, medidas por los tensores energía-momento, son prácticamente las mismas en los dos casos.

gravitatoria «incorpórea» está desempeñando realmente un papel físico. Imaginemos dos cuerpos masivos (por ejemplo, dos planetas). Si están próximos (y si podemos suponer que están instantáneamente en reposo uno con respecto al otro), entonces habrá una contribución de energía potencial gravitatoria (negativa) que hace que la energía total, y, por consiguiente, la masa total, sea menor que la que sería si estuviesen alejados (véase la Fig. 19.8). Ignorando efectos de energía muchísimo más pequeños, tales como distorsiones de la forma de cada cuerpo debidas al campo de marea gravitatorio del otro, vemos que las contribuciones totales al tensor de energía-momento real $\boldsymbol{T}$ serán las mismas, ya estén los dos cuerpos cerca o lejos. Pese a todo, la masa/energía total diferirá en los dos casos, y esta diferencia sería atribuida a la energía en el propio campo gravitatorio (de hecho, una contribución *negativa*, que es mayor cuando los cuerpos están próximos que cuando están alejados).

Consideremos ahora que los cuerpos están en movimiento, cada uno en órbita en torno al otro. Una consecuencia de la ecuación de campo de Einstein es que del sistema emanarán *ondas gravitatorias* —rizos en el propio tejido del espaciotiempo— que se llevarán energía (positiva). En circunstancias normales, esta pérdida de energía será muy pequeña. Por ejemplo, el mayor de estos efectos en nuestro propio sistema solar aparece en el sistema Júpiter-Sol, y la tasa de pérdida de ener-

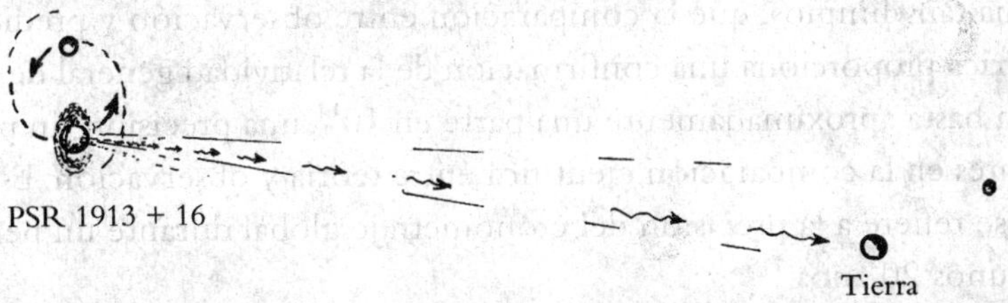

Fig. 19.9. El sistema doble de estrellas de neutrones de Hulse-Taylor PSR 1913 + 16. Un miembro es un púlsar que emite señales electromagnéticas exactamente cronometradas que se reciben en la Tierra, lo que permite determinar las órbitas con extraordinaria precisión. Se observa que el sistema pierde energía en acuerdo exacto con la predicción de Einstein de ondas gravitatorias que transportan energía emitidas por dicho sistema. Estas ondas son rizos del vacío espaciotemporal, donde el tensor energía-momento se anula. (No está a escala.)

gía es tan solo aproximadamente igual a la que emite ¡una bombilla de 40 vatios! Pero en el caso de sistemas más masivos y violentos, tales como la coalescencia final de dos agujeros negros que han estado describiendo trayectorias espirales uno alrededor de otro, se espera que la pérdida de energía sería tan grande que detectores que se están construyendo en la actualidad aquí en la Tierra podrían registrar la presencia de tales ondas gravitatorias a una distancia de 15 megaparsecs, o aproximadamente $4{,}6 \times 10^{23}$ metros.

Entre estos dos extremos están las ondas gravitatorias emitidas por el extraordinario sistema doble de estrellas de neutrones conocido como PSR 1913 + 16, estudiado por el equipo formado por Joseph Taylor y Russell Hulse, que ganaron por ello un premio Nobel; véase la Fig. 19.9. (Una estrella de neutrones es una estrella extraordinariamente compacta, compuesta principalmente de neutrones, tan estrechamente apretados que la densidad global de la estrella es comparable a la de un núcleo atómico. ¡Una pelota de tenis llena de este material tendría una masa total comparable a la de Deimos, una de las lunas de Marte!) Este sistema ha sido observado durante unos veinticinco años, y su movimiento detallado ha sido registrado con gran precisión (lo que es posible debido a que una de las estrellas es un *púlsar* que emite «bips» electromagnéticos con una cadencia muy precisa unas 17 veces por segundo). La cadencia de estas señales es tan precisa, y el propio sistema tan «limpio», que la comparación entre observación y predicción teórica proporciona una confirmación de la relatividad general de Einstein hasta aproximadamente una parte en 10^{14}, una precisión sin precedentes en la comparación científica entre teoría y observación. Esta cifra se refiere a la precisión del cronometraje global durante un período de unos 20 años.[11]

Con observaciones de esta naturaleza —y también con los impresionantes efectos de lente gravitatoria que serán abordados en §28.8—, la relatividad general observacional ha avanzado un largo camino desde los primeros días de la teoría. Sin embargo, durante el período 1915-1969 (donde 1969 marca el año en que las radioobservaciones de cuásares distantes iniciaron una nueva familia de tests de la relatividad general[12]) solo existían los famosos pero relativamente poco impresionantes «tres tests» para dar apoyo a esta teoría. El más significativo de estos era la explicación que dio Einstein del «avance anómalo del perihelio» de Mercurio. Esto constituía una desviación muy ligera de las predicciones de la teoría de la gravitación newtoniana (de solo 43 segundos de arco por siglo, o aproximadamente ¡una rotación orbital cada 3 millones de años!) que había sido observada durante más de medio siglo[13] (véanse también §30.1 y §34.9). Un segundo efecto observacional era la minúscula curvatura que la masa del Sol producía en la luz procedente de estrellas distantes que pasaba cerca de él, vista por la expedición de Arthur Eddington a la isla del Príncipe (en la costa del África occidental), durante el eclipse solar de 1919. Este es un efecto del mismo fenómeno de «lente gravitatoria» que se ha mencionado antes, y que ahora se utiliza de forma impresionante a distancias casi cosmológicas para obtener información importante sobre la distribución de masa en el universo (véase §28.8). Por último, está el efecto de frenado del ritmo de los relojes en un potencial gravitatorio, predicho por la teoría de Einstein. Este fue provisionalmente (y discutiblemente) observado por W.S. Adams en 1925, en el caso de una estrella enana blanca como la compañera de Sirio (una estrella algunos miles de veces más densa que el Sol). Pero más tarde se obtuvo una confirmación mucho más convincente, en un delicado experimento realizado por Pound y Rebka en 1960, para el propio campo gravitatorio de la Tierra. (Sin embargo, este efecto debe esperarse simplemente a partir de consideraciones cuánticas básicas y de energía en general, y es un test más bien débil de la teoría de Einstein.) Hay también un tipo diferente de efecto de «retardo temporal», para señales luminosas que llegan a la Tierra procedentes de objetos que están casi directamente detrás del Sol, que fue propuesto por primera vez (en 1964) por Erwin Shapiro, y más tarde confirmado por él en 1968-1971, en observaciones de Mercurio y Venus, y más exactamente (hasta un 0,1 por ciento, en 1971) por Reasenberg y Shapiro, utilizando transpondedores en la nave espacial Viking en órbita alrededor de Marte que se comparaban con uno colocado en el suelo de Marte.

Está claro que la teoría de Einstein está hoy día muy bien apoyada observacionalmente. La existencia de ondas gravitatorias parece estar claramente confirmada por las observaciones de Hulse-Taylor, incluso si esto no es una detección directa de tales ondas. En la actualidad hay varios proyectos para la detección directa de ondas gravitatorias que constituyen un esfuerzo mundial concertado para utilizar tales ondas con el fin de sondear actividad violenta (como colisiones de agujeros negros) en partes distantes del universo. En efecto, estos proyectos combinados[14] proporcionarán un telescopio de ondas gravitatorias, de modo que la teoría de Einstein tiene el potencial de darnos aún otra poderosa forma de explorar el universo distante.

Vemos que, a pesar de las preocupaciones de algunos sobre la conservación de la energía, la relatividad general tiene varias confirmaciones observacionales muy notables. Volvamos, por lo tanto, a la cuestión de la energía gravitatoria. Un punto esencial para la consistencia, tanto en la teoría como en la observación, es que los rizos del espacio vacío que constituyen las ondas gravitatorias emitidas por PSR 1913 + 16 y otros sistemas semejantes se lleven energía real del sistema. El tensor energía-momento en el espacio vacío es cero, de modo que la energía de la onda gravitatoria tiene que medirse de alguna otra manera que no sea localmente atribuible a una «densidad» de energía. La energía gravitatoria es una magnitud genuinamente no local. Sin embargo, esto no implica que no exista ninguna descripción matemática de la energía gravitatoria. Aunque creo que es justo decir que aún no tenemos una completa comprensión de la masa/energía gravitatoria, hay una serie significativa de situaciones en las que puede darse una respuesta muy

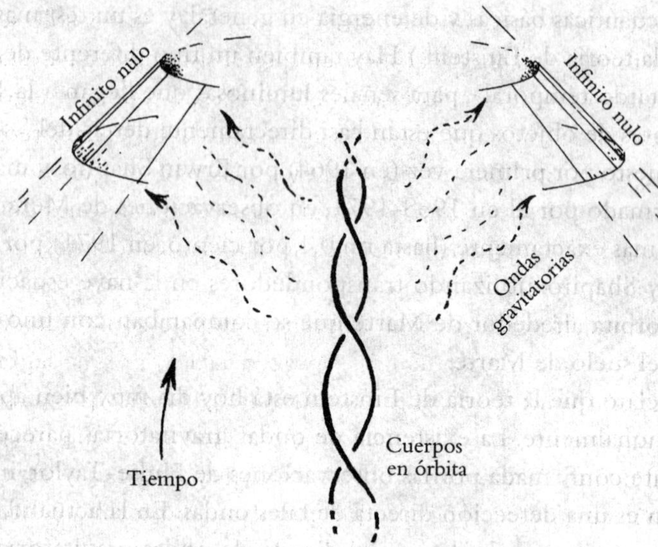

Fig. 19.10. Para un sistema aislado que emite ondas gravitatorias, donde puede suponerse que el espaciotiempo es asintóticamente plano, hay una medida precisa de la masa/energía-momento total y de su pérdida a través de la radiación gravitatoria, conocida como ley de conservación de masa/energía de Bondi-Sachs. Las cantidades matemáticas relevantes son no locales y están definidas en el «infinito nulo» (una noción geométrica que se expondrá en §27.12).

completa. Estas situaciones son las conocidas como *asintóticamente planas*, y se refieren a sistemas gravitantes que pueden considerarse aislados del resto del universo, debido esencialmente a su gran distancia a cualquier otro objeto. Podría ser, por ejemplo, un sistema de estrellas dobles, como el púlsar binario de Hulse-Taylor, en el que uno está interesado en la energía que se pierde por radiación gravitatoria. El trabajo de Hermann Bondi y sus colaboradores, generalizado por Rayner Sachs[15] (para eliminar la hipótesis simplificadora de Bondi de simetría axial), proporcionó una explicación matemática precisa de la masa/energía que sale de un sistema semejante en forma de ondas gravitatorias, y como consecuencia se consiguió una ley de conservación para la energía-momento;[16] véase la Fig. 19.10. Esta ley de conservación no tiene el carácter local de la que existe para campos no gravitatorios, tal como se manifiesta en la «ecuación de conservación» $\nabla^a T_{ab} = 0$, y solo se aplica de una forma exacta en el límite en que el sistema llega a estar aislado espacialmente de cualquier otro objeto. Pese a todo, hay algo «milagroso» en cómo encajan todas estas cosas, entre ellos ciertos teoremas «de positividad» que fueron demostrados más tarde y que nos dicen que la *masa total* de un sistema (incluidas las «contribuciones de energía potencial gravitatoria negativa» que se han planteado antes) no puede ser negativa.[17]

Existen recetas generales para obtener leyes de conservación para sistemas de campos interactuantes, y proceden del enfoque lagrangiano que será introducido en el próximo capítulo. El enfoque lagrangiano es muy potente, general y bello, pese al hecho de que no parece darnos (al menos de forma directa) todo lo que necesitamos en el caso de la gravitación. Este, y el enfoque hamiltoniano íntimamente relacionado, constituyen partes centrales de la física moderna y es importante saber algo sobre ellos. Aventurémonos a continuación en este fabuloso territorio.

Notas

Sección 19.1

19.1. Parece dudoso que el propio Newton hubiera mantenido de forma tan dogmática una imagen semejante basada en partículas (véanse las *Queries* de Newton en su *Optiks* de 1730). No obstante, esta visión «newtoniana» fue defendida enérgicamente por R. G. Boscovich durante el siglo XVIII; véase Barbour (1989).

Sección 19.3

19.2 El resultado se aplicaría también en un espaciotiempo trivial topológicamente curvo, de modo que (más concretamente) una 2-superficie cerrada siempre llena un 3-volumen compacto.

Sección 19.4

19.3. Véase, por ejemplo, Flanders (1963).

19.4. Véase Weyl (1928), pp. 87-88 (trad. pp. 100-101). Esta observación fue hecha también de forma independiente por W. Gordon, y por Pauli y Heisenberg; véase Pais (1986), p. 345.

19.5. Véase Aharonov y Bohm (1959). De hecho, este efecto ya había sido advertido diez años antes por Ehrenberg y Siday (1949). Fue verificado experimentalmente por Chambers, y luego establecido de forma más concluyente por Tonomura *et al.* (1982, 1986).

Sección 19.5

19.6. Véase Pais (1982).

Sección 19.6

19.7. El requisito, en el texto, de «no coordenadas privilegiadas» no solo es bastante vago, sino también algo que podría considerarse demasiado fuerte. En el espacio plano, por ejemplo, podría decirse razonablemente que las elecciones de «coordenadas cartesianas» (aquí las coordenadas de Minkowski (t, x, y, z) de §18.1, para las que la métrica toma la forma particularmente simple $ds^2 = dt^2 - dx^2 - dy^2 - dz^2$) están «privilegiadas» sobre todos los demás sistemas de coordenadas, y los modelos cosmológicos también tienen sistemas de coordenadas especiales en los que la forma métrica parece particularmente simple (véanse §27.11 y el ejercicio [27.18]). La clave está más bien en la cuestión más sutil de que tales coordenadas especiales no deberían tener ningún papel, y que las ecuaciones de la teoría deberían ser tales que su expresión más natural no dependa de ninguna elección de coordenadas particular.

19.8. Véase Stachel (1995), pp. 353-364. Entre los muchos textos excelentes sobre relatividad general, destacan Synge (1960), Weinberg (1972), Misner, Thorne y Wheeler (1973), Wald (1984), Ludvigsen (1999), Rindler (1977, 2001), Schutz (2003) y Hartle (2003).

Sección 19.7

19.9. El modelo de Einstein era el espacio $\mathcal{E}$, con topología $S^3 \times E^1$, que encontraremos en §31.16.

19.10. La introducción por parte de Einstein de un término cosmológico fue una de las varias modificaciones de la teoría de la relatividad general original que se han introducido a lo largo de los años. Además de la teoría de Weyl discutida en §19.4 y las ideas de Kaluza-Klein de dimensiones más altas mencionadas en §31.4 (ahora normalmente combinadas con supersimetría; véanse §§31.2,3), existe la modificación de

Brans-Dicke en la que hay un campo escalar adicional, y los numerosos intentos del propio Einstein por una «teoría de campo unificado» propuestos en el período comprendido entre 1925 y 1955. Véanse Einstein (1925, 1945), Einstein y Straus (1946), Einstein (1948), Einstein y Kaufman (1955) y Schrödinger (1950); para una referencia más reciente, véase Antoci (2001). La mayoría de estas propuestas pretendían incorporar el electromagnetismo, y quizá otros campos, en el armazón general de la relatividad general. También es digno de mención el esquema conocido como teoría Einstein-Cartan-Sciama-Kibble, en la que se introduce una torsión (§14.4) y se considera que describe un efecto gravitatorio directo de una densidad de espín (véase §22.8); véanse Kibble (1961), Sciama (1962) y las exposiciones de Trautman (1972, 1973).

Sección 19.8

19.11. Aquí se considera que la teoría de Einstein incluye la de Newton, y debería resaltarse que la cifra «10^{14}» no representa un aumento de precisión sobre el esquema de Newton. Además, habría que tener en cuenta que parte de la precisión del cronometraje se destina a determinar los parámetros desconocidos, tales como las masas, inclinación orbital, excentricidad, etc., que son necesarios para calcular los detalles del sistema. El «10^{14}» es en realidad una medida de la consistencia global de la imagen.

19.12. Los resultados de 1991 de D. S. Robinson y colaboradores, utilizando «interferometría de muy larga línea de base», confirman ahora los efectos de curvatura de la luz predichos por la relatividad general hasta una precisión de 10^{-4}.

19.13. Para una exposición detallada de la anomalía del perihelio de Mercurio, véase Roseveare (1982).

19.14. Estas búsquedas de ondas gravitatorias tienen acrónimos tan pintorescos como LIGO, LISA y GEO. Véanse Shawhan (2001), Abbott (2004), Grishchuk *et al.* (2001), Thorne (1995b), así como la muy útil página web de John Baez http://math.ucr.edu/home/baez/week143.html.

19.15. Bondi (1960), Bondi *et al.* (1962) y Sachs (1961, 1962a). Este trabajo fue anticipado en parte por Trautman (1958).

19.16. Véanse también Newman y Unti (1962), Penrose (1963, 1964), Sachs (1962b), Bannor y Rotenberg (1966) y Penrose y Rindler (1986), pp. 423-427.

19.17. Schoen y Yau (1979, 1982), Witten (1981), Nester (1981), Parker y Taubes (1982), Ludvigsen y Vickers (1982), Horowitz y Perry (1982) y Reula y Tod (1984); véanse también Penrose y Rindler (1986) y §32.3, en particular, la nota 32.11.

20

Lagrangianos y hamiltonianos

20.1. El mágico formalismo lagrangiano

En los siglos que siguieron a la introducción por parte de Newton de sus leyes dinámicas se construyó un impresionante cuerpo de trabajo teórico sobre estos fundamentos newtonianos. Euler, Laplace, Lagrange, Legendre, Gauss, Liouville, Ostrogradski, Poisson, Jacobi, Hamilton y otros aportaron ideas reformuladoras que condujeron a una profunda visión unificadora. En este capítulo haré una breve introducción a esta visión de conjunto dinámica, aunque me temo que mi explicación solo proporcione una impresión muy engañosa o inadecuada de la magnitud del logro. Debería señalarse también que la existencia de una imagen unificadora tan elegante matemáticamente parece decirnos algo profundo sobre los pilares matemáticos de nuestro universo físico, incluso en el nivel de las leyes que se revelaron en la mecánica newtoniana del siglo XVII. No muchas leyes sugeridas para un universo físico podían llevar a estructuras matemáticas de un esplendor tan imponentes.

¿Cuál es esta elegante imagen unificadora que resultó de la mecánica de Newton? Básicamente se presenta de dos formas diferentes pero íntimamente relacionadas, cada una de las cuales tiene sus virtudes peculiares. Llamaremos a la primera imagen *lagrangiana*, y a la segunda, imagen *hamiltoniana*. (La dificultad habitual con los nombres resulta inevitable. Al parecer, ambas imágenes eran conocidas para Lagrange, bastante anterior a Hamilton, y la imagen lagrangiana fue al menos parcialmente anticipada por Euler.) Consideremos un sistema newtoniano que consiste en un número (finito) de partículas individuales y quizá algunos cuerpos rígidos, cada uno de ellos considerado como una entidad indivisible. Habrá un *espacio de configuración*, $\mathcal{C}$, de un número grande, N, de dimensiones, cada uno de cuyos puntos representa una única disposición espacial de todas estas partículas y cuerpos (véase §12.1). En el transcurso del tiempo, ese *único punto* de $\mathcal{C}$ que representa a todo el sistema se moverá dentro de $\mathcal{C}$ de acuerdo con cierta ley que engloba el comportamiento newtoniano del sistema; véase la Fig. 20.1. Resulta muy notable (y muy valioso computacionalmente) el hecho de que esta ley puede obtenerse por un procedimiento matemático directo a partir de una *única función*. En la imagen lagrangiana (al menos en su forma más simple y más habitual),[1] esta función —denominada la función *lagrangiana*— se define sobre la *fibra tangente* T($\mathcal{C}$) del espacio de configuración $\mathcal{C}$ (Fig. 20.2a); véase §15.5. En la imagen hamiltoniana, la función —denominada función *hamiltoniana*— se define sobre la *fibra cotangente* T*($\mathcal{C}$) (véase §15.5), denominada *espacio de fases* (Fig. 20.2b). Notemos que tanto T($\mathcal{C}$) (cada uno de cuyos puntos representa un punto Q de $\mathcal{C}$, junto con un vector tangente en Q) como T*($\mathcal{C}$) (cada uno de cuyos puntos representa un punto Q de $\mathcal{C}$, junto con un vector cotangente en Q) son variedades $2N$-dimensionales.

En esta sección investigaremos la imagen lagrangiana, dejando la hamiltoniana para la sección siguiente. Coordenadas para el T($\mathcal{C}$) de Lagrange servirían para determinar las posiciones de todos los cuerpos newtonianos (incluidos los ángulos apropiados para especificar las orien-

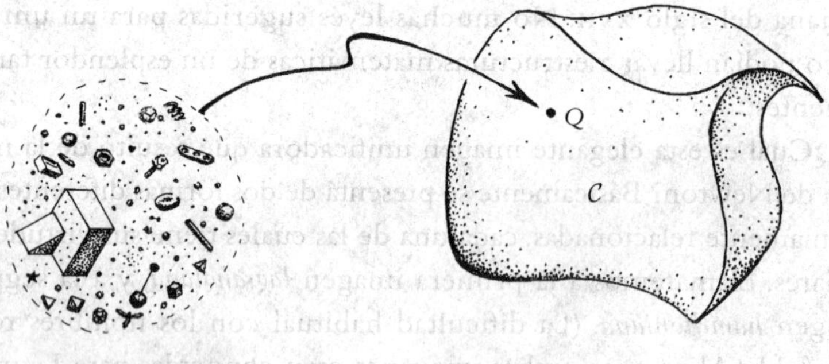

Fig. 20.1. Espacio de configuración. Cada punto Q de la variedad N-dimensional $\mathcal{C}$ representa una configuración posible entera de (digamos) una familia newtoniana de partículas puntuales y cuerpos rígidos. A medida que el sistema evoluciona en el tiempo, Q describe una curva en $\mathcal{C}$.

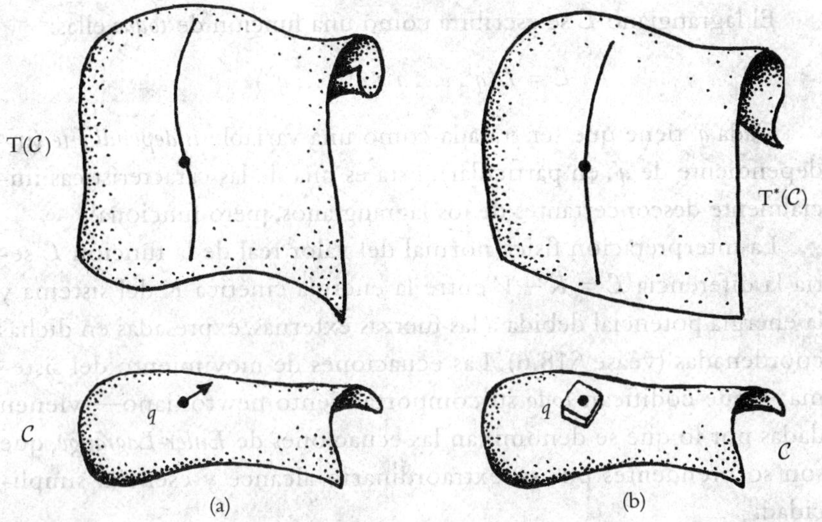

Fig. 20.2. (a) En la imagen lagrangiana estándar, el lagrangiano $\mathcal{L}$ es una función suave sobre el fibrado tangente T($\mathcal{C}$) del espacio de configuración $\mathcal{C}$. (b) En la imagen hamiltoniana, el hamiltoniano $\mathcal{H}$ es una función suave del fibrado cotangente T*($\mathcal{C}$) llamado espacio de fases.

taciones espaciales de los cuerpos rígidos, etc.) y también sus *velocidades* (incluidas las correspondientes velocidades angulares de los cuerpos rígidos, etc.). Las coordenadas de posición $q^1, \ldots, q^N$, normalmente denominadas «coordenadas generalizadas», etiquetan los diferentes puntos q del espacio de configuración $\mathcal{C}$ (quizá dadas solo «al modo de atlas»; véase §12.2). Cualquier sistema de coordenadas (adecuado) servirá. No hace falta que sean «cartesianas» ni de ningún otro tipo estándar. Esta es la belleza del enfoque lagrangiano (y también del hamiltoniano). La elección de coordenadas está gobernada simplemente por la conveniencia. Este es precisamente el mismo papel de las coordenadas utilizadas en los capítulos 8, 10, 12, 14 y 15, etc., cuando considerábamos variedades generales de diversos tipos. En correspondencia con el conjunto escogido de coordenadas generalizadas están las «velocidades generalizadas» $\dot{q}^1, \ldots, \dot{q}^N$, donde el «punto» significa el ritmo de cambio con respecto al tiempo «d/d*t*»:

$$\dot{q}^1 = \frac{dq^1}{dt}, \ldots, \dot{q}^N = \frac{dq^N}{dt}.$$

El lagrangiano $\mathcal{L}$ se escribirá como una función de *todas* ellas:[2]

$$\mathcal{L} = \mathcal{L}(q^1, \ldots, q^N; \dot{q}^1, \ldots, \dot{q}^N).$$

Cada $\dot{q}^r$ tiene que ser tratada como una variable *independiente* (independiente de q^r, en particular). Esta es una de las características inicialmente desconcertantes de los lagrangianos, ¡pero funciona![3]

La interpretación física normal del valor real de la función $\mathcal{L}$ sería la diferencia $\mathcal{L} = K - V$ entre la energía cinética K del sistema y la energía potencial debida a las fuerzas externas, expresadas en dichas coordenadas (véase §18.6). Las ecuaciones de movimiento del sistema —que codifican *todo* su comportamiento newtoniano— vienen dadas por lo que se denominan las ecuaciones de *Euler-Lagrange*, que son sorprendentes por su extraordinario alcance y esencial simplicidad:

$$\frac{\mathrm{d}}{\mathrm{d}t}\frac{\partial \mathcal{L}}{\partial \dot{q}^r} = \frac{\partial \mathcal{L}}{\partial q^r} \quad (r = 1, \ldots, N).$$

Recordemos que cada $\dot{q}^r$ debe tratarse como una variable independiente, de modo que la expresión «$\partial\mathcal{L}/\partial\dot{q}^r$» (que significa «derivar *formalmente* $\mathcal{L}$ con respecto a $\dot{q}^r$, manteniendo fijas todas las demás variables) ¡tiene sentido realmente!

Estas ecuaciones expresan un hecho notable, a veces conocido como *principio de Hamilton* o *principio de acción estacionaria*. Su significado se hace quizá más claro si pensamos en términos del movimiento del punto Q, en $\mathcal{C}$, donde recordamos que $\mathcal{C}$ representa el espacio de configuraciones espaciales posibles de todo el sistema (i.e., todas las posiciones de todas sus partes). El punto Q, cuya posición en cualquier instante está etiquetada por las q^r, se mueve a lo largo de cierta curva en $\mathcal{C}$ a una cierta velocidad que, junto con la dirección tangente a la curva, está determinada por los valores de las $\dot{q}^r$. Las ecuaciones de Euler-Lagrange nos dicen básicamente que el movimiento de Q en $\mathcal{C}$ es tal que minimiza la *acción*, siendo esta «acción» la integral de $\mathcal{L}$ a lo largo de la curva, tomada entre dos puntos extremos fijos, a, b, en el espacio de configuración $\mathcal{C}$; véase la Fig. 20.3.

Dicho de forma más correcta, esta acción puede no ser realmente un «mínimo», pero el término «estacionario» sería siempre ade-

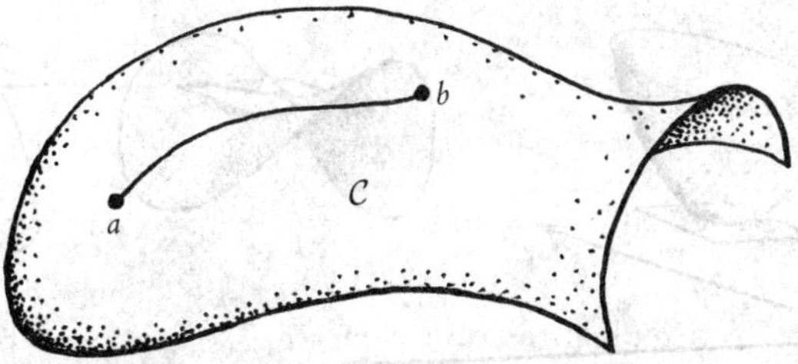

Fig. 20.3. Principio de Hamilton. Las ecuaciones de Euler-Lagrange nos dicen que el movimiento de Q a través de $\mathcal{C}$ es tal que hace la acción —la integral de $\mathcal{L}$ a lo largo de una curva, tomada entre dos puntos fijos, *a*, *b*, en $\mathcal{C}$— estacionaria bajo variaciones de la curva.

cuado. La situación es básicamente similar a lo que sucede en el cálculo infinitesimal ordinario (véase §6.2), donde el *mínimo* de una función suave de valor real $f(x)$ ocurre donde $\mathrm{d}f/\mathrm{d}x = 0$, pero a veces $\mathrm{d}f/\mathrm{d}x = 0$ ocurre cuando la función f no alcanza un mínimo: podría ser un máximo o un punto de inflexión o, en dimensiones más altas, lo que se denomina un *punto de ensilladura* (Fig. 20.4b). Todos los lugares donde $\mathrm{d}f(x)/\mathrm{d}x = 0$ se denominan *estacionarios*. Véanse las Figs. 6.4 y 20.4. Recordemos la caracterización básicamente similar, dada en §14.8, §17.9 y §18.3 de una *geodésica* en el espacio (pseudo)riemanniano como un «camino de longitud mínima» en el caso (localmente) definido positivo, y a veces como un «camino de género tiempo de longitud máxima» en el caso lorentziano, aunque simplemente de «longitud estacionaria» en el caso general. Así pues, la trayectoria de Q puede considerarse como un tipo de «geodésica» en el espacio $\mathcal{C}$.

Resulta útil considerar un sencillo ejemplo de un lagrangiano, como es el de una única partícula newtoniana de masa m que se mueve en cierto campo externo fijo dado por un potencial V que depende de la posición: $V = V(x, y, z; t)$. El significado de V es que define la *energía potencial* de la partícula debida a dicho campo externo. En el caso del campo gravitatorio de la Tierra (cerca de la superficie de la Tierra), considerado como una atracción constante hacia abajo, podemos tomar $V = mgz$, donde z es la altura sobre el suelo y g es la aceleración hacia abajo de la gravedad. Las tres componentes de la velocidad son $\dot{x}$,

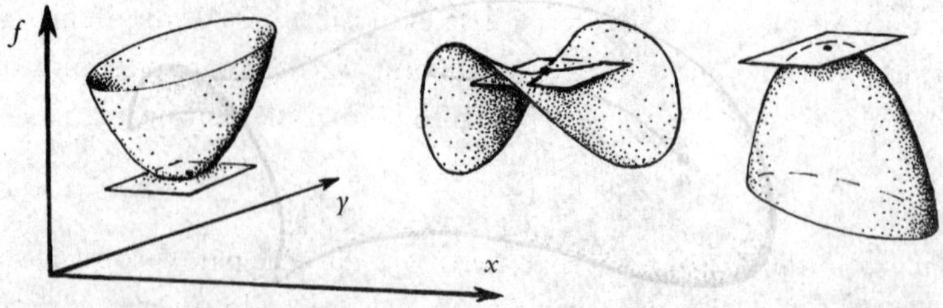

Fig. 20.4. Los valores estacionarios de una función suave de valor real f de varias variables. Se ilustra el caso de una función $f(x, y)$ de dos variables. Esta es estacionaria, donde su gráfica (una superficie 2-dimensional) es horizontal ($\partial f/\partial x = 0 = \partial f/\partial y$). Esto ocurre (a) donde f tiene un mínimo, pero también en otras situaciones tales como (b) en un punto de ensilladura y (c) en un máximo. En el caso del principio de Hamilton (Fig. 20.3) —o una geodésica que conecta dos puntos a, b—, el lagrangiano $\mathcal{L}$ toma el valor de f, pero la especificación de un camino requiere infinitos parámetros, en lugar de solo x e y. De nuevo, $\mathcal{L}$ puede no ser un mínimo, aunque es un punto estacionario de algún tipo.

$\dot{y}, \dot{z}$, de modo que utilizando la expresión $\frac{1}{2}mv^2$ para la energía cinética (véase §18.6), encontramos el lagrangiano

$$\mathcal{L} = \frac{1}{2}m(\dot{x}^2 + \dot{y}^2 + \dot{z}^2) - mgz.$$

La ecuación de Euler-Lagrange para z nos da ahora $\mathrm{d}(m\dot{z})/\mathrm{d}t = -mg$, de la que se sigue la constancia de aceleración de Galileo, en la dirección de la Tierra.[20.1]

20.2. La más simétrica imagen hamiltoniana

En la imagen hamiltoniana seguimos utilizando coordenadas generalizadas, pero ahora las coordenadas de posición generalizadas $q^1, \ldots, q^N$ se toman junto con las que se denominan sus coordenadas de *momento generalizado* $p_1, \ldots, p_N$ (en lugar de las velocidades). Para una única partícula libre, el momento es simplemente la velocidad de la partícula multi-

[20.1] Llene todos los detalles, completando el razonamiento para obtener el movimiento parabólico de Galileo para la caída libre bajo gravedad.

plicada por su masa. Pero en general, la expresión para el momento generalizado no tiene por qué ser esta. Sin embargo, siempre podemos obtenerla a partir del lagrangiano mediante la fórmula definitoria

$$p_r = \frac{\partial \mathcal{L}}{\partial \dot{q}^r}.$$

En cualquier caso, estos parámetros p_r sirven para proporcionar coordenadas para los *espacios cotangentes* a $\mathcal{C}$, de modo que un covector puede escribirse como

$$p_a \mathrm{d}q^a$$

(donde recordamos el convenio de suma de §12.7, que adoptamos aquí, aunque es legítimo leer esto también como una expresión de índices abstractos, como en §12.8). Esta es, por supuesto, una 1-forma, y su derivada exterior (§12.6)

$$\boldsymbol{S} = \mathrm{d}p_a \wedge \mathrm{d}q^a$$

es una 2-forma (que satisface $\mathrm{d}\boldsymbol{S} = 0$)[20.2] que asigna una *estructura simpléctica* natural al espacio de fases $T^*\mathcal{C}$) (véase §14.8). Gran parte de la fuerza de la imagen hamiltoniana reside en el hecho de que los espacios de fases son *variedades simplécticas*, y esta estructura simpléctica es independiente del hamiltoniano concreto que se elija para dar la dinámica. La física clásica está así íntimamente relacionada con la bella y sorprendente geometría de las variedades simplécticas a la que llegaremos en §20.4.

Como paso preliminar para comprender el papel que desempeña esta geometría, veamos la forma de las ecuaciones dinámicas de Hamilton. Estas describen la evolución temporal de un sistema como una trayectoria, dentro del espacio de fases $T^*(\mathcal{C})$, de un punto P que representa todo el sistema newtoniano. La evolución está gobernada por completo por la *función hamiltoniana*

$$\mathcal{H} = \mathcal{H}(q^1, \ldots, q^N; p^1, \ldots, p^N),$$

que (en el caso de lagrangianos y hamiltonianos independientes del tiempo que nos interesan aquí) describe la *energía total* del sistema, en

[20.2] ¿Por qué?

términos de las posiciones y los momentos (generalizados). En realidad, podemos obtenerla a partir del lagrangiano por medio de la expresión (convenio de suma de índices abstractos)

$$\mathcal{H} = \dot{q}^r \frac{\partial \mathcal{L}}{\partial \dot{q}^r} - \mathcal{L},$$

que luego tiene que reescribirse eliminando todas las velocidades generalizadas en favor de los momentos generalizados (¡lo que en general no es una tarea fácil!). En términos de dichas coordenadas de posición y momento, las ecuaciones de evolución de Hamilton tienen una bella simetría

$$\frac{\mathrm{d}p_r}{\mathrm{d}t} = -\frac{\partial \mathcal{H}}{\partial q^r}, \quad \frac{\mathrm{d}q^r}{\mathrm{d}t} = \frac{\partial \mathcal{H}}{\partial p_r}.$$

Estas ecuaciones describen la velocidad de un punto P en $T^*(\mathcal{C})$. Esta velocidad está definida para todo P, de modo que tenemos un campo vectorial en $T^*(\mathcal{C})$ definido por el hamiltoniano $\mathcal{H}$. En términos de la notación con el «operador de derivada parcial» para un campo vectorial dado en §12.3, esto es[20.3]

$$\frac{\partial \mathcal{H}}{\partial p_r}\frac{\partial}{\partial q^r} - \frac{\partial \mathcal{H}}{\partial q^r}\frac{\partial}{\partial p_r},$$

escrito como $\{\mathcal{H},\ \}$, en §20.4. Esto proporciona un «flujo» en $T^*(\mathcal{C})$ que describe el comportamiento newtoniano del sistema (Fig. 20.5).

En el ejemplo concreto de una partícula que cae en un campo gravitatorio constante, como el dado antes (§20.1) en forma lagrangiana, el hamiltoniano es

$$\mathcal{H} = \frac{p_x^2 + p_y^2 + p_z^2}{2m} + mgz$$
$$= \frac{\mathbf{p}^2}{2m} + mgz,$$

donde p_x, p_y y p_z son las componentes espaciales ordinarias del momento en las direcciones de los ejes cartesianos x, y y z, respectivamente. Esto puede calcularse directamente si se conoce cuál debería ser la energía total de la partícula cuando se expresa en términos de las componentes de posición y momento, o puede obtenerse a partir del lagrangiano, como se da en los procedimientos anteriores.[20.4]

[20.3] Explíquelo.
[20.4] Hágalo explícitamente. Utilice las ecuaciones newtonianas del movimiento para una partícula que cae en un campo gravitatorio constante.

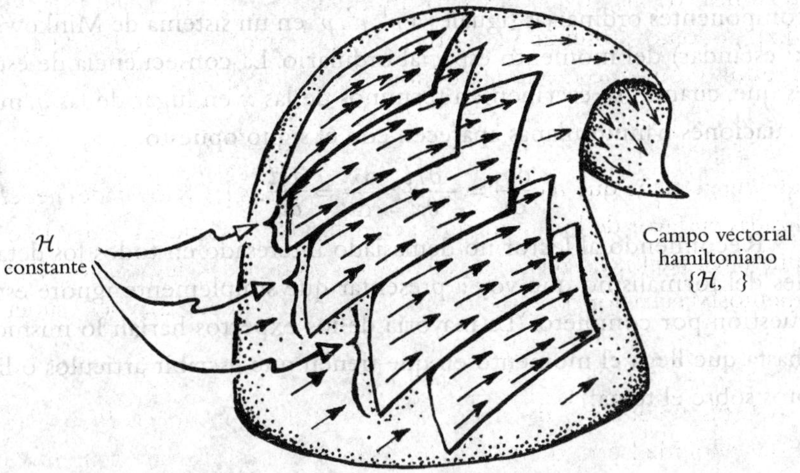

Fig. 20.5. El flujo hamiltoniano $\{\mathcal{H},\ \}$, que representa la evolución temporal newtoniana del sistema (véase §20.4), es un campo vectorial sobre un espacio de fases $T^*(\mathcal{C})$. Para las hipersuperficies de valores de $\mathcal{H}$-fijos (energía fija, tomando $\mathcal{H}$ independiente del tiempo), las trayectorias permanecen dentro de la hipersuperficie de $\mathcal{H}$ fijo, de acuerdo con la conservación de la energía (véase la nota 27.36 para el término «hipersuperficie»).

En este punto debería confesar una dificultad notacional que no sé cómo evitar, de modo que ¡mejor lo hubiera dejado estar! En §18.7 hemos visto que las componentes espaciales del momento p_1, p_2, p_3 en coordenadas estándar de Minkowski para el espaciotiempo plano, con mi signatura preferida $(+\,-\,-\,-)$, son las *negativas* de las componentes habituales del momento. Así, en el ejemplo anterior, tenemos $p_x = -p_1$, $p_y = -p_2$, y $p_z = -p_3$. En la discusión *general* de los hamiltonianos es natural utilizar las versiones «abajo» de los momentos, a saber p_a, pese a que esto es inconsistente con las «p_a» (i.e., p_1, p_2, p_3), que son naturales en relatividad con signatura $(+\,-\,-\,-)$. La forma en que estoy tratando este problema notacional en este libro consiste simplemente en dar el formalismo general utilizando q^a y p_a con los convenios de signo habituales que conectan las p y las q, aunque sin ser específico acerca de la interpretación particular que pudiera tener cada una de las q o las p (¡de modo que el lector puede hacer su propia elección de signos!). Cuando, por el contrario, utilizo x^a y p_a, entonces *entiendo* en realidad la notación consistente con la de §18.7, de modo que $-p_1, -p_2, -p_3$ son las componentes ordinarias (iguales a p^1, p^2, p^3 en un sistema de Minkowski estándar) del momento espacial ordinario. La consecuencia de esto es que, cuando se escriben en términos de las x en lugar de las q, mis ecuaciones hamiltonianas aparecen con el signo opuesto

$$\frac{\mathrm{d}p_r}{\mathrm{d}t} = -\frac{\partial \mathcal{H}}{\partial x^r}, \quad \frac{\mathrm{d}x^r}{\mathrm{d}t} = \frac{\partial \mathcal{H}}{\partial q_r}.$$

Recomiendo al lector no demasiado interesado en todos los detalles del formalismo que voy a presentar que simplemente ignore esta cuestión por completo. (La mayoría de los expertos harían lo mismo, ¡hasta que llega el momento en que tienen que escribir artículos o libros sobre el tema!)

20.3. Pequeñas oscilaciones

Antes de pasar en la próxima sección a la extraordinaria geometría a la que nos lleva la descripción hamiltoniana, será de gran ayuda considerar el importante tema de las vibraciones de un sistema físico en torno a un estado de equilibrio. El tema tiene una relevancia considerable en diversas áreas, y más adelante tendrá una relevancia especial para nosotros en el contexto de la mecánica cuántica (§22.13). La teoría de vibraciones puede describirse convenientemente en el formalismo lagrangiano o en el hamiltoniano, cada uno de los cuales está perfectamente adaptado para su tratamiento. Aquí daré explícitamente mis descripciones en el formalismo hamiltoniano porque este nos lleva de forma más directa a la versión mecanocuántica de las vibraciones, a la que echaremos una ojeada en §22.13. La teoría lagrangiana de las vibraciones, que es muy similar a la hamiltoniana, queda para el lector (véase el ejercicio [20.10]).

Un sencillo ejemplo de sistema vibrante es un péndulo ordinario que oscila bajo la acción de la gravedad. Cuando las oscilaciones son pequeñas, el movimiento de la lenteja de un lado a otro describe una onda sinusoidal como función del tiempo (véase la Fig. 20.6). (Este es el tipo de comportamiento que se encuentra en las «componentes de Fourier» individuales estudiadas en §9.1.) Para dichas pequeñas oscilaciones, el período de vibración es independiente de la amplitud de la

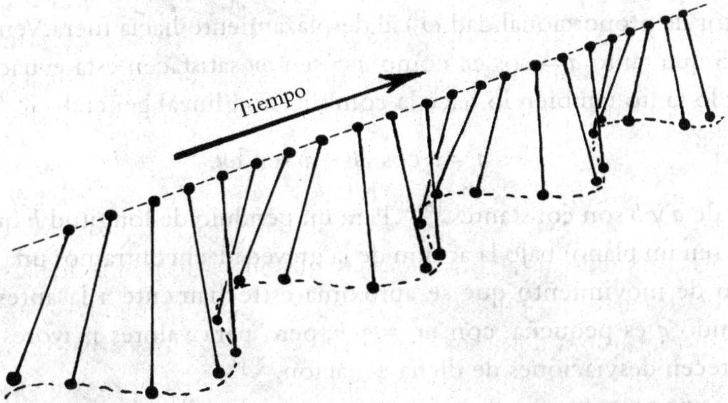

Fig. 20.6. Un péndulo que oscila sometido a la gravedad. Para pequeñas oscilaciones, el movimiento de la lenteja se aproxima a un movimiento armónico simple, y el desplazamiento de la lenteja (representado en función del tiempo) da una «onda seno».

oscilación (i.e., de la distancia que recorre la lenteja en su oscilación), una famosa observación temprana de Galileo, en 1583. Este tipo de movimiento se conoce como *movimiento armónico simple*.

En esta sección veremos cuán ubicuo es este movimiento. Una estructura física general (suponiendo que puedan descartarse los efectos de fricción) puede «oscilar» en torno a su estado de equilibrio solo de maneras muy específicas. Encontraremos que toda oscilación a pequeña escala puede descomponerse en modos particulares de vibración —llamados *modos normales*— en los que toda la estructura participa de un movimiento armónico simple con una frecuencia muy específica, llamada *frecuencia normal*.

Veamos primero cómo se describe analíticamente el movimiento armónico simple. Denotemos por q la distancia horizontal desde la lenteja del péndulo al punto más bajo, o si no el desplazamiento respecto del equilibrio de cualquier otra cantidad vibrante que pudiéramos estar considerando. Entonces, la ecuación de movimiento, para pequeños desplazamientos q, es

$$\frac{\mathrm{d}^2 q}{\mathrm{d}t^2} = -\omega^2 q,$$

donde la cantidad positiva $\omega/2\pi$ es la *frecuencia* de la oscilación. Esto nos dice que la aceleración hacia dentro $\mathrm{d}^2q/\mathrm{d}t^2$ es proporcional (con factor de proporcionalidad ω^2) al desplazamiento hacia fuera. Vemos de §6.5 que tanto $q = \cos \omega t$ como $q = \operatorname{sen} \omega t$ satisfacen esta ecuación, y por lo tanto también lo hace la combinación lineal general

$$q = a \cos \omega t + b \operatorname{sen} \omega t,$$

donde a y b son constantes.[20.5] Para un péndulo de longitud h que oscila (en un plano) bajo la acción de la gravedad, encontramos una ecuación de movimiento que se aproxima estrechamente a la antes dada cuando q es pequeña, con $\omega^2 = g/h$; pero para valores mayores de q, aparecen desviaciones de dicha ecuación.[20.6]

Supongamos que tenemos un sistema hamiltoniano general que está en equilibrio cuando las qs toman ciertos valores especiales $q^a = q^a_0$. Será conveniente escoger el *origen* de nuestras coordenadas generalizadas, de modo que represente nuestro estado de equilibrio, i.e., escogemos $q^a_0 = 0$. «Equilibrio» se refiere a una configuración en la que si inicialmente no hay movimiento, entonces el sistema *permanecerá* estacionario. Podemos estar interesados en si el equilibrio es *estable*, por lo que se entiende la situación en la que, si se perturba ligeramente el sistema en la configuración de equilibrio, entonces el sistema no se alejará mucho del equilibrio, sino que oscilará en torno a él. En nuestro estudio de las vibraciones estamos interesados en oscilaciones en torno a una configuración de equilibrio estable. Por lo tanto, nos interesan solo *pequeños* valores de las coordenadas generalizadas q^a. Además, puesto que nuestras oscilaciones son el resultado de pequeñas perturbaciones con pequeñas velocidades, nos interesarán también pequeños valores del momento p_a.

Supongamos que nuestro hamiltoniano es una expresión analítica en las q y las p —véase §6.4 para el significado de «analítica»—, de

[20.5] Confirme esto, explicando por qué $\omega/2\pi$ es la frecuencia. Explique por qué el gráfico de esta función sigue pareciéndose a una curva sinoidal. ¿Por qué es esta la solución *general*?

[20.6] Demuéstrelo, encontrando la ecuación *completa*, (a) utilizando el método lagrangiano, (b) utilizando el método hamiltoniano, (c) directamente de las leyes de Newton. *Sugerencia*: Demuestre que $\mathcal{L} = \frac{1}{2}mh^2\dot{q}^2(h^2 - q^2)^{-1} + mg(h^2 - q^2)^{1/2}$. (Nótese que los métodos lagrangiano y hamiltoniano no nos hacen ganar nada en este caso sencillo; su potencia reside en el tratamiento de situaciones más generales.)

modo que podamos desarrollarla en serie de potencias en las q y las p. Para una configuración de equilibrio estable, $q^a = 0$ debe representar un *mínimo* (local) de energía potencial.[20.7] Además, la introducción del movimiento solo puede aumentar la energía (la energía cinética); la energía cinética es mínima cuando $p_a = 0$. La energía *total* —que es el valor del hamiltoniano $\mathcal{H}$— tiene así un mínimo local en $q^a = 0 = p_a$. Se sigue de ello que nuestro desarrollo en serie de potencias debe empezar (puesto que están ausentes todos los términos *lineales* en las q, las p o ambas) como

$$\mathcal{H} = \text{constante} + \frac{1}{2}Q_{ab}q^a q^b + \frac{1}{2}P^{ab}p_a p_b$$

$$+ \text{ términos de orden 3 o mayor en } q \text{ y } ps,$$

donde Q_{ab} y P^{ab} son las componentes de matrices simétricas constantes y *definidas positivas* (de modo que $Q_{ab}q^a q^b > 0$, si $q^a \neq 0$ y $P^{ab}p_a p_b > 0$, si $p_a \neq 0$; véase §13.8). Los factores 1/2 se introducen por conveniencia.[20.8]

Ignoremos los términos de orden superior para encontrar así la naturaleza de las pequeñas oscilaciones. Las ecuaciones de Hamilton dan entonces

$$\frac{dq^a}{dt} = \frac{\partial \mathcal{H}}{\partial p_a} = P^{ab}p_b,$$

de donde, derivando una vez más con respecto a t,

$$\frac{d^2q^a}{dt^2} = \frac{d}{dt}P^{ab}p_b = P^{ab}\frac{dp_b}{dt}$$

$$= -P^{ab}\frac{\partial \mathcal{H}}{\partial q^b} = -P^{ab}Q_{bc}q^c = -W^a_c q^c,$$

donde $W^a_c = P^{ab}Q_{bc}$ es el producto matricial de Q_{ab} por P^{ab} (véase §13.3), que podemos escribir de la forma

$$\mathbf{W} = \mathbf{PQ},$$

de modo que la conclusión de nuestra ecuación anterior puede reescribirse ahora

[20.7] ¿Por qué?

[20.8] ¿Puede explicar todo esto con más detalle? ¿Podemos tener los términos lineales si el equilibrio es inestable? Explíquelo.

$$\frac{d^2\mathbf{q}}{dt^2} = -\mathbf{W}\mathbf{q}.$$

Estamos interesados en los *autovectores* de la matriz **W** (véase §13.5), que son los vectores **q** que satisfacen

$$\mathbf{W}\mathbf{q} = \omega^2\mathbf{q},$$

donde ω^2 es el *autovalor* de **W** correspondiente a **q**. De hecho, este autovalor debe ser positivo, porque las matrices **P** y **Q** son ambas definidas positivas.[20.9] De modo que podemos escribirlo como el cuadrado de la cantidad positiva ω. Vemos que cualquiera de estos autovectores **q** debe satisfacer la ecuación

$$\frac{d^2\mathbf{q}}{dt^2} = -\omega^2\mathbf{q},$$

que representa un movimiento armónico simple con frecuencia $\omega/2\pi$.[20.10]

Cada uno de estos autovectores **q** es una cierta combinación de coordenadas generalizadas q^a, de modo que la oscilación correspondiente a **q** requeriría que todas estas coordenadas vibren juntas, todas a la misma frecuencia. Esto se conoce como un *modo normal* de oscilación, y la $\omega/2\pi$ correspondiente se denomina la *frecuencia normal* correspondiente a dicho modo. En el caso más general, todas estas frecuencias son distintas, pero en casos especiales «degenerados», algunas de estas frecuencias normales pueden coincidir.[20.11] Los autovalores degenerados deben contar con sus *multiplicidades* adecuadas, por lo que el número total de modos normales sigue siendo igual al número N de coordenadas generalizadas $q_1, q_2, \ldots, q_N$. Puede señalarse que dos modos normales **q** y **r** cualesquiera, correspondientes a frecuencias diferentes, son «ortogonales» entre sí con respecto a la «métrica» definida por **Q**, en el sentido $\mathbf{r}^{\mathrm{T}}\mathbf{Q}\mathbf{q} = 0$.[20.12]

¿Qué hemos aprendido de todo esto? Hemos llegado a una con-

[20.9] Trate de demostrar esta deducción. *Sugerencia*: Demuestre que la inversa de una matriz definida positiva es definida positiva.
[20.10] Trate de llevar a cabo el análisis anterior de forma lagrangiana en lugar de hamiltoniana.
[20.11] Describa el sistema de autovectores en tales casos degenerados.
[20.12] Demuéstrelo. (Recuerde de §13.7 que «T» significa «traspuesto».)

clusión muy general y notable acerca de cómo puede vibrar un sistema clásico, con N grados de libertad, en torno a una configuración de equilibrio estable. Cualquier vibración semejante está compuesta de modos normales —que pueden tratarse como si fueran independientes uno de otro—, cada uno de los cuales tiene su propia frecuencia característica, y de los que hay N en total. En esta descripción ignoramos los efectos de la *disipación*, por la cual, en la práctica, una vibración en un sistema macroscópico se amortiguaría hasta detenerse, transfiriéndose su energía a los movimientos aleatorios de las partículas constituyentes. Cuando se tienen en cuenta todas las partículas constituyentes (como sucede con una molécula, por ejemplo), entonces no hay disipación.

Hasta ahora he considerado la situación ordinaria en la que el número de grados de libertad N en el sistema es finito, pero la teoría anterior también se aplica a sistemas que son —al menos idealmente— de dimensión infinita. Estamos familiarizados con esta idea cuando nos interesamos por los sonidos que puede emitir un instrumento musical. Un tambor, por ejemplo, o un triángulo musical, oscilarán de acuerdo con diversas frecuencias cuando son percutidos, frecuencias que determinan su timbre especial. Lo mismo sucede con el sonido de un instrumento de viento, aunque en este caso la oscilación procede de la columna de aire en su interior. Similar también es la vibración de una cuerda de un instrumento de cuerda, etc.

El análisis de Fourier que hemos estudiado en el capítulo 9 nos permite expresar las vibraciones de una cuerda de longitud finita. Podríamos considerar que esta está fija en sus extremos, o quizá curvada en círculo. El análisis de Fourier expresa las vibraciones generales como una combinación lineal de modos, siendo estos los tonos puros de onda seno o coseno, y son infinitos en número. En este caso, todas las frecuencias son múltiplos enteros de la del modo fundamental. ¡este es el tipo de cosas en las que uno se esfuerza al construir un instrumento musical sonoro! Pero en general (como sucede con un tambor o una campana), las frecuencias normales no están relacionadas de forma tan simple.

En tales situaciones, los formalismos hamiltoniano o lagrangiano pueden ampliarse inmediatamente para cubrir el caso $N = \infty$, pero es necesario tener cierto cuidado. En cierto sentido, nos vemos llevados de forma natural a la teoría lagrangiana (o hamiltoniana) de *campos*, a la que echaremos una ojeada en §20.5. Esta tiene muchas aplicaciones en la física moderna. En particular, la aproximación a una teoría fundamental de la naturaleza —conocida como *teoría de cuerdas*— en la que las partículas puntuales son reemplazadas por pequeños lazos (o si no, «cuerdas» con extremos abiertos) requiere este formalismo. Aquí se considera que los diversos campos o partículas de la naturaleza aparecen a partir de modos normales de vibración de las «cuerdas» (véanse §§31.5,7,14).

Habría que hacer una última observación. La exposición de esta sección se ha centrado solo en oscilaciones en torno a un equilibrio estable, pero se aplica también a movimientos a partir de un *equilibrio inestable*. La diferencia básica es que nuestra matriz simétrica real **Q** no es ahora definida positiva (ni siquiera definida no negativa), de modo que **W** = **PQ** puede tener autovalores *negativos*. Las correspondientes pequeñas perturbaciones divergen entonces exponencialmente a partir del equilibrio.[20.13]

20.4. La dinámica hamiltoniana como geometría simpléctica

Retrocedamos para ver cómo se ligan las ecuaciones de Hamilton, en un número finito de dimensiones, con la geometría simpléctica. Como se ha descrito en §14.8, cualquier variedad simpléctica posee una operación, que puede realizarse sobre pares de campos escalares Φ, Ψ en la variedad para dar otro campo escalar Θ, denominado su *paréntesis de Poisson*:[20.14]

$$\Theta = \{\Phi, \Psi\} = \frac{\partial \Phi}{\partial p_a}\frac{\partial \Psi}{\partial q^a} - \frac{\partial \Phi}{\partial q^a}\frac{\partial \Psi}{\partial p_a}.$$

Si dejamos en blanco el «espacio de la Ψ», obtenemos un operador diferencial $\{\Phi,\ \}$, un *campo vectorial* (véase §12.3) cuya acción sobre Ψ da $\{\Phi, \Psi\}$. Sustituyamos $\mathcal{H}$ en lugar de Φ. Observamos que el campo vectorial $\{\mathcal{H},\ \}$ «apunta a lo largo de» las trayectorias en $T^*(\mathcal{C})$ que re-

[20.13] Describa este comportamiento.
[20.14] Confirme que esta expresión para $\{\Phi, \Psi\}$ coincide con la de §14.9.

presentan *evolución temporal*; de hecho $\{\mathcal{H},\ \}$, es precisamente esta evolución de acuerdo con las ecuaciones de Hamilton (véase §20.2). Una de las características notables de la geometría simpléctica es que la evolución dinámica de un sistema puede así ser englobada geométricamente en una única función escalar (a saber, el hamiltoniano).

La geometría simpléctica hace muchas otras cosas por nosotros. Por ejemplo, hay un famoso resultado debido a Liouville que afirma que el volumen del espacio de fases es siempre conservado por la dinámica; véase la Fig. 20.7. Como elemento de *volumen* en el espacio de fases se toma la $2N$-forma

$$\boldsymbol{\Sigma} = \boldsymbol{S} \wedge \boldsymbol{S} \wedge \ldots \wedge \boldsymbol{S},$$

con N de los $\boldsymbol{S}$s en producto cuña; aquí, como recordamos, la 2-forma simpléctica $\boldsymbol{S}$ viene dada por $\boldsymbol{S} = \mathrm{d}p_a \wedge \mathrm{d}q^a$. Ahora bien, no es difícil comprobar que el propio $\boldsymbol{S}$ se conserva en la evolución hamiltoniana (i.e., que se anula la derivada de Lie de $\boldsymbol{S}$ con respecto al campo vectorial $\{\mathcal{H}, \ldots\}$.[20.15] Se sigue inmediatamente que la forma de volumen completa $\boldsymbol{\Sigma}$ se conserva también en dicha evolución. Este es el teorema de Liouville.

Puesto que $\{\mathcal{H}, \mathcal{H}\} = 0$,[20.16] se sigue que el propio hamiltoniano se conserva, i.e., es constante a lo largo de las trayectorias, lo que es un reflejo del hecho de que *la energía total de un sistema cerrado es constante*. Así pues, cada trayectoria reside en una superficie $(2N-1)$-dimensional dada por $\mathcal{H}$ = constante; véase la Fig. 20.5. Ahora podemos considerar la historia entera del sistema representada por su trayectoria en $T^*(\mathcal{C})$. El espacio de dichas trayectorias, para un valor dado de $\mathcal{H}$, es $(2N-2)$-dimensional, véase la Fig. 20.8. (Perdemos una dimensión debido a que mantenemos $\mathcal{H}$ fijo, y perdemos otra porque «dividimos» por las trayectorias 1-dimensionales.) Es un hecho sorprendente e importante que la $(2N-2)$-variedad resultante es de nuevo simpléctica. Este procedimiento (no solamente cuando se escoge que Φ sea $\mathcal{H}$) tiene muchas aplicaciones elegantes en la mecánica clásica y la geometría simpléctica.

[20.15] Demuéstrelo.
[20.16] ¿Por qué?

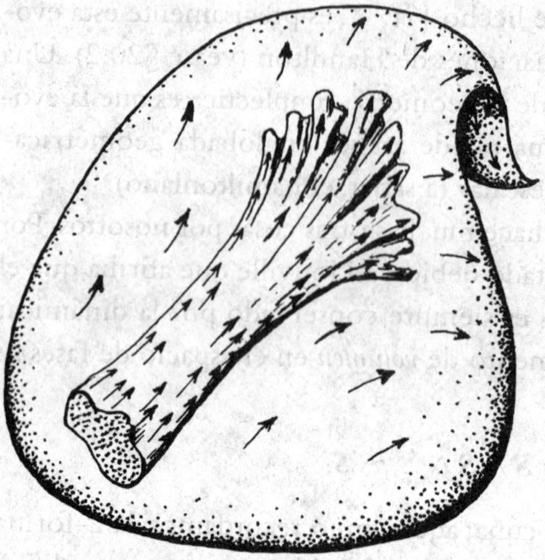

Fig. 20.7. Teorema de Liouville. El flujo hamiltoniano conserva el volumen de la región del espacio de fases inicial (que representa un rango de estados iniciales posibles), incluso si la forma de esta región puede distorsionarse fuertemente en la evolución temporal.

Hay una belleza indudable en esta imagen maravillosamente global de la dinámica newtoniana. De todas formas, como veremos también en relación con teorías físicas posteriores, es importante que no nos dejemos arrastrar por la belleza y aparente finalidad de tales esquemas matemáticos aparentemente bien entretejidos. En el pasado, la naturaleza solía tentarnos primero a una complacencia eufórica por la potencia y elegancia de las estructuras matemáticas que parecía obligarnos a aceptar como guía para su mundo, pero en ocasiones nos sacaba precipitadamente de nuestro torpor conceptual mostrándonos que nuestra imagen ¡no podía haber sido correcta a fin de cuentas! No obstante, el cambio ha sido siempre un cambio sutil que deja al edificio anterior orgulloso y en pie, pese al hecho de que los cimientos sobre los que se había sostenido han sido ahora completamente reemplazados.

La visión hamiltoniana proporciona un ejemplo maravilloso. Aunque la mecánica clásica que encarna está contradicha por algunos hechos brutos del mundo cuántico, la estructura hamiltoniana nos ofrece un camino importante hacia la teoría real de la mecánica cuántica. Más aún: las versiones cuánticas de los hamiltonianos proporcionan ingredientes esenciales para el formalismo cuántico estándar. Debería decir que esto es válido en el caso de la teoría cuántica no relativista estándar, en la que no hay un intento serio de combinar tiempo y espacio de acuerdo con los principios de la relatividad. Sin embargo, en el caso

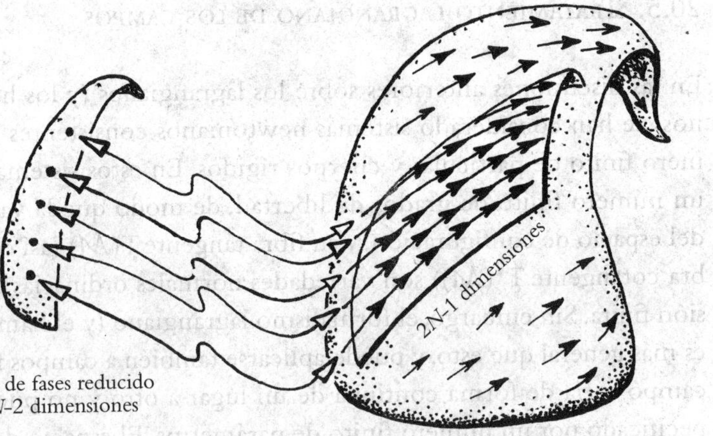

Fig. 20.8. El espacio de fases $T^*(\mathcal{C})$ es una variedad simpléctica $2N$-dimensional, para un $\mathcal{C}$ N-dimensional. Para un valor dado de la energía (H constante, como en la Fig. 20.5), tenemos una región $(2N-1)$-dimensional que contiene una familia $(2N-2)$-dimensional de las trayectorias del flujo hamiltoniano. El espacio de fases reducido, cuyos puntos representan dichas trayectorias, es una variedad simpléctica $(2N-1)$-dimensional.

de la teoría cuántica relativista es el marco lagrangiano el que generalmente se ha encontrado que ofrece el punto de partida más natural. Pero ¿hacia dónde vamos? ¡Es la necesidad de una combinación adecuada de los principios de la relatividad especial con los de la mecánica cuántica la que nos tienta a sumergirnos en el profundo barrizal de la teoría cuántica de campos!

Más adelante, en los capítulos 21-23 y 26, llegaremos a los procedimientos de la teoría cuántica y la teoría cuántica de campos. Pero antes de que podamos hacerlo será necesario preparar mejor el terreno. El propio término «teoría cuántica de campos» implica que son los campos, y no solo las partículas, los que hay que introducir en el marco de las reglas mecanocuánticas. Así pues, tendremos que ver cómo deben tratarse los campos utilizando los métodos lagrangianos (o hamiltonianos).

20.5. Tratamiento lagrangiano de los campos

En las discusiones anteriores sobre los lagrangianos (y los hamiltonianos) se han considerado sistemas newtonianos consistentes en un número finito de partículas y cuerpos rígidos. En estos sistemas hay solo un número finito de grados de libertad, de modo que la variedad $\mathcal{M}$ del espacio de configuración, y su fibra tangente $T(\mathcal{M})$ (así como su fibra cotangente $T^*(\mathcal{M})$) son variedades normales ordinarias de dimensión finita. Sin embargo, el formalismo lagrangiano (y el hamiltoniano) es más general que esto, y puede aplicarse también a campos físicos. Un campo varía de forma continua de un lugar a otro y no puede ser especificado por un número finito de parámetros. El espacio de configuración de los campos de Maxwell libres en cierta región, por ejemplo, será de dimensión infinita.

Sigue siendo posible utilizar el formalismo lagrangiano (o el hamiltoniano) en el caso de un espacio de configuración de dimensión infinita; de hecho, este es el procedimiento adoptado de forma estándar tanto en la teoría de campos clásica como en la cuántica. La principal novedad en los procedimientos matemáticos formales necesarios es el concepto de *diferenciación funcional*. Se considera que, en lugar de ser una función de un número finito de coordenadas generalizadas $q^1, q^2, \ldots, q^N$ y un número finito de velocidades generalizadas $\dot{q}^1, \dot{q}^2, \ldots, \dot{q}^N$, el lagrangiano es una función de cierto número de *campos* $\Phi, \ldots, \Psi$ (cada uno de los cuales es en sí mismo una función en el espaciotiempo, y quizá poseen índices para indicar su carácter tensorial o espinorial) y las *derivadas* de dichos campos $\nabla_a \Phi, \ldots, \nabla_a \Psi$ (donde normalmente aparecen solo derivadas primeras, aunque también se permiten derivadas de orden superior). Nótese que ahora no hay ningún papel especial para las *derivadas temporales* (como se indicaba mediante el «punto» en los argumentos para nuestros lagrangianos originales), y estamos siendo más imparciales utilizando el operador ∇_a en su lugar. En consecuencia, el formalismo entra ahora en línea con los requisitos de la relatividad.

Especialmente en este tipo de situaciones, los lagrangianos se suelen denominar *funcionales*, porque estamos interesados en su forma funcional y no simplemente en los valores que toman para valores concretos de sus argumentos. Las ecuaciones de Euler-Lagrange incluyen ahora «derivadas con respecto a los campos» y «con respecto a los gradientes de los campos». La realización formal de dichas operaciones refleja con fidelidad las operaciones del cálculo infinitesimal ordinario, como se han descrito en el capítulo 6. A menudo hay sutilezas matemáticas implicadas, si se quiere estar seguro de que los resultados sean rigurosamente ciertos, pero es normal que los físicos no se preocupen demasiado por estas, y el interés principal está en seguir correctamente las reglas formales.

No es mi intención aquí entrar en detalle en dichas cuestiones, pero vale la pena escribir las ecuaciones de Euler-Lagrange para el caso de «derivada funcional» (donde la derivada funcional se denota utilizando «δ» en lugar de «∂»):

$$\nabla_a \frac{\delta \mathcal{L}}{\delta \nabla_a \Phi} = \frac{\delta \mathcal{L}}{\delta \Phi}, \ldots, \nabla_a \frac{\delta \mathcal{L}}{\delta \nabla_a \Psi} = \frac{\delta \mathcal{L}}{\delta \Psi}.$$

Como se ha mencionado más arriba, los campos $\Phi, \ldots, \Psi$ también pueden poseer índices. Realizar una derivada funcional en la práctica es esencialmente aplicar las mismas reglas que en el cálculo ordinario, y utilizar la cantidad justa de «sentido común matemático» (por ejemplo, si $\mathcal{L} = \Phi^a \Phi^b \nabla_a \Psi_b$, entonces $\delta \mathcal{L}/\delta \Phi^c = \Phi^b \nabla_c \Psi_b + \Phi^a \nabla_a \Psi_c$, $\delta \mathcal{L}/\delta \nabla_c \Phi^d = 0$, $\delta \mathcal{L}/\delta \Psi_c = 0$, $\delta \mathcal{L}/\delta \nabla_c \Psi_d = \Phi^c \Phi^d$).

Existe un análogo del principio de Hamilton para tales lagrangianos. Recordemos que este principio expresa las ecuaciones de Euler-Lagrange como la estacionariedad de la *acción*, siendo la acción la integral del lagrangiano a lo largo de una curva que une dos puntos fijos *a* y *b* del espacio de configuración (recordemos la Fig. 20.3). En las situaciones más generales que consideramos aquí, los puntos extremos fijos *a* y *b* en $\mathcal{C}$ están reemplazados por configuraciones del campo en una región o regiones 3-dimensionales del espaciotiempo. A menudo estas se toman como dos regiones $\mathcal{A}$, $\mathcal{B}$ 3-espaciales, en el espaciotiempo, que llenan el mismo 2-espacio $\mathcal{S}$ (donde quizá $\mathcal{S}$ está tomandose en el infinito) —véase la Fig. 20.9—, y esta imagen es también importante en la formulación de integrales de camino de la teoría cuántica de campos a la que llegaremos más adelante (§26.6). Si queremos, podemos tomar $\mathcal{A}$ y $\mathcal{B}$ juntas (invirtiendo la orientación de una de ellas) para constituir la *frontera* $\partial\mathcal{D}$ de un 4-volumen $\mathcal{D}$ espaciotemporal (posiblemente compacto; véase §12.6). Véase la Fig. 20.10. En cual-

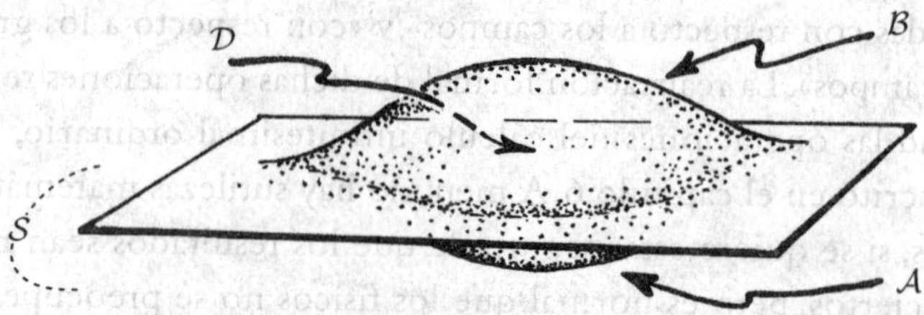

Fig. 20.9. Principio de Hamilton para lagrangianos de *campo*. Los dos puntos extremos fijos *a*, *b*, en $\mathcal{C}$, de la Fig. 20.3, representan configuraciones de campo en dos regiones espaciotemporales 3-dimensionales $\mathcal{A}$, $\mathcal{B}$, respectivamente, que forman una «ampolla», que encierra la 4-región $\mathcal{D}$. Podemos tomar $\mathcal{A}$ y $\mathcal{B}$ juntos, terminando en una 2-superficie finita $\mathcal{S}$ (no dibujada en la figura), o podemos considerar «$\mathcal{S}$» en el infinito, quizá a lo largo de una hipersuperficie de género espacio a lo largo de la cual $\mathcal{A}$ y $\mathcal{B}$ coinciden más allá de la región $\mathcal{D}$ (el caso ilustrado).

quier caso, el principio de Hamilton expresa la *estacionariedad* de la integral espaciotemporal del lagrangiano sobre la región $\mathcal{D}$. Así pues, el lagrangiano $\mathcal{L}$ debe considerarse como una *densidad* espaciotemporal, lo que, estrictamente hablando, significa que la entidad invariante es la 4-forma $\mathcal{L}\varepsilon$, donde la 4-forma natural ε es la cantidad[4] que normalmente se expresa como $\varepsilon = \mathrm{d}x^0 \wedge \mathrm{d}x^1 \wedge \mathrm{d}x^2 \wedge \mathrm{d}x^3 \sqrt{(-\det \boldsymbol{g})}$. La integral de *acción* es entonces

$$S = \int_{\mathcal{D}} \mathcal{L}\varepsilon.$$

Las ecuaciones de campo surgen de la afirmación de que la cantidad S es estacionaria con respecto a variaciones de todas las variables (de modo que da el análogo de una geodésica; véase la Fig. 20.3), lo que significa que la derivada variacional de $\mathcal{L}$ con respecto a todos los campos contituyentes y sus derivadas tiene que anularse. Esta condición se escribe

$$\delta S = 0.$$

La magnitud S es fundamental para el enfoque de integrales de camino de la teoría cuántica de campos, a la que llegaremos en §26.6.

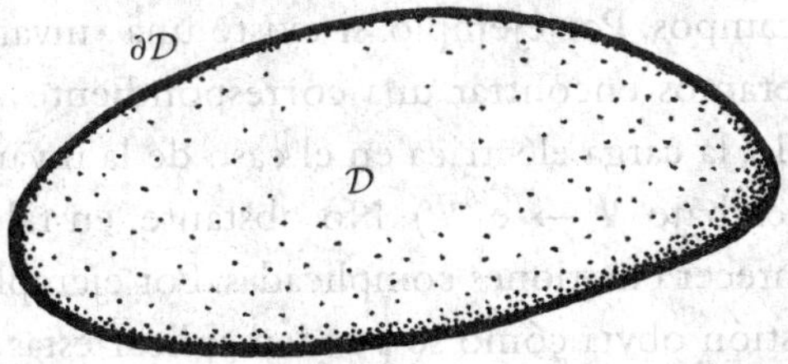

Fig. 20.10. Si lo deseamos, podemos considerar que las $\mathcal{A}$ y $\mathcal{B}$ de la Fig. 20.9 se unen —pero tomadas con orientaciones opuestas (véase la Fig. 12.16)—, de modo que constituyen la frontera $\partial\mathcal{D}$ de un 4-volumen espaciotemporal (compacto) $\mathcal{D}$. El principio de Hamilton (Fig. 20.3) expresa la estacionariedad de $\int_{\mathcal{D}} \mathcal{L}\varepsilon$ para una configuración de campo dada en la frontera $\partial\mathcal{D}$.

20.6. Cómo impulsan los lagrangianos la teoría moderna

La teoría lagrangiana (así como la hamiltoniana) tiene un papel muy influyente en la física moderna, pues se le pueden dar muchos usos notables. Por ejemplo, existe un teorema importante, conocido como *teorema de Nöther*, que nos dice que si un lagrangiano ordinario posee una simetría continua (suave), entonces habrá una ley de conservación asociada a dicha simetría. Por ejemplo, si existe invariancia del lagrangiano bajo *traslación temporal* (i.e., independiente del tiempo), entonces hay una *energía* conservada; si hay invariancia bajo una traslación *espacial*, entonces se conserva un *momento*. Además, si existe invariancia bajo rotación angular en torno a un eje, entonces hay un *momento angular* conservado en torno al mismo eje. Para un sistema aislado en el espaciotiempo plano, cabe esperar estas simetrías. Si escogemos las coordenadas de modo que nuestra simetría dada del lagrangiano $\mathcal{L}$ se expresa en el hecho de que $\mathcal{L}$ es independiente de cierta coordenada de «posición» generalizada q_r, entonces la magnitud conservada será el «momento conjugado» p_r de dicha coordenada q_r, dado por la receta anterior (en §20.2): $p_r = \partial\mathcal{L}/\partial\dot{q}^r$. Se sigue inmediatamente de las ecuaciones de Euler-Lagrange que este p_r es constante en el tiempo.[20.17]

Este procedimiento puede generalizarse a los funcionales lagran-

[20.17] Explique por qué.

gianos de campos. Por ejemplo, si existe una «invariancia gauge», entonces esperamos encontrar una correspondiente «carga conservada» (por ejemplo, la carga eléctrica en el caso de la invariancia gauge electromagnética bajo $\Psi \mapsto e^{i\theta}\Psi$). No obstante, en tales situaciones empiezan a aparecer cuestiones complicadas. Por ejemplo, no es en absoluto una cuestión obvia cómo se pueden aplicar estas ideas para obtener conservación de energía-momento en la relatividad general y, estrictamente hablando, el método no funciona realmente en este caso. El análogo gravitatorio evidente de la simetría gauge $\Psi \mapsto e^{i\theta}\Psi$ es «invariancia bajo transformaciones de coordenadas generales» (de las que la relatividad general se ocupa al tener sus ecuaciones escritas en términos de operaciones tensoriales), pero el teorema de Nöther no funciona en esta situación, pues da algo del tipo «0 = 0». Parece que se necesitan algunas ideas completamente diferentes para la relatividad general, pese a la poderosa comprensión que puede obtenerse utilizando el teorema de Nöther en otras circunstancias, parte de la cual se traslada de forma impresionante notable a la teoría cuántica, como se indicará en §21.1 Como ejemplo de las limitaciones del teorema de Nöther en el caso de la teoría gravitatoria, debería señalarse que un interrogante significativo se cierne aún sobre la cuestión del momento angular en la relatividad general, incluso en el caso de espaciotiempos asintóticamente planos.[5]

La teoría de Einstein puede derivarse ciertamente de un enfoque lagrangiano, como fue demostrado por primera vez por el profundo y versátil matemático David Hilbert (1915). El lagrangiano gravitatorio de Hilbert es básicamente la curvatura escalar R, dividida por la constante $-16\pi G$, pero hace falta convertir esta en una densidad (o una 4-forma) multiplicándola por la 4-forma natural ε de §20.5. Esta tiene que sumarse al lagrangiano de materia $\mathcal{L}$, y obtenemos para la acción total

$$S = \int_{\mathcal{D}} \left(\mathcal{L} - \frac{1}{16\pi G} R \right) \varepsilon.$$

Cuando Hilbert sugirió esta acción, estaba obsesionado con una teoría de la materia que era muy popular en su época, a saber, la *teoría de Mie*, y estableció su principio de acción gravitatoria solo para el caso en que el lagrangiano de materia fuera el apropiado para la teoría de

Mie. Al parecer, creía que su lagrangiano total nos daba lo que ahora llamaríamos una «teoría de todo». Eso era en 1915. ¿Quién se acuerda hoy de la teoría de Mie?

Aunque la teoría de Mie implicaba apartarse de la teoría de Maxwell, hacía muchos años que se conocía un lagrangiano apropiado para la teoría de Maxwell *estándar* del campo electromagnético,[6] a saber,

$$\mathcal{L}_{\mathrm{EM}} = -\frac{1}{4} F_{ab}F^{ab}.$$

Pero para hacer que esto funcione necesitamos asegurar que este lagrangiano esté expresado en términos del *potencial electromagnético* A_a. Cuando hay también campos cargados, se necesitan términos adicionales que expresen esta interacción, y estos también incluyen a A_a. Como punto importante, hay que comprobar la invariancia gauge del conjunto. Cuando se incorpora también la gravedad, entonces se necesita que exista la «invariancia gauge» apropiada para la gravedad, a saber, la invariancia de coordenadas. Esto se trata normalmente escribiendo las cosas de manera apropiada de forma tensorial (o alguna otra de acuerdo con otras recetas invariantes que utilizan marcos o formalismos espinoriales apropiados).

Cuando en los intentos modernos en física fundamental se propone alguna nueva teoría, esta viene dada casi invariablemente en forma de cierto funcional lagrangiano. Esto tiene muchas ventajas, tal como el hecho de que existe una mayor probabilidad (pero no una certeza absoluta) de que la teoría resultante tenga las propiedades de consistencia e invariancia requeridas, y que hay implícita alguna forma de la «tercera ley de Newton» (en el sentido de que si dos campos interaccionan, entonces la interacción es mutua: si uno actúa sobre el otro, entonces el segundo retroactúa también sobre el primero). Además, los lagrangianos tienen la agradable propiedad de que si se introduce un nuevo campo, sus contribuciones pueden ser simplemente añadidas al lagrangiano que se tenía antes. Más importante quizá es que existe una ruta directa hacia la formulación de una teoría cuántica mediante el enfoque de integrales de camino al que he aludido antes, y a la que llegaremos con más extensión en §26.6.

No obstante, debo confesar que siento cierta incomodidad al considerar esto como un enfoque *fundamental*. Tengo dificultades para formular mi incomodidad, pero tiene algo que ver con la propia generalidad del enfoque lagrangiano, generalidad que puede ofrecer poca guía para encontrar las teorías correctas. También suele haber una falta de unicidad al escoger un lagrangiano, y quizá haya cierta artificiosidad en muchos casos, por no hablar de complicación no disimulada. Tiende a haber un alejamiento de la comprensión física real y «práctica», especialmente en el caso de lagrangianos para campos. Ni siquiera el lagrangiano para la teoría de Maxwell libre $\frac{1}{4}F_{ab}F^{ab}$ tiene un obvio significado físico (pues esta cantidad es 1/8 de la diferencia entre las longitudes al cuadrado de los vectores de los campos eléctrico y magnético, en términos 3-dimensionales.)[20.18] Además, el «lagrangiano de Maxwell» no funciona como un lagrangiano, a menos que se exprese en términos de un potencial, aunque el valor real del potencial A_a no es una cantidad directamente observable. En el caso de la gravedad (a diferencia del caso del electromagnetismo), el lagrangiano para la teoría de Einstein libre *se anula idénticamente* cuando se satisface la ecuación de campo (puesto que $R_{ab} - \frac{1}{2}Rg_{ab} = 0$ implica $R = 0$). Una vez más, R no funciona como un lagrangiano, a menos que se exprese en términos de magnitudes (normalmente las componentes métricas en cierto sistema de coordenadas) que una vez más no son directamente observables. En la mayoría de las situaciones, la densidad lagrangiana no parece tener por sí misma un significado físico claro; además, suele haber muchos lagrangianos diferentes que llevan a las mismas ecuaciones de campo.

Los lagrangianos para campos son sin duda extraordinariamente útiles como artificios matemáticos, y nos permiten escribir muchísimas sugerencias para teorías físicas. Pero sigo sintiéndome incómodo al poner demasiada confianza en ellos para nuestra búsqueda de mejores teorías físicas fundamentales. Esta incomodidad tiene también relevancia para las cuestiones de la teoría cuántica de campos a la que llegaremos en §26.6, pero esto es suficiente por ahora.

[20.18] Demuéstrelo.

Notas

Sección 20.1

20.1. Tipos más generales de lagrangianos (para sistemas no newtonianos) pueden incluir derivadas superiores y están definidos en lo que se denominan «fibras en chorro» de $\mathcal{C}$, pero ahora no tenemos que preocuparnos por eso.

20.2. En mi exposición simplifico la discusión general de los lagrangianos al suponer que nuestro sistema es lo que se denomina *holónomo*. Con un sistema no holónomo no hay suficientes coordenadas de velocidad disponibles, en relación con las posiciones generalizadas. Un buen ejemplo de sistema no holónomo es un aro que rueda sobre un plano horizontal con la restricción de que no puede deslizar, de modo que su punto de contacto solo puede moverse en la dirección de la tangente al aro por un movimiento de rodadura. Se necesitan dos coordenadas para la localización de este punto de contacto, pero solo hay una disponible para su velocidad.

Se puede considerar que para sistemas tratados en el nivel *fundamental* de descripción no se da tal no holonomicidad. En el caso de nuestro aro, la restricción de rodadura es una idealización en la que se niega la posibilidad de deslizamiento. Una vez que se permite una pequeña cantidad de deslizamiento, el sistema se convierte en holónomo.

20.3. Aquí considero el caso de un «lagrangiano independiente del tiempo» para simplificar la descripción. Pero es fácil introducir una dependencia temporal de las fuerzas externas, incluyendo simplemente otra «coordenada generalizada» $q^0 = t$ y una cantidad formal $\dot{q}^0$ que finalmente toma el valor 1.

Sección 20.5

20.4. Otra forma de especificar ε es decir que la componente ε_{0123} de ε, en un sistema de referencia ortonormal dextrógiro local, satisface $\varepsilon_{0123} = 1$ (§19.2). El $\left[{0 \atop 4}\right]$-tensor ε está determinado, salvo signo, por la métrica por $\varepsilon_{abcd}\varepsilon_{pqrs}g^{ap}g^{bq}g^{cr}g^{ds} = -24$, donde la elección de signo *proporciona* la orientación del volumen espaciotemporal.[20.19]

[20.19] Demuestre que esta prescripción es equivalente a la dada en el texto central.

Sección 20.6

20.5. Véanse Penrose (1982), Penrose y Rindler (1986), Winicour (1980) y Rizzi (1998).

20.6. Véase Pais (1986), p. 342, y las referencias 46, 47, 48 en p. 357.

21

La partícula cuántica

21.1. Variables no conmutativas

Es probable que la mayoría de los físicos consideren que los cambios que ha aportado la mecánica cuántica para nuestra imagen del mundo son mucho más revolucionarios incluso que el extraordinario espaciotiempo curvo de la relatividad general de Einstein. De hecho, como veremos en este capítulo y en los dos siguientes, lo que realmente nos dice la teoría cuántica que debemos creer acerca de la «realidad» en los niveles submicroscópicos de átomos o de partículas fundamentales está tan enormemente alejado de nuestras imágenes macroscópicas ordinarias que simplemente sería mejor abandonar cualquier imagen a nivel cuántico. Tanto es así que muchos físicos parecen incluso dudar de la propia existencia de una «realidad» genuina en las escalas cuánticas, y en su lugar confían simplemente en el formalismo matemático mecanocuántico para obtener respuestas. (En el capítulo 29 volveré con más detalle a la controvertida cuestión de la «realidad cuántica».)

Pese a todo, es muy notable cuánto de los procedimientos lagrangianos/hamiltonianos del capítulo 20 —ese esquema global aunque enteramente clásico que se desarrolló a partir de la mecánica newtoniana del siglo XVII— proporciona el fondo esencial para la teoría mecanocuántica. Por supuesto, hubo que hacer cambios en el formalismo matemático; si no fuera así, la nueva teoría sería simplemente otra copia de la antigua. Pero es como si el formalismo que se desarrolló a partir del esquema de Newton estuviera ya esperando la llegada de la mecánica cuántica, con piezas de la forma y el tamaño correctos en su maquinaria, para que los nuevos ingredientes cuánticos pudieran ser colocados simplemente en su lugar.

La propiedad matemática clave que permite que suceda esto es una aparente «curiosidad» que ya había sido advertida en el siglo XIX por el muy original ingeniero electrónico y físico matemático Oliver Heaviside (1850-1925), de quien ya he hablado en §6.1. La observación de Heaviside consistía en que los operadores diferenciales pueden ser tratados a menudo exactamente de la misma forma que los números ordinarios, un hecho que suele ser extraordinariamente útil en la resolución de ciertos tipos de ecuaciones diferenciales. Veamos un ejemplo. Consideremos la ecuación diferencial[1]

$$y + \frac{d^2y}{dx^2} = x^5,$$

(véase §6.3 para el significado de los símbolos). Supongamos que queremos encontrar una función particular $y = y(x)$ que satisfaga esta relación. El método de Heaviside consiste en tratar «d/dx» como si este operador fuera un número ordinario. Para hacer que esto se vea más «plausible», denotemos el operador por la simple letra D:

$$D = \frac{d}{dx}.$$

La entidad representada por «D^2» es entonces la derivación repetida $d^2/dx^2 = (d/dx)^2$, que es un operador de derivada *segunda*; el representado por «D^3» es la derivada tercera d^3/dx^3, etc. Entonces, nuestra ecuación se convierte en $y + D^2y = x^5$, que puede expresarse como

$$(1 + D^2)y = x^5.$$

Podemos «resolverla» formalmente «dividiendo por $(1 + D^2)$», y escribiendo la respuesta como $y = (1 + D^2)^{-1}x^5$. Desarrollando $(1 + D^2)^{-1}$ como una «serie de potencias en D», encontramos

$$y = (1 - D^2 + D^4 - D^6 + \ldots)x^5.$$

(Recordemos que ya hemos considerado esta serie en §4.3, con x en lugar de D.) Notando (§6.5) que $Dx^5 = 5x^4$, $D^2x^5 = 20x^3$, $D^3x^5 =$

$= 60x^2$, $D^4x^5 = 120x$, $D^5x^5 = 120$, $D^6x^5 = 0$, etc., encontramos la solución particular (¡correcta!)[21.1],[21.2],[21.3]

$$y = x^5 - 20x^3 + 120x.$$

Con cuidadosa atención a las reglas apropiadas, este tipo de procedimiento formal puede hacerse perfectamente riguroso, ¡a pesar de que Heaviside encontró al principio mucha oposición a su uso!

Aunque la cantidad $D(= \mathrm{d}/\mathrm{d}x)$ puede tratarse algebraicamente (aunque con el debido cuidado) como un número ordinario, debemos ser prudentes cuando tenemos Ds y xs mezcladas, porque no conmutan. Tenemos que pensar que «x» y «D» están actuando sobre alguna función invisible, digamos $\Psi(x)$, que hay a la derecha. El operador x simplemente multiplica lo que está a su derecha por x, mientras que D deriva con respecto a x lo que está a su derecha. Vemos entonces que tenemos la relación de *conmutación*

$$Dx - xD = 1.$$

¿Por qué es así? Recordemos la propiedad de la «ley de Leibniz» de §6.5, que nos dice que $D(x\psi) = (D(x))\psi + xD(\psi)$, i.e., $D(x\psi) - xD(\psi) = (D(x))\psi$. Esta es simplemente la relación $(Dx - xD)\psi = 1\psi$, donde tenemos en cuenta que $D(x) = 1$ (i.e., D aplicada directamente a x es 1), que es la relación antes mostrada aplicada a una $\psi = \psi(x)$ a la derecha.

Extendamos esto ahora a muchas variables $x^1, \ldots, x^N$, y a los operadores correspondientes $D_1 = \partial/\partial x^1, \ldots, D_N = \partial/\partial x^N$ (ahora operadores de derivada parcial, y recordemos que x^N es simplemente la coordenada N-ésima, y no x multiplicada por sí misma N veces), donde la función «invisible» del segundo miembro es ahora una función de todas

[21.1] Demuestre que $(1 + D^2)\cos x = 0$ y $(1 + D^2)\mathrm{sen}\, x = 0$ (remitiendo a las fórmulas en §6.5, si las necesita).

[21.2] Tomando nota del ejercicio [21.1], encuentre la solución general de $(1 + D^2)y = x^5$, dando una demostración de que su solución es, de hecho, la más general.

[21.3] Trate de explicar por qué el procedimiento dado en el texto pasa por alto muchas de las soluciones dadas en el ejercicio [21.2] ¿Puede sugerir un procedimiento general modificado que las encuentre todas? *Sugerencia*: ¿Hasta qué punto «$1 - D^2 + D^4 - D^6 + \ldots$» satisface realmente los requisitos para un inverso de $1 + D^2$? Trate de actuar sobre $(1 + D^2)\cos x$ con esta expresión infinita.

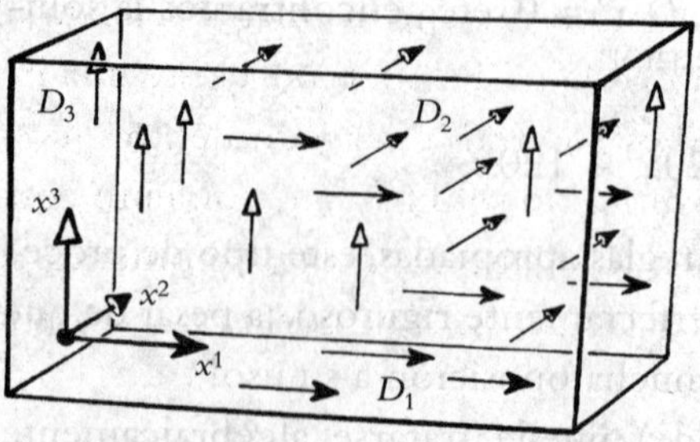

Fig. 21.1. En el espacio N-euclídeo (afín) $\mathbb{E}^N$, existen N simetrías de traslación independientes generadas por los operadores (campos vectoriales) $D_1 = \partial/\partial x^1, D_2 = \partial/\partial x^2, \ldots, D_N = \partial/\partial x^N$, que satisfacen relaciones de conmutación $D_b x^a - x^a D_b = \delta^a_b$ con las coordenadas cartesianas respectivas $x^1, x^2, \ldots, x^N$. (Se ilustra el caso $N = 3$).

estas variables, $\psi = \psi(x^1, \ldots, x^N)$. Obtenemos las relaciones de conmutación

$$D_b x^a - x^a D_b = \delta^a_b.$$

(Recordemos la delta de Kronecker δ^a_b de §13.3; la expresión anterior contiene tanto el conmutador previo, cuando $a = b$, como el hecho de que la x y la D conmutan[21.4] cuando $a \neq b$.) Podríamos suponer que las coordenadas x^a son coordenadas espaciales ordinarias o coordenadas espaciotemporales en el espacio plano, pero también podrían ser algo más generales, tales como las coordenadas generalizadas q^a de los formalismos lagrangiano o hamiltoniano. No obstante, hay algunas dificultades importantes para llevar demasiado lejos esta generalidad. Por ello, al menos por el momento, será mejor imaginar que estamos trabajando con cierto N-espacio *plano* $\mathbb{E}^N$ (no necesariamente de solo 3 o 4 dimensiones). Los operadores $D_1, \ldots, D_N$ describen entonces traslaciones infinitesimales de $\mathbb{E}^N$ en las direcciones de cada uno de los ejes (Fig. 21.1), cada una de las cuales expresa una simetría independiente del espacio afín $\mathbb{E}^N$.

Recordemos, del teorema de Nöther (en §20.6), que existe una íntima asociación entre tales simetrías del espacio y la *conservación del momento lineal*: si un lagrangiano es invariante bajo traslación en cierta dirección, entonces el momento en dicha dirección se conserva. Este es un hecho elegante e importante, y es perfectamente comprensible desde el punto de vista matemático. La mecánica cuántica hace algo que se parece un poco a esto, aunque no es tan matemáticamente compren-

[21.4] ¿Por qué?

sible. De hecho, ¡parece algo sin sentido matemáticamente hablando! Pero la mecánica cuántica va aún más lejos. Pese a todo, existe una indudable elegancia matemática en este extraño procedimiento mecanocuántico; pues en mecánica cuántica no solo hay un momento conservado asociado con tal simetría, sino que ¡el propio momento se *identifica* realmente con el operador diferencial que genera esa simetría concreta!

21.2. Hamiltonianos cuánticos

¿Cómo puede identificarse realmente un momento con un operador diferencial? ¡Parece una locura! Para ser más correctos, hay que introducir un factor $\hbar$ (la versión de Dirac de la constante de Planck, a saber, $h/2\pi$, donde h es la constante de Planck original; véase *infra*) y también la unidad imaginaria i. Así pues, hacemos la definición de apariencia absurda $p_a = \mathrm{i}\hbar D_a$, es decir,

$$p_a = \mathrm{i}\hbar\frac{\partial}{\partial x^a},$$

para el momento asociado con x^a. Esto nos conduce a una ley de conmutación llamada *regla de conmutación canónica* que relaciona posición y momento lineal

$$p_b x^a - x^a p_b = \mathrm{i}\hbar\ \delta_b^a.$$

¿Qué vamos a hacer con este operador/momento de apariencia absurda? El papel de este «momento mecanocuántico», $\mathrm{i}\hbar\partial/\partial x^a$, consiste en que debe ser introducido en la función hamiltoniana clásica $\mathcal{H}(p_1, \ldots, p_N; x^a, \ldots, x^N)$, precisamente allí donde solía estar el antiguo momento clásico p_a. Esta es la clave del procedimiento conocido como *cuantización* (canónica). No nos preocupamos de momento por la relatividad, así que los momentos considerados más arriba son los momentos espaciales,[2] y no la energía. Es probable que nuestro espacio $\mathbb{E}^N$ sea mucho mayor que solo 3-dimensional, porque podría haber muchas partículas u otras estructuras implicadas, y todas las diferentes componentes de las posiciones y los momentos tienen que estar en la lista. De acuerdo con la exposición general del capítulo 20, no estoy admitiendo la posibilidad de una dependencia temporal explícita del hamiltoniano.[3]

La interpretación normal de estas coordenadas x^a será que proporcionan las posiciones de diversas partículas (o quizá otros parámetros apropiados). En este capítulo solo me interesaré en detalle en la mecánica cuántica de una única partícula, pero será bueno tener listo el formalismo general para cuando consideremos sistemas de muchas partículas en el capítulo 23. En el caso especial de una única partícula, existe una simetría relativista evidente entre su componente temporal x^0 y sus tres componentes espaciales x^1, x^2, x^3. Enseguida veremos que esto desempeña un papel importante al definir la evolución temporal real de la mecánica cuántica. De todas formas, tal como están los procedimientos de «cuantización» (canónica), en particular cuando hay muchas partículas involucradas, estos proporcionan un procedimiento no relativista en el que los aspectos espaciales y temporales de la física se tratan de forma muy diferente.

Echemos una ojeada a un sencillo ejemplo de hamiltoniano cuántico para ver cómo funciona esta idea absurda. Podemos considerar el caso de una única partícula newtoniana de masa m que se mueve en un campo externo dado por una función de energía potencial V que puede depender de la posición: $V = V(x, y, z)$. Ya hemos visto el hamiltoniano *clásico*, en §20.2, y recordemos que este es $\mathcal{H} = (p_x^2 + p_y^2 + p_z^2)/2m + V(x, y, z)$, donde p_x, p_y, p_z son los momentos espaciales en las direcciones de los ejes cartesianos x, y y z. El hamiltoniano cuántico (canónicamente cuantizado) es, por lo tanto,

$$\mathcal{H} = \frac{p_x^2 + p_y^2 + p_z^2}{2m} + V(x, y, z) = -\frac{\hbar^2}{2m}\nabla^2 + V(x, y, z),$$

donde $\nabla^2 = (\partial/\partial x)^2 + (\partial/\partial y)^2 + (\partial/\partial z)^2$ (lo que significa $\partial^2/\partial x^2 + \partial^2/\partial y^2 + \partial^2/\partial z^2$) es el laplaciano (considerado antes en §10.5, pero ahora en el caso tridimensional).

En este ejemplo, todo ha procedido de forma suave (¡aunque tendremos que esperar a la próxima sección para ver *hacia dónde*!). No obstante, en general el reemplazamiento de momentos clásicos por momentos cuánticos en el hamiltoniano puede ser un procedimiento no exento de ambigüedades debido principalmente a la no conmutación entre el p mecanocuántico y su correspondiente x. Por ejemplo, si en el hamiltoniano clásico aparece un término *producto* de la forma px, no está claro si en el correspondiente hamiltoniano cuántico debería aparecer como px, o como xp, o quizá como $\frac{1}{2}(px + xp)$, o como cualquiera entre un número infinito de otras posibilidades. Este tipo de ambigüedad se conoce como el *problema del orden de factores*. En muchas circunstancias prácticas, esta ambigüedad quizá no sea muy grave, pues con frecuencia resulta haber alguna elección «obvia». La elección puede estar gobernada por algún principio guía dominante, como un requisito de simetría o invariancia, o quizá por alguna convincente demanda física, matemática o estética. O a veces puede suceder que diferentes alternativas den lugar a teorías cuánticas equivalentes. Pese a todo, el hecho de que tales ambigüedades existan significa que el proceso de «cuantizar» una teoría clásica dada podría implicar serias cuestiones de elección.

Hay una cuestión relacionada que concierne a la «generalidad» de la elección de coordenadas $x^1, \ldots, x^N$. Recordemos que en §§20.1,2 admitíamos una completa libertad en nuestra elección de coordenadas generalizadas $q^1, \ldots, q^N$ en el espacio de configuración $\mathcal{C}$. Podemos preguntar: ¿sigue estando permitida esta completa libertad cuando pasamos a la teoría cuántica? De hecho, la respuesta es «no», si estamos esperando que el momento conjugado clásico p_a, de cada q^a, tenga que ser «cuantizado» simplemente como $i\hbar\partial/\partial q^a$. La cuestión es muy delicada, y nos lleva a un área fascinante conocida como *cuantización geométrica*.[4] Tiene particular importancia en relación con la relatividad general, ya nos propongamos «cuantizar el campo gravitatorio», o meramente discutir campos cuánticos en un fondo espaciotemporal curvo. (Volveré a la cuestión de la teoría cuántica en fondos curvos en §30.4.) Sin embargo, existen muchas situaciones estándar en las que podemos arreglárnoslas con coordenadas que son más generales que las planas, siempre que seamos cuidadosos. En particular, es útil usar coordenadas angulares, y los momentos conjugados son entonces momentos angulares. Más adelante nos centraremos en el momento angular (§22.8, y §22.12 para el caso relativista).

21.3. La ecuación de Schrödinger

Ignoremos estas cuestiones de orden de factores y coordenadas generalizadas, etc., al menos por el momento, y supongamos que tenemos un hamiltoniano mecanocuántico con el que estamos satisfechos. ¿Qué uso vamos a darle? La respuesta es que desempeña un papel crucial en esa ecuación, fundamental para nuestra comprensión de cómo evoluciona un sistema cuántico con el tiempo, conocida como la *ecuación de Schrödinger*. De hecho, la forma de esta ecuación ya está efectivamente determinada por las reglas establecidas antes. ¿Cómo funciona esto? En primer lugar, debemos hacer visible la función «invisible» ψ que estaba oculta en el extremo derecho de todas nuestras relaciones de conmutación. Ahora el hamiltoniano es un operador después de todo, debido a todas esas $\partial/\partial x$, y necesita algo (al menos potencialmente) a su derecha sobre lo que operar. Puesto que la ecuación de Schrödinger, al ser una ecuación de evolución temporal, va a hacer que ψ varíe con el tiempo, tenemos que escribir ψ como una función de t, además de todas nuestras x^a espaciales:

$$\psi = \psi(x^1, \ldots, x^N; t).$$

Pero esta función no puede depender de los p_a, porque estas cantidades *no* son ahora «variables independientes», sino que deben interpretarse como diferenciaciones con respecto a las x^a. Semejante función ψ se denomina una *función de onda*. Proporciona el *estado cuántico* del sistema. A su debido tiempo consideraremos la interpretación física de las funciones de onda.

¿Cómo encaja en esto la derivada con respecto a t? Aquí es donde interviene la notable evolución temporal de Schrödinger. Recordemos de §20.2 que el hamiltoniano (clásico independiente del tiempo) representa la energía total del sistema. Tomemos también nota del hecho —que se ha sugerido antes (en §21.2)— de que si nuestra teoría cuántica tiene que satisfacer los requisitos de la relatividad, la regla cuántica $p_a = i\hbar\partial/x^a$ (para una única partícula) debería extenderse a la componente $a = 0$ tanto como a las tres componentes espaciales (véase §18.7). En consecuencia, en el procedimiento de «cuantización» la energía debería quedar reemplazada por la derivada con respecto al tiempo ($E = i\hbar\partial/\partial t$). Lo que expresa la *ecuación de Schrödinger* es precisamente este «papel cuántico» de la interpretación del hamiltoniano como energía total:

$$i\hbar\frac{\partial\psi}{\partial t} = \mathcal{H}\psi,$$

donde

$$\mathcal{H} = \mathcal{H}\left(i\hbar\frac{\partial}{\partial x^1}, \ldots, i\hbar\frac{\partial}{\partial x^N}; x^1, \ldots, x^N\right).$$

A modo de ejemplo sencillo, utilizando el caso particular de un hamiltoniano cuántico dado antes en §21.2, podemos escribir la ecuación de Schrödinger para una única partícula de masa m que se mueve en un campo eléctrico cuya contribución a la energía es $V = V(x, y, z)$:[21.5],[21.6]

$$i\hbar\frac{\partial\psi}{\partial t} = -\frac{\hbar^2}{2m}\nabla^2\psi + V\psi.$$

Por supuesto, todo este reemplazamiento de momento y energía por operadores diferenciales se parece mucho a un truco matemático, y podríamos preguntarnos qué tienen que ver estas diversiones con el momento impartido por el puño de un boxeador o por el swing de un jugador de golf. ¡Es una buena pregunta! Pero según la mecánica cuántica, tiene todo que ver. La clave está en que el momento se conserva, y el efecto de un golpe en quien lo recibe es simplemente un resultado de la inevitabilidad de dicha conservación. El momento debe ir a alguna parte; no puede desaparecer simplemente, porque se conserva. Lo mismo se aplica a la energía.

Pero, por supuesto, ya tenemos conservación del momento y conservación de la energía en la teoría hamiltoniana clásica, podría decir el lector escéptico, así que ¿por qué la necesidad de esta curiosa identifi-

[21.5] Resuelva esta ecuación de Schrödinger explícitamente en el caso de una partícula de masa m en un campo gravitatorio newtoniano constante: $V = mgz$. (Aquí z es la altura sobre la superficie de la Tierra y g es la aceleración de la gravedad.)

[21.6] Transformando al sistema en caída libre con coordenadsa $X = x$, $Y = y$, $Z = z - \frac{1}{2}t^2g$, $T = t$, demuestre que la ecuación de Schrödinger del ejercicio [21.5] transforma a uno sin un campo gravitatorio, con función de onda $\Psi = e^{i(1/6mt^3g^2 + mtzg)}\psi$. ¿Qué nos dice esto sobre el principio de equivalencia de Einstein (véase §17.4), aplicado a sistemas cuánticos? (Tome nota de §21.9.)

cación entre una magnitud física y un operador diferencial incorpóreo, por mucho bien que haga?[21.7] Para intentar responder a esto, y para hacer más plausible la propuesta, hay que apelar al experimento. (De otra forma, ¡una propuesta de aspecto tan ridículo difícilmente tendría mucho peso!) Ahora no entraré en cuestiones experimentales detalladas, pero el punto esencial que emerge de esa enorme cantidad de evidencia experimental es que existe una asociación directa entre frecuencia y energía, y una asociación correspondiente entre número de onda (el recíproco de la longitud de onda) y momento; más aún, estas asociaciones parecen ser universales en todos los fenómenos. En §21.5 veremos la relevancia que tiene esto para «$p_a = i\hbar\partial/\partial x^a$». Mientras tanto, echemos una ojeada a algunas de las razones experimentales para creer que energía y momento tienen este tipo de asociación «ondulatoria».

21.4. La base experimental de la teoría cuántica

Quizá una de las manifestaciones más directas de este tipo de asociaciones se da en los materiales cristalinos. En tales estructuras tenemos una periodicidad espacial en las disposiciones atómicas del cristal. Como fue demostrado por primera vez en un famoso experimento por C. J. Davisson y L. H. Germer (1927), si se lanzan contra un material semejante electrones con una elección apropiada del 3-momento inicial, entonces los electrones son desviados (o reflejados) por el material en ciertos ángulos muy especiales. Una consecuencia manifiesta de estos resultados experimentales es que existe una clara relación de proporcionalidad inversa entre los 3-momentos de los electrones y una distancia de desplazamiento periódico; véase la Fig. 21.2. Lo mismo sucede con otros tipos de partículas. El resultado es que una partícula de momento p parece ser un objeto periódico, como una onda, para el

[21.7] Demuestre que, si el hamiltoniano cuántico $\mathcal{H}$ tiene invariancia traslacional, por ejemplo por ser independiente de la variable de posición x^3, entonces el momento correspondiente p_3 se conserva en el sentido de que el operador p_3 conmuta con la evolución temporal $\partial/\partial t$. A la luz de las interpretaciones que se dan más adelante, explique por qué esta conmutación implica conservación.

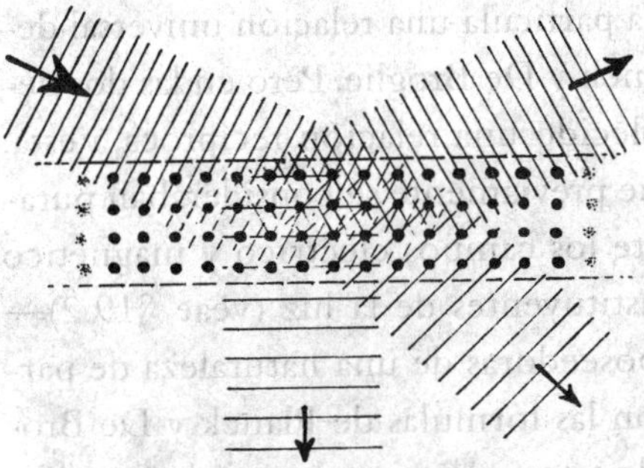

Fig. 21.2. El experimento de Davisson-Germer. Un haz de electrones de 3-momento **p** incide en un material de estructura cristalina periódica. Hay dispersión o reflexión cuando la pauta de los átomos encaja con la de los electrones, siendo estos considerados como ondas con una longitud de onda λ relacionada con la magnitud del momento p de acuerdo con $\lambda = h/p$, donde h es la constante de Planck.

que existe una relación universal entre la longitud de onda λ y la magnitud de su momento p, de acuerdo con la fórmula recíproca (que incluye la constante de Planck $h = 2\pi\hbar$)

$$\lambda = hp^{-1} = \frac{2\pi\hbar}{p}.$$

La longitud de onda λ, asociada al momento p de una partícula, se denomina su longitud de onda de *De Broglie*, por el aristócrata y muy intuitivo físico francés príncipe Louis de Broglie, que sugirió por primera vez (1923), que las partículas materiales tienen una naturaleza ondulatoria con una longitud de onda dada por la fórmula anterior. Además, de acuerdo con los requisitos de la relatividad (véase §18.7), la partícula también debería tener una frecuencia ν, dada en términos de su energía E por la fórmula de Planck

$$E = h\nu = 2\pi\hbar\nu,$$

a la que llegaremos enseguida.[21.8] En su propio sistema de reposo la energía de la partícula es la $E = \mu c^2$ de Einstein, donde μ es su masa en reposo, de modo que está asociada de forma natural con la frecuencia $\mu c^2/2\pi\hbar$, es decir, $\mu c^2/h$.

[21.8] Intente ver por qué los requisitos de la relatividad especial permiten que la fórmula $E = h\nu$ de Planck se deduzca de la $p = h\lambda^{-1}$ de la de De Broglie. (*Sugerencia*: Puede suponer que los hiperplanos en $\mathbb{M}$ en los que la onda toma un valor constante son Lorentz-ortogonales a la 4-velocidad de la partícula.)

Consideraciones como esta llevaron a la conclusión de que una partícula ordinaria manifiesta un comportamiento ondulatorio, que guarda con la masa en reposo de la partícula una relación universal determinada por las fórmulas de Planck y De Broglie. Pero en las dos décadas anteriores ya se había establecido una relación recíproca a esta, que mostraba que las entidades que previamente se consideraban puramente ondulatorias —básicamente los campos eléctrico y magnético oscilantes de Maxwell como constituyentes de la luz (véae §19.2)— también tenían que verse como poseedoras de una naturaleza de partícula, compatible una vez más con las fórmulas de Planck y De Broglie. La prueba más convincente de esto se encontraba en el efecto fotoeléctrico, observado por primera vez por Heinrich Hertz en 1887 y cuyos aspectos más enigmáticos —como demostró Philipp Lenard en 1902— fueron magníficamente explicados por Einstein en 1905 utilizando una imagen de la luz como partícula. (Esto es lo que le valió a Einstein el premio Nobel de Física en 1921, y no la teoría de la relatividad.) El efecto fotoeléctrico ocurre cuando luz de frecuencia ν adecuadamente alta incide sobre un material metálico apropiado, haciendo que se emitan electrones. El enigma surge del hecho de que la energía de los electrones emitidos no depende en absoluto de la intensidad de la luz (si su frecuencia ν se toma constante). En una imagen de onda se esperaría que cuanto mayor fuera la intensidad, más energéticos serían los electrones expulsados. No sucede así (aunque salen *más* electrones cuando la intensidad es mayor). Einstein lo explicó sobre la base de considerar la luz como partículas incidentes —ahora llamadas *fotones*— cuya energía individual está dada por la $E = h\nu$ de Planck, y cada electrón expulsado es el resultado del impacto de uno de estos fotones sobre un átomo individual. Einstein utilizó la fórmula de Planck con gran efecto, haciendo varias predicciones que más tarde fueron confirmadas, en particular por el inicialmente escéptico físico estadounidense Robert Millikan en los años anteriores a 1916.

De hecho, esta naturaleza mecanocuántica corpuscular de la luz ya había comenzado a manifestarse algo antes. Fue en 1900, cuando Max Planck lanzó la revolución cuántica. Lo hizo al realizar un notable análisis de la *radiación de cuerpo negro*, que es la radiación electromagnética en equilibrio con su entorno material «negro»,[5] todo ello mantenido a

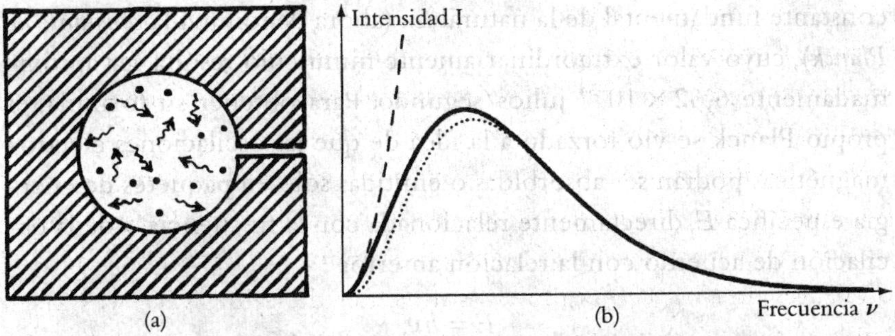

Fig. 21.3. Radiación de cuerpo negro. (a) La cavidad «negra» asegura que la radiación contenida está en equilibrio técnico, a temperatura T, con su entorno caliente. (b) Para una T dada, se encuentra que la intensidad I para cada frecuencia ν es una función específica de ν. La curva continua es la observada, dada por la famosa fórmula de Planck $I = 2h\nu^3/(e^{h\nu/kT} - 1)$ (donde h y k son las constantes de Planck y de Boltzmann, respectivamente). La curva de trazos es la de Rayleigh-Jeans, $I = 2kT\nu^2$, en la que la radiación se trata como ondas clásicas, y se aproxima a la fórmula de Planck para ν pequeña, pero diverge para ν grande. La curva de puntos muestra la ley de Wien $I = 2h\nu^3 e^{-h\nu/kT}$, en la que la radiación se trata como partículas clásicas.

una temperatura específica T (véase la Fig. 21.3a). Planck obtuvo la fórmula (correcta) representada en la Fig. 21.3b

$$\frac{2h\nu^3}{(e^{h\nu/kT} - 1)}$$

para la *densidad de energía I*, en función de la frecuencia ν, donde k es la constante de Boltzmann (relacionada con las unidades en que se mide la temperatura; cf. §27.3).

Resulta que la fórmula de Planck ajusta perfectamente las observaciones. Antes de Planck, la naturaleza del espectro de cuerpo negro había sido un misterio. La imagen enteramente ondulatoria de la radiación electromagnética había llevado a la paradójica fórmula de Rayleigh-Jeans $I = 2kT\nu^2$, aproximada para ν pequeña, pero en la que la intensidad divergiría a infinito para ν grande. Una mejora aparente fue la propuesta de Wien $I = 2h\nu^3 e^{-h\nu/kT}$, aproximada para ν grande, a la que podía darse una justificación sobre la base de tratar la radiación como si fuera un baño de partículas clásicas. La cantidad h, tal como aparecía en la propia fórmula de Planck, fue postulada por él como una *nueva* constante fundamental de la naturaleza (ahora denominada *constante de Planck*), cuyo valor extraordinariamente minúsculo resulta ser aproximadamente $6{,}62 \times 10^{-34}$ julios/segundo. Para obtener su fórmula, el propio Planck se vio forzado a la idea de que las oscilaciones electromagnéticas podían ser absorbidas o emitidas solo en paquetes de energía específica E, directamente relacionada con la frecuencia ν de la oscilación de acuerdo con la relación anterior

$$E = h\nu,$$

y donde también adoptó un recuento estadístico «extraño» que, sorprendentemente, prefiguraba la estadística de Bose-Einstein (mecanocuánticamente correcta) a la que llegaremos en §23.7.

Aquí el enigma físico era el opuesto al que planteaban los electrones que inciden sobre un cristal, puesto que entonces se pensaba que los efectos electromagnéticos eran simplemente ondas, ¡pero ahora parecían tener propiedades de partículas! Utilizando la forma de Dirac de la constante de Planck, encontramos $E = 2\pi\hbar\nu$, de modo que el período temporal de la oscilación ν^{-1} satisface la fórmula correspondiente a nuestra fórmula anterior ($\lambda = 2\pi\hbar/p$) que relaciona longitud de onda y momento, a saber, $\nu^{-1} = 2\pi\hbar/E$. En la actualidad (siguiendo las ideas posteriores de Einstein, Bose y otros) entendemos que esta relación de Planck se refiere no solo a «oscilaciones del campo electromagnético», sino a «partículas» *reales* —los quanta del electromagnetismo de Maxwell que llamamos fotones—, aunque se necesitaron muchos años para que las ideas que originalmente defendía Einstein en solitario fueran aceptadas. Entre las confirmaciones posteriores, tras estos éxitos con el efecto fotoeléctrico, estaba el experimento crucial de Arthur Compton (1923), que demostró que los fotones, en sus choques con partículas cargadas, se comportaban como partículas sin masa, de acuerdo con la dinámica relativista de §18.7 (véanse §25.4 y la Fig. 25.10). En consecuencia, tanto la energía como el momento están recíprocamente relacionados con un período (de tiempo para la energía y de espacio para el momento), período que está escalado en términos de $2\pi\hbar$.

Una de las razones más convincentes (y mejor conocidas) para que tengamos que enfrentarnos al hecho de que las partículas pueden com-

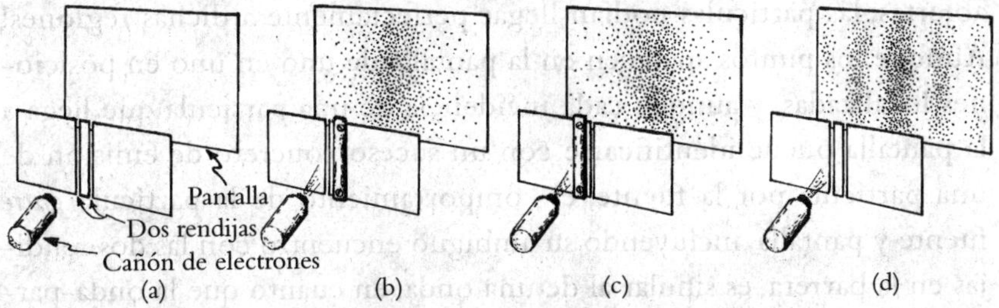

Fig. 21.4. (a) Disposición para el experimento de la doble rendija. Se emite un electrón cada vez que se dirige a la pantalla a través del par de rendijas. (b) Figura en la pantalla cuando la rendija derecha está tapada. (c) Lo mismo cuando la rendija izquierda está tapada. (d) La interferencia ocurre cuando ambas rendijas están abiertas. Algunas regiones en la pantalla no pueden ser alcanzadas ahora, pese al hecho de que pueden serlo cuando solo una o la otra rendija está abierta.

portarse como ondas y las ondas como partículas es el *experimento de la doble rendija.*[6] Aquí tenemos una fuente de partículas y una pantalla detectora, y situada entre la fuente y la pantalla hay una barrera con un par de rendijas paralelas ligeramente separadas.Véase la Fig. 21.4a. Supongamos que la fuente emite partículas de una en una, dirigidas a la pantalla. Si empezamos con una rendija abierta y la otra cerrada, entonces aparecerá en la pantalla una figura aleatoria de puntos que se va formando de uno en uno a medida que las partículas individuales que proceden de la fuente inciden sobre ella. La intensidad de la figura (en el sentido de la máxima densidad de puntos) es más extrema en una franja central, próxima al plano que conecta la fuente con la rendija, como cabe esperar, y decrece uniformemente en ambas direcciones a partir de esta franja central (Fig. 21.4b). Esta figura es efectivamente la misma si el experimento se repite cuando es la otra rendija la que está abierta (Fig. 21.4c). No hay aquí ningún misterio. Pero si el experimento se realiza otra vez cuando ambas rendijas están abiertas, entonces sucede algo extraordinario; véase la Fig. 21.4d. Las partículas siguen produciendo puntos en la pantalla de uno en uno, pero ahora hay una figura de *interferencia* ondulatoria formada por bandas paralelas de intensidad alta y baja alternativamente, y observamos incluso que existen regiones de la pantalla a las que no llega ninguna partícula de la fuente, ¡pese al hecho de que cuando solo una u otra de las rendijas estaban abiertas, las partículas podían llegar perfectamente a dichas regiones! Aunque los puntos aparecen en la pantalla de uno en uno en posiciones localizadas, y aunque cada incidencia de una partícula que llega a la pantalla puede identificarse con un suceso concreto de emisión de una partícula por la fuente, el comportamiento de la partícula *entre* fuente y pantalla, incluyendo su ambiguo encuentro con las dos rendijas en la barrera, es similar al de una onda, en cuanto que la onda-partícula siente ambas rendijas durante este encuentro. Además —y esta es la cuestión de relevancia particular para nuestros propósitos más inmediatos—, el espaciado entre las bandas en la pantalla nos dice cuál debe ser la longitud de onda de nuestra onda/partícula, y esta longitud de onda λ viene dada realmente en términos del momento p de las partículas precisamente por la misma fórmula que antes, a saber $\lambda = 2\pi\hbar/p$.

21.5. Comprendiendo la dualidad onda-partícula

Quizá sea así, podría decir el escéptico pragmático, ¡pero esto aún no nos obliga a hacer esta identificación aparentemente absurda entre energía-momento y un operador! Realmente no, ¡pero no deberíamos rechazar un *milagro* cuando se nos presenta! ¿Qué milagro es este? El milagro es el hecho de que estos grandes absurdos aparentes en los hechos experimentales —que las ondas son partículas y las partículas son ondas— pueden ser acomodados dentro de un bello formalismo matemático, un formalismo en el que el momento es realmente identificado con la «derivación con respecto a la posición», y la energía, con la «derivación con respecto al tiempo».

¿Cómo nos ayuda este formalismo a entender esta misteriosa dualidad onda-partícula? Para describir nuestra onda-partícula, requeriremos una entidad matemática que pueda proporcionarnos un 4-momento P_a de la partícula claramente definido, y que al mismo tiempo posea una periodicidad espacial y temporal, de tipo ondulatorio, de la cantidad prescrita antes. (Ahora utilizo una *P mayúscula* porque en este caso particular me refiero al valor «clásico» concreto del 4-momento que nuestra partícula pudiera tener. Aún seguimos considerando que el «4-momento cuántico» está descrito por un operador diferencial.) Una entidad matemática natural sería una función de onda con una dependencia espaciotemporal concreta de la forma (véase §5.3)

$$\psi(x^a) = e^{-iP_a x^a/\hbar}$$

(una onda plana). Esta magnitud se transforma en sí misma si incrementamos $P_a x^a$ en $2\pi\hbar$ (puesto que suma $-2\pi i$ al exponente, de modo que la expresión se multiplica por $e^{-2\pi i} = 1$). Por lo tanto, tiene una periodicidad temporal de $2\pi\hbar/P_0$ y una periodicidad espacial de $2\pi\hbar/P_1$ en la x_1-dirección, y análogamente para las otras direcciones espaciales. Esto concuerda exactamente con los requisitos establecidos antes.

Ahora bien, ¿qué hay de especial en esta entidad particular? Es lo que se denomina una *autofunción* o *función propia* de nuestro operador momento cuántico

$$p_a = i\hbar\frac{\partial}{\partial x^a}.$$

Esto significa que si aplicamos este operador a la $\psi(x^a)$ anterior volvemos a obtener simplemente un múltiplo constante de $\psi(x^a)$ (§6.5):

$$i\hbar\frac{\partial}{\partial x^a}\psi(x^a) = i\hbar\frac{\partial}{\partial x^a}e^{-iP_a x^a/\hbar} = P_a e^{-iP_a x^a/\hbar} = P^a\psi(x^a).$$

Nótese que este multiplicador constante es precisamente el 4-momento P_a (clásico) que exigimos que tenga nuestra entidad. Así pues, cuando $\psi(x^a)$ tiene la forma correcta, a saber, la dada anteriormente, nuestro misterioso momento cuántico $p_a = i\hbar\partial/\partial x^a$ se convierte en un simple momento clásico P_a cuando se aplica a esta ψ:

$$p_a\psi = P_a\psi,$$

pero no lo hace para otro tipo de estados. Decimos que la función ψ anterior tiene un valor definido para el 4-momento, y la llamamos un *estado de momento*. Tenemos que pensar en una partícula libre, con un momento definido P_a clásicamente identificable, que está matemáticamente descrita por esta función de onda particular ψ, que es autofunción del operador cuántico p_a con *autovalor* P_a. Las únicas funciones de onda que tienen un valor definido del momento clásico son aquellas que son autofunciones del operador momento cuántico.

Recordemos que en §13.5 se ha introducido la noción de *autovec-*

tor (o *vector propio*) de un operador lineal $\boldsymbol{T}$ que es un vector $\boldsymbol{v}$ para el que $\boldsymbol{T}\boldsymbol{v} = \lambda\boldsymbol{v}$ para una cantidad escalar λ, llamada su *autovalor*. Esta es exactamente la situación que tenemos aquí, donde $\mathrm{i}\hbar\partial/\partial x^a$ ocupa el lugar del operador $\boldsymbol{T}$, y donde P_a ocupa el lugar de λ (tomando sucesivamente cada valor concreto de a), excepto que en §13.5 nos referíamos básicamente a espacios vectoriales de *dimensión finita* y sus transformaciones lineales. Aquí nos interesa el espacio vectorial **W** de las posibles $\psi(x^a)$, y ese será un espacio vectorial de dimensión *infinita*. (Es un espacio vectorial porque podemos sumar funciones de x^a, y podemos multiplicar funciones de x^a por números, y en ambos casos obtenemos simplemente nuevas funciones de x^a. Es de dimensión infinita porque, por ejemplo, todas las funciones del tipo particular que acabamos de considerar para diferentes valores de P_a, son linealmente independientes.)[21.9]

Las autofunciones (o *autoestados*, como se les llama con frecuencia en mecánica cuántica) desempeñan un papel clave en el formalismo cuántico. En el lenguaje de la mecánica cuántica, los diversos operadores (como $p_a = \mathrm{i}\hbar\partial/\partial x^a$ que acabamos de considerar, aunque más tarde consideraremos otros tales como la posición y el momento angular) se denominan *variables dinámicas*. Nuestra función de onda ψ, que inicialmente desempeñaba solo el papel de la «función invisible» que imaginábamos en las sombras, a la derecha de todos nuestros operadores, empieza ahora a desempeñar decididamente un papel activo. La consideramos el *estado* del sistema físico, como se ha mencionado antes. A veces se denomina un *vector de estado* (aunque este es en realidad un término más general, para el que no necesitan aplicarse las descripciones particulares en términos de coordenadas espaciales y temporal que he utilizado para ψ). Como sucede con el caso del 4-momento, que se ha considerado antes, los *autoestados* de una variable dinámica son aquellos estados para los que dicha variable dinámica concreta tiene lo que se denomina un «valor definido», y el autovalor es el «valor» real que tiene la variable dinámica para dicho estado.

Debería hacer una puntualización sobre el hecho de que, hasta este

[21.9] ¿Por qué? Aquí la dependencia lineal puede incluir sumas *continuas*, a saber, integrales.

momento, he estado tratando a nuestro estado de momento de una forma absolutamente 4-dimensional espaciotemporal, compatible con los requisitos de la relatividad especial. Esto es económico, en cuanto que la expresión[21.10]

$$e^{-iP_a x^a/\hbar} = e^{-iEt/\hbar} e^{i\mathbf{P}\cdot\mathbf{x}/\hbar}$$

(con $P_a = (E, -\mathbf{P})$ y $x^a = (t, \mathbf{x})$, como en §18.7) contiene tanto la dependencia *espacial*, que hace de él un autoestado del momento espacial ordinario 3-dimensional

$$\mathbf{p} = (-p_1, -p_2, -p_3) = -i\hbar\left(\frac{\partial}{\partial x^1}, \frac{\partial}{\partial x^2}, \frac{\partial}{\partial x^3}\right)$$

con autovalor $\mathbf{P}$, como la dependencia *temporal*, que hace de él una solución de la ecuación de Schrödinger con autovalor E para la energía. Sin embargo, el formalismo de Schrödinger en conjunto no es un esquema relativista, en cuanto que trata el tiempo de forma diferente a las variables espaciales, de modo que será mejor que en las discusiones que siguen en este capítulo vuelva a descripciones no relativistas.

21.6. ¿Qué es la «realidad» cuántica?

Retrocedamos por un momento y preguntémonos qué está tratando esto de decirnos acerca de la «realidad». ¿Son las variables dinámicas «objetos reales»? ¿Son «reales» los estados? ¿O deberíamos decir que hemos alcanzado la realidad solo cuando hayamos llegado a las magnitudes aparentemente «clásicas» que surgen como autovalores de las variables dinámicas (o de otros operadores)? De hecho, los físicos cuánticos no suelen ser muy claros sobre esta cuestión. La mayoría de ellos se sienten característicamente incómodos al abordar la cuestión de la «realidad». Pueden decir que adoptan lo que llaman una postura «positivista», y rechazan abordar la cuestión de lo que se supone que quiere decir «realidad», considerando que una pregunta semejante es «acientífica». Todo lo que deberíamos pedir a nuestro formalismo, podrían decir, es que dé respuestas a preguntas apropiadas que podamos plantear

[21.10] ¿Por qué puedo separarla de esta manera?

a un sistema, y que dichas respuestas estén de acuerdo con los hechos observados.

Si hay que creer que alguna cosa en el formalismo cuántico es «real», para un sistema cuántico, entonces creo que tiene que ser la función de onda (o vector de estado) que describe la realidad cuántica. (En el capítulo 29 plantearé otras posibilidades; véase también el final de §22.4.) Mi propio punto de vista es que la cuestión de la «realidad» *debe* ser abordada en mecánica cuántica —especialmente si se adopta el punto de vista (como muchos físicos parecen hacer) de que el formalismo cuántico debe aplicarse universalmente a la totalidad de la física—, pues si no hay realidad cuántica, no puede haber realidad en absoluto a ningún nivel (ya que según esta idea todos los niveles son niveles cuánticos). En mi opinión, no tiene sentido negar la realidad en general. Necesitamos una noción de realidad física, incluso aunque solo sea provisional o aproximada, pues sin ella nuestro universo objetivo, y con ello la totalidad de la ciencia, ¡se evapora ante nuestra mirada contemplativa!

Todo esto está muy bien, pero, entonces, ¿qué pasa con el vector de estado? ¿Cuál es la dificultad de tomarlo como representación de la realidad? ¿A qué se debe que los físicos se muestren a menudo muy reacios a adoptar esta posición filosófica? Para entender las dificultades, debemos examinar más cuidadosamente la naturaleza de las funciones de onda y sus interpretaciones físicas.

Para empezar, examinemos más de cerca nuestro estado de momento $\psi = e^{i\mathbf{P}\cdot\mathbf{x}/\hbar}$ (que, por simplicidad, he tomado en el instante $t = 0$). Notemos que de ningún modo está localizado como una partícula ordinaria. Se extiende de manera uniforme sobre la totalidad del universo. Su «magnitud», medida por su módulo $|e^{i\mathbf{P}\cdot\mathbf{x}/\hbar}|$, tiene el mismo valor 1 en todo punto del espacio (§5.1). El lector será perdonado si piensa que esta es una imagen extraña para mantener, en el caso de una única partícula con un momento perfectamente definido en cierta dirección espacial. ¿Qué ha sucedido con nuestra imagen ordinaria de una partícula como algo localizado (al menos aproximadamente) en un solo punto? Bien, podríamos decir que un estado de momento es tan solo una idealización. Aún podemos salir del paso y tener un momento muy bien definido (si no perfectamente definido) si pasamos a estados algo parecidos conocidos como «paquetes de ondas». Estos están dados por funciones de onda cuyo valor tiene un pico abrupto en cierta posición y son «casi» autofunciones del momento, en un sentido apropiado. En una dimensión tales paquetes de onda pueden presentarse de forma explícita, tomando el producto de un autoestado de momento por una gaussiana e^{-x^2} o, lo que es más apropiado, por una gaussiana general

$$Ae^{-B^2(x-C)^2},$$

(donde A, B y C son constantes reales). Esta es la bien conocida curva «en forma de campana» de la estadística (véase la Fig. 27.5 en §27.4 para una ilustración de la misma), donde, en la expresión anterior, su «pico» está centrado en el punto $x = C$. Es de cierto interés (y una ventaja para el cálculo) que el paquete de ondas obtenido al tomar dicho producto puede expresarse sucintamente permitiendo que en la expresión anterior C sea un *número complejo*.[21.11] De la misma forma pueden construirse paquetes de onda en las tres dimensiones del espacio utilizando una gaussiana $Ae^{-B^2(x^2+y^2+z^2)}$, con su pico desplazado en una dirección compleja. En cada caso B^{-1} proporciona una medida de su dispersión. De hecho, existe un teorema, subyacente en lo que se denomina «principio de incertidumbre de Heisenberg», que nos dice que existe un límite absoluto para cuán pequeña puede ser su dispersión en relación con cuán próximo está a un «casi» estado de momento. Veremos esto de forma más explícita en §21.11.

Ahora intentemos obtener una imagen mejor de cómo son realmente los estados de momento y los paquetes de ondas. Debemos tener en cuenta que una función de onda es una función con valor complejo, y su carácter «ondulatorio» no debe verse necesariamente como una oscilación en su magnitud (o intensidad). En el caso de un estado de momento, es el *argumento* de la función de onda (§5.1), a saber $-P_a x^a/\hbar$, medido alrededor de un círculo —i.e., $e^{-iP_a x^a/\hbar}$ tomado sobre el círculo unidad en el plano complejo—, el que tiene un carácter ondulatorio. En teoría cuántica solemos referirnos al argumento del valor de la función de onda como su *fase*. Encontramos que la fase no es tanto

[21.11] Reemplazando el número real C en la expresión que se ha mostrado antes por el número complejo $C + iD$ (donde C y D son reales), encuentre la frecuencia del paquete de ondas y la localización de su pico.

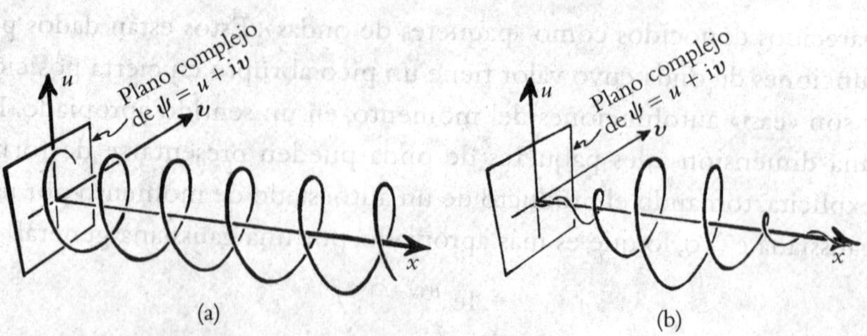

Fig. 21.5. Una función de onda de una partícula: ψ es una función compleja de la posición x. (a) Estado de momento $e^{-iPx/\hbar}$, representado como un sacacorchos (autofunción de momento p). (b) Un paquete de ondas $e^{-A^2x^2}e^{-iPx/\hbar}$.

«ondulatoria», sino que «da una y otra vuelta». En la Fig. 21.5a he tratado de mostrar este comportamiento de la función de onda en una dirección concreta, representando dicha dirección en un ángulo inclinado hacia la derecha (eje x de la figura), y tomando un plano perpendicular a dicha dirección (los restantes ejes u e v en la figura) para representar el plano complejo de los valores que puede tomar la función ψ (de modo que la figura representa $\psi = u + iv$ en dicho plano). Así pues, la dirección x de mi figura corresponde a cierta dirección real en el espacio ordinario, pero las direcciones u y v no son direcciones espaciales ordinarias, sino que representan el plano complejo de valores posibles de la función de onda. Notemos que para nuestro estado de momento la función de onda es una especie de sacacorchos (que es dextrógiro para momento positivo en la dirección espacial representada por la dirección x de nuestra figura). En la Fig. 21.5b he dibujado la imagen correspondiente para un paquete de ondas. Se parece a un sacacorchos en un tramo (de modo que tiene un momento moderadamente bien definido), pero luego su «sacacorcheidad» se desvanece en ambas direcciones, y la función de onda se hace muy pequeña fuera de cierto intervalo.

Por supuesto, para obtener la imagen *completa* de estas ondas tendríamos que tratar de imaginar que esto ocurre en las tres direcciones del espacio a la vez, lo que es algo difícil porque ¡necesitaríamos dos dimensiones extra (cinco en total) para encajar el plano complejo, además de las direcciones espaciales! Pero las cosas no están tan mal, en el

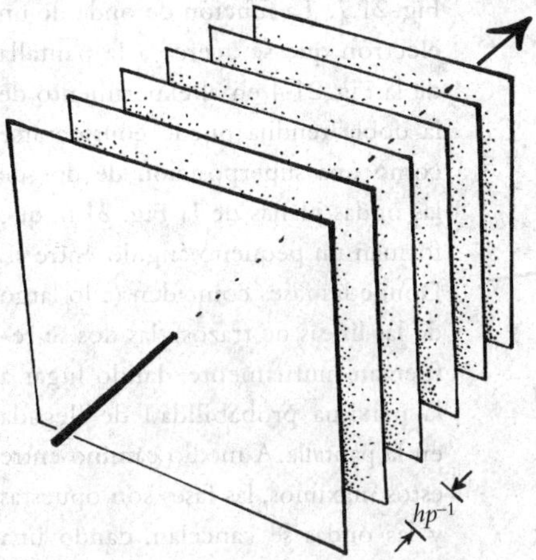

Fig. 21.6. Planos de fase dada, para un autoestado de momento con espaciado hp^{-1}, donde p es la magnitud del 3-momento espacial. (Compárese con la Fig. 21.2.)

caso del estado de momento, si pensamos solo en *planos de fase constante*. Estos son planos paralelos perpendiculares a la dirección del momento, con un espaciado entre cada plano y el siguiente de $2\pi\hbar/p$, donde p es la magnitud del 3-momento (espacial). Véase la Fig. 21.6. Este tipo de descripción es útil para considerar cosas tales como la imagen de la función de onda de un fotón que incide sobre un cristal, como se ha hecho en la Fig. 21.2. También se puede utilizar esta descripción en el caso del experimento de la doble rendija si consideramos que las rendijas están a una gran distancia de la pantalla; entonces es posible pensar que la función de onda de cada partícula, a medida que se aproxima a cierta región localizada de la pantalla, está compuesta de la suma de dos partes, cada una de las cuales está muy próxima a un estado de momento (siendo esencialmente una onda plana de una única frecuencia, debido a la gran distancia de las rendijas a la pantalla), pero la dirección de cada una de las dos partes componentes es ligeramente diferente. En algunos lugares de la pantalla las dos ondas se reforzarán mutuamente, mientras que en otros lugares se cancelarán, dando lugar a las bandas de mayor y menor intensidad que he descrito antes (en la Fig. 21.4d). Podemos ver esta geometría en la Fig. 21.7, donde los planos representan regiones del espacio en las que cada onda componente tiene un valor constante para su fase. En la función de onda completa estas dos partes componentes deben sumarse de modo que, suponiendo que ambas partes por separado tienen la misma in-

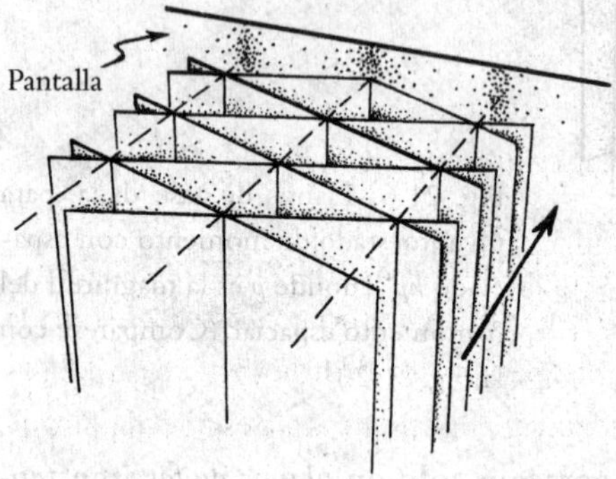

Fig. 21.7. La función de onda de un electrón que se acerca a la pantalla de la Fig. 21.4 en el experimento de la doble rendija puede considerarse como una superposición de dos de las ondas planas de la Fig. 21.6, que forman un pequeño ángulo entre sí. Donde las fases coinciden (a lo largo de las líneas de trazos), las dos se refuerzan mutuamente, dando lugar a la máxima probabilidad de llegada en la pantalla. A medio camino entre estos máximos, las fases son opuestas y las ondas se cancelan, dando una probabilidad cero de que el electrón llegue a la pantalla.

tensidad, se cancelarán en lugares donde estén en oposición de fase y se reforzarán cuando estén en fase. Esto nos da las bandas de intensidad alterna que se observan realmente en el experimento de la doble rendija.

Sí, sí, podrá interrumpir el lector impaciente, pero así es precisamente como se comportan las *ondas*. ¡No me he enfrentado al hecho de que nuestras ondas-partículas son ondas-*partículas*! Aparte del embellecimiento aparentemente mucho menor que supone el que mis ondas son ondas complejas, todo lo que he hecho es describir un tipo de interferencia que podría darse con las ondas de agua en el mar, o las ondas sonoras, o las ondas de Maxwell construidas a partir del campo electromagnético clásico (ondas de radio, luz visible, rayos X, etc.). Pero la cuestión general del experimento de la doble rendija —y en eso se supone que yo estaba insistiendo— es que el experimento muestra un conflicto entre la imagen ondulatoria y la imagen corpuscular. Así es; la manifestación más obvia de la naturaleza corpuscular, en este experimento, ¡ocurre cuando estos pequeños amigos dejan sus marcas minúsculas en la pantalla: de uno en uno…!

21.7. La naturaleza «holística» de una función de onda

Aquí habría que resaltar algo. Uno podría imaginar que ocasionalmente se produce un punto pequeño en la pantalla, cuando la intensidad local de la onda alcanza cierto valor crítico o, más bien, que existe cierta probabilidad de que aparezca un pequeño punto en la pantalla, probabilidad que aumenta a medida que aumenta la intensidad de la onda. ¡Buen intento! Pero, tal como he formulado antes, el experimento de la doble rendija (en su forma idealizada), sencillamente no funciona. En efecto, si se tratara tan solo de probabilidades individuales en lugares individuales, cabría esperar que a veces aparecerían dos puntos en la pantalla, en posiciones ampliamente separadas donde la intensidad es apreciable, aunque solo hay una función de onda para describir la emisión de una única partícula en la fuente. La dificultad se hace más manifiesta si imaginamos que nuestras partículas son partículas cargadas, tales como los electrones; pues si la emisión de un único electrón en la fuente pudiera dar como resultado un par de electrones que llegan a la pantalla, incluso si solo se produjera ocasionalmente, entonces tendríamos una violación de la ley de la conservación de la carga. Lo mismo se aplicaría a cualquier otro número cuántico conservado para una partícula, tal como la conservación del número bariónico (§25.6), por ejemplo, si utilizáramos neutrones.[21.12] Semejante comportamiento sin conservación estaría en flagrante contradicción con una enorme masa de evidencia experimental. Pese a todo, ¡tanto los electrones como los neutrones muestran el tipo de autointerferencia en un experimento de doble rendija tal como acabo de describir!

¡Así que hemos llegado exactamente a *ninguna parte* en la comprensión de ondas-partículas!, objetará seguramente algún lector airado, con impaciencia cada vez más justificada. Pero conténganse, por favor, no hemos acabado con la interpretación de nuestras funciones de onda. Tenemos que pensar que la onda entera describe (o «es») solo

[21.12] Demuestre que la probabilidad de semejantes apariciones de puntos dobles, de acuerdo con tal imagen, debe ser muy apreciable, cualquiera que pudiera ser la ley de probabilidad para la aparición de puntos en términos de la intensidad de la función de onda. *Sugerencia*: Divida la pantalla en dos partes, con la misma probabilidad de aparición de puntos en cada una de ellas.

una única partícula. Aunque en un sentido definido determina la probabilidad de que se produzca un punto en los diversos lugares de la pantalla, esta probabilidad se refiere solo a una partícula. Esta interpretación no funcionará si consideramos la función de onda de un modo local, como algo que proporciona independientemente una probabilidad de formación de un punto en cada lugar separado de la pantalla. Debemos considerar la función de onda como un objeto entero. Si hace que un punto aparezca en un lugar, entonces ha realizado su trabajo, y este aparente acto de creación le prohíbe hacer que un punto aparezca también en algún otro lugar. Las funciones de onda son completamente diferentes de las ondas clásicas en este aspecto importante. No hay que pensar en las diferentes partes de la onda como perturbaciones locales, portadoras cada una de ellas de lo que va a suceder en una región remota. Las funciones de onda tienen un fuerte carácter no local; en este sentido, son entidades holísticas por completo.

Este punto puede establecerse de forma más clara en una situación experimental algo diferente. Esto tiene la ventaja adicional de aclararnos que la imagen de paquete de ondas de una onda-partícula es, por sí misma, completamente inadecuada para explicar el comportamiento cuántico tipo partícula. Imaginemos que hay una fuente de partículas, igual que antes, y supongamos que solo emite una única partícula. En lugar de utilizar una barrera con un par de rendijas, supongamos que hay lo que se denomina un *divisor de haz* en el camino de la partícula. Nos ayudará considerar que la partícula es un fotón, y podemos imaginar que el divisor de haz es un tipo de «espejo semiplateado».[7] Imaginemos que nuestro «experimento» se lleva a cabo en el espacio interestelar (y el lector debería ser advertido de que no estoy proponiendo nada remotamente factible; nuestro ejemplo solo servirá para mostrar algunas predicciones muy básicas de la mecánica cuántica en circunstancias tan extremas). Si así lo decidimos, podemos imaginar que la función de onda del fotón parte de la fuente en la forma de un pequeño paquete de ondas pero, después de incidir en el divisor de haz, se dividirá en dos, con una parte del paquete de ondas reflejada y la otra parte del paquete de ondas transmitida por el divisor de haz, por ejemplo en direcciones perpendiculares (Fig. 21.8). La función de onda

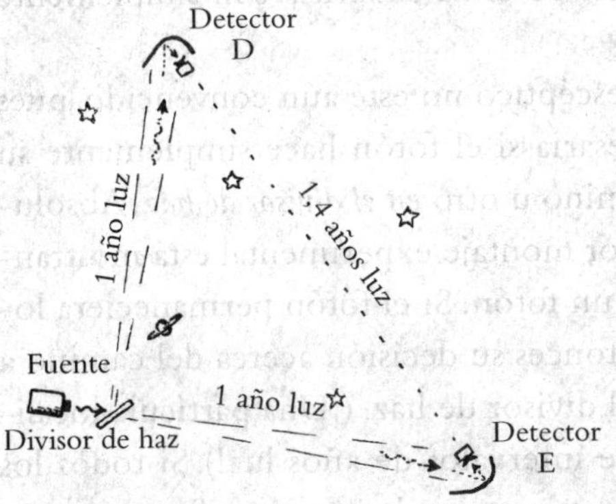

Fig. 21.8. Un experimento espacial hipotético que ilustra la naturaleza no local de una función de onda bajo medida. La función de onda del fotón parte de la fuente como un pequeño paquete de ondas, pero se divide en dos después de incidir en el divisor de haz, para llegar, al cabo de un año, a los detectores D y E a una distancia de un año luz. Pero solo uno de D o E puede registrar el fotón.

completa es la suma de estas dos partes. Si quisiéramos, podríamos esperar un año antes de decidir interceptar la función de onda del fotón con una placa fotográfica u otro tipo de detector. Las dos partes estarán entonces a una gran distancia la una de la otra, pero imaginemos que tengo dos colegas (en dos diferentes laboratorios espaciales), separados por una distancia de más de 1,4 años luz. Cada uno de ellos tiene un detector independiente, y aunque cada una de las dos partes del paquete de ondas puede estar ahora considerablemente dispersa, cada colega tiene un gran espejo reflectante parabólico que recoge el paquete de ondas disperso y lo concentra en el detector de ese colega concreto. ¿Qué dice la mecánica cuántica que sucederá? Dice que uno u otro de mis colegas detectará realmente el fotón, pero no pueden hacerlo *ambos*. Este no es el tipo de cosas que hace una onda clásica. Recordemos que mis dos colegas están a más de 1,4 años luz de distancia. La relatividad afirma que ninguna señal puede transmitirse entre ellos en menos de 1,4 años luz; pese a todo, el hecho es que una parte del paquete de onda que da un fotón impide que lo haga la otra, a 1,4 años luz de distancia, y viceversa. Al cabo de solo un año, sé por cada uno de ellos lo que ha sucedido, y veo que solo uno de ellos ha recibido un fotón. ¡Parece que la parte de la función de onda a la que tiene acceso cada uno de los colegas «sabe» lo que va a hacer la otra parte! Cada vez que realizo este experimento, veo que uno u otro colega recibe el fotón, pero no ambos. Ningún efecto ondulatorio de tipo clásico conseguiría esta aparente «comunicación instantánea» entre las dos partes de la función de onda. Las funciones de onda cuánticas son simplemente *diferentes* de las ondas clásicas.

Pese a todo, quizá el lector escéptico no esté aún convencido, pues tal comunicación no sería necesaria si el fotón hace simplemente su elección acerca de seguir un camino u otro *en el divisor de haz*. Absolutamente cierto. Lo que el anterior montaje experimental está mostrando es el aspecto corpuscular de un fotón. Si el fotón permaneciera localizado y fuera corpuscular, entonces su decisión acerca del camino a seguir tendría que tomarse en el divisor de haz. (¡Una partícula localizada no puede extenderse sobre intervalos de años luz!) Si todos los experimentos a los que pueden someterse los fotones fueran como este, entonces las funciones de onda no serían necesarias. Pero se pueden realizar otros experimentos sobre el fotón una vez que sale del divisor de haz. ¿Cómo puede saber nuestro pobre fotón, cuando está a punto de salir, que mis colegas no tienen planeado para él un destino diferente? Supongamos que, en lugar de tratar cada uno de ellos de detectar individualmente el fotón, han maquinado el siguiente plan: reflejarán por separado sus partes de la función de onda hacia un cuarto lugar, donde las dos partes reflejadas incidirían al cabo de un año, pongamos por caso, sobre un segundo divisor de haz (Fig. 21.9). Allí, cada parte del paquete de onda que llega se dividiría en dos, de modo que una mitad emerge de este divisor de haz en una dirección para incidir en un detector A, y la otra mitad emerge en otra dirección para ir a parar a otro detector B. (Esto se aplica separadamente a cada una de las dos partes del paquete de ondas, procedentes de las vecindades separadas de cada uno de mis dos colegas.) Si se fijan adecuadamente las longitudes de todas las trayectorias (por ejemplo, todas iguales), entonces observamos que el fotón emergente solo puede activar uno de los detectores, digamos el A, y no el B, debido a la interferencia constructiva entre las dos partes de la función de onda en A y la interferencia destructiva en B.

Ninguna imagen puramente corpuscular de un fotón puede conseguir esto. La función de onda es ahora decididamente necesaria para explicar el aspecto onda de la dualidad onda-partícula. Si el fotón hubiera hecho ya su elección respecto de hacia cuál de mis colegas va a viajar tras dejar el primer divisor de haz, entonces la otra ruta sería

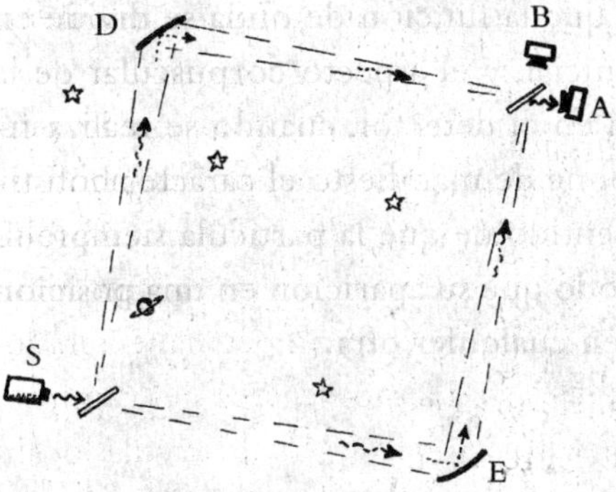

Fig. 21.9. Interferómetro de Mach-Zehnder a una escala interestelar. ¿Cómo puede saber el fotón, tras salir del primer divisor de haz, que, en lugar de la configuración de la Fig. 21.8, los espejos en D y E reflejan las porciones de la función de onda a un segundo divisor de haz? Tras este encuentro, solo el detector A puede recibir el fotón.

irrelevante. En ese caso, cuando el fotón llega finalmente al segundo divisor de haz procede de una sola dirección, y podría seguir cualquiera de los dos caminos para llegar *o bien a* A, *o bien a* B. No hay ahora ninguna posibilidad para la necesaria interferencia destructiva que le impida alcanzar el detector B. Puesto que A es siempre el detector que registra, debe darse el caso de que el fotón no haya tomado su decisión cuando deja el primer divisor de haz. Es necesario que el fotón experimente simultáneamente las dos rutas alternativas que podría tomar en su paso del primero al segundo divisor de haz.[8]

Por supuesto, he sido demasiado fantasioso en las situaciones concretas de escala astronómica que acabo de describir. ¡Es evidente que todavía no se ha llevado a cabo ningún experimento cuántico con una línea de base parecida! Por el contrario, sí se han realizado a menudo versiones basadas en tierra de este tipo de experimentos (el último de los cuales se denomina un interferómetro de Mach-Zehnder), con longitudes de brazo de quizá metros en lugar de años luz, y nunca han quedado contradichas las predicciones de la mecánica cuántica. El enigma clave es que parece que un fotón (u otra partícula cuántica) tiene que «saber» de algún modo qué tipo de experimento se va a realizar con él mucho antes de que se produzca la realización de dicho experimento. ¿Cómo puede saber por adelantado si debe colocarse en «modo partícula» o en «modo onda» cuando deja el (primer) divisor de haz?

La teoría cuántica trabaja de forma que no da a la partícula ninguna «capacidad de previsión» semejante, sino que acepta simplemente el carácter holístico no local de una función de onda. En los dos experimentos anteriores consideramos que la función de onda se divide en dos partes en el divisor de haz inicial, y el aspecto corpuscular de la onda-partícula solo se manifiesta en el detector, cuando se realiza finalmente la medida. La medida pone de manifiesto el carácter holístico de la función de onda, en el sentido de que la partícula siempre se manifiesta en un solo lugar, de modo que su aparición en una posición prohíbe su aparición simultánea en cualquier otra.

21.8. Los misteriosos «saltos cuánticos»

Pero ahora surge otra pregunta: ¿cómo sabemos qué circunstancia física constituye una medida? ¿Por qué, una vez que hemos utilizado felizmente esta descripción de una partícula como una onda que se dispersa, deberíamos volver repentinamente a una descripción de la misma como una partícula localizada en cuanto se lleva a cabo la detección? Esta misma imagen extraña de una partícula cuántica parece también apropiada para la detección en la pantalla en nuestro experimento de la doble rendija, como sucedía con los «detectores» (no especificados) utilizados por mis lejanos colegas. En las descripciones que he dado hasta ahora parece ciertamente que hay que mantener los aspectos tipo onda hasta que decidimos «realizar una medida» para detectar la partícula, pero luego volvemos repentinamente a una descripción tipo partícula, en la que se produce un complicado cambio discontinuo (y no local) del estado —un *salto cuántico*— cuando pasamos de la imagen de función de onda a la «realidad» presentada por la medida. ¿Por qué? ¿Qué hay en el proceso de detección que exige que con ocasión de una «medida» debería adoptarse un procedimiento matemático diferente (y altamente no local) del procedimiento estándar de evolución cuántica que es la evolución de Schrödinger?

Más adelante, en los capítulos 23, 29 y 30, trataré de abordar esta cuestión enigmática con más profundidad. Pero incluso si aceptamos que, al menos en el nivel de descripción matemática formal, debemos adoptar este curioso procedimiento de «saltos», queda la cuestión de lo que nos dice ello acerca de la «realidad» de la función de onda. Este «salto» del estado cuántico —un proceso que no parece explicable por ninguna evolución continua de acuerdo con la ecuación de Schrödinger— es lo que lleva a muchos físicos a dudar de que la evolución del vector de estado pueda considerarse seriamente como una descripción adecuada de la realidad física. El propio Schrödinger se sentía extraordinariamente incómodo con los «saltos cuánticos», y en cierta ocasión comentó en una conversación con Niels Bohr:[9]

> Si todos estos condenados saltos cuánticos fueran a quedarse realmente, entonces lamentaría haber tenido algo que ver con la mecánica cuántica.

Por el momento aceptemos, al menos como un modelo matemático del mundo cuántico, esta curiosa descripción según la cual el estado cuántico evoluciona durante un tiempo en forma de una función de onda que se extiende normalmente por el espacio (pero que quizá se concentra de nuevo en una región más localizada); pero luego, cuando se realiza una medida, el estado colapsa a algo localizado y específico. Esta localización instantánea sucede con independencia de cuán dispersa pudiera estar la función de onda antes de la medida, y a partir de entonces el estado evoluciona de nuevo como una onda guiada por Schrödinger, partiendo de esta configuración localizada específica y dispersándose de nuevo normalmente hasta que se realiza la siguiente medida. A partir de las situaciones experimentales (y «experimentos mentales») anteriores, se podría tener la impresión de que los aspectos corpusculares de una onda-partícula son los que se manifiestan en una medida, mientras que son los aspectos tipo onda los que se manifiestan entre medida y medida.

Esto no está tan lejos de la verdad de lo que nos dice la mecánica cuántica, pero los dos aspectos onda-partícula no están en absoluto tan delimitados. Aunque algunos físicos han aceptado la idea de que todas las medidas son en definitiva medidas de posición,[10] considero esta perspectiva demasiado estrecha de miras. De hecho, la forma en que se presenta normalmente el formalismo cuántico no requiere que las medidas sean medidas de posición. Por ejemplo, la medida del momento de una partícula (o, digamos, su momento angular respecto a cierto eje) constituiría una medida tan buena como lo sería una medida de posición. En §21.11 expondré la relación entre medidas de posición y de momento, pero dejaré para el próximo capítulo la cuestión general del tratamiento de las medidas que hace el formalismo cuántico. Observaremos que la descripción matemática de la medida física de un sistema cuántico es algo muy diferente de una evolución cuántica (de Schrödinger). Las cuestiones controvertidas que surgen de este curioso hecho se analizarán más adelante, especialmente en el capítulo 29.

21.9. Distribución de probabilidad en una función de onda

Abordemos primero la cuestión más limitada de lo que se supone que nos está diciendo la función de onda ψ acerca de la posición de la partícula. Las reglas de la teoría cuántica nos dicen que el *módulo al cuadrado* de ψ, es decir, $|\psi|^2(=\bar{\psi}\psi$; véase §10.1), debe interpretarse como la distribución de probabilidad de que una medida de posición encuentre la partícula en las diferentes localizaciones espaciales posibles. Así pues, allí donde la función de onda es máxima en valor absoluto existe la máxima probabilidad de encontrar la partícula; y allí donde la función es nula, la partícula no será encontrada. Ahora bien, la probabilidad total de encontrar la partícula en cualquier parte del espacio tiene que ser 1 y, por consiguiente, la integral de $|\psi|^2$ extendida a todo el espacio,[11] i.e.,

$$\|\psi\| = \int_{E^3} |\psi(\mathbf{x})|^2 dx^1 \wedge dx^2 \wedge dx^3,$$

es igual a 1:

$$\|\psi\| = 1.$$

Decimos que la función de onda ψ está *normalizada* si se satisface esta condición.

Este requisito de normalización tiene la irritante consecuencia de que descarta las funciones de onda «estados de momento» $\psi = e^{i\mathbf{P}\cdot\mathbf{x}/\hbar}$ con las que hemos empezado, puesto que para ellas $|\psi|^2 = 1$ en toda la infinitud del espacio, de modo que la integral anterior (que es igual al volumen total del espacio) *diverge*. Así pues, tenemos que considerar los estados de momento como idealizaciones irrealizables. Por otra parte, podemos hacer la vida un poco más fácil para los estados de momento si adoptamos una actitud algo más relajada con respecto a las funciones de onda. Podemos seguir llamando a ψ «función de onda» incluso si no satisface esta condición de normalización, pero la llamamos una *función de onda normalizada* si lo hace.

Una función de onda ψ será *normalizable* si la integral que define a $\|\psi\|$ converge. En este caso podemos dividir ψ por la raíz cuadrada de $\|\psi\|$ para obtener la función de onda normalizada: $\psi\|\psi\|^{-1/2}$. Solo las funciones de onda normalizables tienen posibilidad de ser realizadas físicamente. Las otras (tales como los estados de momento) representan idealizaciones físicas. El espacio vectorial complejo de las funciones de onda (no necesariamente normalizadas) es nuestro espacio de estados **W**. Tendré que admitir también que algunas de nuestras funciones de onda podrían ser en realidad hiperfuncionales (§9.7), y la razón para esto se hará evidente enseguida.

Con respecto a la interpretación física (admitiendo esta actitud más relajada), consideramos que si se multiplica ψ por un número complejo constante, distinto de cero, sigue representando la misma situación física que antes. En cualquier caso, es normal en la teoría cuántica considerar que ψ y $e^{i\theta}\psi$, donde θ es una constante real, son físicamente equivalentes. En otras palabras, multiplicar la función de onda por una fase constante no supone ninguna diferencia para el estado físico. (Evidentemente, esto no afecta al valor de $|\psi(\boldsymbol{x})|^2$.) Resulta razonable llevar esto más lejos y permitir la multiplicación por una constante compleja no nula κ y seguir considerando equivalentes las funciones de onda:

$$\psi \equiv \kappa\psi.$$

(Evidentemente, la ecuación de Schrödinger tampoco se ve alterada por este reemplazamiento.) Esto equivale a pasar del espacio vectorial complejo **W** de las funciones de onda a su espacio proyectivo $\mathbb{P}$**W** de «estados físicos» idealizados. (Véase §15.6 para la noción de espacio proyectivo.)[12] Por supuesto, el reescalado general constante $\psi \mapsto \kappa\psi$ no conserva $|\psi|^2$, así que tenemos que reinterpretar la densidad de probabilidad para la localización de la partícula, de modo que sea aplicable cuando ψ no esté normalizado. Hacemos esto ofreciendo la regla revisada según la cual la densidad de probabilidad se obtiene tomando $|\psi|^2$ dividido por la integral de $|\psi|^2$ extendida a todo el espacio:

$$\frac{|\psi(\boldsymbol{x})|^2}{\|\psi\|}.$$

Para algunos estados, tales como los estados del momento, $\|\psi\|$ diverge, de modo que no obtenemos así una distribución de probabilidad que sea práctica (ya que la *densidad* de probabilidad es cero en todas partes, lo que resulta razonable para una única partícula en un universo infinito).

De acuerdo con esta interpretación probabilista, no es inusual que a la función de onda se la denomine «onda de probabilidad». Sin embargo, creo que esta es una descripción muy insatisfactoria. En primer lugar, la propia $\psi(\boldsymbol{x})$ es compleja, de modo que no puede ser una probabilidad. Además, la fase de ψ (salvo un factor multiplicactivo general constante) es un ingrediente esencial de la evolución de Schrödinger. Ni siquiera me parece muy razonable considerar $|\psi|^2$ (o $|\psi|^2/\|\psi\|$) como una «onda de probabilidad». Recordemos que para un estado de momento, el módulo $|\psi|$ de ψ es realmente *constante* en todo el espaciotiempo. ¡No hay información en $|\psi|$ que nos diga siquiera la dirección de movimiento de la onda! Es la fase, sola, la que da a esta onda su carácter «tipo onda».

Además, las probabilidades no son nunca negativas, y mucho menos complejas. Si la función de onda fuera solo una onda de probabilidades, entonces nunca tendríamos las cancelaciones de la interferencia destructiva. Esta cancelación es una característica de la mecánica cuántica, ¡tan vívidamente retratada (Fig. 21.4d) en el experimento de la doble rendija!

En este punto es oportuno ampliar ligeramente la discusión y tomar contacto con las consideraciones que se han hecho en §19.4 acerca del campo electromagnético y la conexión gauge $\boldsymbol{\nabla}$ asociada con él. Si nuestra función de onda describe una partícula cargada, entonces podemos hacer transformaciones *gauge* de la forma $\psi \mapsto e^{i\theta}\psi$, donde θ ($= \theta(\mathbf{x})$) es una función arbitraria con valor real de la posición, que proporciona la necesaria «simetría gauge» que permite que el electromagnetismo actúe como una conexión gauge. Pero ¿no acabo de afirmar que la evolución temporal de Schrödinger depende *esencialmente* del conocimiento de cómo varían de un lugar a otro las fases de la función de onda? La aplicación de una transformación gauge $\psi \mapsto e^{i\theta}\psi$ nos permitiría cambiar la forma en que varían las fases por algo que nos gustase. ¿No contradice esto lo que acabo de afirmar sobre la importancia física crucial de la forma en que varían las fases?

En absoluto: aunque estos cambios de fase no constantes *sí están* permitidos, esto sucede solo si van acompañados de un cambio compensador en los operadores $\partial/\partial x^a$ (i.e., en el momento). Este cambio ($\partial/\partial x^a \mapsto \partial/\partial x^a - ieA_a$, donde $A_a = \nabla_a\theta$ y $e = 1$) es precisamente tal que deja inalterado el operador ∇. La «información de la fase» sigue estando allí, pero ahora está mezclada con la definición de ∇. Uno no puede limitarse a aplicar solamente $\psi \mapsto e^{i\theta}\psi$, con una θ que varía arbitrariamente, y confiar en que quede inalterada la situación física. Los detalles de la variación espacial de θ (en relación con ∇) son esenciales para la evolución dinámica del estado, y argumentaré que ψ es claramente mucho más que una onda de probabilidad. En cualquier caso, si ψ describe una onda-partícula sin carga ($e = 0$), entonces la situación es exactamente la misma que antes.

21.10. Estados de posición

En mi opinión, está claro que la función de onda debe ser algo mucho más «real» que meramente una «onda de probabilidad». La ecuación de Schrödinger nos proporciona una evolución precisa en el tiempo para esta entidad (esté cargada o no), una evolución que depende críticamente de cómo varíe la fase de un lugar a otro. Pero si preguntamos a una función de onda «¿dónde está la partícula?», realizando sobre ella una medida de posición, debemos estar preparados para perder esta información de la distribución de fases. De hecho, después de la medida tenemos que empezar todo de nuevo con una nueva función de onda. Si el resultado de la medida afirma «la partícula está aquí», entonces nuestra nueva función de onda tiene que tener un máximo pronunciado en la posición «aquí», pero luego se dispersa rápidamente otra vez, de acuerdo con la evolución de Schrödinger. Si nuestra medida de posición fuera *absolutamente* precisa, entonces el nuevo estado tendría un «pico infinito» en dicha posición; de hecho, tendría que describirse mediante una función delta de Dirac, una cantidad con la que nos hemos encontrado brevemente en §6.6 y en §9.7 disfrazada de hiperfunción.

Veamos cómo maneja esto el formalismo de la mecánica cuántica. Por simplicidad, consideraremos la medida de una sola componente de la posición de una partícula, digamos la coordenada x^1. El *resultado* de nuestra medida debería ser un estado con «un valor definido para x^1»; de modo que, de acuerdo con lo que se ha dicho en el caso del momento, exigimos que ψ sea un autoestado del operador x^1 (i.e., de multiplicación por x^1), siendo el autovalor el valor concreto X^1 de la coordenada x^1 que se encuentra para la partícula. Para que la actuación de x^1, a saber,

$$\psi \mapsto x^1\psi,$$

tenga el valor definido X^1 (un número real) para la coordenada x^1, exigimos la ecuación de autovalores

$$x^1\psi = X^1\psi$$

(donde recordamos que x^1 es un operador lineal y X^1 es un número). Esta es satisfecha por

$$\psi = \delta(x^1 - X^1),$$

donde $\delta(x)$ es la «función delta» de Dirac, que se ha definido (como hiperfunción) en §9.7. En efecto, tiene la propiedad[21.13] de que $x\delta(x) = 0$, de donde $(x^1 - X^1)\delta(x^1 - X^1) = 0$, i.e., $x^1\delta(x^1 - X^1) = X^1\delta(x^1 - X^1)$, como se requería. Esta «función de onda» no es una función en el sentido ordinario, sino una función idealizada (una hiperfunción o distribución), que tiene un pico infinito en el autovalor $x^1 = X^1$, como se ha mencionado antes.

Esta medida particular no dice nada sobre las restantes coordenadas espaciales, y la función de onda aún puede tener una variación arbitraria en estas coordenadas, lo que nos proporciona un escalamiento para

[21.13] Compruébelo a partir de la definición hiperfuncional dada en §9.7.

la función delta en la forma de una función arbitraria de las restantes coordenadas x^2, x^3, de modo que obtenemos

$$\psi = \phi(x^2, x^3)\ \delta(x^1 - X^1)$$

para el autoestado general del operador x^1. Podemos ir más lejos y buscar un estado que sea simultáneamente un estado propio de las tres coordenadas espaciales. (Esta es una petición legítima porque x^1, x^2 y x^3 conmutan. Existe, de hecho, una propiedad general de los observables mecanocuánticos por la que, si tenemos un conjunto de ellos, todos los cuales conmutan entre sí, entonces existen autoestados comunes para todos ellos; véase §22.13.)[13] La respuesta es que, para el valor resultante (*autovalor*) $\mathbf{X} = (X^1, X^2, X^3)$ para la (triple) medida espacial, exigimos (salvo un factor de escala global)

$$\begin{aligned}\psi = \delta(x^1 - X^1)\ \delta(x^2 - X^2)\ \delta(x^3 - X^3) &= \\ = \delta(\mathbf{x} - \mathbf{X}),&\end{aligned}$$

estando la segunda línea *definida* por la que está sobre ella.[14] Esta es la forma de un *estado de posición.*

Tales «estados de posición» son funciones de onda idealizadas en sentido contrario al de los estados de momento. Mientras que los estados de momento están infinitamente dispersos, los estados de posición están infinitamente concentrados. Ninguno de ellos es normalizable (en el caso de $\psi = \delta(\boldsymbol{x} - \mathbf{X})$, la dificultad reside en que las funciones delta no pueden elevarse al cuadrado; cf. §9.7). Terminaré este capítulo señalando que hay una dualidad importante entre posición y momento que dilucida esta cuestión.

21.11. Descripción en el espacio de momentos

Hasta ahora he representado los estados cuánticos enteramente como funciones de la posición: funciones de onda. Esto significa, de hecho, que cada *estado* —cada elemento de **W**— se considera una combinación lineal de estados propios del operador posición $\mathbf{x}$, i.e., de *estados de posición* (estados $\delta(\mathbf{x} - \mathbf{X})$). Expresar una función de onda ψ como una función de la posición significa, en efecto, que se considera una combinación lineal de tales funciones delta. Conseguimos esto mediante la fórmula $\psi(\mathbf{x}) = \int \psi(\mathbf{X})\delta(\mathbf{x}-\mathbf{X})\mathrm{d}^3\mathbf{X}$, que expresa $\psi(\mathbf{x})$ como una combinación *continua* de ellas, donde $\mathrm{d}^3\mathbf{X} = \mathrm{d}X^1 \wedge \mathrm{d}X^2 \wedge \mathrm{d}X^3$. En esta fórmula, los «coeficientes» en tal combinación lineal son los números complejos $\psi(\mathbf{X})$.

Pero hay muchas otras maneras de representar un estado cuántico ψ. Alternativamente, podemos representarlo como una combinación lineal de estados de *momento* $\mathrm{e}^{\mathrm{i}\mathbf{P}\cdot\mathbf{x}/\hbar}$. Ahora los «coeficientes» son números complejos diferentes, que tomamos como los productos de $(2\pi)^{-3/2}$ por las cantidades $\tilde{\psi}(\mathbf{P})$, de modo que llegamos a la fórmula:

$$\psi(\mathbf{x}) = (2\pi)^{-3/2}\int_{\mathbb{E}^3} \tilde{\psi}(\mathbf{P})\,\mathrm{e}^{\mathrm{i}\mathbf{P}\cdot\mathbf{x}/\hbar}\,\mathrm{d}^3\mathbf{P}.$$

(La razón para el factor «$(2\pi)^{-3/2}$» se explicará enseguida.) Esta fórmula expresa $\psi(\mathbf{x})$ como una transformada de Fourier de cierta función $\tilde{\psi}(\mathbf{P})$ igual que se ha hecho en §9.4, salvo que aquí tenemos una transformada de Fourier 3-dimensional, que equivale a aplicar la fórmula de §9.4 tres veces.

Esto sugiere que $\tilde{\psi}$ (como función de $\mathbf{P}$, pero ahora podemos escribirla como función de $\mathbf{p}$) proporciona una representación tan buena de los estados cuánticos de la partícula como lo hace la función original $\psi(\mathbf{x})$. En realidad, hay una simetría muy precisa entre las variables de posición y momento. Ahora podemos considerar las variables de *momento* $\mathbf{p}$ como primarias y representar las variables de *posición* $\mathbf{x}$ como «derivación con respecto a $\mathbf{p}$», de modo que podemos hacer la interpretación *inversa* (advirtiendo el cambio de signo)

$$x^a = -\mathrm{i}\hbar\frac{\partial}{\partial p_a}$$

(al menos para las variables espaciales x^1, x^2, x^3).[21.14] Se satisfacen relaciones de conmutación que son *idénticas* a las que teníamos antes:

$$p_b x^a - x^a p_b = \mathrm{i}\hbar\,\delta^a_b.$$

[21.14] Demuestre que reemplazar ψ por $x^1\psi$ o por $\mathrm{i}\hbar\partial\psi/\partial x^1$ corresponde, respectivamente, a sustituir ψ por $-\mathrm{i}\hbar\partial\tilde{\psi}/\partial p_1$ o por $p_1\psi$. Demuestre que reemplazar $\psi(x^a)$ por $\psi(x^a + C^a)$ corresponde a reemplazar ψ por $\mathrm{e}^{-\mathrm{i}C^a p_a/\hbar}\tilde{\psi}$ (donde a recorre los valores 1, 2, 3).

La función «invisible» a la derecha es ahora una función del momento p_a y no de la posición x^a. Son los estados de momento los que están ahora representados por funciones delta $\delta(\mathbf{p} - \mathbf{P})$ y los estados de posición están representados como ondas planas $e^{-i\mathbf{p}\cdot\mathbf{X}/\hbar}$. La representación de «funciones de onda» del momento en términos de estados de posición $e^{-i\mathbf{p}\cdot\mathbf{X}/\hbar}$ viene dada por la transformada de Fourier (inversa) prácticamente idéntica

$$\tilde{\psi}(\boldsymbol{p}) = (2\pi)^{-3/2}\int_{\mathbb{E}^3}\psi(\mathbf{X})e^{i\mathbf{p}\cdot\mathbf{X}/\hbar}\,d^3\mathbf{X},$$

con tan solo un pequeño cambio de signo en el exponente. (Ahora vemos la razón para el «$(2\pi)^{-3/2}$»; es para equilibrar las cosas, de modo que la transformada de Fourier inversa sea prácticamente la misma que la original.)

Los paquetes de onda pueden describirse tanto en la representación del espacio de momentos como en la representación de posición.[21.15] Podemos introducir una noción precisa de la «dispersión» (o falta de localización) de un paquete de ondas, ya sea en la descripción de posición o en la descripción de momento. Denotamos estas medidas de la dispersión por Δx y Δp, respectivamente. Las *relaciones de incertidumbre de Heisenberg* nos dicen que el producto de estas dispersiones no puede ser menor que algo del orden de la constante de Planck, y tenemos[15]

$$\Delta p\,\Delta x \gtrsim \frac{1}{2}\hbar.$$

En la Fig. 21.10 se ilustran estados de posición, estados de momento y paquetes de onda en las dos representaciones. Notemos que en el caso extremo de un estado de momento puro, la dispersión en el momento es cero, de modo que $\Delta p = 0$ (i.e., una función delta en el espacio de momentos). Por la relación de Heisenberg, Δx es ahora infinita, de acuerdo con la imagen antes descrita (en §21.6), donde la función de onda se dispersa de manera uniforme sobre todo el espacio de posiciones. La situación es exactamente la contraria con un estado de posición, donde ahora $\Delta x = 0$ y la posición está definida con completa

[21.15] Utilice los resultados de los ejercicios [21.10], [21.13] y [21.14] para demostrar que la transformada de Fourier del paquete de ondas $\psi = Ae^{-B^2(x-C)^2}e^{i\omega x}$ es $\tilde{\psi} = (Ae^{i\omega C}/B\sqrt{2})e^{-(p-w)^2/4AB^2}e^{-iCp}$ (haciendo $\hbar = 1$ por conveniencia).

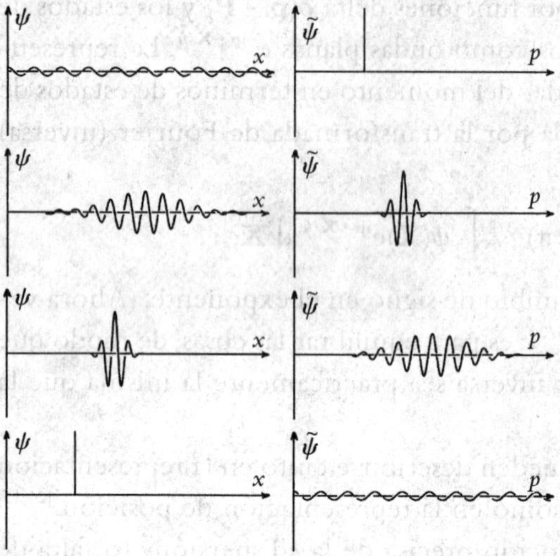

Fig. 21.10. Las representaciones de las funciones de onda ψ en el espacio de posición están a la izquierda, y las correspondientes imágenes de ψ en el espacio de momento están a la derecha. El par superior representa un estado de momento, y el par inferior, un estado de posición. Las dos representaciones entre ellos muestran paquetes de onda. La relación de incertidumbre de Heisenberg se ilustra por el hecho de que la mayor dispersión en posición va acompañada de una menor dispersión de momento, y viceversa.

precisión, pero la dispersión Δp en el momento se hace ahora infinita.

Resulta interesante ver que aquí tenemos ejemplos que ilustran claramente la incompatibilidad de medidas no conmutativas en mecánica cuántica (que es un fenómeno general que encontraremos frecuentemente en nuestras consideraciones posteriores). Una medida del momento de una partícula la colocaría en un estado de momento, correspondiente a cierto valor clásico P, y cualquier medida posterior del momento en dicho estado daría el mismo resultado P. Sin embargo, si el estado fuera sometido a una posterior medida de *posición*, el resultado sería del todo incierto y cualquier resultado para la posición sería tan probable como cualquier otro. Esta medida hace del estado una función delta en la posición. En el espacio de momentos, este estado es una onda plana, dispersa uniformemente sobre todos los valores posibles para el momento. Una medida posterior del *momento* sería entonces completamente incierta. Así pues, el propio acto de una medida intermedia de la posición ha arruinado por completo la pureza del estado de momento original.

Debería mencionarse también que, consistentemente con la relatividad (§18.7), existe una relación de incertidumbre similar entre energía y tiempo

$$\Delta E\ \Delta t \gtrsim \frac{1}{2}\hbar.$$

Normalmente se considera que esta relación tiene un estatus físico algo diferente de la más familiar relación de incertidumbre posición-momento, puesto que en la mecánica cuántica estándar el tiempo se trata como un parámetro externo, en lugar de como una variable dinámica. La interpretación habitual de la incertidumbre energía-tiempo es que si se determina la energía de un sistema cuántico mediante una medida que se realiza en un intervalo de tiempo Δt, entonces hay una incertidumbre ΔE en esta medida de energía que debe satisfacer la relación anterior.

Esto tiene particular relevancia para, por ejemplo, los núcleos inestables. El hecho de que un núcleo semejante (por ejemplo, de uranio) sea inestable significa que hay un límite para el tiempo —a saber, la vida media de la partícula— durante el cual puede determinarse la energía de la partícula. En consecuencia, la relación de Heisenberg nos da una incertidumbre fundamental en la energía, para una partícula o núcleo inestable, que está relacionada de forma inversa con su vida media. Debido a la $E = mc^2$ de Einstein (véase §18.7), esto nos da una incertidumbre fundamental en su *masa*. Por ejemplo, la vida media de un núcleo de uranio U_{238} es de unos 10^9 años, de modo que en este caso hay una incertidumbre en la energía de unos 10^{-51} julios, con lo que la correspondiente incertidumbre en la masa es absolutamente minúscula, a saber unos 10^{-68} kg. (La función de onda de una partícula inestable se desvía de la forma estacionaria e^{-iEt} para un valor real[16] definido E de la energía, y contiene también un factor de decaimiento exponencial. Al no ser un autoestado de la energía, hay una dispersión resultante en la energía medida, lo que da la incertidumbre en la energía.) ¡La relación de incertidumbre energía-tiempo desempeñará un papel especial en §30.11, en relación con una aproximación concreta a la solución del enigma de la medida cuántica!

Notas

Sección 21.1

21.1. Este es un ejemplo de lo que se denomina una ecuación diferencial *ordinaria*, o EDO, porque es una ecuación que solo incluye operadores diferenciales ordinarios tales como d/dx, d/dy, etc., o sus potencias, por ejemplo, d^3/dx^3. Una ecuación en derivadas parciales, o EDP, sería una ecuación que incluye los operadores en derivadas parciales $\partial/\partial x$, $\partial^2/\partial x^2$, $\partial^2/\partial x \partial y$, etc., como sucede con las ecuaciones de Maxwell o las ecuaciones de Einstein del capítulo 19.

Sección 21.2

21.2. Sin embargo, por razones de consistencia (véase también §21.3), me estoy ateniendo a la notación apropiada para la relatividad (§18.7), de modo que las componentes espaciales de los momentos en «p_a» son las *negativas* de las componentes usuales del momento (que son las componentes espaciales p^a divididas por c^2). Esta elección es compatible con mis comentarios de §20.2 porque ahora estoy utilizando «x» (en lugar de las «q» del formalismo general de Lagrange/Hamilton).

21.3. Esta independencia temporal asegura que puede mantenerse la interpretación de $\mathcal{H}$ como una *energía total* conservada. El lector podría estar preocupado por el hecho de que, puesto que se ha permitido una dependencia de las coordenadas espaciales, los requisitos de una invariancia relativista en un nivel fundamental podrían exigir que admitamos también una dependencia temporal (véase la nota 20.3). Pero en un nivel *fundamental*, un requisito ordinario sería la independencia espacial tanto como temporal.

21.4. Véase Woodhouse (1991).

Sección 21.4

21.5. El término «negro» se refiere aquí a la naturaleza completamente absorbente (tanto como sea posible) del cuerpo que encierra la radiación. En estos primeros experimentos se utilizaba una cavidad oscura casi completamente esférica como contenedor de la radiación, con una abertura muy estrecha que conectaba el volumen interior con el exterior. Sin embargo, el cuerpo podía estar brillando perfectamente, debido a su temperatura, de modo que en realidad no parecería negro.

21.6. En mis descripciones de este experimento estoy idealizando la situación, dejando fuera todas las dificultades prácticas para ir al punto esencial.

Sección 21.7

21.7. En experimentos precisos, sería poco probable que un objeto semejante incluyera un plateado real, sino que utilizaríamos efectos de interferencia entre las ondas reflejadas en las dos caras de una lámina de material transparente.

21.8. En la descripción de la mecánica cuántica conocida como teoría de De Broglie-Bohm (Bohm y Hiley, 1994), tanto los aspectos de onda como los de partícula se retienen simultáneamente. Aquí la partícula hace realmente su elección en el divisor de haz, pero la onda continúa, explorando ambos caminos simultáneamente. Cuando se alcanza el divisor de haz final, es la onda la que instruye a la partícula para alcanzar el detector en A, prohibiéndole que llegue a B. Trataré de evaluar este punto de vista interesante pero «poco convencional» (y también no local) en §§29.2,9.

Sección 21.8

21.9. Tal como informa Heisenberg (1971), p. 73.

21.10. Véanse Goldstein (1987) y Bell (1987).

Sección 21.9

21.11. Muchos autores podrían definir la «norma» como la *raíz cuadrada* de lo que entiendo aquí por $\|\psi\|$, es decir, su $\|\psi\|^2$ es mi $\|\psi\|$.

21.12. Varios autores han desarrollado el formalismo mecanocuántico de una manera elegante dentro del marco proyectivo. Véanse en particular Brody y Hughston (2001), Hughston (1995), Ashtekar y Schilling (1998).

Sección 21.10

21.13. Esta propiedad de observables que conmutan se expone en cualquier texto de mecánica cuántica; véase, por ejemplo, Shankar (1994).

21.14. Es legítimo multiplicar funciones delta si se refieren a variables *diferentes*. Véase Arfken y Weber (2000) para las propiedades de las funciones delta.

Sección 21.11

21.15. Véanse Shankar (1994) y Hannabuss (1997).

21.16. Es una práctica común, en física de partículas, utilizar la misma dependencia temporal $e^{-iEt/\hbar}$, aunque con una E compleja, cuya parte real es el valor medio de la energía y cuya parte imaginaria es $-\frac{1}{2}\hbar \log 2$ multiplicado por el recíproco de la semivida (véase, por ejemplo, Das y Ferbel, 2004).[21.16]

[21.16] ¿Puede ver la forma de justificar el factor $-\frac{1}{2}\hbar \log 2$? (La semivida es el tiempo en que la probabilidad de desintegración alcanza el valor un medio.)

22

Álgebra, geometría y espín cuánticos

22.1. Los procedimientos cuánticos U y R

La naturaleza no intuitiva de la mecánica cuántica —o más bien, de la propia naturaleza en el nivel de actividad mecanocuántica— lleva a muchos a desesperar de encontrar imágenes fidedignas de los fenómenos a nivel cuántico. Pese a todo, además de su elegante estructura algebraica, hay mucha belleza geométrica asociada con la mecánica cuántica, y sería una pena pensar que necesariamente debemos confiar en un formalismo sin imágenes e invisualizable para seguir avanzando en la descripción de las acciones cuánticas. Aunque hemos visto que incluso una sola «partícula puntual» indiferenciada parece ser, en el formalismo cuántico, un misterioso objeto ondulatorio y difuso, se trata de un «objeto» que puede representarse y que tiene una fascinante estructura matemática en la que empiezan a manifestarse muchos aspectos de la magia de los números complejos.

Esta imagen nos permite empezar a entender la descripción cuántica de una única partícula puntual. Cabría suponer que, una vez que hayamos entendido a qué se parece una única partícula cuántica, seremos capaces de sentarnos y relajarnos un poco, puesto que esto nos ofrece seguramente una comprensión, en teoría, de sistemas complicados que incluyen muchos tipos de partículas diferentes. Por desgracia, esta expectativa es prematura, y necesitaremos una perspectiva más amplia si queremos llegar a una imagen cuántica global del mundo. En el capítulo 23 veremos cuánto más confusa se hace nuestra imagen del mundo cuando hay que considerar varias partículas juntas en un sistema. En lugar de que cada partícula tenga individualmente su «vector de estado» independiente, encontramos que el sistema cuántico entero requiere un *único* vector de estado muy complicado.

Pero incluso las «partículas puntuales» individuales suelen tener más estructura que la recogida por las descripciones que he ofrecido hasta ahora, pues con frecuencia poseen lo que se denomina *espín*, lo que lleva a una complicación extra. Afortunadamente, como veremos más adelante en este capítulo, el espín es en sí mismo un fenómeno con una descripción matemática de especial riqueza y elegancia, donde pasan a primer plano otros aspectos de la magia de los números complejos.

Revisemos las descripciones del capítulo anterior, donde hemos tenido que acostumbrarnos a que la partícula cuántica (no relativista) es algo descrito por lo que hemos denominado un *vector de estado* (o función de onda) cuya evolución viene dada, de una forma muy exacta, por la ecuación de Schrödinger, hasta que se realiza una medida sobre el sistema. Como veremos más explícitamente en el capítulo 23, lo mismo se aplicará a los vectores de estado que describen complicados sistemas cuánticos completos. La medida propiamente dicha se describe matemáticamente de una forma completamente diferente de la evolución de Schrödinger. Hemos visto indicios de esto en §§21.4,7,8. En §§21.10,11 hemos considerado medidas de posición, en el curso de las cuales el estado de una partícula *saltaría* a un estado (generalmente diferente), ahora localizado en una localización concreta, i.e., a un estado que es un autovector del operador de posición $\mathbf{x}$ (que en coordenadas de posición es una función delta). También consideramos el resultado de medidas del momento lineal (en §§21.5,6,11), por las que el estado de una partícula se ha hecho saltar a un autoestado del operador momento $\mathbf{p}$, de modo que el estado de la partícula está ahora disperso en una forma ondulatoria (en principio sobre todo el espacio). De manera más general, una medida correspondería a un operador $\mathbf{Q}$ de cierto tipo (normalmente, un operador hermítico; véase §22.5), y el efecto de la medida sobre el estado sería hacerlo saltar a algún autoestado de $\mathbf{Q}$. ¿A *qué* autoestado de $\mathbf{Q}$ va a saltar? Según la teoría cuántica, esta es una cuestión de puro azar, pero hay reglas precisas para calcular las probabilidades (véase §22.5).

El salto del estado cuántico[1] a uno de los autoestados de $\mathbf{Q}$ es el proceso conocido como *reducción del vector de estado* o *colapso de la función de onda*. Es uno de los aspectos más enigmáticos de la teoría cuántica, y volveremos a esta cuestión muchas veces en este libro. Creo que la mayoría de los físicos cuánticos no consideran que la reducción del estado sea una acción *real* del mundo físico, sino que refleja el hecho de que no deberíamos considerar que el vector de estado describe una «realidad» física en el nivel cuántico. Llegaremos a tan controvertida cuestión con más detalle en el capítulo 29. De todas formas, con independencia de cuál sea la actitud que se pueda adoptar sobre la realidad física del fenómeno, la utilización que se hace de la mecánica cuántica en la práctica consiste en considerar que el estado salta de esta curiosa manera cuando quiera que se estima que tiene lugar una medida. Inmediatamente después de la medida, la evolución de Schrödinger domina de nuevo, hasta que se realiza otra medida sobre el sistema, y así sucesivamente.

Denoto la evolución de Schrödinger por **U** y la reducción de estado por **R**. ¡Esta alternancia entre estos dos procesos de aspecto completamente diferente parece una forma decididamente singular para el comportamiento de un universo! Véase la Fig. 22.1. De hecho, cabría imaginar que en realidad esta es una aproximación a alguna otra cosa todavía desconocida. ¿Es posible que exista una ecuación matemática más general, o un principio de evolución de un tipo matemático coherente, del que **U** y **R** son aproximaciones límite? Mi opinión personal es que es muy probable que un cambio de este tipo para la teoría cuántica sea correcto —quizá como parte de una nueva física del siglo XX—, y en el capítulo 30 haré algunas sugerencias concretas orientadas a esta posibilidad. Sin embargo, la mayoría de los físicos *no* parecen creer que sea fructífero seguir este camino.

Su razón para preferir no alterar el marco básico de la mecánica cuántica es (además de la gran elegancia matemática de su formalismo **U**) el acuerdo extraordinariamente impresionante y preciso que hay entre la teoría cuántica y los hechos experimentales, en los que no se conoce nada que contradiga la teoría (en su forma híbrida actual) y muchos resultados diversos la confirman con gran precisión. En consecuencia, la mayoría de los físicos cuánticos adoptarán un punto de vista filosófico (o más bien uno entre varios y diferentes puntos de vista

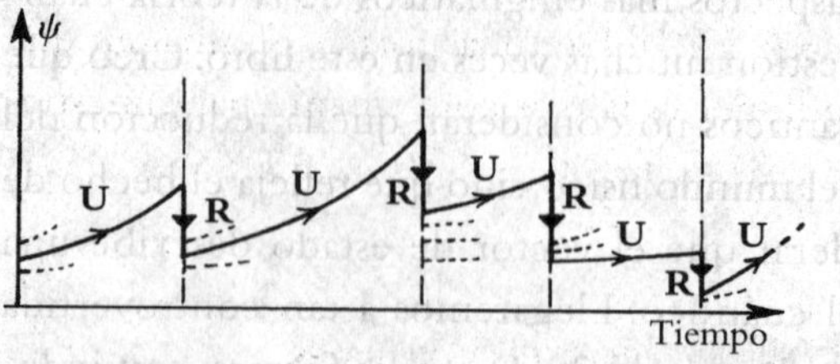

Fig. 22.1. La evolución temporal del estado ψ para un sistema físico, según principios aceptados de la mecánica cuántica, alterna entre dos procedimientos completamente diferentes: evolución unitaria **U** (continua, determinista) y reducción de estado **R** (discontinua, probabilista).

filosóficos alternativos que se describen en §29.1) que trate de entender la aparente contradicción entre los procedimientos **U** y **R**, aunque sin intentar cambiar de ninguna forma significativa el formalismo cuántico actual. Uno de mis objetivos en este capítulo y en el siguiente es abordar estas cuestiones, pero sin desviarnos de lo que es ahora convencional en la teoría cuántica. Más adelante volveré a la cuestión **U**/**R**, particularmente en §§29.1,2,7-9, y también en §§30.10-13, donde expondré mis propias opiniones sobre la cuestión de forma más completa.

Creo que sería justo decir que un hilo común a muchas de las que podrían llamarse actitudes «convencionales» respecto a la mecánica cuántica es que el proceso **U** debe tomarse como una «verdad subyacente», mientras que hay que tratar de entender **R**, de una forma u otra, como un tipo de aproximación, ilusión o conveniencia, y hay muchas exposiciones en la literatura científica que siguen este enfoque.[2] Incluso aquellos (yo incluido) que son de la opinión de que es necesario algún cambio en alguna etapa del formalismo cuántico, argumentarán que el esquema actual es al menos una aproximación maravillosa, de modo que es necesario entenderlo por completo para que haya alguna esperanza de ir más allá del mismo. En consecuencia, debemos tratar de ver más profundamente cómo opera **U** y, más aún, cómo puede encajar de forma tan bella con **R**, ¡aun siendo en cualquier caso incompatible con este!

También debería explicar el uso de la letra **U**. Significa *evolución unitaria*. Tendremos que ver en qué sentido es «unitaria» (véase §13.9) la ecuación de Schrödinger; llegaremos a ello de inmediato, en §22.4.

Asimismo, hay otras formas (equivalentes) de expresar esta «evolución unitaria», muy en especial la que se conoce como *imagen de Heisenberg*, a la que también llegaremos en §22.4. De todas formas, la imagen que ofrece la ecuación de Schrödinger es la más conveniente para nuestras descripciones.

22.2. La linealidad de **U** y sus problemas para **R**

Antes de abordar la cuestión de la unitariedad, examinemos la cuestión más básica de la *linealidad* de **U**. Veremos que este aspecto de **U** por sí solo presenta una seria incompatibilidad con **R**. Por consiguiente, examinemos de nuevo la ecuación de Schrödinger $\mathrm{i}\hbar\partial\psi/\partial t = \mathcal{H}\psi$. Imaginaremos que el hamiltoniano $\mathcal{H}$ es una cosa conocida (estando especificado por la naturaleza de las partículas que describe y las fuerzas entre ellas, y por cualesquiera fuerzas externas conservativas —i.e., que conservan la energía— que pudieran influir en el sistema). Hay ciertas consecuencias que son inmediatas a partir de la forma general de la ecuación, y son así completamente independientes de la naturaleza detallada del hamiltoniano.

Advertimos que es una ecuación *determinista* (pues la evolución temporal está completamente determinada una vez que se conoce el estado en un instante cualquiera). Esto puede resultar una sorpresa para algunas personas que quizá hayan oído hablar de la «incertidumbre cuántica» y de que los sistemas cuánticos se comportan de forma no determinista. La falta de determinismo viene únicamente con la aplicación del proceso **R**. No se encuentra en la evolución temporal (**U**) del estado cuántico, tal como la describe la ecuación de Schrödinger. Otra cosa que vemos inmediatamente en la ecuación de Schrödinger es que es una ecuación *compleja*, debido a la aparición manifiesta de «i» en el primer miembro (y existen muchas más posibilidades para las «i» en el hamiltoniano).

Finalmente, vemos que la ecuación de Schrödinger es lineal, en el sentido de que si ψ y Φ son soluciones (con el mismo $\mathcal{H}$) de

$$\mathrm{i}\hbar\frac{\partial\psi}{\partial t} = \mathcal{H}\psi, \quad \mathrm{i}\hbar\frac{\partial\phi}{\partial t} = \mathcal{H}\phi,$$

entonces también lo es cualquier *combinación lineal* $w\psi + z\phi$, donde w y z son constantes complejas. En efecto, multiplicando la primera de las ecuaciones anteriores por w, la segunda por z y sumándolas obtenemos (§6.5):

$$i\hbar\frac{\partial}{\partial t}(w\psi + z\phi) = \mathcal{H}(w\psi + z\phi).$$

A partir de esto, vemos que la ecuación de Schrödinger conserva la estructura de *espacio vectorial complejo* del espacio de estados **W** (que normalmente es un espacio de dimensión infinita).

El hamiltoniano $\mathcal{H}$ define la transformación lineal infinitesimal de **W** que describe el cambio que ha sufrido el estado cuando ha evolucionado durante un tiempo infinitesimal. Esta acción hamiltoniana viene descrita por un *campo vectorial* en **W** (véase la Fig. 22.2). Al cabo de un tiempo finito, los estados habrían cambiado de acuerdo con una transformación lineal finita, obtenida mediante lo que se denomina «exponenciación» de la acción hamiltoniana infinitesimal. Esta es muy similar a la «exponenciación» que hemos encontrado antes (§14.6) al describir el proceso por el que se obtiene un elemento de un grupo de Lie a partir de la exponenciación de un elemento del álgebra de Lie correspondiente. Sin embargo, la exponenciación en la evolución hamiltoniana puede ser mucho más difícil de llevar a cabo. (Además, aparecen dificultades adicionales debido a la dimensión infinita de **W**.)

Pero difícil o no, el punto esencial aquí es que al cabo de cualquier tiempo finito T la transformación del espacio **W** de estados cuánticos será siempre lineal. Esto equivale a la afirmación siguiente (donde utilizaré el símbolo $\rightsquigarrow$ para indicar cómo habrá evolucionado un estado al cabo del período de tiempo especificado T):

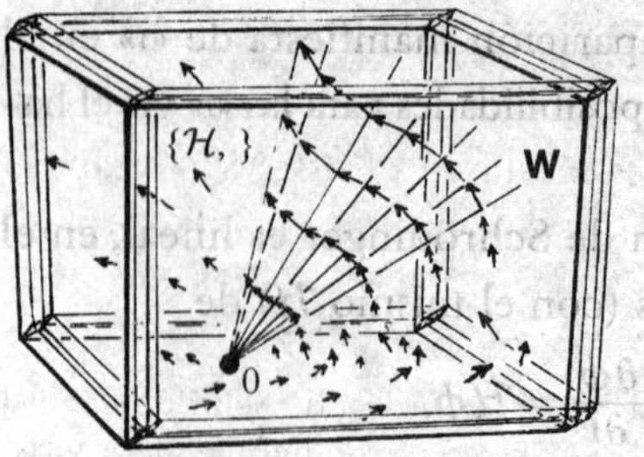

Fig. 22.2. El flujo hamiltoniano $\{\mathcal{H},\ \}$ (un campo vectorial) define una transformación lineal infinitesimal del espacio de estados **W**, que da el cambio en el estado tras un tiempo infinitesimal. Para obtener el cambio (unitario) tras un tiempo finito, debemos «exponenciar» esta acción hamiltoniana infinitesimal.

Si

$$\psi \rightsquigarrow \psi' \text{ y } \phi \rightsquigarrow \phi',$$

entonces

$$w\psi + z\phi \rightsquigarrow w\psi' + z\phi'.$$

Aquí, ψ y ϕ son dos estados (funciones de onda) escogidos arbitrariamente, y w y z son constantes complejas arbitrarias.[22.1]

Esto tiene algunas implicaciones muy curiosas si tratamos de adoptar el punto de vista de que **U** es toda la historia y el proceso de medida es tan solo algún tipo de «conveniencia» que se invoca para manejar situaciones donde el estado cuántico se hace intratablemente complicado, por incluir quizá un número tremendo de partículas «entrelazadas» en el sistema y su aparato de medida. (Llegaremos a la noción mecanocuántica de «entrelazamiento» más específicamente en el capítulo 23. Entonces veremos que los estados cuánticos son entidades «holísticas» de una forma más seria que en §21.7, entidades en las que diferentes partes del sistema no tienen estados cuánticos independientes, sino que son partes de un «todo» entrelazado.) De acuerdo con tal punto de vista de «conveniencia» para **R**, uno imagina que **R** emergería como cierto tipo de aproximación a una «genuina» evolución **U** subyacente. Pero este punto de vista conduce a serias paradojas.

Recordemos, por ejemplo, el experimento mental de §21.7, en el que mis dos colegas espaciales tenían detectores individuales, y tratemos de imaginar que la respuesta de cada detector es simplemente el resultado de una evolución de Schrödinger que parte de su interacción con la parte del paquete de ondas que recibe. El estado cuántico antes de la detección es en realidad una suma de las dos partes individuales del paquete de ondas, una que llega a un detector y la otra que llega al otro detector; por lo tanto, debido a la linealidad, la consiguiente respuesta de cada detector a partir de la evolución de Schrödinger debe coexistir en superposición con una respuesta en el otro. La evolución de Schrödinger conduce a la respuesta de un detector *más* la respuesta

[22.1] Deje claro por qué la acción de cualquier evolución de Schrödinger es lineal, pese al hecho de que $\mathcal{H}$ puede ser una función altamente no lineal de las p y las x.

de otro detector («más» en el sentido de superposición cuántica de las dos respuestas de los detectores), y no a la respuesta de un detector *o* la respuesta del otro detector (y es este «o» lo que realmente sucede siempre). Me parece que no es sostenible tratar de mantener que **U** describe la historia completa (y ciertamente no es esto lo que trata de hacer la mecánica cuántica «convencional» en la «interpretación de Copenhague» de Niels Bohr, pues trata a los propios detectores como «entidades clásicas»).

Por lo que puedo ver, la única manera de mantener **U** para todos los procesos que incluyen medidas sería adoptar un punto de vista del tipo «muchos universos» (véase §29.1), en el que las dos respuestas de los detectores coexisten realmente en «universos diferentes».[3] Pero ni siquiera así **U** puede ser «la historia completa», porque necesitaríamos una teoría para explicar por qué solo percibimos siempre respuestas individuales de los detectores, ¡mientras que nunca se perciben conscientemente superposiciones de respuestas con no respuestas! (Volveremos a estas cuestiones en §§29.1,8). Debería decir, en este momento, que yo mismo no creo que los «muchos universos» sean el camino correcto a seguir; simplemente estoy argumentando que parece que uno se ve llevado a ello si insiste en mantener el punto de vista «**U** en todos los niveles».

Volveremos a estas cuestiones más adelante, en los capítulos 29 y 30, donde se abordará la cuestión de si **U** y **R** deben o no tratarse como aproximaciones a alguna teoría futura más amplia. Por el momento, sigamos las recetas del formalismo convencional. Si es necesaria una teoría mejorada, en cualquier caso tendrá que estar de acuerdo hasta un grado muy alto de precisión con las recetas de la teoría convencional. Cualquier lector con aspiraciones de encontrar una nueva teoría (¡y espero que haya algunos!) haría bien en entender perfectamente lo que tiene que decir la teoría convencional.

22.3. Estructura unitaria, espacio de Hilbert, notación de Dirac

No he abordado todavía adecuadamente el aspecto «unitario» de la evolución de Schrödinger. Este tiene que ver con la propiedad de «normalización» de las funciones de onda mencionada en el capítulo anterior. Recordemos que para la función de onda ψ de una única partícula (sin espín), la «norma» se refiere a la cantidad $\|\psi\|$, definida como la integral de $|\psi(\boldsymbol{x})|^2$ sobre todo el espacio. La condición de normalización sobre ψ es que $\|\psi\| = 1$ (y cuando se impone esta condición, entonces $|\psi(\boldsymbol{x})|^2$ es la densidad de probabilidad de que una medida de posición encuentre la partícula en el punto $\boldsymbol{x}$). En una situación mecanocuántica general, donde quizá haya muchas partículas con espín interactuantes (o quizá entidades de un tipo más general, tales como cuerdas, etc.), siempre exigimos algo de esta naturaleza para definir una correspondiente noción de *norma* $\|\psi\|$, que debe ser un número real positivo[4] para cualquier estado cuántico ψ aceptable. Aunque esta norma es algo pertinente a la parte **U** del formalismo cuántico, también desempeña un papel crucial en la parte **R**, pues determina, en efecto, todas las *probabilidades* que aparecen.

Podemos pensar que la norma, matemáticamente hablando, proporciona una noción de *longitud al cuadrado*, que debería ser finita para vectores «aceptables» que pertenecen al espacio de estados **W**. El adjetivo «unitaria», aplicado a la evolución temporal, nos dice que esta norma se conserva a lo largo de la evolución. Veremos muy pronto (en §22.4) por qué esto se aplica realmente en el caso de la evolución de Schrödinger.

En primer lugar, será útil establecer cierta notación e investigar algunas propiedades de los estados cuánticos normalizables. Será provechoso pensar en esta norma como un caso particular de un producto escalar hermítico entre estados (§13.9). Para estados ψ y ϕ, este se escribe normalmente $\langle\phi|\psi\rangle$ en la literatura mecanocuántica, y la norma de ψ es el caso especial cuando $\phi = \psi$:

$$\|\psi\| = \langle\psi|\psi\rangle.$$

En el caso de una única partícula (sin espín), el producto escalar es:

$$\langle\phi|\psi\rangle = \int_{\mathbb{E}^3} \bar{\phi}\psi \mathrm{d}x^1 \wedge \mathrm{d}x^2 \wedge \mathrm{d}x^3,$$

que generaliza la expresión particular para $\|\psi\|$ que se ha dado en §21.9. Esto nos da un producto escalar hermítico definido positivo entre dos funciones de onda ψ y ϕ normalizables de 1-partícula.[22.2]

De hecho, las funciones de onda normalizables constituyen un espacio vectorial complejo **H** (un subespacio de **W**), que es de un tipo particular conocido como un *espacio de Hilbert*.[22.3] Un espacio de Hilbert se define como un espacio vectorial complejo que posee una operación de producto escalar $\langle \, | \, \rangle$, cuyo valor es un número complejo, que satisface las propiedades algebraicas

$$\langle\phi|(\psi+\chi)\rangle = \langle\phi|\psi\rangle + \langle\phi|\chi\rangle,$$
$$\langle\phi|(a\psi)\rangle = a\langle\phi|\psi\rangle,$$
$$\langle\phi|\psi\rangle = \overline{\langle\psi|\phi\rangle},$$
$$\psi \neq 0 \text{ implica } \langle\psi|\psi\rangle > 0$$

(todas las cuales son inmediatas en el caso de la integral para 1-partícula dada antes).[22.4] Estas ecuaciones implican también $\langle(\phi+\chi)|\psi\rangle = \langle\phi|\psi\rangle + \langle\chi|\phi\rangle$, $\langle(a\phi)|\psi\rangle = \bar{a}\langle\phi|\psi\rangle$.[22.5] Más aún, una vez que la norma es conocida, el producto escalar puede definirse en términos de ella,[22.6] de modo que las transformaciones lineales que conservan la norma deben conservar también el producto escalar. Además, un espacio de Hilbert debería satisfacer ciertas propiedades básicas de continuidad.[5]

La notación anterior forma parte de la valiosa y ampliamente utilizada herramienta notacional para la mecánica cuántica introducida

[22.2] Trate de explicar por qué la integral $\langle\phi|\psi\rangle$ converge siempre que $\langle\phi|\phi\rangle$ y $\langle\psi|\psi\rangle$ convergen. *Sugerencia*: Considere lo que está implícito en el hecho de que la integral de $|\phi - \lambda\psi|^2$ sea no negativa sobre cualquier región *finita* de $\mathbb{E}^3$, obteniendo una desigualdad que relacione el módulo al cuadrado de la integral de $\bar{\psi}$ con el producto de la integral de $\bar{\phi}\phi$ por la integral de $\bar{\psi}\psi$. Como paso intermedio, encuentre las condiciones mínimas sobre los números complejos a, b, c, d que implican $a + \lambda b + \bar{\lambda} c + \bar{\lambda}\lambda d \geq 0$ para todo λ.

[22.3] Siguiendo el ejercicio [22.2], demuestre que las funciones de onda normalizables constituyen un espacio vectorial.

[22.4] Verifíquelo estableciendo cuidadosamente qué propiedades de la integración se están utilizando.

[22.5] Demuestre por qué.

[22.6] Demuestre cómo puede definirse $\langle\phi|\psi\rangle$ a partir de la norma. *Sugerencia*: Calcule las normas de $\phi + \psi$ y $\phi + i\psi$.

por el gran físico del siglo XX Paul Dirac. Como ingrediente de este esquema general, se muestra útil considerar que expresiones como

$$|\psi\rangle,\ |\uparrow\rangle,\ |\rightarrow\rangle,\ |\leftrightarrow\rangle,\ |0\rangle,\ |7\rangle,\ |+\rangle,\ |\boldsymbol{X}\rangle,\ |\,\text{MUERTO}\rangle,\ \text{u}\ |\,\text{OFF}\rangle$$

representan diversos vectores de estado pertenecientes al espacio de Hilbert **H**, donde el símbolo dentro del $|\ldots\rangle$ es alguna etiqueta apropiada (y quizá fácil de recordar) que indica el estado en cuestión. Se les suele denominar vectores «ket». Para cada uno de estos kets, habrá un miembro concreto del espacio dual **H***, denominado el correspondiente vector «bra», que es el *conjugado hermítico* de dicho estado (en el sentido de §13.9), escritos respectivamente

$$\langle\psi|,\langle\uparrow|,\langle\rightarrow|,\langle\leftrightarrow|,\langle 0|,\langle 7|,\langle +|,\langle\boldsymbol{X}|,\langle\text{MUERTO}|\ \text{u}\ \langle\text{OFF}|.$$

Puesto que los vectores bra son duales de los vectores ket, tienen un producto escalar en el mismo sentido que el producto «•» de §12.3. Este producto escalar —o «bracket» (paréntesis)— de un vector bra $\langle\psi|$ por un vector ket $|\phi\rangle$ es precisamente el producto escalar hermítico escrito antes como $\langle\psi|\phi\rangle$. Esto es consistente con que el número complejo $\langle\psi|\phi\rangle$ sea el complejo conjugado de $\langle\phi|\psi\rangle$. Se dice que los dos estados $|\phi\rangle$ y $|\psi\rangle$ son *ortogonales* si $\langle\phi|\psi\rangle = 0$, i.e., si $\langle\psi|\phi\rangle = 0$.

La acción de cierto operador lineal $\boldsymbol{L}$ sobre $|\psi\rangle$ se escribe $\boldsymbol{L}|\psi\rangle$, y el producto escalar del ket $|\phi\rangle$ por $\boldsymbol{L}|\psi\rangle$ se escribe

$$\langle\phi|\boldsymbol{L}|\psi\rangle.$$

Este es también el producto escalar de cierto bra «$\langle\phi|\boldsymbol{L}$» por $|\psi\rangle$. ¿Qué es el bra «$\langle\phi|\boldsymbol{L}$»? Es el complejo conjugado de cierto ket $\boldsymbol{L}^*|\phi\rangle$, donde $\boldsymbol{L}^*$ es el *adjunto*[6] de $\boldsymbol{L}$. Esta operación «adjunta», aplicada a un operador lineal $\boldsymbol{L}$, es precisamente la operación de «conjugación hermítica» * que se ha considerado en §13.9, en el caso de la dimensión finita. El conjugado complejo del número complejo $\langle\phi|\boldsymbol{L}|\psi\rangle$ es el número complejo $\langle\psi|\boldsymbol{L}^*|\phi\rangle$.

22.4. Evolución unitaria: Schrödinger y Heisenberg

Ahora estamos en una buena posición para considerar la naturaleza «unitaria» de la evolución de Schrödinger. Ya hemos visto en §22.3 que esta evolución es lineal, de modo que todo lo que tenemos que establecer es que conserva el producto escalar $\langle\phi|\psi\rangle$ entre dos elementos $|\phi\rangle$ y $|\psi\rangle$ de **H**. Es decir, $\langle\phi|\psi\rangle$ es *constante* en el tiempo: $\mathrm{d}\langle\phi|\psi\rangle/\mathrm{d}t = 0$. (A partir de lo que se ha dicho antes, la conservación de la norma y la conservación del producto escalar son requisitos equivalentes.) Básicamente, lo que necesitamos de nuestro hamiltoniano cuántico $\mathcal{H}$ es (i) que nos mantenga en el espacio de Hilbert, y (ii) que sea hermítico. Estos son requisitos muy mínimos, y serán satisfechos por cualquier sugerencia razonable para un hamiltoniano. Su naturaleza hermítica, por ejemplo, es un requisito natural para garantizar que sus autovalores —los valores posibles para la energía del sistema— sean números reales. También es habitual exigir que $\mathcal{H}$ sea *definido positivo*, lo que significa que $\langle\psi|\mathcal{H}|\psi\rangle > 0$ para todo $|\psi\rangle$ no nulo, de donde se sigue que todos los autovalores de $\mathcal{H}$ (valores de la energía) son positivos —aunque esto no es necesario para la naturaleza unitaria de la evolución—. Obtenemos rápidamente (utilizando la propiedad de Leibniz para la derivada de un producto; véase §6.5 y las propiedades anteriores)

$$\begin{aligned}\frac{\mathrm{d}}{\mathrm{d}t}\langle\phi|\psi\rangle &= \left\langle\frac{\mathrm{d}}{\mathrm{d}t}\phi\middle|\psi\right\rangle + \left\langle\phi\middle|\frac{\mathrm{d}}{\mathrm{d}t}\psi\right\rangle \\ &= \langle -\mathrm{i}\hbar^{-1}\mathcal{H}\phi|\psi\rangle + \langle\phi| -\mathrm{i}\hbar^{-1}\mathcal{H}\psi\rangle \\ &= \mathrm{i}\hbar^{-1}\langle\phi|\mathcal{H}|\psi\rangle - \mathrm{i}\hbar^{-1}\langle\phi|\mathcal{H}|\psi\rangle = 0,\end{aligned}$$

lo que demuestra que los productos escalares se conservan, i.e., la evolución de Schrödinger es unitaria.[22.7] El mismo argumento se aplica a otros operadores hermíticos, tales como los generadores de traslaciones o rotaciones espaciales, lo que demuestra que estas operaciones corresponden también a transformaciones unitarias de **H**.

La ecuación anterior demuestra que la *tasa* de cambio de un producto escalar $\langle\phi|\psi\rangle$ es cero. De esto se sigue que $\langle\phi|\psi\rangle$ permanece in-

[22.7] Desarrolle este argumento con más detalle. ¿Puede explicar por qué cabría esperar que la propiedad de Leibniz sea válida para un producto escalar en el espacio de Hilbert?

variable para *todo* instante, mientras cada uno de los $|\phi\rangle$ y $|\psi\rangle$ experimentan individualmente la evolución de Schrödinger de acuerdo con el mismo $\mathcal{H}$. Supongamos que tenemos estados cuánticos $|\phi\rangle$ y $|\psi\rangle$ en el instante $t = 0$, y consideremos que evolucionan mediante la receta de Schrödinger hasta un tiempo posterior, T, en el que los estados se convierten respectivamente en $|\phi_T\rangle$ y $|\psi_T\rangle$:

$$|\phi\rangle \rightsquigarrow |\phi_T\rangle \text{ y } |\psi\rangle \rightsquigarrow |\psi_T\rangle$$

(utilizando la notación de §22.2). Entonces,

$$\langle\phi|\psi\rangle = \langle\phi_T|\psi_T\rangle.$$

Esto nos dice que la acción lineal de la evolución de Schrödinger, en el espacio de Hilbert **H**, tomada desde $t = 0$ hasta cierto instante definido $t = T$, es *unitaria*, en el sentido de que existe un operador $\boldsymbol{U}_T$ que efectúa esta transformación

$$|\phi_T\rangle = \boldsymbol{U}_T|\phi\rangle, |\psi_T\rangle = \boldsymbol{U}_T|\psi\rangle, \text{ etc.}$$

y este operador $\boldsymbol{U}_T$ es *unitario* en el sentido de §13.9, a saber, que su inverso es igual a su adjunto:

$$\boldsymbol{U}_T^{-1} = \boldsymbol{U}_T^*, \text{ i.e., } \boldsymbol{U}_T\boldsymbol{U}_T^* = \boldsymbol{U}_T^*\boldsymbol{U}_T = \boldsymbol{I}.$$

Aquí $\boldsymbol{I}$ es el operador identidad en **H**. (Véase §13.9 para la demostración de esta propiedad de $\boldsymbol{U}_T$.)

Como se ha mencionado en §22.1, hay otras maneras de representar la evolución de un sistema cuántico, y lo que se denomina la *imagen de Heisenberg* es la alternativa más familiar. En la imagen de Heisenberg, el «estado» del sistema se considera *constante* en el tiempo, y son las variables dinámicas las que asumen la evolución temporal en su lugar. El lector podría preguntarse cómo puede considerarse «invariable» el estado cuántico ¡aun cuando puede estar produciéndose algún cambio físico real en el sistema cuántico! Cierto; pero pasar de la imagen de Schrödinger a la imagen de Heisenberg es en realidad solo cuestión de redefinir nuestros símbolos.

Consideremos, en primer lugar, la imagen de Schrödinger ordinaria que hemos adoptado hasta ahora. Tenemos cierto estado cuántico $|\psi\rangle$ en el instante $t = 0$, que consideramos que evoluciona según la receta de Schrödinger definida por un hamiltoniano cuántico dado $\mathcal{H}$, de modo que en algún instante posterior T el estado es $|\psi_T\rangle$:

$$|\psi\rangle \rightsquigarrow |\psi_T\rangle = \boldsymbol{U}_T|\psi\rangle.$$

Recordemos que la acción de $\boldsymbol{U}_T$ se aplica linealmente al espacio de Hilbert *entero* **H**, de modo que cualquier otro estado $|\phi\rangle$ experimentaría una evolución correspondiente $|\phi\rangle \rightsquigarrow |\phi_T\rangle = \boldsymbol{U}_T|\phi\rangle$, con el mismo $\boldsymbol{U}_T$ que se ha utilizado para $|\psi\rangle$. En la imagen de Heisenberg, simplemente *redefinimos* el estado, en el instante T, como

$$|\psi\rangle_{\mathrm{H}} = \boldsymbol{U}_T^{-1}|\psi\rangle = \boldsymbol{U}_T^{*}|\psi\rangle.$$

Es evidente que este «estado de Heisenberg» $|\psi\rangle_{\mathrm{H}}$ no cambia (¡básicamente por definición!) con el paso del tiempo. Por otra parte, para que todos los procedimientos algebraicos continúen como antes, de modo que los autovalores (parámetros físicos medidos) sean los mismos que en la imagen de Schrödinger, exigimos que las variables dinámicas evolucionen para compensar. Así pues, cualquier operador lineal $\boldsymbol{Q}$ (en **H**) debe ser reemplazado por su versión de Heisenberg

$$\boldsymbol{Q}_{\mathrm{H}} = \boldsymbol{U}_T^{-1}\boldsymbol{Q}\boldsymbol{U}_T = \boldsymbol{U}_T^{*}\boldsymbol{Q}\boldsymbol{U}_T.$$

Se sigue directamente que la versión de Heisenberg de cualquier autovalor o de cualquier producto escalar es la misma que la versión de Schrödinger.[22.8] La evolución de Heisenberg se aplica ahora a los operadores $\boldsymbol{Q}$ (que se suponían constantes en la imagen de Schrödinger) y en particular a las variables dinámicas. Encontramos que[22.9]

$$\mathrm{i}\hbar\frac{\mathrm{d}}{\mathrm{d}t}\boldsymbol{Q}_{\mathrm{H}} = (\mathcal{H}\boldsymbol{Q}_{\mathrm{H}} - \boldsymbol{Q}_{\mathrm{H}}\mathcal{H}),$$

que son las *ecuaciones de movimiento de Heisenberg*. (Nótese que una consecuencia obvia de esto es la conservación de la energía, dada cuando $\boldsymbol{Q}_{\mathrm{H}} = \mathcal{H}$.)

El lector puede preguntarse qué hemos ganado reexpresando las cosas de este modo. En algunos contextos existen ventajas técnicas en la imagen de Heisenberg, pero la imagen de Heisenberg no mejora las cosas con respecto a los enigmas interpretativos de la mecánica cuánti-

[22.8] Explique todo esto en detalle.
[22.9] Trate de confirmarlo.

ca. El problema de los «saltos cuánticos» no ha desaparecido, ¡pero ahora podemos elegir entre echar la culpa al estado, permitiendo que $|\psi\rangle_H$ «salte» a algún otro cuando opera $\mathbf{R}$, o, en su lugar, considerar que son las variables dinámicas de Heisenberg las que dan el «salto»! Por mi parte, encuentro que estas cuestiones del «salto» se hacen más oscuras en la imagen de Heisenberg, sin que resuelvan nada.

En la imagen de Schrödinger tenemos al menos un vector de estado que evoluciona ¡y que tiene una posibilidad de ofrecernos un atisbo del aspecto que podría tener la «realidad cuántica»! La imagen de Heisenberg no parece tener muchas posibilidades de hacer esto, puesto que su vector de estado se queda inmóvil incluso si se está produciendo una acción física. Además, la evolución de las variables dinámicas no puede representar el cambio en un sistema físico específico, porque no describe sistemas específicos en absoluto, sino más bien las preguntas que pueden hacerse a un sistema, tales como «¿cuál es tu posición?», etc.

La razón de tener estas dos imágenes diferentes es en buena medida histórica. Heisenberg fue el primero en presentar su esquema, en julio de 1925, y Schrödinger presentó su propuesta medio año más tarde, en enero de 1926, advirtiendo la equivalencia entre los dos esquemas inmediatamente después. Fue Max Born el primero en reconocer la interpretación probabilista para el módulo al cuadrado $|\psi|^2$ de la función de onda de Schrödinger (§21.9) en junio de 1926. El propio Schrödinger había tratado de mantener una imagen de ψ más similar a un «campo clásico». El armazón general de operadores de la mecánica cuántica salió del trabajo de Heisenberg, Born y Pascual Jordan, y fue completamente formulado por Dirac, y descrito en detalle en su muy influyente libro *Los principios de la mecánica cuántica*, publicado por primera vez en 1930.[7]

Por supuesto, puede darse el caso de que cuando se introduce un cambio en la teoría cuántica haya buenas razones para preferir un formalismo a otro y se rompa la equivalencia entre ambos. Este es aproximadamente el caso incluso con la teoría cuántica de campos (véase el capítulo 26), que trata de unir la teoría cuántica y la teoría de la relatividad (especial) en un esquema consistente. Dirac ha dado algunos argumentos para preferir[8] la imagen de Heisenberg en este caso. Sin embargo, ni la imagen de Heisenberg ni la de Schrödinger son relativísticamente invariantes, y en este contexto se prefiere a veces una «imagen de interacción» híbrida.[9]

22.5. «Observables» cuánticos

Consideremos ahora cómo debe representarse en el formalismo una medida de un sistema cuántico. Como se ha señalado en §22.1, los ejemplos de medidas de posición y momento dados en el capítulo 21 son ilustrativos de lo que sucede en el caso general de una medida cuántica. Una cualidad «medible» de un sistema cuántico vendrá representada por cierto tipo de operador **Q**, llamado un *observable*, y este operador podrá aplicarse al estado cuántico. Las variables dinámicas (la posición o el momento, pongamos por caso) serán ejemplos de observables.[10] La teoría exige que un observable **Q** esté representado por un operador lineal (como sucede con los ejemplos de los operadores de posición y momento), de modo que su acción sobre el espacio **H** consistirá en efectuar una transformación lineal de **H** —aunque posiblemente una transformación singular (§13.3). Decimos que el estado ψ tiene un *valor definido* para el observable **Q** si ψ es un *autoestado* de **Q**, y el correspondiente autovalor q será dicho valor definido.[11] Esta es precisamente la terminología que ya hemos encontrado en §§21.5,10,11 para posición y momento.

En mecánica cuántica convencional se exige normalmente que todos los autovalores tengan que ser números reales. Se puede garantizar esto (suponiendo que los autovectores son normalizables) exigiendo que **Q** sea hermítico en el sentido de que **Q** es igual a su adjunto **Q***:[22.10]

$$\mathbf{Q}^* = \mathbf{Q},$$

En mi opinión, este requisito de hermiticidad sobre un observable **Q** es un requisito irrazonablemente fuerte, puesto que los números complejos se utilizan a menudo en física clásica, como sucede en la re-

[22.10] Demuestre que cualquier autovalor de un operador hermítico **Q** es un número *real*.

presentación como esfera de Riemann de la esfera celeste (§18.5), y en muchas discusiones estándar del oscilador armónico (§22.13), etc.[12] Un requisito esencial para un observable es que sus autovectores correspondientes a autovalores distintos sean mutuamente ortogonales. Esta es una propiedad característica de los operadores que se conocen como «normales». Un operador *normal* **Q** es un operador que conmuta con su adjunto:

$$\mathbf{Q}^*\mathbf{Q} = \mathbf{Q}\mathbf{Q}^*,$$

y cualquier par de autovectores (normalizables) de un operador normal **Q**, correspondientes a autovalores diferentes, deben ser, de hecho, ortogonales.[22.11] Puesto que acepto con gusto que los resultados de las medidas (autovalores) sean números complejos, aunque insistiendo en el requisito estándar de ortogonalidad entre los estados alternativos que pueden resultar de una medida, exigiré que mis «observables» cuánticos sean operadores lineales normales, en lugar del requisito convencional de que sean hermíticos.

Debería hacer aquí un comentario sobre un requisito adicional para los observables cuánticos, y es que sus autovectores abarcan el espacio de Hilbert **H** (de modo que cualquier elemento de **H** puede expresarse linealmente en términos de estos autovectores). En el caso de la dimensión finita, esta propiedad es una consecuencia matemática de la naturaleza hermítica (o normal) de **Q**. Pero para un **H** de dimensión infinita la necesitamos como una hipótesis independiente para cualquier **Q** que vaya a tener un papel como observable cuántico. Un **Q** hermítico con esta propiedad se denomina *autoadjunto*.

El requisito de ortogonalidad para un observable cuántico es importante para el proceso de medida cuántica. De acuerdo con las reglas de la mecánica cuántica, el resultado de una medida, correspondiente a cierto operador **Q**, será siempre uno de sus autoestados: este es el «salto» del estado cuántico que ocurre con el proceso **R** (véase §22.1). De acuerdo con **R**, cualquiera que sea el estado del sistema antes de la me-

[22.11] Trate de demostrarlo. *Sugerencia*: Considerando la siguiente expresión $\langle\psi|(\mathbf{Q}^* - \bar{\lambda}\mathbf{I})(\mathbf{Q} - \lambda\mathbf{I})|\psi\rangle$, demuestre primero que si $\mathbf{Q}|\psi\rangle = \lambda|\psi\rangle$, entonces $\mathbf{Q}^*|\psi\rangle = \bar{\lambda}|\psi\rangle$.

dida, salta a uno de los autoestados de **Q** en cuanto es medido. Después de la medida, el estado adquiere un valor definido para el observable **Q**, a saber, el correspondiente autovalor q. Así pues, para cada uno de los diferentes resultados posibles de la medida del observable **Q** —es decir, para cada uno de los diferentes autovalores $q_1, q_2, q_3, \ldots$— obtenemos uno de un conjunto de estados resultantes alternativos, todos los cuales son mutuamente ortogonales.

¿Por qué es esto importante? Enseguida veremos cuáles son las reglas cuánticas para calcular las probabilidades de cada uno de estos resultados alternativos. Una consecuencia de estas reglas será que la probabilidad de que, como resultado de la medida, un estado salte a un estado ortogonal es siempre cero. En consecuencia, si se repite la medida definida por un observable **Q**, entonces la segunda medida dará el mismo autovalor —i.e., el mismo resultado de la medida— que dio la primera medida. Dar un resultado diferente implicaría dar un salto desde un estado a otro ortogonal, lo que las reglas de la probabilidad no permiten. Pero esta feliz conclusión depende de la ortogonalidad de los autoestados de **Q** para diferentes autovalores, y por esto es por lo que exigimos que **Q** sea un operador normal.

Vayamos ahora a la asignación de probabilidades a los diferentes autoestados alternativos del observable **Q** cuando se le presenta el estado ψ que está siendo «observado». Una característica notable del proceso **R** cuántico es que la probabilidad mecanocuántica depende solo de los estados antes y después de la medida, y no de cualquier otro aspecto del observable **Q** (tal como el autovalor medido, por ejemplo). La regla es que la probabilidad de que el estado salte de $|\psi\rangle$ al autoestado $|\phi\rangle$ de **Q**, viene dada por

$$|\langle\psi|\phi\rangle|^2,$$

suponiendo que $|\psi\rangle$ y $|\phi\rangle$ están normalizados ($\|\psi\| = 1 = \|\phi\|$). Si no es así, tenemos que dividir lo anterior por $\|\psi\|$ y por $\|\phi\|$ antes de obtener la probabilidad. Podemos escribir esta probabilidad, para estados no normalizados, de la elegante forma

$$\frac{\langle\phi|\psi\rangle\langle\psi|\phi\rangle}{\langle\psi|\psi\rangle\langle\phi|\phi\rangle}.$$

Esto es siempre un número real comprendido entre 0 y 1, que solo toma el valor 1 si los estados son proporcionales.[22.12] Recordemos de la exposición anterior que la evolución de Schrödinger conserva los productos escalares $\langle\phi|\,\psi\rangle$. Esta es una importante relación de compatibilidad entre los procesos **U** y **R** y expresa el hecho de que, a pesar de ser mutuamente incompatibles, **U** y **R** «encajan» limpiamente uno con otro. Vemos que un estado nunca salta directamente, en una medida, a un estado ortogonal, porque $\langle\phi|\,\psi\rangle = 0$ implica que la probabilidad para ello sería nula.

En una superposición cuántica entre estados ortogonales y normalizados ψ y ϕ, por ejemplo $w\psi + z\phi$, los factores de peso complejos, w y z, se suelen denominar *amplitudes*, o «amplitudes de probabilidad». En este caso, un experimento preparado para distinguir ψ de ϕ en el estado $w\psi + z\phi$ daría ψ con probabilidad $\bar{w}w = |w|^2$ y daría ϕ con probabilidad $\bar{z}z = |z|^2$, i.e., tomamos los módulos al cuadrado de las amplitudes para obtener las probabilidades. Un comentario similar se aplica a superposiciones de más de dos estados.

Una propiedad útil de un operador normal **Q** (suponiendo que sus autovectores abarcan la totalidad de **H**) es que siempre posee una familia de autoestados que constituyen una base ortonormal para el espacio de Hilbert. Una *base ortonormal* (compárese con §13.9) es un conjunto de elementos $\boldsymbol{e}_1, \boldsymbol{e}_2, \boldsymbol{e}_3, \ldots$ de **H** tales que

$$\langle \mathbf{e}_i\,|\,\mathbf{e}_j\rangle = \delta_{ij}$$

(siendo δ_{ij} la delta de Kronecker) y donde cada elemento ψ de **H** puede expresarse como

$$\psi = z_1\boldsymbol{e}_1 + z_2\boldsymbol{e}_2 + z_3\boldsymbol{e}_3 + \ldots,$$

donde $z_1, z_2, z_3, \ldots$ son «coordenadas cartesianas» complejas para ψ). Esto es similar a la expresión de una función de onda general, para una simple partícula sin estructura, como combinación lineal continua de estados de momento (como se consigue utilizando una transformada de Fourier) o de estados de posición (utilizando $\psi(\boldsymbol{x}) = \int \psi(\boldsymbol{X})\,\delta(\boldsymbol{x} - \boldsymbol{X})\,\mathrm{d}^3\boldsymbol{X}$),

[22.12] Demuéstrelo a partir de las propiedades algebraicas de $\langle\,|\,\rangle$, mediante los métodos utilizados en el ejercicio [22.2].

Fig. 22.3. Pasar de una representación de posición a una representación de momento es simplemente cambiar la base en el espacio de Hilbert **H** (aunque técnicamente ni los estados de posición ni los de momento, al ser no normalizables, pertenecen realmente a **H**).

puesto que los estados de momento y posición son los autoestados de los operadores momento y posición **p** y **x**, respectivamente. Pasar de la representación de posiciones a la representación de momentos equivale a un cambio de base en el espacio de Hilbert **H** (véase la Fig. 22.3). Sin embargo, ni los estados de momento ni los estados de posición forman realmente una base en sentido técnico, porque no son normalizables ¡y desde luego no pertenecen realmente a **H**! (La mecánica cuántica está llena de cuestiones irritantes de este tipo. Tal como están las cosas, se puede o bien pasar decididamente por encima de tales sutilezas matemáticas e incluso pretender que los estados de posición y estados de momento son realmente estados, o por el contrario, uno puede pasarse todo el tiempo insistiendo en obtener las matemáticas correctas, en cuyo caso existe el peligro opuesto de quedarse atrapado en un *rigor mortis*. Estoy haciendo lo posible por mantenerme en un término medio, ¡pero no estoy en absoluto seguro de cuál es la respuesta correcta para hacer progresos en el tema!)

22.6. Medidas sí/no; proyectores

En el caso de operadores tales como los operadores de posición o de momento, cuyos autoestados no son normalizables, obtenemos una probabilidad cero de encontrar una partícula en uno de tales estados. Esta es realmente la respuesta «correcta», ya que la probabilidad de que la posición o el momento tengan un valor concreto con precisión exacta sería realmente cero (al ser la posición y el momento parámetros continuos). Esto no nos ayuda mucho, de modo que sería preferible utilizar otros tipos de observables, tales como el que plantea la siguiente pregunta: «¿Está la posición dentro de cierto intervalo de valores?», y una pregunta similar podría plantearse para el momento (o para cualquier otro observable continuo). Este tipo de preguntas SÍ/NO pueden ser incorporadas en el formalismo cuántico asignando, por ejemplo, el autovalor 1 a la respuesta sí y el autovalor 0 a NO. Un observable de este tipo se describe mediante lo que se denomina un *proyector*.

Un proyector $\boldsymbol{E}$ tiene la propiedad de que es autoadjunto y su cuadrado es igual a sí mismo[22.13]

$$\boldsymbol{E}^2 = \boldsymbol{E} = \boldsymbol{E}^*.$$

Tales objetos proporcionan el tipo más primitivo de medida, y para muchos propósitos las cuestiones que plantea la «medida» en mecánica cuántica se discuten mejor en términos de tales operadores. Hay, sin embargo, una cuestión concreta que resulta especialmente importante cuando se lleva a cabo una de estas medidas SÍ/NO, porque (en más de 2 dimensiones) tales operadores son (completamente) *degenerados*.

Decimos que $\mathbf{Q}$ es degenerado con respecto a algún valor propio q si el espacio de autovectores correspondiente a q es más que 1-dimensional, i.e., si existen varios autovectores de $\mathbf{Q}$, no proporcionales, correspondientes al mismo valor propio q. El subespacio lineal de $\mathbf{H}$ que consiste en todos los autovectores correspondientes al mismo autovalor q se conoce como el *espacio propio* de $\mathbf{Q}$ correspondiente a q (§13.5). El subespacio lineal entero de $\mathbf{H}$ consistente en todos los autovectores correspondientes al mismo autovalor q se conoce como el autoespacio de $\mathbf{Q}$ correspondiente a q. En tales casos, la obtención del «resultado» de la medida (i.e., la determinación del autovalor) no nos dice por sí solo a qué estado se supone que «salta» el vector de estado. La cuestión se resuelve mediante el denominado *postulado de proyección* que afirma que el estado $|\psi\rangle$ que se está sometiendo a la medida se proyecta ortogonalmente en el autoespacio[13] de $\mathbf{Q}$ correspondiente a q. De hecho, el término «postulado de proyección» es con frecuencia utilizado simplemente para el procedimiento mecanocuántico estándar de §22.1

[22.13] (Demuestre que si un observable $\mathbf{Q}$ satisface una ecuación polinómica, entonces cada uno de sus autovalores satisface la misma ecuación.

(como hizo explícito Von Neumann),[14] por el que, como resultado de la medida de un observable **Q**, el estado salta a un autoestado de **Q**, correspondiente al autovalor que da la medida. En esta sección y en la siguiente subrayo la importancia del aspecto de proyección de este postulado en el caso de autovalores degenerados.[15]

Una de las mejores formas de expresar esta proyección es mediante el uso de un proyector adecuado $\boldsymbol{E}$, a saber, aquel cuyo autoespacio correspondiente a su autovalor SÍ 1 es idéntico al autoespacio de **Q** correspondiente a q. (Esto puede hacerse siempre; $\boldsymbol{E}$ está planteando simplemente una pregunta más básica que la que plantea **Q**, a saber: «¿Es q el resultado de la medida **Q**?».) Entonces, lo que el postulado de proyección afirma es que el resultado de la medida (de o bien **Q** con el resultado q, o bien $\boldsymbol{E}$ con el resultado 1) es que

$$|\psi\rangle \text{ salta a } \boldsymbol{E}|\psi\rangle.$$

En esto no me he preocupado de las normalizaciones (y no tenemos necesidad de preocuparnos si no queremos hacerlo). Si pedimos que el estado resultante sea normalizado, podemos considerar que $|\psi\rangle$ salta a $\boldsymbol{E}|\psi\rangle\langle\psi|\boldsymbol{E}|\psi\rangle^{-1/2}$. No obstante, en mis descripciones encontraré más conveniente no tener que normalizar mis estados. Esto hace que muchas de las fórmulas parezcan más simples que si lo hiciera.

En la Fig. 22.4 he indicado la naturaleza geométrica, dentro del espacio de Hilbert **H**, del postulado de proyección. Nótese que si reemplazamos el proyector $\boldsymbol{E}$ por $\boldsymbol{I}-\boldsymbol{E}$ (también un proyector), encontramos que los espacios propios SÍ y NO se intercambian. (Aquí $\boldsymbol{I}$ es el operador identidad en **H**.) Así pues, si la medida obtiene 0 para la medida $\boldsymbol{E}$, entonces $|\psi\rangle$ salta a $(\boldsymbol{I}-\boldsymbol{E})|\psi\rangle(=|\psi\rangle-\boldsymbol{E}|\psi\rangle)$. Nótese que $|\psi\rangle$ es la suma de los dos estados $\boldsymbol{E}|\psi\rangle$ e $(\boldsymbol{I}-\boldsymbol{E})|\psi\rangle$, que son mutuamente ortogonales,[22.14] y la medida $\boldsymbol{E}$ decide entre los dos, SÍ para el primero y NO para el segundo:

$$|\psi\rangle = \boldsymbol{E}|\psi\rangle + (\boldsymbol{I}-\boldsymbol{E})|\psi\rangle.$$

Hay una forma geométrica directa de expresar las probabilidades de estas dos alternativas, que está dada por el factor en que se reduce la

[22.14] Demuéstrelo.

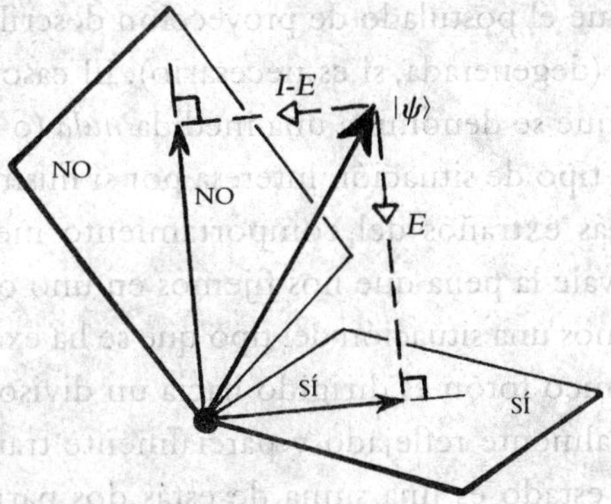

Fig. 22.4. La naturaleza geométrica, dentro de **H**, del postulado de proyección. Se indican los autoespacios del proyector $\boldsymbol{E}$, donde el plano horizontal representa el autovalor 1 (SÍ) y el plano vertical, el autovalor 0 (NO). La imagen ilustra la descomposición $|\psi\rangle = \boldsymbol{E}|\psi\rangle + (\boldsymbol{I} - \boldsymbol{E})|\psi\rangle$ de $|\psi\rangle$ en dos partes ortogonales, donde $E|\psi\rangle$ es la proyección de $|\psi\rangle$ dentro del espacio SÍ (el resultado de una medida que da SÍ) e $(\boldsymbol{I} - \boldsymbol{E})|\psi\rangle$, la proyección dentro del espacio NO (a partir del resultado NO). La probabilidad en cada caso viene dada por el factor de proporcionalidad exacto por el que la longitud (hermítica) al cuadrado $|\psi|^2$ se reduce en la proyección (vectores de estado no normalizados).

«norma» (longitud al cuadrado) del estado en cada proyección.[22.15] ¡Este hecho geométrico simple queda oscurecido si insistimos en normalizar nuestros estados!

22.7. Medidas nulas, helicidad

Algunos físicos han expresado dudas sobre el postulado de proyección (o que es «innecesario» o «inobservable»). La dificultad reside en que quizá no tenemos medios de determinar qué ha sido realmente del estado después de la medida, quizá porque el propio proceso de medida ha hecho que la entidad observada se entrelace con el aparato de medida, de modo que el estado de la entidad que está siendo observada ya no puede considerarse independiente. En realidad, eso podría ser a veces una cuestión que complica las cosas, pero hay en verdad circuns-

[22.15] ¿Por qué?

tancias en las que el postulado de proyección describe manifiestamente una medida (degenerada, si es necesario). El caso más claro de esto ocurre con lo que se denomina una medida *nula* (o *libre de interacción*). Este fascinante tipo de situación interesa por sí misma, e ilustra uno de los aspectos más extraños del comportamiento mecanocuántico. En consecuencia, vale la pena que nos fijemos en uno o dos ejemplos.

Consideremos una situación del tipo que se ha examinado en §21.7, en la que un único fotón es dirigido hacia un divisor de haz donde su estado es parcialmente reflejado y parcialmente transmitido. Después del choque, el estado es una suma de estas dos partes ortogonales, la parte transmitida $|\tau\rangle$ y la parte reflejada $|\rho\rangle$ (donde, para hacer de ello una bonita suma directa, absorbemos cualquier factor de fase relativa en las definiciones de $|\tau\rangle$ y $|\rho\rangle$ y no insistimos en la normalización):

$$|\psi\rangle = |\tau\rangle + |\rho\rangle$$

(véase la Fig. 22.5). Supongamos que en el camino del haz transmitido se coloca un detector que, a efectos del argumento, suponemos que tiene una eficiencia de un ciento por ciento. Además, la fuente de fotones debe ser tal que cada suceso de emisión de fotón es registrado (en la fuente) con un ciento por ciento de eficiencia. (Estas son evidentemente idealizaciones; en un experimento real sería difícil acercarse a tales eficiencias. De todas formas, son idealizaciones razonables para ilustrar cómo funciona la mecánica cuántica). Si observamos que en algunas ocasiones la fuente ha emitido un fotón pero el detector no lo ha recibido, entonces podemos estar seguros de que en dichas ocasiones el fotón ha «seguido la otra vía» y su estado es por consiguiente el estado reflejado $|\rho\rangle$. El hecho notable es que la medida de *no* detección del fotón ha provocado que el estado del fotón sufra un salto cuántico (desde la superposición $|\psi\rangle$ al estado reflejado $|\rho\rangle$), ¡pese al hecho de que el fotón no ha interaccionado en absoluto con el aparato de medida! Este es un ejemplo de una medida *nula*.

Un uso impresionante de este tipo de cosas ha sido sugerido por Avshalom Elitzur y Lev Vaidman.[16] Supongamos que nuestro divisor de haz es parte de un interferómetro de Mach-Zehnder (recordemos la parte final de mi experimento mental astronómico descrito en §21.7; véase la Fig. 21.9), aunque no sabemos si un detector C ha sido

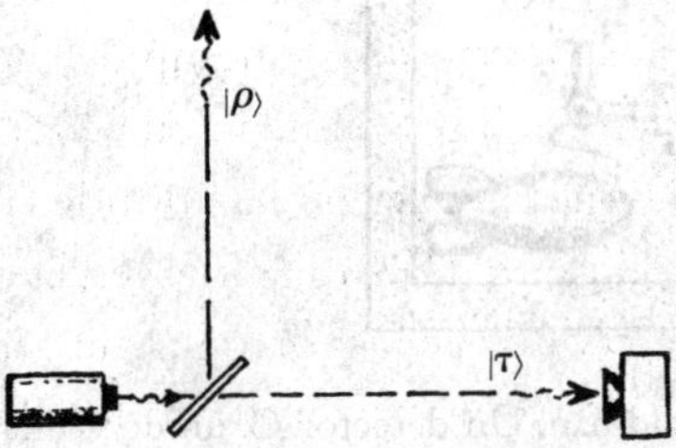

Fig. 22.5. Medida nula que requiere el postulado de proyección. Un único fotón se dirige hacia un divisor de haz. El estado resultante $|\psi\rangle$, al ser parcialmente reflejado y parcialmente transmitido, es la suma $|\psi\rangle = |\tau\rangle + |\rho\rangle$ de la parte transmitida $|\tau\rangle$ y la parte reflejada $|\rho\rangle$ (absorbiendo cualquier factor de fase relativa en las definiciones y sin insistir en la normalización). Si se encuentra que la fuente ha emitido un fotón pero el detector no lo ha recibido, entonces sabemos que el fotón está en el estado $|\rho\rangle$ incluso si no ha interaccionado en absoluto con el detector.

colocado o no en el haz transmitido en el primer divisor de haz. Supongamos que el detector C detona una bomba, de modo que la bomba explotaría si C recibiera el fotón. Hay dos detectores finales, A y B, y sabemos (de §21.7) que solo A, y no B, puede registrar la recepción del fotón si C está ausente (véase la Fig. 22.6). Queremos determinar la presencia de C (y de la bomba) en una situación sin perderla realmente en una explosión. Esto se consigue en aquellas circunstancias en las que el detector B registra realmente el fotón; ¡pues ello solo puede ocurrir si el detector C hace la medida de que *no* recibe el fotón! En efecto, en este caso el fotón ha tomado en realidad la otra ruta, de modo que ahora cada uno de los detectores A y B tiene una probabilidad 1/2 de recibir el fotón (porque ahora no hay interferencia entre los dos haces), mientras que en ausencia de C, solo A puede recibir el fotón.[17]

En los ejemplos que acabamos de ver no hay degeneración, de modo que no se presenta realmente la cuestión que se ha abordado antes acerca de que el mero resultado de la medida es insuficiente para determinar el estado al que «salta» el sistema. Recordemos de §22.6 que necesitamos el uso adecuado del postulado de proyección. En consecuencia, introduzcamos otro grado de libertad, y es conveniente hacerlo teniendo en cuenta el fenómeno de polarización del fotón. Este es un ejemplo de la cualidad física mencionada antes, del espín mecanocuántico. Volveré a las ideas del espín de forma más detallada en §§22.8-11. Por el momento necesitamos solo unas pocas propie-

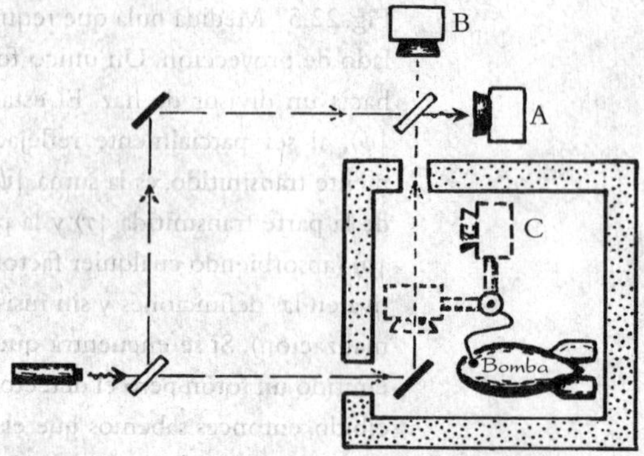

Fig. 22.6. La prueba de la bomba de Elitzur-Vaidman. Un detector C, unido a una bomba, puede o no estar insertado en un interferómetro de tipo Mach-Zehnder (véase la Fig. 21.9). (Los rectángulos blancos delgados representan divisores de haz; los negros, espejos.) Las longitudes de los brazos dentro del interferómetro son iguales, de modo que un fotón emitido por la fuente debe llegar al detector A cuando quiera que C no esté insertado. En el caso de que el detector B reciba el fotón (sin que explote la bomba), sabemos que C está en su lugar en el haz, incluso si no ha encontrado el fotón.

dades básicas del espín, pero únicamente en el caso de una partícula sin masa. Los fotones son, de hecho, partículas que poseen espín, pero, al no tener masa, su espín se comporta de una forma ligeramente diferente del espín más habitual de una partícula masiva (por ejemplo, un electrón o un protón) al que llegaremos en §§22.8-10. Debemos considerar que un fotón (u otra partícula sin masa) está girando necesariamente alrededor de su dirección de movimiento; véase la Fig. 22.7.

La cantidad $|s|$ de este espín es siempre la misma para un tipo dado de partícula sin masa, pero el espín puede ser dextrógiro ($s > 0$) o levógiro ($s < 0$) en torno a la dirección de movimiento. Además, de acuerdo con los principios generales de la mecánica cuántica, el estado del espín puede ser cualquier combinación lineal (cuántica) de los dos. La magnitud s se denomina *helicidad* de la partícula sin masa (§22.12), y su valor tiene que ser siempre entero o semientero (o, introduciendo las unidades apropiadas, deberíamos decir que la helicidad es un múltiplo entero de $\frac{1}{2}\hbar$). Se dice que una partícula sin masa tiene *espín*

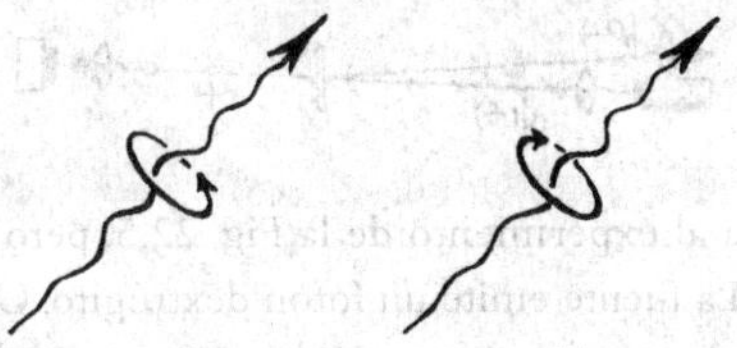

Fig. 22.7. Una partícula sin masa, tal como un fotón, solo puede girar alrededor de su dirección de movimiento. La magnitud $|s|$ de este giro es siempre la misma para un tipo dado de partícula sin masa, pero si la helicidad s es no nula (como en el caso de un fotón), entonces el giro puede ser o bien (a) dextrógiro ($s > 0$, helicidad positiva), o bien (b) levógiro ($s < 0$, helicidad negativa). Para un fotón tenemos $|s| = 1$ (en unidades de $\hbar$), que da los dos casos $s = 1$, para la polarización circular dextrógira, y $s = -1$, para la polarización circular levógira. Por el principio de superposición cuántico, podemos formar combinaciones lineales complejas de estos, que dan los otros estados posibles de polarización del fotón, como se muestra en las Figs. 21.12 y 21.13.

j si $|s| = j$ (o, con unidades, $|s| = j\hbar$). Un fotón tiene espín 1 (de modo que su helicidad es ± 1); un gravitón tiene espín 2 (helicidad ± 2). Los neutrinos tienen espín 1/2, y si existen neutrinos sin masa,[18] tales neutrinos tendrán helicidad $-1/2$, y sus correspondientes antineutrinos tendrán helicidad 1/2.

En el caso de un fotón, los estados de helicidad (estados de helicidad definida) son los estados de *polarización circular*, dextrógira para $s = 1$ y levógira para $s = -1$, respectivamente. Existen otros estados posibles para la polarización de un fotón, tales como la polarización plana, pero estos son simplemente combinaciones lineales de los estados dextrógiro y levógiro. Al final de §22.9 llegaré a la geometría de todo esto, pero por el momento no será necesario. Todo lo que necesitamos por ahora es un hecho particular acerca de cómo se comporta la polarización circular bajo reflexión. Estoy suponiendo que un fotón en un estado circularmente polarizado incide *perpendicularmente* sobre el divisor de haz (o sobre cualquier otro tipo de espejo que pudiéramos utilizar), de modo que el haz reflejado vuelve directamente en la dirección de la que procedía el fotón. El hecho que necesitamos es que el estado de polarización del fotón reflejado es entonces *opuesto* al del fotón emitido en la fuente, mientras que la parte transmitida tiene una

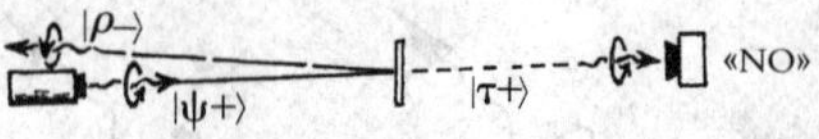

Fig. 22.8. Una vuelta al experimento de la Fig. 22.5, pero ahora el fotón incide casi perpendicularmente. La fuente emite un fotón dextrógiro. Una vez que el fotón ha encontrado el divisor de haz, su estado es $|\psi+\rangle = |\tau+\rangle + |\rho-\rangle$, donde los «+» y «–» dentro del ket se refieren al signo de la helicidad. Si el detector (insensible a la polarización) no registra la recepción del fotón, concluimos que el estado ha saltado (por la ausencia de detección) al estado levógiro reflejado $|\rho-\rangle$. Esto exige el postulado de proyección completo (para el punto de Lüders, véase la Fig. 22.9), porque hay una degeneración tanto en el caso NO (el 2-espacio generado por $|\rho+\rangle$ y $|\rho-\rangle$) como en el caso SÍ (el generado por $|\tau+\rangle$ y $|\tau-\rangle$). El estado de partida real $|\tau+\rangle + |\rho-\rangle$ es necesario para determinar dónde salta el estado por la medida (aquí una no detección).

polarización que es la *misma* que la del fotón emitido.[22.16] Si lo deseamos, podemos suponer que hay una minúscula inclinación en la dirección del haz inicial, de modo que el haz de fotones reflejados no vuelve a entrar en la fuente. Esto no afectará de forma importante a nuestras consideraciones.

Volvamos a nuestro experimento original de «medida nula» de la Fig. 22.5, pero ahora con el fotón incidiendo perpendicularmente, como en la Fig. 22.8. Supongamos que nuestra fuente puede sintonizarse de modo que emita sus fotones en un estado polarizado dextrógiro o levógiro. En una ocasión concreta emite un fotón dextrógiro (y toma nota de este hecho). Una vez que el fotón ha incidido en el divisor de haz, el estado del fotón es una combinación lineal (una *suma* con los convenios apropiados sobre factores de fase, como antes):

$$|\psi+\rangle = |\tau+\rangle + |\rho-\rangle,$$

donde el «+» o el «–» dentro del ket se refieren al signo de la helicidad. Coloquemos nuestro detector en el haz transmitido, como antes (y supongamos que es insensible a la polarización). Entonces si, como antes, la fuente registra que ha emitido el fotón dextrógiro pero el detector no lo registra, debe concluirse que el estado ha saltado (por la «no detección» por la fuente) al estado levógiro reflejado $|\rho-\rangle$. El punto que

[22.16] ¿Puede sugerir una sencilla razón para esto?

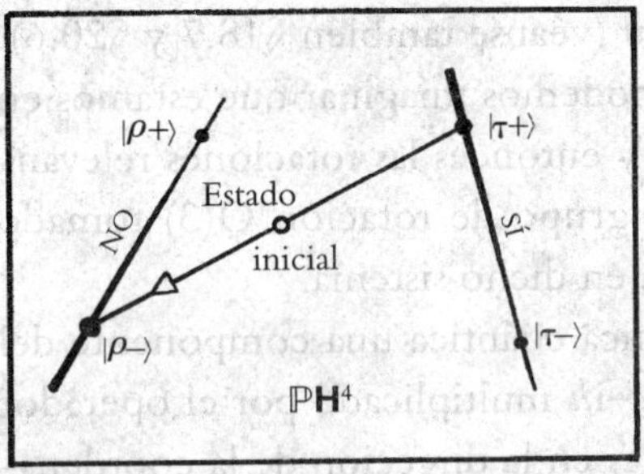

Fig. 22.9. Una descripción en el espacio de Hilbert proyectivo $\mathbb{P}\mathbf{H}^4$ (véase la Fig. 15.15) del postulado de proyección de la Fig. 22.4, para los estados de polarización del fotón en la Fig. 22.8. El estado inicial es $|\tau+\rangle + |\rho-\rangle$ indicado dentro de $\mathbb{P}\mathbf{H}^2$, y $|\tau+\rangle$, $|\tau-\rangle$, $|\rho+\rangle$ y $|\rho-\rangle$ llenan el espacio completo. La flecha triangular blanca muestra la proyección en $|\rho-\rangle$ (punto de Lüders), y está a lo largo de la línea que es la única transversal a las líneas SÍ y NO desde el punto inicial ($|\tau+\rangle + |\rho-\rangle$). La (no) detección nos diría meramente que el estado resultante yace en la línea NO, pero la elección del estado inicial rompe esta degeneración, según el postulado de proyección completo.

estoy señalando es que se requiere el postulado de proyección para descubrir la naturaleza de este estado resultante; véase la Fig. 22.9. La medida es de un carácter puramente SÍ/NO, porque el resultado es o bien «no detección» (NO), o bien «detección» (SÍ). Hay una degeneración para estas dos alternativas, porque el autoespacio de la respuesta NO es el 2-espacio generado por $|\rho+\rangle$ y $|\rho-\rangle$, y el autoespacio de la respuesta SÍ es el generado por $|\tau+\rangle$ y $|\tau-\rangle$. Puesto que el estado inicial es en este caso, $|\tau+\rangle + |\rho-\rangle$, el postulado de proyección[19] nos lleva correctamente a $|\rho-\rangle$, en el caso de NO, en lugar de a $|\rho+\rangle$ o a $|\rho+\rangle + |\rho-\rangle$ (o a cualquier otra combinación lineal de $|\rho+\rangle$ y $|\rho-\rangle$) en caso de un resultado de no detección.[20,[22.17]]

22.8. Espín y espinores

Este no es un experimento muy apasionante, pero ilustra un punto importante. Veremos algunas cosas mucho más notables en el capítulo 23.

[22.17] Explique con más detalle por qué la respuesta correcta está dada por «protección».

Pero, como preparación para ello, será conveniente decir algo más sobre el espín. Este se refiere, en el caso de una partícula masiva, al momento angular respecto a su centro de masas.[21] En §§21.1-5 hemos visto la importancia de la conservación de la masa-energía y la conservación del momento lineal como características, respectivamente, de la simetría de traslación temporal y la simetría de traslación espacial de nuestras leyes cuánticas. De modo análogo, la simetría rotacional da lugar a la conservación del momento *angular* (véanse también §18.7 y §20.6). En el caso de una partícula masiva, podemos imaginar que estamos en el sistema de reposo de la partícula, y entonces las rotaciones relevantes son aquellas que constituyen el grupo de rotación O(3) tomado respecto a la posición de la partícula en dicho sistema.

Del mismo modo que en mecánica cuántica una componente del momento lineal se representa como $-i\hbar$ multiplicado por el operador que genera traslaciones infinitesimales en la dirección de la coordenada de posición correspondiente (§§21.1,2), también hay una componente del momento angular que se representa por $i\hbar$ multiplicado por el generador de las rotaciones infinitesimales en torno al eje (espacial cartesiano) correspondiente. Las componentes del momento angular, en mecánica cuántica, remiten así al *álgebra* de las rotaciones infinitesimales (§§13.6-10), i.e., el álgebra de Lie del grupo de rotación O(3) o equivalentemente SO(3), ya que el álgebra de Lie no distingue entre los dos.

Puesto que SO(3) es no abeliano, no todos los elementos del álgebra de Lie conmutan; de hecho, los generadores de esta álgebra ℓ_1, ℓ_2, ℓ_3, las rotaciones infinitesimales alrededor de los tres ejes espaciales cartesianos, satisfacen[22.18]

$$\ell_1\ell_2 - \ell_2\ell_1 = \ell_3, \quad \ell_2\ell_3 - \ell_3\ell_2 = \ell_1, \quad \ell_3\ell_1 - \ell_1\ell_3 = \ell_2.$$

Estas están relacionadas, según las reglas de la mecánica cuántica, con las componentes $\boldsymbol{L}_1, \boldsymbol{L}_2, \boldsymbol{L}_3$ del momento angular respecto a los tres ejes, de acuerdo con:

$$\boldsymbol{L}_1 = i\hbar\ell_1, \quad \boldsymbol{L}_2 = i\hbar\ell_2, \quad \boldsymbol{L}_3 = i\hbar\ell_3.$$

[22.18] Utilice cuaterniones para comprobarlo.

Así, nuestras reglas de conmutación para el momento angular son[22]

$$\boldsymbol{L}_1\boldsymbol{L}_2 - \boldsymbol{L}_2\boldsymbol{L}_1 = \mathrm{i}\hbar\boldsymbol{L}_3, \quad \boldsymbol{L}_2\boldsymbol{L}_3 - \boldsymbol{L}_3\boldsymbol{L}_2 = \mathrm{i}\hbar\boldsymbol{L}_1, \quad \boldsymbol{L}_3\boldsymbol{L}_1 - \boldsymbol{L}_1\boldsymbol{L}_3 = \mathrm{i}\hbar\boldsymbol{L}_2.$$

Igual que sucede con prácticamente cualquier otra cosa en mecánica cuántica, las componentes del momento angular $\boldsymbol{L}_1$ $\boldsymbol{L}_2$ $\boldsymbol{L}_3$ deben actuar como operadores lineales en el espacio de Hilbert **H**. Así pues, los sistemas cuánticos que poseen momento angular proporcionan una representación del álgebra de Lie de SO(3) en términos de transformaciones lineales de **H** (véanse §§13.6,10, §14.6).

Esto conduce a uno de los aspectos más elegantes y reveladores de la mecánica cuántica, y es un tema que recompensa con creces un estudio detallado. Sin embargo, este no es lugar para tales detalles, de modo que solo señalaré algunos puntos de particular importancia. En primer lugar, tomemos nota del hecho de que las matrices explícitas

$$\boldsymbol{L}_1 = \frac{\hbar}{2}\begin{pmatrix} 0 & 1 \\ 1 & 0 \end{pmatrix}, \boldsymbol{L}_2 = \frac{\hbar}{2}\begin{pmatrix} 0 & -\mathrm{i} \\ \mathrm{i} & 0 \end{pmatrix}, \boldsymbol{L}_3 = \frac{\hbar}{2}\begin{pmatrix} 1 & 0 \\ 0 & -1 \end{pmatrix},$$

llamadas (sin los $\hbar/2$) *matrices de Pauli*, satisfacen las reglas de conmutación requeridas.[22.19] Proporcionan la representación más sencilla (no trivial) del momento angular, e imaginamos que estas matrices 2×2 actúan sobre una función de onda con dos componentes $\{\psi_0(\boldsymbol{x}), \psi_1(\boldsymbol{x})\}$. Cuando empezamos a rotar este estado, las componentes $\psi_0(\boldsymbol{x})$ y $\psi_1(\boldsymbol{x})$ se mezclan de acuerdo con las reglas de multiplicación de matrices que generan las matrices de Pauli.

Podemos llamar ψ_A a esta función de onda de 2-componentes, utilizando un subíndice A (que toma los valores 0 y 1, o cualquier otra cosa que podamos considerar como un índice abstracto de acuerdo con la «notación de índices abstractos» mencionada en §12.8). La magnitud descrita por ψ_A se denomina un *espinor*, y su índice A se conoce como un índice *2-espinorial*. Resulta que ψ_A es un objeto espinorial en el sentido descrito en §11.3 (una rotación continua de 2π lo convierte en su negativo). De hecho, si «exponenciamos» de forma continua (véase §14.6) una de las matrices de Pauli hasta que obten-

[22.19] Compruébelo. Explique cómo se relacionan estas reglas de multiplicación con las de los cuaterniones.

gamos una rotación completa de 2π, obtenemos el operador $-\boldsymbol{I}$, que envía ψ_A a $-\psi_A$.[22.20]

Esta notación es parte de un potente formalismo que puede desarrollarse para complementar (o incluso reemplazar)[23] el formalismo del cálculo tensorial, utilizando cantidades «tipo tensor» construidas a partir de cosas como «ψ_A». Aunque aquí no es completamente necesario, su poder real se manifiesta cuando nos aprovechamos de la versión relativista de este formalismo. Para esto necesitamos también índices «primados» A', B', C', ..., además de los «no primados» A, B, C, ..., que son, en un sentido apropiado, *complejos conjugados* unos de otros; véase §13.9. La notación tiene gran valor en la teoría cuántica de campos (un hecho quizá menos apreciado de lo que debiera;[24] véanse §25.2 y §34.3) y en la relatividad general[25] (y desempeña un papel básico en la teoría de twistores; véase §33.6). No es oportuno que entre ahora en detalles, pero será útil tomar prestado un poco de este formalismo 2-espinorial. Todo lo que necesitaremos aquí y en §§22.9-11 es representar estados de espín general de una forma clara. No necesitaremos los índices primados (hasta §§25.2,3 y §§33.6,8), puesto que aquí solo estamos haciendo física no relativista.

Antes de entrar en esto, quiero hacer una simplificación notacional. Para el resto de esta sección y hasta el final de §§22.11, supondré por conveniencia que se han escogido las unidades de modo que $\hbar = 1$. De hecho, esto es siempre posible, y veremos en §27.10 (y §31.1) que podríamos ir mucho más lejos y describir las cosas en términos de lo que se denominan «unidades de Planck», en las que la velocidad de la luz y la constante gravitatoria se hacen también iguales a la unidad. No hay necesidad de ir tan lejos aquí, y en cualquier caso no es difícil restaurar $\hbar$, si hace falta, por simples consideraciones de dimensiones físicas. (Por ejemplo, para restaurar $\hbar$ en cualquier fórmula en la que $\hbar$ se ha hecho igual a la unidad, reemplazamos cualquier magnitud que escale como la q-ésima potencia de la masa, ignorando la longitud y el tiempo, por $\hbar^{-q}$ multiplicado por dicha magnitud. En particular, masa, energía, momento y momento angular quedarían simplemente divididos por $\hbar$.)

[22.20] Hágalo explícitamente.

Volviendo al formalismo 2-espinorial, recordemos que una magnitud espinorial univalente ψ_A puede utilizarse para describir una partícula de espín 1/2. El mismo tipo de notación puede adoptarse para valores más altos del espín, correspondientes a otras representaciones del álgebra de Lie de SO(3). El valor del espín es siempre un múltiplo entero no negativo de 1/2:

$$0, \frac{1}{2}, 1, \frac{3}{2}, 2, \frac{5}{2}, \ldots$$

(o, restaurando $\hbar$, diríamos que el espín/$\hbar$ toma estos valores) y la función de onda puede describirse mediante un objeto $\psi_{AB\ldots F}$ (un «tensor-espín) que es completamente simétrico en sus n índices en el caso del espín $n/2$

$$\psi_{AB\ldots F} = \psi_{(AB\ldots F)}$$

(donde los paréntesis redondos denotan simetrización sobre todos los n índices; véase §12.7). De hecho, todas las representaciones de SO(3) —donde incluimos las espinoriales 2-valuadas— pueden construirse como *sumas directas* de estas representaciones concretas, las representaciones *irreducibles* (véase §13.7). Esto equivale a decir que la representación general puede expresarse como una colección (posiblemente infinita) de funciones de onda

$$\{\psi_{AB\ldots F}, \phi_{GH\ldots K}, \chi_{LM\ldots R}, \ldots\},$$

cada una de las cuales es totalmente simétrica en sus índices espinoriales.

Para una partícula individual habría solo un campo simétrico semejante, por ejemplo, $\psi_{AB\ldots F}$, para su función de onda. (Sería un error comprensible pensar que para dos partículas habría dos de ellos; para tres partículas, tres de ellos, etc. Veremos cómo se describen realmente los sistemas de más de una partícula en el próximo capítulo. Es algo bastante más sutil que esto.) Para una partícula de espín 0, denominada una partícula *escalar* (tal como un mesón π), la función de onda tiene 0 índices, y esta era la situación que se ha tratado en el capítulo 21. Las partículas más familiares, electrones, muones, neutrinos, protones, neutrones, y también sus quarks constituyentes, tienen todas espín 1/2 (solo 1 índice). El deuterón (núcleo del hidrógeno pesado) y los bosones W (véase §25.4) tienen espín 1 (2 índices espinoriales simétricos). Muchos núcleos más pesados, e incluso átomos enteros, pueden ser tratados como una única partícula con espín mucho mayor. Para espín $\frac{1}{2}n$, el objeto de n índices $\psi_{AB...F}$ tiene $n+1$ componentes complejas independientes.[26,[22.21]] Aunque el tensor-espín $\psi_{AB...F}$ se conoce frecuentemente como un *espinor* de n-índices, solo es un objeto espinorial (§11.3) cuando n es impar, casos estos en que el espín es un número semiimpar, y no entero. Debería señalarse también que el propio valor de espín, $j = \frac{1}{2}n(\geq 0)$, determina (y es determinado por) el autovalor $j(j+1)$ del operador «espín total»[27]

$$\mathbf{J}^2 = \boldsymbol{L}_1^2 + \boldsymbol{L}_2^2 + \boldsymbol{L}_3^2,$$

siendo esta la «longitud al cuadrado» del operador 3-vectorial $\mathbf{J} = (\boldsymbol{L}_1, \boldsymbol{L}_2, \boldsymbol{L}_3)$.

El espín total $\mathbf{J}^2$ *conmuta*[[22.22],[22.23]] con cada componente $\boldsymbol{L}_1, \boldsymbol{L}_2, \boldsymbol{L}_3$ del momento angular (pese al hecho de que tales componentes no conmutan entre sí). Esta propiedad caracteriza a $\mathbf{J}^2$ como un *operador de Casimir* para SO(3); véase §22.12. Para delinear por completo los estados cuánticos, formamos un conjunto completo de operadores conmutativos (§22.12), y buscamos estados que sean simultáneamente autoestados de todos los operadores del conjunto. En el caso del momento angular lo que se hace normalmente es tomar, además de $\mathbf{J}^2$, el operador $\boldsymbol{L}_3$ del momento angular en torno a la dirección hacia arriba («z»). Los dos «números cuánticos» j y m etiquetan el estado, siendo $j(j+1)$ el autovalor de $\mathbf{J}^2$ y m el autovalor de $\boldsymbol{L}_3$. Tomamos $j \geq 0$ y $-j \leq m \leq j$,

[22.21] Trate de calcularlo a partir de la información dada.

[22.22] Compruebe esta conmutación directamente a partir de las reglas de conmutación del momento angular.

[22.23] Considere los operadores $\boldsymbol{L}^+ = \boldsymbol{L}_1 + \mathrm{i}\boldsymbol{L}_2$ y $\boldsymbol{L}^- = \boldsymbol{L}_1 - \mathrm{i}\boldsymbol{L}_2$ y calcule sus conmutadores con $\boldsymbol{L}_3$. Escriba $\mathbf{J}^2$ en términos de $\boldsymbol{L}^\pm$ y $\boldsymbol{L}_3$. Demuestre que si $|\psi\rangle$ es un autoestado de $\boldsymbol{L}_3$, entonces también lo son $\boldsymbol{L}^\pm|\psi\rangle$, siempre que sean no nulos, y encuentre sus autovalores en términos del autovalor de $|\psi\rangle$. Demuestre que si $|\psi\rangle$ pertenece a un espacio de representación irreducible de dimensión finita generado por tales autoestados, entonces la dimensión es un entero $2j$, donde $j(j+1)$ es el autoestado de $\mathbf{J}^2$ para todos los estados en el espacio.

donde j y m son ambos o bien semienteros impares (caso espinorial), o bien enteros. Los $2j + 1$ ($= n + 1$) diferentes valores posibles de m corresponden a las diferentes componentes de $\psi_{AB\ldots F}$.

La elección de la dirección hacia arriba es, por supuesto, arbitraria (y corresponde a escoger una base arriba/abajo (la $|\uparrow\rangle$, $|\downarrow\rangle$ de §22.9) para las componentes espinoriales. Igualmente, podría escoger cualquier otra dirección espacial en lugar de «arriba». En consecuencia, en ocasiones mencionaré el «valor m» en alguna otra dirección dada (como sucede con la descripción de Majorana de §22.10).

22.9. La esfera de Riemann de los sistemas de dos estados

Consideremos la extraordinariamente concisa —e incluso mágica— geometría cuántica de los estados de espín individuales para el espín 1/2 (por ejemplo, electrón, protón, neutrón, quark). Esto es también ilustrativo para la comprensión de los sistemas cuánticos de 2-estados en general. Un sistema semejante está descrito por un espacio de Hilbert 2-dimensional $\mathbf{H}^2$, y el caso del espín 1/2 representa muy bien su geometría.

En el caso de nuestra partícula de espín 1/2 nos interesaremos solo en los *grados de libertad de espín*, en el sistema de reposo de la partícula. Para hacer esto explícito, imaginemos que la partícula está «en reposo» en el sentido de que está en el autoestado de momento lineal cero, de modo que su estado tiene que ser constante[22.24] en las variables espaciales $\mathbf{x}$. Entonces, ψ_0 y ψ_1 son simplemente números complejos, digamos $\psi_0 = w$ y $\psi_1 = z$, y escribimos el estado como $\{w, z\}$. Podemos disponer las cosas de modo que «espín arriba» $|\uparrow\rangle$ (dextrógiro respecto a la vertical hacia arriba) sea el estado de espín $\{1, 0\}$; en correspondencia, «espín abajo» $|\downarrow\rangle$ (dextrógiro respecto a la vertical hacia abajo) será $\{0, 1\}$. Estos dos estados de base son ortogonales:

$$\langle\uparrow|\downarrow\rangle = 0.$$

[22.24] ¿Por qué?

También normalizamos:

$$\langle\uparrow|\uparrow\rangle = 1 = \langle\downarrow|\downarrow\rangle.$$

El estado de espín 1/2 general $\psi_A = \{w, z\}$ (elemento general de $\mathbf{H}^2$) es la combinación lineal

$$\{w, z\} = w|\uparrow\rangle + z|\downarrow\rangle$$

de estos dos estados. El producto escalar de otro estado general $\{a, b\}$ (i.e., $a|\uparrow\rangle + b|\downarrow\rangle$) por $\{w, z\}$ está dado por[22.25]

$$\langle\{a, b\}|\{w, z\}\rangle = \bar{a}w + \bar{b}z.$$

Resulta ahora que todo estado de espín 1/2 debe ser realmente un estado puro de espín que es dextrógiro respecto a *alguna* dirección en el espacio, de modo que podemos escribir (digamos)

$$w|\uparrow\rangle + z|\downarrow\rangle = |\nearrow\rangle,$$

donde «$\nearrow$» es una dirección real en el espacio.[22.26] Esto nos da una notable identificación entre el espacio proyectivo $\mathbb{P}\mathbf{H}^2$ (§15.6) y la geometría de direcciones en el espacio, consideradas estas como direcciones de espín. Los estados de espín 1/2 físicamente distintos son proporcionados por este espacio proyectivo (véase §21.9), y los diferentes puntos de $\mathbb{P}\mathbf{H}^2$ están etiquetados por las distintas *razones*

$$z : w.$$

En otras palabras, $\mathbb{P}\mathbf{H}^2$ es tan solo una copia de nuestra vieja amiga, la *esfera de Riemann*, con la que nos hemos familiarizado por primera vez en §8.3. Cada punto de esta esfera de Riemann etiqueta un estado de espín 1/2 distinto, que es el autoestado «$m = +1/2$» de la medida de espín concreta que se toma en la dirección que va desde el centro de la esfera a dicho punto (Fig. 22.10).

[22.25] Obtenga esta expresión a partir de lo que se ha dicho antes.
[22.26] Trate de obtener esto de dos formas diferentes: (i) encontrando la dirección explícitamente en algún sistema cartesiano apropiado, donde el estado $\{a, b\}$ define b/a como un punto en el plano complejo de la Fig. 8.7a; (ii) sin cálculo directo, utilizando el hecho de que, puesto que $\mathbf{H}^2$ es un espacio de representación de SO(3), todas las direcciones de espín están incluidas, pese a que $\mathbb{P}\mathbf{H}^2$ no es «suficientemente grande» para contener más estados que esto.

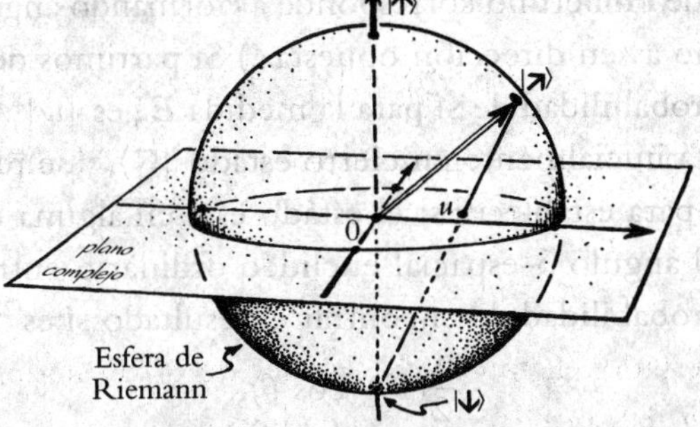

Fig. 22.10. El espacio proyectivo $\mathbb{P}\mathbf{H}^2$ para un sistema de dos estados es una esfera de Riemann (véase la Fig. 8.7). Para los estados de espín de una partícula masiva de espín 1/2, podemos utilizar el polo norte para representar el estado de espín $|\uparrow\rangle$ (espín «arriba») y el polo sur, el estado $|\downarrow\rangle$ (espín «abajo»). Un estado de espín general $|\nearrow\rangle$ está representado (con fases apropiadas para $|\uparrow\rangle$ y $|\downarrow\rangle$) por el punto en la esfera cuya dirección a partir del centro es la de $|\nearrow\rangle$ (i.e., que da el resultado «sí» *con certeza* para una medida de espín $\boldsymbol{E}_{\nearrow}$ en dicha dirección), como se ilustra por la flecha de doble trazo. Podemos expresar el estado $|\nearrow\rangle$ como una combinación lineal $|\nearrow\rangle = w\,|\uparrow\rangle + z|\downarrow\rangle$ (donde podemos considerar los números complejos z, w, como las componentes $w = \psi_0$, $z = \psi_1$ de un 2-espinor ψ_A). Los puntos en la esfera corresponden a las distintas razones $z : w$. Cada una de estas puede representarse por un número complejo $u = z/w$ (admitiendo ∞) en el plano complejo, tomando este plano como el plano ecuatorial de la esfera. El punto u proyecta estereográficamente desde el polo sur al punto en la esfera que representa $|\nearrow\rangle$.

Vemos esta relación geométrica de forma más explícita si utilizamos la proyección estereográfica de la esfera desde su polo sur en su plano ecuatorial descrita en §8.3 (Fig. 8.7a). Hay que considerar este plano como el plano complejo de la *razón* z/w entre las amplitudes mecanocuánticas z y w (y no de la «z» de §8.3). Esto relaciona directamente el punto concreto de la esfera, correspondiente a la dirección espacial $\nearrow$, con la razón z/w.

Utilicemos el proyector $\boldsymbol{E}_{\nearrow}$ para denotar la medida que plantea la pregunta «¿Está el espín en la dirección $\nearrow$?», de modo que el valor propio es 1 (sí), si se encuentra que el estado de espín es (o se proyecta en) $|\nearrow\rangle$ y es 0 (NO), si el espín se proyecta en el estado de espín ortogonal $|\swarrow\rangle$ en la dirección espacial *opuesta* (correspondiente al punto antipodal en la esfera de Riemann). (Nótese que en este ejemplo «ortogonal» en el espacio de Hilbert no corresponde a «formando ángulos rectos» en el espacio, sino a «en dirección opuesta».) Si partimos del estado $|\uparrow\rangle$, entonces la probabilidad de sí para la medida $\boldsymbol{E}_{\nearrow}$ es $|w|^2/(|w|^2 + |z|^2)$. Si el espín está inicialmente en cierto estado $|\nwarrow\rangle$, y se realiza una medida sobre él para establecer si el estado está en alguna otra dirección $|\nearrow\rangle$, donde el ángulo 3-espacial euclídeo ordinario entre $\nwarrow$ y $\nearrow$ es θ, entonces la probabilidad de encontrar el resultado sí es[22.27]

$$\frac{1}{2}(1 + \cos\theta).$$

Podemos también expresar esta probabilidad directamente en términos de la geometría de la esfera, donde $\nwarrow$ y $\nearrow$ vienen dados por dos puntos A y B, respectivamente, sobre la esfera y proyectamos ortogonalmente B en un punto C sobre el diámetro que pasa por A (Fig. 22.11). Si A′ es el punto antipodal de A, entonces la probabilidad de sí es la longitud A′C dividida por el diámetro AA′ de la esfera.[22.28]

Nótese que la «esfera de Riemann» utilizada aquí tiene más estructura que la de §8.3 y la esfera celeste de §18.5, pues ahora la noción de «punto antipodal» es parte de la estructura de la esfera (para que podamos decir qué estados son «ortogonales» en el sentido de espacio de Hilbert). La esfera es ahora una «esfera métrica» antes que una «esfera conforme», de modo que sus simetrías vienen dadas por rotaciones en el sentido ordinario, y perdemos los movimientos conformes que se manifestaban en efectos de aberración en la esfera celeste. De todas formas, nuestro uso actual de la esfera de Riemann muestra claramente una conexión explícita entre las razones de números complejos que aparecen en mecánica cuántica y las direcciones ordinarias del espacio. Vemos, una vez más, que los números complejos que aparecen en el formalismo de estados cuánticos no son cosas completamente abstractas; están íntimamente relacionados con el comportamiento geométrico y dinámico. (Recordemos también el papel de las fases complejas para determinar la dinámica de un estado del momento, como se describe en §21.6.)

Habría que señalar que la geometría de la Fig. 22.11, que expresa

[22.27] Demuéstrelo.
[22.28] Confírmelo.

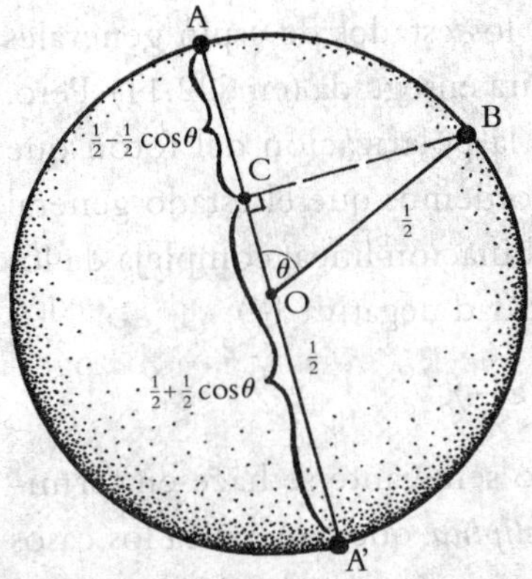

Fig. 22.11. Supongamos que el estado inicial de un sistema de dos estados (como el de la Fig. 22.10) está representado por el punto B en la esfera de Riemann y queremos ejecutar una medida SÍ/NO correspondiente a algún otro punto en la esfera, donde SÍ encontraría el estado en A y no lo encontraría en el punto A′, antipodal de A. Suponiendo que la esfera tiene radio $\frac{1}{2}$, y proyectando A ortogonalmente a C en el eje A′A, encontramos que la probabilidad de SÍ es la longitud A′C, que es $\frac{1}{2}(1 + \cos\theta)$, y la probabilidad de NO es la longitud CA, que es $\frac{1}{2}(1 - \cos\theta)$, donde θ es el ángulo entre OB y OA, siendo O el centro de la esfera.

las probabilidades que aparecen en una medida cuántica en relación con $\mathbb{P}\mathbf{H}^2$, no está restringida al caso del espín, sino que es completamente general para un sistema de 2-estados. Lo que resulta especial para el caso de espín 1/2 es la asociación inmediata entre *direcciones espaciales* y los puntos de la esfera de Riemann $\mathbb{P}\mathbf{H}^2$. La esfera de Riemann está siempre allí, en un sistema de 2-estados, proporcionando la «difusión cuántica» de un par de alternativas clásicas. Sin embargo, en muchas situaciones físicas el papel geométrico de esta esfera, y de los números complejos mecanocuánticos subyacentes, no es muy directo y existe una tendencia entre los físicos a considerarlos como cantidades puramente «formales». Esta actitud surge en parte del hecho de que la fase global del vector de estado para un sistema físico completo se considera inobservable, de modo que se suele ignorar la riqueza geométrica potencial de los coeficientes complejos internos. Las fases *relativas* entre una parte y otra desempeñan ciertamente un papel observable. Una manera de expresarlo está en el hecho de que la geometría compleja del espacio de Hilbert proyectivo $\mathbb{P}\mathbf{H}$ para un sistema es físicamente significativa. Aunque la fase global queda fuera en la definición de $\mathbb{P}\mathbf{H}$, todas las fases relativas intervienen en su geometría. De hecho, hay enfoques elegantes de la mecánica cuántica que explotan la geometría proyectiva compleja de $\mathbb{P}\mathbf{H}$.[28]

Hay también otras situaciones en las que la geometría de la esfera de Riemann relaciona directamente los números complejos de la mecánica cuántica con las propiedades espaciales del espín. Lo que resulta más significativo es que esto se aplica a los estados de espín generales de una partícula masiva, como se describirá enseguida (en §22.11). Pero, para terminar esta sección, volvamos a la polarización del fotón que hemos visto brevemente en §22.7. Recordemos que el estado general de polarización de un fotón es una combinación lineal compleja de los estados de helicidad positiva $|+\rangle$ y helicidad negativa $|-\rangle$:

$$|\phi\rangle = w|+\rangle + z|-\rangle.$$

La interpretación física de un estado semejante se hace en términos de lo que se denomina *polarización elíptica*, que generaliza los casos particulares de polarización plana y polarización circular. No es mi intención describir esto aquí con todo detalle, pero se obtiene una imagen suficientemente buena si pensamos en términos de una onda plana electromagnética clásica. Los «planos» son los frentes de onda, que son perpendiculares a la dirección de movimiento. En cada punto del espacio habrá un vector eléctrico **E** y un vector magnético **B**, y en el caso de una onda plana estos son siempre perpendiculares y yacen en los frentes de onda. Si imaginamos que fijamos el punto en el espacio y dejamos que la onda pase por él, el vector eléctrico gira a medida que pasa la onda, de modo que la punta de dicho vector describe una elipse en el plano del frente de onda. El vector magnético le sigue, describiendo una elipse idéntica pero rotada un ángulo recto.Véase la Fig. 22.12. En ciertos casos particulares, la elipse se aplasta hasta convertirse en un segmento de línea: son los casos de polarización *plana*. La polarización *circular* ocurre cuando la elipse se convierte en un círculo. Si orientamos las cosas de modo que la onda se dirija directamente hacia nosotros, entonces los vectores giran en sentido contrario a las agujas del reloj para la helicidad positiva, y en el sentido de las agujas del reloj para la helicidad negativa.

Veamos cómo encaja la esfera de Riemann en todo esto. Consideremos que el polo norte representa el estado de helicidad positiva $|+\rangle$,

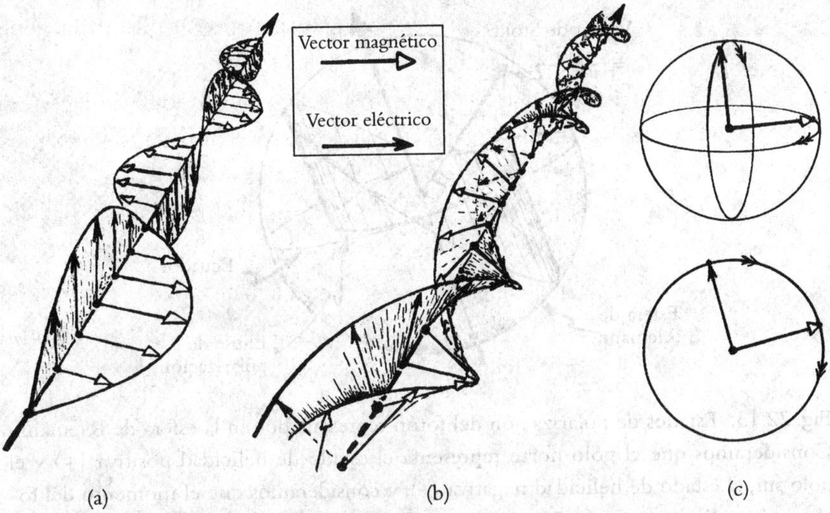

Fig. 22.12. Polarización del fotón (véase la Fig. 21.7) como una característica de las ondas planas electromagnéticas. (a) Una onda plano-polarizada que se aleja del observador. Los vectores eléctricos (flechas de punta negra) y los vectores magnéticos (flechas de punta blanca) oscilan de un lado a otro, en dos planos perpendiculares fijos. (b) En una onda plana circularmente polarizada, los vectores eléctrico y magnético rotan alrededor de la dirección de movimiento, permaneciendo siempre perpendiculares y de la misma longitud constante. (c) Visto desde atrás, los diagramas muestran cómo los vectores eléctrico y magnético rotan a lo largo de la onda (caso de helicidad positiva); la figura inferior muestra la situación para la polarización circular, y la superior, para el caso general de la polarización elíptica, donde las puntas de las dos flechas describen elipses congruentes con sus ejes mayores perpendiculares. La función de onda de un solo fotón mostraría un comportamiento de este tipo.

y el polo sur representa el estado de helicidad negativa $|-\rangle$. Suponemos que el fotón viaja hacia arriba en la dirección de $|+\rangle$. Ahora, en lugar de marcar z/w sobre la esfera de Riemann, vamos a considerar su raíz cuadrada $q = (z/w)^{1/2}$ (no importa cuál), de modo que $q = 0,\infty$ dan $|+\rangle$, $|-\rangle$, respectivamente. Consideremos el radio de la esfera que pasa por q («vector de Stokes») y dibujemos el círculo máximo de la esfera que yace en el plano diametral perpendicular a dicha línea. Orientemos este círculo en un sentido dextrógiro alrededor del eje que pasa por q. Proyectemos luego este círculo ortogonalmente en el plano

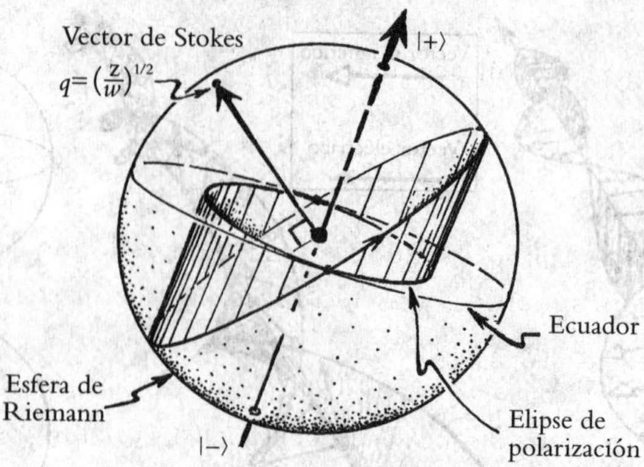

Fig. 22.13. Estados de polarización del fotón representados en la esfera de Riemann. Consideramos que el polo norte representa el estado de helicidad positiva $|+\rangle$ y el polo sur, el estado de helicidad negativa $|-\rangle$, y consideramos que el momento del fotón está en dirección norte. El estado de polarización general $w|+\rangle + z|-\rangle$ está representado por el punto $q = (z/w)^{1/2}$ en la esfera de Riemann. Consideremos el semidiámetro de la esfera desde q, llamado el «vector de Stokes», y tracemos el círculo máximo que yace en el plano diametral perpendicular al mismo. Orientemos este círculo a la derecha respecto al vector de Stokes. Luego proyectemos este círculo ortogonalmente en el plano ecuatorial de la esfera. Esto nos da la elipse de polarización requerida y la orientación correcta.

ecuatorial de la esfera. Obtenemos así la elipse de polarización requerida, junto con la orientación correcta. Véase la Fig. 22.13.[22.29]

22.10. Espín más alto: la imagen de Majorana

Como ejemplo adicional que ilustra la estrecha relación entre los números complejos aparentemente abstractos en mecánica cuántica y la geometría del espacio, consideremos los estados de espín de una partícula masiva —o un átomo— de espín $j = \frac{1}{2}n$. Como se ha comentado antes (en §22.8), este estado puede describirse por un espinor $\psi_{AB...F}$ simétrico de n índices. Ahora bien, existe un teorema que afirma que todo espinor semejante tiene una «descomposición canónica» me-

[22.29] Verifique todo esto. ¿Por qué no me preocupo por el *signo* de q?

diante la cual es expresable unívocamente, salvo factores de escala y ordenamientos, como un producto simetrizado de espinores de 1-índice:[22.30]

$$\psi_{AB\ldots F} = \alpha_{(A}\beta_B \ldots \varphi_{F)}$$

donde recordamos de §12.7 que los paréntesis redondos alrededor de índices denotan simetrización. Utilizando la geometría de la Fig. 22.10, donde un espinor de índice único se representa geométricamente (salvo un factor complejo global) por un punto en la esfera de Riemann (i.e., por una dirección en el espacio), concluimos que el propio espinor $\psi_{AB\ldots F}$ puede representarse en la esfera de Riemann, salvo un factor de escala global, como un conjunto desordenado de n puntos en la esfera (i.e., n direcciones desordenadas en el espacio); véase la Fig. 22.14. Esta representación de un estado general de espín n se denomina descripción de *Majorana*. Fue encontrada originalmente en 1932 (aunque por un procedimiento[29] diferente que examinaremos brevemente en §22.11) por el brillante físico italiano Ettore Majorana. (A la temprana edad de treinta y un años, desapareció misteriosamente de un barco en la bahía de Nápoles, quizá por suicidio.)

Existe una base estándar de estados para espín $j = \frac{1}{2}n$. En la descripción de Majorana, estos se realizan como aquellos estados para los que todos los puntos de Majorana están en el polo norte o en el polo sur:

$$|\uparrow\uparrow\uparrow \ldots \uparrow\rangle, |\downarrow\uparrow\uparrow \ldots \uparrow\rangle, |\downarrow\downarrow\uparrow \ldots \uparrow\rangle, \ldots, |\downarrow\downarrow\downarrow \ldots \downarrow\rangle.$$

Estos $n + 1$ estados son los autoestados del observable $\boldsymbol{L}_3$ (siendo el eje x^3 la dirección «arriba») y por consiguiente son todos mutuamente ortogonales. Pueden distinguirse por los diferentes autovalores de espín, llamados valores m (§22.8), respectivamente: $j, j - 1, j - 2, \ldots, -j$. Veremos algo más sobre esto en §22.11.

Existe un aparato de medida estándar, conocido como aparato de Stern-Gerlach, que puede ser utilizado para medir este «valor m» para un átomo. Para que esto funcione, exigimos que el átomo posea un mo-

[22.30] Vea si puede demostrarlo utilizando el «teorema fundamental del álgebra» enunciado en la nota 4.2. *Sugerencia*: Considérese el polinomio $\psi_{AB\ldots F}\zeta^A\zeta^B \ldots \zeta^F$, donde las componentes de ζ^A son $\{1, z\}$.

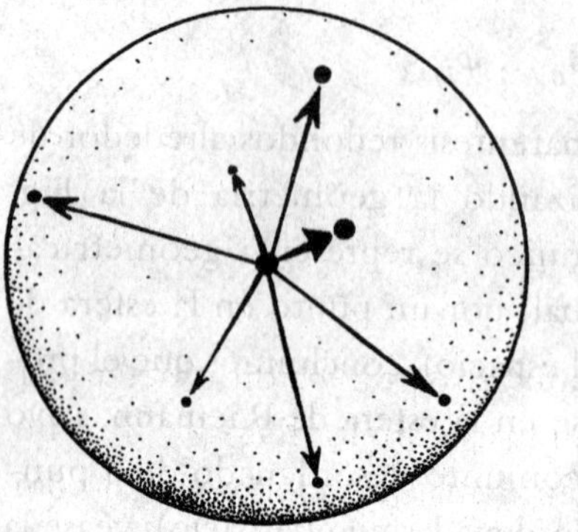

Fig. 22.14. Descripción de Majorana del estado de espín (proyectivo) general para una partícula masiva de espín $\frac{n}{2}$, que da n puntos desordenados en la esfera de Riemann. Podemos considerar que los vectores dirigidos desde el centro a dichos puntos contribuyen al espín $\frac{1}{2}$, de acuerdo con la receta de la Fig. 22.10. El producto simétrico de estos espines da el total. (En notación 2-espinorial, el estado de espín completo es el espinor n-valente simétrico, que factoriza $\psi_{AB\ldots F} = \alpha_{(A}\beta_B \ldots \varphi_{F)}$, donde α_A, β_A, ..., φ_A, determinan los n puntos, como en la Fig. 22.10.)

mento magnético (de modo que es un minúsculo imán), cuyo vector momento magnético es cierto múltiplo del vector de espín. Los átomos se hacen pasar primero a través de un campo magnético fuertemente inhomogéneo. Este desvía sus trayectorias de forma ligeramente diferente para cada valor m, puesto que m determina cómo está orientado el vector momento magnético de cada átomo con respecto al campo magnético inhomogéneo; véase la Fig. 22.15.

Aunque los estados para cada valor m diferente son todos mutuamente ortogonales, las condiciones de ortogonalidad para las descripciones *generales* de Majorana son complicadas.[30] No obstante, podría comentarse que un estado de Majorana en el que interviene cierta dirección $\nearrow$ es necesariamente ortogonal al estado $|\swarrow\swarrow\swarrow \ldots \swarrow\rangle$, donde $\swarrow$ es diametralmente opuesto a $\nearrow$. Además, si $\nearrow$ interviene en la descripción de Majorana con multiplicidad r, entonces el estado es ortogonal a cualquier otro estado de espín $\frac{1}{2}n$, cuya descripción de Majorana incluye la dirección opuesta $\swarrow$ con multiplicidad de al menos $n - r + 1$.[22.31]

Estos resultados nos permiten interpretar físicamente las direcciones de Majorana. Las direcciones de Majorana son precisamente aquellas para las que una medida de Stern-Gerlach en dicha dirección tiene

[22.31] Trate de demostrar esto utilizando la geometría de §22.9. Aplique este resultado a la ortogonalidad de los diversos autoestados de $\boldsymbol{L}_3$.

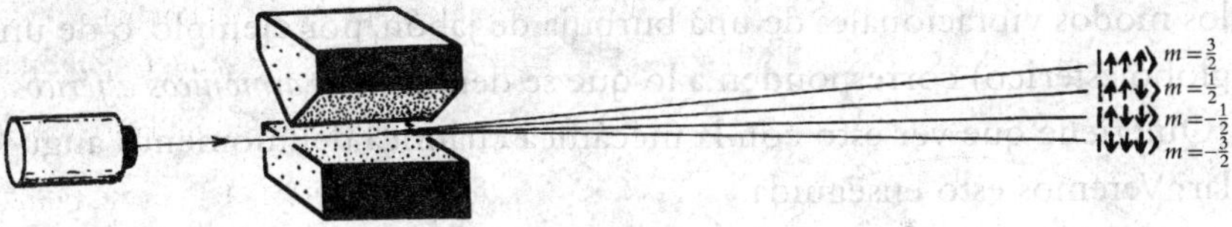

Fig. 22.15. Aparato de Stern-Gerlach, utilizado para medir el «valor m» del momento magnético de un átomo (acoplado a su espín). Los átomos atraviesan un campo magnético fuertemente inhomogéneo que desvía sus trayectorias de forma ligeramente diferente para cada valor de m.

probabilidad cero de encontrar el espín en la dirección exactamente opuesta. Para una dirección de Majorana de multiplicidad r, hay una probabilidad nula de que el valor m en dicha dirección sea algo comprendido entre $-j$ y $-j + r - 1$.[31]

Habría que señalar que el procedimiento esbozado antes para representar el estado de espín general para una partícula masiva no es muy familiar para muchos físicos. En su lugar, ellos adoptarían un procedimiento diferente que implica lo que se denomina *análisis armónico*. Este es un tema importante por muchas otras razones, y la sección siguiente ofrece una breve exposición de sus ideas más relevantes.

22.11. Armónicos esféricos

En §20.3 hemos examinado la teoría clásica de vibraciones (de pequeña amplitud y sin disipación). Nuestra discusión principal se centraba en sistemas de un número finito de grados de libertad. Pero también hemos considerado (brevemente) sistemas —como las vibraciones de un tambor o una columna de aire— para los que el número de grados de libertad se trata como si fuera infinito. Dichas vibraciones (en cualquiera de los dos casos) están compuestas de modos normales, cada uno de los cuales tiene su propia frecuencia de vibración denominada una frecuencia normal. Si el objeto vibrante es *compacto* (véanse §12.6 y las Figs. 12-14 para el significado de este término), sus modos constituirán una familia discreta, lo que proporciona un espectro discreto de frecuencias normales diferentes. En el caso concreto de una esfera S^2, los diferentes modos de vibración (que podemos visualizar como los modos vibracionales de una burbuja de jabón, por ejemplo, o de un globo esférico) corresponden a lo que se denominan *armónicos esféricos*. ¿Qué tiene que ver esto con la mecánica cuántica del momento angular? Veremos esto enseguida.

Para clasificar estos armónicos buscamos autoestados del operador laplaciano ∇^2 definido en S^2. En §10.5 hemos visto el laplaciano 2-dimensional ordinario, definido en el plano euclídeo por $\nabla^2 = \partial^2/\partial x^2 + \partial^2/\partial y^2$. Sobre la esfera unidad S^2, esta expresión debe modificarse para tener en cuenta la métrica curva. Esta forma métrica es

$$\mathrm{d}s^2 = g_{ab}\mathrm{d}x^a\mathrm{d}x^b = \mathrm{d}\theta^2 + \mathrm{sen}^2\theta\,\mathrm{d}\phi^2$$

en las coordenadas *polares esféricas* habituales (θ, ϕ), que es un etiquetado de puntos en S^2 para el que las coordenadas cartesianas (en el 3-espacio ordinario) de un punto son $x = \mathrm{sen}\,\theta\cos\phi$, $y = \mathrm{sen}\,\theta\,\mathrm{sen}\,\phi$, $z = \cos\theta$ (Fig. 22.16). Así pues, ϕ es esencialmente la *longitud* y $\frac{1}{2}\pi - \theta$ la *latitud* (todo en radianes). El laplaciano (con derivada covariante ∇_a; véase §14.3) es[22.32]

$$\begin{aligned}\nabla^2 &= g^{ab}\nabla_a\nabla_b\\ &= \frac{\partial^2}{\partial\theta^2} + \frac{\cos\theta}{\mathrm{sen}\,\theta}\frac{\partial}{\partial\theta} + \frac{1}{\mathrm{sen}^2\,\theta}\frac{\partial^2}{\partial\phi^2}.\end{aligned}$$

Los autovalores posibles de ∇^2 resultan ser los números $-j(j+1)$ (para $j = 0, 1, 2, 3, \ldots$), de modo que:

$$\nabla^2\Phi = -j(j+1)\Phi,$$

donde Φ es la autofunción correspondiente.[32] Estas autofunciones son los *armónicos esféricos*, y es habitual exigir que los armónicos sean simultáneamente autofunciones del operador $\partial/\partial\phi$ (que conmuta con ∇^2). Los autovalores posibles de $\partial/\partial\phi$ son im, donde el entero m está en el intervalo $-j \leq m \leq j$:

$$\frac{\partial\Phi}{\partial\phi} = \mathrm{i}m\Phi.$$

Ejemplos de tales autofunciones son $\Phi = 1$ (para $j = m = 0$), $\Phi = \cos\theta$

[22.32] ¿Puede obtener esta expresión en polares esféricas?

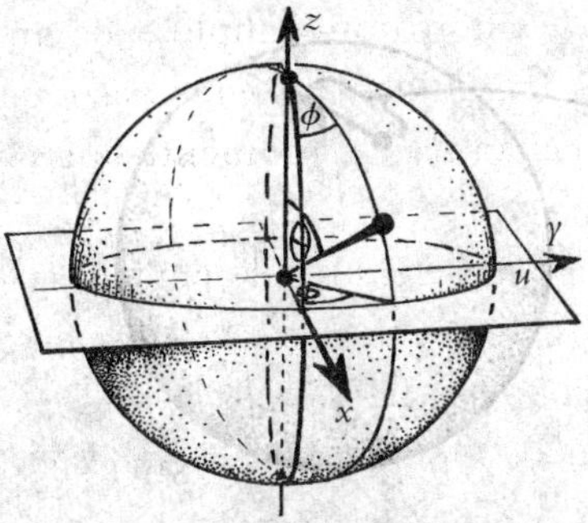

Fig. 22.16. Las coordenadas polares esféricas estándar θ y ϕ están relacionadas con las coordenadas cartesianas por $x = \text{sen}\,\theta \cos\phi$, $y = \text{sen}\,\theta\,\text{sen}\,\phi$, $z = \cos\theta$. Así pues, ϕ es básicamente una medida de longitud (marcada aquí en el polo norte y en el ecuador) y $\pi/2 - \theta$ es la latitud.

(para $j = 1, m = 0$), $\Phi = e^{\pm i\phi}\,\text{sen}\,\theta$ (para $j = 1, m = \pm 1$), $\Phi = 3(\cos\theta)^2 - 1$ (para $j = 2, m = 0$), etc.[33]

La extraordinaria similitud con los autovalores $j(j + 1)$ para el operador de momento angular total $\mathbf{J}^2 = \boldsymbol{L}_1^2 + \boldsymbol{L}_2^2 + \boldsymbol{L}_3^2$, y con m para la componente $\boldsymbol{L}_3$, como se ha mencionado al final de §22.8 y en §22.10 respectivamente, no debería pasar desapercibida para el lector. De hecho, la dependencia angular de la función de onda, para una partícula con espín entero j, es necesariamente un armónico j-esférico. Además, los autoestados de $\boldsymbol{L}_3$ corresponden a armónicos que son autoestados de $\partial\Phi/\partial\phi$. De hecho, podemos «identificar»

$$\mathbf{J}^2 = -\nabla^2 \text{ y } \boldsymbol{L}_3 = -i\frac{\partial}{\partial\phi}$$

para el comportamiento angular de tales funciones de onda.[34]

Esto no nos da los casos «espinoriales» para los que j es un entero semiimpar (como, en consecuencia, lo es m). Para esto podemos generalizar los que se conocen como «armónicos esféricos ponderados por espín».[35] Estos no son simplemente funciones sobre la esfera S^2, sino que también tienen una dependencia de un vector tangente (espinorial) unidad en cada punto de S^2 (Fig. 22.17). (Pueden considerarse como funciones sobre la S^3 que representa la fibra de vectores espinoriales unidad tangentes a S^2 que nos proporciona el fibrado de Clifford, tal como se describe en §15.4.[36] No es este el lugar de entrar en los detalles del procedimiento, y se remite al lector a la literatura.)

De hecho, la descripción 2-espinorial de los estados de espín, tal como se ha introducido en §22.8 y se ha utilizado para la representación de Majorana de §22.10, está íntimamente relacionada con la teo-

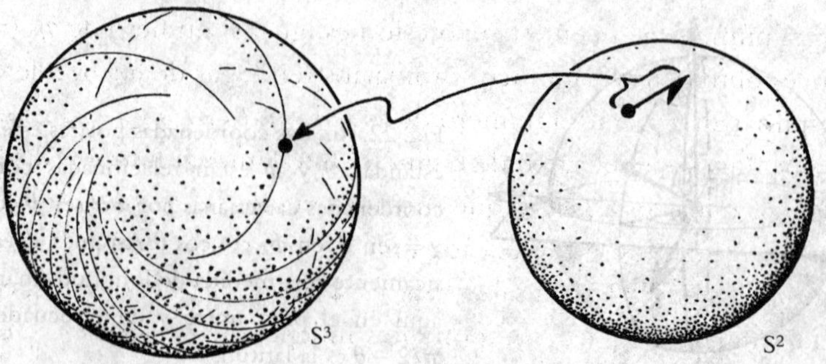

Fig. 22.17. Armónicos esféricos ponderados por espín. Las funciones ponderadas por espín en la esfera S^2 (dibujadas a la derecha) no son simplemente funciones en S^2, sino que también tienen una dependencia de un vector (espinorial) unidad tangente a S^2 en el punto en cuestión (representado aquí por una media flecha para indicar su naturaleza espinorial). Dichas funciones están representadas más adecuadamente en la S^3 a la izquierda, que es la fibra espín-vector de Clifford de la Fig. 15.10. (Una función de «peso de espín s» tiene una dependencia $e^{is\chi}$ del ángulo χ a través del cual el vector de espín rota dentro de su plano tangente a S^2. A medida que χ aumenta, el punto correspondiente en S^2 describe un círculo de Clifford.)

ría de los armónicos esféricos y los armónicos esféricos ponderados por espín. Cualquier tensor de espín simétrico de n índices $\psi_{AB\ldots F}$ corresponde explícitamente a una colección de armónicos esféricos (ponderados por espín) para $j = \frac{1}{2}n$. Para encontrarlos, tomamos dos 2-espinores ξ^A, η^A, con componentes

$$\{\xi^0, \xi^1\} = \{e^{i\phi/2}\cos\frac{\theta}{2}, e^{-i\phi/2}\text{sen}\,\frac{\theta}{2}\},$$

$$\{\eta^0, \eta^1\} = \{-e^{i\phi/2}\text{sen}\,\frac{\theta}{2}, e^{-i\phi/2}\cos\,\frac{\theta}{2}\},$$

de modo que ξ^A y η^A representan puntos diametralmente opuestos en S^2.[22.33] Para calcular cada armónico (ponderado por espín), tomamos la componente de $\psi_{AB\ldots F}$ con respecto a ξ^A y η^A (considerado como un sistema de referencia para variables espinoriales). Estas «componentes» son las cantidades

$$\psi_{A\ldots CD\ldots F}\xi^A \ldots \xi^C\eta^D \ldots \eta^F.$$

[22.33] Explique por qué los puntos son antípodas.

Si el número de ξs en esta expresión es igual al número de ηs $(= j)$, entonces obtenemos armónicos ordinarios (en lugar de los ponderados por espín). (En general, el número de ξs y de ηs es $j + s$ y $j - s$, respectivamente, donde s es el «peso de espín».) Obtenemos (múltiplos de)[37] los armónicos esféricos *estándar*, que son autoestados de $\partial/\partial\phi$, si tomamos como $\psi_{AB...F}$, de uno en uno, cada uno de los estados de base estándar mencionados en §22.10, a saber $|\downarrow \dots \downarrow \uparrow \dots \uparrow\rangle$. (Para estos, exactamente una de las $n + 1$ componentes independientes de $\psi_{AB...F}$ es no nula.) Debemos tener en cuenta que estos estados de base están *simetrizados*. Por ejemplo, $|\downarrow\uparrow\uparrow\rangle$ es un múltiplo de $|\downarrow\rangle|\uparrow\rangle|\uparrow\rangle + |\uparrow\rangle|\downarrow\rangle|\uparrow\rangle + |\uparrow\rangle|\uparrow\rangle|\downarrow\rangle$. En este caso concreto, todas las componentes de ψ_{ABC} se anulan excepto para la única componente independiente $\psi_{011} = \psi_{101} = \psi_{110}$. Aunque mi descripción de estos temas es algo inapropiada debido a su brevedad,[38] transmite un esbozo de lo que está implicado, y el lector puede empezar a apreciar que los espinores proporcionan lo que en realidad es una ruta extraordinariamente efectiva (aunque poco convencional) a los armónicos esféricos.[22.34] Recordemos de §22.8 (cf. §13.7) que las cantidades tensores de espín $\psi_{AB...F}$ proporcionan un espacio de representación irreducible $(n + 1)$-dimensional para el grupo de rotaciones SO(3), de modo que lo mismo se aplica al espacio de los armónicos esféricos (ponderados por espín) $j = 2n$.

La descripción de Majorana puede obtenerse inmediatamente de esta forma, y los espinores $\alpha_A, \beta_A, \dots, \varphi_A$ en la descomposición $\psi_{AB...F} = \alpha_{(A}\beta_B \dots \varphi_{F)}$ corresponden a los ceros de los armónicos esféricos (ponderados por espín) que aparecen en la descripción anterior en la que solo hay ξs, y no ηs. De hecho, mediante estas consideraciones fue como Majorana encontró inicialmente su descripción. Es posible obtener algunas ideas valiosas sobre los armónicos esféricos utilizando el formalismo 2-espinorial. En muchos aspectos, la aproximación espinorial es más fácil de utilizar, pero no resulta muy familiar.

Los armónicos esféricos son importantes en muchas otras áreas, tales como en la física clásica, y en la mayoría de las aplicaciones no hay una conexión especial con el momento angular. (En tales situaciones es

[22.34] Calcule de esta forma, explícitamente, los armónicos esféricos ordinarios (salvo un factor global) para $j = 1, 2, 3$. Compruebe que son autoestados de ∇^2 y $\partial/\partial\phi$.

habitual utilizar la letra «ℓ» en lugar de «j», pues la última parece tener connotaciones de momento angular.) Pequeñas oscilaciones de una burbuja de jabón serían un ejemplo. Otro lo sería el análisis de la distribución de temperatura, sobre la esfera celeste, de la radiación de microondas (de 2,7 K) procedente de las profundidades del espacio, donde estamos particularmente interesados en algunos valores altos de ℓ, de 200 y más. Este análisis tiene gran importancia en cosmología, como veremos en §§27.7,10,11, §28.4 y, especialmente, en §28.10.

El contraste entre las manifestaciones cuánticas y clásicas de los armónicos esféricos es sorprendente y contraintuitivo. En un sistema cuántico en el que las coordenadas θ y ϕ tienen la interpretación angular estándar, el valor j (o ℓ) siempre tiene la interpretación como un momento angular, pero esto no es ni mucho menos cierto para un sistema clásico. En concreto, un sistema con momento angular cero, en mecánica cuántica, debe ser esféricamente simétrico porque una función de onda con $j = 0$ está compuesta solamente por el armónico esférico constante sobre la esfera; pero en física clásica, el momento angular cero (i.e., «no rotante») ¡no implica ciertamente simetría esférica!

Por el contrario, vemos que un sistema cuántico escogido aleatoriamente con un *gran* momento angular (alto valor j) tiene un estado definido por una descripción de Majorana consistente en $2j$ puntos salpicados más o menos aleatoriamente sobre la esfera S^2. Esto no guarda ningún parecido con el estado clásico de momento angular de un sistema con gran momento angular, ¡pese a la impresión común de que un sistema cuántico con valores altos de sus números cuánticos[39] debería aproximarse a un sistema clásico! Para un estado cuántico de apariencia clásica exigimos que los puntos de Majorana se arracimen alrededor de una dirección particular desde el centro de S^2, a saber, la dirección que es el eje (positivo) de giro clásico. ¿Por qué hay tal discrepancia entre estas dos imágenes? La respuesta es que la mayoría de los estados cuánticos «grandes» *no* se parecen a estados clásicos. El ejemplo más famoso es el hipotético gato de Schrödinger, que está en una superposición cuántica de vivo y muerto (véase §29.7). ¿Por qué no vemos realmente cosas como esta en un nivel clásico? Este es un aspecto de la *paradoja de la medida* que se discutirá en los capítulos 29 y 30.

El análisis armónico para espacios más generales que S^2 constituye una parte importante de muchas áreas de investigación científica. Es extraordinariamente valioso cuando se consideran pequeñas perturbaciones u oscilaciones de un sistema. No obstante, resulta oportuno hacer una advertencia. En un espacio que sea no compacto la situación puede hacerse mucho más complicada que la situación de S^2 que se ha considerado antes. Hemos visto algo de esto en el capítulo 9, cuando hemos pasado del análisis de Fourier (en el círculo compacto) a la transformada de Fourier (sobre la recta abierta no compacta). A veces hay una tendencia a creer que se puede trasladar el análisis de una forma compacta a una no compacta —digamos desde la esfera a un espacio hiperbólico— con solo unos pocos cambios de signo (y con las funciones trigonométricas reemplazadas por sus análogas hiperbólicas, de acuerdo con los procedimientos de §18.4). Por desgracia, la verdad puede ser mucho más complicada que esto. Tal «análisis armónico» capta solo una proporción muy pequeña de las funciones relevantes en el espacio hiperbólico, debido a que el sistema de armónicos no es completo.

22.12. Momento angular cuántico relativista

Abordemos ahora la cuestión del momento angular relativista. Recordemos las expresiones clásicas descritas en §18.7. Análoga a la combinación de masa-energía y momento lineal en un 4-vector p_a, existe una cantidad 6-tensorial antisimétrica M^{ab} que describe el momento *angular* y el movimiento del centro de masas de un objeto. ¿Cómo vamos a trabajar mecanocuánticamente con estos?[40]

Hemos visto en §§21.1-3 que las nociones cuánticas de energía y momento representan misteriosamente —o *son* (esencialmente)— los generadores de movimientos de traslación temporal y espacial del espaciotiempo. Análogamente, las componentes del 6-momento angular M^{ab} representan —son— los generadores de los movimientos rotacionales (Lorentz) del espacio de Minkowski $\mathbb{M}$. Junto con los movimientos traslacionales p_a, estos movimientos rotacionales dan lugar a todo el grupo de Poincaré (no reflexivo) (§18.2) —el análogo minkowskiano de los movimientos rígidos de la geometría euclídea.

Más explícitamente, los generadores de los movimientos traslacionales de Poincaré son las componentes p_0, p_1, p_2, p_3 del 4-momento p_a, donde la energía $E = p_0 = i\hbar\partial/\partial x^0$ genera traslación temporal y las tres componentes restantes (i.e., momento lineal) generan análogamente desplazamientos espaciales: $p_1 = i\hbar\partial/\partial x^1$, $p_2 = i\hbar\partial/\partial x^2$, $p_3 = i\hbar\partial/\partial x^3$, donde tenemos en mente que $(-p_1, -p_2, -p_3)$ son las componentes del 3-momento **p**; véase §18.7. Los movimientos rotacionales de Poincaré en el 3-espacio están generados por las componentes $c^{-2}M^{23} = \boldsymbol{L}_1 = i\hbar\ell_1$, $c^{-2}M^{31} = \boldsymbol{L}_2 = i\hbar\ell_2$, $c^{-2}M^{12} = \boldsymbol{L}_3 = i\hbar\ell_3$, ya consideradas en §22.8, que definen la noción cuántica de momento angular ordinario. Estas son las componentes enteramente espaciales del 6-momento angular M^{ab}, y las 3 restantes componentes independientes[41] $c^{-2}M^{01}$, $c^{-2}M^{02}$, $c^{-2}M^{03}$, que generan las transformaciones de velocidad de Lorentz, se refieren al movimiento del centro de masas de acuerdo con §18.7 (véase la Fig. 18.16). (En esta sección no se ha supuesto $c = 1$.)

Puesto que el grupo de Poincaré es no abeliano, no todos sus generadores conmutan. Sus leyes de conmutación nos dan las leyes de conmutación para nuestros operadores cuánticos p_a y M^{ab}:

$$[p_a, p_b] = 0,$$

$$[p_a, M^{bc}] = i\hbar(g_a{}^b p^c - g_a{}^c p^b),$$

$$[M^{ab}, M^{cd}] = i\hbar(g^{bc}M^{ad} - g^{bd}M^{ac} + g^{ad}M^{bc} - g^{ac}M^{bd}).$$

Estas pueden parecer algo complicadas, pero tienen una importancia fundamental en la física relativista, pues definen el álgebra de Lie (§14.6) del grupo de Poincaré. Parecen algo más sencillas en notación diagramática, como se muestra en la Fig. 22.18.[22.35]

Recordemos que en el caso del momento angular no relativista hemos sido capaces de describir una base de estados en términos de los autovalores $j(j + 1)$ y m de los dos observables que conmutan $\mathbf{J}^2$ y $\boldsymbol{L}_3$; véanse §§22.8,11). Estos operadores proporcionan un conjunto *completo* conmutativo (en el sentido de que cualquier otro operador construido a partir de los generadores $\boldsymbol{L}_1$, $\boldsymbol{L}_2$ y $\boldsymbol{L}_3$, y que conmuta con $\mathbf{J}^2$ y $\boldsymbol{L}_3$,

[22.35] Demuestre que los conmutadores dados en §22.8 para el momento angular 3-dimensional están contenidos en estos.

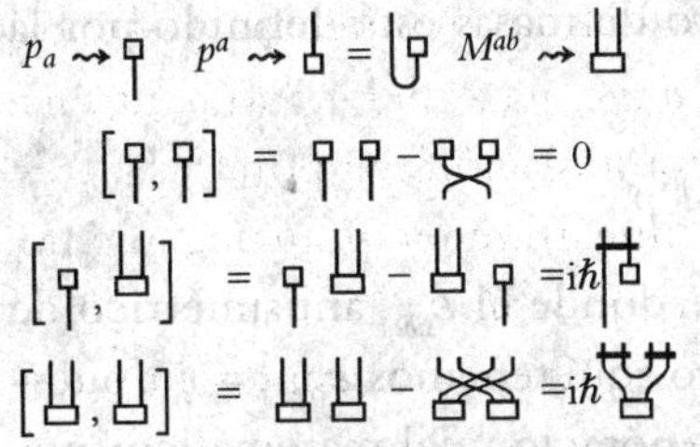

Fig. 22.18. Forma diagramática de los conmutadores cuánticos entre los 4-momentos y los 6-momentos angulares relativistas $[p_a, p_b] = 0$, $[p_a, M^{bc}] = i\hbar(g_a{}^b p^c - g_a{}^c p^b)$, $[M^{ab}, M^{cd}] = i\hbar(g^{bc}M^{ad} - g^{bd}M^{ac} + g^{ad}M^{bc} - g^{ac}M^{bd})$.

no da nada nuevo, puesto que él mismo debe ser función de estos dos). Una parte importante de la mecánica cuántica consiste en general en encontrar un conjunto completo conmutativo de este tipo para el sistema en consideración. Muy en especial nos gustaría poder hacer esto para operadores construidos a partir de las componentes de p_a y M^{ab}, y utilizar sus autovalores para clasificar partículas o sistemas relativistas.

¿Por qué estamos interesados en observables que conmutan? La razón es que si $\boldsymbol{A}$ y $\boldsymbol{B}$ son dos de estos —de modo que $\boldsymbol{AB} = \boldsymbol{BA}$—, entonces podemos encontrar estados $|\psi_{rs}\rangle$ que son autoestados de ambos simultáneamente, y el par de autovalores correspondientes (a_r, b_s) puede utilizarse para etiquetar dichos estados.[42] Si tenemos un conjunto completo de observables conmutativos $\boldsymbol{A}, \boldsymbol{B}, \boldsymbol{C}, \boldsymbol{D}, \ldots$ (cuyos autoestados llenan el espacio en consideración), entonces tenemos una familia de estados de base $|\psi_{rstu\ldots}\rangle$, que pueden etiquetarse por la correspondiente familia de autovalores $(a_r, b_s, c_t, d_u, \ldots)$.[22.36]

Para obtener un conjunto completo conmutativo, es habitual empezar encontrando los operadores de *Casimir*, que son operadores (escalares) que conmutan con *todos* los operadores del sistema en consideración. En el caso del momento angular 3-dimensional ordinario, hay solo *un* operador de Casimir (independiente),[43] a saber, $\mathbf{J}^2 = \boldsymbol{L}_1^2 + \boldsymbol{L}_2^2 + \boldsymbol{L}_3^2$. Una pregunta importante es: ¿cuáles son los operadores de Casimir para el sistema generado por p_a y M^{ab} que satisfacen las leyes de conmutación anteriores?

[22.36] Desarrolle los detalles de estas afirmaciones, donde puede suponer, por conveniencia, que los autoestados forman un sistema discreto y no continuo. Suponga primero que no hay autovalores degenerados, y demuestre luego cómo discurre el argumento cuando existen degeneraciones. *Sugerencia*: Exprese cada autovector de $\boldsymbol{A}$ en términos de autovectores de $\boldsymbol{B}$, y así sucesivamente.

Ahora el espín alrededor del centro de masas está definido por la cantidad

$$S_a = \frac{1}{2}\varepsilon_{abcd}M^{bc}p^d,$$

llamada *vector de espín de Pauli-Lubanski*, donde el ε_{abcd} antisimétrico de Levi-Civita se ha definido en §19.2, pero aquí tenemos $\varepsilon_{0123} = c^{-3}$, puesto que no se ha supuesto $c = 1$. (En la «notación del matemático» podríamos escribir $\boldsymbol{S} = {}^*(\boldsymbol{M} \wedge \boldsymbol{p})$, utilizando ahora $\boldsymbol{p}$ para representar el 4-momento, en lugar del 3-momento anterior; cf. §11.6, §12.8, §19.2.) Hemos visto que una única partícula clásica sin estructura tiene $M^{ab} = x^a p^b - x^b p^a$, donde x^a es el vector de posición de un punto en la línea de universo de la partícula (véase el final de §18.7). Tomamos la misma expresión en el caso cuántico, de lo que se sigue que $S^a = 0$ para una partícula semejante. Pero S^a no tiene por qué anularse para un sistema total de dos o más de tales partículas. Además, para una única partícula con espín, el momento angular M^{ab} no tiene esta forma simple pues hay un término de *espín* adicional $\mu^{-2}\varepsilon^{abcd}S_c p_d$, suponiendo $\mu \neq 0$ (véase la nota 18.11). Encontramos que S^a es siempre ortogonal a p_a ($p_a S^a = 0$) y conmuta con p_a (i.e. $[S^a, p_b] = 0$), de modo que S^a, como p_a, es independiente del origen.[22.37]

Existen dos operadores de Casimir independientes (para el grupo de Poincaré), a saber,

$$p_a p^a = c^4\mu^2 \text{ y } S_a S^a = \mu^2\mathbf{J}^2,$$

siendo μ la masa en reposo del sistema entero.[22.38] Encontramos que el «$\mathbf{J}^2$» definido en la segunda de las ecuaciones anteriores es, de hecho, $\mathbf{J}^2 = \boldsymbol{L}_1^2 + \boldsymbol{L}_2^2 + \boldsymbol{L}_3^2$, donde $\boldsymbol{L}_1$, $\boldsymbol{L}_2$ y $\boldsymbol{L}_3$ son las componentes del momento angular respecto al centro de masas en su sistema de reposo. Para completar el conjunto de operadores conmutativos, podemos escoger p_1, p_2, p_3, y una componente, por ejemplo S_3, del vector de espín que —junto con $p_a p^a$ y $S_a S^a$— nos dan un total de seis. (Aunque, en detalle, son posibles otras muchas elecciones, el número total de opera-

[22.37] Establezca las propiedades afirmadas en estas cuatro sentencias.
[22.38] Dé una razón sencilla por la que estos operadores mostrados deben conmutar con p_a y M^{ab}. *Sugerencia*: Eche una ojeada a §22.13.

dores independientes es siempre seis.)[44] Esto tiene una importancia considerable para las discusiones de §22.13 y §31.10.

La situación es así muy similar al caso no relativista, donde, para incluir traslaciones espaciales y temporales, podríamos escoger la energía E como un «operador de Casimir» para complementar la magnitud $\mathbf{J}^2$, y las tres componentes del momento, además de $\boldsymbol{L}_3$. Habría que advertir que en el caso relativista no obtenemos *directamente* $\mathbf{J}^2$, sino

$$\mathbf{J}^2 = -c^4(p_a p^a)^{-1} S_a S^a,$$

que nos da algo básicamente equivalente con tal de que $p_a p^a \neq 0$. De hecho, en la exposición anterior suponíamos que la masa en reposo μ no se anula. Si $\mu = 0$, no podemos expresar de este modo la magnitud del espín.

¿Cómo tratamos el caso sin masa $\mu = 0$? Recuperamos, en su lugar, la *helicidad* s, una cantidad que ya hemos visto, en el caso del fotón, en §§22.7,9. Esta se define por el requisito físico de que el vector de Pauli-Lubanski S^a sea proporcional al 4-momento p_a:[22.39]

$$S_a = sp_a.$$

La helicidad dextrógira está dada por $s > 0$, y la levógira por $s < 0$, aunque también está permitido $s = 0$. Ahora tenemos cuatro observables conmutativos independientes, que podemos considerar que son s, p_1, p_2, p_3. De hecho, resulta que la forma más clara, con mucho, de tratar el caso sin masa es acudir a la *teoría de twistores*. Llegaremos a esta en §33.6 (donde veremos que las «variables twistoriales» Z^0, Z^1, Z^2, Z^3 también pueden utilizarse como cuatro operadores conmutativos independientes).

22.13. El objeto cuántico aislado general

¿Cómo describe la mecánica cuántica un objeto aislado en general, tal como un átomo o una molécula? Estoy suponiendo que no hay fuerzas externas que actúan sobre el objeto y que este permanece localizado,

[22.39] ¿Cómo pueden S_a y p_a ser ortogonales y proporcionales?

aunque podría haber fuerzas internas actuando en su interior. Como característica importante de la descripción de tal objeto, dividimos esta descripción en (i) la caracterización externa del objeto como un todo y (ii) su funcionamiento detallado y su estructura geométrica interna.

Esta caracterización externa (i) se refiere a su masa-energía global, su momento, la posición y movimiento de su centro de masa, y su momento angular. Tomemos estas cantidades en su sentido relativista y utilicemos las p_a y M^{ab} de §22.12 para describir los parámetros externos. El funcionamiento interno (ii) se refiere a las partículas constituyentes, su naturaleza concreta, la naturaleza de las fuerzas que actúan entre ellas, y sus relaciones geométricas. Dichas relaciones se consideran dadas por ciertas coordenadas generalizadas q_r (§20.1) de naturaleza totalmente relativa[45] (por ejemplo, la distancia de cierta parte al centro de masa, o el ángulo que forman las diversas partes entre sí, o sus distancias mutuas). Por lo tanto, no cambian si el objeto entero es desplazado mediante un movimiento de traslación espacial o temporal, o rotado un cierto ángulo definido, o movido en alguna dirección con velocidad uniforme.

Debido a su naturaleza relativa, todas las coordenadas internas son invariantes por cualquier simetría del grupo de Poincaré. Se sigue que deben conmutar con p_a y M^{ab}. ¿Por qué? Supongamos que cierto operador de simetría $\boldsymbol{S}$ actúa sobre un sistema cuántico de acuerdo con

$$|\psi\rangle \mapsto \boldsymbol{S}|\psi\rangle,$$

y $\mathbf{Q}$ es cierto operador cuántico; entonces, la acción del operador de simetría sobre $\mathbf{Q}$ es[22.40]

$$\mathbf{Q} \mapsto \boldsymbol{SQS}^{-1}.$$

Si $\mathbf{Q}$ es invariante por $\boldsymbol{S}$, entonces $\boldsymbol{SQS}^{-1} = \mathbf{Q}$, de donde

$$\boldsymbol{SQ} = \boldsymbol{QS}.$$

Así pues, tomando como $\boldsymbol{S}$ cada una de las componentes de p_a y M^{ab}, vemos que cada parámetro interno debe conmutar, de hecho, con p_a y M^{ab}.

En el contexto actual, esto significa que podemos *separar* la parte de

[22.40] Explique por qué. *Sugerencia*: Una ojeada a §22.4 puede ayudarle.

la función de onda que se refiere a los grados de libertad internos de la que se refiere a los parámetros externos del 4-momento y el 6-momento angular. En los tratamientos habituales suponemos que el sistema está en un autoestado del apropiado sistema completo de observables externos. En particular, la energía y el momento se considerarían dados por autovalores definidos, y sería habitual referir las cosas al sistema de referencia en el que el 3-momento es cero ($\mathbf{P} = 0$, en la notación de §21.5). Entonces, el momento angular puede tratarse de acuerdo con las discusiones no relativistas de §§22.8-11, de modo que podemos pedir que el sistema esté en un autoestado del momento angular total $\mathbf{J}^2$, y también de $\boldsymbol{L}_3$, si lo deseamos.

Los parámetros internos dependerán, por supuesto, de los detalles del sistema concreto bajo consideración. En ciertas circunstancias puede ser una buena aproximación considerar que los grados de libertad internos están bien descritos por pequeñas oscilaciones en torno al equilibrio. Entonces, el análisis clásico de §20.3 tiene relevancia. Recordemos de §20.3 que si tomamos un hamiltoniano de la forma

$$\mathcal{H} = \frac{1}{2}Q_{ab}q^a q^b + \frac{1}{2}P^{ab}p_a p_b,$$

donde Q_{ab} y P^{ab} son simétricos, definidos positivos y constantes, entonces, en el caso clásico, cada frecuencia normal $\omega/2\pi$ surge de un autovalor ω^2 de la matriz $\boldsymbol{W} = \boldsymbol{PQ}$ (i.e., de $W^a_{\ c} = P^{ab}Q_{bc}$).

Pero ¿qué pasa con la mecánica cuántica? Si recordamos la relación de Planck $E = h\nu = 2\pi\hbar\nu$, donde ν es la frecuencia, podríamos esperar una energía $E = \hbar\omega$ para una oscilación en dicho modo normal concreto. Quizá podríamos anticipar también valores más altos para la energía, puesto que clásicamente la amplitud de la oscilación podría llegar a ser tan alta como queramos (mientras no se perturbe la naturaleza de «pequeña oscilación» de la aproximación), y con mayor amplitud obtenemos mayor energía. Si suponemos que están implicados «armónicos superiores» —y recordamos de §9.1 que estos ocurren con frecuencias que son múltiplos enteros de la frecuencia básica $\omega/2\pi$—, entonces podríamos imaginar que los autoestados cuánticos permitidos para la energía serían:

$$0, \hbar\omega, 2\hbar\omega, 3\hbar\omega, 4\hbar\omega, \ldots$$

De hecho, esto no está muy lejos de la respuesta mecanocuántica correcta, pero resulta que existe una contribución adicional $\frac{1}{2}\hbar\omega$ a la energía, denominada *energía de punto cero*.[46] Los autoestados de la energía permitidos son entonces:

$$\frac{1}{2}\hbar\omega, \quad \frac{3}{2}\hbar\omega, \quad \frac{5}{2}\hbar\omega, \quad \frac{7}{2}\hbar\omega, \quad \frac{9}{2}\hbar\omega, \ldots$$

Esto procede de la discusión cuántica estándar del oscilador armónico 1-dimensional,[47] para el que el hamiltoniano es $\mathcal{H} = (m^2\omega^2q^2 + p^2)/2m$. Para cada modo por separado existe una contribución a la energía de uno de estos valores, por cada autovalor ω de la matriz $\boldsymbol{W}$.

Para un sistema cuántico general, estos valores serían solo aproximaciones, porque podrían empezar a cobrar importancia los términos de orden más alto. Sin embargo, hay varios sistemas que pueden aproximarse muy bien de esta manera. Y, lo que es más importante, resulta que la teoría cuántica de campos de fotones —o de cualquier otra partícula del tipo conocido como «bosón» (véanse §23.7 y §26.2)— puede tratarse como si el sistema de fotones fuera un conjunto de osciladores. Estos osciladores son exactamente del tipo armónico simple considerado antes (donde no hay términos de orden superior en el hamiltoniano), cuando los fotones están en un estado estacionario sin interacciones entre ellos.[48] En consecuencia, esta imagen de «oscilador armónico» proporciona un esquema aplicable con amplia generalidad. De todas formas, para proceder de forma más general es necesario un conocimiento detallado de las interacciones.

Por ejemplo, un átomo de hidrógeno consiste en un electrón en órbita alrededor del protón de su núcleo (normalmente considerado fijo, como buena aproximación, puesto que el protón es mucho más masivo que el electrón en un factor de aproximadamente 1836). Pero las reglas de la mecánica cuántica nos dicen que la órbita mecanocuántica no incluirá solo una única trayectoria clásica alrededor del núcleo, sino una superposición cuántica de muchas de estas. Dichas «órbitas cuánticas» serán soluciones estacionarias de la ecuación de Schrödinger, con un hamiltoniano que es básicamente el mismo que en el caso clásico, aunque «canónicamente cuantizado» de acuerdo con las reglas de §§21.2,3 (y de §23.8, donde sea necesario). Para un autoestado de momento angular, encontramos funciones de onda que son armónicos esféricos en su dependencia angular (§22.11). En general, podríamos utilizar el autovalor E de la energía y el autovalor j del momento angular (junto con m, si es apropiado) como números cuánticos que etiquetan los diversos estados. En el caso del átomo de hidrógeno (si ignoramos los espines del electrón y el protón y consideramos una forma no relativista del hamiltoniano), encontramos que el autovalor E de la energía está determinado por el autovalor j del momento angular total, aunque accidentalmente j no está determinado por E. En una teoría más aproximada del átomo de hidrógeno (y para átomos más complicados), encontramos en general que E determina j, de modo que todos los estados diferentes están en realidad caracterizados únicamente por el valor de la energía.

En la primitiva teoría de Bohr para el átomo, propuesta en 1913, más de una década antes de la mucho más precisa y completa mecánica cuántica de Heisenberg, Schrödinger y Dirac, los valores permitidos del momento angular y la energía del hidrógeno se calculaban como si las órbitas fueran las clásicas órbitas elípticas de Kepler-Newton —dadas por la ley de la inversa del cuadrado para la atracción electrostática entre el núcleo y el electrón orbital—, pero con la «condición cuántica» de que el momento angular del electrón debía ser un múltiplo entero de $\hbar$. Tales «órbitas cuantizadas» se conocen a veces como *orbitales*; véase la Fig. 22.19. Este procedimiento funcionaba sorprendentemente bien,[49] pero no estaba apoyado por los soportes teóricos que proporcionó la mecánica cuántica posterior, que condujeron a resultados de mucha mayor generalidad y precisión. Los átomos más complicados, las moléculas sencillas, los efectos relativistas, la presencia del espín electrónico y nuclear, etc., pueden tratarse todos mediante el formalismo cuántico, aunque hay que utilizar técnicas de aproximación y computación numérica, en lugar de tratamientos matemáticos exactos.

La utilización que se ha hecho de la electrostática es también una aproximación, y deben permitirse transiciones de un estado estacionario a otro mediante la emisión/absorción de fotones. Esto requiere la teoría de Maxwell, aunque en su forma cuantizada, lo que hace necesario el formalismo de la *teoría cuántica de campos* (que será esbozada en

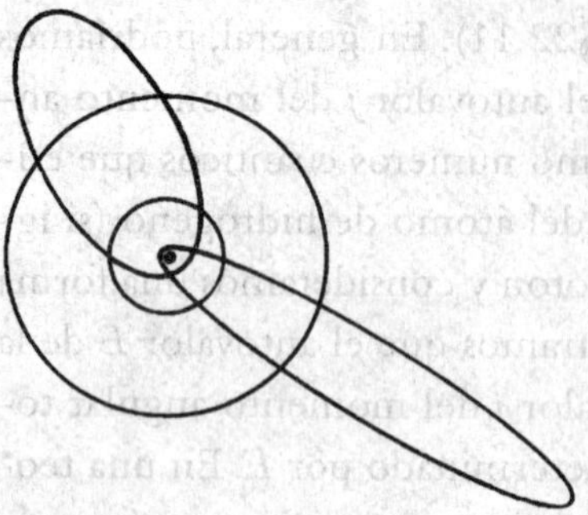

Fig. 22.19. «Átomo de Bohr», donde los electrones orbitales están vistos como si tuvieran básicamente órbitas elípticas de Kepler-Newton, de acuerdo con la ley inversa del cuadrado para la atracción electrostática, pero donde sus energías y momentos angulares están limitados por la «condición cuántica» de que los momentos angulares orbitales deben ser múltiplos enteros de $\hbar$. La idea se aplica más satisfactoriamente a órbitas circulares para el único electrón del hidrógeno.

el capítulo 26). También será necesario el electrón relativista de Dirac, del capítulo 24 para una precisión total. Un átomo en un autoestado de mínima energía, llamado *estado fundamental*, permanecerá en dicho estado (suponiendo que esté completamente aislado de perturbaciones ambientales); pero si está en un estado más energético —conocido como *estado excitado*—, habrá normalmente[50] una probabilidad de que caiga al estado fundamental, con la emisión de uno o más fotones. Por esta razón, se espera encontrar átomos o moléculas libres en sus estados fundamentales, o cerca de sus estados fundamentales. La frecuencia ν de un único fotón emitido cuando un átomo o molécula cae de un estado a otro está determinada, vía la $E = 2\pi\hbar\nu$ de Planck (véase §21.4) y la conservación de la energía, por la *diferencia* de energía E entre los dos estados.

Tales frecuencias han sido observadas hace tiempo en las *líneas espectrales*, cuya explicación había sido un persistente rompecabezas científico. La extraordinaria riqueza de información contenida en estas pautas de las líneas espectrales observadas queda explicada por la teoría cuántica de la forma mencionada antes. ¡Esto ha supuesto uno de los triunfos supremos de la física del siglo XX! La física clásica anterior (incluida la ley de Coulomb de la inversa del cuadrado para la atracción entre cargas positivas y negativas y las ecuaciones de Maxwell, que nos dicen cómo los electrones acelerados deben radiar energía electromagnética) predecía claramente que los electrones en órbita deberían caer catastróficamente al núcleo describiendo una espiral, para dar un estado *singular*, en un tiempo muy corto. Esta conclusión estaba en flagrante contradicción con los hechos observados. La mecánica cuántica no solo eliminó esta paradoja, sino que ofreció una teoría detallada de las líneas espectrales que ha proporcionado una herramienta extraordinariamente potente en muchas áreas de la ciencia, desde la ciencia forense hasta la física nuclear y la cosmología.

Como comentario final de considerable importancia, puede señalarse que la existencia de números cuánticos *discretos*, tales como los j y m del momento angular, o de los autoestados de la energía para el oscilador armónico o el átomo de hidrógeno, etc., aparecen en definitiva a partir de la *compacidad* de un espacio.[51] En el caso del momento angular, procede de la compacidad de la *esfera de direcciones espaciales*, que es el S^2 al que se aplica el análisis armónico de §22.11. Sin algo como la compacidad (o periodicidad), solo tendríamos soluciones de ecuaciones como $\nabla^2\Phi = -k\Phi$, en la que el autovalor k no está restringido. Resulta irónico que, en *ausencia* de tal compacidad, el formalismo general de la mecánica cuántica no habría proporcionado el sorprendente carácter *discreto* que dio origen a la teoría ¡y a partir del cual surgió originalmente el nombre mismo de «cuántica»!

Notas

Sección 22.1

22.1. Parece que son estos saltos los que estimularon la expresión ahora coloquial «salto cuántico». Para un físico, esta elección de palabras es muy extraña, pues los saltos cuánticos que ocurren en la reducción del estado cuántico tienden a ser extraordinariamente minúsculos, apenas detectables, ¡y quizá sucesos irreales!

22.2. Para una discusión general de los diferentes puntos de vista sobre la mecánica cuántica, véanse Rae (1994), Polkinghorne (2002), Home (1997), o DeWitt y Graham (1973).

Sección 22.2

22.3. Véanse el capítulo 29 y Everett (1957), Wheeler (1957), DeWitt y Graham (1973), Geroch (1984) y Deutsch (2000).

Sección 22.3

22.4. Como sucede con el caso de una sola partícula (§21.9), algunos autores podrían utilizar «$\|\psi\|^2$» en lugar de mi $\|\psi\|$.

22.5. Para una encantadora introducción al estudio de tales espacios, véanse Chen (2002) y Reed y Simon (1972).

22.6. En la literatura mecanocuántica se utiliza frecuentemente la notación $\mathbf{Q}^\dagger$ en lugar de la $\mathbf{Q}^*$ utilizada en la mayor parte de la literatura matemática relevante; véase §13.9.

Sección 22.4

22.7. Véase Dirac (1982) para la reimpresión más reciente. Véase Shankar (1994) para un tratamiento más reciente.

22.8. Véase Dirac (1966) para un argumento según el cual la imagen de Schrödinger no existe en la teoría cuántica de campos relativista.

22.9. La imagen de interacción, por ejemplo, se utiliza con frecuencia en cálculos en la «teoría de perturbaciones dependientes del tiempo». Véanse Shankar (1994), capítulo 18, y Dirac (1966).

Sección 22.5

22.10. Aquí estoy ignorando el hecho de que los autoestados no son normalizables, lo que podría descalificar la posición o el momento como *verdaderos* «observables» en algunas formulaciones.

22.11. Con más generalidad, sea o no un autovalor, decimos que q es el valor esperado de $\mathbf{Q}$ para el estado normalizado $|\psi\rangle$ si $q = \langle\psi|\mathbf{Q}|\psi\rangle$.

22.12. Véase Dirac (1982a). Parámetros complejos se utilizan en muchos campos, por ejemplo, Fortney (1997).

Sección 22.6

22.13. Un elegante tratamiento de las medidas de proyección puede encontrarse en Kraus (1983) y Nielsen y Chuang (2000).

22.14. Véase von Neumann (1955).

22.15. Véanse Lüders (1951) y también Penrose (1994).

Sección 22.7

22.16. Véase Elitzur y Vaidman (1993).

22.17. La idea original de medidas libres de interacción parece que se debe a Robert Dicke (cf. 1981). Tiene algunas aplicaciones muy sorprendentes, como en la detección de ondas gravitatorias; véase Braginsky

(1977). El extraordinario experimento mental de «comprobación de bombas» de Elitzur-Vaidman descrito aquí (véase también Penrose, 1994) podría llevar a otro tipo de aplicaciones.

22.18. Ahora hay evidencia de que al menos alguno de los varios tipos de neutrinos es *masivo*, y quizá lo sean *todos*. Aun así, la hipótesis de que no tiene masa proporciona una buena aproximación a su comportamiento. Volveré a esta cuestión en §25.3.

22.19. Este refinamiento del postulado de proyección se debe al parecer a Lüders (1951) y, en este caso, el punto $|\rho\!-\rangle$ en $\mathbb{P}\mathbf{H}^4$ se conoce como el «punto de Lüders».

22.20. Para un ejemplo más económico (e interesante), podríamos considerar una situación ligeramente diferente en la que como divisor de haz se utiliza la superficie de un medio refractivo, y donde, en lugar de estar polarizado, el haz incidente se envía a un *ángulo de Brewster* para el medio. El haz reflejado tiene entonces una polarización lineal específica, y el haz transmitido, la polarización lineal opuesta. El análisis es básicamente el mismo que antes (con polarización lineal en lugar de circular), pero ahora no necesitamos asegurar que el fotón incidente está polarizado, pues el mero hecho de que procede del exterior del medio (con un ángulo apropiado) y no del interior, es suficiente para asegurar que la medida nula produce el estado polarizado requerido; véanse Becker (1982) y Jackson (1998).

Sección 22.8

22.21. Una «partícula sin estructura» no tendría momento angular respecto a su centro, puesto que la expresión $\mathbf{M} = 2\mathbf{x} \wedge \mathbf{p}$ de §18.6 se anula cuando $\mathbf{x} = 0$. Pero, como se ha señalado en la nota 18.11, es necesario añadir al momento angular una cantidad que describe el «espín intrínseco» cuando existe la «estructura» definida por el espín de la partícula. Veremos esto más explícitamente en §22.12.

22.22. El lector avisado puede preguntarse si aquí hay implicadas sutilezas de signo, del tipo que hemos encontrado en §21.5, que surgen de la signatura de la métrica. Para un desarrollo detallado de la teoría del momento angular en mecánica cuántica, a partir del álgebra de Lie de SO(3), el lector debería ver las lúcidas exposiciones de Jones (2002) y Elliot y Dawber (1984). Una derivación alternativa, y algo más «física» (aunque más complicada) de la teoría del momento angular se da en Shankar (1994).

22.23. Véase Penrose y Rindler (1984).

22.24. Véase Geroch (University of Chicago Lectures; no publicado).

22.25. Witten (1959), Penrose (1960, 1968a), Geroch (1968, 1970), Penrose y Rindler (1984, 1986) y O'Donnell (2003).

22.26. La palabra «independiente» se utiliza en el sentido de que todas las componentes de $\psi_{AB...F}$ pueden obtenerse algebraicamente a partir de este conjunto independiente, pero no de un conjunto más pequeño. Aquí esto aparece simplemente por simetría, de modo que el total de 2^n componentes se reduce a $n+1$ componentes independientes (por ejemplo, ψ_{001}, ψ_{101} y ψ_{100} no son trivialmente componentes independientes, puesto que $\psi_{001} = \psi_{101} = \psi_{100}$).

22.27. Véase Shankar (1994).

Sección 22.9

22.28. Véase la nota 21.12; Nielsen y Chuang (2000) también discuten algunos aspectos de la ciencia de la información cuántica desde un punto de vista similar.

Sección 22.10

22.29. Véase Majorana (1932).

22.30. Véase Biedenharn y Louck (1981) para una revisión general. Para una interesante aplicación moderna, véase Swain (2004). Véase también la nota 22.31.

22.31. Véanse Penrose (1993, 1994) y Zimba y Penrose (1993).

Sección 22.11

22.32. En el contexto de los armónicos esféricos, se utiliza con frecuencia la letra ℓ, en lugar de la j que estoy utilizando aquí.

22.33. Para más detalles, véase cualquier texto de mecánica cuántica como, por ejemplo, Shankar (1994) o Arfken y Weber (2000).

22.34. Shankar (1994).

22.35. Véanse Newman y Penrose (1966) y Penrose y Rindler (1984).

22.36. Véase Goldberg *et al.* (1967).

22.37. Hay también propiedades de ortogonalidad y normalización (para fijar la escala global) de los armónicos esféricos que son importantes para utilizarlos y calcular con ellos. No obstante, estas cuestiones nos llevarían demasiado lejos, y se remite al lector a las siguientes exposiciones de la teoría de los armónicos esféricos: Groemer (1996) y Byerly (2003).

22.38. El lector que quiera profundizar más en el álgebra y la geometría espinorial debería tomar nota del hecho de que los índices espinoriales pueden «subirse» o «bajarse» de acuerdo con el esquema $\xi_1 = \xi^0$, $\xi_0 = -\xi^1$. Véanse Penrose y Rindler (1984) y Zee (2003), apéndice.

22.39. El término «número cuántico» se refiere normalmente a los posibles autovalores discretos de un observable cuántico significativo, tal como momento angular, carga, número bariónico, etc., que se utiliza para clasificar una partícula o un sistema cuántico sencillo. Véase §3.5.

Sección 22.12

22.40. En los capítulos 24-26 veremos que una propiedad mecanocuántica propiamente relativista (especial) requiere mucho más que las consideraciones básicas de esta sección, pero esto no afectará a la exposición actual.

22.41. Recuérdese la nota 22.6. Aquí la independencia tiene en cuenta la *anti*simetría de M^{ab}.

22.42. Hay una relación entre esto y el fenómeno de «separación de variables», que ocurre cuando una función general $f(\theta, \phi)$, pongamos por caso, puede escribirse como una suma $f(\theta, \phi) = \sum \lambda_{ij} g_i(\theta) h_j(\phi)$, donde $g_i(\theta)$ y $h_j(\phi)$ son autofunciones respectivas de operadores (conmutativos) apropiados $\boldsymbol{A}$ y $\boldsymbol{B}$. Los armónicos esféricos tienen esta propiedad. Véanse Groemer (1995) y Byerley (2003).

22.43. «Independiente» se refiere aquí a independencia funcional (compárese con la nota 22.26). Así, mientras que $2\mathbf{J}^2$, $(\mathbf{J}^2)^3$ y $\cos(\mathbf{J}^2)$ no son el mismo operador de Casimir que $\mathbf{J}^2$, estos no son independientes de $\mathbf{J}^2$.

22.44. Es necesaria cierta precaución respecto a la invariancia del «número de operadores conmutativos independientes». Estrictamente, esto se refiere a la dimensión de un espacio que se aplica a las soluciones *locales* de ecuaciones en derivadas parciales. En problemas mecanocuánticos es probable que haya requisitos de compacidad en el espacio de la solución (por ejemplo, el S^2 de §22.11) que restringen severamente los autovalores permitidos y confunden el recuento de los grados de libertad.

Sección 22.13

22.45. Aquí se ignoran cuestiones de relatividad general, de modo que «relativo» se toma en el sentido de la relatividad *especial*.

22.46. Sin embargo, existe libertad para añadir una constante al hamiltoniano, como se permitía en §20.3, que simplemente redefine el cero de energía (cf. el ejercicio [24.2] de §24.3), de modo que a veces se considera que esta adición de $\frac{1}{2}\hbar\omega$ no tiene relevancia física directa.

22.47. Véase, por ejemplo, el clásico tratamiento de Dirac en *Los principios de la mecánica cuántica*, Dirac (1982a).

22.48. Las cantidades $\eta = (2m\hbar\omega)^{-1/2}(p + imq)$, en la imagen de Heisenberg §22.4 desempeña el papel de operadores de creación de §26.2.

22.49. En particular, explicaba la hasta entonces incomprensible fórmula de Balmer para las frecuencias de las líneas espectrales del hidrógeno $\nu = R(N^{-2} - M^{-2})$, donde R es una constante (conocida como la constante de Rydberg-Ritz) y donde $M > N > 0$ son enteros.

22.50. Puede haber «reglas de selección», surgidas de leyes de conservación, que prohíben algunas de estas transiciones.

22.51. Compárese con la nota 22.44.

23

El entrelazado mundo cuántico

23.1. Mecánica cuántica de sistemas de muchas partículas

En los dos capítulos anteriores hemos visto cuán misterioso es el comportamiento de las partículas cuánticas individuales, con o sin espín, y qué extraño y maravilloso formalismo matemático se ha desarrollado para tratar este comportamiento. Y puesto que nuestro formalismo nos ha descrito el comportamiento cuántico de partículas individuales, no sería irrazonable esperar que también nos dijera cómo describir sistemas que contienen varias partículas, que quizá interaccionen mutuamente de formas diversas. De algún modo, esto es verdad —hasta cierto punto—, puesto que el formalismo general de §21.2 es suficientemente general para ello, pero surgen nuevos aspectos cuando en el sistema hay presente más de una partícula. Lo que resulta nuevo es el fenómeno del *entrelazamiento cuántico*, por el que un sistema de más de una partícula debe tratarse como una sola unidad holística; diferentes manifestaciones de este fenómeno se nos presentan en el comportamiento cuántico de forma más misteriosa incluso de lo que ya hemos visto. Además, las partículas que son idénticas están siempre *automáticamente* entrelazadas unas con otras, aunque observaremos que esto puede suceder de dos modos completamente distintos, dependiendo de la naturaleza de la partícula.

Volvamos a lo que hemos establecido en los dos capítulos anteriores para las matemáticas de un sistema cuántico. La aproximación del hamiltoniano cuántico, que nos da la ecuación de Schrödinger para la evolución del vector de estado cuántico, se sigue aplicando cuando hay muchas partículas que pueden estar en interacción y pueden estar girando, exactamente igual que se aplicaba para una única partícula sin espín. Lo único que necesitamos es un hamiltoniano apropiado para incorporar todos estos aspectos. No tenemos una función de onda independiente para cada partícula; en su lugar, tenemos *un* vector de estado que describe el sistema entero. En una representación en el espacio de posiciones, este único vector de estado puede seguir considerándose como una función de onda Ψ, pero sería una función de todas las coordenadas de posición de *todas* las partículas, de modo que en realidad es una función en el espacio de *configuración* del sistema de partículas (véase §12.1), y también podría depender de ciertos parámetros discretos que etiquetan los estados de espín (por ejemplo, si utilizamos una descripción 2-espinorial $\Psi_{AB...F}$ para describir una partícula giratoria, como en §22.8, entonces los «parámetros discretos» etiquetarían las diferentes componentes individuales). La ecuación de Schrödinger nos dirá cómo evoluciona Ψ en el tiempo, de modo que Ψ tendrá que depender también de la variable temporal t.

Una característica digna de mención de la teoría cuántica estándar es que para un sistema de muchas partículas existe solo una coordenada temporal, mientras que cada una de las partículas independientes incluidas en el sistema cuántico tiene su propio conjunto independiente de coordenadas de posición. Esta es una característica curiosa de la mecánica cuántica no relativista si nos gusta considerarla como un tipo de aproximación límite a cierta teoría *relativista* «más completa», ya que en un esquema relativista deberíamos tratar el tiempo esencialmente de la misma forma que tratamos el espacio. Puesto que cada partícula tiene sus propias coordenadas espaciales, también debería tener su propia coordenada temporal. Pero no es así como trabaja la mecánica cuántica ordinaria. Hay solo un tiempo para todas las partículas.

Cuando pensamos en física de una forma ordinaria «no relativista», esto puede parecer plausible, puesto que en la física no relativista el tiempo es externo y absoluto, y simplemente «marcha» de una forma universal, con independencia de los contenidos concretos del universo en cualquier instante. Pero, desde la introducción de la relatividad, sabemos que dicha imagen solo puede ser una aproximación. Lo que es el «tiempo» para un observador es una mezcla de espacio y tiempo para otro, y viceversa. La teoría cuántica ordinaria exige que cada partícula debe llevar individualmente su propia coordenada espacial. Por consiguiente, también debería llevar su propia coordenada temporal en una teoría cuántica adecuadamente relativista. De hecho, este punto de vista ha sido adoptado en ocasiones por varios autores,[1] y se remonta hasta finales de la década de 1920, pero no parece que se haya desarrollado en una teoría relativista generalizada. Una dificultad básica en permitir que cada partícula tenga su propio tiempo independiente es que entonces cada partícula parece ir a su aire en una dimensión temporal independiente, y se necesitan ingredientes adicionales para traernos de nuevo a la realidad.

En §26.6 introduciré la aproximación de «integrales de camino» de la teoría cuántica relativista, que se basa en un formalismo lagrangiano relativista, y no en un formalismo hamiltoniano, y evita el problema «un tiempo/muchos espacios»; sin embargo, como veremos más adelante, aparecen nuevos y serios problemas, como siempre parecen serlo, no importa qué procedimiento (conocido) se utilice. Más aún, veremos enseguida que la propia ecuación de Schrödinger ordinaria no es inmune a las dificultades de «volver a la realidad». En mi opinión, esta simple asimetría espaciotemporal del enfoque de Schrödinger oculta algo profundo que sigue estando ausente de nuestra imagen cuántica de las cosas; pero esto no debería preocuparnos ahora. Volveré a ello más tarde. Por el momento ignoraré estas cuestiones y presentaré las cosas simplemente desde el punto de vista de la teoría cuántica no relativista, donde puede considerarse aplicable la noción de un tiempo externo universal. Pero la cuestión de la relatividad no desaparecerá, y tendremos que volver a ella al final de este capítulo, en §23.10.

¿Cómo vamos a tratar entonces los sistemas de muchas partículas de acuerdo con la imagen de Schrödinger estándar no relativista? Como se ha descrito en §21.2, tendremos un único hamiltoniano en el que deben aparecer todas las variables de momento lineal para todas las partículas del sistema. Cada uno de estos momentos queda reemplazado, según la receta de cuantización de la representación (de Schrödinger) en el espacio de posiciones, por un operador de derivada parcial con respecto a la coordenada de posición relevante de dicha partícula concreta. Todos estos operadores tienen que actuar sobre algo, y para que su interpretación sea consistente, todos deben actuar sobre el mismo objeto. Este objeto es la función de onda. Como se ha dicho antes, tenemos, de hecho, *una* función de onda Ψ para el sistema entero, y esta función de onda debe ser en realidad una función de todas las diferentes coordenadas de posición de *todas* las partículas por separado.

23.2. La enormidad del espacio de estados de muchas partículas

Esto suena bastante inocuo, pero ¿lo es? Hagamos una pausa para digerir la enormidad de este último requisito aparentemente simple. Si cada partícula hubiera de tener su propia función de onda por separado, entonces para n partículas escalares (i.e., no giratorias) deberíamos tener n diferentes funciones complejas de la posición. Aunque esto nos obligaría a forzar un poco nuestra imaginación, es algo que quizá pudiéramos tratar en el caso de un número n pequeño de partículas. (Al hacer estas consideraciones, estoy ignorando el tiempo; simplemente tomamos todo en un solo instante.) A efectos de visualización, nuestra imagen no sería diferente de la de un *campo* en el espacio con n componentes diferentes, cada una de las cuales describiría un «campo» independiente. (Cada uno de estos campos independientes representaría la función de onda de una partícula individual.) Quizá deberíamos decir $2n$ componentes si estamos hablando de componentes reales, porque las funciones de onda son complejas. Un campo electromagnético tiene, después de todo, 6 componentes reales —es decir, 6 funciones de 3 variables (análogas a las tres funciones de onda escalares complejas)— ¡y un campo de vectores eléctrico y magnético no supone una tensión tan terrible para la imaginación!

¿Cómo vamos a contar la «libertad» en un campo escalar complejo, tal como la función de onda para una partícula escalar en el 3-espacio? ¿Cuál es el «número» de tales posibles campos diferentes? Recordemos que, de acuerdo con la notación de §16.7, la expresión $\infty^{a\infty^b}$ denota la libertad disponible para un campo (suave) libremente escogido con a componentes reales en un espacio de b dimensiones reales. Así, para un campo escalar complejo, $a = 2$ (puesto que un número complejo cuenta como dos números reales), de modo que la libertad sería $\infty^{2\infty^3}$. Esto es si se toma el campo solo en un instante —i.e., t es constante—, de modo que estamos considerando el 3-espacio ordinario, lo que da $b = 3$ (en lugar del valor espaciotemporal $b = 4$). También podríamos considerar el espaciotiempo, pero en este caso tenemos ecuaciones de campo que restringen la libertad. En el caso de la función de onda, dicha restricción es la ecuación de Schrödinger, que reduce la libertad a lo que puede especificarse libremente, como datos iniciales, en un 3-espacio inicial, de modo que seguimos teniendo $\infty^{2\infty^3}$ como libertad en el campo.

Como consideración secundaria, podemos examinar el caso de un campo de Maxwell libre sin fuentes (cargas) de las que preocuparnos. Aquí tenemos 6 componentes reales en un 3-espacio ordinario, de modo que si tomamos el campo solo en algún instante t fijo e ignoramos las ecuaciones de Maxwell, obtenemos la libertad $\infty^{6\infty^3}$. Pero las ecuaciones de Maxwell implican que debe haber dos ligaduras en el 3-espacio de datos iniciales, a saber, la anulación de la divergencia de los vectores del campo eléctrico y magnético.[23.1] Esto reduce en 2 el número efectivo de componentes libres en la 3-superficie de datos iniciales, de modo que la libertad es realmente $\infty^{4\infty^3}$.

Consideremos ahora la descripción mecanocuántica de n partículas escalares. Si la descripción consistiera simplemente en n funciones de onda diferentes, entonces la libertad sería $\infty^{2n\infty^3}$, puesto que esta es la libertad al escoger n números complejos por punto en el 3-espacio. Pero en el caso de una función de onda cuántica *real* que describe a n partículas escalares, tenemos una función compleja de $3n$ variables reales. Esto es similar a un campo escalar complejo en un espacio de $3n$ dimensiones, de modo que la libertad es en su lugar $\infty^{2\infty^{3n}}$, que es *inimaginablemente mayor.*

Probablemente no resulta tan fácil apreciar la enormidad de este aumento cuando está oculto en todos aquellos infinitos. Así que permítanme considerar un universo «de juguete» que tiene solo 10 puntos. Podemos etiquetar estos puntos, **0**, **1**, **2**, **3**, **4**, **5**, **6**, **7**, **8**, **9**. La fun-

[23.1] ¿Puede explicar esta anulación? Recordemos la noción 4-dimensional de «divergencia» descrita en §19.3; aquí necesitamos la versión del 3-espacio. *Sugerencia*: Véase el ejercicio [19.2].

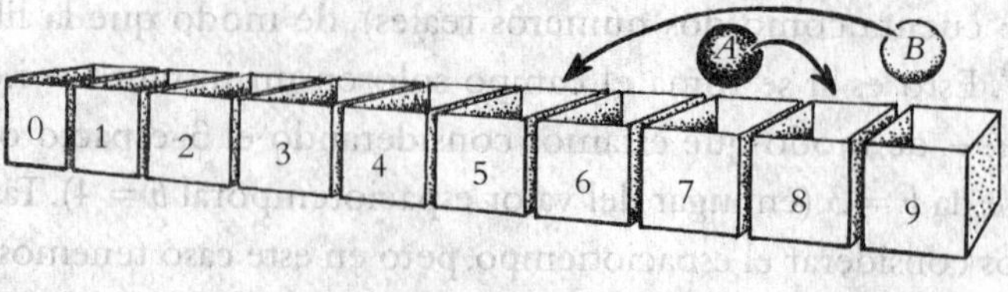

Fig. 23.1. Imaginemos un «universo de juguete» con solo 10 posibles posiciones para las partículas, ilustradas aquí por diez cajas. Se muestran dos partículas distinguibles *A* y *B*, cada una de las cuales puede ocupar cualquiera de las cajas, independientemente de las otras.

ción de onda de una partícula escalar en este universo consistiría en un número complejo en cada uno de los 10 puntos, i.e., 10 números complejos $z_0, z_1, z_2, \ldots, z_9$. El espacio de todas estas funciones de onda sería el espacio de Hilbert 10-complejo dimensional (20-real dimensional) $\mathbf{H}^{10}$. Si normalizamos la función de onda de modo que la suma de los cuadrados de los módulos de estas zs sea la unidad, entonces $|z_6|^2$ representaría la probabilidad de que una medida de posición encuentre la partícula en **6**, y lo mismo para los demás.

Este modelo discreto no es realmente tan absurdo. En situaciones físicas reales podríamos tener lo que es, en efecto, una secuencia de 10 cajas, en una de las cuales podría haber un electrón. Véase la Fig. 23.1. Los experimentadores pueden construir cosas de esta naturaleza, llamadas *puntos cuánticos*, que son importantes para la posibilidad teórica de construir *computadores cuánticos* que utilizarían la enormidad de los tamaños de los tipos de espacios de funciones de onda que voy a considerar a continuación.

Supongamos ahora que existen *dos* partículas en nuestro universo. Es mejor que ambas no sean partículas del mismo tipo, por una razón a la que llegaré más adelante, así que las llamaremos partícula *A* y partícula *B*. Cada una de las dos partículas podría estar en 10 diferentes lugares alternativos, de modo que existen 100 diferentes colocaciones posibles para el par (admitiendo que ambas puedan estar en la misma caja). Ahora necesitamos 100 números complejos diferentes, digamos $z_{00}, z_{01}, \ldots, z_{09}, z_{10}, z_{11}, \ldots, z_{19}, z_{20}, \ldots, z_{99}$, para definir la función de onda, estando asignado un número complejo a cada par de colocaciones. Si normalizamos de modo que la suma de los cuadrados de los módulos de todas estas zs sea la unidad, entonces $|z_{38}|^2$, por ejemplo, representaría la probabilidad de encontrar que la partícula A está en **3** y la partícula B está en **8**. Ahora tratemos con $\mathbf{H}^{100}$. Si tuviéramos *tres* partículas diferentes, una partícula A, una partícula B y una partícula C, entonces la función de onda consistiría en 1.000 números complejos $z_{000}, z_{001}, \ldots, z_{999}$, y nuestro espacio de estados sería $\mathbf{H}^{1.000}$. Si las reglas hubieran sido tener meramente tres funciones de onda individuales, entonces el espacio de estados habría sido solo $\mathbf{H}^{30}$. Para *cuatro* partículas diferentes, tendríamos $\mathbf{H}^{10.000}$, mientras que para cuatro funciones de onda individuales tendríamos simplemente $\mathbf{H}^{40}$, y así sucesivamente.

Volviendo a la notación «$\infty^{a\infty^{3n}}$» que he utilizado antes, tomemos nota del hecho de que el «∞^3» superior se refiere al «número de puntos» en el 3-espacio euclídeo $\mathbb{E}^3$. Este número es ahora reemplazado por 10, el número real de puntos en nuestro universo *de juguete*, de modo que $\infty^{a\infty^{3n}}$ se convierte en ∞^{a10^n} (que denota el número de puntos en un espacio $(a \times 10^n)$-real dimensional). Así pues, en lugar de $\infty^{2\infty^{3n}}$ para la libertad en una función de onda escalar para n-partículas en $\mathbb{E}^3$, ahora tenemos $\infty^{2 \times 10^n}$ para la libertad en una función de onda de n-partículas para nuestro universo de juguete. El espacio de Hilbert complejo es ahora $\mathbf{H}^{10^n}$ para la función de onda de n-partículas de nuestro universo de juguete, frente a $\mathbf{H}^{10n}$ para n independientes funciones de onda complejas de 1-partícula. Así pues, nuestra función de onda de n-partículas está definida en un espacio 2×10^n-dimensional (es decir, un espacio de Hilbert 10^n-complejo dimensional), en lugar de un mero espacio $20n$-dimensional para n funciones de onda independientes. Para solo 8 partículas, por ejemplo, esto es 200.000.000 dimensiones en lugar de unas meras 160.

23.3. Entrelazamiento cuántico; desigualdades de Bell

¿Qué está haciendo toda esta información extra? Está expresando lo que se conoce como las relaciones de «entrelazamiento» entre las partículas. ¿Cómo hay que entenderlas? Los entrelazamientos entre partículas, una noción que hizo explícita por primera vez Schrödinger (1935b), son los que conducen a los fenómenos extraordinariamente enigmáticos, pero realmente observados, conocidos como efectos *Einstein-Podolski-Rosen* (EPR).[2] Sin embargo, son aspectos bastante sutiles del mundo cuántico muy difíciles de demostrar experimentalmente de un modo convincente. Llama la atención que tengamos que dirigirnos a algo tan esotérico y oculto a la vista cuando, para sistemas de muchas partículas, ¡casi *toda* la «información» en la función de onda concierne a tales cuestiones! Este es un enigma al que volveré más adelante (§23.6). En mi opinión, está tratando de decirnos algo sobre las nuevas direcciones en que debería moverse nuestro formalismo cuántico actual. Sea como fuere, nos está diciendo ciertamente algo del poder potencial de la *computación cuántica*,[3] un tema de investigación actual muy activa que pretende explotar los enormes recursos de «información» que yacen ocultos en estas relaciones de entrelazamiento.

Así pues, ¿qué es el entrelazamiento cuántico? ¿Qué son los efectos EPR? Estará más claro si consideramos solo una situación de dimensión finita, lo que podemos hacer si nos concentramos solamente en estados de espín. La situación EPR más sencilla es la que consideró David Bohm (1951). En esta, imaginamos un par de partículas de espín 1/2, pongamos por caso, la partícula P_I y la partícula P_D, que parten de un estado combinado de espín 0 y luego viajan en sentidos opuestos, una hacia la izquierda y la otra hacia la derecha, hasta detectores respectivos I y D separados a una gran distancia (véase la Fig. 23.2). Supongamos que cada uno de los detectores puede medir el espín en cierta dirección de la partícula que se le aproxima, y esta dirección solo se decide una vez que las dos partículas están bien separadas una de otra. El problema consiste en ver si es o no posible reproducir las predicciones de la mecánica cuántica utilizando un modelo en el que las partículas se consideran entidades de tipo clásico, independientes y desconectadas, incapaces cada una de ellas de comunicarse con la otra una vez que se han separado.

Como consecuencia de un notable teorema debido al físico norirlandés John S. Bell, resulta que no es posible reproducir de este modo las predicciones de la teoría cuántica. Bell obtuvo unas desigualdades[4] que relacionan las probabilidades conjuntas de los resultados de dos medidas físicamente separadas. Tales desigualdades deben ser necesariamente satisfechas por cualquier modelo en el que las dos partículas se

Fig. 23.2. Experimento mental EPR-Bohm. Un par de partículas de espín 1/2, P_I y P_D se originan en un estado combinado de espín 0, y luego viajan en direcciones opuestas, a izquierda y derecha, hacia detectores respectivos I y D ampliamente separados. Cada detector está preparado para medir el espín de la partícula que se le acerca, pero en una dirección que solo se decide una vez que las partículas están en vuelo. El teorema de Bell nos dice que no hay manera de reproducir las predicciones de la mecánica cuántica con un modelo en el que las dos pueden actuar como objetos independientes de tipo clásico que no pueden comunicarse después de haberse separado.

comportan como entidades independientes una vez que se han separado físicamente, pero las predicciones de la mecánica cuántica las violan. Así pues, la violación de la desigualdad de Bell indica la presencia de efectos esencialmente cuánticos —siendo estos los efectos de los entrelazamientos cuánticos entre partículas físicamente separadas— que no pueden ser explicados por ningún modelo que trate a las partículas como objetos reales desconectados e independientes.

En la literatura hay ejemplos particularmente sorprendentes de este tipo de violación de la desigualdad de Bell.[5] Algunos de estos, conocidos como «desigualdades de Bell sin probabilidades»,[6] son particularmente notables en cuanto que implican solo resultados sí/no, y no tenemos que preocuparnos por probabilidades, o, más bien, nos preocupamos solo por los casos extremos *definidos* con probabilidades 0 («nunca») y 1 («siempre»). Aquí daré únicamente dos versiones explícitas de esta contradicción tipo desigualdad de Bell entre partículas cuánticas y partículas individuales. Ambas incluyen un par de partículas de espín 1/2 que viajan independientemente hacia un detector I a la izquierda y hacia otro detector D a la derecha. La primera, que sigue un razonamiento debido a Henry Stapp (1971, 1979), es un ejemplo directo de la versión original de Bohm para EPR, como se ha mencionado antes, y en la que necesitamos examinar valores de probabilidad. La segunda, debida a Lucien Hardy (1992), es «casi» una versión sin probabilidades, pero con un ligero matiz extra.

Antes de dar estos ejemplos en detalle, necesitaré un poco más de notación (de Dirac). Supongamos que tenemos un sistema cuántico que consiste en dos partes $|\psi\rangle$ y $|\phi\rangle$, que pueden considerarse mutuamente independientes. Entonces, si deseamos considerar el estado cuántico que consiste en ambas partes juntas, escribimos esto

$$|\psi\rangle|\phi\rangle.$$

Este es todavía un único estado, y sería legítimo escribir una ecuación tal como $|\chi\rangle = |\psi\rangle|\phi\rangle$ que exprese este hecho. El tipo de producto que se está utilizando aquí es lo que los algebristas denominan un *producto tensorial*, y satisface las leyes $(z|\psi\rangle)|\phi\rangle = z(|\psi\rangle|\phi\rangle) = |\psi\rangle(z|\phi\rangle)$, $(|\theta\rangle + |\psi\rangle)|\phi\rangle = |\theta\rangle|\phi\rangle + |\psi\rangle|\phi\rangle$, $|\psi\rangle(|\theta\rangle + |\phi\rangle) = |\psi\rangle|\theta\rangle + |\psi\rangle|\phi\rangle$. La operación del producto tensorial se denota habitualmente en la literatura matemática por $\otimes$, y el producto $|\psi\rangle|\phi\rangle$ podría denotarse mediante $|\psi\rangle\otimes|\phi\rangle$.

En cualquier caso, es práctico utilizar el símbolo $\otimes$ en conexión con los *espacios* (de Hilbert) a los que pertenecen tales productos. Así, si $|\psi\rangle$ pertenece a $\mathbf{H}^p$ y $|\phi\rangle$ pertenece a $\mathbf{H}^q$, entonces $|\psi\rangle|\phi\rangle$ pertenece a $\mathbf{H}^p \otimes \mathbf{H}^q$. La dimensión de $\mathbf{H}^p \otimes \mathbf{H}^q$ es el producto de las dimensiones de sus dos factores, de modo que podríamos escribir legítimamente $\mathbf{H}^p \otimes \mathbf{H}^q = \mathbf{H}^{pq}$. Estoy admitiendo que o bien uno, o bien ambos, p, q puedan ser ∞, en cuyo caso tomamos que el producto es también ∞. Solo una parte muy pequeña de $\mathbf{H}^p \otimes \mathbf{H}^q$ consiste en elementos de la forma $|\psi\rangle|\phi\rangle$ (suponiendo $p, q > 1$), donde $|\psi\rangle$ pertenece a $\mathbf{H}^p$ y $|\phi\rangle$ pertenece a $\mathbf{H}^q$. Estos son estados *desentrelazados*. Un elemento *general* de $\mathbf{H}^p \otimes \mathbf{H}^q$ sería una combinación lineal de estos estados desentrelazados (que puede implicar una suma infinita, si ambos p y q son infinitos).[7] Sin embargo, deberíamos tener en cuenta que la noción misma de entrelazamiento depende de la separación *concreta* de nuestro espacio de Hilbert entero $\mathbf{H}^{pq}$ en algo de la forma $\mathbf{H}^p \otimes \mathbf{H}^q$. (Ninguna separación de un espacio de Hilbert general $\mathbf{H}^{pq}$ es preferida a cualquier otra. Algebraicamente, habrá siempre muchas maneras de expresar $\mathbf{H}^n$ como un producto tensorial, siempre que n sea un número compuesto.) En situaciones donde uno está interesado en la noción de «entrelazamiento», la separación concreta de interés físico es algo razonablemente obvio, muy particularmente cuando hay partículas «individuales» separadas por una gran distancia, que es de lo que trata EPR.

A veces es útil utilizar una formulación de índices abstractos para operaciones tales como esta (véase §12.8). El vector ket $|\psi\rangle$ podría escribirse ψ^α, con un superíndice abstracto, y su correspondiente (conjugado complejo) vector bra $\langle\psi|$ por $\bar{\psi}_\alpha$, con un subíndice abstracto. El paréntesis completo $\langle\psi|\phi\rangle$ sería $\bar{\psi}_\alpha\phi^\alpha$, y una expresión para $\langle\psi|\mathbf{Q}|\phi\rangle$ sería $\bar{\psi}_\alpha Q^\alpha{}_\beta\phi^\beta$. El producto tensorial $|\psi\rangle|\phi\rangle$ de $|\psi\rangle$ por $|\phi\rangle$ podría entonces escribirse $\psi^\alpha\phi^\beta$. Los estados desentrelazados siempre se separan de esta forma. Pero un estado general (probablemente entrelazado) sería una entidad de la forma $\phi^{\alpha\beta}$. Más adelante, en este mismo capítulo, veremos un uso concreto para este tipo de notación.

23.4. Experimentos EPR tipo Bohm

Volvamos ahora a la versión de Bohm de EPR. Consideremos el estado inicial, inmediatamente antes de que se haga una medida sobre él. Las dos partículas de espín 1/2 separadas deben constituir, tomadas en conjunto, un estado de espín 0. Esto se debe a que el momento angular se conserva y las partículas parten de un estado combinado de espín 0. Por consiguiente, necesitamos una combinación de estados base para el espín de cada partícula tal que el espín total sea cero. Esto se consigue mediante el estado $|\Omega\rangle$, de espín 0, dado por

$$|\Omega\rangle = |\uparrow\rangle|\downarrow\rangle - |\downarrow\rangle|\uparrow\rangle$$

(donde sigo sin preocuparme por la normalización de mis estados).[23.2],[23.3] En la literatura esto se suele ver escrito de alguna forma tal como $|\uparrow\mathbf{I}\rangle|\downarrow\mathbf{D}\rangle - |\downarrow\mathbf{I}\rangle|\uparrow\mathbf{D}\rangle$, donde la notación hace explícito qué estado se refiere a la partícula izquierda y cuál se refiere a la partícula derecha. En mi opinión esto no es necesario porque (i) la notación está discriminando solo la parte de espín de la función de

[23.2] Si $|\uparrow\rangle$ y $|\downarrow\rangle$ están normalizados, ¿por qué factor hay que multiplicar $|\Omega\rangle$ para hacerlo normalizado? (Puede suponer que $\||\alpha\rangle|\beta\rangle\| = \|\alpha\|\ \|\beta\|$.)

[23.3] ¿Puede ver rápidamente por qué esto tiene espín 0? *Sugerencia*: Una forma es utilizar la notación de índices para demostrar que cualquier combinación antisimétrica semejante debe ser esencialmente un escalar, teniendo en cuenta que el espacio de espín es 2-dimensional.

onda, y no la posición o el momento o cualquier otra cosa de la partícula, de modo que la dirección del espín determina lo que nos interesa, y (ii) puesto que los productos tensoriales no conmutan, podemos decir inequívocamente qué «lado» del producto es cada uno. Mi convenio es que el término de la izquierda del producto se refiere a la partícula de la izquierda y el término de la derecha se refiere a la partícula de la derecha. Los lectores que encuentren esto confuso pueden reintroducir **I** y **D** en los kets a lo largo de toda la discusión, si así lo desean.

Este es un claro ejemplo de un estado entrelazado, puesto que no puede reescribirse en la forma $|\alpha\rangle|\beta\rangle$ con $|\alpha\rangle$ localizado en **I** y $|\beta\rangle$ localizado en **D**.[23.4] Tratemos de ver qué implicaciones tiene este estado entrelazado. Ahora voy a imaginar que estoy situado a la izquierda, en **I**, y voy a realizar una medida del espín de la partícula izquierda $\mathrm{P_I}$ en la dirección «arriba» $\uparrow$ (SÍ si $\uparrow$; NO si $\downarrow$). Esto proyectaría el estado entero $|\Omega\rangle$ en $|\uparrow\rangle\,|\downarrow\rangle$ si obtengo la respuesta SÍ, y lo proyectaría en $(-)|\downarrow\rangle|\uparrow\rangle$ si obtengo NO. El resultado estaría ahora desentrelazado, excepto que la evolución **U** estándar nos diría que es probable que $\mathrm{P_I}$ esté ahora irremediablemente entrelazada con mi propio aparato de medida **I**. Lo que puede establecerse claramente es que si obtengo la respuesta SÍ, entonces a mi colega, situado en el detector derecho **D**, se le presentará $\mathrm{P_D}$ con un estado de espín $|\downarrow\rangle$, mientras que si mido NO, entonces a mi colega se le presentará $|\uparrow\rangle$. Al realizar posteriormente una medida «arriba» sobre $\mathrm{P_D}$, mi colega obtendrá necesariamente un resultado opuesto al mío.

No hay nada especial aquí en la elección arriba/abajo, pues sea cual sea la dirección que decida medir, digamos $\swarrow$, entonces si mi colega escoge la misma dirección $\swarrow$, su resultado será contrario al mío. Esto debería estar claro a partir de la invariancia rotacional del espín 0, pero es instructivo realizar un cálculo algebraico directo para verificar que (donde $\propto$ significa «igual, salvo un factor no nulo»; véase §12.7)

$$|\Omega\rangle \propto |\swarrow\rangle|\nearrow\rangle - |\nearrow\rangle|\swarrow\rangle,$$

[23.4] ¿Por qué no? Encuentre una manera de hacerlo, sin embargo, si $|\alpha\rangle$ y $|\beta\rangle$ no están localizados así.

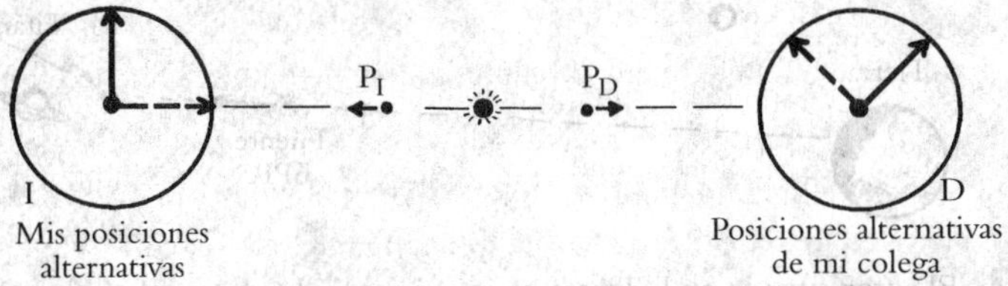

Fig. 23.3. Disposiciones de polarización para la versión de Stapp de EPR-Bohm; ejemplo de las desigualdades de Bell. Inicialmente, tomamos las medidas del espín en uno y otro lado en las direcciones dadas por las flechas sólidas, pero, por un cambio de idea, una u otra, o ambas, podrían rotarse para estar en la dirección de las flechas de trazos. Las probabilidades cuánticas conjuntas no pueden modelarse por ningún esquema de tipo clásico con pares de partículas que se comporten como entidades independientes incomunicadas sin saber por adelantado las direcciones de las medidas del espín propuestas.

donde $\nearrow$ es la dirección opuesta a $\swarrow$. (Nota: si $|\swarrow\rangle = a|\uparrow\rangle + b|\downarrow\rangle$, entonces $|\nearrow\rangle \propto \bar{b}|\uparrow\rangle - \bar{a}|\downarrow\rangle$.)[23.5]

De todo esto también deducimos cuáles serían las probabilidades conjuntas para SS, SN, NS, NN (abreviando SÍ por S y NO por N), si mi colega y yo elegimos direcciones *diferentes* en las que medir el espín. Supongamos que yo elijo $\nwarrow$ y mi colega $\nearrow$, donde el ángulo entre $\nwarrow$ y $\nearrow$ es θ. Entonces, utilizando el valor para la probabilidad dado en §22.9 (véase la Fig. 22.11), encontramos las probabilidades conjuntas

$$\text{acuerdo} = \frac{1}{2}(1 - \cos\theta), \quad \text{desacuerdo} = \frac{1}{2}(1 + \cos\theta)$$

(donde «acuerdo» significa SS o NN y «desacuerdo» significa SN o NS).

Consideremos ahora el ejemplo de Stapp. Las cosas están dispuestas de modo que mi propio aparato puede orientarse para medir el espín en la dirección $\uparrow$, que se toma en vertical hacia arriba, o en la dirección $\rightarrow$, que es una dirección horizontal (perpendicular a $\uparrow$). El aparato de mi colega está orientado para medir el espín en la dirección $\nearrow$, que yace en el plano de las direcciones $\uparrow$ y $\rightarrow$, formando un ángulo de 45° con cada una de ellas, o en la dirección $\nwarrow$, que yace en el mismo plano, pero que está a 45° de $\uparrow$ y 135° de $\rightarrow$ (Fig. 23.3). Exis-

[23.5] Confirme el comentario del paréntesis, y verifique por cálculo directo de la expresión anterior para $|\Omega\rangle$. *Sugerencia*: Véase el ejercicio [22.26].

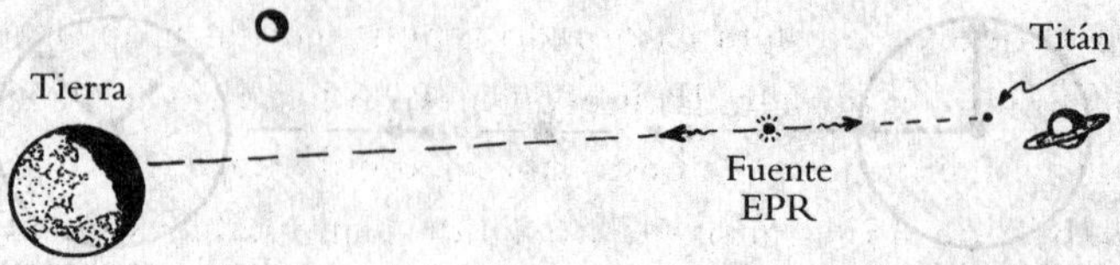

Fig. 23.4. El autor, situado en la Tierra, se imagina ser el receptor de una de las componentes de una serie de pares de partículas EPR; la otra componente es recibida por un colega en Titán. La fuente de los pares está aproximadamente equidistante entre los dos receptores. Incluso para partículas que viajan a la velocidad de la luz habría unos 45 minutos para decidir las orientaciones de los detectores.

ten tres posibilidades para las que mi dirección de medida está a 45° de la de mi colega, y hay solo una para la que el ángulo entre ellas es de 135°. En los casos de 45° obtenemos una probabilidad de acuerdo algo por debajo del 15 %, mientras que para 135° obtenemos algo más del 85 %.

Permitamos que la decisión sobre cuál de las dos posibles medidas voy a realizar no se tome realmente hasta que las partículas estén en vuelo, y lo mismo se aplica a mi colega. Muy bien; situemos a mi colega en Titán (una de las lunas de Saturno) y pongamos la fuente de las partículas en algún lugar entre nosotros dos, de modo que incluso a la velocidad de la luz ¡tendríamos unos tres cuartos de hora para tomar nuestra decisión! Véase la Fig. 23.4. Las partículas no tienen ninguna forma de «saber» en qué dirección vamos a orientar mi colega y yo (independientemente) nuestros aparatos de medida.

Supongamos que he elegido ↑ y mi colega ha elegido ↗ cuando cada uno de nosotros recibe una corriente de partículas aparentemente orientadas de forma aleatoria. Llegan de una en una, y cada una de ellas es un miembro de un par EPR-Bohm enviado desde la fuente central, una a mí y otra a mi colega. Cuando comparamos nuestras notas (quizá algunos años más tarde, cuando regrese mi colega), encontramos que hay un acuerdo un poco menor del 15 % entre nuestros resultados, en conformidad con lo anterior.

Ahora bien, si las partículas no tienen conocimiento previo de cómo vamos a orientar nuestros aparatos de medida, y se comportan como entidades independientes sin comunicación (de tipo clásico) entre ellas, no debería suponer ninguna diferencia para las medidas reales de mi colega el que yo hubiera cambiado repentinamente de opinión en el último minuto y midiera la dirección → en lugar de la ↑. Si lo hubiera hecho así, entonces —puesto que el ángulo entre las direcciones sigue siendo de 45° grados— aún tendría que haber solo un 15 % de acuerdo entre las medidas que yo obtuviera ahora y las originales de mi colega. Por el contrario, supongamos que fuera *mi colega* el que hubiera cambiado de idea en el último minuto y midiese ↖ en lugar de ↗, pero que yo no hubiera cambiado. El cambio de mi colega no debería haber afectado a mis propias medidas ↑ originales. Una vez más, habríamos encontrado que las nuevas medidas ↖ de mi colega habían estado algo por debajo del 15 % en acuerdo con mis propias medidas ↑ originales.

Pero supongamos que *ambos* hubiéramos decidido cambiar las orientaciones en el último minuto, de modo que mis propias medidas serían → y las de mi colega ↖. Ahora el ángulo entre ellas ha pasado a ser 135°, de modo que las predicciones de la mecánica cuántica nos dicen que el acuerdo debería ser entonces algo más del 85 %. ¿Es eso compatible con que los pares de partículas proporcionen las probabilidades conjuntas correctas para cada uno de los posibles pares de orientaciones de los detectores que acabamos de considerar? Bien, veámoslo. Los pares de partículas tienen que estar listos para encontrar cualquiera de las cuatro combinaciones posibles de posiciones de los detectores, y para dar las probabilidades mecanocuánticas correctas en cada caso. Recordemos cuáles son estas. Cabría esperar que los resultados de mi aparato alterado en posición → no presenten más de un 15 % de acuerdo con la posición ↗ original de mi colega. Esta, a su vez, no debería tener más de un 15 % de acuerdo con mi posición ↑ original, y esta no debería tener más de un 15 % de acuerdo con la posición alterada ↖ de mi colega. Si un par de partículas concreto va a dar acuerdo en el caso →, ↖, entonces no puede estar en desacuerdo en los tres casos →, ↗ y ↑, ↗ y ↑, ↖. (Tres desacuerdos deben dar desacuerdo, no acuerdo.) De modo que al menos en uno de estos tres posibles pares de posiciones debe haber acuerdo. Pero esto sucede en menos de un 15 % de los casos, para cada par de posiciones posible. Hay solo tres de estas, de modo que esto no permite más de 15 % + 15 % + 15 % = 45 % de acuerdo cuando llegamos al caso →, ↖. (De hecho, el porcentaje de acuerdo resulta un poco menos de esto, porque he contado efectivamente tres veces el caso en el que hay acuerdo en los tres pares de posiciones.) Pero 45 % no está nunca cerca de 85 %, ¡de modo que tenemos una flagrante contradicción con nuestras hipótesis «tipo clásico» para los pares de partículas!

Algunos podrían lamentarse de que este razonamiento se ha expresado en términos de medidas hipotéticas que «podrían haber sucedido pero no han sucedido» (los hechos «contrafácticos» del filósofo). Pero esto no es importante. La cuestión clave es que se ha supuesto que las partículas se comportan independientemente unas de otras una vez que han dejado la fuente, y dan las correctas probabilidades cuánticas conjuntas cualquiera que sea la combinación de posiciones de detectores que encuentran. El punto importante es que las partículas tienen que imitar las predicciones de la mecánica cuántica. Hemos encontrado que estas no pueden separarse en predicciones independientes para las dos partículas por separado. La única forma en que las partículas pueden proporcionar consistentemente las respuestas mecanocuánticas correctas es que estén, de algún modo, «conectadas» entre sí, hasta que una u otra de ellas sea medida realmente. Esta misteriosa «conexión» entre ellas es el entrelazamiento cuántico.

Por supuesto, ningún experimento de esta naturaleza se ha realizado sobre tales distancias. Pero se han llevado a cabo realmente muchos experimentos tipo EPR de una naturaleza esencialmente similar (normalmente utilizando fotones, y no partículas de espín 1/2, pero las diferencias no son importantes). ¡Las predicciones de la mecánica cuántica (antes que las del sentido común) han sido sistemáticamente confirmadas! Aunque, por supuesto, no se han observado todavía entrelazamientos cuánticos directos sobre distancias Tierra-Saturno, algunos experimentos recientes han confirmado violaciones de la desigualdad de Bell sobre distancias de más de 15 kilómetros.[8]

23.5. El ejemplo EPR de Hardy: casi libre de probabilidad

Llegamos ahora al bello ejemplo de Lucien Hardy.[9] Una vez más, mi colega y yo estamos preparados para hacer medidas de espín: yo elijo entre las medidas $\uparrow$ y $\rightarrow$ (verticalmente hacia arriba y en dirección horizontal hacia la derecha), como antes, pero ahora mi colega también elige entre $\uparrow$ y $\rightarrow$, de forma completamente independiente de mi propia elección. El nuevo aspecto crucial es que la fuente de pares de partículas no las emite ahora en un estado combinado de espín 0, sino en un estado particular de espín 1. Considero que este estado inicial es el que tiene la descripción de Majorana $|\leftarrow\nearrow\rangle$ (§22.10, Fig. 22.14), donde la dirección de $\nearrow$ yace en el cuadrante generado por las direcciones perpendiculares $\uparrow$ y $\rightarrow$, y tiene una pendiente hacia arriba de 4/3 (de modo que el ángulo θ entre $\rightarrow$ y $\nearrow$ satisface $\cos\theta = 3/5$), y donde $\leftarrow$ es opuesta a $\rightarrow$; véase la Fig. 23.5. Podemos expresar este estado como[23.6]

$$|\leftarrow\nearrow\rangle = |\leftarrow\rangle|\nearrow\rangle + |\nearrow\rangle|\leftarrow\rangle,$$

ignorando un factor global, y tiene la característica importante de que, aunque no es ortogonal a

$$|\downarrow\rangle|\downarrow\rangle$$

(con $\downarrow$ opuesto a $\uparrow$), *sí* es ortogonal a cada uno de los[23.7]

$$|\downarrow\rangle|\leftarrow\rangle, \quad |\leftarrow\rangle|\downarrow\rangle, \quad |\rightarrow\rangle|\rightarrow\rangle.$$

Estas relaciones de ortogonalidad son responsables, respectivamente, de las siguientes propiedades «SÍ/NO» (0), (1) (2) y (3):

(0) a veces obtengo NO para una medida $\uparrow$ cuando mi colega obtiene NO para una medida $\uparrow$;

(1) si obtengo NO para una medida $\uparrow$, entonces mi colega debe obtener SÍ para una medida $\rightarrow$;

(2) si mi colega obtiene NO para una medida $\uparrow$, entonces debo obtener SÍ para una medida $\rightarrow$;

(3) nunca obtengo SÍ para una medida $\rightarrow$ cuando mi colega obtiene SÍ para una medida $\rightarrow$.

Podría mencionarse, en relación con (0), que la probabilidad mecanocuántica real para que los dos obtengamos una respuesta NO, dado

[23.6] ¿Por qué?

[23.7] Vea si puede demostrarlas. *Sugerencia*: Utilice las descripciones de coordenadas y/o geométricas de §22.9.

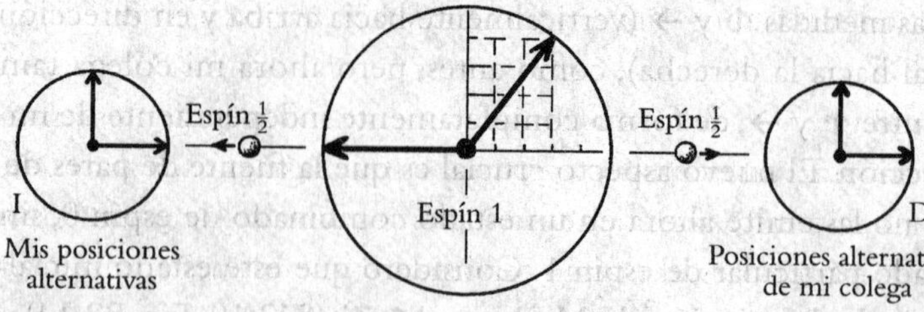

Fig. 23.5. Versión de Hardy de EPR «casi» sin probabilidades. El estado inicial del espín 1 es $|\leftarrow\nearrow\rangle = |\leftarrow\rangle|\nearrow\rangle + |\nearrow\rangle|\leftarrow\rangle$, donde la dirección $\nearrow$ está en el cuadrante generado por la vertical $\uparrow$ y la horizontal $\rightarrow$, con una pendiente hacia arriba de 4/3. Cada detector mide el espín de la partícula que se le aproxima o bien verticalmente, o bien horizontalmente.

que ambos decidimos realizar la medida $\uparrow$, es exactamente 1/12 en este experimento.[23.8] Nótese que 1/12 = 8,33 %, mientras que el valor óptimo de Hardy, con algunos ligeros ajustes, está muy próximo[10] a 9,017 %.

Debería dejar completamente claro por qué no hay forma de conseguir los resultados (0), ..., (3), si las dos partículas son entidades separadas y no comunicadas, y sin ningún conocimiento previo de los experimentos que se van a realizar con ellas. Debido a (0), cada una de las dos partículas (supuestas ahora incomunicadas y sin conocimiento previo) deben estar preparadas conjuntamente para proporcionar una respuesta NO de vez en cuando (de hecho, 1/12 de las veces), ante la eventualidad de que mi colega y yo pudiéramos realizar simultáneamente medidas $\uparrow$. Además, la preparación de las partículas debe haber sido cuidadosa para haber preconvenido (cuando estaban juntas) que en aquellas ocasiones en que podrían hacerlo (i.e., dar respuestas NO simultáneas a nuestras medidas $\uparrow$ simultáneas) también deberían dar *decididamente* la respuesta SÍ a una medida $\rightarrow$ si solo uno u otro de nosotros cambiase a esta dirección, para no violar así (1) o (2). Pero esa misma decisión las lleva a poner a (3) en grave peligro, porque mi colega y yo podríamos casualmente realizar a la vez medidas $\rightarrow$, en una ocasión semejante, y obtener así el resultado prohibido SÍ, SÍ.

[23.8] Demuéstrelo.

23.6. Dos misterios del entrelazamiento cuántico

A mi modo de ver, el entrelazamiento cuántico presenta dos misterios completamente diferentes, y creo que la respuesta a cada uno de ellos tiene un carácter completamente distinto (aunque interrelacionado). El primer misterio es el propio fenómeno. ¿Cómo debemos entender el entrelazamiento cuántico y darle sentido en términos de ideas que podamos comprender, de modo que podamos llegar a aceptarlo como algo que forma una parte importante de la actuación de nuestro universo real? El segundo misterio es de algún modo complementario del primero. Puesto que, según la mecánica cuántica, el entrelazamiento es un fenómeno tan ubicuo —recordemos que la inmensa mayoría de los estados cuánticos son realmente estados entrelazados—, ¿por qué es algo que apenas advertimos en nuestra experiencia directa del mundo? ¿Por qué no se nos presentan continuamente estos efectos ubicuos del entrelazamiento? No creo que este segundo misterio haya recibido toda la atención que merece, pues la perplejidad de la gente se ha concentrado casi enteramente en el primero.

Empecemos por abordar este segundo misterio. Volveré al primero a su debido tiempo. Un enigma al que hay que hacer frente es el hecho de que los entrelazamientos tienden a difundirse. Parecería que finalmente todas las partículas en el universo deben entrelazarse entre sí. ¿O ya están todas entrelazadas entre sí? ¿Por qué no experimentamos precisamente un revoltijo entrelazado, sin el más mínimo parecido con el mundo (casi) clásico que realmente percibimos? La evolución de Schrödinger de un sistema no nos ayuda en esto. Tiende a empeorar las cosas cada vez más, pues a medida que pasa el tiempo cada vez más partes del universo se van entrelazando con cualquier sistema del que partamos. En términos del espacio de Hilbert **H**, pienso que se acepta generalmente que la ecuación de Schrödinger (proceso **U**) no nos sacará por sí sola de nuestras dificultades. Si empezamos a salvo en una parte relativamente desentrelazada de **H**, entonces la evolución de Schrödinger nos sumergirá (normalmente) casi de inmediato en las profundidades del entrelazamiento y no nos proporcionará por sí misma ninguna ruta, ni siquiera una guía, para salir de este enorme piélago de estados entrelazados (véase la Fig. 23.6).

Pese a todo, parece que en la vida cotidiana lo llevamos muy bien, sin notar siquiera estos entrelazamientos. ¿A qué se debe esto? Si no vamos a obtener ninguna ayuda del proceso **U** de la teoría cuántica, entonces debemos dirigirnos a su otro ingrediente esencial: el proceso **R**. De hecho, ya hemos visto algo de cómo podría ayudarnos esto en nuestras consideraciones de los efectos EPR. Recordemos que antes imaginaba la realización de una medida sobre un miembro de un par EPR, cuyo otro miembro se estaba acercando a mi colega en el planeta Titán. Si hago mi medida primero, entonces, por el hecho de realizarla, este mismo acto deja la partícula de mi colega libre de su entrelazamiento con la mía, y a partir de ahí (hasta que sea medida por mi colega) dicha partícula poseerá un vector de estado por sí misma, sin ser molestada por ninguna responsabilidad adicional hacia su compañera, independientemente de lo que yo pudiera hacer con esta posteriormente. Así pues, parece que son las *medidas* las que cortan drásticamente estos entrelazamientos. ¿Puede ser cierto esto? ¿Es **R** la respuesta general al segundo enigma que presenta el fenómeno del entrelazamiento cuántico?

Creo que esto debe ser cierto, al menos si pensamos en cómo se utiliza la mecánica cuántica en la práctica. Esto tiene relevancia para la forma en que montamos cualquier experimento cuántico, tal como los experimentos mentales que acabamos de considerar. Recordemos que en nuestras consideraciones EPR exigíamos un número de pares de partículas que estuvieran dispuestas en un estado cuántico particular: de espín 0 en el ejemplo de Stapp y de espín 1 en el ejemplo de Hardy.

Fig. 23.6. La evolución de Schrödinger, lejos de un estado inicial desentrelazado (ilustrado por la roca abajo a la derecha), lleva casi siempre a entrelazamientos crecientes (ilustrados por el mar lleno de algas dispersas). Entonces, ¿por qué los objetos de la experiencia ordinaria aparecen como cosas independientes?

¿Cómo podríamos asegurar, utilizando solo procesos **U**, que nuestras partículas no estuvieran ya terriblemente entrelazadas con todas las otras cosas que nos rodean? Creo que algo de la naturaleza de una «medida» es siempre una parte esencial del *montaje* de un experimento cuántico, para asegurar que el estado no esté contaminado por enjambres de estos entrelazamientos indeseados. Con esto no quiero decir que el experimentador monte deliberadamente una «medida» para conseguirlo. Mi idea es que la propia naturaleza está activando continuamente efectos de procesos **R**, sin que haya ninguna intención deliberada por parte de un experimentador ni ninguna intervención de un «observador consciente».

Aquí estoy entrando en aguas controvertidas, y más tarde tendré que volver a mi propia posición sobre estas cuestiones (en §§30.9-13). Pero ¿cómo se trata el tema en la mecánica cuántica «convencional»? Parece que, «en la práctica», los físicos suponen siempre que estos supuestos entrelazamientos con el mundo exterior pueden ser ignorados. De lo contrario, no se podría confiar en la mecánica clásica ni en la mecánica cuántica convencional. Parece existir la idea de que todos los entrelazamientos se «promediarán» de alguna manera, de modo que no necesitan ser considerados en la práctica en ninguna situación real. Pero no conozco ninguna demostración remotamente convincente de que este sea el caso. Más que promediar, el resultado probable sería que todas las cosas se parecerían cada vez menos al universo que conocemos, en donde hay objetos individuales que tienen posiciones más o menos bien definidas que no están condicionadas por otras muchísimas ocurrencias en otros lugares del universo. No veo ninguna salida a este dilema si tenemos que verlo como un problema aislado de la paradoja **U**/**R** que yace en el centro de la interpretación de la mecánica cuántica.

Con independencia de cómo examinemos la cuestión de este entrelazamiento generalizado con el resto del universo, no podemos divorciarla de la pregunta más amplia de cuál es la razón de que, por una parte, los procedimientos **U** funcionen tan extraordinariamente bien para sistemas suficientemente simples, mientras que por otra parte tenemos que abandonar **U** de vez en cuando e intercalar, abruptamente pero a hurtadillas, el proceso **R**. ¿Por qué?, así como, ¿cuándo? y

¿cómo? Este es el *problema de la medida* o (más exactamente, creo) la *paradoja* de la medida, en palabras del premio Nobel Tony Leggett. Volveré a la cuestión en el capítulo 29.

Aún no he acabado con los otros enigmas que nos presenta el entrelazamiento. Algunos de estos tienen que ver con la falta de compatibilidad entre la medida de un sistema entrelazado y los requisitos de la relatividad, puesto que una medida de una parte de un par entrelazado parecería afectar a la otra *simultáneamente*, lo que, como hemos visto en el capítulo 17, es algo que no deberíamos aceptar si nos vamos a atener a los principios relativistas. Antes de intentar afrontar este problema debería abordar otro aspecto del entrelazamiento. Es un aspecto aún más ubicuo que los que hemos abordado en los párrafos anteriores. Es tan ubicuo que ni siquiera las medidas lo cortan, como quiera que elijamos considerar la paradoja de la medida. Más aún, es un rasgo característico de la mecánica cuántica que parece ser independiente de los otros que he estado abordando hasta ahora. Me refiero a la forma extraordinaria en que la mecánica cuántica trata los sistemas de *partículas idénticas*.

23.7. Bosones y fermiones

Recordemos (§23.2) nuestro entretenimiento con un «universo de juguete» en el que había 10 posiciones distintas abiertas a cada partícula, etiquetadas **0**, **1**, **2**, ..., **9**. Cuando consideraba que este universo podría estar habitado por más de una partícula, he tenido cuidado en exigir que no se considerase que las partículas eran «del mismo tipo», y me he referido a ellas como una «partícula A» y una «partícula B», etc., en lugar de, pongamos por caso, «dos electrones», o algo similar. La razón para esto es que la mecánica cuántica trata las partículas reales de la naturaleza mediante procedimientos que son claramente diferentes de los de nuestra discusión anterior. De hecho, en este punto debemos hacer una distinción entre dos de estos procedimientos muy *diferentes*. Uno de estos procedimientos se aplica a partículas conocidas como *bosones* y el otro a las conocidas como *fermiones*. Los bosones resultan ser partículas con *espín entero* (i.e., donde el espín, en unidades de $\hbar$, toma uno de los valores 0, 1, 2, 3, ...), y los fermiones, partículas con espín semientero (valores $\frac{1}{2}, \frac{3}{2}, \frac{5}{2}, \frac{7}{2}, \ldots$). (Esta asociación se sigue de un famoso teorema matemático, en el contexto de la teoría cuántica de campos, conocido como el *teorema espín-estadística*; véase §26.2.) Las partículas compuestas, tales como los núcleos o los átomos enteros o, de hecho, los hadrones individuales tales como los protones o los neutrones (considerados compuestos de quarks) pueden también ser tratadas, con un grado adecuado de aproximación, como bosones o fermiones individuales. Así, los fotones son bosones, y también lo son los mesones (piones, kaones, etc.) y las partículas responsables de las interacciones débiles (las partículas W y Z) y las interacciones fuertes (los gluones). Las evidentemente compuestas partículas-α (2 protones, 2 neutrones), los deuterones (1 protón, 1 neutrón), etc., también se comportan muy aproximadamente como bosones. Por el contrario, los electrones, los protones, los neutrones y sus quarks constituyentes, los neutrinos, los muones y muchas otras partículas son fermiones. Podemos tomar nota del hecho de que las funciones de onda de los fermiones son *objetos espinoriales*, en la terminología de §11.3 (compárese con §22.8), mientras que las de los bosones no lo son.

Para ver qué distingue realmente a los bosones de los fermiones, volvamos a nuestro universo de juguete con solo 10 puntos en él, etiquetados **0**, **1**, ..., **9**. Recordemos que el análogo apropiado de una función de onda sería simplemente una colección de números complejos $z_0, z_1, \ldots, z_9$ para una sola partícula, $z_{00}, z_{01}, \ldots, z_{99}$ para un par de partículas, $z_{000}, z_{001}, \ldots, z_{999}$ para tres partículas, etc. Para un par de bosones, sin embargo, el requisito es que la colección de números complejos z_{ij} debería ser *simétrica* en sus índices:

$$z_{ij} = z_{ji},$$

de modo que $z_{38} = z_{83}$, por ejemplo. Así, por lo que respecta a esta «función de onda», no supone ninguna diferencia cuál de las partículas es la que está en **3** y cuál es la que está en **8**. Hay solamente un *par de partículas* que ocupan los dos puntos **3** y **8**. Nótese que ambos miembros del par de bosones pueden estar perfectamente en el mismo lugar; por ejemplo, z_{33} es el factor de peso complejo para que ambos bosones ocupen simultáneamente el punto **3**. Vemos que existen solo $\frac{1}{2}$ $(10 \times 11) = 55$ maneras distinguibles de colocar el par (desordenado) de partículas en los 10 puntos, y solo se necesita este número de números complejos (i.e., $\mathbf{H}^{55}$ en lugar de $\mathbf{H}^{100}$). Con tres bosones idénticos, tenemos simetría en los tres argumentos

$$z_{ijk} = z_{jik} = z_{jki} = z_{kji} = z_{kij} = z_{ikj},$$

de modo que ahora tenemos $\frac{1}{6}(10 \times 11 \times 12) = 220$ números complejos para definir el estado: un elemento de $\mathbf{H}^{220}$ en lugar de $\mathbf{H}^{1.000}$. Para n bosones idénticos, el número es $(9 + n)!/9!n!$, que es el número de números complejos independientes $z_{ij\ldots m}$ necesarios para que sea totalmente *simétrico* en los índices (véanse §§12.4,7 y §14.7 para la notación):

$$\mathrm{z}_{ij\ldots m} = \mathrm{z}_{(ij\ldots m)}.$$

Consideremos ahora los fermiones. La diferencia es que para los fermiones se requiere que la función de onda sea *antisimétrica* en sus argumentos,

$$z_{ij} = -z_{ji},$$

$$z_{ijk} = -z_{jik} = z_{jki} = -z_{kji} = z_{kij} = -z_{ikj},$$

$$\mathrm{z}_{ij\ldots m} = \mathrm{z}_{[ij\ldots m]},$$

de modo que tenemos $\frac{1}{2}(10 \times 9) = 45$ números complejos para dos fermiones idénticos, $\frac{1}{6}(10 \times 9 \times 8) = 120$ números complejos para tres fermiones idénticos, y $10!/n!(10 - n)!$ para n fermiones idénticos.[23.9] La diferencia en el recuento surge del hecho de que ahora no está permitido tener dos fermiones en el mismo punto porque la antisimetría implica que los factores de peso complejos $z\ldots$ deben anularse cuando eso ocurre: $z_{33} = 0$, $z_{474} = 0$, etc.

Nótese que cuando tenemos más de 5 fermiones idénticos en nuestro universo de juguete, los números empiezan a reducirse de nue-

[23.9] Explique todos estos números tanto en el caso de los bosones como de los fermiones.

vo. Cuando llegamos a 10 fermiones, hay solo un estado posible, y no podemos tener más de 10 fermiones idénticos en conjunto en nuestro universo de juguete. Vemos en este modelo una manifestación de un principio importante en la mecánica cuántica llamado *principio de exclusión de Pauli*. Según este, dos fermiones idénticos no pueden estar en el mismo estado (lo que es simplemente una característica de la antisimetría de la función de onda fermiónica). El hecho de que los materiales sólidos no colapsen sobre sí mismos depende, en última instancia, de este principio. La materia sólida ordinaria está básicamente compuesta de fermiones: electrones, protones y neutrones. Estos tienen que «mantenerse fuera del camino de los otros», debido al principio de Pauli.

En el caso de los bosones, las cosas son de otra manera. Hay una ligera tendencia de los bosones a «preferir» estar en el mismo estado. (Esto resulta como un efecto puramente estadístico, cuando comparamos el recuento de diferentes estados bosónicos con los diferentes estados clásicos correspondientes.) Cuando la temperatura es muy baja, este efecto puede ser importante y puede tener lugar un fenómeno conocido como *condensación de Bose-Einstein*, cuando la mayoría de las partículas relevantes se reúnen en el mismo estado. Los superfluidos son ejemplos de esto, e incluso los láseres se basan en ello. En un superconductor, los electrones tienen una forma de «aparearse» y estos *pares de Cooper* tienen la capacidad de comportarse como si fueran bosones individuales. Algunos de los usos prácticos más impresionantes y contraintuitivos de la mecánica cuántica proceden de este tipo de fenómeno «colectivo».

23.8. Los estados cuánticos de los bosones y los fermiones

Aunque he expuesto los requisitos de simetría y antisimetría de los bosones y los fermiones solo en referencia a nuestro «universo de juguete», los requisitos de simetría bosón/fermión para una colección de bosones o fermiones reales en el espacio ordinario son básicamente los mismos. La función de onda será una función de un número de puntos en el espacio, etiquetados **u**, **v**, ..., **y**, así como de varios parámetros discretos $u, v, \ldots, y$, respectivamente, para resumir el grupo de índices (espinoriales o tensoriales) de cada partícula. Preguntemos, en primer lugar, qué aspecto tendrá la función de onda ψ para un *par* de bosones idénticos. El requisito es que la función $\psi = \psi(\mathbf{u}, u; \mathbf{v}, v)$ debería ser *simétrica* bajo intercambio de las partículas:

$$\psi(\mathbf{u}, u; \mathbf{v}, v) = \psi(\mathbf{v}, v; \mathbf{u}, u).$$

Para tres bosones idénticos, nuestra función de onda debería ser simétrica bajo permutaciones de las tres partículas:

$$\psi(\mathbf{u}, u; \mathbf{v}, v; \mathbf{w}, w) = \psi(\mathbf{v}, v; \mathbf{u}, u; \mathbf{w}, w) = \psi(\mathbf{v}, v; \mathbf{w}, w; \mathbf{u}, u) = \ldots,$$

y así sucesivamente.

En el caso de los fermiones, estas relaciones se reemplazan por *antisimetría* bajo intercambio de las partículas:

$$\psi(\mathbf{u}, u; \mathbf{v}, v) = -\psi(\mathbf{v}, v; \mathbf{u}, u).$$

$$\psi(\mathbf{u}, u; \mathbf{v}, v; \mathbf{w}, w) = -\psi(\mathbf{v}, v; \mathbf{u}, u; \mathbf{w}, w) = \psi(\mathbf{v}, v; \mathbf{w}, w; \mathbf{u}, u) = \ldots,$$

y así sucesivamente. Nótese que en cada caso el estado de espín (caracterizado por las variables discretas $u, v, \ldots$) debe ser transportado con la partícula en estos intercambios. La consecuencia de esto es que cuando se aplica el principio de exclusión de Pauli consideramos los estados idénticos solo si los estados de espín son también idénticos, además de ser idénticas sus localizaciones. Esto es importante en química, por ejemplo, donde dos electrones pueden compartir el mismo orbital con tal de que sus espines sean opuestos (véanse §24.8 y la Fig. 24.2).

Este es un lugar donde resulta práctica la notación de índices (abstractos) para estados mencionada en §23.3 (y también puede utilizarse una notación diagramática, como se ha descrito en §12.8, ilustrada en la Fig. 26.1). Por consiguiente, podríamos utilizar la notación ψ^{α} para la función de onda de una partícula concreta a la que ha sido asignada la etiqueta «α», y ϕ^{β} para la función de onda de una segunda partícula a la que se ha asignado la etiqueta «β», y así sucesivamente. Si las partículas no son idénticas, entonces la función de onda para el par de ellas sería el estado producto (tensorial)

$$\psi^{\alpha}\phi^{\beta},$$

mientras que si son bosones idénticos, el estado es (sin preocuparnos de los factores de normalización)

$$\psi^{\alpha}\phi^{\beta} + \phi^{\alpha}\psi^{\beta}.$$

(Una puntualización sobre la formulación de índices abstractos: tenemos multiplicación conmutativa, por ejemplo, $\phi^{\alpha}\psi^{\beta} = \psi^{\beta}\phi^{\alpha}$. La no conmutatividad del producto tensorial se trata mediante el ordenamiento de índices, de modo que $|\phi\rangle|\psi\rangle \neq |\psi\rangle|\phi\rangle$ se expresa como $\phi^{\alpha}\psi^{\beta} \neq \psi^{\alpha}\phi^{\beta}$.) Podemos escribir este estado simetrizado (ignorando un factor 2) como

$$\psi^{(\alpha}\phi^{\beta)},$$

utilizando nuestra notación de paréntesis redondos para la simetrización (§12.7 y §22.8). Esto tiene la ventaja de que podemos escribir inmediatamente el estado cuántico para *n* bosones idénticos, cuyos estados individuales serían $\psi^{\alpha}, \phi^{\beta}, \ldots, \chi^{\kappa}$, como el producto simetrizado

$$\psi^{(\alpha}\phi^{\beta}\ldots\chi^{\kappa)}.$$

Podemos hacer exactamente lo mismo para los fermiones, donde para estados individuales $\psi^{\alpha}, \phi^{\beta}, \ldots, \chi^{\kappa}$, la colección de todos los *n* fermiones idénticos tendría el estado antisimetrizado (§12.4)

$$\psi^{[\alpha}\phi^{\beta}\ldots\chi^{\kappa]}.$$

Nótese que todos estos estados de muchas partículas están técnicamente *entrelazados* (como vemos, en particular, para la descripción de un par de fermiones idénticos que es la combinación $\psi^{\alpha}\phi^{\beta} - \phi^{\alpha}\psi^{\beta}$). No obstante, es un tipo suave de entrelazamiento, pues la superposición es entre estados que son «físicamente indistinguibles», ya que solo se aplica a partículas idénticas. Los estados $\psi^{(\alpha}\phi^{\beta}\ldots\chi^{\kappa)}$ y $\psi^{[\alpha}\phi^{\beta}\ldots\chi^{\kappa]}$, para bosones y fermiones respectivamente, son lo más próximo que podemos tener a estados «desentrelazados» y podríamos adoptar la postura alternativa de llamar a tales estados «desentrelazados». (El estado bosónico general de *n*-partículas, en esta notación, sería algún $\Psi^{\alpha\beta\ldots\kappa} = \Psi^{(\alpha\beta\ldots\kappa)}$, que no se separa de esta manera. Análogamente, un estado fermiónico general de *n*-partículas es un $\Phi^{\alpha\beta\ldots\kappa} = \Phi^{[\alpha\beta\ldots\kappa]}$ «sin separación».) En términos de kets, podríamos concebir una notación «producto cuña» $|\psi\rangle \wedge |\phi\rangle \wedge \ldots \wedge |\chi\rangle$ para trabajar con estos requisitos de simetría y antisimetría,[11] donde tenemos en cuenta que los términos conmutan o anticonmutan dependiendo de los «grados» de los factores individuales (véase §11.6).

Aunque el tipo de «entrelazamiento» que ocurre con bosones o fermiones idénticos es relativamente «inocuo» (y, de hecho, sirve para reducir más que incrementar el gran número de alternativas abiertas a un sistema cuántico), tiene al menos una consecuencia importante para un efecto que se extiende sobre grandes distancias físicas. La naturaleza bosónica «entrelazada» de los fotones que llegan a la Tierra desde lados opuestos de una estrella relativamente próxima ha sido utilizada para medir los diámetros de tales estrellas, utilizando un método que se debe a Hanbury Brown y Twiss (1954, 1956). Cuando su método fue propuesto por primera vez, encontró una gran oposición por parte de muchos (incluso distinguidos) físicos cuánticos, que argumentaban que «los fotones solo pueden interferir consigo mismos, y no con otros fotones»; pero ellos habían pasado por alto el hecho de que los «otros fotones» eran parte de un todo bosón entrelazado.

23.9. Teleportación cuántica

Para terminar este capítulo, volvamos a los enigmas que son inherentes a la interpretación de los efectos EPR. Más concretamente, recordemos el aparente conflicto con la relatividad especial que supone el hecho de que la «comunicación» entre pares EPR parece no respetar los propios requisitos de Einstein según los cuales no debería estar permitido el envío de señales más rápidas que la luz. Para ilustrar estas cuestiones, expondré una consecuencia adicional bastante misteriosa del entrelazamiento cuántico conocida como *teleportación cuántica*. En mi opinión, esta consecuencia nos lleva en una dirección que bien podría ser la que tenemos que explorar si queremos entender adecuadamente los efectos EPR en general. Pese a todo, observaremos que esta dirección conduce a un territorio en el que muchas personas serían, sin duda, muy reacias a entrar, ¡y con razón, tal como veremos!

¿Qué significa el término «teleportación»? El nombre, sin duda, recuerda a *Star Trek* y las imágenes del capitán Kirk y algunos miembros de su tripulación enviados a la superficie de un planeta inexplorado. Aquí se adopta la idea de que para transmitir con éxito la «identidad» real de una persona es necesario que en la superficie del planeta se proyecte fielmente un *estado cuántico* real, y no solo un listado clásico de posiciones de partículas, etc. Una perspectiva semejante tiene la ventaja filosófica de que el procedimiento de teleportación no podría utilizarse para *duplicar* un individuo, lo que podría plantear delicadas interrogantes concernientes a cuál de los dos representa la continuación del «flujo de consciencia» del individuo.[12] ¿Por qué no es posible copiar un estado cuántico desconocido? La cuestión ha sido convincentemente abordada en la literatura,[13] pero a partir de consideraciones elementales podemos ver que una posibilidad semejante conduciría a una contradicción con los principios de la mecánica cuántica **U**/**R** estándar. A menos que uno esté dispuesto a destruir el original, no se puede hacer una copia exacta, y ciertamente no se pueden hacer dos copias exactas de un estado cuántico.

¿Por qué no? Si se pudiese, entonces repitiendo el proceso podríamos tener 4 copias, luego 8, luego 16, etc. Supongamos que el estado es solo un simple estado de espín $|\nearrow\rangle$ de una partícula masiva de espín 1/2. Entonces, después de copiarlo muchas veces tendríamos $|\nearrow\rangle|\nearrow\rangle \ldots |\nearrow\rangle = |\nearrow\nearrow \ldots \nearrow\rangle$, que para un momento angular suficientemente grande podría medirse de una forma clásica y se obtendría así la dirección espacial $\nearrow$. De esta manera, deberíamos haber obtenido una medida de cuál es realmente el estado (salvo un factor de proporcionalidad). Pero los procedimientos estándar **U**/**R** de la mecánica cuántica no nos permiten hacer eso. Las únicas medidas sobre un estado $|\nearrow\rangle$ que **R** nos permite realizar vienen dadas por algún operador hermítico (o normal), y estos proporcionan simplemente preguntas: «¿Está el espín en alguna dirección $\searrow$? Responder SÍ o NO». Después de la medida, el estado estará o bien en la dirección pedida $\searrow$ (SÍ), o bien en su opuesta $\nwarrow$ (NO). Podemos realizar realmente otras medidas si consideramos el estado de espín entrelazado con otras cosas (y pronto veremos su valor). Pero si el estado que se está examinando va a considerarse desentrelazado del mundo externo, entonces lo máximo que podemos hacer es realizar una medida directa sobre él. Todo lo que podemos obtener del estado es una simple respuesta SÍ/NO, i.e., solo un *bit* (dígito binario) de información. Podemos rotar el aparato de medida en cualquier ángulo que queramos, pero el sistema no nos dirá la dirección ↗ en la que el estado apunta realmente. Ciertamente, esa dirección se distingue por el hecho de que es la única para la que la respuesta SÍ llega con certeza (probabilidad 1), pero no podemos saber por adelantado qué dirección es esta. (Si quien ha preparado el estado cuántico nos dijera que la dirección es ↗, entonces podríamos copiarlo, pero no es así como se ha planteado el problema; el que estamos examinando y el que nos proponemos copiar es un estado cuántico previamente *desconocido*.)

Lo que pretende conseguir la teleportación cuántica es el *envío* de un estado cuántico de un lugar a otro, digamos desde la nave espacial *Enterprise* de Kirk a la superficie del planeta inexplorado. La mecánica cuántica no pone ningún impedimento para lograr esto; en realidad, podríamos transportar el objeto cuántico corporalmente de un lugar a otro de una forma ordinaria. Pero la idea es que en la situación concreta imaginada las condiciones son demasiado «ruidosas» para el transporte fiable de un objeto cuántico o de una señal cuántica de cualquier tipo. La transmisión de información clásica ordinaria va a ser todo lo que las condiciones permiten. Sin embargo, no es posible transmitir un estado cuántico utilizando solo la señalización clásica. La razón de esto debería ser clara, porque las señales clásicas, por su propia naturaleza, pueden copiarse. Si pudieran utilizarse para transmitir un estado cuántico, entonces los estados cuánticos también podrían copiarse, y ya hemos visto antes que esto no debería ser posible. Lo que necesitamos hacer es «preparar el terreno» primero. Puesto que la imagen «planeta inexplorado» es poco apropiada para esto, permítanme recabar la ayuda de mi colega de Titán; es a este colega a quien intento transmitir un estado cuántico desconocido de espín 1/2.

La «preparación del terreno» que se requiere es que cada uno de nosotros debe estar en posesión de un miembro de un par de partículas EPR de espín 1/2. Podemos suponer que las partículas empezaron juntas en un estado de espín 0, igual que en la versión original de Bohm de EPR. Nuestra suposición era que resulta ahora poco fiable enviar estados cuánticos a través del espacio comprendido entre la Tierra y Titán. Pero digamos que hace cinco años, antes de que mi colega partiera para Titán, cada uno de nosotros tomamos nuestras respectivas partículas del par entrelazado mencionado antes. Cada partícula se mantuvo perfectamente aislada de cualquier perturbación externa. Si nuestras partículas aún permanecen sin perturbar en el momento en que vuelva mi colega, entonces, al juntar las dos, se recuperaría de nuevo el estado de espín 0.

Supongamos ahora que un amigo me presenta otra partícula de espín 1/2, mantenida aislada una vez más de perturbaciones externas. Se me pide que transmita inmediatamente el estado de espín de dicha partícula intacto a mi colega en Titán. Teniendo en cuenta que ahora las condiciones no permiten que un estado cuántico pueda ser enviado a través del espacio desde aquí a Titán, solo se me permite enviar una señal de radio clásica. Pero antes de hacerlo llevo la partícula de mi amigo a donde he almacenado mi partícula EPR y junto estas dos partículas. Cada una de las partículas tiene espín 1/2, de modo que juntando sus estados constituirían un sistema 4-dimensional (solo $\mathbf{H}^4$, si no fuera por el entrelazamiento entre mi partícula y la partícula de mi colega en Titán). Ahora realizo una medida sobre el par de partículas juntas (la mía y la de mi amigo), que distingue los cuatro estados ortogonales (llamados *estados de Bell*)

$$
\begin{aligned}
(0)&: \ |\uparrow\rangle|\downarrow\rangle - |\downarrow\rangle|\uparrow\rangle,\\
(1)&: \ |\uparrow\rangle|\uparrow\rangle - |\downarrow\rangle|\downarrow\rangle,\\
(2)&: \ |\uparrow\rangle|\uparrow\rangle + |\downarrow\rangle|\downarrow\rangle,\\
(3)&: \ |\uparrow\rangle|\downarrow\rangle + |\downarrow\rangle|\uparrow\rangle.
\end{aligned}
$$

Transmito el resultado de esta medida a mi colega en Titán mediante una señal clásica ordinaria, codificada (digamos) por los números 0, 1, 2, 3 correspondientes, respectivamente, a aquel de los cuatro estados anteriores que revele mi medida. Al recibir mi mensaje, mi colega saca el otro miembro del par EPR, cuidadosamente protegido hasta entonces de las perturbaciones externas, y realiza sobre él la rotación siguiente

(0): dejarlo como está,

(1): 180° alrededor del eje x,

(2): 180° alrededor del eje y,

(3) : 180° alrededor del eje z.

Puede comprobarse directamente que esto consigue la «teleportación» acertada del estado cuántico de mi amigo a mi colega en Titán.[23.10]

Lo que resulta particularmente sorprendente en la teleportación cuántica es que, enviando a mi colega simplemente 2 bits de información clásica (uno de los números 0, 1, 2, 3, que podría haber sido codificado como 00, 01, 10, 11, respectivamente), he transmitido la «información» de un punto en la esfera de Riemann entera (recordemos la Fig. 22.10). En términos clásicos ordinarios, esto hubiera necesitado la información contenida en la elección sin restricciones de un punto en un continuo: ¡estrictamente $\aleph_0$ bits, para una precisión perfecta! (Véase §§16.3,4.) ¿Cómo hemos conseguido esta hazaña? En este punto debería mencionar que se han realizado experimentos reales que confirman las predicciones de la teleportación mecanocuántica (sobre distancias del orden de metros, no intervalos Tierra-Saturno, por supuesto),[14] de modo que debemos tomar estas cosas en serio. No solo eso, sino que el tema floreciente de la criptografía cuántica depende de cosas de esta naturaleza general, así como lo hacen muchas de las ideas de la computación cuántica.

Echemos una ojeada a la Fig. 23.7. Esta es un diagrama espaciotemporal en el que están indicadas mi línea de universo, la de mi amigo y la de mi colega, y, lo que es más importante, la de todas las partículas de relevancia para la historia, junto con la señal clásica que envío a mi colega en Titán. De algún modo, la «información» de la dirección del espín de la partícula de mi amigo (indicada por $|\swarrow\rangle$) se ha transportado a Titán, pese al hecho de que solo 2 bits de información han sido transmitidos realmente. ¿Cómo han llegado todos los otros $\aleph_0$ bits a mi colega?

Algunos podrían refugiarse en el punto de vista de que los estados cuánticos «no son objetos reales» puesto que «no son medibles», o algo similar. Yo mismo encuentro difícil de entender este tipo de perspecti-

[23.10] Confírmelo con los convenios adecuados concernientes a ejes de coordenadas, etc.

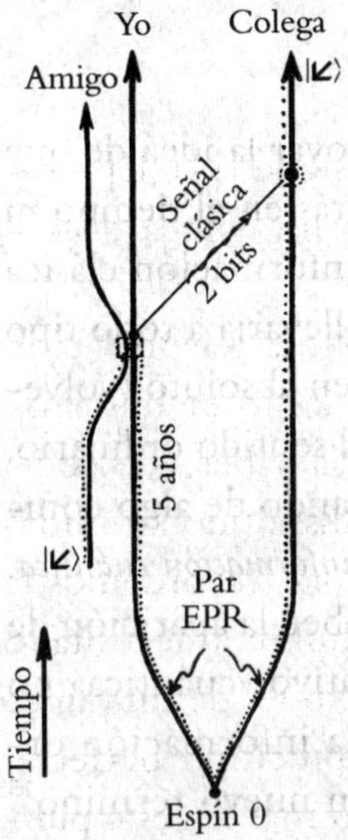

Fig. 23.7. «Teleportación cuántica» que demuestra la propagación acausal del entrelazamiento. Un diagrama espaciotemporal ilustra el proceso por el que el estado cuántico desconocido (|↙⟩) de espín 1/2 que me ha dado mi amigo puede ser transportado a mi colega en Titán por la mera transmisión de 2 bits de información clásica, con tal de que mi colega y yo compartamos ya un par EPR. El enlace de entrelazamiento acausal se muestra como un camino de puntos.

va del mundo. En efecto, la dirección de un estado de espín 1/2 está diciendo algo muy definido sobre el mundo. Está diciendo que si alguien (en el planeta Titán, en este ejemplo) elige medir el espín en dicha dirección concreta, entonces se obtendrá la respuesta sí con certeza. Además, mi amigo, o un amigo de mi amigo, podría muy bien haber *preparado* la partícula original para que tuviese un espín en alguna dirección preasignada, y sabría con certeza el resultado de una medida realizada en Titán en esa misma (u opuesta) dirección. Eso suena real para mí. (No se desanimen por el hecho de que mis ejemplos son un poco descabellados; ¡la clave está en el principio!)

Miremos de nuevo la Fig. 23.7. Algo real se ha transmitido desde mi amigo a mi colega, pero el canal clásico (de solo 2 bits) es demasiado estrecho para ofrecer un ámbito para que pasen los $\aleph_0$ bits restantes. Pese a todo, hay un vínculo de conexión. Consta de un pequeño tramo que va desde mi amigo hasta mí, uno largo desde mí al origen de nuestro par EPR, y otro tramo largo desde ese punto de origen hasta mi colega en Titán. Este es, de hecho, el *único* vínculo de conexión entre nosotros que es capaz de soportar la cantidad de «información» que se requiere. El problema, por supuesto, es que contiene un tramo ¡que se extiende a cinco años en el pasado!

23.10. Cuanlazamiento

Debo dejar muy claro que no estoy tratando de apoyar la idea de que la información ordinaria puede propagarse hacia atrás en el tiempo ni de que puedan utilizarse efectos EPR para enviar información clásica a velocidad mayor que la de la luz; véase *infra*. Esto llevaría a todo tipo de paradojas con las que no deberíamos tener trato en absoluto (volveré a estas cuestiones en §30.6). La información, en el sentido ordinario, no puede viajar hacia atrás en el tiempo. Estoy hablando de algo completamente diferente que a veces se conoce como *información cuántica*. Ahora bien, hay una dificultad con este término, a saber, la aparición de la palabra «información». En mi opinión, el calificativo «cuántica» no hace lo suficiente por debilitar la asociación con la información ordinaria, de modo que propongo que adoptemos un nuevo término[15] para ello:

CUANLAZAMIENTO.

En este libro, al menos, llamaré *cuanlazamiento* a lo que normalmente se denomina «información cuántica». El término sugiere «mecánica cuántica» y sugiere «entrelazamiento», algo muy adecuado. Es de lo que trata el cuanlazamiento. El cuanlazamiento tiene también mucho que ver con la información, pero no es información. No hay modo de enviar una señal ordinaria por medio del cuanlazamiento únicamente. Esto mismo queda claro a partir del hecho de que pueden utilizarse canales de cuanlazamiento dirigidos hacia el pasado tanto como canales dirigidos al futuro. Si el cuanlazamiento fuera información transmisible, entonces sería posible enviar mensajes al pasado, y no lo es. Pero el cuanlazamiento puede ser utilizado en unión con canales de información ordinaria para facilitar que estos consigan cosas que la sola señalización ordinaria no puede conseguir. Es algo muy sutil. En cierto sentido, la computación cuántica y la criptografía cuántica, y ciertamente la teleportación cuántica, dependen de forma crucial de las propiedades del cuanlazamiento y su interrelación con la información ordinaria.

Por lo que puedo entender, los enlaces del cuanlazamiento están siempre limitados por los conos de luz, igual que los enlaces de infor-

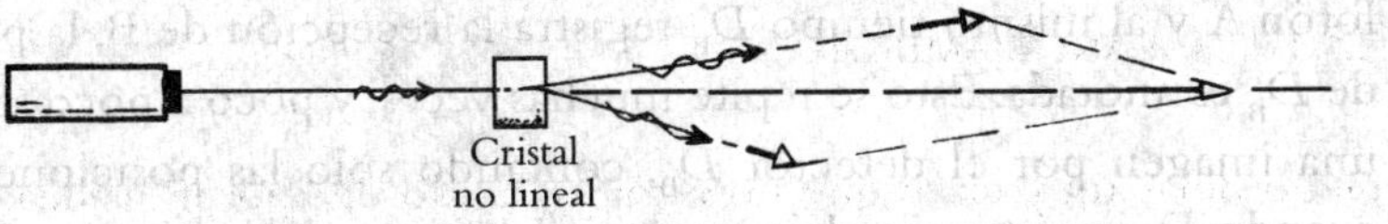

Fig. 23.8. Subconversión paramétrica. Un fotón, que emerge de un láser e incide sobre un «cristal no lineal» adecuado, produce un par de fotones entrelazados. Este entrelazamiento se manifiesta en la naturaleza EPR de los estados de polarización correlacionados de los fotones secundarios, pero también en el hecho de que sus estados de 3-momento deben sumar el del fotón incidente.

mación ordinarios, pero los enlaces de cuanlazamiento tienen la característica novedosa de que pueden zigzaguear hacia atrás y hacia delante en el tiempo[16] para conseguir una «propagación de género espacio» efectiva. Puesto que el cuanlazamiento no es información, esto no permite enviar señales reales más rápidas que la luz. Hay también una asociación entre cuanlazamiento y geometría espacial ordinaria (a través de las conexiones entre la esfera de Riemann y el espín, tal como se representan en las Figs. 22.10, 22.14 y 22.16), asociación que queda reflejada espacialmente en una inversión de la dirección temporal, con interesantes implicaciones.[17] Nos llevaría demasiado lejos explorar estas implicaciones en detalle.

Uno de los usos más directos de la idea de cuanlazamiento está en ciertos experimentos en los que se produce un par de fotones entrelazados mediante el proceso conocido como *subconversión paramétrica* (véase la Fig. 23.8). Esto ocurre cuando un fotón producido por un láser entra en un tipo concreto de cristal que lo convierte en un par de fotones. Estos fotones emitidos están entrelazados de diversas maneras. La suma de sus momentos debe ser igual al momento del fotón incidente, y sus polarizaciones están también mutuamente relacionadas en una forma EPR, como los ejemplos que se han dado antes.

En un experimento particularmente sorprendente, uno de los fotones (fotón A) pasa a través de un agujero de una forma particular cuando se dirige hacia su detector D_A. El otro fotón (fotón B) pasa a través de una lente que está situada de modo que lo enfoca, oportunamente, en su detector D_B. La posición del detector D_B se mueve ligeramente cada vez que se emite cada par fotónico. La situación se ilustra en la Fig. 23.9a. Cuando quiera que D_A registra la recepción del fotón A y al mismo tiempo D_B registra la recepción de B, la posición de D_B es anotada. Esto se repite muchas veces, y poco a poco se forma una imagen por el detector D_B, contando solo las posiciones de B cuando D_A registra simultáneamente. La forma del agujero por el que pasa A se forma poco a poco en D_B, ¡incluso si el fotón B nunca pasa directamente por dicho agujero! Es como si D_B «viera» la forma del agujero mirando hacia atrás en el tiempo al punto de emisión C en el cristal, y luego hacia delante en el tiempo disfrazado de fotón A. Puede hacer esto porque el proceso de «ver» en esta situación se consigue por cuanlazamiento. Este salto hacia atrás y hacia delante en el tiempo es precisamente el tipo de cosas que se permiten hacer al cuanlazamiento. Incluso la intensidad y la posición de la lente pueden entenderse en términos de cuanlazamiento. Para obtener la posición de la lente, consideremos un espejo colocado en el punto de emisión C. La lente (una lente positiva) se coloca de modo que la imagen del agujero, tal como refleja en este espejo en C, se focaliza en el detector D_B. Por supuesto, no hay ningún espejo real en C, pero los enlaces de cuanlazamiento actúan como si se reflejasen en un espejo, aunque se reflejan en el tiempo tanto como en el espacio.[23.11]

Por si el lector encuentra este experimento rocambolesco, debería dejar claro que este es un efecto real. Ha sido confirmado con éxito en experimentos[18] realizados en la Universidad de Baltimore, Maryland. Se han realizado también otros experimentos relacionados que implican subconversión paramétrica y que pueden entenderse mejor en términos de cuanlazamiento.[19]

Por otra parte, el tipo general de situación que se ilustra en la Fig. 23.9a podría considerarse como algo que no es «esencialmente mecanocuántico», pues se podría imaginar un dispositivo en C que simplemente expulsa partículas clásicas por pares en las direcciones apropiadas y, aparte de la focalización, podrían obtenerse resultados similares. Podemos remediar esto utilizando una modificación del montaje de Elitzur-Vaidman que se ha ilustrado en la Fig. 22.6 (reflejado horizontalmente); véase la Fig. 23.9b. Ahora hay solo un fotón cada vez. Puede

[23.11] Intente dar una explicación más completa de esto utilizando ideas de cuanlazamiento u otras.

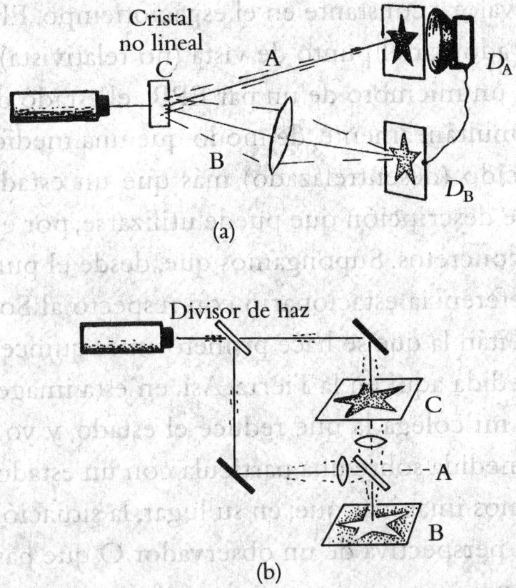

Fig. 23.9. Transmisión de una imagen vía efectos cuánticos. (a) Fotones entrelazados A, B son producidos por subconversión paramétrica en C. El fotón A tiene que pasar por un agujero de una forma especial para llegar al detector D_A, mientras que B atraviesa una lente, colocada de modo que su foco está en el detector D_B. Las posiciones de los detectores se mueven de manera gradual, adecuadamente al unísono, y cuando ambos registran, se anota la posición de D_B. Si se repite esto muchas veces, una imagen de la forma del agujero se forma poco a poco en D_B, contando solo las posiciones de B cuando D_A también registra. (Esto se ilustra aquí esquemáticamente teniendo, en lugar de D_B, una placa fotográfica fija que solo se activa cuando D_A registra.) El entrelazamiento se ilustra porque la posición de la lente está determinada como si C fuera un «espejo» que refleja hacia atrás el fotón tanto en el tiempo como en la dirección. (b) Esquema alternativo utilizando una adaptación del test de la bomba de Elitzur-Vaidman de la Fig. 22.6 (que debe reflejarse en una línea horizontal). La placa fotográfica en B recibe el fotón solo cuando el fotón «haya sido detenido» por la plantilla en C, ¡pero realmente ha tomado la ruta inferior!

registrarse en la placa fotográfica solo si se destruye la interferencia cuando la ruta alternativa para el fotón evitara el agujero en C.

Consideremos ahora de nuevo un efecto EPR ordinario, como los ejemplos de Stapp y Hardy que se han comentado antes. En la aplicación ordinaria de los procesos **R** cuánticos, uno imagina un sistema de referencia concreto en el que existe una coordenada temporal t que proporciona secciones de tiempo paralelas, cada una de las cuales corresponde a un valor t constante en el espaciotiempo. El proceder normal consiste en adoptar el punto de vista (no relativista) según el cual, cuando se mide un miembro de un par EPR, el estado del otro miembro se reduce simultáneamente, de modo que una medida posterior ve un estado reducido (desentrelazado) más que un estado entrelazado. Este es el tipo de descripción que puede utilizarse, por ejemplo, en mis ejemplos EPR concretos. Supongamos que, desde el punto de vista de un sistema de referencia estacionario con respecto al Sol, es la medida de mi *colega* en Titán la que se hace primero, unos quince minutos antes de mi propia medida aquí en la Tierra. Así, en esta imagen de las cosas, es la medida de mi colega la que reduce el estado, y yo realizo posteriormente una medida sobre una partícula con un estado desentrelazado. Pero podríamos imaginar que, en su lugar, la situación global viene descrita desde la perspectiva de un observador O que pasa a gran velocidad (digamos $\frac{2}{3}c$) en la dirección que va desde mi colega en Titán hasta mí. Desde el punto de vista de O, yo fui quien hizo primero la medida sobre el par EPR, reduciendo con ello el vector de estado, y mi colega quien midió el estado desentrelazado reducido (Fig. 23.10) (véanse §18.3 y la Fig. 18.5b). Las probabilidades conjuntas son las mismas de las dos maneras, pero O tiene una imagen de la realidad «diferente» de la que mi colega y yo teníamos antes. Si consideramos **R** como un proceso *real*, entonces parece que estamos en conflicto con el principio de la relatividad especial, porque existen dos puntos de vista incompatibles respecto a quién de nosotros efectuó la reducción del estado y quién de nosotros observó el estado reducido tras la reducción.

Podemos deducir de esto que los efectos EPR, pese a su naturaleza aparentemente acausal, no pueden utilizarse directamente para transmitir acausalmente información ordinaria, que cabría imaginar que pudiera influir en el comportamiento de un receptor separado del transmisor con una separación de género espacio. Siempre se puede escoger un sistema de referencia en el que es el «suceso de recepción» el que ocurre primero, y luego el «transmisor» solo tiene el estado reducido para examinar. Y entonces es «demasiado tarde» para utilizar el entrelazamiento para enviar una señal porque ya ha sido destruido por la reducción del estado.

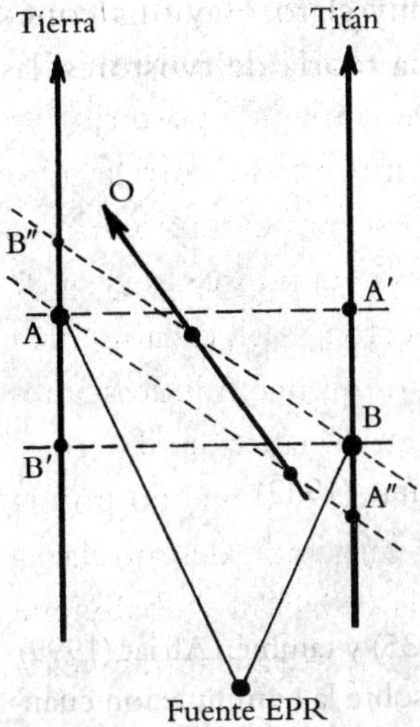

Fig. 23.10. ¿Conflicto entre la relatividad y la objetividad de la reducción de estado? Diagrama espaciotemporal de una situación EPR, con detectores en la Tierra y Titán y fuente más próxima a Titán que a la Tierra. Desde la perspectiva de un sistema inercial, estacionario con respecto al Sol, el detector en Titán registra primero (en B) y esto reduce el estado simultáneamente en B′ en la Tierra. Solo más tarde tiene lugar la detección en la Tierra (en A) de un estado ahora desentrelazado (simultáneo con A′ en Titán). Sin embargo, para un observador O, que viaja hacia la Tierra desde Titán a gran velocidad, la detección tiene lugar primero en la Tierra (en A, simultánea con A″ en Titán, de acuerdo con las líneas de simultaneidad «en pendiente» de O) y Titán recibe el estado desentrelazado reducido (en B, simultáneo con B″ en la Tierra).

¿Cuál es la perspectiva de cuanlazamiento sobre estas cuestiones?[20] Véase §30.3. En esta imagen no es correcto pensar que es una de las dos medidas (la mía o la de mi colega) la que ha efectuado la reducción y que la otra (la de mi colega o la mía) es la que mide el estado reducido. Los dos sucesos de medida están en pie de igualdad, y consideramos que el cuanlazamiento proporciona una conexión entre estos dos sucesos que los correlaciona. No supone ninguna diferencia qué suceso se vea como el pasado del otro, pues el cuanlazamiento puede considerarse igualmente propagándose hacia el pasado o propagándose hacia el futuro. Al no ser capaz directamente de transportar información, el cuanlazamiento no respeta las restricciones normales de la causalidad relativista. Simplemente produce ligaduras sobre las probabilidades conjuntas de los resultados de medidas diferentes.

Aunque el cuanlazamiento es una idea útil para «dar sentido» a este tipo de experimento cuántico enigmático, no estoy seguro de hasta dónde pueden llevarse estas ideas, ni con qué precisión pueden ser delineados los efectos del cuanlazamiento. La idea de cuanlazamiento no resuelve ciertamente la cuestión de la medida cuántica, ya que nos dice poco, si es que nos dice algo, sobre las circunstancias en las que **R** domina sobre **U**. Esta cuestión será abordada con más detalle en los capítulos 29 y 30, especialmente en §30.12, pero, en mi opinión, el papel preciso del cuanlazamiento no está todavía muy claro. Hay una conexión más prometedora con algunas ideas de la teoría de twistores, las cuales serán examinadas brevemente en §33.2.

Notas

Sección 23.1

23.1. Véanse Eddington (1929b), Mott (1929) y Dirac (1932).

Sección 23.3

23.2. Véanse Einstein *et al.* (1935), Schrödinger (1935) y también Afriat (1999).

23.3. No obstante, lo que nos dice esto en detalle sobre la computación cuántica es una cuestión sutil; véanse Josza (1998) y Josza y Linden (2002).

23.4. Véase Bell (1987). Quizá la versión más clara y más ampliamente citada de esta desigualdad es la debida a Clauser *et al.* (1969). Toma la forma $|E(A, B) - E(A, D)| + |E(C, B) + E(C, D)| \leq 2$, donde $E(x, y)$ es el valor esperado de acuerdo ($E = 1$ para completo acuerdo y $E = -1$ para completo desacuerdo) entre los resultados de medidas alternativas A, C para una componente del par EPR, y B, D para la otra.

23.5. Véanse Bohm (1951), Redhead (1987) y Afriat (1999). Para una reciente y extraordinaria confirmación experimental de efectos EPR, véase Tittel *et al.* (1998). Para varios ejemplos concretos relevantes para esto (Heywood y Redhead, 1983 y Stairs, 1983), véanse Kochen y Specker (1967), Peres (1991, 1995), Conway y Kochen (2002), Penrose (1994), sección 5.3, Penrose (2000b) y Zimba y Penrose (1993).

23.6. Véanse Stapp (1971, 1979) y Hardy (1992, 1993).

23.7. Véase, por ejemplo, Hannbuss (1997). Para una discusión general de estas cuestiones en entrelazamiento, véase Nielsen y Chuang (2000).

Sección 23.4

23.8. Véase la nota 23.5.

Sección 23.5

23.9. Véase Hardy (1992, 1993).

23.10. Véase Hardy (1993).

Sección 23.8

23.11. Un esquema de este tipo se adoptaba efectivamente en mi libro *Sombras de la mente* (1994), §5.15, pero sin utilizar «cuñas» explícitamente.

Sección 23.9

23.12. Véase Penrose (1989).
23.13. Véase Wooters y Zurek (1982).
23.14. Véase Jennewein *et al.* (2002).

Sección 23.10

23.15. Véase Penrose (2002).
23.16. Véanse Josza (1998) y Peres (2000).
23.17. Véase Penrose (1998a).
23.18. Véase Shih *et al.* (1995).
23.19. Véase Gisin *et al.* (2003), por ejemplo, para hacerse una idea de esta importante área.
23.20. Compárese con Aharonov y Vaidman (2001), Cramer (1988), Costa de Beauregard (1995) y Werbos y Dolmatova (2000).

24

El electrón y las antipartículas de Dirac

24.1. Tensión entre la teoría cuántica y la relatividad

Las consideraciones de §23.10 tan solo empiezan a tocar algunas de las cuestiones profundas acerca de la relación entre los principios de la mecánica cuántica y los de la relatividad. De hecho, al presentar en los tres capítulos precedentes el modo detallado en que opera la teoría cuántica, he adoptado una posición no muy relativista, aparentando ignorar las importantes lecciones que nos han enseñado Einstein y Minkowski sobre la interdependencia del tiempo y el espacio (como se ha descrito en el capítulo 17). De hecho, esto es bastante habitual en la teoría cuántica. El enfoque estándar adopta una «imagen de la realidad» en la que el tiempo se trata de forma diferente del espacio. Como se ha señalado en el capítulo 22, existe una única coordenada temporal externa, pero hay muchas coordenadas espaciales, pues cada partícula requiere su propio conjunto. Es habitual considerar que esta simetría es una característica «provisional» de la teoría cuántica no relativista, que sería meramente una aproximación a algún esquema relativista mucho más completo. En este capítulo y en los dos siguientes empezaremos a ser testigos de las cuestiones profundas que se plantean cuando tratamos seriamente de unir los principios de la teoría cuántica con los de la relatividad especial. (La unión más ambiciosa con la relatividad *general* de Einstein —donde la gravitación y la curvatura espaciotemporal entran también en la imagen— requiere mucho más, y todavía no hay consenso sobre las líneas de búsqueda más prometedoras. Abordaré algunas de estas en los capítulos 28 y 30-33.)

Una característica particular de la combinación de la teoría cuántica y la relatividad especial es que la teoría resultante se convierte no solo en una teoría de partículas cuánticas, sino en una teoría de *campos* cuánticos. La razón para esto puede reducirse al hecho de que la introducción de la relatividad implica que las partículas individuales ya no se conservan, sino que pueden ser creadas y destruidas en unión con sus *antipartículas*. Este comentario necesita alguna explicación. ¿Por qué hay esta necesidad de «antipartículas» en una teoría cuántica relativista? ¿Por qué la presencia de antipartículas nos lleva de una teoría cuántica de partículas a una teoría cuántica de campos? Este capítulo está dirigido básicamente a responder a estas dos preguntas, pero en especial a la primera, y con particular referencia a las maravillosas ideas de Dirac sobre la descripción matemática de los electrones.

La teoría cuántica de campos propiamente dicha será estudiada en el capítulo 26, y vislumbraremos parte de la tensión permanente entre la relatividad especial y la teoría cuántica que ha guiado muy eficazmente la disciplina de la física de partículas hacia esquemas matemáticos cada vez más elaborados. Nosotros mismos nos veremos tentados a hacer un viaje largo y fascinante. Cuando la tensión puede resolverse de manera adecuada, como sucede con el modelo estándar de la física de partículas que se examinará en el capítulo 25, se ve que la teoría resultante presenta un acuerdo muy notable con los hechos observacionales.

Pese a todo, en muchos aspectos, esta tensión ha permanecido y nunca ha sido completamente resuelta. Estrictamente hablando, la teoría cuántica de campos (al menos en la mayoría de los ejemplos no triviales y muy relevantes de esta teoría que conocemos) es *matemáticamente inconsistente* y se necesitan varios «trucos» para hacer cálculos que tengan sentido. Saber si estos trucos son meramente procedimientos provisionales que nos facilitan el ir avanzando dentro de un marco matemático que quizá sea fundamentalmente defectuoso en un nivel profundo, o si estos trucos reflejan verdades profundas que tienen realmente una importancia genuina para la propia naturaleza, es una cuestión delicada. La mayor parte de los intentos recientes para avanzar en la física fundamental consideran que muchos de estos «trucos» son fundamentales. Veremos varios ejemplos de tan ingeniosos esquemas en este y en posteriores capítulos. Algunos de ellos parecen estar desvelando verdaderamente algunos de los secretos de la naturaleza. Por otra parte, ¡muy bien podría suceder que la naturaleza esté mucho menos en sintonía con algunos de los otros!

24.2. ¿Por qué las antipartículas implican campos cuánticos?

La predicción teórica de las antipartículas en una teoría cuántica relativista parece haber desvelado uno de los secretos genuinos de la naturaleza, ahora bien apoyado por la observación. Veremos algo de las razones teóricas para las antipartículas hacia el final del presente capítulo, y más concretamente en §24.8. Por el momento, en lugar de abordar esta cuestión, centremos nuestra atención en la segunda de las dos preguntas planteadas antes, a saber, ¿por qué la presencia de antipartículas nos lleva de una teoría cuántica de partículas a una teoría cuántica de campos? Aceptemos por ahora que existe una antipartícula para cada tipo de partícula, y tratemos de entender las consecuencias de este hecho notable.

La propiedad clave de una antipartícula (al menos, la antipartícula de una partícula masiva) es que la partícula y la antipartícula pueden juntarse y aniquilarse mutuamente, convirtiéndose su masa combinada en energía de acuerdo con la expresión $E = mc^2$ de Einstein; recíprocamente, si se introduce energía suficiente en un sistema localizado en una región apropiadamente pequeña, entonces hay una fuerte posibilidad de que esta energía pudiera servir para crear una partícula junto con su antipartícula. Así pues, con este potencial para la producción de antipartículas existe siempre la posibilidad de que más partículas entren en la imagen, apareciendo cada partícula junto con su antipartícula. Así pues, nuestra teoría relativista no puede ser solo una teoría de partículas individuales, ni de ningún número fijo de partículas cualesquiera. (Como veremos en especial en los capítulos 25 y 26, en teoría cuántica, si puede suceder algo potencialmente —por ejemplo, la producción de numerosos pares partícula-antipartícula—, entonces esta posibilidad potencial aporta realmente su contribución al estado cuántico.) Por consiguiente, cuando uno trata de llegar a una teoría de partículas relativistas se ve impulsado a ofrecer una teoría en la que existe un potencial para la creación de un número ilimitado de partículas.

Esto nos lleva fuera del marco de los capítulos 21-23, pero en el capítulo 26 veremos que la teoría cuántica de campos nos permite acomodar tal comportamiento. De hecho, de acuerdo con un punto de vista habitual, las entidades primarias en tal teoría son campos cuánticos, y las propias partículas aparecen meramente como «excitaciones del campo». Pese a todo, encontraremos que esta no es la única manera de considerar la teoría cuántica de campos. En el enfoque de diagramas de Feynman, que abordaremos en los capítulos 25 y 26, se adopta una fuerte perspectiva «tipo partícula» sobre los procesos básicos que van a constituir la teoría cuántica de campos, donde, de hecho, puede crearse o destruirse un número ilimitado de partículas.

Resulta instructivo desarrollar un poco más las razones subyacentes en la creación de partículas, como una característica de una teoría cuántica relativista razonable. Por el momento, estoy suponiendo todavía que existen las antipartículas. En esencia, la razón para esperar la creación de partículas se reduce a la famosa $E = mc^2$ de Einstein. La energía es básicamente intercambiable con la masa (siendo c^2 meramente una «constante de conversión» entre las unidades de energía y las de masa que se estén utilizando). Si se dispone de energía suficiente, entonces la masa de una partícula puede conjurarse a partir de dicha energía.

Sin embargo, tener los medios para producir la masa de la partícula no es por sí solo suficiente para crear la propia partícula. Es probable que haya varios números cuánticos (aditivos) *conservados*, tales como la carga eléctrica (u otros, por ejemplo, el número bariónico), que se supone que no pueden cambiar en un proceso físico. Crear simplemente una partícula cargada a partir de pura energía, por ejemplo, representaría una violación de la conservación de carga (y lo mismo sería aplicable a otras cantidades conservadas, tales como el número bariónico, etc.). Sin embargo, con la hipótesis de que para cada tipo de partícula existe una correspondiente *antipartícula*, para la cual cada número cuántico aditivo tiene el signo invertido, una partícula puede crearse junto con su antipartícula a partir de pura energía (véase la Fig. 24.1). Todos los números cuánticos aditivos se conservarán en este proceso.

La masa en reposo de la antipartícula es, por el contrario, la misma que la de la partícula original (puesto que la masa en reposo no es aditiva). Necesitamos energía suficiente —al menos el doble de la masa-

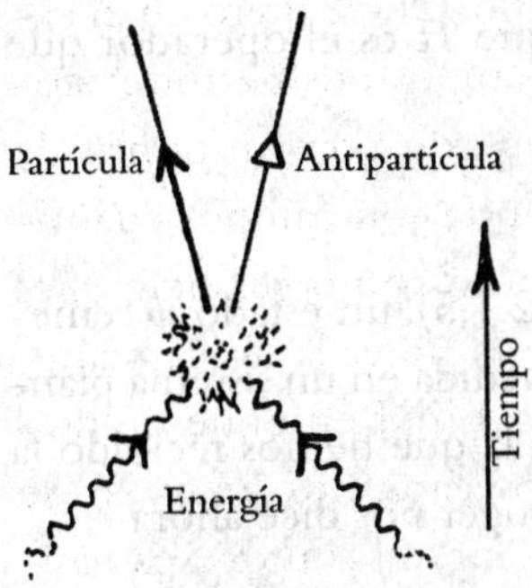

Fig. 24.1. Una partícula y su antipartícula pueden crearse a partir de energía. Todos los números cuánticos aditivos conservados de la partícula tienen signo inverso para la antipartícula, para asegurar la conservación de estas cantidades en el proceso de creación.

energía en reposo de la propia partícula— para crear ambas, la partícula y su antipartícula, en este proceso. Recíprocamente, si una partícula de un tipo dado choca con otra partícula que es del tipo de su antipartícula, entonces es posible que se aniquilen mutuamente con producción de energía. Una vez más, la energía tiene que ser al menos el doble de la masa-energía en reposo de la partícula individual. En el proceso de creación o de aniquilación, la energía puede tener un valor mayor que este, porque es probable que la partícula y la antipartícula estén en movimiento relativo y habrá una energía en este movimiento —la energía cinética— que se sume al total. En cualquier caso, vemos que la presencia de antipartículas nos obliga a apartarnos de la teoría cuántica de partículas individuales, como se ha descrito en los capítulos 21-23.

24.3. Positividad de la energía en la mecánica cuántica

Volvamos ahora al camino que, en última instancia, nos lleva al requisito de antipartículas en una teoría cuántica relativista. Tendremos que examinar el marco de la teoría cuántica desde una perspectiva algo más profunda que antes. En primer lugar, recordemos la forma básica de la ecuación de Schrödinger

$$i\hbar\frac{\partial\psi}{\partial t} = \mathcal{H}\psi.$$

Supongamos que exigimos que nuestro sistema cuántico tenga un valor definido E para su energía, de modo que ψ es un *autoestado de la energía* con valor propio E; es decir (puesto que $\mathcal{H}$ es el operador que define la energía total del sistema), exigimos

$$\mathcal{H}\psi = E\psi.$$

Según el proceso **R** mecanocuántico (§§22.1,5), un estado ψ semejante sería el resultado de haber realizado una medida en un sistema planteándole la pregunta «Cuál es tu energía», para la que hemos recibido la respuesta concreta «E». La ecuación de Schrödinger nos dice ahora

$$\mathrm{i}\hbar\frac{\partial\psi}{\partial t} = E\psi.$$

Las soluciones de esta ecuación tienen la forma[24.1]

$$\psi = C\,\mathrm{e}^{-\mathrm{i}Et/\hbar},$$

donde C es *independiente* de t (i.e., una función compleja de las variables espaciales solamente).

Ahora bien, es importante que el valor de la energía E sea un número positivo. Los estados de energía negativa son «malas noticias» en mecánica cuántica, por varias razones (su presencia lleva a inestabilidades catastróficas).[1][24.2] Cuando la energía E es positiva, el coeficiente $-\mathrm{i}E/\hbar$ de t en el exponente (en $\mathrm{e}^{-\mathrm{i}Et/\hbar}$) es un múltiplo *negativo* de i. Recordemos de §9.5 (y véase la nota 9.3) que de las funciones $\psi(t)$ de esta naturaleza, o combinaciones lineales de tales funciones, se dice (de forma algo confusa) que son de *frecuencia positiva.*

Recordemos también que en §9.3 hemos abordado la separación de una función $f(x)$ (de una variable real x) en sus partes de frecuencia positiva y negativa de una manera en apariencia completamente diferente, a saber, en términos de la geometría de la esfera de Riemann.[2] Allí hemos tratado esto solo como una pieza elegante de las matemáticas puras. La recta real podía considerarse enrollada una vez alrededor del ecuador de la esfera de Riemann, y se entendía que la parte de fre-

[24.1] Compruebe que esta es realmente una solución.

[24.2] Explique por qué añadir una constante K al hamiltoniano tiene simplemente el efecto de que todas las soluciones de la ecuación de Schrödinger se multiplican por el mismo factor. Encuentre este factor. ¿Afecta esto sustancialmente a la dinámica cuántica? Supongamos que estamos interesados en el efecto gravitatorio de un sistema cuántico. ¿Por qué no podemos simplemente «renormalizar» de este modo la energía en tales circunstancias?

cuencia positiva de la función f era esa parte que se extendía —holomórficamente (véase §7.1)— al hemisferio sur, mientras que, análogamente, la parte de frecuencia negativa se extendía al hemisferio norte. Pero ahora tenemos que llegar a una razón *física* notable para la gran importancia de esta noción. Cualquier función de onda que se autorrespete, aunque no tenga que ser un estado propio de energía, debería ser expresable como combinación lineal de autoestados de energía, y cada autovalor de la energía debería ser positivo. Así pues, la dependencia temporal de cualquier función de onda decente debería tener esta propiedad crucial de frecuencia positiva. Creo que esta notable relación entre un requisito físico esencial, por una parte, y una elegante propiedad matemática, por la otra, es un maravilloso ejemplo de la relación profunda, sutil y misteriosa entre las ideas matemáticas más sofisticadas y el funcionamiento interno de nuestro universo real.

En la mecánica cuántica no relativista, este requisito de frecuencia positiva suele darse automáticamente, como una característica natural de la teoría, siempre que el hamiltoniano proceda de un problema físico razonable donde las energías clásicas son positivas. Por ejemplo, en el caso de una única partícula (sin espín) libre y no relativista de masa (positiva) μ, tenemos el hamiltoniano $\mathcal{H} = p^2/2\mu$ (recordemos §20.2 y §21.2). La expresión p^2 y con ella el propio hamiltoniano $\mathcal{H}$, es lo que se denomina «definida positiva».[3] Clásicamente, esto se debe a que p^2 es una suma de cuadrados, y esta no puede ser negativa: $p^2 = \mathbf{p} \bullet \mathbf{p} = (p_1)^2 + (p_2)^2 + (p_3)^2$. En mecánica cuántica debemos hacer el reemplazamiento de $\mathbf{p}$ por $-i\hbar\nabla$, donde $\nabla = (\partial/\partial x^1, \partial/\partial x^2, \partial/\partial x^3)$, y ahora la expresión «definida positiva» se refiere a los *autovalores* del operador $-\nabla^2$ (para estados normalizables, i.e., elementos de un espacio de Hilbert **H** apropiado), y de nuevo estos no pueden ser negativos, esencialmente por la misma razón que en el caso clásico.[24.3]

[24.3] Aquí la ecuación de Schrödinger es $\partial\psi/\partial t = (i\hbar/2\mu)\nabla^2\psi$. Confirmando, primero, que para un autoestado de la energía con energía E tenemos $-\nabla^2\psi = A\psi$, donde $A = 2\mu\hbar^{-2}E$, utilice el *teorema de Green* $\int\psi\nabla^2\psi\, d^3x = -\int\nabla\psi \bullet \nabla\psi\, d^3x$ para demostrar que A debe ser positiva para un estado normalizable. (Recíprocamente, es cierto de hecho que, para A positiva, existen muchas soluciones de $-\nabla^2\psi = A\psi$, que decrecen adecuadamente en el infinito, de modo que la norma $\|\psi\|$ permanece finita[4] y podemos normalizar a $\|\psi\| = 1$ si queremos.) Demuestre cómo se obtiene el teorema de Green a partir del teorema fundamental del cálculo exterior.

24.4. Dificultades con la fórmula de la energía relativista

Consideremos ahora una partícula cuántica *relativista*. En este caso, el hamiltoniano se obtiene a partir de la expresión relativista para la energía, que ya no es $p^2/2\mu$ sino

$$[(c^2\mu)^2 + c^2p^2]^{1/2}.$$

Esta expresión procede directamente de la ecuación $(c^2\mu)^2 = E^2 - c^2p^2$ de §18.7, donde μ es ahora la masa en reposo de la partícula. El lector al que le preocupe que esta expresión no se parece mucho a $p^2/2\mu$ debería remitirse al ejercicio [18.20]. Eso nos dijo, a partir del desarrollo en serie de potencias de $[(c^2\mu) + c^2p^2]^{1/2}$, que nuestra expresión relativista incorpora como primer término la famosa $E = mc^2$ de Einstein. Este término es la contribución a la energía que procede de la masa en reposo de la partícula, y se añade a la energía cinética del movimiento de la partícula. El segundo término nos da, de hecho, el hamiltoniano newtoniano (energía cinética) $p^2/2\mu$.

¡El lector puede así tranquilizarse por nuestra elección del hamiltoniano relativista! De todas formas, sería bastante complicado (y no muy iluminador) intentar utilizar esta expresión en una serie de potencias real para nuestro hamiltoniano, debido especialmente a que la serie clásica ni siquiera converge cuando $p^2 > \mu^2$. Pese a todo, encontraremos que la raíz cuadrada (potencia un medio) en la expresión explícita $[(c^2\mu)^2 + c^2p^2]^{1/2}$ lleva sus propias y profundas dificultades en relación con el mantenimiento del requisito de frecuencia-positiva. Tratemos de comprender algo de la importancia de esto.

Para no recargar innecesariamente nuestras expresiones, volvamos a unidades para las que la velocidad de la luz es la unidad

$$c = 1,$$

de modo que nuestro hamiltoniano relativista (incluyendo la energía en reposo) es ahora

$$\mathcal{H} = (\mu^2 + p^2)^{1/2}.$$

Debemos tener en cuenta que en mecánica cuántica el p^2 es realmente el operador de derivada parcial de segundo orden $-\hbar^2\nabla^2$, de modo que necesitaremos una considerable sofisticación matemática si vamos a asignar realmente un significado consistente a la expresión $(\mu^2 - \hbar^2\nabla^2)^{1/2}$, ¡que es la raíz cuadrada de un operador de derivada parcial! (Para apreciar esta dificultad, pensemos en tratar de asignar un significado a algo como $\sqrt{(1 - d^2/dx^2)}$, por ejemplo.)[24.4]

Hay una dificultad más seria con esta expresión de raíz cuadrada, porque contiene una *ambigüedad de signo* implícita. En física clásica, tales cosas no nos preocuparían, porque las magnitudes en consideración son funciones ordinarias con valor real, y podemos imaginar que podríamos mantener los valores *positivos* separados de los negativos. Sin embargo, esto no es tan fácil en mecánica cuántica. La razón para ello es, en parte, que las funciones de onda cuánticas son complejas, y las dos raíces cuadradas de una expresión compleja no tienden a separarse claramente en «positivas» y «negativas» de una forma globalmente consistente (§5.4). Habría que considerar esto en relación con el hecho de que la mecánica cuántica trabaja con operadores que actúan sobre funciones complejas, y cosas como las raíces cuadradas pueden llevar a ambigüedades esenciales que no se resuelven simplemente diciendo «tómese la raíz positiva».

Existe otra forma de expresar esta dificultad. En la mecánica cuántica hay que considerar que todos los diversos objetos posibles que «pudieran» intervenir en una situación física pueden contribuir al estado cuántico, y por lo tanto todas estas alternativas tienen una influencia sobre lo que suceda. Cuando hay implicado algo como una raíz cuadrada, cada una de las dos raíces tiene que considerarse como una «posibilidad», de modo que incluso una «energía negativa no física» tiene que ser considerada como una «posibilidad física». En cuanto existe la potencialidad de tal estado de energía negativa, entonces se abre la posibilidad de una transición espontánea de energía positiva a negativa, lo que puede conducir a una inestabilidad catastrófica. En el caso de una partícula libre no relativista no tenemos este problema de la posibilidad de energía negativa porque la cantidad definida positiva $p^2/2\mu$ no tiene esta incómoda raíz cuadrada. Sin embargo, la expresión relativista

[24.4] Haga algunas sugerencias utilizando la transformada de Fourier (§9.4), o una serie de potencias, o integrales de contorno, o cualquier otra cosa.

$(\mu^2 + p^2)^{1/2}$ es más problemática porque no tenemos normalmente una regla nítida para descartar raíces cuadradas negativas.

Sucede que en el caso de una única partícula libre (o un sistema de partículas no interactuantes) esto no provoca realmente una dificultad, porque podemos restringir nuestra atención a superposiciones de ondas planas de energía positiva que son soluciones de la ecuación de Schrödinger libre, precisamente las consideradas en §21.5, y no hay transiciones a estados de energía negativa. Sin embargo, en presencia de *interacciones* ya no es así. Incluso para una única partícula cargada relativista en un campo electromagnético de fondo fijo, la función de onda no puede mantener, en general, la condición de ser de frecuencia positiva. En esto empezamos a percibir la tensión entre los principios de la mecánica cuántica y los de la relatividad.

Como veremos en §24.8, el gran físico Paul Dirac fue el primero en encontrar una forma de resolver esta tensión particular. Como primer paso, hizo una propuesta ingeniosa y profundamente intuitiva —su ahora famosa ecuación para el electrón— que se deshacía de la molesta raíz cuadrada de una forma maravillosa e inesperada. Esto llevó después a un punto de vista muy original en el que las energías negativas se eliminan, al estar asumidos sus efectos por lo que entonces era una predicción sorprendente: la existencia de *antipartículas*. Para comprender todo esto, volvamos a esa característica esencial de la relatividad general en la que se origina la raíz cuadrada.

24.5. La no invariancia de $\partial/\partial t$

Recordemos la razón subyacente en nuestra aparente necesidad de adoptar el hamiltoniano $(\mu^2 + p^2)^{1/2}$ en el caso relativista. Esta se reduce, en última instancia, al hecho de que la ecuación de Schrödinger hace uso del operador $\partial/\partial t$ (i.e., «tasa de cambio con respecto al tiempo»), mientras que, en relatividad, $\partial/\partial t$ no es un objeto invariante porque tiempo y espacio no pueden considerarse por separado, sino que son simplemente aspectos particulares de un «espaciotiempo» combinado. Así pues, no es «relativísticamente invariante» considerar $\partial/\partial t$ como un objeto fundamental. Ahora bien, como hemos visto en §21.3, el $\partial/\partial t$ en la ecuación de Schrödinger procede del «truco de cuantización» general por el que el 4-momento p_a espaciotemporal estándar (i.e., la energía E, y el 3-momento lineal negativo $-\mathbf{p}$) se reemplazan por los operadores diferenciales $i\hbar\partial/\partial x^a$ (i.e., la energía E por $i\hbar\partial/\partial t$ y $-\mathbf{p}$ por $i\hbar\nabla$). La «no invariancia relativista» de $\partial/\partial t$ está así íntimamente relacionada con la no invariancia de la energía. De la misma forma que el tiempo y el espacio se mezclan en la teoría de la relatividad, también se mezclan la energía y el momento lineal (como hemos visto en §18.7).

Recordemos también que la $E = mc^2$ de Einstein (con el convenio de que $c = 1$) nos dice que la energía es masa y la masa es energía, de modo que también la masa es «no invariante». Sin embargo, esto se refiere al concepto de «masa» aditiva m (componente temporal del 4-vector energía-momento) que no es intrínseca de una partícula, sino que es la masa medida en algún sistema de referencia que no tiene por qué compartir la velocidad de dicha partícula. Cuanto mayor sea la velocidad de la partícula, mayor será su masa «percibida» (lo que, de hecho, es la razón de que m no sea una cantidad invariante). La masa en reposo μ de una partícula es invariante, pero el problema con la masa en reposo es que no es aditiva y no se conserva en transformaciones de partículas, de modo que se trata de una pobre elección para algo que va a igualarse con un hamiltoniano. Más aún, μ viene dada como una raíz cuadrada de una expresión en la energía y el momento, a saber (tomando $c = 1$),

$$\mu^2 = p_a p^a = m^2 - p^2 \quad \text{i.e.,}\ \mu = (m^2 - p^2)^{1/2},$$

que reexpresa la expresión en la raíz cuadrada para la masa-energía $m = E(= \mathcal{H})$ que teníamos antes, a saber, $m = (\mu^2 + p^2)^{1/2}$.

De todas formas, podríamos jugar con la idea de utilizar esta energía en reposo invariante μ, o su cuadrado μ^2, en una ecuación tipo Schrödinger, en lugar de la componente de energía no invariante m. El truco de cuantización (i.e., m reemplazado por $i\hbar\partial/\partial t$ y $\mathbf{p}$ por $-i\hbar\nabla$) aplicado a la energía en reposo al cuadrado, a saber, $\mu^2 = m^2 - p^2$, nos proporciona $(i\hbar)^2$ multiplicado por el operador[5]

$$\Box = \left(\frac{\partial}{\partial t}\right)^2 - \nabla^2$$

$$= \left(\frac{\partial}{\partial t}\right)^2 - \left(\frac{\partial}{\partial x}\right)^2 - \left(\frac{\partial}{\partial y}\right)^2 - \left(\frac{\partial}{\partial z}\right)^2$$

en coordenadas minkowskianas (t, x, y, z). Este se denomina *operador de onda* o *D'Alembertiano*, y tiene un significado invariante. (Recordemos que $(\partial/\partial x)^2$ significa el operador de derivada segunda $\partial^2/\partial x^2$, etc.) Aunque la ecuación de Schrödinger convencional no nos permite emplear directamente este operador (por las razones que se han indicado antes, la ecuación de Schrödinger requiere el «$\partial/\partial t$» de primer orden y no el «$(\partial/\partial t)^2$» de segundo orden), podemos esperar de todas formas que la ecuación de segundo orden $(i\hbar)^2\Box\psi = \mu^2\psi$ (donde $(i\hbar)^2\Box$ se obtiene a partir de μ^2 por el truco de cuantización, y la μ en la ecuación *es* realmente la masa en reposo) debería tener significado como ecuación de onda para una partícula relativista. Esta ecuación puede reescribirse como

$$(\Box + M^2)\psi = 0,$$

donde $M = \mu/\hbar$, que sí tiene significado en la teoría cuántica relativista. Hoy día esta ecuación se suele conocer como la «ecuación de Klein-Gordon», aunque parece que fue el propio Schrödinger el primero en proponer esta ecuación relativísticamente invariante, lo que hizo incluso antes de que estableciera su ahora más famosa «ecuación de Schrödinger» (como se ha descrito en §21.3).[6]

En el contexto de la moderna teoría cuántica de campos puede utilizarse realmente la ecuación de Klein-Gordon, si se interpreta de la forma adecuada, para describir partículas masivas sin espín, en particular aquellas partículas conocidas como *mesones* (partículas de masa intermedia, tales como los piones o los kaones). Pero esta interpretación requiere la herramienta completa de la teoría cuántica de campos, que estaba solo en una forma embrionaria cuando Dirac sugirió por primera vez su ecuación de aspecto muy diferente para el electrón en 1928. Dirac había argumentado a favor de una ecuación en la que la derivada temporal $\partial/\partial t$ aparece en una forma de primer orden (como aparece en la ecuación de Schrödinger) más que en la forma de segundo orden $(\partial/\partial t)^2$ que tiene en el operador de onda $\Box$. Sus razones estaban relacionadas con las antes indicadas, pero más concretamente él partía del requisito de que la función de onda de una partícula debería proporcionar una expresión para una densidad de probabilidad de encontrar la partícula en cualquier lugar escogido, cualitativamente similar a la $\bar{\Psi}\Psi$ de la mecánica cuántica no relativista estándar (§21.9), que debería ser definida positiva de modo que esta probabilidad nunca pueda hacerse negativa. Esto no es exactamente lo mismo que el requisito de que la energía sea definida positiva, pero es un requisito complementario de importancia esencialmente similar.[7]

24.6. La raíz cuadrada de Clifford-Dirac de un operador de ondas

Mediante una ingeniosa y soberbiamente intuitiva resolución del conflicto aparentemente irresoluble entre las demandas de la relatividad y su necesidad de una $\partial/\partial t$ de primer orden, Dirac se las arregló para encontrar una ecuación que *es* de primer orden en $\partial/\partial t$. Lo hizo tomando explícitamente la raíz cuadrada del operador de onda $\Box$ de una forma que es relativísticamente invariante de un modo sutil. Para ello introdujo ciertas cantidades adicionales no conmutativas. Tales cantidades son legítimas en mecánica cuántica porque deben tratarse como operadores lineales que actúan sobre la función de onda, al modo de los operadores no conmutativos de posición y momento que hemos encontrado originalmente en §21.2. Como veremos enseguida, lo realmente notable es que estos operadores no conmutativos, que el propio Dirac se vio obligado a introducir, describen en realidad los grados de libertad del *espín* físico de los fermiones más fundamentales de la naturaleza (véase §23.7), a saber, los electrones y los protones que se conocían en la época de Dirac, y los neutrones, muones, quarks y muchas otras partículas de espín 1/2 que se conocen hoy día.

De hecho, al encontrar sus cantidades de «espín» no conmutativas, Dirac redescubrió (un ejemplo de) las *álgebras de Clifford* que hemos visto en §11.5. Parece que no conocía el trabajo anterior de William Kingdon Clifford, ni el hecho de que Clifford (1877), e incluso Hamilton antes que él, ya habían advertido que pueden utilizarse elementos de dichas álgebras para «tomar la raíz cuadrada» de laplacianos, siendo el operador de onda $\Box$ un tipo particular de laplaciano en el que la dimensión es 4 y la signatura $+---$. De hecho, como sabía el propio Clifford, William Rowan Hamilton ya había demostrado alrededor de

1840 que podía obtenerse una raíz cuadrada del laplaciano tridimensional ordinario mediante el uso de *cuaterniones*:[8]

$$\left(\mathbf{i}\frac{\partial}{\partial x}+\mathbf{j}\frac{\partial}{\partial y}+\mathbf{k}\frac{\partial}{\partial z}\right)^2=-\left(\frac{\partial}{\partial x}\right)^2-\left(\frac{\partial}{\partial y}\right)^2-\left(\frac{\partial}{\partial z}\right)^2=-\nabla^2$$

(véase §11.1). El procedimiento de Clifford generalizaba esto a dimensiones más altas.[9] No es sorprendente que Dirac desconociera los descubrimientos que había hecho Clifford más de medio siglo antes porque este trabajo no era ni mucho menos bien conocido en los años veinte, ni siquiera para muchos especialistas en álgebra. Incluso si Dirac hubiera conocido las álgebras de Clifford, esto no habría oscurecido el brillo de su comprensión de que tales entidades son importantes para la mecánica cuántica de un electrón giratorio, lo que constituye un avance fundamental e inesperado en el conocimiento físico.

En el caso de Dirac, lo que se necesita es tomar la raíz cuadrada del operador de onda, siendo este el laplaciano 4-dimensional (lorentziano) de relevancia para la geometría de Minkowski:

$$\Box=\left(\frac{\partial}{\partial t}\right)^2-\nabla^2.$$

Utilizamos así elementos $\gamma_0, \ldots, \gamma_3$ de un álgebra de Clifford «lorentziana», que satisfacen

$$\boldsymbol{\gamma}_0^2=1,\ \boldsymbol{\gamma}_1^2=-1,\ \boldsymbol{\gamma}_2^2=-1,\ \boldsymbol{\gamma}_3^2=-1.$$

En un álgebra de Clifford estándar (signatura + + … +), cada uno de estos cuadrados sería −1. Aquí sigo el que parece ser el convenio estándar entre los físicos con respecto a los signos, en el que las γs espaciales retienen los originales cuadrados negativos de Clifford.[10] Sin embargo, la $\boldsymbol{\gamma}_0$ temporal tiene cuadrado positivo. Es en este sentido en el que el álgebra de Clifford de Dirac es «lorentziana». Para $\boldsymbol{\gamma}$s diferentes, sigue siendo válida la anticonmutación de Clifford (§11.5):

$$\boldsymbol{\gamma}_i\boldsymbol{\gamma}_j=-\boldsymbol{\gamma}_j\boldsymbol{\gamma}_i\quad(i\neq j).$$

El hecho clave del que hizo uso Dirac es que el operador de onda es el cuadrado de un operador de primer orden definido con la ayuda de estos elementos de Clifford[24.5]

[24.5] Compruébelo.

$$\Box = (\gamma_0\partial/\partial t - \gamma_1\partial/\partial x - \gamma_2\partial/\partial y - \gamma_3\partial/\partial z)^2.$$

Podemos escribir esto de forma más concisa en notación vectorial, con $\boldsymbol{\gamma} = (\gamma_1, \gamma_2, \gamma_3)$, como

$$\Box = (\gamma_0\partial/\partial t - \boldsymbol{\gamma} \cdot \nabla)^2,$$

o de forma aún más concisa, como

$$\Box = \partial\!\!\!/^2,$$

donde la cantidad

$$\begin{aligned} \partial\!\!\!/ &= \gamma_0\partial/\partial t - \boldsymbol{\gamma} \cdot \nabla \\ &= \gamma^a\partial/\partial x_a \end{aligned}$$

(con $\gamma^a = g^{ab}\gamma_b$) se denomina *operador de Dirac*. Esta práctica notación «barrada» fue introducida por Richard Feynman; con más generalidad, un vector A^a podría representarse por el elemento del álgebra de Clifford

$$A\!\!\!/ = \gamma_a A^a.$$

24.7. La ecuación de Dirac

Volvamos ahora a nuestra «ecuación de onda» $(\Box + M^2)\psi = 0$. Utilizando el operador de Dirac $\partial\!\!\!/$, podemos ahora factorizar la cantidad $\Box + M^2$ que aparece en esta ecuación:

$$\begin{aligned} \Box + M^2 &= \partial\!\!\!/^2 + M^2, \\ &= (\partial\!\!\!/ - \mathrm{i}M)(\partial\!\!\!/ + \mathrm{i}M), \end{aligned}$$

donde $M = \mu/\hbar$. La *ecuación de Dirac* para el electrón es entonces $(\partial\!\!\!/ + \mathrm{i}M)\psi = 0$, i.e.,

$$\partial\!\!\!/\psi = -\mathrm{i}M\psi,$$

o, reintroduciendo $\hbar$ y escribiéndola en términos de la masa en reposo μ,

$$\hbar\partial\!\!\!/\psi = -\mathrm{i}\mu\psi.$$

Es evidente de la factorización anterior que cuando quiera que sea válida esta ecuación también debe serlo la ecuación de onda $(\Box + M^2)\psi = 0$. (Esto se aplicaría también a la «ecuación anti-Dirac» $(\not\partial - \mathrm{i}M)\psi = 0$, pero con convenios estándar, que se referiría a una partícula con masa negativa $-\hbar M$.) Así pues, las funciones de onda que satisfacen la ecuación de Dirac anterior deben satisfacer también la «ecuación de onda» que gobierna las partículas relativistas de masa en reposo $\hbar M$.

La ecuación de Dirac tiene la ventaja sobre la ecuación de onda de que es de primer orden en $\partial/\partial t$. De hecho, la ecuación de Dirac puede reescribirse de la forma de una ecuación de Schrödinger[24.6]

$$\mathrm{i}\hbar\frac{\partial\psi}{\partial t} = (\mathrm{i}\hbar\boldsymbol{\gamma}_0\boldsymbol{\gamma}\bullet\boldsymbol{\nabla} + \boldsymbol{\gamma}_0\boldsymbol{\mu})\boldsymbol{\psi},$$

donde $-\mathrm{i}\hbar\boldsymbol{\gamma}_0\boldsymbol{\gamma}\bullet\boldsymbol{\nabla} + \boldsymbol{\gamma}_0\mu$ desempeña el papel de un operador hamiltoniano. La discriminación del operador $\partial/\partial t$ no es, por supuesto, relativísticamente invariante, pero la ecuación de Dirac completa $\partial\psi = -\mathrm{i}M\psi$ *sí* es relativísticamente invariante. (Para ver esto se necesita un examen cuidadoso del intercambio entre los elementos del álgebra de Clifford y las transformaciones de Lorentz.)[24.7] Para los físicos de la época supuso un choque considerable el aprender que existen entidades relativísticamente invariantes que yacen fuera del marco estándar del cálculo vector-tensorial (capítulos 12 y 14). Lo que Dirac había iniciado efectivamente era un potente y nuevo formalismo, hoy día conocido como *cálculo espinorial*,[11] un cálculo que va más allá de lo que había sido el cálculo vector-tensorial convencional.

El «precio» que al parecer tenemos que pagar por esta notable eliminación de la incómoda raíz cuadrada, aunque reteniendo la invariancia relativista, es la aparición de estos extraños elementos no conmutativos γ_a del álgebra de Clifford. ¿Qué es lo que significan? Bien, tenemos que pensar en estos objetos como operadores que actúan sobre la función de onda. Puesto que estos operadores concretos son objetos nuevos, que no surgen directamente de las variables cuánticas de

[24.6] Demuéstrelo.
[24.7] Explíquelo. *Sugerencia*: ¡Puede servirle de ayuda la ecuación que se ha dado en el ejercicio [22.18]!

posición y momento (no conmutativas) para una partícula que habíamos estado considerando antes, deben referirse a (y actuar sobre) ciertos nuevos grados de libertad de nuestra partícula. Debemos preguntar para qué propósitos físicos pueden servir estos nuevos grados de libertad. Con la perspectiva que nos ofrece nuestra terminología actual, vemos la respuesta en el propio nombre «espinor»: los nuevos grados de libertad describen el *espín* del electrón.[12] Recordemos lo que se ha dicho en §11.5: «Un espinor puede considerarse como un objeto sobre el que actúan como operadores los elementos del álgebra de Clifford». En la ecuación de Dirac, los elementos de Clifford actúan sobre la función de onda ψ. Así pues, la propia ψ debe ser un espinor. Tiene grados de libertad extra (de una naturaleza que examinaremos de inmediato), además de la mera dependencia de posición y tiempo de una función de onda escalar ordinaria, ¡y estos grados de libertad extra describen efectivamente el espín del electrón!

¡Ahora empezamos a ver que el precio que hemos tenido que pagar por poder factorizar el operador de onda mediante el uso de elementos de Clifford ha sido una ganga increíble! No solo nos da una teoría que describe con exactitud el espín del electrón, sino que cuando añadimos al hamiltoniano el término estándar que da la interacción con un campo electromagnético de fondo —un término que introduce la electrodinámica precisamente de acuerdo con las «recetas gauge»[13] de §19.4 y §21.9—, observamos que el electrón de Dirac responde correctamente al campo electromagnético, como debería hacerlo el electrón cargado, incluidos algunos términos sutiles que aparecen del movimiento relativista del electrón.

Pero no solo es el comportamiento del electrón como partícula cargada el que se describe correctamente; además, el electrón de Dirac responde como una partícula en posesión de un *momento magnético* de una cantidad muy concreta, a saber,

$$\hbar^2 e/4\mu c,$$

donde $-e$ es la carga del electrón y μ es su masa. Esto quiere decir que el electrón de Dirac no solo está eléctricamente cargado, sino que también se comporta como un pequeño imán cuya intensidad viene dada por el valor anterior. Resulta notable que este valor preciso de

Dirac para el momento magnético del electrón está muy próximo al valor realmente observado, con un error de una parte entre mil. La mejor determinación moderna del momento magnético del electrón difiere del valor original de Dirac, que se ha dado amtes, en el factor multiplicativo

$$1{,}001\ 159\ 652\ 118\ 8\ \ldots$$

Incluso esta pequeña discrepancia se explica ahora, hasta la *precisión explícita* anterior, a partir de efectos correctores que provienen de la electrodinámica cuántica, uno de cuyos ingredientes fundamentales es la ecuación de Dirac. ¡El acuerdo con la naturaleza que se revela en la pequeña y sutil ecuación de Dirac $\partial\!\!\!/\psi = -\mathrm{i}M\psi$ es realmente extraordinario!

24.8. La ruta de Dirac al positrón

Pero no hemos acabado ni mucho menos con esta historia; simplemete he descrito sus más desnudos inicios. Prosigamos observando una aparente anomalía en las matemáticas de la ecuación de Dirac con respecto al espín del electrón. Esta aparente anomalía tiene que ver con el número de componentes independientes que van a encontrarse en el espinor de Dirac ψ. Resulta que la ψ de Dirac tiene *cuatro* componentes independientes, mientras que en una visión superficial cabría esperar *dos*, porque una partícula de espín 1/2 tiene solo dos estados de espín independientes (véase §22.8). Tratemos de entender este problema con más detalle.

En 1925, menos de tres años antes de que Dirac encontrara su ecuación (en 1928), George Uhlenbeck y Samuel Goudsmit habían llegado a la conclusión de que el electrón debe poseer un espín mecanocuántico, construido a partir de dos estados de espín básicos. En 1927, Wolfgang Pauli mostró cómo se podían representar las transformaciones de estos estados de espín bajo rotación mediante el uso de lo que ahora llamamos las «matrices de Pauli» (véanse §22.8 y la imagen de la esfera de Riemann de los estados para espín 1/2 descrita en la Fig. 22.10). Las matrices de Pauli (que son básicamente cuaterniones, con un factor i) son también elementos de un álgebra de Clifford, aunque para el grupo de rotación 3-dimensional.[24.8]

De hecho, hay una fuerte necesidad física para los dos estados de espín del electrón. La propia disciplina de la química, tal como la conocemos, depende de ello. En un átomo, los electrones que rodean el núcleo están obligados a describir órbitas en ciertos estados concretos conocidos como «orbitales» (véase §22.13). Por el principio de exclusión de Pauli, parecería que cada orbital no puede estar ocupado por más de *un* electrón, y pese a todo encontramos que siempre está permitido un segundo electrón en cada uno de los orbitales. Los dos electrones pueden coexistir y seguir satisfaciendo el principio de exclusión porque sus estados *no* son idénticos, sino que tienen espines opuestos. Pero no puede haber más de dos electrones en cualquier orbital porque solo hay dos estados de espín independientes para el electrón. La noción química de «enlace covalente» depende del mismo fenómeno, pues los dos electrones compartidos coexisten en el mismo estado porque sus espines son opuestos; véase la Fig. 24.2.

La descripción de Pauli del electrón es una entidad de dos componentes $\psi_A = (\psi_0, \psi_1)$, correspondiente al hecho de que las matrices de Pauli son 2×2. Pero encontramos que los elementos de Clifford de Dirac $(\boldsymbol{\gamma}_0, \boldsymbol{\gamma}_1, \boldsymbol{\gamma}_2, \boldsymbol{\gamma}_3)$ requieren matrices 4×4 para representar las leyes

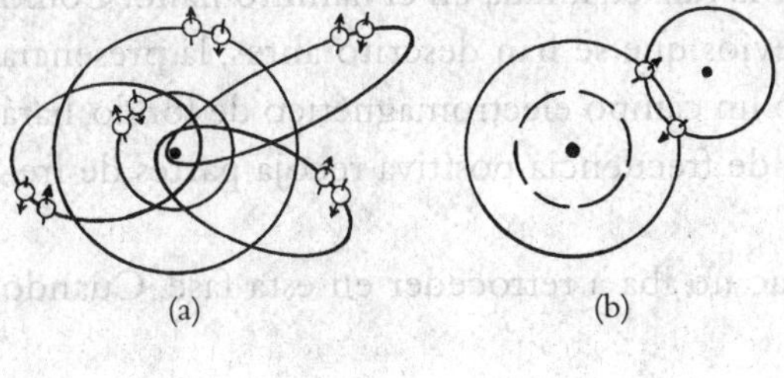
(a) (b)

Fig. 24.2. Evidencia del espín 1/2 del electrón. (a) En un átomo, dos electrones, pero ninguno más, pueden ocupar el mismo orbital. Esto se consigue si sus estados de espín son opuestos, de modo que no se viola el principio de exclusión de Pauli. (b) El «enlace covalente» de la química implica un par de electrones de espín opuesto que comparten orbitales de dos átomos separados.

[24.8] Explique este comentario en relación con la conexión entre cuaterniones y elementos de Clifford que se ha explicado en §11.5.

de multiplicación de Clifford.[24.9] Así pues, el electrón de Dirac es una entidad de 4-componentes, en lugar de tener solo las 2 componentes de un «espinor de Pauli» que describe los 2 estados de espín independientes que posee una partícula no relativista de espín 1/2, tal como se ha descrito en §22.8.

De hecho, existen solo 2 componentes de espín para una partícula descrita por la ecuación de Dirac, a pesar de que hay 4 componentes para la función de onda. *Matemáticamente*, la razón para esto está estrechamente relacionada con el hecho de que la ecuación de Dirac $\partial\!\!\!/\psi = \mathrm{i}M\psi$ es una ecuación de primer orden, y su espacio de soluciones está generado por solo la mitad de las soluciones que en el caso de la ecuación de ondas de segundo orden $(\Box + M^2)\psi = 0$. (Esta ecuación es también satisfecha por la ecuación «anti-Dirac» $\partial\!\!\!/\psi = +\mathrm{i}M\psi$, que es la ecuación de Dirac para la masa en reposo negativa $-M$.) *Físicamente*, este «recuento»[14] de soluciones de la ecuación de Dirac debe tener en cuenta el hecho de que los grados de libertad de la antipartícula del electrón, a saber, el positrón, están también ocultos en las soluciones de la ecuación de Dirac. No obstante, sería erróneo considerar que dos de las componentes de la ecuación de Dirac se refieren al electrón y las otras dos al positrón (compárese con §25.2). Las cosas son mucho más sutiles que esto, como enseguida veremos.

Recordemos que una de nuestras tareas principales, que nos lleva a la consideración de la ecuación de Dirac, ha consistido en ver lo que había que hacer con las soluciones indeseadas de frecuencia negativa (i.e., energía negativa) de la ecuación de Schrödinger. Pero resulta que las soluciones de la ecuación de Dirac *no* están restringidas a ser de frecuencia positiva, a pesar de toda nuestra (o más bien de Dirac) astucia y trabajo duro para eliminar la raíz cuadrada en el hamiltoniano. Como sucede con los intentos previos que se han descrito antes, la presencia de interacciones, tales como un campo electromagnético de fondo, hará que una onda inicialmente de frecuencia positiva recoja partes de frecuencia negativa.

Pero el ingenio de Dirac no iba a retroceder en esta fase. Cuando

[24.9] Demuestre por qué las matrices 2×2 no pueden satisfacer todas las condiciones; encuentre un conjunto de matrices 4×4 que sí lo hagan.

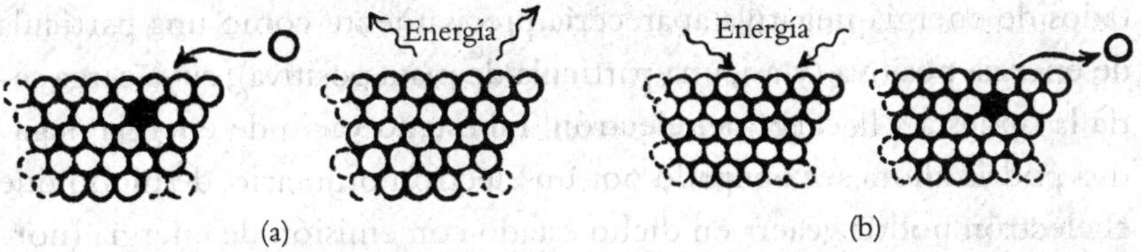

Fig. 24.3. Los positrones como «agujeros» en el «mar de Dirac» de estados electrónicos de energía negativa. Dirac propuso que casi todos los estados de energía negativa del electrón están llenos, y el principio de Pauli impide que un electrón caiga en uno de estos estados. El estado ocasionalmente desocupado —un «agujero» en este mar de energía negativa— aparecería como un antielectrón (positrón), teniendo así energía positiva. (a) Un electrón que cae en tal agujero sería interpretado como la aniquilación del electrón y el positrón, con la liberación de energía, la suma de las contribuciones positivas del electrón y el positrón. (b) A la inversa, el suministro de energía suficiente al mar de Dirac podría producir un par electrón-positrón. (Las partículas son solo esquemáticas, y la estructura reticular mostrada no tiene ninguna relevancia real para el mar de Dirac.)

finalmente se convenció de que las soluciones de frecuencia negativa no podían ser eliminadas matemáticamente, razonó como sigue. ¿Cuál es, después de todo, el peligro de las soluciones de frecuencia negativa? El problema estaría en que si existieran estados de energía negativa, entonces un electrón podría caer en uno de esos estados con la emisión de energía; y si hubiera un número ilimitado de tales estados, entonces habría una inestabilidad catastrófica, pues todos los electrones se hundirían en estados de energía negativa cada vez más bajos, con la emisión de cada vez más energía, sin límite alguno. Pero, razonó Dirac, los electrones satisfacen el principio de Pauli, y no está permitido que una partícula semejante ocupe un estado si dicho estado ya está ocupado. Por eso hizo la sorprendente sugerencia de que ¡todos los estados de energía negativa deberían estar ya ocupados! Este océano de estados ocupados de energía negativa se conoce ahora como el «mar de Dirac». Así pues, de acuerdo con la «idea loca» de Dirac, imaginamos que en realidad los estados de energía negativa ya están llenos y, por el principio de Pauli, no hay lugar para que un electrón caiga en tal estado.

Pero, como Dirac razonó posteriormente, ocasionalmente podría haber algunos estados de energía negativa que estén desocupados. ¿Qué sucedería entonces? Un «agujero» semejante en el mar de Dirac de estados de energía negativa aparecería precisamente como una partícula de energía positiva (y, así, una partícula de masa positiva), cuya carga sería la opuesta a la carga del electrón. Tal estado vacío de energía negativa podría ahora ser ocupado por un electrón ordinario, de modo que el electrón podría «caer» en dicho estado con emisión de energía (normalmente en forma de radiación electromagnética, i.e., fotones). Esto daría como resultado que el «agujero» y el electrón se aniquilarían mutuamente a la manera en que ahora consideramos que una partícula y su antipartícula sufren una aniquilación mutua (Fig. 24.3a). Recíprocamente, si inicialmente no hubiera presente un agujero, pero en el sistema entrara una cantidad de energía suficiente (digamos en forma de un fotón), entonces un electrón podría ser expulsado de uno de los estados de energía negativa para dejar un agujero (Fig. 24.3b). El «agujero» de Dirac es la antipartícula del electrón, ahora conocida como *positrón*.

En un primer momento, Dirac no se atrevió a afirmar que esta teoría predecía realmente la existencia de antipartículas de los electrones; inicialmente (en 1929) pensó que los «agujeros» podrían ser protones, que en aquella época eran las únicas partículas masivas conocidas con una carga positiva. Pero no pasó mucho tiempo antes de que quedase claro[15] que la masa de cada agujero tenía que ser igual a la masa del electrón, y no a la masa de un protón, que es unas 1.836 veces mayor. En 1931, Dirac llegó a la conclusión de que los agujeros deben ser «antielectrones» —partículas previamente desconocidas que ahora llamamos positrones—. Un año después de la predicción teórica de Dirac, Carl Anderson anunció el descubrimiento de una partícula que tenía realmente las propiedades que Dirac había predicho: ¡se había encontrado la primera antipartícula!

Notas

Sección 24.3

24.1. Técnicamente, la catástrofe se evita si la energía está lo que se denomina «acotada inferiormente», lo que significa que es mayor que cierto valor dado E_0 que podría ser negativo. En tal circunstancia podemos «renormalizar» la energía sumando $-E_0$ al hamiltoniano, y los autovalores de la energía resultantes serán ahora todos positivos.

24.2. Hay una sutileza en el tratamiento del punto ∞, pues es probable que f sea singular allí. El tratamiento hiperfuncional de §9.7 es apropiado; véase Bailey *et al.* (1982).

24.3. Estrictamente, deberíamos decir semidefinida positiva, puesto que el espectro (continuo) de autovalores llega hasta, e incluye, el cero.

24.4. Véanse Shankar (1994) para las aplicaciones a la mecánica cuántica, y Arfken y Weber (2000) para una discusión general.

Sección 24.5

24.5. Algunos definen este operador con el signo contrario, normalmente porque adoptan la signatura $+ + + -$ y no la $+ - - -$ que he utilizado aquí.

24.6. Véanse Pais (1986), Miller (2003) y Dirac (1983).

24.7. Estos dos requisitos se combinan como ingredientes esenciales de la demostración del teorema CPT, al que llegaremos en §25.4.

Sección 24.6

24.8. Véase Trautman (1997) para una referencia sobre estas ideas acerca de la «raíz cuadrada».

24.9. Véanse Clifford (1882), pp. 778-815 y también Lounesto (2001), para un tratamiento general.

24.10. Este convenio parece estar en contra del convenio habitual del matemático (véanse Harvey, 1990; Budinich y Trautman, 1988; Lounesto, 2001; Lawson y Michelson, 1990) y también con el mío propio (véase Penrose y Rindler, 1986, apéndice). Si se adopta la signatura $+ - - -$ para el espaciotiempo, como aquí, la ecuación definitoria para un álgebra de Clifford general es $\boldsymbol{\gamma}_i\boldsymbol{\gamma}_j - \boldsymbol{\gamma}_j\boldsymbol{\gamma}_i = -2g_{ij}$.

Sección 24.7

24.11. Véanse Clifford (1981), Cartan (1966), Van der Waerden (1929), Infeld y Van der Waerden (1933), Laporte y Uhlenbeck (1931), Penrose (1960), Penrose y Rindler (1984, 1986) y O'Donnell (2003). En la notación 2-espinorial de §22.8 esto lleva a la forma «zigzag» de la ecuación de Dirac que se da en §25.2.

24.12. Al parecer, el término «espinor» fue introducido por Paul Ehrenfest en una carta a Bartel van der Waerden.

24.13. El término añadido es $ie\not{A}$, donde $\not{A} = g^{ab}A_a\gamma_b$ y A_a es el potencial electromagnético, lo que equivale a reemplazar el operador $\not{\partial}$ por $\not{\partial} - ie\not{A}$.[24.10]

Sección 24.8

24.14. El recuento de soluciones, para ecuaciones relativistas, se realiza más fácilmente mediante el método de «conjuntos exactos» en el cálculo de 2-espinores (véase Penrose y Rindler, 1984).

24.15. Este trabajo fue realizado por Igor Tamm, Hermann Weyl y J. Robert Oppenheimer; véase Oppenheimer (1930) para un ejemplo del razonamiento que hay detrás de ello. Hay algunas sutilezas en el camino hacia el positrón que nos llevarían bastante lejos; véase Zee (2003) para un tratamiento completo, riguroso y encantador de todo esto.

[24.10] Explique por qué esta es la «prescripción gauge» estándar.

25

El modelo estándar de la física de partículas

25.1. Los orígenes de la moderna física de partículas

La ecuación de Dirac para el electrón supuso un momento crucial para la física en muchos aspectos. En 1928, cuando Dirac propuso su ecuación, las únicas partículas conocidas para la ciencia eran los electrones, los protones y los fotones. Las ecuaciones de Maxwell libres describen el fotón —como fue previsto efectivamente por Einstein en 1905— en un primer trabajo cuyas ideas fueron desarrolladas por Einstein, Bose y otros, hasta que en 1927 Jordan y Pauli proporcionaron un esquema matemático global para describir los fotones libres de acuerdo con la teoría de Maxwell para el campo libre cuantizado. Además, tanto el protón como el electrón parecían estar muy bien descritos por la ecuación de Dirac. La interacción electromagnética, que describe la influencia de los fotones sobre los electrones y los protones, estaba excelentemente tratada mediante la receta de Dirac, a saber, mediante la idea *gauge* (tal como fue introducida básicamente por Weyl en 1918; véase §19.4), y el propio Dirac ya había empezado a construir en 1927 una formulación de una teoría completa de los electrones (o protones) en interacción con los fotones (i.e., la electrodinámica cuántica).[1] Así pues, todas las herramientas básicas parecían estar más o menos a punto para la descripción de todas las partículas conocidas de la naturaleza, junto con sus más manifiestas interacciones.

Pese a todo, la mayoría de los físicos de la época no estaban tan locos como para pensar que esto pudiera llevar pronto a una «teoría de todo». En efecto, eran conscientes de que ni las fuerzas necesarias para mantener unidos a los núcleos —las que ahora llamamos fuerzas *fuer-*

tes— ni los mecanismos responsables de la desintegración radiactiva —ahora llamados fuerzas *débiles*— podrían acomodarse sin importantes avances adicionales. Si los electrones y los protones estilo Dirac, que solo interaccionaban electromagnéticamente, fueran los únicos ingredientes de los átomos, incluyendo sus núcleos, entonces todos los núcleos ordinarios (excepto el simple protón que constituye el núcleo del hidrógeno) se desintegrarían al instante debido a la repulsión electrostática de las cargas positivas predominantes. ¡Tenía que estar actuando alguna otra cosa desconocida, algo que explicara una fuerte influencia atractiva dentro del núcleo! En 1932, Chadwick descubrió el neutrón, y se comprendió por fin que el modelo protón/electrón para el núcleo, que había sido popular hasta entonces, debía ser reemplazado por otro en el que los protones y los neutrones estarían presentes, y donde una fuerte interacción protón-neutrón mantendría el núcleo unido. Pero esta fuerza fuerte no era lo único que faltaba en el conocimiento de la época. La radiactividad del uranio se conocía desde las observaciones de Henri Becquerel en 1896, y se presentaba como el resultado de otra interacción —la fuerza *débil*— diferente de la fuerte y de la electromagnética. Incluso un neutrón, si se dejara libre, sufriría una desintegración radiactiva en un período de unos quince minutos. Uno de los misteriosos productos de la radiactividad era el evasivo neutrino, propuesto como hipótesis provisional por Pauli en 1929, aunque no fue observado directamente hasta 1956. Fue el estudio de la radiactividad el que finalmente llevaría a los físicos a alcanzar una influencia y notoriedad desacostumbradas, hacia el final de la Segunda Guerra Mundial, y en el período que le siguió…

Las cosas han avanzado mucho desde los inicios de la comprensión de la física de partículas, tal como estaban en el primer tercio del siglo XX. Ahora que nos embarcamos en el siglo XXI, disponemos de una imagen mucho más completa conocida como el *modelo estándar* de la física de partículas. Este modelo parece acomodar casi todo el comportamiento observado concerniente al vasto conjunto de partículas que hoy se conocen. Al fotón, el electrón, el protón, el positrón y el neutrón se han añadido el muón, los diversos neutrinos, los piones (predichos por Yukawa en 1934), los kaones, las lambdas, las sigmas y la celebradamente predicha partícula omega menos. El antiprotón fue directamente observado en 1955, y el antineutrón, en 1956. Hay nuevos tipos de entidades conocidas como quarks, gluones, bosones W y Z; hay vastas hordas de partículas cuya existencia es tan fugaz que no han sido nunca directamente observadas, por lo que se suelen conocer como «resonancias». El formalismo de la teoría moderna exige asimismo entidades transitorias llamadas partículas «virtuales», y también cantidades conocidas como «fantasmas» que están aún más alejadas de la observabilidad directa. Existe un número desmesurado de partículas propuestas —aún no observadas— que son predichas por ciertos modelos teóricos, aunque no son en absoluto consecuencias del armazón general de la física de partículas aceptada: a saber, «bosones X», «axiones», «fotinos», «squarks», «gluinos», «monopolos magnéticos», «dilatones», etc. Está también la misteriosa partícula de Higgs —todavía no observada en el momento de escribir esto—, cuya existencia, de una u otra forma, es esencial para la física de partículas actual, donde la partícula de Higgs se considera responsable de las masas de todas las partículas.

25.2. La imagen zigzag del electrón

En este capítulo presentaré una breve guía del modelo estándar de la física de partículas de hoy, aunque mi aproximación particular a ella podría juzgarse un poco «no estándar» en ciertos temas. Empecemos de una forma ligeramente no estándar, reexaminando la ecuación de Dirac en términos de la «notación 2-espinorial» que se ha expuesto en §22.8. Como se ha comentado en §24.8, la descripción de «espinor de Pauli» para una partícula de espín 1/2 es una cantidad ψ_A con 2-componentes. (Las componentes son ψ_0 y ψ_1.) Cuando consideramos la relatividad, de acuerdo con §22.8, necesitamos también cantidades con índices *primados* A', B', C', ..., que son el resultado de la conjugación compleja aplicada a índices no primados. Resulta[2] que el espinor de Dirac ψ, descrito antes, con sus 4 componentes, puede representarse como un par de 2-espinores[3] α_A y $\beta_{A'}$, uno con índice no primado y otro con índice primado:

$$\psi = (\alpha_A, \beta_{A'}).$$

La ecuación de Dirac puede escribirse entonces como una ecuación que acopla estos dos 2-espinores, cada uno de los cuales actúa como un tipo de «fuente» para el otro, con una «constante de acoplamiento» $2^{-1/2}M$ que describe la intensidad de la «interacción» entre los dos:

$$\nabla^{A}_{B'}\alpha_{A} = 2^{-1/2}M\beta_{B'}, \quad \nabla^{B'}_{A}\beta_{B'} = 2^{-1/2}M\alpha_{A'}.$$

Los operadores $\nabla^{A}_{B'}$ y $\nabla^{B'}_{A}$ son solo traducciones en 2-espinores del operador gradiente ordinario $\boldsymbol{\nabla}$. No nos preocuparemos de todos estos índices, los $2^{-1/2}$ y la forma exacta de estas ecuaciones. Los presento aquí solo para mostrar cómo puede introducirse la ecuación de Dirac en el armazón general del cálculo 2-espinorial, y que cuando se hace esto se revelan algunas ideas nuevas respecto a la naturaleza de la ecuación de Dirac.[4]

A partir de la forma de estas ecuaciones, vemos que el electrón de Dirac puede considerarse compuesto de dos ingredientes α_A y $\beta_{B'}$. Es posible obtener una especie de interpretación física de estos ingredientes. Formamos una imagen en la que existen dos «partículas», una descrita por α_A y la otra por $\beta_{A'}$, ambas sin masa,[25.1] y donde cada una de ellas se está convirtiendo continuamente en la otra. Llamémoslas partícula «zig» y partícula «zag»: α_A describe a la zig y $\beta_{A'}$ describe a la zag. Al no tener masa, cada una de ellas debería viajar a la velocidad de la luz, pero podemos considerarlas más bien haciendo un «vaivén» hacia atrás y hacia delante, donde el movimiento hacia delante de la zig se está transformando continuamente en el movimiento hacia atrás de la zag, y viceversa. De hecho, esta es una realización del fenómeno conocido como *zitterbewegung*. Según este, la medida del movimiento instantáneo del electrón es siempre la velocidad de la luz, debido al movimiento de vaivén del electrón, incluso si el movimiento promediado global del electrón da una velocidad menor que la de la luz.[5] Cada ingrediente tiene un *espín* de magnitud $\frac{1}{2}\hbar$ alrededor de su dirección de

[25.1] Con referencia a la ecuación del neutrino de Weyl, dada en §25.3, explique por qué es razonable adoptar el punto de vista de que cada uno de los α_A y $\beta_{A'}$ describen partículas sin masa, acopladas por una interacción que convierte a cada una de ellas en la otra.

movimiento, espín que es levógiro en el caso de la zig y dextrógiro en el de la zag. (Esto tiene que ver con el hecho de que la α_A de la zig tiene un índice no primado, que está asociado con la helicidad negativa, mientras que la $\beta_{B'}$ de la zag tiene un índice primado, que indica helicidad positiva. Todo esto tiene relevancia para la exposición de §§33.6-8, pero por el momento no es oportuno entrar en detalles.) Notemos que aunque la velocidad sigue invirtiéndose, la dirección del espín permanece constante en el sistema en reposo del electrón (Fig. 25.1). En esta interpretación, la partícula zig actúa como fuente para la partícula zag y la partícula zag como fuente para la partícula zig, y la intensidad del acoplamiento está determinada por M.

En la Fig. 25.2 he dado una ilustración diagramática de cómo va a contribuir este proceso al «propagador de Feynman» completo (véase §26.7), al modo de los diagramas de Feynman[6] a los que llegaremos

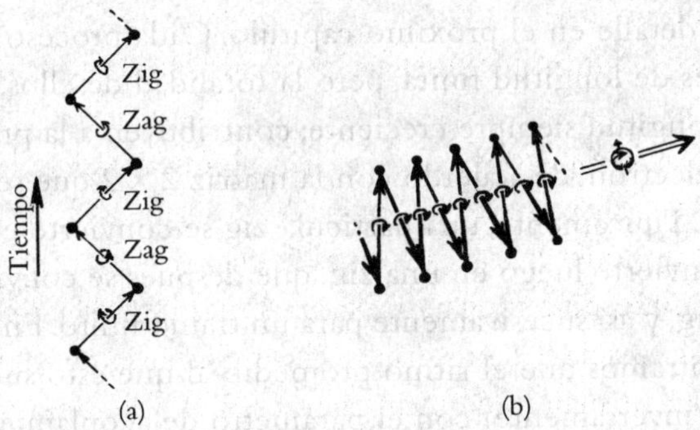

Fig. 25.1. Imagen zigzag del electrón. (a) El electrón (u otra partícula masiva del espín $\frac{1}{2}$) puede verse en el espaciotiempo oscilando entre una partícula zig sin masa levógira (helicidad $-\frac{1}{2}$, descrita por el 2-espinor no primado α_A o, en la notación más habitual del físico, por la parte proyectada por $\frac{1}{2}(1 - \gamma_5)$) y una partícula zag sin masa dextrógira (helicidad $+\frac{1}{2}$, descrita por el 2-espinor primado $\beta_{B'}$, la parte proyectada por $\frac{1}{2}(1 + \gamma_5)$). Cada una es fuente de la otra, con la masa en reposo como constante de acoplamiento. (b) Desde una perspectiva 3-espacial, en el «sistema de reposo» del electrón hay una inversión continua de la velocidad (siempre la velocidad de la luz), pero la dirección del espín permanece constante. (Por claridad, la figura no está totalmente dibujada en el sistema en reposo del electrón, y el electrón se desplaza lentamente hacia la derecha.)

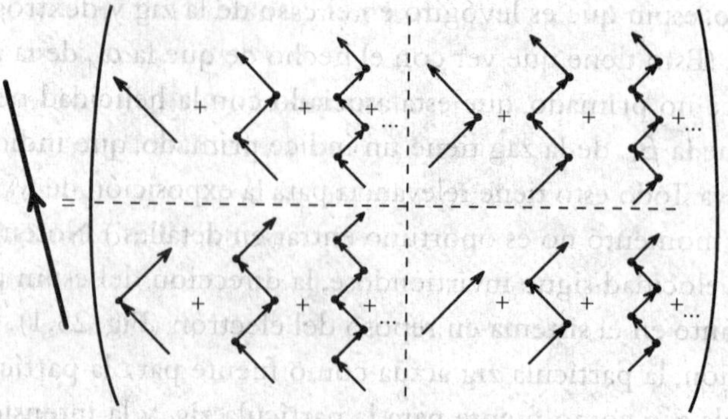

Fig. 25.2. Cada proceso zigzag contribuye por separado, como parte de una superposición cuántica infinita, al «propagador» total a la manera de un diagrama de Feynman. El propagador convencional de una sola línea de Feynman se dibuja a la izquierda y representa la matriz entera de sumas infinitas de zigzags finitos, dibujados a la derecha.

con más detalle en el próximo capítulo. Cada proceso zigzag constituyente es de longitud finita, pero la totalidad de ellos, al incluir zigzags de longitud siempre creciente, contribuyen a la propagación entera del electrón, de acuerdo con la matriz 2×2 que se muestra en la Fig. 25.2. Típicamente, una partícula zig se convierte en una zag, y la zag se convierte luego en una zig, que después se convierte de nuevo en una zag, y así sucesivamente para un tramo finito. En el proceso total, encontramos que el ritmo promedio al que esto sucede está relacionado (inversamente) con el parámetro de acoplamiento M; de hecho, este ritmo es esencialmente la *frecuencia de De Broglie* del electrón (véase §21.4).

Sin embargo, debo hacer una advertencia acerca de cómo vamos a interpretar los diagramas de Feynman. Podemos considerar legítimamente que el proceso se representa como una descripción espaciotemporal de lo que está sucediendo; pero, en el nivel cuántico, debemos adoptar el punto de vista de que, incluso para una única partícula, existen muchísimos procesos de este tipo que ocurren simultáneamente. Cada uno de estos procesos individuales debe verse como parte de una gigantesca superposición cuántica de muchísimos procesos diferentes. El estado cuántico real del sistema consiste en la superposición entera.

Un diagrama de Feynman individual representa meramente una componente del mismo.

Por consiguiente, mi descripción anterior del movimiento del electrón consistente en este vaivén hacia atrás y hacia delante, donde una zig se está transformando continuamente en una zag y vuelta de nuevo, debe tomarse apropiadamente en este sentido. El movimiento real está compuesto de un número enorme de tales procesos individuales (de hecho, infinitos de ellos) todos superpuestos, y podemos considerar que el movimiento percibido del electrón es un tipo de «promedio» de aquellos. Incluso esto describe tan solo al electrón libre. Un electrón real estará experimentando continuamente interacciones con otras partículas (tales como los fotones, los cuantos del campo electromagnético). Todos estos procesos de interacción deberían incluirse también en la superposición global.

Teniendo esto en cuenta, planteemos la cuestión de si estas partículas zig y zag son o no «reales». ¿O quizá son solo artificios del formalismo matemático concreto que he estado adoptando aquí para la descripción de la ecuación de Dirac para el electrón? Esto plantea una pregunta más general: ¿qué justificación física hay para permitir que uno se vea arrastrado por la elegancia de cierta descripción matemática y luego trate de considerar que dicha descripción corresponde a una «realidad»? En el caso presente deberíamos empezar cuestionando la importancia (y la elegancia) del propio formalismo 2-espinorial, solo como técnica *matemática*. Debería advertir al lector que en realidad no es este el formalismo más utilizado por los físicos que se interesan por la ecuación de Dirac y sus implicaciones, como sucede en la electrodinámica cuántica (QED), que es la teoría con más éxito de las teorías cuánticas de campos.[7]

La mayoría de los físicos utilizan lo que se denomina el formalismo del «espinor de Dirac» (o 4-espinor), en el que se evitan los índices espinoriales. En lugar del 2-espinor «α_A», utilizan el 4-espinor «$(1 - i\boldsymbol{\gamma}_5)\psi$» (llamado «la parte de helicidad levógira del electrón de Dirac», o algo similar, en lugar de utilizar mi «partícula zig»).[8] Aquí, la cantidad $\boldsymbol{\gamma}_5$ es el producto

$$\boldsymbol{\gamma}_5 = -i\boldsymbol{\gamma}_0\boldsymbol{\gamma}_1\boldsymbol{\gamma}_2\boldsymbol{\gamma}_3,$$

y tiene la propiedad de que anticonmuta con todo elemento del álgebra de Clifford, y $(\gamma_5)^2 = 1$.[25.2] Análogamente, utilizan $(1 + \gamma_5)\psi$ en lugar de $\beta_{A'}$ (la parte de helicidad dextrógira). Se podría decir que esto es solo una cuestión de notación, y de hecho es posible hacer una traducción entre los formalismos 2-espinorial y 4-espinorial. La imagen «zigzag» que he presentado aquí es ciertamente una descripción válida (aunque no del todo habitual) en cualquiera de los dos formalismos, pero está más directamente sugerida por los 2-espinores que por los 4-espinores.

De modo que ¿son reales estas zigs y zags? Por mi parte, diría que sí; son tan reales como lo es el propio «electrón de Dirac» —como descripción matemática idealizada y muy adecuada de uno de los ingredientes más fundamentales del universo—. Pero ¿es esta «realidad» *real*? En §§1.3,4 he abordado esta cuestión general de la realidad matemática y física, y la relación entre ambas. Al final del libro, en §34.6, retomaré esta cuestión.

25.3. Interacciones electrodébiles, asimetría de reflexión

Cada una de las partículas zig y zag tiene la misma carga eléctrica (como debe ser, puesto que la carga se conserva y cada partícula se transforma continuamente en la otra). En la imagen de diagramas de Feynman, la interacción con el campo electromagnético que experimentan las partículas cargadas está representada por el añadido de una línea que representa un fotón. Esto se muestra en la Fig. 25.3a, de acuerdo con los procedimientos convencionales en los que la trayectoria del electrón se representa como una línea única 4-espinorial de Dirac al modo usual, y en la Fig. 25.3b utilizando esta (poco convencional) descripción «zigzag».

Nótese que tanto la levógira (zig) como la dextrógira (zag) intervienen igualmente en la interacción electromagnética. Resulta, no obstante, que hay otra interacción física —la interacción *débil*— según la cual las cosas son completamente *des*iguales, en el sentido de que solo

[25.2] Demuestre ambas cosas.

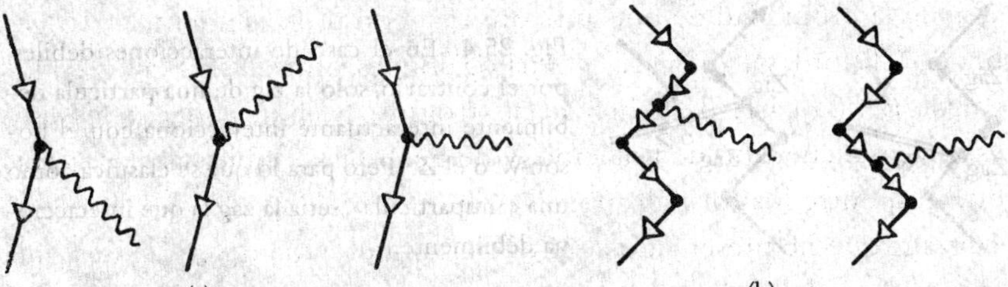

Fig. 25.3. (a) Diagrama de Feynman (en forma convencional, sin zigzags) de un electrón en interacción con un cuanto de campo electromagnético, o fotón. Mientras que en la figura de la izquierda podemos ver el proceso como la absorción de un fotón, la figura central como la emisión de uno y la figura derecha como una influencia electrostática, estos procesos deben considerarse como si fueran el mismo, y se conocen como una interacción con un fotón «virtual» (fuera de la capa). (b) Lo mismo, con los zigzags representados. El fotón (virtual) interacciona igualmente con la zag y la zig. En todas estas figuras, la propagación de carga eléctrica está representada por la flecha blanca en forma de triángulo. Todas las figuras aquí ilustradas apuntan al pasado, porque estamos considerando electrones, que están cargados negativamente.

la zig del electrón toma parte en estas interacciones débiles, y la zag no participa en absoluto (véase la Fig. 25.4). Las interacciones débiles están mediadas por análogos del fotón, llamados bosones W y Z. Como se ha comentado antes, estas interacciones son responsables de la desintegración radiactiva, por la que, por ejemplo, un núcleo de uranio U^{238} se desintegrará espontáneamente, en aproximadamente 5×10^9 años, en promedio, en un núcleo de torio y un núcleo de helio (una partícula α), o por la que un neutrón libre se desintegrará en un protón, un electrón y un antineutrino en un tiempo medio de aproximadamente quince minutos; véase la Fig. 25.5. Estos procesos se conocen como «desintegración β», en cuyo contexto el electrón suele recibir el nombre de «partícula β» (por razones históricas).

Durante muchos años, las interacciones débiles se habían tratado como simples procesos puntuales —ilustrados como el punto simple de desintegración en la Fig. 25.5— según un esquema que se remonta a 1933, que había sido propuesto por el destacado físico italiano Enrico Fermi. Pero más adelante esto tropezó con dificultades teóricas, que fueron finalmente resueltas en la teoría electrodébil de Weinberg, Salam, Ward y Glashow, de la que veremos algo en §25.5. Como parte de

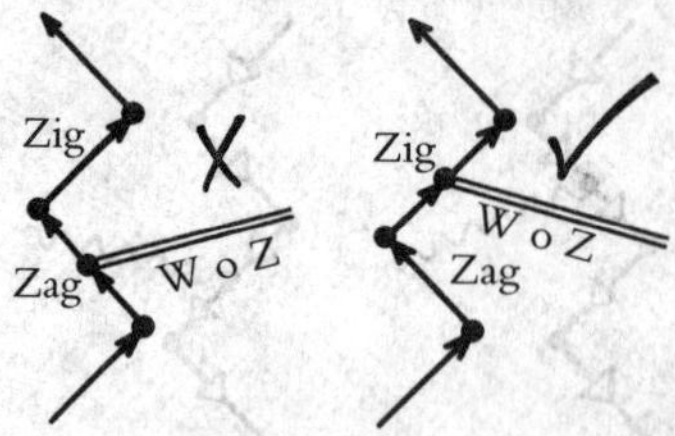

Fig. 25.4. En el caso de interacciones débiles, por el contrario, solo la zig de una partícula débilmente interactuante interacciona con el bosón W o el Z. (Pero para lo que se clasifica como una «antipartícula», sería la zag la que interacciona débilmente.)

estas ideas más nuevas, se advirtió que, en lugar de la interacción puntual de Fermi, habría un «bosón gauge» intermedio —las partículas W y Z recién mencionadas— que mediaría el proceso de interacción débil, según el cual la desintegración β de la Fig. 25.5 se interpreta como se muestra en la Fig. 25.6. Pero ¿cuál es la importancia de la asimetría zig/zag? En 1956, los físicos sufrieron una gran conmoción cuando Tsung Dao Lee y Chen Ning Yang hicieron una sorprendente propuesta[9] acerca de la desintegración β —y sobre las interacciones débiles en general— según la cual estas no deberían ser invariantes por reflexión, propuesta que fue espectacularmente confirmada experimentalmente por Chien-Shiung Wu y sus colaboradores poco después, en enero de 1957. Según esto, la *reflexión especular* de un proceso de interacción débil *no* sería en general un proceso de interacción débil permitido, de modo que las interacciones débiles muestran *quiralidad*. En particular, el experimento de Wu examinó la pauta de emisión de electrones del cobalto 60 radiactivo, encontrando una relación con evidente asimetría especular entre la distribución de electrones emitidos y

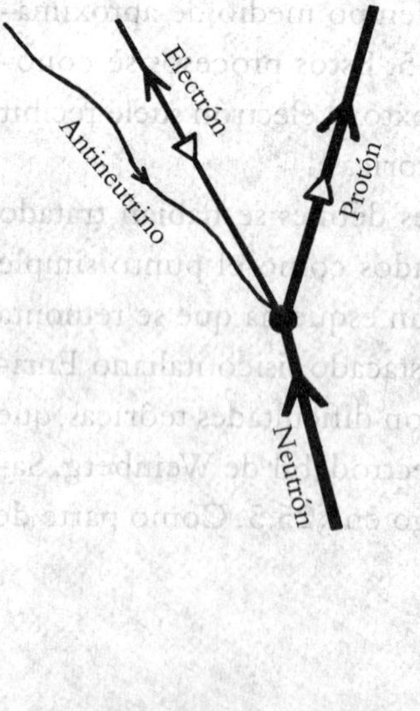

Fig. 25.5. La desintegración β de un neutrón en un protón, un electrón y un antineutrino, que tarda aproximadamente 15 minutos (en promedio) en el caso de un neutrón libre. La flecha invertida en el antineutrino indica que es una «antipartícula» en el esquema de clasificaciones de leptones. Como en la Fig. 25.4, la flecha blanca en las líneas del electrón y el protón indica carga eléctrica.

Fig. 25.6. Las interacciones débiles no son «puntuales», como sugeriría la Fig. 25.5 (teoría de Fermi original), sino que ocurren a través de la intermediación de un «bosón vectorial» ($W^{\pm}$ o Z), aquí una partícula W.

las direcciones del espín de los núcleos de cobalto (véase la Fig. 25.7). Esto era sorprendente porque ¡nunca antes se había observado un fenómeno asimétrico por reflexión en un proceso físico básico!

En términos de nuestras zigs y zags, la asimetría quiral surge del hecho de que, en un espejo, una zig se ve como una zag y una zag como una zig. Recordemos que la zig tiene una helicidad levógira mientras que la zag es dextrógira. Cada una de estas se transforma en la otra bajo reflexión especular. (En la terminología más convencional, γ_5 cambia de signo bajo reflexión, de modo que se intercambian los papeles de las partes de helicidad izquierda y derecha de la función de onda del electrón $(1 - \gamma_5)\psi$ y $(1 + \gamma_5)\psi$.) Así, la no invariancia de las interacciones débiles bajo simetría de reflexión se manifiesta en el hecho de que solo la parte zig del electrón interviene en interacciones débiles. Lo mismo puede decirse del neutrón cuando sufre desintegración β espontánea,

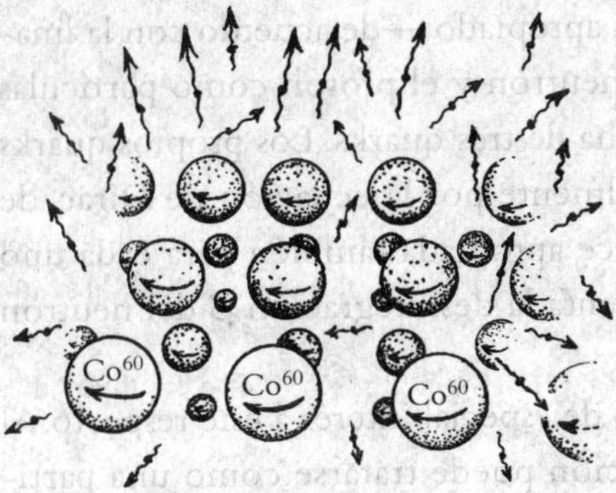

Fig. 25.7. El experimento de Wu examinaba la pauta de emisión de electrones del cobalto 60 radiactivo, encontrando una relación con evidente asimetría especular entre la distribución de electrones emitidos y las direcciones del espín de los núcleos de cobalto. Aquí salen más electrones hacia la parte superior de la figura que hacia la inferior.

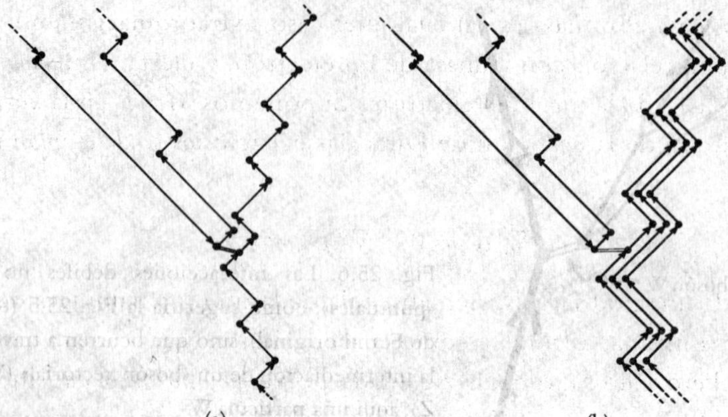

Fig. 25.8. El proceso de desintegración β de la Fig. 25.5 expresado en términos de zigzags. (a) Un neutrón y un protón pueden describirse con un buen grado de aproximación, como una partícula de Dirac, de modo que los zigzags no son inadecuados. Como en la Fig. 25.4, solo las partes zig del neutrón y el protón intervienen en un proceso de desintegración débil, aunque con el antineutrino zag (levógiro), permitiéndose una masa pequeña por la presencia de la minúscula zig en la parte superior izquierda. (b) Sin embargo, el neutrón y el protón se consideran compuestos, formado cada uno de ellos por tres quarks, que se consideran individualmente partículas de Dirac, de modo que la imagen zigzag es apropiada para ellos. (No se muestran las flechas de carga ni los gluones que conectan los quarks.)

y también del protón resultante. Un neutrón y un protón también pueden describirse, con un alto grado de aproximación, mediante la ecuación de Dirac, por lo que la descripción zigzag se hace apropiada para cada uno de ellos. Una vez más, son solo las partes zig del neutrón y del protón las implicadas en los procesos de desintegración débil, y esto se ilustra en la Fig. 25.8a. Más apropiado —de acuerdo con la imagen moderna— es considerar el neutrón y el protón como partículas compuestas, cada una de ellas hecha de tres quarks. Los propios quarks se consideran descritos individualmente por la ecuación de Dirac, de modo que la imagen zigzag se hace apropiada también para cada uno de ellos; en la Fig. 25.8b se representa la desintegración β del neutrón en estos términos.

También el neutrino es objeto de especial interés a este respecto. Al menos con muy buena aproximación puede tratarse como una partícula *sin masa*. (Su masa es, en cualquier caso, extraordinariamente minúscula en relación con la masa de un electrón, y ciertamente no más que 6×10^{-6} de la masa del electrón.) Si ponemos $M = 0$ en la versión 2-espinorial de la ecuación de Dirac, las ecuaciones se *desacoplan* para dar

$$\nabla^{A}_{B'}\alpha_{A} = 0, \quad \nabla^{B'}_{A}\beta_{B'} = 0.$$

Cada una podría existir en ausencia de la otra (y cualquiera de estas, por sí misma, se conoce como la «ecuación de Weyl»[10] para el neutrino). Pero solo la versión zig (dada por la α_{A} *no primada*, sujeta a $\nabla^{A}_{B'}\alpha_{A} = 0$) interviene en interacciones débiles, o podría crearse en un proceso de interacción débil. Así pues, los neutrinos son partículas con helicidad levógira.

¿Poseen masa realmente los neutrinos? Parece que ahora existe una buena evidencia experimental de que al menos dos de los tres tipos de neutrinos deben ser masivos. Estos tres tipos son el «neutrino electrónico» ν_{e} (que es el único implicado en la desintegración β ordinaria, siendo su antipartícula $\bar{\nu}_{\mathrm{e}}$ la que se emite en la desintegración del neutrón; véase la Fig. 25.5), el «neutrino muónico» ν_{μ} y el «neutrino tauónico» ν_{τ}. Observaciones en el detector japonés Superkamiokande indican claramente que las diferencias entre las masas de estos tres tipos de neutrinos, aunque pequeñas (alrededor de 10^{-7} de la masa de un electrón), no pueden ser nulas, debido al hecho de que tienen una tendencia a saltar de uno a otro («oscilaciones de neutrinos»), algo que no puede darse con masa nula. Supongo que todavía es posible que ν_{e} (o concebiblemente alguna «combinación lineal» cuántica adecuada de los tres tipos de ellos) pudiera tener masa nula, pero todavía no hay evidencia definitiva sobre estas cuestiones. Un neutrino sin masa podría ser totalmente zig, pero con una masa pequeña la imagen se parecería más a la mostrada en la Fig. 25.9a, donde la zig saltaría ocasional y momentáneamente a la zag y volvería de nuevo. Sin embargo, visto con respecto a un sistema de referencia que se mueve con el neutrino, los aspectos zig y zag parecerían contribuir por igual a su movimiento global (Fig. 25.9b).

Aquí son necesarias algunas palabras de clarificación. Cuando antes he comentado que son las partículas zig (i.e., levógiras) las que intervienen en interacciones débiles, y no las partículas zag, he dado por supuesto que sabemos cómo distinguir una «partícula» de una «antipartícula». Con la antipartícula las cosas son al revés. En el caso de la antipartícula del electrón, el positrón, podemos presentar de nuevo una descripción «zigzag» en la que la zig es levógira y la zag dextrógira, pero la zig del positrón es la antipartícula de la zag del electrón, y viceversa. Así pues, en el caso de un positrón es la *zag* dextrógira (la antipartícula de la zig del electrón) la que interviene en interacciones débiles, y no la zig. Un comentario similar sería aplicable al antiprotón y al antineutrón y, de hecho, al antiquark. También sería aplicable al antineutrino que, si no tuviera masa, sería enteramente zag.

Ahora bien, esto podría causar cierta confusión porque no he dado ningún criterio para decidir si una entidad tipo partícula (con espín 1/2) va a considerarse como una «partícula» o como una «antipartícula» para que podamos así saber si es su zig o su zag la que interviene en interacciones débiles. Aunque en el capítulo anterior he presentado la noción de una antipartícula solo en términos de la idea original de Dirac de un «agujero» en el «mar de estados de energía negativa», una antipartícula no debería considerarse realmente como un tipo de entidad completamente independiente de una partícula. En el contexto de la moderna teoría cuántica de campos no es necesario presentar las cosas al modo original de Dirac (aparentemente asimétrico). Las antipartículas son tan «partículas» como las partículas de las que son las «antis». Más aún, la noción de antipartículas se refiere a los bosones (partículas de espín entero) tanto como a los fermiones, mientras que solo los fermiones están sujetos al principio de Pauli (véanse §§23.7,8), de modo

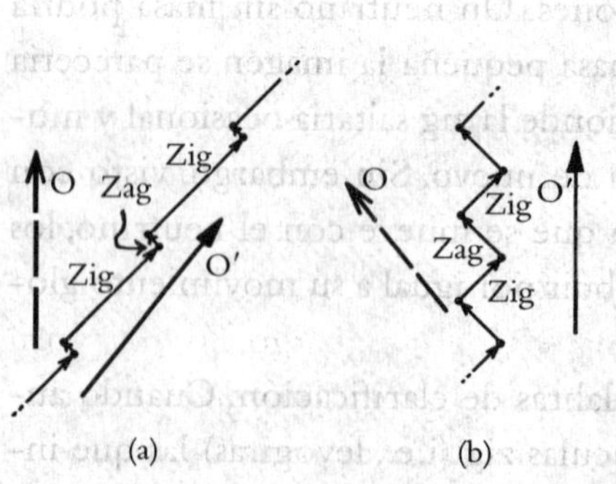

Fig. 25.9. (a) Un neutrino sin masa podría ser totalmente zig; pero con una masa pequeña debemos imaginar el ocasional «salto» momentáneo a una zag y vuelta. La imagen se muestra desde la perspectiva del sistema en reposo del laboratorio O. (b) Visto con respecto a un segundo sistema O′, que se mueve con el neutrino, los aspectos zig y zag parecen contribuir igualmente al movimiento global.

que la perspectiva del «mar de Dirac» para las antipartículas no puede aplicarse a los bosones. El pión cargado positivamente (el mesón π^+), por ejemplo, que es un bosón, tiene una antipartícula que es el pión cargado negativamente (mesón π^-). De hecho, varios bosones son sus propias antipartículas. Un fotón es un ejemplo de esto; también lo es el pión neutro (mesón π^0). Hasta donde se sabe (y según la teoría estándar), cada partícula de la naturaleza tiene una antipartícula.

25.4. Conjugación de carga, paridad e inversión temporal

La operación que reemplaza cada partícula por su antipartícula se conoce como C (que significa *conjugación de carga*). Una interacción física que es invariante bajo el reemplazamiento de partículas por sus antipartículas (y viceversa) se denomina C invariante. La operación de reflexión espacial (reflexión en un espejo) se conoce como P (que viene de «paridad»). De acuerdo con la exposición anterior en §25.3, las interacciones débiles ordinarias no son invariantes bajo P ni bajo C por separado, pero resulta que son invariantes bajo la operación combinada CP(= PC). Podemos considerar que CP es la operación realizada por un espejo inusual en el que cada partícula se refleja como su antipartícula. Vemos que la CP envía el zig de una partícula al zag de su antipartícula, y viceversa. Hay otra operación que se discute habitualmente en relación con estas, que es la de *inversión temporal*, conocida como T. Una interacción es invariante bajo T si no se ve alterada si la vemos desde la perspectiva de una dirección temporal que es la inversa de la normal. Existe un famoso teorema en teoría cuántica de campos, conocido como el *teorema CPT*, que afirma que toda interacción física es invariante si se le aplican las tres operaciones C, P y T. Por supuesto, un teorema es «solo un fragmento de matemáticas», de modo que su validez física depende de la validez física de sus hipótesis. Esta cuestión adquirirá importancia más adelante (§30.2), cuando plantee una cuestión crucial que quizá nos lleve a cuestionar las conclusiones —y, por consiguiente, las hipótesis— del teorema CPT. Sin embargo, no hay razón para esperar ninguna dificultad de este tipo en relación con las interacciones débiles ordinarias. Por consiguiente, la invariancia CP de las interacciones débiles ordinarias también implica su invariancia bajo T (simetría de inversión temporal).

Habría que comentar que en el momento de escribir esto existe exactamente un proceso físico (un proceso débil «no ordinario», observado por primera vez por Fitch y Cronin en 1964) que se sabe que es no invariante bajo CP. Es también no invariante bajo T (pero, hasta donde puede decirse, invariante bajo CPT, de acuerdo con el teorema CPT). Se trata de la desintegración del mesón K^0 (que puede hacerse en 2 piones o en 3 piones, y en el que se plantea una cuestión sofisticada concerniente a que K^0 salta a su antipartícula $\bar{K}^0$, teniendo lugar una oscilación entre ambas).

El teorema CPT nos ofrece una perspectiva alternativa sobre las antipartículas que es diferente de utilizar el «mar de Dirac» y es más satisfactoria porque también puede aplicarse a bosones. Suponiendo CPT, podemos considerar C —el intercambio de partículas con sus antipartículas— como equivalente a PT, de modo que podemos considerar la antipartícula de cierta partícula como la «reflexión espaciotemporal» (PT) de dicha partícula. Ignorando en esto el aspecto de reflexión espacial, obtenemos la interpretación de una antipartícula como la partícula que viaja *hacia atrás en el tiempo*. De hecho, así es como a Richard Feynman le gustaba interpretar las antipartículas. Ofrece una forma muy conveniente y consistente de tratar antipartículas dentro del contexto de los diagramas de Feynman. (La idea le había sido sugerida a Feynman por John A. Wheeler y, había sido propuesta antes, independientemente, por Stückelberg en 1942.) A su modo diferente, ¡es una idea tan «loca» como lo era el mar de Dirac!

En un diagrama de Feynman, las partículas que no son sus propias antipartículas tienen que tener líneas en los diagramas que están dirigidas en cierto sentido, que puede indicarse uniendo a cada línea un tipo adecuado de flecha. Podríamos considerar que esta flecha apunta hacia el futuro —cuando la línea representa a la propia partícula—, pero, en este caso, cuando apunta hacia el pasado obtenemos la antipartícula de la partícula. Esta perspectiva sobre las antipartículas tiene la gran ventaja de que pone de manifiesto que muchos procesos de partículas con aspecto muy diferente son básicamente el mismo proceso, aunque visto desde «ángulos» diferentes en el espaciotiempo. Como

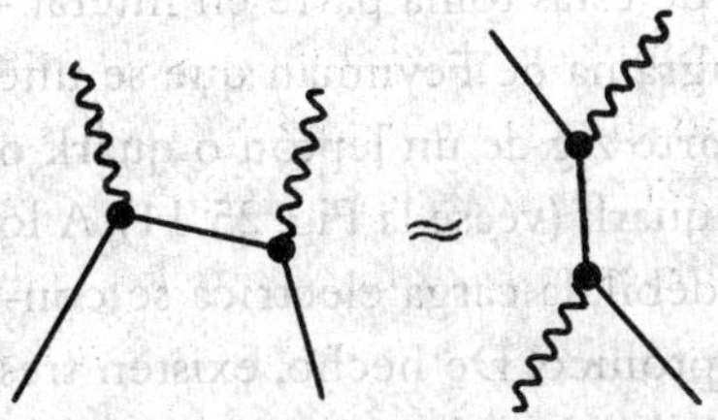

Fig. 25.10. Cruce de simetría. Procesos que difieren solo con respecto a las ordenaciones temporales en varios lugares, pero sin que se vea afectada la tipología del diagrama, son matemáticamente equivalentes (mediante prolongación analítica, §7.4). Esto está ilustrado por una equivalencia semejante entre la aniquilación del par partícula-antipartícula, como se ilustra a la izquierda, y el proceso de dispersión de Compton a la derecha (dibujado sin zigzag).

ejemplo, en la Fig. 25.10 (aunque sin preocuparnos por los zigzags), he representado la aniquilación electrón-positrón en un par de fotones, mostrando que este es «esencialmente el mismo» proceso (i.e., reorganizado en el espaciotiempo) que la dispersión Compton de un electrón por un fotón. (Enseguida veremos que también tenemos que admitir que las líneas de las partículas puedan apuntar en direcciones de género espacio, describiendo lo que se conoce como una «partícula virtual», ¡pero esto ya es suficiente confusión por el momento!)

Volvamos ahora al problema de decidir, para una entidad de espín 1/2, si es su zig o su zag la que toma parte en las interacciones débiles. Necesitamos una regla clara que nos diga si va a contar como una «partícula» o como una «antipartícula». La regla que se utiliza decreta que aquellas partículas conocidas como «leptones» (electrones, muones, tauones y sus correspondientes neutrinos ν_e, ν_μ y ν_τ), y también los quarks que componen los protones, neutrones (y otros hadrones), deben contar como «partículas». Estas tienen zigs que experimentan interacciones débiles. Las «antis» de todas ellas cuentan como «antipartículas», y en esos casos son las zags las que experimentan interacciones débiles. La situación se complica por el hecho de que existen también entidades (con masa) de espín 1 implicadas en interacciones débiles,[11] a saber, los bosones W y Z. Estos son los mediadores de las interacciones débiles, y desempeñan papeles similares a los fotones que median en las interacciones electromagnéticas (pues los fotones son los cuantos del campo electromagnético). Tales partículas se denominan a veces «cuantos gauge», por razones a las que pronto llegaremos. Existen *dos* bosones W diferentes, etiquetados W^+ y W^- (antipartículas uno del otro), que tienen cargas eléctricas respectivas 1 y −1 (en unidades dadas por la carga del positrón), mientras que hay solo una Z^0 descargada (su propia antipartícula). Cada una de estas toma parte en interacciones débiles, con una línea en el diagrama de Feynman que se une en cualquiera de los extremos a una parte zig de un leptón o quark o a una parte zag de un antileptón o antiquark (véase la Fig. 25.11). A lo largo de cada proceso de interacción débil, la carga eléctrica se conserva, y también lo hace el número leptónico. De hecho, existen tres tipos diferentes de número leptónico (números electrónico, muónico y tauónico), cada uno de los cuales se conserva por separado en el modelo estándar de interacciones débiles, contando como cero los números leptónicos de las W y la Z^0. Para comprobar estas cuatro leyes de conservación, en un diagrama de Feynman, todo lo que tenemos que hacer es asegurar que cada uno de los cuatro tipos de flechas en las líneas sigue un camino continuo y consistentemente orientado a través del diagrama.

25.5. El grupo de simetría electrodébil

Todo esto suena sin duda algo complicado para una teoría fundamental. Sí, *es* complicado, aunque existe una pauta subyacente que todavía no he explicado; sin embargo, apenas he empezado a describir, y en términos muy cualitativos, lo que es nuestra comprensión actual de la física de partículas de acuerdo con menos de la mitad de lo que se denomina el «modelo estándar». Más aún, mis comentarios han tenido hasta ahora un carácter más bien «botánico» concerniente a las diferentes partículas involucradas en las interacciones débiles (y electromagnéticas). De hecho, en el modelo estándar las interacciones débil y electromagnética se consideran unificadas en la que se denomina teoría *electrodébil*, donde existe una simetría especial que relaciona W^+, W^-, Z^0 y el *fotón* γ, según el grupo SU(2) × U(1), o más correctamente[12] U(2). (Véase §13.9, si es necesario recordar qué son estos grupos.) Es esta simetría (oculta) la que suministra la pauta subyacente antes mencionada.

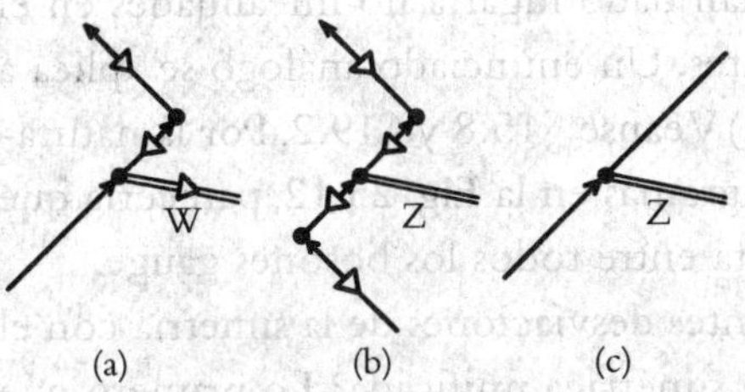

Fig. 25.11. Ilustraciones de interacciones entre una partícula zig y un bosón gauge en interacción débil. (a) Las W^+ y W^- cargadas (antipartículas una de otra) inducen un cambio en la carga eléctrica de la zig (para asegurar la conservación de la carga eléctrica), mientras que (b) la Z^0 no cargada no lo hace (y Z^0 es su propia antipartícula). (c) El zig del neutrino puede interaccionar con la Z^0 no cargada.

Más adelante en este mismo capítulo explicaré el papel de esta simetría de forma algo más completa. Esta simetría también interrelaciona las partes zig de varios leptones y quarks. La idea tiene como consecuencia que, desde una perspectiva más primitiva, las W^+, W^-, Z^0 y γ pueden, en cierto sentido, ser «rotadas una en otra» continuamente, de modo que diversos conjuntos de *combinaciones lineales* (cuánticas) de dichas partículas ¡están en pie de igualdad con las propias partículas individuales!

Tal como se ha descrito, esta «simetría» parece muy extraña y sutil, debido especialmente a que el electromagnetismo puro es invariante por reflexión, al estar involucradas por igual las partes zig y zag de las fuentes, mientras que las interacciones débiles son lo más *no* invariantes por reflexión que pueden serlo, al involucrar solo las partes zig de las partículas. Más aún, el fotón parece estar claramente discriminado entre todos los bosones de la teoría por ser una partícula *sin masa*. De hecho, la masa del fotón, si no es nula, tendría que ser menor que 10^{-20} de la masa de un electrón por buenas razones observacionales, y por lo tanto es menor que aproximadamente 5×10^{-26} de la masa medida de los bosones W y Z. Además, los bosones W están cargados eléctricamente, mientras que, por el contrario, el fotón no lleva una carga débil.

En la Fig. 25.12 he dado la lista de todos los posibles vértices de Feynman con 3 puntas que incluyen solo bosones gauge (i.e., W^+, W^-, Z^0 o γ). Hay solo dos de ellos. Pero el hecho de que existan siquiera es una expresión de una *no linealidad* en el campo gauge libre, que aparece porque el grupo gauge es no abeliano, y esto se aplica a U(2). (La pura electrodinámica procede del grupo gauge abeliano U(1) y, en consecuencia, no hay un análogo diagrama de Feynman de 3 puntas que incluya solo fotones. Estos habrían dado lugar a no linealidades en el campo de Maxwell libre de fuentes. Un enunciado análogo se aplica a vértices con n puntas, con $n > 2$.) Véanse §15.8 y §19.2. Por la naturaleza limitada del conjunto de diagramas en la Fig. 25.12, parecería que no puede haber simetría completa entre todos los bosones gauge.

¿Cómo reconciliar estas patentes desviaciones de la simetría con el objetivo requerido de una teoría simétrica unificada? Lo primero que hay que entender es que en realidad hay más simetría oculta en los diagramas de Feynman que la que se manifiesta a primera vista, y de hecho muestran simetría U(2) si se consideran de la forma apropiada. En primer lugar, consideremos los dos diagramas de la Fig. 25.12. Para hacernos una idea mejor de la simetría aquí subyacente, pensemos en una matriz hermítica 2 × 2 (véase §13.9). Podemos imaginar que sus dos elementos diagonales *reales* son análogos a Z^0 y γ, y que los dos elementos restantes fuera de la diagonal —*complejos conjugados* uno de otro— son análogos a W^+ y W^-. El carácter de números reales de los elementos diagonales corresponde a que Z y γ son iguales que sus antipartículas respectivas (líneas sin flechas en la Fig. 25.12), mientras que el carácter de complejos conjugados de los elementos fuera de la diagonal corresponde al hecho de que W^+ y W^- son antipartículas una de otra (inversión de la dirección de la flecha al pasar de una a otra). Una transformación general U(2) de esta matriz hermítica (que debemos tener en cuenta que incluye tanto premultiplicación por la matriz U(2) como posmultiplicación por la inversa de dicha matriz) «remueve» los elementos de esta matriz hermítica, de formas muy concretas, pero su carácter hermítico se conserva siempre. De hecho, esta analogía está

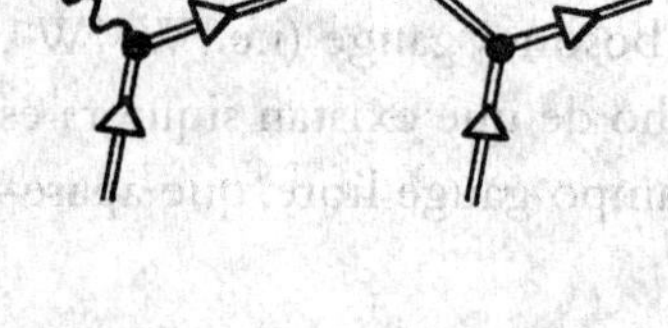

Fig. 25.12. Vértice con 3 partículas bosones gauge electrodébiles que puede ocurrir teóricamente, debido a la naturaleza no abeliana del grupo gauge. (Las líneas de los fotones son onduladas; las líneas de la Z^0 son dobles y sin flecha; las líneas de las $W^\pm$ son dobles y con flecha blanca.)

muy próxima a la forma en que actúa U(1) en la teoría electrodébil (la única complicación es que debemos admitir una combinación lineal de los elementos diagonales con la traza, en esta identificación, relacionada con el «ángulo de Weinberg» al que llegaremos en §25.7). La asimetría que parecemos ver en el mundo real con respecto a estas partículas ocurre en la teoría electrodébil simplemente porque la naturaleza escoge ciertas combinaciones particulares —i.e., superposiciones cuánticas particulares de estos elementos— para realizarlas como partículas libres reales.

Pero ¿qué pasa con la otra asimetría aparentemente más manifiesta en nuestros diagramas de Feynman, por la que las Z^0 y $W^{\pm}$ pueden unirse solo a las líneas zig de las partículas mientras que la γ se une indiscriminadamente a zig o a zag? De nuevo, esto es cuestión de qué superposiciones nos permite encontrar la naturaleza como partículas libres. Por ejemplo, habría una superposición concreta de Z^0 y γ —llamémosla Y— que ve solo la parte *zag* de una partícula. (Aproximadamente: «restar» Z^0 de γ para eliminar la interacción zig, dejando solo la parte zag.) Podríamos recuperar nuestra γ original a partir de Z^0 e Y, pero podría haber muchas otras superposiciones posibles que igualmente podrían haber desempeñado el papel del fotón si la naturaleza hubiera elegido las cosas de otra manera.

Por lo tanto, una cuestión clave es: ¿qué criterios adopta la naturaleza al permitirnos encontrar ciertas superposiciones particulares como partículas libres y no otras? La respuesta básica es que en el caso de una partícula libre necesitamos que sea un autoestado de *masa*, de modo que necesitamos saber qué es lo que determina la masa de las partículas en general. Aquí no podemos esperar simetría completa bajo U(2); en otras palabras, la masa implica algún tipo de *ruptura de simetría*. ¿Cómo se produce esto en el modelo estándar? La idea, al menos tal como se presenta normalmente, es que la asimetría que realmente observamos hoy en las interacciones entre partículas es el resultado de una ruptura *espontánea* de simetría que se supone que ha ocurrido en las primitivas etapas del universo. Antes de dicho período las condiciones eran muy diferentes de las que existen hoy, y la teoría electrodébil estándar afirma que a las temperaturas extraordinariamente altas del universo primitivo la simetría U(2) era *exactamente* válida, de modo que los W^+, W^-, Z^0 y γ serían completamente equivalentes a muchos otros conjuntos de superposiciones cuánticas de dichas partículas, y donde el fotón γ estaría en pie de igualdad con todo tipo de otras combinaciones que pudieran aparecer de esta manera. Pero según esta teoría, cuando la temperatura del universo se enfrió (hasta por debajo de aproximadamente de 10^{16}K, aproximadamente 10^{-12} segundos después del big bang; véanse §§28.1-3), las W^+, W^-, Z^0 y γ concretas que hoy observamos fueron «congeladas» por este proceso de ruptura espontánea de simetría. Así, de este proceso salieron cuatro partículas reales a partir de la variedad completamente simétrica de posibilidades iniciales. Solo tres de ellas adquirieron masa y se conocen como las W y la Z; la otra sigue siendo sin masa y se denomina fotón. En la versión inicial «pura» y no rota de la teoría, cuando había simetría completa U(2), las W, Z y γ tendrían que ser todas efectivamente carentes de masa. Como un aspecto fundamental de esta propuesta de ruptura de simetría, es necesario que intervenga otra partícula/campo, conocida como la (partícula de) *Higgs*. La partícula (campo) de Higgs se considera la responsable de asignar masa a todas estas partículas (incluyendo la propia partícula de Higgs), así como a los quarks que componen las otras partículas del universo.

¿Cómo lo hace? Los detalles completos de este notable e ingenioso conjunto de ideas deben quedar, por desgracia, fuera del alcance de este libro, aunque daré algunos de sus ingredientes más tarde, en §26.11 y §28.1. Por el momento, creo que puedo describir mejor el papel del campo de Higgs (de forma muy incompleta) volviendo a la descripción «zigzag» del electrón de Dirac, como se ha mostrado en la Fig. 25.2. Recordemos que el electrón se consideraba en términos de una oscilación continua entre una zig levógira (α_A) y una zag dextrógira ($\beta_{B'}$), cada una de las cuales carece en sí misma de masa. Se consideraba que hay una «constante de acoplamiento» $2^{-1/2}M$ que gobierna el ritmo de «salto» entre las partes α_A y $\beta_{B'}$ del espinor de Dirac. El punto de vista «Higgs» consiste en considerar $2^{-1/2}M$ como un *campo* —esencialmente, el campo de Higgs— que entra como una interacción donde previamente teníamos la constante de acoplamiento $2^{-1/2}M$. (Véase la Fig. 25.13). Se supone que uno de los efectos del acto de ruptura espontánea de simetría en el universo muy primitivo es que este campo de

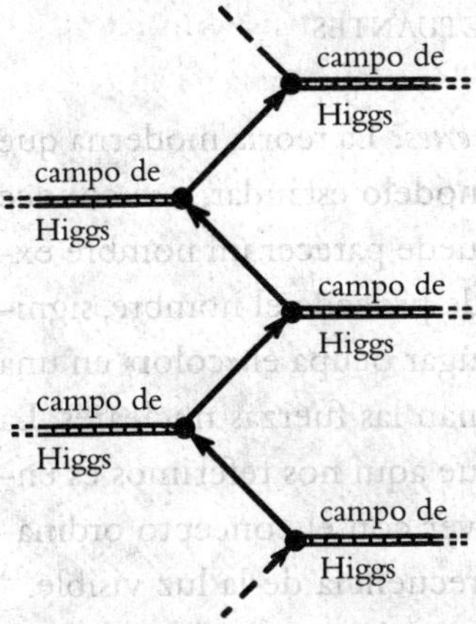

Fig. 25.13. En la imagen zigzag de una partícula de Dirac, los vértices pueden verse como interacciones con el campo de Higgs (constante).

Higgs se asienta para tener un valor constante en todo lugar. Este valor fijaría una escala global para la determinación de las masas de todas las partículas, cuyos diferentes valores están escalados por cierto factor numérico que depende de los detalles de cada partícula concreta.

Pospondré mi valoración de esta extraordinaria colección de ideas hasta §§28.1-3, donde encaja con más propiedad. Pero como quiera que las consideremos, la teoría unificada resultante de fuerzas débiles y electromagnéticas —la teoría electrodébil—[13] ha tenido un éxito notable. Entre sus predicciones estaba la propia existencia de la Z^0 (y también de $W^{\pm}$, aunque la existencia de $W^{\pm}$ ya había sido inferida sobre la base de ideas anteriores) y algunos valores bastante concretos para las masas de $W^{\pm}$ y Z^0 (aproximadamente 80 y 90 GeV, respectivamente).[14] Las $W^{\pm}$ y Z^0 fueron observadas en experimentos en el CERN (en Ginebra, Suiza) en 1983, y los valores predichos de las masas fueron confirmados con una precisión, pues los valores modernos observados son de aproximadamente 81,4 y 91,2 GeV, respectivamente. También se han confirmado muchas otras predicciones de distinto tipo, y en el momento de escribir esto la teoría electrodébil se halla en excelente forma desde el punto de vista observacional.

25.6. Partículas fuertemente interactuantes

Ahora bien, ¿qué hay de las interacciones *fuertes*? La teoría moderna que las describe constituye la otra «mitad» del modelo estándar, y se conoce como *cromodinámica cuántica* o QCD. Este puede parecer un nombre extraño, puesto que el griego *khroma*, de donde procede el nombre, significa «color», y podemos preguntarnos qué lugar ocupa el «color» en una teoría de interacciones fuertes que gobiernan las fuerzas nucleares. La respuesta es que la noción de «color» a la que aquí nos referimos es enteramente caprichosa y no tiene nada que ver con el concepto ordinario de color, que está relacionado con la frecuencia de la luz visible.[15] Para explicar lo que podría ser la noción de «color» en la física de partículas (nuclear), será conveniente retroceder un poco y considerar el sorprendente conjunto de partículas conocido como *hadrones*, de los que los neutrones y los protones son ejemplos particulares.

El nombre «hadrón» procede del griego *hadros*, que significa «voluminoso». Los hadrones son las más masivas entre las partículas básicas de la naturaleza, y participan en interacciones fuertes (cuya intensidad proporciona una gran contribución de energía a esta masa). La familia de los hadrones incluye a los fermiones conocidos como «bariones» y también a los bosones conocidos como «mesones». Todos los hadrones se consideran compuestos de *quarks*, en la teoría convencional; sobre estos hablaré enseguida. En particular, los hadrones conocidos como *bariones* son los «nucleones» (neutrones o protones) ordinarios y sus primos más pesados, llamados «hyperones» (descubiertos en chaparrones de rayos cósmicos y en aceleradores de partículas). Los *mesones* originales fueron una notable predicción teórica del físico japonés Hideki Yukawa en 1934, basado en su análisis de las fuerzas nucleares, y son los *piones* (mesones-π) los que fueron finalmente encontrados en 1947 por C.F. Powell en trazas de rayos cósmicos. Ahora se conocen también muchos otros primos mesónicos del pión.

El término «barión» procede del griego *barys*, que significa «pesado», en contraste con «leptón», de *leptos*, que significa «pequeño». Los *leptones* son el electrón y sus partículas hermanas, el muón y el tauón, junto con sus correspondientes neutrinos; las antipartículas de estos se conocen como *antileptones*. Tanto los leptones como los bariones son fermiones de espín 1/2, pero los leptones se distinguen de los bariones por el hecho de que no se implican directamente en interacciones fuertes, que es quizá la «razón» principal por la que los leptones tienden a ser mucho menos masivos que los bariones (aunque el tauón es una excepción, al ser más masivo que el protón o el neutrón).

Desde finales de la década de 1940 se han descubierto muchos hadrones, en rayos cósmicos y en aceleradores: $\Lambda^0, \Sigma^\pm, \Sigma^0, \Xi^-, \Xi^0, \Delta^{++}, \Delta^\pm, \Delta^0, \Omega^-, \rho^0, \rho^\pm, \omega^0, \eta^0, K^\pm, K^0$, y numerosas versiones más pesadas de muchas de estas partículas con espín superior (indicado aquí por la adición de asteriscos a los símbolos, por ejemplo, Ξ^{*-}) que se conocen como «recurrencias de Regge» (véase la Fig. 31.6). Esto hubiera sido totalmente desconcertante si no fuera por el hecho de que se observó que se agrupaban en ciertas familias, llamadas *multipletes*. Se obtuvo una buena comprensión (por parte de Murray Gell-Mann y Yuval Ne'eman en 1961) de la naturaleza de estos multipletes sobre la base de que tales multipletes proporcionan representaciones del grupo SU(3) o, más correctamente, $SU(3)/\mathbb{Z}_3$ (véanse §13.6 para la noción de «representación» y §13.2 para la interpretación de la noción de «grupo cociente» que está implicada en el uso de «/»; aquí «$\mathbb{Z}_3$» representa el grupo cíclico con 3 elementos, que surge de modo natural como un subgrupo normal de SU(3);[25.3] véase también §5.5).

La mejor manera de entender lo que está implícito en estas representaciones es hacer la hipótesis (lo que hicieron explícitamente Zweig y Gell-Mann en 1963) de que cada hadrón está construido a partir de ciertas entidades básicas de espín 1/2, que Gell-Mann bautizó como «quarks» (tres tipos) y «antiquarks» (tres tipos). Se supone que cada barión consta de tres de estos quarks, y cada mesón de un quark y un antiquark, donde los tres tipos de quark —conocidos como tres *sabores*— se denominan (de forma bastante poco imaginativa) «up» (arriba), «down» (abajo) y «strange» (extraño). Una característica misteriosa de los quarks es que tienen que poseer carga eléctrica fraccionaria (en unidades de la carga del protón), teniendo los quarks up, down y strange valores de carga 2/3, −1/3 y −1/3, respectivamente.

[25.3] Encuentre el subgrupo normal. *Sugerencia*: Considere el determinante de una matriz 3 × 3.

Quizá debido fundamentalmente a estos valores aparentemente implausibles de las cargas eléctricas de los quarks —y el hecho relacionado de que nunca se observan quarks aislados (y las partículas observadas tienen siempre valores enteros para sus cargas; véase §5.5)— originalmente los quarks no se consideraron como partículas reales, sino que simplemente se suponía que proporcionaban un «libro de contabilidad» conveniente para las diferentes representaciones de $SU(3)/\mathbb{Z}_3$. No obstante, la contabilidad solo funcionaba si los quarks se trataban como entidades que satisfacían la «estadística equivocada» para partículas de espín 1/2. Es decir, había que fingir que los quarks son «bosones» para que los multipletes saliesen bien, y no los fermiones que parecía exigir el teorema espín-estadística (véanse §23.7 y §26.2).

Para entender este último punto, consideremos dos ejemplos. El más claro de los dos es el que ofrece el decuplete de 10 partículas de espín 3/2 que condujo a la predicción de la partícula Ω^- por parte de Gell-Mann y Ne'eman en 1962 (todas las demás partículas del multiplete eran ya conocidas), predicción que fue confirmada en 1964:[16]

$$\Delta^{++}, \Delta^{+}, \Delta^{0}, \Delta^{-},$$
$$\Sigma^{*+}, \Sigma^{*0}, \Sigma^{*-},$$
$$\Xi^{*0}, \Xi^{*-},$$
$$\Omega^{-}.$$

Este conjunto puede entenderse si consideramos que cada partícula está hecha de tres quarks, de varios sabores, donde d representa «down», u representa «up» y s representa «strange»:[25.4]

uuu, uud, udd, ddd,
uus, uds, dds,
uss, dss,
sss.

Ahora bien, esto funciona solo porque los tres quarks están en un estado simétrico. Por ejemplo, uud no se distingue de udu. Más aún, estados con dos quarks del mismo tipo, tales como uuu y uud, no desa-

[25.4] Compruebe que los valores de la carga indicados por los superíndices en la primera tabla son correctos.

parecen idénticamente, que es lo que harían en el caso de un estado antisimétrico para el que fuera válido el principio de Pauli. El hecho de que el espín sea 3/2 significa que los espines de los tres quarks (cada uno de valor 1/2) están alineados, de modo que hay simetría completa por lo que se refiere al aspecto de espín del estado. Si los quarks se comportaran como fermiones, entonces tendríamos antisimetría, y no simetría, bajo intercambio de los quarks, lo que es incompatible con esta imagen.[25.5]

Un comentario similar (aunque más elaborado) se aplica a la situación más complicada que surge para el octete de 8 partículas de espín 1/2 al que pertenecen el protón ordinario (N^+) y el neutrón ordinario (N^0):[17]

$$\begin{array}{ccccc} & N^+ & & N^0 & \\ & & \Sigma^0 & & \\ \Sigma^+ & & \Lambda^0 & & \Sigma^- \\ & \Xi^0 & & \Xi^-. & \end{array}$$

Aquí debemos pensar que Σ^0 y Λ^0 ocupan básicamente el «mismo espacio» en el centro de una configuración hexagonal. Esta configuración ocurre cuando consideramos que el espín es ahora 1/2, de modo que podemos pensar que dos de los espines de los quarks son paralelos y uno de ellos es antiparalelo. Resulta que hay solo dos formas linealmente independientes de disponer esto para la composición de quarks uds que está representada en el centro (correspondiente al par Σ^0, Λ^0); no hay ninguna en absoluto para uuu, ddd y sss, lo que explica una configuración hexagonal antes que una triangular; y hay solo una para cada una de las demás.[25.6]

[25.5] Explique esto en detalle utilizando la descripción 2-espinorial con índices para los espines de los quarks que se ha descrito en §22.8 y utilizando un nuevo «índice SU(3)» 3-dimensional que toma tres valores u, d, s.

[25.6] Vea si puede explicar todo esto en detalle. Es necesario tener cuidado en el tratamiento de los índices de espín 2-espinoriales, si desea utilizarlos. Una antisimetría en un par de ellos permite que el par sea eliminado (como cuando se representa un estado de espín 0 en términos de un par de partículas de espín 1/2, como en §23.4). Pese a todo, hay también una simetría (oculta), porque hay solo dos estados de espín independientes para cada quark.

25.7. «Quarks coloreados»

¿Cómo podemos tratar los quarks como partículas reales si tienen la relación «espín-estadística» equivocada (véanse §23.7 y §26.2)? La forma de tratar este problema[18] en el modelo estándar consiste en exigir que cada sabor de quark se dé también en tres (denominados) «colores», y que cualquier partícula real, compuesta de quarks, debe ser completamente antisimétrica en el grado de libertad de color. Esta antisimetría pasa por alto los propios estados de quarks, de modo que la antisimetría entre quarks (fermiónicos) individuales se convierte efectivamente en simetría en una partícula de tres-quarks.[25.7] Los colores no se manifiestan nunca en partículas libres, de modo que el color es esencialmente «inobservable». Cualquier partícula libre debe tener un «color neutro». Por ejemplo, no tenemos tres versiones diferentes de la partícula Δ^+, dependiendo de qué color sea el quark-d en «uud». La antisimetría en el grado de libertad de color, para partículas libres reales, lo garantiza.[25.8]

A veces los «colores» se escogen como «rojo», «blanco» y «azul», lo que me choca por ser a la vez confuso (porque no considero el blanco un color) y revelador de cierto tipo de patriotismo equivocado. A veces los «colores» se denominan «rojo», «verde» y «azul», lo cual es mejor, pero puesto que la asociación entre «color de quark» y los receptores de color en el ojo no tiene en ningún caso una justificación científica, utilizaré en su lugar «rojo» (R), «amarillo» (Y) y «azul» (B). Esta elección de terminología tiene la ventaja de que puedo «mezclar» mis colores con más facilidad, pero debemos notar que «naranja», «verde» y «púrpura» (considerando estos como superposiciones cuánticas de los R, Y y B originales) servirían exactamente igual que el conjunto original. De hecho, aquí hay una simetría que va más allá de la simple permutación de los colores. Tiene que haber un completo SU(3) 8-real-dimensional de simetría de color, en el que R, Y y B proporcionan meramente un conjunto de elementos básicos para

[25.7] Utilice índices para explicar este comentario, donde hay un nuevo índice de *color* SU(3) 3-dimensional, además de un índice de sabor 3-dimensional del ejercicio [25.5].

[25.8] Explíquelo.

el espacio vectorial sobre el que actúan las matrices SU(3) (véase §13.9).

En esta etapa, la introducción de tales grados de libertad de «color» aparentemente inobservables podría parecer bastante artificial, puesto que ahora tenemos nueve quarks básicos (junto con sus diversas antipartículas y superposiciones cuánticas):

$$d_R, d_Y, d_B; \quad u_R, u_Y, u_B; \quad s_R, s_Y, s_B;$$

ninguno de los cuales puede ser directamente observado. De hecho, la situación en el modelo estándar es en realidad «el doble de mala» que esta, porque ha habido que introducir tres sabores más, llamados (asimismo de forma poco imaginativa) «charm» (encanto) (c), «bottom» (fondo) (b) y «top» (cima) (t), de modo que tenemos también:

$$c_R, c_Y, c_B; \quad b_R, b_Y, b_B; \quad t_R, t_Y, t_B;$$

lo que da en total dieciocho quarks independientes, ninguno de los cuales es directamente observable.

Si satisfacer la relación espín-estadística fuera el único beneficio de esta proliferación de hipotéticas partículas inobservables, entonces el esquema se vería decididamente artificial. Pero la inobservabilidad completa del color del quark «libre» ¡trae realmente una recompensa generosa! En efecto, esta inobservabilidad y la (íntimamente relacionada) naturaleza totalmente intacta de la simetría de color SU(3) nos proporciona la capacidad de utilizar esta simetría directamente como base para la maravillosa idea de una conexión gauge, como se ha descrito en §§15.1,8. Recordemos que así es como se describe la interacción electromagnética, siendo U(1) el grupo gauge en este caso (véanse §19.4, §21.9 y §24.7). De hecho, la simetría gauge U(1) del electromagnetismo se considera exacta e intacta.[19] Recordemos también que en la misma base de la idea de fibrado, descrita en el capítulo 15, está la presencia de un grupo de simetría exacta que actúa sobre las fibras. El «grupo de color» hadrónico SU(3) de las interacciones fuertes ofrece precisamente una simetría exacta de este tipo, y la analogía con el grupo gauge electromagnético U(1) es muy estrecha. La generalización del electromagnetismo, basada en una conexión gauge para un grupo no abeliano tal como SU(2) o SU(3), se denomina teoría de *Yang-Mills*.[20]

Esta es, de hecho, la base de la QCD (cromodinámica cuántica). Como en el caso del electromagnetismo, podemos utilizar una cantidad similar al potencial electromagnético A_a para modificar la derivada $\partial/\partial x^a$, cuando actúa sobre campos de quarks, y obtener una noción adecuada de «operador derivada covariante» (como el $\partial/\partial x^a\text{-}ieA_a$ del electromagnetismo) que nos proporciona una conexión fibrada (véanse §15.8 y §19.4). Puesto que el espacio de color es 3-dimensional, tenemos algo más complicado que lo que teníamos para el caso electromagnético 1-dimensional, y es conveniente introducir índices para trabajar con estos grados de libertad extra. Una diferencia crucial entre el caso electrodinámico y el de las interacciones fuertes es que mientras que U(1) es abeliano (i.e., conmutativo; véase §13.1), el grupo de color SU(3) es no abeliano, y en consecuencia la teoría se conoce como una *teoría gauge no abeliana*. Esto lleva a aspectos especiales complicados e interesantes. Para los detalles completos de lo que aquí está involucrado, remito al lector a la literatura,[21] pero la idea esencial de cómo se manifiestan las interacciones fuertes es básicamente la que acabo de describir.

Los «bosones gauge» de la QCD (los análogos SU(3) de los fotones) son cantidades conocidas como *gluones*. En las descripciones mediante diagramas de Feynman, las líneas gluónicas se unen a las líneas de quarks de la misma forma que las líneas fotónicas se unen a las líneas de una partícula cargada (Fig. 25.14a). El carácter no abeliano de SU(3) se manifiesta en el hecho de que las propias líneas gluónicas poseen «carga de color», de modo que pueden darse diagramas de Feynman gluónicos con tres puntas (o más), algo que no sucede en el caso electromagnético abeliano (Fig. 25.14b).

Así pues, el papel principal del grupo SU(3), en el modelo estándar, ha pasado de la «simetría de sabor» que tuvo en los años sesenta y setenta a la «simetría de color» del modelo estándar actual. De hecho, en este modelo estándar los tres sabores de d, u y s no se agrupan ahora de una forma fundamental ni mucho menos. En su lugar, los agrupamientos ofrecen tres *generaciones* de dobletes (d,u), (s,c), (b,t). La idea de tener tres generaciones se aplica también a los leptones, siendo estas generaciones las del electrón, el muón y el tauón (y sus correspondientes neutrinos).

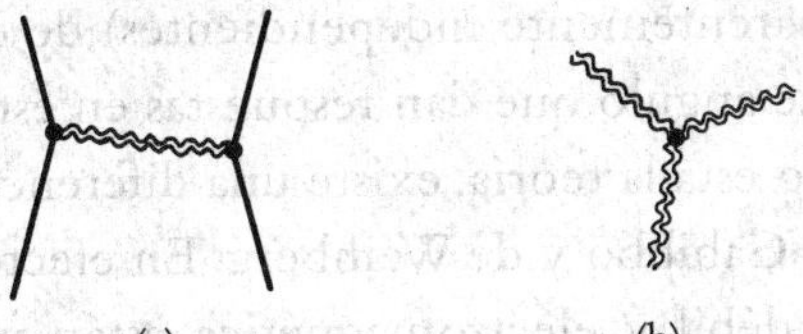

Fig. 25.14. Los gluones son los «bosones gauge» de la QCD. (a) El intercambio de gluones entre quarks (aquí dibujados sin zigzags) subyace en las fuerzas nucleares y al confinamiento de quarks. (b) Puesto que la teoría gauge es no abeliana, las propias líneas de los gluones poseen «carga de color», de modo que pueden ocurrir diagramas de Feynman para los gluones con tres puntas (como en la Fig. 25.12).

En el modelo estándar global existen interrelaciones complicadas entre las interacciones fuerte y electrodébil. En particular, se dan ciertas «rotaciones» entre las entidades básicas que se reconocen mediante interacciones fuertes y las que se reconocen mediante interacciones débiles. Un ejemplo ocurre con el mesón K^0, que puede producirse en colisiones protón-protón de alta energía. Decimos que K^0 es un *autoestado propio de interacciones fuertes*. No obstante, cuando se desintegra el propio K^0 lo hace débilmente, y por ello tiene que ser considerado como una combinación lineal cuántica de los dos estados propios K_L (K largo) y K_S (K corto) de interacciones *débiles*. (El K_L se desintegra normalmente en tres piones en aproximadamente 5×10^{-8} segundos, mientras que el K_S se desintegra normalmente en dos piones en la escala de tiempo mucho más corta de 10^{-10} segundos.) Cada uno de los K_L y K_S es una combinación lineal de K^0 y su antipartícula $\bar{K}^0$, a la que K^0 puede «saltar» mediante interacciones débiles pero no fuertes. La «rotación» entre los estados base de interacción fuerte $(K^0, \bar{K}^0)$, y los estados base de interacción débil, (K_L, K_S), tiene lugar a través de un ángulo (abstracto) conocido como *ángulo de Cabibbo* (que es de aproximadamente 0,26 radianes). Este mismo ángulo interviene en las interrelaciones entre interacciones fuertes y débiles en general.

De manera algo similar, existe un ángulo conocido como *ángulo de Weinberg* o *ángulo de mezcla débil* (§25.5) que interviene en la interrelación entre interacciones débiles y electromagnéticas, y forma una parte integral de la teoría electrodébil. De hecho, algunas de las confirmaciones más impresionantes de la teoría electrodébil proceden de diversos tipos (aparentemente independientes) de determinación observacional de este ángulo que dan respuestas en estrecho acuerdo. Sin embargo, tal como está la teoría, existe una diferencia entre los papeles de los ángulos de Cabibbo y de Weinberg. En efecto, se considera que las interacciones débil y electromagnética están unificadas, y puede adoptarse el punto de vista de que el ángulo de Weinberg fue algo que se «congeló» cuando se «rompió» la simetría U(2) de la teoría electrodébil, aproximadamente 10^{-12} segundos después del big bang (§28.1); pero el ángulo de Cabibbo no tiene un estatus semejante en el modelo estándar, puesto que el modelo no hace ninguna afirmación acerca de cómo podrían unificarse las interacciones electrodébil y fuerte. Se supone que el grupo de simetría básico[22] del modelo estándar completo es $SU(3) \times SU(2) \times U(1)/\mathbb{Z}_6$.

25.8. ¿Más allá del modelo estándar?

Por otra parte, respecto al ángulo de Cabbibo se *podría* adoptar una perspectiva correspondiente a la que se adopta respecto al ángulo de Weinberg, pero esto requeriría algo que está más allá del modelo estándar actual de la física de partículas. Necesitaríamos un modelo en el que las interacciones fuerte y débil estuvieran unidas bajo algún grupo de simetría mayor que incluyera a SU(3) y SU(2). Tal teoría se conoce como una *teoría de gran unificación* o GUT. No hay ninguna GUT comúnmente aceptada, pero ha habido muchos intentos (los más importantes basados en SU(5), o SO(10), o el grupo excepcional E_8; véase §13.2). En §31.14 veremos que la teoría de cuerdas tiene también algo que decir sobre estas cuestiones. En §28.2 se considerarán algunas consecuencias notables de ciertos modelos GUT.

En cualquier caso, el modelo estándar no es evidentemente la «respuesta final» para la física de partículas porque, pese a su indudable éxito, contiene muchas características no explicadas y «flecos sueltos». Incluye unos 17 parámetros inexplicados que sencillamente hay que tomar de la observación (tales como los ángulos de Cabibbo y de Weinberg, las masas de los quarks y leptones, y algunas otras características). Existe también la asimetría bastante extraña entre los papeles de

SU(3) y U(2), en cuanto que SU(3) se considera exacta mientras que U(2) está seriamente rota. De hecho, en mi opinión, parece haber algo extraño en tomar U(2) como un «grupo gauge», lo que parecería exigir una simetría intacta y exacta (véase el capítulo 15, especialmente el párrafo final de §15.8).

En este punto resulta pertinente mencionar otro desarrollo distinto de la idea GUT que aborda esta cuestión concreta de una forma novedosa. Para mí tiene un atractivo especial por razones que se harán evidentes en §33.13. Se trata de una propuesta que se debe al matrimonio chino-británico Chan Hong Mo y Tsou Sheung-Tsun. En su esquema, cada grupo de simetría de partículas (no abeliano) tiene un correspondiente grupo *dual*, que es el mismo grupo abstracto que el original pero que desempeña un papel opuesto. Recordemos el *dual* $^*\boldsymbol{F}$ del tensor de Maxwell $\boldsymbol{F}$, que se ha introducido en §19.2. Podríamos imaginar una conexión gauge U(1) «dual» que tiene $^*\boldsymbol{F}$ como su curvatura fibrada (véase §15.8) en lugar de $\boldsymbol{F}$. La idea consiste en hacer algo parecido para los restantes grupos de simetría del modelo estándar SU(2) y SU(3); pero puesto que estos grupos son *no abelianos*, no es posible considerar simplemente las correspondientes curvaturas duales como curvaturas fibradas de nuevo,[25.9] y se requiere algo más sofisticado (donde hay que considerar cantidades «dependientes del camino»).

Uno de los aspectos más atractivos de este esquema es que el grupo y el grupo dual desempeñan papeles cualitativamente diferentes, al ser uno de ellos exacto, como el SU(3) de la QCD (o el U(1) del electromagnetismo), y estar el otro roto como el SU(2) de la teoría electrodébil, y donde se espera «confinamiento» para el grupo exacto (que es lo que impide que los quarks «con carga de color» escapen al ancho mundo). (Esta propiedad se relaciona con un trabajo anterior de 't Hooft y Weinberg.)[23] En el esquema de Chan-Tsou habría un nuevo SU(2) exacto (dual del roto que interviene actualmente en la teoría electrodébil) que remitiría a una simetría no descubierta hasta ahora, que relaciona análogos de quarks que serían constituyentes leptónicos «2-coloreados» confinados. (Estas subpartículas serían muy pesadas, que es la

[25.9] ¿Puede ver cuál es la dificultad? *Sugerencia*: Escriba expresiones para la curvatura gauge, identidades de Bianchi, etc.

razón de que no hubieran sido detectadas todavía y de que los leptones aparezcan como partículas puntuales a las energías hoy alcanzables.) En consecuencia, debe haber también un SU(3) roto (dual del SU(3) de color), y se considera simplemente que este es el «SU(3)» de las 3 generaciones de quarks y de leptones que parecen tan enigmáticas en el modelo estándar, tal como se entiende convencionalmente. El esquema de Chan-Tsou hace también claras predicciones concernientes a los (aproximadamente) 17 parámetros libres del modelo estándar, pues calcula 14 de ellos a partir de 3 parámetros ajustables. Esto me parece un paso adelante definitivo, siempre que se confirmen las predicciones del esquema. Tal como están las cosas, parecen prometedoras.

Menos claro me resulta, en la actitud convencional hacia el modelo estándar, el hecho de tomar realmente el grupo SU(2) como un grupo gauge, ya que está seriamente roto. Algunos podrían considerar que este SU(2) refleja algún tipo de «simetría oculta» que es realmente exacta y que actúa solo «potencialmente» como un grupo gauge, y el SU(2) de la teoría electrodébil es un tipo de manifestación externa de ello. (Quizá esto no está tan alejado de la idea de Chan-Tsou, aunque no tan explícita.) La perspectiva convencional sobre el SU(2) de la teoría electrodébil parece consistir en que esta es (o, mejor, era) realmente exacta y que se ha roto en procesos extremos que tuvieron lugar en el universo primitivo. Echaremos una ojeada a algunas de las desagradables implicaciones de esto en el capítulo 28. Mientras tanto, en el capítulo siguiente veremos algunas de las ideas matemáticas exóticas pero esenciales que yacen detrás de la forma de tratar en la actualidad la ruptura de simetría en el modelo estándar.

Notas

Sección 25.1

25.1. Véase Pais (1986), pp. 334 y 336, refs. 25, 26.

Sección 25.2

25.2. No he entrado en los detalles de cómo la ecuación de Dirac, que se ha descrito en §24.7, puede transcribirse en la forma 2-espinorial que se da aquí. El lector interesado puede consultar Zee (2003), apéndice. Weyl introdujo los 2-espinores en Weyl (1929). Véanse Van der Waerden (1929), Infeld y Van der Waerden (1933), Penrose y Rindler (1984), pp. 221-223, y Zee (2003), apéndice.

25.3. Estos son los *espinores reducidos* (o semiespinores) mencionados en §11.5.

25.4. Véanse Infeld y Van der Waerden (1933), Laporte y Uhlenbeck (1931) y Penrose y Rindler (1984, 1986).

25.5. Véanse Schrödinger (1930), Dirac (1982a), Huang (1949) y, para una interesante perspectiva moderna, Hestenes (1990).

25.6. Aquellos lectores que ya estén familiarizados con los diagramas de Feynman pueden encontrar confuso mi ordenamiento temporal vertical. En la comunidad de la QFT es más habitual mostrar el tiempo en aumento hacia la derecha. Mi preferencia por mostrar el aumento del tiempo hacia arriba está de acuerdo con buena parte de la comunidad relativista, puesto que es consistente con la mayor parte de los diagramas espaciotemporales (véase en especial el capítulo 17).

25.7. ¡De hecho, la vida de esos físicos podría haber sido mucho más simple con el uso del formalismo 2-espinorial en QED! Véanse Geroch (notas de sus lecciones en la Universidad de Chicago, no publicadas) y también §34.3.

25.8. Mis propios convenios hubieran sido escribir aquí $(1 \pm i\gamma_5)\psi$, en lugar de $(1 \pm \gamma_5)\psi$ (véase Penrose y Rindler 1984, 1986, apéndice), como harían otros autores. Aquí me estoy acomodando a lo que parece ser estándar en la comunidad física.

Sección 25.3

25.9. Quizá esto haya sido estimulado en parte por una sugerencia de Martin Block (y transmitida por Richard Feynman); véase la fascinante exposición por Martin Gardner en *The New Ambidextrous Universe* (W. H. Freeman, 1990), capítulo 22.

25.10. Esta ecuación fue propuesta por Weyl en 1929 y también había sido considerada por Dirac antes de que diera con su «ecuación de Dirac para el electrón»; Dirac (1928) y Dirac (1982b). Pauli se había opuesto vehementemente a la ecuación de Weyl debido a su falta de invariancia bajo reflexión espacial. Por desgracia, Weyl murió un año antes de que se propusiera la no invariancia por reflexión en las interacciones débiles, que reivindicaba su propuesta. Zee (2003) discute ambas ecuaciones.

Sección 25.4

25.11. Las partículas masivas de espín 1 pueden describirse como si tuvieran *tres* ingredientes, una «zig» levógira (helicidad 1), una «zag» dextrógira (helicidad-1) y una, digamos, «zog» sin rotación (helicidad 0). (El 2-espinor zig y el 2-espinor zag tienen dos índices no primados y dos índices primados, respectivamente, mientras que el 2-espinor zog tiene un índice de cada tipo.) Podemos adoptar el punto de vista de que es solo la partícula zog la que media las interacciones débiles.

Sección 25.5

25.12. El grupo podría expresarse como $SU(2) \times U(1)/\mathbb{Z}_2$, donde el «$/\mathbb{Z}_2$» significa «dividir por un subgrupo Z_2». Sin embargo, hay más de un subgrupo semejante, de modo que esta notación no es del todo explícita. La notación «U(2)» escoge automáticamente el correcto. (Agradezco a Florence Tsou esta observación.) Parece que la razón de que el grupo de simetría electrodébil no se conozca convencionalmente como «U(2)» es que esto no se extiende fácilmente a la simetría del modelo estándar completo, que también incorpora al grupo de simetría fuerte SU(3), siendo el grupo completo una versión de $SU(3) \times SU(2) \times U(1)/Z_6$; véase §25.7.

25.13. La teoría electrodébil fue desarrollada por Stephen Weinberg, Sheldon Glashow y Abdus Salam a finales de la década de 1960, trabajo que les valió a los tres el premio Nobel. Véase Weinberg (1967), Salam y Ward (1959) y Glashow (1959); para una referencia general sobre la teoría electrodébil, véase Zee (2003), o Halzen y Martin (1984) y Kaku (1993).

25.14. GeV son giga electrón-voltios. Giga es un prefigo griego que indica multiplicación por 10^9; y un electrón-voltio es una medida de energía, en concreto, la energía que ganará un electrón no ligado cuando atraviese una diferencia de potencial de 1 voltio. Es aproximadamente $1{,}6 \times 10^{-19}$ J.

Sección 25.6

25.15. La luz visible cae entre las longitudes de onda λ = 400-700 nanometros; puede pasarse de longitudes de onda a frecuencias ν mediante la relación $\nu = \frac{c}{\lambda}$.

25.16. Véase Gell-Mann y Ne'eman (2000) para la teoría; el artículo de V. E.

Barnes sobre la observación de la Ω^-, originalmente publicado en 1964, está en la misma obra, en pp. 88-92.

25.17. En la terminología de la moderna física de partículas, «N^+» y «N^0» parecen haber reemplazado a «p» y «n» para denotar el protón y el neutrón, respectivamente. Esto es consistente con la notación para otras partículas en cuanto que (N^+, N^0) constituye un *doblete* en el esquema de clasificación SU(3), como (Ξ^-, Ξ^0), etc., y nos permite llamar genéricamente un *nucleón* como «N».

Sección 25.7

25.18. Véase Han y Nambu (1965).

25.19. Véase Weinberg (1992).

25.20. C. N. Yang y R. L. Mills descubrieron esta teoría en 1954, aunque la idea básica había sido descubierta antes (y rechazada porque las partículas gauge tenían que carecer de masa) por Wolfgang Pauli, en los años posteriores a la Segunda Guerra Mundial, y Ronald Shaw, en 1955. Para una historia exhaustiva de estas cuestiones, presentada en su Conferencia Nobel, véase Abdus Salam (1980). El truco que se utiliza ahora para evitar el problema «sin masa» es el «mecanismo de Higgs» para la ruptura de simetría, al que se ha aludido en §25.5 y se discutirá en §26.11.

25.21. Para los detalles técnicos, véanse Aitchison y Hey (2004), vol. 2, o Zee (2003). Véase Chan y Tsou (1993) para una visión general de las ideas de las teorías gauge.

25.22. Véase la nota 25.12. Puede encontrarse una visión general del modelo estándar en cualquier buen libro de texto de teoría cuántica de campos, como por ejemplo, Zee (2003).

Sección 25.8

25.23. La idea de Chan-Tsou se expone en Chan y Tsou (2002); se basa en una propiedad desarrollada en 't Hooft (1978).

Barnes sobre la observación de la Ω^-, originalmente publicado en 1964, está en la misma obra, en pp. 88-92.

25.17. En la terminología de la moderna física de partículas, «N» y «N̄» podrían haber sido utilizados a «p» y «n» para denotar el protón y el neutrón, respectivamente. Esto es consistente con la notación para otras partículas en cuanto que (N^+, N^0) constituye un doblete en el esquema de clasificación SU(3), como (Ξ^-, Ξ^0), etc., y nos permite llamar genéricamente un nucleón como «N».

Sección 25.7

25.18. Véase Han y Nambu (1965).

25.19. Véase Weinberg (1992).

25.20. C. N. Yang y R. L. Mills describieron esta teoría en 1954, aunque la idea básica había sido descubierta antes (y rechazada porque las partículas gauge tenían que carecer de masa) por Wolfgang Pauli, en los años posteriores a la Segunda Guerra Mundial, y Ronald Shaw en 1955. Para una historia exhaustiva de estas cuestiones, presentada en su Conferencia Nobel, véase Abdus Salam (1980). El truco que se utiliza ahora para evitar el problema «sin masa» es el mecanismo de Higgs para la ruptura de simetría, al que se ha aludido en §25.5; se discutirá en §26.11.

25.21. Para los detalles técnicos, véase Aitchison y Hey (2004), vol. 2, o Zee (2003). Véase Chan y Tsou (1993) para una visión general de las ideas de las teorías gauge.

25.22. Véase la nota 25.12. Puede encontrarse una visión general del modelo estándar en cualquier buen libro de texto de teoría cuántica de campos, como por ejemplo, Zee (2003).

Sección 25.8

25.23. La idea de Chan-Tsou se expone en Chan y Tsou (2002); se basa en una propiedad desarrollada en 't Hooft (1978).

26

Teoría cuántica de campos

26.1. El estatus fundamental de la QFT en la teoría moderna

En el capítulo anterior nos hemos familiarizado brevemente con el modelo estándar del siglo XX para la física de partículas. Es un modelo matemático en notable acuerdo con los hechos observacionales en un amplio abanico de fenómenos, e incluye algunos ingeniosos ingredientes matemáticos que parecen estar en profunda armonía con los modos de la naturaleza. Pese a todo, tal como he presentado las cosas, la estructura matemática de este modelo podría parecer algo complicada y arbitraria. Por supuesto, gran parte de esta estructura ha estado motivada por hechos brutos de la física de partículas que los físicos han tenido que manejar tal como se los ha presentado la naturaleza. Así debería ser en cualquier teoría científica seria. Pero también hay poderosas razones *teóricas* subyacentes en las elecciones concretas que se han hecho para la estructura del modelo estándar. De hecho, el poder predictivo de la teoría depende crucialmente de la consistencia matemática de tales soportes teóricos.

La fuerza impulsora teórica es una continuación de la historia que hemos comenzado en el capítulo 24: ¿cómo encontrar una teoría cuántica para la física de partículas que sea compatible con los requisitos de la teoría de la relatividad especial de Einstein? En ese capítulo hemos visto la importancia de la introducción por parte de Dirac de las antipartículas en una teoría cuántica relativista, lo que nos llevaba al marco de una teoría cuántica de campos. De hecho, el modelo estándar es un ejemplo particular de una teoría cuántica de campos interactuantes, impulsado básicamente por algunos potentes requisitos de consistencia difíciles de satisfacer en tales teorías. Para apreciar algo de la fuerza que hay tras estos requisitos de consistencia (que continúan impulsando las teorías especulativas más modernas, tales como la teoría de cuerdas), necesitaremos examinar algo de la estructura de la teoría cuántica de campos (QFT). Esto nos ayudará asimismo a apreciar el significado de los diagramas de Feynman que hemos visto en la sección anterior. Además, obtendremos también otra perspectiva sobre las antipartículas, algo más amplia que las que hemos visto en los capítulos 23 y 24.

La teoría cuántica de campos constituye la base esencial subyacente en el modelo estándar, así como prácticamente en cualquier otra teoría física que intente sondear los fundamentos de la realidad física. Por lo tanto es necesario que podamos captar una idea de ese magnífico e imponente esquema de cosas, un esquema que surgió en buena medida de aquellas extraordinarias intuiciones de Paul Dirac con las que nos hemos familiarizado en el capítulo 24. Habría que señalar que el propio Dirac fue el principal iniciador de la QFT, aunque también hubo contribuciones iniciales importantes por parte de Jordan, Heisenberg y Pauli. Sin embargo, tal como estaba, y para muchos problemas de interés, dicha teoría no era capaz de ofrecer respuestas *finitas*, en lugar del «∞» que casi siempre aparecía. Se necesitaron potentes desarrollos adicionales por parte de Bethe, Tomonaga, Dyson, Schwinger, y especialmente Feynman, para hacer la teoría viable para QFT adecuadas conocidas como «renormalizables». Aportaciones más recientes de Ward, Weinberg, Salam, Wilson, Veltman y 't Hooft, entre otros, nos han llevado a un tipo muy apropiado de teorías renormalizables, que han dado un aporte vital para lo que es ahora el modelo estándar de la física de partículas (capítulo 25), del que pueden obtenerse realmente respuestas consistentes.[1] (¡Los requisitos teóricos son tan rígidos que parece casi secundario que dichas respuestas estén realmente en un excelente acuerdo con el experimento!) El problema básico ha sido siempre el evitar los infinitos de una manera adecuada, y ha sido este impulso, junto con importantes aportaciones procedentes de la observación, lo que ha llevado la teoría en las direcciones apropiadas y fructíferas.

De hecho, la QFT parece subyacer en prácticamente todas las teorías físicas que intentan ofrecer seriamente una imagen del funcionamiento del universo en sus niveles más profundos. Muchos físicos (quizá incluso la mayoría de ellos) adoptarían el punto de vista de que el armazón de la QTF está «aquí para quedarse», y que la culpa de cualquier inconsistencia (que habitualmente son los infinitos que surgen de integrales divergentes, o de series divergentes, o de ambas cosas) la tiene el esquema concreto al que se está aplicando la QFT, y no el armazón de la propia QFT. Tales esquemas suelen estar especificados por un lagrangiano sujeto a ciertos principios de simetría. En §§26,6,10 veremos cómo se aplican en general las ideas lagrangianas a la QFT.

Muchos intentos modernos por eliminar los infinitos de la QFT consideran que la *gravedad* altera profundamente el comportamiento del espaciotiempo a escalas extraordinariamente minúsculas, y con ello suministra los «cortes» que podrían hacer finitas las expresiones que por el momento parecen divergentes (véase §31.1, en particular). Pese a todo, queda la pregunta de si la propia QFT podría necesitar modificación cuando se introducen los principios de la relatividad *general* de Einstein (véase el capítulo 30). Sin embargo, a juzgar por las actividades de la inmensa mayoría de los investigadores actuales en estas áreas, la QFT en su forma presente no suele ser cuestionada, y será importante que entendamos de la mejor forma posible sus sofisticadas ideas. Por supuesto no podré entrar en muchos detalles en mis descripciones de este magnífico, profundo y difícil esquema de cosas, a veces fenomenológicamente preciso, pero a menudo frustrantemente inconsistente. Pero intentaré, brevemente, transmitir algo de su sabor, aunque de forma muy incompleta, antes de volver finalmente a aquellos aspectos que suministran la fuerza impulsora teórica subyacente en el modelo estándar.

26.2. Operadores de creación y aniquilación

Una de las primeras ideas de la QFT fue el procedimiento que lleva el nombre más bien equívoco de «segunda cuantización». Mediante este procedimiento intentamos que la propia función de onda ψ de una partícula se convierta en un «operador» que actúa sobre cierto vector de estado fantasma, que puede denotarse por «$|0\rangle$», oculto en el extremo derecho (compárese con §21.3 y la imagen de Heisenberg de §22.4). Denotaré a este «operador función de onda» por la letra griega *mayúscula* $\boldsymbol{\Psi}$, correspondiente a la letra griega ψ que denota nuestra función de onda de una partícula. Como en la mecánica cuántica de partículas ordinaria, $\boldsymbol{\Psi}$ puede considerarse una función de la posición $\mathbf{x}$ de la partícula en el 3-espacio, i.e., $\boldsymbol{\Psi} = \boldsymbol{\Psi}(\mathbf{x})$ o, alternativamente, de su 3-momento $\mathbf{p}$, si se prefiere una representación de momentos, i.e., $\tilde{\boldsymbol{\Psi}} = \tilde{\boldsymbol{\Psi}}(\mathbf{p})$.

¿Cómo se interpreta este extraño «operador función de onda» $\boldsymbol{\Psi}$ (o $\tilde{\boldsymbol{\Psi}}$)? Ahora no representa el estado cuántico real, sino que describe la operación que «crea» una nueva partícula que tiene esta función de onda dada[2] ψ, introduciéndola en el estado que hay previamente, estado «previo» que está representado por la expresión que sigue inmediatamente a la derecha del símbolo $\boldsymbol{\Psi}$ (o $\tilde{\boldsymbol{\Psi}}$). Un operador semejante se conoce como un *operador creación*.

Normalmente se toma el vector de estado fantasma $|0\rangle$ en el extremo derecho como el «estado vacío», que representa la completa ausencia de partículas de cualquier tipo. Una serie de estos operadores creación crea entonces una serie de partículas, añadidas una a una al vacío, de modo que

$$\boldsymbol{\Psi\Phi} \ldots \boldsymbol{\Theta}|0\rangle$$

es el estado que resulta de introducir sucesivamente partículas con funciones de onda

$$\theta, \ldots, \phi, \psi.$$

Puesto que cualquier tipo concreto de partícula será o un fermión o un bosón, hay que tener en cuenta este hecho. En particular, hay que incorporar el principio de Pauli que nos impide introducir dos fermiones, uno tras otro, en el mismo estado. El principio de Pauli se expresa en este formalismo por la propiedad $\boldsymbol{\Psi}^2 = 0$ (i.e., $\boldsymbol{\Psi\Psi} = 0$) para cualquier función de onda fermiónica ψ, lo que nos dice que si tratamos de introducir dos veces esta función de onda fermiónica concreta en el estado, entonces obtenemos cero, que no es un vector de estado admisible. Esta regla del «principio de Pauli» es solo un ejemplo concreto de la propiedad de anticonmutación

$$\boldsymbol{\Psi}\boldsymbol{\Phi} = -\boldsymbol{\Phi}\boldsymbol{\Psi},$$

donde $\boldsymbol{\Psi}$ y $\boldsymbol{\Phi}$ son operadores creación que describen el mismo tipo de fermión. Para operadores creación $\boldsymbol{\Theta}$ y $\boldsymbol{\Xi}$ que describen el mismo tipo de bosón, tenemos la propiedad de conmutación[26.1]

$$\boldsymbol{\Theta}\boldsymbol{\Xi} = \boldsymbol{\Xi}\boldsymbol{\Theta}.$$

Así pues, vemos que los operadores creación satisfacen las reglas de un álgebra de Grassmann (graduada), como se ha descrito en §11.6, donde los operadores creación de fermiones se consideran de grado impar y los operadores de creación de bosones, de grado par.

De acuerdo con la discusión de §24.3, las funciones de onda que se introducen en un estado para la creación de una partícula deben ser de frecuencia positiva. Las cantidades de frecuencia negativa desempeñan también un papel en el formalismo, a saber, como operadores aniquilación. La conjugada compleja $\bar{\psi}$ de la función de onda de frecuencia positiva ψ es una cantidad de frecuencia negativa. Está asociada con el operador aniquilación $\boldsymbol{\Psi}^*$, que es el conjugado hermítico[3] del operador creación $\boldsymbol{\Psi}$ (véase §13.9). La interpretación de $\boldsymbol{\Psi}^*$ es que representa la eliminación de una partícula del estado total (siendo dicho estado total aquel que, como antes, está descrito por cualquier cosa que esté a la derecha de $\boldsymbol{\Psi}^*$ en la expresión). Puesto que nuestro estado vacío fantasma $|0\rangle$, a la derecha, no contiene ninguna partícula, la acción de cualquier operador aniquilación directamente sobre él debe dar cero:

$$\boldsymbol{\Psi}^*|0\rangle = 0.$$

Esto no significa, por supuesto, que los operadores aniquilación den siempre cero, porque podríamos tener algunas partículas al principio. Por ejemplo, una expresión como $\boldsymbol{\Psi}^*\boldsymbol{\Phi}\boldsymbol{\Theta}|0\rangle$ no tiene por qué ser cero. Esto es válido incluso si ninguno de los estados $\boldsymbol{\Phi}$ y $\boldsymbol{\Theta}$ es el mismo que el $\boldsymbol{\Psi}$ que estamos eliminando. De hecho, no deberíamos con-

[26.1] Explique por qué esto da estados con las simetrías correctas para bosones y fermiones, como se ha descrito en §23.8.

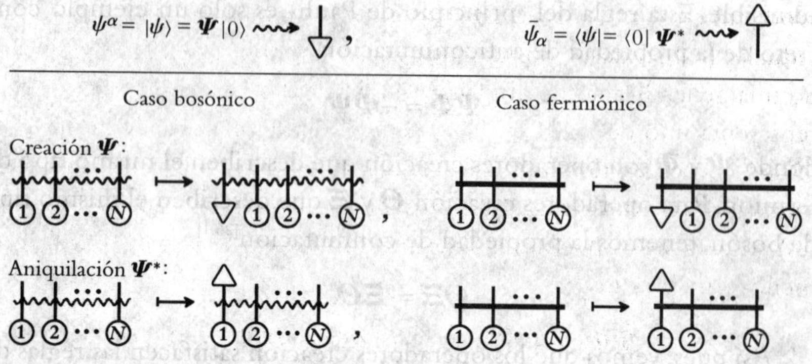

Fig. 26.1 Forma diagramática de la acción de un operador creación $\boldsymbol{\Psi}$ en el caso bosónico $\phi_1^{(\beta}\phi_2^{\gamma}\ldots\phi_N{}^{\nu)} \mapsto \psi^{(\alpha}\phi_1^{\beta}\phi_2^{\gamma}\ldots\phi_N{}^{\nu)}$ y en el caso fermiónico $\phi_1^{[\beta}\phi_2^{\gamma}\ldots\phi_N{}^{\nu]} \mapsto \psi^{[\alpha}\phi_1^{\beta}\phi_2^{\gamma}\ldots\phi_N{}^{\nu]}$; y de un operador de aniquilación $\boldsymbol{\Psi}^*$ en el caso bosónico $\phi_1^{(\alpha}\phi_2^{\beta}\ldots\phi_N{}^{\mu)} \mapsto \bar{\psi}^{(\alpha}\phi_1^{\alpha}\phi_2^{\beta}\ldots\phi_N{}^{\mu)}$ y en el caso fermiónico $\phi_1^{[\alpha}\phi_2^{\beta}\ldots\phi_N{}^{\mu} \mapsto \bar{\psi}^{[\alpha}\phi_1^{\alpha}\phi_2^{\beta}\ldots\phi_N{}^{\mu]}$.

siderar que el operador $\boldsymbol{\Psi}^*$ está eliminando simplemente de dicho estado la función de onda específica ψ de la partícula.[4] En general, es poco probable que la función de onda concreta ψ intervenga exactamente como parte del estado. En su lugar, lo que hace $\boldsymbol{\Psi}^*$ es formar un producto escalar con la parte del estado que se refiere al tipo de partícula que se está eliminando. (En la Fig. 26.1 —sobre todo para diversión de los expertos— indico la forma diagramática de lo que entiendo por esto, tanto en el caso fermiónico como en el bosónico, y también presento diagramas que representan el proceso de creación tanto como el de aniquilación.)[26.2] De acuerdo con esto, resulta que los operadores creación y aniquilación (para el mismo tipo de partícula) deben satisfacer reglas de (anti)conmutación

$$\boldsymbol{\Psi}^*\boldsymbol{\Phi} \pm \boldsymbol{\Phi}\boldsymbol{\Psi}^* = \mathrm{i}^k\langle\psi|\phi\rangle\boldsymbol{I},$$

donde el signo «más» se refiere a fermiones y el signo «menos» a bosones, $\boldsymbol{I}$ representa el operador *identidad*, $\langle\ |\ \rangle$ representa la expresión del

[26.2] Dé sentido a todo esto (y verifique esta ley de conmutación para la creación y la aniquilación de partículas de un tipo dado) remitiendo a la notación de índices de §23.8 o la notación diagramática de la Fig. 12.17, o ambas, utilizando expresiones como $\bar{\psi}_\alpha\psi^{[\alpha}\phi^{\beta}\ldots\chi^{\kappa]}$. Ordene todos los factoriales que conservan la normalización del estado, tanto en el caso fermiónico como en el bosónico.

producto escalar ordinario en el espacio de Hilbert para partículas individuales (habiéndose considerado el caso sin espín en §22.3, y existiendo una generalización apropiada para partículas con espín),[5] y donde i^k representa uno de los 1, i, –1, –i, dependiendo del espín (y no les molestaré con cuál). Tenemos, asimismo, las siguientes reglas de (anti)conmutación para dos operadores creación (que se han dado también antes), y para dos operadores aniquilación (signo más para fermiones, menos para bosones):

$$\boldsymbol{\Psi\Phi} \pm \boldsymbol{\Phi\Psi} = 0, \qquad \boldsymbol{\Psi}^*\boldsymbol{\Phi}^* \pm \boldsymbol{\Phi}^*\boldsymbol{\Psi}^* = 0.$$

Habría que señalar que el teorema espín-estadística, que hemos mencionado brevemente en §23.7, exige que tengamos reglas de anticonmutación (signo más en lo anterior, y con ello fermiones) para partículas con espín semientero (1/2, 3/2, 5/2, ...) y reglas de conmutación (signo menos, y con ello bosones) para partículas con espín entero (0, 1, 2, 3, ...). Las razones para ello van más allá del alcance de esta exposición.[6] Sin embargo, las cuestiones esenciales tienen que ver con la positividad de la energía (en el caso de los fermiones) y positividad del número de partículas (en el caso de los bosones), junto con propiedades combinatorias de los índices espinoriales relevantes.[7]

26.3. Álgebras de dimensión infinita

Es un hecho notable que en el caso de los fermiones estas reglas de anticonmutación tienen exactamente la misma forma algebraica que las que definen un álgebra de Clifford, como se ha descrito en §11.5.[26.3] La única diferencia esencial es que las álgebras de Clifford ordinarias son de dimensión finita, mientras que el espacio de operadores de creación y aniquilación para un campo fermiónico es de dimensión infinita, pues esa es la dimensión del espacio de funciones de onda de una partícula. Sin embargo, el lector debería ser advertido de que los espacios de dimensión infinita, aunque análogos a los de dimensión finita,

[26.3] Explique esta estructura de álgebra de Clifford, detallando más explícitamente el papel del producto escalar. (Tome las leyes definitorias para un álgebra de Clifford en la forma $\gamma_p\gamma_q + \gamma_q\gamma_p = -2g_{pq}\boldsymbol{I}$.)

pueden tener propiedades muy diferentes, y con frecuencia es mucho más difícil trabajar con ellos.

Es interesante que el formalismo de la QFT incluye también versiones de dimensión infinita de algunos otros tipos de estructura algebraica de dimensión finita que hemos considerado antes en este libro. El producto escalar $\langle \mid \rangle$, por ejemplo, es realmente una versión en dimensión infinita del producto escalar hermítico que se ha considerado en §13.5. (cf. §22.3). De hecho, en QFT resulta que no solo estamos interesados en la «hermiticidad» (unitariedad), sino que encontramos que las formas simétricas («pseudoortogonalidad»), las formas antisimétricas (simplécticas) y las estructuras complejas también desempeñan sus papeles.[8] Las versiones ordinarias en dimensión finita de las formas pseudoortogonal y simpléctica se han considerado en §§13.8,10 y las estructuras complejas ordinarias en dimensión finita en §12.9.

Es de particular importancia, para la QFT, la forma en que aparece una estructura compleja (de dimensión infinita). Ya hemos visto que los números complejos, las funciones holomorfas y los espacios vectoriales complejos tienen un papel fundamental en la teoría cuántica (y por consiguiente en la estructura básica de nuestro mundo). Pero la estructura compleja concreta de dimensión infinita que entra en este momento en el estudio de la QFT parece tener un significado algo diferente (aunque interrelacionado) de estos ejemplos primitivos de la magia de los números complejos. Va más allá de la mera afirmación de que los espacios de Hilbert de la teoría cuántica son complejos (i.e., que las superposiciones cuánticas tienen lugar con coeficientes complejos). Tratemos de entender de qué se trata.

Recordemos cómo se ha introducido en §12.9 la noción de *estructura compleja*. Un espacio vectorial complejo de n dimensiones puede considerarse como un espacio vectorial real de $2n$ dimensiones, donde existe una operación J, que satisface $J^2 = -1$, cuya acción sobre el $2n$-espacio real equivale a «multiplicación por i» en el n-espacio complejo. La versión de dimensión infinita que tiene relevancia para la QFT tiene que ver con el paso de un campo clásico a un campo cuántico. Hasta ahora he expresado las cosas en un lenguaje de función de onda/partícula. Pero tenemos que saber también cómo pasar directamente de un campo clásico a un campo cuántico, puesto que con los campos clásicos no tenemos a mano una imagen de partículas clásicas que podamos «cuantizar» según los procedimientos de los capítulos 21-23.

Es útil tener en mente el campo electromagnético como modelo. Aquí la linealidad de las ecuaciones de Maxwell (§19.2) facilita las cosas. El espacio $\mathcal{F}$ de soluciones de las ecuaciones de Maxwell libres (con condiciones de decaimiento apropiado en el infinito para hacer que converjan las integrales relevantes) es un espacio vectorial real de dimensión infinita.[26.4] Utilizando procedimientos relacionados con los descritos en §§9.2,3,5, podemos expresar cada solución $\boldsymbol{F}$ de las ecuaciones de Maxwell[9] como una *suma* de una solución $\boldsymbol{F}^+$ de frecuencia positiva y una solución $\boldsymbol{F}^-$ de frecuencia negativa

$$\boldsymbol{F} = \boldsymbol{F}^+ + \boldsymbol{F}^-.$$

Esta separación en frecuencias positiva y negativa es crucial para la construcción de la QFT apropiada (recordemos los comentarios sobre esta cuestión en §24.3 y §26.2). La operación $\boldsymbol{J}$, tal como se aplica a este espacio vectorial real de dimensión infinita $\mathcal{F}$, lo transforma en un espacio vectorial complejo (de dimensión infinita) y, al hacerlo, proporciona una forma de englobar esta separación en frecuencias positiva/negativa. $\boldsymbol{J}$ lo hace actuando sobre cada campo de Maxwell libre $\boldsymbol{F}$ de la siguiente manera:

$$\boldsymbol{J}(\boldsymbol{F}) = \mathrm{i}\boldsymbol{F}^+ - \mathrm{i}\boldsymbol{F}^-.$$

Los autoestados de $\boldsymbol{J}$ con autovalor i son los campos (complejos) de frecuencia positiva, y los autoestados con autovalor –i son los campos de frecuencia negativa.[26.5] Los campos de frecuencia positiva suministran las funciones de onda de un único fotón que los operadores de creación van a introducir. Existe también una expresión explícita para el producto escalar que puede utilizarse para normalizar estados cuando sea necesario (que incluye una integral sobre cualquier 3-superficie de género espacio de una expresión que incluye las componentes del campo

[26.4] Explique qué significan en este espacio la suma y la multiplicación por una constante escalar.

[26.5] Demuéstrelo. (No se preocupe por sutilezas como «condiciones de decaimiento».)

de Maxwell multiplicadas por componentes del potencial de Maxwell;[10] compárese con §21.9 y §22.3 para el caso escalar). Otros campos clásicos pueden tratarse de un modo análogo, pero cuando las «ecuaciones de campo libre» son no lineales (como sucede en la relatividad general) pueden aparecer dificultades profundas. Podemos calificar los campos no lineales como campos «autointeractivos», y podemos atribuir tales dificultades a los problemas asociados con la cuantización en presencia de interacciones, a lo que llegaremos enseguida.

26.4. Antipartículas en QFT

Pero antes de hacerlo volvamos a la cuestión de las antipartículas. En el capítulo 24, y de nuevo en §26.1, he señalado la importancia del concepto de antipartícula en QFT. ¿Cómo intervienen las antipartículas en el formalismo QFT actual? Como se ha comentado en §25.3, algunas partículas son sus propias antipartículas, mientras que la mayoría de las partículas no lo son. Desde el punto de vista matemático, la cuestión es si la operación de conjugación compleja, tal como se aplica directamente a las cantidades de campo clásicas (o a la función de onda de 1-partícula), da o no una cantidad del mismo tipo que antes. En el caso de un campo escalar, esto se expresa normalmente (pero no muy adecuadamente) como la cuestión de si el campo clásico es o no un campo real. Los campos complejos se consideran campos cargados, en donde el ángulo de fase complejo (el factor $e^{i\theta}$) debe tratarse de acuerdo con las recetas de «campo gauge» para las interacciones electromagnéticas, tal como se han descrito en §15.8 y §19.4. El conjugado complejo de un campo semejante tiene la carga opuesta, y por ello no es una «cantidad del mismo tipo» (de modo que, por ejemplo, no tendría sentido sumar el campo a su conjugado complejo). En tales situaciones, la partícula y su antipartícula son ciertamente diferentes. Sin embargo, la naturaleza compleja —o naturaleza «cargada»— del campo clásico no es ni mucho menos toda la historia. El mesón K^0 no cargado, por ejemplo, difiere de su antipartícula, mientras que el mesón π^0 no cargado es el mismo que su antipartícula. En ambos casos el campo clásico sería un escalar real.

¿Qué pasa con los campos espinoriales (o fermiónicos)? En el caso del electrón de Dirac, su carga es suficiente para caracterizar su complejo conjugado como poseedor de un carácter diferente del campo original. Pero en el caso de los neutrinos, si tienen masa, hay más de una posibilidad. Por ejemplo, en la situación de lo que se conoce como un campo espinorial *de Majorana*, el neutrino (con masa) sería su propia antipartícula. (En las descripciones dadas en el capítulo 23, el zig del neutrino sería el zag del antineutrino, y viceversa.) De acuerdo con el conocimiemto actual,[11] todos los neutrinos difieren de sus antineutrinos.

Así que ¿cómo trata el formalismo QFT las antipartículas? Consideremos el caso en que la operación de conjugación compleja sobre el campo clásico —o sobre la función de onda de 1-partícula ψ— da una cantidad de un carácter diferente, de modo que la partícula cuántica difiere de su antipartícula. (La situación en que partícula y antipartícula son la misma se ha tratado en nuestra anterior exposición, en §26.2.) Ahora bien, una función de onda ψ ordinaria debería tener frecuencia positiva, pero también podemos considerar cierta cantidad ϕ, del mismo tipo que ψ, aunque de frecuencia negativa. Entonces la conjugada compleja $\bar{\phi}$ de ϕ sería una función de onda de un tipo diferente de ψ, aunque tanto $\bar{\phi}$ como ψ son ahora de frecuencia positiva. La cantidad $\bar{\phi}$ proporcionaría una función de onda para un estado de 1-antipartícula. El correspondiente operador creación para la antipartícula en dicho estado sería $\bar{\boldsymbol{\Phi}}$, y el operador aniquilación, $\bar{\boldsymbol{\Phi}}^*$.

Intentemos tomar contacto con el «mar» original de Dirac (descrito en §24.8) considerando que el estado «en la sombra», a la derecha de todos los operadores, en el caso de Dirac, es un estado diferente del estado de vacío habitual $|0\rangle$, que, recordemos, está totalmente desprovisto de partículas o antipartículas. En su lugar, vamos a considerar que el nuevo estado «vacío» es el propio «mar» de Dirac, denotado por $|\Sigma\rangle$, que va a estar completamente lleno de todos los estados electrónicos de energía negativa, pero nada más. Imaginemos ahora la situación de un único positrón, que en la imagen original de Dirac está descrito por un único «agujero» en los estados electrónicos de energía negativa. Todos los demás estados de energía negativa estarán llenos excepto este estado particular que falta, que está dado por alguna ϕ de frecuencia negativa. La descripción en teoría cuántica de campos, utilizando este vacío $|\Sigma\rangle$, sería el resultado del operador aniquilación $\boldsymbol{\Phi}^*$ actuando sobre $|\Sigma\rangle$, puesto que tal operador elimina de este vacío el estado de energía negativa ϕ, dando el estado total $\boldsymbol{\Phi}^*|\Sigma\rangle$.[26.6]

Si fuéramos a utilizar la descripción que utiliza el vacío más usual $|0\rangle$, entonces pensaríamos que en lugar de eliminar el estado electrónico ϕ de energía negativa estamos insertando el estado positrónico con función de onda $\bar{\phi}$. Esto se consigue aplicando el operador creación $\bar{\boldsymbol{\Phi}}$ a $|0\rangle$, lo que da el estado total $\bar{\boldsymbol{\Phi}}|0\rangle$. Este no *parece* el mismo que el $\boldsymbol{\Phi}^*|\Sigma\rangle$ que teníamos con la descripción del «mar» de Dirac, pero en cierto sentido los estados $\bar{\boldsymbol{\Phi}}|0\rangle$ y $\boldsymbol{\Phi}^*|\Sigma\rangle$ son básicamente equivalentes. Tanto el operador $\bar{\boldsymbol{\Phi}}$ como el $\boldsymbol{\Phi}^*$ suponen introducir la misma cantidad algebraica en el estado total, a saber, ese vector particular definido por $\bar{\phi}$ en el espacio de Hilbert de funciones de onda de 1-partícula. La diferencia entre los operadores $\bar{\boldsymbol{\Phi}}$ y $\boldsymbol{\Phi}^*$ está meramente en la forma algebraica[26.7] en que se estima que este vector del espacio de Hilbert actúa sobre el estado total. Puesto que siempre podemos utilizar leyes de anticonmutación para mover $\bar{\boldsymbol{\Phi}}$ y $\boldsymbol{\Phi}^*$ al extremo derecho, la forma en que se estima que $\bar{\phi}$ actúa sobre el estado total se reduce a su acción sobre el estado vacío escogido, $|0\rangle$ o $|\Sigma\rangle$ según sea el caso, en el extremo derecho. Esta información puede considerarse parte de la especificación de lo que realmente significa este estado vacío.

26.5. Vacíos alternativos

Aquí habría que hacer algunos comentarios importantes acerca de esta situación en la que parece haber elecciones alternativas para nuestro «estado vacío». Veremos que la cuestión de los «vacíos alternativos» tiene una considerable importancia en la moderna QFT. Consideremos

[26.6] Explique por qué podemos eliminar un estado específico de este modo, a pesar de mis anteriores matizaciones sobre lo que realmente hace un operador aniquilación. (*Sugerencia:* Véase el ejercicio [26.2].)

[26.7] Remitiéndose al ejercicio [26.2] y la Fig. 12.18, muestre esta diferencia algebraica en la notación de índices o en la notación diagramática.

el álgebra $\mathcal{A}$, consistente en todos los operadores $\boldsymbol{A}$ que pueden construirse a partir de expresiones algebraicas, o expresiones en series de potencias convergentes, de los operadores creación y aniquilación. Dos propuestas para un «estado vacío», digamos $|0\rangle$ o $|\Sigma\rangle$, pueden tener la propiedad de que no haya ningún elemento de $\mathcal{A}$ que pueda aplicarse bien a $|0\rangle$, o bien a $|\Sigma\rangle$ para obtener el otro. En tales casos, los estados $|0\rangle$ y $|\Sigma\rangle$ tienen que considerarse pertenecientes a espacios de Hilbert diferentes, y entonces observamos que hay expresiones de la forma

$$\langle\Sigma|\boldsymbol{A}|0\rangle \text{ o } \langle 0|\boldsymbol{A}|\Sigma\rangle,$$

donde $\boldsymbol{A}$ pertenece a $\mathcal{A}$, que nos dan respuestas infinitas o respuestas sin ningún sentido. Esto nos prohíbe construir una teoría cuántica consistente en la que aparezcan a la vez los estados $|0\rangle$ y $|\Sigma\rangle$. (Recordemos de la exposición de §22.5 que cantidades como $\langle\Sigma|\boldsymbol{A}|0\rangle$ son expresiones del tipo general que tendríamos que utilizar para computar probabilidades; véase §22.3 para la notación.)

Lo que aquí se plantea es una cuestión profunda en QFT y desempeña un papel vital en los enfoques modernos de la física de partículas. La «elección del estado vacío» es una cuestión de importancia comparable (y complementaria) a la elección del álgebra $\mathcal{A}$ de operadores creación y aniquilación que define en cierto sentido la *dinámica* de la QFT. En el caso de los electrones libres, los dos vacíos que hemos considerado, a saber $|0\rangle$ (que no contiene partículas ni antipartículas) y $|\Sigma\rangle$ (en la que todos los estados de energía negativa están llenos), pueden considerarse, en cierto sentido, esencialmente equivalentes pese al hecho de que $|0\rangle$ y $|\Sigma\rangle$ nos dan espacios de Hilbert diferentes. Podemos considerar que la diferencia entre el vacío $|\Sigma\rangle$ y el vacío $|0\rangle$ es simplemente una cuestión de dónde trazamos una línea que defina el «cero de carga».

De hecho, podríamos pensar que el mar de Dirac es físicamente diferente de un vacío propiamente dicho, porque el mar de electrones de energía negativa nos proporcionaría una carga eléctrica enorme, en realidad infinita. Para que el estado $|\Sigma\rangle$ tenga sentido físico, tenemos que «renormalizar» la carga, de modo que el valor de la carga total infinita del «mar» (de hecho, negativamente infinita, pues negativa es la carga del electrón) cuenta como cero. Una situación análoga resultaría si consideráramos la *masa* del mar de Dirac, pues podríamos estar interesados en su influencia gravitatoria (activa). La energía negativa total infinita del mar de Dirac proporcionaría (por $E = mc^2$) una masa infinita negativa, lo que es físicamente absurdo, igual que en el caso de la carga eléctrica infinita. Una vez más, si vamos a tomar el mar de Dirac en serio debemos renormalizar también la masa del vacío, «añadiendo una densidad de masa infinita» a la del mar, de modo que el total nos proporcione el valor cero que requerimos para la densidad de masa del vacío observado.

El lector puede haberse formado la impresión de que esta cuestión de los «vacíos alternativos» y de la aparente necesidad de «renormalizar» cosas tales como la carga y la masa, sumando una constante infinita para tener respuestas físicas razonables, es un mero artificio de la extraña idea del «mar» que Dirac consideró necesario introducir. Sin embargo, descubriremos que estas dos características no son ni mucho menos específicas del extraordinario «mar» de Dirac. Parecen ser ubicuas en todas las aproximaciones serias a una teoría realista de la física de partículas, al menos tal como hoy están dichas aproximaciones. El modelo estándar hace un uso fundamental de la renormalización y de los vacíos alternativos. Lejos de ser una anomalía de la historia, el mar de Dirac es un tipo de modelo que debemos tener presente cuando tratamos de avanzar, al menos dentro del esquema de cosas de que hoy disponemos. Aunque satisfechos de forma incompleta, los dos criterios gemelos, basados en la observación y la consistencia matemática, han tomado una ruta que hasta ahora ha sido dependiente de las ideas de renormalización y vacíos no únicos.

26.6. Interacciones: lagrangianos e integrales de camino

Nos hemos visto llevados en estas direcciones por las dificultades que surgen cuando intentamos tratar *interacciones* dentro del marco de la QFT. De hecho, hasta ahora mi exposición se ha centrado básicamente solo en el caso de campos libres; y aunque no he examinado todos los detalles, espero que el lector me crea cuando digo que las cosas siguen de una forma esencialmente libre de dificultades cuando no hay interacciones. Pueden construirse estados en los que existen superposiciones de números diferentes de partículas y antipartículas, e incluso números ilimitados de tales partículas. Estos estados se obtienen actuando sobre $|0\rangle$ con un elemento arbitrario de $\mathcal{A}$, i.e., una expresión en operadores creación y aniquilación (un polinomio o una serie de potencias, prestando la debida atención a las cuestiones de convergencia en el último caso). El espacio de tales estados se conoce como *espacio de Fock* (por el físico ruso V.A. Fock, que fue uno de los primeros en estudiar estas cosas), y puede considerarse como lo que se denomina una *suma directa*[12] (véase §13.7) de espacios de Hilbert con un número creciente de partículas. El número de partículas en un estado puede ser ilimitado, como sucede con los *estados coherentes*, que son, en cierto sentido bien definido,[13] los más «clásicos» de entre los estados de campo cuántico. Son estados de la forma

$$e^{\Xi}|0\rangle,$$

donde $\boldsymbol{\Xi}$ es el *operador campo* asociado a la configuración de campo concreta $\boldsymbol{F}$ (que tomaremos como un campo de Maxwell real libre con propiedades apropiadas de decaimiento en el infinito para asegurar que existe una norma finita). Definimos $\boldsymbol{\Xi}$ como la suma de los operadores creación y aniquilación (no normalizados) correspondientes a las partes de frecuencia positiva y frecuencia negativa de $\boldsymbol{F}$, respectivamente.

Recordemos de §26.2 que los operadores de creación y aniquilación satisfacen ciertas relaciones de conmutación. Se sigue de ello que, en general, las diversas componentes de los operadores de campo no conmutan entre sí. Por ejemplo, en el caso del campo electromagnético las componentes del operador que define el campo magnético **B** y las que definen el potencial electromagnético **A** (véanse §§19.2,4) satisfacen reglas de conmutación *canónicas* (como las que existen entre la posición y el momento de una partícula; véase §21.2).[14] Se sigue que las relaciones de incertidumbre de Heisenberg (véase §21.11) deben ser válidas entre estas cantidades, lo que impone un límite a la precisión con que pueden medirse simultáneamente.

¿Cómo tratamos entonces las interacciones? Fundamental para el armazón general de la QFT moderna es el *lagrangiano* (véase §20.1), que en muchos aspectos resulta mucho más apropiado que un hamiltoniano cuando estamos interesados en una teoría relativista. Como recordamos de §21.2, §23.1 y el capítulo 24, los procedimientos de cuantización Schrödinger/hamiltoniano estándar no se llevan muy bien con la simetría espaciotemporal de la relatividad. Sin embargo, a diferencia del hamiltoniano, que está asociado con una elección de coordenada temporal, el lagrangiano puede tomarse como una entidad relativísticamente invariante (véase §20.5). ¿Cómo construimos una QFT partiendo de un lagrangiano? La idea básica, como tantas de las ideas subyacentes al formalismo de la teoría cuántica, se remonta a Dirac,[15] aunque la persona que la introdujo como base para la teoría cuántica relativista fue el brillante físico norteamericano Richard Feynman.[16] Por consiguiente, se conoce habitualmente como la formulación en términos *de integrales de camino de Feynman* o *suma sobre historias* de Feynman. Es también la base de los diagramas de Feynman que hemos visto en el capítulo 25.

La idea básica consiste en una perspectiva diferente sobre el principio mecanocuántico fundamental de la superposición lineal compleja que hemos encontrado antes, y que se ha hecho particularmente explícito en §22.2. Aquí consideramos dicho principio aplicado no solo a estados cuánticos específicos, sino a historias espaciotemporales enteras. Estas historias son «posibles trayectorias clásicas alternativas» (en el espacio de configuración). La idea es que en el mundo cuántico, en lugar de haber solo una «realidad» clásica representada por una trayectoria semejante (una historia), existe una gran *superposición compleja* de todas estas «realidades alternativas» (historias alternativas superpuestas). Según esto, debe asignarse a cada historia un factor de ponderación complejo, al que llamamos una *amplitud* (§22.5) si el total se normaliza a módulo unidad, de modo que el módulo al cuadrado de una amplitud nos da una probabilidad. Normalmente estamos interesados en amplitudes para ir de un punto a a un punto b en el espacio de configuración.

El papel mágico que desempeña el lagrangiano consiste en decirnos qué amplitud hay que asignar a cada una de estas historias; véase la Fig. 26.2. Si conocemos el lagrangiano $\mathcal{L}$, entonces podemos obtener

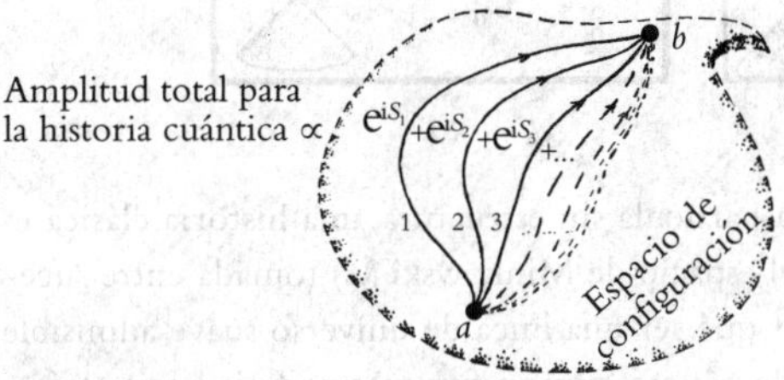

Fig. 26.2. En la aproximación de integrales de camino a la teoría cuántica y en la QFT consideramos superposiciones cuánticas de historias clásicas alternativas, siendo una historia una trayectoria en el espacio de configuración, tomada aquí entre puntos fijos *a* y *b*. La amplitud asignada a un camino semejante es $e^{iS/\hbar}$ (multiplicado por una constante determinada), donde la acción *S* es la integral del lagrangiano a lo largo del camino, como en §20.1 (Fig. 20.3). La amplitud total que se obtiene de *a* a *b* es la suma de estas.

la *acción* S para dicha historia (pues la acción es la integral de $\mathcal{L}$ para esa historia clásica, según la receta dada en §20.5; véase la Fig. 20.3). La amplitud compleja que debe asignarse a dicha historia particular viene entonces dada por la fórmula engañosamente simple

$$\text{amplitud} \propto e^{iS/\hbar}.$$

La engañosa simplicidad de esta fórmula se debe en parte a que la «amplitud» no es aquí realmente un número complejo (que, tal como está escrita, debería tener módulo unidad), sino un tipo de densidad. Si tuviéramos solo una familia discreta de historias clásicas alternativas, numeradas $1, 2, 3, 4, \ldots$, por ejemplo, entonces cabría imaginar que a la n-ésima historia podría asignársele como amplitud un genuino número complejo α_n, cuyo módulo al cuadrado $|\alpha_n|^2$ podría interpretarse como la probabilidad de dicha historia, de acuerdo con las reglas de la medida cuántica (§22.5); y deberíamos normalizar, para tener $\sum|\alpha_n|^2 = 1$, con la suma extendida sobre todas las alternativas clásicas, para dar la probabilidad total 1. Pero aquí tenemos un infinito *continuo* de alternativas clásicas. Nuestra «amplitud» anterior debe así ser considerada como una «densidad de amplitud», y necesitamos algo como $\int|\alpha(X)|^2 dX = 1$, donde tenemos que integrar sobre el espacio de estados clásicos para conseguir nuestro requisito de que la probabilidad total resulte ser 1. Esto no sería especialmente molesto; hemos hecho cosas de este tipo

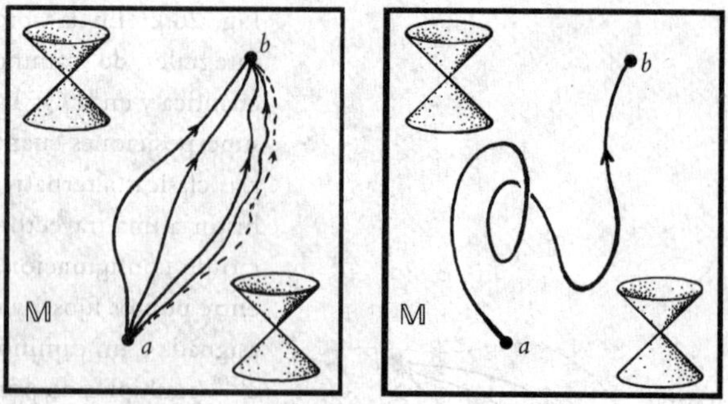

Fig. 26.3. (a) En el caso de una única partícula sin estructura, una historia clásica es una curva en el espaciotiempo (aquí el espacio de Minkowski $\mathbb{M}$) tomada entre sucesos fijos *a*, *b*. (b) La curva no tiene por qué ser una línea de universo suave admisible clásicamente, con tangentes siempre de género tiempo futuro; puede ir hacia atrás y hacia delante en el tiempo.

en §21.9, en el caso de una función de onda, para la mecánica cuántica ordinaria de una partícula puntual (donde $|\psi(\boldsymbol{x})|^2$ nos daba la densidad de probabilidad de encontrar la partícula en el punto $\boldsymbol{x}$). Pero las malas noticias aquí son que el «espacio de caminos clásicos» resultará ser casi con certeza de *dimensión infinita*. Es un problema de un orden de magnitud diferente dar sentido a las diversas cantidades involucradas —y asegurar que se obtengan respuestas finitas al final— cuando tenemos que definir todas las cosas que necesitamos para trabajar en un espacio de dimensión infinita.

La ilustración más accesible de una integral de camino es el caso de una única partícula puntual moviéndose en un campo de fuerzas (de modo que el espacio de configuración es ahora el propio espacio). Aquí consideramos todas las diversas historias que parten de un punto espaciotemporal *a* y acaban en otro punto espaciotemporal *b*, como en la Fig. 26.3a. Estas historias se consideran caminos espaciotemporales continuos que van de *a* a *b*. No exigimos que el camino sea «legal» de acuerdo con las reglas de la relatividad especial (i.e., que esté obligado a yacer dentro de los conos de luz, como exige la relatividad clásica; véase §17.8), ni siquiera exigimos que todo el camino vaya hacia el futuro. ¡La «historia» puede oscilar hacia arriba y hacia abajo en el tiempo si se quie-

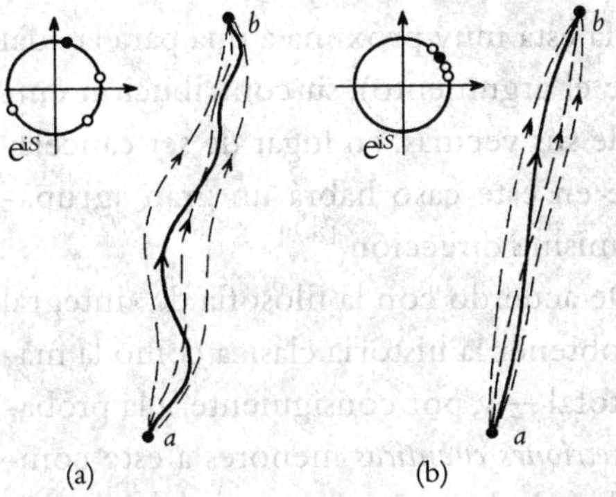

Fig. 26.4. El «principio de Hamilton» cuántico. (a) Una historia para la que S no es estacionaria (y es grande comparado con $\hbar$). Los valores de $e^{iS/\hbar}$ para historias próximas tienden a variar mucho alrededor del círculo unidad, y por consiguiente hay mucha cancelación en la suma. (b) Una historia para la que S es estacionaria (y grande). Para historias vecinas, los valores de $e^{iS/\hbar}$ no cambian mucho, de modo que la cancelación es mucho menor.

re! (Fig. 26.3b)[26.8] Supongamos que tenemos un lagrangiano $\mathcal{L}$, que describe (de acuerdo con §20.1) la energía cinética de la partícula menos la energía potencial debida al campo de fuerzas. Para cada historia habrá una acción S, donde S es la integral del lagrangiano a lo largo del camino (recordemos la Fig. 20.3). En mecánica clásica, nuestro amigo Joseph L. Lagrange nos habría dicho que buscásemos una historia particular para la cual la integral de acción fuera estacionaria (principio de Hamilton; véase §20.1), lo que nos daría el movimiento de la partícula real compatible con el movimiento clásico bajo la fuerza dada. En el enfoque de integrales de camino de la mecánica cuántica vamos a adoptar un punto de vista diferente. Se supone que *todas* las historias «coexisten» en superposición cuántica, y a cada historia se le asigna una amplitud $e^{iS/\hbar}$. ¿Cómo vamos a tomar contacto con el requisito de Lagrange, quizá solo en un sentido aproximado, según el cual debería haber una historia particular singularizada para la que la acción es estacionaria?

La idea es que las contribuciones de aquellas historias dentro de nuestra superposición que están muy alejadas de una historia de «acción estacionaria» se cancelarán prácticamente con las contribuciones de historias vecinas (Fig. 26.4a). Esto se debe a que los cambios que resultan en S cuando varía la historia producirán ángulos de fase $e^{iS/\hbar}$ que se distribuyen sobre toda la circunferencia del reloj, y por ello se can-

[26.8] Dé una «interpretación física» de la historia de la Fig. 26.3b en términos de creación y aniquilación de partículas.

celarán en promedio. (Esto se aplica, en particular, a las contribuciones muy «no físicas» procedentes de las historias exageradamente acausales de la Fig. 26.3b). Solo si la historia está muy próxima a una para la cual la acción es estacionaria (así dice el argumento), su contribución empezará a verse reforzada por las de sus vecinas, en lugar de ser cancelada por ellas (Fig. 26.4b), porque en este caso habrá un gran agrupamiento de ángulos de fase en la misma dirección.[26.9]

Esta es una idea muy bella. De acuerdo con la filosofía de «integral de camino», no solo deberíamos obtener la historia clásica como la mayor contribuyente a la amplitud total —y, por consiguiente, a la probabilidad total—, sino también *correcciones cuánticas* menores a este comportamiento clásico, que proceden de historias que no son del todo clásicas y dan contribuciones que no se cancelan completamente y que a menudo pueden ser experimentalmente observables. Aunque mis descripciones anteriores han sido expresadas en términos de una partícula puntual que se mueve en un campo de fuerzas, las ideas se aplican con toda generalidad, y pueden aplicarse a la dinámica de campos tanto como al movimiento de partículas. Una vez más, las «historias de campos» que representan soluciones clásicas de las ecuaciones de campo deberían emerger como aquellas que proporcionan las contribuciones principales, y habrá también correcciones cuánticas que provengan de las historias casi clásicas.

26.7. Integrales de camino divergentes: la respuesta de Feynman

Al menos eso es lo que *se supone* que sucede. Pero ¿lo hace? ¿Están justificadas matemáticamente las crudas descripciones que he presentado antes? Incluso si no lo están, y seguimos adelante ignorando sutilezas matemáticas, ¿obtenemos buenas respuestas físicas que estén de acuerdo con el experimento?

[26.9] Trate de hacer estos enunciados un poco más precisos con referencia a cambios de primer orden en el camino, utilizando símbolos «O» (como en §14.5), y relacionándolo con la exposición dada en §20.1 concerniente al significado de «acción estacionaria». (Suponga que S es grande en unidades de $\hbar$.)

Solo puedo dar respuestas muy contradictorias a estas preguntas. La cuestión de la justificación matemática es especialmente molesta, y la respuesta más justa que se debería dar en este punto sería: «No; no tal como están hoy las cosas». Incluso el caso de una única partícula puntual, que se ha descrito antes, es decididamente problemático. El espacio de caminos es ciertamente de dimensión infinita,[26.10] y se requiere una «medida» adecuada (la versión en dimensión infinita de un volumen) para manejarlo. Resulta que esta medida está fuertemente sesgada en favor de historias que no son siquiera suaves, así que tenemos que preocuparnos por lo que el lagrangiano significa siquiera en tales circunstancias. Todo diverge, tal como está la definición.

Estas divergencias son ciertamente graves desde el punto de vista matemático, y quizá prefiramos recurrir a la filosofía «euleriana» que en §4.3 nos ha llevado a especular sobre el sentido en el que podríamos confiar en la suma «absurda»

$$1 + 2^2 + 2^4 + 2^6 + 2^8 + \ldots = -\frac{1}{3},$$

obtenida al sustituir $x = 2$ en $1 + x^2 + x^4 + x^6 + x^8 + \ldots = (1 - x^2)^{-1}$. De hecho, el enfoque de integrales de camino parece depender por completo de una fe en que las expresiones incontroladamente divergentes que se presentan tienen realmente (como la expresión divergente anterior) un significado «platónico» más profundo que aún no percibimos adecuadamente. Parece que nos vemos obligados a admitir que debe de haber algo de esta naturaleza, porque, desde el lado físico, se nos presentan con cierta frecuencia respuestas de extraordinaria precisión cuando (si se me permite evocar una inverosímil metáfora) ¡desbrozamos nuestro camino a través de las matemáticas con gran sensibilidad y precisión! Por ejemplo, estos procedimientos de cálculo dan el factor de corrección 1,001 159 652 188, mencionado en §24.7, al valor original de Dirac para el momento magnético del electrón, lo que proporciona un acuerdo entre teoría y observación[17] con una discrepancia menor que 10^{-11}.

Es realmente notable lo lejos que puede llevarnos la aplicación de la sensibilidad matemática/física, hasta respuestas excelentes en muchos

[26.10] ¿Por qué?

casos. Un valioso primer paso para dar sentido a estas integrales de camino,[18] en el caso de partículas cuánticas individuales, es el reemplazamiento de la colección incontrolada de historias por lo que se denomina el *propagador de Feynman.*[19] Esto nos da la interpretación matemática de una de las líneas en un diagrama de Feynman (tal como los que se encuentran en el capítulo 25).

Más concretamente, consideremos una suma sobre historias para la que cierta partícula libre va a empezar en un punto p y terminar en algún otro punto q en el espaciotiempo. En principio, tenemos que hacer la suma (integral) de todos los $e^{iS/\hbar}$ para caminos que empiezan en p y terminan en q, pero esto es por supuesto incontroladamente divergente, tal como está. Por el contrario, podemos suponer que la suma $K(p, q)$ tiene un tipo de existencia matemática («euleriana/platónica»), y preguntamos qué propiedades formales algebraicas y diferenciales debería tener esta suma, si existiera. Estas propiedades (incluyendo una adecuada condición de «frecuencia positiva»; véase §24.3) determinan unívocamente la forma de $K(p, q)$ (si somos razonablemente afortunados en el ejemplo que hemos escogido), y esto nos da el propagador de Feynman que buscamos. De hecho, es más habitual (aunque en modo alguno esencial)[20] describir estas cosas en el espacio de momentos más que en el espacio de posición, pues las descripciones en el espacio de momentos son significativamente más simples.

En el caso de una partícula de Dirac (por ejemplo, un electrón), el propagador en el espacio de momentos toma la forma $i(\not{P} - M + i\varepsilon)^{-1}$, donde $\not{P} = \gamma^a P_a$ (véanse §§24.6,7), siendo la cantidad P_a el 4-momento que tiene la partícula para el camino escogido bajo consideración. La cantidad «ε» se toma como un número real positivo muy pequeño, lo que es un artificio dispuesto para garantizar los requisitos de frecuencia positiva/negativa del propagador de Feynman. Resulta que en el límite $\varepsilon \to 0$ tenemos una singularidad en el propagador —un valor infinito— cuando la «masa en reposo» $(P_a P^a)^{1/2}$ que resulta tener la partícula para ese camino escogido toma el valor M, que es la masa en reposo real observada de la partícula.[26.11] Para una partícula clásica,

[26.11] Explique cómo aparece esta singularidad, reescribiendo primero $(\not{P} - M + i\varepsilon)$ como un cociente en el que el denominador es $P_a P^a - M^2 - \varepsilon^2$.

exigiríamos que esta «masa en reposo» sí tome este valor, i.e., que $P_a P^a = M^2$; pero con la suma mecanocuántica sobre historias debemos admitir que la partícula experimente valores del momento para los que la masa en reposo resulta «errónea». Sin embargo, debido a la singularidad que acabamos de mencionar, encontramos que la amplitud se hace muy grande cuando $P_a P^a$ se hace muy próxima al valor M^2, de modo que el valor clásico para la masa da la contribución dominante. Esta es una característica que no es específica de una partícula de Dirac, sino que se aplica con toda generalidad.

26.8. Construyendo diagramas de Feynman; la matriz S

Lo que se ha descrito en la sección precedente es el primer paso para obtener un diagrama de Feynman. Esto necesita alguna explicación adicional. Lo que hemos encontrado es una única línea (o segmento de línea) de un diagrama semejante. Una línea concreta en un diagrama de Feynman sería normalmente tan solo una parte de una expresión complicada, que incluye otras líneas de partículas y varios vértices donde se juntan las líneas. Las contribuciones a la amplitud total procedentes de los *vértices* suelen ser[21] factores sencillos, que incluyen una constante de acoplamiento escalar (tal como la carga eléctrica) que gobierna la intensidad de la interacción, quizá un término tal como $\boldsymbol{\gamma}_a$, que es necesario para «hacer que los índices empalmen», y un término «función delta» (§9.7) para asegurar que las únicas contribuciones no nulas a la amplitud total aparecen cuando en cada vértice hay conservación del 4-momento.[22] Habrá términos de varios tipos que aparecen a partir de las diferentes variedades de líneas en el diagrama (dependiendo del valor del espín y de la masa en reposo de la partícula que la línea representa). Los *infinitos* en la expresión (aparte de aquellos de los términos función delta, que normalmente se considera que solo proporcionan ligaduras que aseguran la conservación del 4-momento) surgen cuando el momento P_a adquiere los valores concretos que se esperan para caminos clásicos (por ejemplo, $P_a P^a = M^2$). Esto tiene sentido porque esperamos que el comportamiento clásico domine la integral de camino. La presencia de estas singularidades (los infinitos apar-

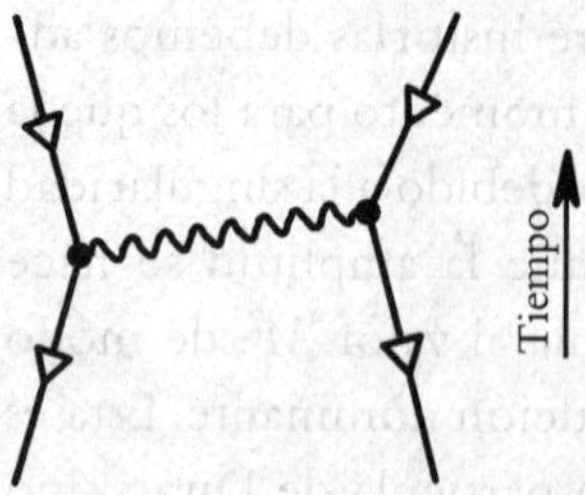

Fig. 26.5. Dispersión de Möller de electrones: la manifestación cuántica más primitiva de la fuerza electrostática (de Coulomb) entre dos partículas cargadas. La fuerza electrostática proviene aquí del «intercambio» de un único fotón (línea ondulada) entre dos electrones. El fotón está necesariamente «fuera de la capa» y por consiguiente es virtual, como se sigue de la conservación del 4-momento en cada vértice.

te de los de las funciones delta) está así íntimamente relacionada con el requisito de que el comportamiento clásico proporcione, en un sentido aproximado, la contribución principal a la amplitud mecanocuántica. Pese a todo, hay un peligro que acecha en estas singularidades, como veremos enseguida.

Solo para subrayar la necesidad de estas expresiones singulares, debería señalar que no podemos considerar la condición $P_a P^a = M^2$ como una ligadura (similar a la conservación de momento en los vértices) debido a la existencia de procesos básicos tales como el de la Fig. 26.5 en el que dos electrones «intercambian un fotón» (fotón que está indicado por una línea ondulada, como en §§25.3-5). Esta es la manifestación mecanocuántica básica de la repulsión electrostática (coulombiana) entre las dos partículas cargadas negativamente (dispersión de Möller). Las dos líneas entrantes (en la parte inferior del diagrama) representan los dos electones en su estado inicial, y las dos líneas salientes (en la parte superior[23] del diagrama) representan los electrones en su estado final. Estos se toman como «cosas dadas» —que proporcionan los momentos *externos*— y no deben «integrarse» al calcular la amplitud final.

Para estos estados externos (y solo para estos), tconsideramos que los momentos satisfacen la relación clásica $P_a P^a = M^2$. Cuando se satisface esta relación decimos que la masa de una partícula está *en la capa*, siendo esta la «capa de masas», que es la versión en el espacio de momentos del hiperboloide en forma de cuenco mostrado en la Fig. 18.7. Véase la Fig. 26.6. Las partículas reales (las que se observan realmente como partículas libres) están siempre en la capa. Sin embargo, con respecto a las líneas *internas* de un diagrama de Feynman, no esperamos

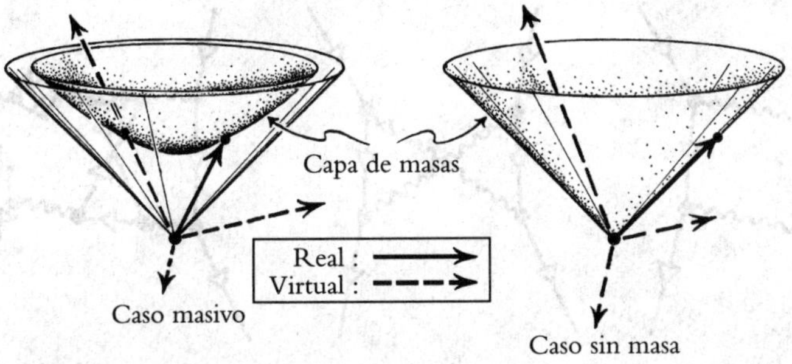

Fig. 26.6. La capa de masas en el espacio de momentos. (Compárese con las Figs. 18.7 y 18.17.) Para partículas reales (libres) de masa en reposo M, el 4-momento p^a yace en la capa de masas (de modo que p^a es de género tiempo futuro o nulo futuro con $p_ap^a = M^2$), pero en el interior de un diagrama de Feynman puede haber partículas virtuales «fuera de la capa».

que se cumpla este requisito de estar en la capa. En particular, el fotón intercambiado en el diagrama de Feynman de la Fig. 26.5 no puede estar en la capa (i.e., su 4-momento no satisface $P_aP^a = M^2$) cuando quiera que haya una interacción no trivial.[26.12] Tales partículas fuera de la capa se conocen como partículas *virtuales*, y solo pueden ocurrir en el interior de un diagrama de Feynman. El fotón intercambiado de la Fig. 26.5 es virtual, y no puede «escapar» para ser observado a grandes distancias.

El proceso de la Fig. 26.5 es bastante especial en cuanto que el estado de la línea interna (fotón virtual) está completamente determinado por las líneas externas. En este caso, la «integración sobre estados internos» que generalmente se requiere es completamente trivial, pues consiste en un único término. Sin embargo, en procesos más complicados, tales como los que se muestran en las Figs. 26.7a,b, donde se intercambian *dos* fotones, hay cierta libertad en los 4-momentos de las líneas internas.[26.13] La idea es que en tales casos (y en multitud de casos aún más complicados) se supone que integramos sobre todas las posibilidades para los momentos permitidos para las líneas internas, y también suma-

[26.12] ¿Por qué no? Explique cómo la conservación del 4-momento en cada vértice determina el 4-momento del fotón virtual. *Sugerencia*: ¡Todos los electrones tienen la misma masa en reposo!

[26.13] ¿Cuál es esta libertad?

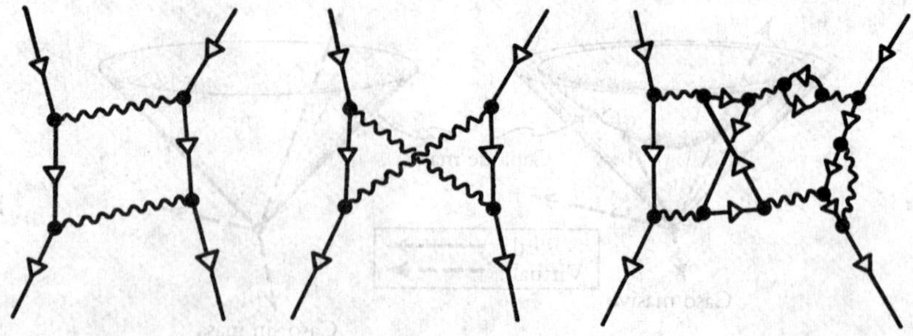

Fig. 26.7. Procesos de orden superior que dan correcciones a la dispersión Möller. (a) y (b) muestran intercambios de dos fotones entre dos electrones, mientras que (c) es un proceso de orden mucho más alto que incluye creaciones y aniquilaciones internas de pares. Cada diagrama semejante de Feynman representa una integral, y hay que sumar las contribuciones de todos ellos.

mos todas las contribuciones diferentes para todas las posibles «topologías de diagramas de Feynman» que son compatibles con las líneas externas dadas con sus momentos dados. (Una «topología» se refiere simplemente a una de las varias formas diferentes en las que puede conectarse un diagrama de Feynman, sin considerar los valores concretos del 4-momento que se han asignado a las líneas en el diagrama.)

Este proceso va a darnos la amplitud total para el conjunto particular de momentos «entrantes» y «salientes» que se han especificado como «dados». El conjunto de amplitudes para los diversos estados iniciales y finales posibles constituye un tipo de matriz (aunque de dimensión infinita) cuyas «filas» y «columnas» corresponden a una base para estados finales e iniciales, respectivamente. Esta matriz se conoce como la *matriz de dispersión*, o más habitualmente como la *matriz S*. El cálculo de la matriz S se considera un objetivo principal de la QFT.[24]

Este procedimiento supone una enorme mejora, en términos de cálculo, sobre la «suma sobre historias» original, porque ya hemos hecho efectivamente las integrales de camino de dimensión infinita (y en apariencia desesperadamente divergentes) que corresponden a cada línea en el diagrama por separado. Cada elección de topología de diagramas de Feynman representa una integral ordinaria en dimensión finita (como aquellas consideradas en §12.6), y esto es un gran avance respecto a las integrales en dimensión infinita incontroladamente di-

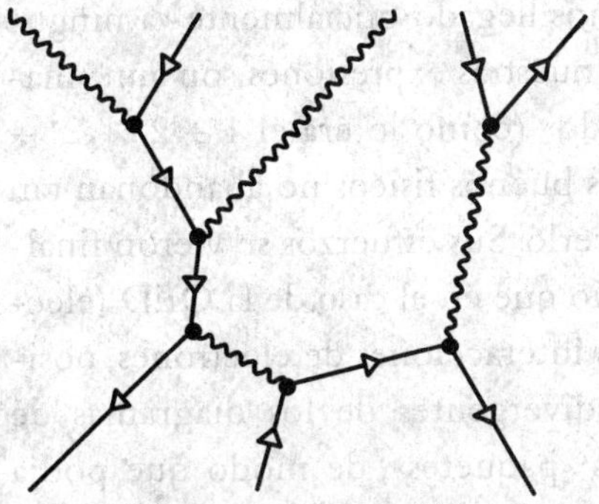

Fig. 26.8. Un diagrama de árbol no contiene lazos. Los momentos internos están determinados, en consecuencia, por los momentos externos, de modo que no se incluye ninguna integración. Los diagramas de árbol reproducen la teoría clásica.

vergentes a las que nos llevaría la interpretación directa de una integral de camino. Además, estas integrales en dimensión finita pueden tratarse mediante los potentes métodos de la integral de contorno compleja (como se ha discutido en §7.2). El parámetro de Feynman ε, que aparece en el propagador (véase el último párrafo de §26.7), es en realidad tan solo una receta para guiar la integración de contorno por el lado adecuado de las singularidades que aparecen en las expresiones.

Pese a todo, aún nos falta mucho para estar «fuera de peligro», porque la integral de dimensión finita que nos ha quedado, para cada topología de diagrama de Feynman, va a ser ella misma divergente cuando quiera que haya *lazos cerrados* en el diagrama de Feynman. Esto podría ser una «mala noticia»; en efecto, solo con lazos cerrados es cuando empezamos a entender la realización de cualquier integración. En todos los demás casos (i.e., los denominados «diagramas de árbol», que no tienen lazos cerrados; véase la Fig. 26.8), los momentos internos están simplemente determinados por los valores externos. ¡Los diagramas de árbol reproducen solo la teoría *clásica*!

26.9. Renormalización

Así pues, parece que pese a todos nuestros esfuerzos (o, más bien, los de Feynman), aún estamos atascados en una expresión divergente para la amplitud total de cualquier proceso genuinamente cuántico. El lector fatigado puede estar preguntándose legítimamente en este momento qué tiene todo esto de bueno para nosotros. De hecho, desde un punto de vista matemático estricto, hemos llegado oficialmente «a ninguna parte», en el sentido de que todas nuestras expresiones son aún «matemáticamente carentes de significado» (como lo era el $1 + 2^2 + 2^4 + + 2^6 + \ldots = -1/3$ de Euler). Pero los buenos físicos no abandonan tan fácilmente. Y tenían razón en no hacerlo. Sus esfuerzos se vieron finalmente recompensados[25] cuando se vio que en el caso de la QED (electrodinámica cuántica: la teoría de las interacciones de electrones, positrones y fotones) todas las partes divergentes de los diagramas de Feynman podían reunirse en varios «paquetes», de modo que podía considerarse que los infinitos proporcionaban simplemente factores de «reescalamiento» que pueden ignorarse, de acuerdo con un proceso conocido como *renormalización* (ya apuntado antes en §26.5).

Estos infinitos concretos aparecen porque los diagramas de Feynman dan integrales que divergen cuando los valores del momento se hacen ilimitadamente grandes, o, de forma equivalente, cuando las distancias se hacen ilimitadamente pequeñas. (Recordemos la relación de incertidumbre de Heisenberg $\Delta_p\Delta_x \geq \frac{1}{2}\hbar$; véase §21.11.) Los infinitos se conocen como divergencias *ultravioletas*. Aunque no son las únicas divergencias en QFT, se consideran las más graves. Hay también divergencias *infrarrojas* que podemos considerar que proceden de distancias indefinidamente grandes (i.e., de momentos indefinidamente pequeños). Estas se consideran normalmente «curables» por diversos medios, a menudo restringiendo el tipo de pregunta que se considera físicamente razonable para hacer a un sistema.

Para hacernos una idea de lo que aquí está implícito, examinemos el significado físico del que es el más claro ejemplo de renormalización. Este ocurre con el valor de la carga eléctrica que posee el electrón. Imaginemos un electrón como una carga puntual situada en algún punto E del espacio. Existe un efecto conocido como *polarización del vacío* que puede entenderse de la forma siguiente. Supongamos que en algún punto próximo a E pudiera darse la creación de un par (virtual) de partículas: un electrón y un positrón, que al cabo de un período de tiempo muy corto se aniquilan mutuamente. (Consideremos que este período de tiempo es corto, de modo que la energía requerida para la producción del par está dentro de las incertidumbres

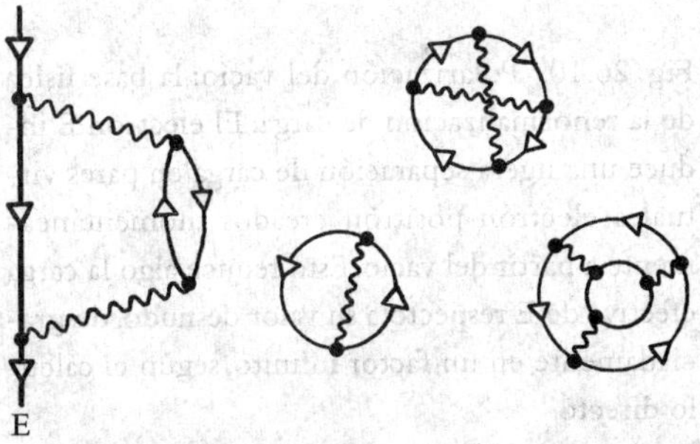

Fig. 26.9. (a) Diagrama de Feynman implicado en la renormalización de carga. Este representa una creación de un par positrón-electrón y la posterior aniquilación en el campo de un electrón de fondo (véase la Fig. 26.10). (b) Diagramas de Feynman totalmente desconectados. Se considera que estos no tienen efectos directamente observables.

de la relación energía-tiempo de Heisenberg $\Delta E\ \Delta t \geq \frac{1}{2}\hbar$; [§21.11].)

El diagrama de Feynman para este proceso se indica en la Fig. 26.9a. La presencia de la línea del fotón (virtual) en el comienzo (y también en el final) de este proceso indica que la creación (y posterior aniquilación) ocurre en el campo eléctrico ambiente del electrón en E. (También podríamos contemplar «lazos» de Feynman completamente desconectados; véase la Fig. 26.9b, donde los procesos de creación y aniquilación tienen lugar sin la presencia del campo ambiente del electrón en E; pero se considera que tales procesos «totalmente desconectados» no tienen efectos físicamente observables.) El efecto de este campo ambiente es que el electrón creado es ligeramente repelido por el electrón en E, mientras que el positrón creado es ligeramente atraído por él, de modo que hay una ligera separación física entre estas cargas durante su momentánea existencia. Esto está sucediendo continuamente en torno al electrón en E, y el efecto neto, conocido como «polarización del vacío», consiste en reducir[26] el valor aparente de la carga de dicho electrón, tal como se mide por su efecto sobre otras cargas; véase la Fig. 26.10.[26.14] El vacío sirve para «apantallar» la carga del electrón, y hace que parezca tener un valor más pequeño —llamado valor de la carga *vestida*— que el valor «real» de la carga *desnuda* del electrón. Es el valor vestido el que se mediría directamente en experimentos físicos.

[26.14] ¿Puede ver por qué debería ser así?

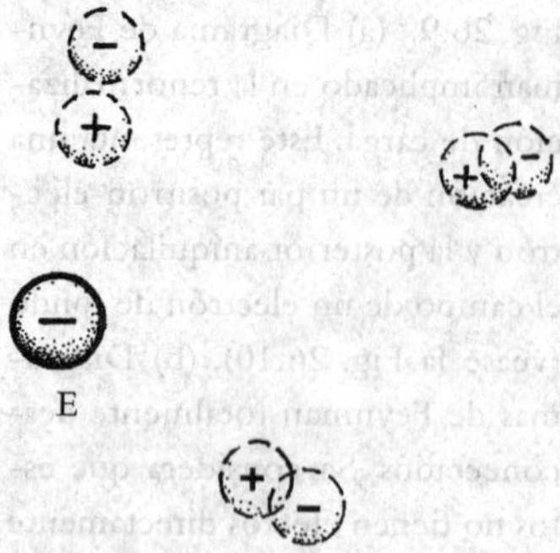

Fig. 26.10. Polarización del vacío: la base física de la renormalización de carga. El electrón E induce una ligera separación de carga en pares virtuales electrón-positrón creados momentáneamente a partir del vacío. Esto reduce algo la carga efectiva de E respecto a su valor desnudo, desgraciadamente en un factor infinito, según el cálculo directo.

Todo esto parece muy razonable. Pero el problema es que el factor numérico calculado por el que hay que escalar el valor desnudo, con respecto al valor vestido, ¡resulta ser infinito! Este infinito puede ser identificado con claridad como uno de los infinitos en el cálculo electrodinámico cuántico (básicamente diagramas como el de la Fig. 26.9a y desarrollos del mismo). Se puede adoptar el punto de vista de que, de acuerdo con alguna teoría futura, las integrales divergentes deberían ser reemplazadas por algo finito, quizá porque hay un «corte» que interviene a distancias muy pequeñas, i.e., a momentos muy grandes (§21.11), y el factor de renormalización correcto debería ser algún número finito bastante grande, antes que ∞. (De hecho, en términos de las «unidades naturales» a las que llegaremos más adelante —en §27.10—, la carga vestida medida del electrón es de aproximadamente 0,0854, y es tentador imaginar que el valor de la carga desnuda debería ser 1, por ejemplo. Esto correspondería a un factor de escala de 11,7062, o aproximadamente $\sqrt{137}$, en lugar de ∞.) Otro punto de vista es considerar que la carga desnuda no es más que una conveniencia conceptual, y adoptar la postura de que la noción de «carga desnuda» es realmente «carente de significado», porque es «inobservable».

Cualquiera que sea la posición filosófica que se adopte sobre esta cuestión, la renormalización es un aspecto esencial de la QFT moderna. De hecho, tal como están las cosas, no hay ninguna forma aceptada de obtener respuestas finitas sin un procedimiento semejante de «reescalamiento infinito» aplicado no necesariamente solo a la carga, o a la masa, sino también a otras magnitudes. Las teorías en las que funciona este tipo de procedimientos se denominan *renormalizables*.

En una QFT renormalizable es posible reunir todas las partes divergentes de los diagramas de Feynman en un número finito de «paquetes»[27] que pueden ser «escalados» mediante la renormalización, estimando que cualesquiera expresiones divergentes remanentes se *cancelarán* mutuamente de acuerdo con ciertos principios generales (tales como los principios de simetría que desempeñan un papel importante en el modelo estándar). La QED es una teoría renormalizable, y así lo es el modelo estándar en conjunto. La mayoría de las QFT, por el contrario, son *no* renormalizables. Un punto de vista común entre los físicos de partículas es considerar la renormalizabilidad como un principio de selección para las teorías propuestas. Por consiguiente, cualquier teoría no renormalizable sería automáticamente rechazada como inadecuada para la naturaleza. De hecho, este principio ha proporcionado una poderosa guía hacia la elección concreta de teoría que ha llegado a ser el modelo estándar de la física de partículas en el siglo XX que hemos encontrado en el capítulo 25. Así pues, desde este punto de vista, la predominancia de infinitos en las QFT no es algo «malo» en absoluto, sino que es una característica que puede volverse poderosamente en nuestro favor.[28] Muy pocas teorías superan el test de la renormalizabilidad, y solo aquellas que sí lo superan tienen una oportunidad de ser consideradas aceptables para la física.

Pese a todo, no todos los físicos suscriben en rigor esta postura. Incluso el premio Nobel Gerard 't Hooft, que proporcionó el ingrediente clave para demostrar la renormalizabilidad del modelo estándar, ha expresado ciertas reservas sobre la estricta adhesión a la renormalizabilidad. (En 1971, mientras aún era un estudiante de doctorado en la Universidad de Utrech, 't Hooft conmocionó a la comunidad física al demostrar la renormalizabilidad de las teorías donde hay una simetría «espontáneamente rota», que se convirtió en una característica esencial de la teoría electrodébil.) En cierta ocasión me expresó su punto de vista de que la importancia de la renormalizabilidad de una teoría depende del tamaño de la constante de acoplamiento en la interacción que se considera. Mencionó concretamente la gravedad, que es extraordinariamente débil comparada con las fuerzas de la física de partículas, pese a lo cual su teoría cuántica resulta ser no renormalizable según los enfoques estándar para la cuantización de las ecuaciones de Einstein de la relatividad general; véanse §19.6 y §31.1. (La atracción gravitatoria entre el electrón y el protón en un átomo de hidrógeno es menor que la fuerza eléctrica en un factor del orden de 10^{-40}, lo que hace la gravedad algo incomparablemente más débil que las «interacciones débiles» de la desintegración radiactiva.) Sus comentarios expresan lo que podría llamarse una visión *pragmática* de la QFT. Ni siquiera las teorías renormalizables están libres de infinitos, un punto que desarrollaré enseguida. Su idea era cuestionar si los infinitos, potencialmente presentes en una teoría, son en realidad físicamente relevantes a energías siquiera remotamente accesibles al experimento. En el caso de una «gravedad cuantizada», las energías extremas relevantes están absurdamente más allá de lo que es factible, y muchas otras incertidumbres de la teoría física entrarían en escena mucho antes de que la no renormalizabilidad de la gravedad empezara a dejar su huella.

En el otro extremo de la escala, argumentaba él, tenemos las interacciones *fuertes*, con una constante de acoplamiento tan grande que es dudoso que sea completamente útil una descripción solo en términos de diagramas de Feynman. La renormalizabilidad por sí sola es insuficiente para asegurar que la cromodinámica cuántica pueda suministrar respuestas finitas. En este caso se saca provecho de lo que se denomina la *libertad asintótica* de la fuerza fuerte. Para momentos muy grandes —que en teoría cuántica equivalen a distancias minúsculas—, la fuerza fuerte tiene la notable propiedad de que efectivamente desaparece. Esto contrasta con la familiar fuerza electrostática, o la gravitatoria, entre partículas, donde la ley de la inversa del cuadrado nos dice que la fuerza aumenta cuando la distancia se hace más pequeña. La fuerza fuerte se parece más a una goma elástica, donde la intensidad de la fuerza aumenta en proporción a la distancia, y cae a cero cuando la distancia se hace cero.[29] Esta ley de fuerzas es responsable del hecho —conocido como *confinamiento* (véanse §§25.7,8)— de que los quarks no pueden ser extraídos individualmente de un hadrón. A diferencia de una goma elástica ordinaria, la fuerza fuerte no puede «romperse», aunque si se tira de ella lo suficiente otras entidades tales como los antiquarks o los pares de quarks pueden extraerse también del vacío, que es lo que ocurre con los «chorros» que pueden ocurrir en aceleradores de partículas. Esta notable propiedad de la libertad asintótica es lo que salva a la teoría de las interacciones fuertes de ser inútil desde el punto de vista del cálculo, a pesar de su renormalizabilidad. La constante de acoplamiento fuerte vale aproximadamente 10, lo que puede contrastarse con la constante de acoplamiento electromagnético —la denominada *constante de estructura fina*—, que vale aproximadamente 1/137; y la fuerza débil, aunque no es numéricamente comparable de forma directa, es muchísimo más débil (véase también §31.1).

26.10. Diagramas de Feynman a partir de lagrangianos

En mis descripciones de los diagramas de Feynman, renormalización, etc., he dado un salto muy grande hacia delante y no he explicado cómo se obtienen estos diagramas para cualquier teoría de campos concreta. Tampoco he relacionado la descripción de diagramas de Feynman con el formalismo general de la QFT con el que se ha iniciado este capítulo. Permítanme ahora rectificar esta omisión y clarificar el estatus de los diagramas de Feynman dentro del marco general de la QFT.

El punto de partida sería un lagrangiano apropiado para la teoría en consideración. Los diagramas de Feynman representan entonces un *desarrollo perturbativo* de la teoría cuántica asociada a dicho lagrangiano. Un desarrollo perturbativo es en esencia tan solo un desarrollo en serie de potencias de algún parámetro (o familia de parámetros) que normalmente consideramos pequeño. Este tipo de desarrollo es algo similar a lo que se ha expuesto en §4.3, donde una función $f(x)$ se desarrolla como una serie de potencias de x. El análogo de x para los diagramas de Feynman sería normalmente alguna constante de acoplamiento. En el caso de la QED, por ejemplo, este parámetro sería la carga eléctrica e. Para cada vértice de un diagrama de Feynman habría un factor de e, de modo que los términos de la serie serían diagramas con un número creciente de vértices, donde los diagramas con n vértices proporcionarían, en conjunto, el coeficiente de e^n. Para teorías con más de una constante de acoplamiento, obtendríamos una serie de potencias en más de una variable. Un ejemplo sería una versión de QED en la que las líneas electrónicas del enfoque estándar se reemplazan por zigzags, de acuerdo con las Figs. 25.2 y 25.3b. Las dos «constantes de acoplamiento» serían entonces la carga eléctrica y la masa M del electrón.

He comentado que las teorías renormalizables no son necesariamente finitas. Incluso esa teoría renormalizable arquetípica, la QED, no es realmente una teoría finita, ni siquiera después de la renormalización. ¿Cómo puede ser esto? La renormalización se refiere a la eliminación de infinitos de colecciones finitas de diagramas de Feynman. No nos dice que la *suma* de todas esas cantidades finitas resultantes sea realmente convergente. Lo que nos da la QED es una serie de potencias como $f_0 + f_1 e + f_2 e^2 + f_3 e^3 + \ldots$, donde cada uno de los coeficientes $f_1, f_2, f_3, \ldots$ es una cantidad finita, obtenida a partir de los procedimientos «renormalizados» aceptados para calcular integrales de diagramas de Feynman, en cada orden sucesivo, 0, 1, 2, 3, ... (De hecho, en cualquier caso concreto solo aparecerán potencias pares o potencias impares.)[26.15] La renormalizabilidad no nos dice que la suma de la serie entera sea finita. De hecho, no es finita, sino que tiene una divergencia logarítmica (como la serie $1 + \frac{1}{2} + \frac{1}{3} + \frac{1}{4} + \ldots$ para $-\log(1 - x)$ en $x = 1$) que, para la QED, no empieza a manifestarse hasta que llegamos a términos de orden 137, más o menos, lo que está mucho más allá de lo que normalmente se considera relevante.

En el caso de una teoría cuántica de campos general, para calcular con exactitud qué diagrama se da en cada orden necesitamos apelar a la expresión de integral de camino original, incluso si esta expresión representa algo que sería gravemente divergente si tratáramos de sumarla directamente. El procedimiento consiste en tratar la integral de camino como una cantidad completamente *formal*, a la que se aplican procedimientos simples pero formales de derivada funcional (§20.5). Se obtienen diagramas de Feynman con un número cada vez mayor de vértices cuando se realizan derivadas funcionales de orden cada vez mayor. No pretendo entrar aquí en esta materia con más detalle, excepto para decir que la generación de los diagramas de Feynman es inequívoca,[30] de acuerdo con este procedimiento formal. El lagrangiano será, por supuesto, un lagrangiano de *campo*, del tipo general que se

[26.15] ¿Puede ver por qué?

ha examinado en §20.5. Para un lagrangiano semejante, el «camino» involucrado no será una curva 1-dimensional ordinaria, digamos en algún espacio de configuración de dimensión infinita. Para una imagen relativísticamente invariante, la «historia» debe ser toda una configuración de campo 4-dimensional en una región espaciotemporal específica. La integral de la densidad del lagrangiano sobre dicha región sería la acción S, y entonces $e^{iS/\hbar}$ proporciona la amplitud (densidad) que hay que asignar a dicha configuración concreta.

26.11. Los diagramas de Feynman y la elección del vacío

En el caso de una teoría con una simetría bajo cierto grupo, como la simetría U(2) de la teoría electrodébil o la simetría SU(3) de la cromodinámica cuántica, o ambas, esta simetría se tomaría normalmente como una simetría manifiesta del lagrangiano. La presencia de dicha simetría sería importante para la renormalizabilidad de la QFT. En términos generales, la simetría se utiliza para asegurar que ciertos términos divergentes se cancelen mutuamente, y la cancelación se debe (o así se estima) a que si fuera a existir una expresión divergente superviviente, tal expresión no podría compartir la simetría postulada de la teoría.

Al menos, esa es la idea general. Sin embargo, en el caso de la teoría electrodébil existe otra sutileza, porque la teoría resultante no posee, después de todo, la simetría U(2) originalmente postulada.[31] La falta de simetría U(2) se considera el resultado de ruptura de simetría (§25.5), pero para entender cómo hay que acomodar esto necesitamos volver a nuestro formalismo general de la teoría cuántica de campos. La idea básica es que la ruptura de la simetría se explica por una elección del *estado vacío* U(2)-asimétrico. En consecuencia, el estado «$|0\rangle$» fantasma que se supone que está en el extremo derecho de todos los operadores creación y aniquilación, y que en general ha sido ignorado hasta ahora en nuestras consideraciones de los diagramas de Feynman, debe empezar a salir de sus sombras.

En primer lugar, tendremos que ver aproximadamente cómo relacionar los elementos del álgebra $\mathcal{A}$ de la QFT con los diagramas de Feynman. Un punto clave es que los propagadores de Feynman, que representan las líneas de un diagrama de Feynman, son básicamente los valores de los *conmutadores* o *anticonmutadores* que hemos visto en §26.2 (i.e., los «$\langle\psi|\phi\rangle$» en estas expresiones). En la práctica, estos se expresan normalmente en términos de espacio de momentos, aunque en la definición de los propagadores de Feynman precisos hay algunas sutilezas que surgen de las cuestiones de energía positiva/negativa (que quizá pueden entenderse mejor desde la perspectiva hiperfuncional de §9.7). Aquí no nos preocuparemos por estas sutilezas.

Supongamos ahora que estamos interesados en una situación que empieza con cierto conjunto de partículas entrantes y de la que finalmente emerge un conjunto de partículas salientes. Empezamos con el estado vacío $|0\rangle$ y luego aplicamos los diversos operadores de creación que se necesitan para producir el estado requerido para las partículas entrantes. Este procedimiento da el estado inicial $|\psi_{in}\rangle$. Análogamente, podemos adoptar el mismo procedimiento, pero ahora utilizando los operadores creación para las partículas salientes, actuando de nuevo sobre $|0\rangle$, para producir el estado final $|\psi_{fin}\rangle$. Queremos calcular la amplitud $\langle\psi_{fin}|\psi_{in}\rangle$, a partir de la que podemos obtener la probabilidad de ir de «in» a «fin» utilizando simplemente la fórmula estándar, que se ha dado en §22.5, que es precisamente $|\langle\psi_{fin}|\psi_{in}\rangle|^2$, si los estados están normalizados.

Ahora bien, la expresión $\langle\psi_{fin}|\psi_{in}\rangle$ incluye operadores aniquilación a la izquierda (porque la conjugación hermítica implicada al pasar de $|\psi_{fin}\rangle$ a $\langle\psi_{fin}|$ cambia todos los operadores de creación en operadores de aniquilación). Todos estos están a la izquierda de los operadores de creación en $|\psi_{in}\rangle$, de modo que podemos imaginar que «empujamos» todos estos operadores de aniquilación a través de los operadores de creación que hay a su derecha, hasta que llegan a dar con el $|0\rangle$ en el extremo derecho. Cuando esto sucede, se ha «matado» el $|0\rangle$ (véase §26.2), de modo que la expresión obtenida es cero. Pero cada vez que empujamos un operador de aniquilación a través de un operador de creación debemos tener en cuenta el conmutador (y los requisitos de frecuencia positiva/negativa) antes mencionado, lo que nos da una línea del diagrama de Feynman, como he indicado. Cada vez que hacemos esto aparece otra de estas líneas. Finalmente, todo lo que obtenemos es $\langle 0|0\rangle$ multiplicado por el conjunto de propagadores de

Feynman que representan las líneas de un diagrama de Feynman, y $\langle 0|0\rangle = 1$, para un estado vacío normalizado, de modo que obtenemos precisamente el propio diagrama de Feynman.

Hasta ahora, nuestro diagrama de Feynman es completamente trivial, sin ningún vértice en absoluto, pero esto se debe a que no he incluido ninguna interacción en el álgebra de operadores $\mathcal{A}$. Para hacerlo tendríamos que examinar el lagrangiano específico que es relevante para nuestro problema concreto y utilizarlo para generar la $\mathcal{A}$ correcta. Básicamente, estos procedimientos reflejarían los mencionados en §26.10 para generar diagramas de Feynman, con sus términos de vértice apropiados.

Hasta aquí no hemos ganado mucho, pero una ventaja de introducir nuestros diagramas de Feynman en el marco general de la QFT es que ahora podemos reemplazar el estado vacío $|0\rangle$ por un vacío alternativo $|\Theta\rangle$, que puede no ser equivalente a él (como sucede con el estado $|\Sigma\rangle$ mar de Dirac que hemos considerado en §26.4). Esto tiene la virtud, con respecto a la teoría electrodébil y otras teorías que dependen de forma crucial de una simetría fundamentalmente rota, de que mientras el lagrangiano —y en consecuencia los diagramas de Feynman de la teoría— está sujeto a una simetría exacta (el grupo U(2), en el caso de la teoría electrodébil), los estados reales del sistema están sujetos solo a una simetría más baja (el grupo gauge U(1) del electromagnetismo, en el caso de la teoría electrodébil), porque el estado vacío $|\Theta\rangle$ posee solo esta simetría más baja. Por este método, la renormalizabilidad de la teoría que confiere la completa simetría intacta no es perturbada, pese al hecho de que la teoría en conjunto exhibe solo un grupo de simetría «rota» más pequeño.

Este es evidentemente un artificio maravilloso para producir teorías físicas que pueden beneficiarse de una simetría exacta aunque la situación observacional sea una situación en la que la simetría está lejos de ser satisfecha. Es el tipo de cosas que ha ofrecido una gran tentación para los físicos en sus tanteos en busca de esquemas mejores y más profundos. De hecho, todas las ideas modernas para ir más allá del modelo estándar tratan de sacar partido de este tipo de «ruptura de simetría». Pese a todo, y por muy populares que sean todos estos intentos —tales como los que abordaré en §§28.1-5—, deben considerarse todavía muy especulativos. Tendremos que mantener una postura crítica y escéptica respecto a propuestas de esta naturaleza para no extraviarnos con demasiada facilidad.

Como preludio antes de abordar algunas de estas propuestas, tendremos que familiarizarnos un poco con el *big bang* en el capítulo siguiente. Luego, en el capítulo 28, trataremos de entender algunas de las cuestiones alarmantes que pueden acompañar a la idea de ruptura espontánea de simetría en el contexto concreto del universo primitivo. Por último, tendremos que bregar aún más en los usos necesarios de esta idea ubicua, cuando, en el capítulo 31, lleguemos a examinar la supersimetría, las ideas originales de la teoría de cuerdas, y luego algunas de sus extraordinarias descendientes.

Notas

Sección 26.1

26.1. Véanse Aitchison y Hey (2004), o Zee (2003).

Sección 26.2

26.2. Aquí voy a ser un poco «no estándar» en mis descripciones al admitir que la «función de onda» ψ sea simplemente un campo *general* de frecuencia positiva, no necesariamente normalizado. En correspondencia, la falta de normalización se aplica también al operador creación $\boldsymbol{\Psi}$ (y al operador destrucción $\boldsymbol{\Psi}^*$). En muchas descripciones convencionales, ψ se consideraría un estado de momento.

26.3. En buena parte de la literatura estándar se utiliza el símbolo $\boldsymbol{a}$ para un operador aniquilación, y se utiliza $\boldsymbol{a}^\dagger$ (el conjugado hermítico de $\boldsymbol{a}$) para el correspondiente operador creación, adoptándose normalmente una descripción en el espacio de momentos; véanse Shankar (1994) y Zee (2003).

26.4. Algunos lectores familiarizados con la literatura estándar pueden sentirse confundidos por esto, porque con frecuencia se da el caso de que los operadores creación y aniquilación que se utilizan están restringidos a ser aquellos para los diferentes estados de momento que forman una *base ortogonal*. En tal caso, los operadores aniquilación *sí* eliminan estados específicos.

26.5. Véanse Zee (2003) y Peskin y Schröder (1995).

26.6. Véase Zee (2003) para una incisiva demostración de este requisito.

26.7. Hay también algunas cuestiones topológicas intrigantes que interconectan el intercambio de partículas con una rotación de 2π, pero todavía no están claras las plenas consecuencias con respecto a la QFT. Véanse Finkelstein y Rubinstein (1968), Feynman (1987) y Berry y Robbins (1997).

Sección 26.3

26.8. Véanse Landsman (1998) para una referencia técnica más bien exigente y también Ashtekar y Magnon (1980).

26.9. Escrito quizá en términos de un potencial.

26.10. Las cuestiones generales de normalización de estados se tratan, por ejemplo, en Ryder (1996). La cuantización del campo electromagnético recibe un tratamiento algo más convencional en Shankar (1994).

Sección 26.4

25.11. Véase Shrock (2003) para algunas de las noticias más recientes sobre neutrinos: ¡un área muy «caliente» en física actualmente!

Sección 26.6

26.12. El espacio de Fock para el caso sencillo de un campo bosónico, en donde la partícula es su propia antipartícula, puede escribirse $\mathbb{C} \oplus \mathcal{H} \oplus \{\mathcal{H} \odot \mathcal{H}\} \oplus \{\mathcal{H} \odot \mathcal{H} \odot \mathcal{H}\} \oplus \{\mathcal{H} \odot \mathcal{H} \odot \mathcal{H} \odot \mathcal{H}\} \oplus \ldots$, donde la operación suma directa se denota por $\oplus$ y donde el símbolo $\odot$ denota el producto tensorial *simetrizado*. Casos más complicados en los que hay espín y carga, etc., pueden tratarse de forma correspondiente. Véase Shankar (1994) para la idea general; también puede ser útil Davydov (1976).

26.13. Véanse Hannabuss (1997) y Shankar (1994) para una discusión de los estados coherentes, que pueden entrar en muchas variedades (fermiónica, espín, etc.).

26.14. Véanse Wald (1994) y Birrell y Davies (1984).

26.15. Véanse Dirac (1933) y Schwinger (1958).

26.16. Véase Feynman (1948, 1949). Feynman y Hibbs (1965) constituye una excelente visión general de la idea. El enfoque competidor de Schwinger respecto a la electrodinámica cuántica (véase, por ejemplo, Schwinger, 1951) era en muchos aspectos más riguroso, pero la mayoría de los que trabajan en el tema utilizan hoy la imagen más intuitiva de integrales de camino y diagramas de Feynman.

Sección 26.7

26.17. Como ha señalado Feynman, una precisión de este orden determinaría la distancia entre Los Ángeles y Nueva York ¡con un error menor que el grosor de un cabello humano!

26.18. Algunas otras ideas dignas de mención, tal como la denominada «euclideanización», se discutirán en §28.9.

26.19. Este es un ejemplo de lo que se denomina una función de Green (por el inglés George Green, 1793-1841, hijo de un molinero, que se convirtió en un extraordinario matemático autodidacta). El propagador de Feynman es una función de Green particular $K(p, q)$, definida por los requisitos de frecuencia positiva de la teoría cuántica mencionados en §24.3.

26.20. Véase, por ejemplo, el clásico Bjorken y Drell (1965).

Sección 26.8

26.21. Existen cantidades conocidas como «constantes de acoplamiento móviles» que tienen dependencia funcional de la energía en reposo del sistema total de partículas entrantes en un vértice de Feynman. Estas tienen importancia en muchas teorías modernas de física de partículas.

26.22. Así, si $P_a^{(1)}$, $P_a^{(2)}$, ... son los momentos entrantes, y $Q_a^{(1)}$, $Q_a^{(2)}$, ... los momentos salientes, en un vértice, entonces incluimos el término $\delta(P_a^{(1)} + P_a^{(2)} + \ldots - Q_a^{(1)} - Q_a^{(2)} - \ldots)$.

26.23. Véase la nota 25.5.

26.24. El importante concepto de una «matriz S» (debido, básicamente, a Heisenberg y al muy original físico estadounidense J. A. Wheeler) no está ligado a la noción de un diagrama de Feynman, y puede ser evaluado por otros medios. Véase Eden *et al.* (2002).

Sección 26.9

26.25. Véanse Zee (2003) o Ryder (1996) para más (escabrosos) detalles.

26.26. Puesto que la carga del electrón es negativa, «reducir» significa aquí «hacer el módulo más pequeño».

26.27. Existen algunos procedimientos matemáticos elegantes, adaptados para la sistematización de este método, que sacan partido de la noción de «coproducto», relacionada con las ideas de la geometría no conmutativa discutidas brevemente en §33.1; véase Connes y Kreimer (1998).

26.28. Un conjunto importante de técnicas es el suministrado por la idea de «grupo de renormalización». Zee (2003) y Ryder (1996), así como Peskin y Schröder (1995), tratan estas ideas, y su relación con la mecánica estadística se discute en el enciclopédico Zinn-Justin (1996).

26.29. Las fuerzas gravitatorias siguen siendo manifiestas (incluso más allá de las escalas galácticas), pese a su disminución con la distancia de acuerdo con la ley de la inversa del cuadrado. Por otra parte, el lector podría preocuparse de por qué la fuerza fuerte es apenas manifiesta a distancias mayores que las distancias nucleares incluso si realmente *aumenta* con la distancia. La razón es que mientras que la gravitación se acumula, al ser siempre atractiva, la fuerza fuerte es un compuesto de componentes atractivas y repulsivas que necesariamente se cancelan por completo entre núcleos separados (pues los núcleos individuales son necesariamente «singletes de color»).

Sección 26.10

26.30. Zee (2003) y Zinn-Justin (1996) enseñan el algoritmo; para un toque bastante divertido e intuitivo, se recomienda también Mattuck (1976).

Sección 26.11

26.31. Véase la nota 25.12.

27

El big bang y su legado termodinámico

27.1. Simetría temporal en la evolución dinámica

¿Qué tipo de leyes configuran el universo con todos sus contenidos? La respuesta que ofrecen prácticamente todas las teorías físicas satisfactorias, desde la época de Galileo en adelante, vendrá dada en forma de una *dinámica*, es decir, una especificación de cómo evolucionará un sistema físico con el tiempo, dado el estado físico del sistema en un instante concreto. Estas teorías no nos dicen cómo es el mundo; lo que dicen en su lugar es: «si el mundo era de tal y cual manera en un instante, entonces será de esta otra manera en un instante posterior». Una teoría semejante no nos dirá cómo *está* configurado el mundo a menos que le digamos cómo *estaba* configurado.

Ha habido excepciones importantes a esta forma de plantear el tema, tales como la maravillosa conclusión de Kepler (en 1609), de que las órbitas de los planetas en torno al Sol tienen ciertas formas geométricas —elipses con el Sol en uno de sus focos— que son descritas a velocidades que satisfacen reglas específicas. Esa era una afirmación acerca de cómo *es* el universo, en lugar de cómo podría evolucionar su estado de un instante a otro de acuerdo con una ley dinámica. Pero desde nuestro punto de vista actual, los movimientos geométricos de Kepler son meras consecuencias de la dinámica gravitatoria del siglo XVII, como fue demostrado por primera vez por Newton y publicado en sus grandes *Principia* (1687), y las leyes de Kepler no se consideran directamente fundamentales para las formas de la naturaleza. De hecho, podría argumentarse que Kepler —y la ciencia en general— tuvo la inmensa fortuna de que la ley de fuerzas específica que gobierna la gravedad de Newton, la ley de la inversa del cuadrado (§17.3), tiene la propiedad de que todas las órbitas de cuerpos pequeños sometidos a una fuerza central son realmente formas matemáticas simples y elegantes (y, de hecho, formas que habían sido estudiadas en profundidad por los antiguos griegos unos dieciocho siglos antes). Esta es una propiedad muy excepcional, difícilmente compartida por cualquier otra ley de fuerzas centrales simple. En general, nuestra perspectiva moderna mantiene que es de las *leyes dinámicas* de las que hay que esperar que tengan una forma matemática elegante, y es una cuestión de buena suerte para nosotros el que, como consecuencia de dichas leyes, encontremos formas matemáticas simples.

Según la forma habitual de considerar la actuación de estas leyes dinámicas, es la elección de condiciones iniciales la que determina qué realización concreta de la dinámica va a darse. Normalmente se piensa en términos de sistemas que evolucionan hacia el futuro a partir de datos especificados en el pasado, y la evolución concreta que tiene lugar está determinada por ecuaciones diferenciales. (Estas serán ecuaciones en derivadas parciales —ecuaciones de campo— cuando hay campos o funciones de onda que evolucionan dinámicamente; véanse §10.2, §§19.2,6, §21.3, el ejercicio [19.2] y la nota 21.1.) Por el contrario, no se suele considerar la evolución de estas mismas ecuaciones hacia el *pasado*, ¡pese al hecho de que las ecuaciones dinámicas de la mecánica clásica y la cuántica son simétricas respecto a una inversión en la dirección del tiempo! Por lo que respecta a las matemáticas, no hay ninguna diferencia en especificar condiciones finales, en un tiempo remoto, futuro y evolucionar hacia atrás en el tiempo. Desde el punto de vista matemático, las condiciones finales son tan buenas como las iniciales para determinar la evolución de un sistema.

Son necesarios algunos comentarios acerca de este determinismo dinámico simétrico respecto al tiempo. En primer lugar, el lector puede estar tranquilo porque no está sustancialmente invalidado por el marco de la teoría de la relatividad especial ni de la general. Los datos que definen el estado del sistema están especificados en un «tiempo» inicial, que es una 3-superficie inicial de género espacio, y estos datos evolucionan de acuerdo con las ecuaciones dinámicas para determinar el estado físico del sistema en el futuro, y también en el pasado, de dicha 3-superficie. No obstante, la relatividad *general* plantea algunas cuestiones nuevas, porque la estructura misma del espaciotiempo en el que tiene lugar la evolución es parte del estado físico a determinar. (Esto tiene implicaciones concretas en el contexto de los agujeros negros, que tendremos que abordar más adelante; véanse §§27.8,9, §28.8 y §§30.4,9.)

En el caso de la mecánica cuántica, el determinismo se refiere solo a la parte **U** de dicha teoría, donde el estado cuántico está gobernado por la ecuación de Schrödinger (o equivalente). Bajo inversión temporal —la T mencionada en §25.4—, el operador derivada temporal $i\hbar\partial/\partial t$ de la ecuación de Schrödinger (§21.3) debe reemplazarse por $-i\hbar\partial/\partial t$ (puesto que $t \mapsto -t$). Con tal de que el hamiltoniano sea un hamiltoniano ordinario, que se transforma en sí mismo bajo la acción de T, vemos que la evolución de Schrödinger también se transforma en sí misma, siempre que acompañemos la inversión temporal $t \mapsto -t$ por una inversión del signo de la unidad imaginaria: $\mathrm{i} \mapsto -\mathrm{i}$. De hecho, así es como consideramos la acción de T en mecánica cuántica. (Podemos notar que una función $f(t)$ de frecuencia positiva se transforma en una función de frecuencia positiva bajo los reemplazamientos combinados $t \mapsto -t$, $\mathrm{i} \mapsto -\mathrm{i}$, de modo que todo está bien por lo que a esto se refiere.)[27.1] Sin embargo, el comportamiento de la reducción **R** del estado cuántico bajo la acción de T es otra cuestión, y ofrecerá un punto importante para nuestras deliberaciones en el capítulo 30 (§30.3).

27.2. Ingredientes submicroscópicos

Hay, no obstante, otras cuestiones que podrían preocupar al lector iniciado, incluso con respecto a la dinámica clásica. En la mecánica clásica, la simetría de inversión temporal es ciertamente verdadera en la dinámica submicroscópica de las partículas individuales y sus campos acompañantes. Pero en la práctica tenemos poco conocimiento del comportamiento de los ingredientes individuales de un sistema. Nor-

[27.1] ¿Por qué? Explique también por qué el momento espacial es tratado de forma consistente por este reemplazamiento.

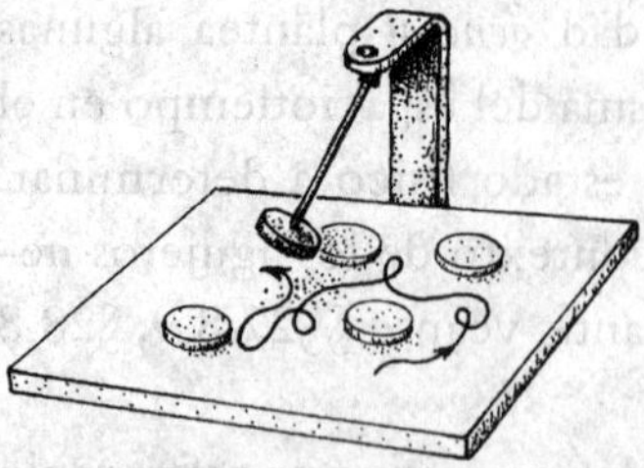

Fig. 27.1. Movimiento caótico. Un «juguete de ejecutivo» que consiste en un péndulo magnético que oscila por encima de un conjunto de imanes fijos. La trayectoria real seguida por el péndulo es extraordinariamente sensible a su posición y velocidad iniciales.

malmente se estima que un conocimiento de la posición y el momento detallados de cada partícula es imposible e innecesario, y que el comportamiento global del sistema está suficientemente bien descrito por algunos promedios adecuados de los parámetros físicos de las partículas individuales. Estos serían cosas como las distribuciones de masa, momento y energía, la localización y la velocidad del centro de masas, la temperatura y la presión en diferentes lugares, las propiedades elásticas, el momento de inercia, la forma global detallada y su orientación en el espacio, etc. Una cuestión importante, por consiguiente, es si un buen conocimiento inicial de tales parámetros medios «globales» bastará o no, en la práctica, para determinar el comportamiento dinámico del sistema hasta un grado adecuado.

Este no es siempre el caso. Los sistemas conocidos como *caóticos* tienen la propiedad de que el comportamiento final depende críticamente de sus condiciones iniciales exactas. Un ejemplo familiar lo constituye un conocido «juguete de ejecutivo» en el que un péndulo magnético oscila sobre un conjunto de imanes colocados en cierta disposición en la base del juguete. Véase la Fig. 27.1. El comportamiento dinámico está bien gobernado, de forma determinista, por las leyes de Newton y las leyes de la magnetostática, junto con el amortiguamiento debido al rozamiento del aire. Pero el lugar de reposo final del péndulo depende de forma tan crítica del estado inicial que es efectivamente impredecible, aunque un conocimiento perfectamente detallado de dicho estado inicial, con todas las partículas y campos constituyentes, determinaría esta evolución de forma unívoca.[1] Se conocen otros muchos ejemplos de tales «sistemas caóticos». Buena parte de la imprecisión en la predicción del tiempo meteorológico se atribuye normalmente a la naturaleza caótica de los sistemas dinámicos involucrados.

Incluso el muy ordenado (y predecible) movimiento gravitatorio newtoniano de los cuerpos del sistema solar constituye (probablemente) un sistema caótico, técnicamente hablando, aunque las escalas de tiempo que son relevantes para semejante «caos» son enormemente mayores que las de la observación astronómica.

¿Qué pasa con la evolución hacia el pasado, en lugar de hacia el futuro? Un comentario justo sería que tal «impredecibilidad caótica» es normalmente mucho peor para la «retrodicción» que está implicada en la evolución dirigida al pasado que para la «predicción» de la evolución normal dirigida al futuro. Esto tiene que ver con la *segunda ley de la termodinámica*, que en su forma más simple afirma básicamente:

El calor fluye desde un cuerpo más caliente a otro más frío.

De acuerdo con esta ley, si ponemos en contacto un cuerpo caliente y uno frío utilizando algún material conductor del calor, el cuerpo caliente se enfriará y el cuerpo frío se calentará hasta que se estabilicen a la misma temperatura.[2] Esta es la expectativa de la *predicción*, y esta evolución tiene un carácter determinista. Si, por el contrario, consideramos este proceso en la dirección inversa del tiempo, observamos que dos cuerpos de la misma temperatura evolucionan hacia temperaturas desiguales, y sería una imposibilidad práctica decidir qué cuerpo se hará más caliente y cuál se hará más frío, cuánto, y cuándo. Este procedimiento de *retrodicción* dinámica, para este sistema, es en la práctica una perspectiva claramente sin esperanzas.

De hecho, esta dificultad se aplicaría a la retrodicción de casi cualquier sistema macroscópico, con grandes números de partículas constituyentes, que se comporte de acuerdo con la segunda ley. Por razones de este tipo, la física se suele interesar en la predicción antes que en la retrodicción.[3] Otro aspecto de ello es que la segunda ley se considera un ingrediente esencial para el poder predictivo de la física, ya que elimina aquellos problemas que acabamos de encontrar en la retrodicción.

De todas formas, muchos físicos adoptarán el punto de vista de que esta ley no es «fundamental» en el mismo sentido en que lo son, por ejemplo, la ley de conservación de la energía, el principio de superposición lineal en mecánica cuántica, y quizá el modelo estándar de la física de partículas. Argumentarán que la segunda ley es un ingrediente casi «obvio» y necesario en cualquier teoría física razonable. Muchos adoptarán el punto de vista de que es algo vaga e imprecisa, y que de ninguna manera puede compararse con la precisión extraordinaria que encontramos en las leyes dinámicas que controlan la física fundamental. Quiero argumentar de forma muy diferente, y demostrar la precisión casi «alucinante» que hay tras este principio estadístico aparentemente vago al que habitualmente nos referimos como la «segunda ley».

27.3. Entropía

Examinemos de forma algo más exacta lo que en realidad afirma la segunda ley. Como preliminar, debería informar al lector de lo que es la primera ley de la termodinámica. La primera ley es simplemente el enunciado de que la energía total de un sistema aislado se conserva. El lector podría muy bien quejarse de que esto apenas es nada nuevo (§18.6, §20.4 y §21.3). Pero cuando esta ley fue propuesta (inicialmente por Sadi Carnot a comienzos de la década de 1820, aunque no publicada por él),[4] todavía no se había establecido claramente que el calor es solo una forma de energía —ni siquiera estaba del todo clara la propia nocion ordinaria y macroscópica de energía—. La primera ley hace explícito que la energía total no se pierde cuando, por ejemplo, un cuerpo pierde su energía cinética (§18.6) cuando se frena debido a la resistencia del aire; simplemente se utiliza para calentar el aire y el cuerpo. Esta energía *térmica* se entiende como (primariamente) energía cinética de los movimientos de las moléculas del aire y las vibraciones de las partículas que componen el cuerpo. Más aún, la *temperatura* es simplemente una medida de la energía por grado de libertad, de modo que las nociones termodinámicas de calor y temperatura son básicamente las mismas que las nociones dinámicas previamente entendidas, pero aplicadas en el nivel de los constituyentes individuales de los materiales y tratadas de forma estadística. La primera ley tiene el tipo de precisión que nos es familiar: el valor de algo, a saber, la energía total, permanece exactamente constante pese al hecho de que pueden tener lugar todo tipo de procesos complicados. La energía total después del proceso es igual a la energía antes del proceso.

Mientras que la primera ley es una igualdad, la segunda ley es una desigualdad. Nos dice que una magnitud diferente, conocida como la *entropía*, tiene un valor mayor (o al menos no menor) después de que se haya tenido lugar un proceso que el valor que tenía antes. Hablando muy vagamente, la entropía es una medida de la «aleatoriedad» en el sistema. Nuestro cuerpo en movimiento a través del aire empieza con su energía de una forma organizada (su energía cinética de movimiento), pero cuando se frena por la resistencia del aire esta energía se reparte entre los movimientos aleatorios de las partículas del aire y las partículas individuales del cuerpo. La «aleatoriedad ha aumentado»; más específicamente, la entropía ha aumentado.

La noción de entropía fue introducida por Clausius en 1865, pero fue el destacado físico austríaco Ludwig Boltzmann quien, en 1877, hizo clara la definición de entropía (o al menos tan clara como parece posible hacerla). Para entender la idea de Boltzmann (para un sistema clásico), necesitamos la noción del *espacio de fases* (§12.1, §§14.1,8 y §§20.1,2,4) que, recordemos, para un sistema clásico de n partículas (sin características distintivas), es un espacio $\mathcal{P}$ de $6n$ dimensiones, cada uno de cuyos puntos representa la familia completa de posiciones y momentos de todas las n partículas. Para hacer precisa la noción de entropía necesitamos una idea de lo que se denomina *granulado grueso*.[5] Para ello dividimos el espacio de fases $\mathcal{P}$ en un número de subregiones que llamaré «cajas». Véase la Fig. 27.2. La idea consiste en considerar que los conjuntos de puntos de $\mathcal{P}$ que representan estados del sistema que son indistinguibles unos de otros mediante observaciones macroscópicas están agrupados en la misma caja, pero puntos de $\mathcal{P}$ que pertenecen a cajas diferentes se consideran macroscópicamente distinguibles. La entropía de Boltzmann S para el estado del sistema representado por cierto punto x de $\mathcal{P}$ es

$$S = k \log V,$$

donde V es el volumen de la caja $\mathcal{V}$ que contiene a x (y *log* es un logaritmo *natural*; véase §5.3), y donde k es la *constante de Boltzmann*,[6] que tiene el valor

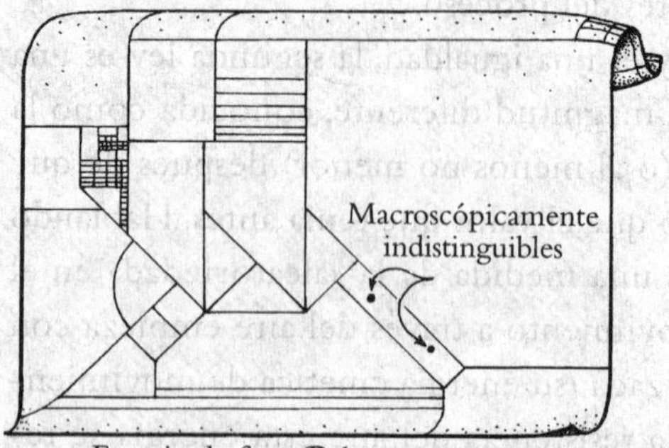

Fig. 27.2. Entropía de Boltzmann. Esta implica la división del espacio de fases $\mathcal{P}$ en subregiones («cajas»), lo que se denomina un «granulado grueso» de $\mathcal{P}$. Los puntos de una caja dada representan estados físicos que son macroscópicamente indistinguibles. La definición de Boltzmann de la entropía de un estado x en una caja $\mathcal{V}$ de volumen V es $S = k \log V$, donde k es la constante de Boltzmann.

$$k = 1{,}38 \times 10^{-23}\ \mathrm{J\ K^{-1}}$$

(donde J significa julios y K^{-1} significa «por grado kelvin»).

He dicho que la definición de Boltzmann hace «clara» la noción de entropía. Pero para que la fórmula anterior para S represente algo físicamente preciso sería necesario tener una receta precisa para el granulado grueso que se supone que representa nuestra familia de «cajas». Sin duda hay algo «arbitrario» en la división concreta en cajas que pudiera seleccionarse. La definición parece depender de la cercanía con que decidamos examinar un sistema. Dos estados que son «macroscópicamente indistinguibles» para un experimentador podrían ser distinguibles para otro. Además, es también muy arbitrario dónde hay que trazar exactamente la frontera entre dos cajas, puesto que a dos puntos vecinos en $\mathcal{P}$, uno a cada lado de la frontera, podría asignárseles entropías completamente diferentes pese a que son prácticamente idénticos. Sigue habiendo algo muy subjetivo en esta definición de S, pese a que es un claro avance respecto a nociones anteriores de aplicabilidad más limitada, y una indudable mejora sobre la idea de que es solo una medida de la «aleatoriedad» en un sistema.

Mi propia posición respecto al estatus físico de la entropía es que no la veo como una noción «absoluta» en la teoría física actual, aunque resulta muy útil. Sin embargo, existe la posibilidad de que pueda adquirir un estatus más fundamental en el futuro. Para ello habrá que tener siempre en cuenta la física cuántica, y, en cualquier caso, es la mecánica cuántica la que proporciona una *medida* absoluta para cualquier región concreta $\mathcal{V}$ del espacio de fases, contenida en $\mathcal{P}$, donde pueden escogerse las unidades de modo que $\hbar = 1$ (como sucede con las unidades de Planck; véase §27.10).[27.2] Como quiera que sea, es notable cuán pequeño es el efecto que tiene la arbitrariedad del granulado grueso en las consideraciones termodinámicas. Parece que la razón para ello es que, en la mayoría de las consideraciones de interés, uno está tratando con razones absolutamente inimaginables entre los tamaños de los volúmenes de las cajas relevantes en el espacio de fases y no supone mucha diferencia dónde se trazan las fronteras, siempre que el granulado grueso refleje «razonablemente» la idea intuitiva de cuándo va a considerarse que los sistemas son macroscópicamente distinguibles. Puesto que la entropía se define como un logaritmo del volumen de la caja, se necesitaría un retrazado «increíble» de las fronteras para obtener cualquier cambio significativo en S.[27.3] En mi opinión, más que ser «fundamental», la entropía tiene el estatus de una «conveniencia» en la teoría actual, aunque hay indicios de que en un contexto más profundo, donde lleguen a ser importantes consideraciones de gravitación cuántica (especialmente en relación con la entropía de los agujeros negros), puede haber un estatus más fundamental para una noción de este tipo. Llegaremos a esta cuestión más adelante en este capítulo (§27.10) y en §§30.4-8, §31.15 y §32.6.

27.4. El carácter robusto del concepto de entropía

Una ilustración sencilla podría clarificar algo más el papel de la fórmula de la entropía de Boltzmann. Consideremos un recipiente cerrado en el que una región $\mathcal{R}$ está marcada como *especial*; por ejemplo, una protuberancia en forma de bulbo de una décima parte del volumen del recipiente que está comunicada con el resto del recipiente a través de una pequeña abertura; véase la Fig. 27.3. Supongamos que en el recipiente hay un gas que consiste en m moléculas. Estamos buscando la

[27.2] Muestre cómo se puede asignar una medida absoluta a un volumen del espacio de fases si se escogen unidades de modo que $\hbar = 1$.
[27.3] ¿Qué relación tiene el logaritmo en la fórmula de Boltzmann con las discrepancias «increíbles» en los volúmenes de las cajas?

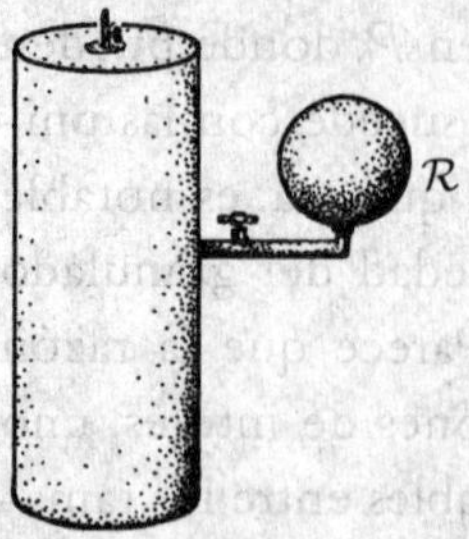

Fig. 27.3. Recipiente cerrado, una parte del cual es una región $\mathcal{R}$ con forma de bulbo cuyo volumen es 1/10 del recipiente entero. ¿Cuánto aumenta la entropía cuando a un gas contenido inicialmente en $\mathcal{R}$ se le permite fluir al volumen entero?

entropía S que hay que asignar a la situación en la que todo el gas se encuentra en $\mathcal{R}$, en comparación con la entropía que hay que asignar a la situación en la que el gas está distribuido aleatoriamente en el recipiente.

Tendremos $S = k \log \mathcal{V}_{\mathcal{R}}$, por la fórmula de Boltzmann, donde $\mathcal{V}_{\mathcal{R}}$ es el volumen de la región $\mathcal{V}_{\mathcal{R}}$ del espacio de fases que representa la situación con todas las moléculas en $\mathcal{R}$. Supongamos, por simplicidad, lo que se denomina *estadística de Boltzmann*, frente a la «estadística de Bose-Einstein» para bosones y la «estadística de Fermi-Dirac» para fermiones, tal como se ha descrito en §23.7; es decir, suponemos que todas las moléculas del gas son *distinguibles* unas de otras (al menos en principio).[27.4] Suponiendo que el gas es aire ordinario a presión atmosférica, con un recipiente de un litro de volumen total, tenemos $m = 10^{22}$ moléculas aproximadamente. La razón entre el volumen de la región $\mathcal{V}_{\mathcal{R}}$ del espacio de fases y el volumen del espacio de fases total $\mathcal{P}$ es $10^{-m} (= \frac{1}{10^m})$,[27.5] que es

$$10^{-10000000000000000000000},$$

y así vemos algo de las «increíbles» razones de volúmenes que aparecen en consideraciones de este tipo. La cifra anterior representa la probabilidad ridículamente minúscula de encontrar —solo por puro azar— que todas las moléculas del gas estén realmente en $\mathcal{R}$. La entropía de esa situación extraordinariamente improbable es mucho más pequeña

[27.4] Explique qué diferencias habría en el recuento en los tres casos.
[27.5] ¿Por qué?

que la entropía de la situación en la que el gas está distribuido aleatoriamente, siendo la diferencia aproximadamente

$$-k \log (10^{-10000000000000000000000}) = 2{,}3 \times 10^{22}k$$
$$= 0{,}32 \text{ J K}^{-1}$$

por la fórmula de Boltzmann,[27.6] donde he utilizado el hecho de que el logaritmo natural de 10 es aproximadamente 2,3. Así pues, si suponemos que el gas se mantiene inicialmente en $\mathcal{R}$, por ejemplo mediante una válvula cerrada que lo aísla del resto del recipiente, y luego abrimos la válvula para liberar el gas en el resto del recipiente, encontramos un apreciable incremento de entropía de aproximadamente $2{,}3 \times 10^{22}k$, que en unidades ordinarias es solo de un tercio de un julio por grado kelvin.

Al lector podría preocuparle que no fuera factible tener un recipiente en el que inicialmente no hay absolutamente ninguna molécula de gas en su parte no especial. Por ello, relajemos un poco nuestra definición de la región $\mathcal{V}_{\mathcal{R}}$, definiéndola de modo que $\mathcal{R}$ solo tiene que contener al menos el 99,9 % de las moléculas del gas. Así pues, $\mathcal{V}_{\mathcal{R}}$ exige ahora que no más de una milésima de dichas moléculas estén fuera de $\mathcal{R}$. Está perfectamente dentro de la tecnología actual tener un vacío de esta perfección relativa en la región no especial. Sucede que el resultado apenas se ve afectado, y el aumento de entropía, al abrir la válvula, *sigue siendo* del orden general[27.7] de $2{,}3 \times 10^{22}k$. Esta es una ilustración sorprendente del hecho de que aunque hay subjetividad en el dibujo de las cajas de granulado grueso (por ejemplo $\mathcal{V}_{\mathcal{R}}$), esto no causa problemas serios mientras las cajas estén «razonablemente» dibujadas.

El logaritmo en la fórmula de Boltzmann tiene una finalidad importante, además de hacer que parezcan tratables estos números enormemente grandes. Dicha finalidad es que la definición de entropía resultante sea *aditiva* para sistemas independientes. Así, si las entropías asignadas a dos sistemas independientes son S_1 y S_2, entonces la entro-

[27.6] Demuestre por qué este resultado no se ve afectado de forma significativa si introducimos consideraciones de fermión/bosón o si tenemos en cuenta la probable disminución de momento de las moléculas del gas cuando dejan de estar limitadas a $\mathcal{R}$.
[27.7] Trate de ver por qué el incremento de entropía ha caído tan poco, de $2{,}30 \times 10^{22}k$ a $2{,}29 \times 10^{22}k$, aproximadamente, haciendo varias estimaciones groseras para las cantidades matemáticas involucradas. (Si lo desea, utilice la fórmula de Stirling $n! \approx (n/e)^n(2\pi n)^{-1/2}$.)

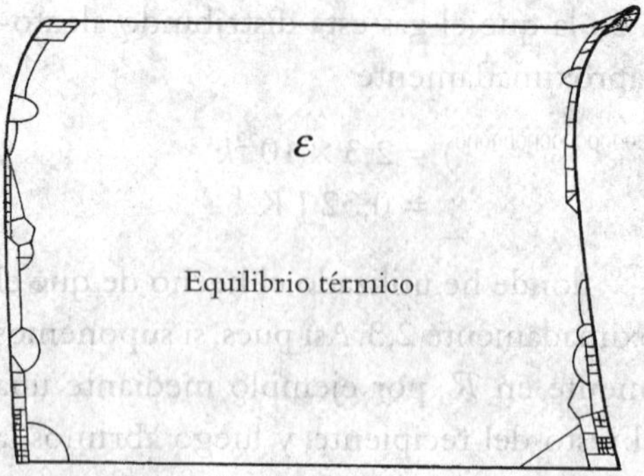

Fig. 27.4. La caja particular $\mathcal{E}$, que representa el equilibrio térmico, tiene un volumen E, que es normalmente casi igual al volumen P del espacio de fases entero $\mathcal{P}$, y por lo tanto supera con mucho los volúmenes de todas las demás cajas juntas.

pía asignada al sistema total, consistente en los dos sistemas juntos, sería $S_1 + S_2$. Estoy suponiendo que el espacio de fases del sistema total es $\mathcal{P} = \mathcal{P}_1 \times \mathcal{P}_2$, donde $\mathcal{P}_1$ y $\mathcal{P}_2$ son los espacios de fases para los dos sistemas individuales, y que las cajas de granulado grueso del sistema total son los productos de las cajas de granulado grueso de $\mathcal{P}_1$ y $\mathcal{P}_2$, que es una hipótesis muy natural[27.8] para sistemas independientes S_1, S_2. (Véanse §15.2, el ejercicio [15.1] y la Fig. 15.3a para la definición de $\times$, aplicada a los espacios.) Puesto que los volúmenes de las cajas se multiplican, las entropías correspondientes se suman (por la propiedad estándar del logaritmo; véase §5.2).

En ejemplos normales de sistemas físicos —y ciertamente en el caso muy estudiado de un gas ordinario en un recipiente ordinario— existe una caja concreta $\mathcal{E}$ del granulado grueso cuyo volumen E supera con mucho el volumen de cualquiera de las otras cajas. Esta representa el estado de *equilibrio térmico*. De hecho, normalmente E será prácticamente igual al volumen P del espacio de fases entero, y por eso E superará fácilmente los volúmenes de todas las otras cajas puestas juntas. Véase la Fig. 27.4. Para un gas ordinario, que consideraremos formado por bolas idénticas con simetría esférica en equilibrio térmico, la distribución de velocidades adopta una forma particular conocida como *distribución de Maxwell* (descubierta por el mismo James Clerk Maxwell de quien he hablado antes, en relación con el electromagnetismo). Tiene la forma

[27.8] ¿Por qué es natural esta hipótesis de grano grueso?

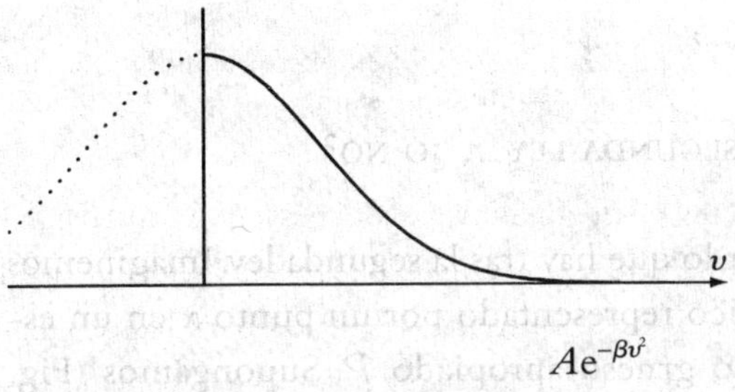

Fig. 27.5. La distribución maxwelliana de velocidades, para un gas en equilibrio, tiene la forma $Ae^{-\beta v^2}$, donde A y β son constantes, con β relacionada con la temperatura del gas, y siendo v la velocidad de la partícula. La parte de puntos de la curva la extiende a valores negativos de v, lo que revela la familiar forma de «curva de campana» de la distribución gaussiana de la estadística.

(que quienes sepan de ello reconocerán como una distribución *gaussiana*, a veces llamada «curva de campana»), donde v es el módulo de la 3-velocidad de la partícula de gas en cuestión, β es una constante relacionada con la temperatura y A es una constante tal que la integral de la probabilidad sobre el espacio de todas las velocidades posibles es 1; véase la Fig. 27.5. El equilibrio térmico, que tiene con mucho la máxima entropía posible para el sistema, es el estado en que uno esperaría que se asiente un sistema si se le deja aislado un tiempo suficientemente largo, de acuerdo con la segunda ley.

La distribución de Maxwell recién descrita se refiere a un gas constituido por cuerpos clásicos idénticos sin grados de libertad internos. Las cosas pueden hacerse mucho más complicadas cuando hay muchos tipos de constituyentes de tamaños diferentes y varios grados de libertad internos (tales como el espín o las vibraciones entre sus partes constituyentes). Para tales sistemas en equilibrio térmico existe un principio general, conocido como *equipartición de la energía*, según el cual la energía del sistema se distribuye por igual (con dispersión estadística) entre todos los diferentes grados de libertad del sistema.

Otra forma de llegar a la distribución de Maxwell consiste en apartarse del equilibrio térmico exacto y preguntar cómo cabe esperar que se mueva un gas en su aproximación al equilibrio (de acuerdo con la segunda ley). En tales circunstancias se utiliza una ecuación conocida como *ecuación de Boltzmann* para describir la evolución. El lector percibirá que aquí hay una disciplina muy vasta, de relevancia considerable para la comprensión teórica del comportamiento de los cuerpos macroscópicos, cuando hay demasiadas partículas constituyentes para poder seguir sus trayectorias individuales. Esta disciplina se conoce como *mecánica estadística.*

27.5. Derivación de la segunda ley... ¿o no?

Tratemos ahora de entender lo que hay tras la segunda ley. Imaginemos que tenemos un sistema físico representado por un punto x en un espacio de fases de granulado grueso apropiado $\mathcal{P}$. Supongamos (Fig. 27.6a) que x empieza AHORA en alguna pequeña caja de grano grueso

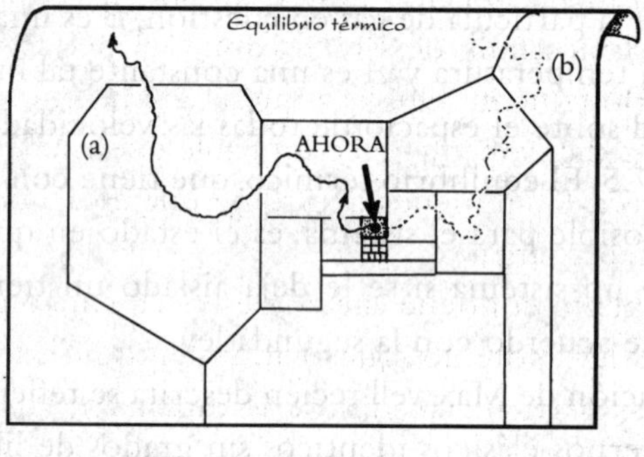

Fig. 27.6. La segunda ley en acción. La evolución de un sistema físico está representada por una curva en el espacio de fases. (a) Si sabemos que en el instante AHORA nuestro sistema está representado por un punto x en una caja $\mathcal{V}$ de volumen muy pequeño V y tratamos de ver cuál sería su probable comportamiento futuro, concluimos, debido a las enormes discrepancias en los volúmenes de las cajas, que en ausencia de cualquier sesgo grande en su movimiento entrará casi con certeza en cajas cada vez más grandes, de acuerdo con la segunda ley. (b) Pero supongamos que aplicamos este argumento hacia el *pasado*, preguntando por la manera más probable en que la curva encontró su camino a $\mathcal{V}$ en primer lugar. El mismo argumento parece llevar a la conclusión aparentemente absurda de que la manera más probable era que x encontró simplemente su camino a $\mathcal{V}$ desde cajas que se hacían cada vez mayores a medida que retrocedemos en el pasado, en flagrante contradicción con la segunda ley.

$\mathcal{V}$ de volumen V. El punto x se moverá por $\mathcal{P}$ de cierta forma, de acuerdo con las ecuaciones dinámicas apropiadas a la situación física en consideración. Teniendo en cuenta la enorme discrepancia de los tamaños de las diferentes cajas de grano grueso, y dando por supuesto que no hay ningún sesgo especial en el movimiento dinámico de x en relación con las posiciones de la caja, esperamos que en la aplastante mayoría de los casos x se paseará por cajas de volumen cada vez mayor. En otras palabras, la entropía del sistema se hará cada vez mayor a medida que avanza el tiempo. Una vez que x entra en una caja con cierta medida de entropía, se hace muy poco probable que pueda volver en un período de tiempo razonable a una caja de entropía significativamente menor que aquella de la que procedía. Alcanzar una entropía significativamente menor supondría encontrar un volumen absurdamente más minúsculo, y las probabilidades en contra de ello son inmensas. Consideremos el ejemplo que acabamos de plantear y la absolutamente inimaginable reducción en volumen del espacio de fases que acompañaría a una reducción muy modesta en la entropía, debido al logaritmo en la fórmula de Boltzmann y al pequeño tamaño de la constante de Boltzmann. Una vez que el gas ha encontrado su vía de salida de $\mathcal{R}$, es ridículamente poco probable que encuentre su vía de regreso de nuevo a $\mathcal{R}$ (al menos dentro de una escala de tiempo que no sea «ridículamente larga»).[27.9]

Este argumento contiene la razón esencial para esperar que sea válida la segunda ley. Notemos que el argumento no parece depender en absoluto de las particularidades de la dinámica, salvo que exigimos que no haya ningún sesgo que tenga como efecto que el punto x busque deliberadamente cajas más pequeñas. ¿Es esto realmente todo lo que hay en la segunda ley? Todo parece demasiado fácil, y la naturaleza aparentemente universal de este tipo de argumento es quizá la razón de que muchos físicos adopten el punto de vista de que no hay nada fundamentalmente enigmático en la segunda ley, y que cualquier teoría física razonable debe satisfacerla. Aquí es pertinente una maravillosa cita del destacado astrofísico sir Arthur Eddington:

[27.9] Trate de estimar cuán largo tendría que ser, tanto en el caso en que *todo* el gas vuelve a $\mathcal{R}$ como en el caso en que lo hace un 99,9 % del mismo. ¿Necesita conocer realmente con qué rapidez se están moviendo las moléculas de gas?

> Si alguien le dice que su teoría favorita del universo está en desacuerdo con las ecuaciones de Maxwell, entonces tanto peor para las ecuaciones de Maxwell. Si se encuentra que es contradicha por la observación... bien, estos experimentadores meten la pata a veces. Pero si resulta que su teoría está en contra de la segunda ley de la termodinámica no puedo darle ninguna esperanza, no hay nada que hacer excepto sumirse en la más profunda humillación.[7]

Pero unos instantes de reflexión nos dicen que hay algo singular en la conclusión del argumento que acabo de presentar, o quizá algo significativamente ausente de estas consideraciones elementales. Parece que hemos deducido una ley con *asimetría* temporal cuando la física subyacente puede considerarse *simétrica* en el tiempo. ¿Cómo ha sucedido esto? Podríamos imaginar que aplicamos el mismo argumento en la dirección del tiempo *pasado* (Fig. 27.6b). Parece que si en el instante AHORA situamos nuestro punto x del espacio de fases en la misma caja pequeña que hemos escogido antes, y examinamos la evolución en dirección al pasado anterior a AHORA, entonces concluimos que es abrumadoramente probable que x haya entrado en esta caja procedente de cajas ¡que se hacen cada vez mayores a medida que nos vamos hacia el pasado cada vez más lejano! Pero esto nos diría que la *inversa* de la segunda ley era válida en el pasado, con entropía creciente en la dirección del *pasado*, pese a nuestras expectativas, basadas en este argumento, de que la versión familiar de la segunda ley debería aplicarse en el futuro. Esta conclusión está en abierto conflicto con las observaciones del modo en que realmente se comportó nuestro universo en el pasado. Véase la Fig. 27.7.

¿Qué ha ido mal? Para tratar de entenderlo, apliquemos estos argumentos al comportamiento de nuestro gas en su recipiente, donde empezamos (en el instante t_0) con el gas enteramente en $\mathcal{R}$, de modo que x yace en $\mathcal{V}_{\mathcal{R}}$. Parece que obtenemos el comportamiento futuro correcto para el gas, en el que, una vez que la válvula está abierta, el gas fluye desde $\mathcal{R}$ al recipiente entero, y la entropía aumenta enormemente cuando x pasa rápidamente a la región $\mathcal{E}$ que representa el equilibrio térmico. Pero ¿qué pasa con el comportamiento pasado? Tenemos que preguntarnos qué es lo que sucedió inmediatamente antes del instante

t_0. ¿Cuál es la forma más probable de que el gas haya encontrado realmente su camino hacia $\mathcal{R}$? Si imaginamos que la válvula se abrió inmediatamente antes de t_0, entonces lo que parece que hemos obtenido como «evolución más probable» es que el gas empezó disperso por todo el recipiente, efectivamente en equilibrio térmico, en algún instante anterior a t_0, y luego se concentró espontáneamente cada vez más en la región $\mathcal{R}$, hasta encontrarse enteramente en $\mathcal{R}$ en el instante t_0.

Por absurdo que pueda parecer, esta es realmente la respuesta correcta al problema planteado de esta forma concreta, sin interferencia externa. En la práctica, nunca encontraríamos todo el gas en $\mathcal{R}$. El argumento nos dice solo cómo tendría que comportarse un gas que se mueve aleatoriamente *si* llegáramos a encontrar todo el gas *espontáneamente* en $\mathcal{R}$, lo que no hacemos. Aquí no hay ninguna paradoja. Pero esto elude el problema que quiero que considere el lector, que es: ¿cómo podría surgir en la práctica una situación semejante en la que todo el gas estuviese en $\mathcal{R}$? No hay problema en que esto suceda en nuestro universo real (donde adoptamos la definición relajada de la región $\mathcal{V}_{\mathcal{R}}$ que permite que una milésima parte del gas esté fuera de $\mathcal{R}$). Podríamos imaginar que un experimentador bombeó inicialmente una cantidad de gas diez veces mayor que la requerida dentro del recipiente entero, a continuación cerró la válvula, y por último conectó una bomba de vacío a la parte principal del recipiente para retirar prácticamente todo ese 90 % del gas. A lo largo de este proceso, la entropía habría estado aumentando continuamente, de acuerdo con la segunda ley.

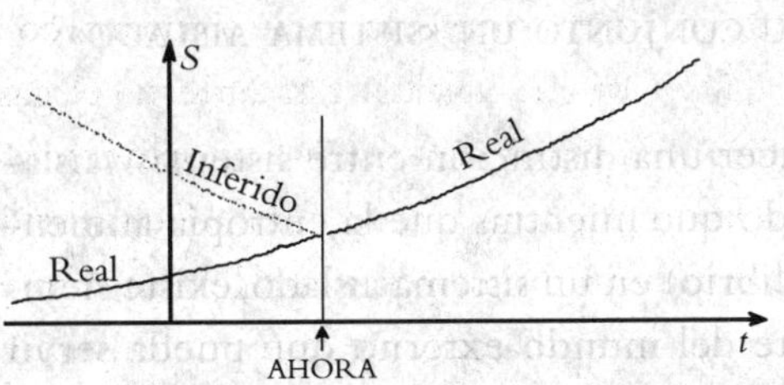

Fig. 27.7. Las conclusiones de la Fig. 27.6, expresadas en una representación de la entropía S frente al tiempo t. El razonamiento nos lleva correctamente a esperar una segunda ley para el comportamiento hacia nuestro futuro AHORA, pero nos da la respuesta aparentemente absurda de que la inversa de la segunda ley era válida en el pasado, en fuerte contradicción con la experiencia real.

Por supuesto, para discutir esto en términos de espacio de fases necesitamos un espacio de fases más grande en el que esté también incorporado el experimentador (y probablemente también una buena parte del universo, que quizá se extienda hasta el Sol o más allá). La entropía del cuerpo del experimentador se mantiene muy baja mediante los actos de comer y respirar. Supongamos, por simplicidad, que la bomba se opera manualmente, de lo contrario tenemos que preocuparnos por el origen de la baja entropía en la fuente de combustible (lo que plantea cuestiones que no son esenciales para nuestros objetivos actuales). Parte de la pequeña cantidad de entropía del experimentador se transfiere al recipiente con su gas, y se emplea en llevar el gas a $\mathcal{R}$. La baja entropía en las comidas del experimentador, y en última instancia en el aire, proviene del Sol exterior. Pronto volveré a este papel específico del Sol.

Así pues, hemos sido capaces de obtener la situación requerida, en la que prácticamente todo el gas del recipiente está en la región $\mathcal{R}$, sin violar la segunda ley, que tiene su forma físicamente apropiada: «la entropía aumenta con el tiempo». ¿Qué ha sucedido con nuestra dificultad con la deducción aparente de una segunda ley invertida en el tiempo para el comportamiento hacia el pasado? ¿Se ha resuelto? ¡No, ciertamente no lo ha hecho! El cuerpo del experimentador debería actuar (y, de hecho, lo hace) de acuerdo con la segunda ley real, como hace el Sol y cualquier cosa descrita por nuestro espacio de fases ampliado. Pero si tratamos de aplicar nuestro argumento del espacio de fases —ahora a este espacio de fases ampliado—, entonces parece que seguimos obteniendo el absurdo físico de que la entropía debe crecer de nuevo hacia el pasado, antes de cualquier instante en que examinamos nuestro sistema entero.

27.6. ¿Es el universo en su conjunto un «sistema aislado»?

Algunos teóricos tratan de hacer una distinción entre sistemas «aislados» y «abiertos», argumentando que mientras que la entropía aumenta (hasta que se alcanza el equilibrio) en un sistema aislado, existe siempre la posibilidad de un aporte del mundo externo que pueda servir para reducir ocasionalmente la entropía, tal como una intervención por parte de un experimentador o un aporte de baja entropía procedente del Sol, etc. En mi opinión, cualquier explicación que se intente para la asimetría temporal en la segunda ley según estas líneas solo puede tener un estatus provisional, porque estas influencias exteriores pueden ser incorporadas en su totalidad dentro del sistema. Esto implica que el «sistema» bajo consideración tiene que ser realmente el universo en su conjunto. A veces la gente pone objeciones a esto, pero no veo ninguna justificación para tal objeción. Muy bien podría ser que el universo tenga una extensión infinita, pero esto no es obstáculo para que sea considerado como un todo (véase el capítulo 16). En cualquier caso, el universo podría ser espacialmente finito (una clara posibilidad a la que llegaremos inmediatamente) y parecería extraño confiar en un argumento para la segunda ley cuya validez dependa de que el universo sea en realidad espacialmente infinito. Como veremos más adelante, la distinción infinito/finito no tiene especial relevancia para la cuestión del origen de la segunda ley. La discusión de la entropía puede aplicarse, de hecho, al universo entero $\mathcal{U}$, donde un espacio de fases $\mathcal{P}_{\mathcal{U}}$ (cuyo volumen podría ser infinito) describe una totalidad de universos posibles, que incorpora todas sus evoluciones de acuerdo con las ecuaciones dinámicas de la dinámica clásica (apropiada).

Sin embargo, hay que hacer frente a algunos puntos difíciles. Para tratar el universo como un todo, tenemos que entrar en el ámbito de la cosmología, lo que no puede hacerse adecuadamente sin acudir a la relatividad general. Para hacer una discusión que esté completamente de acuerdo con el principio de covariancia general de la relatividad general (§19.6), sería necesario utilizar una descripción en la que no se singularice ninguna coordenada temporal con respecto a la cual se supone que «evoluciona» el universo. Una imagen que evoluciona en el tiempo es la forma en que hemos estado considerando un sistema físico, cuando lo representamos como un punto x que se mueve en un espacio de fases $\mathcal{P}$. Cada localización de x representa una descripción espacial (momento incluido) del sistema en un instante. Pero adoptar un punto de vista más relativista complicaría innecesariamente esta descripción, y no creo que para los puntos que quiero establecer aquí sea útil tratar de adoptar un punto de vista estrictamente relativista. De hecho, como veremos de inmediato, los modelos cosmológicos estándar poseen una coordenada temporal definida de forma natural, y esto da una buena aproximación a un «parámetro temporal» t con respecto al cual puede describirse la evolución del universo. Se considera que cada punto de $\mathcal{P}_{\mathcal{U}}$ describe no solo el contenido material del universo en el instante t, sino también la distribución (y el momento) de los campos continuos. El campo gravitatorio es uno de estos, de modo que la *geometría espacial* del universo (junto con su ritmo de cambio —dado por los datos iniciales apropiados para el campo gravitatorio—)[8] estará también codificada en la localización de x dentro de $\mathcal{P}_{\mathcal{U}}$.

De hecho, $\mathcal{P}_{\mathcal{U}}$ será de dimensión infinita, pero esto sucede con independencia de que el universo $\mathcal{U}$ sea infinito en extensión, y es una característica que se da también con todos los demás campos, tales como el campo electromagnético. Esto causa algunos problemas técnicos para la definición de la entropía, puesto que cada región $\mathcal{V}$ del espacio de fases requerido tendrá volumen infinito. Es habitual tratar este problema tomando prestadas ideas de la teoría cuántica (de campos), lo que permite obtener una respuesta finita para los volúmenes del espacio de fases que se refieren a sistemas que están apropiadamente acotados en energía y dimensión espacial. Los detalles no son importantes para nosotros. Aunque no hay ninguna forma completamente satisfactoria de tratar estas cuestiones en el caso de la gravedad —debido a la carencia de una teoría satisfactoria de la gravedad cuántica—, voy a considerarlas como tecnicismos que no afectan a la discusión general de las cuestiones planteadas por la segunda ley.

En este punto debería mencionar un equívoco que a menudo causa gran confusión con respecto a la segunda ley en un escenario cosmológico. Existe la idea común de que el incremento de entropía en la segunda ley es de algún modo solo una consecuencia necesaria de la expansión del universo. (Llegaremos a esta expansión en §27.11.) Esta opinión parece estar basada en la idea errónea de que hay relativamente pocos grados de libertad disponibles para el universo cuando es «pequeño», lo que pone un tipo de «techo» bajo para los valores posibles de la entropía, y hay más grados de libertad disponibles cuando el universo se hace más grande, lo que da un «techo» más alto y permite con ello entropías más altas. A medida que el universo se expande, este máximo admisible aumentaría, de modo que la entropía real del universo también podría aumentar.

Hay muchas maneras de ver que este punto de vista no puede ser correcto. Implica, por ejemplo, que en aquellos modelos de universo donde hay una fase de colapso la entropía necesariamente empieza a disminuir, en violación de la segunda ley. Hay quienes no se sentirían incómodos con esto,[9] pero este punto de vista tropieza con dificultades fundamentales, especialmente en presencia de agujeros negros.[10]

Consideraremos los agujeros negros enseguida (en §27.8), pero en realidad no necesitamos saber de ellos para ver por qué el punto de vista mencionado antes —que exige un «techo» para los valores de la entropía que depende del tamaño del universo— es erróneo. Esta no puede ser la explicación correcta para el incremento de entropía; en efecto, los grados de libertad disponibles para el universo están descritos por el espacio de fases total $\mathcal{P}_{\mathcal{U}}$. La dinámica de la relatividad general (que incluye el grado de libertad que describe el tamaño del universo) está tan descrita por el movimiento de nuestro punto x en el espacio de fases $\mathcal{P}_{\mathcal{U}}$ como lo están todos los demás procesos físicos involucrados. Este espacio de fases está precisamente «allí», y no «crece con el tiempo» en ningún sentido, pues el tiempo no es parte de $\mathcal{P}_{\mathcal{U}}$. No hay tal «techo», porque todos los estados que son dinámicamente accesibles al universo (o familia de universos) en consideración deben estar representados en $\mathcal{P}_{\mathcal{U}}$. Puede necesitarse algún tiempo para que x llegue a alguna caja de grano grueso desde alguna otra caja más pequeña dada, pero la noción de un «techo de entropía» no es apropiada (véase también §27.13).

Volvamos al argumento dado antes para demostrar la segunda ley. Utilizaremos el espacio de fases $\mathcal{P}_{\mathcal{U}}$ apropiado para el universo entero, de modo que la evolución del universo como un todo está descrita por el punto x que se mueve a lo largo de una curva ξ en $\mathcal{P}_{\mathcal{U}}$. La curva ξ está parametrizada por la coordenada temporal t, y a partir de la segunda ley podemos esperar que ξ entre en cajas de grano grueso de tamaño cada vez mayor a medida que t aumenta. Suponemos que a $\mathcal{P}_{\mathcal{U}}$ se le ha aplicado algún granulado grueso «razonable», pero si deseamos obtener valores finitos para las entropías que encuentra x, necesitaremos que los volúmenes de dichas cajas sean finitos. Parecería que para conseguir esto, para un granulado grueso físicamente apropiado, hay que considerar el universo finito, con una cota finita para su energía disponible. De hecho, como veremos pronto, uno de los tres modelos cosmológicos estándar es de esta naturaleza, de modo que podemos imaginar que el argumento se está aplicando en una situación semejante. Pero no hay ningún requisito definido para esto, si no nos preocupa tener un valor numérico infinito para la entropía en cualquier otro instante. (Aún podemos dar un sentido matemático a la noción de que algunas cajas son «inmensamente mayores» que otras cajas, incluso si los volúmenes reales, y por consiguiente las entropías, son infinitas.)

27.7. El papel del big bang

¿Cómo vamos a imaginar que debe situarse nuestra curva parametrizada ξ, que representa una posible historia del universo, en el espacio de fases $\mathcal{P}_{\mathcal{U}}$? Si ξ fuera arrojada simplemente de forma aleatoria en $\mathcal{P}_{\mathcal{U}}$, entonces esperaríamos que con una abrumadora probabilidad yacería enteramente (o casi enteramente) en la caja más enorme de equilibrio térmico, $\mathcal{E}$, y no habría ninguna medida consistentemente discernible de «aumento de entropía» a lo largo de su longitud. Véase la Fig. 27.8a. Una situación semejante es absolutamente incompatible con el universo tal como realmente lo conocemos, en el que impera una segunda ley. También lo es la situación que se indica en la Fig. 27.8b,c, donde se obliga a que el punto x en ξ esté, en un instante concreto $t_0 (> 0)$ que representa AHORA, en una región $\mathcal{V}$ de tamaño razonable, aunque no especialmente grande (que representa un universo con un valor de la entropía que resulta ser el que ahora observamos); por lo demás, la curva ξ se ha escogido de forma aleatoria. Esto corresponde a un universo cuya entropía aumenta en el futuro de AHORA, pero también aumenta en el pasado de AHORA —¡en violación de la segunda ley!—. Lo que realmente encontramos para un universo con nuestra familiar segunda ley es algo como la Fig. 27.8,b,d: aquí ξ tiene un extremo —el extremo pasado (digamos $t = 0$)— en una región extraordinariamente minúscula $\mathcal{B}$ dentro de $\mathcal{P}_{\mathcal{U}}$ (que, por consiguiente, tiene una entropía extraordinariamente minúscula), a partir del cual serpentea (siguiendo las leyes dinámicas), encontrando volúmenes de tamaño muchísimo mayor a medida que t aumenta; y para nuestro valor de t particular t_0, que representa AHORA, x resulta encontrarse en el aún bastante pequeño volumen $\mathcal{V}$ correspondiente al universo que observamos. Esto es simplemente lo que afirma la segunda ley, y obtenemos (d), (b), en contraste con (c), (b).

Permítanme tratar de reformular lo que se ha dicho antes. Supongamos que consideramos las cosas desde el punto de vista de un instante particular $t_0(> 0)$ que llamamos «AHORA», y encontramos que x, en el instante t_0, está en alguna región $\mathcal{V}$ de tamaño razonable. Entonces, mirando por donde se mueve ξ para valores mayores de t, vemos que entra en cajas de tamaños cada vez mayores a medida que t aumenta. Esto es compatible con la segunda ley y con la hipótesis anterior de que x no muestra «ningún sesgo concreto» en relación con las posiciones de las cajas. Pero visto desde una perspectiva de tiempo invertido, «partiendo» de t, con x en $\mathcal{V}$, da la impresión de que el punto x está guiado a propósito, hacia atrás en el tiempo, hacia la región absurdamente minúscula del espacio de fases que he etiquetado como $\mathcal{B}$.

Con respecto a esta dirección de tiempo invertido, el comportamiento de x parece increíblemente «sesgado», buscando cajas que se hacen sucesivamente más pequeñas en un grado extraordinario a medida que el tiempo se mueve hacia el pasado. ¿Tenemos que entender esto como una perversa búsqueda «deliberada» de cajas cada vez más pequeñas, simplemente por magia diabólica? No, lo que sucede simplemente es que $\mathcal{B}$ está rodeado por cajas que se hacen sucesivamente más pequeñas (véase la Fig. 27.8), de modo que si ξ va a llegar a $\mathcal{B}$, cuando t se acerca a 0 *tiene* que encontrar cajas cada vez menores en este camino. ¡El enigma reside simplemente en el hecho de que un extremo de ξ tiene que estar en $\mathcal{B}$! Esto es lo que debemos entender si queremos comprender la fuente de la segunda ley. La región $\mathcal{B}$ representa el big bang origen del universo, ¡y pronto veremos qué tamaño ridículamente minúsculo tiene en realidad esta región!

Debemos tratar de comprender lo que está implicado aquí. ¿Qué tiene $\mathcal{B}$ de especial? ¿Podemos asignar una medida numérica a este grado de especialidad? En cualquier caso, ¿cuáles son las razones observacionales para creer en el big bang?

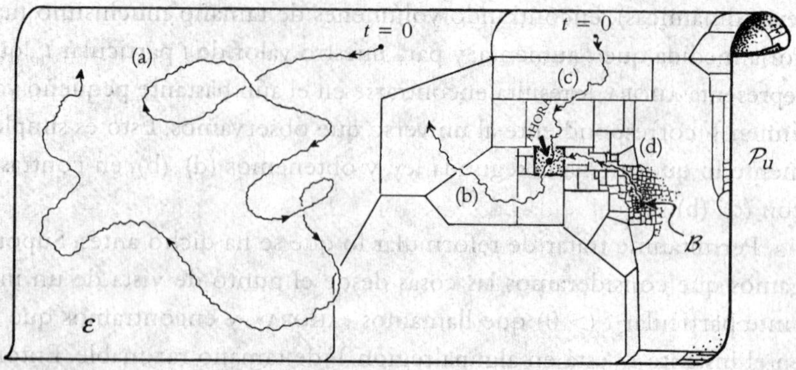

Fig. 27.8. Diferentes evoluciones posibles del universo, descritas por una curva parametrizada ξ en el espacio de fases $\mathcal{P}_{\mathcal{U}}$ de los posibles estados de universo (de masa total fija, digamos, o de cualquier otra cantidad conservada). (a) Si la curva ξ se arroja aleatoriamente en $\mathcal{P}_{\mathcal{U}}$, pasa casi toda su vida en $\mathcal{E}$, y, aparte de fluctuaciones menores, el universo apenas difiere del «equilibrio térmico» (y podría parecerse a la Fig. 27.20d si es cerrado). (b) Si especificamos meramente que la curva empieza AHORA en una caja muy pequeña $\mathcal{V}$ (que se muestra rayada), considerando que los puntos de $\mathcal{V}$ se parecen al universo en que ahora vivimos, pero donde, por lo demás, ξ se arroja aleatoriamente, entonces encontramos una evolución futura consistente con lo que seguimos viendo, con el aumento de entropía de la segunda ley. (c) Si aplicamos la misma consideración a la situación en la que la curva entera ξ está obligada meramente a atravesar $\mathcal{V}$ en un tiempo concreto $t_N > 0$ (AHORA), entonces encontramos un futuro razonable para el universo, pero, como sucede con la Fig. 27.6b, encontramos una fuerte violación de la segunda ley en el pasado. (d) Esto se remedia si especificamos, además, que el extremo inicial ($t = 0$) de ξ yace en la región absurdamente minúscula $\mathcal{B}$, en la que el universo empieza con el big bang extraordinariamente especial que aparentemente ocurrió en nuestro universo real.

Las razones para creer en un origen explosivo del universo procedían inicialmente de un estudio teórico de la ecuación de Einstein en un contexto cosmológico, llevado a cabo por Alexandr Friedmann en 1922 (véase §27.11 más adelante). Luego, en 1929, Edwin Hubble hizo el extraordinario descubrimiento de que las galaxias lejanas se están alejando realmente de nosotros[11] de una forma que parecía implicar que la materia en el universo era el resultado de una tremenda explosión. Según los cálculos modernos, la explosión —ahora denominada el big bang— tuvo lugar hace unos $1{,}4 \times 10^{10}$ años. Las conclusiones de Hubble se basaban en el hecho de que la luz procedente de objetos que se alejan a gran velocidad está *desplazada hacia el rojo* (es decir, que las líneas espectrales están desplazadas hacia «el extremo rojo del espectro», i.e., hacia longitudes de onda más largas) debido al efecto Doppler.[27.10] Encontró que este desplazamiento hacia el rojo era sistemáticamente mayor cuanto más lejana parecía estar la galaxia, lo que indica una velocidad de recesión que es proporcional a su distancia a nosotros, compatible con la imagen de la «explosión».

Pero la prueba directa más impresionante de apoyo observacional para el big bang es la presencia universal de una radiación que llena el espacio y que tiene una temperatura de unos 2,7 K (i.e., 2,7 °C por encima del cero absoluto).[12] Aunque esta puede parecer una temperatura extraordinariamente baja para un suceso tan violento, se cree que esta radiación es realmente el «destello» del propio big bang, enormemente atenuada («desplazada hacia el rojo») y enfriada, debido a la vasta expansión del universo. La radiación de 2,7 K desempeña un papel de extraordinaria importancia en la cosmología moderna. Normalmente se la conoce como el «fondo (cósmico) de microondas», o a veces como la «radiación de cuerpo negro de fondo», o la radiación «reliquia cósmica». Es extraordinariamente uniforme (aproximadamente hasta una parte en 10^5), lo que indica que el propio universo primitivo era extraordinariamente uniforme inmediatamente después del big bang, y está muy bien descrita por los modelos cosmológicos que consideraremos en §27.11.

Tratemos ahora de hacernos una idea física de la *naturaleza* de la ligadura de entropía extraordinariamente baja en el big bang que restringe $\mathcal{B}$ a un volumen tan minúsculo.[13] Veremos que lo que fue tan especial en el big bang era en realidad su gran uniformidad, como acabamos de mencionar. Debemos tratar de comprender por qué esto corresponde a una entropía muy baja, y cómo nos proporciona una segunda ley que es relevante para nosotros, aquí en la Tierra, en la forma familiar que conocemos.

Consideremos primero, una vez más, el papel del Sol como una

[27.10] Deduzca el desplazamiento de frecuencia Doppler según la relatividad especial para una fuente que se aleja a velocidad v (a) utilizando una imagen ondulatoria de la luz, y (b) utilizando productos escalares de 4-vectores y $E = h\nu$.

fuente de baja entropía. Hay extendida una falsa idea de que nuestra supervivencia depende de la *energía* que el Sol suministra. Esto es equívoco, pues para que dicha energía sea de alguna utilidad para nosotros debe proporcionarse en una forma de baja entropía. Si el cielo entero hubiera estado uniformemente iluminado, por ejemplo, con alguna temperatura uniforme —ya fuera la del Sol o cualquier otra cosa—, entonces no habría forma de utilizar esta energía (cualquiera que sea el tipo de criatura que pudiéramos imaginar que había evolucionado para tratar de aprovecharla). Un suministro de energía en equilibrio térmico es inútil. Sin embargo, nosotros tenemos la fortuna de que el Sol es un punto caliente en un *fondo frío*. Durante el día, la energía llega a la Tierra desde el Sol, pero durante el transcurso del día y la noche vuelve de nuevo al espacio. El balance neto de energía se reduce simplemente (en promedio) a que devolvemos toda la energía que recibimos.[14]

Sin embargo, la energía que obtenemos del Sol está en forma de fotones individuales de *alta* energía (básicamente fotones amarillos de alta frecuencia debido a la alta temperatura del Sol), mientras que la mayor parte de esta energía vuelve al espacio en forma de fotones de *baja* energía (infrarrojos, baja frecuencia). (Esta relación para la energía del fotón se sigue de la fórmula de Planck $E = h\nu$ y sus ideas sobre la radiación de cuerpo negro; véase §21.4.) Debido a su mayor energía (mayor temperatura), hay muchos menos fotones procedentes del Sol que fotones devueltos al espacio, porque la energía *total* transportada por ellos es la misma cuando entra que cuando sale. El menor número de fotones del Sol significa menos grados de libertad y, por consiguiente, una menor región del espacio de fases y con ello una menor entropía que en los fotones devueltos al espacio. Las plantas hacen uso de esta energía de baja entropía en su fotosíntesis, reduciendo con ello su propia entropía. Y nosotros nos aprovechamos de las plantas para reducir la nuestra, comiéndolas, o comiendo algo que las come, y respirando el oxígeno que las plantas liberan; véase la Fig. 27.9.

Pero ¿por qué es el Sol un punto caliente en un cielo frío? Aunque la historia detallada es complicada, en última instancia se reduce al hecho de que el Sol —y todas las demás estrellas— se han condensado gravitacionalmente a partir de un gas previamente uniforme (com-

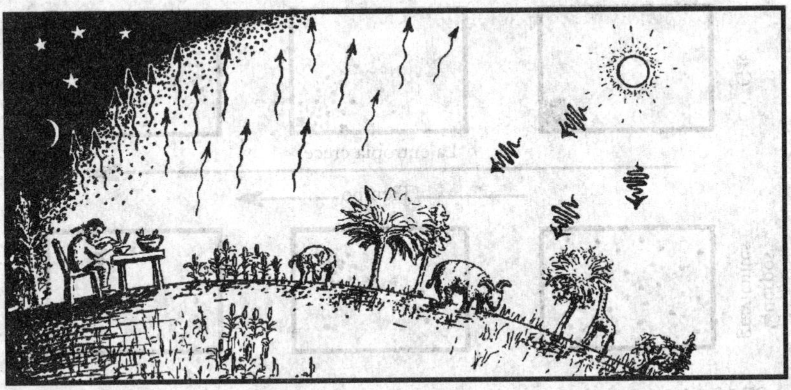

Fig. 27.9. La Tierra devuelve la misma cantidad de energía que recibe del Sol, pero la que recibe del Sol está en una forma de entropía mucho menor, debido al hecho de que la luz amarilla del Sol tiene frecuencia más alta que la infrarroja que devuelve la Tierra. Por consiguiente, por la $E = h\nu$ de Planck, los fotones del Sol llevan más energía por fotón que los que devuelve la Tierra, de modo que la energía del Sol es transportada por menos fotones que la devuelta por la Tierra. Menos fotones significa menos grados de libertad y, por lo tanto, una menor región en el espacio de fases y una entropía más baja que en los fotones devueltos al espacio. Las plantas hacen uso de esta energía de baja entropía en la fotosíntesis, con la que reducen su propia entropía, y nosotros nos aprovechamos de las plantas para reducir la nuestra, comiéndolas o comiendo algo que las come, y respirando el oxígeno que liberan las plantas. Esto procede, en última instancia, de un desequilibrio en la temperatura en el cielo que fue resultado de la acumulación gravitatoria que dio lugar al Sol.

puesto principalmente de hidrógeno). Cualesquiera que sean las otras influencias presentes (fundamentalmente fuerzas nucleares), ¡el Sol ni siquiera podría existir sin gravedad! La «pequeñez» en la entropía del Sol (a distancia considerable del equilibrio térmico) procede de una enorme reserva de baja entropía que está potencialmente disponible en la *uniformidad* del gas a partir del cual el Sol se ha condensado gravitatoriamente.

La gravitación es algo confusa, en relación con la entropía, a causa de su naturaleza universalmente atractiva. Estamos acostumbrados a pensar en la entropía en términos de un gas ordinario; en este caso, tener el gas concentrado en pequeñas regiones representa *baja* entropía (como en el caso de nuestro recipiente en la Fig. 27.3), y el estado de alta entropía de equilibrio térmico corresponde al gas uniformemente

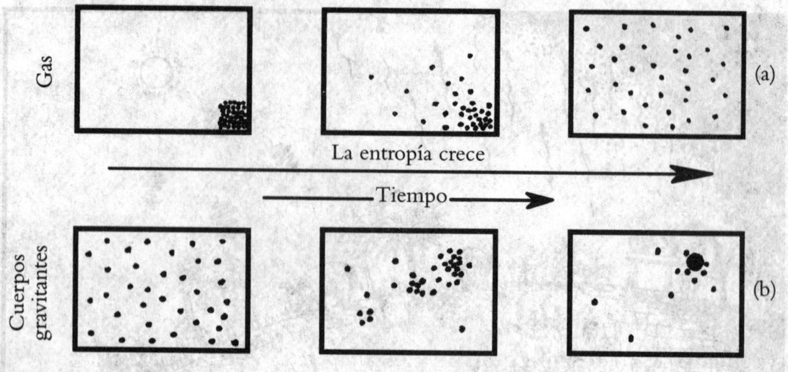

Fig. 27.10. Aumento de entropía con aumento del tiempo, de izquierda a derecha. (a) Para el gas en una caja, inicialmente agregado todo en una esquina, la entropía aumenta a medida que el gas se difunde por toda la caja, hasta alcanzar el estado uniforme de equilibrio térmico. (b) Con gravedad, las cosas tienden a ser de otra forma. Un sistema inicial de cuerpos gravitantes uniformemente dispersos representa una entropía relativamente baja, y las acumulaciones tienden a ocurrir a medida que aumenta la entropía. Por último, hay un enorme aumento de entropía cuando se forma un agujero negro que engulle la mayor parte del material.

disperso. Pero con la gravedad las cosas tienden a ser de otra manera. Un sistema uniformemente disperso de cuerpos gravitantes tendría una entropía relativamente *baja* (a menos que las velocidades de los cuerpos sean enormemente altas y/o los cuerpos sean muy pequeños y/o muy dispersos, de modo que las contribuciones gravitatorias se hacen insignificantes), mientras que la alta entropía se consigue cuando se amontonan los cuerpos gravitantes (Fig. 27.10).

¿Qué hay del estado de máxima entropía? Mientras que para un gas el estado de máxima entropía de equilibrio térmico corresponde al gas uniformemente disperso en la región en cuestión, en el caso de grandes cuerpos *gravitantes* la entropía máxima se consigue cuando toda la masa se concentra en un lugar, en la forma de una entidad conocida como un *agujero negro*. Tendremos que entender algo de estos objetos extraños y maravillosos para poder avanzar y obtener una buena estimación de la entropía potencialmente disponible en el universo en su conjunto. Esto nos permitirá estimar los volúmenes requeridos de $\mathcal{B}$ y $\mathcal{P}_{\mathcal{U}}$.

27.8. Agujeros negros

¿Qué es un agujero negro? En términos generales, es una región del espaciotiempo que ha resultado de un colapso gravitatorio de material, donde la atracción gravitatoria se ha hecho tan fuerte que ni siquiera la luz puede escapar. Para obtener una imagen intuitiva de por qué puede darse una situación semejante, consideremos la noción newtoniana de *velocidad de escape*. Si se lanza una piedra hacia arriba desde el suelo a cierta velocidad v, la piedra volverá a caer al suelo una vez que haya alcanzado determinada altura; esta altura es aquella para la que la energía cinética de la piedra ha sido enteramente utilizada para superar la diferencia de energía potencial con respecto del nivel del suelo (§17.3 y §18.6). La altura desde el suelo depende enteramente de la velocidad de lanzamiento, si se ignoran los efectos de la resistencia del aire.[27.11] Sin embargo, para una velocidad que supere el valor $(2GM/R)^{1/2}$, conocido como *velocidad de escape*, la piedra escaparía por completo del campo gravitatorio de la Tierra. (Aquí M y R son la masa y el radio de la Tierra, respectivamente, y G es la constante gravitatoria de Newton.) Supongamos ahora que en lugar de la Tierra tenemos un cuerpo mucho más masivo y concentrado. Entonces la velocidad de escape será mayor (puesto que M/R aumenta si M aumenta y si R disminuye), y podríamos imaginar que la masa y la concentración fueran tan enormes que la velocidad de escape en la superficie superara incluso la velocidad de la luz.

Podemos creer que cuando esto sucediera, en la teoría newtoniana, el cuerpo aparecería completamente oscuro visto desde grandes distancias, porque ninguna luz podría escapar del mismo; esta fue, de hecho, la conclusión a la que llegó el astrónomo y clérigo inglés John Michell en 1784. Más tarde, en 1799, el gran físico y matemático francés Pierre-Simon Laplace llegó a la misma conclusión.[15] Sin embargo, la situación no me parece tan clara debido a que la velocidad de la luz no tiene ningún estatus absoluto en la teoría newtoniana, y uno puede hacer un buen argumento en el sentido de que, para un cuerpo seme-

[27.11] Demuestre que dicha altura es $v^2R(2gR - v^2)^{-1}$, donde R es el radio de la Tierra y g la aceleración debida a la gravedad en la superficie de la Tierra.

jante, la velocidad de la luz en su superficie debería ser considerablemente mayor que la medida en el espacio libre, y que la luz podría seguir escapando al infinito por muy masivo y concentrado que pudiera ser dicho cuerpo.[16,[27.12]] Así pues, la «estrella oscura» de Michell, aunque es un clarividente precursor de la idea del agujero negro, no proporciona, en mi opinión, un argumento convincente a favor de objetos gravitantes «invisibles» en la teoría newtoniana.

Esta cuestión es mucho más pertinente en el contexto de la teoría de la relatividad, puesto que aquí la velocidad de la luz es fundamental y de hecho representa la velocidad límite para toda señalización (§17.8). No obstante, puesto que estamos interesados en un fenómeno gravitatorio, exigimos un espaciotiempo de relatividad *general* en lugar de solo el espacio de Minkowski. En la relatividad general existe la expectativa de que ocurrirán situaciones en las que la velocidad de escape supere la velocidad de la luz, dando como resultado lo que ahora llamamos un *agujero negro*.

Se espera que resulte un agujero negro cuando un gran cuerpo masivo alcanza una etapa en la que las fuerzas de presión interna son insuficientes para mantener el cuerpo contra el implacable tirón hacia dentro de su propia influencia gravitatoria. De hecho, debe esperarse semejante colapso gravitacional cuando una gran estrella, de una masa total varias veces superior a la del Sol (digamos $10M_\odot$, donde $1M_\odot$ es una masa solar) agota todas sus fuentes internas de energía disponibles, de modo que se enfría y no puede mantener una presión suficiente para evitar el colapso. Cuando esto sucede, el colapso puede hacerse imparable a medida que los efectos gravitatorios aumentan implacablemente.

La imagen detallada puede hacerse muy complicada, especialmente por el hecho de que en condiciones de presión muy alta cobran importancia cuestiones sofisticadas relativas al comportamiento de la materia. De especial relevancia es la *presión de degeneración* electrónica o neutrónica. Esta tiene que ver con el principio de Pauli que, como se ha señalado en §23.7, impide que dos o más fermiones idénticos estén

[27.12] ¿Puede ver por qué? *Sugerencia*: Piense en términos de una teoría de luz como partículas, y de luz externa que cae a la superficie del cuerpo. ¿Qué sucede si la luz cae sobre un espejo horizontal en la superficie del cuerpo?

en el mismo estado cuántico. Una *enana blanca*, que podría tener algo del orden de una masa solar concentrado en aproximadamente el tamaño de la Tierra, se mantiene por la presión de degeneración electrónica; una *estrella de neutrones* de la misma masa sería un cuerpo de unos 10 kilómetros de diámetro, mantenido principalmente por la presión de degeneración neutrónica. (Una pelota de tenis llena del material de una estrella de neutrones ¡pesaría tanto como Deimos, una luna de Marte!) Sin embargo, debido a los requisitos de la relatividad, resulta que la presión de degeneración no puede sostener una estrella si la masa es mayor de aproximadamente $2M_{\odot}$. El resultado clave fue obtenido por Subrahmanyan Chandrasekhar, en 1931, cuando estableció este límite de aproximadamente $1{,}4M_{\odot}$ para las enanas blancas. Refinamientos posteriores obtuvieron un límite ligeramente mayor para las estrellas de neutrones.[17] El resultado de todo esto es que no hay ninguna configuración en reposo para un objeto frío de más de aproximadamente $2{,}8M_{\odot}$ (y probablemente no más de $1{,}6M_{\odot}$). Un objeto semejante colapsaría hacia dentro, y seguiría colapsando hasta alcanzar una dimensión en la que las consideraciones de Michell empiezan a hacerse relevantes. ¿Qué sucede entonces?

Volvamos a nuestra gran estrella de, digamos, $10M_{\odot}$, supuesta inicialmente a una temperatura suficientemente alta para que las presiones térmicas puedan mantenerla. Sin embargo, cuando la estrella se enfríe pasará por una etapa en la que su núcleo comprimido superará el límite de Chandrasekhar y colapsará. La caída hacia dentro de las regiones exteriores podría desencadenar una violenta explosión, que se conoce como una *supernova*. Tales estrellas en explosión han sido observadas con frecuencia, sobre todo en otras galaxias, y durante algunos días el brillo de la supernova puede sobrepasar al de la galaxia entera en la que reside. Pero si no se expulsa material suficiente en una explosión semejante —y, para una estrella de inicialmente $10M_{\odot}$, es poco probable que se pierda tanto—, las predicciones dicen que la estrella colapsará sin parar hasta que alcance la escala donde se aplican las consideraciones de Michell. Examinemos la Fig. 27.11, que es un diagrama espaciotemporal que muestra el colapso a un agujero negro. (Por supuesto, ha habido que prescindir de una dimensión espacial.) Vemos que la materia sigue colapsando hacia dentro, a través de dicha super-

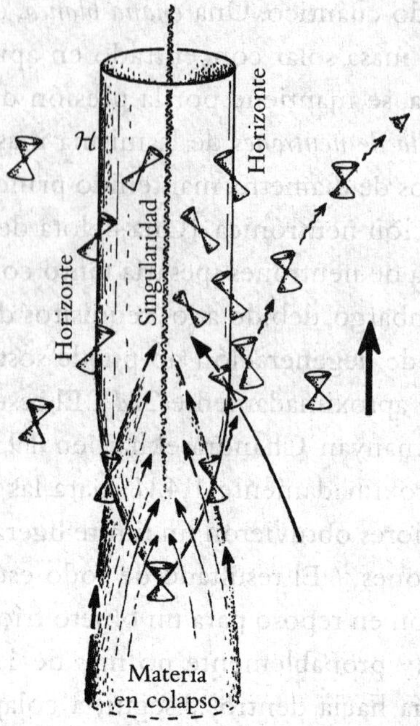

Fig. 27.11. Diagrama espaciotemporal del colapso a un agujero negro. (Se ha suprimido una dimensión espacial.) La materia colapsa hacia dentro, a través de la 3-superficie que se convierte en el horizonte de sucesos (absoluto). Ninguna materia o información puede escapar del agujero una vez que se ha formado. Los conos nulos son tangentes al horizonte y permiten que la materia o las señales pasen hacia dentro pero no hacia fuera. Un observador externo no puede ver el interior del agujero, sino solo la materia —enormemente oscurecida y desplazada hacia el rojo— inmediatamente antes de que entre en el agujero.

ficie —denominada un *horizonte de sucesos* (absoluto)— donde la velocidad de escape alcanza la velocidad de la luz. A partir de entonces, ninguna información adicional procedente de la propia estrella puede llegar a un observador exterior y se forma un agujero negro.

La imagen de la Fig. 27.11 está basada en la famosa solución de Schwarzschild de la ecuación de Einstein, descubierta por Karl Schwarzschild en 1916,[18] poco después de que Einstein publicara su teoría, y solo unos meses antes de que Schwarzschild muriese de una rara enfermedad contraída en el frente oriental durante la Primera Guerra Mundial. Esta solución describe el campo gravitatorio estático que rodea un cuerpo con simetría esférica, ya se esté contrayendo o no. El horizonte ocurre a la distancia radial $r = 2MG/c^2$ (exactamente el valor crítico de Michell).[27.13]

El horizonte de sucesos no está hecho de ninguna sustancia material. Es meramente una (hiper)superficie particular en el espaciotiempo que separa aquellos lugares de los que pueden escapar señales al infinito externo de aquellos otros lugares tales que todas las señales que partieran de ellos serían atrapadas inevitablemente por el agujero negro. Un infortunado observador que atravesara el horizonte de sucesos, de fuera a dentro, no advertiría nada localmente peculiar en el momento de cruzar el horizonte. Además, el propio agujero negro no es un cuerpo ponderable; lo consideramos como una región gravitante del espaciotiempo de cuyo interior no puede escapar ninguna señal. ¿Y qué pasa con el destino de la pobre estrella? Volveremos a este enigma en §27.9.

En primer lugar, consideremos la situación observacional. ¿Hay evidencia de la existencia real de agujeros negros? De hecho, la hay. En la década de 1970 se conocían varios ejemplos de sistemas de «estrellas dobles», en los que solo un miembro del par era luminoso con luz visible. La existencia, la masa y el movimiento del otro miembro se inferían a partir de los detalles finos del movimiento de su compañera visible. Además, a partir de la emisión de señales de rayos X procedentes de su vecindad, se deducía que la compañera invisible era un objeto compacto, con una masa demasiado grande para que el objeto fuera de uno de los dos tipos —una enana blanca o una estrella de neutrones— que los principios físicos aceptados permitían para una estrella com-

[27.13] La forma métrica original de Schwarzschild era $ds^2 = (1 - 2M/r)dt^2 - (1 - 2M/r)^{-1}dr^2 - r^2(d\theta^2 + \mathrm{sen}^2\theta\, d\phi^2)$, donde se han escogido unidades tales que $G = c = 1$ y donde θ y ϕ son coordenadas polares esféricas estándar (§22.11). Explique cómo queda determinada la coordenada radial r por un requisito sobre el área de las esferas de r y t constantes. Esta forma métrica no se extiende suavemente a la región $r \leq 2M$; para esta puede utilizarse la forma de Eddington-Finkelstein de la métrica $ds^2 = (1 - 2M/r)dv^2 - 2dv\, dr - r^2(d\theta^2 + \mathrm{sen}^2\theta d\phi^2)$. Encuentre un cambio de coordenadas que relacione a ambas explícitamente. Explique por qué las curvas nulas en cada plano (v, r) deben ser las geodésicas radiales nulas, y utilice este hecho para obtener sus ecuaciones y representarlas. (Dibuje las líneas de r constante como verticales y las líneas de v constante con pendiente de 45° hacia la derecha.) Identifique el horizonte de sucesos y la singularidad (cf. §27.9).

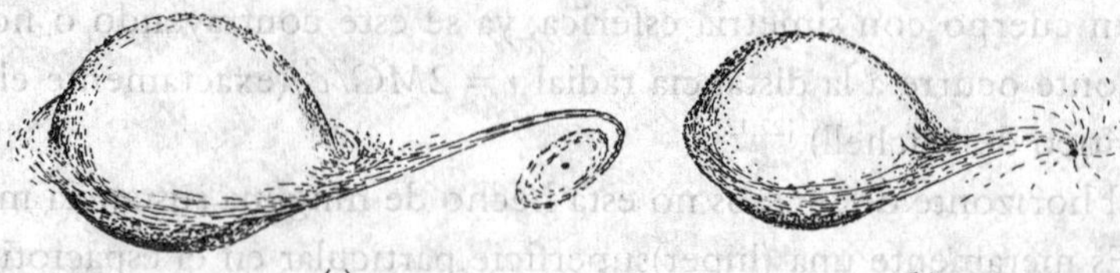

Fig. 27.12. Sistemas de estrellas dobles, un miembro de los cuales es un agujero negro (minúsculo). (a) La materia atraída de la estrella más grande por el agujero negro forma un disco de acreción a su alrededor, que poco a poco cae en espiral y se calienta hasta que se emiten rayos X antes de que el material entre realmente en el agujero. (b) En algunos casos no hay disco de acreción y el material cae «en línea recta». Si el objeto compacto atrayente tuviera una superficie ponderable, el material en caída se calentaría, pero no se ve ningún brillo, lo que confirma la presencia de un agujero negro.

pacta. La emisión de rayos X era compatible con que el objeto invisible fuera un agujero negro rodeado de lo que se conoce como un «disco de acreción» de gas y polvo, que se acerca poco a poco en espiral hacia el agujero, calentándose enormemente a medida que se aproxima al centro. Por último, se emitirían rayos X antes de que el material entrara realmente en el agujero (véase la Fig. 27.12a). El más conocido (y en esa época el más convincente observacionalmente) de estos candidatos a agujero negro era la fuente de rayos X Cygnus X-1, donde el miembro compacto y oscuro del par tiene una masa de aproximadamente $7M_{\odot}$, lo que ciertamente lo descarta como enana blanca o estrella de neutrones, de acuerdo con la teoría aceptada.

Este tipo de evidencia era siempre más bien indirecta y menos que completamente satisfactoria, porque se basaba en la *teoría* para decirnos que tales objetos compactos masivos no pueden existir como cuerpos ponderables. Sin embargo, ahora hay una evidencia bastante impresionante a favor de los agujeros negros. Los discos de acreción no son las únicas configuraciones que adopta el material que cae en agujeros negros. En ciertos casos el material cae «directo hacia dentro», y este comportamiento parece haber sido observado en la actualidad (Fig. 27.12b). Si el objeto compacto atrayente tuviese una superficie material de algún tipo, entonces el material en caída calentaría dicha superficie, y su brillo se haría visible al cabo de cierto tiempo. Pero no se ve tal brillo. Así pues, ahora hay evidencia directa de que una entidad tan compacta no tiene ninguna superficie, y puede inferirse de forma muy convincente que la entidad es realmente un agujero negro.[19]

Todo esto se refiere a agujeros negros «estelares», cuya masa sería solo de algunas veces la masa del Sol. Hay también una evidencia impresionante a favor de agujeros negros mucho más grandes. Parece que la mayoría —y quizá todas— de las galaxias tienen agujeros negros de gran tamaño en sus centros. En particular, parece haber un agujero negro masivo de $3 \times 10^6 M_{\odot}$ en el centro de nuestra Vía Láctea, y se han rastreado en detalle los movimientos reales de las estrellas que describen órbitas a su alrededor, que son plenamente compatibles con esta imagen de agujero negro.

27.9. Horizontes de sucesos y singularidades espaciotemporales

En la Fig. 27.11 he dibujado algunos de los conos nulos futuros, de modo que las propiedades de causalidad del espaciotiempo deberían hacerse razonablemente evidentes. La característica más esencial es la existencia del horizonte de sucesos del agujero negro que, en el espaciotiempo, es una 3-superficie $\mathcal{H}$. Como se ha establecido en §27.8, esta tiene la propiedad de que ninguna señal que se origine en la región interior a $\mathcal{H}$ puede escapar a la región exterior. Esto puede verse como un efecto de la inclinación de los conos hacia dentro, de modo que se encuentran siendo tangentes a $\mathcal{H}$. Cualquier línea de universo que cruza del interior al exterior de $\mathcal{H}$ tendría que violar la causalidad que definen los conos (§17.7). He representado el caso donde el colapso gravitatorio tiene simetría esférica completa, que fue la situación original estudiada por J. Robert Oppenheimer y Hartland Snyder en 1939, y que utiliza la geometría de Schwarzschild para describir la región externa a la materia en caída.

Aunque el horizonte $\mathcal{H}$ tiene propiedades extrañas, la geometría local allí no es significativamente diferente de la de cualquier otra parte. Como se ha señalado, un observador en una nave espacial no notaría que suceda nada especial cuando se cruza el horizonte desde el exterior al interior. Pese a todo, una vez que se haya emprendido este viaje peligroso no habrá retorno. La inclinación de los conos nulos es tal que no hay escape, y el observador encontraría rápidamente efectos de marea crecientes (curvatura del espaciotiempo; véanse §17.5 y §19.6) que divergen a infinito en la singularidad espaciotemporal en el centro ($r = 0$). Estas características no son específicas del caso de simetría esférica, sino que son completamente generales. Existen, de hecho, teoremas de aplicación muy general que nos dicen que las singularidades no pueden ser evitadas en ningún colapso gravitatorio que supere cierto «punto de no retorno».[20] Algunas de las cuestiones relevantes serán expuestas con algo más de detalle en §28.8.

Para un agujero negro de unas pocas masas solares, las fuerzas de marea serían fácilmente suficientes para matar a una persona mucho antes de llegar siquiera al horizonte, y no digamos si lo cruzara, pero para los agujeros negros grandes de $10^6 M_\odot$, o más, que se cree que residen en los centros galácticos, no habría ningún problema particular derivado de los efectos de marea cuando se cruza el horizonte (que en este caso tendría algunos millones de kilómetros de diámetro). De hecho, en el caso de nuestra propia galaxia, la curvatura en el horizonte de su agujero negro es solo de unas veinte veces la curvatura espaciotemporal en la superficie de la Tierra —¡que ni siquiera advertimos!—. Pese a todo, el arrastre implacable del observador hacia la singularidad central haría posteriormente que los efectos de marea aumentaran con gran rapidez hasta el infinito, ¡destruyendo totalmente al observador en menos de un minuto! La destrucción por efectos de marea rápidamente crecientes es, de hecho, lo que espera a cualquier material físico cuando se hunde hacia el centro del agujero negro. Recordemos nuestro interés sobre el destino del material de nuestra estrella colapsante de $10M_\odot$. Incluso las partículas individuales de las que está compuesta encontrarían pronto fuerzas de marea tan intensas que las desgarrarían —¿para dar qué?, ¡nadie lo sabe!

Al menos, lo que *sí* sabemos es que, mientras pueda mantenerse una imagen einsteiniana de un espaciotiempo clásico que actúa de acuerdo con las ecuaciones de Einstein (con densidades de energía no negativas y algunas otras hipótesis suaves y «razonables), se encontrará una singularidad espaciotemporal dentro del agujero.[21] Esperamos que la ecuación de Einstein nos dirá que esta singularidad no puede ser evitada por la materia que hay en el agujero y que las «fuerzas de marea» (i.e., curvatura de Weyl; véase §19.7) divergirán a infinito, muy posiblemente de una forma salvajemente oscilatoria, en el caso general.[22] De hecho, parece inevitable entrar en el dominio de la *gravedad cuántica* (o cualquiera que sea el término apropiado), de modo que estas predicciones de la teoría clásica tendrán que ser modificadas de acuerdo con ello. Aún no sabemos cómo debe ser la teoría de la «gravedad cuántica» correcta, pero estas consideraciones de agujeros negros nos proporcionan un elemento importante; y este elemento debería guiarnos en la dirección apropiada en nuestra búsqueda de la «gravedad cuántica» correcta. Estas cuestiones serán importantes para nosotros en capítulos posteriores, en particular en los capítulos 30, 31 y 32.

Hay una creencia generalizada de que las singularidades espaciotemporales del colapso gravitatorio estarán necesariamente siempre dentro de un horizonte de sucesos, de modo que cualesquiera que resulten ser los extraordinarios efectos físicos en tal singularidad estarán ocultos a la vista de cualquier observador externo. Sin embargo, esta no es una propiedad matemáticamente establecida de la relatividad general. La hipótesis de que las singularidades estarán siempre ocultas se conoce como *censura cósmica*,[23] y se examinará con más detalle en §28.8.

Por otra parte, no tenemos que ir tan lejos como la singularidad para encontrar efectos extraordinarios resultantes del colapso gravitatorio. Existen algunos procesos muy violentos y visibles en el universo. Por ejemplo, se cree que los excepcionalmente luminosos *cuásares* están impulsados por agujeros negros en rotación en los centros galácticos: la rotación del agujero negro es la central energética, aunque el material real expulsado (aparentemente a lo largo del eje de rotación) procede del exterior del agujero (véase §30.7). La energía emitida por algunos cuásares, aunque procedente de una región minúscula (aproximadamente del tamaño del sistema solar), ¡puede sobrepasar en brillo a una galaxia entera en un factor de 10^2 o 10^3 o más! Pueden verse a distancias enormemente grandes, y son importantes herramientas observacionales para la cosmología. Existen también fuentes de potentes rayos γ (fotones extremadamente energéticos) que también se cree que implican agujeros negros, quizá pares de agujeros negros en colisión.[24]

27.10. Entropía de agujero negro

Volvamos a la consideración de las regiones externas «más seguras» de los agujeros negros estacionarios («muertos») aislados. Veremos cuán extraordinariamente grande es la entropía que se puede asignar a un objeto semejante. En primer lugar, deberíamos tomar nota del hecho de que hay teoremas matemáticos[25] que ofrecen una prueba convincente de que los agujeros negros generales, que inicialmente pueden poseer irregularidades complicadas debidas a un colapso asimétrico —quizá en una catástrofe irreversible en caída en espiral incontrolada—, se asentarán rápidamente en cualquier caso (hasta que adquieran una forma geométrica elegante y notablemente simple). Esto está descrito por la *métrica de Kerr*,[26] que está caracterizada por solo dos parámetros (números reales) físico/geométricos etiquetados como m y a.[27] Aquí m describe la *masa* total del agujero negro, y $a \times m$ es el *momento angular* total (en unidades donde $G = c = 1$). Como ha escrito el premio Nobel Subrahmanyan Chandrasekhar (cuyo famoso resultado de 1931, como se ha dicho en §27.8, puso a la astrofísica en el camino hacia el agujero negro):

> Los agujeros negros de la naturaleza son los más perfectos objetos macroscópicos que hay en el universo: los únicos elementos en su construcción son nuestros conceptos de espacio y tiempo. Y puesto que la teoría de la relatividad general proporciona solo una única familia de soluciones para sus descripciones, son también los objetos más simples.[28]

La naturaleza implacable de los agujeros negros, que absorben todo tipo de material —que podría tener una inmensa cantidad de estructura detallada— para convertirlo en una simple configuración descriptible por solo diez parámetros (siendo estos a, m, la dirección del eje de giro, la posición del centro de masas y su 3-velocidad), es una manifestación poderosa de la segunda ley. Estos diez parámetros son todo lo que se necesita para una caracterización macroscópica adecuada del estado final.[29] Aunque un agujero negro no se parece a la materia ordinaria en equilibrio térmico, comparte con ella la propiedad clave de que números enormes de estados microscópicamente distintos llevan a algo que puede describirse con muy pocos parámetros. Por esta razón, la caja de grano grueso en el espacio de fases correspondiente es realmente inimaginable, y los agujeros negros, en consecuencia, tienen entropías enormes.

De hecho, la entropía de los agujeros negros tiene una notable interpretación geométrica: ¡es proporcional al área del horizonte del agujero! De acuerdo con la famosa *fórmula de Bekenstein-Hawking*, puede atribuirse a un agujero negro una entropía bien definida, que es

$$S_{BH} = \frac{kc^3 A}{4G\hbar},$$

donde A es el área de la superficie del horizonte del agujero negro, y donde se puede tomar BH como representación de Bekenstein-Hawking, o *black-hole* (agujero negro), ¡a voluntad! Nótese la aparición de la constante de Planck, así como de la constante gravitatoria, lo que indica que esta entropía es un efecto de «gravedad cuántica». De hecho, este es el primer lugar donde hemos encontrado que la constante fundamental de la mecánica cuántica (la constante de Planck, escrita en la forma de Dirac $\hbar$) y la de la relatividad general (la constante gravitatoria de Newton G) aparecen juntas en la misma fórmula.

Para cuestiones de física fundamental, en las que están involucradas la mecánica cuántica y la relatividad general, es a menudo conveniente adoptar unidades en las que ambas constantes se toman como la *unidad*. Ya hemos visto en §17.8 y §§19.2,6,7 (y en otros lugares como el capítulo 24), que a menudo es extraordinariamente conveniente adoptar unidades en las que la velocidad de la luz c se toma como unidad. Sin pérdida de consistencia, podemos extender este convenio de modo que $\hbar$ y G también son la unidad. Esto tiene la notable consecuencia de que todas las unidades de espacio, tiempo, masa y carga eléctrica quedan ahora completamente *fijadas*, proporcionando las que se conocen como unidades de *Planck* (o unidades *naturales* o unidades *absolutas*). Además, también podemos tomar la constante de Boltzmann k como la unidad (véase §27.3)

$$G = c = \hbar = k = 1,$$

y entonces la unidad de temperatura se convierte también en algo absoluto.

Estas están lejos de las unidades prácticas para uso cotidiano, como puede verse cuando tratamos de poner nuestras unidades convencionales en términos de unidades de Planck:

$$\begin{aligned} \text{gramo} &= 4{,}4 \times 10^{4}, \\ \text{metro} &= 6{,}3 \times 10^{34}, \\ \text{segundo} &= 1{,}9 \times 10^{43}, \\ \text{grado Kelvin} &= 4 \times 10^{-33}. \end{aligned}$$

En estas unidades, la carga del protón (o *menos* la del electrón) es aproximadamente $e = \frac{1}{\sqrt{417}}$, y con más exactitud[30]

$$e = 0{,}085\,42\,45\ldots$$

También podemos expresar estas relaciones a la inversa, y encontramos que

$$\begin{aligned} \text{masa de Planck} &= 2{,}1 \times 10^{-5}\ \text{g}, \\ \text{longitud de Planck} &= 1{,}6 \times 10^{-35}\ \text{m}, \\ \text{tiempo de Planck} &= 5{,}3 \times 10^{-44}\ \text{s}, \\ \text{temperatura de Planck} &= 2{,}5 \times 10^{32}\ \text{K}, \\ \text{carga de Planck} &= 11{,}7\ \text{cargas del protón}. \end{aligned}$$

Veremos más sobre las unidades de Planck en §31.1

Volviendo a la fórmula de Bekenstein-Hawking para la entropía del agujero negro, vemos ahora que en unidades de Planck la entropía S_{BH} de un agujero negro de área superficial A es simplemente

$$S_{BH} = \frac{1}{4}A.$$

En el caso de la solución de Kerr, encontramos explícitamente

$$A = \frac{8\pi G^2}{c^4} m(m + \sqrt{m^2 - a^2})$$

$$S_{BH} = \frac{2\pi Gk}{c\hbar} m(m + \sqrt{m^2 - a^2})$$

(en unidades generales). Llegaremos a algunas de las razones que hay detrás de la extraordinaria fórmula de Bekenstein-Hawking en §30.4.

Para hacernos una idea de los extraordinarios valores de la entropía que pueden alcanzarse en un agujero negro, consideremos primero lo que en la década de 1960 se había pensado que proporciona la mayor de todas las contribuciones a la entropía del universo, a saber, la entropía en la radiación de microondas de 2,7 K: los restos del «destello» del big bang. Esta entropía es de aproximadamente 10^8 o 10^9 por barión, en unidades naturales. (Hablando en términos muy generales, este es el número de fotones por barión que quedó del big bang.) Comparemos esta cifra evidentemente enorme con la entropía debida a los agujeros negros en el universo. Los astrónomos no tienen una idea completamente clara de cuántos agujeros negros hay, ni qué tamaño pudieran tener, pero hay buena evidencia de un agujero negro en el centro de nuestra propia Vía Láctea de aproximadamente $3 \times 10^6 M_{\odot}$, que podría ser razonablemente típico. Algunas galaxias tienen agujeros negros mucho más grandes, y estos deberían compensar fácilmente los grandes números de otras galaxias que pudieran tenerlos más pequeños, puesto que son los agujeros negros grandes los que dominan los valores de la entropía por encima de todo.[27.14] Como estimación aproximada (quizá muy conservadora), tomemos nuestra galaxia como típica, y encontramos una entropía por barión de aproximadamente 10^{21}, que supera abrumadoramente la cifra de 10^8 o 10^9 de la radiación de cuerpo negro. Además, cualquiera que sea ahora la cifra, crecerá implacable e inimaginablemente en el futuro.

27.11. Cosmología

Antes de tratar de encontrar una estimación para la cifra colosal de la entropía que es potencialmente accesible a nuestro universo —de modo que podamos hacernos una idea de cuán «especial» es realmente nuestro universo ahora, y de cuán «particularmente especial» debe de haber sido nuestro universo en el momento del big bang—, tendremos que saber algo sobre cosmología. Trataremos de utilizar la evidencia cosmológica para estimar el tamaño de la caja $\mathcal{B}$ del espacio de fases que representa el big bang, y la compararemos con el tamaño del espacio de fases entero $\mathcal{P}_{\mathcal{U}}$, y también con el volumen del espacio de fases de

[27.14] ¿Puede ver por qué?

la caja de grano grueso $\mathcal{N}$ que representa el universo tal como es ahora.

Permítanme empezar describiendo brevemente los que se conocen como los *modelos estándar* de la cosmología, de los que hay (en esencia) tres. Como hemos visto en §27.7, la discusión se remonta al ruso Aleksandr Friedmann, que en 1922 encontró por primera vez las soluciones cosmológicas adecuadas de las ecuaciones de Einstein, con una fuente material que puede utilizarse para aproximar una distribución de galaxias uniforme a gran escala (a veces denominado un «fluido sin presión» o «polvo»). Los modelos cosmológicos de la clase general que estudió Friedmann (a veces con un tipo de fuente de materia diferente del «polvo» de Friedmann) se conocen ahora habitualmente como modelos de Friedmann-Lemaître-Robertson-Walker (FLRW), debido a las contribuciones, clarificaciones y generalizaciones posteriores de estos otros.

Básicamente, un modelo FLRW se caracteriza por el hecho de que es *espacialmente homogéneo* e *isótropo*. En general, «isótropo» significa que el universo parece igual en todas las direcciones, de modo que tiene un grupo de simetría de rotación O(3). Del mismo modo, «espacialmente homogéneo» significa que el universo parece igual en cada punto del espacio y en cualquier instante; por consiguiente, hay un grupo de simetrías que es *transitivo* (§18.2) en cada miembro de una familia de 3-superficies de género espacio, siendo estas las 3-superficies $\mathcal{T}_t$ de «espacio» a «tiempo» t constante (lo que da un grupo de simetría 6-dimensional en total).[27.15] Este par de hipótesis está en buen acuerdo con las observaciones de la distribución de materia a muy gran escala, y con la naturaleza del fondo de microondas. Se encuentra directamente que la isotropía espacial es una aproximación muy buena (por observación de fuentes muy lejanas, y principalmente a partir de la radiación de 2,7 K). Además, si el universo *no* fuera homogéneo, solo podría parecer isótropo visto desde lugares muy especiales,[27.16] de modo que tendríamos que estar en una posición muy privilegiada para que el

[27.15] ¿Por qué 6-dimensional?
[27.16] Dé un argumento general para demostrar por qué un (3-)espacio conexo no puede ser isótropo respecto a dos puntos distintos sin ser también homogéneo.

universo nos *pareciera* isótropo, a menos que fuera también homogéneo. Por supuesto, la isotropía observacional no es exacta, puesto que vemos galaxias, cúmulos de galaxias y supercúmulos de galaxias solo en ciertas direcciones. Hay distribuciones desiguales de materia, no siempre visibles, a escalas inconcebibles, tales como lo que se conoce como «el Gran Atractor», que parece estar tirando no solo de nuestra propia galaxia sino de varios cúmulos de galaxias vecinos. Pero parece que las desviaciones de la uniformidad espacial se hacen proporcionalmente menores cuanto más lejos miramos. La mejor información que tenemos de las regiones más lejanas del universo que nos son accesibles procede de la radiación de fondo de cuerpo negro de 2,7 K. Los datos de COBE, BOOMERANG, WMAP, etc., nos dicen que aunque en dicha escala hay desviaciones de temperatura muy ligeras, en un nivel minúsculo de solo unas pocas partes en 10^5, la isotropía está bien apoyada.[31]

Parece así que las cosmologías homogénea e isótropa —los modelos FLRW— son excelentes aproximaciones a la estructura del universo real, al menos dentro de los límites del universo observable que se extiende hasta una distancia que incluye unas 10^{11} galaxias que contienen unos 10^{80} bariones. (Pronto veremos lo que significa esta noción de «universo observable».) La homogeneidad y la isotropía espacial implican[32] que las secciones espaciales 3-dimensionales $\mathcal{T}_t$ a «tiempo constante» llenan el espaciotiempo entero $\mathcal{M}$ (sin cortarse unas a otras), compartiendo cada 3-geometría $\mathcal{T}_t$ el grupo de simetría de homogeneidad/isotropía de $\mathcal{M}$; véase la Fig. 27.13. Las (esencialmente) tres diferentes posibilidades para la 3-geometría dependen de si la curvatura espacial (constante) es positiva ($K > 0$), cero ($K = 0$), o negativa ($K < 0$). En la literatura cosmológica es habitual normalizar el radio de curvatura, en los casos $K \neq 0$, y referirse a $K > 0$ y $K < 0$ simplemente como $K = 1$ y $K = -1$, respectivamente. Sin embargo, no voy a hacerlo aquí, y preferiré las descripciones respectivas $K > 0$ y $K < 0$.

En la Fig. 27.13a,b,c, he tratado de representar la evolución temporal del universo, de acuerdo con el análisis original de Friedmann de las ecuaciones de Einstein, para las diferentes elecciones alternativas de la curvatura espacial. En cada caso, el universo empieza en una *singularidad* —el denominado big bang— donde la curvatura espacial

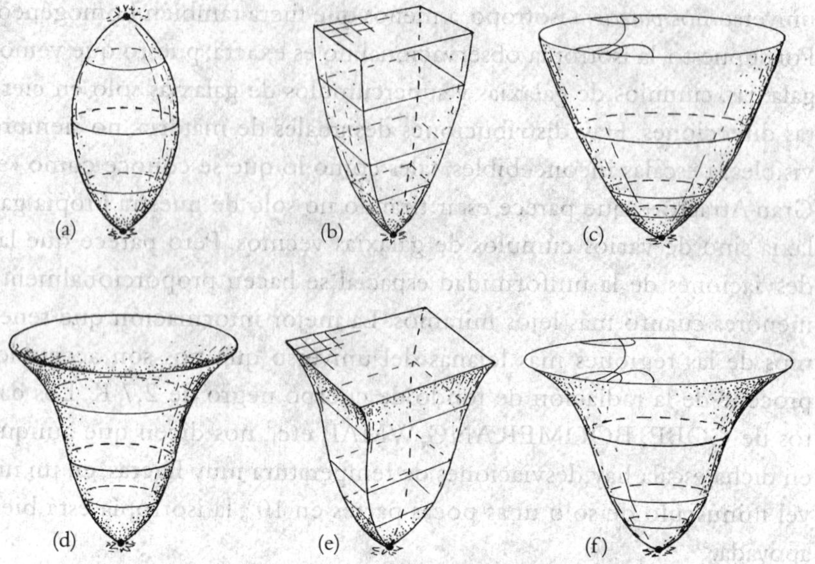

Fig. 27.13. Modelos cosmológicos espacialmente homogéneos e isótropos de Friedmann-Lemaître-Robertson-Walker (FLRW). El tiempo se representa hacia arriba y cada modelo empieza con un big bang. Cada uno está lleno con una familia de uniparamétrica de 3-superficies de género espacio homogéneas y no intersectantes, $\mathcal{T}_t$, que dan «espacio» en el tiempo t. En los modelos de Friedmann la materia se trata como un fluido sin presión («polvo»). Se ilustran los tres casos: (a) $K > 0$, donde las $\mathcal{T}_t$ son 3-esferas S^3 (indicadas en los diagramas como un círculo límitante S^1), donde el modelo colapsa finalmente en un big crunch; o (b) las $\mathcal{T}_t$ son 3-espacios euclídeos $\mathbb{E}^3$, representados como el 2-plano en la parte superior; o (c) las $\mathcal{T}_t$ son 3-espacios hiperbólicos (indicados por una representación conforme en la parte superior). En (d), (e) y (f), se incorpora una constante cosmológica positiva Λ en (a), (b), (c), respectivamente, con expansión exponencial final, donde en el caso (d) se supone que Λ es suficientemente grande para impedir la fase de colapso.

se hace infinita, y luego se expande rápidamente hacia fuera. El comportamiento final depende críticamente del valor de K. Si $K > 0$ (Fig. 27.13a), la expansión se invierte finalmente, y el universo vuelve a una singularidad, a menudo conocida como el *big crunch*, que es una precisa inversa temporal del big bang inicial en el modelo de Friedmann exacto. Si $K = 0$ (Fig. 27.13b), la expansión consigue resistir lo justo y no tiene lugar una fase de colapso. Si $K < 0$ (Fig. 27.13c), no hay perspectiva de colapso, pues la expansión alcanza finalmente a un ritmo casi constante. (Aquí existe una analogía con una piedra lanzada hacia arriba desde el suelo, como se ha expuesto en §27.8. Si la velocidad inicial de la piedra es menor que la velocidad de escape, finalmente caerá de nuevo al suelo, como el universo de Friedmann para $K > 0$; si es igual a la velocidad de escape, ya no vuelve a caer, como $K = 0$; si es mayor que la velocidad de escape, continúa subiendo y se acerca a una velocidad límite que no se frena, como $K < 0$.)

El trabajo original de Friedmann no incluía una constante cosmológica Λ, pero en prácticamente todas las discusiones sistemáticas posteriores en cosmología[33] se había admitido la sugerencia de Einstein en 1917 de un término cosmológico Λg_{ab}, pese a la preferencia de Einstein (después de 1929; véase §19.7) por $\Lambda = 0$. Esto ha resultado ser afortunado, pues evidencias observacionales recientes de diferente tipo han empezado a apuntar claramente en dirección de que realmente hay una constante cosmológica positiva ($\Lambda > 0$) en el comportamiento de nuestro universo. Examinaré más estas cuestiones en §28.10, pero por el momento el lector puede remitirse a la Fig. 27.13d,e,f, que presenta los análogos de la Fig. 27.13a,b,c, pero donde se ha incorporado una Λ positiva (suficientemente grande) en las ecuaciones de Friedmann. Según el balance actual de observación y opinión entre cosmólogos, uno de estos modelos parecería ser una justa descripción de la historia de nuestro universo real, al menos desde el momento del *desacoplamiento*, cuando la edad del universo era de unos meros $\sim 3 \times 10^5$ años, que es aproximadamente 1/50.000 de su edad actual de unos $1{,}5 \times 10^{10}$ años. Este desacoplamiento es el instante al que efectivamente «miramos en retrospectiva» cuando observamos el fondo de microondas.

Antes del desacoplamiento, el universo habría estado básicamente «dominado por la radiación», y después del desacoplamiento, «dominado por la materia». No esperamos que el modelo del «polvo» de Friedmann sea apropiado en la fase dominada por la radiación, y más apropiado podría ser el modelo lleno de radiación de Tolman (1934). Esto no supone una gran diferencia en nuestras imágenes. Acorta la vida media del universo entre el big bang y el desacoplamiento en un factor de aproximadamente 3/4 con respecto a lo que habría sido la pre-

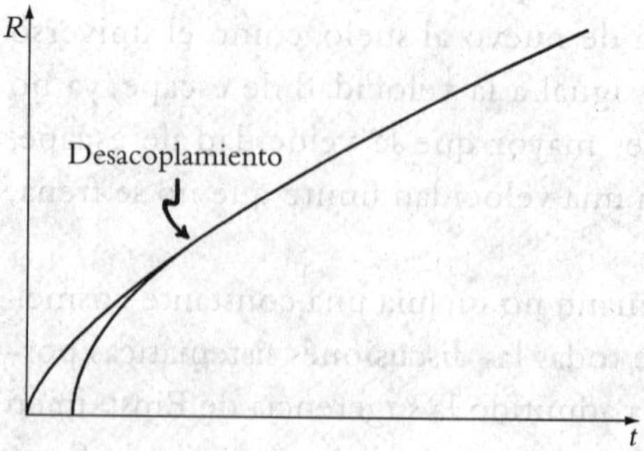

Fig. 27.14. Antes del «desacoplamiento», que ocurrió cuando el universo tenía unos 300.000 años (solo 1/50.000, aproximadamente, de su edad actual) —la época a la que «miramos en retrospectiva» con la radiación de microondas—, el universo estaba «dominado por la radiación» y la aproximación de «polvo» de Friedman no era válida. En su lugar, tenemos la algo más rápida expansión de Tolman, indicada por la curva interna.

dicción de Friedmann,[27.17] como se indica en la Fig. 27.14. Los defensores de la cosmología inflacionaria sugieren un cambio mucho mayor en la evolución, a saber, una expansión exponencial que incrementa la escala del universo en un factor de quizá 10^{60}. ¡Pero esto habría terminado en la época en que el universo solo tenía unos 10^{-32} segundos, de modo que no supone ninguna diferencia para la apariencia de la Fig. 27.13 o la Fig. 27.14! Pese a todo, si la imagen inflacionaria es correcta, las implicaciones en otros aspectos serían enormes. Consideraré la cosmología inflacionaria en §§28.4,5. En cualquier caso, creo que es razonable no incluir la inflación en lo que va a llamarse «el modelo estándar de la cosmología», y aquí no lo haré.[34]

Pero ¿cuál de los tres modelos de la Fig. 27.13d,e,f es probable que sea el apropiado para el universo real? Examinaré esta cuestión en §28.10. Por el momento consideremos que cualquiera de ellos *podría* ser básicamente correcto. Examinemos un poco más cada una de estas diferentes geometrías espaciales.

El caso $K > 0$ se representa normalmente como la 3-esfera. Debería mencionarse, sin embargo, que existe también el *espacio proyectivo* $\mathbb{RP}^3$ obtenido al identificar los puntos antipodales de S^3 (véanse §2.7 y

[27.17] Vea si puede obtener este factor 3/4, suponiendo que el comportamiento del modelo del polvo de Friedmann es de la forma $t = AR^{3/2}$ para valores pequeños del tiempo t, y el de la radiación de Tolman es $t = BR^2$, donde $R = R(t)$ es una medida del «radio» del universo, y A y B son constantes. *Sugerencia*: ¿Deben empalmar las tangentes a las curvas?

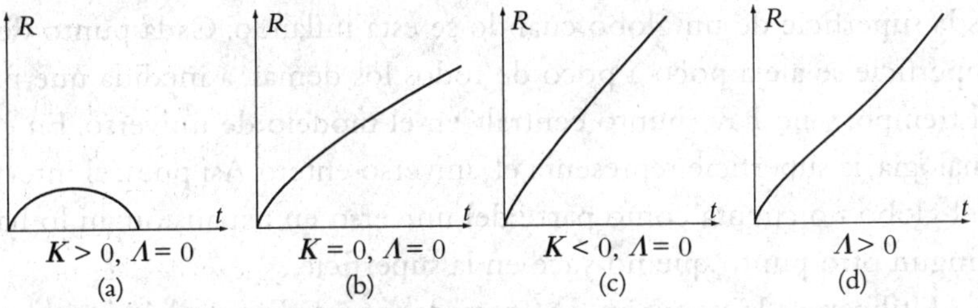

Fig. 27.15. Gráficas de $R = R(t)$ para modelos de Friedmann, primero con $\Lambda = 0$: (a) $K > 0$, (b) $K = 0$, (c) $K < 0$, y luego (d) con $\Lambda > 0$. (El caso (d) se representa para $K = 0$, pero los otros casos son muy similares siempre que Λ sea suficientemente grande en relación con la curvatura espacial.)

§§15.4-6); es difícil imaginar que los dos fueran en la práctica observacionalmente distinguibles. Existen otras identificaciones entre puntos separados de S^3, que dan lo que se denominan *espacios lente*, pero ninguno de estos es globalmente isótropo.[35] El caso $K = 0$ (isótropo) es el 3-espacio euclídeo ordinario, y $K < 0$ da la 3-geometría hiperbólica que hemos estudiado en §§2.4-7 y §18.4. Véanse las Figs. 2.22a, b y c, respectivamente, para las elegantes e ingeniosas representaciones de M. C. Escher de (las versiones 2-dimensionales de) las respectivas geometrías espaciales para $K > 0$, $K = 0$ y $K < 0$. El caso $K > 0$ habitual se denomina un universo *cerrado*, lo que significa *cerrado espacialmente* (i.e., contiene una hipersuperficie de género espacio compacta).[36] Con frecuencia los cosmólogos se refieren a $K < 0$ como el caso «abierto», aunque técnicamente el caso $K = 0$ es también abierto espacialmente. En consecuencia, no utilizaré aquí esta terminología algo confusa. Si abandonamos la isotropía global, entonces, como sucede con los espacios lente $K > 0$ antes mencionados, hay modelos de universos cerrados (no isótropos) también para $K = 0$ y $K < 0$.[37]

El 4-espacio completo $\mathcal{M}$ viene descrito en términos de una evolución temporal para la 3-geometría espacial, como hemos visto, donde existe una escala global que cambia con el tiempo. En la imagen estándar, el universo se expande inicialmente de forma muy rápida a partir de un big bang, pero es una imagen incorrecta pensar en un «punto central» en el que ocurrió la explosión y del que todo se aleja. Una imagen más apropiada, en el caso de dos dimensiones espaciales, es la superficie de un globo cuando se está inflando. Cada punto de la superficie se aleja poco a poco de todos los demás, a medida que pasa el tiempo, y no hay «punto central» en el modelo de universo. En esta analogía, la superficie representa el universo entero. Así pues, el interior del globo no cuenta como parte del universo en expansión; ni lo hace ningún otro punto que no yace en la superficie.

Utilicemos la notación $d\Sigma^2$ para denotar la forma métrica de una de estas tres 3-geometrías, donde en los casos $K \neq 0$ normalizamos la métrica para que sea la de la 3-esfera *unidad* o el espacio hiperbólico *unidad* (i.e., tomamos $K = 1$ o $K = -1$ respectivamente).[27.18] La 4-métrica del espaciotiempo puede entonces expresarse en la forma

$$ds^2 = dt^2 - R^2 d\Sigma^2,$$

donde t es un parámetro de «tiempo cósmico», cuyos valores constantes determinan la $\mathcal{T}_t$ individual, y donde

$$R = R(t)$$

es una función del parámetro temporal t que da el «tamaño» del universo espacial «en el instante t». Así pues, la métrica de cada $\mathcal{T}_t$ está dada por $R^2 d\Sigma^2$. En la Fig. 27.15a,b,c he representado la gráfica de $R = R(t)$ para $K = 1, 0, -1$, respectivamente, en el caso original de Friedmann con «polvo» (fluido sin presión)[27.19] y con $\Lambda = 0$, y en la Fig. 27.15d he mostrado lo que sucede con una Λ positiva, siendo similares las curvas para los tres valores de K (con tal de que, en el caso $K > 0$, Λ sea suficientemente grande para superar el colapso posterior, como realmente sugieren las observaciones). El ritmo de expansión final es entonces exponencial.

[27.18] Vea si puede demostrar que $d\Sigma^2 = dr^2 + \text{sen}^2\varphi(d\varphi^2 + \text{sen}^2\theta\, d\theta^2)$ describe la métrica de una 3-esfera unidad, y utilice los procedimientos de §18.1 para deducir que $d\Sigma^2 = dr^2 + \text{sen}^2\chi(d\chi^2 + \text{sen}^2\theta\, d\theta^2)$ describe el espacio hiperbólico unidad. *Sugerencia*: Escriba primero la métrica para una 3-esfera de radio arbitrario.

[27.19] La solución del «polvo» de Friedmann para $K > 0$, $\Lambda = 0$ puede expresarse en la forma $R = C(1 - \cos\xi)$, $t = C(\xi - \text{sen}\,\xi)$, donde C es una constante y ξ es un parámetro conveniente. Demuestre que esta es la ecuación de una *cicloide* —la curva trazada por un punto de la circunferencia de un círculo que rueda sobre una recta horizontal—. ¿Puede ver cómo pasar del caso $K > 0$ al caso $K < 0$ utilizando un «truco» similar al utilizado en §18.1 y el ejercicio [27.16], y a $K = 0$ tomando un límite adecuado (que implica un reescalamiento de coordenadas)?

27.12. Diagramas conformes

Para comprender lo que se entiende por el término «universo observable», es útil emplear lo que se conoce como un *diagrama conforme*[38] en el que una representación (con frecuencia 2-dimensional) del espaciotiempo se presenta de modo que las direcciones nulas están dibujadas a 45° respecto de la vertical, y donde también se representa el infinito como (parte de) la frontera del diagrama. La letra script $\mathscr{I}$ se utiliza normalmente —y se pronuncia «scri»— para esta noción de «infinito», donde «$\mathscr{I}^+$» se utiliza para el infinito *futuro* (o futuro nulo), «alcanzado» en última instancia por rayos de luz salientes, y «$\mathscr{I}^-$» para el infinito *pasado*, para rayos de luz entrantes. Normalmente resultan ser 3-superficies *nulas* en la teoría de Einstein estándar con $\Lambda = 0$ (sin término cosmológico), y 3-superficies *de género espacio* si $\Lambda > 0$.[39]

Los diagramas conformes muestran la estructura *causal* del espaciotiempo, donde lo que nos interesa es la familia de conos nulos, antes que la métrica espaciotemporal completa. Esta es la versión lorentziana de la geometría conforme que hemos visto en §2.4, §8.2 y §§18.4,5 (definida como una clase de equivalencia de métricas, siendo $\boldsymbol{g}$ equivalente a $\Omega^2\boldsymbol{g}$, donde Ω es una función escalar en el espaciotiempo, de modo que Ω modifica la escala de distancia de un lugar a otro). En §2.2 hemos visto cómo puede representarse el plano hiperbólico entero de forma conforme en una región finita del plano euclídeo (Figs. 2.11, 2.12 y 2.13). La idea de un *diagrama espaciotemporal conforme* es básicamente la misma, pero ahora es la métrica lorentziana (no definida positiva) la que se está representando de forma conforme. La nueva característica clave es que en geometría lorentziana los propios conos nulos definen la geometría conforme.

En dos dimensiones, el cono nulo consiste en un par de direcciones nulas, y esto determina la 2-métrica salvo un factor local conforme. Una situación en la que una representación 2-dimensional semejante es especialmente valiosa es aquella en la que existe simetría esférica en el 4-espacio entero. Entonces podemos considerar que este 4-espaciotiempo es un 2-espaciotiempo que está «rotado», de modo que cada punto del 2-espacio representa un S^2 entero en el 4-espacio. Para tales espaciotiempos, los diagramas conformes pueden hacerse completamente precisos, y para estos haré uso de la noción de un diagrama conforme *estricto*. Los diagramas conformes que no son estrictos se denominarán *esquemáticos*. Los *puntos* de un diagrama conforme estricto representan esferas S^2 (métricas) enteras. (En el caso de un espaciotiempo lorentziano n-dimensional del tipo que se podría considerar en teoría de cuerdas, etc. —véanse §§31.4,7—, estas serían ($n-2$)-esferas S^{n-2}.) Lugares excepcionales, donde puntos del diagrama representan simples puntos espaciotemporales, se dan en aquellas partes de la frontera del diagrama que describen un *eje de simetría*. Dichas partes se indican por líneas de puntos, de modo que hay que considerar que el diagrama se rota alrededor de dicha línea de puntos.[27.20] Las partes de la frontera que representan el infinito están indicadas por líneas continuas, y aquellas partes que representan singularidades están indicadas por líneas quebradas. Véase la Fig. 27.16a. Hay también ciertas esquinas donde se unen diferentes líneas de la frontera de un diagrama conforme. Las que están indicadas por pequeños círculos vacíos ∘ deben considerarse como una representación de 2-esferas enteras (como la frontera de un 3-espacio hiperbólico; véase §2.4), mientras que las indicadas por puntos llenos • se consideran mejor como representación de puntos (esferas de radio cero). La Fig. 27.16b es el diagrama conforme estricto para el espacio de Minkowski, y la Fig. 27.16c, para el colapso gravitatorio de un agujero negro de Schwarzschild (el colapso con simetría esférica descrito en la Fig. 27.11). En la Fig. 27.17 he representado los respectivos modelos cosmológicos de la Fig. 27.13.[27.21]

Los diagramas conformes son útiles porque hacen particularmente manifiestas las propiedades de causalidad de los espaciotiempos. Nótese, por ejemplo, que en el colapso esféricamente simétrico a un agujero negro mostrado en la Fig. 27.16c, el horizonte del agujero negro

[27.20] Vea si puede obtener explícitamente el 4-espacio minkowskiano de la Fig. 27.16b, tomando la mitad derecha del 2-espacio minkowskiano entero (métrica $ds^2 = dt^2 - dr^2$, con $r \geq 0$), y rotando alrededor del eje vertical de este modo. Exprese la métrica del 4-espacio utilizando funciones apropiadas de t, r y ángulos polares esféricos θ, ϕ (véase el ejercicio [27.18]). (Para fines de visualización, trate de obtener primero un 3-espacio minkowskiano, en el que la rotación es ahora de un tipo más familiar.)

[27.21] Trate de ver cómo encajan los diagramas de las Figs. 27.11 y 27.16b. Encuentre factores conformes que multiplican las métricas para cada uno de los ejemplos de las Figs. 27.16 y 27.17.

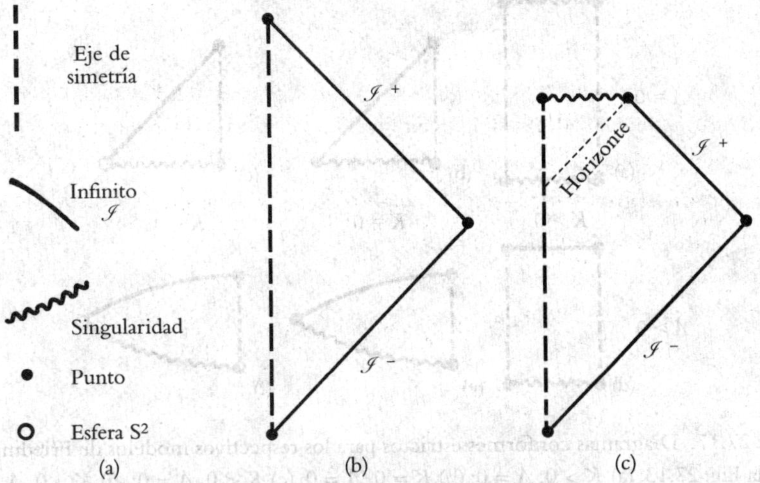

Fig. 27.16. Los diagramas conformes son representaciones planas de espaciotiempos, dibujadas habitualmente de modo que las líneas nulas en el espaciotiempo que yacen en el propio plano están orientadas a 45° de la vertical, y donde el «infinito» suele representarse como una frontera finita para la figura, donde el factor conforme entre la métrica física y la del diagrama va a *cero* en la frontera. (a) En un diagrama conforme *estricto* (en contraposición a *esquemático*), cada punto en el interior del diagrama representa una 2-esfera exacta; pero sobre un eje de simetría (mostrado con una línea de trazos), esta 2-esfera se contrae a un punto, como lo hace en una esquina marcada con •; pero en una esquina marcada con ∘, el punto frontera sigue siendo conformemente una 2-esfera. El infinito está indicado con una línea sólida frontera (a menudo denotada $\mathscr{I}$—pronunciado «scri»—); las singularidades se indican como fronteras con líneas onduladas. (b) Diagrama conforme estricto para el espacio de Minkowski $\mathbb{M}$. (c) Diagrama conforme estricto para la Fig. 27.11, que demuestra el colapso esféricamente simétrico a un agujero negro.

está a 45°. Cualquier línea de universo de una partícula material no puede inclinarse más de 45° respecto a la vertical, de modo que no puede escapar de la región interior que hay tras el horizonte una vez que la ha cruzado. Además, una vez en el interior de dicha región está obligada a caer en la singularidad (Fig. 27.18a). La singularidad parece ser una frontera futura de género espacio para la parte interior del espaciotiempo, un hecho que es algo contraintuitivo desde la perspectiva más convencional de la Fig. 27.11. La situación mostrada por el big bang desempeña un papel similar al inverso temporal de este, actuando

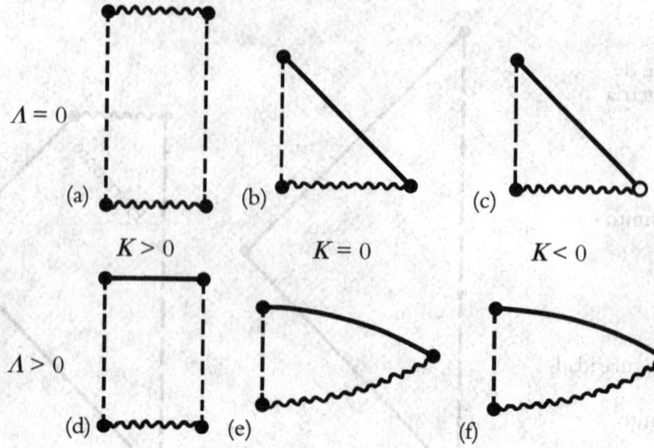

Fig. 27.17. Diagramas conformes estrictos para los respectivos modelos de Friedmann de la Fig. 27.13: (a) $K > 0, \Lambda = 0$; (b) $K = 0, \Lambda = 0$; (c) $K < 0, \Lambda = 0$; (d) $K > 0, \Lambda > 0$ (y Λ suficientemente grande); (e) $K = 0, \Lambda > 0$; (f) $K < 0, \Lambda > 0$.

como una frontera pasada de género espacio para el espaciotiempo (Fig. 27.18b). Esto es de nuevo algo contraintuitivo, puesto que tendemos a pensar en el big bang como un *punto* (singular).[40]

El carácter de género espacio de esta frontera inicial nos lleva a la noción de un horizonte de partículas, que es un aspecto importante del big bang. Consideremos la Fig. 27.18b, donde un observador está en un punto p próximo a la frontera big bang. La región del universo que puede transmitir información al observador es aquella sobre o dentro del cono de luz pasado de p, y notamos que esta intersecta solo a una porción P de la hipersuperficie inicial del big bang.[41] Partículas creadas en el big bang en la región exterior a P están ocultas a la observación en p. Estas regiones están más allá del *horizonte de partículas de* p. Decimos que yacen fuera del *universo observable* de p, siendo esta parte observable del universo la que yace sobre o dentro del cono de luz pasado de p.[27.22]

[27.22] Remitiéndose a los diagramas conformes que se dan aquí, demuestre que para $K = 0$ o $K < 0$, donde $\Lambda = 0$, el universo observable de una partícula que se origina en p aumenta para incluir el universo entero, en el límite de tiempo futuro de la partícula, mientras que esto no es cierto para el caso $K > 0$, o para cualquier K (en los casos mostrados en la Fig. 27.17) si $\Lambda > 0$ (donde se da un «horizonte de sucesos cosmológico»).

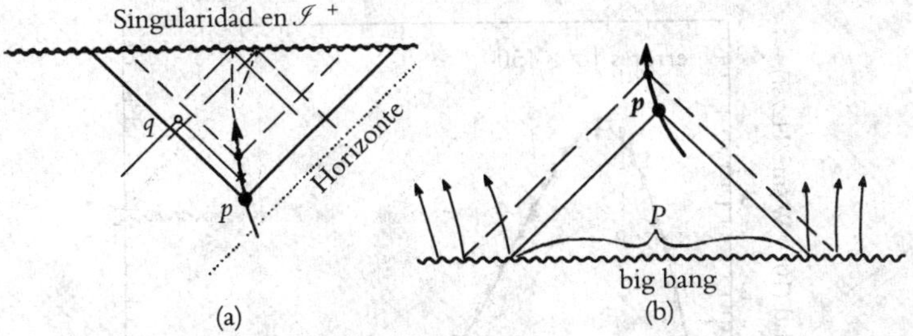

Fig. 27.18. Horizontes. (a) El horizonte de sucesos ocurre cuando una frontera futura —ya sea una singularidad o el infinito— es de género espacio en un diagrama conforme esquemático. A medida que un observador p se aproxima a la frontera, siempre queda alguna porción del espaciotiempo (cuya frontera está definida como un horizonte de sucesos) que p no puede ver, aunque de qué parte se trata exactamente, depende de cómo se mueve p. (Por ejemplo, el suceso q es visto finalmente si p toma la ruta izquierda, pero no la ruta derecha.) En el caso de un agujero negro, el «horizonte de sucesos» más familiar de una naturaleza más absoluta (de puntos, en la figura) que es común a todos los observadores externos. (b) Los horizontes de partículas ocurren en todas las cosmologías estándar, y aparecen debido a que la singularidad pasada es de género espacio. El observador en p ve solo la porción limitada P del big bang (y de las partículas producidas allí), aunque esta porción crece con el tiempo.

27.13. Nuestro extraordinariamente especial big bang

Volvamos ahora al extraordinario «carácter especial» del big bang. El hecho de que debe haber tenido una entropía absurdamente baja es ya evidente por la mera existencia de una segunda ley de la termodinámica. Pero una entropía baja puede tomar muchas formas diferentes. Queremos entender en qué forma *concreta* era especial nuestro universo inicialmente.

Una propiedad especialmente chocante —y en apariencia contradictoria— del big bang procede de una excelente evidencia observacional a favor de que el universo muy primitivo estaba en un *estado térmico*. Parte de esta evidencia es la excepcional proximidad a la curva teórica de «cuerpo negro» *de Planck* (véanse §21.4 y la Fig. 21.3b) que muestra la radiación de fondo de microondas de 2,7 K que representa el «destello» real del big bang, todavía hoy en evidencia, aunque enormemente enfriada por el «desplazamiento hacia el rojo» debido a la ex-

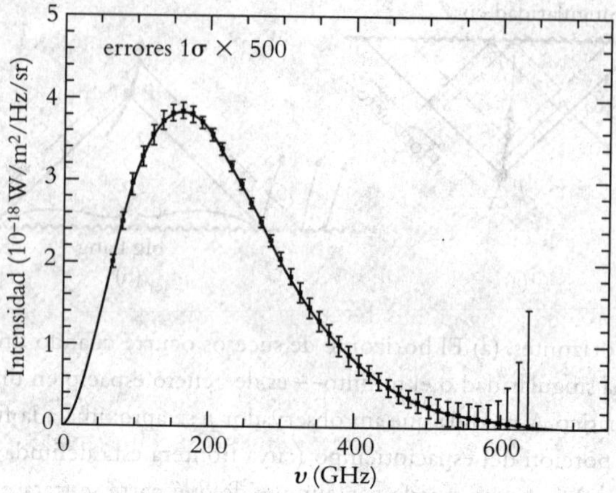

Fig. 27.19. El fondo de microondas tiene una intensidad en términos de frecuencia que es extremadamente precisa de acuerdo con la curva de cuerpo negro de Planck (Fig. 21.3b). (Nótese que las «barras de error» mostradas están exageradas en un factor de 500.)

pansión del universo (Fig. 27.19). Otra evidencia procede del acuerdo notablemente detallado entre lo que nos dicen la teoría y la observación acerca de los procesos nucleares en el universo primitivo. Estos cálculos teóricos dependen crucialmente de suponer el *equilibrio térmico* de la materia en el universo primitivo —tomado conjuntamente con la rápida expansión del universo.

En mi opinión, este aparente equilibrio térmico en el universo primitivo ha confundido bastante a algunos cosmólogos y les ha hecho pensar que el big bang era de alguna forma un estado «aleatorio» (i.e., térmico) de alta entropía, pese al hecho de que debido a la segunda ley debe de haber sido realmente un estado muy organizado (i.e., de baja entropía). Al parecer, ha predominado la idea de que la resolución de esta paradoja debe residir en el hecho de que inmediatamente después del big bang el universo era «pequeño», de modo que le eran accesibles relativamente pocos grados de libertad, lo que pone un «techo» bajo a las entropías posibles. Sin embargo, este punto de vista es falaz, como se ha señalado en §27.6. La resolución correcta de la aparente paradoja está en el hecho de que los *grados de libertad gravitatorios* no han sido «termalizados» junto con todos aquellos grados de libertad materiales y electromagnéticos que definen los parámetros implícitos en el «estado térmico» del universo instantes después del big bang. De hecho, estos grados de libertad gravitatorios —que proporcionan una enorme reserva de entropía— ¡ni siquiera se suelen tener en cuenta!

Recordemos (Fig. 27.10) que mientras que, en *ausencia* de gravedad, la entropía máxima está representada por un «estado térmico» ordinario, tenemos algo completamente diferente para la entropía máxima cuando empiezan a dominar los efectos gravitatorios, a saber, en el caso de un agujero negro. Con gravitación, la acumulación de material puede representar una entropía mucho más alta que los movimientos térmicos ordinarios, especialmente cuando esta acumulación nos lleva a agujeros negros. Esto se hace particularmente manifiesto si consideramos el caso de un universo cerrado. Imaginemos que el universo está próximo a un modelo FLRW (lo que es compatible con la observación), y tomemos por el momento $K > 0$ y $\Lambda = 0$. La presencia de algunas irregularidades[42] en el material original puede conducir a condensaciones gravitacionales, y supongamos que estas son suficientes para producir galaxias que contienen agujeros negros sustanciales (digamos $10^6 M_\odot$), lo que nos da una entropía por barión de aproximadamente 10^{21}. Si consideramos que nuestro universo cerrado tiene aproximadamente 10^{80} bariones (aproximadamente el contenido bariónico del universo observable), esto da una entropía total de 10^{101}, mucho mayor que el 10^{88} que habría en la radiación y la materia en el instante del desacoplamiento, del oren de 300.000 años después del big bang. Los agujeros negros galácticos crecerían poco a poco, pero el incremento principal ocurriría durante la fase de colapso del universo, cuando las galaxias vuelven a juntarse y sus agujeros negros coalescen. El big crunch final no es del tipo ordenado mostrado en la Fig. 27.16a, que es el inverso temporal del big bang simétrico neto FLRW; es más parecido al temible revoltijo de la coalescencia de singularidades de agujero negro mostrada en la Fig. 27.20a. Podemos estimar la entropía de este revoltijo de un big crunch utilizando la fórmula de la entropía de Bekenstein-Hawking un poco antes de su estado final, cuando todavía podemos considerar que el revoltijo está compuesto de agujeros negros reales, acercándose a la aglomeración de agujero negro final en la que están implicados la totalidad de los 10^{80} bariones. El valor de S_{BH} para

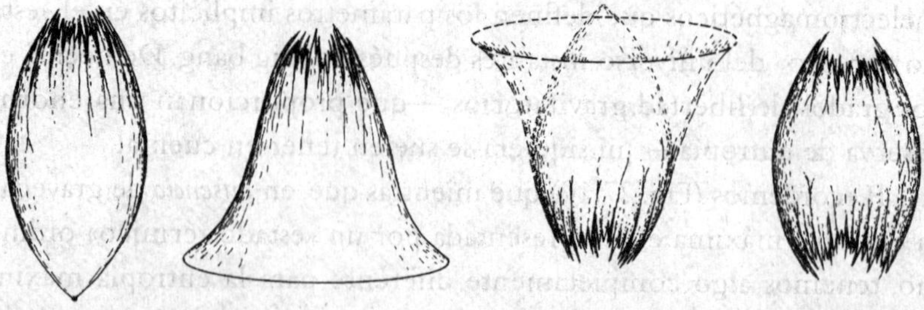

Fig. 27.20. (a) Si en el caso $K > 0$, $\Lambda = 0$ de la Fig. 27.13a permitimos irregularidades del tipo que vemos en nuestro universo real, entonces, en lugar del big crunch «limpio» del modelo de Friedmann exacto, obtenemos un temible amasijo de singularidades de agujero negro coaguladas de entropía enormemente mayor ($S \approx 10^{123}$). (b) Esto no depende de $\Lambda = 0$, pues análogamente podríamos considerar perturbaciones correspondientes de la inversa temporal de la Fig. 27.13d ($K > 0$, $\Lambda > 0$) y de nuevo obtenemos una amasijo similar de entropía enormemente alta ($S \approx 10^{123}$) de agujeros negros coagulados. (c) Un big bang genérico se parecería al de la inversa temporal de semejante colapso genérico (ilustrado para $K > 0$ y $\Lambda = 0$ o $\Lambda > 0$). (d) La situación más «probable» (como la curva de la Fig. 27.8a) —ilustrada en el caso $K > 0$, $\Lambda = 0$ por claridad— no guarda ninguna similitud con el universo real en sus etapas primitivas.

este número de bariones, que es 10^{123}, no debería estar demasiado lejos de la respuesta para la entropía que debe asignarse a este revuelto big crunch.

En este punto, el lector puede objetar razonablemente que, incluso si es cierto que $K > 0$, las observaciones actuales parecen apuntar fuertemente en contra de la hipótesis $\Lambda = 0$ que he hecho, y que (junto con los límites observados sobre la curvatura espacial) el valor positivo observado de Λ parece ser suficientemente grande para impedir la ocurrencia de la fase de colapso que he considerado, aunque con la expectativa de una expansión exponencial final en su lugar. Sin embargo, si se expresa adecuadamente, la discusión precedente sigue siendo aplicable, y se encuentra la misma medida del valor de la entropía ($\sim 10^{123}$) disponible para un universo cerrado de 10^{80} bariones independientemente de $\Lambda > 0$. Para el inverso temporal del universo descrito por la Fig. 27.13d, tan solución de las ecuaciones dinámicas es esta como la descrita por la propia Fig. 27.13d (mientras consideremos leyes dinámicas que deberían ser reversibles en el tiempo). Si consideramos perturbaciones de este universo, podemos encontrar modelos en los que agujeros negros ya formados se juntan y producen un tipo de «revoltijo» de agujeros negros que coagulan similar al que teníamos antes (véase la Fig. 27.20b). Una vez más, llegamos a un valor de la entropía que, por el mismo razonamiento que antes, es del orden de 10^{123}. (Este tipo de razonamiento tendrá importancia de nuevo cuando consideremos la cosmología inflacionaria en §28.5.)

Nos vemos llevados así a una estimación razonable para el volumen total de $\mathcal{P}_{\mathcal{U}}$ (que es en esencia el mismo que el volumen E de la caja $\mathcal{E}$ de entropía máxima de la Fig. 27.4), a saber, la exponencial de este valor de entropía:

$$E = e^{10^{123}} \approx 10^{10^{123}}$$

muy aproximadamente.[27.23] (Esto procede de la $S = k \log V$ de Boltzmann, en unidades naturales.) Ahora bien, ¿cómo se compara esto con lo que sabemos del volumen N de la caja $\mathcal{N}$ para la entropía hoy y con el tamaño B de la caja $\mathcal{B}$ para la entropía en el big bang (suponiendo, por ahora, que vivimos en un universo de 10^{80} bariones)? Tomando la estimación de agujeros negros dada arriba para la entropía actual y el valor de 10^8 para la entropía por barión en la radiación de 2,7 K, obtenemos

$$B\colon N\colon E = 10^{10^{88}} : 10^{10^{101}} : 10^{10^{123}}.$$

Se sigue que cada uno de los B y N es solo

$$\text{una parte en } 10^{10^{123}}$$

del volumen total E. Además, el volumen B es solo

$$\text{una parte en } 10^{10^{101}}$$

del volumen N del espacio de fases del universo actual.

[27.23] ¿Por qué son estas cifras —dentro de la precisión expresada por el número «123»— prácticamente iguales? ¿Por qué el valor real de B no aparece en las conclusiones siguientes?

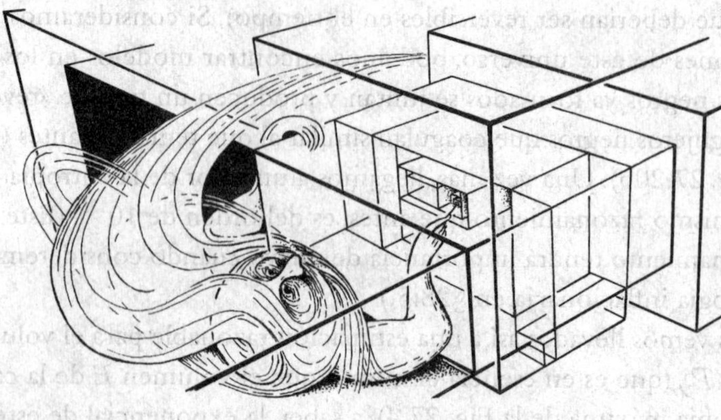

Fig. 27.21. Creación del universo: ¡una descripción extravagante! La aguja del Creador tiene que encontrar una caja minúscula, solo de 1 parte en $10^{10^{123}}$ del volumen del espacio de fases entero para crear un universo con un big bang tan especial como el que realmente encontramos.

Para apreciar el problema planteado por el volumen absurdamente minúsculo del espacio de fases de $\mathcal{B}$, podemos imaginar al Creador tratando de utilizar una aguja para localizar este minúsculo punto en el espacio $\mathcal{P}_{\mathcal{U}}$, y poner en marcha el universo de modo que se parezca al que conocemos hoy. ¡En la Fig. 27.21 he dibujado una representación imaginaria de este tremendo suceso! Si el Creador se equivocase en lo más mínimo al señalar este punto y hundiera la aguja de forma efectivamente aleatoria en la región de máxima entropía $\mathcal{E}$, entonces el resultado sería un universo inhabitable como el de la Fig. 27.20d en el caso $\Lambda = 0, K > 0$, pero por lo demás bastante parecido al caso de eterna expansión de 27.20c, en el que no hay ninguna segunda ley que defina una direccionalidad temporal estadística (como en la Fig. 27.8a). (Las cosas no se explican mucho mejor si imaginamos que nuestro Creador pretende meramente construir un universo en el que hay seres sintientes como nosotros. Esto plantea la cuestión del «principio antrópico»; discutiré estas materias en §§28.6,7 y §34.7.)

Por el contrario, podría ser muy bien que el universo sea espacialmente *infinito*, quizá como los modelos FLRW con $K = 0$ o $K < 0$. Esto no invalida el argumento anterior. Podemos imaginar que lo aplicamos solo al universo observable (en el instante actual) en lugar de al universo entero. Suponiendo que el universo actualmente observable contiene aproximadamente 10^{80} bariones, es difícil ver que las condiciones anteriores resultasen seriamente afectadas. Por el contrario, si aplicamos el argumento al universo como un todo (tomando todavía FLRW como una buena aproximación), obtenemos simplemente un requisito de precisión infinita por parte del Creador, en lugar de una mera precisión absurdamente grande. No veo cómo resuelve esto en modo alguno el dilema que presenta el «ajuste» extraordinariamente preciso que estaba inherente en el big bang —un correlato esencial de la segunda ley.

¿Qué mensaje extraemos de estas consideraciones? Hemos aprendido no solo que el big bang origen del universo fue extraordinariamente especial, sino también algo importante sobre la naturaleza de este carácter especial. En lo que concernía a la materia (incluido el electromagnetismo), la descripción de «equilibrio térmico», en el contexto de un universo en expansión, parece haber sido muy apropiada. Esta es la imagen acertada de «big bang caliente», que es un ingrediente importante del modelo estándar de la cosmología. Al cabo de aproximadamente 10^{-11} s, la temperatura cayó a 10^{9} K. Esta caída en temperatura habría estado de acuerdo con el ritmo de expansión de Tolman-Friedmann, y muchos detalles observacionales (por ejemplo, razones hidrógeno/deuterio/helio) son compatibles con los procesos nucleares que tendrían lugar a esas temperaturas posteriores.

Pero para la gravitación las cosas eran completamente diferentes en cuanto que los grados de libertad gravitatorios no fueron «termalizados» en absoluto. La misma uniformidad (i.e., naturaleza FLRW) de la geometría espaciotemporal inicial era lo que resultaba especial en el big bang. El hecho de que un estado singular inicial para el universo «no necesita haber sido así» se ilustra en la Fig. 27.20c —o en el *inverso temporal* del big crunch físicamente apropiado de la Fig. 27.20a. La gravedad parece tener un estatus muy especial, diferente del de cualquier otro campo. En lugar de compartir la termalización que en el universo primitivo se aplica a todos los demás campos, la gravedad permaneció aparte, con sus grados de libertad a la espera, de modo que la segunda ley entraría en juego a medida que estos grados de libertad empiezan a asumirse. Esto no solo nos da una segunda ley, sino que nos da una de la forma concreta que observamos en la naturaleza. ¡La gravedad parece haber sido diferente!

Pero ¿por qué era diferente? Entramos en áreas más especulativas cuando intentamos dar respuestas a una cuestión de este tipo. En el capítulo 28 veremos algunas de las formas que han ensayado los físicos para tratar de entender este enigma y otros relacionados concernientes al origen del universo. En mi opinión, ninguno de estos está muy cerca de abordar el enigma del párrafo precedente. Creo que tendremos que volver a un examen de los mismos fundamentos de la mecánica cuántica, pues tengo la firme convicción de que estas cuestiones están conectadas muy profundamente. Haremos esto en el capítulo 29. En el capítulo 30 trataré de presentar una buena medida de mi propia perspectiva sobre estas cuestiones fundamentales.

Notas

Sección 27.2

27.1. Esto es cierto si consideramos que la dinámica es totalmente clásica. Técnicamente, un «sistema caótico» es un sistema clásico en el que un minúsculo cambio en el estado inicial puede dar como resultado un comportamiento posterior que crece exponencialmente con el tiempo en lugar de, por ejemplo, linealmente. Esta «impredecibilidad» es, por supuesto, una cuestión de grado y no la cuestión de principio con respecto al determinismo que a veces se le atribuye.

27.2. Esto supone que los calores específicos son positivos, que es lo normal. Pero con los agujeros negros esta hipótesis suele ser falsa; véase §31.15.

27.3. No obstante, existe la curiosa «paradoja» de que en la vida ordinaria ¡las cosas son normalmente al revés! Con frecuencia hacemos «retrodicciones» precisas recordando simplemente lo que sucedió en el pasado, mientras que no tenemos un correspondiente acceso al futuro. Además, las investigaciones arqueológicas pueden extender estos «recuerdos» a tiempos muy anteriores a la existencia de seres humanos. Sin embargo, esta retrodicción no implica la evolución de las ecuaciones dinámicas, en ningún sentido obvio, y su conexión detallada con la segunda ley sigue estando oscura para mí. (Véase Penrose, 1979.)

Sección 27.3

27.4. Véase Pais (1986).

27.5. Véanse Gibbs (1960), Ehrenfest y Ehrenfest (1959) y Pais (1982).

27.6. En realidad, el propio Boltzmann nunca utilizó esta constante, puesto que no estaba interesado en las unidades reales que pudieran utilizarse en la práctica; véase Cercignani (1999). La fórmula $S = k \log V$, que incluye esta constante, parece haber sido escrita explícitamente por primera vez por Planck; véase Pais (1982).

Sección 27.5

27.7. De Eddington (1929a).

Sección 27.6

27.8. Véanse Hawking y Ellis (1973), Misner *et al.* (1973), Wald (1984) y Hartle (2002).

27.9. Véase Gold (1962); véase Tipler (1997) para estas ideas llevadas a una conclusión bastante fantasiosa.

27.10. Véase Penrose (1979a).

Sección 27.7

27.11. Algunos años antes que Hubble, en 1917, el astrónomo estadounidense Vesto Slipher ya había encontrado algún indicio de que el universo se está expandiendo. Véase Slipher (1917). Aunque rara vez se le reconocen estas observaciones, ¡también tiene la distinción de haber descubierto Plutón!

27.12. Esta radiación fue predicha teóricamente por primera vez por George Gamow en 1946, sobre la base de la imagen del big bang, y más explícitamente por Alpher, Bethe y Gamow en 1948; luego lo fue también independientemente por Robert Dicke en 1964. Fue descubierta observacionalmente (por accidente) por Arno Penzias y Robert Wilson, en 1965, e interpretada enseguida por Dicke y sus colegas. Véanse Alpher *et al.* (1948), Dicke *et al.* (1965), y por supuesto Penzias y Wilson (1965), ¡posiblemente el artículo con el título más modesto de todos los tiempos!

27.13. Para más discusiones, véase Penrose (1979, 1989).

27.14. De hecho, la Tierra devuelve en total una energía ligeramente *mayor* que la que recibe. Ignorando la cuestión del quemado por parte del hombre de «combustibles fósiles», que finalmente devuelve alguna energía recibida del Sol y almacenada en la Tierra hace muchos millones de años (y, en el extremo opuesto de la escala, ignorando el consecuente calentamiento global que resulta del «efecto invernadero» por el que la Tierra atrapa un poco más de energía solar que antes), existe el calentamiento del interior de la Tierra por la desintegración radiactiva que se pierde poco a poco en el espacio a través de la atmósfera. Véase §34.10.

Sección 27.8

27.15. Véanse Michell (1784) y Tipler *et al.* (1980).

27.16. Véase Penrose (1978).

27.17. Véase Van Kerkwijk (2000) para la situación en este tema.

27.18. Véanse Schwarzschild (1916), o la presentación moderna en Wald (1984).

27.19. Véase Narayan (2003) para una reciente evidencia.

Sección 27.9

27.20. La ocurrencia de lo que se conoce como una «superficie atrapada» es una caracterización útil de semejante «punto de no retorno». Una superficie atrapada es una 2-superficie de género espacio compacta $\mathcal{S}$ con la propiedad de que las dos familias de normales nulas a $\mathcal{S}$ convergen en el futuro. (En términos más «coloquiales», esto significa que, si un destello de luz se origina en $\mathcal{S}$, entonces las áreas de las partes entrantes y salientes del destello empezarán a disminuir.) Esperamos encontrar superficies atrapadas dentro del horizonte $\mathcal{H}$ de un agujero negro. La fuerza del criterio de la superficie atrapada reside en que no depende de ninguna hipótesis de simetría, y es «estable» frente a pequeñas perturbaciones de la geometría. Una vez que se ha formado una superficie atrapada, entonces las singularidades son inevitables (suponiendo ciertas condiciones muy débiles y razonables respecto a la causalidad y positividad de la energía en la teoría de Einstein). Resultados similares son válidos para la singularidad big bang cosmológica. Véanse Penrose (1965b) y Hawking y Penrose (1970).

27.21. Véanse Penrose (1965b) y Hawking y Penrose (1970). Wald (1984) revisa estos teoremas en un marco pedagógico.

27.22. Véanse Penrose (1969a, 1998b) y Belinskii *et al.* (1970).

27.23. Véase Penrose (1969a, 1998b).

27.24. Véanse Reeves *et al.* (2002) para una visión más actualizada sobre estas materias, y Chen y Wang (1999); también Hansen y Murali (1998) para la teoría de colisiones.

Sección 27.10

27.25. Véanse Israel (1967), Carter (1970), Hawking (1972) y Robinson (1975).

27.26. Véanse Kerr (1963) y Newman *et al.* (1965) en el caso cargado. Wald (1984) tiene una presentación pedagógica.

27.27. Como las elipses de Kepler mencionadas al principio de este capítulo, la métrica de Kerr aporta otra de aquellas situaciones excepcionales donde hemos sido bendecidos con la buena fortuna de que, a partir de las leyes dinámicas, aparecen realmente configuraciones geométricas relativamente simples.

27.28. Véase Chandrasekhar (1983), p. 1.

27.29. De hecho (como veremos en §31.15; véase también la nota 27.26), hay un parámetro adicional que describe la carga eléctrica total (que es una cantidad conservada; véase §19.3). Pero para agujeros negros astrofísicos realistas, puede ser ignorada en la geometría de agujeros negros, ya que es minúscula en comparación con m y a, debido a la fuerte tendencia del agujero negro a neutralizarse eléctricamente.

27.30. Por supuesto, habría que tener cuidado en no confundir esta «e» con la base de los logaritmos naturales $e = 2{,}7182818285\ldots$; véase §5.3.

Sección 27.11

27.31. Véanse Smoot *et al.* (1991) para la evidencia de COBE y Spergel *et al.* (2003) para WMAP.

27.32. Liddle (1999) es una soberbia introducción a la cosmología. Wald (1984) cubre el tema con un nivel más sofisticado.

27.33. Véanse Bondi (1961), Rindler (2001) y Dodelson (2003).

27.34. El término «modelo de concordancia» ha surgido para describir la situación para la que $K = 0$ y $\Lambda > 0$, donde la inflación está también incorporada. Véanse Blanchard *et al.* (2003) y Bahcall *et al.* (1999). Véase §28.10 para mi valoración del estatus actual de esto.

27.35. Una posibilidad más bien peculiar es que los antiguos griegos tuvieran razón (Fig. 1.1) y el universo sea realmente un dodecaedro (o más bien una versión encolada de uno). Véase Luminet (2003).

27.36. El término *hipersuperficie* se refiere a una subvariedad $(n-1)$-dimensional de una n-variedad. Aquí $\mathcal{T}_t$ es una 3-superficie de género espacio.

27.37. Véanse Killing (1893) y Wolf (1974).

Sección 27.12

27.38. A veces se conocen como «diagramas de Penrose» o «diagramas de Carter-Penrose». Los utilicé por primera vez en mi conferencia de Varsovia (1962); la noción sistemática de un diagrama conforme estricto fue introducida por Carter (1966).

27.39. Véanse Penrose (1964, 1965a), Carter (1966), Penrose (1963, 1964, 1965a) y Penrose y Rindler (1986), capítulo 9.

27.40. Ciertos modelos hipotéticos en los que el big bang (o más bien el big crunch) es conformemente (i.e., causalmente) un punto —conocido como el «punto Ω»— encuentran apoyo en algunos teóricos; véase Tipler (1997). No obstante, no conozco ninguna discusión, compatible con los argumentos del capítulo 27, que haga tales modelos físicamente plausibles.

27.41. Véase la nota 27.36 para el término hipersuperficie. En este caso vemos que el big bang, en su representación conforme, es *3-dimensional.* (Podemos contrastarlo con algunas otras representaciones, véase Rindler, 2001.)

Sección 27.13

27.42. A menudo se considera que el fenómeno responsable, en última instancia, de tales irregularidades son las «fluctuaciones cuánticas» en la densidad inicial de materia en el big bang. (Esto se discutirá en §30.14.)

28

Teorías especulativas del universo primitivo

28.1. Ruptura espontánea de simetría en el universo primitivo

Hasta este punto del libro, nuestras consideraciones se han mantenido dentro del alcance de la teoría física firmemente establecida, donde impresionantes datos observacionales han proporcionado un poderoso apoyo a las a veces algo extrañas ideas teóricas que han entrado en juego. Algunos de mis argumentos han sido presentados de una forma ligeramente diferente de como se suelen encontrar en la literatura, pero no creo que exista nada controvertido en ello. En este capítulo empezaré a abordar algunas ideas más especulativas que están relacionadas con las cuestiones que plantea la naturaleza especial del big bang.

En particular, consideraré las ideas de la cosmología inflacionaria, además de otras que se relacionan con la ruptura espontánea de simetría en el universo primitivo (véase §25.5). Algunos lectores versados en ciertas ideas de uso común en cosmología quizá encuentren enigmático que sitúe tan firmemente la cosmología inflacionaria en el campo «especulativo». De hecho, las exposiciones divulgativas suelen dar la impresión de que es un hecho establecido que en las etapas muy primitivas del universo hubo un período de expansión exponencial en el curso del cual el universo aumentó de tamaño en un factor de 10^{30}, o quizá incluso de 10^{60} o más. Otros lectores entendidos quizá estén incluso más alarmados por el hecho de que considere el fenómeno general de la ruptura espontánea de simetría en el universo primitivo como una idea especulativa. En cualquier caso, las nociones que deseo abordar en este capítulo no tienen de momento ningún apoyo significativo e inequívoco (si es que tienen alguno) por parte de la observación, y se puede plantear perfectamente la pregunta de si estas ideas tienen o no auténtica relevancia para la naturaleza.

Empecemos con la idea general de ruptura espontánea de simetría. Recordemos la potencia de esta idea para producir QFT renormalizables, en las que la renormalizabilidad saca provecho de una simetría («oculta») mayor que la que se manifiesta directamente en el comportamiento observado. Esta ausencia de una simetría completa en lo que se observa se atribuye a la elección por parte del sistema de un «estado vacío» que no comparte la simetría completa de la teoría dinámica. En particular, esto constituyó un ingrediente clave en la parte electrodébil del modelo estándar de la física de partículas. Más aún, este tipo de ideas, que implican diferentes «vacíos» posibles, son también un ingrediente esencial de la inflación, y estas nociones de ruptura espontánea de simetría y «falsos vacíos» son también invocadas habitualmente por los teóricos que buscan esquemas cada vez más unificados. Sin embargo, debería dejar claro que la ruptura espontánea de simetría propiamente dicha no es una idea especulativa. Tiene una relevancia indudable para muchos fenómenos físicos genuinos (la superconductividad es un excelente ejemplo). Se aplica por supuesto a muchos fenómenos bien establecidos, con frecuencia de una forma elegante y satisfactoria. De ninguna manera voy a arrojar dudas sobre la idea en sí misma. Mi problema con ella es que temo que sea una idea con tanto atractivo que pueda incitar a los físicos a emplearla a veces con demasiada generalidad, y a veces en circunstancias inadecuadas.

La idea de ruptura espontánea de simetría se suele introducir de una forma gráfica haciendo referencia al fenómeno del *ferromagnetismo*. Imaginemos una bola esférica y maciza de hierro. Podemos considerar sus átomos como pequeños imanes que, debido a las fuerzas involucradas, tienen tendencia a alinearse paralelamente a sus vecinos, norte con norte y sur con sur. Cuando la temperatura es suficientemente alta, por encima de un valor crítico que es de aproximadamente 770 °C (1.043 K), la energía de agitación térmica de los átomos superará esta tendencia al alineamiento magnético y el material no mostrará ninguna propensión a convertirse en un imán a gran escala, pues habrá una disposición efectivamente aleatoria en las orientaciones de sus pequeños imanes atómicos. Pero a una temperatura por debajo de 770 °C (el denominado «punto de Curie»), la alineación de los átomos resultará energéticamente favorable, y en una situación ideal el hierro quedaría completamente magnetizado.[1]

Imaginemos ahora que nuestra bola de hierro está inicialmente calentada por encima de 770 °C (pero no a una temperatura tan alta que pueda fundirse), de modo que inicialmente es una bola desmagnetizada. Luego se enfría poco a poco hasta bajar de los 770 °C críticos. ¿Qué sucede entonces? La tendencia natural para la esfera es encontrar un estado de mínima energía, y la energía de las vibraciones internas de sus átomos se transfiere al entorno más frío. Debido a las interacciones entre átomos vecinos, la energía mínima se alcanza cuando todos los átomos están alineados, de modo que la bola se magnetiza con una dirección definida para su polaridad norte/sur. Pero no hay ninguna dirección favorecida respecto a las demás. Existe lo que se denomina una *degeneración* en los estados de mínima energía (compárese con §22.6). Al no haber una dirección favorecida en su estado caliente y desmagnetizado inicial, la dirección de magnetización final se produce *al azar*. Este es un ejemplo de *ruptura espontánea de simetría*: el estado inicial esféricamente simétrico se asienta en un estado con una simetría menor, a saber, tan solo la simetría de rotación alrededor del eje magnético norte/sur resultante. Un estado SO(3)-simétrico (la bola caliente desmagnetizada original) evoluciona hacia un estado SO(2)-simétrico (la bola fría magnetizada; véanse §§13.1,2,3,8,10 para el significado de estos símbolos).

La imagen utilizada para describir una situación de este tipo es la de un potencial tipo «sombrero mexicano» que se muestra en la Fig. 28.1. El «sombrero» representa la familia de estados permitidos del sistema (cuando la temperatura ambiente se ha enfriado hasta cero), y la «altura» representa la energía del sistema. Observamos que hay un *estado de equilibrio* (i.e., que tiene un plano tangente horizontal) representado por el punto más alto de la copa del sombrero que posee la simetría completa del grupo original, y que en la imagen viene representada como una rotación alrededor del eje vertical. (Esta simetría de rotación SO(2) se considera análoga a la simetría SO(3) completa de la bola de hierro, pero hemos tenido que perder una dimensión espacial para ha-

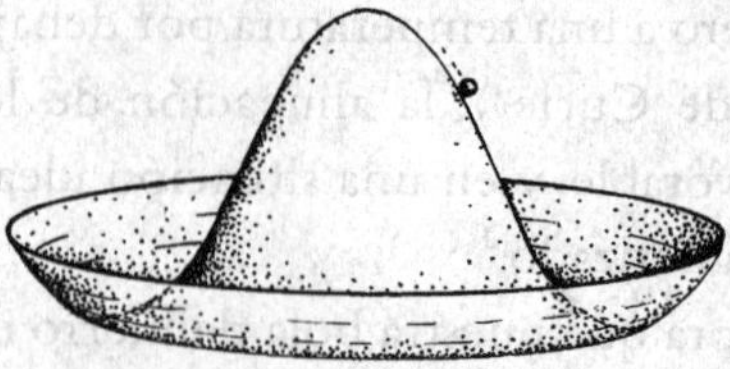

Fig. 28.1. Ruptura espontánea de simetría, con un potencial tipo «sombrero mexicano» para los estados permisibles en un sistema donde la altura mide la energía. El estado de un sistema está representado por una canica, restringida a la superficie del sombrero. Cuando la temperatura ambiente es suficientemente alta (por encima del punto de Curie), el estado de equilibrio del sistema está representado por la canica en reposo en la cima, y tiene simetría rotacional completa (SO(2)), en esta imagen simplificada). Pero cuando la temperatura se enfría, la canica rueda hacia abajo, hasta alcanzar finalmente un punto arbitrario de equilibrio en el ala, rompiendo la simetría rotacional completa.

cer visualizable la imagen. Este punto más alto de la copa del sombrero representa la total falta de magnetización para la bola en conjunto.) Pero este equilibrio —que representa el estado no magnetizado— es inestable y no representa el mínimo de las energías disponibles. Estos mínimos son los estados representados por las partes horizontales —el equivalente a un círculo completo— justamente dentro del ala del sombrero (los puntos diferentes en el ala representan diferentes direcciones de magnetización total en la bola de hierro).

Podemos imaginar que el estado está inicialmente en la copa, representado por una «canica» colocada inicialmente en dicho punto para representar el estado físico, dejada allí por el estado anterior de alta temperatura. Pero la falta de estabilidad significa que la canica caerá rodando desde dicho punto (suponiendo la existencia de ciertas influencias perturbadoras aleatorias) y finalmente encontrará un punto de reposo en el ala. Cada punto en el ala en el que pudiera asentarse la canica representa una dirección de magnetización diferente que la bola podría adquirir finalmente. Esta localización de la canica representa el estado físico final. Pero debido a la degeneración rotacional, no hay ningún lugar favorecido donde la canica llegue al reposo. Todos estos puntos de equilibrio en el ala están en pie de igualdad. Se supone que la elección que hace la canica es aleatoria, y una vez que se ha hecho dicha elección, la simetría se ha roto, en una dirección escogida al azar.

Un fenómeno de esta naturaleza, en el que una reducción en la temperatura ambiente induce un abrupto cambio global en la naturaleza del estado de equilibrio estable del material, se denomina *transición de fase*. En nuestro ejemplo de la bola de hierro, la transición de fase ocurre cuando la bola pasa del estado desmagnetizado (cuando la temperatura está por encima de 770 °C) al estado uniformemente magnetizado (temperatura por debajo de 770 °C). Más familiares son los fenómenos de congelación (en el que el estado pasa de líquido a sólido cuando desciende la temperatura) y, en un proceso inverso, la ebullición (en la que el estado pasa de líquido a gas cuando aumenta la temperatura). Una transición de fase, cuando desciende la temperatura, suele estar acompañada por una reducción de simetría, pero esto no es esencial.

En procesos QFT, una transición de fase se describiría frecuentemente en términos de una nueva elección de estado vacío (como el $|\Theta\rangle$ de §26.11), donde se imagina que el estado pasa por «efecto túnel»[2] de un vacío a otro. Sin embargo, esta descripción debe tomarse como una aproximación, puesto que no hay ningún proceso mecanocuántico (unitario) por el que un estado pueda evolucionar desde un *sector* a otro (aquí un «sector» se refiere a los estados que pueden construirse a partir de una elección concreta del estado vacío $|\Theta\rangle$, y los estados en diferentes sectores pertenecen a diferentes espacios de Hilbert; véanse §§26.5,11). La aproximación, que implica considerar que un sistema es infinito, cuando en la práctica es finito, es evidentemente una buena aproximación en situaciones prácticas. Por ejemplo, el fenómeno bien establecido de la superconductividad (en el que la resistencia eléctrica se reduce a cero cuando la temperatura es suficientemente baja) se trata de esta forma, y la superconductividad es una transición de fase que acompaña a la reducción de simetría que rompe la simetría U(1) ordinaria del electromagnetismo.

En el ejemplo específico ilustrado en la Fig. 28.1, la simetría se rompe a partir del grupo de rotaciones axiales SO(2) para dar el grupo trivial («SO(1)»), que contiene solo un elemento (de modo que toda la simetría se pierde finalmente, en este ejemplo, pues la posición de reposo de la canica rompe por completo la simetría).[3] Pero versiones de este «sombrero» en dimensiones más altas ilustran la ruptura espontánea de simetría desde SO(p) a SO($p - 1$), con $p > 2$.[28.1] (Nuestra bola de hierro ilustra el caso $p = 3$.) También podemos utilizar la imagen del «sombrero mexicano» para ilustrar la ruptura desde U(2) a U(1) que ocurre en el modelo estándar de la física de partículas,[28.2] donde se considera que la simetría electrodébil U(2) (véase §25.5) se rompe en la simetría U(1) del electromagnetismo a una temperatura de aproximadamente 10^{16} K, algo que habría ocurrido 10^{-12} s después del big bang. En las teorías GUT más generales (véase §25.8), están involucrados otros grupos tales como SU(5), y podemos concebir diferentes etapas de ruptura de simetría que ocurren a diferentes temperaturas. Así pues, a cierta temperatura mucho más alta que 10^{16} K (i.e., en un instante significativamente anterior a los 10^{-12} s inmediatamente después del big bang), SU(5) podría romperse primero en algo que contiene de manera adecuada[4] tanto el SU(3) para las interacciones fuertes como el SU(2) × U(1)/Z_2 (i.e., U(2)) que se necesita para la teoría electrodébil.

28.2. Defectos topológicos cósmicos

No obstante, deberíamos tener en cuenta que es poco probable que esta ruptura de simetría tenga lugar «de una vez», y que muy bien pueden aparecer *dominios* en los que la simetría está rota en «direcciones» diferentes. Consideremos de nuevo nuestra bola de hierro; cabría esperar que la elección aleatoria de la dirección de magnetización fuera diferente en diferentes lugares dentro de la bola. Podríamos imaginar que, si el enfriamiento es suficientemente lento, entonces estas no uniformidades podrían «alisarse», para dar solo un imán uniforme.[5] Pero,

[28.1] Demuestre que el «sombrero» con forma $E = (x_1^2 + \ldots + x_p^2 - 1)^2$ muestra esta ruptura de simetría.

[28.2] Demuéstrelo, con U(2) actuando en $\mathbb{C}^2$, con coordenadas complejas (w, z), estando dado el «sombrero» por $E = (|w|^2 + |z|^2 - 1)^2$. ¿Puede ver la geometría de esta reducción de simetría en la configuración de los paralelos de Clifford en S^3, descrita en §15.4 e ilustrada en las Figs. 15.8 y 33.15?

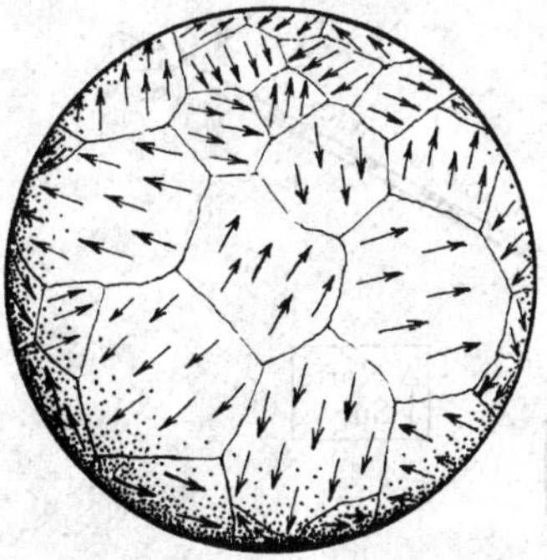

Fig. 28.2. Idealmente, cuando un material ferromagnético se enfría lentamente desde su punto de Curie, las direcciones de magnetización de sus átomos se alinearán todas en la misma dirección (arbitraria). Pero, en la práctica (o con un enfriamiento demasiado rápido), obtenemos un «mosaico» de tales direcciones de magnetización.

alternativamente, con un enfriamiento más rápido, podríamos encontrarnos con un «mosaico» de direcciones parecido al ilustrado en la Fig. 28.2. El tamaño de las celdas resultantes y las pautas que presentan podría depender, entre otras cosas, de la velocidad a la que tiene lugar el enfriamiento. Se plantea así la cuestión de con qué facilidad tiene lugar la «comunicación» entre diferentes regiones, y con qué facilidad podría ser «reorientada» la dirección de magnetización en una región de la bola bajo la influencia de regiones vecinas.

Más serios e interesantes son los defectos topológicos que no pueden ser eliminados en absoluto mediante un movimiento continuo alrededor de las direcciones de magnetización en el interior de la bola. Un defecto semejante es un «monopolo magnético de Dirac» (un polo magnético norte o sur aislado). Un monopolo semejante no puede producirse en el espacio ordinario con un conjunto de imanes y corrientes.[28.3] Sin embargo, se puede conseguir un monopolo efectivo si permitimos que la carga magnética sea «evacuada» a lo largo de un «cable de Dirac», como en la Fig. 28.3. Si se admiten cargas magnéticas en la teoría de Maxwell (§19.2), entonces el «cable» aparece solamente en el potencial A (§19.4), y puede eliminarse por completo por la adopción del apropiado punto de vista «fibrado» (§15.4). Un tipo similar de monopolo existiría también en adecuadas teorías gauge no abelianas.

Estas complicaciones en la imagen de la reducción espontánea de simetría, parcialmente ilustrada antes en el ejemplo «de andar por casa» de una bola de hierro, tienen también relevancia en el nivel más esoté-

[28.3] Demuéstrelo apelando a las expresiones integrales del capítulo 19.

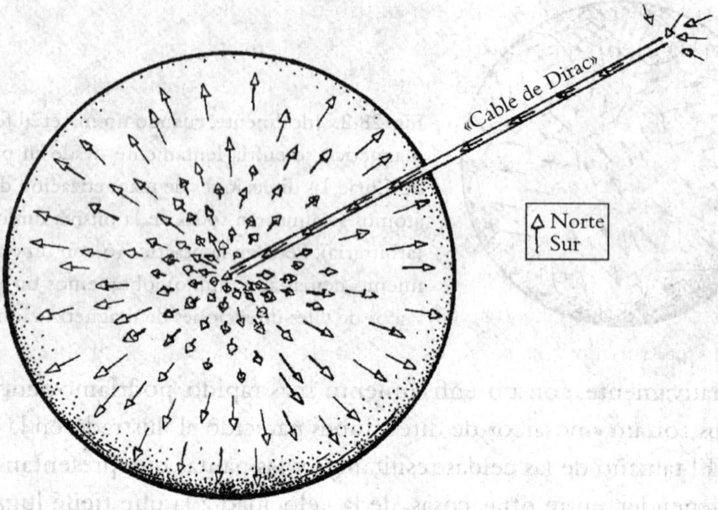

Fig. 28.3. Un monopolo magnético podría aparecer si de alguna forma «evacuamos» el exceso de «polo sur» en el centro de la esfera a lo largo de un «cable magnético». Con fuentes magnéticas permitidas en la teoría de Maxwell, dicho polo podría insertarse en el centro, y el «cable» (Dirac) solo tiene que ocurrir como una falla en el potencial A. Esta falla puede eliminarse con el apropiado punto de vista «fibrado» (tales monopolos también se dan en adecuadas teorías gauge no abelianas).

rico de las teorías físicas básicas (tales como la teoría electrodébil o las GUT) que dependen fundamentalmente de la idea de ruptura espontánea de simetría. Cabe esperar que haya defectos topológicos a gran escala (cosmológica) si tal ruptura espontánea de simetría tuvo lugar en el universo primitivo. En general (para un espacio 3-dimensional), existen tres tipos básicos de defecto topológico, dependiendo de la dimensión de las regiones en las que residen esencialmente. Estos son los denominados *monopolos* (cósmicos, que son espacialmente 0-dimensionales), *cuerdas cósmicas* (espacialmente 1-dimensionales) y *paredes de dominios* (espacialmente 2-dimensionales). La dimensión depende de cuestiones topológicas que tienen que ver con los grupos involucrados. El punto importante en relación con los defectos topológicos es que ningún movimiento continuo de la «dirección» de la ruptura de simetría puede eliminarlos (donde consideramos que, en el defecto propiamente dicho, no hay ninguna dirección bien definida de ruptura de simetría, aunque una variación continua de esta dirección tiene lugar en otra parte). Debemos tener en cuenta que esta noción de «dirección» no se refiere a una dirección en el espacio ordinario, sino a una noción más abstracta de «dirección» que ocurre dentro del modelo físico en consideración (por ejemplo, en la teoría electrodébil, donde nos dice qué grado de mezcla electrón/neutrino se está considerando). Desde el punto de vista geométrico, deberíamos pensar en términos de un fibrado vectorial sobre el espaciotiempo (véase el capítulo 15, si se necesita recordar esta noción). Las consideraciones topológicas se siguen aplicando, y los defectos topológicos presentarían problemas serios que no pueden ser «tomados a broma» si se va a tomar seriamente la ruptura de simetría como parte de una teoría física básica.

De hecho, se ha considerado seriamente que cuerdas cósmicas de escalas enormes (incluso mayores que galácticas) son los agentes esencialmente responsables de inducir las inhomogeneidades en el gas de fondo que llevan a la formación de galaxias.[6] Podemos pensar que el campo gravitatorio de una cuerda cósmica semejante está construido mediante un procedimiento de «cortar y pegar» aplicado a un espaciotiempo de Minkowski. En términos espaciales (véase la Fig. 28.4), representamos un «sector» eliminado del 3-espacio, sector que está acotado por un par de semiplanos cuyo ángulo diédrico α está centrado en la propia cuerda. Para construir la geometría de la cuerda cósmica, las dos superficies planas se «pegan» de nuevo. (En los modelos sugeridos, α es aproximadamente 10^{-6}.)

El lector puede tener la sensación, en parte justificada, de que estas son medidas extremas para la producción de una entidad tan «tópica» como una galaxia ordinaria. Pero sigue habiendo algunos enig-

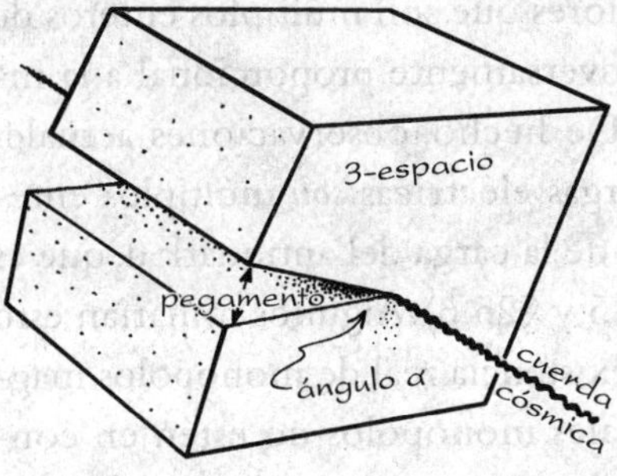

Fig. 28.4. El campo gravitatorio de una cuerda cósmica puede construirse mediante un procedimiento de «cortar y pegar» aplicado al 4-espacio de Minkowski. En el 3-espacio se elimina un sector, limitado por dos semiplanos que se cortan a un ángulo α a lo largo de la cuerda. Luego se «pegan» las superficies semiplanas.

mas teóricos acerca de la formación de galaxias, de modo que ideas tan exóticas no deberían ser descartadas, pese a su naturaleza aparentemente escandalosa. De hecho, uno de los modelos más plausibles de la formación de galaxias —que tiene un impresionante apoyo observacional reciente— propone que son «sembradas» por agujeros negros supermasivos que ahora parecen residir en sus centros.[7] ¡Pero hoy los agujeros negros deben considerarse como física convencional antes que exótica!

La mayoría de estos defectos topológicos sugeridos remiten a teorías (tales como las diversas GUT) que no tienen un apoyo significativo o inequívoco procedente de la observación. Por el contrario, la teoría electrodébil está muy bien apoyada observacionalmente, de modo que debemos prestar atención a lo que implica esta teoría con respecto a procesos en el universo primitivo. Los monopolos cósmicos, que resultan de la ruptura de simetría de la teoría electrodébil, son una posibilidad topológica, pero no una necesidad. Podrían surgir en la ruptura espontánea desde U(2) a U(1), pero solo si lo que se denominan «monopolos gauge» estaban ya presentes en la fase U(2)-simétrica intacta de la teoría, que se supone que ha ocurrido *antes* de 10^{-12} s. Tales monopolos podrían surgir de una ruptura anterior de una simetría GUT mayor, pero estas ideas no son en modo alguno una parte necesaria de la teoría electrodébil.[8]

Tales *monopolos gauge* son los análogos, dentro de alguna teoría Yang-Mills (gauge no abeliana), a los «monopolos magnéticos» que propuso Dirac (en 1931) en el contexto de la teoría (gauge abeliana) del electromagnetismo. Mediante un ingenioso argumento, Dirac demostró que tan solo con que existiera en la naturaleza un único monopolo magnético (un polo magnético norte o sur aislado), todas las cargas *eléctricas* tendrían que tener valores que son múltiplos enteros de cierto valor concreto, valor que es inversamente proporcional a la intensidad magnética del monopolo. De hecho, observaciones actuales sugieren con fuerza que todas las cargas eléctricas *son* múltiplos enteros de un valor concreto (digamos el de la carga del antiquark d, que es un tercio de la del protón; véanse §3.5 y §25.6). Algunos tomarían esto como evidencia circunstancial de la existencia real de monopolos magnéticos. De todas formas, para que tales monopolos no estén en conflicto con la observación, tendrían que ser extraordinariamente poco comunes.[9] (De lo contrario tendrían el efecto de «cortocircuitar» campos magnéticos cósmicos, cuando lo cierto es que la existencia de tales campos es un hecho observado en grandes regiones del universo.) Análogamente, los monopolos de Yang-Mills provocarían serios conflictos observacionales si dichos monopolos estuviesen presentes de forma significativa en el universo actual. ¡Esta cuestión ha tenido importantes consecuencias para el desarrollo de la disciplina de la cosmología, como veremos enseguida!

28.3. Problemas para la ruptura de simetría en el universo primitivo

Antes de llegar a esto es oportuno que consideremos de nuevo la ruptura de simetría en la teoría electrodébil, que se estima que tuvo lugar aproximadamente 10^{-12} s después del big bang. ¿Debemos aceptar que este es un fenómeno real, o podría ser meramente un artificio de la forma concreta en que se presenta normalmente la teoría? Por lo que puedo entender, la mayoría de los teóricos electrodébiles considerarán ciertamente que este proceso es real. Por consiguiente, el lector queda advertido de que mi propuesta de cuestionar aquí su realidad es una posición poco convencional. De todas formas, sigamos adelante y consideremos algunas de las dificultades intrínsecas en la idea de ruptura de simetría.

Supongamos que, contrariamente a mi opinión (menos que convencional) sobre esta materia, hubo un momento en la historia primitiva del universo —anterior a aproximadamente 10^{-12} s a partir del big bang— en que imperaba una simetría U(2) exacta en la que todos los leptones y los quarks carecían de masa, donde electrones y neutrinos «zig» estaban en pie de igualdad, y donde también los bosones W y Z y el fotón podían ser adecuadamente «rotados» en combinaciones de unos en otros de acuerdo con una simetría U(2) (véase §25.5). Luego, en un tiempo de aproximadamente 10^{-12} s, la temperatura en todo el universo cayó justo por debajo del valor crítico. En ese instante se hizo al azar una elección concreta de (W^-, W^+, Z^0, γ) entre toda la variedad $\mathcal{G}$ U(2)-simétrica de conjuntos posibles de bosones gauge. No esperamos que esto suceda de forma exactamente uniforme en todo el espacio, y simultáneamente en el universo entero. Prevemos que, como sucede con los dominios de magnetización en la bola de hierro ilustrada en la Fig. 28.2, en algunas regiones se hará una elección concreta y en otros lugares se harán elecciones diferentes.

En este punto deberíamos abordar la cuestión de lo que se *entiende* realmente por las palabras «mismo» y «diferente» en este contexto. El espacio $\mathcal{G}$ de bosones gauge posibles es, en cada punto espaciotemporal, completamente U(2)-simétrico antes de que tenga lugar la reducción de simetría. Como es inherente a la noción de fibrado, no hay ninguna forma particular preferida a otras de hacer una identificación entre la $\mathcal{G}$ en un punto y la $\mathcal{G}$ en otro punto diferente por completo. Así pues, no parece que haya una regla *a priori* que nos diga a qué elemento de $\mathcal{G}$ en un punto hay que llamar «el mismo» elemento que un elemento de $\mathcal{G}$ en otro punto. Parece que esto nos da la libertad de mantener el punto de vista según el cual simplemente *definimos* la noción de «el mismo» como la que proporciona la elección concreta que ofrece la ruptura espontánea de simetría. Según tal punto de vista, el (W^-, W^+, Z^0, γ) concreto que se «congela» en un punto se identificaría con el correspondiente (W^-, W^+, Z^0, γ) en cualquier otro punto, de modo que parece que no seríamos testigos del tipo de «inconsistencia» entre las rupturas de simetría en diferentes puntos que se da con los dominios de magnetización de hierro ilustrados en la Fig. 28.2.

Pero un punto de vista semejante se enfrenta a la idea general que hay tras la teoría gauge, según la cual no solo son los $\mathcal{G}$-espacios las fibras de un fibrado $\mathcal{B}_{\mathcal{G}}$, con espacio base en el espaciotiempo $\mathcal{M}$, sino que también la teoría gauge concreta —en este caso la teoría electrodébil intacta— se define en términos de una *conexión* sobre este fibrado (véanse §§15.7,8). Esta conexión define la identificación (paralelismo) localmente significativa entre los espacios $\mathcal{G}$ cuando nos movemos a lo largo de cualquier curva dada en $\mathcal{M}$.[10] En general, esta identificación no es globalmente consistente cuando recorremos lazos cerrados (a causa de la curvatura en la conexión, que expresa la presencia de un campo gauge no trivial; véase §15.8). En cualquier caso, la aleatoriedad implicada en la ruptura de simetría en puntos diferentes tendrá como

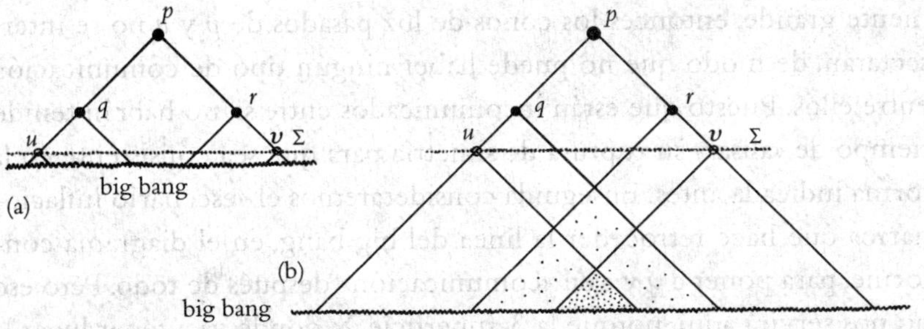

Fig. 28.5. Diagramas conformes esquemáticos que ilustran (in)dependencia causal en el universo primitivo. (a) Un observador en p ve cuásares en direcciones opuestas, en q y r. Si la línea de puntos representa la 3-superficie Σ de tiempo 10^{-11} s, a lo largo de la cual se considera rota la simetría electrodébil exacta anterior U(2) (que relaciona el fotón γ con los bosones W y Z), entonces la particular elección «congelada» de γ en p difiere casi con certeza de la de r, al ser disjuntas las intersecciones de los pasados de p y r con Σ; pero las elecciones γ respectivas no pueden comunicar su identidad/diferencia hasta que se alcanza p. De forma similar, si Σ representa ahora desacoplamiento, en el instante 10^{13} s, las temperaturas en u y v no pueden haberse igualado por termalización, pues sus pasados completos son disjuntos. (b) La «resolución» por inflación del «problema del horizonte» en el último caso consiste en retrasar el big bang de modo que los pasados de q y r se cortan ahora antes de alcanzar la 3-superficie big bang. Sin embargo, el primer problema sigue sin resolver, puesto que las intersecciones de sus pasados ocurren antes de la «congelación» en 10^{-11} s.

consecuencia que el paralelismo local entre los $\mathcal{G}$-espacios no será generalmente consistente con las elecciones que se hagan en la ruptura espontánea de simetría; de modo que la imagen de la Fig. 28.2 no es una analogía tan irrazonable. Podemos imaginar que, como sucede con una bola de hierro enfriada con suficiente lentitud, las inconsistencias se «alisarán» si se deja un tiempo suficiente, con tal de que no haya defectos topológicos (como se indica en las Figs. 28.3 y 28.4). La cuestión que quiero plantear aquí es si puede haber *alguna vez* «tiempo suficiente» en el caso de la ruptura espontánea de simetría electrodébil.

La dificultad tiene que ver con los horizontes de partículas que encontramos en §27.12, Fig. 27.18b. Consideremos el diagrama conforme esquemático de la Fig. 28.5. Un observador situado en el punto p ve cuásares (cf. §27.9) en dos direcciones opuestas, en puntos espaciotemporales respectivos q y r. Según el modelo FLRW estándar, si el desplazamiento hacia el rojo[11] (véase §27.7) de los cuásares es suficientemente grande, entonces los conos de luz pasados de p y q no se intersectarán, de modo que no puede haber ningún tipo de comunicación entre ellos. Puesto que están incomunicados entre sí, no habrán tenido tiempo de «alisar» su ruptura de simetría para que sea consistente en la forma indicada antes. Enseguida consideraremos el «escenario inflacionario» que hace retroceder la línea del big bang, en el diagrama conforme, para poner a q y r en «comunicación» después de todo. Pero eso no nos servirá aquí, porque la 3-superficie Σ, donde va a tener lugar la ruptura de simetría electrodébil, desempeña efectivamente el papel del big bang en nuestras actuales consideraciones de causalidad, suponiendo que la ruptura espontánea de simetría ocurre aleatoriamente en la 3-superficie Σ, sin ninguna influencia causal común efectiva.

Ahora las líneas qp y rp son líneas nulas, de modo que solo el fotón puede viajar de q a p o de r a p, y no los bosones W y Z, pues el fotón es el único miembro sin masa de la familia de bosones gauge. Así pues, a lo largo de estas dos líneas nulas debemos tener una noción consistente de lo que es un fotón. Es muy probable que la noción de «fotón» en q sea incompatible (en el sentido antes indicado) con la noción de «fotón» en r, porque se suponía que cada uno de ellos había sido seleccionado aleatoriamente sin influencia causal común, y sin tiempo para que hubiera comunicación entre ellos.[12] ¿Pueden «alisarse» a tiempo los «diferentes» tipos de fotón para que el observador en p se ahorre una desconcertante confusión W-Z-γ cuando los reciba? No veo cómo puede hacerse esto posible sin alejarse significativamente de las conexiones nulas (i.e., «de género luz») directas desde q a p y desde r a p. Esto podría llevar a un grave conflicto con el hecho de que los objetos lejanos se ven con claridad a través de telescopios ópticos. Me parece que aquí hay peligro de tener una grave incompatibilidad con la observación, aunque yo no lo he visto planteado en la literatura especializada.

Pero algunos lectores tal vez se quejarán (quizá en voz baja) porque parece que he ignorado el muy impresionante apoyo observacional que hay en favor de la teoría electrodébil. ¡Por supuesto, no voy a abandonar todo eso solo por una confusión que pueda tener respecto a los fenómenos propagados desde distancias cosmológicas! Ni mucho menos. De ningún modo estoy sugiriendo que debamos abandonar las ideas esencialmente bellas de la teoría electrodébil, pero respecto a la ruptura de su simetría U(2), prefiero mantener una actitud ligeramente diferente de la que se presenta normalmente. Tal como lo veo, todavía no ha salido a la luz el verdadero esquema de la naturaleza para la física de partículas. Un esquema semejante debería ser matemáticamente consistente y no tener el hábito desagradable que tienen nuestras QFT actuales de escupir la respuesta «∞» a preguntas físicas tan razonablemente planteadas. Pero de momento no podemos ver por qué esta teoría «correcta» (aún desconocida) va a dar respuestas finitas. Así que hemos recurrido a «trucos» diversos, que nos han abierto camino mediante una combinación de fortuna histórica y excepcional ingenio humano, y que nos permiten dar respuestas finitas que encajan con la observación. En nuestra fase actual de conocimiento, necesitamos una teoría de interacciones débiles y electromagnéticas que sea renormalizable, y la idea de una simetría gauge no abeliana rota no solo ha proporcionado un camino hacia tal teoría renormalizable, sino que las restricciones para hacerlo nos han guiado hasta una familia de verdades profundas sobre la forma en que estas interacciones encajan como parte de una imagen más amplia. Pero no veo por qué una simetría espontáneamente rota tiene que ser el verdadero camino de la naturaleza en física de partículas. De hecho, hay otras rutas para ver por qué las exigencias de renormalización proporcionan las relaciones necesarias entre los parámetros de la teoría electrodébil.[13]

Esto plantea una cuestión importante (a la que volveré en §34.8): la noción de *simetría*, tan dominante en muchas ideas para sondear los secretos de la naturaleza, ¿tiene realmente el papel fundamental que con frecuencia se le supone? No veo por qué tiene que ser así. No me resulta necesario que basar la física de partículas en algún gran grupo de simetría (lo que es parte de la filosofía GUT) sea realmente una imagen «simple», por lo que concierne a una teoría física fundamental. Para mí, los grupos de simetrías geométricas grandes son cosas complicadas, y no simples. Podría muy bien darse el caso de que existan asimetrías fundamentales intrínsecas en las leyes de la naturaleza, y que las simetrías que vemos sean a menudo características meramente aproximadas que no llegan a los niveles más profundos. Volveré más adelante a esta cuestión (en §34.8).

28.4. Cosmología inflacionaria

Volvamos a la cuestión de los monopolos cósmicos, cuya proliferación es una característica de ciertas GUT. El problema con estos monopolos era la ausencia de cualquier indicio de su existencia real. Peor aún, existen fuertes límites observacionales a la abundancia cósmica de tales monopolos, muy por debajo del nivel predicho por las GUT. Sin embargo, en 1981 Alan Guth presentó la propuesta «escandalosa» (también sugerida previamente y de forma independiente por Alexei Starobinski y Katsuoko Sato) de que si el universo se hubiera expandido en un factor de, digamos, 10^{30} o quizá incluso 10^{60} o más en algún período posterior a la producción de los monopolos (aunque anterior al momento de la ruptura de simetría electrodébil a los 10^{-12} s), entonces los monopolos no deseados serían ahora tan escasos que fácilmente podrían escapar a la detección, como se exigía a partir de la observación.

Pronto se advirtió que este «período inflacionario» de extraordinaria expansión exponencial también podría tener otros efectos que tenían que ver con la uniformidad del universo. Como se ha destacado en el capítulo 27, el universo es extraordinariamente uniforme y casi espacialmente plano a gran escala, lo que presentaba un enigma para los cosmólogos. Por ejemplo, la temperatura observada en el universo primitivo es prácticamente la misma (al menos hasta una parte en 10^5) en diferentes direcciones. Esto podría considerarse como el resultado de una «termalización» en el universo muy primitivo, pero solo si las diferentes partes del universo en cuestión estaban «en comunicación» entre sí. (Recordemos que la segunda ley de la termodinámica hace que se igualen las temperaturas de un gas en lugares diferentes, como parte del proceso de llegada al equilibrio térmico; véase §27.2.) Pese a todo, un examen de la Fig. 28.5a nos dice que la igualdad de las temperaturas en puntos u y v lejanos, observados ambos desde nuestra localización actual p en el espaciotiempo, no pueden ser resultado de termalización en los modelos cosmológicos convencionales, debido a que los puntos u y v (donde tomamos Σ en el instante de «desacoplamiento», cuando se formó la radiación cósmica de cuerpo negro) estaban demasiado lejos uno de otro para haber estado en comunicación causal en el modelo estándar.

Esta imposibilidad de la comunicación causal que se requeriría para la termalización, en el modelo estándar, se conoce como el *problema del horizonte.* A este respecto, el efecto del período de inflación se muestra en el diagrama conforme de la Fig. 28.5b. La 3-superficie de género espacio que representa el big bang se ha desplazado ahora a una localización muy anterior, de modo que los pasados de *u* y *v sí* se cortan antes de alcanzar la 3-superficie que describe el big bang, y hay oportunidad para que la termalización tenga efecto, por lo que podemos imaginar que la igualdad de temperaturas en *u* y *v* puede darse de esta forma.

Otra ventaja de este período inflacionario propuesto era que podía proporcionar una explicación de la extraordinaria uniformidad de la distribución de materia y la geometría espaciotemporal, que se conoce como el *problema de la suavidad*. La idea consiste en que, con inflación, el estado inicial del universo podría haber sido muy irregular en detalle, pero la enorme expansión del universo durante la etapa inflacionaria habría servido para «alisar» estas irregularidades, y por ello cabría prever un universo aproximadamente FLRW. El punto de vista inflacionario concibe que incluso un estado inicial «genérico» parecería una variedad suave a pequeña escala, y vemos que esta minúscula porción suave se expandió a escalas cosmológicas —hasta parecer espacialmente plana— en el curso de la fase inflacionaria; véase la Fig. 28.6 (y compárese con la Fig. 12.6). Volveré enseguida a mi propia valoración de esta extraordinaria idea. Por el momento, vale la pena señalar que en esta imagen el universo no solo es uniforme, sino que también tiene curvatura espacial nula ($K = 0$). Como veremos, este es un factor importante para el desarrollo histórico del tema. Pero sea o no espacialmente plano el universo observable en promedio, lo cierto es que está muy cerca de serlo, y esto había presentado un enigma para muchos cosmólogos, conocido como el *problema de la planitud*.

No es inmediato a simple vista que la fase de expansión inflacionaria tenga que ver con el retroceso de la 3-superficie del big bang en los diagramas conformes, como en la Fig. 28.5. Por consiguiente, será instructivo examinar el modelo cosmológico concreto sobre el que se basa esta «fase inflacionaria». Esta es la versión de «estado estacionario» del espacio de *De Sitter*. La forma más rápida de describir el espacio de

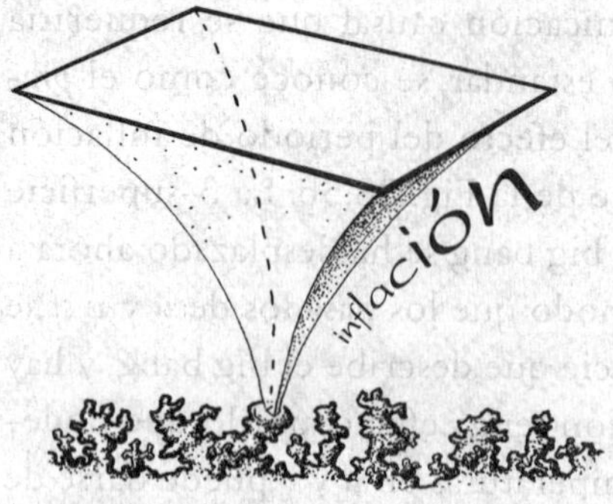

Fig. 28.6. Una de las motivaciones subyacentes de la inflación es que una escala de expansión exponencial de quizá 10^{50} (digamos entre 10^{-35} s y 10^{-32} s) podría servir para «alisar» un estado inicial genérico, y proporcionar así un universo post-inflación esencialmente uniforme y espacialmente plano.

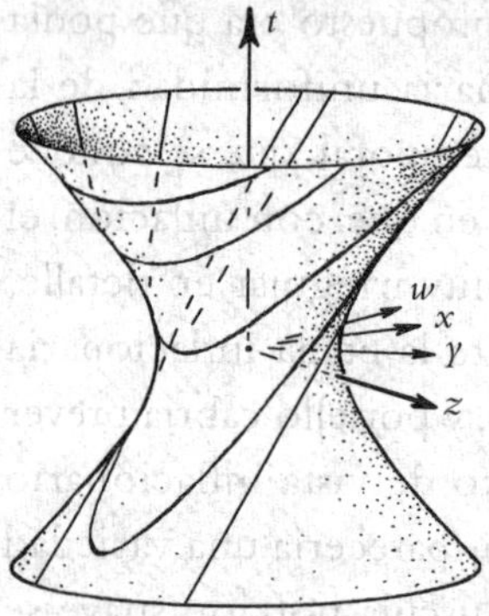

Fig. 28.7. El espaciotiempo de De Sitter (representado como un hiperboloide con dos dimensiones espaciales suprimidas) es una «4-esfera» lorentziana (de radio imaginario que da una signatura métrica intrínseca + − − −) en el 5-espacio de Minkowski $\mathbb{M}^5$ (cuya métrica es $ds^2 = dt^2 - dw^2 - dx^2 - dy^2 - dz^2$). Para obtener el modelo de estado estacionario, «cortamos» el hiperboloide por la mitad a lo largo de $t = w$; el tiempo constante está dado por $t - w$ positiva constante.

De Sitter es decir que es una «4-esfera» lorentziana (signatura + − − −) en un 5-espacio de Minkowski (signatura + − − − −). Esta descripción está de acuerdo con las ideas de «salto de signatura» geométrica de §18.4, pero es geométricamente más evidente si representamos el espacio de De Sitter como el *hiperboloide* de la Fig. 28.7. En este punto, vale la pena mencionar otro modelo, llamado espacio *anti-De Sitter*, que es una «4-esfera» lorentziana en un 5-espacio pseudominkowskiano de signatura + + − − − (Fig. 28.8).[28.4] Nótese que el espacio anti-De Sitter no es un espaciotiempo muy razonable, desde un punto de vista físico, debido a que posee *curvas cerradas de género tiempo* que violan la

[28.4] Escriba explícitamente las ecuaciones para los 4-espacios de De Sitter y anti-De Sitter en el 5-espacio de fondo, utilizando las coordenadas t, w, x, y, z indicadas en las Figs. 28.8 y 28.9. Encuentre coordenadas dentro de la «mitad» del espacio de De Sitter, de modo que su métrica intrínseca tome la forma de «estado estacionario» que se da más adelante en esta sección.

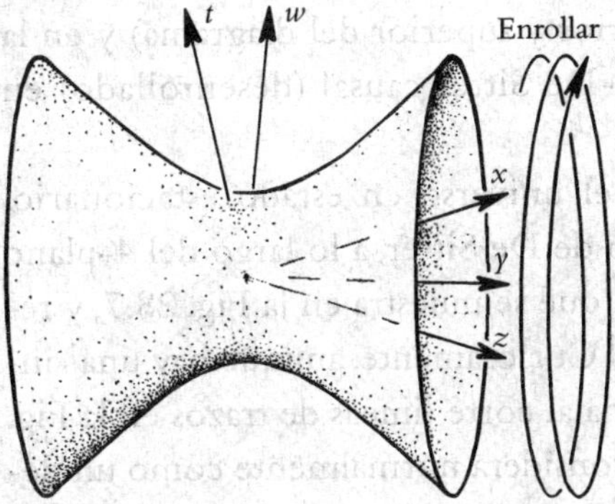

Fig. 28.8. El espaciotiempo anti-De Sitter (representado como un hiperboloide con dos dimensiones espaciales suprimidas) es una «4-esfera» lorentziana (de radio positivo, que da una signatura métrica intrínseca $+ - - -$), en el 5-espacio pseudominkowskiano (con métrica $ds^2 = dt^2 + dw^2 - dx^2 - dy^2 - dz^2$). Tal como está definido, tenemos curvas cerradas de género tiempo, pero estas pueden eliminarse «enrollando» infinitamente en el plano (t, w).

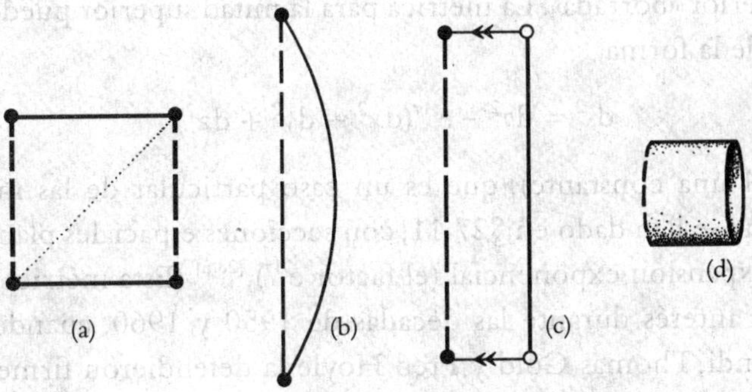

Fig. 28.9. Diagramas conformes estrictos (con los convenios de la Fig. 27.16a) de: (a) espacio de De Sitter, donde la región por encima de la línea de puntos interna da el modelo de estado estacionario; (b) espacio anti-De Sitter (versión completamente desenrollada, sin violación de causalidad); y (c) espacio anti-De Sitter en la forma «hiperboloidea» original que viola la causalidad, donde deben identificarse los bordes superior e inferior. (d) Lo mismo que (c), pero con la identificación realizada, de modo que el diagrama aparece como un cilindro.

causalidad (por ejemplo, el círculo en el plano que generan los ejes *t* y *w*); véanse §17.9 y la Fig. 17.18. A veces el término «espacio anti-De Sitter» se refiere a una versión «desenrollada» en la que cada círculo en un plano (x, y, z)-constante se ha desenrollado en una recta, y el espacio entero se hace simplemente conexo (§12.1). He dibujado un diagrama conforme estricto para el espacio de De Sitter en la Fig. 28.9a, y también para la porción del mismo que representa el modelo de estado estacionario (la línea frontera *de puntos* indica el corte); para el espacio anti-De Sitter que viola la causalidad en la Fig. 28.9c (donde deben identificarse las partes inferior y superior del diagrama) y en la Fig. 28.9d, y para el espacio anti-De Sitter causal (desenrollado) en la Fig. 28.9b.

Para obtener explícitamente el universo en estado estacionario, «cortamos» por la mitad el espacio de De Sitter, a lo largo del 4-plano $t = w$ del 5-espacio de Minkowski que se muestra en la Fig. 28.7, y retenemos solo la mitad «superior».[14] Curiosamente, aunque hay una «incompleción» en este modelo debida al corte (líneas de trazos en la Fig. 28.10b), esta incompleción no se considera normalmente como un defecto, porque ninguna partícula real entra en el espaciotiempo desde la mitad inferior «borrada». La métrica para la mitad superior puede reexpresarse de la forma

$$ds^2 = d\tau^2 - e^{A\tau}(dx^2 + dy^2 + dz^2)$$

(siendo A una constante), que es un caso particular de las métricas FLRW que se han dado en §27.11, con secciones espaciales planas $K = 0$ y una expansión exponencial (el factor $e^{A\tau}$).[28.5] (Esta métrica fue de particular interés durante las décadas de 1950 y 1960, cuando Hermann Bondi, Thomas Gold y Fred Hoyle la defendieron firmemente como un modelo para el universo real: el modelo de «estado estacionario» de considerable atractivo estético. Perdió el favor en los años sesenta, después de que se hiciese manifiesto que el modelo estaba en conflicto con las observaciones, especialmente con las medidas del fondo de microondas y los recuentos de galaxias lejanas.)

El tensor de Ricci R_{ab} para el espacio (anti)De Sitter es *proporcional* a la métrica g_{ab}.[28.6] (Véase §19.6 para la definición de este tensor, y también para la ecuación de campo de Einstein, etc.) Recordemos la forma original de la ecuación de campo de Einstein $R_{ab} - \frac{1}{2}Rg_{ab} =$

[28.5] Encuentre formas métricas para los espacios de De Sitter y anti-De Sitter del tipo FLRW $ds^2 = dt^2 - (R(t))^2 d\,\Sigma^2$, donde $d\Sigma^2$ da la 3-métrica hiperbólica de acuerdo con la segunda expresión en el ejercicio [27.18]. ¿Qué porción del espacio (anti)De Sitter completo cubre esto?

[28.6] ¿Puede ver por qué esto debe ser así sin hacer ningún cálculo?

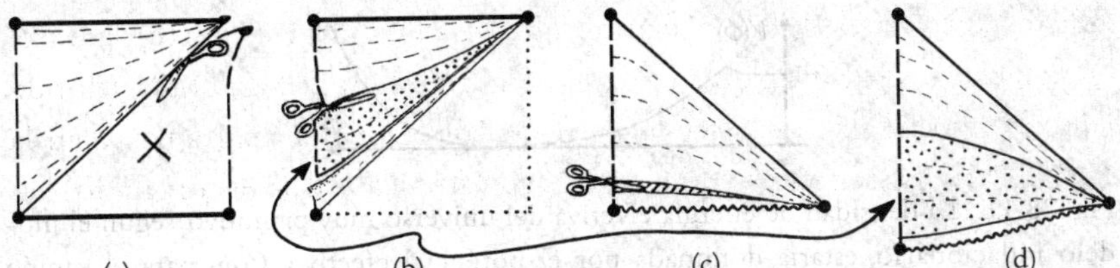

Fig. 28.10. Kit para construir un modelo de universo inflacionario. (a) Corte del espacio de De Sitter para dar un modelo de estado estacionario. (b) Porción que se infla enormemente, del modelo de estado estacionario seleccionado, entre dos líneas de tiempo constante. (c) Pequeño intervalo de tiempo constante eliminado del modelo $K = 0$ FLRW. (d) Porción de b insertada en c para obtener un modelo de universo inflacionario. Esto retrasa el big bang, como en la Fig. 28.5b.

$= -8\pi G T_{ab}$, que afirma que el tensor energía-momento para la materia es $-(8\pi G)^{-1}$ multiplicado por el inverso de la traza del tensor de Ricci. Así pues, para los modelos de De Sitter y anti-De Sitter, el «tensor de materia» T_{ab} debe ser proporcional al tensor métrico. De hecho, ninguna materia ordinaria puede tener esta propiedad (por ejemplo, porque su energía-momento no definiría ningún sistema en reposo). El punto de vista habitual es considerar que los espacios (anti)De Sitter representan vacíos sin materia, donde hay que tomar la ecuación de Einstein en la forma en que incluye una *constante cosmológica* Λ, de modo que las ecuaciones de campo nos dan ahora

$$R_{ab} = \Lambda g_{ab}.$$

Aquí $\Lambda = A^2$, donde A es la constante que fija la escala del factor de crecimiento exponencial en la métrica de estado estacionario anterior. En la cosmología inflacionaria se considera que el «material» inflacionario es un «falso vacío», sobre el que diré algo más enseguida.

Para construir un modelo de universo inflacionario, tomamos una porción del universo en estado estacionario, entre dos 3-superficies de τ constante, y la pegamos a dos partes de un modelo FLRW estándar $K = 0$. Este procedimiento se ilustra en la Fig. 28.10. En la Fig. 28.10a se corta el espacio de De Sitter entero para producir el modelo de estado estacionario. En la Fig. 28.10b se ha seleccionado una porción del modelo de estado estacionario que se hincha enormemente. En la Fig.

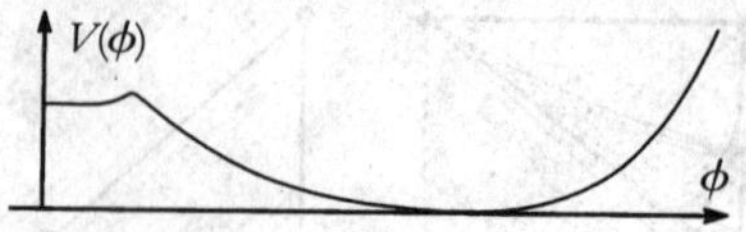

Fig. 28.11. La densidad de energía efectiva del universo muy primitivo, según el modelo inflacionario, estaría dominada por el potencial efectivo $V(\phi)$ para el campo cuántico escalar «inflatón» ϕ. La gráfica demuestra una forma habitualmente supuesta de $V(\phi)$, donde se considera que la inflación ocurre cuando el estado (la «canica» de la Fig. 28.1) «rueda» pendiente abajo a la izquierda (donde se supone que hay un «falso vacío»). La inflación cesa cuando se alcanza el fondo.

28.10c se corta un trozo del modelo FLRW $K = 0$, de modo que pueda recibir la porción inflacionaria para completar el modelo en la Fig. 28.10d. La porción de estado estacionario invertida «empuja hacia atrás» el big bang (desde el punto de vista conforme, i.e., causal), de modo que el horizonte de partículas está enormemente expandido; véase la Fig. 28.5b.

Para conseguir este período inflacionario, es necesario introducir un nuevo campo escalar φ en el bestiario de las partículas/campos físicos conocidos (y conjeturados). Por lo que conozco, no se considera que este campo φ esté directamente relacionado con ninguno de los otros campos conocidos de la física, sino que se introduce solamente para obtener una fase inflacionaria en el universo primitivo. A veces se conoce como un campo de «Higgs», pero no parece ser el campo «ordinario» relacionado con la teoría electrodébil (véase §25.5). Algunos modelos requieren más de una fase inflacionaria independiente, en cuyo caso tendría que haber un campo escalar independiente para cada fase. El proceso de inflación se describe en términos de una imagen que guarda cierta relación con la del «sombrero mexicano» de la Fig. 28.1, pero sin la simetría inicial. A menudo se utiliza un diagrama similar al de la Fig. 28.11, donde el eje vertical representa la «energía efectiva». La idea consiste en que antes del período de inflación, el estado —nuestra «canica», como en la Fig. 28.1— está representado en la cima de la protuberancia, pero luego rueda hacia abajo poco a poco. La inflación tiene lugar en el curso de esta caída y cesa cuando la «canica» llega al fondo. Durante la fase de inflación tenemos una región de «falso vacío» que representa una transición de fase me-

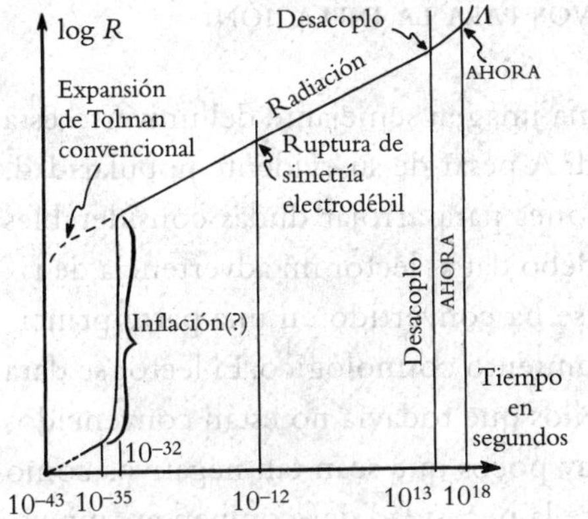

Fig. 28.12. «Historia del universo» descrita habitualmente como una representación logarítmica, que incluye una fase inflacionaria. Aquí se representa log $R(t)$ frente a log t.

canocuántica a un vacío diferente de aquel con el que hoy estamos familiarizados.

Como se ha mencionado en §27.11, ahora hay evidencias a favor de una Λ positiva en nuestra época actual, pero de un valor extraordinariamente pequeño en términos ordinarios, correspondiente a una densidad que es de solo aproximadamente 10^{-30} veces la del agua. Por el contrario, el falso vacío habría tenido una Λ efectiva correspondiente a una densidad que supera a la del agua en aproximadamente 10^{80}. Esto dominaría por completo el tensor energía-momento de cualquier materia ordinaria, y por esta razón el modelo de De Sitter puede utilizarse para esta fase.

En la Fig. 28.12 he indicado el tipo de imagen de la historia del universo muy primitivo que frecuentemente se nos presenta, y que ahora ha llegado a ser casi «estándar». Nótese que las escalas de tiempo y distancia son «logarítmicas» (como la regla de cálculo de la Fig. 5.6) y están marcadas con las diferentes potencias de 10, en unidades de un segundo (en vertical) y un centímetro (en horizontal). El «radio» denota la historia de la «$R(t)$» de §27.11 (que no debe confundirse con la curvatura escalar «R» de §19.6). En mi opinión, esta imagen debe considerarse muy especulativa hasta aproximadamente 1/10 (y con certeza 10^{-30}) de segundo, ¡aunque a menudo se presenta como un hecho prácticamente establecido!

28.5. ¿Son válidos los motivos para la inflación?

¿Qué razón hay para creer que una imagen semejante del universo está probablemente cerca de la verdad? A pesar de su evidente popularidad, quiero presentar mis propias razones para arrojar dudas considerables ¡sobre toda la idea! Una vez más debo dar al lector mi advertencia de rigor. La cosmología inflacionaria se ha convertido en una parte principal del corpus del moderno pensamiento cosmológico. El lector se dará cuenta de que incluso entre aquellos que todavía no están convencidos de la necesidad de la inflación, hay pocos que sean tan negativos como yo en la crítica que sigue. Si siente la necesidad de «compensar» mi exposición con otra más favorable a la idea inflacionaria, consulte el muy accesible libro de Alan Guth *El universo inflacionario.*[15] Por lo que a mí respecta, debo presentar las cosas tal como las veo, y puesto que creo que hay razones poderosas para dudar de la propia base de la cosmología inflacionaria, no me contendré al presentar estas razones al lector.

Pero antes de hacer mi juicio crítico, debería dejar claro que mis comentarios *no* nos dicen que la cosmología inflacionaria sea falsa. Simplemente ofrecen serias razones para dudar de muchos de los motivos iniciales que hay tras la idea inflacionaria. Recordemos que, después de todo, muchas ideas científicas importantes en el pasado se han basado (en parte) en motivos que no resisten un examen a la luz del conocimiento posterior. Uno de los más importantes fue la significativa dependencia de Einstein del *principio de Mach* como guía para su descubrimiento final de la relatividad general. El principio de Mach afirma que la física debería definirse enteramente en términos de la relación mutua entre cuerpos, y que la propia noción de un espacio de fondo debería ser abandonada.[16] No obstante, un análisis posterior de la teoría de Einstein demostró que el principio de Mach no está incorporado en la relatividad general,[17] con independencia de cuál pueda ser la importancia motivacional de la idea de Mach.[18] Otro ejemplo fue el descubrimiento por parte de Dirac de la ecuación de onda del electrón, para lo que se basó fundamentalmente en lo que él veía como necesidad de una ecuación de primer orden (véanse §§24.5,6). La comprensión posterior de la QFT demostró que este requisito no es necesario (§26.6).

Del mismo modo, si las predicciones observacionales de la cosmología inflacionaria se confirman de forma convincente, entonces cualquier inadecuación de las motivaciones iniciales no será tan importante, y la teoría podrá mantenerse por sí misma sin la «escalera» original que condujo a Guth y a otros a este esquema concreto. De hecho, los inflacionistas han hecho algunas predicciones precisas que en años recientes se han mostrado de acuerdo con varias observaciones nuevas.

Creo que, a diferencia de muchas de las otras ciencias, es recomendable ser cauteloso en materias de cosmología, sobre todo en relación con el origen del universo. La gente suele tener fuertes respuestas emocionales a las preguntas sobre el origen del universo, que a veces están implícita o explícitamente relacionadas con tendencias religiosas. Esto no deja de ser natural, pues se trata en realidad de la creación del mundo en que vivimos. Como se ha señalado en §27.13, debido a la segunda ley existe un extraordinario grado de precisión en la forma en que empezó el universo, en el big bang, y esto presenta un enigma profundo. Preguntemos: ¿es la solución a este enigma de la precisión del big bang algo a lo que se pueda responder con una teoría científica futura, incluso si está aún más allá de nuestro conocimiento científico actual? (esta es esencialente mi postura optimista; véanse §§30.10-13) ¿O debemos resignarnos a que esto sea un tipo de «acto divino»? La visión de los inflacionistas es diferente, a saber, que este rompecabezas queda «resuelto» esencialmente por su teoría, y esta creencia ofrece una poderosa fuerza impulsora tras la postura inflacionaria. Sin embargo, ¡nunca he visto que el profundo enigma planteado por la segunda ley sea seriamente planteado por los inflacionistas!

En su lugar, los inflacionistas tienden a señalar tres problemas concretos en el modelo estándar de la cosmología, y los tres son cuestiones relacionadas con la precisión inicial del universo primitivo. Han sido abordados específicamente en §28.4, y se conocen como el problema del horizonte, el problema de la suavidad y el problema de la planitud. En el modelo estándar, estas cuestiones se tratan mediante el «ajuste fino» del estado del big bang inicial, algo que se considera «feo» por parte de los inflacionistas. Ellos afirman que la necesidad de tal ajuste fino del estado inicial queda eliminada en la imagen inflacionaria, que estéticamente se considera una imagen física más agradable. La conclusión de la planitud espacial global que resulta de la inflación se considera también un aspecto positivo, desde un punto de vista estético.[19]

Creo que habría que ser muy cauteloso en relación con estos argumentos con base estética. Por supuesto, hay algunos elementos fundamentales para la imagen inflacionaria cuyo estatus estético es algo cuestionable, tales como la introducción de un campo escalar (o quizá varios campos escalares independientes, si se contempla más de un período de inflación) no relacionado con otros campos conocidos de la física y con propiedades muy específicas diseñadas solo al efecto de hacer que la inflación funcione. Además, la preferencia estética por $K = 0$ es muy discutible. ¡Conozco a muchos matemáticos (entre los que me incluyo) que consideran mucho más bello el caso hiperbólico ($K < 0$)! Y otros prefieren lo «acogedor» de un universo espacialmente finito ($K > 0$). La cuestión general del papel de la belleza como guía en la física teórica básica será examinada más adelante en este libro (véase §34.9), como lo serán otras cuestiones relacionadas específicamente con la inflación (§34.4) y con el papel de las modas científicas (§34.3). La inflación está ciertamente muy de moda entre los cosmólogos actuales, y es importante ver hasta qué punto se justifica este estatus.

Como se ha dicho antes, mis objeciones básicas a esta idea de la inflación cósmica tienen que ver principalmente con las motivaciones que subyacen en ella. Consideremos primero el problema del horizonte y cómo lo trata la cosmología inflacionaria en la que, por ejemplo, las temperaturas de fondo, casi iguales en cualquier dirección, se ven como resultado de la *termalización*. La inflación se introduce para eliminar los horizontes de partículas que de otro modo impedirían dicha termalización.

Sin embargo, hay algo fundamentalmente erróneo en tratar de explicar la uniformidad del universo primitivo como resultado de un proceso de termalización (§28.4), ya se trate de una uniformidad en la temperatura de fondo, en la densidad de materia o en la geometría espaciotemporal en general. De hecho, es fundamentalmente erróneo tratar de explicar por qué el universo es especial en *cualquier* aspecto concreto apelando a un proceso de termalización. Pues si la termalización está realmente haciendo algo (tal como que las temperaturas en regiones diferentes sean más iguales que las que eran antes), entonces representa un definido incremento de la entropía (§27.2). Así pues, el universo tendría que haber sido incluso más especial antes de la termalización que después. Esto solo sirve para incrementar cualquier dificultad que pudiéramos haber tenido previamente al tratar de entender la extraordinariamente especial naturaleza inicial del universo (§27.13). Hay, por supuesto, profundos interrogantes con respecto al estado restringido del universo primitivo. Pero estas ligaduras son fundamentales para la propia existencia de la segunda ley de la termodinámica, como se ha señalado en el capítulo 27. ¡No cabe esperar que seamos capaces de explicar estas ligaduras apelando simplemente a *manifestaciones* de la segunda ley (siendo la termalización un ejemplo)!

Para desarrollar este punto, consideremos la cuestión de la igualdad de temperaturas tal como se ven en direcciones diferentes desde nuestro punto de vista particular en el universo. Supongamos que descubrimos que las temperaturas en dos regiones lejanas han sido iguales en algún instante cósmico temprano t_1, y supongamos que encontramos desconcertante este «hecho especial». Consideremos dos posibilidades. Podríamos imaginar (a) que en una era aún anterior —tiempo t_0— las temperaturas eran realmente desiguales y solo llegaron a igualarse una vez que tuvo lugar un proceso de termalización entre los instantes t_0 y t_1. Alternativamente, podríamos imaginar (b) que en el instante anterior t_0 las dos temperaturas eran realmente iguales entre sí, y no tuvo lugar ninguna termalización. En el caso (a) encontramos que ha habido un incremento de entropía entre t_0 y t_1, de modo que encontramos un grado aún mayor de especialidad en t_0 que la que había en t_1, por lo que deberíamos estar aún más intrigados por la naturaleza especial del universo en el instante t_0 de lo que lo estábamos por su carácter especial en el instante t_1. ¡El problema ha empeorado! En el caso (b), por el contrario, el problema del carácter especial en t_0 no es peor al menos que el que había en t_1. En ninguno de los dos casos hemos explicado el *enigma de por qué el universo es especial*, en este o en cualquier otro aspecto, y vemos que invocar argumentos de termalización para abordar este problema particular ¡es peor que inútil!

¿Qué pasa con la uniformidad (y planitud) del universo? Aquí el argumento inflacionario principal es diferente. Se afirma que la expansión exponencial de la fase inflacionaria fue la que sirvió para hacer el universo tan uniforme (y espacialmente plano). De nuevo hay un equívoco fundamental. Parece que existe la idea de que si partimos de un estado inicial «genérico», entonces el «efecto de estiramiento» de la expansión exponencial de la fase inflacionaria servirá para alisar las irregularidades de dicho estado inicial. Por supuesto, para saber si tal proceso tiene una oportunidad, tenemos que tener alguna idea de a qué podría parecerse una geometría inicial «genérica». Un presupuesto importante es que un estado semejante tendría que ser, en cierta escala pequeña, suave. Pero los conjuntos fractales, por ejemplo, nunca se alisan por mucho que se estiren. Recordemos el conjunto de Mandelbrot, algunas de cuyas porciones se han mostrado en la Fig. 1.2. Si acaso, el conjunto de Mandelbrot parece hacerse menos suave cuanto más se amplía.

Pero oigo murmurar al lector: ciertamente eso es tan solo una objeción menor; muy bien, quizá haya algunas situaciones patológicas en las que estirar no suaviza las cosas, pero ciertamente en el caso realista más general no esperaríamos tales cosas. Por desgracia, esto no está tan claro; tendríamos que estar preparados para aceptar algo fractal (o peor que fractal) en un estado de partida genérico. Cualquiera que sea esta estructura genérica singular, no es algo de lo que podamos esperar que se alise simplemente debido a una física que permita procesos inflacionarios. ¿Por qué es así? Las razones no tienen nada que ver con tecnicismos detallados, y son simplemente intrínsecas al carácter equívoco de tratar de suponer que el universo podría haber empezado realmente en un estado genérico,[20] lo que no puede haber hecho, debido a la segunda ley; véase §27.7. Si queremos hacernos una idea de a qué podría parecerse dicho estado «genérico», consideremos las etapas finales de un universo cerrado que colapsa, tal como el que se ilustra esquemáticamente en la Fig. 27.20a,b, y luego invirtamos el flujo del tiempo, como en la Fig. 27.20c (o Fig. 27.20d). El gran revoltijo de singularidades de agujero negro que coagulan es el tipo de cosa que, en *forma de tiempo invertido*, deberíamos esperar para un big bang genérico.

¡Por supuesto, no estoy pidiendo que el lector tenga una comprensión instantánea de la geometría complicada y detallada implicada en un big crunch genérico desordenado! Yo mismo tengo una idea muy pobre y no creo que nadie sepa mucho más sobre ello.[21] Pero no necesitamos saber muchos detalles sobre esta geometría. Para entender la cuestión esencial, consideremos cualquier modelo de universo en colapso, que podemos construir partiendo de un estado expandido inicial muy irregular (compárese con la Fig. 27.20b). Tiene que colapsar a *algo*; de hecho, su colapso dará como resultado algún tipo de *singularidad espaciotemporal* genérica, como podemos inferir razonablemente a partir de teoremas matemáticos precisos.[22] Si ahora invertimos la dirección del tiempo en nuestro modelo —suponiendo leyes dinámicas con simetría temporal—, obtenemos una evolución que parte de una singularidad de apariencia general y luego se convierte en cualquier tipo irregular de universo que queramos elegir. Muy bien podría suceder que no haya inflación en esta evolución, aunque nuestras leyes físicas invertidas en el tiempo permiten la posibilidad de inflación. La cuestión es que tengamos o no realmente inflación, la posibilidad física de un período inflacionario no aporta nada en los intentos por asegurar que la evolución a partir de una singularidad genérica llevará a un universo uniforme (o espacialmente plano).

Tratemos de entender cuál es el problema real. Esto se ha examinado extensamente en el capítulo 27. El universo *era* muy especial en el big bang. Tuvo que serlo para que haya habido una segunda ley de la termodinámica que se extiende hasta el comienzo. Todos los procesos de termalización *dependen* de la segunda ley, así que no explican por qué tenemos una segunda ley ni por qué teníamos un universo muy especial en el comienzo. Más aún, todos los procesos de ruptura espontánea de simetría y todas las transiciones de fase (que son necesarias para la inflación) tienen lugar solo gracias a la segunda ley. Estos procesos no explican la segunda ley: la *utilizan*. Además, todos los cálculos serios en cosmología inflacionaria suponen una geometría espaciotemporal que es FLRW, o próxima a ella, lo que no da ninguna idea respecto a lo que sucedería en el caso genérico. Si queremos saber por qué el universo era tan sumamente especial inicialmente, debemos apelar a argumentos muy diferentes de aquellos de los que depende la cosmología inflacionaria.

28.6. El principio antrópico

Antes de que lleguemos a estos argumentos, tengo que abordar otra cuestión que se suele invocar como parte del punto de vista inflacionario. Se trata del *principio antrópico*, y este principio se utiliza también en muchos otros argumentos para explicar por qué el universo es tal como lo vemos. Hablando vagamente, el argumento antrópico parte del hecho de que el universo que percibimos a nuestro alrededor debe ser de tal naturaleza que produzca y acomode seres que puedan percibirlo. Podríamos utilizar este argumento para explicar por qué el planeta en que vivimos tiene unos rangos de temperaturas, una atmósfera, una abundancia de agua, etc., tan agradables. Si las condiciones no fueran tan agradables en este planeta concreto, no estaríamos aquí, sino que ¡estaríamos en algún otro lugar![23]

Uno de los usos más admirables del argumento antrópico fue el que hicieron Robert Dicke en 1957 y Brandon Carter en 1973,[24] cuando resolvieron un enigma —señalado por Dirac (1937)— concerniente a una relación aparentemente accidental entre la edad del universo, cuando se mide en unidades de Planck (§27.10), y la razón entre las intensidades de la gravedad y el electromagnetismo.[25] Si esta coincidencia reflejara una relación fundamental entre los parámetros de la naturaleza, entonces debería mantenerse constante a lo largo de la historia del universo. Pero puesto que la edad del universo es algo que (¡obviamente!) aumenta con el tiempo, debería reducirse en consecuencia la intensidad de las fuerzas gravitatorias respecto a las eléctricas. De hecho, Dirac hizo realmente esa sugerencia, pero la evidencia actual afirma que una variación semejante en la constante gravitatoria es incompatible con los hechos.[26] Lo que Dicke y Carter demostraron era que existe otra explicación para la coincidencia de Dirac. Examinando el papel exacto que desempeñan las constantes de la naturaleza en la determinación del tiempo de vida de una estrella ordinaria —una estrella agradable para la vida tal como la conocemos—, fueron capaces de demostrar que esta escala de tiempo es de un orden tal que la coincidencia de Dirac debería darse necesariamente para seres que evolucionan (y habitan) en un planeta en órbita alrededor de dicha estrella. Así pues, la coincidencia de Dirac tiene una explicación antrópica. Se

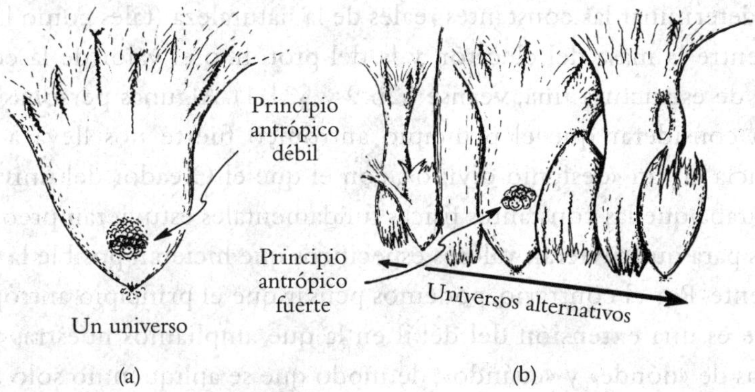

Fig. 28.13. Principio antrópico. (a) Forma débil: los seres sintientes deben encontrarse en una localización espaciotemporal en el universo, en la que haya condiciones apropiadas para la vida sintiente. (b) Forma fuerte: más que considerar solo un universo, concebimos un conjunto de universos posibles, entre los cuales pueden variar las constantes fundamentales de la naturaleza. Los seres sintientes deben encontrarse localizados en un universo donde las constantes de la naturaleza (además de la localización espaciotemporal) sean favorables.

da porque los parámetros implicados en la producción de vida sintiente (en este caso, los que determinan la edad de una estrella) están relacionados con aquellos parámetros que tal vida sintiente ¡*verá* realmente en el mundo exterior!

Debería ser evidente para el lector que los argumentos tomados del principio antrópico están plagados de incertidumbres, aunque no carecen de significado genuino. No tenemos mucha idea, por ejemplo, de cuáles son las condiciones realmente necesarias para la producción de vida sintiente. De todas formas, la situación no es tan mala cuando se utiliza con ejemplos, tales como los que se han expuesto antes, donde estamos tomando las leyes de la física y la estructura espaciotemporal del universo global como dadas y simplemente preguntamos cuestiones como dónde o cuándo pueden darse en el universo tales y cuales condiciones para que conduzcan a la vida sintiente. Esta versión del principio antrópico se conoce, como la llamó Carter, como el principio antrópico *débil* (Fig. 28.13a).

Mucho más problemáticas son las versiones del principio antrópico *fuerte*, según las cuales tratamos de extender el principio antrópico para determinar las constantes reales de la naturaleza (tales como la razón entre la masa del electrón y la del protón, o el valor de la constante de estructura fina; véanse §26.9 y §31.1). Algunas personas podrían considerar que el principio antrópico fuerte nos lleva a una creencia en un «designio divino», con el que el Creador del universo aseguraba que las constantes físicas fundamentales estuvieran preordenadas para que tuvieran valores específicos que hicieran posible la vida sintiente. Por el contrario, podemos pensar que el principio antrópico fuerte es una extensión del débil en la que ampliamos nuestras preguntas de «dónde» y «cuándo», de modo que se apliquen no solo a un espaciotiempo único, sino al conjunto completo de los espaciotiempos posibles (Fig. 28.13b).[27] Cabría esperar que diferentes miembros del conjunto posean diferentes valores de las constantes físicas básicas. Las preguntas dónde y cuándo también implican ahora una elección de universo dentro del conjunto, de modo que de nuevo debemos encontrarnos en un universo que permite que se produzca la vida sintiente.

Que yo sepa, el primer ejemplo de este tipo fue señalado por Fred Hoyle, cuando dedujo que debía existir un hasta entonces inobservado nivel energético nuclear en el carbono para que fuera posible que las estrellas construyan elementos más pesados que el carbono en el proceso de nucleosíntesis. Este es el proceso mediante el cual se producen los elementos más pesados de los que dependen nuestros cuerpos. (Estos elementos se producen en las estrellas, y finalmente son escupidos en explosiones de supernovas para proporcionar el material para la formación de planetas; véase §27.8.) ¡Sin ello no podríamos existir como seres vivos (del tipo que conocemos)! A instancias de Hoyle, William Fowler y sus colaboradores[28] encontraron posteriormente el nivel energético de Hoyle, confirmando así, en 1953, una impresionante predicción por parte de Hoyle. Resulta muy notable que las constantes de la naturaleza estén tan bien ajustadas para que exista un nivel de energía semejante exactamente en el lugar adecuado para que pudiera producirse la vida tal como la conocemos. Otro ejemplo de buena suerte cósmica es el hecho de que la masa del neutrón es solo ligeramente mayor que la del protón (1.838 y 1.836 masas electrónicas, respectivamente). La existencia de una familia adecuada de núcleos estables, de la que depende la casi totalidad de la química, se basa en este hecho aparentemente fortuito.

Mi postura es sumamente cauta sobre el uso del principio antrópico, y muy en especial del principio fuerte. Tengo la impresión de que el principio antrópico fuerte se utiliza a menudo como una forma de «escurrir el bulto» cuando parecen haberse agotado las consideraciones teóricas genuinas. Con frecuencia he oído a teóricos que recurren a argumentos como: «Los valores de los parámetros desconocidos en mi teoría serán determinados, en última instancia, por el principio antrópico». Por supuesto, podría resultar que en definitiva no exista ninguna forma matemática de fijar ciertos parámetros en la «teoría verdadera», y que estos parámetros deban elegirse simplemente de forma que el universo en el que nos encontramos permita vida sintiente. ¡Pero tengo que confesar que no me gusta mucho esa idea!

Creo que con un universo espacialmente infinito y esencialmente uniforme (por ejemplo, $K \leq 0$ en el modelo estándar) el principio antrópico fuerte no sirve prácticamente de nada para ajustar parámetros físicos, más allá de exigir que las leyes físicas sean tales que permitan que la vida sintiente sea posible (lo que es en sí mismo inutilizable, puesto que no sabemos cuáles son los prerrequisitos para la vida sintiente). Pues si la vida sintiente es posible, entonces esperamos que en un universo espacialmente infinito ocurrirá. Esto sucederá incluso si las condiciones para la vida sintiente son extraordinariamente poco probables para que se den en cualquier región finita del universo. En un universo espacialmente infinito, nuestra expectativa es que debería haber *algún lugar* dentro de sus infinitos confines donde se dé la vida sintiente, aunque solo sea por que el mero azar reúna todos los ingredientes necesarios. Esto ocurriría simplemente por azar, incluso si es extraordinariamente infrecuente.

Ahora bien, si encontramos que las constantes físicas fundamentales resultan ser tales y cuales —quizá determinadas por criterios matemáticos—, entonces podemos plantear una pregunta mejor: ¿cuáles son las *circunstancias más probables* para que se produzca la vida inteligente, dados estos valores de las constantes físicas? En el universo que conocemos, con los valores de las constantes físicas que tenemos, *parece* que la respuesta es: «En algún planeta bastante parecido a la Tierra, próximo a una estrella bastante parecida al Sol, que ha existido durante quizá 10^9 o 10^{10} años, tiempo suficiente para permitir que tenga lugar una evolución darwiniana apropiada». Pero para un universo con valores diferentes de las constantes, la respuesta podría ser muy diferente.

Para terminar esta sección, debería mencionar un punto de vista afín con respecto a las constantes físicas fundamentales, propuesto originalmente por John A. Wheeler en 1973. Tiene alguna relación con el principio antrópico. Según este punto de vista, el universo pasa por ciclos, donde continuamente ocurren nuevos «big bangs», cada uno de ellos nacido a partir de una fase de colapso previa.

Recordemos el modelo de Friedmann en el caso $K > 0$, $\Lambda = 0$. El universo se expande a partir de la singularidad del big bang inicial y luego se contrae hasta otra singularidad, el big crunch final. Sin embargo, en los primeros días de la cosmología esto se conocía como un modelo «oscilante», porque la curva que representa $R(t)$ frente a t es una cicloide que admite un número infinito de ciclos de expansión y contracción (véanse la Fig. 27.15a y el ejercicio [27.19]). No obstante, ahora se aprecia mejor que antes que no hay forma de «suavizar» la singularidad que une cada «crunch» con el siguiente «bang», dentro de los límites de la relatividad general clásica convencional.[29] Si se ignora este hecho, o se presume que alguna forma de «gravedad cuántica» permitirá que se produzca tal «rebote», entonces cabe especular que el cicloide de Friedmann sea una aproximación plausible a lo que realmente podría suceder. La idea de Wheeler era que la física cuántica extrema que tiene lugar en el punto de retorno singular implica un cambio en las constantes fundamentales de la naturaleza. En consecuencia, el «conjunto» de universos que se contempla en relación con el principio antrópico fuerte se realiza físicamente en la propuesta de Wheeler.

Lee Smolin, en su extraordinario libro de 1997 *The Life of the Cosmos*,[30] sugiere una modificación intrigante de esta idea. En lugar de exigir un universo cerrado cuyo big crunch omniabarcador se convierte en el big bang de la próxima fase de universo, Smolin considera que las singularidades en el interior de los agujeros negros son fuentes de nuevas fases de universos, donde cada singularidad de agujero negro produce individualmente una fase de universo diferente,[31] y donde en cada caso habría un ligero reajuste de las constantes físicas fundamentales. Smolin presenta la idea ingeniosa de que podría haber entonces alguna forma de «selección natural» de universos, donde las constantes fundamentales evolucionan lentamente para obtener fases de universo «mejor adaptadas», y toma la proliferación de agujeros negros como un mejor indicio de un «ajuste» del universo (porque produce muchos «hijos») que cualquier consideración antrópica. Argumenta que hay algún indicio de que las constantes físicas fundamentales que encontramos realmente en nuestro universo son tales que favorecen una proliferación de agujeros negros. Sin embargo, creo que el argumento antrópico tendría también un papel importante en esta discusión, ¡puesto que no podríamos encontrarnos en una fase de universo de «muerte de la vida sintiente», por muchas de ellas que haya!

El lector puede preguntarse cómo la masa-energía de un único agujero negro podría convertirse en la de un universo entero, que muy bien podría ser 10^{22} veces más masivo. De hecho, puesto que se necesita una física desconocida para evitar la singularidad y alterar las constantes fundamentales, «ya no hay apuestas» con respecto a las leyes de conservación estándar de la física convencional. En cualquier caso, puede argumentarse que la ley de conservación de masa-energía es problemática en el contexto de la relatividad general sin la hipótesis de planitud asintótica (véase §19.8).

Tengo un montón de dificultades con las propuestas de Wheeler y Smolin. En primer lugar, está la naturaleza extraordinariamente especulativa de la idea clave de que alguna física actualmente desconocida en la actualidad no solo pueda convertir la singularidad espaciotemporal del colapso en un «rebote», sino también reajustar ligeramente las constantes físicas fundamentales cuando esto sucede. No conozco ninguna justificación a partir de la física conocida que sugiera tal extrapolación. Pero, en mi opinión, todavía es menos plausible geométricamente que las singularidades altamente irregulares que resultan del colapso puedan convertirse por arte de magia en (o adherirse a) el big bang extraordinariamente suave y uniforme que cada nuevo universo necesitaría si va a adquirir una respetable segunda ley del tipo que nos es familiar (véase §27.13).

28.7. La naturaleza especial del big bang: ¿una clave antrópica?

¿Puede invocarse el principio antrópico para explicar la naturaleza tan especial del big bang? ¿Cómo puede incorporarse dicho principio como parte de la imagen inflacionaria, de modo que un estado inicialmente caótico (máxima entropía) pueda conducir, pese a todo, a un universo como este en el que vivimos, en el que impera la segunda ley? Básicamente, el argumento general consiste en decir que la segunda ley es esencial para la vida tal como la conocemos; más aún, las densidades, temperaturas, distribuciones de materia y composiciones, etc., globales, deben ser tales que conduzcan a la vida. Además, el universo debe haber existido durante el tiempo suficiente para que la evolución actúe, y todo lo demás. A veces se utiliza este argumento junto con un argumento inflacionario. Por consiguiente, aunque un estado inicial completamente genérico podría no hincharse para darnos un universo suavizado como el que observamos, lo único que habría que pedir es que alguna pequeña región de la «variedad» espaciotemporal inicial, inmediatamente después del big bang, sea suficientemente suave para que la inflación domine en dicha región y todo el universo observable actual surja como resultado de una inflación de esa minúscula región suave (véase la Fig. 28.14a). El argumento diría aproximadamente: «Para que exista vida sintiente necesitamos un gran universo con escalas de tiempo suficientemente grandes para que tenga lugar la evolución, en condiciones propicias, etc.; esto requiere cierta inflación, que se origina a partir de nuestra minúscula región inicial suave,y una vez que empieza, la inflación continúa para ofrecernos el universo observable maravilloso y enorme que hoy conocemos».

Aunque pueda parecer que esta imagen es de una naturaleza tan maravillosamente romántica que resulta completamente inmune al ataque científico, no creo que sea así. Volvamos al extraordinario grado de precisión (o «ajuste fino») que parece exigido por un big bang como el que parecemos observar. Como se ha argumentado en §27.13, la precisión requerida, en términos de volumen de espacio de fases, es al menos de una parte en $10^{10^{123}}$. El exponente «10^{123}» procede de la entropía de un agujero negro de masa igual a la del universo observable.

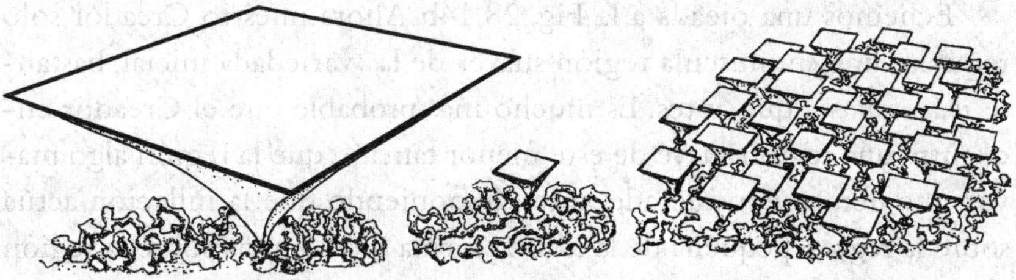

(a) (b) (c)

Fig. 28.14. (a) Un estado inicial completamente general para el universo no se infla, pero podemos buscar meramente una pequeña región inicial que es suficientemente suave para inflarse hasta el universo que observamos (coste: $10^{10^{123}}$). (b) Pero ¿cuánto de nuestro enorme universo es realmente necesario para nuestra existencia sintiente? Para el Creador es absurdamente «más barato», para la creación de vida sintiente, producir un universo de una décima parte de la dimensión lineal (coste: $10^{10^{117}}$). (c) Para crear tantos seres sintientes como en (a), el Creador puede producir de forma mucho más barata 10^3 ejemplares independientes de los universos «más pequeños» de (b) (a un coste de «ganga»: $(10^{10^{117}})^{1.000} = 10^{10^{120}}$). Por ello el principio antrópico no explica la aparente extravagancia de la inflación.

Pero ¿realmente necesitamos todo el universo observable para que pueda darse la vida sintiente? Esto parece poco probable. Resulta difícil imaginar que fuera necesario siquiera algo externo a nuestra galaxia. Pese a todo, pudiera ser que la vida inteligente sea muy rara, y podría ser un poco más cómodo tener algo más de espacio que esto. Seamos muy generosos y pidamos que una región del radio de una décima parte de la distancia al límite del universo observable deba parecerse al universo que conocemos, pero sin que nos preocupe lo que suceda fuera de ese radio. El volumen del espacio de fases puede calcularse como antes. Calculamos que la masa en dicha región es 10^{-3} de la que teníamos antes, y que esto nos da una entropía de agujero negro de 10^{-6} de la que teníamos antes.[28.7] Así pues, la precisión necesaria por parte de nuestro «Creador» (véase la Fig. 27.21) para construir esta región más pequeña es ahora de solo:

$$\text{una parte en } 10^{10^{117}}.$$

[28.7] ¿Por qué?

Echemos una ojeada a la Fig. 28.14b. Ahora nuestro Creador solo requiere una «minúscula región suave» de la «variedad» inicial, bastante *más pequeña* que antes. Es mucho más probable que el Creador encuentre una región suave de este menor tamaño que la región algo mayor que hemos considerado antes. Suponiendo que la inflación actúa sobre la región pequeña de la misma forma que lo haría sobre la región algo mayor, aunque produciendo un universo inflado menor, en proporción, podemos estimar cuánto más frecuentemente encuentra el Creador las regiones más pequeñas antes que las más grandes. La cifra no es mejor que

$$10^{-10^{117}} \div 10^{-10^{123}} = 10^{10^{123}}$$

(dentro de la precisión expresada por los exponentes más altos).[28.8] Se ve qué extravagancia tan increíble era (en términos de probabilidad) que el Creador se molestase en producir esta parte lejana extra del universo, que en realidad no necesitamos —y que el principio antrópico en realidad no necesita— para nuestra existencia.

Algunos lectores podrían lamentarse de que esta «economía» por parte del Creador haya podido producir un número relativamente menor de seres sintientes. Esté esto en cuestión o no, no es la respuesta a por qué tuvo lugar la «extravagancia». En términos de probabilidades (i.e., tamaño de cajas en el espacio de fases; véase la Fig. 27.2), sería mucho «más barato» —en un factor de aproximadamente 1 frente a $10^{10^{123}}$— tener 10^3 regiones menores de universo inflado (que nos dan el mismo número de seres sintientes que una única más grande) que tener solo una región de universo más grande (Fig. 28.14c).[28.9]

Para ver hasta qué punto es impotente el argumento antrópico en este contexto, consideremos los hechos siguientes. La vida en la Tierra no necesita directamente la radiación de fondo de microondas. De hecho, ¡ni siquiera necesitamos la evolución darwiniana! Habría sido mucho más «barato», en términos de «probabilidades», producir vida sintiente a partir de la unión aleatoria de gas y radiación. (Se puede estimar que el sistema solar entero, junto con sus habitantes, podría

[28.8] Explique estas cifras.
[28.9] Explique las cifras con detalle.

crearse a partir de la colisión aleatoria de partículas y radiación con una probabilidad de una parte en $10^{10^{60}}$ —o probablemente mucho menos—, que es el «chocolate del loro» en comparación con los $10^{10^{123}}$ necesarios para el big bang del universo observable.)[32] No necesitamos que haya un big bang en esta configuración uniforme observada. No necesitamos la segunda ley en tiempos anteriores a que hubiera vida. Sería mucho más «barato» para el Creador no molestarse con eso. Y la inflación no sirve en absoluto. La curva de economía «barata» que debería adoptar el Creador en la Fig. 27.8 solo para producir vida sintiente se parecería mucho más a la curva (c)(b) que a la observada (d)(b), ¡con o sin inflación!

Todo esto refuerza simplemente el argumento de que es erróneo buscar razones del tipo anterior, donde se supone que las condiciones adecuadas del universo han resultado de algún tipo de elección inicial aleatoria. Había algo muy especial en el punto de partida del universo. Me parece que hay dos rutas posibles para abordar esta cuestión. La diferencia entre ambas es una cuestión de actitud científica. Podríamos adoptar la postura de que la elección inicial fue un «acto divino» (parecido al ilustrado imaginativamente en la Fig. 27.21), o podríamos buscar alguna teoría científico-matemática para explicar la naturaleza extraordinariamente especial del big bang. Por supuesto, siento una gran inclinación por tratar de ver hasta dónde podemos llegar con la segunda posibilidad. Nos hemos acostumbrado a utilizar leyes matemáticas —leyes de extraordinaria precisión— que controlan el comportamiento físico del mundo. Parece que una vez más necesitamos algo de precisión excepcional, una ley que determine la naturaleza misma del big bang. Pero el big bang es una singularidad espaciotemporal, y nuestras teorías actuales no son capaces de manejar estos aspectos. No obstante, pensamos que lo que se requiere es una forma apropiada de *gravedad cuántica*,[33] donde las reglas de la relatividad general, de la mecánica cuántica, y quizá también de algunos otros ingredientes físicos desconocidos, se reúnan de la forma adecuada.

28.8. La hipótesis de curvatura de Weyl

Pospondré mis principales consideraciones de la actividad actual en el campo de la gravedad cuántica hasta los capítulos 30-33. Por el momento, concentrémonos solo en tratar de entender cuáles parecen haber sido realmente las ligaduras geométricas del big bang. Después examinaremos la única propuesta seria que conozco, a saber, la de Hartle y Hawking, que intenta explicar esta geometría sobre la base de una teoría de gravedad cuántica seria.

Recordemos de §19.7 que los grados de libertad *gravitatorios* vienen descritos por el tensor de Weyl conforme C_{abcd}. Así pues, en el *espacio vacío* (donde una posible constante cosmológica Λ, pequeña en cualquier caso, será aquí ignorada por el momento) encontramos que la curvatura espaciotemporal es enteramente curvatura de Weyl (anulándose la curvatura de Ricci). La curvatura de Weyl es el tipo de curvatura cuyo efecto sobre la materia es de naturaleza distorsionante o de marea, en lugar de la reductora de volumen de las fuentes materiales. El efecto de la curvatura de Weyl se ilustró en la Fig. 17.9a (y el hecho de que esta imagen fuera originalmente una imagen espaciotemporal newtoniana no le resta validez). Esta imagen debe contrastarse con la Fig. 17.9b, en la que vemos el efecto de reducción de volumen de la materia, i.e., tensor de Ricci. No obstante, existen realmente algunas cuestiones complicadas cuando consideramos (como aquí) los efectos de la curvatura de Weyl y de Ricci sobre geodésicas *de género tiempo* (partículas masivas que se mueven libremente), puesto que el tensor de Ricci también puede tener a veces un efecto distorsionante, además de su efecto de reducción de volumen.

Estas cuestiones complicadas se eliminan si pensamos en la actuación de estos tipos de curvatura sobre geodésicas *nulas* (rayos de luz). Más aún, podemos reinstaurar entonces una constante cosmológica Λ, puesto que un término de la forma Λg_{ab} no concentra rayos de luz.[28.10] Podemos considerar que las geodésicas en la Fig. 17.9 son rayos de luz que pertenecen a cierto cono de luz (a la manera de la Fig. 17.16). De hecho, si pensamos que pertenecen al cono de luz pasado de cierto ob-

[28.10] ¿Por qué no? *Sugerencia*: Explique la nota 28.34.

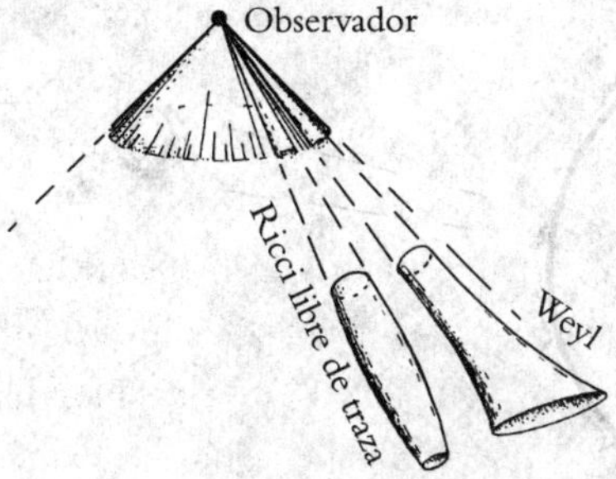

Fig. 28.15. El efecto focalizador del tensor de Ricci libre de traza (debido a una distribución de materia) es una lente positivamente focalizadora, mientras que el del tensor de Weyl (debido a un campo gravitatorio libre) es una lente puramente astigmática, con una focalización mucho más positiva en un plano y focalización negativa en el plano perpendicular.

servador, los efectos distorsionantes pueden entenderse muy gráficamente en términos de lentes colocadas entre una fuente de luz y el observador. El efecto del tensor de Ricci,[34] debido a una distribución de materia, es el de actuar como una lente con focalización positiva, mientras que el efecto del tensor de Weyl, debido a un campo gravitatorio libre, es el de actuar como una lente puramente *astigmática*, con tanta focalización positiva en un plano como focalización negativa en un plano perpendicular (Fig. 28.15). Podemos hacernos una idea muy buena de los efectos (de orden más bajo) de estos dos tipos diferentes de curvatura si imaginamos que simplemente estamos mirando a través de un cuerpo esférico sólido y muy masivo que tiene el índice de refracción del vacío. (Quizá deberíamos pensar en «mirar» a través del Sol con neutrinos —considerados como partículas *sin masa*— que atraviesan el Sol directamente, ¡prestando atención solo a su campo gravitatorio!) Con razonable aproximación, podemos considerar que los rayos que atraviesan el Sol son afectados principalmente por la curvatura de Ricci, de modo que obtenemos una ampliación aparente (lente positiva) del campo estelar detrás del Sol. Por el contrario, más allá del borde del Sol obtenemos en efecto los efectos distorsionantes puramente astigmáticos de la curvatura de Weyl, de modo que una pequeña figura circular en el fondo celeste parecería ser elíptica para el observador. Véase la Fig. 28.16.[28.11] Esta es esencialmente la forma en que el campo gravitatorio del Sol distorsiona la pauta estelar de fondo, como se vio por primera vez en la expedición de Eddington en 1919 (véase §19.8).

[28.11] Demuestre que las áreas se conservan para un desplazamiento infinitesimal hacia fuera, que varía de forma inversamente proporcional a la distancia.

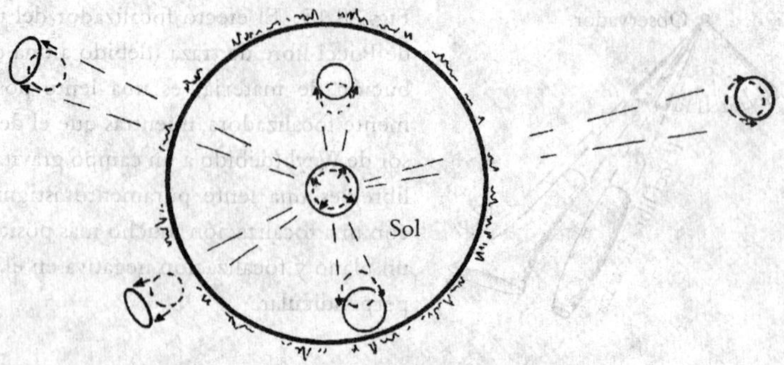

Fig. 28.16. Obtenemos una buena impresión de efectos (de orden más bajo) de los dos diferentes tipos de curvatura espaciotemporal «examinando» el campo estelar a través de un Sol transparente no refractivo (como si fueran neutrinos sin masa). Hasta una aproximación razonable, los rayos que atraviesan el Sol son focalizados solo por la curvatura de Ricci, lo que da como resultado una ampliación (como en una lente positiva), mientras que fuera del borde del Sol obtenemos en esencia distorsiones de Weyl puramente astigmáticas, de modo que una pequeña figura circular en el campo estelar parecería elíptica.

Consideremos ahora un universo que evoluciona de modo que una distribución inicialmente uniforme de materia (con ciertas fluctuaciones de densidad) se amontona poco a poco gravitatoriamente, de modo que finalmente partes del mismo colapsan en agujeros negros. La uniformidad inicial corresponde principalmente a una distribución de curvatura de Ricci, pero a medida que se acumula gravitatoriamente más material obtenemos cantidades crecientes de curvatura de Weyl, que básicamente habita las regiones de distorsión espaciotemporal que rodean a la materia acumulada. La curvatura de Weyl diverge finalmente a infinito cuando se alcanzan las singularidades de agujeros negros. Si consideramos que el material había sido vomitado originalmente del big bang de una forma casi completamente uniforme, entonces empezamos con una curvatura de Weyl que, para todos los efectos, es *nula*. De hecho, un rasgo característico de los modelos FLRW es que la curvatura de Weyl se anula por completo (siendo estos modelos, por consiguiente, conformemente planos; véase §19.7). Para un universo que empiece *muy próximo* a un FLRW, esperamos que la curvatura de Weyl sea extraordinariamente pequeña comparada con la curvatura de Ricci, que realmente diverge en el big bang.

Esta imagen sugiere con fuerza cuál es la diferencia geométrica entre la singularidad big bang inicial —de entropía extraordinariamente baja— y las singularidades de agujero negro genérico de muy alta entropía. La curvatura de Weyl se anula (o es al menos muy pequeña —por ejemplo, simplemente finita— comparada con la que podría haber sido) en la singularidad inicial y no tiene ligaduras, divergiendo sin duda incontroladamente al infinito, en las singularidades finales. Es esta caracterización geométrica la que parece distinguir la Fig. 27.20a de la Fig. 27.20d, por ejemplo, incluso si pudiera ser difícil reconocer la distinción en términos de diagramas conformes.

Esta observación debería considerarse junto con otra característica conjeturada de las singularidades espaciotemporales, conocida como *censura cósmica*. Esta es una afirmación (en la actualidad no demostrada) según la cual, a grandes rasgos, el resultado de un colapso gravitatorio imparable será un agujero negro, en lugar de algo peor conocido como una *singularidad desnuda*. Una singularidad desnuda sería una singularidad espaciotemporal resultante de un colapso gravitatorio que es visible para observadores externos, de modo que no está «vestida» por un horizonte de sucesos. Hay varias maneras técnicas ligeramente diferentes de especificar lo que se entiende por el término «singularidad desnuda», y aquí no pretendo entrar en las distinciones.[35] Para nuestros propósitos, bastaría con decir que una singularidad desnuda es de «género tiempo», en el sentido de que pueden entrar y salir señales de la singularidad, tal como se indica en la Fig. 28.17a. La censura cósmica prohibiría tales objetos (excepto tal vez en ciertas situaciones muy raras o «especiales» que no ocurrirían en un colapso gravitatorio realista).

La censura cósmica es básicamente una conjetura matemática —todavía no demostrada ni refutada— concerniente a las soluciones generales de la ecuación de Einstein. Si aceptamos esta conjetura, entonces las singularidades espaciotemporales físicas tienen que ser de «género espacio» (o quizá «nulas») pero nunca de «género tiempo». Hay dos tipos de singularidades de género espacio (o nulas), a saber, «iniciales» o «finales», dependiendo de si curvas de género tiempo pueden escapar de la singularidad hacia el futuro o entrar desde el pasado; véanse las Figs. 28.17b,c. La conjetura física que yo llamo *la hipótesis de curvatura de Weyl* afirma que (en un sentido apropiado) la curvatura de

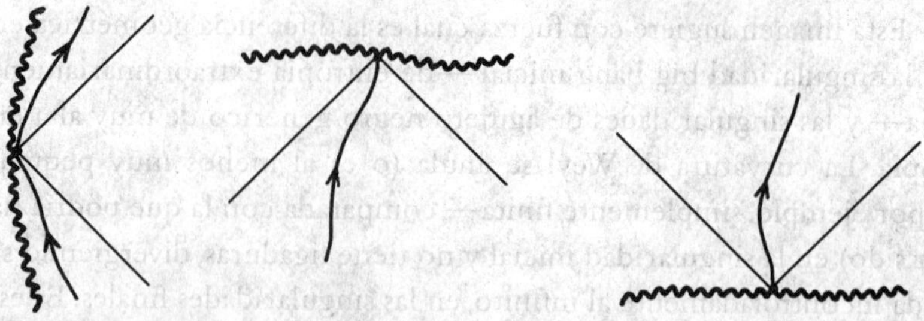

Fig. 28.17. (a) Las señales causales pueden entrar o salir de una «singularidad desnuda». Si estas están excluidas —por censura cósmica—, nos quedamos básicamente con (b) «singularidades futuras» (que resultan del colapso gravitatorio) de las que las señales causales pueden entrar pero no salir, y (c) «singularidades pasadas» (en el big bang, o quizá sucesos de creación más localizados) de las que las señales causales pueden salir pero no entrar. La hipótesis de curvatura de Weyl afirma que la curvatura de Weyl está limitada (apropiadamente) a ser cero (o a ser muy pequeña) en las singularidades iniciales (c) del universo físico real.

Weyl está obligada a ser nula (o al menos muy pequeña) en las singularidades *iniciales*, en el universo físico real. La creación de un universo de un modo que satisfaga la hipótesis de curvatura de Weyl representaría una limitación absolutamente enorme sobre la elección del Creador, en el proceso representado en la Fig. 27.21. Como resultado, habría una segunda ley de la termodinámica y tomaría la forma que observamos. Ahora hay buena evidencia de que una forma de «hipótesis de curvatura de Weyl» restringe adecuadamente el big bang de una forma tal que el modelo de universo resultante se parece estrechamente a un modelo FLRW en sus etapas tempranas.[36]

28.9. La propuesta de «ausencia de frontera» de Hartle-Hawking

Simplemente como afirmación, la hipótesis de curvatura de Weyl es quizá aún más parecida a «un acto divino» que a una teoría física. Lo que se requiere es una justificación teórica para una hipótesis de esta naturaleza. ¿A qué tipo de teoría tendríamos que apelar? El punto de vista habitual con respecto a las singularidades espaciotemporales es que este es el dominio de la *gravedad cuántica*.

La dificultad aquí es que, a pesar de más de cincuenta años de esfuerzos decididos por unir la relatividad general y la mecánica cuántica, no hay nada todavía que se aproxime siquiera a un consenso respecto al enfoque correcto de este tema. Abordaré algunos de los esquemas actualmente más divulgados en los capítulos 31 y 32, pero incluso entre estos hay pocos intentos serios de entender la naturaleza particular del big bang. No obstante, hay una notable excepción, propuesta por James Hartle y Stephen Hawking en 1983, y por lo tanto es oportuno que haga algunos comentarios en relación con su idea principal.

Uno de los ingredientes de la propuesta de Hartle-Hawking es lo que normalmente se conoce como «euclideanización». La idea subyacente está estrechamente relacionada con la de una *rotación de Wick* aplicada a un espacio de Minkowski, por la que la coordenada temporal t se «rota» en $\tau = \mathrm{i}t$. La métrica espaciotemporal (espacial) $\mathrm{d}\ell^2$ se convierte entonces en $\mathrm{d}\ell^2 = \mathrm{d}\tau^2 + \mathrm{d}x^2 + \mathrm{d}y^2 + \mathrm{d}z^2$ (véase §18.1). La idea original[37] (Gian Carlo Wick) consistía en que se puede construir una teoría cuántica de campos relativista (especial) formulándola primero con el espaciotiempo de Minkowski reemplazado por este 4-espacio $\mathbb{E}^4$ euclídeo, donde ahora se considera la teoría invariante bajo el grupo euclídeo de simetrías de $\mathbb{E}^4$. Suponiendo que las cantidades obtenidas en la versión euclídea de la teoría son analíticas en las coordenadas, la rotación de Wick puede aplicarse, con τ rotado de forma continua de nuevo en t, de modo que ahora obtenemos una teoría correspondiente que es invariante bajo el grupo de Poincaré del 4-espacio de Minkowski. Este procedimiento tiene dos ventajas importantes. En primer lugar, las cantidades que probablemente van a ser divergentes en el espacio de Minkowski pueden resultar *con*vergentes en la versión euclídea de la teoría. (La razón se reduce a que el grupo de rotación euclídeo O(4) es compacto, y así de volumen finito, mientras que el grupo de Lorentz relativista O(3,1) no es compacto y de volumen infinito.) En particular, las integrales de camino (véase §26.6) tienen una oportunidad mucho mejor de una definición matemáticamente significativa en la versión euclídea que en la minkowskiana. La otra ventaja es que los requisitos de frecuencia positiva (véanse §§9.3,5 y §24.3) pueden garantizarse si se aplica cuidadosamente la rotación de Wick de la forma correcta.

En el esquema de Hartle-Hawking es necesario utilizar una ingeniosa modificación, debida a Hawking, de la idea de Wick, en la que la «rotación» no se aplica a un espacio que es un *fondo* para los caminos en una integral de camino —que es la idea habitual—, sino a los espaciotiempos individuales que constituyen en sí mismos cada camino de la integral de camino.[38] Por consiguiente, a estos «espaciotiempos» se les permite tener métricas riemannianas definidas positivas, en lugar de las lorentzianas que se aplican a un espaciotiempo normal. (Estas métricas riemannianas se conocen a menudo confusamente como «euclídeas», ¡pese al uso estándar de dicho nombre para un espacio euclídeo plano $\mathbb{E}^n$!) Sin embargo, debería quedar claro que hay un «salto imaginativo» implicado en la versión de Hawking de la «euclideanización» que va mucho más allá de la idea original de Wick. Queda por ver si esto proporciona o no una ruta fructífera para la correcta unión de la relatividad general con la mecánica cuántica.[39]

La sorprendente propuesta de Hartle y Hawking era que este enfoque de integrales de camino de Hawking podría describir la teoría cuántica relevante para el propio big bang, y que en lugar de un espaciotiempo singular real habría una superposición cuántica (i.e., «integral de camino») de «espaciotiempos» que podrían tener métricas riemannianas en lugar de lorentzianas. Ellos bautizaron a su idea como la propuesta de «ausencia de frontera», porque en lugar de tener la frontera singular para el espaciotiempo clásico que representa el big bang, habría una familia superpuesta de espacios *no singulares*, dominada por espacios riemannianos que simplemente «cierran» el extremo inferior a la manera indicada en la Fig. 28.18, de modo que la frontera singular desaparece por completo. Momentos «después» del big bang tiene que haber una transición donde la dominancia pasa de la geometría riemanniana a la lorentziana. (Podemos imaginar que esto se logra vía una métrica *compleja* adecuada.) Incluso en la región lorentziana sigue habiendo una superposición de «espaciotiempos» (algunos de los cuales son riemannianos), pero se supone que fuera del big bang domina un espaciotiempo lorentziano, mientras que en la propia región del big

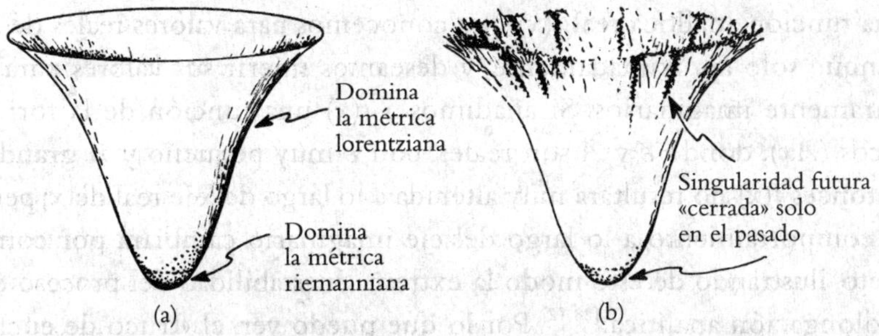

Fig. 28.18. La propuesta de «ausencia de frontera» de Hartle-Hawking sugiere que (a) el big bang puede tratarse según un procedimiento de gravedad cuántica donde las geometrías riemannianas (antes que las lorentzianas) dominan la integral de camino cerca de la singularidad clásica, y proporcionan maneras de cerrar el espaciotiempo de un modo no singular. (b) Con respecto a las singularidades de colapso, el «cierre» parece ser requerido solo en el «extremo lejano» del espaciotiempo, permitiendo con ello las singularidades genéricas de alta entropía que se espera que ocurran en el colapso gravitatorio a agujeros negros (o a big crunch).

bang son las métricas riemannianas con «ausencia de frontera» las que dominan. Este esquema no solo tiene una elegancia genuina, convirtiendo un problema aparentemente intratable en uno que parece ser vagamente manejable, sino que también parece dar algún apoyo directo a un «universo primitivo suave» que podría ser compatible con la hipótesis de curvatura de Weyl.

Hasta aquí, todo muy bien. Pero también tengo algunas dificultades con esta propuesta. En primer lugar, la idea misma de «euclideanización» es problemática en varios aspectos de relevancia para el contexto que encuentra aquí su uso. Incluso en un contexto de espacio plano, el cálculo exacto de una integral de camino es normalmente intratable, y hay que hacer muchas aproximaciones. Lo normal sería discriminar ciertos términos específicos que puede considerarse que dominan la integral y prescindir del resto. Cabría esperar que esto dé una aproximación razonable a la integral de camino «euclídea», pero recordemos que entonces hay que aplicar un proceso de prolongación analítica para obtener la respuesta física apropiada. Este es un procedimiento muy poco fiable, porque es probable que algo que se aproxima a una función holomorfa en una región sea incontrolable en otra región. Para apreciar la esencia de la dificultad, supongamos que tenemos una función analítica real $f(x)$ que conocemos para valores reales de x, aunque solo aproximadamente, y deseamos inferir sus valores para x puramente imaginarios. Si añadimos a $f(x)$ una función de la forma $\varepsilon \cos (Ax)$, donde ε y A son reales, con ε muy pequeño y A grande, entonces $f(x)$ no resultará muy alterada a lo largo del eje real de x; pero el comportamiento a lo largo del eje imaginario cambiará por completo, ilustrando de este modo la extrema inestabilidad del proceso de prolongación analítica.[28.12] Por lo que puedo ver, el «truco de euclideanización» puede ser muy útil para producir modelos exactos de QFT, pero tengo dificultades con él cuando se utiliza junto con aproximaciones, como en este caso. (No obstante, no está claro para mí con qué fuerza depende la propuesta de Hartle-Hawking de este paso de prolongación analítica.)

También tengo algunas dificultades técnicas con la generalidad de la euclideanización. Por lo que puedo ver, es un truco astuto para producir QFT consistentes (y garantizar una condición de frecuencia positiva; §§9.3,5), pero sería muy optimista esperar que cualquier QFT concreta de interés pueda obtenerse por medio de ello. Las teorías obtenidas vía euclideanización tienen, en efecto, estructuras ocultas, que se originan a partir de su grupo de simetría asociado de la «signatura errónea»; véanse §13.8 y §18.2. No veo por qué una teoría «correcta» tiene que tener este carácter especial.

28.10. Parámetros cosmológicos: ¿estatus observacional?

Está también la cuestión del acuerdo con la observación. Al menos en su forma original, la propuesta de ausencia de frontera de Hartle-Hawking parecería apuntar a un universo cerrado (de hecho, $K > 0$), y durante varios años Hawking ha dado su apoyo a tales modelos. Pero frente a una evidencia cosmológica creciente, que ha aparecido para dar apoyo al caso hiperbólico ($K < 0$), Hawking, en colaboración con Turok, modificó posteriormente sus argumentos para permitir que la propuesta de «ausencia de frontera» acomode también el caso hiperbó-

[28.12] Explique esto utilizando resultados de §5.3. (*Sugerencia*: ¿Qué es $e^{Aix} + e^{-Aix}$?)

lico.[40] Existe un interesante paralelismo con las predicciones de la cosmología inflacionaria, pues durante muchos años se había dicho que una consecuencia decisiva de la misma era que el universo debía ser espacialmente plano ($K = 0$). Varios inflacionistas, ante estos datos cosmológicos cada vez más impresionantes, también modificaron después sus argumentos para permitir la posibilidad[41] de $K < 0$.

¿Cuál es la posición observacional actual? Bien, las cosas han vuelto a cambiar de forma significativa con la extraordinaria evidencia (y procedente de más de una fuente) a favor de una *constante cosmológica* Λ *positiva*. La consecuencia de esto es que, después de todo, podríamos tener $K = 0$. Y si la evidencia observacional permite $K = 0$, no puede excluir una pequeña curvatura espacial positiva (la $K > 0$ favorita de Hawking) o una pequeña curvatura espacial negativa (mi favorita $K < 0$), ¡de modo que otra vez se han acabado las apuestas!

¿Qué relación guarda este descubrimiento de $\Lambda > 0$ con el valor de K? Debería mencionar primero las razones que había tras la creencia anterior en que la evidencia cosmológica favorecía un valor negativo de K. La cuestión esencial es el *contenido de masa-energía* total del universo, y que si este es demasiado pequeño entonces no será capaz de cerrar el universo con curvatura positiva, o (en los modelos de Friedmann) de tirar de él de nuevo después de su expansión inicial para producir una fase de colapso (véanse las Figs. 27.15a,b,c). Se sabía desde hace tiempo que la densidad de materia «bariónica» (véase §25.6) ordinaria visible en las galaxias es insuficiente para esto, pues solo es un tercio del valor *crítico* que representa la división entre valores positivos y negativos de K, siendo esta densidad crítica la que nos da $K = 0$. Normalmente se introduce la cantidad Ω_b para denotar esa fracción de la densidad de masa-energía crítica que se debe solo a la materia bariónica normal. Así, si $\Omega_b = 1$, la materia bariónica suministraría la densidad crítica, y cualquier otra masa-energía (positiva) importante llevaría a un universo $K > 0$. Sin embargo, como se ha mencionado antes, parece que en lugar de ello tenemos algo parecido a $\Omega_b = 0{,}03$, lo que había dado un poderoso indicio de que $K < 0$.

Sin embargo, esto no tiene en cuenta la fuerte evidencia de que hay mucha más materia en el universo que la materia bariónica que se observa directamente en las estrellas. Durante muchos años se había hecho claro que la dinámica de las estrellas dentro de las galaxias no tiene sentido, según la teoría estándar,[42] a menos que haya mucho más material en el entorno de una galaxia que el que se ve directamente en forma de estrellas. Un comentario similar se aplica a la dinámica de las galaxias dentro de los cúmulos. En total, parece haber aproximadamente 10 veces más de materia que la que se percibe de forma bariónica ordinaria. Esta es la misteriosa *materia oscura* sobre cuya naturaleza real todavía no hay acuerdo entre los astrónomos, y que puede ser incluso de un material diferente de cualquiera conocido para los físicos de partículas —aunque hay mucha especulación sobre ello en el momento actual.[43] Puesto que la materia oscura parece aportar 10 veces más de masa-energía que la materia bariónica ordinaria, la densidad que proporciona la materia oscura, como una fracción Ω_d de la densidad crítica, viene aproximadamente dada por $\Omega_d = 0{,}3$ (y las incertidumbres son tales que, si queremos, podemos incluir en esta cifra la $\Omega_b = 0{,}03$ bariónica). Esto aún nos deja bastante lejos del valor crítico. Además, varios tipos de observaciones (entre ellos, los efectos de lente gravitatoria, que, recordemos de §19.8, ofrecen una medida directa de la presencia de masa) estaban empezando a mostrar, muy convincentemente, que no puede haber otras concentraciones importantes de masa en el universo. De modo que la conclusión $K < 0$ estaba pareciendo muy firme, y en consecuencia los inflacionistas y los seguidores de Hartle-Hawking empezaron a buscar modos de incorporar $K < 0$ en sus respectivas visiones del mundo.

Entonces llegó la bomba de la constante cosmológica. Recordemos de §19.7 que Einstein había considerado la introducción de Λ como «su mayor error» (quizá principalmente porque contribuyó a su fallo el predecir la expansión del universo). Aunque desde entonces siempre se había considerado como una posibilidad por parte de los cosmólogos, parece que muy pocos de ellos habrían esperado que Λ fuera no nula en nuestro universo real. Una cuestión adicional era el hecho de que cálculos de la «energía de vacío» por los teóricos de campos cuánticos (básicamente un efecto de renormalización como los de §26.9) habían dado una respuesta absurda según la cual debería haber realmente una constante cosmológica *efectiva* ¡que es mayor de la que se ve en un factor de aproximadamente 10^{120} (o al menos 10^{60}, si se hacen hipótesis diferentes)! Esto llegó a conocerse como el «problema de la constante cosmológica». Podría haber sido plausible que una cancelación desconocida o principio general diera el valor 0 para esta energía del vacío, pero de ninguna manera se preveía encontrar un residuo minúsculo que pudiera tener relevancia para la cosmología en la época actual. (Habría que mencionar que esta energía del vacío debería ser proporcional a la métrica g_{ab}, por invariancia Lorentz local, de modo que se prevé la forma Λg_{ab}, para una Λ constante, que contribuye a la ecuación de Einstein precisamente como Einstein había sugerido en 1919. ¡El único problema es que el valor de Λ resulta completamente erróneo!)

De todas formas, en 1998 dos equipos que observaban supernovas muy lejanas (véase §27.8) —uno dirigido por Saul Perlmutter en California, y el otro, dirigido por Brian Schmidt en Australia y Robert Kirschner en el este de Estados Unidos— llegaron a la extraordinaria conclusión de que la expansión del universo había empezado a acelerarse, lo que es compatible con el giro hacia arriba de la gráfica de la Fig. 27.15d, ¡que es el sello de una constante cosmológica positiva! ¿Qué valor tiene esta Λ que parece observarse? Hay todavía algunas incertidumbres sobre ello (y algunos teóricos han argumentado que el caso de una Λ positiva todavía no se ha establecido de forma convincente[44]), pero la notable conclusión es que la densidad de masa-energía efectiva Ω_Λ que Λ proporciona, como una fracción de la densidad crítica, está dada aproximadamente por $\Omega_\Lambda = 0{,}7$, así que parece que tenemos, para la densidad efectiva total, como fracción de la crítica

$$\Omega \approx \Omega_d + \Omega_\Lambda \approx 0{,}3 + 0{,}7 = 1.$$

En otras palabras, las observaciones parecen ser ahora compatibles con $K = 0$.

Los inflacionistas (al menos los que tenían confianza para no cambiar sus fundamentos) están, por supuesto, exultantes, y ciertamente puede contarse como un éxito predictivo de su teoría el hecho de que, frente a una evidencia aparentemente poderosa a favor de lo contrario, la predicción $K = 0$ parece haber salido ganadora. Sin embargo, las incertidumbres son todavía demasiado grandes para que esta conclusión sea convincente, y es significativo que otro tipo de observaciones recientes tengan también una poderosa relación con esta cuestión. Como se ha mencionado en §28.5, ha habido varias medidas de las variaciones detalladas de temperatura en el fondo de microondas, empezando con el satélite COBE, lanzado en 1989, y el examen más reciente (en el momento de escribir esta obra) es el realizado por la sonda espacial WMAP.

Estas variaciones de temperatura se analizan normalmente descomponiendo la pauta sobre el cielo en armónicos esféricos, de acuerdo con los procedimientos examinados en §22.11. Recordemos que los diferentes armónicos esféricos están etiquetados por un entero positivo ℓ y un entero m en el rango que va de $-\ell$ a ℓ. (En la mecánica cuántica, a ℓ se le llama normalmente j, y ambos j y m podrían ser semiimpares.) La cantidad m es menos importante, porque depende de una dirección arbitrariamente escogida en el cielo, de modo que la intensidad general para cada valor de ℓ se considera la cantidad de mayor interés. En la Fig. 28.19 he mostrado el resultado de este análisis. Nótese que hay un indicio de que después de que la curva alcanza su máximo, a aproximadamente $\ell = 200$, empieza a oscilar. Estos máximos locales se conocen como «picos acústicos», puesto que reflejan una clara predicción teórica de que en una etapa primitiva del universo empezarían a producirse concentraciones locales de materia que se acumulan y luego rebotan o se deshacen (que es lo que cabría esperar para la materia oscura), dando como resultado un tipo de oscilación sónica. La escala típica en la que ocurriría esta oscilación estaría gobernada por una «escala de horizonte» en el desacoplamiento (véase la Fig. 28.5a, e imaginemos que los puntos u y v se mueven sobre la superficie de desacoplamiento hasta que sus pasados se tocan; esta es la «escala de horizonte»).[45] Es en esta escala donde ocurre el pico principal.

Sin embargo, se plantea la cuestión de qué separación angular en el cielo corresponde a la separación local en el universo en el instante de la recombinación, y es aquí donde la curvatura espacial del universo desempeña un papel importante, pues los picos acústicos se desplazan en una dirección u otra, en ℓ, dependiendo del valor de K (hacia valores menores para K positiva y mayores para K negativa). No obstante, la cuestión no es directamente extrapolable porque el ritmo de expansión del universo también tiene un papel en esto, de modo que se ne-

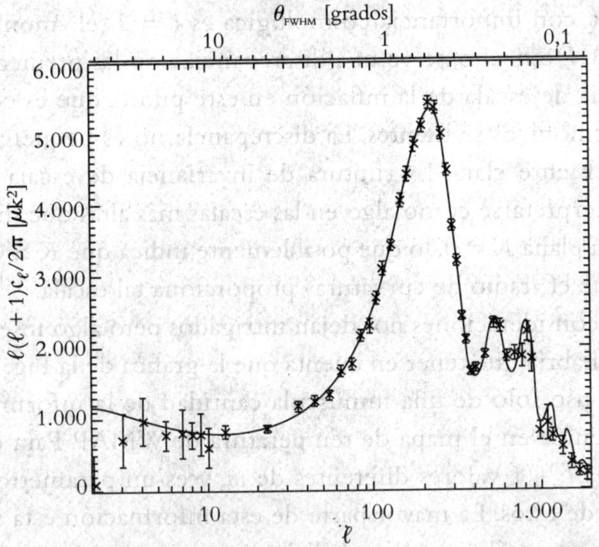

Fig. 28.19. Los «picos acústicos» predichos en el análisis armónico del fondo cósmico de microondas (línea sólida), y los datos observados (cruces, con barras de error). Adviértase la discrepancia muy significativa en el cuadripolo ($\ell = 2$), casi oculto (¿accidentalmente?) por el eje vertical.

cesitan cálculos detallados. El resultado es que este tipo de análisis del fondo cósmico de microondas es, en un sentido general, compatible con $K = 0$, pero sigue habiendo espacio para una valor de K positivo o negativo que sería de importancia observacional.

Los resultados para altos valores de ℓ parecen así compatibles con las expectativas de la inflación (y hay también una invariancia de escala en las fluctuaciones de temperatura observadas que también había sido una predicción de algunos modelos inflacionarios). Pero ¿qué pasa con los bajos valores de ℓ? El valor $\ell = 0$ no es muy ilustrativo, puesto que solo describe la intensidad global. ¿Qué pasa con $\ell = 1$ (el momento dipolar)? Este no nos habla del universo distante, porque el movimiento de la Tierra a través del fondo de microondas lleva a un desplazamiento Doppler asimétrico (véase el ejercicio [27.10]) que da lugar a una distribución de temperatura $\ell = 1$ con una temperatura ligeramente más alta percibida en la dirección del movimiento y una temperatura ligeramente más baja en la dirección contraria. El primer valor de ℓ con importancia cosmológica es $\ell = 2$ (el «momento cuadripolar»). De hecho, se ve una discrepancia con las predicciones con invariancia de escala de la inflación en este punto, que es confirmada por los armónicos siguientes. La discrepancia no es pequeña, y parece razonablemente clara. La ruptura de invariancia de escala implicada puede interpretarse como algo en las escalas más altas que difiere de la geometría plana $K = 0$, lo que posiblemente indica que $K > 0$ o $K < 0$, puesto que el «radio de curvatura» proporciona tal escala.

Estas consideraciones nos dejan intrigados pero algo inseguros. No obstante, habría que tener en cuenta que la gráfica de la Fig. 28.19 está haciendo uso solo de una minúscula cantidad de la información que está contenida en el mapa de temperatura de WMAP. Para cada valor de ℓ, hay $2\ell + 1$ valores diferentes de m, y es un parámetro real para cada uno de estos. La mayor parte de esta información está siendo ignorada en este análisis, y debe de haber un gran número de datos ocultos que nos están diciendo algo posiblemente de gran importancia sobre el universo primitivo.

Aquí menciono solamente una manera alternativa de analizar tales datos, que se debe básicamente a Vahe Gurzadyan *et al.* (1992, 1994, 1997, 2002, 2003, 2004), y que parece tener consecuencias extraordinarias. En esta aproximación no se utiliza un análisis armónico; en su lugar, se examinan las distorsiones en la forma de regiones distantes de cada temperatura concreta, debidas a la curvatura espacial interpuesta. Si imaginamos que la forma no distorsionada de una de estas regiones es realmente circular, entonces los efectos de curvatura podrían hacer que se vuelva elíptica (recordemos la Fig. 28.15). Por supuesto, en la práctica no conocemos la forma de la región que estamos mirando, pero puede haber efectos estadísticos que hacen que las regiones de temperatura específica se hagan más (o menos) estiradas y delgadas de lo que serían sin ello. Esto es un ejercicio delicado de análisis estadístico, pero la conclusión a la que llegan Gurzadyan y sus colegas es que hay una cantidad importante de elipticidad en los mapas de microondas (originalmente COBE, luego BOOMERANG y posteriormente WMAP). ¿Qué significa esto? El análisis teórico de esta situación nos dice que solo con $K < 0$ podemos esperar este grado de elipticidad, como resultado de un «mezclado geodésico». Estos resultados son nuevos, de modo que hay que esperar para ver si surgen objeciones importantes contra tan extraordinaria conclusión.

Este análisis proporciona también evidencia independiente a favor de una constante cosmológica positiva de aproximadamente el tamaño que está implicado por los datos de supernovas. Así pues, se concluye que la curvatura negativa es pequeña, en el sentido de que $\Omega_d + \Omega_\Lambda$ no puede diferir mucho de la unidad, teniendo quizá un valor de 0,9. Esto resalta un enigma que ha preocupado a muchos cosmólogos. Las cantidades Ω_b, Ω_d y Ω_Λ no son constantes en el tiempo. En las primeras etapas del universo, Ω_b y Ω_d habrían sido mucho mayores y Ω_Λ mucho menor. En las últimas etapas del universo, Ω_b y Ω_d se habrían hecho despreciables, y Ω_Λ dominaría la densidad de masa-energía efectiva. La aparente coincidencia de que los tamaños de Ω_Λ y Ω_d sean del mismo orden parece una coincidencia enigmática.

Curiosamente, el término «constante cosmológica» parece haber pasado de moda casi tan pronto como Λ fue descubierta observacionalmente, pese a ser la terminología estándar desde su introducción teórica por Einstein en 1917. En su lugar, Λ es llamada «energía oscura», o «energía de vacío», o a veces «quintaesencia», quizá porque el frío término «constante cosmológica» no transmite el suficiente aire de misterio, o quizá, un poco más racionalmente, porque la presencia de la palabra «constante» implica más bien que Λ no puede cambiar con el tiempo. Muchos cosmólogos parecen sentirse más a gusto con una Λ variable, posiblemente considerando que la «Λ» actual representa el inicio de una «nueva fase inflacionaria», de la que ellos señalan la similitud con la supuesta muy temprana fase inflacionaria del universo. Recordemos de §28.4 que esta se considera dominada por un «falso vacío» en el que hay una constante cosmológica efectiva que es tan alta que domina por completo toda la (ya enormemente densa) materia ordinaria. Si se permitía que el universo tuviera entonces una «Λ» efectiva tan extraordinariamente diferente del valor que encontramos hoy —dice el argumento—, entonces por supuesto que deberíamos permitir una «Λ variable», y el término «constante cosmológica» es, en consecuencia, inapropiado.

Sin embargo, esta idea, por atractiva que pueda parecer a algunos, tiene sus dificultades con las matemáticas, pues el término «constante cosmológica» fue introducido por buenas razones. La constancia de Λ es una consecuencia directa de la ecuación de conservación de la energía $\nabla^a T_{ab} = 0$, de §§19.5-7, puesto que sumar a T_{ab} un múltiplo de g_{ab} solo puede dejar inalterada dicha ecuación de conservación si ese múltiplo es una constante.[28.13] Así, cualquier no constancia en «Λ» tendría que ir acompañada de una no conservación compensatoria de la masa-energía de la materia. Ciertamente es mucho más cómodo teóricamente tener Λ constante, como es, de hecho, compatible con la observación.

¿Dónde nos deja esto? Ciertamente en un estado interesante. No veo que la cosmología inflacionaria sea «confirmada» por estas observaciones, e incluso si lo fuera esto no resolvería el problema cosmológico que, en mi opinión, eclipsa a todos los demás, a saber, el big bang extraordinariamente «especial» —al menos en el grado de una parte en $10^{10^{123}}$— que subyace en la segunda ley. Algunos cosmólogos considerarían el «ajuste fino» que está implícito en esto (véase la Fig. 27.21) como inaceptable, y tratan de «explicarlo» en términos de inflación o del principio antrópico (§§28.4,6), aunque, como hemos visto, tales procedimientos fallan por mucho.

En realidad, tengo un problema fundamental con cualquier propuesta (por ejemplo, la inflación o la propuesta de Hartle-Hawking) que intente abordar el problema de las singularidades espaciotemporales dentro de una física aparentemente *simétrica con respecto al tiempo*. No hay asimetría temporal en la física inflacionaria y, por lo que puedo ver, tampoco la hay en la propuesta de Hartle-Hawking, de modo que esta propuesta debería aplicarse también a las singularidades finales del colapso (en agujeros negros, o en el big crunch si existe uno) tanto como en el big bang. Hawking (1982) ha argumentado que es *posible*, aunque de una forma decididamente exótica, que el espacio en la vecindad de una singularidad final sea «cerrado sin frontera», ¡remontando el camino del universo hasta el big bang, y aplicando solo allí la «euclideanización» (Fig. 28.18)! Su argumento es que la propuesta de ausencia de frontera simplemente afirma que hay *alguna* forma de cerrar las cosas sin frontera, y *definimos* el «comienzo» (que determina el sentido tem-

[28.13] ¿Por qué?

poral del universo) como el extremo en el que ocurre el cierre. Debo decir que tengo grandes dificultades con este argumento, y, de hecho, con *cualquier* argumento donde no hay asimetría temporal explícita en las propias leyes físicas. (En el argumento «exótico» de Hawking, por ejemplo, parecería que sigue habiendo una «frontera» en la singularidad final del colapso, incluso si ha habido un cierre suave y libre de fronteras solo «en el otro extremo» del espaciotiempo. Me parece que solo se ha atendido a una mitad de este problema de eliminación de frontera.)

¿Tenemos que abordar entonces la posibilidad de una física básica realmente *asimétrica respecto al tiempo* tal como estoy afirmando? En el capítulo 30 abordaré esta cuestión de frente; veremos que está relacionada con algo fundamentalmente enigmático que hemos dejado sin resolver en los capítulos referentes a la mecánica cuántica. Por consiguiente, en el próximo capítulo tendremos que volver a este importante interrogante mecanocuántico. En el capítulo 30 presentaré mis propias ideas respecto a la ruta correcta hacia su resolución, y con ello también a la resolución eventual del problema de la asimetría temporal en la singularidad. Pese a todo, una vez más debo hacer al lector mi advertencia reglamentaria: muchos físicos se sentirán bastante incómodos con mi punto de vista.

Notas

Sección 28.1

28.1. Véase, por ejemplo, Weinberg (1992), p. 195, donde también utiliza el ejemplo del ferromagnetismo, como parece ser casi universal en las exposiciones divulgativas por parte de los expertos. Pese a todo, debemos tener en cuenta que esta es una idealización considerable para un bloque de hierro *real*, en el que los efectos detallados de las fuerzas pueden ser muy complicados. Aunque para una región suficientemente pequeña dentro del hierro esta tendencia a la magnetización puede ser una buena aproximación, en la práctica tales regiones magnetizadas tienden a orientarse aleatoriamente, de modo que el hierro en conjunto no suele proporcionar un imán efectivo. Además, para que el hierro se vuelva magnetizado de forma significativa, el enfriamiento al cruzar el punto de Curie debe ser extremadamente lento, y la situación ideal no es fácil de conseguir. Para la discusión teórica presente es oportuno que ignoremos tales complicaciones y aceptemos la idealización que se está describiendo.

28.2. El efecto túnel mecanocuántico ocurre cuando un sistema sufre espontáneamente una transición desde un estado a otro de energía más baja (con la emisión del exceso de energía), donde hay una barrera de energía que impide que esto tenga lugar clásicamente.

28.3. La simetría de reflexión ha sido excluida en este ejemplo debido a la «S» en «SO(2)».

28.4. Parece que este «grupo adecuado» es $SU(3) \times SU(2) \times U(1)/Z_6$.

Sección 28.2

28.5. Véase la nota 28.1.

28.6. Véanse Vilenkin (2000), Gangui (2003) y Sakellariadou (2002).

28.7. Para una teoría de este tipo de apariencia prometedora, véase Silk y Rees (1998). Véase Haehnelt (2003) para una revisión y referencias adicionales.

28.8. Véase Chan y Tsou (1993).

28.9. La Colaboración MACRO ha puesto límites estrictos a la frecuencia de estas partículas. Véase MACRO (2002).

Sección 28.3

28.10. Esta conexión se tomaría inicialmente como una conexión gauge ∇ en el fibrado más pequeño $\mathcal{B}_{\mathcal{L}}$, sobre $\mathcal{M}$, cuyas fibras son los espacios U(2)-simétricos $\mathcal{L}$ de leptones en cada punto. Pero precisamente de la misma forma que, como en §14.3, en el cálculo tensorial ordinario el conocimiento de la actuación de ∇ sobre vectores fija por completo su actuación sobre tensores generales, el conocimiento de la actuación de ∇ sobre $\mathcal{B}_{\mathcal{L}}$ determina por completo su acción sobre los «tensores» definidos a partir de $\mathcal{L}$. Podemos tomar $\mathcal{G}$ como $\mathcal{L}^* \otimes \mathcal{L}$ (un «índice» abajo, uno arriba).

28.11. El «desplazamiento hacia el rojo» z se define de modo que $1 + z$ mide el factor en el que se incrementa la longitud de onda. Liddle (1999) es el texto más accesible; Dodelson (2003) es un tratamiento más avanzado.

28.12. Podría contemplarse un posible papel para una conexión *cuanlazamiento* (véase §23.10) entre q y r. Esto es por supuesto digno de considerar, pero va más allá de las ideas actuales de «ruptura espontánea de simetría». Mi opinión sobre estas cuestiones ha sido influida por conversaciones con George Sparling y Bikash Sinha.

28.13. Véase Lewellyn Smith (1973).

Sección 28.4

28.14. Véase Schrödinger (1956).

Sección 28.5

28.15. Véase Guth (1997). Dodelson (2003) y Liddle y Lyth (2000) son fuentes técnicas. Para un examen crítico y detallado, es recomendable Börner (2003).

28.16. Véanse Barbour (1989, 2001a, 2001b), Barbour, Foster y O'Murchadha (2002), Sciama (1959) y Smolin (2002). Un ejemplo de una aproximación completamente «machiana» es el de *redes de espín*, que se describirá en §32.6.

28.17. Véase Ozsvath y Schücking (1962, 1969).

28.18. Sin embargo, hay perspectivas más recientes sobre estas cuestiones que se argumentan en apoyo de que la teoría de Einstein es «machiana» después de todo. Véanse Barbour (2004), Barbour *et al.* (2002) y Raine (1975).

28.19. Estos desiderata estéticos están específicamente argumentados en la exposición divulgadora de Mario Livio. Véase Livio (2000).

28.20. Hubo una idea precursora de esta en lo que se conocía como «cosmología caótica»; fue propuesta independientemente en los años sesenta por Charles W. Misner y Yakov B. Zeldovich, y en ella se concebía un estado inicial aleatorio —pese al conflicto en apariencia fundamental con la segunda ley— invocando procesos térmicos en un intento de suavizar el universo. Véase Misner (1969).

28.21. La mejor propuesta para una probable estructura caótica en esta singularidad genérica procede del trabajo de 1970 de Belinskii *et al.* (1970).

28.22. Véase la nota 27.21, que da las referencias relevantes.

Sección 28.6

28.23. Creo que oí hablar por primera vez de esta idea antrópica «débil» en las charlas radiofónicas de Fred Hoyle, que se emitían en la BBC en la década de 1950. Llegué a familiarizarme con la forma más fuerte del principio antrópico, que aborda la cuestión del papel «antrópico» de las constantes físicas básicas, en una de las conferencias de Fred Hoyle en

Cambridge sobre «La religión como una ciencia», que se refería a la fabricación de elementos pesados en las estrellas que requiere un específico nivel energético nuclear en el carbono, que se va a describir en breve.

28.24. Véanse Dicke (1961) y Carter (1974).

28.25. De forma aproximada, la raíz cúbica de la edad del universo en unidades de Planck es notablemente próxima a la raíz cuadrada de la razón entre la atracción electrostática y la gravitatoria entre un protón y un electrón.

28.26. Véanse Dirac (1938), Buckley y Peat (1996) y Guenther *et al.* (1998). Una reciente idea de «constante variable» se da en una entretenida exposición de Magueijo (2003).

28.27. Mi uso del término «principio antrópico fuerte» sigue aquí a Carter (1974). Barrow y Tipler (1988) separan esto en varias categorías diferentes.

28.28. Para más información concerniente a esta historia, véanse Barrow y Tipler (1988) y Smolin (1997), p. 111. En cuanto a las implicaciones profundas para los contenidos de nuestro universo, véanse Hoyle *et al.* (1956) y Burbidge *et al.* (1957).

28.29. Véase Hawking y Penrose (1970).

28.30. Véase Smolin (1997).

28.31. En mi ensayo para el premio Adams de 1966 (véase Penrose, 1966, 1968) propuse una idea semejante (aunque sin reajuste de las constantes físicas), ¡aunque no muy en serio! Quizá otros lo hayan hecho también con anterioridad.

Sección 28.7

28.32. Véase Penrose (1989).

28.33. Abhay Ashtekar me ha resaltado un punto de vista alternativo según el cual podría haber algo más, diferente de la «gravedad cuántica», que determina la naturaleza extraordinariamente especial del big bang. Quizá sea así, pero no puedo dejar de sorprenderme por el hecho de que fuera la gravedad lo que era especial en el big bang, y aparentemente solo la gravedad.

Sección 28.8

28.34. En realidad, solo la parte libre de traza del tensor de Ricci $R_{ab} - \frac{1}{4} R g_{ab}$ es aquí relevante, y la constante cosmológica no desempeña ningún papel.

28.35. Véase Penrose (1969a); y véase Penrose (1988) para un examen general de la censura cósmica.

28.36. Véanse Newman (1993), Claudel y Newman (1998), Tod y Anguige (1999a, 1999b) y Anguige (1999). Una versión particularmente atractiva de la hipótesis de curvatura de Weyl es la presentada por K.P. Tod, que simplemente afirma que en cualquier singularidad inicial hay una geometría conforme regular con frontera.

Sección 28.9

28.37. Véase Wick (1956) para la primera utilización de esta técnica, utilizada en Zinn-Justin (1996) con gran y frecuente efecto.

28.38. Véase Hartle y Hawking (1983).

28.39. Un reciente trabajo de Renate Loll y sus colaboradores sugiere que puede haber diferencias profundas entre el uso de métricas riemannianas en la integral de camino, como sucede con la propuesta de Hawking, y las más directamente apropiadas métricas lorentzianas. Véase Ambjorn *et al.* (1999).

Sección 28.10

28.40. Véase Hawking y Turok (1998).

28.41. Véanse Bucher *et al.* (1995) y Linde (1995).

28.42. Mordehai Milgrom (1994) ha hecho la intrigante sugerencia de que no hay materia oscura, sino que la dinámica gravitatoria newtoniana necesita ser alterada de una forma diferente de la de Einstein, tal que para aceleraciones muy bajas el efecto de la gravedad se incrementa de cierta manera específica. Aunque esta idea parece encajar muy bien los hechos, todavía no hay ninguna teoría coherente de esto que tenga sentido teórico general. En mi opinión, estas ideas poco convencionales no deberían descartarse sin más, y valdría la pena el esfuerzo de ver si este esquema puede formar parte de un punto de vista consistente más amplio. (¡Yo no he sido capaz de ver cómo hacerlo!)

28.43. Véase Krauss (2001) para una discusión accesible de la materia oscura (y también de la «energía oscura», i.e., una posible Λ variable).

28.44. Véase Blanchard *et al.* (2003). Para una interpretación más en la línea de la «corriente principal», véanse Perlmutter *et al.* (1998) y Bahcall *et al.* (1999).

28.45. Dodelson (2003) explica cómo hacer esto, así como los análisis relacionados de los datos de CMB.

28.35. Véase Penrose (1969) y véase Penrose (1998) para un examen general de la censura cósmica.
28.36. Véanse Newman (1993), Chruściel y Newman (1998), Tod y Anguige (1999a, 1999b) y Anguige (1999). Una versión particularmente atractiva de la hipótesis de curvatura de Weyl es la presentada por K. P. Tod, que simplemente afirma que en cualquier singularidad inicial hay una geometría conforme regular con frontera.

Sección 28.9

28.37. Véase Wick (1956) para la primera utilización de esta técnica, utilizada en Zinn-Justin (1996) con gran y frecuente efecto.
28.38. Véase Hartle y Hawking (1983).
28.39. Un reciente trabajo de Renate Loll y sus colaboradores sugiere que puede haber diferencias profundas entre el uso de métricas riemannianas en la integral de caminos, como sucede con la propuesta de Hawking, y las más directamente apropiadas métricas lorentzianas. Véase Ambjørn *et al.* (1999).

Sección 28.10

28.40. Véase Hawking y Turok (1998).
28.41. Véanse Bucher *et al.* (1995) y Linde (1995).
28.42. Mordehai Milgrom (1994) ha hecho la interesante sugerencia de que no hay materia oscura, sino que la dinámica gravitatoria newtoniana necesita ser alterada de una forma diferente de la de Einstein, tal que para aceleraciones muy bajas el efecto de la gravedad se incrementa de cierta manera específica. Aunque esta idea parece encajar muy bien los hechos, todavía no hay ninguna teoría coherente de este tipo que tenga sentido teórico general. En mi opinión, estas ideas poco convencionales no deberían descartarse sin más, y valdría la pena el esfuerzo de ver si este esquema puede formar parte de un cuerpo de física consistente más amplio. (Yo no he sido capaz de ver cómo hacerlo.)
28.43. Véase Krauss (2001) para una discusión accesible de la materia oscura (y también de la «energía oscura», i.e., una posible Λ variable).
28.44. Véase Blanchard *et al.* (2003). Para una interpretación más en la línea de la corriente principal, véanse Perlmutter *et al.* (1998) y Bahcall *et al.* (1999).
28.45. Dodelson (2003) explica cómo hacer esto, así como los análisis relativamente modernos de los datos del CMB.

29

La paradoja de la medida

29.1. Las ontologías convencionales de la mecánica cuántica

No hay duda de que la mecánica cuántica ha sido uno de los logros supremos del siglo XX. Explica muchísimos fenómenos que habían sido profundamente enigmáticos en el siglo XIX, tales como la existencia de las líneas espectrales, la estabilidad de los átomos, la naturaleza de los enlaces químicos, las durezas y colores de los materiales, el ferromagnetismo, las transiciones de fase sólido/líquido/gas y los colores de los cuerpos calientes en equilibrio con sus entornos calientes (radiación de cuerpo negro). Incluso algunas cuestiones enigmáticas de la biología, como la extraordinaria fiabilidad de la herencia, son ahora vistas como resultado de principios mecanocuánticos. Estos fenómenos —así como muchos otros que se han conocido en el siglo XX como los cristales líquidos, la superconductividad y la superfluidez, el comportamiento de los láseres, los condensados de Bose-Einstein, la curiosa no localidad de los efectos EPR y de la teleportación cuántica— son ahora bien entendidos sobre la base del formalismo matemático de la mecánica cuántica. De hecho, este formalismo ha significado una revolución en nuestra imagen del mundo físico real que es mucho mayor incluso que la que supuso la del espaciotiempo curvo de la relatividad general de Einstein.

¿O no es así? Una opinión común entre muchos físicos de hoy es que la mecánica cuántica ¡*no* nos ofrece ninguna imagen de la «realidad»! De acuerdo con esta opinión, el formalismo de la mecánica cuántica es tan solo eso: un formalismo matemático. Este formalismo, como argumentarán muchos físicos cuánticos, no nos dice nada sobre la *realidad cuántica* del mundo, sino que meramente nos permite calcular probabilidades para realidades alternativas que podrían ocurrir. Esa ontología de los físicos cuánticos —en la medida en que estos estuviesen preocupados por cuestiones de «ontología»— consistiría en la idea (a) que sencillamente no hay ninguna realidad expresada en el formalismo cuántico. En el otro extremo están muchos físicos cuánticos que adoptan el punto de vista (en apariencia) diametralmente opuesto (b) que el estado cuántico que evoluciona unitariamente describe por completo la realidad, con la alarmante implicación de que prácticamente todas las alternativas cuánticas deben seguir siempre coexistiendo (en superposición). Como se ha mencionado en §21.8, la dificultad básica a la que se enfrentan los físicos cuánticos, y que empuja a muchos de ellos a tales opiniones, es el conflicto entre los dos procesos cuánticos **U** y **R**, donde (§22.1) **U** es el proceso determinista de evolución unitaria (descrita por la ecuación de Schrödinger) y **R** es la reducción de estado cuántico que tiene lugar cuando se realiza una «medida». El proceso **U**, cuando se encontró, era algo de un tipo familiar para los físicos: la evolución temporal precisa de una cantidad matemática definida, a saber, el vector de estado $|\psi\rangle$, controlado de forma determinista por una ecuación diferencial (en derivadas parciales), y la evolución temporal de la ecuación de Schrödinger no es diferente de la de las ecuaciones de Maxwell clásicas (véanse §21.3 y el ejercicio [19.2]). Por el contrario, el proceso **R** era algo completamente nuevo para ellos: un salto aleatorio discontinuo de esta misma $|\psi\rangle$, donde solo están determinadas las probabilidades de los diferentes resultados. Si la física del mundo observado hubiera estado descrita simplemente mediante una cantidad $|\psi\rangle$, que actúa solo de acuerdo con **U**, entonces los físicos no hubieran tenido ninguna dificultad seria para aceptar que **U** proporciona un proceso de evolución «físicamente real» para una $|\psi\rangle$ «físicamente real». Pero no es así como se comporta el mundo observado. En lugar de ello, parece que percibimos una curiosa combinación de **U** con la injerencia ocasional del muy diferente proceso **R**. (Recordemos la Fig. 22.1.) Esto hacía mucho más difícil que los físicos creyeran que $|\psi\rangle$ podía ser realmente una descripción de la realidad física después de todo. La enigmática cuestión de cómo puede ocurrir **R**, cuando se supone que el estado está evolucionando de acuerdo con la evolución **U**, es el problema de la medida —o, como prefiero llamarlo, la *paradoja de la medida*— de la mecánica cuántica (que se ha examinado brevemente en §23.6 y mencionado en §21.8 y §22.1).

El punto de vista (a) es básicamente la ontología de la *interpretación de Copenhague* tal como la expresó específicamente Niels Bohr, que consideraba que $|\psi\rangle$ no representa una realidad en el nivel cuántico, sino que debe tomarse meramente como una descripción del «conocimiento» que tiene el experimentador de un sistema cuántico. El «salto», según **R**, tendría que entenderse entonces simplemente como el hecho de que el experimentador adquiere más conocimiento del sistema, de modo que lo que salta es el *conocimiento*, y no la física del sistema. Según (a), uno no debería pedir que se asigne ninguna «realidad» a los fenómenos de nivel cuántico, pues la única realidad reconocible es la del mundo clásico dentro del cual encuentra su hogar el aparato del experimentador. Como una variante de (a), se podría adoptar la idea de que donde interviene este «mundo clásico» no es en el nivel de alguna pieza de «maquinaria macroscópica» que constituye el aparato de medida del observador, sino en el nivel de la propia *consciencia* del observador. Pronto discutiré estas alternativas con más detalle.

Los defensores de la alternativa (b), por el contrario, *sí* consideran que $|\psi\rangle$ representa la realidad, pero niegan que ocurra **R**. Argumentarán que cuando tiene lugar una medida, todos los resultados alternativos *coexisten* realmente en una gran superposición lineal cuántica de universos alternativos. Esta gran superposición está descrita por una función de onda $|\psi\rangle$ para todo el universo. A veces se le llama el «multiverso»,[1] pero creo que un nombre más apropiado es el *omnium*.[2] Pues aunque este punto de vista se expresa coloquialmente como una creencia en la coexistencia paralela de diferentes mundos alternativos, esto es equívoco. Los mundos alternativos no «existen» realmente por separado en esta visión; solo la enorme *superposición concreta* expresada por $|\psi\rangle$ se considera real.

¿Por qué, según (b), el omnium no es *percibido* como «realidad» por un experimentador? La idea es que los diferentes estados mentales del experimentador también coexisten en la superposición cuántica, entrelazados con los diferentes resultados posibles de la medida que se está realizando. Por consiguiente, la idea es que existe efectivamente un «mundo diferente» para cada posible resultado diferente de la medida, y existe una «copia» independiente del experimentador en cada uno de estos mundos diferentes, todos los cuales coexisten en una superposición cuántica. Cada copia del experimentador experimenta un resultado diferente del experimento, pero puesto que estas «copias» habitan en mundos diferentes, no hay comunicación entre ellos y cada uno piensa que solo se ha dado un resultado. Los defensores de (b) suelen mantener que es el requisito de que un experimentador tenga un «estado consciente» coherente el que fuerza la impresión de que existe solo «un mundo» en el que *parece* tener lugar **R**. Este punto de vista fue propuesto explícitamente por primera vez por Hugh Everett III en 1957[3] (aunque sospecho que muchos otros habían defendido antes en privado una idea semejante, aunque no siempre con convicción —como hice yo mismo a mediados de la década de 1950—, ¡sin atreverse a exponerla!).

Pese a sus naturalezas diametralmente opuestas, los puntos de vista (a) y (b) tienen algunos puntos significativos en común con respecto a la relación que se establece entre $|\psi\rangle$ y nuestra «realidad» observada —por lo que entiendo el mundo aparentemente real que todos nosotros experimentamos a escala macroscópica—. Se considera que en dicho mundo solo ocurre un resultado de un experimento, y la tarea de la física es precisamente explicar o modelar eso que solemos llamar «realidad». Ni según (a) ni según (b) el vector de estado $|\psi\rangle$ describe dicha realidad. Y en cada caso debemos introducir las percepciones de un experimentador humano para dar sentido a la relación entre el formalismo y este mundo real observado. En el caso (a) es el propio vector de estado $|\psi\rangle$ el que se considera un artificio de las percepciones de dicho experimentador humano, mientras que en el caso (b) es la «realidad ordinaria» la que está delineada de algún modo en términos de las percepciones del experimentador, y el vector de estado $|\psi\rangle$ representa ahora cierto tipo de realidad primordial más profunda (el omnium) que no es directamente percibida. En ambos casos se considera que el «salto» **R** no es físicamente real, pues, en cierto sentido, ¡está «todo en la mente»!

A su debido tiempo, expondré mis propias dificultades con ambas posiciones (a) y (b), pero, antes de hacerlo, debería mencionar una posibilidad adicional para interpretar la mecánica cuántica convencional. Por lo que puedo apreciar, este es el dominante entre los puntos de vista mecanocuánticos —el de la *decoherencia por el entorno* (c)—, aunque es quizá una posición más pragmática que ontológica. La idea de (c) es que en cualquier proceso de medida el sistema cuántico en consideración no puede tomarse aislado de su entorno. Así pues, cuando se realiza una medida cada resultado diferente no constituye un estado cuántico por sí mismo, sino que debe considerarse como parte de un estado entrelazado (§23.3), en el que cada resultado alternativo está entrelazado con un estado diferente del entorno. Ahora bien, el entorno consistirá en muchísimas partículas, en movimiento aleatorio efectivo, y los detalles completos de sus posiciones y movimientos deben considerarse totalmente inobservables en la práctica.[4] Existe un procedimiento matemático bien definido para manejar una situación de este tipo en la que hay una carencia de conocimiento: uno «suma sobre» los estados del entorno desconocidos y obtiene un objeto matemático, conocido como una *matriz densidad*, para describir el estado físico en consideración. Las matrices densidad son importantes para la discusión general del problema de la medida en mecánica cuántica (y también son importantes en muchos otros contextos), pero su estatus ontológico difícilmente se hace claro alguna vez. Explicaré de inmediato (en §29.3) qué es una matriz densidad. Sin embargo, más adelante veremos por qué es importante para la posición (c) que la ontología de la matriz densidad ¡*no* se haga completamente clara! Los que mantienen el punto de vista (c) tienden a considerarse a sí mismos «positivistas» que en ningún caso quieren saber nada de «aburridas» cuestiones de ontología, y afirman creer que no les interesa qué es «real» y qué es «no real». Como ha dicho Stephen Hawking:[5]

> No exijo que una teoría corresponda a la realidad porque no sé lo que es. La realidad no es una cualidad que se pueda comprobar con papel tornasol. Todo lo que me interesa es que la teoría prediga los resultados de medidas.

Mi posición, por el contrario, es que la cuestión de la ontología tiene una importancia crucial en la mecánica cuántica, aunque plantea algunas preguntas que no están ni mucho menos resueltas en el momento actual.

29.2. Ontologías no convencionales para la mecánica cuántica

Antes de entrar en los detalles de todo esto, permítanme considerar otros tres puntos de vista generales con respecto a la mecánica cuántica. No hay que pensar que mi lista sea exhaustiva, ni hay que suponer que estos nuevos puntos de vista son completamente independientes de los que he presentado en la sección anterior. La lista (a), (b), (c), (d), (e), (f) que voy a considerar aquí representa el abanico de puntos de vista que se encuentran con más frecuencia en la literatura actual, pero no hago afirmaciones respecto a la compleción, independencia o especificidad de mi lista. Las tres ontologías adicionales que considero aquí representan cambios reales en el formalismo cuántico habitual; pero en dos de ellas, (d) y (e), no se prevé que haya diferencias experimentales entre el formalismo propuesto y la mecánica cuántica estándar. El punto de vista (d) es el enfoque de «historias consistentes» debido a Griffiths, Omnès y Gell-Mann/Hartle, y (e) es la ontología de la «onda piloto» de De Broglie y Bohm/Hiley.[6] La última posibilidad (f) es que la mecánica cuántica actual sea simplemente una aproximación a algo mejor, y que en esta teoría mejorada, tanto **U** como **R** tengan lugar *objetivamente* como procesos reales; más aún, desde la perspectiva de (f) se prevé que experimentos futuros deberían ser capaces de distinguir dicha teoría de la mecánica cuántica convencional.

En cuanto tengamos las herramientas necesarias, trataré de dar mi valoración de las diferentes alternativas (a), ..., (f). Sin embargo, para que el lector pueda adoptar una actitud objetiva respecto a estas valoraciones, es mejor que «reconozca» claramente mi propia posición en este momento. Soy, de hecho, un firme creyente en que son necesarios ciertos desarrollos en la línea de (f) para que la mecánica cuántica pueda tener un sentido completamente consistente. En el capítulo siguiente presentaré la versión concreta de (f) que me parece la más natural. Hecha esta advertencia, prosigamos; haremos primero una lista de tales alternativas para ayudar al lector a tenerlas explícitamente en mente.

(a) «Copenhague»,
(b) muchos universos,
(c) decoherencia por el entorno,
(d) historias consistentes,
(e) onda piloto,
(f) nueva teoría con **R** objetiva.

Haré algunos comentarios sobre (d) y (e), puesto que no las he explicado realmente. El esquema (d) de «historias consistentes» ofrece una generalización del marco estándar de la teoría cuántica. Algunos proponentes han dotado a (d) de una ontología un poco parecida a la de los muchos universos (b), aunque todavía más extravagante en un aspecto, pero hasta donde puedo ver semejante ontología extravagante muy bien puede no ser necesaria. Tanto en (b) como en (d) podemos adoptar la postura de que tenemos, como ingredientes básicos, un espacio de Hilbert **H**, un estado de partida $|\psi_0\rangle$ que pertenece a **H** y un hamiltoniano $\mathcal{H}$.[7] En el caso de los muchos universos (b), la posición ontológica consiste en considerar que la realidad (del omnium) está descrita como una familia continua y uniparamétrica de estados (elementos de **H**, y con parámetro *t*), que parte de $|\psi_0\rangle$ en $t = 0$ y está completamente gobernada, para $t > 0$, por la evolución de Schrödinger determinada por $\mathcal{H}$. No hay aquí **R**, solo **U**. Pero el caso (d) de historias consistentes amplía esto de modo que también incorpora en su «evolución» procesos tipo **R**, incluso si no se considera que estos estén necesariamente asociados con medidas reales.

Para comprender la naturaleza matemática de estos procedimientos, debemos recordar primero (véanse §§22.5,6) cómo se describe matemáticamente una medida mecanocuántica (incluso si en el caso (d) no consideramos estos procedimientos como medidas), en términos de la acción de un operador hermítico (o normal; véase §22.5) **Q**. Si inmediatamente antes de la medida el estado del sistema es $|\psi\rangle$, entonces se considera que inmediatamente después de la medida «salta» al autoestado de **Q** correspondiente al autovalor de **Q** que resulta de la medida.

Pero por lo que concierne a su efecto sobre $|\psi\rangle$, también podemos reemplazar **Q** por un «conjunto completo de proyectores ortogonales» $\boldsymbol{E}_1, \boldsymbol{E}_2, \boldsymbol{E}_3, \ldots, \boldsymbol{E}_r$ (suponiendo que **Q** tiene exactamente *r* autovalores diferentes, donde por conveniencia consideramos que nuestro espacio de Hilbert **H** es de dimensión finita). Entonces, si la medida da el autovalor q_j, encontramos que $|\psi\rangle$ salta a un estado proporcional a $\boldsymbol{E}_j|\psi\rangle$ (postulado de proyección).

Veamos esto con más detalle. Recordemos de §22.6 que un *proyector* es un operador $\boldsymbol{E}$ cuyo cuadrado es igual a sí mismo y es hermítico, i.e.,

$$\boldsymbol{E}^2 = \boldsymbol{E} = \boldsymbol{E}^*.$$

La afirmación de que los proyectores $\boldsymbol{E}_1, \boldsymbol{E}_2, \boldsymbol{E}_3, \ldots, \boldsymbol{E}_r$ son mutuamente *ortogonales* es

$$\boldsymbol{E}_i\boldsymbol{E}_j = 0, \text{ si } i \neq j$$

y su completitud es que su suma es la identidad $\boldsymbol{I}$ en **H**

$$\boldsymbol{E}_1 + \boldsymbol{E}_2 + \boldsymbol{E}_3 + \ldots + \boldsymbol{E}_r = \boldsymbol{I}.$$

Llamemos *conjunto de proyectores* a un conjunto de $\boldsymbol{E}$ que satisface todas estas condiciones. La conexión entre **Q** y su conjunto de proyectores correspondiente es que, para cada autoestado q_j de **Q**, el espacio de autovectores correspondiente consiste en vectores de la forma $\boldsymbol{E}_j|\phi\rangle$. El papel del proyector $\boldsymbol{E}_j$ es que proyecta en este espacio de autovectores, para el autovalor q_j.[29.1]

El *postulado de proyección* para la operación **R** (véase §22.6), en la medida representada por **Q**, nos dice que si el resultado de la medida es q_j, entonces $|\psi\rangle$ salta a (algo proporcional a) $\boldsymbol{E}_j|\psi\rangle$. Esto ocurre con una probabilidad dada por

$$\langle\psi|\boldsymbol{E}_j|\psi\rangle,$$

[29.1] Explique por qué $\boldsymbol{E}_j|\psi\rangle$ es el resultado (ignorando normalización) de una medida dada por $\mathbf{Q} = q_1\boldsymbol{E}_1 + q_2\boldsymbol{E}_2 + q_3\boldsymbol{E}_3 + \ldots + q_r\boldsymbol{E}_r$ aplicada a $|\psi\rangle$, donde el autovalor es q_j, siendo las cantidades $q_1, q_2, q_3, \ldots, q_r$ números reales diferentes. ¿Puede demostrar que el operador hermítico general de dimensión finita tiene esta forma? (Puede suponer que cualquier matriz hermítica **Q** de dimensión finita puede transformarse en una matriz diagonal mediante una transformación unitaria.) Los $\boldsymbol{E}$ se denominan *idemponentes principales* de **Q**. ¿Qué modificaciones son necesarias para un operador *normal* **Q**?

si suponemos que $|\psi\rangle$ está *normalizado*, i.e., $\langle\psi|\psi\rangle = 1$. Así pues, para describir el efecto sobre el estado cuántico de la medida correspondiente a **Q** solo necesitamos considerar el conjunto de proyectores definido por **Q**.

Volvamos a la ontología del enfoque (d) de las historias consistentes. La teoría opera con entidades llamadas *historias de grano grueso*,[8] cada una de las cuales se asemeja generalmente a un «omnium» de la aproximación de los muchos universos (b) que evoluciona según Schrödinger, utilizando un hamiltoniano $\mathcal{H}$. Pero en el caso de (d) también admitimos que se inserte un conjunto de proyectores en varios valores de t durante el curso de su evolución.

Todavía no tengo muy claro el estatus ontológico de la inserción de semejante conjunto de proyectores, pero uno se ve animado a adoptar la actitud de que el papel de dicho conjunto de proyectores consiste en ofrecer una especie de «refinamiento» de la historia, antes que representar un cambio fundamental para lo que está sucediendo en el mundo. Ciertamente no cabe asignar a los proyectores el estatus ontológico dado por una medida objetiva. Una analogía más apropiada podría ser que los conjuntos de proyectores proporcionan refinamientos, o alteraciones, para «cajas» de grano grueso, como en el espacio de fases clásico (véase §27.3), y esto explica el término «historia de grano grueso» que se utiliza aquí. En dicha historia de grano grueso, en el momento en que encuentra un conjunto de proyectores (y de forma análoga al procedimiento estándar adoptado en una medida cuántica), el estado actual $|\psi\rangle$ queda reemplazado por (algo proporcional a) $\boldsymbol{E}_j|\psi\rangle$, donde $\boldsymbol{E}_j$ es un miembro del conjunto de proyectores. Podría pensarse que esto es una pérdida de información, pero no hay pérdida si seguimos la pista de la *familia entera* de $\boldsymbol{E}_j|\psi\rangle$ para todos los $\boldsymbol{E}_j|\psi\rangle$ en el conjunto, puesto que $|\psi\rangle$ es simplemente la suma de todos ellos.

De acuerdo con un deseo de que surja algo que se parezca al tipo de mundo clásico que realmente percibimos, algunas familias particulares de historias de grano grueso son distinguidas y calificadas como *consistentes* (o a veces «decoherentes») si se satisface cierta condición, que expresa el hecho de que las probabilidades, calculadas según las reglas cuánticas estándar, satisfacen las reglas clásicas ordinarias para la probabilidad.[9] Un conjunto consistente de historias de grano grueso se denomina *máximamente refinado* si no se puede insertar otro conjunto de proyectores (no equivalente a ninguno de los que ya han sido incorporados) sin destruir la consistencia. Creo que una historia a partir de un conjunto máximamente refinado ofrece un fuerte candidato para lo que podría considerarse como ontológicamente «real», de acuerdo con el punto de vista (d).

Pese a todo, no he visto este punto de vista presentado de forma explícita; por lo que sé, lo que parece estar más cerca del punto de vista ontológico para las «historias consistentes» es algo más parecido a la *totalidad* de historias en un conjunto máximamente refinado.[10] Esto está quizá más en la línea de lo que hemos visto en el punto de vista (b) de los muchos universos, pero la presencia de muchas posibles, y alternativas, colecciones consistentes de conjuntos de proyectores parece proporcionarnos un conjunto aún mayor de «mundos» alternativos. Sin embargo, recordemos que también en la imagen (b) de los muchos universos puede surgir una confusión ontológica. El omnium ontológicamente «real» (descrito por $|\psi\rangle$) es una *superposición* de numerosos mundos diferentes; la *colección* de todos estos mundos individuales (que no es lo mismo que su superposición concreta $|\psi\rangle$) *no* debe considerarse «real». Frente a este tipo de confusión, el punto de vista (d) de las historias consistentes tiene la ventaja de que las probabilidades cuánticas correctas están dadas por la teoría, lo que no parece ser el caso con (b).

En el caso (e) «bohmiano» (onda piloto), la posición ontológica está, y ello es agradable, mucho más cercana a la Tierra, aunque incluso aquí hay algunas sutilezas considerables, pues hay, en cierto sentido, *dos* niveles de realidad, uno de los cuales es más firme que el otro. Es más sencillo plantear primero el caso de un sistema que consiste en una única partícula sin espín. Entonces este nivel más firme de realidad viene dado por la posición de la partícula. En un experimento de doble rendija (§21.4, Fig. 21.4), y puesto que la posición de la partícula es ontológicamente real, esta atraviesa realmente una rendija o la otra, pero su movimiento está «guiado», en efecto, por ψ, de modo que esta también adquiere un estatus secundario pero que en cualquier caso sigue siendo ontológicamente «real». En esta teoría se suelen tener posturas algo diferentes respecto al *módulo* y el *argumento* de ψ (§5.1); a partir del primero se construye una cantidad conocida como «potencial cuántico», y el segundo se utiliza para definir lo que se denomina la «onda piloto». Sin embargo, este tipo de desdoblamiento no es necesario y su importancia parece hacerse menos clara con sistemas más complicados.

En general, podemos considerar ψ como una función compleja que está definida en el espacio de configuración $\mathcal{C}$, y sirve de «guía» para el comportamiento de un punto P en $\mathcal{C}$. Se admite que la parte más firme de la realidad del sistema es la configuración clásica realmente definida por P, pero se asigna un tipo de realidad (más débil) también a la función compleja ψ, en virtud de su papel como guía del comportamiento de P. Se considera que todas las medidas pueden reducirse, en última instancia, a medidas de «posición», lo que aquí significa medidas de la configuración del sistema. El módulo al cuadrado $|\psi|^2$, en un punto Q de $\mathcal{C}$, define la densidad de probabilidad de encontrar el sistema en la configuración definida por Q, pero la localización de P en $\mathcal{C}$ determina lo que se considera que es la configuración *real* del sistema.

Ahora bien, todo esto parece casi «demasiado fácil», pero hay sutilezas. En particular, se trata de una imagen muy no local, donde ψ es una entidad altamente «holística» (como deber ser, para que esté de acuerdo con la naturaleza holística de las funciones de onda que se ha resaltado en §21.7). No obstante, esto parece inevitable en mecánica cuántica. Algo más serio es el hecho de que hay que imponer condiciones importantes sobre la distribución de probabilidad para el estado inicial $|\psi_0\rangle$, de modo que sea válida la ley de probabilidad cuántica $|\psi|^2$, y continúe siendo válida después de medidas secuenciales. Por otra parte, se podría cuestionar la corrección de la hipótesis de que todas las medidas pueden reducirse, en última instancia, a medidas de posición (en particular, porque las medidas estrictas de posición no son completamente legítimas en mecánica cuántica; véase §21.10), y si la imagen del espacio de configuración es adecuadamente inequívoca cuando se están considerando parámetros no clásicos como el espín. De todas formas, la claridad de la posición ontológica de (e) le da mucho crédito (aunque, como veremos en §29.9, hay también otras cuestiones a las que hacer frente).[11]

Finalmente, existen muchas propuestas diferentes en la línea de (f). No es oportuno que las describa todas aquí en detalle, pero puedo hacer algunos comentarios generales sobre ellas. Muchas de estas propuestas aceptarán (al menos como postura provisional) un estatus ontológicamente *real* para un vector de estado $|\psi\rangle$ que evoluciona. La evolución temporal de $|\psi\rangle$, en una teoría semejante, será algo que se aproxima estrechamente a la alternancia de **U** con **R** que la mecánica cuántica estándar nos dice que adoptemos en la práctica (véase la Fig. 22.1). Pese al hecho de que esas teorías en línea con el punto de vista (f) se consideran «fuera de la corriente principal» del pensamiento mecanocuántico, podría decirse con seriedad que (f) es realmente el punto de vista que más *acepta* la realidad del formalismo de la mecánica cuántica tal como se utiliza hoy en la práctica, ¡puesto que *los dos* procesos de evolución mecanocuántica **U** y **R** se toman con seriedad, ontológicamente, como descripción de la evolución de la realidad! El problema es, no obstante, que **U** y **R** son en realidad matemáticamente *incompatibles*, y esta es la razón por la que (f) exige que haya cambios de la evolución unitaria ordinaria, ¡y es esto lo que separa (f) de la corriente principal!

¿Por qué es **R** matemáticamente incompatible con **U**? Quizá la razón más obvia es que **R** representa un cambio discontinuo en el vector de estado (salvo en la circunstancia excepcional de que el estado previo a la medida sea realmente un autoestado del operador de medida), mientras que **U** actúa siempre de forma continua. Pero incluso si imaginamos que el «salto» inducido por **R** no es absolutamente instantáneo, habría problemas con la unitariedad debido a la falta de determinismo en **R**. Pueden obtenerse resultados diferentes a partir de una misma entrada, algo que nunca sucede con **U**. Más aún, una teoría que hace de **R** un proceso real nunca puede ser unitaria cuando realmente tiene lugar —de acuerdo con **R**— un salto cuántico (no trivial). Pese a esto, existe un notable acuerdo entre los dos procesos **U** y **R**, puesto que la «regla del módulo al cuadrado» que interrumpe **U** para ofrecernos la **R** probabilista, utiliza la propia «unitariedad» de **U** para darnos una ley de conservación de probabilidad para **R** (básicamente el hecho de que los productos escalares $\langle\phi|\psi\rangle$, a partir de los cuales se calculan las probabilidades, se conserven bajo la evolución unitaria;

véanse §§22.4,5). Esta es una parte integral de las maravillas de la mecánica cuántica, y proporciona una razón de peso para que la gente sea reacia a jugar de cualquier manera con los principios de dicha teoría, lo que explica en parte por qué (f) no es particularmente popular entre los físicos cuánticos de hoy.

De todas formas, creo que hay razones poderosas para esperar un cambio. En mi opinión, dicho cambio representaría una revolución fundamental y no puede conseguirse solo «retocando» la mecánica cuántica. Pese a todo, los cambios necesarios deben ser completamente respetuosos con los principios centrales que yacen en el corazón de la física actual. La misma rigidez del formalismo cuántico, tal como se ha indicado en el párrafo precedente, es una razón para ambos requisitos. A modo de comparación, recordemos la rigidez de la física newtoniana. La relatividad y la mecánica cuántica no se obtuvieron de ella haciendo retoques, sino mediante los cambios revolucionarios de perspectiva que, en cualquier caso, mostraban el debido respeto a la estructura geométrica lagrangiana/hamiltoniana/simpléctica muy organizada de la teoría newtoniana. ¿Tienen este carácter respetuosamente revolucionario los cambios de la teoría cuántica que han sido sugeridos hasta ahora por diversas personas,[12] o solo están haciendo retoques? Tengo que decir que en su mayor parte estas ideas deben considerarse como retoques; pero algunas de ellas podrían proporcionar muy bien indicadores de la ruta verdadera hacia una teoría cuántica mejorada.

29.3. La matriz densidad

Pero ¿por qué hay necesidad de «mejorar» la teoría cuántica? La mayoría de los físicos cuánticos no parecen creer que se necesite una teoría semejante, tras haber hecho las paces con las aparentes contradicciones y la oscura ontología de una u otra de las imágenes estándar (o la carencia de una imagen semejante). Antes de que podamos intentar abordar cualquiera de las dificultades que podría haber en cualquiera de las imágenes «estándar» (a), (b) y (c), deberíamos llegar a la idea de una matriz densidad, que no solo es fundamental para el punto de vista (c), sino que desempeña un papel importante en muchas otras consideraciones mecanocuánticas. Además, plantea cuestiones intrigantes y profundas respecto a cómo debería representarse la realidad en mecánica cuántica.

Supongamos que tenemos cierto sistema cuántico cuyo estado no nos es completamente conocido. El estado podría ser $|\psi\rangle$, o podría ser $|\phi\rangle$, o podría ser..., o podría ser $|\chi\rangle$. La lista podría ser infinita, pero para nuestros propósitos será suficiente considerar solo una lista finita de posibilidades. A cada una de estas posibilidades hay que asignarle una probabilidad, digamos $p, q, \ldots, s$, respectivamente. Las posibilidades deben ser exhaustivas, de modo que las probabilidades —números reales entre 0 y 1 (inclusive)— deben sumar la unidad:

$$p + q + \ldots + s = 1.$$

Suponemos que cada uno de los $|\psi\rangle, |\phi\rangle, \ldots, |\chi\rangle$ está *normalizado*:

$$\|\psi\| = 1, \quad \|\phi\| = 1, \quad \ldots, \quad \|\chi\| = 1.$$

(Recordemos de §22.3 que $\|\psi\| = \langle\psi|\psi\rangle$, etc.). Entonces definimos la matriz densidad como la magnitud

$$\boldsymbol{D} = p|\psi\rangle\langle\psi| + q|\phi\rangle\langle\phi| + \ldots + s|\chi\rangle\langle\chi|.$$

Recordemos de §22.3 que el vector bra $\langle\psi|$ es el conjugado hermítico del vector ket $|\psi\rangle$. La magnitud $|\psi\rangle\langle\psi|$ es entonces el producto tensorial (o producto exterior) de $|\psi\rangle$ con $\langle\psi|$, etc. En la notación de índices de §23.8, podemos escribir $\langle\psi|$ como $\bar{\psi}_\alpha$, donde ψ^α representa a $|\psi\rangle$. Entonces, $|\psi\rangle\langle\psi|$ podría escribirse como $\bar{\psi}^\alpha\,\psi_\beta$, etc. Por consiguiente, la propia $\boldsymbol{D}$ tendría la estructura de índices $D^\alpha{}_\beta$. La matriz densidad tiene las propiedades algebraicas de que es hermítica, definida no negativa y de traza unidad:

$$\boldsymbol{D}^* = \boldsymbol{D}, \quad \langle\xi|\boldsymbol{D}|\xi\rangle \geq 0 \text{ para todo } |\xi\rangle, \quad \langle\boldsymbol{D}\rangle = 1,$$

donde $\langle\boldsymbol{D}\rangle$ = traza $\boldsymbol{D} = D^\alpha{}_\alpha$ (véase §13.4).[29.2]

La matriz densidad desempeña un papel análogo al que es frecuentemente utilizado en mecánica estadística clásica, donde podríamos no estar especialmente interesados en el estado (clásico) preciso de un sis-

[29.2] Deduzca estas propiedades.

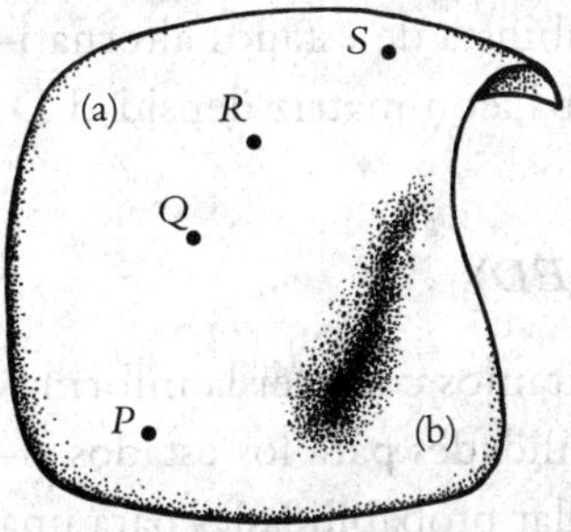

Fig. 29.1. Distribuciones de probabilidad clásicas representadas en el espacio de fases $\mathcal{P}$. (a) Para un conjunto finito de puntos $P, Q, \ldots, S$, en $\mathcal{P}$, se asigna un valor de probabilidad $p, q, \ldots, s$ (números reales entre cero y uno) a cada punto, con $p + q + + \ldots + s = 1$. (b) Una distribución continua, con una medida de probabilidad (una densidad no negativa en números reales), cuya integral es 1, asignada en una región de $\mathcal{P}$.

tema, sino que nos contentamos con considerar una distribución de probabilidad de alternativas clásicas. Esto se piensa más fácilmente en términos del espacio de fases $\mathcal{P}$ de las alternativas clásicas posibles. En lugar de representar el sistema como un punto P en $\mathcal{P}$, se consideraría en términos de una distribución de probabilidad sobre $\mathcal{P}$. Si tenemos solo un número finito de alternativas[13] para el sistema, siendo $p, q, \ldots, s$, las diversas probabilidades, entonces representamos esto como un conjunto finito de puntos $P, Q, \ldots, S$, en $\mathcal{P}$, a cada uno de los cuales se le asigna su respectivo valor de probabilidad $p, q, \ldots, s$ (véase la Fig. 29.1). De hecho, podríamos imaginar que hacemos exactamente lo mismo en física cuántica, con el espacio de Hilbert $\mathbf{H}$ del sistema cuántico en el papel del espacio de fases $\mathcal{P}$; entonces tendríamos cierta distribución de probabilidad en $\mathbf{H}$. En relación con la matriz densidad $\boldsymbol{D}$ que acabamos de considerar, esta distribución consistiría solo en un número finito de puntos $P, Q, \ldots, S$, en $\mathbf{H}$, cada uno de los cuales tiene asignado su respectivo valor de probabilidad $p, q, \ldots, s$.

Pero esto *no* es lo que se hace normalmente en mecánica cuántica; en lugar de ello se utiliza la matriz densidad.[14] ¿A qué se debe esto? La razón es que, en mecánica cuántica, una *medida*, que tiene la forma de una pregunta planteada a un sistema cuántico —y restrinjamos la atención a una pregunta SÍ/NO—, se expresa en términos de la acción de un proyector $\boldsymbol{E}$ aplicado al vector de estado (normalizado) $|\xi\rangle$. La probabilidad de la respuesta SÍ viene dada entonces por[29.3]

$$\text{probabilidad de sí} = \langle\xi|\boldsymbol{E}|\xi\rangle,$$

[29.3] Explique por qué; obtenga también la expresión $\langle \boldsymbol{ED} \rangle$ siguiente.

de lo que se sigue que para la mezcla probabilista de estados alternativos posibles $|\psi\rangle, |\phi\rangle, \ldots, |\chi\rangle$, descritos arriba, con matriz densidad $\boldsymbol{D}$, obtenemos la respuesta

$$\text{probabilidad de sí} = \langle \boldsymbol{ED} \rangle.$$

La importancia de esto es que no necesitamos conocer la información completa de la distribución de probabilidades para los estados alternativos $|\psi\rangle, |\phi\rangle, \ldots, |\chi\rangle$ para poder calcular probabilidades para una pregunta estándar SÍ/NO en mecánica cuántica (o, de hecho, para el valor esperado de cualquier otro observable mecanocuántico);[29.4] toda la información necesaria está almacenada en la matriz densidad, y como veremos muy pronto una matriz densidad dada puede estar compuesta de muchas distribuciones de probabilidad de estados *diferentes*. Hay una economía y elegancia considerable en esta notable entidad matemática (introducida en 1932 por el destacado matemático húngaro-estadounidense John von Neumann). Combina en una expresión lo que parecerían ser dos nociones completamente diferentes de probabilidad. Por una parte, tenemos los números $p, q, \ldots, s$, que son las probabilidades clásicas ordinarias para los estados alternativos $|\psi\rangle, |\phi\rangle, \ldots, |\chi\rangle$, mientras que, por la otra, tenemos las probabilidades cuánticas obtenidas a partir de la regla del módulo al cuadrado de §21.9. La matriz densidad combina las dos y no distingue directamente un tipo del otro.

29.4. Matrices densidad para espín 1/2: la esfera de Bloch

Permítanme ilustrar este punto con un ejemplo sencillo. Supongamos que tenemos una partícula de espín 1/2, cuyo estado de espín sabemos que es o $|\uparrow\rangle$ o $|\downarrow\rangle$, con probabilidad 1/2 para cada alternativa. Si decidimos medir este espín en una dirección arriba/abajo, simplemente obtenemos «arriba» si el estado es $|\uparrow\rangle$, y «abajo» si el estado es $|\downarrow\rangle$. En cada caso la probabilidad es 1/2. Estas son solo probabilidades clásicas directas, y aquí no hay ningún misterio cuántico. Pero supongamos que en lugar de lo anterior medimos el espín en la dirección iz-

[29.4] ¿Puede ver por qué debería ser así?

quierda/derecha. Entonces, si el estado es $|\uparrow\rangle$, las reglas R cuánticas nos dicen que obtenemos una probabilidad 1/2 de que el espín sea «izquierda» y una probabilidad 1/2 de que el espín sea «derecha». Exactamente la misma conclusión se obtiene si el estado es $|\downarrow\rangle$. Así, para la mezcla con probabilidades iguales de $|\uparrow\rangle$ y $|\downarrow\rangle$, seguimos obteniendo probabilidades de 1/2 para cada uno de los resultados «izquierda» y «derecha». Ahora, sin embargo, las probabilidades se obtienen enteramente a partir de la ley mecanocuántica del «módulo al cuadrado». También podríamos decidir medir el espín en cualquier otra dirección. Las probabilidades resultarían ser una vez más 1/2 para cada respuesta, pero esta probabilidad estaría compuesta, en general, por una mezcla de probabilidades clásicas y cuánticas.[29.5]

Alternativamente, podríamos imaginar que rotamos la mezcla de estados en lugar del aparato de medida. Así, una mezcla con probabilidades iguales de $|\leftarrow\rangle$ y $|\rightarrow\rangle$ daría exactamente las mismas respuestas que la mezcla anterior con probabilidades iguales de $|\uparrow\rangle$ y $|\downarrow\rangle$, y lo mismo sucedería con una mezcla con probabilidades iguales de $|\nwarrow\rangle$ y $|\searrow\rangle$ (donde en cada caso consideramos que estos pares de estados son ortogonales y normalizados: $\langle\uparrow|\downarrow\rangle = \langle\leftarrow|\rightarrow\rangle = \langle\nwarrow|\searrow\rangle = 0, \langle\uparrow|\uparrow\rangle = = \langle\downarrow|\downarrow\rangle = \ldots = \langle\searrow|\searrow\rangle = 1$). Obtenemos, para la matriz densidad $\boldsymbol{D}$, en cada caso

$$\boldsymbol{D} = \frac{1}{2}|\uparrow\rangle\langle\uparrow| + \frac{1}{2}|\downarrow\rangle\langle\downarrow|,$$

$$\boldsymbol{D} = \frac{1}{2}|\leftarrow\rangle\langle\leftarrow| + \frac{1}{2}|\rightarrow\rangle\langle\rightarrow|,$$

$$\boldsymbol{D} = \frac{1}{2}|\nwarrow\rangle\langle\nwarrow| + \frac{1}{2}|\searrow\rangle\langle\searrow|,$$

y la notable propiedad de la matriz densidad es que todas estas $\boldsymbol{D}$ son la *misma*.[29.6] Todas las probabilidades para medidas de espín a las que nos acabamos de referir pueden ser obtenidas mediante el uso de la fórmula $\langle \boldsymbol{ED}\rangle$ anterior; así pues, puesto que las $\boldsymbol{D}$ son la misma, las

[29.5] Calcule esto para un ángulo general de pendiente θ de la dirección de medida, utilizando la expresión $\frac{1}{2}(1 + \cos\theta)$ de §22.9 para la probabilidad.

[29.6] Demuéstrelo por cálculo explícito utilizando los resultados de §§22.8,9 y el ejercicio [22.25].

probabilidades respectivas deben dar el mismo resultado, tal como hemos visto.

Pero ¿cómo vamos a considerar la *ontología* de estas mezclas probabilistas de estados? Si consideramos que el estado cuántico tiene algún tipo de realidad física, entonces estas tres situaciones son decididamente distintas desde un punto de vista ontológico. Decir que existe la misma probabilidad de que el estado se encuentre en una u otra de las alternativas (físicamente reales) $|\uparrow\rangle$, $|\downarrow\rangle$ es completamente diferente de decir que existe la misma probabilidad de que esté en $|\nwarrow\rangle$ o $|\searrow\rangle$. Sin embargo, esta cuestión está extraordinariamente confusa en buena parte de la literatura mecanocuántica. A menudo, los físicos cuánticos parecen estar tomando una posición ontológica completamente diferente de la que se acaba de describir, al considerar la propia matriz densidad como algo que proporciona una mejor descripción de la realidad que los estados individuales. Podrían adoptar el punto de vista de que las tres ontologías aparentemente distintas para $\boldsymbol{D}$ dadas arriba (i.e., las tres diferentes colecciones con probabilidades ponderadas de estados cuánticos alternativos) son físicamente indistinguibles. Por consiguiente, estos físicos —a menudo partidarios del punto de vista (c) de la decoherencia por el entorno— podrían adoptar la postura positivista o pragmática según la cual no tiene sentido distinguir entre dichas alternativas. Estas personas podrían adoptar el punto de vista de que es la matriz densidad lo que mejor describe la realidad cuántica.

De hecho, en muchos contextos se considera que la palabra «estado» se refiere a una matriz densidad en lugar de a la noción más primitiva que, hasta este momento, he estado llamando un «estado cuántico», a saber, una magnitud descriptible por un ket tal como $|\psi\rangle$. Cuando se utiliza la palabra «estado» en el sentido de una matriz densidad, se utiliza el término «estado puro» para una matriz densidad de la forma especial $|\psi\rangle\langle\psi|$, y se utiliza «estado mezcla» para una matriz densidad más general que no puede representarse de este modo. Los «estados puros» en este sentido se refieren a lo que he estado llamando simplemente un «estado». Personalmente, encuentro muy confuso referirse a una matriz densidad (pura o no) como un «estado», y me abstendré de utilizar aquí esta terminología. Para mí, un «estado cuántico» es efectivamente un vector de estado cuántico $|\psi\rangle$, y no una matriz

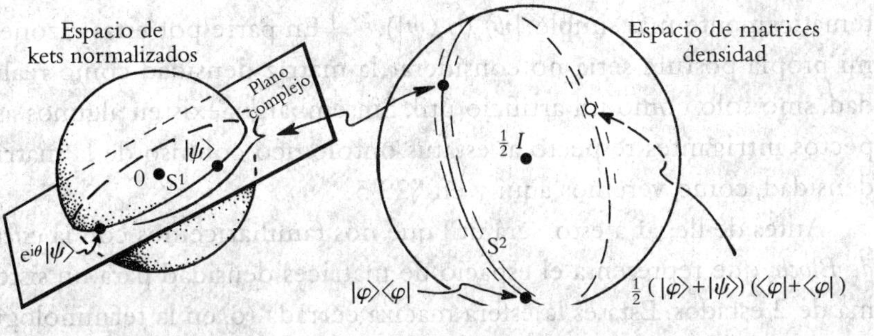

Fig. 29.2. ¿Cómo representamos un estado cuántico puro? (a) Espacio de kets $|\psi\rangle$, normalizados por $\langle\psi|\psi\rangle = 1$. (b) La matriz densidad $|\psi\rangle\langle\psi|$ es «equivalente» a $|\psi\rangle$ salvo la libertad de fase $|\psi\rangle \mapsto e^{i\theta}|\psi\rangle$, y a la familia de kets no nulos proporcionales (factores de proporcionalidad complejos). Pese a todo, la linealidad cuántica básica se oscurece en la descripción de matriz densidad.

densidad. Pese a todo, algunos preferirían distinguir los términos «estado cuántico» y «vector de estado cuántico», siendo el último el ket $|\psi\rangle$ y estando el primero representado como la clase de equivalencia de múltiplos complejos no nulos de $|\psi\rangle$, i.e., el elemento del espacio de Hilbert *proyectivo* $\mathbb{P}\mathbf{H}$ correspondiente al elemento $|\psi\rangle$ de $\mathbf{H}$ (véase §15.6). Si decidimos normalizar $|\psi\rangle$ por $\langle\psi|\psi\rangle = 1$, entonces la única libertad que queda en $|\psi\rangle$ (para un punto dado en $\mathbb{P}\mathbf{H}$) es la libertad de fase $|\psi\rangle \mapsto e^{i\theta}|\psi\rangle$ (con θ real); véase la Fig. 29.2. La noción de una matriz densidad «estado puro» es efectivamente equivalente a esta noción «proyectiva» de un estado cuántico, puesto que $|\psi\rangle\langle\psi|$ es invariante bajo esta libertad de fase. Así pues, podríamos razonablemente adoptar la postura de que una matriz densidad estado puro describe de manera adecuada el estado cuántico.

De todas formas, me siento incómodo al considerar semejante «matriz densidad estado puro» como la representación matemática adecuada de un «estado físico». El factor de fase $e^{i\theta}$ es solo «inobservable» si el estado en consideración representa el objeto entero de interés. Cuando se considera cierto estado como parte de un sistema mayor, es importante seguir la pista de dichas fases. Además, la linealidad compleja fundamental de la estructura básica del espacio de Hilbert de los vectores ket se complica matemáticamente de forma innecesaria si uno tiene que operar siempre con las cantidades $|\psi\rangle\langle\psi|$ en lugar de la matemáticamente más simple $|\psi\rangle$ (o $\langle\psi|$).[29.7] En parte por estas razones, mi propia postura sería no considerar la matriz densidad como realidad, sino solo como un artificio útil. Sin embargo, existen algunos aspectos intrigantes respecto al estatus ontológico confuso de la matriz densidad, como veremos aquí y en §29.5.

Antes de llegar a esto, será útil que nos familiaricemos con la *esfera de Bloch*, que representa el espacio de matrices densidad para un sistema de 2 estados. Esta es la esfera maciza cerrada (o, en la terminología del matemático, la *3-bola* o *3-disco*) B^3 que reside en el 3-espacio euclídeo. Representa las matrices densidad para espín 1/2 (o para cualquier otro sistema de 2 estados); véase §22.9. Podemos escribir la matriz hermítica general (2 × 2) de traza unidad como

$$\frac{1}{2}\begin{pmatrix} 1+a & b+\mathrm{i}c \\ b-\mathrm{i}c & 1-a \end{pmatrix},$$

donde a, b, c son números reales. Para que esto sea una matriz densidad, debe ser definida no negativa, que es la condición[29.8]

$$a^2 + b^2 + c^2 \leq 1.$$

Esto representa un punto general en la esfera de Bloch B^3, cuya *frontera* S^2 es la 2-esfera $a^2 + b^2 + c^2 = 1$. Aquí, S^2 representa los estados puros en el sistema de 2 estados (por ejemplo, espín 1/2), y este espacio puede identificarse con la esfera de *Riemann* S^2 descrita en §22.9.[15]

Ahora la matriz densidad concreta $\boldsymbol{D} = \left(\frac{1}{2}\boldsymbol{I}\right)$ que acabamos de considerar está representada por el *origen* de la esfera de Bloch, y su interpretación ontológica completamente ambigua es muy obvia a partir de la simetría de la figura (Fig. 29.3). Sin embargo, *cualquier* punto (matriz densidad no pura) $\boldsymbol{L}$ en el interior de B^3 representa una matriz densidad con una interpretación ontológica asimismo ambigua. Para ver esto tracemos simplemente una recta arbitraria (cuerda) que pasa por $\boldsymbol{L}$ y corta la frontera S^2 en dos puntos $\boldsymbol{P}_1$ y $\boldsymbol{P}_2$. Estos representan dos *esta-*

[29.7] Vea si puede caracterizar la familia de matrices densidad de «estado puro» que corresponde a la combinación lineal $w|\psi\rangle - z|\varphi\rangle$ para cierto par de estados dados $|\psi\rangle$ y $|\varphi\rangle$.

[29.8] Demuéstrelo. *Sugerencia*: ¿Cuál es el producto de los autovalores en términos de a, b y c? ¿Qué significa que este producto sea no negativo?

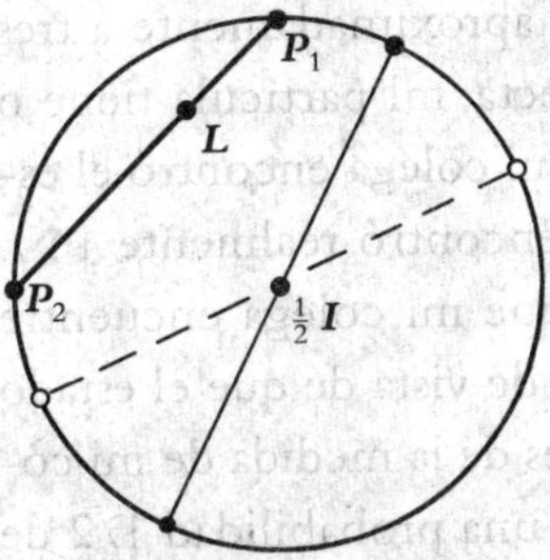

Fig. 29.3. Esfera de Bloch B^3 de matrices densidad para un sistema de 2 estados, centrada en $\frac{1}{2}\boldsymbol{I}$. Cualquier matriz densidad $\boldsymbol{L}$ (no pura) tiene una interpretación ontológica ambigua. Una cuerda arbitraria que pasa por $\boldsymbol{L}$ corta la frontera $\boldsymbol{S}^2$ en $\boldsymbol{P}_1$ y $\boldsymbol{P}_2$; entonces, $\boldsymbol{L}$ tiene una interpretación como una mezcla probabilística de los estados puros $\boldsymbol{P}_1$ y $\boldsymbol{P}_2$.

dos puros y la matriz densidad $\boldsymbol{L}$ puede ser interpretada entonces como una mezcla probabilista de estos dos.[29.9] La única cosa que hay de especial acerca del origen $\boldsymbol{D}$ de la esfera de Bloch es que todos estos pares de estados puros, en cuyos términos puede representarse $\boldsymbol{D}$, son pares *ortogonales*. Pero no hay nada en la definición de una matriz densidad que requiera que la mezcla probabilista sea entre estados mutuamente ortogonales. En §29.5 veremos cómo pueden aparecer mezclas no ortogonales.

29.5. La matriz densidad en situaciones EPR

Examinemos una situación particularmente clara en la que aparece de una forma natural una colección con probabilidades ponderadas de vectores de estado posibles. Esto se da en el efecto EPR-Bohm (véase §23.4). Supongamos que en alguna parte entre la Tierra y Titán, la luna de Saturno —pero digamos que a distancia doble de la Tierra que de Titán—, se emite un par EPR de partículas de espín 1/2 en un estado combinado de espín 0. Supongamos que mi colega en Titán (nuestro viejo conocido de §§23.4,5) mide el espín de la partícula que llega allí en una dirección arriba/abajo y obtiene cierta respuesta, aproximadamente una hora antes de que yo reciba mi partícula aquí en la Tierra. Supongamos que cuando llega mi partícula no ha habido tiempo para que yo haya recibido ninguna señal procedente de mi colega acerca del

[29.9] Explique por qué es así, demostrando que las dos probabilidades en la mezcla tienen la misma proporción que las dos longitudes en las que $\boldsymbol{L}$ divide la cuerda.

resultado de esa medida anterior. (Titán está aproximadamente a tres horas luz de la Tierra.) Por lo que a mí respecta, mi partícula tiene o bien espín $|\uparrow\rangle$ o bien espín $|\downarrow\rangle$. Será $|\uparrow\rangle$ si mi colega encontró el estado $|\downarrow\rangle$, y mi estado será $|\downarrow\rangle$ si mi colega encontró realmente $|\uparrow\rangle$. Puesto que yo sé que las probabilidades de que mi colega encuentre $|\downarrow\rangle$ o $|\uparrow\rangle$ son iguales, debo adoptar el punto de vista de que el estado de la partícula que yo recibo (una hora después de la medida de mi colega) tiene una probabilidad 1/2 de ser $|\uparrow\rangle$ y una probabilidad 1/2 de ser $|\downarrow\rangle$. Así pues, utilizo la matriz densidad

$$\boldsymbol{D} = \frac{1}{2}|\uparrow\rangle\langle\uparrow| + \frac{1}{2}|\downarrow\rangle\langle\downarrow|$$

(tomando los dos estados $|\uparrow\rangle$, $|\downarrow\rangle$ ortogonales y normalizados: $\langle\uparrow|\downarrow\rangle =$ $= 0$, y $\langle\uparrow|\uparrow\rangle = 1 = \langle\downarrow|\downarrow\rangle$).

Sin embargo, podría darse el caso de que, por un cambio de idea a última hora, mi colega hubiera decidido medir el espín de la partícula que llega a Titán no en una dirección arriba/abajo, sino en una dirección izquierda/derecha. Si mi colega obtuvo el resultado $|\leftarrow\rangle$, entonces debo encontrar $|\rightarrow\rangle$ para mi partícula que llega a la Tierra; si mi colega obtuvo $|\rightarrow\rangle$, entonces yo debo encontrar $|\leftarrow\rangle$. Una vez más, la probabilidad de las dos alternativas de mi colega habría sido 1/2 en cada caso; por eso, aunque yo no conozco todavía cuál de estos resultados obtuvo mi colega, debo concluir que mi partícula podría ser $|\rightarrow\rangle$ o podría ser $|\leftarrow\rangle$, con probabilidad 1/2 en cada caso. Por consiguiente, asigno la matriz densidad

$$\boldsymbol{D} = \frac{1}{2}|\rightarrow\rangle\langle\rightarrow| + \frac{1}{2}|\leftarrow\rangle\langle\leftarrow|$$

a mi partícula (donde $\langle\leftarrow|\rightarrow\rangle = 0$, $\langle\rightarrow|\rightarrow\rangle = 1 = \langle\leftarrow|\leftarrow\rangle$). Por supuesto, como hemos visto, esta es exactamente la misma $\boldsymbol{D}$ que antes. Así es como debería ser, puesto que la decisión de mi colega respecto a la forma de medir la partícula en Titán no debería afectar a las probabilidades en la Tierra (o de lo contrario, tendríamos un método de enviar señales de Titán a la Tierra más rápidas que la luz).[29.10] Así pues, parecería que para el tipo de situación que estamos considerando la matriz densidad proporciona una excelente descripción matemática de la si-

[29.10] Explique cómo.

tuación física. El estado de espín de la partícula que recibo en la Tierra, siempre que yo no sepa nada de lo que sucede en Titán —ni la dirección que mi colega escogió para medir el espín, ni el resultado de dicha medida—, está muy bien descrito por la matriz densidad anterior $\boldsymbol{D}$.

Por supuesto, esto funciona bien solo si yo no recibo información de Titán. Si conozco el tipo de medida que realiza mi colega, esto afectará a mi idea de la ontología del estado de espín que yo recibo, pero no afectará a las expectativas de las probabilidades de las medidas que yo pudiera realizar aquí en la Tierra.[16] Si sé que la medida de mi colega va a ser derecha/izquierda, yo podría adoptar el punto de vista de que la ontología del estado de espín de mi partícula es o bien derecha o bien izquierda, pero no sé cuál, un punto de vista que yo no podría haber adoptado si no hubiera conocido la dirección de la medida de mi colega. No obstante, este conocimiento ontológico no afectará a mis estimaciones de las probabilidades de los resultados de las medidas de espín que yo realizo en la Tierra, así que podría adoptar la postura alternativa de que la «ontología» no es importante, y quizá incluso científicamente carente de significado, de modo que la matriz densidad *es* todo lo que se necesita científicamente. Por el contrario, si recibo realmente un mensaje de Titán diciéndome los resultados de la medida de mi colega, entonces mis estimaciones de probabilidad muy bien podrían verse afectadas. Más que eso, habrá realmente requisitos de consistencia que limiten los resultados de nuestras medidas conjuntas (por ejemplo: yo no puedo obtener el resultado $\langle\leftarrow|$ si mi colega obtuvo el resultado $\langle\leftarrow|$. *Ahora* está claro que la descripción mediante matriz densidad es completamente inadecuada, y debemos volver a una descripción en términos de un (vector de) estado cuántico real que describa el par entrelazado entero: $|\Omega\rangle = |\uparrow\rangle|\downarrow\rangle - |\downarrow\rangle|\uparrow\rangle$ $(= |\leftarrow\rangle|\rightarrow\rangle - |\rightarrow\rangle|\leftarrow\rangle$, etc.).

La matriz densidad concreta que aparece en el ejemplo anterior es muy especial. En términos de cualquier base ortonormal, tiene la forma

$$\boldsymbol{D} = \begin{pmatrix} \frac{1}{2} & 0 \\ 0 & \frac{1}{2} \end{pmatrix}.$$

Lo que es especial en ella es que todos sus autovalores son iguales (los dos números 1/2 de la diagonal). La consecuencia de esto es que ella tiene la misma forma cualquiera que sea la base (ortonormal) utilizada, puesto que es simplemente un múltiplo de la matriz identidad. Así pues, no hay nada que distinga la base arriba/abajo de la base izquierda/derecha, etc.

Es importante señalar que esto es solo el resultado de la situación particularmente simple que hemos considerado en este ejemplo. Ya hemos visto en §29.4 que no hay nada especial en la matriz densidad $\boldsymbol{D}$ concreta (con valores propios iguales) con respecto a su confusión de ontología. Con una modificación muy ligera del ejemplo podemos obtener cualquier matriz densidad 2×2 que queramos. En lugar del par de partículas EPR de espín 1/2 producido en un estado de espín 0, como en el caso recién considerado, las tomamos inicialmente en un estado de espín 1. Para ver cómo funciona esto en un caso concreto, podemos considerar el ejemplo de Lucien Hardy, estudiado en §23.5. Aquí el estado inicial es $|\leftarrow\nearrow\rangle = |\leftarrow\rangle|\nearrow\rangle + |\nearrow\rangle|\leftarrow\rangle$ (en la descripción de Majorana de §22.10, siendo 4/3 la tangente del ángulo entre $\rightarrow$ y $\nearrow$), y supondré que mi colega decide hacer una medida derecha/izquierda en la partícula que llega a Titán. A partir de los resultados de §23.5, observamos que si mi colega obtiene $|\rightarrow\rangle$, entonces el estado que recibo yo aquí en la Tierra es $|\leftarrow\rangle$, mientras que si mi colega obtiene $|\leftarrow\rangle$, entonces el estado que yo recibo es $|\uparrow\rangle$.[29.11] Así pues, si sé que mi colega realizó una medida derecha/izquierda (y sé que el estado inicial era $|\leftarrow\nearrow\rangle$), entonces concluyo que el estado de espín de la partícula que recibo en la Tierra es una mezcla probabilista de $|\leftarrow\rangle$ y $|\uparrow\rangle$. Nótese que $|\leftarrow\rangle$ y $|\uparrow\rangle$ *no son ortogonales*. La ortogonalidad no es un requisito para la mezcla probabilista de estados que componen una matriz densidad, y lo vemos explícitamente en este ejemplo.

¿Cuál es la matriz densidad que utilizaría yo para mi partícula? Podemos calcularla si sabemos los valores de probabilidad para los dos resultados alternativos, $|\rightarrow\rangle$ y $|\leftarrow\rangle$, que puede obtener mi colega. De hecho, estas probabilidades respectivas resultan ser 1/3 y 2/3, de modo

[29.11] ¿Por qué?

que tengo una probabilidad 1/3 de recibir el estado $|\leftarrow\rangle$ y una probabilidad 2/3 de recibir $|\uparrow\rangle$. Mi matriz densidad es, por consiguiente,

$$L = \frac{1}{3}|\leftarrow\rangle\langle\leftarrow| + \frac{2}{3}|\uparrow\rangle\langle\uparrow|.$$

Expresada en una base arriba/abajo, esta matriz tiene la forma

$$L = \begin{pmatrix} \frac{5}{6} & -\frac{1}{6} \\ -\frac{1}{6} & \frac{1}{6} \end{pmatrix}$$

(tomando $|\leftarrow\rangle = (|\uparrow\rangle - |\downarrow\rangle)\sqrt{2})$. Ciertamente, esta no tiene valores propios iguales, puesto que sus valores propios son, de hecho, $\frac{1}{2} + \frac{1}{6}\sqrt{5}$ y $\frac{1}{2} - \frac{1}{6}\sqrt{5}$.[29.12] La *ontología* particular «$|\leftarrow\rangle$ con probabilidad 1/3 y $|\uparrow\rangle$ con probabilidad 2/3» para esta matriz densidad no es ni mucho menos única. Por ejemplo, es obvio a partir de la simetría entre $\leftarrow$ y $\nearrow$, en el estado inicial $|\leftarrow\nearrow\rangle$, que si mi colega decide medir en la dirección de $\nearrow$ en lugar de la de izquierda/derecha (dirección de $\leftarrow$), entonces mi propia ontología para la matriz densidad $\boldsymbol{D}$ cambiaría mucho, al incluir $|\nearrow\rangle$ y otro estado perpendicular a este. De hecho, se obtendría una ontología diferente para cada diferente dirección de medida posible que mi colega en Titán pudiera escoger.[29.13]

Podrían obtenerse numerosas ontologías más complicadas, dada cualquier matriz densidad concreta, si permitimos que la mezcla probabilista implique tres o más estados diferentes. Una situación semejante aparecería si el estado inicial tuviera espín $\frac{1}{2}n$, para $n > 2$, que se desintegra en una partícula de espín 1/2 dirigida hacia la Tierra y una de espín $\frac{1}{2}n - \frac{1}{2}$ dirigida a Titán, puesto que la medida de espín de mi

[29.12] Deduzca la forma matricial de $\boldsymbol{L}$, verifique que estos son sus autovalores y encuentre los autovectores. El punto $\boldsymbol{L}$ en la esfera de Bloch de la Fig. 29.3 se ha escogido para coincidir con esto. ¿A qué distancia está del centro?

[29.13] Demuestre que cualquier matriz densidad 2×2 preasignada puede obtenerse mediante el procedimiento anterior, donde el estado inicial para el par EPR tiene espín 1. ¿Cómo se relacionan las direcciones de espín de los autovectores de la matriz densidad con la descripción de Majorana de dicho estado inicial?

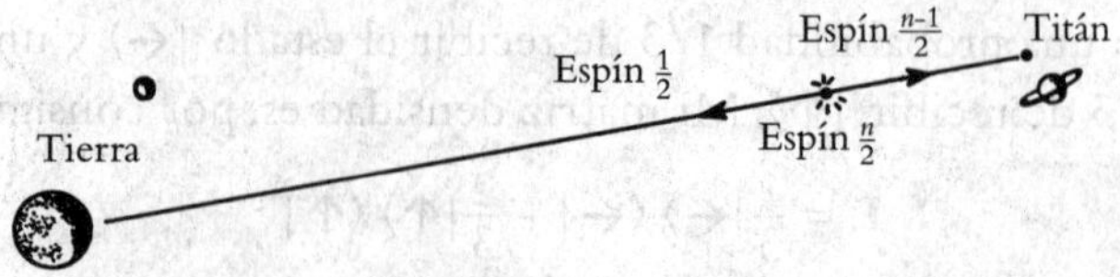

Fig. 29.4. Una matriz densidad puede representar una mezcla probabilística de más estados que la dimensión del espacio. En este ejemplo: en un punto entre la Tierra y Titán, pero más próximo a Titán, un estado inicial conocido de espín $n/2$ (para $n > 2$) se desdobla en una partícula de espín 1/2 dirigida hacia la Tierra y una partícula de espín $\frac{1}{2}(n-1)$ dirigida a Titán. Un colega en Titán mide el valor m de espín de la última, y la probabilidad para cada uno de los n resultados posibles de la medida es un número específico que puede calcularse (en la Tierra), conociendo el estado inicial, de modo que una matriz densidad 2×2 específica aparece en la Tierra, compuesta como una mezcla probabilista de n estados. (Esto también se generaliza evidentemente a un espacio de Hilbert de más de dos dimensiones.)

colega admitiría entonces n resultados diferentes, cada uno de ellos con su propia probabilidad (§22.10); véase la Fig. 29.4. Esto también se generaliza evidentemente a situaciones en las que el espacio de Hilbert de estados que utilizo para mi partícula cuando llega a la Tierra es más que 2-dimensional. Todo esto sirve para resaltar que no hay una ontología única de «estados alternativos con probabilidades ponderadas» cualquiera que sea la matriz densidad utilizada.[17] Veremos muy pronto que este hecho es causa de dificultades para la filosofía del punto de vista (c) de decoherencia por el entorno.

Aquí se debería hacer un comentario respecto al cálculo real de una matriz densidad, donde, como antes, parte de la información en un estado entrelazado está oculta (por ejemplo, «en Titán»). Hay un método muy eficaz que se conoce como «sumar sobre los estados desconocidos». Esto se expresa más fácilmente en la notación de índices. Escribamos nuestro estado inicial (el vector ket normalizado $|\psi\rangle$) como $\psi^{\alpha\rho}$, que debe considerarse un estado entrelazado, donde α se refiere a *aquí* (digamos la Tierra) y ρ se refiere a *allí* (digamos Titán); véanse §§23.4,5. El complejo conjugado de este estado (el vector bra $\langle\psi|$) es $\overline{\psi}_{\alpha\rho}$. La normalización del estado es la condición

$$\overline{\psi}_{\alpha\rho}\psi^{\alpha\rho} = 1.$$

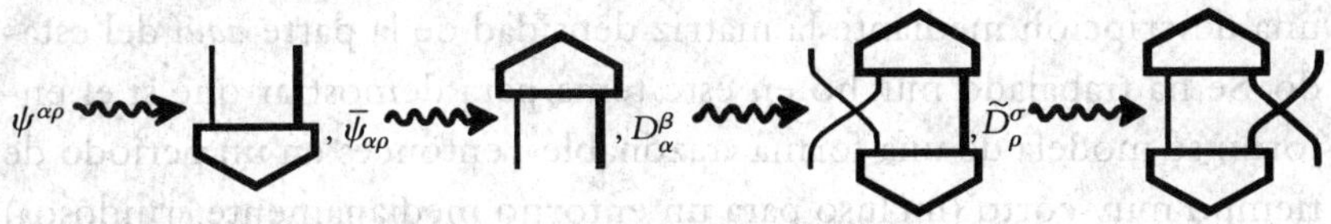

Fig. 29.5. Notación diagramática para las matrices densidad construidas «sumando sobre estados desconocidos». El vector $|\psi\rangle$ normalizado se expresa como $\psi^{\alpha\rho}$, donde «α» se refiere a «aquí» (la Tierra) y «σ» se refiere a «allí» (Titán). El conjugado hermítico (vector bra $\langle\psi\rangle$ es $\bar{\psi}_{\alpha\rho}$ y la normalización es $\bar{\psi}_{\alpha\rho}\psi^{\alpha\rho} = 1$. La matriz densidad utilizada «aquí» es $D_\alpha^\beta = \psi_{\alpha\rho}\psi^{\beta\rho}$, mientras que la utilizada «allí» es $\tilde{D}_\rho^\sigma = \bar{\psi}_{\alpha\rho}\psi^{\alpha\sigma}$.

Entonces, la matriz densidad que yo utilizaría aquí en la Tierra, en ausencia de información de Titán, es la cantidad

$$D_\alpha^\beta = \bar{\psi}_{\alpha\rho}\psi^{\beta\rho}$$

(con una contracción en el índice ρ). En correspondencia, la matriz densidad de mi colega sería $\bar{\psi}_{\alpha\rho}\psi^{\alpha\sigma}$.[29.14] Véase la Fig. 29.5 para la versión diagramática de esto.

29.6. Filosofía FAPP de la decoherencia por el entorno

Las consideraciones anteriores pueden verse como un «preludio» para nuestra investigación del punto de vista (c) de la decoherencia por el entorno, que mantiene que la reducción de estado **R** puede entenderse como resultado de que el sistema cuántico bajo consideración queda inextricablemente entrelazado con su entorno. Para aplicar estas ideas, tomamos el propio sistema como la parte *aquí*, y el entorno como la parte *allí*. Consideramos que el entorno es extraordinariamente complicado y esencialmente «aleatorio», de modo que en la práctica no hay ninguna forma imaginable de extraer la parte *allí* del entorno de la información del estado cuántico total. Por consiguiente, «sumamos sobre los estados desconocidos» en el entorno para obtener

[29.14] Muestre por qué funciona esto. (*Sugerencia*: Escoja una base normal independiente para *aquí* y para *allí* y trabaje en términos de las probabilidades conjuntas para los diversos resultados posibles de medidas en los dos lugares.) Verifique las probabilidades anteriores 1/3 y 2/3 para el caso $|\psi\rangle = |\leftarrow\nearrow\rangle$ que se ha considerado antes.

una descripción mediante la matriz densidad de la parte *aquí* del estado. Se ha trabajado mucho en este tema para demostrar que si el entorno se modela de una forma «razonable», entonces en un período de tiempo muy corto (incluso para un entorno medianamente «ruidoso») la matriz densidad se hace diagonal,

$$\boldsymbol{D} = \begin{pmatrix} p_1 & 0 & \dots & 0 \\ 0 & p_2 & \dots & 0 \\ \vdots & \vdots & \ddots & \vdots \\ 0 & 0 & \dots & p_n \end{pmatrix}$$

hasta un alto grado de aproximación, cuando se expresa en términos de cierta base particular $|1\rangle, |2\rangle, \dots, |n\rangle$, de especial interés.[29.15] Esta se interpreta entonces como una mezcla probabilista

$$\boldsymbol{D} = p_1|1\rangle\langle 1| + p_2|2\rangle\langle 2| + \dots + p_n|n\rangle\langle n|$$

de aquellos estados base particulares que corresponden a los términos diagonales. Se considera que esta mezcla probabilista refleja las alternativas que se dan en el proceso de reducción de estado **R**, y las probabilidades de cada resultado son los respectivos números $p_1, p_2, \dots, p_n$.

Pero, como hemos visto antes, cualquier matriz densidad tiene numerosas interpretaciones ontológicas. Nunca podemos aprender, simplemente a partir de un argumento semejante, que una cualquiera de estas interpretaciones nos proporciona el estado de cosas «real». Además, no podemos deducir entonces que el estado sea *uno* de los $|1\rangle$, $|2\rangle, \dots,$ o $|n\rangle$, con probabilidades respectivas $p_1, p_2, \dots, p_n$.

En circunstancias normales, además, se debe considerar la matriz densidad como un tipo de *aproximación* a la verdad cuántica completa, pues no hay ningún principio general que nos proporcione un medio de extraer información detallada del entorno. Quizá una tecnología futura proporcione medios con los que se pueda seguir la pista de las relaciones de fase cuántica detalladas, en circunstancias donde la tecnología actual simplemente «se rinde». ¡Parecería que el recurso a una descripción mediante la matriz densidad es una receta dependiente de

[29.15] De hecho, cualquier matriz densidad es diagonal en *alguna* base. ¿Puede ver por qué, en el caso particular en que todos los autovalores son distintos?

Fig. 29.6. ¿Cuál es la naturaleza del espaciotiempo en la escala de Planck de 10^{-33} cm o 10^{-43} s? Se ha argumentado que fluctuaciones cuánticas en el campo gravitatorio pueden dar como resultado un hervidero de «espuma» con múltiples cambios de topología, y donde las relaciones de fase cuántica detalladas pueden perderse realmente en este nivel.

la tecnología! Con una tecnología mejor, la descripción del vector de estado podría mantenerse más tiempo, ¡y el recurso a una matriz densidad se pospondría hasta que las cosas se hicieran *desesperantemente* embrolladas! Una visión de la realidad física que la considera descrita «realmente» por una matriz densidad parece una visión extraña. Por consiguiente, tales descripciones se conocen a veces como *FAPP*, un acrónimo sugerido por John Bell (el de las famosas desigualdades de Bell; véase §23.3) que significa «para todo propósito práctico». Puede considerarse así que la descripción mediante una matriz densidad es una conveniencia pragmática: algo FAPP, antes que proporcionar una imagen «verdadera» de la realidad física fundamental.

No obstante, podría haber un nivel en el que las relaciones de fase detalladas se pierdan *realmente* debido a algún profundo principio básico primordial. Las ideas en esta dirección suelen apelar a la *gravedad* como algo que tal vez nos lleve a tal principio. A veces podría apelarse a la idea de «fluctuaciones cuánticas en el campo gravitatorio», según la cual la propia estructura del espaciotiempo podría hacerse «espumosa», en lugar de parecerse a una variedad suave (Fig. 29.6) en la «escala de Planck» de 10^{-35} m.[18] (Me referiré a tales ideas en §31.1 y §33.1). Cabría imaginar que a dicha escala las relaciones de fase podrían «perderse en la espuma» inextricablemente. Otra sugerencia, que se debe a Stephen Hawking, es que en presencia de un agujero negro la información acerca del estado cuántico podría ser «engullida» por el agujero y llegar a perderse irrecuperablemente *en principio*. En tales circunstancias, cabría imaginar que un sistema cuántico —que se refiere a una física externa que está entrelazada con una parte que ha caído dentro del agujero— debería estar descrito realmente por una matriz densidad antes que por un «estado puro».[19] Volveré a estas ideas más adelante, en §§30.4,7,8,14.

29.7. El gato de Schrödinger con la ontología «de Copenhague»

Volvamos al *problema de la medida* mecanocuántica que consiste en cómo podría ocurrir —o parecer que ocurre— **R** cuando se supone que el estado cuántico evoluciona «realmente» de acuerdo con el proceso **U** determinista (§21.8, §§22.1,2 y §23.10). Este problema se presenta frecuentemente de forma muy gráfica como la *paradoja del gato de Schrödinger.* La versión que presento aquí difiere de la versión original de Schrödinger, aunque solo en aspectos no esenciales. Supongamos que hay una fuente de fotones *S* que emite un solo fotón en la dirección de un divisor de haz (espejo semiplateado), donde el estado del fotón se divide en dos partes. En uno de los dos haces emergentes, el fotón encuentra un detector que está acoplado a algún artilugio criminal para matar al pobre gato, mientras que en el otro haz, el fotón escapa y el gato sigue vivo. Véase la Fig. 29.7. (Por supuesto, este es solo un «experimento mental». En un experimento real —tal como el que veremos en §30.13— no hay necesidad de involucrar a una criatura viva. ¡El gato se utiliza solo con un efecto dramático!) Puesto que estas dos alternativas para el fotón deben coexistir en una superposición lineal cuántica, y puesto que la linealidad de la ecuación de Schrödinger (i.e.,

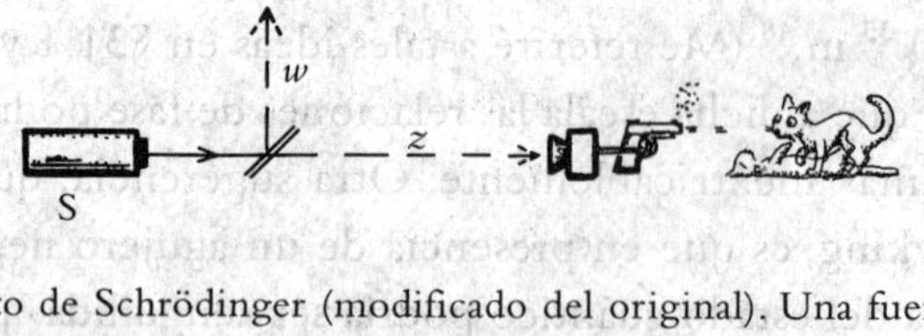

Fig. 29.7. Gato de Schrödinger (modificado del original). Una fuente de fotones S emite un único fotón dirigido hacia un divisor de haz, donde el estado del fotón se divide en una superposición de dos partes. En una de estas, el fotón encuentra un detector que dispara un arma asesina que mata al gato; en el otro, el fotón escapa y el gato vive. La evolución **U** da como resultado una superposición de un gato muerto y un gato vivo.

de **U**) exige que las dos evoluciones temporales subsiguientes deban seguir en una constante superposición ponderada por números complejos, a medida que pasa el tiempo (§22.2) el estado cuántico debe incluir en definitiva una superposición de números complejos tal como la de un gato muerto y un gato vivo, de modo que el gato ¡está muerto y vivo al mismo tiempo!

Por supuesto, una situación semejante es un absurdo para el comportamiento de un objeto del tamaño de un gato en el mundo físico real que experimentamos. ¿Cómo tratan esta paradoja las diferentes interpretaciones «estándar» de la mecánica cuántica? Tomemos el punto de vista (a) de «Copenhague». Por lo que puedo ver, esta interpretación consideraría simplemente que el detector de fotones es un «dispositivo de medida clásico», al que no se le aplican las reglas de la superposición cuántica. El estado del fotón entre su emisión y su detección (o no detección) por el dispositivo está descrito por una función de onda (vector de estado), pero a eso no se le atribuye ninguna «realidad física». La función de onda se utiliza simplemente como una expresión matemática que sirve para calcular probabilidades. Si el divisor de haz es tal que la amplitud del fotón se divide en dos por igual, entonces el cálculo nos dice que hay un 50 % de probabilidades de que el detector registre la llegada del fotón y un 50 % de probabilidades de que no lo haga. Por consiguiente, hay un 50 % de probabilidades de que el gato muera y un 50 % de probabilidades de que siga vivo.

Esta es la respuesta correcta físicamente, donde «físicamente» se refiere al comportamiento del mundo del que realmente tenemos experiencia. Pero esta descripción nos ofrece una imagen de las cosas muy insatisfactoria si queremos seguir los sucesos físicos con mayor detalle. ¿Qué sucede realmente dentro de un detector? ¿Por qué se nos permite tratarlo como un «dispositivo clásico» cuando, después de todo, está construido a partir de los mismos ingredientes cuánticos (protones, electrones, neutrones, fotones virtuales, etc.) que cualquier otra pieza de material físico, grande o pequeña? Puedo entender muy bien que en los primeros días de la mecánica cuántica se necesitase algo parecido a la perspectiva de Niels Bohr sobre el tema para que la teoría pudiera ser utilizada realmente y pudiesen hacerse progresos en física cuántica. Pero, por lo que puedo ver, una perspectiva semejante solo puede ser temporal, y no resuelve la cuestión de por qué y en qué etapa podría aparecer el «comportamiento clásico» para estructuras grandes y complicadas como los «detectores». Puesto que el punto de vista (a) requiere semejantes «estructuras clásicas» para su interpretación de la mecánica cuántica, solo puede ser una postura «provisional», en la que no se abordan en absoluto las cuestiones más profundas respecto a lo que realmente constituye una medida.

Otra variante de (a) exigiría, en efecto, que el «aparato de medida clásico» sea en última instancia la consciencia del observador. Por consiguiente (si descontamos la consciencia del propio gato), solo cuando un experimentador consciente examina el gato es cuando se ha conseguido la «clasicalidad». Me parece que, una vez que hemos llegado a este nivel, nos vemos llevados a adoptar una posición que está más en la línea de (b) o (f). Si adoptamos el punto de vista de que las reglas **U** de la superposición lineal cuántica siguen siendo válidas hasta el nivel del ser consciente, entonces estamos en el reino de la perspectiva (b) de muchos universos; pero si adoptamos la postura de que **U** falla para seres conscientes, entonces nos vemos llevados a una versión de (f) según la cual entra en juego un nuevo tipo de comportamiento, fuera de las predicciones ordinarias de la mecánica cuántica, cuando intervienen seres que poseen consciencia. Una sugerencia en esta línea fue propuesta realmente por el distinguido físico cuántico Eugene Wigner en 1961.[20]

No obstante, creo que cualquier teoría que exija la presencia de un observador consciente para que pueda efectuarse **R** conduce a una imagen muy sesgada (y yo diría que muy implausible) del universo. Imaginemos un planeta lejano similar a la Tierra pero sin vida consciente, y para el que tampoco hay consciencia en muchos años luz a la redonda. ¿A qué se parece el clima en dicho planeta? Las estructuras climáticas tienen la propiedad de que son «sistemas caóticos», en el sentido de que cualquier estructura particular que se desarrolle dependerá de forma muy crítica de cualquier minúsculo detalle de lo sucedido antes (véase §27.2). De hecho, es probable que en un mes terrestre, pongamos por caso, minúsculos efectos cuánticos lleguen a amplificarse tanto que el clima del planeta entero dependería de ellos. La ausencia de consciencia, según la versión particular de (f) (o quizá de (a)) en discusión, implicaría que **R** *no ocurre nunca* en dicho planeta, de modo que el clima es en realidad tan solo un revoltijo cuántico superpuesto que no se parece a ningún clima real en el sentido en el que lo conocemos. Pero si una nave espacial que lleve viajeros conscientes, o una sonda con la capacidad de transmisión de una señal a un ser consciente, es capaz de dirigir sus sensores a ese planeta, entonces inmediatamente —y solo entonces— su clima se convierte de repente en un clima ordinario, ¡exactamente como si hubiera sido un clima ordinario todo el tiempo! No hay en esto ninguna contradicción real con la experiencia, pero ¿es esta «realidad de Wigner» una imagen creíble del comportamiento de un universo físico real? Para mí, no lo es; pero puedo entender (apenas) que otros le den más crédito.

29.8. ¿Pueden las ontologías (b) y (c) resolver el «gato»?

¿Qué pasa entonces con el punto de vista (b) de los muchos universos? Aquí la «realidad» de la superposición cuántica de un gato muerto y vivo se *acepta* simplemente (como se aceptaban las estructuras climáticas en superposición cuántica del párrafo anterior); pero esto no nos dice lo que un observador «percibe» realmente al mirar el gato (o el clima). Se considera que el estado de percepción del observador está

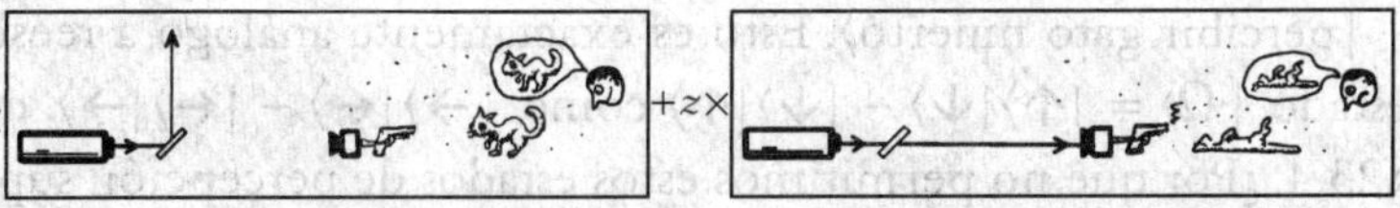

Fig. 29.8. La conclusión de la Fig. 29.7 no se ve afectada por la presencia de entornos diferentes entrelazados con los estados del gato o por las respuestas diferentes de un observador. Así, el estado toma la forma

$$|\Psi\rangle = w \times \; |\text{gato vivo}\rangle|\text{entorno del gato vivo}\rangle|\text{percibir gato vivo}\rangle$$
$$+ \; z \times \; |\text{gato muerto}\rangle|\text{entorno del gato muerto}\rangle|\text{percibir gato muerto}\rangle.$$

Si la evolución **U** tiene que representar realmente la realidad (punto de vista de los muchos universos (b)), entonces debemos adoptar la postura de que la consciencia de un observador puede experimentar solo una u otra alternativa, y «se divide» en experiencias de universo separadas en esta fase.

entrelazado con el estado del gato. El estado de percepción «yo percibo un gato vivo» acompaña al estado «gato vivo», y el estado de percepción «yo percibo un gato muerto» acompaña al estado «gato muerto». Véase la Fig. 29.8. Se supone entonces que un ser perceptivo siempre encontrará que su estado de percepción está en uno de estos dos; por consiguiente, el gato está en el mundo percibido o vivo o muerto. Estas dos posibilidades coexisten en la «realidad» en la superposición entrelazada:

$$|\Psi\rangle = w|\text{gato vivo}\rangle|\text{percibir gato vivo}\rangle + z|\text{gato muerto}\rangle\,|\text{percibir gato muerto}\rangle.$$

Deseo dejar claro que, tal como está, esto no es ni mucho menos una resolución de la paradoja del gato, pues no hay nada en el formalismo de la mecánica cuántica que exija que un estado de consciencia no pueda estar involucrado en la percepción simultánea de un gato vivo y un gato muerto. En la Fig. 29.9 he ilustrado esta cuestión, donde he considerado la situación simple en la que las dos amplitudes, z y w, para reflexión y transmisión en el divisor de haz, son iguales. Como sucede con el sencillo ejemplo EPR-Bohm con dos partículas de espín 1/2 emitidas en un estado inicial de espín 0, podemos reescribir el estado entrelazado resultante de muchas maneras. En el ejemplo ilustrado en la Fig. 29.9, el estado $|\text{gato vivo}\rangle + |\text{gato muerto}\rangle$ está acompañado por $|\text{percibir gato vivo}\rangle + |\text{percibir gato muerto}\rangle$ y el estado $|\text{gato vivo}\rangle - |\text{gato muerto}\rangle$ está acompañado por $|\text{percibir gato vivo}\rangle - |\text{percibir gato muerto}\rangle$. Esto es exactamente análogo a reescribir el estado $|\Omega\rangle = |\uparrow\rangle|\downarrow\rangle - |\downarrow\rangle|\uparrow\rangle$ como $|\rightarrow\rangle|\leftarrow\rangle - |\leftarrow\rangle|\rightarrow\rangle$, como en §23.4. ¿Por qué no permitimos estos estados de percepción superpues-

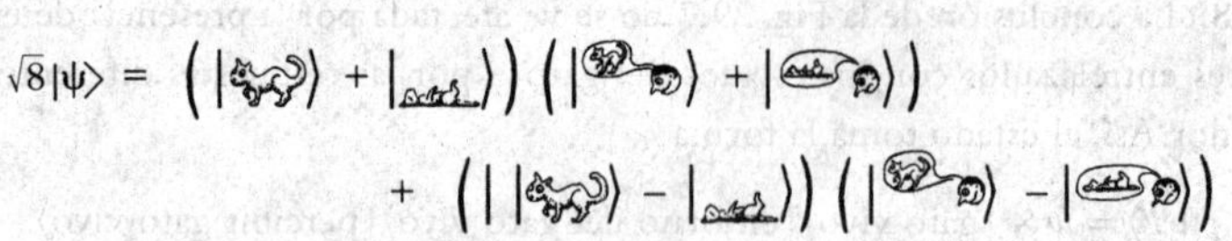

Fig. 29.9. Reformulación de la Fig. 29.8 (en el caso $z = w = \frac{1}{R\sqrt{2}}$, e incorporando el estado del entorno con el del gato) como sigue.

$$\sqrt{8}|\psi\rangle = \{|\text{gato vivo}\rangle + |\text{gato muerto}\rangle\}\,\{|\text{percibir gato vivo}\rangle + |\text{percibir gato muerto}\rangle\} + \{|\text{gato vivo}\rangle - |\text{gato muerto}\rangle\}\,\{|\text{percibir gato vivo}\rangle - |\text{percibir gato muerto}\rangle\}.$$

tos? Hasta que sepamos exactamente qué hay en un estado cuántico que le permita ser considerado como una «percepción», y ver en consecuencia que tales superposiciones son «no permitidas», no habremos llegado en realidad a ninguna parte en el intento de explicar por qué el mundo real de nuestras experiencias no puede involucrar superposiciones de gatos vivos y muertos.

A veces la gente pone objeciones a este ejemplo sobre la base de que la igualdad de las amplitudes para las dos alternativas es una situación muy especial, y que en general no hay libertad para reexpresar los estados entrelazados de este modo. Sin embargo, cuando consideramos esta situación con mayor profundidad observamos que el aspecto de «igual amplitud» de este ejemplo particular no tiene realmente ninguna importancia. Es útil tener en cuenta el ejemplo de un par EPR de partículas de espín 1/2, considerado en §29.5. «Igualdad de amplitudes» (en realidad, «igualdad de módulos de amplitudes» $|z| = |w|$) es lo que da lugar a una matriz densidad con valores propios iguales. En §§29.4,5 hemos visto explícitamente que una matriz densidad 2×2 con valores propios desiguales tiene muchas representaciones como una mezcla probabilista de un par de estados, pero el par será en general no ortogonal. De hecho, la ortogonalidad ocurre solo cuando los dos estados son autovectores de la matriz densidad.[29.16] En el caso de «amplitudes iguales» (estrictamente $|z| = |w|$), podemos considerar que los estados $|\text{gato vivo}\rangle$ y $|\text{gato muerto}\rangle$ son ortogonales y, de hecho, los estados acompañantes $|\text{percibir gato vivo}\rangle$ y $|\text{percibir gato muerto}\rangle$ son ortogonales (los «autovectores»). Pero en el caso $|z| \neq |w|$, el par de estados de percepción que acompaña a un par ortogonal de estados de gato superpuestos no será en general ortogonal, y el par de estados de gato que acompaña a un par de estados de percepción ortogonales no será en general ortogonal. No hay nada erróneo en usar cualquiera de estas representaciones del estado total $|\Psi\rangle$. Puesto que **R** no tiene lugar realmente según la posición (b), no hay un estatus especial para las alternativas ortogonales (puesto que nada se «reduce» a ellas en ningún caso).

De hecho, resulta que en el caso general habrá un único par de es-

[29.16] Demuéstrelo.

tados ortogonales que acompañan a un par de estados del gato ortogonales. Esto es algo conocido como la *descomposición de Schmidt* de un estado entrelazado.[21] Sin embargo, esto no sirve de mucho para resolver la paradoja de la medida (pese a la popularidad de la descomposición de Schmidt en relación con la teoría de la información cuántica),[22] porque en general este par de estados del gato «matemáticamente preferidos» (autoestados de la matriz densidad del gato) no serían los deseados $|\text{gato vivo}\rangle$ y $|\text{gato muerto}\rangle$, sino alguna no deseada superposición lineal de ellos. Podemos ver que estos autoestados de la matriz densidad que ocurren en una descomposición de Schmidt no necesitan tener nada que ver con las expectativas de lo que debería ser «ontológicamente real» si miramos de nuevo el ejempo de Lucien Hardy considerado en §29.5. Encontramos (véase el ejercicio [29.12]) que los autovectores de la matriz densidad (para la partícula que yo recibo aquí en la Tierra) ¡son muy diferentes de las alternativas $|\leftarrow\rangle$ y $|\uparrow\rangle$ que son «alternativas macroscópicamente distinguibles» según las medidas de mi colega en Titán!

Puesto que las matemáticas por sí solas no discriminarán los estados «$|\text{gato vivo}\rangle$» y «$|\text{gato muerto}\rangle$» como estados «preferidos», seguimos necesitando una teoría de la percepción antes de que podamos dar sentido a (b), y carecemos de una teoría semejante.[23] Más aún, una obligación de una teoría semejante sería no solo explicar por qué no ocurren superposiciones de gatos muertos y gatos vivos (o de cualquier otra cosa macroscópica) en el mundo percibido, sino también por qué la maravillosa y extraordinariamente precisa regla del módulo al cuadrado ¡da realmente las respuestas correctas en mecánica cuántica! Una teoría de percepción que pudiera hacer esto necesitaría ser ella misma tan precisa como la teoría cuántica. Los defensores de (b) no han estado nunca próximos a sugerir un esquema semejante.[24]

Volvamos ahora a los intentos de resolver la paradoja del gato mediante decoherencia por el entorno (c). Consideremos que la emisión inicial del fotón es ontológicamente real. (La fuente podría estar preparada para registrar este suceso de una forma macroscópica.) Entonces, una vez que el fotón ha encontrado el divisor de haz, tenemos una superposición ontológicamente real del mismo en los dos haces. La parte transmitida del estado del fotón evoluciona hacia un gato muerto, junto con su entorno, y la parte reflejada evoluciona hacia un gato vivo, junto con un entorno diferente. Por el momento, la ontología es aún la superposición de los dos. Las alternativas del entorno, al ser «inobservables», se han de sumar, llevándonos a una matriz densidad 2×2. Ahora la posición ontológica cambia sigilosamente, y la «realidad» llega a describirse por la propia matriz densidad. El argumento de la decoherencia por el entorno afirma que esta matriz llega a hacerse rápidamente casi diagonal, con extraordinaria aproximación, en la base $(|\text{gato vivo}\rangle, |\text{gato muerto}\rangle)$, de modo que hay otro cambio subrepticio en la ontología, y el estado se convierte en una mezcla probabilista de $|\text{gato vivo}\rangle$ y $|\text{gato muerto}\rangle$. ¡Así es como se nos ha «permitido» pasar con este cambio de ontología de la superposición

$$w|\text{gato vivo}\rangle|\text{entorno del gato vivo}\rangle + z|\text{gato muerto}\rangle|\text{entorno del gato muerto}\rangle$$

a las alternativas $|\text{gato vivo}\rangle$ o $|\text{gato muerto}\rangle$! Recordemos que no hay unicidad en la interpretación ontológica de una matriz densidad de una mezcla probabilista de estados (sean o no iguales los autovalores). De hecho, pasar a la mezcla de $|\text{gato vivo}\rangle$ y $|\text{gato muerto}\rangle$ representa un genuino (doble) cambio de ontología desde la superposición original. La posición (c) es, de hecho, FAPP, y no nos da ninguna ontología consistente para la realidad física.

29.9. ¿Qué ontologías no convencionales pueden ayudar?

Debería hacer un breve comentario sobre (d) y (e). Si se adopta la ontología «extravagante» para la aproximación (d) de las historias consistentes, en la que la realidad se representa como la totalidad del conjunto de historias consistentes máximamente refinadas, entonces puede plantearse una crítica que es algo similar a la del caso (b) de los muchos mundos. Como sucede con (b), se necesita una teoría detallada y precisa de los perceptores conscientes para que (d) pueda evocar una imagen que sea consistente con el mundo físico que conocemos. Se han hecho intentos en esta dirección (proporcionados por la noción de un IGUS, «sistema de recogida y utilización de información»), pero por el momento están muy lejos de ser suficientes.[25] Alternativamente, se podría preferir algo como la ontología más económica sugerida en §29.2, en la que un único conjunto de historias consistentes máximamente refinado se considera un candidato plausible para una ontología del «mundo real». Sin embargo, esta (igual que la más extravagante ontología anterior) depende de que el criterio de «historia consistente» consiga realmente aquello para lo que estaba diseñado, a saber, discriminar historias que se parezcan al tipo de mundo en el que vivimos. No obstante, como demostraron Dowker y Kent en 1996, esta condición de «consistencia» por sí sola está lejos de ser adecuada. Parece que se requieren algunos criterios adicionales.

En mi opinión, una desventaja importante para (d) es que, a pesar de la introducción de procesos tipo **R** (mediante la inserción de conjuntos de proyectores), no parece acercarnos más a una comprensión de lo que es realmente una medida que lo que lo hacen las ontologías más convencionales de (a) o (b). De hecho, en (d) los procedimientos tipo **R** son establecidos explícitamente para no tener nada que ver directamente con medidas físicas reales. Mi problema con esto es que eliminando la asociación entre estos reemplazamientos tipo **R** y las medidas físicas no sacamos ninguna idea de lo que realmente constituye una medida física. ¿Por que, según (d), no vemos realmente cosas como gatos de Schrödinger en un limbo superpuesto entre la vida y la muerte? La teoría no parece ofrecer ninguna mejora sobre la posición de Copenhague estándar (a) para explicar qué sistemas (tales como piezas de aparatos físicos o gatos) deberían comportarse clásicamente, mientras que los neutrones o los fotones no lo hacen. El requisito de «consistencia» para historias de grano grueso (máximamente refinadas) parece estar lejos de lo que se necesita para ofrecer un modelo[26] para la realidad física observada.

Aunque es una característica positiva de (d) el hecho de que hace un serio intento por incorporar procesos tipo **R** en un nivel fundamental, los criterios que se han propuesto hasta ahora no hacen suficiente por estrechar el comportamiento del modelo de modo que pueda aparecer una imagen algo parecida al mundo que conocemos. Esto parece ser cierto tanto en el nivel «tipo clásico» macroscópico (como he comentado antes, en relación con el análisis de Dowker-Kent del criterio de «historia consistente») como en el «nivel cuántico» en el que uno esperaría ver una evolución unitaria no perturbada. Puesto que la paradoja de la medida está relacionada con el aparente conflicto entre el comportamiento físico en estos dos niveles diferentes, es difícil ver cómo el punto de vista (d) de las historias consistentes esté, pese a todo, en posición de arrojar mucha luz sobre esta paradoja.

¿Qué pasa con (e)? Como se ha comentado en §29.2, el punto de vista (e) de la onda piloto de De Broglie-Bohm parece tener la ontología más clara entre todas aquellas que no alteran realmente las predicciones de la teoría cuántica. Pese a todo, en mi opinión no aborda realmente la paradoja de la medida de una forma más satisfactoria que las otras. Tal como lo veo, (e) puede sacar ventaja conceptual de sus dos niveles de realidad, pues tiene un nivel de «partícula» más firme de la realidad de la configuración del sistema, así como un nivel de realidad secundario «de onda», definido por la función de onda ψ, cuyo papel es guiar el comportamiento del nivel más firme. Pero no tengo claro cómo podemos estar seguros, en cualquier situación experimental real, de a qué nivel deberíamos estar apelando. Mi dificultad reside en que no hay ningún parámetro que defina qué sistemas son «grandes», en el sentido apropiado, de modo que coincidan con imágenes «tipo partícula» o «tipo configuración» más clásicas, y qué sistemas son «pequeños», de modo que cobre importancia el comportamiento «tipo función de onda» (y esta crítica se aplica también a (d)). Sabemos de §23.4, etc., que el comportamiento cuántico puede extenderse sobre distancias de decenas de kilómetros al menos, de modo que no es solo la distancia física la que nos dice cuándo un sistema deja de parecer mecanocuántico y empieza a comportarse como una entidad clásica. Pero, de todas formas, hay un sentido en el que un objeto grande (como un gato) parece no estar de acuerdo con las leyes cuánticas unitarias a pequeña escala. (En §30.11 explicaré mis propias ideas respecto al tipo de «medidas de escala» que serán necesarias.) Pero ya crea uno o no que cualquier medida concreta semejante es apropiada, pienso que *alguna* medida de escala es necesaria para definir en qué momento el comportamiento de tipo clásico empieza a tomar el mando a partir de la actividad cuántica a pequeña escala. En común con las otras ontologías cuánticas en las que no se espera ninguna desviación medible de la mecánica cuántica estándar, el punto de vista (e) no posee una medida de escala semejante, de modo que no veo cómo puede abordar de manera adecuada la paradoja del gato de Schrödinger.

En relación con esta cuestión, quizá sea apropiado un comentario general respecto a los intentos por «obtener» la ocurrencia aparente de **R** a partir de la dinámica de (digamos) **U**. Podemos ver que la dinámica ordinaria (determinista) por sí sola nunca puede conseguir esto, como es evidente, aunque solo sea por la razón de que no hay probabilidades en una ecuación dinámica como la ecuación de Schrödinger. (Remito al lector a la discusión de §27.1.) Se necesita también algún principio probabilista. Después de todo, **R** es una ley probabilista. Así pues, como se ha comentado en §29.2, es realmente un ingrediente esencial de (e) el que las sucesivas probabilidades de medidas estén correctamente codificadas en la elección de (digamos) el estado inicial.

Esto nos deja con (f). Las dificultades principales con la mayoría de las muchas propuestas diferentes (a menudo heroicas) de una «**R** objetiva» residen en su apariencia poco natural, su carácter esencialmente no relativista, su necesidad de introducir parámetros arbitrarios que no están justificados por la física conocida, sus violaciones de la ley de conservación de la energía y, en algunos casos, su conflicto directo con la observación. No sería oportuno que discuta aquí todas estas propuestas, y sería poco honesto que discriminase algunas de ellas en detrimento de las otras. De hecho, adoptaré el procedimiento de ser uniformemente injusto con todas las propuestas que otros han presentado ¡imponiendo al lector, en el capítulo 30, la propuesta (en algunos aspectos minimalista) que para mí tiene más probabilidad de ser correcta (con disculpas para muchos de mis amigos)! De hecho, ha habido un estímulo y aportaciones muy importantes por parte de varias propuestas que otros han presentado antes, y me referiré a estas (con la gratitud debida), pero solo en relación con la ideas específicas que deseo argumentar.

Notas

Sección 29.1

29.1. Véase Deutsch (2000).

29.2. Debo este término a mi colega clasicista Peter Derow. Véase Penrose (1987a).

29.3. Véanse Everett (1957), Wheeler (1957), DeWitt y Graham (1973) y Deutsch (2000).

29.4. Algunos físicos argumentan que no hay «ningún problema» en la superposición cuántica de estados macroscópicamente diferentes —como el superpuesto gato vivo y muerto de Schrödinger que se ha comentado en §§29.7-9—, porque sencillamente sería «demasiado caro» (o una imposibilidad práctica) diseñar un experimento para detectar interferencias entre los estados vivo y muerto. Esto, de nuevo, es tomar una posición «pragmática» que no aborda en realidad las cuestiones ontológicas que nos interesan aquí. Personalmente, ubicaría a tales físicos, en general, en la categoría (c).

29.5. Véase Hawking y Penrose (1996), p. 121.

Sección 29.2

29.6. Para (d), véase Gell-Mann y Hartle (1995); para (e), véase Bohm y Hiley (1994). La lista (a), (b), (c), (d) es solo representativa, y hay muchos matices diferentes dentro de los puntos de vista que he enumerado. Por ejemplo, algunos han expresado la idea (por ejemplo, Sorkin, 1994) de que la «realidad cuántica» se entiende mejor en términos de las integrales de camino y/o diagramas de Feynman que hemos visto en §§26.6-11. Por lo que puedo deducir, esta familia concreta de ontologías pertenecería a la clase general cubierta por (b) (aunque teniendo algunos elementos importantes en común con (d)), según la cual a una superposición particular que define el «estado cuántico» (o «historia cuántica») se le asignaría estatus de «realidad». Debería mencionar también las ontologías «transaccionales» de Aharonov y Vaidman (2001), Cramer (1988), Costa de Beauregard (1995) y Werbos y Dolmatova (2000), según las cuales una función de onda con propagación de Schrödinger hacia el futuro de la última medida junto con otra función de onda con propagación de Schrödinger hacia el pasado de la próxima medida se reúnen en la descripción de la realidad (véase §30.3). Sin embargo, no veo que en ninguna de estas alternativas, sin otros ingredientes, se resuelva la paradoja de la medida mejor que en (a), (b), (c), (d) o (e).

29.7. El formalismo (d) permite también que el «estado de partida» pudiera ser una matriz densidad (véase §29.3).

29.8. A veces a esto se le llama simplemente una «historia», pero esto podría confundirse con el uso de dicho término en la «suma sobre historias» de Feynman de §26.6.

29.9. Esta es una condición del tipo siguiente. Supongamos que tenemos una sucesión dada de conjuntos de proyectores (y supongamos por el momento $\mathcal{H} = 0$); entonces construimos la expresión $X = \langle\psi_0|\boldsymbol{E}'\boldsymbol{F}' \ldots \boldsymbol{K}'\boldsymbol{L}'\boldsymbol{D}_\infty\boldsymbol{L}\boldsymbol{K} \ldots \boldsymbol{F}\boldsymbol{E}|\psi_0\rangle$, donde $|\psi_0\rangle$ es el estado inicial y donde el estado final podría tomarse como una matriz densidad $\boldsymbol{D}_\infty$ (véase la nota 29.7). Los proyectores en los pares sucesivos $(\boldsymbol{E}, \boldsymbol{E}')$, $(\boldsymbol{F}, \boldsymbol{F}')$, ..., $(\boldsymbol{K}, \boldsymbol{K}')$, $(\boldsymbol{L}, \boldsymbol{L}')$ pertenecen, respectivamente, a la sucesión dada de conjuntos de proyectores. La condición de consistencia exige que la parte real de X se anule cuando cualquiera de los pares $(\boldsymbol{E}, \boldsymbol{E}')$, $(\boldsymbol{F}, \boldsymbol{F}')$, ..., $(\boldsymbol{K}, \boldsymbol{K}')$, $(\boldsymbol{L}, \boldsymbol{L}')$ es desigual. Este es estrictamente el caso solo cuando se ha ignorado la parte de Schrödinger de la evolución (i.e., tomamos $\mathcal{H} = 0$), pero podemos reinstaurar una evolución de Schrödinger no trivial introduciendo esta evolución apropiadamente entre las aplicaciones de los proyectores. Esta «condición de consistencia» sobre historias de grano grueso puede interpretarse como la condición de «no interferencia» entre las historias que se comparan.

29.10. De hecho, no he localizado un enunciado claro de *ninguna* «(d)-ontología» realmente pretendida en la literatura de las historias consistentes. Lo que estoy presentando aquí es solo mi propia tentativa de entender esta cuestión, basada en extensas discusiones con Jim Hartle y, más en particular, una fructífera correspondencia con Fay Dowker. Es probable que, pese a mis esfuerzos, aún no esté presentando adecuadamente una ontología subyacente defendida por la comunidad «(d)».

29.11. Véanse Bohm y Hiley (1995) y Valentini (2002). Antony Valentini tiene también un libro en curso sobre la teoría de De Broglie-Bohm, ¡que esperamos se publique pronto!

29.12. Véanse Károlyházy (1974), Frenkel (2000), Ghirardi *et al.* (1986), Ghirardi *et al.* (1990), Komar (1964), Pearle (1985), Pearle y Squires (1995), Kibble (1981), Weinberg (1989), Diósi (1984, 1989), Percival (1994,

1995), Gisin (1989, 1990), Penrose (1986a, 1989, 1996a, 2000a) y Leggett (2002), sin ningún orden particular.

Sección 29.3

29.13. Para una distribución de probabilidad continua, necesitamos una función univaluada de valor real *f* sobre $\mathcal{P}$, cuya integral es 1. El espacio $\mathcal{P}$ tendría una forma de volumen natural —la 2*N*-forma Σ de §20.4 que intervenía en el teorema de Liouville—, de modo que $f\Sigma$ puede integrarse legítimamente sobre $\mathcal{P}$, y nuestra condición requerida es realmente $\int f\Sigma = 1$.

29.14. Véase Brody y Hughston (1998b). Nielsen y Chuang (2000) ofrecen un buen cubrimiento conceptual de la matriz densidad en la práctica.

Sección 29.4

29.15. Para un sistema de *n* estados, con $n > 2$, la imagen es más complicada. Solo parte de la frontera del espacio $(n^2 - 1)$-dimensional de matrices densidad es el espacio de estados puros, siendo esta parte un $(n - 1)$-*espacio proyectivo complejo* $\mathbb{CP}^{n-1}$ (cf. §21.9 y §22.9).

Sección 29.5

29.16. Quizá el lector se está preguntando cómo podría afectar la noción de *cuanlazamiento*, introducida en §23.10, a estas cuestiones ontológicas. Esta es una pregunta intrigante, y muy bien podría ser que la cuestión global de la «ontología» en un contexto cuántico tenga que verse en definitiva a una nueva luz. Pero por el momento adoptemos simplemente una actitud más de «sentido común» hacia la realidad, en la que no entrarán las cuestiones planteadas por la relatividad.

29.17. Nielsen y Chuang discuten este punto; véase también Hughston *et al.* (1993).

Sección 29.6

29.18. La idea se debe originalmente (como tantas cosas) a Wheeler; véase Ng (2004) para una perspectiva moderna.

29.19. Véanse Hawking (1976b) y Preskill (1992); véase también §30.14.

20.20. No estoy seguro de si este punto de vista representaba la posición real de Wigner con respecto a la medida cuántica, que, después de todo, puede haber evolucionado durante su vida. Debería señalar también que mi posición difiere fundamentalmente de aquellas, como la aquí mencionada, que afirman que es la consciencia la que reduce el estado. (En relación con esto, mi opinión ha sido a veces malinterpretada por otros comentaristas.) Véanse §§30.9-12.

Sección 29.8

29.21. La descomposición de Schmidt (o *polar*) de un estado entrelazado $|\Psi\rangle$ perteneciente a $\mathbf{H}^2 \times \mathbf{H}^2$, lo expresa (de forma esencialmente unívoca) como $|\Psi\rangle = \lambda|\alpha\rangle|\beta\rangle + \mu|\rho\rangle|\sigma\rangle$, donde $|\alpha\rangle$ y $|\rho\rangle$, que pertenecen al primer $\mathbf{H}^2$, son ortogonales (autoestados normalizados de su matriz densidad), y $|\beta\rangle$ y $|\sigma\rangle$ corresponden análogamente al segundo $\mathbf{H}^2$. Aquí $\bar{\lambda}\lambda$ y $\bar{\mu}\mu$ son autovalores de la matriz densidad. Una expresión similar es válida para $\mathbf{H}^n \times \mathbf{H}^n$, donde la suma en $|\Psi\rangle$ tiene n términos. Véase Nielsen y Chuang (2000).

29.22. Véase Nielsen y Chuang (2000), ¡que trata, después de todo, de la teoría de la información cuántica!

29.23. Véase Page (1995) para una discusión de estas cuestiones.

29.24. Véanse Gell-Mann (1994) y Hartle (2004) para un corte de diez años de tales ideas.

Sección 29.9

29.25. Véase Dowker y Kent (1996).

29.26. Un ejemplo sorprendente que se debe a Adrian Kent muestra con claridad lo insuficiente que es la condición de «consistencia» para ofrecer una imagen físicamente plausible de la «realidad». En este ejemplo, una partícula p puede estar en una de tres cajas A, B, C, descritas por los respectivos estados ortogonales normalizados $|A\rangle$, $|B\rangle$, $|C\rangle$. El hamiltoniano lo tomamos cero, lo que da una evolución unitaria constante. El estado inicial va a ser $|A\rangle + |B\rangle + |C\rangle$ y suponemos que el estado final que se mide es $|A\rangle + |B\rangle - |C\rangle$. (Esto es posible porque $|A\rangle + |B\rangle + |C\rangle$ y $|A\rangle + |B\rangle - |C\rangle$ no son ortogonales.) La inserción del conjunto de proyectores $\{|A\rangle\langle A|, I - |A\rangle\langle A|\}$ entre los dos resulta ser «consistente», y parece que concluimos que p debe estar en la caja A en esta etapa intermedia (básicamente porque $|B\rangle + |C\rangle$ y $|B\rangle - |C\rangle$ *son* ortogonales). El mismo argumento, con B en lugar de A, llega a la conclusión de que ¡p debe estar en B en la etapa intermedia! Este ejemplo parece haberse desarrollado a partir del «problema del rey» de Yakir Aharonov»; véase Albert *et al.* (1985), p. 5.

30

El papel de la gravedad en la reducción del estado cuántico

30.1. ¿Va a quedarse aquí la teoría cuántica actual?

En este capítulo argumentaré que existen razones poderosas y positivas, aparte de las negativas presentadas en el capítulo precedente, para creer que las leyes de la mecánica cuántica actual necesitan un cambio fundamental (aunque presumiblemente sutil). Estas razones proceden de principios físicos aceptados y de hechos observados acerca del universo. Pese a todo, encuentro muy significativo que haya tan pocos físicos cuánticos actuales que estén dispuestos a mantener en serio la idea de un cambio real en las reglas básicas de su disciplina. La mecánica cuántica, a pesar de su notable apoyo experimental sin excepciones y de sus predicciones confirmadas de manera sorprendente, es una disciplina relativamente joven, pues solo tiene unos tres cuartos de siglo (si la datamos a partir del establecimiento de la teoría matemática por Dirac y otros, basada en los esquemas de Heisenberg y Schrödinger, en los años inmediatamente posteriores a 1925). Cuando digo «relativamente», estoy comparando la teoría cuántica con la de Newton, que perduró unos 300 años antes de que necesitase una modificación seria en la forma de la teoría de la relatividad especial y luego la general, y de la mecánica cuántica. Incluso si admitimos que la teoría de Newton sufrió su primera modificación con la introducción de los campos maxwellianos, ¡esto aún le dio un reinado de más de 175 años libre de excepciones!

Además, la teoría de Newton no tenía *una paradoja de la medida*. Mientras que la linealidad del proceso **U** de la teoría cuántica da a dicha teoría una elegancia particular, es esa misma linealidad (o unitariedad) la que nos lleva directamente a la paradoja de la medida (§22.2). ¿No resulta razonable creer que esta linealidad pudiera ser una aproximación a alguna *no* linealidad más precisa (pero sutil)?

Tenemos un precedente claro. La teoría gravitatoria de Newton tiene una elegancia matemática especial porque las fuerzas gravitatorias siempre se suman de una forma completamente lineal. Sin embargo, en la teoría más precisa de Einstein esta linealidad se ve sustituida por un tipo característicamente sutil de no linealidad en la forma en que se combinan los efectos gravitatorios de cuerpos diferentes. Y la teoría de Einstein no carece de elegancia, de un tipo completamente diferente de la de Newton. En la teoría de Einstein también vemos que las modificaciones en la teoría de Newton que fueron necesarias no eran nada parecido al «retoque» al que me he referido en §29.2. En diversos momentos se han sugerido retoques semejantes en la teoría de Newton, tales como reemplazar la potencia 2 en la fórmula de la inversa del cuadrado de Newton GmM/r^2 (véase §17.3) por 2.000 000 16, como sugirió Aspeth Hall en 1894 para acomodar aquellas ligerísimas desviaciones, descubiertas en 1843, respecto a las predicciones newtonianas detalladas del movimiento de Mercurio alrededor del Sol (y la sugerencia de Hall da también buenos ajustes para los otros planetas, como demostró Simon Newcombe).[1] La teoría de Einstein explicó posteriormente dichas desviaciones, sin ningún revuelo, pero la nueva teoría no se obtuvo ni mucho menos con solo retocar la vieja, sino que implicaba un cambio de perspectiva completamente radical. Este es, en mi opinión, el tipo general de cambio en la estructura de la mecánica cuántica al que debemos mirar si queremos obtener la (en mi opinión) necesaria teoría no lineal que reemplace a la teoría cuántica convencional actual.

De hecho, mi perspectiva es que la relatividad general de Einstein proporcionará por sí misma algunas claves necesarias respecto a las modificaciones que se requieren. El siglo XX nos trajo dos revoluciones capitales en el pensamiento físico, y a mi modo de ver la relatividad general ha supuesto una revolución tan impresionante como la teoría cuántica (o la teoría cuántica de campos). Pese a todo, estos dos grandes esquemas están basados en principios difícilmente compatibles. La perspectiva usual con respecto al matrimonio propuesto entre estas teorías es que una de ellas, a saber, la relatividad general, debe someterse a la voluntad de la otra. Al parecer, es una idea común que las reglas de la teoría cuántica de campos son inmutables y es la teoría de Einstein la que debe modificarse de manera adecuada para encajar en el molde cuántico estándar. Pocos sugerirían que las reglas cuánticas deben admitir una modificación para asegurar un matrimonio armonioso. De hecho, el mismo nombre «gravedad cuántica», que normalmente se asigna a la unión propuesta, conlleva la connotación implícita de que lo que se busca es una teoría *cuántica* (de campos) estándar. Pese a todo, ¡yo diría que hay evidencia observacional a favor de que la idea que tiene la naturaleza de esta unión es muy diferente! Sostengo que su diseño para esta unión debe ser lo que a nuestros ojos sería uno claramente no estándar, y que una de sus características importantes debe ser una reducción de estado objetiva.

30.2. Claves de una asimetría temporal cosmológica

¿Cuál es esta evidencia? Dirijámonos, en primer lugar, a aquellos lugares donde con más claridad se manifiesta la elección por la naturaleza de una unión cuántico/gravedad. Me refiero a las *singularidades* espaciotemporales del big bang y de los agujeros negros (y también del big crunch, si tal cosa va a tener lugar). En el capítulo 27 se ha expuesto la naturaleza extraordinariamente especial del big bang, en abierto contraste con la naturaleza en apariencia «genérica» de las singularidades de colapso. A pesar de las atrevidas sugerencias hechas de acuerdo con la propuesta de Hartle-Hawking (discutidas en §28.9), no veo escapatoria a que una flagrante asimetría temporal sea una característica necesaria de la unión cuántico/gravedad de la naturaleza.

Tal asimetría temporal parecería estar en completo contraste con las implicaciones de cualquier teoría cuántica de campos estándar. Consideremos, por ejemplo, el teorema CPT, señalado en §25.4. (Recordemos que «T» representa inversión temporal, mientras que «P» y «C» representan, respectivamente, reflexión espacial y reemplazamiento de partículas por sus antipartículas.) Si creemos que el teorema CPT se aplica a nuestra deseada unión cuántico/gravedad, entonces estamos en dificultades. Si aplicamos CPT a cualquier singularidad final «genérica» de colapso gravitatorio, entonces obtenemos que una posibilidad para el big bang (o para parte del big bang) es una singularidad del tipo inicial. Recordemos la enormidad del espacio de fases disponible, como se ha descrito en §27.13 (y se ha ilustrado gráficamente en la Fig. 27.21). Una vez que se hacen *admisibles* tales singularidades iniciales «genéricas», entonces no hay nada que guíe a la aguja del Creador en dicha región $\mathcal{B}$ absurdamente (y, desde la perspectiva «antrópica», en §28.6, innecesariamente) minúscula, que parece haber sido el punto de partida real de nuestro universo. Creo que está claro que el misterio de la naturaleza extraordinariamente especial del big bang no puede resolverse dentro del marco estándar de la teoría cuántica de campos.

Este sería al menos el caso para cualquier teoría para la que la palabra «estándar» implica la validez del teorema CPT (§25.4). Estrictamente hablando, este teorema no es inmediatamente aplicable a una teoría que respete por completo el espaciotiempo curvo base de la relatividad general de Einstein. Una de las premisas del teorema CPT es que el espaciotiempo de fondo es el espacio de Minkowski plano. De todas formas, sospecho que la mayoría de los físicos considerarán esto como un «tecnicismo» sin importancia, adoptando el punto de vista de que la teoría de Einstein se puede reexpresar, si así se desea, en la forma de una «teoría de campos invariante por Poincaré» introduciendo un fondo de Minkowski como conveniencia. Personalmente, tengo grandes reservas sobre este tipo de procedimientos;[2] pero estaría de acuerdo en que parece poco probable que la teoría de la relatividad general de Einstein clásica y completamente simétrica respecto al tiempo se hiciera tan asimétrica cuando se someta a los procedimientos estándar con simetría temporal de la teoría cuántica de campos.

Por otra parte, recordemos que en §25.5 y §§26.5,11 hemos visto situaciones donde una simetría de la teoría clásica se rompe cuando pasamos a la teoría cuántica. ¿Podría ser que esto es lo que sucede cuando la teoría de Einstein se introduce adecuadamente dentro del alcance de las reglas estándar QFT? Supongo que es concebible, pero resulta difícil ver cómo podría esto parecerse mucho al tipo de ruptura de simetría que ocurre, por ejemplo, en la teoría electrodébil, donde se considera que el «estado vacío» $|\Theta\rangle$ no comparte las simetrías de la dinámica cuántica. Para que esta idea funcione $|\Theta\rangle$ tiene que ser «asimétrico respecto al tiempo». No estoy seguro de cómo se podría dar sentido a una idea de este tipo. Es cierto que el ket $|\Theta\rangle$ tendría que colocarse a la derecha de todos los operadores de campo, a la manera descrita en §26.11, y podría considerarse que representa el estado inicial del universo, que aquí quiere decir el muy concreto estado big bang. Pero en la QFT estándar, el complejo conjugado de $|\Theta\rangle$, a saber el bra $\langle\Theta|$, también intervendría en el formalismo, pues es necesario para la formulación de probabilidades vía expresiones como $\langle\Theta|A|\Theta\rangle$, y desempeñaría un papel completamente simétrico al de $|\Theta\rangle$ pero con el tiempo invertido. Así pues, $\langle\Theta|$ tendría que representar el estado final del universo, y tenemos un estado final de una estructura similar al inicial, en total contradicción con el mensaje entero del capítulo 27.

Hay también otras características que aparecen en el proceso de «cuantización», por las que la teoría cuántica podría no compartir las simetrías de la teoría clásica. Se conocen como *anomalías*. Estas ocurren cuando las reglas de conmutación clásicas que proporcionan la simetría clásica (dada por los paréntesis de Poisson; véase §14.8) no pueden ser completamente realizadas por conmutadores cuánticos, y solo un subgrupo del grupo de simetría clásico completo sobrevive en la teoría cuántica. Parece que las anomalías deben considerarse normalmente como cosas a evitar (y veremos los malabarismos que tienen que realizar a veces los teóricos para eliminarlas cuando consideremos la teoría de cuerdas en el capítulo siguiente). Pese a todo, podríamos imaginar que se adopta un punto de vista diferente y se considera una anomalía como algo «bueno» en aquellas circunstancias en que la simetría mayor es algo que no deseamos. Sin embargo, en nuestro caso presente es una simetría discreta, a saber CPT, además de T, CT y PT —en realidad cualquier cosa que contenga una «T»—, la que hay que violar, y es difícil ver la relevancia de la idea de anomalía usual, que habitualmente (pero no siempre) se refiere solo a las simetrías continuas que pueden realizarse en términos de paréntesis de Poisson.

Como quiera que se mire, es difícil evitar la conclusión de que en aquellas circunstancias extremas en que los efectos cuánticos y los efectos gravitatorios deben unirse —en las singularidades espaciotemporales en el big bang y en el colapso gravitatorio— la gravedad se comporta *de forma diferente* de otros campos. Recordemos la conclusión final en el penúltimo párrafo del capítulo 27 respecto a este punto. Por la razón que sea, la naturaleza ha impuesto una flagrante asimetría temporal en el comportamiento de la gravedad en circunstancias tan extremas.

30.3. Asimetría temporal en la reducción del estado cuántico

¿Tiene esto relación con cualquier otra clave respecto a la posible interrelación entre gravedad y mecánica cuántica? Así lo creo firmemente. Mientras que no percibimos ninguna asimetría temporal en la parte **U** de la teoría cuántica (§27.1), *sí hay* una asimetría temporal esencial en **R**. Podemos ver esto en un sencillo experimento cuántico hipotético. Supongamos que hay una fuente de fotones S que emite fotones de uno en uno y que cada vez que lo hace este suceso queda registrado.[3] Supongamos también que los fotones son de alta energía, posiblemente fotones de rayos X o incluso rayos γ. Los fotones se dirigen a un divisor de haz B (un «espejo semiplateado») colocado a un ángulo de 45° respecto al haz, de modo que si un fotón se transmite, entonces activa un detector D al otro lado, mientras que si el fotón se refleja, entonces queda absorbido en el techo C (véase la Fig. 30.1). Estoy suponiendo amplitudes iguales para estas dos alternativas, de modo que el detector registrará la llegada del fotón solo en la mitad de las ocasiones en que se registra que la fuente lo ha emitido.

Esto es solo una aplicación directa del procedimiento **R**. Hay una amplitud $\frac{1}{\sqrt{2}}$ (ignorando posibles factores de fase) para la historia del fotón SBD y una amplitud $\frac{1}{\sqrt{2}}$ para la historia del fotón SBC. La aplicación de la regla del módulo al cuadrado para **R** da entonces la respuesta (correcta), según la cual cada vez que hay un suceso de emisión en S, hay una probabilidad de un 50 % de un suceso de detección en D

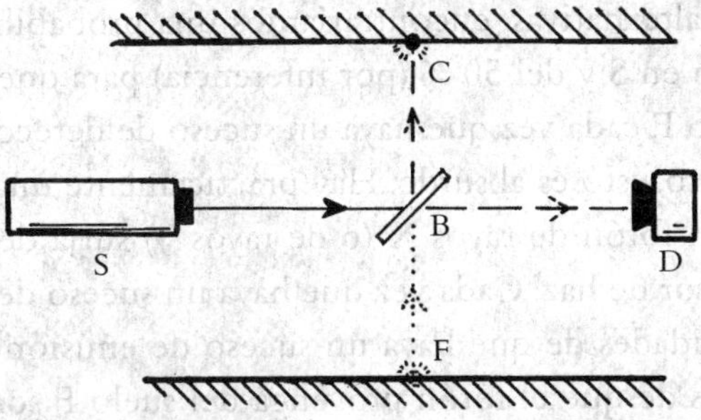

Fig. 30.1. Una fuente S emite aleatoriamente fotones únicos de alta energía (registrándose cada uno de tales sucesos) dirigidos a un divisor de haz B, inclinado a 45° del haz. Si se transmite a través de B, el fotón activa un detector D (ruta SBD); si se refleja, es absorbido en el techo C (ruta SBC). La regla cuántica del módulo al cuadrado predice correctamente las probabilidades 1/2, 1/2. Por otra parte, dado que D registra, el fotón podría haber venido de S (ruta SBD) o del suelo F (ruta FBD). Utilizada en la dirección inversa del tiempo, la regla del módulo al cuadrado retrodice incorrectamente probabilidades 1/2, 1/2, que deberían ser 1,0.

y (por inferencia) una probabilidad del 50 % de que el fotón llegue a C. Esta es sencillamente la respuesta correcta.

Pero imaginemos ahora que leemos este experimento concreto hacia atrás en el tiempo. No estoy proponiendo que tratemos de construir una fuente o un detector «hacia atrás en el tiempo». No, los procesos físicos no deben alterarse en modo alguno. Solo yo propongo expresar mis *preguntas* acerca de ellos de una forma invertida en el tiempo. En lugar de preguntar acerca de las probabilidades *finales*, preguntamos cuáles son las probabilidades *iniciales*, dado que existe un suceso de detección en D. Las amplitudes relevantes se refieren ahora a las dos historias alternativas SBD y FBD, donde F representa un punto en el suelo con la propiedad de que, si se emitiera un fotón desde allí, podría ser reflejado en B para ser recibido en D. Una vez más las amplitudes son $\frac{1}{\sqrt{2}}$ para cada una de estas dos historias (ignorando las fases). Esto debe ser así porque la razón de (los módulos de) las amplitudes de seguir un camino o el otro es solo una propiedad del divisor de haz. Aquí no hay asimetría temporal. Ahora, si aplicáramos la «regla del módulo al cuadrado» para obtener las probabilidades para estas dos alternativas, encontraríamos una probabilidad del 50 % para la emisión en S y del 50 % (por inferencia) para que el fotón provenga del suelo F, cada vez que haya un suceso de detección en D.

Por supuesto, esto es absurdo. Hay prácticamente una probabilidad cero de que un fotón de rayos X (o de rayos γ) surja del suelo en dirección al divisor de haz. Cada vez que haya un suceso de detección en D, las probabilidades de que haya un suceso de emisión en S son casi del 100 % y las de que el fotón provenga del suelo F son del 0 %. ¡La regla del módulo al cuadrado aplicada en la dirección del pasado nos ha dado una respuesta completamente errónea![4]

Por supuesto, esta regla no fue diseñada para ser aplicada hacia el pasado, pero resulta instructivo ver hasta qué punto sería completamente erróneo hacerlo así. A veces se han planteado objeciones a esta deducción señalando que yo no he tenido en cuenta todo tipo de circunstancias particulares que atañen a mi descripción con el tiempo invertido, tales como el hecho de que la segunda ley solo funciona en un sentido en el tiempo, o el hecho de que la temperatura del suelo es mucho menor que la de la fuente, etc. ¡Pero la maravillosa característica de la ley del módulo al cuadrado mecanocuántica es que nunca tenemos que preocuparnos por circunstancias concretas! El milagro es que las probabilidades cuánticas para predicciones futuras que aparecen en el proceso de medida no parecen depender en absoluto de consideraciones de temperaturas particulares, o geometrías, o cualquier cosa.[5] Si conocemos las amplitudes, entonces podemos calcular las probabilidades futuras. Todo lo que necesitamos conocer son las amplitudes. La situación es muy diferente para las probabilidades de retrodicción. Entonces sí necesitamos conocer toda clase de detalles acerca de las circunstancias. Las amplitudes por sí solas son completamente insuficientes para computar probabilidades pasadas.

Sin embargo, hay situaciones en que las probabilidades cuánticas pueden calcularse de un modo que es completamente simétrico en el tiempo, y quizá sea instructivo echarles un vistazo. Tales situaciones se dan cuando el estado cuántico se mide para ser algo conocido tanto antes como después de una medida cuántica intermedia. Para ser más explícitos, imaginemos una sucesión de tres medidas, la primera de las cuales proyecta el estado en $|\psi\rangle$ y la tercera lo proyecta en $|\phi\rangle$, y entre estas dos hay una medida SÍ/NO descrita por el proyector $\boldsymbol{E}$ (§22.6). La probabilidad de SÍ para la medida intermedia viene dada entonces por[30.1]

$$|\langle\phi|\boldsymbol{E}|\psi\rangle|^2$$

(donde suponemos las normalizaciones $\langle\psi|\psi\rangle = 1 = \langle\phi|\phi\rangle$), que ciertamente tiene simetría temporal. (Para establecer una situación semejante, uno realiza muchas veces las tres medidas sucesivas y escoge para examen solo aquellos casos en los que la primera medida da $|\psi\rangle$ y la tercera da $|\phi\rangle$. La probabilidad anterior se refiere entonces a la fracción de estos casos para los que la medida intermedia dio SÍ.)[6] Esto ha llevado a algunas personas a concluir que, de entrada, no hay ninguna asimetría temporal en la medida cuántica.[7]

Sin embargo, la mayoría de las medidas cuánticas no son de este tipo. Para el uso normal hacia delante en el tiempo de la regla del módulo al cuadrado no especificamos un $|\phi\rangle$, y para el pretendido uso anterior hacia atrás en el tiempo no especificamos $|\psi\rangle$. Vemos que podemos calcular perfectamente las probabilidades cuánticas, aunque no especifiquemos $|\phi\rangle$, pero no podemos arreglárnoslas sin especificar $|\psi\rangle$. Se podría adoptar el punto de vista de que la razón de que las reglas cuánticas funcionen bien para las probabilidades futuras tiene que ver con que $|\phi\rangle$ sea en algún sentido «aleatorio», lo que tiene que ver con la segunda ley de la termodinámica. Quizá haya algo de verdad en esto, pero encuentro este requisito para $|\phi\rangle$ muy poco claro. ¿Qué significa «aleatorio» en este contexto? De todas formas, parecería ciertamente que hay alguna conexión con la segunda ley en la cuestión de la medida. Podemos tomar nota del hecho de que los dispositivos de medida reales suelen sacar ventaja de ello en algún momento de su actuación. La existencia de cierta relación entre **R** y la segunda ley es parte de mi propia perspectiva sobre el tema. Y puesto que hemos visto que la segunda ley está íntimamente ligada con la buscada unión cuántico/gravedad, debemos esperar también una íntima relación entre **R** y esta unión.

Antes de llegar a esto de forma más explícita, vale la pena señalar que

[30.1] ¿Por qué? ¿Puede obtener esta fórmula?

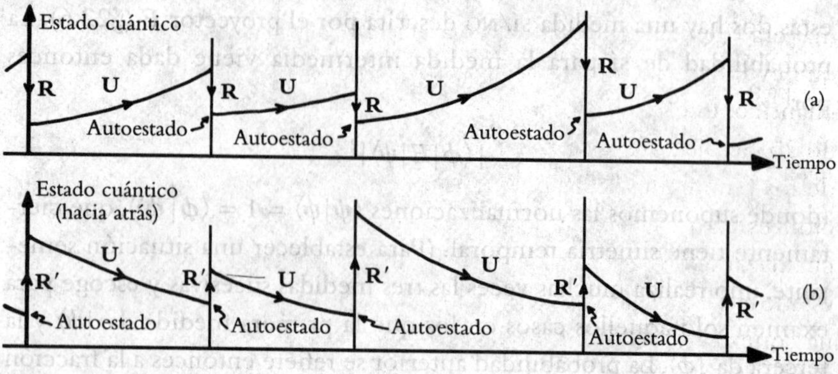

Fig. 30.2. Ilustración esquemática de la alternancia... **U**, **R**, **U**, **R**, **U**, ... de los dos procesos **U** y **R** tal como se usan en la práctica en mecánica cuántica (compárese con la Fig. 22.1), según: (a) la dirección temporal estándar de evolución y donde ocurren autoestados de operador en el extremo pasado de cada tramo de evolución **U**, y (b) el punto de vista del tiempo invertido para la evolución, donde autoestados del operador ocurren en el extremo futuro de cada tramo de evolución **U**. En la interpretación «transaccional» de la mecánica cuántica, hay dos vectores de estado, uno que evoluciona según (a) y el otro que evoluciona según (b).

el otro aspecto de **R**, a saber, el «salto» del estado cuántico —en oposición al cálculo de probabilidades vía la regla del módulo al cuadrado— puede (aparentemente) expresarse tanto según una perspectiva hacia atrás en el tiempo como según una hacia delante en el tiempo. Esto se ilustra de manera esquemática en las Figs. 30.2a, b; en la Fig. 30.2a he mostrado la visión «normal» de la alternancia ..., **U**, **R**, **U**, **R**, **U**, ... (véase la Fig. 22.1) y el estado es un autoestado de la medida *una vez que* esta ha tenido lugar, y en la Fig. 30.2b he representado la visión «invertida en el tiempo» en la que el estado es un autoestado inmediatamente *antes* de la medida. El cálculo de las amplitudes da el mismo resultado cualquiera que sea el punto de vista que se adopte,[30.2] pero aquel con el tiempo invertido tiene un aspecto «teleológico» que algunos encuentran perturbador. Hay también un punto de vista, la interpretación «transaccional» (que se debe, independientemente, a varios teóricos cuánticos),[8] según el cual ambas imágenes se mantienen de

[30.2] Explique por qué esto es básicamente una expresión de la naturaleza «unitaria» de **U**; véase §22.4.

manera simultánea, y en cualquier instante hay dos vectores de estado que evolucionan simultánea y unitariamente para describir el sistema cuántico, uno parecido al de la Fig. 30.2a y el otro como en la Fig. 30.2b. Se dice que esto tiene ventajas con respecto a la interpretación de los fenómenos EPR del capítulo 23. En mi opinión, esta descripción es algo excesiva, y quizá sea mejor adoptar una perspectiva de cuanlazamiento en la que la dirección temporal de «propagación» del estado no es importante, y el cuanlazamiento simplemente proporciona conexiones entre los estados en instantes diferentes (§23.10).

30.4. Temperatura del agujero negro de Hawking

¿Hay formas de conectar **R** con la buscada unión cuántico/gravedad (con asimetría temporal) que sean más directas que el solo hecho de la asimetría temporal en **R**? Creo que las hay, y describiré dos de ellas. La primera de estas tiene que ver con el notable fenómeno de «evaporación de agujeros negros». El argumento es parcialmente sugerente y ciertamente incompleto; más aún, es controvertido en ciertos aspectos fundamentales. Los ingredientes de esta discusión serán el objeto de esta sección, y de las secciones siguientes hasta §30.9 (excepto §§30.5,6, que pueden considerarse una digresión). El segundo argumento es mucho más explícito, pues procede de una tensión fundamental entre los principios básicos de la relatividad general y los de la mecánica cuántica, y conduce a algunas predicciones cuantitativas precisas. Esta línea de razonamiento se expondrá en §§30.10-13. Sin embargo, el primer argumento —que concierne a ciertas implicaciones de la entropía de los agujeros negros— plantea otras cuestiones teóricas que son importantes para nosotros y muy citadas en las discusiones teóricas actuales, y será útil tener cierta idea de ellas.

Recordemos de §27.10 la expresión de Bekenstein-Hawking $S_{BH} = \frac{1}{4}A$ (en unidades naturales, donde $k = c = G = \hbar = 1$) para la entropía S_{BH} de un agujero negro cuyo horizonte de sucesos tiene un área superficial A. Como parte de su propia discusión, Hawking (1973) demostró que un agujero negro también debe tener una *temperatura*, que resulta ser proporcional a lo que se denomina la «gravedad superficial» del agujero. Para un agujero estacionario en rotación (geometría de Kerr; véase §27.10), encontramos

$$T_{\mathrm{BH}} = \frac{1}{4\pi m[1 + (1 - a^2/m^2)^{-\frac{1}{2}}]},$$

donde, como en §27.10, m es la masa del agujero negro y am es su momento angular. Esta temperatura puede obtenerse a partir de una fórmula estándar de la termodinámica:

$$T\,\mathrm{d}S = \mathrm{d}E,$$

donde, al variar la energía E, mantenemos constante el momento angular conservado.[30.3] Por consiguiente, el agujero negro emitirá fotones, como si fuera un objeto físico en equilibrio térmico, irradiando energía con el espectro característico de «cuerpo negro» (planckiano), descrito en §21.4 (véase la Fig. 21.3b), para la temperatura T_{BH}. Puede advertirse que, aunque la entropía de Bekenstein-Hawking de un agujero negro es enorme y da lugar a las extraordinarias cifras examinadas en §27.13, la temperatura de Hawking es absurdamente minúscula para los agujeros negros de un tamaño plausible. Para un agujero negro de una masa solar, por ejemplo, la temperatura de Hawking es solo de alrededor de 10^{-7} K, que no es mucho mayor que las temperaturas más bajas conseguidas por el hombre en la Tierra (aproximadamente 10^{-9} K).

Jakob Bekenstein (1972) había obtenido algunos años antes la expresión de la entropía de un agujero negro utilizando un argumento físico (basado en la aplicación de la segunda ley a situaciones en las que partículas cuánticas caen lentamente dentro del agujero), pero no había obtenido un valor claro para el «1/4» que ahora aparece en dicha expresión, ni había obtenido una temperatura del agujero negro. Stephen Hawking proporcionó por primera vez la temperatura y el factor «1/4» en la fórmula de la entropía utilizando ideas de QFT en un fondo espaciotemporal curvo. Aquí el fondo describe un agujero negro que ha sido resultado del colapso de cierto material (digamos una estrella) en el pasado remoto. La situación está descrita por el diagrama

[30.3] Obtenga esta fórmula para T_{BH} suponiendo la expresión para el área del horizonte de un agujero de Kerr dada en §27.10.

conforme de la Fig. 27.16c (que es estricto si el colapso es esféricamente simétrico).

En mi opinión, el extraordinario cálculo de Hawking de la entropía y la temperatura de un agujero negro (junto con el relacionado «efecto Unruh»)[9] es la única conclusión razonablemente fiable que se ha obtenido hasta la fecha de cualquier teoría de la gravedad cuántica. Incluso las conclusiones de Hawking no eran estrictamente de gravedad cuántica, sino que más bien estaban obtenidas a partir de consideraciones de QFT en un espaciotiempo de fondo curvo. En general, surgen problemas graves cuando se intenta formular la teoría cuántica en un fondo curvo, y es sorprendente que Hawking fuera capaz, pese a todo, de llegar a algunas conclusiones firmes.

Uno de los problemas más cruciales consiste en encontrar una noción adecuada de «frecuencia positiva» en un fondo curvo. Como hemos visto en §24.3 y §26.2, esta noción es un ingrediente clave de la visión estándar de las partículas cuánticas y la QFT. El problema de formular esta cuestión en un espaciotiempo curvo general reside en la ausencia de un «parámetro temporal» definido de forma natural en cuyos términos pueda formularse la noción de «frecuencia positiva».

El lector avisado podría muy bien señalar que tampoco hay parámetro temporal definido de forma natural en un espacio de Minkowski plano. Sin embargo, un hecho sorprendente viene en nuestra ayuda y nos dice que para soluciones de las ecuaciones de ondas relativistas (como las estudiadas en los capítulos 19 y 24-26), la frecuencia positiva en una elección del parámetro temporal de Minkowski t es equivalente a la frecuencia positiva en cualquier otro parámetro semejante, para el que la orientación temporal no esté invertida. Para campos sin masa, se puede ir incluso más lejos y obtener la misma condición de frecuencia positiva con el uso de un «parámetro temporal» que se obtiene a partir del parámetro temporal de Minkowski estándar por una transformación conforme que conserva la orientación temporal (lo que tiene relevancia para la teoría de twistores; véanse §§33.3,10).[10]

En un espaciotiempo general no hay un análogo natural a un parámetro semejante, y la noción de frecuencia positiva resultaría, en general, de forma distinta para diferentes elecciones de un parámetro temporal. Aparte del caso de la temperatura de Hawking, los resultados más plausibles proceden de consideraciones de espaciotiempos *estacionarios*, para los que existe una familia continua de desplazamientos temporales que conservan la geometría espaciotemporal (véase la Fig. 30.3). Tales movimientos espaciotemporales están generados por un *vector de Killing* $\boldsymbol{\kappa}$ *de género tiempo* (véanse §14.7 y §30.6). Las curvas a lo largo de las cuales apuntan los vectores $\boldsymbol{\kappa}$ (curvas integrales de $\boldsymbol{\kappa}$) son las curvas a lo largo de las cuales puede especificarse un «parámetro temporal» t razonablemente natural, de modo que

$$\boldsymbol{\kappa} = \frac{\partial}{\partial t},$$

donde las tres coordenadas restantes x, y, z se toman constantes a lo largo de las curvas. Entonces puede definirse una noción de «frecuencia positiva» con respecto a este parámetro.

Una curiosa situación puede aparecer cuando hay más de un vector de Killing de género tiempo, puesto que entonces puede haber más de una noción de «frecuencia positiva». Esta multiplicidad de vectores de Killing de género tiempo sucede, por supuesto, con el espacio de Minkowski $\mathbb{M}$, pero, por lo que se ha dicho antes, las nociones de frecuencia positiva coinciden cuando pasamos de un sistema inercial minkowskiano a otro. Sin embargo, este no es el caso cuando pasamos a un sistema acelerado. Entonces obtenemos una noción diferente de «frecuencia positiva», y la QFT resultante está en lo que se denomina un *vacío térmico*, según el cual un observador acelerado experimenta una temperatura no nula, aunque absurdamente baja, para cualquier aceleración razonable.

Debería quedar claro que, aunque este es un efecto sorprendente, esta «temperatura de aceleración» es simplemente el tipo ordinario de temperatura, tal como sería medida por un termómetro ordinario (aunque idealizado). En este caso, el termómetro estaría experimentando aceleración uniforme, y se supone que está en un vacío ambiente que tendría temperatura cero si fuera medida por un termómetro no acelerado. (La noción de «vacío térmico» tiene relaciones con las nociones de QFT de «vacíos alternativos» en §§26.5,11 y «falso vacío» en §§28.1,4.) Esto se conoce como el «efecto Unhru», y es compatible con el estado térmico de Hawking de un agujero negro. Un observador que se mantenga estacionario cerca de un agujero negro muy

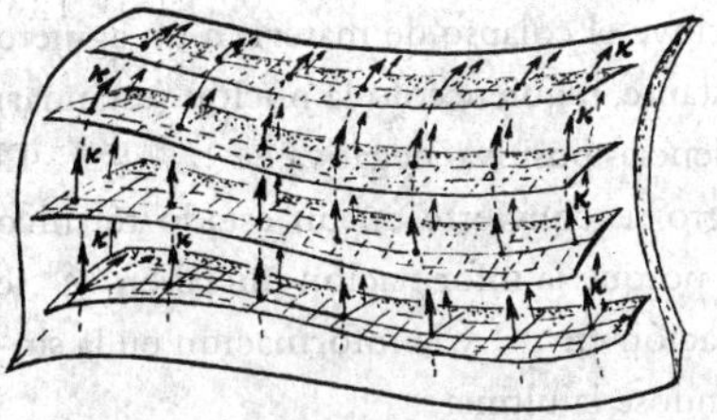

Fig. 30.3. La estacionariedad de un espaciotiempo está expresada como la presencia de un vector de Killing **κ** de género tiempo. Esto genera una familia continua de desplazamientos temporales que conservan la métrica. Si $\boldsymbol{\kappa} = \partial/\partial t$, donde t es el «parámetro tiempo» de un sistema de coordenadas (t, x, y, z), entonces x, y y z deben ser constantes a lo largo de las curvas integrales de **κ**. (Véase §14.7.)

grande experimentaría, según el principio de equivalencia (§17.4), una aceleración efectiva, y la temperatura de Unhru de esta aceleración coincide con la temperatura de Hawking, tal como se obtiene con sus propios procedimientos.

La dificultad que presenta en general la falta de una definición natural de «frecuencia positiva» es evitada en algunos enfoques abandonando la noción de «partícula» y concentrándose en el álgebra de los operadores mecanocuánticos.[11] A primera vista, esto puede parecer un sacrificio demasiado grande, y se necesita ingenio en la formulación de muchas preguntas de interés en tal enfoque. En el momento de escribir esto, yo mismo no he sido capaz de evaluar todos los méritos de este tipo de teoría enigmática y de aspecto prometedor. No obstante, sospecho que es superior a los enfoques basados en campos vectoriales de género tiempo específicos. En cualquier caso, no veo por qué la QFT en un fondo dado debería tener necesariamente un sentido físico completo. Es solo una aproximación a un esquema más exacto en el que los grados de libertad en el campo gravitatorio —es decir, en la geometría del propio espaciotiempo— deben formar parte también de la física cuántica.

En su cálculo de la temperatura y la entropía de un agujero negro, Hawking se las arregla para evitar la mayoría de estos problemas exigiendo una noción de frecuencia positiva/negativa que se separa solo en el infinito. Existe una noción en $\mathscr{I}^-$ (infinito nulo pasado) y otra diferente en $\mathscr{I}^+$ (véase §27.12). Esta diferencia lleva a la producción de un «estado térmico» de Hawking por el agujero negro, cuyo resultado es lo que se conoce como *radiación de Hawking*. También es digno de

Fig. 30.4. El cálculo de Hawking de la temperatura de un agujero negro, que incluye el colapso de materia a un agujero negro en el pasado distante, requiere solo la noción (estándar) de separación de frecuencias positiva/negativa en $\mathscr{I}^+$ y $\mathscr{I}^-$. El vacío del agujero negro se convierte en un estado térmico (una matriz densidad) porque la información inicial en $\mathscr{I}^+$ se divide entre la información en $\mathscr{I}^+$ y la información en la singularidad final, perdiéndose la última.

mención que este efecto debe su existencia al hecho de que parte de la información definida en $\mathscr{I}^-$ se *pierde* en la singularidad, y no toda lo hace en $\mathscr{I}^+$ (véase la Fig. 30.4). Veremos la importancia de este hecho en §30.8.

30.5. Temperatura del agujero negro a partir de la periodicidad compleja

En este punto es instructivo considerar una ingeniosa derivación posterior de la temperatura de Hawking, obtenida por Gibbons y Perry en 1976, aunque suponga una ligera digresión respecto a las líneas principales de razonamiento de este capítulo. (Las retomaré en §30.8.) El argumento de Gibbons-Perry plantea algunas cuestiones interesantes respecto al papel de las ideas matemáticas elegantes en la derivación de fenómenos físicos genuinos. Lo que ellos advirtieron era que si la solución de la ecuación de Einstein (a saber, la solución de Schwarzschild o de Kerr; véanse §§27.8,10) que representa al agujero negro asentado en su estado final es «complexificada» (i.e., extendida desde valores reales a valores complejos de las coordenadas; véase §18.1), entonces una condición de regularidad básica sobre las cantidades definidas en este espacio complexificado implica que dichas cantidades adquieren necesariamente una periodicidad (véanse §9.1 y la Fig. 9.1a) en el tiempo complexificado, con un período puramente imaginario $2\pi i T_{BH}$. Consideraciones de termodinámica estadística nos dicen que semejante periodicidad compleja corresponde a la temperatura exacta T_{BH}, dada en

§30.4. Esto ofrece una ruta sorprendentemente directa a la temperatura de Hawking para un agujero negro.

Pero ¿qué vamos a hacer de un procedimiento semejante como derivación física? De hecho, es un argumento notablemente elegante, y puede utilizarse directamente para obtener la temperatura de agujero negro de Hawking en varias situaciones diferentes en las que no podría aplicarse de inmediato su discusión original. Por otra parte, tengo dificultad en considerar que este argumento proporciona genuinamente una justificación física real de la temperatura de Hawking. Es un buen ejemplo de un bello fragmento de matemáticas, que resulta dar la respuesta correcta (si se juzga su «corrección» por su acuerdo con la respuesta obtenida a partir de criterios más aceptables físicamente: en este caso, el argumento original de Hawking que se ha mencionado antes), pese al hecho de que algunas de las hipótesis «físicas» que intervienen en las matemáticas pueden juzgarse de validez dudosa.

Consideremos un poco más de cerca los ingredientes matemáticos de esta «complexificación». Una buena manera de entender lo que está implícito aquí es pensar primero en el plano euclídeo ordinario 2-dimensional $\mathbb{E}^2$, y su complexificación estándar $\mathbb{CE}^2(= \mathbb{C}^2)$. El espacio real $\mathbb{E}^2$ se denomina a veces una *sección real* de $\mathbb{CE}^2$ (Figs. 30.5a,b; véase también la Fig. 18.2). Es una sección real euclídea, porque posee una métrica euclídea ordinaria. Pero $\mathbb{CE}^2$ tiene también secciones reales *lorentzianas* (véanse la Fig. 18.2 y §18.2), y podemos construir una de estas, $\mathbb{M}^2$, tomando la coordenada y de un par de coordenadas cartesianas estándar (x, y) para $\mathbb{E}^2$ (que son números reales) y exigir que y tome valores puramente imaginarios en lugar de reales. Entonces, $t = \mathrm{i}y$ sirve como una coordenada temporal para $\mathbb{M}^2$. (Este es simplemente el caso 2-dimensional de lo que ya hemos hecho en §18.1.) Consideremos ahora coordenadas *polares* (r, θ) para $\mathbb{E}^2$, en lugar de coordenadas cartesianas (x, y); véanse §5.1 y la Fig. 30.5a. El número real no negativo r mide la distancia al origen y el ángulo real θ da el ángulo entre el radio vector y el eje x, medido en sentido contrario a las agujas del reloj. ¿Cómo se extienden entonces estas coordenadas a nuestra sección lorentziana $\mathbb{M}^2$? Con tal de que restrinjamos la atención al cuadrante derecho $\mathbb{M}^R$, como se indica en la Fig. 30.5b, la cantidad r sigue siendo real y no negativa, pero θ es ahora puramente imaginaria, de modo que

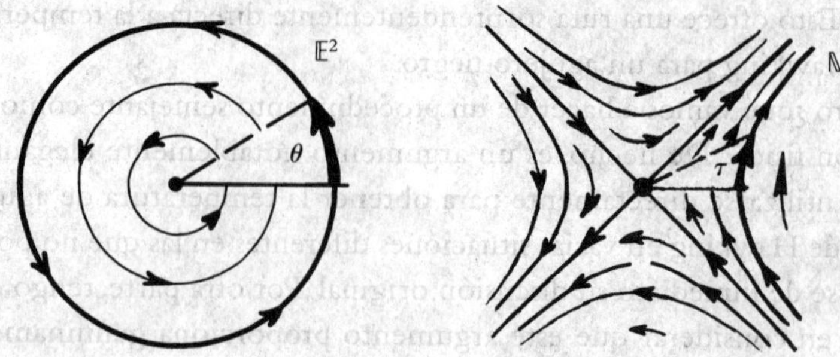

Fig. 30.5. Periodicidad en el tiempo imaginario, ilustrada por el 2-espacio de Minkowski $\mathbb{M}^2$, complexificado a $\mathbb{CM}^2 = \mathbb{CE}^2$. (a) El plano euclídeo $\mathbb{M}^2$ es una sección real del espacio complejo $\mathbb{CM}^2$. El vector de Killing $\partial/\partial\theta$ genera rotaciones en $\mathbb{E}^2$, donde tomamos coordenadas polares (r, θ). Cualquier función que es univaluada en $\mathbb{E}^2$ debe ser periódica en θ con período 2π. (b) En la sección real lorentziana $\mathbb{M}^2$ de $\mathbb{CM}^2$, la coordenada temporal de «Rindler» (aceleración uniforme) es $\tau = \mathrm{i}\theta$ (un análogo del tiempo de Schwarzschild que es natural para un agujero negro), y una función que es analítica en el origen O debe tener un período imaginario en τ, con período $2\pi\mathrm{i}$. (Vector de Killing $\boldsymbol{\kappa} = \partial/\partial\tau = -\mathrm{i}\partial/\partial\theta$.)

$$\tau = \mathrm{i}\theta$$

es real. La coordenada r mide ahora la distancia espacial lorentziana al origen, y τ es el «ángulo hiperbólico a partir de la horizontal».[30.4]

Vamos a interpretar que la coordenada τ (multiplicada por una constante r_0) mide el «tiempo» en el sentido espaciotemporal ordinario para un observador (en esta geometría espaciotemporal plana 2-dimensional) que «acelera uniformemente» alejándose del centro y cuya línea de universo está dada por $r = r_0$. («Coordenadas de Rindler».)[12] Se considera que el propio espaciotiempo es el $\mathbb{M}^2$ entero, pese al hecho de que el «tiempo» del observador se aplica solo al cuadrante $\mathbb{M}^R$. Supongamos que el observador está interesado en cantidades analíticas definidas sobre $\mathbb{M}^2$. Tales cantidades tendrán una extensión holomorfa a la complexificación del espaciotiempo (véanse §7.4 y §12.9), pero esto solo puede garantizarse para un entorno inmediato de la «sección

[30.4] Escriba estas coordenadas (r, τ) en términos de las coordenadas cartesiano-lorentzianas (x, t); vea por qué la parte real de θ se anula sobre $\mathbb{M}^2$.

real», lo que en este caso significa la sección lorentziana. Sin embargo, si una cantidad semejante es en realidad analítica en el origen O de esta sección, entonces también debe ser analítica en el origen de la sección euclídea (puesto que es exactamente el mismo punto O en cada caso). Pero una cantidad que es suave en el origen euclídeo debe ser periódica en θ, con período 2π, puesto que si incrementamos θ en 2π (para algún valor radial pequeño $r = \varepsilon$), simplemente damos una vuelta alrededor del origen para llegar exactamente al mismo punto del que hemos partido. De ello se sigue que la cantidad τ referida a las coordenadas espaciotemporales lorentzianas originales tiene un *período imaginario* de $2\pi i$ en τ (complexificado).

Esta es la base del argumento de Gibbons-Perry que ahora aplicamos a la geometría 4-espacial entera del agujero negro en lugar de a nuestro espaciotiempo simplificado 2-dimensional $\mathbb{M}^2$. La geometría relevante es ahora la de Schwarzschild (para el caso esféricamente simétrico y sin rotación, pero también podemos utilizar la de Kerr para un agujero en rotación). Para que el argumento funcione necesitamos un análogo del origen O en $\mathbb{M}^2$.Vemos esto en la Fig. 30.6a, donde he presentado un diagrama conforme estricto para lo que se conoce como un espaciotiempo de Schwarzschild «máximamente extendido» $\mathcal{K}$.[13] El espaciotiempo $\mathcal{K}$ se denomina a veces un «agujero negro eterno» porque no fue creado a partir de un colapso gravitatorio, sino que estuvo «siempre allí». El punto central O del diagrama representa una 2-*esfera*, de acuerdo con las convenciones de los diagramas conformes estrictos. $\mathcal{K}$ es el análogo de $\mathbb{M}^2$, pero también necesitamos un análogo del espacio euclídeo $\mathbb{E}^2$. Hay un espacio semejante, conocido a veces como el espacio de Schwarzschild «euclidianizado» $\mathcal{G}$ (y en ocasiones llamado incluso un «espacio euclídeo», ¡lo que me sorprende por ser tan confuso!), donde el «tiempo»[14] de Schwarzschild τ en $\mathcal{K}$ toma valores puramente imaginarios $\tau = i\beta\theta$ en $\mathcal{G}$, siendo θ la coordenada angular en $\mathcal{G}$ que se incrementa en 2π cada vez que se da una vuelta alrededor de O en una dirección positiva (Fig. 30.6b), y donde β es un número real (constante, a r constante) denominado «gravedad superficial». Cualquier cantidad que es regular (i.e., analítica) en O en $\mathcal{K}$ debe también ser regular en O en $\mathcal{G}$ (puesto que este es exactamente el mismo lugar «O», en el espacio de Schwarzschild complexificado, para cada una

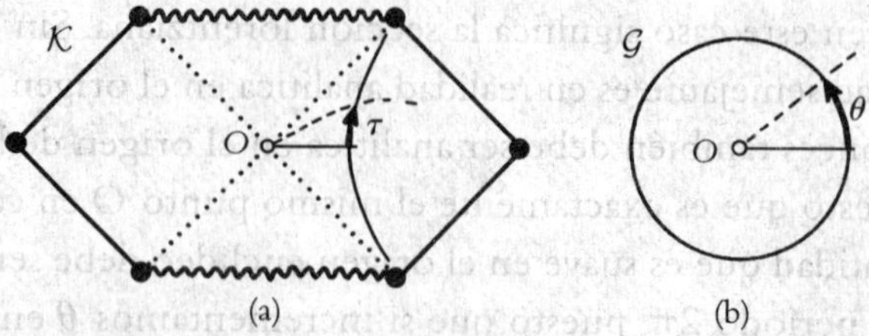

Fig. 30.6. Temperatura de Hawking a partir de una periodicidad en el tiempo imaginario (argumento de Gibbons-Perry). (a) Diagrama conforme estricto para un «agujero negro eterno», que es el espaciotiempo de Schwarzschild «máximamente extendido» $\mathcal{K}$, con tiempo de Schwarzschild τ y vector de Killing $\boldsymbol{\kappa} = \partial/\partial\tau$. El punto central O representa una 2-esfera. (b) El espacio de Schwarzschild «euclidianizado» $\mathcal{G}$, cerca de O, tiene una coordenada angular real θ, de modo que el «tiempo» τ toma valores puramente imaginarios $\tau = \mathrm{i}\beta\theta$, siendo el número real constante β la «gravedad de superficie» del agujero. Aquí θ aumenta en 2π cuando rodeamos O una vez, de modo que cualquier función sobre $\mathcal{K}$, analítica en O (y que se extiende a $\mathcal{G}$), tiene período 2π en θ, i.e., período $2\pi\mathrm{i}\beta$ en τ (cerca de O), donde β debe interpretarse como la temperatura de Hawking del agujero negro.

de las dos secciones reales $\mathcal{K}$ y $\mathcal{G}$). Al ser regular en O en $\mathcal{G}$, una cantidad semejante debe ser periódica, con período $2\pi\mathrm{i}\beta$ en τ, porque θ es una coordenada angular ordinaria que cuando se incrementa en $2\pi(= 360°)$ simplemente nos devuelve al mismo lugar en el espacio(tiempo) del que hemos partido. Esta *periodicidad imaginaria* es característica de un «estado térmico de temperatura β» de acuerdo con los principios de la termodinámica estadística.

No es mi propósito aquí discutir estos principios termodinámicos. Esto nos llevaría demasiado lejos. El único punto de interés es si podemos confiar en el razonamiento para esta periodicidad compleja. Depende de tomar en serio la región O. ¿Está esto justificado? No está claro ni mucho menos. Para un agujero negro físico real, toda esa imagen «eterna» no es ciertamente adecuada. Un agujero físico tendría que haber sido creado a partir de un colapso gravitatorio (por ejemplo, de una estrella supermasiva o un cúmulo de material en un centro galáctico), a menos que fuera en cierto sentido una creación «primordial» del propio big bang. Incluso un agujero primordial —un agujero negro antes que su inverso temporal, a saber, un *agujero blanco*— seguiría representando en cierto sentido un «colapso» y, ya fuera negro o blanco, no está bien descrito por el modelo completo de la Fig. 30.6a. Sin embargo, cierta parte *exterior* de este modelo es apropiada para la descripción de un colapso a un agujero negro, a saber, esa parte de la Fig. 30.7 que está por encima y a la derecha de la línea fronteriza exterior indicada del material real que sufre el colapso. Por debajo y a la izquierda de esta frontera, la métrica espaciotemporal sería la de la materia, y sería diferente de la del agujero negro eterno. El colapso completo se esboza en la Fig. 30.7, lo que equivale a un ligero redibujado de la Fig. 27.16c. Notemos ahora que *O* está siempre fuera de la región donde se aplica la métrica de Schwarzschild (extendida). Parece que no hay ninguna justificación física para suponer que las cantidades físicas definidas en el espaciotiempo real tienen una regularidad en *O*, y es difícil ver por qué el argumento proporciona una justificación real para la temperatura de Hawking, pese a su elegancia matemática. (Cualquier modelo físicamente realista de un agujero negro presentaría desviaciones de la métrica de Schwarzschild —o de la de Kerr— exacta, y cabe esperar razonablemente que dichas desviaciones se hagan cada vez mayores, divergiendo finalmente a infinito cuanto más próximos a «*O*» nos extendamos.)[30.5]

Pero el modelo exacto de agujero negro estacionario representa el límite final de un colapso realista, donde se considera que todas las irregularidades se alisan a medida que avanza el tiempo. Es el espaciotiempo limitante el que tiene esta regularidad, y por consiguiente la periodicidad compleja requerida y, con ella, la temperatura requerida. Aunque no veo cómo se puede considerar este argumento como una *derivación* física real de la temperatura de Hawking (a pesar de que normalmente se toma así), lo cierto es que proporciona un «fuerte indicio» de una consistencia interna oculta de la idea global de esta «temperatura de agujero negro».

En esta tesitura, no puedo resistirme a hacer una comparación con otra observación, que se debe originalmente a Brandon Carter, que en un contexto diferente tiene una similaridad importante con el argumento que se acaba de dar, aunque nunca se ha presentado como una

[30.5] Vea si puede dar un argumento que justifique esta afirmación. *Sugerencia*: Considere pequeñas perturbaciones lineales. ¿Espera un comportamiento exponencial en el tiempo? (Considere modos propios de $\partial/\partial\tau$.)

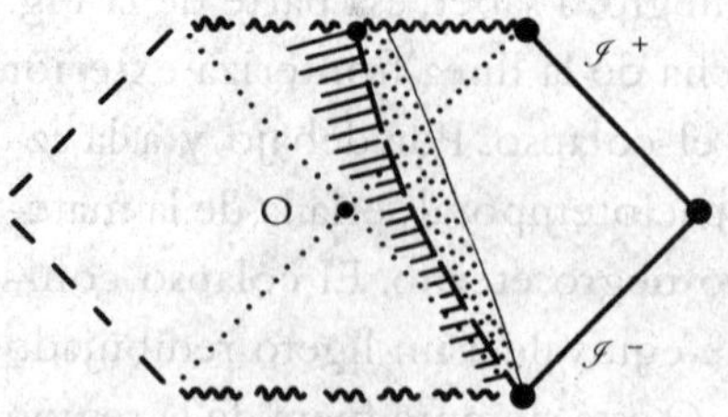

Fig. 30.7. Una historia de colapso gravitatorio esférico —un ligero redibujado de la Fig. 27.16c— representada en términos del espaciotiempo de Schwarzschild maximal K de la Fig. 30.6a. La región sombreada con líneas inclinadas debe ser borrada y en la sombreada con puntos la métrica difiere de la de $\mathcal{K}$, debido a la presencia de materia. Nótese que O está siempre fuera de la región donde se aplica la métrica de $\mathcal{K}$.

«derivación» de nada. Recordemos que un agujero negro estacionario libre de carga está descrito por los dos parámetros de Kerr m y a, donde m es la masa del agujero y am es su momento angular (y donde por conveniencia escojo unidades para las que $c = G = 1$, tales como las unidades de Planck, como en §27.10). Una generalización de la métrica de Kerr encontrada por Ezra T. Newman[15] (normalmente conocida como la métrica de Kerr-Newman) representa un agujero estacionario en rotación y eléctricamente cargado. Ahora tenemos tres parámetros: m, a y e. La masa y el momento angular son los de antes, pero ahora hay una carga eléctrica total e. También hay un momento magnético $M = ae$, cuya dirección coincide con la del momento angular. Carter notó que la *razón giromagnética* (dos veces la masa por el momento magnético dividido por el producto de la carga por el momento angular, que para un agujero negro cargado es $(2m \times ae)/(e \times am) = 2$), que está completamente fijada para un agujero negro (i.e., independiente de m, a y e), toma precisamente el valor que Dirac predijo originalmente para el *electrón*, a saber 2 (pues para el electrón de Dirac el momento angular es $\frac{1}{2}\hbar$ y el momento magnético es $\frac{1}{2}\hbar e/mc$, lo que de nuevo da una razón giromagnética 2, tomando $c = 1$). Véase §24.7. Newman (2001) ha ofrecido una interpretación de esta «coincidencia» en términos de un desplazamiento en una dirección compleja en el espacio.

¿Podemos considerar que este argumento proporciona una *deducción* de la razón giromagnética del electrón con independencia del argumento original de Dirac? Ciertamente *no* lo hace, en ningún sentido ordinario del término «deducción». Solo podría aplicarse si un electrón pudiera considerarse en cierto sentido como un «agujero negro». De hecho, los valores reales para los parámetros *a*, *m* y *e*, en el caso de un electrón, violan flagrantemente una desigualdad

$$m^2 \geq a^2 + e^2$$

que es necesaria para que la correspondiente métrica de Kerr-Newman pueda representar un agujero negro. Por ello, este argumento está muy lejos de ser una deducción real de la razón giromagnética del electrón. Pese a todo, se parece algo al argumento de Gibbons-Perry para una temperatura de agujero negro en cuanto que revela cierta «naturalidad» de este valor por vía de extensiones a lo complejo.[16] El argumento de Gibbons-Perry tiene a su favor el punto adicional de que no está limitado a la mera consideración de la familia Schwarzschild/Kerr de métricas espaciotemporales. De todas formas, en mi opinión, esto difícilmente justifica su aceptación común como una deducción real.

30.6. Vectores de Killing, flujo de energía… ¡y viaje en el tiempo!

El «agujero negro eterno» ha llamado con frecuencia la atención de la gente por otras razones, pese al hecho de que tiene algunas curiosas propiedades globales que dificultan que se tome como modelo de un universo físicamente aceptable. Aunque varias de estas razones podrían pertenecer más al ámbito de la ciencia ficción que al de la realidad, el agujero negro eterno tiene un valor geométrico para nosotros, pues ilustra aspectos matemáticos interesantes que serán importantes en §§30.7,10. Vemos que tiene dos infinitos nulos pasados distintos ($\mathscr{I}^-$ y $\mathscr{I}^{-\prime}$) y dos infinitos nulos futuros distintos ($\mathscr{I}^+$ y $\mathscr{I}^{+\prime}$). A menudo se considera que este espaciotiempo representa una evolución temporal de dos universos diferentes que han llegado a conectarse por un «agujero de gusano» que posteriormente «se estrangula» dando una singularidad; véase la Fig. 30.8.

Con respecto a cada una de las dos regiones «externas», parecería que este universo contiene un agujero negro, pero el agujero negro es

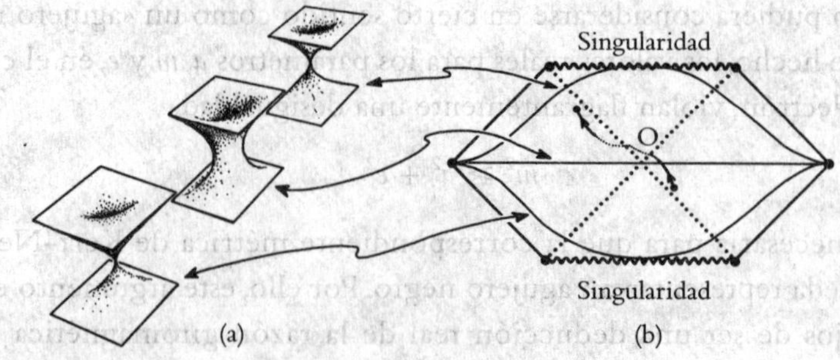

Fig. 30.8. El espaciotiempo $\mathcal{K}$ visto globalmente como un 3-espacio «en evolución temporal» que representa un «agujero de gusano» que conecta dos regiones asintóticamente planas. El agujero de gusano se estrangula de una manera singular, tanto en el futuro como en el pasado. Cualquier viajero espacial que se proponga atravesar el agujero de gusano desde una región a la otra no puede pasar antes de que «se estrangule» como se pone de manifiesto a partir del diagrama conforme, puesto que esto exigiría que la línea de universo del viajero tenga una porción de género espacio (superlumínica), la cual se muestra punteada.

singular en el sentido de que al mismo tiempo es también un «agujero blanco». Pueden escapar señales hacia cada universo externo $\mathcal{E}$ y $\mathcal{E}'$ desde la región interna *pasada* $\mathcal{B}^-$ (comportamiento de «agujero blanco») igual que es posible que se propaguen señales a la región interna *futura* $\mathcal{B}^+$ desde cada universo externo $\mathcal{E}$ y $\mathcal{E}'$ (comportamiento de «agujero negro»). El hecho de que el espaciotiempo es estacionario se expresa en la existencia de un vector de Killing $\boldsymbol{\kappa}$ (véanse §14.7, §19.5 y §30.4). He esbozado este vector de Killing en la Fig. 30.9. Notemos que el vector de Killing es de género tiempo en las dos regiones externas $\mathcal{E}, \mathcal{E}'$, pero es de género espacio en las regiones internas $\mathcal{B}^-, \mathcal{B}^+$. La naturaleza de género tiempo de $\boldsymbol{\kappa}$ en las regiones externas significa que $\boldsymbol{\kappa}$ expresa la estacionariedad del agujero blanco/negro. Una familia de observadores en $\mathcal{E}$, cuyas líneas de universo son tangentes al vector de Killing $\boldsymbol{\kappa}$ del campo, percibirá un universo que no cambia. Lo mismo se aplica a $\mathcal{E}'$. Sin embargo, la familia de observadores en $\mathcal{E}'$ con esta propiedad debe aplicar estas consideraciones al vector de Killing $-\boldsymbol{\kappa}$, en lugar de a $\boldsymbol{\kappa}$, porque necesitamos mantener las distinciones futuro/pasado consistentes para observadores locales a lo largo del espaciotiempo. En cierto sentido, la «dirección temporal» se ha invertido cuando

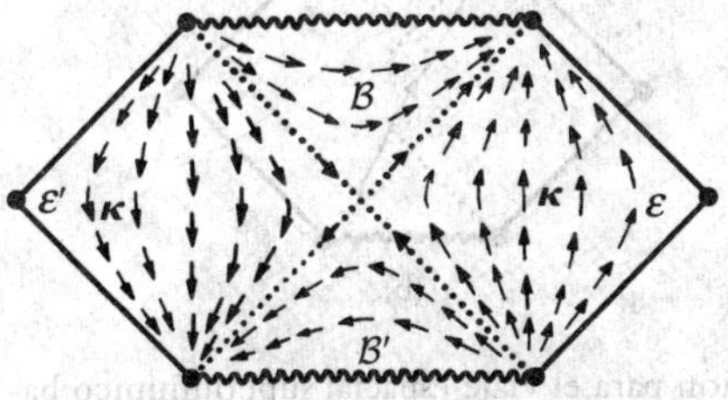

Fig. 30.9. El vector de Killing $\boldsymbol{\kappa}$ es de género tiempo en las dos regiones externas $\mathcal{E}$ y $\mathcal{E}'$, pero de género espacio en las regiones internas $\mathcal{B}$ y $\mathcal{B}'$. Comparando $\boldsymbol{\kappa}$ en $\mathcal{E}$ y $\mathcal{E}'$, observamos que invierte la orientación temporal, de modo que el concepto de densidad de energía conservada $T_{ab}\kappa^a$ invierte su signo.

pasamos de $\mathcal{E}$ a $\mathcal{E}'$. La magnitud *densidad de energía* conservada (§19.5) obtenida a partir de la contracción $T_{ab}\kappa^b$ del tensor energía-momento con el vector de Killing $\boldsymbol{\kappa}$ proporciona una densidad de energía positiva (para materia normal) en $\mathcal{E}$, pero una densidad negativa para materia normal en $\mathcal{E}'$ (puesto que $\boldsymbol{\kappa}$ apunta hacia el pasado en $\mathcal{E}'$, y $-\boldsymbol{\kappa}$ es ahora el vector de Killing ordinario que expresa la estacionariedad). Esto no es exactamente una contradicción, pero ilustra la extraña naturaleza del espaciotiempo en consideración.

De hecho, no es posible para un observador físico «pasar» realmente de $\mathcal{E}$ a $\mathcal{E}'$, pues ello implicaría una «línea de universo» que no es de género tiempo en todo lugar (Fig. 30.8). De todas formas, a menudo los teóricos intentan evitar este hecho, tratando de modificar el espaciotiempo de alguna forma aparentemente «menor». Sus razones proceden de una intención (en mi opinión, equivocada) de demostrar que se podría conseguir un tipo de viaje entre universos a través de un «agujero de gusano» —o (con una ligera modificación de la imagen, como en la Fig. 30.10) de una región del espaciotiempo a otra región distante— mediante alguna tecnología futura. Si una propuesta semejante pudiera tener éxito, entonces abriría la posibilidad de una forma de viaje espacial en la que se trascienden las limitaciones normales de la relatividad. En una auténtica línea *Star Trek*, se concibe un procedimiento «impulsado por curvatura» que permite a la nave espacial viajar a través del agujero de gusano hasta una región lejana que podría incluso ser «anterior» a cuando la nave espacial entró en el agujero de gusano.

Por extraño que pueda parecer, incluso profesionales de primera fila en relatividad general han tomado en consideración la posibilidad de tal «viaje en el tiempo».[17] Una razón seria para esto (al menos a veces) no

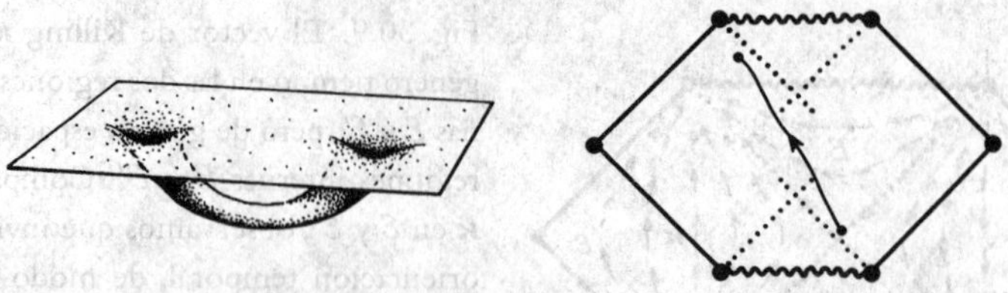

Fig. 30.10. Una sugerencia de ciencia ficción para el viaje espacial superlumínico basada en un espaciotiempo de agujero de gusano modificado. (a) «Identificando» partes distantes de las dos regiones espaciales externas de la Fig. 30.8, se obtiene un agujero de gusano que conecta regiones distantes del mismo espacio, pero atravesar de nuevo el agujero de gusano desde una a la otra no puede conseguirse por una curva de género tiempo. (b) Para que esto sea posible, se necesitaría algo similar a la versión «estirada» de $\mathcal{K}$, representada aquí (pero semejante modelo requiere densidades de energía negativas.

es tanto la posibilidad de que un viaje en el tiempo pudiera ser realmente factible dentro de los límites de la física actual (o imaginable) como el que podríamos aprender algo del hecho de que físicamente no debería serlo.[30.6] En la «descripción espacial» dada en la Fig. 30.8, el agujero de gusano «se estrangula hasta un tamaño cero» antes de que el viajero espacial pueda atravesarlo. No obstante, se contempla la posibilidad de que pudiera ser factible, dentro de los límites de la teoría, «mantener abierto el agujero de gusano» el tiempo suficiente para que el viajero pase al otro lado, si se admiten densidades de energía negativas. Tales densidades de energía negativa se consideran normalmente prohibidas en la teoría clásica, pero podrían ser admitidas bajo circunstancias especiales en la teoría cuántica de campos apropiada.

¿Realmente esperan los físicos relativistas que estas fantasiosas consideraciones podrían llevarnos a una idea de «impulso por curvatura», con la que podría conseguirse viajar a una parte distante del universo a través de dicho agujero de gusano apoyado en QFT? Imagino que muy pocos.[18] Parece que una cuestión más seria es que estas consideracio-

[30.6] Explique por qué, de acuerdo con los principios de la relatividad general, la posibilidad de viajar entre sucesos p y q, con separación de género tiempo, implica la posibilidad de viajar de p a un suceso en el pasado directo de p, en una línea de universo de género tiempo que pasa por p.

nes podrían proporcionar un «test» para ideas en gravedad cuántica. Si dichas ideas en QFT *sí* permiten realmente «mantenerlo abierto», entonces esto podría tomarse como una mala señal para esas ideas concretas acerca de la gravedad cuántica, y hay que replantearlas. De esta forma, se podría obtener una guía útil respecto a la plausibilidad de la teoría en consideración. (Al menos esta es mi propia lectura de tales propuestas. Quizá esté adoptando una posición demasiado «generosa» sobre esto, y más teóricos de los que yo imagino están pensando en realidad que ¡hay que tomar en serio dicho «impulso por curvatura»!)

30.7. Flujo de energía saliente de órbitas de energía negativa

Me he desviado demasiado de la tarea que tenía entre manos, que era considerar las implicaciones de la temperatura de Hawking de un agujero negro. ¿Podemos ver a partir de razones más físicas por qué, en el contexto de la mecánica cuántica, un agujero negro debería emitir radiación de acuerdo con que tiene una temperatura no nula? De hecho, Hawking también proporcionó una derivación «intuitiva» de la presencia de esta radiación de Hawking. Esta se ilustra en la Fig. 30.11. En la vecindad del horizonte del agujero se están creando continuamente pares virtuales partícula-antipartícula a partir del vacío, solo para aniquilarse mutuamente en un período de tiempo muy corto. (Este es el proceso que se ha considerado en §26.9, e ilustrado en las Figs. 26.9 y 26.10.) Sin embargo, la presencia de un agujero negro modifica esta actividad, porque de vez en cuando una de las partículas del par cae en el agujero y la otra escapa. Esto solo puede suceder cuando la partícula que escapa se convierte en una partícula real (i.e., «sobre la capa de masas», en oposición a la partícula virtual de partida «fuera de la capa»; véanse §26.8 y la Fig. 26.6), y por consiguiente la partícula que escapa debe tener energía positiva, de modo que (por la conservación de la energía) la partícula que cae en el agujero tiene que convertirse en una partícula real con energía negativa (siendo evaluadas dichas energías a partir del infinito). De hecho, energías negativas pueden darse para partículas reales dentro del agujero negro. Esta posibilidad surge porque el

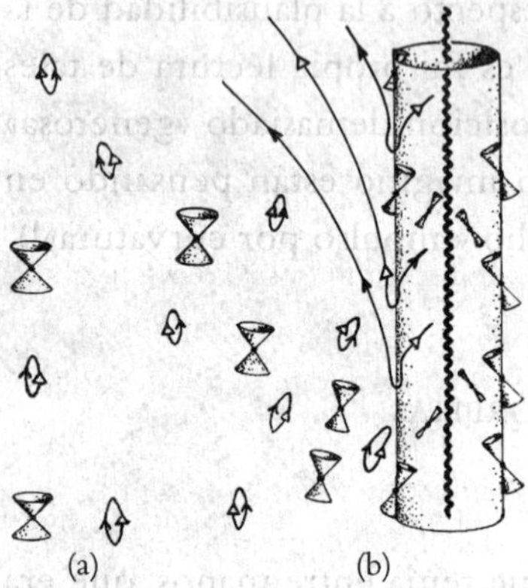

Fig. 30.11. Deducción «intuitiva» de Hawking de la radiación de Hawking. (a) Lejos del agujero se están produciendo continuamente pares virtuales partícula-antipartícula a partir del vacío, pero luego se aniquilan en un tiempo muy corto (véase la Fig. 26.9a). (b) Muy cerca del horizonte del agujero podemos imaginar que un miembro del par cae en el agujero, y el otro escapa al infinito externo. Por ello, ambas partículas virtuales se hacen reales, y la conservación de la energía exige que las partículas entrantes tengan energía negativa. Esto es posible porque el vector de Killing $\boldsymbol{\kappa}$ se hace de género espacio dentro del horizonte. (Si κ^a es de género espacio, la energía conservada $p_a\kappa^a$ puede ser negativa, donde p_a es el 4-momento de la partícula.)

vector de Killing κ^a se convierte en un vector de género espacio en la región interior $\mathcal{B}^+$ y un 4-momento p_a de género tiempo que apunta al futuro puede tener un producto escalar negativo $p_a\kappa^a$, siendo esto la energía (conservada) de la partícula; véase la Fig. 30.11b.[30.7] El proceso de Hawking ocurre porque una partícula real (en oposición a virtual) puede tener energía negativa si está dentro del horizonte de sucesos del agujero. La compañera real de dicha partícula tiene que tener energía positiva, de modo que puede salir energía positiva del agujero.

En este punto vale la pena comentar que algo muy similar sucede en la teoría de los agujeros negros *clásicos* cuando el agujero está en *rotación*. Y en contraste con el caso de la radiación de Hawking, para el que la emisión de energía por agujeros negros de tamaño plausible es ridículamente pequeña —y cuyo interés es puramente teórico—, lo que sucede con un agujero clásico en rotación parece tener enormes implicaciones astrofísicas. De hecho, las más potentes fuentes de energía conocidas en el universo (cuásares y radiogalaxias) parecen estar alimentadas por la energía rotacional de enormes agujeros negros.

El proceso tiene similitud con el que conduce a la radiación de

[30.7] Explique cómo un κ^a puede dar un valor de «energía» negativo $p_a\kappa^a$.

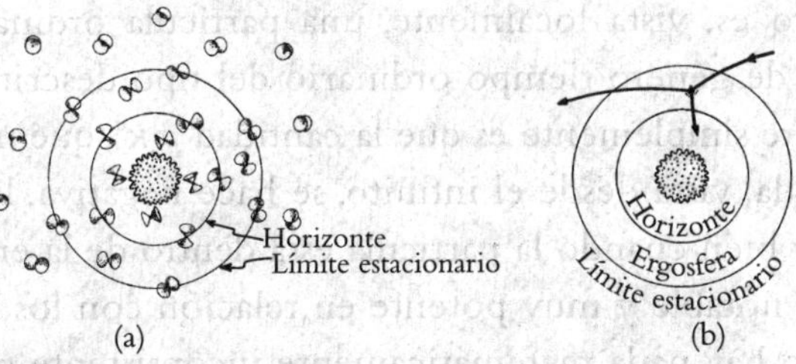

Fig. 30.12. Vistas desde «abajo» a lo largo del eje temporal de un agujero negro en rotación (de Kerr). (a) Para un agujero negro de Kerr, existe una región —llamada la «ergosfera»— dentro de la cual el vector de Killing $\boldsymbol{\kappa}$ de estacionariedad se hace de género espacio *fuera* del horizonte del agujero negro. Dentro de la ergosfera, las partículas pueden tener energías negativas conservadas (medidas desde el infinito), y otras partículas con las que chocan directamente pueden escapar al infinito, llevándose el exceso. (b) Según el denominado «proceso de Penrose», este hecho puede aprovecharse para extraer energía rotacional del agujero negro. En el más simple de dichos procesos, una partícula entra en la ergosfera, se divide en dos partículas, una de las cuales entra en el agujero llevando energía negativa, y la otra escapa al infinito llevándose más energía que la que ha traído la partícula original.

Hawking, en cuanto que la energía procede de partículas o campos de energía negativa que son engullidos por el agujero, lo que da como resultado una energía positiva que escapa del agujero al infinito. No obstante, la diferencia importante es que con un agujero negro en rotación la región dentro de la cual el vector de Killing $\boldsymbol{\kappa}$ se hace de género espacio se extiende a una región *fuera* del horizonte del agujero negro. Esta región se conoce como la *ergosfera* (Fig. 30.12a). Así pues, en la ergosfera, las partículas pueden tener energía negativa (medida a partir del infinito) al tiempo que siguen siendo capaces de comunicarse con el infinito. Se hace posible, por ejemplo, que una partícula entre en la ergosfera desde fuera y luego se divida en dos, una de las cuales tiene energía negativa, ¡de modo que la otra escapa llevando más energía que la que ha introducido la partícula original![19] El resultado neto es extraer energía del agujero, reduciendo ligeramente la energía almacenada en su movimiento rotacional (Fig. 30.12b). Una conclusión similar puede obtenerse si están implicados campos (electromagnéticos) en lugar de partículas.[20]

Habría que resaltar que la «partícula de energía negativa» que cae en el agujero es, vista localmente, una partícula ordinaria (con un 4-momento de género tiempo ordinario del tipo descrito en §18.7). Lo que ocurre simplemente es que la cantidad $p_a\kappa^a$, que mide la energía conservada, vista desde el infinito, se hace negativa, lo que puede suceder muy bien cuando la partícula está dentro de la ergosfera. Este es un hecho notable y muy potente en relación con los agujeros negros, pero no hay nada matemáticamente inconsistente o físicamente irrazonable en ello. Sin embargo, es este hecho el que permite que la con frecuencia enorme energía rotacional de un agujero negro sea expulsada al mundo exterior.

De hecho, la explicación más plausible de la enorme emisión de energía de un cuásar (véase §27.9) es que dicha energía procede de la rotación de un enorme agujero negro. La inmensa energía rotacional del agujero es extraída poco a poco —y lanzada al espacio—, por lo que es en esencia el proceso antes mencionado; véase la Fig. 30.13. Se ha propuesto que la energía negativa engullida por el agujero puede estar básicamente en forma de un campo electromagnético (por ejemplo, Blanford y Znajek 1977 y Begelman *et al.*, 1984) antes que en forma de partículas reales (por ejemplo, Williams 1995, 2002, 2004). Pero la razón subyacente es la misma en cada caso.

30.8. Explosiones de Hawking

Volvamos ahora al proceso de Hawking mecanocuántico. La temperatura para un agujero negro de una masa solar 1 $M_\odot$ es extremadamente baja, como se ha señalado en §30.4 (aproximadamente 10^{-7} K). Para agujeros negros mayores, esta temperatura sería incluso más baja, en proporción inversa a la masa del agujero (para una razón $a : m$ dada; véase §27.10). No hay evidencia astrofísica de que haya ningún agujero negro de masa menor que 1 $M_\odot$, de modo que no se cree que las temperaturas de agujeros negros sean de interés astrofísico directo.

De todas formas, hay un considerable interés *teórico* en esta temperatura, como apuntó espectacularmente Hawking en 1974.[21] Por ejemplo, si el universo es del tipo en perpetua expansión (véanse §27.11 y §28.10), entonces llegará un momento en el que la temperatura am-

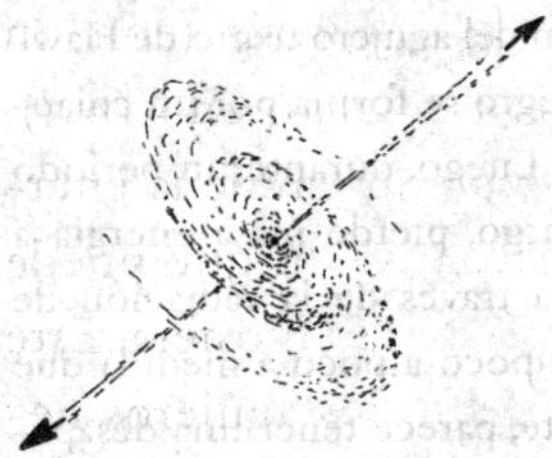

Fig. 30.13. La extraordinaria emisión de energía de un cuásar parece proceder de la energía rotacional de un enorme agujero negro en el centro de una galaxia. Este parece ser un proceso de la naturaleza general descrito en la Fig. 30.12, pero posiblemente mediante el engullido por el agujero negro de campos electromagnéticos de energía negativa antes que de partículas.

biente será menor que el valor para cualquier agujero negro dado. (Para un agujero negro de 1 $M_\odot$ en un universo $K = 0 = \Lambda$, esto llevaría unos 10^{16} años, que es alrededor de 10^6 veces la edad actual del universo.) Después de eso, el agujero negro empezaría a perder energía al irradiar más energía que la que absorbe del fondo. A medida que pierde energía, pierde masa, de modo que su radio se hace cada vez más pequeño y, por consiguiente, se calienta más. Imaginemos que empezamos con un agujero negro de 1 $M_\odot$. Seguiría radiando a un ritmo muy lento, perdiendo masa poco a poco durante unos 10^{64} años; su temperatura aumentaría lentamente al principio y luego lo haría a un ritmo cada vez más acelerado, hasta que alcanzara unos 10^9 K o 10^{10} K (las incertidumbres se deben a nuestra falta de conocimiento de la física de partículas a energías enormemente altas). En ese momento se produciría una inestabilidad desbocada, y habría una explosión en la que ¡la masa-energía restante del agujero se convertiría por completo, de forma casi instantánea, en radiación! (véase la Fig. 30.14).

Esta parece ser al menos la hipótesis más sencilla y de apariencia más natural, tal como originalmente la propuso Hawking. (Hawking había sugerido inicialmente que explosiones de esta naturaleza podrían ser detectables incluso ahora, ¡si el big bang hubiera sido tan amable de proporcionarnos un número significativo de «miniagujeros», de la masa de una montaña y el diámetro de un protón! Sin embargo, desde nuestra perspectiva actual, esto parece poco probable, y todavía no se ha identificado ninguna explosión semejante.) Otros físicos[22] han argumentado que aunque tuviera lugar una explosión final semejante, el agujero no desaparecería por completo, sino que dejaría algún «resto», o «pepita». La razón de que prefieran esto es que se sienten incómodos porque la «información» engullida por el agujero se perdería para el sistema, y ellos prefieren que quede «almacenada» en esta pepita rema-

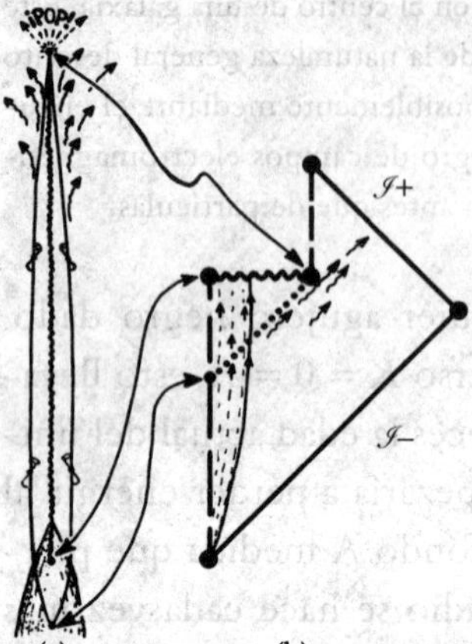

(a) (b)

Fig. 30.14. Evaporación del agujero negro de Hawking. (a) Un agujero negro se forma por un colapso gravitatorio clásico. Luego, durante un período extraordinariamente largo, pierde masa-energía a un ritmo muy lento, a través de la radiación de Hawking, y se calienta poco a poco a medida que pierde masa. Finalmente, parece tener una desaparición explosiva (en una explosión que es pequeña para los niveles astrofísicos e independiente de la masa original del agujero). (b) Diagrama conforme estricto de este proceso (caso esféricamente simétrico). Esto parecería transmitir una clara imagen de acuerdo con la PÉRDIDA, donde el material que colapsa simplemente cae a través del horizonte llevando con él toda su «información», para ser finalmente destruido en la singularidad.

nente.[23] El problema es que resulta difícil ver cómo toda la información concerniente a los detalles de la materia que colapsó en el agujero —que podría incluso haber sido en su origen un agujero negro de tamaño estelar o incluso galáctico antes de que la radiación térmica (y por consiguiente, prácticamente «libre de información») se llevase casi toda la masa del agujero— podría estar almacenada en dicho resto. Como alternativa, algunos investigadores adoptan el punto de vista de que en la explosión final toda la información vuelve de nuevo «en el último minuto».

Estas tres alternativas son:

PÉRDIDA: la información se *pierde* cuando el agujero se evapora.
ALMACENAMIENTO: la información está *almacenada* en la pepita final.
RETORNO: toda la información se *recupera* en la explosión final.

El lector podría preguntarse por qué la gente siente la necesidad de llegar hasta el ALMACENAMIENTO o el RETORNO, cuando parece que la alternativa más obvia es la PÉRDIDA. La razón es que la PÉRDIDA parece implicar una violación de unitariedad, i.e., de la actuación de **U**. Si la filosofía de la mecánica cuántica de uno exige que la unitariedad sea inmutable, entonces uno está en dificultades con la PÉRDIDA. De ahí la

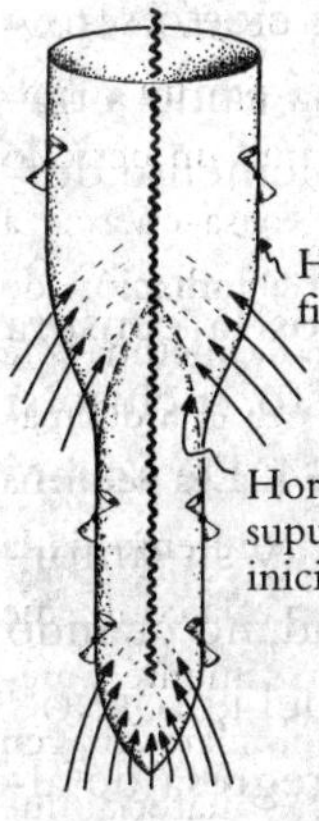

Fig. 30.15. La localización precisa del horizonte de un agujero negro está determinada «teleológicamente», pues depende de cuánto material cae en definitiva en el agujero.

popularidad entre muchos (y aparentemente la mayoría) de los físicos de partículas de las alternativas ALMACENAMIENTO o RETORNO, pese a la apariencia retorcida de las mismas.

Mi propia opinión es que la PÉRDIDA de la información es ciertamente la más probable. Un examen de la Fig. 30.14 transmite la imagen clara de que el material físico que colapsa cae simplemente a través del horizonte, llevando con él toda su «información», para ser finalmente destruido en la singularidad. Nada particular, de importancia física local, debería suceder en el horizonte. La materia ni siquiera «sabe» cuándo cruza el horizonte. Deberíamos tener en cuenta que podríamos estar considerando un agujero negro inicialmente muy grande, quizá como los agujeros que se cree que habitan en los centros galácticos, que podrían ser de un millón o más de masas solares. Cuando se cruza el horizonte no sucede nada en particular. La curvatura espaciotemporal y la densidad de materia no es grande: tan solo del tipo que encontramos en nuestro propio sistema solar. Ni siquiera la localización del horizonte está determinada por consideraciones locales, puesto que la localización depende de cuánto material caiga posteriormente en el agujero. Si cae más material posteriormente, entonces ¡el horizonte se habría cruzado en realidad antes! (véase la Fig. 30.15). Creo que es inconcebible que «en el instante inmediatamente anterior a que se cruce el horizonte» se emita alguna señal al mundo externo que transmita fuera los detalles completos de toda la información contenida en el material que colapsa. De hecho, una simple señal no sería suficiente, puesto que el propio material es realmente, en cierto sentido, la «información» que a uno le interesa. Una vez que ha caído a través del horizonte, el material está atrapado y es inevitablemente destruido en la propia singularidad.

Esa es al menos la conclusión evidente si aceptamos la censura cósmica (§28.8). No veo que haya mucho margen en esto, incluso si no lo hacemos. La imagen es en esencia la de la Fig. 30.14. De acuerdo con esta imagen, el material que colapsa es destruido (y su «información» es destruida) solo cuando entra en la singularidad, no cuando cruza el horizonte. Si se va a mantener el punto de vista del RETORNO[24] —según el cual la información del material colapsante regresa de algún modo al suceso de la explosión final— indicado por la palabra «POP» en la Fig. 30.14, entonces hay que explicar de algún modo cómo se las arregla esta información para encontrar sigilosamente su vía de salida, para llegar a este punto desde la derecha a través de la singularidad (que, según una forma razonable de censura cósmica, debería ser esencialmente de género espacio; véase §28.8). No lo encuentro nada plausible.

La situación con el ALMACENAMIENTO no es mucho mejor, si es que la hay. Incluso si la pepita se forma, no sirve realmente para nada, puesto que la información está «encerrada» para siempre, y me parece que eso es lo mismo que perderse. Si el único propósito de la pepita es «salvar la unitariedad», entonces habría que formular una QFT consistente de pepitas, y hay varias dificultades para hacerlo.[25] Tal como lo veo, el razonamiento de Hawking nos ofrece un potente argumento por el que, de acuerdo con la PÉRDIDA, debe esperarse que la unitariedad sea simplemente violada en ciertas situaciones cuando la relatividad general entra en la imagen junto con los procesos mecanocuánticos.

¿Cuál es el punto de vista de Stephen Hawking con respecto a estas cuestiones? Desde el principio, él ha defendido con firmeza la PÉRDIDA, y me parece que el argumento para esto es tan poderoso ahora como cuando Hawking propuso estas ideas por primera vez. Por supuesto, la evaporación de un agujero negro es una noción completamente teórica, y podría darse el caso de que la propia naturaleza tenga otras ideas para el futuro remoto de los agujeros negros. No obstante, es difícil ver que pudiera ocurrir cualquiera de tales alternativas sin algunos cambios radicales en la estructura de la QFT o de la relatividad general macroscópica (o de ambas). La posición de Hawking —al menos en 2003— era que la unitariedad debería violarse, pero solo en lo que yo consideraría un sentido más bien tibio. Hawking propuso que, en presencia de agujeros negros, el estado cuántico de un sistema evolucionaría realmente hacia una matriz densidad (estado no puro). De hecho, ya se ha aludido a esta idea en §29.6, al comentar el hecho de que si una parte de un estado cuántico entrelazado pudiera perderse genuinamente —aquí al caer parte de él en el agujero negro— frente a solo perderse FAPP, entonces podría ser razonable adoptar la postura ontológica de que la realidad cuántica tiene que describirse realmente por una matriz densidad antes que por un estado (puro). Hawking imaginó cierto tipo de evolución «superunitaria» que se aplica directamente a matrices densidad y permite que «estados puros» evolucionen hacia «estados mezcla».[26,[30.8]]

30.9. Una perspectiva más radical

Mi propio punto de vista es que mientras que estoy de acuerdo con Hawking en que probablemente sea correcta alguna forma de PÉRDIDA, creo que se necesita algo incluso más radical. Por ejemplo, la propuesta de Hawking, tal como se ha esbozado en el párrafo anterior, no incorpora ninguna característica con asimetría temporal.[27] Pero con simetría temporal sería admisible la imagen del «agujero blanco» de la Fig. 30.16a, que es el inverso temporal de la Fig. 30.4, como lo sería la inversa temporal del agujero negro en evaporación de la Fig. 30.14, tal como se muestra en la Fig. 30.16b. La «situación general con simetría temporal», en la que hay mucha destrucción de información con la misma creación de «nueva información» se ilustra en la Fig. 30.17. Todo esto viola la hipótesis de curvatura de Weyl (§28.8). El caso «simétrico» de la Fig. 30.17 implica la creación de un nuevo agujero blanco en el momento de la evaporación final del agujero negro origi-

[30.8] Utilice la notación de índices (por ejemplo ψ^{α} para $|\psi\rangle$) para indicar el tipo de transformación que podría conseguir esto. (*Sugerencia*: Eche una ojeada a la Fig. 29.5.)

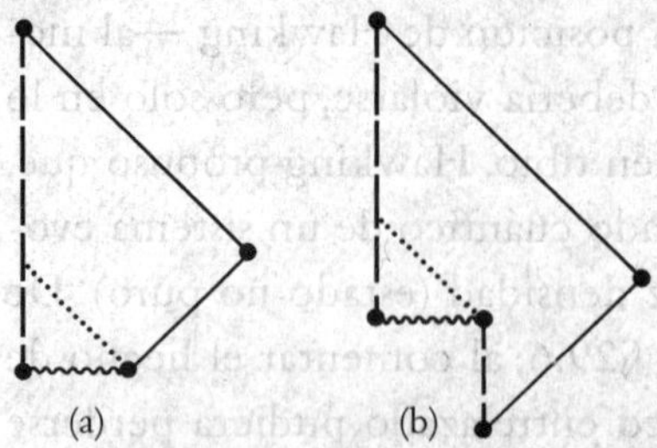

Fig. 30.16. Agujeros blancos: agujeros negros con el tiempo invertido. Estos violan la hipótesis de curvatura de Weyl. (a) Diagrama conforme de la inversión temporal de la formación de un agujero negro, como en las Figs. 27.11, 27.16. (b) Diagrama conforme de la inversión temporal de la formación de un agujero negro y posterior desaparición por radiación de Hawking, como en la Fig. 30.14.

nal, y el agujero blanco crece hasta que alcanza el tamaño que tenía el agujero negro (véase la Fig. 30.17). ¡Nunca he visto sugerido seriamente un modelo de tan absurda apariencia! Una vez que se admiten situaciones como la de la Fig. 30.17, entonces no puedo ver por qué no proliferan en el big bang, llevando a una flagrante inconsistencia con el mensaje del capítulo 27.

No me propongo repetir aquí todos mis argumentos,[28] pero en líneas generales estos se basan en el hecho de que la naturaleza parece estar diciéndonos que algo muy parecido a la hipótesis de curvatura de Weyl sigue siendo cierto[29] para la estructura de aquellas singularidades espaciotemporales que ella permite realmente en su universo.* Si aceptamos esto, entonces hay una «pérdida de información» neta en las singularidades de los agujeros negros que no se recupera. La razón es que, según esta hipótesis, las singularidades finales del colapso pueden contener —y, por consiguiente, absorber— números enormes de grados de libertad (que residen en la propia curvatura de Weyl), mientras que estos grados de libertad están prohibidos para cualquier singularidad inicial.

Tratemos de poner este argumento en términos del *espacio de fases* de un sistema, incluyendo la formación y evaporación de agujeros negros. Estrictamente, para que funcione nuestro argumento del espacio de fases, deberíamos considerar un sistema cerrado que contiene una cantidad de energía finita dada. Para ayudar a nuestra imaginación, tratemos de pensar una caja enorme, de dimensiones más que galácticas,

* «Permite» se refiere simplemente a lo que sucede cuando las nociones de la presunta «geometría cuántica» apropiada cristalizan en un espaciotiempo clásico.

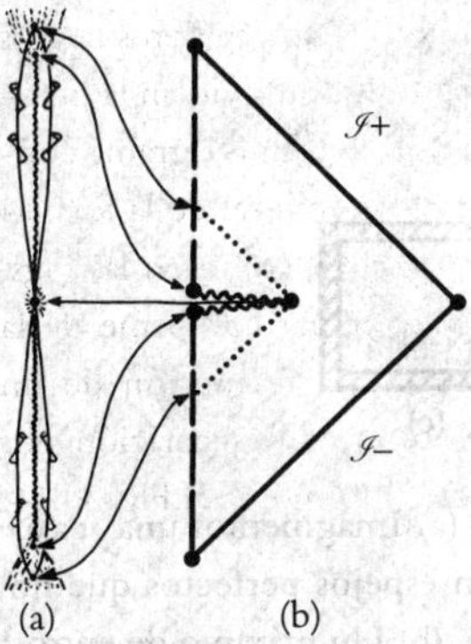

Fig. 30.17. (a) Situación con simetría temporal, donde hay creación de un agujero blanco en el momento de la evaporación final de un agujero negro, que se había formado por colapso gravitatorio. El nuevo agujero blanco crece hasta alcanzar el tamaño del agujero negro previo antes de desaparecer con la expulsión de una gran cantidad de material. (b) Diagrama conforme de esto.

con paredes que deben considerarse como espejos perfectos, de modo que ni información ni partículas materiales pueden cruzarlas en uno u otro sentido (véase la Fig. 30.18). Por supuesto, esto es absurdo en la práctica, ¡pero me apresuro a asegurar al lector que nuestro sistema constituye simplemente un «experimento mental», no uno real! Solo se contempla[30] para permitir que el razonamiento del espacio de fases se aplique a un sistema que implica la (aparente) pérdida de grados de libertad en el proceso de radiación de Hawking. El espacio de fases $\mathcal{P}$ en consideración describe todos los estados físicos posibles dentro de nuestra caja hipotética, con la energía total dada. La evolución dinámica se describe, en la Fig. 30.19, mediante una familia de flechas en $\mathcal{P}$, a la manera de la Fig. 20.5.

En esta situación («mental»), a medida que avanza el tiempo desaparecen grados de libertad que son absorbidos en las singularidades del agujero negro. La hipótesis de curvatura de Weyl obliga a que estos grados de libertad no reaparezcan en singularidades iniciales (tipo agujero blanco), pero mi tesis es que *sí* reaparecen vía el proceso **R**. La idea es que existe un equilibrio global entre la «pérdida de información» temporalmente asimétrica en los agujeros negros y el comportamiento temporalmente asimétrico de las probabilidades en los procesos **R** mecanocuánticos que se ha mostrado en §30.3. La naturaleza no determinista del proceso **R** nos dice que puede haber varias salidas alternativas para un mismo input, y esto va a compensar el hecho de que con los agujeros negros puede haber muchos inputs diferentes para la misma salida, al ser absorbida en las singularidades la «información»

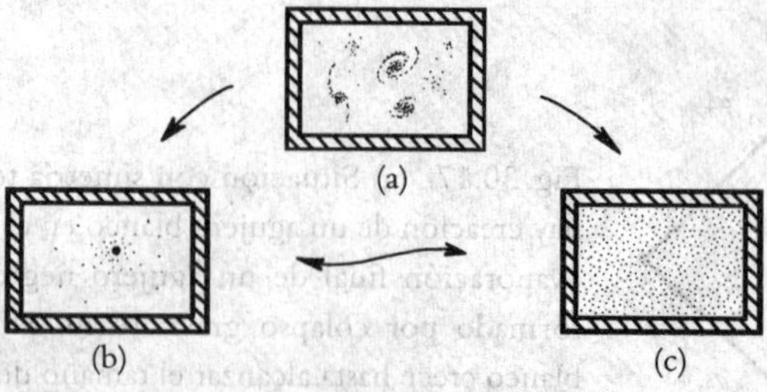

Fig. 30.18. Experimento mental de la «caja» de Hawking. (a) Imaginemos una «caja» enorme (de escala galáctica) de materia, cuyas paredes son espejos perfectos que no permiten que ninguna información o material entre o salga. (b) Un máximo de entropía local es un agujero negro que proporciona la mayor parte de la masa, pero con una pequeña cantidad de radiación a su alrededor en equilibrio térmico con el agujero. (c) Otro máximo de entropía local es simplemente la radiación térmica (y unas pocas partículas), pero sin agujero negro.

que distingue los diversos inputs. Recordemos que en el experimento hipotético de §30.3 (Fig. 30.1) teníamos diferentes salidas (fotones que llegan a D y fotones que llegan a C) para un input dado (fotón emitido desde S), mientras que para una salida dada (fotón que llega a D) había básicamente solo un input (fotón emitido en S). Así pues, obtenemos una ampliación efectiva del volumen del espacio de fases de acuerdo con el proceso **R**, mientras que la asimetría en la estructura de la singularidad espaciotemporal provoca una reducción efectiva del volumen del espacio de fases (véase de nuevo la Fig. 30.19). La tesis es que estos dos efectos deberían cancelarse en promedio.

Debería quedar claro que esta cancelación va a ser solo una característica *global* de los procesos físicos. No se está afirmando, por supuesto, que tenga que haber una presencia simultánea de un agujero negro acompañando cada caso de reducción del estado cuántico. La idea es solo que a lo largo del espacio de fases entero hay un equilibrio entre estos dos efectos. Por consiguiente, es la *potencialidad* para la formación de agujeros negros, y su capacidad para absorber información, lo que va a cancelar la aleatoriedad futura en **R**.

Podemos notar que ambos efectos violan el teorema (teorema de Liouville; véanse §20.4 y la Fig. 20.7) según el cual el volumen del espacio de fases tiene que conservarse en la evolución dinámica. Pero en cada caso tenemos algo que va más allá de la dinámica clásica ordina-

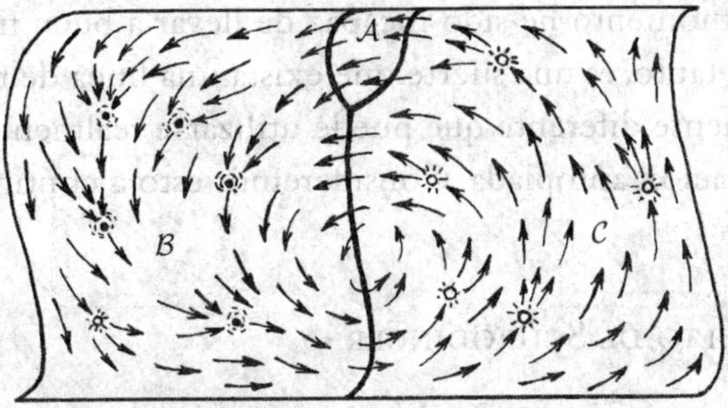

Fig. 30.19. Descripción en el espacio de fases de la caja de Hawking, donde las flechas describen la evolución hamiltoniana de los procesos involucrados en la Fig. 30.18. Las regiones $\mathcal{A}, \mathcal{B}, \mathcal{C}$ corresponden, respectivamente, a (a), (b), (c) en la Fig. 30.18. Por consiguiente, un agujero negro está presente en la región $\mathcal{B}$, pero no en la región $\mathcal{C}$. La presencia de un agujero negro da como resultado una confluencia de líneas de flujo (reducción del volumen del espacio de fases), de acuerdo con *c* PÉRDIDA, debido a la destrucción de información en la singularidad (futura) del agujero negro. Hay una creación compensatoria de líneas de flujo (aumento de volumen en el espacio de fases) implicada en la asimetría temporal del proceso **R** (que se supone objetivamente real) (véase la Fig. 30.1). La propuesta es que debería haber un equilibrio global entre estos dos procesos que violan el teorema de Liouville, dando finalmente una conservación del volumen del espacio de fases en el flujo.

ria que es el escenario de dicho teorema. De hecho, la misma noción de espacio de fases clásico no es aquí del todo adecuada, cuando estamos considerando efectos cuánticos y clásicos juntos. Para un sistema puramente cuántico, deberíamos pensar enteramente en términos de un *espacio de Hilbert*. Para quienes creen que la evolución cuántica **U** es toda la historia, la descripción mediante el espacio de Hilbert es la correcta. Pero entonces la destrucción de información (y por consiguiente de unitariedad) en la evaporación de agujeros negros presenta un serio problema. Mi punto de vista es que ninguna de las dos imágenes es enteramente adecuada, y deberían considerarse como una aproximación a algo más que todavía no sabemos cómo describir.[31]

Desde hace tiempo, mi intención ha sido obtener una estimación cuantitativa directa del ritmo de la reducción del estado cuántico investigando los detalles del balance entre estos dos procesos, tal como se ha esbozado en el argumento anterior (e ilustrado en la Fig. 30.19), pero hasta el momento he sido incapaz de llevar a buen fin este argumento. Por lo tanto, es una suerte que exista una línea de razonamiento completamente diferente que puede utilizarse realmente para obtener esta estimación apropiada. Consideremos esto a continuación.

30.10. El bulto de Schrödinger

Volvamos al tipo de situación considerada en §29.7, conocida como «gato de Schrödinger». En la Fig. 29.7 he ilustrado cómo se podría establecer una superposición cuántica de un gato vivo y un gato muerto utilizando un divisor de haz para colocar un fotón en una superposición, donde la parte transmitida del estado del fotón dispara un dispositivo para matar al gato, mientras que la parte reflejada deja al gato vivo. Por supuesto, el uso de un gato real no solo sería inhumano, sino que requeriría un sistema físico innecesariamente complicado. De modo que en su lugar consideramos que el estado del fotón transmitido activa un dispositivo que desplaza un bulto de material en una pequeña distancia horizontal, mientras que la parte reflejada deja el bulto invariable; véase la Fig. 30.20. El bulto superpuesto desempeña ahora el papel del gato de Schrödinger, ¡aunque no tan espectacularmente como antes!

La cuestión que quiero plantear ahora es la siguiente: ¿es la superposición cuántica de las dos posiciones del bulto un estado estacionario? Esto es lo que sucedería en la mecánica cuántica convencional, si consideramos que cada posición del bulto por separado representa un estado estacionario y que la energía es la misma en ambos casos (de modo que la posición de reposo del bulto desplazado no está más alta ni más baja que su posición original). Esto es simplemente una aplicación elemental de las reglas que hemos aprendido en el capítulo 21 (véase también §24.3). Representando la posición del bulto original por $|\chi\rangle$ y la desplazada por $|\varphi\rangle$, tenemos las dos ecuaciones de Schrödinger que describen el carácter estacionario de cada una de las dos posiciones del bulto

$$i\hbar\frac{\partial|\chi\rangle}{\partial t} = E|\chi\rangle, \quad i\hbar\frac{\partial|\varphi\rangle}{\partial t} = E|\varphi\rangle,$$

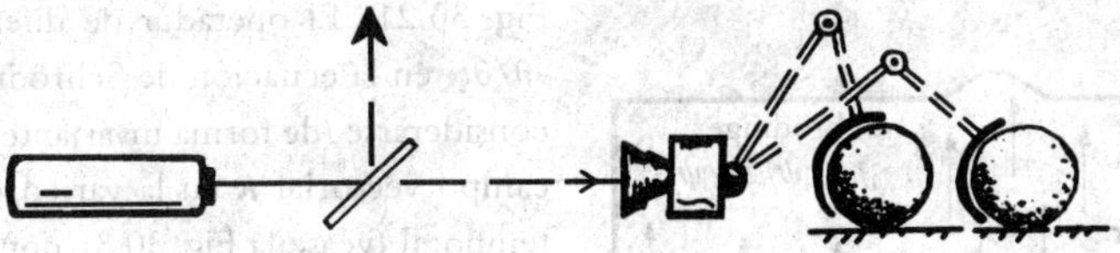

Fig. 30.20. El «gato» de Schrödinger de la Fig. 29.7, pero ahora la superposición cuántica resultante es entre dos localizaciones ligeramente diferentes de un bulto de materia.

que nos dan sendos autoestados de la energía, con el mismo autovalor E para la energía. Si la superposición se representa como el estado

$$|\Psi\rangle = w|\chi\rangle + z|\varphi\rangle,$$

entonces obtenemos directamente

$$\mathrm{i}\hbar\frac{\partial|\Psi\rangle}{\partial t} = E|\Psi\rangle,$$

cualesquiera que pudieran ser los valores de las amplitudes (constantes) w y z.[30.9] Así pues, cada superposición cuántica $|\Psi\rangle$ es también un estado estacionario. Si cada uno de los estados $|\chi\rangle$ y $|\varphi\rangle$ estuviera allí individualmente para siempre, entonces también lo estaría toda superposición cuántica $|\Psi\rangle$ de ellos. Esta es simplemente la predicción de la mecánica cuántica estándar.

Empecemos ahora a introducir las lecciones que Einstein nos ha enseñado con su soberbia y ahora excelentemente comprobada teoría de la relatividad. En primer lugar, podríamos considerar importante introducir el campo gravitatorio que se expresa en la geometría espaciotemporal de fondo. Podemos imaginar que el experimento se está realizando en la Tierra, con las dos copias del bulto situadas en una plataforma horizontal. La geometría espaciotemporal de la Tierra no es exactamente plana, y debemos considerar qué efecto podría tener esta curvatura espaciotemporal en las consideraciones anteriores. De hecho, debemos preocuparnos un poco por el significado mismo del operador

[30.9] ¿Por qué? Explique qué propiedades de un campo vectorial $\boldsymbol{\kappa}$ se están utilizando cuando repetimos esta conclusión en el caso de un espaciotiempo de fondo estacionario.

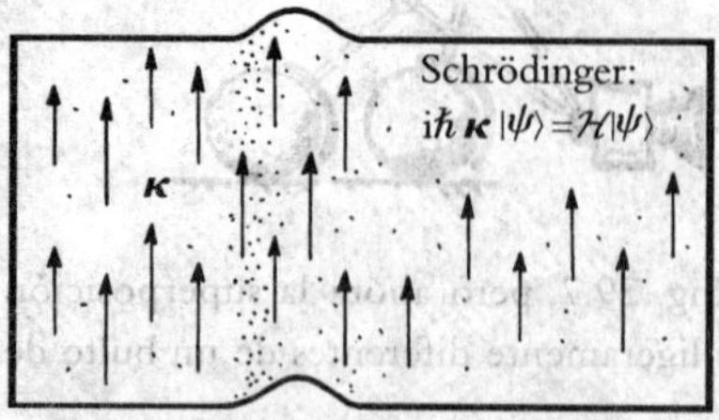

Fig. 30.21. El operador de diferenciación «$\partial/\partial t$» en la ecuación de Schrödinger debe considerarse (de forma invariante) como un campo vectorial $\boldsymbol{\kappa}$ en la variedad espaciotemporal (véase la Fig. 30.3), donde la estacionariedad del espaciotiempo se expresa en que $\boldsymbol{\kappa}(=\partial/\partial t)$ es un campo de Killing de género tiempo ($\underset{\kappa}{\pounds}\mathbf{g}=0$; véase §14.7).

«$\partial/\partial t$» que aparece en la ecuación de Schrödinger. En la relatividad general no solemos tener un sistema de coordenadas definido de forma natural y con respecto al cual estaría definido el concepto de «$\partial/\partial t$». Recordemos de §10.3 y §12.3 (véase la Fig. 10.5) que la forma «invariante» de pensar en un operador de derivadas parciales (como $\partial/\partial t$) es considerarlo como un campo vectorial en la variedad (espaciotemporal; véase la Fig. 30.21). Así pues, necesitaremos un campo vectorial en nuestro espaciotiempo para expresar nuestra noción requerida de «$\partial/\partial t$».

En la situación actual no estamos tan mal, porque estamos considerando la cuestión de «estados estacionarios», de modo que al menos debemos tener un espaciotiempo de fondo que es en sí mismo estacionario. De hecho, consideramos que el campo de la Tierra es estacionario. Como hemos visto (§§30.4,6, Fig. 30.3), un espaciotiempo estacionario se caracteriza por la existencia de un *vector de Killing* $\boldsymbol{\kappa}$ *de género tiempo*. ¿Cómo interviene este vector de campo concreto en la discusión? Nuestro espaciotiempo es estacionario en el sentido de ser «independiente de *t*», lo que nos dice que simplemente podemos hacer el reemplazamiento (Fig. 30.21) en las fórmulas anteriores

$$\frac{\partial}{\partial t}\mapsto\boldsymbol{\kappa}.$$

Puede plantearse una cuestión de un factor de escala global constante, pero esto no es muy importante aquí para nosotros. La forma habitual de fijar este factor global es exigir que $\boldsymbol{\kappa}$ se convierta en un desplazamiento temporal «ordinario» a grandes distancias, donde se considera que el campo gravitatorio decae a cero. Sin embargo, localmente la magnitud de $\boldsymbol{\kappa}$ puede cambiar de un lugar a otro, de una forma que tiene en cuenta los efectos de «frenado de reloj» del campo gravitatorio de la Tierra (§19.8).[30.10] Puesto que $\boldsymbol{\kappa}$ está tomando ahora el papel de $\partial/\partial t$, nuestras ecuaciones de Schrödinger estacionarias individuales son

$$i\hbar\boldsymbol{\kappa}|\chi\rangle = E|\chi\rangle, \quad i\hbar\boldsymbol{\kappa}|\varphi\rangle = E|\varphi\rangle,$$

e, igual que antes, deducimos que para cualquier superposición $|\Psi\rangle$ seguimos teniendo

$$i\hbar\boldsymbol{\kappa}|\Psi\rangle = E|\Psi\rangle.$$

Así pues, la presencia de un campo gravitatorio estacionario como fondo no altera el hecho de que cualquier superposición cuántica de los dos estados estacionarios $|\chi$ y $|\varphi\rangle$ es en sí misma estacionaria.

Pero veamos ahora lo que sucede cuando tenemos en cuenta el *propio* campo gravitatorio del bulto. Si consideramos cada uno de los estados $|\chi$ y $|\varphi\rangle$ por separado, entonces parece que no tenemos ningún problema real. Por supuesto, cada uno de los $|\chi$ y $|\varphi\rangle$ es un estado cuántico y, en ausencia de una teoría cuántica de la gravedad aceptada, no podemos saber cómo tratar su campo gravitatorio. Pero no importa realmente el hecho de que no sepamos cómo hacer esto en detalle. El punto de vista convencional afirmaría que la teoría cuántica de la gravedad correcta puede acomodar cosas que se parecen a bultos clásicos de material con campos gravitatorios que están descritos de forma muy precisa de acuerdo con los principios de la relatividad general clásica de Einstein, aunque no con toda exactitud. (En mi opinión, la validez de este «punto de vista convencional» podría cuestionarse, pero si creemos las hipótesis gemelas estándar —que no es necesario cambiar el formalismo cuántico, y también que la relatividad general clásica es válida para cuerpos macroscópicos—, entonces debemos aceptarlo. Después de todo, la naturaleza del argumento consiste en explorar los límites de compatibilidad de estas dos suposiciones.) Por consiguiente, debería haber un estado cuántico $|\chi\rangle$ y un estado cuántico $|\varphi\rangle$ que

[30.10] Vea si puede dar una explicación de esto utilizando la ley de conservación que proporciona un vector de Killing $\boldsymbol{\kappa}$, como se describe en §30.6 y teniendo en cuenta el hecho de que la norma $\kappa_\alpha\kappa^\alpha$ puede diferir de la unidad en la vecindad de un cuerpo gravitante, incluso si está normalizada a la unidad a grandes distancias del cuerpo. ¿Cómo afecta esto a la medida del tiempo?

describan muy aproximadamente el bulto de material, situado en la plataforma horizontal en la Tierra, en cada una de sus dos posiciones separadas, y donde cada copia del bulto esté acompañada por su campo gravitatorio einsteiniano clásico.[32] Puesto que cada uno de estos dos estados de posición del bulto se considera estacionario en su espaciotiempo acompañante, cada uno tendrá su respectivo vector de Killing asociado,[33] $\boldsymbol{\kappa}_\chi$ y $\boldsymbol{\kappa}_\varphi$, y satisfará su ecuación de Schrödinger apropiada con valor propio E:

$$\mathrm{i}\hbar\boldsymbol{\kappa}_\chi|\chi\rangle = E|\chi\rangle \quad \text{e} \quad \mathrm{i}\hbar\boldsymbol{\kappa}_\varphi|\varphi\rangle = E|\varphi\rangle.$$

En la situación anterior, cuando ignorábamos los campos gravitatorios de los bultos, éramos capaces de escribir la ecuación de Schrödinger para cualquier superposición $w|\chi\rangle + z|\varphi\rangle$ y averiguar que todas estas son estacionarias. No obstante, hay un problema, porque estos dos vectores de Killing $\boldsymbol{\kappa}_\chi$ y $\boldsymbol{\kappa}_\varphi$ son diferentes. ¿Qué vamos a hacer? Parece que necesitamos una noción invariante de «$\partial/\partial t$» que se aplique a espaciotiempos superpuestos, y ni $\boldsymbol{\kappa}_\chi$ ni $\boldsymbol{\kappa}_\varphi$ satisfacen esta necesidad. En la próxima sección veremos que este no es un problema menor, sino que nos presenta una dificultad fundamental, y nos lleva a un choque entre los principios fundacionales de la mecánica cuántica y los de la relatividad general.

30.11. Conflicto fundamental con los principios de Einstein

Es importante desarrollar este punto con más profundidad. Cuando digo que los vectores de Killing $\boldsymbol{\kappa}_\chi$ y $\boldsymbol{\kappa}_\varphi$ son diferentes, lo entiendo en un sentido profundo. ¡Son realmente campos vectoriales en espaciotiempos diferentes! Se podría tratar de adoptar el punto de vista de que estos dos espaciotiempos solo difieren en que tienen estructuras métricas muy ligeramente diferentes. En consecuencia, podríamos tratar de considerarlos como si fueran realmente uno y el mismo espacio, pero con campos tensoriales métricos especificados de forma ligeramente diferente, digamos $\boldsymbol{g}_\chi$ y $\boldsymbol{g}_\varphi$. Pero adoptar esta posición es abandonar uno de los principios básicos de la teoría de Einstein, a saber, el *principio de covariancia general* (véase §19.6). Considerar que los conjuntos de puntos de estos dos espaciotiempos son, en cierto sentido, los «mismos» conjuntos de puntos sería, de hecho, especificar una identificación puntual entre los dos espaciotiempos. Eso sería como identificar un punto en un espaciotiempo con el punto en el otro espaciotiempo que tiene las mismas etiquetas coordenadas. Pero el principio de covariancia general niega cualquier significado a sistemas de coordenadas particulares. De hecho, afirma que no debería haber una identificación punto a punto preferida entre dos espaciotiempos diferentes.

¿Por qué causa dificultades esta falta de identificación entre los espaciotiempos de las dos posiciones del bulto? Necesitamos poder escribir la ecuación de Schrödinger. Pero sin un «$\boldsymbol{\kappa}$» único, ¿cómo vamos a hacerlo? La sugerencia más inmediata podría ser la de tratar de identificar $\boldsymbol{\kappa}_\chi$ con $\boldsymbol{\kappa}_\varphi$, pero eso sería cometer ciertamente una violación de un principio fundamental de la teoría de Einstein, puesto que implicaría que estamos considerando que estos dos vectores de Killing habitan el mismo espacio, ¡y eso es hacer trampa! Me parece que en tal situación, estamos empezando a ser testigos de un choque entre los principios fundamentales de la mecánica cuántica y los de la relatividad general.

De todas formas, no deberíamos «abandonar» en este punto. Aunque estrictamente hablando necesitaríamos la nueva teoría apropiada para saber qué hacer a continuación, creo que podemos hacer un progreso genuino si estamos dispuestos a aceptar este choque por el momento y buscar alguna medida del *error* implicado en nuestra «trampa». Adoptemos el punto de vista de que, en cierto sentido, lo que la naturaleza estaría dispuesta a hacer sería permitir la identificación de dos espaciotiempos localmente con tal de que la noción de «caída libre» sea la misma en cada uno de ellos. Esto refleja de algún modo el principio de equivalencia (véase §17.4). Nuestra identificación tentativa trataría de hacer que la noción de geodésica en un espacio coincida con la noción de geodésica en el otro. Ello no se puede conseguir normalmente excepto en la vecindad inmediata de un punto, de modo que, en su lugar, trataremos de calcular el error que está implicado en esto si en efecto identificamos los dos espaciotiempos. Una cosa así es difícil de hacer en la relatividad general completa, pero podemos aplicar también la mayoría de estas ideas en la situación límite en la que se considera que la velocidad de la luz *c* es infinita, reteniendo, de todas formas, buena parte de la filosofía básica de la teoría de Einstein. Esta situación nos lleva a la formulación de Cartan de la gravedad newtoniana, como se ha discutido en §17.5.[34]

Recordemos del capítulo 17 que en el esquema gravitatorio de Newton-Cartan, el espaciotiempo es realmente un fibrado sobre el espacio euclídeo 1-dimensional $\mathbb{E}^1$ de los diferentes «tiempos» admisibles t. Las fibras son los diferentes 3-espacios euclídeos $\mathbb{E}^3$, cada uno de los cuales se refiere al «espacio» en un instante dado. Así pues, tenemos realmente un «tiempo absoluto», descrito por la coordenada temporal t. El lector podría ser excusado si quizá piensa que, puesto que ahora tenemos la misma noción de tiempo (medida por t) para los espaciotiempos de ambas posiciones del bulto, nuestros problemas deberían haber desaparecido. Pero la triste realidad es que conocer t no nos permite conocer $\partial/\partial t$, pues el operador $\partial/\partial t$ requiere saber que las variables coordenadas restantes (digamos x, y, z) se están manteniendo fijas. Esta es la cuestión de la «segunda confusión fundamental del cálculo», considerada en §10.3 (véase la Fig. 10.7). Podemos ver claramente la cuestión por referencia a la geometría que está implicada. Saber t nos dice dónde están las secciones $\mathbb{E}^3$, pero saber $\partial/\partial t$ nos diría un campo vectorial de Killing, que define una familia de curvas que cortan a esta familia de 3-superficies (véase la Fig. 30.22). De hecho, esta cuestión general de no ser capaces de especificar la $\partial/\partial t$ de Schrödinger se considera una cuestión profunda incluso en los enfoques más «convencionales» de la gravedad cuántica. Está relacionada con el denominado «problema del tiempo» en cosmología cuántica.[35]

En el contexto actual no estoy tratando de ser tan ambicioso como para resolver estas cuestiones. Todo lo que necesitamos es una estimación del error implicado si tratamos de hacer una identificación «ilegal» de los vectores diferentes $\boldsymbol{\kappa}_\chi$ y $\boldsymbol{\kappa}_\varphi$. Hacemos esto identificando realmente los $\mathbb{E}^3$ pero tomando luego el error total en la diferencia entre las aceleraciones gravitatorias (diferencias entre caídas libres, i.e., geodésicas) en los dos espacios. Supongamos que las aceleraciones gravitatorias están dadas, respectivamente, por los 3-vectores $\boldsymbol{\Gamma}_\chi$ y $\boldsymbol{\Gamma}_\varphi$. Entonces estimamos nuestro error tomando el cuadrado de la longitud de su

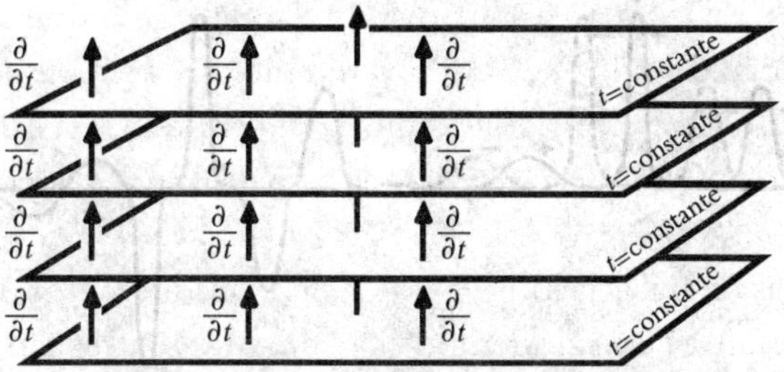

Fig. 30.22. El conocimiento de t no nos dice $\partial/\partial t$ («segunda confusión fundamental del cálculo»; véanse la Fig. 10.7 y §10.3); t nos dice dónde están las secciones $\mathbb{E}^3$, pero $\partial/\partial t$ define una familia de curvas que atraviesan esta familia de 3-superficies.

diferencia $(\boldsymbol{\Gamma}_\chi - \boldsymbol{\Gamma}_\varphi)^2$ e integrándolo sobre la totalidad de $\mathbb{E}^3$. Este error integrado se interpreta como una medida de la incertidumbre absoluta en la definición del operador «$\partial/\partial t$» necesario para la ecuación de Schrödinger, en el instante t que especifica dicha elección particular de $\mathbb{E}^3$. Esta incertidumbre conduce directamente, vía la ecuación de Schrödinger, a una incertidumbre absoluta E_G en la energía de los estados superpuestos en consideración. El paso siguiente es convertir esta expresión para E_G en otra forma matemática (equivalente) que podemos interpretar[30.11] como:

E_G = autoenergía gravitatoria de la diferencia entre las dos distribuciones de masa en los estados $|\chi\rangle$ y $|\varphi\rangle$.

La *autoenergía gravitatoria* en una distribución de masa es la energía que se gana al reunir dicha distribución de masa a partir de masas puntuales completamente dispersas en el infinito. La diferencia anterior podría considerarse como la distribución de masa en $|\chi\rangle$ tomada positivamente, junto con la distribución de masa en $|\varphi\rangle$ tomada negativamente (véase la Fig. 30.23). (La razón que hace que esto no nos dé simplemente cero es que la energía tiene que ver con el efecto del campo gravitatorio de cada distribución de masa sobre la otra.)

[30.11] Vea si puede confirmar esto. La demostración sigue líneas similares a las del ejercicio [24.3] en §24.3. Hacemos uso de la ecuación de Poisson $\nabla^2\Phi = -4\pi\rho$, donde Φ es el potencial gravitatorio (escalar) newtoniano. Aquí nuestra estimación del «error» es la integral espacial de $|\nabla\phi_1 - \nabla\phi_2|^2$.

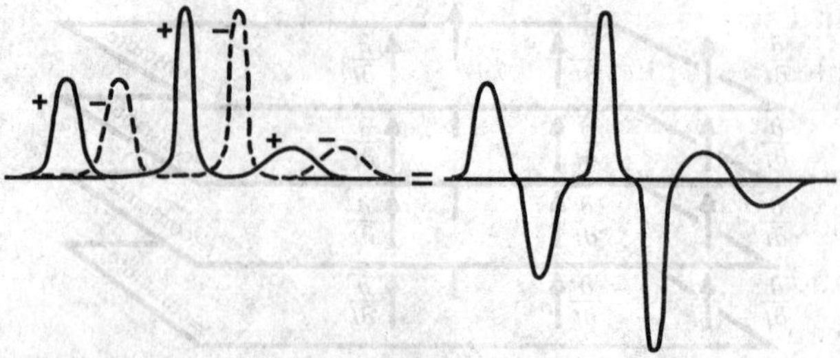

Fig. 30.23. Cada uno de los dos estados estacionarios en superposición, $|\chi\rangle$ y $|\varphi\rangle$, define un «valor esperado» para su distribución de densidad de masa. La diferencia entre estos dos (i.e., uno tomado positivamente y el otro negativamente) forma una distribución de densidad de masa positiva y negativa cuya autoenergía gravitatoria es la cantidad E_G.

Esta es una pequeña dificultad para que sea apreciada en términos ordinarios, debido especialmente a las distribuciones de masa negativa implicadas. Es una suerte que en la situación más habitualmente considerada, a saber, cuando el estado $|\varphi\rangle$ es solo un desplazamiento rígido del estado $|\chi\rangle$, la cantidad E_G puede interpretarse de forma más directa de otro modo. Consideramos la energía que costaría llevar una copia de nuestro bulto, originalmente en la posición $|\chi\rangle$, pero desplazada a la posición $|\varphi\rangle$, lejos del campo gravitatorio de la otra que se considera fija en la posición $|\chi\rangle$. Esta energía resulta ser la misma energía E_G que antes en el caso de un desplazamiento rígido,[30.12] pero no siempre en otras circunstancias.

De hecho, se podría considerar que se adopta esta segunda medida de energía (a saber, la energía de *interacción* gravitatoria) como una definición alternativa de E_G. La primera propuesta, en términos de autoenergía gravitatoria, parece estar mejor fundada, por lo que puedo ver, pero no habría que descartar otras posibilidades en nuestro estado de conocimiento actual. Diósi (1989) había considerado ambas propuestas anteriores, con un objetivo similar al que voy a plantear, aunque proponiendo también una dinámica (estocástica), algo que no

[30.12] ¿Puede ver por qué esto da la misma respuesta para E_G que antes en esta situación concreta? ¿Qué sucedería si la localización final del bulto desplazado está ligeramente elevada con respecto a su localización inicial? ¿Qué sucedería si se comprime?

hago aquí. Estas diferentes sugerencias (y algunas otras) deberían ser distinguibles experimentalmente, en experimentos del tipo de los que expondré enseguida. Sin embargo, habría que señalar que incluso las propuestas mejor fundadas tienen una motivación incompleta y no están del todo libres de controversias.[36]

De modo que ¿qué vamos a hacer con nuestra fundamental «incertidumbre en la energía» E_G? El próximo paso es invocar una forma del principio de incertidumbre de Heisenberg (la relación de incertidumbre tiempo-energía; véase §21.11). Un hecho familiar en el estudio de partículas inestables o núcleos inestables (tal como el uranio U_{238}) es que la *vida media* T, que tiene una incertidumbre temporal intrínseca, guarda una relación inversa con una incertidumbre en la energía, dada por $\hbar/2T$. Por ejemplo, como se ha advertido en §21.11, la vida media de un núcleo de U_{238} es de aproximadamente 10^9 años, de modo que hay una incertidumbre fundamental en la energía de cada núcleo de aproximadamente 10^{-51} julios, que se traduce, mediante la expresión $E = mc^2$ de Einstein, en una incertidumbre de masa de aproximadamente 10^{-44} de su masa total. Ahora vamos a considerar que nuestro estado superpuesto $|\Psi\rangle = w|\chi\rangle + z|\varphi\rangle$ es análogo a esto, siendo él mismo inestable, con una vida media T_G que está relacionada, mediante la fórmula de Heisenberg, con la incertidumbre de la energía fundamental E_G que se ha expuesto antes. De acuerdo con esta imagen,[37] cualquier superposición como $|\Psi\rangle$ decaería a uno u otro de sus estados constituyentes, $|\chi\rangle$ o $|\varphi\rangle$, en una escala de tiempo media de

$$T_G \approx \hbar/E_G.$$

30.12. ¿Estados de Schrödinger-Newton preferidos?

Parece que el resultado del argumento anterior es que una superposición cuántica de dos estados debería decaer a uno u otro de sus constituyentes en una escala de tiempo del orden $\hbar/E_G$. Pero en este punto el lector perspicaz muy bien podría quejarse de que *cualquier* estado cuántico $|\psi\rangle$ puede expresarse como una superposición lineal de un par de otros estados (por ejemplo, $|\psi\rangle = |\alpha\rangle + (|\psi\rangle - |\alpha\rangle)$, para cualquier $|\alpha\rangle$). No tendría ningún sentido considerar que todos estos estados se desintegran en tales «constituyentes», especialmente si para un $|\psi\rangle$ dado escogemos $|\alpha\rangle$, de modo que las distribuciones de masa en dichas alternativas difieren lo suficiente para que la desintegración tuviera que ser ¡casi instantánea!

Podría juzgarse que un absurdo de esta naturaleza es la conclusión de la discusión anterior, incluso si vamos a considerar que nuestra superposición $|\Psi\rangle = w|\chi\rangle + z|\varphi\rangle$ involucra meramente a un único electrón. Pues, en efecto, podríamos tomar $|\chi\rangle = |\alpha\rangle$ para representar el electrón en una posición (casi) precisa. La distribución de masa sería prácticamente una función delta (§21.10), que conduce a un valor esencialmente infinito para E_G, lo que parecería implicar una reducción casi instantánea del estado $|\Psi\rangle$ a uno u otro de $|\chi\rangle$ o $|\varphi\rangle$. Lo mismo sería válido para un sistema compuesto de entidades puntuales (por ejemplo, quarks). Es evidente que esto no tiene sentido; si semejante comportamiento fuera cierto, entonces no habría mecánica cuántica.

Lo que debemos hacer es ser mucho más cuidadosos sobre qué tipo de estados vamos a admitir como nuestros $|\chi\rangle$ y $|\varphi\rangle$. Recordemos que en el argumento anterior se ha considerado que $|\chi\rangle$ y $|\varphi\rangle$ son estados estacionarios. Un electrón en un estado de (casi) posición dada no es ciertamente estacionario. Por el principio de incertidumbre posición/momento de Heisenberg (§21.11), incluiría momentos muy grandes y se dispersaría instantáneamente. Por otra parte, parece que tenemos una dificultad en aplicar siquiera el argumento a partículas individuales si exigimos una estacionariedad *exacta* para ambos $|\chi\rangle$ y $|\varphi\rangle$, pues no existen soluciones estacionarias de la ecuación de Schrödinger ordinaria, para una única partícula libre (de masa positiva), que decaigan hacia el infinito espacial.[30.13] La respuesta a esta paradoja reside en el hecho de que debemos tener en cuenta el campo gravitatorio de la partícula cuando escribamos su ecuación de Schrödinger. No estoy pidiendo que el propio campo gravitatorio esté cuantizado en esta descripción, sino meramente que sus efectos estén resumidos en una función para el potencial gravitatorio newtoniano Φ, cuya fuente va a ser lo que se denomina el «valor esperado» de la distribución de masa en la función de onda. Quizá no sea oportuno que ofrezca en este libro una

[30.13] ¿Por qué? (*Sugerencia*: Eche una ojeada de nuevo al ejercicio [24.3]).

descripción completa de lo que está aquí involucrado,[38] pero esta receta parece dar respuestas razonables. Los detalles de esto son materia de activa investigación en la actualidad. Se concluye que para una única partícula, esta ecuación de Schrödinger modificada —que llamaré ecuación de *Schrödinger-Newton* (debido a que incorpora un campo gravitatorio newtoniano)— tiene realmente soluciones estacionarias de buen comportamiento para una única partícula que decaen adecuadamente hacia el infinito. (Sin embargo, para un único electrón la dispersión en la función de onda excedería la medida del universo observable; para un átomo de hidrógeno sería un poco menor que el universo observable, pues la dispersión decrece como el inverso del cubo de la masa de la partícula.)

Tenemos ahora lo que parece ser una propuesta plausible para una reducción de estado objetiva que se aplica, al menos, en situaciones en las que un estado cuántico es una superposición de otros dos estados, cada uno de los cuales es estacionario (en el sentido de Schrödinger-Newton antes mencionado). Según esta propuesta, tal estado superpuesto se reducirá espontáneamente a uno u otro de sus constituyentes estacionarios en una escala de tiempo media de aproximadamente $\hbar/E_G$, donde E_G es la autoenergía gravitatoria de la diferencia entre las dos distribuciones de masa. Llamaré a esta propuesta la ***RO** gravitatoria* (donde **RO** significa «reducción objetiva» del estado cuántico). Para cualquier par de tales estados estacionarios constituyentes, la magnitud autoenergía gravitatoria E_G está bien definida. Se refiere a la diferencia entre las dos distribuciones de masa, cada una de las cuales es esa misma expresión del «valor esperado» utilizada al definir la ecuación de Schrödinger-Newton.

Una característica de todas las demás propuestas para un esquema **RO** es que entran en dificultades con la *conservación de la energía*. En particular, la ingeniosa y rompedora propuesta de Giancarlo Ghirardi, Alberto Rimini y Tullio Weber (1986) tropieza precisamente con esta clase de dificultades, como lo han hecho otras propuestas.[39] Ha sido una actitud común la de «vivir con» este problema, con tal de que la no conservación de la energía pudiera reducirse a un nivel aceptablemente minúsculo. Mi propia perspectiva sobre esta cuestión consiste en tomarla más en serio. En el esquema gravitatorio **RO** que se ha propuesto antes existe la ventaja de que la incertidumbre de la energía en E_G

parecería cubrir dicha no conservación potencial, sin llevar a una violación real de la conservación de la energía. Sin embargo, esta es una cuestión que necesita más estudio. Parecería que hay algún tipo de «compromiso» entre las dificultades de energía evidentes en el proceso **RO** y la naturaleza decididamente no local (y curiosamente «resbaladiza») de la energía gravitatoria que se ha mencionado en §19.8.

Mi punto de vista con respecto a la reducción del estado cuántico es que se trata realmente de un proceso objetivo, y que es siempre un fenómeno *gravitatorio*. Este sería el caso incluso en situaciones en que ha habido una sustancial decoherencia por el entorno que conduce a una reducción de estado FAPP, por ejemplo en un sistema (tal como una molécula de ADN) que es demasiado pequeño para que le sea directamente aplicable una **RO** gravitatoria. En tales situaciones sería el desplazamiento de masa total en el entorno el que daría como resultado una **RO** gravitatoria. Creo que en las situaciones concretas que he considerado, donde el estado en cuestión es una superposición de dos estados estacionarios, este proceso de reducción está bien aproximado por el esquema **RO** que acabo de describir.

Ciertamente falta una teoría completa, y no he ofrecido ninguna dinámica real para la reducción del estado, según este proceso **RO**, ni siquiera en el caso de las superposiciones concretas que he considerado. En este aspecto, mi propuesta es una propuesta «minimalista» y no aspira a una dinámica más completa, tal como hacen las propuestas inspiradas de Károlyházy, Károlyházy y Frenkel, Pearle, Kibble, Ghirardi, Rimini y Weber, Ghirardi, Grassi y Rimini, Diósi, Percival, Gisin y otros.[40] De todas formas, mi propuesta minimalista parece tener claras consecuencias experimentales, y cerraré este capítulo presentando la idea subyacente en una clase de experimentos reales que tienen una capacidad definida para decidir si tal esquema **RO** gravitatorio es o no realmente respetado por la naturaleza.

30.13. La propuesta FELIX y otras relacionadas

El esquema básico es construir un «gato de Schrödinger» que consiste en un espejo minúsculo M, colocado en una superposición cuántica de

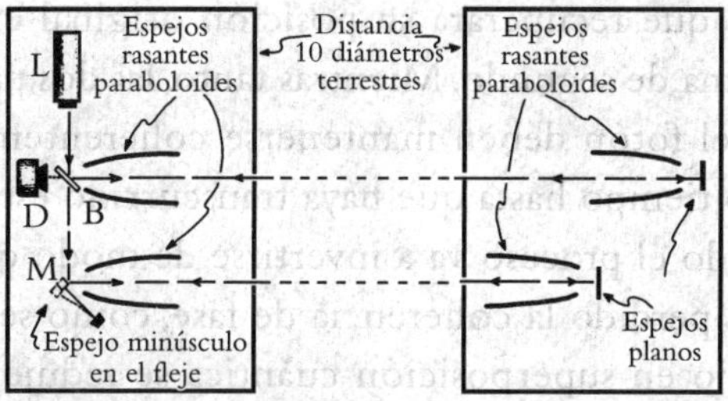

Fig. 30.24. FELIX (Free-orbit Experiment with Laser-Interferometry X-rays). Se indica un montaje esquemático. Un fotón, producido por el láser de rayos X L, se dirige al divisor de haz B. La parte transmitida del estado resultante del fotón se dirige a un espejo minúsculo M, aproximadamente de diez micras, y el impacto imparte un momento cuando el fotón es reflejado. Esto coloca a M en una superposición cuántica (gato de Schrödinger), que debe mantenerse durante, digamos, un segundo. Mientras, las dos partes de la función de onda del fotón deben mantenerse coherentes (aquí, por reflexión entre dos plataformas espaciales) hasta que ha transcurrido dicho período y el proceso entero se invierte. Un montaje perfecto (con trayectorias de igual longitud) y mecánica cuántica convencional haría que el detector responda el 0 % del tiempo. La **RO** gravitatoria lleva a una expectativa del 50 %.

dos posiciones ligeramente diferentes, desplazadas una respecto a otra en tan solo un diámetro nuclear.[41] Un tamaño razonable para este minúsculo espejo sería algo comparable a una mota de polvo, quizá de una décima parte del grosor de un cabello humano y que contenga algo del orden de 10^{14} a 10^{16} núcleos (de modo que su masa sería de aproximadamente 5×10^{-12} kg y su diámetro de aproximadamente 10^{-3} cm). Consideremos que el espejo M está colocado en su superposición por el impacto de un único fotón de rayos X que ha sido situado en una superposición de dos haces, uno de los cuales se dirige hacia M.

Un posible montaje experimental se indica en la Fig. 30.24. El fotón es producido por un láser de rayos X L y dirigido a un divisor de haz B. La parte transmitida (digamos) del estado resultante del fotón se dirige hacia M, y su impacto es tal que imparte un momento a este minúsculo espejo cuando es reflejado por el mismo. El espejo tiene que ser de alta calidad, de modo que es de una naturaleza «rígida» para que responda *como un todo* al impacto del fotón, sin que se exciten oscilaciones internas ni se descoloquen átomos. El espejo está suspendido de tal modo que recuperará su posición original en aproximadamente una décima de segundo. Mientras tanto, las dos partes de la función de onda del fotón deben mantenerse coherentemente de algún modo, haciendo tiempo hasta que haya transcurrido este período, después del cual todo el proceso va a invertirse de modo que pueda establecerse si se ha perdido la coherencia de fase, como sería el caso si el minúsculo espejo en superposición cuántica se redujera espontáneamente a una posición u otra.

No obstante, mantener coherente un fotón de rayos X durante una décima de segundo no es una tarea desdeñable. (Por desgracia, se necesitan energías de rayos X para que pueda impartirse el momento suficiente para producir un movimiento adecuado en el espejo.) Una sugerencia para conseguir coherencia durante ese período de tiempo es realizar todo el experimento en el *espacio*, donde se mantiene la coherencia del fotón mediante reflexión entre grandes espejos situados en dos plataformas espaciales separadas quizá un diámetro terrestre. Un fotón necesita aproximadamente una décima de segundo para recorrer esta distancia de ida y vuelta. La parte de la función de onda del fotón que ha sido reflejada en M regresa entonces a M, mientras que la parte que se ha reflejado en el divisor de haz B es devuelta a B. La precisión cronométrica es tal que todo el proceso se invierte exactamente. Así, la parte de la función de onda del fotón responsable del movimiento de M choca de nuevo con M precisamente cuando M vuelve a su posición original, de modo que el fotón recupera el momento que había cedido a M y deja a M en reposo; además, las dos partes de la función de onda del fotón están sincronizadas para recombinarse en el divisor de haz B. Con tal de que no haya habido ninguna pérdida de coherencia de fase a lo largo de esta actividad, la función de onda del fotón se combinará en un único haz que vuelve al láser L. Así pues, un detector situado en la posición «alternativa» D, a la que podría haber llegado el fotón que sale del divisor de haz B (véase la Fig. 30.24), no detectará *nada*. Esta propuesta ha sido bautizada como FELIX, siglas de Free-Orbit Experiment with Laser-Interferometry X-rays (Experimento en órbita Libre con Interferometría de Rayos X).

Notemos que durante aproximadamente una décima de segundo el estado de M será una *superposición* de estar desplazado y no desplazado,

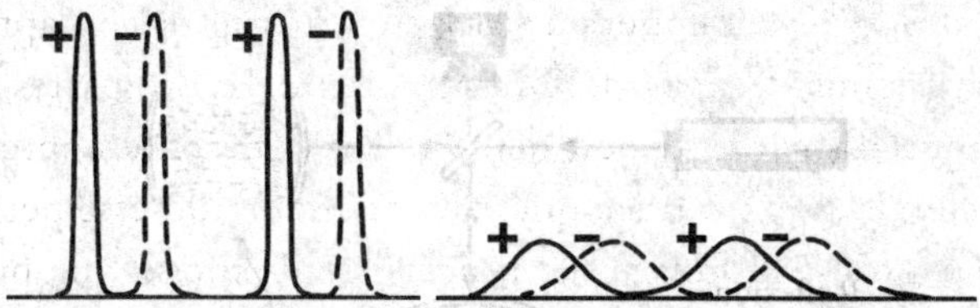

Fig. 30.25. Un factor importante sería la cantidad de «dispersión» en la distribución de masa de los núcleos en el espejo. Para una masa total dada, distribuciones de masa más estrechamente localizadas darían tiempos de reducción más cortos.

que es esencialmente la misma situación que teníamos con la masa de material descrita antes, ilustrada en la Fig. 30.20. Según el esquema **RO** gravitatorio, el estado de M debería reducirse espontáneamente a haber sido desplazado *o* no haber sido desplazado en una escala de tiempo de aproximadamente una décima de segundo. El estado del fotón está entrelazado con el de M, de modo que tan pronto como se reduce el estado de M, el estado del fotón se reduce con él. Entonces, el fotón está en un haz o en el otro, de modo que cuando finalmente vuelve al divisor de haz B tendrá la misma probabilidad de activar el detector D que de volver al láser L. Este procedimiento se repetiría entonces muchas veces. El efecto de **RO** sería que el detector responde aproximadamente en el 50 % de los ensayos; mientras que si, de acuerdo con la mecánica cuántica estándar, *no* se pierde coherencia de fase, entonces el detector no responde en absoluto.

Por supuesto, en cualquier situación práctica podría haber muchas otras maneras de perder coherencia de fase. Para que este experimento tenga éxito sería necesario que aquellas se mantuvieran en un nivel muy bajo, de modo que pudiera distinguirse la firma particular del **RO** gravitatorio. El experimento tendría que repetirse muchas veces, utilizando minúsculos espejos de tamaños y materiales diferentes, variando la escala de tiempo (utilizando quizá reflexiones repetidas entre plataformas espaciales). Un factor importante en el esquema **RO** concreto en consideración sería la cantidad de «dispersión» en la distribución de masa de los núcleos en el espejo. Para una masa total concreta, una distribución de masa más firmemente localizada daría un tiempo de reducción más corto (véase la Fig. 30.25).

La propuesta FELIX anterior es extraordinariamente difícil desde

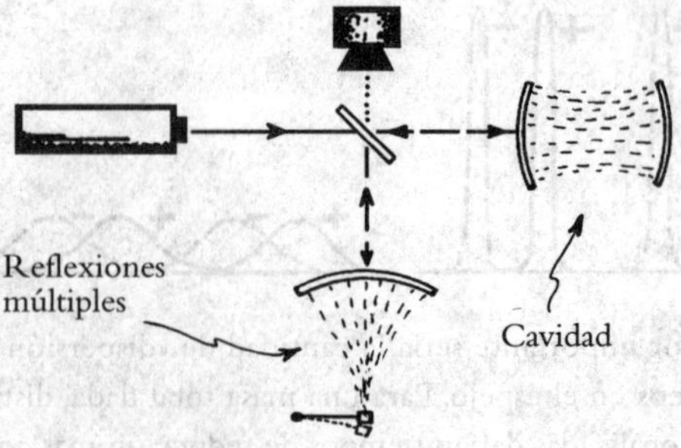

Fig. 30.26. Una versión más práctica de FELIX no utiliza rayos X, pero requiere unos 10^6 impactos de un fotón de luz visible en el espejo minúsculo, en lugar de un único impacto de un fotón de rayos X.

el punto de vista técnico, por varias razones. Un problema fundamental sería la precisión requerida para apuntar fotones de rayos X entre plataformas espaciales separadas aproximadamente 10.000 km. En cualquier caso, los experimentos espaciales son intrínsecamente difíciles y muy caros, y si hay una alternativa factible basada en tierra esta puede tener muchas ventajas. Afortunadamente, parece que tal alternativa es una posibilidad práctica. Debido a una ingeniosa sugerencia de William Marshall y algunas ideas asimismo ingeniosas para su implementación aportadas por Dik Bouwmeester y Christoph Simon, parece haber una posible alternativa basada en tierra que es ahora objeto de investigación activa. La propuesta[42] consiste en que en lugar de utilizar el impacto de un único fotón de rayos X para producir el movimiento deseado del minúsculo espejo, podría utilizarse un fotón de energía considerablemente menor (como un fotón de luz visible e incluso infrarroja), reflejado a un lado y a otro (digamos) $\sim 10^6$ veces, de modo que ahora hay 10^6 impactos del mismo fotón en el minúsculo espejo, en lugar del único impacto del fotón de rayos X que se proponía antes (véase la Fig. 30.26). En el momento de escribir esto, parece que no hay ningún obstáculo fundamental para que se pueda realizar un experimento preliminar de este tipo en un par de años más o menos. Si se realiza con éxito, este experimento preliminar podría quedarse todavía a cinco o seis órdenes de magnitud de lo que se necesita para un test definitivo de la **RO** gravitatoria. De todas formas, si puede mantenerse la coherencia gravitatoria para la superposición de las dos posiciones del minúsculo espejo, esto representaría un avance (en términos de masa) sobre el actual «récord del gato de Schrödinger» (moléculas de fullereno C70)[43] en un factor de quizá 10^{12}. Parece probable que si se alcanzara con éxito esta etapa, donde el esquema **RO** gravitatorio «minimalista» de §§30.9-12 predice *acuerdo* con la mecánica cuántica estándar, entonces las mejoras adicionales necesarias para poner a prueba las nuevas predicciones de la **RO** gravitatoria pueden muy bien estar listas dentro de algunos años.

Es quizá notable que la extraordinariamente minúscula incertidumbre en la energía gravitatoria E_G que ocurre en esta clase de experimento —algo del orden de 10^{-33} de julios— es suficiente para dar esta «razonable» vida media de colapso de una décima de segundo o menos. La pequeñez de los efectos gravitatorios, en general, ha hecho que muchos físicos los desprecien por completo. Pese a todo, vemos que los efectos de introducir consideraciones gravitatorias en nuestra imagen podrían tener profundas consecuencias observacionales. Habría que señalar que la escala de tiempo $\hbar/E_G$ implica el *cociente* de las dos pequeñas cantidades $\hbar$ y G, y por ello no tiene por qué ser una cantidad pequeña en términos humanos ordinarios. Esto contrasta con las magnitudes características en gravedad cuántica, la longitud de Planck y el tiempo de Planck (§27.10 y §31.1), de tamaños 10^{-33} cm y 10^{-43} s, que son absurdamente pequeñas, y surgen del *producto* de $\hbar$ y G.

Imaginemos que se ha realizado con éxito un experimento para poner a prueba la **RO** gravitatoria. Si *no* se pierde coherencia de fase en las escalas de tiempo predichas por el esquema **RO** gravitatorio que se ha esbozado antes, dicho esquema tendrá que ser abandonado, o al menos seriamente modificado. Pero ¿qué pasa si los resultados de experimentos semejantes *apoyan* las predicciones de la **RO** gravitatoria? ¿Podemos entonces concluir que la reducción del estado cuántico es un efecto gravitatorio objetivo? Me temo que muchos prefirirían seguir manteniendo uno de los puntos de vista más «convencionales» con respecto a esta cuestión. Podrían seguir argumentando, por ejemplo, que se mantiene la unitariedad estricta (**U**), mientras que parte del estado se hace inaccesible, perdido quizá en «fluctuaciones en el campo métrico» (véanse §29.6 y §30.14).

Personalmente, no tengo ningún deseo de resistirme a un cambio fundamental en una teoría física previamente aceptada, puesto que creo que, en el caso de la teoría cuántica, es realmente necesario un cambio fundamental, como he argumentado en extenso. Pero quizá no sea demasiado fantasioso hacer una comparación con las opiniones de muchos científicos altamente respetados, tales como Lorentz, que preferían considerar los efectos de la *relatividad especial* como meras «correcciones» a aplicar dentro de una visión del mundo del siglo XIX que acepta un estado de reposo absoluto. Sin duda habría un número similar de físicos reconocidos que podrían ser reacios a abandonar su visión del mundo de la mecánica cuántica duramente ganada en el siglo XX, si realmente resulta que las predicciones de la **RO** gravitatoria *son* apoyadas por una realización satisfactoria de un experimento del tipo FELIX. En mi opinión, semejante postura sería retrógrada, y significaría renunciar a la posibilidad de hacer nuevos progresos sobre la base de una nueva imagen cuántica del mundo ¡que realmente podría tener sentido!

Por supuesto, aquellos de nosotros que estamos esperando que la **RO** gravitatoria fortalezca nuestros puntos de vista menos convencionales debemos estar preparados para que eventualmente nuestras ideas puedan ser *contradichas* por un experimento semejante. Mi reacción ante esto sería de considerable desconcierto, pese al hecho de que muchos físicos cuánticos con los que he discutido esta cuestión han expresado su firme esperanza en que la mecánica cuántica convencional debe salir intacta. Mi desconcierto vendría básicamente de mi convicción en que la mecánica cuántica actual no tiene una ontología creíble, de modo que *debe* ser modificada en profundidad para que la física del mundo tenga sentido. Esto no implica en sí mismo que tenga que ser la **RO** *gravitatoria* la que venga en nuesto auxilio, ni es imperativo que la propuesta gravitatoria concreta esbozada aquí deba ser la correcta.[44] De todas formas, tengo la sensación de que la solidez y robustez de la teoría cuántica moderna no dejará que sea desplazada fácilmente. En mi opinión, cualquier desplazamiento exigiría la intervención de algo igualmente formidable, y ninguna otra cosa en la física conocida tiene esta envergadura salvo la teoría de la relatividad general de Einstein y sus profundos principios motivadores. Es esto lo que me lleva a prever un esquema de **RO** gravitatoria como el que he sugerido. ¡Cualquiera que sea el resultado final de estas elucubraciones, preveo que muchas nuevas cuestiones mecanocuánticas, poderosas e intrigantes, serán planteadas y respondidas durante el curso del siglo XXI!

30.14. Origen de las fluctuaciones en el universo primitivo

Antes de poner fin a este capítulo, quiero plantear una de las numerosas cuestiones importantes que podrían quedar profundamente afectadas por un cambio en las reglas de la teoría cuántica, en la línea de las reflexiones de este capítulo. En §27.13 he llamado la atención sobre el estado extraordinariamente especial en que parece haber empezado el universo. Lo más especial de este estado, y lo que le da su entropía absurdamente baja, eran una isotropía y homogeneidad espaciales muy precisas, de modo que la geometría espaciotemporal está (aún) en un acuerdo notablemente próximo con uno de los modelos cosmológicos FLRW estándar (§27.11). Por supuesto, como se argumenta a menudo, el universo no puede haber sido absoluta y exactamente un modelo simétrico semejante. Si *alguna vez* existió esta alta simetría, debería haber permanecido para siempre, porque la dinámica de la relatividad general de Einstein —y del resto de la física clásica— conservará exactamente dicha simetría.

Pero ¿qué pasa con la física *cuántica*? La aleatoriedad inherente a los procesos de evolución cuántica, ¿no permite que aparezcan desviaciones de esta simetría exacta? En esta etapa se suele invocar la noción de «fluctuaciones cuánticas», como una forma de ofrecer las necesarias pequeñas desviaciones de la simetría exacta. La idea es que tales «fluctuaciones» podrían empezar siendo minúsculas, pero actuarían como semillas de irregularidad en la distribución de masa, que poco a poco aumentarían mediante la aglomeración gravitatoria, de modo que, finalmente, podrían desarrollarse estrellas, galaxias y cúmulos de galaxias, de acuerdo con la observación.

Pero ¿qué *son* las fluctuaciones cuánticas? Una característica de las relaciones de incertidumbre de Heisenberg (§21.11), aplicadas a magnitudes de campo (véanse §§26.2,3,9), es que si se intenta medir el valor de un campo cuántico en una región muy pequeña con gran precisión, esto llevará a una incertidumbre muy grande en otras magnitudes de campo relacionadas (canónicamente), y con ello a un valor esperado rápidamente cambiante de la cantidad que se está midiendo. Así, el propio acto de establecer el valor preciso de una magnitud de campo dará como resultado que dicha magnitud fluctúe de manera incontrolada. Dicha magnitud podría ser una componente de la métrica espaciotemporal, de modo que vemos que cualquier intento de medir la métrica de forma precisa dará como resultado cambios enormes en ella. En la década de 1950, consideraciones como estas llevaron a John Wheeler a argumentar que la naturaleza del espaciotiempo en la escala de Planck de 10^{-33} cm sería una «espuma» salvajemente fluctuante (véanse el final de §29.6 y la Fig. 29.6).

Para clarificar esta imagen, debemos recordar lo que en realidad establecen las relaciones de Heisenberg. Estas no nos dicen que haya algo intrínsecamente «borroso» o «incoherente» en el comportamiento de la naturaleza en las escalas más minúsculas. En su lugar, la incertidumbre de Heisenberg restringe la precisión con que pueden realizarse dos medidas no conmutativas. Recordemos que, para una única partícula, su posición y su momento en una dirección, que no son conmutativos, no pueden determinarse exactamente al mismo tiempo, pues el producto de sus respectivos errores no es menor que $\frac{1}{2}\hbar$ (§21.11). Sin embargo, hay un estado cuántico perfectamente bien definido, y si no se realiza ninguna medida real, el estado de la partícula evolucionará de forma precisa de acuerdo con la ecuación de Schrödinger (suponiendo válida la mecánica cuántica **U** estándar).

Análogamente, en mecánica cuántica estándar no todas las variables que definen un estado espaciotemporal pueden determinarse conjuntamente. La descripción cuántica del espaciotiempo debería estar, de todas formas, muy bien definida. Pero según el principio de Heisenberg, esa descripción no puede parecerse a una variedad (pseudo)riemanniana clásica, pues diferentes magnitudes geométricas espaciotemporales no conmutan entre sí. En su lugar, de acuerdo con la imagen de Wheeler, el estado consistiría en una vasta superposición de geometrías diferentes, muchas de las cuales se desviarán enormemente de la planitud y por ello tendrán el carácter «espumoso» que él imagina.

Veamos cómo se aplica esto al estado del universo primitivo. ¿Pueden atribuirse realmente las desviaciones de la simetría exacta a las «fluctuaciones cuánticas» si todo el estado inicial entero posee simetría cosmológica FLRW exacta? La evolución **U** de este estado debe continuar para mantener la exacta simetría FLRW, con independencia de las «fluctuaciones cuánticas» o de cualquier otra manifestación de la incertidumbre de Heisenberg.[30.14] ¿Cómo es esto compatible con la geometría «espumosa» muy irregular que imagina Wheeler? Aquí no hay necesariamente una contradicción, pues el estado entero es una superposición de tales geometrías irregulares, no una geometría individual. La superposición propiamente dicha puede poseer una simetría que no tienen las geometrías individuales de las que está compuesta. Si contribuye una geometría irregular, así lo hacen todas las demás que se obtienen de ella por la aplicación de cada simetría FLRW.[45]

¿Cómo se supone entonces que esta vasta superposición cuántica FLRW simétrica de geometrías irregulares da lugar a algo que se parece a un universo específico «casi FLRW simétrico» que está perturbado solo de una forma mínima que es compatible con las observaciones? Al lector le debería quedar claro que no hay forma de que esto pueda suceder dentro de la evolución **U** de la mecánica cuántica estándar, puesto que esta debe conservar exactamente la simetría. Debe estar teniendo lugar algo de la naturaleza de un proceso **R**, que resuelve esta vasta superposición de geometrías en una única geometría o, mejor, en una superposición menor de geometrías que se parece más a una geometría única. La clave está en que las irregularidades que surgen de «fluctuaciones cuánticas» no pueden darse sin alguna acción tipo **R**, por la que el único estado cuántico inicial se resuelve de algún modo en una mezcla probabilista de estados diferentes. Esto nos lleva de nuevo a las cuestiones abordadas en el capítulo 29, donde se han discutido diferentes actitudes hacia la «realidad» de **R**.

Deberíamos tener en cuenta que lo que nos interesa aquí es el uni-

[30.14] ¿Puede ver por qué la conservación de esta simetría se sigue simplemente de la *unicidad* determinista de la evolución **U**, junto con una hipótesis general muy débil sobre la evolución **U**?

verso muy primitivo, en el que la temperatura podría haber sido del orden de 10^{32} K. No había experimentadores en esa época realizando «medidas», de modo que es difícil ver cómo puede aplicarse la perspectiva de «Copenhague» estándar ((a) de §29.1). ¿Qué pasa con la idea de los muchos mundos ((b) de §29.1)? En esta imagen no hay **R** real, y el estado FLRW simétrico del universo se mantendría hasta el presente, siendo representable como una gran superposición de muchas geometrías espaciotemporales constituyentes. Según esta idea, solo cuando observadores conscientes trataran de dar sentido al mundo se juzgaría apropiada la resolución en geometrías espaciotemporales alternativas, y habría entonces una superposición de observadores conscientes, cada uno de los cuales percibiría un único «mundo».[46] En la idea «FAPP» ((c) de §29.1), la presencia de decoherencia ambiental (suficiente) se considera la señal por la que se permite que nuestra superposición cuántica de geometrías diferentes sea considerada como *una mezcla probabilista* de geometrías diferentes.

Resulta ilustrativo hacer una comparación con un ejemplo en mecánica cuántica ordinaria.[47] Imaginemos un núcleo radiactivo en reposo, en un estado esféricamente simétrico (i.e., espín 0; véase §22.11) en un punto O situado en el centro de una cámara de burbujas[48] (Fig. 30.27). Supongamos que por fisión nuclear se divide en dos partes A y B, que son expulsadas desde O en direcciones opuestas. Podemos suponer que A y B están cargadas eléctricamente, de modo que dejan trazas en la cámara de burbujas. En este ejemplo empezamos con un estado con simetría esférica, centrado en O. Pero después de la desintegración, la simetría esférica se rompe por el eje a lo largo del que han salido las partes A y B. ¿Cómo vamos a entender esto en términos de la evolución **U** del estado original? Evidentemente, como se ha afirmado antes, la simetría esférica debe conservarse, pero el estado lo consigue al estar compuesto como una superposición lineal de todas las situaciones posibles dadas por direcciones diferentes del eje. La función de onda tiene la forma de una onda esférica centrada en O, aunque debemos tener en cuenta que el estado es un estado entrelazado que incluye a A y B, en el que cada localización de A está correlacionada con una localización de B en la dirección contraria. A medida que la influencia de las cargas en A y B empieza a ionizar el material en la cá-

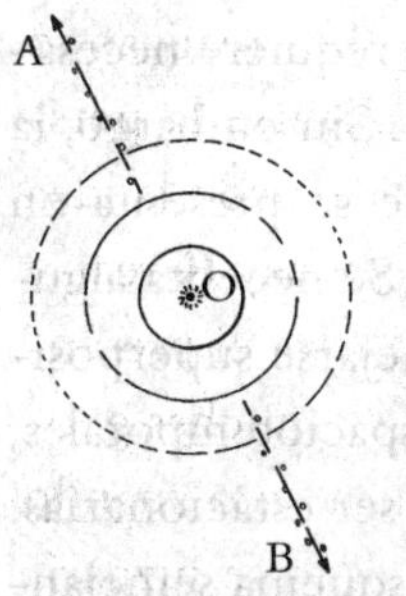

Fig. 30.27. Ruptura de simetría por **RO**. Un núcleo de espín 0 (esféricamente simétrico) se divide en dos partes, que se observa que siguen un par específico de caminos en direcciones opuestas. La evolución **U** del estado inicial conserva la simetría esférica, pero esta consiste en una superposición cuántica (entrelazada) de pares de caminos opuestos (Mott). R da como resultado que solo uno de estos es percibido. Este ejemplo debe tomarse como un modelo ilustrativo de lo que podría estar sucediendo en la creación de fluctuaciones de densidad en un estado cuántico del universo primitivo inicialmente muy simétrico.

mara de burbujas y se forman burbujas, el estado se entrelaza con dicho material, de modo que encontramos que el estado entero consiste en una superposición en la que cada componente incluye un par de trazas de burbujas en direcciones opuestas, una correspondiente al paso de A, y la otra, al paso de B.

La situación recién descrita no es esencialmente diferente de la del universo primitivo. Se necesita una versión de **R** para que la superposición cuántica simétrica pueda ser reemplazada por una mezcla probabilista de alternativas menos simétricas. Al parecer, en la práctica los teóricos tienden a adoptar una forma de interpretación FAPP ((c) de §29.1), en la que el tamaño del horizonte cosmológico es tomado de forma arbitraria (e ilógica) para proporcionar algún tipo de «corte» para los entrelazamientos cuánticos. La superposición cuántica es considerada entonces como una mezcla probabilista, aunque esta postura real apenas se deja clara alguna vez. Por ejemplo, en su libro de texto para licenciatura *The Early Universe*, los destacados cosmólogos inflacionarios Kolb y Turner (1994) afirman en la p. 286:

> Conforme cada modo cruza el horizonte hacia fuera, se desacopla de la microfísica y se «congela» como una fluctuación clásica.

Aquí el «modo» se refiere a una componente de la superposición cuántica, así que vemos que los autores intentan utilizar el horizonte como algo que permite el paso de una amplitud cuántica a una probabilidad de una alternativa clásica real. Esto parece estar en la línea de una propuesta FAPP (véase §29.6) y, como se ha argumentado en §§29,6,8, es, estrictamente hablando, ilógico.[49]

En mi opinión, está claro que la introducción de desviaciones de una simetría FLRW exacta vía fluctuaciones cuánticas requiere necesariamente una teoría de reducción de estado objetiva. Sin embargo, la propuesta «minimalista» para la **RO** gravitatoria que se presenta en §§30.9-12 no es suficientemente fuerte tal como está. Se necesita alguna propuesta **RO** más general, en la que puedan manejarse superposiciones cuánticas de grandes números de geometrías espaciotemporales, donde las geometrías individuales no tienen por qué ser estacionarias, como lo eran en §30.10. Cuando se disponga de un esquema semejante, será confrontado de inmediato con un conjunto impresionantemente creciente de datos observacionales, frente al que debe mantenerse o caer. Ya BOOMERANG, WMAP y otras observaciones han suministrado cantidades ingentes de datos concernientes a fluctuaciones densidad/temperatura en el universo primitivo, y habrá muchos más procedentes de otros experimentos ahora en proyecto.

Aquí es apropiado hacer un comentario final sobre esta situación. Advertimos cómo el estado simétrico en nuestro anterior ejemplo de la fisión nuclear era un estado muy entrelazado. Esto también sería cierto, y en un grado aún mayor, para las reducciones de estado que nos alejen de un estado inicialmente FLRW simétrico para un universo sometido a «fluctuaciones cuánticas». Así, de acuerdo con nuestra discusión de los estados EPR dada en §§23.3-6, tenemos «violaciones de la desigualdad de Bell» que proporcionan correlaciones entre sucesos distantes que parecen violar la causalidad clásica. Esta aparente violación de la causalidad no tiene por qué ser indicativa de un mecanismo tal como la inflación que sirviera para poner tales sucesos separados en contacto causal, sino que podría aparecer como resultado de cualquier esquema apropiado de reducción de estado objetiva (**RO**). Sin embargo, de la exposición que acabamos de hacer[50] vemos que, incluso dentro de las cosmologías FLRW estándar, esta aparente «violación de causalidad» puede ocurrir sin necesidad de inflación si las fluctuaciones iniciales resultan vía un esquema de reducción de estado objetiva.

Queda claro que estamos lejos de una teoría que pueda abordar con fiabilidad estas cuestiones. Pero al menos espero que haya sido capaz de persuadir al lector de la importancia fundamental de tener una mecánica cuántica con una ontología viable. Las cuestiones que se han abordado en los capítulos 29 y 30 de este libro no son solo materias de interés filosófico. La importancia de tener una mecánica cuántica (mejorada) ontológicamente coherente no puede sobrestimarse. En esta sección he tocado solo una de las cuestiones fundacionales que podrían quedar profundamente afectadas por el conocimiento de una teoría semejante. Hay muchas más, entre ellas situaciones en biología (véanse §§34.7,10) en las que, como sucede en el universo primitivo, el punto de vista «de Copenhague» actual no puede aplicarse realmente, ya que no hay una división clara entre un sistema cuántico y un aparato de medida clásico.

Notas

Sección 30.1

30.1. Véase Roseveare (1982).

Sección 30.2

30.2. Véase Penrose (1980).

Sección 30.3

30.3. No hay barrera teórica o técnica para esto, al menos si no exigimos un 100 % de exactitud. Por ejemplo, se podría arreglar que el fotón inicial sea siempre uno de un par (producido, por ejemplo, por subconversión paramétrica; véase §23.10), de modo que el otro miembro del par dispara el dispositivo registrador.

30.4. Encuentro notable la dificultad que suele tener la gente con este argumento. Quizá la materia se clarifica si contemplamos numerosos ejemplos de este experimento que tienen lugar en varias localizaciones en el espaciotiempo. Hay cuatro rutas alternativas a considerar para el fotón, SBD, SBC, FBD y FBC. Para ver cuáles son las diversas probabilidades, preguntemos la proporción de SBD, dado S (situación hacia delante en el tiempo), o la proporción de SBD, dado D (situación hacia atrás en el tiempo). La regla del módulo al cuadrado da correctamente la respuesta real (50 %) en el primer caso, pero *no* da la respuesta real (casi 100 %) en el segundo caso.

30.5. Sin embargo, dependen de que el estado inicial sea el que se supone que es y no sea parte de un estado entrelazado (§23.3) que podría incluir también algo en el detector. También podríamos plantear la cuestión de si la inversa temporal de tales entrelazamientos podría ser responsable de que la regla del módulo al cuadrado invertida temporalmente dé respuestas del todo erróneas. Pero soy incapaz de ver cómo se construye una explicación plausible según estas líneas. Quizá algún lector con iniciativa pueda hacerlo mejor.

30.6. Véase Aharonov y Vaidman (1990).

30.7. Para una discusión de esta cuestión, véase Aharonov *et al.* (1964).

30.8. Véanse Aharonov y Vaidman (2001); Cramer (1988); Costa de Beauregard (1995); y Werbos y Dolmatova (2000).

Sección 30.4

30.9. Véase Unruh (1976); véase también Wald (1994).

30.10. Véanse Penrose (1968b, 1987b) y Bailey *et al.* (1982).

30.11. Véanse Kay (2000), Kay y Wald (1991), Kay, Radzikowski y Wald (1996), Hollands y Wald (2001) y Haag (1992).

Sección 30.5

30.12. Véase Wald (1984).

30.13. Véanse Wald (1984), Kruskal (1960) y Szekeres (1960).

30.14. Existe una discrepancia ligeramente confusa entre la interpretación de «τ» como tiempo *real* en el caso de Schwarzschild, que se ha considerado aquí, mientras que es $r_0\tau$ lo que mide el tiempo del observador acelerado en el caso plano (Rindler) de las Figs. 30.5a y b.

30.15. Véase Newman *et al.* (1965).

30.16. Esta razón giromagnética se refiere a una «partícula de Dirac pura», a la que un electrón es una excelente aproximación, pero un electrón real está sujeto a *correcciones radiativas* que vienen de la teoría cuántica de campos; véase el final de §24.7. Un protón o un neutrón están mucho más lejos de ser una partícula de Dirac, pero dicha noción se aplica de forma mucho más estrecha a sus quarks constituyentes.

Sección 30.6

30.17. Véanse Novikov (2001), Thorne (1995a) y Davies (2003).

30.18. Davies (2003) ofrece una exposición legible y divertida de tales posibilidades.

Sección 30.7

30.19. Véanse Penrose (1969a) y Floyd y Penrose (1971).

30.20. Véanse Blanford y Znajek (1977) y Begelman *et al.* (1984). Véase también Williams (1995, 2002, 2004).

Sección 30.8

30.21. Véanse Hawking (1974, 1975, 1976a, 1976b) y Kapuusta (2001).

30.22. Véase Preskill (1992).

30.23. Véanse Preskill (1992), o, para una perspectiva diferente, Kay (1998a, 1988b).

30.24. Véanse Preskill (1992) y Susskind *et al.* (1993).

30.25. Véase Gottesman y Preskill (2003) para una crítica de Horowitz y Maldacena (2003). Véase también Susskind (2003).

30.26. Hawking introdujo una generalización de la evolución unitaria en la que la descripción de matriz S de la QFT ordinaria (§26.8) se generaliza a lo que se conoce como un operador de «superdispersión» (no relacionado con la supersimetría; véase §21.2), denotado por un signo «$». Este opera entre estados de matriz densidad, más que entre los estados puros tratados por la matriz S. Véase Hawking (1976b). Habría que decir que, en 2004, Hawking se *retractó* (lamentablemente, en mi opinión) de su posición PÉRDIDA, en favor de RETORNO.

Sección 30.9

30.27. El principal desacuerdo entre Stephen Hawking y yo, durante veinte años, se ha centrado en esta cuestión de la asimetría temporal. A lo largo de estas discusiones, él ha mantenido categóricamente una física con simetría temporal, o bien la inmutabilidad de la mecánica cuántica **U**, o la tibia generalización antes mencionada (nota 30.26). Como explicaré, mi punto de vista sobre estas materias es muy diferente.

30.28. Véase Penrose (1979).

30.29. La hipótesis de curvatura de Weyl se refiere a la geometría *clásica*, de modo que dice algo sobre lo que sucede en el punto donde la «geometría cuántica» cristaliza en un espaciotiempo clásico.

30.30. Véanse Hawking (1976a, 1976b) y Gibbons y Perry (1978).

30.31. Quizá aquí se requiera una noción generalizada del espacio de Hilbert, que también podría asumir algunas de las propiedades de un espacio de fases (curvo); por ejemplo, Mielnik (1974), Kibble (1979), Chernoff y Marsden (1974), Page (1987) y Brody y Hughston (2001).

Sección 30.10

30.32. Estos podrían ser *estados coherentes* como los mencionados en §26.6.

30.33. Téngase en cuenta que los índices en κ_χ y κ_φ son solo etiquetas y no «índices tensoriales» en el sentido de §12.8. Lo mismo se aplica a g_χ y g_φ.

Sección 30.11

30.34. Véase Christian (1995).

30.35. Véanse Isham (1992), Kuchar (1992), Rovelli (1991), Smolin (1991) y Barbour (1992).

30.36. Véase la nota 29.12 para muchas de las teorías de reducción de estado objetiva. Las de Diósi, Percival, Kibble, Pearle, Squires y yo mismo implican la gravitación de forma crucial.

30.37. Más recientemente, ha surgido una idea para una justificación más rigurosa de este tipo de propuesta para una **RO** gravitatoria. Recordemos del ejercicio [21.6] que para hacer la teoría cuántica compatible con el principio de equivalencia se necesita un factor de fase que incluye un término cúbico en el tiempo *t*, cuando se pasa de un sistema en caída libre a uno fijo en un campo gravitatorio. Por consiguiente, los dos sistemas describen estrictamente vacíos diferentes (véase §26.5), siendo esto el remanente del efecto Unruh, mencionado en 30.4, que sobrevive en el límite galileano. Así pues, si hay que respetar plenamente el principio de equivalencia, la superposición de dos campos gravitatorios implicará la superposición de dos vacíos diferentes, y por ello debería ser inestable, incluso en el límite galileano. Detalles de este argumento serán publicados más adelante.

Sección 30.12

30.38. Véanse §22.5 y Moroz *et al.* (1988). Para el «valor esperado», véase la nota 22.11.

30.39. Véase la nota 29.12 para muchas de las referencias seminales en este campo.

30.40. He aprendido mucho del estudio de tales propuestas. Quizá algunas de estas puedan proporcionar indicadores hacia una teoría **RO** gravitatoria más completa. Véase la nota 29.12.

Sección 30.13

30.41. Los detalles específicos de esta propuesta han tenido contribuciones importantes de varios colegas. Un ingrediente importante de la idea original (que incluía el impacto sobre un cristal «tipo Mössbauer» por un fotón en un haz dividido) se debía a Johannes Dapprich; algunas ideas más específicas, entre ellas, los parámetros sugeridos para el tamaño del minúsculo espejo, la energía del fotón y muchas otras cosas, surgieron en conversaciones con Anton Zeilinger y otros en su grupo experimental (en aquella época) en Innsbruck. La idea de un experimento en el espacio (FELIX) surgió en discusiones con Anders Hansson. Las ingeniosas ideas que parecen proporcionar una alternativa más práctica basada en tierra se deben a Willian Marshall, Dik Bouwmeester y Christoph Simon. Véase Penrose (2000a) y Marshall *et al.* (2003).

30.42. Véase Marshall *et al.* (2003).

30.43. Véase Arada *et al.* (1999).

30.44. Por ejemplo, tanto el esquema **RO** gravitatorio original de Károlyházy (1974) como la propuesta más reciente de Percival (1994) hacen predicciones muy diferentes de las que se presentan aquí.

Sección 30.14

30.45. No obstante, aquí hay una sutileza porque se podría considerar que la acción de una simetría abstracta sobre una geometría espaciotemporal dé simplemente de nuevo la misma geometría (debido al principio de covariancia general; véase §19.6). Existen diferentes actitudes que pueden adoptarse sobre esta cuestión, pero en cualquier caso el punto general planteado en el texto no queda afectado.

30.46. En la propia variante de Wheeler, el «universo participatorio» (véase Wheeler, 1983), sería la presencia final de observadores conscientes la que de algún modo determina (teleológicamente) la selección concreta de geometría espaciotemporal que ocurrió en el universo primitivo.

30.47. Esto guarda cierta similitud con una discusión de la traza en una cámara de niebla de la emisión de una partícula α, que se debe a Neville Mott (1929).

30.48. Aparato estándar en el que el paso de una partícula cargada queda indicado por una cadena de burbujas minúsculas; véanse la nota 30.47 y Fernow (1989).

30.49. La razón real para un «corte» en el radio de Hubble (donde la recesión alcanza la velocidad de la luz) en esa época no tiene que ver directamente con el «tamaño del horizonte» real (que es, en cualquier caso, mucho más grande que el radio de Hubble en el esquema inflacionario; véase la Fig. 28.5) y no tiene nada que ver con el paso de la física cuántica a la clásica. Es un efecto puramente clásico de la expansión del universo en un campo sometido a las ligaduras de la relatividad.

30.50. Parece que varias personas han sugerido que tales correlaciones tipo EPR «acausales» podrían haber estado presentes en las fluctuaciones del universo primitivo por tales razones. Por ejemplo, Bikash Sinha me propuso hace años una sugerencia de esa naturaleza.

31

Supersimetría, supradimensionalidad y cuerdas

31.1. Parámetros inexplicados

Probablemente la mayoría de los físicos tendrán ideas muy diferentes de las que se han esbozado en el capítulo anterior respecto a lo que puede depararnos la física del siglo XXI. Muy pocos de ellos parecen prever que haya cambios fundamentales en el armazón de la mecánica cuántica. En su lugar, discuten ideas que suenan extrañas, como la necesidad de dimensiones extra para el espaciotiempo, o de que las partículas puntuales sean reemplazadas por entidades extensas conocidas como «cuerdas», o por estructuras de dimensiones mayores llamadas «membranas», o *p*-branas o simplemente «branas», y donde curiosos objetos adicionales llamados «D-branas» parecen desempeñar un papel importante. Hay intrigantes extensiones de la idea de simetría, conocidas como «supersimetría», o de los «grupos cuánticos». Hay generalizaciones de la propia noción de geometría descrita como «no conmutativa», y hay imágenes del mundo en las que en los niveles más minúsculos impera la discretización en lugar de la continuidad, o donde el tejido del propio espacio consiste en nudos o lazos; incluso se ha sugerido que la propia noción de espaciotiempo tendrá que ser abandonada o reformulada en otros términos.

¿Cuáles son estas diversas ideas y qué vamos a hacer con ellas? Y lo que es más importante, ¿qué motiva a tantos físicos a describir una «realidad» tan poco parecida a lo que directamente percibimos en las escalas humanas ordinarias? Sin duda, parte de la razón para contemplar tales propuestas reside en el éxito de la mecánica cuántica y, en menor grado, de la relatividad general. Estas teorías del siglo XX nos han mostrado que nuestras intuiciones directas pueden confundirnos, y que la «realidad» puede diferir profundamente de las imágenes que proporcionaba la física de los siglos precedentes. Pese a todo, el hecho de que se nos presente un esquema exótico o inusual para el mundo no nos proporciona una base para creerlo. Tendremos que tratar de entender algo de las motivaciones subyacentes que guían las investigaciones de los teóricos modernos cuando intentan sondear más profundamente el funcionamiento interno del universo.

Debemos retomar los hilos del razonamiento que hemos visto por primera vez en el capítulo 24 y hemos continuado en los capítulos 25 y 26, donde los requisitos combinados de la relatividad especial y la teoría cuántica nos han conducido al atolladero de la teoría cuántica de campos. Esta, a su vez, nos ha llevado a un campo minado de infinitos, y se ha necesitado gran ingenio para evitar la mayoría de estos, lo que ha conducido en definitiva al modelo estándar de la física de partículas, que encuentra buen acuerdo con el funcionamiento acompasado de la naturaleza. Pese a todo, el propio modelo estándar no está libre de infinitos, pues es meramente una teoría «renormalizable» más que una teoría finita. La renormalizabilidad solo permite hacer ciertos cálculos que dan respuestas finitas a la mayoría de las preguntas de interés dentro de la teoría, pero no nos ofrece ningún asidero para algunos de los parámetros más importantes, tales como los valores concretos de las masas o las cargas eléctricas de las partículas descritas por la teoría. Estas habrían resultado «infinitas» (o quizá «cero»), si no fuera por el propio procedimiento de renormalización que evita tales escalamientos infinitos mediante una redefinición de términos, y permite que se obtengan respuestas finitas para *otras* magnitudes. Básicamente, se «renuncia» a calcular masa y carga, cuyos valores se introducen en la teoría como parámetros no explicados; de hecho, hay unos diecisiete de estos parámetros, entre ellos constantes de acoplamiento de varios tipos, además de los valores de las masas de los quarks y leptones básicos, la partícula de Higgs, etc., que tienen que ser especificados.

Existe un misterio considerable en torno a los extraños valores de las masas y cargas de las partículas reales de la naturaleza. Tenemos, por ejemplo, la inexplicada «constante de estructura fina» α que gobierna la intensidad de las interacciones electromagnéticas, definida por la fórmula

$$\alpha = \frac{e^2}{\hbar c},$$

donde $-e$ es la carga del electrón. El recíproco de la constante de estructura fina toma un valor muy próximo a $\alpha^{-1} = 137$, pero más exactamente

$$\alpha^{-1} = 137{,}0359\ldots$$

Durante varios años, algunos físicos creyeron que α^{-1} podría tomar realmente el valor *exacto* 137. En particular, sir Arthur Eddington (1946) pasó la última parte de su vida tratando de elaborar una «teoría fundamental», una de cuyas consecuencias sería que «$\alpha^{-1} = 137$». Muchos de los físicos actuales podrían ser menos optimistas que sus predecesores respecto a encontrar una «fórmula» matemática directa para α, o para otras «constantes de la naturaleza». En nuestros días, los físicos tienden a considerar estas cantidades como funciones de la energía de las partículas implicadas en una interacción, y no solo como números, y se refieren a ellas como «constantes de acoplamiento móviles» (véase la nota 26.21). Los valores escalares observados que conocemos como «constantes de la naturaleza» serían entonces «límites a baja energía» de estos valores «móviles». Aunque todavía habría esperanzas de encontrar una razón puramente matemática para estos valores límite específicos, tales valores pueden parecer de algún modo menos «fundamentales» de lo que lo serían si no hubiera dependencia de la energía.

Suele ser revelador expresar cantidades como la carga y la masa en términos de las unidades *absolutas* (de Planck) introducidas en §27.10, para las que la constante gravitatoria de Newton G, la velocidad de la luz c, la forma de Dirac de la constante de Planck $\hbar$ y la constante de Boltzmann k se hacen iguales a la unidad:

$$G = c = \hbar = k = 1.$$

En estas unidades la carga del protón (o menos la del electrón) resulta ser aproximadamente $e = 1/\sqrt{137}$, y con más precisión[1]

$$e = 0{,}085\ 4246$$

y la carga del quark básico (menos la carga del quark down; véase §25.6) tiene un tercio de este valor. A veces, las unidades absolutas se suelen conocer como unidades *de Planck* (o bien unidades *de Planck-Wheeler*), porque Max Planck (que debe su fama a la mecánica cuántica; véase §21.4) propuso una idea al respecto en 1906. Irónicamente, en su artículo utilizaba la carga eléctrica como una unidad básica, en lugar de su propia «constante de Planck», y en ese esquema tenemos simplemente $e = -1$. (El misterio de la carga no desaparece, por supuesto, porque en su propio esquema $\hbar = 137{,}036$). Fue John Wheeler (por ejemplo, 1973) quien más tarde resaltó en muchos de sus escritos la importancia de estas ideas (utilizando $\hbar$ en lugar de la carga eléctrica escogida por Planck).

Si eso fuera todo, las unidades de Planck podrían denominarse más apropiadamente unidades de *Stoney*, pues el físico irlandés George Johnstone Stoney (que midió por primera vez la carga del electrón) propuso, ya en 1881, la misma idea que Planck en 1906. Sin embargo, hay otro artículo de Planck —publicado en 1899, antes, de hecho, que su famoso artículo de 1900 que inició la teoría cuántica— en el que se utilizaba la «constante de Planck» para definir unidades absolutas. En consecuencia, me atendré a la terminología convencional que llama «unidades de Planck» a las unidades absolutas.

¿Qué pasa con los valores de las masas de las partículas? El problema de la masa es mucho más espinoso que el de la carga eléctrica. Al parecer, todas las partículas de la naturaleza tienen valores para la carga que son múltiplos enteros de una carga básica. Podemos considerar que esta es la carga del protón si estamos interesados solamente en partículas que pueden existir libres, o menos la carga del quark-down si queremos incluir los constituyentes internos de los hadrones. Aunque por ahora no se comprende bien este hecho, y ciertamente no hay una comprensión adecuada del valor 137,036, el problema parece ser mucho más tratable que el problema correspondiente para los valores de las masas. Uno de los aspectos misteriosos del problema de las masas es el tamaño absurdamente minúsculo que tienen los valores de las masas de las partículas ordinarias medidas en unidades absolutas. Por ejemplo, la masa m_e del electrón, en unidades absolutas, es aproximadamente

$$m_e = 0.000\,000\,000\,000\,000\,000\,000\,043$$

y la del protón es solo unas 1.836 veces mayor que este valor. La masa del neutrino electrónico ν_e es menor que 10^{-5} del valor anterior. Otra forma de expresar el enigma de estos valores minúsculos de las masas es preguntar por qué la «masa de Planck» natural (de 10^{-5} g, aproximadamente la masa de una pulga) es mucho mayor que las masas de todas las partículas básicas que se encuentran en la naturaleza. Pero otra forma de expresar este enigma es preguntar por qué la distancia de Planck de $1{,}6163 \times 10^{-35}$ m es unos 20 órdenes de magnitud menor que las escalas más minúsculas que se encuentran normalmente en la física de partículas. Se considera que esta distancia tiene una relevancia profunda en la teoría de la gravitación cuántica, pues por debajo de esa escala de distancias las ideas normales de un espaciotiempo continuo parecen no tener un sentido real.[2]

Una forma de ver estos misterios sería considerar que los pequeños valores de la carga eléctrica o de la masa son el resultado de un proceso de renormalización, donde el valor desnudo (§26.9) podría ser algún número matemáticamente respetable como 1 o 4π. En consecuencia, los pequeños valores observados podrían ser resultado de algún factor de renormalización simplemente *grande* en lugar de infinito. Esto podría ocurrir si las sumas y las integrales divergentes de la QFT pudieran reemplazarse por algo convergente. Las divergencias (esto es, las divergencias «ultravioleta»; véase §26.9) se producen normalmente porque suponen sumar momentos cada vez mayores, sin límite, que se corresponden con distancias cada vez menores, sin límite. En consecuencia, los infinitos podrían eliminarse si hubiera un corte para las integrales divergentes a, digamos, la escala (gravitatoria) de Planck[3] de 10^{-35} m. De hecho, una idea de este tipo fue propuesta por Oskar Klein en torno a 1935. Todo esto sugiere que cuando la gravitación se introduzca de manera adecuada en los cálculos de QFT, el resultado podría ser una teoría finita en lugar de una meramente renormalizable, y que dentro de tal teoría finita podría haber lugar para entender estos números inexplicados.

Aunque se ha tenido esperanza en ello durante más de medio siglo, los problemas que surgen al introducir la gravedad en la imagen han empeorado las cosas en lugar de mejorarlas. Cuando se han aplicado técnicas estándar de cuantización a la teoría de Einstein, el resultado ha sido una teoría no renormalizable y no una teoría finita. Esto ha llevado a muchos investigadores a intentar algo *no* estándar en sus búsquedas de una teoría cuántica de la gravedad. Por supuesto, uno de los mensajes de los capítulos anteriores de este libro (y muy en particular los capítulos 27-30) era que deberíamos buscar una unión no estándar entre una teoría cuántica (de campos) y la relatividad general. Pero mi opinión de que debería haber algún cambio en el lado cuántico de las cosas no se ha tomado en serio. Cuando se somete directamente la teoría de Einstein a los procedimientos estándar de la QFT, el resultado es una insatisfactoria gravedad cuántica no renormalizable,[4] y aunque muchos han propuesto un cambio en la teoría de Einstein, no han propuesto un cambio en la QFT.

31.2. Supersimetría

¿Qué tipo de cambios se han sugerido? En uno de estos se han adoptado las ideas de la *supersimetría,* y se han amalgamado con la teoría de Einstein (también con una torsión incluida; véanse §14.4 y la nota 19.10) para producir un esquema conocido como *supergravedad.* ¿Qué es la supersimetría? ¿Por qué muchos físicos la consideran «algo bueno», hasta el extremo de que las ideas supersimétricas subyacen en muchos desarrollos en las teorías fundamentales modernas, y de manera especialmente importante en la teoría de cuerdas? De hecho, se ha atribuido un notable estatus a los principios de la supersimetría,[5] pese al hecho de que las predicciones de este esquema de ideas parecen guardar poca o ninguna relación con lo que se ha observado hasta ahora en el propio esquema de cosas de la naturaleza.

En este punto debo de nuevo declarar mis prejuicios, y ofrecer la requerida advertencia reglamentaria al lector. Yo mismo soy escéptico respecto a la relevancia física del esquema de supersimetría, al menos de la forma en que se utiliza hoy día en la física de partículas y las teorías subyacentes. Por ahora, las observaciones no proporcionan mucho apoyo —probablemente ninguno en absoluto— a las afirmaciones de la supersimetría. El atractivo de las ideas procede de una evidente elegancia matemática y del indudable valor de la supersimetría para cancelar grandes lotes de infinitos en aquellos modelos de QFT que caen bajo su paraguas. Supongamos que usted es un físico interesado en construir una QFT que esté libre de infinitos incontrolables. ¡Entonces su tarea será muchísimo más fácil si considera que su teoría es supersimétrica!

La idea básica que hay tras la supersimetría es que ofrece un medio mediante el cual los fermiones y los bosones pueden ser «emparejados» de acuerdo con un tipo de relación de simetría. Como hemos visto en §§25.5-8, los grupos de simetría normales de la física de partículas se limitan a «rotar» conjuntos de bosones entre sí y conjuntos de fermiones entre sí. No «rotan» bosones para dar fermiones, o viceversa. Por el contrario, la supersimetría hace precisamente esto. Recordemos de §26.2 que los bosones satisfacen leyes de conmutación mientras que los fermiones satisfacen leyes de anticonmutación. Un operador que envía unos a otros debe tener propiedades de anticonmutación. Pero los operadores que proceden de un grupo continuo ordinario son los generadores infinitesimales del grupo, que forman un álgebra de Lie; véase §13.6. Los elementos de un álgebra de Lie ordinaria satisfacen leyes de conmutación y no leyes de anticonmutación. Esto significa que los operadores necesarios no son generadores infinitesimales de un grupo ordinario, sino de una noción más amplia conocida como un *supergrupo*, donde se extienden las leyes de un álgebra de Lie, de modo que algunos de los generadores satisfacen leyes de anticonmutación tanto como leyes de conmutación.

En §§26.2,3 ya hemos visto objetos semejantes, a saber, ecuaciones como

$$\boldsymbol{ab} \pm \boldsymbol{ba} = \boldsymbol{c},$$

que son satisfechas por los operadores creación, aniquilación y de campo de la QFT (en ecuaciones tales como $\boldsymbol{\Psi}^* \boldsymbol{\Phi} \pm \boldsymbol{\Phi}\boldsymbol{\Psi}^* = \mathrm{i}^k \langle \psi | \phi \rangle \boldsymbol{I}$ de §26.2). De acuerdo con esto, se construye una *superálgebra* de Lie de la misma manera que un álgebra de Lie ordinaria, salvo que ahora existe la posibilidad de un signo (+) en las relaciones que la definen. En §13.6 se ha señalado que las relaciones que definen un álgebra de Lie tienen la forma $[\boldsymbol{E}_\alpha, \boldsymbol{E}_\beta] = \gamma_{\alpha\beta}^{\chi} \boldsymbol{E}_\chi$, donde $\gamma_{\alpha\beta}^{\chi}$ son las constantes de estructura y $[\boldsymbol{E}_\alpha, \boldsymbol{E}_\beta] = \boldsymbol{E}_\alpha\boldsymbol{E}_\beta - \boldsymbol{E}_\beta\boldsymbol{E}_\alpha$. Estas relaciones tienen la forma de la ecuación que se ha mostrado antes cuando aparece el signo menos normal entre $\boldsymbol{ab}$ y $\boldsymbol{ba}$. Pero en el caso de una superálgebra de Lie admitimos también el signo más, que ocurre cuando ambas $\boldsymbol{a}$ y $\boldsymbol{b}$ son cantidades fermiónicas (en lugar de que ambas sean bosónicas o una fermiónica y otra bosónica). Suele utilizarse la notación $[\boldsymbol{a}, \boldsymbol{b}]_+$ para tales anticonmutadores, i.e., $[\boldsymbol{a}, \boldsymbol{b}]_+ = \boldsymbol{ab} + \boldsymbol{ba}$, para complementar la notación habitual de los paréntesis de Lie $[\boldsymbol{a}, \boldsymbol{b}] = \boldsymbol{ab} - \boldsymbol{ba}$. Esto nos hace ir más allá de la notación habitual de un álgebra de Lie.

Los generadores de supergrupos se suelen describir como construidos de una manera concreta. En lugar de partir de cantidades ordinarias en números reales, tomamos estos generadores como elementos de un álgebra de Grassmann, que, como hemos visto en §11.6, implica tanto propiedades de anticonmutación como de conmutación. Veremos con más detalle cómo funciona esto en §31.3.

Los supergrupos constituyen ahora un área respetable de las matemáticas puras. Además, las ideas de la supersimetría pueden aplicarse directamente en argumentos matemáticos para obtener resultados que no son tan fáciles de obtener por otros medios.[6] Sin embargo, esto no nos dice si la supersimetría, tal como ha sido utilizada, tiene una relevancia directa para la física. Por otra parte, hay varios casos en los que la supersimetría se ha mostrado útil para motivar o establecer resultados matemáticos que tienen relevancia física directa.[7] No obstante, una vez más, no creo que esto sea un argumento de peso para que los supergrupos tengan una relevancia directa para la física de partículas o la QFT.

¿Qué evidencia hay de que la supersimetría desempeñe un genuino papel en física de partículas? Recordemos el modelo estándar de la física de partículas tal como se ha descrito en el capítulo 25. Su renormalizabilidad debe mucho a un preciso «ajuste fino» de sus parámetros. Estas relaciones pueden entenderse básicamente en términos de su requisitos de simetría $SU(3) \times SU(2) \times U(1)/Z_6$ (§25.7). Pese a todo, según algunas afirmaciones,[8] el modelo estándar requiere algún otro ajuste fino muy preciso además de dichas relaciones. Podrían invocarse simetrías adicionales para arreglar esto, y se ha sugerido la supersimetría como un medio de conseguir tal ajuste fino. Por ello, con frecuencia se han utilizado ideas semejantes en teorías de gran unificación (§25.8). Pero ¿tenemos razones para creer en tales GUT? Por el momento no hay ninguna evidencia observacional a favor de ello.

Al parecer, las características tentadoras de la supersimetría consisten en que ofrece una vía de interrelación entre los bosones y los fermiones, y que es mucho más fácil hacer que las QFT supersimétricas proporcionen respuestas finitas que hacerlo con las QFT no supersimétricas. Con un emparejamiento supersimétrico de bosones con fermiones, los infinitos de un conjunto pueden cancelarse completamente con los infinitos del otro conjunto. Ello hace que el trabajo del constructor de QFT sea mucho más fácil de lo que lo sería sin supersimetría. Pero no nos dice que la propia naturaleza siga este camino. ¡Esta muy bien podría guardar un as muy diferente en su manga!

Ahora bien, la dificultad principal con la supersimetría (tal como se utiliza hoy) es que exige que toda partícula en la naturaleza tenga lo que se denomina una «supercompañera» con un espín que difiere en $\frac{1}{2}\hbar$ del espín de la partícula original. Eso requiere que haya un «selectrón» de espín 0 como compañero del electrón, un «squark» de espín 0 para acompañar a cada variedad de quark, un «fotino» de espín 1/2 para acompañar el fotón, un «wino» y un «zino» de espín 1/2 como compañeros respectivos de los bosones W y Z. El problema es que nunca se ha encontrado ninguna de estas «compañeras supersimétricas». La explicación oficial para ello es que, debido a algún mecanismo de «ruptura de supersimetría» cuya naturaleza nunca ha sido propuesta de manera adecuada, cada una de estas presuntas compañeras supersimétricas debe ser enormemente más masiva que la partícula a la que acompaña. El tipo de masa que ahora se postula que deben tener estas partículas inobservadas es del orden de mil veces la del protón, o más. Tengo que decir que no soy el único que cree que esto parece un poco retorcido.

Parece postularse que, de las dos «compañeras», la que tiene el espín menor (en $\frac{1}{2}\hbar$) debe ser la extraordinariamente más masiva del par (excepto cuando ambos miembros del par carecen de masa). Presumiblemente, solo las partículas consideradas «elementales» (que aparentemente son el fotón, el gravitón, los bosones W y Z, los gluones, los leptones y los quarks) tienen supercompañeras. De lo contrario, tenemos problemas con las partículas de espín 0 como los piones. Si *existen* partículas elementales de espín 0, tales como el aún no descubierto bosón de Higgs, tendrían que ser más masivas que sus supercompañeras en este cálculo concreto (puesto que el espín negativo está excluido). Si esto es correcto, ¿por qué no se ha encontrado la supercompañera del bosón de Higgs? Pese a todo, una vez más los que creen en la supersimetría y la cosmología inflacionaria deben explicar cómo encaja la partícula φ escalar del último fenómeno (§28.4) en la imagen de «supercompañera».

La única evidencia «positiva» que se cita ahora con frecuencia en apoyo de la supersimetría tiene que ver con ciertas ideas respecto a la pretendida unión de las tres fuerzas de la física de partículas (fuerte, débil y electromagnética) en un esquema unificado muy simétrico cuando la temperatura del universo tenía un valor altísimo (aproximadamente 10^{28} K), unos 10^{-39} segundos (solo unos 10.000 tiempos de Planck) después del big bang.[9] La idea es que tal unificación requeriría que todas las intensidades de las interacciones fueran iguales a dicha temperatura. Habría que decir que en condiciones ordinarias hay un factor del orden de 10^{13} entre las intensidades de las interacciones fuerte y débil (aunque realmente no pueden ser comparadas de forma directa). El argumento es que cuando se toman en consideración los efectos de renormalización (y recordemos de §26.9 cuán diferente podría ser la carga observada de una partícula de su carga desnuda), entonces estas intensidades se igualarían, y se presentarían los valores «desnudos» a tales enormes temperaturas. Los argumentos afirman que sin supersimetría los valores no coinciden por completo, sino que «fallan» (véase la Fig. 31.1); pero cuando se introduce la supersimetría en la imagen, las curvas llegan a una gloriosa coincidencia, ¡y puede tener lugar la gran unificación de la física de partículas!

El lector notará mi escepticismo. (Ya en §28.3 he expresado algunas de mis dificultades con las teorías en las que se da «restauración de simetría» cuando la temperatura del universo es suficientemente alta.) Hay enormes extrapolaciones implicadas en este conjunto par-

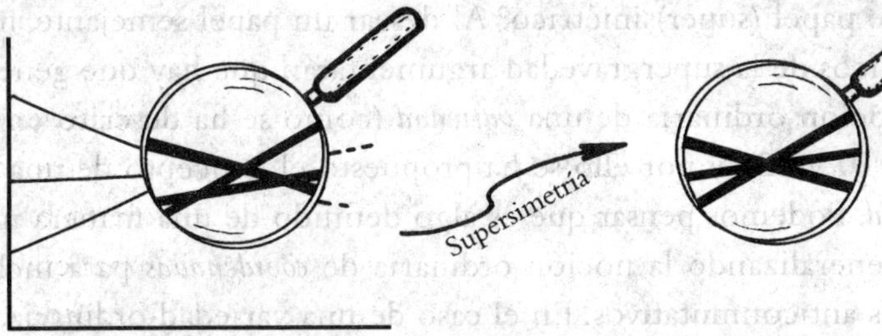

Fig. 31.1. Según cierta perspectiva de «gran unificación», las constantes de acoplamiento de las interacciones fuerte, débil y electromagnética, tratadas como «constantes de acoplamiento móviles» (véanse la nota 26.21 y §31.1), deberían alcanzar exactamente el mismo valor a temperaturas suficientemente grandes, aproximadamente 10^{28} K, que se habrían dado alrededor de 10.000 instantes de Planck después del big bang ($\sim 10^{-39}$ s). Se ha visto que la supersimetría es necesaria para que los tres valores coincidan exactamente.

ticular de ideas que se aducen como apoyo observacional en favor de la supersimetría. Una de ellas es la presuposición de que nada esencialmente nuevo va a manifestarse en el enorme intervalo de energías (temperaturas) entre 10^{28} K y los aproximadamente 10^{14} K que son accesibles en los aceleradores actuales. Esto parece en sí mismo una extrapolación poco razonable, y no veo cómo puede considerarse que tales argumentos ofrezcan cualquier apoyo observacional significativo en favor de la supersimetría, excepto quizá para los ya convencidos.

31.3. El álgebra y la geometría de la supersimetría

Volvamos a la teoría de supergravedad con la que he empezado este discurso. De acuerdo con lo anterior, debería haber un supercompañero de espín 3/2 del gravitón, conocido como un *gravitino*. Esta partícula postulada carecería de masa, como el propio gravitón, a menos que hubiera una severa ruptura de supersimetría. ¿Cómo se relaciona el gravitino con la geometría? Einstein nos ha enseñado que la gravitación está descrita por la curvatura espaciotemporal (§17.9 y §19.6). ¿Implica esto que el gravitino debería estar desempeñando un correspondiente papel (super)simétrico? Al desear un papel semejante, muchos teóricos de la supergravedad argumentarán que hay que generalizar la noción ordinaria de una *variedad* (como se ha descrito en los capítulos 10 y 12), y por ello se ha propuesto el concepto de una *supervariedad*. Podemos pensar que es algo definido de una manera muy formal, generalizando la noción ordinaria de *coordenadas* para incluir elementos anticonmutativos. En el caso de una variedad ordinaria, las coordenadas son en general números reales (o números complejos, si se considera una variedad compleja; véase §12.9). En el caso de una supervariedad, consideramos que son elementos de un álgebra de Grassmann (§11.6).

La mayoría de los teóricos de la supersimetría no adoptarían una actitud tan rigurosa respecto a la naturaleza de la «variedad» en la que viven sus magnitudes de campo supersimétricas (incluso si la naturaleza «geométrica» de la relatividad general estándar pareciera exigirlo en el caso de la supergravedad). En las descripciones que siguen no será necesario atenerse rigurosamente a un punto de vista de «supervariedad». Puede considerarse que las ideas de la «superálgebra» se refieren solo a magnitudes definidas en una variedad espaciotemporal ordinaria.

La más simple de tales álgebras se obtiene si añadimos un único elemento anticonmutativo ε al sistema de los números reales $\mathbb{R}$. La cantidad ε debe anticonmutar consigo misma, $\varepsilon\varepsilon = -\varepsilon\varepsilon$, de donde $\varepsilon^2 = 0$. Así pues, cada elemento del álgebra tiene la forma

$$a + \varepsilon b,$$

donde a y b son números reales que conmutan con ε. Nótese que la suma y el producto de dos números semejantes vienen dados por

$$(a + \varepsilon b) + (c + \varepsilon d) = (a + c) + \varepsilon(b + d),$$
$$(a + \varepsilon b)\,(c + \varepsilon d) = ac + \varepsilon(ad + bc).$$

Nótese también que si ignoramos los términos que multiplican a ε, entonces volvemos a obtener simplemente las reglas del álgebra ordinaria.

Esto se sigue aplicando si tenemos varios generadores de supersimetría diferentes, digamos $\varepsilon_1, \ldots, \varepsilon_N$, que anticonmutan

$$\varepsilon_i\varepsilon_j = -\varepsilon_j\varepsilon_i, \text{ de donde } (\varepsilon_i^2) = 0,$$

y el elemento general de la superálgebra tiene la forma[31.1]

$$a + b_1\varepsilon_1 + b_2\varepsilon_2 + \ldots + b_N\varepsilon_N + c_{12}\varepsilon_1\varepsilon_2 + c_{13}\varepsilon_1\varepsilon_3 + \ldots + f_{12\ldots N}\varepsilon_1\varepsilon_2 \ldots \varepsilon_N.$$

El álgebra se comporta de tal modo que si tomamos simplemente la parte «ordinaria» a de cualquier elemento (sin ninguna ε involucrada), entonces obtenemos el álgebra familiar de los números ordinarios (reales o complejos). La parte «súper» del álgebra es lo que queda. Es «nilpotente» en el sentido de que cuando se eleva a una potencia suficientemente alta, se anula por completo.[31.2] A veces se utiliza la extravagante terminología «cuerpo» y «alma» para estas partes «ordinaria» y «súper», respectivamente.

Al ser una persona a la que le gusta tener una «imagen» de lo que está pasando, siempre he encontrado insatisfactorias tales descripciones puramente formales de superálgebras y supervariedades. Por fortuna, hay una forma geométrica más convencional de considerar estas cosas. Consideremos, por el momento, el caso más fácil de un único generador supersimétrico ε. Puesto que tiene que ser una entidad anticonmutativa, podríamos tratar de considerarla como una 1-forma ε. Sin embargo, no puede ser solo una 1-forma ordinaria que remita al espacio ordinario —digamos la n-variedad $\mathcal{M}$— con el que estamos trabajando. Todas las formas diferenciales ordinarias dentro de $\mathcal{M}$ tienen ya significados que son aceptados (véase §12.4). Lo que debemos hacer es considerar $\mathcal{M}$ como una *hipersuperficie* inmersa en una variedad $(n + 1)$-dimensional $\mathcal{M}'$ (siendo una «hipersuperficie» una subvariedad de una dimensión menos que el espacio ambiente; véase la nota 27.11), donde ε va a ser una 1-forma que remite a la variedad mayor $\mathcal{M}'$, aunque restringida a puntos de $\mathcal{M}$. Se supone que no estamos interesados en $\mathcal{M}'$, excepto precisamente en puntos de $\mathcal{M}$, y que $\mathcal{M}'$ suministra una dimensión adicional que apunta fuera de $\mathcal{M}$. Véase la Fig. 31.2a. (De hecho, lo que nos interesa es solo lo que se conoce como la *primera* ve-

[31.1] Escriba la suma y el producto de dos de estas cantidades cuando $N = 3$. ¿Cuál es el inverso multiplicativo de uno de estos elementos, donde $a \neq 0$?

[31.2] Demuéstrelo. ¿Qué potencia?

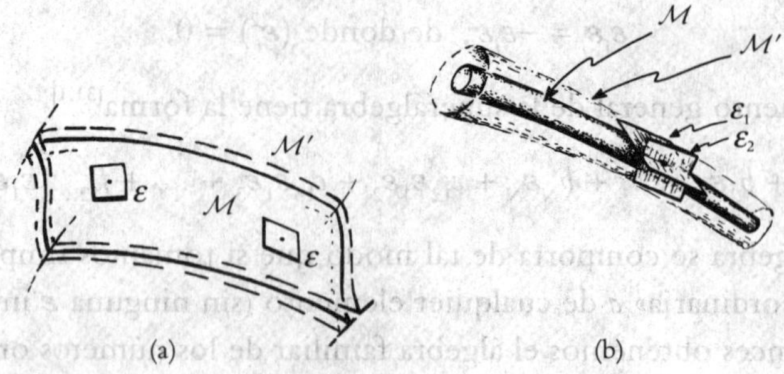

Fig. 31.2. Descripción geométrica de generadores de supersimetría. (a) Para un único generador ε, consideramos nuestra n-variedad $\mathcal{M}$ como una hipersuperficie en una $(n + 1)$-variedad $\mathcal{M}'$, donde ε es una 1-forma en $\mathcal{M}'$ definida en $\mathcal{M}$ (y ε define el n-plano tangente a $\mathcal{M}$ como en la Fig. 12.7 y §12.3). Estamos interesados en $\mathcal{M}'$, solo hasta «primer orden» en $\mathcal{M}$, pero $\mathcal{M}'$ suministra una dimensión adicional que apunta fuera de $\mathcal{M}$. (b) Con N generadores de supersimetría $\varepsilon_1, \ldots, \varepsilon_N$, la n-variedad $\mathcal{M}$ se considera ahora como una subvariedad de una $(n + N)$-variedad $\mathcal{M}'$, donde de nuevo estamos interesados en $\mathcal{M}'$ solo hasta primer orden fuera de $\mathcal{M}$. Las N 1-formas independientes $\varepsilon_1, \ldots, \varepsilon_N$, «sienten» las N direcciones extras que apuntan fuera de $\mathcal{M}$ y hacia $\mathcal{M}'$.

cindad de $\mathcal{M}$ en $\mathcal{M}'$. Eso significa «derivadas primeras» fuera de $\mathcal{M}$, de modo que estamos interesados en las nociones de vectores tangente o cotangente o espacios que «apuntan» a $\mathcal{M}'$ fuera de $\mathcal{M}$, pero no las nociones de derivadas superiores tales como *curvatura* en direcciones que se salen de $\mathcal{M}$.) Lo que estamos haciendo es todavía algo n-dimensional, en el sentido de que todas nuestras cantidades pueden representarse como funciones de las n coordenadas independientes en la variedad $\mathcal{M}$. Las cantidades «alma» se refieren a direcciones que apuntan fuera de $\mathcal{M}$ y hacia $\mathcal{M}'$, mientras que las cantidades «cuerpo» se refieren simplemente a direcciones dentro de la propia $\mathcal{M}$.

La situación no es esencialmente diferente si exigimos N generadores de supersimetría $\varepsilon_1, \ldots, \varepsilon_N$. Ahora consideramos que nuestra n-variedad $\mathcal{M}$ está inmersa en una $(n + N)$-variedad $\mathcal{M}'$, donde de nuevo lo que nos interesa de $\mathcal{M}'$ es solo su inmediata (primera) vecindad de $\mathcal{M}$. Ahora exigimos N 1-formas diferentes $\varepsilon_1, \ldots, \varepsilon_N$ para sondear las N direcciones extra[10] que apuntan fuera de $\mathcal{M}$ y hacia $\mathcal{M}'$. En mi opinión, esta imagen (que se debe a varias personas, entre ellas Abhay Ashtekar, que tiene un importante papel en el capítulo 32)[11] hace las ideas subyacentes de supersimetría y supervariedades mucho más claras que los procedimientos formales (y de aspecto más bien misterioso) que se adoptan normalmente. Nótese que el «cuerpo» solo se refiere a cantidades que son enteramente intrínsecas a $\mathcal{M}$, mientras que el «alma» se refiere a cantidades con una componente que «apunta hacia fuera» en $\mathcal{M}'$, fuera de $\mathcal{M}$. Véase la Fig. 31.2b.

Incluso con esta interpretación geométrica clara, hay cosas extrañas en la forma en que se utiliza normalmente la «superálgebra», si se quiere mantener la consistencia con la imagen geométrica. Una p-forma ordinaria α en $\mathcal{M}$, para la cual p es un número impar, anticonmutaría con un generador de supersimetría ε, si consideramos que el producto de ε por α tiene que ser un producto cuña. Sin embargo, este no es el convenio normal en las aproximaciones estándar a la superálgebra, donde normalmente se consideraría que ε conmuta con α. Esto es básicamente una cuestión de notación, y si vamos a considerar productos de generadores de supersimetría con formas, podemos tomarlos formalmente como productos simétricos en lugar de productos cuña. Aunque esto tiene sentido matemático (formal), enturbia un poco la «limpia» imagen geométrica que estoy proponiendo aquí.

De hecho, en las aplicaciones de la supersimetría en teorías de física de partículas «ordinaria» es el caso más simple $N = 1$ el que se adopta normalmente. Al parecer, la razón es que la proliferación de supercompañeras es mucho mayor para un N grande, pues cada partícula básica pertenece a un 2^N-plete de «compañeras». ¡El problema observacional ya es suficientemente malo sin esto! En cada caso, puede considerarse que los supergrupos relevantes son transformaciones que implican «simetrías internas» (que remiten a las simetrías de las fibras de algún fibrado $\mathcal{B}$ sobre el espaciotiempo; §15.1) junto con las «rotaciones» que remiten a la extensión de $\mathcal{B}$ en la vecindad inmediata de $\mathcal{B}$ dentro de algún espacio $\mathcal{B}'$ de N dimensiones más altas.

31.4. Espaciotiempo de dimensiones más altas

Ahora que tenemos una idea mejor de lo que trata realmente la supersimetría y la «supergeometría», volvamos a la cuestión de la supergravedad. La excitación original que rodeó a esta idea a finales de la década de 1970 se debía a la esperanza en que, a diferencia de la relatividad general estándar de Einstein, la supergravedad podría ser renormalizable. En la teoría de vacío de Einstein habían aparecido divergencias no renormalizables «en el nivel de 2-lazos», donde los «lazos» se refieren a desarrollos en diagramas de Feynman,y el «número de lazos» se refiere al número de cortes que serían necesarios para reducir el diagrama de Feynman a un árbol (véanse §26.8, en especial el párrafo final, y la Fig. 26.8; véanse §§26.9, 10). Sin embargo, en presencia de materia tales divergencias aparecen ya en el nivel de 1-lazo, lo que puede considerarse un auténtico desastre. En supergravedad, estas divergencias de 1-lazo se cancelaban mágicamente para el tipo de materia que permitía la teoría, y muchos teóricos tenían grandes esperanzas en que esto continuaría para todos los órdenes de lazos. Desgraciadamente, no fue así, y se encontraron de nuevo divergencias no renormalizables en el nivel de 2-lazos en supergravedad.[12] Posteriormente se advirtió que si la dimensionalidad del espaciotiempo se incrementaba desde las cuatro dimensiones estándar a once, entonces las cosas parecían mucho más prometedoras. Pese a ello, seguía sin obtenerse una versión de la supergravedad completamente renormalizable y, como ha demostrado un trabajo mucho más reciente,[13] no se puede obtener así.

¿Cómo es posible que los físicos tomasen en serio la posibilidad de que la dimensionalidad del espaciotiempo fuera diferente de las cuatro que experimentamos directamente (una dimensión temporal y tres espaciales)? Como ejercicio matemático, estos objetos de dimensiones superiores están bien, pero se supone que esta va a ser una teoría física en la que el «espaciotiempo» significa realmente la combinación del espacio real con el tiempo. De hecho, como veremos en §31.7, la teoría de cuerdas (tal como se entiende hoy día) requiere que el espaciotiempo tenga más de cuatro dimensiones. En la teoría primitiva, el número de dimensiones era 26, pero innovaciones posteriores (que incluían las ideas de supersimetría; véase §31.2) llevaron a que la dimensión de dicho espaciotiempo se redujese a 10.

Antes de descartar esta idea como una fantasía total, debemos recordar de §15.1 el ingenioso esquema propuesto en 1919 por el entonces poco conocido matemático polaco Theodor Kaluza, y posterior-

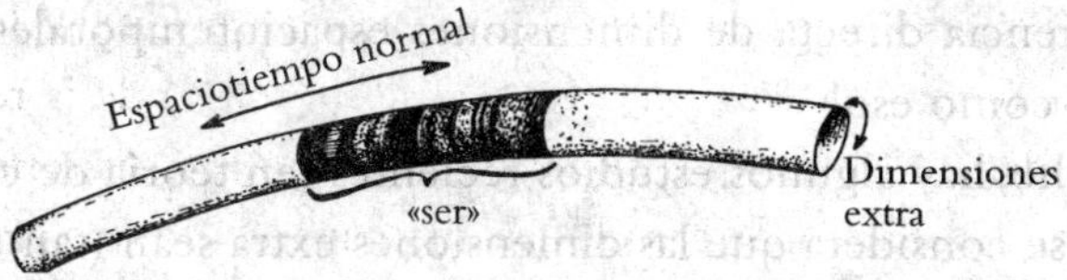

Fig. 31.3. Modelo de manguera de un espaciotiempo de dimensiones más altas de tipo Kaluza-Klein (véase la Fig.15.1), donde la dimensión a lo largo de la longitud de la manguera representa el 4-espaciotiempo normal y la dimensión alrededor de la manguera representa las dimensiones extra «pequeñas» (quizá a escala de Planck). Imaginamos un «ser» que habita en este mundo, que rebasa estas dimensiones extra «pequeñas», y por ello no es realmente consciente de ellas.

mente asumido por el físico matemático sueco Oskar Klein, al que ya se ha mencionado antes en este capítulo. Con tal de que las dimensiones extra (es decir, que exceden de 4) se consideren como dimensiones *pequeñas*, en un sentido apropiado, podríamos no ser directamente conscientes de ellas. ¿Qué significa «pequeñas» en este contexto? Recordemos la analogía de la «manguera» de la Fig. 15.1. Cuando se mira desde una gran distancia, la manguera parece ser 1-dimensional, pero si la examinamos más de cerca, encontramos una superficie 2-dimensional. La idea es que algún *ser* que habitara en el universo de la manguera no «sabría» que la dimensión extra que se enrolla alrededor de ella está realmente «allí», con tal de que las dimensiones físicas de dicho ser fueran mucho mayores que la circunferencia de la manguera. Comentarios similares se aplicarían a un «universo manguera» de $4 + d$ dimensiones, donde d de las dimensiones son «pequeñas» y no directamente percibidas por un ser mucho mayor que habita en el universo y que solo percibe las 4 dimensiones «grandes» (véase la Fig. 31.3).

¿Qué grado de «pequeñez» cabe esperar en el modelo de Kaluza-Klein, o en las modernas versiones en dimensiones aún más altas de esta idea? El propio Klein llegó a la conclusión de que la «escala» de la dimensión minúscula extra («circunferencia de la manguera») debería ser del orden de la distancia de Planck de 10^{-35} m. Este parece ser también el tipo de escala (o un poco mayor que ella) que se adopta en los esquemas más modernos, tales como la supergravedad en dimensiones más altas y la teoría de cuerdas. Es evidente que para «seres» como nosotros esto cuenta como «pequeño», ¡y cabría esperar que no tuviéramos experiencia directa de dimensiones espaciotemporales extra tan minúsculas como eso!

De hecho, hay algunos estudios recientes (en teoría de cuerdas) en los que no se considera que las dimensiones extra sean (tan) pequeñas, sino que podrían referirse a algo incluso tan «grande» como de un milímetro de diámetro (o quizá ni siquiera cerrado). Una idea es que podría haber consecuencias observacionales de un esquema semejante que se manifiestan como una modificación de la ley de la inversa del cuadrado para la atracción gravitatoria a tales distancias. De hecho, recientemente se han realizado experimentos muy delicados para establecer si podrían ser detectables tales desviaciones de la teoría de Newton.[14] Por el momento se ha llegado a distancias de medio milímetro sin que se haya encontrado ninguna desviación.

Cualquiera que sea el estatus de estas ideas más recientes, esta sugerencia de una dimensionalidad más alta para el espaciotiempo no tiene, en el estado actual de nuestras deliberaciones, un estatus más convincente que el de ser una «idea curiosa», como lo era la sugerencia original de Kaluza-Klein. Cualquiera que pueda ser la elegancia matemática de esta idea, tenemos que abordar la cuestión de si existen buenas razones físicas para creer en un esquema semejante. En el caso del modelo de Kaluza-Klein original, la razón para adoptar esta perspectiva en dimensiones más altas era la de «geometrizar» el electromagnetismo. Como se ha dicho en §25.1, las únicas fuerzas de la naturaleza que se conocían (y entendían) en la primera parte del siglo XX eran la gravitatoria y la electromagnética. Einstein acababa de demostrar cómo se podía incorporar el campo gravitatorio en la curvatura de un espaciotiempo 4-dimensional. Tratar de incluir también el electromagnetismo en un marco geométrico semejante era una idea muy atractiva y que parecía natural. Más aún, había quizá algo más bien milagroso en la forma en que las mismísimas «ecuaciones de Einstein en vacío» —a saber, la anulación del tensor de Ricci ($R_{ab} = 0$; véase §19.6)— se aplicaban en la teoría 5-dimensional de Kaluza-Klein igual que en la relatividad general estándar 4-dimensional. En la teoría 4-dimensional, esta ecuación se refiere al *vacío*, es decir, a la ausencia de cualquier campo físico excepto la gravedad. En la teoría 5-dimensional, se refiere *casi* al estado en el que solo operan la gravedad y el electromagnetismo, recogiendo así los campos físicos conocidos en aquel momento.

No obstante, el «casi» establece el caso de una manera demasiado fuerte. Pues —y esto es lo más importante— es esencial para el modelo de Kaluza-Klein que haya una *simetría* en la dimensión «pequeña», de modo que no hay infinitamente demasiados grados de libertad. Veamos por qué estos grados de libertad extra aparecerían si no fuera así. Recordemos la discusión de §16.7 respecto al «tamaño» del espacio de dimensión infinita de campos en cierto espacio dado. Para un campo que puede ser especificado por k componentes independientes libremente escogidas en una superficie q-dimensional de datos iniciales, la libertad es $\infty^{k\infty^q}$. En el caso de la relatividad general de Einstein, tenemos (por razones algo complicadas)[15] $k = 4$ y $q = 3$, de modo que esta cantidad resulta ser $\infty^{4\infty^3}$, y para la teoría de Maxwell obtenemos exactamente la misma libertad. En el caso de la teoría combinada de Einstein-Maxwell, el número efectivo de componentes por punto de la superficie de datos iniciales es la suma de los valores para cada campo por separado, de modo que tenemos $4 + 4 = 8$ componentes efectivamente independientes por punto de la 3-superficie inicial, y el valor correcto para la libertad completa es

$$\infty^{8\infty^3}.$$

Ahora, en una teoría 5-dimensional sujeta solo a la condición de Ricci-planitud (i.e., $R_{ab} = 0$), la superficie inicial es 4-dimensional (de modo que $q = 4$), y realmente resulta que $k = 10$. Esto nos daría una libertad para el campo $\infty^{10\infty^4}$ enormemente mayor que el valor requerido (como se ha mostrado antes), no porque 10 sea mayor que 8 (el valor k), sino porque 4 es mayor que 3 (el valor q). ¡Hay muchísimas más funciones de 4 variables que funciones de 3 variables!

En el modelo de Kaluza-Klein reducimos de nuevo el 4 a 3 imponiendo una simetría continua (de hecho, U(1); cf. §13.9) en la dimensión pequeña. Tiene que haber un vector de Killing (§14.7) que exprese dicha simetría y, en efecto, el 5-espacio de Kaluza-Klein es un S^1-fibrado $\mathcal{B}$ sobre el espaciotiempo 4-dimensional ordinario $\mathcal{M}$. Esto no parece tan alejado de la descripción fibrada convencional del electromagnetismo, como se ha descrito en §19.4 (y §15.8). Una diferencia básica es que al propio $\mathcal{B}$ se le asigna una (pseudo)métrica lorentziana Ricci-plana, en lugar de asignar meramente una métrica al espaciotiempo $\mathcal{M}$.[16] El hecho sorprendente en el modelo de Kaluza-Klein es que la imposición de Ricci-planitud en $\mathcal{B}$ (además de la simetría U(1)) está sorprendentemente próxima a ofrecernos las ecuaciones completas de la teoría de Einstein-Maxwell[17] en $\mathcal{M}$. Además de esto, todo lo que se necesita es que el vector de Killing tenga una norma constante no nula (de hecho negativa). Esto elimina un campo escalar indeseado, ¡y con ello se expresa la teoría de Einstein-Maxwell 4-dimensional exacta!

Por elegante que sea, la perspectiva de Kaluza-Klein sobre la teoría de Einstein-Maxwell no nos ofrece una imagen convincente de la realidad. Ciertamente, no hay una fuerte motivación para adoptarla que proceda de direcciones físicas. La supersimetría, por ejemplo, tiene ciertamente un argumento físico más contundente, debido a su valor indudable para reducir el problema de los infinitos en QFT. ¿Por qué son entonces tan populares las teorías tipo Kaluza-Klein en dimensiones más altas en los intentos modernos hacia una teoría más profunda de la naturaleza? Las principales razones proceden de la teoría de cuerdas que, en todas las versiones hoy activamente seguidas, emplean de una forma esencial tanto supersimetría como dimensiones más altas.[18]

31.5. La teoría de cuerdas hadrónica original

¿Qué *es* entonces la teoría de cuerdas? ¿Y por qué tiene un atractivo tan poderoso sobre tantos teóricos actuales? Una vez más, este esquema de cosas tiene su motivación más fuerte en el deseo de eliminar los infinitos de la QFT. En ese sentido, representa una continuación de las ideas impulsoras de los capítulos 24-26. Pero hay también otra motivación histórica importante, de carácter seminal, que tiene que ver específicamente con algunas curiosidades observacionales de la física hadrónica. En primer lugar, echemos una ojeada a estas.

Esta cuestión original tenía que ver con ciertas relaciones que se encontraron en la física de partículas de la dispersión de hadrones. En el capítulo 25 se ha mencionado que entre los hadrones existen mu-

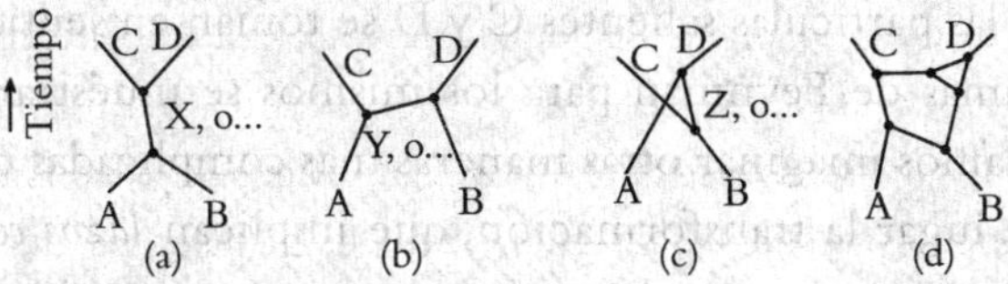

Fig. 31.4. Diagramas de Feynman de una dispersión hadrónica, donde dos partículas A, B se convierten en el par C, D. (a) En una familia de tales procesos, A y B se combinan para formar una partícula (resonancia), que casi inmediatamente se desintegra en C y D, habiendo muchos intermediarios posibles X, X′, X″, ... todos los cuales contribuyen al total. (b) En una familia de procesos alternativos se «intercambia» una partícula Y (o Y′, o Y″, o ...), convirtiendo A en C y B en D, y cada intermediario contribuye. (c) Un «intercambio» similar, que incluye Z (o Z′, o Z″, o ...), donde ahora A se convierte en D y B en C, y cada intermediario contribuye. Resulta que, a orden más bajo, las alternativas (a), (b), (c) son equivalentes, en lugar de tener que ser sumadas. (d) Otras maneras de conseguir esta transformación implican lazos cerrados.

chas «partículas» que tienen una vida tan corta (solo duran unos 10^{-23} segundos) que apenas merecen dicho nombre, y se les suele denominar *resonancias*. Recordemos ahora que las reglas de la QFT (§25.2, §§26.6,8) exigen que en cualquier proceso físico hay que sumar todas las diferentes actividades que pudieran tener lugar para obtener la amplitud cuántica total. Por consiguiente, todas las posibles partículas y resonancias deben ser tenidas en cuenta a tal efecto. Por ejemplo, podríamos tener un proceso de dispersión hadrónica en el que dos partículas A y B se acercan y, tras un instante fugaz, se convierten en el par de partículas C y D. Ahora bien, una manera en la que podrían hacer esto sería que A y B se combinen para formar una partícula (resonancia) X, que casi al instante se desintegra en las partículas C y D. Podría haber muchas de estas partículas intermedias posibles X, X′, X″, ..., y el efecto de cada una tendría que sumarse en el total. Los diagramas de Feynman para cada uno de estos procesos se muestran en la Fig. 31.4a. Ahora bien, una forma alternativa en que podría ocurrir la transformación es que se «intercambie» una partícula Y entre A y B, que convierte A en C y B en D. De nuevo podría haber una lista de posibles partículas intercambiadas Y, Y′, Y″, ..., cuyos diagramas de Feynman se muestran en la Fig. 31.4b. Existe una tercera familia de procesos mediante los cuales podría tener lugar la transformación, que difiere de esto en que las partículas salientes C y D se toman en sentido opuesto, y los diagramas de Feynman para los mismos se muestran en la Fig. 31.4c. Podríamos imaginar otras maneras más complicadas mediante las cuales tiene lugar la transformación, que implican *lazos cerrados* (Fig. 31.4d), pero estos procesos de «orden superior» se considerarán por el momento poco importantes.

Para obtener la amplitud total para el proceso por el que el par (A, B) se convierte en el par (C, D), hay que sumar estas diferentes contribuciones, pero de forma bastante sorprendente lo que se encuentra es que cada una de estas tres posibilidades da la misma respuesta, y que esta única respuesta parece ser básicamente la respuesta correcta. Si sumáramos las tres respuestas, entonces obtendríamos algo demasiado alto. ¡De algún modo, cada uno de los tres conjuntos de diagramas de Feynman dados en las Figs. 31.4a,b,c, respectivamente, sumados por separado, representan físicamente la misma cosa! Esta «dualidad»[19] parece incomprensible desde la perspectiva de los diagramas de Feynman estándar, pero en 1970 el físico japonés-estadounidense Yoichiro Nambu,[20] basándose en una notable fórmula[21] hallada por el joven físico italiano Gabriele Veneziano en 1968, llegó a la conclusión de que se podía dar sentido a todo esto desde una perspectiva diferente, en la que las partículas hadrónicas individuales se modelaban por *cuerdas* en lugar de por partículas puntuales. Una historia de cuerda es una superficie 2-dimensional, de modo que los procesos descritos en los diagramas de Feynman de las Figs. 31.4a,b,c, respectivamente, pueden ahora representarse como las diversas «fontanerías» alternativas que se muestran en las Figs. 31.5a,b,c, respectivamente. Lo que choca en esta «perspectiva de cuerdas» es que estos tres procesos, que parecen tan diferentes desde la perspectiva de los diagramas de Feynman estándar, son ahora topológicamente equivalentes, y pueden considerarse como tres formas diferentes de mirar *el mismo* proceso. Así pues, la imagen de «cuerda» sugiere una forma de dar sentido a un hecho enigmático de la física hadrónica.

Este es solo un comentario cualitativo, pero la imagen de cuerdas también presentaba un modelo físico que proporcionaba una deducción matemática de la fórmula de Veneziano. Además, el modelo de cuerdas —en el que las cuerdas se comportan como minúsculas gomas

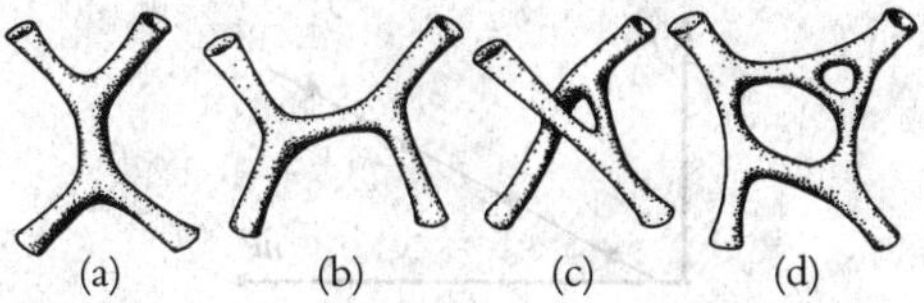

Fig. 31.5. La imagen de una historia de cuerda de los respectivos procesos de la Fig. 31.4 ofrece una explicación de la equivalencia entre (a), (b) y (c), puesto que pueden transformarse una y otra, ya que son topológicamente iguales. (d) Los procesos de orden más alto corresponden a una topología más complicada, en la que el género topológico corresponde al número de lazos (compárese con la Fig. 8.9).

elásticas, con una *tensión de cuerda* que aumenta en proporción al estiramiento de la cuerda— ofrecía una explicación de otra característica observada de la física hadrónica, a saber, la rectitud de las *trayectorias de Regge*. Las trayectorias de Regge son líneas que se ven cuando para una clase de hadrones concreta representamos el valor del espín frente al cuadrado de la masa. Estas líneas resultan ser extraordinariamente rectas. Un ejemplo se muestra en la Fig. 31.6. Por lo que sé, no hay todavía ninguna otra explicación de este sorprendente hecho observado concerniente a los hadrones.[22]

Además, el modelo de cuerdas ofrecía una esperanza razonable y significativa de que con esta imagen podría obtenerse una teoría finita de la física hadrónica. En términos generales, servía para «suavizar» las divergencias ultravioletas del enfoque convencional de Feynman (§26.8). Puede considerarse que dichas divergencias aparecen de efectos a pequeñas distancias cuando partículas puntuales se aproximan más y más sin límite. Las cuerdas no son partículas puntuales, de modo que esto ofrece una posibilidad de aliviar el problema. De hecho, los lazos cerrados en la imagen estándar de los diagramas de Feynman son los que provocan las divergencias. En la imagen de cuerdas, los lazos cerrados están simplemente dominados por superficies con topología más alta, como se indica en la Fig. 31.5d, que es una versión en cuerdas de la Fig. 31.4d. Esto debería dar algo finito en lugar de las integrales divergentes que salen de los diagramas de Feynman. Además, una imagen de una única historia de cuerda puede englobar muchos diagramas de Feynman diferentes, lo que nos da una oportunidad mucho mejor para representar la respuesta física total a un problema —que debería ser fi-

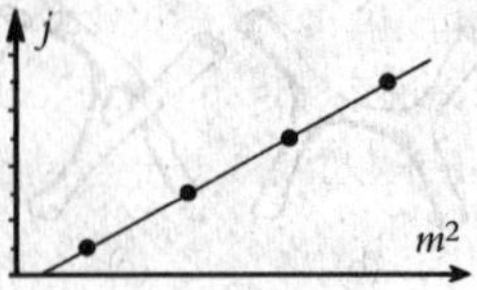

Fig. 31.6. «Trayectorias de Regge» rectas de resonancias de partículas de espín creciente, representadas frente a la masa al cuadrado. La imagen de cuerda elástica ofrece una explicación.

nita— en lugar de partes no físicas que podrían divergir individualmente pero que se supone que se cancelan mutuamente. Además, diferentes variedades de partículas podrían incorporarse simplemente como diferentes modos vibracionales de las cuerdas. Por último, las historias de cuerdas espaciotemporales 2-dimensionales tienen la notable propiedad adicional de que pueden tomarse como *superficies de Riemann*, que, como recordamos del capítulo 8, tienen propiedades analíticas y geométricas extraordinariamente ricas (el hecho que en realidad subyace en la notable fórmula de Veneziano). Aquí hay lugar, de hecho, para la magia compleja que parece ser parte del diseño de la naturaleza en el nivel cuántico de la realidad.

Indudablemente, esta es una imagen matemática extraordinariamente elegante de lo que podría estar pasando en cierto nivel de descripción física más profundo que el de las partículas ordinarias. Cuando oí hablar por primera vez de esta imagen (alrededor de 1970, en boca de Leonard Susskind, que fue uno de los primeros investigadores en este campo), quedé extraordinariamente turbado por la belleza y potencia de este conjunto de ideas. Me pareció que aquí había algo nuevo, que era a la vez matemáticamente excitante y aparentemente de relevancia directa para un área importante de la física de partículas. En aquella época, mi interés se centraba sobre todo en la teoría de twistores (a la que llegaremos en el capítulo 33), y me pareció que debía intentar forjar algún eslabón entre lo que yo estaba haciendo y estas nuevas ideas que sonaban muy prometedoras. La teoría de twistores hace un uso crucial de estructuras complejas (holomorfas), y con la teoría de cuerdas básica parece que estamos viendo que estas estructuras controlan el comportamiento físico mediante el uso esencial de superficies de Riemann, que en realidad son curvas complejas.[23]

Llama la atención que un reciente trabajo de Witten (2003) quizá esté haciendo realidad ahora algunas de estas primeras aspiraciones. Volveré a estos nuevos desarrollos muy positivos, que no utilizan espaciotiempos de dimensiones más altas, en §31.18. Pero de momento estos no representan un nueva teoría de cuerdas completa, y mis comentarios en las secciones intermedias se refieren, en su lugar, a lo que puede llamarse la «corriente principal» de la teoría de cuerdas.

31.6. Hacia una teoría de cuerdas del universo

¿Cómo han soportado el test del tiempo estas ideas iniciales tras los más de treinta años transcurridos desde entonces? Los estudios que se han llevado a cabo en el tema durante estos años, ¿han mantenido o superado la promesa inicial? Son preguntas a las que varias personas podrían dar respuestas muy diferentes. A veces, la teoría de cuerdas ha llegado a ser incluso un tema muy emocional. Para sus defensores acérrimos, la teoría de cuerdas (con su última transmutación) es la física del siglo XXI, y representa una revolución en el pensamiento físico comparable con, si no mayor que, las de la relatividad general o la mecánica cuántica. Para sus detractores más extremos, no ha conseguido absolutamente nada de eso, y tiene pocas posibilidades de desempeñar cualquier papel significativo en la física del futuro.

Sería imposible intentar siquiera ser desapasionado en la exposición de estos desarrollos, pero al menos trataré de ser razonablemente preciso y dar razones para las ideas que me he formado. Como antes, debo ofrecer la advertencia reglamentaria al lector de que mis propias opiniones están lejos de ser compartidas por numerosos físicos teóricos muy activos y excepcionalmente capaces. Pero no puedo sino presentar las cosas tal como yo las veo.

Puesto que mi punto de vista será menos que positivo acerca de muchos aspectos del programa actual de la teoría de cuerdas, debería al menos dar al lector la oportunidad de corregir este posible desequilibrio. En primer lugar, presento puntos de vista de dos de las figuras más importantes en el desarrollo del tema. En palabras de Michael Green,[24] de la Universidad de Cambridge:

> En el momento en que uno encuentra la teoría de cuerdas y se da cuenta de que casi todos los desarrollos importantes en física durante los últimos cien años surgen —y lo hacen con gran elegancia— de un punto de partida tan simple, comprende que esta teoría increíblemente convincente no tiene igual.

Y es famoso el comentario de Edward Witten del Instituto de Estudios Avanzados de Princeton:[25]

> Se ha dicho [Danielle Amati] que la teoría de cuerdas es una parte de la física del siglo XXI que cayó por azar en el siglo XX.

En cuanto a una exposición divulgativa, que es muy accesible, elocuente y entusiasta, y en absoluto crítica —pero que no profundiza en las ideas matemáticas—, véase Greene (1999).[26]

Para presentar una perspectiva consistente, aunque no necesariamente imparcial, del tema de la teoría de cuerdas desde mi punto de vista, propongo dar una exposición histórica aproximada de cómo ha incidido el tema en mi forma de pensar. De este modo, no solo trataré de indicar algo de los sucesivos desarrollos que se han producido en la teoría, sino también cuál ha sido mi reacción ante ellos. Lo que hace de la teoría de cuerdas algo tan difícil de evaluar desapasionadamente es que se apoya y elige sus direcciones de desarrollo casi por entero a partir de juicios estéticos guiados por desiderata matemáticos. Creo que es importante tomar nota de cada uno de los giros que ha sufrido la teoría, y señalar que casi todos nos han alejado de hechos establecidos observacionalmente. Aunque la teoría de cuerdas tuvo sus inicios en aspectos experimentalmente observados de la física hadrónica, luego se apartó drásticamente de ellos, y más tarde no ha tenido prácticamente ninguna guía de datos observacionales concernientes al mundo físico.

Imaginemos a un turista que trata de localizar un edificio concreto en una ciudad enorme y desconocida. No hay nombres de calles (o al menos ninguno que tenga sentido para el turista), no hay mapas y el cielo, totalmente cubierto, no ofrece indicio alguno de cuáles sean las direcciones norte, sur, o cualquier otra. A menudo hay una bifurcación en la carretera. ¿Debe el turista girar a la izquierda o a la derecha, o quizá tomar ese atractivo pasadizo oculto a un lado? Frecuentemente, los giros no son en ángulo recto y las carreteras apenas son rectas. En ocasiones, la ruta es un callejón sin salida, de modo que hay que desandar el camino y tomar otro derrotero. A veces puede abrirse una ruta que nadie ha advertido antes. No hay nadie para preguntarle por el camino; en cualquier caso, la lengua local es desconocida. Al menos el turista sabe que el edificio que está buscando tiene una elegancia sublime, con un jardín muy bello. Esa, después de todo, es una de las razones principales para buscarlo. Y algunas de las calles que elige el turista tienen un atractivo estético más obvio que otras, con una arquitectura más atractiva y bellos patios adornados con soberbios arbustos y flores, que a veces, tras un examen riguroso, pueden resultar de plástico. Hay muchas elecciones implicadas en la ruta a seguir, y para cada elección la única guía del turista es el atractivo estético de la zona, junto con cierta sensación de una consistencia global, de estilo, o de algún tipo de pauta subyacente imaginada para la ciudad.

Ahora supongamos que *usted* es el turista, pero forma parte de un grupo conducido por un guía turístico de una inteligencia, conocimiento y sensibilidad impresionantes; el único problema es que, en este caso, el guía no tiene ningún conocimiento previo de la ciudad y nunca antes ha oído hablar la lengua del lugar. Quizá crea que el guía tiene mejores intuiciones estéticas que usted, y de hecho llega antes que usted a valorar estas cosas. En ocasiones, la sensibilidad del guía hacia las pautas ocultas localiza un edificio de una elegancia particularmente sofisticada. Pero, en esencia, los criterios no son de un tipo muy diferente de los que usted mismo podría utilizar. Si usted sigue al grupo, al menos tendrá la compañía de los otros, y puede hablarles de la arquitectura que les rodea y compartir la excitación de la búsqueda de su objetivo común. Incluso si no espera encontrar dicho objetivo, usted disfruta con la búsqueda. Pero tal vez, por el contrario, usted prefiera ir a su aire, cuando empieza a sospechar cada vez con más fuerza que el guía no sabe más que usted acerca de cómo encontrar el objetivo. Cada elección sucesiva de rumbo es una apuesta, y en muchas ocasiones quizá sienta que una elección diferente ofrecía más promesas que aquella que realmente ha elegido el guía…

Por supuesto, en los capítulos anteriores hemos sido testigos de varios ejemplos en los que grandes físicos han mostrado la potencia de sus intuiciones especiales, que a menudo son de una naturaleza típicamente matemática. Una de las más impresionantes debe ser seguramente el hallazgo de Dirac de la ecuación para el electrón, tal como se ha descrito en §24.7. Pese a todo, el salto estético fue en esencia solo un paso majestuoso en lo desconocido, a partir del cuerpo sólido de conocimiento matemático que había surgido de los hallazgos experimentales de la mecánica cuántica. La predicción que hizo Dirac de la antipartícula del electrón supuso otro salto semejante. Pero lo dio con gran cautela, y fue rápidamente confirmado por la observación. La relatividad general de Einstein también estuvo impulsada en parte por consideraciones estéticas matemáticas, y la fuerza de la relatividad general procede, en muy gran medida, de su estructura matemática profundamente bella. Cuando Einstein formuló la teoría por primera vez, no había ninguna exigencia clara sobre bases observacionales. Pese a todo, difícilmente puede decirse que Einstein estuviera impulsado solo por consideraciones estéticas matemáticas. Su guía procedía sobre todo de la física, y residía en su convicción de que el principio de equivalencia (§17.4) debe ser fundamental para la comprensión de la gravedad.

Por el contrario, la teoría de cuerdas ha tenido un impulso casi en exclusiva matemático. Antes de nada, debería dejar claro que esto no es necesariamente malo. Todas las teorías físicas satisfactorias tienen sólidas bases matemáticas. La consistencia matemática es, en efecto, una característica importante para una teoría física, si esta va a tener un sentido global. Y una vez que se ha establecido un marco matemático concreto, los desarrollos matemáticos rigurosos dentro de dicho marco pueden tener importantes consecuencias para el mundo físico. (Los desarrollos lagrangiano y hamiltoniano en física clásica descritos en el capítulo 20 ofrecen ejemplos impresionantes de ello.) No obstante, las dificultades aparecen cuando para superar una inconsistencia hay que cambiar una teoría previamente aceptada, y la forma concreta en que podría cambiarse una teoría depende del conocimiento matemático y las preferencias estéticas concretas del teórico. A menudo, el cambio será solo una idea —quizá incluso una «idea brillante»— que probablemente tendrá aún fallos de consistencia matemática, aunque tal vez diferentes de los de la teoría que sustituye. Entonces podrían ser necesarios cambios adicionales, y así sucesivamente. Si hay demasiados de estos, la probabilidad de hacer la conjetura correcta en cada ocasión puede llegar a ser extraordinariamente pequeña.

31.7. Motivación de cuerdas para dimensiones espaciotemporales extra

Una primera inconsistencia de la imagen de la teoría de cuerdas fue la aparición de una anomalía grave. Recordemos de §30.2 que aparecen anomalías cuando las reglas de conmutación clásicas, que expresan una simetría o propiedad de invariancia clásica, no pueden ser completamente realizadas por conmutadores cuánticos, de modo que la teoría cuántica pierde una cualidad de la teoría clásica que podría haberse considerado esencial. En el caso de la teoría de cuerdas, esta anomalía se refería a una invariancia de parametrización esencial en la descripción de la cuerda. La presencia de la anomalía produjo efectos que se consideraban desastrosos. No obstante,[27] se vio que al incrementar de 4 a 26 el número de dimensiones espaciotemporales la anomalía desaparecía.[28] Por consiguiente, la teoría de cuerdas solo parecía ser mecanocuánticamente consistente en un espaciotiempo de 26 dimensiones.

Mi reacción a esto fue básicamente: «Debería haber una vía diferente para evitarlo», aunque nunca consideré el problema lo suficiente para apreciar la fuerza del razonamiento que había tras esta conclusión «26-dimensional». Sospecho que muchos otros reaccionaron de la misma forma, porque en ese momento la teoría perdió mucha de su popularidad anterior. Pero mis razones para descartar un modelo de universo 26-dimensional tenían un ingrediente adicional, que venía de la teoría de twistores. Como veremos en §§33.2,4,10, una consecuencia esencial de mi perspectiva «twistorial» es que el espaciotiempo tiene en realidad los valores directamente observados de una dimensión temporal y tres dimensiones espaciales (i.e., «1 + 3 dimensiones»).

Además del problema de qué hacer con estas dimensiones extra —que presumiblemente iban a ser tratadas de acuerdo con alguna receta de tipo Kaluza-Klein—, este modelo de cuerdas de apariencia simple para los hadrones tropezaba con otras dificultades, tales como la aparición del comportamiento *taquiónico* (propagación más rápida que la luz). Asimismo, el éxito creciente del modelo estándar, tal como se ha descrito en el capítulo 25, llevó a los físicos a interesarse menos que antes en tales sugerencias «desencaminadas» como modelos de cuerdas. Las características enigmáticas de la física hadrónica mencionadas antes y que pusieron a Veneziano, Nambu y otros en el camino de las cuerdas, encontraron una explicación (parcial) alternativa en QCD en términos de la imagen quark-gluón.

Más en concreto, la naturaleza «puntual» de los constituyentes de los hadrones se estaba haciendo experimentalmente manifiesta, siendo compatible con la imagen de los quarks del modelo estándar pero no con la imagen de cuerdas, tal como era entonces. El tamaño típico de un lazo de cuerda estaría relacionado con la intensidad del acoplamiento de la cuerda, y para las cuerdas hadrónicas originales (con una tensión de cuerda compatible con la intensidad de la constante de acoplamiento para la interacción fuerte), esto daría una escala de lazo promedio de unos 10^{-15} m. Esto difícilmente es «puntual» en la escala del protón, pues es comparable al «tamaño» del propio protón.

Tras casi una década durante la que hubo poco interés en la teoría de cuerdas, tuvo lugar un desarrollo que dio como resultado lo que a veces se conoce como «la primera revolución de las supercuerdas». En 1984, Michael Green y John Schwarz propusieron un esquema (que recogía algunas sugerencias anteriores hechas por Schwarz y Joël Scherk) en el que la supersimetría era incorporada en la teoría de cuerdas (para proporcionarnos «supercuerdas» en lugar de solo «cuerdas»), y la dimensionalidad espaciotemporal[29] se reducía con ello de 26 a 10. Esto eliminaba el «problema taquiónico» que se ha mencionado antes. Además, con un cambio radical en la escala y naturaleza de la tensión de la cuerda, la teoría de cuerdas se iba a considerar ahora fundamentalmente una teoría de gravitación cuántica en lugar de una teoría de interacciones fuertes. Ya se había reconocido que debería haber una partícula/campo sin masa de espín 2 que aparece de un modo de vibración de las cuerdas. Esto había sido algo embarazoso para la versión «hadrónica» original de la teoría de cuerdas, puesto que no hay ninguna partícula hadrónica de esta naturaleza. Pero con las nuevas cuerdas, con su tensión de cuerda mucho mayor, sería apropiado identificar este campo sin masa con la gravedad. Ahora el tamaño de un lazo de cuerda típico es algo del orden de la minúscula longitud de Planck (gravitatoria) —aproximadamente, 20 órdenes de magnitud menor que antes, y ciertamente puntual en la escala hadrónica.

Debería mencionar otra diferencia técnica en la naturaleza de la tensión de la cuerda que se introduce con las nuevas cuerdas de «escala gravitatoria» (que normalmente no se resalta en las exposiciones divulgativas). Las cuerdas hadrónicas originales eran como gomas elásticas, en las que la tensión aumenta cuando se estira la cuerda, proporcionalmente a la longitud de estiramiento.[30] Sin embargo, las nuevas supercuerdas de escala gravitatoria ejercen una tensión constante $\hbar c/\alpha'$, que es así independiente del estiramiento, donde α' es un número muy pequeño (una medida de área) conocida como la *constante de cuerda.* A este respecto, la cuerda hadrónica original era mucho más parecida al tipo de entidad que había sido familiar en la física ordinaria en la que tiene sentido físico una versión clásica de ella. (Una versión clásica de la nueva supercuerda, con su tensión constante, ¡se contraería casi instantáneamente hasta una singularidad de tamaño nulo!)

31.8. ¿La teoría de cuerdas como gravedad cuántica?

Estos desarrollos transformaron por completo la percepción general que se tenía de la teoría de cuerdas, que rápidamente adquirió gran popularidad. Eran frecuentes las afirmaciones de que la teoría de cuerdas proporcionaba una «teoría completa y consistente de la gravedad cuántica», en donde la no renormalizabilidad de la relatividad general estándar (véase §31.1) es reemplazada por una teoría de cuerdas de la gravedad cuántica completamente finita.[31] Aunque, si se les insta, algunos defensores de la teoría de cuerdas podrían admitir que no todas las reivindicaciones de finitud estaban perfectamente demostradas, esto se consideraría una cuestión de poca importancia. Como ha comentado un prominente físico teórico y teórico de cuerdas[32]

> La teoría de cuerdas es tan obviamente finita que si alguien publicara una demostración, yo no estaría interesado en leerla.

Además, los teóricos de cuerdas tendían a considerar la teoría de cuerdas de la gravedad cuántica como «el único juego en la ciudad», como ilustra el siguiente comentario sobre las aproximaciones a la gravedad cuántica distintas de la teoría de cuerdas realizado por Joseph Polchinski (1999):

> ... no hay alternativas ... todas las buenas ideas son parte de la teoría de cuerdas.

Sospecho que fue el carácter categórico de las primeras afirmaciones de finitud (aunque véase §31.13) lo que dio a la teoría buena parte del impulso que adquirió entonces. De hecho, si el pretendido descubrimiento de la «gravedad cuántica» buscada —la unión que faltaba entre las dos grandes revoluciones del siglo XX— fuera reconocido realmente, esto establecería la teoría de cuerdas no solo como uno de los principales logros intelectuales del siglo, sino también como un marco básico revolucionario para el futuro progreso en la física fundamental.

Creo que incluso muchos de los teóricos de *cuerdas* actuales considerarán que las afirmaciones que se hicieron en los años ochenta en el sentido de que la teoría «resolvía» por completo el problema de la gravedad cuántica eran exageradas. Esas personas preferirán ahora asumir una posición más sobria que la que habían defendido antes porque la «teoría de cuerdas» de hoy ha avanzado y difiere de manera sustancial del esquema de 1984. De todas formas, probablemente estarían dispuestos a aceptar la idea de que la teoría de cuerdas de 1984 había proporcionado al menos el paso más impresionante hacia este objetivo de gravedad cuántica.

¿Cuál fue mi respuesta a estas afirmaciones? Me temo que muy negativa, como lo fue la reacción de la mayoría de mis colegas más cercanos. Sin duda, buena parte de la razón para esta reacción negativa podría atribuirse a diferencias en la base cultural entre quienes, como yo mismo y mis colegas, tenían una perspectiva enraizada en un profundo interés por la relatividad general de Einstein, y aquellos cuyo empuje procedía más del lado de la QFT. El efecto principal de esta diferencia de perspectiva era que partíamos de ideas completamente diferentes respecto a las cuestiones centrales que tenían que resolverse en una unión cuántico/gravedad. Aquellos que venían del lado de la QFT tendían a tomar la renormalizabilidad —o, más correctamente, la *finitud*— como el objetivo fundamental de esta unión. Por el contrario, quienes veníamos del lado de la relatividad considerábamos que las cuestiones fundamentalmente importantes que había que resolver eran los profundos conflictos conceptuales entre los principios de la mecánica cuántica y los de la relatividad general, y a partir de esa resolución esperábamos avanzar hacia una nueva física del futuro. Nuestra reacción negativa ante las firmes afirmaciones que los teóricos de cuerdas hacían en esa época no se debían solo a cuestiones de detalle o incredulidad general (aunque estas eran también muy importantes), sino a una frustración por el hecho de que los mismos problemas que pensábamos que eran fundamentales para la cuestión general cuántico/gravedad ¡no parecían ser reconocidos en absoluto por los teóricos de cuerdas!

Algunas de estas cuestiones han sido abordadas en §30.11 (y se mencionarán otras en §33.2). No obstante, habría que mencionar que las cuestiones planteadas en dichas secciones apenas escarban en la superficie de los profundos conflictos que plantea[33] el principio de covariancia general en relación con la QFT (§19.6). Está también la cuestión básica de lo que debe ser realmente una «geometría espaciotemporal cuántica». La teoría de cuerdas opera básicamente con un espaciotiempo de fondo «clásico» suave, que no está siquiera directamente influenciado por la presencia de una cuerda, puesto que la propia cuerda básica no lleva energía, y así no «curva» directamente el espaciotiempo de fondo. Muchas personas en la comunidad relativista piensan que la verdadera «geometría cuántica» debería asumir algunos elementos de discretización, o al menos diferir profundamente de la imagen clásica de variedad suave.

Estas cuestiones profundas serán abordadas más directamente en los dos capítulos siguientes, como lo serán ciertas aproximaciones a su resolución. En particular, los «lazos» que encontraremos en el capítulo siguiente (§32.4), aunque con un parecido superficial a las cuerdas, son completamente diferentes de estas en muchos aspectos. En particular, la geometría espaciotemporal *está* profundamente influida —en realidad, esencialmente *creada*— por la presencia de dichos lazos, pues la métrica espacial está totalmente concentrada a lo largo de ellos y se anula por completo en cualquier otro lugar. Por otra parte, en la teoría de cuerdas, se considera que ya hay presente un espaciotiempo suave como fondo para las cuerdas, y las restricciones a su geometría métrica proceden solo de influencias indirectas de las cuerdas, de una manera a la que pronto llegaremos (en §31.9). Pero de momento dejemos a un lado la cuestión de si los puntos realmente importantes de la gravedad cuántica han sido o no adecuadamente abordados por la teoría de cuerdas. Consideremos las afirmaciones de los teóricos de cuerdas en el sentido de que tienen una teoría cuántica finita de la gravedad. ¿La tienen? Trataré de abordar esta cuestión en lo que queda de esta sección y en las cinco que la siguen.

Un punto importante está quizá contenido en las palabras utilizadas. Lo que afirman los teóricos de cuerdas es que tienen una «teoría cuántica de la gravedad», no de la relatividad general o de la teoría de Einstein. ¿Qué entienden ellos por «gravedad» si no es la relatividad general soberbiamente confirmada de Einstein? Recordemos, en primer lugar, que el espaciotiempo de los teóricos de cuerdas es ahora 10-dimensional (o, como pronto aprenderemos —§31.14—, *aproximadamente* 10-dimensional; ¡pero tratemos de que esto no nos preocupe por el momento!). ¿Qué es la «gravedad» en 10 dimensiones? El cálculo tensorial funciona igual de bien en 10 dimensiones que en 4 (véanse §§14.4,8), de modo que aún podemos construir el tensor de Ricci R_{ab}, igual que antes. Como hemos visto en §19.6, la condición para un *vacío* en la gravedad einsteiniana ordinaria es la Ricci-planitud, de modo que podríamos conjeturar que la «ecuación del vacío» gravitatoria de los teóricos de cuerdas es la misma, a saber

$$R_{ab} = 0,$$

excepto que ahora estamos en 10 dimensiones. También cabría esperar, por analogía con lo que sucede en la teoría Kaluza-Klein 5-dimensional donde el «5-vacío» incluye gravitación y electromagnetismo, que esta ecuación en 10 dimensiones, i.e., el «10-vacío», va a acomodar también todos los campos no gravitatorios además de la gravedad.

Bien, esto *es* lo que básicamente quieren decir los teóricos de cuerdas, al menos aproximadamente. Más exactamente, ellos consideran que la Ricci-planitud es consecuencia solo del primer término en una serie de potencias infinita en la constante de cuerda α', donde los términos de órdenes más altos nos proporcionan «correcciones cuánticas» a la Ricci-planitud. (El coeficiente de $(\alpha')^r$ podría incluir derivadas superiores de tensores de curvatura y expresiones polinómicas en tales tensores.) Recordemos que la constante de cuerdas es muy pequeña. Más aún; además de la métrica en el espaciotiempo 10-dimensional, hay también otros campos que aparecen en esta discusión. Uno de estos es un campo tensorial antisimétrico, y también hay un campo escalar conocido como *dilatón*[34] (que tiene que ver con escalamientos globales) bastante similar al (indeseado) campo escalar de la teoría de Kaluza-Klein original. (Recordemos que este escalar se elimina normalizando el vector de Killing; véase el penúltimo párrafo de §31.4.) El dilatón tendrá importancia para discusiones posteriores (véase §31.15). Recordemos que la constante de cuerda es muy pequeña. Ahora se considera que es solo algo mayor que el cuadrado de la longitud de Planck (siendo α' un área minúscula), con

$$\alpha' \approx 10^{-68}\ \mathrm{m}^2.$$

Así pues, se considera que la Ricci-planitud es una excelente aproximación para la métrica 10-espaciotemporal.

31.9. Dinámica de cuerdas

Usted podría preguntarse de dónde proceden realmente estos enunciados acerca de la curvatura espaciotemporal, puesto que la teoría de cuerdas es realmente tan solo una teoría acerca de estas pequeñas cuerdas que se mueven en algún espaciotiempo de fondo (aunque de 9 dimensiones espaciales). De hecho, todavía no he sido muy específico acerca de las ecuaciones que controlan la dinámica de cuerdas. Veámoslo a continuación.

Como es normal en la teoría de campos, existe un lagrangiano (§§20.5,6 y §26.6), y el lagrangiano de cuerdas se define como $1/2\alpha'$ multiplicado por el área superficial de la historia 2-superficial —*la hoja de universo*— que describe la cuerda en el espaciotiempo. La métrica sobre la hoja de universo tiene que coincidir con la inducida a partir del espaciotiempo; y clásicamente la dinámica consistiría simplemente en que la hoja de universo es una especie de «película de jabón», o «superficie mínima» (de signatura métrica apropiada) en el fondo espaciotemporal dado. Clásicamente, el fondo no está sujeto a ninguna ligadura. La cuerda solo se agita de acuerdo con esta dinámica especificada. Sin embargo, en la mecánica cuántica la cuestión de la anomalía se agrava, y observamos que incluso la condición de que el fondo tenga 10 dimensiones con supersimetría no es ahora suficiente, sino que también se necesitan las condiciones anteriores sobre la curvatura 10-espacial para proporcionar condiciones de consistencia en la métrica de fondo para las cuerdas cuánticas.

Además de este requisito de consistencia tipo ecuación de Einstein, recordamos el «modo más bajo de excitación» de una cuerda cerrada, mencionado en §31.7, que parecía describir una partícula sin masa de espín 2. Su carácter de «espín 2» surge porque el modo tiene una estructura de cuadripolo (o $\ell = 2$) para su oscilación (véanse §22.11 y §32.2) y carece de masa esencialmente porque es el modo más bajo de una cuerda muy «rígida». Aunque el modo había presentado un serio problema para las cuerdas hadrónicas originales, ahora, en su nuevo contexto gravitatorio, se veía favorablemente porque en la física (4-dimensional) ordinaria un *gravitón* (cuanto del campo gravitatorio) es una partícula sin masa de espín 2. En el análisis convencional, esto sale de un examen de las perturbaciones en el campo métrico (descrito por un tensor simétrico «h_{ab}», que da el desplazamiento infinitesimal en una métrica desde g_{ab} a $g_{ab} + \varepsilon h_{ab}$, donde ε es infinitesimal; véase también §32.2). Parece que en la nueva teoría de cuerdas —en vista del anterior requisito de consistencia tipo ecuación de Einstein (aunque en 10 dimensiones en lugar de 4), y de este modo de excitación de cuerda «tipo gravitón»— el punto de vista es que «la teoría de cuerdas incluye la gravedad». En palabras de Edward Witten (1996):

> La teoría de cuerdas tiene la extraordinaria propiedad de *predecir la gravedad*,

y Witten también ha comentado:[35]

> el hecho de que la gravedad es una consecuencia de la teoría de cuerdas es una de las más grandes intuiciones teóricas de cualquier época.

Sin embargo, se debería resaltar que, además de la cuestión de la dimensionalidad, la aproximación de la teoría de cuerdas está restringida (hasta ahora en casi todos los aspectos) a ser meramente una teoría perturbativa, expresada en términos de una serie de potencias (digamos en la «ε» mencionada antes, aunque la mayoría de los cálculos en la teoría de cuerdas se refieren a series de potencias en la constante de cuerda α'). Esta restricción es considerada como una seria limitación por la mayoría de los que trabajan en la relatividad, para quienes las consideraciones anteriores no bastan para ofrecernos una teoría con los mismos profundos principios subyacentes que la relatividad general de Einstein.

Una versión de una «filosofía de cuerdas» de las que tengo conocimiento es que deberíamos tratar de considerar la física como si fuera «realmente» una QFT *2-dimensional*, y que la noción geométrica de espaciotiempo 10-dimensional es una cuestión secundaria respecto a la «realidad» más primitiva de la propia hoja de universo de la cuerda 2-dimensional. Todo tiene que describirse en términos de «excitaciones de cuerdas», y estas deben considerarse como cantidades que son meramente funciones de las 2 coordenadas en la hoja de universo. Las 10 dimensiones espaciotemporales son sentidas por dichas excitaciones, pero todo es un tipo de «campo en la hoja 2-dimensional».

Tengo grandes dificultades con este punto de vista para una teoría que pretende describir la gravitación, donde habría grados de libertad dinámicos en la geometría espaciotemporal. Recordemos de §16.7 (y véase la discusión en §31.4 y §§31.10-12,15-17) que hay muchísimas más funciones o campos en un espacio de muchas dimensiones que en un espacio de menos dimensiones, cualquiera que sea el número de componentes independientes que pueda tener la función (campo) en cada punto, con tal de que este número de componentes sea finito. Además, para cualquier noción ordinaria de «excitación de cuerda», este número de componentes por punto sería finito (porque cada punto de la hoja de universo solo puede desplazarse en un número finito de direcciones independientes en el espacio ambiente). Parece que esta «filosofía de cuerdas» concreta sería una forma errónea de considerar las cosas. Aunque dudo de que sea en realidad mantenida de forma rigurosa por los teóricos de cuerdas, el hecho de que algunos de ellos hayan estado dispuestos a defender un punto de vista semejante es quizá indicativo de la actitud aparentemente displicente de muchos teóricos de cuerdas con respecto a la dimensionalidad espaciotemporal. La 4-dimensionalidad de nuestro espaciotiempo *observado*, quizá pensada como un «efecto de baja energía», parece considerarse con frecuencia como una cuestión de importancia menor.

En cualquier caso —incluso en 10 dimensiones—, la «ecuación de vacío de Einstein» de la teoría de cuerdas se considera una mera consecuencia de la *consistencia* de la propia hoja de universo 2-dimensional de la cuerda. Y se considera que la Ricci-planitud debe seguir manteniéndose ¡incluso en aquellas localizaciones espaciotemporales donde la propia hoja de universo de la cuerda *no* está localizada! Si la teoría cuántica estuviera describiendo realmente la dinámica cuantizada del sistema clásico acoplado especificado por

«9-espacio de fondo que contiene una cuerda en movimiento»,

la consistencia sobre la curvatura de fondo necesitaría mantenerse solo donde está localizada la cuerda. Así que tenemos que aceptar la idea de que no es este sistema clásico el que se está cuantizando. De hecho, pese a que pretende ser una teoría de la gravedad, la teoría de cuerdas no trata apropiadamente el problema de describir los grados de libertad dinámicos en la métrica espaciotemporal. El espaciotiempo proporciona simplemente un fondo fijo, limitado de ciertas maneras para permitir que las propias cuerdas tengan plena libertad.

31.10. ¿Por qué no vemos las dimensiones espaciales extra?

Si ahora vamos a tomar en serio la dinámica plena del espaciotiempo 10-dimensional, tenemos que afrontar el problema opuesto de cómo reducir la enorme libertad funcional extra en el espacio 10-dimensional a la que sería adecuada para una teoría física ordinaria en cuatro dimensiones espaciotemporales. La Ricci-planitud en 10 dimensiones permite una libertad funcional $\infty^{70\infty^9}$ (véase §16.7) que es enormemente mayor que la mera $\infty^{N\infty^3}$ que tenemos para una teoría de campos en el 4-espacio ordinario, tomando N componentes independientes por punto (§16.7 y §31.4). (Una teoría 10-dimensional «Ricci-plana» tendría, de hecho, 70 funciones independientes como datos libres en una superficie inicial 9-dimensional.)[36] La enormidad extra procede de que 9 es mayor que 3. En comparación, el tamaño relativo de 70 y N contribuye de forma despreciable a esta explosión de libertad funcional.[37] Una teoría *clásica* de campos ordinaria en un espaciotiempo 10-dimensional (sin una restricción como la simetría que decreta el vector de Killing de la teoría de Kaluza-Klein original; véase §31.4) entraría en conflicto con nuestro universo observado, debido a su tremendo exceso de libertad funcional. Volveremos a esta cuestión en §§31.12,16.

¿Por qué los teóricos de cuerdas no parecen estar especialmente molestos por esta excesiva libertad funcional? Al parecer, una razón es que tienen la esperanza de que en una teoría de cuerdas adecuadamente cuantizada puede haber ligaduras espaciotemporales adicionales, derivadas de requisitos de consistencia para las cuerdas cuantizadas, que reducen efectivamente la libertad funcional de las cuerdas. Echaremos una ojeada a estas esperanzas en §31.6. Pero el argumento principal que se suele esgrimir procede de la expectativa de que, si se supone que las seis dimensiones «extra» son extraordinariamente «pequeñas» (digamos del orden de la escala de Planck de 10^{-35} m), entonces —para energías que hoy son accesibles en el mundo físico—

consideraciones mecanocuánticas vendrían en auxilio y «eliminarían» efectivamente los grados de libertad que conciernen a las dimensiones espaciales extra.

¿Cómo funciona esto? Como se ha comentado antes, casi todas las consideraciones en la teoría de cuerdas se llevan a cabo en un marco perturbativo, en el que meramente se examinan perturbaciones pequeñas respecto a algún modelo básico concreto. Aquí vamos a considerar un «espaciotiempo» básico que es el producto $\mathbb{M} \times \mathcal{Y}$ del 4-espacio de Minkowski normal por un 6-espacio riemanniano dado $\mathcal{Y}$ de género espacio y compacto, donde el «tamaño» total de este $\mathcal{Y}$ particular es muy pequeño, digamos de la escala de Planck de 10^{-35} m. Vamos a examinar pequeñas perturbaciones de $\mathbb{M} \times \mathcal{Y}$.

En primer lugar, necesitamos una imagen más clara de lo que es una «variedad producto» $\mathcal{A} \times \mathcal{B}$, donde tanto el m-espacio $\mathcal{A}$ como el n-espacio $\mathcal{B}$ se toman como variedades (pseudo)riemannianas. Recordemos de §15.2 (y la Fig. 15.3a) que los puntos de $\mathcal{A} \times \mathcal{B}$ se describen como pares (a, b), donde a pertenece a $\mathcal{A}$ y b pertenece a $\mathcal{B}$, de modo que la dimensión de $\mathcal{A} \times \mathcal{B}$ es $m + n$ (véase el ejercicio [15.1]). ¿Cómo vamos a definir la métrica (pseudo)riemanniana en $\mathcal{A} \times \mathcal{B}$? Esta es la suma directa de las métricas en $\mathcal{A}$ y en $\mathcal{B}$. Podemos utilizar coordenadas locales $(x^1, \ldots, x^m, y^1, \ldots, y^n)$ para $\mathcal{A} \times \mathcal{B}$, donde $(x^1, \ldots, x^m)$ y $(y^1, \ldots, y^n)$ son coordenadas locales para $\mathcal{A}$ y $\mathcal{B}$, respectivamente. Entonces, las componentes métricas g_{ij} para $\mathcal{A} \times \mathcal{B}$ tienen «forma diagonal por bloques» (similar a la mostrada en §13.7 para las matrices de una representación completamente irreducible) que describe la suma directa de las componentes métricas para $\mathcal{A}$ y para $\mathcal{B}$, respectivamente: la distancia métrica al cuadrado en $\mathcal{A} \times \mathcal{B}$ es la suma de las distancias en $\mathcal{A}$ y $\mathcal{B}$ por separado (Fig. 31.7).

Un hecho clave de posterior relevancia (véase §31.14) es que si la métrica de $\mathcal{A}$ y la métrica de $\mathcal{B}$ son ambas Ricci-planas (se anula el tensor de Ricci; véase §19.6), entonces la métrica suma directa de $\mathcal{A} \times \mathcal{B}$ es también Ricci-plana.[31.3] El espacio $\mathcal{Y}$ en nuestro producto $\mathbb{M} \times \mathcal{Y}$ se considera Ricci-plano, y el propio $\mathbb{M}$, siendo plano, es ciertamente

[31.3] ¿Por qué? *Sugerencia*: Examine la forma de las expresiones explícitas en los ejercicios [14.26] y [14.27], en §14.7.

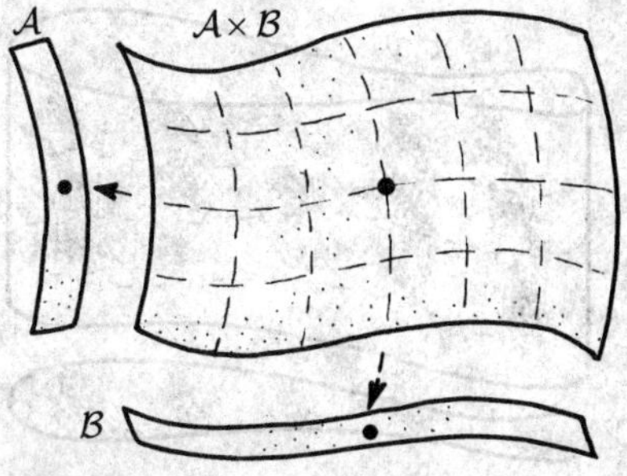

Fig. 31.7. La variedad producto $\mathcal{A} \times \mathcal{B}$ (véanse la Fig. 15.3a y §15.2) de dos espacios (pseudo)riemannianos $\mathcal{A}$ y $\mathcal{B}$ es ella misma (pseudo)riemanniana. Si $\mathcal{A}$ y $\mathcal{B}$ son Ricci-planas, entonces también lo es $\mathcal{A} \times \mathcal{B}$.

Ricci-plano. El producto $\mathbb{M} \times \mathcal{Y}$ es así también Ricci-plano, como se requería.

Vamos a considerar que el espacio *compacto* $\mathcal{Y}$ tiene un tamaño espacial total del orden general de la escala de Planck, o quizá un poco mayor. (Recordemos el significado de la compacidad, descrito en §12.6 y la Fig. 12.13.) ¿Cómo se van a describir las perturbaciones de $\mathbb{M} \times \mathcal{Y}$? Estas se darán mediante campos (tensoriales) en $\mathbb{M} \times \mathcal{Y}$, como las h_{ab} de §31.9, que nos proporcionan cambios infinitesimales en la métrica de $\mathbb{M} \times \mathcal{Y}$.

Para estudiar campos en $\mathbb{M} \times \mathcal{Y}$, es útil pensar en términos de un problema de valor inicial; así, representamos $\mathbb{M}$ como $\mathbb{M} = \mathbb{E}^1 \times \mathbb{E}^3$, donde el 1-espacio euclídeo $\mathbb{E}^1$ se refiere a una coordenada temporal t, y el 3-espacio euclídeo $\mathbb{E}^3$ se refiere al espacio. Entonces analizamos estos campos en términos de los modos normales en $\mathbb{E}^3 \times \mathcal{Y}$. Véase la Fig. 31.8. (Recordemos el concepto de «modo normal», tal como se ha descrito clásicamente en §20.3 y en el contexto cuántico en §§22.11,13.) ¿Qué aspecto tienen estos modos normales? Debido a la estructura «producto» de $\mathbb{E}^3 \times \mathcal{Y}$, podemos representar cada uno de estos modos simplemente como el producto ordinario de un modo de $\mathbb{E}^3$ por un modo de $\mathcal{Y}$. Los modos de $\mathbb{E}^3$ son precisamente estados de momento (§21.11) y forman una familia continua. En cuanto a los modos normales de $\mathcal{Y}$, la compacidad asegura que forman una familia discreta, cada uno de ellos caracterizado por un conjunto finito de autovalores. (Recordemos la discusión al final de §22.13.) ¿Cómo «excitaríamos»

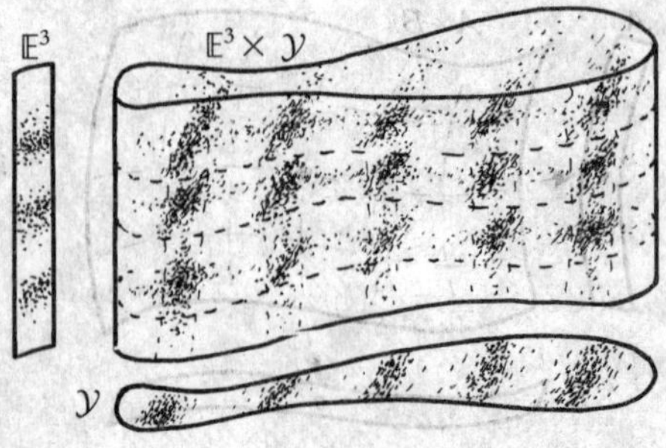

Fig. 31.8. Los modos de perturbación en $\mathbb{E}^3 \times \mathcal{Y}$ (para la ecuación de Laplace) son productos de modos en $\mathbb{E}^3$ por modos en $\mathcal{Y}$.

uno de estos modos, de manera que la simple geometría $\mathbb{E}^3 \times \mathcal{Y}$ se convierta en alguna otra cosa?

El argumento habitual de los teóricos de cuerdas según el cual podemos despreciar las perturbaciones de $\mathcal{Y}$, al menos en la época cosmológica actual, depende de una expectativa de que la energía necesaria para excitar cualquiera de los modos de $\mathcal{Y}$ sería enorme, excepto para cierto conjunto particular de modos de energía cero (que tendrán importancia en §31.14) que ignoraré por el momento. ¿Por qué se espera que esta energía sea tan grande? El razonamiento se basa en la muy minúscula escala del propio $\mathcal{Y}$. Una «onda estacionaria» en $\mathcal{Y}$ tendría una longitud de onda minúscula, comparable con la distancia de Planck de $\sim 10^{-35}$ m, y por lo tanto tendría algo parecido a una frecuencia de Planck de $\sim 10^{-43}$ s. La energía requerida para excitar un modo semejante sería del orden de la energía de Planck, a saber, unos 10^{12} julios, ¡que es unos 20 órdenes de magnitud mayor que las mayores energías implicadas en las interacciones ordinarias entre partículas! Por consiguiente, se aduce que los modos que afectan a la geometría de $\mathcal{Y}$ no serán excitados en ninguno de los procesos de física de partículas que son de relevancia para las acciones físicas que hoy son accesibles. Se presenta la imagen de que en las etapas muy primitivas del universo seis de sus dimensiones se asentaron en la configuración $\mathcal{Y}$ descrita aproximadamente por una escala de Planck, mientras que las tres dimensiones espaciales restantes se expandieron enormemente para dar la imagen casi espacialmente plana de un universo 3-dimensional de acuerdo con la cosmología actual. Los $\mathcal{Y}$-espacios habrían permanecido básicamente imperturbados desde un tiempo no muy posterior a los primeros instantes de Planck de la existencia del universo.

Examinemos este argumento con un poco más de detalle. Para simplificar las cosas, consideremos una situación en la que, como sucede con la teoría de Kaluza-Klein original de §31.4 y la analogía de la manguera mostrada en la Fig. 15.1, $\mathcal{Y}$ es simplemente un *círculo* S^1, que tomamos con un radio muy pequeño ρ. Podemos escoger una coordenada real θ para S^1 (con θ identificada con $\theta + 2\pi$), donde ρ^θ mide la distancia real alrededor del círculo. Los modos de $\mathcal{Y}$ son ahora simplemente las cantidades $e^{in\theta}$, donde n es un entero, a saber, los modos de Fourier que hemos visto en §9.2. En $\mathbb{E}^3$ podemos escoger coordenadas cartesianas ordinarias (x, y, z). Recordemos de §22.11 que una manera de abordar la cuestión de encontrar «modos» es buscar autoestados del (apropiado) operador laplaciano. En el contexto presente, esto puede considerarse como una aproximación (o simplemente un «modelo»). De manera más correcta, deberíamos interesarnos por los autoestados del hamiltoniano $\mathcal{H}$ para la evolución de la geometría. Para espacios Ricci-planos (nuestras requeridas perturbaciones de $\mathcal{M} \times S^1$) necesitaríamos la formulación hamiltoniana apropiada de la relatividad general pentadimensional, que es complicada. No obstante, el término dominante de esta es en esencia un laplaciano, y esto bastará para nuestra presente discusión.

Encontramos por primera vez el laplaciano 2-dimensional $\nabla^2 = \partial^2/\partial x^2 + \partial^2/\partial y^2$ en §10.5. Aquí necesitamos la generalización a cuatro dimensiones, pero la métrica de nuestro espacio $\mathbb{E}^3 \times S^1$ sigue siendo plana, de modo que no exigimos una expresión más elaborada como la de §22.11. Todo lo que necesitamos aquí es aumentar el número de variables a cuatro, de modo que podemos escribir el laplaciano como[31.4]

$$\nabla^2 = \frac{\partial^2}{\partial x^2} + \frac{\partial^2}{\partial y^2} + \frac{\partial^2}{\partial z^2} + \frac{1}{\rho^2}\frac{\partial^2}{\partial \theta^2},$$

donde nuestra coordenada cuarta es la $\rho\theta$ necesaria para S^1. Para encontrar nuestros «modos», buscaríamos autoestados de este ∇^2. Más

[31.4] ¿Por qué?

concretamente, el procedimiento consiste meramente en ocuparse del análisis de modos para la parte S^1 de $\mathbb{E}^3 \times S^1$ y dejar la parte $\mathbb{E}^3$ como un campo ordinario. Por consiguiente, separamos nuestros campos en contribuciones diferentes, cada una de ellas con un entero n diferente, que da una dependencia en θ de la forma específica $e^{in\theta}$, como se ha descrito antes. Así pues, para un modo de S^1 de n-ésimo orden, podemos escribir

$$\Psi = e^{in\theta}\psi,$$

sobre nuestra 4-superficie inicial $\mathbb{E}^3 \times S^1$, donde ψ es una función de las coordenadas espaciales ordinarias x, y, z. Para cualquiera de estos modos de orden n-ésimo Ψ, el término $\rho^{-2}\partial^2/\partial\theta^2$ en nuestro laplaciano anterior puede reemplazarse[31.5] simplemente por $-n^2/\rho^2$:

$$\frac{1}{\rho^2}\frac{\partial^2}{\partial\theta^2} \mapsto -\frac{n}{\rho^2}.$$

Con respecto a las variables restantes x, y, z, nuestro laplaciano vuelve ahora al 3-espacio ordinario, pero tenemos el término constante $-n^2/\rho^2$ sumado a este laplaciano espacial.

Recordemos la ecuación de campo de una partícula ordinaria (sin espín) de masa μ, en el espaciotiempo de Minkowski ordinario $\mathbb{M}$, que es la ecuación de onda de «Klein-Gordon» (véase §24.5)

$$\left(\Box + \frac{\mu^2}{\hbar^2}\right)\psi = 0,$$

donde $\Box = \partial^2/\partial t^2 - \partial^2/\partial x^2 - \partial^2/\partial y^2 - \partial^2/\partial z^2$. Podemos considerarla como una «partícula incidente libre» (como sería apropiado en una aproximación de matriz S a la QFT; véase §26.8). Sin embargo, en el espacio $\mathbb{M} \times S^1$ tendríamos un término adicional $-\rho^{-2}\partial^2/\partial\theta^2$ en el operador de ondas $\Box$. Si tomamos esta partícula 5-espacial como un autoestado n-modo para S^1, este término queda reemplazado por n^2/ρ^2, como antes. Por consiguiente, desde el punto de vista del 4-espacio de Minkowski ordinario, nuestra partícula n-modo 5-espacial de Klein-Gordon satisface la ecuación 4-espacial

$$\left(\Box + \frac{\mu^2}{\hbar^2} + \frac{n^2}{\rho^2}\right)\psi = 0.$$

[31.5] ¿Por qué podemos hacerlo?

Esta es simplemente la ecuación de Klein-Gordon de nuevo, pero con $\mu^2/\hbar^2 + n^2/\rho^2$ en lugar de $\mu^2/\hbar^2$. Así pues, tenemos la ecuación de Klein-Gordon 4-espacial para una nueva partícula, pero donde la masa ha aumentado de μ a $\sqrt{(\mu^2 + \hbar^2 n^2/\rho^2)}$.

Ahora cualquiera de las partículas observadas en la naturaleza tendría una masa μ que es enormemente menor (véase §31.1) que el valor original de Planck de aproximadamente $\hbar/\rho$ (para nuestro valor escogido de ρ). Suponiendo que $n \neq 0$, esta nueva partícula tendría una masa que es al menos del orden de Planck (pues $\hbar n/\rho$ es mucho mayor que μ), de modo que estaría mucho más allá del alcance de los aceleradores de partículas viables hoy día. Por consiguiente, los teóricos de cuerdas argumentan que ningún modo $n \neq 0$ puede ser accesible en ningún proceso de física de partículas que sea viable en la época cosmológica actual.

En esencia, el mismo argumento se aplicaría al espacio compacto completo de tamaño de Planck $\mathcal{Y}$. En la situación de relativa baja energía en la que nos encontramos hoy, los modos de excitación de $\mathcal{Y}$ para los cuales $n \neq 0$ son experimentalmente inaccesibles para nosotros, o eso mantienen los teóricos de cuerdas. Por consiguiente, se argumenta que no hay conflicto entre las hipótesis de dimensiones espaciales extra y la física observacional actual.

31.11. ¿Deberíamos aceptar el argumento de la estabilidad cuántica?

Pero ¿es este razonamiento realmente apropiado? Creo que hay profundas razones para cuestionarlo.[38] Incluso si dejamos aparte el interrogante no respondido de por qué tres de las dimensiones espaciales deberían comportarse de forma tan diferente de las seis restantes, debemos ser muy cautos sobre este razonamiento de la «física de partículas» que se basa en que la geometría de $\mathcal{Y}$ está inmunizada contra el cambio durante la evolución posterior del universo.

No obstante, antes de entrar en la cuestión de la energía de Planck (o superior) de $\mathcal{V}$, debería volver a los modos de $\mathcal{V}$ de *energía cero* que he decidido ignorar en §31.10. En §31.14 veremos que estos modos suelen considerarse favorablemente en el programa de la teoría de cuerdas, pues ofrecen esperanzas para establecer un contacto genuino con los grupos de simetría de la física de partículas estándar (§§25.5,7). Pese a todo, matemáticamente conducen a una seria dificultad que se ha hecho conocida como el *problema de los moduli*. Como sucede con la superficie de Riemann (véase §8.4), hay ciertos parámetros conocidos como *moduli* que definen la forma específica del tipo de espacio bajo consideración. (En §31.14 veremos que los $\mathcal{Y}$ preferidos son ciertas variedades complejas conocidas como espacios de «Calabi-Yau», cuyos moduli constituyen generalmente una familia de números complejos.) Los modos de energía cero remiten a la variación de dichos moduli. Podemos dejar que esta variación tenga una $\mathbb{E}^3$-dependencia espacial, pero esto nos da solo un aceptable $\infty^{N\infty^3}$, donde N se refiere al número real de moduli (reales) independientes. Sin embargo, sucede que hay modos en que los moduli se contraen rápidamente a cero dejando un $\mathcal{Y}$-espacio singular. Esta inestabilidad aparentemente catastrófica es en esencia el «problema de los moduli» de los teóricos de cuerdas (véase también §31.14).[39] Parece estar sin responder; pese a todo, normalmente es ignorado.

Supongamos que también decidimos ignorarlo. Entonces, ¿son los modos de vibración de energía positiva (a escala de Planck) de las seis dimensiones extra inmunes a la excitación? Aunque la energía de Planck es realmente muy grande comparada con las energías normales de la física de partículas, aún no lo es tanto, pues es comparable a la energía liberada en la explosión de aproximadamente una tonelada de TNT. Hay, por supuesto, una energía enormemente mayor que esta disponible en el universo conocido. Por ejemplo, la energía que recibe la Tierra desde el Sol en un segundo es 10 veces mayor. Solo en términos de energía, ¡eso sería mucho más que suficiente para excitar el espacio $\mathcal{Y}$ para el *universo entero*!

En el razonamiento de los teóricos de cuerdas, esta energía se libera en una interacción de partículas local, y tendemos a imaginar que está administrada en una región minúscula del espacio ordinario. Pero los modos reales de excitación de $\mathcal{Y}$ que se suponen inaccesibles están uniformemente dispersos sobre la totalidad de $\mathbb{E}^3$, en nuestras perturbaciones de $\mathbb{E}^3 \times \mathcal{Y}$. Recordemos que los modos de excitación de

$\mathbb{E}^3 \times \mathcal{Y}$ son simplemente productos de los modos de $\mathbb{E}^3$ por los modos de $\mathcal{Y}$. Los que estamos considerando aquí son solo constantes sobre $\mathbb{E}^3$. No hay nada que diga que necesiten (o incluso deberían) ser inyectados en una región localizada en el espacio físico ordinario.

Sin embargo, esto en sí mismo no es un argumento contra el hecho de que las interacciones de partículas locales sean la forma apropiada para excitar tales modos. El que estén dispersos sobre la totalidad de $\mathbb{E}^3$, no es un argumento contra una perspectiva de la física de partículas. Recordemos de la discusión de los operadores de creación y aniquilación en §26.2 y de las gráficas de Feynman en §§26.7,8 que las partículas y sus interacciones en QFT se describen normalmente en términos de estados de momento. Tales estados están «dispersos» sobre la totalidad de $\mathbb{E}^3$, como se ha señalado sobre todo en §21.11. Las «partículas cuánticas» no necesitan estar localizadas espacialmente. Quizá la mejor manera de considerar estas cosas es referirse a «cuantos» en lugar de partículas. La cuestión es si es o no razonable esperar que un solo cuanto de energía de Planck pudiera ser inyectado por cualquier medio en un modo $\mathcal{Y}$. Pero no creo que tengamos que pensar que tales «medios» sean necesariamente interacciones de partículas locales, y no otra cosa como una perturbación no lineal de la geometría espaciotemporal entera.

¿Existen razones para creer que debería haber algún otro medio? En mi opinión, hay razones para preocuparse por esto. Volvamos a nuestra analogía de la manguera (Fig. 31.3). Consideremos que la manguera es esencialmente recta en su dimensión «grande» (análoga a $\mathbb{E}^3$), y tiene una sección transversal S^1 constante (análoga a $\mathcal{Y}$) que es un círculo de radio minúsculo ρ. Los modos de excitación de la manguera pueden estar compuestos de varias ondas que viajan en una u otra dirección a lo largo de su longitud («modos $\mathbb{E}^3$») y de varias distorsiones de su sección transversal de forma circular («modos $\mathcal{Y}$»). Como hemos visto, cualquiera de estos últimos modos ocurre simultáneamente a lo largo de toda la manguera. En mecánica cuántica, la energía en un único cuanto de excitación de un modo semejante —un *excitón*— de frecuencia vibracional ν es $2\pi\hbar\nu$ (véase §21.4) e independiente de la longitud de la manguera.

Para una manguera de longitud infinita, esto da una densidad de energía nula, para cada excitón individual, de modo que quizá sea menos confuso si imaginamos que la manguera está curvada en un círculo muy grande, de radio R, digamos, con $R \gg \rho$. Ahora consideremos un modo de vibración particular de $\mathcal{Y}$, con una frecuencia particular ν. La energía total $2\pi\hbar\nu$ en este excitón es independiente de R. Esto puede parecer enigmático, puesto que implica que cuanto mayor tomemos R, menor es la energía que existe localmente en la vibración, en proporción a $1/R$. Pero no es una inconsistencia, sino que nos dice que la amplitud de la vibración en un excitón, para un modo de vibración determinado de $\mathcal{Y}$, es menor cuanto mayor es la longitud de la manguera. Si tomamos el límite $R \to \infty$, la energía almacenada localmente en el modo va a cero. De esto aprendemos que, cualquiera que sea la manera concreta en que pueda vibrar localmente la manguera, en el límite en que la manguera se hace infinita debe incluir números cada vez más grandes de cuantos, y el efecto de cada cuanto individual se hace cada vez menor, de modo que nos preguntamos si no sería apropiada una descripción clásica en lugar de una descripción cuántica del comportamiento de la manguera.[40]

Esto plantea la cuestión del *límite clásico* de un sistema cuántico para grandes números cuánticos, y el tema relacionado de la reducción de estado **R** para semejante configuración clásica. Hemos visto, en particular de la discusión en el capítulo 29, que la cuestión **R** no puede resolverse por completo dentro del marco de la teoría cuántica actual.[41] De todas formas, un buen físico debería saber cuándo una descripción cuántica es apropiada y cuándo tiene más sentido físico utilizar una clásica. Recordemos el caso del momento angular ordinario, como se ha discutido en §22.10. Un cuerpo con un momento angular muy grande suele ser considerado como un sistema clásico, de modo que obtemos un eje de rotación muy bien definido. Tratándolo como un sistema cuántico con un valor muy grande de j, obtenemos una descripción de Majorana, con muchas direcciones de espín, que normalmente apuntan en todas direcciones. En la práctica, la descripción clásica sería la utilizada para un momento angular muy grande, y esto proporciona una buena imagen de la realidad física. De manera más general, las descripciones clásicas suelen considerarse físicamente apropiadas cuando los números cuánticos se hacen extraordinariamente grandes. En el caso del momento angular, el número cuántico relevante, a saber, j, se mide en términos de unidades de $\hbar$, de modo que se podría imaginar un criterio razonable que nos diga cuándo estamos lejos del régimen cuántico: el valor de j es muy grande en unidades de $\hbar$. En el caso de la manguera, vemos que la pequeñez de la distancia ρ no es por sí misma una medida apropiada para decirnos que una descripción «cuántica» es más adecuada que una clásica. Para ρ fijo, la descripción de las vibraciones locales de la manguera parece hacerse cada vez más «clásica» cuanto mayor tomamos R, puesto que necesitamos incluir números cada vez mayores de excitones que incluyen números cuánticos vibracionales (modos de $\mathcal{Y}$) cada vez mayores.[42]

En ausencia de una teoría que nos diga cómo los sistemas «grandes» llegan a describirse bien clásicamente, mientras que los «pequeños» se comportan de acuerdo con las reglas cuánticas (lo que en mi opinión requiere un cambio en la estructura misma de la mecánica cuántica según las líneas apuntadas en §§30.9-12), podría parecer que no podemos llegar a ninguna conclusión definitiva concerniente a la supuesta inaccesibilidad de las excitaciones de $\mathcal{Y}$. (Las consideraciones del capítulo 30 no parecen proporcionarnos una respuesta inequívoca, y desde luego no una indiscutible.) De todas formas, en vista del hecho de que perturbaciones reales de $\mathcal{Y}$ nos llevan a una imagen cuántica de números muy grandes de cuantos, donde cada cuanto individual apenas afecta a la geometría de $\mathcal{Y}$, y a grandes números cuánticos, parecería que podemos sacar más ideas sobre cómo se comportan las perturbaciones de un universo $\mathbb{M} \times \mathcal{Y}$ con $\mathcal{Y}$ «pequeño» si las estudiamos *clásicamente* en lugar de mecanocuánticamente. Consideramos esto a continuación.

31.12. Inestabilidad clásica de las dimensiones extra

¿Qué podemos decir si tomamos el modelo 10-espacial como enteramente clásico? Esto debería darnos al menos alguna guía hacia el comportamiento real del modelo cuántico completo. Hemos visto al principio de §31.10 que en un (1 + 9)-espaciotiempo clásico (i.e., de una dimensión temporal y nueve dimensiones espaciales) habría un diluvio

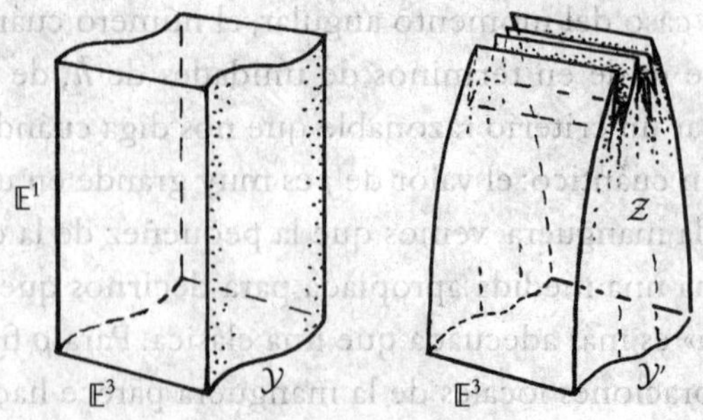

Fig. 31.9. Un teorema de singularidad se aplica a perturbaciones de $\mathbb{M} \times \mathcal{Y}$, donde $\mathcal{Y}$ es un espacio de Calabi-Yau «pequeño». (a) El caso canónico no singular $\mathbb{M} \times \mathcal{Y}$, donde expresamos $\mathbb{M} = \mathbb{E}^1 \times \mathbb{E}^3$, con $\mathbb{E}^1$ que se refiere al tiempo. (b) Una perturbación general $\mathcal{Y}'$ de $\mathcal{Y}$ evoluciona hasta un espacio $\mathcal{Z}$ que es singular, de modo que perturbaciones generales de $\mathbb{E}^3 \times \mathcal{Y}$ que no afectan a $\mathbb{E}^3$ evolucionan hasta espacios $\mathbb{E}^3 \times \mathcal{Z}$ que son singulares.

inaceptable de excesivos grados de libertad ($\infty^{M\infty^9} \gg \infty^{M\infty^3}$). Esto es bastante grave pero, en mi opinión, las cosas son realmente mucho peores. Encontraremos que un universo clásico $\mathbb{M} \times \mathcal{Y}$ —sujeto a Ricci-planitud— es muy inestable frente a pequeñas perturbaciones. Si $\mathcal{Y}$ es compacto y de un tamaño de Planck, entonces hay que esperar que se den singularidades espaciotemporales (§27.9) en una minúscula fracción de segundo.

Consideremos, en primer lugar, perturbaciones de $\mathbb{M} \times \mathcal{Y}$ que perturban solo la geometría $\mathcal{Y}$ y que, por consiguiente, no se «filtran» al $\mathbb{E}^3$ espacial. Es decir, examinemos un $(1 + 6)$-espaciotiempo «genérico» Ricci-plano $\mathcal{Z}$ (la evolución perturbada de $\mathcal{Y}$), siendo $\mathcal{Z} \times \mathbb{E}^3$ el $(1 + 9)$-espaciotiempo entero. Consideremos que $\mathcal{Z}$ es la evolución temporal de un 6-espacio que (en un instante concreto) es «próximo» a $\mathcal{Y}$, de modo que $\mathcal{Z}$ empieza próximo a la (inalterada) «evolución temporal» de $\mathbb{E}^1 \times \mathcal{Y}$ de $\mathcal{Y}$, aunque $\mathcal{Z}$ puede desviarse fuertemente de $\mathbb{E}^1 \times \mathcal{Y}$ en instantes posteriores (Fig. 31.9). Aquí estoy expresando $\mathbb{M}$ como $\mathbb{M} = E^1 \times \mathbb{E}^3$, como en §31.10 más arriba (donde $\mathbb{E}^1$ describe la dimensión temporal y $\mathbb{E}^3$ las dimensiones espaciales), de modo que consideramos el espaciotiempo $\mathbb{M} \times \mathcal{Y}$ como $(\mathbb{E}^1 \times \mathcal{Y}) \times \mathbb{E}^3$ (colocando la evolución temporal de $\mathcal{Y}$ primero en el producto); véase la Fig. 31.9a.

Ahora bien, a finales de de la década de 1960, Stephen Hawking y yo demostramos un teorema de singularidad que muestra que debemos esperar que $\mathcal{Z}$ sea singular.[43] Tal como establecimos explícitamente, este teorema se aplica tanto a (1 + 6)-espaciotiempos (y a (1 + 9)-espaciotiempos) como a los (1 + 3)-espaciotiempos convencionales que consideramos originalmente. Una de las consecuencias de este teorema es que cualquier espaciotiempo Ricci-plano que (como $\mathbb{E}^1 \times \mathcal{Y}$ o $\mathcal{Z}$) contiene una hipersuperficie compacta de género espacio, que es «genérica» en cierto sentido específico[44] (y libre de curvas cerradas de género tiempo; véanse §17.9 y la Fig. 17.18), debe ser singular. El $\mathbb{E}^1 \times \mathcal{Y}$ original se libra de ser singular porque la condición genérica falla en este caso. Pero el $\mathcal{Z}$ genéricamente perturbado tiene que ser singular.

Debería advertirse que en tales «teoremas de singularidad» no se establece directamente que la curvatura diverge a un valor infinito, sino simplemente que hay un impedimento de algún tipo para que geodésicas de género tiempo o nulas sean extensibles dentro del espaciotiempo a longitud infinita (o a longitud afín infinita, en el caso de geodésicas nulas; véase §14.5). La previsión normal sería que este impedimento se debe a la presencia de curvatura divergente, pero el teorema no muestra esto directamente. No obstante, este teorema nos dice que $\mathcal{Z}$ se hará singular de esta o de otra manera. Si la perturbación de $\mathcal{Y}$ es de la misma escala general que la propia $\mathcal{Y}$ (i.e., la escala de Planck), entonces debemos esperar que las singularidades en $\mathcal{Z}$ ocurran en una escala de tiempo comparable ($\sim 10^{-43}$ s), pero esta escala de tiempo podría hacerse algo mayor si las perturbaciones son de un tamaño proporcionalmente más pequeño que la propia $\mathcal{Y}$.

Concluimos que si queremos tener una oportunidad de perturbar $\mathcal{Y}$ de una manera genérica de modo que obtengamos una perturbación no singular del (1 + 9)-espacio completo $\mathbb{M} \times \mathcal{Y}$, entonces debemos considerar perturbaciones que se desbordan significativamente hacia la parte $\mathbb{M}$ del espaciotiempo. Pero en ciertos aspectos tales perturbaciones son incluso más peligrosas para nuestra imagen «ordinaria» del espaciotiempo que las que afectan solo a $\mathcal{Y}$, puesto que las grandes curvaturas a escala de Planck[45] que es probable que estén presentes en $\mathcal{Y}$ se desbordarán hacia el espacio ordinario, en grave conflicto con la observación, y darán como resultado singularidades espaciotemporales en un tiempo muy corto.[46]

Por supuesto, las singularidades inaceptables en una teoría clásica no nos dicen necesariamente que tales manchas persistirán en la versión cuántica apropiada de esa teoría. Como ya hemos visto en §22.13, la mecánica cuántica remedia la inestabilidad catastrófica de los átomos clásicos ordinarios, por la que los electrones caerían en espiral al núcleo con la emisión de radiación electromagnética. Sin embargo, la mera introducción de «procedimientos de cuantización» no asegurarán necesariamente que se eliminen las singularidades clásicas. Hay muchos ejemplos (tales como en la mayoría de los modelos de juguete de la gravedad cuántica)[47] donde las singularidades persisten después de la cuantización.

Deberíamos también tomar nota del hecho —véase §31.8— de que la Ricci-planitud (1 + 9)-dimensional no es precisamente el requisito que exige la teoría de cuerdas. Recordemos que la Ricci-planitud se considera una excelente aproximación a dicho requisito, que se da cuando se ignoran términos del orden superior al orden más bajo en la constante de cuerda α'. Quizá el requisito «exacto», que incluye todos los órdenes en la constante de cuerda α', podría evitar el teorema de singularidad anterior. Sin embargo, si este requisito nos proporciona una condición sobre el tensor de Ricci para la que se satisfacen las demandas usuales de positividad de energía local (véanse especialmente la nota 27.9 y §28.5), entonces el teorema de singularidad seguiría aplicándose. Por otra parte, violaciones de tales condiciones de energía local pueden darse ciertamente en QFT (§24.3), de modo que estas cuestiones están lejos de ser concluyentes.

Más grave, en mi opinión, es el hecho de que el requisito pleno, que incluye todos los órdenes en la constante de cuerda α', es en realidad un sistema infinito de ecuaciones diferenciales de orden ilimitado. Por consiguiente, los datos que serían necesarios en una 9-superficie inicial incluirían derivadas de todos los órdenes en las cantidades del campo (y no solo la primera o segunda derivadas que son necesarias en las teorías de campos ordinarias). El número de parámetros por punto en la 9-superficie es entonces infinito, de modo que obtenemos una libertad funcional *mayor que* $\infty^{M\infty^9}$, para cualquier entero positivo

M. Esto parecería empeorar el problema de la libertad funcional excesiva aún más que antes. No conozco ninguna discusión seria de la forma matemática de este requisito completo, ni de qué tipo de datos iniciales podría ser apropiado para ello.

31.13. ¿Es finita la QFT de cuerdas?

El tipo de argumento que he presentado antes ilustra por qué tengo graves dificultades para convencerme de que los modelos de teoría de cuerdas puedan reproducir la relatividad general (1 + 3)-dimensional de Einstein en cualquier tipo de «límite clásico» razonable. ¿Qué pasa con la otra parte de la afirmación de la teoría de cuerdas, según la cual es una QFT *consistente y finita* (cualquier cosa que signifique, físicamente, la teoría resultante)? Creo que el hecho de que se obtiene una amplitud finita para una determinada topología de hoja de universo de cuerda podría ser la parte más contundente del argumento pro cuerdas, pues esta conclusión parece proporcionar un verdadero reflejo de las virtudes originales de la idea de cuerdas. Pese a todo, incluso aquí hay preguntas fundamentales a las que hay que dar respuesta.

Para empezar, siempre he sentido cierta preocupación con respecto a la teoría de cuerdas. Se presenta como una teoría física de estructuras tipo cuerda cuyas hojas de universo son de género tiempo, y cuya métrica inducida es, por consiguiente, una métrica lorentziana (1 + 1)-dimensional. Pese a todo, las matemáticas se hacen con hojas de universo de cuerdas que poseen una métrica (definida positiva), de modo que puede apelarse a las elegantes ideas de la teoría de superficies de Riemann (como en el capítulo 8); véase la Fig. 31.10. De acuerdo con lo primero, se habla de modos de perturbación que viajan a lo largo de la hoja de universo de género tiempo, ya sean levógiros o dextrógiros, con la velocidad de la luz. (Estos se propagan a lo largo de curvas nulas en la hoja de universo lorentziana.) En la versión riemanniana de la teoría, estos modos «levógiro» o «dextrógiro» se convierten en funciones «holomorfa» y «antiholomorfa» sobre la superficie de Riemann. Parece que existe la tendencia de que los cálculos se hagan realmente con la imagen de superficie de Riemann definida positiva, y luego se reali-

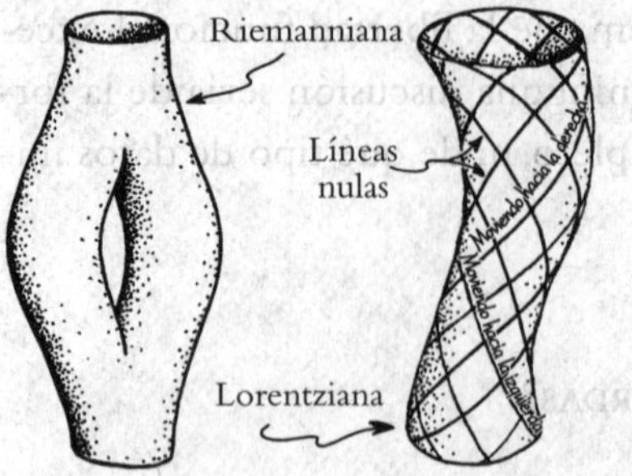

Fig. 31.10. Las matemáticas de la teoría de cuerdas utilizan «historias de cuerdas» que son superficies de Riemann, que tienen métricas riemannianas (definidas positivas). Pero, físicamente, las historias de cuerdas son lorentzianas. Pasar de una a la otra implica un tipo de «rotación de Wick».

ce una «rotación de Wick» (véase §28.9) para obtener finalmente la deseada teoría de cuerdas lorentziana. Es muy posible que este proceso sea satisfactorio aquí, pero no se puede suponer sin una justificación específica. Depende críticamente, por ejemplo, de que no se hagan aproximaciones en el cálculo de las amplitudes. De otra forma, podrían haber planteado serios interrogantes del tipo que hemos encontrado antes en relación con la aproximación de Hawking para la gravedad cuántica y otras aproximaciones a la QFT que implican prolongación analítica (véase §28.9). Entiendo que los cálculos para una superficie de Riemann pretenden ser exactos, de modo que hay razones para fiarse de la rotación de Wick. De todas formas, la justificación explícita para una rotación de Wick depende de que el espaciotiempo de fondo sea plano, lo que no sería el caso si vamos a hacer relatividad general seria (no perturbativa), de modo que sigue estando poco claro hasta dónde nos lleva esto en la dirección de una teoría cuántica de la gravedad real.

Incluso si confiamos en la validez de tales consideraciones de espacio plano, ¿debemos aceptar las afirmaciones de que para cada topología de superficie de Riemann determinada (i.e., género g determinado; véase §8.4, donde g corresponde al «número de lazos» para una gráfica de Feynman ordinaria —véanse §26.8, Fig. 31.5d y §31.5— la amplitud total es finita? Esto no se ha establecido de hecho. A pesar de repetidas promesas, todavía no se ha demostrado matemáticamente esta finitud. Las afirmaciones de finitud se refieren solo a las divergencias ultravioletas (momento grande, distancia pequeña) que los propios teóricos de campos cuánticos encuentran más problemáticas, pero incluso estas solo han sido establecidas hasta ahora en el nivel de 2 lazos. Además, parece que no hay ningún argumento que afirme que se eliminan las divergencias infrarrojas (momento pequeño, distancia grande). Aunque tales divergencias se suelen considerar menos graves que las ultravioletas, ciertamente no pueden ignorarse y hay que tratarlas de alguna manera si se quiere justificar la afirmación de «finitud». Esto nos deja cierta incertidumbre con respecto al programa entero, y la finitud es la clave de la idea de cuerda.[48]

Quizá estos sean solo tecnicismos irritantes que se superarán en futuros desarrollos matemáticos. Sin embargo, incluso si se acepta que tenemos amplitudes finitas para cada topología fija, estamos lejos de haber acabado. Las expresiones tienen que *sumarse*. Ahora existe el problema de que aparentemente esta suma realmente diverge.[49] ¡La pretendida teoría *finita* no es realmente finita después de todo! Sin embargo, esta divergencia concreta parece no preocupar a los teóricos de cuerdas, pues consideran que esta *serie* es una realización poco adecuada de la amplitud total. Dicha amplitud sería cierta cantidad analítica, pero la serie de potencias trata de encontrar una expresión para ella «desarrollando en torno al punto equivocado», i.e., en torno a un punto que es singular para la amplitud (algo parecido a tratar de encontrar una serie de potencias para log z, desarrollada en torno a $z = 0$, en lugar de desarrollar en términos de potencias de $z - 1$ —véase §7.4—, aunque en ese caso concreto esta serie tendría realmente coeficientes infinitos). Esto podría ser correcto, aunque se ha demostrado que la divergencia encontrada aquí es de un tipo bastante incontrolable («no Borel sumable»). Para dar sentido al tipo de razonamiento euleriano requerido (tal como el que da $1 + 2^2 + 2^4 + 2^6 + 2^8 + \ldots = -\frac{1}{3}$; véanse §4.3 y §26.9), parecen necesarios procedimientos más sofisticados.[50] Además, si los cálculos (perturbativos) con teoría de cuerdas son realmente desarrollos «en torno al punto equivocado», entonces no está claro hasta qué punto podemos confiar en tales cálculos perturbativos. Así pues, no sabemos todavía si la QFT de cuerdas es finita o no, por no hablar de si la teoría de cuerdas, con todos sus indudables atractivos, nos proporciona *realmente* una teoría cuántica de la gravedad.

31.14. Los mágicos espacios de Calabi-Yau; la teoría M

Las reservas particulares que he mantenido acerca de la teoría de cuerdas, expresadas en §§31.8-13, no son, sin embargo, las que parecen haber preocupado a los propios teóricos de cuerdas. Se han preocupado por otras cuestiones a las que ni siquiera me he referido todavía, a saber, la cuestión de la unicidad de la teoría. Originalmente se había considerado que una de las mayores esperanzas/triunfos de la teoría de cuerdas era que podría proporcionar un esquema único para el universo, y había mucho encerrado en esta supuesta unicidad. Una cuestión evidente tenía que ver con las variedades 6-dimensionales compactas a escala de Planck $\mathcal{Y}$, en las que se suponía que estaba fundamentalmente enrollado el universo 10-dimensional. ¿Qué *son* estas 6-variedades? ¿Por qué el universo tiende a enrollarse en estas en lugar de otras? Al principio, había parecido que los requisitos restrictivos de supersimetría, dimensionalidad y Ricci-planitud podrían llevar a respuestas únicas, pero luego resultó que, en realidad, era posible un gran número de alternativas.

Unas primeras sugerencias eran que el espacio $\mathcal{Y}$ podría ser un *hipertoro* $S^1 \times S^1 \times S^1 \times S^1 \times S^1 \times S^1$ con curvatura nula (véase la nota 31.45; recordemos el término «toro» para $S^1 \times S^1$, véanse las Figs. 8.9, 8.11 y 15.3). Pero entonces se vio que una teoría de cuerdas basada en un hipertoro no podía incorporar los aspectos quirales[51] del modelo estándar, y se necesitaba algo más sofisticado. Los «requisitos estrictos» conducían entonces a que estas 6-variedades eran lo que se denominaba *espacios de Calabi-Yau*.[52] Estos son espacios de considerable interés en matemática pura, y por esa razón habían sido estudiados previamente por Eugenio Calabi y Shing-Tung Yau. Son ejemplos de lo que se denominan variedades de *Kähler*, lo que significa que tienen métricas riemannianas y estructuras complejas (y, por consiguiente, pueden interpretarse como 3-variedades *complejas*), donde estas dos estructuras son compatibles (en el sentido de que la conexión métrica conserva la estructura compleja, de lo que se sigue que también son variedades simplécticas;[31.6] véanse §12.9 y §§14.7,8 para los conceptos relevantes).

[31.6] ¿Puede ver por qué deben ser, en consecuencia, variedades simplécticas? *Sugerencia*: Construya S_{ab} a partir de la métrica g_{ab} y la estructura compleja J_b^a, y verifique entonces que $dS = 0$ (suponga que S_{ab} no es singular).

Los espacios de Calabi-Yau tienen propiedades adicionales que se estiman esenciales para el programa de las cuerdas: poseen métricas que son Ricci-planas y están dotados de *campos espinoriales* que son constantes con respecto a la conexión métrica. Estos campos espinoriales constantes desempeñan necesariamente papeles como generadores de supersimetría. Sin ellos, la supersimetría no sería posible. Los diversos campos espinoriales, para una elección dada de espacio de Calabi-Yau, pueden ser (formalmente) «rotados unos en otros» por la acción de un grupo de simetría. Este grupo va a desempeñar entonces el papel que desempeñan los grupos de simetría de la física de partículas.

Debería quedar claro que esta simetría no se aplica directamente a los propios espacios de Calabi-Yau, a la manera de una simetría aplicada a la fibra $\mathcal{F}$ de un fibrado, descrito en la discusión del capítulo 15. De hecho, los espacios de Calabi-Yau no poseen simetrías (continuas), y no podemos considerar nuestro 10-espacio como un fibrado (no trivial) de 6-espacios de Calabi-Yau sobre el 4-espaciotiempo ordinario. Las simetrías (internas) de la partícula se refieren, en su lugar, a la «rotación» de los campos espinoriales constantes entre sí mismos. Los espacios de Calabi-Yau no se ven afectados por la acción de la simetría.[53]

Así pues, la teoría de cuerdas conduce a un tipo muy concreto aunque inusual de teoría GUT (véanse §25.8 y §§28.1-3). Se pretende que toda la física de partículas se encuentre dentro del esquema de la teoría de cuerdas apropiado. Los grupos de simetría que surgen de este modo son mucho mayores que los del modelo estándar (§§25.5-7), pero, como sucede con otras teorías GUT (§25.8), se considera que una forma de ruptura de simetría es responsable de reducir los grupos a aquellos de relevancia más directa para el modelo estándar, aunque todavía no se ha alcanzado este programa de forma satisfactoria.

¿Qué pasa con la cuestión de la unicidad? Por desgracia, hay dece-

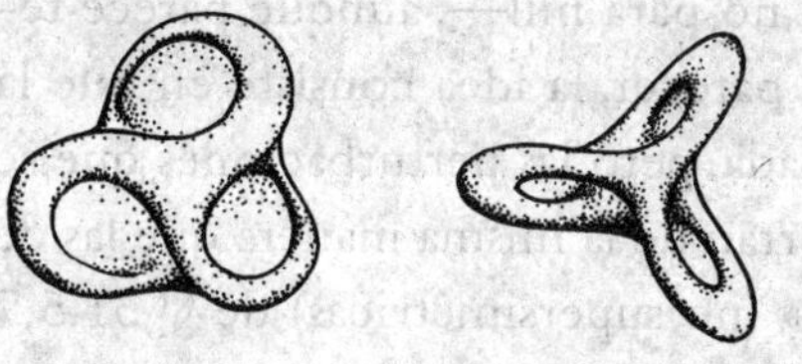

Fig. 31.11. La «forma» de un espacio de Calabi-Yau $\mathcal{Y}$ está descrita por un número de moduli (compárese con las Figs. 8.10 y 8.11). Las variaciones de estos moduli proporcionan modos de oscilación de $\mathcal{Y}$ de energía cero.

nas de miles de clases de alternativas posibles cualitativamente diferentes para los espacios de Calabi-Yau, de modo que el esquema, tal como se ha descrito, no es ni mucho menos único. De hecho, dentro de una clase particular de espacio de Calabi-Yau hay infinitos diferentes, que se distinguen por el valor de ciertos parámetros, llamados *moduli* (véase §31.11) que describen su forma (Fig. 31.11), igual que en el caso de las superficies de Riemann (§8.4, Fig. 8.11). La presencia de estos moduli se considera algo bueno, porque su variación proporciona los modos de oscilación de energía cero del espacio $\mathcal{Y}$ (mencionados en §31.11), que se toman como físicamente realizables y proporcionarían la ruta necesaria hacia la física de partículas y las consecuencias observacionales de la teoría de cuerdas.

Sin embargo, existen otros tipos de no unicidad que dan inicialmente la impresión de ser más graves incluso que la no unicidad de Calabi-Yau. Resulta que hay 5 posibles esquemas globales completamente diferentes para la forma detallada en la que la supersimetría interrelaciona los modos «bosónico» y «fermiónico» de vibración de la cuerda. Así pues, hay 5 teorías de cuerdas diferentes que se conocen como tipo I, tipo IIA, tipo IIB, heterótica O(32) y heterótica $E_8 \times E_8$. Los grupos O(32) y $E_8 \times E_8$ son aquellos que aparecerían de la forma esbozada en el párrafo anterior. (El lector puede reconocer la notación para estos grupos de §13.2, siendo E_8 el mayor de los grupos de Lie *excepcionales*.) Las teorías de tipo I emplean cuerdas abiertas tanto como lazos cerrados, mientras que todas las demás operan solo con lazos cerrados. En todos los modelos, las perturbaciones pueden viajar hacia la derecha o hacia la izquierda.[54] El tipo IIA y el tipo IIB difieren en cómo se relacionan mutuamente estas perturbaciones hacia la derecha o hacia la izquierda. Las cuerdas heteróticas son particularmente extrañas en cuanto que las perturbaciones que se mueven a izquierda y derecha parecen pertenecer a dos espaciotiempos de diferentes dimensiones (26 y 10, respectivamente). Es difícil que esto tenga un buen sentido geométrico —¡desde luego no para mí!—, aunque parece tener el sentido formal apropiado. Al parecer, la idea consiste en que la imagen 10-dimensional es la apropiada, pero las perturbaciones que se mueven hacia la izquierda se comportan de la misma manera que las de las más antiguas «cuerdas bosónicas» (no supersimétricas) de §§31.5,7 que iban a habitar en un espaciotiempo ambiente 26-dimensional. Como hemos visto antes, los teóricos de cuerdas no parecen estar muy preocupados por aparentes inconsistencias en dimensión espaciotemporal, al considerar esta dimensionalidad como un efecto «dependiente de la energía» (§31.10), y por consiguiente, no de importancia fundamental. Veremos más sobre esto enseguida en §§31.15,16.

Durante un tiempo, esta proliferación de diferentes modelos de cuerdas hizo que muchos teóricos desesperaran de ser capaces de avanzar mucho más. Pero empezaron a producirse algunos desarrollos notables, que indicaban ciertas profundas interrelaciones posibles entre estos modelos aparentemente muy diferentes. En 1995, Edward Witten pronunció una famosa conferencia[55] que inició lo que se conoce como «la segunda revolución de las supercuerdas». En esa conferencia, Witten esbozó un programa para el desarrollo de la teoría de cuerdas que ha transformado por completo la forma de ver el tema. La nueva característica esencial es que, invocando ciertos tipos de misteriosas «operaciones de simetría» (que se conocen como «dualidad fuerte-débil» o «simetría espejo»;[56] también llamadas a veces dualidades S o S-, T-, y U-dualidades), se ha puesto de manifiesto que estas teorías de cuerdas diferentes tienen tan profundas relaciones mutuas que aparentemente pueden considerarse teorías de cuerdas *equivalentes*. El límite a pequeña escala de algunas de estas teorías parece ser idéntico (en cierto sentido adecuado) al límite a gran escala de otras, y hay otros tipos de relaciones de simetría de este tipo general que surgen de una «dualidad» de la teoría de Yang-Mills (§25.7) que es análoga a la dualidad entre electricidad y magnetismo en la teoría electromagnética ordinaria. (Compárese también la «dualidad» que surge en la teoría de Chan-Tsou, como se ha descrito brevemente en §25.8.) Además, diferentes espacios de Calabi-Yau resultan ser «duales» uno de otro en varios aspectos. De momento, por lo que conozco del tema, no todas estas relaciones están demostradas como resultados matemáticos.[57] Pero las conjeturas originales, que proceden de la teoría de cuerdas con alguna impresionante evidencia circunstancial en su favor, han impulsado una investigación muy considerable en matemática pura que ha llevado a conocimientos más profundos de las variedades de Calabi-Yau y las relaciones entre ellas.[58]

Vale la pena señalar un ejemplo particularmente sorprendente de esta «evidencia circunstancial». Está relacionado con un problema matemático muy concreto en el que ciertos matemáticos puros (los geómetras algebraicos) se habían interesado con anterioridad durante varios años. Este problema no tenía evidentemente nada que ver con la física, sino con contar el número de curvas *racionales* en ciertas 3-variedades complejas.[59] Una curva racional es una curva compleja (i.e., una superficie de Riemann; véase el capítulo 8) de *género cero*, es decir, que tiene la topología de una esfera S^2. Estas 3-variedades complejas resultan ser espacios de Calabi-Yau que por las demandas de la teoría de cuerdas —según las propuestas de la «segunda revolución de supercuerdas»— deberían estar relacionados, vía simetría espejo, con otros espacios de Calabi-Yau. La simetría espejo, en cierto sentido, intercambia estructura compleja con estructura simpléctica; por consiguiente, el problema de contar curvas racionales holomorfas (que es técnicamente un problema muy difícil) se transforma en un problema de recuento mucho más fácil, y de apariencia completamente diferente, en el espacio de Calabi-Yau «espejo». Dos matemáticos noruegos, Geir Ellingstrud y Stein Arilde Strømme, habían desarrollado métodos para contar directamente el número de curvas racionales (de órdenes sucesivos[60] 1, 2, 3, ...) en sus espacios, llegando a los números sucesivos

2875, 609 250, 2 682 549 425,

para los tres primeros casos. Utilizando la hipótesis de que es válida la relación de simetría espejo, de modo que puede aplicarse un método de recuento mucho más simple, Philip Candelas y sus colaboradores pudieron llegar a los números

2875, 609 250, 317 206 375.

Puesto que la simetría espejo era en esa época solamente una «conjetura de los físicos» no demostrada, se supuso que el acuerdo en los dos primeros casos era accidental y que no había ninguna razón para aceptar el número 317 206 375 al que habían llegado Candelas y sus colaboradores. Pero entonces sucedió que, debido a un error en el programa del ordenador, el número de los matemáticos noruegos era incorrecto y el valor correcto ¡era exactamente el que se obtenía mediante el argumento de la simetría espejo! Luego se calcularon muchos números siguientes utilizando esta simetría espejo, tales como la extensión de la secuencia anterior al recuento de curvas racionales de órdenes más altos (4, 5, 6, …, 10):

242 467 530 000
229 305 888 887 625
248 249 742 118 022 000
295 091 050 570 845 659 250
375 632 160 937 476 603 550 000
503 840 510 416 985 243 645 106 250
704 288 164 978 454 686 113 488 249 750

Este es un notable ejemplo que indica sin duda que hay «algo entre bastidores». Tal como están las cosas, esto es muy enigmático. Ciertamente hay algo que está lejos de ser obvio y que hay que descubrir en las matemáticas, y algunos desarrollos matemáticos recientes han avanzado algo para conseguirlo.[61] Pero la cuestión más importante tiene que ver con el significado físico de estos resultados. ¿Estamos autorizados a inferir del hecho indudable de que la teoría de cuerdas ha proporcionado intuiciones profundas y previamente inesperadas en *matemáticas* que también debe ser correcta en *física*? La respuesta a este enigma está lejos de ser obvia. Witten ha argumentado que la teoría de

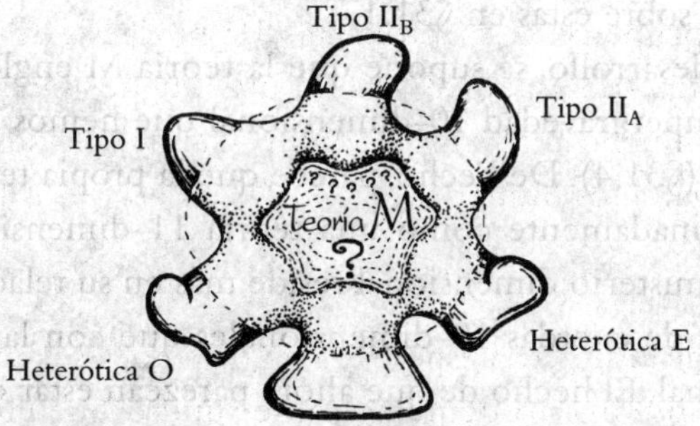

Fig. 31.12. La enigmática «teoría M» afirma que los cinco diferentes tipos de teoría de cuerdas, todos ellos relacionados mediante S-, T- y U-dualidades, y la supergravedad 11-dimensional, son seis aspectos diferentes de una y la misma estructura todavía no descubierta.

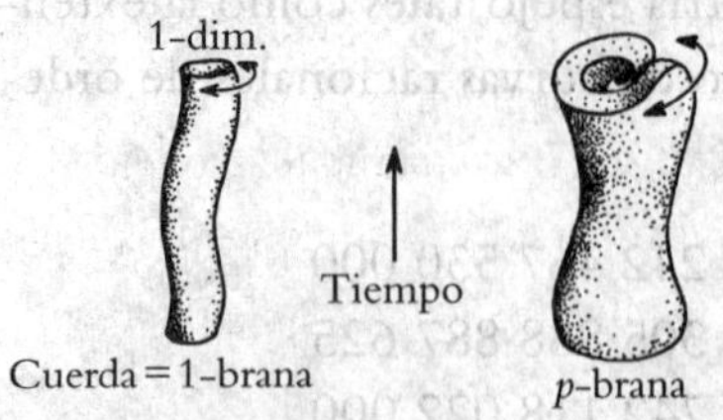

Fig. 31.13. Las membranas (o p-branas, o simplemente branas), tienen p dimensiones espaciales y 1 dimensión temporal, siendo $(1 + p)$-dimensional la hoja de universo. Estas estructuras están incluidas, junto con las cuerdas ordinarias (1-branas), como parte de la teoría M no definida.

cuerdas, tal como había sido entendida hasta ese momento, era solo la punta de un iceberg, o, mejor, que representaba cinco puntas de alguna misteriosa y todavía desconocida teoría que él bautizó como «teoría M»; véase la Fig. 31.12. Esta nueva teoría, cuando se encuentre, sustituirá y superará las diferentes teorías de cuerdas que se hayan propuesto previamente.

No solo se pretende que la misteriosa teoría M englobe todas estas teorías de cuerdas, sino que también va a incorporar otras muchas ideas relacionadas con las cuerdas y con la supersimetría. Las cuerdas se consideran ahora tan solo un caso especial de una noción más general que incluye estructuras de dimensiones mayores (e incluso menores). Estas se conocen como *membranas* (o p-branas, o solo branas) que tienen p dimensiones espaciales y una dimensión temporal, siendo la hoja de universo $(p + 1)$-dimensional. Véase la Fig. 31.13. También pueden incluirse unas estructuras de género tiempo relacionadas llamadas D-branas; diré algo sobre estas en §31.17.

En otro desarrollo, se supone que la teoría M engloba también la teoría de la supergravedad 10-dimensional que hemos dejado atrás en este capítulo (§31.4). De hecho, parece que la propia teoría M se considera aproximadamente como una teoría 11-dimensional, de modo que quizá el misterio dimensional reside más en su relación con las diversas teorías de cuerdas 10-dimensionales que con la supergravedad 11-dimensional. El hecho de que ahora parezcan estar «permitidas» 11 dimensiones para una teoría consistente de tipo cuerda parece ser una conclusión que se debe a Witten; según esta, el argumento original de que se necesitan «una más nueve» dimensiones para eliminar la anomalía de cuerdas mencionada en §31.7 debe considerarse realmente como una aproximación (debido, en parte, a la inclusión de estas «branas» de dimensiones más altas), y la respuesta más correcta es en realidad 11 (= 1 + 10, i.e., 1 dimensión temporal y 10 dimensiones espaciales).[62] Pero ni siquiera 11 dimensiones satisfacen quizá a los teóricos de cuerdas. Se ha hecho alguna sugerencia de que habría que pasar a dimensiones aún más altas, a la incluso más misteriosa (e incluso más desconocida) teoría F que tiene 12(= 10 + 2) dimensiones (¡de modo que hay 2 dimensiones temporales!)[63]

¿Cómo es posible que una teoría con un «espaciotiempo» 11-dimensional (o quizá 12-dimensional) pueda ser algo que se traduce, en ciertos límites de alta energía o baja energía, en varias teorías cada una de las cuales (salvo una) tiene un espaciotiempo 10-dimensional? De nuevo, esta discrepancia en la dimensionalidad espaciotemporal parece considerarse un «efecto de energía» (§31.10) y no particularmente fundamental. Cabe imaginar que se percibirán más y más dimensiones cuando se sondee con energías mayores. De esta manera, los teóricos de cuerdas parecen justificar su actitud aparentemente displicente respecto a las dimensiones espaciales. Ya he expresado mi desacuerdo con argumentos de este tipo en §§31.11,12. En mi opinión, las dificultades con las enormes diferencias en libertad funcional en diferentes números de dimensiones[64] no han sido convenientemente abordadas. Esta cuestión también surge como una amenaza en otros temas que en la actualidad ocupan el interés de muchos teóricos de cuerdas; a continuación haré una breve mención de ellos.

31.15. Cuerdas y entropía de agujero negro

Recordemos de §27.10 y §30.4 que la fórmula de Bekenstein-Hawking asigna una *entropía* a un agujero negro que es proporcional al área de su horizonte. Aunque se han dado argumentos diferentes en apoyo de esta conclusión, ninguno de ellos equipara inequívoca[65] y explícitamente la entropía del agujero negro con el logaritmo de un volumen del espacio de fases, como exige la fórmula de Boltzmann (§27.3). Esto equivaldría a un recuento directo de los grados de libertad «perdidos en el agujero», recuento realizado de acuerdo con la teoría de la gravitación cuántica apropiada. En 1966, Andrew Strominger y Cumrun

Vafa presentaron un cálculo,[66] utilizando cuerdas y membranas, que apoyaba una interpretación de la fórmula de entropía de Bekenstein-Hawking como «recuento de grados de libertad». Esto fue aclamado por los teóricos de cuerdas en términos tales como: «Un enigma que duraba un cuarto de siglo ha sido resuelto».[67]

Como parece ser habitual en las proclamas de los teóricos de cuerdas, esta conclusión es exagerada. Por ejemplo, el cálculo original de Strominger-Vafa se refería solo a agujeros negros en un espaciotiempo 5-dimensional. Resultados posteriores se aplican al 4-espaciotiempo ordinario, pero la expectación inicial que condujo a afirmaciones como las anteriores se debieron, al parecer, al cálculo 5-dimensional original. Además, estos resultados de teoría de cuerdas se refieren solo al caso límite de un «agujero extremal» (o a perturbaciones a partir del mismo), para los que la temperatura de Hawking (véase §30.4) es cero, y donde el agujero incluye campos supersimétricos adicionales de tipo Yang-Mills que no tienen una clara justificación en la física conocida. Además, los cálculos reales se realizaron en un espacio plano, donde no hay horizonte de sucesos real, y es una extrapolación argumentar que deberían aplicarse también a una métrica de agujero negro significativamente curva.

Permítanme que haga una aclaración. Hemos visto (§27.10) que en la teoría del vacío de la relatividad general ordinaria, donde el espaciotiempo es tetradimensional, un agujero negro aislado estacionario está descrito por la métrica de Kerr, caracterizada por los valores de solo dos parámetros reales (no negativos) m y a, donde m es la masa y $a \times m$ el momento angular (en unidades naturales). Para que la geometría de Kerr describa realmente un agujero negro, antes que una singularidad desnuda (§28.8), exigimos $m \geq a$. (Nótese, por ejemplo, que esta desigualdad es necesaria para la fórmula $A = 8\pi m[m + (m^2 - a^2)^{1/2}]G^2/c^4$, de §27.10, para el área A del horizonte de un agujero de Kerr.) El caso *extremal* de un agujero negro ordinario ocurre cuando $m = a$, que lo cualifica como un «agujero negro». Es realmente un caso límite (inalcanzable astrofísicamente) de un agujero negro ordinario, con un valor cero para su temperatura de Hawking.

Esto puede compararse con lo que sucede con el «agujero negro» explícito considerado por los teóricos de cuerdas, que es también «extremal», en el sentido de que su temperatura de Hawking se anula. Pero casi todos estos cálculos de cuerdas se refieren a un tipo de animal completamente diferente. En lugar de rotación —como se permite por la presencia del parámetro a de Kerr—, se introducen campos físicos adicionales. El «agujero» de los teóricos de cuerdas está configurado en su lugar sobre la solución de Reissner-Nordstrøm de la ecuación de Einstein, que, a diferencia de la solución de Kerr, es esféricamente simétrica. En lugar del parámetro a de Kerr, hay un parámetro e que mide la carga eléctrica total del agujero, pues la métrica de Reissner-Nordstrøm es una solución de las ecuaciones de Einstein-Maxwell (§31.4), a saber, las ecuaciones de Einstein con el tensor energía-momento igual al de un campo de Maxwell libre de fuentes.[68] El área del horizonte está dada ahora por una fórmula de aspecto muy similar

$$A = 8\pi[m + (m^2 - e^2)^{1/2}]G^2/c^4.$$

La condición para que esta métrica represente un agujero negro en lugar de una singularidad desnuda es $m \geq |e|$, y la condición para que el agujero sea extremal (temperatura cero) es $m = |e|$. (Las barras de módulo —véase §6.1— solo permiten una e negativa.)

El tipo de «agujero negro» en el que están interesados principalmente los teóricos de cuerdas es, en esencia, el mismo que el del caso Reissner-Nordstrøm, pero donde una familia supersimétrica de campos de Yang-Mills (§25.7) reemplaza al campo de Maxwell. La solución completa es, en efecto, un ejemplo particular de lo que se denomina un *estado BPS* (donde «BPS» significa «Bogomoln'yi-Prasad-Sommerfeld»), en el que los requisitos de supersimetría, estacionariedad y energía mínima determinan la solución. No me molestaré con los detalles de lo que significa esto. Aunque estas cuestiones tienen claro interés para los teóricos de cuerdas y otras personas interesadas en la supersimetría, no hay todavía evidencia de su relevancia para el mundo físico real (véase §31.2).

¿Qué hay sobre el hecho de que los cálculos específicos de grados de libertad en cuerdas se realizan en el espacio plano, donde no hay horizonte de sucesos? Al contar con una formación en la teoría de la relatividad general de Einstein, creo que este es uno de los aspectos más enigmáticos de las afirmaciones de los teóricos de cuerdas. Es difícil ver cómo se puede llegar a conclusiones rigurosas concernientes a los agujeros negros sin un profundo respeto por la geometría espaciotemporal muy curvada del agujero negro, donde la «información» en su formación está encerrada detrás de un horizonte de sucesos.

Tratemos de hacernos una idea aproximada de cómo procede el argumento de la cuerda.[69] Para empezar, imaginemos que se estima el número de grados de libertad física contando el número de posibles lazos de cuerda diferentes, de longitud l, en un retículo a escala de Planck, digamos dentro de un volumen esférico de un radio fijo, al que estas cuerdas aportan cierta masa-energía total M. Vamos a suponer que el valor real de la constante gravitatoria de Newton está a nuestra disposición. Para G suficientemente pequeña, no habrá ningún agujero negro, y en el límite en que G tiende a cero, el espacio tiempo se hace realmente plano. Pero si imaginamos una G gradualmente creciente («aumentando la constante de Newton»), finalmente llegamos a una situación en la que, según la relatividad general, se formaría un agujero negro (recordemos la expresión de Michell $2MG/c^2$ para el radio de un «agujero negro newtoniano»; véase §27.8). En la teoría de cuerdas, G depende de un parámetro g_s, llamado *constante de acoplamiento de cuerda*, y resulta que G se haría más grande cuando g_s se hace más grande ($G \sim g_s^2$). En el límite de G pequeña (g_s pequeña), el logaritmo de la cuenta de grados de libertad de cuerda (§27.3) da una entropía que es la misma que el valor de Bekenstein-Hawking para un agujero negro, incluso si no hay agujero negro. Se ofrecen argumentos de escala para demostrar que esta relación persiste cuando G aumenta, de modo que la fórmula de Bekenstein-Hawking real se obtiene cuando se llega a la etapa de agujero negro.

Esto da solo una correspondencia cualitativa entre una cuenta de grados de libertad de cuerdas y la fórmula de Bekenstein-Hawking $S_{BH} = \frac{1}{4}A \times kc^3/G\hbar$, que confirma una proporcionalidad aproximada entre la entropía de cuerda y el área A de un agujero negro. Para obtener el valor preciso de $\frac{1}{4}A$ en la fórmula, Strominger y Vafa apelaron a una consideración de estados BPS, donde los requisitos de supersimetría permiten fijar la masa en términos de los diversos valores de la «carga» (para los campos de Yang-Mills supersimétricos), y donde, en lugar de enumerar configuraciones de cuerda, el «recuento» enumera ahora todos los diferentes estados BPS[70] que contribuyen al total (todos los estados BPS con el conjunto de cargas dado). Esto se puede hacer de forma bastante explícita, y el logaritmo de este número da de forma notable precisamente el valor de $\frac{1}{4}A$ (en el caso extremal). No solo esto, sino que (como demostró un trabajo posterior) perturbaciones fuera de la extremalidad (i.e., a temperatura de Hawking infinitesimalmente por encima de cero), la entropía aún sale correctamente, como lo hacen ciertas ligeras correcciones a la naturaleza puramente del «agujero negro» de la radiación de Hawking. Además, lo mismo resulta válido cuando hay rotación, y en el espaciotiempo 4-dimensional.

Al lector atento tal vez le intrigue por qué parece haber «otra constante» g_s en la teoría de cuerdas cuando todo debería haber estado determinado por la constante de cuerda α' (§§31.8,9), el único parámetro real que aparece en el lagrangiano. La respuesta a esto reside en el hecho de que las cosas no han sido realmente determinadas, porque hay que establecer un valor para el campo dilatón (§31.8). El valor de g_s está dado por el valor esperado[71] de este campo dilatón, que se supone constante. En general, el campo dilatón no tiene por qué ser constante, pero se suele tratar como tal (como en la discusión anterior) por conveniencia. Su valor dependería de varias cosas, tales como la elección específica del espacio $\mathcal{Y}$ de tamaño de Planck y la elección del tipo de teoría de cuerdas (i.e., tipo I, IIA, IIB, heterótica O(32), o heterótica $E_8 \times E_8$; véase §31.14). De hecho, esta dependencia subyace en las dualidades fuerte/débil de §31.14, siendo la g_s de una teoría el recíproco de la g_s de la teoría «dual».

El lector percibirá que encuentro que los argumentos anteriores están muy lejos de una deducción real de S_{BH} mediante la teoría de cuerdas, pese a algunos acuerdos notables. Sé que otros teóricos de la relatividad general también se sienten muy incómodos —muy particularmente con el hecho de que la esencial propiedad de horizonte de un agujero negro, para determinar su vasta entropía, no parece haber desempeñado ningún papel en absoluto. (Esto contrasta bastante con la discusión de variables de lazo de la entropía de un agujero negro que veremos en §32.6.) De hecho, en la imagen de la teoría de cuerdas, la entropía apenas aumenta en el momento de formación de un agujero negro, lo que da un punto de vista completamente diferente del habitual (descrito en §27.10).

Además, debería mencionar una dificultad técnica específica con el argumento de cuerdas tal como se ha dado.[72] Esta se relaciona con la propiedad termodinámica peculiar de los agujeros negros normales por la que los agujeros con pequeño momento angular tienen un *calor específico negativo* (véase la nota 27.2). El calor específico de un cuerpo se mide por el aumento su temperatura cuando se le suministra una pequeña cantidad de energía térmica. Para un cuerpo ordinario, este es un número *positivo*, pues nuestra experiencia normal es que cuando se aplica calor a un cuerpo su temperatura aumenta. Pero en el caso de un agujero negro solemos encontrar que su temperatura *disminuye*. La energía térmica proporciona masa al agujero (por $E = mc^2$), de modo que el agujero se hace más masivo, y por la $T_{BH} = 1/8\pi m$ de Hawking para un agujero de Schwarzschild (§30.4) su temperatura disminuye, de modo que el calor específico es negativo. Esta curiosa negatividad del calor específico de un agujero negro podría presentar una dificultad para el argumento anterior de la teoría de cuerdas para la entropía de un agujero negro si se aplicara a agujeros negros que no están próximos al caso extremal, puesto que para el argumento parece ser necesario un calor específico positivo, y el calor específico de un agujero negro solo es positivo cuando está próximo a ser extremal. De hecho, encontramos que el calor específico es positivo solo cuando $m > a > (2\sqrt{3} - 3)^{1/2}m$ en el caso de Kerr, y solo cuando $m > e > m\sqrt{3}/2$ en el caso de Reissner-Nordstrøm, y lo mismo es válido para todos los demás campos de Yang-Mills cargados.

Parece haber algunas relaciones sorprendentes que emergen de estos cálculos de la teoría de cuerdas. Pero, en mi opinión, quedan muy lejos de ofrecer una justificación independiente de la fórmula de la entropía de Bekenstein-Hawking. La aproximación de variables de lazo (brevemente considerada en §32.6) parece ofrecer un ataque mucho más impresionante a este problema basado en la gravedad cuántica.

31.16. El «principio holográfico»

Los argumentos de cuerdas mencionados antes, como prácticamente todos los cálculos de cuerdas, son de naturaleza perturbativa. Sin embargo, más recientemente se han propuesto ciertas ideas con la intención de ofrecer resultados exactos. Estas dependen de varios ejemplos de algo denominado la «conjetura holográfica», que de algún modo se ha promocionado a la categoría de *principio holográfico*. Parece que la idea de este «principio» consiste en que, en ciertas circunstancias apropiadas, los estados de una teoría (cuántica) de campos de cuerdas definida en un espaciotiempo $\mathcal{M}$ pueden ponerse en correspondencia directa 1-1 con los estados de otra teoría cuántica de campos, donde la segunda QFT está definida en otro espaciotiempo $\mathcal{E}$ de dimensión menor. A menudo, se presenta $\mathcal{E}$ como si fuera una frontera (de género tiempo) de $\mathcal{M}$, o al menos una subvariedad conformemente suave de género tiempo de $\mathcal{M}$ (véase la Fig. 31.14). Sin embargo, no es este el caso en el ejemplo habitual que examinaremos enseguida. El principio holográfico se considera, en cierto sentido, análogo a un *holograma*, donde se percibe una imagen 3-dimensional cuando se mira una superficie (básicamente) 2-dimensional.[73]

La forma más familiar de este «principio holográfico» deriva del trabajo de Juan Maldacena en 1988, y que a veces se conoce como la *conjetura de Maldacena*, o también la conjetura ADS/CFT. Aquí $\mathcal{M}$ va a ser un producto $(1 + 9)$-dimensional $\text{AdS}_5 \times S^5$, donde AdS_5 es el *espacio anti-De Sitter* (véanse §28.4 y las Figs. 28.8 y 28.9b, si bien aquí hay cuatro dimensiones espaciales). El S^5 es una esfera de género espacio cuyo radio es de dimensión cosmológica, igual a $(-\Lambda')^{\frac{1}{2}}$, donde Λ' es la constante cosmológica (negativa) de AdS_5 (§19.7). El espacio más pequeño $\mathcal{E}$ va a ser el «scri» 4-dimensional (i.e., infinito conforme; véase §27.12) de AdS_5; véase la Fig. 31.15. Notemos que $\mathcal{E}$, siendo 4-dimen-

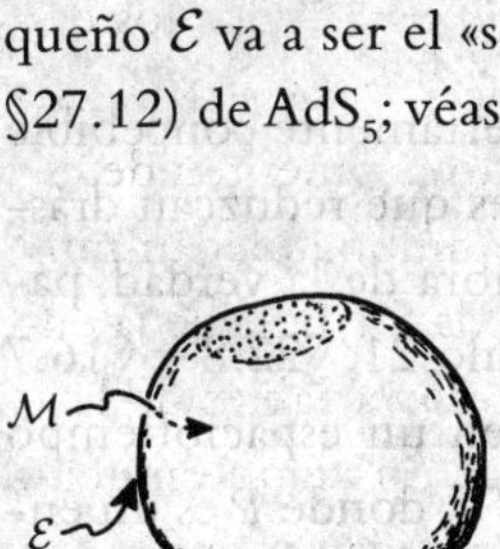

Fig. 31.14. ¿«Principio holográfico»? Un espaciotiempo $\mathcal{E}$ es una frontera (de género tiempo) de otro espaciotiempo $\mathcal{M}$. Se conjetura que una QFT adecuada definida sobre $\mathcal{E}$ puede ser equivalente a una QFT de cuerdas en $\mathcal{M}$.

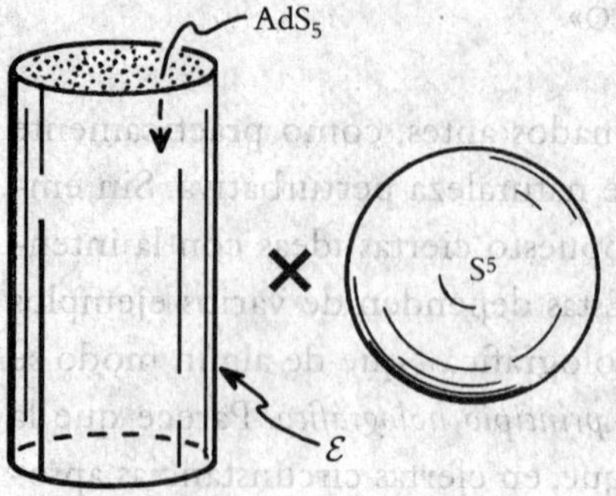

Fig. 31.15. Conjetura ADS/CFT (de Maldacena). Aquí $\mathcal{E}$ va a ser el «scri» 4-dimensional (infinito conforme; §27.12) del 5-espacio anti-De Sitter AdS_5 (véase la Fig. 28.9), antes que el 10-dimensional $\mathcal{M} = AdS_5 \times S^5$, pero se conjetura que la teoría de cuerdas sobre $\mathcal{M}$ es equivalente a una teoría Yang-Mills supersimétrica en $\mathcal{E}$.

sional, no es ciertamente la frontera de $\mathcal{M}$ en este caso, puesto que $\mathcal{M} = AdS_5 \times S^5$ es 10-dimensional. En su lugar, la «frontera» —i.e., el «scri»— de $\mathcal{M}$ puede considerarse (pero no conformemente) como $\mathcal{E} \times S^5$. La conjetura de Maldacena propone que la teoría de cuerdas en $AdS_5 \times S^5$ va a ser equivalente a cierta teoría de Yang-Mills supersimétrica en $\mathcal{E}$.

Aquí no hay oportunidad de apelar al tipo de argumento de «energía cuántica» propuesto en §31.10 para explicar la gran discrepancia entre la libertad funcional de un campo ordinario $\mathcal{M}$, a saber $\infty^{M\infty^9}$ y un campo ordinario en $\mathcal{E}$, a saber $\infty^{E\infty^3}$. Puesto que las dimensiones extra de $\mathcal{M}$ no son «pequeñas» de ninguna manera —pues son de escala cosmológica—, el diluvio de grados de libertad adicionales, de la dependencia de los campos en la parte S^5 de $\mathcal{M}$, eliminaría cualquier posibilidad de un acuerdo entre las dos teorías de campos. Lo mismo se aplicaría a QFT ordinarias en $\mathcal{M}$ y $\mathcal{E}$, puesto que los propios estados de una partícula están descritos simplemente por «campos ordinarios» (véase §26.2). La única oportunidad de que el principio holográfico sea realmente verdadero para dichos espacios es que las QFT en consideración estén lejos de la «ordinaria».

En el caso de la teoría de cuerdas en $\mathcal{M}$, es ciertamente concebible que haya condiciones de consistencia muy fuertes que reduzcan drásticamente la libertad funcional $\infty^{M\infty^9}$. Pero, a la hora de la verdad, parece muy poco probable. Recordemos del capítulo 21, §22.8 y §16.7 que el estado cuántico de una única partícula en un espaciotiempo $(1 + 9)$-dimensional tiene la libertad funcional $\infty^{P\infty^9}$, donde P es un entero positivo que describe el número de grados de libertad internos o rotacionales (por ejemplo, el espín) de la partícula. El estado cuántico de una única cuerda parecería tener una libertad funcional mucho *mayor*, puesto que una cuerda *clásica* tiene infinitos grados de libertad. Si el número $\infty^{P\infty^n}$ se reduce de alguna manera, entonces debe haber ligaduras enormes, quizá del tipo que llevan a las restricciones en la dimensión y curvatura espaciotemporal mencionadas en §31.7, pero no soy consciente de que se hayan sugerido tales ligaduras, que, en cualquier caso, afectarían drásticamente al recuento de estados de cuerdas, tal como en §31.15.

La posibilidad restante es encontrar una manera de aumentar enormemente la libertad funcional en los campos de Yang-Mills supersimétricos en $\mathcal{E}$. La única manera que puedo ver de conseguir esto sería tener un número infinito de tales campos, que podría alcanzarse tomando el límite $N \longrightarrow \infty$ (siendo N el número de generadores de supersimetría). Sin embargo, en la forma habitual de esta conjetura se toma $N = 4$ para que haya un «grupo interno» SO(6) que actúe sobre las compañeras supersimétricas pero deje inalterados los potenciales de Yang-Mills.[74] Esta simetría interna se toma de modo que encaje con la simetría SO(6) del S^5 que interviene en $AdS_5 \times S^5$. En mi opinión, es fundamentalmente erróneo tratar de encajar una «simetría espaciotemporal» en un grupo interno de este tipo, a menos que, como sucede con la teoría de Kaluza-Klein original (§31.4), la simetría espaciotemporal se especifique como exacta, por la existencia de campos de Killing, y sea también respetada por todos los campos físicos en el espaciotiempo. Los grados de libertad en exceso en $\infty^{M\infty^9}$ resultan precisamente por la razón de que no hay tal simetría especificada en la parte S^5 de $\mathcal{M}$, que debe ser respetada por campos en $\mathcal{M}$.

Mi opinión es que la importancia de este tipo de discrepancia en libertad funcional ha sido profundamente subestimada. Los «tamaños» de los espacios de Fock (véanse §26.6 y la nota 26.12) serán completamente diferentes cuando quiera que la libertad funcional en los campos clásicos sea del todo diferente. Debería advertirse que la condición de *frecuencia positiva*, exigida por los estados de una partícula en QFT, no cambia la libertad «$\infty^{M\infty^N}$» para los campos clásicos. Simplemente compensa el hecho de que estos campos clásicos tienen que ser complexificados cuando pasamos a una descripción de QFT; véase §26.3.

¿Por qué se toma tan en serio la conjetura ADS/CFT? El apoyo para ella parece deberse a una correspondencia entre estados BPS en los dos lados, que había sido advertida por Maldacena, y a otras correspondencias. Muchas de las últimas pueden entenderse puramente a partir de la correspondencia entre los grupos de simetría (a saber, SO(2,4) × SO(6)) de las teorías de campos en los dos lados, pero hay también algunas «coincidencias» adicionales que necesitan explicación. Parece ser que una razón para esperar que ADS/CFT sea cierta es que podría proporcionar un asidero para ver cómo sería una teoría de cuerdas sin recurrir a los métodos perturbativos habituales, con todas las graves limitaciones que tienen tales métodos.

Los cálculos en el lado $\mathcal{E}$ resultan más fáciles por el hecho de que el espacio $\mathcal{E}$ es conformemente plano (y a veces conocido como «plano», aunque no tiene una métrica real asignada al mismo, sino solo una métrica conforme de signatura $+---$). Es el espacio de recubrimiento universal (nota 15.9) del «espacio de Minkowski compactificado» al que llegaremos en §33.3,[75] que tiene la topología de $S^3 \times \mathbb{E}^1$. El espacio *métrico* $S^3 \times \mathbb{E}^1$ se denomina a veces «cilindro de Einstein» o «universo de Einstein», pues era el modelo cosmológico defendido por este durante el período 1917-1929, cuando había incorporado una constante cosmológica en su ecuación de campo (§19.7).[76]

La conjetura ADS/CFT surgió como otra manera de considerar la «deducción» de cuerdas de la fórmula de la entropía de agujero negro de Bekenstein-Hawking (§31.15). Para ello, un «agujero negro» se representa como un «estado térmico» en $\mathcal{E}$. Esto solo sería de relevancia para agujeros negros de tamaño cosmológico y, en el mejor de los casos, proporciona una «conjetura» basada en algunos acuerdos notables entre «cálculos de entropía» hechos de diferentes maneras, en lugar de una deducción real de la expresión de Bekenstein-Hawking.

31.17. La perspectiva de la D-brana

En varios apartados de la exposición anterior, en especial en §§31.11, 12,15,16, he expresado mis reparos al uso de espaciotiempos de dimensiones más altas en la teoría de cuerdas. Una de mis mayores dificultades con ello es el enorme incremento de la libertad funcional en las teorías de dimensiones más altas ($\infty^{P\infty^M}$ para un espaciotiempo $(1 + M)$-dimensional), donde hay que idear algún medio de congelar esta libertad extra. Recordemos la analogía de la «manguera», como se ilustra en las Figs. 15.1 y 31.3. Lo que percibimos como un «punto en el espaciotiempo» es una entidad plenamente dinámica, descrita aquí como un círculo, pero en general con alta dimensionalidad, y es esta la que nos proporciona la enorme libertad extra. Recordemos que Kaluza y Klein recurrieron a eliminar esta libertad por decreto, afirmando la presencia de un vector de Killing que nos lleva alrededor de la «manguera», reduciendo en efecto el espaciotiempo a uno 4-dimensional. Este es, matemáticamente, un procedimiento perfectamente respetable, pero nunca parece haber sido propuesto con seriedad en la teoría de cuerdas. En lugar de ello, como en §31.10, los teóricos de cuerdas parecen confiar normalmente en la enormidad de la «energía» que se requeriría para excitar oscilaciones en dichas dimensiones extra. Como hemos visto en §§31.11,12, hay muchas razones para dudar de esta línea argumental.

Pese a todo, la naturaleza de la actividad en la teoría de cuerdas es tal que resulta difícil de atacar por medio de argumentos específicos, tales como los indicados en §§31.11,12,16. En efecto, siempre existe la posibilidad de que el tema se metamorfosee en una forma diferente, momento en el cual tales ataques se estiman irrelevantes.[77] De hecho, y por lo que puedo ver, la filosofía entera puede haber dado un vuelco con algunas maneras recientes de mirar las dimensiones más altas, sin ninguna indicación pública de que haya sucedido un cambio importante. Aunque no sea necesariamente el punto de vista claro de los teóricos de cuerdas de la «corriente principal», la introducción de cierta «filosofía de la D-brana» parece tener este carácter.

En primer lugar, ¿qué son las *D-branas*? ¿Por qué las requiere la teoría de cuerdas? La respuesta básica a la segunda pregunta es que dan sentido a las cuerdas abiertas que intervienen en la teoría tipo I, como se ha mencionado en §31.14: cada uno de los dos extremos de una cuerda abierta debe residir en una D-brana (Fig. 31.16). En respuesta a la primera pregunta, una D-brana (o una D-q-brana) es una estructura

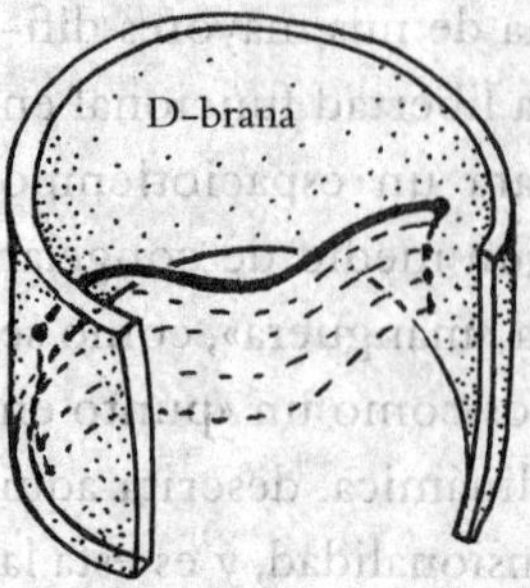

Fig. 31.16. Se supone que los dos extremos de una cuerda abierta residen en un subespacio (q + 1)-dimensional de género tiempo llamado una D-brana, o D-q-brana. Una D-brana es una entidad esencialmente clásica (aunque posee propiedades de supersimetría), que representa una solución de la teoría de la supergravedad 11-dimensional (un tipo de «estado BPS»).

de género tiempo de 1 + q dimensiones espaciotemporales (i.e., q dimensiones espaciales y 1 dimensión temporal), que es una solución estable de la supergravedad 11-dimencional. (Invocando una de las dualidades de la teoría M, alternativamente podemos considerar una D-brana como una solución de las ecuaciones de alguna otra versión de la teoría M de cuerdas.) Básicamente esta es una «brana» (como se ha descrito en §31.14) de una dimensión (0, 1, 2, ..., o 9) que es un estado BPS (véanse §§31.15,16), de modo que posee una colección supersimétrica de «cargas» de Yang-Mills y tiene una energía mínima sujeta a esto. Las D-branas aparecen en muchas discusiones modernas relacionadas con las cuerdas (por ejemplo, en la entropía de los agujeros negros; véase §31.15). Suelen tratarse como si fueran objetos clásicos que yacen dentro del espaciotiempo completo de 1 + 9 (o 1 + 10) dimensiones. La «D» viene de «Dirichlet», por analogía con el tipo de problema de valor de frontera conocido como un problema de *Dirichlet*, en el que hay una frontera de género tiempo sobre la que se especifican los datos (según Peter G. Lejeune Dirichlet, un eminente matemático francés que vivió entre 1805 y 1859; recordemos la «serie de Dirichlet» de §7.4).

No intentaré discutir aquí las D-branas en detalle. Lo único que quiero plantear es que con la introducción de tales «D-branas» varios teóricos han expresado una «filosofía de cuerdas» que parece representar un profundo cambio respecto a lo anterior. En efecto, se afirma con cierta frecuencia que podríamos «vivir en» esta o esa D-brana, lo que significa que nuestro espaciotiempo percibido podría yacer realmente dentro de una D-brana, de modo que la razón de que no se perciban

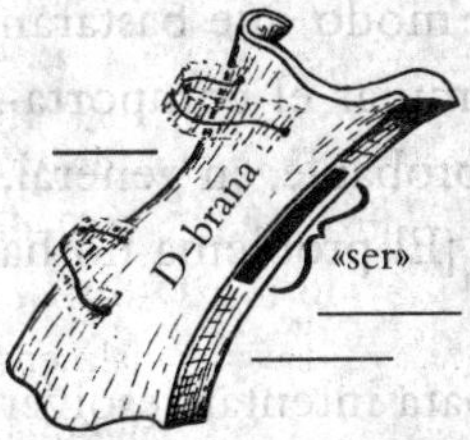

Fig. 31.17. Un punto de vista alternativo al de la Fig. 31.3, a menudo expresado en el contexto de las D-branas, es que un «ser» en un espacio de dimensiones más altas no necesita rebasar todas las dimensiones extra, sino que puede considerarse que «vive» en un subespacio, quizá en una frontera D-brana.

ciertas «dimensiones extra» se explicaría por el hecho de que «nuestra» D-brana no se extiende a esas dimensiones extra.

La última posibilidad sería la postura más económica, por supuesto, de modo que «nuestra» D-brana (una D-3-brana) sería de 1 + 3 dimensiones. Esto no *elimina* los grados de libertad en las dimensiones extra, pero los reduce drásticamente. ¿Por qué es así? Nuestra perspectiva ahora es que no somos «conscientes» de los grados de libertad que están implicados en el interior profundo del espacio de mayores dimensiones entre las D-branas, y es en esto donde se está dejando sentir la excesiva libertad funcional. Solo vamos a ser conscientes de dimensiones extra allí donde inciden directamente sobre la D-brana en la que «vivimos». Volvamos a nuestra analogía de la manguera. Más que una imagen de tipo «espacio cociente»[78] que evoca la analogía de Kaluza-Klein original (Fig. 31.3), nuestro espaciotiempo observado aparece ahora como un *subespacio* 4-dimensional del espacio de dimensiones más altas. Para visualizarlo, pensemos que una tira dibujada a lo largo de la longitud de nuestra manguera representa el subespacio D-brana que es ahora «nuestro universo 4-dimensional observado» (Fig. 31.17).

¿Cuánta libertad funcional esperamos ahora? La situación es ahora algo parecida a la imagen geométrica que se ha adoptado en §31.3 para obtener una perspectiva más convencional con respecto a la «supergeometría» (véase la Fig. 31.2). Puesto que ahora estamos interesados solo en el comportamiento en la D-brana (que suponemos que es geométricamente una (1 + 3)-superficie ordinaria), podemos imaginar que nuestra libertad funcional se ha convertido en una aceptable $\infty^{M\infty^3}$, aunque para un M bastante grande. Sin embargo, incluso esto supone que la restricción de la dinámica en el 10-espacio (u 11-espacio) completo nos proporciona ecuaciones dinámicas dentro de «nuestra» D-brana

4-dimensional que son del tipo convencional, de modo que bastarán los datos iniciales en una 3-superficie para determinar el comportamiento en todo el 4-espacio. Esto es difícilmente probable, en general, de modo que aún cabe esperar un excesivo $\infty^{M\infty^4}$. ¡El problema no ha desaparecido todavía!

Tal actitud hacia las D-branas se ha utilizado para intentar resolver el «problema de la jerarquía» que se ha mencionado en §31.1. En concreto, esta es la cuestión de por qué las interacciones gravitatorias son tan minúsculas comparadas con las demás fuerzas importantes de la naturaleza o, de manera equivalente, por qué es la masa de Planck tan enormemente mayor que las masas de las partículas elementales de la naturaleza (en un factor de aproximadamente 10^{20}). La aproximación de la D-brana a este problema parece requerir la existencia de más de una D-brana, una de las cuales es «grande» y la otra «pequeña». Hay un factor exponencial involucrado en cómo se estira la geometría desde una D-brana hasta la otra, y esto se considera una ayuda para abordar la discrepancia en 10^{40}, más o menos, entre las intensidades de la fuerza gravitatoria y las otras fuerzas.[79] Se puede decir que este tipo de imagen de un espaciotiempo de dimensiones más altas, que se estira desde la frontera de una D-brana hasta la otra, es uno de los tipos de geometría sugeridos por las teorías 11-dimensionales, tales como la teoría M, donde la undécima dimensión tiene la forma de un segmento abierto, y la geometría de cada frontera tiene la forma topológica (por ejemplo, $\mathcal{M} \times \mathcal{Y}$) de los 10-espacios considerados antes. En otros modelos, la undécima dimensión es topológicamente S^1.

31.18. ¿El estatus físico de la teoría de cuerdas?

¿Qué vamos a hacer de todo esto con respecto al estatus de la teoría de cuerdas como una teoría física para el futuro? Para mí, la situación tiene aspectos muy enigmáticos y notables, así como otros que suenan implausibles, y sería erróneo ser completamente dogmático en esta etapa. Pese a todo, muchas de las afirmaciones de los teóricos de cuerdas se hacen con gran seguridad y aparente confianza. Es indudable que estas deben ser suavizadas y tomadas con reservas antes de que sean de consumo general. Creo que es justo decir que algunas de las afirmaciones con más peso pueden ser descartadas (tales como que la teoría de cuerdas ha proporcionado una teoría completa y consistente de la gravedad cuántica). No obstante, tengo que admitir que parece haber algo de auténtica trascendencia «entre bastidores» en algunos aspectos de la teoría M de cuerdas. Como me comentó en un correo electrónico el matemático Richard Thomas del Imperial College de Londres

> No puedo destacar suficientemente cuán profundas son algunas de estas dualidades; constantemente nos sorprenden con nuevas predicciones. Muestran una estructura que nunca se creyó posible. Los matemáticos predijeron varias veces con seguridad que estas cosas no eran posibles, pero personas como Candelas, De la Ossa, *et al.* han demostrado que esto era falso. Cada predicción hecha, apropiadamente interpretada matemáticamente, ha resultado ser correcta. Y *no* por ninguna razón *conceptual* matemática hasta ahora; no tenemos ninguna idea de por qué son verdaderas, solo calculamos ambos lados independientemente y encontramos las mismas estructuras, simetrías y respuestas en ambos lados. Para un matemático estas cosas no pueden ser coincidencias, deben proceder de una razón superior. Y esa razón es la *suposición de que esta gran teoría matemática describe la naturaleza...*

Pero bien podría ser que este «algo» sea de interés puramente matemático, sin que haya ninguna razón real para creer que nos acerca más a los secretos de la naturaleza. Creo que esta es una postura perfectamente sostenible, aunque en mi fuero interno estoy dispuesto a aceptar que la naturaleza podría tener quizá un interés en estas cuestiones (probablemente a lo largo de líneas algo diferentes de las que se han sugerido hasta ahora). La fuerza del argumento a favor de la teoría de cuerdas parece residir en varias relaciones matemáticas notables entre «situaciones físicas» en apariencia diferentes (normalmente, algo alejadas de la física del mundo real de la naturaleza). ¿Son una «coincidencia» estas relaciones, o hay alguna razón más profunda tras ellas? Me parece que para muchas de ellas hay realmente una razón, todavía no descubierta, pero eso aún no nos garantiza que los teóricos de cuerdas están haciendo física. O, si la hacen, ¿qué área de la física están explorando realmente?

No creo que pueda hacerse una valoración adecuada de estas cuestiones sin abordar el papel concreto de Edward Witten. Él es aceptado generalmente como la figura con más responsabilidad en la dirección de la investigación en la teoría de cuerdas (y la teoría M) desde finales de la década de 1980. He mencionado su papel en lanzar la «segunda revolución en supercuerdas» en 1995 (§31.14), pero ya entonces había establecido su preeminencia al iniciar varios desarrollos importantes en la teoría de cuerdas, y en muchas otras áreas que tienen cierta relación (no siempre obvia) con la teoría de cuerdas. La teoría de cuerdas ha tenido varios «guías turísticos» (§31.6) a lo largo de sus aproximadamente treinta años de historia, pero sin duda Witten ha sido en muchos aspectos el más impresionante de estos. Como ejemplo de ello, se puede mencionar que el artículo original de Maldacena, que inició buena parte de la actividad discutida en §31.16, quedó esencialmente inadvertido en los archivos hasta que fue continuado por Witten en 1998. Inmediatamente se convirtió en el artículo más citado por los teóricos de cuerdas.[80]

Es interesante que en un nuevo trabajo que parece bastante importante[81] Witten ha vuelto a consideraciones dentro de un espaciotiempo 4-dimensional estándar (aunque sigue habiendo supersimetría). Combinando ideas de la teoría de twistores y la teoría de cuerdas, Witten es capaz de obtener algunos resultados fascinantes concernientes a las interacciones Yang-Mills de varios gluones (§25.7). Este trabajo es particularmente importante desde mi propia perspectiva orientada a los twistores (véase el capítulo 33), y muy bien podría llevar a nuevos desarrollos.

No hay duda sobre la extraordinaria calidad de los logros intelectuales de Witten. Puedo hablar por experiencia directa. En numerosas ocasiones he asistido a seminarios en el Instituto de Matemáticas de Oxford (en la serie de geometría y análisis), en los que se ha anunciado algún enfoque nuevo y muy original a algún problema, y ha resultado que la idea seminal procedía en realidad de Witten. A menudo, tales enfoques han abierto un nuevo campo, donde estas nuevas ideas imprevistas han arrojado una potente luz original sobre problemas matemáticos difíciles —a veces problemas que previamente parecían intratables—. Sin duda, Witten posee una extraordinaria intuición y unos conocimientos matemáticos de primer orden. (De hecho, ganó una Medalla Fields en 1990, que entre los matemáticos tiene la misma categoría que un premio Nobel en el mundo de la ciencia. Ciertamente esta es una estraordinaria hazaña para un físico.) Pese a todo, creo que el propio Witten negaría que sus capacidades estén tanto en el lado matemático. Tal como entiendo sus propias ideas, sus éxitos se deben a su profunda observación de los modos de la naturaleza, sacando ideas de la estructura de la QFT con sus integrales de camino y espacios funcionales de dimensión infinita, de las ideas de la supersimetría y de la misma naturaleza de la teoría de cuerdas. Si él tiene razón, entonces quizá este sea uno de los argumentos más contundentes para aceptar sus opiniones de que la supersimetría y la teoría de cuerdas encuentran un profundo favor en la naturaleza. Por otra parte, ¡quizá sea un matemático más notable de lo que él admite!

¿Hasta qué punto me impresiona que las muy sorprendentes relaciones matemáticas que Witten y sus colegas han descubierto indiquen realmente alguna cercanía profunda a la naturaleza? No estoy del todo seguro de cómo ver esta cuestión, y ciertamente no estoy convencido de ello. Recordemos la notable hazaña del matemático Andrew Wiles al demostrar el famoso «último teorema de Fermat» tras tres siglos y medio de intentos fallidos (§1.3). Lo que Wiles estableció en realidad era que, en un caso importante, dos cálculos de aspecto muy diferente dan en realidad siempre la misma lista de respuestas, una notable afirmación cuya forma general se conoce como la conjetura de Taniyama-Shimura. (De hecho, la demostración de Wiles estableció solo parte de la conjetura T-S completa —una parte que era suficiente para establecer la afirmación de Fermat—, pero sus métodos proporcionaron un ingrediente esencial para la prueba completa, posteriormente completada por Breuil, Conrad, Diamond y Richard Taylor.)

Hay quizá cierta similitud entre esta conjetura y las relaciones de «simetría espejo» de espacios de Calabi-Yau mencionada antes (§31.14). En cada caso se tienen dos listas infinitas de números que misteriosamente resultan ser la misma. Este tipo de cosas está lejos de ser único en matemáticas, y podrían pasar muchos años, en cualquier caso concreto, antes de que salgan a la luz las razones subyacentes para la igualdad de las listas. Tal como lo entiendo, muchas de las relaciones deducibles utilizando «simetrías espejo» han sido ahora establecidas mediante argumentos puramente matemáticos.[82] Por lo que yo sé, esas misteriosas relaciones no se suelen presentar como apoyo a propuestas de teorías *científicas* (en oposición a las matemáticas). Esta cuestión será abordada de nuevo en §34.9.

Hemos visto el mismo tipo de «coincidencias» en los argumentos de la teoría de cuerdas para la entropía del agujero negro, como se presentan en §31.15 (e incluso en los anteriores argumentos «sin cuerdas» de §30.5). ¿Son estos meras coincidencias matemáticas, o consideramos que tales argumentos proporcionan deducciones reales? Permítanme terminar este capítulo considerando otro ejemplo de una coincidencia matemática sorprendente, tomado de la física de principios del siglo XX. En 1912, Woldemar Voigt formuló una teoría de las líneas espectrales basada en un modelo de oscilador incorrecto. Quince años después, Heisenberg y Jordan encontraron la que hoy consideraríamos la aproximación correcta de este problema, y vale la pena citar a Heisenberg en sus reminiscencias de la obra de Voigt:[83]

> Él fue capaz de disponer el acoplamiento de los osciladores entre sí, y con el campo externo, de tal modo que en campos magnéticos débiles el efecto Paschen-Back se representaba también de forma correcta. Para la región intermedia de campos moderados, obtuvo para las frecuencias e intensidades raíces cuadradas largas y complejas; es decir, fórmulas que eran básicamente incomprensibles, pero que obviamente reproducían los experimentos con gran exactitud. Quince años más tarde, Jordan y yo nos tomamos la molestia de calcular el mismo problema por los métodos de la teoría de perturbaciones en la mecánica cuántica. Para nuestro asombro, llegamos exactamente a las viejas fórmulas voigtianas en lo que se refería a las frecuencias y las intensidades, y esto también en el área compleja de los campos moderados. Más tarde pudimos percibir la razón para esto; era una razón puramente formal y matemática.

En el capítulo 34 volveré a esta desconcertante cuestión de las relaciones matemáticas como fuerza impulsora tras la teoría de cuerdas y otras propuestas para el desarrollo de una teoría física fundamental.

Notas

Sección 31.1

31.1. Por supuesto, habría que ser cuidadoso en no confundir esta *e* con la base de los logaritmos naturales e = 2,718281828459...; véase §5.3.

31.2. Esta enorme discrepancia entre las intensidades de las interacciones, fuerte, electromagnética, débil, y especialmente la gravitatoria, aproximadamente caracterizadas por las respectivas constantes de acoplamiento $10, \frac{1}{137}, \sim 10^{-6}, \sim 10^{-39}$, se conoce a veces como «el problema de la jerarquía». La Universidad del Estado de Georgia tiene una preciosa página que explica los puntos más importantes para la comparación de dichas constantes: http://hyperphysics.phy-astr.gsu.edu/hbaseforces/couple.html.

31.3. El factor de renormalización relativamente «moderado» para la carga podría resultar debido a la naturaleza logarítmica de la divergencia electrodinámica. El lector perspicaz advertirá, por supuesto, que el rompecabezas de los valores minúsculos de las masas de las partículas no ha desaparecido, sino que se ha reexpresado en términos de una escala de distancias absurdamente minúscula.

31.4. Recordemos, sin embargo, el comentario de 't Hooft citado en §26.9.

Sección 31.2

31.5. Para una colección muy útil, con exposiciones de la historia, personalidades e ideas básicas subyacentes en la introducción de la supersimetría, véanse Kane (2001) en un nivel profano, y Kane (1999) para algo un poco más técnico.

31.6. Véanse Witten (1982) y Seiberg y Witten (1994) sobre la teoría de Yang-Mills supersimétrica, que lleva a una gran simplificación en la teoría de Donaldson de 4-variedades; véase Donaldson y Kronheimer (1990). Según John Baez, la teoría de Seiberg-Witten acorta algunas demostraciones en la teoría de Donaldson hasta una milésima parte de su longitud original.

31.7. Véanse Witten (1981) y Deser y Teitelboin (1977) para demostraciones de energía positiva utilizando supersimetría; véase Gibbons (1997) para desigualdades interesantes sobre agujeros negros.

31.8. Véase Greene (1999), nota 5, p. 399.

31.9. Véanse Lawrie (1998), o, para más detalles, Mohapatra (2002).

Sección 31.3

31.10. Hay tendencia a que N sea múltiplo de 2, por ser el número de componentes de un espinor (véanse §11.5 y §33.4). Esto no debería confundirse con el número 2^N de elementos en el álgebra de la supersimetría. Véase Wess y Bagger (1992) para una descripción de la simetría por uno de sus creadores.

31.11. Para más información sobre supervariedades, véase DeWitt (1984); Rogers (1980).

Sección 31.4

31.12. Véase el artículo de revisión por Bern (2002) para una amplia exposición de todo esto. Véase también Deser (1999, 2000).

31.13. Véanse Deser (1999, 2000) sobre la «última esperanza» para la renormalizabilidad de la supergravedad, y Deser y Zumino (1976).

31.14. Véase, por ejemplo, Hoyle *et al.* (2001), p. 1.418.

31.15. Para una vía rápida a estos recuentos, véase Penrose y Rindler (1984).

31.16. En una descripción convencional de fibrado, la métrica sobre un espacio base $\mathcal{M}$ podría estar «elevada» en un fibrado $\mathcal{B}$, sobre él, si se desea, para proporcionar en general una métrica «degenerada» canónica sobre $\mathcal{B}$, pero quizá una métrica no degenerada si puede hacerse uso de una estructura métrica sobre las fibras. Pero este no es un aspecto esencial de la estructura de un fibrado.

31.17. Estas son las ecuaciones de Einstein con el tensor energía-momento como fuente, junto con las ecuaciones de Maxwell libres en el espaciotiempo curvo de fondo.

31.18. No obstante, hay algunas aplicaciones recientes que combinan la teoría de cuerdas con la teoría de twistores que utiliza el espaciotiempo 4-dimensional normal. Véanse §31.31, §33.14 y la nota 31.81.

Sección 31.5

31.19. Compárese con la nota 12.14.

31.20. Véase Schwarz (2001) para una historia general de la teoría de cuerdas; en particular, véanse Veneziano (1968), Nambu (1970), Susskind (1970), Nielsen (1970) y Goddard *et al.* (1973).

31.21. Esto describe las cosas en términos de la función β, encontrada por el gran Euler en 1777. Véase Goddard *et al.* (1973) para la primera exposición importante de la dualidad.

31.22. Veneziano ideó inicialmente el modelo para explicar los polos de Regge. Véanse Collins (1977) para la teoría de Regge en general, así como Penrose *et al.* (1978).

31.23. Posteriormente se obtuvieron algunos éxitos limitados al reunir las ideas de twistores y las de teoría de cuerdas, pero estos eran básicamente de naturaleza matemática y no ofrecían un punto de vista físico unificado; véanse Shaw y Hughston (1990) y la nota 31.76.

Sección 31.6

31.24. Citado en Greene (1999), p.139, de una entrevista a Michael Green, realizada por Brian Greene, 10 de diciembre de 1997.

31.25. Véase Witten (1996).

31.26. Trabajos autorizados más detallados y técnicos son los de Green *et al.* (1987), Polchinski (1998) y Green (2000).

Sección 31.7

31.27. Véanse Green *et al.* (1987), Polchinski (1998) o Green (2000) para un argumento que conduce a 26 dimensiones.

31.28. El número relevante que aparece de forma anómala en los conmutadores cuánticos (y debe establecerse en cero) es 24-σ, donde σ es el número de dimensiones espaciales *menos* el número de dimensiones temporales.

31.29. Con supersimetría, la anomalía se elimina cuando 8 - σ se fija a cero, con σ igual que en la nota anterior.

31.30. Una cuerda hadrónica muestra una diferencia menor respecto a una goma elástica ordinaria en cuanto que la segunda tiene una longitud *natural* finita para la que la tensión se hace cero. En el caso de una cuerda hadrónica, esta longitud natural sería cero.

Sección 31.8

31.31. Muchas de estas afirmaciones se encuentran en Greene (1999).

31.32. Citado por Abhay Ashtekar en una conferencia en el NSF-ITP Quantum Gravity Workshop en la Universidad de California en Santa Bárbara.

31.33. Aunque no todos los que forman parte de la comunidad relativista me acompañarían hasta el final, en la idea de que la unión cuántico/gravedad buscada debe implicar un cambio en las reglas de la QFT, continuamente encuentro apoyo de dicha comunidad para este punto de vista. ¡La respuesta de la comunidad de la QFT suele ser mucho menos favorable!

31.34. El término «dilatón» no es una mala transcripción de «dilatación», sino que se refiere a una versión *cuántica* de dicha noción que surge a partir de los grados de libertad disponibles en un cambio de escala en la métrica. Recordemos del capítulo 26 que, según las reglas de la QFT, los propios grados de libertad cuantizados pueden manifestarse como un tipo de partícula.

Sección 31.9

31.35. Citado en Greene (1999), p. 210 de una entrevista a Edward Witten realizada por Brian Greene, 11 de mayo de 1998.

Sección 31.10

31.36. El número 70 procede de la fórmula $n(n-3)$ para el número de componentes independientes por punto de una $(n-1)$-superficie inicial en un n-espacio Ricci-plano; véanse Wald (1984), Lichnerowicz (1994), Choquet-Bruhat y DeWitt-Morette (2000).

31.37. Véanse Penrose (2003), Bryant *et al.* (1991), así como también Gibbons y Hartnoll (2002).

Sección 31.11

31.38. Véase Penrose (2003).

31.39. Véase Dine (2000) para reflexiones sobre los moduli.

31.40. Uno podría preferir quedarse dentro de un marco QFT y utilizar un estado coherente (§26.6) en lugar de una descripción clásica. Sin embargo, esto no evita las cuestiones que se plantean aquí.

31.41. Aunque dudo que a muchos teóricos de cuerdas les gustara hacer de **R** un proceso dinámico, hay algunas notables excepciones; véase Ellis *et al.* (1997a, 1997b).

31.42. Los excitones se comportan como bosones en una descripción por la teoría cuántica de campos de las vibraciones de la manguera (§22.13, §23.8 y §26.2), de modo que puede haber muchos cuantos en cualquier modo particular de $\mathcal{Y}$. Un sistema físico real para el que tal descripción cuántica puede ser apropiada sería una guía de ondas ópticas larga y estrecha (por ejemplo, una fibra óptica).

Sección 31.12

31.43. Véase Hawking y Penrose (1970).

31.44. La condición es que cada geodésica de género tiempo o nula encuentra curvatura «genérica», en el sentido de que en alguna parte a lo largo de cada una de dichas geodésicas, $k_{[a}R_{b]cd[e}k_{f]}k^c k^d \neq 0$, donde el vector nulo k^a es tangente a la geodésica. Una simple evaluación directa de los grados de libertad muestra que esta condición es ciertamente satisfecha en cualquier espaciotiempo «genérico». Habría que mencionar que el teorema se aplica en circunstancias más generales que la Ricci-planitud. Solo necesitamos que el tensor de Ricci satisfaga una apropiada «condición de energía no negativa» (véase §27.9, especialmente la nota 27.20 y §28.5). Para la «hipersuperficie compacta», véanse §12.6 y la nota 27.36.

31.45. Hay casos excepcionales de una $\mathcal{Y}$ de curvatura cero con la topología de un «hipertoro» $S^1 \times S^1 \times S^1 \times S^1 \times S^1 \times S^1$. No obstante, estos no son los modelos para $\mathcal{Y}$ que hoy prefieren los teóricos de cuerdas (§31.14). Además, la mayoría de las perturbaciones del hipertoro no serían planas.

31.46. Esta conclusión se sigue de otra aplicación del antes mencionado teorema de singularidad, que se aplica directamente al espaciotiempo entero $\mathcal{M}$. En esta aplicación, la condición de que existe una hipersuperficie de género espacio compacta es reemplazada por la existencia de un punto p cuyo cono de luz futuro $\mathcal{C}$ «se enrosca y se corta a sí mismo» en todas direcciones. El lugar geométrico $\mathcal{C}$ es el barrido por la familia de rayos de luz ℓ (i.e., geodésicas nulas; véase §28.8), con un punto extremo pasado p que se extiende indefinidamente hacia el futuro. Técnicamente, la condición requerida es satisfecha si cada ℓ semejante contiene un punto q para el que hay una curva estrictamente de género tiempo en el futuro desde p a q. En los modelos $\mathcal{M} \times \mathcal{Y}$ exactos recién descritos la condición falla (como debe ser, puesto que $\mathcal{M} \times \mathcal{Y}$ puede ser no singular), pero solo por poco. Lo que sucede esencialmente es que entre la familia 8-dimensional de rayos de luz ℓ hay solo una subfamilia 2-dimensional que falla al entrar en la «parte $\mathcal{Y}$» del espaciotiempo y volver, enroscándose así en el interior de $\mathcal{C}$. Puede demostrarse que, con una perturbación genérica pero pequeña encontrada por $\mathcal{C}$, esta propiedad se destruirá, y el teorema de singularidad que se ha mencionado antes se aplicará. Los detalles de este argumento se presentarán en otro lugar.

31.47. Véase, por ejemplo, Minassian (2002), que remite a un campo de investigación relevante.

Sección 31.13

31.48. Véanse Smolin (2003) y Nicolai (2003).

31.49. Véanse Smolin (2003), Gross y Periwal (1988) y Nicolai (2003).

31.50. La serie $1 + 2^2 + 2^4 + 2^6 + 2^8 + \ldots$ no es Borel sumable, incluso si el valor «euleriano» $-\frac{1}{3}$ para su suma es inequívoco, como se puede ver utilizando la continuación analítica (§7.4). No sé si tales procedimientos se han aplicado a las amplitudes de cuerdas totales.

Sección 31.14

31.51. Este comentario no se aplica a las cuerdas heteróticas, a las que llegaremos enseguida, para las que el marco de cuerdas básico es ya quiral.

31.52. La referencia más reciente es Gross *et al.* (2003). Smolin (2003) ofrece más referencias para estas variedades en la teoría de cuerdas; Polchinski (1998) también las discute.

31.53. Tengo cierta dificultad con esto, puesto que los campos espinoriales tienen realmente una interpretación geométrica. No pueden ser «rotados» (y, por consiguiente, no pueden ser «calibrados», estrictamente hablando; véanse §§15.2,7) sin que esto se aplique al propio espacio ambiente; véase Penrose y Rindler (1984).

31.54. Aplicando una «rotación de Wick» para obtener una superficie de Riemann, la distinción es entre holomorfa y antiholomorfa, como se ha mencionado en §31.13.

31.55. Greene (1999); Smolin (2003) da una lista de prácticamente todas las dualidades conocidas, su estatus y referencias.

31.56. La noción de «simetría espejo» es completamente diferente de la de simetría de reflexión espacial (paridad), denotada por P, que se ha expuesto en §25.4.

31.57. Véase Cox y Katz (1999), que ofrece una excelente cobertura de tales ideas.

31.58. Véanse, por ejemplo, Kontsevich (1994) y Strominger *et al.* (1996); para algunos de los estudios más recientes, véase Yui y Lewis (2003).

31.59. Estas variedades particulares son 3-superficies complejas llamadas «quínticas», lo que significa que tienen «orden 5». El orden de una n-superficie es el número de puntos en que corta a un plano complejo general.

31.60. Para el «orden» de una curva compleja, véase la nota 31.59 anterior. Aquí $n = 1$.

31.61. Véanse Cox y Katz (1999), Candelas *et al.* (1991) y Kontsevich (1995).
31.62. Véanse Smolin (2003), en particular la referencia 171, y Witten (1995); para una exposición divulgativa, Greene (1999), p. 203.
31.63. Véanse Vafa (1996), o Bars (2000).
31.64. Véase Bryant *et al.* (1991), nota 31.37.

Sección 31.15

31.65. Para un argumento sugerente, sin embargo, véase Thorne (1986).
31.66. Véase Strominger y Vafa (1996).
31.67. Véase Greene (1999), p. 340.
31.68. Al lector podría preocuparle cómo un campo de Maxwell libre de fuentes pueda conducir a una carga no nula. No hay aquí inconsistencia, puesto que el agujero negro podría haber aparecido por el colapso de un cuerpo de material cargado, desapareciendo todas las fuentes cargadas dentro del agujero.
31.69. Para una revisión fácilmente legible de estos temas, véase Horowitz (1998).
31.70. La cuenta incluye estructuras denominadas «D-branas» que consideraremos en §31.17.
31.71. Véase la nota 22.11.
31.72. Me lo señaló Abhay Ashtekar.

Sección 31.16

31.73. Véase Kasper y Feller (2001) para una referencia sobre hologramas «reales».
31.74. Este es un conjunto de ideas bastante difícil. Para un reto real, véanse Maldacena (1997) y Witten (1998).
31.75. Gary Gibbons ha señalado una intrigante geometría relacionada con esta imagen que incluso parece tener conexiones con la teoría de twistores. Varios temas de relevancia para esta construcción pueden encontrarse en Penrose (1968a).
31.76. Einstein (1917).

Sección 31.17

31.77. Véase Ashtekar y Das (2000) para un ejemplo de este fenómeno.
31.78. Un «espacio cociente» es como un espacio base de un fibrado; véanse §§15.1,2.
31.79. Véase Randall y Sundrum (1999a); véase también Randall y Sundrum

(1999b) para ideas más generales sobre estas cuestiones. Johnson (2003) es la referencia estándar sobre la «tecnología» de D-branas. Una de las aplicaciones más fantásticas de esta tecnología ha sido el modelo «ekpirótico» del origen del universo, propuesto por Steinhardt y Turok (2002), en el que se propone que el big bang surgió de la colisión de dos D-branas en una fase previa del universo. A pesar de invocar elementos tan exóticos, los autores de este modelo no intentan explicar el rompecabezas principal que presenta el big bang, a saber, su carácter extraordinariamente especial, como se ha descrito en 27.13.

Sección 31.18

31.80. Véase la nota 31.74.

31.81. Véanse Nair (1998), Witten (2003), Cachazo *et al.* (2004a, 2004b, 2004c) y Brandhuber *et al.* (2004).

31.82. Véanse las notas 31.37 y 31.58.

31.83. Esta cita es de la alocución de Heisenberg en la Sociedad Alemana de Física en 1975: «¿Qué es una partícula elemental?». (Estoy especialmente agradecido a Abhay Ashtekar por este ejemplo.) Véase Heisenberg (1989).

32

El sendero más estrecho de Einstein; variables de lazo

32.1. Gravedad cuántica canónica

A pesar de la popularidad de la teoría de cuerdas, sería absurdo adoptar el punto de vista, tal como han hecho algunos,[1] de que es «el único juego en la ciudad» (véase §31.8). Se están siguiendo muchas otras ideas interesantes, que tienen diferentes virtudes y diferentes dificultades. Por desgracia, no puedo entrar en una discusión de muchas de estas ideas alternativas para unir la teoría cuántica con la estructura del espaciotiempo. En lugar de ello, en este capítulo y en el siguiente me concentraré en algunas de las áreas más activas que están más cerca de mi pensamiento respecto a las líneas que van a ser probablemente fructíferas en la búsqueda de la verdadera unión entre la relatividad general y la mecánica cuántica. Como puede deducirse de mis comentarios en el capítulo anterior, soy de la opinión de que tendremos que adoptar una postura más controlada que aquellas que permiten un crecimiento en la dimensionalidad del espaciotiempo o se aventuran en la supersimetría (aunque estoy menos en contra de la última que de la primera, que, como hemos observado en §§31.11,12, encuentra serios problemas de estabilidad). Por ello, en los dos capítulos siguientes veremos algunas ideas que se relacionan concretamente con un espaciotiempo lorentziano 4-dimensional, y donde se trata de abordar la ecuación de campo de Einstein,[2] sin supersimetría, en un contexto genuinamente cuántico. Veremos que incluso aquí las «imágenes de la realidad física» que encontramos siguen estando muy alejadas de lo que nos es familiar; no hasta el grado que hemos visto en el capítulo anterior en algunos aspectos, pero sí más alejadas en otros. En este capítulo seremos testigos de algunas de las ideas que hay tras las variables de Ashtekar, las variables de lazo y las redes de espín. En el capítulo siguiente nos familiarizaremos con la teoría de twistores. También se mencionarán en estos dos capítulos otras ideas que han ganado aceptación, en particular el espaciotiempo discreto, las estructuras q-deformadas («grupos cuánticos») y la geometría no conmutativa.

Una de las maneras más directas de enfocar la cuantización de la teoría de Einstein es ponerla de una forma hamiltoniana y tratar de aplicar entonces los procedimientos de cuantización canónica que se describieron en §§21.2,3. Hay muchas dificultades en esto y no quiero entrar en detalles. Muchas de ellas derivan del hecho de que la teoría de Einstein tiene «covariancia general» (§19.6), de modo que las coordenadas concretas que se utilicen no tienen importancia. Recordemos de la discusión de §21.2 que la «receta de cuantización» estándar por la que el momento p_a es reemplazado por el operador $i\hbar\partial/\partial x^a$, donde x^a es la variable de posición conjugada (clásicamente), no es siempre correcta, ni siquiera en el espaciotiempo plano si utilizamos coordenadas curvilíneas. Así pues, hay que tener muchísimo cuidado cuando se lleva a cabo este tipo de procedimiento de cuantización.

Otra dificultad es la complicada estructura no polinómica que se encuentra para el hamiltoniano estándar para la relatividad general. También deberíamos tomar nota del hecho de que además de tener ecuaciones de evolución que nos apartan de una 3-superficie inicial $\mathcal{S}$ de género espacio, que están gobernadas por el hamiltoniano, existen otras ecuaciones que actúan *dentro de* $\mathcal{S}$, que se denominan *ligaduras*.[3] Estas nos proporcionan ecuaciones de compatibilidad para los datos *en* $\mathcal{S}$, y la satisfacción de las ecuaciones de ligadura es necesaria (y suficiente) para una evolución satisfactoria de los datos *fuera de* $\mathcal{S}$ (al menos localmente) y esta evolución conserva la satisfacción de las ligaduras.

El enfoque canónico para cuantificar la relatividad general tiene una historia larga y distinguida, que se remonta a Dirac en 1932, que tuvo que desarrollar un marco de cuantización completamente nuevo para manejar las ligaduras complicadas que se dan en la teoría de Einstein.[4] Durante muchos años este tipo de enfoque fue seguido por varios investigadores diferentes, cada vez con mayor sofisticación,[5] pero la naturaleza no polinómica y complicada del hamiltoniano hacía que los progresos resultasen difíciles. Más tarde, en 1986, el físico indo-estadounidense Abhay Ashtekar hizo un avance importante. Mediante una sutil elección de las variables utilizadas en la teoría (relacionada en parte con ideas que habían sido propuestas antes por Amitabha Sen),[6] con las que las ligaduras podían reducirse a la forma polinómica, él fue capaz de simplificar de manera espectacular la estructura de las ecuaciones y se eliminaron los difíciles denominadores en el hamiltoniano, lo que llevó a una estructura polinómica relativamente simple.

32.2. El ingrediente quiral de las variables de Ashtekar

Una de las características sorprendentes de las «nuevas variables» originales de Ashtekar, tal como (aún) se las llama, es que son asimétricas con respecto al tratamiento de las partes dextrógira y levógira del gravitón (el cuanto de gravitación).[7] Recordemos de §§22.7,9 que una partícula sin masa (no escalar) tiene dos estados de espín, que puede ser dextrógiro o levógiro respecto a su dirección de movimiento. Se les conoce, respectivamente, como los estados de *helicidad* positiva y negativa de la partícula. El gravitón tiene que ser una partícula de espín 2, de modo que sus dos estados respectivos de helicidad deberían ser $s = 2$ y $s = -2$ (tomando $\hbar = 1$), donde «s» representa la helicidad (véase también §22.12). El enfoque original de Ashtekar trata estos dos estados de forma *diferente*. Así pues, ¡el formalismo es asimétrico respecto a la izquierda/derecha!

Aquí hay que hacer un comentario respecto a por qué el gravitón debe considerarse una entidad de espín 2, mientras que el fotón tiene espín 1 (véanse §22.7 y §33.7). ¿Qué significa esto? El valor del espín de una partícula cuántica tiene que ver con las simetrías (y ecuaciones de campo) de la cantidad de campo que la describe (y, como veremos en §33.8, es más manifiesta con las ecuaciones escritas en forma 2-espinorial). Pero es bueno tener una forma directamente *geométrica* de ver la diferencia entre el carácter de espín 2 de la gravedad frente al carácter de espín 1 del electromagnetismo. Examinemos las ondas apropiadas para cada campo, a saber, las ondas electromagnéticas que constituyen la luz, por una parte, y las ondas gravitatorias por la otra.

En el caso del electromagnetismo, hemos visto la naturaleza geométrica de las ondas en la Fig. 22.12 y en §22.9. El punto clave es que los vectores eléctrico y magnético son en realidad magnitudes vectoriales, de modo que una rotación de la onda un ángulo π (i.e., 180°) alrededor de su dirección de movimiento transforma la magnitud del campo en su *negativa*, y necesitamos una rotación de 2π para restituirla. En el caso de la gravedad, se trataría de una onda de distorsión espaciotemporal, como se ha ilustrado en las Figs. 17.8a, 17.9a, 28.15 y 28.16. Ahora, si rotamos la onda solo un ángulo π, la distorsión coincide consigo misma, y sería una rotación de $\frac{1}{2}\pi$ la que la transformaría en su negativa. Podemos señalar que esto es resultado de que la curvatura de Weyl es una entidad *cuadripolar*, como se ha ilustrado por las elipses de distorsión en la Fig. 28.15, y en §31.9 advertimos que esto corresponde a una entidad de espín 2. Para un valor de espín σ, una rotación de ángulo π/σ alrededor de la dirección de la onda transformaría la magnitud de campo en su negativa, mientras que sería necesaria una rotación de $2\pi/\sigma$ para restituirla. (Nótese que esto también funciona si σ es semiimpar, y la magnitud de campo es necesariamente espinorial en dicho caso; véase §11.3.)

Para un campo sin masa, como es la situación aquí, podemos ir más lejos y considerar que las ondas planas están compuestas de partes circularmente polarizadas levógira y dextrógira, estando ilustrada la polarización circular electromagnética en la Fig. 22.12b. Para un campo cuantizado, las partículas relevantes tendrían en correspondencia helicidad positiva o negativa (Fig. 22.13). Para el espín σ, estos valores de helicidad serían $\pm\sigma$ (con una descripción correspondiente a la Fig. 22.13, pero con $q^{2\sigma} = z/w$ en lugar de $q^2 = z/w$). Así pues, para la gravedad obtenemos los dos valores de helicidad posibles $+2$ y -2.

Para ver cómo se describen los estados de helicidad tendremos que examinar las matemáticas de una forma un poco más explícita. De hecho, esta asimetría izquierda/derecha a la que me he estado refiriendo es una característica importante de la teoría de twistores que examinaremos en el capítulo siguiente, y el enfoque de Ashtekar parece haber obtenido parte de su inspiración de las ideas twistoriales. Por el momento, todo lo que necesitaremos de ideas relacionadas con los twistores es la forma de expresar matemáticamente esta asimetría izquierda/derecha en términos espaciotemporales ordinarios. Recordemos las dos cantidades tensoriales que describen los dos campos sin masa conocidos de la naturaleza, el electromagnetismo y la gravitación. Estas cantidades son el tensor de campo de Maxwell $\boldsymbol{F} = F_{ab}$ (§19.2) y el tensor conforme de Weyl $\boldsymbol{C} = C_{abcd}$ (§19.7). Cada uno de ellos tiene lo que se denomina un tensor *dual*, definido en la notación de índices por

$$^*F_{ab} = \frac{1}{2}\varepsilon_{abpq}F^{pq} \quad \text{y} \quad ^*C_{abcd} = \frac{1}{2}\varepsilon_{abpq}C^{pq}{}_{cd}$$

(donde ε_{abpq} es el tensor de Levi-Civita antisimétrico, escogido aquí de modo que $\varepsilon_{0123} = 1$, en una base ortonormal dextrógira estándar; véanse §12.7 y §19.2). Ya hemos visto el tensor de Maxwell dual $^*\boldsymbol{F}$ en §19.2. El tensor de Weyl dual $^*\boldsymbol{C}$ se ve como una cantidad análoga. También podríamos pensar en «dualizar» en su lugar el par restante *cd* de los índices del tensor de Weyl. Pero resulta que esto es lo mismo que dualizar en *ab*.[32.1]

Recordemos que un elemento 2-plano en un punto en un espaciotiempo 4-dimensional puede describirse mediante una 2-forma $\boldsymbol{f}$ (o si no, un bivector) que es *simple* (§12.7). Como hacíamos con el tensor de Maxwell (2-forma) $\boldsymbol{F}$, podemos construir su dual $^*\boldsymbol{f}$ y dar sentido a la noción de que, para un $\boldsymbol{f}$ complejo, podría ser *autodual*, i.e., $^*\boldsymbol{f} = \mathrm{i}\boldsymbol{f}$, o *anti-autodual*, i.e., $^*\boldsymbol{f} = -\mathrm{i}\boldsymbol{f}$. Por consiguiente, el elemento 2-plano (complejo) correspondiente a $\boldsymbol{f}$ se denomina «autodual» o «anti-autodual». Esta noción tiene gran importancia en la teoría de twistores (§33.6).[32.2]

Ahora bien, en la teoría cuántica se permite que las cantidades de campo tomen valores complejos, al menos cuando tienen la interpretación de funciones de onda. De hecho, hay varias formas diferentes, pero matemáticamente equivalentes, de considerar estas cosas (véase el capítulo 26). Será más apropiado para nuestros propósitos presentes si pensamos en un tensor de Maxwell complejo, o incluso en un

[32.1] Explique por qué. (Puede encontrar útiles la notación diagramática y las identidades de §12.8.)

[32.2] Demuestre que si los dos índices de f_{ab}, que describen una $\boldsymbol{f}$ autodual, se contraen con cualquier par de índices de un tensor de Weyl (o de Maxwell) anti-autodual, entonces el resultado es cero.

tensor de Weyl complejo, como algo que representa alguna forma de función de onda para el fotón o el gravitón, respectivamente. En lugar de la condición de realidad que es característica de una cantidad de campo clásica, nuestras funciones de onda complejas deben ser de frecuencia positiva (de acuerdo con los requisitos especificados en §24.3 y §26.2). No nos preocuparemos demasiado por lo que *significa* esto en realidad en el caso de la curvatura de Weyl. (Provisionalmente, podemos considerar que estamos examinando espacios curvos que solo difieren infinitesimalmente de los planos, en cuyo caso $\boldsymbol{C}$ podría considerarse como un campo en el espacio de Minkowski, y entonces la condición de frecuencia positiva no es problemática. Pero resulta que se puede hacer algo mejor que esto, como se indicará en §§33.10-12.[8] Ahora los fotones y gravitones *dextrógiros* se describen por las cantidades *autoduales* (de frecuencia positiva) ${}^{+}\boldsymbol{F}$ y ${}^{+}\boldsymbol{C}$, donde ${}^{+}\boldsymbol{F} = \frac{1}{2}(\boldsymbol{F} - \mathrm{i}{}^{*}\boldsymbol{F})$ y ${}^{+}\boldsymbol{C} = \frac{1}{2}(\boldsymbol{C} - \mathrm{i}{}^{*}\boldsymbol{C})$, de modo que tenemos

$$ {}^{*}({}^{+}\boldsymbol{F}) = \mathrm{i}{}^{+}\boldsymbol{F} \;\; \text{y} \;\; {}^{*}({}^{+}\boldsymbol{C}) = \mathrm{i}{}^{+}\boldsymbol{C}, $$

y los levógiros por las cantidades *autoduales* (de frecuencia positiva) ${}^{-}\boldsymbol{F} = \frac{1}{2}(\boldsymbol{F} + \mathrm{i}{}^{*}\boldsymbol{F})$ y ${}^{-}\boldsymbol{C} = \frac{1}{2}(\boldsymbol{C} + \mathrm{i}{}^{*}\boldsymbol{C})$, para las que

$$ {}^{*}({}^{-}\boldsymbol{F}) = -\mathrm{i}{}^{-}\boldsymbol{F} \;\; \text{y} \;\; {}^{*}({}^{-}\boldsymbol{C}) = -\mathrm{i}{}^{-}\boldsymbol{C}. $$

En el marco original de Ashtekar, las partes autodual y anti-autodual de la curvatura de Weyl desempeñan papeles diferentes.

Esto puede parecer extraño desde el punto de vista físico, porque no hay evidencia alguna de asimetría izquierda/derecha en el campo gravitatorio, y por supuesto no hay ninguna en la teoría estándar de la relatividad general de Einstein. Por lo que puedo ver, podemos adoptar dos actitudes diferentes respecto a esta cuestión. Por una parte, podríamos considerar la asimetría como una característica sin importancia de las matemáticas concretas que solo resulta ser útil para simplificar el hamiltoniano. Por otra parte, podríamos adoptar la posición de que hay algo profundamente asimétrico izquierda/derecha en la naturaleza, y el formalismo asimétrico está realmente sondeando esto de alguna forma. De hecho, sabemos que la naturaleza *es* asimétrica izquierda/derecha, como se manifiesta claramente en las interacciones débiles (véase §25.3). En cierto sentido, el electromagnetismo contiene restos de esta asimetría, pero esto solo se ve indirectamente a través de su unificación con las interacciones débiles en la teoría *electrodébil*. En ausencia de una unificación similar (conocida) que incluya la gravedad, no hay ninguna razón para esperar que la propia gravedad debiera poseer directa o indirectamente tales rasgos asimétricos. Pese a todo, como sucede con la perspectiva que tienen los teóricos de cuerdas de su propia teoría, podríamos adoptar la idea de que una teoría de la gravedad cuántica apunta a algo que es mucho más que la mera gravitación; está poniendo el marco básico para toda la física, donde el marco actual del espaciotiempo clásico va a verse como una conveniencia o aproximación a algo más fundamental. Si ese «algo» tiene una quiralidad intrínseca (como lo tienen los aspectos heteróticos de la teoría de cuerdas —véase §31.14—, así como los marcos de Ashtekar o de twistores), entonces las asimetrías de las interacciones débiles se entienden mucho más fácilmente.

32.3. La forma de las variables de Ashtekar

¿Cuáles son entonces estas variables quirales de Ashtekar? La quiralidad procede de una elección asimétrica de uno de los dos tipos de 2-espinores que se aplican a un 4-espacio lorentziano. Podemos recordar estos objetos de §25.2, donde hemos visto que la función de onda del electrón ψ podía considerarse consistente en un par de entidades 2-complejo componentes α_A y $\beta_{A'}$, una de ellas con un índice no primado y la otra con un índice primado. Notemos que el índice no primado se refiere a la parte *zig* o *levógira* (helicidad negativa) del electrón, y el índice primado a la parte *zag* o *dextrógira* (helicidad positiva). Hemos visto también (§25.3) que la interacción débil presta atención a la parte zig α_A, pero no a la parte zag $\beta_{A'}$. Un formalismo espaciotemporal que seleccione o bien el espinor no primado, o bien el primado como «más fundamental» que el otro, incorpora así una quiralidad básica, y establece un marco que tiene la capacidad de distinguir estas dos helicidades en un nivel fundamental.

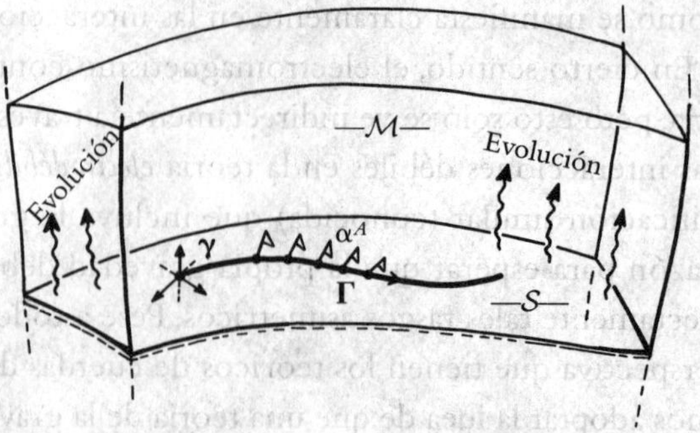

Fig. 32.1. Las variables canónicas originales de Ashtekar, definidas en una 3-superficie $\mathcal{S}$ de género espacio en el espaciotiempo $\mathcal{M}$, toman como parámetros de «posición» $\mathbf{\Gamma}$ las componentes de la conexión de espín 4-espacial, restringida a $\mathcal{S}$ (para espinores α_A, indicados por semiflechas). Los parámetros de «momento» son básicamente las componentes de la métrica intrínseca (inversa) $\boldsymbol{\gamma}$ de $\mathcal{S}$ (expresados como 2-formas y referidos a una base ortonormal en cada punto de $\mathcal{S}$).

De hecho, esto es precisamente lo que sucede en los formalismos de Ashtekar (y twistorial). En el enfoque de Ashtekar, las *variables canónicas*, escogidas con respecto a una 3-superficie de género espacio $\mathcal{S}$, son básicamente las componentes de la 3-métrica (inversa) $\boldsymbol{\gamma}$ *intrínseca* a $\mathcal{S}$, y las componentes de la *conexión de espín* (no primada) $\mathbf{\Gamma}$ tomadas en $\mathcal{S}$. Para ser algo más precisos, estas son componentes métricas inversas referidas a una base espinorial local y representadas como 2-formas. Además, la conexión de espín $\mathbf{\Gamma}$ se refiere al transporte paralelo de espinores α^A definidos en el 4-espacio completo y no solo a «espinores intrínsecos a $\mathcal{S}$».[9] Así pues, $\mathbf{\Gamma}$ nos dice cómo transportar un espinor 4-espacial no primado α^A (un 2-espinor) paralelo a sí mismo con respecto a la conexión métrica del 4-espacio (§§14.2,8) a lo largo de cierta curva que resulta estar dentro del 3-espacio $\mathcal{S}$.[10] El campo de cantidades (densidad) 3-métricas $\boldsymbol{\gamma}$ desempeña el papel del conjunto de variables de *momento*, y el campo de cantidades de conexión $\mathbf{\Gamma}$ desempeña el papel de las correspondientes *posiciones* conjugadas; véase la Fig. 32.1. Al pasar a la teoría cuántica, al reemplazamiento del momento p_a por $i\hbar\partial/\partial x^a$ en la x^a-representación (§21.2), le corresponde el reemplazamiento de los campos $\boldsymbol{\gamma}$ por $i\hbar\delta/\delta\mathbf{\Gamma}$ en la $\mathbf{\Gamma}$-representación (donde el «$\delta/\delta\mathbf{\Gamma}$» se refiere a la noción de *derivada funcional* que se ha men-

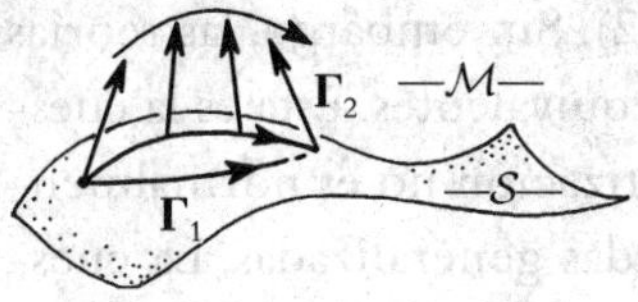

Fig. 32.2. Podemos expresar $\mathbf{\Gamma} = \mathbf{\Gamma}_1 + \mathrm{i}\mathbf{\Gamma}_2$, donde $\mathbf{\Gamma}_1$ se refiere a la curvatura intrínseca y $\mathbf{\Gamma}^2$ a la curvatura extrínseca de $\mathcal{S}$ (de modo que $\mathbf{\Gamma}_2$ mide cómo se «curva» $\mathcal{S}$ dentro de $\mathcal{M}$.

cionado en §20.5). Correspondientemente, en la $\boldsymbol{\gamma}$-representación $\mathbf{\Gamma}$ viene representada por $-\mathrm{i}\hbar\delta/\delta\boldsymbol{\gamma}$.

La conexión $\mathbf{\Gamma}$ tiene una parte $\mathbf{\Gamma}_1$ que se refiere solo a la curvatura *intrínseca* de $\mathcal{S}$ y otra parte $\mathbf{\Gamma}_2$ que se refiere a la curvatura *extrínseca* (i.e., a cómo se «dobla» $\mathcal{S}$ dentro del espaciotiempo $\mathcal{M}$ (véase la Fig. 32.2). La cantidad total $\mathbf{\Gamma}$ puede expresarse como

$$\mathbf{\Gamma} = \mathbf{\Gamma}_1 + \mathrm{i}\mathbf{\Gamma}_2$$

(donde habríamos tenido $\mathbf{\Gamma} = \mathbf{\Gamma}_1 - \mathrm{i}\mathbf{\Gamma}_2$ si hubiéramos escogido la quiralidad opuesta para el formalismo). La cantidad $\mathbf{\Gamma}$ define una conexión fibrada (en el sentido de §15.8), donde el espacio base es $\mathcal{S}$ y la fibra es el espacio de espín (no primado) $\mathbb{S}$ (un espacio vectorial complejo 2-dimensional). El grupo relevante de la fibra es SL(2,$\mathbb{C}$) (véase §13.3).[11]

En este punto debería mencionar una dificultad técnica en el enfoque original de Ashtekar. Esta surge del hecho de que el grupo de la fibra SL(2,$\mathbb{C}$) es no compacto y tiene representaciones irreducibles no deseadas de dimensión infinita, la mayoría de las cuales son no unitarias (véase §13.7). Todo esto crea graves problemas para la construcción de la teoría de la gravedad cuántica requerida. Por ello, para hacer progresos se ha utilizado la conexión modificada

$$\mathbf{\Gamma}_\eta = \mathbf{\Gamma}_1 + \eta\mathbf{\Gamma}_2$$

donde η es un número real no nulo, conocido como el parámetro de Barbero-Immirzi. Esto tiene la ventaja puramente técnica de que el grupo es ahora SU(2), que es compacto, y todas sus representaciones (irreducibles) son de dimensión finita y unitarias. La teoría *clásica* definida por cada $\mathbf{\Gamma}_\eta$ difiere de la definida por $\mathbf{\Gamma}$ solo en lo que se denomina una «transformación canónica», lo que significa que las teorías clásicas son equivalentes (al tener la misma estructura simpléctica; véanse §14.8 y §20.4), aunque están descritas por «coordenadas generalizadas» diferentes en el espacio de fases (§20.2). Sin embargo, las teorías cuánticas resultantes no tienen por qué ser equivalentes. Esta es la cuestión planteada en §21.2: el proceso de cuantización no es normalmente invariante bajo cambios de las coordenadas generalizadas. La cuestión de cuánto «daño» podría hacer el reemplazamiento de $\mathbf{\Gamma}$ por $\mathbf{\Gamma}_\eta$ parece ser una cuestión no resuelta. En cualquier caso, se puede aprender mucho estudiando primero el caso «más fácil» de $\mathbf{\Gamma}_\eta$. Aunque uno podría preocuparse porque la teoría resultante es solo un «modelo de juguete» en lugar de la pretendida aproximación a la gravedad cuántica (donde valores de η diferentes de $\pm i$ o 0 no parecen tener justificación física), se supone que la desviación de la pretendida versión cuantizada de la teoría de Einstein quizá no sea grande.

En el caso de $\mathbf{\Gamma}_\eta$, las cosas son relativamente simples, porque las diferentes representaciones irreducibles necesarias de SU(2) son matemáticamente idénticas a los diferentes estados de *espín* (de una partícula masiva) en la mecánica cuántica ordinaria (no relativista). Recordemos de §22.8 que estos espines diferentes se etiquetan mediante los números naturales $n = 0, 1, 2, 3, 4, 5, \ldots$, donde $\frac{1}{2}n\hbar$ es el valor del espín. (En §22.8 hemos visto que el espacio de representación para cada n consiste en tensores de espín simétricos $\psi_{AB\ldots D}$ con n índices.) Veremos enseguida cómo hay que utilizar estos diferentes «valores de espín».

32.4. Variables de lazo

¿Cómo expresar las cosas de un modo que haga más manifiesta la covariancia general (§19.6), al menos dentro de la 3-superficie inicial $\mathcal{S}$? Esto se hace mediante el ingenioso artificio de describir nuestro estado cuántico general en términos de una familia particularmente simple de estados de gravedad cuántica *básicos* que pueden describirse de una forma esencialmente discreta y para la que la covariancia general dentro de $\mathcal{S}$ se trata de forma muy simple. (Llegaremos a estos estados básicos enseguida.) El estado *general* se expresa entonces en términos de tales estados básicos por medio de la superposición lineal. Para entender lo que se necesita, consideremos un lazo cerrado dentro de $\mathcal{S}$, e imaginemos el efecto de utilizar nuestra conexión **Γ** para permitirnos transportar un espinor no primado α^A «paralelo a sí mismo» alrededor de dicho lazo. Cuando volvemos al punto de partida, encontramos que se ha efectuado una transformación lineal del espacio de espín $\mathbb{S}$. Esta se define en forma de componentes por una matriz (2 × 2) compleja $T^A{}_B$ (véase §13.3), y los elementos de esta matriz dependen de cierta elección de base en $\mathcal{S}$. Sin embargo, la *traza* $T^A{}_A$ de esta matriz es un número complejo independiente de la base,[32.3] de modo que es simplemente una propiedad de la conexión de espín **Γ** relacionada con la elección del lazo. (Este es un ejemplo de una noción más general, conocida como *lazo de Wilson*, por Kenneth Wilson, que utilizó esta idea por primera vez en las teorías gauge.[12] En 1988, Carlo Rovelli, Lee Smolin y Ted Jacobson desarrollaron esta idea en la relatividad general, llamando a estas trazas dependientes del lazo *variables de lazo* para la relatividad general. Tomando estas variables de lazo como operadores cuánticos, los «estados básicos» mencionados al principio de este párrafo son esencialmente sus *autoestados*.

¿Cuál es el carácter geométrico de estos estados básicos de gravedad cuántica? Resulta que son muy peculiares desde el punto de vista de la geometría métrica ordinaria con la que estamos familiarizados, y están muy lejos de las «geometrías suaves» de la relatividad general clásica. De hecho, veremos que estos estados básicos son muy «singulares» como estados geométricos, análogos a las *funciones delta* (de Dirac) que hemos visto en §9.7 y §21.10. En primer lugar, consideremos $\mathcal{S}$ como una variedad sin rasgos distintivos.[13] A continuación, consideremos una familia de lazos cerrados en $\mathcal{S}$. Hay que tener en cuenta que cada estado de lazo tiene toda su geometría concentrada de algún modo a lo largo del lazo. No es realmente la *curvatura* la que está concentrada a lo largo del lazo.Esto sería análogo a la geometría del cono de base plana ilustrado en la Fig. 32.3, donde hay una función delta (§9.7) en la curvatura a lo largo del borde de la base del cono, y también en el vértice,[32.4] que es el tipo de situación que aparece en una aproximación diferente a la gravedad cuántica, conocido como cálculo de

[32.3] ¿Puede explicar por qué?
[32.4] ¿Puede explicarlo? *Sugerencia*: Utilice las ideas de §14.5.

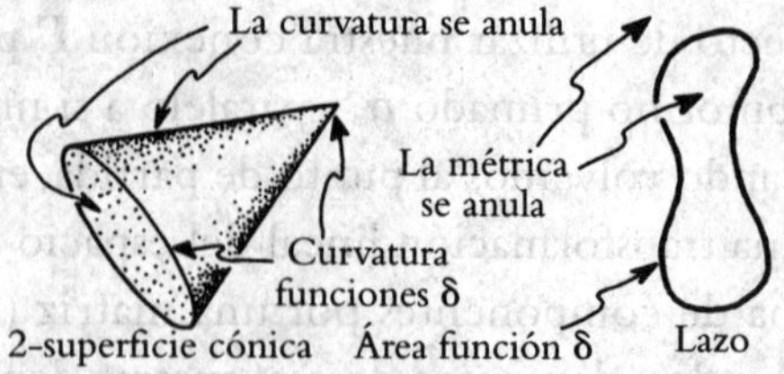

Fig. 32.3. (a) Este ejemplo no suave de una 2-superficie cónica tiene curvatura cero en todo lugar excepto en el vértice y en el borde de la base, donde hay funciones δ para la curvatura. (La aproximación del cálculo de Regge para la gravedad cuántica opera con 4-espacios análogos, con funciones δ para la curvatura en 2-espacios; véase la Fig. 33.3.) (b) Sin embargo, no es esto lo que sucede con la gravedad cuántica de lazo. Aquí hay una función δ para el área a lo largo de los lazos, y la propia métrica se anula en todos los demás lugares.

Regge; véase §33.1. En su lugar, es la *métrica* entera la que debe estar concentrada a lo largo del lazo en un tipo de función delta y ser nula fuera del lazo. Hay un «grado» de esta concentración que se mide por un valor de «espín» que se asigna al lazo, correspondiendo los diferentes valores de espín $j = \frac{1}{2}n$ a diferentes representaciones irreducibles de SU(2) (donde utilizamos $\mathbf{\Gamma}_\eta$ para nuestra conexión, en lugar de la aparentemente más «correcta» $\mathbf{\Gamma}$).

Estas afirmaciones necesitan una clarificación adicional. La noción de «métrica» que aparece aquí es realmente la que asigna un *área* a cualquier elemento de 2-superficie de prueba que corta el lazo. En esencia, hay una función delta en la medida del área que está concentrada por entero a lo largo de cada lazo de la familia. Imaginemos una superficie 2-dimensional $\mathcal{T}$ (no necesariamente cerrada) en la 3-superficie $\mathcal{S}$. Esta puede intersectar varios lazos en varios lugares. Cada vez que $\mathcal{T}$ corta uno de estos lazos, hace cierta medida de área; no hay contribución a su área *excepto* donde corta el lazo. Así pues, el carácter de «función delta» de la métrica se manifiesta aquí en el hecho de que cada lazo asigna una medida de área solo donde $\mathcal{T}$ intersecta el lazo. Cada punto de intersección proporciona el valor

$$8\pi G\eta\hbar\sqrt{j(j+1)},$$

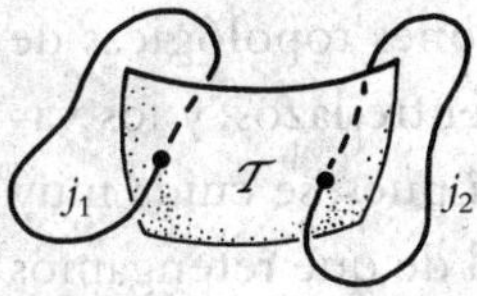

Fig. 32.4. Superficie test 2-dimensional $\mathcal{T}$ en 3-superficie $\mathcal{S}$. Cada intersección de $\mathcal{T}$ con un lazo contribuye con un valor $8\pi G\eta\hbar\sqrt{j(j+1)}$ al área (siendo j el valor de «espín» del lazo).

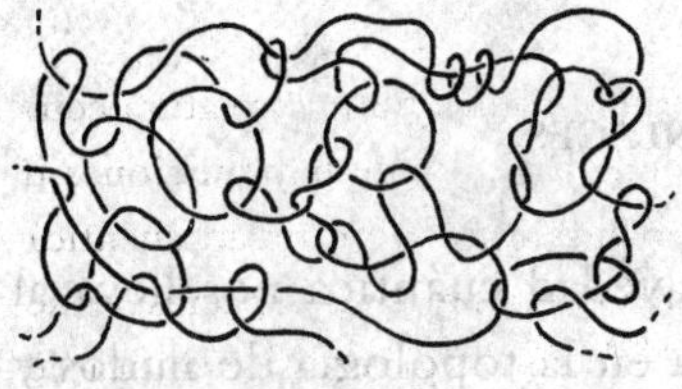

Fig. 32.5. La descripción de variable de lazo original de un espaciotiempo aproximadamente clásico podría presentarse como una superposición de difusiones casi uniforme de «entramados».

donde $j = \frac{1}{2}n$ es el valor de «espín» del lazo concreto; véase la Fig. 32.4. Sumamos estas contribuciones de área procedentes de todos los lazos de la familia.

Hay un contraste interesante entre la teoría de cuerdas y la teoría de variables de lazo. Mientras que la teoría de cuerdas es una aproximación casi enteramente *perturbativa* a la gravedad cuántica, la aproximación de variables de lazo es fundamentalmente no perturbativa. En la teoría de cuerdas los cálculos se realizan casi invariablemente en un fondo que es el espaciotiempo *plano*, i.e., un producto de un espacio de Minkowski $\mathbb{M}$ por, digamos, algún 6-espacio de Calabi-Yau (véase §31.14), y solo estamos interesados en campos débiles en dicho fondo. La idea es que se contempla «perturbar» a partir de este límite de campo débil (i.e., considerar series de potencias en algún parámetro pequeño ε); véanse §26.10 y §31.9. Por el contrario, en el caso de las variables de lazo, los estados de lazo básicos (o estados de red de espín; véase §32.6) están muy lejos de ser planos (o clásicos), pues tienen *funciones delta* en la medida de área a lo largo de los lazos (o líneas de red de espín). Para obtener la descripción de variables de lazo de un espaciotiempo aproximadamente clásico, necesitamos considerar algo parecido a una difusión casi uniforme de «entramados», como se indica en la Fig. 32.5.

Nótese que esta es una descripción muy topológica. No supone ninguna diferencia cuán «cerca» podría estar un lazo de otro (puesto que la noción de «métrica» no tiene sentido fuera del propio lazo). Las únicas cosas que tienen importancia son las relaciones topológicas de «enlazamiento» y «anudamiento» (o intersección) entre lazos, y los valores de «espín» discretos que se asignan a ellos. Así pues, se cuida muy bien de la covariancia general (dentro de $\mathcal{S}$) con tal de que retengamos meramente esta imagen topológica discreta.

32.5. Las matemáticas de nudos y enlaces

La imagen de variables de lazo de la gravedad cuántica nos lleva al campo de las matemáticas que se interesa en la topología de nudos y enlaces. Esta es una disciplina sorprendentemente sofisticada, considerando la naturaleza tópica de sus ingredientes: ¡básicamente desenredar cabos de cuerda! Tenemos que hacer uso de criterios matemáticos que están a nuestra disposición para decidir si un «lazo de cuerda» cerrado está o no realmente *anudado* (donde «anudado» significa que es imposible deformar el lazo hasta convertirlo en un círculo ordinario mediante movimientos suaves dentro del 3-espacio euclídeo ordinario, y donde no se permite que unos trozos del lazo atraviesen a otros; véase la Fig. 32.6). Análogamente, podemos pedir criterios que decidan si dos o más lazos distintos pueden separarse por completo unos de otros, de modo que están *desenlazados*. Desde principios del siglo XX se conocen varias expresiones matemáticas ingeniosas (tales como el «polinomio de Alexander») que proporcionan respuestas completas a esta cuestión, pero en años más recientes se han encontrado varios procedimientos

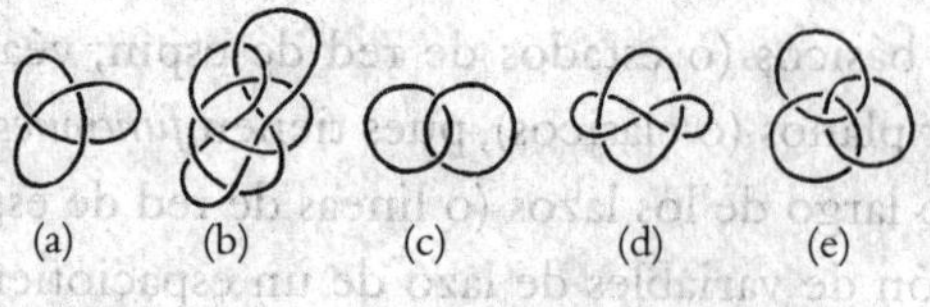

Fig. 32.6. Nudos y enlaces. (a) Un nudo trébol, un ejemplo de lazo anudado. (b) Un ejemplo de un lazo desanudado (que no es obvio para el ojo). (c) Un enlace simple entre dos lazos. (d) Un enlace de Whitehead, donde los dos lazos no pueden separarse aunque tienen «número de enlace» cero (el número neto de veces que cada uno de ellos corta una superficie que llena el otro). (e) Anillos borromeanos, que no pueden separarse, a pesar de que ningún par de ellos están enlazados.

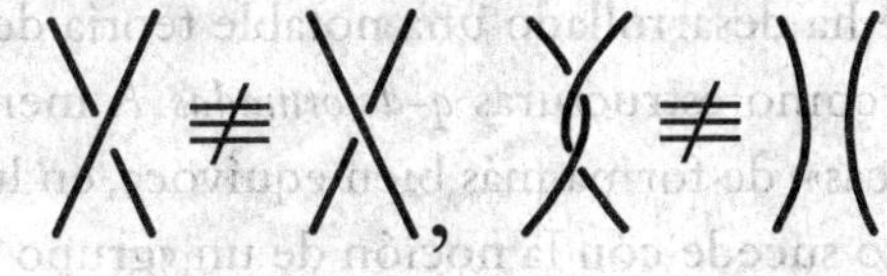

Fig. 32.7. El tipo de álgebra tensorial diagramática de las Figs. 12.17, 12.18 y las Figs. 13.6-13.9, etc. puede generalizarse para producir un álgebra para nudos y enlaces. La característica adicional es que ahora supone diferencia el que una «línea de índice» pase por encima o por debajo de otra línea semejante cuando se cruzan.

fascinantes y más refinados que se inspiran básicamente en ideas procedentes de la física. Llevan nombres como «polinomio de Jones», «polinomios HOMFLY», «polinomio de Kauffmann», etc.[14]

Una forma de pensar en estas nuevas estructuras matemáticas es considerar que surgen de una especie de «álgebra diagramática», que es una generalización de la descripción diagramática del álgebra tensorial introducida en §12.8 (véanse las Figs. 12.17 y 12.18) y utilizada extensamente en el capítulo 13 (véanse las Figs. 13.6-13.19). En esta generalización, supone una diferencia si una «línea de índice» pasa por encima o por debajo de otra línea semejante, cuando quiera que se cruzan en un diagrama; véase la Fig. 32.7. Hay varias «identidades algebraicas» que pueden imponerse al álgebra, tal como la que se muestra en la Fig. 32.8, que sirve para especificar el álgebra de Kauffmann. Estas proporcionan elegantes generalizaciones del esquema combinatorio que subyace en la teoría de *redes de espín* a la que llegaremos enseguida.

La cantidad A en la Fig. 32.8 es un número complejo, escrito a veces en términos de una cantidad $q = A^2 = e^{i\pi/r}$. (El caso $A = -1$ da el «cálculo binorial» que subyace en la teoría de redes de espín; Penrose 1969b, 1971.) Hay análogos de los simetrizadores y antisimetrizadores

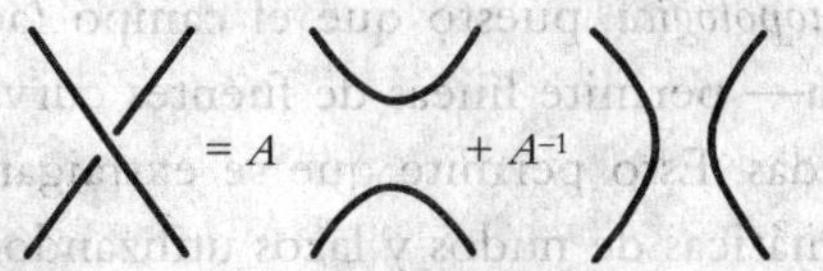

Fig. 32.8. Se ilustra la identidad algebraica básica para el álgebra de Kauffmann, donde $q = A^2 = e^{i\pi/r}$, lo que da una versión q-deformada del álgebra «binorial» subyacente en la teoría de redes de espín (para la que $A = -1$, y no se dan los cruces de la Fig. 32.7).

de la Fig. 12.17. Se ha desarrollado una notable teoría de tales objetos, conocidos a veces como estructuras *q-deformadas*. A menudo se utiliza el término «cuánticas», de forma más bien equívoca, en lugar de «*q*-deformadas», tal como sucede con la noción de un «grupo cuántico». No obstante, no hay una relación muy clara entre un «grupo cuántico» y la teoría cuántica, y la existencia de una aplicación importante de los grupos cuánticos a la física en el nivel fundamental, aunque posible, es de momento básicamente una conjetura.

A modo de aparte, vale la pena mencionar que existe otra conexión posible entre estas estructuras matemáticas recién encontradas (polinomios de Jones, etc.) y la física, que ha sido desarrollada en especial por Edward Witten.[15] Se trata de la noción de una *teoría cuántica de campos topológica*. En una teoría semejante, las ecuaciones de campos desaparecen por completo, pero sigue habiendo información en la estructura global y en «fallas» que puede considerarse que proporcionan «fuentes» para el campo (que se anula localmente). Un buen ejemplo sería la relatividad general en 1 + 2 dimensiones. En 1 + 2(= 3) dimensiones, el tensor de Weyl se anula idénticamente, de modo que toda la curvatura está en el tensor de Ricci. Así pues, en el «espacio vacío» (Ricci-planitud), la curvatura entera se anula. No obstante, el campo gravitatorio de una «fuente puntual» no es trivial, porque la fuente proporciona una «falla» que se manifiesta en la geometría global. Esto se ilustra en la Fig. 32.9. La geometría es muy parecida a la geometría de una cuerda cósmica, que se ilustra en la Fig. 28.4, excepto que aquí la imagen representa un espaciotiempo (1 + 2)-dimensional, en lugar del espacio 3-dimensional. Se ha eliminado un segmento, con eje a lo largo de la línea de universo (de género tiempo) de la fuente, y se han empalmado las dos fronteras planas resultantes. En la imagen clásica, las líneas de universo de tales fuentes tienen que ser rectas, pero para una QFT basada en este modelo clásico —una QFT *topológica*, puesto que el campo (aquí el campo de curvatura) se anula— permite líneas de fuentes curvadas y, de hecho, anudadas o enlazadas. Esto permite que se extraigan ideas[16] concernientes a las matemáticas de nudos y lazos utilizando la idea QFT topológica. Se advertirá que las variables de lazo proporcionan un sistema algo parecido al esquema general de la «QFT topológica», puesto que la contribución a la medida de área se anula excepto en las «fallas» que son

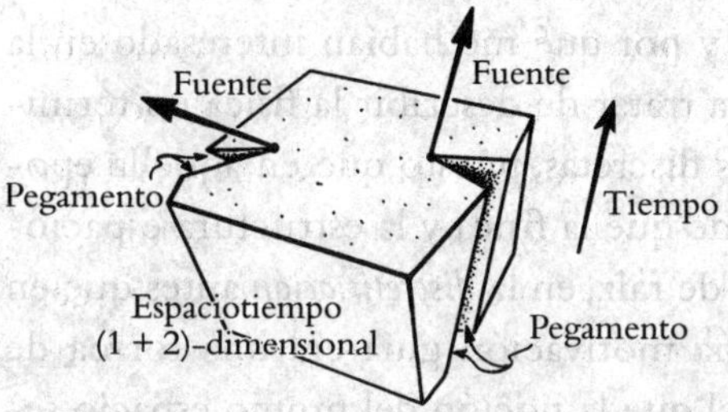

Fig. 32.9. La «relatividad general» en 2 + 1 dimensiones exige espaciotiempo plano donde quiera que no hay fuentes, puesto que el tensor de Ricci se anula allí, y el tensor de Weyl siempre se anula en 3 dimensiones. Pero una línea de universo fuente proporciona una «falla» en el espaciotiempo plano (una singularidad cónica) reminiscente de la «cuerda cósmica» cuya 3-geometría espacial se ilustra en la Fig. 28.4 y en §28.2. Las líneas de universo fuente son siempre rectas, clásicamente, pero ello se relaja en la versión cuántica de esta teoría, un ejemplo de una teoría cuántica de campos topológica.

los propios lazos. De todas formas, hay una diferencia, pues con las variables de lazo las ecuaciones de campo no desaparecen.

Aunque las QFT topológicas son interesantes como estructuras matemáticas, es difícil verlas desempeñando papeles directos como modelos de teorías físicas serias, debido a la completa desaparición de las ecuaciones de campo. La mayor parte de la física conocida depende de la no trivialidad de tales ecuaciones para que los campos se propaguen hacia el futuro de una manera controlada. No obstante, hay otra posibilidad de que las ideas de la QFT topológica puedan utilizarse en unión con la *teoría de twistores*. Como veremos en el capítulo 33 (al final de §33.11), en la descripción del espacio twistorial las ecuaciones de campos desaparecen localmente. Por el momento, la aplicación de ideas QFT topológicas a la teoría de twistores no se ha llevado muy lejos,[17] pero sería interesante ver lo que puede lograrse en esta área.

32.6. Redes de espín

Por notables que sean los estados de lazo, como configuraciones límite («funciones δ») de 3-geometría, todavía no proporcionan una *base* (ortonormal) apropiada para esta geometría. Para ello es necesario pasar a una generalización en la que los lazos puedan cortarse. Esto nos lleva a considerar un tipo de red de «líneas de lazo intersecantes», pero tenemos que preguntar: ¿qué se encontrará en estos puntos de intersección? La respuesta se hallará en ciertos tipos de estructura que están formalmente muy próximas a las *redes de espín* que yo mismo había estudiado hace casi cincuenta años con un propósito diferente, aunque ligeramente relacionado.

¿Qué son las redes de espín y por qué me habían interesado en la década de 1950? Mi objetivo era tratar de describir la física en términos de cantidades combinatorias discretas, puesto que en aquella época yo tenía la firme convicción de que la física y la estructura espaciotemporal deberían estar basadas, de raíz, en la *discretización* antes que en la continuidad (véase §3.3). Una motivación guía era una forma de *principio de Mach* (§28.5),[18] por el que la noción del propio espacio sería una noción *derivada*, y no inicialmente presente en el esquema. Todo tenía que expresarse en términos de la *relación* entre objetos y no entre un objeto y cierto espacio de fondo.

Había llegado a la conclusión de que la mejor perspectiva para satisfacer estos requisitos era considerar la magnitud mecanocuántica del *espín total* de un sistema. El «espín total» se define por la cantidad escalar j $(= \frac{1}{2}n)$, que mide la cantidad de espín como un todo, en lugar de la componente concreta del espín en una dirección, medida por una cantidad m. (Las letras «j» y «m» son las que se utilizan normalmente en la discusión del momento angular mecanocuántico, tomado en unidades de $\hbar$, donde m va, por pasos enteros, entre los enteros o semienteros $-j$ y j; véanse §§22.8,10,11.) La *magnitud* real del espín total (obtenida como la raíz cuadrada de la suma de los cuadrados de los valores m en tres direcciones perpendiculares) es $\hbar\sqrt{j(j+1)}$, que es la misma cantidad que aparece en la expresión del área anterior. Los valores permitidos de $n = 2j$ son simplemente números naturales (pares para los bosones e impares para los fermiones; véase §23.7). Además, aunque independiente de la dirección, n está en cualquier caso íntimamente *relacionado* con aspectos direccionales del espacio. Me parecía que el espín total, medido por el número natural n, era una cantidad ideal en la que centrar la atención si, partiendo de cero, se estuviera interesado en construir alguna estructura combinatoria discreta que llevara a una noción del espacio físico real. Como ingrediente adicional, si se establecen las cosas de forma correcta, se podría mostrar que las probabilidades mecanocuánticas son *puras probabilidades*, no dependientes de la forma detallada en que puedan estar orientadas unas partes de un aparato físico con respecto a otras.

¿Cómo funciona esto? Llamemos a una cantidad de espín total $\frac{1}{2}n\hbar$ una *n-unidad*. Para que quede más claro, consideremos esta unidad como si fuera una partícula, aunque no tiene por qué ser una partícula elemental. Por ejemplo, un átomo de hidrógeno completo serviría perfectamente. Simplemente tiene que tener un valor bien definido para su espín total (que, en el caso de un átomo de hidrógeno vendría dado por $n = 0$ o 2, los casos del ortohidrógeno o el parahidrógeno, respectivamente).[19] ¿Cómo obtenemos una probabilidad pura? Podríamos, por ejemplo, tomar una pareja de pares EPR-Bohm de 1-unidad (A, B) y (C, D), partiendo cada uno de ellos del estado 0-unidad. (Esto es solo un par de configuraciones, cada una de ellas como la de la Fig. 23.3 o §23.4; véase la Fig. 32.10.) Ahora, si juntamos B y D y les dejamos combinarse en una única unidad, existen las dos posibilidades de que den como resultado una 0-unidad o una 2-unidad, con probabilidades respectivas 1/4 y 3/4.[32.5] Si alternativamente juntamos A y C, entonces los resultados posibles y sus probabilidades serían exactamente los mismos. Sin embargo, estas dos probabilidades no son ni mucho menos independientes una de otra, puesto que si obtenemos una 0-unidad en un caso no podemos obtener una 2-unidad en el otro, y viceversa.

Este era el tipo de idea que yo tenía para obtener probabilidades puras, y creía que una probabilidad semejante tenía que ser un número racional (puesto que equivaldría a que la naturaleza hiciera una elección aleatoria de algún tipo entre un número finito de posibilidades discretas). El ejemplo que se acaba de considerar es muy simple, pero empieza a ilustrar la idea general. Se considera que todas las unidades en una red de espín concreta están inicialmente producidas de la for-

[32.5] ¿Puede ver por qué?

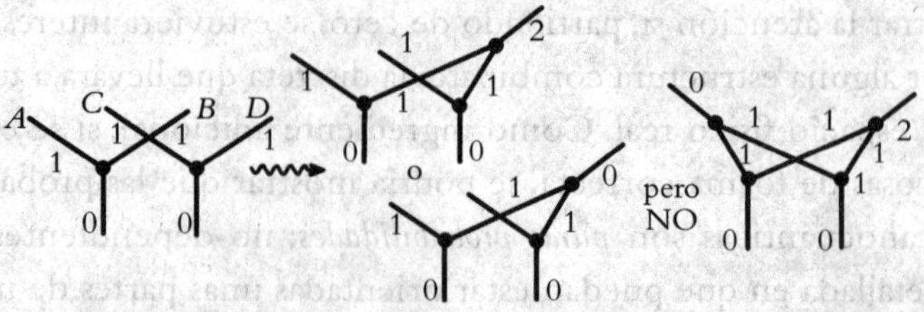

Fig. 32.10. Redes de espín. Cada segmento de línea, etiquetado por un número natural n, representa una partícula o subsistema de espín total $\frac{n}{2} \times \hbar$, llamada una n-unidad. En este ejemplo muy simple tenemos dos pares de 1-unidad EPR-Bohm, (A, B) y (C, D), cada uno los cuales parte de un estado 0-unidad (como en la Fig. 23.2). Si B y D se combinan para formar una única unidad, existen dos posibilidades: puede ser una 0-unidad o una 2-unidad, con probabilidades respectivas 1/4 y 3/4. Las mismas probabilidades se dan si alternativamente combinamos A y C. Pero estas probabilidades no son independientes, puesto que no podemos tener 0-unidad en un caso y 2-unidad en otro.

ma anterior a partir de 0-unidades iniciales (aunque normalmente esto se expresaría de forma explícita en el diagrama), de modo que no hay sesgo respecto a ninguna dirección espacial concreta. Posteriormente, varios pares de unidades podrían juntarse para formar unidades únicas, y anotarse los valores de espín para las unidades resultantes. A las unidades individuales también se les permite dividirse en pares de unidades. Un ejemplo de ello se ilustra en la Fig. 32.11. Podemos visualizar todo esto como algo que sucede dentro de cierto espaciotiempo. Sin embargo, en el caso de la teoría de redes de espín original, no iba a presuponerse ningún fondo espaciotemporal real. La idea era construir todas las nociones espaciales requeridas simplemente a partir de la red de espines y de las probabilidades que aparecen (y estas pueden calcularse utilizando reglas mecanocuánticas) cuando se juntan dos unidades para formar una tercera. Una característica particular de estas redes de espín es que en cada uno de estos vértices se juntan exactamente tres líneas. Esto conduce a una unicidad en los cálculos de probabilidad. Todo lo que se necesita es la estructura (grafo) topológica de la red de espín, junto con la especificación de todos los números de espín en las líneas.

Desarrollé un procedimiento («recuento») enteramente combinatorio para calcular las probabilidades requeridas (que, de hecho, *son*

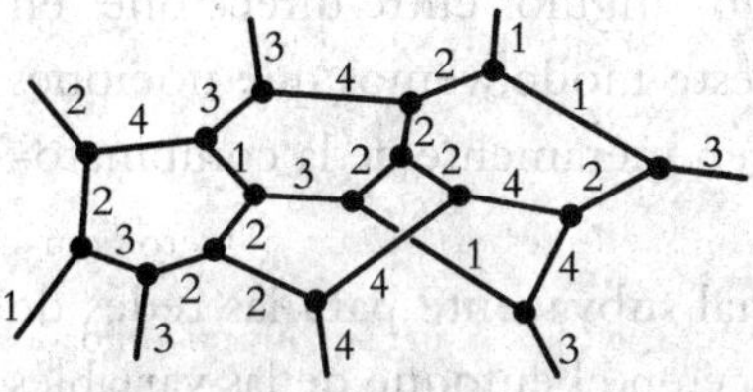

Fig. 32.11. Ejemplo de una red de espín, como fue concebida originalmente. No se presupone ninguna variedad espaciotemporal de fondo. Todas las nociones espaciales van a aparecer a partir de la red de espines y de los valores de la probabilidad (cuando dos unidades se combinan para dar una tercera). En cada vértice se encuentran tres líneas, lo que especifica unívocamente la conexión.

todas racionales). Las reglas proceden originalmente de la mecánica cuántica estándar del espín, pero podemos «olvidarnos» de dónde proceden y considerar simplemente que el sistema de la red de espín proporciona un tipo de «universo combinatorio». Entonces es posible extraer las nociones de geometría (en este caso, la 3-geometría euclídea ordinaria) considerando redes de espín que son «grandes» en un sentido apropiado. La imagen es que podría considerarse que una unidad de espín grande define una «dirección en el espacio» (semejante al eje de giro de una pelota de golf, por ejemplo). Podemos imaginar que se mide el «ángulo entre los ejes de rotación» de dos de estas unidades grandes, pongamos por caso, desgajando una 1-unidad de una y añadiéndola a la otra. La probabilidad conjunta de que un espín aumente mientras que el otro disminuya en esta operación da una medida del ángulo entre los ejes de giro.[32.6]

Esto casi funciona tal como está, pero no del todo, y se requiere un ingrediente adicional. Se necesita un medio de distinguir la «probabilidad cuántica» —que procede del ángulo entre los ejes de giro de unidades grandes— de la «probabilidad por ignorancia» que puede resultar simplemente de las conexiones insuficientes entre las dos unidades grandes. (Recordemos el juego sutil entre estas dos nociones de probabilidad que ocurre con las matrices densidad, tal como se han expuesto en §§29.3,4). Resulta que este «factor de ignorancia» puede eliminarse repitiendo la transferencia de una 1-unidad desde una unidad grande a la otra, y seleccionando solo las situaciones en las que las probabilidades

[32.6] ¿Cuál es esta medida de ángulo en términos de las probabilidades?

resultan iguales la segunda vez. Para familias de unidades grandes en las que se da esto, es posible demostrar un teorema geométrico, según el cual la «geometría de ángulos», definida así por las probabilidades cuánticas, es precisamente la geometría de los ángulos entre direcciones en el 3-espacio euclídeo ordinario.[20] De este modo, vemos que nociones de la geometría euclídea ordinaria surgen meramente de la combinatoria cuántica de redes de espín.

Se verá que mi motivación original subyacente para las redes de espín es muy diferente de la que subyace en el enfoque de las variables de lazo para la cuantización espaciotemporal, pues no hay ningún papel real para la gravedad en las redes de espín tal como se proponían originalmente. Por consiguiente, fue para mí una sorpresa considerable observar que las redes de espín desempeñaban un papel tan importante en esta aproximación a una teoría de la gravitación cuántica. Por supuesto, los dos programas tienen mucho en común, pues en ambos casos se está tratando de descomponer la noción de espacio en algo más discreto y mecanocuántico. Sin embargo, existe una diferencia importante: en el contexto de las variables de lazo, la cantidad n es realmente una medida de *área*, y no la medida de espín de las redes de espín originales. Estas son dimensionalmente diferentes, como se refleja en la aparición de la constante gravitatoria G en la expresión de variables de lazo. Pronto volveré a esta cuestión y su posible importancia.

Ahora bien, ¿cómo intervienen las redes de espín en la gravitación cuántica de variables de lazo? Como he dado a entender antes, los nodos de las redes de espín van a resultar, en efecto, de la intersección de un par de lazos. Esto también permite que el valor j en el lazo cambie en dicho lugar. Por consiguiente, tendremos nodos donde se juntan *cuatro* líneas (o quizá más), en lugar de las tres que ocurrían en mis redes de espín original. Esto da como resultado ambigüedades, puesto que la unicidad de la interpretación ocurre solo con los nodos «trivalentes» originales. En consecuencia, hay una especificación adicional requerida (un «operador de entrelazamiento») en cada nodo. Una manera de expresar esta especificación se ilustra en la Fig. 32.12, donde podemos representar una de estas «X», en la que se juntan cuatro líneas, como una combinación lineal de pares de vértices de 3 aristas de tipo «H». La especificación de los coeficientes elimina las ambigüedades.

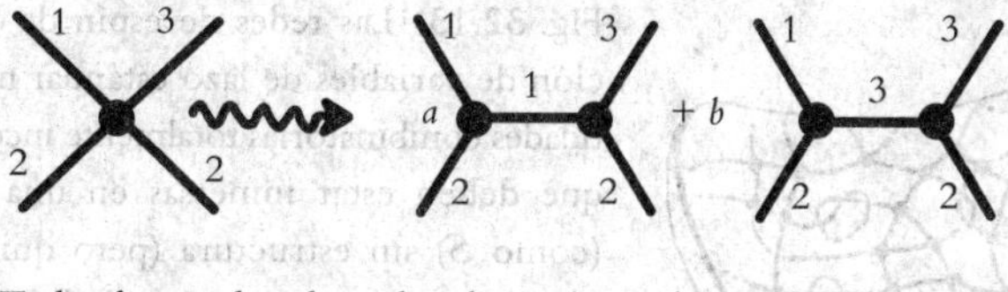

Fig. 32.12. Todos los nodos de redes de espín en la teoría de variables de lazo son 4-valentes (o más) y necesitan información extra. Esta puede estar codificada en vértices tipo «X» que se expresan como combinación lineal de pares de vértices tipo «H» de tres aristas. Los coeficientes específicos eliminan esta ambigüedad.

Hay otra diferencia bastante más importante entre estas redes de espín de variables de lazo y las que yo había propuesto antes: las primeras eran estructuras enteramente combinatorias, mientras que las redes de variables de lazo adquieren una estructura topológica adicional de su inmersión en la variedad $\mathcal{S}$. Por ejemplo, las líneas de red podían estar anudadas o podrían estar enlazadas con otras de varias maneras, y esto proporciona información adicional (véase la Fig. 32.13). No obstante, esta información es aún de naturaleza combinatoria discreta, pues es de un carácter enteramente topológico, pero resulta más difícil expresar que especificar lo que sucede en los nodos individuales.

Hasta ahora nuestras descripciones de lazos nos han dado, en efecto, tan solo una descripción *estática*, sin ninguna dinámica implicada. De hecho, los lazos y las redes de espín que hemos considerado estaban relacionadas con la resolución de las ecuaciones de ligadura de la relatividad general —i.e., las condiciones que tienen que satisfacerse dentro de la superficie $\mathcal{S}$— respetando plenamente el principio de covariancia general. Este no es un logro menor, pero parece que el formalismo no ha resuelto todavía el problema más difícil de la evolución dinámica lejos de $\mathcal{S}$ (a veces conocido como la «ligadura hamiltoniana»), para que pueda acomodarse plenamente la ecuación de Einstein (véase §32.1). Un trabajo importante de Thomas Thiemann ha proporcionado una respuesta posible a este problema de evolución hamiltoniana, pero quedan algunas dudas acerca de si esta es realmente la apropiada para la teoría de Einstein.[21]

A falta de una solución plenamente aceptada para estas difíciles cuestiones dinámicas, ha sido posible, de todas formas, utilizar el formalismo de las variables de lazo para llegar a resultados impresionantes

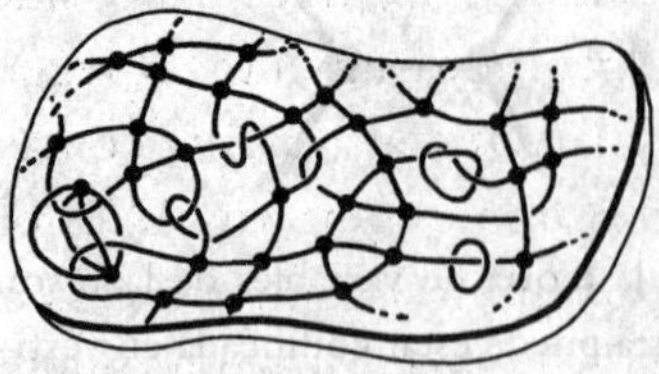

Fig. 32.13. Las redes de espín de la aproximación de variables de lazo estándar no son ya entidades combinatorias totalmente incorpóreas, sino que deben estar inmersas en una 3-superficie (como $\mathcal{S}$) sin estructura (pero quizá analítica), siendo importantes sus propiedades topológicas de enlazado y anudado.

en otras direcciones. En particular, estas ideas de redes de espín se han mostrado útiles para proporcionar una aproximación a la cuestión de la entropía de los agujeros negros mucho más directa y realista que la que proporciona la teoría de cuerdas, tal como se ha mencionado en §31.15. Aquí la geometría de los agujeros negros es directamente la de una solución de vacío de Schwarzschild o de Kerr de la teoría de Einstein 4-dimensional. El recuento de estados cuánticos gravitacionales puede llevarse a cabo explícitamente utilizando redes de espín y aproximaciones adecuadas. Cuando el agujero negro empieza a hacerse razonablemente grande, la respuesta para la entropía resulta estar en acuerdo con la fórmula de Bekenstein-Hawking $S_{BH} = \frac{1}{4}A$ (donde $k = c = G = \hbar = 1$), pero para obtener el factor 1/4 exacto de Hawking parece necesario tomar el curioso valor

$$\eta = \frac{\log 2}{\pi\sqrt{3}}$$

para el parámetro de Barbero-Immirzi. Aunque es cierto que es un valor extraño, esta elección da correctamente la entropía de Bekenstein-Hawking para todas las situaciones a las que se ha dado una respuesta inequívoca por otros medios, en las que puede haber carga, rotación o constante cosmológica.[22]

En relación con esto, hay varias «coincidencias» numéricas aparentes, de las que parece depender la teoría. Dos series infinitas independientes, calculadas de dos maneras completamente diferentes, tienen que coincidir término a término, lo que, de hecho, hacen. Esto parece reflejar una profunda consistencia interna de algunas de las ideas de la geometría cuántica.

De todas formas, los resultados de agujeros negros parecen haber provocado un cambio de punto de vista con respecto al parámetro de

Barbero-Immirzi. Previamente, la introducción de η parece haber sido solo un medio de avanzar, donde la teoría «geométricamente correcta» parecía exigir $\eta = \pm i$. Tomar un valor real para η era solo una conveniencia matemática para que apareciera el grupo compacto SU(2) en lugar del grupo no compacto SL(2, $\mathbb{C}$). Los impresionantes éxitos al obtener los valores correctos de la entropía para una clase muy amplia de horizontes —siendo dependiente de la única elección para η (dada antes como $\eta = \log 2/\pi\sqrt{3}$), para el parámetro de Barbero-Immirzi— ha llevado a varios defensores de la aproximación de variables de lazo a asumir la idea de que, después de todo, quizá dicho valor real sea realmente el «correcto» para la gravedad cuántica.

Esta es, por supuesto, una posibilidad, aunque personalmente la encuentro difícil de creer, pues no parece haber una razón geométrica clara para tal elección. Debería comentar que con cualquier valor real para η, como el que se ha mostrado antes, ha desaparecido el aspecto quiral de la teoría que he señalado en §32.3 para introducir el tema. El transporte espinorial con el que está relacionado $\boldsymbol{\Gamma}_\eta$, con un valor real de η, es una mezcla peculiar pero equilibrada de partes intrínseca y extrínseca, cuyo significado encuentro particularmente oscuro. Quizá futuros estudios arrojen alguna luz sobre esta cuestión.

32.7. ¿El estatus de la gravedad cuántica de lazo?

Debería tratar de dar mi valoración de los logros de la aproximación de variables de lazo de Ashtekar-Rovelli-Smolin a la gravedad cuántica y su potencial de desarrollo futuro en una teoría generalizada. Una vez más, debo alertar al lector sobre un posible sesgo que podría ser relevante para tal valoración. En este caso debo declarar un compromiso personal, pues no solo las personas responsables de ese programa son buenos amigos míos, sino que también he ejercido regularmente como profesor visitante en las dos universidades estadounidenses (Syracuse y del Estado de Penn) donde se han llevado a cabo importantes estudios en este campo. Debo añadir, además, mi propio interés en la teoría de redes de espín; es natural que encontrara gratificante que estas viejas ideas encontraran ahora un nuevo valor en esta aproximación. De todas formas, mi propia implicación en el programa de gravedad cuántica con variables de Ashtekar/variables de lazo ha sido algo tangencial al trabajo principal en esta área, así que espero mantenerme al margen y ser razonablemente objetivo.

Para empezar, debería comentar que tanto las variables de Ashtekar originales como las descripciones posteriores en términos de variables de lazo me impresionan como desarrollos potentes y bastante originales en la búsqueda de una teoría de la gravedad cuántica. Abordan directamente la teoría de la relatividad de Einstein en el contexto de la QFT, y proporcionan ideas muy innovadoras que son relevantes para el problema en cuestión. De hecho, tengo pocas dudas al decir que tales estudios son los más importantes en la aproximación canónica a la gravedad cuántica desde que Dirac y otros iniciaron esta disciplina hace aproximadamente medio siglo. Los estados de lazo parecen abordar al menos algunos de los profundos problemas planteados por la covariancia general. Además, estos desarrollos parecen haber llevado la discusión en una dirección fascinante, y quizá no completamente prevista, en donde empiezan a aparecer algunos gratificantes elementos de discretización en el espaciotiempo. Además, en un trabajo reciente la teoría original puramente gravitatoria se ha desplazado en la dirección de incorporar interacciones físicas distintas de la gravedad, de modo que la teoría puede ahora proclamarse como una aproximación a la física fundamental en general.[23]

En contra, está el hecho algo perturbador de que la teoría parece haberse visto obligada a desviarse al adoptar la conexión $\boldsymbol{\Gamma}_{\eta}$ (con un valor indeterminado de η), en lugar de la «geométricamente correcta» $\boldsymbol{\Gamma}$. En mi opinión, un enfoque completamente creíble de la gravedad cuántica no dará resultado hasta que se haya encontrado una forma de superar las dificultades que parecen surgir con la adopción de la $\boldsymbol{\Gamma}$ original. Además, sigue existiendo la dificultad fundamental de que el hamiltoniano de Einstein completo tiene aún que ser adecuadamente englobado dentro del marco de las variables de lazo, incluso si las ecuaciones de ligadura se tratan mediante el uso de las redes de espín.

Tengo la impresión de que es probable que estas dificultades estén relacionadas con otra característica menos que satisfactoria (en mi opinión) de la teoría de Ashtekar/variables de lazo. En común con todos los demás enfoques *canónicos* convencionales para la gravedad cuántica, su formulación es directamente dependiente de una descripción 3-espacial (i.e., en términos de $\mathcal{S}$), en lugar de ser una descripción espaciotemporal más global. Como hemos visto, la parte 3-espacial del problema de la «covariancia general» es tenida en cuenta en los estados lazo/redes de espín, pero la extensión de esto a una covariancia general en un 4-espacio completo implica toda una «caja de Pandora» de problemas. Por lo que puedo ver, estos no son mucho mejor abordados por ahora en el enfoque de variables de lazo que en otros enfoques canónicos.[24]

La dificultad tiene que ver con la cuestión de cómo debe expresarse adecuadamente la evolución temporal, de acuerdo con la ecuación de Einstein, en un formalismo 4-espacial con covariancia general. Está relacionada con lo que se conoce como el «problema del tiempo» en gravedad cuántica (o, a veces, el problema del «tiempo congelado»). En la relatividad general no se puede distinguir la evolución temporal de un mero cambio de coordenadas (i.e., tan solo el reemplazamiento de una coordenada temporal por otra). Un formalismo con covariancia general debería ser ciego a un mero cambio de coordenadas, de modo que el concepto de evolución temporal se convierte en algo muy problemático. Como se ha indicado en §30.11, mi propia perspectiva sobre esta cuestión es que hay pocas probabilidades de resolverla sin abordar satisfactoriamente el problema de la reducción del vector de estado **R**, y que esto, a su vez, exigirá una drástica revisión de los principios generales.

En relación con estas cuestiones, hay otro tema que encuentro menos que satisfactorio, aunque es más un problema con las recetas de covariancia *per se* que con la aproximación de variables de lazo en particular. ¡En cierto sentido, esta aproximación es víctima de su propio éxito! En efecto, aunque los estados base de las redes de espín tienen individualmente una agradable descripción geométrica independiente de las coordenadas, está menos claro cómo interpretar las *superposiciones* cuánticas de tales estados base. Debido a la covariancia general, no hay correspondencia entre la «localización» de una red de espín y la de otra con la que va a superponerse. (Esta es una versión más seria de la cuestión abordada en §30.11, que he uitlizado para justificar la **RO** gravitatoria.) ¿Cómo esperamos comprender de qué forma va a emerger de todo esto un mundo casi clásico?

Como el lector ya habrá deducido, en particular por la discusión del capítulo 30, considero que una característica necesaria de la unión cuántico/gravedad correcta es que debe apartarse de la mecánica cuántica estándar de alguna manera esencial, de modo que **R** llegue a ser un proceso físico realista (**RO**). ¿Hay lugar para esto en la aproximación de variables de lazo? Posiblemente. Con las variables de lazo, los números $n = 2j$ en las aristas de la red de espín se refieren a un *área* en unidades de longitud de Planck al cuadrado; pero mi utilización original de las redes de espín no abordaba tales cuestiones métricas ni, de hecho, ningún aspecto de la gravedad en absoluto, y los números de espín n se referían al *momento angular*. Sin embargo, mis ideas originales exigían que cada uno de estos números debe ser, en efecto, el resultado de una medida individual del valor de espín total (acción de **R** en cada arista), donde las probabilidades surgen al reunir las dos unidades para hacer una tercera. Si **R** es un proceso gravitatorio objetivo, entonces la implicación con procesos gravitatorios tendría que entrar en esta etapa, que es el mensaje proclamado del capítulo 30. En ese caso, no es posible separar la gravedad de las cuestiones de probabilidad de la teoría de redes de espín. Puede ser que la combinación completa de ideas de variables de lazo y redes de espín necesite incorporar reducción de estado en el formalismo. Si se demuestra que es así, entonces podría proporcionar un camino hacia un esquema **RO** gravitatorio apropiado, como se recomendaba en el capítulo 30. Pero en ausencia de tal formalismo, esas ideas deben seguir en el terreno de la especulación.

Para finalizar, debería comentar otro trabajo que se relaciona con la teoría de variables de lazo. Ahora no es por entero una teoría gravitatoria pura, pues el electromagnetismo ha sido abordado[25] en este formalismo.[26] Existen también formas aparentemente menos radicales que las del párrafo anterior de hacer más 4-dimensionales las redes de espín de la gravedad cuántica de lazo. Una de estas incluye una ingeniosa versión de redes de espín en más dimensiones conocida como *espumas de espín*. En estas, existen 2-superficies que llevan los «valores de espín» $n = 2j$, y podemos imaginar esta espuma de espín como una red de espín que evoluciona en el tiempo. Tales ideas, que se deben originalmente a Louis Crane, John Barrett y otros,[27] han sido desarrolladas y modificadas por algunos,[28] pero las conexiones correctas con las ideas de la gravedad cuántica no han sido todavía establecidas del todo. Hay también posibles conexiones con la teoría de twistores, y será interesante ver si estas pueden desarrollarse completamente. En el capítulo siguiente, veremos algunas de las nociones básicas que están implicadas en la teoría de twistores.

He tratado de resaltar en otros capítulos de este libro, en especial en el 30, que la cuestión de la reducción del estado cuántico está íntimamente relacionada con la estructura de las singularidades espaciotemporales y su asimetría bajo inversión temporal. Es interesante que ya se haya empezado a examinar lo que tiene que decir la aproximación de variables de lazo sobre el efecto de la teoría cuántica en las singularidades espaciotemporales.[29] No soy capaz de comentar este trabajo en detalle, excepto para decir que no veo ningún indicio de aparición de la necesaria asimetría temporal.

Notas

Sección 32.1

32.1. Véase Greene (1999).

32.2. Aquí se da la ironía de que el propio Einstein, con su aventura en las teorías de campos unificados de sus últimos años, no siempre se atuvo al estrecho sendero que él había establecido previamente.

32.3. Véanse Dirac (1964), Ashtekar (1991) y Wald (1984) para las nociones de ligaduras y formulación hamiltoniana.

32.4. Véanse Dirac (1950, 1964), Pirani y Schild (1950), Bergmann (1956) y Arnowitt *et al.* (1962), por ejemplo. Véase DeWitt (1967) para la ecuación de Wheeler-DeWitt, que es básicamente la ecuación de Schrödinger de la gravedad cuántica en el espacio de 3-geometrías compactas.

32.5. Véanse Isham (1975) y Kuchar (1981).

32.6. Véanse Sen (1982) y Ashtekar (1986, 1987).

Sección 32.2

32.7. Como veremos de inmediato, dificultades técnicas han desviado el enfoque original de Ashtekar respecto a esta descripción manifiestamente quiral. Pero tal como entiendo las motivaciones que hay tras el programa de Ashtekar, esta «desviación» debe tomarse como una exploración temporal de modelos que son próximos, pero no idénticos, a la pretendida teoría de la gravitación cuántica.

32.8. Para la discusión original de la gravedad linealizada, véase Fierz y Pauli (1939); para más información sobre la gravedad linealizada, véase Sachs y Bergmann (1958). Para el gravitón no lineal, véase Penrose (1976a y 1976b).

Sección 32.3

32.9. Véase Ashtekar (1986 y 1987); véanse también Ashtekar y Lewandowski (2004) para una revisión, y Rovelli (2003) ¡para un libro de texto!

32.10. Quienes deseen entender cómo trabajan los «índices» deberían advertir primero que la 3-métrica inversa es una magnitud γ^{rs} con índices 3-dimensionales elevados. Formando el dual en s (§12.7), dentro de $\mathcal{S}$, obtenemos $\gamma^{r}{}_{tu}$ (una densidad) que es antisimétrica en t, u. Podemos leer estos subíndices como índices de 2-formas en el 4-espacio y tomar la parte anti-autodual que nos proporciona un par de subíndices espinoriales simétricos, lo que nos da una cantidad γ^{r}_{PQ}, o equivalentemente $\gamma^{r}{}_{P}{}^{Q}$, que es libre de traza en P, Q. En el caso de $\boldsymbol{\Gamma}$, esta es una cantidad $\Gamma_{r}{}^{P}{}_{Q}$, que es una matriz 1-forma en el espacio de espín, que es necesariamente libre de traza (porque es una conexión SL(2, $\mathbb{C}$)). Nótese que la estructura de índices de Γ es contraria a la de γ, como debería ser, para variables canónicas. Para más detalles, véanse Ashtekar (1986, 1987), Ashtekar y Lewandowski (2004) y Rovelli (2003).

32.11. Esta fue la conexión que introdujo Sen en 1981, reduciendo las ligaduras de la relatividad general a una forma polinómica. Es interesante señalar que Witten utilizó la misma conexión, independientemente (también en 1981), en su método de demostración de la positividad de la energía total en la relatividad general; véanse §19.8 y Witten (1981). Por lo que sé, el primer uso de esta conexión fue en la construcción del *espacio twistorial hipersuperficial* para $\mathcal{S}$ (Penrose y MacCallum 1972; Penrose 1975), que es la parte de la teoría de twistores más estrechamente relacionada con las variables de Ashtekar.

Sección 32.4

32.12. Véase Wilson (1976); para esta técnica en la teoría cuántica de campos, véase Zee (2003). Véase también Rovelli y Smolin (1990).

32.13. Algunos podrían considerar incluso que poder especificar su estructura de variedad es más de lo que tenemos derecho, puesto que esto le proporciona no solo una topología sino también una estructura «suavizada» o diferenciable; véanse §10.2 y §12.3. Compárese también con §33.1. De hecho, por conveniencia técnica, a *S* se le asigna una estructura *analítica*, en la aproximación de Ashtekar-Lewandowski. (Ashtekar y Lewandowski, 1994), lo que significa que es C^{ω}, en el sentido de §6.4.

Sección 32.5

32.14. Para una introducción muy accesible a la teoría de nudos, véase Adams (2000). Para una obra más técnica, véanse Rolfsen (2004) y Kauffmann (2001).

32.15. Véase Labastida y Lozano (1997) para un artículo de revisión; véase Witten (1988) para la «TQFT» original.

32.16. No obstante, las QFT topológicas no conducen directamente a la demostración de teoremas matemáticos rigurosos, debido a divergencias incontrolables.

32.17. Véase Penrose (1988a). Puede advertirse que las nuevas ideas twistor-cuerda propuestas por Witten (2003) proporcionan desarrollos de este tipo general; véase la nota 31.81.

Sección 32.6

32.18. Mi interés en el principio de Mach se debía a las discusiones con mi colega, amigo y mentor Dennis Sciama.

32.19. Véase Levitt (2001).

32.20. Véanse Penrose (1969b) y Moussouris (1983).

32.21. Véase Thiemann (1995, 1998a, 1998b, 1998c y 2001).

32.22. Véanse Ashtekar *et al.* (1998) y Ashtekar *et al.* (2000). Sin embargo, recientemente se ha demostrado que este valor para η tiene un error, y ahora se ha asignado a η un valor con una apariencia más complicada. Véanse Domagala y Lewandowski (2004) y Dreyer, Markopoulou y Smolin (2004). El resto de mi discusión en §§32.6,7 no parece afectada.

Sección 32.7

32.23. Véase Thiemann (1998c).

32.24. Véanse Hawking y Hartle (1983) y las notas 32.3-5. No puedo resistirme a remitir a Smolin (2003) y al excelente artículo de Ashtekar y Lewandowski (2004), del que se han tomado muchas de estas referencias. Agradezco profundamente a Abhay Ashtekar su ayuda con las referencias de este capítulo.

32.25. Véase Varadarajan (2000).

32.26. Véase Varadarajan (2001).

32.27. Véanse Barrett y Crane (1988), Baez (1998) y Reisenberger (1997, 1999).

32.28. Véanse Barrett y Crane (2000), Baez (2000), Reisenberger y Rovelli (2001, 2002) y Perez (2003).

32.29. Véanse Bojowald (2001) y Ashtekar *et al.* (2003).

33

Perspectivas más radicales: la teoría de twistores

33.1. Teorías donde la geometría tiene elementos discretos

¿Han sido suficientemente radicales las teorías descritas en los capítulos precedentes en sus intentos por descifrar el esquema *real* de la naturaleza en el que la física cuántica de lo pequeño está unida de algún modo con la geometría del espacio curvo de lo grande? Quizá deberíamos buscar algo de un carácter fundamentalmente diferente de la variedad real que constituye el escenario del espaciotiempo continuo del que dependen la teoría de Einstein y la mecánica cuántica estándar. La cuestión se ha planteado en §3.3, y ahora debemos preguntarnos si esa continuidad espaciotemporal, expresada mediante números reales, que es asumida casi universalmente en las teorías físicas, es *realmente* la matemática apropiada para describir los constituyentes últimos de la naturaleza.

Hemos visto que el enfoque de las variables de lazo para la gravedad cuántica empieza a alejarnos de la imagen estándar de un espaciotiempo continuo y de variación suave, y nos lleva hacia algo con un carácter topológico más discreto. Pese a todo, algunos teóricos argumentarán enérgicamente que se necesita una revisión mucho más radical de las ideas de espacio y tiempo si se quiere llegar a intuiciones más profundas acerca de la naturaleza de un «espaciotiempo cuántico». De hecho, la original (aunque limitada) propuesta de la red de espín de §32.6 tenía un carácter completamente discreto, pero la imagen de las variables de lazo sigue siendo dependiente de la naturaleza continua de la 3-superficie en donde se supone que están inmersas las «redes de es-

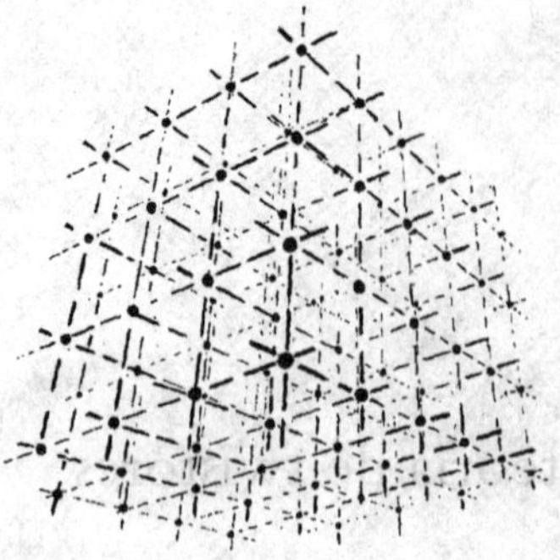

Fig. 33.1. Un espaciotiempo tipo Snyder-Schild es un retículo periódico, como los vértices de un conjunto de cubos apilados unos sobre otros de una forma regular. ¡Esto puede tener bastante más invariancia Lorentz de lo que cabría esperar!

pín». En el último esquema no se ha obtenido en realidad el armazón enteramente discreto y manifiestamente «combinatorio» que algunos piensan que es necesario para poder entender el funcionamiento de la naturaleza en las escalas más minúsculas.

Se han propuesto varias ideas, muy diferentes en enfoque de los esquemas iniciales de la red de espín o la espuma de espín, cuya intención es ofrecer una imagen completamente combinatoria/discreta del mundo. Entre las más extravagantes de estas ideas (ya mencionadas en §16.1) figuraba una propuesta de Ahamavaara (1965).[1] Este sugirió que el sistema de los números reales, fundamental para las matemáticas de la física convencional, debería ser reemplazado por un campo finito $\mathbb{F}_p$, donde p es algún número primo extraordinariamente grande. Recordemos (de §16.1) que $\mathbb{F}_p$ se obtiene tomando el sistema de los enteros módulo p. Otras sugerencias consideran que el espaciotiempo tiene una estructura *reticular*, periódica y discreta, como la que forman los vértices de un conjunto de cubos apilados uno sobre otro de un modo regular[2] (Fig. 33.1). Bastante más plausibles físicamente son los esquemas como la geometría de conjuntos causales de Raphael Sorkin[3] (o algunas ideas anteriores íntimamente relacionadas),[4] en la que se considera que el espaciotiempo consiste en un conjunto, posiblemente finito, de puntos discretos para el que la noción básica es la noción de *conexión causal* entre puntos. En términos clásicos ordinarios, esta «conexión causal» se refiere a la posibilidad de enviar una señal de un punto a otro, de modo que uno de estos puntos yace sobre o dentro del cono de luz del otro (véase la Fig. 33.2). La naturaleza fundamentalmente aleatoria de las conexiones causales en el esquema de Sorkin

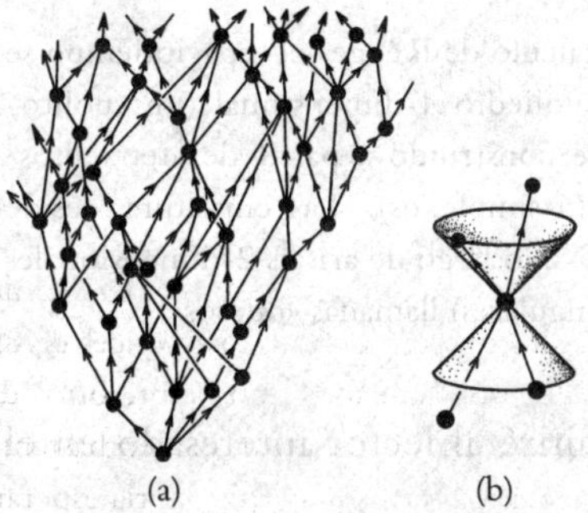

Fig. 33.2. (a) Modelo de universo discreto, descrito por una geometría de conjunto causal. (b) Las relaciones entre puntos están modeladas sobre la causalidad lorentziana, donde las flechas apuntan o bien dentro, o bien sobre los conos nulos.

permite que surja algo similar a la invariancia Lorentz de la relatividad especial, mientras que existen dificultades más serias para la invariancia Lorentz con las estructuras de tipo reticular (aunque hay más de esta simetría que lo que podría pensarse en un principio para retículos como el de la Fig. 33.1). Otras ideas que conducen a estructuras espaciotemporales exóticas surgen de la teoría cuántica de conjuntos o la geometría cuaterniónica de David Finkelstein,[5] la física octoniónica (§11.2 y §16.1) de Corinne Manogue y Tevian Dray,[6] etc.

También existe una interesante propuesta de una teoría de gravedad cuántica avanzada por Tullio Regge en 1959, según la cual se considera el espaciotiempo como un poliedro (o «politopo») 4-dimensional «tetraédrico» irregular, con su curvatura concentrada como funciones delta (§9.7) a lo largo de «aristas» 2-dimensionales, a las que Regge llamaba «huesos».[7] Véase la Fig. 33.3 (y la Fig. 32.3a, en §32.4). Se considera que el estado cuántico es una suma de tales espacios ponderada por números complejos, de acuerdo con la «suma sobre historias de Feynman» descrita en §26.5. La descripción de los propios espacios es completamente combinatoria, salvo por el hecho de que debe especificarse un «ángulo» en cada hueso para representar la intensidad de la curvatura. De hecho, la «cuerda cósmica» que se ha descrito en §28.2 (Fig. 28.4) es un ejemplo de este mismo tipo de geometría.

También se han hecho otras propuestas radicales, tales como la de Richard Jozsa[8] y Christopher Isham,[9] que emplean la *teoría de topos*. Esta es un tipo de teoría de conjuntos[10] que surge de la formalización de la «lógica intuicionista» (véase la nota 2.6) ¡que *niega* la validez del método de «demostración por contradicción» (§2.6 y §3.1)! No discu-

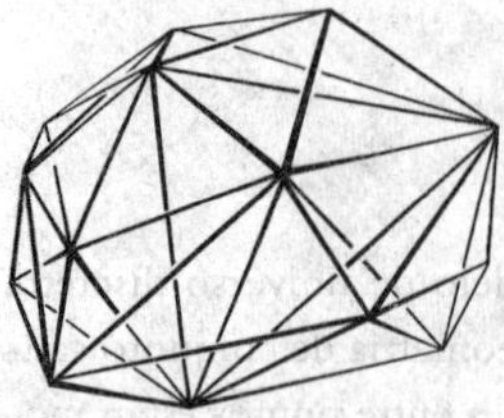

Fig. 33.3. En el «cálculo de Regge» el espaciotiempo se aproxima por un poliedro 4-dimensional (un «politopo»), normalmente construido a partir de «tetraedros» 4-dimensionales (5-simplexos). La curvatura reside (como funciones δ) a lo largo de aristas 2-dimensionales (normalmente triangulares) llamadas «huesos».

tiré ninguno de estos esquemas, y remitiré al lector interesado en el tema a la literatura.

Otra idea que quizá algún día encuentre un papel importante que desempeñar en la teoría física es la teoría de *categorías* y su generalización a la teoría de n-categorías. La teoría de categorías, introducida en 1945 por Samuel Eilenberg y Saunders MacLane,[11] es un formalismo (o armazón) algebraico extraordinariamente general basado en nociones abstractas muy primitivas (aunque confusas), estimulado en sus inicios por ideas de la topología algebraica. (Sus procedimientos se suelen denominar coloquialmente «sinsentidos abstractos».) Su gran potencia es engañosa, dado el carácter muy elemental de sus ingredientes básicos, que son tan solo «flechas» que conectan «objetos», y tiene una apariencia muy «combinatoria», en línea con otras ideas mencionadas en esta sección. La extensión de la teoría de categorías a la de n-categorías refleja el modo en que la «homotopía» refina la noción de «homología», tal como se ha discutido brevemente en §7.2. La teoría de categorías ya ha aportado un ingrediente en la teoría de twistores (en relación con §33.9), y la teoría de n-categorías tiene relación con lazos, enlaces, espumas de espín (§32.7) y estructuras q-deformadas (§32.5).[12] No me sorprendería que estas nociones llegasen a tener un papel importante para reemplazar las nociones espaciotemporales convencionales en la física del siglo XXI.

Bastante más en línea con las ideas de la corriente principal, está la noción de *geometría no conmutativa*, desarrollada en particular por el matemático Alain Connes, que ganó la Medalla Fields. ¿Qué es una «geometría no conmutativa»? Para apreciar la idea, pensemos primero en una variedad ordinaria, real y suave $\mathcal{M}$. A continuación, consideremos la familia de funciones (escalares) suaves de valor real definidas sobre $\mathcal{M}$ (que podemos considerar que son C^∞-suaves; véase §6.3). Tales funciones pueden sumarse o multiplicarse entre sí, y multiplicarse por números reales ordinarios (constantes). De hecho, constituyen un sistema algebraico $\mathcal{A}$, denominado un *álgebra conmutativa sobre los reales* $\mathbb{R}$. (Compárese con §12.2 y la nota 12.5) Resulta ahora[13] que si solo conocemos $\mathcal{A}$ como un álgebra, y no se ofrece ninguna información de su procedencia, podemos, pese a todo, reconstruir la variedad $\mathcal{M}$ simplemente a partir del álgebra $\mathcal{A}$. Vemos así que cada uno de los $\mathcal{M}$ y $\mathcal{A}$ pueden construirse a partir del otro, de donde se sigue que estas dos estructuras matemáticas son mutuamente *equivalentes* en un sentido preciso.

En mecánica cuántica, a menudo se encuentran álgebras que son, por el contrario, *no* conmutativas. Un ejemplo sería el álgebra de x^a y p_a que satisface las reglas de conmutación canónicas estándar $p_b x^a - x^a p_b = i\hbar\delta^a_b$, de §21.2. Si tratamos de reconstruir una «variedad» a partir de esta álgebra, de un modo semejante a como $\mathcal{M}$ se obtendría a partir de $\mathcal{A}$, entonces obtenemos lo que se conoce como una geometría *no conmutativa*. A modo de ejemplo, consideremos otro caso particular y empecemos con las componentes $\boldsymbol{L}_1, \boldsymbol{L}_2, \boldsymbol{L}_3$ del *momento angular* mecanocuántico de §22.8 (recordemos que el álgebra de $\boldsymbol{L}_1, \boldsymbol{L}_2, \boldsymbol{L}_3$ está definida por las leyes no conmutativas $\boldsymbol{L}_1\boldsymbol{L}_2 - \boldsymbol{L}_2\boldsymbol{L}_1 = i\hbar\boldsymbol{L}_3$, $\boldsymbol{L}_2\boldsymbol{L}_3 - \boldsymbol{L}_3\boldsymbol{L}_2 = i\hbar\boldsymbol{L}_1$, $\boldsymbol{L}_3\boldsymbol{L}_1 - \boldsymbol{L}_1\boldsymbol{L}_3 = i\hbar\boldsymbol{L}_2$). Podemos considerar que estos operadores generan las rotaciones de una esfera ordinaria S^2. Resulta que, a partir del álgebra generada por $\boldsymbol{L}_1, \boldsymbol{L}_2, \boldsymbol{L}_3$ podemos obtener una geometría no conmutativa que podemos llamar la «esfera no conmutativa». Hay muchas sutilezas matemáticas, bellas estructuras e inesperadas aplicaciones de esta idea, pero aquí no entraré en detalles. Volveré al tema en §33.7, en relación con la cuantización de twistores.

Connes y sus colegas han desarrollado la noción de geometría no conmutativa con la idea de producir una teoría física que incluya el modelo estándar de la física de partículas.[14] Su modelo utiliza un álgebra $\mathcal{A}$ que es un producto $\mathcal{A}_1 \times \mathcal{A}_2$, donde $\mathcal{A}_1$ es el álgebra (conmutativa) de funciones en el espaciotiempo (pero tomada con una métrica definida positiva) y $\mathcal{A}_2$ es un álgebra no conmutativa que procede de los grupos de simetría interna del modelo estándar de la física de partículas y proporciona «dos copias» del espaciotiempo. Tal como está, este modelo no incorpora las ideas lorentzianas de la relatividad especial, ni por supuesto las de la relatividad general. Más aún, no me parece que hasta ahora se haya utilizado toda la riqueza potencial de la idea de la geometría no conmutativa. Pese a ello, el modelo está en marcha y tiene características intrigantes que entrañan predicciones con respecto a la masa del bosón de Higgs.[15]

Todas estas ideas se concentran en la construcción de nociones de «espaciotiempo» que adoptan aspectos de discretización o características «cuánticas» de algún tipo. En el resto de este capítulo describiré una idea muy diferente, a saber, la de la *teoría de twistores* (¡a la que personalmente he dedicado más de cuarenta años!), en la que no hay discretización impuesta específicamente sobre el espaciotiempo. En lugar de ello, los puntos espaciotemporales son privados de su papel primario en la teoría física. El espaciotiempo se considera una construcción (secundaria) a partir de las nociones twistoriales más primitivas. La teoría de twistores guarda ciertas relaciones con la teoría de la red de espín y con las variables de Asthekar, y posiblemente con la geometría no conmutativa, pero no lleva directamente a una noción de un «espaciotiempo discreto». En su lugar, su alejamiento de la continuidad de los números reales toma la dirección opuesta, pues invoca la *magia de los números complejos* como un principio guía primario para la física. Según la teoría de twistores, hay un papel fundamental subyacente para los números complejos en la definición de la estructura espaciotemporal, además del bien establecido papel básico de estos números en la mecánica cuántica. De este modo, se percibe un importante hilo conector entre la física de lo grande y la física de lo pequeño.

33.2. Los twistores como rayos de luz

Como hemos visto en los capítulos 21 y 22, la estructura de los números complejos es fundamental para la mecánica cuántica. Las «amplitudes» que aparecen como coeficientes en la ley de superposición básica de la mecánica cuántica son números complejos, lo que conduce a los espacios de Hilbert complejos de la teoría. Mientras que estas amplitudes se suelen considerar cantidades abstractas, y desempeñan el papel básico de proporcionar probabilidades cuando tiene lugar una

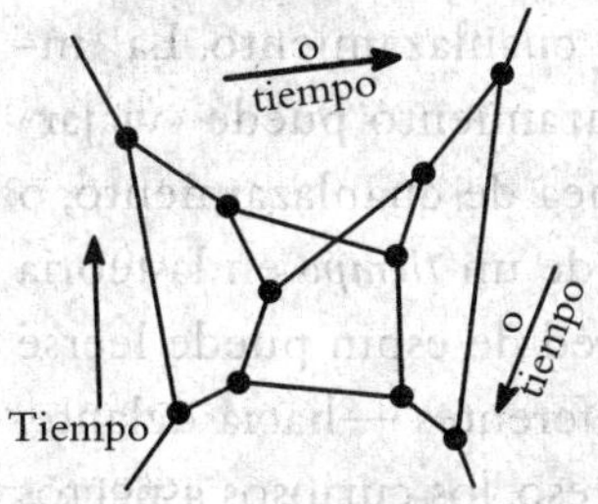

Fig. 33.4. En una red de espín del tipo original, las líneas se pueden leer como enlaces de cuanlazamiento (véanse 23.9 y la Fig. 23.7). Es posible escoger cualquier dirección temporal —hacia delante, de lado, o hacia atrás—, obteniéndose una interpretación de la red de espín igualmente válida.

medida, hemos visto (en §22.9) que hay una fuerte interconexión entre estos números complejos y la geometría espacial. Esto es más manifiesto en la mecánica cuántica de una partícula de espín 1/2, donde los posibles estados de espín corresponden a las diferentes direcciones espaciales, mediante la noción de una *esfera de Riemann*; además, en §22.10 hemos visto que los estados de espín para un espín más alto pueden describirse también en términos de la geometría espacial de la esfera de Riemann mediante la representación de Majorana. Pero no es solo en la mecánica cuántica donde vemos un papel geométrico fundamental para la esfera de Riemann. Recordemos (de §18.5) que dicha esfera desempeña un importante papel espaciotemporal en la teoría de la relatividad, puesto que el campo de visión de un observador puede considerarse también como una esfera de Riemann. Este hecho tiene una importancia seminal en la teoría de twistores, como veremos enseguida.

Otro principio guía tras la teoría de twistores es la *no localidad* cuántica. Recordemos de los extraños efectos EPR expuestos en §§23.3-6, y más en concreto del papel del «cuanlazamiento», tal como se manifiesta especialmente en el fenómeno de la teleportación cuántica, descrito en §23.10, que el comportamiento cuántico no puede entenderse por completo en términos de influencias enteramente locales de carácter causal «normal». Esto sugiere que se necesita una teoría en la que tales aspectos no locales estén incorporados en un nivel básico.

Una guía para conseguir esto puede obtenerse de la teoría de *redes de espín*. Recordemos de §32.6 que hemos de considerar que todas las redes de espín están construidas inicialmente a partir de pares EPR. Las líneas de una red de espín que aparecen como consecuencia pueden considerarse legítimamente como enlaces de cuanlazamiento. La «información cuántica» que representa el cuanlazamiento puede «viajar» en una dirección u otra a lo largo de una línea de cuanlazamiento, o línea de red de espín. No hay especificación de un *tiempo* en la teoría de la red de espín estricta (y, de hecho, una red de espín puede leerse igualmente utilizando sentidos temporales diferentes —hacia delante, hacia atrás, lateral, etc.; véase la Fig 33.4). Por eso, los curiosos aspectos «retroactivos» del cuanlazamiento son solo reflejos de esta indiferencia a una dirección del flujo del tiempo que es una característica de las redes de espín.

Es posible considerar la teoría de twistores como una continuación del programa de la red de espín para obtener un esquema *relativista*, en el que rayos de luz idealizados (o sus generalizaciones, con espín) parecen ser, en cierto sentido, los portadores del cuanlazamiento. Las nociones espaciotemporales ordinarias no están inicialmente entre los ingredientes de la teoría de twistores, sino que van a *construirse* a partir de ellos. Esto tiene mucho en común con la filosofía subyacente tras mis redes de espín *originales*, en la que las nociones espaciales deben construirse a partir de las redes de espín, antes que pensar en las redes de espín como algo que habita en una geometría espacial previamente asignada.

La descripción twistorial del espaciotiempo resulta ser una descripción no local; además, hay un carácter fundamentalmente «holístico» en la descripción twistorial de los campos físicos que es resultado de una extraordinaria característica de la magia compleja (a saber, la cohomología de haces holomorfa) que todavía no hemos visto en este libro —aunque llegaremos a ella en §33.9 (y ya había un indicio de ello en la teoría de hiperfunciones de §9.7)— y que se mezcla con otro aspecto de la magia de los números complejos, a saber, el carácter holomorfo subyacente de la condición esencial de *frecuencia positiva* de la teoría cuántica de campos (§24.3 y §33.10).Vemos así que los aspectos no locales de la teoría de twistores están íntimamente ligados con la más importante de las motivaciones subyacentes, a saber, el deseo de explotar la magia de los números complejos, en la creencia de que la propia naturaleza puede depender muy bien de tales cosas en un nivel profundo. En esta sección, y en las próximas, veremos cómo todos estos aspectos de la magia de los números complejos empiezan a reunirse en el armazón de la teoría de twistores. También veremos que la teoría de twistores tiene una profunda relación, notable e inesperada, con la relatividad *general*, y que eso proporciona una perspectiva intrigante sobre la QFT, la física de partículas y la posible generalización no lineal de la mecánica cuántica.

¿Cómo empiezan a unirse estas ideas en la teoría de twistores? Como primer paso hacia la comprensión de la teoría de twistores podemos considerar que un twistor representa un *rayo de luz* en el espaciotiempo (de Minkowski) ordinario $\mathbb{M}$. Podemos considerar que dicho rayo de luz proporciona el primitivo «enlace causal» entre un par de *sucesos* (i.e., de puntos espaciotemporales). Pero los propios sucesos deben considerarse como constructos secundarios, obtenidos a partir de sus papeles como intersecciones de rayos de luz. De hecho, es posible caracterizar un suceso R (punto espaciotemporal R) por medio de la familia de rayos de luz que pasan por R; véase la Fig. 33.5. Así pues, mientras que en la imagen espaciotemporal normal un rayo de luz Z es un lugar geométrico y un suceso R es un punto, hay una chocante inversión en el espacio twistorial, puesto que ahora el rayo de luz se describe como un *punto* **Z** y un suceso se describe como un *lugar geométrico* **R**.

El *espacio twistorial* al que nos referimos aquí, cuyos puntos indivi-

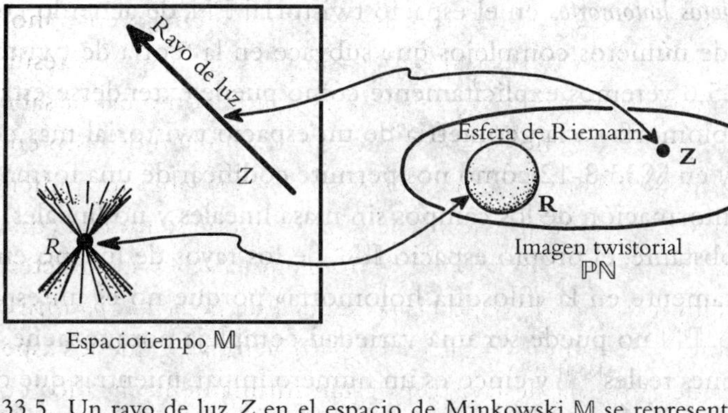

Fig. 33.5. Un rayo de luz Z en el espacio de Minkowski $\mathbb{M}$ se representa como un único punto **Z** en el espacio twistorial $\mathbb{PN}$ (espacio twistorial nulo proyectivo); un único punto **R** en $\mathbb{M}$ está representado por una esfera de Riemann **R** en $\mathbb{PN}$ (esfera que representa la «esfera celeste» de rayos de luz en R). Para la correspondencia completa, esto requiere el espacio de Minkowski compactificado $\mathbb{M}^{\#}$ descrito en la Fig. 33.9.

duales representan rayos de luz en $\mathbb{M}$, se denota[16] por $\mathbb{PN}$. (Se adopta esta notación para encajar con la terminología de §33.5). Así, el punto **Z** en $\mathbb{PN}$ corresponde al lugar geométrico Z (un rayo de luz) dentro de $\mathbb{M}$ y el punto R en $\mathbb{M}$ corresponde al lugar geométrico **R** (una esfera de Riemann; véase §18.5) dentro de $\mathbb{PN}$. Ahora bien, una parte esencial de la filosofía de la teoría de twistores es que las nociones físicas ordinarias, que normalmente se describen en términos espaciotemporales, deben traducirse en una descripción equivalente (aunque relacionada no localmente) en el espacio twistorial. Vemos que la relación entre $\mathbb{M}$ y $\mathbb{PN}$ es en realidad una correspondencia no local, en lugar de una transformación punto a punto. Sin embargo, el espacio $\mathbb{PN}$ nos ofrece los comienzos de una traducción semejante. La riqueza completa de la geometría twistorial —que resulta ser muy notable— solo se revela poco a poco, a medida que se desarrolla en todos sus detalles la correspondencia entre conceptos espaciotemporales y geometría en el espacio twistorial

Este lugar geométrico **R** dentro de $\mathbb{PN}$ describe la «esfera celeste» (el campo de visión total) de un observador en R, donde la esfera celeste de R se considera como la familia de rayos de luz que pasan por R. Como se ha señalado antes, esta esfera es naturalmente una *esfera de Riemann* que es un *espacio 1-dimensional complejo* (una curva compleja; véase el capítulo 8). Así, consideramos los puntos espaciotemporales como *objetos holomorfos* en el espacio twistorial $\mathbb{PN}$, de acuerdo con la filosofía de números complejos que subyace en la teoría de twistores. En §§33.5,6 veremos explícitamente cómo puede extenderse esta «filosofía holomorfa» a la geometría de un espacio twistorial más completo $\mathbb{T}$, y en §§33.8-12 cómo nos permite codificar de una forma notable la información de los campos sin masa lineales y no lineales.

No obstante, el propio espacio $\mathbb{PN}$, de los rayos de luz, no encaja inmediatamente en la «filosofía holomorfa» porque no es un espacio complejo. $\mathbb{PN}$ no puede ser una variedad compleja porque tiene *cinco* dimensiones reales[33.1] y cinco es un número impar, mientras que cualquier n-variedad compleja debe tener un número *par*, $2n$, de dimensiones reales (véase §12.9). En §33.6 veremos que si hacemos nuestros

[33.1] ¿Por qué los rayos de luz tienen cinco grados de libertad?

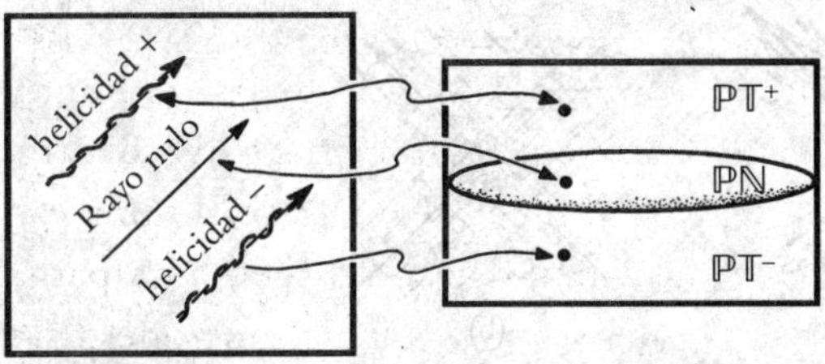

Fig. 33.6. La 5-variedad real ℙℕ divide el espacio twistorial proyectivo ℙ𝕋 en dos 3-variedades complejas, $\mathbb{PT}^+$ y $\mathbb{PT}^-$, que representan partículas sin masa de helicidad positiva y negativa, respectivamente.

«rayos de luz» un poco más parecidos a partículas físicas sin masa, asignándoles espín (en realidad, helicidad; véase §22.7) y energía, entonces obtenemos un espacio ℙ𝕋 *seis*-dimensional que realmente *puede* interpretarse como un espacio complejo, de *tres* dimensiones complejas. El espacio ℙℕ se acomoda dentro de ℙ𝕋, dividiéndolo en dos variedades complejas $\mathbb{PT}^+$ y $\mathbb{PT}^-$, donde puede considerarse que $\mathbb{PT}^+$ representa partículas sin masa de helicidad positiva y $\mathbb{PT}^-$ representa partículas sin masa de helicidad negativa; véase la Fig. 33.6. Sin embargo, no sería correcto pensar en los twistores como partículas sin masa. En su lugar, los twistores proporcionan las variables en cuyos términos deben expresarse las partículas sin masa. (Esto es comparable al uso ordinario de un 3-vector de posición **x** para etiquetar un punto en el espacio. Aunque una partícula podría ocupar el punto etiquetado por **x**, no sería correcto identificar la partícula con el vector **x**.)

La perspectiva twistorial nos lleva a una visión del «espaciotiempo cuantizado» muy diferente de la que se suele proponer. Un punto de vista bastante «convencional» sostiene que los procedimientos de la teoría (cuántica) de campos deben aplicarse al tensor métrico g_{ab}, considerado este como un campo tensorial en (la variedad de) el espaciotiempo. Se expresa la idea de que la *métrica cuantizada* mostrará aspectos de «borrosidad» debido al principio de incertidumbre de Heisenberg. Se nos presenta la imagen de cierto tipo de espacio tetradimensional que posee una «métrica borrosa», de modo que, en particular, los conos nulos —y en consecuencia, la noción de *causalidad*— quedan sujetos a «incertidumbres cuánticas» (véase la Fig. 33.7a). Por consiguiente, no hay una noción clásicamente bien definida acerca de si un vector del espaciotiempo es de género espacio, de género tiempo o nulo. Esta cuestión ha planteado dificultades fundamentales para cualquier «teoría cuántica de la gravedad» demasiado convencional, pues una carac-

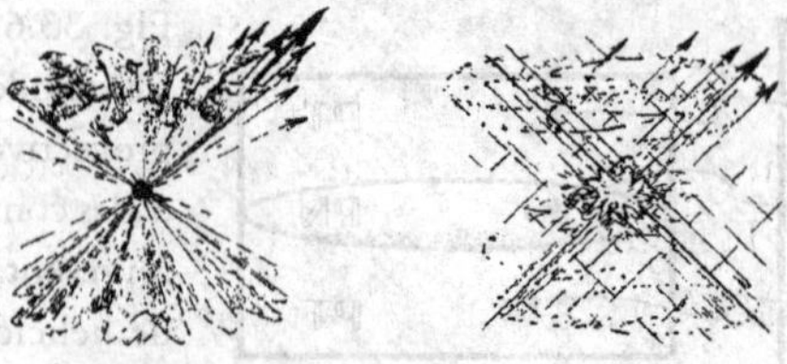

Fig. 33.7. (a) Con respecto a la posible naturaleza de un «espaciotiempo cuantizado», ha sido un punto de vista común que debería ser un tipo de espaciotiempo con una métrica «borrosa», que lleva a una especie de cono de luz «borroso», donde la noción de dirección en un punto, ya sea nula, de género tiempo o de género espacio, estaría sujeta a incertidumbres cuánticas. (b) Una perspectiva más «twistorial» sería tomar el espacio twistorial (en este caso $\mathbb{PN}$) para retener un tipo de existencia (de modo que seguiría habiendo rayos de luz), pero la condición de su intersección estaría ahora sometida a incertidumbres cuánticas. Por consiguiente, la que ahora se haría borrosa es la noción de «punto espaciotemporal».

terística básica de la QFT es que los requisitos de causalidad exigen la conmutación de los operadores de campo definidos en sucesos con separación de género espacio (§26.11). Si la propia noción de «de género espacio» está sujeta a incertidumbres cuánticas (o se ha convertido en una noción cuántica), entonces los métodos estándar de la QFT —que implican la especificación de relaciones de conmutación para operadores de campo (§§26.2,3)— no pueden aplicarse directamente. La teoría de twistores sugiere una imagen muy diferente. Ahora, cualesquiera que sean los procedimientos de «cuantización» adecuados, deben ser aplicados dentro de un espacio twistorial y no dentro del espaciotiempo (como hubiera sido el punto de vista «convencional»). De forma análoga a como en la aproximación convencional los «sucesos» quedan intactos mientras que los «conos de luz» se hacen borrosos, en una aproximación basada en twistores son ahora los «rayos de luz» los que quedan intactos mientras que los «sucesos» se hacen borrosos (véase la Fig. 33.7b).

Como acabamos de ver, la teoría de twistores, explota inicialmente una manifestación de la magia de los números complejos diferente de las que se encuentran en la teoría cuántica, a saber, la característica *clasica* de la geometría espaciotemporal por la que la esfera celeste puede considerarse como una esfera de Riemann, que es una variedad compleja 1-dimensional. La idea es que esto nos ofrece indicios respecto al esquema *real* de cosas de la naturaleza, que en definitiva debe unificar la estructura espaciotemporal con los procedimientos de la mecánica cuántica. Hay que decir que esta característica de la geometría espaciotemporal es específica de la dimensión y la signatura concretas que nuestro espaciotiempo posee realmente. En realidad, el hecho de que la esfera de Riemann desempeñe un papel importante como esfera celeste en la teoría de la relatividad (§18.5) requiere que el espaciotiempo sea 4-dimensional y lorentziano, en abierto contraste con las ideas subyacentes en la teoría de supercuerdas y otros esquemas de tipo Kaluza-Klein. La magia compleja de la teoría de twistores es muy específica de la geometría espaciotemporal 4-dimensional de la teoría de la relatividad (especial) ordinaria, y no tiene la misma relación estrecha con la «geometría espaciotemporal» de dimensiones más altas (véase §33.4 *infra*).

Para ir más lejos, volvamos a la imagen de la red de espín pura original, y recordemos que su carencia principal era que no había ninguna referencia al desplazamiento espacial. En dicha teoría, los ángulos euclídeos surgen como una especie de «límite geométrico» de la teoría de red de espín pura; pese a todo, en esta teoría no aparecen distancias. En el esquema de variables de lazo, el aspecto de «distancia» de las cosas es abordado por los números ($n = 2j$) en las líneas que se refieren al *área* antes que al espín. Pero esto es diferente de la interpretación de la teoría de redes de espín original, donde no hay medida de distancia porque el espín es momento *angular*, que tiene que ver meramente con rotaciones y ángulos. Para poder incorporar desplazamientos traslacionales y distancias reales necesitaríamos un papel correspondiente para el momento *lineal* en la teoría. Por consiguiente, parece que necesitamos pasar del grupo de rotación al grupo completo de movimientos euclídeos y, para un esquema propiamente relativista, al grupo de Poincaré (§18.12).[17]

A finales de la década de 1950 y principios de la de 1960, cuando me dedicaba activamente a este tema, todavía no se había desarrollado la teoría de las variables de lazo, y contemplaba una generalización de las redes de espín en la que el grupo de Poincaré participa directamente. Sin embargo, me preocupaba un aspecto incómodo del grupo de Poincaré —que no es semisimple (véase §13.7)— que tiene desagradables implicaciones con respecto a sus representaciones. En aquella época, tenía la idea de que una extensión del grupo de Poincaré a lo que se conoce como el grupo *conforme* (que *sí* es semisimple) podría constituir el análogo relevante de la teoría de redes de espín en una estructura más satisfactoria matemáticamente. El grupo conforme amplía el grupo de Poincaré exigiendo meramente que se conserven los conos de luz, antes que la métrica del espacio de Minkowski. De hecho, resulta que el grupo conforme tiene un papel importante en la teoría de twistores, pues es también el grupo de simetría del espacio $\mathbb{PN}$ de los rayos de luz (idealizados). (La parte no reflexiva del grupo conforme es también el grupo de simetría de cada uno de los espacios $\mathbb{PT}^+$ y $\mathbb{PT}^-$, antes mencionados, que describen partículas sin masa con helicidad y energía.) En las dos secciones siguientes veremos de forma más explícita cuál es el papel de este grupo.

33.3. El grupo conforme; el espacio de Minkowski compactificado

Antes me he referido al grupo conforme del espaciotiempo. Tratemos de explorar un poco más en detalle el papel de este grupo. Tiene una importancia especial en física en relación con los campos sin masa (por ejemplo, el campo de Maxwell), pues resulta que las ecuaciones de campo para los campos sin masa son invariantes bajo este grupo más grande, y no meramente bajo el grupo de Poincaré.[18] Se puede adoptar la postura de que en el nivel más fundamental las partículas/campos sin masa son los ingredientes básicos, siendo la masa algo que entra en una etapa posterior. De hecho, este parece ser el punto de vista implícito en el modelo estándar, descrito en el capítulo 25, en el que la masa se introduce por medio del bosón de Higgs y se considera que surge solo a través de un mecanismo de ruptura de simetría (§25.5). Sea como fuere, una de las importantes motivaciones subyacentes tras la teoría de twistores fue en realidad una creencia en la importancia básica de los campos sin masa y el grupo conforme. Observaremos (§33.8) que las partículas y los campos sin masa tienen una descripción extra-

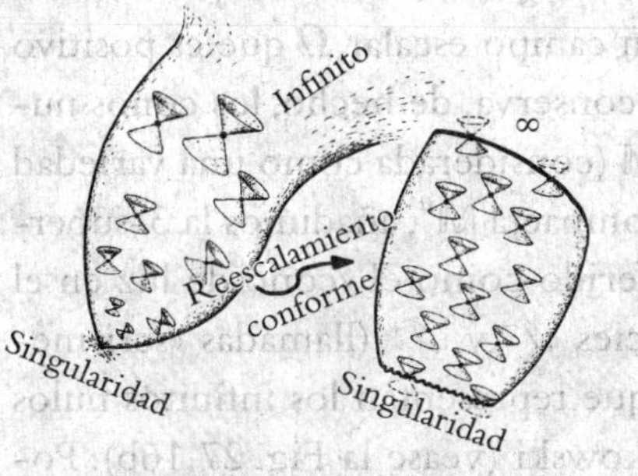

Fig. 33.8. La estructura de conos nulos de una variedad lorentziana $\mathcal{M}$ es equivalente a su estructura conforme. Un reescalamiento conforme de $\mathcal{M}$ afecta a su métrica, pero no a sus propiedades de causalidad. (Una métrica g reescala conformemente a g' si $g' = \Omega^2 g$, siendo el campo escalar Ω positivo en todas partes.) En circunstancias favorables, dichos reescalamientos pueden ser útiles para «traer a la vista» singularidades y regiones infinitas.

ordinariamente concisa en la teoría de twistores, y este hecho constituye una de las piedras angulares de dicha teoría.

¿Qué es exactamente el grupo conforme? Estrictamente hablando, este grupo no actúa sobre el espacio de Minkowski $\mathbb{M}$, sino sobre una ligera extensión de $\mathbb{M}$ conocida como espacio de Minkowski *compactificado* $\mathbb{M}^\#$. El espacio $\mathbb{M}^\#$ es una variedad cerrada bellamente simétrica, que en muchos aspectos tiene una geometría más elegante que la del propio espacio de Minkowski. No obstante, no hay que pensar en él como «espaciotiempo real», sino como una conveniencia matemática. Es un útil intermediario para la comprensión de la geometría twistorial y su relación con la geometría espaciotemporal física.

Una imagen que no hay que olvidar es la esfera de Riemann y su relación con el plano complejo. Recordemos de §8.3 que la esfera de Riemann se obtiene a partir del plano complejo añadiendo a este un «elemento infinito», a saber, el punto etiquetado ∞, y cuando lo hemos hecho obtenemos una estructura geométrica con una simetría mayor incluso que la del plano del que hemos partido. De manera similar, el «espacio de Minkowski compactificado» $\mathbb{M}^\#$ se obtiene a partir del espacio de Minkowski ordinario $\mathbb{M}$ añadiéndole un «elemento infinito» que, esta vez, resulta ser un *cono de luz en el infinito* completo. El espacio resultante tiene una simetría mayor (a saber, el grupo conforme) que el propio espacio de Minkowski.

Veamos cómo funciona esto. El espacio $\mathbb{M}^\#$ resulta ser una variedad compacta real 4-dimensional con una métrica conforme lorentziana. Recordemos de §27.12 que una métrica conforme lorentziana es precisamente la familia de conos nulos especificados en el espacio. Esta estructura se expresa más comúnmente en términos de una clase de equivalencia de métricas, donde una métrica $\boldsymbol{g}$ se considera equivalente a una métrica $\boldsymbol{g}'$ si $\boldsymbol{g}' = \Omega^2\boldsymbol{g}$ para algún campo escalar Ω que es positivo en todas partes. Este reescalamiento conserva, de hecho, los conos nulos (Fig. 33.8). Ahora, para pasar de $\mathbb{M}$ (considerada como una variedad conforme) a la variedad conforme compacta $\mathbb{M}^\#$, añadimos la 3-superficie $\mathscr{I}$ a la que antes nos hemos referido como el «cono de luz en el infinito». Recordemos las 3-superficies $\mathscr{I}^-$ y $\mathscr{I}^+$ (llamadas «scri menos» y «scri más», respectivamente) que representan los infinitos nulos pasado y futuro del espacio de Minkowski (véase la Fig. 27.16b). Podemos construir $\mathbb{M}^\#$ *identificando* $\mathscr{I}^-$ con $\mathscr{I}^+$ de la manera indicada en la Fig. 33.9. Un punto de $\mathscr{I}^-$ se considera el mismo que un punto correspondiente de $\mathscr{I}^+$ que es espacialmente *antipodal* a él (sobre la 2-esfera que representan la mayoría de los puntos del diagrama). El cono de luz de un punto a^- sobre $\mathscr{I}^-$ se concentra de nuevo en el punto a^+ sobre $\mathscr{I}^+$, y son los puntos a^- y a^+ los que deben identificarse. Además, los tres puntos que representan infinitos espaciales y temporales i^-, i^0 e i^+ son también identificados como el punto único i.[33.2] La variedad conforme $\mathbb{M}^\#$ tiene más simetría que el espacio de Minkowski, pues tiene un grupo de simetría 15-dimensional —el *grupo conforme*— en lugar de meramente el grupo de Poincaré 10-dimensional.

Existe una forma elegante de describir el espacio $\mathbb{M}^\#$ y su grupo de transformaciones. Consideremos el «cono de luz» $\mathcal{K}$ del origen O en un 6-espacio pseudoeuclídeo $\mathbb{E}^{2,4}$ con signatura $+ + - - - -$. Escojamos coordenadas estándar w, t, x, y, z, v para $\mathbb{E}^{2,4}$, de modo que $\mathcal{K}$ viene dado por la ecuación

$$w^2 + t^2 - x^2 - y^2 - z^2 - v^2 = 0,$$

siendo la métrica ds^2 de $\mathbb{E}^{2,4}$

$$ds^2 = dw^2 + dt^2 - dx^2 - dy^2 - dz^2 - dv^2.$$

Esto es un «cono» 5-dimensional con vértice O. He hecho lo me-

[33.2] Vea si puede describir con más detalle la geometría de $\mathbb{M}^\#$ explicando la identificación punto a punto de $\mathscr{I}^+$ con $\mathscr{I}^-$ en términos espaciotemporales ordinarios. ¿Puede ver por qué la topología de $\mathbb{M}^\#$ es $S^1 \times S^3$? ¿Puede pensar en una diferencia importante que ocurriría para un número impar de dimensiones espaciotemporales?

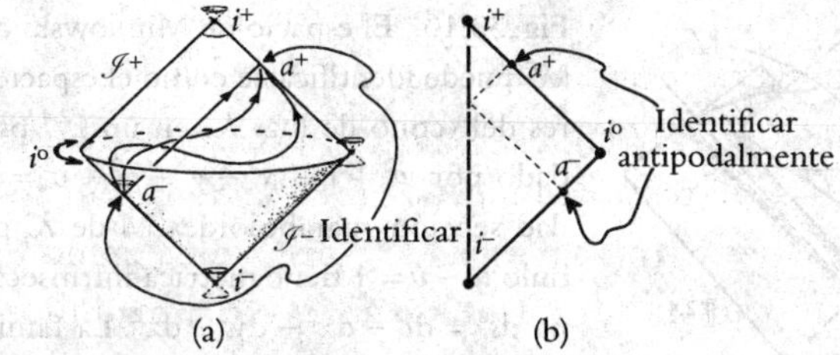

Fig. 33.9. El espacio de Minkowski compactificado $\mathbb{M}^{\#}$ se obtiene a partir del espacio de Minkowski ordinario $\mathbb{M}$ añadiendo sus infinitos nulos futuro $\mathscr{I}^+$ y pasado $\mathscr{I}^-$ e identificándolos luego adecuadamente. (a) El cono de luz futuro de cualquier punto a^- en $\mathscr{I}^-$ se concentra de nuevo en otro vértice a^+ en $\mathscr{I}^+$ (siendo este «cono de luz» en términos ordinarios simplemente la historia de un frente de onda plano que viaja a la velocidad de la luz), y a^- debe indentificarse con a^+. El infinito de género espacio i° y los infinitos pasado y futuro i^- e i^+ de género tiempo tienen que identificarse como un único punto. (b) Se muestra esta identificación $\mathscr{I}$, en términos del diagrama conforme estricto de la Fig. 27.16b, donde a^- es antipodal a a^+ sobre la «S^2 de rotación» para el diagrama entero.

jor que he podido con él en la Fig. 33.10, pero uno de los aspectos principales en que la imagen resulta equívoca es el hecho de que lo que parecen ser dos «piezas» distintas de $\mathcal{K}$ («pasado» y «futuro») están conectadas realmente en «una pieza».[33.3] Consideremos ahora la *sección* de $\mathcal{K}$ por el 5-plano nulo $w - v = 1$. Esta intersección es una 4-variedad («paraboloide») cuya métrica intrínseca, inducida a partir de la de $\mathbb{E}^{2,4}$ es[33.4]

$$\mathrm{d}s^2 = \mathrm{d}t^2 - \mathrm{d}x^2 - \mathrm{d}y^2 - \mathrm{d}z^2.$$

Reconocemos esto como la forma métrica del 4-espacio de Minkowski plano ordinario (§18.1), de modo que podemos identificarla con $\mathbb{M}$, incluso si está insertado de una forma «doblada» en $\mathbb{E}^{2,4}$ (con la apariencia de una parábola en la Fig. 33.10). ¿Cómo encontramos $\mathbb{M}^{\#}$ en esta imagen? Es el espacio abstracto de los *generadores* completos de $\mathcal{K}$ (líneas rectas que pasan por O y yacen en $\mathcal{K}$, donde la recta compleja que pasa por O en ambas direcciones cuenta como un único gene-

[33.3] ¿Puede ver por qué?
[33.4] ¿Por qué?

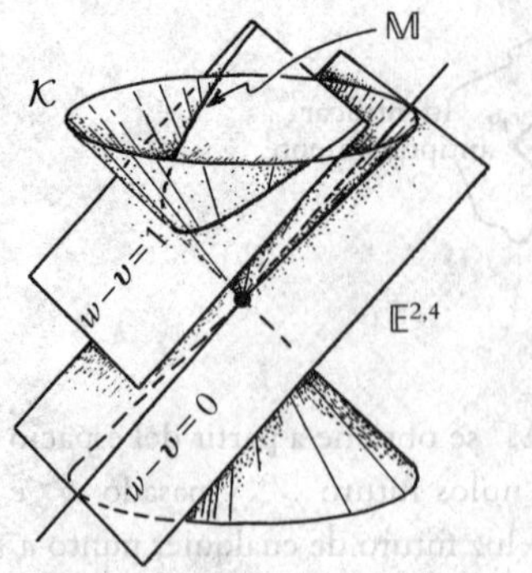

Fig. 33.10. El espacio de Minkowski compactificado $\mathbb{M}^\#$ puede identificarse como el espacio de generadores del «cono de luz» $\mathcal{K}$, en un $\mathbb{E}^{2,4}$ pseudoeuclídeo, dado por $w^2 + t^2 - x^2 - y^2 - z^2 - v^2 = 0$. La 4-variedad sección «paraboloide» $\mathbb{M}$ de $\mathcal{K}$ por el 5-plano nulo $w - v = 1$ tiene métrica intrínseca minkowskiana $ds^2 = dt^2 - dx^2 - dy^2 - dz^2$. La familia de generadores de $\mathcal{K}$ en $w - v = 0$ (no visible en este diagrama debido a la representación de solo una dimensión «temporal») son paralelas a $w - v = 1$ y no cortan a $\mathbb{M}$, y estos generadores proporcionan los puntos de $\mathscr{I}$.

rador). Así, podemos considerar que cada punto de $\mathbb{M}^\#$ *es* simplemente un generador de $\mathcal{K}$ (Fig. 33.10), ¡de modo que $\mathbb{M}^\#$ es la «esfera celeste» para un «observador» situado en el origen de $\mathbb{E}^{2,4}$!

¿Por qué funciona esto? Cada generador que no yace en el 5-plano $w - v = 0$ corta a $\mathbb{M}$ en un único punto, de modo que esta familia de generadores está en una correspondencia continua 1-1 con $\mathbb{M}$. Pero, además, están los generadores que *yacen* en este 5-plano. Estos suministran a $\mathbb{M}$ los puntos adicionales que constituyen $\mathscr{I}$. El espacio $\mathbb{M}^\#$ definido de esta manera tiene una métrica lorentziana conforme que está proporcionada localmente por la de cualquier sección transversal local de $\mathcal{K}$.[33.5]

El grupo pseudoortogonal O(2, 4) que actúa sobre $\mathbb{E}^{2,4}$ (véanse §13.8 y §§18.1,2) consta de las «rotaciones» que conservan la métrica ds^2. Esto envía generadores de $\mathcal{K}$ a otros generadores de $\mathcal{K}$, de modo que envía $\mathbb{M}^\#$ sobre sí mismo. Además, conserva la estructura conforme de $\mathbb{M}^\#$.[33.6] Hay exactamente dos elementos de O(2, 4) que actúan como la identidad sobre $\mathbb{M}^\#$, a saber, el propio elemento identidad de O(2, 4) y el elemento identidad negativo de O(2, 4), que simplemente invierte la dirección de cada generador. Aparte de la naturaleza dos a uno de la correspondencia que surge de esta reversibilidad de las di-

[33.5] ¿Por qué la métrica conforme que proporciona una sección transversal cualquiera es la misma que la de cualquier otra? ¿Por qué los puntos de $\mathcal{J}$, definidos de esta manera, coinciden con la definición dada antes? *Sugerencia*: Véanse §18.4 y la Fig. 18.9.

[33.6] ¿Por qué? Puede suponer el resultado del ejercicio [33.5].

recciones de los generadores, O(2, 4) es el grupo conforme. Incluye un subgrupo 10-dimensional que conserva el 5-plano $w - v = 0$, y esto da el *grupo de Poincaré* de $\mathbb{M}$.[33.7] De hecho, este argumento es tan solo una versión en dimensiones más altas del que hemos dado en §18.5 cuando mostrábamos que las transformaciones conformes de una esfera ordinaria (que es el plano euclídeo compactificado) proporcionan una realización del grupo de Lorentz O(1, 3); véase la Fig. 18.9.

33.4. Los twistores como espinores de dimensión superior

¿Cómo encajan los twistores en todo esto? La forma más fácil (pero en absoluto la más transparente) de describir un twistor (en un espacio de Minkowski) es decir que es un *espinor reducido* (o medio espinor) para O(2, 4). (No hay que alarmarse por el laconismo matemático de esta descripción; ¡pronto daré una imagen mucho más física!) Véase §11.5 para una breve mención de la noción de un espinor reducido. Para un espacio $2n$-dimensional, sobre el que actúa un grupo pseudoortogonal $O(n - r, n + r)$, el espacio de espinores reducidos es 2^{n-1}-dimensional. En el caso presente, $n = 3$ (y $r = 1$), así que tenemos un espacio 4-dimensional de espinores reducidos, conocido como *espacio twistorial*.[19]

Por desgracia, con una definición como esta, no nos hacemos una imagen física o geométrica clara de cómo es un twistor. Además, vemos que debería existir una teoría de twistores para cualquier número par $2(n - 1)$ de dimensiones espaciotemporales, pese a lo que se ha dicho hacia el final de §33.2. Generalizamos la construcción anterior para $\mathcal{K}$ (tomándolo ahora de $2n - 1$ dimensiones) y la compactificación del espaciotiempo de Minkowski $2(n - 1)$-dimensional funciona de un modo exactamente análogo al que se ha dado antes, donde simplemente introducimos las dos nuevas coordenadas v y w, como antes, una con un signo menos en la métrica, y la otra con un signo más. El «espacio twistorial» es ahora 2^{2n-1}-dimensional. Esto también funcionará para un número impar $2n - 1$ de dimensiones espaciotemporales, salvo

[33.7] ¿Cuál es la condición explícita sobre una matriz (6 × 6) para que represente un elemento infinitesimal de O(2, 4)? ¿Cuál de estas matrices da transformaciones de Poincaré infinitesimales?

que ahora no tenemos la noción de espinores reducidos y es todo el espacio de espín 2^n-dimensional el que tendría que contar como nuestros «twistores». Sin embargo, en el caso de dimensión impar se pierde una característica importante de los twistores, a saber, su naturaleza quiral (que discutiremos más en detalle en §§33.7,12,14). Solo cuando pasamos a los espacios de espín reducido conseguimos un formalismo esencialmente quiral (de modo que las entidades dextrógiras y levógiras reciben descripciones twistoriales diferentes; véase §33.7), y podemos mantener la esperanza de que, en última instancia, puedan incorporarse los aspectos quirales de las interacciones débiles (§25.3). También veremos más adelante por qué esta definición general n-dimensional de un twistor carece de muchas de las propiedades físicas (y holomorfas) clave que hacen tan efectiva la teoría de twistores.

Puesto que los twistores se refieren a un grupo activo de transformaciones espaciotemporales (el grupo conforme) donde puntos del espaciotiempo son enviados a otros puntos del espaciotiempo bajo la acción del grupo, los twistores se ven como entidades que se refieren globalmente al espaciotiempo total, más que a puntos individuales en el espaciotiempo. Las cantidades locales tales como vectores, tensores o espinores ordinarios se refieren al grupo de simetría que actúa en un punto; véase §14.1 (por ejemplo, el grupo de rotaciones o el grupo de Lorentz; §13.8). Aunque esto hace de los twistores algo más difícil de manejar que los vectores, tensores o espinores ordinarios, esta globalidad tiene una ventaja cuando buscamos un formalismo que pretenda reemplazar el espaciotiempo y no solo definirlo en referencia a una variedad espaciotemporal previamente dada. De hecho, como se ha mencionado en §33.2, uno de los objetivos principales de la teoría de twistores es obtener un formalismo semejante. El inconveniente principal de esta aproximación es que resulta difícil ver cómo un formalismo semejante puede aplicarse a un espaciotiempo curvo general $\mathcal{M}$, cuando cosas tales como el grupo conforme no aparecen como una simetría de $\mathcal{M}$. En §§33.11,12 veremos cómo la teoría de twistores resuelve esta dificultad de una forma notable.

La definición anterior de un twistor, como un espinor reducido para O(2, 4), nos ofrece solo una perspectiva muy limitada sobre las ideas y la motivación de la teoría de twistores. No hay nada específicamente 4-dimensional en esta aproximación, y no da ninguna indicación clara de por qué habría que interesarse en la teoría de twistores con el fin de que nos proporcione una guía para avanzar en nuestra búsqueda de una teoría más profunda de la naturaleza. Para apreciar con más detalle lo que la teoría de twistores está tratando de decirnos en este aspecto, recordemos el mensaje de los capítulos 29 y 30. Mientras que normalmente se acepta que la unión apropiada cuántico/gravedad debe ser un objetivo principal en la búsqueda de una perspectiva fundamentalmente nueva en física, el mensaje de estos capítulos es que deberíamos buscar un desarrollo en el que las propias reglas de la teoría cuántica (de campos) no sigan siendo sacrosantas, sino que deberían doblegarse, igual que deberían hacerlo nuestras imágenes espaciotemporales convencionales. De todas formas, hay evidentemente mucha verdad y belleza en los principios de la mecánica cuántica, y estos no deberían ser abandonados sin más. En la teoría de twistores, en lugar de imponer reglas QFT, se examinan dichas reglas y se trata de extraer características que se mezclen con las de las ideas de Einstein, buscando armonías ocultas entre la relatividad y la mecánica cuántica. Como se ha dicho antes, un elemento clave para guiarse es la magia de los números complejos que ha intervenido en tantos lugares de este libro. Otro es una armonía especial con la teoría de Einstein del 4-espacio lorentziano antes que con sus generalizaciones a dimensiones más altas o a otras signaturas.

¿Qué hay de especial a este respecto en el 4-espacio lorentziano? Como se ha señalado en §18.5 y en §33.2, la esfera celeste de un observador tiene una estructura conforme natural y puede interpretarse como una esfera de Riemann. Habría que tener en cuenta que algo de esta naturaleza ocurre realmente en *cualquier* número (no nulo) de dimensiones de espacio y tiempo, donde la esfera celeste tiene siempre la estructura de una variedad conforme.[33.8] Lo que hay de especial en el caso 4-dimensional lorentziano es que dicha variedad conforme puede interpretarse de modo natural como una variedad *compleja* (la esfera de Riemann), una propiedad que no aparece en ningún otro número de dimensiones de espacio y tiempo. ¿Cuál es la importancia de esto? En la

[33.8] Explique por qué.

teoría de twistores, la magia de los números complejos se explota al máximo. No solo el espacio twistorial resulta ser una variedad compleja, sino que dicha variedad compleja tiene una interpretación física directa. De hecho, resultados generales nos dicen que los únicos casos en los que el «espacio twistorial» es un espacio complejo de cualquier tipo[20] son aquellos en que la diferencia entre el número de dimensiones espaciales y el número de dimensiones temporales deja resto 2 cuando se divide por 4. Hay que señalar que este no es el caso para la teoría de Kaluza-Klein original, ni para la teoría de la supergravedad 10 u 11-dimensional, ni para la teoría de cuerdas 26-dimensional original, ni para la teoría de supercuerdas 10-dimensional, ni para la supergravedad o la teoría M 11-dimensional, ni siquiera para la teoría-F 12-dimensional (puesto que en este caso hay 2 dimensiones temporales).

33.5. Geometría twistorial básica y coordenadas

¿Cuál es la interpretación física o geométrica de un twistor general para el 4-espacio minkowskiano ordinario? Es más fácil describirlo si utilizamos coordenadas minkowskianas estándar t, x, y, z para un punto R de $\mathbb{M}$, donde tomamos la velocidad de la luz como la unidad, $c = 1$. El espacio twistorial completo $\mathbb{T}$ es un *espacio vectorial complejo 4-dimensional*, para el que se utilizarán las coordenadas complejas Z^0, Z^1, Z^2, Z^3. Decimos que un twistor $\mathbf{Z}$ con estas coordenadas es *incidente* con el punto R del espaciotiempo (o que R es incidente con $\mathbf{Z}$) si se satisface la relación matricial clave (véase §13.3 para la notación matricial)

$$\begin{pmatrix} Z^0 \\ Z^1 \end{pmatrix} = \frac{\mathrm{i}}{\sqrt{2}} \begin{pmatrix} t + z & x + \mathrm{i}y \\ x - \mathrm{i}y & t - z \end{pmatrix} \begin{pmatrix} Z^2 \\ Z^3 \end{pmatrix},$$

¡de la que se siguen todas las propiedades básicas de la geometría twistorial en un espacio plano![33.9]

De acuerdo con la notación de §12.8, la notación de índices (abstactos) Z^α se utilizará a veces para representar el twistor $\mathbf{Z}$ (donde las componentes de $\mathbf{Z}$ en un sistema estándar serían Z^0, Z^1, Z^2, Z^3). Cada twistor $\mathbf{Z}$, o Z^a (un elemento de $\mathbb{T}$) tiene un complejo conjugado $\bar{\mathbf{Z}}$,

[33.9] Escriba esta ecuación en notación algebraica ordinaria.

que es un twistor *dual* (elemento del espacio twistorial dual $\mathbb{T}^*$). En la forma de índices, $\bar{\mathbf{Z}}$ se escribe $\bar{Z}_\alpha$, con un subíndice, y sus componentes (en el sistema estándar) serían

$$(\bar{Z}_0, \bar{Z}_1, \bar{Z}_2, \bar{Z}_3) = (\bar{Z}^2, \bar{Z}^3, \bar{Z}^0, \bar{Z}^1).$$

Esta notación es probablemente algo confusa. Las cuatro cantidades (números complejos) de la izquierda son simplemente las cuatro componentes del twistor dual $\bar{\mathbf{Z}}$. Las cuatro de la derecha son los respectivos complejos conjugados de los números complejos Z^2, Z^3, Z^0, Z^1. Así pues, la componente $\bar{Z}_0$ de $\bar{\mathbf{Z}}$ es el complejo conjugado de la componente Z^2 de $\mathbf{Z}$, etc. Nótese el intercambio de las dos primeras con las dos segundas cuando se forma la conjugación compleja. Puesto que $\bar{\mathbf{Z}}$ es un tensor dual, podemos formar su producto escalar (hermítico) (véanse §13.9 y §22.3) con el twistor original $\mathbf{Z}$ para obtener la *norma twistorial* (al cuadrado)

$$\begin{aligned}\bar{\mathbf{Z}} \cdot \mathbf{Z} &= \bar{Z}_\alpha Z^\alpha = \bar{Z}_0 Z^0 + \bar{Z}_1 Z^1 + \bar{Z}_2 Z^2 + \bar{Z}_3 Z^3 = \\ &= \overline{Z^2} Z^0 + \overline{Z^3} Z^1 + \overline{Z^0} Z^2 + \overline{Z^1} Z^3 = \\ &= \frac{1}{2}(|Z^0 + Z^2|^2 + |Z^1 + Z^3|^2 - |Z^0 - Z^2|^2 - |Z^1 - Z^3|^2),\end{aligned}$$

donde esta última fórmula muestra que la expresión hermítica $\bar{Z}_\alpha Z^\alpha$ tiene signatura $(+ + - -)$, de acuerdo con §13.9.[33.10] (La simetría del espacio twistorial exhibe la equivalencia local, mencionada en §3.10, del grupo SU(2, 2) con el O(2, 4) de §33.3.) A partir de la relación de incidencia clave dada arriba, observamos que un twistor Z^α puede ser incidente con un suceso en el espacio de Minkowski real $\mathbb{M}$ solo si su norma *se anula*: $\bar{Z}_\alpha Z^\alpha = 0$.[33.11] Cuando $\bar{Z}_\alpha Z^\alpha = 0$, decimos que el twistor $\mathbf{Z}$ es *nulo*.

Para enlazar con la exposición de §33.2, deberíamos primero familiarizarnos con el espacio twistorial *proyectivo* $\mathbb{PT}$, que es el 3-espacio proyectivo complejo ($\mathbb{CP}^3$) construido a partir del espacio vectorial complejo $\mathbb{T}$. (Véase §15.6 para una discusión general de los espacios proyectivos.) Buena parte de la geometría twistorial se expresa muy fá-

[33.10] Verifique esta expresión final; explique por qué esto nos dice la signatura.
[33.11] Demuéstrelo; demuestre, recíprocamente, que un suceso semejante existe siempre si $\bar{Z}_\alpha Z^\alpha = 0$, con tal de que Z^2 y Z^3 no se anulen simultáneamente.

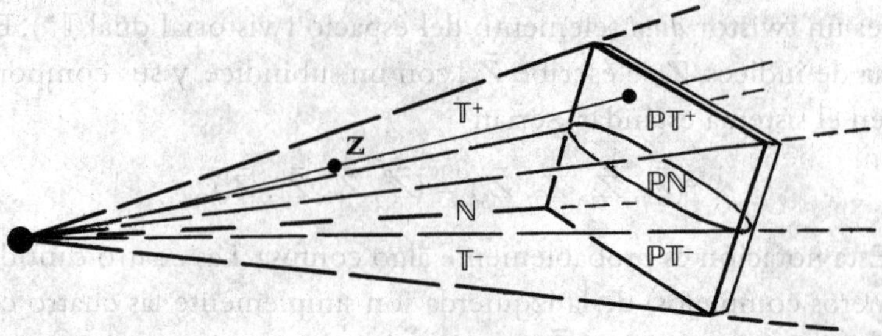

Fig. 33.11. El espacio twistorial $\mathbb{T}$ es un espacio vectorial complejo con una métrica pseudohermítica. El espacio twistorial proyectivo $\mathbb{PT}$ es el espacio de rayos (subespacios 1-dimensionales) en $\mathbb{T}$. Así pues, si un twistor **Z** tiene coordenadas (Z^0, Z^1, Z^2, Z^3), las razones $Z^0 : Z^1 : Z^2 : Z^3$ determinan el punto correspondiente en $\mathbb{PT}$. El subespacio 7-real dimensional $\mathbb{N}$ (de twistores nulos $\bar{Z}_\alpha Z^\alpha = 0$) divide el espacio twistorial $\mathbb{T}$ en los 4-espacios complejos $\mathbb{T}^+$ (de twistores positivos $\bar{Z}_\alpha Z^\alpha > 0$) y $\mathbb{T}^-$ (de twistores negativos $\bar{Z}_\alpha Z^\alpha < 0$). Las versiones proyectivas respectivas de estos espacios son los 5-real dimensionales $\mathbb{PN}$ (que representan rayos de luz en $\mathbb{M}^\#$) y las dos 3-variedades complejas $\mathbb{PT}^+$ (que representan partículas sin masa de helicidad positiva) y $\mathbb{PT}^-$ (que representan partículas sin masa de helicidad negativa).

cilmente en términos de $\mathbb{PT}$ en lugar de $\mathbb{T}$. Los números Z^0, Z^1, Z^2, Z^3 proporcionan ahora *coordenadas homogéneas* para $\mathbb{PT}$, de modo que las tres razones independientes

$$Z^0 : Z^1 : Z^2 : Z^3,$$

sirven para etiquetar puntos de $\mathbb{PT}$. Los twistores proyectivos *nulos* constituyen el espacio $\mathbb{PN}$, que es el subespacio 5-real dimensional del espacio 6-real dimensional $\mathbb{PT}$ para el que la norma twistorial se anula:

$$\bar{Z}_\alpha Z^\alpha = 0.$$

Esta ecuación define también el subespacio 7-real dimensional $\mathbb{N}$ de los twistores *no* proyectivos nulos, en el espacio vectorial $\mathbb{T}$. Cuando $\bar{Z}_\alpha Z^\alpha > 0$, obtenemos el espacio $\mathbb{T}^+$ de los twistores *positivos*, y cuando $\bar{Z}_\alpha Z^\alpha < 0$, obtenemos el espacio $\mathbb{T}^-$ de los twistores *negativos*. Los espacios proyectivos $\mathbb{PT}^+$ y $\mathbb{PT}^-$ se definen en correspondencia con esto. Véase la Fig. 33.11 (y compárese con la Fig. 33.6).

Exploremos la relación geométrica entre $\mathbb{PN}$ y $\mathbb{M}$ que se muestra en la Fig. 33.5 como una consecuencia de la relación de incidencia clave dada al principio de esta sección. Puede verse directamente a partir de esta relación que dos puntos P, R de $\mathbb{M}$ (sucesos) que son incidentes con el mismo twistor $\mathbf{Z}$ diferente de cero (necesariamente un twistor nulo) deben tener una *separación nula* entre sí (i.e., cada uno de ellos yace en el cono de luz del otro). Se sigue que $\mathbf{Z}$ define un *rayo de luz* —línea recta nula en $\mathbb{M}$—, puesto que todos los puntos de $\mathbb{M}$ que son incidentes con $\mathbf{Z}$ deben tener *separación nula* entre sí. Véase la Fig. 33.12. Además, el twistor $\mathbf{Z}$ representa el mismo rayo de luz si reemplazamos Z_α por λZ^a, donde λ es cualquier número complejo no nulo. El lugar geométrico de los sucesos incidentes con un twistor proyectivo nulo (diferente de cero) es, de hecho, un rayo de luz; pero en la situación particular en la que $Z^2 = Z^3 = 0$ debemos interpretar esto de manera adecuada, pues no obtenemos puntos reales en $\mathbb{M}$ incidentes con Z^α, pese a lo cual podemos seguir considerando que tal twistor nulo describe un *rayo de luz en el infinito* (un generador de $\mathscr{I}$, que yace en $\mathbb{M}^\#$, en lugar de $\mathbb{M}$).[33.12]

Examinemos ahora el recíproco. Fijando el suceso R, con coordenadas reales t, x, y, z, observamos que el espacio de twistores $\mathbf{Z}$ incidentes con R está definido por dos relaciones homogéneas lineales en las componentes Z^0, Z^1, Z^2, Z^3. Cada una de estas relaciones lineales define un *plano* en $\mathbb{PT}$ y su *intersección* (el conjunto de puntos en $\mathbb{PT}$ que satisfacen ambas relaciones) nos da una *línea proyectiva* $\mathbf{R}$ en $\mathbb{PT}$ (un $\mathbb{CP}^1$) —que yace en $\mathbb{PN}$, de hecho—, que es por consiguiente una esfera de Riemann, como se requiere (§§15.4,6). Así pues, los puntos de $\mathbb{M}$ (sucesos) se representan, en el espacio twistorial, por líneas proyectivas en $\mathbb{PN}$. En la situación particular $Z^2 = 0 = Z^3$, obtenemos una línea proyectiva particular en $\mathbb{PN}$ a la que llamaremos $\mathbf{I}$. Esta línea especial representa el punto i que es el vértice del cono de luz $\mathscr{I}$ en el infinito. Cualquier otro punto Q de $\mathscr{I}$ está representado, en $\mathbb{PN}$, por una línea proyectivas que corta a $\mathbf{I}$.[33.13] La situación se ilustra en la Fig. 33.12.

La forma en que estas estructuras complejas representan la geometría del espacio de Minkowski (en el número de dimensiones estándar de espacio y tiempo) es muy notable. Podemos reinterpretar el espa-

[33.12] Demuestre explícitamente las afirmaciones de este párrafo.

[33.13] ¿Por qué?

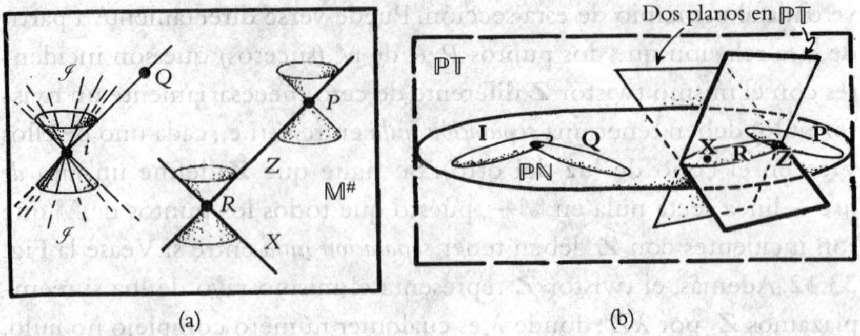

Fig. 33.12. La geometría de los lugares geométricos básicos en $\mathbb{M}^\#$ y $\mathbb{PN}$, dada por la relación de incidencia de la correspondencia twistorial. (a) Fijemos un punto (twistor nulo proyectivo) **Z** en $\mathbb{PN}$. Los puntos de $\mathbb{M}^\#$ (por ejemplo, *P*, *R*) que son incidentes con **Z** constituyen un rayo de luz, puesto que todos los puntos semejantes tienen una separación nula entre sí. (b) Fijemos un punto *R* en $\mathbb{M}^\#$. Los puntos de $\mathbb{PN}$ (por ejemplo, **Z**, **X**) que son incidentes con *R* (al yacer en la intersección de dos planos complejos en $\mathbb{PT}$) constituyen una línea proyectiva compleja, que es una esfera de Riemann. Puntos *P* y *R* en $\mathbb{M}^\#$ que tienen una separación nula a lo largo del rayo de luz *Z* tienen esferas de Riemann correspondientes **P** y **R**, que se cortan en el punto **Z**. (He dibujado estas esferas de Riemann muy alargadas, como un compromiso con el hecho de que son también líneas rectas proyectivas en la geometría proyectiva de $\mathbb{PT}$.) Una de estas esferas de Riemann particular es **I**, que representa el punto *i* y en $\mathbb{M}^\#$. El punto *i* especifica infinito de género espacio/de género tiempo; es el vértice del cono de luz $\mathscr{I}$ en el infinito. Cualquier otro punto *Q* de $\mathscr{I}$ está representado en $\mathbb{PN}$ por una línea proyectiva **Q** que corta a **I**.

cio de Minkowski como el espacio de líneas complejas que yacen en $\mathbb{PN}$ (o en $\mathbb{PN} - \mathscr{I}$, si queremos solo los puntos espaciotemporales finitos), tomando $\mathbb{PN}$ como estructura primaria y $\mathbb{M}$ como secundaria. Esto equivale a tomar los rayos de luz como algo más primitivo que los propios puntos espaciotemporales. La *intersección* de rayos de luz *Z* y *X* se representa por la existencia de una línea proyectiva sobre $\mathbb{PN}$ que contiene los puntos correspondientes **Z** y **X** de $\mathbb{PN}$ y, como hemos visto, la condición de que dos puntos espaciotemporales *P* y *R* tengan *separación nula* viene representada por la condición de que las correspondientes líneas proyectivas **P** y **R**, en $\mathbb{PN}$, se corten (Fig. 33.12). Vemos así que un espacio twistorial proporciona una perspectiva completamente diferente, en geometría física, de la imagen espaciotemporal normal. Los puntos espaciotemporales ordinarios están representados como esferas de Riemann en $\mathbb{PN}$. Los puntos de $\mathbb{PN}$ están representados como rayos de luz en el espaciotiempo. En cualquiera de las formas la correspondencia es no local. Pese a todo, podemos pasar de una imagen a la otra mediante reglas geométricas precisas.

33.6. Geometría de twistores como partículas sin masa con espín

Recordemos que la más fundamental de las ideas motivadoras tras la teoría de twistores es que habría que explotar al máximo la magia de los números complejos. A pesar de contener un sistema grande (de 4 parámetros reales) de líneas proyectivas complejas, el propio $\mathbb{PN}$ no es una variedad compleja (lo que difícilmente podía ser, como se ha señalado en §33.2, puesto que es de dimensión impar). Sin embargo, se convierte en una, a saber $\mathbb{PT}$ (que es una $\mathbb{CP}^3$), cuando tan solo se le añade una dimensión real más. ¿Podemos interpretar estos puntos extra de una forma físicamente significativa? En realidad sí (como se ha sugerido en §33.2). Recordemos que los fotones libres reales tienen más estructura que la de ser simplemente rayos de luz en $\mathbb{M}$. Un rayo de luz describe una partícula puntual que viaja a la velocidad de la luz en una dirección determinada, pero los fotones reales tienen energía y espín. Por ahora podemos pensar en ellos clásicamente. Las dos formas básicas en que puede girar un fotón son en sentido dextrógiro y en sentido levógiro respecto a la dirección de movimiento (helicidad positiva y negativa, respectivamente, definidas por polarización circular y dextrógira levógira; véase §22.7). En cualquiera de los casos, la magnitud de esta helicidad es $\hbar$. Resulta que los fotones clásicos de helicidad positiva pueden representarse como puntos de $\mathbb{PT}^+$, y los de helicidad negativa, como puntos de $\mathbb{PT}^-$, donde las dimensiones extra proceden de la energía del fotón. Esta descripción es también válida para cualquier otra partícula sin masa con espín $\frac{1}{2}n\hbar$ no nulo.

¿Cómo funciona esto? No es este el lugar para entrar en detalles, pero los rasgos esenciales se pueden esbozar de la siguiente forma. Como primer paso, hay que señalar que las dos primeras componentes

Z^0 y Z^1 del twistor **Z** son realmente las dos componentes de un 2-espinor $\boldsymbol{\omega}$, con forma de índices ω^A, donde $\omega^0 = Z^0$, $\omega^1 = Z^1$ (véanse §22.8 y §25.2). Las dos componentes restantes Z^2 y Z^3 de **Z** son las componentes de un espinor (dual) *primado* $\boldsymbol{\pi}$, con forma de índices $\pi_{A'}$, donde $\pi_{0'} = Z^2$, $\pi_{1'} = Z^3$. A veces escribimos

$$\mathbf{Z} = (\boldsymbol{\omega}, \boldsymbol{\pi}),$$

y nos referimos a $\boldsymbol{\omega}$ y $\boldsymbol{\pi}$ como las *partes espinoriales* del twistor **Z**. El twistor conjugado complejo $\bar{\mathbf{Z}}$ tiene sus partes espinoriales en orden inverso

$$\bar{\mathbf{Z}} = (\bar{\boldsymbol{\pi}}, \bar{\boldsymbol{\omega}}),$$

de modo que la norma del twistor puede expresarse

$$\bar{Z}_\alpha Z^\alpha = \bar{\mathbf{Z}} \bullet \mathbf{Z} = \bar{\boldsymbol{\pi}} \bullet \boldsymbol{\omega} + \bar{\boldsymbol{\omega}} \bullet \boldsymbol{\pi} = \bar{\pi}_A \omega^A + \bar{\omega}^{A'} \pi_{A'}.$$

La relación de *incidencia* entre el twistor **Z** y el punto espaciotemporal R, con coordenadas de Minkowski t, x, y, z, se escribe ahora

$$\boldsymbol{\omega} = \mathrm{i}\boldsymbol{r}\boldsymbol{\pi},$$

que representa $\omega^A = \mathrm{i}r^{AA'}\pi_{A'}$, donde $\boldsymbol{r}$ (o $r^{AA'}$) tiene la matriz de componentes

$$\begin{pmatrix} r^{00'} & r^{01'} \\ r^{10'} & r^{11'} \end{pmatrix} = \frac{1}{\sqrt{2}} \begin{pmatrix} t+z & x+\mathrm{i}y \\ x-\mathrm{i}y & t-z \end{pmatrix}.$$

El espinor $\boldsymbol{\pi}$ está asociado con el *momento* de la partícula sin masa, en el sentido de que el producto exterior $\bar{\boldsymbol{\pi}}\boldsymbol{\pi}$ (sin contracciones; véase §14.3) describe su 4-momento. El espinor $\boldsymbol{\omega}$ está asociado con el *momento angular* de la partícula, en el sentido de que el producto simetrizado de $\boldsymbol{\omega}$ con $\bar{\boldsymbol{\pi}}$ describe la parte anti-autodual del 6-momento angular de la partícula (§18.7, §19.2, §22.12 y §32.2) y el producto simetrizado de $\bar{\boldsymbol{\omega}}$ con $\boldsymbol{\pi}$ describe su parte autodual.[21] A diferencia del caso del momento, el momento *angular* depende de una elección del origen espaciotemporal O, y se suele hablar de momento angular *con respecto a* O. Esta independencia/dependencia del origen se refleja en el comportamiento traslacional de las dos partes espinoriales $\boldsymbol{\pi}$ y $\boldsymbol{\omega}$ de un twistor **Z**. Bajo desplazamiento del origen O a un nuevo punto espaciotemporal Q, con vector de posición $\boldsymbol{q}$ con respecto a O, encontramos (con $\boldsymbol{q}$ en forma matricial, como antes) que las partes espinoriales experimentan las transformaciones[33.14]

$$\boldsymbol{\pi} \mapsto \boldsymbol{\pi} \text{ y } \boldsymbol{\omega} \mapsto \boldsymbol{\omega} - \mathrm{i}\boldsymbol{q}\boldsymbol{\pi}.$$

Hay también una cantidad escalar independiente del origen que puede construirse a partir del momento y del momento angular, a saber, la *helicidad* s. Resulta que la helicidad es la mitad de la norma del twistor:

$$s = \frac{1}{2}\bar{Z}_\alpha Z^\alpha = \frac{1}{2}\bar{\mathbf{Z}} \bullet \mathbf{Z}$$

(y notamos de lo anterior que esto es tan solo la parte real de $\bar{\boldsymbol{\omega}} \bullet \bar{\boldsymbol{\pi}}$). De hecho, los twistores ofrecen un formalismo considerablemente más conciso para manejar partículas sin masa que la aproximación convencional 4-vector/tensorial de §22.12. Ahora tenemos una imagen física clara de un twistor no nulo (salvo el reescalamiento de fase $\mathbf{Z} \mapsto e^{i\theta}\mathbf{Z}$, con θ real) como una partícula clásica giratoria y sin masa;[33.15] compárese con la Fig. 33.6.

Aún no tenemos una imagen *geométrica* muy clara de un twistor no nulo. Podemos obtenerla si estamos dispuestos a considerar un espacio de Minkowski *complexificado* $\mathbb{CM}$ (o su compactificación $\mathbb{CM}^\#$), donde las coordenadas espaciotemporales t, x, y, z se consideran ahora números complejos. En efecto, siempre hay un lugar geométrico no trivial 2-complejo dimensional de puntos de $\mathbb{CM}^\#$ incidentes con un twistor Z^α (distinto de cero), llamado un *α-plano*, que es *autodual* en el sentido de que una 2-forma tangente al mismo es autodual. Este α-plano representa a Z^α salvo proporcionalidad; véase la Fig. 33.13. Análogamente, un twistor dual W_α define un *β-plano* que es un 2-plano complejo *anti*-autodual en $\mathbb{CM}^\#$.[33.16]

Hasta ahora, esto solo nos da una imagen espaciotemporal *compleja* de un twistor. ¿Podemos obtener una imagen «real» que podamos visualizar realmente? La estructura de realidad de $\mathbb{CM}^\#$ está contenida en

[33.14] Demuestre que la relación de incidencia entre un twistor y un punto espaciotemporal se conserva en esta transformación; demuestre que la norma del twistor se conserva.

[33.15] Explique por qué existe esta libertad de fase y por qué para una partícula de helicidad dada $s > 0$ la *energía* de la partícula está codificada en la localización del punto en $\mathbb{PT}^+$.

[33.16] Demuéstrelo.

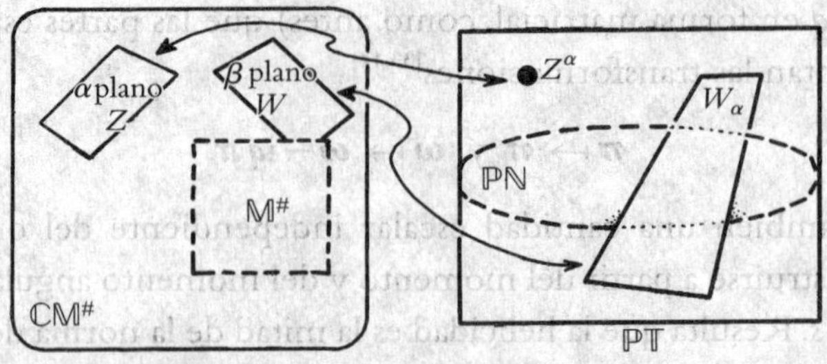

Fig. 33.13. Descripción espaciotemporal compleja de twistores (en general no nulos) y twistores duales. Para cualquier twistor Z^α distinto de cero, hay siempre un lugar geométrico 2-complejo dimensional en $\mathbb{CM}^\#$ de puntos incidentes con él, llamado un α-plano, que es autodual en todo lugar. Para cualquier twistor dual W_α distinto de cero, los puntos en $\mathbb{CM}^\#$ incidentes con él constituyen siempre un plano 2-complejo dimensional que es anti-autodual, llamado un plano. Solo para twistores nulos o twistores duales nulos hay puntos reales en estos lugares geométricos, y entonces los puntos reales constituyen un rayo de luz, de acuerdo con la Fig. 33.12.

su noción de *conjugación compleja* (§18.1); esta intercambia α-planos con β-planos, de acuerdo con el hecho de que intercambia superíndices twistoriales con subíndices (i.e., twistores con twistores duales) e intercambia «autodual» con «anti-autodual». En términos de la geometría proyectiva de $\mathbb{PT}$, la conjugación compleja intercambia puntos con planos, puesto que un twistor dual determina un plano en $\mathbb{PT}$.[33.17] Este hecho nos permite obtener una imagen de un twistor proyectivo no nulo Z^α en términos de una geometría espaciotemporal real. Lo primero que tenemos que hacer es representar Z^α por su conjugado complejo $\bar{Z}_\alpha$, que, siendo un twistor real, está asociado con un plano complejo en $\mathbb{PT}$. Este plano está determinado por su intersección con $\mathbb{PN}$, que es un lugar geométrico 3-dimensional real. Podemos interpretar este lugar geométrico como una familia 3-paramétrica de rayos de luz en $\mathbb{M}$. Así, esta familia de rayos de luz representa geométricamente al twistor Z^α (salvo proporcionalidad). Véase la Fig. 33.14.

Los rayos de luz se retuercen de una forma complicada, pero es posible obtener una imagen sorprendente de la configuración. Consideremos un instante de tiempo $\mathbb{E}^3$ (i.e., una sección 3-espacial euclídea

[33.17] ¿Por qué?

Fig. 33.14. Podemos obtener una imagen «real» de un twistor Z^{α} no nulo pasando primero a su complejo conjugado $\bar{Z}_{\alpha}$, definiendo así un plano proyectivo complejo en $\mathbb{PT}$. Este plano está determinado por su intersección con $\mathbb{PN}$, que es un lugar geométrico 3-real dimensional. Este lugar geométrico define una familia 3-paramétrica de rayos de luz en $\mathbb{M}^{\#}$ llamada una congruencia de Robinson.

ordinaria —«ahora»— a través del espaciotiempo de Minkowski $\mathbb{M}$). Cualquier rayo de luz en $\mathbb{M}$ —una partícula puntual que se mueve en una dirección concreta con la velocidad de la luz— viene representado en $\mathbb{E}^3$ por un punto con una «flecha» unida a él, flecha que determina la dirección de movimiento. Tenemos que imaginar una *familia* 3-paramétrica de rayos de luz semejantes —llamada una *congruencia de Robinson*— para representar nuestro único twistor **Z**. En la Fig. 33.15, vemos un sistema de círculos orientados (y una recta) que llena la totalidad del 3-espacio ordinario $\mathbb{E}^3$. Habrá una partícula de nuestra familia en cada punto de $\mathbb{E}^3$, que se mueve (a la velocidad de la luz) en la dirección indicada por la tangente orientada al círculo que pasa por dicho punto. Es bastante significativo que, a medida que avanza el tiempo, toda esta configuración se propaga simplemente como un todo con la velocidad de la luz en la dirección (negativa) de la línea recta en la imagen, y esa propagación representa el movimiento de la partícula giratoria y sin masa descrita por el twistor. Esta configuración de círculos es, de hecho, la proyección estereográfica (§8.3, Fig. 8.7a), en el 3-espacio euclídeo ordinario, de la configuración de paralelos de Clifford en S^3 (§15.4).

No debemos pensar en estos «rayos de luz» como entidades físicas; sólo nos proporcionan una realización geométrica de un twistor (proyectivo). Esta configuración codifica en realidad la estructura del momento angular de la partícula (clásica) giratoria y sin masa.[22] Es ciertamente una imagen no local. En la Fig. 33.15 hay un círculo mínimo cuyo radio es el espín dividido por la energía de la partícula. El centro

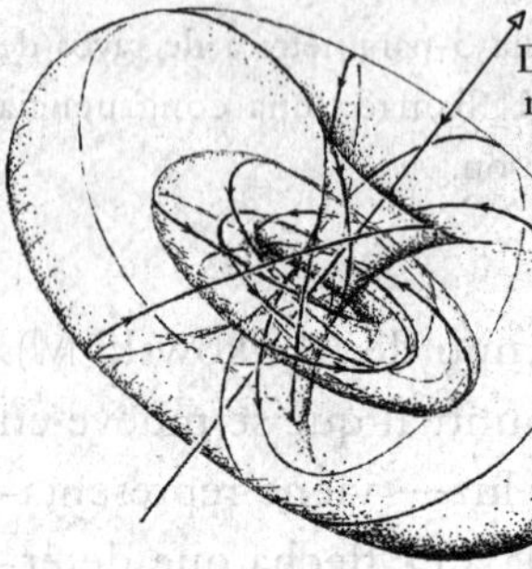

Fig. 33.15. Una imagen espacial que da una «instantánea» de una congruencia de Robinson. (Paralelos de Clifford proyectados estereográficamente sobre S^3; véanse las Figs. 8.7a y 15.8, que es una familia 3-paramétrica de círculos —y una línea recta— que llena la totalidad de $\mathbb{E}^3$.) Imaginamos una partícula en cada punto de $\mathbb{E}^3$, que se mueve en línea recta con la velocidad de la luz (un rayo de luz) en la dirección del círculo (orientado) en el que yace. La configuración completa se propaga con la velocidad de la luz en la dirección (negativa) de la línea recta en la figura. Esto representa el movimiento y el momento angular de la partícula sin masa giratoria descrita por la Z^α.

de este círculo, a grandes rasgos, representa la «localización» de la partícula giratoria (pero no puede considerarse que la historia de este centro sea un rayo de luz que representa la historia de la partícula sin masa, porque no se comporta adecuadamente bajo transformaciones de Lorentz).[33.18] Fue esta configuración la que provocó originalmente el nombre de «twistor».[23]

33.7. Teoría cuántica twistorial

Esto esboza la geometría básica de la teoría de twistores en el espacio plano. Pero quizá algunos lectores estén comprensiblemente impacientes y se pregunten cómo una imagen semejante, con toda su elegancia geométrica, va a servirnos para avanzar en *física*. ¿Qué tiene que decir la teoría de twistores acerca de la unificación de la estructura del espaciotiempo con los principios mecanocuánticos? Hasta ahora, hemos visto algunas «bonitas» maneras geométricas y algebraicas de

[33.18] Encuentre el centro (en las coordenadas de §33.5) y muestre cómo se transforma bajo una transformación general de Lorentz para la velocidad.

describir partículas sin masa, pero ni las ideas mecanocuánticas ni las de la relatividad general han desempeñado papel alguno. ¡Yo tendría que saberlo!

Volvamos a la idea más básica de la teoría de twistores. Esta consiste en considerar que todas las nociones espaciotemporales son *subsidiarias* de las del espacio twistorial $\mathbb{T}$. Al ser un espacio completamente complejo, $\mathbb{T}$ ofrece la potencialidad de explotar la magia de los números complejos de formas que no están inmediatamente presentes en el marco espaciotemporal estándar. Por consiguiente, antes que utilizar descripciones en términos de coordenadas espaciotemporales reales, en su lugar se utilizan las variables twistoriales complejas Z^α. Ahora bien, las variables twistoriales son mezclas de variables de posición y de momento, y debemos preguntar: ¿qué es lo que toma el lugar de la regla de cuantización estándar (§21.2)

$$p_a \mapsto i\hbar\frac{\partial}{\partial x^a}$$

(o alternativamente $x^a \mapsto -i\hbar\partial/\partial p_a$)? La respuesta es que, en analogía con el hecho de que x^a y p_a son variables *canónicas conjugadas*, como se expresa en la ley de conmutación $p_b x^a - x^a p_b = i\hbar\delta^a_b$ de §21.2, las variables twistoriales Z^α y $\bar{Z}_\alpha$ van a tomarse como operadores canónicos conjugados

$$Z^\alpha \bar{Z}_\beta - \bar{Z}_\beta Z^\alpha = \hbar\delta^\alpha_\beta,$$

donde, como la posición y el momento por separado, las Z^α y $\bar{Z}_\alpha$ conmutan entre sí: $Z^\alpha Z^\beta - Z^\beta Z^\alpha = 0$ y $\bar{Z}_\alpha \bar{Z}_\beta - \bar{Z}_\beta \bar{Z}_\alpha = 0$.[33.19]

Como un aparte, puede comentarse que esta no conmutación *cuántica* de $\bar{Z}_\alpha$ con Z^α plantea algunas cuestiones intrigantes con respecto al tipo de «geometría» que podría aparecer si nos tomamos más en serio el hecho de que las «coordenadas» fundamentales para un espacio twistorial cuántico podrían ser tales entidades no conmutativas. Clásicamente, cuando consideramos la estructura de 8-variedad real del espacio twistorial $\mathbb{T}$, podemos utilizar Z^α y $\bar{Z}_\alpha$ como variables conmutativas independientes (véase §10.1). Pero en esta imagen cuántica,

[33.19] A partir de consideraciones generales sobre operadores en un espacio de Hilbert, ¿puede ver por qué es apropiado que no hubiera ninguna «i» en el conmutador de twistores?

Z^α y $\bar{Z}_\alpha$ no conmutan. Intentar utilizar un par «cuántico» semejante Z^α y $\bar{Z}_\alpha$ como coordenadas independientes nos llevaría al área de la geometría no conmutativa, que se ha examinado brevemente en §33.1. Podría resultar interesante proseguir esta línea, pero hasta ahora nadie lo ha hecho.

Recordemos que en una función de onda ordinaria $\psi(\mathbf{x})$ en el espacio de posición para una partícula no aparecen las variables de momento **p**, sino que, en su lugar, el momento se representa en términos del *operador* $\partial/\partial x^a$ (como antes). ¿Cuál es el análogo twistorial de esto? Parece que necesitamos que nuestra «función de onda twistorial» $f(Z^\alpha)$ fuera «independiente de $\bar{Z}_\alpha$» y que $\bar{Z}_\alpha$ fuera representado en su lugar en términos del operador $\partial/\partial Z^\alpha$. De hecho, esto es correcto, pero ¿qué *significa* realmente que f sea «independiente de $\bar{Z}_\alpha$»? Formalmente, esta «independencia» se expresaría como $\partial f/\partial \bar{Z}_\alpha = 0$, que (como recordamos de §10.5) son simplemente las ecuaciones de Cauchy-Riemann que afirman que $f(Z^\alpha)$ es una función *holomorfa* de Z^α.

Este es un hecho muy sorprendente y bastante notable. Las funciones de onda twistoriales son entidades holomorfas, de modo que pueden entrar en contacto adecuado con el mundo mágico de los números complejos. El papel cuántico de las variables complejo conjugadas $\bar{Z}_\alpha$ consiste en que aparecen como diferenciación

$$\bar{Z}_\alpha \mapsto -\hbar\frac{\partial}{\partial Z^\alpha},$$

que es un operador holomorfo, de modo que, en el nivel de descripción cuántico, la holomorficidad se conserva. Resulta tranquilizador que la interpretación de los twistores en términos de momento y de momento angular para una partícula sin masa sea compatible con las reglas de conmutación de twistores, que dan correctamente los conmutadores de momento y momento angular (§22.12) y los engloban en los conmutadores de twistores que se han dado antes.[24]

Una cantidad de particular interés es la *helicidad*, considerada ahora como un operador, cuyos valores propios son los diversos posibles valores semienteros $(\ldots, -2\hbar, -\frac{3}{2}\hbar, -\hbar, -\frac{1}{2}\hbar, 0, \frac{1}{2}\hbar, \frac{3}{2}\hbar, 2\hbar, \ldots)$ que están permitidos para una partícula sin masa. Es especialmente digno de mención que, teniendo en cuenta correctamente la no conmutación, el operador helicidad se convierte en[25,[33.20]]

$$s = \frac{1}{4}(Z^{\alpha}\bar{Z}_{\alpha} + \bar{Z}_{\alpha}Z^{\alpha}) \mapsto \frac{1}{2}\hbar\left(2 + Z^{\alpha}\frac{\partial}{\partial Z^{\alpha}}\right).$$

El operador

$$\boldsymbol{\Upsilon} = Z^{\alpha}\frac{\partial}{\partial Z^{\alpha}}$$

se denomina *operador homogeneidad de Euler.* (Recordemos a nuestro viejo amigo Leonhard Euler, de quien he hablado en los capítulos 5, 6, 7 y 9, en particular.) Como demostró Euler, $\boldsymbol{\Upsilon}$ tiene la notable propiedad de que sus funciones propias son *homogéneas*, siendo el valor propio el grado de homogeneidad. Es decir, la ecuación

$$\boldsymbol{\Upsilon}f = uf,$$

donde u es cierto número, es la condición para que se satisfaga la propiedad de homogeneidad[[33.21]]

$$f(\lambda Z^{\alpha}) = \lambda^{u}f(Z^{\alpha}).$$

Se sigue que una función de onda twistorial para una partícula sin masa con una helicidad definida de valor S (de modo que $sf = \hbar Sf$, donde s es el operador y S el valor propio) debe ser homogénea de grado $-2S - 2$ además de ser holomorfa.[[33.22]]

Así pues, en particular, una función de onda twistorial de un fotón ($S = \pm 1$) sería suma de dos partes, una homogénea de grado 0, que describe la componente levógira ($S = -1$), y una de grado -4, que describe la componente dextrógira ($S = 1$). Un neutrino, tomado como partícula sin masa, tendría una función de onda homogénea de grado -1 (puesto que la helicidad es $-1/2$), mientras que la función de onda de un antineutrino (sin masa) sería de grado -3. La función de onda de una partícula escalar sin masa es homogénea de grado -2. Lo que importa para nuestra discusión aquí es el caso de un *gravitón*, que consideraremos (provisionalmente) como una partícula

[33.20] Verifique la igualdad entre estas dos expresiones para s.
[33.21] Vea si puede demostrarlo.
[33.22] ¿Por qué este valor?

sin masa de espín 2 en un fondo de Minkowski plano ($S = \pm 2$). Su parte levógira ($S = -2$) tiene una función twistorial homogénea de grado 2 y su parte dextrógira ($S = 2$), una función de onda twistorial de grado -6.

Este sesgo es sorprendente e ilustra la naturaleza esencialmente quiral de la teoría de twistores. Veremos enseguida que este sesgo se hace especialmente fuerte cuando tratamos de llevar la relatividad general bajo el paraguas twistorial. Por el momento, tratemos de entender cómo hay que interpretar las funciones de onda twistoriales. Para estas, el sesgo no plantea problemas, y todo funciona con gran suavidad. No obstante, hay una sutileza importante acerca de cómo se va a interpretar nuestra función de onda $f(Z^\alpha)$, llamada normalmente *función twistorial.* Vayamos a eso ahora.

33.8. Descripción twistorial de campos sin masa

En el caso de la representación espaciotemporal de la función de onda de una partícula libre sin masa y de espín general, la ecuación de Schrödinger se traduce en una ecuación conocida como la *ecuación de campo libre y sin masa.*[26] Hemos visto un ejemplo de esto en el caso de espín 1/2 en la ecuación del neutrino (Dirac-Weyl) sin masa (§25.3). No es oportuno entrar ahora en detalles, pero la ecuación misma es suficientemente simple de escribir una vez que tenemos a mano el formalismo 2-espinorial, como se ha utilizado en §22.8 y §25.2. Para la helicidad negativa $S = -\frac{1}{2}n$, tenemos una cantidad $\psi_{AB\ldots D}$, y para la helicidad positiva $S = \frac{1}{2}n$, una cantidad con índices primados $\psi_{A'B'\ldots D'}$. Cada una de estas es completamente simétrica en todos sus n índices, y cada una de ellas tiene frecuencia positiva, y satisfacen las respectivas ecuaciones

$$\nabla^{AA'}\psi_{AB\ldots D} = 0, \quad \nabla^{AA'}\psi_{A'B'\ldots D'} = 0,$$

donde $\nabla^{AA'}$ es simplemente la traducción 2-espinorial del operador gradiente ordinario ∇^a (escrito en forma de índices elevados; véase

§14.3).[33.23] Para espín 0, tenemos simplemente la ecuación de ondas $\square\psi = 0$, donde $\square$ es el d'alembertiano ordinario introducido en §24.5. De hecho, la notación 2-espinorial conveniente para estas ecuaciones ilumina algunas sutilezas. Cuando $n = 2$ (espín 1), estas dos ecuaciones se convierten simplemente en las ecuaciones de Maxwell para campo libre en los casos anti-autodual y autodual, respectivamente.[33.24] Cuando $n = 4$, se convierten en las ecuaciones de Einstein para el campo débil, donde la curvatura se considera como una perturbación infinitesimal del espacio plano $\mathbb{M}$.[27]

¿Qué tienen que ver estas ecuaciones con las funciones twistoriales? Curiosamente resulta[28] que hay una expresión explícita como *integral de contorno* (§7.2) que da automáticamente la solución general de frecuencia positiva del campo libre sin masa, partiendo simplemente de la función twistorial $f(Z^\alpha)$. De hecho, la expresión también funciona perfectamente sin este requisito de frecuencia positiva, aunque el requisito está fácilmente garantizado en el formalismo twistorial, como veremos en §33.10. No es oportuno dar aquí todos los detalles, pero la idea básica es que, en el caso de la helicidad positiva, $f(Z^\alpha)$ se multiplica primero por $\boldsymbol{\pi}$ (§33.6) tomado n veces (lo que proporciona n índices primados), o, en el caso de la helicidad negativa, sobre él actúa primero $\partial/\partial\boldsymbol{\omega}$ tomado n veces (lo que suministra n índices espinoriales no primados); luego se multiplica por la 2-forma $\boldsymbol{\tau} = \mathrm{d}\pi_{0'} \wedge \mathrm{d}\pi_{1'}$, y se integra sobre un contorno 2-dimensional apropiado, donde se incorpora primero la relación de incidencia $\boldsymbol{\omega} = \mathrm{i}\boldsymbol{r}\boldsymbol{\pi}$ para eliminar $\boldsymbol{\omega}$ en favor de $\boldsymbol{\pi}$ y $\boldsymbol{r}$. Esta integración elimina $\boldsymbol{\pi}$, de modo que terminamos con una cantidad indexada $\psi_{\dots}$ en cualquier punto espacio temporal R escogido (de modo que $\psi_{\dots}$ es función solo de $\boldsymbol{r}$). El contorno debe yacer dentro del lugar geométrico $\boldsymbol{\omega} = \mathrm{i}\boldsymbol{r}\boldsymbol{\pi}$ (para cada $\boldsymbol{r}$ fijo), i.e., dentro de (la versión no proyectiva[29] de) la línea R, en $\mathbb{N}$, que representa el suceso R; véase la Fig. 33.16.

[33.23] Escriba explícitamente estas ecuaciones, para helicidad $-\frac{1}{2}n$, utilizando la notación $\psi_r = \psi_{00\dots011\dots1}$, donde hay $n-r$ 0s y r 1s, y traduzca $\nabla^{AA'}$ a partir de ∇^a de la misma forma que la cantidad $r^{AA'}$ se traduce a partir de las coordenadas de Minkowski ordinarias t, x, y, z, como se ha descrito antes.

[33.24] Intente demostrar esto, donde $\psi_{00} = C_1 - \mathrm{i}C_2$, $\psi_{01} = -\mathrm{i}C_3$, $\psi_{11} = -C_1 - \mathrm{i}C_2$, donde $\mathbf{C} = 2\mathbf{E} - 2\mathrm{i}\mathbf{B}$ (véase §19.2), y donde son válidas expresiones correspondientes para $\psi_{A'B'}$.

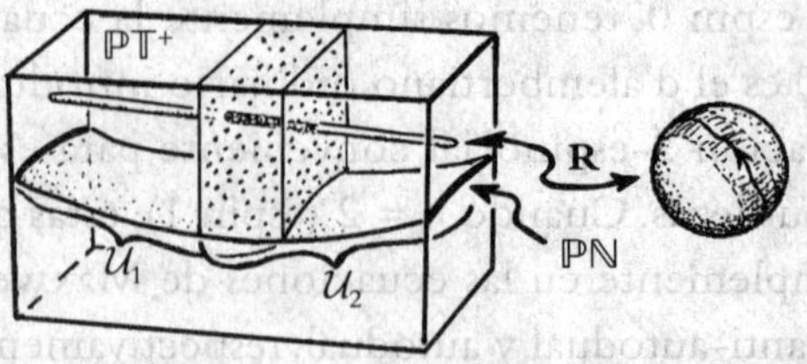

Fig. 33.16. La integral de contorno twistorial básica. Una función twistorial f (para helicidad $\frac{1}{2}n$), homogénea de grado $-n-2$, se multiplica n veces por $\boldsymbol{\pi}$, o sobre ella actúa n veces $\partial/\partial\boldsymbol{\omega}$ (n negativo), lo que suministra los índices, y luego se multiplica por la 2-forma $\boldsymbol{\tau} = d\pi_{0'} \wedge d\pi_{1'}$. Para cualquier elección particular del punto espaciotemporal R, con vector de posición $\boldsymbol{r}$, se realiza entonces una integral de contorno en la región **R** del espacio twistorial definido por la relación de incidencia $\boldsymbol{\omega} = \mathrm{i}\boldsymbol{r}\boldsymbol{\pi}$. Esto integra la $\boldsymbol{\pi}$-dependencia, y nos deja con una solución de las ecuaciones de campo sin masa. En el caso ilustrado, **R** se toma en la mitad superior del espacio twistorial $\mathbb{PT}$ y f es holomorfa en la intersección de $\mathcal{U}_1$ con $\mathcal{U}_2$, donde los conjuntos abiertos $\mathcal{U}_1$ y $\mathcal{U}_2$, cubren juntos la totalidad de $\mathbb{PT}$.

La condición de frecuencia positiva está asegurada exigiendo que la integral de contorno siga siendo válida también cuando se permite que la línea **R** se aventure dentro de la región twistorial $\mathbb{PT}^+$. (Las líneas en $\mathbb{PT}$ corresponden a «puntos espaciotemporales complejos», como hemos visto en §33.6, y las que yacen enteramente en la subregión $\mathbb{PT}^+$ corresponden a puntos de la subregión $\mathbb{M}^+$ de $\mathbb{CM}$ que se conoce como el *tubo avanzado*.[30] Volveremos a esta cuestión en §33.10.) También pueden describirse dentro de este marco campos sin masa de helicidad mixta —tales como un fotón plano polarizado, que es una suma de una parte levógira y una dextrógira— donde las funciones twistoriales para las dos helicidades diferentes simplemente se suman.

La existencia misma de una expresión semejante me resulta algo mágico. Para el campo sin masa, las ecuaciones parecen evaporarse en el formalismo twistorial, al convertirse, de hecho, en «holomorficidad pura». Cuando examinamos esta expresión con más cuidado, observamos que existe una sutileza importante acerca de cómo debe interpretarse una función twistorial, y esto se relaciona de forma sorprendente con la separación en frecuencia positiva/negativa de campos sin masa (§33.10). Esta sutileza resulta también crucial para la forma en que se manifiestan las funciones twistoriales, y nos proporciona espacios twistoriales curvos. ¿Cuál es esta sutileza? Se trata de que las funciones twistoriales no deben verse realmente como «funciones» en el sentido ordinario, sino como lo que se denominan *elementos de cohomología de haces holomorfa*.[31]

33.9. Cohomología de haces twistorial

¿Qué es la cohomología de haces? Las ideas son bastante sofisticadas matemáticamente, pero muy naturales en realidad. Aquí nos interesaremos solo en lo que se denomina cohomología de *primer* haz. Quizá la manera más fácil de representar esta noción sea pensar primero en la forma en que puede construirse una variedad en términos de varias cartas de coordenadas, como se ha discutido en §10.2 y §12.2 y se ha ilustrado en la Fig. 12.5a. En cada solapamiento entre un *par* de cartas se define una *función de transición* (que proporciona el *pegamento* de las cartas). Recordemos de §12.2, Fig. 12.5a, que estas funciones de transición están sujetas a ciertas condiciones de consistencia en solapamientos triples entre cartas.

Consideremos ahora una variedad construida así pero donde las funciones de transición difieren de la identidad en solo una cantidad infinitesimal. Véase la Fig. 33.17. Este cambio infinitesimal entre una carta $\mathcal{U}_i$ y otra carta $\mathcal{U}_j$ estaría descrito por un campo vectorial $\boldsymbol{F}_{ij}$ en la parte de $\mathcal{U}_i$ que se solapa con $\mathcal{U}_j$, que describe cómo debe «deslizarse» infinitesimalmente $\mathcal{U}_i$ con respecto a $\mathcal{U}_j$. De forma equivalente, podemos pensar que $\mathcal{U}_j$ está deslizado con respecto a $\mathcal{U}_i$ pero en dirección contraria. Esto está descrito por el campo vectorial $\boldsymbol{F}_{ji}$ en la parte de $\mathcal{U}_j$ que se solapa con $\mathcal{U}_i$, por lo que en este solapamiento tenemos

$$\boldsymbol{F}_{ji} = -\boldsymbol{F}_{ij}$$

(véase la Fig. 33.18a). En un triple solapamiento entre cartas $\mathcal{U}_i$, $\mathcal{U}_j$ y $\mathcal{U}_k$, encontramos (Fig. 33.18b) que debe cumplirse la relación de compatibilidad[33.25]

$$\boldsymbol{F}_{ij} + \boldsymbol{F}_{jk} = \boldsymbol{F}_{ik}.$$

[33.25] Demuestre que la antisimetría en F_{ij} es un requisito de consistencia de la condición de solapamiento triple.

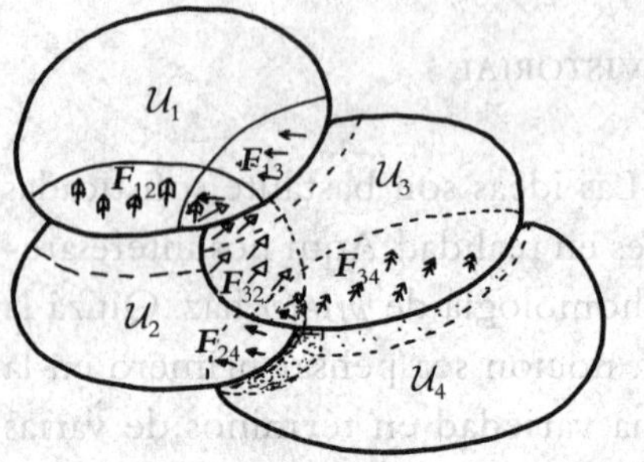

Fig. 33.17. Recordemos (de la Fig. 12.5a) cómo se construye una variedad a partir de varias cartas de coordenadas. (Definida en cada solapamiento entre un par de cartas hay una «función de transición» que proporciona el «pegamento» de las cartas.) Aquí consideramos funciones de transición que difieren solo infinitesimalmente de la identidad, y que por consiguiente están dadas por un campo vectorial $\boldsymbol{F}_{ij}$ en cada solapamiento de cartas, lo que nos dice cómo está «desplazada» cada carta en relación con las otras con las que se solapa. (Las «cartas» son conjuntos abiertos $\mathcal{U}_1, \mathcal{U}_2, \mathcal{U}_3, \ldots$ en el espacio de coordenadas plano.)

Existen también deformaciones infinitesimales «triviales» que surgen simplemente de cambiar (infinitesimalmente) el sistema de coordenadas en cada carta. Podemos pensar que estas vienen dadas por un campo vectorial $\boldsymbol{H}_i$ en cada carta particular $\mathcal{U}_i$, que simplemente «desliza» la carta entera a lo largo de sí misma. Esto nos daría una familia de $\boldsymbol{F}_{ij}$ «triviales» de la forma

$$\boldsymbol{F}_{ij} = \boldsymbol{H}_i - \boldsymbol{H}_j$$

en solapamientos entre pares de cartas, que no cambian la variedad (Fig. 33.18c).

Estas ideas nos dicen en esencia las reglas de la cohomología de primer haz.[32] Sin embargo, no tenemos por qué interesarnos solo en campos vectoriales. Las funciones ordinarias f_{ij} serán tan buenas como los campos vectoriales $\boldsymbol{F}_{ij}$ que hemos estado considerando. Simplemente exigimos que cada f_{ij} esté definida en la intersección de $\mathcal{U}_i$ con $\mathcal{U}_j$, que $f_{ij} = -f_{ji}$, que $f_{ij} + f_{jk} + f_{ki} = 0$ en cada solapamiento triple, y que la colección completa $\{f_{ij}\}$ sea considerada equivalente a otra colección semejante $\{g_{ij}\}$ si cada miembro de la colección de las correspondientes *diferencias* $\{f_{ij} - g_{ij}\}$ tiene la forma «trivial» $\{h_i - h_j\}$. Decimos que las $\{f_{ij}\}$ están reducidas *módulo* cantidades de la forma $\{h_i - h_j\}$, que es en esencia el mismo sentido en que se ha utilizado el término «módulo» en §16.1 (véase también la noción de «clase de equivalencia» mencionada en el prefacio).

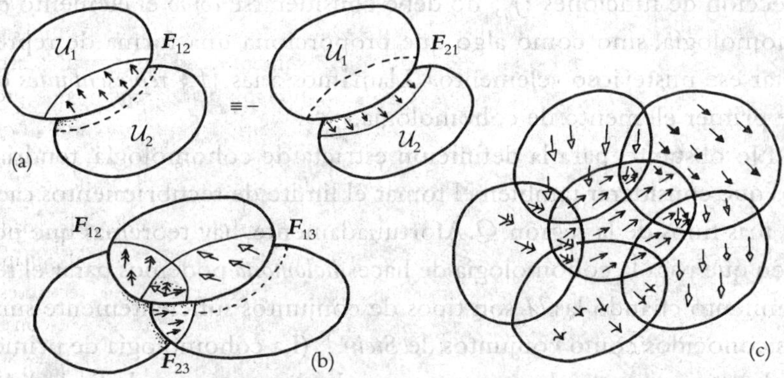

Fig. 33.18. Los campos vectoriales $\boldsymbol{F}_{ij}$ están sujetos a ciertos requisitos. (a) En la intersección de $\mathcal{U}_i$ con $\mathcal{U}_j$, tenemos $\boldsymbol{F}_{ij} = -\boldsymbol{F}_{ji}$. Esto se ilustra como el movimiento de $\mathcal{U}_i$ sobre $\mathcal{U}_j$, como se muestra por el vector $\boldsymbol{F}_{12}$ en $\mathcal{U}_1$. Pero el mismo movimiento relativo se consigue por el negativo de esto sobre $\mathcal{U}_2$. (b) Se ilustra la condición de solapamiento triple $\boldsymbol{F}_{ij} + \boldsymbol{F}_{jk} = \boldsymbol{F}_{ik}$. En la intersección triple de $\mathcal{U}_1, \mathcal{U}_2$ y $\mathcal{U}_3$, el movimiento $\boldsymbol{F}_{12}$ de $\mathcal{U}_1$ sobre $\mathcal{U}_2$ es la suma del movimiento $\boldsymbol{F}_{13}$ de $\mathcal{U}_1$ sobre $\mathcal{U}_3$ y el movimiento de $\boldsymbol{F}_{32}$ de $\mathcal{U}_3$ sobre $\mathcal{U}_2$. (c) Si todas las cartas se toman individualmente en su totalidad, esto no tiene ningún efecto (excepto por un cambio de coordenadas en cada carta). Esto ilustra que el desplazamiento global $\boldsymbol{F}_{ij} = \boldsymbol{H}_i - \boldsymbol{H}_j$ no cuenta para nada y debe ser «factorizado».

De hecho, la clase de funciones (f_{ij} o h_i) en las que podemos estar interesados en la teoría de la cohomología puede ser extraordinariamente general. En la teoría de twistores solemos trabajar con funciones holomorfas. Esto nos da la noción de «cohomología de haces holomorfa».

Específicamente, esta idea de cohomología se aplica a funciones twistoriales. De hecho, tenemos que considerar que una «función twistorial» *no* es simplemente una única función holomorfa f, sino que está proporcionada por una *colección* de funciones holomorfas $\{f_{ij}\}$, donde cada f_{ij} está definida en el solapamiento entre un par de conjuntos abiertos $\mathcal{U}_i, \mathcal{U}_j$, donde $f_{ji} = -f_{ij}$, donde en solapamientos triples $f_{ij} + f_{jk} + f_{ki} = 0$, y donde la colección completa de estos conjuntos abiertos $\{\mathcal{U}_i\}$ cubre la región entera $\mathcal{Q}$ del espacio twistorial bajo consideración. Un *primer elemento de cohomología* en $\mathcal{Q}$ (con respecto al recubrimiento $\{\mathcal{U}_i\}$ viene representado como esta colección $\{f_{ij}\}$, reducida módulo las cantidades de la forma $\{h_i - h_j\}$, con h_i definida en $\mathcal{U}_i$. La colección de funciones $\{f_{ij}\}$ no debe considerarse *como* el elemento de cohomología, sino como algo que proporciona una forma de representar ese misterioso «elemento». Llamamos a las $\{f_{ij}\}$ *representantes* de este primer elemento de cohomología.

No obstante, para la definición estricta de cohomología, tendríamos que considerar también el tomar el límite de recubrimientos cada vez más finos de la región $\mathcal{Q}$. Afortunadamente, hay teoremas que nos dicen que para la cohomología de haces *holomorfa* podemos parar el refinamiento cuando las $\mathcal{U}_i$ son tipos de conjuntos suficientemente simples conocidos como conjuntos de *Stein*.[33] (La cohomología de primer haz holomorfa se anula siempre en cualquier conjunto de Stein.) Así pues, si restringimos nuestra atención a recubrimientos para los que cada $\mathcal{U}_i$ es un conjunto de Stein, no necesitamos decir «con respecto al recubrimiento $\{\mathcal{U}_i\}$» cuando nos referimos a un elemento de cohomología definido en $\mathcal{Q}$. La noción de cohomología no depende de la elección concreta del recubrimiento de Stein. Un elemento de cohomología es un «objeto» definido en $\mathcal{Q}$, que resulta ser el mismo cualquiera que sea el recubrimiento utilizado.[34] ¡Este hecho notable es parte de la magia de la cohomología de haces (holomorfa)!

¿Cómo se aplica todo esto a las funciones twistoriales y las integrales de contorno que hemos considerado en §33.8? La situación más simple surge cuando hay solo dos cartas $\mathcal{U}_i$ y $\mathcal{U}_j$, que, juntas, cubren la región del espacio twistorial bajo consideración. Allí hay solo una función por considerar, y esta es la función twistorial de §33.8: $f(Z^\alpha) = f_{12} = -f_{21}$. De acuerdo con las reglas anteriores de la cohomología de haces, decimos que $f(Z^\alpha)$ es *equivalente* a $g(Z^\alpha)$ si la diferencia es *trivial* en el sentido anterior, i.e., si

$$f - g = h_1 - h_2,$$

donde la función holomorfa h_1 está definida globalmente en $\mathcal{U}_1$ y h_2 globalmente en $\mathcal{U}_2$. Es sencillo demostrar que la integral de contorno apropiada aplicada a f es, de hecho, la misma que la aplicada a g cuando quiera que estas funciones son equivalentes en este sentido. Sin embargo, a veces es necesario considerar «carteados» más complicados. En esencia, las anteriores «reglas de cohomología» para la equivalencia en-

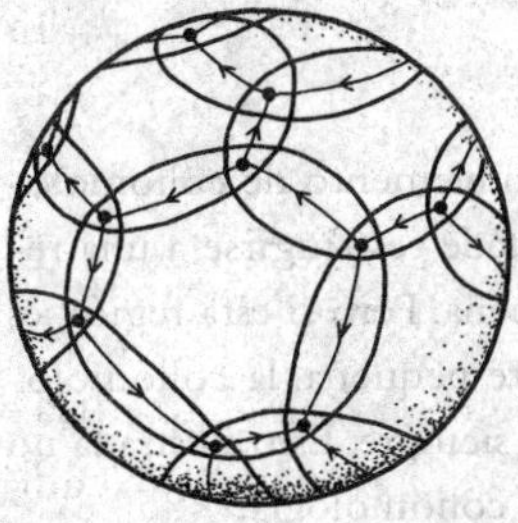

Fig. 33.19. Un «contorno ramificado» (sobre la esfera de Riemann), aplicable a la evaluación espaciotemporal de funciones twistoriales para las que el recubrimiento consiste en más de dos conjuntos.

tre funciones twistoriales están adaptadas para preservar las respuestas que proporcionan las expresiones con integrales de contorno, pero donde la noción de una integral de contorno debe ahora ser generalizada a la de una «integral de contorno ramificada», con una rama en cada región del solapamiento. Esto se indica en la Fig. 33.19.[35]

Una característica importante de la cohomología es que es *esencialmente no local*. Podríamos tener un elemento de cohomología definido en una región $\mathcal{Q}$. Entonces tiene sentido considerar la restricción de dicho elemento a una región más pequeña $\mathcal{Q}'$, contenida en $\mathcal{Q}$. La característica no local de la cohomología se manifiesta en el hecho de que para cualquier subregión (abierta) suficientemente pequeña $\mathcal{Q}'$, en $\mathcal{Q}$, el elemento se *anula* necesariamente cuando se restringe a $\mathcal{Q}'$, en el sentido de que, dada f_{ij} en $\mathcal{Q}'$, entonces siempre pueden encontrarse h_i en $\mathcal{Q}'$, para las que $f_{ij} = h_i - h_j$.

Esta no localidad de las funciones twistoriales nos dice que no hay que atribuir significado al valor alcanzado por f_{ij} en un punto particular. De hecho, podemos restringirnos a una región suficientemente pequeña que rodea a dicho punto y encontrar que el elemento de cohomología desaparece por completo. Véase la Fig. 33.20. Esta no localidad que muestran las funciones twistoriales (consideradas como elementos de la primera cohomología) recuerda inevitablemente los aspectos no locales de los efectos EPR y el cuanlazamiento (§23.10). En mi opinión, algo importante está sucediendo entre bastidores que algún día puede dar sentido a la misteriosa naturaleza no local de los fenómenos EPR, aunque, si es así, todavía no ha sido completamente revelada.

Tenemos que pensar que este «elemento de cohomología» es un «objeto» definido en el espacio $\mathcal{Q}$, que es un poco como una función definida en $\mathcal{Q}$ pero que es fundamentalmente no local. Un ejemplo de

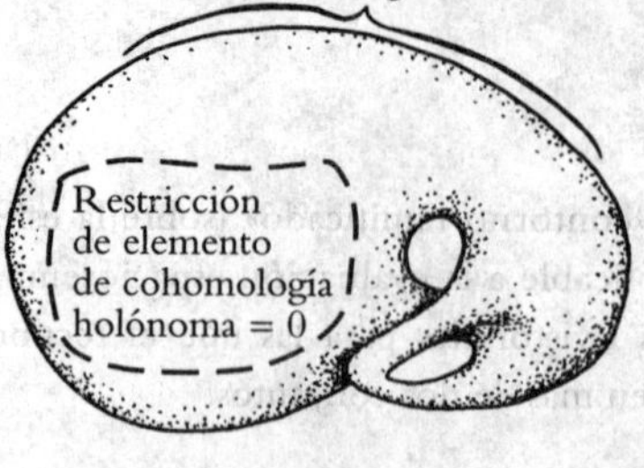

Fig. 33.20. Un elemento de cohomología siempre puede restringirse a una región más pequeña. Pero si esta región es suficientemente pequeña, la cohomología desaparece siempre. Esto ilustra la no localidad de la cohomología.

un «objeto» de este tipo es realmente un *fibrado vectorial* (complejo) entero sobre $\mathcal{Q}$, como se ha descrito en §§15.2,5. Recordemos que en la definición de un fibrado la parte que yace por encima de una región suficientemente pequeña del espacio base (aquí $\mathcal{Q}$) es «trivial» en el sentido de que esta parte es solo un producto topológico (§15.2). (Véase la Fig. 15.3.) Este es un ejemplo del hecho de que si restringimos nuestro primer elemento de cohomología a una región suficientemente pequeña, también se hace «trivial», i.e., se anula. Así pues, la «información» que se está expresando en un elemento de cohomología es algo de carácter fundamentalmente no local.

Quizá valga la pena ofrecer un ejemplo elemental que ilustra la noción de cohomología, aunque solo en un caso sencillo, de una manera particularmente gráfica. La Fig. 33.21 es un dibujo de un «objeto imposible» a veces conocido como una «tribarra».[36] Es evidente que el «objeto 3-dimensional» que el dibujo parece mostrar no puede existir realmente en el espacio euclídeo ordinario. Pese a todo, *localmente* no hay nada imposible en el dibujo. La imposibilidad es algo no local, que desaparece si consideramos una región suficientemente pequeña en el dibujo. De hecho, esta noción de «imposibilidad» en un dibujo semejante puede expresarse como un elemento de cohomología específico.[37][33.26] No obstante, es un tipo de cohomología relativamente simple, en la que las funciones $\{f_{ij}\}$ se toman constantes.

Solo he tocado aquí algunas ideas básicas de la cohomología de haces. Existen muchas aplicaciones de estas ideas en matemáticas, no todas

[33.26] Vea si puede hacer esto rompiendo el dibujo en varios dibujos que se solapan (las $\{\mathcal{U}_i\}$), cada uno de los cuales representa individualmente una estructura 3-espacial consistente, y utilizando el logaritmo de la distancia de esta estructura 3-espacial al ojo del observador para calcular las f_{ij}.

Fig. 33.21. Dibujo de un «objeto imposible» (una «tribarra»). Localmente, no hay nada imposible en lo que el dibujo representa. La «imposibilidad» viene medida por un elemento de cohomología, que desaparece en cualquier región suficientemente pequeña en el diagrama.

ellas relacionadas con la holomorficidad. Los «haces» en los que estamos principalmente interesados en la teoría de twistores son los expresados en términos de funciones holomorfas, y hay una magia especial en la teoría de la cohomología en este contexto particular. (A grandes rasgos, el término «haz» se refiere al tipo de función que nos interesa, pero la noción de haz es en realidad mucho más general que la de una función ordinaria.)[38] Hay muchos otros usos de la cohomología, entre ellos algunos que tienen importancia en el estudio de los espacios de Calabi-Yau que aparecen en la teoría de cuerdas (§31.14), por ejemplo. Además, hay otras formas completamente diferentes de definir elementos de cohomología de haces, y puede demostrarse que todas ellas son matemáticamente equivalentes, pese a sus diferentes aspectos.[39] En mi opinión, la cohomología (de haces) es un ejemplo excelente de una noción platónica (§1.3), que, al igual que el propio sistema $\mathbb{C}$ de los números complejos, parece tener una «vida propia» que está más alla de cualquier forma concreta que pudiéramos escoger para representarla.

33.10. Los twistores y la separación en frecuencia positiva/negativa

¿Cómo incorporamos la condición de *frecuencia positiva*, tan fundamental para la QFT, en la teoría de twistores? Recordemos (§§9.2,3) de qué modo la división de la esfera de Riemann S^2 en los hemisferios sur y norte S^- y S^+ nos proporciona la separación de una función, definida en el ecuador S^1, en sus partes de frecuencia positiva y negativa. La parte de frecuencia positiva se extiende en S^-, y la parte de frecuencia negativa, en S^+ (Fig. 33.22a) El espacio twistorial proyectivo hace algo

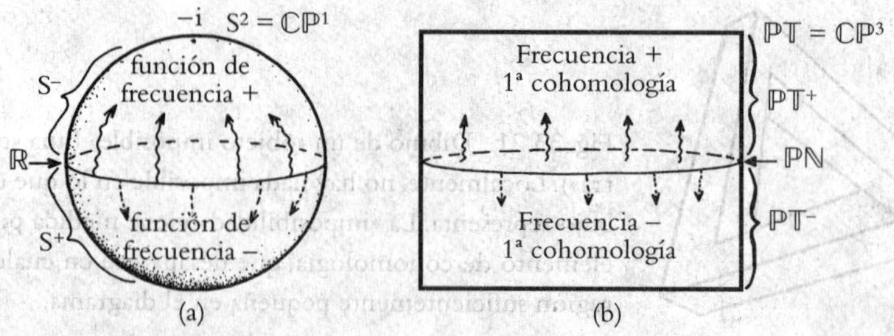

Fig. 33.22. Una analogía entre la esfera de Riemann $S^2(= \mathbb{CP}^1)$ y el espacio twistorial proyectivo $\mathbb{PT}$. (a) Función compleja (i.e., un «elemento de 0ª cohomología»), definida sobre el eje real $\mathbb{R}$ de S^2, se divide en su parte de frecuencia positiva, que se extiende de manera holomorfa en lo que aquí se representa como el hemisferio norte S^-, y su parte de frecuencia negativa, que se extiende al hemisferio sur S^+. (La esfera de Riemann está dibujada aquí de modo que $\mathbb{R}$ es su ecuador, pero tal que $-i$ está en el polo norte e i en el polo sur; compárese con las Figs. 8.7, 9.10 y §9.5.) (b) Un elemento de cohomología, definido sobre $\mathbb{PN}$ (y que representa un campo sin masa), se divide en su parte de frecuencia positiva, que se extiende de manera holomorfa a la mitad superior $\mathbb{PT}^+$ del espacio twistorial proyectivo, y su parte de frecuencia negativa, que se extiende a la mitad inferior $\mathbb{PT}^-$.

correspondiente, pero de una forma global que se aplica directamente a campos sin masa en su totalidad. Lo hace según una analogía directa entre la esfera de Riemann y el espacio twistorial proyectivo $\mathbb{PT}$, donde el análogo de una función en la esfera de Riemann S^2 es un primer elemento de cohomología en $\mathbb{PT}$. El análogo del ecuador S^1 va a ser el espacio $\mathbb{PN}$, y notamos que $\mathbb{PN}$ divide a $\mathbb{PT}$ (que es un $\mathbb{CP}^3$) en dos mitades $\mathbb{PT}^+$ y $\mathbb{PT}^-$ precisamente de la misma forma que S^1 divide a S^2 (que es un $\mathbb{CP}^1$) correspondientemente[40] en dos hemisferios S^- y S^+ (Fig. 33.22b).

Más explícitamente, el análogo de una función (compleja) ordinaria definida en S^1, o en S^-, o en S^+ es, respectivamente, un primer elemento de cohomología definido en $\mathbb{PN}$, o en $\mathbb{PT}^+$, o en $\mathbb{PT}^-$, respectivamente. Campos sin masa en $\mathbb{M}$ (estrictamente, en $\mathbb{M}^\#$) se representan como elementos de primera cohomología en $\mathbb{PN}$. Cada uno de estos puede expresarse (esencialmente de modo unívoco) como una suma de un elemento que se extiende en $\mathbb{PT}^+$ y un elemento que se extiende en $\mathbb{PT}^-$. El primero describe un campo sin masa de frecuencia positiva, y el segundo, uno de frecuencia negativa.[41] En términos espaciotemporales, esta parte de frecuencia positiva del campo se extiende para estar definida en el *tubo avanzado*, que recordemos de §33.8 es la región $\mathbb{M}^+$ de $\mathbb{CM}^\#$ que consiste en puntos que están representados en el espacio twistorial por líneas proyectivas en $\mathbb{PT}^+$. En $\mathbb{CM}^+$, estos son los puntos (complejos) cuyos vectores de posición tienen partes imaginarias que son de género tiempo y apuntan al pasado.[33.27]

Esta analogía entre $\mathbb{PT}$ y la esfera de Riemann lleva a un posible modo en que las ideas de la teoría de twistores podrían encontrar una analogía con algunas ideas de la teoría de cuerdas. Recordemos de §§31.5,13 que las superficies de Riemann se utilizan para representar «historias de cuerdas» en dicha teoría. La esfera de Riemann ($\mathbb{CP}^1$) es la más simple de tales superficies, pero se introducen superficies con diferentes números de «asas» (superficies de Riemman de género superior; véase §8.4) para representar tipos más generales de historias de cuerdas. Estas superficies de Riemann también pueden tener «agujeros» (con fronteras S^1), además de asas (véase la Fig. 31.5). Por analogía,[42] podemos considerar generalizaciones del espacio $\mathbb{PT}$, que adquieren asas de un modo correspondiente, y también «agujeros» (con fronteras que son copias de $\mathbb{PN}$). Estas se conocen como «espacios twistoriales pretzel», y es posible desarrollar una forma de QFT basada en estos espacios (véase la Fig. 33.23). Por el momento, el estatus de estas ideas no ha sido completamente establecido.

Históricamente, el requisito de frecuencia positiva —y esta propiedad de que $\mathbb{PN}$ divide a $\mathbb{PT}$ en dos mitales tales— ofreció una motivación clave en la formulación original de la teoría de twistores; fue en 1963, más de doce años antes del descubrimiento de que los campos sin masa tienen una descripción twistorial como cohomología holomorfa de primer haz.[43] Resulta sorprendente que aquí tengamos una vez más una propiedad que es específica del hecho de que el espacio-tiempo tiene cuatro dimensiones con signatura lorentziana. Hay también algo muy concreto en el hecho de que tenemos primeros elementos de cohomología que desempeñan un papel en la teoría de

[33.27] Pruebe esto: Demuestre, a partir de la ecuación de incidencia, que un vector de posición complejo r^a para un punto R de $\mathbb{CM}$ representado por una línea proyectiva en $\mathbb{PT}^-$, si y solo si la parte imaginaria de r^a es de género tiempo y apunta al pasado.

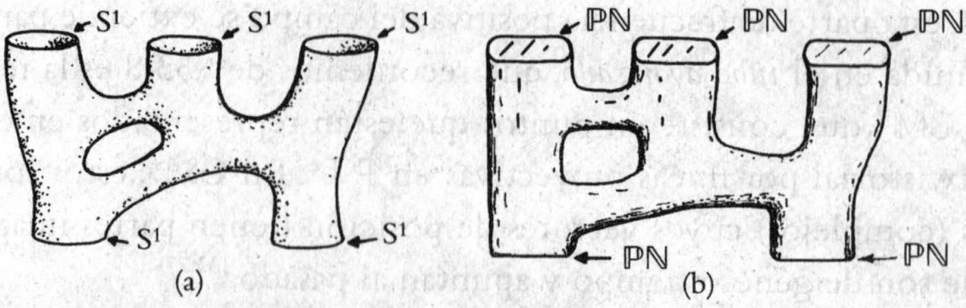

Fig. 33.23. (a) Teoría de campo conforme (modelo tipo teoría de cuerdas), basada en generalizaciones de la esfera de Riemann a superficies de Riemann de género más alto que pueden tener «agujeros» de tamaño finito, así como asas (véase la Fig. 31.5: los agujeros representan lugares donde se introduce información externa). (b) Versión twistorial que utiliza generalizaciones de $\mathbb{PT}$, que adquiere «asas» de una manera que corresponde a superficies de Riemann, y también «agujeros» cuyas fronteras son copias de $\mathbb{PN}$ («espacios twistoriales pretzel»).

twistores, en lugar de funciones ordinarias —que son elementos de cohomología «cero»—, o elementos de segunda cohomología y superiores. También existen nociones de orden superior de cohomología (y tienen un papel que desempeñar en la teoría de twistores), pero hay algo único en la primera cohomología que es fundamental para la teoría de twistores. Pues solo entonces estas cantidades encuentran un papel directo para generar *deformaciones* del espacio twistorial. Vayamos a ello.

33.11. El gravitón no lineal

Los elementos de cohomología (funciones twistoriales) que hemos considerado deberían pensarse, de momento, como enteramente «pasivos», en el sentido de que están simplemente «pintados» en el espacio (twistorial). Esto corresponde al hecho de que describen campos espaciotemporales que simplemente residen en el espaciotiempo y no influyen en otros campos. Para ver cómo pueden proporcionar una influencia activa, pensemos que la «pintura» en el espacio twistorial «se seca», de modo que ahora el espacio se distorsiona (Fig. 33.24). Para ver cómo puede suceder esto, consideremos que nuestra función twistorial previamente pasiva f_{ij} está asociada de la forma apropiada a un campo

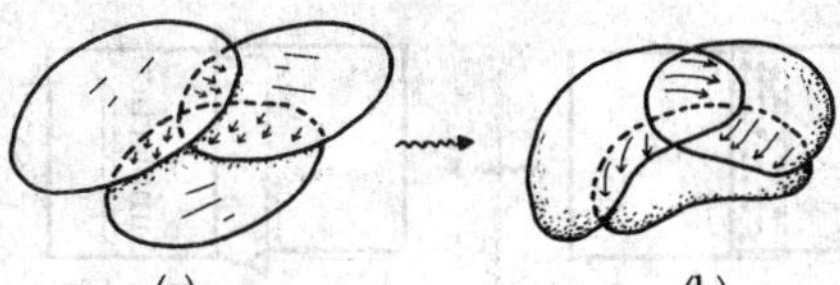

Fig. 33.24. Un elemento de campo vectorial de primera cohomología es «pasivo» (i.e., simplemente «pintado en» el espacio). Para que tenga una influencia activa, consideremos el «secado de la pintura» como un resultado de una exponenciación del campo vectorial en cada solapamiento. El resultado de esto es un «deslizamiento» finito de una carta sobre otra, lo que da una distorsión finita, o un «espacio curvo».

vectorial $\boldsymbol{F}_{ij}$. «Deslizando una carta sobre otra» una cantidad infinitesimal en la dirección de estos campos vectoriales, empezamos a «secar la pintura» y construir un espacio twistorial infinitesimalmente «curvado». Podemos imaginar que esta deformación es «exponenciada» (§14.6) hasta que se obtiene una deformación finita del espacio twistorial (¡pintura completamente seca!).

La primera situación en la que se aplicó con éxito este procedimiento fue en el caso de la gravedad anti-autodual.[44] En el caso infinitesimal (campo débil) tenemos un campo sin masa de helicidad $S = -2$, de modo que, utilizando la fórmula anterior $-2S - 2$ para el grado de homogeneidad, tenemos una función twistorial $f(= f_{ij})$ de homogeneidad 2. Aquí estamos suponiendo por simplicidad que hay solo dos cartas $\mathcal{U}_1$ y $\mathcal{U}_2$, cada una de las cuales se toma como una porción de un espacio twistorial plano $\mathbb{T}$ con las coordenadas estándar de §33.5. El campo vectorial $\boldsymbol{F}$ requerido, construido a partir de f, resulta ser

$$\boldsymbol{F} = \frac{\partial f}{\partial \omega^0}\frac{\partial}{\partial \omega^1} - \frac{\partial f}{\partial \omega^1}\frac{\partial}{\partial \omega^0}.$$

Nótese que el grado de homogeneidad 2 de f compensa exactamente el de los dos operadores diferenciales para dar un operador que es homogéneo de grado cero, de modo que actúa sobre el espacio twistorial proyectivo.[33.28]

Imaginemos ahora que exponenciamos este desplazamiento infinitesimal de una carta sobre la otra (véase la Fig. 33.25). Entonces obte-

[33.28] ¿Por qué el grado cero implica que esto da un campo vectorial en una región en $\mathbb{PT}$? *Sugerencia*: ¿Cuál es el conmutador de $\boldsymbol{F}$ con $\boldsymbol{\Upsilon}$ (§33.7)?

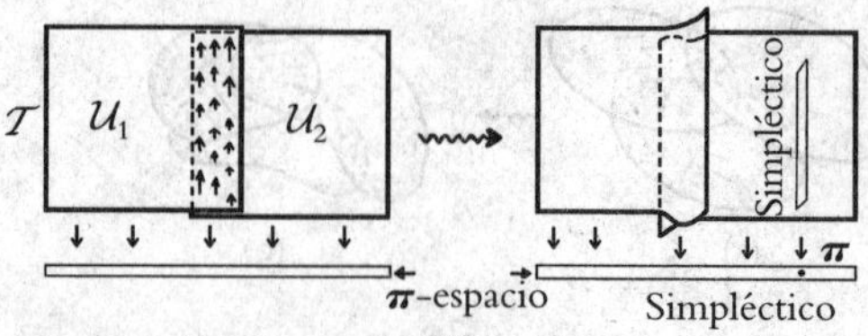

Fig 33.25. Aplicamos la idea de la Fig. 33.24 en el caso de la descripción twistorial de la gravedad anti-autodual (con dos cartas). El campo vectorial es $(\partial f/\partial\omega^0)\partial/\omega^1 - (\partial f/\partial\omega^1)\partial/\omega^0$, con f homogénea de grado 2. Obtenemos un espacio twistorial curvo $\mathcal{T}$. Existe una proyección global de $\mathcal{T}$ en el $\boldsymbol{\pi}$-espacio. Cada fibra de esta proyección es un 2-espacio simpléctico complejo, como lo es el propio $\boldsymbol{\pi}$-espacio.

nemos un espacio twistorial *curvo* $\mathcal{T}$. La ausencia de $\boldsymbol{\pi}$-derivadas en nuestra relación de carteado infinitesimal implica que el twistor en una carta debe tener la misma parte $\boldsymbol{\pi}$ que el twistor con el que empalma en la carta contigua. Se sigue de ello que la operación que «destaca» el espinor $\boldsymbol{\pi}$ del espacio carteado entero $\mathcal{T}$ es consistente sobre la totalidad de $\mathcal{T}$. Es decir, existe una proyección global de $\mathcal{T}$ en el espacio de espinores $\boldsymbol{\pi}$. Ignoremos (o preferiblemente eliminemos) los «elementos cero» tanto de $\mathcal{T}$ como del espacio $\boldsymbol{\pi}$. Entonces encontramos que $\mathcal{T}$ es un tipo de *fibrado* sobre el π-espacio (véase §15.2).[45] Cada *fibra* (imagen inversa de cualquier $\boldsymbol{\pi}$ concreta, i.e., la parte de $\mathcal{T}$ que yace «sobre» $\boldsymbol{\pi}$) resulta ser una 2-variedad completa con una estructura simpléctica, como la tiene el propio espacio $\boldsymbol{\pi}$ (véase §14.8; aquí esto solo significa que una medida de área está definida en esta 2-variedad), un hecho que está asegurado por la forma específica del carteado que se ha dado antes.

¿Cómo vamos a retomar contacto desde este espacio twistorial curvo con alguna noción de «espaciotiempo»? La respuesta es que cada «punto espaciotemporal» corresponde unívocamente a una sección transversal holomorfa del fibrado $\mathcal{T}$. (La noción de una sección transversal holomorfa se ha visto en §15.5; aquí es una aplicación del $\boldsymbol{\pi}$-espacio de nuevo en $\mathcal{T}$.) ¿Por qué es esta una definición razonable? En el caso plano $\mathbb{T}$, esto equivale a representar el punto espaciotemporal R (posiblemente complejo) por la aplicación que lleva $\boldsymbol{\pi}$ a $\mathbf{Z} = (\mathrm{i}\boldsymbol{r\pi}, \boldsymbol{\pi})$. En términos del espacio twistorial *proyectivo* plano $\mathbb{PT}$, esta sección transversal es simplemente la línea recta $\mathbf{R}$ (una esfera de Riemann, $\mathbb{CP}^1$) en

$\mathbb{PT}$ que hemos utilizado en §33.5 para representar a R.[33.29] Es muy notable que esta definición de un «punto espaciotemporal» funcione igualmente bien para el espacio twistorial curvo $\mathcal{T}$. Vemos[46] que existe una familia de secciones transversales holomorfas con 4 parámetros complejos, igual que en el caso plano. (En el espacio proyectivo $\mathbb{P}\mathcal{T}$, esta es una familia de líneas $\mathbb{CP}^1$ con 4 parámetros complejos.) Tenemos así una variedad compleja 4-dimensional $\mathcal{M}$ para representar esta familia. La 4-dimensionalidad es un hecho notable —un ejemplo de la magia compleja en dimensiones más altas— que se sigue de los teoremas del matemático japonés Kunihiko Kodaira.[47] (La experiencia solo con variedades *reales* podría haber llevado a esperar que hubiera una familia de *infinitos* parámetros de tales objetos. Pero ya hemos advertido en §15.5 que las secciones transversales holomorfas pueden ser muy restringidas.)

En la Fig. 33.26 se ilustra gráficamente este procedimiento (en la descripción proyectiva). Partamos de una región apropiada $\mathcal{R}$ del espaciotiempo de Minkowski complejo $\mathbb{CM}$. Por simplicidad, tomemos $\mathcal{R}$ como algún entorno (abierto) apropiado de un punto $\mathcal{R}$ en $\mathbb{CM}$. La correspondiente región $\mathcal{Q}$ del espacio proyectivo $\mathbb{PT}$ es la barrida por la familia de líneas, cada una de las cuales representa un punto de $\mathcal{R}$. Este será un entorno (conocido como *entorno tubular*) de la línea $\mathbf{R}$, en $\mathbb{PT}$, que representa a $\mathcal{R}$ (Figs. 33.26b,c). Podemos considerar que la topología de $\mathcal{Q}$ es $S^2 \times \mathbb{R}^4$, donde S^2 proviene de la topología de la línea $\mathbf{R}$ —o, de forma equivalente, del $\boldsymbol{\pi}$-espacio proyectivo— y el $\mathbb{R}^4$ describe la parte transversal del entorno inmediato de cada punto de $\mathbf{R}$. Pensemos ahora en S^2 (aquí el $\boldsymbol{\pi}$-espacio proyectivo) separado en dos hemisferios, ligeramente ampliados, de modo que hay un «collar» de solapamiento, y entonces consideramos $\mathcal{Q}$ construido a partir de las dos piezas (conjuntos abiertos) $\mathcal{U}_1$ y $\mathcal{U}_2$ solapadas que yacen por encima de cada uno de estos hemisferios ligeramente ampliados (Fig. 33.26d). Ahora «desplazamos» $\mathcal{U}_2$ con relación a $\mathcal{U}_1$, según el campo vectorial anterior, para obtener nuestra región espacio twistorial proyectiva deformada $\mathbb{P}\mathcal{T}$ (Figs. 33.26e,f).

Sigue habiendo una proyección global en el $\boldsymbol{\pi}$-espacio (Fig. 33.26f) que da la estructura fibrada. Sin embargo, las «líneas rectas» originales en

[33.29] Explique en qué sentido es esta línea una «sección transversal» de $\mathbb{PT} - \mathbf{I}$.

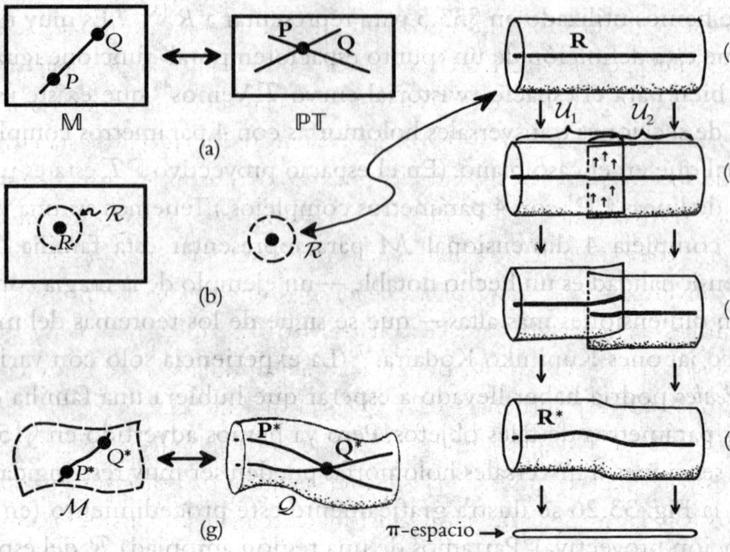

Fig 33.26. Construcción de un gravitón no lineal levógiro. (a) En la correspondencia twistorial estándar en el espacio plano, puntos P y Q de ℂ𝕄 tienen una separación nula cuando quiera que las líneas correspondientes **P** y **Q** en ℙ𝕋 se cortan. (b) Queremos deformar ℙ𝕋 de algún modo en un espacio twistorial curvo, pero algunos teoremas matemáticos nos dicen que esto no puede hacerse globalmente. Por consiguiente, tomamos solo una vecindad adecuada (abierta) $\mathcal{R}$, de un punto R en ℂ𝕄 como nuestro «espaciotiempo» de partida. (c) Esto corresponde a una vecindad tubular $\mathcal{Q}$, en ℙ𝕋, de la línea **R**. (d) Podemos aplicar ahora el procedimiento de la Fig. 33.25 para deformar $\mathcal{Q}$ (considerada como la unión de dos conjuntos abiertos $\mathcal{U}_1$ y $\mathcal{U}_2$. (e) Sin embargo, observamos que la línea original **R** está ahora rota, y no se puede utilizar como una definición razonable de un «punto espaciotemporal». (f) Un teorema de Kodaira viene en nuestra ayuda, para decirnos que existe una familia 4-paramétrica de «líneas» **R*** (curvas holomorfas compactas, que pertenecen a la misma clase topológica que nuestras líneas originales), que servirán para este propósito. (g) Los puntos de nuestro espacio «gravitón no lineal» buscado $\mathcal{M}$ (un 4-espacio complejo) están dados por curvas de Kodaira **R***. La métrica (conforme compleja) de $\mathcal{M}$ está definida (como en (a)) por la condición de que P^* y Q^* tienen separación nula cuando quiera que las líneas correspondientes **P*** y **Q*** se cortan. La curvatura de Weyl de $\mathcal{M}$ resulta ser automáticamente anti-autodual, y es también Ricci-plana en virtud de los detalles de la construcción.

$\mathcal{U}_1$ y $\mathcal{U}_2$ están ahora rotas, de modo que no dan secciones transversales, pero, según el teorema de Kodaira, hay una nueva familia de 4 parámetros de curvas holomorfas en $\mathbb{P}\mathcal{T}$, siendo estas las secciones transversales holomorfas de la estructura fibrada. El espacio requerido $\mathcal{M}$ está construido de modo que cada uno de sus puntos corresponde a una de estas secciones transversales (Figs. 33.26f,g). Resulta que a $\mathcal{M}$ se le puede asignar una métrica $\boldsymbol{g}$ de una manera natural y que su curvatura de Weyl es anti-autodual, y es Ricci-plana. Podemos encontrar fácilmente los conos nulos de $\boldsymbol{g}$ (estructura conforme) utilizando el hecho de que los dos puntos P^* y Q^* de $\mathcal{M}$ tienen separación nula si y solo si se cortan las líneas correspondientes $\mathbf{P}^*$ y $\mathbf{Q}^*$ en $\mathbb{P}\mathcal{T}$ (Fig. 33.26).

Quizá el lector se preocupe por lo que en realidad significa físicamente este «espaciotiempo» $\mathcal{M}$. Resulta *complejo* (y, por consiguiente, 8-dimensional, en lugar de 4-dimensional, cuando se considera como variedad real). En el caso plano, podemos discriminar los puntos espaciotemporales *reales* (sucesos en $\mathbb{M}$) tomando secciones transversales de $\mathbb{T}$ que yacen en $\mathbb{N}$, y considerar entonces que nuestro $\mathcal{M}$ es simplemente la complexificación $\mathbb{CM}$ del espacio de Minkowski $\mathbb{M}$. Pero en el caso curvo no se nos permite tal lujo. De hecho, en el caso curvo, el «espaciotiempo» que obtenemos mediante esta construcción es necesariamente una variedad compleja por sí misma, y no puede aparecer como una complexificación de un espaciotiempo real lorentziano.

¿Por qué es así? Una 4-variedad lorentziana con una curvatura de Weyl anti-autodual es necesariamente Weyl-plana (puesto que la conjugada compleja de la parte autodual cero es la parte anti-autodual, que por consiguiente es también cero). Si es también Ricci-plana, entonces es simplemente plana en general. En el caso complejo,[48] por el contrario, hay una gran familia de 4-variedades Ricci-planas anti-autoduales y no triviales. ¡Es un hecho sorprendente que *todas* estas pueden obtenerse (al menos localmente) por medio del ya mencionado procedimiento twistorial!

¿Qué haremos con este espacio complejo $\mathcal{M}$? *Físicamente*, la interpretación de un 4-espacio complejo Ricci-plano y anti-autodual (si puede decirse que sea de «frecuencia positiva» en un sentido apropiado) es que representa un *gravitón levógiro*. De hecho, es un gravitón *no lineal*, en el sentido de que es un tipo de «función de onda», pero ahora es una solución de la ecuación no lineal de Einstein para el vacío (Ricci-planitud), en lugar de su aproximación lineal. Lo último habría sido el caso si solo hubiéramos tomado la función twistorial *f* como un elemento de cohomología, en lugar de permitir que «la pintura se seque» y deforme así el propio espacio twistorial. Vemos que la teoría de twistores nos ha llevado en una dirección curiosa y previamente inesperada en la unificación de ideas de la teoría cuántica con la estructura espaciotemporal. Nuestras funciones de onda twistoriales son ahora entidades no lineales, de modo que empiezan a aparecer desviaciones respecto a las reglas estándar de la mecánica cuántica lineal (§§22.2-4).

Hay un aspecto de esta construcción que es particularmente digno de mención. Si tomamos cualquier punto **Z** del espacio twistorial curvo $\mathcal{T}$, observamos que cualquier entorno suficientemente pequeño de **Z** tiene una estructura idéntica a la de un entorno de cualquier punto escogido **Z**′ del espacio twistorial *plano* $\mathbb{T}$ (que no esté en la región «infinita» **I**; véase §33.5). Por consiguiente, la estructura local que posee el espacio twistorial es «blanda», en el sentido en que se ha utilizado esta palabra en §14.8. Así, toda la información relativa a curvatura, etc., del espacio $\mathcal{M}$ está almacenada en $\mathcal{T}$ *globalmente*, no localmente. Esto refleja el hecho mencionado antes de que un elemento de cohomología definido por una función twistorial desaparece por completo cuando se restringe a una región suficientemente pequeña. No hay «ecuaciones de campo» en el espacio twistorial. El tipo de información que está normalmente almacenada en las soluciones de las ecuaciones de campo en el espaciotiempo (en este caso, la ecuación de Einstein anti-autodual) parece estar almacenada solo no localmente en una construcción espacio twistorial.[49]

33.12. Twistores y relatividad general

Esta «construcción del gravitón no lineal» ha sido fundamental para el desarrollo de la teoría de twistores desde la década de 1970. En su forma inicial, pedía a gritos avances en dos direcciones diferentes. La más obvia de estas apuntaba a una construcción correspondiente para el gravitón no lineal *dextrógiro*, y para que este se combinara con el levógiro de modo que pudieran formarse estados de polarización mixta (tales como gravitones no lineales plano polarizados). Esta podría ser una parte clave del programa twistorial. Como se ha señalado antes, la noción de un «gravitón no lineal» está muy en el espíritu de búsqueda de una teoría, como la que se ha defendido en el capítulo 30, en la que las reglas lineales estándar de la teoría **U**-cuántica ordinaria necesitan doblegarse para que se pueda obtener la unión correcta con la relatividad general de Einstein. Sin embargo, el «gravitón» que ha aparecido en la construcción anterior es solo «medio gravitón», en cuanto que solo ha sido incorporado uno de los dos posibles estados de helicidad.

Algunos lectores avisados podrían aventurar la sugerencia de que, si pasamos a una descripción en términos de twistores *duales* W_α, en lugar de twistores Z^α, entonces se obtendría una función de onda no lineal para un gravitón *dextrógiro*, repitiendo la construcción anterior en términos de twistores duales.[33.30] De esta forma, sería el gravitón dextrógiro el que corresponde a la homogeneidad de grado 2 (en W_α) y el levógiro el que corresponde a la homogeneidad −6. No obstante, esto no nos saca de dificultades, porque ahora perdemos los estados de helicidad levógira, y no tendría sentido utilizar las variables W_α para los estados dextrógiros y las variables Z^α para los levógiros, sobre todo porque también necesitamos describir estados de helicidad mixta.[50]

El problema de «exponenciar» de algún modo las funciones twistoriales $f(Z^\alpha)$ de homogeneidad −6 para obtener un gravitón no lineal dextrógiro ha sido calificado como el problema *googly* (gravitacional). (El término «googly» se utiliza en el críquet para describir una bola que gira en sentido dextrógiro con relación a su dirección de movimiento, aunque su lanzamiento se parece al que normalmente impartiría un giro levógiro.) Se ha tardado veinte años en encontrar una solución plausible, pero estudios recientes parecen ofrecer una construcción apropiada para esto.[51] Pese a todo, en el momento de escribir este libro muchos aspectos de los procedimientos siguen siendo conjeturas. No voy a intentar describir estos desarrollos aquí, excepto para decir que la

[33.30] ¿Por qué? *Sugerencia*: ¿Por qué una reflexión espacial convierte twistores en twistores duales?

nueva característica esencial es que las *fibras* de la proyección de nuestro espacio twistorial curvo $\mathcal{T}$ en el espacio proyectivo $\mathbb{P}\mathcal{T}$ se «retuercen» de una forma que está definida por una función twistorial de homogeneidad –6. (El «giro» se efectúa exponenciando un campo vectorial, sobre un par de cartas que se solapan, de la forma engañosamente simple $Cf_{-6}Z^{\alpha}\partial/\partial Z^{\alpha}$, donde C es una constante apropiada y f_{-6} es una función twistorial de grado de homogeneidad –6.) Esto permite que las dos partes levógira y dextrógira del gravitón estén incorporadas simultáneamente.

Al menos en el caso de un espaciotiempo asintóticamente plano $\mathcal{M}$ de la forma adecuada, existe una construcción explícita directa para $\mathcal{T}$ en términos de $\mathcal{M}$. Además, hay una propuesta tentativa para obtener $\mathcal{M}$ a partir de un $\mathcal{T}$ dado, i.e., para construir puntos espaciotemporales a partir de la estructura puramente twistorial de $\mathcal{T}$, que se conjetura para asegurar que la Ricci-planitud (ecuación del vacío de Einstein) se incorpora correctamente. De forma significativa, la propuesta está relacionada con un proyecto de investigación a largo plazo, debido a Ezra T. Newman y sus colegas, para interpretar puntos espaciotemporales en términos de lo que se denominan «cortes de conos de luz», que son las intersecciones de los conos de luz en $\mathcal{M}$ con el infinito nulo futuro $\mathscr{I}^{+}$.[52] Sin embargo, aunque parece prometedora, algunos aspectos importantes de esta construcción twistorial siguen sin estar resueltos en el momento de escribir esto.[53]

La otra dirección en la que la construcción del gravitón no lineal levógiro (de 1975-1976) reclamaba avances era en generalizaciones desde la teoría gravitacional a otros campos gauge. Muy pronto, en 1976-1977, Richard Ward demostró cómo los campos gauge anti-autoduales podían obtenerse también utilizando una construcción twistorial algo similar a la gravitatoria. De hecho, la construcción de Ward ha generado un considerable interés matemático y desarrollos posteriores por parte de Ward y otros, sobre todo en el área de los *sistemas integrables* (ecuaciones no lineales que pueden resolverse, en un sentido apropiado, en el caso general). Aquí la teoría de twistores ha proporcionado una potente visión de conjunto de este tema.[54] Parece probable que los avances mencionados hacia una completa solución al problema de la helicidad mixta gravitacional marcarán el camino para tratar los campos gauge generales (con helicidad mixta) también dentro del formalismo twistorial.

33.13. Hacia una teoría twistorial de la física de partículas

Esto nos lleva a la cuestión de cómo podría desarrollarse la teoría de twistores para dar una teoría física generalizada, lo que, por el momento, no es. Para ello es importante que se desarrollen dos áreas adicionales de estudio en la teoría de twistores. La primera trata de proporcionar un tratamiento global de la QFT. De hecho, ha habido una considerable actividad, llevada a cabo principalmente por Andrew Hodges y sus estudiantes en Oxford (con alguna aportación inicial mía a comienzos de la década de 1970), que proporciona un enfoque perturbativo de la QFT en el que los diagramas de Feynman se reemplazan por construcciones conocidas como *diagramas twistoriales*. Estos implican una integración de contorno en altas dimensiones, y el formalismo consigue algunos éxitos sorprendentes al evitar muchos de los infinitos que se encuentran en los procedimientos de Feynman convencionales.[55] No obstante, el enfoque es todavía algo más complicado de lo que sería deseable, y carece de un principio guía independiente que nos diga exactamente qué integral de contorno hay que realizar, sin que tengamos que apelar como intermediarias a las expresiones convencionales de Feynman.

La segunda de estas áreas es la *teoría twistorial de partículas*, que fue desarrollada básicamente por Zoltan Perjés, George Sparling, Lane Hughston, Paul Tod y Florence Tsou (Tsou Seung Tsun) a partir de ideas que introduje desde mediados de la década de 1970 hasta principios de la de 1980, pero que desde entonces se ha estancado. La idea básica aquí es que mientras que las partículas sin masa pueden describirse mediante funciones de onda twistoriales de una sola variable twistorial $f(Z^\alpha)$, las partículas masivas requieren más variables, por ejemplo, $X^\alpha, \ldots, Z^\alpha$. Existe una expresión para el momento lineal y el momento angular de una partícula masiva que supone sumar las contribuciones individuales de todos estos twistores, pero ahora hay un *grupo* de simetría interno que surge de las transformaciones entre estas variables twistoriales y sus conjugadas complejas que no afectan al momento total ni al momento angular. Quizá valga la pena mencionar que se obtienen grupos que incluyen, pero que generalizan ligeramente, el U(2) de las interacciones electrodébiles y el SU(3) de las interacciones fuertes. Se advirtieron varias relaciones sorprendentes con la clasificación estándar de las partículas según el modelo estándar, pero el esquema llegó a estancarse por ciertas razones técnicas. Parece haber una perspectiva razonable de que los recientes desarrollos en el «problema googly» —especialmente si pueden aplicarse a campos gauge— pudieran reabrir el tema.

Hay también, en mi opinión, una posibilidad significativa de que la propuesta de Chan-Tsou para un modelo de física de partículas, brevemente descrito en §25.8, pudiera ligarse de forma importante con estos desarrollos. Dicha propuesta requiere que exista un grupo dual para cada grupo de simetría (no abeliano) para partículas, además del grupo gauge original. La teoría de twistores sugiere que, de acuerdo con la construcción de Ward que se ha mencionado antes —junto con su conjeturada versión «googly»—, cada gupo debería intervenir en las versiones anti-autodual y autodual, y esto parece exigir que la forma dual del grupo gauge debería desempeñar un papel significativo además del papel del grupo gauge original. Así, utilizando ideas de la propuesta de Chan-Tsou, el programa twistorial de partículas muy bien podría tomar parte en una futura física de partículas. Hay que anticipar, además, que un progreso exitoso en esta área debería tener también un impacto importante en el programa QFT de la teoría de diagramas twistoriales.

33.14. ¿El futuro de la teoría de twistores?

En mis descripciones de la teoría de twistores no he advertido al lector de que mis ideas sobre el tema quizá no reflejen las de la comunidad de físicos en general. De hecho, puesto que he dedicado más de la mitad de mi vida (de manera intermitente) a la teoría de twistores, apenas es probable que mi propia perspectiva se corresponda estrechamente con la de muchos otros que no han estado tan implicados. Además, debería dejar claro que la comunidad de físicos que dominan el tema es relativamente pequeña, y desde luego muy pequeña en relación con la de aquellos que saben de teoría de cuerdas o de supersimetría. La teoría de twistores no podría calificarse ni mucho menos como una actividad en la «corriente principal» de los físicos teóricos actuales.

Pese a todo, la teoría de twistores, como la teoría de cuerdas, ha ejercido una influencia significativa en las matemáticas puras, y esto se ha considerado una de sus mayores virtudes. La teoría de twistores ha tenido un impacto importante sobre la teoría de los sistemas integrables (como se ha mencionado antes brevemente), en la teoría de representaciones[56] y en la geometría diferencial. (En esta última área debería mencionar el trabajo de Sergei A. Merkulov y L. J. Schwachhöfer, que fueron capaces de encontrar una solución al que se conoce como el «problema de la holonomía», utilizando métodos desarrollados a partir de los de la construcción del gravitón no lineal original.[57] En trabajos relacionados, la teoría de twistores tiene un valor importante en la construcción de lo que se denominan «variedades hyperkhaler», «espacios de Zoll», etc.)[58] La teoría de twistores se ha visto guiada en gran medida por consideraciones de elegancia e interés matemático, y buena parte de su fuerza reside en su estructura matemática rigurosa y fructífera.

Todo esto está muy bien, podría estar inclinado a decir el lector ingenuo con cierta justificación, pero ¿no me quejé yo, en el capítulo 31, de que una debilidad de la teoría de *cuerdas* es que su impulso era básicamente matemático y tenía poca guía procedente de la naturaleza del mundo físico? En algunos aspectos, esta es también una crítica válida para la teoría de twistores. Ciertamente no hay una razón de peso procedente de los datos observacionales modernos que nos obligue a creer que la teoría de twistores ofrece el camino a seguir por la física moderna. Además, muchos podrían tener la sensación de que la naturaleza fuertemente quiral de la teoría lleva las cosas demasiado lejos en la dirección de la asimetría espacial. Después de todo, no hay evidencia física de que una asimetría izquierda/derecha tenga que desempeñar un papel en la física gravitacional. En los capítulos 27, 28 y 30 he señalado la necesidad de una asimetría temporal en la unión cuántico/gravitacional apropiada, pero no hay un requisito físico aparente de una asimetría *espacial* (salvo quizá indirectamente, vía el teorema CPT de la QFT; véanse §25.4 y §30.2).

Por supuesto, podría darse el caso de que la asimetría espacial en el formalismo no se tradujera en una asimetría en los efectos físicos. La mejor razón para esperar que esto sea cierto reside en el hecho de que las álgebras generadas por el par $(Z^\alpha, -\hbar\partial/\partial Z^\alpha)$, por una parte, y $(\hbar\partial/\partial\bar{Z}_\alpha, \bar{Z}_\alpha)$, por otra, son formalmente idénticas. Esto sugiere que, cualquiera que sea la conclusión a la que llegáramos a alcanzar utilizando una descripción twistorial (variables Z^α), podría obtenerse igualmente utilizando una descripción dual twistorial (utilizando variables $W_\alpha = \bar{Z}^\alpha$), y que esta similaridad es tan completa que ninguna simetría izquierda/derecha en gravitación emergería en la teoría resultante. Por otra parte, si el formalismo tiene que reflejar la naturaleza, entonces exigiremos una asimetría izquierda/derecha cuando la teoría llegue a describir las interacciones débiles (§25.3). Pero tal como está la teoría de twistores, en su relativamente primitivo estado actual, no hay ninguna razón clara para esta diferencia.

Por ahora la principal crítica que se puede formular contra la teoría de twistores es que no se trata realmente de una teoría *física*. Ciertamente no hace ninguna predicción física inequívoca. Mi propia perspectiva (super)optimista sería considerar que la teoría de twistores es vagamente comparable al formalismo hamiltoniano de la física clásica. La teoría hamiltoniana no introdujo cambios físicos, pero ofreció una perspectiva diferente acerca de la física clásica que más tarde resultó ser la que se requería para la nueva teoría cuántica según las recetas de Schrödinger, como se ha descrito en los capítulos 21-23. Análogamente, la teoría de twistores es meramente una reformulación que no introduce cambios físicos. La esperanza optimista está en que su armazón pudiera proporcionar también un trampolín para algunos importantes desarrollos físicos en el futuro.

Por supuesto, el escéptico no está obligado a creer que tales desarrollos vayan a tener lugar, y el argumento básico para la teoría de twistores reside, de hecho, como en la teoría de cuerdas (o en la teoría M), en la fuerza de su atractivo estético y matemático. Sin embargo, ambas teorías son incompatibles matemáticamente tal como están, puesto que operan con diferente número de dimensiones espaciotemporales. Se podría decir justamente (pero con demasiada dureza) que una predicción de la teoría de twistores es que las aspiraciones de la teoría de cuerdas son erróneas. Esta incompatibilidad no se extiende a las variantes o reinterpretaciones de la teoría de cuerdas (o la teoría M) donde las dimensiones extra no se consideran como dimensiones espaciotemporales en absoluto, sino que se consideran como dimensiones «internas» de algún tipo. Aunque una reinterpretación semejante parece ofrecer un punto de vista consistente, está en desacuerdo con la fuerza impulsora que hay tras la teoría de cuerdas tal como se acepta habitualmente.

En relación con esto, debería recordar al lector cierto trabajo muy reciente, mencionado en §31.18, básicamente de Edward Witten.[59] Este apunta a algunas posibilidades fascinantes para una nueva perspectiva sobre las amplitudes de dispersión de Yang-Mills. Combina algunas ideas de la teoría de twistores con otras de la teoría de cuerdas, ¡pero ahora en un contexto 4-dimensional!

En cualquier caso, la teoría de twistores requiere algún aporte nuevo. Entre los ingredientes más importantes de otras teorías físicas de éxito destacan los lagrangianos y las integrales de camino de Feynman, que proporcionan la forma adecuada en QFT de tratar las ecuaciones de campo (véase §26.6). Sin embargo, la teoría de twistores se jacta de la evaporación de las ecuaciones de campo (§§33.9,11), así que, al parecer, se necesitan nuevas ideas para el desarrollo de una QFT twistorial completa.[60]

¿Hace alguna otra «predicción» precisa la teoría de twistores? Lo más próximo a una predicción que puedo considerar es que las motivaciones subyacentes en la teoría parecen implicar que el universo debería tener una curvatura espacial negativa, i.e., $K < 0$. Para ver la razón de esta expectativa, recordemos primero de los capítulos 27 y 28 (especialmente, §27.13) que el big bang parece haber tenido una naturaleza extraordinariamente uniforme, con un estrecho parecido a uno de los modelos de FLRW. Estos modelos son conformemente planos (anulación de la curvatura de Weyl) y pueden describirse de forma muy simple en términos de un espacio twistorial plano ($\mathbb{CP}^3$).[61] En cada uno de los casos $K > 0$, $K = 0$, $K < 0$, hay un grupo de simetría exacta, pero solo en el caso $K < 0$ es este un grupo holomorfo. De hecho, en tal caso el grupo es precisamente aquel del que hemos partido con la «magia compleja» de la teoría de twistores, a saber, el grupo de Lorentz O(1,3), que (ignorando las reflexiones) es el grupo de transformaciones holomorfas de la esfera de Riemann. ¿Dónde está esta esfera de Riemann? Es el «infinito» del 3-espacio hiperbólico —como el círculo limitador de la imagen de Escher, reproducida en la Fig. 2.11— análogo a la esfera celeste de §18.5, como una frontera para el 3-espacio hiperbólico de §18.4; véase la Fig. 18.10.

Vemos que $K < 0$ no es tanto una predicción de la teoría de twistores como de la filosofía holomorfa subyacente. ¿Podemos ir más lejos y decir algo sobre la constante cosmológica Λ? Las construcciones twistoriales propuestas en la actualidad (véase §33.12) parecen poder acomodar la ecuación del vacío de Einstein solo en el caso $\Lambda = 0$, y es difícil ver cómo podría modificarse el tipo actual de procedimiento para acomodar $\Lambda \neq 0$. ¿Nos dice esto que $\Lambda = 0$ es una predicción de la teoría de twistores? ¡Más valdría que no (a pesar de mi preferencia personal por $\Lambda = 0$)! Pues datos observacionales muy recientes (véase §28.10) indican con fuerza $\Lambda > 0$. Esto simplemente plantea a la teoría de twistores nuevos desafíos. ¡Está claro que la teoría de twistores tendrá que hacerlo mucho mejor que esto si tiene que llegar a hacerse respetable como teoría física!

¿Qué pasa con las reglas de la teoría cuántica? ¿Señala la teoría de twistores alguna dirección concreta para el cambio, de acuerdo con las aspiraciones del capítulo 30? El gravitón no lineal de §33.11 empieza a indicar que la aproximación twistorial implicará finalmente una modificación (no lineal) de las reglas de la mecánica cuántica. Sin embargo, todavía no hay mucho, dentro del formalismo twistorial, que indique la presencia de una asimetría temporal fundamental en estas modificaciones, como se requeriría de acuerdo con las discusiones de §§30.2,3,9. Sin embargo, una posible característica sugestiva de los desarrollos «googly» concretos que se han discutido brevemente en §33.12 es que realmente dependen de una descripción con asimetría temporal. La fuerza de esta posibilidad tendrá que esperar a futuros desarrollos, y deberían tenerse en cuenta los comentarios de los párrafos precedentes. Por consiguiente, la teoría de twistores no dice hasta ahora nada útil sobre la reducción del estado cuántico, pese a que este fenómeno ha proporcionado una parte significativa de los impulsos motivadores iniciales tras la teoría.

Para concluir, abordemos la cuestión del estatus de la filosofía holomorfa subyacente, que constituye uno de los impulsos principales que hay tras la teoría de twistores. Creo que es justo decir que se ha mantenido esta filosofía y que ha ofrecido una poderosa fuerza impulsora, que en algunos aspectos ha superado las expectativas (como sucede con las representaciones twistoriales de campos sin masa, tanto lineales (§§33.8-10) como no lineales (§§33.11,12)). Pese a todo, en algún momento la teoría tendrá que decir algo sobre la presencia de números reales en la física y el comportamiento no holomorfo, tales como la emergencia de valores de probabilidad (de acuerdo con la regla no holomorfa del módulo al cuadrado $z \mapsto |z|^2$) y los puntos espaciotemporales *reales*, donde esperaríamos ser capaces de acomodar el comportamiento no analítico (no digamos ya el no holomorfo). Con respecto a esta última cuestión, podría extraerse cierto aliento de la extraordinaria noción de las hiperfunciones, introducidas al final del capítulo 9 (véase §9.7), según las cuales el comportamiento no analítico puede representarse de forma muy elegante dentro del contexto de operaciones holomorfas. Queda para el futuro saber en qué medida una teoría de twistores futura será realmente capaz de abordar estas cuestiones.

Notas

Sección 33.1

33.1. Véase Ahmavaara (1965).

33.2. Véanse Schild (1949), 't Hooft (1984) y Snyder (1947).

33.3. Véanse Sorkin (1991), Rideout y Sorkin (1999) y Markopoulos y Smolin (1997); uno de los desarrollos más importantes en este campo fue Markopoulos (1998).

33.4. Véanse Kronheimer y Penrose (1967), Geroch *et al.* (1972), Hawking *et al.* (1976), Myrheim (1978) y 't Hooft (1978).

33.5. Véase Finkelstein (1969).

33.6. Véanse Smolin (2001), Gürsey y Tze (1996), Dixon (1994), Manogue y Schray (1993) y Manogue y Dray (1999).

33.7. Véase Regge (1962) para la referencia original. Immirzi (1997) ha escrito una revisión informal (e informativa).

33.8. Jozsa desarrolló estas ideas en su tesis doctoral. Véase Jozsa (1981).

33.9. Véase Isham y Butterfield (2000).

33.10. Véase Goldblatt (1979).

33.11. Véanse Eilenberg y Mac Lane (1945), Mac Lane (1988) y Lawvere y Schanuel (1997).

33.12. Véanse Baez y Dolan (1998), Baez (2000), Baez (2001) y Chari y Pressley (1994).

33.13. Véase Connes y Berberian (1995).

33.14. Hay también otros muchos usos de la geometría no conmutativa, tanto en matemáticas puras como aplicados a la física. Véase Connes (1990, 1998). Como ejemplo de los últimos, se ha desarrollado un elegante formalismo para el tratamiento global de la renormalización con la ayuda de la geometría no conmutativa; véanse 26.9 y Kreimer (2000).

33.15. Véase Connes y Berberian (1995).

Sección 33.2

33.16. Para una exactitud estricta, necesitamos incluir un equivalente a una esfera (de Riemann) de «rayos de luz en el infinito» para completar la definición de $\mathbb{PN}$; véase 33.3.

33.17. Esto necesitaría las apropiadas cantidades (escalares) no direccionales para el grupo de Poincaré (a saber, sus operadores de Casimir; véase §22.12). Estas son el espín total y la masa en reposo (al cuadrado). Sin embargo, no se sabe que la masa en reposo se construya como múltiplos enteros de algo, de modo que los aspectos combinatorios de un esquema semejante no son tan claros. Este enfoque fue desarrollado, de todas formas, por John Moussouris en su tesis doctoral en Oxford en 1983 (véase Moussouris, 1983). Requería una etiqueta adicional unida a las líneas de la red además de masa y espín.

Sección 33.3

33.18. Véanse McLennan (1965) y Penrose (1963, 1964, 1965a, 1986).

Sección 33.4

33.19. Véase Penrose y Rindler (1986), en particular el apéndice.

33.20. Véanse Harvey (1990), Penrose y Rindler (1986) y Budinich y Trautman (1988).

Sección 33.6

33.21. Véanse Penrose y Rindler (1986) y Huggett y Tod (2001).

33.22. En cualquier suceso $\boldsymbol{x}$ en el espaciotiempo hay dos direcciones nulas especificadas. Está la dirección del «rayo de luz» de esta familia que pasa por $\boldsymbol{x}$ y está la dirección del 4-momento de la partícula giratoria que representa el twistor. Estas dos direcciones nulas son las «direcciones nulas principales», i.e., las direcciones definidas por la representación de Majorana (véase §22.10), del (la parte autodual o anti-autodual) momento angular que posee dicha partícula, tomado respecto a x. Véanse Wald (1984) y Huggett y Tod (2001).

33.23. Véanse Penrose (1967, 1975, 1987b) y Penrose y Rindler (1986).

Sección 33.7

33.24. Véanse Penrose (1968b) y Huggett y Todd (2001).

33.25. Véanse Huggett y Todd (2001), Penrose y Rindler (1986) y Hughston (1979).

Sección 33.8

33.26. Véanse Dirac (1936), Fierz (1938, 1940) y Penrose (1965a).

33.27. Véanse Fierz y Pauli (1939), Penrose y Rindler (1986), Penrose (1965a) y Penrose y MacCallum (1972).

33.28. Véanse Penrose (1968b, 1969c, 1987b); Huggett y Todd (2001); Hughston (1979); Whittaker (1903); Bateman (1904, 1944).

33.29. Este es el $\mathbb{C}^2$ que representa la recta $\mathcal{R}$ en $\mathbb{PN}$ (Fig. 33.11). Más familiar para la mayoría de los teóricos de twistores es la versión completamente proyectiva de esta integral de contorno, para la que se utiliza la 1-forma $\iota = \pi_{0'}d\pi_{1'} - \pi_{1'}d\pi_{0'}$ en lugar de la 2-forma $\tau = d\pi_{0'} \times d\pi_{1'}$. La integral de contorno es ahora 1-dimensional, y su relación con la receta 2-dimensional dada aquí es que una de estas dimensiones del contorno (dada por un círculo S^1) reduce la versión no proyectiva dada aquí a la versión proyectiva más familiar. Una ventaja de la presente versión es que permite describir estados de helicidad mixta.

33.30. Véanse Huggett y Todd (2001), Hughston (1979) y Penrose y Rindler (1986).

33.31. La teoría de twistores tiene una gran deuda con sir Michael Atiyah por un importante ingrediente inicial para esta consecución. Véanse Penrose (1979b) para los argumentos originales para la cohomología twistorial, y Eastwood *et al.* (1981) para un tratamiento completo.

Sección 33.9

33.32. Esto es lo que se conoce como cohomología de Cech. Hay también muchas otras maneras de llegar al concepto de cohomología. Véanse Wells (1991), Ward y Wells (1989) y Griffiths y Harris (1978).

33.33. Véanse Gunning y Rossi (1965), Ward y Wells (1989), Wells (1991), así como también Penrose y Rindler (1986).

33.34. Véanse Gunning y Rossi (1965) y Penrose y Rindler (1986).

33.35. Penrose y Rindler (1986).

33.36. Véase Penrose y Penrose (1958).

33.37. Véase Penrose (1991).

33.38. Véanse Gunning y Rossi (1965), Griffiths y Harris (1978), Chern (1979) y Wells (1991).

33.39. Véanse las referencias en la nota 33.38, así como Eastwood *et al.* (1981).

Sección 33.10

33.40. No tiene importancia la inversión de los + y los – aquí. Se trata tan solo de un molesto accidente notacional. Véase §9.2.

33.41. Hay aquí algunas cuestiones técnicas importantes. Si el campo original no es analítico (no es C^{ω}), entonces estos campos (en $\mathbb{M}$) pueden resultar hiperfuncionales en el sentido de §9.7; véase Bailey *et al.* (1982).

33.42. Véase Hodges *et al.* (1989).

33.43. Véase Penrose (1987b).

Sección 33.11

33.44. Véanse Penrose (1976a, 1976b), Ward (1977), Penrose y Ward (1980) y Penrose y Rindler (1986).

33.45. Hay una sutileza técnica en cuanto que no es un fibrado *holomorfo* (§15.5) pese a que todas las operaciones en la construcción son holomorfas, puesto que, localmente en el π-espacio, no es estrictamente un espacio producto holomorfo. $\mathcal{T}$ se conoce como una *fibración holomorfa*. Véase Penrose (1976b).

33.46. En circunstancias normales; véanse Huggett y Tod (2001), Ward y Wells (1989) y Penrose y Ward (1980).

33.47. Véase Kodaira (1962).

33.48. O en el caso real definido positivo (++++) o en el caso de signatura dividida (+ + – –). Véanse Penrose (1976b), Hansen *et al.* (1978), Atiyah *et al.* (1978) y Dunajski (2002).

33.49. Parece haber así una relación significativa con la noción de una *QFT topológica*, como se ha mencionado en §32.5; véase la nota 32.17.

Sección 33.12

33.50. Hay una aproximación con simetría de reflexión a estos problemas que utiliza lo que se conoce como *ambitwistores*, y esta ha disfrutado de algunos éxitos parciales significativos en esta dirección; véanse Penrose (1975), LeBrun (1985, 1990), Isenberg *et al.* (1978) y Witten (1978). Véase también Penrose y Rindler (1986). Un ambitwistor en un espacio plano es básicamente un par (W_α, Z^α), donde $W_\alpha Z^\alpha = 0$, y describe un rayo de luz complejo. Sin embargo, esto no encaja con la filosofía antes adoptada de que «las funciones twistoriales son funciones de onda», puesto que una descripción ambitwistorial es más parecida a una clásica, en la que aparecen una variable y su variable conjugada —aquí Z^α y W_α— en lugar de solo una o la otra, como sería apropiado para una función de onda. La aproximación ambitwistorial también encuentra algunas dificultades matemáticas en su descripción de campos no lineales.

33.51. Véase Penrose (2001).

33.52. Véanse, por ejemplo, Frittelli *et al.* (1997), Bramson (1975) y Penrose (1992).

33.53. Véase Penrose (2001).

33.54. Véase Mason y Woodhouse (1996).

Sección 33.13

33.55. Para algunas de las referencias más antiguas, véanse Penrose y MacCallum (1972) y Penrose (1975). Para trabajos más recientes, véase Hodges (1982, 1985, 1990, 1998).

Sección 33.14

33.56. Véanse Bailey y Baston (1990), Baston y Eastwood (1989) y Mason y Woodhouse (1996) para el uso de twistores en matemáticas.

33.57. Véase Merkulov y Schwachhöfer (1998).

33.58. Véanse Gindikin (1986, 1990) y Lebrun y Mason (2002).

33.59. Véase la nota 31.81.

33.60. Aunque los lagrangianos han desempeñado un papel periférico en la teoría de twistores para entender las interacciones físicas, todavía no han encontrado una formulación general adecuada dentro de dicha teoría. Hay quizá cierta ironía en que el éxito que ha tenido la teoría de twistores al presentar los campos físicos de una manera que implícitamente resuelve sus ecuaciones de campo (por medio de funciones twistoriales homogéneas, en el caso de campos libres sin masa) es lo que lleva a una dificultad con su formulación lagrangiana. En la formulación cuántica convencional, las ecuaciones de campo proceden de una «suma sobre historias» (§26.6), donde debe ser explícitamente posible *violar* las ecuaciones de campo en la formulación, para que esta idea tenga sentido, y entonces las correcciones cuánticas a la teoría clásica proceden del examen más detallado de esta integral de camino. ¡Todo esto se pierde si la formulación no permite la violación de las ecuaciones de campo! Creo que es necesaria una reevaluación de lo que debe ser la auténtica «esencia» de los lagrangianos en la teoría de twistores y, de hecho, en la teoría física en general. Quizá esto tiene relación con las preocupaciones que he expresado al final de §26.6 y con las cuestiones auténticamente profundas presentadas por el prácticamente ubicuo problema de la divergencia que aparece con las integrales de camino (véase §26.6). Pero véanse la parte final de 32.5 y la nota 32.17.

33.61. Penrose y Rindler (1986), §9.5.

34

¿Dónde está el camino a la realidad?

34.1. Las grandes teorías de la física del siglo xx... ¿Y más allá?

Tratemos de recapitular lo que nuestras teorías físicas nos han enseñado —cuando empezamos a explorar el tercer milenio a.C.— acerca de la naturaleza fundamental de este notable mundo en el que nos encontramos. No hay duda de que se han producido extraordinarios avances en el conocimiento, y de que estos han llegado a través de una cuidadosa observación física y una soberbia experimentación, a través de razonamientos físicos de gran profundidad e intuición, y a través de razonamientos matemáticos que van desde los complicados pero rutinarios hasta los más inspirados. Estos nos ha llevado desde las ideas de los antiguos griegos respecto a la geometría del espacio hasta las magníficas estructuras de la mecánica clásica, pasando por la mecánica newtoniana; y luego a la teoría electromagnética de Maxwell y a la termodinámica. Más recientemente, el siglo xx nos ha dado la relatividad especial, que llevó a la extraordinaria y bien verificada teoría de la relatividad general de Einstein, y también tenemos la profundamente misteriosa aunque profundamente exacta y muy general mecánica cuántica, y su desarrollo en la teoría cuántica de campos (QFT); en concreto, disponemos de los extraordinarios y exitosos modelos estándar de la física de partículas y de la cosmología.

No es extraño que teóricos confiados crean que quizá estemos «casi al final», y que pueda haber una «teoría de todo» no mucho más allá de los desarrollos posteriores de finales del siglo xx. Con frecuencia estos comentarios se han hecho con un ojo puesto en la «teoría de cuerdas» que existiera en cada momento. Es más difícil mantener este punto de vista ahora que la teoría de cuerdas se ha metamorfoseado en algo (teoría **F** o teoría **M**) de cuya naturaleza se admite que es esencialmente desconocida en el momento presente.

Personalmente, creo que todavía estamos mucho más lejos que esto de una «teoría final». No tengo ninguna fe en que los desarrollos esbozados en el capítulo 31 se acerquen siquiera a las líneas correctas. Es cierto que varios desarrollos *matemáticos* extraordinarios son producto de ideas de la teoría de cuerdas (y otras relacionadas). Sin embargo, sigo siendo profundamente escéptico respecto a que sean otra cosa que fragmentos asombrosos de matemáticas, aunque con cierto aporte de profundas ideas físicas. En el caso de las teorías cuya dimensionalidad espaciotemporal supera la que directamente observamos (a saber, 1 + 3), no veo ninguna razón para creer (§§31.11,12) que por sí mismas nos lleven mucho más lejos en la dirección del conocimiento *físico*. Con respecto a los otros esquemas que se han propuesto, tales como los esbozados en los capítulos 32 y 33, con los que estoy mucho más de acuerdo, no hay duda de que también a estos les faltan algunas ideas importantes. Sería imprudente predecir con mucha confianza que estas teorías estén a punto de dar los pasos adicionales necesarios que nos pudieran guiar hacia el verdadero camino a la comprensión de la realidad física.

Pese a todo, ya en el siglo XX la especie humana ha hecho sin duda progresos extraordinarios hacia tal comprensión, y en este libro he intentado transmitir algo de lo que se ha logrado. La relatividad general de Einstein sobresale, en mi opinión, como el mayor logro individual de este siglo. Muchos científicos podrían muy bien considerar la teoría cuántica (y la QFT) como un logro incluso mayor. Desde mi perspectiva concreta sobre la cuestión, no me siento capaz de compartir esta opinión. Aunque es indudablemente cierto que la teoría cuántica ha explicado un número de cosas incomparablemente mayor que la relatividad, y en un abanico muchísimo mayor de fenómenos diferentes, no considero que la teoría haya alcanzado todavía la coherencia necesaria *como* tal. El problema reside, por supuesto, en la paradoja de la medida, considerada en el capítulo 29. En mi opinión, la teoría cuántica es incompleta. Cuando esté completa —lo que diría que sucederá en algún momento del siglo XXI—, representará sin duda un logro mayor incluso que la relatividad general de Einstein. En realidad, como sugieren firmemente las afirmaciones del capítulo 30, semejante mecánica cuántica completa debería incluir la teoría de Einstein como caso límite para grandes masas y distancias. (Y espero que mis comentarios en §31.8 hayan dejado claro al lector que no creo que la teoría de cuerdas ya lo haya conseguido, pese a las numerosas afirmaciones que se hacen en sentido contrario.)

En mi opinión, la relatividad general va a permanecer probablemente como una descripción del espaciotiempo en el límite de gran escala (donde se permite la presencia de una constante cosmológica Λ como parte de la teoría de Einstein), aunque debemos esperar serias modificaciones en sus descripciones a la distancia absurdamente minúscula de Planck de 10^{-35} m, o allí donde las densidades puedan aproximarse al valor de Planck de aproximadamente 5×10^{93} veces la del agua, en la vecindad de ciertas singularidades espaciotemporales. Esta posición sobre el estatus de la relatividad general debe considerarse ahora como la convencional. El estatus observacional de la teoría, al menos cerca del extremo más grande de la escala de distancias donde se sitúan las estrellas de neutrones en órbita y los efectos de lente gravitacional, e incluso de agujeros negros, debe considerarse excelente. Y aquí me refiero a la teoría de Einstein estándar, sin una constante cosmológica.

Pero ¿qué pasa con la constante cosmológica? Las observaciones de los últimos años parecen favorecer un valor positivo para ella. Si existe realmente Λ, es ciertamente muy pequeña. Si se considera Λ como una curvatura, entonces es el recíproco del cuadrado de una distancia que es al menos comparable al radio del universo observable, de modo que Λ es ciertamente despreciable salvo en escalas cosmológicas. Cuando se interpreta Λ como una densidad efectiva Ω_Λ, entonces dicha densidad no puede ser mayor que 2 o 3 veces la minúscula densidad media que tiene ahora nuestro universo, que es aproximadamente 10^{-27} kg m^{-3}, considerablemente menor que el mejor vacío producido artificialmente en la Tierra. Una vez más, Λ solo podría tener relevancia en escalas cosmológicas. Pese a todo, y sobre la base del punto de vista expresado a menudo por los teóricos de los campos cuánticos, Λ es realmente una medida de la densidad efectiva del vacío, generada por «fluctuaciones mecanocuánticas del vacío» (una característica de la incertidumbre de Heisenberg en QFT; véase §21.11, así como también §29.6 y §30.14) y, por consiguiente, «debería» tener un valor (comparable al valor de Planck) ¡que es algo del orden de 10^{120} veces mayor (o, según algunas propuestas, posiblemente solo 10^{60} veces mayor) que el límite superior de lo que se observa! Esto se considera un enigma fundamental en QFT,[1] no resuelto por ninguno de los enfoques convencionales de la gravedad cuántica ni por la teoría de cuerdas. Mi propia actitud se ve menos perturbada por esto que lo que parece estar para muchos teóricos. Mi conjetura (véase §30.14) es que la cuestión general de las «fluctuaciones del vacío» tendrá que ser radicalmente revisada cuando tengamos una mejor teoría cuántica de la gravitación y, realmente, una mejor QFT.

Debemos reconocer, por supuesto, el extraordinario abanico de fenómenos que apoyan la mecánica cuántica y la QFT existentes. Pero debería dejar claro que esto no se contradice con el punto de vista que he defendido en el capítulo 30, en el que se prevén cambios en los fundamentos de la teoría cuántica. Ningún experimento hasta la fecha parece haberse acercado mucho a la exploración del nivel de «gravedad cuántica» en el que espero que se pongan de manifiesto los cambios y ocurra objetivamente la reducción del vector de estado (**RO** gravitatoria). Los entrelazamientos cuánticos observados en distancias de hasta 15 kilómetros[2] son perfectamente compatibles con estos cambios esperados, puesto que estos entrelazamientos implican solo pares de fotones con energías del orden de 10^{-19} J, y no cabe esperar la reducción de estado espontánea de acuerdo con la **RO** gravitatoria hasta que los fotones se midan realmente (en cuyo instante tendría lugar **RO** en el aparato de medida). La situación experimental actual con respecto a la validez de la mecánica cuántica cuando están involucrados movimientos de masa importantes queda bien manifiesta en recientes experimentos realizados por Anton Zeilinger y colegas en Viena.[3] Han llevado a cabo lo que en esencia es un experimento de doble rendija con «bucky bolas» de C_{60} (y también C_{70}). Estas son *fullerenos*, en los que cada molécula tiene 60 átomos de carbono, en una disposición geométrica muy bella que recuerda la forma de las costuras en un balón de fútbol moderno (o, en el otro caso, una disposición menos simétrica que incluye 70 átomos de carbono). Estas moléculas de fullereno tienen un diámetro aproximado de un nanometro e interfieren consigo mismas después de haber estado en una superposición de dos localizaciones separadas por aproximadamente 10^{-7} m, que es unas 100 veces el diámetro de la bucky-bola. Según el esquema sugerido en §30.11, una superposición semejante duraría al menos unos cien mil años antes de reducirse de manera espontánea según la **RO** gravitatoria, de modo que claramente no hay contradicción aquí con el experimento de Zeilinger.

Por supuesto, la situación podría muy bien ser diferente con algunos experimentos futuros. Algo del tipo de la propuesta FELIX en el espacio de §30.13, o más probablemente algún experimento relacionado tal como podría resultar del trabajo de Dik Bouwmeester en Santa Bárbara, pondría a prueba directamente el esquema **RO** gravitatorio, y muy bien podría suceder que existan otras posibilidades para experimentos que pudieran realizarse a principios del siglo XXI. Considero particularmente excitante esta perspectiva, y existe la posibilidad de que tales experimentos pudieran cambiar de forma significativa nuestra visión actual de la mecánica cuántica. Como mínimo, podrían limitar seriamente las especulaciones acerca de las posibles modificaciones de la mecánica cuántica de acuerdo con alguna teoría futura.

Esto contrasta con la situación experimental actual (o plausiblemente extrapolada) con respecto a otros intentos de combinar la teoría cuántica y la gravitación, tales como los esbozados en los capítulos 31-33. La mayor parte de los experimentos diseñados para abordar tales propuestas de gravitación cuántica implican partículas lanzadas a energías extraordinariamente altas, absurdamente alejadas de las capacidades de cualquier acelerador de partículas existente (o en proyecto). (Las únicas excepciones a esto que conozco son experimentos diseñados para comprobar la posibilidad de existencia de «grandes» dimensiones extra —§31.4— que podrían afectar, por ejemplo, a la ley inversa del cuadrado para la gravedad a pequeñas distancias, o a algunas otras propuestas vagamente relacionadas dirigidas a ver si la covariancia de Lorentz podría violarse a alta energía, debido a efectos cuántico gravitatorios sugeridos.)[4] Hay, de hecho, una seria dificultad al afrontar la puesta a prueba de cualquier esquema convencional de «gravitación cuántica», pues los efectos de esta unión modificarían únicamente la estructura espaciotemporal (en los extraordinariamente minúsculos tiempos o distancias de Planck), dejando intactos los procedimientos estándar de la mecánica cuántica. Estamos en mejores condiciones, experimentalmente, si las reglas de la mecánica cuántica son modificadas por efectos de la relatividad general, tal como se ha sugerido en el capítulo 30, puesto que estos efectos propuestos están dentro del alcance de la tecnología actual. Si tales experimentos se realizan con éxito e indican la necesidad de un cambio en las reglas de la mecánica cuántica, entonces habría al fin una buena guía física para complementar los desiderata básicamente matemáticos que dirigen la investigación actual en la gravitación cuántica.

La ausencia de datos experimentales relativos a las propuestas normales de gravitación cuántica ha conducido a una curiosa situación en la investigación en la física teórica fundamental. Al parecer, existe un consenso general en que para hacer progresos reales más allá de los modelos estándar de la física de partículas y la cosmología, y obtener un conocimiento más profundo de los ingredientes básicos del universo, será necesario tener una teoría que englobe la gravedad además de las fuerzas fuerte, débil y electromagnética. Parece ser que la razón para esto es en parte la idea (sin duda físicamente justificada) de que una QFT *finita* (en oposición a meramente renormalizable) exigirá que las divergencias se «corten» a la minúscula distancia de Planck, donde la gravedad debe formar necesariamente parte de la imagen (véase §31.1). Pero puesto que no hay experimentos en esta área, los esfuerzos de los teóricos han estado muy dirigidos al mundo interno de los desiderata matemáticos.

34.2. Física fundamental matemáticamente dirigida

La relación entre ideas matemáticas y comportamiento físico ha sido un tema constante en este libro. A lo largo de la historia de la ciencia física, el progreso se ha conseguido al encontrar el equilibrio correcto entre las restricciones, tentaciones y revelaciones de la teoría matemática, por una parte, y la observación precisa de las acciones del mundo físico, por otra, normalmente mediante experimentos cuidadosamente controlados. Cuando la guía experimental está ausente, como es el caso con la investigación fundamental más actual, este equilibrio se rompe. La coherencia matemática[5] está lejos de ser un criterio suficiente para decirnos si es probable que estemos «en la pista correcta» (y en muchos casos incluso estos requisitos que parecen esenciales son arrojados al viento). Vemos que las virtudes matemáticas estéticas empiezan a desempeñar un papel mucho más importante que antes. Los investigadores suelen señalar los éxitos de Dirac, Schrödinger, Einstein, Feynman y muchos otros que estuvieron guiados en un grado considerable por los atractivos estéticos de las ideas teóricas concretas que ellos proponían. Creo que no hay que negar el valor de tales consideraciones estéticas, que desempeñan un papel de crucial importancia en la selección de propuestas plausibles de nuevas teorías de la física fundamental.

Algunos de estos juicios estéticos pueden expresar a veces simplemente una clara necesidad de un esquema matemático coherente; pues, en efecto, belleza y consistencia matemáticas están íntimamente relacionadas. Creo que la necesidad de tal coherencia, en cualquier modelo físico propuesto, es indiscutible. Más aún, a diferencia de muchos criterios estéticos, la coherencia matemática tiene la ventaja de que es claramente algo objetivo. La dificultad con los juicios estéticos reside, en general, en que suelen ser muy subjetivos.

Pese a todo, la coherencia matemática no tiene por qué ser algo que se aprecie de inmediato. Quienes han trabajado larga y arduamente con un conjunto de ideas matemáticas, quizá están en una mejor posición para apreciar la sutil, y con frecuencia inesperada, unidad que puede haber dentro de algún esquema concreto. Quienes, por el contrario, llegan a tal esquema desde fuera, quizá lo vean con más perplejidad, y tal vez les cueste apreciar por qué tal y cual propiedad debería tener un mérito particular, o incluso por qué algunas cosas en la teoría deberían considerarse más sorprendentes —y, quizá por ello, más bellas— que otras. Pero, una vez más, puede haber circunstancias en que son quienes vienen de fuera los que mejor pueden hacer juicios objetivos, ¡pues quizá pasar muchos años tratando con un conjunto muy limitado de problemas matemáticos que surgen dentro de un enfoque concreto produce juicios distorsionados!

Pero, a pesar de su indudable valor, la elegancia y coherencia en las matemáticas de una teoría física están muy lejos de ser suficientes. Normalmente, las condiciones físicas tienen una importancia mucho mayor. Pero en las situaciones donde se carece de una guía física, las cualidades matemáticas cobran una importancia mucho mayor. Yo no argumentaría, por supuesto, que haya respuestas simples a estas cuestiones. Creo que los investigadores individuales tienen razón en seguir sus impulsos estéticos. Sin embargo, no deberían sorprenderse si encuentran que algún colega se muestra indiferente ante la supuesta trascendencia de las conclusiones a las que puedan llevar tales impulsos. Considero que tales motivaciones estéticas son una parte esencial del desarrollo de cualquier idea nueva importante en la ciencia teórica. Pero sin las restricciones del experimento y la observación, tales motivaciones llevan con frecuencia la teoría mucho más allá de lo que está justificado físicamente.

A lo largo de la historia, podemos ver muchos ejemplos de un bello esquema matemático que al principio parecía proporcionar una forma nueva y revolucionaria de desvelar los secretos de la naturaleza, pero en donde estas esperanzas iniciales no se han visto satisfechas, al menos, no en la forma inicialmente prevista. Un buen ejemplo puede ser el sistema de los cuaterniones, por lo que se refiere a su bella propiedad de constituir un álgebra de división. Como hemos visto en §11.2, una vez que Hamilton los descubrió en 1843, se vio tentado a dedicar los veintidós años restantes de su vida a intentar representar las leyes de la naturaleza enteramente dentro de ese marco. Sin embargo, este trabajo en «cuaterniones puros» (por los que entiendo sus cuaterniones reales originales, con su propiedad de álgebra de división) tuvo muy poco efecto directo sobre el desarrollo posterior de la ciencia física básica. Otras influencias de Hamilton en la teoría física han sido ciertamente enormes, y muy directas. En efecto, fueron sus propias investigaciones anteriores en lo que ahora llamamos «hamiltonianos», «principio de Hamilton», y la «ecuación de Hamilton-Jacobi», etc. —que forman parte de una exploración de la analogía entre partículas newtonianas y ondas—, las que proporcionaron el punto de despegue para el desarrollo en el siglo XX de la mecánica cuántica y la QFT (véanse §20.2 y §§21.1,2). Pero la influencia de los cuaterniones en la física fue lejana, solo a través de generalizaciones en las que la propiedad del álgebra de división tuvo que ser desestimada.

A mediados del siglo XIX, debió de ser demasiado fácil quedar hipnotizado por esa bella característica matemática de los cuaterniones que hace posible dividir por ellos (§11.1). Esa maravillosa propiedad, de la que disfrutan los cuaterniones, y relativamente pocas álgebras más, ha ejercido una influencia importante en matemáticas puras, pero no directamente en la corriente principal de la física. Fue la generalización que hizo Clifford de los cuaterniones a dimensiones más altas, junto con las ideas posteriores de Pauli y en especial de Dirac, en las que se adopta la signatura lorentziana relevante para el espaciotiempo, la que permitió finalmente que fuera posible dar un gran paso en la teoría física (§11.5, §§24.6,7). Pero en estos desarrollos posteriores, que fueron muy importantes para la física, la bella propiedad de división ¡tuvo que ser necesariamente abandonada!

Volveré en §34.9 a esta cuestión algo misteriosa del éxito que puede tener en física la belleza en matemáticas. Pero estos puntos afectan a la importante y fascinante cuestión complementaria de los «retornos» matemáticos. Ya desde la época de los antiguos griegos, las teorías que empezaron próximas al comportamiento del mundo han generado siempre vastas áreas de bellas matemáticas, inicialmente estudiadas por dichas razones pero que a menudo encontraron aplicaciones muy alejadas de aquellas consideraciones físicas que las originaron. A veces se necesitaron varios siglos antes de que se hallaran esas aplicaciones (como fue el caso del estudio de las secciones cónicas por parte de Apolonio, hacia el 200 a.C., que desempeñó un papel fundamental en la comprensión de los movimientos planetarios que ofrecieron Kepler y Newton en los siglos XVI y XVII, o el caso del «pequeño teorema» de Fermat de 1640, que encontró importantes aplicaciones en la criptografía a finales del siglo XX). Las matemáticas —en especial, las buenas matemáticas— tienen la costumbre de encontrar sus aplicaciones en campos muy dispares, y esta es una de las razones de su fuerza y solidez. Las obras de la naturaleza han proporcionado con frecuencia una fuente maravillosa de tales ideas matemáticas. Quizá no sea sorprendente que hubiera precisión y fiabilidad en estas ideas estimuladas por la naturaleza si aceptamos que esta opera exactamente de acuerdo con leyes matemáticas. Más notable es la *sutileza* de las matemáticas que parecen estar involucradas en las leyes de la naturaleza, y la propensión que parecen tener aquellas a encontrar aplicaciones en áreas muy alejadas de su propósito original (como fue el caso, en especial, del cálculo infinitesimal de Newton y Leibniz; véase el capítulo 6).

Pero ¿podemos argumentar recíprocamente que una presunta teoría física que estimula mucha investigación productiva en áreas matemáticas muy dispersas gana credibilidad en virtud de esto? Esta cuestión tiene especial importancia para los esquemas físicos de los capítulos 31,32 y 33. Creo que no se puede responder de una forma sencilla, sino que debe recomendarse una especial cautela.

La teoría de cuerdas, en particular, ha estimulado mucha y muy bella investigación matemática, y buena parte de su fuerza le viene de este atractivo matemático. (Lo mismo podría decirse de gran parte de la teoría de twistores y de los enfoques de Ashtekar y Hawking). Pero no está claro en qué medida esto es indicativo de un acuerdo subyacente con la realidad física. Pese a todo, a menudo he oído a matemáticos puros expresar con satisfacción que cierto resultado que han podido encontrar tiene aplicaciones en física ¡simplemente porque tiene una relevancia matemática para la teoría de cuerdas! Puedo comprender muy bien que muchos matemáticos puros deseen que aspectos de su bella disciplina encuentren una aplicación importante para el funcionamiento del mundo físico. Pero debería quedar claro que no existe (por el momento) ninguna razón observacional para creer que la teoría de cuerdas (en particular) *sea* física, aunque está ciertamente motivada por poderosas aspiraciones físicas. La teoría de cuerdas es también un tema que han estudiado muchos físicos, pero ¿eso la hace física? Esto plantea la cuestión de las modas en la investigación física fundamental, un tema que me gustaría abordar a continuación.

34.3. El papel de las modas en la teoría física

Permítanme empezar citando un informe realizado por Carlo Rovelli, y hecho público en su alocución durante el Congreso Internacional sobre Relatividad General y Gravitación, celebrado en Pune, India, en diciembre de 1997.[6] Rovelli es uno de los creadores del enfoque de las variables de lazo en la gravedad cuántica, como se ha descrito en §32.4, y no pretendía ningún corporativismo en la realización de su iforme. Pese a todo, los resultados que encontró reflejan las que hubieran sido mis propias expectativas (no contrastadas). Hizo un recuento de los artículos sobre la gravedad cuántica publicados el año anterior, tal como estaban registrados en los archivos de Los Ángeles. El promedio aproximado de artículos por mes, en los diferentes enfoques de esta disciplina, era el siguiente

Teoría de cuerdas	69
Gravedad cuántica de lazo	25
QFT en espacios curvos	8
Aproximaciones en retículos	7
Gravedad cuántica euclídea	3
Geometría no conmutativa	3
Cosmología cuántica	1
Twistores	1
Otros	6

El lector advertirá que en el espacio que he dedicado en este libro a las exposiciones de estas respectivas teorías, solo he seguido muy vagamente las demandas de la moda. (He tocado brevemente la QFT en espacios curvos en relación con el efecto Hawking, como se ha examinado en §30.4. Las aproximaciones en retículos adoptan modelos espaciotemporales discretos en lugar de continuos —véase §33.1—. La gravedad cuántica euclídea interviene en el enfoque de Hawking, como se ha examinado en §28.9. La cosmología cuántica utiliza espaciotiempos simplificados en los que se ignoran la mayoría de los grados de libertad gravitatorios. Los otros enfoques citados se han discutido en los capítulos 31-33). Se advertirá que había más artículos en el área de la teoría de cuerdas que en todas las demás áreas juntas. Parece que hay una opinión general de que si hoy se volviera a hacer un informe semejante, la preponderancia de los artículos de la teoría de cuerdas sería aún mayor. Si pensáramos que la investigación física debe regirse por los principios del gobierno democrático, entonces veríamos que, debido a una mayoría absoluta por parte de los teóricos de cuerdas, ¡todas las decisiones respecto a la investigación que deberían hacerse estarían dictadas por ellos![7]

Afortunadamente, los criterios de la ciencia no son los del gobierno democrático. Es correcto y oportuno que las actividades de la minoría no deban sufrir en virtud del simple hecho de que están en minoría. La coherencia matemática y el acuerdo con la observación son mucho más importantes. Pero ¿podemos ignorar por completo los caprichos de la moda? Ciertamente no podemos. Además de algunas ideas mucho menos creíbles, muy de moda en su día (tales como la noción de la supergravedad 11-dimensional de siete dimensiones extra que constituyen una «7-esfera aplastada»),[8] recuerdo muchas modas del pasado que me parecieron —y aún me parecen— contener verdades muy significativas (tales como las trayectorias de Regge —véase §31.5— y la matriz S analítica[9] de Geoffrey Chew), pero que hoy hace décadas que han pasado de moda. Hasta cierto punto, la popularidad de una teoría proporciona una medida de su plausibilidad científica, pero solo hasta *cierto* punto.

También es cierto que, como sucede en el mundo empresarial, son las grandes compañías las que tienen una tendencia natural a hacerse más grandes a expensas de las más pequeñas. No es difícil ver por qué esto debería suceder también con las modas científicas, sobre todo en el mundo moderno de los vuelos a reacción e internet, donde las ideas nuevas científicas se difunden a gran velocidad por todo el planeta, propagadas de viva voz en congresos científicos o transmitidas casi instantáneamente por correo electrónico o en artículos científicos (con frecuencia no sometidos a revisión) en internet. La a menudo frenética competitividad que genera esta facilidad de comunicación conduce a efectos «caravana», donde los investigadores temen quedar rezagados si no se suben al carro. La moda no tiene mucho que decir sobre ideas teóricas que continuamente caen bajo el escrutinio experimental. Pero con ideas que están tan lejos de la posibilidad de confirmación o refutación experimental como lo están las de la gravedad cuántica, debemos ser especialmente cautos en tomar la popularidad de un enfoque como índice real de su validez.

La moda tiene también desempeña un papel en otras áreas tales como la notación o el formalismo matemático específico. Esta es quizá una cuestión menos importante que las que se han planteado antes, pero continúa siendo importante para el desarrollo de la investigación. Permítanme describir un ejemplo concreto, a saber, el uso tan dominante del formalismo espinorial de 4 componentes de Dirac en lugar del formalismo posterior de 2 componentes de Van der Waerden (véanse §22.8, §24.7 y §25.2). Hay cierta ironía en esto, como veremos. De hecho, en electrodinámica cuántica el formalismo 4-espinorial es utilizado casi universalmente, mientras que, como ha demostrado Robert Geroch,[10] es en realidad mucho más sencillo utilizar 2-espinores (brevemente descritos en §22.8). Cuando Dirac descubrió su ecuación, en 1928, utilizó 4-espinores. La ecuación de Dirac estimuló mucho interés en la importancia de los espinores, y un año después el destacado matemático holandés B. L. van der Waerden formuló el potente cálculo 2-espinorial.[11] Sin embargo, la expectación causada por entonces a raíz del descubrimiento de la ecuación del electrón de Dirac significó que la mayoría de los físicos siguieron el enfoque original de Dirac, pues no había muchos que estuvieran siquiera familiarizados con el formalismo más flexible y refinado de Van der Waerden. De todas formas, parece que el propio Dirac apreció finalmente la potencia de lo que Van der Waerden había realizado. De hecho, a comienzos de la década de 1950 asistí a un curso de conferencias de Dirac donde expuso una bella introducción al cálculo 2-espinorial, que clarificó para mí el tema general cuando me había parecido casi desconcertante en las exposiciones que había leído anteriormente.

El propio Dirac había utilizado en realidad el enfoque 2-espinorial, en 1936, para encontrar generalizaciones de su ecuación para el electrón a partículas de espín más alto.[12] Pero no sintiéndose cómodos con el formalismo 2-espinorial, parece que varios investigadores redescubrieron casos especiales de las ecuaciones de Dirac para el espín más alto, que ahora suelen recibir nombres tales como la «ecuación de Duffing-Kemmer-Petiau» (1936-1939, para espín 0 y 1), la «ecuación de Proca» (1930) y la «ecuación de Rarita-Schwinger» (1941, para espín 3/2). Son los trabajos de estos otros investigadores en esta área (utilizando métodos tensor/4-espinor), más que el trabajo anterior de Dirac, los que cita la gente.

Dirac no era un seguidor de la moda, y parece que ¡ni siquiera siguió siempre la moda que él mismo había establecido! De todas formas, otros se ven a veces arrastrados a ella incluso cuando no lo pretenden. Conocí un ejemplo de esto cuando visité el CERN a mediados de la década de 1970 para hablar con Bruno Zumino, una de las personas a quien se deben las ideas básicas de la supersimetría. (Su trabajo de 1974 con Julius Weiss[13] había tenido una conexión precisa con la teoría de twistores, y yo quería explorarla.) Me dijo que había apreciado la fuerza del formalismo 2-espinorial, y había escrito en cierta ocasión un artículo en el que utilizaba 2-espinores para formular una idea suya. Sin embargo, unos meses más tarde, según me comentó, el reputado físico Abdus Salam propuso la misma idea aunque utilizando 4-espinores. Todo el mundo se refirió entonces al artículo de Salam y nadie al suyo. ¡Zumino llegó a la conclusión de que no cometería de nuevo el error de utilizar el formalismo 2-espinorial (técnicamente superior)!

Hay una cuestión relacionada que dificulta a los investigadores, en especial a los jóvenes, romper con las líneas de moda en investigación, aunque quieran hacerlo. Es la extraordinaria cantidad de ideas matemáticas difíciles y dispares a las que deben enfrentarse en la física matemática moderna. Resulta muy difícil discriminar una pequeña parte de una línea de trabajo concreta e intentar dominarla. Hacer un estudio comparativo autorizado de los méritos globales de varias líneas diferentes estaría ciertamente más allá de las capacidades de la mayoría de los investigadores jóvenes. Si tienen que elegir, deben fiarse de las preferencias de aquellos que son investigadores ya consagrados, y esto solo puede sumarse a la propagación de las líneas de trabajo que ya están de moda, a costa de aquellas que son peor conocidas.

Aunque mis comentarios anteriores estaban dirigidos al tipo de investigación teórica que no está limitada por resultados experimentales, el elemento de la moda no deja de ser importante también en relación con el experimento, si bien por una razón algo diferente. Esta deriva en esencia del enorme coste que normalmente conlleva el montaje de los experimentos en la frontera de la física fundamental. Puesto que la mayoría de los experimentos son muy caros, se suele requerir un apoyo gubernamental, o de grandes empresas, y serán necesarios numerosos comités para decidir si seguir adelante con un experimento, o si este u otro experimento utilizará mejor los limitados fondos. Es natural que los expertos científicos que forman parte de dichos comités sean aquellos que han destacado por su contribución al desarrollo de ideas que han llevado con éxito a las perspectivas actuales. Así, ellos tenderán a favorecer experimentos que directamente aborden cuestiones que parecen naturales desde estas perspectivas concretas. Hay, por lo tanto, una fuerte tendencia a que la teoría se quede «bloqueada» en direcciones concretas. Por razones como estas, será intrínsecamente muy difícil hacer un cambio importante de dirección.

34.4. ¿Puede refutarse experimentalmente una teoría errónea?

Se podría pensar que aquí no hay ningún peligro real, porque, si la dirección es errónea, entonces el experimento la refutará, de modo que nos veremos obligados a seguir una nueva dirección. Esta es la imagen tradicional de cómo progresa la ciencia. De hecho, el bien conocido filósofo de la ciencia Karl Popper ofreció un criterio que parecía razonable[14] para la admisibilidad científica de una teoría propuesta, a saber, que sea *refutable observacionalmente*. Pero me temo que esta es una visión demasiado estricta de la ciencia en este mundo moderno de la «gran ciencia».

Tomemos el ejemplo de la supersimetría en la moderna física de partículas. Es una idea teórica con una evidente elegancia matemática, y que hace más fácil la vida del teórico a la hora de construir QFT renormalizables (§31.2). Y lo más importante, es un ingrediente fundamental en la teoría de cuerdas. Su estatus entre los teóricos es tan fuerte actualmente que casi se considera una parte del modelo «estándar» en la física de partículas actual. Pese a todo, y tal como están las cosas, no tiene ningún apoyo experimental (serio). La teoría predice «supercompañeras» para todas las partículas observadas en la naturaleza, pero ninguna de aquellas ha sido observada hasta ahora. La razón de que no lo hayan sido, según los teóricos de la supersimetría, es que un mecanismo de ruptura de simetría (de naturaleza desconocida) hace que las supercompañeras sean tan masivas que las energías necesarias para crearlas están más allá de las posibilidades de los aceleradores actuales. Con posibilidades de energía aumentadas, las supercompañeras podrían encontrarse, y con ello se habría conseguido un hito en la teoría física con implicaciones importantes para el futuro. Pero supongamos que las supercompañeras siguen sin encontrarse. ¿Refutaría esto la idea de supersimetría? En absoluto. Podría argumentarse (y probablemente se haría) que había habido demasiado optimismo sobre el grado de la ruptura de simetría, y que se necesitarían energías aún mayores para encontrar las supercompañeras perdidas.

Vemos que no es tan fácil desalojar una idea teórica popular mediante el tradicional método científico del experimento crucial, incluso si resulta que la idea es realmente errónea. Además, el enorme coste económico de los experimentos a altas energías hace considerablemente más difícil poner a prueba una teoría de lo que podría haber sido de otra forma. Existen otras muchas propuestas teóricas, en la física de partículas, en las que las partículas predichas tienen masas-energías demasiado altas para cualquier posibilidad seria de refutación. Varias versiones concretas de GUT o de la teoría de cuerdas hacen muchas «predicciones» de este tipo que son completamente inmunes a la refutación por razones de este tipo.

El carácter «apopperiano» de tales modelos, ¿las hace inaceptables como teorías científicas? Pienso que un juicio popperiano tan estricto sería decididamente demasiado severo. Como ejemplo intrigante, recordemos el argumento de Dirac (§28.2) de que la mera existencia de un único monopolo magnético en alguna parte del cosmos proporcionaría una explicación al hecho de que cada partícula del universo tiene una carga eléctrica que es un múltiplo entero de un valor dado (como se observa en realidad). La teoría que afirma que tal monopolo existe *en alguna parte* es típicamente apopperiana. Dicha teoría podría ser establecida mediante el descubrimiento de tal partícula, pero parece que no es *refutable*, como requeriría el criterio de Popper; pues si la teoría es falsa, ¡por mucho que los experimentadores busquen en vano, su incapacidad para encontrar un monopolo no refutaría la teoría![15] Pese a todo, se trata de una teoría científica, perfectamente digna de una consideración seria.

Podría hacerse un comentario similar en relación con la cosmología. La región del universo que se encuentra fuera de nuestro horizonte de partículas (§27.12) está más allá de la observación directa. Pese a todo, parece una propuesta científica razonable la de que dicha región debería asemejarse, en una amplia escala, a la región que es accesible a la observación directa. La teoría de que la región inobservable se parece a la región observacionalmente accesible, que, de hecho, es parte del modelo estándar de la cosmología (§27.11), aunque no de la mayoría de los esquemas inflacionarios (§28.4), no es refutable observacionalmente.

Más aún, incluso si restringimos la atención a la parte directamente observable del universo, podemos preguntar si la geometría espacial, supuesta homogénea e isótropa a gran escala, tiene curvatura positiva, negativa o nula (los casos respectivos $K > 0$, $K < 0$ o $K = 0$; véase §27.11). Si nuestra teoría afirma que $K = 0$, entonces esto tiene el carácter de ser refutable observacionalmente, porque, para cualquier desviación finita de la planitud espacial, una observación suficientemente precisa podría discernir (en principio, aunque quizá no en la práctica) esta separación de la planitud, por muy pequeña que pudiera ser esa curvatura. Pero si nuestra teoría afirma que $K \neq 0$, y la realidad fuera $K = 0$, entonces dicha teoría no podría ser refutada porque siempre habría algún margen de incertidumbre en las observaciones que no descartaría una muy ligera curvatura espacial positiva o negativa. Notemos que el caso $K > 0$ podría en principio ser refutado si en realidad $K < 0$, y $K < 0$ podría ser refutado si en realidad $K > 0$. Por el contrario, $K = 0$ no puede ser *confirmado* (directamente),[16] mientras que $K \neq 0$ podría ser confirmado observacionalmente (si el universo resultase ser de esta forma). Por ello, las dos afirmaciones $K > 0$ y $K < 0$ son popperianas en el sentido restringido de que son refutables en ciertas circunstancias —aunque no son susceptibles de ser refutadas si, en realidad, $K = 0$— y también son confirmables individualmente. ¡Notemos que $K = 0$ es completamente popperiana, en principio, pero no confirmable!

A la vista de estas diversas posibilidades, no estoy seguro de dónde nos deja la perspectiva popperiana. Me parece evidente que cada una de las teorías $K > 0$, $K < 0$ o $K = 0$ es igualmente «científica» como afirmación, a pesar de estas sutiles diferencias con respecto al criterio de Popper. Y, en cualquier caso, la mayoría de los cosmólogos no adoptarían la línea pedante que he adoptado aquí, a saber, que «$K = 0$» significa realmente que esto se va a cumplir *exactamente*. De todas formas, una teoría *correcta* estaría en mejores condiciones si resulta que predice $K > 0$ o $K < 0$, puesto que entonces tiene la oportunidad de ser confirmada observacionalmente (y la confirmación es lo que busca una teoría científica, pese a la perspectiva más negativa de Popper sobre la cuestión de la aceptabilidad científica). Una teoría que predice $K = 0$ tendría que depender de otras justificaciones para ganar aceptación.

Una justificación semejante podría ser que $K = 0$ sea una consecuencia de una teoría concreta que encuentra confirmación observacional de alguna otra manera. De hecho, esta es la situación afirmada para la cosmología inflacionaria, ahora tan de moda, que se ha discutido en §28.4. Recordemos que, igual que la supersimetría es «casi» parte del modelo estándar de la física de partículas, ¡la cosmología inflacionaria es con frecuencia *casi* considerada una parte del modelo «estándar» de la cosmología! Tratemos de examinar el estatus de la inflación con respecto a la cuestión de la refutabilidad de Popper.

Podría pensarse que la situación es clara, y que la inflación es, de hecho, una teoría popperiana. Durante una década se había afirmado sistemáticamente que una de las implicaciones de la idea de inflación es que $K = 0$,[17] y recuerdo haber asistido a numerosas conferencias, dadas por defensores de la inflación, en las que se hacían tales predicciones.[18] Así, si las observaciones nos dicen concluyentemente que $K \neq 0$, ¡entonces la inflación está descartada! Esto parece una adhesión al principio de Popper tan clara como uno pudiera pedir. Más aún, existen muchas predicciones detalladas acerca del fondo de microondas que proceden de la inflación (junto con algunas otras hipótesis), y estas parecen disfrutar de algún apoyo experimental, de un modo general, y en particular con respecto a la observada *invariancia de escala* de las fluctuaciones, en acuerdo con la mayoría de las predicciones inflacionarias. Sin embargo, a mediados de la década de 1990 empezó a acumularse evidencias, procedentes de varias observaciones de diferente tipo, de que la densidad promedio de materia Ω_d del universo (bariónica más oscura) está muy lejos de la que sería necesaria para una planitud espacial global, pues es como máximo de aproximadamente un tercio de dicho valor. (Las densidades Ω_d y Ω_Λ se toman como una fracción de la *densidad crítica*, que es la densidad que hubiera dado $K = 0$ en la teoría de Einstein sin término cosmológico; véase §28.10.) En concreto, Ω_d es aproximadamente 0,3. De acuerdo con esta tendencia en las observaciones, los teóricos de la inflación empezaron a ofrecer modelos inflacionarios que ahora permitían $K \neq 0$, y en concreto $K < 0$.[19] Por si fuera poco, podemos señalar que la escuela de Hawking, en la que parecía que $K > 0$ era una predicción definida (en relación con la propuesta de «ausencia de frontera» de Hartle-Hawking; véase §28.9), también empezó a concebir modos de acomodar $K < 0$ dentro de su esquema.[20]

Esta situación duró hasta 1998, cuando observaciones de supernovas lejanas (§28.10) parecían decirnos que es necesario incorporar una constante cosmológica positiva en la ecuación de Einstein, i.e., $\Lambda > 0$. Esto proporciona una densidad efectiva adicional Ω_Λ que, cuando se suma a la densidad de materia Ω_d, podría proporcionar el total crítico percibido $\Omega_d + \Omega_\Lambda = 1$ (o, en su lugar, $\Omega_d + \Omega_\Lambda > 1$, que sería necesario para la propuesta original de Hartle-Hawking). De esta forma, la planitud espacial global ($K = 0$) puede ser compatible con la observación (como podría serlo la curvatura espacial global positiva), con $\Omega_\Lambda \approx 0{,}7$. En vista de ello, la mayoría de los inflacionistas parecen haber vuelto a que $K = 0$ es una predicción de la cosmología inflacionaria. ¡No estoy seguro de lo que hubiera dicho Popper sobre todo esto!

De hecho, ahora hay una propuesta inflacionaria exótica en la que se introduce un nuevo ingrediente (un nuevo campo) para el universo, conocido como «quintaesencia», que proporcionaría una constante cosmológica *efectiva* a través de una «energía oscura» dinámica de presión negativa. Véase Steinhardt *et al.* (1999). Se ha argumentado que esto podría indicar que se nos viene una nueva fase de inflación (véase §28.10). Cabe esperar que sugerencias que suenan tan fantásticas como estas encontrarán modos de ser concluyentemente establecidas observacionalmente, aunque, en la práctica, las cosas pocas veces parecen tan claras.

En mi opinión, debemos ser extraordinariamente cautos respecto a este tipo de afirmaciones, incluso si están aparentemente apoyadas por resultados experimentales de gran calidad. Estos son a menudo analizados desde la perspectiva de alguna teoría científica de moda. Por ejemplo, las soberbias observaciones de BOOMERANG[21] del fondo cósmico de microondas fueron originalmente interpretadas desde la perspectiva inflacionaria, y se ha proclamado con firmeza que las observaciones muestran realmente que $K = 0$ (y, por consiguiente, $\Lambda = 0$). Más aún, en el caso de algunos experimentos (como en el de BOOMERANG), en los que se ha recogido una gran cantidad de datos y hay mucho lugar para diferentes tipos de análisis, es posible que los datos en bruto no se distribuyan libremente durante un período de varios años para que las personas involucradas puedan tener (muy razonablemente) «prioridad» en ello. Durante el período intermedio, hay poco lugar para que los datos sean analizados desde otro punto de vista. De hecho, en el caso de BOOMERANG, Vahe Gurzadyan, con algunos miembros del equipo, pudieron acceder realmente a los datos y aplicar su análisis de elipticidad (§28.10), y encontraron un importante indicio directo de que $K < 0$ (más tarde apoyado por su correspondiente análisis de los datos de WMAP). Como sucede con la «anómala» medida WMAP $\ell = 2$ (extrañamente oculta por el eje vertical en la Fig. 28.19), esto no es demasiado favorable para la posición inflacionaria. ¡Tendremos que esperar hasta que se asiente el polvo por completo antes de llegar a una conclusión clara sobre todo esto!

Vemos así con qué fuerza pueden influir las cuestiones de moda científica en las direcciones de la investigación teórica en ciencia, pese a la tradicional insistencia de los científicos en la objetividad de su disciplina. De todas formas, debería dejar absolutamente claro que la aparente falta de objetividad no es culpa de la propia naturaleza. Existe un mundo físico objetivo ahí fuera, y los físicos consideran correctamente que su trabajo es descubrir su naturaleza y entender su comportamiento. La aparente subjetividad que vemos en las acusadas influencias de la moda mencionadas antes son solo características de nuestros escarceos en esta comprensión, donde las presiones sociales, las presiones de financiación y (comprensiblemente) las debilidades y limitaciones humanas desempeñan papeles importantes en las algo caóticas y a menudo mutuamente incompatibles imágenes que se nos presentan en la actualidad.

34.5. ¿Dónde podemos esperar nuestra próxima revolución en física?

Creo que en mis descripciones en este capítulo quizá he presentado una imagen del progreso actual hacia una comprensión fundamental de la física bastante más pesimista que la que se suele encontrar en las exposiciones divulgativas. Pero creo también que es una imagen mucho más realista. Por otra parte, no quiero sugerir que hayamos alcanzado una etapa en la que sea prácticamente imposible un progreso fundamental, como algunos divulgadores han tratado de mantener.[22] Existe una enorme cantidad de datos observacionales a los que todavía hay que dar sentido, y esto sería así incluso si no se hicieran más experimentos.

Los datos resultantes de los experimentos modernos se suelen almacenar de forma automática, y solo un aspecto particular de la información almacenada puede ser de interés para los teóricos y los experimentadores que están directamente involucrados. Sería así probable que el conjunto de datos fuera analizado solo en el aspecto concreto que aborda las cuestiones en las que aquellos están interesados. Es ciertamente posible que en tales datos haya ocultas muchas claves sobre la naturaleza, incluso si todavía no las hemos leído de manera adecuada. Recordemos que la relatividad general de Einstein estaba basada fundamentalmente en una idea (el principio de equivalencia; véase §17.4) que había estado implícita en datos observacionales que existían desde (e incluso antes de) la época de Galileo, aunque no del todo apreciados. Muy bien puede haber otras claves ocultas en las inconmensurablemente más extensas observaciones modernas. Quizá haya incluso claves «obvias» ante nuestros propios ojos que necesitan que se les dé la vuelta para contemplarlas desde una perspectiva diferente, de modo que pueda obtenerse una perspectiva fundamentalmente nueva respecto a la naturaleza de la realidad física.

De hecho, creo que es necesaria una nueva perspectiva de esta naturaleza, y que este cambio de punto de vista tendrá que abordar las cuestiones profundas planteadas por la paradoja de la medida en mecánica cuántica y la no localidad relacionada que es inherente a los efectos EPR y la cuestión del «entrelazamiento» (capítulos 23 y 29). He discutido en el capítulo 30 que la paradoja de la medida debe estar profundamente interconectada con los principios de la relatividad general (y, específicamente, con el principio de equivalencia de Galileo-Einstein que se ha mencionado). Quizá nuevos experimentos (tales como el de FELIX, o una alternativa más realista basada en tierra; §30.13) puedan señalar el camino hacia una mejor comprensión de la teoría cuántica. Quizá habrá otros tipos de experimentos que arrojen luz sobre la naturaleza de la gravedad cuántica (tales como los diseñados para poner a prueba la posibilidad de una dimensionalidad más alta para el espaciotiempo). Tal vez, por el contrario, serán las consideraciones teóricas las que nos hagan avanzar.

¿Van a encontrarse las semillas de tales supuestos desarrollos teóricos en las ideas descritas en los capítulos previos de este libro? Evidentemente habría numerosos puntos de vista diferentes sobre esta cuestión, y la opinión personal debe desempeñar un papel importante en cualquier respuesta. Mi esperanza (durante más de cuarenta años) ha sido —y lo sigue siendo— que la herramienta de la teoría de twistores pueda aportar ideas que puedan conducir a un cambio semejante en el punto de vista físico. Pero a pesar de los avances que se han hecho (véase el capítulo 33), no puede decirse que la teoría de twistores nos haya llevado significativamente, tal como están las cosas, en alguna dirección que nos ayude a resolver la paradoja de la medida.

Cualquiera que pueda ser la posición propia concerniente a los méritos relativos de las teorías que he descrito, se necesitan decididamente nuevas ideas y nuevas perspectivas. ¿Cómo van a llegar estas? ¿Podemos esperar un «nuevo Einstein» trabajando en solitario que dé con ideas tan revolucionarias a partir fundamentalmente de elucubraciones interiores? ¿O nos veremos conducidos de nuevo por hallazgos experimentales enormemente enigmáticos? En el caso de Albert Einstein, sus intuiciones internas le llevaron finalmente a la relatividad general, que es en gran medida la «teoría de una persona» (pese a la aportación esencial que Einstein recibió de Lorentz, Poincaré, Mach, Minkowski, Grossmann y otros). La teoría cuántica, por el contrario, fue en gran medida la «teoría de muchas personas», pues estaba impulsada externamente por los extraordinarios resultados de cuidadosos experimentos. En el clima actual de la investigación fundamental, parece que resulta mucho más difícil que *individuos* aislados hagan progresos sustanciales de lo que lo era en la época de Einstein. El trabajo en equipo, los cálculos de computador en masa, el seguimiento de ideas en boga... Estas son las actividades que solemos ver en la investigación actual. ¿Podemos confiar en que las nuevas perspectivas fundamentalmente necesarias salgan de tales actividades? Queda por verlo, pero tengo mis dudas sobre ello. Quizá si las nuevas direcciones tuvieran un impulso más experimental, como fue el caso de la mecánica cuántica en el primer tercio del siglo XX, podría funcionar el enfoque de «muchas personas». Pero veo que en el área de la gravedad cuántica esto solo puede suceder si existen experimentos que revelen una influencia de los principios de la relatividad general en la propia estructura de la mecánica cuántica (como he planteado en el capítulo 30). A falta de esto, tengo la sensación de que se necesitará algo más parecido a la aproximación einsteniana de «una persona». Y para eso hay pocas dudas, en mi opinión, de que la estética matemática debe ser una fuerza impulsora importante además de la intuición física.

La razón para esta creencia es que cuanto más profundamente sondeamos los fundamentos del comportamiento físico, más encontramos que está controlado de forma precisa por las matemáticas. Más aún, las matemáticas que encontramos no son solo del tipo que lleva a un cálculo directo; son de un carácter profundamente sofisticado, donde hay una belleza y una sutileza que no se ven en otras matemáticas que son relevantes en un nivel menos fundamental. De acuerdo con esto, el progreso hacia una comprensión física más profunda, cuando no puede ser guiado en detalle por el experimento, debe basarse cada vez con más fuerza en una capacidad para apreciar la relevancia física y la profundidad de las matemáticas, y «olfatear» las ideas apropiadas mediante el uso de una apreciación matemática estética y profundamente sensible.

Por la propia naturaleza del problema, es extraordinariamente difícil establecer cualquier tipo de criterio fiable para conseguir esto. En el contraste entre los enfoques que se han descrito en los últimos capítulos de este libro, ya hemos visto cuántos y qué diferentes desarrollos matemáticos, cada uno de ellos guiado por su propio conjunto de criterios estéticos físicos y matemáticos, pueden desarrollarse en direcciones mutuamente contradictorias. Algunos han argumentado que quizá deberíamos buscar la forma de reunir *todos* estos enfoques en algún tipo de síntesis, quizá destilando lo que es apropiado del conjunto de todos ellos. Por el contrario, podría argumentarse razonablemente que las contradicciones entre los diferentes enfoques son demasiado grandes, y que a lo sumo puede sobrevivir uno de ellos, teniendo que descartarse todos los demás. Particularmente, sospecho que la verdad está en algún lugar entre estos extremos, y que todavía puede hallarse algo de importancia incluso en muchas de las teorías cuyas ideas principales tendrán que ser abandonadas al final.

Algunas de las teorías que he descrito, aunque no completamente compatibles, tienen una base común apreciable. En particular, la aproximación de variables de lazo del capítulo 32 tiene características importantes en común con la teoría de twistores (capítulo 33) y puedo imaginar perfectamente que una combinación adecuada de las ideas de cada una de ellas (que quizá incluya redes de espín, espumas de espín, teoría de *n*-categorías, o incluso geometría no conmutativa) pudiera llevar a un avance. Pero la teoría de cuerdas, tal como está hoy día, con su dependencia de dimensiones espaciales extra, está para mí demasiado lejos de la teoría de twistores o de variables de lazo para que surja una unión previsible. Las cuerdas propiamente dichas no son una razón para la incompatibilidad (§31.5). Incluso la supersimetría ha sido unida a ideas twistoriales.[23] Pero la insistencia de la teoría de cuerdas en dimensiones más altas (especialmente en aquellas dimensiones/signaturas concretas que violan la filosofía holomorfa de la teoría de twistores; véase el párrafo final de §33.4) representa un conflicto fundamental tanto con la teoría de twistores como con la de las variables de lazo. Hasta muy recientemente los teóricos de cuerdas no han mostrado ninguna inclinación a ofrecer una teoría (1 + 3)-dimensional consistente. Sin embargo, como se ha mencionado en §31.18 y §33.14, se ha producido un cambio reciente, y ahora parecen tomarse en serio aplicaciones de ideas de la teoría de cuerdas a un espaciotiempo (1 + 3)-dimensional ordinario.

34.6. ¿Qué es la realidad?

Como el lector habrá podido deducir, no creo que hayamos encontrado todavía el verdadero «camino hacia la realidad», pese a los extraordinarios progresos que se han hecho durante dos mil quinientos años, sobre todo en los últimos siglos. Ciertamente, se necesitan ideas fundamentalmente nuevas. Pese a todo, algunos lectores podrían muy bien adoptar el punto de vista de que el propio camino puede ser un espejismo. Es cierto, podrían argumentar, que hemos tenido la suerte de dar con esquemas matemáticos que presentan una notable coincidencia con la naturaleza, pero la unidad de la naturaleza en su conjunto con un esquema matemático puede no ser más que una «quimera». Otros podrían adoptar el punto de vista de que la propia idea de una «realidad física» verdaderamente objetiva, con independencia de cómo decidamos mirarla, es en sí misma una quimera.

De hecho, podemos muy bien preguntar:¿qué *es* la realidad física? Esta pregunta se ha planteado durante miles de años, y a lo largo de los tiempos los filósofos han intentado todo tipo de respuestas. Hoy miramos en retrospectiva desde nuestro punto de vista de la ciencia moderna y decimos adoptar una posición más moderada. Más que intentar responder a la pregunta «¿qué?», la mayoría de los científicos modernos tratarán de evitarla. Intentarán argumentar que la pregunta ha sido mal planteada: no deberíamos preguntar *qué* es la realidad, sino meramente *cómo* se comporta. «¿Cómo?» es, de hecho, una pregunta fundamental que podemos considerar que ha sido uno de los intereses principales de este libro. ¿Cómo describimos las leyes que rigen nuestro universo y sus contenidos?

Pese a todo, muchos lectores sentirán sin duda que esta respuesta es algo decepcionante: un perfecto «escaqueo». Saber cómo se comportan los contenidos del universo no parece decirnos mucho acerca de *qué* es lo que se está comportando así. Esta pregunta «¿qué?» está íntimamente relacionada con otra pregunta antigua y profunda, a saber, «¿por qué?». ¿Por qué los objetos de nuestro universo se comportan de la forma particular que lo hacen? Pero sin saber *qué* son estos objetos, es difícil ver *por qué* deberían hacer una cosa antes que otra.

La ciencia moderna debería ser prudente al intentar dar respuestas a preguntas «¿por qué?» tanto como a preguntas «¿qué?». Pese a todo, preguntas como «¿qué?» y «¿por qué?» reciben frecuentemente respuestas. Se cree que está bien hacerlo así siempre que las preguntas no estén preguntando algo sobre la realidad en sus niveles más profundos. Se puede esperar una respuesta a preguntas como las siguientes: «¿de qué está compuesta una molécula de colesterol?», «¿por qué se enciende una cerilla cuando se frota rápidamente sobre una superficie rugosa apropiada?», «¿qué es una aurora?», «¿por qué brilla el Sol?», «¿cuáles son las fuerzas que mantienen unidos a un átomo de hidrógeno o a una molécula de hidrógeno?», «¿por qué es inestable el núcleo de uranio?». Pero otras preguntas posibles podrían causar más embarazo, tales como: «¿qué es un electrón?» o «¿por qué el espacio tiene solo tres dimensiones?». Sin embargo, estas preguntas pueden encontrar significado dentro de alguna imagen más fundamental de la realidad física.

Se verá, sobre todo por las discusiones de los capítulos 31-33, que los físicos modernos describen las cosas invariablemente en términos de modelos matemáticos. Esto es independiente de la familia concreta de propuestas que puedan sostener. Es como si trataran de encontrar la «realidad» dentro del mundo platónico de las ideas matemáticas. Semejante visión parecería ser una consecuencia de alguna «teoría de todo» propuesta, pues entonces la realidad física aparecería como un reflejo de leyes puramente matemáticas. Como he argumentado en este capítulo, sin duda estamos a mucha distancia de una teoría semejante, y es materia de controversia si se encontrará alguna vez algo parecido a una «teoría de todo». Sea como fuere, se da el caso de que cuanto más profundamente sondeemos los secretos de la naturaleza, más profundamente nos vemos dirigidos hacia el mundo platónico de las ideas matemáticas a medida que buscamos el conocimiento. ¿Por qué es así? Por el momento, solo podemos verlo como un misterio. Es el primero de

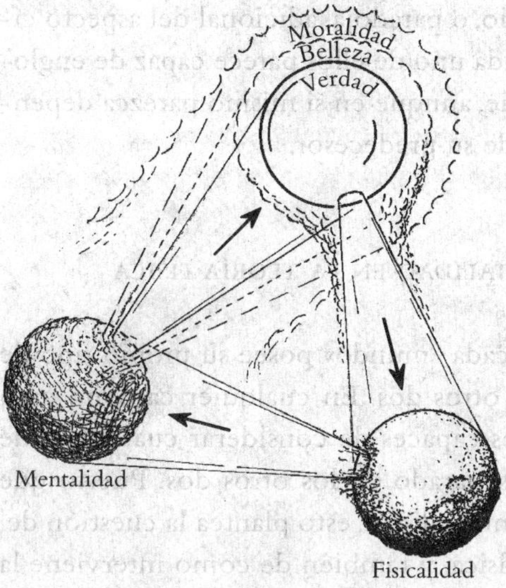

Fig. 34.1. Una repetición del diagrama (Fig. 1.3) que muestra «tres mundos y tres misterios», pero embellecido con los otros «absolutos platónicos» de belleza y moralidad, además de la verdad absoluta que debe encontrarse en las matemáticas. Belleza y verdad están entretejidas, la belleza de una teoría física actúa como guía para su corrección en relación con el mundo físico, mientras que la cuestión general de la moralidad depende en última instancia del mundo de la mentalidad.

los tres profundos misterios mencionados en §1.4 e ilustrados en la Fig. 1.3, y aquí vueltos a dibujar y algo adornados como en la Fig. 34.1.

Pero ¿son las nociones matemáticas cosas que habitan realmente en un «mundo» propio? Si es así, parece que hemos encontrado que nuestra realidad última tiene su hogar dentro de este mundo completamente abstracto. Algunas personas tienen dificultades para aceptar que el mundo matemático de Platón es en cierto sentido «real», y no obtendrán ningún consuelo de una visión en la que la propia realidad física está construida a partir de nociones abstractas. Mi postura en esta cuestión es que ciertamente deberíamos considerar que el mundo de Platón proporciona un tipo de «realidad» para las nociones matemáticas (y he tratado de argumentar con fuerza esta postura en §1.3), pero me resistiría a intentar *identificar* la realidad física dentro de la realidad abstracta del mundo de Platón. Creo que mi posición sobre esta cuestión está bien expresada en la Fig. 1.3, donde cada uno de los tres mundos —matemático-platónico, físico y mental— tiene su propio tipo de realidad, y donde cada uno está basado (profundamente y misteriosamente) en el que le precede (tomando los mundos cíclicamente). Me gusta pensar que, en cierto sentido, quizá sea el mundo platónico el más fundamental de los tres, puesto que las matemáticas son una necesidad que prácticamente se conjura a sí misma mediante la sola lógica.

Sea como fuere, existe el misterio, o paradoja, adicional del aspecto cíclico de estos mundos, donde cada uno de ellos parece capaz de englobar en su totalidad al que le sigue, aunque en sí mismo parezca depender solo de una pequeña parte de su predecesor.

34.7. Los papeles de la mentalidad en la teoría física

Debemos tener en cuenta que cada «mundo» posee su propio tipo de existencia, diferente del de los otros dos. En cualquier caso, no creo que, en última instancia, seamos capaces de considerar cualquiera de estos «mundos» por sí mismo, separado de los otros dos. Puesto que uno de estos es el mundo de la mentalidad, esto plantea la cuestión del papel de la mente en la teoría física, y también de cómo interviene la mentalidad en las estructuras físicas con las que está relacionada (tales como, al menos, los cerebros humanos vivos, despiertos y sanos). Me he abstenido de manera deliberada de abordar extensamente en este libro la cuestión de la mentalidad consciente, pese al hecho de que esta cuestión debe ser en definitiva importante en nuestro intento de entender la realidad física. (He discutido en detalle estas cuestiones en otra obra, y aquí no plantearé muchos de los puntos controvertidos que aparecen.)[24] Pero no sería apropiado que tratara de evitar por completo la cuestión de la mentalidad. Aparte de que el mundo de la mentalidad deba considerarse en unión de los otros dos mundos, de acuerdo con la Fig. 34.1, hay varios apartados en este libro donde la cuestión de la consciencia ha desempeñado ya un papel importante en la teoría física, ya sea implícita o explícitamente.

Uno de estos está relacionado con el principio antrópico, mencionado en §27.3 y discutido con cierto detalle en §§28.6,7. Cualquier universo que pueda «ser observado» debe ser capaz, como necesidad lógica, de soportar la mentalidad consciente, puesto que la consciencia es precisamente la que desempeña el papel final como «observador». Este requisito fundamental podría muy bien proporcionar ligaduras sobre las leyes físicas o los parámetros físicos del universo, para que pueda existir (y exista) mentalidad consciente. Por consiguiente, el principio antrópico afirma que el universo que nosotros, como observadores conscientes, realmente observamos debe operar con leyes y valores apropiados de los parámetros que sean compatibles con dichas ligaduras. Tales ligaduras podrían manifestarse en valores concretos para las constantes (adimensionales) fundamentales de la naturaleza, discutidas en §31.1. De hecho, se ha convertido en un tópico el considerar que los valores que en realidad encontramos son el resultado de algún tipo de aplicación del principio antrópico.

Por desgracia, incluso si los valores de estas constantes están determinados por el principio antrópico —antes que, digamos, por consideraciones matemáticas—, el principio es casi inutilizable, pues sabemos muy poco sobre las condiciones que son necesarias para que exista la consciencia y realmente se produzca. Es casi del todo inutilizable en un universo espacialmente infinito y esencialmente uniforme ($K \leq 0$), porque en un universo semejante cualquier configuración de materia que pudiera ocurrir por azar, ocurriría en algún lugar, de modo que incluso condiciones muy desfavorables para la vida consciente estarían permitidas por el principio; véase §28.6. En mi opinión, una posibilidad mucho más optimista es que estas constantes fundamentales sean en realidad números matemáticamente determinables. En un universo espacialmente infinito, esta necesidad no plantea problemas importantes con el principio antrópico.

Hay un papel importante e independiente que desempeña la consciencia en muchas interpretaciones de la parte **R** de la mecánica cuántica, como se ha expuesto en el capítulo 29 (en particular, en §§29.7,8). De hecho, casi todas las interpretaciones «convencionales» dependen en definitiva de la presencia de un «ser perceptivo», y por ello parecen exigir que sepamos qué es realmente un ser perceptivo. Recordemos que la interpretación de Copenhague (punto de vista (a) en §29.1) considera que la función de onda no es una entidad física objetivamente real, sino que, en efecto, es algo cuya existencia está «en la mente del observador». Además, al menos en una de sus manifestaciones, esta interpretación requiere que una medida sea una «observación», lo que presumiblemente significa algo finalmente observado por un ser consciente, aunque, en un nivel de aplicabilidad más práctico, la medida es algo realizado por un aparato de medida «clásico». No obstante, esta dependencia de un aparato clásico es solo una «medida provisional», puesto que cualquier aparato real sigue estando hecho de componentes cuánticos, y en realidad no se comportaría de forma clásica —ni siquiera aproximadamente— si se atuviera a la evolución **U** cuántica estándar. (Esta es simplemente la cuestión del gato de Schrödinger; véanse §§29.7-9 y §§30.10-13.) La cuestión de la decoherencia por el entorno (punto de vista (c) en §29.1) también nos ofrece una posición provisional, puesto que la inaccesibilidad de la información «perdida en el entorno» no significa que esté perdida *realmente*, en un sentido objetivo. Pero para que la pérdida sea subjetiva, nos vemos abocados de nuevo a la cuestión de lo «subjetivamente percibido... ¿por quién?» que nos devuelve a la cuestión del observador consciente.

En cualquier caso, incluso con la decoherencia por el entorno, si mantenemos la adhesión rigurosa a la evolución **U** para la «verdadera» descripción cuántica del universo, entonces nos vemos dirigidos a la descripción de los muchos universos para la realidad (punto de vista (b) en §29.1). El punto de vista de los muchos universos es manifiestamente dependiente de tener una comprensión adecuada de lo que constituye un «observador consciente», puesto que cada «realidad» percibida está asociada con un «estado de observador», de modo que no sabemos qué estados de realidad (i.e., «mundos») están permitidos hasta que sepamos qué estados de observador están permitidos. Dicho de otra forma, el comportamiento del mundo aparentemente objetivo que es realmente percibido depende del camino que siga la consciencia de uno a través de las miríadas de alternativas cuánticamente superpuestas. En ausencia de una teoría adecuada de los observadores conscientes, la interpretación de los muchos universos debe necesariamente seguir estando fundamentalmente incompleta (véase §29.8).[25]

El enfoque de las historias consistentes (punto de vista (d) en §29.2) también depende explícitamente de cierta noción de lo que pudiera ser un «observador» (la noción mencionada como un IGUS en el esquema de Gell-Mann/Hartle).[26] El punto de vista sugerido por Wigner (una versión del punto de vista (f) en §29.2), según el cual la consciencia (o quizá los sistemas vivos en general) podría *violar* la evolución **U** también es otro punto de vista que hace referencia explícitamente al papel de la mente (o de lo que quiera que sea lo que constituye un «observador») en la interpretación de la mecánica cuántica. Por lo que puedo deducir, las únicas interpretaciones que *no* dependen necesariamente de una noción de «observador consciente» son las de De Broglie-Bohm (punto de vista (e) en §29.2)[27] y la mayoría de aquellas (puntos de vista (f) en §29.2) que requieren algún cambio fundamental en las reglas de la mecánica cuántica, según las cuales tanto **U** como **R** deben tomarse como aproximaciones a cierta evolución física objetivamente real.

Como he afirmado en muchos apartados de este libro (en especial, en el capítulo 30), me adhiero a este último punto de vista, según el cual es en los fenómenos gravitatorios donde una **R** objetiva (i.e., **RO**) domina sobre **U**. Esta **RO** gravitatoria tendría lugar espontáneamente, y no requiere que un observador consciente forme parte del proceso. En circunstancias normales, habría frecuentes manifestaciones **RO** que ocurren continuamente, y estas conducirían a que a gran escala emerja un mundo clásico como excelente aproximación. Por consiguiente, no hay necesidad de invocar ningún observador consciente para conseguir la reducción del estado cuántico (**R**) cuando tiene lugar una medida.

Por otra parte, imagino que el fenómeno de la consciencia —que considero que es un proceso físico *real*, que aparece «ahí fuera» en el mundo físico— hace uso fundamentalmente del proceso **RO** real. Así pues, mi posición es básicamente la inversa de las antes mencionadas, en las que, de un modo u otro, se imagina que la consciencia es responsable del proceso **R**. En mi opinión, es un proceso **R** físicamente real el que es (parcialmente) responsable de la propia consciencia.[28]

¿Es esta afirmación verificable experimentalmente? Creo que lo es. En primer lugar, hay sugerencias concretas acerca de estructuras en el cerebro que podrían ser relevantes —muy en particular, los microtúbulos neuronales A-reticulares, como sugirió originalmente Stuart Hameroff[29] (pero quizá también otras estructuras, como las clatrinas sinápticas,[30] cuya estructura se asemeja mucho a las moléculas de C^{60})— y hay un espacio considerable para confirmar/refutar estas ideas concretas. El esquema requeriría un tipo de coherencia cuántica a gran escala que actuara en regiones considerables del cerebro (con características en común con la superconductividad a alta temperatura;[31] véase §28.1), y se supone que los microtúbulos neuronales A-reticulares desempeñarían un papel importante en ello. Un suceso consciente estaría asociado con una reducción parcial (**RO** orquestada) del estado de dicho sistema cuántico. Esto implicaría normalmente a muchas partes del cerebro juntas, para conseguir suficiente movimiento coherente en moléculas de proteína para producir la **RO** gravitatoria de acuerdo con la propuesta descrita en §§30.11,12.

Hay una ingeniosa sugerencia propuesta por Andrew Duggins según la cual estas conjeturas —aunque no específicas de la hipótesis de los microtúbulos— podrían ser puestas a prueba. Esta sugerencia depende del hecho de que regiones completamente diferentes del cerebro son responsables de diferentes aspectos de la percepción (tales como la percepción visual del movimiento, del color o de la forma), y, pese a todo, en la imagen que resulta en la consciencia, todos estos aspectos diferentes se unen para formar una única imagen. Esto se conoce a veces como el *problema de la encuadernación*. La idea de Duggins consiste en tratar de ver si hay violaciones significativas de las desigualdades de Bell implicadas en la formación de una imagen consciente, lo que indicaría la presencia de efectos tipo EPR no locales (§§23.3-5), que sugerirían con fuerza que efectos cuánticos a gran escala forman parte de la percepción consciente. Hasta ahora, los resultados preliminares no son concluyentes, aunque sí algo alentadores.[32]

Cualquiera que sea el estatus de estas ideas, creo que una teoría física «fundamental» que proclame cualquier tipo de compleción en los niveles más profundos de los fenómenos físicos debe tener también la capacidad de acomodar la mentalidad consciente. Algunas personas tratarían de evitar (o empequeñecer) este problema, argumentando que la consciencia «emerge» simplemente como una especie de «epifenómeno». Por consiguiente, se afirmaría, para la emergencia de la consciencia no importa el tipo exacto de física que pueda subyacer en los procesos físicos (no necesariamente biológicos) relevantes. Una postura estándar es la del *funcionalismo computacional*, según el cual es meramente la actividad computacional (de cierta naturaleza apropiada pero aún no especificada) la que da lugar a la mentalidad consciente. He argumentado con vehemencia contra esta idea (en parte utilizando razonamientos basados en el teorema de Gödel y la noción de computabilidad de Turing; véase §16.6), y he sugerido, de hecho, que la consciencia depende realmente de la teoría **RO** (gravitatoria) de la que carecemos.[33] Mis argumentos exigen que esta teoría debe ser una teoría *no computacional* (i.e., sus acciones caen fuera del ámbito de la simulación por una máquina de Turing; §16.6). Las ideas teóricas para producir un modelo **RO** de este tipo están hoy día en una fase muy preliminar, pero quizá haya aquí algunas claves.

34.8. Nuestro largo camino matemático a la realidad

Espero que haya quedado claro de las discusiones ofrecidas en las secciones precedentes que nuestro camino hacia la comprensión de la naturaleza del mundo real está todavía muy lejos de su objetivo. Quizá este objetivo no se alcance nunca, o tal vez surja con el tiempo una teoría final en cuyos términos pueda entenderse, en principio, lo que llamamos «realidad». Si es así, la naturaleza de dicha teoría debe diferir enormemente de lo que hasta ahora hemos visto en las teorías físicas. La idea simple más importante que ha surgido de nuestro viaje, de unos tres mil quinientos años de duración, es que existe una profunda unidad[34] entre ciertas áreas de las matemáticas y el funcionamiento del mundo físico, y este es el «primer misterio» mostrado en las Fig. 1.3 y 34.1. En mi opinión, si el «camino a la realidad» alcanza por fin su objetivo, entonces tendría que haber una simplicidad profundamente subyacente en dicho punto final. Pero no veo esto en ninguna de las propuestas existentes.

Esta idea de los antiguos griegos de que son las *matemáticas* las que subyacen en el funcionamiento de la realidad física nos ha servido extraordinariamente bien, y espero haber dejado claro que, pese a la distancia que queda respecto a nuestro pretendido objetivo, hemos llegado a una impresionante comprensión de las operaciones del universo en los niveles más profundos que conocemos. Algunos conceptos matemáticos destacan por haber sido particularmente exitosos en el pasado. Entre ellos están el sistema de los números reales y las ideas de la geometría. Inicialmente fue la geometría euclídea, estudiada de manera sistemática por primera vez por los antiguos griegos, pero luego las ideas se desarrollaron alejándose de la geometría de Euclides para llegar a las de Lambert, Gauss, Lobachevski, Bolyai, Riemann, Beltrami y otros. Luego Minkowski nos habló de incorporar el tiempo al espacio, y Einstein nos presentó su magnífica geometría espaciotemporal curva de la relatividad general. El cálculo diferencial e integral de Arquímedes, Fermat, Newton, Leibniz, Euler, Cartan y muchos otros, y también las ideas relacionadas de las ecuaciones diferenciales, ecuaciones integrales y derivadas variacionales, se han mostrado absolutamente vitales para las teorías exitosas que describen el funcionamiento del mundo, uniéndose con la geometría de maneras que tienen un significado profundo. También han sido fundamentales las ideas estadísticas que nos permiten manejar grandes y complicados sistemas físicos con un número enorme de ingredientes individuales, tal como nos han enseñado Maxwell, Boltzmann, Gibbs, Einstein y otros. Las matemáticas subyacen profundamente en la teoría cuántica, desde las ideas de la teoría de matrices de Heisenberg hasta los espacios de Hilbert complejos, las álgebras de Clifford, la teoría de la representación, el análisis funcional en infinitas dimensiones, etc., de Dirac, Von Neumann, y muchos otros.

Quisiera destacar tan solo dos aspectos particulares de las matemáticas que subyacen en el funcionamiento del mundo, discutiendo cada uno de ellos por turno, pues creo que pueden llevar a cuestiones de principio importantes aunque no abordadas en nuestra teoría física. El primero es el papel del sistema de los *números complejos*, que encontramos tan fundamental para las operaciones de la mecánica cuántica, en contraste con el sistema de los números reales, que había proporcionado la base de todas las teorías previas de éxito. El segundo es el papel de la *simetría*, que tiene una importancia capital en prácticamente todas las teorías del siglo XX, en particular en relación con la formulación de las teorías gauge de las interacciones físicas.

En primer lugar, consideremos los números complejos. Ha sido un tema recurrente de este libro que no solo hay una magia especial en las matemáticas de estos números, sino que la propia naturaleza parece aprovecharse de ella cuando teje su universo en sus niveles más profundos. Pese a todo, podemos muy bien preguntarnos si esto es realmente una característica verdadera de nuestro mundo, o si es meramente la utilidad matemática de dichos números la que ha llevado a su uso extendido en la teoría física. Creo que muchos físicos se inclinarían hacia la segunda opinión. Pero para ellos sigue habiendo algo de misterio —que necesita alguna explicación— en por qué el papel de dichos números debería aparecer de forma tan universal en el armazón de la teoría cuántica, puesto que subyacen en el fundamental principio de la superposición cuántica y, con un disfraz algo diferente, en la ecuación de Schrödinger, la condición de frecuencia positiva y la «estructura compleja» de dimensión infinita (§26.3) que interviene en la teoría cuántica de campos. Para estos físicos, los números reales parecen «naturales» y los números complejos «misteriosos». Pero desde una posición puramente matemática, no hay nada especialmente más «natural» en los números reales que en los números complejos. De hecho, en vista del estatus matemático algo mágico de los números complejos, se podría adoptar muy bien el punto de vista contrario y considerarlos característicamente más «naturales» o «infusos» que los reales.

Desde mi peculiar punto de vista, la importancia de los números complejos —o, más específicamente, la importancia de la holomorficidad (o analiticidad compleja)— en la base de la física debe verse como algo «natural», y quizá el enigma haya que verlo al revés.[35] ¿Cómo es posible que estructuras *reales* parezcan desempeñar un papel tan importante en física? Debería dejar claro que incluso el formalismo estándar de la mecánica cuántica, aunque basado en los números complejos, no es una teoría completamente holomorfa. Lo vemos en el requisito habitual de que los observables cuánticos sean descritos por operadores hermíticos (o incluso normales, como se ha descrito en §22.5) y en la naturaleza unitaria (y no simplemente lineal compleja) de la evolución cuántica, que dependen de la noción de conjugación compleja ($z \mapsto \bar{z}$). En relación con esto, la importante propiedad de ortogonalidad entre estados es una operación no holomorfa. La hermiticidad tiene que ver con la exigencia habitual (pero no necesaria) de que los resultados de las medidas sean números reales, y la unitariedad tiene que ver con que «la probabilidad se conserve», i.e., que la regla del módulo al cuadrado (que también tiene que ver con las medidas) se mantenga, por lo que una amplitud compleja z se convierte en una probabilidad, de acuerdo con la operación no holomorfa

$$z \mapsto z\bar{z}.$$

Vemos que es básicamente en la conversión de «información cuántica» (i.e., entrelazamiento; véase §23.10) en «información clásica» donde se rompe la holomorficidad cuántica. La ortogonalidad de alternativas es de nuevo una característica crucial de la medida. Así pues, la no holomorficidad parece intervenir solo en el momento en que se introducen las medidas en la teoría cuántica.

Por supuesto, también vemos el papel de los números reales en el espaciotiempo de fondo dentro del cual se sitúa el formalismo de la teoría cuántica. Si la **RO** gravitatoria resulta ser la verdadera base de la reducción del estado cuántico, entonces veremos que la estructura (no holomorfa) de números reales del espaciotiempo real se relaciona con la de la operación $z \mapsto z\bar{z}$. ¿Hay aquí quizá una lección para la teoría de twistores, dada la dependencia particular de la teoría respecto de las operaciones holomorfas? ¿Quizá, por el contrario, deberíamos buscar un papel para principios combinatorios discretos que emergen de alguna manera a partir de la magia compleja, de modo que el «espaciotiempo» debería tener una estructura discreta subyacente en lugar de una basada en números reales (como se ha examinado en §§3.3,5, §32.6 y §33.1)? En cualquier caso, creo que hay aquí cuestiones importantes y profundas concernientes a la misma base matemática de la realidad física.

Vayamos ahora al papel fundamental de la *simetría* en la teoría física moderna. No hay duda de la utilidad de esta noción. Tanto la teoría de la relatividad (en relación con el grupo de Lorentz) como la teoría cuántica hacen un uso exhaustivo de ella. Pero ¿debemos considerar la simetría como algo fundamental para los modos de la naturaleza, o una característica accidental o aproximada?

Parece que un principio en muchas de las modernas aproximaciones a la física de partículas es tomar la simetría como algo realmente fundamental, y considerar las desviaciones de la simetría observadas en la actualidad como un resultado de la ruptura de simetría en el universo primitivo. De hecho, como se ha señalado en §13.1 y en §§15.2,4, la simetría exacta es una característica necesaria de la idea de conexión fibrada. Además, recordemos de §§25.5,8 que la actitud estándar hacia la teoría electrodébil es considerar la simetría SU(2) como fundamentalmente exacta, de modo que pueda desempeñar un papel como simetría gauge de las fuerzas electrodébiles (§§15.1,8), pero donde normalmente se concibe que la simetría se rompe de manera espontánea (10^{-12} segundos después del big bang). Recordemos de §28.3 que existen ciertas dificultades en invocar el universo primitivo para proporcionar la ruptura de simetría necesaria. Esto se aplica a la simetría SU(2) de la teoría electrodébil y también a las simetrías mucho mayores que se utilizan en las teorías GUT.

¿Realmente simplifican los grupos grandes de simetría de las teorías GUT nuestra imagen de la física de partículas? ¿O sería esta más simple si muchas de estas simetrías aparentes estuvieran fundamentalmente rotas desde el principio? Desde esta segunda perspectiva alternativa (que es, de hecho, una perspectiva consistente incluso para la teoría electrodébil; véase §28.3), muchas de las simetrías que percibimos en nuestras teorías fundamentales serían realmente solo aproximadas en el nivel fundamental, y debemos buscar con más profundidad para entender de dónde proceden esas simetrías aparentes.

En la teoría cuántica ordinaria tenemos ejemplos de ambos tipos de simetrías rotas. Existen situaciones bien comprendidas en las que manifiestamente ocurre ruptura espontánea de simetría, tal como sucede en la superconductividad (ruptura U(1)) y otros fenómenos. Por otro lado, hay ejemplos en los que pueden utilizarse ideas de simetría para ofrecer una excelente comprensión de un fenómeno, pero donde se sabe que la simetría es solo una aproximación que surge de una teoría más profundamente subyacente que es más exacta pero menos simétrica, tal como sucede en la clasificación de los espectros atómicos.[36] Queda por ver cuál de estos dos tipos de situaciones tendrá mayor importancia en una teoría más profunda de la física de partículas.[37]

Como punto de interés relacionado, hay circunstancias en las que un grupo de simetría exacta puede intervenir incluso en estructuras en las que inicialmente no se impone ninguna simetría. Lo vemos con la propia esfera de Riemann, que podemos imaginar compuesta de cartas del plano complejo de una forma específica que carece de cualquier simetría. Pero con tal de que la topología de la variedad compleja resultante sea, de hecho, S^2, encontramos que es *equivalente* a la esfera de Riemann, en tanto que variedad compleja (por un teorema de Riemann), de modo que su grupo de simetría es exactamente $SL(2, \mathbb{C})$, i.e., el grupo de Lorentz no reflexivo (§18.5), por muy irregularmente que esté compuesta.[38]

Hay una cuestión, en parte relacionada, concerniente a las misteriosas constantes de la naturaleza (§31.1). ¿Están estos números determinados en el universo extremadamente primitivo (tal como sucede en la propuesta de tipo Wheeler/Smolin mencionada en §28.6), en analogía con la idea de ruptura de simetría? De hecho, se suele considerar que algunas de estas constantes, como los ángulos de Cabbibo y Weinberg (§25.7), surgen de esta manera. ¿O en realidad podrían estos números determinarse matemáticamente a partir de alguna teoría más profunda subyacente? Personalmente, preferiría esto último, pero no parece que estemos cerca de tener una teoría creíble de este tipo.[39]

Una cuestión interesante en relación con esto es la simetría *quiral* de las interacciones débiles (§25.3). En la aproximación normal al modelo estándar, esta simetría quiral se incorpora en el armazón de la teoría. Pero ahora se ha observado que los neutrinos (al menos la mayoría de ellos) son partículas masivas (i.e., con masa en reposo no nula), y este hecho ya representa una desviación del modelo electrodébil estándar original. No podemos simplemente «culpar» a un neutrino levógiro de toda la asimetría quiral de las interacciones débiles. Un neutrino masivo no es completamente una partícula «zig» levógira, puesto que con masa tendría también una parte «zag» dextrógira (véase §25.2). Podríamos imaginar que en algunas versiones del modelo estándar (ligeramente ampliadas de modo que se incorporen neutrinos masivos) había una ruptura espontánea de simetría a partir de un modelo previo con simetría izquierda/derecha. Pero, en este caso, la «perspectiva» convencional es que la asimetría esta ahí desde el principio, en lugar de aparecer de una ruptura espontánea de simetría en el universo primitivo.

También podríamos contemplar si la asimetría temporal (exigida por la discusión de los capítulos 27 y 28) es un punto que debería ser reexaminado desde esta perspectiva. Sin embargo, ciertamente no puede aparecer de una convencional «ruptura espontánea de simetría en el universo primitivo». La imagen convencional utiliza la segunda ley de la termodinámica; no puede utilizarse para deducirla.

34.9. Belleza y milagros

Volvamos ahora a algunos aspectos más generales y misteriosos de las matemáticas que se ha encontrado que subyacen en la teoría física en sus niveles más profundos, al menos en un nivel tan profundo como se nos ha revelado hasta ahora. Dos poderosas fuerzas impulsoras internas han tenido una gran influencia en la dirección de la investigación teórica, pese a que normalmente pasan desapercibidas en escritos teóricos serios, por miedo, sin duda, a que pueda parecer que dichas influencias se hayan desviado demasiado de las reglas estrictas del método científico correcto. La primera de estas es la belleza, o elegancia, y ya he tocado el tema en muchos apartados de este libro. En cuanto a la segunda, a saber, el irresistible atractivo de lo que frecuentemente se califica de «milagros», tan solo la he sugerido (en §19.8, §21.5 y §31.14); pero, como puedo dar fe por mi experiencia personal, estos pueden ejercer realmente una poderosa influencia en la dirección de la propia investigación de cada uno.

Antes de entrar en la cuestión de los milagros, que son el interés principal de esta sección, volvamos primero a la cuestión de la belleza, puesto que las dos están relacionadas. Como se ha indicado antes, muchas de las ideas que se cree que han impulsado un avance importante en la teoría física también se consideran de una belleza cautivadora. Está la indudable belleza de la geometría euclídea, que formó la base de la primera teoría física profundamente precisa, a saber, la teoría del espacio formulada por los antiguos griegos. Mil quinientos años más tarde llegó la extraordinaria elegancia de la dinámica newtoniana, con su profunda y bella estructura subyacente de geometría simpléctica, como se reveló posteriormente por los formalismos lagrangiano y hamiltoniano (§20.4). La forma matemática del electromagnetismo de Maxwell también es exquisita, y no hay duda de la suprema belleza matemática de la relatividad general de Einstein. Lo mismo puede decirse de la estructura de la mecánica cuántica y muchas de sus características específicas. Yo destacaría la extraordinaria elegancia matemática del espín mecanocuántico, de la ecuación de ondas relativista de Dirac, y del formalismo de integrales de camino para la QFT, tal como lo desarrolló Feynman.

Pese a todo, podemos preguntarnos si la indudable belleza matemática de estos esquemas es algo que brillaría independientemente, tan solo como puras matemáticas, si no hubiera sido por el extraordinario hecho de que están en tan buen acuerdo con el funcionamiento de nuestro universo. Consideradas solo como estructuras matemáticas, ¿cómo soportarían la comparación con algunas de las gemas o faros de las matemáticas puras? Creo que la soportarían bastante bien, aunque no de forma abrumadora. Existen muchos dominios de las matemáticas puras, sin relaciones discernibles con el mundo físico, cuya belleza iguala o incluso supera a la de las teorías físicas por las que hemos pasado. (Véase también §16.3.)

Consideremos algunos bellos y profundos desarrollos en matemáticas, cuya influencia sobre la física —al menos hasta ahora— ha sido mínima. La teoría de Cantor del infinito es un ejemplo digno de mención. En mi opinión, es una de las contribuciones más profundamente bellas en el conjunto de la historia de las matemáticas. Sin embargo, parece que muy poco de ella tiene relevancia para el funcionamiento del mundo físico tal como lo conocemos (véanse §§16.3,4,7). La misma cuestión surge en relación con otro de los monumentales logros del conocimiento matemático, un descendiente muy próximo de la teoría de Cantor del infinito, a saber, el famoso teorema de incompletitud de Gödel (§16.6). Están también las interesantes y amplias ideas de la teoría de categorías (§33.1) en las que por el momento se ha visto muy poca relación con la física.

En estas dos últimas áreas hay algún indicio plausible de que podría haber una relación importante con una física que pudiera desarrollarse en el siglo XXI (§34.7 y §33.1), pero esto es muy especulativo. Parece mucho menos plausible que se revele alguna conexión importante con la física en el caso de la inmensa mayoría de las otras teorías matemáticas bellas y profundas que se han desarrollado. Consideremos, por ejemplo, el extraordinario logro de Andrew Wiles en el siglo XX al establecer la verdad de la afirmación de 350 años de antigüedad conocida como «último teorema de Fermat». Esto parece estar muy alejado de las leyes físicas, tal como las entendemos hoy, pese a las magníficas ideas matemáticas implicadas. Muchos otros maravillosos desarrollos matemáticos se produjeron en el siglo XX, tales como la clasificación de los grupos simples, tanto continuos como discretos. Aquí ha habido ciertamente aplicaciones a la física, pero esto no quiere decir ni mucho menos que la teoría de los grupos simples nos proporcione una «teoría física». Se trata simplemente de que las clasificaciones matemáticas son útiles para los físicos, pues les permiten ver qué posibilidades hay. Consideremos otro ejemplo. El siglo XIX vio la exquisita teoría de Riemann de la función ζ y su relación con la distribución de los números primos. Esto parece tan igualmente alejado de la física como lo anterior, pese a la indudable belleza y gran importancia matemática de la aún no demostrada hipótesis de Riemann (§7.4). De hecho, *hay* aquí algunas relaciones intrigantes con la física,[40] pero sería difícil mantener que la teoría de Riemann nos ofrece algo parecido a un modelo del mundo físico.

¿Cabe esperar que haya una estrecha relación con un cuerpo mayor de bellas y profundas matemáticas en la física del futuro, o vamos a ser engañados por los éxitos que hemos visto hasta ahora en la teoría física para hacernos creer que la relación entre matemáticas y física es más estrecha de lo que realmente es? La pregunta puede parafrasearse de forma sucinta en términos de la Fig. 1.3. ¿Cuánto del mundo matemático de Platón yace en la base de la flecha que muestra el «primer misterio»?

También podemos preguntar si puede haber alguna forma de percibir qué tipo de matemáticas son las que encuentran un papel profundo en el gobierno del comportamiento del mundo físico. Esta es una pregunta intrigante. Quizá los factores cruciales subyacentes que gobiernan la relación misteriosa entre matemáticas y física serán mejor entendidos en alguna fecha futura.

Espero que consideraciones como las anteriores aclaren al lector que la belleza matemática es, en sí misma, una guía ambigua en el mejor de los casos. Pese a todo, como he comentado en numerosos apartados en este libro, es la difícil dudar del extraordinario papel que los juicios estéticos, tanto matemáticos como físicos, desempeñan en la toma de decisiones respecto a las líneas más fructíferas que se deben en la investigación en la física teórica. La mayoría de estas son de un carácter sutil, y resulta fácil creer que la valoración del atractivo de las distintas alternativas que se pueden seguir es una cuestión muy personal. En ocasiones, sin embargo, puede surgir algo en la investigación de las teorías matemáticas del mundo físico que tenga un impacto mucho más poderoso sobre tales elecciones que la mera elegancia matemática, y esto es a lo que yo llamo «milagro».

Puedo pensar en muchos ejemplos de esto en la historia reciente de las ideas de la «gravedad cuántica». Uno de ellos se dio en la teoría de la supergravedad (§31.2), donde se observó que, mientras que el enfoque perturbativo de la QFT de la teoría estándar de la relatividad general de Einstein conducía a divergencias no renormalizables en segundo orden, los términos divergentes se cancelaban milagrosamente cuando se introducía la supersimetría.[41] Esta cancelación implicaba grandes números de términos, y durante algún tiempo muchos investigadores en supergravedad pensaron que este «milagro» aparente de la cancelación era una señal de que la teoría estaba en el camino correcto, de modo que la renormalizabilidad debía esperarse en todos los órdenes; y que, por consiguiente, ¡la verdadera teoría de la gravedad cuántica sería pronto revelada! Por desgracia para los investigadores en supergravedad, cuando fueron capaces de completar el cálculo a tercer orden volvieron las divergencias no renormalizables. Esto llevó a consideraciones de dimensionalidad superior, pero las cosas se estancaron durante un tiempo. Luego la supergravedad fue reavivada como parte de la ruta que lleva a la teoría M, como se describe en §§31.4,14.

Estoy seguro de que la propia teoría de cuerdas y la teoría M han sido guiadas por muchos de estos milagros. Uno de los más importantes fue seguramente el descubrimiento de las simetrías espejo, que ofrecía un indicio de que la enigmática colección de teorías de cuerdas, en apariencia completamente diferentes (descritas en §31.14), podrían unificarse en un gran esquema conocido como «teoría M». Dichas simetrías espejo actuaban como magia, y se descubrió que números que previamente había parecido que tenían poco que ver entre sí, eran los mismos, como fue el caso de los cálculos realizados por Candelas y sus colegas, descritos en §31.14. Esto ciertamente lo califica como un milagro, en el sentido en que utilizo aquí el término. Estoy seguro de que cuando el número 317206 375, obtenido en el cálculo de Candelas utilizando simetría espejo, fue confirmado finalmente por los geómetras algebraicos, esto fue jaleado como un milagro que proporcionaba la evidencia concluyente de que la nueva teoría de cuerdas M estaba en el camino correcto. Sea o no este el caso, el «milagro» proporcionaba un excelente apoyo a los aspectos matemáticos de la idea de la simetría espejo. De hecho, posteriormente se ha suscitado mucho interés puramente matemático por esa cuestión, y ahora se ha obtenido una buena comprensión puramente matemática de mucho de lo que está implicado.[42]

¿Realmente son estos aparentes milagros buenas guías del carácter correcto de una aproximación a una teoría física? Esta es una pregunta profunda y difícil. Puedo imaginar que a veces lo son, pero hay que ser extraordinariamente cautos sobre esto. Puede ser muy bien que el descubrimiento de Dirac de que su ecuación de ondas relativista incorporaba automáticamente el espín del electrón pareciera uno de estos milagros, como lo había sido el uso que hizo Bohr de la cuantización del momento angular para obtener los espectros atómicos correctos, y análogamente la comprensión de Einstein de que su aproximación a la gravedad mediante el espacio curvo de la relatividad general diera realmente la respuesta correcta para la posición del perihelio de Mercurio —que previamente había intrigado a los astrónomos durante setenta años—. Pero estas eran claramente consecuencias físicas apropiadas de las teorías que se estaban proponiendo, y los milagros ofrecían una confirmación impresionante de las respectivas teorías. Menos claro está cuál es la fuerza de los milagros puramente matemáticos, como es el caso de la supergravedad o de la simetría espejo. Cuando por fin se obtiene una comprensión matemática de un milagro de este tipo matemático, existe la posibilidad de que pueda producir, en alguna medida, una «devaluación» del milagro en cuestión. Incluso así, quizá esto no elimine por completo la fuerza psicológica del propio milagro, que siempre debe verse en su contexto histórico apropiado.

Sin embargo, una cosa es cierta, y es que tales milagros matemáticos no siempre pueden ser una guía segura. En el curso de mis propios estudios de la teoría de twistores, he encontrado varios elementos alentadores que parecían caer bajo el encabezamiento de «milagros» en el sentido en que estoy utilizando aquí el término. El descubrimiento (§33.8) de que funciones homogéneas de twistores simples generan soluciones generales de las ecuaciones de campos sin masa fue uno de estos, y la construcción del gravitón no lineal de §33.11 fue otro. ¿En qué medida son estos indicios fuertes de que la teoría de twistores está «en la línea correcta»? Una vez más, hay que ser prudentes. No pretendo hacer una comparación entre los milagros de la teoría de twistores y los de la teoría de cuerdas. Pero ambos no pueden ser indicadores inequívocos, porque, como se ha señalado en §33.14, ¡las dos teorías, tal como están, son mutuamente incompatibles!

Pese a todo, estos comentarios se aplican solamente a lo que entiendo que es el estado de estas teorías «en este momento». Algunos desarrollos que parecen interesantes y que se han llevado a cabo solo en los últimos meses podrían dar la vuelta por completo a la conclusión a la que parezco haber llegado en mis comentarios finales en el párrafo anterior. Se trata de algunas aplicaciones muy innovadoras de las ideas de la teoría de cuerdas en el contexto de la teoría de twistores; y se deben, principalmente, a Edward Witten[43] (las he mencionado brevemente en §31.18 y §33.14). En estos desarrollos, la teoría de cuerdas se aplica a la física espaciotemporal *tetra*dimensional estándar y se interesa en interacciones de tipo Yang-Mills que probablemente tienen relevancia directa para las interacciones entre partículas reales, con lo que representan una ruptura sustancial con la forma de la teoría de cuerdas a la que me he referido en los párrafos anteriores. ¿Cómo se consigue esto? En esencia, se hace considerando que el «espacio imagen» en el que deben aplicarse las superficies de Riemann de la teoría de cuerdas no es una 3-variedad compleja de Calabi-Yau (§31.14), que había sido invocada para suministrar las «dimensiones espaciales extra» de la teoría de cuerdas «estándar», sino la 3-variedad compleja que es el *espacio twistorial proyectivo* $\mathbb{PT}$ (un $\mathbb{CP}^3$; véase §33.5). Como hemos visto, la geometría twistorial remite explícitamente a un espacio 4-dimensional ordinario, y *no* hay «dimensiones espaciales extra». Tal como se han descrito estas nuevas ideas, hay todavía implicada alguna supersimetría, y esta versión supersimétrica de $\mathbb{PT}$ puede considerarse realmente como un tipo de «espacio de Calabi-Yau». (Esto es así para que se cancele cierta «anomalía», aunque creo que la necesidad de cancelación de la anomalía puede estar sobrevalorada, y quizá la supersimetría no sea realmente necesaria.) Tal como están estas nuevas ideas, las superficies de Riemann se toman de género 0 (véase §8.4), i.e., son *esferas de Riemann.*[44] Esto permite establecer un contacto notable con buena parte de la teoría de twistores anterior, en la que se habían incluido previamente ideas de «cuerda».[45]

Si la teoría de cuerdas puede llegar a cambiar de esta forma, que a mí me parece un cambio muy sustancial, ¿qué relevancia física tienen entonces los «milagros» de dicha teoría? Mi conjetura sería que pueden tener una relevancia importante (aunque indirecta), y que podría salir inmediatamente a la luz una comprensión mayor de lo que «está pasando entre bastidores» (como se sugiere en los comentarios de Richard Thomas citados en §31.18). ¿Podemos extraer lo que es potente en la teoría de cuerdas y despojarla de una dependencia necesaria de la supradimensionalidad espaciotemporal? Tal vez. Lo que parece cierto, en esencia, es que hay algo profundo en la idea de una teoría cuántica de campos basada en las aplicaciones de esferas de Riemann en variedades complejas[46] (o quizá también las aplicaciones de superficies de Riemann de género más alto), y este tipo de objeto seguiría teniendo relevancia en este contexto más nuevo, al ser la variedad compleja un espacio twistorial (proyectivo). Pero lo que está pasando *realmente* sigue pareciendo un misterio.

34.10. Preguntas profundas respondidas, preguntas más profundas planteadas

Cuestiones tales como las descritas en las secciones precedentes están lejos de tener respuestas dentro del conocimiento físico actual, y podemos confiar en que una física futura del siglo XXI arroje luz importante sobre ellas. Pero si volvemos la vista atrás para ver lo que ya hemos conseguido en nuestra comprensión a finales del siglo XX, la especie humana puede sentirse, y con razón, bastante orgullosa. Muchas cuestiones que eran profundamente enigmáticas —y a veces terroríficas— para los antiguos han encontrado respuestas, y con frecuencia es posible actuar de un modo positivo a la luz de dichas respuestas. Muchos de los terrores que antes causaban las enfermedades no provocan miedo ahora, no solo debido a los fármacos modernos (donde el método científico se ha mostrado de valor incalculable), sino a que puede utilizarse el diagnóstico precoz mediante el uso de la moderna tecnología (rayos X, ultrasonidos, tomografía, etc.) y los tratamientos físicos sofisticados (radiación, láseres, etc.). A menudo esta tecnología depende de conocimientos profundos de física que no estaban a disposición de los antiguos. El mismo tipo de conocimiento nos ha dado muchas otras cosas, tales como la hidroelectricidad, la iluminación eléctrica, los modernos materiales que sirven de protección contra los elementos, las telecomunicaciones tales como la televisión y la telefonía móvil, la tecnología de ordenadores, internet, el transporte moderno en sus diversas formas y otros numerosos aspectos de nuestra vida moderna.

Muchos de estos desarrollos dependen directamente de la física de una forma u otra. Además, las reglas básicas de la química, tal como se entiende hoy día, son también básicamente físicas (en principio, si no en la práctica), pues proceden sobre todo de las reglas de la mecánica cuántica. La biología está mucho más lejos de ser reducible a leyes físicas, pero no tenemos ninguna razón para creer que (aparte de la consciencia) el comportamiento biológico no sea, en su raíz, puramente dependiente de acciones físicas que ahora comprendemos básicamente. En consecuencia, la biología también parece estar, en última instancia, controlada por las matemáticas.

Consideremos, por ejemplo, la forma milagrosa en que una semilla puede desarrollarse en una planta viva, donde la soberbia estructura de cada planta es similar en gran detalle a cada una de las demás que proceden del mismo tipo de semilla. Hay aquí física profundamente subyacente, puesto que el ADN que controla el crecimiento de la planta es una molécula, y la persistencia y fiabilidad de su estructura depende de forma crucial de las reglas de la mecánica cuántica (como señaló Schrödinger en 1944 en su influyente librito *¿Qué es la vida?*).[47] Además, el crecimiento de la planta está controlado en última instancia por las mismas fuerzas físicas que gobiernan las partículas individuales de las que está compuesta. Las relevantes son principalmente de origen electromagnético, pero la fuerza nuclear fuerte es vital para determinar qué nucleos son posibles, y por lo tanto qué tipos de átomos pueden existir.

También la fuerza débil tiene su papel en los fenómenos que vemos a gran escala, y es notable cómo, a pesar de su debilidad (solo unas 10^{-7} veces la intensidad de la fuerza fuerte y 10^{-5} veces la intensidad del electromagnetismo), esta fuerza puede dar como resultado algunos de los sucesos más espectaculares que ha experimentado la humanidad. Pues es la fuerza débil la responsable, a través de las desintegraciones radiactivas en el interior de la Tierra, del calentamiento del magma terrestre. En particular, las erupciones volcánicas son su legado. Hubo un período de unos pocos años en la historia de la Tierra, a partir del 535 d.C. aproximadamente, durante el que se registraron hambrunas globales y un clima anormalmente frío, debido a una capa prácticamente continua de polvo que había sido arrojado en una enorme explosión volcánica. El volcán era probablemente el mismo objeto que el Krakatoa, cerca de Java, que al parecer entró en una violenta erupción en el año 535, y así lo hizo otra vez (pero con menos violencia) en 1883.

Posiblemente más dramática incluso para sus espectadores civilizados fue la explosión volcánica que destruyó la isla de Thera (Santorini), que habría sido visible desde Creta, a unos 160 kilómetros al sur, aproximadamente en 1628 a.C. Barrió la civilizada comunidad de la propia Thera y probablemente fue la responsable en definitiva del posterior ocaso de la pacífica y culta sociedad de Knossos en Creta, en cuyo Gran Palacio se dice que estaba localizado el famoso laberinto de Dédalo.[48] Se ha argumentado de manera convincente que la destrucción de Thera puede haber sido muy bien la fuente de la leyenda de la Atlántida.[49] Quizá encontremos consuelo en el hecho de que algunos de los cataclismos del pasado también pueden haber generado el crecimiento de nuevos avances que no se hubieran producido en otro caso. (El más espectacular de estos fue la aniquilación global de los dinosaurios, que permitió el desarrollo de los mamíferos que llevó finalmente a los seres humanos, aunque parece que la causa de esto fue la colisión con un asteroide antes que la actividad volcánica.) ¿Debe algo a este suceso volcánico catastrófico el extraordinario desarrollo de la cultura de la antigua Grecia en el milenio que siguió a la destrucción de Thera?

Quizá sea aún más sorprendente que las más violentas explosiones vistas en el universo son causadas por la fuerza más débil de todas —si es justo llamarla una fuerza—, a saber, la gravitación (solo aproximadamente 10^{-40} de la fuerza eléctrica, en un átomo de hidrógeno, y aproximadamente 10^{-38} de la intensidad de la fuerza débil), donde los agujeros negros alimentan las increíblemente poderosas fuentes de energía de los cuásares. Pero, pese a su extraordinaria potencia, su distancia a nosotros es tan grande que, visto desde la Tierra, el cuásar más brillante, 3C-273, tiene solo aproximadamente 10^{-6} del brillo de la cercana estrella Sirio. De hecho, cuando examinamos el cielo en una noche clara y tranquila, aunque podemos sentirnos sobrecogidos ante la inmensidad del universo, solo percibimos la más minúscula fracción de su enorme escala. Los objetos más lejanos visibles a simple vista (la galaxia Andrómeda) están a un ridículo 10^{-3} de la distancia a 3C-273 ¡y aproximadamente a 10^{-4} de la distancia al límite del universo observable!

Las singularidades espaciotemporales que residen en los núcleos de los agujeros negros están entre los objetos conocidos (o presuntos) del universo sobre los que permanecen los más profundos misterios, y que nuestras teorías actuales se ven impotentes para describir. Como hemos visto en §§34.5,7,8, en particular, hay otras cuestiones profundamente misteriosas de las que tenemos poca comprensión. Es muy probable que el siglo XXI revele ideas más maravillosas incluso que aquellas con las que nos ha bendecido el siglo XX. Pero para que esto suceda, necesitaremos nuevas y poderosas ideas que nos lleven en direcciones significativamente diferentes de las que en la actualidad se están siguiendo. Quizá lo que necesitamos fundamentalmente es algún cambio sutil de perspectiva... algo que todos hemos pasado por alto...

Notas

Sección 34.1

34.1. Véase, por ejemplo, Mukohyama y Randall (2003).

34.2. Véase Tittel *et al.* (1998).

34.3. Véase Arndt *et al.* (1999).

34.4. Véanse Amelino-Camelia *et al.* (1998), Gambini y Pullin (1999), Amelino-Camelia y Piran (2001), Sarkar (2002), o, para una perspectiva alternativa, Magueijo y Smolin (2002).

Sección 34.2

34.5. Utilizo aquí la palabra «coherencia» para transmitir algo que es solo un poco más fuerte que *consistencia*. La palabra quiere sugerir que hay cierta economía además de consistencia en una estructura matemática completamente *coherente*, donde diferentes aspectos de su formalismo funcionan en perfecto acuerdo.

Sección 34.3

34.6. Véase Rovelli (1998).
34.7. Algunos de mis colegas me han dicho que creen que este es realmente el caso ahora.
34.8. Recordemos de §15.4 que la S^7 está fibrada por esferas S^3 en analogía con los paralelos de Clifford en S^3. De hecho, S^7 es lo que se denomina «paralelizable», lo que significa que un 7-sistema de vectores tangentes puede ser continuamente asignado en todos sus puntos. El «aplastamiento» de S^7 es conseguido sistemáticamente a lo largo de estas direcciones «paralelas». Véase Jensen (1973).
34.9. Véanse Collins (1977) para las trayectorias de Regge, y Chew (1962) para la matriz S.
34.10. Véase Geroch (notas de clase en la Universidad de Chicago, inéditas).
34.11. Véanse Van der Waerden (1929), Infeld y Van der Waerden (1933), Penrose y Rindler (1984, 1986) y O'Donnell (2003).
34.12. Véase Dirac (1936); para otras versiones de las ecuaciones de espín más alto, véase Corson (1953).
34.13. Véase Weiss y Zumino (1974).

Sección 34.4

34.14. Véase Popper (1934).
34.15. Para un uso divertido de una idea de este tipo, véase Aldiss y Penrose (2000).
34.16. A pesar de recientes afirmaciones de que BOOMERanG ha proporcionado realmente dicha confirmación. Véase, por ejemplo, Bouchet *et al.* (2002) para una crítica (limitada) de tales afirmaciones.
34.17. El universo en estado estacionario, propuesto por Bondi, Gold y Hoyle a principios de la década de 1950, era acentuadamente popperiano, como fue bien establecido por Bondi, y entre sus vías de refutación hubiera estado también el establecimiento de $K \neq 0$. Sin embargo, cayó a causa de otros conflictos con la observación, muy especial-

mente la presencia de la radiación de fondo de 2,7 K, que era evidencia prácticamente directa del big bang; véanse §§27.7,10,11,13 y §§28.4,7,10.

34.18. Véase, por ejemplo, Linde (1993).

34.19. Véanse Bucher *et al.* (1995) y Linde (1995).

34.20. Véase Hawking y Turok (1998).

34.21. Véase Lange *et al.* (2001).

Sección 34.5

34.22. Véase, por ejemplo, *El fin de la ciencia*, de John Horgan.

34.23. Véanse Ferber (1978), Ward y Wells (1989), Delduc *et al.* (1993) e Ilyenko (1999).

Sección 34.7

34.24. Véase Penrose (1989, 1994, 1997a, 1997b).

34.25. Véanse Deutsch (2000) y Lockwood (1989).

34.26. Véanse Gell-Man (1994) y Hartle (2004).

34.27. No obstante, cualquiera que haya oído alguna vez las ideas de David Bohm sobre este tema se daría cuenta de que él no consideraría que las cuestiones de la consciencia carezcan de relación con las de la mecánica cuántica.

34.28. Véase Penrose (1989, 1994, 1997).

34.29. Véanse Hameroff y Watt (1982), Hameroff (1987, 1998) y Hameroff y Penrose (1996).

34.30. Véase Koruga *et al.* (1993).

34.31. Véase, por ejemplo, Anderson (1997).

34.32. Comunicación personal. Por lo que sé, las investigaciones de Duggins no están aún completas, y no hay ninguna publicación disponible hasta la fecha.

34.33. Véanse Penrose (1987a, 1994) y Hameroff y Penrose (1996).

Sección 34.8

34.34. Que esta unidad deba considerarse notable, y algo misteriosa, parece ser una cuestión de debate entre expertos. En una famosa conferencia, el físico matemático Eugene Wigner (1960) habló sobre «La irrazonable efectividad de las matemáticas en las ciencias físicas». Pero Andrew Gleason, un destacado matemático, dos de cuyos potentes teoremas han aparecido en otros lugares de este libro (véanse las notas 13.4 y 23.4), ha adoptado una postura contraria (1990), al considerar la concordancia entre matemáticas y física como un mero reflejo del hecho de que «la matemática es la ciencia del orden». Mi propio punto de vista estaría más cerca del de Wigner que del de Gleason. No solo la extraordinaria precisión, sino también la sutileza y sofisticación que encontramos en las leyes matemáticas que operan en los fundamentos de la física, son para mí mucho más que la mera expresión de un «orden» subyacente en el funcionamiento del mundo.

34.35. Esta filosofía parece estar próxima a la de Geoffrey Chew, que valoraba mucho las propiedades holomorfas de la matriz S. Véase Chew (1962).

34.36. Véanse los comentarios introductorios por Freeman Dyson, en Dyson (1966).

34.37. Véase Penrose (1988b).

34.38. Este hecho tiene importancia en el estudio de las simetrías asintóticas de espaciotiempos asintóticamente planos en la relatividad general; véanse Sachs (1962a, 1962b) y Penrose y Rindler (1986).

34.39. Compárese con Eddington (1946).

Sección 34.9

34.40. Véanse Du Sautoy (2004) para una discusión de la conexión de la hipótesis de Riemann con la física, así como también Berry y Keating (1999). Otra relevancia de la función ζ de Euler para la física es la que se denomina «regularización de la función ζ». Una búsqueda rápida en los LANLarXiv mostró ¡142 ítems en el último recuento!

34.41. Véanse Wess y Bagger (1992) y la nota 31.13.

34.42. Véanse las notas 31.57 y 31.58.

34.43. Véase la nota 31.81.

34.44. Esto en sí mismo no restringe a dichas superficies de Riemann a ser las líneas del espacio twistorial que representan puntos espaciotemporales (véase §33.5), sino que pueden ser curvas de «orden superior». La «condición de género 0» nos dice básicamente que uno está interesado en procesos de árbol de Yang-Mills en los que no aparecen «lazos cerrados» (§26.8).

34.45. Véanse Shaw y Hughston (1990) y Hodges (1985, 1990a, 1990b).

34.46. Estos se conocen como «σ-modelos»; véase Ketov (2000).

Sección 34.10

34.47. Reimpreso en Schrödinger (1967).

34.48. Véase Davies (1997), pp. 89-94, para una descripción gráfica de este acontecimiento (lo he tomado prestado del prólogo). Para la leyenda, un viejo favorito está reimpreso en Hamilton (1999).

34.49. Véase Friedrich (2000) para un resumen reciente de estas ideas.

Epílogo

Antea, una estudiante posdoctoral de física, con un gran talento tanto artístico como matemático, procedía de una pequeña ciudad del sur de Italia. Observaba el cielo en una noche despejada desde una ventana oriental del Instituto Albert Einstein en Golm, cerca de Potsdam, Alemania. Este prestigioso instituto de investigación había sido fundado a finales del siglo XX cerca del lugar donde Einstein había tenido una pequeña casa de recreo. Una buena parte de la investigación estaba relacionada con la debatida cuestión de la «gravedad cuántica» que intenta unificar los principios subyacentes en la relatividad general de Einstein y los de la mecánica cuántica: un misterio en la base misma de las leyes del mundo.

En esta dirección se encaminaba la propia investigación de Antea, pero ella era una recién llegada y tenía algunas ideas poco ortodoxas y todavía no plenamente formadas acerca del camino a seguir, algunas de las cuales eran fundamentalmente opuestas a las de sus colegas. Esa noche había estado trabajando hasta la madrugada, en la biblioteca superior del instituto, cuando hacía rato que todos los demás se habían ido a dormir. Había estado estudiando una vieja investigación relativa a gigantescas emisiones de energía que tenían lugar en los centros de algunas galaxias. Afortunadamente, pensaba para sí, la Tierra y el sistema solar no están próximos a ninguno de estos lugares, pues si lo estuvieran se habrían vaporizado en su totalidad casi instantáneamente. La explicación establecida para estas explosiones increíblemente potentes consistía en que cada una de ellas estaba alimentada por un agujero negro de proporciones inmensas.

Antea sabía que un agujero negro es una región del espaciotiempo en cuyo interior hay una estructura conocida como una «singularidad espaciotemporal», algo cuya descripción científica era aún profundamente esquiva y que dependía de la todavía carente teoría de la gravedad cuántica. Pero el interés real de Antea no estaba tanto en los agujeros negros galácticos como en una explosión aún más monstruosa, la explosión que termina con todas las explosiones —o, mejor, la que dio inicio a todas—, llamada el «big bang». Ella pensaba que era el origen de todas las cosas buenas tanto como de todas las cosas malas. Pero la singularidad espaciotemporal en el big bang planteaba misterios aún mayores que los de los agujeros negros. Antea sabía que en la raíz de estos misterios yace el secreto de cómo unificar la teoría de Einstein del espacio, el tiempo y la gravedad a gran escala con los principios mecanocuánticos de la física de lo pequeño.

Era una noche tranquila y las estrellas eran inequívocamente claras. Antea permaneció un rato pensativa, con los brazos cruzados reposando en la balaustrada de la escalera, observando las figuras de las estrellas a través del ventanal: no sabía durante cuánto tiempo. Siempre se sobrecogía al contemplar, en esa vasta cúpula aparentemente hemisférica, la gran distancia de esos minúsculos pinchazos de luz, aunque contara muy poco frente a la inmensidad de las escalas cosmológicas. Pese a todo, cavilaba, si alguna explosión cósmica llegara a hacerse visible para ella ahora, por muy lejana que fuese, sus pequeños fotones no habrían experimentado ningún tiempo en alcanzarla. Lo mismo se aplicaría a los minúsculos gravitones producidos en la explosión, algunos de los cuales podrían sentirse en el detector de ondas gravitatorias del Instituto cerca de Hannover a 250 km de distancia. Se estremeció con la idea de que, en efecto, estaría en inmediato contacto directo con ese suceso explosivo…

Mientras estaba allí, mirando al este, fue sorprendida por un fogonazo momentáneo e inesperado de luz verde, como si llegara el alba, antes de irrumpir el rojo vivo del sol. El fenómeno del «rayo verde» y su bien establecida explicación física eran muy conocidos para ella, pero nunca lo había presenciado antes, y le produjo un extraño efecto emocional. Esta experiencia se mezcló con varias ideas matemáticas que le habían dado problemas durante la noche.

Bibliografía

Además de los grandes avances en el conocimiento físico que se han logrado en el siglo XX —a partir de experimentos muy refinados y teoría matemática sofisticada—, la moderna tecnología y la innovación han mejorado enormemente la capacidad de distribuir y recoger información a escala mundial. En concreto, está la introducción de arXiv.org, un archivo online donde físicos y matemáticos, biólogos y científicos de la computación pueden publicar preprints (o e-prints) de su trabajo antes (¡o incluso en lugar de!) enviarlos a revistas. ArXiv.org ha hecho posible que los científicos comuniquen nuevas ideas a una velocidad increíblemente alta, y como consecuencia el ritmo de la actividad investigadora se ha acelerado en un grado sin precedentes (o, como algunos podrían considerar, alarmante).

He tratado de sacar provecho de esta importante nueva tendencia ofreciendo, donde fuera posible, los enlaces a arXiv.org para ítems en la bibliografía. Encontrar un artículo en arXiv.org es muy sencillo. Primero, utilice su buscador preferido para ir a www.arxiv.org. Luego, o bien busca el artículo, o bien entra www.arxiv.org/, seguido del código de identificación proporcionado entre paréntesis en la bibliografía. Por ejemplo, para llamar al artículo de 2003 de Lee Smolin «How far are we from the quantum theory of gravity?», entraríamos en la dirección web:

www.arxiv.org/hep-th/0303185.

Esto será especialmente útil para aquellos lectores que tengan acceso a la World Wide Web pero estén lejos de una biblioteca universitaria que pudiera guardar las revistas especializadas donde se suelen publicar los artículos. Espero que esta nueva característica en la bibliografía le anime a leer los muchos buenos artículos en los arXiv, ya estén o no referenciados aquí.

Abian, A. (1965), *The Theory of Sets and Transfinite Arithmetic*, Saunders, Filadelfia.

Abbott, B., *et al.* (2004), «Detector Description and Performance for the First Coincidence Observations between LIGO and GEO», *Nucl. Instrum. Meth.* **A517**, 154-179 [gr-qc/0308043].

Adams, C. C. (2000), *The Knot Book*, Owl Books, Nueva York.

Adams, F. J., y Atiyah, M. F. A. (1966), «On K-theory and Hopf invariant», *Quarterly J. Math.* **17**, 31-38.

Adler, S. L. (1995), *Quaternionic Quantum Mechanics and Quantum Fields*, Oxford University Press, Nueva York.

Afriat, A. (1999), «The Einstein, Podolsky, and Rosen Paradox», en *Atomic, Nuclear, and Particle Physics*, Plenum Publishing Corp.

Aharonov, Y., y Albert, D. Z. (1981), «Can we make sense out of the measurement process in relativistic quantum mechanics?», *Phys. Rev.* **D24**, 359-370.

Aharonov, Y., y Anandan, J. (1987), «Phase change during a cyclic quantum evolution», *Phys. Rev. Lett.* **58**, 1593-1596.

Aharonov, Y., y Bohm, D. J. (1959), «Significance of electromagnetic potentials in the quantum theory», *Phys. Rev.* **115**, 485-491.

Aharonov, Y., y Vaidman, L. (1990), «Properties of a quantum system during the time interval between two measurements», *Phys. Rev.* **A41**, 11.

Aharonov, Y., y Vaidman, L. (2001), «The Two-State Vector Formalism of Quantum Mechanics», en *Time in Quantum Mechanics* (eds. J. G. Muga *et al.*), Springer-Verlag.

Aharonov, Y., Bergmann, P., y Lebowitz, J. L. (1964), «Time symmetry in the quantum process of measurement», en *Quantum Theory and Measurement* (eds. J. A. Wheeler y W. H. Zurek), Princeton University Press, Princeton, New Jersey, 1983; originalmente en *Phys. Rev.* **134B**, 1410-1416.

Ahmavaara, Y. (1965), «The structure of space and the formalism of relativistic quantum theory», *I. J. Math. Phys.* **6**, 87-93.

Aitchison, I., y Hey, A. (2004), *Gauge Theories in Particle Physics: A Practical Introduction*, vols. 1 y 2, Institute of Physics Publishing, Bristol.

Albert, D., Aharanov, Y., y D'Amato, S. (1985), «Curious New Statistical Prediction of Quantum Mechanics», *Phys. Rev. Lett.* **54**, 5.

Aldiss, B. W., y Penrose, R. (2000), *White Mars*, St Martin's Press, Londres.

Alpher, B., y Gamow (1948), «The Origin of Chemical Elements», *Phys. Rev.* **73**, 803.

Ambjorn, J., Nielsen, J. L., Rolf, J., y Loll, R. (1999), «Euclidean and Lorentzian Quantum Gravity: Lessons from Two Dimensions», *Chaos Solitons Fractals* 10 [hep-th/9805108].

Amelino-Camelia, G., y Piran, T. (2001), «Planck-scale deformations of Lorentz symmetry as a solution to the UHECR and the TeV-MATH-gamma paradoxes», *Phys. Rev.* **D64**, 036005 [astro-ph/0008107].

Amelino-Camelia, G., *et al.* (1998), «Potential Sensitivity of Gamma-Ray Burster Observations to Wave Dispersion in Vacuo», *Nature,* **393**, 763-765 [astro-ph/9712103].

Anderson, P. W. (1997), *The Theory of Superconductivity in the High-Tc Cuprate Superconductors*, Princeton University Press, Princeton, New Jersey.

Anguige, K. (1999), «Isotropic cosmological singularities 3: The Cauchy problem for the inhomogeneous conformal Einstein-Vlasov equations», *Annals Phys.* **282**, 395-419.

Antoci, S. (2001), «The origin of the electromagnetic interaction in Einsteins unified field theory with sources» [gr-qc/018052].

Anton, H., y Busby, R. C. (2003), *Contemporary Linear Algebra*, John Wiley & Sons, Hoboken, NJ.

Apostol, T. M. (1976), *Introduction to Analytic Number Theory*, Springer-Verlag, Nueva York (hay traducción castellana: *Introducción a la teoría analítica de números*, Editorial Reverté, Barcelona, 1984).

Arfken, G., y Weber, H. (2000), *Mathematical Methods for Physicists*, Harcourt/Academic Press.

Arndt, M., *et al.* (1999), «Wave-particle duality of C60 molecules», *Nature* **401**, 680.

Arnol'd, V. I. (1978), *Mathematical Methods of Classical Mechanics*, Springer-Verlag, Nueva York (hay traducción castellana: *Mecánica clásica. Métodos matemáticos*, Thomson Paraninfo, Madrid, 1983].

Arnowitt, R., Deser, S., y Misner, C. W. (1962), en *Gravitation: An Introduction to Current Research* (ed. L. Witten), John Wiley & Sons, Inc., Nueva York.

Ashtekar, A. (1986), «New variables for classical and quantum gravity», *Phys. Rev. Lett.* **57**, 2244-2247.

Ashtekar, A. (1987), «New Hamiltonian formulation of general relativity», *Phys. Rev.* **D36**, 1587-1602.

Ashtekar, A. (1991), *Lectures on Non-Perturbative Canonical Gravity* (Apéndice), World Scientific, Singapur.

Ashtekar, A., y Das, S. (2000), «Asymptotically anti-de Sitter space-times», *Classical and Quantum Gravity*, **17**, L17-L30.

Ashtekar, A., y Lewandowski, J. (1994), «Representation theory of analytic holonomy algebras», en *Knots and Quantum Gravity* (ed. J. C. Baez), Oxford University Press, Oxford.

Ashtekar, A., y Lewandowski, J. (2001), «Relation between polymer and Fock excitations», *Class. Quant. Grav.* **18**, L117-L127.

Ashtekar, A., y Lewandowski, J. (2004), «Background Independent Quantum Gravity: A Status Report» [gr-qc/0404018].

Ashtekar, A., y Magnon, A. (1980), «A geometrical approach to external potential problems in quantum field theory», *General Relativity and Gravitation*, vol. 12, 205-223.

Ashtekar, A., y Schilling, T. A. (1998), en *On Einstein's Path* (ed. A.Harvey), Springer-Verlag, Berlín.

Ashtekar, A., Baez, J. C., y Krasnov, K. (2000), «Quantum geometry of isolated horizons and black hole entropy», *Adv. Theo. Math. Phys.* **4**, 1-95.

Ashtekar, A., Baez, J. C., Corichi, A., y Krasnov, K. (1998), «Quantum geometry and black hole entropy (1998)», *Phys. Rev. Lett.* **80**, 904-907.

Ashtekar, A., Bojowald, M., y Lewandowski, J. (2003), «Mathematical structure of loop quantum cosmology», *Adv. Theor. Math. Phys.* **7**, 233-268.

Atiyah, M. F. (1990), *The Geometry and Physics of Knots,* Cambridge University Press, Cambridge.

Atiyah, M. F., y Singer, I. M. (1963), «The Index of Elliptic Operators on Compact Manifolds», *Bull. Amer. Math. Soc.* **69**, 322-433.

Atiyah, M. F., Hitchin, N. J., y Singer, I. M. (1978), «Self-duality in four-dimensional Riemannian geometry», *Proc. Roy. Soc. Lond.* **A362**, 42561.

Baez, J. C. (1998), «Spin foam models», *Class. Quant. Grav.* **15**, 182758.

Baez, J. C. (2000), «An introduction to spin foam models of quantum gravity and BF theory», *Lect. Notes Phys.* **543**, 25-94

Baez, J. C. (2001), «Higher-dimensional algebra and Planck-scale physics», en *Physics Meets Philosophy at the Planck Scale* (eds. C. Callender y N. Huggett), Cambridge University Press, Cambridge [gr-qc/9902017].

Baez, J. C., y Dolan, D. (1998), «Categorification», en *Higher Category Theory* (eds. E. Getzler y M. Kapranov), Contemporary Mathematics vol. 230. AMS, Providence. RI (véase también http://xxx.lanl.gov/abs/math.QA/9802029).

Bahcall, N., Ostriker, J. P., Perlmutter, S., y Steinhardt., P. J. (1999), «The Cosmic Triangle: Revealing the State of the Universe», *Science* **284** [astro-ph/9906463].

Bailey, T. N., y Baston, R. J. eds. (1990), «Twistors in Mathematics and Physics», *LMS Lecture Note Series* **156**, Cambridge University Press, Cambridge.

Bailey, T. N., Ehrenpreis, L., y Wells, R. O., Jr. (1982), «Weak solutions of the massless field equations», *Proc. Roy. Soc. Lond.* **A384**, 40325.

Banchoff, T. (1990, 1996), *Beyond the Third Dimension*, Scientific American Library. Véase también http://www.faculty.fairfield.edu/jmac/cl/tb4d.htm.

Bar, I. (2000), «Survey of Two-Time Physics» [hep-th/0008164].

Barbour, J. B. (1989), *Absolute or Relative Motion*, vol. I: *The Discovery of Dynamics*, Cambridge University Press, Cambridge.

Barbour, J. B. (1992), *Time and the Interpretation of Quantum Gravity*, Syracuse University Preprint.

Barbour, J. B. (2001a), *The Discovery of Dynamics: A Study from a Machian Point of View of the Discovery and the Structure of Dynamical Theories*, Oxford University Press, Oxford.

Barbour, J. B. (2001b), *The End of Time*, Oxford University Press, Oxford.

Barbour, J. B. (2004), *Absolute or Relative Motion: The Deep Structure of General Relativity*, Oxford University Press, Oxford.

Barbour, J. B., Foster, B., y O Murchadha, N. (2002), «Relativity without relativity», *Class. Quant. Grav.* **19**, 3217-3248 [gr-qc/0012089].

Barrett, J. W., y Crane, L. (1998), «Relativistic spin networks and quantum gravity», *J. Math. Phys.* **39**, 3296-302.

Barrett, J. W., y Crane, L. (2000), «A Lorentzian signature model for quantum general relativity», *Class. Quant. Grav.* **17**, 3101-3118.

Barrow, J. D., y Tipler, F. J. (1986), *The Anthropic Cosmological Principle*, Oxford University Press, Oxford.

Barrow, J. D., y Tipler, F. J. (1988), *The Anthropic Cosmological Principle*, Oxford University Press, Oxford.

Baston, R. J., y Eastwood, M. G. (1989), *The Penrose Transform: Its Interaction with Representation Theory*, Oxford University Press, Oxford.

Bateman, H. (1904), «The solution of partial differential equations by means of definite integrals», *Proc. Lond. Math. Soc.* (2) 1, 451-459.

Bateman, H. (1944), *Partial Differential Equations of Mathematical Physics*, Dover, Nueva York.

Becker, R. (1982), *Electromagnetic Fields and Interactions*, Dover, Nueva York.

Begelman, M. C., Blandford, R. D., y Rees, M. J. (1984), «Theory of extragalactic radio sources», *Rev. Mod. Phys.* **56**, 255.

Bekenstein, J. (1972), «Black holes and the second law», *Lett. Nuovo Cim.* **4**, 737-740.

Belinskii, V. A., Khalatnikov, I. M., y Lifshitz, E. M. (1970), «Oscilliatory approach to a singular point in the relativistic cosmology», *Usp. Fiz. Nauk* **102**, 463-500 (traducción inglesa en *Adv. in Phys.* **19**, 525-573).

Bell, J. S. (1987), *Speakable and Unspeakable in Quantum Mechanics,* Cambridge

University Press, Cambridge (hay traducción castellana: *Lo decible y lo indecible en mecánica cuántica*, Alianza, Madrid, 1990).

Beltrami, E. (1868), *Essay on the Interpretation of non-Euclidean Geometry*, traducido en Stillwell, J. C. (1996), «Sources of Hyperbolic Geometry», *Hist. Math.*, **10**, AMS Publications.

Bennet, C. L., *et al.* (2003), «First Year Wilkinson Microwave Anisotropy Probe (WMAP) Observations: Preliminary Maps and Basic Results», *Astrophys. J. Suppl.* 148, 1 [astro-ph/0302207].

Bergmann, P. G. (1956), *Helv. Phys. Acta Suppl.* **4**, 79.

Bergmann, P. G. (1957), «Two-component spinors in general relativity», *Phys. Rev.* **107**, 6249.

Bern, Z. (2002), «Perturbative Quantum Gravity and its relation to Gauge Theory», *Living Rev. Relativity*, **5** [www.livingreviews.org/Articles/Volume5/20025 bern/index.html].

Berry, M.V. (1984), «Quantal phase factors accompanying adiabatic changes», *Proc. Roy. Soc. Lond.* **A392**, 45-57.

Berry, M.V. (1985), «Classical adiabatic angles and quantal adiabatic phase», *J. Phys. A. Math. Gen.* **18**, 15-27.

Berry, M. V., y Keating, J. P. (1999), «The Riemann Zeros and Eigenvalue Asymptotics», *SIAM Review* **41**, 2, 236-266.

Berry, M.V., y Robbins, J. M. (1997), «Indistinguishability for quantum particles: spin, statistics and the geometric phase», *Proc. R. Soc. Lond.* A **453**, 1771-1790.

Biedenharn, L. C., y Louck, J. D. (1981), *Angular Momentum in Quantum Physics*, Addison-Wesley, Londres.

Bilaniuk, O.-M., y Sudarshan, G. (1969), «Particle beyond the light barrier», *Phys. Today* **22**, 43-51.

Birrell, N. D., y Davies, P. C. W. (1984), *Quantum Fields in Curves Space*, Cambridge University Press, Cambridge.

Bjorken, J. D., y Drell, S. D. (1965), *Relativistic Quantum Mechanics*, McGraw Hill, Nueva York y Londres.

Blanchard, A., Douspis, M., Rowan-Robinson, M., y Sarkar, S. (2003), «An alternative to the cosmological concordance model», *Astron. Astrophys.* **412**, 35-44.

Blanford, R. D., y Znajek, R. L. (1977), «Electromagnetic Extraction of Energy from Kerr Black Holes», *Monthly Notices of the Royal Astronomical Society* **179**, 433.

Bohm, D. (1951), *Quantum Theory* (Prentice-Hall, Englewood-Cliffs). Ch. 22, sect. 15-19. Reimpreso como «The Paradox of Einstein, Rosen and Podolsky», en *Quantum Theory and Measurement* (eds. J. A. Wheeler y W. H. Zurek), Princeton University Press, Princeton, New Jersey, 1983.

Bohm, D., y Hiley, B. (1994), *The Undivided Universe*, Routledge, Londres.

Bojowald, M. (2001), «Absence of singularity in loop quantum cosmology», *Phys. Rev. Lett.* **86**, 5227-5230.

Bondi, H. (1957), «Negative mass in general relativity», *Rev. Mod. Phys.* **29**, 423-428; también en *Math. Rev.* **19**, 814.

Bondi, H. (1960), «Gravitational waves in general relativity», *Nature* (Londres) **186**, 535.

Bondi, H. (1961), *Cosmology*, Cambridge University Press, Cambridge.

Bondi, H. (1964), *Relativity and Common Sense*, Heinemann, Londres.

Bondi, H. (1967), *Assumption and Myth in Physical Theory*, Cambridge University Press, Cambridge.

Bondi, H., y Gold, T. (1948), «The Steady-State Theory of the Expanding Universe», *Mon. Not. Roy. Astron. Soc.* **108**, 252-270.

Bondi, H., van der Burg, M. G. J., y Metzner, A. W. K. (1962), «Gravitational waves in general relativity, VII. Waves from axisymmetric isolated systems», *Proc. Roy. Soc. Lond.* **A269**, 21-52.

Bonnor, W. B., y Rotenberg, M. A. (1966), «Gravitational waves from isolated sources», *Proc. Roy. Soc. Lond.* **A289**, 247-274.

Börner, G. (2003), *The Early Universe*, Springer-Verlag.

Bouchet, F. R., Peter, P., Riazuelo, A., y Sakellariadou, M. (2000), «Evidence against or for topological defects in the BOOMERanG data?», *Phys. Rev.* **D65** (2002), 021301 [astro-ph/0005022].

Boyer, C. B. (1968), *A History of Mathematics*, 2.ª ed. John Wiley & Sons, Nueva York (hay traducción castellana: *Historia de la matemática*, Alianza, Madrid, 2003).

Braginsky, V. (1977), «The Detection of Gravitational Waves and Quantum Non-Distributive Measurements», en *Topics in Theoretical and Experimental Gravitation Physics* (eds. V. De Sabbata y J. Weber), pp. 105-122. Plenum Press, Nueva York.

Bramson, B. D. (1975), «The alignment of frames of reference at null infinity for asymptotically flat Einstein-Maxwell manifold», *Proc. R. Soc. London, Ser A* 341, 451-461.

Brandhuber, A., Spence, B., y Ttavaglini, G. (2004), «One-Loop Gauge Theory Amplitudes in N = 4 Super Yang Mills from MHV Vertices» [hep-th/0407214].

Brauer, R., y Weyl, H. (1935), «Spinors in *n* dimensions», *Am. J. Math.***57**, 425-449.

Brekke, L., y Freund, P. G. O. (1993), *P-adic Numbers in Physics*, North-Holland, Amsterdam.

Bremermann, H. (1965), *Distributions, Complex Variables and Fourier Transforms*, Addison Wesley, Reading, Massachusetts.

Brody, D. C., y Hughston, L. P. (1998a), «Geometric models for quantum statistical inference», en *The Geometric Universe; Science, Geometry, and the Work of Roger Penrose* (eds. S. A. Huggett, L. J. Mason, K. P. Tod, S. T. Tsou y N. M. J. Woodhouse), Oxford University Press, Oxford.

Brody, D. C., y Hughston, L. P. (1998b), «The quantum canonical ensemble», *J. Math. Phys.* **39** (12), 6502-6508.

Brody, D. C., y Hughston, L. P. (2001), «Geometric Quantum Mechanics», *J. Geom. and Phys.* **38** (1), 19-53.

Brown, J. W., y Churchill, R. V. (2004), *Complex Variables and Applications*. Mc-Graw-Hill, Nueva York y Londres.

Bryant, R. L., Chern, S. -S., Gardner, R. B., Goldschmidt, H. L., y Griffiths, P. A. (1991), *Exterior Differential Systems*, MSRI Publications, 18. Springer-Verlag, Nueva York.

Bucher, M., Goldhaber, A., y Turok, N. (1995), «An open Universe from Inflation», *Phys. Rev.* **D52** [hep-ph/9411206].

Buckley, P., y Peat, F. D. (1996), *Glimpsing Reality*, University of Toronto Press, Toronto.

Budinich, P., y Trautman, A. (1988), *The Spinorial Chessboard. Trieste Notes in Physics*, Springer-Verlag, Berlín.

Burbidge, G. R., Burbidge, E. M., Fowler, W. A., y Hoyle, F. (1957), «Synthesis of the Elements in Stars», *Revs. Mod. Phys.* **29**, 547-650.

Burkert, W. (1972), *Lore and Science in Ancient Pythagoreanism*, Harvard University Press, Harvard.

Burkill, J. C. (1962), *A First Course in Mathematical Analysis*, Cambridge University Press, Cambridge.

Byerly, W. E. (2003), *An Elementary Treatise on Fouriers Series and Spherical, Cylindrical, and Ellipsoidal Harmonics, with Applications to Problems in Mathematical Physics*, Dover, Nueva York.

Cachazo, F., Svrcek, P., y Witten, E. (2004), «MHV Vertices and Tree Amplitudes in Gauge Theory» [hep-th/0403047].

Cachazo, F., Svrcek, P., y Witten, E. (2004b), «Twistor Space Structure of One-Loop Amplitudes in Gauge Theory» [hep-th/0406177].

Cachazo, F., Svrcek, P., y Witten, E. (2004c), «Gauge Theory Amplitudes in Twistor Space and Holomorphic Anomaly» [hep-th/0409245].

Candelas, P., de la Ossa, X. C., Green, P. S., y Parkes, L. (1991), «A pair of Calabi-Yau manifolds as an exactly soluble superconformal theory», *Nucl. Phys.* **B359**, 21.

Cartan, É. (1923), «Sur les varietés à connexion affine et la théorie de la relativité generalisée I», *Ann. École Norm. Sup.* **40**, 325-412.

Cartan, É. (1924), «Sur les varietés à connexion affine et la théorie de la relativité generalisée (suite)», *Ann. École Norm. Sup.* **41**, 1-45.

Cartan, É. (1925), «Sur les varietés à connexion affine et la théorie de la relativité generalisée II», *Ann. École Norm. Sup.* **42**, 17-88.

Cartan, É. (1945), *Les Systemes Differentiels Exterieurs et leurs Applications Geometriques*, Hermann, París.

Cartan, É. (1966), *The Theory of Spinors*, Hermann, París.

Carter, B. (1966), «Complete Analytic Extension of the Symmetry Axis of Kerr's Solution of Einstein's Equations», *Phys. Rev.* **141**, 4.

Carter, B. (1971), «Axisimmetric Black Holes Has Only Two Degrees of Fredom», *Phys. Rev. Lett.*, **26**, 331-332.

Carter, B. (1974), «Large Number Coincidences and the Anthropic Principle», en *Confrontation of Cosmological Theory with Astronomical Data* (ed. M. S. Longair), pp. 2918, Reidel, Dordrecht. (Reimpreso en Leslie, 1990.)

Cercignani, C. (1999), *Ludwig Boltzmann: The Man Who Trusted Atoms*, Oxford University Press, Oxford.

Chan, H-M., y Tsou, S. T. (1993), *Some Elementary Gauge Theory Concepts*, World Scientific Lecture Notes in Physics, vol. 47, Londres.

Chan, H-M., y Tsou, S. T. (2002), «Fermion Generations and Mixing from Dualized Standard Model», *Acta Physica Polonica B* **12**.

Chandrasekhar, S. (1981), «The maximum mass of ideal white dwarfs», *Astrophys. J.*, **74**, 81-82.

Chandrasekhar, S. (1983), *The Mathematical Theory of Black Holes*, Clarendon Press, Oxford.

Chari, V., y Pressley, A. (1994), *A Guide to Quantum Groups*, Cambridge University Press, Cambridge.

Chen, W. W. L. (2002), *Linear Functional Analysis*. [Disponible online: http://www.maths.mq.edu.au/~wchen/lnlfafolder/lnlfa.html.]

Cheng, K. S., y Wang, J. (1999), «The formation and merger of compact objects in central engine of active galactic nuclei and quasars: gamma-ray burst and gravitational radiation», *Astrophys., J.* **521**, 502.

Chern, S. S. (1979), *Complex Manifolds Without Potential Theory*, Springer-Verlag, Nueva York.

Chernoff, P. R., y Marsden, J. E. (1974), «Properties of infinite hamiltonian systems», *Lecture Notes in Mathematics*, vol. 425, Springer-Verlag, Berlín.

Chevalley, C. (1946), *Theory of Lie Groups*, Princeton University Press, Princeton.

Chevalley, C. (1954), *The Algebraic Theory of Spinors*, Columbia University Press, Nueva York.

Chew, G. F. (1962), *S-Matrix Theory of Strong Interactions*, Pearson Benjamin Cummings.

Choquet-Bruhat, Y., y DeWitt-Morette, C. (2000), *Analysis, Manifolds, and Physics*, partes I y II, North-Holland, Amsterdam.

Christian, J. (1995), «Definite events in NewtonCartan quantum gravity», Oxford preprint, enviado a *Phys. Rev. D*.

Christenson, J. H., Cronin, J. W., Fitch, V. L., y Turlay, R. (1964), «Evidence for the 2p decay of the K0 meson», *Phys. Rev. Lett.* **13**, 138-140.

Church, A. (1936), *The calculi of lambda-conversion*, Annals of Mathematics Studies, 6, Princeton University Press, Princeton, NJ.

Claudel, C. M., y Newman, K. P. (1998), «Isotropic Cosmological Singularities I. Polytropic Perfect Fluid Spacetimes», *Proc. R. Soc. Lond.* **454**, 1073-1107.

Clauser, J. F., Horne, M. A., Shimony, A., y Holt, R. A. (1969), «Proposed experiment to test local hidden-variable theories», *Phys. Rev. Lett.* **23**, 880.

Clifford, W. K. (1873), «Preliminary Sketch of Biquaternions», *Proc. London Math. Soc.* **4**, 381-395.

Clifford, W. K. (1878), «Applications of Grassmanns extensive algebra», *Am. J. Math.* **1**, 350-358.

Clifford, W. K. (1882), *Mathematical Papers by William Kingdon Clifford* (ed. R. Tucker), Londres.

Cohen, P. J. (1966), *Set Theory and the Continuum Hypothesis*, W. A. Benjamin, Nueva York.

Collins, P. D. B. (1977), *An Introduction to Regge Theory and High Energy Physics*, Cambridge University Press, Cambridge.

Colombeau, J. F. (1983), «A multiplication of distributions», *J. Math. Anal. Appl.* **94**, 96-115.

Colombeau, J. F. (1985), *Elementary Introduction to New Generalized Functions*, North-Holland, Amsterdam.

Connes, A. (1990), «Essay on physics and non-commutative geometry, en *The*

Interface of Mathematics and Particle Physics (eds. D. G. Quillen, G. B. Segal y Tsou S. T.), Clarendon Press, Oxford.

Connes, A. (1998), «Noncommutative differential geometry and the structure of space-time», en *The Geometric Universe; Science, Geometry, and the Work of Roger Penrose* (eds. S. A. Huggett, L. J. Mason, K. P. Tod, S. T. Tsou y N. M. J. Woodhouse), Oxford University Press, Oxford.

Connes, A., y Berberian, S. K. (1995), *Noncommutative Geometry*, Academic Press.

Connes, A., y Kreimer, D. (1998), «Hopf Algebras, Renormalization and Non-commutative Geometry» [hep-th/9808042].

Conway, J. H. (1976), *On Numbers and Games*, Academic Press, Londres.

Conway, J. H., y Kochen, S. (2002), «The geometry of the quantum paradoxes», en *Quantum [Un]speakables: From Bell to Quantum Information* (eds. R. A. Bertlmann y A. Zeilinger), Springer-Verlag, Berlín.

Conway, J. H., y Norton, S. P. (1979), «Monstrous Moonshine», *Bull. Lond. Math. Soc.* **11**, 308-339.

Conway, J. H., y Smith, D. A. (2003), *On Quaternions and Octonions*, A. K. Peters.

Corson, E. M. (1953), *Introduction to Tensors, Spinors, and Relativistic Wave-equations*, Blackie and Son Ltd., Londres.

Costa de Beauregard, O. (1995), «Macroscopic retrocausation», *Found. Phy. Lett.* **8** (3), 287-291.

Cotes, R. (1714), «Logometria», *Phil. Trans. Roy. Soc. Lond* (marzo).

Cox, D. A., y Katz, S. (1999), *Mirror Symmetry and Algebraic Geometry*, Mathematical Surveys and Monographs 68, American Mathematical Society, Providence, RI.

Cramer. J. G. (1988), «An overview of the transactional interpretation of quantum mechanics», *Int. J. Theor. Phys.* **27(2)**, 227-236.

Crowe, M. J. (1967), *A History of Vector Analysis: The Evolution of the Idea of a Vectorial System*, University of Notre Dame Press, Toronto (reimpreso con añadidos y correcciones por Dover, Nueva York, 1985).

Cvitanovič, P., y Kennedy, A. D. (1982), «Spinors in negative dimensions», *Phys. Scripta* **26**, 5-14.

Das, A., y Ferbel. T. (2004), *Introduction to Nuclear and Particle Physics*, World Scientific Publishing Company, Singapur.

Davenport, H. (1952), *The Higher Arithmetics: An Introduction to the Theory of Numbers*, Hutchinson's University Library.

Davies, M. (1997), *Europe: A History*, Oxford University Press, Oxford, pp. 89-94.

Davies, P. (2003), *How to Build a Time Machine*, Penguin, USA.

Davis, M. (1978), «What is a Computation?», en *Mathematics Today: Twelve Informal Essays* (ed. L. A. Steen), Springer-Verlag, Nueva York.

Davis, M. (1988), «Mathematical logic and the origin of modern computers», en *The Universal Turing Machine: A Half-Century Survey* (ed. R. Herken), Kammerer and Unverzagt, Hamburgo.

Davydov, A. S. (1976), *Quantum Mechanics*, Pergamon Press, Oxford.

De Bernardis, P., *et al.* (2000), «A Flat Universe from High-Resolution Maps of the Cosmic Microwave Background Radiation», *Nature* **404**, 955-959.

Delduc, F., Galperin, A., Howe, P., y Sokatchev, E. (1993), «A twistor formulation of the heterotic D = 10 superstring with manifest (8,0) worldsheet super-symmetry», *Phys. Rev.* **D47**, 578-593 [hep-th/9207050].

Derbyshire, J. (2003), *Prime Obsession: Bernhard Riemann and the Greatest Unsolved Problem in Mathematics*, Joseph Henry Press, Washington, DC.

Deser, S. (1999), «Nonrenormalizability of D = 11 supergravity» [hep-th/9905017].

Deser, S. (2000), «Infinities in quantum gravities», *Annalen Phys*, 9, 299-307 [gr-qc/9911073].

Deser, S., y Teitelboim, C. (1977), «Supergravity Has Positive Energy», *Phys. Rev. Lett.* **39**, 248-252.

Deser, S., y Zumino, B. (1976), «Consistent supergravity», *Phys. Lett.* **62B**, 335-337.

De Sitter, W. (1913), *Phys. Zeitz.*, **14**, 429 (en alemán).

Deutsch, D. (2000), *The Fabric of Reality*, Penguin, Londres (hay traducción castellana: *La estructura de la realidad*, Anagrama, Barcelona, 2002).

Devlin, K. (1988), *Mathematics: The New Golden Age*, Penguin Books, Londres.

Devlin, K. (2002), *The Millennium Problems: The Seven Greatest Unsolved Mathematical Puzzles of Our Time*, Basic Books, Londres/Perseus Books, Nueva York.

DeWitt, B. S. (1967), «Quantum Theory of Gravity. I. The Canonical Theory», *Phys. Rev.* **160**, 1113.

DeWitt, B. S. (1984), *Supermanifolds*, Cambridge University Press, Cambridge.

DeWitt, B. S., y Graham, R. D., eds. (1973), *The Many-Worlds Interpretation of Quantum Mechanics*, Princeton University Press, Princeton.

Dicke, R. H. (1961), «Dirac's Cosmology and Mach's Principle», *Nature* **192**, 440-441.

Dicke, R. H. (1981), «Interaction-free quantum measurements: A paradox?», *Am. J. Phys.* **49**, 925.

Dicke, R. H., Peebles, P. J. E., Roll, P. G., y Wilkinson, D. T. (1965), «Cosmic Black-Body Radiation», *Astrophys. J.* **142**, 414-419.

Dine, M. (2000), «Some reflections on Moduli, their Stabilization and Cosmology» [hep-th/0001157].

Diósi, L. (1984), «Gravitation and quantum mechanical localization of macro-objects», *Phys. Lett.* **105A**, 199-202.

Diósi, L. (1989), «Models for universal reduction of macroscopic quantum fluctuations», *Phys. Rev.* **A40**, 1165-1174.

Dirac, P. A. M. (1928), «The quantum theory of the electron», *Proc. Roy. Soc. Lond.* **A117**, 610-24; *ibid*, parte II, **A118**, 351-361.

Dirac, P. A. M. (1932), *Proc. Roy. Soc.* **A136**, 453.

Dirac, P. A. M. (1933), «The Lagrangian in Quantum Mechanics», *Physicalische Zeitschrift der Sowjetunion*, Band 3, Heft 1.

Dirac, P. A. M. (1936), «Relativistic Wave Equations», *Proc. R. Soc. Lond.* **A155**, 447-459.

Dirac, P. A. M. (1937), «The Cosmological Constants», *Nature* **139**, 323.

Dirac, P. A. M. (1938), «A new basis for cosmology», *Proc. R. Soc. Lond.* **A165**, 199.

Dirac, P. A. M. (1950), «Generalized Hamiltonian dynamics», *Can. J. Math.* **2**, 129.

Dirac, P. A. M. (1964), *Lectures on Quantum Mechanics*, Yeshiva University, Nueva York.

Dirac, P. A. M. (1966), *Lectures in Quantum Field Theory*, Academic Press, Nueva York.

Dirac, P. A. M. (1982a), *The Principles of Quantum Mechanics*, 4.ª ed., Clarendon Press, Oxford (hay una traducción castellana de la tercera edición inglesa: *Principios de mecánica cuántica*, Ariel, Barcelona, 1958, agotada).

Dirac, P. A. M. (1982b), «Pretty mathematics», *Int. J. Theor. Phys.* **21**, 603-605.

Dirac, P. A. M. (1983), «The Origin of Quantum Field Theory», en *The Birth of Particle Physics* (eds. Brown y Hoddeson), Cambridge University Press, Nueva York.

Dixon, G. (1994), *Division Algebras, Quaternions, Complex Numbers and the Algebraic Design of Physics*, Kluwer Academic Publishers, Boston.

Dodelson, S. (2003), *Modern Cosmology*, Academic Press, Londres.

Dolan, L. (1996), «Superstring twisted conformal field theory: Moonshine, the Monster, and related topics» (South Hadley, MA, 1994), *Contemp. Math.* **193**, 9-24.

Domagala, M., y Lewandowski, J. (2004), «Black Hole Entropy from Quantum Geometry» [gr-qc/0407041].

Donaldson, S. K., y Kronheimer, P. B. (1990), *The Geometry of Four-Manifolds*, Oxford University Press, Oxford.

Douady, A., y Hubbard, J. (1985), «On the dynamics of polynomial-like map-pings», *Ann. Sci. Ecole Norm. Sup.* **18**, 287-343.

Dowker, F., y Kent, A. (1996), «On the consistent histories approach to quantum mechanics», *J. Stat. Phys.* **82** [gr-qc/9412067].

Drake, S. (1957), *Discoveries and Opinions of Galileo*, Doubleday, Nueva York.

Drake, S., trad. (1953), *Galileo Galilei: Dialogue Concerning the Two Chief World SystemsPtolemaic and Copernican*, University of California, Berkeley (hay una edición castellana de los diálogos de Galileo: *Diálogo sobre los dos máximos sistemas del mundo*, edición y traducción de Antonio Beltrán Marí, Alianza, Madrid, 1995).

Dray, T., y Manogue, C. A. (1999), «The Exceptional Jordan Eigenvalue Problem», *Int. J. Theor. Phys.* **38**, 2901-16 [math-ph/99110004].

Dreyer, O., Markopoulou, F, y Smolin, L. (2004), «Symmetry and entropy of black hole horizons» [hep-th/0409056].

Duffin, R. J. (1938), «On the characteristic matrices of covariant systems», *Phys. Rev.* **54**, 1114.

Dunajski, M. (2002), «Anti-self-dual four-manifolds with a parallel real spinor», *R. Soc. Lond. Proc. Ser. A Math. Phys. Eng. Sci.* **458(2021)**, 1205-1222.

Du Sautoy, M. (2004), *The Music of the Primes*, Perennial, Nueva York.

Dunham, W. (1999), *Euler: The Master of Us All*, Math. Assoc. Amer., Washington, DC.

Dyson, F. J. (1966), *Symmetry Groups in Nuclear and Particle Physics: A Lecture-note and Reprint Volume*, W. A. Benjamin, Nueva York.

Eastwood, M. G., Penrose, R., y Wells, R. O., Jr. (1981), «Cohomology and massless fields», *Comm. Math. Phys.* **78**, 305-351.

Eddington, A. S. (1929a), *The Nature of the Physical World*, Cambridge University Press, Cambridge (hay traducción castellana: *La naturaleza del mundo físico*, Editorial Sudamericana, Buenos Aires, 1945, agotada).

Eddington, A. S. (1929b), «A Symmetrical Treatment of the Wave Equation», *Proc. R. Soc. Lond.* **A121**, 524-542.

Eddington, A. S. (1946), *Fundamental Theory*, Cambridge University Press, Cambridge.

Eden, R. J., Landshoff, P.V., Olive, D. I., y Polkinghorne, J. C. (2002), *The Analityc S-Matrix*, Cambridge University Press.

Edwards, C. H., y Penney, D. E. (2002), *Calculus with Analytic Geometry*, Prentice Hall, 6.ª ed.

Ehrenberg, W., y Siday, R. E. (1949), «The refractive index in electron optics and the principles of dynamics», *Proc. Phys. Soc.* **LXIIB**, 8-21.

Ehrenfest, P., y Ehrenfest, T. (1959), *The Conceptual Foundations of the Statistical Approach in Mechanics*, Cornell University Press, Ithaca, NY.

Eilenberg, S., y Mac Lane, S. (1945), «General theory of natural equivalences, *Trans. Am. Math. Soc.* **58**, 231-294.

Einstein, A. (1914), en Lorentz, *et al.* (1952).

Einstein, A. (1917), «Kosmologische Betrachtungen zur allgemeinen Relativitätstheorie», *Sitzungsberichte der Preussischen Akademie der Wissenschaften*, 142-152.

Einstein, A. (1925), «S. B. Preuss», *Akad. Wiss.* 22, 414.

Einstein, A. (1945), «A generalization of the relativistic theory of gravitation», *Ann. Math.* **46**, 578.

Einstein, A. (1948), «A generalized theory of gravitation», *Rev. Mod. Phys.* **20**, 35.

Einstein, A. (1955), «Relativistic theory of the non-symmetric field», en *Appendix II: The Meaning of Relativity*, 5.ª ed., pp. 133-66, Princeton University Press, Princeton, NJ.

Einstein, A., y Kaufman, B. (1955), «A new form of the general relativistic field equations», *Ann. Math.* **62**, 128.

Einstein, A., y Straus, E. G. (1946), «A generalization of the relativistic theory of gravitation II», *Ann. Math.* **47**, 731.

Einstein, A., Podolsky, P., y Rosen, N. (1935), «Can quantum-mechanical description of physical reality be considered complete?», en *Quantum Theory and Measurement* (eds. J. A. Wheeler y W. H. Zurek), Princeton University Press, Princeton, New Jersey, 1983; originalmente en *Phys. Rev.* **47**, 777-780.

Elitzur, A. C., y Vaidman, L. (1993), «Quantum mechanical interaction-free measurements», *Found. Phys.* **23**, 987-997.

Elliott, J. P., y Dawber, P. G. (1984), *Symmetry in Physics*, vol. 1. Macmillan, Londres.

Ellis, J., Mavromatos, N. E., y Nanopoulos, D.V. (1997a), «Vacuum fluctuations and decoherence in mesoscopic and microscopic systems», en *Symposium on Flavour-Changing Neutral Currents: Present and Future Studies*, UCLA.

Ellis, J., Mavromatos, N. E., y Nanopoulos, D.V. (1997b), «Quantum decoherence in a D-foam background», *Mod. Phys. Lett.* **A12**, 2029-2036.

Engelking, E. (1968), *Outline of General Topology*, North-Holland & PWN, Amsterdam.

Euler, L. (1748), *Introductio in Analysis Infinitorum*.

Everett, H. (1957), «Relative State formulation of quantum mechanics», en *Quantum Theory and Measurement* (eds. J. A. Wheeler y W. H. Zurek), Princeton University Press, Princeton, New Jersey, 1983; originalmente en *Rev. Mod. Phys.* **29**, 454-262.

Fauvel, J., y Gray, J. (1987), *The History of Mathematics: A Reader*, Macmillan, Londres.

Ferber, A. (1978), «Supertwistors and conformal supersymmetry», *Nucl. Phys.* **B132**, 55-64.

Fernow, R. C. (1989), *Introduction to Experimental Particle Physics*, Cambridge University Press, Cambridge.

Feynman, R. P. (1948), «Space-time approach to nonrelativistic quantum mechanics», *Rev. Modern Phys.* **20**, 367-387.

Feynman, R. P. (1949), «The theory of positrons», *Phys. Rev.* **76**, 749.

Feynman, R. P. (1987), *Elementary Particles and the Laws of Physics: The 1986 Dirac Memorial Lectures*, Cambridge University Press, Cambridge.

Feynman, R. P., y A. Hibbs. (1965), *Quantum Mechanics and Path Integrals*, McGraw-Hill, Nueva York.

Fierz, M. (1938), «Uber die Relativitische Theorie kräftefreier Teichlen mit belie-bigem Spin», *Helv. Phys. Acta.* **12**, 3-37.

Fierz, M. (1940), «Uber den Drehimpuls von Teichlen mit Ruhemasse null und beliebigem Spin», *Helv. Phys. Acta.* **13**.,45-60.

Fierz, M., y Pauli, W. (1939), «On relativistic wave equations for particles of arbitrary spin in an electromagnetic field», *Proc. Roy. Soc. Lond.* **A173**, 211-232.

Finkelstein, D. (1969), «Space-time code», *Phys. Rev.* **184**, 1261-1279.

Finkelstein, D., y J. Rubinstein (1968), «Connection between spin, statistics, and kinks», *J. Math. Phys.* **9**, 1972.

Flanders, H. (1963), *Differential Forms*, Academic Press (reeditado por Dorf, 1989).

Floyd, R. M., y Penrose, R. (1971), «Extraction of Rotational Energy from a Black Hole», *Nature Phys. Sci.* **229**, 177.

Fortney, L. R. (1997), *Principles of Electronics, Analogic and Digital*, Harcourt Brace Jovanovich.

Frankel, T. (2001), *The Geometry of Physics*, Cambridge University Press, Cambridge.

Frenkel, A. (2000), «A Tentative Expresion of the Károlyházy Uncertainty of the Space-time Structure through Vacuum Spreads in Quantum Gravity» [quant-ph/0002087].

Friedlander, F. G. (1982), *Introduction to the Theory of Distributions»*, Cambridge University Press, Cambridge.

Friedrich, W. L. (2000), *Fire in the Sea: The Santorini Volcano: Natural History and the Legend of Atlantis* (trad. A. R. McBirney), Cambridge University Press, Cambridge.

Frittelli, S., Kozameh, C., y Newman, E. T. (1997), «Dynamics of light cone cuts at null infinity», *Phys. Rev.* **D56**, 8.

Fröhlich, J., y Pedrini, B. (2000), «New applications of the chiral anomaly», en *Mathematical Physics 2000* (eds. A. Fokas, A. Grigoryan, T. Kibble, y B. Zegarlinski), pp. 947, Imperial College Press, Londres.

Gambini, R., y Pullin, J. (1999), «Nonstandard optics from quantum spacetime», *Phys. Rev.* **D59** 124021.

Gandy, R. (1988), «The confluence of ideas in 1936», en *The Universal Turing Machine: A Half-Century Survey* (ed. R. Herken), Kammerer and Unverzagt, Hamburgo.

Gangui, A. (2003), «Cosmology from Topological Defects», *AIP Conf. Proc.* **668** [astro-ph/0303504].

Gardner, M. (1990), *The New Ambidextrous Universe*, W. H. Freeman, Nueva York (hay traducción castellana: *El nuevo universo ambidiestro*, RBA Coleccionables, Barcelona, 1994).

Gauss, C. F. (1900), *Werke*, vol. VIII, pp. 357-362, Leipzig.

Gelfand, I., y Shilov, G. (1964), *Generalized Functions*, vol. 1, Academic Press, Nueva York.

Gell-Mann, M. (1994), *The Quark and the Jaguar: Adventures in the Simple and the Complex*, W. H. Freeman, Nueva York (hay traducción castellana: *El Quark y el Jaguar: aventuras en lo simple y lo complicado*, Tusquets, Barcelona, 1995).

Gell-Mann, M., y Hartle, J. B. (1995), «Strong Decoherence», en *Proceedings of the 4th Drexel Conference on Quantum Non-Integrability: The Quantum-Classical Correspondence* (eds. D.-H. Feng y B.-H. Lu), International Press of Boston, Hong Kong, 1988 [gr-qc/9509054].

Gell-Mann, M., y Neeman, Y. (2000), *Eightfold Way*, Perseus Publishing.

Geroch, R. (1968), «Spinor structure of space-times in general relativity I», *J. Math. Phys.* **9**, 1739-1744.

Geroch, R. (1970), «Spinor structure of space-times in general relativity II», *J. Math. Phys.* **11**, 343-348.

Geroch, R. (1984), «The Everett Interpretation, *Nous*, 18, 617-633.

Geroch, R. (inédito), *Geometrical Quantum Mechanics*, Lecture notes given at University of Chicago.

Geroch, R. y Hartle, J. (1986), «Computability and physical theories», *Found. Phys.* **16**, 533.

Geroch, R., Kronheimer, E. H., y Penrose, R. (1972), «Ideal points for space-times», *Proc. Roy. Soc. Lond.* **A347**, 545-567.

Ghirardi, G. C., Grassi, R., y Rimini, A. (1990), «Continuous spontaneous reduction model involving gravity», *Phys. Rev.* **A42**, 1057-1064.

Ghirardi, G. C., Rimini, A., y Weber, T. (1986), «Unified dynamics for microscopic and macroscopic systems», *Phys. Rev.* **D34**, 470.

Gibbons, G. W. (1984), «The isoperimetric and Bogomolny inequalities for black holes», en *Global Riemannian Geometry* (eds. T. Willmore y N. J. Hitchin), Ellis Horwood, Chichester.

Gibbons, G. W. (1997), «Collapsing Shells and the Isoperimetric Inequality for Black Holes», *Class. Quant. Grav.* **14**, 2905-2915 [hep-th/9701049].

Gibbons, G. W., y Hartnoll, S. A. (2002), «Gravitational instability in higher dimensions» [hep-th/0206202].

Gibbons, G. W., y Perry, M. J. (1978), «Black Holes and Thermal Green's Function», *Proc. Roy. Soc. Lond.* **A358**, 467-494.

Gibbs, J. (1960), *Elementary Principles in Statistical Mechanics*, Dover, Nueva York.

Gindikin, S. G. (1986), «On one construction of hyperkähler metrics», *Funct. Anal. Appl.* **20**, 82-83 (en ruso).

Gindikin, S. G. (1990), «Between integral geometry and twistors», en *Twistors in Mathematics and Physics* (eds. T. N. Bailey y R. J. Baston), LMS Lecture Note Series 156, Cambridge University Press, Cambridge.

Gisin, N. (1989), «Stochastic quantum dynamics and relativity», *Helv. Phys. Acta.* **62**, 363.

Gisin, N. (1990), *Phys. Lett.* **143A**, 1.

Gisin, N., de Riedmatten, H., Scarani, V., Marcikic, I., Acin, A., Tittel, W., y Zbinden, H. (2004), «Two independent photon pairs versus four-photon entangled states in parametric down conversion», *J. Mod. Opt.* **51**, 1637 [quant-ph/0310167].

Glashow, S. (1959), «The renormalizability of vector meson interactions», *Nucl. Phys.* **10**, 107.

Gleason, A. M. (1957), «Measures on the Closed Subspaces of a Hilbert Space», *J. Math. and Mech.* **6**, 885-893.

Gleason, A. M. (1990), en *More Mathematical People* (eds. D. J. Albers, G. L. Alexanderson, y C. Reid), Harcourt Brace Jovanovich, Boston, p. 94.

Goddard, P., *et al.* (1973), «Quantum dynamics of a massless, relativistic string», *Nucl. Phys.* **B56**, 109.

Gold, T. (1962), «The Arrow of Time», *Am. J. Phys.* **30**, 403.

Goldberg, J. N., Macfarlane, A. J., Newman, E. T., Rohrlich, F., y Sudarshan, E. C. G. (1967), «Spin-s spherical harmonics and eth», *J. Math. Phys.* **8**, 2155-2161.

Goldblatt, R. (1979), *Topoi: The Categorial Analysis of Logic*, North-Holland Publishing Company, Oxford y Nueva York.

Goldstein, S. (1987), «Stochastic mechanics and quantum theory», *J. Stat. Phys.* **47**.

Gottesman, D., y Preskill, J. (2003), «Comment on The black hole final state» [hep-th/0311269].

Gouvea, F. Q. (1993), *P-Adic Numbers: An Introduction*, Springer-Verlag; 2nd edition (2000), Berlín y Nueva York.

Grassmann, H. G. (1844), *Die lineare Ausdehnungslehre*, 4.ª ed., Springer-Verlag.

Grassmann, H. G. (1862), *Die lineare Ausdehnungslehre Vollständig und in strenger Form bearbeitit*.

Gray, J. (1979), *Ideas of Space: Euclidean, Non-Euclidean, and Relativistic*, Oxford University Press, Oxford (hay traducción castellana: *Ideas de espacio*, Mondadori, Barcelona, 1992).

Green, M. B. (2000), «Superstrings and the unification of physical forces», en *Mathematical Physics 2000* (eds. A. Fokas, T. W. B. Kibble, A. Grigouriou, y B. Zegarlinski), pp. 59-86, Imperial College Press, Londres.

Green, M. B., Schwarz, J. H., y Witten, E. (1987), *Superstring Theory*, vols. I y II, Cambridge University Press, Cambridge.

Green, M. B., Schwarz, J. H., y Witten, E. (1988), *Superstring Theory*, Cambridge University Press, Cambridge.

Greene, B. (1999), *The Elegant Universe; Superstrings, Hidden Dimensions, and the Quest for the Ultimate Theory*, Random House, Londres (hay traducción castellana: *El universo elegante: supercuerdas, dimensiones ocultas y la búsqueda de una teoría definitiva*, Crítica, Barcelona, 2005).

Griffiths, P., y Harris, J. (1978), *Principles of Algebraic Geometry*, John Wiley & Sons, Nueva York.

Grishchuk, L. P., *et al.* (2001), «Gravitational Wave Astronomy: in Anticipation of First Sources to be Detected», *Phys. Usp.* **44**, 1-51 [astro-ph/0008481].

Groemer, H. (1996), *Geometric Applications of Fourier Series and Spherical Harmonics*, Cambridge University Press, Cambridge.

Gross, D. J., y Periwal, V. (1988), «String Perturbation Theory Diverges», *Phys. Rev. Lett.* **60**, 2105.

Gross, M. W., Huybrechts, D., Joyce, D., y Winkler, G. D. (2003), *Calabi-Yau Manifolds and Related Geometries*, Springer-Verlag.

Grosser, M., Kunzinger, M., Oberguggenberger, M., y Steinbauer, R. (2001), *Geometric Theory of Generalized Functions with Applications to General Relativity*, Kluwer Academic Publishers, Boston y Dordrecht, Países Bajos.

Guenther, D. B., Krauss, L. M., y Demarque, P. (1998), «Testing the Constancy of the Gravitational Constant Using Helioseismology», *Astrophys. J.* **498**, 871-876.

Gunning, R. C., y Rossi, H. (1965), *Analytic Functions of Several Complex Variables*, Prentice-Hall, Englewood Cliffs, New Jersey.

Gürsey, F. (1983), «Quaternionic and octonionic structures in physics: episodes in the relation between physics and mathematics», *Symm. Phys. (1600-1980)*, pp. 557-592, Sant Feliu de Guíxols. Univ. Autónoma Barcelona, Barcelona, 1987.

Gürsey, F., y Tze, C.-H. (1996), *On the Role of Division, Jordan, and Related Algebras in Particle Physics*, World Scientific, Singapur.

Gurzadyan, V. G., *et al.* (2002), «Ellipticity analysis of the BOOMERANG CMB maps», *Int. J. Mod. Phys.* **D12**, 1859-1874 [astro-ph/0210021].

Gurzadyan, V. G., *et al.* (2003), «Is there a common origin for the WMAP low multipole and for the ellipticity in BOOMERANG CMB maps?» [astro-ph/0312305].

Gurzadyan, V. G., *et al.* (2004), «WMAP confirming the ellipticity in BOOMERANG and COBE CMB maps» [astro-ph/0402399].

Gurzadyan, V. G., y Kocharyan, A. A. (1992), «On the problem of isotropization of cosmic background radiation», *Astron. Astrophys.* **260**, 14.

Gurzadyan, V. G., y Kocharyan, A. A. (1994), *Paradigms of the Large-Scale Universe*, Gordon and Breach, Lausana, Suiza.

Gurzadyan, V. G., y Torres, S. (1997), «Testing the effect of geodesic mixing with COBE data to reveal the curvature of the universe», *Astron. and Astrophys.* **321**, 19-23 [astro-ph/9610152].

Guth, A. (1997), *The Inflationary Universe*, Jonathan Cape, Londres (hay traducción castellana: *El universo inflacionario: la búsqueda de una nueva teoría sobre los orígenes del cosmos*, Debate, Barcelona, 1999).

Haag, R. (1992), *Local Quantum Physics: Fields, Particles, Algebras*, Springer-Verlag, Berlín.

Haehnelt, M. G. (2003), «Joint Formation of Supermassive Black Holes and Galaxies», en *Carnegie Observatories Astrophysics Series*, vol. 1: *Coevolution of*

Black Holes and Galaxies (ed. L. C. Ho), Cambridge University Press, Cambridge [astro-ph/0307378].

Halverson, N. W. (2001), «DASI First Results: A Measurement of the Cosmic Microwave Background Angular Power Spectrum» [astro-ph/0104489].

Halzen, F., y Martin, A. D. (1984), *Quarks and Leptons: An Introductory Course in Modern Particle Physics*, John Wiley & Sons, Nueva York.

Hameroff, S. R. (1998), «Fundamental geometry: the Penrose Hameroff Orch OR model of consciousness», en *The Geometric Universe; Science, Geometry, and the Work of Roger Penrose* (eds. S. A. Huggett, L. J. Mason, K. P. Tod, S. T. Tsou, y N. M. J. Woodhouse), Oxford University Press, Oxford.

Hameroff, S. R. (1987), *Ultimate Computing. Biomolecular Consciousness and Nano-Technology*, North-Holland, Amsterdam.

Hameroff, S. R., y Penrose, R. (1996), «Conscious events as orchestrated space-time selections», *J. Consc. Stud.* **3**, 36-63.

Hameroff, S. R., y Watt, R. C. (1982), «Information processing in microtubules», *J. Theor. Biol.* **98,** 549-561.

Hamilton, E. (1999), *Mythology: Timeless Tales of Gods and Heroes*, Warner Books, Nueva York.

Han, M. Y., y Nambu, Y. (1965), «Three-Triplet Model with Double SU(3) Symmetry», *Phys. Rev.* **139**, B1006-1010.

Hanany, S., *et al.* (2000), «MAXIMA-1: A Measurement of the Cosmic Microwave Background Anisotropy on angular scales of 10 arcminutes to 5 degrees», *Astrophys. J.* **545**, L5.

Hanbury Brown, R., y Twiss, R. Q. (1954), «A new type of interferometer for use in radio astronomy», *Phil. Mag.* **45**, 663-682.

Hanbury Brown, R., y Twiss, R. Q. (1956), «Correlation between photons in 2 coherent beams of light», *Nature* **177**.

Hannabuss, K. (1997), *An Introduction to Quantum Theory*, Oxford University Press, Oxford.

Hansen, B. M. S., y Murali, C. (1998), «Gamma Ray Bursts from Stellar Collisions» [astro-ph/9806256].

Hansen, R.O., Newman, E.T., Penrose, R., y Tod, K. P. (1978), «The metric and curvature properties of H-space», *Proc. Roy. Soc. Lond.* **A363**, 445-468.

Hardy, G. H. (1914), *A Course of Pure Mathematics*, 2.ª ed., Cambridge University Press, Cambridge.

Hardy, G. H. (1940), *A Mathematician's Apology*, Cambridge University Press, Cambridge (hay traducción castellana: *Apología de un matemático*, Nivola Libros y Ediciones, Madrid, 1999).

Hardy, G. H. (1949), *Divergent Series*, Oxford University Press, Oxford.

Hardy, G. H., y Wright, E. M. (1945), *An Introduction to the Theory of Numbers*, 2.ª ed. Clarendon Press, Oxford.

Hardy, L. (1992), «Quantum mechanics, local realistic theories, and Lorentz-invariant realistic theories», *Phys. Rev. Lett.* **68**, 2981 [/astract/PRL/v68/i20/p2981_1].

Hardy, L. (1993), «Nonlocality for two particles without inequalities for almost all entangled states», *Phys. Rev. Lett.* **71(11)**, 1665.

Hartle, J. B. (2002), *Gravity: An Introduction to Einsteins General Relativity*. Addison-Wesley, San Francisco, CA y Londres.

Hartle, J. B. (2004), «The Physics of "Now"» [gr-qc/0403001].

Hartle, J. B., y Hawking, S. W. (1983), «The wave function of the Universe», *Phys. Rev.* **D28**, 2960.

Harvey, F. R. (1966), «Hyperfunctions and linear differential equations», *Proc. Nat. Acad. Sci.* **5**, 1042-1046.

Harvey, F. R. (1990), *Spinors and Calibrations*, Academic Press, San Diego, CA.

Haslehurst, L., y Penrose, R. (2001), «The most general (2,2) self-dual vacuum: a googly approach», en *Further Advances in Twistor Theory*, vol. III: *Curved Twistor Spaces* (eds. L. J. Mason, L. P. Hughston, P. Z. Kobak y K. Pulvere), pp. 34-59.

Hawking, S. W. (1972), «Black holes in general relativity», *Commun. Math. Phys.* **25**, 152-166.

Hawking, S. W. (1974), «Black hole explosions», *Nature* **248**, 30.

Hawking, S. W. (1975), «Particle creation by black holes», *Commun. Math. Phys.* **43**.

Hawking, S. W. (1976a), «Black holes and thermodynamics», *Phys. Rev.* **D13(2)**, 191.

Hawking, S. W. (1976b), «Breakdown of predictability in gravitational collapse», *Phys. Rev.* **D14**, 2460.

Hawking, S. W., King, A. R., y McCarthy, P. J. (1976), «A new topology for curved space-time which incorporates the causal, differential, and conformal structures», *J. Math. Phys.* **17**, 174-181.

Hawking, S. W., y Ellis, G. F. R. (1973), *The Large-Scale Structure of Space-Time*, Cambridge University Press, Cambridge.

Hawking, S. W., e Israel, W., ed. (1987), *300 Years of Gravitation*, Cambridge University Press, Cambridge.

Hawking, S. W., y Penrose, R. (1970), «The singularities of gravitational collapse and cosmology», *Proc. Roy. Soc. Lond.* **A314**, 529-548.

Hawking, S. W., y Penrose, R. (1996), *The Nature of Space and Time*, Princeton University Press, Princeton, New Jersey (hay traducción castellana: *La naturaleza del espacio y el tiempo*, Debate, Barcelona, 1996).

Hawking, S. W., y Turok, N. (1998), «Open Inflation Without False Vacua», *Phys. Lett.* **B425** [hep-th/9802030].

Hawkins, T. (1977), «Weirestrass and the theory of matrices», *Arch. Hist. Exact Sci.* **17**, 119-163.

Hawkins, T. (2000), *Emergence of the Theory of Lie Groups*, Springer-Verlag, Nueva York.

Heisenberg, W. (1971), *Physics and Beyond*, Addison Wesley, Londres (hay traducción castellana: *La parte y el todo: conversando en torno a la física atómica*, Ellago Ediciones, Castellón, 2004).

Heisenberg, W. (1989), «What is an elementary particle?», en *Encounters with Einstein*, Princeton University Press, Princeton.

Helgason, S. (2001), *Differential Geometry and Symmetric Spaces*, AMS Chelsea Publishing, Providence, RI.

Hestenes, D. (1990), «The Zitterwebegung Interpretation of Quantum Mechanics», *Found. Physics.* **20** (10), 1213-1232.

Hestenes, D., y Sobczyk, G. (1999), *Clifford Algebra to Geometric Calculus: A Unified Language for Mathematics and Physics*, Reidel, Dordrecht, Holanda.

Heyting, A. (1956), *Intuitionism, Studies in Logic and the Foundations of Mathematics*, North-Holland, Amsterdam.

Heywood, P., y Redhead, M. I. G. (1983), «Non-locality and the Kochen-Specker paradox», *Found. Phys.* **13** (5), 481-499.

Hicks, N. J. (1965), *Notes on Differential Geometry*, Van Nostrand, Princeton.

Hirschfeld, J. W. P. (1998), *Projective Geometries over Finite Fields*, 2.ª ed., Clarendon Press, Oxford.

Hodges, A. P. (1982), «Twistor diagrams», *Physica*, **114A**, 157-175.

Hodges, A. P. (1985), «A twistor approach to the regularization of divergences», *Proc. Roy. Soc. Lond.* **A397**, 341-374. «Mass eigenstatates in twistor theory», *ibid*, 375-396.

Hodges, A. P. (1990a), «String Amplitudes and Twistor Diagrams: An Analogy», en *The Interface of Mathematics and Particle Physics* (eds. D. G. Quillen, G. B. Segal y S. T. Tsou), Oxford University Press, Oxford.

Hodges, A. P. (1990b), «Twistor diagrams and Feynman diagrams», en *Twistors in Mathematics and Physics, LMS Lect. Note Ser.* 156 (eds. T. N. Bailey y R. J. Baston), Cambridge University Press, Cambridge.

Hodges, A. P. (1998), «The twistor diagram programme», en *The Geometric Universe; Science, Geometry, and the Work of Roger Penrose* (eds. S. A. Huggett, L. J. Mason, K. P. Tod, S. T. Tsou y N. M. J. Woodhouse), Oxford University Press, Oxford.

Hodges, A. P., Penrose, R., y Singer, M. A. (1989), «A twistor conformal field theory for four space-time dimensions», *Phys. Lett.* **B216**, 48-52.

Hollands, S., y Wald, R. M. (2001), «Local Wick Polynomials and Time Ordered Products of Quantum Fields in Curved Spacetime», *Commun. Math. Phys.* **223**, 289-326 [gr-qc/0103074].

Home, D. (1997), *Conceptual Foundations of Quantum Physics: An Overview from Modern Perspectives*, Plenum Press, Nueva York y Londres.

Hopf, H. (1931), «Über die Abbildungen der dreidimensionalen Sphäre auf die Kugelfläche», *Math. Ann.* **104**, 637.

Horgan, J. (1996), *The End of Science*, Perseus Publishing, Nueva York (hay traducción castellana: *El fin de la ciencia*, Paidós Ibérica, Barcelona, 1998).

Horowitz, G. T. (1998), «Quantum states of black holes», en *Black Holes and Relativistic Stars* (ed. R. M. Wald), pp. 241-266, University of Chicago Press, Chicago.

Horowitz, G. T, y Maldacena, J. (2003), «The black hole final state» [hep-th/0310281].

Horowitz, G. T., yPerry, M. J. (1982), «Gravitational energy cannot become negative», *Phys. Rev. Lett.* **48**, 371-374.

Howie, J. (1989), «On the SQ-universality of T(6)-groups», *Forum Math.* **1**, 251-272.

Hoyle, C. D., *et al.* (2001), «Submillimeter Test of the Gravitational Inverse-Square Law: A Search for Large Extra Dimensions», *Phys. Rev. Lett.* **86** (8), 1418-1421.

Hoyle, F. (1948), «A New Model for the Expanding Universe», *Mon. Not. Roy. Astron. Soc.* **108**, 372.

Hoyle, F., Fowler, W. A., Burbidge, G. R.,y Burbidge, E. M. (1956), «Origin of the elements in stars», *Science* **124**, 611-614.

Huang (1949), «On the zitterbewegung of the electron», *Am. J. Phys.* **47**, 797.

Huggett, S. A., y Jordon, D. (2001), *A Topological Aperitif*, Springer-Verlag, Londres.

Huggett, S. A., y Tod, K. P. (2001), *An Introduction to Twistor Theory*, Cambridge University Press, Cambridge.

Hughston, L. P. (1979), «Twistors and Particles», *Lecture Notes in Physics* 97, Springer-Verlag, Berlín.

Hughston, L. P. (1995), «Geometric Aspects of Quantum Mechanics», en *Twistor Theory* (ed. S. A. Huggett), pp. 59-79, Marcel Dekker, Nueva York.

Hughston, L. P., Jozsa, R., y Wooters, W. K. (1993), «A complete classification of quantum ensembles having a given density matrix», *Phys. Letts.* **A183**, 14-18.

Ilyenko, K. (1999), *Twistor Description of Null Strings*, Oxford, Tesis Doctoral no publicada.

Immirzi, G. (1997), «Quantum Gravity and Regge Calculus» [gr-qc/9701052].

Infeld, L., y van der Waerden, B. L. (1933), «Die Wellengleichung des Elektrons in der allgemeinen Relativitätstheorie», *Sitz. Ber. Preuss. Akad. Wiss. Phisik. Math. Kl.* 9, 380-401.

Isenberg, J., Yasskin, P. B., y Green, P. S. (1978), «Non-self-dual gauge fields», *Phys. Lett.* **78B**, 462-464.

Isham, C. J. (1975), *Quantum Gravity: An Oxford Symposium*, Oxford University Press, Oxford.

Isham, C. J. (1992), «Canonical Quantum Gravity and the Problem of Time» [gr-qc/9210011].

Isham, C. J., y Butterfield, J. (2000), «Some Possible Roles for Topos Theory in Quantum Theory and Quantum Gravity» [gr-qc/9910005].

Israel, W. (1967), «Event horizons in static vacuum space-times», *Phys. Rev.* **164**, 1776-1779.

Jackson, J. D. (1998), *Classical Electrodynamics*, John Wiley & Sons, Nueva York y Chichester.

Jennewein, T., Weihs, G., Pan, J., y Zeilinger, A. (2002), «Experimental Non-locality Proof of Quantum Teleportation and Entanglement Swapping», *Phys. Rev. Lett.* **88**, 017903.

Jensen, G. (1973), «Einstein Metrics on Principal Fibre Bundles», *J. Diff. Geom.* **8**, 599-614.

Johnson, C. (2003), *D-Branes*, Cambridge University Press, Cambridge.

Jones, H. F. (2002), *Groups, Representations, and Physics*, Institute of Physics Publishing, Bristol.

Jozsa, R. (1981), *Models in Categories and Twistor Theory*, Oxford, tesis doctoral no publicada.

Jozsa, R. O. (1998), «Entanglement and quantum computation», en *The Geometric Universe* (eds. S. A, Huggett, L. J. Mason, K. P. Tod, S. T. Tsou y N. M. J. Woodhouse), pp. 369-379, Oxford University Press, Oxford.

Jozsa, R., y Linden, N. (2002), «On the role of entanglement in quantum computational speed-up» [quant-ph/0201143].

Kahn, D. W. (1995), *Topology: An Introduction to the Point-Set and Algebraic Areas*, Dover Publications, Nueva York.

Kaku, M. (1993), *Quantum Field Theory: A Modern Introduction*, Oxford University Press, Oxford.

Kamberov, G., *et al.* (2002), *Quaternions, Spinors and Surfaces (Contemporary Mathematics (American Mathematical Society), v. 299)*, American Mathematical Society.

Kamberov, G., *et al.* (2002), *Quaternions, Spinors, and Surfaces* (Contemporary Mathematics (American Mathematical Society), v. 299), American Mathematical Society, Providence, RIO.

Kane, G., ed. (1999), *Perspectives on Supersymmetry* (Advanced Series on Directions in High Energy Physics), World Scientific Pub. Co, Singapur.

Kane, G. (2001), *Supersymmetry: Unveiling the Ultimate Laws of Nature*, Perseus Publishing, Nueva York.

Kapusta, J. I. (2001), «Primordial Black Holes and Hot Matter» [astro-ph/0101515].

Károlyházy, F. (1966), «Gravitation and quantum mechanics of macroscopic bodies», *Nuovo Cim.* **A42**, 390.

Károlyházy, F. (1974), «Gravitation and Quantum Mechanics of Macroscopic Bodies», *Magyar Fizikai Folyóirat.* **22**, 23-24 [tesis en húngaro].

Károlyházy, F., Frenkel, A., y Lukács, B. (1986), «On the possible role of gravity on the reduction of the wave function», en *Quantum Concepts in Space and Time* (eds. R. Penrose y C. J. Isham), pp. 109-28, Oxford University Press, Oxford.

Kasper, J. E., y Feller, S. A. (2001), *The Complete Book of Holograms: How They Work and How to Make Them*, Dover Publications.

Kauffman, L. H. (2001), *Knots and Physics*, World Scientific Publishing, Singapur.

Kay, B. S. (1998a), «Entropy defined, entropy increase and decoherence understood, and some black hole puzzles solved» [hep-th/9802172].

Kay, B. S. (1998b), «Decoherence of Macroscopic Closed Systems within NewtonianQuantum Gravity», *Class. Quant. Grav.* **15**, L89-98 [hep-th/9810077].

Kay, B. S. (2000), «Application of linear hyperbolic PDE to linear quantum in curved space-times: especially black holes, time machines, and a new semilocal vacuum concept», en *Journel des équations aux Dérivées Partielles, Nantes 5-9 Juin 2000*, Groupement de Recherche 1151 du CNRS [gr-qc/0103056].

Kay, B. S., Radzikowski, M. J., y Wald, R. M. (1996), «Quantum Field Theory on Spacetimes with a Compactly Generated Cauchy Horizon», *Commun. Math. Phys.* **183** (1997), 533-556 [gr-qc/9603012].

Kay, B. S., y Wald, R. M. (1991), «Theorems on the uniqueness and thermal properties of stationary, nonsingular, quasifree states on space-times with a bifurcate Killing horizon», *Phys. Rept.* **207**, 49-136.

Kelley, J. L. (1965), *General Topology*, Van Nostrand, Princeton, New Jersey.

Kemmer, N. (1938), «Quantum theory of Einstein-Bose particles and nuclear interaction», *Proc. R. Soc.* **A166**, 127.

Kemmer, N. (1939), «The particle aspect of meson theory», *Proc. R. Soc.* **A173**, 91.

Kerr, R. P. (1963), «Gravitational field of a spinning mass as an example of algebraically special metrics», *Phys. Rev. Lett.* **11**, 237-238.

Ketov, S. V. (2000), *Quantum Non-Linear Sigma-Models: From Quantum Field Theory to Supersymmetry, Conformal Field Theories, Black Holes, and Strings*, Springer-Verlag, Berlín y Londres.

Kibble, T. W. B. (1961), «Lorentz invariance and the gravitational field», *J. Math. Phys.* **2**, 212-221.

Kibble, T. W. B. (1979), «Geometrization of quantum mechanics», *Commun. Math. Phys.* **65**, 189.

Kibble, T. W. B. (1981), «Is a semi-classical theory of gravity viable?», en *Quantum Gravity 2: A Second Oxford Symposium* (eds. C. J. Isham, R. Penrose y D. W. Sciama), pp. 63-80, Oxford University Press, Oxford.

Killing, W. (1983), *Einfuehrung in die Grundlagen der Geometrie*, Paderborn.

Klein, F. (1898), «Über den Stand der Herausgabe von Gauss», *Werken. Math. Ann.* **51**, 128-133.

Knott, C. G. (1900), «Professor Kleins view of quaternions: A criticism», *Proc. Roy. Soc. Edinb.* **23**, 24-34.

Kobayashi, S., y Nomizu, K. (1963), *Foundations of Differential Geometry*, Interscience Publishers, Nueva York y Londres.

Kochen, S., y Specker, E. P. (1967), «The Problem of Hidden Variables in Quantum Mechanics», *Journal of Mathematics and Mechanics* **17**, 59-88.

Kodaira, K. (1962), «A theorem of completeness of characteristic systems for analytic submanifolds of a complex manifold», *Ann. Math.* **75**, 146-162.

Kodaira, K., y Spencer, D. C. (1958), «On deformations of complex analytic structures I, II», *Ann. Math.* **67**, 328401, 403-466.

Kolb, E. W., y Turner, M. S. (1994), *The Early Universe*, Perseus Publishing, Nueva York.

Komar, A. B. (1964), «Undecidability of macroscopically distinguishable states in quantum field theory», *Phys. Rev.* **133B**, 542-544.

Kontsevich, M. (1994), «Homological algebra of mirror symmetry», *Proceedings of the International Congress of Mathematicians*, vols. 1, 2. (Zurich, 1994), Birkhaüser, Basilea.

Kontsevich, M. (1995), «Enumeration of rational curves via toric actions», en *The Moduli Space of Curves* (eds. R. Dijkgraaf, C. Faber y G. van der Geer), *Progress in Math.* **129**, 335-368 [hep-th/9405035].

Koruga, D., Hameroff, S., Withers, J., Loutfy, R., y Sundareshan, M. (1993), *Fullerene C60: History, physics, nanobiology, nanotechnology*, North-Holland, Amsterdam.

Kraus, K. (1983), «States, effects and operations: fundamental notions of quantum theory», *Lecture Notes in Physics*, vol. 190, Springler-Verlag, Berlín.

Krauss, L. M. (2001), *Quintessence:The Mystery of the Missing Mass*, Basic Books, Nueva York.

Kreimer, D. (2000), *Knots and Feynman Diagrams*, Cambridge University Press, Cambridge.

Kronheimer, E. H., y Penrose, R. (1967), «On the structure of causal spaces», *Proc. Camb. Phil Soc.* **63**, 481-501.

Kruskal, M. D. (1960), «Maximal Extension of Schwarzschild Metric», *Phys. Rev.* **119**, 1743-1745.

Kuchar, K. (1981), «Canonical methods of quantization», en *QuantumGravity2* (eds. D. W. Sciama, R. Penrose y C. J. Isham), Oxford University Press, Oxford.

Kuchar, K.V. (1992), «Time and interpretations of quantum gravity», en *Proceedings of the 4th Canadian Conference on General Relativity and Relativistic Astrophysics* (eds. G. Kunstatter, D.Vincent y J. Williams), World Scientific, Singapur.

Labastida, J. M. F., y Lozano, C. (1998), «Lectures in Topological Quantum Field Theory» [hep-th/9709192].

Landsman, N. P. (1998), *Mathematical Topics Between Classical and Quantum Mechanics*, Springer-Verlag, Berlín.

Lang, S. (1972), *Differentiable Manifolds*, Addison-Wesley, Reading, MA.

Lange, A. E., *et al.* (2001), «First Estimation of Cosmological Parameters from BOOMERANG», *Phys. Rev.* **D63**, 042001 [astro-ph/0005004].

Laplace, P. S. (1799), «Allgemeine geographische Ephemeriden herausgegeben von F. von Zach. iv Bd. 1 st», 1 Abhandl., Weimar.

Laporte, O., y Uhlenbeck, G. E. (1931), «Application of spinor analysis to the Maxwell and Dirac equations», *Phys. Rev.* **37**, 1380-1552.

Lasenby, J., Lasenby, A. N., y Doran, J. L. (2000), «A unified mathematical language for physics and engineering in the 21st century», *Phil. Trans. Roy. Soc. Lond.* **A358**, 21-39.

Lawrie, I. (1998), *A Unified Grand Tour of Theoretical Physics*, Institute of Physics Publishing, Bristol.

Lawson, H. B., y Michelson, M. L. (1990), *Spin Geometry*, Princeton University Press, Princeton.

Lawvere, W., y Schanuel, S. (1997), *Conceptual Mathematics: A First Introduction to Categories*, Cambridge University Press, Cambridge.

LeBrun, C. R. (1985), «Ambi-twistors and Einstein's equations», *Class. and Quantum Grav.* **2**, 555-263.

LeBrun, C. R. (1990), «Twistors, ambitwistors, and conformal gravity», en *Twistors in Mathematical Physics* (eds. T. N. Bailey y R. J. Baston), LMS Lecture Note Series 156, Cambridge University Press, Cambridge.

Lebrun, C., y Mason, L.J. (2002), «Zoll manifolds and complex surfaces», *J. Diff. Geom.* **61** (3), 453-535.

Lefshetz, J. (1949), *Introduction to Topology*, Princeton University Press, Princeton, New Jersey.

Leggett, A. J. (2002), «Testing the limits of quantum mechanics: motivation, state of play, prospects», *J. Phys. CM* 14, R415-451.

Lasenby, J., Lasenby, A. N., y Doran, J. L. (2000), «A unified mathematical language for physics and engineering in the 21st century», *Phil. Trans. Roy. Soc. Lond.*, **A358**, 21-39.

Levitt, M. H. (2001), *Spin Dynamics: Basics of Nuclear Magnetic Resonance*, John Wiley & Sons, Nueva York.

Lichnerowicz, A., ed. (1994), *Physics on Manifolds: Proceedings of the International Colloquium in Honour of Yvonne Choquet-Bruhat, Paris, June 3-5, 1992*, Kluwer Academic Publishers, Boston y Dordrecht, Países Bajos.

Liddle, A. R. (1999), *An Introduction to Modern Cosmology*, John Wiley & Sons, Nueva York.

Liddle, A. R., y Lyth, D. H. (2000), *Cosmological Inflation and Large-Scale Structure*, Cambridge University Press, Cambridge.

Lifshitz, E. M., y Khalatnikov, I. M. (1963), «Investigations in relativistic cosmology», *Adv. Phys.* **12**, 185-249.

Linda, A. (1993), «Comments on Inflationary Cosmology» [astro-ph/9309043].

Linde, A. (1995), «Inflation with Variable Omega», *Phys. Lett.* **B351** [hep-th/9503097].

Littlewood, J. E. (1949), *Littlewood's Miscellany*, reimpresión en 1986, Cambridge University Press, Cambridge.

Livio, M. (2000), *The Accelerating Universe*, John Wiley & Sons, Nueva York.

Llewellyn Smith, C. H. (1973), «High energy behaviour and gauge symmetry», *Phys. Lett.* **B46** (2), 233-236 [disponible online].

Lockwood, M. (1989), *Mind, Brain and the Quantum; the Compound I*, Basil Blackwell, Oxford.

Lorentz, H. A., Einstein, A., Minkowski, H., y Weyl, H. (1952), *The Principle of Relativity: A Collection of Original Memoirs on the Special and General Theory of Relativity*, Dover, Nueva York.

Lounesto, P. (2001), *Clifford Algebras and Spinors*, Cambridge University Press, Cambridge.

Lüders, G. (1951), «Über die Zustandsaänderung durch den Messprozess», *Ann. Physik* **8**, 322-328.

Ludvigsen, M. (1999), *General Relativity: A Geometric Approach*, Cambridge University Press, Cambridge.

Ludvigsen, M., y Vickers, J. A. G. (1982), «A simple proof of the positivity of the Bondi mass», *J. Phys.* A15, L67-70.

Luminet, J.-P., *et al.* (2003), «Dodecahedral space topology as an explanation for weak wide-angle temperature correlations in the cosmic microwave back-ground», *Nature* **425**, 593-595.

Lyttleton, R. A., y Bondi, H. (1959), *Proc. Roy. Soc. (London)* **A252**, 313.

MacDuffee, C. C. (1933), *The Theory of Matrices*, Springer-Verlag, Berlín (reimpresión en Chelsea).

MacLane, S. (1988), *Categories for the Working Mathematician*, Springer-Verlag, Berlín.

McLennan, J. A., Jr. (1956), «Conformal invariance and conservation laws for relativistic wave equations for zero rest mass», *Nuovo. Cim.*, **3**, 1360-1379.

MACRO Collaboration (2002), «Search for massive rare particles with MACRO», *Nucl. Phys. Proc. Suppl.* **110**, 1868 [hep-ex/0009002].

Magueijo, J. (2003), *Faster Than the Speed of Light: The Story of a Scientific Speculation*, Perseus Publishing, Nueva York.

Magueijo, J., y Smolin, L. (2002), «Lorentz invariance with an invariant energy scale» [gr-qc/0112090].

Mahler (1981), *P-Adic Numbers and Functions*, Cambridge University Press, Cambridge.

Majorana, E. (1932), «Teoria relativistica di particelle con momento intrinsico arbitrario», *Nuovo Cimento*, **9**, 335-344.

Majorana, E. (1937), «Teoria asimmetrica dell elettrone del positrone», *Nuovo Cimento*, **14**, 171-184.

Maldacena, J. (1997), «The Large N Limit of Superconformal Field Theories and Supergravity» [hep-th/9711200].

Manogue, C. A., y Dray, T. (1999), «Dimensional Reduction», *Mod. Phys. Lett.*.**A14**, 93-97 [hep-th/9807044].

Manogue, C. A., y Schray, J. (1993), «Finite Lorentz transformations, auto-morphisms, and division algebras», *J. Math. Phys.* **34**, 3746-3767.

Markopoulou, F. (1997), «Dual formulation of spin network evolution» [gr-qc/970401].

Markopoulou, F. (1998), «The internal description of a causal set: What the universe looks like from the inside», *Commun. Math. Phys.* **211**, 559-583 [gr-qc/9811053].

Markopoulou, F., y Smolin, L. (1997), «Causal evolution of spin networks», *Nucl. Phys.* **B508**, 409-430 [gr-qc/9702025].

Marsden, J. E., y Tromba, A. J. (1996), *Vector Calculus*, W. H. Freeman & Co., Nueva York, nueva edición 2004 (hay traducción castellana: *Cálculo vectorial*, Addison Wesley Iberoamericana España, Madrid, 2004).

Marshall, W., Simon, C., Penrose, R., y Bouwmeester, D. (2003), «Towards Quantum Superpositions of a Mirror», *Phys. Rev. Lett.* **91**, 13.

Mason, L. J., y Woodhouse, N. M. J. (1996), *Integrability, Self-Duality, and Twistor Theory*, Oxford University Press, Oxford.

Mattuck, R. D. (1976), *A Guide to Feynman Diagrams in the Many-Body Problem*, Dover, Nueva York.

McLennan, J. A., Jr. (1956), «Conformal invariance and conservation laws for relativistic wave equations for zero rest mass», *Nuovo. Cim.* **3**, 1360-1379.

Merkulov, S. A., y Schwachhöfer, L. J. (1998), «Twistor solution of the holonomy problem», en *The Geometric Universe: Science, Geometry, and the Work of Roger Penrose* (eds. S. A. Huggett, L. J. Mason, K. P. Tod, S. T. Tsou y N. M. J. Woodhouse), Oxford University Press, Oxford.

Michell, J. (1784), «On the means of discovering the distance, magnitude, etc., of the fixed stars, in consequence of the diminution of their light, in case such a diminution should be found to take place in any of them, and such other data should be procured from observations, as would be further necessary for that purpose», *Phil. Trans. Roy. Soc. Lond.* **74**, 35-57.

Mielnik, B. (1974), «Generalized Quantum Mechanics. *Commun*», *Math. Phys.* **37**, 221.

Milgrom, M. (1994), «Dynamics with a non-standard inertia-acceleration relation: an alternative to dark matter», *Annals Phys.* **229** [astro-ph/9303012].

Miller, A. (2003), «Erotica, Aesthetics, and Schröedinger's Wave Equation», en *It Must Be Beautiful* (ed. G. Farmelo), Granta, Londres.

Minassian, E. (2002), «Spacetime singularities in (2+1)-dimensional quantum gravity», *Class. Quant. Grav.* **19**, 5877-5900.

Minkowski, H. (1952), en Lorentz *et al.* (1952).

Misner, C.W. (1969), «Mixmaster Universe», *Phys. Rev. Lett.* **22**, 1071-1074.

Misner, C.W., Thorne, K. S., y Wheeler, J.A. (1973), *Gravitation*, Freeman, San Francisco.

Mohapatra, R. N. (2002), *Unification and Supersymmetry*, Springer-Verlag, Berlín y Londres.

Montgomery, D., y Zippin, L. (1955), *Topological Transformation Groups*, Interscience, Nueva York y Londres.

Moore, A.W. (1990), *The Infinite*, Routledge, Londres y Nueva York.

Moroz, I. M., Penrose, R., y Tod, K. P. (1998), «Spherically-symmetric solutions of the Schrödinger-Newton equations», *Class. Quant. Grav.* **15**, 2733-2742.

Mott, N. F. (1929), «The wave mechanics of a-ray tracks», en *Quantum Theory and Measurement* (eds. J. A. Wheeler y W. H. Zurek), Princeton University Press, Princeton, New Jersey, 1983; originalmente en *Proc. Roy. Soc. Lond.* **A126**, 79-84.

Moussouris, J. P. (1983), «Quantum models of space-time based on recoupling theory», Oxford, tesis doctoral no publicada.

Mukohyama, S., y Randall, L. (2003), «A Dynamical Approach to the Cosmological Constant», *Phys. Rev. Lett.* **92** (2004) 211302 [hep-th/0306108].

Munkres, J. R. (1954), *Elementary Differential Topology. Annals of Mathematics Studies, 54*, Princeton University Press, Princeton, New Jersey.

Myrheim, J. (1978), «Statistical Geometry», CERN preprint, TH-2538, no publicado.

Nahin, P. J. (1998), *An Imaginary Tale: The Story of Root sqrt-1 \emph*, Princeton University Press, Princeton.

Nair, V. (1988), «A Current Algebra For Some Gauge Theory Amplitudes», *Phys. Lett.* **B**214, 215.

Nambu, Y. (1970), *Proceedings of the International Conference on Symmetries and Quark Models*, Wayne State University, p. 269, Gordon and Breach Publishers.

Narayan, R., *et al.* (2003), «Evidence for the Black Hole Event Horizon», *Astronomy & Geophysics* **44(6)**, 6.22-6.26.

Needham, T. R. (1997), *Visual Complex Analysis*, Clarendon Press, Oxford University Press, Oxford.

Negrepontis, S. (2000), «The Anthyphairetic Nature of Platos Dialectics», en *Interdisciplinary Approach to Mathematics and their Teaching*, vol. 5, pp. 15-77, University-Gutenberg, Atenas (en griego).

Nester, J. M. (1981), «A new gravitational energy expression, with a simple positivity proof», *Phys. Lett.* **83A**, 241-242.

Newlander, A., y Nirenberg, L. (1957), «Complex Analytic Coordinates in Almost Complex Manifolds», *Ann. of Math.* **65**, 391-404.

Newman, E. T. (2002), «On a Classical Geometrical Origin of Magnetic Moments, Spin-Angular Momentum and the Dirac Gyromagnetic Ratio», *Phys. Rev.* **D65** 104005 [gr-qc/0201055].

Newman, E. T, y Penrose, R. (1962), «An approach to gravitational radiation by a method of spin coefficients», *J. Math. Phys.* **3**, 896902; errata (1963), 4, 998.

Newman, E. T., y Penrose, R. (1966), «Note on the Bondi-Metzner-Sachs group», *J. Math. Phys.* **7**, 863-870.

Newman, E. T., y Unti, T. W. J. (1962), «Behavior of asymptotically flat empty space», *J. Math. Phys.* **3**, 891-901.

Newman, E. T., Couch, E., Chinnapared, K., Exton, A., Prakash, A., y Torrence, R. (1965), «Metric of a rotating charged mass», *J. Math. Phys.* **6**, 918-919.

Newman, R. P. A. C. (1993), «On the Structure of Conformal Singularities in Classical General Relativity», *Proc. R. Soc. Lond.* **A443**, 473.

Newton, I. (1687), *The Principia: Mathematical Principles of Natural Philosophy*, reimpreso por University of California Press, 1999 (hay edición castellana de los *Principia*: *Principios matemáticos de la filosofía natural*, edición de Eloy Rada, Alianza, Madrid, 1994).

Newton, I. (1730), *Optiks*, Dover, 1952 (hay edición castellana: *Óptica*, edición de Carlos Solís, Alfaguara, Madrid, 1977).

Ng, Y. J. (2004), «Quantum Foam» [gr-qc/0401015].

Nicolai, H. (2003), «Remarks at AEI\ Symposium "String meet Loops"», 29-31 de octubre de 2003. www.aci-postdam.mpg.de/events/stringloop.html.

Nielsen, H. B. (1970). Enviado a *Proc. of the XV Int. Conf. on High Energy Physics*, Kiev (inédito).

Nielsen, M. A., y Chuang, I. L. (2000), *Quantum Computation and Quantum Information*, Cambridge University Press, Cambridge.

Nomizu, K. (1956), *Lie Groups and Differential Geometry*, The Mathematical Society of Japan, Tokio.

Novikov, I. D. (2001), *The River of Time*, Cambridge University Press, Cambridge.

O'Donnell, P. (2003), *Introduction to 2-Spinors in General Relativity*, World Scientific, Singapur.

O'Neill, B. (1983), *Semi-Riemannian Geometry: With Applications to Relativity*, Academic Press, Nueva York.

Oppenheimer, J. R. (1930), «On the theory of electrons and protons», *Phys. Rev.* **35**, 562-563.

Ozsvath, I., y Schucking, E. (1962), *Nature* **193**, 1168.

Ozsvath, I., y Schucking, E. (1969), *Ann. Phys.* **55**.

Page, D. (1995), «Sensible Quantum Mechanics: Are Only Perceptions Probabilistic?» [quant-ph/9506010].

Page, D. A. (1987), «Geometrical description of Berrys phase», *Phys. Rev.* **A36**, 3479-3481.

Page, D. N. (1976), «Dirac equation around a charged, rotating black hole», *Phys. Rev.* **D 14**, 1509-1510.

Pais, A. (1982), *Subtle is the Lord... The Science and the Life of Albert Einstein*, Clarendon Press, Oxford (hay traducción castellana: *El Señor es sutil; la ciencia y la vida de Albert Einstein*, Ariel, Barcelona, 1984).

Pais, A. (1986), *Inward Bound: Of Matter and Forces in the Physical World*, Clarendon Press, Oxford.

Parker, T., y Taubes, C. H. (1982), «On Witten's proof of the positive energy theorem», *Comm. Math. Phys.* **84**, 223-238.

Pars, L. A. (1968), *A Treatise on Analytical Dynamics*, reimpreso en 1981, Ox Bow Press.

Pearle, P. (1985), «Models for reduction», en *Quantum Concepts in Space and Time* (eds. C. J. Isham y R. Penrose), pp. 84-108, Oxford University Press, Oxford.

Pearle, P., y Squires, E. J. (1995), «Gravity, energy conservation and parameter values in collapse models», Durham University preprint, DTP/95/13.

Peitgen, H.-O., y Reichter, P. H. (1986), *The Beauty of Fractals: Images of Complex Dynamical Systems*, Springer-Verlag, Berlín y Heidelberg.

Peitgen, H.-O., y Saupe, D. (1988), *The Science of Fractal Images*, Springer-Verlag, Berlín.

Penrose, L. S., y Penrose, S. (1958), «Impossible Objects: A Special Type of Visual Illusion», *Brit. J. Psych.* **49**, 31-33.

Penrose, R. (1959), «The apparent shape of relativistically moving sphere», *Proc. Camb. Phil. Soc.* **55**, 137-139.

Penrose, R. (1960), «A spinor approach to general relativity», *Ann. Phys.* (Nueva York) 10, 171-201.

Penrose, R. (1962), «The Light Cone at Infinity», en *Proceedings of the 1962 Conference on Relativistic Theories of Gravitation*, Warsaw, Polish Academy of Sciences, Varsovia (publicado en 1965).

Penrose, R. (1963), «Asymptotic properties of fields and space-times», *Phys. Rev. Lett.* **10**, 66-68.

Penrose, R. (1964), «Conformal approach to infinity», en *Relativity, Groups and Topology: The 1963 Les Houches Lectures* (eds. B. S. DeWitt y C. M. DeWitt), Gordon and Breach, Nueva York.

Penrose, R. (1965a), «Zero rest-mass fields including gravitation: asymptotic behaviour», *Proc. R. Soc. Lond.* **A284**, 159-203.

Penrose, R. (1965b), «Gravitational collapse and space-time singularities», *Phys. Rev. Lett.* **14**, 57-59.

Penrose, R. (1966), *An analysis of the structure of space-time*, Adams Prize Essay, Cambridge University, Cambridge.

Penrose, R. (1967), «Twistor algebra», *J. Math. Phys.* **8**, 345-366.

Penrose, R. (1968a), «Structure of space-time», en *Battelle Rencontres, 1967* (eds. C. M. DeWitt y J. A. Wheeler), *Lectures in Mathematics and Physics*, Benjamin, Nueva York.

Penrose, R. (1968b), «Twistor quantization and curved space-time», *Int. J. Theor. Phys.* **1**, 61-99.

Penrose, R. (1969a), «Gravitational collapse: the role of general relativity», *Revista del Nuovo Cimento*, número especial 1, 252-276.

Penrose, R. (1969b), «Solutions of the zero rest-mass equations», *J. Math. Phys.* **10**, 38-39.

Penrose, R. (1971a), «Angular momentum: an approach to combinatorial space-time», en *Quantum Theory and Beyond* (ed. T. Bastin), Cambridge University Press, Cambridge.

Penrose, R. (1971b), «Applications of negative dimensional tensors», en *Combinatorial Mathematics and its Applications* (ed. D. J. A. Welsh), Academic Press, Londres.

Penrose, R. (1975), «Twistor theory: its aims and achievements», en *Quantum Gravity, an Oxford Symposium* (eds. C. J. Isham, R. Penrose, y D.W. Sciama), Oxford University Press, Oxford.

Penrose, R. (1976a), «The non-linear graviton», *Gen. Rel. Grav.* **7**, 171-176.

Penrose, R. (1976b), «Non-linear gravitons and curved twistor theory», *Gen. Rel. Grav.* **7**, 31-52.

Penrose, R. (1978), «Gravitational collapse: a Review», en *Physics and Astrophysics of Neutron Stars and Black Holes*, LXV Corso. Soc. Italiana di Fisica, Bolonia, Italia, pp. 566-582.

Penrose, R. (1979), «Singularities and time-asymmetry», en *General Relativiy: An Einstein Centenary* (eds. S. W. Hawking y W. Israel), Cambridge University Press, Cambridge.

Penrose, R. (1979b), «On the twistor description of massless fields», en *Complex Manifold Techniques in Theoretical Physics* (eds. D. E. Lerner y P. D. Sommers), Pitman, San Francisco.Véanse diversos artículos en L. P. Hughston y R. S.Ward, eds. (1979), *Advances in Twistor Theory*, Pitman, Advanced Publishing Program, San Francisco.

Penrose, R. (1980), «On Schwarzschild causalitya problem for Lorentz-covariant general relativity», en *Essays in General Relativity* (A.Taub Festschrift) (ed. F. J. Tipler), p. 112, Academic Press, Nueva York.

Penrose, R. (1982), «Quasi-local mass and angular momentum in general relativity», *Proc. Roy. Soc. Lond.* **A381**, 53-63.

Penrose, R. (1986), «Gravity and state-vector reduction», en *Quantum Concepts in Space and time* (eds. R. Penrose y C. J. Isham), pp. 129-146, Oxford University Press, Oxford.

Penrose, R. (1987a), «Quantum physics and conscious thought», en *Quantum Implications: Essays in Honour of David Bohm* (eds. B. J. Hiley y F. D. Peat), Routledge and Kegan Paul, Londres y Nueva York.

Penrose, R. (1987b), «On the origins of twistor theory», en *Gravitation and Geometry: a volume in honour of I. Robinson.* (eds. W. Rindler y A. Trautman), Bibliopolis, Nápoles.

Penrose, R. (1987d), «Newton, quantum theory, and reality», en *300 Years of Gravity* (eds. S.W. Hawking y W. Israel), pp. 17-49, Cambridge University Press, Cambridge.

Penrose, R. (1988), «Holomorphic linking», *Twistor Newsletter* **27**, 1-4.

Penrose, R. (1988a), «Topological QFT and Twistors: Holomorphic Linking; Holomorphic Linking: Postscript», *Twistor Newsletter* **27**, 14.

Penrose, R. (1988b), «Fundamental asymmetry in physical laws», Proceedings of Symposia in *Pure Mathematics* **48**, American Mathematical Society, pp. 317-328.

Penrose, R. (1989), *The Emperor's New Mind: Concerning Computers, Minds, and the Laws of Physics*, Oxford University Press, Oxford (hay traducción castellana: *La nueva mente del emperador*, Mondadori, Barcelona, 1999).

Penrose, R. (1991), «On the cohomology of impossible figures [La cohomologie des figures impossibles]», *Structural Topology [Topologie structurale]* **17**, 11-16.

Penrose, R. (1992), «H-space and Twistors», en *Recent Advances in General Relativity*, Einstein Studies, vol. 4 (eds. A. I. Janis y J. R. Porter), p. 625, Birkhäuser, Boston.

Penrose, R. (1994), *Shadows of the Mind: An Approach to the Missing Science of Consciousness*, Oxford University Press, Oxford (hay traducción castellana: *Sombras de la mente: hacia una comprensión científica de la consciencia*, Crítica, Barcelona, 1996).

Penrose, R. (1996), «On gravity's role in quantum state reduction», *Gen. Rel. Grav.* **28**, 581-600.

Penrose, R. (1997a), *The Large, the Small and the Human Mind*, Cambridge University Press, Cambridge, Canto edition (2000) (hay traducción castellana: *Lo grande, lo pequeño y la mente humana*, Cambridge University Press, Madrid, 1999).

Penrose, R. (1997b), «On understanding understanding», *Internat. Stud. Philos. Sci.* **11**, 7-20.

Penrose, R. (1998a), «Quantum computation, entanglement and state-reduction», *Phil. Trans. Roy. Soc. Lond.* **A356**, 1927-1939.

Penrose, R. (1998b), «The question of cosmic censorship», en *Black Holes and Relativistic Stars* (ed. R. M. Wald), University of Chicago Press, Chicago, Illinois. Reimpreso en *J. Astrophys. Astr.* 20, 233-248 (1999).

Penrose, R. (2000), «Wavefunction collapse as a real gravitational effect», en *Mathematical Physics 2000* (eds. A. Fokas, T. W. B. Kibble, A. Grigouriou y B. Zegarlinski), pp. 26682, Imperial College Press, Londres.

Penrose, R. (2000b), «On Bell non-locality whitout probabilities: some curious geometry», en *Quantum Reflections* (eds. J. Ellis y D. Amati), Cambridge University Press, Cambridge

Penrose, R. (2001), «Towards a twistor description of general space-times; introductory comments», en *Further Advances in Twistor Theory, Vol.III: Curved Twistor Spaces* (eds. L.J. Mason, L.P. Hughston, P.Z. Kobak y K. Pulverer). Chapman & Hall/CRC Research Notes in Mathematics 424, Londres. 239-255.

Penrose, R. (2002), «John Bell, State Reduction, and Quanglement», en *Quantum [Un]speakables: From Bell to Quantum Information* (eds. R. A. Bertlmann y A. Zeilinger), Springer-Verlag, Berlín.

Penrose, R., y MacCallum, M. A. H. (1972), «Twistor theory: an approach to the quantization of fields and space-time», *Phys. Repts.* **6C**, 241-315.

Penrose, R. (2003), «On the instability of extra space dimensions», *The Future of Theoretical Physics and Cosmology, Celebrating Stephen Hawkings 60th Birthday* (eds. G. W. Gibbons, E. P. S. Shellard y S. J. Rankin), Cambridge University Press, Cambridge.

Penrose, R., y Rindler, W. (1984), *Spinors and Space-Time*, vol. I: *Two-Spinor Calculus and Relativistic Fields*, Cambridge University Press, Cambridge.

Penrose, R., y Rindler, W. (1986), *Spinors and Space-Time*, vol. II: *Spinor and Twistor Methods in Space-Time Geometry*, Cambridge University Press, Cambridge.

Penrose, R., Robinson, I., y Tafel, J. (1997), «Andrzej Mariusz Trautman», *Class. Quan. Grav.* 14, A1-A8.

Penrose, R., Sparling, G. A. J., y Tsou, S. T. (1978), «Extended Regge Trajectories», *J. Phys. A. Math. Gen.* **11**, L231-L235.

Penzias, A. A., y Wilson, R. W. (1965), «A Measurement of Excess Antenna Temperature at 4080 Mc/s», *Astrophys. J.* **142**, 419.

Percival, I. C. (1994), «Primary state diffusion», *Proc. R. Soc. Lond.* **A447**, 189-209.

Percival, I. C. (1995), «Quantum space-time fluctuations and primary state diffusion» [quant-ph/9508021].

Peres, A. (1991), «Two Simple Proofs of thr Kochen-Specker Theorem», *Journal of Physics A: Mathematical and General* **24**, L175- L178.

Peres, A. (1995), «Generalized Kochen-Specker Theorem» [quant-ph/9510018].

Peres, A. (2000), «Delayed choice for entanglement swapping», *J. Mod. Opt.* **47**, 531 [quant-ph/9904042].

Perez, A. (2001), «Finiteness of a spinfoam model for Euclidean quantum general relativity», *Nucl. Phys.* **B599**, 427-434.

Perez, A. (2003), «Spin foam models for quantum gravity», *Class. Quant. Grav.* **20**, R43-R104.

Perlmutter, S., *et. al.* (1998), «Cosmology from Type Ia Supernovae», *Bull. Am. Astron. Soc.* 29 [astro-ph/9812473].

Peskin, M. E., y Schröder, P. V. (1995), *Introduction to Quantum Field Theory*, Westview Press, Reading, MA & Wokingham.

Petiau, G. (1936), «Contribution à la théorie des equations d'ondes corpusculaires», *Adad. Roy. Belgique* (Cl. Sci. Mem, Collect. 16, n.° 2).

Pirani, F. A. E., y Schild, A. (1950), «On the Quantization of Einsteins Gravitational Field Equations», *Phys. Rev.* **79**, 986-991.

Pitkaenen, M. (1994), «p-Adic description of Higgs mechanism I: p-Adic square root and p-adic light cone» [hep-th/9410058].

Polchinski, J. (1998), *String Theory*, Cambridge University Press, Cambridge.

Polkinghorne, J. (2002), *Quantum Theory. A Very Short Introduction*, Oxford University Press, Oxford.

Popper, K. (1934), *The Logic of Scientific Discovery*, Routledge; nueva edición en marzo de 2002 (hay traducción castellana del original: *La lógica de la investigación científica*, Tecnos, Madrid, 1985).

Pound, R.V., y Rebka, G. A. (1960), *Phys. Rev. Lett.* **4**, 337.

Preskill, J. (1992), «Do black holes destroy information?» [hep-th/9209058].

Priestley, H. A. (2003), *Introduction to Complex Analysis*, Oxford University Press, Oxford.

Rae, A. I. M. (1994), *Quantum Mechanics*, Institute of Physics Publishing, 4.ª ed. 2002.

Raine, D. J. (1975), «Mach's principle in General Relativity», *Monthly Notices RAS* **171**, 507-528.

Randall, L., y Sundrum, R. (1999a), «A Large Mass Hierarchy from a Small Extra Dimension», *Phys.Rev.Lett.* **83**, 3370-3 [hep-ph/9905221].

Randall, L., y Sundrum, R. (1999b), «An Alternative to Compactification», *Phys. Rev. Lett.* **83**, 4690-3 [hep-th/9906064].

Rarita, W. and Schwinger, J. (1941), «On the theory of particles with half-integer spin», *Phys. Rev.* **60**, 61.

Redhead, M. L. G. (1987), *Incompleteness, Nonlocality and Realism*, Clarendon Press, Oxford.

Reed, M., y Simon, B. (1972), *Methods of Mathematical Physics*, vol. 1: *Functional Analysis*, Academic Press, Nueva York y Londres.

Reege, T. (1961), «General Relativity without Coordinates», *Nuovo Cimento A* **19**, 558-571.

Reeves, J. N., *et al.* (2002), «The signature of supernova ejecta in the X-ray afterglow of the gamma-ray burst 011211», *Nature* **416**, 512-515.

Reisenberger, M. P. (1997), «A lattice worldsheet sum for 4-d Euclidean general relativity» [gr-qc/9711052].

Reisenberger, M. P. (1999), «On relativistic spin network vertices», *J. Math. Phys.*, **40**, 2046-2054.

Reisenberger, M. P., y Rovelli, C. (2001), «Spacetime as a Feynman diagram: the connection formulation», *Class. Quant. Grav.* **18**, 121-140.

Reisenberger, M. P., y Rovelli, C. (2002), «Spacetime states and covariant quantum theory», *Phys. Rev.* **D65**, 125016.

Reula, O., y Tod, K. P. (1984), «Positivity of the Bondi energy», *J. Math. Phys.* **25**, 1004-1008.

Riemann, G. B. F. (1854), «Über die Hypothesen der Geometrie zu Grunde liegen (Habilitationsschrift, Göttingen)»; véase *Collected Works of Bernhardt Riemann* (ed. Heinrich Weber), 2.ª ed., Dover, Nueva York, 1953, pp. 272-287.

Rindler, W. (1977), *Essential Relativity*, Springer-Verlag, Nueva York.

Rindler, W. (1982), *Introduction to Special Relativity*, Clarendon Press, Oxford.

Rindler, W. (2001), *Relativity: Special, General, and Cosmological*, Oxford University Press, Oxford.

Rizzi, A. (1998), «Angular momentum in general relativity: A new definition», *Phys. Rev. Lett.* **81(6)**, 1150.

Robinson, D. C. (1975), «Uniqueness of the Kerr Black Hole», *Phys. Rev. Lett.* **34**, 905-906.

Rogers, A. (1980), «A global theory of supermanifolds», *J. Math. Phys.* **21**, 1352-1365.

Rolfsen, D. (2004), *Knots and Links*, American Mathematical Society, Providence, RI.

Roseveare, N. T. (1982), *Mercury's Perihelion from Le Verrier to Einstein*, Clarendon Press, Oxford.

Rovelli, C. (1991), «Quantum mechanics without time: A model», *Phys. Rev.* **D42**, 2638.

Rovelli, C. (1998), «Strings, loops and others: a critical survey of the present approach to quantum gravity», en *Gravity and Relativity: At the turn of the Millennium* (15 th International Conference on General Relativity and Gravitation, eds. N. Dadhich y J. Narlikar, Inter-University Centre for Astronomy and Astrophysics, Pune, India), 281-331.

Rovelli, C. (2003), «Quantum Gravity»; http://www.cpt.univ-mrs.fr/~rovelli/book.pdf.

Rovelli, C. y Smolin, L. (1990), «Loop representation for quantum general relativity», *Nucl. Phys.* **B331**, 80-152.

Runde, V. (2002), «The Banach-Tarski paradox or What mathematics and religion have in common», Pi in the Sky 2 (2000), 13-15 [math. GM/0202309].

Russell, B. (1903), *Principles of Mathematics*. La edición más reciente es la de W. W. Norton & Company, 1996 (hay traducción castellana: *Los principios de la matemática*, Espasa Calpe, Madrid, 1983, agotado).

Russell, B. (1927), *The Analysis of Matter*, Allen and Unwin; reimpreso 1954, Dover, Nueva York (hay traducción castellana: *Análisis de la materia*, Taurus, Madrid, 1976, agotado).

Ryder, L. H. (1996), *Quantum Field Theory*, Cambridge University Press, Cambridge.

Sabbagh, K. (2003), *The Riemann Hypothesis: The Greatest Unsolved Problem in Mathematics*, Farrar, Straus and Giraux.

Saccheri, G. (1733), «Euclides ab Omni NaevoVindicatus», traducción en Halsted, G.B. (1920), *Euclid Freed from Every Flaw*, Open Court, La Salle, Illinois.

Sachs, R. (1962), «Asymptotic symmetries in gravitational theory», *Phys. Rev.* **128**, 2851-2864.

Sachs, R., y Bergmann, P. G. (1958), «Structure of Particles in Linearized Gravitational Theory», *Phys. Rev.* **112**, 674-680.

Sachs, R. K. (1961), «Gravitational waves in general relativity,VI: the outgoing radiation condition», *Proc. Roy. Soc. Lond.* **A264**, 309-338.

Sachs, R. K. (1962a), «Gravitational waves in general relativity, VIII: waves in asymptoticaly flat space-time», *Proc. Roy. Soc. Lond.* **A270**, 103-126.

Sachs, R. K. (1962b), «Asymptotic symmetries in gravitational theory», *Phys. Rev.* **128**, 2851-2864.

Sakellariadou, M. (2002), «The role of topological defects in cosmology», Invited lectures in NATO ASI / COSLAB (ESF) School Patterns of Symmetry Breaking, septiembre de 2002, Cracovia [hep-ph/0212365]

Salam, A. (1980), «Gauge Unification of Fundamental Forces», *Rev. Mod. Phys.* **52(3)**, 515-523.

Salam, A., y Ward, J. C. (1959), «Weak and electromagnetic interaction», *Nuovo Cimento*, **11**, 568.

Sarkar, S. (2002), «Possible astrophysical probes of quantum gravity», *Mod. Phys. Lett.* **A17**, 1025-1036 [gr-qc/0204092].

Sato, M. (1958), «On the generalization of the concept of a function», *Proc. Japan Acad.* **34**, 126-130.

Sato, M. (1959), «Theory of hyperfunctions I», J. Fac. Sci. Univ. Tokyo, Sect. I, 8, 139-193.

Sato, M. (1960), «Theory of hyperfunctions II», J. Fac. Sci. Univ. Tokyo, Sect. I, 8, 387-437.

Schild, A. (1949), «Discrete space-time and integral Lorentz transformations», *Can. J. Math.* **1**, 29-47.

Schoen, R., y Yau, S. T. (1979), «On the proof of the positive mass conjecture in the general relativity», *Comm. Math. Phys.* **65**, 45-76.

Schoen, R., y Yau, S. T. (1982), «Proof that Bondi mass is positive», *Phys. Rev. Lett.* **48**, 369-371.

Schrödinger, E. (1930), «Sitzungber», Preuss. Akad. Wiss. Phys.-Math. Kl. 24, 418.

Schrödinger, E. (1935), «Probability relations between separated systems», *Proc. Camb. Phil. Soc.* **31**, 555-563.

Schrödinger, E. (1950), *Space-Time Structure*, Cambridge University Press, Cambridge (hay traducción castellana: *La estructura del espacio-tiempo*, Alianza, Madrid, 1993).

Schrödinger, E. (1956), *Expanding Universes*, Cambridge University Press, Cambridge.

Schrödinger, E. (1967), *«What is Life?» and «Mind and Matter»*, Cambridge University Press, Cambridge (hay traducción castellana: *¿Qué es la vida?*, Tusquets, 1984; *Mente y materia*, Tusquets, 1985).

Schouters, J. A. (1954), *Ricci-Calculus*, Springer, Berlín.

Schutz, B. (2003), *Gravity From the Ground Up: An Introductory Guide to Gravity and General Relativity*, Cambridge University Press, Cambridge.

Schutz, J. W. (1997), *Independent Axioms for Minkowski Space-Time*, Addison Wesley Longman Ltd., Harlow, Essex.

Schwartz, L. (1967), *Théorie des distributions*, Hermann, París.

Schwarz, J. H. (2001), «String Theory, *Curr. Sci.* **81(12)**, 1547-1553.

Schwarzschild, K. (1916), «Über das Gravitationsfeld eines Massenpunktes nach der Einsteinschen Theorie», Sitzber. Deut. Akad. Wiss. Berlin Math.-Phys. Tech. Kl. 189-196.

Schwinger, J. (1951), *Proc. Nat. Acad. Sci.* **37**, 452.

Schwinger, J., ed. (1958), *Quantum Electrodynamics*, Dover.

Sciama, D. W. (1959), *The Unity of the Universe*, Doubleday & Company, Inc., Nueva York.

Sciama, D. W. (1962), «On the analogy between charge and spin in general relativity», en *Recent Developments in General Relativity*, Pergamon & PWN, Oxford.

Sciama, D. W. (1972), *The Physical Foundations of General Relativity*, Heinemann, Londres.

Sciama, D. W. (1998), «Decaying neutrinos and the geometry of the universe», en *The Geometric Universe: Science, Geometry, and the Work of Roger Penrose* (eds. S. A. Huggett, L. J. Mason, K. P. Tod, S. T. Tsou y N. M. J. Woodhouse), Oxford University Press, Oxford.

Seiberg, N., y Witten, E. (1994), «Electric-magnetic duality, monopole condensation, and confinement in N = 2 supersymmetric Yang-Mills theory, *Nucl.Phys.* B426 [hep-th/9407087].

Sen, A. (1982), «Gravity as a spin system», *Phys. Lett.* B119, 89-91.

Shankar, R. (1994), *Principles of Quantum Mechanics*, 2.ª ed., Plenum Press, Nueva York y Londres.

Shapiro, I. I., *et al.* (1971), *Phys. Rev. Lett.* 13, 789.

Shaw, W. T., y Hughston, L. P. (1990), «Twistors and strings», en *Twistors in Mathematics and Physics* (eds. T. N. Bailey y R. J. Baston), London Mathematical Society Lecture Notes Series, 156, Cambridge University Press, Cambridge.

Shawhan, P. (2001), «The Search for Gravitational Waves with LIGO: Status and Plans», *Intl. J. Mod. Phys.* A 16, supp. 01C, 1028-1030.

Shih, Y. H., *et al.* (1995), «Optical Imaging by Means of Two-Photon Entanglement», *Phys. Rev.* A, Rapid Comm. 52, R3429.

Shimony, A. (1998), «Implications of transience for spacetime structures», en *The Geometric Universe: Science, Geometry, and the Work of Roger Penrose* (eds. S. A. Huggett, L. J. Mason, K. P. Tod, S. T. Tsou y N. M. J. Woodhouse), Oxford University Press, Oxford.

Shrock, R. (2003), *Neutrinos and Implications for Physics Beyond the Standard Model*, World Scientific Pub. Co., Singapur.

Silk, J., y Rees, M. (1998), «Quasars and galaxy formation», *Astronomy and Astrophysics*, v. 331, p. L1-L4.

Simon, B. (1983), «Holonomy, the quantum adiabatic theorem, and Berry's phase», *Phys. Rev. Lett.* **51**, 2160-2170.

Singh, S. (1997), *Fermat's Last Theorem*, Fourth Estate, Londres.

Slipher, V. A. (1917), «Nebulae», *Proc. Am. Phil. Soc.* 56, 403.

Smolin, L. (1998), «The physics of spin networks», en *The Geometric Universe: Science, Geometry, and the Work of Roger Penrose* (eds. S. A. Huggett, L. J. Mason, K. P. Tod, S. T. Tsou y N. M. J. Woodhouse), Oxford University Press, Oxford.

Smolin, L. (1997), *The Life of the Cosmos*, Oxford University Press, Oxford.

Smolin, L. (2001), «The exceptional Jordan algebra and the matrix string» [hep-th/0104050].

Smolin, L. (2002), *Three Roads To Quantum Gravity*, Basic Books, Nueva York.

Smolin, L. (2003), «How far are we from the quantum theory of gravity?» [hep-th/0303185].

Smolin, L. (1991), «Space and time in the quantum universe», en *Conceptual Problems in Quantum Gravity* (eds. A. Ashtekar y J. Stachel), Birkhauser, Boston.

Smoot, G. F., *et al.* (1991), «Preliminary results from the COBE differential micro-wave radiometers: large-angular-scale isotropy of the Cosmic Microwave Background», *Astrophys. J.* 371, L1.

Snyder, H. (1947), «Quantized space-time», *Physical Review*, **71**, 38-41.

Sorabji, R. J. (1984), *Time, Creation and the Continuum*, Cornell University Press.

Sorabji, R. J. (1988), *Matter, Space and Motion*, Duckworth Publishing.

Sorkin, R. D. (1991), «Spacetime and Causal Sets», en *Relativity and Gravitation: Classical and Quantum* (eds. J. C. D'Olivo *et al.*), World Scientific, Singapur.

Sorkin, R. D. (1994), «Quantum Measure Theory and its Interpretation», en *Proceedings of 4th Drexel Symposium on Quantum Nonintegrability*, 811 Sep., Filadelfia, PA [gr-qc/9507057].

Spergel, D. N. (2003), «First Year Wilkinson Microwave Anisotropy Probe Observations: Determination of Cosmological Parameters», *Astrophys. J. Suppl.* **148**, 175.

Stachel, J. (1995), «History of relativity», en *History of 20th Century Physics* (eds. L. Brown, A. Pais y B. Pippard), cap. 4, American Institute of Physics (AIP) and British Institute of Physics (BIP).

Stairs, A. (1983), «Quantum logic, ralism and value-definiteness», *Phil. Sci.* **50(4)**, 578-602.

Stapp, H. P. (1971), «S-matrix Interpretation of Quantum Mechanics», *Phys. Rev.* D3, 1303-1320.

Stapp, H. P. (1979), «Whiteheadian Approach to Quantum Theory and the Generalized Bell's Theorem», *Found. Phys.* 9, 1-25.

Steenrod, N. E. (1951), *The Topology of Fibre Bundles*, Princeton University Press, Princeton.

Steinhardt, P. J., y Turok, N. (2002), «A Cyclic Model of the Universe», *Science* 296(5572) 143639 [hep-th/0111030].

Stoney, G. J. (1881), «On the Physical Units of Nature», *Philosophical Magazine*, vol. 11, 381.

Strauss, W. (1992), *Partial Differential Equations: An Introduction*, John Wiley and Sons.

Strominger, A., y Vafa, C. (1996), «Microscopic Origin of the Bekenstein-Hawking Entropy», *Phys. Lett.* B379, 99-104.

Strominger, A., Yau, S-T., y Zaslow, E. (1996), «Mirror symmetry is T-duality», *Nucl. Phys.* B479, 12, 243-259.

Struik, D. J. (1954), *A Concise History of Mathematics*, Dover, Nueva York.

Sudarshan, G., y Dhar, J. (1968), «Quantum Field Theory of Interacting Tachyons», *Phys. Rev.* 174, 1808.

Sudbery, A. (1987), «Division algebras (pseudo) orthogonal groups and spinors», *J. Phys.* A17, 939-955.

Susskind, L. (1970), «Structure of Hadrons Implied by Duality», *Nuovo Cimento*, A69, 457.

Susskind, L. (2003), «Twenty Years of debate with Stephen», en *The Future of Theoretical Physics and Cosmology* (eds. G. W. Gibbons, P. Shellard y S. Rankin), Cambridge University Press, Cambridge.

Susskind, L., Thorlacius, L., y Uglum, J. (1993), «The stretched horizon and black hole complementarity», *Phys. Rev.* 48, 3743 [hep-th/9306069].

Sutherland, W. A. (1975), *Introduction to Topology*, Oxfrord University Press, Oxford.

Swain, J. (2004), «The Majorana representations of spins and the relation between SU(1) and S Diff (S 2) [hep-th/0405004].

Synge, J. L. (1950), «The gravitational field of a particle», *Proc. Irish Acad.* **A53**, 83-114.

Synge, J. L. (1956), *Relativity: The Special Theory*, North-Holland Publ. Co., Amsterdam.

Synge, J. L. (1960), *Relativity: The General Theory*, North-Holland Publ. Co., Amsterdam.

Szekeres, G. (1960), «On the Singularities of a Riemannian Manifold», Publ. Mat. Debrecen, 7, 285-301.

't Hooft, G. (1978), «On the phase transition towards permanent quark confinement», *Nucl. Phys.* B138, 1.

't Hooft, G. (1978b), «Quantum gravity: a fundamental problem and some radical ideas», en *Recent Developments in Gravitation* (eds. M. Levy y S. Deser), Plenum, Nueva York.

Tait, P. G. (1900), «On the claim recently made for Gauss to the invention (not the discovery) of quaternions», *Proc. Roy. Soc. Edinb.* 23, 1723.

Taylor, E. F., y Wheeler, J. A. (1963), *Spacetime Physics*, W. H. Freeman, San Francisco.

Terrell, J. (1959), «Invisibility of the Lorentz contraction», *Phys. Rev.* 116, 1041-1045.

Thiele, R. (1982), *Leonhard Euler*, Leipzig (en alemán).

Thiemann, T. (1996), «Anomaly-free formulation of non-perturbative, four-dimensional Lorentzian quantum gravity», *Phys. Lett.* B380, 257-264.

Thiemann, T. (1998a), «Quantum spin dynamics (QSD)», *Class. Quant. Grav.* 15, 839-873.

Thiemann, T. (1998b), «QSD III: Quantum constraint algebra and physical scalar product in quantum general relativity», *Class. Quant. Grav.* 15, 1207-1247.

Thiemann, T. (1998c), «QSD V: Quantum gravity as the natural regulator of matter quantum field theories», *Class Quant. Grav.* 15, 1281-1314.

Thiemann, T. (2001), «QSD VII: Symplectic Structures and Continuum Lattice Formulations of Gauge Field Theories», *Class. Quant. Grav.* 18, 3293-3338.

Thirring, W. E. (1983), *A Course in Mathematical Physics: Quantum Mechanics of Large Systems*, Springer-Verlag, Berlín y Londres.

Thomas, I. (1939), *Selections Illustrating the History of Greek Mathematics*, vol. I: *From Thales to Euclid*, The Loeb Classical Library, Heinemann, Londres.

Thorne, K. (1986), *Black Holes: The Membrane Paradigm*, Yale University Press, New Haven.

Thorne, K. (1995a), *Black Holes and Time Warps*, W. W. Norton & Company (hay traducción castellana: *Agujeros negros y tiempo curvo*, Crítica, Barcelona, 1995).

Thorne, K. (1995b), «Gravitational Waves» [gr-qc/9506086].

Tipler, F. J. (1997), *The Physics of Immortality*, Anchor (hay traducción *castellana: La física de la inmortalidad*, Alianza, Madrid, 2005).

Tipler, F. J., Clarke, C. J. S., y Ellis, G. F. R. (1980), «Singularities and horizonsa review article», en *General Relativity and Gravitation*, vol. II (ed. A. Held), pp. 97206, Plenum Press, Nueva York.

Tittel, W., Brendel, J., Zbinden, H., y Gisin, N. (1998), «Violation of Bell Inequalities by Photons More Than 10 km Apart», *Phys. Rev. Lett.* **81**, 3563.

Tod, K. P., y Anguige, K. (1999a), «Isotropic cosmological singularities 1: Polytropic perfect fluid spacetimes», *Annals Phys.* **276**, 25793 [gr-qc/9903008].

Tod, K. P., y Anguige, K. (1999b), «Isotropic cosmological singularities 2: The Einstein-Vlasov system», *Annals Phys.* **276**, 294320 [gr-qc/9903009].

Tolman, R. C. (1934), *Relativity, Thermodinamics and Cosmology*, Clarendon Press, Oxford.

Tonomura, A., Matsuda, T., Suzuki, R., Fukuhara, A., Osakabe, N., Umezaki, H., Endo, J., Shinagawa, K., Sugita, Y., y Fujiwara, F. (1982), «Observation of AharonovBohm effect with magnetic field completely shielded from the electronic wave», *Phys. Rev. Lett.* **48**, 1443.

Tonomura, A., Osakabe, N., Matsuda, T., Kawasaki, T., Endo, J., Yano, S., y Yamada (1986), «Evidence for AharonovBohm effect with magnetic field completely shielded from electron wave», *Phys. Rev. Lett.* **56**, 792-795.

Trautman, A. (1956), en Trautman, A., Pirani, F. A. E., y Bondi, H. (1965), «Lectures on General Relativity. *Brandeis 1964 Summer Institute on Theoretical Physics*, vol. I (Prentice Hall, Englewood Cliffs, NJ).

Trautman, A. (1958), «Radiation and boundary conditions in the theory of gravitation. *Bull. Acad. Polon. Sci. Ser. Sci. -Math., Astr. Phys.* 6, 407-412.

Trautman, A. (1962), «Conservation laws in general relativity», en *Gravitation: An Introduction to Current Research* (ed. L. Witten), Wiley, Nueva York.

Trautman, A. (1970), «Fibre bundles associated with space-time», *Rep. Math. Phys. (Torún)* 1, 29-34.

Trautman, A. (1972, 1973), «On the Einstein-Cartan equations I-IV», *Bull Acad. Pol. Sci.*, Ser. Sci. Math. Astron. Phys.**20**, 185-190; 503-506, 895-896, 21, 345-346.

Trautman, A. (1997), «Clifford and the Square Root' Ideas», en *Contemporary Mathematics* 203.

Turing, A. M. (1937), «On computable numbers, with an application to the Entscheidungsproblem», *Proc. Lond. Math. Soc.* 42(2), 230-265; una corrección (1937), 43, 544-546.

Unruh, W. G. (1976), «Notes on black hole evaporation», *Phys. Rev.* **D14**, 870.

Vafa, C. (1996), «Evidence for F-theory», *Nucl. Phys.* B469, 403.

Valentini, A. (2002), «Signal-Locality and Subquantum Information in Deterministic Hidden-Variables Theories», en *Non-Locality and Modality* (eds. T. Placek y J. Butterfield), Kluwer [quant-ph/0112151].

Van der Waerden, B. L. (1929), «Spinoranalyse», Nachr. Akad. Wiss. Götting. Math.-Physik, Kl. 100-109.

Van der Waerden, B. L. (1985), *A History of Algebra: From al-Khwrizmi to Emmy Noether*, pp. 166-174, Springer-Verlag, Berlín.

Van Heijenoort, J., ed. (1967), *From Frege to Gödel: A Source Book in Mathematical Logic*, 18791931, Harvard University Press, Cambridge, MA.

Van Kerkwijk, M. H. (2000), «Neutron Star Mass Determinations» [astro-ph/0001077].

Varadarajan, M. (2000), «Fock representations from U(1) holonomy algebras», *Phys. Rev.* **D61**, 104001.

Varadarajan, M. (2001), «M. Photons from quantized electric flux representations», *Phys. Rev.* **D64**, 104003.

Veneziano, G. (1968), *Nuovo Cimento*, 57A, 190.

Vilenkin, A. (2000), *Cosmic Strings and Other Topological Defects*, Cambridge University Press, Cambridge.

Vladimirov, V. S., y Volovich, I. V. (1994), *P-Adic Analysis and Mathematical Physics*, World Scientific Publishing Company, Inc:

Von Neumann, J. (1955), *Mathematical Foundations of Quantum Mechanics*, Princeton University Press, Princeton, New Jersey (hay traducción castellana del original: *Fundamentos matemáticos de la mecánica cuántica*, Consejo Superior de Investigaciones Científicas, Madrid, 1991).

Wald, R. M. (1984), *General Relativity*, University of Chicago Press, Chicago.

Wald, R. M. (1994), *Quantum Field Theory in Curved Spacetime and Black Hole Thermodynamics*, University of Chicago Press, Chicago.

Ward, R. S. (1977), «On self-dual gauge fields», *Phys. Lett.* **61A**, 81-82.

Ward, R.S., y Wells, R.O., Jr. (1989), *Twistor Geometry and Field Theory*, Cambridge University Press, Cambridge.

Weinberg, S. (1967), «A model of leptons», *Phys. Rev. Lett.* **19**, 1264-1266.

Weinberg, S. (1972), *Gravitation and Cosmology. Principles and Applications of the General Theory of Relativity*, Wiley, Nueva York.

Weinberg, S. (1989), «Precision Tests of Quantum Mechanics», *Phys. Rev. Lett.* **62**, 485-488.

Weinberg, S. (1992), *Dreams of a Final Theory: The Scientists Search for the Ultimate Laws of Nature,* Pantheon Books, Nueva York (hay traducción castellana: *El sueño de una teoría final: la búsqueda de las leyes fundamentales de la naturaleza*, Crítica, Barcelona, 1994).

Wells, R. O. (1991), *Differential analysis on complex manifolds*, Prentice Hall, Englewood Cliffs.

Werbos, P. (1989), «Bell's theorem: the forgotten loophole and how to exploit», en *Bell's Theorem, Quantum Theory, and Conceptions of the Universe* (ed. M. Kafatos), Kluwer, Dordrecht, Países Bajos.

Werbos, P. J., y Dolmatova, L. (2000), «The Backwards-Time Interpretation of Quantum Mechanics: Revisited With Experiment» [http://arxiv.org/ftp/quant-ph/papers/0008/0008036.pdf].

Wess, J., y Bagger, J. (1992), *Supersymmetry and Supergravity*, Princeton University Press, Princeton.

Wess, J., y Zumino, B. (1974), «Supergauge transformations in four dimensions», *Nucl. Phys.* **70**, 39-50.

Weyl, H. (1918), en Lorentz *et al.* (1952).

Weyl, H. (1928), *Gruppentheorie und Quantenmechanik*, Hirzel, Leipzig; traducción inglesa de la segunda edición, *The Theory of Groups and Quantum Mechanics*, Dover, Nueva York.

Weyl, H. (1929a), *Z.Phys.* 56, 330.

Weyl, H. (1929b), «Elektron und Gravitation I», *Z. Phys.* **56**, 330-352.

Wheeler, J. A. (1960), *Neutrinos, Gravitation and Geometry: contribution to Rendiconti della Scuola Internazionale di Fisica' Enrico Fermi-XI, Corso, July 1959*, Zanichelli, Bolonia (reimpresión en 1982.)

Wheeler, J. A. (1965), «Geometrodynamics and the issue of the final state», en *Relativity, Groups and Topology* (eds. B. S. y C. M. DeWitt), Gordon and Breach, Nueva York.

Wheeler, J. A. (1973), «From Relativity to Mutability», en *The Physicist's Conception of Nature* (ed. J. Mehra), D. Reidel, Boston, pp. 202-247.

Wheeler, J. A. (1975), «Assessment of Everett's Relative State' Formulation of Quantum Theory», *Rev. Mod. Phys.* **29**, 463-465.

Wheeler, J. A. (1983), «Law without law», en *Quantum Theory and Measurement* (eds. J. A. Wheeler y W. H. Zurek), Princeton Univ. Press, Princeton, 182-213.

Whittaker, E. H. (1903), «On the partial differential equations of mathematical physics», *Math. Ann.* **57**, 333-355.

Wick, G. C. (1956), «Spectrum of the Bethe-Salpeter equation», *Phys Rev.* 101, 1830.

Wigner, E. P. (1960), «The Unreasonable Effectiveness of Mathematics», *Commun. Pure Appl. Math.* **13**, 114.

Wilder, R. L. (1965), *Introduction to the foundations of mathematics*, John Wiley & Sons, Nueva York.

Wiles, A. (1995), «Modular elliptic curves and Fermat's Last Theorem», *Ann. Maths* 142, 443-551.

Williams, R.K. (1995), «Extracting X-rays, g-rays, and Relativistic e^-e^+.Pairs from Supermassive Kerr Black Holes Using the Penrose Mechanism», *Phys. Rev.* **D51**, 5387.

Williams, R.K. (2002), «Production of the High EnergyMomentum Spectra of Quasars 3C279 and 3C273 Using the Penrose Mechanism» [astro-ph/0306135]. Aceptado para publicación en *Astrophysical Journal*, 2004.

Williams, R.K. (2004), «Collimated Escaping Vortical Polar e^-e^+ Jets Intrinsically Produced by Rotating Black Holes and Penrose Processes [astro-ph/0404135].

Willmore, T. J. (1959), *An Introduction to Differential Geometry*, Clarendon Press, Oxford.

Wilson, K. (1975), *Phys. Reps*. 23, 331.

Wilson, K. (1976), «Quarks on a lattice, or the colored string, model», *Phys. Rep*. **23(3)**, 331-347.

Winicour, J. (1980), «Angular momentum in general relativity», en *General Relativity and Gravitation*, vol. 2 (ed. A. Held), pp. 71-96, Plenum Press, Nueva York.

Witten, E. (1978), «An interpretation of classical Yang-Mills theory», *Phys. Lett*. **77B**, 394-398.

Witten, E. (1981), «A new proof of the positive energy theorem», *Comm. Math. Phys*. **80**, 381-402.

Witten, E. (1982), «Supersymmetry and Morse theory», *J. Diff. Geom*. **17**, 661-692.

Witten, E. (1988), «Topological quantum field theory», *Commun. Math. Phys*. **118**, 411.

Witten, E. (1995), «String theory in various dimensions», *Nucl. Phys*. **B443**, 85.

Witten, E. (1996), «Reflections on the Fate of Spacetime», *Phys. Today*, abril de 1996.

Witten, E. (1998), «Anti de Sitter Space and Holography [hep-th/9802150].

Witten, E. (2003), «Perturbative Gauge Theory as a String Theory in Twistor Space» [hep-th/0312171].

Witten, L. (1959), «Invariants of general relativity and the classification of spaces», *Phys. Rev*. **113**, 357-362.

Wolf, J. (1974), *Spaces of Constant Curvature*, Publish or Perish Press, Boston, MA.

Woodhouse, N. M. J. (1991), *Geometric Quantization*, 2.ª ed., Clarendon Press, Oxford.

Woodin, W. H. (2001), «The Continuum Hypothesis. Parts I & II. Notices of the AMS», disponible online en: http://www.ams.org/notices/200106/fea-woodin. pdf.

Wooters, W. K., y Zurek, W. H. (1982), «A single quantum cannot be cloned», *Nature* **299**, 802-803.

Wykes, A. (1969), *Doctor Cardano: Physician Extraordinary*, Frederick Muller, Londres.

Yang, C. N., y Mills, R. L. (1954), «Conservation of Isotopic Spin and Isotopic Gauge Invariance», *Phys. Rev*. **96**, 191-195.

Yui, N., y Lewis, J. D. (2003), *Calabi-Yau Varieties and Mirror Symmetry*, Fields Institute Communications, V. 38, American Mathematical Society, Providence, RI.

Zee, A. (2003), *Quantum Field Theory in a Nutshell*, Princeton University Press, Princeton.

Zeilinger, A., Gaehler, R., Shull, C. G., y Mampe, W. (1988), «Single and double slit diffraction of neutrons», *Rev. Mod. Phys.* **60**, 1067.

Zel'dovich Ya, B. (1966), «Number of quanta as an invariant of the classical electromagnetic field», *Soviet Phys.-Doklady* **10**, 771-772.

Zimba, J., y Penrose, R. (1993), «On Bell non-locality without probabilities: more curious geometry», *Stud. Hist. Phil. Sci.* **24**, 697-720.

Zinn-Justin, J. (1996), *Quantum Field Theory and Critical Phenomena*, Oxford University Press, Oxford.

Índice alfabético

El camino a la realidad, de Roger Penrose
se terminó de imprimir en enero de 2007 en
Gráficas Monte Albán, S.A. de C.V.
Fracc. Agro Industrial La Cruz
El Marqués, Querétaro
México